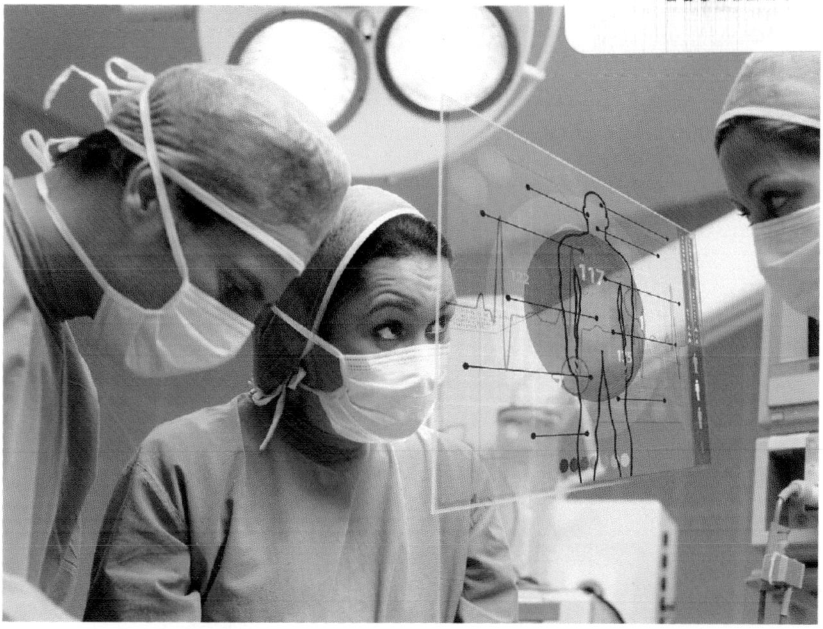

图 1.21　可穿戴计算机可以协助医生为病人提供更好的健康服务
（来源：Wavebreak Media Ltd，123RF 图片库）

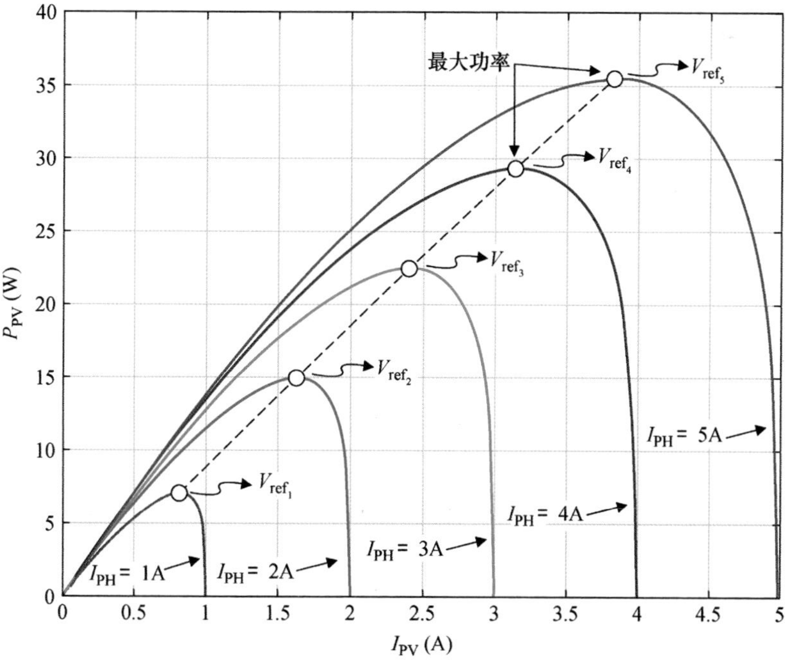

图 2.35　参考输出电压 V_{ref} 由随着 I_{PH} 变化的最大功率点决定

图 3.24　国际空间站（NASA 友情提供图片）

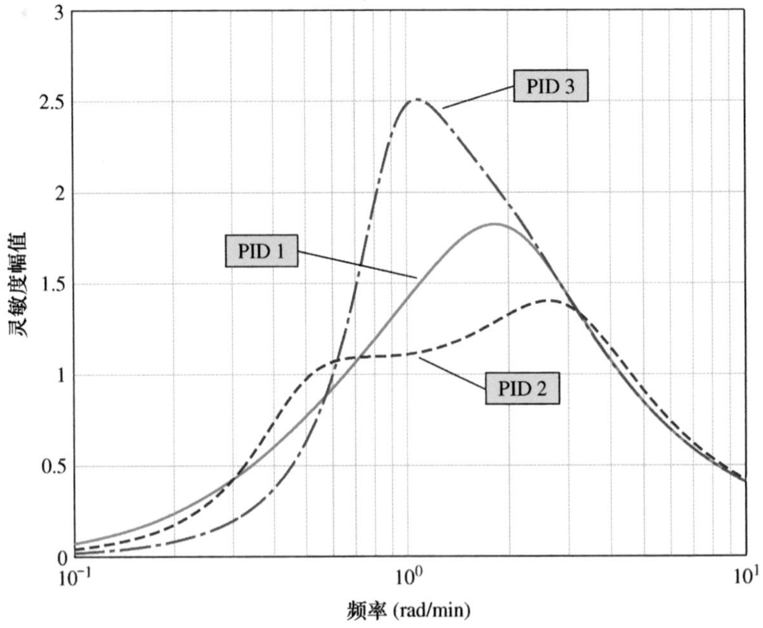

图 4.20　系统对参数 p 变化的灵敏度

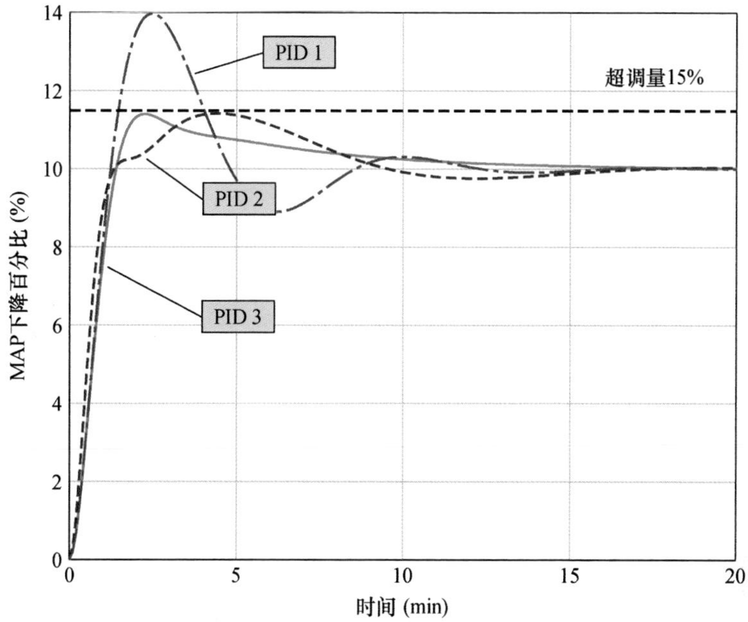

图 4.21　系统对阶跃输入信号 $R(s) = 10/s$ 的输出响应（MAP 的变化百分比）

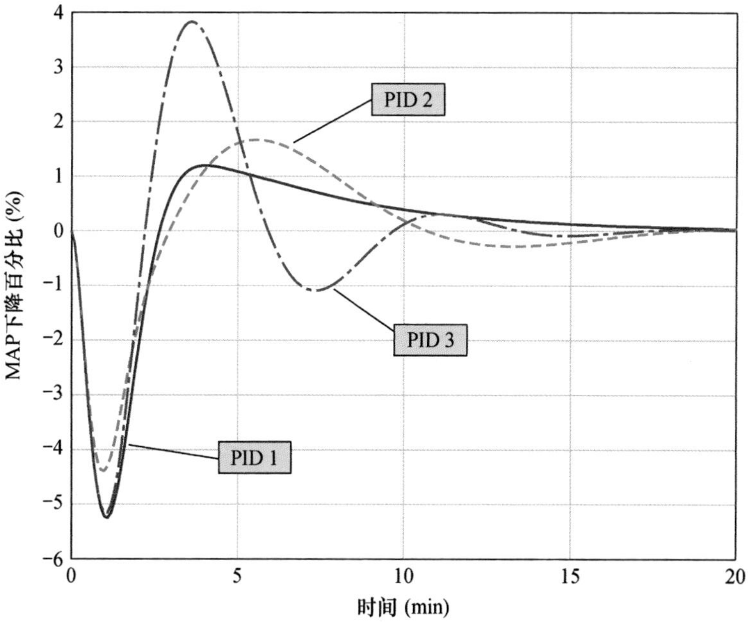

图 4.22　系统对阶跃干扰信号的输出响应（MAP 的变化百分比）

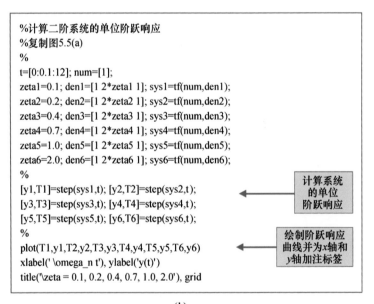

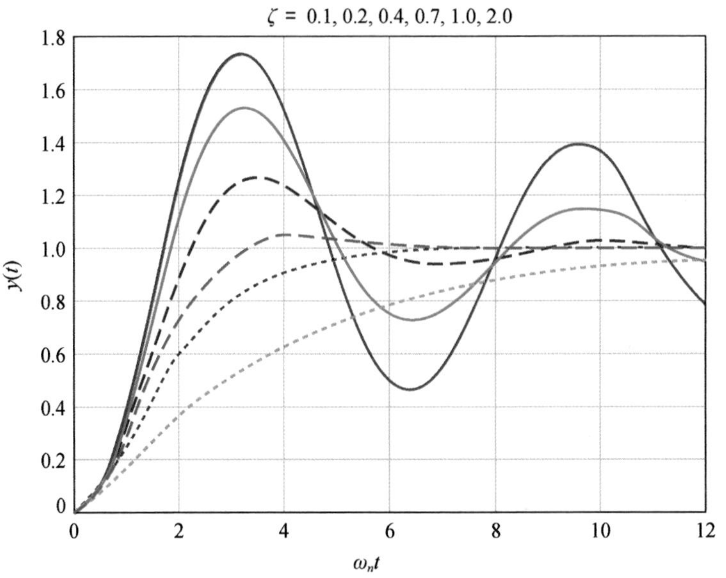

(a)

```
%计算二阶系统的单位阶跃响应
%复制图5.5(a)
%
t=[0:0.1:12]; num=[1];
zeta1=0.1; den1=[1 2*zeta1 1]; sys1=tf(num,den1);
zeta2=0.2; den2=[1 2*zeta2 1]; sys2=tf(num,den2);
zeta3=0.4; den3=[1 2*zeta3 1]; sys3=tf(num,den3);
zeta4=0.7; den4=[1 2*zeta4 1]; sys4=tf(num,den4);
zeta5=1.0; den5=[1 2*zeta5 1]; sys5=tf(num,den5);
zeta6=2.0; den6=[1 2*zeta6 1]; sys6=tf(num,den6);
%
[y1,T1]=step(sys1,t); [y2,T2]=step(sys2,t);
[y3,T3]=step(sys3,t); [y4,T4]=step(sys4,t);
[y5,T5]=step(sys5,t); [y6,T6]=step(sys6,t);
%
plot(T1,y1,T2,y2,T3,y3,T4,y4,T5,y5,T6,y6)
xlabel(' \omega_n t'), ylabel('y(t)')
title('\zeta = 0.1, 0.2, 0.4, 0.7, 1.0, 2.0'), grid
```

计算系统的单位阶跃响应

绘制阶跃响应曲线并为x轴和y轴加注标签

(b)

图 5.34 （a）二阶系统的单位阶跃响应；（b）m 脚本程序

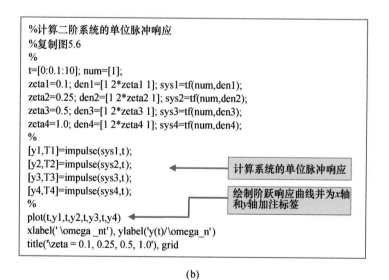

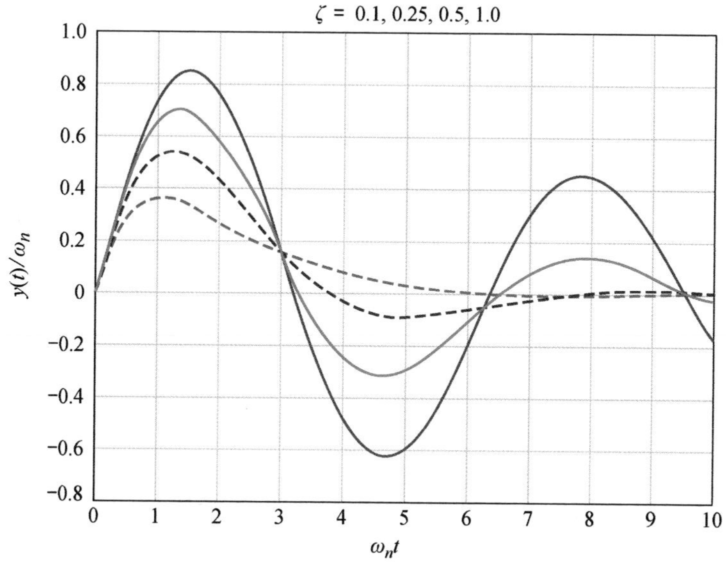

(a)

```
%计算二阶系统的单位脉冲响应
%复制图5.6
%
t=[0:0.1:10]; num=[1];
zeta1=0.1; den1=[1 2*zeta1 1]; sys1=tf(num,den1);
zeta2=0.25; den2=[1 2*zeta2 1]; sys2=tf(num,den2);
zeta3=0.5; den3=[1 2*zeta3 1]; sys3=tf(num,den3);
zeta4=1.0; den4=[1 2*zeta4 1]; sys4=tf(num,den4);
%
[y1,T1]=impulse(sys1,t);
[y2,T2]=impulse(sys2,t);
[y3,T3]=impulse(sys3,t);
[y4,T4]=impulse(sys4,t);
%
plot(t,y1,t,y2,t,y3,t,y4)
xlabel(' \omega _nt'), ylabel('y(t)/\omega_n')
title('\zeta = 0.1, 0.25, 0.5, 1.0'), grid
```

计算系统的单位脉冲响应（指向 [y2,T2]=impulse(sys2,t);）

绘制阶跃响应曲线并为x轴和y轴加注标签（指向 plot(t,y1,t,y2,t,y3,t,y4)）

(b)

图 5.35 （a）二阶系统的单位脉冲响应；（b）m 脚本程序

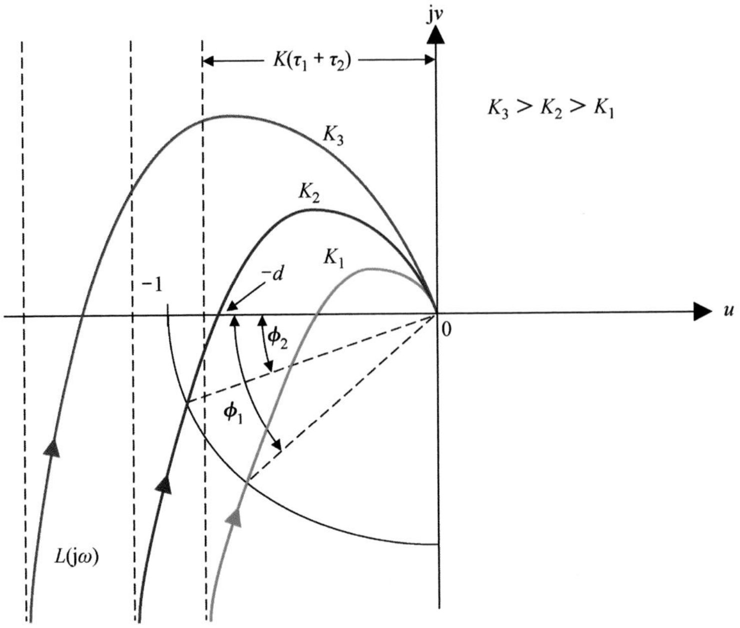

图 9.18　三种不同增益下 $L(j\omega)$ 的奈奎斯特图

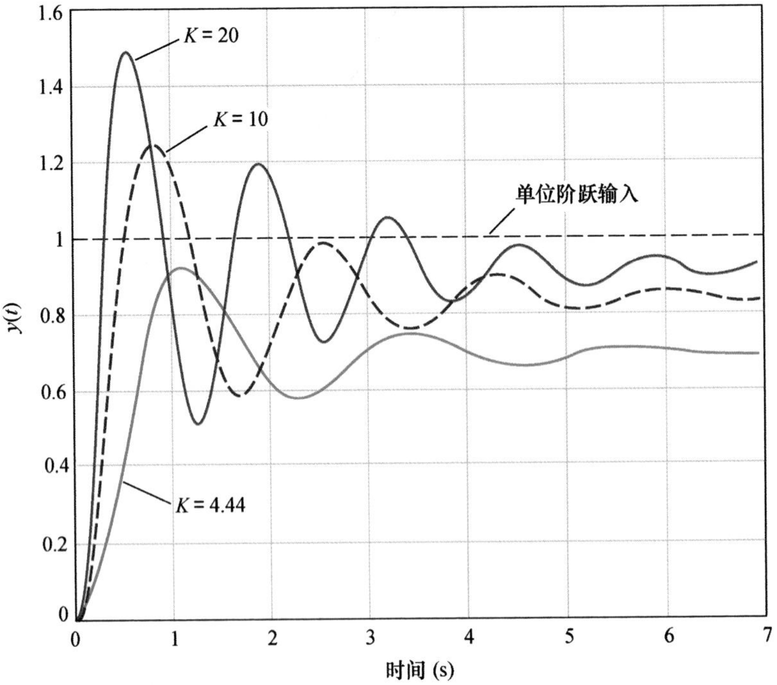

图 9.40　系统的单位阶跃响应（$K = 4.4$、$K = 10$ 和 $K = 20$）

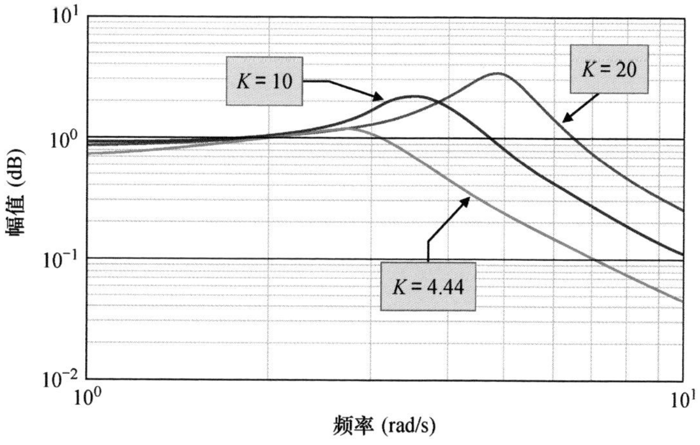

(a)

```
w=logspace(0,1,200); K=[20,10,4.44];
%
for i=1:3
  numgc=K(i)*[1 2]; dengc=[1 1]; sysgc=tf(numgc,dengc);
  numg=[1]; deng=[1 2 4]; sysg=tf(numg,deng);
  [syss]=series(sysgc,sysg); sys=feedback(syss,[1]);
  [mag,phase,w]=bode(sys,w);
  mag_save(i,:)=mag(:,1,:);
end
%
loglog(w,mag_save(1,:), w,mag_save(2,:), w,mag_save(3,:))
xlabel('Frequency (rad/s)'), ylabel('Magnitude (dB)'), grid on
```

针对增益$K = 20$、10和4.44，循环计算

计算闭环频率响应

(b)

图 9.63 （a）遥控侦察车的闭环伯德图；（b）m 脚本程序

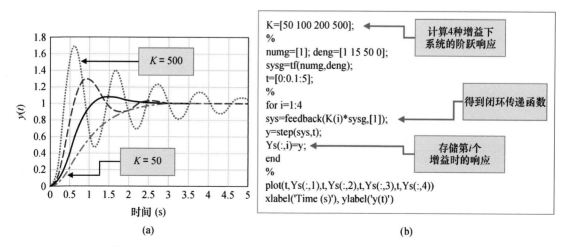

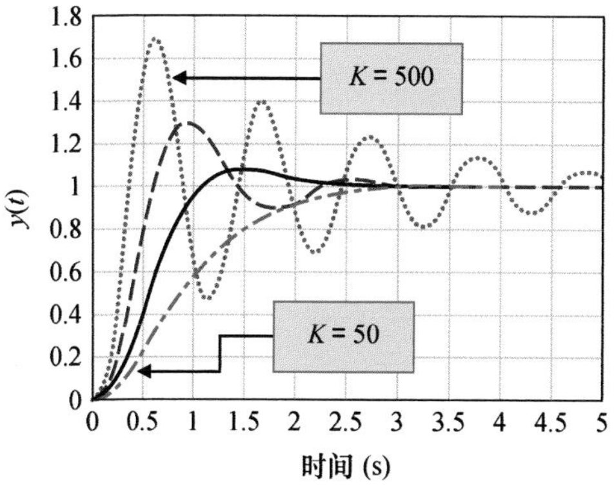

(a)

```
K=[50 100 200 500];
%
numg=[1]; deng=[1 15 50 0];
sysg=tf(numg,deng);
t=[0:0.1:5];
%
for i=1:4
sys=feedback(K(i)*sysg,[1]);
y=step(sys,t);
Ys(:,i)=y;
end
%
plot(t,Ys(:,1),t,Ys(:,2),t,Ys(:,3),t,Ys(:,4))
xlabel('Time (s)'), ylabel('y(t)')
```

计算4种增益下系统的阶跃响应

得到闭环传递函数

存储第i个增益时的响应

(b)

图 10.30 （a）当采用简单的比例控制器时系统的瞬态响应；（b）m 脚本程序

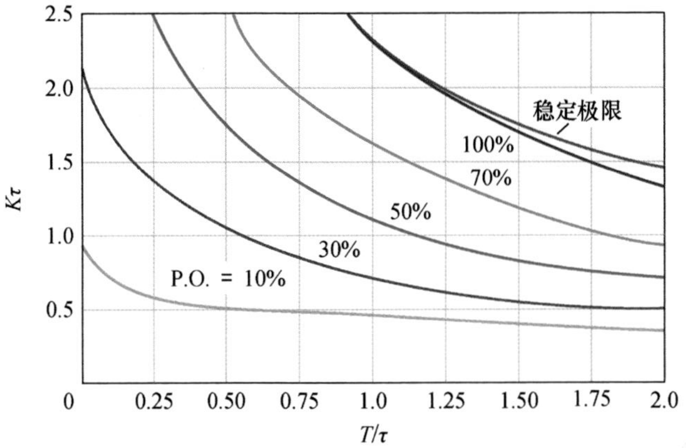

图 13.19　二阶采样控制系统的阶跃响应的最大超调量

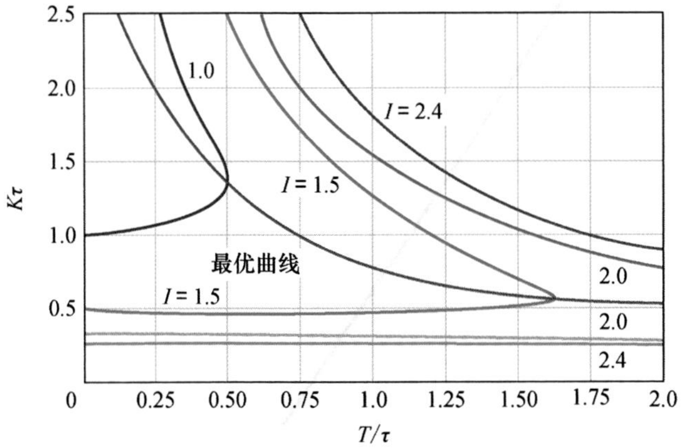

图 13.20　性能指标 I 的恒定值曲线和最优曲线

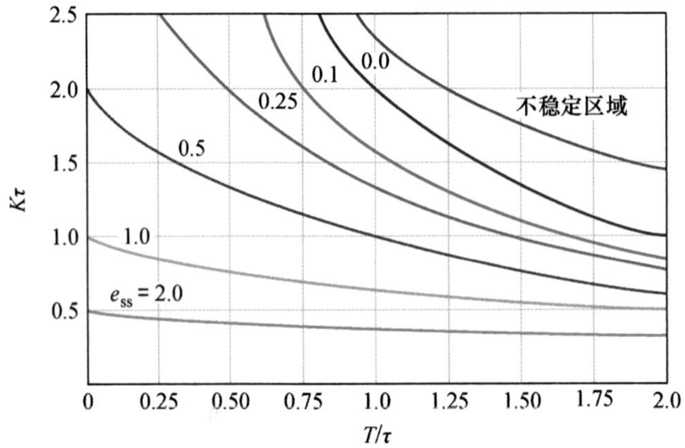

图 13.21　二阶采样控制系统对单位斜坡输入 $r(t)=t(t>0)$ 的稳态跟踪误差

国外著名高等院校
信息科学与技术优秀教材

现代控制系统（第14版）

[美] 理查德 · C. 多尔夫（Richard C. Dorf）
[美] 罗伯特 · H. 毕晓普（Robert H. Bishop） 著
谢红卫 译

人民邮电出版社
北京

图书在版编目（CIP）数据

现代控制系统 ： 第14版 / （美） 理查德·C. 多尔夫
(Richard C. Dorf) ，（美） 罗伯特·H. 毕晓普
(Robert H. Bishop) 著 ； 谢红卫译. -- 北京 ： 人民邮
电出版社, 2023.12
国外著名高等院校信息科学与技术优秀教材
ISBN 978-7-115-61556-5

Ⅰ. ①现… Ⅱ. ①理… ②罗… ③谢… Ⅲ. ①控制系
统－高等学校－教材 Ⅳ. ①TP13

中国国家版本馆CIP数据核字(2023)第082638号

版权声明

◆ 著　　[美] 理查德·C. 多尔夫（Richard C. Dorf）
[美] 罗伯特·H. 毕晓普（Robert H. Bishop）
译　　谢红卫
责任编辑　郭　媛
责任印制　王　郁　焦志炜

◆ 人民邮电出版社出版发行　　北京市丰台区成寿寺路 11 号
邮编　100164　　电子邮件　315@ptpress.com.cn
网址　https://www.ptpress.com.cn
北京九州迅驰传媒文化有限公司印刷

◆ 开本：787×1092　1/16　　彩插：4
印张：59.5　　2023 年 12 月第 1 版
字数：1 616 千字　　2024 年 12 月北京第 3 次印刷
著作权合同登记号　图字：01-2021-5721 号

定价：179.80 元

读者服务热线：(010)81055410　印装质量热线：(010)81055316
反盗版热线：(010)81055315
广告经营许可证：京东市监广登字 20170147 号

内 容 提 要

控制系统原理及相近课程是高等学校工科学生的核心课程之一。本书一直是该类课程畅销全球的教材，这是本书第 14 版的中译本，主要内容包括控制系统导论、系统数学模型、状态空间模型、反馈控制系统的特性、反馈控制系统的性能、线性反馈系统的稳定性、根轨迹法、频率响应法、频域稳定性、反馈控制系统设计、状态变量反馈系统设计、鲁棒控制系统、数字控制系统等。

本书的例子和习题大多取材于现代科技领域里的实际问题，新颖而恰当。学习和解决这些问题，可以使学生的创造性素养得到潜移默化的提升。

本书可以用作高等学校工科（自动化、航空航天、电力、电子、机械、化工等）本科高年级学生以及研究生的教材，也可以供从事相关工作的人员阅读参考。

作 者 简 介

Richard C. Dorf 是美国加利福尼亚大学戴维斯分校的电气与计算机工程荣誉退休教授。作为该专业及其应用领域的知名学者，Dorf 教授已经撰写和编著出版了多本工程类教科书和手册，其中，*The Engineering Handbook, Second Edition* 和 *The Electrical Engineering Handbook, Third Edition* 畅销不衰。同时，Dorf 教授还是 *Technology Ventures: From Idea to Enterprise* 的合著者之一，这是一本在技术创业领域极具指导意义的图书。Dorf 教授是电气电子工程师学会（IEEE）会士和美国工程教育协会（ASEE）会士，他还是 PIDA 控制器的专利持有者。

Robert H. Bishop 是美国南佛罗里达大学工学院院长、应用工程研究所主任和电力工程系教授。在受聘南佛罗里达大学之前，Bishop 教授是马凯特大学工学院院长。更早之前，他是得克萨斯大学奥斯汀分校航天工程与机械工程系的系主任和杰出教授，荣获 Joe J. King 专业工程成就奖。Bishop 教授的工程职业生涯起始于著名的 Charles Stark Draper 实验室。他编著出版了讲授图示化编程的畅销教材 *Learning with LabVIEW*，此外还是 *The Mechatronics Handbook* 的合著者之一。Bishop 教授始终是一位活跃的教师和研究者，他作为作者或合作者发表了超过 145 篇期刊或会议论文。他还是全球工学院院长理事会的活跃成员，该理事会致力于建立全球范围的工学院院长网络，以便推进全球工程教育、研究和服务的发展。Bishop 教授是美国航空航天学会（AIAA）会士、美国航天学会（AAS）会士和美国科学促进会（AAAS）会士，并长期活跃于美国工程教育学会（ASEE）和电气电子工程师学会（IEEE）。

前　言

关于本书

气候变化、水资源净化、可持续发展、疫情管控、废物管理、废气减排和初始材料消耗，以及能源使用等全球性议题，促使许多工程师重新审视并反省已有的工程设计方法和策略。工程设计策略改进演化的结果之一，就是所谓的**绿色工程**和**以人为中心的设计**。这些改进演化的目的在于，使得所设计出来的产品能够减少污染、降低给人类健康带来的风险以及改善人类居住环境。采用绿色工程和以人为中心的设计原则，进一步突显了反馈控制系统的技术支撑和赋能作用。

为了减少温室气体排放和尽量降低污染，就需要从质和量两个方面改进环境监控系统。例如，基于移动感应平台并采用无线方式监测外部环境，以及通过测量超前和滞后功率因子、电压波动和谐波波形等参数，来监测供电质量。许多绿色工程系统或部件都需要对电压和电流进行细致的监测。例如，在相互连接的供电网络中，常常需要用变流器来测量和调控电流。传感器是反馈控制系统中的关键部件，只有依据传感器测量提供的系统状态信息，控制系统才能执行恰当的动作。

人类面临的全球性问题对工程设备的自动化程度和精确度提出了越来越高的要求，自动控制系统在绿色工程中的应用将越来越广泛。本书选取了绿色工程中的一些重要应用实例，包括风力涡轮机控制和光伏发电机反馈控制建模等。后者的目标是，使得光伏发电机在阳光随时间变化的情况下，也能够通过反馈控制实现最大的发电功率。

风能和太阳能是世界上主要的可再生能源。风能向电能的转化是通过连接到发电机的风力涡轮机实现的。风力的间歇性促进了智能电网的发展。风力发电有效工作时，智能电网要供风电上网；风力发电在无风不能工作或不能稳定工作时，智能电网则要用其他来源的电力供电上网。智能电网就是在发电装置出现间歇或大的扰动时，仍然能够将电能可靠、高效地输送到家庭、企业、学校和其他用户的软硬件集成体。风力强度和方向的不规则特性，也导致了必须对风力涡轮机自身加以控制，以便产生可靠、平稳的电能，这些控制系统或控制器件的直接目的，就是减小风力间歇性和风向改变对风力发电的影响。能量储备系统也是绿色工程中的关键技术，我们要寻找更多类似燃料电池的、可重用的能量储备系统。在高效的可重用能量储备系统中，主动控制也是一项关键技术。

控制工程取得的另一项令人兴奋的进展是物联网的兴起。物联网是由嵌入了电子部件、传感器和软件，并能够维持它们之间连通性的各种物理实体构成的网络。正如设想的那样，物联网中数以千万计的实体中的每一个实体，都拥有一台嵌入式计算机（装置）并与互联网保持连通。谋求对这些互联实体的控制能力，对控制工程师具有巨大的吸引力。事实上，控制工程是一个充满新奇和挑战的领域。从本质上讲，控制工程更是一个跨学科的综合性领域。控制工程或控制原理课程则是工科专业的核心课程。我们可以采用不同的途径来学习和掌握控制工程的基础知识和技能。一方面，由于控制工程奠定在坚实的数学基础之上，我们可以将定理及其证明作为重点，从严格的理论角度来学习控制工程的理论和方法；另一方面，由于控制工程的终极目标是对实际的系统实施控制，因此，我们也可以在设计反馈控制系统的实践中，主要凭借直觉和实践经验进行学习，不过这只是权宜之计。本书采取的途径是，在介绍基本的数学工具和方法论的基础上，着重介绍物理系统的建模，以及满足实用性能指标要求的实际控制系统的设计。

笔者坚信，对于我们每个人来说，最重要和最有成效的学习方法是，对前人已经得到的答案和方法进行重新发现和创新。因此，理想的教学方法是，向学生提出一系列场景和问题，并给出一部分过去已有的启发性结果。传统方法不重视向学生提出问题而是直接给出完整的答案，这会减少学生感受刺激和兴奋的机会，因而无缘于创造冲动，同时，这样也会将人类获得科技进步的探索变成一堆枯燥的定理。教学的最高境界是向学生提供一些我们当前面临的、重要但尚无答案的问题，由学生自己去寻找答案。这样一来，学生就可以自豪地宣称，他们真正学到的知识都是自己发现的。

本书的目的在于通过正文和习题，向学生介绍基本的反馈控制理论，提供一系列发现和解决问题的机会，帮助学生体验和重新发展反馈控制系统的理论及应用实践。如果能够对此目的有所裨益，那就意味着本书取得了成功。

第 14 版所做的更新

本书的最新版本做了下列主要更新。

- 新增或修改了 20% 左右的课后习题。本书总共提供了 980 多道基础练习题、一般习题、难题、设计题和计算机辅助设计题等各类题目。
- 为了更清晰地呈现内容，扩展了色彩的运用（全书彩色图片可在异步社区下载）。
- 为学生和教师更新了配套网站：Pearson 网站 bishop 页面。

读者对象

本书是为工科类本科生编写的控制系统基础教材。控制系统在各个工程学科领域的应用原理差异甚微，因此，本书的编写对任何工程学科无所偏倚[①]。本书寄希望于能够同样适用于所有工程学科，这正好有力地说明了控制工程的广泛实用性。书中大量的习题和实例来自不同的学科领域，其中列举的关于社会学、生物学、生态学和经济学控制系统的实例，旨在使得读者认识到，控制理论还可以普遍应用于生活的诸多方面。我们认为，让特定专业的学生接触其他学科的例子和习题，有利于拓宽他们的视野和思路，提高他们跨学科学习和研究的能力。事实上，许多学生将来从事的技术工作，与他们目前所学的学科专业并不吻合。我们希望这本控制工程的基础教材，能够让学生对控制系统的分析和设计拥有广泛的了解。

全球已有众多大学采用本书之前的版本作为工科类高年级本科生的教材。缺少控制工程基础的工科研究生，也常常选用本书作为教材。

关于本书的第 14 版

我们为使用本书第 14 版的学生和教师提供了配套网站。本书配套网站上的内容十分丰富，其中包括本书用到的所有 m 脚本文件（即 MATLAB 脚本程序）、拉普拉斯变换表、z 变换表以及

① 这是美国的情况。在美国，尽管控制学会等团体的学术活动非常广泛和活跃，但控制工程既不是独立的工程学科，也不从属于某个工程学科。但在我国，控制科学与工程则是独立的一级学科。——译者注

关于矩阵代数、复数、符号、计量单位、变换因子以及 MATLAB、LabVIEW MathScript RT Module 简介等方面的材料，详见 Pearson 网站 bishop 页面。

重视控制系统的设计是本书历来的特色，第 14 版延续并发展了这一特色。结合磁盘驱动器读取系统设计这样一个实际的工程问题，我们设计了“循序渐进设计实例”。书中的每一章都将利用该章介绍的概念和方法，逐步研讨这个实例。磁盘驱动器被广泛应用于各类计算机，是控制工程的一个重要应用实例。本书各章分别研究了磁盘驱动器读取系统中控制器设计的不同方面。例如：第 1 章确定了控制目标、受控变量、性能指标设计要求以及基本的系统结构；第 2 章建立了受控对象、传感器和执行机构的模型；后续各章则利用该章介绍的知识要点，继续从不同方面研究磁盘驱动器的控制问题。

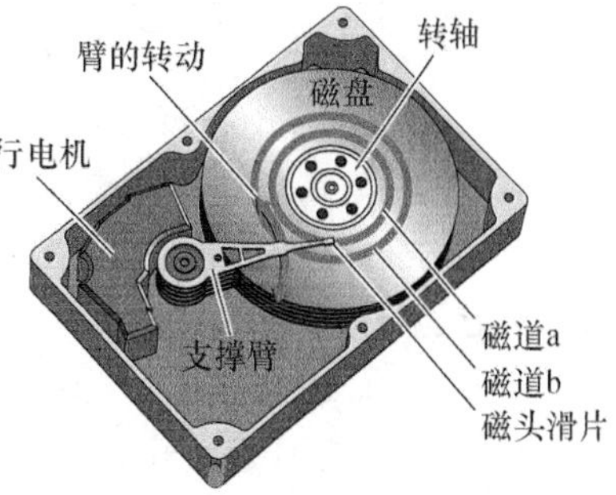

基于与“循序渐进设计实例”相同的思路，我们还编拟了一种连续性设计题，旨在为学生提供通过逐章地练习，最终完成设计任务的机会。精密加工对滑动工作台控制系统提出了严格的性能指标设计要求，在连续性设计题中，我们要求学生运用各章介绍的技术和方法，完成满足给定的性能指标设计要求的控制系统设计。

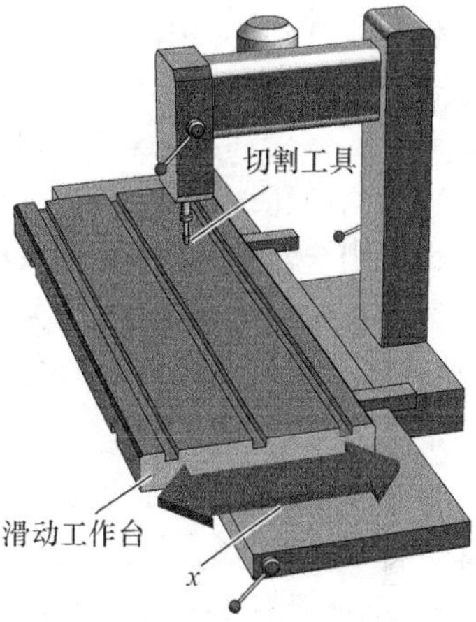

本书进一步完善了计算机辅助设计和分析方面的内容，同时针对“循序渐进设计实例”中不同问题的解决方案，给出了相应的 m 脚本文件。

本书每一章的后面都包含“技能自测”小节，其中包含正误判断题、多项选择题以及术语和概念匹配题共 3 类题目，以便学生自行检查对本章内容的掌握情况。每一章的最后还给出了相应的答案，以便学生及时反馈学习效果。

教学方法

全书根据控制系统理论的发展脉络，围绕时域和频域理论的基本概念展开并组织材料，在内容主题的选择以及例题和习题中实际系统的选材上，尽量体现新颖性和先进性。正因为如此，本书涉及很多新的知识点，如鲁棒控制系统、系统灵敏度、状态空间模型、能控性和能观性、内模控制、鲁棒 PID 控制器、计算机控制系统、计算机辅助设计与分析等。同时，对于控制理论中那些已经得到验证的极具实用价值的经典问题，本书也予以保留并有所扩展。

构建基础理论体系：从经典到现代。本书旨在清晰地阐明时域设计方法和频域设计方法的基本原理。全书涵盖控制工程全部的经典方法，如拉普拉斯变换和传递函数、根轨迹法、劳斯-赫尔维茨稳定性分析；也包括伯德图法、奈奎斯特法和尼科尔斯法等频域响应法；还包括对标准测试信号的稳态跟踪误差，二阶系统近似，相角裕度、增益裕度和带宽等。此外，本书把讨论的范围扩展到了状态空间法，讨论了状态空间模型的能控性和能观性的基本概念，介绍了用于极点配置的阿克曼（Ackermann）公式，以及利用阿克曼公式进行全状态反馈设计的方法，同时讨论了状态变量反馈设计的局限性。针对状态信息无法完整测量的情况，本书介绍了用于估计和重建系统状态的观测器的概念。

在上述基本原理的坚实基础之上，本书还介绍了许多超出传统的新内容。例如，本书介绍了鲁棒控制系统和计算机控制系统等新主题，并专门拿出一章的篇幅，以实际工业用超前校正器和滞后校正器为中心，讨论了反馈控制系统的设计。解决实际问题始终是贯穿各章的重点。除第 1 章外，全书其余各章都介绍了计算机辅助分析与设计方面的内容。

逐步提高解决问题的技能。阅读、听课、记笔记、推演例题都是学习过程的组成部分，但对学习效果的实际检验，则依赖于完成每章后面的习题。本书注重提高学生解决问题的能力，每章末尾的习题分为以下 5 类。

- 基础练习题（以 E 开头）。
- 一般习题（以 P 开头）。
- 难题（以 AP 开头）。
- 设计题（以 DP 开头）。
- 计算机辅助设计题（以 CP 开头）。

例如，第 2 章末尾的习题就包括了 31 道基础练习题、51 道一般习题、9 道难题、5 道设计题和 10 道计算机辅助设计题。基础练习题的目的是让学生在解决复杂问题之前，直接运用各章介绍的概念和方法解决相对直接简单的问题。一般习题则要求学生灵活运用各章的概念来解决新的问题。难题表示相对复杂的问题。设计题侧重于让学生完成设计任务。计算机辅助设计题则旨在培养学生运用计算机解决问题的能力。全书的习题超过 980 道，学生通过完成从练习题到设计题和计算机辅助设计题的各类题目，对自己解决问题的能力将越来越自信。本书提供了相应的教学辅导手册，供所有采用本书教学的教师使用，其中包含所有习题的完整答案。

此外，笔者还编写了名为“现代控制系统工具箱”（Modern Control Systems Toolbox）的教学辅助材料，其中包括了每个计算机辅助设计题的所有 m 脚本文件。读者可以从 Pearson 网站的 bishop 页面下载这些 m 脚本文件。

阐释基本原理，强化设计训练。实际复杂控制系统的设计是贯穿全书的重要主题。强调实际应用系统的设计训练，有利于适应美国 ABET（Accreditation Board for Engineering and Technology，工程与技术认证委员会）的认证和工业设计的需要。

控制系统的设计流程分为 7 个模块，这 7 个模块又可以归纳为 3 大类。

（1）确定控制目标和受控变量，并定义系统的性能指标设计要求。

（2）系统定义和建模。

（3）控制系统设计，全系统集成的仿真和分析。

本书的每一章都强调系统设计流程与该章主题和知识点之间的对应关系，目的在于通过实例来展示控制系统设计流程中不同模块的内容。

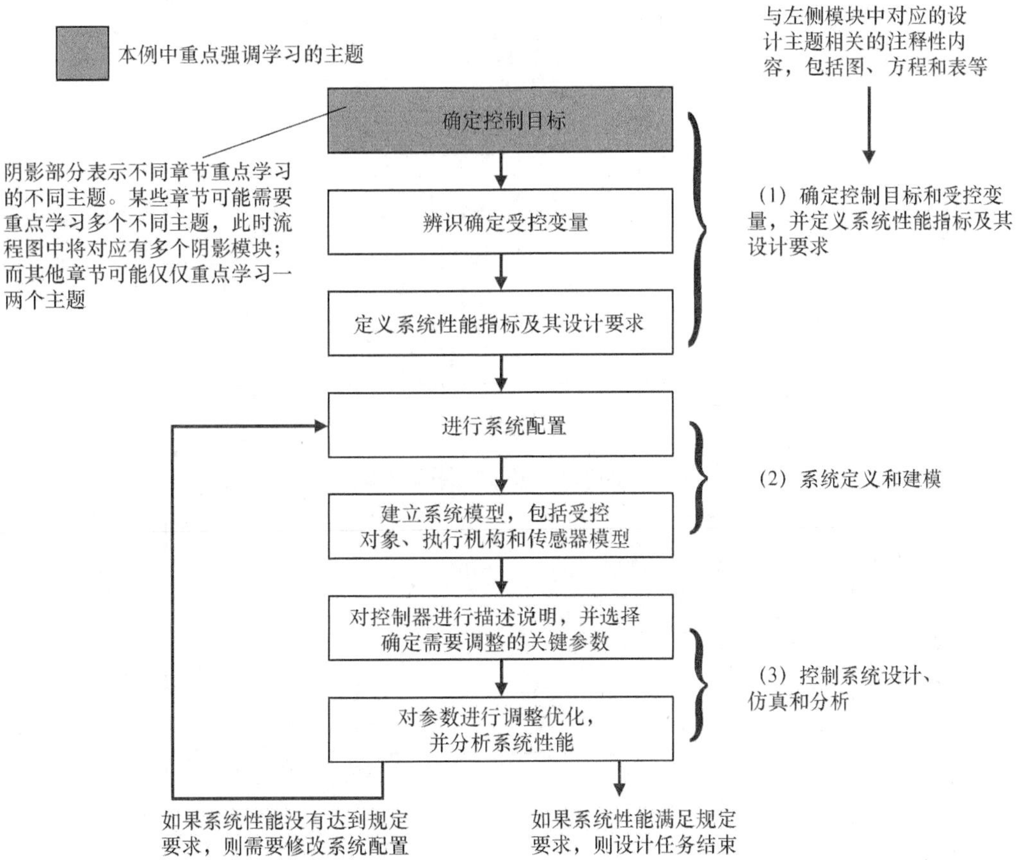

本书每一章都用大量的例题详细说明了控制系统的设计流程，这些例题涵盖控制系统设计在多个领域的应用，包括机器人、制造业、医疗和交通（地面、空中和太空）等。

本书每一章都专门安排了一节内容来帮助学生学习计算机辅助分析和设计，并运用计算机辅助设计的手段，对该章中的实例和概念进行再分析和再设计。通常情况下，本书都提供了用于反馈控制系统设计与分析的脚本程序，并采用注释条对每个脚本程序中的要点进行说明，与文本对应的运算输出结果（通常是曲线图），也采用注释条对要点进行说明。以这些脚本程序为基础，再稍加修改，就可以用来解决其他问题。

提供学习帮助。本书每一章开篇都有新修订的内容提要，旨在介绍该章将要讨论的主要问题。每一章的末尾都附有小结、技能自测题以及主要概念和术语。这些内容有利于强化各章介绍的重要概念，也便于读者今后使用时参考。

必要时，本书还使用了一些技巧（如不同的线型、背景色等），用来强调并使得图形和数据更容易解释。例如，在考虑计算机控制的汽车喷漆机器人时，我们要求学生研究增益 K 取不同值时，闭环系统的稳定性，并确定系统对单位阶跃扰动的响应，也就是对 $T_d(s)=1/s$、$R(s)=0$ 的响应。对应的图表能够：(a) 从不同角度帮助学生更直观地理解问题；(b) 引导他们求解和确定传递函数模型并完成分析。

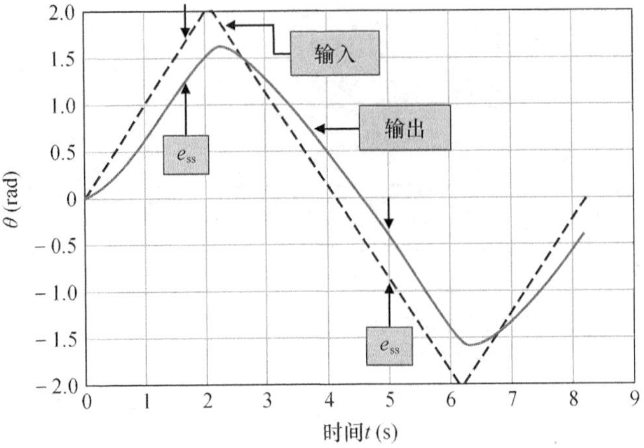

(a) 文本对应的运算输出结果[①]

```
%计算移动机器人控制系统对锯齿波的响应
%
numg=[10 20]; deng=[1 10 0]; sysg=tf(numg,deng);
[sys]=feedback(sysg, [1]);
t=[0:0.1:8.2]';
v1=[0:0.1:2]';v2=[2:-0.1:-2]';v3=[-2:0.1:0]';
u=[v1;v2;v3];
[y,T]=lsim(sys,u,t);
plot(T,y,t,u,'--'),
xlabel('Time (s)'), ylabel('\theta (rad)'), grid
```

$G(s)G_c(s)$

计算三角波输入信号

线性仿真

(b) 对脚本程序进行说明

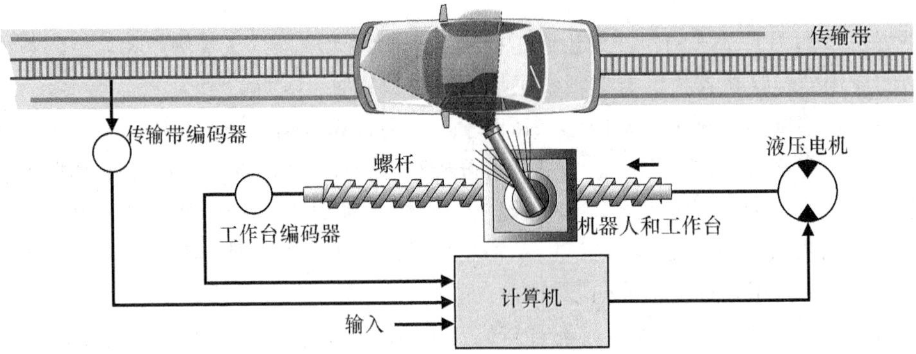

(c) 汽车喷漆机器人示意

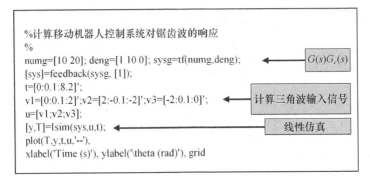

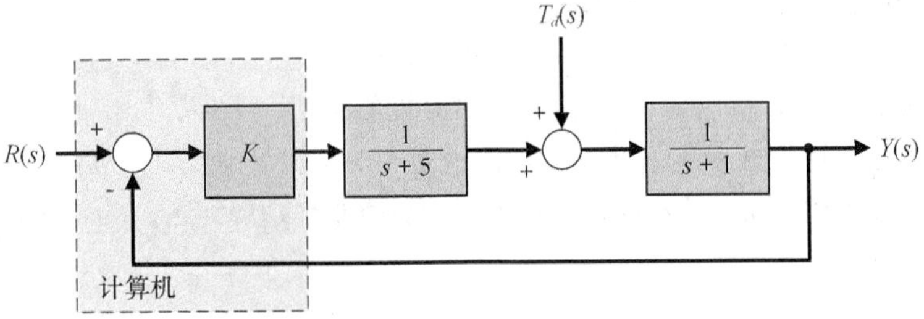

(d) 汽车喷漆机器人闭环系统

① 本书图中多用较窄字体。——译者注

主要内容编排

第 1 章　控制系统导论。该章简要介绍控制理论和实践的发展历史，并介绍了设计和构建控制系统的一般流程和方法。

第 2 章　系统数学模型。该章介绍实际物理系统的输入输出模型，或者说，以传递函数形式为主的数学模型，内容广泛涵盖了各类实际控制系统。

第 3 章　状态空间模型。该章介绍采用状态变量描述的系统状态空间模型，并运用矩阵工具讨论控制系统的瞬态时间响应及性能。

第 4 章　反馈控制系统的特性。该章介绍反馈控制系统的特性，讨论反馈的优点并引入系统偏差信号的概念。

第 5 章　反馈控制系统的性能。该章仔细研究反馈控制系统的性能指标。系统的性能与系统传递函数在 s 平面上的零极点位置分布密切相关。

第 6 章　线性反馈系统的稳定性。该章研究线性反馈系统的稳定性并考查系统稳定性与系统传递函数的特征方程的关系，还介绍了劳斯-赫尔维茨稳定性判据。

第 7 章　根轨迹法。该章研究当一两个系统参数变化时，系统的特征根在 s 平面上的运动轨迹，并讨论如何用图解法来确定 s 平面上的根轨迹。此外，该章还介绍了应用广泛的 PID 控制器，以及用于 PID 控制器参数整定的齐格勒-尼科尔斯法。

第 8 章　频率响应法。该章研究当频率变化时，系统对正弦输入信号的稳态响应，还讨论了伯德图等频率响应特性图。

第 9 章　频域稳定性。该章采用频率响应法研究系统的稳定性，并讨论系统的相对稳定性和奈奎斯特稳定性判据，还讨论了如何利用奈奎斯特图、伯德图和尼科尔斯图等工具考查系统的稳定性。

第 10 章　反馈控制系统设计。该章讨论控制系统的几种设计和校正方法，介绍多种实用的校正装置，并对它们改善系统性能的机理进行说明，该章的重点是设计合适的超前校正器和滞后校正器。

第 11 章　状态变量反馈系统设计。该章主要讨论如何利用状态空间模型设计控制系统，讨论基于极点配置的全状态反馈设计和观测器设计方法，给出系统能控性和能观性的判别方法，并讨论内模设计的概念及方法。

第 12 章　鲁棒控制系统。该章介绍在存在不确定性的情况下，如何设计高精度的控制系统。该章将讨论 5 种鲁棒设计方法，它们分别是根轨迹法、频域响应法、用于鲁棒 PID 控制器设计的 ITAE 法、内模设计法以及伪定量反馈设计法。

第 13 章　数字控制系统。该章介绍描述和分析计算机控制系统及其性能的方法，并讨论数据采样控制系统的稳定性与其他性能。

致谢

我们向对本书的第 14 版以及之前各版本的撰写和出版，给予过热情帮助的人士表示真诚的感谢，他们是：John Hung（奥本大学）、Zak Kassas（加州大学欧文分校）、Hanz Richter（克利夫兰州立大学）、Abhishek Gupta（俄亥俄州立大学）、Darris White（安柏瑞德航空大学）、John K. Schueller（佛罗里达大学）、Mahmoud A. Abdallah（俄亥俄中央州立大学）、John N. Chiasson（匹兹堡大学）、Samy El-Sawah（加州州立理工大学波莫纳分校）、Peter J. Gorder（堪萨斯州立大学）、Duane Hanselman（缅因大学）、Ashok Iyer（内华达大学拉斯维加斯分校）、Leslie R. Koval（密苏里大学罗拉分校）、L. G. Kraft（新罕布什尔大学）、Thomas Kurfess（佐治亚理工学院）、Julio C. Mandojana（明尼苏达州立大学曼卡托分校）、Luigi Mariani（帕多瓦大学）、Jure Medanic（伊利诺伊大学香槟分校）、Eduardo A. Misawa（俄克拉何马州立大学）、Medhat M. Morcos（堪萨斯州立大学）、Mark Nagurka（马凯特大学）、D. Subbaram Naidu（爱达荷州立大学）、Ron Perez（威斯康星大学密尔沃基分校）、Carla Schwartz（MathWorks 公司）、Murat Tanyel（多尔特学院）、Hal Tharp（亚利桑那大学）、John Valasek（得克萨斯农工大学）、Paul P. Wang（杜克大学）、Ravi Warrier（GMI 工程与管理研究所）、Greg Mason（西雅图大学）和 Jonathan Sprinkle（亚利桑那大学）。

联系方式

笔者愿意与本书的读者建立稳定的联系，我们热切希望读者能够对本书及未来的后续版本提出宝贵的意见和建议。通过这种稳定的联系，我们可以及时地将读者普遍感兴趣的热点信息发送给您，也可以将其他读者对本书的意见或评论转告您。

请保持密切联系！

Robert H. Bishop　　robertbishop@usf.edu

资源与支持

本书由异步社区出品，社区（https://www.epubit.com）为您提供相关资源和后续服务。

配套资源

本书提供如下资源：

- 思维导图；
- 彩图文件。

要获得以上配套资源，您可以扫描下方二维码，根据指引领取。

您也可以在异步社区本书页面中单击“配套资源”，跳转到下载页面，按提示进行操作即可。

如果您是教师，希望获得教学配套资源，请发送邮件到 contact@epubit.com.cn，注明您的学校、专业等信息。我们可以提供的教学资源包括：

- 教学 PPT（英文电子版）；
- 教学辅导手册（英文电子版，包括本书配套习题的完整解答）。

提交勘误信息

作者、译者和编辑尽最大努力来确保书中内容的准确性，但难免会存在疏漏。欢迎您将发现的问题反馈给我们，帮助我们提升图书的质量。

当您发现错误时，请登录异步社区，按书名搜索，进入本书页面，单击“发表勘误”，输入相关信息，单击“提交勘误”按钮即可，如下图所示。本书的作者和编辑会对您提交的相关信息进行审核，确认并接受后，您将获赠异步社区的 100 积分。积分可用于在异步社区兑换优惠券、样书或奖品。

与我们联系

我们的联系邮箱是 contact@epubit.com.cn。

如果您对本书有任何疑问或建议，请您发邮件给我们，并请在邮件标题中注明本书书名，以便我们更高效地做出反馈。

如果您有兴趣出版图书、录制教学视频，或者参与图书翻译、技术审校等工作，可以发邮件给我们；有意出版图书的作者也可以到异步社区投稿（直接访问 www.epubit.com/contribute 即可）。

如果您所在的学校、培训机构或企业想批量购买本书或异步社区出版的其他图书，也可以发邮件给我们。

如果您在网上发现有针对异步社区出品图书的各种形式的盗版行为，包括对图书全部或部分内容的非授权传播，请您将怀疑有侵权行为的链接通过邮件发送给我们。您的这一举动是对作者权益的保护，也是我们持续为您提供有价值的内容的动力之源。

关于异步社区和异步图书

“**异步社区**”是人民邮电出版社旗下 IT 专业图书社区，致力于出版精品 IT 图书和相关学习产品，为作译者提供优质出版服务。异步社区创办于 2015 年 8 月，提供大量精品 IT 图书和电子书，以及高品质技术文章和视频课程。更多详情请访问异步社区官网 https://www.epubit.com。

“**异步图书**”是由异步社区编辑团队策划出版的精品 IT 专业图书的品牌，依托于人民邮电出版社的计算机图书出版积累和专业编辑团队，相关图书在封面上印有异步图书的 Logo。异步图书的出版领域包括软件开发、大数据、人工智能、测试、前端、网络技术等。

实 例 索 引

第1章

第2章

第3章

第4章

第5章

第6章

第7章

第8章

第9章

第10章

第11章

第12章

第13章

附录G

附录I

目　　录

第1章　控制系统导论

提要

控制系统是为了达到预期目标，由相互关联的元部件组成的系统。本章讨论开环和闭环反馈控制系统。我们因循历史的脉络，从发展进程中回顾和检视了一些控制系统实例。早期的控制系统已经体现了许多有关反馈的基本概念和理念，现代控制系统采用的正是这些概念和理念。

本章介绍控制工程的设计流程，涵盖确定设计目标和受控变量、确定性能指标设计要求，以及控制系统的定义与配置、建模与分析等设计模块。设计过程反复迭代的内在特性，使得我们能够有效地减小设计差异，同时在复杂性、性能和费用等指标之间达成必要的折中，最终满足设计要求。

最后，本章介绍一个循序渐进的设计实例——磁盘驱动器读取系统。这个例子将在本书各章中逐步加以深化。它既是非常重要的实际控制系统设计问题，又是有益的学习辅助实例。

预期收获

在完成本章的学习之后，学生应该：

- 能够列举有说服力的控制系统实例,并辨识这些实例与控制工程当前主要概念之间的对应关系；
- 能够简要概述控制系统的发展历史及其在社会发展进程中的重要作用；
- 能够按照技术进步的趋势路径，讨论控制系统的未来发展；
- 了解辨识控制系统设计的基本步骤，理解工程设计中涉及的控制环节。

1.1　引言

工程师制造产品以便造福人类，人类的生活品质由于工程技术而得以维持和提升。为了实现这个目标，工程师们一直在努力通过理解、描述并控制各种自然材料和自然力来造福人类。一个涉及众多技术的关键性的工程领域，就是跨学科的控制系统工程。控制系统工程师们专注于理解和控制他们周边环境的一部分，即所谓的**系统**，这也就是那些为了达到预期目标而用相互关联的元器件和部件组成的集成体。这些系统可能是内涵和边界界定清晰的系统，如汽车定速巡航控制系统；也可能是外延广阔和复杂的系统，如用来直接控制操纵器或操纵杆的脑机接口系统。

通过运用线性时不变数学模型来代表承受外部扰动影响的非线性、时变和具有不确定参数的实际的物理系统，控制工程得以处理、设计与实现控制系统。缘于计算机系统，特别是嵌入式处理器，已经变得不再那么昂贵、耗电和占用空间，而计算能力却有长足的进步，与此同时，传感器和执行机构也经历着类似的演化过程——体积变小、功能增强，这导致在数量和复杂性上，控制系统的应用都得到极大的发展。**传感器**是提供所需要的外部信号测量值的器件。例如，电阻式温度计（Resistance Temperature Detector，RTD）就是测量温度的传感器。**执行机构**则是控制系统所采用的，用于改变或调节周边环境状态的部件。例如，用来转动机器人机械臂的电机，就是将电能转化为机械扭矩的执行机构的实例。

控制工程的面貌日新月异。物联网（Internet of Things，IoT）时代为控制系统在众多领域的应用带来了有趣的挑战，这些应用领域包括环境工程（想一想在家庭生活和工作中，如何更高效地利用能源）、制造业（想一想 3D 打印）、消费品、能源、医疗与保健器械、交通（想一想自动驾驶汽车）等[14]。对控制工程师们而言，他们当下面临的一个挑战是，力争能够为我们周边现代、复杂、互联互通的系统，创建出简单但又可信和足够精确的数学模型。幸运的是，如今有很多现代设计工具可供使用，此外，还有丰富的开源软件模块和基于网站的用户群组（用于共享点子和回答疑问），也可以为建模分析者提供帮助。类似的是，由于互联网让许多资源变得唾手可得，配合相对廉价的计算机、传感器和执行机构等，使控制系统的硬件实现也变得越来越便捷。**控制系统工程**全神贯注地对各种实际的物理系统进行建模分析，然后在这些模型的基础上设计合适的控制器，并让得到的闭环控制系统具有我们预期的各种行为表现特性，例如：稳定性、相对稳定性、满足预定误差容许限的稳态随动、满足多个指标要求（超调量、调节时间、上升时间、峰值时间等）的瞬态随动、对外部扰动的抗干扰性以及对建模不确定性的鲁棒稳健性等。在实际系统的设计和实现的全过程中，至关重要的环节是控制器的设计，例如：设计出适用的 PID 控制器、相角超前校正器、相角滞后校正器、状态反馈控制器和/或其他结构的控制器。这些正是本书所关注的内容。

控制工程以反馈理论和线性系统分析为基础，综合应用了网络理论和通信理论的有关概念和知识。尽管需要坚实的数学基础，但控制工程非常贴近工程实际，并影响着我们日常生活中的方方面面。实际上，控制工程并不局限于任何单个工程学科，而是能够被同样广泛地应用于航空工程、农业工程、生化医药、化工工程、土木工程、计算机工程、工业工程、电气工程、环境工程、机械工程以及核工程等工程学科，甚至被应用于计算机科学。在系统工程的研究中，也能发现控制工程的众多主题。

控制系统是由相互关联的元件按一定的结构构成的，它能够提供预期的系统响应。系统分析的基础是线性系统理论，旨在认定和分析系统各部分之间存在的因果关系。因此，受控元件、**受控对象**或者受控过程，可以用图 1.1 所示的方框来表示，其中的输入输出关系表示受控过程的因果关系，换言之，表示对输入信号进行处理，进而获取输出信号的过程。如图 1.2 所示，**开环控制系统**直接利用控制器和执行机构来获得预期的响应。开环控制系统是没有反馈的系统。

图 1.1　受控对象/受控过程

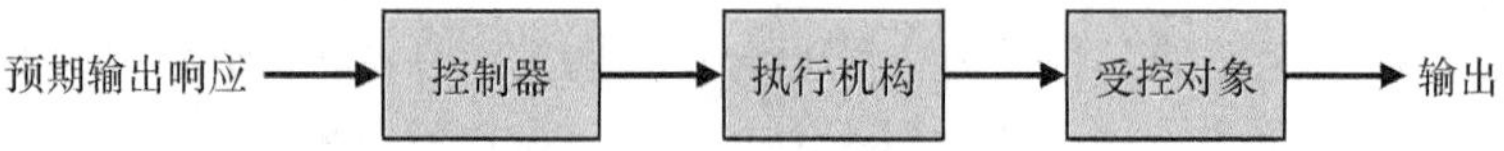

图 1.2　开环控制系统（无反馈）

开环控制系统在没有反馈的情况下，利用执行机构直接控制受控对象。

概念强调说明 1.1

与开环控制系统不同，闭环控制系统增加了对实际输出的测量，并将实际输出与预期输出作了比较。输出的测量值被称为（用作）**反馈信号**。一个简单的**闭环反馈控制系统**如图 1.3 所示。反馈控制系统通过比较系统变量的某种函数，并将比较所得的偏差作为控制的依据，从而逐步使系统变量彼此之间保持预定的函数关系。由于使用了精密的测量仪器或传感器，得到的输出响应测量是实际输出响应的良好近似。

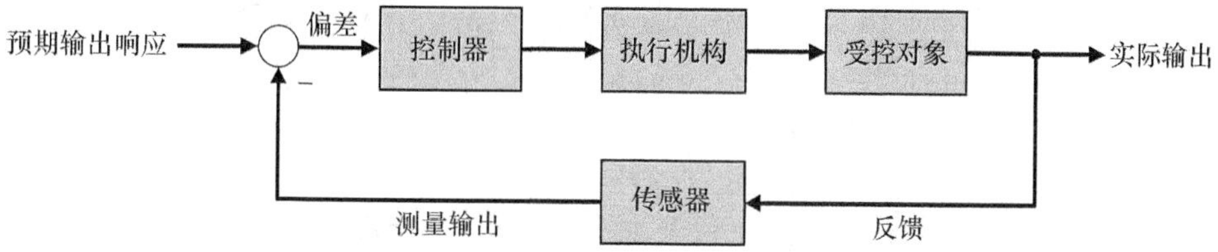

图 1.3　闭环反馈控制系统（有反馈）

反馈控制系统在实施控制时，常常用一个函数来描述参考输入与实际输出的预定关系。通常的做法是，将受控过程的实际输出与参考输入之间的偏差信号放大，并用于控制受控过程，以便使得偏差不断减小。通常情况下，实际输出与参考输入之间的偏差就等于系统偏差，并用控制器来处理这个偏差信号以便生成控制器输出。控制器的输出则驱使执行机构调节受控对象，以便达到减小系统偏差的目的。下面这个例子可以用来说明这种工作过程。当一艘轮船的航向向右偏离时，舵机的工作将会驱使轮船航向向左航行，以便逐步纠正航向误差。图 1.3 所示的就是所谓的**负反馈**控制系统，因为系统是从参考输入中扣除输出测量值，在得到偏差信号之后，将其用作控制器的输入的。反馈的概念是控制系统分析与设计的基础。

闭环控制系统利用对输出的测量，将测量信号反馈并与预期的输出（参考输入或指令输入）作比较。

概念强调说明 1.2

与开环控制系统相比，闭环控制系统有许多优点。例如，闭环控制系统有更强的抗外部**干扰**的能力和衰减**测量噪声**的能力。在图 1.4 中，作为外部输入，我们添加了外部干扰和测量噪声模块。在现实世界中，外部干扰和测量噪声是不可避免的。因此，在设计实际的控制系统时，我们必须采取措施加以解决。

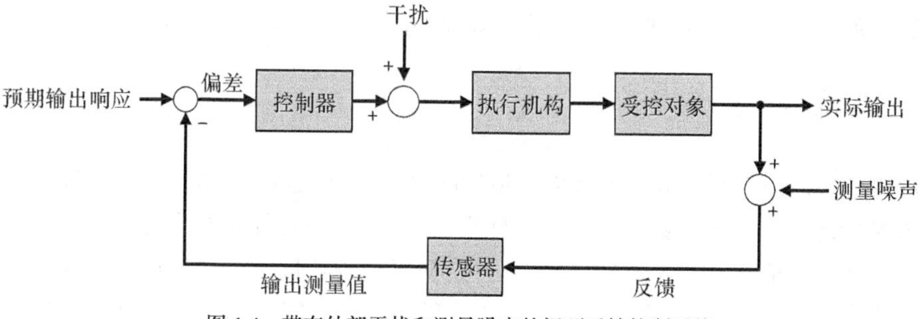

图 1.4　带有外部干扰和测量噪声的闭环反馈控制系统

图 1.3 和图 1.4 所示的反馈控制系统是单环（回）路反馈控制系统。许多反馈控制系统具有多个环路。图 1.5 所示的就是一个具有内环和外环的**多环路反馈控制系统**的一般性例子。在此情况下，内部环路和外部环路各自配备有控制器和传感器。由于多环路反馈控制更能代表现实世界中的实际情况，本书通篇都会提及和讨论多环路反馈控制系统的有关特性。但是，我们主要利用单环路反馈控制系统来学习反馈控制系统的特性和优点，所得到的结论可以方便地推广到多环路反馈控制系统。

由于受控系统日益复杂以及人们对获得最优性能的兴趣与日俱增，控制系统工程变得越来越重要。更进一步地，随着受控系统的日趋复杂化，这要求我们在设计控制方案时，还必须同时考虑多个受控变量之间的相互关系。图 1.6 就是所谓的**多变量控制系统**的框图模型。

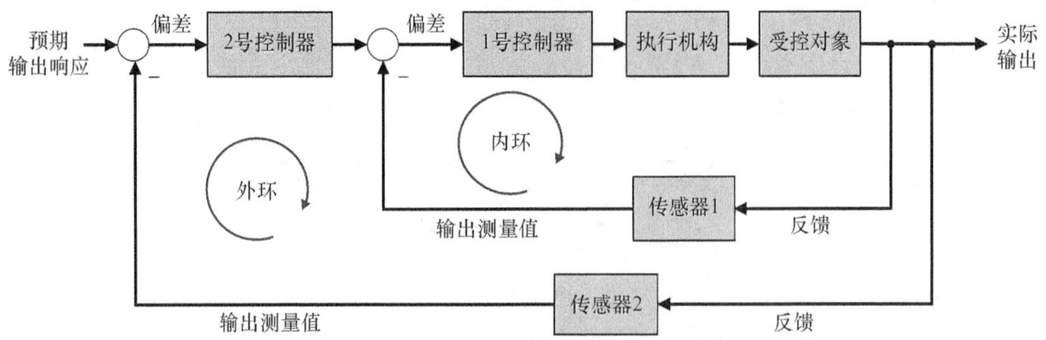

图 1.5　具有内环和外环的一般的多环路反馈控制系统

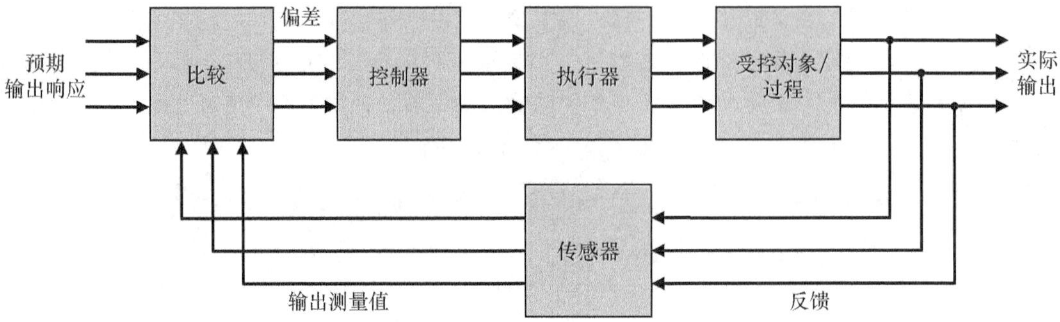

图 1.6　多变量控制系统

常见的开环控制系统的例子是设定了起止时间的微波炉；闭环反馈控制系统的例子则是驾驶员驾驶汽车，驾驶员用他的眼睛观察汽车在道路上的位置并进行适当的调整。

引入反馈可以使我们更好地控制受控系统，得到预期的输出，并提高控制的精度，但这同时也要求我们对系统的稳定性和性能给予足够的重视。

1.2　自动控制简史

对系统实施反馈控制有着多彩的历史。最早的反馈控制实例可能是公元前 300 年 ~ 公元前 1 年出现在古希腊的浮球调节装置[1, 2, 3]。克特西比乌斯（Ktesibios）发明的水钟就使用了浮球调节装置。大约在公元前 250 年，菲隆（Philon）发明了一种油灯，这种油灯使用浮球调节器来保持燃油的油面高度。生活在公元 1 世纪前后的亚历山大人海隆（Heron），曾经出版了一部名为《气动力学》（*Pneumatica*）的著作，其中介绍了几种利用浮球调节器控制水位的方法[1]。

近代欧洲最早出现的反馈系统是荷兰工程师科内利斯·德雷贝尔（Cornelis Drebbel，1572—1633）发明的温度调节器[1]，丹尼斯·帕平（Dennis Papin，1647—1712）则在 1681 年发明了第一个锅炉压力调节器，它是一种安全调节装置，与目前压力锅的减压安全阀类似。

人们公认的最早被应用于工业过程的自动反馈控制器是詹姆斯·瓦特（James Watt）于 1769 年发明的**飞球调节器**，它被用来控制蒸汽机的转速[1, 2]。图 1.7 所示的这种全机械的装置，可以测量输出驱动杆的转速并利用飞球的运动来控制阀门，进而控制进入蒸汽机的蒸汽流量。如图 1.7 所示，调节器的轴杆通过斜面齿轮和链接机构，与蒸汽机的输出驱动杆链接在一起。当蒸汽机输出驱动杆的输出转速增大时,飞球重心上移,飞离轴杆轴线,于是通过链杆将阀门关小，蒸汽机就会因此减速。

最早的具有历史意义的反馈系统，据说是由 I. 普尔佐诺夫（I. Polzunov）于 1765 年发明的，用于水位控制的浮球调节器[4]，如图 1.8 所示，浮球探测水位并控制设在锅炉入水口处的阀门。

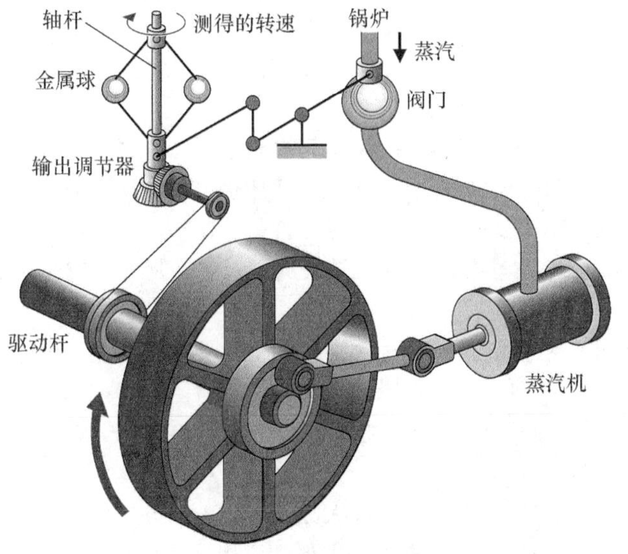

图 1.7　瓦特的飞球调节器

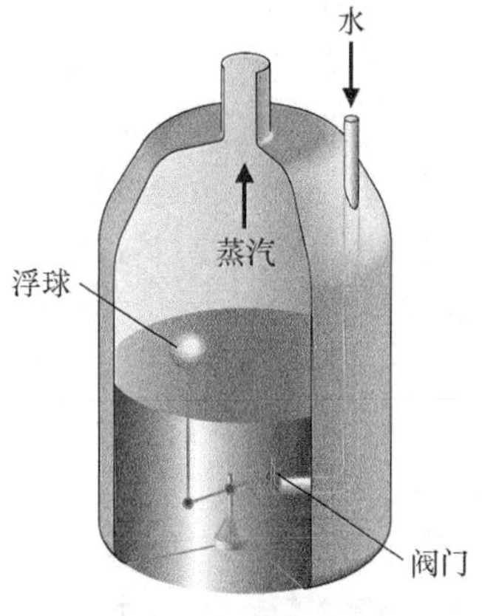

图 1.8　水位浮球调节器

自动控制系统在 19 世纪主要凭借直觉技巧和实证性发明逐渐发展起来。但是，缘于对提高控制系统精度的不懈努力，人们必须缓解瞬态振荡，甚至系统不稳定的问题。因此，发展自动控制理论成了当务之急。1868 年，J.C. 麦克斯韦（J.C. Maxwell）用微分方程建立了一类调节器的模型，发展了与控制理论相关的数学理论，其工作重点在于研究系统参数的变化对系统性能的影响[5]。在同一时期，I.A. 维斯内格拉德斯基（I.A. Vyshnegradskii）建立了调节器的数学理论[6]。

第二次世界大战之前，在美国和西欧国家，控制理论及其应用的发展路径与苏联和东欧国家不同。H.W. 伯德（H.W. Bode）、H. 奈奎斯特（H. Nyquist）和 H.S. 布莱克（H.S. Black）等人在贝尔电话实验室对电话系统和电子反馈放大器所做的研究工作，是促进反馈系统在美国得以应用的主要驱动力[7-10, 12]。

1921 年，在从伍斯特理工学院（Worcester Polytechnic Institute）毕业后，布莱克随即进入美国电话电报公司（AT&T）的贝尔实验室工作。在那一年，贝尔实验室面临的主要任务是改进信号放大器的设计，以便改善整个电话系统。布莱克的任务是对放大器进行线性化、稳定化，并改善其性能，使得串联起来的放大器可以用于将话音传送到数千英里（mile，1 mile 约 1609 m）之外。在研究振荡电路多年之后，布莱克产生了避免自激振荡的负反馈放大器的念头。在很宽的频带内，布莱克的创意可以提升振荡电路的稳定性[8]。

采用带宽等频域术语和频域变量的频域方法，当初主要用来描述反馈放大器的工作情况。与此不同，在苏联，一些著名的数学家和应用力学家主导和促进了控制理论的发展，这些人的理论倾向于使用基于微分方程的时域方法。

对工业过程（加工、制造等）实施自动控制而非人工控制，常常又被称为**自动化**。在化工、电力、造纸、汽车、钢铁等行业，自动化非常普遍。自动化已经成为工业社会的主旋律，工厂普遍采用自动化的机器设备来提高产量，工业界十分关注工人的人均产出。**生产率**的一般定义是实物产出与实物投入之比[26]。本书这里的生产率指的是劳动生产效率，即每小时的实际产出。

第二次世界大战期间，自动控制理论及其应用出现了一个发展高潮。战争需要基于反馈控制的方法，来设计和建造飞机自动驾驶仪、火炮操瞄系统、雷达天线控制系统及其他军用系统。这些军用系统的复杂性和对高性能的追求，要求拓展已有的控制技术，这导致人们更加关注控制系统，同时也产生许多新的见解和方法。1940 年以前，在绝大部分场合，控制系统设计是一门艺术或手艺，采用的主要是“试错法”。而到了 20 世纪 40 年代，无论是在数量还是在实用性方面，数学和解析的设计方法都有了很大发展，控制工程本身也因此发展成为一门工程学科[10-12]。

控制工程的另一个应用工程发明实例，是贝尔电话实验室的大卫 · B. 帕金森（David B. Parkinson）发明的火炮射击瞄准仪。1940 年春，当时帕金森正致力于改进自动电压记录仪。这种仪器用于在标有条形刻度的记录纸上绘制电压记录，其中的关键元件是一个小的电位计，它通过执行机构来控制记录笔的运动。“既然我的电位计可以控制记录仪的记录笔，那么，它是不是也能够控制类似的机器，例如控制防空高炮呢?”[13]

经过艰苦的努力，1941 年 12 月 1 日，帕金森提供了一台工程样机供美国陆军进行试验，并于 1943 年年初提供了生产样机，最终有 3000 台高炮射击瞄准仪装备了部队。这种控制器由雷达提供输入，高炮根据目标飞机的当前位置数据和计算出来的目标预期位置，来确定应该瞄准的方向。

随着拉普拉斯变换和频域复平面的广泛应用，第二次世界大战之后，频域方法仍然在控制领域占据主导地位。在 20 世纪 50 年代，控制工程理论的重点是发展和应用 s 平面方法，特别是根轨迹法。到了 20 世纪 80 年代，将数字计算机用作控制元件已属平常之举，这些新元件为控制工程师们提供了前所未有的运算速度和精度，它们现在主要用于过程控制系统。过程控制系统通常需要计算机来实现多个变量的同步测量和控制。

随着“伴侣号”（Sputnik）人造卫星的发射升空和空间时代的到来，控制工程又有了新的动力。为导弹和空间探测器设计复杂的、高精度的控制系统成了现实需求。此外，由于既要减轻卫星等飞行器的质量，又要对它们实施精密控制，研究触角又扩展到十分重要的最优控制。正是基于上述需求，由利亚普诺夫（Liapunov）和米诺尔斯基（Minorsky）等人提出的时域方法受到极大关注。由苏联的 L.S. 庞特里亚金（L.S. Pontryagin）和美国的 R. 贝尔曼（R. Bellman）研究提出的最优控制理论，以及人们近期对鲁棒系统的研究，都为时域方法增色不少。控制工程在进行控制系统分析与设计时，应同时使用时域和频域两种方法。

一个值得一提的具有全球影响力的例子是美国的天基无线电导航系统，即全球定位系统（Global Positioning System，GPS）[82-85]。在遥远的古代，人类探究使用了各种策略和手段来避免探险者在汪洋大海上迷失方向，包括沿着海岸线航行，使用罗盘指北以及使用六分仪测量天际线上方的星星、月亮和/或太阳的角度等。早期的探险者可以准确测量并估算纬度，但不能准确测量和估算经度。直到 18 世纪精密计时器被发明出来，人们通过将其与六分仪结合使用，才开始能够准确测量并估算经度。无线电导航系统出现于 20 世纪早期，并在第二次世界大战中得以应用。随着人造卫星和空间时代的到来，人们意识到通过在地球上观测回波信号的多普勒频移，可以将人造地球卫星的无线电信号用于导航。研发工作持续到 20 世纪 90 年代，拥有 24 颗卫星的 GPS 才最终解决了探险者多个世纪以来面临的基本问题，提供了当前位置的可靠定位手段。GPS 可以在任意时间（白天或黑夜）和地点，向用户免费提供可靠的定位和授时信息。将 GPS 作为提供定位（和速度）信息的传感器使用，已经成为地面、海上和空中的交通控制系统的骨干支撑技术。GPS 不仅能够用于抢险救灾和帮助急救人员拯救生命，也可以用于与我们的日常生活密切相关的各个方面，如电网控制、银行业务、农业生产和资源勘查等。

提供位置、导航和时间数据信息的全球定位卫星服务（如 GPS、GLONASS 和 Galileo 等①），再与演变进步中的无线移动技术、高可信移动计算技术和装备、全球地理信息系统以及语义网络等融合集成，正在支撑所谓的**泛在定位**技术的发展和成熟[100-103]。在全球范围内，这些系统能够以时间线的形式，提供人员个体、机动车或其他物品的位置信息。随着个人**泛在计算**[104]技术不断地将主动控制技术拓展应用到事件发生的场景边界，我们将面临众多的机会，在坚实的系统理论和概念的基础上设计和构建自主系统，这本聚焦于现代控制系统的教材涵盖了这些所需要的系统理论和概念。

物联网（Internet of Things，IoT）的发展对控制工程产生着颠覆性的影响。凯文·阿什顿（Kevin Ashton）在 1999 年首先提出了物联网的概念。物联网是由物理实体构成的网络，这些物理实体被嵌入和赋予了电子器件、软件、传感器和连通性等特性，而所有这些部件和特性，正好是控制工程所具备的[14]。物联网中的所有“物”都通过所嵌入的计算机被连接到互联网。对于控制这些连到互联网的实体，控制工程师们兴趣盎然，但目前还有许多未尽的工作有待完成，特别是建立相关的标准[24]。国际数据联盟（International Data Corporation, DC）估计，到 2025 年，将会有大约 416 亿在用的物联网器件和设备，产生约 79.4ZB 的数据[106]。$1ZB=10^{12}GB$！

图 1.9 给出的物联网技术发展路线图[27]表明，在不远的将来，控制工程将在这些互连实体的自主控制应用中扮演重要角色。

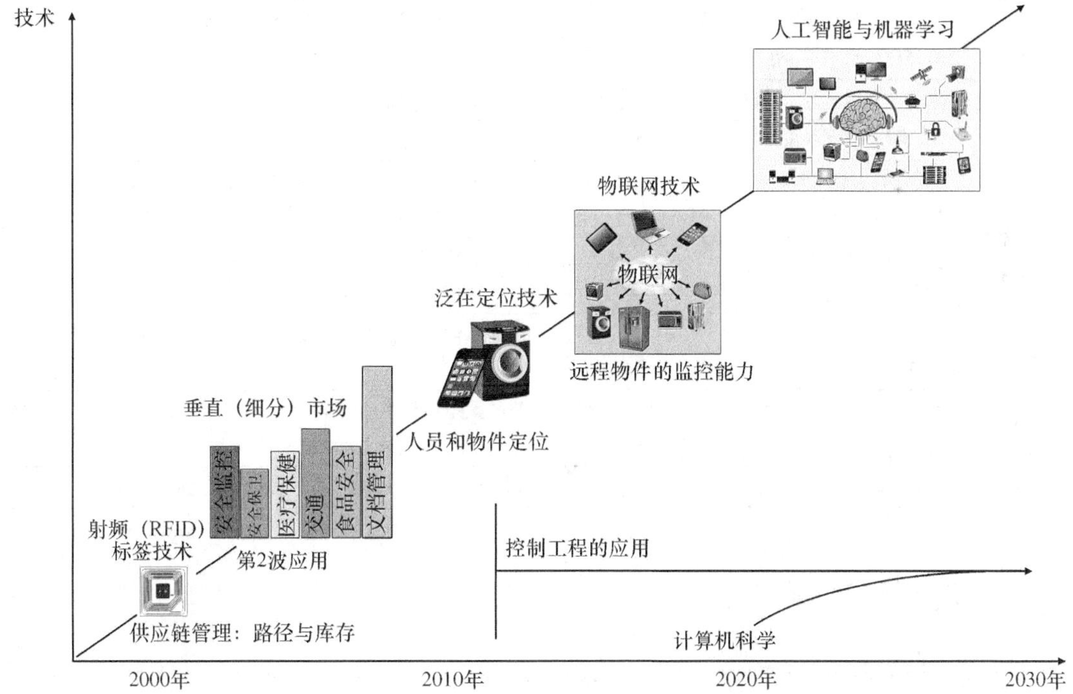

图 1.9　由人工智能和控制工程应用助力的物联网技术发展路线图（来源：SRI 商业情报公司）

表 1.1 给出了控制系统发展历程中的主要节点。

---

① GPS 是美国的全球定位系统，GLONASS 是俄罗斯的格洛纳斯导航卫星系统，Galileo 是欧洲的伽利略导航卫星系统。除此之外，还有中国的北斗卫星定位系统。

表 1.1　控制系统发展历程简表

年　份	事　件
1769	瓦特发明了蒸汽机和飞球调节器。
1868	麦克斯韦为蒸汽机的调节器建立了数学模型。
1913	亨利·福特（Henry Ford）在汽车生产中引入了机械化装配线。
1927	布莱克发明了负反馈放大器，伯德分析了反馈放大器。
1932	奈奎斯特发展了系统稳定性分析方法。
1941	第一门具有主动控制功能的防空高炮诞生。
1952	为了实施机床轴向控制，MIT（Massachusetts Institute of Technology）开发出了数控（Numerical Control，NC）方法。
1954	乔治·德沃尔（George Devol）开发出了“程控物件转运器”，它被视为最早的工业机器人。
1957	发射“伴侣号”人造地球卫星，开启了太空时代，适时促进了计算机小型化和自动控制理论的发展。
1960	在德沃尔设计的基础上，世界上的第一个工业机器人尤尼梅特（Unimate）研制成功，于 1961 年安装，用于向压铸机给料。
1970	发展了状态变量模型和最优控制的理论与技术。
1980	鲁棒控制系统设计得到广泛研究。
1983	个人计算机问世（控制系统设计软件也随之问世），从而将设计工具搬到了工程师的书桌上。
1990	ARPANET（世界上第一个使用 Internet 协议的网络）开放，由商业公司提供的私人入网应用业务迅速扩展。
1994	汽车上广泛采用了反馈控制系统，工业生产中迫切需要可靠性高、鲁棒性强的系统。
1995	全球定位系统（GPS）投入运营，面向全球提供定位、授时和导航服务。
1997	名为“旅居者号”（Sojourner）的第一台自主控制漫游车实现了火星着陆探测。
2007	“轨道快车”（Orbital Express）计划首次实现了空间交会对接。
2011	美国国家航空航天局（National Aeronautics and Space Administration，NASA）的机械臂 R2 成为美国制造的国际空间站上的首台机械臂，用于协助机组人员完成舱外作业（extravehicular activities，EVAs）。
2013	意大利的帕尔马大学（University of Parma）设计了名为布雷夫（BRAiVE）的机动车，第一次实现了在驾驶座无人的情况下，机动车在对公众开放的复杂交通路面上的自主行驶。
2014	包括嵌入式系统、无线传感网络、控制系统和自动化等关键系统的集成和融合，促成实现了物联网（IoT）。
2016	在由自主机器人操控的无人航天着陆船上，美国太空探索技术公司（SpaceX）首次成功实现了火箭着陆。
2019	美国 Alphabet 公司旗下的 Wing 项目在美国首创推出了无人操纵空中飞行器商业配送服务。

1.3　控制系统实例

控制工程关心的是分析与设计面向目标（goal-oriented）的系统。这种面向目标的策略产生了不同层次的面向目标的控制系统。现代控制理论格外关注具有自组织、自适应、鲁棒性、自学习和最优性等特征的系统。

例 1.1　自动驾驶汽车

当汽车能够对司机的操纵做出快速、准确的响应时，驾驶汽车无疑是一件令人惬意的事情。自主或自动驾驶汽车的时代已经初现端倪[15, 19, 20]。自主驾驶汽车必须具备诸多原先由司机执行的典型功能，例如，能够感应变化中的环境，能够执行路径规划，能够预先生成大量的控制输入指令，包括驾驶与转向、加速与刹车指令等，并且能够精确地执行这些控制指令。

汽车转向是自动驾驶汽车最为关键的功能之一。图 1.10（a）所示的是汽车驾驶转向控制系统的框图。图 1.10（b）则展示了将预期的行车路线与实际测量的行车路线作比较的过程，旨在得到行驶方向偏差。司机的测量通过视觉和触觉（身体运动）的反馈来实现，而对汽车的反馈又通过手（传感器）感知和操纵方向盘的变化来实现。远洋轮或大型飞机的驾驶转向控制系统是与此类似的反馈系统。图 1.10（c）给出了一条典型的行驶方向响应曲线。

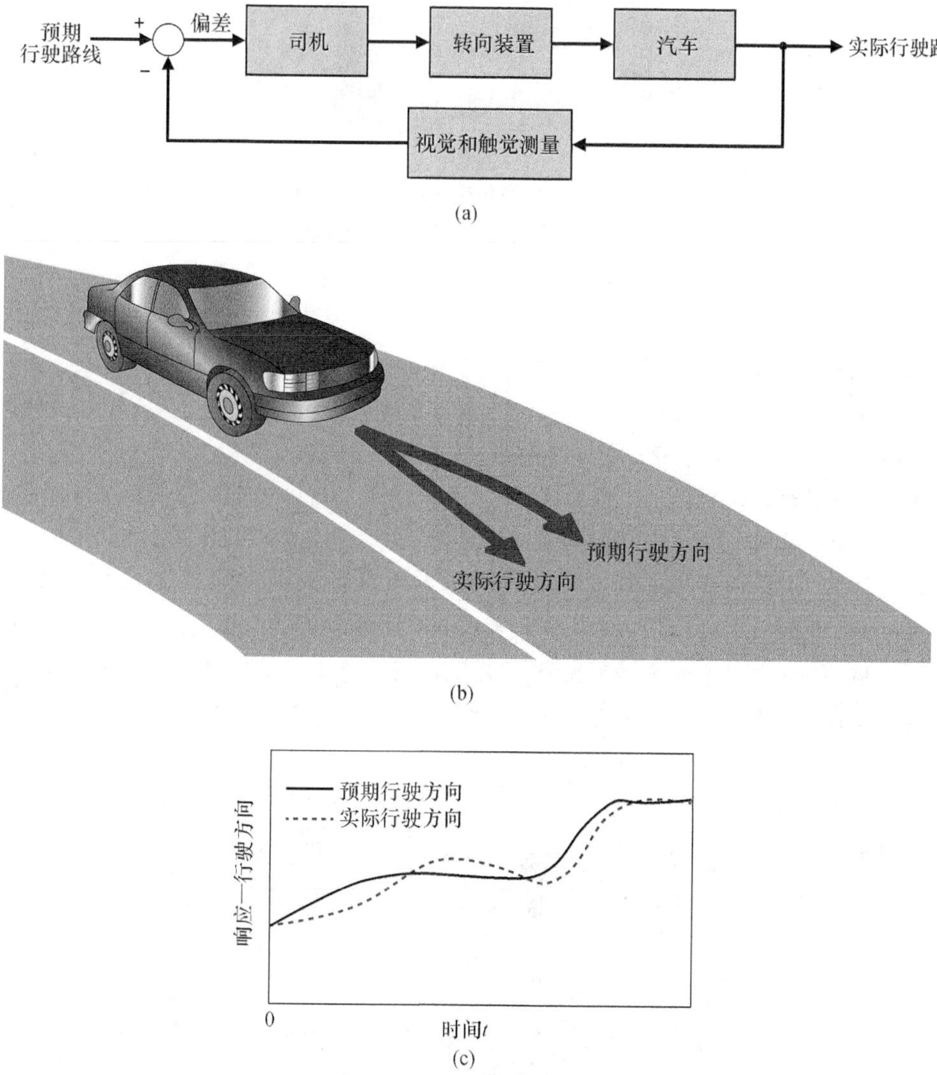

图 1.10　（a）汽车驾驶转向控制系统框图模型；
（b）驾车人利用实际行驶方向与预期方向之间的差异调整方向盘；
（c）典型的行驶方向响应曲线

例 1.2　人在环路的控制系统

一个基本的人工闭环控制系统的例子是人工调节容器内的液面高度或位置，如图 1.11 所示。其中，系统的参考输入（预期输出）是按照规定应该保持的液面参考位置，操作员在大脑中记住参考位置，控制放大器是操作员本人，而传感器则是操作员的视觉。操作员比较实际液面与预期液面的高度差异，通过开大或关紧阀门（即执行机构）调节输出流量，从而达到维持液面高度的目的。

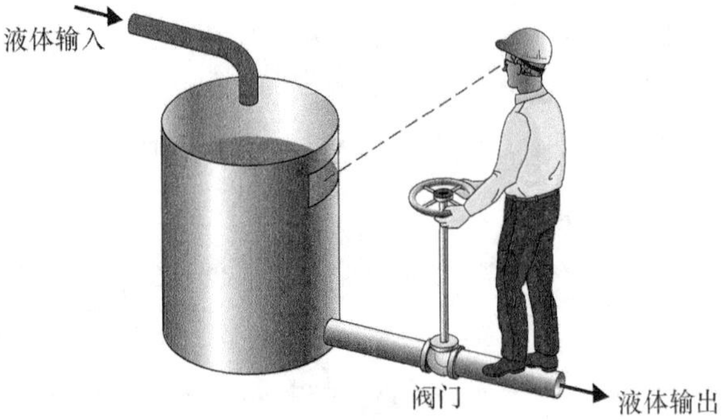

图 1.11 通过出口阀门调节容器内液面位置的人工闭环控制系统，操作员通过容器边上的窗孔观察液面位置

例 1.3 类人型机器人

有多位作家早就预见到了能够像人一样工作、集成有计算机的自动化机器。1923 年，捷克作家卡雷尔·卡佩克（Karel Capek）在他的名为 *R.U.R* 的著名戏剧中[48]，将人工制造的工人称为机器人（robot）。robot 一词来源于捷克语中的 robota，本意为“工作”。

机器人就是计算机控制的机器，与自动化技术密切相关。可以认为工业机器人是自动化的一个特定主题，在此，自动化的机器（即机器人）旨在替代人类劳作[18, 33]。因此，机器人通常具有一些类人的特征。目前，最常见的类人特征体现在机械操纵器上，它在一定程度上模仿着人的手臂和腕关节的工作模式。此外，还有许多装置甚至干脆具备拟人化特征，包括可以把它们叫作机械手臂、机械手腕或机械手的那些装置[28]。图 1.12 是一个类人型机器人的例子。不过，我们认为只有部分工作适合由自动机器完成，而有些工作最好由人完成，表 1.2 对此进行了说明[106]。

图 1.12 本田（Honda）公司的阿西莫（ASIMO）类人型机器人，它能够行走、爬楼梯和转弯（来源：David Coll Blanco，Alamy 图片库）

表 1.2　任务难度：人和自动机器的对比

机器难以完成的任务	人难以完成的任务
展现真实的情绪	在有毒环境中操作
遵循道德规范行事	高度重复的动作
与其他机器人精准协同	深度水下勘测
参与人类活动并做出适当响应	外太空探索
靠自身获取新的技能	长时间不间断地勤勉工作

例 1.4　电力工业

近年来，人们就控制工程中理论与实际应用之间存在的差距进行过深入的讨论。在控制工程的许多领域，理论发展超前于实际应用是理所当然的。然而有趣的是，在美国规模最大的工业——电力工业中，理论和应用的差距却相对而言并不明显。电力工业感兴趣的基本问题是电能的存储、控制和传输供电。电力工业越来越多地采用了计算机控制，用于提高能源利用效率，而更进一步地，发电厂（站）减少污染物排放也变得越来越重要。发电量超过几百兆瓦的大型现代化发电厂（站），需要有自动控制系统妥善处理生产过程中各个变量之间的关系，并实现最优发电生产。这通常需要协同控制 90 多个操作变量。图 1.13 所示的大型蒸汽发电机的简化模型给出了其中几个重要的受控变量。这个例子也表明了对多个变量（如压力和氧气等）同时进行测量的重要性。这些测量值为计算机实施协同控制的计算提供了信息支持。

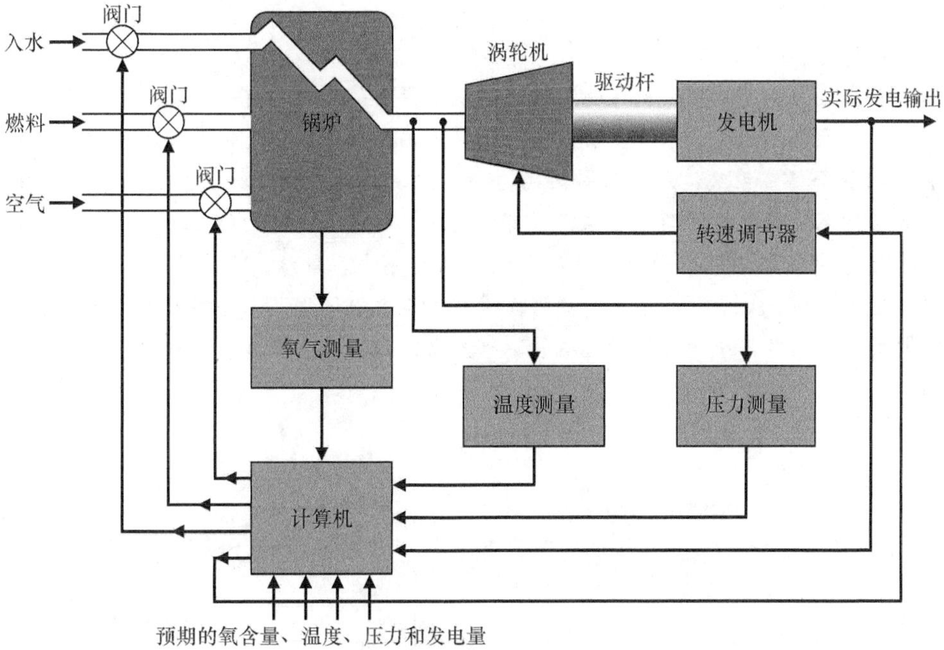

图 1.13　蒸汽发电机的协同控制系统

电力工业在一些有趣和突出的应用中，及时应用了控制工程的现代成果。在过程工业中，控制理论与实际应用之间存在差距的重要原因似乎是，并不是所有重要的过程变量（包括产品的质量特性和组分等）都有仪器来完成测量。可以相信，随着新型测量仪器的不断涌现，现代控制理论在工业系统中的应用将显著增加。

例 1.5 生物医学工程

控制理论在生物医学试验、病理诊断、康复医学和生物控制系统中，也已经有了众多应用[22, 23, 48]。正在研究的控制系统应用，涵盖从细胞到中枢神经系统等各个层面，包括体温调节、神经系统、呼吸系统及心血管系统的控制等。大多数生物控制系统是闭环系统。但我们发现，其中不会只有单个控制器，而是在控制环路中又包含另外的控制环路，从而形成一种多层次、多环路的系统结构。分析人员在构建生物过程的模型时，总是面临高阶模型和复杂的系统结构的问题。康复医疗设备帮助了全球数以千万计的残障人士，反馈控制技术的近期进展，将深深地改变截肢和瘫痪人士的生存状况。在恢复重建接触感和疼痛感，以及将义肢的触觉感应直接反馈回大脑等方面，人类已经取得丰富的成果。图 1.14 展现的是一套与人类手臂同样灵巧敏捷的假体手和小臂。这套义肢的脑控反馈机制体现了格外神奇的新进展，可以赋能人脑来引导义肢的运动[39]。这套义肢的研发带来的另一个神奇之处，在于使得恢复重建接触感和疼痛感成为可能[22]。

图 1.14 电子义肢的近期进展催生人们研发出与人类手臂同样灵巧敏捷的假体手和小臂

（来源：Kuznetsov Dmitriy，Shutterstock 图片库）

例 1.6 社会经济和政治系统

尝试为社会经济和政治领域盛行的反馈过程构建模型是有趣和有价值的。这种尝试目前虽然尚不成熟，但已经显示出令人乐观的前景。社会经济系统包含众多反馈系统和调控主体，它们作为控制器，对社会经济系统施加各种必要的力量，以便维持预期的社会产出。图 1.15 给出了国民收入反馈控制系统的概略模型。这类模型有助于分析家理解政府的控制措施对社会经济系统的影响，也有助于分析政府支出对社会经济系统的动态影响。当然，还存在许多未建模的控制环路，因为从理论上讲，如果没有赤字，政府支出就不能超出税收，而赤字本身其实就是一个控制环路。这样的社会经济系统的反馈模型尽管不够严格，但它们的确有助于深化我们对社会经济系统的认知。

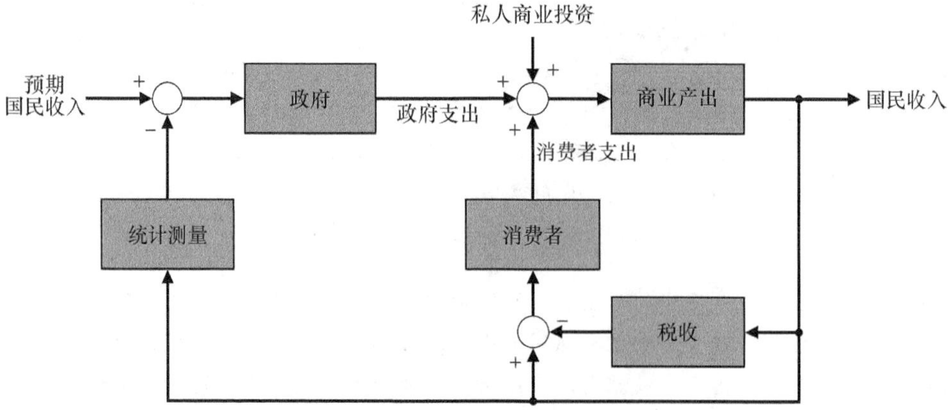

图 1.15 国民收入的反馈控制系统模型

例 1.7　无人飞行器

发展势头正猛的无人操控空中飞行器（Unmanned Aerial Vehicle，UAV）研发，为控制系统的应用提供了丰富的空间和潜能。这种飞行器又被简称为无人机。图 1.16 是一架无人机的实景照片。这种无人机通常是由地面操作员操控的。在典型场景下，这种无人机并不能完全自主飞行。尽管已经出现无人机配送包裹的示范应用，但缘于无法在复杂空域达到所要求的安全水平的不足，无人机还不能在商业航线空域内自由飞行。控制系统开发面临的最突出的挑战就是如何避免空中碰撞。无人机开发的长期目标是实现自主飞行并完成各类应用：空间观测摄影以便协助防灾减灾，空中勘察以便协助大型建设工程，农作物监测以及连续的气候监测，等等。当前，一个方兴未艾、令人兴趣盎然的应用研发领域就是无人机与人工智能（Artificial Intelligence, AI）的融合[74]。智慧灵巧的无人机，需要在整个飞机框架的各个部分都配置先进的控制系统。

图 1.16　一架商用无人机

（来源：GuruXOX，Shutterstock 图片库）

例 1.8　工业控制系统

我们熟悉的许多系统都具有图 1.3 所示的基本结构。例如，冰箱有预期或设定的温度，其中的恒温器负责测量实际温度及其与设定温度之间的偏差，压缩机则起功率放大器的作用。家用电器中的例子还有电炉、电烤箱、热水器等。而在工业中，则有速度控制、温度控制、压力控制、位置控制、厚度控制、配方控制和质量控制等实例[17, 18]。

反馈控制系统在工业中得到了广泛应用，目前世界上运行着成千上万的工业和实验室机器人。例如，操纵臂能够抓起数百磅（1 lb 约 0.45 kg）的物件，将它们以 0.1 in（1 in 为 2.54 cm）或更高的精度放置在指定的位置[28]；为家庭、学校和工厂设计的自动化输送设备，通常特别适合承担有毒副作用、重复性强、枯燥乏味或简单易行的工作；工业上使用的自动化装卸、切割、焊接或铸造设备，则能够使加工生产更精密、更安全、更经济和更高效[28, 41]。

冶金工业是另一个在自动控制方面取得相当大成就的行业。事实上，在很多场合，控制理论成果都在其中得到了充分的实现和应用。例如，带钢热轧厂对温度以及板材的宽度、厚度和质量等都实施了控制。

近来，在自动仓储和库存管理中，也越来越有意向应用反馈控制的概念。甚至农业（农场）对自动控制的需求也日益高涨，人们已经开发出了自动控制的筒仓和自动拖拉机，并且通过了测试。此外，对风力发电机、太阳能取暖和制冷装置、汽车引擎性能的自动控制，也都是控制系统重要的现代应用实例[20, 21]。

1.4　工程设计

工程设计是工程师的中心工作，它是一个复杂的过程，分析和创新是其中的重头戏。

设计就是为达到特定的目的，构思或创建系统的结构、组成和技术细节的过程。

概念强调说明 1.3

可以将设计活动看成规划孕育一个特定的产品或系统。设计是一项创新活动，工程师创造性地运用他所拥有的知识和材料，来规划确定一个系统的形状结构、功能和物理构成，主要步骤如下：

① 明确用户需求，涵盖从公共政策制定者到普通消费者在内的各个社会群体的价值诉求；

② 论证设计要求，详细确定解决方案应该是什么样，以及如何体现和实现这些价值；

③ 开发设计多种满足设计要求的解决方案并加以评估；

④ 优选解决方案，加以详细技术设计并付诸实现和制造。

在现实中，影响设计工作的一个重要因素是时间限制。设计工作要遵从规定的进度安排，因此，人们常常最终只能完成“足够好”但未必理想的设计。在很多情况下，耗时短（快速）甚至成为设计的唯一竞争优势。

设计师面临的一个主要挑战是拟定技术产品的设计规范。技术**设计规范/设计要求**是对产品或系统将是什么，以及将做什么的明确说明。技术系统的设计要着眼于拟定恰当的技术指标及其设计要求，为此必须慎重考虑如下 4 个设计因素：设计复杂性、折中处理、设计差异和风险。

设计复杂性主要缘于在设计过程中有众多的设计方法、设计工具、设计思路及相关知识可供选用，难以取舍。设计复杂性还体现在，当拟定产品的技术设计规范/设计要求时，需要同时考虑的因素众多。在一项具体的设计工作中，不仅要确定这些因素彼此间的相对重要性，还要以数值和/或书面形式，明确界定它们的主要内容。

折中处理的概念涉及必须处理好期望的，但又彼此冲突的设计目标。设计过程经常要求在各种期望的，但又彼此冲突的设计准则之间达成有效的折中。

在技术产品的设计生产中，最终产品常常不能与原先设计和想象的完全一致。例如，对于生产中需要解决的问题，我们的理解可能与问题的书面技术说明并不一致。在从主观的初始创意过渡到客观的最终产品的过程中，这种**设计差异**是内在的必然。

无法准确地预测所设计产品的实际技术性能，既是我们可以绝对确认的不足之处，也是产品具有不确定性的主要原因。不确定性蕴含在产品可能出现且未曾预料的后果之中，这就是**风险**。因此，设计活动是一项必须承担风险的活动。

在设计新的系统或产品时，设计的复杂性、折中、差异和风险是设计工作所固有的。在一项具体的设计工作中，虽然可以通过全面慎重地考虑这些因素来减小它们的不良影响，但它们却始终存在于设计过程中。

分析和**综合**是工程设计中两种必然发生的重要思维模式，两者之间存在基本的差异。分析关注的焦点是通过对物理系统的各种模型的分析，得到真知灼见，明确设计改进的方向。**综合**则是指构建所设计的新系统的过程。

在得到理想的设计方案之前，设计工作会沿着多个方向进行。设计工作是一个深思熟虑的过程，通过这样的过程，设计师会设计出某些创新来满足实际需求，同时也会逐步确认现实约束。设计过程在本质上则是一个不断迭代的过程，但我们终究需要一个起点！因此，成功的工程师为了设计和分析的方便，总是尝试着对复杂系统进行适当的简化。复杂的实际系统与设计模型之间存在差异是不可避免的，因此，设计差异必然存在于从初始概念创意到最终产品的整个设计过程中。直觉告诉我们，从初始创意开始逐步改进设计，比一开始就试图完成最终设计容易得多。换句话说，工程设计不是一个线性过程，而是一个循环迭代、非线性和创造性的过程。

工程设计最有效率的主要途径是参数分析和优化。参数分析的基础工作如下：①辨识什么是关键参数；②构建系统配置结构；③评估系统满足需求的程度。这 3 个步骤形成了一个迭代循环。一旦确认了关键参数，构建了整个系统，设计师就可以在此基础上**优化参数**。设计师总是尽力辨识确认有限的几个关键参数，并加以调节和优化。

1.5　控制系统设计

控制系统设计是工程设计的特例。控制系统设计工作的目的是，确定预期系统的配置结构、设计规范和关键参数，以便满足实际的需求。

控制系统设计流程如图 1.17 所示。整个流程可以分为 7 个模块。这些模块又可以归纳为如下 3 大类：

（1）确定控制目标和受控变量，并定义系统性能的指标及其设计要求；

（2）系统定义和建模；

（3）控制系统设计，全系统集成的仿真和分析。

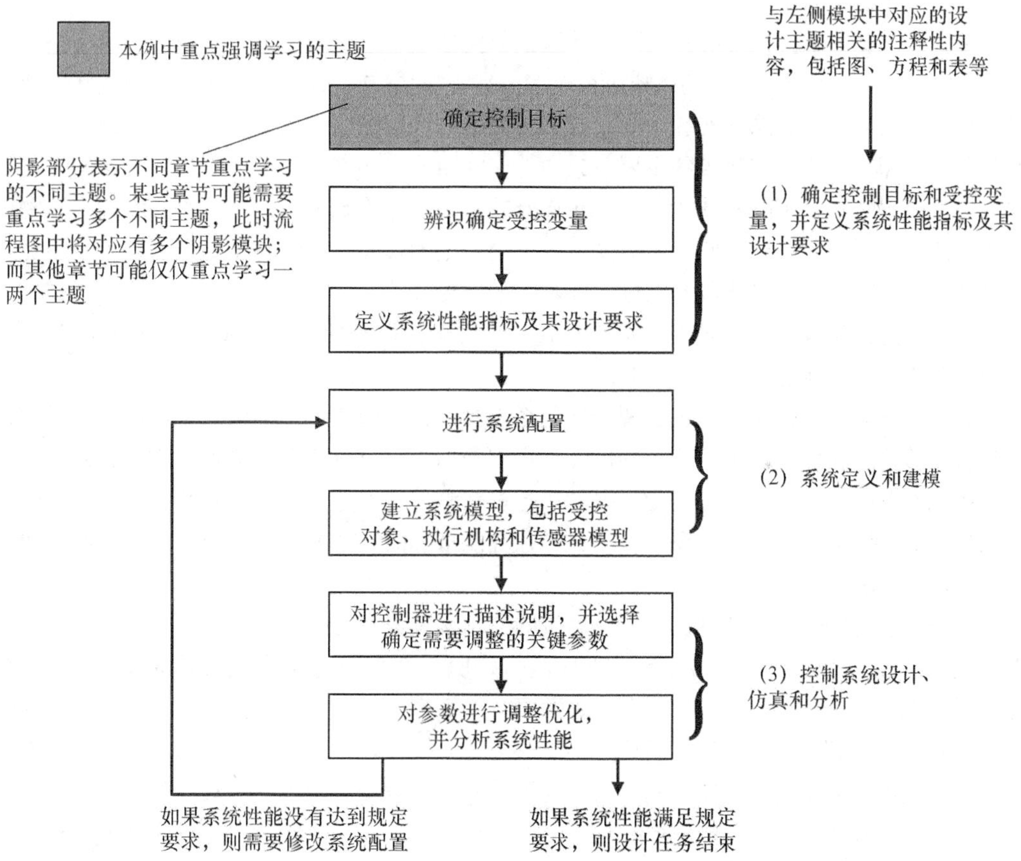

图 1.17　控制系统设计流程

本书的每一章都强调了图 1.17 给出的系统设计流程与该章的主题和知识点之间的对应关系，目的在于通过实例来展示控制系统设计流程中不同模块的内容。本书各章与控制系统设计流程中 3 大类设计模块的关系如下。

（1）确定控制目标和受控变量，并定义系统性能的指标及其设计要求：第 1、3、4 章及第 13 章。

（2）系统定义和建模：第 2~4 章以及第 11~13 章。

（3）控制系统设计，全系统集成的仿真和分析：第 4~13 章。

设计流程的第一步是确定系统的控制目标。例如，可以将精确控制电机的运行转速确定为控制目标。第二步是确定需要控制的系统变量（如电机转速）。第三步是拟定技术设计规范/设计要求，以便确定系统变量应该达到的精度指标设计要求。控制精度的指标设计要求将进而决定用于测量受控变量的传感器的选型。技术设计规范/设计要求规定了闭环系统应该达到的性能，通常包括良好的抗干扰能力、对指令产生预期的响应、实用的执行机构驱动信号、较低的灵敏度、良好的鲁棒性等方面的要求。

作为系统设计师，首要的任务是设计出能够实现预期控制性能的系统配置结构。系统通常的配置结构如图 1.3 所示，包括传感器、受控对象、执行机构和控制器。其次是选定执行机构，这当然与受控对象有关，但真正重要的原则是，所选择的执行机构必须能够有效地调节受控对象的工作性能。例如，如果想控制飞轮的转速，就应该选择电机作为执行机构。然后是选定合适的传感器，仍然以控制飞轮的转速为例，所选的传感器应该能够精确测定转速，这样就可以得到控制系统的这些组成部件的模型。

学习控制课程的学生常常要直接面对传递函数模型或状态变量模型，并且仅知道它们代表实际系统的数学模型，而缺少进一步的说明。一个明显的问题是，这些传递函数模型或状态变量模型是从哪里来的？在控制课程的教学中，有必要介绍一些与模型有关的关键背景知识。为此，本书的前几章会深入介绍一些建模的重要背景知识，并回答一些基本问题，例如：传递函数是如何得到的？建模过程默认了哪些基本假设？传递函数模型的适用范围如何？等等。实际上，物理系统的数学建模本身就是一门学问，不能奢望本书的讨论能够覆盖数学建模的所有内容。不过，我们鼓励感兴趣的学生阅读课外参考资料（例如，阅读文献［76-80］）。

接下来就是选定控制器。控制器通常包含一个用于比较预期响应与实际响应的求和放大器，所得到的偏差信号将被送入另一个放大器。

控制系统设计流程的最后一步是调节优化系统参数，以便获得预期的系统性能。如果通过参数调节就能够达到预期的系统性能，则设计工作宣告结束，可以着手形成设计文档；否则，就需要改进系统配置结构，或者选择功能更强的执行机构和传感器。后面就是重复上述设计步骤，直至要么最终满足性能指标的设计要求，要么确认性能指标的设计要求过于苛刻，从而必须放宽性能指标的设计要求。

功能强大且价格适中的计算机，以及高效的控制系统设计与分析软件的出现，戏剧性地影响了上述设计过程。例如，波音 777 是世界上第一款几乎 100% 通过数字化设计的民用航空器。数字化设计给波音公司带来的效益包括：研发成本节省约 50%，设计更改和返工的工作量减少 93%，与传统制造工艺相比，工艺问题减少 50%~80%[56]，等等。在接下来的波音 787 梦幻型的研发中，甚至不再需要实体化的原型样机。在许多实际工程中，数字化设计工具的出现，包括在高度逼真的计算机仿真试验中验证控制系统设计方案，意味着可以节省大量的时间和资金。

设计中的另一突出的革新，就是**生成设计**以及与**人工智能**结合[57]。典型的生成设计过程是循环反复的。在设计师给定的约束条件下，生成设计用计算机程序生成一定数量（潜在的有很多）的设计方案。设计师接下来就可以聚焦于通过调整约束空间来减少计算机程序生成的方案数目，并调整确定可行方案。例如，生成设计正在为飞机设计带来革命性变化[58]。

在反馈控制系统的理论和实践中，是否必须实际应用深度依赖于计算机的生成设计，仍然是一个值得商榷的问题。事实上，生成设计过程涉及的理念同样适用于相对传统（不必深度依赖于计算机）的设计环境和平台，并且同样能够提升图 1.17 所示的控制系统设计流程的品质。例如，在完成一项满足设计要求的设计方案之后，设计师可以通过尝试选择另外的系统配置和控制器来重复这个过程。在得到多个满足设计要求的控制器设计方案之后，设计师同样可以通过调整约束空间来减少设计方案的数目。随着我们逐步介绍控制系统的设计过程，本教材也将展示说明生成设计过程的有关知识点。

总之，控制系统设计问题的基本流程如下：给出一组设计目标，建立待控制的系统模型（包括传感器和执行机构），设计合适的控制器或者断言不存在满足设计要求的控制系统。和大多数工程设计项目一样，反馈控制系统设计也是一个反复迭代的非线性过程。成功的设计师需要考虑受控对象的内在物理机理、控制系统设计策略、控制器构成（即采用什么类型的控制器）以及控制器的有效调试策略等问题。此外，设计完成后，由于控制器通常以硬件的形态实现，随后还会出现各硬件元件之间相互干扰的现象。在进行系统集成时，控制系统设计必须考虑的诸多问题，使得控制系统的设计与实现充满了挑战[73]。

1.6　机电一体化系统

现代工程设计发展进程中的一个展示舞台是**机电一体化系统**[64]。机电一体化系统这个术语是日本人在 20 世纪 70 年代[65-67]提出的，它是机械、电气和计算机等系统的有机组合。这个术语已经使用了 40 余年，此领域产生了丰硕的智能化产品。反馈控制是现代机电一体化系统中不可或缺的要素。只要看一下机电一体化系统的组成，就可以体会到机电一体化系统对不同学科的渗透程度[68-71]。如图 1.18 所示，机电一体化系统的关键构件包括物理系统建模、传感器与执行机构、信号与系统、计算机与逻辑系统以及软件与数据获取。上述 5 个关键构件都离不开反馈控制，其中与反馈控制联系更加紧密的是信号与系统。

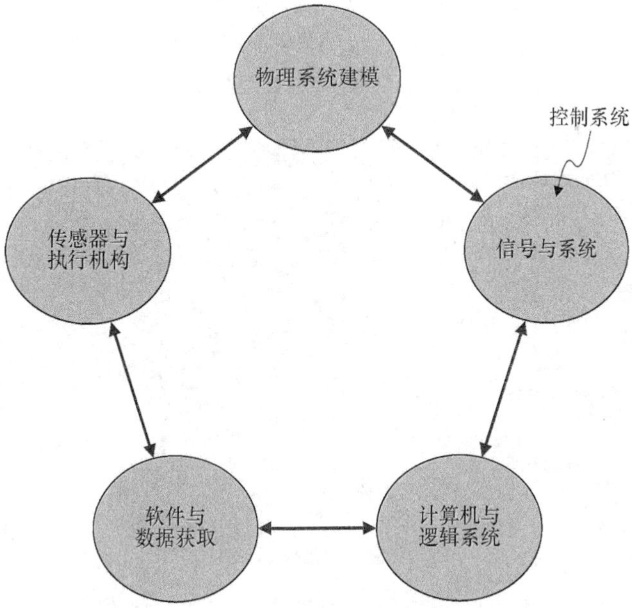

图 1.18　机电一体化系统的关键构件[64]

计算机软件和硬件技术的进步，再加上人类对提高费效比的不懈追求，革新了工程设计的内涵。自然科学、计算机科学和传统工程学科的多学科交叉，催生出大量的新产品。通过所谓的"赋能技术"，传统学科的新进展孕育着机电一体化系统的发展。"赋能技术"的一个关键实例是微处理器，它对通用消费品的设计产生了深远的影响。下列技术的持续进步也是可以期待的：性价比更高的微处理器和微控制器，用微机电系统（Micro-Electro-Mechanical System,

MEMS）赋能的新型传感器和执行机构，新的控制策略和实时程控方法，网络与无线技术以及用于系统建模、虚拟原型和系统测试的日益成熟的计算机辅助工程（Computer-Aided Engineering，CAE）技术。这些技术的持续快速进步必将加速灵巧产品（比如能够实施主动控制的产品）的涌现。

机电一体化系统未来发展的一个令人激动的领域是可替代能源产品的开发和消费，控制系统将会在其中发挥巨大的作用。混合动力汽车和高效风力发电就是受益于机电一体化技术的两个例子。事实上，现代汽车的演化发展可以有效地说明机电一体化技术的设计理念[64]。在 20 世纪 60 年代以前，收音机是汽车上仅有的电子产品。如今，许多汽车上都安装有大量的微控制器、众多的传感器以及数以千行的软件代码。现代汽车已经不再是严格意义上的机械产品，而是复杂的机电一体化系统。

例 1.9　混合动力汽车

图 1.19 所示混合动力汽车的动力系统是用常规内燃机、蓄电池（或其他储能装置，如燃料电池或飞轮）和电动机组合构成的，能够提供比普通汽车高出一倍的燃油能效。尽管混合动力汽车不可能真的实现零排放（因为使用了内燃机），但它已经能够将有害尾气排放量降低三分之一甚至一半，未来随着技术的改进，有害尾气排放量还有望进一步降低。如前所述，现代汽车需要大量先进的控制系统来维持运转。控制系统承担着调节改进整个汽车性能的重任，具体包括燃油-空气混合、阀门定时、尾气排放、车轮牵引控制、刹车防锁死、电控减震以及许多其他功能。而在混合动力汽车上，又有新的控制功能必须实现，特别必须实现的控制是内燃机与电动机的动力协同。这决定着需要存储多少能量以及何时对电池充电，从而决定着何时启动汽车的低尾气排放。混合动力汽车的整体效能主要取决于动力单元的合理选型和组合，也就是选择蓄电池与燃料电池的合理组合来储能。归根到底，采用的控制策略能否将各种电力和机械元件合理地集成为可靠的运输系统，极大地影响着混合动力汽车被市场接受的程度。

图 1.19　混合动力汽车可以视为机电一体化系统

（来源：Marmaduke St. John，Alamy 图片库）

机电一体化系统的另一个实例是先进的风力发电系统。

例 1.10　风力发电

世界上的很多国家如今都面临着能源供应不稳定的难题。此外，已经有确凿的记录表明，使用化石能源对空气质量有着负面影响。许多国家的能源供需失衡，消费大于产出。为了解决这种能源供需失衡的问题，工程师们正在开发能够利用其他能源的现代系统，如风能系统。实际上，在美国和世界上的其他一些国家和地区，风力发电都是发展最为快速的新能源。图 1.20 所示是风力发电厂的外场。

图 1.20 高效的风力发电（NASA 友情提供图片）

截至 2019 年年底，全球风力发电的装机容量已经超过 650.8 GW。据美国风能协会报道，仅美国的风力发电量就足以供 2750 万个家庭使用。近 40 年来，研发工作主要聚焦于强风地区（10 m 高度，风速至少为 6.7 m/s 的地区）的发电技术。如今，美国大部分交通比较便利的强风地区得到了开发利用。接下来，应该改进发电技术，使得风速较低地区的风能也能够得到开发利用，实现更优惠的费效比。这需要人类在材料和空气动力特性方面有新的进展，以便使得尺寸更长的涡扇叶片在低风速下也能够高效工作。但随之而来的问题是，风机支撑塔要有足够的高度，但又不能增加总的成本开支。此外，风力发电机组要想实现高效运行，肯定还需要先进控制的支持。新型的风力涡轮机已经可以在风速小于 1 mi/h 的工况下运行。

例 1.11 可穿戴计算机

现有的很多控制系统是**嵌入式控制**系统[81]。嵌入式控制系统在反馈环路中集成了现场专用的数字计算机。许多新颖的可穿戴产品都包含嵌入式计算机，如新型的腕表、眼镜镜片、运动手带（环）、电子织物和计算机服饰等。图 1.21 所示是广受欢迎的电子眼镜，在给病人做检查时，这种电子眼镜可以让医生按需访问、管理和显示数据。我们可以想象一下这种电子眼镜在未来的应用，例如跟踪和监控医生的眼部运动并反馈这些信息，以便在手术过程中精密地操控医疗器械。可穿戴计算机在反馈控制系统中的应用还处在方兴未艾的萌芽阶段，未来一切皆有可能。

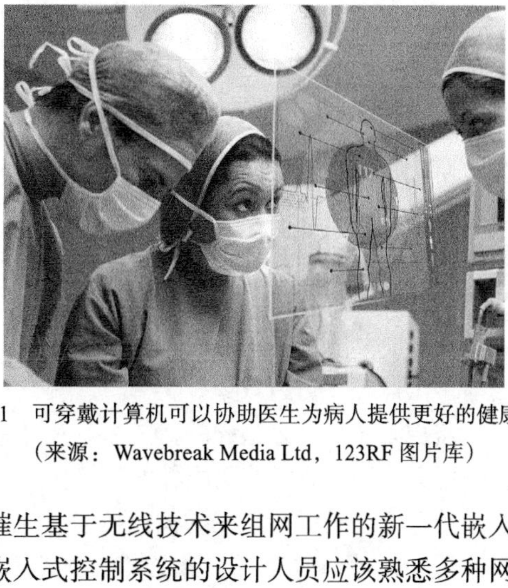

图 1.21 可穿戴计算机可以协助医生为病人提供更好的健康服务（来源：Wavebreak Media Ltd，123RF 图片库）

传感器、执行机构和通信设备的进步，正在催生基于无线技术来组网工作的新一代嵌入式控制系统，从而可以实现在空间上的分布式控制。嵌入式控制系统的设计人员应该熟悉多种网络协议、操作系统和编程语言。尽管控制系统理论依然是现代控制系统设计的基础，但设计过程已经迅速扩展成一个多学科综合的工作过程，涉及多个传统工程学科以及信息技术和计算机科学。

可替代能源技术和产品，如混合动力汽车和高效的风力发电机组，为机电一体化的发展提供了鲜活的实例。此外，大量的智能系统肯定会逐步进入我们的日常生活，如自主小车、智能家电（如洗碗机、真空吸尘器和微波炉）、无线网络化的设备、能够实施机器人辅助手术的“友善机器”[72]，以及可植入式的传感器和执行机构等。

1.7 绿色工程

诸如气候变化、水资源净化、可持续发展、废物管理、减少废气排放、减少原材料和能源的使用消耗等全球性议题，促使工程师们在这些关键领域重新审视和反省现存的工程设计方法和策略。工程设计策略改进演化的成果之一就是所谓的“绿色工程”。绿色工程的目的是使设计出的产品能够减少污染、降低对人类健康的危害以及改善环境。绿色工程的基本原则如下[86]：

（1）运用系统分析和集成的环境影响评价工具，更加全面地处理产品和工程；

（2）在保护人类健康和财富的同时，保护和改善自然生态系统；

（3）在所有工程活动中，采用“全生命周期”的思维模式；

（4）尽可能保证输入输出的物质和能量是良性和安全的；

（5）最小化对自然资源的损耗；

（6）努力避免产出废物；

（7）在研发和实施工程解决方案时，要同步关注当地的地理、民意和文化；

（8）超越现有的或主流的技术来研发工程解决方案，运用改进、创新和原创性技术来达成工程的可持续性；

（9）主动接纳社区人士和利益攸关人士参与工程解决方案的研发。

在绿色工程实践中贯彻实施上述原则，可以深化我们对反馈控制系统的认识。反馈控制系统起到一种赋能技术的作用。例如，1.9 节将要讨论的智能电网的例子，旨在以环境友好的方式，可靠、高效地输送电力。正因为如此，智能电网顺理成章地具备大规模利用可再生能源（如风能和太阳能）的潜能。这些能源在本质上具有间歇性的特征，因此，监控和反馈成为智能电网的关键赋能技术[87]。绿色工程当前的应用可以归纳为以下 5 类[88]：

- 环境监控；
- 能量储备系统；
- 电力品质监控；
- 太阳能；
- 风能。

随着绿色工程的日益成熟，几乎可以肯定将来会出现更多的实际应用。特别是前述第 8 条绿色工程设计原则的贯彻实施，必将催生出超越现有的主流技术的，而且运用了改进、创新和原创性新技术的工程解决方案。结合绿色工程的上述应用领域，本书后续各章将就每个领域给出相应的应用实例。

当前，全球正在努力减少各类温室气体的排放。为了实现这个目标，需要从质和量两个方面改进环境监控系统。一个这样的例子是，由线制导机器人控制的移动监测平台顺着林地下层植被运动，采用无线测量方式监测雨林的环境参数。

能量储存系统是绿色工程的关键技术，人们已经研制出多种能量储存系统。我们最熟悉的能量储存系统是电池。电池用于给绝大部分日用电器供电，有些电池是可以重复使用的充电电池，有些则是用后即扔的一次性电池。遵循绿色工程的设计原则，我们更加偏好于可重用的能量储存系统。对绿色工程来说，燃料电池就是这样一种重要的能量储存系统。

与电力品质监控有关的问题丰富多样，包括超前功率和滞后功率、电压波动以及谐波整波等。许多绿色工程系统或部件都需要对电压和电流进行细致的监控。一个有趣的例子就是在不同容量下建立变流器的模型，以便用于在由互联系统构成的智能供电网络中，测量和调控电流。

将太阳能高效地转化成电能是工程上的一个挑战。太阳能发电有两种技术途径：光伏发电和光热发电。光伏发电系统将太阳能直接转化成电能，而光热发电系统首先用太阳能将水加热产生蒸汽，再用蒸汽驱动汽轮机发电。设计建造光伏发电系统，利用太阳能为我们的居家、办公和商业提供电力，就是贯彻绿色工程原则的一种努力和实践。

在全球范围内，风力发电都是可再生能源的一种重要来源。风能向电能的转化是通过连接到发电机的风力涡轮机实现的。风力的间歇性使得发展智能电网成为实现风电上网的一项基础性工作。风力发电有效工作时，智能电网要供风电上网；风力发电的风力减弱或中断时，智能电网要让其他来源的电力供电上网。风力强度和方向的不规则特性，同样导致有必要对风力涡轮机自身加以控制，以便产生可靠平稳的电能。这些控制系统或控制器件的目的，就是减小风力间歇性和风向改变对风力发电的影响。

由于人类面临的全球性问题需要工程设备具备日益增长的自动化程度和精确度，自动控制系统在绿色工程中的应用将越来越广泛。

1.8　控制系统前瞻

控制系统不懈努力的目标，就是使得系统具有广泛的柔性和高度的自主性。如图 1.22 所示，沿着不同的演化发展途径，柔性和自主性这两个系统概念或维度，都在趋向这一目标。现在的工业机器人已经具备相当大的自主性，对机器人而言，一旦设定了控制程序，人类的进一步干预就不再是一种必需。但由于传感器技术的局限，机器人适应工作环境变化的柔性却十分有限。提升感知能力正是开展计算机视觉研究的动因。控制系统通常具有的自适应性，目前还依赖于人的及时指导。展望未来，先进的机器人系统将通过改进传感反馈机制，变得具有更强的任务自适应能力。聚焦于人工智能、传感器集成、计算机视觉和离线 CAD/CAM 编程等技术的研究，将使机器人系统变得更加普适通用和经济实惠。总体而言，控制系统将朝着增强自主运行能力的方向发展，成为人工控制的延伸：监督控制、人机交互、数据库管理等方面的研究目的，就是减轻操作手的负担，提高操作手的工作效率。此外，还有许多研究工作，如通信方法的改进和高级编程语言的开发等，对机器人和控制系统的发展同样起着推动作用，其目的在于降低工程实现的费用和扩展控制工程的应用领域。

通过技术进步减轻人类劳动强度的历程可以追溯到史前时代，现在则进入一个新的时期。肇始于工业革命的不断加快的技术革新，主要是将人类从体力生产劳动中解放了出来。如今，计算机技术引发的新技术革命正在带来同样巨大的社会变革，计算机收集和处理信息能力的提高，将会拓展和延伸人类的脑力[16]。

控制系统可以用来提高生产率以及改善装置或系统的性能。自动化旨在提高生产率，进而生产高质量产品，其技术实现途径就是自动操作或者对生产过程、装置和系统施加控制。通过实现生产过程和机器设备的自动控制，就可以可靠、高精度地生产出产品[28]。随着对系统柔性、定制生产的需要越来越多，对柔性自动化系统和柔性机器人的需求也日益增长[17, 25]。

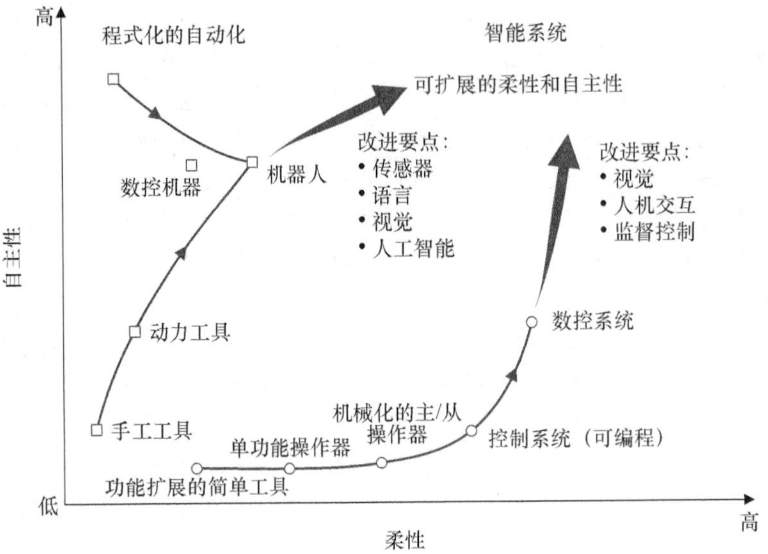

图 1.22　控制系统柔性和自主性的演化发展

自动控制的理论和应用实践是一个内容丰富、令人兴趣盎然而又非常实用的工程领域。这些丰富的材料能够帮助学生很快地领悟到学习现代控制系统的原动力。

1.9　设计实例

本节提供几个说明性的设计实例。后续各章也将延续这种模式，每章都会专门辟出标题为“设计实例”的一节，提供若干有趣的实例，目的在于突出讨论该章的要点。其中至少会有一个比较详细的例子，着重说明图 1.17 所示的控制系统设计流程中的若干步骤。在本节的第 1 个例子中，我们将讨论智能电网的发展。作为环境友好的能源输送系统战略的组成部分，智能电网的概念内涵就是可靠和高效地传输电力。智能电网有助于大规模利用那些借助自然现象发电，但又具有间歇性特征的可再生能源，如风能和太阳能。提供清洁能源是工程中面临的一项挑战，必然会用到主动反馈控制系统以及各种传感器和执行器。本节的第 2 个例子是转盘转速控制，着重说明开环和闭环反馈控制的概念。本节的第 3 个例子是胰岛素注射控制系统，着重说明确定控制目标、确定受控变量和确定初步的闭环系统结构等设计模块的细节。

例 1.12　智能电网控制系统

和实际的电网物理系统一样，智能电网在同等程度上还是一种概念或理念。从根本上讲，就是要更可靠、更高效地传输电力，并同时实现经济、安全和环境友好[89, 90]。智能电网可以视为由软件和硬件集成的系统，实现了更加可靠、高效地将电力输送到家庭、学校、商业网点和其他用户的传输路由。图 1.23 给出了智能电网的概念示意图。智能电网既可以是全国规模的，也可以是本地规模的，甚至可以是家用的（微型电网）。事实上，智能电网充满着丰富和深入的有待研究的问题，就像我们将要看到的那样，控制系统在智能电网的每个层面都发挥着关键作用。

智能电网中的一个让人感兴趣的方面是实时的按需（需求侧）管理，这需要用户和供发电系统之间双向信息流的支持[91]。例如，可以使用智能仪表来测量家庭和办公室的用电情况，并将数据传送到电力公司，同时容许电力公司向家庭和办公室回传控制信号。这些智能仪表可以据此调控、启动或关闭家庭和办公室的电器。家用智能仪表可以让户主调控他们的用电情况，对峰值时间电价做出适当响应。

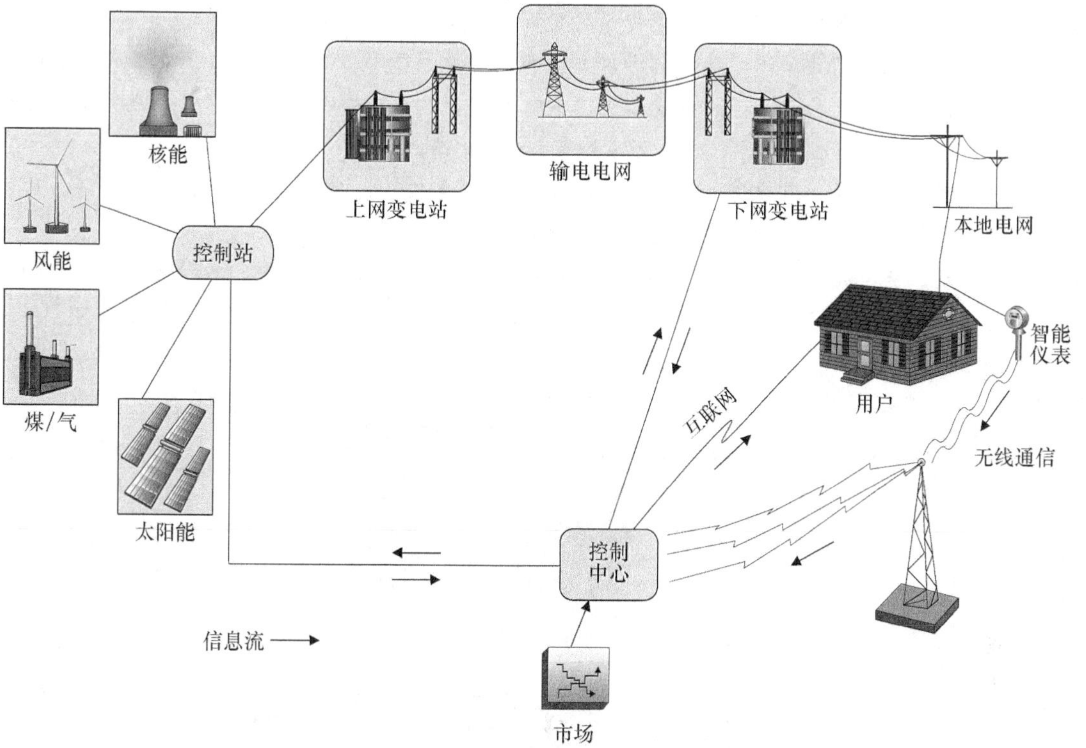

图 1.23　智能电网是能够测量和调控用电情况的输电网络

实现现代智能电网所需要的 5 项关键技术是集成通信、感知与测量、先进的部件、先进的控制方法，以及改进的交互界面与决策支持[87]，其中有两项可以在一般意义上完全归入控制系统的范畴，分别是感知与测量以及先进的控制方法。显而易见的是，控制系统将会在现代智能电网的实现过程中发挥关键作用。智能电网对输电工程有着巨大的潜在影响。智能电网将充分利用各种传感器、控制器、互联网和通信系统，以便提升电网的可靠性和效率。估计到 2030 年，在全球范围内，智能电网可以将电力行业的二氧化碳排放量降低 12%[91]。

智能电网的一个基本特质是，输电网络能够测量和调控用电情况。在智能电网中，发电量有赖于市场情况（供需关系和费用）以及可用的能源（风能、煤、核能、地热、生物质等）。而实际上，自身备有太阳能电池板或风力涡轮机的智能电网用户，有望像小型发电厂一样，将多余的电力输送上网并获得报酬[92]。在后续各章中，我们将结合太阳能电池板对太阳的定向问题，以及风力涡轮机叶片的倾角规划问题（旨在控制转子转速，进而控制输出功率），讨论与此有关的各种控制问题。

电功率的传输又称为功率流，控制功率流品质可以提高电力传输的安全性和效率。输电线路会产生电感、电容和电阻效应，从而对电力传输产生动态影响或干扰。智能电网必须快速感应系统的扰动并做出响应，这又称为自恢复。换句话说，智能电网要有能力处理好短时强干扰问题。为此，必须围绕反馈控制系统的概念来实现自恢复过程。可以首先利用所谓的自评估平台来测量和分析受到的干扰，然后采取正确的对策来恢复电网。这样一来，就需要感知与测量系统为控制系统提供信息。采用智能电网的好处之一，在于能够更加有效地利用那些借助间歇性的自然现象发电的可再生能源（如风能和太阳能），这是由于在无风或有阴云遮挡太阳时，智能电网容许它们甩负载。

随着我们逐步接近实现目标的日子，反馈控制系统也将在智能电网的发展进程中发挥越来越大的作用。在学习本书后续各章介绍的新的控制系统设计和分析方法时，不断回顾本节讨论的涉及控制系统的各个主题，将会令人兴趣盎然。

例 1.13 转盘转速控制

许多现代装置都需要使用匀速旋转的转盘。例如，生物医学中的转盘共形显微镜可以获得细胞图像。本例的目的是为转盘设计转速控制系统，以便使得实际转速与期望转速的误差保持在允许的范围内[40, 43]。这里将同时讨论无反馈和有反馈的控制系统。

为了驱动转盘旋转，需要选取直流电机作为执行机构以产生与电机电压成比例的转速，还需要选取具有足够功率的直流放大器来为电机提供输入电压。

开环系统（无反馈）如图 1.24（a）所示。该系统利用电池来提供与预期转速成比例的电压，电压经过放大后作用于驱动电机。图 1.24（b）所示的框图模型标明了开环系统的控制器、执行机构和受控对象。

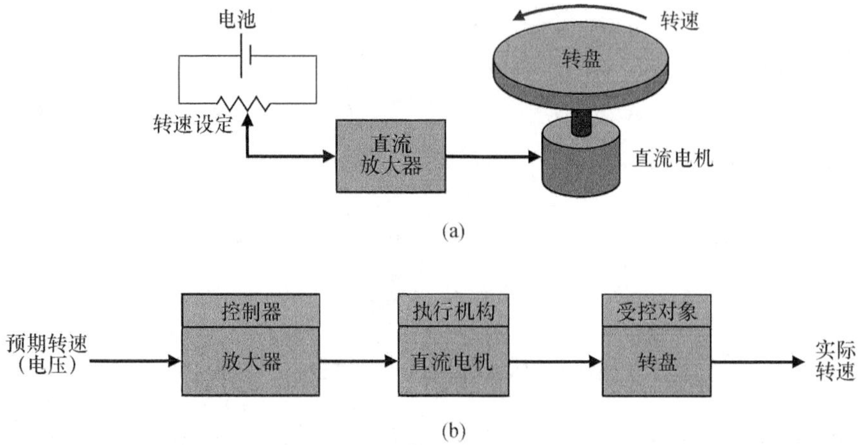

图 1.24 （a）转盘转速的开环控制系统（无反馈）；（b）框图模型

为了得到反馈控制系统，需要选择一个传感器。转速计是一种有用的传感器，它能够提供与转轴转速成比例的电压信号。于是构成图 1.25（a）所示的闭环反馈系统，对应的框图模型如图 1.25（b）所示。对输入电压与转速计的输出电压进行比较并相减，就得到了偏差电压信号。

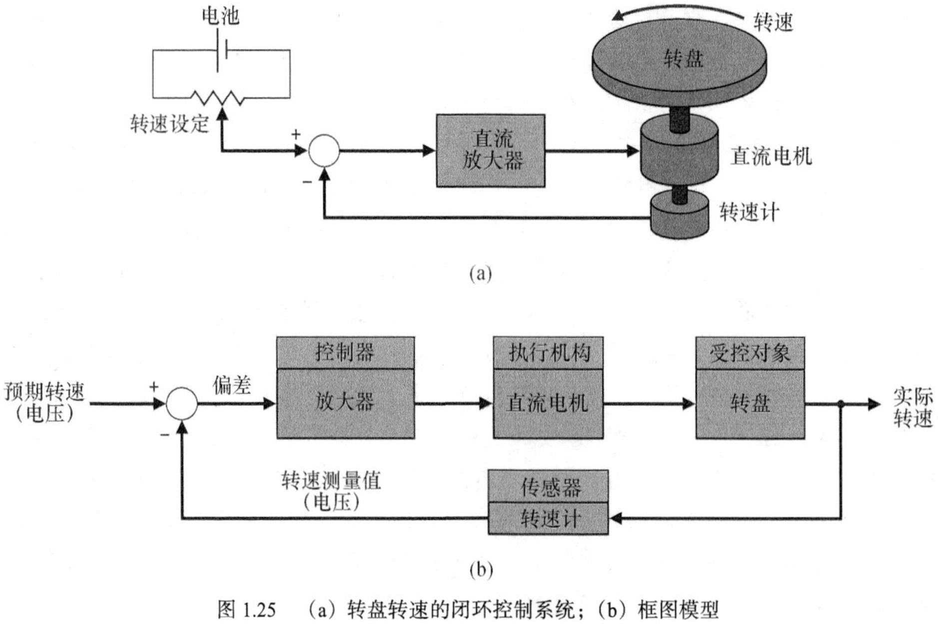

图 1.25 （a）转盘转速的闭环控制系统；（b）框图模型

由于反馈系统能够对偏差信号做出响应并在运行中不断减小偏差，可以期待的是，图 1.25 所示的反馈系统将优于图 1.24 所示的开环系统。在采用精密的元件之后，该反馈系统的误差有望达到开环系统误差的 1/100。

例 1.14　胰岛素注射控制系统

控制系统已经在生物医学领域得到应用，出现了植入式的药物自动注射系统[29–31]。自动控制系统可以用来调节血压、血糖和心率等。控制工程的常见应用实例出现在药物注射中，其运用了描述药物剂量与疗效之间关系的数学模型。由于微型血糖仪已然成熟，采用闭环结构可以构成植入式胰岛素注射控制系统，而最佳解决方案是选用便携的、可以个性化编程的胰岛素注射泵。

健康人士的血糖和胰岛素浓度曲线如图 1.26 所示。注射控制系统需要利用植入体内的胰岛素库，为糖尿病人适时提供胰岛素。因此，**控制目标**设定如下：设计一个能够通过控制胰岛素剂量来调节糖尿病人血糖浓度的系统。

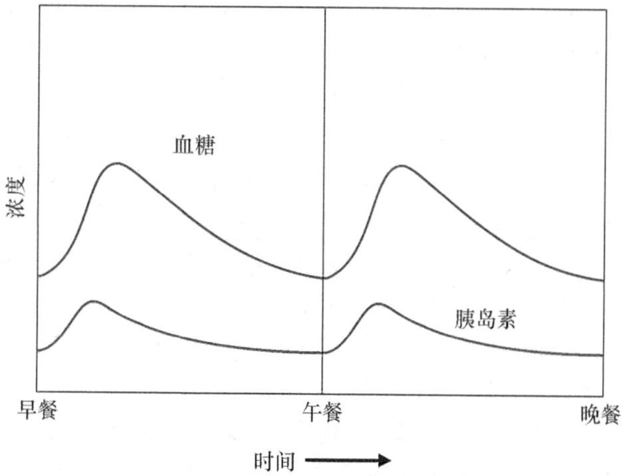

图 1.26　健康人士的血糖和胰岛素浓度曲线

设计过程的下一步是确定受控变量。根据控制目标，参照图 1.26，可以明确**受控变量**为血糖浓度。

后续章节将逐步介绍控制系统设计规范/设计要求的定量表示方法。设计要求将用时域和频域内的稳态和瞬态性能指标定量表示。此处暂时只能定性和粗略地给出控制系统的设计要求。就本例而言，**设计要求**可以表述如下：保持糖尿病人的血糖浓度近似于（跟踪上）健康人士的血糖浓度。

在确定了控制目标、受控变量和设计要求之后，就可以给出系统的初步配置方案。图 1.27 所示的反馈控制系统，通过采用可完全植入的血糖仪和微型电泵来调节胰岛素的给药速率。该反馈控制系统使用传感器来测量实际血糖浓度，与预期血糖浓度作比较并在必要时调节电泵的阀门。

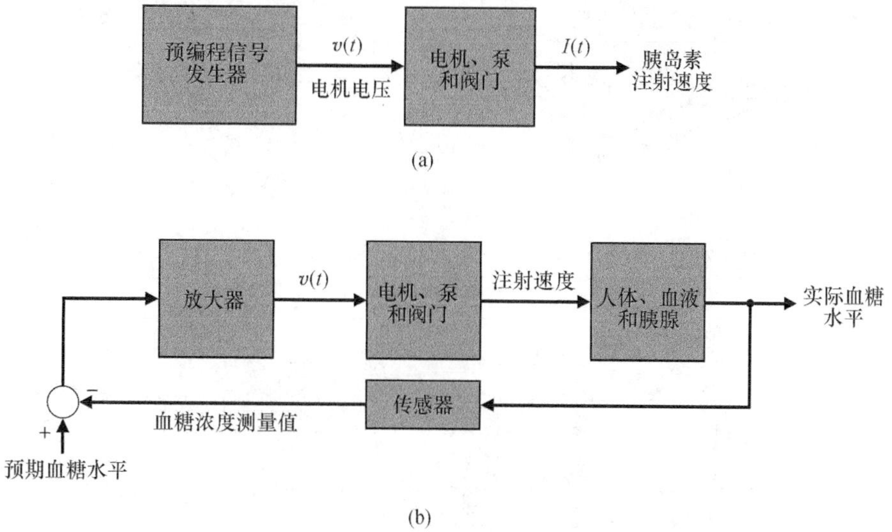

图 1.27　血糖控制系统　(a) 开环控制（无反馈）；(b) 闭环控制

1.10 循序渐进设计实例：磁盘驱动器读取系统

本书各章将按照图 1.17 所示的控制系统设计流程，标明该章所讨论完成的设计步骤。例如，第 1 章讨论完成的设计步骤如下：①确定控制目标；②确定受控变量；③确定初步的设计要求；④确定系统初步的配置方案。

磁盘可以方便有效地存储信息。硬盘驱动器（Hard Disk Drive，HDD）是采用 ANSI（American National Standards Institute，美国国家标准学会）标准的完全标准化产品，已被广泛应用于从便携式计算机到大型计算机的各类计算机中。尽管存储技术有了飞速的进步，出现了诸如云存储、闪存和固态存储驱动器（Solid-State Drive，SSD）等新技术，但硬盘仍然是一种重要的存储媒介，只不过其角色正在发生变化，从曾经的快速和基本的存储器，演变成慢速和功能多样的存储器[50]。固态存储器的安装数量已经首次超过硬盘的安装数量，固态存储器的性能远超硬盘也已广为人知，但二者的每吉字节存储量的成本之比高达 6：1，并且预计在 2030 年之前，这种成本差距将维持不变。我们继续对硬盘抱有兴趣的众多原因之一，是在可以预见的将来，“云计算”应用所需要的大约 90% 的存储容量仍然将用硬盘来提供[51, 62]。

以往，磁盘驱动器设计师关注的焦点是提高数据存储密度和数据读取速度。如今，他们正在考虑让磁盘驱动器承担一些以前由中央处理器（Central Processing Unit，CPU）承担的任务，以便优化计算环境[63]。与此相关的 3 个正在研究的“智能”主题是离线差错恢复、磁盘驱动器失效预警以及跨磁盘数据存储。通过观察图 1.28 所示的磁盘驱动器结构可以发现，磁盘驱动器读取装置的设计目标是准确定位磁头，以便正确读取磁道上的信息。需要实施精确控制的受控变量是磁头（安装在一个滑动簧片上）的位置。磁盘的转速在 1800~10 000 r/min 的范围内，磁头在磁盘上方不到 100 nm 的地方“飞行”，位置精度指标设计要求初步定为 1 μm。如果有可能，须进一步要求将磁头由磁道 a 平移到磁道 b 所用的时间小于 50 ms。至此，我们可以用图 1.29 给出系统的初步配置结构。这一拟议的闭环系统利用电机来驱动（移动）磁头臂到达预期的位置。第 2 章将接着讨论磁盘驱动器的设计问题。

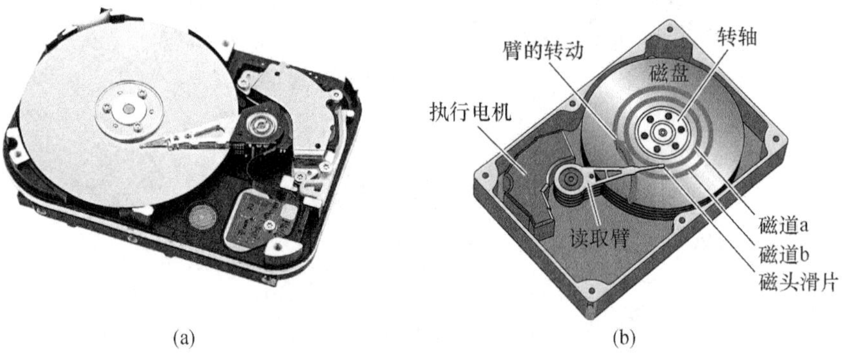

图 1.28 （a）磁盘驱动器（来源：Ragnarock，Shutterstock 图片库）；（b）磁盘驱动器说明图

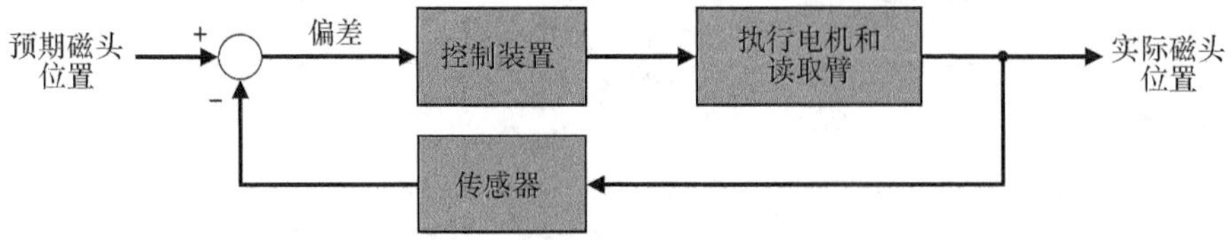

图 1.29 磁盘驱动器的闭环控制系统

1.11　小结

本章讨论了开环和闭环反馈控制系统，给出了控制系统发展进程中的若干典型实例，引出了现代主题并将它们与历史相联系。在讨论控制系统的现代发展动态时，涵盖了主要的应用领域，如类人型机器人、无人机、风力发电、混合动力汽车及嵌入式控制，还讨论了自动控制在机电一体化系统中的核心作用（机电一体化系统是机械、电力、计算机等系统的有机集成）。本章以结构化的形式，给出了控制系统的设计流程，具体包括如下步骤：确定设计目标和受控变量、定义性能指标及其设计要求以及进行控制系统的定义、建模和分析等。设计过程循环迭代的内在特性，使得我们可以有效地减小设计差异，同时在复杂性、性能和费用等指标之间达成必要的折中，从而最终满足设计要求。

☑ 技能自测

本节提供 3 类题目来测试你对本章知识的掌握情况：正误判断题、多项选择题以及术语和概念匹配题。为了直接反馈学习效果，请及时对照每章最后给出的答案。

在下面的正误判断题和多项选择题中，圈出正确的答案。

1. 飞球调节器是人们公认的最早应用于工业过程的自动反馈控制器。　对　或　错
2. 闭环控制系统利用输出的测量信息，反馈测量信号并与作为预期输出的参考输入作比较。　对　或　错
3. 工程分析与工程综合是同样的工作。　对　或　错
4. 图 1.30 所示的框图是一个闭环反馈系统的例子。　对　或　错

图 1.30　带有控制器、执行机构和受控对象的系统

5. 多变量系统是具有多个输入变量和/或多个输出变量的系统。　对　或　错
6. 下面列举的哪一项是反馈控制系统早期的应用实例？
   a. 克特西比乌斯的水钟
   b. 瓦特的飞球调节器
   c. 德尔贝莱的温度调节器
   d. 上述全部
7. 下面列举的哪一项是控制系统重要的现代应用实例？
   a. 安全的汽车
   b. 自主机器人
   c. 自动化生产
   d. 上述全部
8. 用自动的措施而不是人工的手段控制工业过程，常常被称为________。
   a. 负反馈
   b. 自动化
   c. 设计差异
   d. 设计要求
9. 在从初始创意和概念到最终产品的过程中，________是固有的。
   a. 闭环反馈系统
   b. 飞球调节器
   c. 设计差异
   d. 开环控制系统

10．控制系统工程师关注于理解和控制他们周边环境的一部分，也就是所谓的________。
   a．系统
   b．综合设计
   c．折中处理
   d．风险
11．系统和控制理论的先驱包括________。
   a．奈奎斯特
   b．伯德
   c．布莱克
   d．上述全部
12．开环控制系统________，直接通过执行机构控制受控对象。
   a．不利用反馈
   b．利用反馈
   c．在工程设计中
   d．在工程综合中
13．具有多个输入变量和/或多个输出变量的系统的名称是什么？
   a．闭环反馈系统
   b．开环反馈系统
   c．多变量控制系统
   d．鲁棒控制系统
14．控制工程可以应用于下列哪些工程领域？
   a．机械与航天
   b．电气与生物医学
   c．化工与环境
   d．上述全部
15．闭环反馈控制系统应该具有下述哪些特性？
   a．良好的抗干扰性
   b．对指令产生预期响应
   c．对受控对象参数波动的低灵敏度
   d．上述全部

在下面的术语和概念匹配题中，在下画线上填写正确的字母，将术语和概念与它们的定义联系起来。

a．优化	将输出信号反馈回去并与参考输入信号相减。	________
b．风险	将输出的测量值与预期输出作比较并用于控制的系统。	________
c．设计的复杂性	一组规定的性能指标设计要求。	________
d．系统	输出信号的测量信号，用于反馈并对系统实施控制。	________
e．设计	具有多个输入变量和/或多个输出变量的控制系统。	________
f．闭环反馈控制系统	在相互矛盾的准则之间，做出的彼此之间该做出多大妥协的决策及其效果。	________
g．飞球调节器	为了实现预期目标，将有关元件互连在一起构成的装置。	________
h．设计要求（规范）	用于完成多种工作的、可编程的多功能操作机器。	________
i．综合	从初始创意和概念过渡到最终产品的过程中所固有的、复杂的实际系统与设计模型之间的不一致。	________
j．开环控制系统	相互交织且需要处理的元件和知识的一种错综复杂的模式。	________
k．反馈信号	工业过程的实物产出与实物投入之比。	________
l．机器人	设计一个工程技术系统的过程。	________

m. 多变量控制系统	不通过反馈，利用执行机构直接控制受控对象的系统。	______
n. 设计差异	隐藏在设计方案未曾预料到的后果中的不确定性。	______
o. 正反馈	为了达到特定的目的，构思或创建系统的结构、部件和技术细节的过程。	______
p. 负反馈	受控的对象、过程或系统。	______
q. 折中处理	将输出信号反馈回去并与参考输入信号叠加。	______
r. 生产率	能够提供预期响应的，由相互关联的元件构成的系统。	______
s. 工程设计	用自动的措施对过程或对象实施控制。	______
t. 受控对象（过程）	为了获得最满意或最优的设计而对参数进行调整的过程。	______
u. 控制系统	构建新的系统结构的过程。	______
v. 自动化	用于控制蒸汽机转速的机械装置。	______

基础练习题（基础练习题是对本章概念的直接运用）

下面的系统都可以用框图模型来表示它们的因果关系和反馈环路（有反馈时）。试辨识每个方框的功能，指出其中的参考输入变量、输出变量和待测变量。必要时请参考图1.3。

E1.1　描述能测量下列物理量的典型传感器：

a. 线性位置
b. 速度（或转速）
c. 非重力加速度
d. 旋转位置（或角度）
e. 转速
f. 温度
g. 压力
h. 液体（或气体）流速
i. 扭矩
j. 力
k. 地球磁场
l. 心率

E1.2　描述能实现下列转化的典型执行机构：

a. 流体能到机械能
b. 电能到机械能
c. 机械形变到电能
d. 化学能到运动能
e. 热能到电能

E1.3　精密的光信号源可以将功率的输出精度控制在1%之内[32]。激光器由输入电流控制，产生所需要的输出功率。输入电流则由一个微处理器控制，这个微处理器将预期的功率值，与由传感器测量得到的并与激光器的实际输出功率成比例的信号作比较。试辨识指明输出变量、输入变量、待测变量和控制装置，从而完成这个闭环控制系统的如图E1.3所示的框图模型。

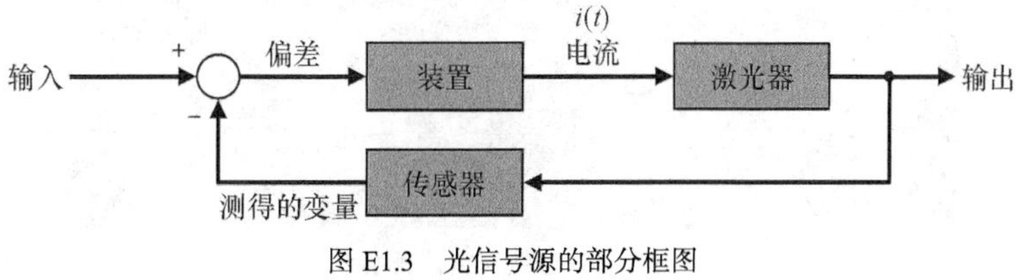

图 E1.3　光信号源的部分框图

E1.4 汽车驾驶仪利用控制系统来保证汽车以给定的速度行驶，试绘制该反馈系统的框图。

E1.5 飞钓运动是一种挑战，需要钓鱼者用轻巧的竿和线，抛投小巧的羽毛状人工拟饵，目的是将拟饵准确、轻巧地抛投到溪流远处的水面上 [59]。试描述抛投拟饵的过程并用框图表示。

E1.6 自动聚焦相机可以通过一束红外线或超声波，探测相机到物体的距离，并据此调整镜头到胶片的距离 [42]。试绘制该控制系统的框图，并简要说明其工作过程。

E1.7 因为不能正面迎风行驶，而完全顺风行驶通常又速度较慢，所以帆船的最短行驶路径很少是直线，而是依风向调整航向，顶风时稳住帆，顺风时转动帆，形成我们熟悉的之字形航线。选手（或引航员）何时转帆以及如何转帆，可能会决定一次比赛的成绩。试描述当风向改变时调整帆船航向的过程，并绘制对应的框图模型。

E1.8 世界各国都在建设自动化的现代高速公路。考虑两条车道并成一条车道的情况。尾随前车的后车安装有一套反馈控制系统，以使车辆并道时保持规定的间距。试描述所需要的反馈控制系统。

E1.9 绘制将骑手考虑在内的滑板控制系统的框图模型。

E1.10 描述调整痛觉、体温等感觉时，人的生理反馈过程。生理反馈是人能够自觉地，在某种程度上成功地调整脉搏、疼痛反应和体温等感觉的一种机能。

E1.11 未来先进的民用飞机将是电子化的，能够充分受益于计算机和网络技术的持续发展。飞机将能够与地面控制人员保持连续的通信联系，将飞机的位置、速度、重要的运行健康指标、当地的气象数据等传输下来。试给出下述过程的框图模型：如何将多架飞机收集的当地气象数据传回地面站，地面站则利用联网计算机产生精确的气象态势信息，然后将这些信息传给飞机，以便优化航线。

E1.12 一种正在研发的无人机旨在能够在长时间航行时自主飞行。所谓自主飞行，指的是飞机不需要与地面控制人员发生互动。试给出自主无人机通过航空摄影进行农作物普查过程的框图模型。自主无人机应该尽可能准确地按照预定航线飞行，对整个普查区域进行航空摄影并传回图片。

E1.13 如图 E1.13 所示的倒立摆系统，绘制该反馈控制系统的框图模型。试辨识指出受控对象、传感器、执行机构和控制器。控制目标是在有扰动的情况下，保持摆的直立状态，也就是保持 $\theta = 0$。

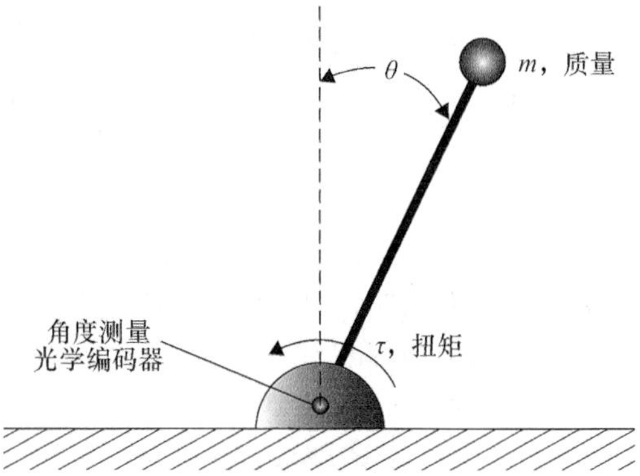

图 E1.13 倒立摆控制

E1.14 用框图模型描述一个人在台式计算机上玩视频电子游戏的过程，假定指令输入设备是游戏杆。

E1.15 对于糖尿病人而言，持续监测血糖并将血糖浓度保持在安全水平是非常重要的。如图 E1.15 所示，不同于手指穿刺取血的血糖仪，通过无痛扫描，能够连续测量血糖浓度水平的血糖仪和读取器已经问世。请绘制包含血糖仪和读取器的框图模型，并在框图模型中添加说明，阐述当测得高血糖浓度时，系统可能采取的控制措施。

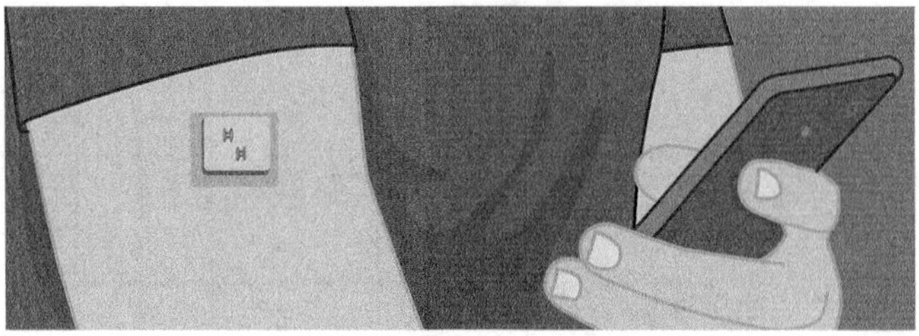
图 E1.15 连续血糖监测系统

一般习题（一般习题是对本章概念的扩展运用）

下面的系统都可以用框图模型来表示它们的因果关系和反馈环路（有反馈时）。每个方框都要求注明其功能，必要时请参考图 1.3。

P1.1　为了使乘客感到舒适，许多豪华汽车都安装有空调系统。当使用空调系统时，司机会在控制面板上预先设定预期的车内温度。试绘制该空调系统的框图模型，并指明制冷系统中各部分的功能。

P1.2　控制系统可以将人作为闭环控制系统的一部分，试绘制图 P1.2 所示的液流控制系统的框图模型。

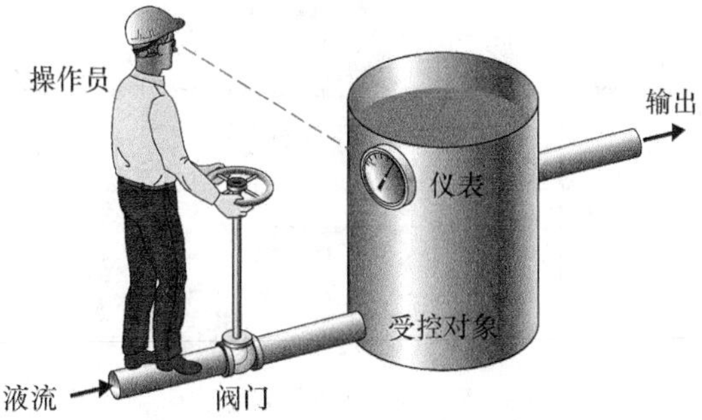

图 P1.2　液流控制系统

P1.3　在化工过程控制系统中，控制产品的化学组分是有价值的。为此，如图 P1.3 所示，可以利用红外线分析仪测量产品的化学组分。假定添加流上的阀门是可控的，试添加完成反馈控制环路，并绘制对应的框图模型。

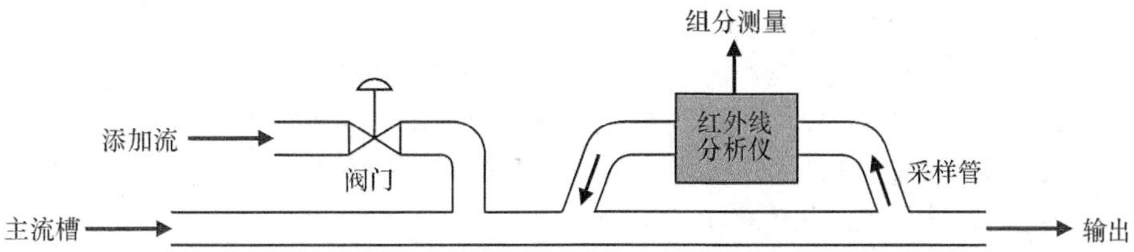

图 P1.3　化学组分控制

P1.4　对于核电系统的发电机组而言，对核反应堆实施精确控制十分重要。假定中子数与功率值成比例。电离室用来测量功率值。电流 i_0 与功率值成比例，且石墨控制棒可以调节功率值。试补充完成图 P1.4 所示的核反应堆控制系统，并绘制框图模型来加以说明。

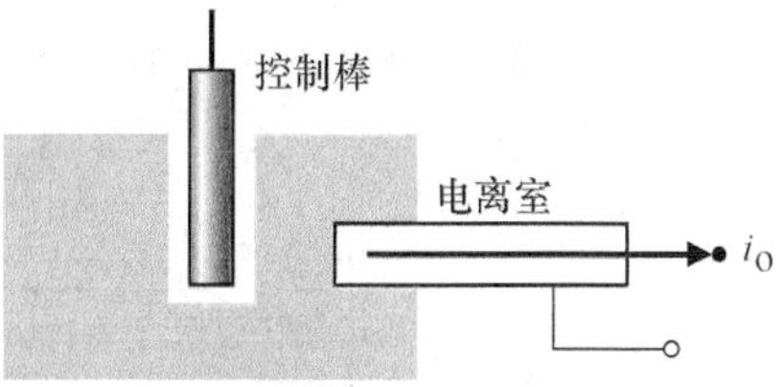

图 P1.4　核反应堆控制

P1.5　图 P1.5 所示是一个用于跟踪太阳的寻光控制系统，输出轴由电机通过一个减速齿轮驱动，减速齿轮上面的托架上安装了两个光电池管。试完成这个闭环系统，保证它能够跟踪光源。

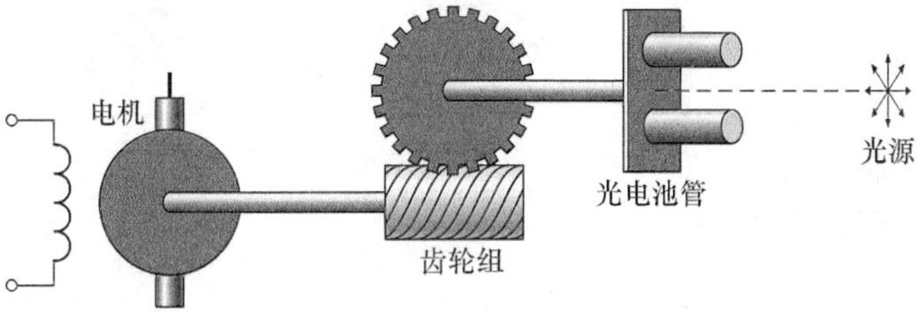

图 P1.5　每个管中都安装有一个光电池，只有当光源严格射向中央时，到达每个电池的光才是相同的

P1.6 反馈系统不一定都是负反馈系统，以物价持续上涨为标志的通货膨胀就是一个正反馈系统，如图P1.6所示。这个正反馈系统将反馈信号与输入信号相加，并将加和信号作为过程的输入。这是一个用物价-工资描述通货膨胀的简化模型。通过增加其他的反馈环路，如立法控制或税率控制，可以争取使该反馈系统稳定。如果工人工资有所增加，那么经过一段时间的延迟后，将导致物价有所上升。试问在什么条件下，通过篡改或推迟发布生活费用数据，可使价格稳定？国家的工资与物价政策又是怎样影响这个反馈系统的？

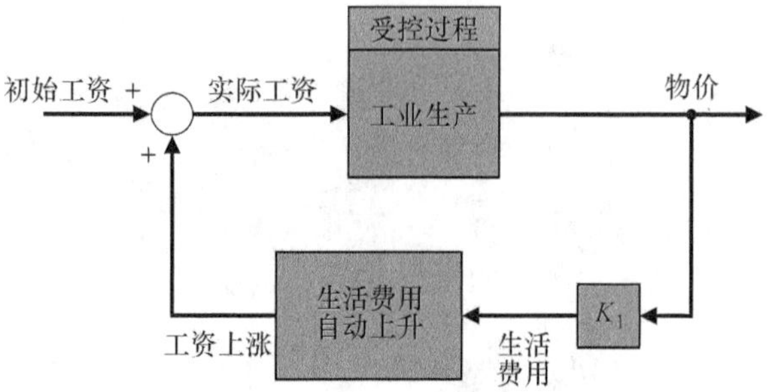

图 P1.6 正反馈系统

P1.7 一位军士每天早晨9点路过珠宝店时，都会在橱窗前停下来，用里面的精密时钟对表。有一天，这位军士走进店内，向店主恭维那只精密时钟的准确性。

"它是不是按照阿林顿的时间信号精确对时的？"军士问道。

"不，"店主说，"我每天下午5点按照城堡的鸣炮声来调钟。告诉我，军士，为什么你每天都要停下来对表呢？"

军士答道："我是城堡中的炮手！"

在上面这个故事中，是正反馈占优势还是负反馈占优势？如果这家珠宝店的"精密"时钟每24小时慢2分钟，军士的表每8小时慢3分钟，那么12天后，城堡中鸣炮时间的误差是多少？

P1.8 师生之间教学相长的过程，在本质上是一个使系统误差趋于最小的反馈过程。构造教与学过程的反馈模型，并辨识指明其中的各个模块。

P1.9 对于药理研究和制药行业而言，生理控制系统模型是有用的辅助工具。图P1.9是一个心率控制系统模型[23, 48]，其中包含了大脑对神经信号的处理过程。心率控制系统实际上是一个多变量系统，而且变量 $\boldsymbol{x}$、$\boldsymbol{y}$、$\boldsymbol{w}$、$\boldsymbol{v}$、$\boldsymbol{z}$ 和 $\boldsymbol{u}$ 还都是向量。换句话说，变量 $\boldsymbol{x}$ 自身就代表多个心脏参数 $x_1, x_2, \cdots, x_n$。参照该心率控制系统模型，在必要时增加或删除若干模块，确定下列生理控制系统之一的控制系统框图模型：

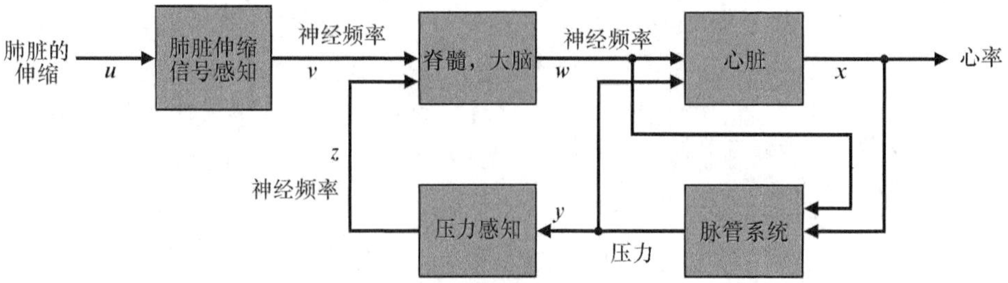

图 P1.9 心率控制系统

- 呼吸控制系统；
- 肾上腺控制系统；
- 手臂控制系统；
- 眼控制系统；

- 胰腺与血糖控制系统；
- 血液循环系统。

P1.10　在繁忙的机场，随着飞行交通强度的增大，空中交通管制系统的作用日益增强。工程师们正在运用全球定位系统（GPS）的导航卫星，开发新的空中交通管制系统和防碰撞系统[34, 55]。GPS可以让每架飞机知道自身在起降通道内的精确位置。试用框图模型描述空中交通管制员利用GPS避免飞机相互碰撞的过程。

P1.11　在中东地区，人们曾经将装有浮球的液面自动控制系统应用于水钟[1, 11]。水钟（见图P1.11）的使用历史，从公元前一直延续到17世纪。试讨论水钟的工作原理，并说明浮球如何通过反馈来保持水钟的准确度。绘制该反馈控制系统的框图模型。

P1.12　大约在1750年，米克尔（Meikle）为风车发明了自动调节齿轮[1, 11]。图P1.12中的尾扇齿轮能够自动地使风车对准风向。与主帆垂直安装的尾扇可以控制塔的旋转。齿轮的齿数比为3000 : 1。试讨论风车的工作过程，并建立保持主帆对准风向的反馈环路。

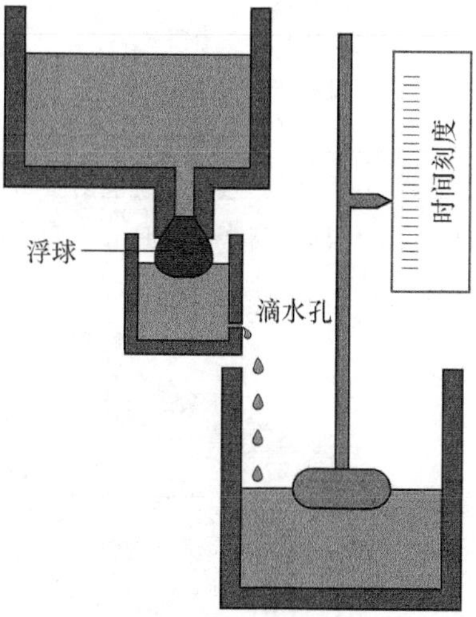

图 P1.11　水钟（图片引自 Newton、Gould 和 Kaiser 的 *Analytical Design of Linear Feedback Controls*，经允许后复制）

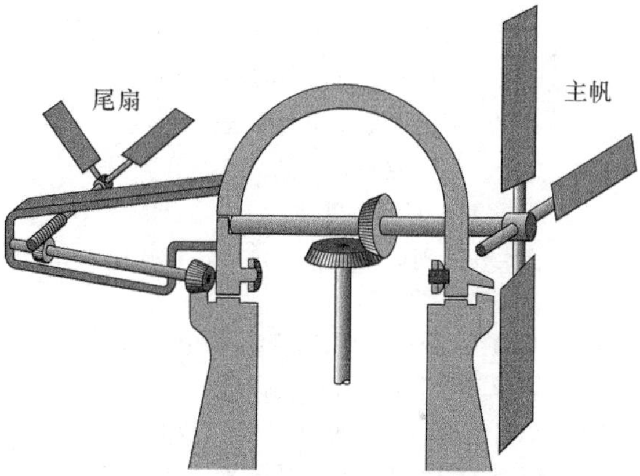

图 P1.12　风车的自动调节齿轮（图片引自 Newton、Gould 和 Kaiser 的 *Analytical Design of Linear Feedback Controls*，经允许后复制）

P1.13　带有独立的冷、热水阀门的家用淋浴器是双输入控制系统的常见实例，其目的是获得预期的水温和水流量。试绘制该闭环控制系统的框图模型。

P1.14　亚当·斯密（Adam Smith，1723—1790）在他的《国富论》(*Wealth of Nations*) 中讨论了经济参与者之间的自由竞争问题。可以说，亚当·斯密借用了社会反馈机制来解释他的理论[41]。他假设：(1) 总的来说，求职的人都会通过比较来选择报酬最优的就业岗位；(2) 任何一个岗位的薪资都将随着竞争上岗人数的增加而降低。令r =所有行业的平均总报酬，c =某一特定行业的总报酬，q =流入该特定行业的就业人数。试绘制该反馈系统的框图模型。

P1.15　汽车上常用小型计算机来控制尾气排放和增加行驶里程。计算机控制的燃油喷射系统能够自动调节燃气比，以提高燃油里程效率并显著降低尾气排放量。试绘制这种车用系统的框图模型。

P1.16　几乎所有人有因生病而发热的经历。发热与体温调节器官的输入变化有关。不管外界温度的变化范围是不是0~100 ℉（33.8 ℉=1 ℃），抑或范围更大，脑内的体温调节器官通常会将人的体温保持在98 ℉左右。发热正好表明体温调节器官的输入或预期的体温已经增高。许多科学家都吃惊地发现，发热并不说明某人的体温控制出了问题，而是表明在输入温度升高时，体温调节器官正在努力进行调节。试绘制体温控制系统的框图模型，并解释阿司匹林的退热原理。

P1.17 棒球手通过运用反馈原理来判断飞来的棒球并完成准确击打 [35]。试描述击球手为了将球棒置于正确位置击打来球，判断击打位置的过程。

P1.18 图 P1.18 是常用压力调节器的内部结构剖视图。可通过旋转校准刻度螺杆来设定预期的压力，这将压迫弹簧，从而产生一个与横隔板的上升运动方向相反的力。由于横隔板的底端承受着受控的水压，因此，横隔板的运动状态就表示预期压力与实际压力的偏差，它起着比较器的作用。连接在横隔板上的阀门正好根据压力偏差而上下运动，最终到达压力偏差为零的平衡位置。以输出压力为受控变量，试绘制该控制系统的框图模型。

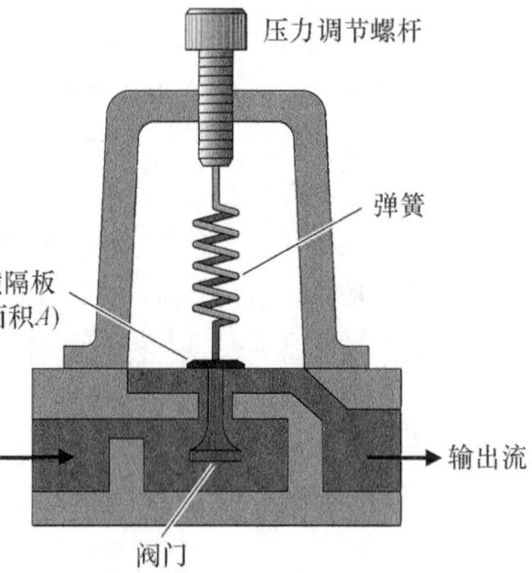

图 P1.18 压力调节器

P1.19 通用汽车公司的一郎正树（Ichiro Masaki）已经为一套系统申请了专利，这套系统能够自动调节汽车的速度，使得它与前方车辆保持安全的车距。利用摄像机，这套系统还能够探测并存储前方汽车的参考图像。当两辆汽车在高速公路上行驶时，这套系统会对参考图像与实时采集的动态图像序列进行比较，并据此计算两车的车距。一郎正树声称，这套系统既能控制速度，也能控制方向盘，汽车驾驶员就好像用“计算机拖绳”，将自己的车锁定在了前面的车上。试绘制该控制系统的框图模型。

P1.20 图 P1.20 所示为带有可调扰流板的高性能赛车，可调扰流板可以使汽车轮胎与路面保持恒定的附着力。试用框图模型说明可调扰流板的这种功能，并说明为什么保持良好的路面附着力是很重要的。

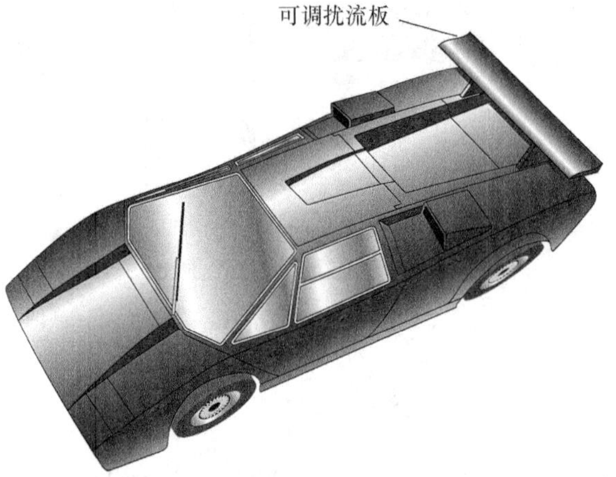

图 P1.20 配有可调扰流板的高性能赛车

P1.21 当需要运输的重物对于单独的一架直升机而言过于沉重时，就需要考虑用两架或多架直升机来共同运输。这个问题已经在民用和军用的旋翼飞机设计领域得到有效解决 [37]。利用多机提升技术，用较小的飞机就能有效满足偶尔出现的运输重物的需求。这样一来，使用多机提升技术的主要动机就是，无须制造昂贵的大型直升机也可以提高运输能力。多机提升技术的一个应用特例是用两架直升机共同运输重物，这被称为双机提升。图 P1.21 展示了一种典型的“两点悬挂”式双机提升配置方案——两架直升机配置在重物两侧的上方。试用框图模型描述飞行员的动作、各个直升机

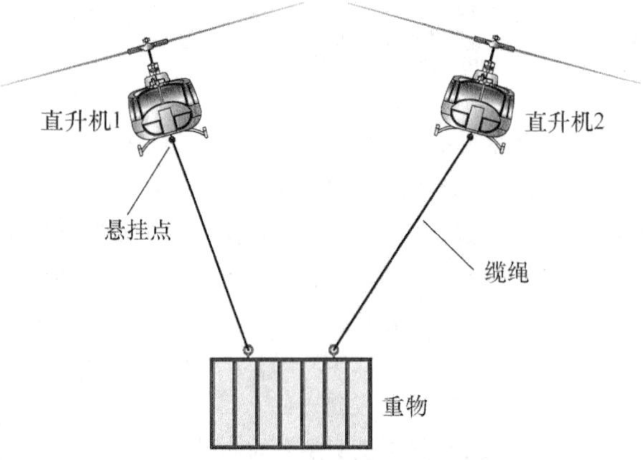

图 P1.21 两架直升机用于提升和移动重物

的位置和重物的位置。

P1.22　工程师们希望设计一个控制系统，以使建筑物或其他结构件能够像人一样对地震力做出反应。这种结构件应能够（其实也只能够）在倒塌回弹之前对地震力的作用产生缓冲弯曲[47]。试绘制用来减轻地震力破坏作用的控制系统的框图模型。

P1.23　东京理科大学（Science University of Tokyo）的工程师们正在开发一种具有面部表情的类人型机器人[52]。这种机器人能够展现面部表情，从而与工人合作工作。试绘制你自己的机器人面部表情控制系统的框图模型。

P1.24　间歇工作的汽车雨刷器的改进方案之一，是按照雨的密度来调节擦揩周期[54]。试画出雨刷器控制系统的框图模型。

P1.25　在过去的50年里，人类将超过20 000吨的物品送入了地球同步轨道。在此期间，有超过15 000吨物品又回到了地面。存留在地球轨道上的物品多种多样，数目超过500 000件，尺寸从1 cm起算，小到油漆碎片，大到空间站。地面站目前跟踪了其中20 000件左右的物品。太空交通管制正在变成一个重要的问题[61]。这一点对于那些商业卫星公司而言尤为重要，因为这些公司打算让卫星使用具有相同高度但运行着其他卫星的轨道，或让卫星飞经可能充斥密集太空垃圾的区域。试绘制商业卫星公司可能使用的太空交通管制系统的框图模型，以避免卫星发生碰撞。

P1.26　如图P1.26所示，NASA正在开发一种紧凑型的漫游车，旨在从小行星表面向地球传输数据。漫游车将用相机采集小行星表面的全景式图片，它应该能够自主定位，并进一步使相机定向，要么直接指向小行星表面，要么直接指向天空。试绘制框图模型来说明这种漫游车定位自身并实现相机指向预期方向的过程。假定相机定向指令由地面发出，而漫游车能够测量相机的定向状态并且中继传回地面。

图 P1.26　用于探测小行星的微型漫游车（NASA 友情提供图片）

P1.27　直接甲醇燃料电池是直接从甲醇溶液转化产生电能的电化学设备[75]。与可充电电池类似，燃料电池可以直接将化学能转化为电能。人们常常因此将它们与电池，特别是可充电电池相提并论。但是，燃料电池与可充电电池的显著差异在于，通过补充甲醇溶液，燃料电池可以即时充电。试绘制直接甲醇燃料电池充电反馈控制系统的框图模型，实现对燃料电池的持续监控和及时补液充电。

难题

AP1.1　显微手术机器人操纵器将对精巧的眼、脑显微手术产生重要的影响。这些显微手术器械通过反馈控制来减轻手术时医生的肌肉颤动带来的负面影响。精心控制的铰接式机械臂的精确运动，能够给医生提供很大的帮助，图AP1.1给出了一个这样的例子。多种显微手术器械已经通过临床验证并且正在实现商业化。假定能够测量显微手术器械工作头的定位状态，并能够实现反馈。将医生操纵显微手术器械视为反馈环路的一部分，试绘制框图模型来描述显微手术过程。

图 AP1.1 显微手术机器人操纵器（NASA 友情提供图片）

AP1.2 为了应对燃油价格上涨和能源短缺，减轻使用化石燃料对空气质量的负面影响，多个国家在世界各地建起了先进的风力发电系统。这种现代风车可以视为机电一体化系统。请思考如何将风力发电系统设计成机电一体化系统。辨识列举出风力发电系统的组成构件，并将各个构件与下述机电一体化系统的5个基本设计要素之一相关联：物理系统建模、信号与系统、计算机与逻辑系统、软件与数据获取以及传感器与执行机构。

AP1.3 现代豪华汽车大多配备有自动泊车的选项和装置，无须驾驶员干预即可实现平行移库。图 AP1.3 给出的是需要平行移库的场景。请绘制出平行移库泊车反馈控制系统的框图，并用文字描述该控制系统，指出设计师所面临的主要挑战。

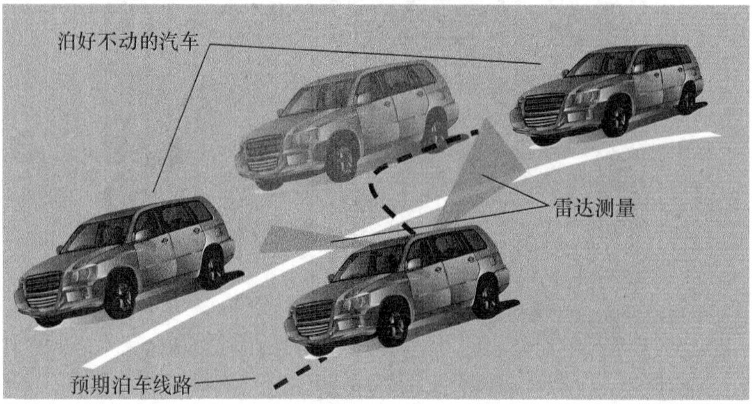

图 AP1.3 自动化的平行移库泊车

AP1.4 视网膜成像、大型地面天文观测站等系统中广泛应用了自适应光学原理来解决许多关键的控制问题[98]。以上两个典型应用的技术途径是，先利用波前传感器测量入射光的畸变，再通过主动控制和补偿措施来减小畸变导致的偏差。巨型天文光学望远镜直径可能高达 100 m，其主要元件包括：由 MEMS 设备驱动的可变形镜片，可以在光线穿越时测量入射光畸变的传感器等。这些畸变是由于入射光穿越湍流和不确定的大气层造成的。

建造直径高达 100 m 的光学望远镜，至少有一个必须克服的主要技术障碍：在对巨型天文光学望远镜进行控制和补偿时，所需的运算能力高达每 1.5 ms 进行 10^{10} 量级的计算次数。假定人类最终拥有了这样的运算能力，我们就可以为巨型光学望远镜设计具有这种运算能力的反馈控制系统。未来需要考虑解决的一些控制问题包括：天线主碟的定向控制问题，每个可变形补偿镜片的控制问题，以及减小天线主碟温度形变的问题，等等。

请用框图模型描述单个可变形镜片的闭环反馈控制系统，以补偿修正入射光的畸变。图AP1.4是只安装了单个可变形补偿镜片的光学望远镜的示意图。此处假定MEMS执行机构可以调整可变形镜片的指向，同时假定波前传感器及配套算法可以为反馈控制系统提供所需要的可变形镜片配置。

AP1.5 图AP1.5所示的迪拜塔是世界上最高的建筑[94]，它有160多层，高度超过800 m。在这栋世界最高的单体建筑中，有57部电梯提供服务。从底层到顶层，这些电梯以高达10 m/s的速度穿行着世界上最长的服务距离。请描述引导这栋高层建筑内的电梯到达指定楼层的闭环反馈控制系统，同时必须满足合理的运行时间要求[95]。请留意，过高的加速度会导致乘客的不适。

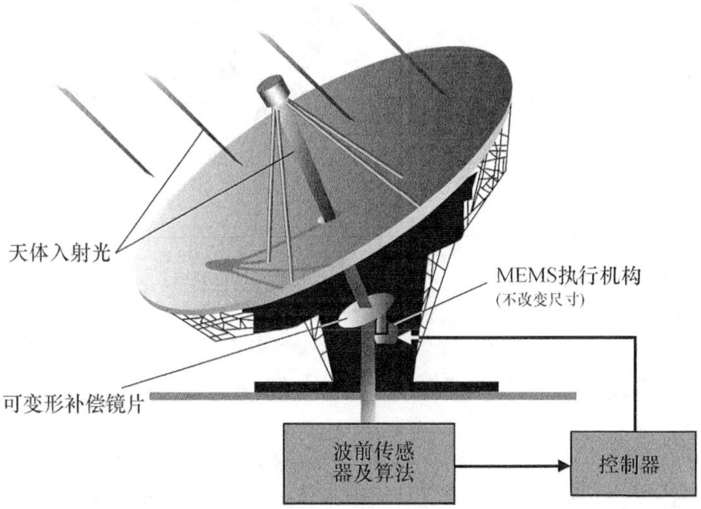

图 AP1.4 装有可变形补偿镜片的巨型光学望远镜

图 AP1.5 位于迪拜的世界上最高的建筑：迪拜塔
（来源：Alamy 图片库）

AP1.6 自动控制系统正在帮助人们操持家务。图AP1.6给出的机器人真空吸尘器就是一个这样的例子。它是一个依赖红外传感器和微芯片技术，能够在家具之间主动导航的机电一体化系统。请描述一个为机器人吸尘器导航，以避免与障碍物碰撞的闭环反馈控制系统[96]。

AP1.7 如图AP1.7所示，美国太空探索技术公司SpaceX开发了一套非常重要的系统，用于在海上实现猎鹰（Falcon）火箭第一级的重用。着陆船是一艘自主的无人船。请用框图模型说明这样的自动控制系统，它用来控制海基着陆船的颠簸和旋转。

图 AP1.6 机器人吸尘器在房间内移动时，与基座保持通信联系
（来源：Hugh Threlfall，Alamy 图片库）

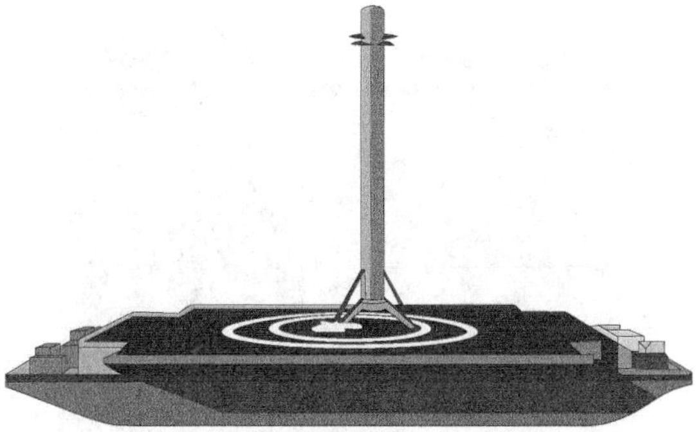

图 AP1.7 SpaceX 的火箭在海基无人船上返回着陆

设计题 [设计题主要强调设计任务。连续性设计题（Continuous Design Problem，CDP）则在随后各章中逐章加以解决]

CDP1.1 对现代精密机床日益迫切的需求，导致对工作台移动控制系统的需求[53]。如图CDP1.1所示，工作台运动控制系统的目标是准确地控制工作台按照预期的路径移动。试绘制能够达到上述设计目标的反馈系统的框图模型。参见图CDP1.1，工作台沿x轴方向运动。

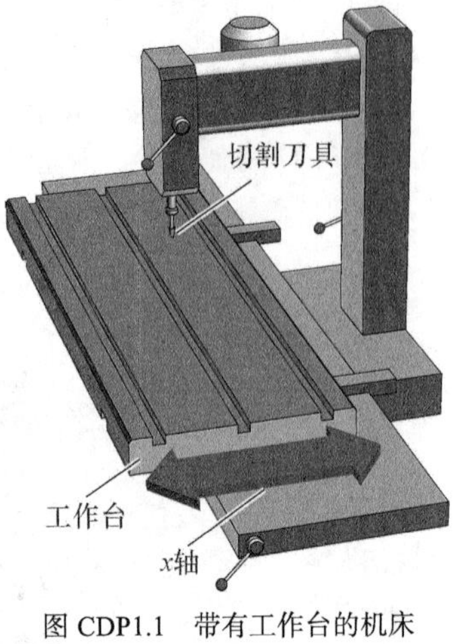

图 CDP1.1 带有工作台的机床

DP1.1 传入车内的路面和车辆噪声会加重车内司乘人员的疲劳[60]。试绘制框图模型来说明一个"抗噪声"的反馈系统，使其具有降低有害噪声的作用，并辨识注明每个方框内的设备。

DP1.2 许多汽车都安装了定速巡航控制系统，只要按一下按钮，它就会自动保持设定的速度。这样司机就能以限定的速度或较为经济的速度行驶，而不需要经常查看速度表。试用框图设计该定速巡航的反馈控制系统。

DP1.3 图DP1.3是用户利用智能手机远程监控洗衣机的示意图，请描述所需要的反馈控制系统。该控制系统必须能够启动和结束洗衣循环程序、控制洗涤剂用量和水温，并能够提供洗衣循环程序的状态提示信息。

DP1.4 作为奶牛场自动化的重要组成部分，挤奶装置的自动化正处在研发之中[36]。试设计一个能够根据奶牛状况和需求，每天挤奶4次或5次的自动化挤奶机。试绘制其框图模型并辨识注明每个方框内的设备。

DP1.5 图DP1.5所示是用于焊接大型工件的支撑机械臂，试绘制能够准确控制焊接头位置的闭环反馈控制系统的框图模型。

图 DP1.3 利用智能手机远程监控洗衣机
（来源：Mikkel William，E+/Getty Images 图片库）

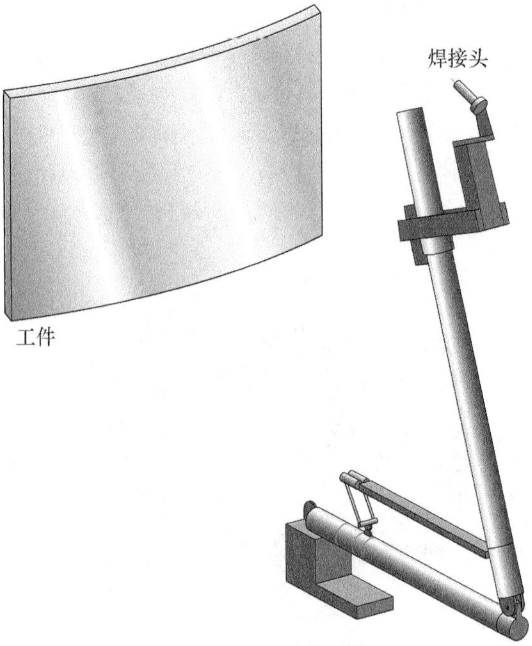

图 DP1.5 支撑机械臂

DP1.6　车辆的牵引控制系统包括防滑制动与防侧滑加速等功能，它能够提高车辆的操纵性能。其控制目标是通过防止制动装置死锁以及防止加速过程中的轮胎侧滑，来最大化轮胎的牵引力。车轮的侧滑量（即车辆速度与车轮速度之差）对轮胎与路面之间的牵引力有很大影响，我们因此将它选为受控变量[19]。在侧滑很小的情况下，车轮与路面的黏着系数可以达到最大。试绘制单个车轮的牵引控制系统的框图模型。

DP1.7　人类在太空对哈勃太空望远镜进行了多次维修和改进[44, 46, 49]。控制哈勃太空望远镜的一个具有挑战性的问题，就是如何阻尼抑制由于进出地影而引起的信号波动。这个问题严重时，会导致哈勃太空望远镜的振动。最严重时，该振动的周期约为 20 s，或者说振动频率大约为 0.05 Hz。试设计反馈控制系统，以减弱哈勃太空望远镜的振动。

DP1.8　控制工程的一个具有挑战性的应用是纳米机器人在医学中的应用。纳米机器人自身具有计算能力，并配有极微小的传感器和执行机构。幸运的是，生物分子计算、生物传感器和生物执行机构的研究进展顺利，这预示着医用纳米机器人有望在未来十年内成为现实[99]，而许多有趣的医学应用将得益于纳米机器人。例如，可以用机器人精准地进行艾滋病给药，或者对癌症进行目标明确的局部化疗（见图 DP1.8）。

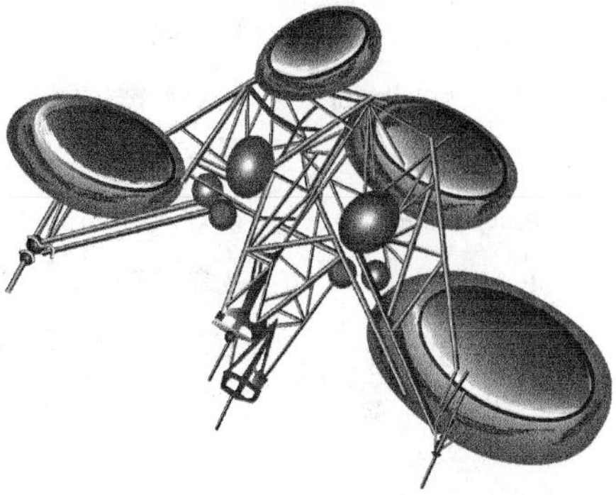

图 DP1.8　纳米机器人与血液细胞相互作用的示意图

目前，人类还无法制造实用的纳米机器人，但我们仍然可以考虑这些最终会投入医学应用的微型装置的控制设计问题。考虑用纳米机器人向人体指定部位（例如，目标部位可能是肿瘤病灶）施用抗癌药物的问题。请提出一个或多个设计目标来引领设计过程。建议提出必要的受控变量以及对这些受控变量的合理设计要求。

DP1.9　观察图 DP1.9 所示的电力代步车［即新型站立骑行车（Human Transportation Vehicle，HTV）］。自平衡的电力代步车通过主动控制，可以安全、便捷地完成单人运输[97]。试描述一个闭环反馈控制系统，协助电力代步车的骑手保持车的平衡和机动。

DP1.10　如图 DP1.10 所示，除了能够保持行驶速度之外，很多汽车还能保持与前车的设定距离。设计这样的反馈控制系统，在保持与前车设定距离的同时，还能保持巡航速度。当前车速降至低于设定的巡航速度时，会发生什么？

图 DP1.9　电力代步车（新型站立骑行车，HTV）
（来源：Sergiy Kuzmin，Shutterstock 图片库）

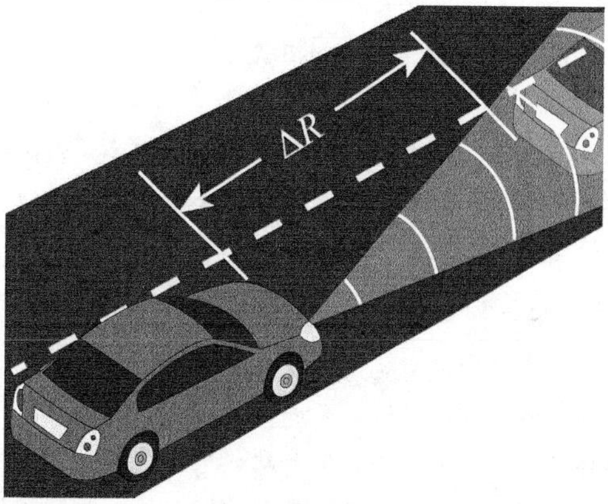

图 DP1.10　在与前车保持设定距离的同时保持巡航速度

☑ 技能自测答案

正误判断题：1. 对；2. 对；3. 错；4. 错；5. 对。

多项选择题：6.d；7.d；8.b；9.c；10.a；11.d；12.a；13.c；14.d；15.d。

术语和概念匹配题（自上向下）：p；f；h；k；m；q；d；l；n；c；r；s；j；b；e；t；o；u；v；a；i；g。

术语和概念

actuator	执行机构	自动控制系统采用的、用于改变或调节周边环境状态的器件。
analysis	分析	审视和检查系统的过程，旨在对系统获得更好的理解、提供更透彻的认识以及发现改进的方向。
automation	自动化	用自动的措施对过程或对象实施控制。
closed-loop feedback control system	闭环反馈控制系统	对输出的测量值与预期输出进行比较并用于控制的系统。
complexity of design	设计的复杂性	相互交织且需要处理的元件和知识的一种错综复杂的模式。
control system	控制系统	能够提供预期响应的、由相互关联的元件构成的系统。
control system engineering	控制系统工程	技术和工程的一个分支，专注于对广泛且实际的物理系统进行建模并利用这些模型来设计控制器，从而使得到的闭环系统具有预期的行为表现。
design	设计	为了达到特定的目的，构思或创建系统的结构、部件和技术细节的过程。
design gap	设计差异	从初始创意和概念过渡到最终产品的过程中所固有的、复杂的实际系统与设计模型之间的不一致。
disturbance	干扰（扰动）	对输出产生影响的不希望出现的输入。
embedded control	嵌入式控制	在反馈环路中集成了专用嵌入式数字计算机的反馈控制系统。
engineering design	工程设计	设计一个工程技术系统的过程。
feedback signal	反馈信号	输出信号的测量信号，用于反馈并对系统实施控制。
flyball governor	飞球调节器	用于控制蒸汽机转速的机械装置。
hybrid fuel automobile	混合动力汽车	配置有由常规内燃机和其他储能装置构成的组合式动力系统的汽车。
Internet of Things（IoT）	物联网	由嵌入了电子器件、软件、传感器和连通性的物理实体构成的网络。
measurement noise	测量噪声	对输出的测量值产生影响的不希望出现的输入。
mechatronics	机电一体化系统	机械、电气和计算机等系统的有机集成系统。
multiloop feedback control system	多环路反馈控制系统	具有多个反馈控制环路的反馈控制系统。
multivariable control system	多变量控制系统	具有多个输入变量和/或多个输出变量的控制系统。
negative feedback	负反馈	将输出信号反馈回去并与参考输入信号相减。
open-loop control system	开环控制系统	不通过反馈，利用执行机构直接控制受控对象的系统。正因为如此，系统输出对系统的信号处理过程没有影响。

optimization	**优化**	为了获得满意或最优的设计而对参数进行调整的过程。
plant	**受控对象**	参见受控过程（process）。
positive feedback	**正反馈**	将输出信号反馈回去并与参考输入信号叠加。
process	**受控对象（受控过程）**	受控的对象、过程或系统。
productivity	**生产率**	工业过程的实物产出与实物投入之比。
risk	**风险**	隐藏在设计方案未曾预料到的后果中的不确定性。
robot	**机器人**	可编程计算机与操作器的集成体，用于完成多种工作的可编程多功能操作机器。
sensor	**传感器**	能够提供所需要的外部信号测量值的仪器和器件。
specifications	**设计规范**	对产品是什么以及能够做什么的简洁而明确的说明，是一组规定的性能指标设计要求。
synthesis	**综合**	构建新的系统结构配置的过程，将分离的元件集成为有机整体的过程。
system	**系统**	为了实现预期目标，将有关元件互连在一起构成的装置。
trade-off	**折中处理**	在相互矛盾的准则之间，做出的彼此该做出多大妥协的决策及后效。
ubiquitous computing	**泛在计算**	在任何时间、任何地点，用任何设备都可以提供所需要的计算能力。
ubiquitous positioning	**泛在定位**	导航定位系统可以在室内和室外的任何地点，及时地确认人员、机动车和物品的位置和方位。

第 2 章　系统数学模型

提要

物理系统的数学模型是控制系统设计和分析过程中的关键要素。通常用常微分方程（组）来描述系统的动态行为表现。本章将讨论范围广泛且实际的物理系统。由于大部分物理系统是非线性的，因此本章将首先讨论物理系统微分方程模型的线性近似问题，这样就能够容许我们使用拉普拉斯变换方法。然后讨论用传递函数来表示系统和元件的输入输出关系。传递函数可以用来构建描述相互连接关系的、图示化的框图模型和信号流图模型。框图模型和信号流图模型是分析和设计复杂控制系统时既方便又直观的工具。作为结束，本章将为循序渐进设计实例——磁盘驱动器读取系统，建立各元件的传递函数模型。

预期收获

在完成本章的学习之后，学生应该：

- 能够体会到微分方程能够用来描述物理系统的动态行为表现；
- 能够利用泰勒级数来实现模型的线性近似；
- 理解并掌握拉普拉斯变换的应用，以及拉普拉斯变换在计算传递函数时的作用；
- 掌握框图模型和信号流图模型，领会到它们在控制系统分析与设计中的作用；
- 理解数学建模在控制系统设计过程中的重要作用。

2.1　引言

要理解和控制复杂系统，就必须获得系统的定量**数学模型**。为此，必须仔细分析系统变量之间的相互关系，并建立系统的数学模型。我们所关心的系统在本质上是动态的，描述系统行为的方程通常是**微分方程（组）**。如果这些方程（组）能够**线性化**，我们就可以运用**拉普拉斯变换**方法来简化求解过程。实际上，由于系统的复杂性，并且由于我们不可能了解并考虑到所有的相关因素，我们必须对系统运行情况做出一些**假设**。在研究实际的物理系统时，合理的假设和线性化处理是非常有用的。这样就能够根据线性等效系统遵循的物理规律，得到物理系统的时不变的（常系数）线性微分方程（组）模型。最后，利用拉普拉斯变换等数学工具求解微分方程（组），就能够得到描述系统行为的解。归纳而言，建模分析动态系统的步骤如下：

① 构建和定义系统及其元件；

② 基于基本的物理规律，确定必要的假设条件并推导数学模型；

③ 列写描述该模型的微分方程（组）；

④ 求解方程（组），得到所求输出变量的解；

⑤ 检查假设条件和得到的解；

⑥ 如有必要，重新分析或设计系统。

2.2　物理系统的微分方程（组）

根据受控过程自身遵循的物理规律，可以建立描述物理系统动态行为表现的微分方程[1-4]。

如图 2.1 所示，考虑在扭矩 $T_a(t)$ 作用下扭转的弹簧–质量（块）系统，假定弹簧的质量为零，需要测量的物理量是传送到质量块 m 上的扭矩 $T_s(t)$。由于弹簧的质量可以忽略不计，因此，作用在弹簧上的扭矩为零，即

$$T_a(t) - T_s(t) = 0$$

这意味着 $T_a(t) = T_s(t)$。由此可知，作用于弹簧一端的外部扭矩 $T_a(t)$，通过弹簧原封不动地被**传递**到了扭转的另一端，因此，该扭矩被称为**通过型变量**。类似地，考虑弹簧两端旋转的角速度之差

$$\omega(t) = \omega_s(t) - \omega_a(t)$$

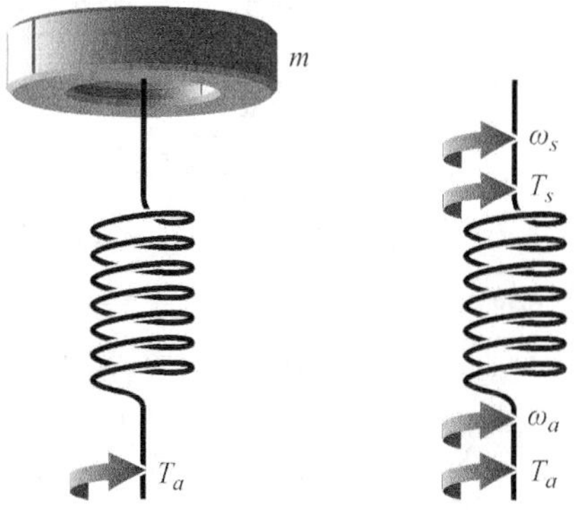

(a)　(b)

图 2.1　(a) 扭转作用下的弹簧–质量块系统；(b) 弹簧元件

我们需要在弹簧两端测量角速度，才能够测得角速度差，角速度因而被称为**跨越型变量**。同样的分类方法也适用于许多常见的物理变量（如力、电流、容量和流速等）。关于通过型变量和跨越型变量的详细讨论可以参阅文献 [26，27]。表 2.1 总结了常见动态系统中的通过型变量和跨越型变量 [5]。本节提到的各种变量的国际标准计量单位的有关信息，可以方便地通过手册查询或在线查询。例如，在国际标准计量单位中，温度的计量单位为 K（热力学温度开尔文），而长度的计量单位为 m。表 2.2 给出了集总、线性和动态理想元件的微分方程描述形式 [5]，其中的方程只是对实际情况的简化和近似（例如，对分立元件的线性化近似和集总化近似）。

表 2.1　物理系统的通过型和跨越型变量小结

系　统	元件的通过型变量	集总的通过型变量	元件的跨越型变量	集总的跨越型变量
电力系统	电流，i	电荷，q	电压差，v_{21}	磁通匝链数，λ_{21}
机械传动系统	力，F	平动动量，P	速度差，v_{21}	位移差，y_{21}
机械旋转系统	扭矩，T	角动量，h	角速度差，ω_{21}	角位移差，θ_{21}
流体系统	流量，Q	容积，V	压差，P_{21}	压力动量，γ_{21}
热力系统	热流量，q	热能，H	温差，$\mathcal{T}_{21}$	

表 2.2　理想元件遵循的微分方程

元件类型	物理元件	微分方程	能量 E 或者功率 $\mathcal{P}$	符　号
感性储能元件	电感	$v_{21} = L\dfrac{di}{dt}$	$E = \dfrac{1}{2}Li^2$	
	平动弹簧	$v_{21} = \dfrac{1}{k}\cdot\dfrac{dF}{dt}$	$E = \dfrac{1}{2}\cdot\dfrac{F^2}{k}$	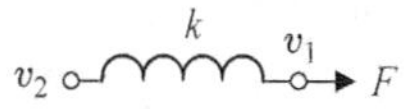
	旋转弹簧	$\omega_{21} = \dfrac{1}{k}\cdot\dfrac{dT}{dt}$	$E = \dfrac{1}{2}\cdot\dfrac{T^2}{k}$	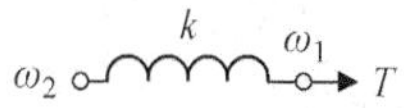
	流体惯量	$P_{21} = I\dfrac{dQ}{dt}$	$E = \dfrac{1}{2}IQ^2$	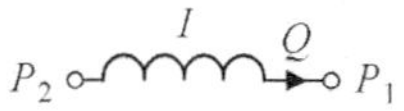
容性储能元件	电容	$i = C\dfrac{dv_{21}}{dt}$	$E = \dfrac{1}{2}Cv_{21}^2$	

续表

元件类型	物理元件	微分方程	能量 E 或者功率 $\mathcal{P}$	符　　号
容性储能元件	平动质量	$F = M\dfrac{\mathrm{d}v_2}{\mathrm{d}t}$	$E = \dfrac{1}{2}Mv_2^2$	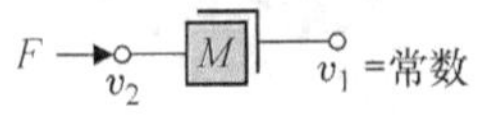
	旋转质量	$T = J\dfrac{\mathrm{d}\omega_2}{\mathrm{d}t}$	$E = \dfrac{1}{2}J\omega_2^2$	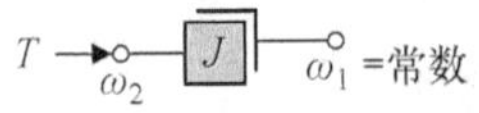
	流体容量	$Q = C_f\dfrac{\mathrm{d}P_{21}}{\mathrm{d}t}$	$E = \dfrac{1}{2}C_fP_{21}^2$	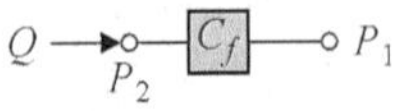
	热容量	$q = C_t\dfrac{\mathrm{d}\mathcal{T}_2}{\mathrm{d}t}$	$E = C_t\mathcal{T}_2$	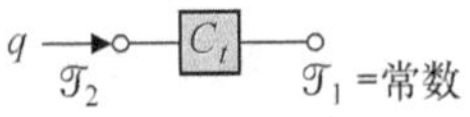
耗能型元件	电阻	$i = \dfrac{1}{R}v_{21}$	$\mathcal{P} = \dfrac{1}{R}v_{21}^2$	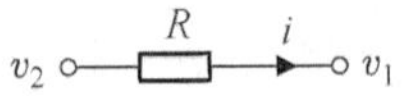
	平动阻尼器	$F = bv_{21}$	$\mathcal{P} = bv_{21}^2$	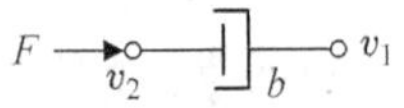
	旋转阻尼器	$T = b\omega_{21}$	$\mathcal{P} = b\omega_{21}^2$	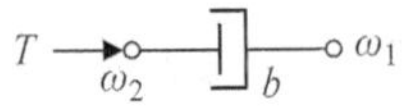
	流阻	$Q = \dfrac{1}{R_f}P_{21}$	$\mathcal{P} = \dfrac{1}{R_f}P_{21}^2$	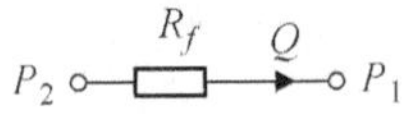
	热阻	$q = \dfrac{1}{R_t}\mathcal{T}_{21}$	$\mathcal{P} = \dfrac{1}{R_t}\mathcal{T}_{21}$	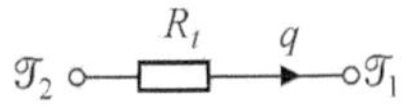

物理量符号说明。

- 通过型变量：F = 力，T = 扭矩，i = 电流，Q = 流体体积流速，q = 热流速。
- 跨越型变量：v = 平动速度，ω = 角速度，v = 电压，P = 压强，$\mathcal{T}$ = 温度。
- 感性储能变量：L = 电感，$1/k$=平动或旋转刚度的倒数，I = 流体惯量。
- 容性储能变量：C = 电容，M = 质量，J = 转动惯量，C_f = 流体容量，C_t = 热容。
- 耗能变量：R = 电阻，b = 黏性摩擦系数，R_f = 流阻，R_t = 热阻。

通常，符号 v 既表示电路中的电压，又表示机械平动运动的速度，其具体含义需要根据方程的实际物理意义来确定。机械系统服从牛顿运动定律，电气系统则服从基尔霍夫定律。图 2.2（a）给出的质量块-弹簧-阻尼器系统就服从牛顿第二定律，图 2.2（b）则给出了质量块 M 单独的受力及运动分析图。在此，我们假定壁摩擦为**黏性阻尼**，即摩擦力与质量块的运动速度成正比。摩擦力的实际表现形式其实复杂得多。例如，壁摩擦还可以是**库仑阻尼**，也称为**干性摩擦**，即摩擦力是质量块运动速度的非线性函数，并且在速度零点附近呈现出不连续特性。不过，对于经过充分润滑处理的光滑表面而言，黏性摩擦这一假设是合理的。后续当讨论质量块-弹簧-阻尼器系统的例子时，我们将采用黏性摩擦这一假设。对质量块 M 的受力求和，由牛顿第二定律可得

$$M\frac{\mathrm{d}^2y(t)}{\mathrm{d}t^2} + b\frac{\mathrm{d}y(t)}{\mathrm{d}t} + ky(t) = r(t) \tag{2.1}$$

其中，k 是理想弹簧元件的弹性系数，b 为黏性摩擦的阻尼系数。式（2.1）是一个二阶线性常系数（时不变）微分方程。

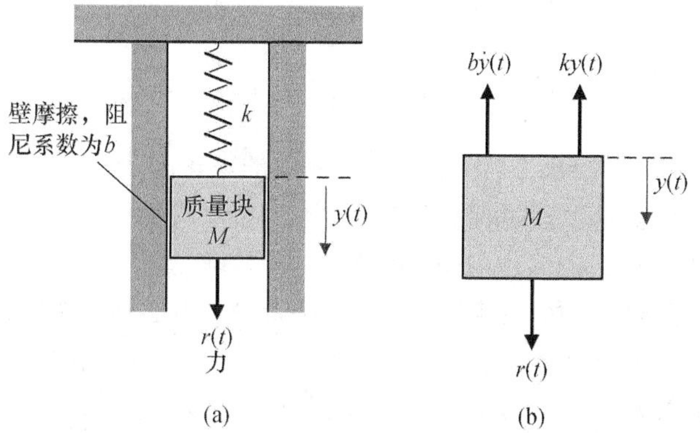

图 2.2　(a) 质量块-弹簧-阻尼器系统；(b) 质量块 M 单独的受力及运动分析图

同样，利用基尔霍夫电流定律，可以描述并解析图 2.3 所示的 RLC 电路。于是，可以得到下面的积分微分方程：

$$\frac{v(t)}{R}+C\frac{\mathrm{d}v(t)}{\mathrm{d}t}+\frac{1}{L}\int_0^t v(t)\mathrm{d}t=r(t) \tag{2.2}$$

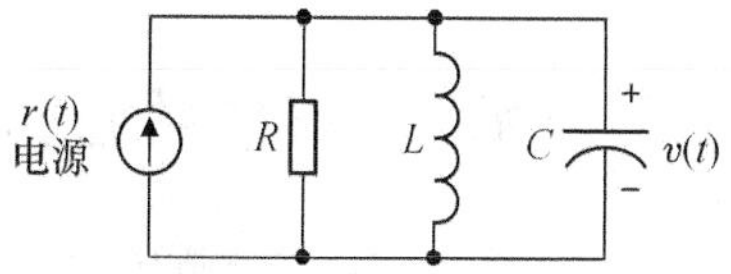

图 2.3　RLC 电路

可以采用经典方法来求解这些描述系统动态特性的微（积）分方程，如积分因子法、待定系数法等[1]。例如，假定质量块的初始位移为 $y(0)=y_0$，然后松开约束，则该系统的动态响应可以表示为

$$y(t)=K_1\mathrm{e}^{-\alpha_1 t}\sin\left(\beta_1 t+\theta_1\right) \tag{2.3}$$

当 RLC 电路的电流恒定［即 $r(t)=I$］时，RLC 电路的输出电压在形式上与式（2.3）类似，即

$$v(t)=K_2\mathrm{e}^{-\alpha_2 t}\cos\left(\beta_2 t+\theta_2\right) \tag{2.4}$$

图 2.4 给出了该 RLC 电路输出电压的典型响应曲线。

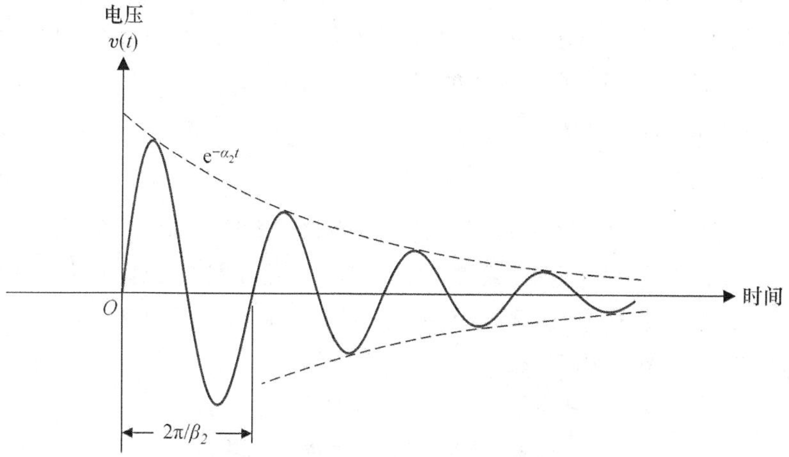

图 2.4　RLC 电路输出电压的典型响应曲线

为了进一步揭示机械系统和电气系统微分方程之间的相似性，我们用质量块的位移速度 $v(t)$ 作为变量，改写式（2.1），由于

$$v(t)=\frac{\mathrm{d}y(t)}{\mathrm{d}t}$$

因此可以得到

$$M\frac{\mathrm{d}v(t)}{\mathrm{d}t}+bv(t)+k\int_0^t v(t)\mathrm{d}t=r(t) \tag{2.5}$$

可以看出，式（2.5）和式（2.2）在形式上是一致的。速度 $v(t)$ 和电压 $v(t)$ 在方程中是等效的变量，因而又称为**相似变量**，上述两个系统则被称为相似系统。很明显，质量块运动速度的解与式（2.4）类似，其时间响应曲线也与图 2.4 类似。在系统建模中，相似系统这一概念的作用巨大。速度-电压相似，也可以说力-电流相似，是一种合乎自然的相似关系，它将电气系统和机械系统中相似的跨越型变量或通过型变量联系在一起。另一种常用的相似关系，则是速度与电流两种不同变量之间的相似关系，通常也称为力-电压相似[21, 23]。

在电气、机械、热力和流体等系统中，也都存在相似系统，它们具有相似的时间响应解。由于存在相似系统及相似的解，分析人员可以将一个系统的分析结果，推广到具有相同微分方程模型的其他相似系统。因此，我们所学的关于电气系统的知识，可以很快推广到机械、热力和流体等系统。

2.3　物理系统的线性近似

在参数变化的一定范围内，绝大多数物理系统呈现出线性特性。不过总体而言，当不限制参数的变化范围时，所有的物理系统终究都是非线性系统。例如，对于图 2.2 所示的质量块-弹簧-阻尼器系统，当质量块的位移 $y(t)$ 较小时，可以采用式（2.1）将其描述为线性系统，但是当 $y(t)$ 不断增大时，弹簧最终将会因为过载而变形断裂。因此，应该仔细研究每个系统的线性特性和相应的线性工作范围。

下面我们用系统的激励和响应之间的关系来定义线性系统。在 RLC 电路中，激励是输入电流 $r(t)$，响应是输出电压 $v(t)$。一般来说，线性系统的**必要条件**之一，需要用激励 $x(t)$ 和响应 $y(t)$ 的下述关系确定：如果系统对激励 $x_1(t)$ 的响应为 $y_1(t)$，对激励 $x_2(t)$ 的响应为 $y_2(t)$，则线性系统对激励 $x_1(t)+x_2(t)$ 的响应一定是 $y_1(t)+y_2(t)$。这通常被称为线性**叠加性**。

进一步地，**线性系统**的激励和响应还必须保持相同的缩放系数。也就是说，如果系统对输入激励 $x(t)$ 的输出响应为 $y(t)$，则线性系统对放大了 β 倍的输入激励 $\beta x(t)$ 的响应，一定是放大了同样倍数的输出响应 $\beta y(t)$。这被称为线性**齐次性**。

线性系统满足叠加性和齐次性。

概念强调说明 2.1

关系式 $y(t)=x^2(t)$ 描述的系统是非线性的，因为它不满足叠加性。关系式 $y(t)=mx(t)+b$ 描述的系统也不是线性的，因为它不满足齐次性。但是，当变量在工作点 (x_0, y_0) 附近做小范围变化时，对于小信号变量 Δx 和 Δy 而言，系统 $y(t)=mx(t)+b$ 是线性的。事实上，当 $x(t)=x_0+\Delta x(t)$ 且 $y(t)=y_0+\Delta y(t)$ 时，有

$$y(t)=mx(t)+b$$

$$y_0+\Delta y(t)=mx_0+m\Delta x(t)+b$$

可以看出，$\Delta y(t)=m\Delta x(t)$，满足线性系统的两个必要条件。

许多机械元件和电气元件的线性范围是相当宽的[7]。但是对于热力元件和流体元件而言，情况就大不相同了，它们更容易呈现非线性特性。幸运的是，我们常常可以用所谓的“小信号”方法，将这些元件线性化。这也是对电子线路和晶体管进行线性化等效处理的惯用方法。考虑一个具有激励（通过型）变量 $x(t)$ 和响应（跨越型）变量 $y(t)$ 的通用元件（表 2.1 给出了一些动态元

件和变量的实例），这两个变量之间的关系可以写成下面的一般形式：

$$y(t)=g(x(t)) \tag{2.6}$$

其中，$g(x(t))$ 表示 $y(t)$ 是 $x(t)$ 的函数。假设系统的正常工作点为 x_0，由于函数曲线在工作点附近的区间内常常是连续可微的①，因此，在工作点附近可以进行**泰勒级数**展开 [7]，于是有

$$y(t)=g(x(t))=g(x_0)+\left.\frac{\mathrm{d}g}{\mathrm{d}x}\right|_{x(t)=x_0}\frac{(x(t)-x_0)}{1!}+\left.\frac{\mathrm{d}^2g}{\mathrm{d}x^2}\right|_{x(t)=x_0}\frac{(x(t)-x_0)^2}{2!}+\cdots \tag{2.7}$$

当 $(x(t)-x_0)$ 在小范围内波动时，以函数在工作点处的导数 $m=\left.\frac{\mathrm{d}g}{\mathrm{d}x}\right|_{x(t)=x_0}$ 为斜率的直线，能够很好地拟合函数的实际响应曲线。因此，式（2.7）可以近似为

$$y(t)=g(x_0)+\left.\frac{\mathrm{d}g}{\mathrm{d}x}\right|_{x(t)=x_0}(x(t)-x_0)=y_0+m(x(t)-x_0) \tag{2.8}$$

其中，m 表示工作点处的斜率。最后，式（2.8）可以改写为如下线性方程：

$$y(t)-y_0=m(x(t)-x_0)$$

或

$$\Delta y(t)=m\Delta x(t) \tag{2.9}$$

如图 2.5（a）所示，质量块 M 位于非线性弹簧之上，该系统的正常工作点是系统平衡点，即弹簧弹力与质量块的重力 Mg 达到平衡的点，其中的 g 为地球引力常数，因此有 $f_0=Mg$。如果非线性弹簧的弹力特性为 $f=y^2(t)$，那么当该系统工作在平衡点时，其位移为 $y_0=(Mg)^{1/2}$。该系统的位移增量的小信号线性模型为

$$\Delta f(t)=m\Delta y(t)$$

其中：

$$m=\left.\frac{\mathrm{d}f}{\mathrm{d}y}\right|_{y(t)=y_0}\quad \text{也就是}\ m=2y_0$$

整个线性化过程如图 2.5（b）所示。对于特定的问题或场合而言，“小信号”假设常常是合理的，因此，**线性近似处理**具有相当高的精度。

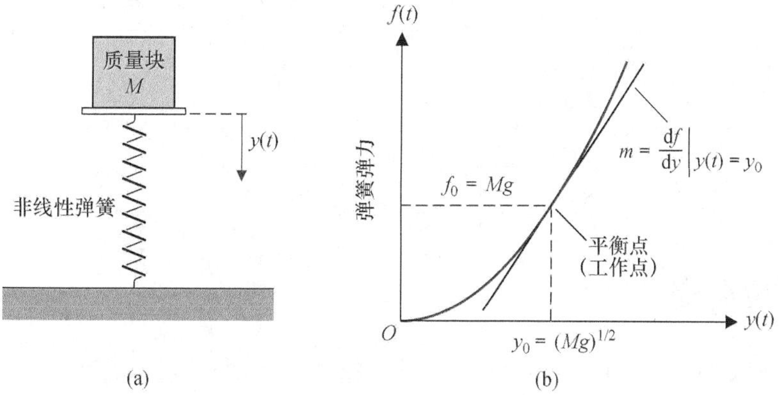

图 2.5　（a）质量块位于非线性弹簧之上；（b）弹簧弹力与位移 $y(t)$ 的关系

① 原文只说函数应该是连续的，而仅仅连续并不能够保证函数可以按照泰勒级数展开，详细情况参见有关的数学教程。——译者注

如果响应变量 $y(t)$ 依赖于多个激励变量 $x_1(t), x_2(t), \cdots, x_n(t)$，则函数关系可以写为

$$y(t) = g(x_1(t), x_2(t), \cdots, x_n(t)) \tag{2.10}$$

而在工作点 $x_{1_0}, x_{2_0}, \cdots, x_{n_0}$ 处，利用多元泰勒级数展开对非线性系统进行线性化近似也是十分有用的。当高阶项可以忽略不计时，线性近似式可以写为

$$\begin{aligned} y(t) = g(x_{1_0}, x_{2_0}, \cdots, x_{n_0}) + \left.\frac{\partial g}{\partial x_1}\right|_{x(t)=x_0}(x_1(t) - x_{1_0}) \\ + \left.\frac{\partial g}{\partial x_2}\right|_{x(t)=x_0}(x_2(t) - x_{2_0}) + \cdots + \left.\frac{\partial g}{\partial x_n}\right|_{x(t)=x_0}(x_n(t) - x_{n_0}) \end{aligned} \tag{2.11}$$

其中，x_0 为系统工作点。例 2.1 将进一步说明如何使用该线性化近似方法。

例 2.1　摆的振荡模型

考虑图 2.6（a）所示的摆的振荡。作用于质量块上的扭矩为

$$T(t) = MgL\sin\theta(t) \tag{2.12}$$

其中，g 为地球引力常数。质量块的平衡位置是 $\theta_0 = 0°$，$T(t)$ 与 $\theta(t)$ 之间的非线性关系如图 2.6（b）所示。利用式（2.12）在平衡点处的一阶导数，可以得到系统的线性近似，即

$$T(t) - T_0 \approx MgL\left.\frac{\partial \sin\theta}{\partial\theta}\right|_{\theta(t)=\theta_0}(\theta(t) - \theta_0)$$

其中，$T_0 = 0$，于是可以得到

$$T(t) \approx MgL\theta(t) \tag{2.13}$$

在 $-\pi/4 \leqslant \theta \leqslant \pi/4$ 的范围内，式（2.13）的近似精度非常高。例如，在±30°的范围内，摆的线性模型响应与实际非线性响应的误差小于 5%。

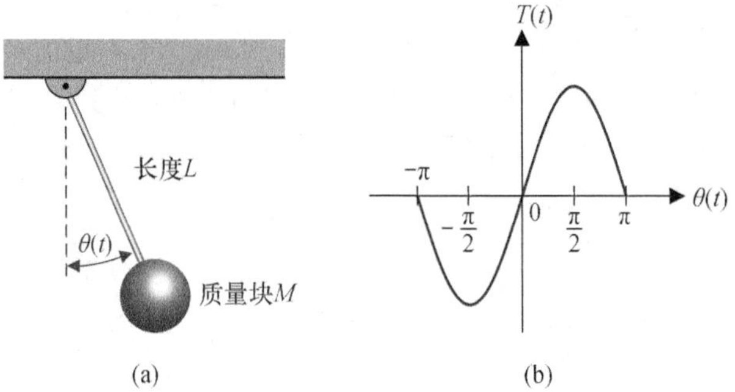

图 2.6　摆的振荡

2.4　拉普拉斯变换

物理系统的线性时不变近似，为分析人员应用**拉普拉斯变换**奠定了基础。拉普拉斯变换能够用相对简单的代数方程来替代复杂的微分方程 [1, 3]，从而简化了微分方程的求解过程。利用拉普拉斯变换求解动态系统时域响应的主要步骤如下：

① 建立微分方程（组）；

② 对微分方程（组）的两边求拉普拉斯变换；

③ 对感兴趣的变量求解代数方程，得到其拉普拉斯变换；

④ 运用拉普拉斯逆变换，求感兴趣变量的动态解。

如果线性微分方程中的各项都对变换积分收敛，则存在拉普拉斯变换。也就是说，如果对某正实数 σ_1，下式成立，则可以保证 $f(t)$ 是可变换的 [1]。

$$\int_{0^-}^{\infty} \left| f(t) \right| e^{-\sigma_1 t} dt < \infty$$

其中，积分下限 0^- 表示积分范围应该包括所有的非连续点，例如，δ 函数在 $t=0$ 处的非连续点。如果对于所有的 $t>0$，信号幅值都满足 $|f(t)| < Me^{\alpha t}$，则对于 $\sigma_1 > \alpha$，上述变换积分都收敛，因而其绝对收敛范围为 $\alpha < \sigma_1 < +\infty$，$\sigma_1$ 被称为绝对收敛的横坐标。物理可实现的信号通常总是可变换的。对于一般的时域函数 $f(t)$，其拉普拉斯变换被定义为

$$F(s) = \int_{0^-}^{\infty} f(t) e^{-st} dt = \mathscr{L}\{ f(t) \} \tag{2.14}$$

拉普拉斯逆变换则相应地被定义为

$$f(t) = \frac{1}{2\pi j} \int_{\sigma - j\infty}^{\sigma + j\infty} F(s) e^{+st} ds \tag{2.15}$$

直接用上面的变换积分可以求得许多重要的基本拉普拉斯变换对，如表 2.3 所示。许多问题都会用到这些拉普拉斯变换对。更为完整的拉普拉斯变换对的列表可以参考附录 D。

表 2.3　重要的基本拉普拉斯变换对

$f(t)$	$F(s)$
阶跃函数 $u(t)$	$\frac{1}{s}$
e^{-at}	$\frac{1}{s+a}$
$\sin \omega t$	$\frac{\omega}{s^2+\omega^2}$
$\cos \omega t$	$\frac{s}{s^2+\omega^2}$
t^n	$\frac{n!}{s^{n+1}}$
$f^{(k)}(t) = \frac{d^k f(t)}{dt^k}$	$s^k F(s) - s^{k-1} f(0^-) - s^{k-2} f'(0^-) - \cdots - f^{(k-1)}(0^-)$
$\int_{-\infty}^{t} f(t) dt$	$\frac{F(s)}{s} + \frac{1}{s} \int_{-\infty}^{0} f(t) dt$
脉冲函数 $\delta(t)$	1
$e^{-at} \sin \omega t$	$\frac{\omega}{(s+a)^2+\omega^2}$
$e^{-at} \cos \omega t$	$\frac{s+a}{(s+a)^2+\omega^2}$
$\frac{1}{\omega} \left[(\alpha-a)^2+\omega^2 \right]^{1/2} e^{-at} \sin(\omega t+\phi)$ $\phi = \arctan \frac{\omega}{\alpha - a}$	$\frac{s+\alpha}{(s+a)^2+\omega^2}$

续表

$f(t)$	$F(s)$
$\dfrac{\omega_n}{\sqrt{1-\xi^2}}e^{-\xi\omega_n t}\sin\omega_n\sqrt{1-\xi^2}t$，$\xi<1$	$\dfrac{\omega_n^2}{s^2+2\xi\omega_n s+\omega_n^2}$
$\dfrac{1}{a^2+\omega^2}+\dfrac{1}{\omega\sqrt{a^2+\omega^2}}e^{-at}\sin(\omega t-\phi)$ $\phi=\arctan\dfrac{\omega}{-a}$	$\dfrac{1}{s[(s+a)^2+\omega^2]}$
$1-\dfrac{1}{\sqrt{1-\xi^2}}e^{-\xi\omega_n t}\sin(\omega_n\sqrt{1-\xi^2}t+\phi)$ $\phi=\arccos\xi$，$\xi<1$	$\dfrac{\omega_n^2}{s(s^2+2\xi\omega_n s+\omega_n^2)}$
$\dfrac{\alpha}{a^2+\omega^2}+\dfrac{1}{\omega}\left[\dfrac{(\alpha-a)^2+\omega^2}{a^2+\omega^2}\right]^{1/2}e^{-at}\sin(\omega t+\phi)$ $\phi=\arctan\dfrac{\omega}{\alpha-a}-\arctan\dfrac{\omega}{-a}$	$\dfrac{s+\alpha}{s[(s+a)^2+\omega^2]}$

另外，可以将拉普拉斯变量 s 看成微分算子，即

$$s\equiv\frac{d}{dt} \tag{2.16}$$

积分算子则为

$$\frac{1}{s}\equiv\int_{0^-}^{t}dt \tag{2.17}$$

通常，当求解拉普拉斯逆变换时，需要对拉普拉斯变换式进行**部分分式分解**。在系统的分析和设计过程中，这种方法特别有用。在经过部分分式分解之后，系统的特征根及其影响就能一目了然了。

为了说明拉普拉斯变换的作用，以及运用拉普拉斯变换进行系统分析的步骤，我们再来看一下前面用式（2.1）描述的质量块-弹簧-阻尼器系统，即

$$M\frac{d^2y(t)}{dt^2}+b\frac{dy(t)}{dt}+ky(t)=r(t) \tag{2.18}$$

我们想要求解系统的时间响应 $y(t)$。式（2.18）的拉普拉斯变换为

$$M\left(s^2Y(s)-sy\left(0^-\right)-\frac{dy}{dt}\left(0^-\right)\right)+b\left(sY(s)-y\left(0^-\right)\right)+kY(s)=R(s) \tag{2.19}$$

如果初始条件为

$$r(t)=0,\ y\left(0^-\right)=y_0,\ \left.\frac{dy}{dt}\right|_{t=0^-}=0$$

就可以得到

$$Ms^2Y(s)-Msy_0+bsY(s)-by_0+kY(s)=0 \tag{2.20}$$

求解式（2.20），可以得到

$$Y(s)=\frac{(Ms+b)y_0}{Ms^2+bs+k}=\frac{p(s)}{q(s)} \tag{2.21}$$

当分母多项式 $q(s)$ 为 0 时，我们将得到的方程称为系统的**特征方程**，这是由于此时方程的根

决定了系统时间响应的主要特征。特征方程的根又被称为系统的**极点**。使得分子多项式 $p(s)$ 为 0 的根被称为系统的**零点**。例如，$s=-b/M$ 就是式（2.21）的一个零点。零点和极点都是特殊的频率点，在极点处，$Y(s)$ 为无穷大；在零点处，$Y(s)$ 为 0。可以用图示法来表示零点和极点在复频域 s 平面上的分布，零极点分布图刻画了系统时间响应的瞬态特性。

考虑一种特殊情况。当 $k/M=2$ 且 $b/M=3$ 时，式（2.21）变为

$$Y(s)=\frac{(s+3)y_0}{(s+1)(s+2)} \tag{2.22}$$

$Y(s)$ 的零点和极点在 s 平面上的位置分布如图 2.7 所示。

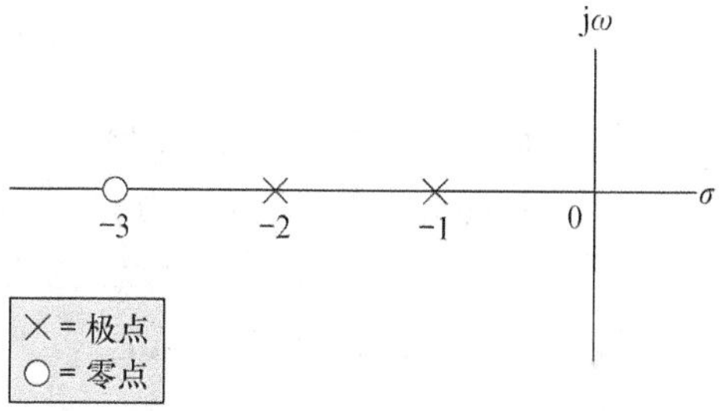

图 2.7　s 平面上的零极点分布图

对式（2.22）进行部分分式分解，可以得到

$$Y(s)=\frac{k_1}{s+1}+\frac{k_2}{s+2} \tag{2.23}$$

其中，k_1 和 k_2 为展开式的待定系数。系数 k_i 又称为**留数**，可以用下面的方法求得：将式（2.22）乘以含有 k_i 的部分分式的分母，然后将 s 取为相应的极点，所得新分式的值即为 k_i。当 $y_0=1$ 时，按上述方法可以求得

$$k_1=\left.\frac{(s-s_1)p(s)}{q(s)}\right|_{s=s_1}=\left.\frac{(s+1)(s+3)}{(s+1)(s+2)}\right|_{s_1=-1}=2 \tag{2.24}$$

和 $k_2=-1$。我们还可以在 s 平面上，用图解法求得 $Y(s)$ 在各个极点处的留数。以留数 k_1 为例，式（2.24）可以写成

$$k_1=\left.\frac{s+3}{s+2}\right|_{s=s_1=-1}=\left.\frac{s_1+3}{s_1+2}\right|_{s_1=-1}=2 \tag{2.25}$$

式（2.25）的求解过程如图 2.8 所示。在特征方程的阶数较高或存在多组复共轭极点时，图解法更为有效。

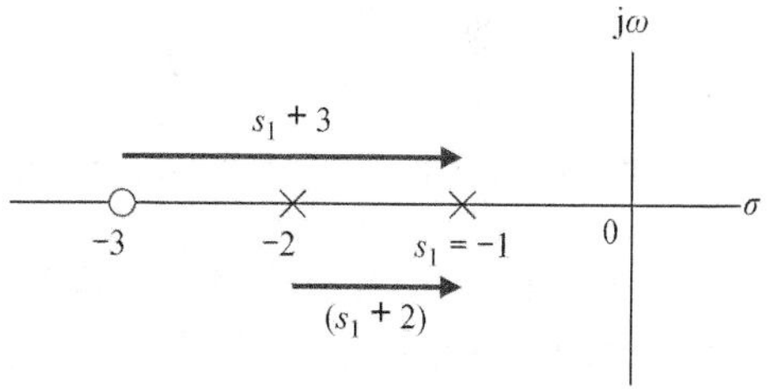

图 2.8　留数的图解法

于是，式（2.22）的拉普拉斯逆变换为

$$y(t)=\mathscr{L}^{-1}\left\{\frac{2}{s+1}\right\}+\mathscr{L}^{-1}\left\{\frac{-1}{s+2}\right\} \tag{2.26}$$

根据表 2.3 给出的拉普拉斯变换对，可以得到

$$y(t)=2\mathrm{e}^{-t}-1\mathrm{e}^{-2t} \tag{2.27}$$

在实际应用中，我们通常还希望得到响应 $y(t)$ 的**稳态值或终值**。例如，在质量块-弹簧-阻尼器系统中，我们希望能够算出质量块的最终或稳态静止位置，这可以用如下所示的**终值定理**来完成：

$$\lim_{t\to\infty}y(t)=\lim_{s\to 0}sY(s) \tag{2.28}$$

式（2.28）成立的条件是，$Y(s)$ 不能在虚轴和右半平面上存在极点，也不能在原点处存在多重极点。因此，就质量块-弹簧-阻尼器系统而言，有

$$\lim_{t\to\infty}y(t)=\lim_{s\to 0}sY(s)=0 \tag{2.29}$$

由此可见，在该系统中，质量块的最终位置是它的正常平衡位置，即 $y=0$。

为了进一步说明拉普拉斯变换方法的要点，我们再来研究一下质量块-弹簧-阻尼器系统的一般情况。$Y(s)$ 的表达式可以改写为

$$Y(s)=\frac{(s+b/M)y_0}{s^2+(b/M)s+k/M}=\frac{\left(s+2\zeta\omega_n\right)y_0}{s^2+2\zeta\omega_n s+\omega_n^2} \tag{2.30}$$

其中，ζ 为无量纲的**阻尼系数**，ω_n 为系统的**固有（自然）频率**。特征方程的根为

$$s_1,s_2=-\zeta\omega_n\pm\omega_n\sqrt{\zeta^2-1} \tag{2.31}$$

其中，$\omega_n=\sqrt{k/M}$，$\zeta=b/(2\sqrt{kM})$。由式（2.31）可知，当 $\zeta>1$ 时，特征方程有两个不同的实根，系统被称为**过阻尼系统**；当 $\zeta<1$ 时，特征方程有一对共轭复根，系统被称为**欠阻尼系统**；当 $\zeta=1$ 时，特征方程有两个相等的负实根，系统被称为**临界阻尼系统**。

当 $\zeta<1$ 时，系统响应是欠阻尼的，特征方程的根为

$$s_{1,2}=-\zeta\omega_n\pm\mathrm{j}\omega_n\sqrt{1-\zeta^2} \tag{2.32}$$

s 平面上的零极点分布情况如图 2.9 所示，其中，$\theta=\arccos\zeta$。当 ω_n 保持恒定而 ζ 变动时，共轭复根将沿着图 2.10 所示的半圆形根轨迹变动。当 ζ 接近于 0 时，极点将靠近虚轴，而系统瞬态时间响应的振荡也会越来越强。

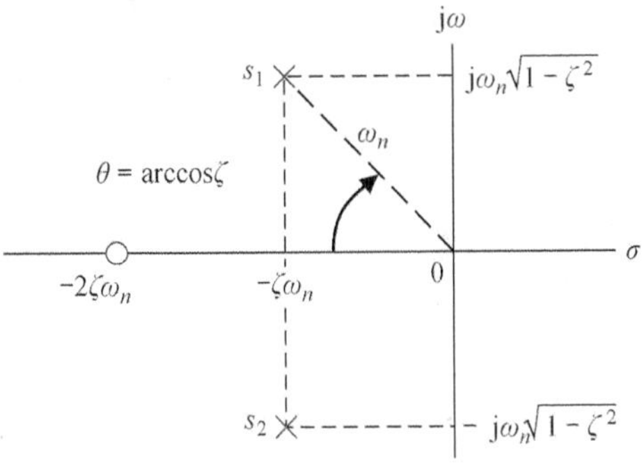

图 2.9　$Y(s)$ 在 s 平面上的零极点分布情况

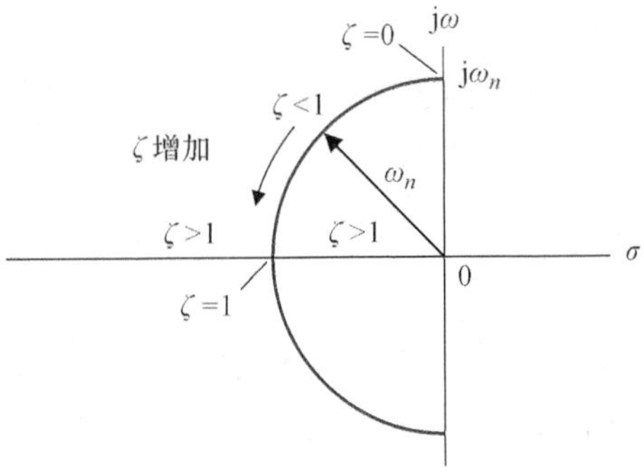

图 2.10　ω_n 恒定，ζ 变化时的根轨迹

在利用图解法得到留数之后，我们还可以进一步求得拉普拉斯逆变换以及时间响应。式（2.30）的部分分式分解为

$$Y(s)=\frac{k_1}{s-s_1}+\frac{k_2}{s-s_2} \tag{2.33}$$

由于 s_2 与 s_1 为共轭复根，且 k_2 与 k_1 是共轭复数，因此式（2.33）可以改写为

$$Y(s)=\frac{k_1}{s-s_1}+\frac{k_1^*}{s-s_1^*}$$

其中，“*”表示共轭关系。利用图 2.11 可以求解留数 k_1：

$$k_1=\frac{y_0\left(s_1+2\zeta\omega_n\right)}{s_1-s_1^*}=\frac{y_0M_1\mathrm{e}^{\mathrm{j}\theta}}{M_2\mathrm{e}^{\mathrm{j}\pi/2}} \tag{2.34}$$

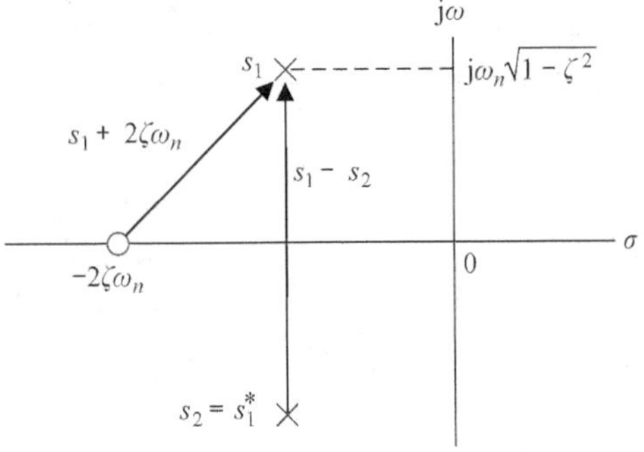

图 2.11　求解留数 k_1

其中，M_1 是 $s_1+2\zeta\omega_n$ 的幅值，M_2 是 $s_1-s_1^*$ 的

幅值（附录 G 提供了复数的基础知识）。于是得到

$$k_1 = \frac{y_0(\omega_n e^{j\theta})}{2\omega_n\sqrt{1-\zeta^2}\,e^{j\pi/2}} = \frac{y_0}{2\sqrt{1-\zeta^2}\,e^{j(\pi/2-\theta)}} \tag{2.35}$$

其中，$\theta = \arccos\zeta$。由于 k_2 是 k_1 的共轭复数，因此有

$$k_2 = \frac{y_0}{2\sqrt{1-\zeta^2}} e^{j(\pi/2-\theta)} \tag{2.36}$$

最后，令 $\beta = \sqrt{1-\zeta^2}$，得到的系统响应为

$$\begin{aligned} y(t) &= k_1 e^{s_1 t} + k_2 e^{s_2 t} = \frac{y_0}{2\sqrt{1-\zeta^2}}\left(e^{j(\theta-\pi/2)}e^{-\zeta\omega_n t}e^{j\omega_n\beta t} + e^{j(\pi/2-\theta)}e^{-\zeta\omega_n t}e^{-j\omega_n\beta t}\right) \\ &= \frac{y_0}{\sqrt{1-\zeta^2}} e^{-\zeta\omega_n t}\sin\left(\omega_n\sqrt{1-\zeta^2}\,t+\theta\right) \end{aligned} \tag{2.37}$$

利用表 2.3 中的第 11 个拉普拉斯变换对求取时间响应解，也可以得到式（2.37）。过阻尼（$\zeta > 1$）和欠阻尼（$\zeta < 1$）系统的瞬态响应如图 2.12 所示。当 $\zeta < 1$ 时，欠阻尼系统的瞬态响应表现为振幅随时间衰减的振荡，又称为**阻尼振荡**。

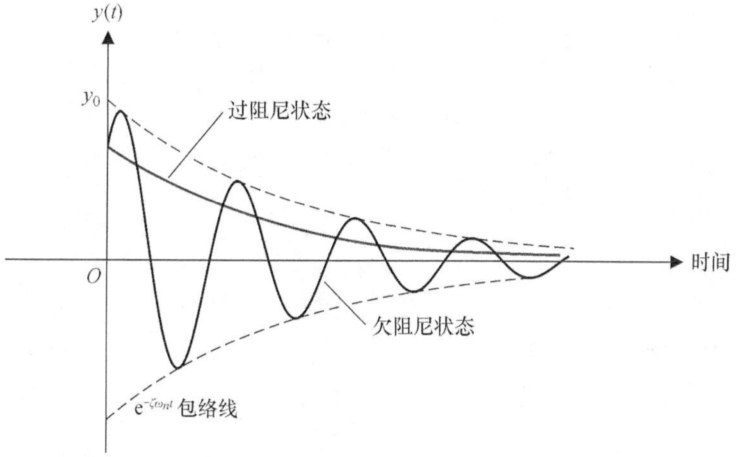

图 2.12　质量块-弹簧-阻尼器系统的时间响应

s 平面上的零极点分布图清楚地表明，零点和极点的位置分布与系统瞬态响应构成有着密切的关系。例如，如式（2.37）所示，调整 $\zeta\omega_n$ 的大小将直接改变包络线 $e^{-\zeta\omega_n t}$ 的形状，进而影响图 2.12 所示的系统响应 $y(t)$。$\zeta\omega_n$ 的值越大，系统响应 $y(t)$ 衰减越快。由图 2.9 可知，复极点 s_1 的位置为 $s_1 = -\zeta\omega_n + j\omega_n\sqrt{1-\zeta^2}$，因此，$\zeta\omega_n$ 越大，极点 s_1 的位置就越向 s 平面的左侧移动。这样一来，极点 s_1 在 s 平面上的位置与系统阶跃响应的关系就一目了然了：在 s 平面的左半平面上，极点 s_1 离虚轴越远，系统瞬态阶跃响应的衰减速度越快。很多系统还有多对共轭复极点，其瞬态响应的特性理应由所有极点共同确定，而各个极点响应模态的幅度（强度）则由留数表示。在 s 平面上，用图解法可以直观地得到留数。后续章节将着重讨论零点和极点的位置分布与系统的稳态和瞬态响应的关系。对于系统的瞬态和稳态响应分析而言，拉普拉斯变换以及对应的 s 平面图解法是非常有用的分析工具。而在实际工作中，控制系统分析的主要着眼点正好是系统的瞬态和稳态响应，正因为如此，我们将有机会充分体会到拉普拉斯变换方法的作用。

2.5 线性系统的传递函数

线性系统的**传递函数**被定义为：当输入变量和输出变量的初值都被假定为 0 时，输出变量的拉普拉斯变换与输入变量的拉普拉斯变换之比。系统（或元件）的传递函数表征了所研究系统的动态性能。

传递函数的定义只适合于线性定常（系数为常数）系统。非定常系统（即时变系统）至少有一个系统参数会随时间变化，因而可能无法运用拉普拉斯变换。此外，传递函数只描述了系统的输入输出表现，它并不能提供系统内部的结构和行为信息。

由式（2.19）可以得到质量块-弹簧-阻尼器系统的传递函数。在零初始条件下，式（2.19）为

$$Ms^2Y(s)+bsY(s)+kY(s)=R(s) \tag{2.38}$$

按照定义，该系统的传递函数为

$$G(s)=\frac{Y(s)}{R(s)}=\frac{1}{Ms^2+bs+k} \tag{2.39}$$

下面求解图 2.13 所示的 RC 网络的传递函数。

根据基尔霍夫电压定律，可以求得输入电压的拉普拉斯变换表达式为

$$V_1(s)=\left(R+\frac{1}{Cs}\right)I(s) \tag{2.40}$$

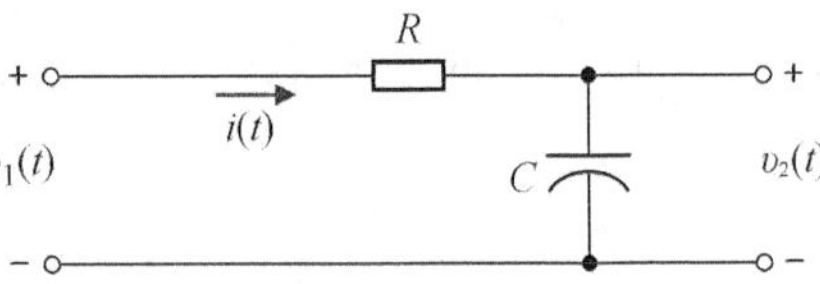

图 2.13 RC 网络

在后面的内容中，我们将频繁地交替使用变量以及变量的拉普拉斯变换这两个术语，并用带有参数“(s)”的项表示变量的拉普拉斯变换。

输出电压的拉普拉斯变换表达式为

$$V_2(s)=I(s)\left(\frac{1}{Cs}\right) \tag{2.41}$$

求解式（2.40），得到 $I(s)$，将 $I(s)$ 代入式（2.41），可以得到

$$V_2(s)=\frac{(1/Cs)V_1(s)}{R+1/Cs}$$

传递函数就是比例式 $V_2(s)/V_1(s)$，因此

$$G(s)=\frac{V_2(s)}{V_1(s)}=\frac{1}{RCs+1}=\frac{1}{\tau s+1}=\frac{1/\tau}{s+1/\tau} \tag{2.42}$$

其中，$\tau=RC$ 为网络的时间常数。$G(s)$ 的单一极点为 $s=-1/\tau$。如果注意到该网络是一个分压器，则可以直接得到式（2.42），换言之

$$\frac{V_2(s)}{V_1(s)}=\frac{Z_2(s)}{Z_1(s)+Z_2(s)} \tag{2.43}$$

其中，$Z_1(s)=R$，$Z_2(s)=1/Cs$。

对于多环路电气网络或者类似的多质量块机械系统而言，得到的将是用拉普拉斯变换式表示的类似的联立代数方程组。通常情况下，利用矩阵和行列式求解这类联立代数方程组是最为便捷的方法 [1, 3, 15]。附录 E 提供了矩阵的基础知识。

接下来，我们研究系统的长期行为，也就是研究在输入激励下，系统在瞬态响应消失后的稳

态响应。考虑如下微分方程所描述的动态系统：

$$\begin{aligned}&\frac{\mathrm{d}^n y(t)}{\mathrm{d}t^n}+q_{n-1}\frac{\mathrm{d}^{n-1}y(t)}{\mathrm{d}t^{n-1}}+\cdots+q_0 y(t)\\&=p_{n-1}\frac{\mathrm{d}^{n-1}r(t)}{\mathrm{d}t^{n-1}}+p_{n-2}\frac{\mathrm{d}^{n-2}r(t)}{\mathrm{d}t^{n-2}}+\cdots+p_0 r(t)\end{aligned} \tag{2.44}$$

其中，$y(t)$ 是系统响应，$r(t)$ 是输入激励函数。在零初始条件下，系统的传递函数即为式（2.45）中 $R(s)$ 的放大系数，

$$Y(s)=G(s)R(s)=\frac{p(s)}{q(s)}R(s)=\frac{p_{n-1}s^{n-1}+p_{n-2}s^{n-2}+\cdots+p_0}{s^n+q_{n-1}s^{n-1}+\cdots+q_0}R(s) \tag{2.45}$$

完整的输出响应包括零输入响应（由初始状态决定）以及由输入作用激发的零状态响应。因此，完整的响应应该为

$$Y(s)=\frac{m(s)}{q(s)}+\frac{p(s)}{q(s)}R(s)$$

其中，$q(s)=0$ 为系统的特征方程。如果输入是有理分式，即

$$R(s)=\frac{n(s)}{d(s)}$$

则有

$$Y(s)=\frac{m(s)}{q(s)}+\frac{p(s)}{q(s)}\frac{n(s)}{d(s)}=Y_1(s)+Y_2(s)+Y_3(s) \tag{2.46}$$

其中，$Y_1(s)$ 是零输入响应的部分分式展开式，$Y_2(s)$ 是与 $q(s)$ 的因式有关的部分分式展开式，$Y_3(s)$ 是与 $d(s)$ 的因式有关的部分分式展开式。

对式（2.46）进行拉普拉斯逆变换，可以得到

$$y(t)=y_1(t)+y_2(t)+y_3(t)$$

因此，系统的瞬态响应为 $y_1(t)+y_2(t)$，稳态响应为 $y_3(t)$。

例 2.2 某微分方程的解

考虑如下微分方程所描述的系统：

$$\frac{\mathrm{d}^2 y(t)}{\mathrm{d}t^2}+4\frac{\mathrm{d}y(t)}{\mathrm{d}t}+3y(t)=2r(t)$$

其中，初始条件为

$$y(0)=1、\frac{\mathrm{d}y}{\mathrm{d}t}(0)=0 \text{ 且 } r(t)=1,\ t\geqslant 0$$

由拉普拉斯变换可以得到

$$\left[s^2Y(s)-sy(0)\right]+4[sY(s)-y(0)]+3Y(s)=2R(s)$$

由于 $R(s)=1/s$，$y(0)=1$，故有

$$Y(s)=\frac{s+4}{s^2+4s+3}+\frac{2}{s\left(s^2+4s+3\right)}$$

其中，$q(s)=s^2+4s+3=(s+3)(s+1)=0$ 为特征方程，$d(s)=s$，因此 $Y(s)$ 的部分分式展开式为

$$Y(s)=\left(\frac{3/2}{s+1}+\frac{-1/2}{s+3}\right)+\left(\frac{-1}{s+1}+\frac{1/3}{s+3}\right)+\frac{2/3}{s}=Y_1(s)+Y_2(s)+Y_3(s)$$

时间响应函数为

$$y(t)=\left(\frac{3}{2}\mathrm{e}^{-t}-\frac{1}{2}\mathrm{e}^{-3t}\right)+\left(-1\mathrm{e}^{-t}+\frac{1}{3}\mathrm{e}^{-3t}\right)+\frac{2}{3}$$

由此可见，系统的稳态响应为

$$\lim_{t\to\infty}y(t)=\frac{2}{3}$$

例 2.3 运算放大器电路的传递函数

运算放大器（Op-amp）是模拟集成电路中的一类重要的基本模块，常常用于搭建实现控制系统，此外也经常被应用于其他的重要工程领域。运算放大器还是一种主动电路（即它们都配有外部电源）。当工作在线性区域时，运算放大器具有较高的增益。理想的运算放大器如图 2.14 所示。

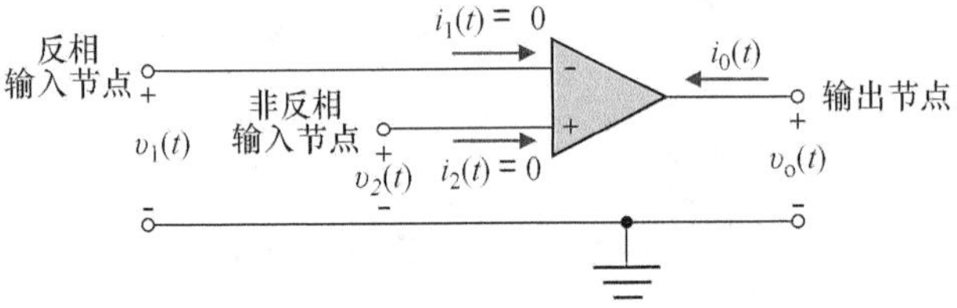

图 2.14 理想的运算放大器

运算放大器的理想工作条件如下：（1）$i_1(t)=0$ 和 $i_2(t)=0$，即输入阻抗为无穷大；（2）$v_2(t)-v_1(t)=0$，即 $v_1(t)=v_2(t)$。理想的运算放大器的输入输出关系为

$$v_o(t)=K\big(v_2(t)-v_1(t)\big)=-K\big(v_1(t)-v_2(t)\big)$$

其中，增益 K 趋向于无穷大。在接下来的分析中，假定线性放大器工作在理想条件下，并且具有很高的增益。

考虑图 2.15 所示的反相放大器，理想条件下，$i_1(t)=0$，这样一来，$v_1(t)$ 处的节点方程为

$$\frac{v_1(t)-v_{in}(t)}{R_1}+\frac{v_1(t)-v_o(t)}{R_2}=0$$

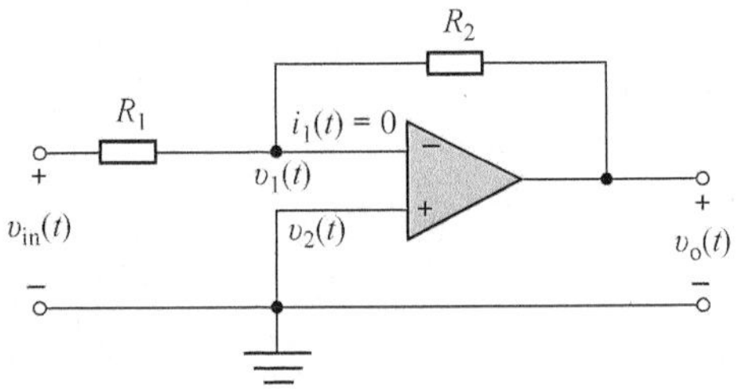

图 2.15 工作在理想条件下的反相放大器

由于 $v_2(t)=v_1(t)$（理想条件下），而 $v_2(t)=0$（通过对比图 2.15 与图 2.14 可知），因此有 $v_1(t)=0$ 以及

$$-\frac{v_{in}(t)}{R_1}-\frac{v_o(t)}{R_2}=0$$

移项整理后，可以得到

$$\frac{v_o(t)}{v_{in}(t)}=-\frac{R_2}{R_1}$$

由此可见，当 $R_2 = R_1$ 时，理想运算放大器电路对输入信号做了反相处理，即 $v_o(t) = -v_{in}(t)$。

例 2.4　某系统的传递函数

考虑图 2.16 所示的机械系统以及图 2.17 所示的相似的电路系统。这是表 2.1 指出的力-电流相似关系。机械系统中的速度 $v_1(t)$ 和 $v_2(t)$，与电路中的节点电压 $v_1(t)$ 和 $v_2(t)$ 是相似变量。在零初始条件下，以机械系统为例，可以得到的联立方程为

$$M_1 sV_1(s) + (b_1 + b_2)V_1(s) - b_1 V_2(s) = R(s) \tag{2.47}$$

$$M_2 sV_2(s) + b_1(V_2(s) - V_1(s)) + k\frac{V_2(s)}{s} = 0 \tag{2.48}$$

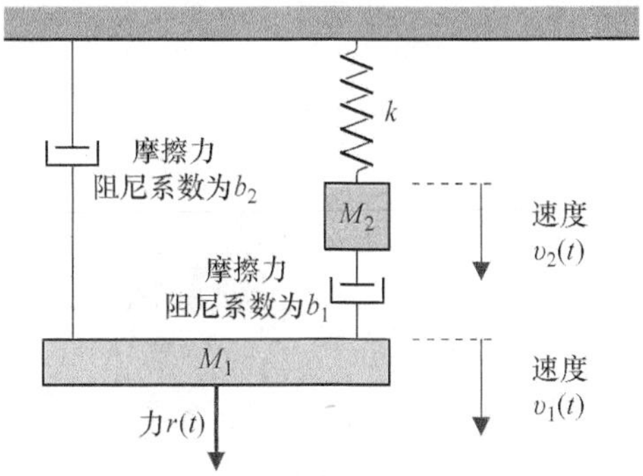

图 2.16　双质量块机械系统

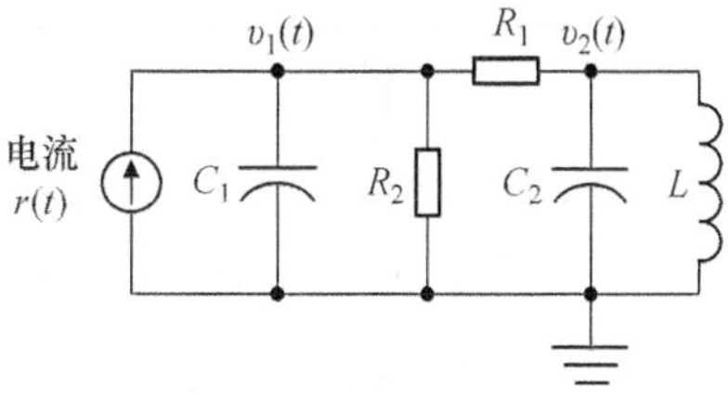

图 2.17　双节点电路系统，$C_1 = M_1$、$C_2 = M_2$、$L = 1/k$、$R_1 = 1/b_1$、$R_2 = 1/b_2$

利用力学原理分析图 2.16 所示的机械系统，可以得到上面的方程式。将式（2.47）和式（2.48）整理后可以得到

$$(M_1 s + (b_1 + b_2))V_1(s) + (-b_1)V_2(s) = R(s)$$

$$(-b_1)V_1(s) + \left(M_2 s + b_1 + \frac{k}{s}\right)V_2(s) = 0$$

对应的矩阵形式为

$$\begin{bmatrix} M_1 s + b_1 + b_2 & -b_1 \\ -b_1 & M_2 s + b_1 + \dfrac{k}{s} \end{bmatrix}\begin{bmatrix} V_1(s) \\ V_2(s) \end{bmatrix} = \begin{bmatrix} R(s) \\ 0 \end{bmatrix} \tag{2.49}$$

取 M_1 的速度为输出变量，利用矩阵逆或克拉默（Cramer）法则[1, 3]可以解得：

$$V_1(s) = \frac{(M_2 s + b_1 + k/s)R(s)}{(M_1 s + b_1 + b_2)(M_2 s + b_1 + k/s) - b_1^2} \tag{2.50}$$

于是，上述机械（或电气）系统的传递函数为

$$\begin{aligned} G(s) = \frac{V_1(s)}{R(s)} &= \frac{(M_2 s + b_1 + k/s)}{(M_1 s + b_1 + b_2)(M_2 s + b_1 + k/s) - b_1^2} \\ &= \frac{(M_2 s^2 + b_1 s + k)}{(M_1 s + b_1 + b_2)(M_2 s^2 + b_1 s + k) - b_1^2 s} \end{aligned} \tag{2.51}$$

如果将位移变量 $x_1(t)$ 作为输出变量，则有

$$\frac{X_1(s)}{R(s)} = \frac{V_1(s)}{sR(s)} = \frac{G(s)}{s} \tag{2.52}$$

接下来，我们研究一种重要的电气控制器件——**直流电机**的传递函数[8]。直流电机常常用于驱动负载，因而又被称为**执行机构**。

执行机构是向受控对象提供动力的装置。

概念强调说明 2.2

例 2.5 直流电机的传递函数

直流电机是向负载提供动力的执行机构，如图 2.18（a）所示。图 2.18（b）给出了直流电机的结构略图。直流电机将直流电能转化成旋转运动的机械能，转子（电枢）所产生扭矩的绝大部分可以用于驱动外部负载。由于具有扭矩大、转速可控范围宽、便于携带、转速-扭矩特性优良、适用于多种控制方法等特点，直流电机在机器人操纵系统、传送带系统、磁盘驱动器、机床及伺服阀驱动器等实际控制系统中得到了广泛应用。

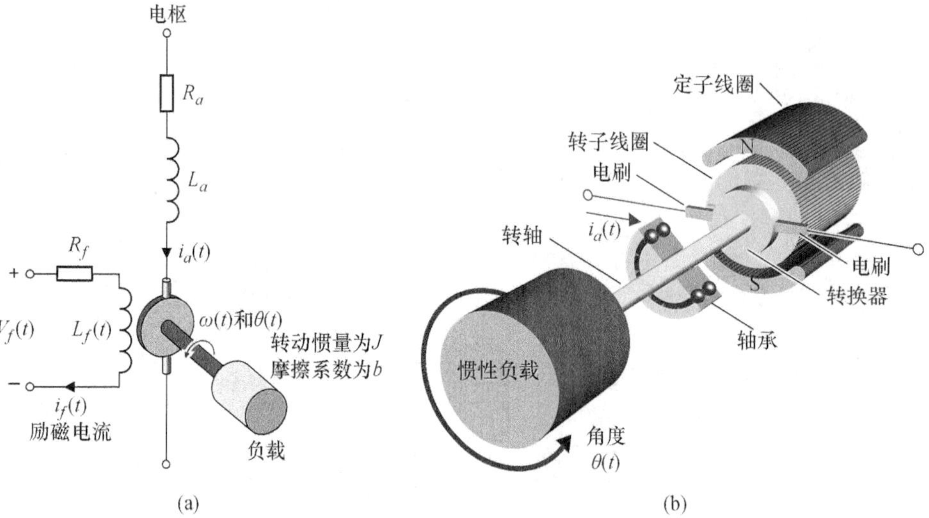

图 2.18 直流电机

（a）电路图；（b）结构略图

下面的直流电机传递函数只是对实际电机的线性近似描述。一些二阶以上的高阶影响，如磁滞现象和电刷上的压降等因素，都将忽略不计。输入电压既可以作用于磁场，也可以作用于电枢两端。当励磁磁场非饱和时，气隙磁通 $\phi(t)$ 与励磁电流成比例，于是

$$\phi(t) = K_f i_f(t) \tag{2.53}$$

假设电机扭矩与 $\phi(t)$ 和电枢电流之间具有如下线性关系：

$$T_m(t) = K_1\phi(t)i_a(t) = K_1K_f i_f(t)i_a(t) \tag{2.54}$$

由式（2.54）可以清楚地看出，为了保持扭矩与电流的线性关系，必须有一个电流保持恒定，这样另一个电流就成了输入电流。我们首先考虑磁场控制式电机，它具有可观的功率放大能力。经拉普拉斯变换后，于是有

$$T_m(s) = \left(K_1K_fI_a\right)I_f(s) = K_mI_f(s) \tag{2.55}$$

其中，$i_a = I_a$ 为恒定的电枢电流，K_m 被定义为电机常数。励磁电流与磁场电压的关系为

$$V_f(s) = \left(R_f + L_f s\right)I_f(s) \tag{2.56}$$

电机扭矩 $T_m(s)$ 等于传送给负载的扭矩，即

$$T_m(s) = T_L(s) + T_d(s) \tag{2.57}$$

其中，$T_L(s)$ 为负载扭矩，$T_d(s)$ 为扰动消耗的扭矩并且通常可以忽略不计。不过，当负载受到其他外力作用（如天线受到风的作用）时，就不能忽略扰动扭矩了。图 2.18 所示的转动惯量所需的负载扭矩为

$$T_L(s) = Js^2\theta(s) + bs\theta(s) \tag{2.58}$$

整理式（2.55）~式（2.57），可以得到

$$T_L(s) = T_m(s) - T_d(s) \tag{2.59}$$

$$T_m(s) = K_m I_f(s) \tag{2.60}$$

$$I_f(s) = \frac{V_f(s)}{R_f + L_f s} \tag{2.61}$$

于是，当 $T_d(s) = 0$ 时，电机-负载组合体的传递函数为

$$\frac{\theta(s)}{V_f(s)} = \frac{K_m}{s(Js + b)\left(L_f s + R_f\right)} = \frac{K_m/\left(JL_f\right)}{s(s + b/J)\left(s + R_f/L_f\right)} \tag{2.62}$$

图 2.19 给出了磁场控制式直流电机的框图模型。此外，传递函数也可以写成电机时间常数的形式，即

$$\frac{\theta(s)}{V_f(s)} = G(s) = \frac{K_m/\left(bR_f\right)}{s\left(\tau_f s + 1\right)\left(\tau_L s + 1\right)} \tag{2.63}$$

其中，$\tau_f = L_f/R_f$，$\tau_L = J/b$。通常都有 $\tau_L > \tau_f$，并且励磁磁场的时间常数 τ_f 还可以忽略不计。

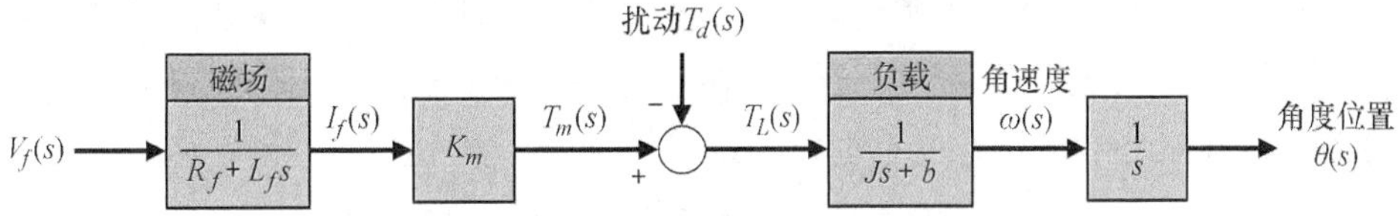

图 2.19　磁场控制式直流电机的框图模型

再来考虑电枢控制式直流电机，它以电枢电流 $i_a(t)$ 作为控制变量，利用励磁线圈和电流或者永磁体来建立电枢的定子磁场。当励磁线圈中建立起恒定的励磁电流后，电机扭矩为

$$T_m(s) = \left(K_1 K_f I_f\right) I_a(s) = K_m I_a(s) \tag{2.64}$$

如果使用的是永磁体，那么电机扭矩为

$$T_m(s) = K_m I_a(s)$$

其中，K_m 是永磁体材料磁导率的函数。

电枢电流与作用在电枢上的输入电压的关系为

$$V_a(s) = \left(R_a + L_a s\right) I_a(s) + V_b(s) \tag{2.65}$$

其中，$V_b(s)$ 是与电机速度成正比的反相感应电压，且有

$$V_b(s) = K_b \omega(s) \tag{2.66}$$

其中，$\omega(s) = s\theta(s)$ 为角速度的拉普拉斯变换，而电枢电流为

$$I_a(s)=\frac{V_a(s)-K_b\omega(s)}{R_a+L_as}\tag{2.67}$$

负载扭矩则由式（2.58）和式（2.59）给出，于是有

$$T_L(s)=Js^2\theta(s)+bs\theta(s)=T_m(s)-T_d(s)\tag{2.68}$$

电枢控制式直流电机的上述关系如图 2.20 所示。根据式（2.64）、式（2.67）和式（2.68），或者根据图 2.20 所示的框图模型，可以得到 $T_d(s)=0$ 时的传递函数为

$$G(s)=\frac{\theta(s)}{V_a(s)}=\frac{K_m}{s\left[\left(R_a+L_as\right)(Js+b)+K_bK_m\right]}=\frac{K_m}{s\left(s^2+2\zeta\omega_ns+\omega_n^2\right)}\tag{2.69}$$

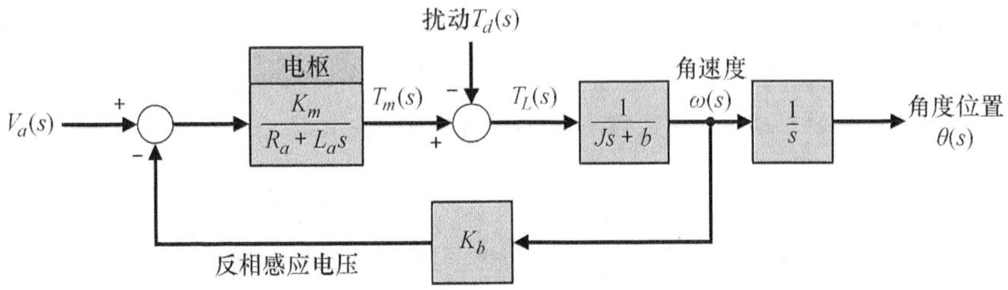

图 2.20　电枢控制式直流电机的框图模型

对于许多直流电机而言，由于可以忽略电枢时间常数 $\tau_a=L_a/R_a$ 的影响，故有

$$G(s)=\frac{\theta(s)}{V_a(s)}=\frac{K_m}{s\left[R_a(Js+b)+K_bK_m\right]}=\frac{K_m/\left(R_ab+K_bK_m\right)}{s\left(\tau_1s+1\right)}\tag{2.70}$$

其中，等效时间常数为 $\tau_1=R_aJ/(R_ab+K_bK_m)$。

我们还应该注意到，可能存在关系式 $K_b=K_m$。当转子电阻可以忽略不计时，只需要考虑电机的稳态工作状态和功率平衡，就可以满足这个等式。事实上，转子的输入功率为 $(K_b\omega(t))i_a(t)$，向电机转轴输出的功率为 $T(t)\omega(t)$。当电机平稳工作时，输入功率等于输出功率，即 $K_b\omega(t)i_a(t)=T(t)\omega(t)$，由于 $T(t)=K_mi_a(t)$ [参见式（2.64）]，故有 $K_b=K_m$。

传递函数的概念和方法非常重要，它为系统分析和设计人员提供了一种十分有用的关于系统元件的数学描述。利用传递函数在 s 平面上的零极点分布图，可以确定系统的瞬态响应特性，因此，传递函数是动态系统建模的得力工具。表 2.4 给出了一些典型动态元件和电路的传递函数。

表 2.4　一些典型动态元件和电路的传递函数

元件或系统	$G(s)$
1. 积分电路，滤波器 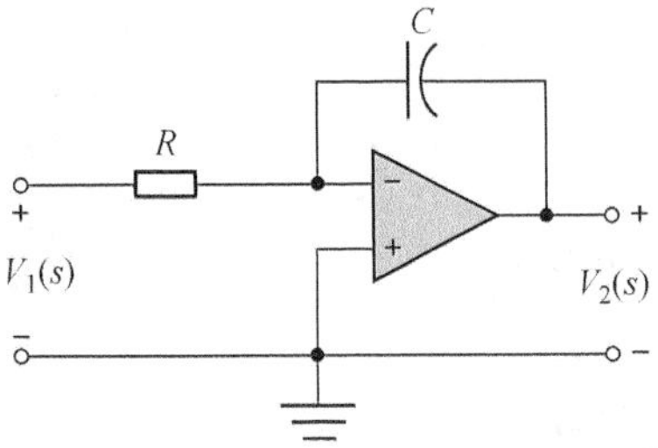	$\frac{V_2(s)}{V_1(s)}=\frac{1}{RCs}$

续表

<table>
<tr><th>元件或系统</th><th>$G(s)$</th></tr>
<tr><td>2. 微分电路
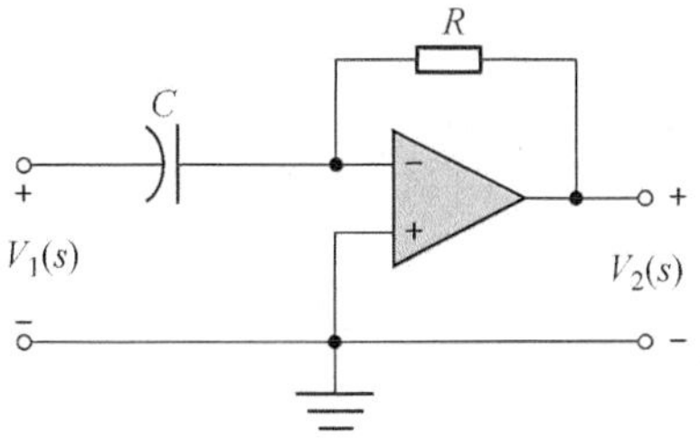</td><td>$\frac{V_2(s)}{V_1(s)} = -RCs$</td></tr>
<tr><td>3. 微分电路
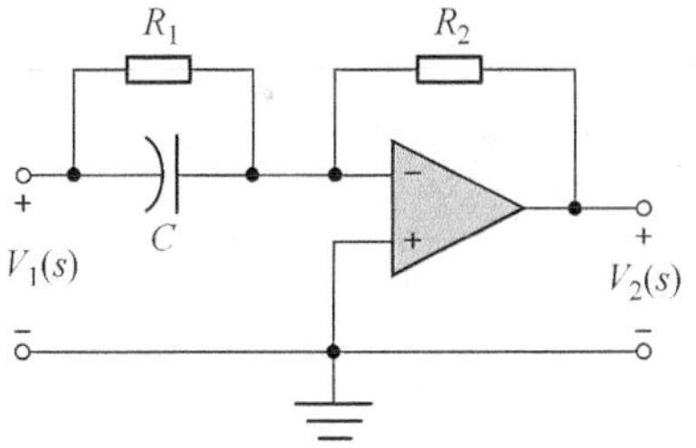</td><td>$\frac{V_2(s)}{V_1(s)} = -\frac{R_2(R_1Cs+1)}{R_1}$</td></tr>
<tr><td>4. 积分滤波器
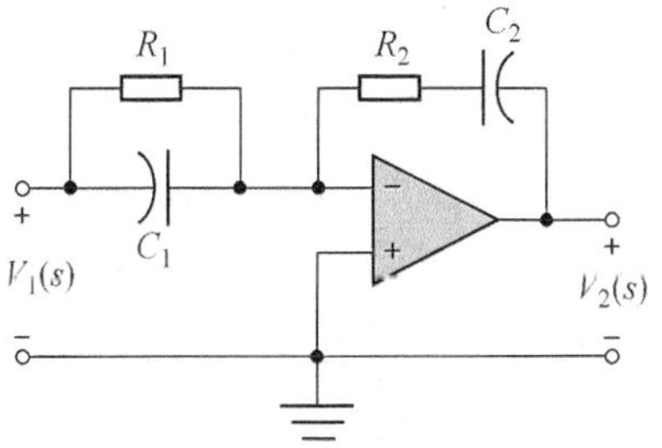</td><td>$\frac{V_2(s)}{V_1(s)} = -\frac{(R_1C_1s+1)(R_2C_2s+1)}{R_1C_2s}$</td></tr>
<tr><td>5. 磁场控制式直流电流，旋转执行机构
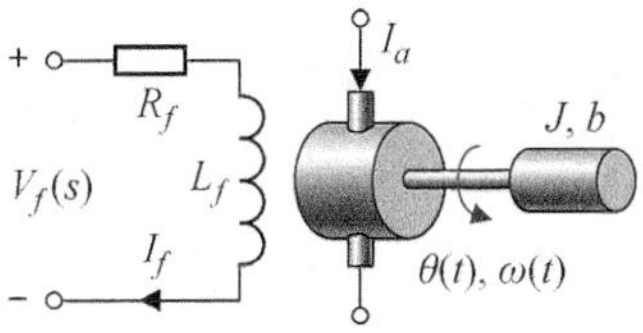</td><td>$\frac{\theta(s)}{V_f(s)} = \frac{K_m}{s(Js+b)(L_fs+R_f)}$</td></tr>
<tr><td>6. 电枢控制式直流电机，旋转执行机构
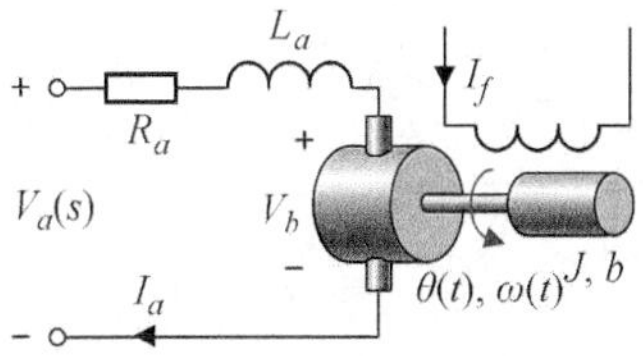</td><td>$\frac{\theta(s)}{V_f(s)} = \frac{K_m}{s[(R_a+L_as)(Js+b)+K_bK_m]}$</td></tr>
</table>

续表

<table>
<tr><th>元件或系统</th><th>$G(s)$</th></tr>
<tr><td>7．两相磁场控制交流电机，旋转执行机构
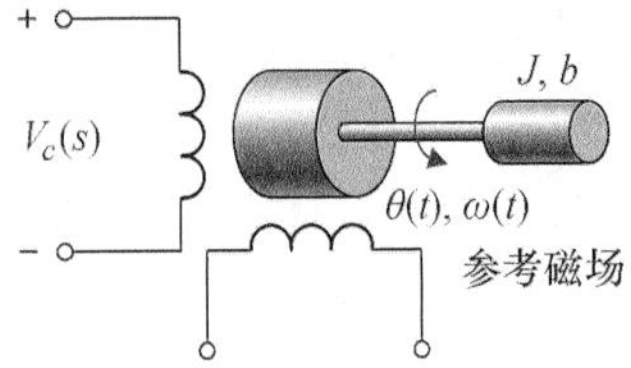</td><td>$\frac{\theta(s)}{V_c(s)} = \frac{K_m}{s(\tau s + 1)}$
$\tau = J/(b - m)$
m = 扭矩 − 转速特性曲线的斜率（通常为负值）</td></tr>
<tr><td>8．旋转放大器
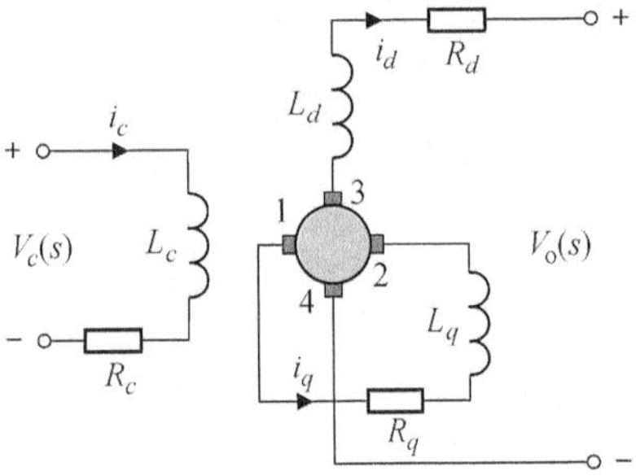</td><td>$\frac{V_o(s)}{V_c(s)} = \frac{K/(R_c R_q)}{(s\tau_c + 1)(s\tau_q + 1)}$
$\tau_c = L_c/R_c$，$\tau_q = L_q/R_q$
在无负载时，$i_d \approx 0$，$\tau_c \approx \tau_q$，$0.05\ \mathrm{s} < \tau_c < 0.5\ \mathrm{s}$
$V_q, V_{34} = V_d$</td></tr>
<tr><td>9．液压执行机构
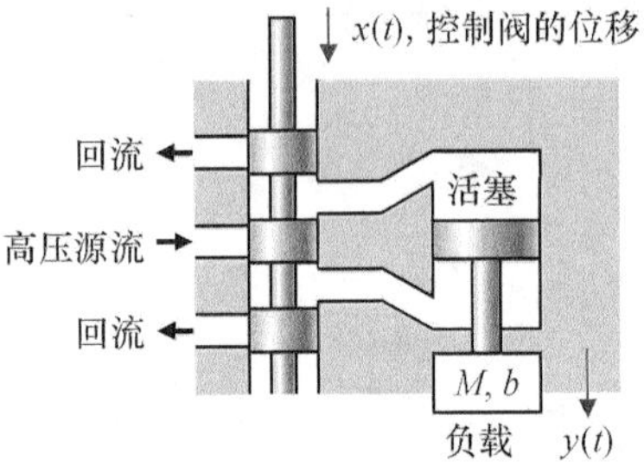</td><td>$\frac{Y(s)}{X(s)} = \frac{K}{s(Ms + B)}$
$K = \frac{Ak_x}{k_p}$，$B = \left(b + \frac{A^2}{k_p}\right)$
$kx = \frac{\partial g}{\partial x}\Big|_{x_0, P_0}$，$k_p = \frac{\partial g}{\partial p}\Big|_{x_0, P_0}$
$g = g(x, P)$ = 流量 　　M = 负载质量
A = 活塞面积 　　b = 负载阻力</td></tr>
<tr><td>10．齿轮组（旋转运动传输机构）
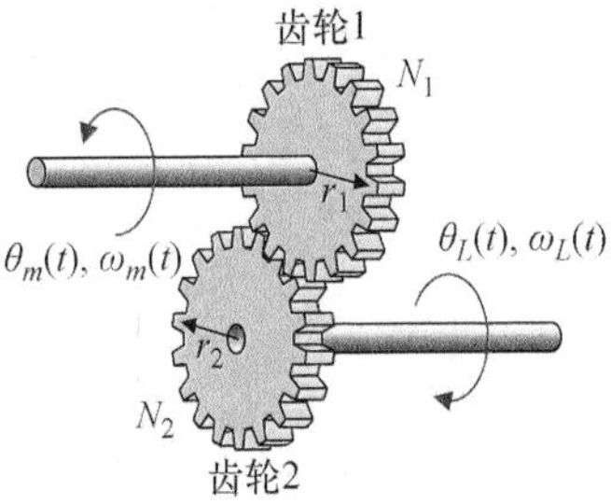</td><td>齿数比 $= \frac{N_1}{N_2}$
$N_2\theta_L(t) = N_1\theta_m(t)$，　$\theta_L(t) = n\theta_m(t)$
$\omega_L(t) = n\omega_m(t)$</td></tr>
<tr><td>11．电位计（电压控制元件）
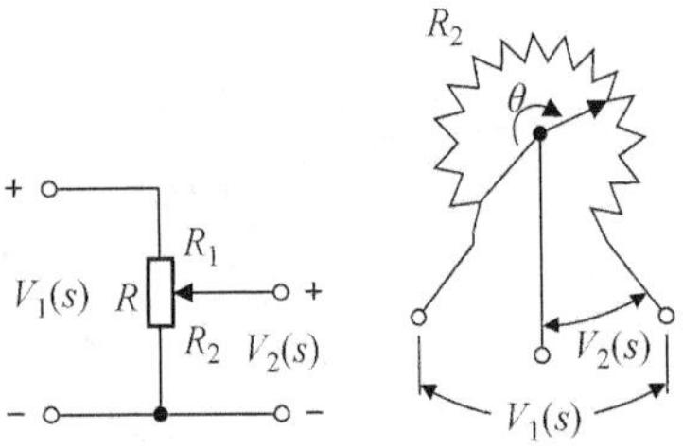</td><td>$\frac{V_2(s)}{V_1(s)} = \frac{R_2}{R} = \frac{R_2}{R_1 + R_2}$
$\frac{R_2}{R} = \frac{\theta}{\theta_{\max}}$</td></tr>
</table>

续表

元件或系统	$G(s)$
12. 电位计（误差测量电桥） 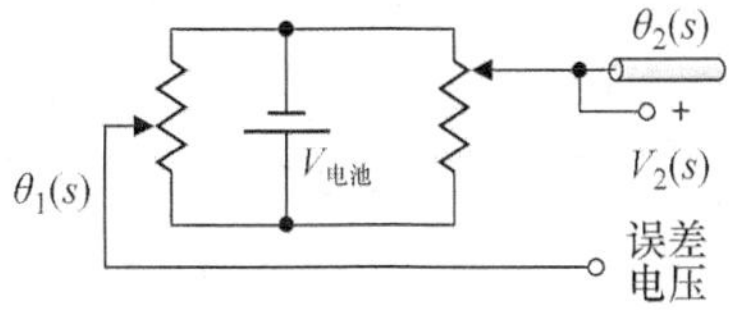	$V_2(s)=k_s(\theta_1(s)-\theta_2(s))$ $V_2(s)=k_s\theta_{\text{error}}(s)$ $k_s=\dfrac{V_{\text{Battery}}}{\theta_{\max}}$
13. 转速计（转速传感器） 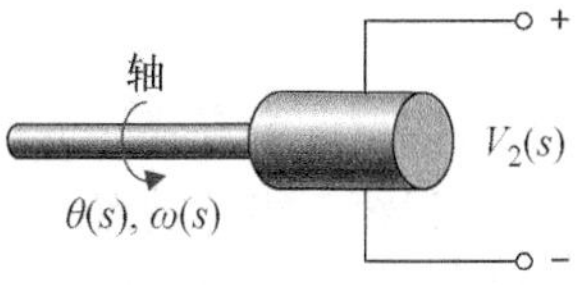	$V_2(s)=K_1\omega(s)=K_ts\omega(s)$ K_t 为常数
14. 直流放大器 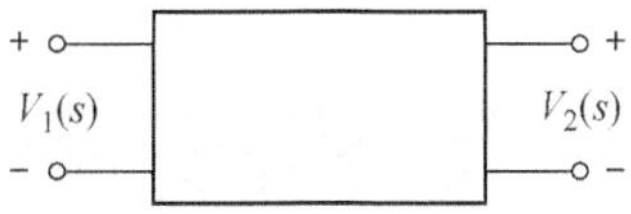	$\dfrac{V_2(s)}{V_1(s)}=\dfrac{k_a}{s\tau+1}$ R_o 为输出阻抗 C_o 为输出电容 $\tau=R_oC_o$，$\tau\ll 1\text{s}$ 且对伺服放大器而言，通常可忽略不计
15. 加速度计（加速度传感器） 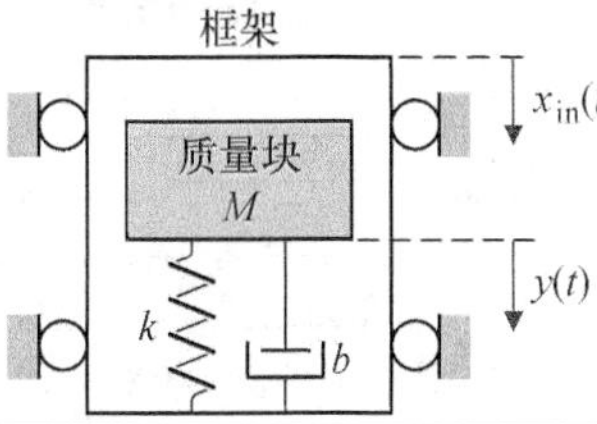	$x_o(t)=y(t)-x_{in}(t)$ $\dfrac{X_o(s)}{X_{in}(s)}=\dfrac{-s^2}{s^2+(b/M)s+k/M}$ 处于低频振荡时有 $\omega<\omega_n$ $\dfrac{X_o(j\omega)}{X_{in}(j\omega)}\approx\dfrac{\omega^2}{k/M}$
16. 热流加热系统 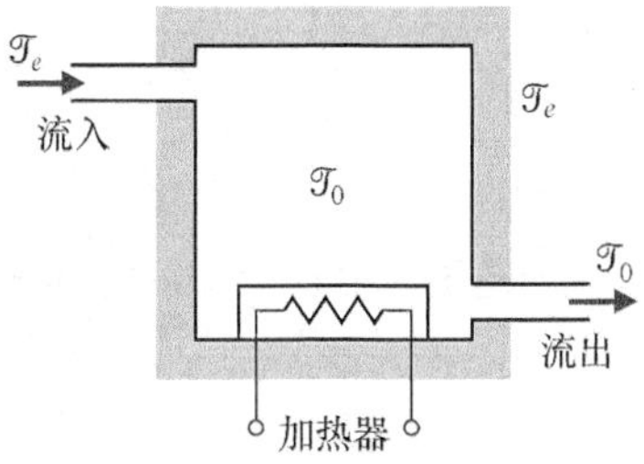	$\dfrac{\mathcal{T}(s)}{q(s)}=\dfrac{1}{C_ts+(QS+1/R_t)}$，其中 $\mathcal{T}=\mathcal{T}_0-\mathcal{T}_e$ 为热流进出温差 C_t 为热容 Q 为液流速率，保持恒定 S 为热量 R_t 为隔热容量的热阻 $q(s)$ 为加热元件的热流量
17. 齿条与副齿系统 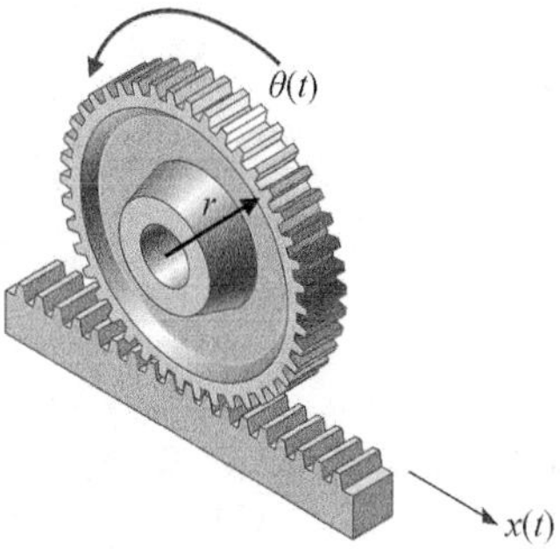	$x(t)=r\theta(t)$ 将旋转运动转换成直线运动

将旋转运动由一个轴传送到另一个轴，是很多场合都需要的一项基本功能。例如，通过齿轮箱和差速齿轮，汽车引擎用输出的旋转运动来驱动车轮旋转。齿轮箱还允许驾驶员根据交通状况，在保持差速不变的情况下，选择不同的齿数比。在这种情况下，汽车引擎的转速并不是恒定的，而是受控于驾驶员。另一个例子是，可以通过一组齿轮将电机轴的旋转运动传送到天线轴，驱动天线的旋转。实现机械运动转换的元件有齿轮、链条、传送带驱动器等；实现电功率转换的常用器件则是变压器；而将旋转运动转换成直线运动的典型转换装置则是表 2.4 中的第 17 项——齿条与副齿系统。

2.6 框图模型

微分方程（组）是描述包含反馈控制系统的动态物理系统的典型数学方式。如前所述，在引入拉普拉斯变换之后，求解微分方程组就被简化成了求解代数方程组。由于控制系统着眼于对特定变量的控制，因此，必须将受控变量与控制变量联系起来并弄清楚它们之间的关系。传递函数表示的正是输入变量和输出变量的这种关系，由此可见，传递函数是控制工程的一个重要分析工具。

传递函数表示的这种因果关系的重要性还体现在，它为用**框图模型**图示化地表示系统变量之间的相互关系提供了便利。框图由单向的箭头和功能方框组成，这些方框代表了变量的传递函数。图 2.21 给出的磁场控制式直流电机及其负载的框图模型，就清晰地表明了角度位移 $\theta(s)$ 与输入电压 $V_f(s)$ 的相互关系。

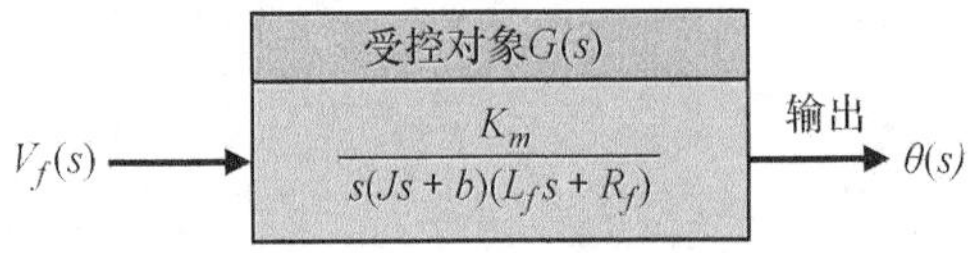

图 2.21　直流电机的框图模型

为了表示多变量受控系统，我们必须使得方框彼此之间相互关联。例如，图 2.22 所示的系统有两个输入变量和两个输出变量[6]。基于传递函数，可以得到输出变量的联立方程如下：

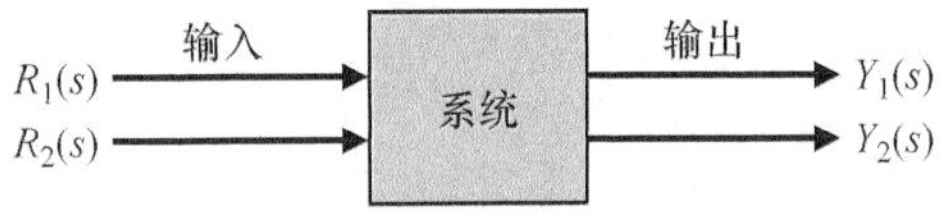

图 2.22　双输入-双输出系统框图的一般形式

$$Y_1(s) = G_{11}(s)R_1(s) + G_{12}(s)R_2(s) \tag{2.71}$$

$$Y_2(s) = G_{21}(s)R_1(s) + G_{22}(s)R_2(s) \tag{2.72}$$

其中，$G_{ij}(s)$ 是第 i 个输出变量和第 j 个输入变量之间的传递函数。这个系统的详细框图模型如图 2.23 所示。

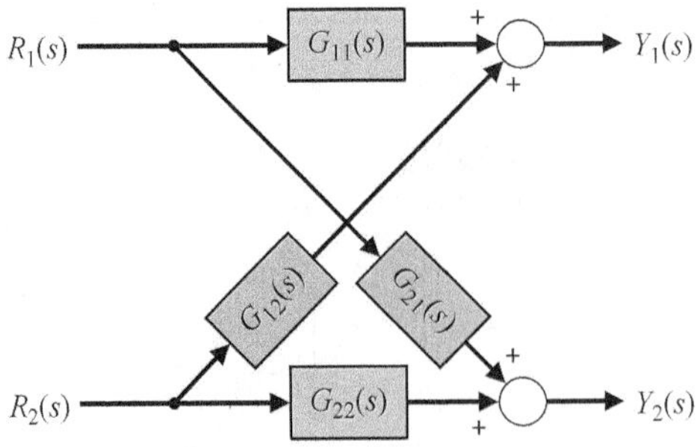

图 2.23　双输入-双输出关联系统的框图模型

一般来说，对于有 J 个输入和 I 个输出的系统来说，它们的关系式可以写成矩阵形式：

$$\begin{bmatrix} Y_1(s) \\ Y_2(s) \\ \vdots \\ Y_I(s) \end{bmatrix} = \begin{bmatrix} G_{11}(s) & \cdots & G_{1J}(s) \\ G_{21}(s) & \cdots & G_{2J}(s) \\ \vdots & & \vdots \\ G_{I1}(s) & \cdots & G_{IJ}(s) \end{bmatrix} \begin{bmatrix} R_1(s) \\ R_2(s) \\ \vdots \\ R_J(s) \end{bmatrix} \tag{2.73}$$

或者简记为

$$\boldsymbol{Y}(s) = \boldsymbol{G}(s)\boldsymbol{R}(s) \tag{2.74}$$

其中，$\boldsymbol{Y}(s)$ 和 $\boldsymbol{R}(s)$ 分别为由 I 个输出变量和 J 个输入变量构成的列向量，$\boldsymbol{G}(s)$ 为 $I \times J$ 维的传递函数矩阵。能够表示多个变量之间相互关系的矩阵形式，特别适合于研究复杂的多变量系统。附录 E 提供了矩阵代数的基础知识以帮助读者快速入门，读者也可以参考文献［21］。

可以根据框图化简规则对一个给定系统的框图模型加以简化，得到由比较少的方框构成的框图模型。由于传递函数是线性系统的数学描述，乘法算子满足交换律。以表 2.5 中的第 1 行提供的框图模型为例，有

$$X_3(s) = G_2(s)X_2(s) = G_2(s)G_1(s)X_1(s)$$

于是，当两个方框被串联起来时，可以得到

$$X_3(s) = G_1(s)G_2(s)X_1(s)$$

进行这种简化的前提是：第二个方框与第一个方框直接相连，而且第二个方框对第一个方框的负载效应可以忽略不计。相互关联的系统或元件可能会彼此作用，产生负载效应。如果确实产生了负载效应，则工程师必须考虑这种效应对原有传递函数的影响，并在后续设计工作中使用正确的传递函数。

框图模型的等效变换和化简规则来源于变量遵循的代数方程。例如，考虑图 2.24 所示的框图模型，该负反馈系统的偏差激励信号遵循下面的方程：

$$E_a(s) = R(s) - B(s) = R(s) - H(s)Y(s) \tag{2.75}$$

传递函数 $G(s)$ 把输出信号与激励信号联系在了一起，因此

$$Y(s) = G(s)U(s) = G(s)G_a(s)Z(s) = G(s)G_a(s)G_c(s)E_a(s) \tag{2.76}$$

于是有

$$Y(s) = G(s)G_a(s)G_c(s)[R(s) - H(s)Y(s)] \tag{2.77}$$

对 $Y(s)$ 合并同类项，可以得到

$$Y(s)\left[1 + G(s)G_a(s)G_c(s)H(s)\right] = G(s)G_a(s)G_c(s)R(s) \tag{2.78}$$

因此，输出 $Y(s)$ 与输入 $R(s)$ 之间的**闭环传递函数**为

$$\frac{Y(s)}{R(s)} = \frac{G(s)G_a(s)G_c(s)}{1 + G(s)G_a(s)G_c(s)H(s)} \tag{2.79}$$

利用式（2.79），可以将图 2.24 所示的框图模型简化成只有一个方框的框图模型，这是一个运用了多条变换规则的框图等效化简的例子。更多的框图等效变换规则参见表 2.5。框图等效变换规则是由方程式的代数推导得到的。这种对框图模型进行化简的方法比直接求解微分方程更为直观，更便于研究人员理解各元件在系统中的作用。下面我们通过一个框图等效化简的例子，来进一步说明框图等效变换与化简。

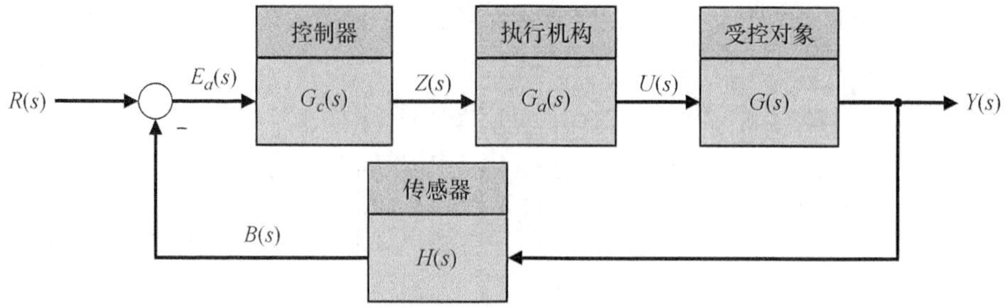

图 2.24 负反馈控制系统

表 2.5 框图的基本等效变换规则

规则编号	变换规则	初始框图	等效框图
1	合并串联方框	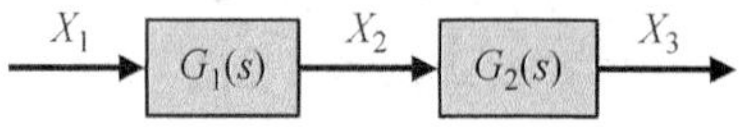	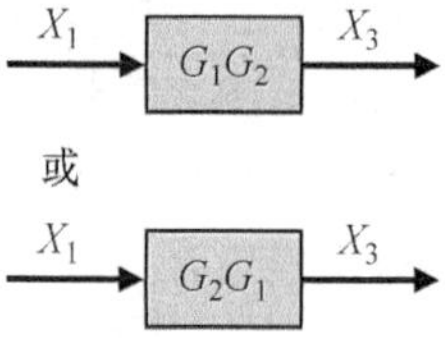
2	相加点后移	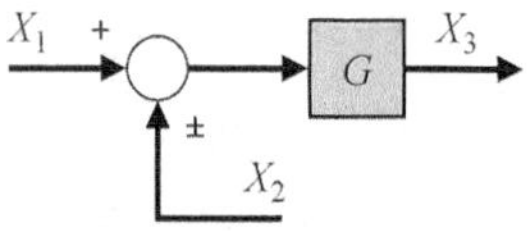	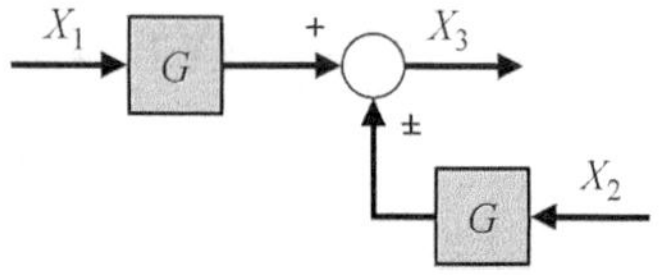
3	分支点前移	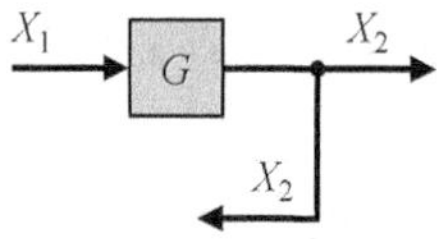	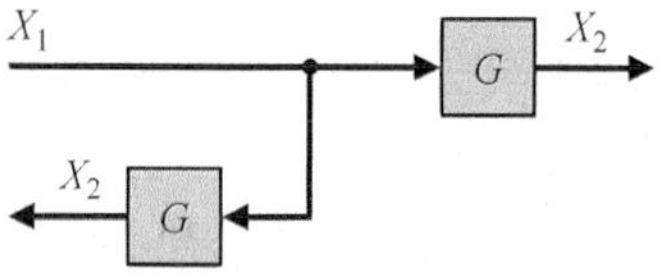
4	分支点后移	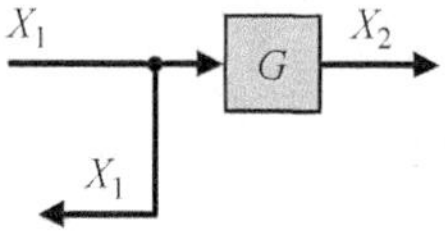	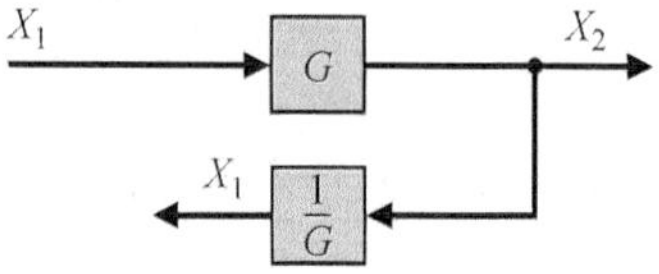
5	相加点前移	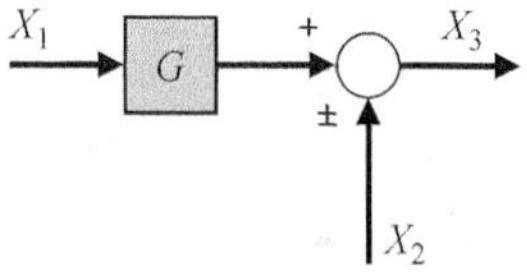	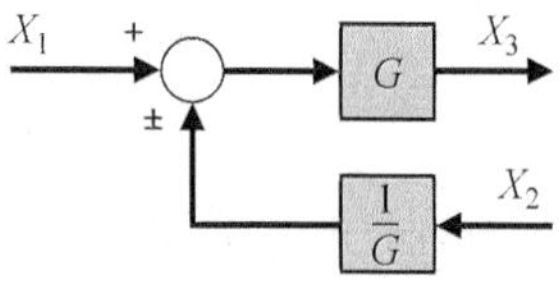
6	消去反馈回路	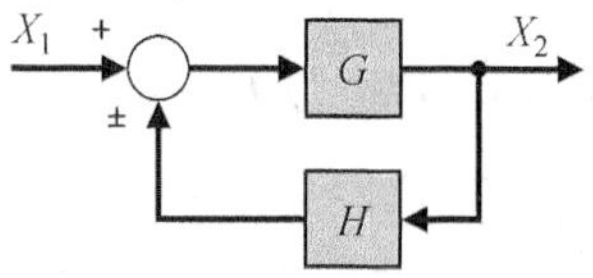	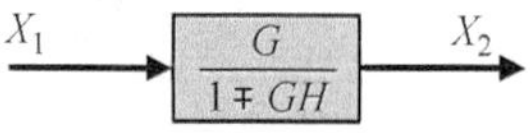

例 2.6 框图模型的化简

图 2.25 给出的是一个多环路反馈控制系统的框图模型。值得注意的是，反馈信号 $H_1(s)Y(s)$ 是正反馈信号，环路 $G_3(s)G_4(s)H_1(s)$ 因此被称为**正反馈环路**。该框图模型化简的核心是利用表 2.5 中的规则 6 来消去各个反馈环路，其他变换都是为此而做的准备。首先，为了消去环路

$G_3(s)G_4(s)H_1(s)$，我们运用表 2.5 中的规则 4 将 $H_2(s)$ 的分支节点移到 $G_4(s)$ 的后面，得到图 2.26（a）；然后利用表 2.5 中的规则 6 消去环路 $G_3(s)G_4(s)H_1(s)$，得到图 2.26（b）；接下来消去含有 $H_2(s)/G_4(s)$ 的内环路，得到图 2.26（c）；最后消去含有 $H_3(s)$ 的环路，得到闭环系统的传递函数。化简后的框图模型如图 2.26（d）所示。此外，在完成等效化简之后，有必要检查得到的传递函数，这需要分别检查传递函数的分子和分母。传递函数的分子应该是连接输入 $R(s)$ 到输出 $Y(s)$ 的前馈串联元件传递函数之积，分母则是 1 减去所有环路传递函数之和。环路 $G_3(s)G_4(s)H_1(s)$ 为正反馈，因而它的前面应为“+”号，而环路 $G_1(s)G_2(s)G_3(s)G_4(s)H_3(s)$ 和 $G_2(s)G_3(s)H_2(s)$ 为负反馈，因而它们的前面应为“-”号。为了说明这一点，可以将得到的传递函数的分母重新写成

$$q(s) = 1 - \left(+G_3(s)G_4(s)H_1(s) - G_2(s)G_3(s)H_2(s) - G_1(s)G_2(s)G_3(s)G_4(s)H_3(s)\right) \tag{2.80}$$

上述传递函数的分子和分母，与后面将要讲到的多环路反馈系统传递函数的一般表达式［参见梅森（Mason）公式］是一致的。

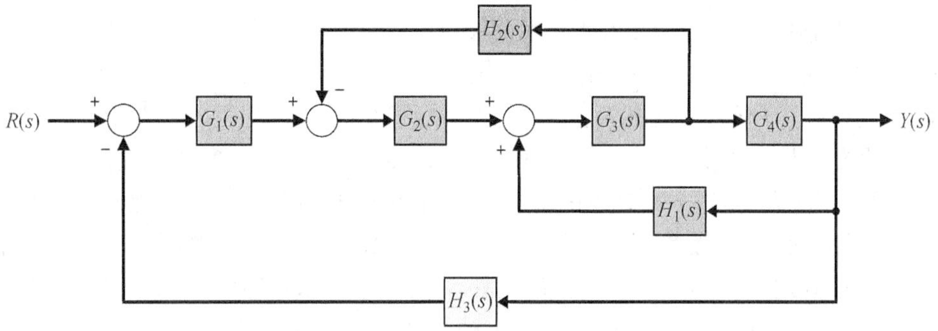

图 2.25　一个多环路反馈控制系统的框图模型

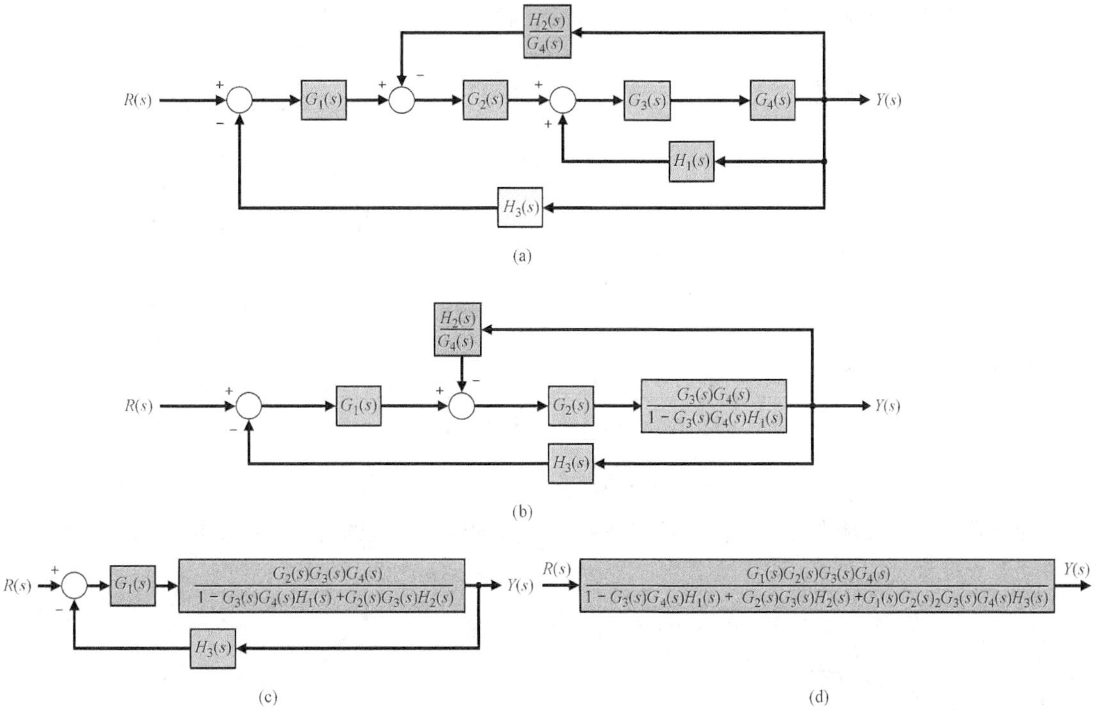

图 2.26　图 2.25 所示框图模型的化简过程

反馈控制系统的框图模型是一种非常有用且得到应用广泛的模型，它为分析人员提供了直观的系统内部关系的图示化表示。设计分析人员还可以方便地为现存系统增添和修正方框，以便改善系统的性能。至此，我们已经具备从框图模型扩展到线条化的信号流图模型所需要的知识基础。2.7 节将介绍信号流图模型。

2.7 信号流图模型

框图模型已经足以完整地表示受控变量与输入变量的关系。描述系统变量之间关联关系的另一种方法是由梅森（Mason）提出来的，它以节点间的线段为基本的描述手段[4, 25]。这种基于线段的方法即所谓的信号流图法，它最大的优点是，无须对流图进行化简和变换，就可以利用流图增益公式，方便地给出系统变量间的信号传递关系。

接下来读者将会发现，我们能够方便地将 2.6 节中各个系统的框图模型等效转换为信号流图模型。**信号流图**由节点及连接节点的有向线段构成，是一组线性关系的图示化表示。由于反馈理论关注的要点是系统中信号的变换和流向，因此，信号流图法特别适用于反馈控制系统。信号流图的基本要素是连接彼此关联的节点的、具有单一方向的线段，通常被称为**支路**，支路与框图模型中的方框等效，表示节点之间信号的输入输出变换关系。于是，图 2.27 给出的连接直流电机输出 $\theta(s)$ 与磁场电压 $V_f(s)$ 的单支路流图模型，就与图 2.21 给出的单方框框图模型等效。表示输入输出信号的点被称为**节点**。类似地，图 2.28 给出的信号流图模型与表示变量之间关系的式（2.71）和式（2.72）等效，也就是与图 2.23 所示的系统等效。在信号流图模型中，变量之间的传输关系或增益倍数被标记在定向箭头的近旁，离开某个节点的所有支路都会将该节点的信号，变换传输（单向地）到各个支路对应的输出节点；进入某个节点的所有支路传输的信号之和等于该节点信号。**通路**是指从一个信号（节点）到另一个信号（节点）的、由一条或多条相连的支路构成的路径，**环路**则是指起始节点和终止节点为同一节点，且该通路与其他节点最多相交一次的封闭通路。如果两个环路没有公共节点，则称它们为**互不接触环路**。接触环路则应该有一个或多个公共节点。

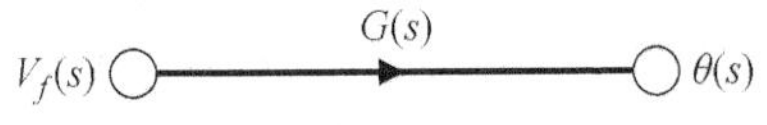

图 2.27　直流电机的信号流图

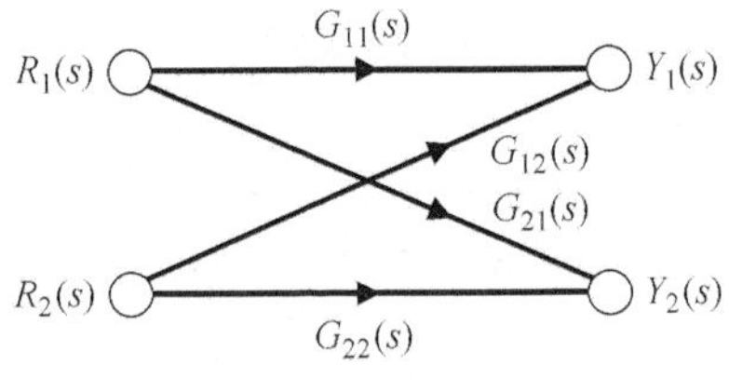

图 2.28　双输入-双输出关联系统的信号流图

于是，再次观察图 2.28，我们得到了

$$Y_1(s) = G_{11}(s)R_1(s) + G_{12}(s)R_2(s) \tag{2.81}$$

$$Y_2(s) = G_{21}(s)R_1(s) + G_{22}(s)R_2(s) \tag{2.82}$$

由此可见，信号流图的确只是系统的复频域变量的代数方程的另一种图示化表示，用于表示系统变量之间的关联关系。接下来观察下面的代数方程组：

$$a_{11}x_1 + a_{12}x_2 + r_1 = x_1 \tag{2.83}$$

$$a_{21}x_1 + a_{22}x_2 + r_2 = x_2 \tag{2.84}$$

其中，r_1 和 r_2 为两个输入变量，x_1 和 x_2 为两个输出变量。式（2.83）和式（2.84）的信号流

图模型如图 2.29 所示。式（2.83）和式（2.84）可以改写为

$$x_1(1-a_{11})+x_2(-a_{12})=r_1 \tag{2.85}$$

$$x_1(-a_{21})+x_2(1-a_{22})=r_2 \tag{2.86}$$

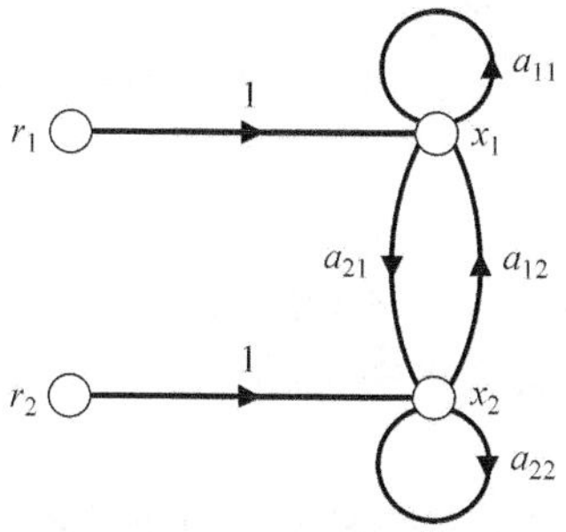

图 2.29　二元方程的信号流图

运用克拉默法则，可以求得上述方程组的解为

$$x_1=\frac{(1-a_{22})r_1+a_{12}r_2}{(1-a_{11})(1-a_{22})-a_{12}a_{21}}=\frac{1-a_{22}}{\Delta}r_1+\frac{a_{12}}{\Delta}r_2 \tag{2.87}$$

$$x_2=\frac{(1-a_{11})r_2+a_{21}r_1}{(1-a_{11})(1-a_{22})-a_{12}a_{21}}=\frac{1-a_{11}}{\Delta}r_2+\frac{a_{21}}{\Delta}r_1 \tag{2.88}$$

其中，分母为方程组系数矩阵的行列式 Δ，它可以改写成

$$\Delta=(1-a_{11})(1-a_{22})-a_{12}a_{21}=1-a_{11}-a_{22}+a_{11}a_{22}-a_{12}a_{21} \tag{2.89}$$

在这种情况下，分母等于 1 减去环路 a_{11}、a_{22} 和 $a_{12}a_{21}$ 的增益之和，再加上两个不接触环路 a_{11}、a_{22} 的增益的乘积。需要注意的是，环路 a_{11} 与 $a_{12}a_{21}$ 是接触的，环路 a_{22} 与 $a_{12}a_{21}$ 也是接触的。

在式（2.87）给出的 x_1 的分子中，与输入变量 r_1 对应的分子项为 1 乘以 $1-a_{22}$。其中，1 是 r_1 到 x_1 的通路增益，$1-a_{22}$ 是分母 Δ 中删除若干项后剩下的**余因式**，其计算原则是：在分母 Δ 的各项中，如果包含与从 r_1 到 x_1 的通路相互接触的某个环路的增益，就删去该项，剩下的即为对应的余因式。又由于从 r_2 到 x_1 的通路与所有环路相接触，因此，在分母 Δ 中将不再保留任何含有环路增益的项，对应的余因式正好为 1。正因为如此，与 r_2 对应的第二项的分子项就直接等于从 r_2 到 x_1 的通路增益 a_{12}。类似地，我们可以看出，式（2.88）给出的 x_2 的分子在形式上与式（2.87）是彼此对称的。

一般地，由独立变量 x_i（通常被称为输入变量）到因变量 x_j 的线性依存关系或传递函数 $T_{ij}(s)$，可以由下面的信号流图梅森增益公式给出[11, 12]：

$$T_{ij}(s)=\frac{\sum_k P_{ijk}(s)\Delta_{ijk}(s)}{\Delta(s)} \tag{2.90}$$

其中，$P_{ijk}(s)$ 表示从 x_i 到 x_j 的第 k 条前向通路的增益，$\Delta(s)$ 为流图的特征式，$\Delta_{ijk}(s)$ 为通路 $P_{ijk}(s)$ 在 $\Delta(s)$ 中的余因式，分子上的求和运算则是对从 x_i 到 x_j 的所有可能的 k 条向前通路进行求和。

$P_{ijk}(s)$ 为通路的增益或传递系数，是通路经过的所有支路的增益的乘积，而通路指的是沿箭头方向的一系列彼此连接的支路，而且与任意节点至多相交一次。$\Delta_{ijk}(s)$ 是第 k 条向前通路的余

因式，在特征式 $\Delta(s)$ 中，删除所有与第 k 条向前通路相接触的环路增益项之后，剩下的就是余因式。流图的完整特征式 $\Delta(s)$ 被定义为

$$\Delta(s) = 1 - \sum_{n=1}^{N} L_n(s) + \sum_{\substack{n,m \\ \text{不接触回路}}} L_n(s)L_m(s) - \sum_{\substack{n,m,p \\ \text{不接触回路}}} L_n(s)L_m(s)L_p(s) + \cdots \tag{2.91}$$

其中，$L_q(s)$ 为第 q 条环路的增益。于是，利用环路增益 $L_1(s), L_2(s), L_3(s), \cdots, L_N(s)$，求 $\Delta(s)$ 值的规则为

$\Delta(s) = 1 -$ 所有不同环路的增益之和

$+$ 所有两两互不接触环路增益的乘积之和

$-$所有 3 个互不接触环路增益的乘积之和

$+ \cdots$

梅森增益公式常常用来表示输出 $Y(s)$ 与输入 $R(s)$ 的关系，并且被简记为

$$T(s) = \frac{\sum_k P_k(s)\Delta_k(s)}{\Delta(s)} \tag{2.92}$$

其中，$T(s) = Y(s)/R(s)$。

下面用几个例子来说明梅森增益公式及其应用。式（2.90）尽管看上去很复杂，但请记住，它其实只涉及加法和乘法运算，并且不需要复杂的求解过程。

例 2.7 关联系统的传递函数

图 2.30（a）给出了一个双通路的信号流图模型，对应的等效框图模型如图 2.30（b）所示。

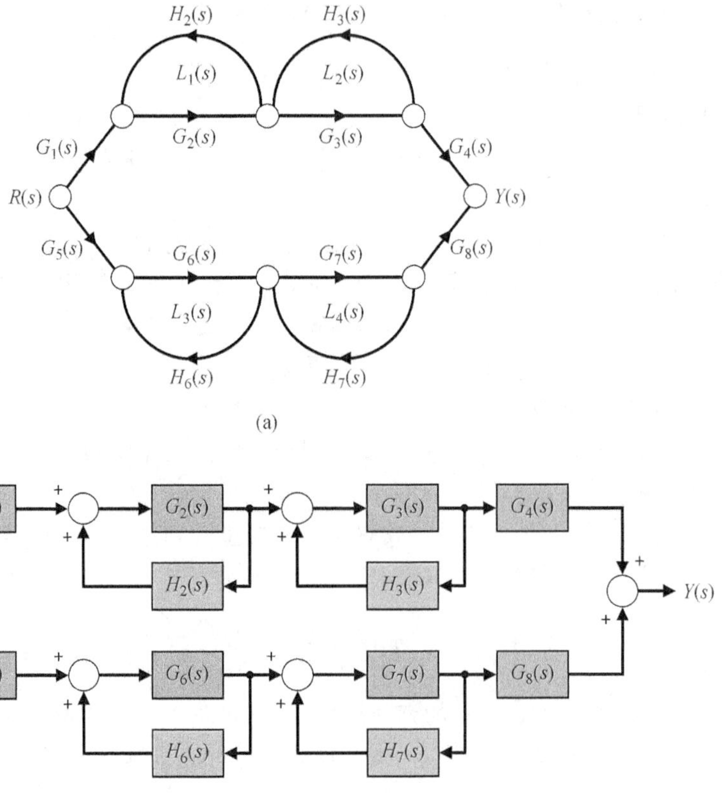

图 2.30 双通路关联系统

（a）信号流图模型；（b）框图模型

多足步行机器人就是一个多通道控制系统的例子。连接输入 $R(s)$ 和输出 $Y(s)$ 的两条前向通路分别为

$P_1(s)=G_1(s)G_2(s)G_3(s)G_4(s)$（通路 1）　　$P_2(s)=G_5(s)G_6(s)G_7(s)G_8(s)$（通路 2）

4 个环路分别为

$L_1(s)=G_2(s)H_2(s)$　　$L_2(s)=G_3(s)H_3(s)$

$L_3(s)=G_6(s)H_6(s)$　　$L_4(s)=G_7(s)H_7(s)$

由于环路 $L_1(s)$、$L_2(s)$ 与环路 $L_3(s)$、$L_4(s)$ 不接触，因此，该信号流图的特征式为

$$\begin{aligned}\Delta(s)=1&-(L_1(s)+L_2(s)+L_3(s)+L_4(s))+(L_1(s)L_3(s)\\&+L_1(s)L_4(s)+L_2(s)L_3(s)+L_2(s)L_4(s))\end{aligned}\tag{2.93}$$

从 $\Delta(s)$ 中去掉与通路 1 相接触的环路项，就得到了通路 1 的余因式，故有

$$L_1(s)=L_2(s)=0\qquad \Delta_1(s)=1-(L_3(s)+L_4(s))$$

类似地，通路 2 的余因式为

$$\Delta_2(s)=1-(L_1(s)+L_2(s))$$

于是，系统的传递函数为

$$\begin{aligned}\frac{Y(s)}{R(s)}=T(s)&=\frac{P_1(s)\Delta_1(s)+P_2(s)\Delta_2(s)}{\Delta(s)}\\&=\frac{G_1(s)G_2(s)G_3(s)G_4(s)(1-L_3(s)-L_4(s))}{\Delta(s)}\\&\quad+\frac{G_5(s)G_6(s)G_7(s)G_8(s)(1-L_1(s)-L_2(s))}{\Delta(s)}\end{aligned}\tag{2.94}$$

其中，$\Delta(s)$ 由式（2.93）给出。

利用框图化简方法也能够得到同样的结果。该系统的框图模型如图 2.30（b）所示，整个框图包含 4 个内部反馈环路。首先化简这 4 个内部反馈环路，然后将化简结果用串联方式连接起来，就可以逐步完成该框图模型的化简。

顶部通路的传递函数为

$$\begin{aligned}Y_1(s)&=G_1(s)\left[\frac{G_2(s)}{1-G_2(s)H_2(s)}\right]\left[\frac{G_3(s)}{1-G_3(s)H_3(s)}\right]G_4(s)R(s)\\&=\left[\frac{G_1(s)G_2(s)G_3(s)G_4(s)}{\left(1-G_2(s)H_2(s)\right)\left(1-G_3(s)H_3(s)\right)}\right]R(s)\end{aligned}$$

底部通路的传递函数为

$$\begin{aligned}Y_2(s)&=G_5(s)\left[\frac{G_6(s)}{1-G_6(s)H_6(s)}\right]\left[\frac{G_7(s)}{1-G_7(s)H_7(s)}\right]G_8(s)R(s)\\&=\left[\frac{G_5(s)G_6(s)G_7(s)G_8(s)}{\left(1-G_6(s)H_6(s)\right)\left(1-G_7(s)H_7(s)\right)}\right]R(s)\end{aligned}$$

整个系统的传递函数为

$$\begin{aligned}Y(s)=Y_1(s)+Y_2(s)=\Bigg[&\frac{G_1(s)G_2(s)G_3(s)G_4(s)}{(1-G_2(s)H_2(s))(1-G_3(s)H_3(s))}\\&+\frac{G_5(s)G_6(s)G_7(s)G_8(s)}{(1-G_6(s)H_6(s))(1-G_7(s)H_7(s))}\Bigg]R(s)\end{aligned}$$

例 2.8　电枢控制式直流电机

电枢控制式直流电机的框图模型见图 2.20，它是根据式（2.64）～式（2.68）得到的。得到的信号流图模型如图 2.31 所示。当扰动信号 $T_d(s)=0$ 时，可以利用梅森公式来推导电机的传递函数 $\theta(s)/V_a(s)$。图 2.31 中只有一条前向通路 $P_1(s)$，并且和唯一的环路 $L_1(s)$相接触，而且

$$P_1(s)=\frac{1}{s}G_1(s)G_2(s),L_1(s)=-K_bG_1(s)G_2(s)$$

因此，传递函数为

$$T(s)=\frac{P_1(s)}{1-L_1(s)}=\frac{(1/s)G_1(s)G_2(s)}{1+K_bG_1(s)G_2(s)}=\frac{K_m}{s\left[\left(R_a+L_as\right)(Js+b)+K_bK_m\right]}$$

这与前面得到的传递函数［见式（2.69）］完全相同。

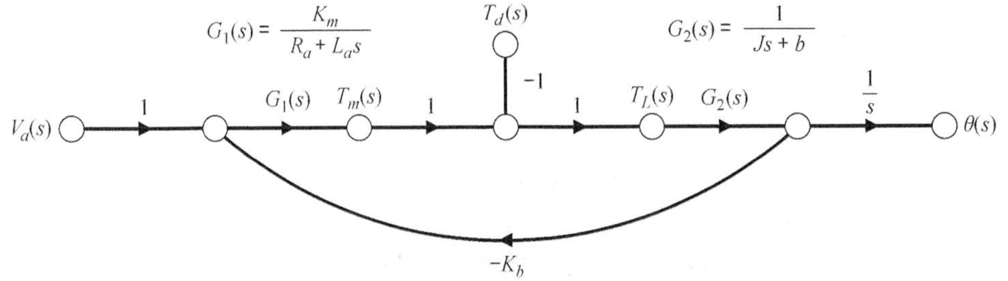

图 2.31　电枢控制式直流电机的信号流图模型

梅森公式是定量分析复杂系统的一种十分便捷的工具。为了比较梅森公式和框图化简方法，下面使用梅森公式重新分析前面的例 2.6。

例 2.9　多环路系统的传递函数

图 2.25 给出了一个多环路反馈控制系统的框图模型，据此可以很容易地得到对应的信号流图模型，这里不再重复绘制信号流图模型，而是直接运用梅森公式来求解［见式（2.92）］。该系统有一条前向通路 $P_1(s)=G_1(s)G_2(s)G_3(s)G_4(s)$，而反馈环路共有 3 条，分别为

$$\begin{aligned}L_1(s)&=-G_2(s)G_3(s)H_2(s)\\L_2(s)&=G_3(s)G_4(s)H_1(s)\\L_3(s)&=-G_1(s)G_2(s)G_3(s)G_4(s)H_3(s)\end{aligned}\tag{2.95}$$

所有环路都具有公共节点，因而它们是彼此接触的。通路 $P_1(s)$ 与所有环路都接触，所以有 $\Delta_1(s)=1$。于是，系统的闭环传递函数为

$$T(s)=\frac{Y(s)}{R(s)}=\frac{P_1(s)\Delta_1(s)}{1-L_1(s)-L_2(s)-L_3(s)}=\frac{G_1(s)G_2(s)G_3(s)G_4(s)}{\Delta(s)}\tag{2.96}$$

例 2.10　复杂系统的传递函数

分析图 2.32 给出的相对复杂的系统，它包含多条前向通路和反馈环路。系统有 3 条前向通路，分别为

$$\begin{aligned}P_1(s)&=G_1(s)G_2(s)G_3(s)G_4(s)G_5(s)G_6(s)\\P_2(s)&=G_1(s)G_2(s)G_7(s)G_6(s)\\P_3(s)&=G_1(s)G_2(s)G_3(s)G_4(s)G_8(s)\end{aligned}$$

反馈环路有 8 条，分别为

$$L_1(s) = -G_2(s)G_3(s)G_4(s)G_5(s)H_3(s)$$
$$L_2(s) = -G_5(s)G_6(s)H_1(s)$$
$$L_3(s) = -G_8(s)H_1(s)$$
$$L_4(s) = -G_7(s)G_2(s)H_2(s)$$
$$L_5(s) = -G_4(s)H_4(s)$$
$$L_6(s) = -G_1(s)G_2(s)G_3(s)G_4(s)G_5(s)G_6(s)H_3(s)$$
$$L_7(s) = -G_1(s)G_2(s)G_7(s)G_6(s)H_3(s)$$
$$L_8(s) = -G_1(s)G_2(s)G_3(s)G_4(s)G_8(s)H_3(s)$$

环路 $L_5(s)$ 与 $L_4(s)$、$L_7(s)$ 不接触，$L_3(s)$ 与 $L_4(s)$ 不接触；其他环路都彼此接触。因此，该流图模型的特征式为

$$\begin{aligned}\Delta(s) = 1 &- (L_1(s) + L_2(s) + L_3(s) + L_4(s) + L_5(s) + L_6(s) + L_7(s) + L_8(s)) \\ &+(L_5(s)L_7(s) + L_5(s)L_4(s) + L_3(s)L_4(s))\end{aligned} \tag{2.97}$$

与各条前向通路对应的余因式为

$$\Delta_1(s) = \Delta_3(s) = 1$$

$$\Delta_2(s) = 1 - L_5(s) = 1 + G_4(s)H_4(s))$$

于是，系统的传递函数为

$$T(s) = \frac{Y(s)}{R(s)} = \frac{P_1(s) + P_2(s)\Delta_2(s) + P_3(s)}{\Delta(s)} \tag{2.98}$$

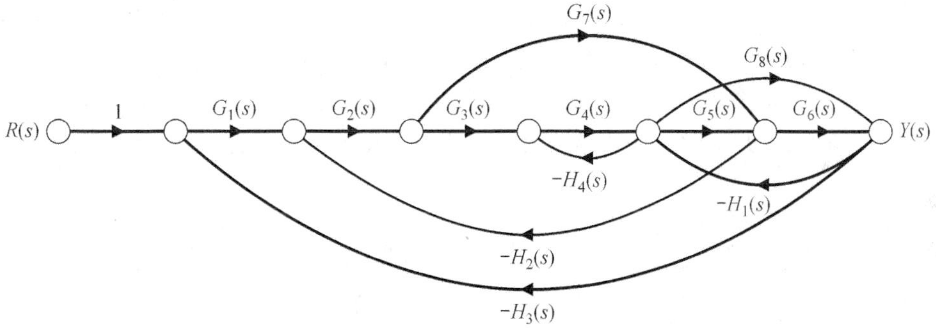

图 2.32　多环路系统

2.8　设计实例

本节提供 4 个设计实例。第 1 个实例讨论光伏发电机的建模问题，以便实施可靠的反馈控制，使得当阳光随着时间变化时，仍然能够产生最大的输出功率。在阳光充沛的地区，利用太阳能发电并采用反馈控制提高效率，是对绿色工程的一项有益贡献。第 2 个实例则非常详细地分析蓄水池液位控制系统的建模过程，并特别强调说明获得用传递函数形式表示的线性模型的整个过程。剩余的两个实例分别为电力牵引电机控制的建模以及低通滤波器的设计。

例 2.11　光伏发电机

贝尔实验室在 1954 年发明了光伏电池（板）。太阳能电池板便是将太阳光转换成电能的一种光伏电池（板）的例子。其他类型的光伏电池（板）可以用来检测辐射和测量光线强度。通过降低污染，太阳能电池板发电得以支持和贯彻绿色工程的原则。太阳能电池板能够减少自然资源的消耗，在阳光充沛的地区有很高的效率。光伏发电机是由主要包含太阳能电池板的各种光伏模块

组成的发电系统，它们可以用于给电池充电，也可以不用电池直接驱动电动机，还可以直接接入电网供电[34–42]。

太阳能电池板的输出功率随着可用太阳光、温度以及外部负载的变化而变化。为了提高光伏发电机的总体效率，可以采用反馈控制策略来使得输出功率最大化，这通常被称为最大功率点跟踪（Maximum Power Point Tracking，MPPT）问题[34–36]。只有当太阳能电池板的电流和电压取特定的值时，其输出功率才能达到最大。最大功率点跟踪方案采用闭环反馈控制来寻找最优工作点，以便使得功率转化电路从光伏发电系统中提取最大的功率。在此，我们先着重讨论该系统的建模问题，设计问题留到后续章节中讨论。

可以用图 2.33 所示的等效电路来表示太阳能电池板，其中包含一个电流发生器 I_{PH}、一个光敏二极管、一个串联电阻 R_S 和一个并联分流电阻 R_P[34, 36–38]。

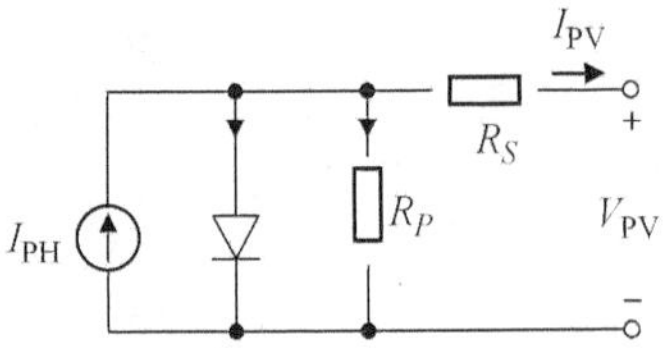

图 2.33 光伏发电机的等效电路

输出电压 V_{PV} 为

$$V_{\mathrm{PV}}=\frac{N}{\lambda}\ln\left(\frac{I_{\mathrm{PH}}-I_{\mathrm{PV}}+MI_0}{MI_0}\right)-\frac{N}{M}R_S I_{\mathrm{PV}} \tag{2.99}$$

在此，光伏发电机的太阳能电池板阵列由 M 行并联而成，每行串联有 N 块太阳能电池板。I_0 为二极管的反向饱和电流；I_{PH} 表示曝光（光照）强度，它是对电池板接收的太阳辐射的度量，而 λ 是关于电池板材料的已知常数[34–36]。

假定我们只考虑由 10 块（$N=10$）硅电池板串联而成的单列（$M=1$）太阳能电池阵列，给定的参数为 $1/\lambda=0.05\ \mathrm{V}$、$R_S=0.025\ \Omega$、$I_{\mathrm{PH}}=3\ \mathrm{A}$、$I_0=0.001\ \mathrm{A}$。在特定的光照强度下［$I_{\mathrm{PH}}=3\ \mathrm{A}$］，由式（2.99）给出的输出电压随输出电流的变化曲线以及输出功率随输出电流的变化曲线（见图 2.34）可以看出，使得 $\mathrm{d}P/\mathrm{d}I_{\mathrm{PV}}=0$ 的点就是最大功率点，与之对应的输出电压和输出电流分别记为 $V_{\mathrm{PV}}=V_{\mathrm{mp}}$ 和 $I_{\mathrm{PV}}=I_{\mathrm{mp}}$。当阳光发生变化时，光照强度 I_{PH} 将随之变化，这会导致不同的功率曲线。

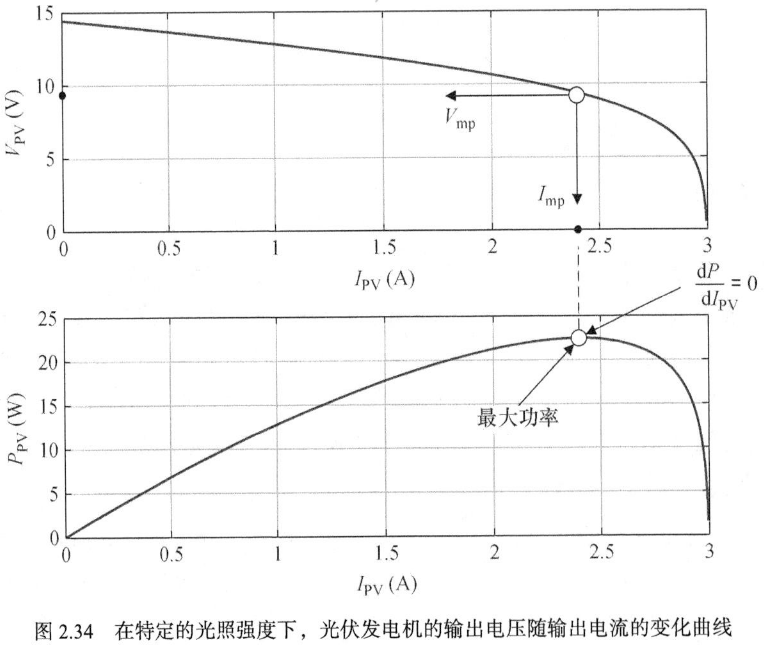

图 2.34 在特定的光照强度下，光伏发电机的输出电压随输出电流的变化曲线以及输出功率随输出电流的变化曲线

最大功率点跟踪问题的目的，就是当工作条件发生变化时，寻求对应的输出电压和输出电流，使得输出功率最大。实现这个目的的思路是及时变更设定的参考输出电压，如图 2.35 所示，参考输出电压是光照强度的函数，并且对应于最大输出功率。反馈控制系统的作用则是，使得实际输出电压快速、精准地跟踪参考输出电压。

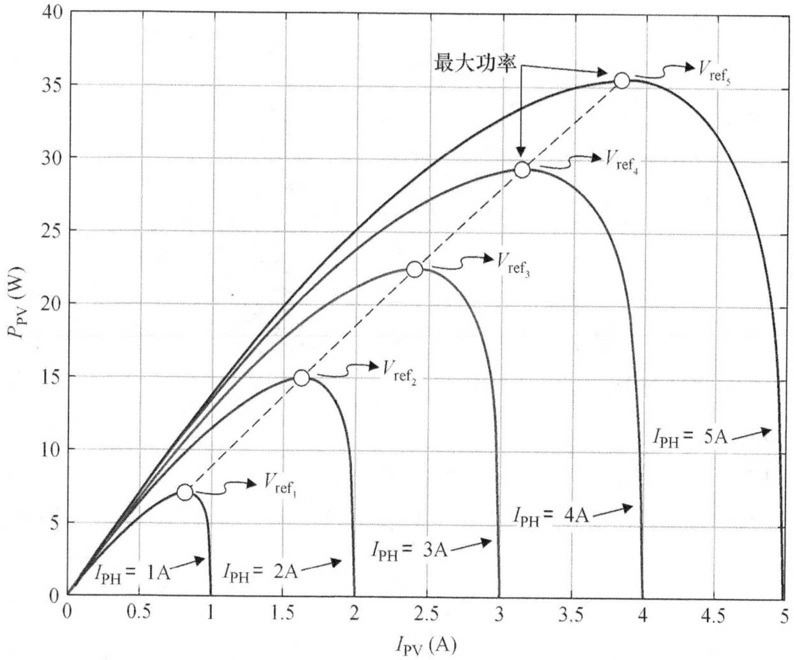

图 2.35　参考输出电压 V_{ref} 由随着 I_{PH} 变化的最大功率点决定

图 2.36 给出了该系统的简略框图模型。构成受控对象的主要部件有功率电路（例如，用相控 IC 和闸流管电桥构成）、光伏发电机、变流器等。受控对象的模型可以用二阶传递函数表示为

$$G(s) = \frac{K}{s(s+p)} \tag{2.100}$$

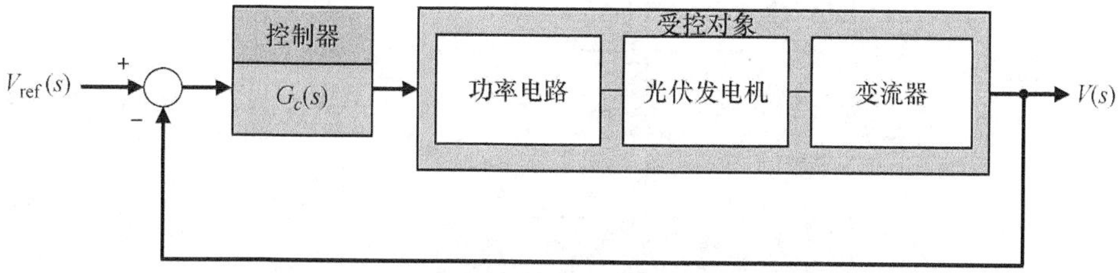

图 2.36　旨在实现最大功率转换的反馈控制系统的框图模型

其中，K 和 p 是依赖于光伏发电机以及有关电子器件的参数 [35]。在图 2.36 中，控制器 $G_c(s)$ 的设计宗旨是，当光照强度发生变化时（即 I_{PH} 发生变化时），使得输出电压接近参考输出电压 $V_{ref}(s)$，而已经设定好的参考电压可以实现输出功率最大化。例如，如果取控制器为比例-积分控制器（即 PI 控制器）：

$$G_c(s) = K_P + \frac{K_I}{s}$$

则闭环传递函数为

$$T(s)=\frac{K\left(K_P s+K_I\right)}{s^3+ps^2+KK_P s+KK_I} \tag{2.101}$$

通过选择式（2.101）中的控制器增益并将 $T(s)$ 的极点配置到预期的位置，就可以获得预期的性能指标。

例 2.12 液流系统建模

图 2.37 给出了一个液流系统。蓄水池（或水柜）的底部有一个出水口，水从上方的进水管流入蓄水池，进水管由注水阀控制。在本系统中，需要研究的变量包括液体流速 V（单位为 m/s）、液面高度 H（单位为 m）和水压 p（单位为 N/m^2）。水压的定义如下：在水中指定的某个表面上，水作用在单位面积（水处于静止状态）上的力。水压会均匀地作用于该表面。要想深入理解液流建模过程，可以参阅文献［28-30］。

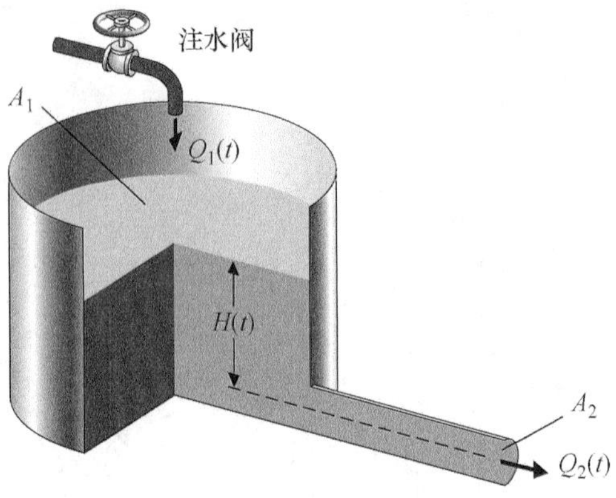

图 2.37 蓄水池系统的结构配置

控制系统设计流程中的设计模块如图 2.38 所示。具体工作是确定系统结构配置并建立合适的数学模型。也就是说，用输入输出关系来描述蓄水池的液流过程。

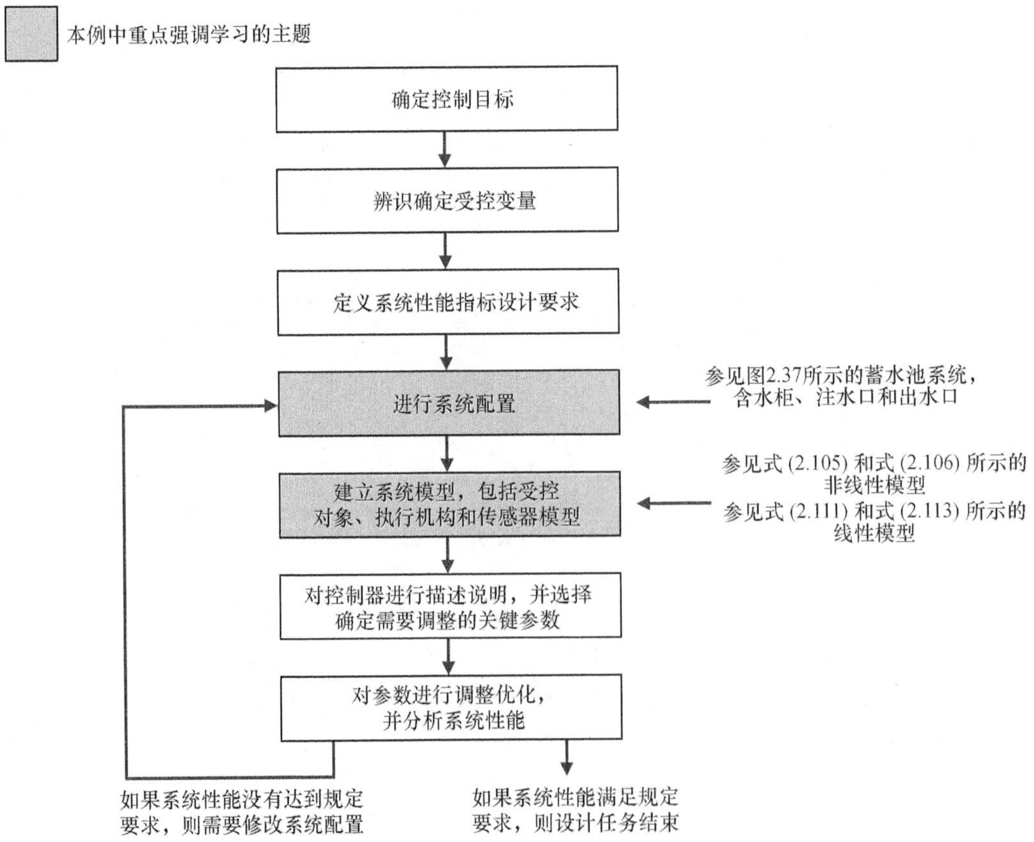

图 2.38 在控制系统设计流程中，蓄水池液流系统实例强调学习的设计模块（深灰色部分）

描述液流运动和能量转换过程的通用方程非常复杂，常常是彼此耦合的偏微分方程（组）。为了降低数学模型的复杂程度，我们必须有选择地做出一些合理的假设。尽管控制工程师不必同时是流体力学专家，也不需要特别深入地理解控制系统建模所需要的流体力学的专门知识，但还是至少要真正理解一些重要的、有利于简化模型的基本假设，这对于建立对工程的理解和感悟至关重要。关于流体运动的更加深入的讨论，可以参阅文献［31-33］。

为了建立一个既符合实际又能够处理的数学模型来描述蓄水池液流系统，我们必须首先做出一些关键的合理假设。例如，假定蓄水池中的水是不可压缩的，并且假设液流是非黏滞、无旋转和稳定的。不可压缩的流体意味着这种流体的密度 ρ（单位为 kg/m^3）是常数。但实际上，所有的流体在某种程度上都是可压缩的，可压缩性则用压缩系数 k 来表征。压缩系数 k 越小，流体的可压缩性就越差。例如，空气就是可压缩流体，其压缩系数为 $k_{air} = 0.98\ m^2/N$；而水的压缩系数为 $k_{H_2O} = 4.9 \times 10^{-10}\ m^2/N = 50 \times 10^{-6}\ atm^{-1}$。也就是说，每增加一个大气压（1 atm）①，水的体积仅仅缩小 0.05‰。由此可见，对于工程应用而言，可以合理地假定水是不可压缩流体。

再考虑运动中的流体。首先假定两个邻近的液流层的初始流速不一致，那么分子的相互流动将导致这两层液流的流速趋向一致。这就是内摩擦效应，所实现的动量交换称为黏滞。就黏滞特性而言，固体最强，液体次之，气体最差。黏滞特性用黏滞系数 μ（单位为 $N \cdot s/m^2$）来衡量表示，黏滞系数越大，表明物质的黏滞特性越强。例如，20℃的标准条件下，空气的黏滞系数为

$$\mu_{air} = 0.178 \times 10^{-4}\ N \cdot s/m^2$$

水的黏滞系数为

$$\mu_{H_2O} = 1.054 \times 10^{-3}\ N \cdot s/m^2$$

由此可见，水的黏滞性约为空气的 60 倍。黏滞性主要取决于温度而非压力。例如，水在 0℃时的黏滞性是它在 20℃时的两倍。即使对于黏滞性低的流体，如空气和水，也只有在边界层，也就是在蓄水池壁以及输出管的管壁等处，内摩擦特性的影响才会有比较明显的体现。因此，在建模过程中，我们可以忽略水的黏滞性。也就是说，可以认为水是非黏滞的。

如果在液流中的每一点上，液体元素都没有静角速度，则称该液流是非旋转的。想象一下，在出水口的位置放置一个小叶轮，如果叶轮没有旋转，则可以认为液流是非旋转的。在本例中，假定蓄水池中的水是非旋转的。对于非黏滞的流体而言，如果在初始情况下非旋转，则液流将一直保持为非旋转。

蓄水池和出水口中的水流既可能是稳定的，也可能是不稳定的。如果液流中每一点的速度都保持恒定，则称该液流是稳定的。需要指出的是，这并不意味着液流中不同的每一点的速度都必须相同，而是说对于某一点而言，其速度能够保持匀速，不随时间而变化。液流处于低速时，容易满足稳定条件。在本例中，假定水流满足稳定条件。但是，如果出水口面积过大，那么蓄水池内部的水流速度将偏高，因而可能无法满足稳定条件。在这种情况下，所建的数学模型将无法准确预测液流的运动情况。

为了建立蓄水池液流的数学模型，我们必须引用诸如能量守恒定律等科学原理。在给定时间内，蓄水池内部的水的质量为

$$m(t) = \rho A_1 H(t) \tag{2.102}$$

① 1 atm=101 325 Pa。——译者注

其中，A_1为蓄水池的底面积，ρ为水的密度，$H(t)$为蓄水池内部的水的高度。建模与计算过程中用到的一些物理常数如表2.6所示。

表2.6 蓄水池系统的物理常数

$\rho(\mathrm{kg/m^3})$	$g(\mathrm{m/s^2})$	$A_1(\mathrm{m^2})$	$A_2(\mathrm{m^2})$	$H^*(\mathrm{m})$	$Q^*(\mathrm{kg/s})$
1000	9.8	π/4	π/400	1	34.77

在后面的公式中，带有下标1的变量表示输入变量，带有下标2的变量表示输出变量。在式(2.102)的等号两端对时间求导数，可以得到

$$\dot{m}(t)=\rho A_1\dot{H}(t)$$

此处用到了水是不可压缩流体的假设（不可压缩流体的密度为常数，即$\dot{\rho}=0$），而蓄水池的底面积A_1也为常数，不会随时间发生变化。实际上，蓄水池内部的水的质量的变化，又等于注入蓄水池和流出蓄水池的水的质量之差，故有

$$\dot{m}(t)=\rho A_1\dot{H}(t)=Q_1(t)-\rho A_2 v_2(t) \tag{2.103}$$

其中，$Q_1(t)$为单位时间内进水的质量，即进水流量（单位为kg/s）；$v_2(t)$为出水流速；A_2为出水管的横截面积。此外，出水流速$v_2(t)$是水面高度$H(t)$的函数。根据伯努利（Bernoulli）方程可以得到[39]

$$\frac{1}{2}\rho v_1^2(t)+P_1+\rho g H(t)=\frac{1}{2}\rho v_2^2(t)+p_2$$

其中，$v_1(t)$为蓄水池进水口的进水流速；P_1和P_2分别为进水口和出水口的气压，它们都为一个大气压；相对于A_1而言，A_2非常小（$A_2=A_1/100$）。因此，进水流速$v_1(t)$非常小，甚至可以忽略。这样一来，伯努利方程就可以简化为

$$v_2(t)=\sqrt{2gH(t)} \tag{2.104}$$

将式（2.104）代入式（2.103）并求解$\dot{H}(t)$，可以得到

$$\dot{H}(t)=-\left[\frac{A_2}{A_1}\sqrt{2g}\right]\sqrt{H(t)}+\frac{1}{\rho A_1}Q_1(t) \tag{2.105}$$

根据式（2.104），可以求得出水流量为

$$Q_2(t)=\rho A_2 v_2(t)=(\rho\sqrt{2g}\,A_2)\sqrt{H(t)} \tag{2.106}$$

为了对上述方程进行简化，定义如下替换变量：

$$k_1:=-\frac{A_2\sqrt{2g}}{A_1}$$

$$k_2:=\frac{1}{\rho A_1}$$

$$k_3:=\rho\sqrt{2g}\,A_2$$

于是得到

$$\dot{H}(t)=k_1\sqrt{H(t)}+k_2 Q_1(t)$$

$$Q_2(t)=k_3\sqrt{H(t)} \tag{2.107}$$

这样就建立了蓄水池液流模型，其中，输入为进水流量 $Q_1(t)$，输出为出水流量 $Q_2(t)$。可以看出，由于式（2.107）中包含 $\sqrt{H(t)}$ 项，因此，这是一个非线性的一阶常微分方程模型。将该模型记为函数的形式：

$$\dot{H}(t) = f\big(H(t), Q_1(t)\big)$$
$$Q_2(t) = h\big(H(t), Q_1(t)\big)$$

其中：

$$f(H(t), Q_1(t)) = k_1\sqrt{H(t)} + k_2 Q_1(t)$$
$$h(H(t), Q_1(t)) = k_3\sqrt{H(t)}$$

在流量平衡点附近，对描述蓄水池液流模型的函数进行泰勒级数展开，可以获得一组线性化的方程。当蓄水池系统处于平衡状态时，液面高度保持稳定，即 $\dot{H}(t) = 0$。令 Q^* 和 H^* 分别表示平衡状态下的进水流量和液面高度，于是得到

$$Q^* = -\frac{k_1}{k_2}\sqrt{H^*} = \rho\sqrt{2g}\,A_2\sqrt{H^*} \tag{2.108}$$

当注入蓄水池的水量刚好补偿通过出水口流出的水量时，上述平衡条件成立。在平衡状态下，液面高度和进水流量应该只会在平衡点附近波动，因此，可以将它们写为

$$\begin{aligned} H(t) &= H^* + \Delta H(t) \\ Q_1(t) &= Q^* + \Delta Q_1(t) \end{aligned} \tag{2.109}$$

其中，$\Delta H(t)$ 和 $\Delta Q_1(t)$ 是 $H(t)$ 和 $Q(t)$ 在平衡点附近的偏差小信号。因此，可以得到的泰勒级数展开式为

$$\begin{aligned} \dot{H}(t) = f\big(H(t), Q_1(t)\big) = f\big(H^*, Q^*\big) + \left.\frac{\partial f}{\partial H}\right|_{\substack{H = H^* \\ Q_1 = Q^*}}\big(H(t) - H^*\big) \\ + \left.\frac{\partial f}{\partial Q_1}\right|_{\substack{H = H^* \\ Q_1 = Q^*}}\big(Q_1(t) - Q^*\big) + \cdots \end{aligned} \tag{2.110}$$

其中：

$$\left.\frac{\partial f}{\partial H}\right|_{\substack{H = H^* \\ Q_1 = Q^*}} = \left.\frac{\partial(k_1\sqrt{H(t)} + k_2 Q_1}{\partial H}\right|_{\substack{H = H \\ Q_1 = Q^*}} = \frac{1}{2}\frac{k_1}{\sqrt{H^*}}$$

$$\left.\frac{\partial f}{\partial Q_1}\right|_{\substack{H = H^* \\ Q_1 = Q^*}} = \left.\frac{\partial(k_1\sqrt{H} + k_2 Q_1}{\partial Q_1}\right|_{\substack{H = H \\ Q_1 = Q^*}} = k_2$$

由式（2.108）可以得到

$$\sqrt{H^*} = \frac{Q^*}{\rho\sqrt{2g}\,A_2}$$

于是有

$$\left.\frac{\partial f}{\partial H}\right|_{\substack{H = H^* \\ Q_1 = Q^*}} = \frac{A_2^2}{A_1}\cdot\frac{g\rho}{Q^*}$$

由于平衡状态下的液面高度 H^* 为常数，因此，对式（2.109）所示的第一个公式的两边求导，可以得到

$$\dot{H}(t) = \Delta\dot{H}(t)$$

此外，根据平衡条件可以得到 $f\left(H^*,Q^*\right) = 0$，忽略泰勒级数展开［见式（2.110）］中的高阶项，最终可以得到

$$\Delta\dot{H}(t) = -\frac{A_2^2}{A_1}\frac{g\rho}{Q^*}\Delta H(t) + \frac{1}{\rho A_1}\Delta Q_1(t) \tag{2.111}$$

可以看出，这个线性方程描述的是进水流量相对于平衡点的偏差小信号 $\Delta Q_1(t)$，与液面高度相对于平衡点的偏差小信号 $\Delta H(t)$ 的关系。

类似地，对于输出变量 $Q_2(t)$，有

$$\begin{aligned} Q_2(t) &= Q_2^* + \Delta Q_2(t) = h(H(t),Q_1(t)) \\ &\approx h(H^*,Q^*) + \left.\frac{\partial h}{\partial H}\right|_{\substack{H = H^* \\ Q_1 = Q^*}}\Delta H(t) + \left.\frac{\partial h}{\partial Q_1}\right|_{\substack{H = H \\ Q_1 = Q^*}}\Delta Q_1(t) \end{aligned} \tag{2.112}$$

其中，$\Delta Q_2(t)$ 为出水流量的偏差小信号，且有

$$\left.\frac{\partial h}{\partial H}\right|_{\substack{H = H^* \\ Q_1 = Q^*}} = \frac{g\rho^2 A_2^2}{Q^*},$$

$$\left.\frac{\partial h}{\partial Q_1}\right|_{\substack{H = H^* \\ Q_1 = Q^*}} = 0$$

因此，与输出变量 $Q_2(t)$ 对应的偏差小信号的线性化方程为

$$\Delta Q_2(t) = \frac{g\rho^2 A_2^2}{Q^*}\Delta H(t) \tag{2.113}$$

对于控制系统的分析和设计而言，用传递函数描述系统的输入输出关系是非常方便的，而拉普拉斯变换则是求解传递函数的主要工具。在对式（2.113）的两边求导后，代入式（2.111），就得到了蓄水池系统的输入输出关系为

$$\Delta\dot{Q}_2(t) + \frac{A_2^2}{A_1}\cdot\frac{g\rho}{Q^*}\Delta Q_2(t) = \frac{A_2^2 g\rho}{A_1 Q^*}\Delta Q_1(t)$$

定义替换变量

$$\Omega := \frac{A_2^2}{A_1}\cdot\frac{g\rho}{Q^*} \tag{2.114}$$

于是有

$$\Delta\dot{Q}_2(t) + \Omega\Delta Q_2(t) = \Omega\Delta Q_1(t) \tag{2.115}$$

对式（2.115）进行拉普拉斯变换（零初始条件），可以得到传递函数为

$$\Delta Q_2(s)/\Delta Q_1(s) = \frac{\Omega}{s + \Omega} \tag{2.116}$$

式（2.116）描述了进水流量的偏差小信号 $\Delta Q_1(s)$ 与出水流量的偏差小信号 $\Delta Q_2(s)$ 的关系。类似地，对式（2.111）进行拉普拉斯变换，可以得到进水流量的偏差小信号 $\Delta Q_1(s)$ 与液面高度

的偏差小信号 $\Delta H(s)$ 之间的传递函数为

$$\Delta H(s)/\Delta Q_1(s) = \frac{k_2}{s+\Omega} \tag{2.117}$$

式（2.115）给出了一个描述蓄水池系统的线性定常方程。在此基础上，就可以分别讨论当输入为阶跃信号和正弦信号时系统的输出响应。需要再次强调的是，输入变量 $\Delta Q_1(s)$ 是进水流量偏离平衡状态 Q^* 时的偏差小信号。

首先考虑阶跃输入信号：

$$\Delta Q_1(s) = q_o/s$$

其中，q_o 是阶跃信号的幅值，初始条件为 $\Delta Q_2(0)=0$。因此，根据传递函数式（2.116），可以得到

$$\Delta Q_2(s) = \frac{q_o\Omega}{s(s+\Omega)}$$

对上式进行部分分式分解，可以得到

$$\Delta Q_2(s) = \frac{-q_o}{s+\Omega} + \frac{q_o}{s}$$

进行拉普拉斯逆变换，可以得到

$$\Delta Q_2(t) = -q_o e^{-\Omega t} + q_o$$

由式（2.114）可知 $\Omega > 0$，因此，当时间 t 趋向无穷大时，指数项 $e^{-\Omega t}$ 将收敛到 0。在幅值为 q_o 的阶跃输入信号的激励下，系统的稳态输出为

$$\Delta Q_{2_{ss}} = q_o$$

由此可见，达到稳态后，出水流量相对于平衡点的稳态偏差，就等于进水流量相对于平衡点的稳态偏差。重新审视式（2.114）中的变量 Ω 可以发现，出水管的底面积 A_2 越大，Ω 也越大，指数项 $e^{-\Omega t}$ 收敛到 0 的速度也就越快。也就是说，A_2 越大，系统到达稳态的速度就越快。

类似地，考虑在阶跃输入信号的激励下，液面高度偏差小信号 $\Delta H(s)$ 的响应。$\Delta H(s)$ 的拉普拉斯变换为

$$\Delta H(s) = \frac{-q_o k_2}{\Omega}\left(\frac{1}{s+\Omega} - \frac{1}{s}\right)$$

进行拉普拉斯逆变换后，可以得到

$$\Delta H(t) = \frac{-q_o k_2}{\Omega}\left(e^{-\Omega t} - 1\right)$$

由此可得，在幅值为 q_o 的阶跃输入信号的激励下，系统的稳态输出为

$$\Delta H_{ss} = \frac{q_o k_2}{\Omega}$$

液面高度将达到一种新的平衡。

接下来考虑正弦输入信号

$$\Delta Q_1(t) = q_o \sin \omega t$$

进行拉普拉斯变换之后，可以得到

$$\Delta Q_1(s) = \frac{q_o \omega}{s^2 + \omega^2}$$

前文已提及，系统的初始条件为零，即 $\Delta Q_2(0)=0$，由式（2.116）可以得到

$$\Delta Q_2(s)=\frac{q_o\omega\Omega}{(s+\Omega)\left(s^2+\omega^2\right)}$$

在进行部分分式分解和拉普拉斯逆变换后，可以得到

$$\Delta Q_2(t)=q_o\Omega\omega\left(\frac{\mathrm{e}^{-\Omega t}}{\Omega^2+\omega^2}+\frac{\sin(\omega t-\phi)}{\omega\left(\Omega^2+\omega^2\right)^{1/2}}\right)$$

其中，$\phi=\arctan(\omega/\Omega)$。于是，当时间 t 趋于无穷时，就有

$$\Delta Q_2(t)\quad\rightarrow\frac{q_o\Omega}{\sqrt{\Omega^2+\omega^2}}\sin(\omega t-\phi)$$

由此可知，出水流量的最大偏差为

$$\left|\Delta Q_2(t)\right|_{\max}=\frac{q_o\Omega}{\sqrt{\Omega^2+\omega^2}} \tag{2.118}$$

利用解析方法求解系统对阶跃信号和正弦信号等典型测试输入信号的输出响应，是深入了解和把握系统特性的有效途径。但在很多情况下，解析方法会受到限制。因此，对于复杂的系统而言，计算机仿真更为有效，它能够通过精心构造的数值分析方式，对系统的线性或非线性模型进行更为完整的描述和分析研究。计算机仿真模型能够对系统的实际工作条件和实际输入指令进行模拟分析。

目前已有不同可信度（如精度）的仿真可供控制工程师选择。在初始设计阶段，选择交互性强的仿真软件更有效率。与确定有效的解决方案和迭代优化解决方案的后期阶段不同，在初始设计阶段，计算机处理速度并不那么重要，重要的反倒是直观的图形输出功能。此外，由于在初始设计阶段采用了许多必要的简化（如线性化）工作，因此，分析阶段的仿真精度通常比较低。

当设计不断成熟时，就有必要在更加逼真的仿真环境中进行数值试验。此时，计算机处理速度就显得非常重要了，否则，过于漫长的仿真过程将导致数值试验次数的减少和试验费用的增加。这种高可信的仿真通常需要使用 FORTRAN、C、C++、MATLAB、LabVIEW 或其他类似的高级编程语言和工具。

如果系统模型和仿真过程具有足够高的精度，那么，相对于解析方法，计算机仿真具有以下优势[13]：

- 可以观察到系统在各种可能条件下的工作性能；
- 运用预测模型进行仿真，可以外推类似系统的性能；
- 针对尚处于概念论证阶段的待开发系统，可以检验所做的各种决策；
- 针对被测试系统，完成多次运行试验并大幅缩短设计周期；
- 和实物试验相比，仿真试验的费用较低；
- 能够在各种假定条件下，甚至在还不现实的条件下，对系统开展研究；
- 在有些场合，计算机仿真是唯一可行和/或安全的系统分析和评价技术。

将表 2.6 中的常数代入蓄水池系统的非线性模型，可以得到

$$\begin{aligned}\dot{H}(t)&=-0.0443\sqrt{H(t)}+1.2732\times10^{-3}Q_1(t)\\Q_2(t)&=34.77\sqrt{H(t)}\end{aligned} \tag{2.119}$$

在 $H(0)=0.5\,\mathrm{m}$、$Q_1(t)=34.77\,\mathrm{kg/s}$ 的初始条件下，可以对式（2.119）进行数值积分，以求解 $H(t)$ 和 $Q_2(t)$ 的变化曲线。数字仿真的系统响应曲线如图 2.39 所示。与我们用式（2.108）预测的一样，系统在达到平衡后，当进水流量 $Q^*=34.77\,\mathrm{kg/s}$ 时，稳态的液面高度 $H^*=1\,\mathrm{m}$。

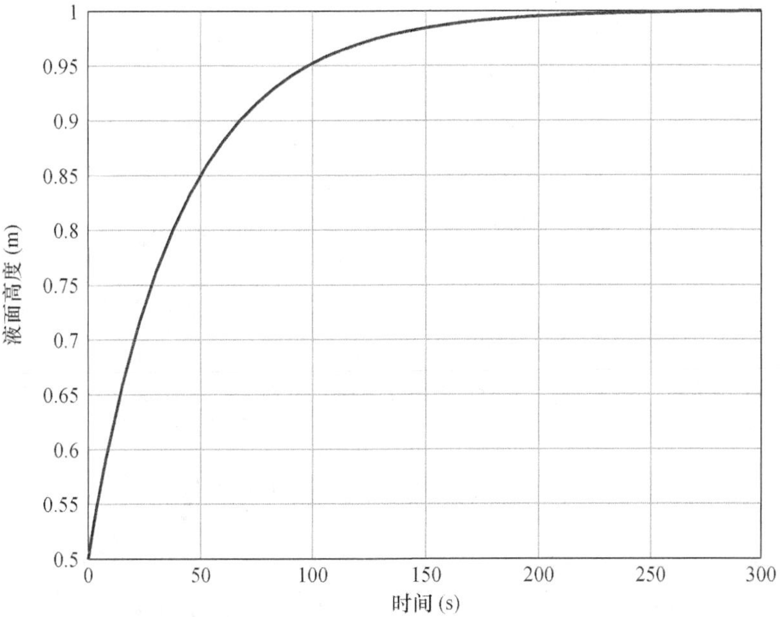

图 2.39　对非线性动态方程［见式（2.119）］进行数值积分后得到的液面高度的时间响应曲线［初始条件为 $H(0)=0.5\,\mathrm{m}$、$Q_1(t)=Q^*=34.77\,\mathrm{kg/s}$］

系统在 250 s 之后达到平衡。假定系统已经达到平衡，当进水流量的偏差小信号 $\Delta Q_1(t)$ 为阶跃信号时，分析系统的响应。令

$$\Delta Q_1(t)=1\,\mathrm{kg/s}$$

我们可以利用传递函数模型来计算线性模型的单位阶跃响应，图 2.40 给出了采用线性和非线性模型时的系统阶跃响应。采用线性模型时，液面高度偏差小信号的稳态值 $\Delta H=5.75\,\mathrm{cm}$；采用非线性模型时，液面高度偏差小信号的稳态值 $\Delta H=5.84\,\mathrm{cm}$。对比后可以发现，线性模型的计算结果有很小的误差，而非线性模型的计算结果更为精确。

最后，当进水流量的偏差小信号 $\Delta Q_1(t)$ 为正弦信号时，分析系统的响应。令

$$\Delta Q_1(s)=\frac{q_o^{\omega}}{s^2+\omega^2}$$

其中，$\omega=0.05\,\mathrm{rad/s}$、$q_o=1$。进水流量 $Q_1(t)$ 为

$$Q_1(t)=Q^*+\Delta Q_1(t)$$

其中，$Q^*=34.77\,\mathrm{kg/s}$，于是可以得到图 2.41 所示的出水流量 $Q_2(t)$ 的变化曲线。

液面高度 $H(t)$ 的变化规律如图 2.42 所示。可以看出，液面高度 $H(t)$ 的稳态表现为正弦波，均值 $H_{av}=H^*=1\,\mathrm{m}$。由式（2.118）可知，出水流量 $Q_2(t)$ 的稳态表现也是正弦波，偏差的最大值为

$$\left|\Delta Q_2(t)\right|_{\max}=\frac{q_o\Omega}{\sqrt{\Omega^2+\omega^2}}=0.4\,\mathrm{kg/s}$$

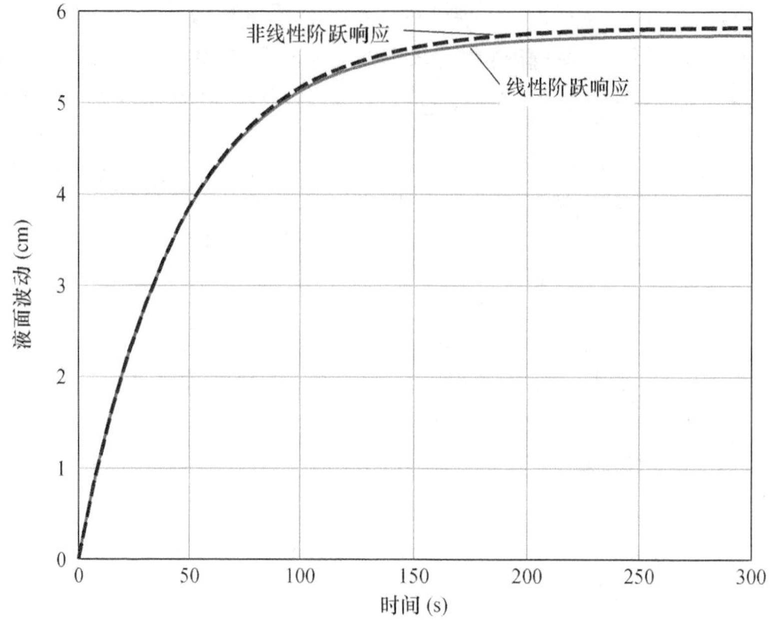

图 2.40 在阶跃输入信号下，对比线性和非线性模型的输出

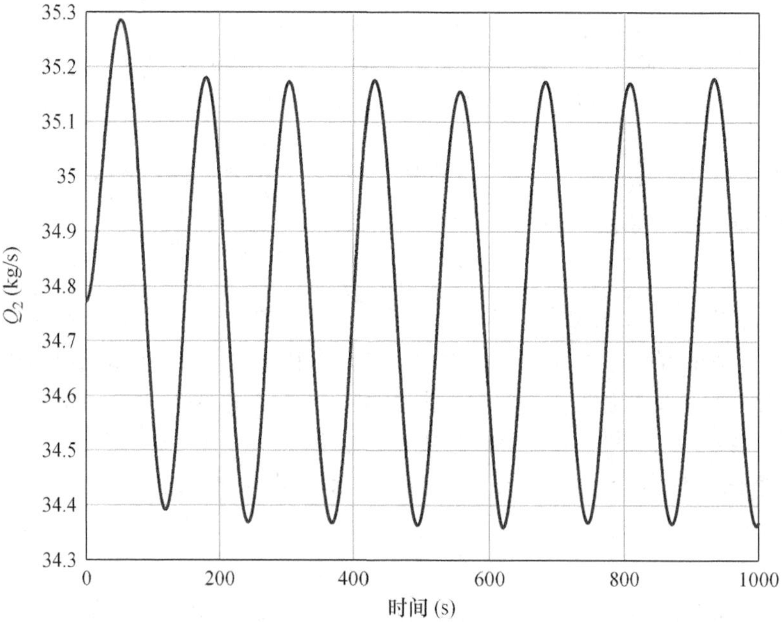

图 2.41 进水流量的偏差小信号为正弦信号时出水流量的变化曲线

于是可以预期，系统达到平衡之后，出水流量 $Q_2(t)$ 将以频率 $\omega = 0.05$ rad/s 振荡（见图 2.41），其最大值为

$$Q_{2_{\max}} = Q^* + \left|\Delta Q_2(t)\right|_{\max} = 35.18 \text{ kg/s}$$

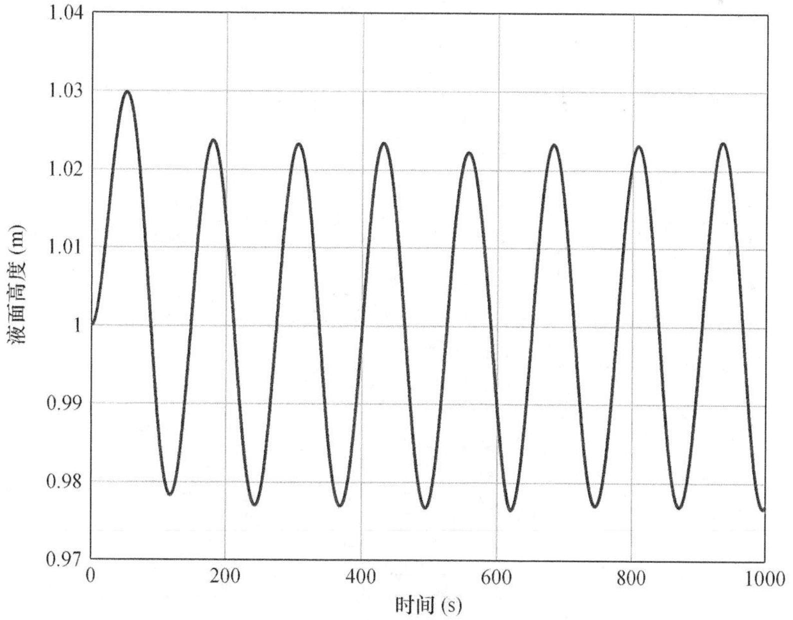

图 2.42　进水流量的偏差小信号为正弦信号时液面高度的变化曲线

例 2.13　电力牵引电机控制

电力牵引电机的框图模型如图 2.43（a）所示，其中包含必要的控制环节。本例的设计目的是得到系统的模型，计算系统的闭环传递函数 $\omega(s)/\omega_d(s)$，选择合适的电阻 R_1、R_2、R_3、R_4 并预测系统的响应。

为此，我们首先需要给出每个方框的传递函数。如图 2.43（b）所示，我们采用转速计来产生一个与输出转速成比例的电压 v_t，并将它作为差分放大器的一个输入。功率放大器是非线性的，并且可以近似地用指数函数 $v_2(t) = 2\mathrm{e}^{3v_1(t)} = g(v_1(t))$ 来表示，其正常工作点为 $v_{10} = 1.5\,\mathrm{V}$，得到的线性近似模型为

$$\Delta v_2(t) = \left.\frac{\mathrm{d}g(v_1)}{\mathrm{d}v_1}\right|_{v_{10}} \Delta v_1(t) = 6\mathrm{e}^{3v_{10}}\Delta v_1(t) = 540\Delta v_1(t) \tag{2.120}$$

以增量小信号为新的变量，经拉普拉斯变换后得到

$$\Delta V_2(s) = 540\Delta V_1(s)$$

对于差分放大器，有

$$v_1 = \frac{1 + R_2/R_1}{1 + R_3/R_4} v_{\mathrm{in}} - \frac{R_2}{R_1} v_t \tag{2.121}$$

我们希望输入控制电压在数值上与预期速度相等，即 $\omega_d(t) = v_{\mathrm{in}}$，其中，$v_{\mathrm{in}}$ 的单位为 V，$\omega_d(t)$ 的单位为 rad/s。例如，当 $v_{\mathrm{in}} = 10\,\mathrm{V}$ 时，车辆的稳态速度应为 $\omega = 10\,\mathrm{rad/s}$。注意，在车辆进入稳态后，将有 $v_t = K_t\omega_d$，于是可以预料，当车辆平稳运行时，将有

$$v_1 = \frac{1 + R_2/R_1}{1 + R_3/R_4} v_{\mathrm{in}} - \frac{R_2}{R_1} K_t v_{\mathrm{in}} \tag{2.122}$$

又由于平稳运行时有 $v_1 = 0$，于是，当 $K_t = 0.1$、$R_2/R_1 = 10$、$R_3/R_4 = 10$ 时，可以得到

$$\frac{1+R_2/R_1}{1+R_3/R_4}=\frac{R_2}{R_1}K_t$$

牵引电机和负载的其他参数见表 2.7，系统结构如图 2.43（b）所示。对图 2.43（c）进行框图化简，或者在图 2.43（d）给出的信号流图的基础上利用梅森公式，可以得到传递函数为

$$\begin{aligned}\frac{\omega(s)}{\omega_d(s)}&=\frac{540G_1(s)G_2(s)}{1+0.1G_1(s)G_2(s)+540G_1(s)G_2(s)}=\frac{540G_1(s)G_2(s)}{1+540.1G_1(s)G_2(s)}\\&=\frac{5400}{(s+1)(2s+0.5)+5401}=\frac{5400}{2s^2+2.5s+5401.5}\\&=\frac{2700}{s^2+1.25s+2700.75}\end{aligned} \tag{2.123}$$

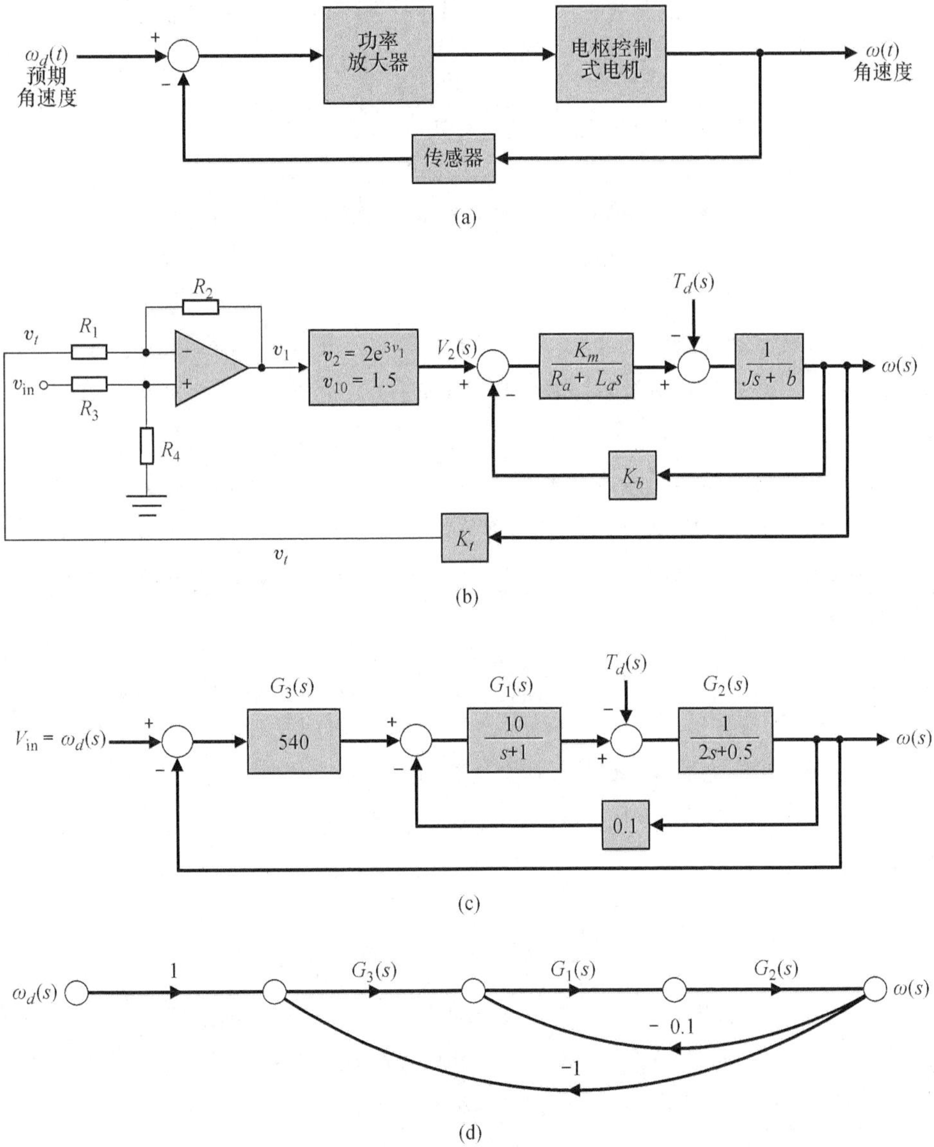

图 2.43　电力牵引电机的转速控制

式（2.123）中的特征方程是二阶的，又由于 $\omega_n = 52$、$\zeta = 0.012$，因此可以预计，该系统的瞬态响应过程将有很强的振荡（欠阻尼）。

表 2.7 大功率直流电机的参数

$K_m = 10$	$J = 2$
$R_a = 1$	$b = 0.5$
$L_a = 1$	$K_b = 0.1$

例 2.14 设计低通滤波器

本例的目标是设计一个一阶低通滤波器，它允许频率低于 106.1 Hz 的信号通过，而阻止频率高于 106.1 Hz 的信号通过。另外，该滤波器的直流增益为 0.5。

图 2.44（a）所示的包含一个储能元件的梯形网络，可以用作一阶低通滤波网络。请注意，它的直流增益正好等于 0.5（断开电容器时）。

网络的电流和电压方程为

$$I_1 = \left(V_1 - V_2\right)G$$
$$I_2 = \left(V_2 - V_3\right)G$$
$$V_2 = \left(I_1 - I_2\right)R$$
$$V_3 = I_2 Z$$

其中，$G = 1/R$、$z(s) = 1/Cs$。根据上述 4 个方程构建的信号流图如图 2.44（b）所示，相应的框图如图 2.44（c）所示。3 条环路的增益分别是 $L_1 = -GR = -1$、$L_2 = -GR = -1$、$L_3 = -GZ$。每条环路都与前向通路相接触，环路 L_1 与 L_3 彼此不接触。因此，该网络的传递函数为

$$T(s) = \frac{V_3(s)}{V_1(s)} = \frac{P_1(s)}{1 - (L_1(s) + L_2(s) + L_3(s)) + L_1(s)L_3(s)} = \frac{GZ(s)}{3 + 2GZ(s)}$$
$$= \frac{1}{3RCs + 2} = \frac{1/(3RC)}{s + 2/(3RC)}$$

如果偏好于采用框图化简方法来求解系统的传递函数，那么可以首先从输出开始

$$V_3(s) = Z(s)I_2(s)$$

根据框图可以得到

$$I_2(s) = G\left(V_2(s) - V_3(s)\right)$$

于是有

$$V_3(s) = Z(s)GV_2(s) - Z(s)GV_3(s)$$

由此可以得到 $V_2(s)$ 和 $V_3(s)$ 的关系为

$$V_2(s) = \frac{1 + Z(s)G}{Z(s)G}V_3(s)$$

在后续计算中，我们将用到这一关系。继续框图化简过程，可以得到

$$V_3(s) = -Z(s)GV_3(s) + Z(s)GR(I_1(s) - I_2(s))$$

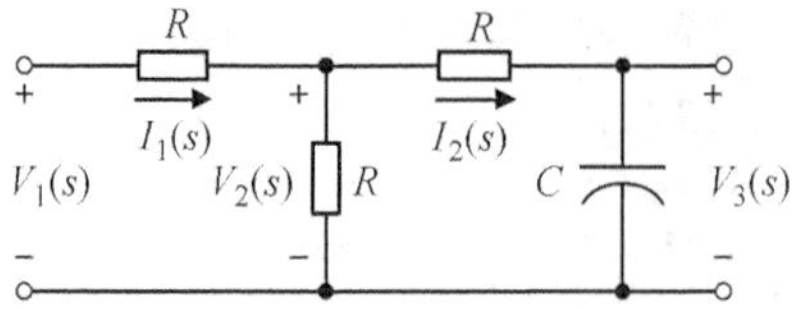

(a)

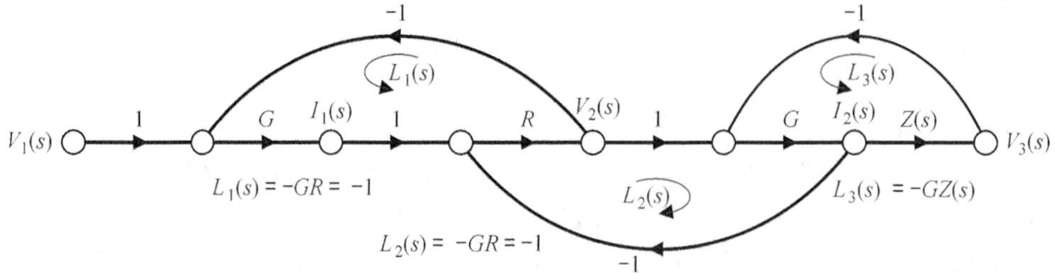

(b)

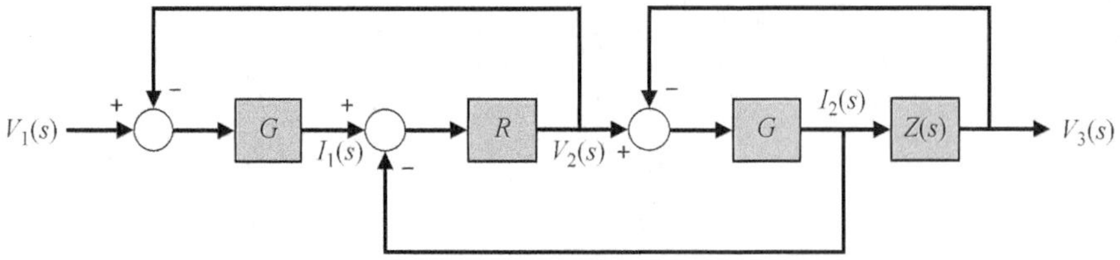

(c)

图 2.44 （a）梯形网络电路图；（b）梯形网络的信号流图模型；（c）梯形网络的框图模型

此外，由框图可以得到 $I_1(s)$和 $I_2(s)$的表达式为

$$I_1(s) = G(V_1(s) - V_2(s))$$
$$I_2(s) = \frac{V_3(s)}{Z(s)}$$

于是有

$$V_3(s) = -Z(s)GV_3(s) + Z(s)G^2R(V_1(s) - V_2(s)) - GRV_3(s)$$

根据 $V_2(s)$ 和 $V_3(s)$ 之间的关系式，替换上式中的 $V_2(s)$，可以得到

$$V_3(s) = \frac{(GR)(GZ(s))}{1 + 2GR + GZ(s) + (GR)(GZ(s))}V_1(s)$$

又由于 $GR = 1$，上式变为

$$V_3(s) = \frac{GZ(s)}{3 + 2GZ(s)}V_1(s) = \frac{1/(3RC)}{s + 2/(3RC)}$$

可以看到，正如我们所期望的，网络的直流增益等于 0.5。为了达到低通截止频率的设计要求，我们应该将极点配置在 $p = -2\pi(106.1) \approx -666.7 \approx -2000/3$ 处，于是有 RC=0.001。当选择 $R = 1\ \text{k}\Omega$、$C = 1\ \mu\text{F}$ 时，得到的滤波器为

$$T(s) = \frac{333.3}{s + 666.7}$$

2.9 利用控制系统设计软件进行系统仿真

对于绝大部分经典或现代控制系统而言，系统的分析和设计工具的基础是数学模型。目前，绝大部分常用的控制系统设计软件或工具包，能够分析用传递函数模型描述的系统。本书主要通过调用相关的命令和函数来编制 m 脚本程序，从而分析与设计控制系统。很多商用的控制系统设计软件或工具包提供了免费或优惠的学生版本。本书用到的 m 脚本程序兼容于 MATLAB 控制系统工具箱（见附录 A）和 LabVIEW Math Script RT Module（见附录 B）。

首先，本节分析一个典型的机械系统的数学模型，即质量块-弹簧-阻尼器系统的数学模型。我们将利用 m 脚本程序形成交互式的分析能力，详细分析质量块-弹簧-阻尼器系统中固有（自然）频率、阻尼系数等因素对质量块位移的零输入响应的影响。在分析过程中，我们将引用和对照前面已经得到的、关于质量块位移的零输入响应的解析分析的结论。

其次，本节进一步讨论传递函数模型和框图模型，重点在于多项式运算、传递函数零点和极点的计算、闭环传递函数的计算、框图模型的化简运算以及系统的单位阶跃响应计算等。

最后，本节利用 m 脚本程序重新分析例 2.13 给出的电力牵引电机系统。

本节用到的 MATLAB 函数有 roots、poly、conv、polyval、tf、pzmap、pole、zero、series、parallel、feedback、minreal、step 等。

回顾图 2.2 所示的质量块-弹簧-阻尼器系统，质量块运动的位移响应 $y(t)$由下面的微分方程描述：

$$M\ddot{y}(t)+b\dot{y}(t)+ky(t)=r(t)$$

质量块-弹簧-阻尼器系统的零输入动态响应为

$$y(t)=\frac{y(0)}{\sqrt{1-\zeta^2}}\mathrm{e}^{-\zeta\omega_n t}\sin\left(\omega_n\sqrt{1-\zeta^2}\,t+\theta\right)$$

其中，$\omega_n=\sqrt{k/M}$、$\zeta=b/(2\sqrt{kM})$ 且 $\theta=\arccos\zeta$，系统初始位移为 $y(0)$。当 $\zeta<1$ 时，系统是**欠阻尼**的；当 $\zeta>1$ 时，系统是**过阻尼**的；而当 $\zeta=1$ 时，系统为**临界阻尼**的。我们可以用可视化的形式，直观地观察质量块位移的零输入响应，其中初始位移被设定为 $y(0)$。考虑下面的欠阻尼情形：

$$y(0)=0.15\ \mathrm{m},\quad \omega_n=\sqrt{2}\ \mathrm{rad/s},\quad \zeta=\frac{1}{2\sqrt{2}}\left(\frac{k}{M}=2,\frac{b}{M}=1\right)$$

用于计算和绘制系统零输入响应的命令脚本如图 2.45 所示。其中，变量 $y(0)$、ω_n、t 和 ζ 在命令行进行输入。然后执行 m 脚本程序 unforced.m，就能够生成所需要的曲线。利用这种强大的交互分析能力，我们可以分析固有（自然）频率、阻尼系数等因素对零输入响应的影响。只需要在命令提示符下输入不同的 ω_n 和 ζ 值，并重复执行 m 脚本程序 unforced.m，就可以得到系统不同的时间响应。当 $\omega_n=1.4142$、$\zeta=0.3535$ 时，图 2.46 给出了系统的时间响应曲线，其中还自动标注了阻尼系数和固有频率的取值。这样就可以避免在多次执行仿真时，不同批次仿真结果出现混淆的问题。采用脚本形式进行编程是交互式设计和分析能力的重要体现。

对于质量块-弹簧-阻尼器系统而言，其微分方程的零输入响应比较简单，可以得到解析解。但通常情况下，在考虑具有多个输入变量和初始条件的闭环反馈控制系统时，很难得到系统响应的解析解。在这种情况下，可以求系统响应的数值解并绘制响应曲线。

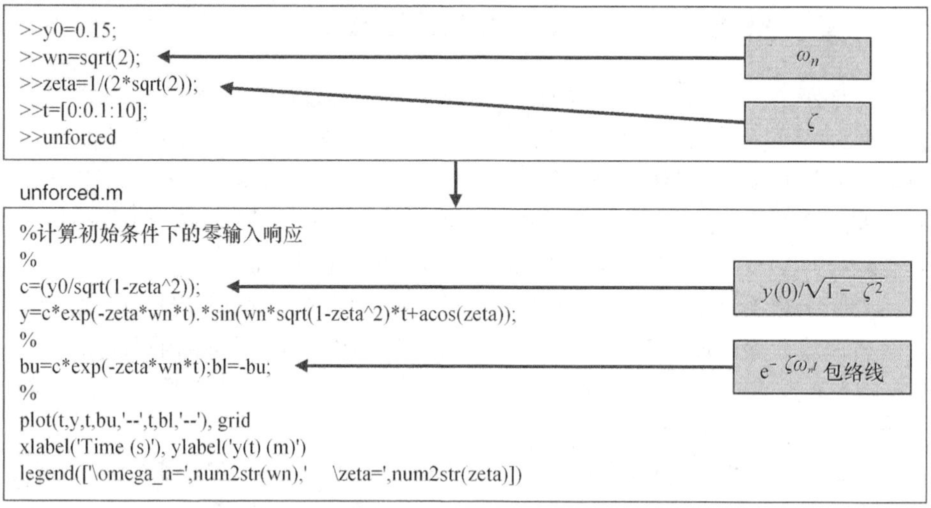

图 2.45　质量块–弹簧–阻尼器系统的分析脚本

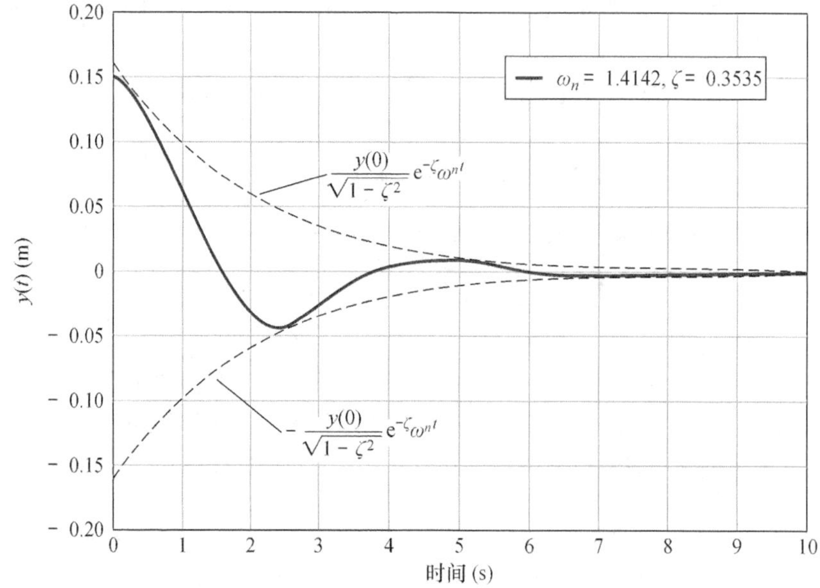

图 2.46　质量块–弹簧–阻尼器系统的零输入响应

本书讨论的绝大部分系统可以采用传递函数模型进行描述，而传递函数的分子和分母都是多项式，因此，我们首先讨论如何进行多项式运算。需要指出的是，分析传递函数时，必须分别指定其分子多项式和分母多项式。

多项式用行向量表示，行向量的元素为降幂排列的各项系数。例如，以下多项式的赋值输入方式如图 2.47 所示。

$$p(s) = s^3 + 3s^2 + 4$$

需要注意的是，尽管一次项 s 的系数为 0，但 $p(s)$ 的输入向量仍然需要将系数 0 包含在内。

如果 p 是由多项式 $p(s)$ 按照降幂排列的各项系数构成的行向量，则函数 roots(p) 的输出结果将是方程 $p(s) = 0$ 时的根列向量。反过来，令 r 表示根列向量，函数 poly(r) 的输出结果则是多项式 $p(s)$ 按照降幂排列的各项系数构成的行向量。如图 2.47 所示，可以利用函数 roots 来求方程

$p(s)=s^3+3s^2+4=0$ 的根，也可以根向量为输入，利用函数 poly 来重构多项式。

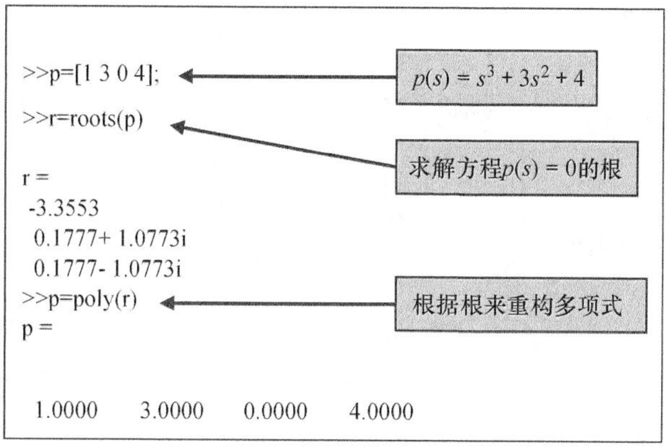

图 2.47　输入多项式 $p(s)=s^3+3s^2+4$ 并求方程的根

函数 conv 可以完成多项式之间的乘积运算。图 2.48 给出了利用函数 conv 来展开多项式乘积 $n(s)=\left(3s^2+2s+1\right)(s+4)$ 的各条命令。由此可见，多项式 $n(s)$ 的展开结果为

$$n(s)=3s^3+14s^2+9s+4$$

当给定变量的值时，可以用函数 polyval 求解多项式的值。如图 2.48 所示，当 $s=-5$ 时，多项式 $n(s)$ 的值为 $n(-5)=-66$。

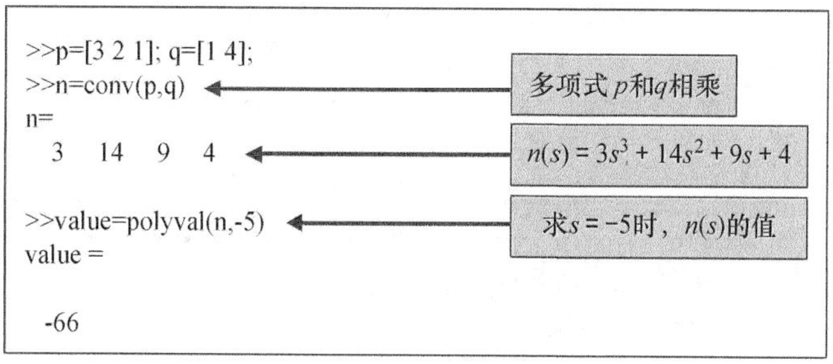

图 2.48　利用函数 conv 和 polyval，完成多项式 $n(s)=\left(3s^2+2s+1\right)(s+4)$ 的乘积和求值

可以将线性定常系统的模型作为"对象"处理。在这种方式下，系统模型可以作为单个"个体"进行分析。利用函数 tf 可以求得系统传递函数；利用函数 ss 可以求得该系统的等效状态空间模型（见第 3 章）。图 2.49（a）演示了函数 tf 的使用过程。例如，对于下面的两个传递函数模型：

$$G_1(s)=\frac{10}{s^2+2s+5},G_2(s)=\frac{1}{s+1}$$

利用"+"号，可以求得传递函数之和。

$$G(s)=G_1(s)+G_2(s)=\frac{s^2+12s+15}{s^3+3s^2+7s+5}$$

这个操作过程的 m 脚本程序如图 2.49（b）所示，其中，sys1 表示 $G_1(s)$，sys2 表示 $G_2(s)$，sys 表示 $G(s)$。如图 2.50 所示，利用函数 pole 和 zero，可以分别计算传递函数的极点和零点。

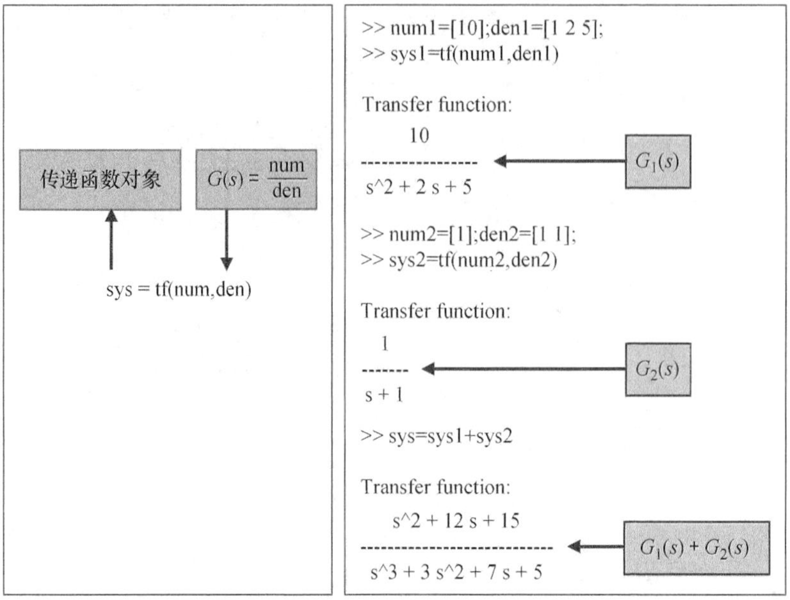

(a) (b)

图 2.49 （a）函数 tf 的使用说明；（b）利用函数 tf 创建多项式对象并实现相加运算

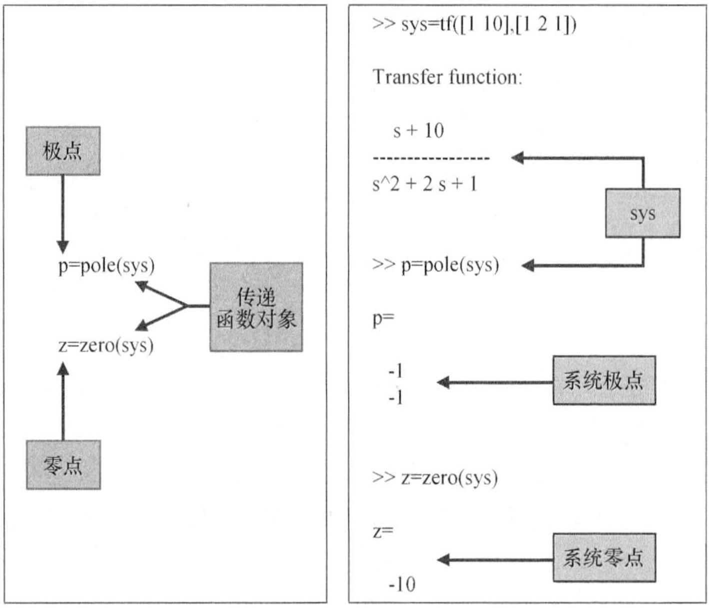

(a) (b)

图 2.50 （a）函数 pole 和 zero 的使用说明；（b）利用函数 pole 和 zero 计算线性传递函数的极点和零点

接下来介绍传递函数在复平面上的零极点分布图的绘制过程。如图 2.51 所示，可以用函数 pzmap 做到这一点。在零极点分布图中，符号“o”表示零点，符号“×”表示极点。如果直接调用函数 pzmap 并将等号左侧的变量说明置空，就只会自动生成零极点分布图，而不会生成零点列向量和极点列向量。

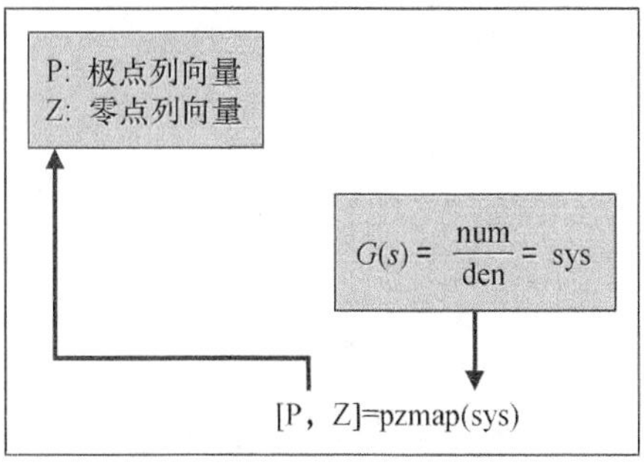

图 2.51　函数 pzmap 的使用说明

例 2.15　传递函数

考虑如下传递函数：

$$G(s)=\frac{6s^2+1}{s^3+3s^2+3s+1}, H(s)=\frac{(s+1)(s+2)}{(s+2\mathrm{i})(s-2\mathrm{i})(s+3)}$$

利用 m 脚本程序，可以计算 $G(s)$ 的零点和极点、$H(s)$ 的特征方程以及 $G(s)$ 与 $H(s)$ 之比 $G(s)/H(s)$，还可以得到 $G(s)/H(s)$ 在复平面上的零极点分布图。

传递函数 $G(s)/H(s)$ 在复平面上的零极点分布图（见图 2.52），可利用图 2.53 所示的 m 脚本程序得到。在图 2.52 中，可以清楚地看到 5 个零点的分布位置，但只能看到两个极点。这显然不符合实际情况，因为在实际的物理系统中，极点的个数必须大于或等于零点的个数。利用函数 roots 求解之后，我们发现，在 $s=-1$ 处实际上存在一个 4 重极点。这说明在零极点分布图中，无法辨别处于同一位置的多重极点或多重零点。

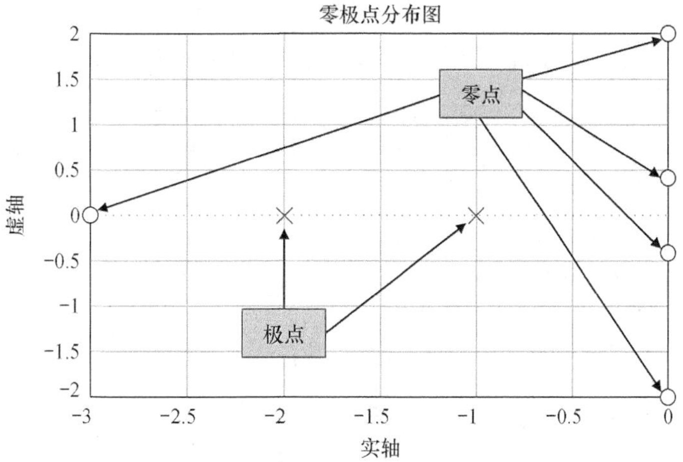

图 2.52　$G(s)/H(s)$ 的零极点分布图

假定我们已经为某系统建立了传递函数模型，包括受控对象 $G(s)$、控制器 $G_c(s)$，还可能包括其他系统元件，如传感器和执行机构等。我们的目标是将这些元件有机地组织起来，成为完整的控制系统并对整个系统进行建模分析。

图 2.54 给出了一个由控制器和受控对象串联而成的简单开环控制系统的框图模型，可以按照下面给出的方法计算从 $R(s)$ 到 $Y(s)$ 的传递函数。

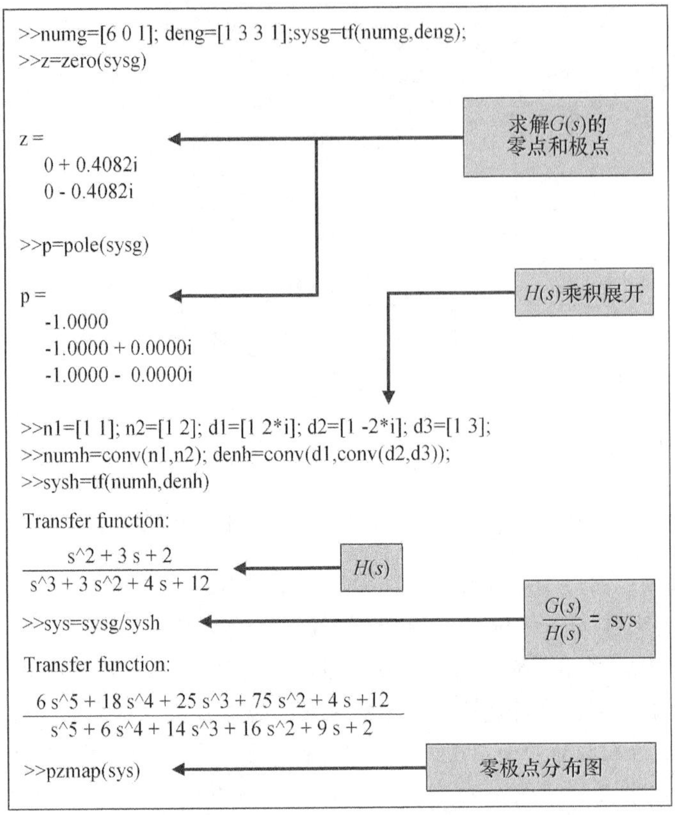

图 2.53 传递函数 $G(s)$ 和 $H(s)$ 的一些运算示例

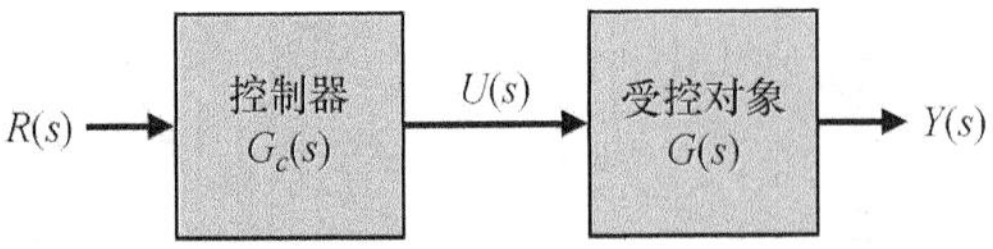

图 2.54 开环控制系统（无反馈）

例 2.16 以串联方式连接的框图

令受控对象的传递函数 $G(s)$ 为

$$G(s)=\frac{1}{500s^2}$$

控制器的传递函数 $G_c(s)$ 为

$$G_c(s)=\frac{s+1}{s+2}$$

如图 2.55 所示，可以使用函数 series 把两个传递函数 $G_1(s)$ 和 $G_2(s)$ 串联起来。

利用函数 series 计算 $G_c(s)G(s)$ 的使用说明如图 2.56 所示，运行结果为

$$G_c(s)G(s)=\frac{s+1}{500s^3+1000s^2}=\text{sys}$$

其中，sys 为 m 脚本程序中传递函数的名称。

框图模型中还会经常出现不同传递函数的并联。在此情况下，函数 parallel 就可以发挥作用了。函数 parallel 的使用说明如图 2.57 所示。

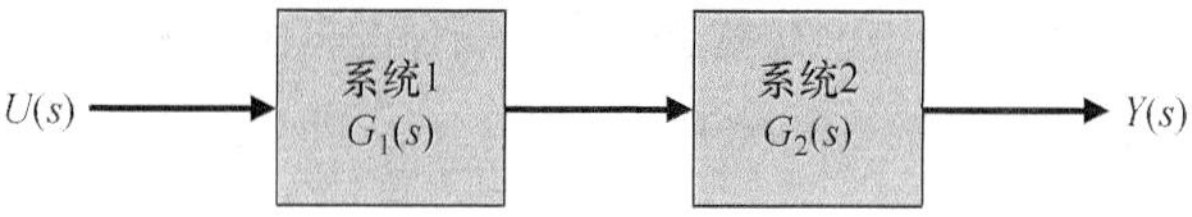

(a)

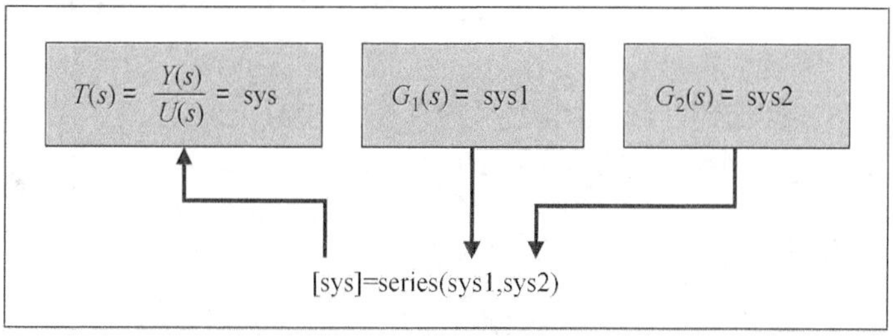

(b)

图 2.55　（a）框图模型；（b）函数 series 的使用说明

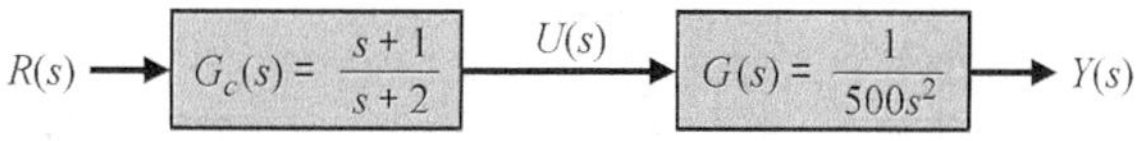

(a)

```
>>numg=[1]; deng=[500 0 0]; sysg=tf(numg,deng);
>>numh=[1 1]; denh=[1 2]; sysh=tf(numh,denh);
>>sys=series(sysg,sysh);
>>sys

Transfer function:
```

$$\frac{s + 1}{500\ s^3 + 1000\ s^2} \longleftarrow G_c(s)G(s)$$

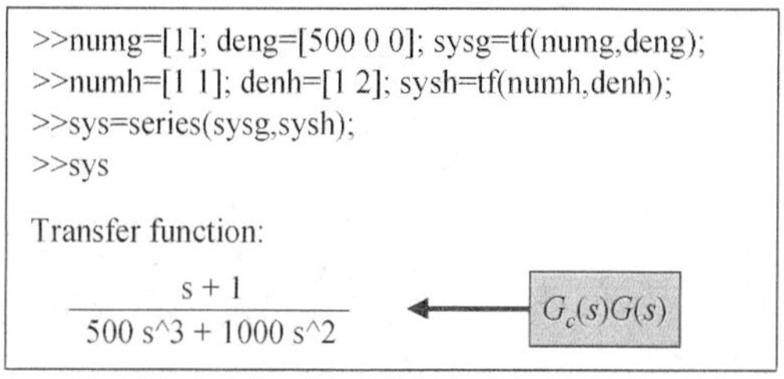

(b)

图 2.56　函数 series 的应用

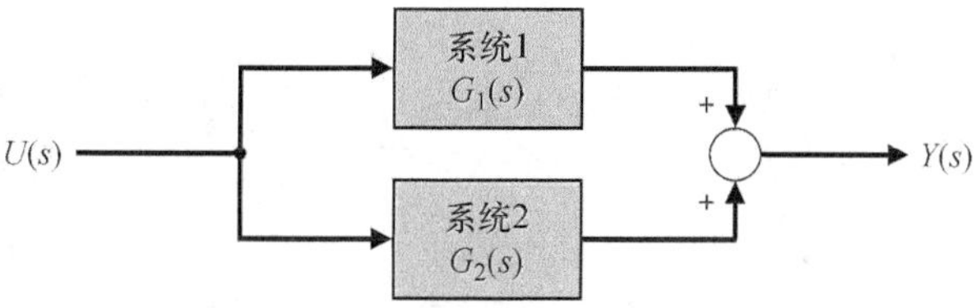

(a)

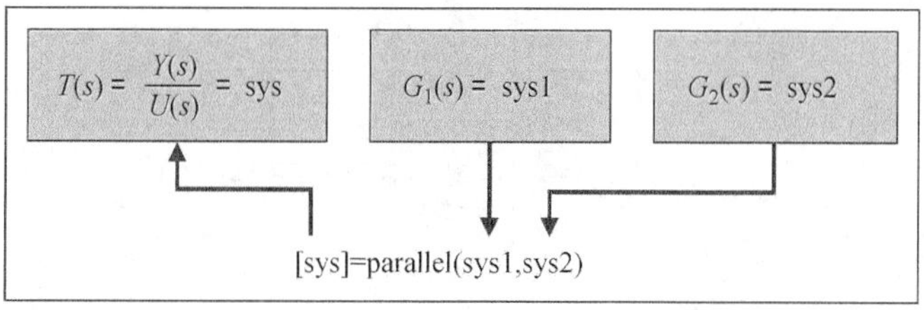

(b)

图 2.57　（a）框图模型；（b）函数 parallel 的使用说明

如图 2.58 所示，闭合形成**单位反馈环路**之后，便为控制系统引入了反馈信号，其中，$E_a(s)$ 为**偏差信号**，$R(s)$ 为**参考输入**。在该控制系统中，控制器位于前向通路中，系统的闭环传递函数为

$$T(s)=\frac{G_c(s)G(s)}{1\pm G_c(s)G(s)}$$

函数 feedback 可以帮助我们完成框图化简过程并计算单环路或多环路控制系统的闭环传递函数。

很多时候，闭环控制系统包含的是单位反馈环路，如图 2.58 所示。在这种情况下，使用函数 feedback 计算闭环传递函数时，反馈支路的传递函数被设定为 $H(s)=1$，函数 feedback 的使用说明如图 2.59 所示。

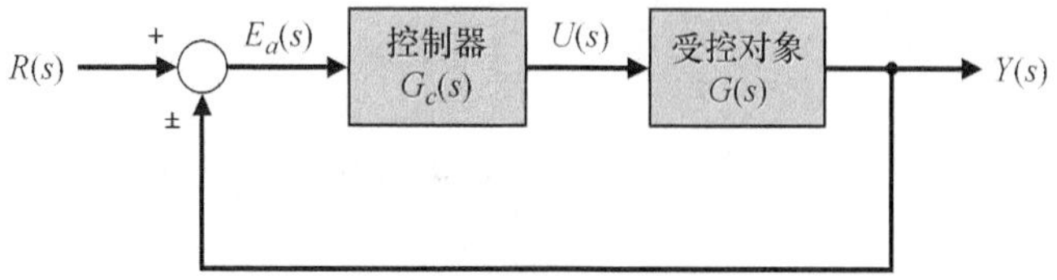

图 2.58　包含单位反馈环路的基本控制系统

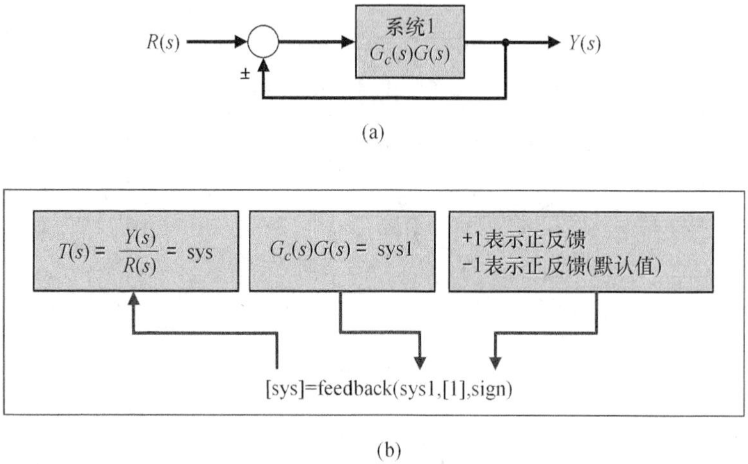

图 2.59　（a）框图模型；（b）当包含单位反馈环路时，函数 feedback 的使用说明

图 2.60（a）给出了闭环反馈控制系统的一般结构，反馈环路中含有 $H(s)$，图 2.60（b）给出了函数 feedback 的使用说明。如果忽略参数 sign，则默认反馈环路为负反馈。

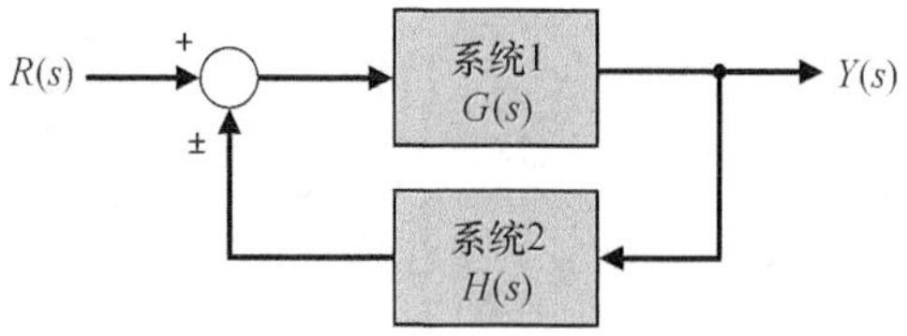

(a)

图 2.60　（a）框图模型；（b）反馈环路含有 $H(s)$ 时，函数 feedback 的使用说明

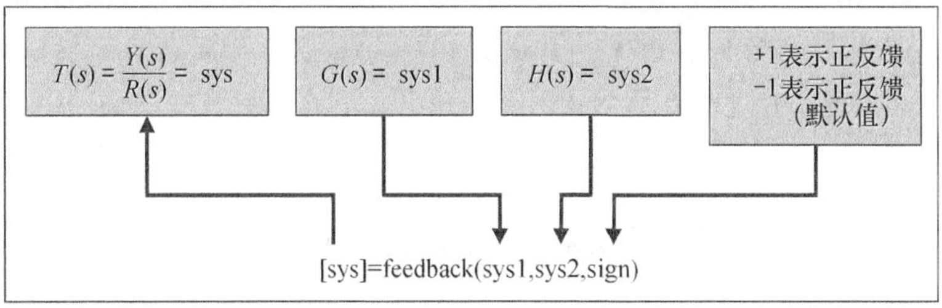

(b)

图 2.60　（a）框图模型；（b）反馈环路含有 $H(s)$ 时，函数 feedback 的使用说明（续）

例 2.17　函数 feedback 在包含单位反馈环路的控制系统中的应用

考虑图 2.61（a）所示的包含单位反馈环路的控制系统，其中，受控对象的传递函数为 $G(s)$，控制器的传递函数为 $G_c(s)$。首先利用函数 series 求出由控制器和受控对象串联而成的开环传递函数 $G_c(s)G(s)$，然后调用函数 feedback 以求解系统的闭环传递函数。对应的 m 脚本程序如图 2.61（b）所示，计算得到的闭环传递函数为

$$T(s)=\frac{G_c(s)G(s)}{1+G_c(s)G(s)}=\frac{s+1}{500s^3+1000s^2+s+1}=\text{sys}$$

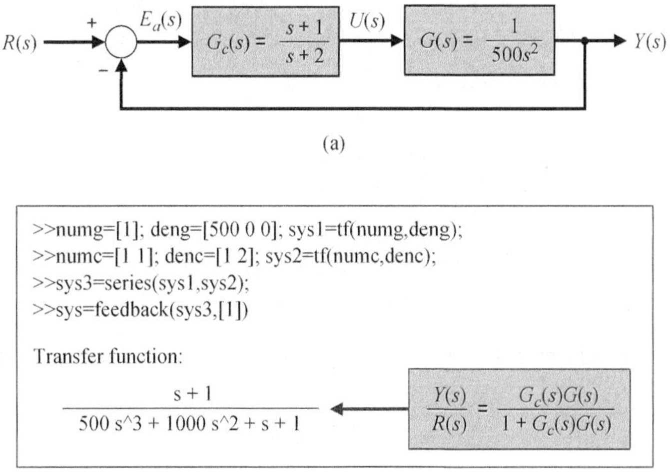

(b)

图 2.61　（a）框图模型；（b）函数 feedback 的应用

反馈控制系统的另一种基本配置见图 2.62。在这类系统中，控制器位于反馈支路，传递函数为 $H(s)$。该系统的闭环传递函数为

$$T(s)=\frac{G(s)}{1\pm G(s)H(s)}$$

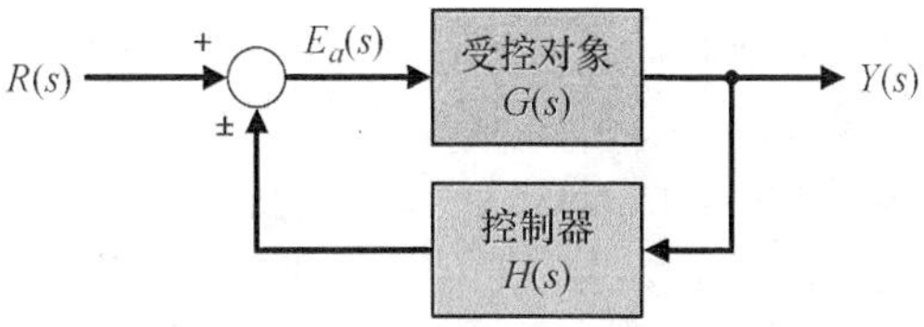

图 2.62　控制器位于反馈支路的控制系统

例 2.18　feedback 函数

考虑图 2.63（a）所示的控制系统，其控制器 $H(s)$ 和受控对象 $G(s)$ 的传递函数都已给定。可以利用函数 feedback 来计算该系统的闭环传递函数，对应的 m 脚本程序如图 2.63（b）所示，计算结果为

$$T(s)=\frac{s+2}{500s^3+1000s^2+s+1}=\text{sys}$$

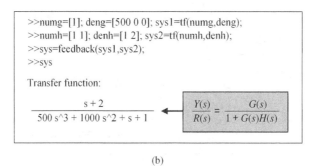

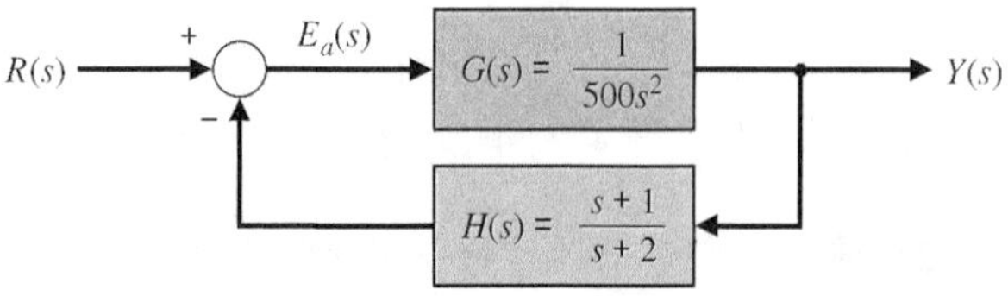

(a)

```
>>numg=[1]; deng=[500 0 0]; sys1=tf(numg,deng);
>>numh=[1 1]; denh=[1 2]; sys2=tf(numh,denh);
>>sys=feedback(sys1,sys2);
>>sys

Transfer function:
          s + 2
-----------------------------
500 s^3 + 1000 s^2 + s + 1
```

$$\frac{Y(s)}{R(s)}=\frac{G(s)}{1+G(s)H(s)}$$

(b)

图 2.63　函数 feedback 的应用

（a）框图模型；（b）m 脚本程序

利用函数 series、parallel 和 feedback，我们可以完成多环路系统框图的化简。

例 2.19　多环路系统框图的化简

重新考虑图 2.25 给出的多环路反馈控制系统，现在计算该系统的闭环传递函数。

$$T(s)=\frac{Y(s)}{R(s)}$$

其中，各元件的传递函数分别为

$$G_1(s)=\frac{1}{s+10},\quad G_2(s)=\frac{1}{s+1}$$

$$G_3(s)=\frac{s^2+1}{s^2+4s+4},\quad G_4(s)=\frac{s+1}{s+6}$$

$$H_1(s)=\frac{s+1}{s+2},\quad H_2(s)=2,\quad H_3(s)=1$$

在本例中，计算过程如下。

- 第 1 步：输入各元件的传递函数。
- 第 2 步：将 $H_2(s)$ 移至 $G_4(s)$ 之后。
- 第 3 步：消去环路 $G_3(s)G_4(s)H_1(s)$。
- 第 4 步：消去含有 $H_2(s)$ 的环路。
- 第 5 步：消去剩下的环路并计算 $T(s)$。

上述步骤对应的 m 脚本程序如图 2.64 所示，相应的框图化简过程参见图 2.26。执行图 2.64 所示的 m 脚本程序后，得到的结果为

$$\mathrm{sys}=\frac{s^5+4s^4+6s^3+6s^2+5s+2}{12s^6+205s^5+1066s^4+2517s^3+3128s^2+2196s+712}$$

```
>>ng1=[1]; dg1=[1 10]; sysg1=tf(ng1,dg1);
>>ng2=[1]; dg2=[1 1]; sysg2=tf(ng2,dg2);
>>ng3=[1 0 1]; dg3=[1 4 4]; sysg3=tf(ng3,dg3);
>>ng4=[1 1]; dg4=[1 6]; sysg4=tf(ng4,dg4);          第1步
>>nh1=[1 1]; dh1=[1 2]; sysh1=tf(nh1,dh1);
>>nh2=[2]; dh2=[1]; sysh2=tf(nh2,dh2);
>>nh3=[1]; dh3=[1]; sysh3=tf(nh3,dh3);
>>sys1=sysh2/sysg4;                                 第2步
>>sys2=series(sysg3,sysg4);
>>sys3=feedback(sys2,sysh1,+1);                     第3步
>>sys4=series(sysg2,sys3);
>>sys5=feedback(sys4,sys1);                         第4步
>>sys6=series(sysg1,sys5);
>>sys=feedback(sys6,sysh3);                         第5步
Transfer function:
            s^5 + 4 s^4 + 6 s^3 + 6 s^2 + 5 s + 2
  ---------------------------------------------------------------
  12 s^6 + 205 s^5 + 1066 s^4 + 2517 s^3 + 3128 s^2 + 2196 s + 712
```

图 2.64　多环路框图的化简

需要指出的是，直接将例子中的结果称为闭环传递函数并不合适。从严格意义上讲，传递函数是经过零极点对消之后的输入输出关系描述。分别求解 $T(s)$ 的零点和极点后可以发现，零点和极点中都包括−1，也就是说，$T(s)$ 的分子和分母都有公因式 $(s+1)$。因此，必须在消除 $T(s)$ 的公因式之后，才可以称之为真正意义上的传递函数。函数 minreal 可以完成零极点对消，具体使用说明如图 2.65 所示。框图化简过程的最后一个步骤的 m 脚本程序如图 2.66 所示。可以看出，在使用函数 minreal 完成零极点对消之后，分母多项式的阶次由 6 降至 5，这意味着完成了一次零极点对消。

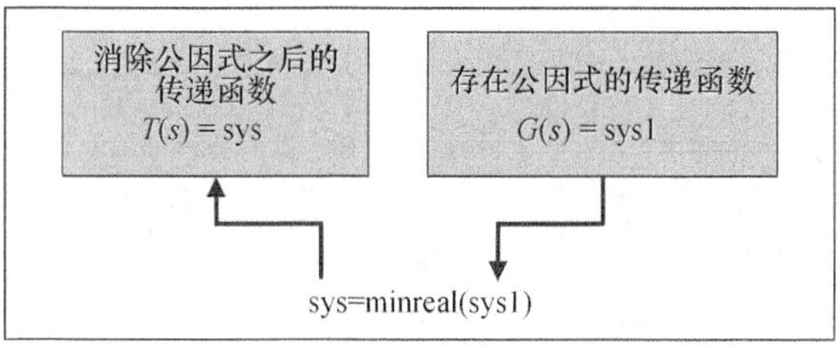

图 2.65　函数 minreal 的使用说明

```
>>num=[1 4 6 6 5 2]; den=[12 205 1066 2517 3128 2196 712];
>>sys1=tf(num,den);
>>sys=minreal(sys1);   <———— 消除公因式
Transfer function:
      0.08333 s^4 + 0.25 s^3 + 0.25 s^2 + 0.25 s + 0.1667
  ------------------------------------------------------
    s^5 + 16.08 s^4 + 72.75 s^3 + 137 s^2 + 123.7 s + 59.33
```

图 2.66　函数 minreal 的应用

例 2.20 电力牵引电机控制

下面我们重新研究例 2.13 给出的电力牵引电机系统，该系统的框图模型如图 2.43（c）所示。这里将计算该系统的闭环传递函数，分析输出变量 $\omega(s)$ 对输入指令 $\omega_d(s)$ 的响应。为此，首先求取系统的闭环传递函数 $T(s)=\omega(s)/\omega_d(s)$，所用的 m 脚本程序及计算结果如图 2.67 所示。很明显，系统的闭环特征方程是二阶的，固有频率为 $\omega_n=52$，阻尼系数为 $\zeta=0.012$。由于阻尼过小，可以预期系统响应将有强烈的振荡。接下来，当输入指令 $\omega_d(t)$ 为单位阶跃信号时，可以利用函数 step 来分析系统输出响应 $\omega(t)$。函数 step 专门用来计算线性系统的单位阶跃响应，其使用说明参见图 2.68。控制系统通常以单位阶跃响应为基础来定义通用的性能指标，因此，step 函数非常重要。

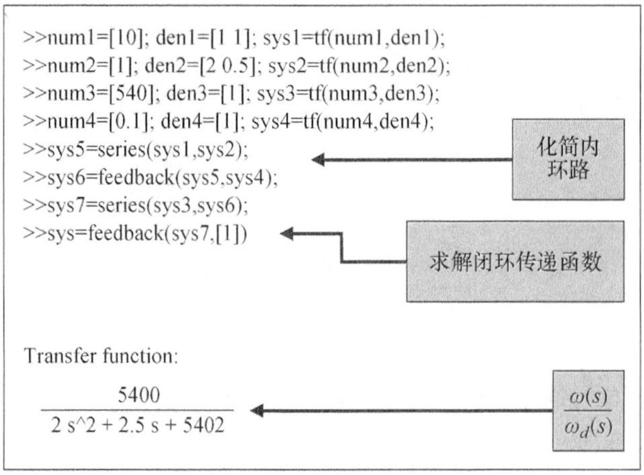

图 2.67 牵引电机框图模型的化简

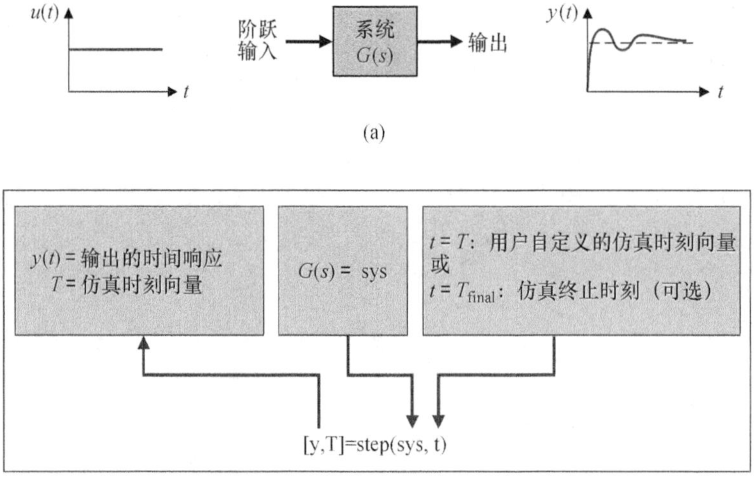

(b)

图 2.68 step 函数的使用说明

当调用 step 函数时，如果等号左侧的变量说明空缺，则默认结果是直接绘制出输出响应 $y(t)$；反之，如果除了绘制响应曲线之外还有其他意图，则必须在调用 step 函数时包含等号左侧的变量说明，并进一步调用函数 plot 才能绘制输出响应 $y(t)$ 的曲线。对于后一种情况，在定义了

仿真时刻 t 的采样时间点行向量之后，除了能够得到输出响应 $y(t)$ 的曲线之外，我们还能够得到 $y(t)$ 在这些时间点上的取值。如果选择将时间设定为 $t = t_{\text{final}}$ 的选项，那么函数 step 将自动确定计算步长，并产生从 0 到 t_{final} 的阶跃响应。

电力牵引电机的阶跃响应如图 2.69 所示。与我们预想的一致，车轮转速的响应 $y(t)$ 呈现出强烈的振荡。还应该注意的是，输出响应 $y(t)$ 与 $\omega(t)$ 之间满足关系 $y(t) \equiv \omega(t)$。

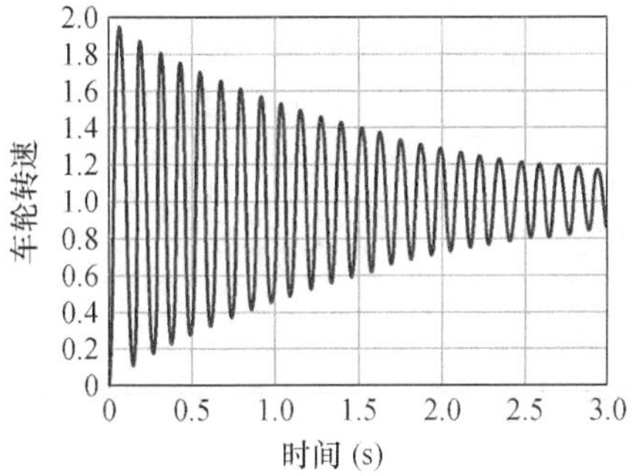

(a)

```
%这段脚本计算牵引电机中车轮转速的阶跃响应%
num=[5400]; den=[2 2.5 5402]; sys=tf(num,den);
t=[0:0.005:3];
[y,t]=step(sys,t);
plot(t,y),grid
xlabel('Time (s)')
ylabel('Wheel velocity')
```

(b)

图 2.69　（a）牵引电机中车轮转速的阶跃响应；（b）m 脚本程序

2.10　循序渐进设计实例：磁盘驱动器读取系统

我们为磁盘驱动器读取系统确定的控制目标是，将磁头精确定位于指定的磁道，并且要能够快速地从一个磁道移到另一个磁道。我们还需要辨识确定受控对象、传感器和控制器。磁盘驱动器读取系统用永磁直流电机来驱动磁头臂转动，这种电机又称为音圈电机。如图 2.70 所示，磁头安装在一个与磁头臂相连的簧片上，由弹性金属制成的簧片能够保证磁头以小于 100 nm 的高度间隙悬浮于磁盘上。磁头读取磁盘上各点处的磁通量，并将信号提供给放大器。在读取磁盘上预存的索引磁道时，磁头将生成图 2.71（a）中的偏差信号。在图 2.71（b）中，假定磁头足够精确，我们可以将传感器环节的传递函数取为 $H(s) = 1$，并给出永磁直流电机和线性放大器的模型。我们采用图 2.20 所示的电枢控制式直流电机模型作为永磁直流电机的模型，并令 $K_b = 0$，这是一个具有足够精度的近似模型。在图 2.71（b）所示的模型中，我们其实还假定了簧片是完全刚性的，不会出现明显的弯曲。至于簧片不是完全刚性时的情况，我们留到后续章节中讨论。

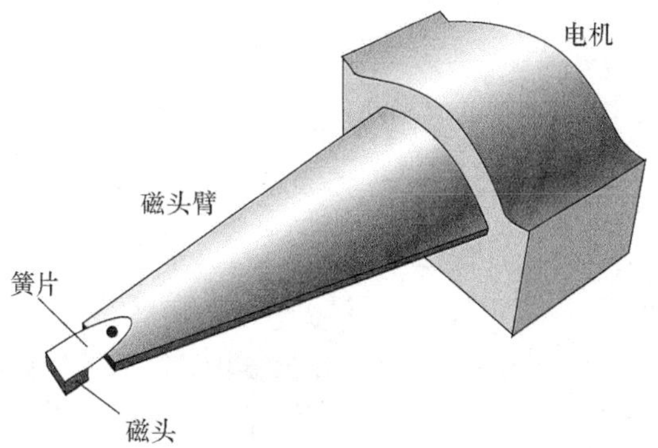

图 2.70　磁头安装结构图

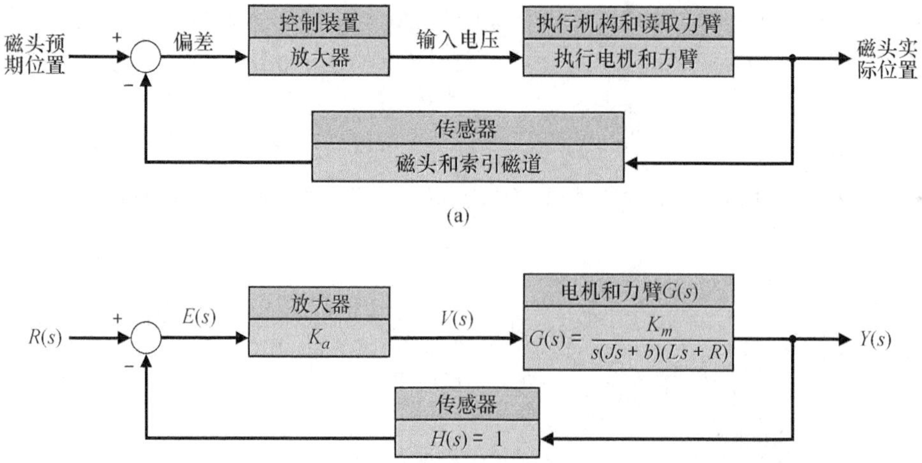

(b)

图 2.71　磁盘驱动器读取系统的框图模型

表 2.8 给出了磁盘驱动器读取系统的一些典型参数，于是有

$$G(s)=\frac{K_m}{s(Js+b)(Ls+R)}=\frac{5000}{s(s+20)(s+1000)} \tag{2.124}$$

表 2.8　磁盘驱动器读取系统的一些典型参数

参　　数	符　　号	典　型　值
手臂与磁头的转动惯量	J	$1\ \text{N}\cdot\text{m}\cdot\text{s}^2/\text{rad}$
摩擦系数	B	$20\ \text{N}\cdot\text{m}\cdot\text{s}^2/\text{rad}$
放大器系数	K_a	10 ~ 1000
电枢电阻	R	1 Ω
电机系数	K_m	5 N·m/A
电枢电感	L	1 mH

也可以将 $G(s)$ 改写为

$$G(s)=\frac{K_m/(bR)}{s\left(\tau_L s+1\right)(\tau s+1)} \tag{2.125}$$

其中，$\tau_L = J/b = 50\ \text{ms}$，$\tau = L/R = 1\ \text{ms}$。由于 $\tau \ll \tau_L$，因此 τ 可以忽略不计，从而可以得到 $G(s)$ 的二阶近似模型：

$$G(s)\approx\frac{K_m/(bR)}{s\left(\tau_L s+1\right)}=\frac{0.25}{s(0.05s+1)}=\frac{5}{s(s+20)}$$

该闭环系统的框图模型如图 2.72 所示，按照表 2.5 中的框图等效化简规则，有

$$\frac{Y(s)}{R(s)}=\frac{K_aG(s)}{1+K_aG(s)} \tag{2.126}$$

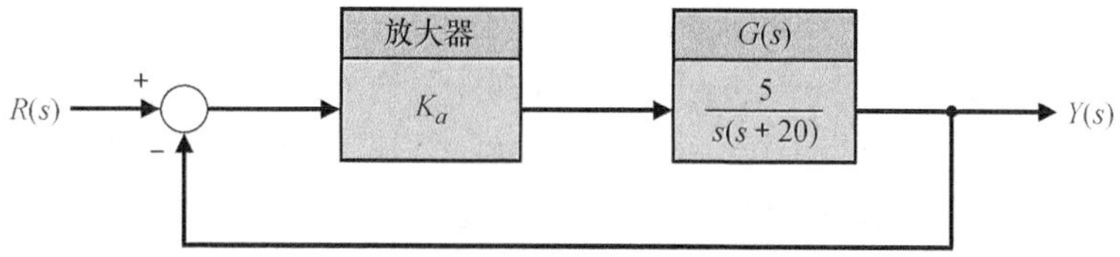

图 2.72　近似闭环系统的框图模型

将 $G(s)$ 的二阶近似模型代入式（2.126），可以得到

$$\frac{Y(s)}{R(s)}=\frac{5K_a}{s^2+20s+5K_a}$$

当 $K_a=40$ 时，可以得到

$$Y(s)=\frac{200}{s^2+20s+200}R(s)$$

于是，当 $R(s)=\dfrac{0.1}{s}$ rad 时，系统的阶跃响应如图 2.73 所示。

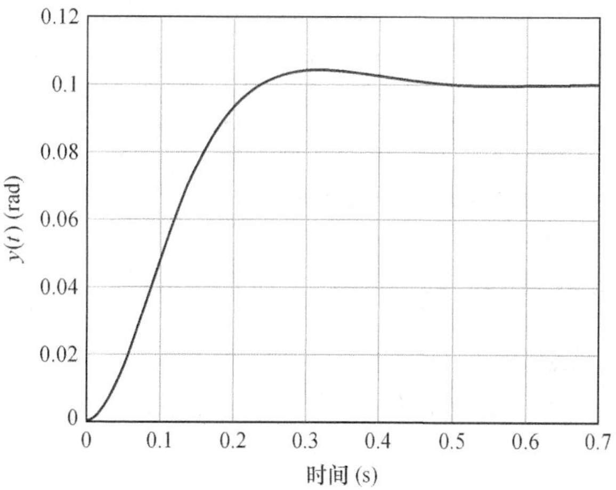

图 2.73　当 $R(s)=\dfrac{0.1}{s}$ rad 时，近似闭环系统的阶跃响应

2.11　小结

本章旨在研究控制系统及其部件的定量数学建模问题，首先研究了能够描述实际系统动态特性的微分方程模型，所考虑的实际系统范围广泛，包括机械系统、电气系统、生物医药系统、环境系统、航天系统、工业系统和化工系统等。对于非线性的控制系统或部件，通过采用工作点处的泰勒级数展开，可以得到所谓的“小信号”线性近似。在对系统进行线性化处理之后，就能够使用拉普拉斯变换，以及由此而来的用于描述输入输出关系的传递函数等数学工具和方法，对系统进行建模和分析。当利用传递函数研究线性系统时，分析人员可以根据传递函数的零极点分布图，来判定系统对各种输入的响应特性。在传递函数的基础上，本章接下来研究了系统的框图模型，我们可以用方框之间的关系来表示系统内部各个部件之间的关系。此外，本章还研究了另一种基于传递函数的系统模型——信号流图模型，并研究了梅森信号流图增益公式。在研究复杂反馈系统的各个变量之间的关系时，梅森公式非常有效，它不需要对流图进行各种化简或变换就能够求得各变量之间的关系式，这是信号流图方法的突出优点之一。由此可知，本章在介绍了线性

系统的传递函数的基础上，引入了表示系统变量间相互关系的框图模型和信号流图模型，得到了反馈控制系统的一系列数学模型表示方法。本章还初步讨论了线性和非线性控制系统的计算机仿真问题。仿真方法可以在不同的环境、系统参数和初始条件下，分析系统的时间响应及其变化情况。最后，本章继续研究了磁盘驱动器读取系统，建立了电机和磁头臂的传递函数模型。

☑ 技能自测

本节提供 3 类题目来测试你对本章知识的掌握情况：正误判断题、多项选择题以及术语和概念匹配题。为了直接反馈学习效果，请及时对照每章最后给出的答案。必要时，请借助图 2.74 给出的框图模型，确认下面各题中的相关陈述。

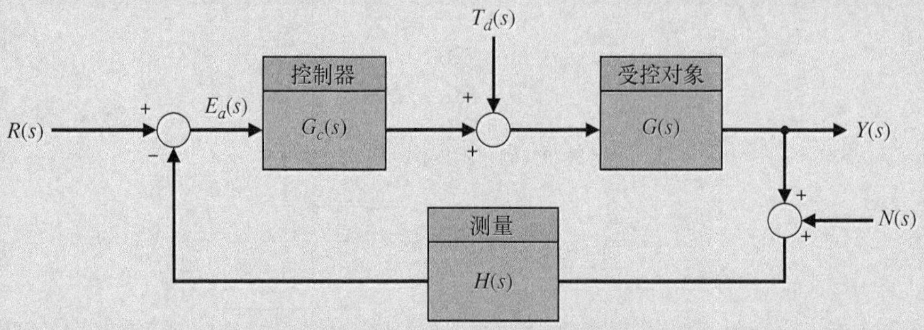

图 2.74 技能自测参考框图模型

在下面的正误判断题和多项选择题中，圈出正确的答案。

1. 只有极少的实际系统能够在变量的某个范围内呈现线性。 对 或 错
2. s 平面上的零极点分布图刻画了系统响应的特征。 对 或 错
3. 特征方程的根是闭环系统的零点。 对 或 错
4. 线性系统满足叠加性和齐次性。 对 或 错
5. 传递函数是在零初始条件下，输出变量的拉普拉斯变换与输入变量的拉普拉斯变换之比。对 或 错
6. 考虑图 2.74 给出的系统，其中：

$$G_c(s) = 10,\ H(s) = 1 \text{ 且 } G(s) = \frac{s + 50}{s^2 + 60s + 500}$$

如果 $R(s)$ 是单位阶跃输入，扰动信号 $T_d(s) = 0$，噪声信号 $N(s) = 0$，则输出 $y(t)$ 的终值为________。

   a. $y_{ss} = \lim_{t \to \infty} y(t) = 100$

   b. $y_{ss} = \lim_{t \to \infty} y(t) = 1$

   c. $y_{ss} = \lim_{t \to \infty} y(t) = 50$

   d. 以上都不对

7. 考虑图 2.74 给出的系统，其中：

$$G_c(s) = 20,\ H(s) = 1 \text{ 且 } G(s) = \frac{s + 4}{s^2 - 12s - 65}$$

在零初始条件下，如果 $R(s)$ 是单位脉冲输入，扰动信号 $T_d(s) = 0$，噪声信号 $N(s) = 0$，则输出 $y(t)$ 为________。

   a. $y(t) = 10e^{-5t} + 10e^{-3t}$

   b. $y(t) = e^{-8t} + 10e^{-t}$

   c. $y(t) = 10e^{-3t} - 10e^{-5t}$

   d. $y(t) = 20e^{-8t} + 5e^{-15t}$

8．考虑图 2.75 给出的系统，其闭环传递函数 $T(s)=Y(s)/R(s)$ 为________。

a．$T(s)=\dfrac{50}{s^2+55s+50}$

b．$T(s)=\dfrac{10}{s^2+55s+10}$

c．$T(s)=\dfrac{10}{s^2+50s+55}$

d．以上都不是

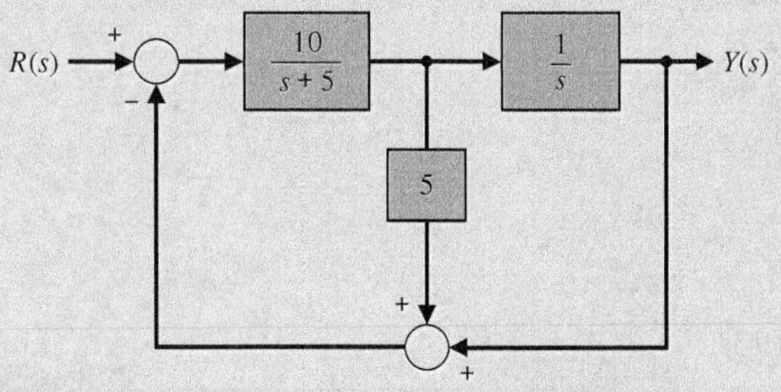

图 2.75　包含内部环路的框图模型

在完成下面的第 9~11 题时，考虑图 2.74 给出的系统。其中，$T_d(s)=0$，$N(s)=0$，并且

$$G_c(s)=4,\ H(s)=1\ 且\ G(s)=\frac{5}{s^2+10s+5}$$

9．闭环传递函数 $T(s)=Y(s)/R(s)$ 为________。

a．$T(s)=\dfrac{50}{s^2+5s+50}$

b．$T(s)=\dfrac{20}{s^2+10s+25}$

c．$T(s)=\dfrac{50}{s^2+5s+56}$

d．$T(s)=\dfrac{20}{s^2+10s-15}$

10．闭环单位阶跃响应为________。

a．$y(t)=\dfrac{20}{25}+\dfrac{20}{25}e^{-5t}-t^2e^{-5t}$

b．$y(t)=1+20te^{-5t}$

c．$y(t)=\dfrac{20}{25}-\dfrac{20}{25}e^{-5t}-4te^{-5t}$

d．$y(t)=1-2e^{-5t}-4te^{-5t}$

11．输出 $y(t)$ 的终值为________。

a．$y_{ss}=\lim\limits_{t\to\infty}y(t)=0.8$

b．$y_{ss}=\lim\limits_{t\to\infty}y(t)=1.0$

c．$y_{ss}=\lim\limits_{t\to\infty}y(t)=2.0$

d．$y_{ss}=\lim\limits_{t\to\infty}y(t)=1.25$

12．考虑下面的微分方程。

$$\ddot{y}(t)+2\dot{y}(t)+y(t)=u(t)$$

其中，$y(0)=\dot{y}(0)=0$，$u(t)$ 为单位阶跃信号。该系统的极点为________。

a．$s_1=-1,\ s_2=-1$

b. $s_1 = \mathrm{j},\ s_2 = -\mathrm{j}$

c. $s_1 = -1,\ s_2 = -2$

d. 以上都不对

13. 如图 2.76 所示，质量为 $m = 1000\ \mathrm{kg}$ 的拖车拖在卡车的后面，所用弹簧的弹性系数为 $k = 20\,000\ \mathrm{N/m}$，阻尼器的阻尼系数为 $b = 200\ \mathrm{N \cdot s/m}$。卡车运行的恒定加速度为 $a = 0.7\ \mathrm{m/s^2}$。卡车运行速度与拖车运行速度的传递函数为________。

a. $T(s) = \dfrac{50}{5s^2 + s + 100}$

b. $T(s) = \dfrac{20 + s}{s^2 + 10s + 25}$

c. $T(s) = \dfrac{100 + s}{5s^2 + s + 100}$

d. 以上都不对

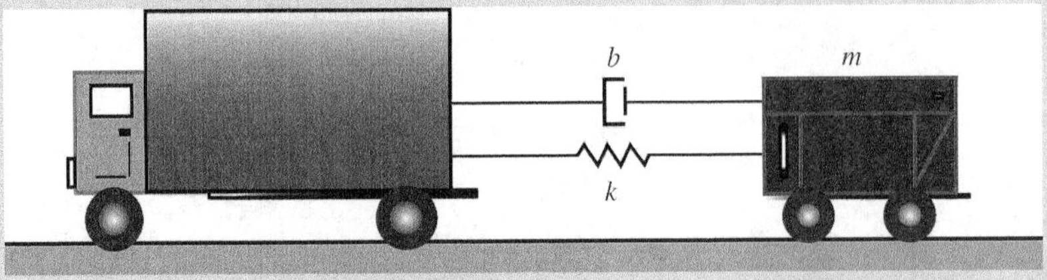

图 2.76　卡车拖着质量为 m 的拖车

14. 考虑图 2.74 给出的系统，其中，$T_d(s) = 0$，$N(s) = 0$，并且

$$G_c(s) = 15,\ H(s) - 1 \text{ 且 } G(s) = \frac{1000}{s^3 + 50s^2 + 4500s + 1000}$$

要求计算闭环传递函数以及闭环系统的零点和极点，正确的选项为________。

a. $T(s) = \dfrac{15\,000}{s^3 + 50s^2 + 4500s + 16\,000},\ s_1 = -3.70,\ s_{2,3} = -23.15 \pm \mathrm{j}61.59$

b. $T(s) = \dfrac{15\,000}{50s^2 + 4500s + 16\,000},\ s_1 = -3.70,\ s_2 = -86.29$

c. $T(s) = \dfrac{1}{s^3 + 50s^2 + 4500s + 16\,000},\ s_1 = -3.70,\ s_{2,3} = -23.2 \pm \mathrm{j}63.2$

d. $T(s) = \dfrac{1}{s^3 + 50s^2 + 4500s + 16\,000},\ s_1 = -3.70,\ s_2 = -23.2, s_3 = -63.2$

15. 考虑图 2.74 给出的系统，其中：

$$G_c(s) = \frac{K(s + 0.3)}{s},\ H(s) = 2s \text{ 且 } G(s) = \frac{1}{(s - 2)(s^2 + 10s + 45)}$$

假定 $R(s) = 0$，$N(s) = 0$，由扰动信号 $T_d(s)$ 到输出 $Y(s)$ 的闭环传递函数为________。

a. $\dfrac{Y(s)}{T_d(s)} = \dfrac{1}{s^3 + 8s^2 + (2K + 25)s + (0.6K - 90)}$

b. $\dfrac{Y(s)}{T_d(s)} = \dfrac{100}{s^3 + 8s^2 + (2K + 25)s + (0.6K - 90)}$

c. $\dfrac{Y(s)}{T_d(s)} = \dfrac{1}{8s^2 + (2K + 25)s + (0.6K - 90)}$

d. $\dfrac{Y(s)}{T_d(s)} = \dfrac{K(s + 0.3)}{s^4 + 8s^3 + (2K + 25)s^2 + (0.6K - 90)s}$

在下面的术语和概念匹配题中，在空格中填写正确的字母，将术语和概念与它们的定义联系起来。

a. 执行机构　　　幅值随时间衰减的振荡。　________

b．框图模型	满足叠加性和齐次性的系统。	______
c．特征方程	介于过阻尼和欠阻尼之间的边界阻尼情形。	______
d．临界阻尼	时域函数 $f(t)$ 的一种变换，其结果为对应的复频域函数 $F(s)$。	______
e．阻尼振荡	向受控对象提供运动动力的装置。	______
f．阻尼系数	阻尼强度的度量指标，为二阶系统特征方程的无量纲参数。	______
g．直流电机	令传递函数的分母多项式为 0 时得到的关系方程。	______
h．拉普拉斯变换	由单方向的箭头和功能方框组成的一种结构图，这些方框代表系统元件的传递函数。	______
i．线性近似	用户通过辨识系统中的环路和通路，就能够方便地求解系统传递函数的公式。	______
j．线性系统	将输入电压作为控制变量，向负载提供动力的一种电动执行机构。	______
k．梅森增益公式	输出变量的拉普拉斯变换与输入变量的拉普拉斯变换之比。	______
l．数学模型	利用数学工具对系统行为所做的描述。	______
m．信号流图	利用系统模型和实际输入信号，研究系统行为的一种模拟活动。	______
n．仿真	由节点和连接节点的有向线段构成的一种信息结构图，是一组线性关系的图示化表示。	______
o．传递函数	用线性形式表示部件的输入输出关系并由此得到的近似模型。	______

基础练习题

E2.1　如图 E2.1 所示，单位负反馈系统有一个非线性环节，其输入输出特性为 $y = f(e) = e^2$，输入 r 的变化范围为 0~6，试计算并绘图显示开环、闭环系统的输入输出曲线，并说明反馈系统有更好的近似线性特性。

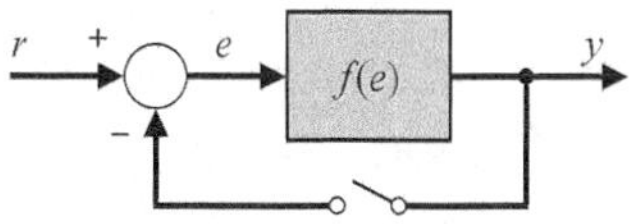

图 E2.1　开环与闭环系统

E2.2　热敏电阻的温度响应特性为 $R = R_0 e^{-0.1T}$，其中 $R_0 = 10\,000\ \Omega$，R 表示电阻（单位为 Ω），T 为温度（单位为℃）。在温度扰动很小的情况下，试给出该热敏电阻在工作点 $T = 20$℃ 附近的小信号线性近似模型。

答案：$\Delta R = -135\Delta T$

E2.3　考虑图 2.2 中的质量块–弹簧–阻尼器系统，如果弹簧的力–位移特性曲线如图 E2.3 所示。当平衡点为 $y = 0.5$ cm、位移变化范围为±1.5 cm 时，试根据图 E2.3 计算弹簧的弹性系数。

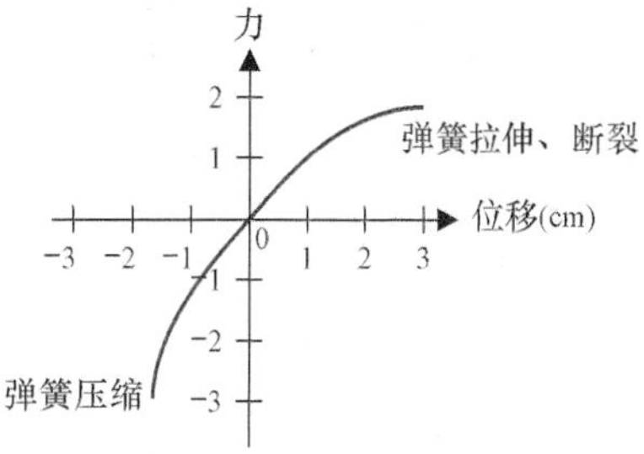

图 E2.3　弹簧的力–位移特性曲线

E2.4　激光打印机用激光束实现快速打印。通常情况下，我们利用输入 $r(t)$ 来定位激光束，并有

$$Y(s) = \frac{4(s+50)}{s^2 + 30s + 200} R(s)$$

其中，输入 $r(t)$ 表示激光束的预期位置。

(a) 如果 $r(t)$ 是单位阶跃输入，试计算输出 $y(t)$。

(b) 求 $y(t)$ 的终值。

答案：(a) $y(t) = 1 + 0.6e^{-20t} - 1.6e^{-10t}$

(b) $y_{ss} = 1$

E2.5　某个非反相放大器使用的运算放大器电路如图 E2.5 所示，假定这是一个理想的运算放大器，试求解传递函数 v_o/v_{in}。

答案： $\frac{v_o}{v_{in}} = 1 + \frac{R_2}{R_1}$

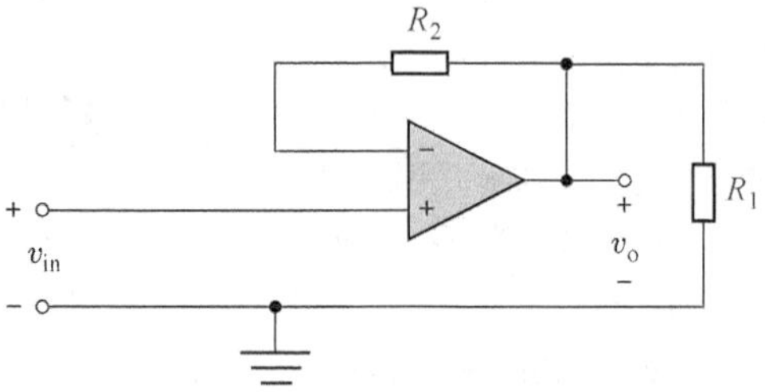

图 E2.5　非反相放大器的运算放大器电路

E2.6　某非线性装置可以用函数 $y = f(x) = e^x$ 加以描述，其工作点为 $x_o = 1$，试在工作点附近确定有效的线性近似关系。

答案： $y = ex$

E2.7　由光电晶体管控制的反馈环路，可以监控灯光强度并使其保持恒定。当电压下降时，灯光变暗，流经光电晶体管 Q_1 的电流减少。作为应对措施，电源晶体管工作强度加大，会更加迅速地给电容充电[24]，电容器电压则直接调节灯的电压，使灯光强度恢复到恒定值。该系统的框图模型如图 E2.7（a）所示。试计算该系统的闭环传递函数 $I(s)/R(s)$，其中，$I(s)$ 为灯光强度，$R(s)$ 为灯光强度的预先设定值。

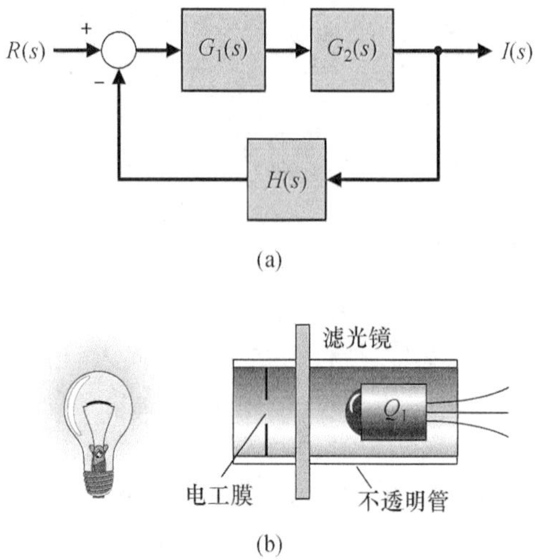

图 E2.7　灯光强度调节器

E2.8　20 世纪 30 年代，控制工程师 N. 闵诺斯基（N. Minorsky）为美国海军改进设计了一套船舵系统。这套系统的框图模型如图 E2.8 所示，其中，$Y(s)$ 为船舵的实际航线，$R(s)$ 为预期航线，$A(s)$ 为舵角[16]，试计算传递函数 $Y(s)/R(s)$。

答案： $$\frac{Y(s)}{R(s)} = \frac{KG_1(s)G_2(s)/s}{1 + G_1(s)H_3(s) + G_1(s)G_2(s)\left[H_1(s) + H_2(s)\right] + KG_1(s)G_2(s)/s}$$

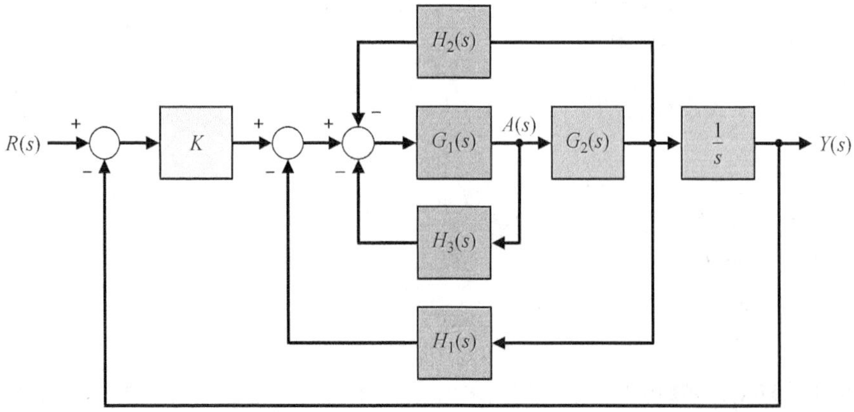

图 E2.8　船舵系统框图模型

E2.9　四轮驱动汽车的防死锁制动系统能够利用电子反馈装置，自动地控制每个车轮上的制动力[15]。该制动控制系统的框图如图 E2.9 所示，其中，$F_f(s)$ 和 $F_R(s)$ 分别为前轮与后轮上的制动力，$R(s)$ 是汽车在结冰路面上的预期运动响应，试计算 $F_f(s)/R(s)$。

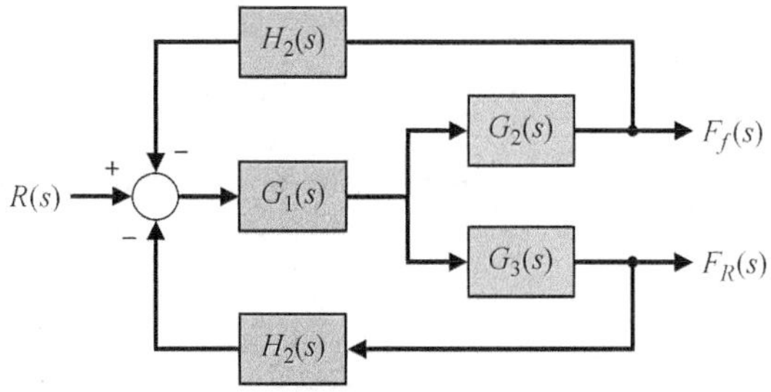

图 E2.9　制动系统框图

E2.10　主动悬挂减震控制系统可能是最有效果的汽车控制技术之一，其反馈控制系统采用了一个悬挂减震器，这个悬挂减震器的主要部件是一个充满可压缩液体的液压缸，这些液体能够同时提供弹力和阻尼力[17]。液压缸还配有由齿轮电机驱动的柱塞、位移测量传感器、活塞等附属设备。当活塞移动时，会压迫液体产生弹力。在移动过程中，活塞两端压力的不平衡恰好可以用来调节阻尼力的大小。柱塞则用于改变液压缸的内部容积。减震器反馈控制系统如图 E2.10 所示，试建立该系统的框图模型。

E2.11　某弹簧的力-位移特性曲线如图 E2.11 所示，在仅仅存在小扰动的情况下，当工作点 x_o 分别为 −1.4、0 和 3.5 时，试分别计算弹簧在工作点附近的弹性系数。

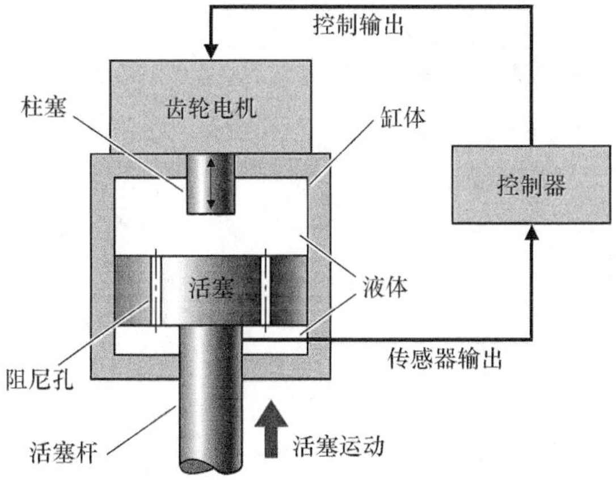

图 E2.10　减震器

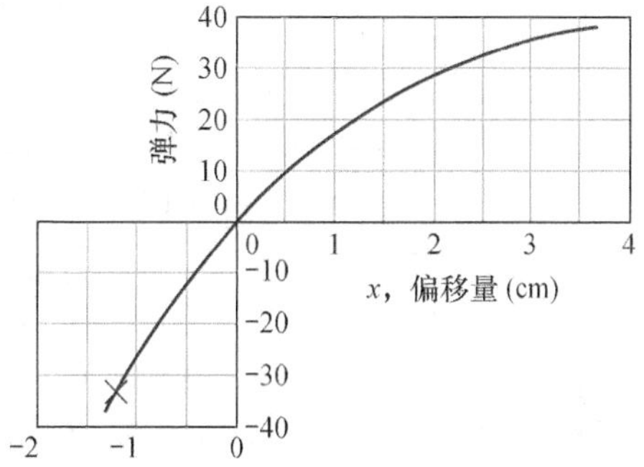

图 E2.11　某弹簧的力-位移特性曲线

E2.12　在粗糙路面上颠簸行驶的车辆会受到许多干扰的影响。在采用了能够感知前方路况的传感器之后，主动式悬挂减震系统就可以降低干扰的影响。图 E2.12 给出了一个简单的能够顺应颠簸的悬挂减震系统，试确定增益 K_1K_2 的取值，使得当预期偏差为 $R(s)=0$ 且扰动为 $T_d(s)=1/s$ 时，车辆不会上下颠簸。

答案：$K_1K_2=1$

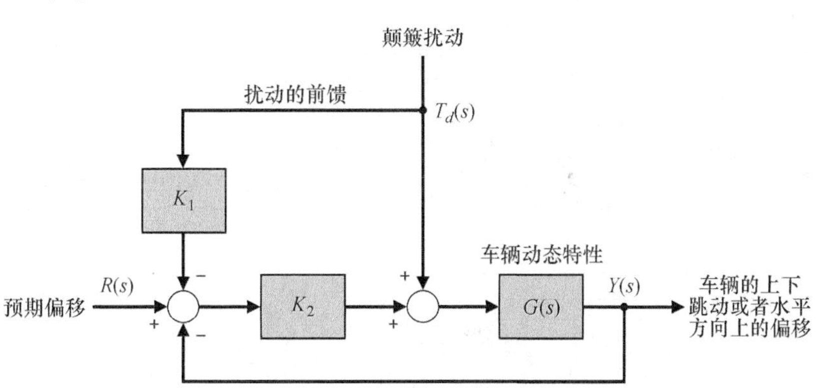

图 E2.12　主动式悬挂减震系统

E2.13 观察图 E2.13 所示的反馈控制系统，计算传递函数 $Y(s)/T_d(s)$和$Y(s)/N(s)$。

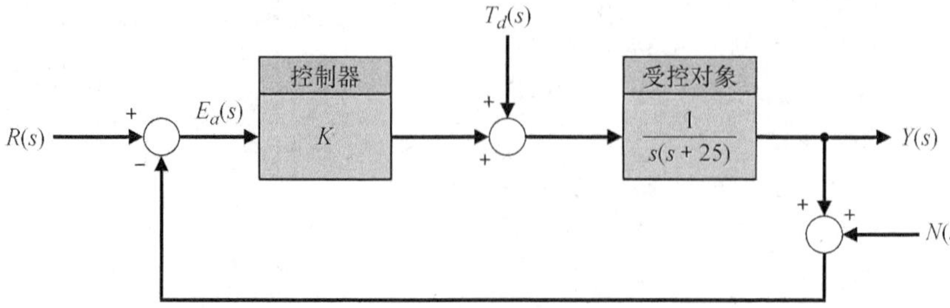

图 E2.13 测量噪声为 $N(s)$、扰动为 $T_d(s)$ 的反馈控制系统

E2.14 计算图 E2.14 所示的多变量系统的传递函数 $Y_1(s)/R_2(s)$。

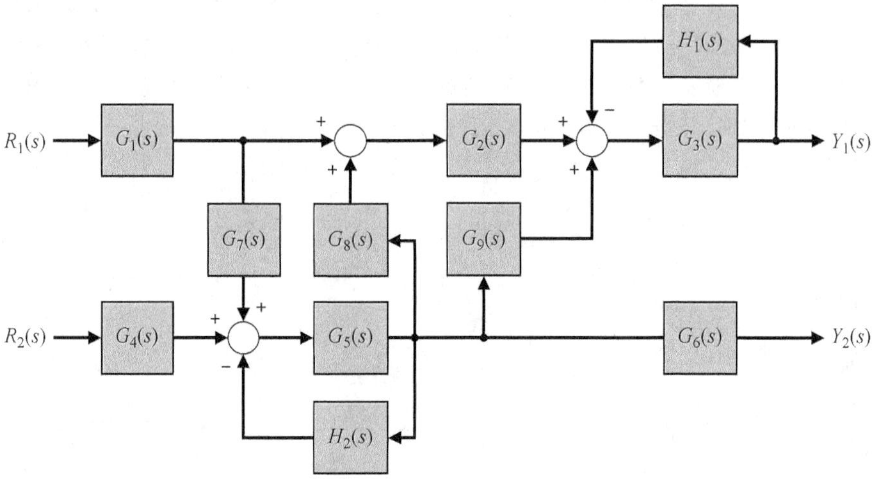

图 E2.14 多变量系统

E2.15 某电路如图 E2.15 所示，试建立电路的关于电流 $i_1(t)$ 和 $i_2(t)$ 的微分方程组模型。

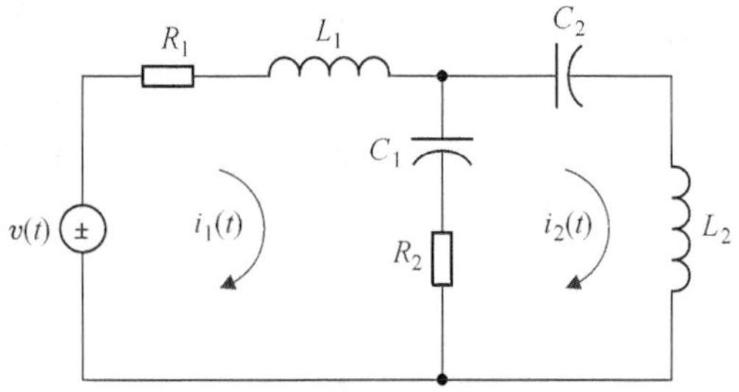

图 E2.15 示例电路

E2.16 某航天飞行器位置控制系统的数学模型为

$$\frac{d^2p(t)}{dt^2}+2\frac{dp(t)}{dt}+4p(t)=\theta$$

$$v_1(t)=r(t)-p(t)$$

$$\frac{d\theta(t)}{dt}=0.5v_2(t)$$

$$v_2(t)=8v_1(t)$$

其中，$r(t)$ 为平台的预期位置，$p(t)$ 为平台的实际位置，$v_1(t)$ 为放大器输入电压，$v_2(t)$ 为放大器输出电压，$\theta(t)$ 为电机轴位置。试画出该系统的框图模型或信号流图模型，确定模型的组成部件并计算系统的传递函数 $P(s)/R(s)$。

E2.17　弹簧的弹力可以用关系式 $f=kx^2$ 描述，其中，x 是弹簧的形变位移。试确定在工作点 $x_o=1/2$ 附近，弹簧的线性近似模型。

E2.18　某装置的输出 y 和输入 x 的关系为

$$y=x+1.4x^3$$

（a）当工作点为 $x_o=1$ 和 $x_o=2$ 时，分别计算系统输出的稳态值。

（b）确定系统在这两个工作点附近的线性化模型并比较得到的结果。

E2.19　某系统的传递函数为

$$\frac{Y(s)}{R(s)}=\frac{30(s+1)}{s^2+5s+6}$$

当输入 $r(t)$ 为单位阶跃信号时，试计算系统的输出 $y(t)$。

答案： $y(t)=5+15e^{-2t}-20e^{-3t},\ t\geqslant 0$

E2.20　图 E2.20 给出了一个典型的运算放大器电路。假定电路是理想放大器且各参数的取值为 $R_1=R_2=100\,\text{k}\Omega$、$C_1=10\,\mu\text{F}$、$C_2=5\,\mu\text{F}$，试确定电路的传递函数 $V_0(s)/V(s)$。

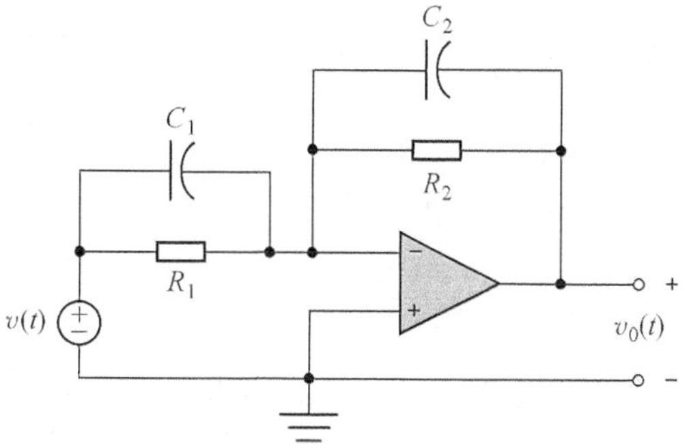

图 E2.20　运算放大器电路

E2.21　某高精度定位滑台系统如图 E2.21 所示，当驱动杆的摩擦系数和弹性系数分别为 $b_d=0.65$ 和 $k_d=1.8$，且滑块的质量和摩擦系数分别为 $m_c=1\text{ kg}$ 和 $b_s=0.9$ 时，试计算系统的传递函数 $X_p(s)/X_{in}(s)$。

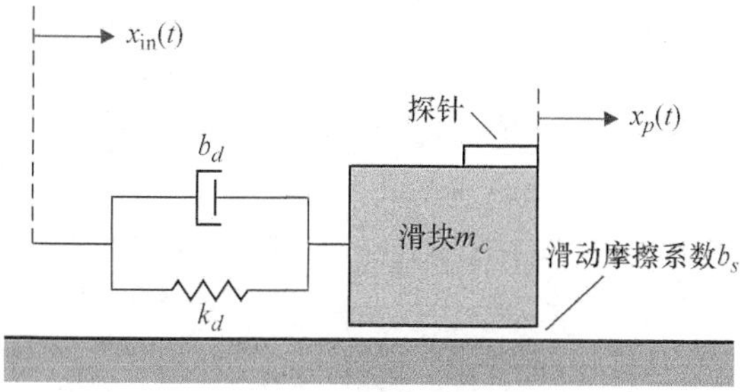

图 E2.21　高精度滑台

E2.22　如图 E2.22 所示，通过改变杆 L 的长度，可以调节卫星的转速 ω。$\omega(s)$ 与杆的长度增量 $\Delta L(s)$ 之间的传递函数为

$$\frac{\omega(s)}{\Delta L(s)}=\frac{2(s+4)}{(s+5)(s+1)^2}$$

如果杆的长度变化规律为 $\Delta L(s) = 1/s$，试计算卫星的转速响应 $\omega(t)$。

答案： $\omega(t) = 1.6 + 0.025e^{-5t} - 1.625e^{-t} - 1.5te^{-t}$

E2.23 计算图 E2.23 所示系统的闭环传递函数 $T(s) = Y(s)/R(s)$。

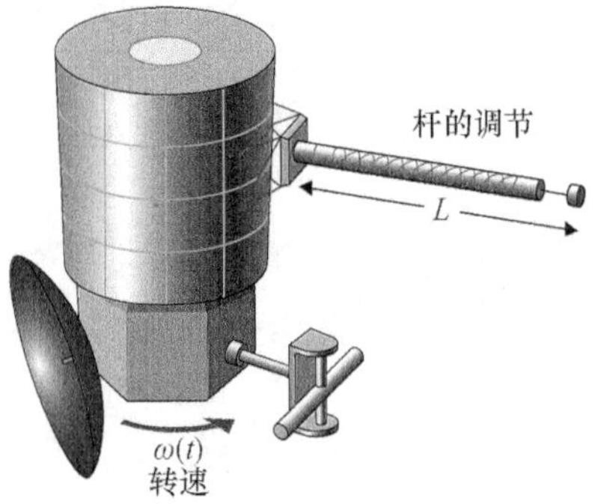

图 E2.22 转速可调的卫星

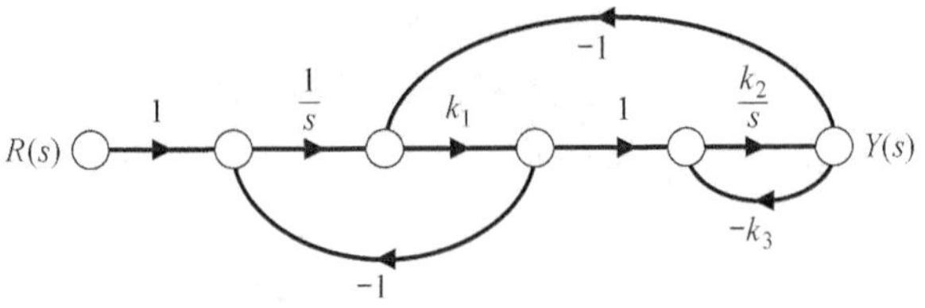

图 E2.23 含有 3 条反馈环路的控制系统

E2.24 放大器工作特性曲线如图 E2.24 所示，由此可见，放大器存在死区。在近似线性工作区，可以用 3 次函数 $y = ax^3$ 来近似描述放大器的输入输出特性，试确定 a 的合适取值。当工作点为 $x = 0.6$ 时，试进一步确定放大器的线性近似模型。

E2.25 某系统的框图模型如图 E2.25 所示，试计算其传递函数 $T(s) = Y(s)/R(s)$。

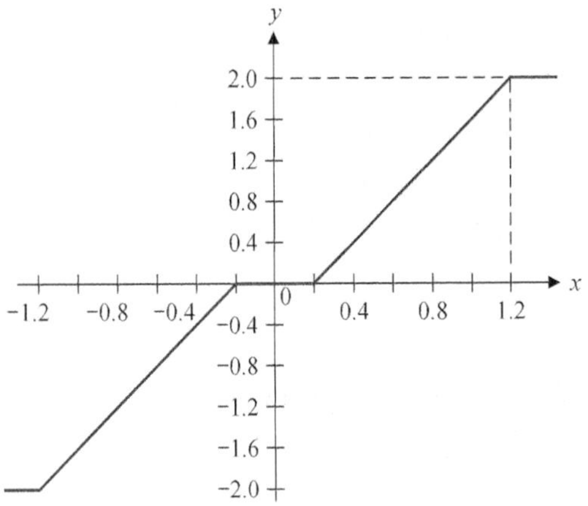

图 E2.24 存在死区的放大器

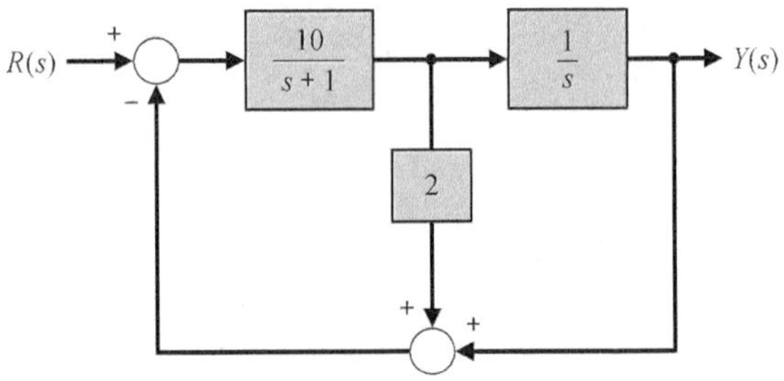

图 E2.25 多环路反馈控制系统

E2.26 如图 E2.26 所示，假定两个滑块都在无摩擦的表面上滑动且有 $k = 1$ N/m，试计算系统的传递函数 $X_2(s)/F(s)$。

答案： $\dfrac{X_2(s)}{F(s)} = \dfrac{1}{s^2(s^2+2)}$

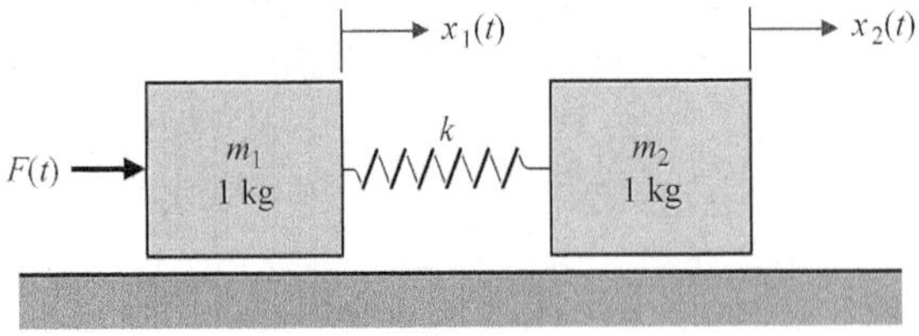

图 E2.26 无摩擦表面上两个相连的滑块

E2.27　计算图 E2.27 所示系统的传递函数 $Y(s)/T_d(s)$。

答案： $\dfrac{Y(s)}{T_d(s)}=\dfrac{G_2(s)}{1+G_1(s)G_2(s)H(s)}$

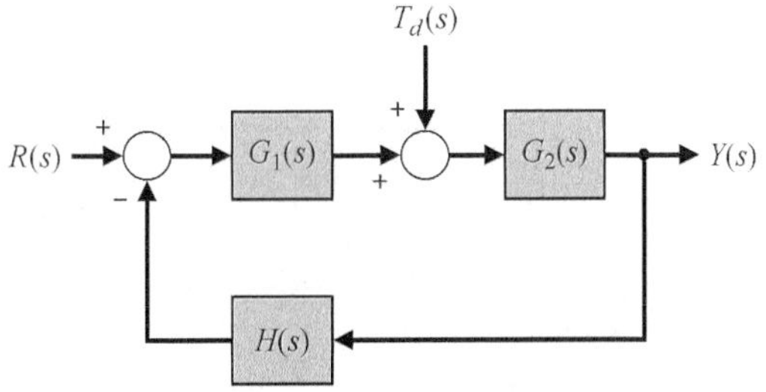

图 E2.27　带有扰动的系统

E2.28　假定图 E2.28 所示的运算放大器是理想的[1]，且各参数的取值分别为 $R_1=167\ \text{k}\Omega$、$R_2=240\ \text{k}\Omega$、$R_3=1\ \text{k}\Omega$、$R_4=240\ \text{k}\Omega$、$C=0.8\ \mu\text{F}$，试计算该运算放大器的传递函数 $V_0(s)/V(s)$。

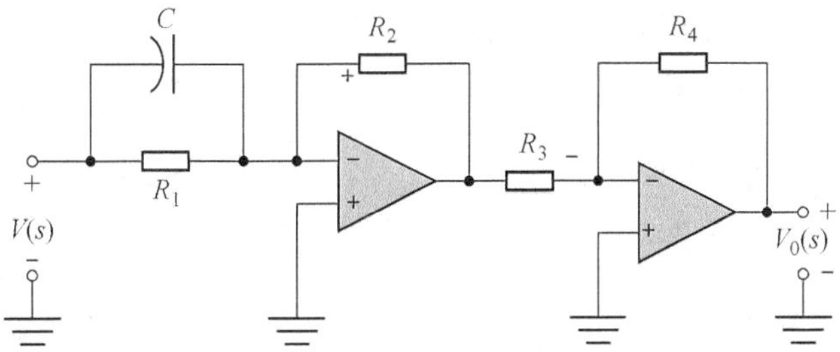

图 E2.28　运算放大器电路

E2.29　考虑图 E2.29（a）所示的控制系统。

（a）确定图 E2.29（b）中的 $G(s)$ 和 $H(s)$，使得图 E2.29（b）与图 E2.29（a）等价。

（b）计算图 E2.29（b）所示系统的传递函数 $Y(s)/R(s)$。

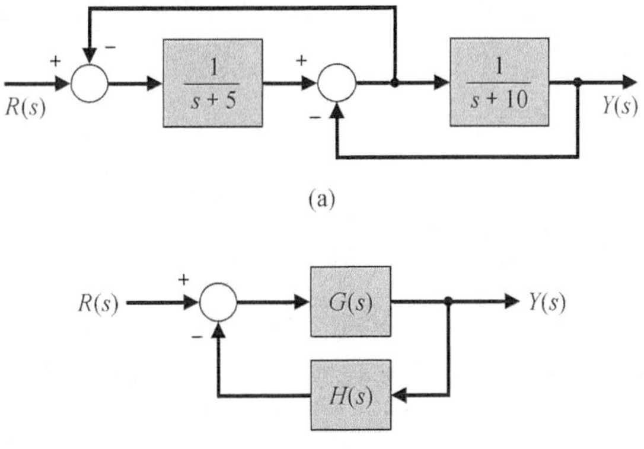

图 E2.29　两个等价的框图模型

E2.30　考虑图 E2.30 所示的控制系统。

（a）当 $G(s)=\dfrac{15}{s^2+5s+15}$ 时，求闭环传递函数 $Y(s)/R(s)$。

（b）当输入 $R(s)$ 为单位阶跃信号时，求 $Y(s)$。

（c）计算输出 $y(t)$。

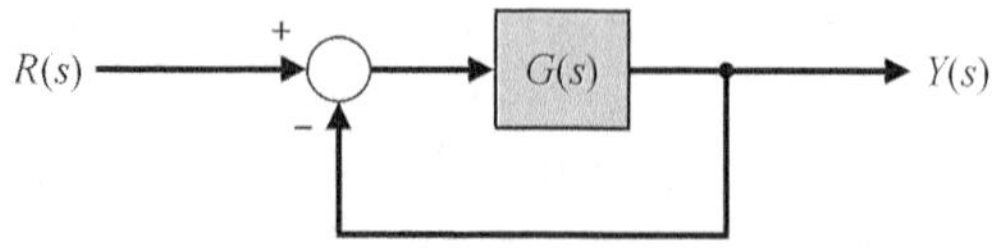

图 E2.30　单位反馈控制系统

E2.31　对传递函数 $V(s)$ 进行部分分式展开，求其拉普拉斯逆变换，其中：

$$V(s)=\frac{100}{s^2+10s+100}$$

一般习题

P2.1　某电路如图 P2.1 所示，试用微分方程描述该电路。

P2.2　某动态减震器如图 P2.2 所示。该系统是含有非平衡元件的机械振动吸收器的代表性描述。当 $F(t)=a\sin(\omega_0 t)$ 时，我们可以通过为参数 M_2 和 k_{12} 选择合适的值，使得主要的质量块 M_1 在达到稳态后不再振荡。试求该系统的微分方程组模型。

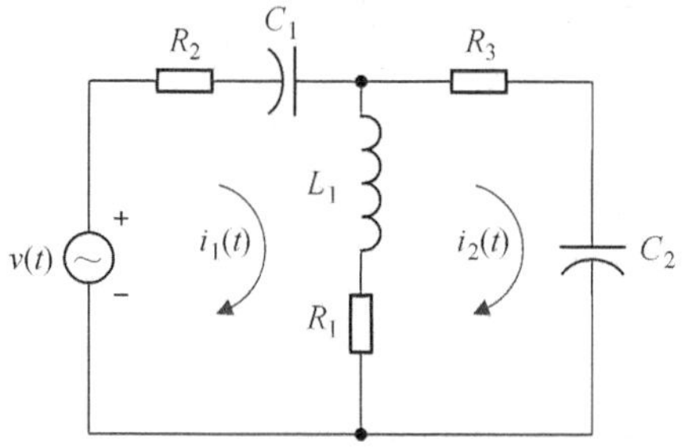

图 P2.1　实例电路

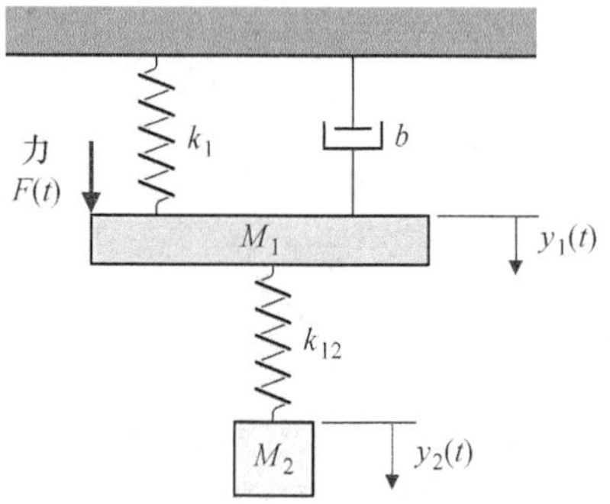

图 P2.2　动态减震器

P2.3　相互耦合的某双质量块系统如图 P2.3 所示。假定两个质量块的质量均为 M，两个弹簧的弹性系数均为 k，试求该系统的微分方程组模型。

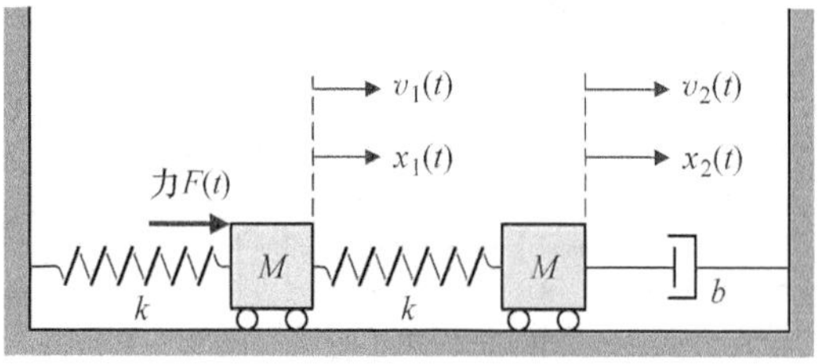

图 P2.3　双质量块系统

P2.4　某非线性放大器的工作特性为

$$v_o(t)=\begin{cases}v_{in}^2, & v_{in}\geqslant 0\\ -v_{in}^2, & v_{in}<0\end{cases}$$

该放大器在工作点 v_{in} 附近±0.5 V 的范围内工作。当工作点 v_{in} 分别取 0 和 1 V 时，求该放大器的线性近似模型。在这两种情况下，分别画出该放大器的非线性响应曲线和线性近似响应曲线。

P2.5　管道中液流的非线性特性可以用 $Q = K\left(P_1 - P_2\right)^{1/2}$ 来描述，各变量的定义如图 P2.5 所示，且 K 为常数 [2]。

(a) 确定液流特性的线性近似方程。

(b) 如果工作点为 $P_1 - P_2 = 0$，则液流特性的线性近似方程会出现什么情况？

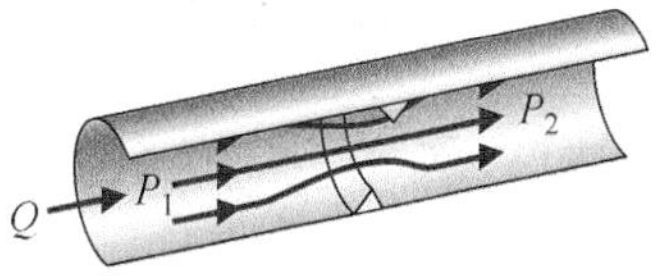

图 P2.5　管道中的液流

P2.6　重新考虑习题 P2.1。假定所有初始电流均为 0、$v(t)$ 为 0、电容器 C_1 上的初始电压为 0、电容器 C_2 上的初始电压为 10 V，请用拉普拉斯变换方法计算电流 $I_2(s)$。

P2.7　确定图 P2.7 所示微分电路的传递函数。

P2.8　T 形桥接电路是一种常用的滤波电路，常用在交流控制系统中 [8]。图 P2.8 给出了一种 T 形桥接电路的实际电路，验证该电路的传递函数为

$$\frac{V_o(s)}{V_{in}(s)} = \frac{1 + 2R_1Cs + R_1R_2C^2s^2}{1 + \left(2R_1 + R_2\right)Cs + R_1R_2C^2s^2}$$

令 $R_1 = 2$、$R_2 = 0.75$、$C = 1.0$，绘制该电路的零极点分布图。

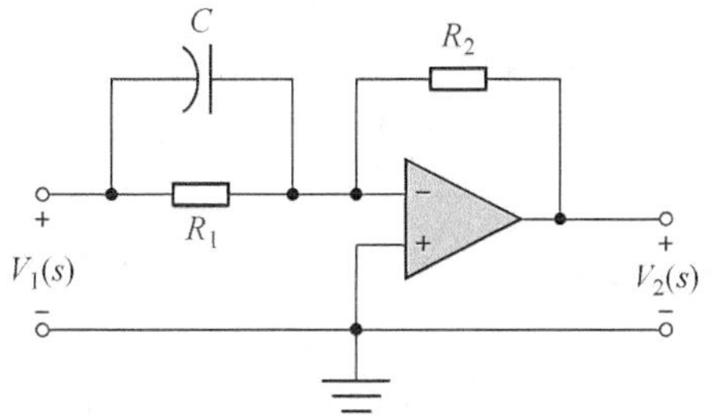

图 P2.7　微分电路

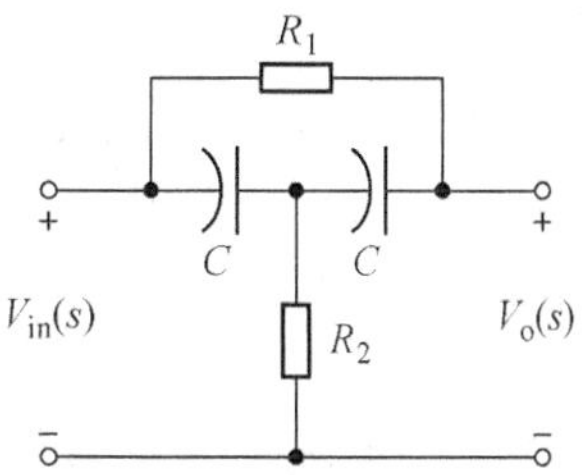

图 P2.8　T 形桥接电路

P2.9　重新考虑习题 P2.3 曾经讨论过的双质量块-弹簧系统，确定其传递函数 $X_1(s)/F(s)$ 并在 $M = 1$、$b/k = 1$ 且 $\zeta = \frac{1}{2}\frac{b}{\sqrt{kM}} = 0.1$ 时，绘制该系统在低阻尼情况下的零极点分布图。

P2.10　重新考虑习题 P2.2 所示的减震器系统，确定其传递函数 $Y_1(s)/F(s)$。当 $F(t) = a\sin(\omega_0 t)$ 时，通过为参数 M_2 和 k_{12} 选择合适的值，使得质量块 M_1 到达稳态后不再振荡。

P2.11　机电系统经常选用旋转式放大器作为大功率放大器 [8, 19]，交磁放大机就是一种大功率的旋转式放大器。图 P2.11 给出了一个含有交磁放大机和伺服电机的电路，令 $v_d = k_2 i_q$、$v_q = k_1 i_c$，试计算该系统的传递函数 $\theta(s)/V_c(s)$ 并绘制其框图模型。

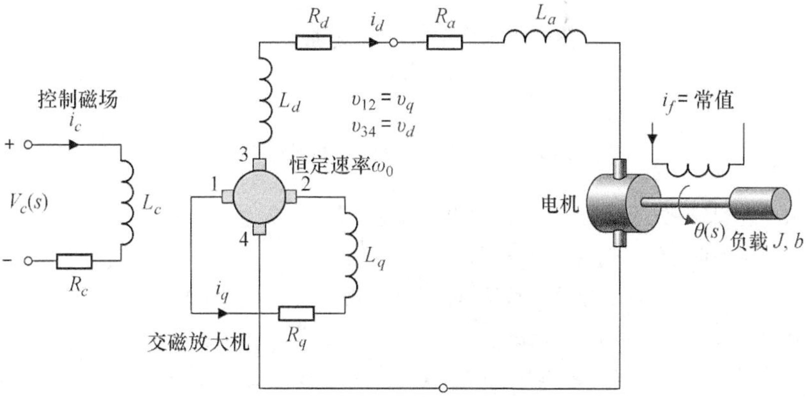

图 P2.11　交磁放大机与电枢控制电机

P2.12 图 P2.12 给出了某开环控制系统的框图模型，试确定参数 K 的合适取值，使得当输入 $r(t)$ 为单位阶跃信号且初始条件为零时，系统输出 $y(t)$ 的稳态值为 1。换言之，要求当 $t \to \infty$ 时，$y(t) \to 1$。

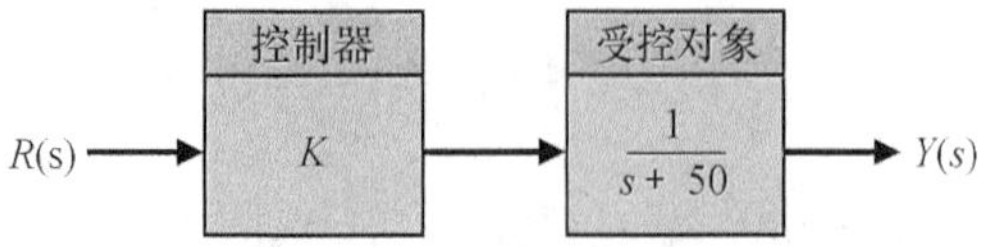

图 P2.12 某开环控制系统的框图模型

P2.13 某机电系统的开环控制系统如图 P2.13 所示。发电机以恒定转速运转，为电机提供所需要的励磁磁场电压。电机的转动惯量为 J_m，轴承的摩擦系数为 b_m。假定发电机输出电压 v_g 与励磁磁场电流 i_f 成比例，试计算传递函数 $\theta_L(s)/V_f(s)$ 并画出该系统的框图模型。

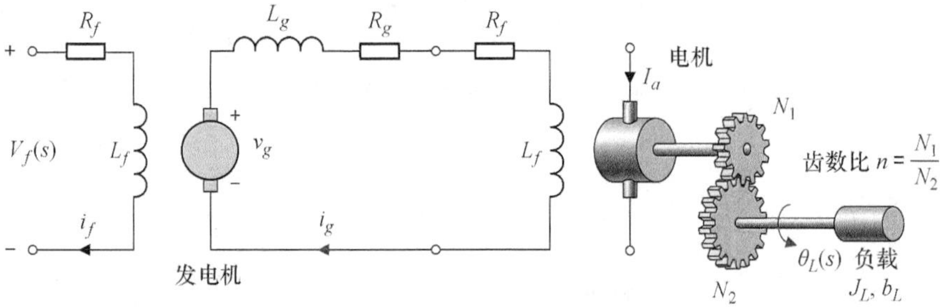

图 P2.13 电机与发电机

P2.14 磁场控制式直流电机通过齿轮驱动负载旋转。假设电机具有线性工作特性，当电机的输入电压为 80 V 时，试验中测得的输出响应如下：负载的转速在 0.5 s 内上升到了 1 rad/s，负载的稳态转速是 2.4 rad/s。假定电场感应可以忽略，请注意，施加到电机上的电压实际上是幅度为 80 V 的阶跃输入信号。在此条件下，以 rad/V 为单位，试计算该电机系统的传递函数 $\theta(s)/V_f(s)$。

P2.15 考虑图 P2.15 所示的质量块-弹簧系统，确定质量块 m 的运动方程，当初始条件为 $x(0) = x_0$ 且 $\dot{x}(0) = 0$ 时，计算系统的响应 $x(t)$。

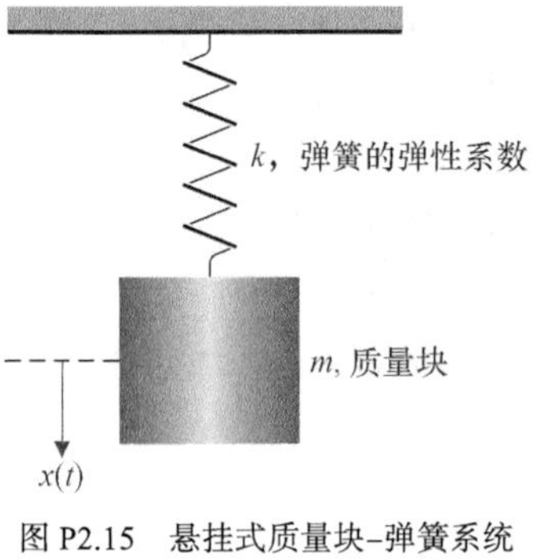

图 P2.15 悬挂式质量块-弹簧系统

P2.16 某机械系统如图 P2.16 所示，已知系统相对于参考面的位移为 $x_3(t)$。

（a）确定关于系统的两个变量 $x_1(t)$ 和 $x_2(t)$ 的动态方程。

（b）假定初始条件为零，求用拉普拉斯变换表示的系统动态方程。

（c）画出系统动态方程的信号流图。

（d）分别利用矩阵代数方法和梅森信号流图增益公式，进一步确定从 $X_1(s)$ 到 $X_3(s)$ 的传递函数 $T_{13}(s)$ 并对计算过程进行比较。

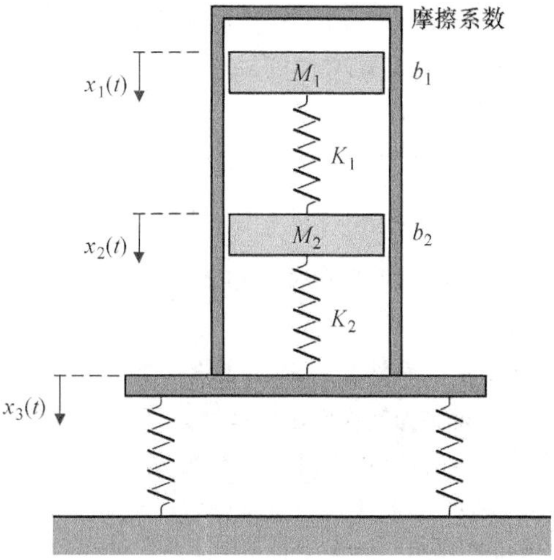

图 P2.16　某机械系统

P2.17　考虑如下代数方程组：

$$x_1 + 1.5x_2 = 6, \quad 2x_1 + 4x_2 = 11$$

其中，6 和 11 为输入，x_1 和 x_2 为输出因变量。试画出与上述代数方程组对应的信号流图模型，利用梅森信号流图增益公式计算因变量 x_1 的值，并用克拉默（Cramer）法则求解方程，验证得到的结果。

P2.18　某 LC 梯形电路如图 P2.18 所示，该电路可以用下面的方程组来描述。

$I_1 = (V_1 - V_a)Y_1$，　$V_a = (I_1 - I_a)Z_2$

$I_a = (V_a - V_2)Y_3$，　$V_2 = I_a Z_4$

根据上述方程组，构建电路的信号流图模型并计算其传递函数 $V_2(s)/V_1(s)$。

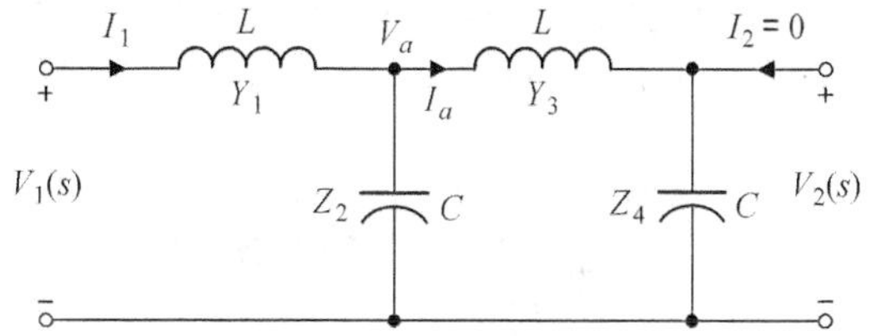

图 P2.18　某 LC 梯形电路

P2.19　由场效应管（Field-Effect Transistor，FET）组成的源极跟随放大器可以提供较低的输出阻抗和近似的单位增益，其电路如图 P2.19（a）所示，其小信号模型如图 P2.19（b）所示。为了实现偏置，假定 $R_2 \gg R_1$、$R_g \gg R_2$。

（a）确定放大器增益。

（b）当 $g_m = 2000\ \mu\Omega$、$R_s = R_1 + R_2 = 10\ \text{k}\Omega$ 时，计算放大器增益。

（c）画出该系统的框图模型。

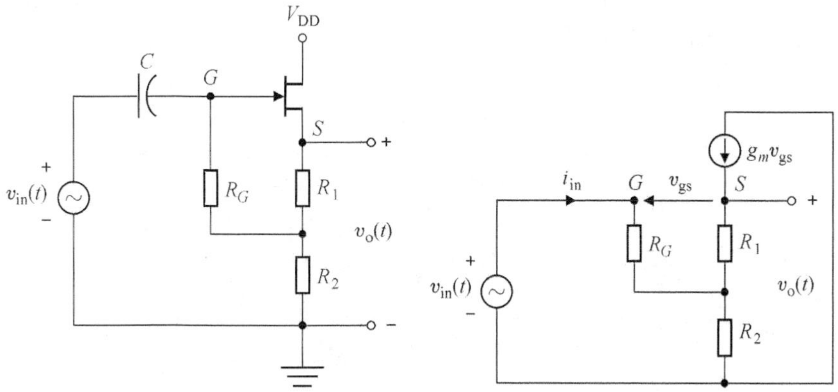

(a)　　　　　(b)

图 P2.19　配置了场效应管的源极跟随放大器或通用输出放大器

P2.20 考虑图 P2.20 所示的液压伺服机构，其中包括了机械反馈装置 [18]，其动力活塞的面积为 A。当阀门有微小移动量 Δz 时，液油将以 $p\cdot\Delta z$ 的速率流经油缸，其中 p 为比例系数。假定输入油压恒定，根据几何知识，由图 P2.20 可以计算得出

$$\Delta z = k\frac{l_1 - l_2}{l_1}(x - y) - \frac{l_2}{l_1}y$$

(a) 绘制该机械系统的闭环信号流图模型或框图模型。

(b) 计算闭环传递函数 $Y(s)/X(s)$。

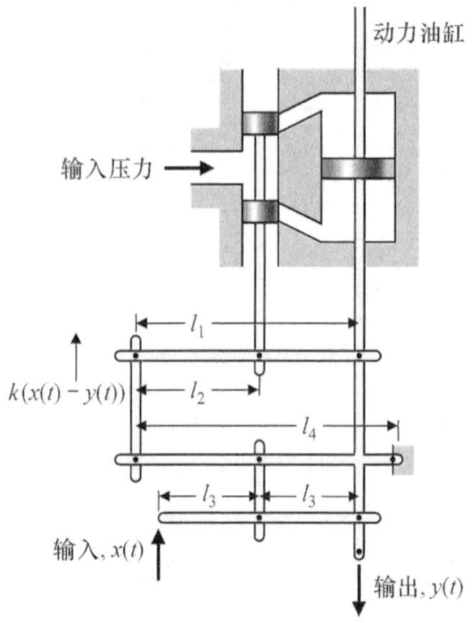

图 P2.20 液压伺服机构

P2.21 考虑图 P2.21 所示的双摆系统。双摆悬挂在无摩擦的支点上，并且它们的中点已经被弹簧连接在一起 [1]。每个摆都可以用一个长度为 L 的杆和固定于杆末端的质量块 M 来表示，其中，假定杆自身的质量可以忽略。此外，假定摆的角位移很小，因此 $\sin\theta$ 和 $\cos\theta$ 可以进行线性近似处理；当 $\theta_1 = \theta_2$ 时，位于杆中间的弹簧无变形，且输入 $f(t)$ 只作用在左侧的杆上。

(a) 确定双摆的运动方程并绘制系统的框图模型。

(b) 确定传递函数 $T(s) = \theta_1(s)/F(s)$。

(c) 在 s 平面上画出 $T(s)$ 的零点和极点。

P2.22 某电压跟随器（缓冲放大器）如图 P2.22 所示。假定这是一个理想放大器，请验证 $T = V_o(s)/V_{in}(s) = 1$。

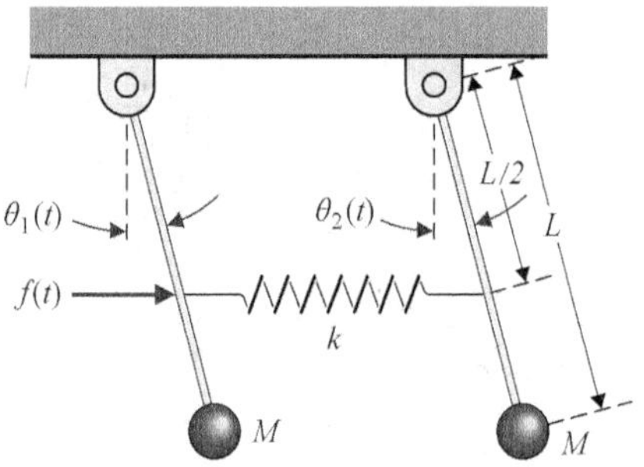

图 P2.21 双摆系统（每根杆长为 L，弹簧置于 $L/2$ 处）

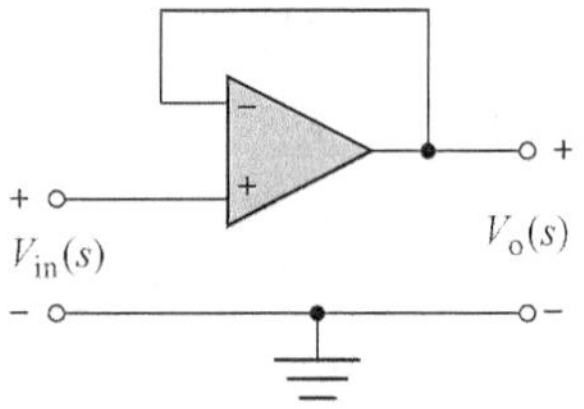

图 P2.22 某电压跟随器

P2.23 图 P2.23 所示的微信号电路等效于共射极的晶体管放大器，其中包含一个反馈电阻 R_f。计算该反馈放大器的输入输出比 $V_{ce}(s)/V_{in}(s)$。

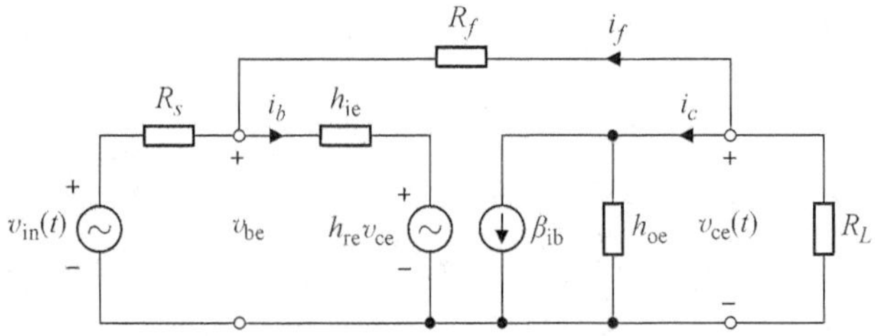

图 P2.23 共射极放大器

P2.24 双晶体管串联电压反馈放大器如图 P2.24（a）所示，这个交流等效电路忽略了偏置电阻与转换电容。该系统的框图模型如图 P2.24（b）所示，其中忽略了 h_{re} 的影响。通常情况下，这种近似的精

度是可以接受的。此外，这里假定 $R_2 + R_L \gg R_1$。

(a) 计算电压增益 $V_o(s)/V_{in}(s)$。

(b) 计算电流增益 $I_{c2}(s)/I_{b1}(s)$。

(c) 计算输入阻抗 $V_{in}(s)/I_{b1}(s)$。

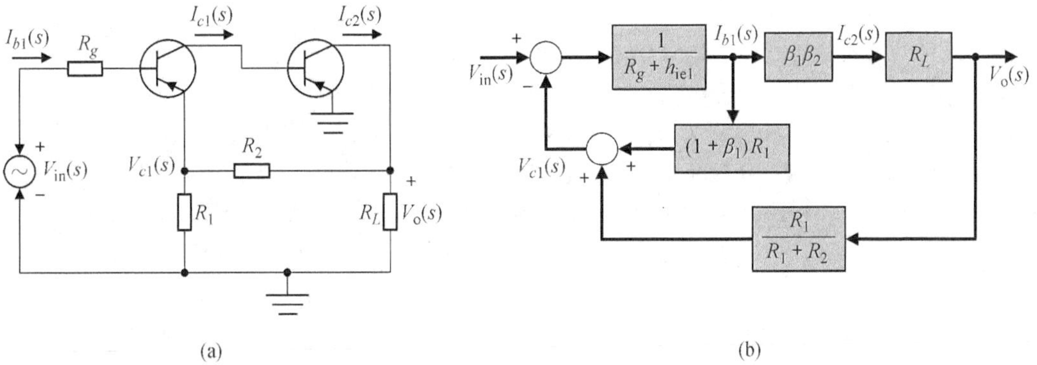

图 P2.24　双晶体管串联电压反馈放大器

P2.25　布莱克由于在 1927 年设计出了负反馈放大器而闻名于世。但世人常常忽视的是，其实早在 1924 年，布莱克就发明了一种称为前馈校正的电路设计技术 [24]。最近的实验表明，这项技术可以使放大器获得很高的稳定性。当时记录下来的布莱克放大器如图 P2.25（a）所示，其框图模型如图 P2.25（b）所示；而在图 P2.25（a）中，放大器的传递函数 $G(s)$ 是用 μ 表示的。在此条件下，试计算传递函数 $Y(s)/R(s)$ 和 $Y(s)/T_d(s)$。

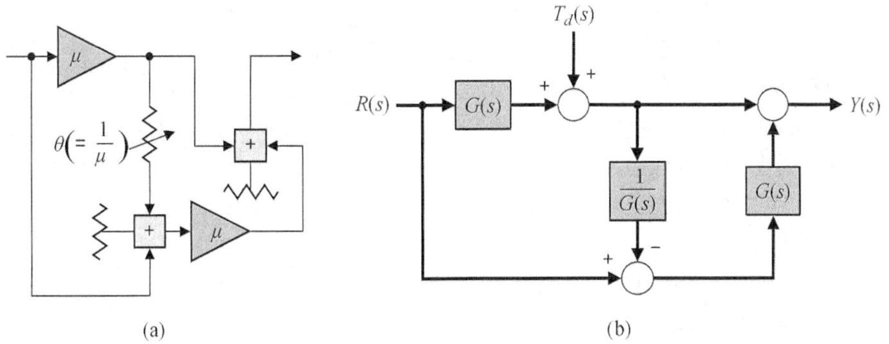

图 P2.25　布莱克放大器

P2.26　机器人在抓持较重的负载时，其手臂的各个关节需要具有很好的柔韧性 [6, 20]。描述机器人手臂的双质量块模型如图 P2.26 所示，试计算其传递函数 $Y(s)/F(s)$。

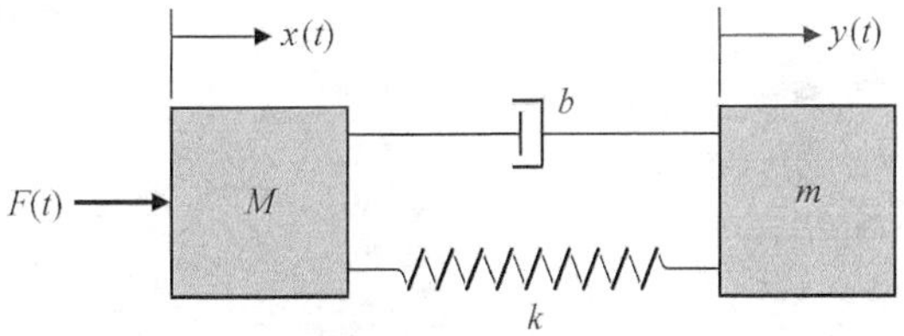

图 P2.26　机器人手臂的弹簧–质量–阻尼器模型

P2.27 作为轮轨列车的替代品，磁悬浮列车能够实现低摩擦的高速运行。如图 P2.27 所示，磁悬浮列车悬浮在轨道底盘与车体之间气隙的上方[25]。悬浮力 F_L 与向下的重力 $F=mg$ 方向相反，由流经悬浮线圈的电流 i 控制，可采用下式进行近似计算

$$F_L=k\frac{i^2}{z^2}$$

其中，z 为气隙高度。试确定气隙间隔高度 z 与控制电流 i 在平衡条件附近的线性近似关系。

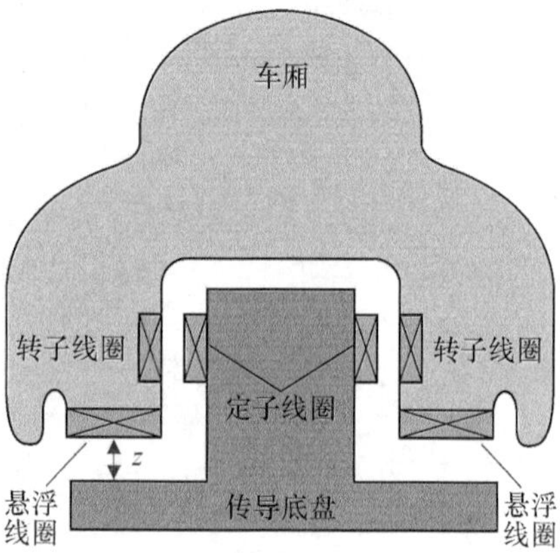

图 P2.27　磁悬浮列车的剖面图

P2.28 城市生态系统的多环路模型可能包括下列变量：城市人口数量 P、现代化程度 M、流入城市的人数 C、卫生设施 S、疾病数量 D、单位面积的细菌数 B 和单位面积的垃圾数 G 等。假定各变量之间遵循下列因果环路关系：

1. $P\to G\to B\to D\to P$
2. $P\to M\to C\to P$
3. $P\to M\to S\to D\to P$
4. $P\to M\to S\to B\to D\to P$

但各个变量之间传输增益的符号尚待确定。例如，卫生设施 S 得到改善后，单位面积的细菌数 B 将减少，因此从 S 到 B 的传输增益应该为负。请在确定每个传输增益的正负号之后，绘制以上因果关系的信号流图，并回答在所给的 4 条环路中，哪些是正反馈环路？而哪些是负反馈环路？

P2.29 考虑图 P2.29 所示的系统，我们期望能够使自由滚动的球在可以倾斜的横梁上保持平衡。假定电机扭矩由输入电流 i 控制，摩擦力可以忽略不计，且横梁可以平衡在水平位置 [$\phi(t)=0$] 附近，也就是说，$\phi(t)$ 只会出现较小的偏差。试计算传递函数 $X(s)/I(s)$，绘制对应的框图模型并在其中标出传递函数 $\phi(s)$、$X(s)$ 和 $I(s)$。

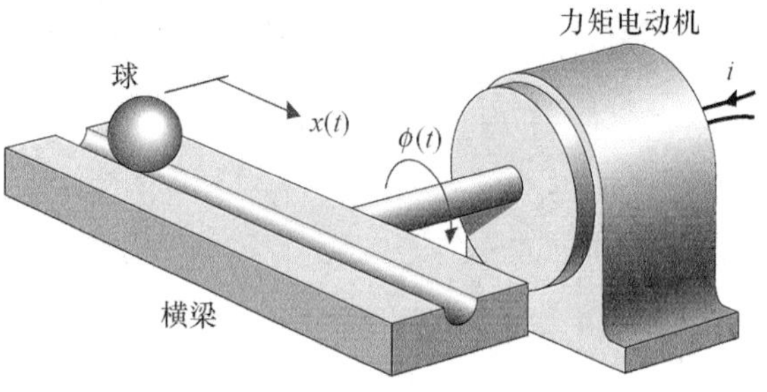

图 P2.29　倾斜的横梁与球

P2.30 在反馈系统中，测量元件或传感器是影响系统精度的重要因素[6]，它们的动态响应特性尤其重要。很多传感器具有如下形式的传递函数：

$$H(s)=\frac{k}{\tau s+1}$$

假定某个光电位置传感器的参数满足 $\tau=10\ \mu s$，试求该系统的阶跃响应，计算响应到达终值的 98% 所需的时间，并说明响应时间与 k 无关。

P2.31 某双输入–双输出交互控制系统的框图模型如图 P2.31 所示。当 $R_2=0$ 时，确定 $Y_1(s)/R_1(s)$ 和 $Y_2(s)/R_1(s)$。

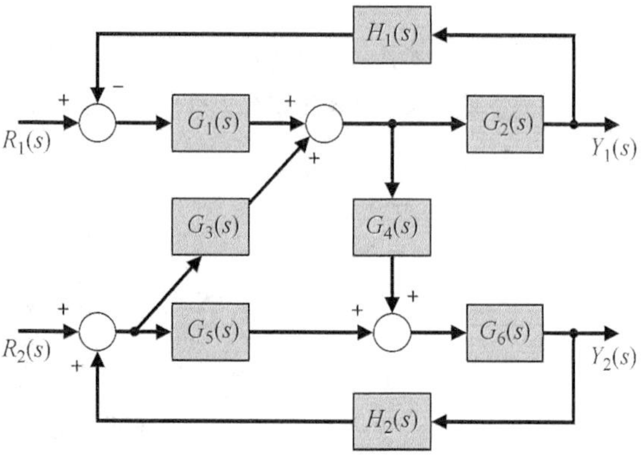

图 P2.31　双输入–双输出交互系统

P2.32 某系统由两个电机构成，可以通过柔性传送带将电机耦合在一起，传送带还将经过一个摆臂，摆臂上装有用来测量传送带速度与张力的传感器。该系统的基

本控制问题是，通过改变电机扭矩来调节传送带的速度与张力。

一个类似的实际应用系统是，在纺织纤维制造过程中，当纱线高速地从一个线轴绕到另一个线轴时，要求将两个线轴间运动的纱线的速度和张力限定在指定范围内。该系统的信号流图模型如图 P2.32 所示，试计算 $Y_2(s)/R_1(s)$ 并分析当系统满足何种条件时，输出 Y_2 与输入 R_1 相互独立。

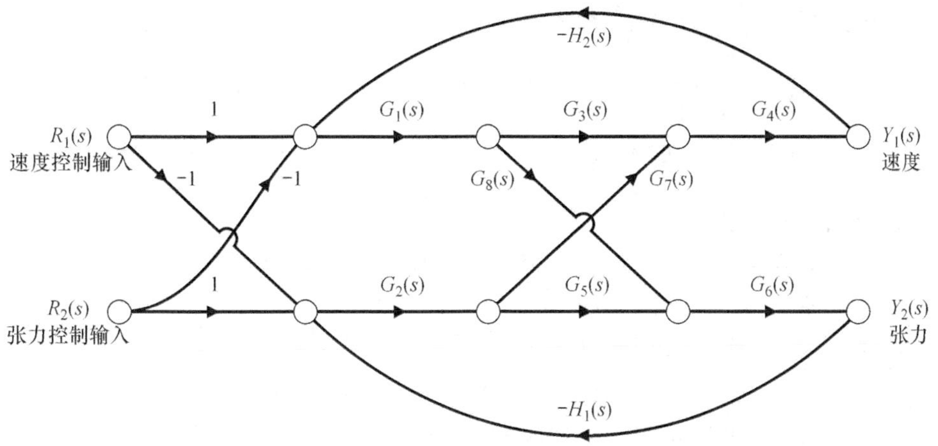

图 P2.32　耦合电机驱动负载模型

P2.33　油喷式发动机的怠速控制系统如图 P2.33 所示，计算其传递函数 $Y(s)/R(s)$。

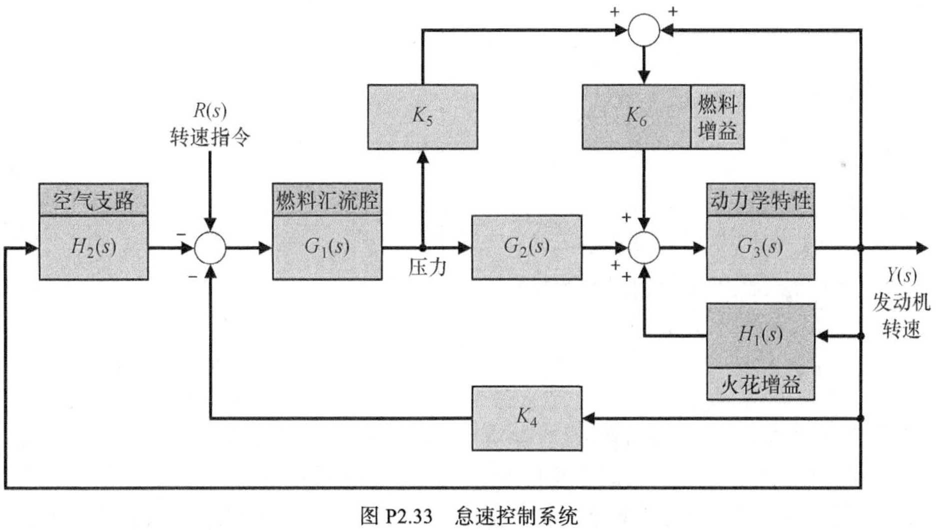

图 P2.33　怠速控制系统

P2.34　某老式皮卡的单个车轮的悬挂减震系统如图 P2.34 所示，车的质量为 m_1，车轮的质量为 m_2，悬挂弹簧的弹性系数为 k_1，轮胎的弹性系数为 k_2，减震器的阻尼系数为 b，试计算车辆响应的传递函数 $Y_1(s)/X(s)$，以便反映该皮卡在道路上的颠簸情况。

P2.35　某反馈控制系统的框图模型如图 P2.35 所示。请分别使用（a）框图简化方法和（b）信号流图及梅森公式这两种方法，计算闭环传递函数 $Y(s)/R(s)$。然后：

（c）选择增益 K_1 和 K_2 的合适取值，使得闭环系统有二重极点 $s=-10$，单位阶跃响应为临界阻尼响应；

（d）画出该系统对单位阶跃输入的临界阻尼响应曲线，并计算阶跃响应到达稳态值的 90% 时所需要的时间。

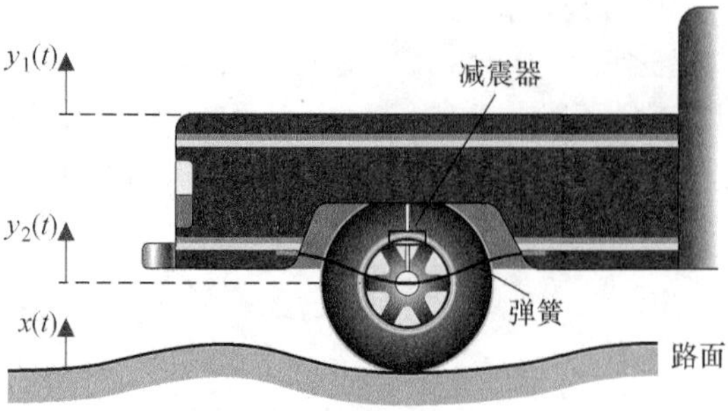

图 P2.34 皮卡的悬挂减震系统

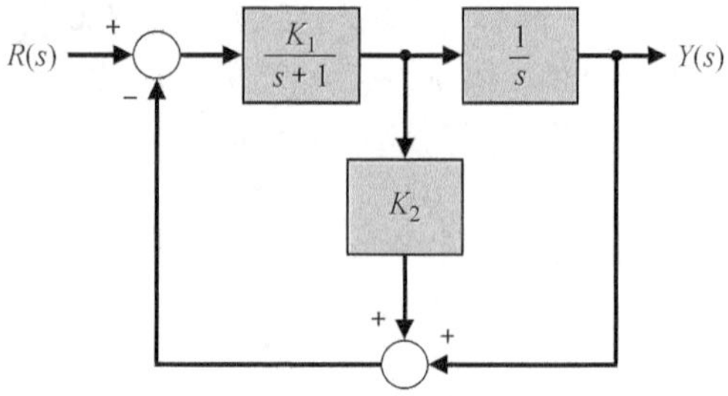

图 P2.35 多环路反馈控制系统

P2.36 某系统由图 P2.36 描述。

(a) 确定 $Y(s)$ 部分分式展开，计算系统对斜坡输入 $r(t)=t(t\geqslant 0)$ 的响应 $y(t)$。

(b) 绘图显示（a）中的响应 $y(t)$，并指出 $t=1.0\text{ s}$ 时 $y(t)$ 的值。

(c) 求 $t\geqslant 0$ 时的系统脉冲响应 $y(t)$。

(d) 绘图显示（c）中的脉冲响应 $y(t)$，并指出 $t=1.0\text{ s}$ 时 $y(t)$ 的值。

P2.37 某双质量块系统如图 P2.37 所示，输入压力为 $u(t)$。当 $m_1=m_2=1$ 且 $K_1=K_2=1$ 时，(a) 确定该系统的微分方程模型，(b) 确定由 $U(s)$ 到 $Y(s)$ 的传递函数。

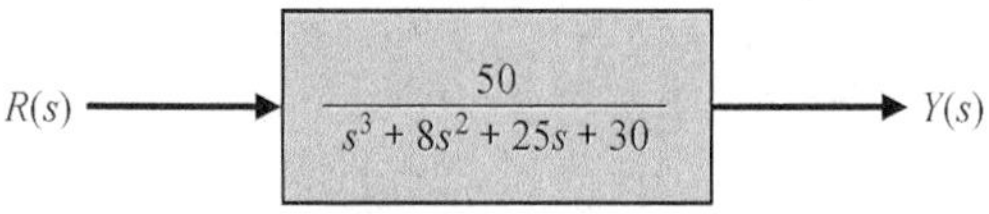

图 P2.36 三阶系统

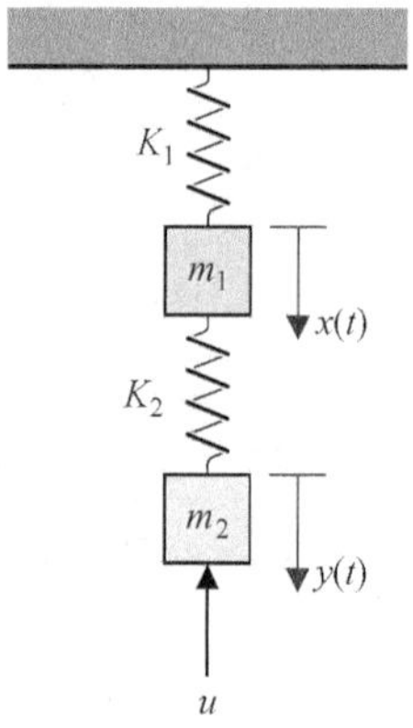

图 P2.37 双质量块系统

P2.38 如图 P2.38 所示，某旋转振荡器由两个钢球和一根细长的杆构成，两球分别处在杆的两端，用于悬挂长杆的细线能够旋转很多圈并且保持不断。假设细线的旋转弹簧的弹性系数为 $2\times10^{-4}\text{ N}\cdot\text{m/rad}$，钢球在空气中的黏性摩擦系数为 $2\times10^{-4}\text{ N}\cdot\text{m}\cdot\text{s/rad}$，球的质量为 1 kg。如果这个装置被事先扭转了 4000°，试求从该处回转运动到只有 10°的旋转角时，共需要多少时间。

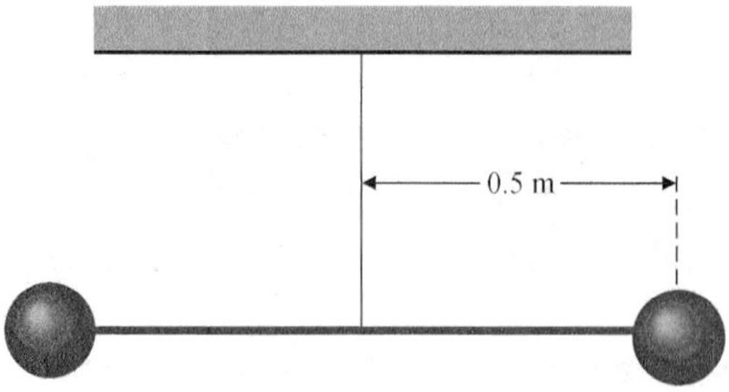

图 P2.38 旋转振荡器

P2.39　考虑图 P2.39 所示的电路。假定当 $t<0$ 时，系统处于稳定状态，而在 $t=0$ 的瞬间，开关从触头 1 切换到触头 2。试计算电路输出电压的拉普拉斯变换 $V_0(s)$。

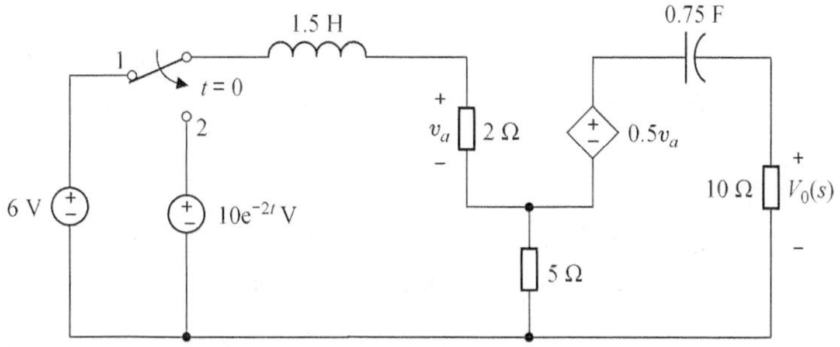

图 P2.39　某电路模型

P2.40　图 P2.40 所示的阻尼装置常常被用来减少机器的有害振动，两轮之间填充了重油一类的黏性液体。当发生剧烈振动时，两轮间的相对运动将产生阻尼力，而当这个装置无振动地转动时，将不存在相对运动，因而也不产生任何阻尼力。假定轴的弹性系数为 K，液体的阻尼系数为 b，负载扭矩为 T，试计算 $\theta_1(s)$ 和 $\theta_2(s)$。

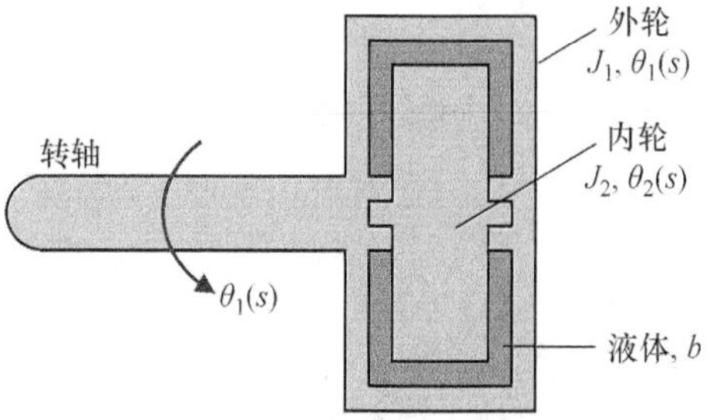

图 P2.40　某阻尼装置的剖面图

P2.41　配置有转向发动机的火箭侧向控制过程如图 P2.41 所示。记火箭离预期轨道的侧向偏差为 h，前向飞行速度为 V，发动机控制力矩为 $T_c(s)$，扰动力矩为 $T_d(s)$，试推导该系统的线性微分方程组模型，绘制系统的框图模型并求其中各部件的传递函数。

P2.42　超市、印刷业和制造业等应用领域经常采用光学扫描仪来读取产品的条形码。如图 P2.42 所示，当图中的反光镜转动时，将产生一个与其角速度成比例的摩擦力，摩擦系数等于 0.06 N·s/rad，转动惯量等于 0.1 kg·m^2。记输出变量是转速 $\omega(t)$，并且设 $t=0$ 时的初始速度为 0.7。

（a）确定电机的微分方程模型。

（b）当电机输入扭矩为单位阶跃信号时，计算系统的响应。

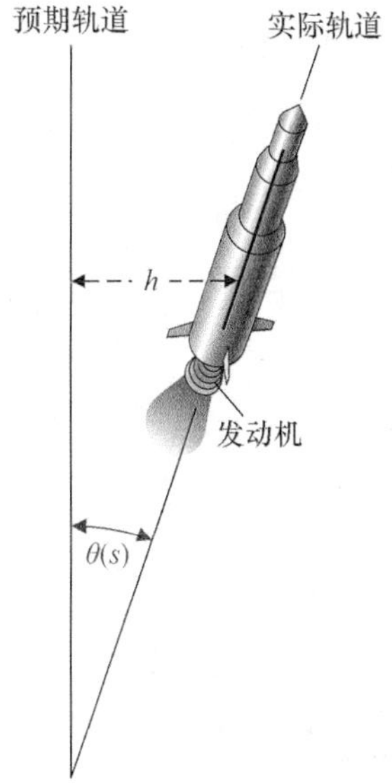

图 P2.41　带有转向发动机的火箭

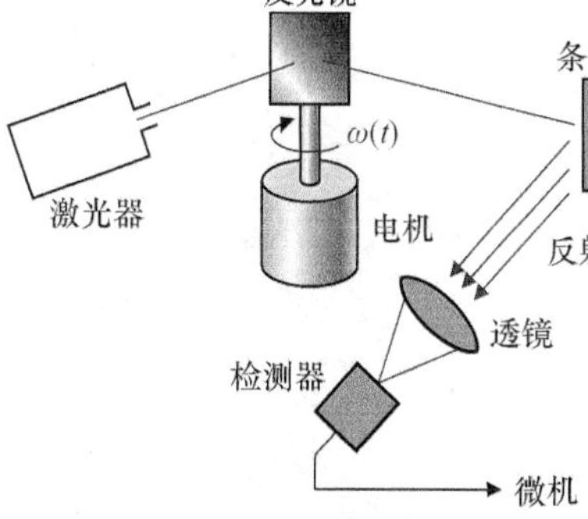

图 P2.42　光学扫描仪

P2.43 表 2.4 中的第 10 项给出了一个理想化的齿轮组模型。假定齿轮的转动惯量和摩擦可以忽略，并且假定两个齿轮做功相同，试推导该齿轮组的传递函数（表 2.4 中已经给出）以及扭矩 T_m 与 T_L 的关系。

P2.44 如图 P2.44 所示，理想齿轮组连接着一个实心的圆柱体负载。电机转轴与齿轮 G_2 的转动惯量为 J_m，假定负载上的摩擦系数为 b_L，电机转轴的摩擦系数为 b_m，并假定负载盘的密度为 ρ，两个齿轮的齿数比为 n。试计算：

(a) 负载的转动惯量 J_L。

(b) 电机转轴的输出扭矩 T（提示：电机转轴的扭矩 $T = T_1 + T_m$）。

P2.45 如图 P2.45 所示，为了综合利用机械手的力量优势与人的智能优势，人们发明了一种名为增强器的有源机械手，戴着它可以使人的手臂力量倍增 [22]。将人提供的输入记为 $U(s)$，增强器的输出记为 $P(s)$，试将输出 $P(s)$ 写成 $P(s) = T_1(s)U(s) + T_2(s)F(s)$ 的形式。

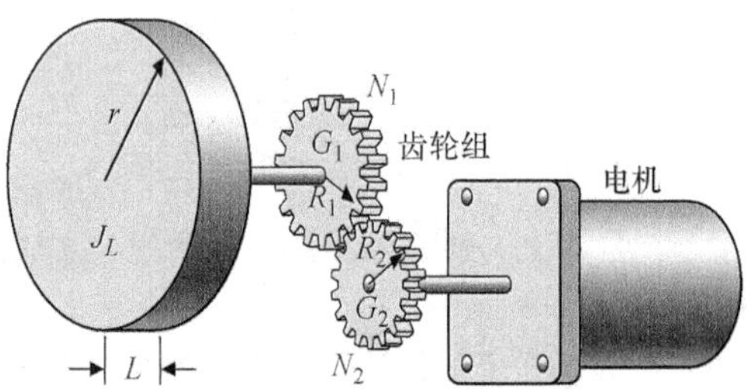

图 P2.44 电机、齿轮组与负载

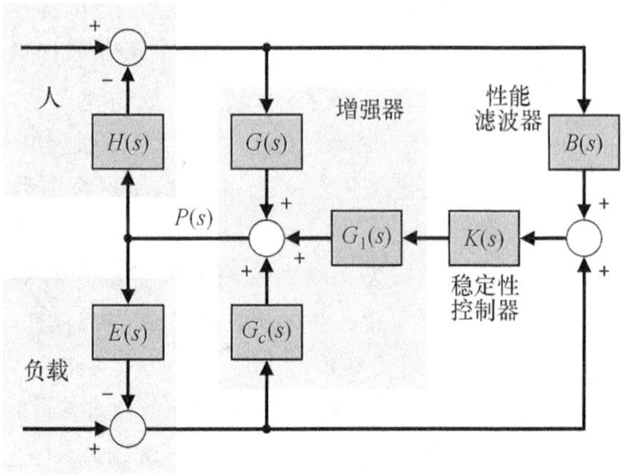

图 P2.45 增强器模型

P2.46 如图 P2.46（a）所示，卡车上的负载向支撑弹簧施加作用力 $F(s)$ 后，会导致轮胎变形。轮胎运动模型如图 P2.46（b）所示，试计算传递函数 $X_1(s)/F(s)$。

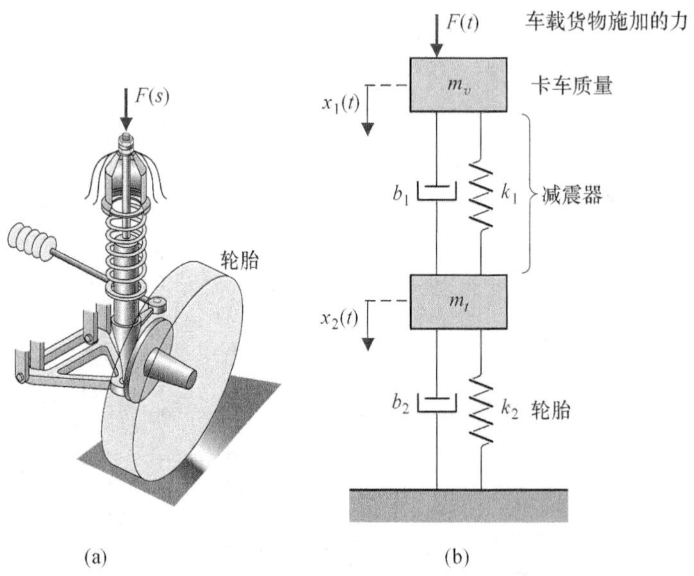

图 P2.46 卡车支撑模型

P2.47　水箱内的水位高度 $h(t)$ 由图 P2.47 所示的开环系统控制。电枢控制式直流电机能够驱动轴的转动，从而控制阀门的开启程度。如果直流电机的电感可以忽略，即 $L_a = 0$，则转轴与阀门的转动摩擦系数也可以忽略，即 $b = 0$，而且水箱的液面高度满足 $h(t) = \int [1.6\theta(t) - h(t)]\,\mathrm{d}t$，电机常数为 $K_m = 10$，转轴与阀门的转动惯量为 $J = 6 \times 10^{-3}\,\mathrm{kg \cdot m^2}$，试求：

(a) 关于 $h(t)$ 与 $v(t)$ 的微分方程。

(b) 传递函数 $H(s)/V(s)$。

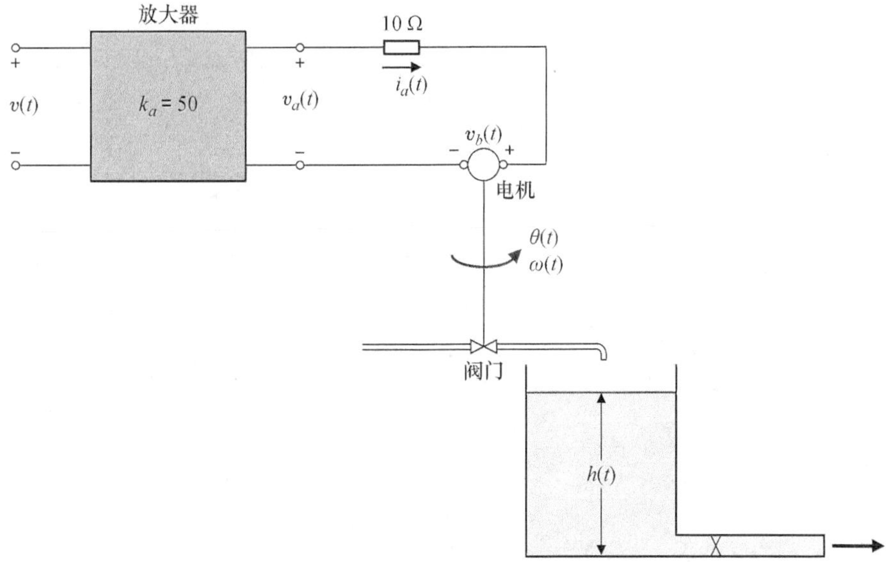

图 P2.47　水箱水位高度的开环控制系统

P2.48　图 P2.48 所示的电路被称为超前-滞后滤波器，假定放大器是一个理想放大器。

(a) 计算传递函数 $V_2(s)/V_1(s)$；

(b) 当 $R_1 = 300\,\mathrm{k\Omega}$、$R_2 = 200\,\mathrm{k\Omega}$、$C_1 = 4\,\mathrm{\mu F}$、$C_2 = 0.2\,\mathrm{\mu F}$ 时，计算传递函数 $V_2(s)/V_1(s)$。

(c) 求取 $V_2(s)/V_1(s)$ 的部分分式展开式。

P2.49　某单位反馈闭环控制系统如图 P2.49 所示。

(a) 计算传递函数 $T(s) = Y(s)/R(s)$。

(b) 求 $T(s)$ 的零点和极点。

(c) 当输入为单位阶跃输入 $R(s) = 1/s$ 时，求 $Y(s)$ 的部分分式展开式。

(d) 绘制 $y(t)$ 的曲线，讨论 $T(s)$ 实极点与复极点对 $y(t)$ 的影响，并分析哪一类极点起主导作用。

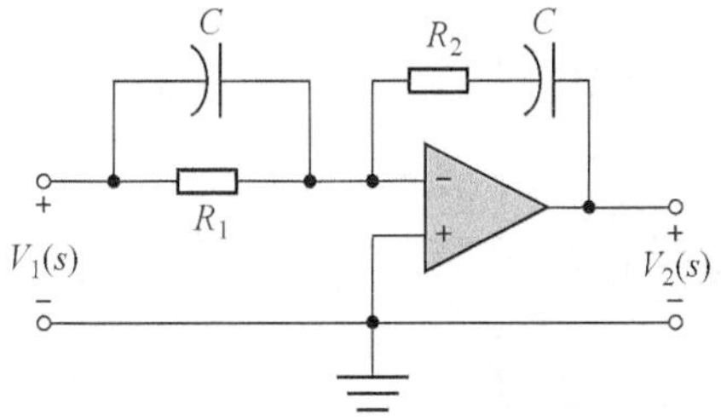

图 P2.48　超前-滞后滤波器

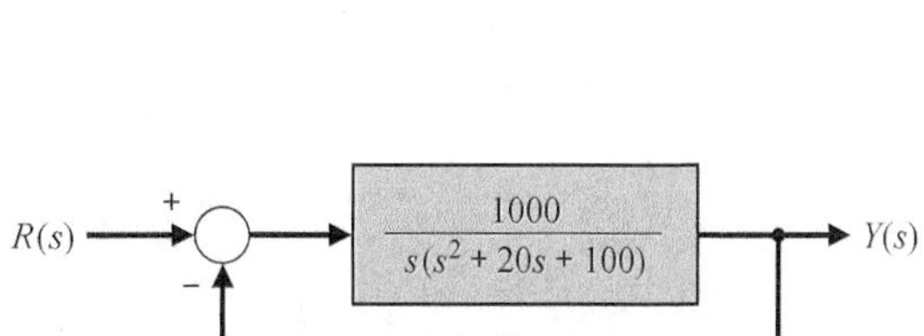

图 P2.49　单位反馈闭环控制系统

P2.50 闭环控制系统如图 P2.50 所示。

(a) 计算传递函数 $T(s) = Y(s)/R(s)$。

(b) 求 $T(s)$ 的零点和极点；

(c) 当输入为单位阶跃输入 $R(s) = 1/s$ 时，求 $Y(s)$ 的部分分式展开式。

(d) 绘制 $y(t)$ 的曲线，讨论 $T(s)$ 实极点与复极点对 $y(t)$ 的影响，并分析哪一类极点起主导作用。

(e) 预测单位阶跃响应 $y(t)$ 的稳态值。

P2.51 观察图 P2.51 所示的双质量块系统，给出描述该系统的微分方程组模型。

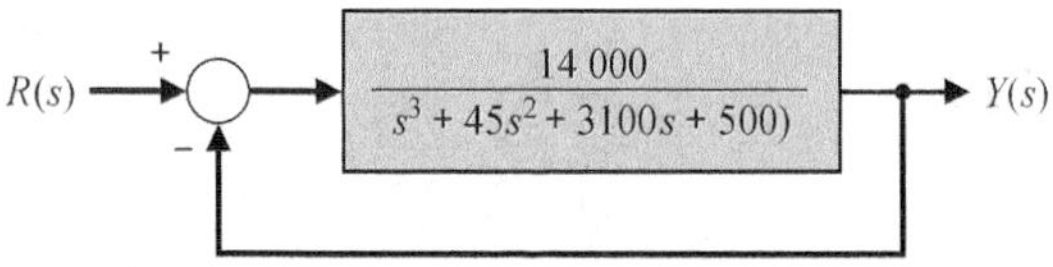

图 P2.50 三阶反馈控制系统

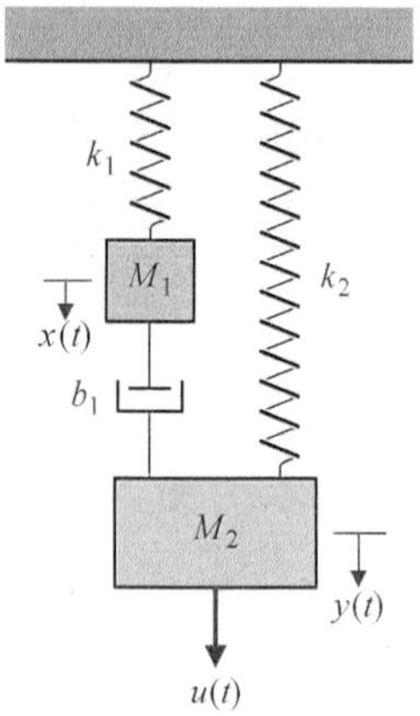

图 P2.51 含有两个弹簧和一个阻尼器的双质量块系统

难题

AP2.1 电枢控制式直流电机正在驱动负载。假定输入电压为 5 V，在 $t = 2$ s 时，电机转速为 30 rad/s，当 $t \to \infty$时，电机的稳态转速为 70 rad/s，试计算传递函数 $\omega(s)/V(s)$。

AP2.2 系统的框图模型如图 AP2.2 所示，试计算传递函数 $T(s) = \dfrac{Y_2(s)}{R_1(s)}$。希望当 $T(s) = 0$ 时，可以实现 $Y_2(s)$ 与 $R_1(s)$ 解耦。试利用其他传递函数 $G_i(s)$ 来表示 $G_5(s)$，并选择合适的 $G_5(s)$，使得系统实现解耦。

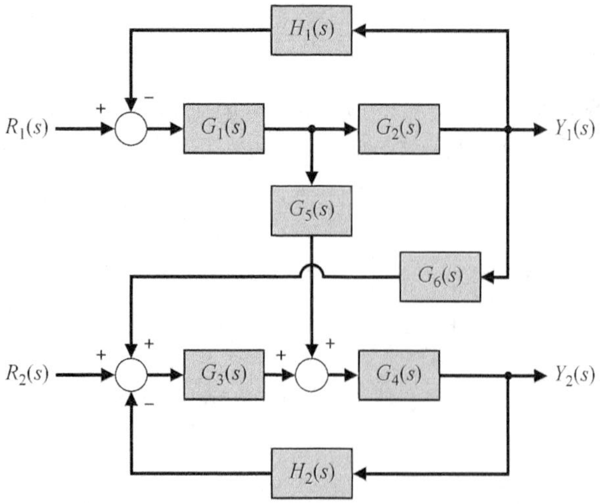

图 AP2.2 交互控制系统

AP2.3　考虑图 AP2.3 所示的反馈控制系统，定义跟踪误差为 $E(s) = R(s) - Y(s)$。

(a) 选择合适的传递函数 $H(s)$，使得在不存在输入扰动（$T_d(s) = 0$）的情况下，对于所有的输入 $R(s)$，系统的跟踪误差都为 0。

(b) 在求得的 $H(s)$ 的基础上，令输入 $R(s) = 0$，求系统对于输入扰动 $T_d(s)$ 的响应。

(c) 当 $G_d(s) \neq 0$ 时，能否使得系统的输出对于任何输入扰动 $T_d(s)$ 都有 $Y(s) = 0$？请解释你的结论。

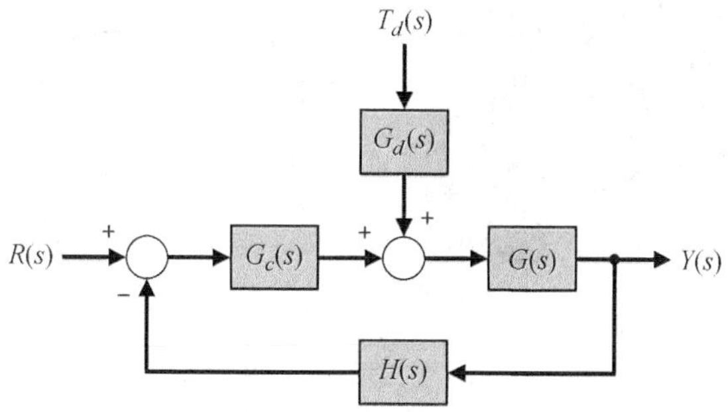

图 AP2.3　带有输入扰动的反馈控制系统

AP2.4　某加热系统的传递函数为

$$\frac{\mathcal{T}(s)}{q(s)} = \frac{1}{C_t s + \left(QS + 1/R_t\right)}$$

其中，输出$\mathcal{T}(s)$表示加热过程中的温度变化量，输入 $q(s)$ 为加热元件在单位时间的热流量。系统参数包括 C_t、Q、S 与 R_t，具体可以参见表 2.4 中的第 16 项。

(a) 计算系统对于单位阶跃输入 $q(s) = 1/s$ 的响应。

(b) 当时间 $t \to \infty$ 时，试求（a）中得出的阶跃响应的稳态值。

(c) 如何选择合适的参数 C_t、Q、S 与 R_t，以提高系统阶跃响应的响应速度？

AP2.5　考虑图 AP2.5 所示的三联推车系统，该系统的输入为 $u_1(t)$、$u_2(t)$ 和 $u_3(t)$，输出分别为 $x_1(t)$、$x_2(t)$ 和 $x_3(t)$。试求该系统的 3 个二阶常系数微分方程，若有可能，请将方程组改写为矩阵形式。

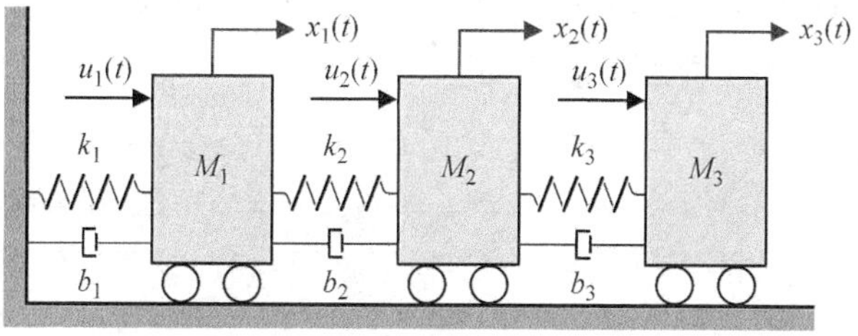

图 AP2.5　三输入–三输出的三联推车系统

AP2.6　观察图 AP2.6 给出的起重行车，其中，行车自身的质量为 M，负载的质量为 m，长度为 L 的刚性缆绳的质量可以忽略不计，行车行进的摩擦力为 $F_b(t) = -b\dot{x}(t)$，此处的 $x(t)$ 为行驶的路程。试给出描述行车与负载运动的微分方程模型。

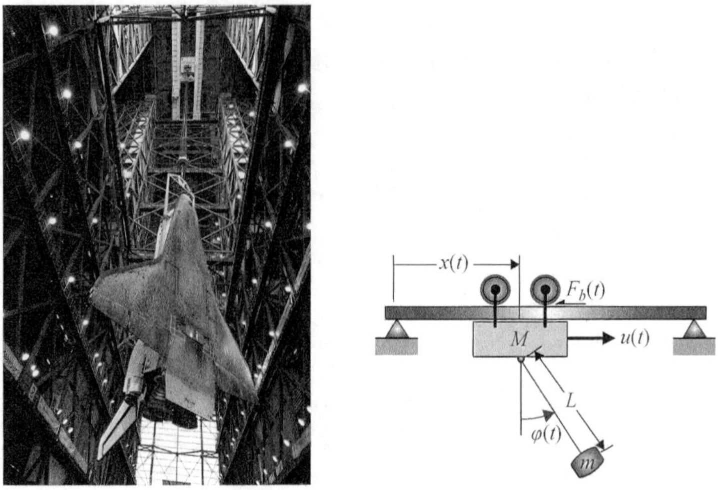

(a) (b)

图 AP2.6 (a) 行车正在搬运亚特兰提斯号航天飞机（图片经 NASA 的 Jack Pfaller 许可使用）；(b) 行车系统的结构概略图

AP2.7 某单位反馈系统的框图模型由图 AP2.7 给出。请首先给出系统单位脉冲扰动响应的解析表达式；接下来假定 $k>0$，请给出系统单位脉冲扰动响应到达 $y(t)<0.5$ 所需要的最短时间，确定该时间与系统增益 k 的关系；如果要求在 $t=0.01$ 时，单位脉冲扰动响应首次到达 $y(t)=0.5$，请问 k 应该取何值？

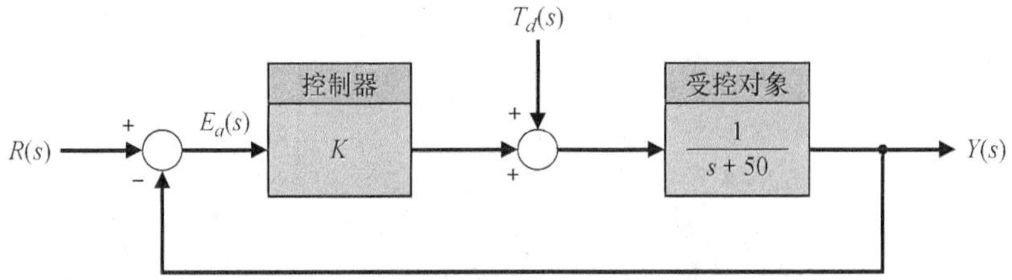

图 AP2.7 带有控制器 $G_c(s)=k$ 的单位反馈控制系统

AP2.8 考虑图 AP2.8 所示的电缆卷线机控制系统，试选择 A 和 K 的合适取值，在系统的稳态速度能够按照预期保持为 50 m/s 的前提下，使得超调量不大于 10%。用解析法计算系统的响应 $y(t)$ 并验证系统的稳态响应和超调量的确能够满足要求①。

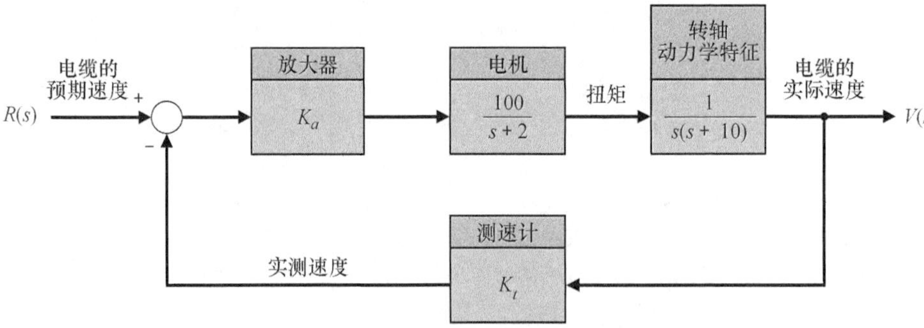

图 AP2.8 电缆卷线机控制系统

① 稳态响应和超调量的定义详见第 5 章。——译者注

AP2.9　观察图 AP2.9 给出的反相放大器，计算传递函数 $V_o(s)/V_i(s)$，并验证传递函数可以写成下面的形式：

$$G(s)=\frac{V_o(s)}{V_i(s)}=K_P+\frac{K_I}{s}+K_D s$$

其中，增益 K_P、K_I、K_D 是 C_1、C_2、R_1 和 R_2 的函数。图 AP2.9 所示的电路是一个 PID 控制器。

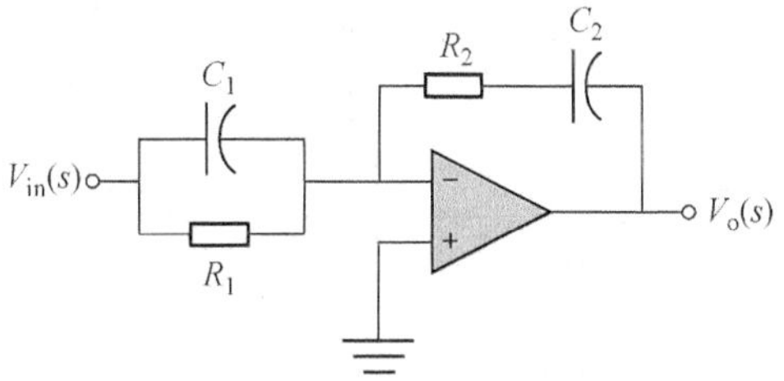

图 AP2.9　具有 PID 控制器作用的反相放大器

设计题

CDP2.1　如图 CDP2.1 所示，我们希望准确定位机床的加工台面。与普通球形螺纹绞盘相比，带有牵引驱动电机的绞盘具有低摩擦、无反冲等优良品质，但容易受到扰动的影响。在本题中，驱动电机为电枢控制式直流电机，其输出轴上安装有绞盘，绞盘通过驱动杆移动线性滑动台面。由于台面使用了空气轴承，因此，它与工作台之间的摩擦可以忽略不计。在此条件下，利用表 CDP2.1 给出的参数，建立图 CDP2.1（a）所示系统的开环模型。开环模型以及所需要的传递函数如图 CDP2.1（b）所示。注意，本题建立的只是开环模型，带有反馈的闭环系统模型将在后续章节中介绍。

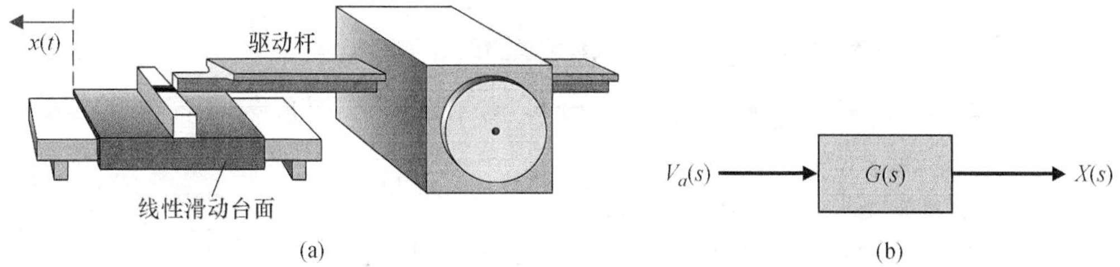

图 CDP2.1　（a）牵引驱动电机、绞盘和线性滑动台面；（b）框图模型

表 CDP2.1　电枢控制式直流电机、绞盘与滑动台面的典型参数

M_s	滑动台面质量	5.693 kg
M_b	驱动杆质量	6.96 kg
J_m	滚轮、转轴、电机与转速计的转动惯量	10.91×10^{-3} kg·m^2
r	滚轮半径	31.75×10^{-3} m
b_m	电机阻尼力	0.268 N·m·s/rad
K_m	扭矩系数	0.8379 N·m/A
K_b	逆电动势系数	0.838 V·s/rad
R_m	电机电阻	1.36 Ω
R_m	电机电感	3.6 mH

DP2.1 控制系统如图 DP2.1 所示，其中：

$$G_1(s)=\frac{10}{s+10},\ G_2(s)=\frac{1}{s}$$

试确定增益参数 K_1 和 K_2 的合适取值，使得系统阶跃响应 $y(t)$ 满足当 $t\to\infty$ 时达到 $y\to 1$。系统的闭环极点为 $s_1=-20$ 和 $s_2=-0.5$。

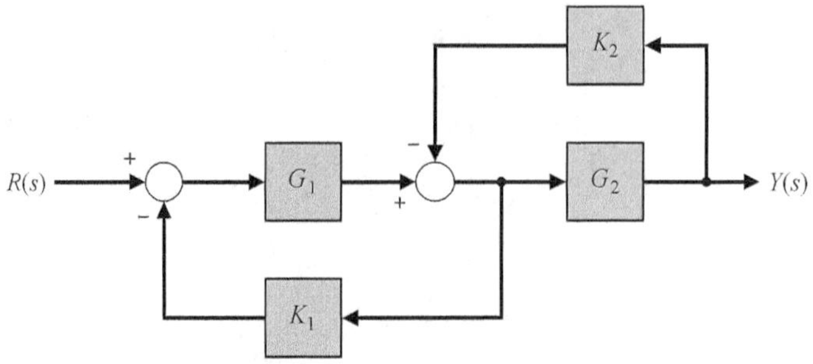

图 DP2.1 传递函数的选择

DP2.2 电视机接收电路可以用图 DP2.2 所示的模型描述，选择合适的电导 G，使得电压为 $v=24$ V。其中，电导的单位为 S（西门子，siemens）。

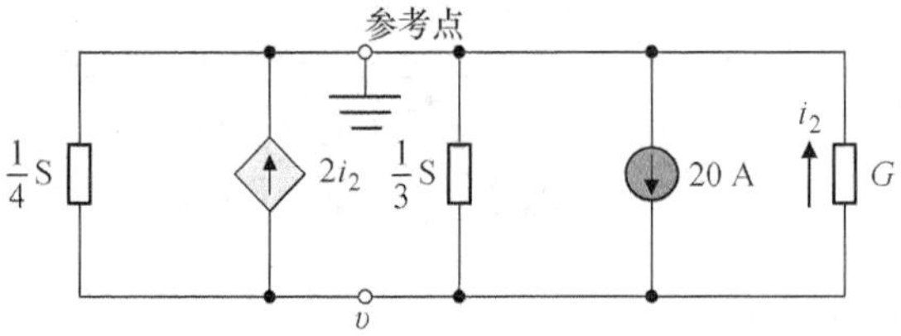

图 DP2.2 电视接收无线电路

DP2.3 为了求黑箱系统的传递函数 $G(s)$，在输入端施加测试信号 $r(t)=t(t\geqslant 0)$。当初始条件为零时，输出响应为 $y(t)=\frac{1}{4}\mathrm{e}^{-t}-\frac{1}{100}\mathrm{e}^{-5t}-\frac{6}{25}+\frac{1}{5}t,\ t\geqslant 0$。试由此确定该系统的传递函数 $G(s)$.

DP2.4 图 DP2.4 所示的运算放大器可以用作滤波器。

(a) 假定运算放大器为理想放大器，试确定传递函数。

(b) 当输入为 $v_1(t)=At(t\geqslant 0)$ 时，计算输出 $v_o(t)$。

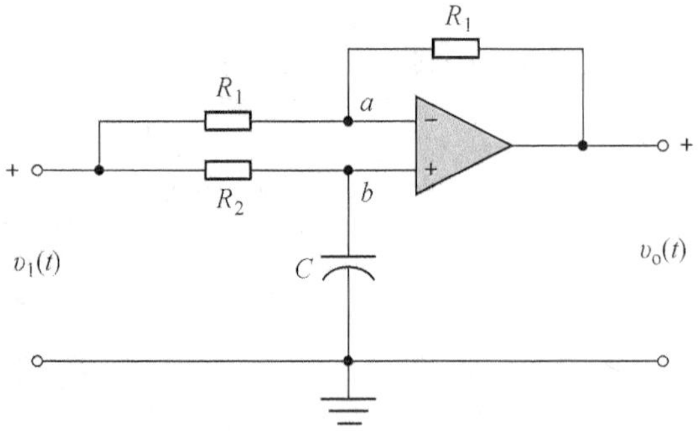

图 DP.2.4 运算放大器

DP2.5 观察图 DP2.5 给出的座钟。长度为 L 的摆杆下面吊着摆盘。假定摆杆是质量可以忽略不计的刚性细杆，摆盘的质量为 m；再假定摆动的角度 $\phi(t)$ 很小，使得 $\sin(\phi(t))\approx\phi(t)$ 成立。请设计摆杆的长度 L，使得钟摆的周期为 2 s。请留意，在 2 s 的周期内，钟摆按照预期分别发出“嘀”“嗒”声音各一次，时间间隔为 1 s。你能解释为什么这种座钟通常高达 1.5 m 或更高吗？

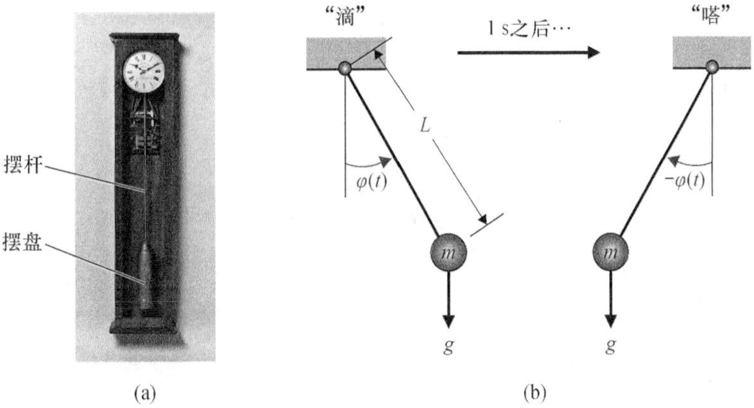

图 DP2.5　(a) 典型座钟（来源：SuperStock 图片库）；(b) 钟摆运动概略图

计算机辅助设计题

CP2.1　考虑如下两个多项式

$$p(s) = s^2 + 8s + 12$$
$$q(s) = s + 2$$

试求：

(a) $p(s)q(s)$。

(b) $G(s) = q(s)/p(s)$ 的零点和极点。

(c) $p(-1)$ 的取值。

CP2.2　考虑图 CP2.2 描述的负反馈控制系统。

(a) 利用函数 series 与 feedback 计算闭环传递函数。

(b) 利用函数 step 求闭环系统的单位阶跃响应，并验证输出的终值为 2/5。

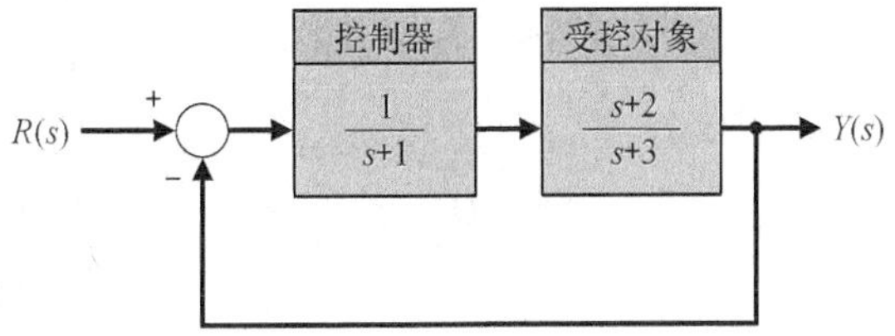

图 CP2.2　负反馈控制系统

CP2.3　考虑如下微分方程：

$$\ddot{y}(t) + 8\dot{y}(t) + 16y(t) = 16u(t)$$

其中，$y(0) = \dot{y}(0) = 0$，且 $u(t)$ 为单位阶跃信号，试求 $y(t)$ 的解析解。在同一张图上，绘图显示 $y(t)$ 的解析计算结果以及使用 step 函数求得的阶跃响应。

CP2.4　考虑图 CP2.4 给出的机械系统，输入为 $f(t)$，输出为 $y(t)$。当 $m = 10$、$k = 1$、$b = 0.5$ 时，试编写相关的 m 脚本程序，确定从 $f(t)$ 到 $y(t)$ 的传递函数，绘制系统的单位阶跃响应曲线并验证输出峰值约为 1.8。

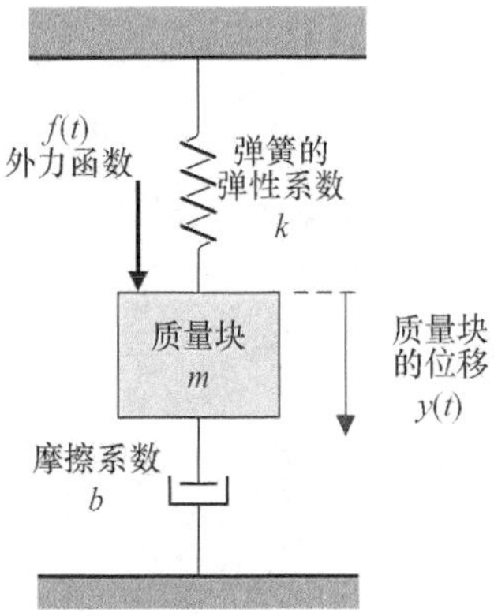

图 CP2.4　质量块-弹簧-阻尼器系统

CP2.5　卫星单轴姿态控制系统的框图模型如图 CP2.5 所示，其中，变量 k、a 和 b 是控制器参数，J 为卫星的转动惯量。假定所

给的转动惯量为 $J = 10.8\text{E} + 08\ \text{slug-ft}^2$，控制器参数为 $k = 10.8\text{E} + 08$、$a = 1$ 和 $b = 8$。

(a) 编写 m 脚本程序，计算其闭环传递函数 $T(s) = \theta(s)/\theta_d(s)$。

(b) 当输入为幅值 $A = 10^0$ 的阶跃信号时，计算并绘制系统的阶跃响应曲线。

(c) 转动惯量的精确值通常是不可知的，而且会随时间缓慢改变。当 J 减小到给定值的 80% 和 50% 时，分别计算并比较卫星的阶跃响应。

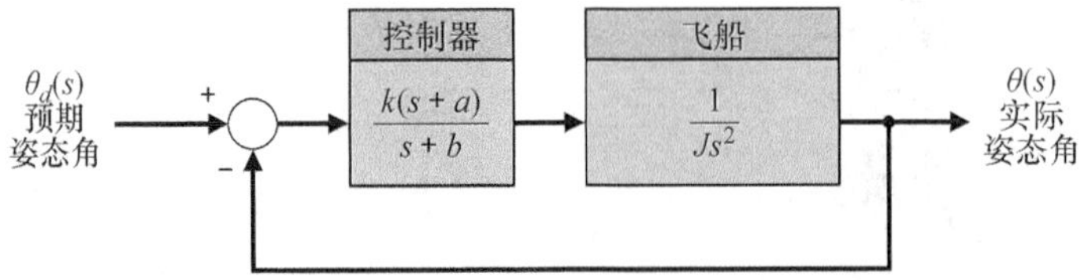

图 CP2.5 卫星单轴姿态控制系统的框图模型

CP2.6 考虑图 CP2.6 所示的框图模型。

(a) 编写 m 脚本程序，对框图模型进行简化并计算系统的闭环传递函数。

(b) 利用函数 pzmap 绘制闭环传递函数的零极点分布图。

(c) 利用函数 pole 和 zero 分别计算闭环传递函数的极点和零点，并与 (b) 中得到的结果进行对比。

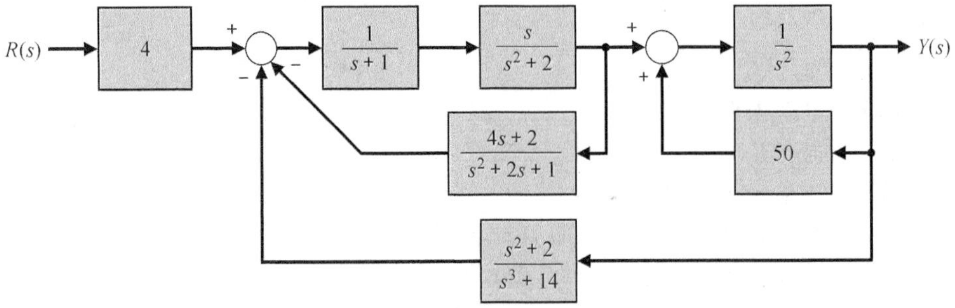

图 CP2.6 多环路反馈控制系统的框图模型

CP2.7 考虑图 CP2.7 所示的简易单摆系统，其非线性运动方程为

$$\ddot{\theta}(t) + \frac{g}{L}\sin\theta(t) = 0$$

其中，$L = 0.5\ \text{m}$、$m = 1\ \text{kg}$、$g = 9.8\ \text{m/s}^2$。在平衡点 $\theta = 0$ 附近进行线性化之后，可以得到线性运动方程为

$$\ddot{\theta}(t) + \frac{g}{L}\theta(t) = 0$$

编写 m 脚本程序，当初始条件为 $\theta(0) = 30^\circ$ 时，分别绘制非线性运动方程和线性运动方程的零输入响应曲线，并分析解释两者之间的差异。

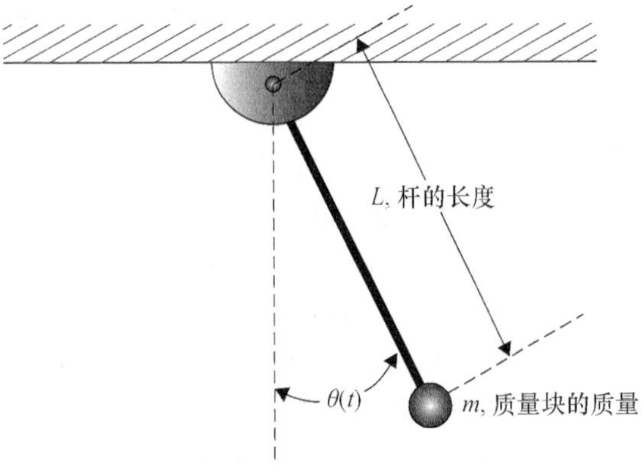

图 CP2.7 简易单摆系统

CP2.8 某系统的传递函数为

$$\frac{X(s)}{R(s)} = \frac{(50/z)(s + z)}{s^2 + s + 50}$$

当输入 $R(s)$ 为单位阶跃信号且参数 z 为 1、3 和 10 时，分别绘制系统的响应曲线。

CP2.9　考虑图 CP2.9 所示的反馈控制系统，其中：

$$G(s)=\frac{s+1}{s+2},\quad H(s)=\frac{1}{s+1}$$

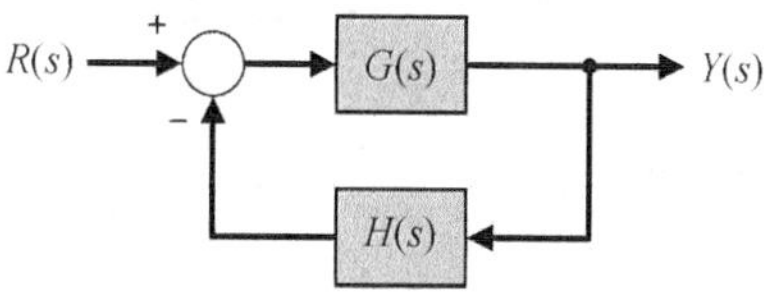

图 CP2.9　非单位反馈控制系统

（a）编写 m 脚本程序，求系统的闭环传递函数。

（b）利用函数 pzmap 绘制闭环系统的零极点分布图，并具体确定零点和极点的位置。

（c）分析（a）中得到的闭环传递函数，其中是否存在可以对消的零极点？如果有，利用函数 minreal 将其对消。

（d）为什么进行零极点对消是重要的？

CP2.10　观察图 CP2.10 给出的框图模型。编写 m 脚本程序，完成下列任务：

（a）计算闭环系统的阶跃响应［即 $R(s)=1/s$，$T_d(s)=0$］，当控制器增益 $0<k<10$ 时，将系统输出 $y(s)$ 的稳态值视为 k 的函数，绘制其变化曲线。

（b）计算闭环系统的阶跃扰动响应［即 $R(s)=0$，$T_d(s)=1/s$］，当控制器增益 $0<k<10$ 时，将此时的系统输出 $y(s)$ 的稳态值视为 k 的函数，继续叠加绘制其变化曲线。

（c）确定 k 的合适取值，使得闭环系统的阶跃响应和阶跃扰动响应的稳态值相等。

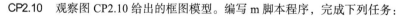

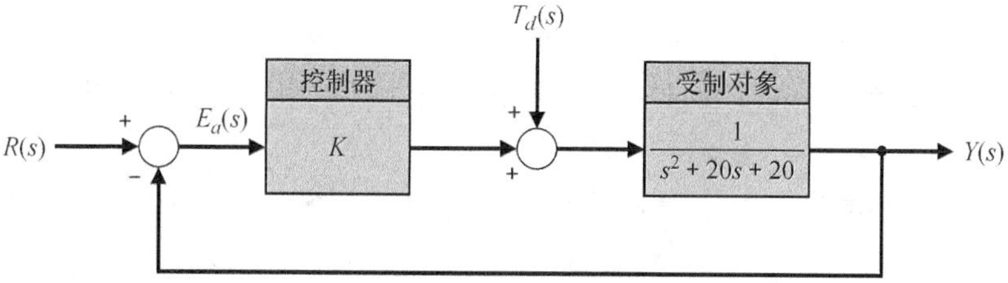

图 CP2.10　具有参考输入 $R(s)$ 和扰动输入 $T_d(s)$ 的单位反馈系统的框图模型

☑ 技能自测答案

正误判断题：1. 错；2. 对；3. 错；4. 对；5. 对。

多项选择题：6.b；7.a；8.b；9.b；10.c；11.a；12.a；13.c；14.a；15.a。

术语和概念匹配题（自上向下）：e；j；d；h；a；f；c；b；k；g；o；l；n；m；i。

术语和概念

across-variable	**跨越型变量**	通过测量部件两端的偏差来确定取值状态的变量。
actuator	**执行机构**	向受控对象提供运动动力的装置或者使受控对象产生输出的装置。
analogous variable	**相似变量**	电子、机械、热力和流体系统中具有类似结论的变量，基于这些变量和相同的描述运动的微分方程，分析师可以将从一个系统得到的结论推广到其他相似的系统。
assumption	**假设条件**	主观认定且未严格证实的、能够反映实际情况或条件的结论。在控制系统中，假设条件常常用来简化实际的物理系统的动态模型，从而使得控制系统设计容易处理。
block diagram	**框图模型**	由单方向箭头和功能方框组成的一种结构图，这些方框代表了系统元件的传递函数。
branch	**支路**	信号流图模型中表示一对输入输出变量的关联关系且具有单一方向的线段。

characteristic equation	特征方程	令传递函数的分母多项式为0时得到的关系方程。
closed-loop transfer function	闭环传递函数	当所有的反馈或前馈环路处于闭合状态时，系统输出变量的拉普拉斯变换与输入变量的拉普拉斯变换之比。通常采用框图化简或信号流图方法来计算闭环传递函数。
coulomb damper	库仑阻尼	一种机械阻尼，在此情况下，摩擦力是质量块运动速度的非线性函数，并且在速度零点附近呈现出不连续性，也称为干性摩擦。
critical damping	临界阻尼	介于过阻尼和欠阻尼之间的边界阻尼情形。
damped oscillation	阻尼振荡	幅值随时间衰减的振荡。
damping ratio	阻尼系数	阻尼强度的度量指标，为二阶系统特征方程的无量纲参数。
DC motor	直流电机	用输入电压作为控制变量，向负载提供动力的一种电动执行机构。
differential equation	微分方程	包含微分运算的方程。
error signal	偏（误）差信号	预期输出 $R(s)$ 与实际输出 $Y(s)$ 之间的差值 $E(s)$，$E(s)=R(s)-Y(s)$。
final value	终值	在系统的输出响应中，所有的瞬态成分衰减完毕后剩下的响应信号，参见“稳态值”。
final value theorem	终值定理	终值定理的表达式为 $\lim_{t\to\infty} y(t)=\lim_{s\to 0} sY(s)$，其中，$Y(s)$ 为 $y(t)$ 的拉普拉斯变换。
homogeneity	齐次性	线性系统的响应属性之一。对于输入为 $u(t)$ 且输出为 $y(t)$ 的线性系统，如果输入为 $\beta u(t)$，则齐次性要求输出为 $\beta y(t)$。
inverse Laplace transform	拉普拉斯逆变换	复频域函数 $F(s)$ 的一种变换，其结果为对应的时域函数 $f(t)$。
Laplace transform	拉普拉斯变换	时域函数 $f(t)$ 的一种变换，其结果为对应的复频域函数 $F(s)$。
linear approximation	线性近似	用线性形式表示部件的输入输出关系而得到的近似模型。
linear system	线性系统	满足叠加性和齐次性的系统。
linearized	线性化	将非线性的模型近似为线性模型。泰勒级数展开是最为常用的线性化方法之一。
loop	环路	在信号流图模型中，起始和终止于同一节点且在其他节点最多通过一次的通路。
Mason loop rule	梅森增益公式	用户通过辨识系统中的环路和通路，就能方便地求解系统传递函数的公式。
mathematical model	数学模型	利用数学工具描述系统行为的模型。
natural frequency	自然（固有）频率	当阻尼系数为0时，具有一对复极点的系统会发生的自然振荡的频率。

necessary condition	**必要条件**	要实现预期目标或结论所必须满足的条件。例如，对于一个线性系统而言，如果输入$u_1(t)$对应的输出为$y_1(t)$，且输入$u_2(t)$对应的输出为$y_2(t)$，则输入$u_1(t)+u_2(t)$对应的输出必须为$y_1(t)+y_2(t)$。
node	**节点**	信号流图模型中的起始点、终止点或信号转换点。
nontouching	**不接触**	信号流图模型中的两条环路没有公共节点。
overdamped	**过阻尼**	阻尼比$\zeta>1$时的情形。
path	**通路**	在信号流图模型中，从一个信号（节点）到另一个信号（节点）的由一条或多条相连的支路构成的路径。
poles	**极点**	传递函数分母多项式（即特征方程）的根。
positive feedback loop	**正反馈环路**	将输出信号反馈回来并与参考输入信号（预期输出信号）叠加的反馈环路。
principle of superposition	**叠加原理**	如果将两个单独的输入信号相加后施加到某个线性时不变系统中，那么由其激励产生的输出一定等于将这两个输入信号单独施加到该线性时不变系统中分别激发产生的输出信号之和。
reference input	**参考输入**	代表预期输出的控制系统的输入信号，通常用$R(s)$表示。
residues	**留数**	将输出$Y(s)$改写为留数–极点形式之后，$Y(s)$部分分式展开式中的常数系数k_i。
signal-flow graph	**信号流图模型**	由节点和连接节点的有向线段构成的一种信息结构图，是一组线性关系的图示化表示。
simulation	**仿真**	通过建立系统模型，利用实际输入信号研究系统行为的一种模拟活动。
steady state value	**稳态值**	系统输出响应中，所有的瞬态成分都衰减完毕后剩余的响应信号，参见“终值”。
s-plane	***s* 平面**	一种复平面，对于给定的复数$s=\sigma+j\omega$，复平面的x轴（或水平轴）对应于实部，y轴（或垂直轴）对应于虚部。
Taylor series	**泰勒级数**	形为$g(x)=\sum_{m=1}^{\infty}\frac{g^{(m)}(x_0)}{m!}(x-x_0)^m$的幂级数。当$m<\infty$时，常用于对函数或系统模型进行线性化近似处理。
through-variable	**通过型变量**	在部件两端取相同值的变量。
time constant	**时间常数**	在系统从一个状态变化到另一个状态的过程中，按照指定的百分比，完成这种变化所需的时间。例如，对于一阶系统而言，其时间常数被定义为：在阶跃输入的情况下，输出达到总变化量的63.2%所需要的时间。
transfer function	**传递函数**	输出变量的拉普拉斯变换与输入变量的拉普拉斯变换之比。
underdamped	**欠阻尼**	阻尼比$\zeta<1$时的情形。
unity feedback	**单位反馈**	反馈环路增益为1的反馈控制系统。
viscous damper	**黏性阻尼**	一种机械阻尼，在此情况下，摩擦力与质量块的运动速度成比例。
zeros	**零点**	传递函数分子多项式的根。

第3章 状态空间模型

提要

本章将研究采用时域方法构建系统模型。和前面一样，我们同样以能够用 n 阶常微分方程描述的物理系统为研究对象。在引入一组状态变量之后（状态变量的选取不是唯一的），便可以得到一个一阶微分方程组。将这个方程组改写为更为紧凑的矩阵形式，就得到了所谓的状态空间模型。本章还将研究信号流图模型和状态空间模型的关系，给出并分析几个物理系统实例，包括空间站定向系统和打印机皮带驱动器系统。作为结束，本章将为循序渐进设计实例——磁盘驱动器读取系统建立状态空间模型。

预期收获

在完成本章的学习之后，学生应该：

- 能够定义状态变量、状态微分方程（组）和输出方程（组）；
- 认识到状态空间模型能够描述物理系统的动态行为，而且状态空间模型能够等效转换为框图模型或信号流图模型；
- 掌握由状态空间模型求解系统传递函数的方法，以及由传递函数获取状态空间模型的方法；
- 掌握状态空间模型的求解方法，了解状态转移矩阵在求解系统时间响应过程中的作用；
- 理解状态空间模型在控制系统设计过程中的重要作用。

3.1 引言

第2章已经研究了反馈系统的几种有用的分析和设计方法。运用拉普拉斯变换，可以将系统的微分方程模型转换成复变量 s 的代数方程。以复变量 s 的代数方程为基础，可以进一步得到表示系统或部件的输入输出关系的传递函数。

第3章将用更为紧凑和方便的矩阵形式的一阶微分方程组来构建表示系统的模型。所谓**时域**，是指数学模型以时间尺度 t 为基本变量来描述系统，包括描述系统的输入输出及响应。线性时不变的单输入-单输出（Single-Input Single-Output，SISO）系统，可以方便地用时域内的状态空间模型来表示，来自线性代数和矩阵分析的强有力的概念和方法以及高效的技术工具，可以被移植应用于时域内的控制系统分析与设计。这些时域方法还可以便捷地推广应用于研究非线性、时变和多变量系统。后面我们将看到，线性时不变的物理系统，既可以用复频域模型表示，也可以用时域模型表示。时间域设计技术是控制系统设计师的工具箱中的又一件利器。

时变控制系统是指一个或多个系统参数会随时间变化的系统。

概念强调说明 3.1

例如，飞机在飞行过程中，由于燃料消耗，飞机的质量会随时间而改变。所谓多变量系统，是指具有多个输入输出信号的系统。

控制系统的时域表示是现代控制理论和系统优化理论的基础。在后续相关章节中，我们将有机会利用时域方法来设计最优控制系统，本章介绍的只是控制系统的时域表示法以及系统时间响应的几种求解方法。

3.2　动态系统的状态变量

控制系统的时域分析和设计方法引入了系统状态的概念[1-3, 5]。

所谓系统状态，是指表示系统的这样一组变量：只要知道这组变量的当前取值情况，并且知道输入信号和描述系统动态特性的方程，就能够完全确定系统未来的状态和输出响应。

概念强调说明 3.2

动态系统的状态是由一组**状态变量** $\boldsymbol{x}(t)=(x_1(t),x_2(t),\cdots,x_n(t))$ 表示的。在已知系统当前状态和输入激励信号的条件下，状态变量就是足以用来确定和表示系统未来行为的变量集合。观察图 3.1 所示的系统，其中，$y(t)$ 是输出信号，$u(t)$ 是输入信号。状态变量 $\boldsymbol{x}(t)=[x_1(t),x_2(t),\cdots,x_n(t)]$ 的精确表述如下：只要知道状态变量在 t_0 时刻的初始值 $\boldsymbol{x}(t_0)=(x_1(t_0),x_2(t_0),\cdots,x_n(t_0))$，以及 $t\geqslant t_0$ 期间的输入信号 $u(t)$，就足以确定系统状态变量和系统输出的未来取值[2]。

用来描述动态系统的状态变量组（向量）的概念，可以用图 3.2 所示的质量块-弹簧-阻尼器系统加以具体说明。

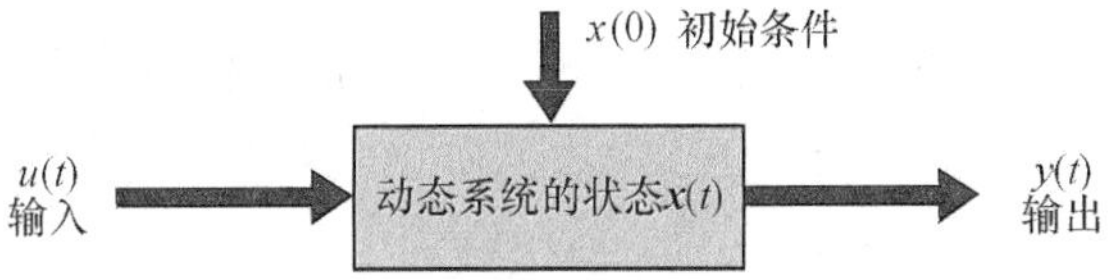

图 3.1　动态系统

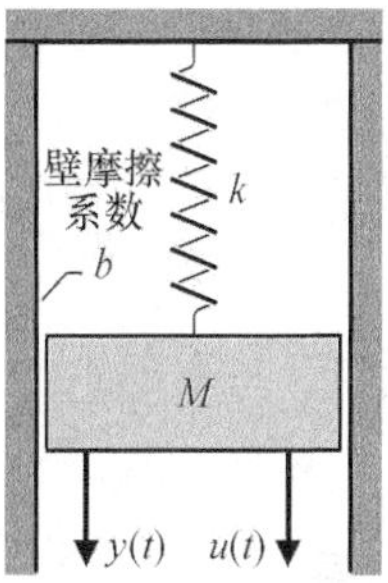

图 3.2　质量块-弹簧-阻尼器系统

用来表示动态系统状态的状态变量的个数应该尽可能少，以避免出现冗余的状态变量。质量块的位置和速度足以表示质量块-弹簧-阻尼器系统，因此，可以定义状态变量组（向量）为 $\boldsymbol{x}(t)=(x_1(t),x_2(t))$，其中：

$$x_1(t)=y(t),x_2(t)=\frac{\mathrm{d}y(t)}{\mathrm{d}t}$$

描述该系统动态行为的微分方程为

$$M\frac{\mathrm{d}^2y(t)}{\mathrm{d}t^2}+b\frac{\mathrm{d}y(t)}{\mathrm{d}t}+ky(t)=u(t) \tag{3.1}$$

将前面已经定义的状态变量代入式（3.1），可以得到：

$$M\frac{\mathrm{d}x_2(t)}{\mathrm{d}t}+bx_2(t)+kx_1(t)=u(t) \tag{3.2}$$

于是，可以将描述质量块-弹簧-阻尼器系统动态行为的二阶微分方程写成二元一阶微分方程组的形式：

$$\frac{\mathrm{d}x_1(t)}{\mathrm{d}t}=x_2(t) \tag{3.3}$$

$$\frac{\mathrm{d}x_2(t)}{\mathrm{d}t}=\frac{-b}{M}x_2(t)-\frac{k}{M}x_1(t)+\frac{1}{M}u(t) \tag{3.4}$$

由此可见，这个方程组用各个状态变量的变化率来描述系统状态的变化规律。

另一个采用状态变量来描述系统的例子是图 3.3 所示的 RLC 网络。该系统的状态可以用状态变量组（向量）$\boldsymbol{x}(t)=(x_1(t),x_2(t))$ 表示，其中，$x_1(t)$ 是电容电压 $v_c(t)$，$x_2(t)$ 是电感电流 $i_L(t)$。凭直觉我们就能够知道，这样选择状态变量是合理的，因为该电路贮存的能量可以用这组变量表示为

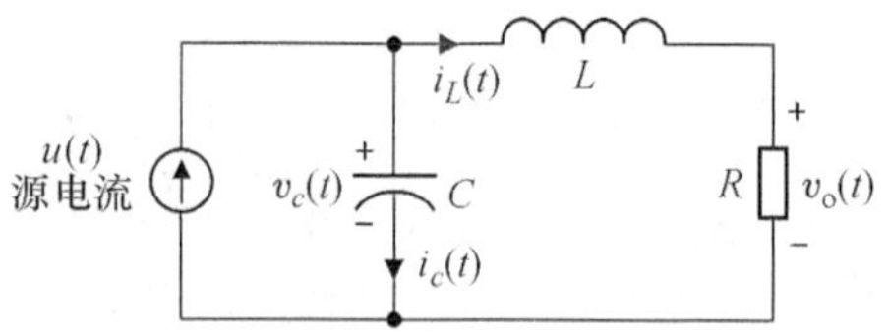

图 3.3 RLC 网络

$$\mathscr{E}=\frac{1}{2}Li_L^2(\mathrm{t})+\frac{1}{2}Cv_c^2(\mathrm{t}) \tag{3.5}$$

于是，作为 $t=t_0$ 时刻的系统状态，$[x_1(t_0),x_2(t_0)]$ 决定了该电路的初始贮能。对于无源 RLC 网络而言，所需要的状态变量的个数等于网络内独立贮能元件的个数。利用基尔霍夫电流定律，可以得到表征电容电压变化率的一阶微分方程为

$$i_c(t)=C\frac{\mathrm{d}v_c(t)}{\mathrm{d}t}=+u(t)-i_L(t) \tag{3.6}$$

对电路中右边的环路运用基尔霍夫电压定律，可以得到表征电感电流变化率的方程为

$$L\frac{\mathrm{d}i_L(t)}{\mathrm{d}t}=-Ri_L(t)+v_c(t) \tag{3.7}$$

系统输出则由线性代数方程表示为

$$v_o(t)=Ri_L(t)$$

可以利用状态变量 $x_1(t)$ 和 $x_2(t)$，将式（3.6）和式（3.7）改写成二元一阶微分方程组：

$$\frac{\mathrm{d}x_1(t)}{\mathrm{d}t}=-\frac{1}{C}x_2(t)+\frac{1}{C}u(t) \tag{3.8}$$

$$\frac{\mathrm{d}x_2(t)}{\mathrm{d}t}=+\frac{1}{L}x_1(t)-\frac{R}{L}x_2(t) \tag{3.9}$$

输出信号为

$$y_1(t)=v_o(t)=Rx_2(t) \tag{3.10}$$

利用式（3.8）和式（3.9）以及初始条件 $\boldsymbol{x}(t_0)=(x_1(t_0),x_2(t_0))$，可以确定系统未来的行为和输出。

通常情况下，描述系统的状态变量组（向量）并不是唯一的，存在多组不同的状态变量可供选择。例如，对于质量块-弹簧-阻尼器系统或 RLC 网络这类二阶系统，状态变量可以选为 $x_1(t)$ 和 $x_2(t)$ 的任意两个相互独立的线性组合。以 RLC 网络为例，除了上面的选择之外，也可以选择两个电压 $v_c(t)$ 和 $v_L(t)$ 作为系统的状态变量，其中，$v_L(t)$ 是电感两端的压降。这两个新的状态变量 $x_1^*(t)$ 和 $x_2^*(t)$ 与原有状态变量 $x_1(t)$ 和 $x_2(t)$ 的关系为

$$x_1^*(t)=v_c(t)=x_1(t) \tag{3.11}$$

$$x_2^*(t)=v_L(t)=v_c(t)-Ri_L(t)=x_1(t)-Rx_2(t) \tag{3.12}$$

式（3.12）表明了电感压降与原有状态变量 $v_c(t)$ 和 $i_L(t)$ 之间的关系。在典型的系统中，状态变量组的选取通常有多种方案，而且每种方案所选的状态变量组都能够反映系统贮存的能量，因而足以描述系统的动态行为特性。通常的做法是，尽量选择易于测量的参量作为系统的状态变量。

另一种对系统进行建模的方法是使用键（bond）图。键图既可以用于机械、电气、流体和热力系统或装置，也可以用于由不同类型元件构成的混合系统。运用键图还可以得到用状态变量表示的微分方程组[7]。

系统的状态变量刻画了系统的动态行为特性。工程师感兴趣的主要是物理系统，因而，状态变量通常是电压、电流、速度、位置、压力、温度以及其他类似的物理量。但事实上，在生物、社会和经济系统的分析中，系统状态这一概念也特别有用。在这些系统中，系统状态的概念不再仅仅指物理系统的当前状态，而是指那些能够描述系统未来行为的、意义更广泛的各种变量。

3.3 状态微分方程（组）

系统状态及其响应由状态向量 $\boldsymbol{x}(t)=(x_1(t),x_2(t),\cdots,x_n(t))$ 和输入信号 $\boldsymbol{u}(t)=(u_1(t),u_2(t),\cdots,u_n(t))$ 的一阶微分方程组描述。一阶微分方程组的一般形式为

$$\begin{aligned}
\dot{x}_1(t)&=a_{11}x_1(t)+a_{12}x_2(t)+\cdots+a_{1n}x_n(t)+b_{11}u_1(t)+\cdots+b_{1m}u_m(t)\\
\dot{x}_2(t)&=a_{21}x_1(t)+a_{22}x_2(t)+\cdots+a_{2n}x_n(t)+b_{21}u_1(t)+\cdots+b_{2m}u_m(t)\\
&\vdots\\
\dot{x}_n(t)&=a_{n1}x_1(t)+a_{n2}x_2(t)+\cdots+a_{nn}x_n(t)+b_{n1}u_1(t)+\cdots+b_{nm}u_m(t)
\end{aligned} \tag{3.13}$$

其中，$\dot{x}(t)=\mathrm{d}x(t)/\mathrm{d}t$。因此，可以将微分方程组写为矩阵形式[2, 5]：

$$\frac{\mathrm{d}}{\mathrm{d}t}\begin{pmatrix}x_1(t)\\x_2(t)\\\vdots\\x_n(t)\end{pmatrix}=\begin{pmatrix}a_{11}&a_{11}&\cdots&a_{1n}\\a_{21}&a_{22}&\cdots&a_{2n}\\\vdots&&\cdots&\vdots\\a_{n1}&a_{n2}&\cdots&a_{nn}\end{pmatrix}\begin{pmatrix}x_1(t)\\x_2(t)\\\vdots\\x_n(t)\end{pmatrix}+\begin{pmatrix}b_{11}&\cdots&b_{1m}\\\vdots&&\vdots\\b_{n1}&\cdots&b_{nm}\end{pmatrix}\begin{pmatrix}u_1(t)\\\vdots\\u_m(t)\end{pmatrix} \tag{3.14}$$

状态变量组构成的列向量被称为状态向量，记为

$$\boldsymbol{x}(t)=\begin{pmatrix}x_1(t)\\x_2(t)\\\vdots\\x_n(t)\end{pmatrix} \tag{3.15}$$

输入信号向量则记为 $\boldsymbol{u}(t)$。因此，系统可以缩写为紧凑的**状态微分方程**的形式

$$\dot{\boldsymbol{x}}(t)=\boldsymbol{A}\boldsymbol{x}(t)+\boldsymbol{B}\boldsymbol{u}(t) \tag{3.16}$$

状态微分方程（3.16）通常简称为状态方程。

其中，矩阵 $\boldsymbol{A}$ 是 $n\times n$ 的方阵，$\boldsymbol{B}$ 是 $n\times m$ 的矩阵①。状态微分方程将系统状态变量的变化率与系统的状态和输入信号联系在了一起，而系统的输出则常常通过**输出方程**与系统状态变量和输入信号联系在一起：

$$\boldsymbol{y}(t)=\boldsymbol{C}\boldsymbol{x}(t)+\boldsymbol{D}\boldsymbol{u}(t) \tag{3.17}$$

其中，$\boldsymbol{y}(t)$ 是列向量形式的输出信号。系统的**状态空间（或状态变量）模型**同时包括了状态微分方程和输出方程。

① 黑体小写字母表示向量，黑体大写字母表示矩阵。关于矩阵及其基本运算，详见附录E和参考文献［1］和［2］。

利用式（3.8）和式（3.9），可以得到图 3.3 所示 RLC 网络的状态微分方程为

$$\dot{\boldsymbol{x}}(t)=\begin{bmatrix}0 & -\dfrac{1}{C}\\ \dfrac{1}{L} & -\dfrac{R}{L}\end{bmatrix}\boldsymbol{x}(t)+\begin{bmatrix}\dfrac{1}{C}\\ 0\end{bmatrix}\boldsymbol{u}(t) \tag{3.18}$$

输出为

$$\boldsymbol{y}(t)=\begin{bmatrix}0 & R\end{bmatrix}\boldsymbol{x}(t) \tag{3.19}$$

当 $R=3$、$L=1$ 和 $C=1/2$ 时，有

$$\dot{\boldsymbol{x}}(t)=\begin{bmatrix}0 & -2\\ 1 & -3\end{bmatrix}\boldsymbol{x}(t)+\begin{bmatrix}2\\ 0\end{bmatrix}\boldsymbol{u}(t)$$

$$\boldsymbol{y}(t)=\begin{bmatrix}0 & 3\end{bmatrix}\boldsymbol{x}(t)$$

可以采用与求解一阶微分方程类似的方法来求解状态微分方程。考虑如下一阶微分方程：

$$\dot{x}(t)=ax(t)+bu(t) \tag{3.20}$$

其中，$x(t)$ 和 $u(t)$ 都是时间 t 的标量函数。可以预料，上述方程的解将含有指数函数 e^{at}。对式（3.20）进行拉普拉斯变换，可以得到

$$sX(s)-x(0)=aX(s)+bU(s)$$

因此

$$X(s)=\frac{x(0)}{s-a}+\frac{b}{s-a}U(s) \tag{3.21}$$

对式（3.21）进行拉普拉斯逆变换，可以得到方程的解为

$$x(t)=e^{at}x(0)+\int_0^t e^{+a(t-\tau)}bu(\tau)\mathrm{d}\tau \tag{3.22}$$

可以预料，状态微分方程组的解将具有与式（3.22）类似的指数函数的形式。定义**矩阵指数函数**为

$$e^{\boldsymbol{A}t}=\exp(\boldsymbol{A}t)=\boldsymbol{I}+\boldsymbol{A}t+\frac{\boldsymbol{A}^2t^2}{2!}+\cdots+\frac{\boldsymbol{A}^kt^k}{k!}+\cdots \tag{3.23}$$

对于任意有限的时间 t 和任意矩阵 $\boldsymbol{A}$，式（3.23）都是收敛的[2]。于是，可以得到状态微分方程组的解为

$$\boldsymbol{x}(t)=\exp(\boldsymbol{A}t)\boldsymbol{x}(0)+\int_0^t \exp\left[\boldsymbol{A}(t-\tau)\right]\boldsymbol{B}\boldsymbol{u}(\tau)\mathrm{d}\tau \tag{3.24}$$

接下来验证式（3.24）。对式（3.16）进行拉普拉斯变换，整理后得到：

$$\boldsymbol{X}(s)=[s\boldsymbol{I}-\boldsymbol{A}]^{-1}\boldsymbol{x}(0)+[s\boldsymbol{I}-\boldsymbol{A}]^{-1}\boldsymbol{B}\boldsymbol{U}(s) \tag{3.25}$$

其中，$\boldsymbol{\Phi}(s)=[s\boldsymbol{I}-\boldsymbol{A}]^{-1}$ 为 $\boldsymbol{\Phi}(t)=\exp(\boldsymbol{A}t)$ 的拉普拉斯变换。接下来对式（3.25）进行拉普拉斯逆变换，注意右边的第二项涉及乘积 $\boldsymbol{\Phi}(s)\boldsymbol{B}\boldsymbol{U}(s)$，便可以得到式（3.24）。式（3.24）中的矩阵指数函数完全决定了系统的零输入响应，因此，我们将 $\boldsymbol{\Phi}(t)$ 称为系统的**基本矩阵**或**状态转移矩阵**。式（3.24）也常常写为

$$\boldsymbol{x}(t)=\boldsymbol{\Phi}(t)\boldsymbol{x}(0)+\int_0^t \boldsymbol{\Phi}(t-\tau)\boldsymbol{B}\boldsymbol{u}(\tau)\mathrm{d}\tau \tag{3.26}$$

系统的零输入［即 $\boldsymbol{u}(t)=0$ 时］响应为

$$\begin{bmatrix} x_1(t) \\ x_2(t) \\ \vdots \\ x_n(t) \end{bmatrix} = \begin{bmatrix} \phi_{11}(t) & \cdots & \phi_{1n}(t) \\ \phi_{21}(t) & \cdots & \phi_{2n}(t) \\ \vdots & & \vdots \\ \phi_{n1}(t) & \cdots & \phi_{nn}(t) \end{bmatrix} \begin{bmatrix} x_1(0) \\ x_2(0) \\ \vdots \\ x_n(0) \end{bmatrix} \tag{3.27}$$

由式（3.27）可知，如果除了一个状态变量之外，将其他状态变量的初值均设置为 0，则可以通过求解此时的系统响应来求得系统的状态转移矩阵。事实上，如果除了第 j 个变量之外，其他状态变量的初值都为 0，则 $\phi_{ij}(t)$ 恰好对应于状态变量 x_i 的响应。我们后面将研究如何利用初始条件与系统响应之间的这种关系来求取状态转移矩阵。在此之前，我们首先来研究与状态空间模型等效的信号流图表示，并利用信号流图来研究系统的稳定性。

例 3.1　双联推车

考虑图 3.4 所示的双联推车系统，图中标记了我们感兴趣的各个变量，它们的含义如下：

- M_1 和 M_2 分别表示两辆推车的质量；
- $p(t)$ 和 $q(t)$ 分别表示两辆推车的位移；
- $u(t)$ 为推车所受外力；
- k_1 和 k_2 分别表示两个弹簧的弹性系数；
- b_1 和 b_2 分别表示两个阻尼系数。

作为个体，推车 M_1 的受力情况如图 3.5（b）所示，其中，$\dot{p}(t)$ 和 $\dot{q}(t)$ 分别表示 M_1 和 M_2 的运动速度。假定推车与地面的滚动摩擦力可以忽略。这样一来，推车受到的摩擦阻力就可以全部归结为阻尼器产生的阻力，由阻尼系数 b_1 和 b_2 确定。

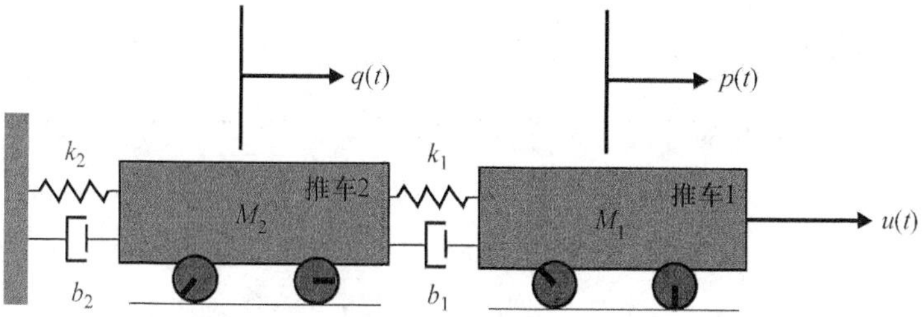

图 3.4　通过弹簧与阻尼器相连的双联推车

给定图 3.5 所示的两个推车的受力情况，利用牛顿第二定律（受力之和等于质量与加速度的乘积），可以分别得到两个推车的运动方程。其中，推车 1（质量体 M_1）的运动方程为

$$M_1\ddot{p}(t)+b_1\dot{p}(t)+k_1p(t)=u(t)+k_1q(t)+b_1\dot{q}(t) \tag{3.28}$$

其中，$\ddot{p}(t)$ 和 $\ddot{q}(t)$ 分别表示 M_1 和 M_2 的加速度。

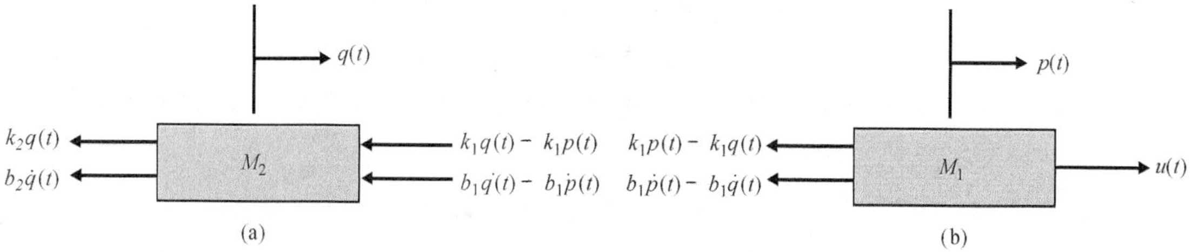

图 3.5　两个推车的单独受力分析图

（a）推车 2；（b）推车 1

类似地，推车 2（质量体 M_2）的运动方程为

$$M_2\ddot{q}(t)+(k_1+k_2)q(t)+(b_1+b_2)\dot{q}(t)=k_1p(t)+b_1\dot{p}(t) \tag{3.29}$$

这样我们就得到了两个二阶常微分方程模型，如式（3.28）和式（3.29）所示。为了推导出系统的状态空间模型，我们首先定义如下两个状态变量：

$$x_1(t)=p(t)$$

$$x_2(t)=q(t)$$

实际上，我们也可以将这两个状态变量定义为 $x_1(t)=q(t)$ 和 $x_2(t)=p(t)$，这也说明状态空间模型并不是唯一的。接下来，将变量 $x_1(t)$ 和 $x_2(t)$ 的导数分别定义为另外两个状态变量 $x_3(t)$ 和 $x_4(t)$：

$$x_3(t)=\dot{x}_1(t)=\dot{p}(t) \tag{3.30}$$

$$x_4(t)=\dot{x}_2(t)=\dot{q}(t) \tag{3.31}$$

由式（3.28）和式（3.29）可以得到

$$\dot{x}_3(t)=\ddot{p}(t)=-\frac{b_1}{M_1}\dot{p}(t)-\frac{k_1}{M_1}p(t)+\frac{1}{M_1}u(t)+\frac{k_1}{M_1}q(t)+\frac{b_1}{M_1}\dot{q}(t) \tag{3.32}$$

$$\dot{x}_4(t)=\ddot{q}(t)=-\frac{k_1+k_2}{M_2}q(t)-\frac{b_1+b_2}{M_2}\dot{q}(t)+\frac{k_1}{M_2}p(t)+\frac{b_1}{M_2}\dot{p}(t) \tag{3.33}$$

这里用到了关于 $\ddot{p}(t)$ 的关系式［即式（3.28）］以及关于 $\ddot{q}(t)$ 的关系式［即式（3.29）］。又由于 $\dot{p}(t)=x_3(t)$、$\dot{q}(t)=x_4(t)$，式（3.32）和式（3.33）可以写成

$$\dot{x}_3(t)=-\frac{k_1}{M_1}x_1(t)+\frac{k_1}{M_1}x_2(t)-\frac{b_1}{M_1}x_3(t)+\frac{b_1}{M_1}x_4(t)+\frac{1}{M_1}u(t) \tag{3.34}$$

$$\dot{x}_4(t)=\frac{k_1}{M_2}x_1(t)-\frac{k_1+k_2}{M_2}x_2(t)+\frac{b_1}{M_2}x_3(t)-\frac{b_1+b_2}{M_2}x_4(t) \tag{3.35}$$

我们还可以将式（3.30）、式（3.31）、式（3.34）和式（3.35）紧凑地写成矩阵的形式：

$$\dot{\boldsymbol{x}}(t)=\boldsymbol{A}\boldsymbol{x}(t)+\boldsymbol{B}\boldsymbol{u}(t)$$

其中：

$$\boldsymbol{x}(t)=\begin{pmatrix}x_1(t)\\x_2(t)\\x_3(t)\\x_n(t)\end{pmatrix}=\begin{pmatrix}p(t)\\q(t)\\\dot{p}(t)\\\dot{q}(t)\end{pmatrix},\quad \boldsymbol{A}=\begin{bmatrix}0&0&1&0\\0&0&0&1\\-\dfrac{k_1}{M_1}&\dfrac{k_1}{M_1}&-\dfrac{b_1}{M_1}&\dfrac{b_1}{M_1}\\\dfrac{k_1}{M_2}&-\dfrac{k_1+k_2}{M_2}&\dfrac{b_1}{M_2}&-\dfrac{b_1+b_2}{M_2}\end{bmatrix},\quad \boldsymbol{B}=\begin{bmatrix}0\\0\\\dfrac{1}{M_1}\\0\end{bmatrix}$$

其中，$\boldsymbol{u}(t)$ 为系统的外部受力。若选择 $p(t)$ 作为系统的输出信号，则有

$$\boldsymbol{y}(t)=[1\quad 0\quad 0\quad 0]\boldsymbol{x}(t)=\boldsymbol{C}\boldsymbol{x}(t)$$

假定该双联推车系统的参数取值为 $k_1=150\ \text{N/m}$、$k_2=700\ \text{N/m}$、$b_1=15\ \text{N}\cdot\text{s/m}$、$b_2=30\ \text{N}\cdot\text{s/m}$、$M_1=5\ \text{kg}$、$M_2=20\ \text{kg}$，初始条件为 $p(0)=10\ \text{cm}$、$q(0)=0\ \text{cm}$、$\dot{p}(0)=\dot{q}(0)=0$，并且不存在外部受力［即 $\boldsymbol{u}(t)=0$］，则系统的时间响应如图 3.6 所示。

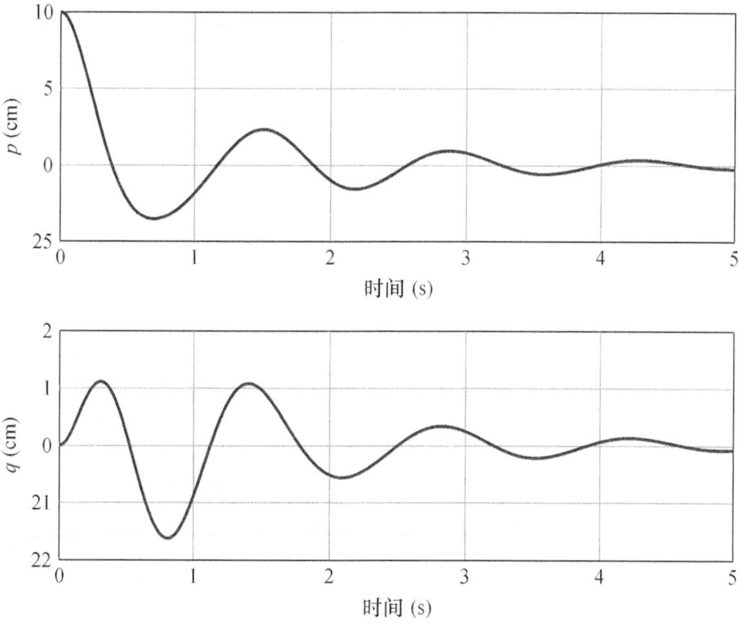

图 3.6　双联推车系统的非零初始条件响应

3.4 信号流图模型和框图模型

系统动态特性可以用一阶微分方程组描述，也可以用式（3.16）所示的矩阵状态微分方程描述，系统状态则描述了系统的动态行为。无论采用何种形式描述系统动态特性，建立系统的图示化模型都是非常有益的。利用图示化模型，可以将状态变量模型与我们已经熟悉的传递函数模型联系起来。这种图示化模型主要有信号流图模型和框图模型两种。

前面我们已经学过，可以用描述输入输出关系的传递函数 $G(s)$ 来表示系统。例如，要想分析图 3.3 所示 RLC 网络的输入电压和输出电压的关系，可以研究传递函数

$$G(s) = \frac{V_0(s)}{U(s)}$$

具体而言，图 3.3 所示 RLC 网络的传递函数为

$$G(s) = \frac{V_0(s)}{U(s)} = \frac{\alpha}{s^2 + \beta s + \gamma} \tag{3.36}$$

其中，α、β、γ 是网络参数 R、L、C 的函数。从网络的微分方程模型出发，可以得到 α、β、γ 的值。对于 RLC 网络［参见式（3.8）和式（3.9）］而言，我们有

$$\dot{x}_1(t) = -\frac{1}{C}x_2(t) + \frac{1}{C}u(t) \tag{3.37}$$

$$\dot{x}_2(t) = \frac{1}{L}x_1(t) - \frac{R}{L}x_2(t) \tag{3.38}$$

$$v_o(t) = Rx_2(t) \tag{3.39}$$

上述方程组的信号流图模型如图 3.7（a）所示，其中，1/*s* 表示积分算子。与之等价的框图模型如图 3.7（b）所示。于是，系统的传递函数为

$$\frac{V_o(s)}{U(s)}=\frac{R/\left(LCs^2\right)}{1+R/(Ls)+1/\left(LCs^2\right)}=\frac{R/(LC)}{s^2+(R/L)s+1/(LC)} \tag{3.40}$$

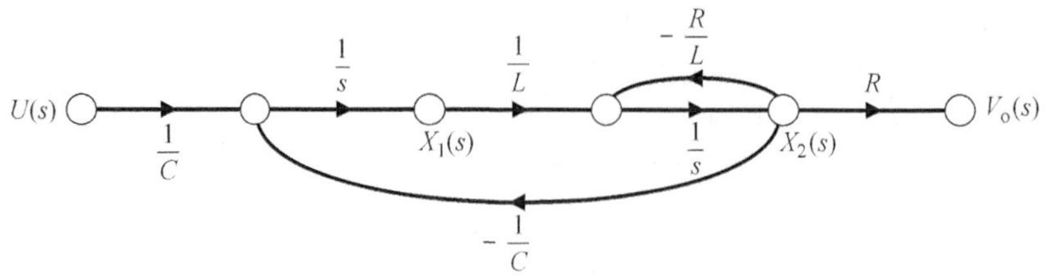

(a)

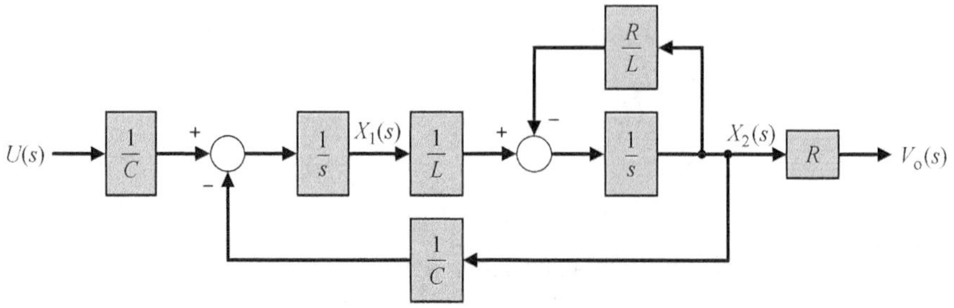

(b)

图 3.7 RLC 网络

（a）信号流图模型；（b）框图模型

遗憾的是，许多电路系统、机电系统和其他控制系统并不像图 3.3 给出的 RLC 网络那么简单。要直接得到系统的一阶微分方程组并不是一件容易的事。因此，通常更简便的做法是，先用第 2 章介绍的方法求系统的传递函数，再根据传递函数确定状态空间模型。

利用传递函数，我们可以方便地得到信号流图模型和框图模型。3.3 节曾经指出，状态变量的选取有多种方案，因此，信号流图模型和框图模型也会有多种形式。实际上，状态空间模型存在多种等效和重要的**标准型**，例如，接下来将要介绍的相变量标准型等。传递函数的一般形式为

$$G(s)=\frac{Y(s)}{U(s)}=\frac{b_m s^m+b_{m-1}s^{m-1}+\cdots+b_1 s+b_0}{s^n+a_{n-1}s^{n-1}+\cdots+a_1 s+a_0} \tag{3.41}$$

其中，$n \geqslant m$，所有的系数 a_i 和 b_j 都是实数。将分子和分母乘上 s^{-n}，可以得到

$$G(s)=\frac{b_m s^{-(n-m)}+b_{m-1}s^{-(n-m+1)}+\cdots+b_1 s^{-(n-1)}+b_0 s^{-n}}{1+a_{n-1}s^{-1}+\cdots+a_1 s^{-(n-1)}+a_0 s^{-n}} \tag{3.42}$$

只需要直接地逆向运用我们熟悉的梅森增益公式，就可以在式（3.42）的分母和分子中，分别分离辨识出反馈环路增益项以及前向通路增益项。2.7 节给出的梅森增益公式的一般形式为

$$G(s)=\frac{Y(s)}{U(s)}=\frac{\sum_k P_k(s)\Delta_k(s)}{\Delta(s)} \tag{3.43}$$

如果系统的所有反馈环路都相互接触，而所有前向通路都与所有反馈环路接触，则式（3.43）可以简化为

$$G(s)=\frac{\sum_k P_k(s)}{1-\sum_{q=1}^{N}L_q(s)}=\frac{\text{前向通路增益之和}}{1-\text{反馈回路增益之和}} \tag{3.44}$$

可以用多个信号流图模型来等效地表示同一个传递函数。在基于梅森增益公式构造的信号流图模型中，有两种基本结构值得特别关注，接下来我们对它们加以详细研究。3.5 节将给出信号流图模型的另外两种基本结构——物理状态变量模型和对角化模型［即约当（Jordan）标准型］。

为了说明由传递函数构造信号（状态）流图模型的方法，考虑下面的 4 阶传递函数

$$G(s)=\frac{Y(s)}{U(s)}=\frac{b_0}{s^4+a_3s^3+a_2s^2+a_1s+a_0}=\frac{b_0s^{-4}}{1+a_3s^{-1}+a_2s^{-2}+a_1s^{-3}+a_0s^{-4}} \tag{3.45}$$

首先注意这是一个四阶系统，因而需要指定 4 个状态变量 $[x_1(t),x_2(t),x_3(t),x_4(t)]$。回想梅森增益公式，该传递函数的分母可以视为 1 减去所有环路增益之和，分子可以视为信号流图模型的前向通路增益。另请注意，信号流图模型中积分环节的个数至少应该为系统的阶数，因此，我们采用 4 个积分器来构造系统的信号流图模型。信号流图模型所需的节点和积分器如图 3.8 所示。

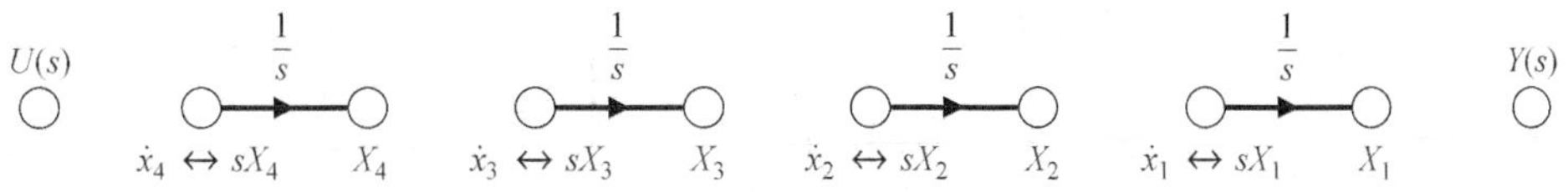

图 3.8 四阶系统的信号流图模型的节点和积分器

由传递函数的分子可知，在前向通路中，各积分器是简单的串联关系，由传递函数的分母可知，应该有 4 个彼此接触的环路。据此可以构造出一种实现上述传递函数的信号流图模型，如图 3.9 所示。仔细观察图 3.9，就会注意到前向通路的增益因子为 b_0/s^4，所有环路都彼此接触，分母等于 1 减去所有环路增益之和，因此，传递函数的确是式（3.45）。

类似地，我们也可以构造式（3.45）所示传递函数的框图模型。对式（3.45）做适当处理并进行拉普拉斯逆变换，可以得到系统的微分方程模型：

$$\frac{\mathrm{d}^4\left(\frac{y(t)}{b_0}\right)}{\mathrm{d}t^4}+a_3\frac{\mathrm{d}^3\left(\frac{y(t)}{b_0}\right)}{\mathrm{d}t^3}+a_2\frac{\mathrm{d}^2\left(\frac{y(t)}{b_0}\right)}{\mathrm{d}t^2}+a_1\frac{\mathrm{d}\left(\frac{y(t)}{b_0}\right)}{\mathrm{d}t}+a_0\left(\frac{y(t)}{b_0}\right)=u(t)$$

定义如下 4 个状态变量：

$$x_1(t)=\frac{y(t)}{b_0}$$

$$x_2(t)=\dot{x}_1(t)=\frac{\dot{y}(t)}{b_0}$$

$$x_3(t)=\dot{x}_2(t)=\frac{\ddot{y}(t)}{b_0}$$

$$x_4(t)=\dot{x}_3(t)=\frac{\dddot{y}(t)}{b_0}$$

这样就可以将上述四阶微分方程改写为由 4 个一阶微分方程构成的方程组：

$$\dot{x}_1(t)=x_2(t)$$

$$\dot{x}_2(t)=x_3(t)$$

$$\dot{x}_3(t)=x_4(t)$$

$$\dot{x}_4(t)=-a_0x_1(t)-a_1x_2(t)-a_2x_3(t)-a_3x_4(t)+u(t)$$

相应的输出方程为

$$y(t)=b_0x_1(t)$$

从这个微分方程组出发，可以很容易地构建系统的框图模型，如图 3.9（b）所示。

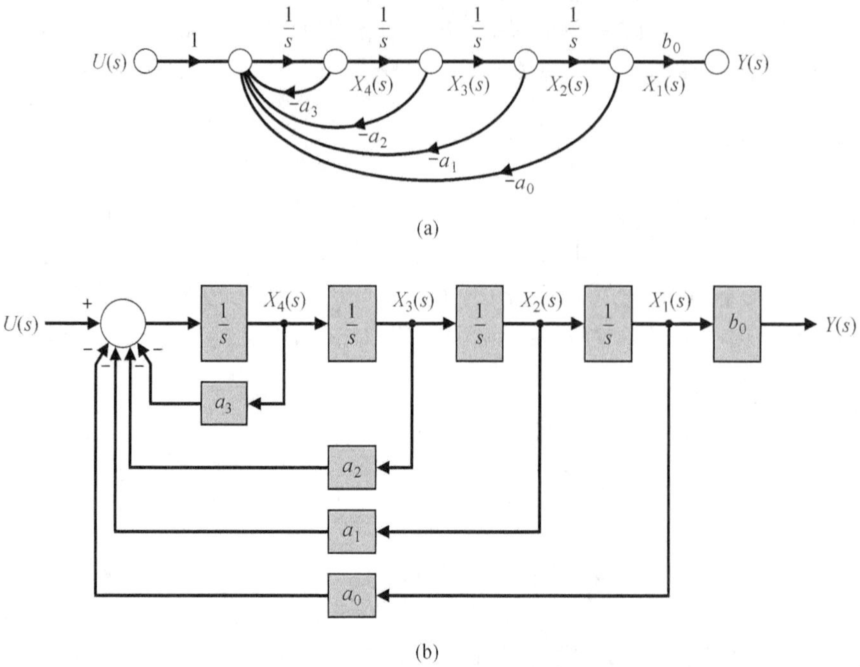

图 3.9　式（3.45）所示传递函数 $G(s)$ 的信号流图模型和框图模型

下面我们再来研究分子也是 s 的多项式［但与式（3.45）略有不同］的传递函数。考虑式（3.46）所示 4 阶系统的传递函数：

$$G(s)=\frac{b_3s^3+b_2s^2+b_1s+b_0}{s^4+a_3s^3+a_2s^2+a_1s+a_0}=\frac{b_3s^{-1}+b_2s^{-2}+b_1s^{-3}+b_0s^{-4}}{1+a_3s^{-1}+a_2s^{-2}+a_1s^{-3}+a_0s^{-4}} \tag{3.46}$$

在式（3.46）中，分子各项代表了梅森增益公式中各个前向通路的增益项之和。前向通路与所有环路接触时，可以实现式（3.46）的信号流图模型［见图 3.10（a）］，前向通路的增益项分别为 b_3/s、b_2/s^2、b_1/s^3和b_0/s^4。注意梅森增益公式的分子为前向通路增益之和，因此，图 3.10（a）所示的信号流图模型的确实现了式（3.46）所示的传递函数。只需要引入 n 条具有系数 $a_i(i=0,2,\cdots,n-1)$ 的反馈环路和 m 条具有系数 $b_j(j=1,2,\cdots,m)$ 的前向通路，图 3.10 所示的信号流图模型和框图模型，就可以推广用于描述一般形式的传递函数。这样的信号流图模型和框图模型被称为**相变量标准型模型**。

图 3.10 中的状态变量是每个贮能元件的输出，即每个积分器的输出。为了得到与式（3.46）对应的一阶微分方程组（即状态空间模型），可以在图 3.10（a）中每个积分器的前面插入一个节点 [5, 6]，用它们表示积分器输出量的导数。插入节点后的信号（状态）流图模型如图 3.11 所示，从中可以方便地得到表示系统动态特性的一阶微分方程组：

$$\begin{aligned}\dot{x}_1(t)&=x_2(t)\\ \dot{x}_2(t)&=x_3(t)\\ \dot{x}_3(t)&=x_4(t)\\ \dot{x}_4(t)&=-a_0x_1(t)-a_1x_2(t)-a_2x_3(t)-a_3x_4(t)+u(t)\end{aligned} \tag{3.47}$$

其中，$x_1(t),x_2(t),\cdots,x_n(t)$ 是 n 个**相变量**。

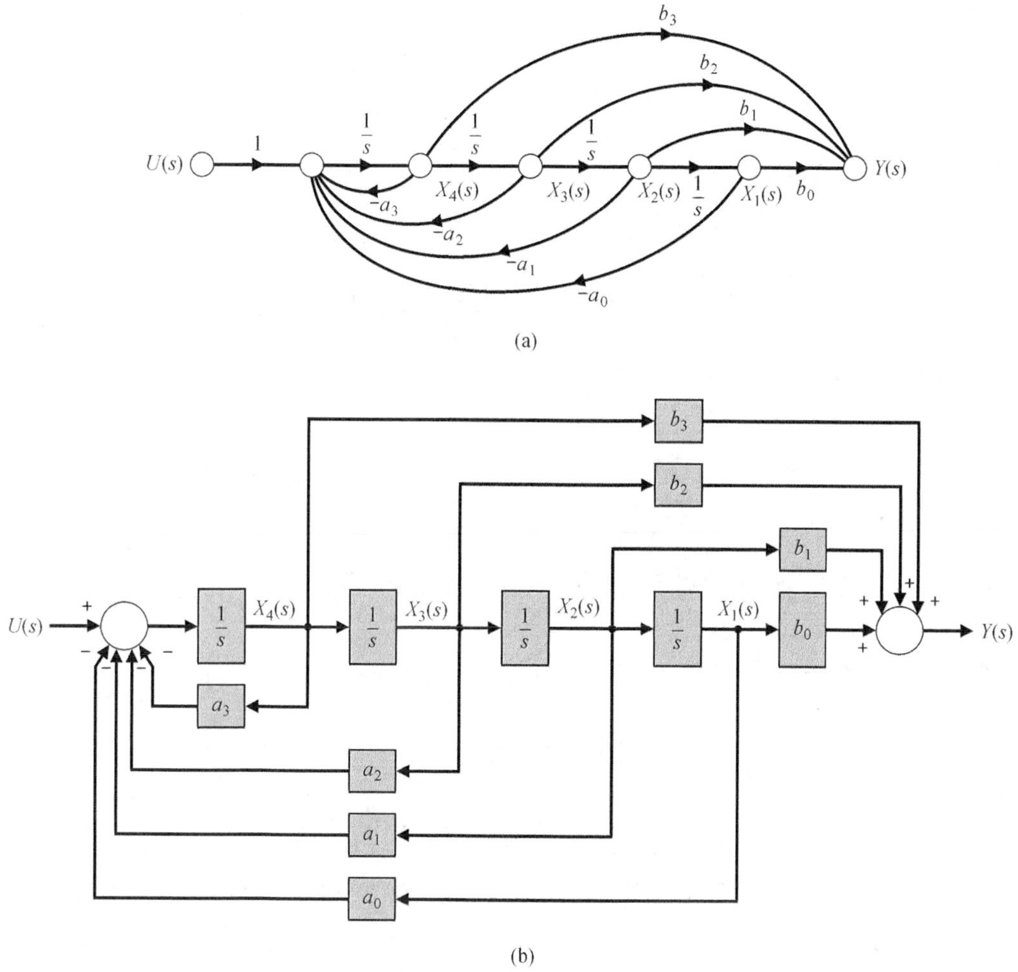

图 3.10 式（3.46）所示传递函数 $G(s)$ 的信号流图模型和框图模型

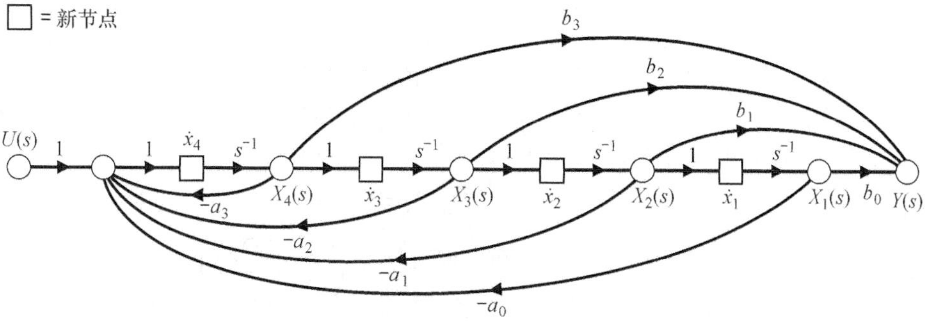

图 3.11 插入节点后的信号流图模型

同样，我们可以很容易地由式（3.46）构建出对应的框图模型。首先定义中间变量 $Z(s)$ 并将式（3.46）改写为

$$G(s)=\frac{Y(s)}{U(s)}=\frac{b_3s^3+b_2s^2+b_1s+b_0}{s^4+a_3s^3+a_2s^2+a_1s+a_0}\cdot\frac{Z(s)}{Z(s)}$$

在等式的两边同时乘上 $Z(s)/Z(s)=1$，这不会影响到传递函数 $G(s)$，由此可以得到传递函数

的分子 $Y(s)$ 和分母 $U(s)$：

$$Y(s)=\left[b_3s^3+b_2s^2+b_1s+b_0\right]Z(s)$$
$$U(s)=\left[s^4+a_3s^3+a_2s^2+a_1s+a_0\right]Z(s)$$

对 $Y(s)$ 和 $U(s)$ 进行拉普拉斯逆变换，可以得到对应的微分方程为

$$y(t)=b_3\frac{\mathrm{d}^3z(t)}{\mathrm{d}t^3}+b_2\frac{\mathrm{d}^2z(t)}{\mathrm{d}t^2}+b_1\frac{\mathrm{d}z(t)}{\mathrm{d}t}+b_0z(t)$$
$$u(t)=\frac{\mathrm{d}^4z(t)}{\mathrm{d}t^4}+a_3\frac{\mathrm{d}^3z(t)}{\mathrm{d}t^3}+a_2\frac{\mathrm{d}^2z(t)}{\mathrm{d}t^2}+a_1\frac{\mathrm{d}z(t)}{\mathrm{d}t}+a_0z(t)$$

定义如下 4 个状态变量：

$$x_1(t)=z(t)$$
$$x_2(t)=\dot{x}_1(t)=\dot{z}(t)$$
$$x_3(t)=\dot{x}_2(t)=\ddot{z}(t)$$
$$x_4(t)=\dot{x}_3(t)=\dddot{z}(t)$$

因此，上述 4 阶微分方程可以改写为如下 4 个一阶微分方程：

$$\dot{x}_1(t)=x_2(t)$$
$$\dot{x}_2(t)=x_3(t)$$
$$\dot{x}_3(t)=x_4(t)$$
$$\dot{x}_4(t)=-a_0x_1(t)-a_1x_2(t)-a_2x_3(t)-a_3x_4(t)+u(t)$$

相应的输出方程为

$$y(t)=b_0x_1(t)+b_1x_2(t)+b_2x_3(t)+b_3x_4(t) \tag{3.48}$$

从这 4 个一阶微分方程和输出方程出发，可以很容易地构建出框图模型，如图 3.10（b）所示。

式（3.46）所示的状态变量微分方程可以写成矩阵形式：

$$\dot{\boldsymbol{x}}(t)=\boldsymbol{A}\boldsymbol{x}(t)+\boldsymbol{B}\boldsymbol{u}(t) \tag{3.49}$$

或

$$\frac{\mathrm{d}}{\mathrm{d}t}\begin{pmatrix}x_1(t)\\x_2(t)\\x_3(t)\\x_4(t)\end{pmatrix}=\begin{bmatrix}0&1&0&0\\0&0&1&0\\0&0&0&1\\-a_0&-a_1&-a_2&-a_3\end{bmatrix}\begin{pmatrix}x_1(t)\\x_2(t)\\x_3(t)\\x_4(t)\end{pmatrix}+\begin{bmatrix}0\\0\\0\\1\end{bmatrix}\boldsymbol{u}(t) \tag{3.50}$$

输出方程为

$$y(t)=\boldsymbol{C}\boldsymbol{x}(t)=\begin{bmatrix}b_0&b_1&b_2&b_3\end{bmatrix}\begin{pmatrix}x_1\\x_2\\x_3\\x_4\end{pmatrix} \tag{3.51}$$

需要指出的是，对于式（3.46）所示的控制系统的输入输出关系而言，图 3.10 给出的信号流图模型和框图模型的结构形式并不是唯一的。图 3.12（a）给出的就是式（3.46）所示的另一种等效的信号流图模型。在这种情况下，前向通路增益由输入信号 $U(s)$ 的各条前馈支路决定，因此被称为**输入前馈标准型**。

此时，输出信号 $y(t)$ 等于第一个状态变量 $x_1(t)$，信号流图模型的前向通路增益分别为 b_0/s^4、

b_1/s^3、b_2/s^2 和 b_3/s，且所有前向通路都与所有反馈环路相接触。可以验证的是，该信号流图模型实现的传递函数确实与式（3.46）一致。

与输入前馈标准型对应的一阶微分方程组为

$$\begin{aligned}\dot{x}_1(t) &= -a_3x_1(t) + x_2(t) + b_3u(t)\\ \dot{x}_2(t) &= -a_2x_1(t) + x_3(t) + b_2u(t)\\ \dot{x}_3(t) &= -a_1x_1(t) + x_4(t) + b_1u(t)\\ \dot{x}_4(t) &= -a_0x_1(t) + b_0u(t)\end{aligned} \tag{3.52}$$

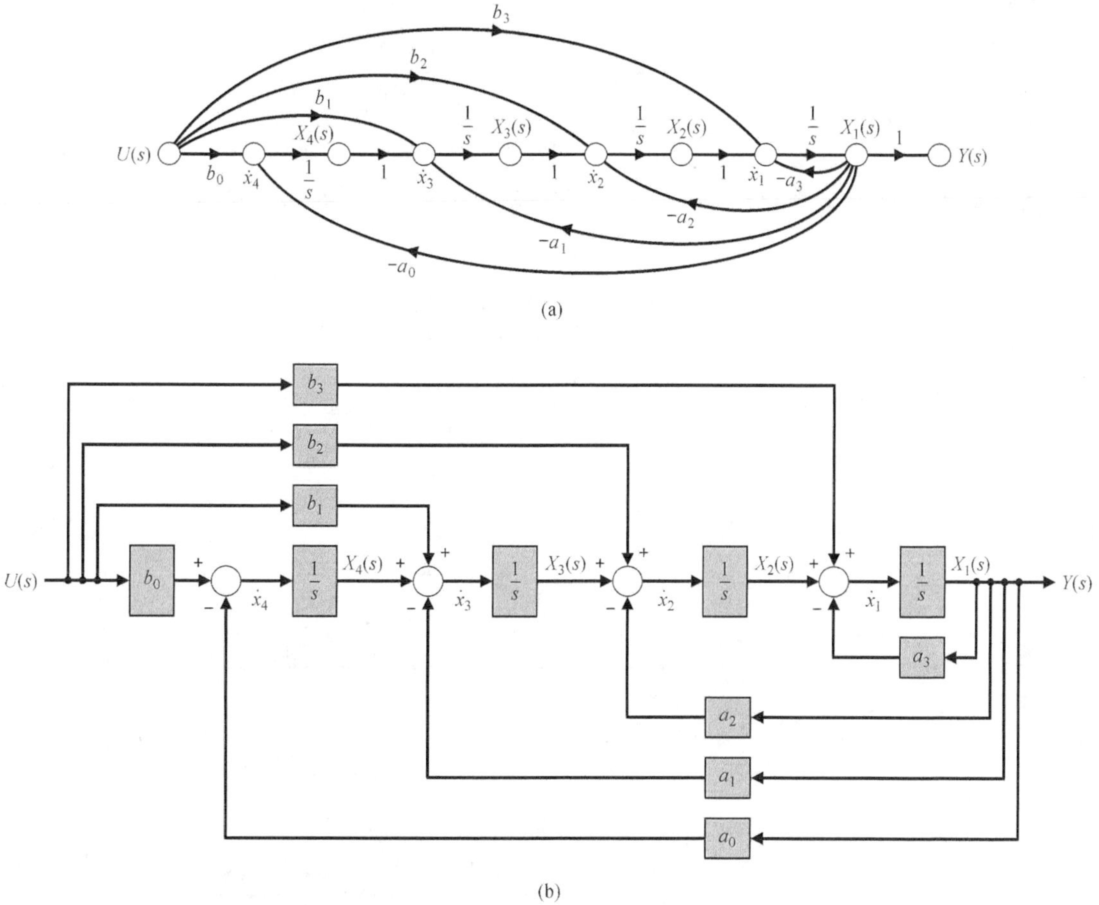

图 3.12　式（3.46）的等效模型

（a）信号流图模型——输入前馈标准型；（b）输入前馈标准型的框图模型

若改写为矩阵形式，则有：

$$\frac{\mathrm{d}\boldsymbol{x}(t)}{\mathrm{d}t} = \begin{bmatrix} -a_3 & 1 & 0 & 0\\ -a_2 & 0 & 1 & 0\\ -a_1 & 0 & 0 & 1\\ -a_0 & 0 & 0 & 0 \end{bmatrix}\boldsymbol{x}(t) + \begin{bmatrix} b_3\\ b_2\\ b_1\\ b_0 \end{bmatrix}\boldsymbol{u}(t) \tag{3.53}$$

$$y(t) = [1 \quad 0 \quad 0 \quad 0]\boldsymbol{x}(t) + [0]\boldsymbol{u}(t)$$

图 3.12 给出的输入前馈标准型和图 3.10 给出的相变量标准型信号流图相比，尽管实现的是同一个传递函数，但它们选取的状态变量却是不同的，结构形式也各不相同，系统的初始状态则

由各自的积分初始条件 $x_1(0), x_2(0), \cdots, x_n(0)$ 给出。接下来我们研究一个控制系统，并采用两种不同形式的信号流图模型，来建立不同形式的状态空间模型。

例 3.2 两种状态空间模型

考虑如下闭环传递函数：

$$T(s)=\frac{Y(s)}{U(s)}=\frac{2s^2+8s+6}{s^3+8s^2+16s+6}$$

对分子和分母同时乘以 s^{-3}，可以得到：

$$T(s)=\frac{Y(s)}{U(s)}=\frac{2s^{-1}+8s^{-2}+6s^{-3}}{1+8s^{-1}+16s^{-2}+6s^{-3}} \tag{3.54}$$

对于相变量标准型信号流图模型来说，系统的输出由各状态变量的前馈通路提供，对应的信号流图模型和框图模型分别如图 3.13（a）和图 3.13（b）所示，由此可以得到系统的状态微分方程为

$$\dot{\boldsymbol{x}}(t)=\begin{bmatrix}0 & 1 & 0\\ 0 & 0 & 1\\ -6 & -16 & -8\end{bmatrix}\boldsymbol{x}(t)+\begin{bmatrix}0\\0\\1\end{bmatrix}\boldsymbol{u}(t) \tag{3.55}$$

输出方程为

$$y(t)=[6 \quad 8 \quad 2]\boldsymbol{x}(t) \tag{3.56}$$

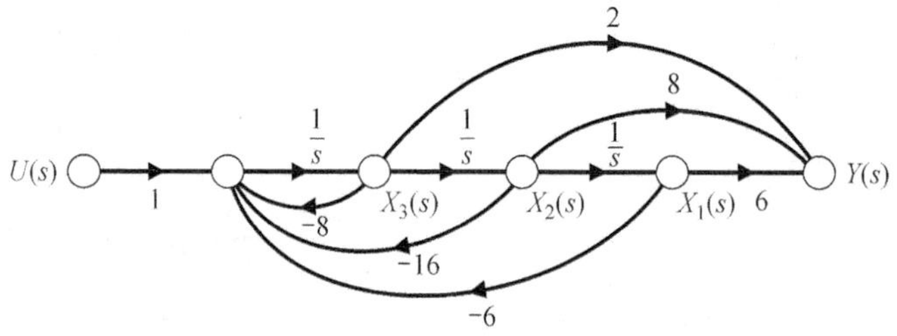

(a)

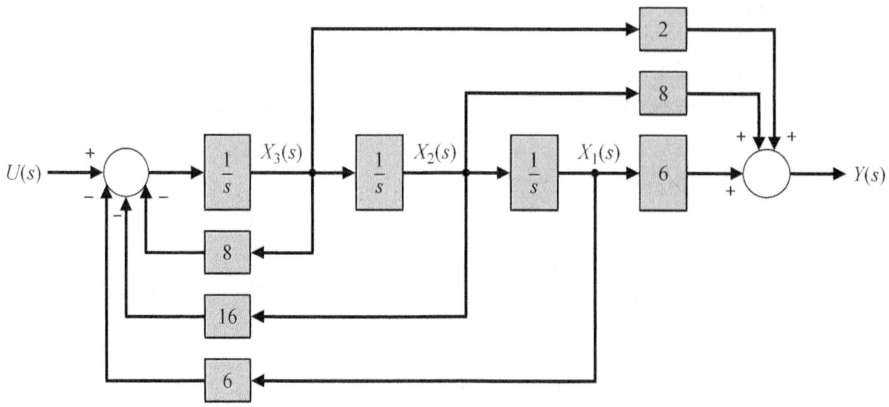

(b)

图 3.13 $T(s)$ 的相变量标准型信号流图模型和框图模型

与图 3.14 所示的输入前馈型信号流图模型对应的状态微分方程为

$$\dot{\boldsymbol{x}}(t)=\begin{bmatrix}-8&1&0\\-16&0&1\\-6&0&0\end{bmatrix}\boldsymbol{x}(t)+\begin{bmatrix}2\\8\\6\end{bmatrix}\boldsymbol{u}(t) \tag{3.57}$$

输出方程为

$$y(t)=[1\quad 0\quad 0]\boldsymbol{x}(t)$$

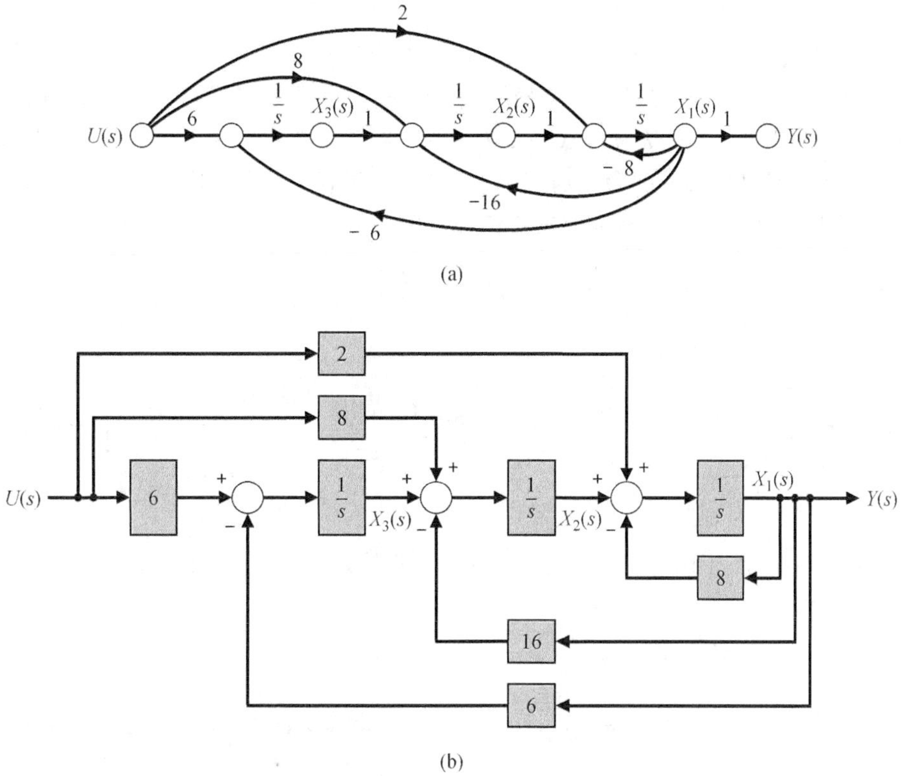

图 3.14　$T(s)$ 的输入前馈型信号流图模型和框图模型

可以看出，对于传递函数 $T(s)$ 而言，无论是相变量标准型模型还是输入前馈型模型，都不需要对分子或分母多项式进行因式分解，就能够求得它们对应的微分方程组。避开多项式的因式分解为我们省却了许多麻烦。由于是三阶系统，因此，这两种模型都有 3 个积分器。需要再次强调指出的是，图 3.13 和图 3.14 所选的状态变量是不一样的。一组状态变量通常可以通过线性变换变成另一组状态变量。线性变换常记为 $\boldsymbol{z}=\boldsymbol{M}\boldsymbol{x}$，通过矩阵 $\boldsymbol{M}$，状态向量 $\boldsymbol{x}$ 可以线性地变换成状态向量 $\boldsymbol{z}$。最后需要指出的是，式（3.41）所示的传递函数表示的是单输出时不变线性系统，它同时也表示下面的 n 阶微分方程：

$$\frac{\mathrm{d}^n y(t)}{\mathrm{d}t^n}+a_{n-1}\frac{\mathrm{d}^{n-1}y(t)}{\mathrm{d}t^{n-1}}+\cdots+a_0y(t)=\frac{\mathrm{d}^m u(t)}{\mathrm{d}t^m}+b_{m-1}\frac{\mathrm{d}^{m-1}u(t)}{\mathrm{d}t^{m-1}}+\cdots+b_0u(t) \tag{3.58}$$

因此，利用本节介绍的相变量标准型信号流图模型或输入前馈型信号流图模型，我们可以方便地得到与上述 n 阶微分方程等效的 n 元一阶微分方程组。

3.5 其他形式的信号流图和框图模型

通常，控制系统设计师首先研究的是实际控制系统的框图模型，框图模型能够直接表示具体的物理装置和物理量。例如，将轴的转速作为输出量的直流电机的框图模型如图 3.15 所示[9]。人们总是希望能够选取**物理量**作为系统的状态变量，因此，我们选取的状态变量如下：输出转速 $x_1(t)=y(t)$，励磁磁场电流 $x_2(t)=i(t)$，第 3 个变量 $x_3(t)$ 则可以取为 $x_3(t)=\frac{1}{4}r(t)-\frac{1}{20}u(t)$，其中的 $u(t)$ 为磁场电压。我们可以绘制出与这些物理量对应且等效的信号流图模型和框图模型，如图 3.16 所示，其中标注了以状态变量 $x_1(t)$、$x_2(t)$ 和 $x_3(t)$ 为节点，因此，这种形式的信号流图模型和框图模型又被称为**物理状态变量模型**。当这些物理状态变量可以直接测量时，这种形式的信号流图模型和框图模型会特别实用。此外，这种模型的各个模块或方框可以单独确定，因而也就更加直观易懂。例如，控制器的传递函数为

$$\frac{U(s)}{R(s)}=G_c(s)=\frac{5(s+1)}{s+5}=\frac{5+5s^{-1}}{1+5s^{-1}}$$

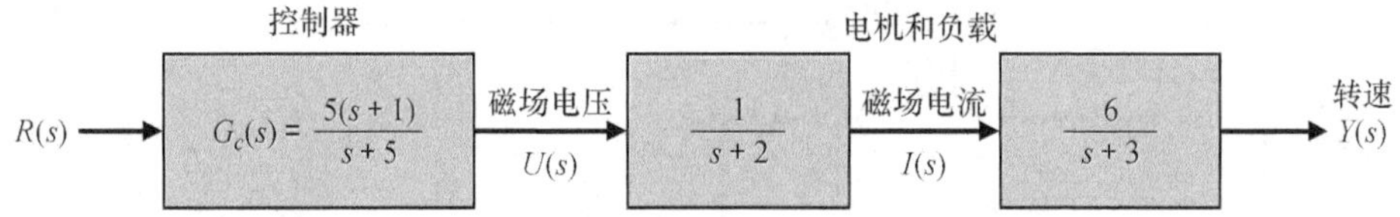

图 3.15 开环直流电机控制的框图模型（输出量为转速）

在图 3.16 中，$R(s)$ 与 $U(s)$ 之间的流图模块或方框恰好描述了 $G_c(s)$。

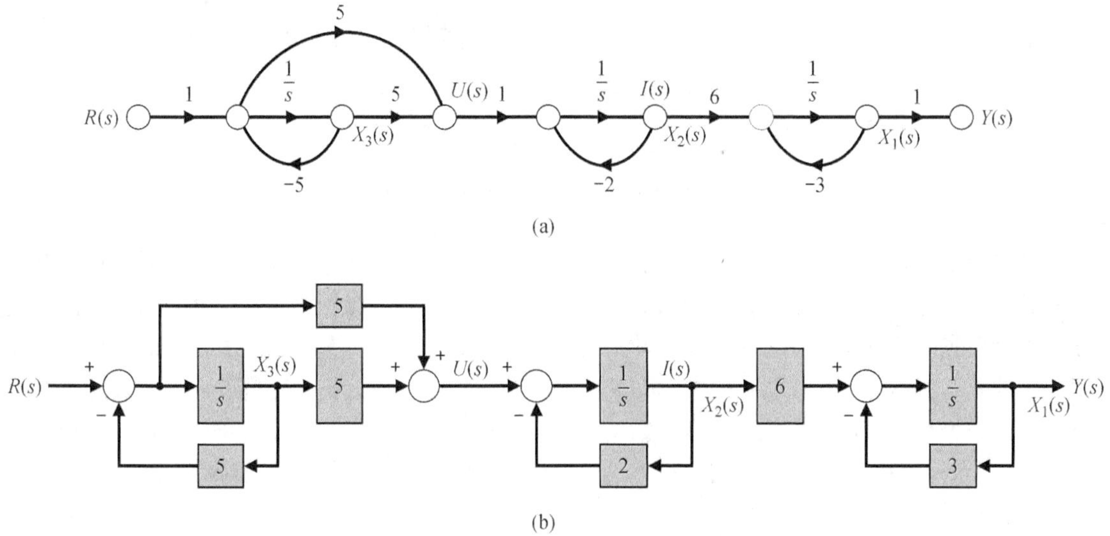

图 3.16 图 3.15 所示框图模型的物理状态信号流图模型和框图模型

由图 3.16 还可以直接得到状态微分方程

$$\dot{\boldsymbol{x}}(t)=\begin{bmatrix}-3 & 6 & 0\\ 0 & -2 & -20\\ 0 & 0 & -5\end{bmatrix}\boldsymbol{x}(t)+\begin{bmatrix}0\\5\\1\end{bmatrix}\boldsymbol{r}(t) \tag{3.59}$$

以及

$$y(t)=\begin{bmatrix}1 & 0 & 0\end{bmatrix}\boldsymbol{x}(t) \tag{3.60}$$

接下来介绍另一种形式的信号流图模型，即**响应模态解耦模型**。图 3.15 所示的框图模型对应的输入输出传递函数为

$$\frac{Y(s)}{R(s)}=T(s)=\frac{30(s+1)}{(s+5)(s+2)(s+3)}=\frac{q(s)}{(s-s_1)(s-s_2)(s-s_3)}$$

系统瞬态响应的 3 个模态分别由极点 s_1、s_2 和 s_3 决定。这 3 个响应模态可以用部分分式展开式表征为

$$\frac{Y(s)}{R(s)}=T(s)=\frac{k_1}{s+5}+\frac{k_2}{s+2}+\frac{k_3}{s+3} \tag{3.61}$$

运用第 2 章介绍的方法，可以得到 $k_1=-20$、$k_2=-10$ 和 $k_3=30$。式（3.61）对应的响应模态解耦状态变量模型如图 3.17 所示，状态微分方程的矩阵形式为

$$\dot{\boldsymbol{x}}(t)=\begin{bmatrix}-5 & 0 & 0\\ 0 & -2 & 0\\ 0 & 0 & -3\end{bmatrix}\boldsymbol{x}(t)+\begin{bmatrix}1\\1\\1\end{bmatrix}\boldsymbol{r}(t)$$

以及

$$y(t)=\begin{bmatrix}-20 & -10 & 30\end{bmatrix}\boldsymbol{x}(t) \tag{3.62}$$

可以看出，此处选择的状态变量为 $x_1(t)$、$x_2(t)$ 和 $x_3(t)$。其中，$x_1(t)$ 与极点 $s_1=-5$ 对应，$x_2(t)$ 与极点 $s_2=-2$ 对应，$x_3(t)$ 与极点 $s_3=-3$ 对应。状态变量的排序并非必须固定，例如，也可以将与因式 $s+2$ 对应的状态变量指定为 x_1。

解耦形式的状态微分方程表明了系统具有 n 个不同的极点 $-s_1, -s_2, \cdots, -s_n$。这种形式的状态微分方程被称为**对角线标准型**。具有互不相同的极点的系统总是能够化为**对角线标准型**，否则只能化为块对角线标准型［又称为**约当（Jordan）标准型**[24]］。

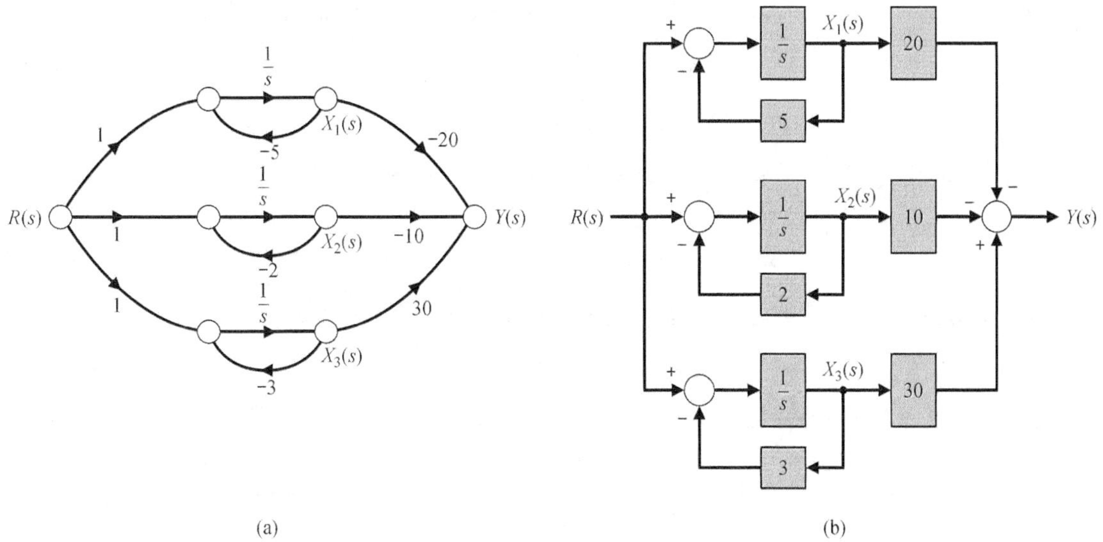

图 3.17　图 3.15 所示系统的解耦状态变量信号流图模型和框图模型

例 3.3　倒立摆控制

人手保持倒立摆平衡的情形如图 3.18 所示。倒立摆的平衡条件为 $\theta(t)=0$ 且 $\mathrm{d}\theta(t)/\mathrm{d}t=0$。

人手保持倒立摆平衡与导弹在发射初始阶段的姿态控制没有本质差异。这个问题的经典和精巧表述形式是图 3.19 所示小车上的倒立摆控制问题。小车必须处于运动状态才能够保证质量块 m 始终稳定地处于小车正上方的位置。要选取的状态变量必须能够用倒立摆的旋转偏角 $\theta(t)$ 以及小车的位移 $y(t)$ 表示出来。通过分析系统水平方向的受力情况和铰接点的力矩情况，可以列写出系统运动的微分方程 [2, 3, 10, 23]。如果 $M \gg m$ 且旋转角 $\theta(t)$ 足够小，就可以对运动方程做线性近似处理。如此一来，系统水平方向的受力之和为

$$M\ddot{y}(t) + ml\ddot{\theta}(t) - u(t) = 0 \tag{3.63}$$

其中，$u(t)$ 为施加在小车上的外力，l 是质量块 m 到铰接点的距离。铰接点的扭矩之和为

$$ml\ddot{y}(t) + ml\ddot{\theta}(t) - mlg\theta(t) = 0 \tag{3.64}$$

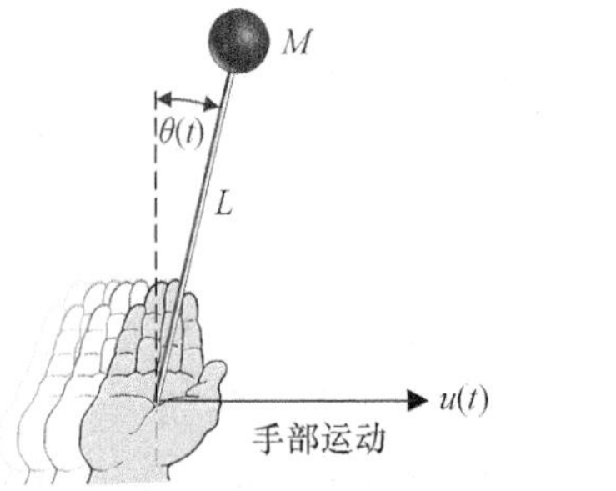

图 3.18　人手保持倒立摆的平衡。手移动的目的在于减小 $\theta(t)$。为了简化分析，这里限定倒立摆在 x–y 平面内旋转

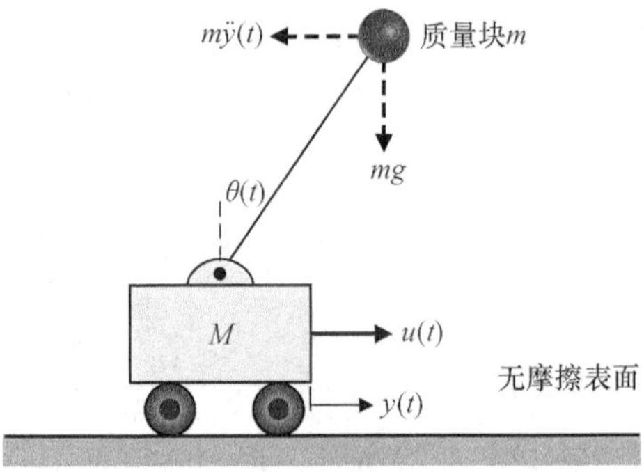

图 3.19　小车和倒立摆。这里限定倒立摆在垂直平面内绕铰接点旋转

针对以上两个二阶微分方程，为该系统选定的状态变量为 $(x_1(t), x_2(t), x_3(t), x_4(t)) = (y(t), \dot{y}(t), \theta(t), \dot{\theta}(t))$。将式（3.63）和式（3.64）写成状态变量的形式，可以得到：

$$M\dot{x}_2(t) + ml\dot{x}_4(t) - u(t) = 0 \tag{3.65}$$

$$\dot{x}_2(t) + l\dot{x}_4(t) - gx_3(t) = 0 \tag{3.66}$$

为了得到一阶微分方程组，可以首先解出式（3.66）中的 $\dot{x}_4(t)$ 并代入式（3.65），然后考虑 $M \gg m$ 的情况，得到：

$$M\dot{x}_2(t) + mgx_3(t) = u(t) \tag{3.67}$$

接下来解出式（3.65）中的 $\dot{x}_2(t)$ 并代入式（3.66），整理后可以得到：

$$Ml\dot{x}_4(t) - Mgx_3(t) + u(t) = 0 \tag{3.68}$$

最后得到 4 个一阶微分方程：

$$\begin{aligned}
\dot{x}_1(t) &= x_2(t) \\
\dot{x}_2(t) &= -\frac{mg}{M}x_3(t) + \frac{1}{M}u(t) \\
\dot{x}_3(t) &= x_4(t) \\
\dot{x}_4(t) &= \frac{g}{l}x_3(t) - \frac{1}{Ml}u(t)
\end{aligned} \tag{3.69}$$

系统矩阵为

$$A = \begin{bmatrix} 0 & 1 & 0 & 0 \\ 0 & 0 & -mg/M & 0 \\ 0 & 0 & 0 & 1 \\ 0 & 0 & g/l & 0 \end{bmatrix}, B = \begin{bmatrix} 1 \\ 1/M \\ 0 \\ -1/(Ml) \end{bmatrix} \tag{3.70}$$

3.6 由状态方程求解传递函数

给定传递函数 $G(s)$，通过信号流图模型可以得到状态微分方程。反过来，也可以由状态微分方程确定单输入-单输出系统的传递函数 $G(s)$。回顾式（3.16）和式（3.17），有

$$\dot{\boldsymbol{x}}(t) = \boldsymbol{A}\boldsymbol{x}(t) + \boldsymbol{B}u(t) \tag{3.71}$$

$$y(t) = \boldsymbol{C}\boldsymbol{x}(t) + \boldsymbol{D}u(t) \tag{3.72}$$

其中，$u(t)$ 和 $y(t)$ 分别为系统的单输入和单输出。式（3.71）和式（3.72）的拉普拉斯变换分别为

$$s\boldsymbol{X}(s) = \boldsymbol{A}\boldsymbol{X}(s) + \boldsymbol{B}U(s) \tag{3.73}$$

$$Y(s) = \boldsymbol{C}\boldsymbol{X}(s) + \boldsymbol{D}U(s) \tag{3.74}$$

由于 $u(t)$ 为单输入，因此 $\boldsymbol{B}$ 为 $n \times 1$ 的矩阵。我们的目的在于确定传递函数，所以此处不考虑非零的初始条件。对式（3.73）合并同类项后可以得到

$$(s\boldsymbol{I} - \boldsymbol{A})\boldsymbol{X}(s) = \boldsymbol{B}U(s) \tag{3.75}$$

注意 $[s\boldsymbol{I} - \boldsymbol{A}]^{-1} = \boldsymbol{\Phi}(s)$，于是有

$$\boldsymbol{X}(s) = \boldsymbol{\Phi}(s)\boldsymbol{B}U(s) \tag{3.76}$$

将 $\boldsymbol{X}(s)$ 代入式（3.74），可以得到

$$Y(s) = [\boldsymbol{C}\boldsymbol{\Phi}(s)\boldsymbol{B} + \boldsymbol{D}]U(s) \tag{3.77}$$

于是，系统实现的传递函数 $G(s) = Y(s)/U(s)$ 为

$$G(s) = \boldsymbol{C}\boldsymbol{\Phi}(s)\boldsymbol{B} + \boldsymbol{D} \tag{3.78}$$

例 3.4 RLC 网络的传递函数

从图 3.3 所示 RLC 网络的状态微分方程［参见式（3.18）和式（3.19）］出发，我们来确定传递函数 $G(s) = Y(s)/U(s)$。为此，将式（3.18）和式（3.19）重写为

$$\dot{\boldsymbol{x}}(t) = \begin{bmatrix} 0 & -1/C \\ 1/L & -R/L \end{bmatrix}\boldsymbol{x}(t) + \begin{bmatrix} -1/C \\ 0 \end{bmatrix}u(t)$$

$$y(t) = \begin{bmatrix} 0 & R \end{bmatrix}\boldsymbol{x}(t)$$

由此可以得到

$$[s\boldsymbol{I} - \boldsymbol{A}] = \begin{bmatrix} s & 1/C \\ -1/L & s + R/L \end{bmatrix}$$

因而有

$$\boldsymbol{\Phi}(s) = [s\boldsymbol{I} - \boldsymbol{A}]^{-1} = \frac{1}{\Delta(s)}\begin{bmatrix} \left(s + \dfrac{R}{L}\right) & \dfrac{-1}{C} \\ \dfrac{1}{L} & s \end{bmatrix}$$

其中

$$\Delta(s)=s^2+\frac{R}{L}s+\frac{1}{LC}$$

因此，RLC 网络的传递函数为

$$G(s)=[0\quad R]\begin{bmatrix}\dfrac{s+\dfrac{R}{L}}{\Delta(s)} & \dfrac{-1}{C\Delta(s)}\\ \dfrac{1}{L\Delta(s)} & \dfrac{s}{\Delta(s)}\end{bmatrix}\begin{bmatrix}\dfrac{1}{C}\\ 0\end{bmatrix}=\frac{R/(LC)}{\Delta(s)}=\frac{R/(LC)}{s^2+\dfrac{R}{L}s+\dfrac{1}{LC}} \tag{3.79}$$

这与利用梅森公式从状态流图模型中求得的传递函数［即式（3.40）］是完全一致的。

3.7 状态转移矩阵和系统时间响应

通常，我们希望能够求得控制系统状态变量的时间响应，以便考察和研究系统的性能。只要求解状态微分方程，就可以得到系统的瞬态响应。3.3 节已经给出了式（3.26）所示的状态微分方程的通解：

$$\boldsymbol{x}(t)=\boldsymbol{\Phi}(t)\boldsymbol{x}(0)+\int_0^t\boldsymbol{\Phi}(t-\tau)\boldsymbol{B}\boldsymbol{u}(\tau)\mathrm{d}\tau \tag{3.80}$$

显然，如果已知初始条件 $\boldsymbol{x}(0)$、输入 $\boldsymbol{u}(\tau)$ 和状态转移矩阵 $\boldsymbol{\Phi}(t)$，就可以求得时间响应 $\boldsymbol{x}(t)$。于是，问题的关键就是求取状态转移矩阵 $\boldsymbol{\Phi}(t)$，它决定了系统的响应。幸运的是，我们可以利用信号流图技术来完成这项工作。

在详细介绍利用信号流图求取状态转移矩阵之前，必须指出的是，实际上存在着多种求取状态转移矩阵的方法。例如，我们可以通过对 $\boldsymbol{\Phi}(t)$ 的矩阵指数展开式进行截尾，来求取 $\boldsymbol{\Phi}(t)$ [2, 8]。$\boldsymbol{\Phi}(t)$ 的矩阵指数展开式为

$$\boldsymbol{\Phi}(t)=\exp(\boldsymbol{A}t)=\sum_{k=0}^{\infty}\frac{\boldsymbol{A}^k t^k}{k!} \tag{3.81}$$

此外，还有很多种用来求取 $\boldsymbol{\Phi}(t)$ 的数值算法，这些算法也很有效 [21]。

由式（3.25）可以得到 $\boldsymbol{\Phi}(s)=[s\boldsymbol{I}-\boldsymbol{A}]^{-1}$，因此，如果通过矩阵求逆得到了 $\boldsymbol{\Phi}(s)$，也就可以通过拉普拉斯逆变换 $\boldsymbol{\Phi}(t)=L^{-1}\{\boldsymbol{\Phi}(s)\}$ 求取 $\boldsymbol{\Phi}(t)$。不过，对于高阶系统而言，矩阵求逆运算通常是很困难的。

为了看清楚如何由信号流图模型求取状态转移矩阵，我们需要在输入为 0 时，观察式（3.80）给出的拉普拉斯变换。当 $\boldsymbol{u}(\tau)=0$ 时，对式（3.80）进行拉普拉斯变换，可以得到：

$$\boldsymbol{X}(s)=\boldsymbol{\Phi}(s)\boldsymbol{x}(0) \tag{3.82}$$

于是，只要利用信号流图模型，逐个求出状态变量的拉普拉斯变换 $X_i(s)$ 与初始条件 $[x_1(0),x_2(0),\cdots,x_n(0)]$ 的关系，就能够得到状态转移矩阵的拉普拉斯变换矩阵 $\boldsymbol{\Phi}(s)$，再对 $\boldsymbol{\Phi}(s)$ 进行拉普拉斯逆变换，就可以求得 $\boldsymbol{\Phi}(t)$，即

$$\boldsymbol{\Phi}(t)=\mathscr{L}^{-1}\{\boldsymbol{\Phi}(s)\} \tag{3.83}$$

而状态变量的拉普拉斯变换 $X_i(s)$ 与初始条件 $\boldsymbol{x}(0)$ 的关系，可以用梅森增益公式求得。例如，对于一般的二阶系统，式（3.82）展开后可以得到

$$X_1(s) = \phi_{11}(s)x_1(0) + \phi_{12}(s)x_2(0)$$
$$X_2(s) = \phi_{21}(s)x_1(0) + \phi_{22}(s)x_2(0) \tag{3.84}$$

其中，$\phi_{ij}(s)$ 即为以 $X_i(s)$ 为输出并以 $x_j(0)$ 为输入的关系式，它们都可以由信号流图模型和梅森增益公式得到。下面的例子演示了这种求解状态转移矩阵的方法。

例 3.5 求解状态转移矩阵

考虑图 3.3 所示的 RLC 网络，用两种方法来求 $\boldsymbol{\Phi}(s)$：(1) 矩阵求逆法，即 $\boldsymbol{\Phi}(s) = [s\boldsymbol{I} - \boldsymbol{A}]^{-1}$；(2) 状态流图和梅森增益公式。

首先，让我们通过计算 $\boldsymbol{\Phi}(s) = [s\boldsymbol{I} - \boldsymbol{A}]^{-1}$ 来求 $\boldsymbol{\Phi}(s)$。由式 (3.18) 可以得到

$$\boldsymbol{A} = \begin{bmatrix} 0 & -2 \\ 1 & -3 \end{bmatrix}$$

因此

$$[s\boldsymbol{I} - \boldsymbol{A}] = \begin{bmatrix} s & 2 \\ -1 & s+3 \end{bmatrix} \tag{3.85}$$

于是，对矩阵求逆后有

$$\boldsymbol{\Phi}(s) = [s\boldsymbol{I} - \boldsymbol{A}]^{-1} = \frac{1}{\Delta(s)}\begin{bmatrix} s+3 & -2 \\ 1 & s \end{bmatrix} \tag{3.86}$$

其中，$\Delta(s) = s(s+3) + 2 = s^2 + 3s + 2 = (s+1)(s+2)$。

图 3.3 所示 RLC 网络的信号流图模型如图 3.7 所示。该 RLC 网络的状态变量可以选择为 $x_1(t) = v_c(t)$和$x_2(t) = i_L(t)$，初始条件 $x_1(0)$ 和 $x_2(0)$ 则分别表示电容的初始电压和电感的初始电流。增加初始条件后的信号流图模型如图 3.20 所示，初始条件（也就是状态变量的初始值）出现在各积分器的输出端。

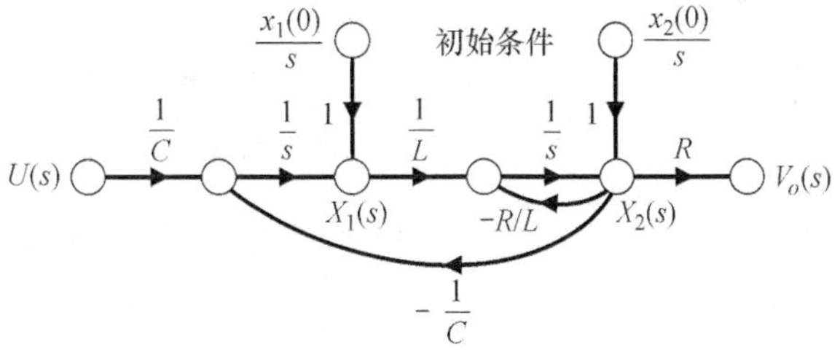

图 3.20 增加初始条件后的信号流图模型

为了计算 $\boldsymbol{\Phi}(s)$，令 $U(s) = 0$。当 $R = 3$、$L = 1$ 和 $C = 1/2$ 时，可以得到图 3.21 所示的信号流图模型，其中略去了原图中与计算 $\boldsymbol{\Phi}(s)$ 无关的输入输出节点。根据梅森增益公式，当不考虑 $x_2(0)$ 的影响时，可以得到 $X_1(s)$ 与 $x_1(0)$ 的关系式为

$$X_1(s) = \frac{1 \cdot \Delta_1(s) \cdot [x_1(0)/s]}{\Delta(s)} \tag{3.87}$$

其中，$\Delta(s)$ 为信号流图的特征式，$\Delta_1(s)$ 为与 $x_1(0)$ 有关的前向通路的余因式且有

$$\Delta(s) = 1 + 3s^{-1} + 2s^{-2}$$

又由于 $x_1(0)$ 到 $X_1(s)$ 的前向通路与环路 $-3s^{-1}$ 不接触，故有 $\Delta_1(s) = 1 + 3s^{-1}$。因此，在状

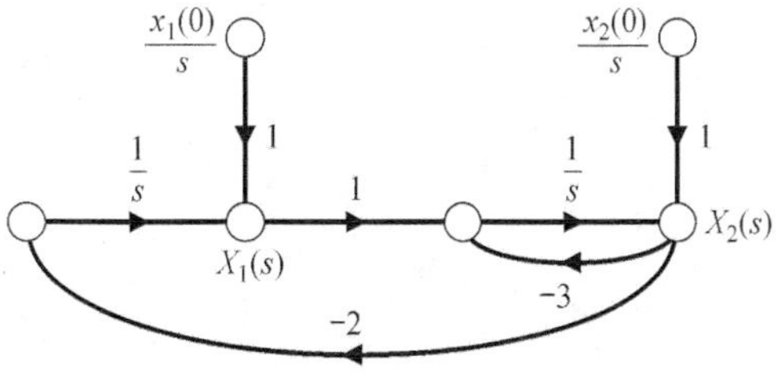

图 3.21 当 $U(s) = 0$ 时，RLC 网络的信号流图模型

态转移矩阵的拉普拉斯变换矩阵中，第一个元素为

$$\phi_{11}(s)=\frac{\left(1+3s^{-1}\right)(1/s)}{1+3s^{-1}+2s^{-2}}=\frac{s+3}{s^2+3s+2} \tag{3.88}$$

接下来推导 $X_1(s)$ 与 $x_2(0)$ 的关系，可以得到

$$X_1(s)=\frac{\left(-2s^{-1}\right)\left(x_2(0)/s\right)}{1+3s^{-1}+2s^{-2}}$$

故有

$$\phi_{12}(s)=\frac{-2}{s^2+3s+2} \tag{3.89}$$

同理可以得到

$$\phi_{21}(s)=\frac{\left(s^{-1}\right)(1/s)}{1+3s^{-1}+2s^{-2}}=\frac{1}{s^2+3s+2} \tag{3.90}$$

$$\phi_{22}(s)=\frac{1(1/s)}{1+3s^{-1}+2s^{-2}}=\frac{s}{s^2+3s+2} \tag{3.91}$$

于是，状态转移矩阵的拉普拉斯变换矩阵为

$$\boldsymbol{\Phi}(s)=\begin{bmatrix}(s+3)/\left(s^2+3s+2\right) & -2/\left(s^2+3s+2\right)\\ 1/\left(s^2+3s+2\right) & s/\left(s^2+3s+2\right)\end{bmatrix} \tag{3.92}$$

考虑到特征方程的因子式为 $(s+1)$ 和 $(s+2)$，即有

$$(s+1)(s+2)=s^2+3s+2$$

因此可以得到状态转移矩阵为

$$\boldsymbol{\Phi}(t)=\mathscr{L}^{-1}\{\boldsymbol{\Phi}(s)\}=\begin{bmatrix}\left(2\mathrm{e}^{-t}-\mathrm{e}^{-2t}\right) & \left(-2\mathrm{e}^{-t}+2\mathrm{e}^{-2t}\right)\\ \left(\mathrm{e}^{-t}-\mathrm{e}^{-2t}\right) & \left(-\mathrm{e}^{-t}+2\mathrm{e}^{-2t}\right)\end{bmatrix} \tag{3.93}$$

至此，利用式 (3.80)，就可以求得 RLC 网络对不同的初始条件和输入激励的时间响应。例如，当 $x_1(0)=x_2(0)=1$ 和 $u(t)=0$ 时，我们有

$$\begin{bmatrix}x_1(t)\\ x_2(t)\end{bmatrix}=\boldsymbol{\Phi}(t)\begin{bmatrix}1\\1\end{bmatrix}=\begin{bmatrix}\mathrm{e}^{-2t}\\ \mathrm{e}^{-2t}\end{bmatrix} \tag{3.94}$$

在给定的初始条件下，系统的时间响应曲线如图 3.22 所示。图 3.23 给出了状态向量 $[x_1(t),x_2(t)]$ 在 (x_1,x_2) 平面上的变化轨迹。

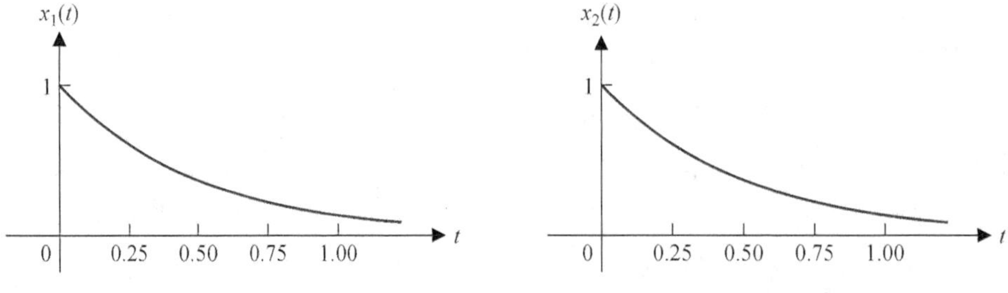

图 3.22　当初始条件为 $x_1(0)=x_2(0)=1$ 时，RLC 网络状态变量的时间响应曲线

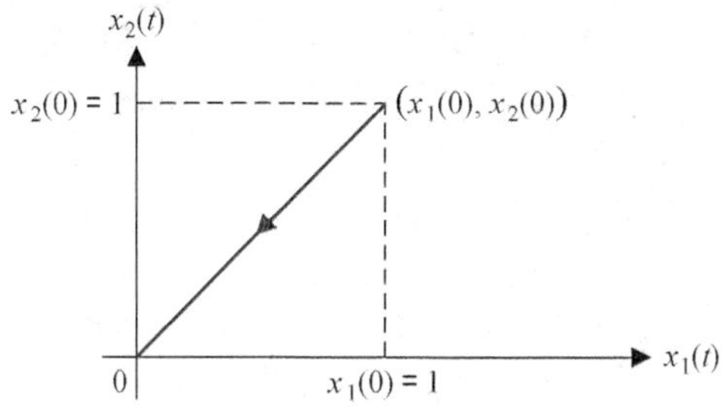

图 3.23　状态向量在 (x_1, x_2) 平面上的变化轨迹

可以看出，系统状态转移矩阵方便了系统时间响应的求解过程。尽管这种方法只适用于线性系统，但由于可以利用熟悉的信号流图来求状态转移矩阵，因此这种方法还是非常简单有效和重要的。

3.8　设计实例

本节将给出两个设计实例。第一个实例详细分析如何建立大型航天器（如空间站）的状态空间模型，并利用该状态空间模型来分析近地轨道上航天器定向系统的稳定性，该实例用阴影突出显示了其所强调的控制系统设计流程中的设计主题模块。第二个实例为打印机皮带驱动器系统，旨在说明系统框图模型和状态空间模型的关系，并利用框图化简方法，根据状态空间模型求取等效的系统传递函数。

例 3.6　空间站定向系统建模

图 3.24 所示的国际空间站是一种可以采用不同配置结构的多用途航天器。航天器控制系统设计的一个重要步骤，就是建立描述航天器运动的数学模型。一般而言，该数学模型应该描述航天器的平移和姿态调整这两种运动，并且要考虑外部受力和扭矩，以及控制器和执行器的受力和扭矩等因素的共同影响。因此，航天器的动态数学模型应该是一组高度耦合的、非线性的常微分方程。本例的目标如下：在确保能够描述系统重要特征的前提下，对该数学模型进行简化。在控制工程中，合理简化模型不是一件轻松的事，而是非常重要但又容易忽视的任务。本例主要考虑旋转运动。对于航天器的轨道保持能力而言，平移运动尽管也是非常重要的，但在合理的假设条件下，它能够与旋转运动解耦。

控制力矩陀螺是一个安装在常平架上的、转速固定的飞轮，飞轮的指向随着常平架的旋转而发生变化，从而导致飞轮角动量的方向也随之改变。根据角动量守恒的基本原理，控制力矩陀螺的动量变化就被转移到了空间站上，从而产生响应扭矩，用于控制空间站的姿态。但是，控制力矩陀螺提供的姿态控制能力可能会达到饱和状态，也就是说，虽然控制力矩陀螺不需要消耗燃料，但它的控制能力却是有限的。针对这一问题，在实际应用中，可以采取一些措施来避免控制力矩陀螺饱和，从而达到调整空间站姿态的目的。

有多种方法可以避免控制力矩陀螺饱和。优选的方法是利用现存的空间环境扭矩，这种方法对反应控制射流的需求最小。在具体实现中，则是利用（自然产生的）引力梯度扭矩来连续消除控制力矩陀螺的饱和状态，这是一种聪明的选择。由于空间站受到不均匀的地球引力，这将会导致地球引力产生的以空间站质心为中心的扭矩不为零。这个不为零的扭矩就是所谓的**引力梯度扭矩**。空间站姿态的变化将导致作用于空间站自身的引力梯度扭矩发生变化，因此，将姿态控制和动量管理结合起来共同分析，便可以设计出折中的控制方案。本实例重点讨论的控制系统设计模块如图 3.25 所示。

图 3.24 国际空间站（NASA 友情提供图片）

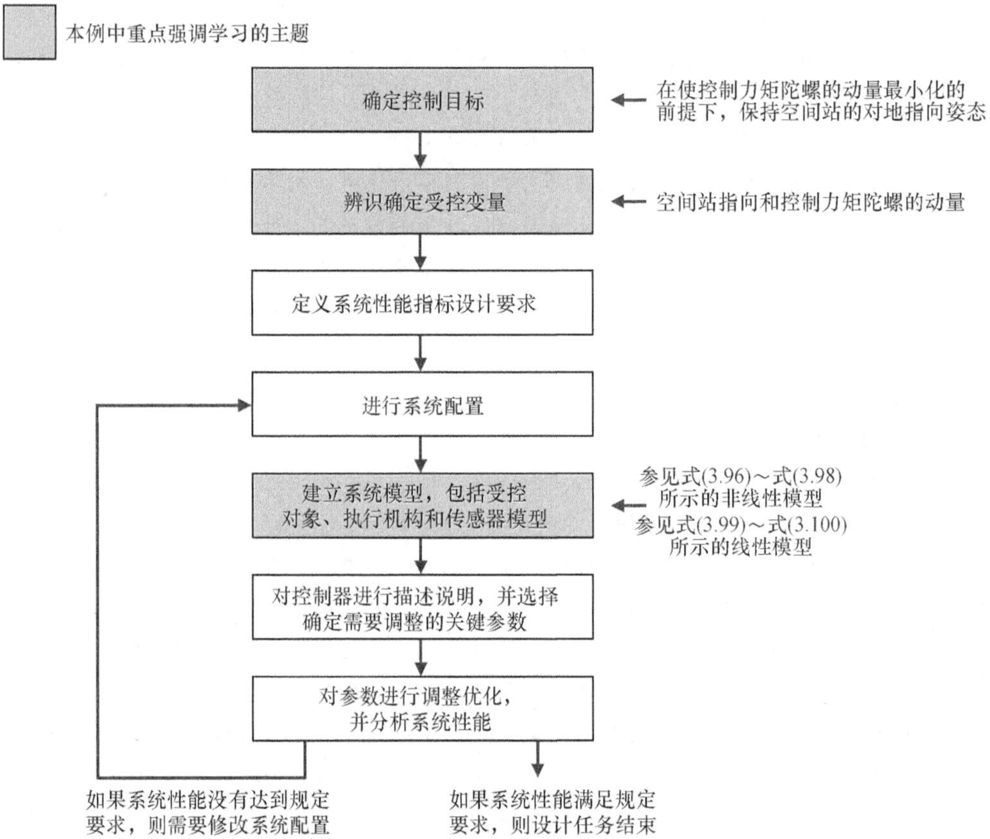

图 3.25 空间站定向系统建模过程以及本例强调的设计模块

首先，我们采用 3 个角度参数来定义空间站的姿态，分别为俯仰角 $\theta_2(t)$、偏航角 $\theta_3(t)$ 和横滚角 $\theta_1(t)$。这 3 个角度衡量了空间站相对于预期的对地姿态的偏离程度。当 $\theta_1(t)=\theta_2(t)=\theta_3(t)=0$ 时，表示空间站被定向于预期的对地方向。本例的控制目标是，最小化所需的控制力矩陀螺动量交换（记住要避免出现饱和状态），并使得空间站被定向于预期的对地方向，这样就可以将控制目标具体归纳如下。

控制目标　在保证控制力矩陀螺动量最小化的同时，在存在持续扰动信号的情况下，使得空间站的横滚角、偏航角和俯仰角最小。

对于一个物体而言，其质心角动量的变化率等于作用于该物体的外在扭矩之和。因此，航天器的姿态动力学特性取决于外部的作用扭矩。对于空间站而言，主要的外部扭矩是由地球引力导致的。由于地球可以视为一个质点，因此，作用于空间站的引力梯度扭矩可以由式（3.95）给出[30]。

$$\boldsymbol{T}_g(t)=3n^2\boldsymbol{c}(t)\times\boldsymbol{I}\boldsymbol{c}(t) \tag{3.95}$$

其中：n 为轨道角速度，对于空间站而言，$n=0.0011\ \text{rad/s}$；$\boldsymbol{c}(t)$ 为

$$\boldsymbol{c}(t)=\begin{bmatrix}-\sin\theta_2(t)\cos\theta_3(t)\\ \sin\theta_1(t)\cos\theta_2(t)+\cos\theta_1(t)\sin\theta_2(t)\sin\theta_3(t)\\ \cos\theta_1(t)\cos\theta_2(t)-\sin\theta_1(t)\sin\theta_2(t)\sin\theta_3(t)\end{bmatrix}$$

符号×表示向量之间的叉乘。矩阵 $\boldsymbol{I}$ 既是空间站的惯量矩阵，也是空间站结构配置参数的函数。由式（3.95）可以看出，引力梯度扭矩是 3 个姿态角 $\theta_1(t)$、$\theta_2(t)$ 和 $\theta_3(t)$ 的函数。就控制目标而言，我们必须使得这 3 个姿态角保持恒定［对于本例而言，有 $\theta_1(t)=\theta_2(t)=\theta_3(t)=0$］，但有时又必须适当调整空间站的姿态，使得姿态角适度偏离预期角度，以便产生引力梯度扭矩，并应用于控制力矩陀螺的动量管理和交换。这与控制目标是有冲突的。实际上，控制工程师们在设计控制系统时，经常需要面对和处理相互冲突的实际要求。

接下来分析作用于空间站的气动扭矩的影响。即使当空间站处于高纬度时，气动扭矩同样能够影响其运动姿态。作用于空间站的气动扭矩来源于大气阻力，由于大气阻力的作用中心和质量中心通常并不一致，这会产生气动扭矩。在近地轨道上，气动扭矩表现为正弦波函数，以较小的偏差上下波动，这主要源于大气层每天周期性的热膨胀。在太阳光的照射下，与地球大气层远离太阳的一面相比，靠近太阳的一面受热后膨胀得更快，占据的空间也更大。因此，当空间站绕地球飞行时（大约 90 min 一圈），将绕经不同密度的大气层，这就导致气动扭矩的周期性波动。此外，空间站上的太阳能电池板由于对准太阳而不断旋转，也会导致气动扭矩发生另一项周期性波动。总的来说，气动扭矩要比引力梯度扭矩小得多，因此，从控制系统的控制目的出发，我们可以忽略气动扭矩的影响，而仅仅将其视为一种扰动。在设计控制方案时，只需要将这种扰动对空间站姿态的影响程度降至最低即可。

其他行星体的引力、空间磁场、太阳辐射、太空风以及一些不太显著的太空事件，也会对空间站产生扭矩。但是，相对于气动扭矩和由于地球引力产生的引力梯度扭矩而言，这些扭矩要小得多。因此，在建模过程中，我们可以忽略这些扭矩的影响，仅仅将它们视为一种扰动。

最后，我们来分析控制力矩陀螺本身。将所有的控制力矩陀螺视为一体，作为一个共同的力矩产生器，并将产生的力矩记为 $h(t)$。严格来讲，在设计阶段就应该掌握与控制力矩陀螺的角动量管理直接相关的动态特性。不过，与姿态控制过程相比，角动量管理动态环节的时间常数很小。因此，我们将忽略这些环节的动态影响，假定控制力矩陀螺能够精确无时延地产生控制系统所要求的控制力矩。

基于以上讨论，可以得到如下简化的非线性模型，该模型可以作为控制系统设计的基础。

$$\dot{\boldsymbol{\Theta}}(t)=\boldsymbol{R}(\boldsymbol{\Theta})\boldsymbol{\Omega}(t)+\boldsymbol{n} \tag{3.96}$$

$$\boldsymbol{I}\dot{\boldsymbol{\Omega}}(t)=-\boldsymbol{\Omega}(t)\times\boldsymbol{I}\boldsymbol{\Omega}(t)+3n^2\boldsymbol{c}(t)\times\boldsymbol{I}\boldsymbol{c}(t)-\boldsymbol{u}(t) \tag{3.97}$$

$$\dot{\boldsymbol{h}}(t)=-\boldsymbol{\Omega}(t)\times\boldsymbol{h}(t)+\boldsymbol{u}(t) \tag{3.98}$$

其中：

$$\boldsymbol{R}(\boldsymbol{\Theta})=\frac{1}{\cos\theta_3(t)}\begin{bmatrix}\cos\theta_3(t) & -\cos\theta_1(t)\sin\theta_3(t) & \sin\theta_1(t)\sin\theta_3(t)\\ 0 & \cos\theta_1(t) & -\sin\theta_1(t)\\ 0 & \sin\theta_1(t)\cos\theta_3(t) & \cos\theta_1(t)\cos\theta_3(t)\end{bmatrix}$$

$$\boldsymbol{n}=\begin{bmatrix}0\\ n\\ 0\end{bmatrix}\quad \boldsymbol{\Omega}=\begin{bmatrix}\omega_1(t)\\ \omega_2(t)\\ \omega_3(t)\end{bmatrix}\quad \boldsymbol{\Theta}=\begin{bmatrix}\theta_1(t)\\ \theta_2(t)\\ \theta_3(t)\end{bmatrix}\quad \boldsymbol{u}=\begin{bmatrix}u_1(t)\\ u_2(t)\\ u_3(t)\end{bmatrix}$$

在上面的式子中，$\boldsymbol{u}(t)$ 为控制力矩陀螺的输入力矩，$\boldsymbol{\Omega}(t)$ 为角速度，$\boldsymbol{I}$ 为惯量矩阵，$\boldsymbol{n}$ 为轨道角速度。关于飞行器动力学建模方面的基础知识，可以参见文献［26，27］，此外还可以参考很多关于空间站控制和动量管理方面的文献。其中，Wie 等人在文献［28］中首次提出了由式（3.96）~式（3.98）构成的非线性方程模型，文献［29-33］提供了与空间站建模和控制相关的其他知识，文献［34-40］讨论了关于空间站高级控制方面的主题。从式（3.96）~式（3.98）这组非线性方程出发，研究人员正在研究空间站的非线性控制律，文献［41-50］给出了部分成果。

式（3.96）描述了欧拉角 $\boldsymbol{\Phi}(t)$ 与角速度向量 $\boldsymbol{\Omega}(t)$ 之间的动力学关系。式（3.97）为空间站的姿态动力学方程，等号的右侧表示作用于空间站的所有外部力矩之和，其中的第一项是由惯量的交叉耦合导致的力矩，第二项是引力梯度扭矩，最后一项是执行器为空间站提供的力矩。该模型没有考虑扰动力矩，如气动力矩等。式（3.98）给出了控制力矩陀螺的总动量。

飞行器动量管理方案设计的惯用方法是，利用泰勒级数展开式对上述非线性模型进行线性化，以便得到描述飞行器姿态动力学和控制力矩陀螺动量变化的线性模型。在此基础上，运用线性系统设计方法，推导应用相应的管理和控制方案。为了便于线性化处理，我们假定飞行器在不同方向上的转动惯量相互独立（即惯量矩阵 $\boldsymbol{I}$ 为对角阵），气动力矩可以忽略。于是，上述模型的平衡状态（线性化处理的工作点）应该为

$$\boldsymbol{\Theta}=0$$

$$\boldsymbol{\Omega}=\begin{bmatrix}0\\ -n\\ 0\end{bmatrix}$$

$$\boldsymbol{h}=0$$

同时假定惯量矩阵 $\boldsymbol{I}$ 为

$$\boldsymbol{I}=\begin{bmatrix}I_1 & 0 & 0\\ 0 & I_2 & 0\\ 0 & 0 & I_3\end{bmatrix}$$

实际上，惯量矩阵 $\boldsymbol{I}$ 并不一定是对角阵。但是，在线性化过程中，忽略矩阵 $\boldsymbol{I}$ 中的非对角线元素是常见的合理假设。经过泰勒级数展开后，在得到的线性化模型中，俯仰运动与横滚运动和偏航运动确实实现了解耦。

俯仰运动的线性化方程为

$$\begin{bmatrix} \dot{\theta}_2(t) \\ \dot{\omega}_2(t) \\ \dot{h}_2(t) \end{bmatrix} = \begin{bmatrix} 0 & 1 & 0 \\ 3n^2\Delta_2 & 0 & 0 \\ 0 & 0 & 0 \end{bmatrix} \begin{pmatrix} \theta_2(t) \\ \omega_2(t) \\ h_2(t) \end{pmatrix} + \begin{bmatrix} -0 \\ -1/I_2 \\ -1 \end{bmatrix} u_2(t) \tag{3.99}$$

其中：

$$\Delta_2 := \frac{I_3 - I_1}{I_2}$$

下标为 2 的各项与俯仰运动相关，下标为 1 的各项与横滚运动相关，下标为 3 的各项则与偏航运动相关。横滚运动和偏航运动的线性化方程为

$$\begin{bmatrix} \dot{\theta}_1(t) \\ \dot{\theta}_3(t) \\ \dot{\omega}_1(t) \\ \dot{\omega}_3(t) \\ \dot{h}_1(t) \\ \dot{h}_3(t) \end{bmatrix} = \begin{bmatrix} 0 & n & 1 & 0 & 0 & 0 \\ -n & 0 & 0 & 1 & 0 & 0 \\ -3n^2\Delta_1 & 0 & 0 & -n\Delta_1 & 0 & 0 \\ 0 & 0 & -n\Delta_3 & 0 & 0 & 0 \\ 0 & 0 & 0 & 0 & 0 & n \\ 0 & 0 & 0 & 0 & -n & 0 \end{bmatrix} \begin{pmatrix} \theta_1(t) \\ \theta_3(t) \\ \omega_1(t) \\ \omega_3(t) \\ h_1(t) \\ h_3(t) \end{pmatrix} + \begin{bmatrix} 0 & 0 \\ 0 & 0 \\ -1/I_1 & 0 \\ 0 & -1/I_3 \\ -1 & 0 \\ 0 & -1 \end{bmatrix} \begin{pmatrix} u_1(t) \\ u_3(t) \end{pmatrix} \tag{3.100}$$

其中：

$$\Delta_1 := \frac{I_2 - I_3}{I_1},\quad \Delta_3 := \frac{I_1 - I_2}{I_3}$$

接下来着重分析俯仰运动。定义状态向量为

$$\boldsymbol{x}(t) := \begin{bmatrix} \theta_2(t) \\ \omega_2(t) \\ h_2(t) \end{bmatrix}$$

以空间站俯仰角 $\theta_2(t)$ 为输出，则有

$$y(t) = \theta_2(t) = [1 \quad 0 \quad 0]\boldsymbol{x}(t)$$

在此，我们也可以定义角速度 $\omega_2(t)$ 或控制力矩陀螺动量 $h_2(t)$ 作为输出。

由此可以得到俯仰运动的状态空间模型为

$$\dot{\boldsymbol{x}}(t) = \boldsymbol{A}\boldsymbol{x}(t) + \boldsymbol{B}u(t)$$

$$y(t) = \boldsymbol{C}\boldsymbol{x}(t) + \boldsymbol{D}u(t) \tag{3.101}$$

其中：

$$\boldsymbol{A} = \begin{bmatrix} 0 & 1 & 0 \\ 3n^2\Delta_2 & 0 & 0 \\ 0 & 0 & 0 \end{bmatrix},\quad \boldsymbol{B} = \begin{bmatrix} 0 \\ -\dfrac{1}{I_2} \\ 1 \end{bmatrix}$$

$$\boldsymbol{C} = [1 \quad 0 \quad 0],\quad \boldsymbol{D} = [0],$$

$u(t)$ 为控制力矩陀螺在俯仰方向上的力矩。求解式（3.101）所示的微分方程，可以得到

$$\boldsymbol{x}(t) = \boldsymbol{\Phi}(t)\boldsymbol{x}(0) + \int_0^t \boldsymbol{\Phi}(t-\tau)\boldsymbol{B}u(\tau)\mathrm{d}\tau$$

其中，状态转移矩阵 $\boldsymbol{\Phi}(t)$ 为

$$\boldsymbol{\Phi}(t)=\exp(\boldsymbol{A}t)=L^{-1}\left\{(s\boldsymbol{I}-\boldsymbol{A})^{-1}\right\}$$

$$=\begin{bmatrix} \frac{1}{2}\left(e^{\sqrt{3n^2\Delta_2}\,t}+e^{-\sqrt{3n^2\Delta_2}\,t}\right) & \frac{1}{2\sqrt{3n^2\Delta_2}}\left(e^{\sqrt{3n^2\Delta_2}\,t}-e^{-\sqrt{3n^2\Delta_2}\,t}\right) & 0 \\ \frac{\sqrt{3n^2\Delta_2}}{2}\left(e^{\sqrt{3n^2\Delta_2}\,t}-e^{-\sqrt{3n^2\Delta_2}\,t}\right) & \frac{1}{2}\left(e^{\sqrt{3n^2\Delta_2}\,t}+e^{-\sqrt{3n^2\Delta_2}\,t}\right) & 0 \\ 0 & 0 & 1 \end{bmatrix}$$

可以看出，当 $\Delta_2>0$（即 $I_3>I_1$）时，$\boldsymbol{\Phi}(t)$ 的某些元素中将存在类似于 e^{at}，$a>0$ 的项，这样的系统将是不稳定的（见第 6 章）。接下来分析系统输出 $y(t)=\theta_2(t)$，我们有

$$y(t)=\boldsymbol{C}\boldsymbol{x}(t)$$

由于

$$\boldsymbol{x}(t)=\boldsymbol{\Phi}(t)\boldsymbol{x}(0)+\int_0^t\boldsymbol{\Phi}\,(t-\tau)\boldsymbol{B}u(\tau)\mathrm{d}\tau$$

因此系统输出的表达式为

$$y(t)=\boldsymbol{C}\boldsymbol{\Phi}(t)\boldsymbol{x}(0)+\int_0^t\boldsymbol{C}\boldsymbol{\Phi}(t-\tau)\boldsymbol{B}u(\tau)\mathrm{d}\tau$$

输入 $U(s)$ 和输出 $Y(s)$ 之间的传递函数为

$$G(s)=\frac{Y(s)}{U(s)}=\boldsymbol{C}(s\boldsymbol{I}-\boldsymbol{A})^{-1}\boldsymbol{B}=-\frac{1}{I_2\left(s^2-3n^2\Delta_2\right)}$$

由此可以得到系统的特征方程为

$$s^2-3n^2\Delta_2=\left(s+\sqrt{3n^2\Delta_2}\right)\left(s-\sqrt{3n^2\Delta_2}\right)=0$$

很明显，当 $\Delta_2>0$（$I_3>I_1$）时，上述方程有一正一负两个实数根，即系统有两个实数极点，分别位于 s 平面上虚轴的左右两侧。由此可以得出结论，当 $I_3>I_1$ 时，空间站定向系统的地球指向姿态是不稳定的。因此，必须采取主动控制措施，才能使其稳定。

反之，当 $\Delta_2<0$（$I_3<I_1$）时，特征方程有两个虚根：

$$s=\pm\mathrm{j}\sqrt{3n^2|\Delta_2|}$$

这两个虚根位于 s 平面上的虚轴之上，因此，空间站定向系统的地球指向姿态是临界稳定的。如果没有控制力矩陀螺产生的力矩，空间站将围绕预期姿态（地球指向）做小幅振荡。

例 3.7　打印机皮带驱动器建模

常用的低成本打印机都配有皮带驱动器，它可以驱动打印头沿着打印页面横向移动[11]。打印头可能是激光式、喷墨式或针式的。配备直流电机的皮带驱动式打印机如图 3.26 所示。在该模型中，光传感器用来测定打印头的位置，皮带张力则用来调整皮带的实际弹性状态。本例的目的是，选择合适的电机参数、滑轮参数和控制器参数，分析研究皮带弹性系数 k 对系统的影响。为了达成以上目的，我们首先建立皮带驱动系统的基本模型，确定若干系统参数；然后在此基础上，建立系统的信号流图模型并选定系统的状态变量；接下来确定系统的传递函数，除皮带弹性系数外，选定传递函数中其他参数的值；最后研究皮带弹性系数 k 在实际范围内变化时对系统的影响。

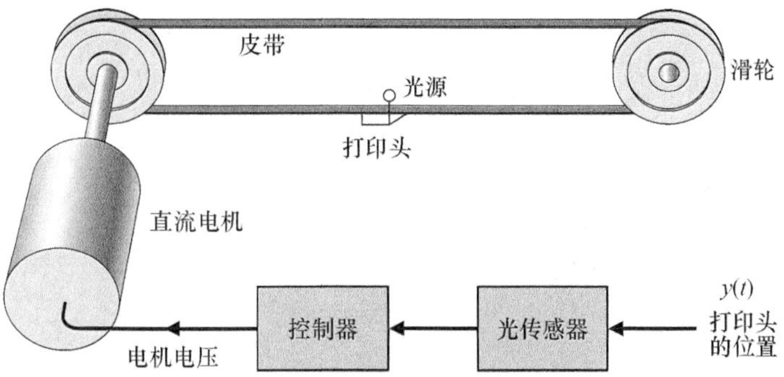

图 3.26　打印机皮带驱动系统

打印机皮带驱动系统的控制模型如图 3.27 所示。其中，k 为皮带弹性系数，r 为滑轮半径，$\theta(t)$ 为电机轴柄旋转角，$\theta_p(t)$ 为右滑轮的旋转角，m 为打印头的质量，$y(t)$ 为打印头的位移。光传感器用于测量位移 $y(t)$，其输出电压为 $v_1(t)$ 且满足 $v_1(t) = k_1 y(t)$。控制器的输出电压为 $v_2(t)$，它是 $v_1(t)$ 的函数，能够影响到电机的励磁磁场。假设 $v_2(t)$ 与 $v_1(t)$ 有如下线性关系：

$$v_2(t) = -\left(k_2 \frac{\mathrm{d}v_1(t)}{\mathrm{d}t} + k_3 v_1(t)\right)$$

且参数值选为 $k_2 = 0.1$、$k_3 = 0$（即系统只有速度反馈）。

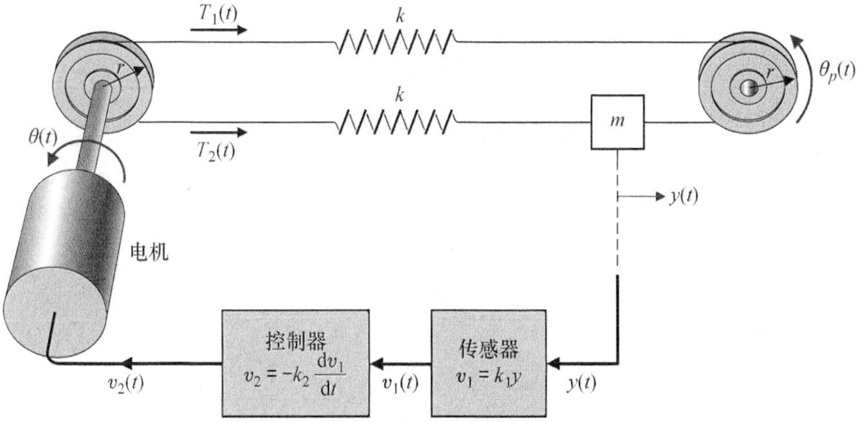

图 3.27　打印机皮带驱动系统的控制模型

电机和滑轮的转动惯量之和为 $J = J_{\text{motor}} + J_{\text{pulley}}$。打印机采用小功率直流电机，电机功率取常见的 1/8 hp，由此可以得到 $J = 0.01\ \text{kg}\cdot\text{m}^2$。假设电机的磁场电感可以忽略不计，磁场电阻为 $R = 2\ \Omega$，电机系数 $K_m = 2\ \text{N}\cdot\text{m/A}$，电机和滑轮的摩擦系数 $b = 0.25\ \text{N}\cdot\text{m}\cdot\text{s/rad}$，滑轮半径 $r = 0.15\ \text{m}$，$m = 0.2\ \text{kg}$，$k_1 = 1\ \text{V/m}$。

接下来推导系统的运动方程。注意 $y(t) = r\theta_p(t)$，于是皮带张力 $T_1(t)$、$T_2(t)$ 分别为

$$T_1(t) = k(r\theta(t) - r\theta_p(t)) = k(r\theta(t) - y(t))$$

$$T_2(t) = k(y(t) - r\theta(t))$$

作用于质量 m 的净张力为

$$T_1(t) - T_2(t) = m\frac{\mathrm{d}^2 y(t)}{\mathrm{d}t^2} \tag{3.102}$$

同时有

$$\begin{aligned} T_1(t) - T_2(t) &= k(r\theta(t) - y(t)) - k(y(t) - r\theta(t)) \\ &= 2k(r\theta(t) - y(t)) = 2kx_1(t) \end{aligned} \tag{3.103}$$

定义第一个状态变量为 $x_1(t) = r\theta(t) - y(t)$，定义第二个状态变量为 $x_2(t) = \dfrac{\mathrm{d}y(t)}{\mathrm{d}t}$。由式（3.102）和式（3.103）可以得到：

$$\frac{\mathrm{d}x_2(t)}{\mathrm{d}t} = \frac{2k}{m}x_1(t) \tag{3.104}$$

再定义第三个状态变量为 $x_3(t) = \dfrac{\mathrm{d}\theta(t)}{\mathrm{d}t}$，则 $x_1(t)$的一阶导数为

$$\frac{\mathrm{d}x_1(t)}{\mathrm{d}t} = r\frac{\mathrm{d}\theta(t)}{\mathrm{d}t} - \frac{\mathrm{d}y(t)}{\mathrm{d}t} = rx_3(t) - x_2(t) \tag{3.105}$$

接下来需要推导描述电机旋转运动的微分方程。当 $L = 0$ 时，电机磁场电流 $i(t) = v_2(t)/R$，而电机扭矩为 $T_m(t) = K_m t(t)$，于是有

$$T_m(t) = \frac{K_m}{R}v_2(t)$$

电机输出扭矩包括驱动皮带所需要的有效扭矩再加上克服扰动或无效负载所需要的扭矩，因此又有

$$T_m(t) = T(t) + T_d(t)$$

只有有效扭矩 $T(t)$ 能够驱动电机轴带动滑轮运动，因此应有

$$T(t) = J\frac{\mathrm{d}^2\theta(t)}{\mathrm{d}t^2} + b\frac{\mathrm{d}\theta(t)}{\mathrm{d}t} + rT_1(t) - rT_2(t)$$

注意，由于

$$\frac{\mathrm{d}x_3(t)}{\mathrm{d}t} = \frac{\mathrm{d}^2\theta(t)}{\mathrm{d}t^2}$$

故有：

$$\frac{\mathrm{d}x_3(t)}{\mathrm{d}t} = \frac{T_m(t) - T_d(t)}{J} - \frac{b}{J}x_3(t) - \frac{2kr}{J}x_1(t)$$

其中：

$$T_m(t) = \frac{K_m}{R}v_2(t), \quad v_2(t) = -k_1k_2\frac{\mathrm{d}y(t)}{\mathrm{d}t} = -k_1k_2x_2(t)$$

最后得到

$$\frac{\mathrm{d}x_3(t)}{\mathrm{d}t} = -\frac{K_mk_1k_2}{JR}x_2(t) - \frac{b}{J}x_3(t) - \frac{2kr}{J}x_1(t) - \frac{T_d(t)}{J} \tag{3.106}$$

式（3.104）~式（3.106）共同构成了描述系统运动的一阶微分方程组，其矩阵形式为

$$\dot{\boldsymbol{x}}(t) = \begin{bmatrix} 0 & -1 & r \\ \dfrac{2k}{m} & 0 & 0 \\ -\dfrac{2kr}{J} & -\dfrac{K_mk_1k_2}{JR} & -\dfrac{b}{J} \end{bmatrix}\boldsymbol{x}(t) + \begin{bmatrix} 0 \\ 0 \\ -1/J \end{bmatrix}T_d(t) \tag{3.107}$$

上述微分方程组对应的信号流图模型和框图模型如图 3.28 所示，其中还包含了表示扰动力

矩 $T_d(t)$ 的对应节点。

利用信号流图可以确定系统的传递函数 $X_1(s)/T_d(s)$，而利用传递函数，则可以分析如何才能够减小或抑制扰动 $T_d(t)$ 对系统的影响，从而达成系统分析的目的。利用梅森增益公式，可以得到：

$$\frac{X_1(s)}{T_d(s)}=\frac{-\frac{r}{J}s^{-2}}{1-(L_1(s)+L_2(s)+L_3(s)+L_4(s))+L_1(s)L_2(s)}$$

其中：

$$L_1(s)=\frac{-b}{J}s^{-1}$$

$$L_2(s)=\frac{-2k}{m}s^{-2}$$

$$L_3(s)=\frac{-2kr^2s^{-2}}{J}$$

$$L_4(s)=\frac{-2kK_mk_1k_2rs^{-3}}{mJR}$$

由此可以得到

$$\frac{X_1(s)}{T_d(s)}=\frac{-\frac{r}{J}s}{s^3+(\frac{b}{J})s^2+(\frac{2k}{m}+\frac{2kr^2}{J})s+(\frac{2kb}{Jm}+\frac{2kK_mk_1k_2r}{JmR})}$$

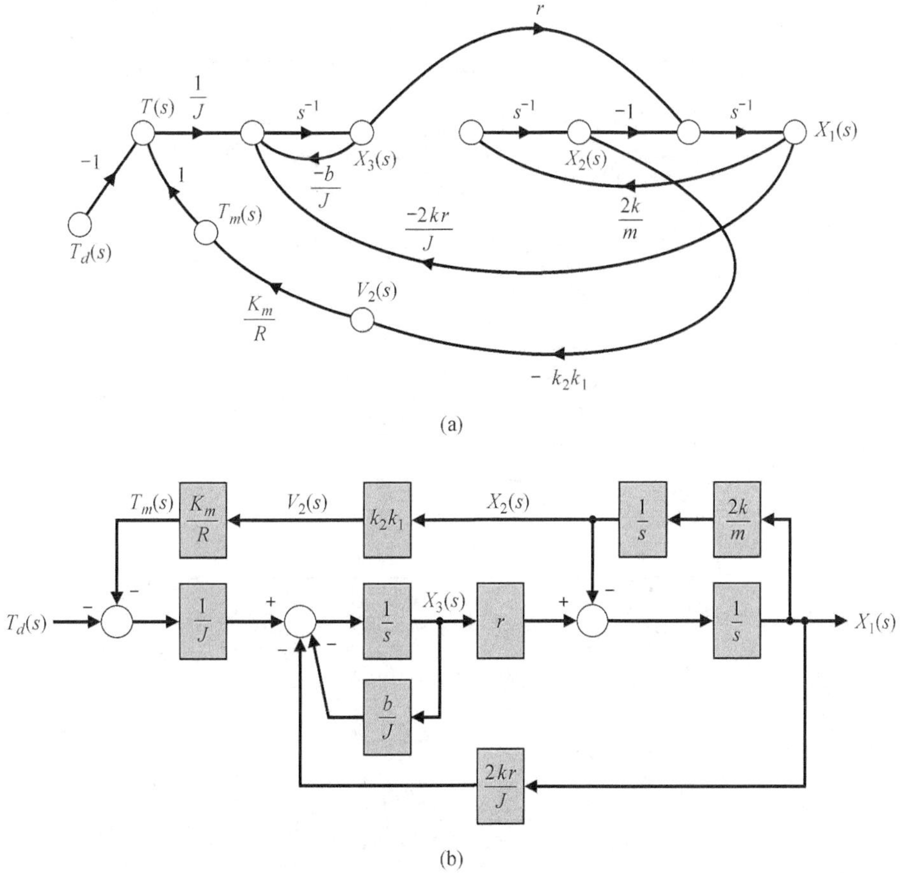

图 3.28　打印机皮带驱动系统

（a）信号流图模型；（b）框图模型

类似地，我们也可以利用框图化简方法来求解系统的闭环传递函数，如图 3.29 所示。需要再次强调的是，虽然框图模型化简的途径并不唯一，但必定殊途同归，最后的结果应该是一致的。此处的化简过程如下：初始框图模型如图 3.28（b）所示，经过第 1 步化简后，得到图 3.29（a）所示的框图模型，框图模型上方的反馈环路已经化简为一个单独的传递函数；第 2 步如图 3.29（b）所示，框图模型下方的两个反馈环路被化简为一个单独的传递函数；第 3 步如图 3.29（c）所示，先将图 3.29（b）中的反馈环路化简为一个传递函数，再将串联的各个传递函数化简为一个传递函数；第 4 步就得到了最终的传递函数，如图 3.29（d）所示。显然，这一结果与利用信号流图得到的传递函数是一致的。

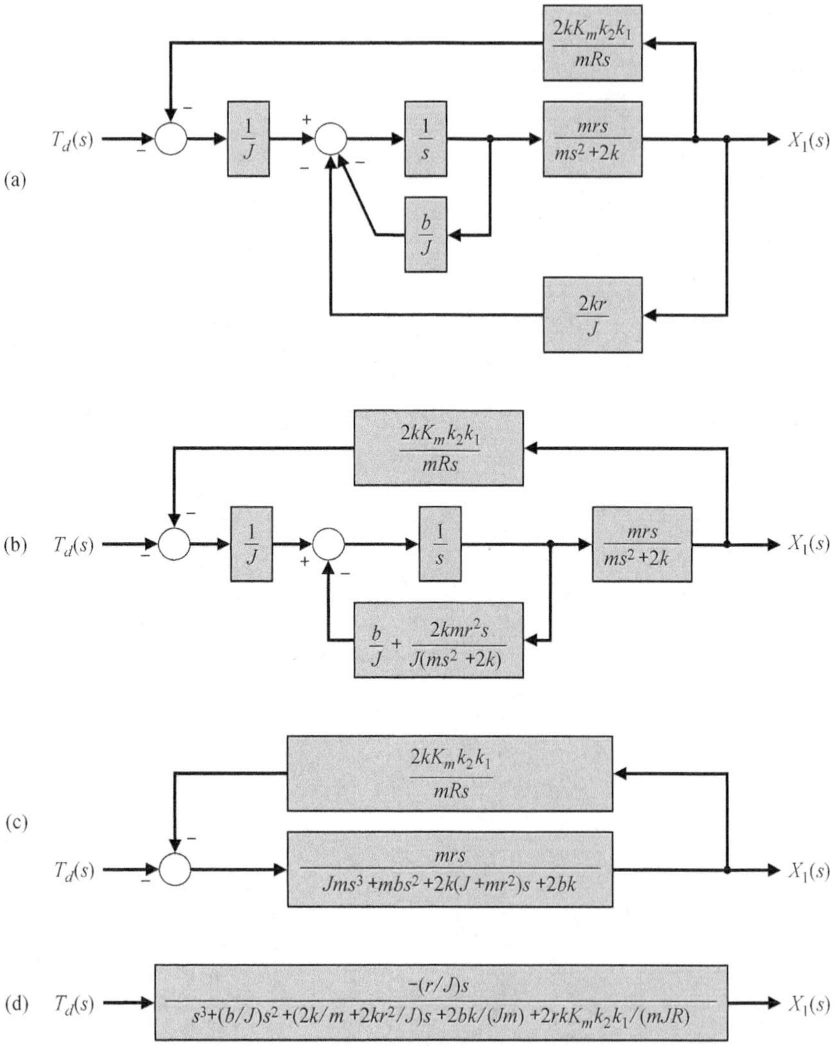

图 3.29　打印机皮带驱动系统的框图模型化简过程

将参数值代入传递函数，可以得到

$$\frac{X_1(s)}{T_d(s)}=\frac{-15s}{s^3+25s^2+14.5ks+265k} \tag{3.108}$$

我们的目的在于选择合适的皮带弹性系数 k，使得状态变量 $x_1(t)$ 对扰动的响应能够迅速衰减。为了测试这一点，假定扰动力矩为阶跃信号，即 $T_d(s)=a/s$。由 $x_1(t)=r\theta(t)-y(t)$ 可知，在

努力减小 $x_1(t)$ 的幅值之后，$y(t)$ 就会近似等于预期的位移 $r\theta(t)$。若皮带无弹性，即 $k\to\infty$，则有 $y(t)=r\theta(t)$。将阶跃扰动信号 $T_d(s)=a/s$ 代入式（3.108），则有

$$X_1(s)=\frac{-15a}{s^3+25s^2+14.5ks+265k} \tag{3.109}$$

由终值定理可知

$$\lim_{t\to\infty}x_1(t)=\lim_{s\to 0}sX_1(s)=0 \tag{3.110}$$

这意味着 $x_1(t)$ 的稳态值为 0。参数 k 的实际取值区间为 $[1,40]$。令 k 取区间 $[1,40]$ 的中值 20，此时有

$$\begin{aligned}X_1(s)&=\frac{-15a}{s^3+25s^2+290s+5300}\\&=\frac{-15a}{(s+22.56)(s^2+2.44s+234.93)}\end{aligned} \tag{3.111}$$

式（3.111）的特征方程有一个实根和两个复根，其部分分式展开式为

$$\frac{X_1(s)}{a}=\frac{A}{s+22.56}+\frac{Bs+C}{(s+1.22)^2+(15.28)^2} \tag{3.112}$$

其中，$A=-0.0218$、$B=0.0218$、$C=-0.4381$。可以看出，留数（即系数）非常小，因此系统对单位阶跃扰动的响应也会很小。又由于留数 A 和 B 的幅值要比 C 的幅值小得多，式（3.112）可以近似为

$$\frac{X_1(s)}{a}\approx\frac{-0.4381}{(s+1.22)^2+(15.28)^2}$$

对上式进行拉普拉斯逆变换，可以得到 $x_1(t)$ 的时间响应为

$$\frac{x_1(t)}{a}\approx -0.0287\mathrm{e}^{-1.22t}\sin 15.28t \tag{3.113}$$

$x_1(t)$ 的响应曲线如图 3.30 所示。该系统能够将外来扰动的影响减小到相当微弱的程度，这表明我们实现了预期的设计目标。

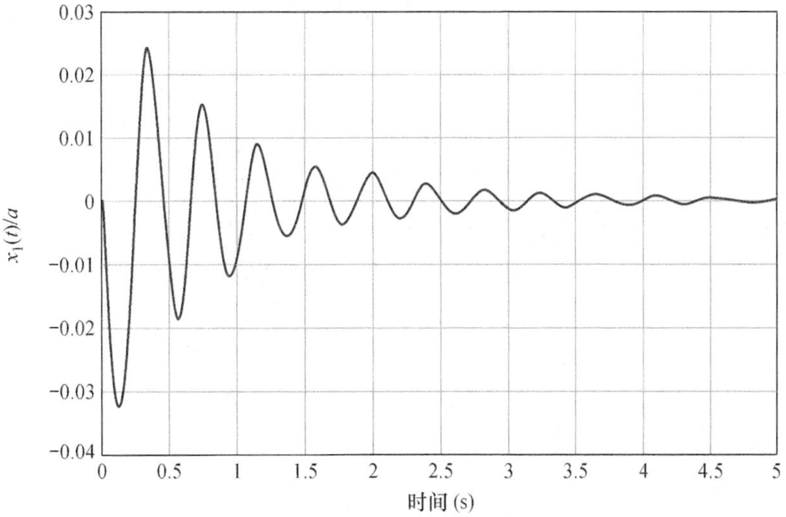

图 3.30　$x_1(t)$ 对阶跃扰动的响应，峰值为-0.0325

3.9 利用控制系统设计软件分析状态空间模型

时域方法采用状态空间模型来描述系统，即

$$\begin{aligned}\dot{\boldsymbol{x}}(t) &= \boldsymbol{A}\boldsymbol{x}(t) + \boldsymbol{B}u(t)\\ y(t) &= \boldsymbol{C}\boldsymbol{x}(t) + \boldsymbol{D}u(t)\end{aligned} \tag{3.114}$$

其中，$\boldsymbol{x}(t)$ 为状态向量，$\boldsymbol{A}$ 为 $n \times n$ 的常值系统矩阵，$\boldsymbol{B}$ 为 $n \times m$ 的常值输入矩阵，$\boldsymbol{C}$ 为 $p \times n$ 的常值输出矩阵，$\boldsymbol{D}$ 为 $p \times m$ 的常值矩阵。由于只考虑单输入-单输出系统，即输入个数 m 和输出个数 p 均为 1，因此在式（3.114）中，$y(t)$ 和 $u(t)$ 是标量。

在式（3.114）所示的状态空间模型中，基本要素是状态向量 $\boldsymbol{x}(t)$ 和各个常值矩阵（$\boldsymbol{A}$、$\boldsymbol{B}$、$\boldsymbol{C}$、$\boldsymbol{D}$）。本节主要介绍两个函数——函数 ss 和 lsim，同时还将介绍函数 expm，函数 expm 可以用来求解状态转移矩阵。

给定传递函数后，就可以求解等效的状态空间模型，反之亦然。函数 tf 能够将状态空间模型转换为传递函数，而函数 ss 则能够将传递函数转换为状态空间模型。函数 ss 的使用说明及应用示例如图 3.31 所示，其中，变量 sys_ss 指的是状态空间模型，而变量 sys_tf 指的是传递函数。

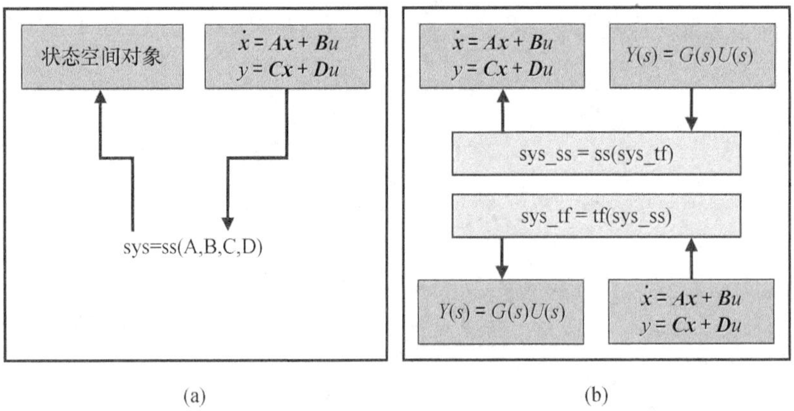

图 3.31 （a）函数 ss 的使用说明；（b）传递函数和状态空间模型的相互转换

例如，考虑下面的三阶系统：

$$T(s) = \frac{Y(s)}{R(s)} = \frac{2s^2 + 8s + 6}{s^3 + 8s^2 + 16s + 6} \tag{3.115}$$

如图 3.32 所示，函数 ss 可以用来求解状态空间模型。利用函数 ss，我们将式（3.115）所示的传递函数转换成式（3.114）所示的状态空间模型，各矩阵的具体值为

$$\boldsymbol{A} = \begin{bmatrix} -8 & -4 & -1.5 \\ 4 & 0 & 0 \\ 0 & 1 & 0 \end{bmatrix}, \quad \boldsymbol{B} = \begin{bmatrix} 2 \\ 0 \\ 0 \end{bmatrix}$$

$$\boldsymbol{C} = [1 \quad 1 \quad 0.75], \quad \boldsymbol{D} = [0]$$

convert.m

```
% Convert G(s) = (2s^2+8s+6)/(s^3+8s^2+16s+6)
% to a state-space representation
%
num=[2 8 6]; den=[1 8 16 6]; sys_tf=tf(num,den);
sys_ss=ss(sys_tf);
```

(a)

```
>>convert
a =
          x1      x2      x3
   x1     -8      -4      -1.5
   x2      4       0       0
   x3      0       1       0
b =
          u1
   x1      2
   x2      0
   x3      0
c =
          x1      x2      x3
   y1      1       1      0.75
d =
          u1
   y1      0
```

(b)

图 3.32　将式（3.115）所示的传递函数转换为状态空间模型

（a）m 脚本程序；（b）转换结果

这个状态空间模型对应的框图如图 3.33 所示。

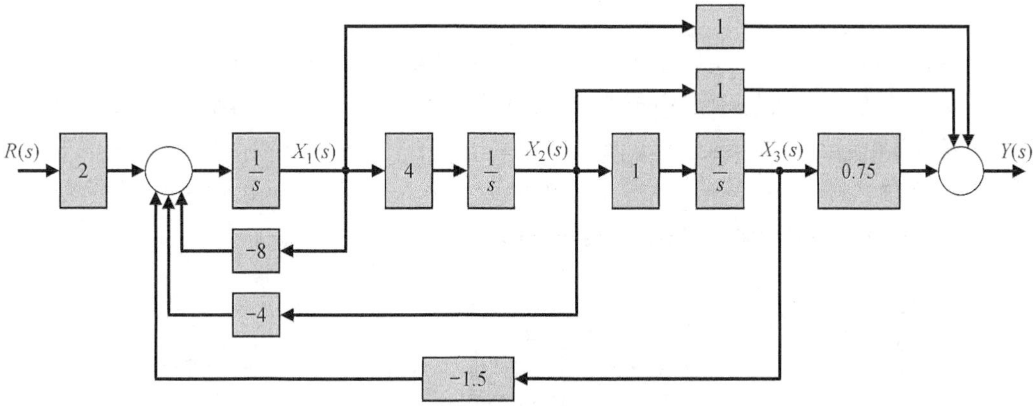

图 3.33　式（3.115）所示系统对应的框图模型（x_1 被定义为最左边的状态变量）

需要指出的是，状态空间模型并不是唯一的。例如，对于式（3.115）所示的系统，我们还可以得到另一个状态空间模型，如下所示：

$$\boldsymbol{A}=\begin{bmatrix}-8 & -2 & -0.75\\ 8 & 0 & 0\\ 0 & 1 & 0\end{bmatrix},\quad \boldsymbol{B}=\begin{bmatrix}0.125\\ 0\\ 0\end{bmatrix},\quad \boldsymbol{C}=[16 \quad 8 \quad 6],\quad \boldsymbol{D}=[0]$$

由于控制系统设计软件版本的不同，对于式（3.115）所示的系统，利用函数 ss 求解状态空间模型时，得到的结果也可能有所不同。

式（3.114）所示向量微分方程的解，便是系统状态变量的时间响应：

$$\boldsymbol{x}(t)=\exp(\boldsymbol{A}t)\boldsymbol{x}(0)+\int_0^t \exp[\boldsymbol{A}(t-\tau)]\boldsymbol{B}u(\tau)\mathrm{d}\tau \tag{3.116}$$

其中的矩阵指数函数就是状态转移矩阵 $\boldsymbol{\Phi}(t)$，即有 $\boldsymbol{\Phi}(t)=\exp(\boldsymbol{A}t)$。我们可以使用函数 expm

来求解给定时刻的状态转移矩阵，应用示例如图 3.34 所示。注意，函数 expm(**A**)用于计算矩阵指数函数，而函数 exp(**A**) 则针对矩阵 **A** 中的每个元素 a_{ij} 分别求解 $e^{a_{ij}}$。

此处仍以图 3.3 所示的 RLC 电路为例，具体说明如何利用函数 expm 求解状态转移矩阵。图 3.3 所示 RLC 电路的状态空间模型由式（3.18）给出，各矩阵的具体值为

$$\boldsymbol{A}=\begin{bmatrix}0 & -2\\1 & -3\end{bmatrix},\quad \boldsymbol{B}=\begin{bmatrix}2\\0\end{bmatrix},\quad \boldsymbol{C}=\begin{bmatrix}1 & 0\end{bmatrix},\quad \boldsymbol{D}=0$$

令初始条件为 $x_1(0)=x_2(0)=1$，输入信号为 $u(t)=0$，图 3.34 给出了在 $t=0.2$ 时，系统状态转移矩阵的求解过程，再利用得到的状态转移矩阵，可以得到在 $t=0.2$ 时，系统的时间响应状态如下：

$$\begin{pmatrix}x_1\\x_2\end{pmatrix}_{t=0.2}=\begin{bmatrix}0.9671 & -0.2968\\0.1484 & 0.5219\end{bmatrix}\begin{pmatrix}x_1\\x_2\end{pmatrix}_{t=0}=\begin{pmatrix}0.6703\\0.6703\end{pmatrix}$$

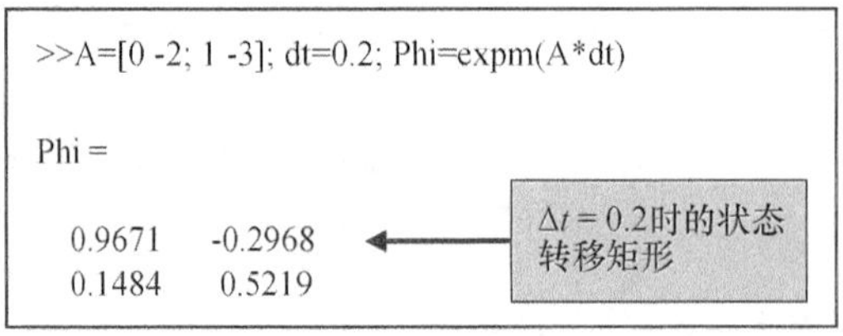

图 3.34　计算给定时刻的状态转移矩阵（Δt = dt = 0.2）

也可以直接用函数 lsim 来求式（3.115）所示系统的输出时间响应。函数 lsim 的使用说明如图 3.35 所示，其输入参数包括系统的初始条件和输入信号等。其中，初始条件可以是非零的，而且这一参数是可选的。利用函数 lsim 求得的 RLC 电路的时间响应如图 3.36 所示。

当 $t=0.2$ 时，利用函数 lsim 求得的系统响应为 $x_1(0.2)=x_2(0.2)=0.6703$。与前面基于状态转移矩阵得到的计算结果相比，两者是完全一致的。

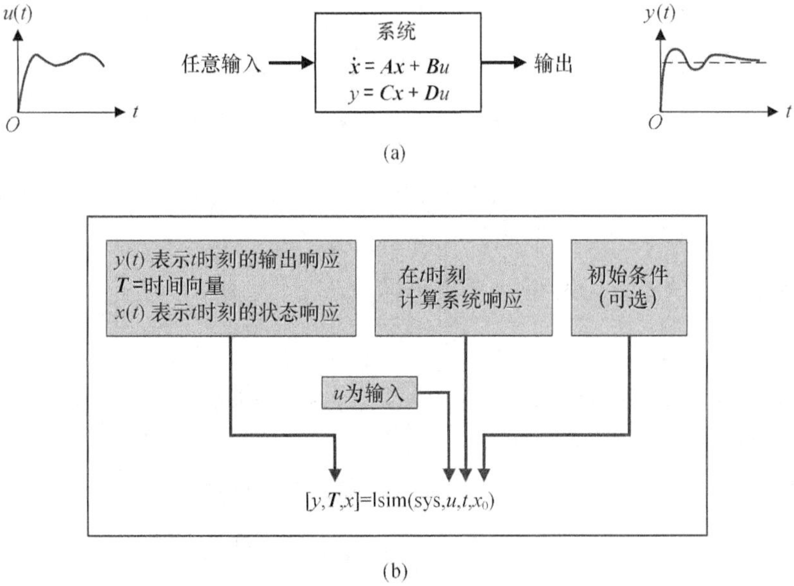

图 3.35　函数 lsim 用于计算系统输出和状态向量的时间响应

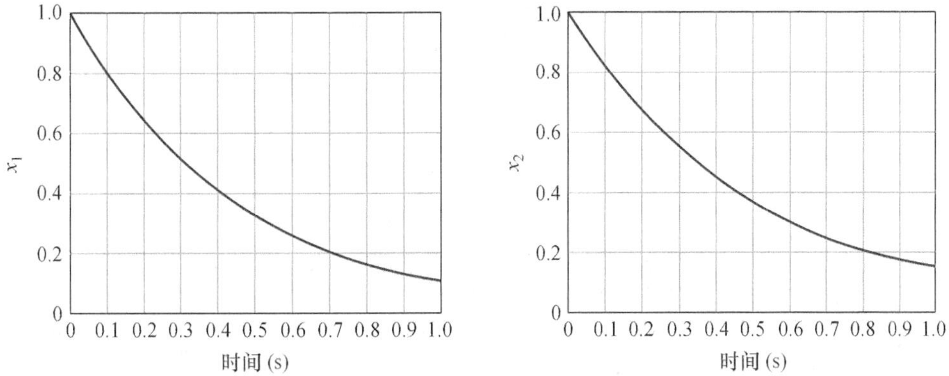


```
A=[0 -2;1 -3]; B=[2;0]; C=[1 0]; D=[0];
sys=ss(A,B,C,D);
x0=[1 1];
t=[0:0.01:1];
u=0*t;
[y,T,x]=lsim(sys,u,t,x0);
subplot(121), plot(T,x(:,1))
xlabel('Time (s)'), ylabel('x_1')
subplot(122), plot(T,x(:,2))
xlabel('Time (s)'), ylabel('x_2')
```

状态空间模型
初始条件
零输入

图 3.36　利用函数 lsim 分别求零初始条件下和非零初始条件下的时间响应

3.10　循序渐进设计实例：磁盘驱动器读取系统

现代磁盘能够在 1cm 宽度内刻蚀出多达 8000 条磁道，每条磁道的典型宽度仅为 1μm。因此，磁盘驱动器读取系统对磁头的定位精度以及磁头在磁道间的移动精度有非常高的要求。本节将在考虑弹性支架影响的前提下，分析并建立磁盘驱动器系统的状态空间模型。

为了保证磁头的快速移动，磁头支撑臂和簧片都非常轻，而且簧片由超薄的弹簧钢制成，因此在分析设计该系统时，必须将弹性支架的影响考虑在内。如图 3.37（a）所示，控制目标是精确控制磁头的位移 $y(t)$，这里将支架系统简化为一个双质量块-弹簧系统，双质量块分别为电机 M_1 和磁头 M_2，簧片则用弹性系数为 k 的弹簧来表示。作用在质量块 M_1 上的力由直流电机产生，即输入信号 $u(t)$。如果假定簧片是绝对刚性的（弹性系数为无穷大），则可以认为这两个质量块是通过刚体进行连接的，于是得到图 3.37（b）所示的简化模型。该系统所用的参数如表 3.1 所示。

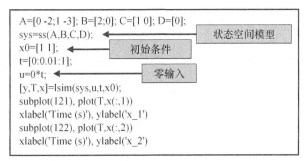

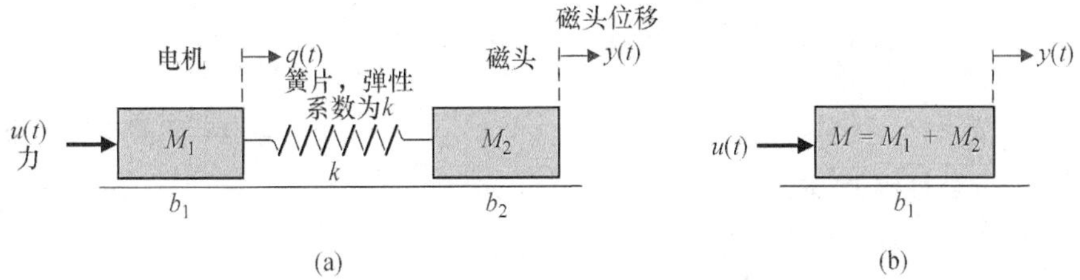

图 3.37　（a）双质量块-弹簧系统；（b）简化模型

下面我们首先推导图 3.37（b）所示简化系统的传递函数。由表 3.1 中的参数值可以得到双质量块的总质量为 $M = M_1 + M_2 = 20.5\,g = 0.0205\,\mathrm{kg}$，于是有

$$M\frac{\mathrm{d}^2y(t)}{\mathrm{d}t^2}+b_1\frac{\mathrm{d}y(t)}{\mathrm{d}t}=u(t) \tag{3.117}$$

对式（3.117）进行拉普拉斯变换，得到传递函数为

$$\frac{Y(s)}{U(s)}=\frac{1}{s\left(Ms+b_1\right)}$$

表 3.1 双质量块–弹簧系统的典型参数

参数	符号	参数值
电机质量	M_1	20 g 或 0.02 kg
簧片弹性系数	k	$10\leqslant k\leqslant\infty$
磁头支架质量	M_2	0.5 g 或 0.0005 kg
磁头位移	$x_2(t)$	毫米级
M_1 的摩擦系数	b_1	410×10^{-3} N/(m/s)
磁场电阻	R	1 Ω
磁场电感	L	1 mH
电机常数	K_m	0.1025 N·m/A
M_2 的摩擦系数	b_2	4.1×10^{-3} N/(m/s)

将表 3.1 中的参数值代入上式，可以得到

$$\frac{Y(s)}{U(s)}=\frac{1}{s(0.0205s+0.410)}=\frac{48.78}{s(s+20)}$$

将电机线圈传递函数和支架系统传递函数串联之后，可以得到整个磁头读取装置的传递函数模型，如图 3.38 所示。电机线圈传递函数的参数分别为 $R=1\ \Omega$、$L=1$ mH、$K_m=0.1025$ N·m/A，由此可以得到整个磁头读取装置的传递函数为

$$G(s)=\frac{Y(s)}{V(s)}=\frac{5000}{s(s+20)(s+1000)} \tag{3.118}$$

这与第 2 章得到的传递函数是完全一致的。

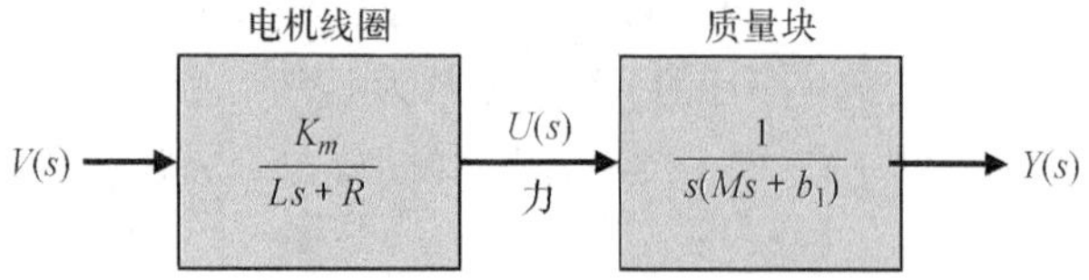

图 3.38 磁头读取装置的传递函数模型（假定簧片无弹性）

接下来，当簧片不是绝对刚性时，推导图 3.37（a）所示双质量块–弹簧系统的状态空间模型。该系统的微分方程模型为

质量块 M_1：$M_1\dfrac{\mathrm{d}^2q(t)}{\mathrm{d}t^2}+b_1\dfrac{\mathrm{d}q(t)}{\mathrm{d}t}+kq(t)-ky(t)=u(t)$

质量块 M_2：$M_2\dfrac{\mathrm{d}^2y(t)}{\mathrm{d}t^2}+b_2\dfrac{\mathrm{d}y(t)}{\mathrm{d}t}+ky(t)-kq(t)=0$

选定如下 4 个状态变量，分别为 $x_1(t)=q(t)$、$x_2(t)=y(t)$、$x_3(t)=\dfrac{\mathrm{d}q(t)}{\mathrm{d}t}$ 和 $x_4(t)=\dfrac{\mathrm{d}y(t)}{\mathrm{d}t}$，

利用上面的微分方程，可以得到系统的状态空间模型，其矩阵形式为

$$\dot{\boldsymbol{x}}(t)=\boldsymbol{A}\boldsymbol{x}(t)+\boldsymbol{B}u(t)$$

其中：

$$\boldsymbol{x}(t)=\begin{pmatrix} q(t) \\ y(t) \\ \dot{q}(t) \\ \dot{y}(t) \end{pmatrix}$$

$$\boldsymbol{B}=\begin{bmatrix} 0 \\ 0 \\ 50 \\ 0 \end{bmatrix} \qquad \boldsymbol{A}=\begin{bmatrix} 0 & 0 & 1 & 0 \\ 0 & 0 & 0 & 1 \\ -k/M_1 & k/M_1 & -b_1/M_1 & 0 \\ k/M_2 & -k/M_2 & 0 & -b_2/M_2 \end{bmatrix}$$

注意，此处的输出为 $\dot{y}(t)=x_4(t)$。如果电感可以忽略不计（即 $L=0$），则 $u(t)=K_m v(t)$。当簧片的弹性系数 $k=10$ 时，将表 3.1 中的其他参数值代入状态空间模型，可以得到

$$\boldsymbol{B}=\begin{bmatrix} 0 \\ 0 \\ 50 \\ 1 \end{bmatrix} \quad \boldsymbol{A}=\begin{bmatrix} 0 & 0 & 1 & 0 \\ 0 & 0 & 0 & 1 \\ -500 & 500 & -20.5 & 0 \\ +20\,000 & -20\,000 & 0 & -8.2 \end{bmatrix}$$

因此，对于阶跃输入信号 $u(t)=1$（$t>0$）而言，系统输出 $\dot{y}(t)$ 的时间响应曲线如图 3.39 所示。很明显，该响应存在相当严重的振荡，因此需要采用 $k>100$ 的弹性系数。也就是说，需要采用具有很强刚性的簧片，才能够降低振荡。

```
%模型参数
k=10;
M1=0.02; M2=0.0005;
b1=410e-03; b2=4.1e-03;
t=[0:0.001:1.5];
%状态空间模型
A=[0 0 1 0;0 0 0 1;-k/M1 k/M1 -b1/M1 0; k/M2 -k/M2 0 -b2/M2];
B=[0;0;1/M1;0]; C=[0 0 0 1]; D=[0]; sys=ss(A,B,C,D);
%仿真计算阶跃响应
y=step(sys,t); plot(t,y); grid
xlabel('Time (s)'), ylabel('y dot (m/s)')
```

单位
k: kg/m
b: kg/(m·s)
m: kg

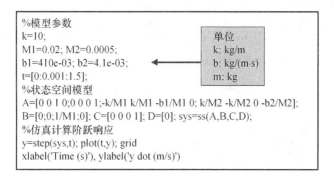

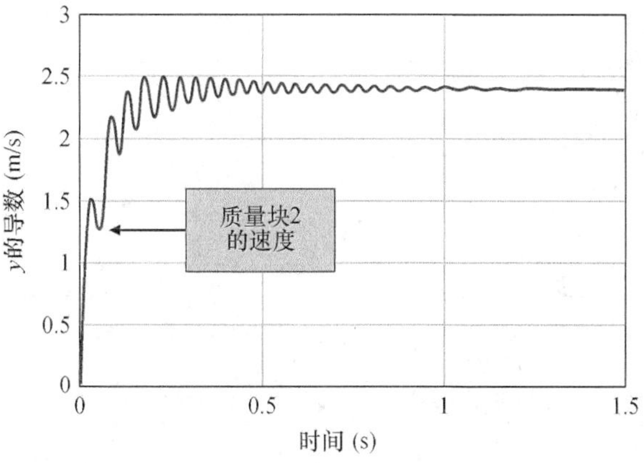

图 3.39　当 $k=10$ 时，双质量块–弹簧系统的阶跃响应曲线

3.11 小结

本章研究了如何采用时域方法描述和分析系统。首先，本章引入了系统状态的概念，给出了状态变量的定义，研究了状态变量的选定方法，并强调指出系统状态变量的选择方案并不具有唯一性。然后，本章讨论了状态微分方程和状态向量时间响应 $\boldsymbol{x}(t)$ 的求解方法，介绍了如何根据系统传递函数或微分方程，为系统建立不同形式的、等效的信号流图模型和框图模型。利用梅森增益公式，我们可以很方便地构建信号流图模型，我们同时还研究了从信号流图模型和框图模型出发，推导状态微分方程的方法。接下来，本章讨论了如何求解状态转移矩阵，以及如何求解系统状态向量的时间响应，其中特别介绍了利用梅森增益公式求取状态转移矩阵的方法。作为实际案例，在最小化控制执行消耗的情况下，我们讨论了空间站姿态控制建模问题，说明了建模和分析状态空间模型的全过程，讨论了状态空间建模和控制系统设计的关系。本章还讨论了如何利用控制系统设计软件，实现传递函数和状态空间模型之间的相互转换，以及如何计算系统的状态转移矩阵。最后，本章继续研究了磁盘驱动器读取系统，建立了用于磁盘驱动器读取系统的状态空间模型。

☑ 技能自测

本节提供 3 类题目来测试你对本章知识的掌握情况：正误判断题、多项选择题以及术语和概念匹配题。为了直接反馈学习效果，请及时对照每章最后给出的答案。

在下面的**正误判断题**和**多项选择题**中，圈出正确的答案。

1. 系统的状态变量是这样一组变量，在给定输入激励信号和描述系统动态特性的方程之后，就可以确定和描述系统未来的状态。 对 或 错
2. 刻画了系统的零输入响应的矩阵指数函数被称为状态转移矩阵。 对 或 错
3. 状态微分方程可以将线性系统的输出与状态变量和输入联系起来。 对 或 错
4. 定常控制系统是有一个或多个参数随着时间变化的系统。 对 或 错
5. 系统的状态变量模型总是可以写成对角矩阵的形式。 对 或 错
6. 假设系统的微分方程模型为

$$5\frac{d^3y(t)}{dt^3}+10\frac{dy^2(t)}{dt^2}+5\frac{dy(t)}{dt}+2y(t)=u(t)$$

则该系统的一个状态空间模型为________。

a. $\dot{\boldsymbol{x}}(t)=\begin{bmatrix}-2 & -1 & -0.4\\ 1 & 0 & 0\\ 0 & 1 & 0\end{bmatrix}\boldsymbol{x}(t)+\begin{bmatrix}1\\0\\0\end{bmatrix}u(t)$

$y(t)=[0\quad 0\quad 0.2]\boldsymbol{x}(t)$

b. $\dot{\boldsymbol{x}}(t)=\begin{bmatrix}-5 & -1 & -0.7\\ 1 & 0 & 0\\ 0 & -1 & 0\end{bmatrix}\boldsymbol{x}(t)+\begin{bmatrix}-1\\0\\0\end{bmatrix}u(t)$

$y(t)=[0\quad 0\quad 0.2]\boldsymbol{x}(t)$

c. $\dot{\boldsymbol{x}}(t)=\begin{bmatrix}-2 & -1\\ 1 & -0\end{bmatrix}\boldsymbol{x}(t)+\begin{bmatrix}1\\0\end{bmatrix}u(t)$

$y(t)=[1\quad 0]\boldsymbol{x}(t)$

d. $\dot{\boldsymbol{x}}(t)=\begin{bmatrix}-2 & -1 & -0.4\\ 1 & 0 & 0\\ 0 & 1 & 0\end{bmatrix}\boldsymbol{x}(t)+\begin{bmatrix}1\\0\\0\end{bmatrix}u(t)$

$y(t)=[0\quad 0\quad 0.2]\boldsymbol{x}(t)$

第 7 题和第 8 题考查的系统为

$$\dot{\boldsymbol{x}}(t)=\boldsymbol{A}\boldsymbol{x}(t)+\boldsymbol{B}u(t)$$

其中：

$$\boldsymbol{A}=\begin{bmatrix}0 & 5\\0 & 0\end{bmatrix}\quad \boldsymbol{B}=\begin{bmatrix}1\\0\end{bmatrix}$$

7．对应的状态转移矩阵为________。

a．$\boldsymbol{\Phi}(t,0)=[5t]$

b．$\boldsymbol{\Phi}(t,0)=\begin{bmatrix}1 & 5t\\0 & 1\end{bmatrix}$

c．$\boldsymbol{\Phi}(t,0)=\begin{bmatrix}1 & 5t\\1 & 1\end{bmatrix}$

d．$\boldsymbol{\Phi}(t,0)=\begin{bmatrix}1 & 5t & t^2\\0 & 1 & t\\0 & 0 & 1\end{bmatrix}$

8．若初始条件为 $x_1(0)=x_2(0)=1$，则系统的零输入响应 $x(t)$ 为________。

a．$x_1(t)=(1+t)$, $x_2(t)=1$, 其中 $t\geqslant 0$

b．$x_1(t)=(5+t)$, $x_2(t)=t$, 其中 $t\geqslant 0$

c．$x_1(t)=(5t+1)$, $x_2(t)=1$, 其中 $t\geqslant 0$

d．$x_1(t)=x_2(t)=1$, 其中 $t\geqslant 0$

9．单输入-单输出系统的状态变量模型为

$$\dot{\boldsymbol{x}}(t)=\begin{bmatrix}0 & -1\\-5 & -10\end{bmatrix}\boldsymbol{x}(t)+\begin{bmatrix}1\\0\end{bmatrix}u(\mathrm{t})$$

$$y(t)=\begin{bmatrix}0 & 10\end{bmatrix}\boldsymbol{x}(\mathrm{t})$$

则系统的传递函数 $T(s)=Y(s)/U(s)$ 为________。

a．$T(s)=\dfrac{-50}{s^3+5s^2+50s}$

b．$T(s)=\dfrac{-50}{s^2+10s+5}$

c．$T(s)=\dfrac{-5}{s+5}$

d．$T(s)=\dfrac{-50}{s^2+5s+5}$

10．两个一阶系统串联后的系统微分方程模型为

$$\ddot{x}(t)+4\dot{x}(t)+3x(t)=u(t)$$

其中，$u(t)$ 为第一个系统的输入，$x(t)$ 为第二个系统的输出。系统对单位脉冲输入 $u(t)$ 的响应 $x(t)$ 为 ________。

a．$x(t)=\mathrm{e}^{-t}-2\mathrm{e}^{-2t}$

b．$x(t)=\dfrac{1}{2}\mathrm{e}^{-2t}-\dfrac{1}{3}\mathrm{e}^{-3t}$

c．$x(t)=\dfrac{1}{2}\mathrm{e}^{-t}-\dfrac{1}{2}\mathrm{e}^{-3t}$

d．$x(t)=\mathrm{e}^{-t}-\mathrm{e}^{-3t}$

11．一阶系统的微分方程模型为

$$5\dot{x}(t)+x(t)=u(t)$$

对应的传递函数和状态空间模型为________。

a．$G(s)=\dfrac{1}{1+5s}$　$\begin{aligned}\dot{x}&=-0.2x+0.5u\\ y&=0.4x\end{aligned}$

b. $G(s) = \dfrac{10}{1+5s}$ $\quad \dot{x} = -0.2x + u, \quad y = x$

c. $G(s) = \dfrac{1}{s+5}$ $\quad \dot{x} = -5x + u, \quad y = x$

d. 以上都不是

第 12~14 题所考查系统的框图模型如图 3.40 所示。

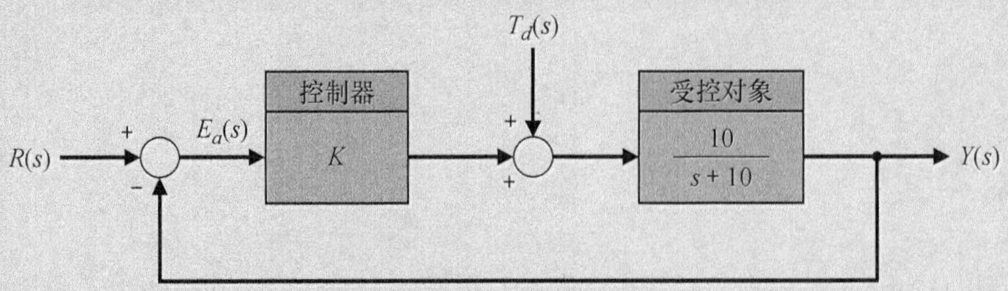

图 3.40 技能自测用框图模型

12. 我们可以认为输入 $R(s)$ 和扰动 $T_d(s)$ 对输出 $Y(s)$ 的影响是彼此独立的，这是因为________。

a. 这是一个线性系统，因而可以运用叠加性原理。

b. 输入 $R(s)$ 不会影响扰动信号 $T_d(s)$。

c. 扰动 $T_d(s)$ 发生在高频段，输入 $R(s)$ 出现在低频段。

d. 系统是因果系统。

13. 闭环系统的从输入 $R(s)$ 到输出 $Y(s)$ 的状态空间模型可以表示为________。

a. $\dot{x}(t) = -10x(t) + 10Kr(t)$, $\quad y(t) = x(t)$

b. $\dot{x}(t) = -(10+10K)x(t) + r(t)$, $\quad y(t) = 10x(t)$

c. $\dot{x}(t) = -(10+10K)x(t) + 10Kr(t)$, $\quad y = x(t)$

d. 以上都不是

14. 由单位阶跃扰动 $T_d(s) = 1/s$ 引起的偏差信号 $E(s) = Y(s) - R(s)$ 的稳态值为________。

a. $e_{ss} = \lim\limits_{t\to\infty} e(t) = \infty$

b. $e_{ss} = \lim\limits_{t\to\infty} e(t) = 1$

c. $e_{ss} = \lim\limits_{t\to\infty} e(t) = \dfrac{1}{K+1}$

d. $e_{ss} = \lim\limits_{t\to\infty} e(t) = K+1$

15. 假设系统的传递函数为

$$\frac{Y(s)}{R(s)} = T(s) = \frac{5(s+10)}{s^3 + 10s^2 + 20s + 50}$$

则该系统的一个状态变量模型可以表示为________。

a. $\dot{\boldsymbol{x}}(t) = \begin{bmatrix} -10 & -20 & -50 \\ -1 & 0 & 0 \\ 0 & -1 & 0 \end{bmatrix} \boldsymbol{x}(t) + \begin{bmatrix} 1 \\ 1 \\ 0 \end{bmatrix} u(t)$

$y(t) = \begin{bmatrix} 0 & 5 & 50 \end{bmatrix} \boldsymbol{x}(t)$

b. $\dot{\boldsymbol{x}}(t)=\begin{bmatrix}-10 & -20 & -50\\ -1 & 0 & 0\\ 0 & -1 & 0\end{bmatrix}\boldsymbol{x}(t)+\begin{bmatrix}1\\0\\0\end{bmatrix}u(t)$

$y(t)=[1\quad 0\quad 50]\boldsymbol{x}(t)$

c. $\dot{\boldsymbol{x}}(t)=\begin{bmatrix}-10 & -20 & -50\\ -1 & 0 & 0\\ 0 & -1 & 0\end{bmatrix}\boldsymbol{x}(t)+\begin{bmatrix}1\\0\\0\end{bmatrix}u(t)$

$y(t)=[0\quad 5\quad 50]\boldsymbol{x}(t)$

d. $\dot{\boldsymbol{x}}(t)=\begin{bmatrix}-10 & -20\\ 0 & -1\end{bmatrix}\boldsymbol{x}(t)+\begin{bmatrix}1\\0\end{bmatrix}u(t)$

$y(t)=[0\quad 5]\boldsymbol{x}(t)$

在下面的术语和概念匹配题中，在空格中填写正确的字母，将术语和概念与它们的定义联系起来。

a. 状态向量	形如 $\dot{\boldsymbol{x}}(t)=\boldsymbol{A}\boldsymbol{x}(t)+\boldsymbol{B}u(t)$ 的基于状态向量的微分方程。	______
b. 系统状态	描述和确定系统零输入响应的矩阵指数函数。	______
c. 时变系统	与频域对应的一种数学域，采用时间 t 和时间响应描述系统。	______
d. 转移矩阵	由所有 n 个状态变量构成的向量 $[x_1(t),x_2(t),\cdots,x_n(t)]$。	______
e. 状态变量	用于描述系统的一组变量的当前取值，只需要进一步确定系统的输入激励信号和系统的动态方程，就能够完全确定系统的未来状态。	______
f. 状态微分方程	有一个或多个参数随时间而变化的系统。	______
g. 时域	用于描述系统的一组变量。	______

基础练习题

E3.1　针对图 E3.1 所示的 RLC 电路，为其选定一组合适的状态变量。

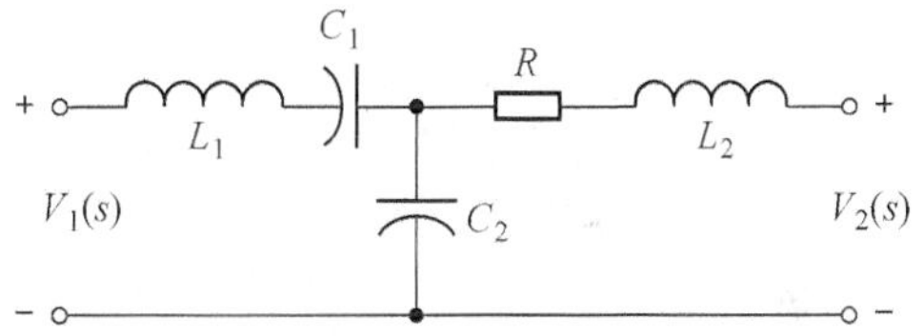

图 E3.1　RLC 电路

E3.2　机械手的某个关节的驱动系统可以用下面的微分方程来描述[8]：

$$\frac{\mathrm{d}v(t)}{\mathrm{d}t}=-k_1v(t)-k_2y(t)+k_3i(t)$$

其中，$v(t)$ 是速度，$y(t)$ 为位移，$i(t)$ 为控制电机的电流。令 $k_1=k_2=1$，试根据上述微分方程，选定合适的状态变量，建立矩阵形式的状态空间模型。

E3.3　某系统可以用状态微分方程表示为

$$\dot{\boldsymbol{x}}(t)=\boldsymbol{A}\boldsymbol{x}(t)+\boldsymbol{B}u(t)$$

其中：

$$\boldsymbol{A}=\begin{bmatrix}0 & 1\\ -2 & -3\end{bmatrix}$$

试求该系统的特征方程和特征根。

答案：(a) $\lambda^2+3\lambda+2=0$；(b) -2，-1

E3.4　某系统的微分方程模型为

$$\frac{\mathrm{d}^3y(t)}{\mathrm{d}t^3}+4\frac{\mathrm{d}y^2(t)}{\mathrm{d}t^2}+6\frac{\mathrm{d}y(t)}{\mathrm{d}t}+8y(t)=20u(t)$$

试将其改写为矩阵形式的状态变量模型。

E3.5　某系统的框图模型如图 E3.5 所示，试按照以下形式：

$$\dot{\boldsymbol{x}}(t)=\boldsymbol{A}\boldsymbol{x}(t)+\boldsymbol{B}u(t)$$
$$y(t)=\boldsymbol{C}\boldsymbol{x}(t)+\boldsymbol{D}u(t)$$

写出该系统的状态微分方程。

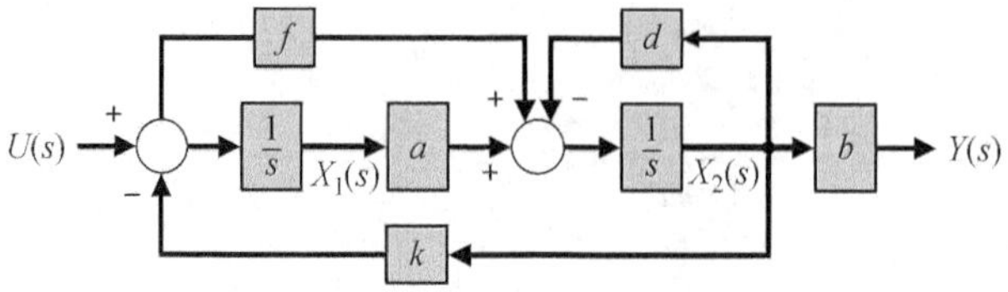

图 E3.5 某系统的框图模型

E3.6 某系统的状态空间模型为

$$\dot{\boldsymbol{x}}(t)=\begin{bmatrix}0 & 1\\ 0 & 0\end{bmatrix}\boldsymbol{x}(t)$$

（a）试求解该系统的状态转移矩阵 $\boldsymbol{\Phi}(t)$。

（b）令初始条件为 $x_1(0)=x_2(0)=1$，试求解 $\boldsymbol{x}(t)$。

答案：（b）$x_1(t)=1+t, x_2(t)=1, t\geqslant 0$

E3.7 考虑图 3.2 所示的质量块-弹簧-阻尼器系统，其中，$M=1$ kg、$k=100$ N/m、$b=20$ N·s/m。

（a）试求该系统的状态向量微分方程。

（b）试求该系统的特征方程的根。

答案：（a）$\dot{\boldsymbol{x}}(t)=\begin{bmatrix}0 & 1\\ -100 & -20\end{bmatrix}\boldsymbol{x}(t)+\begin{bmatrix}0\\ 1\end{bmatrix}u(t)$；（b）$s=-10$，$-10$

E3.8 考虑如下系统：

$$\dot{\boldsymbol{x}}(t)=\begin{bmatrix}0 & 1 & 0\\ 0 & 0 & 1\\ 0 & -8 & -2\end{bmatrix}\boldsymbol{x}(t)$$

试求该系统的特征方程和特征根。

E3.9 图 E3.9 给出了一个多环路反馈控制系统的框图模型，其中的状态变量分别为 $x_1(t)$ 和 $x_2(t)$。

（a）若输入为 $r(t)$，输出为 $y(t)$，试推导该闭环系统的状态空间模型。

（b）确定该闭环系统的特征方程。

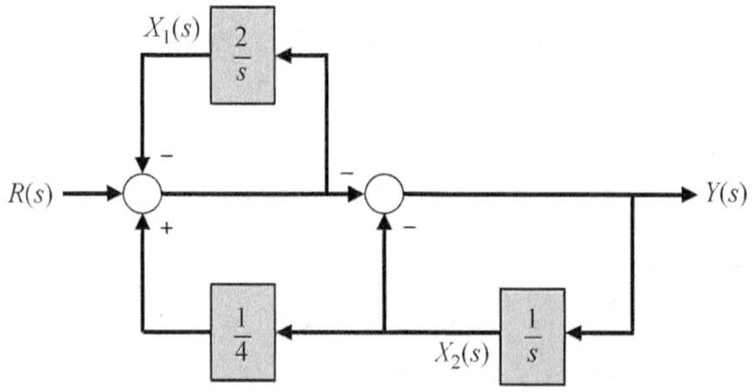

图 E3.9 多环路反馈控制系统的框图模型

E3.10 某气垫船控制系统的状态空间模型包括两个状态变量[13]：

$$\dot{\boldsymbol{x}}(t)=\begin{bmatrix}0 & 6\\ -1 & -5\end{bmatrix}\boldsymbol{x}(t)+\begin{bmatrix}0\\ 1\end{bmatrix}u(t)$$

（a）试求该系统的特征方程的根。

（b）求解状态转移矩阵 $\boldsymbol{\Phi}(t)$。

答案：（a）s=−3，−2；（b）$\boldsymbol{\Phi}(t)=\begin{bmatrix}3e^{-2t}-2e^{-3t} & -6e^{-3t}+6e^{-2t}\\ e^{-3t}-e^{-2t} & 3e^{-3t}-2e^{-2t}\end{bmatrix}$

E3.11　某系统的传递函数为

$$T(s)=\frac{Y(s)}{R(s)}=\frac{4(s+3)}{(s+2)(s+6)}$$

试确定该系统的一个状态空间模型。

E3.12　推导图E3.12所示电路的一个状态空间模型。当初始电流以及电容的初始电压都为0时，试求系统的单位阶跃响应。

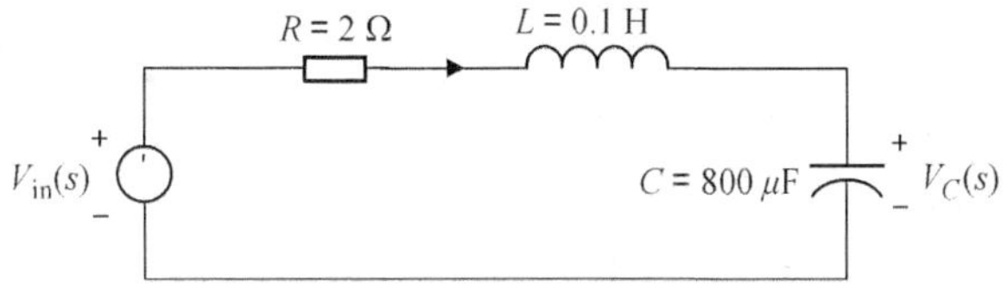

图 E3.12　RLC 串联电路

E3.13　某系统是用如下两个微分方程描述的：

$$\frac{\mathrm{d}y(t)}{\mathrm{d}t}+y(t)-2u(t)+a\omega(t)=0$$

$$\frac{\mathrm{d}\omega(t)}{\mathrm{d}t}-by(t)+4u(t)=0$$

其中，$w(t)$和$y(t)$是时间的函数，$u(t)$为输入。

(a) 选择一组合适的状态变量。

(b) 写出该系统的矩阵微分方程并求解矩阵中各元素的表达式。

(c) 以 a 和 b 为参数，求解该系统的特征方程的根。

答案：(c) $s=-1/2\pm\sqrt{1-4ab}/2$

E3.14　起始质量为M的放射性物质以$r(t)=Ku(t)$的速度衰减，其中的K为常数。假设该放射性物质的质量衰减速度与其当前质量成比例，试针对这一过程选定合适的状态变量。

E3.15　考虑图E3.15所示的双质量块系统，两个质量块的摩擦系数都为b。试求解该系统的状态微分方程模型并写成矩阵形式。

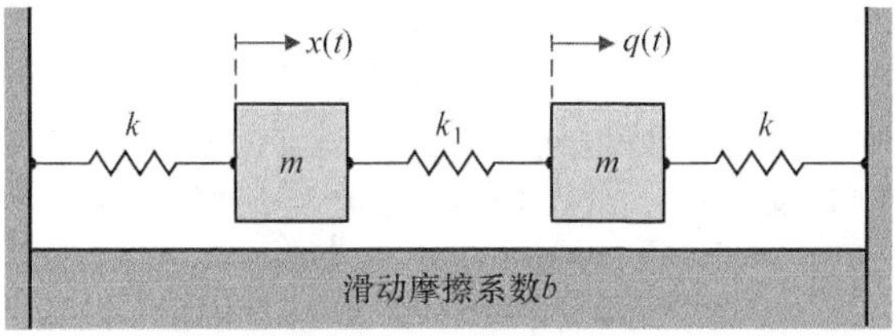

图 E3.15　双质量块系统

E3.16　两辆推车以图E3.16的形式进行连接，且滚动摩擦可以忽略。系统的外部受力为$u(t)$，输出为推车m_2的位移，即$y(t)=q(t)$，试推导该系统的一种状态空间模型。

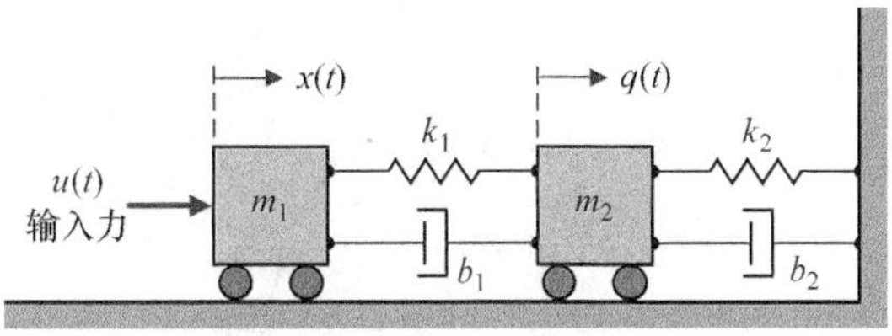

图 E3.16　双联推车系统（忽略滚动摩擦）

E3.17 考虑图E3.17所示的RC电路，试推导其矩阵形式的状态微分方程模型。

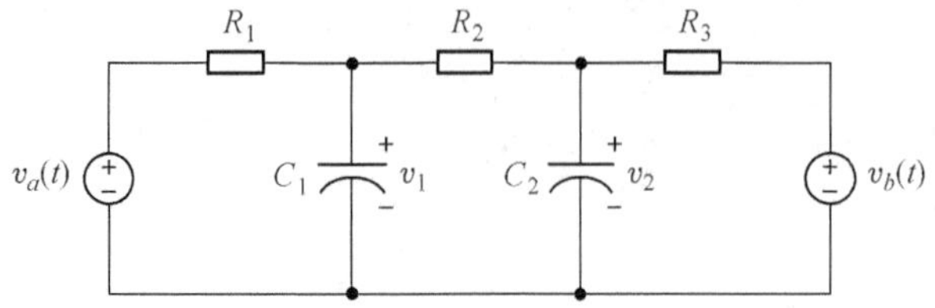

图 E3.17 RC 电路

E3.18 某系统可以用下面的微分方程组来描述：

$$Ri_1(t) + L_1\frac{\mathrm{d}i_1(t)}{\mathrm{d}t} + v(t) = v_a(t)$$

$$L_2\frac{\mathrm{d}i_2(t)}{\mathrm{d}t} + v(t) = v_b(t)$$

$$i_1(t) + i_2(t) = C\frac{\mathrm{d}v(t)}{\mathrm{d}t}$$

其中，R、L_1、L_2和C是给定的常数，$v_a(t)$和$v_b(t)$为输入信号。选定3个状态变量，分别为$x_1(t) = i_1(t)$、$x_2(t) = i_2(t)$和$x_3(t) = v(t)$；系统输出为$x_3(t)$。试推导建立系统的状态空间模型。

E3.19 某单输入-单输出系统的状态空间模型为

$$\dot{\boldsymbol{x}}(t) = \begin{bmatrix} 0 & 1 \\ -4 & -7 \end{bmatrix}\boldsymbol{x}(t) + \begin{bmatrix} 0 \\ 1 \end{bmatrix}u(t)$$
$$y(t) = \begin{bmatrix} 4 & 0 \end{bmatrix}\boldsymbol{x}(t)$$

试求解该系统的传递函数$G(s) = Y(s)/U(s)$。

E3.20 考虑图E3.20所示的简易单摆，其非线性运动方程为

$$\ddot{\theta}(t) + \frac{g}{L}\sin\theta(t) + \frac{k}{m}\dot{\theta}(t) = 0$$

其中，g为重力常数，L为单摆长度，m为单摆末端小球的质量（忽略摆杆质量），k为单摆支点的摩擦系数。

(a) 在平衡点 $\theta_0 = 0°$ 附近，对单摆的运动方程进行线性化。

(b) 取系统输出为摆动偏角 $\theta(t)$，试推导建立单摆的状态空间模型。

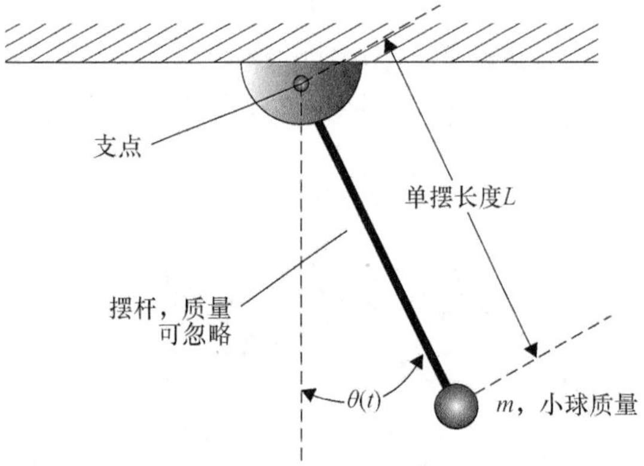

图 E3.20 简易单摆

E3.21 某单输入-单输出系统的状态空间模型为

$$\dot{\boldsymbol{x}}(t)=\begin{bmatrix}0 & 1\\ -1 & -2\end{bmatrix}\boldsymbol{x}(t)+\begin{bmatrix}1\\ 0\end{bmatrix}u(t)$$
$$y(t)=\begin{bmatrix}0 & 1\end{bmatrix}\boldsymbol{x}(t)$$

试推导传递函数 $G(s)=Y(s)/U(s)$，并求解该系统的单位阶跃响应。

E3.22 观察由下面的状态空间模型描述的系统：

$$\dot{\boldsymbol{x}}(t)=\boldsymbol{A}\boldsymbol{x}(t)+\boldsymbol{B}u(t)$$
$$y(t)=\boldsymbol{C}\boldsymbol{x}(t)+\boldsymbol{D}u(t)$$

其中：

$$\boldsymbol{A}=\begin{bmatrix}3 & 2\\ 3 & 4\end{bmatrix},\ \boldsymbol{B}=\begin{bmatrix}1\\ -1\end{bmatrix},\ \boldsymbol{C}=\begin{bmatrix}1 & 0\end{bmatrix},\ \boldsymbol{D}=[0]$$

（a）计算传递函数 $G(s)=Y(s)/U(s)$。

（b）确定该系统的零点和极点。

（c）如果可能，确定能够实现（a）中得到的传递函数的等效一阶系统，并表示为如下形式：

$$\dot{x}(t)=ax(t)+bu(t)$$
$$y(t)=cx(t)+du(t)$$

其中，a、b、c 和 d 是标量。

E3.23 观察由如下三阶微分方程描述的系统：

$$\dddot{x}(t)+3\ddot{x}(t)+3\dot{x}(t)+x(t)=\dddot{u}(t)+2\ddot{u}(t)+4\dot{u}(t)+u(t)$$

将 $u(t)$ 取为输入，并将 $x(t)$ 取为输出，试给出该系统的一种状态空间模型和一种框图模型。

一般习题

P3.1 考虑图 P3.1 所示的 RLC 电路。

（a）为该电路选定一组合适的状态变量。

（b）根据所选变量，建立描述该电路的一阶微分方程组。

（c）建立该系统的矩阵形式的状态微分方程。

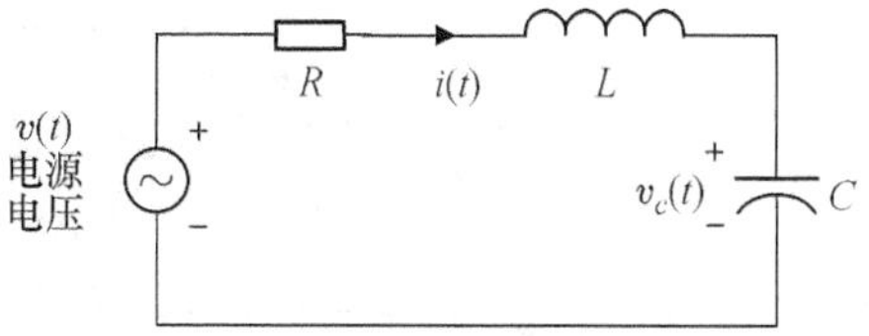

图 P3.1 RLC 电路

P3.2 某平衡电桥网络如图 P3.2 所示。

（a）验证该电路的状态微分方程中的矩阵 $\boldsymbol{A}$ 和 $\boldsymbol{B}$ 分别为

$$\boldsymbol{A}=\begin{bmatrix}-2/\big((R_1+R_2)C\big) & 0\\ 0 & -2R_1R_2/\big((R_1+R_2)L\big)\end{bmatrix}$$

$$\boldsymbol{B}=1/\left(R_1+R_2\right)\begin{bmatrix}1/C & 1/C\\ R_2/L & -R_2/L\end{bmatrix}$$

（b）若选取的状态变量为 $(x_1(t),x_2(t))=(v_c(t),i_L(t))$，绘制该电路的框图模型。

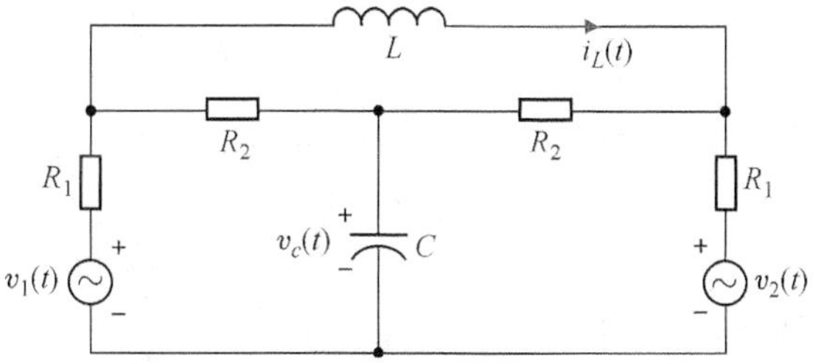

图 P3.2 平衡电桥网络

P3.3 某RLC电路如图P3.3所示，针对该电路定义两个状态变量，分别为$x_1(t)=i_L(t)$和$x_2(t)=v_c(t)$。试推导该系统的状态微分方程模型。

部分答案：$A=\begin{bmatrix}0 & 1/L\\ -1/C & -1/(RC)\end{bmatrix}$

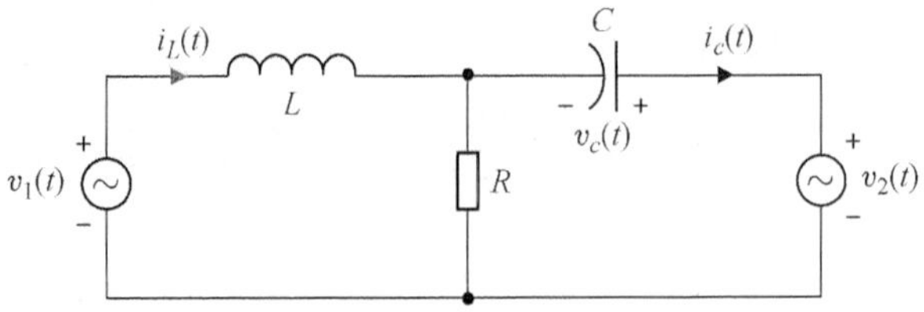

图 P3.3 RLC 电路

P3.4 某系统的传递函数为

$$T(s)=\frac{Y(s)}{R(s)}=\frac{s^2+4s+12}{s^3+4s^2+8s+12}$$

给出该系统的一种状态微分方程模型并绘制框图模型。

P3.5 某闭环控制系统如图P3.5所示。

(a) 试推导该系统的传递函数 $T(s)=Y(s)/R(s)$。

(b) 给出该系统的相变量形式的状态微分方程模型并绘制框图模型。

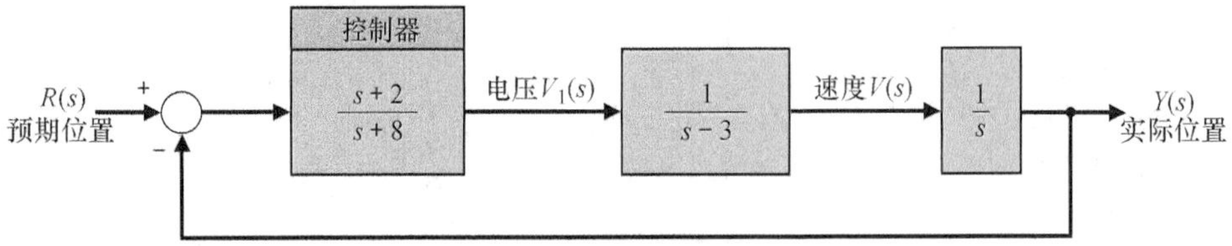

图 P3.5 闭环控制系统

P3.6 选定图P3.6所示电路的3个状态变量，分别为$x_1(t)=v_1(t)$、$x_2(t)=v_2(t)$和$x_3(t)=i(t)$。试推导该电路的矩阵形式的状态微分方程模型。

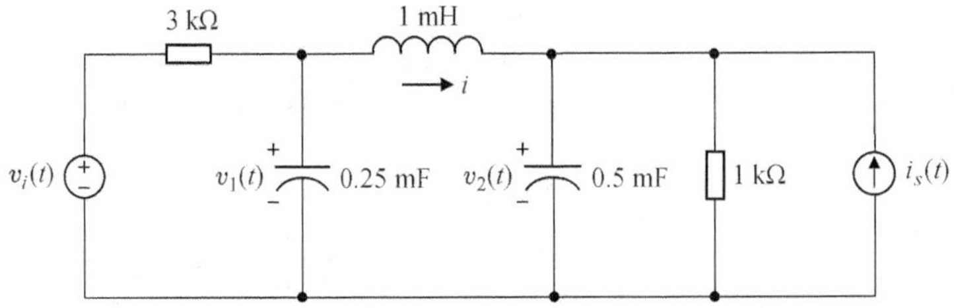

图 P3.6 RLC 电路

P3.7 某遥控潜艇的深度自动控制系统如图P3.7所示，该系统利用压力传感器测量深度。当上浮或下潜速度为25 m/s时，尾部发动机的增益为$K=1$，潜艇的近似传递函数为$G(s)=\frac{(s+2)^2}{s^2+2}$，反馈环路上的压力传感器的传递函数为$H(s)=s+3$。试给出该系统的一种状态空间模型。

P3.8　登月舱的软着陆过程的示意模型如图 P3.8 所示。定义 3 个状态变量，分别为 $x_1(t)=y(t)$、$x_2(t)=dy(t)/dt$ 和 $x_3(t)=m(t)$，控制信号为 $u(t)=k\dot{m}(t)$。假设 g 为月球上的引力常数，试推导登月舱着陆过程的状态空间模型。这是一个线性模型吗？

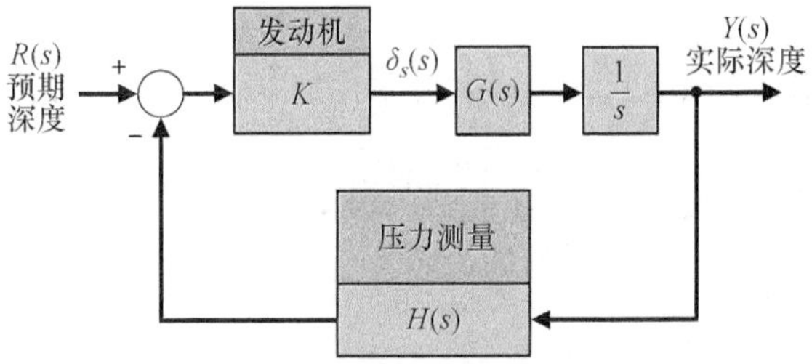

图 P3.7　遥控潜艇的深度自动控制系统

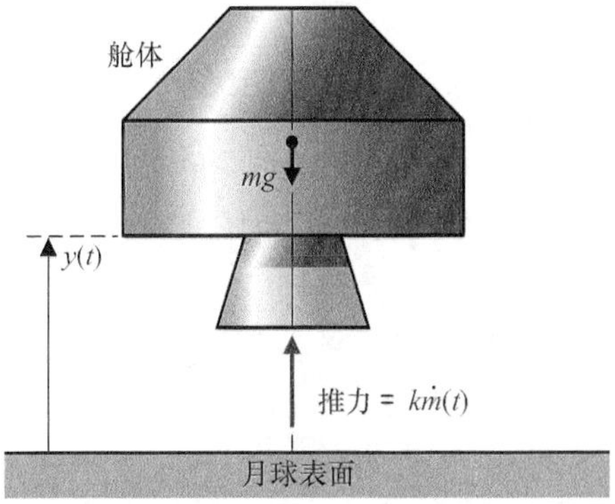

图 P3.8　登月舱的软着陆控制模型

P3.9　某速度控制系统全部采用流体部件来设计建造，其中没有采用任何移动机械部件，它被称为纯流体控制系统。所用的流体既可以是液体，也可以是气体。该系统能够通过调节分流叉和阀门，将转速控制在预期值的 0.5% 的误差范围内。由于流体本身的特殊性质，这种纯流体控制系统对于大范围温度变化、电磁和核辐射、加速和振动等恶劣环境不敏感，因而具有较高的可靠性。该系统还通过一个流体喷射导流板放大器实现了放大功能。该系统可以用于控制转速为 12 000 r/min、功率为 500 kW 的汽轮机，其框图模型如图 P3.9 所示，其中各参数的无量纲取值分别为 $b=0.1$、$J=1$ 和 $K_1=0.5$。

(a) 试推导该系统的闭环传递函数 $T(s)=\dfrac{\omega(s)}{R(s)}$。

(b) 推导建立该系统的一个状态空间模型。

(c) 利用状态空间模型中的矩阵 $\boldsymbol{A}$，推导该系统的特征方程。

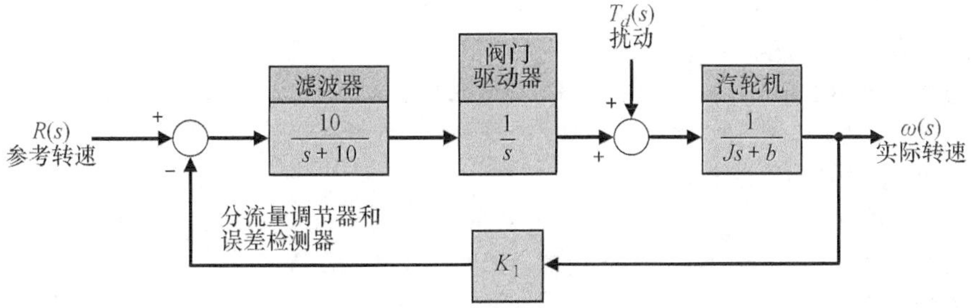

图 P3.9　汽轮机控制系统的框图模型

P3.10　许多控制系统必须同时工作在两个维度上，如 x 轴和 y 轴。某双轴控制系统如图 P3.10 所示，其中的 $x_1(t)$ 和 $x_2(t)$ 为预先定义的状态变量。两个轴的增益分别为 K_1 和 K_2。

(a) 试推导该系统的状态微分方程模型。

(b) 利用矩阵 $\boldsymbol{A}$，推导该系统的特征方程。

(c) 当 $K_1=1$、$K_2=2$ 时，求解该系统的状态转移矩阵。

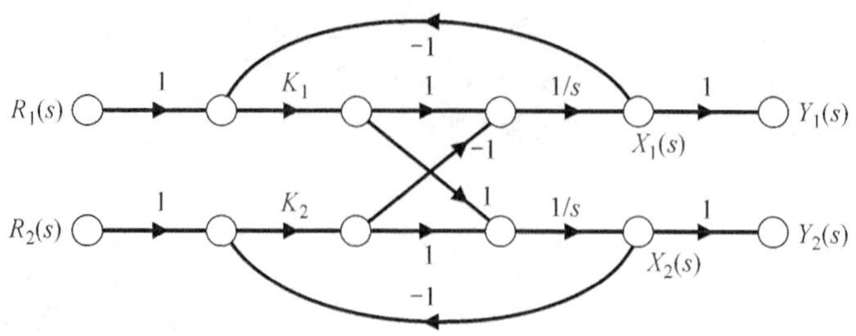

(a)

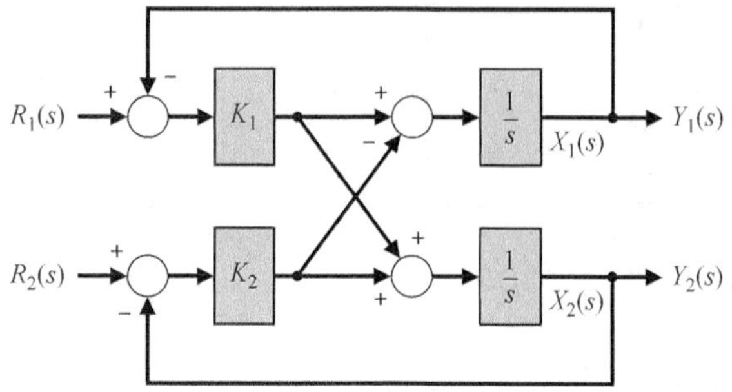

(b)

图 P3.10 双轴控制系统

(a) 信号流图模型；(b) 框图模型

P3.11 某系统可以描述如下：

$$\dot{\boldsymbol{x}}(t)=\boldsymbol{A}\boldsymbol{x}(t)$$

其中，$\boldsymbol{A}=\begin{bmatrix}0 & 1\\ -2 & -3\end{bmatrix}$。

初始条件为 $x_1(0)=1$，$x_2(0)=0$。试求 $x_1(t)$ 和 $x_2(t)$。

P3.12 某系统的传递函数为

$$\frac{Y(s)}{R(s)}=T(s)=\frac{8(s+5)}{s^3+12s^2+44s+48}$$

(a) 试给出该系统的一种状态空间模型。

(b) 试求解状态转移矩阵 $\boldsymbol{\Phi}(t)$。

P3.13 重新考虑图 P3.1 所示的 RLC 电路，将电路参数设定为 $R=2.5$、$L=1/4$ 和 $C=1/6$。

(a) 求解矩阵 $\boldsymbol{A}$，然后利用矩阵 $\boldsymbol{A}$ 求解该系统的特征方程，据此判断该系统是否稳定。

(b) 求解该电路的状态转移矩阵。

(c) 当电感的初始电流为 0.1 A 且 $v_c(0)=0$、$v(t)=0$ 时，确定该系统的响应。

(d) 当初始条件为零且 $v(t)=E(t>0)$ 时，重做（c）中的题目。

P3.14 某系统的传递函数为

$$\frac{Y(s)}{R(s)}=T(s)=\frac{s+50}{s^4+12s^3+10s^2+34s+50}$$

试推导给出该系统的一种状态空间模型。

P3.15 某系统的传递函数为

$$\frac{Y(s)}{R(s)}=T(s)=\frac{14(s+4)}{s^3+10s^2+31s+16}$$

试推导给出该系统的一种状态空间模型并绘制其框图模型。

P3.16 与飞机、导弹和水面船舶相比，受控潜艇的动态特性存在显著差异。这一差异主要源于垂直平面上由于浮力导致的动压差效应。因此，对于潜艇而言，深度控制格外重要。潜艇在水下的航行姿态以及有关角度如图P3.16所示，根据牛顿运动方程，可以推导出潜艇的动力学方程。出于简化方程的目的，这里假定角度$\theta(t)$非常小，速度$v(t)$保持25 ft/s恒定不变。当仅仅考虑垂直方向上的深度控制时，可以将潜艇的状态变量定义为$x_1(t)=\theta(t)$、$x_2(t)=\mathrm{d}\theta(t)/\mathrm{d}t$和$x_3(t)=\alpha(t)$，其中的$\alpha(t)$为攻角。具有长鳍金枪鱼形状的船体的潜艇的状态向量微分方程模型为

$$\dot{\boldsymbol{x}}(t)=\begin{bmatrix}0 & 1 & 0\\ -0.01 & -0.11 & 0.12\\ 0 & 0.07 & -0.3\end{bmatrix}\boldsymbol{x}(t)+\begin{bmatrix}0\\ -0.1\\ 0.1\end{bmatrix}u(t)$$

其中，输入$u(t)$为尾部控制面的倾斜度$\delta_s(t)$，$u(t)=\delta_s(t)$。

（a）判断系统是否稳定。

（b）当初始条件为零且尾部控制面的倾斜度是幅值为0.285°的阶跃信号时，求该系统的输出响应。

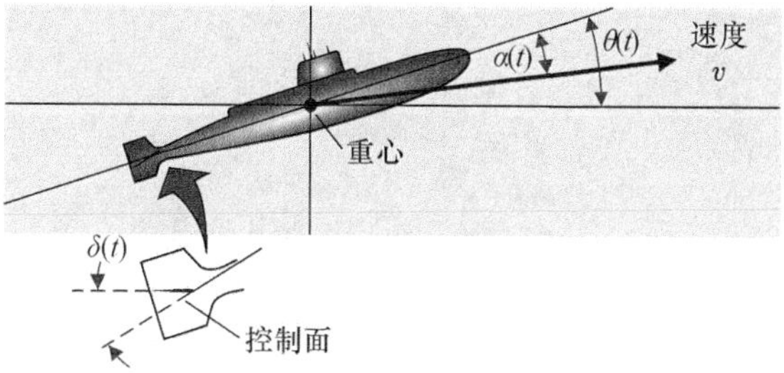

图 P3.16 潜艇的深度控制

P3.17 某系统的状态空间模型为

$$\dot{\boldsymbol{x}}(t)=\begin{bmatrix}1 & 1 & -1\\ 4 & 3 & 0\\ -2 & 1 & 10\end{bmatrix}\boldsymbol{x}(t)+\begin{bmatrix}0\\ 0\\ 4\end{bmatrix}u(t)$$

$$y(t)=\begin{bmatrix}1 & 0 & 0\end{bmatrix}\boldsymbol{x}(t)$$

试确定该系统的传递函数$G(s)=\dfrac{Y(s)}{U(s)}$。

P3.18 考虑图P3.18所示的工业机器人控制系统。在通过电机转动肘关节之后，便可以通过小臂灵活地移动机器人的手腕[16]。弹簧的弹性系数为k，阻尼系数为b。为该系统定义3个状态变量，分别为$x_1(t)=\phi_1(t)-\phi_2(t)$、$x_2(t)=\omega_1(t)/\omega_0$和$x_3(t)=\omega_2(t)/\omega_0$，其中

$$\omega_0^2=\frac{k(J_1+J_2)}{J_1J_2}$$

试推导该系统的矩阵形式的状态微分方程模型。

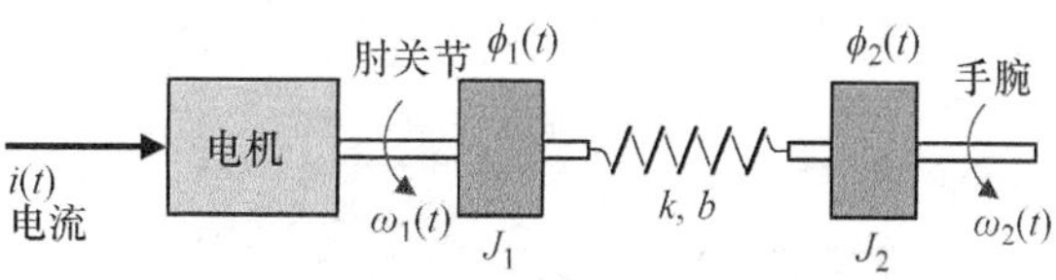

图 P3.18 工业机器人控制系统（GCA 公司友情提供图片）

P3.19 某系统的状态微分方程模型为

$$\dot{\boldsymbol{x}}(t)=\begin{bmatrix}0 & 1\\ -4 & -4\end{bmatrix}\boldsymbol{x}(t)$$

其中，$\boldsymbol{x}(t)=\begin{bmatrix}x_1(t) & x_2(t)\end{bmatrix}^{\mathrm{T}}$。

（a）计算该系统的状态转移矩阵$\boldsymbol{\Phi}(t,0)$。

（b）初始条件为$x_1(0)=1$和$x_2(0)=-1$，试利用（a）中得到的状态转移矩阵求解状态向量时间响应$\boldsymbol{x}(t)(t\geqslant 0)$。

P3.20 假设突然关闭处于平衡工作状态且具有高强度中子流的热核反应堆。在关闭的瞬间，反应堆中氙-135（X）和碘-135（I）的浓度分别为每单位体积内有 7×10^{16} 和 3×10^{15} 个原子。氙-135和碘-135的半衰期分别为9.2 h和6.7 h，它们的衰减方程[15, 19]分别为

$$\dot{X}(t)=-\frac{0.693}{9.2}X(t)-I(t),\ \dot{I}(t)=-\frac{0.693}{6.7}I(t)$$

为了确定从反应堆关闭的时刻起氙-135和碘-135的浓度变化情况，试求解状态转移矩阵和系统的时间响应，并验证图P3.20给出的结果。

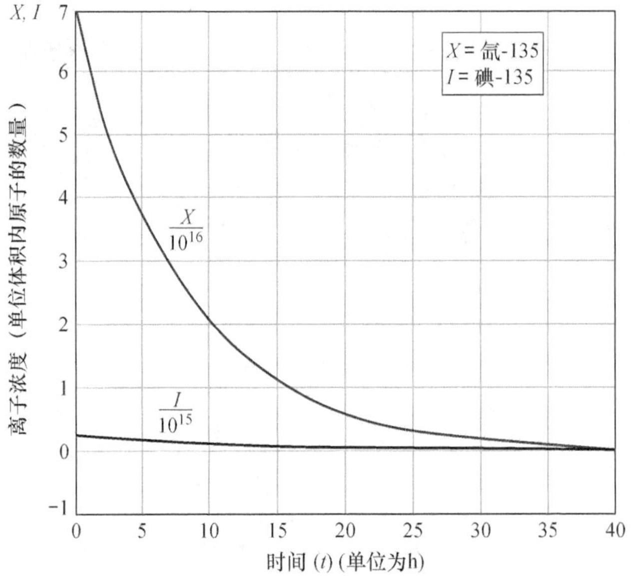

图 P3.20 原子反应堆中的离子浓度变化情况

P3.21 考虑图P3.21给出的框图模型。

（a）验证其传递函数为

$$G(s)=\frac{Y(s)}{U(s)}=\frac{h_1 s+h_0+a_1 h_1}{s^2+a_1 s+a_0}$$

（b）验证该系统的一个状态变量模型为

$$\dot{\boldsymbol{x}}(t)=\begin{bmatrix}0 & 1\\ -a_0 & -a_1\end{bmatrix}\boldsymbol{x}(t)+\begin{bmatrix}h_1\\ h_0\end{bmatrix}u_i(t)$$
$$\dot{y}(t)=\begin{bmatrix}1 & 0\end{bmatrix}\boldsymbol{x}(t)$$

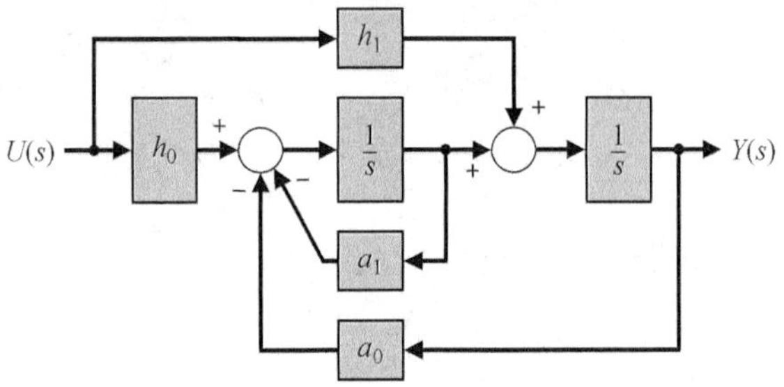

图 P3.21 某二阶系统的框图模型

P3.22 考虑图P3.22所示的RLC电路，定义3个状态变量，分别为 $x_1(t)=i(t)$、$x_2(t)=v_1(t)$ 和 $x_3(t)=v_2(t)$，输出为 $v_o(t)$。试推导给出该系统的一种状态变量模型。

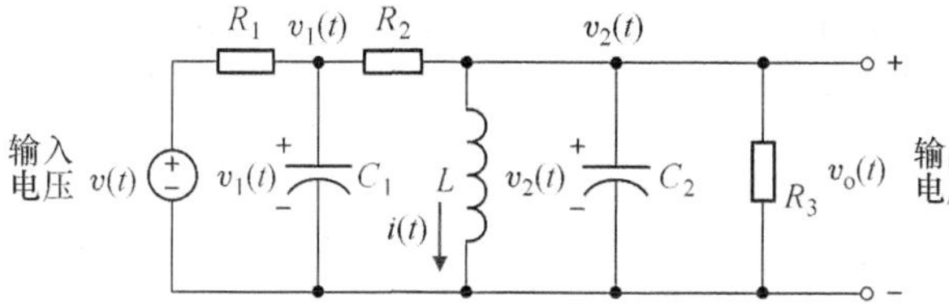

图 P3.22 RLC 电路

P3.23 考虑图 P3.23（a）所示的双容器液流系统，其中，电机可以通过注水口阀门来控制注水流量，并最终达到控制输出流速的目的。该系统的框图模型如图 P3.23（b）所示，其输入输出传递函数为

$$\frac{Q_o(s)}{I(s)}=G(s)=\frac{1}{s^3+10s^2+29s+20}$$

试推导给出该系统的一种状态空间模型。

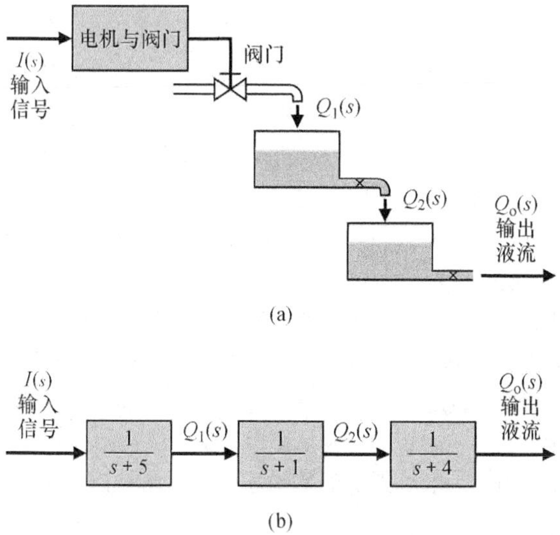

图 P3.23 利用电机控制输出流速的双容器液流系统

（a）物理示意图；（b）框图模型

P3.24 我们希望能够为太阳能取暖系统设计精巧的控制器，从而为建筑物保持合适的室内温度。某太阳能取暖系统的状态微分方程为 [10]

$$\frac{dx_1(t)}{dt}=3x_1(t)+u_1(t)+u_2(t)$$

$$\frac{dx_2(t)}{dt}=2x_2(t)+u_2(t)+d(t)$$

其中，$x_1(t)$为相对于标准室温的温度偏差，$x_2(t)$为储热介质的温度（如水箱中的水温），$u_1(t)$和$u_2(t)$分别为室内气流和太阳能热流的热传导速度，热传导介质均为受热的空气。此外，d(t)表示太阳能热流遇到的扰动（如云层遮挡）。试将上述方程改写为矩阵形式，并在初始条件为零且$u_1(t)=0$、$u_2(t)=1$、$d(t)=1$时，计算该系统的时间响应。

P3.25 某系统的状态微分方程为

$$\dot{\boldsymbol{x}}(\mathrm{t})=\begin{bmatrix}0 & 1\\ -2 & -3\end{bmatrix}\boldsymbol{x}(\mathrm{t})+\begin{bmatrix}0\\ 1\end{bmatrix}r(t)$$

试求该系统的状态转移矩阵 $\boldsymbol{\Phi}(t)$ 及其拉普拉斯变换 $\boldsymbol{\Phi}(s)$。

P3.26 某系统的框图模型如图 P3.26 所示，试建立该系统的一种状态变量微分方程模型并求解其状态转移矩阵$\boldsymbol{\Phi}(s)$。

P3.27 陀螺仪能够感应对象系统的角向运动，因此被广泛应用于飞行控制系统中。图 P3.27 给出了单自由度陀螺仪的示意图。陀螺仪的常平架能够绕输出轴 OB 运动，而角度输入则由输入轴 OA 加以刻画衡量。该陀螺仪在输出轴 OB 上的动力学特性为角动量的变化率等于扭矩之和。请据此建立该陀螺仪的状态空间模型。

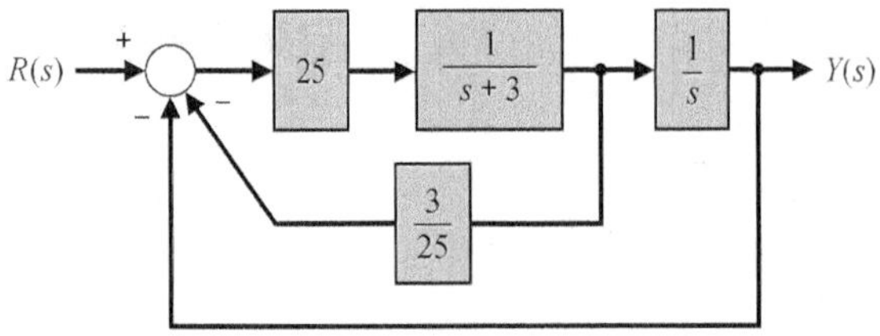

图 P3.26　某反馈系统的框图模型

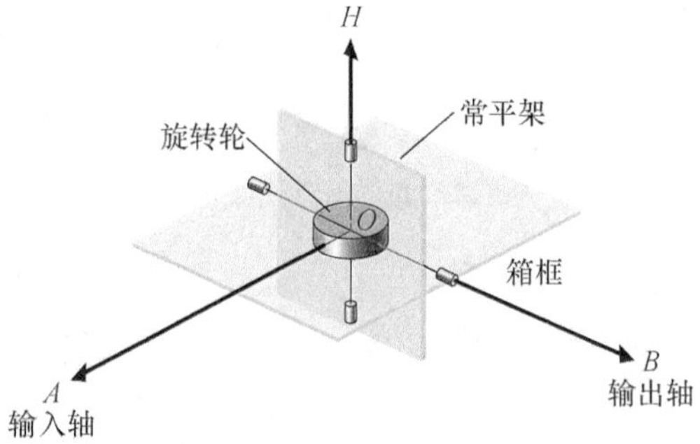

图 P3.27　单自由度陀螺仪

P3.28　某双质量块系统如图 P3.28 所示，其中的滚动摩擦系数为 b。取 $y_2(t)$ 作为系统输出，试给出该系统的一种矩阵形式的状态微分方程模型。

P3.29　人类已经付出巨大的努力来探究实现空间操作的能力。这些空间操作的例子有空间站装配、卫星捕获等。为了完成类似的任务，航天飞机的货舱内装配了遥操作系统[4, 12, 21]。在最近的几次航天飞机飞行任务中，遥操作系统发挥了重要作用。目前，有关部门正在研制一种新的遥操作系统——具有可伸缩机械臂的操纵器。这种操纵器的重量只有目前同类操纵器的 1/4；同时，当机械臂未伸展时，这种操纵器在航天飞机的货舱内占用的体积只有目前同类操纵器的 1/8。

能够用来在太空中搭建太空建筑的一种遥操作系统如图 P3.29（a）所示，其柔性机械臂模型如图 P3.29（b）所示，其中，J 为驱动电机的转动惯量，L 为作用点到负载重心的距离。请推导该系统的状态微分方程模型。

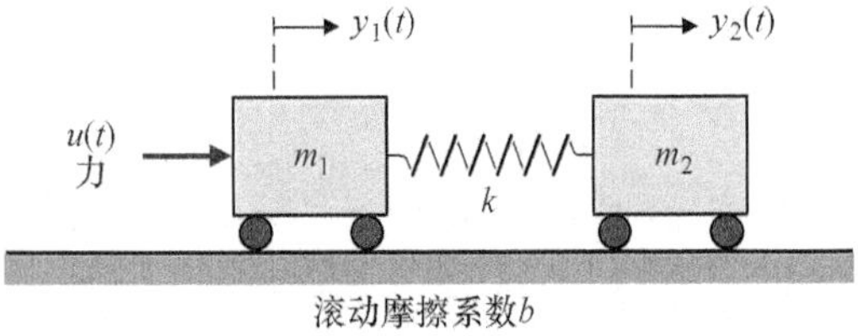

图 P3.28　双质量块系统

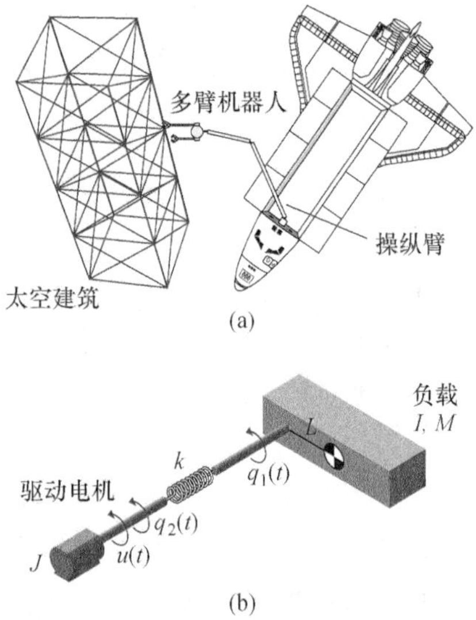

图 P3.29　遥操作系统

P3.30　考虑图 P3.30 所示的双输入–单输出 RLC 电路，选取电流 $i_2(t)$ 作为输出信号，试推导给出该系统的一种状态微分方程模型。

P3.31　增强器特指能够放大人的手臂力量，用于移动较重负载的机器人手臂[19, 22]，如图 P3.31 所示。增强器的传递函数为

$$\frac{Y(s)}{U(s)} = G(s) = \frac{30}{s^2 + 4s + 3}$$

其中，$U(s)$为人的手臂对增强器的作用力，$Y(s)$为增强器对负载的作用力，试推导建立该系统的一种状态空间模型并求解其状态转移矩阵。

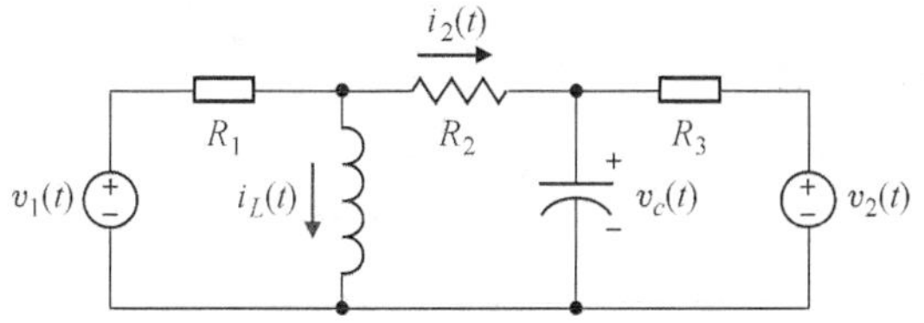

图 P3.30　具有双输入的 RLC 电路

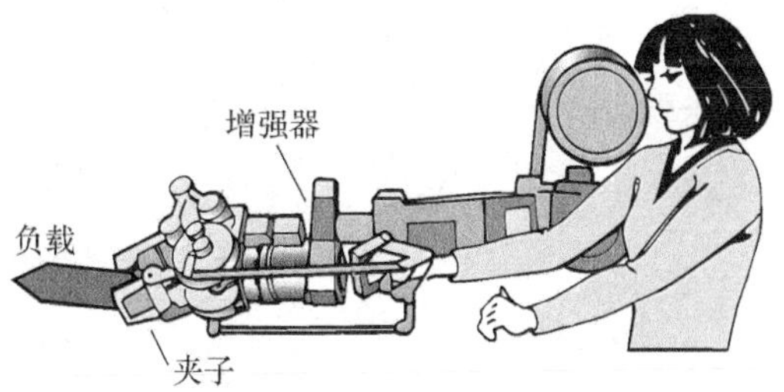

图 P3.31　放大人的手臂力量，用于移动较重负载的增强器

P3.32　某口服药物的整体吸收速率为$r(t)$，令$m_1(t)$表示肠胃中的药物质量，$m_2(t)$表示血液中的药物质量。肠胃中药物质量的变化率等于药物的整体吸收速率减去药物进入血液的速率，且药物进入血液的速率与肠胃中的药物质量成比例；而在血液中，药物质量的变化率与药物进入血液的速率以及药物的代谢反应速率有关。此外，药物的代谢反应速率又与血液中的药物质量成比例。根据上述关系，推导建立该系统的一种状态空间模型。

考虑一种特殊情况。当系统矩阵$\boldsymbol{A}$的元素都为 1 或−1（符号视具体情况而定）且初始条件为$m_1(0) = 1$、$m_2(0) = 0$时，试求解$m_1(t)$和$m_2(t)$并绘制它们的时间响应曲线，可以在相平面(m_1, m_2)上绘制$m_1(t)$和$m_2(t)$的关系曲线。

P3.33　火箭的姿态动力学特性可以表示为

$$\frac{Y(s)}{U(s)} = G(s) = \frac{1}{s^2}$$

其中，输入$U(s)$为作用力矩，$Y(s)$为火箭姿态角。假设对火箭施加状态反馈，有关变量分别取为$x_1(t) = y(t)$、$x_2(t) = \dot{y}(t)$和$u(t) = -x_2(t) - 0.5x_1(t)$，试求解特征方程的根。当初始条件为$x_1(0) = 0$、$x_2(0) = 1$时，计算该系统的时间响应。

E3.34　某系统的传递函数为

$$\frac{Y(s)}{R(s)} = T(s) = \frac{6}{s^3 + 6s^2 + 11s + 6}$$

(a) 推导构建该系统的一种状态空间模型。

(b) 计算状态转移矩阵中的元素$\phi_{11}(t)$。

P3.35　考虑图 P3.35 所示的单容器液流系统，采用电枢［电流$i_a(t)$］控制电机来调节供液阀门的大小。假定电机电感和电机摩擦可以忽略不计，电机常数为$K_m = 10$，反电动势常数为$K_b = 0.0706$，电机和阀门的转动惯量为$J = 0.006$，容器的底面积为 50 m^2，注入的液体质量满足$q_1(t) = 80\theta(t)$，流出的液体质量满足$q_0(t) = 50h(t)$。记$\theta(t)$为电机轴的转动角度（单位为 rad），$h(t)$为容器内的液面高度。在上述条件下，选定$x_1(t) = h(t)$、$x_2(t) = \theta(t)$和$x_3(t) = \mathrm{d}\theta(t)/\mathrm{d}t$为状态变量，试推导建立该系统的一种状态空间模型。

P3.36　考虑图 P3.36 所示的双质量块系统，选取$x(t)$为输出变量，试推导建立该系统的一种状态空间模型。

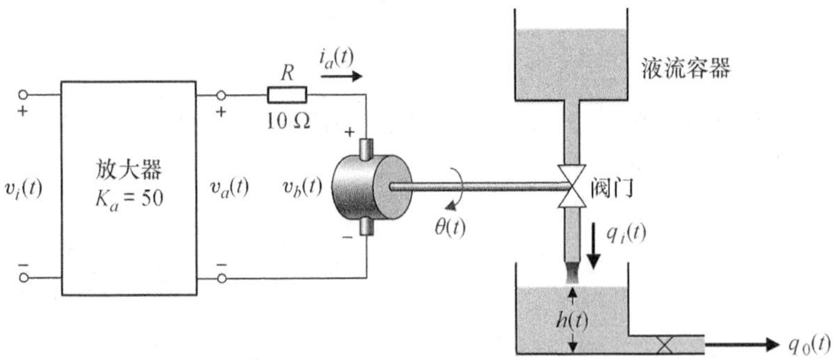

图 P3.35 单容器液流系统

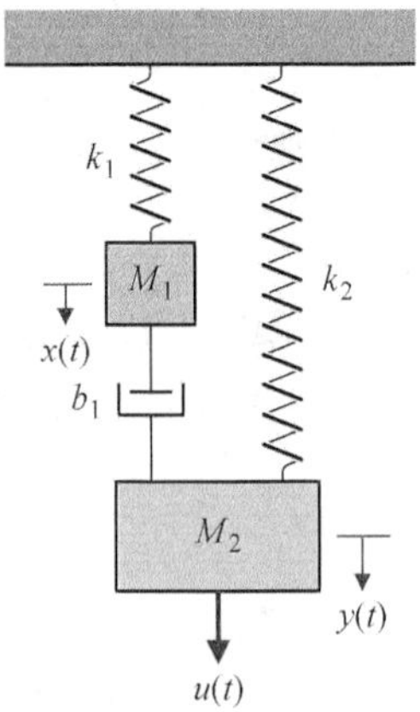

图 P3.36 配有两个弹簧和一个阻尼器的双质量块系统

P3.37 考虑图P3.37所示的系统框图模型，据此建立如下形式的状态空间模型：

$$\dot{\boldsymbol{x}}(t) = \boldsymbol{A}\boldsymbol{x}(t) + \boldsymbol{B}u(t)$$
$$y(t) = \boldsymbol{C}\boldsymbol{x}(t) + \boldsymbol{D}u(t)$$

然后根据上述状态空间模型，建立系统的三阶微分方程模型。

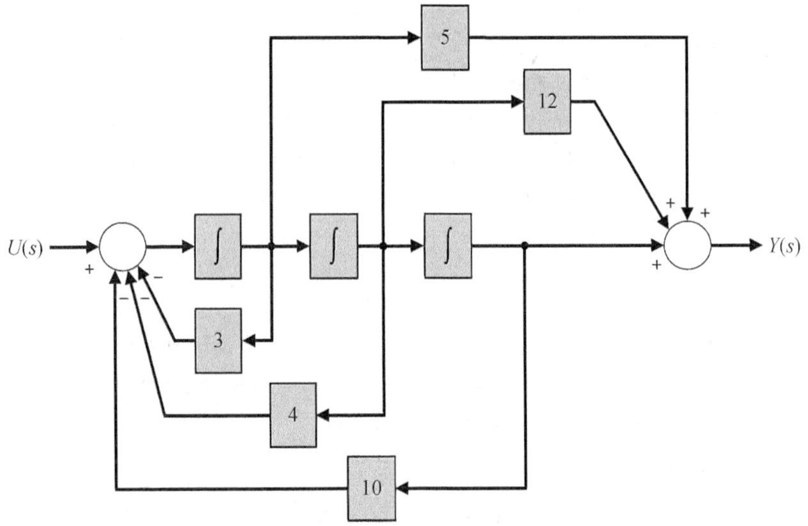

图 P3.37 三阶系统的框图模型

难题

AP3.1 考虑图AP3.1所示的磁悬浮实验系统，该系统的顶部装有一个电磁铁。利用电磁力$f(t)$，我们想要将铁球悬浮起来。请注意，这样一个简单的磁悬浮系统是无法将铁球悬浮起来的，反馈变得必不可少。为此，我们又在系统的底部（即铁球的下方）安装了一个涡流型标准电感探头[20] 作为间隙测量传感器。

选定$x_1(t) = x(t)$、$x_2(t) = \mathrm{d}x(t)/\mathrm{d}t$和$x_3(t) = i(t)$为状态变量。假定电磁铁的电感为$L = 0.508$ H，电阻$R = 23.2\ \Omega$，电流$i_1(t) = I_0 + i(t)$，其中，$I_0 = 1.06$ A为标称工作点的电流，$i(t)$为偏差电流变量；铁球质量$m = 1.75$ kg，铁球悬浮间隙$x_g(t) = X_0 + x(t)$，其中，$X_0 = 4.36$ mm为标称悬浮间隙，$x(t)$

为偏差间隙变量。电磁吸力$f(t)=k\left(i_1(t)/x_g(t)\right)^2$，其中，$k=2.9\times10^{-4}\,\mathrm{N\cdot m^2/A^2}$。试对电磁力$f(t)$的表达式进行泰勒级数展开，在此基础上，推导建立该系统的矩阵形式的状态空间模型，并求解传递函数$X(s)/V(s)$。

AP3.2　如图 AP3.2 所示，质量块m放置在推车上，推车自身质量可以忽略不计。试求该系统的传递函数$Y(s)/U(s)$，并利用求得的传递函数，建立该系统的一种状态空间模型。

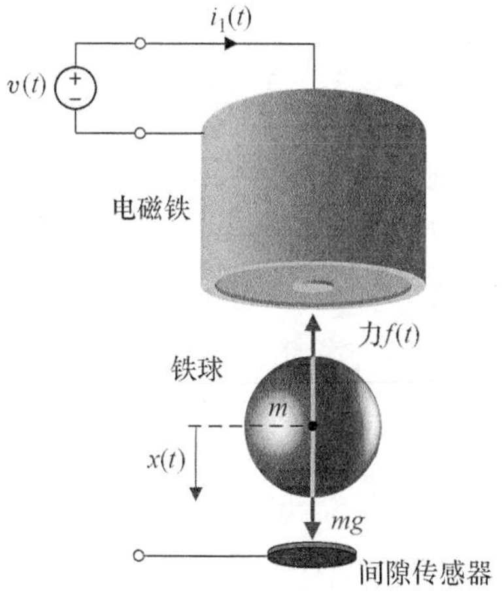

图 AP3.1　磁悬浮实验系统

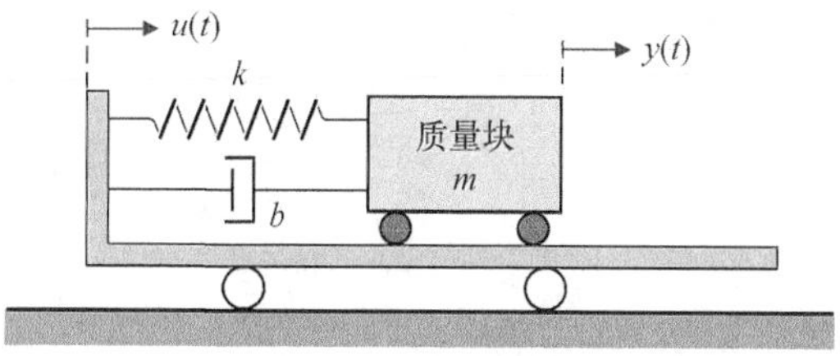

图 AP3.2　小车上的质量块

AP3.3　自主车的准确移动有赖于精确控制自主车的位置[16]。自主车位置控制系统的框图模型如图 AP3.3 所示，试推导建立该系统的一种状态空间模型。

AP3.4　前轮减震前叉已经成为山地自行车的标准配置。以前配置的刚性前叉直接连接了前胎和车架，减震前叉代替了这种刚性前叉，可以吸收撞击能量，避免车手和车架的颠簸。过去常用的刚性前叉只具备恒定的弹性系数，对于高频和低频撞击，只能做出相同的减震反应。

设计弹性系数可变的能够在运动中调节弹性的新型减震前叉十分诱人。新型减震前叉由一个空气-螺旋弹簧和一个油性阻尼器构成，它可以根据车手重量和路面情况自动调节阻尼系数[17]。图 AP3.4 给出了这种减震支架的简化模型，其中的b为可调参数。当$k_1=2$、$k_2=1$时，试分别针对高速行驶时遇到大的撞击以及慢速行驶时遇到小的撞击这两种情况，确定参数b的合适取值，使得车身和车手的颠簸程度降至最低。

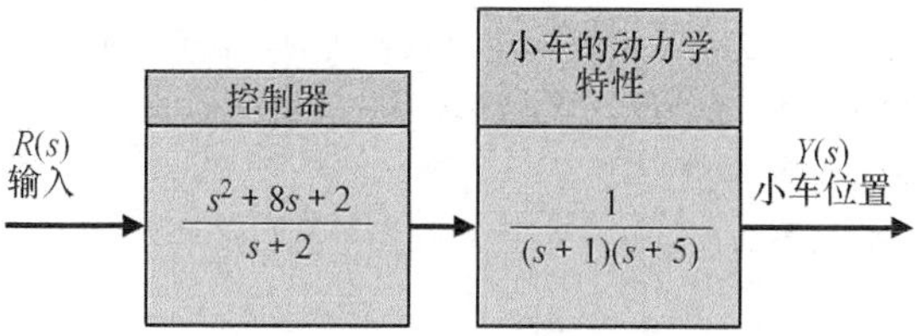

图 AP3.3　自主车位置控制系统

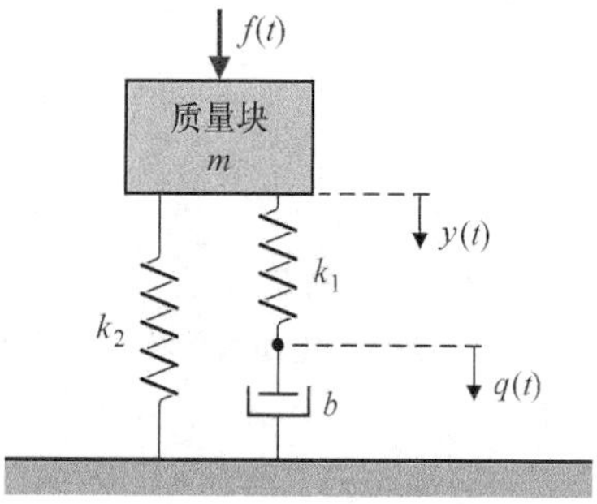

图 AP3.4　减震器

AP3.5　考虑图 AP3.5 所示的系统，其中，质量块M通过一根细杆悬挂在另一个质量块m之上，质量块m则放置在小车上，细杆的长度为L。小车和细杆的质量可以忽略不计。在摆角$\theta(t)$非常小的前提下，以摆角$\theta(t)$为输出，试推导该系统的一种线性化的状态变量模型。

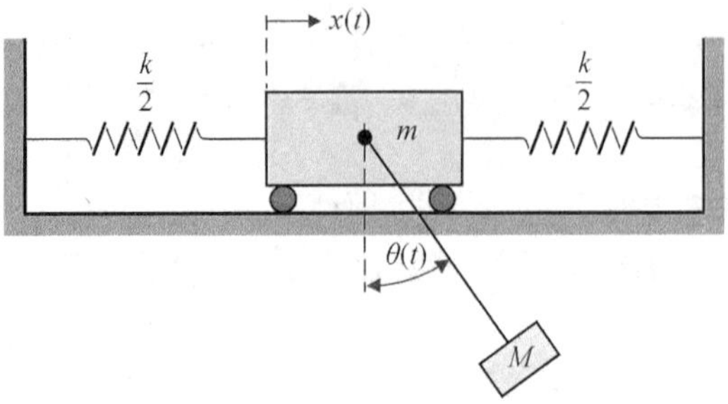

图 AP3.5 悬挂在小车上的质量块

AP3.6 如图 AP3.6 所示，起重机滑车在吊臂上沿 x 轴方向运动，质量为 m 的负载沿 z 轴上下运动。相对于滑车、钢缆以及负载的质量而言，滑车电机和升降电机的功率足够大。考虑将水平距离 $D(t)$ 和悬挂距离 $R(t)$ 作为系统的输入控制变量。当 $\theta(t) < 50^\circ$ 时，请为该系统推导出线性化的状态变量微分方程模型。

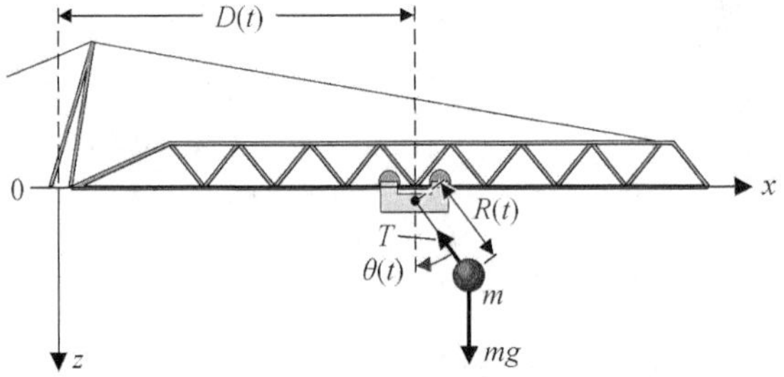

图 AP3.6 起重机滑车沿 x 轴方向运动的同时，质量块 m 沿 z 轴上下运动

AP3.7 某单输入–单输出系统的状态空间模型为

$$\dot{\boldsymbol{x}}(t) = \boldsymbol{A}x(t) + \boldsymbol{B}u(t)$$
$$y(t) = \boldsymbol{C}x(t)$$

其中：

$$\boldsymbol{A} = \begin{bmatrix} -1 & 1 \\ 0 & 0 \end{bmatrix},\ \boldsymbol{B} = \begin{bmatrix} 0 \\ 1 \end{bmatrix},\ \boldsymbol{C} = [2 \quad 1]$$

输入为系统状态和参考输入信号的线性组合：

$$u(t) = -\boldsymbol{K}x(t) + r(t)$$

其中，$r(t)$ 为参考输入信号。矩阵 $\boldsymbol{K} = [K_1 \quad K_2]$ 为增益矩阵。将 $u(t)$ 代入状态微分方程，可以得到：

$$\dot{\boldsymbol{x}}(t) = [\boldsymbol{A} - \boldsymbol{BK}]\boldsymbol{x}(t) + \boldsymbol{B}r(t)$$
$$y(t) = \boldsymbol{Cx}(t)$$

这实际上是一个闭环状态反馈系统的状态空间模型。最终目标是寻找合适的矩阵 $\boldsymbol{K}$，使得矩阵 $\boldsymbol{A} - \boldsymbol{BK}$ 的所有特征值都位于 s 平面的虚轴左侧（负实部）。试计算该闭环系统的特征多项式并确定合适的矩阵 $\boldsymbol{K}$，将所有的特征值都配置到 s 平面的虚轴左侧。

AP3.8 放射性流体的自动分装系统如图 AP3.8（a）所示，由线性电机控制胶囊托盘在水平方向（x 轴）上的移动，其框图模型如图 AP3.8（b）所示。

（a）推导该闭环系统以 $r(t)$ 为输入、$y(t)$ 为输出时的一种状态空间模型。

（b）求解特征方程的根。当求得的根全部是重根（$s_1 = s_2 = s_3 = -3$）时，计算 k 的取值。

（c）推导该闭环系统的阶跃响应的解析式。

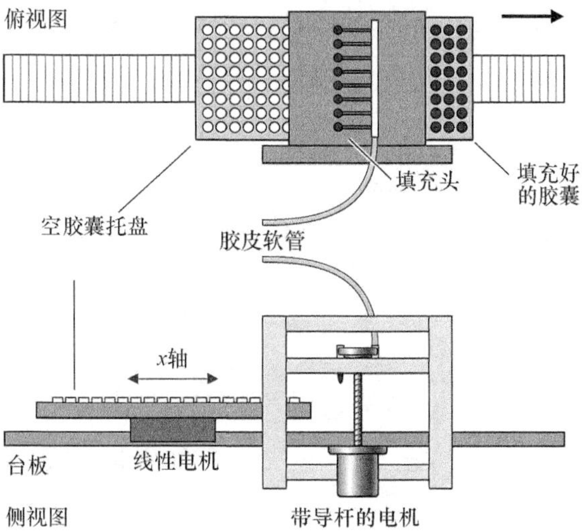

(a)

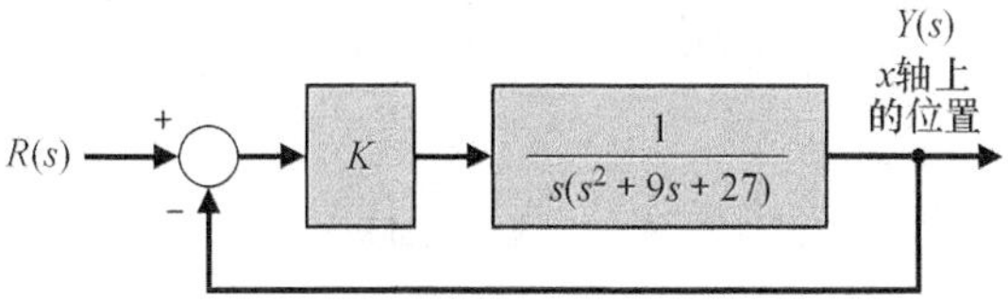

(b)

图 AP3.8　流体自动分装系统

设计题

CDP3.1　继续考虑图CDP2.1所示的滑台驱动系统，系统参数可以参考表CDP2.1。滑台的摩擦和电机电感可以忽略不计。试在所给条件下，推导建立该系统的一种状态空间模型。

DP3.1　我们常常采用图3.2所示的质量块-弹簧-阻尼器系统作为大功率、高性能摩托车的减震器模型。其中，系统参数的原始取值为 $m = 1\,\text{kg}$、$b = 9\,\text{N·s/m}$ 和 $k = 20\,\text{N/m}$，初始条件为 $y(0) = 1$、$\mathrm{d}y(t)/\mathrm{d}t|_{t=0} = 2$。

（a）试求系统矩阵 $\boldsymbol{A}$、特征方程的根以及状态转移矩阵 $\boldsymbol{\Phi}(t)$。

（b）在范围 $0 \leqslant t \leqslant 2$ 内，试绘制系统状态变量 $y(t)$ 和 $\mathrm{d}y(t)/\mathrm{d}t$ 的响应曲线。

（c）在保持质量 $m = 1\,\text{kg}$ 的前提下，重新设计弹性系数 k 和阻尼系数 b 的取值，降低加速度输出 $\mathrm{d}^2y(t)/\mathrm{d}t^2$ 的振荡，同时降低对骑手的影响程度，从而提高系统对高频震动的吸收能力。

DP3.2　某系统的相变量标准型的状态变量微分方程模型为

$$\dot{\boldsymbol{x}}(t) = \begin{bmatrix} 0 & 1 \\ -a & -b \end{bmatrix}\boldsymbol{x}(t) + \begin{bmatrix} 0 \\ d \end{bmatrix}u(t)$$

$$y(t) = \begin{bmatrix} 1 & 0 \end{bmatrix}\boldsymbol{x}(t)$$

假设希望该系统的对角线标准型的状态空间模型为

$$\dot{\boldsymbol{z}}(t) = \begin{bmatrix} 0 & 1 \\ -10 & -2 \end{bmatrix}\boldsymbol{z}(t) + \begin{bmatrix} 1 \\ 1 \end{bmatrix}u(t)$$

$$y(t) = \begin{bmatrix} 1 & -1 \end{bmatrix}\boldsymbol{z}(t)$$

试确定原来模型中参数 a、b 和 d 的取值，使得这两个模型等效。

DP3.3　航空母舰上的飞机着陆拦阻（减速）系统如图DP3.3所示。每个能量吸收活塞产生的拉力的线性模型为 $f_D(t) = K_D\dot{x}_3(t)$，飞机的着陆速度为 60 m/s。试确定参数 K_D 的合适取值，使得飞机在被拦阻索捕获后，能够在30 m内将速度减至0 [13]，并绘制各状态变量的时间响应曲线。

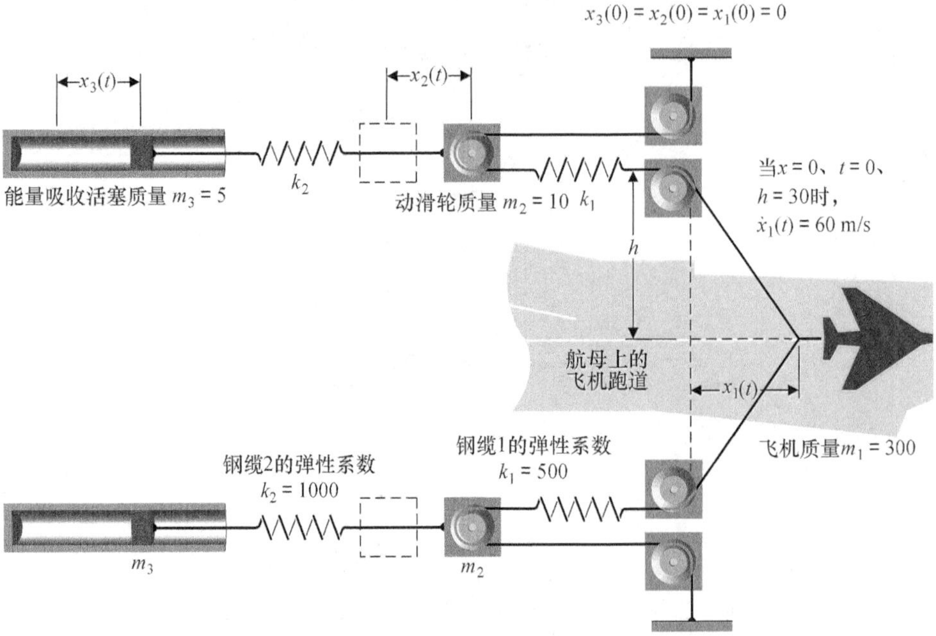

图 DP3.3　飞机拦阻系统

DP3.4　Mile-High蹦极公司希望设计一种新型蹦极索，使用这种蹦极索，体重在50~100 kg的蹦极者既不会触及地面，又能够在空中悬停（持续上下波动）25~40 s。假定蹦极台与地面的距离为90 m，蹦极索系在蹦极台上高10 m的支架上。蹦极者身高2 m，蹦极索固定在蹦极者的腰部（高1 m处）。请设计合适的弹性蹦极索特征参数，以便满足上述要求。

DP3.5　某单输入-单输出系统的状态空间模型为

$$\dot{\boldsymbol{x}}(t)=\boldsymbol{A}\boldsymbol{x}(t)+\boldsymbol{B}u(t)$$
$$y(t)=\boldsymbol{C}\boldsymbol{x}(t)$$

其中：

$$\boldsymbol{A}=\begin{bmatrix}0 & 1\\ -4 & -5\end{bmatrix},\quad \boldsymbol{B}=\begin{bmatrix}0\\ 1\end{bmatrix},\quad \boldsymbol{C}=\begin{bmatrix}1 & 0\end{bmatrix}$$

输入为系统状态和参考输入信号的线性组合：

$$u(t)=-\boldsymbol{K}\boldsymbol{x}(t)+r(t)$$

其中，$r(t)$为参考输入信号。矩阵$\boldsymbol{K}=[K_1\quad K_2]$为增益矩阵。试确定合适的矩阵$\boldsymbol{K}$，使得下面的闭环状态反馈系统具有闭环特征根$r_1$和$r_2$。

$$\dot{\boldsymbol{x}}(t)=[\boldsymbol{A}-\boldsymbol{B}\boldsymbol{K}]\boldsymbol{x}(t)+\boldsymbol{B}r(t)$$
$$y(t)=\boldsymbol{C}\boldsymbol{x}(t)$$

注意，如果其中一个特征根为$r_1=\sigma+\mathrm{j}\omega$，则另一个特征根为$r_2=\sigma-\mathrm{j}\omega$。

计算机辅助设计题

CP3.1　利用函数ss，确定与下列传递函数（无反馈）等价的状态空间模型。

(a) $G(s)=\dfrac{1}{s+10}$

(b) $G(s)=\dfrac{s^2+5s+3}{s^2+8s+5}$

(c) $G(s)=\dfrac{s+1}{s^3+3s^2+3s+1}$

CP3.2 利用函数 tf，确定与下列状态空间模型等价的传递函数模型。

(a) $\boldsymbol{A}=\begin{bmatrix}0 & 1\\ 2 & 8\end{bmatrix}$, $\boldsymbol{B}=\begin{bmatrix}0\\ 1\end{bmatrix}$, $\boldsymbol{C}=\begin{bmatrix}1 & 0\end{bmatrix}$

(b) $\boldsymbol{A}=\begin{bmatrix}1 & 1 & 0\\ -2 & 0 & 4\\ 5 & 4 & -7\end{bmatrix}$, $\boldsymbol{B}=\begin{bmatrix}-1\\ 0\\ 1\end{bmatrix}$, $\boldsymbol{C}=\begin{bmatrix}0 & 1 & 0\end{bmatrix}$

(c) $\boldsymbol{A}=\begin{bmatrix}0 & 1\\ -1 & -2\end{bmatrix}$, $\boldsymbol{B}=\begin{bmatrix}0\\ 1\end{bmatrix}$, $\boldsymbol{C}=\begin{bmatrix}-2 & 1\end{bmatrix}$

CP3.3 考虑图 CP3.3 所示的放大器电路，假定放大器工作在理想条件下，试计算其传递函数 $V_o(s)/V_{in}(s)$。

(a) 当 $R_1=1\,\mathrm{k\Omega}$、$R_2=10\,\mathrm{k\Omega}$、$C_1=0.5\,\mathrm{mF}$、$C_2=0.1\,\mathrm{mF}$ 时，根据传递函数，推导该电路的一种状态空间模型。

(b) 根据（a）中得到的状态空间模型，利用函数 step 绘制该电路的单位阶跃响应。

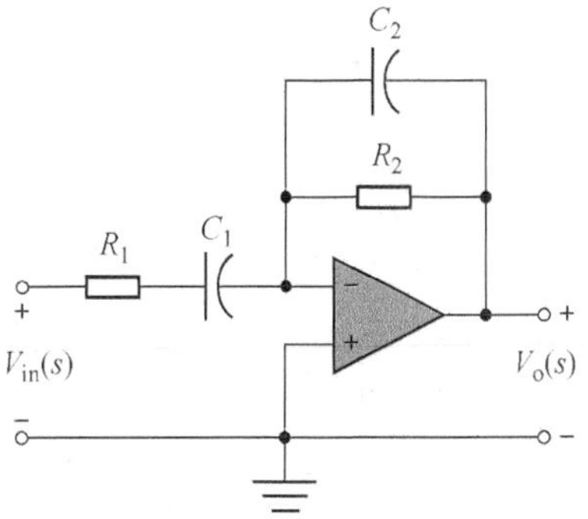

图 CP3.3 放大器电路

CP3.4 某系统的状态空间模型为

$$\dot{\boldsymbol{x}}(t)=\begin{bmatrix}0 & 1 & 0\\ 0 & 0 & 1\\ -4 & -1 & -6\end{bmatrix}\boldsymbol{x}(t)+\begin{bmatrix}0\\ 0\\ 1\end{bmatrix}u(t)$$
$$y(t)=\begin{bmatrix}1 & 0 & 0\end{bmatrix}\boldsymbol{x}(t)$$

(a) 利用函数 tf，计算该系统的传递函数 $Y(s)/U(s)$。

(b) 当初始条件为 $\boldsymbol{x}(0)=[0\ -1\ \ 1]^{\mathrm{T}}$ 时，在 $0\leqslant t\leqslant 10$ 的范围内，绘制状态变量的阶跃响应时间曲线。

(c) 保持（b）中的初始条件不变，利用函数 expm 求解该系统的状态转移矩阵，并计算状态变量 $\boldsymbol{x}(t)$ 在 $t=20$ 时的值，最后将其与（b）中得到的时间响应曲线作比较。

CP3.5 考虑如下两个控制系统，它们的状态空间模型分别为

$$\dot{\boldsymbol{x}}_1(t)=\begin{bmatrix}0 & 1 & 0\\ 0 & 0 & 1\\ -4 & -5 & -8\end{bmatrix}\boldsymbol{x}_1(t)+\begin{bmatrix}0\\ 0\\ 4\end{bmatrix}u(t)$$
$$y(t)=\begin{bmatrix}1 & 0 & 0\end{bmatrix}\boldsymbol{x}_1(t)$$

$$\dot{\boldsymbol{x}}_2(t)=\begin{bmatrix}0.5000 & 0.5000 & 0.7071\\ -0.5000 & -0.5000 & 0.7071\\ -6.3640 & -0.7071 & -8.000\end{bmatrix}\boldsymbol{x}_2(t)+\begin{bmatrix}0\\ 0\\ 4\end{bmatrix}u(t)$$
$$y(t)=\begin{bmatrix}0.7071 & -0.7071 & 0\end{bmatrix}\boldsymbol{x}_2(t)$$

(a) 利用函数 tf 计算系统（1）的传递函数 $Y(s)/U(s)$。

(b) 利用函数 tf 计算系统（2）的传递函数 $Y(s)/U(s)$。

(c) 比较（a）和（b）中得到的结果并加以讨论。

CP3.6 考虑图 CP3.6 所示的闭环反馈控制系统。

(a) 确定该系统中控制器的一种状态空间模型。

(b) 确定该系统中受控对象的一种状态空间模型。

(c) 在（a）和（b）所得结果的基础上，利用函数 series 和 feedback 求解该系统的状态空间模型，并绘制该系统的脉冲响应曲线。

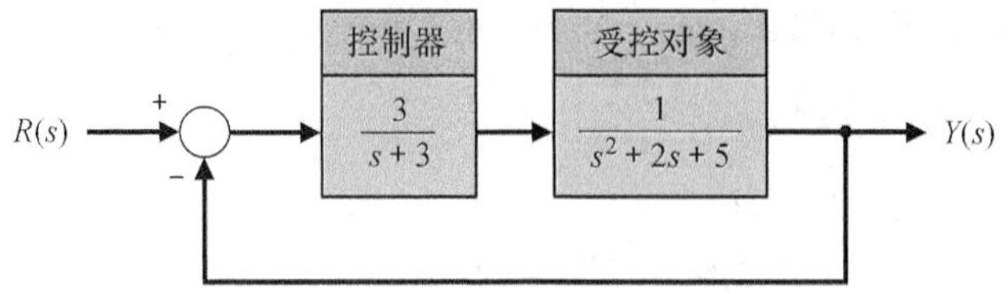

图 CP3.6　闭环反馈控制系统

CP3.7　某系统的状态空间模型为

$$\dot{\boldsymbol{x}}(t)=\begin{bmatrix}0 & 1\\-4 & -7\end{bmatrix}\boldsymbol{x}(t)+\begin{bmatrix}0\\1\end{bmatrix}u(t)$$
$$y(t)=\begin{bmatrix}1 & 0\end{bmatrix}\boldsymbol{x}(t)$$

其中，初始条件为

$$\boldsymbol{x}(0)=\begin{pmatrix}1\\0\end{pmatrix}$$

系统输入信号为$u(t)=0$。利用函数lsim求解并绘制系统状态变量$x_1(t)$和$x_2(t)$的时间响应曲线。

CP3.8　考虑如下含有参数k的状态空间模型，在$0<k<100$的范围内，作为k的函数，绘制该系统特征根的变化曲线。确定k的取值范围，以便保证所有的特征根都位于s平面的左半平面。

$$\dot{\boldsymbol{x}}(\mathrm{t})=\begin{bmatrix}0 & 1 & 0\\0 & 0 & 1\\-2 & -K & -2\end{bmatrix}\boldsymbol{x}(\mathrm{t})+\begin{bmatrix}0\\0\\1\end{bmatrix}u(t)$$
$$y(t)=\begin{bmatrix}1 & 0 & 0\end{bmatrix}\boldsymbol{x}(\mathrm{t})$$

☑ 技能自测答案

正误判断题：1. 对；2. 对；3. 错；4. 错；5. 错。

多项选择题：6.a；7.b；8.c；9.b；10.c；11.a；12.a；13.c；14.c；15.c。

术语和概念匹配题（自上向下）：f；d；g；a；b；c；e。

术语和概念

canonical form	**标准型**	状态空间模型的基本描述形式，包括相变量标准型、输入前馈标准型、对角线标准型和约当（Jordan）标准型等。
diagonal canonical form	**对角线标准型**	一种状态变量解耦标准型，此时 n 阶系统的 n 个不同的极点分布在状态空间模型的系统矩阵 $\boldsymbol{A}$ 的对角线上，$\boldsymbol{A}$ 为对角矩阵。
fundamental matrix	**基础矩阵**	参见转移矩阵（transition matrix）。
input feedforward canonical form	**输入前馈标准型**	标准型的一种形式。对于传递函数为 $G(s)=\dfrac{s^{m+1}+b_m s^m+\cdots+b_0}{s^{n+1}+a_n s^n+\cdots+a_0}$ 的系统而言，其状态流图中包含 $n+1$ 条增益为 $a_i(i=0,1,2,\cdots,n)$ 的反馈环路；前馈通路有 m 条、增益为 $b_j(j=1,2,\cdots,m)$ 的起源于输入信号的前馈支路。
Jordan canonical form	**约当标准型**	一种块对角标准型，由于系统中包含重复的极点，系统矩阵 $\boldsymbol{A}$ 只能实现块对角化。
matrix exponential function	**矩阵指数函数**	一种重要的矩阵函数，形式为 $\mathrm{e}^{\boldsymbol{A}t}=\boldsymbol{I}+\boldsymbol{A}t+(\boldsymbol{A}t)^2/2!+\cdots+(\boldsymbol{A}t)^k/k!+\cdots$，矩阵指数函数在求解线性常微分方程的过程中发挥着关键作用。

output equation	**输出方程**	将系统输出 $y(t)$ 与状态向量 $\boldsymbol{x}(t)$ 和系统输入 $\boldsymbol{u}(t)$ 关联在一起的，形如 $y(t)=\boldsymbol{Cx}(t)+\boldsymbol{Du}(t)$ 的方程。
phase variable canonical form	**相变量标准型**	标准型的一种形式。对于传递函数为 $G(s)=\dfrac{s^{m+1}+b_m s^m+\cdots+b_0}{s^{n+1}+a_n s^n+\cdots+a_0}$ 的系统而言，其状态流图中包含 $n+1$ 条增益为 $a_i(i=0,1,2,\cdots,n)$ 的反馈环路；前馈通路为 m 条、增益为 $b_j(j=1,2,\cdots,m)$ 的终止于输出信号的前馈支路。
phase variable	**相变量**	相变量标准型状态空间模型中定义的状态变量。
physical variable	**物理变量**	与系统的实际物理变量一致的状态变量。
state differential equation	**状态微分方程**	形如 $\dot{\boldsymbol{x}}(t)=\boldsymbol{A}x(t)+\boldsymbol{Bu}(t)$ 的状态变量的微分方程。
state of system	**系统状态**	用于描述系统的一组变量的当前取值，只需要进一步确定系统的输入激励信号和动态方程，就能够完全确定系统的未来状态。
state-space representation	**状态空间模型**	包含状态微分方程 $\dot{\boldsymbol{x}}(t)=\boldsymbol{A}x(t)+\boldsymbol{Bu}(t)$ 和输出方程 $y(t)=\boldsymbol{Cx}(t)+\boldsymbol{Du}(t)$ 的系统时域模型。
state variable	**状态变量**	用于描述系统的一组变量。
state vector	**状态向量**	由所有 n 个状态变量构成的向量 $[x_1(t),x_2(t),\cdots,x_n(t)]$。
time domain	**时域**	与频域对应的一种数学域，采用时间 t 和时间响应描述系统。
time-varying system	**时变系统**	有一个或多个系统参数随时间变化的系统。
transition matrix	**转移矩阵**	可以完全描述系统的零输入响应的矩阵指数函数。

第 4 章　反馈控制系统的特性

提要

本章研究偏差信号在影响和刻画反馈控制系统性能时的核心作用，包括降低系统对模型参数不确定性的灵敏度，系统对干扰信号的抑制能力和对测量噪声的衰减能力，以及系统的稳态误差与瞬态响应特性等方面的内容。缘于负反馈，控制系统得以引入和有效利用偏差信号。人们总是希望将参数的不确定性变化对系统的影响降至最小，因此，本章首先讨论系统对参数变化的灵敏度这一概念。人们还希望将干扰信号和测量噪声对系统跟踪参考输入的随动能力的影响降至最小，因此，本章接下来讨论反馈控制系统的瞬态性能和稳态性能，并展示如何利用反馈方式来有效改善系统性能。作为结束，本章将分析循序渐进设计实例——磁盘驱动器读取系统的控制特性和性能。

预期收获

在完成第 4 章的学习之后，学生应该：

- 理解偏差信号在控制系统分析中的核心作用。
- 认清反馈控制带来的系统性能改善，如降低系统对模型参数不确定性的灵敏度、提高抑制干扰信号和测量噪声影响的能力。
- 理解系统瞬态响应调控和稳态响应调控的不同。
- 了解反馈控制的性能提升作用以及必需的成本。

4.1　引言

控制系统是由相互关联的控制部件构成的、能够产生预期响应的系统。由于事先已知系统的预期输出响应，因此，在获得实际输出之后，就可以得到预期输出和实际输出之间的偏差，并生成与这种偏差成比例的所谓的偏差信号。将偏差信号以闭环方式反馈并用来控制受控对象，就构成了所谓的闭环控制系统。闭环系统的工作流程如图 4.1 所示。对于控制系统而言，通过引入反馈来提升系统性能常常是必要的。有趣的是，在诸如生物系统和生理系统这样的自然系统中，反馈也是内生常见的。例如，人的心率控制系统就是一个反馈控制系统。

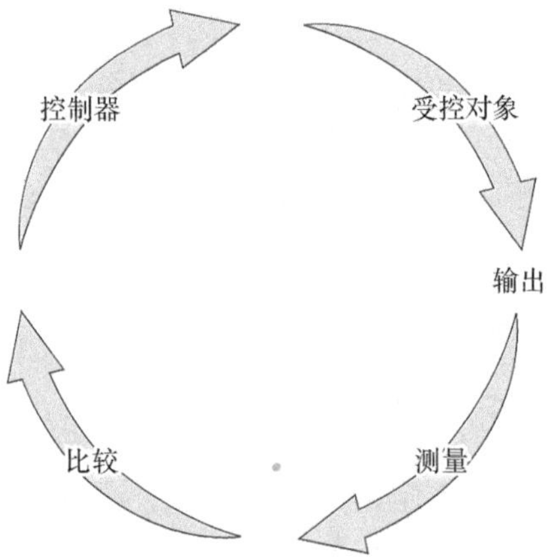

图 4.1　闭环系统的工作流程

为了说明引入反馈对于系统性能的提升作用以及反馈系统的特性，我们将首先研究和讨论相对简单的单环路反馈系统。虽然很多控制系统都是多环路的，但首先透彻地研究单环路系统，是深入、全面地理解反馈的特性及其作用的最好办法，所得结论可以扩展到多环路系统。

图 4.2 所示为无反馈的控制系统，即所谓的开环系统。在开环系统中，干扰信号 $T_d(s)$ 能够直接作用并影响输出 $Y(s)$。因此，由于反馈的缺失，开环系统对于干扰信号和传递函数 $G(s)$ 中的未知因素及参数变化高度敏感。

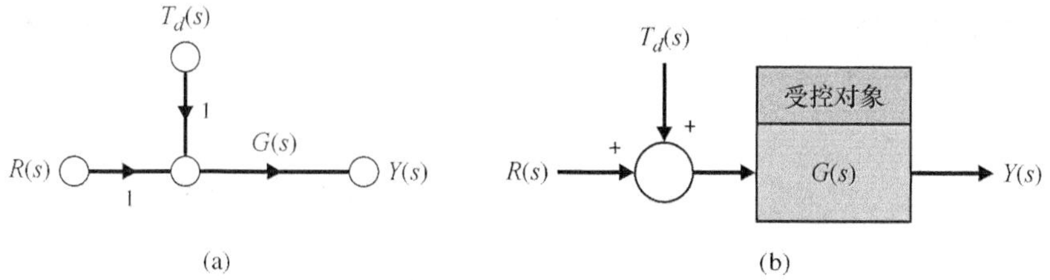

图 4.2　带有干扰信号 $T_d(s)$ 的开环系统（无反馈）
（a）信号流图模型；（b）框图模型

一个开环系统如果不能提供令人满意的预期响应，则可以如图 4.3 所示，在受控对象 $G(s)$ 的前面串联插入一个合适的控制器 $G_c(s)$，然后设计串联传递函数 $G_c(s)G(s)$，以便使得校正后的系统（传递函数）能够提供预期响应，这被称为开环控制。

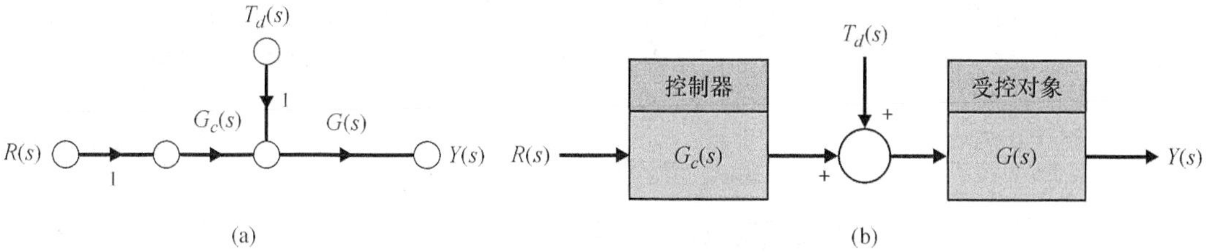

图 4.3　开环控制系统（无反馈）
（a）信号流图模型；（b）框图模型

开环系统不带有反馈，输入信号能够直接激励产生输出响应。

概念强调说明 4.1

与开环系统相对应，图 4.4 给出了一个闭环负反馈控制系统。

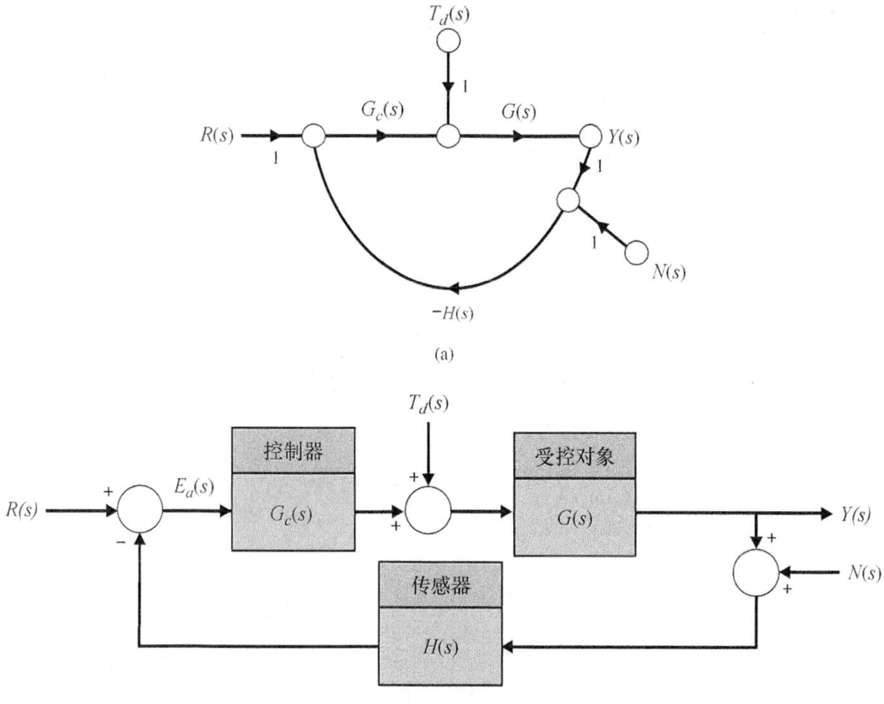

图 4.4　闭环负反馈控制系统
（a）信号流图模型；（b）框图模型

闭环系统将观测到的输出信号同预期的输出信号作比较，产生偏差信号，然后利用偏差信号，通过控制器来调节执行机构。

概念强调说明 4.2

尽管反馈必须付出一定的代价，并且增加了系统的复杂程度，但闭环反馈仍然有着无可比拟的优势，具体体现在：

- 能够降低系统对受控对象参数变化的灵敏度。
- 能够提高系统抑制干扰信号的能力。
- 能够提高系统衰减测量噪声的能力。
- 能够减小系统的稳态误差。
- 便于控制和调节系统的瞬态响应。

本章将着重讨论为什么反馈能够改善系统性能，带来上述好处。通过引入**跟踪误差信号**，即**偏差信号**，我们将会清楚地说明，借助环路内的控制器，引入反馈的确可以改善系统性能。

4.2 偏差信号分析

图 4.4 所示的闭环负反馈控制系统包括三种类型的输入信号和一个输出信号 $Y(s)$。其中，输入信号分别是参考输入 $R(s)$、干扰信号 $T_d(s)$ 和测量噪声 $N(s)$。定义偏差信号（即跟踪误差信号）为

$$E(s) = R(s) - Y(s) \tag{4.1}$$

为了便于讨论，此处考虑一种特殊的反馈系统——单位反馈系统，也就是图 4.4 中的 $H(s) = 1$。至于非单位反馈器件对系统性能的影响，本书后续章节将详细讨论。

利用框图化简方法，可以得到图 4.4 所示闭环负反馈控制系统的输出 $Y(s)$ 为

$$Y(s) = \frac{G_c(s)G(s)}{1 + G_c(s)G(s)}R(s) + \frac{G(s)}{1 + G_c(s)G(s)}T_d(s) - \frac{G_c(s)G(s)}{1 + G_c(s)G(s)}N(s) \tag{4.2}$$

适当整理后，可以得到跟踪误差信号 $E(s) = R(s) - Y(s)$ 为

$$E(s) = \frac{1}{1 + G_c(s)G(s)}R(s) - \frac{G(s)}{1 + G_c(s)G(s)}T_d(s) + \frac{G_c(s)G(s)}{1 + G_c(s)G(s)}N(s) \tag{4.3}$$

定义开环（环路）传递函数 $L(s)$ 为

$$L(s) = G_c(s)G(s)$$

在控制系统分析中，$L(s)$ 起着非常基础的作用[12]。用 $L(s)$ 替换式（4.3）中的有关变量，可以得到

$$E(s) = \frac{1}{1 + L(s)}R(s) - \frac{G(s)}{1 + L(s)}T_d(s) + \frac{L(s)}{1 + L(s)}N(s) \tag{4.4}$$

继续定义函数 $F(s)$ 为

$$F(s)=1+L(s)$$

这样就可以将**灵敏度函数** $S(s)$ 定义为

$$S(s) = \frac{1}{F(s)} = \frac{1}{1 + L(s)} \tag{4.5}$$

类似地，我们可以将**补灵敏度函数** $C(s)$ 定义为

$$C(s)=\frac{L(s)}{1+L(s)} \tag{4.6}$$

将 $S(s)$ 和 $C(s)$ 代入式（4.4），便可以将偏差信号表示为

$$E(s)=S(s)R(s)-S(s)G(s)T_d(s)+C(s)N(s) \tag{4.7}$$

从式（4.7）中可以看出，当 $G(s)$ 给定时，如果要减小跟踪误差 $E(s)$，则最好能够同时减小 $S(s)$ 和 $C(s)$。控制系统工程师的任务就是设计控制器 $G_c(s)$。注意，$S(s)$ 和 $C(s)$ 是控制器 $G_c(s)$ 的函数，因此，它们可以通过 $G_c(s)$ 加以调节。但是，$S(s)$ 和 $C(s)$ 存在如下关系：

$$S(s)+C(s)=1 \tag{4.8}$$

由此可见，不可能同时让 $S(s)$ 和 $C(s)$ 变小。控制系统设计师在设计控制器时，必须进行折中处理。

在分析跟踪误差信号之前，我们必须首先弄清楚传递函数“大”或“小”的含义。实际上，传递函数大或小的度量指标是函数的幅值，等到第 8 章和第 9 章讨论系统频率响应时，我们将深入分析这一主题。在此，我们仅在感兴趣的频率范围内，考虑环路传递函数（广义增益）$L(s)$ 的幅值 $|L(j\omega)|$（其中的 ω 为频率），而不做详细讨论。

由跟踪误差公式（4.4）可以看出，当给定 $G(s)$ 后，为了降低干扰信号 $T_d(s)$ 对跟踪误差 $E(s)$ 的影响，我们希望环路传递函数 $L(s)$ 在干扰信号所占的频率范围内尽可能大，这样传递函数 $S(s)G(s)=G(s)/(1+L(s))$ 就会随之变小，从而降低干扰信号 $T_d(s)$ 的影响。由于 $L(s)=G_c(s)G(s)$，这意味着在干扰信号所占的频率范围内，必须使控制器 $G_c(s)$ 的幅值尽可能大。

与此相反，为了衰减测量噪声 $N(s)$ 对跟踪误差 $E(s)$ 的影响，我们希望环路传递函数在测量噪声所占的频率范围内尽可能小，这样传递函数 $C(s)=L(s)/(1+L(s))$ 也就随之变小，从而降低测量噪声 $N(s)$ 的影响。同样由 $L(s)=G_c(s)G(s)$ 可以推知，这意味着在测量噪声所占的频率范围内，必须使控制器 $G_c(s)$ 的幅值尽可能小。

很明显，在设计控制器 $G_c(s)$ 时，从抑制干扰信号和衰减测量噪声这两个方面提出的要求是相互冲突的。幸运的是，在实际应用中，这一看似两难的问题存在合理的解决方案，即通过设计控制器 $G_c(s)$，使得环路传递函数 $L(s)$ 在低频段（干扰信号的频率通常处于低频段）的幅值尽可能大，而在高频段（测量噪声通常集中在高频段）的幅值尽可能小。

4.4 节将深入讨论抑制干扰信号和衰减测量噪声方面的有关内容。接下来我们讨论如何利用反馈，来降低系统对受控对象 $G(s)$ 的参数变化和不确定性的灵敏度。当分析不确定性导致的跟踪误差时，我们假定在式（4.3）中有 $T_d(s)=N(s)=0$。

4.3　控制系统对参数变化的灵敏度

用传递函数 $G(s)$ 表示的受控对象总是会受到一些因素的影响，如持续变化的环境、器件老化、过程参数的不确定性等。对于开环系统而言，这些偏差和变化将直接导致输出发生变化，产生不精确的系统输出。闭环系统能够感知到由受控对象的波动变化引起的输出变化，并试图对输出进行校正。控制系统对受控对象参数变化的灵敏度是非常重要的系统特性之一。闭环反馈控制系统的一个基本优点，就是能够降低系统对参数不确定性的灵敏度[1–4, 18]。

对于闭环控制系统而言，在令人感兴趣的频率范围内，如果满足 $G_c(s)G(s)\gg 1$，同时 $T_d(s)=N(s)=0$，就可以由式（4.2）得到 $Y(s)\approx R(s)$。

此时，系统的输入和输出非常接近。只不过 $G_c(s)G(s)\gg 1$ 这一前提条件有可能导致系统的响应高度振荡甚至不稳定。尽管如此，但这一结论还是非常有用的，即增加系统环路传递函数的

幅值，能够降低受控对象 $G(s)$ 的波动变化对系统输出的影响。这初步说明了反馈系统的第一个优点——能够降低系统对受控对象参数变化的灵敏度。

可能缘于外部环境的变化，也可能缘于受控对象自身的参数不确定性等原因，承受变化的受控对象的传递函数有可能从理论模型 $G(s)$ 变为实际模型 $G(s)+\Delta G(s)$。接下来我们讨论 $\Delta G(s)$ 对跟踪误差 $E(s)$ 产生的影响。依据线性系统的叠加原理，我们可以先不考虑干扰信号 $T_d(s)$ 和测量噪声 $N(s)$，而是单独考虑 $\Delta G(s)$ 和参考输入 $R(s)$ 对跟踪误差的影响，令 $T_d(s)=N(s)=0$。由式（4.3）可以得到

$$E(s)+\Delta E(s)=\frac{1}{1+G_c(s)(G(s)+\Delta G(s))}R(s)$$

进而可以得到 $\Delta E(s)$ 为

$$\Delta E(s)=\frac{-G_c(s)\Delta G(s)}{\big(1+G_c(s)G(s)+G_c(s)\Delta G(s)\big)\big(1+G_c(s)G(s)\big)}R(s)$$

通常情况下，$G_c(s)G(s)\gg G_c(s)\Delta G(s)$，因此可以得到

$$\Delta E(s)\approx\frac{-G_c(s)\Delta G(s)}{(1+L(s))^2}R(s)$$

由此可见，可以使用因式 $1+L(s)$ 来减小跟踪误差变化量 $\Delta E(s)$ 的幅值。实际上，在我们感兴趣的频率范围内，因式 $1+L(s)$ 通常远大于 1。

当 $L(s)$ 足够大时，关系式 $1+L(s)\approx L(s)$ 成立，于是可以得到跟踪误差的变化量 $\Delta E(s)$ 的近似式：

$$\Delta E(s)\approx-\frac{1}{L(s)}\frac{\Delta G(s)}{G(s)}R(s) \tag{4.9}$$

由式（4.9）可以看出，$L(s)$ 的幅值越大，跟踪误差的变化量 $\Delta E(s)$ 越小（这意味着降低系统对受控对象的变化量 $\Delta G(s)$ 的灵敏度）。同时，由灵敏度函数［见式（4.5）］可知，$L(s)$ 的幅值越大，灵敏度函数 $S(s)$ 越小。至此，我们面临的首要问题是如何更加明晰、准确地定义系统灵敏度。

系统灵敏度被定义为系统传递函数的变化率与受控对象传递函数的变化率之比。系统传递函数 $T(s)$ 为

$$T(s)=\frac{Y(s)}{R(s)} \tag{4.10}$$

因此，系统灵敏度可以定义为

$$S=\frac{\Delta T(s)/T(s)}{\Delta G(s)/G(s)} \tag{4.11}$$

取微小增量 $\Delta T(s)$ 和 $\Delta G(s)$ 的极限形式，式（4.11）变为

$$S=\frac{\partial T/T}{\partial G/G}=\frac{\partial\ln T}{\partial\ln G} \tag{4.12}$$

系统灵敏度是指当变化量为微小增量时，系统传递函数的变化率与受控对象传递函数(或参数)的变化率之比。

概念强调说明 4.3

显然，开环系统对受控对象 $G(s)$ 的变化的灵敏度为 1，闭环系统的灵敏度则可以由式（4.12）得到。单位闭环反馈系统传递函数的一般形式为

$$T(s)=\frac{G_c(s)G(s)}{1+G_c(s)G(s)}$$

该系统的灵敏度为

$$S_G^T=\frac{\partial T}{\partial G}\cdot\frac{G}{T}=\frac{G_c}{\left(1+G_cG\right)^2}\cdot\frac{G}{GG_c/\left(1+G_cG\right)}$$

化简之后，可以得到

$$S_G^T=\frac{1}{1+G_c(s)G(s)} \tag{4.13}$$

可以看出，在令人感兴趣的频率范围内，通过增大环路传递函数 $L(s)=G_c(s)G(s)$ 的幅值，总是能够使闭环系统的灵敏度小于开环系统的灵敏度 1。实际上，式（4.13）给出的系统灵敏度 S_G^T 的定义，与式（4.5）给出的灵敏度函数 $S(s)$ 是完全一致的。

很多时候，我们需要的是系统对受控对象 $G(s)$ 中某个参数变化的灵敏度 S_α^T，α 为 $G(s)$ 中的参数。根据链式法则，可以得到

$$S_\alpha^T=S_G^TS_\alpha^G \tag{4.14}$$

系统的传递函数 $T(s)$ 通常可以写成有理分式的形式 [1]：

$$T(s,\alpha)=\frac{N(s,\alpha)}{D(s,\alpha)} \tag{4.15}$$

其中，α 为受控对象 $G(s)$ 中有可能发生变化的参数。于是根据式（4.12），可以得出系统对参数 α 的变化的灵敏度 S_α^T 的计算公式：

$$S_\alpha^T=\frac{\partial\ln T}{\partial\ln\alpha}=\left.\frac{\partial\ln N}{\partial\ln\alpha}\right|_{\alpha=\alpha_0}-\left.\frac{\partial\ln D}{\partial\ln\alpha}\right|_{\alpha=\alpha_0}=S_\alpha^N-S_\alpha^D \tag{4.16}$$

其中，α_0 为参数 α 的标称值。

反馈控制系统的重要优点之一，就是能够通过引入反馈环节，降低受控对象参数的波动变化对控制系统性能的影响。对于开环系统而言，必须谨慎地选择受控对象 $G(s)$ 才能够满足精度设计要求。而对于闭环系统而言，对 $G(s)$ 的选择则没有那么严格，这归功于环路传递函数 $L(s)$ 能够降低系统对受控对象 $G(s)$ 的参数变化或不确定性的灵敏度。这是闭环系统的一项突出优点。接下来我们通过一个简单的例子，说明如何利用反馈降低系统灵敏度。

例 4.1　反馈放大器

图 4.5（a）所示放大器的应用非常广泛，其增益为 $-K_a$，输出电压为

$$V_o(s)=-K_aV_{in}(s) \tag{4.17}$$

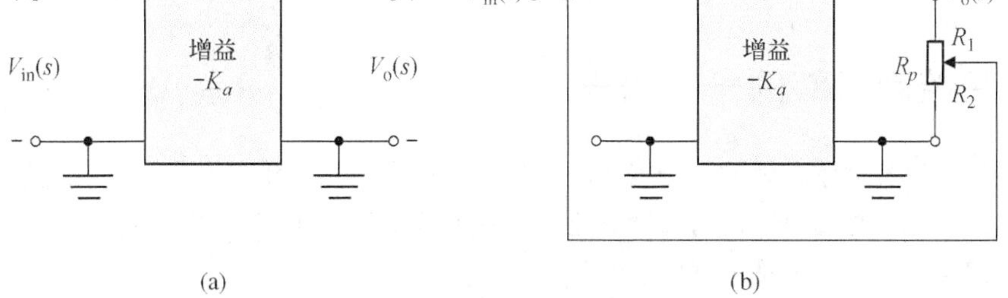

图 4.5　（a）开环放大器；（b）增加了反馈环节的放大器

如图 4.5（b）所示，我们一般采用分压器 R_p 来为放大器增加反馈环节。

当没有增加反馈环节时，该放大器的传递函数为

$$T(s) = -K_a \tag{4.18}$$

该放大器对增益变化的灵敏度为

$$S_{K_a}^T = 1 \tag{4.19}$$

增加了反馈环节的放大器的框图模型如图 4.6 所示，其中

$$\beta = \frac{R_2}{R_1} \tag{4.20}$$

$$R_p = R_1 + R_2 \tag{4.21}$$

该反馈放大器的传递函数为

$$T(s) = \frac{-K_a}{1 + K_a\beta} \tag{4.22}$$

闭环反馈系统对增益 K_a 的变化的灵敏度为

$$S_{K_a}^T = S_G^T S_{K_a}^G = \frac{1}{1 + K_a\beta} \tag{4.23}$$

很明显，增益 K_a 越大，反馈放大器的灵敏度越小。例如，若

$$K_a = 10^4, \quad \beta = 0.1 \tag{4.24}$$

代入式（4.23），得到的灵敏度为

$$S_{K_a}^T = \frac{1}{1 + 10^3} \approx \frac{1}{1000} \tag{4.25}$$

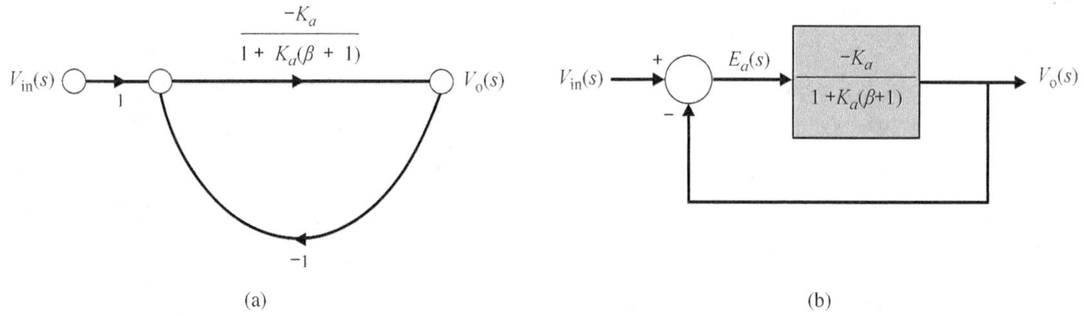

图 4.6 反馈放大器的框图模型（假定 $R_p \gg R_0$）

由此可以看出，对于反馈放大器而言，其灵敏度仅仅是无反馈时的 1/1000。

为了强调说明系统灵敏度在控制系统分析和设计中的重要作用，后续各章还会继续讨论这一概念。

4.4 反馈控制系统的干扰信号

许多控制系统都面临着强烈的干扰信号，导致系统产生不精确的输出响应。例如，电子放大器中集成电路或晶体管自身的固有噪声，雷达天线面临的阵风干扰以及许多系统中存在的非线性元件导致的信号失真等，就是干扰信号的常见例子。

在控制系统中引入反馈环节的另一个重要作用，就在于能够抑制干扰信号的影响。**干扰信号**

指的是能够影响系统输出的不希望出现的输入信号。反馈控制系统的优点之一，就是能够有效降低这些干扰或扰动的影响。

抑制干扰信号

当 $R(s)=N(s)=0$ 时，式（4.4）所示的跟踪误差 $E(s)$ 为

$$E(s)=-S(s)G(s)T_d(s)=-\frac{G(s)}{1+L(s)}T_d(s)$$

如果受控对象 $G(s)$ 和干扰信号 $T_d(s)$ 已经给定，那么由上式可以看出，环路传递函数 $L(s)$ 越大，灵敏度函数 $S(s)$ 越小。换句话说，当环路传递函数 $L(s)$ 增大时，干扰信号 $T_d(s)$ 对跟踪误差的影响程度将变小。这说明越大的环路传递函数 $L(s)$，具有越强的抑制干扰信号的能力。更精确的说法是，为了获得良好的干扰信号抑制能力，在预估的干扰信号的频率范围内，应该使环路传递函数 $L(s)$ 保持较大的幅值。

实际上，干扰信号一般处于低频段。因此，从抑制干扰信号的角度出发，环路传递函数 $L(s)$ 应该在低频段保持较大的幅值。也就是说，为了获得较小的灵敏度函数 $S(s)$，在选择设计控制器 $G_c(s)$ 时，应该使得环路传递函数 $L(s)$ 在低频段保持较大的幅值。

以存在干扰信号的轧钢机转速控制系统 [19] 为例。当钢板通过轧辊时，将导致系统负载产生大的变化，这一变化可以视为对轧辊的干扰信号。如图 4.7 所示，当钢坯接近但还没有进入轧辊时，轧机没有负载；当钢坯进入轧辊时，轧辊的负载将立即达到很大的值。负载的这一变化过程非常快，可被近似描述为一个阶跃形式的干扰扭矩信号。

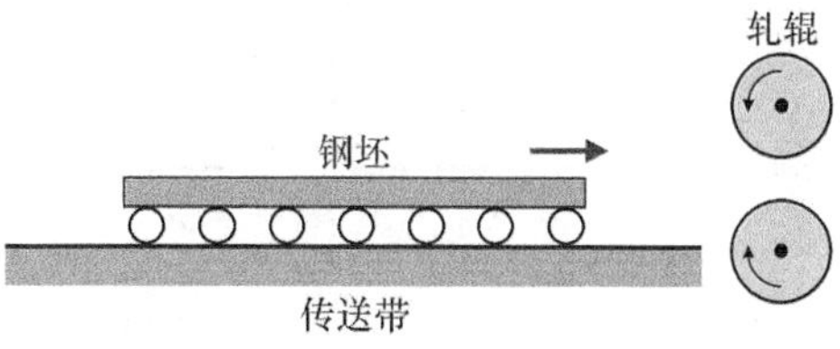

图 4.7　轧钢机

例 2.5 已经给出了带有扭矩干扰信号的电枢控制式直流电机的传递函数。电枢控制式直流电机的框图模型如图 4.8 所示，此处忽略了电感常数 L_a。令 $R(s)=0$，可以得到负载的干扰扭矩信号 $T_d(s)$ 导致的转速偏差 $E(s)=-\omega(s)$，于是有

$$E(s)=-\omega(s)=\frac{1}{Js+b+K_mK_b/R_a}T_d(s) \tag{4.26}$$

利用终值定理，可以求得负载的干扰扭矩信号 $T_d(s)=D/s$ 导致的转速稳态误差。对于该开环系统（电机直接驱动负载）而言，我们有

$$\lim_{t\to\infty}E(t)=\lim_{s\to 0}sE(s)=\lim_{s\to 0}s\frac{1}{Js+b+K_mK_b/R_a}\left(\frac{D}{s}\right)=\frac{D}{b+K_mK_b/R_a}=-\omega_0(\infty) \tag{4.27}$$

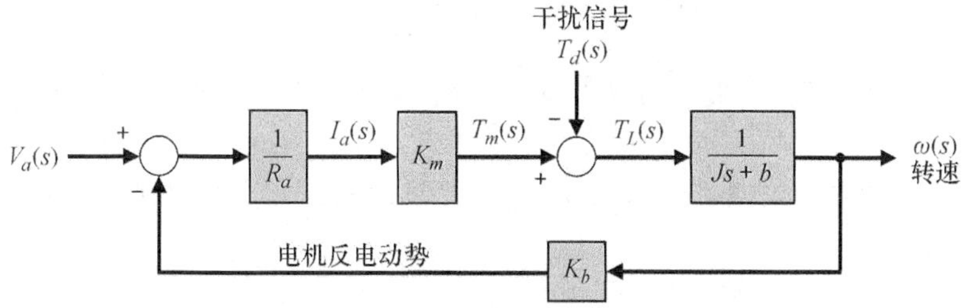

图 4.8　开环转速控制系统（无转速计的反馈环路）

下面我们来为图 4.8 所示的开环转速控制系统增加一个转速反馈环节，如图 4.9 所示。图 4.9 所示闭环反馈系统的信号流图模型和框图模型如图 4.10 所示，其中，$G_1(s)=K_aK_m/R_a$，$G_2(s)=$

$1/(J_s+b)$，$H(s)=K_t+K_b/K_a$。由此可以得到系统源于干扰扭矩的转速偏差 $E(s)$ 为

$$E(s)=-\omega(s)=\frac{G_2(s)}{1+G_1(s)G_2(s)H(s)}T_d(s) \tag{4.28}$$

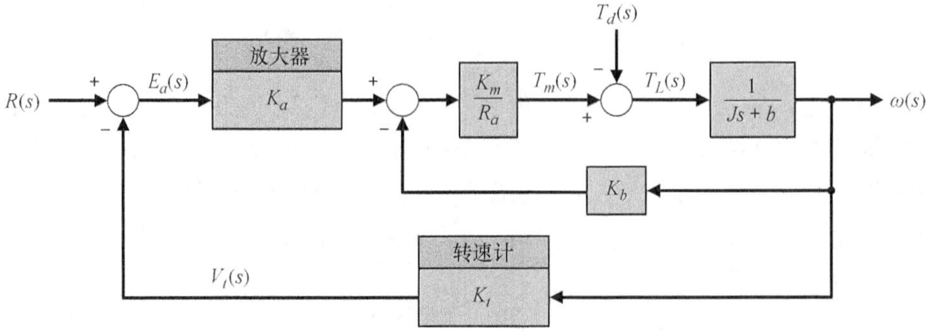

图 4.9 闭环转速控制系统（带有转速计的反馈环路）

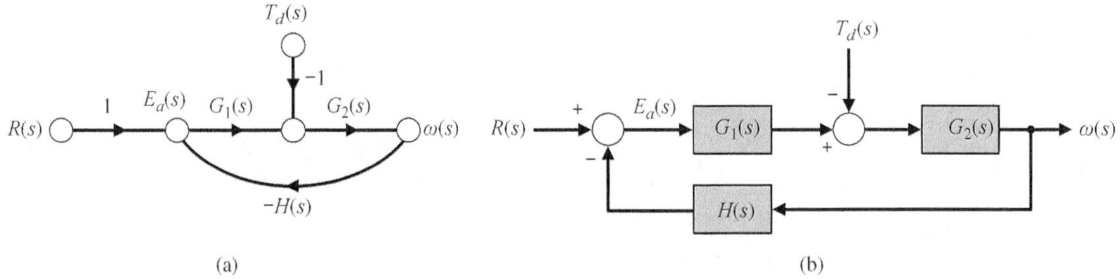

图 4.10 闭环转速控制系统的信号流图模型和框图模型

如果在系统的有效频率范围内，则有 $G_1(s)G_2(s)H(s)\gg 1$，由式（4.28）可以得到转速偏差的近似式为

$$E(s)\approx\frac{1}{G_1(s)H(s)}T_d(s) \tag{4.29}$$

显然，如果 $G_1(s)H(s)$ 足够大，则源于干扰扭矩的转速偏差 $E(s)$ 将足够小。也就是说，闭环反馈系统将能够降低干扰信号的影响。

由于 $K_a\gg K_b$，因此有

$$G_1(s)H(s)=\frac{K_aK_m}{R_a}\left(K_t+\frac{K_b}{K_a}\right)\approx\frac{K_aK_mK_t}{R_a}$$

这样一来，只需要选择足够大的放大器增益 K_a 并使 R_a 尽量变小，就能够达到抑制干扰的目的。

重新考虑图 4.10 所示的系统。如前所述，转速偏差被定义为 $E(s)=R(s)-\omega(s)$，其中，$R(s)=\omega_d(s)$ 为预期转速。

令 $R(s)=0$，$\omega(s)$ 可以计算如下：

$$\omega(s)=\frac{-1}{Js+b+(K_m/R_a)(K_tK_a+K_b)}T_d(s) \tag{4.30}$$

利用终值定理，可以求得闭环系统的稳态输出如下：

$$\lim_{t \to \infty} \omega(t) = \lim_{s \to 0} (s\omega(s)) = \frac{-1}{b + \left(K_m/R_a\right)\left(K_t K_a + K_b\right)} D \tag{4.31}$$

当放大器增益 K_a 足够大时，与式（4.29）一致，系统稳态输出的近似式为

$$\omega(\infty) \approx \frac{-R_a}{K_a K_m K_t} D = \omega_c(\infty) \tag{4.32}$$

因此，由式（4.27）和式（4.29）可以得到，源于干扰扭矩信号的闭环系统和开环系统的稳态转速之比为

$$\frac{\omega_c(\infty)}{\omega_0(\infty)} = \frac{R_a b + K_m K_b}{K_a K_m K_t} \tag{4.33}$$

这个比值通常小于 0.02。

衰减测量噪声

当 $R(s) = T_d(s) = 0$ 时，由式（4.4）可以得到系统的跟踪误差 $E(s)$ 为

$$E(s) = C(s)N(s) = \frac{L(s)}{1 + L(s)} N(s)$$

可以看出，当减小环路传递函数 $L(s)$ 时，测量噪声 $N(s)$ 对跟踪误差 $E(s)$ 的影响程度也随之降低。换句话讲，环路传递函数 $L(s)$ 越小，补灵敏度函数 $C(s)$ 越小。如果设计的控制器 $G_c(s)$ 能够使 $L(s) \ll 1$，则可以衰减测量噪声的后效影响，这是因为近似地有

$$C(s) \approx L(s)$$

因此可以说，环路传递函数 $L(s)$ 越小，系统衰减测量噪声的后效影响的能力就越强。更准确的说法是，为了有效地衰减测量噪声的后效影响，在预期噪声信号的有效频率范围内，必须使环路传递函数 $L(s)$ 保持较小的幅值。

实际上，测量噪声信号一般处于高频段。因此，我们应该使环路传递函数在高频段保持较小的幅值，这等效于使系统的补灵敏度函数 $C(s)$ 在高频段的幅值也偏小。能够按照频率的高低，将干扰信号（低频）和测量噪声（高频）区分开来，对于控制工程师而言是一件非常幸运的事情。这样就为一个看似两难的问题提供了解决途径——在选择设计控制器时，使其在低频段的幅值较大，而在高频段的幅值较小。但需要指出的是，这种以频率高低为标准区分干扰信号（低频）和测量噪声（高频）的方式并不总是可行。一旦这种区分方式不再成立，控制系统的设计过程就需要考虑更多因素，从而变得更加复杂。例如，我们可能不得不设计一个节点滤波器，来抑制高频段内的干扰信号。

在诸多系统中，常见的测量噪声 $N(s)$ 大多是由测量传感器产生的，如图 4.4 所示，$N(s)$ 对系统输出的后效影响为

$$Y(s) = \frac{-G_c(s)G(s)}{1 + G_c(s)G(s)} N(s) \tag{4.34}$$

当环路传递函数 $L(s) = G_c(s)G(s)$ 足够大时，式（4.34）可以近似为

$$Y(s) \simeq -N(s) \tag{4.35}$$

此时，系统对测量噪声基本上没有加以衰减。这与前面得出的结论其实是一致的：环路增益越小，系统衰减噪声的能力越强。因此，控制工程师必须精心设计控制器，以便构建合适的环路传递函数。

从图 4.4 还可以看出，灵敏度 S_G^T 与参考输入信号到跟踪误差的传递函数是等价的。实际上，系统对 $G(s)$ 的灵敏度为

$$S_G^T = \frac{1}{1 + G_c(s)G(s)} = \frac{1}{1 + L(s)} \tag{4.36}$$

当 $T_d(s) = N(s) = 0$ 时，参考输入信号到跟踪误差的传递函数为

$$\frac{E(s)}{R(s)} = \frac{1}{1 + G_c(s)G(s)} = \frac{1}{1 + L(s)} \tag{4.37}$$

总之，从降低系统对受控对象变化的灵敏度以及减小系统对参考输入信号的跟踪误差这两个角度考虑，增大环路传递函数都可以减轻相应的负面影响。

在控制系统中引入反馈环节的主要目的，就是正好降低系统对受控对象参数变化的灵敏度以及减轻干扰信号的影响。值得庆幸的是，实施增大环路传递函数这一措施，可以同步地达到减少上述负面影响的效果。

再来考虑噪声对跟踪误差的影响：

$$\frac{E(s)}{T_d(s)} = \frac{G_c(s)G(s)}{1 + G_c(s)G(s)} = \frac{L(s)}{1 + L(s)} \tag{4.38}$$

这与之前的情况正好相反，为了降低测量噪声对跟踪误差的负面影响，需要减小系统的环路传递函数。请时刻记住，灵敏度函数和补灵敏度函数存在如下互补关系：

$$S(s) + C(s) = 1$$

因此，控制系统的设计必须合理地折中考虑多方面因素。

4.5 系统瞬态响应的调控

瞬态响应是控制系统最为重要的特性之一。瞬态响应是用时间函数来描述的系统在到达稳态之前的响应。由于控制系统的目的是提供预期的输出响应，因此必须对系统的瞬态响应进行调控，直到满足预期的指标设计要求。就开环控制系统而言，如果系统不能产生让人满意的瞬态响应，就必须调节环路传递函数 $G_c(s)G(s)$。

为了更好地理解反馈环节如何便于调控系统的瞬态响应，下面我们观察一个既可以开环工作，又可以闭环工作的特例。在工业生产过程中，图 4.11 所示的转速控制系统常常用来运送材料和产品。该系统开环工作（无反馈）时的传递函数为

$$\frac{\omega(s)}{V_a(s)} = G(s) = \frac{K_1}{\tau_1 s + 1} \tag{4.39}$$

其中：

$$K_1 = \frac{K_m}{R_a b + K_b K_m}, \tau_1 = \frac{R_a J}{R_a b + K_b K_m}$$

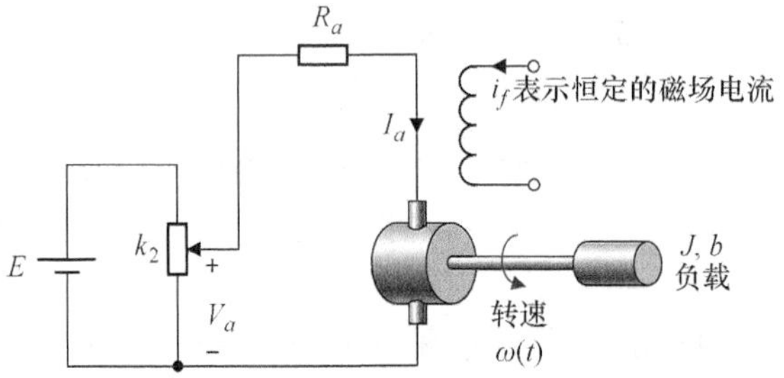

图 4.11 开环转速控制系统（无反馈）

在轧钢过程中，由于负载的转动惯量非常大，因而需要使用大功率的电枢控制电机。如果转速的指令为阶跃信号

$$R(s)=\frac{k_2E}{s} \tag{4.40}$$

则开环转速控制系统［其框图见图 4.12（a）］的输出响应为

$$\omega(s)=K_aG(s)R(s) \tag{4.41}$$

于是，输出转速的瞬态响应为

$$\omega(t)=K_aK_1(k_2E)(1-\mathrm{e}^{-t/\tau_1}) \tag{4.42}$$

可以看出，瞬态响应主要取决于电机的时间常数 τ_1。如果这个瞬态响应太慢，那么在可能的情况下，就需要选择另一种电机，以提供不同的时间常数。但由于负载的转动惯量 J 对时间常数 τ_1 也有非常大的影响，因此对于开环系统而言，瞬态响应的改善余地其实很小。

如图 4.12（b）所示，在开环转速控制系统中增加一个转速计，产生一个与转速成正比的电压信号，再从电位计电压中减去这个转速计电压并将电压差放大，便构成了一个闭环转速控制系统。该系统的闭环传递函数为

$$\frac{\omega(s)}{R(s)}=\frac{K_aG(s)}{1+K_aK_tG(s)}=\frac{K_aK_1/\tau_1}{s+(1+K_aK_tK_1)/\tau_1} \tag{4.43}$$

我们可以通过调整放大器增益 K_a，使系统的瞬态响应满足指标设计要求。如果需要，也可以调整转速计的增益 K_t。

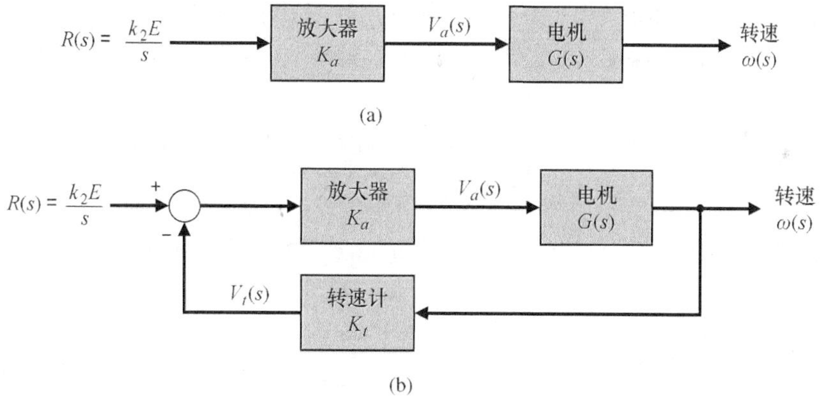

图 4.12　（a）开环转速控制系统；（b）闭环转速控制系统

闭环转速控制系统对阶跃指令的瞬态响应为

$$\omega(t)=\frac{K_aK_1}{1+K_aK_tK_1}(k_2E)(1-\mathrm{e}^{-pt}) \tag{4.44}$$

其中，$p=(1+K_aK_tK_1)/\tau_1$。由于负载惯量一般很大，因此我们主要通过增大 K_a 来调节系统的瞬态响应。当 $K_aK_tK_1\gg 1$ 时，可以得到系统响应的近似式为

$$\omega(t)\approx\frac{1}{K_t}(k_2E)\left[1-\exp\left(\frac{-(K_aK_tK_1)t}{\tau_1}\right)\right] \tag{4.45}$$

在典型的实际应用场合下，开环系统的极点可能是 $1/\tau_1=0.10$，于是，闭环极点至少可以比较容易地达到 $(K_aK_tK_1)/\tau_1=10$。由此可见，闭环系统的响应速度是开环系统的 100 倍。需要指出的是，为了得到较大的增益 $K_aK_tK_1$，放大器增益 K_a 也必须保持相当大的值，而且电机的电枢

电压信号和相应的扭矩信号也会比开环运行时大得多，因此，闭环系统需要选用大功率的电机，以避免电机饱和。图 4.13 给出了开环和闭环转速控制系统的瞬态响应曲线，可以看出，相对于开环系统的瞬态响应而言，闭环系统的瞬态响应要快得多。

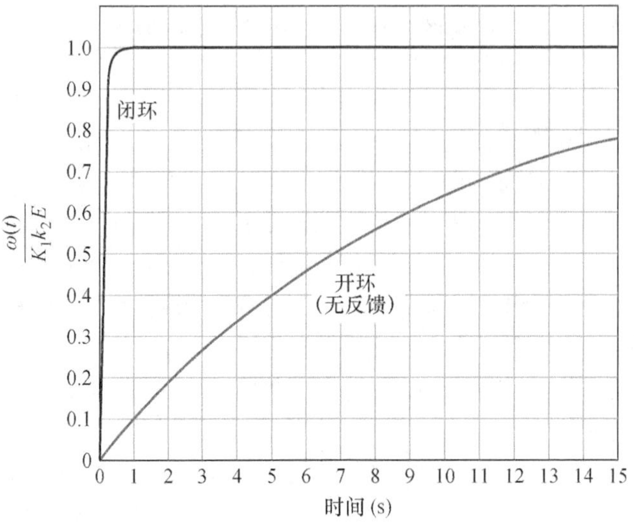

图 4.13　当 $\tau_1 = 10$ 且 $K_a K_t K_1 = 100$ 时，开环和闭环转速控制系统的瞬态响应。达到系统 98%最终值的时间分别为 40 s（开环）和 0.4 s（闭环）

在分析本例的转速控制系统时，有必要计算并比较一下开环系统和闭环系统的灵敏度。前面已经提及，开环系统对电机常数 K_m 或电位计常数 k_2 的灵敏度均为 1，而闭环系统对电机常数 K_m 的灵敏度为

$$S_{K_m}^T = S_G^T S_{K_m}^G \approx \frac{\left[s + \left(1/\tau_1\right)\right]}{s + \left(K_a K_t K_1 + 1\right)/\tau_1}$$

当使用前面所述的典型值（$\tau_1 = 10,\ K_a K_t K_1 = 100$）时，闭环系统对电机常数 K_m 的灵敏度为

$$S_{K_m}^T \approx \frac{(s + 0.10)}{s + 10}$$

由此可见，灵敏度是 s 的函数，它会随着系统工作频率的变化而变化，因此，必须在不同的频率范围内分析和确定系统的灵敏度。这种频率分析方法比较直接，我们留到后续章节中进行讨论。此处仅仅采用一个简单的示例加以说明。当系统的工作频率较低（如 $s = j\omega = j$）时，灵敏度 $S_{K_m}^T$ 的幅值近似等于 0.1。

4.6　稳态误差

反馈控制系统让控制工程师们有了调节系统瞬态响应的能力，从而显著降低系统的灵敏度和干扰对系统的影响。为了满足更进一步的要求，本节将分析并比较开环和闭环系统的稳态误差。所谓**稳态误差**，指的是瞬态过程结束后，系统的持续响应与预期响应的误差。

当干扰信号 $T_d(s) = 0$ 时，图 4.3 所示开环系统的误差为

$$E_0(s) = R(s) - Y(s) = (1 - G_c(s)G(s))R(s) \tag{4.46}$$

图 4.4 给出了对应的闭环系统。当干扰信号和测量噪声均为 0［即 $T_d(s) = N(s) = 0$］且反馈

环路传递函数 $H(s) = 1$ 时，得到的误差为

$$E_c(s) = \frac{1}{1 + G_c(s)G(s)} R(s) \tag{4.47}$$

可以利用如下终值定理来计算稳态误差。

$$\lim_{t \to \infty} e(t) = \lim_{s \to 0} sE(s) \tag{4.48}$$

当输入比较测试用的单位阶跃信号时，开环系统的稳态误差为

$$\begin{aligned} e_o(\infty) &= \lim_{s \to 0} s(1 - G_c(s)G(s))\left(\frac{1}{s}\right) = \lim_{s \to 0} (1 - G_c(s)G(s)) \\ &= 1 - G_c(0)G(0) \end{aligned} \tag{4.49}$$

闭环系统的稳态误差为

$$e_c(\infty) = \lim_{s \to 0} s\left(\frac{1}{1 + G_c(s)G(s)}\right)\left(\frac{1}{s}\right) = \frac{1}{1 + G_c(0)G(0)} \tag{4.50}$$

$G_c(s)G(s)$ 在 $s = 0$ 时的取值被称为直流增益（或环路增益）。通常情况下，直流增益会远远大于 1，因此开环系统的稳态误差比较大。与之相反，此时由于直流增益 $L(0) = G_c(0)G(0)$ 比较大，闭环系统的稳态误差将会小得多。

由式（4.49）可以看出，只需要调节和校准系统的直流增益，使得 $G_c(0)G(0) = 1$，开环系统的稳态误差就会为 0。于是自然有人会问，既然如此，在稳态误差控制方面，闭环系统还有什么优势可言呢？要回答这个问题，就必须回到系统对受控对象参数不确定性的灵敏度这个概念本身。对于开环控制系统而言，固然可以通过调整和校准系统的直流增益，使得 $G_c(0)G(0) = 1$，但是在系统运行过程中，由于环境的变化，$G(s)$ 的参数将不可避免地发生变化，从而使直流增益可能不再等于 1。由于是开环控制系统，因此如果不重新调整和校准 $G(s)$，系统的稳态误差将不再为 0。与之不同，闭环控制系统却能够持续监控稳态误差并产生执行信号，以便使得稳态误差趋于 0。考虑到系统容易受到参数漂移、环境变化和校正误差的影响，从控制稳态误差的角度出发，引入负反馈也是非常有益的。

闭环系统的另一个优点是能够减小参数波动变化和校准误差导致的系统稳态误差。下面我们用实例加以说明。假定某单位负反馈系统的受控对象和控制器的传递函数分别为

$$G(s) = \frac{K}{\tau s + 1} \text{ 和 } G_c(s) = \frac{K_a}{\tau_1 s + 1} \tag{4.51}$$

这可能表示的是热力控制对象，也可能表示的是电压稳压器或水位控制对象。可以将单位阶跃信号作为一种典型的预期指令输入，即 $R(s) = 1/s$，当 $R(s)$ 和 KK_a 具有匹配的量纲单位时，由式（4.49）可以得出开环系统的稳态误差为

$$e_o(\infty) = 1 - G_c(0)G(0) = 1 - KK_a \tag{4.52}$$

闭环系统的误差为

$$E_c(s) = R(s) - T(s)R(s)$$

其中，$T(s) = G_c(s)G(s)/(1 + G_c(s)G(s))$，因此稳态误差为

$$e_c(\infty) = \lim_{s \to 0} s\{1 - T(s)\}\frac{1}{s} = 1 - T(0)$$

于是有

$$e_c(\infty) = 1 - \frac{KK_a}{1 + KK_a} = \frac{1}{1 + KK_a} \tag{4.53}$$

调整系统增益使得 $KK_a = 1$，的确可以使得开环控制系统的稳态误差为 0。但对于闭环系统而言，只需要使系统增益 KK_a 保持较大的取值，就能使系统具有较小的稳态误差。例如，当 $KK_a = 100$ 时，稳态误差为 $e_c(\infty) = 1/101$。

如果增益 K 发生了漂移或改变，变化量为 ΔK 且 $\Delta K/K = 0.1$（即增益 K 变化了 10%），则开环系统的稳态误差的变化量为 $\Delta e_o(\infty) = 0.1$，误差占标称输出值的百分比为

$$\frac{|\Delta e_o(\infty)|}{|r(t)|} = \frac{0.10}{1} \tag{4.54}$$

相对而言，当增益同样以 $\Delta K/K=0.1$ 的比例发生改变时，闭环系统的稳态误差变为 $e_c(\infty) = 1/91$。稳态误差的变化量为

$$\Delta e_c(\infty) = \frac{1}{101} - \frac{1}{91} \tag{4.55}$$

其相对变化量仅为

$$\frac{\Delta e_c(\infty)}{|r(t)|} = 0.0011 \tag{4.56}$$

与开环系统的稳态误差的相对变化量相比，闭环系统稳态误差的相对变化量小了差不多两个数量级。由此可见，反馈环节显著改善了系统的稳态性能。

4.7 反馈的代价

我们已经讨论了在控制系统中引入反馈环节的诸多优点。凡事皆有两面性，在控制系统中引入反馈也需要付出一定的代价。引入反馈的第一个明显的代价是**元器件**的数量增加了，导致系统的复杂程度也提高了。在设计实现反馈环节时，我们必须在系统中增加一些反馈器件，其中最为关键的是测量器件（如传感器），而在控制系统中，传感器往往是最为昂贵的器件。此外，传感器自身的特性决定了这必然引入测量噪声。

引入反馈的第二个代价是**增益的损失**。例如，对于一个单环系统而言，环路增益为 $G_c(s)G(s)$，而对应的单位负反馈系统的闭环增益则缩减至 $G_c(s)G(s)/(1 + G_c(s)G(s))$，仅仅是原来的 $1/(1 + G_c(s)G(s))$。实际上，闭环系统对参数变化和干扰的灵敏度也缩减至开环系统的 $1/(1 + G_c(s)G(s))$。人们通常会提供额外的增益放大功能，这说明大家宁愿损失一定的环路增益，也要折中换取对系统响应的调控能力。

引入反馈的最后一个代价是可能导致系统的**不稳定**。即使开环系统是稳定的，相应的闭环系统也可能会失稳。第 6 章将全面且完整地讨论闭环系统的稳定性问题。

在动态系统中引入反馈会给设计者带来更多的挑战。但在绝大多数情况下，引入反馈带来的好处远远大于坏处，闭环反馈控制系统是值得期待的。正因为如此，在设计反馈控制系统时，设计者值得花精力考虑和处理由于引入反馈而带来的复杂性和稳定性问题。

归根结底，我们总是希望系统的输出 $Y(s)$ 等于指令输入 $R(s)$。既然如此，在设计开环控制系统时，为什么不直接让传递函数 $G_c(s)G(s)$ 等于 1 呢［见图 4.3，令 $T_d(s) = 0$)］？换句话说，为什么不直接令控制器的传递函数 $G_c(s)$ 等于 $G(s)$ 的倒数呢？回想一下，$G(s)$ 描述了实际的物理受控对象，而受控对象的动态特性并不会准确、直接地在传递函数中得以表达。此外，$G(s)$ 的参数还会随时间产生不确定性。因此，我们实际上很难做到让 $G_c(s)G(s) = 1$。不仅如此，其间也会有其他问题产生，因此我们并不建议像这样设计开环控制系统。

4.8 设计实例

本节给出了两个实例，分别为英吉利海峡海底隧道掘进机以及麻醉过程中的血压控制。其中，英吉利海峡海底隧道掘进机实例着重说明如何利用反馈来衰减干扰信号；麻醉过程中的血压控制实例，则对控制系统设计做了更深入一些的说明，由于很难根据单纯的生理和物理理论来建立患者的传递函数模型，因此该实例讨论了基于测量数据来建立患者模型的方法。这两个实例充分说明了反馈环节对系统性能的提升作用。

例 4.2 英吉利海峡海底隧道掘进机

连接法国和英国的英吉利海峡海底隧道长 23.5 mile，最深的地方位于海平面以下 200 ft 处。这条海底隧道是英国与欧洲大陆的主要连接通道，将伦敦到巴黎的火车行车时间缩短为 2 h 15 min。

掘进机分别从英吉利海峡的两端向中间推进，并在中间位置对接。为了能够准确地对接，施工中使用了一个激光导引系统来保持掘进机的精准指向。掘进机的控制模型如图 4.14 所示，其中，$Y(s)$ 是掘进机向前的实际角度，$R(s)$ 是预期角度，负载对掘进机的影响则采用干扰信号 $T_d(s)$ 来表示。

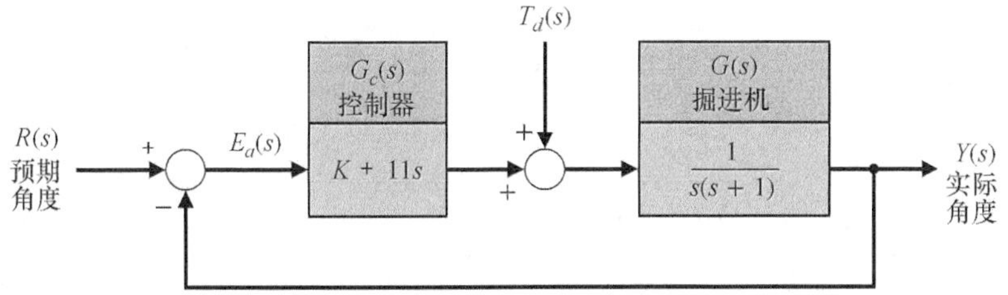

图 4.14 掘进机控制系统的框图模型

设计目标是选择增益 K 的合适取值，使得掘进机对输入角度的响应满足工程要求，同时使得干扰信号引起的误差最小。系统对预期角度 $R(s)$ 和干扰信号 $T_d(s)$ 的输出响应为

$$Y(s) = \frac{K + 11s}{s^2 + 12s + K}R(s) + \frac{1}{s^2 + 12s + K}T_d(s) \tag{4.57}$$

为了降低干扰的影响，我们希望增益 $K > 10$。先选择增益 $K = 100$，当 $T_d(s) = 0$ 时，可以得到掘进机控制系统对单位阶跃输入信号 $r(t)$ 的响应曲线，如图 4.15 中的实线所示。当输入信号 $r(t) = 0$ 且干扰为单位阶跃信号时，可以得到掘进机控制系统对干扰的响应曲线，如图 4.15 中的虚线所示。由此可见，干扰对系统的影响比较小。再选择增益 $K = 20$，也可以得到掘进机控制系统对单位阶跃输入信号 $r(t)$ 和单位阶跃干扰信号 $T_d(t)$ 的响应曲线，如图 4.16 所示。

观察图 4.15 中的实线可以看出，当 $K = 100$ 时，系统对指令响应的超调量为 22%，调节时间为 0.7 s；而当 $K = 20$ 时，系统对指令响应的超调量为 3.9%，调节时间为 0.9 s。$K = 100$ 时的超调量远大于 $K = 20$ 的超调量。

接下来考虑系统精度。当输入为单位阶跃信号 $R(s) = 1/s$ 时，系统对指令响应的稳态误差为

$$\lim_{t \to \infty} e(t) = \lim_{s \to 0} s \frac{1}{1 + \frac{K + 11s}{s(s+1)}\left(\frac{1}{s}\right)} = 0 \tag{4.58}$$

当干扰信号为单位阶跃信号 $T_d(s) = 1/s$ 且预期输入 $r(t) = 0$ 时，系统响应的稳态值（其实就是稳态误差）为

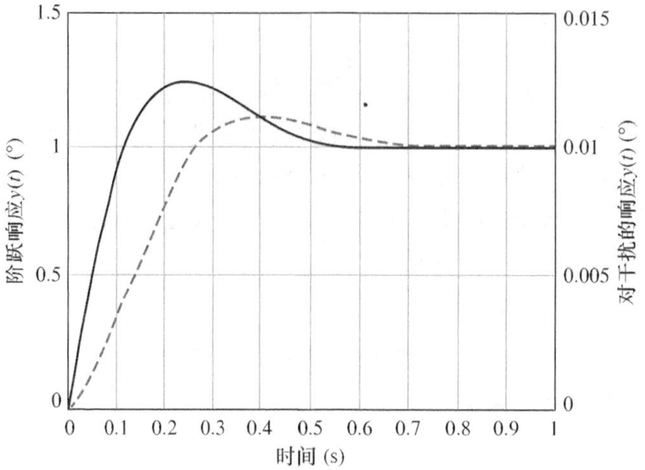

图 4.15 $K=100$ 时，掘进机控制系统对单位阶跃输入 $r(t)$ 的响应曲线（实线）以及对单位阶跃干扰信号 $T_d(s)=1/s$ 的响应曲线（虚线）

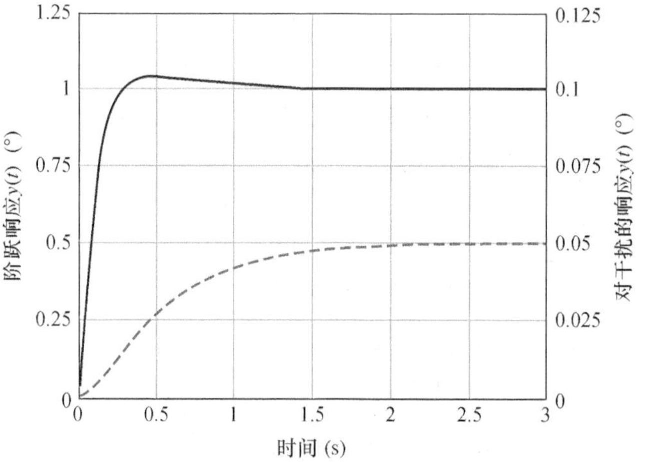

图 4.16 K=20 时，掘进机控制系统对单位阶跃输入 $r(t)$ 的响应曲线（实线）以及对单位阶跃干扰信号 $T_d(s)=1/s$ 的响应曲线（虚线）

$$\lim_{t\to\infty} y(t) = \lim_{s\to 0}\left[\frac{1}{s(s+12)+K}\right] = \frac{1}{K} \tag{4.59}$$

由此可以得出，当 $K=100$ 和 20 时，系统对干扰信号的稳态响应值分别为 0.01 和 0.05，干扰信号对系统的影响 在$K=100$ 时比较小。

最后分析系统对受控对象 $G(s)$ 波动变化的灵敏度，由灵敏度的定义公式［见式（4.12）］可以得到

$$S_G^T = \frac{s(s+1)}{s(s+12)+K} \tag{4.60}$$

当系统工作在低频段（$|s|<1$）且增益 $K\geqslant 20$ 时，灵敏度可以近似为

$$S_G^T \approx \frac{s}{K} \tag{4.61}$$

由此可见，增益 K 增加时，系统的灵敏度将会降低，但差异并不大。因此，作为综合考虑多

方面因素后可行的折中设计，我们最终选择增益 $K = 20$。

例 4.3　麻醉过程中的血压控制

麻醉的目的是使患者暂时降低疼痛感，弱化患者的意识和本能反应能力，从而确保安全实施外科手术。早在 150 年前，人类就开始尝试采用酒精、鸦片和大麻等作为麻醉药物，但效果都不理想[23]。这些麻醉药物无法足够地既缓解患者疼痛的强度，又缩短患者疼痛的持续时间。给药量过小，患者就要承受剧烈疼痛；给药量过大，患者则可能进入昏迷状态甚至死亡。到了 19 世纪 50 年代，人们成功地将乙醚作为麻醉药品应用于拔牙过程。随后，人们又开发出多种类似的麻醉药品，如氯仿和笑气（一氧化二氮）等。

在手术中，目前由麻醉师控制患者的麻醉深度。麻醉师将一些关键的生理参数，如血压、心率、体温、血氧含量和呼出二氧化碳量等，控制在安全可接受的范围内。为了确保患者安全，在整个手术过程中，必须确保患者处于特定的麻醉深度。任何能够帮助麻醉师自动调节患者麻醉深度的控制设备，都将减轻麻醉师的工作强度。麻醉师也就能够将更多的精力用于其他难以自动执行的工作，从而提高患者的安全裕度。这是一个全程人机交互的自动控制的例子。确保患者安全显然是最终目标，因此本例的具体控制目标是，开发一个能够自动调节患者麻醉深度的控制系统。开发这样的系统是控制工程师的职责，而且这样的系统实际上已是常用的临床设备之一[24,25]。

接下来我们讨论如何度量麻醉深度。许多麻醉师认为，平均动脉压（Mean Arterial Pressure，MAP）是麻醉深度最为可靠的表征指标[26]。麻醉师主要通过监控 MAP 的水平来确定患者应该注入的麻醉剂量。基于麻醉师的临床经验以及操作规程，这里将 MAP 作为受控变量。

在控制系统设计流程中，血压控制实例着重强调的设计模块如图 4.17 所示。从控制系统设计的专业角度出发，控制目标可以进一步用术语具体定义如下。

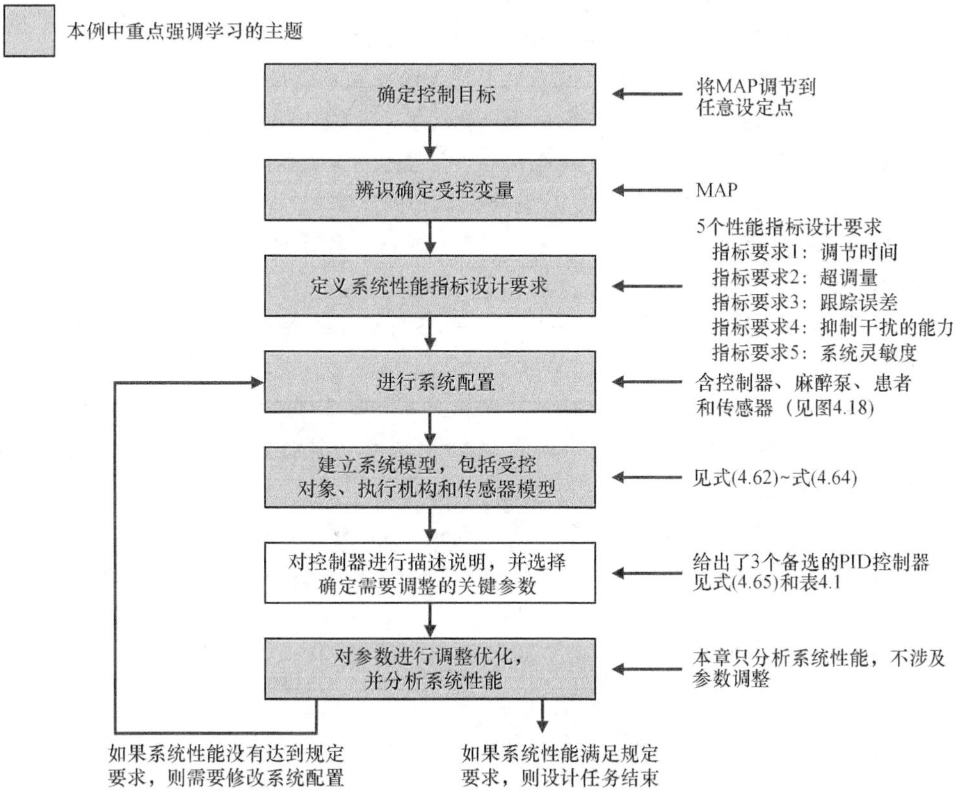

图 4.17　在控制系统设计流程中，血压控制实例着重强调的设计模块

控制目标 将 MAP 调节到任意预期设定的水平，并在存在干扰信号的情况下，将 MAP 维持在预期设定的水平。

由上述控制目标出发，我们可以辨识确认本例中的受控变量。

受控变量 MAP。

由于本例的目的是设计一个能够临床应用的麻醉深度控制系统，因此我们的首要任务是提出符合实际的性能指标设计要求。

总的来说，控制系统应该在满足设计指标要求的前提下，尽量降低系统的复杂程度。通常情况下，系统的复杂程度越低，设计成本就越低且可靠性越高。

具体来说，闭环控制系统应该能够快速、平稳地响应 MAP 设定水平的变化（由麻醉师设定），并且不会出现过高的超调量。此外，闭环控制系统还应该能够将干扰信号的影响降至最低。在本例中，主要存在两类干扰信号，分别为手术干扰信号和测量误差信号。例如，表皮切口就是一种手术干扰信号，表皮上的一个切口能够使 MAP 快速增加 10 mmHg①[26]。仪器校准误差和随机误差等则是测量误差。最后需要指出的是，本例要求设计出一个能够适用于不同患者的闭环控制系统，但我们实际上无法针对每个患者建立一个单独的模型，因此必须要求系统对受控对象（患者）的变化不灵敏。也就是说，针对不同的患者，该系统都必须满足性能指标设计要求。

根据临床经验[24]，我们将该系统的性能指标设计要求具体归纳为以下几点。

- 性能指标设计要求 1：当 MAP 的变化量为阶跃信号且变化量的幅值为设定水平的 10% 时，系统的调节时间小于 20 min。
- 性能指标设计要求 2：当 MAP 的变化量为阶跃信号且变化量的幅值为设定水平的 10% 时，系统的超调量小于 15%。
- 性能指标设计要求 3：当 MAP 的变化量为阶跃信号时，系统的稳态跟踪误差为 0。
- 性能指标设计要求 4：当手术中的干扰输入为阶跃信号（幅值为 $|d(t)| \leqslant 50$）时，导致的系统稳态误差为 0，且响应的最大波动在 MAP 设定水平的±5% 以内。
- 性能指标设计要求 5：对受控对象（患者）参数变化的灵敏度保持最小。

第 5 章将深入讨论调节时间（性能指标设计要求 1）和超调量（性能指标设计要求 2），它们是系统的时域性能指标。本章主要关注性能指标设计要求 3、性能指标设计要求 4 和性能指标设计要求 5，它们分别涉及稳态跟踪误差、干扰抑制能力以及系统对参数变化的灵敏度。性能指标设计要求 5 提出的设计要求看起来比较模糊，这正是在许多真正的实际系统中，制定系统的性能指标设计要求的特点。

在图 4.18 所示的系统构成配置中，我们将系统分解成了控制器、麻醉泵或雾化设备、传感器和受控对象（患者）等。

系统输入信号 $R(s)$ 为预期的 MAP 的波动变化量，输出 $Y(s)$ 为实际的 MAP 的波动变化量。控制器利用预期的 MAP 和传感器测量得到的 MAP 之差作为控制信号，以便调整通过麻醉泵或雾化设备向患者输入的麻醉剂量。

麻醉泵或雾化设备的控制模型由其机械结构决定。为了便于分析，此处采用一个非常简单的麻醉泵或雾化设备模型，麻醉剂的输出速率直接等于在输入端设定的阀门开度，即

$$\dot{u}(t) = v(t)$$

由此可以得到麻醉泵的传递函数为

$$G_p(s) = \frac{U(s)}{V(s)} = \frac{1}{s} \tag{4.62}$$

① 1 mmHg=133.322 Pa。——译者注

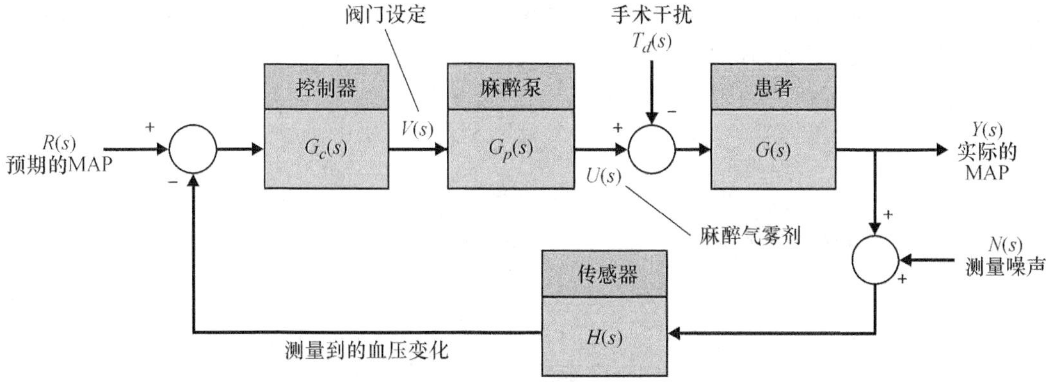

图 4.18　血压控制系统的构成配置

这意味着从输入输出的角度看，麻醉泵的脉冲响应为

$$h(t) = 1 \quad t \geqslant 0$$

相对而言，建立准确的患者模型就要复杂得多，主要原因在于很难获取患者（尤其是重症患者）的生理系统模型。基于底层生理系统知识的建模脱离实际且不可能完成。即使建立了这样的模型，也一定是一种多输入–多输出的非线性时变模型。我们只研究单输入–单输出的线性时不变模型，在此前提下，这样的模型是不适用的。

换个角度，如果将患者视为一个物理系统，只从输入输出的角度思考，则可以利用我们熟悉的脉冲响应的概念建立其输入输出关系。如果限定 MAP 只在设定水平（如 100 mmHg）附近进行微小的波动，则可以认为 MAP 变化量的波动规律将会呈现出线性时不变特性。实际上，这一假设条件与系统的设计目标——将患者的 MAP 维持在一定的水平，是完全吻合的。文献 [27] 已经利用脉冲响应方法，建立起患者对麻醉剂的响应模型并成功付诸应用。

假定我们已经利用黑箱方法获取了某个患者的 MAP 脉冲响应曲线，如图 4.19 所示。需要指出的是，由于麻醉剂在被患者吸收后，需要经过一定的时间才会发挥作用，因此患者的 MAP 脉冲响

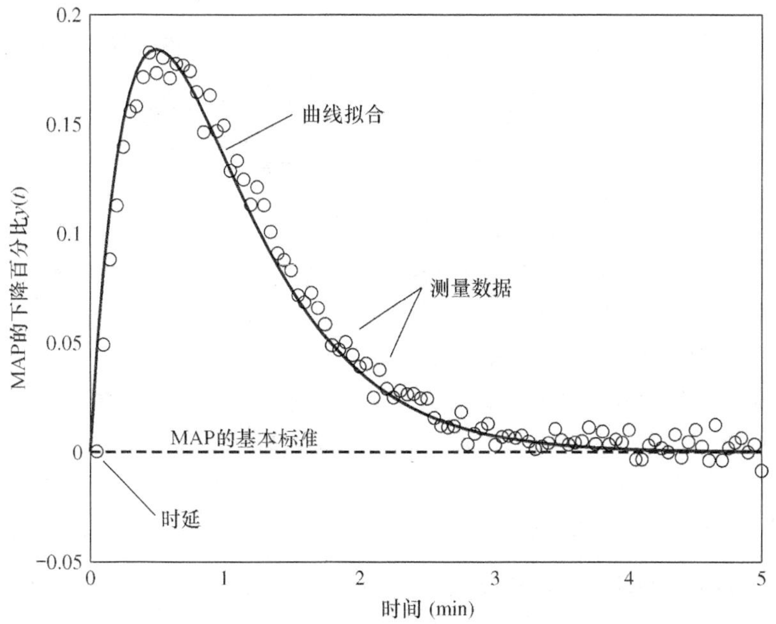

图 4.19　某个患者的 MAP 脉冲响应曲线

应其实存在一定的时延。我们暂时忽略掉时延环节，但必须时刻记住，系统的确存在时延环节，并且需要在合适的时机将其添加到系统的分析与设计中。后续章节将讨论如何处理系统的时延环节。

对于图 4.19 所示的测量数据，理想的脉冲响应拟合曲线为

$$y(t)=t\mathrm{e}^{-pt},\quad t\geqslant 0$$

其中，$p=2$，时间 t 的单位为 min。参数 p 与患者有关，不同的患者，参数 p 的取值也不同。对上面的式子进行拉普拉斯变换，可以得到系统的传递函数为

$$G(s)=\frac{1}{(s+p)^2} \tag{4.63}$$

假定传感器处于理想工作状态，无测量噪声，其传递函数为

$$H(s)=1 \tag{4.64}$$

于是我们得到了一个单位负反馈控制系统。

对于该系统而言，采用 PID 控制器较为合适，其传递函数为

$$G_c(s)=K_P+sK_D+\frac{K_I}{s}=\frac{K_Ds^2+K_Ps+K_I}{s} \tag{4.65}$$

其中，K_P、K_D 和 K_I 为控制器的增益，它们需要根据控制系统的指标设计要求来确定。

选择关键的调节参数 控制器的增益 K_P、K_D 和 K_I。

首先考虑系统的稳态误差。系统的跟踪误差为［见图 4.18，令 $T_d(s)=0$、$N(s)=0$］

$$E(s)=R(s)-Y(s)=\frac{1}{1+G_c(s)G_p(s)G(s)}R(s)$$

或

$$E(s)=\frac{s^4+2ps^3+p^2s^2}{s^4+2ps^3+\left(p^2+K_D\right)s^2+K_Ps+K_I}R(s)$$

其中，$R(s)$ 表示幅值为 R_0 的阶跃输入信号，$R(s)=R_0/s$。由终值定理可以得到系统的稳态跟踪误差为

$$\lim_{s\to 0}sE(s)=\lim_{s\to 0}\frac{R_0\left(s^4+2ps^3+p^2s^2\right)}{s^4+2ps^3+\left(p^2+K_D\right)s^2+K_Ps+K_I}=0$$

于是有

$$\lim_{t\to\infty}e(t)=0$$

由此可见，对于 PID 控制器而言，只要增益 K_P、K_D 和 K_I 的值不为 0，在阶跃输入条件下，系统的稳态跟踪误差就总是为 0。PID 控制器中的积分环节 K_I/s 保证了系统对单位阶跃输入的稳态跟踪误差为 0，这样就满足了性能指标设计要求 3。

下面考虑阶跃干扰信号的影响。本例要求系统对阶跃干扰信号的稳态响应 $Y(s)$ 为 0。令 $R(s)=N(s)=0$，可以得到系统输出响应 $Y(s)$ 与干扰信号 $T_d(s)$ 的关系式为

$$Y(s)=\frac{-G(s)}{1+G_c(s)G_p(s)G(s)}T_d(s)=\frac{-s^2}{s^4+2ps^3+\left(p^2+K_D\right)s^2+K_Ps+K_I}T_d(s)$$

干扰信号 $T_d(s)$ 是幅值为 D_0 的阶跃信号：

$$T_d(s)=\frac{D_0}{s}$$

由终值定理可以得到

$$\lim_{s \to 0} sY(s) = \lim_{s \to 0} \frac{-D_0 s^2}{s^4 + 2ps^3 + \left(p^2 + K_D\right)s^2 + K_P s + K_I} = 0$$

于是有

$$\lim_{t \to \infty} y(t) = 0$$

由此可见，当干扰信号为阶跃信号时，系统的稳态输出为 0，性能指标设计要求 4 得到满足。

闭环传递函数 $T(s)$ 对参数 p 波动变化的灵敏度为

$$S_p^T = S_G^T S_p^G$$

其中：

$$S_p^G = \frac{\partial G(s)}{\partial p} \cdot \frac{p}{G(s)} = \frac{-2p}{s + p}$$

$$S_G^T = \frac{1}{1 + G_c(s)G_p(s)G(s)} = \frac{s^2(s + p)^2}{s^4 + 2ps^3 + \left(p^2 + K_D\right)s^2 + K_P s + K_I}$$

故有

$$S_p^T = S_G^T S_p^G = -\frac{2p(s + p)s^2}{s^4 + 2ps^3 + \left(p^2 + K_D\right)s^2 + K_P s + K_I} \tag{4.66}$$

我们必须分析系统在不同工作频率点的灵敏度 S_p^T。当系统工作在低频段时，系统的灵敏度 S_p^T 可以近似为

$$S_p^T \approx \frac{2p^2 s^2}{K_I}$$

在低频段，当参数 p 给定后，增大 PID 控制器的积分项增益 K_I 能够降低灵敏度 S_p^T。表 4.1 给出了 PID 增益的 3 组取值，当参数 $p = 2$ 时，利用这 3 组 PID 增益，图 4.20 分别给出了控制器灵敏度 S_p^T 的幅值与系统频率的关系曲线。可以看出，当采用增益 $K_P = 6$、$K_D = 4$ 和 $K_I = 4$ 的第 3 种 PID 配置时，该控制器的积分项增益 K_I 最大。在低频段，系统对参数 p 变化的灵敏度 S_p^T 最小。另请注意，随着频率的增加，系统灵敏度的幅值也随之增大，而且控制器 PID 3 的峰值灵敏度也是最大的。

接下来分析系统的瞬态响应。假定患者的 MAP 水平需要降低 10%，则系统输入 $R(s)$ 是幅值为 10 的阶跃信号：

$$R(s) = \frac{R_0}{s} = \frac{10}{s}$$

针对这个阶跃输入信号，在采用表 4.1 给出的 3 个 PID 控制器之后，系统的响应曲线如图 4.21 所示。可以看出，控制器 PID 1 和 PID 2 能够满足调节时间（性能指标设计要求 1）和超调量（性能指标设计要求 2）的性能指标设计要求，而控制器 PID 3 的超调量较大，已经超过指标要求。所谓超调量，指的是系统输出中超出预期稳态响应的部分。在这里，系统的预期稳态响应为在 MAP 设定水平上降低 10%。当超调量为 15% 时，MAP 将在设定水平的基础上降低 11.5%，如图 4.21 所示。所谓调节时间，指的是系统输出达到并维持在预期稳态输出幅值的某个百分比（如 2%）容许范围之内所需的时间。第 5 章将深入讨论这两个概念。表 4.1 分别给出了采用这 3 个 PID 控制器时，对应系统的超调量和调节时间。

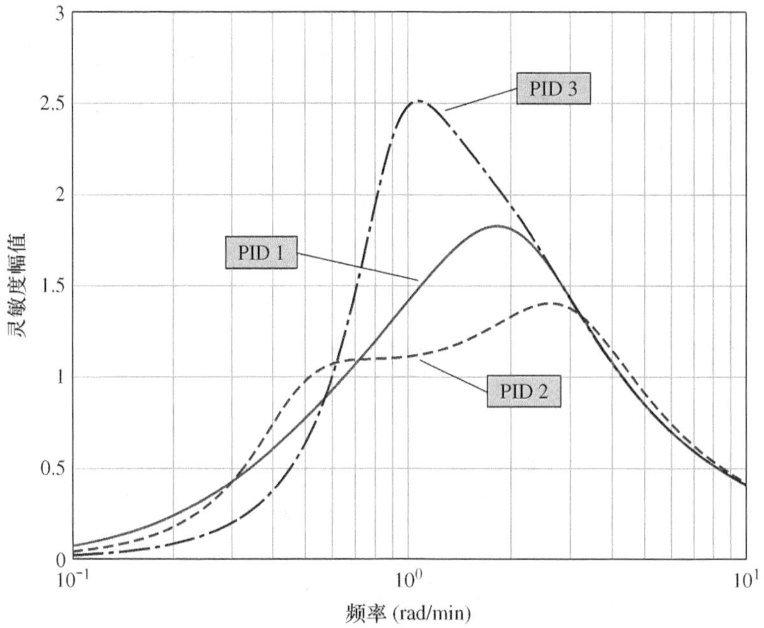

图 4.20　系统对参数 p 变化的灵敏度

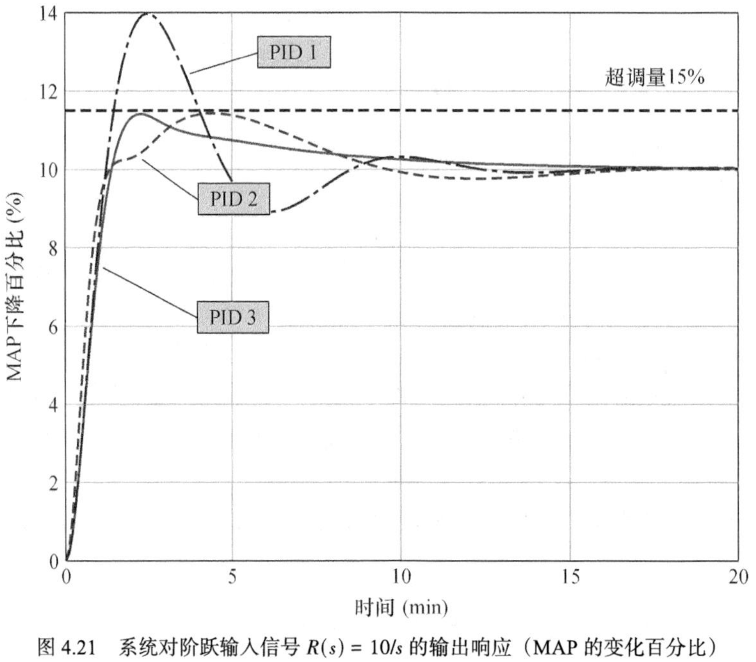

图 4.21　系统对阶跃输入信号 $R(s) = 10/s$ 的输出响应（MAP 的变化百分比）

最后讨论并分析系统的干扰响应。前面已经建立了系统输出 $Y(s)$ 与干扰信号 $T_d(s)$ 之间的传递函数，于是有

$$Y(s) = \frac{-G(s)}{1 + G_c(s)G_p(s)G(s)} T_d(s) = \frac{-s^2}{s^4 + 2ps^3 + \left(p^2 + K_D\right)s^2 + K_P s + K_I} T_d(s)$$

为了验证是否满足性能指标设计要求 4，取干扰信号为 $T_d(s) = \dfrac{D_0}{s} = \dfrac{50}{s}$ 并分析和计算系统对阶跃干扰的响应。干扰信号的幅值最大为 50（即 $|T_d(t)| = D_0 = 50$）。由于阶跃干扰信号的幅值

越小（即 $|T_d(t)| = D_0 < 50$），输出响应的最大值也越小，因此我们只需要考虑幅值最大的阶跃干扰信号，就能够确定系统是否满足性能指标设计要求 4 的要求。

在采用表 4.1 给出的 3 个 PID 控制器之后，系统对干扰信号的输出响应如图 4.22 所示。可以看出，控制器 PID 2 的最大响应在 MAP 设定水平的±5% 范围内波动，因此能够满足性能指标设计要求 4 的要求；而控制器 PID 1 和 PID 3 稍微超出了性能指标设计要求 4 的要求。这 3 个控制器的输出响应的最大值参见表 4.1。

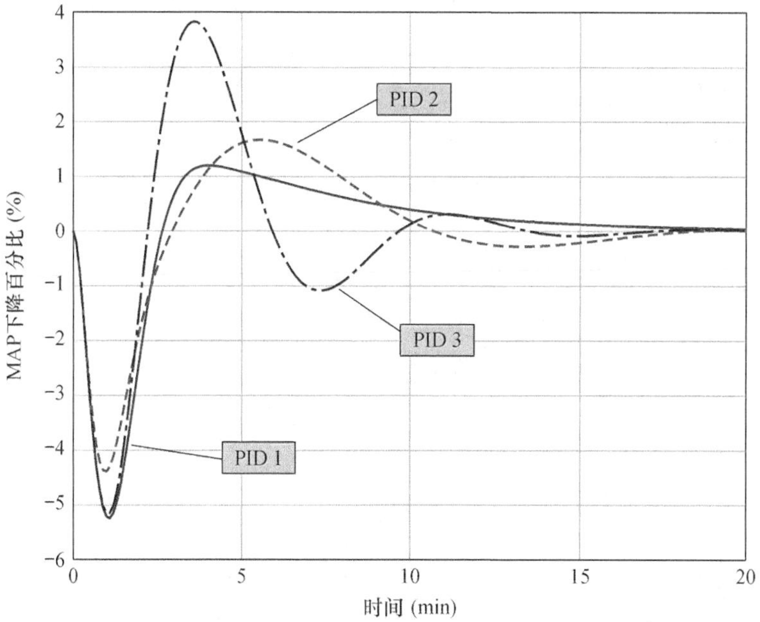

图 4.22　系统对阶跃干扰信号的输出响应（MAP 的变化百分比）

表 4.1　PID 控制器增益和系统性能指标结果

PID	K_P	K_D	K_I	输入响应超调量(%)	调节时间(min)	干扰响应(%)
1	6	4	1	14.0	10.9	5.25
2	5	7	2	14.2	8.7	4.39
3	6	4	4	39.7	11.1	5.16

综上所述，在这 3 个 PID 控制器中，只有控制器 PID 2 满足所有的指标设计要求，并且对受控对象参数变化的灵敏度也比较合适，因此我们将控制器 PID 2 作为麻醉深度控制系统的控制器。

4.9　利用控制系统设计软件分析控制系统特性

本节用两个实例来说明反馈控制系统的优点。第一个实例是 4.5 节提到的转速控制系统，用于演示说明引入反馈可以抑制干扰信号；第二个实例是 4.8 节提到的英吉利海峡海底隧道掘进机，用于演示说明反馈控制在降低系统对受控对象参数变化的灵敏度、调节瞬态响应和减小系统稳态误差方面的优势。

例 4.4　转速控制系统

电枢控制式直流电机的开环框图模型如图 4.8 所示，其中包括了负载扭矩干扰信号 $T_d(s)$。各个部件的参数值则由表 4.2 给出。该系统是线性系统并且有两个输入信号，分别为 $V_a(s)$ 和 $T_d(s)$。根据线性系统的叠加原理，我们可以单独分析其中的每个信号及其对系统的影响。当分析干扰信号对系统的影响时，可以令 $V_a(s)=0$，从而只考虑系统在干扰信号 $T_d(s)$ 作用下的输出；反之，当分析参考输入信号对系统的影响时，可以令 $T_d(s)=0$，从而只考虑参考输入信号 $V_a(s)$。

闭环转速控制系统的框图模型如图 4.9 所示，其中，参数 K_a 和 K_t 的取值由表 4.2 给出。如果转速控制系统具有良好的干扰抑制能力，则可以期待干扰信号 $T_d(s)$ 对输出 $\omega(s)$ 只有很小的影响。考虑图 4.8 所示的开环系统，利用控制系统分析软件计算 $T_d(s)$ 与 $\omega(s)$ 之间的传递函数，并在干扰为单位阶跃信号［即 $T_d(s)=1/s$］时，计算系统的输出响应。开环系统对单位阶跃干扰信号的响应曲线如图 4.23（a）所示，所用的 m 脚本程序如图 4.23（b）所示。

表 4.2　转速控制系统的参数

Ra	K_m	***J***	***b***	K_b	K_a	K_t
1 Ω	10 N·m/A	2 kg·m^2	0.5 N·m·s	0.1 V·s	54	1 V·s

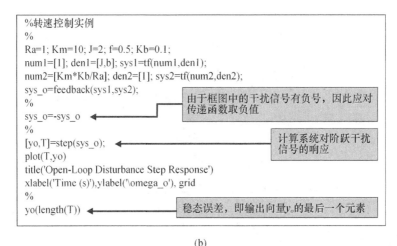

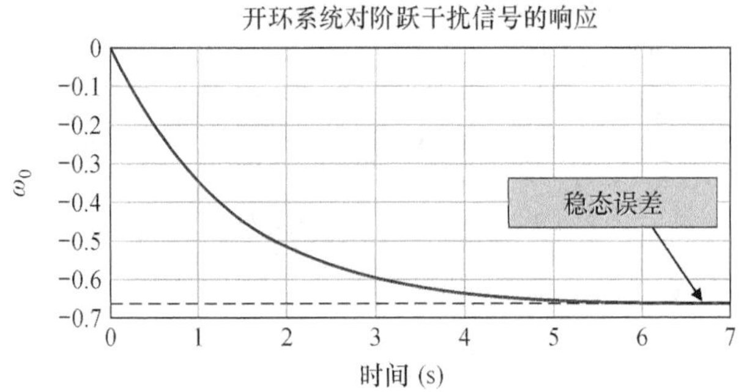

(a)

```
%转速控制实例
%
Ra=1; Km=10; J=2; f=0.5; Kb=0.1;
num1=[1]; den1=[J,b]; sys1=tf(num1,den1);
num2=[Km*Kb/Ra]; den2=[1]; sys2=tf(num2,den2);
sys_o=feedback(sys1,sys2);
%
sys_o=-sys_o
%
[yo,T]=step(sys_o);
plot(T,yo)
title('Open-Loop Disturbance Step Response')
xlabel('Time (s)'),ylabel('\omega_o'), grid
%
yo(length(T))
```

由于框图中的干扰信号有负号，因此应对传递函数取负值

计算系统对阶跃干扰信号的响应

稳态误差，即输出向量y_o的最后一个元素

(b)

图 4.23　开环转速控制系统性能分析

（a）系统响应曲线；（b）m 脚本程序

由式（4.26）得到的系统的环路传递函数为

$$\frac{\omega(s)}{T_d(s)}=\frac{-1}{2s+1.5}=\text{sys\_o}$$

在 m 脚本程序中，sys_o 表示环路传递函数对象。由于参考输入信号 $V_a(s)=0$，而系统输出响应 $\omega(t)$ 中的预期成分应该为 0，因此开环系统响应 $\omega(t)$ 的终值全部是干扰导致的系统稳态误差，此处标记为 $\omega_o(t)$。图 4.23（a）所示的干扰响应曲线表明，系统的稳态误差近似等于 $t=7$ s 时的转速。在绘制图 4.23（a）所示的干扰响应曲线时，m 脚本程序已经计算出输出向量 $\boldsymbol{y}_o$，因此，

系统稳态误差的近似值就是输出向量的最后一个元素。$\omega_o(t)$ 的近似稳态值为

$$\omega_o(\infty) \approx \omega_o(7) = -0.66 \text{ rad/s}$$

由图 4.23（a）可以看出，系统的确达到了稳态值。

类似地，针对闭环系统，也是先计算 $T_d(s)$ 与 $\omega(s)$ 之间的传递函数，再计算系统对单位阶跃干扰信号的输出响应 $\omega(t)$。系统的干扰响应曲线与所用的 m 脚本程序如图 4.24（b）所示。由式（4.30）得到的闭环系统传递函数为

$$\frac{\omega(s)}{T_d(s)} = \frac{-1}{2s + 541.5} = \text{sys\_c}$$

同样，$\omega(t)$ 的终值即干扰导致的系统稳态误差，此处标记为 $\omega_c(t)$，于是得到图 4.24（a）中用虚线表示的系统稳态误差。在绘制图 4.24（a）所示的干扰响应曲线时，m 脚本程序已经计算出输出向量 $\boldsymbol{y}_c$，因此，系统稳态误差的近似值同样是输出向量的最后一个元素。$\omega_c(t)$ 的近似稳态值为

$$\omega_c(\infty) \approx \omega_c(0.02) = -0.002 \text{ rad/s}$$

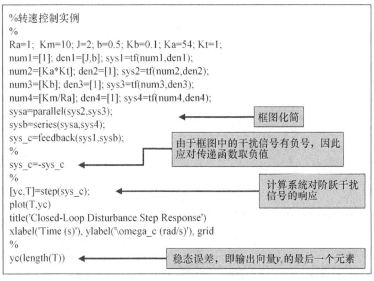

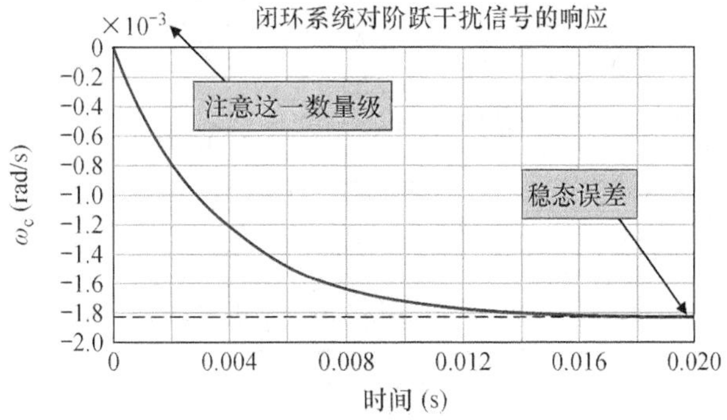

(a)

```
%转速控制实例
%
Ra=1; Km=10; J=2; b=0.5; Kb=0.1; Ka=54; Kt=1;
num1=[1]; den1=[J,b]; sys1=tf(num1,den1);
num2=[Ka*Kt]; den2=[1]; sys2=tf(num2,den2);
num3=[Kb]; den3=[1]; sys3=tf(num3,den3);
num4=[Km/Ra]; den4=[1]; sys4=tf(num4,den4);
sysa=parallel(sys2,sys3);
sysb=series(sysa,sys4);
sys_c=feedback(sys1,sysb);
%
sys_c=-sys_c
%
[yc,T]=step(sys_c);
plot(T,yc)
title('Closed-Loop Disturbance Step Response')
xlabel('Time (s)'), ylabel('\omega_c (rad/s)'), grid
%
yc(length(T))
```

框图化简

由于框图中的干扰信号有负号，因此应对传递函数取负值

计算系统对阶跃干扰信号的响应

稳态误差，即输出向量y_c的最后一个元素

(b)

图 4.24　闭环转速控制系统的性能分析

（a）系统响应曲线；（b）m 脚本程序

通常，我们希望 $\omega_c(\infty)/\omega_o(\infty) < 0.02$。在本例中，闭环系统与开环系统对单位阶跃干扰信号的输出响应的稳态值之比为

$$\frac{\omega_c(\infty)}{\omega_o(\infty)} = 0.003$$

由此可见，在开环系统中引入负反馈环节，可以显著降低干扰对输出的影响，这说明闭环反馈系统具备良好的干扰抑制能力。

例 4.5 英吉利海峡海底隧道掘进机

图 4.14 给出了英吉利海峡海底隧道掘进机的框图模型，式（4.57）给出了涉及两个输入信号的传递函数以及总的输出：

$$Y(s) = \frac{K + 11s}{s^2 + 12s + K}R(s) + \frac{1}{s^2 + 12s + K}T_d(s)$$

控制器增益 K 对瞬态响应的影响以及所用的 m 脚本程序如图 4.25 所示。对比分析图 4.25 中的两条曲线后可以看出，增益 K 越小，系统的超调量也越小。另一个结论虽然在图 4.25 中并不明

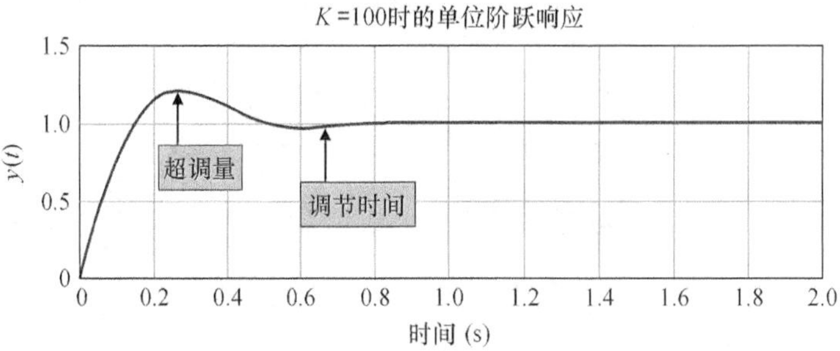

(a)

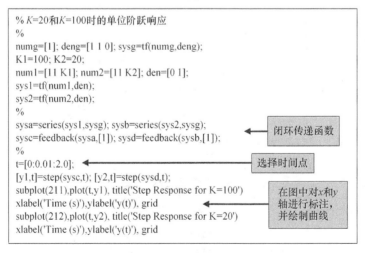

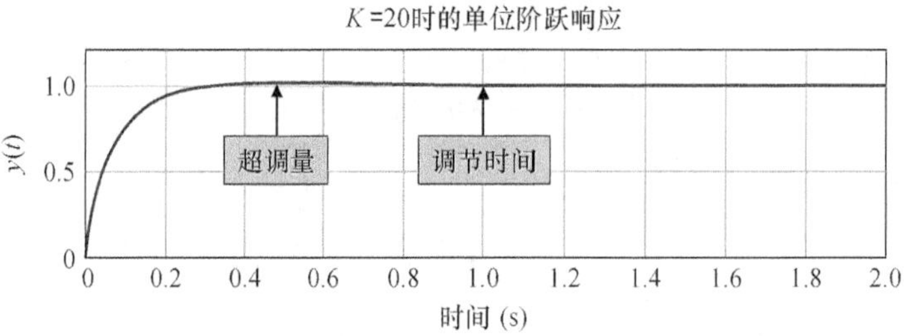

(b)

```
% K=20和K=100时的单位阶跃响应
%
numg=[1]; deng=[1 1 0]; sysg=tf(numg,deng);
K1=100; K2=20;
num1=[11 K1]; num2=[11 K2]; den=[0 1];
sys1=tf(num1,den);
sys2=tf(num2,den);
%
sysa=series(sys1,sysg); sysb=series(sys2,sysg);
sysc=feedback(sysa,[1]); sysd=feedback(sysb,[1]);
%
t=[0:0.01:2.0];
[y1,t]=step(sysc,t); [y2,t]=step(sysd,t);
subplot(211),plot(t,y1), title('Step Response for K=100')
xlabel('Time (s)'),ylabel('y(t)'), grid
subplot(212),plot(t,y2), title('Step Response for K=20')
xlabel('Time (s)'),ylabel('y(t)'), grid
```

闭环传递函数

选择时间点

在图中对x和y轴进行标注，并绘制曲线

(c)

图 4.25 增益 K 取不同值时的系统单位阶跃响应

（a）K = 100；（b）K = 20；（c）m 脚本程序

显，但却可以利用程序运行的中间结果予以证实，即增益 K 越小，系统的调节时间越长。这说明反馈控制增益 K 的确能够调节系统的瞬态响应特性。到目前为止，如果仅仅从瞬态响应的角度出发，我们认为 $K = 20$ 更为合理。但是，在最终确定增益 K 之前，我们还必须考虑其他方面的影响因素。

在最终确定增益 K 之前，分析图 4.26 给出的系统对单位阶跃干扰信号的响应不仅必要且十分重要。可以看出，增大增益 K 可以减小系统对单位阶跃干扰信号的稳态响应 $y(t)$。当 $K = 20$ 和 $K = 100$ 时，$y(t)$ 的稳态值分别为 0.05 和 0.01。在不同增益下，表 4.3 总结了系统干扰响应的稳态误差、超调量和调节时间（按 2% 准则）。其中，系统对单位阶跃干扰信号的稳态响应由终值定理给出：

$$\lim_{t \to \infty} y(t) = \lim_{s \to 0} s\left\{\frac{1}{s(s+12)+K}\right\}\frac{1}{s} = \frac{1}{K}$$

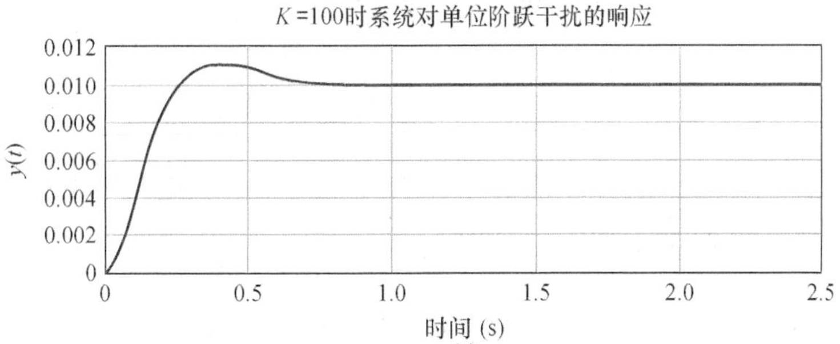

(a)

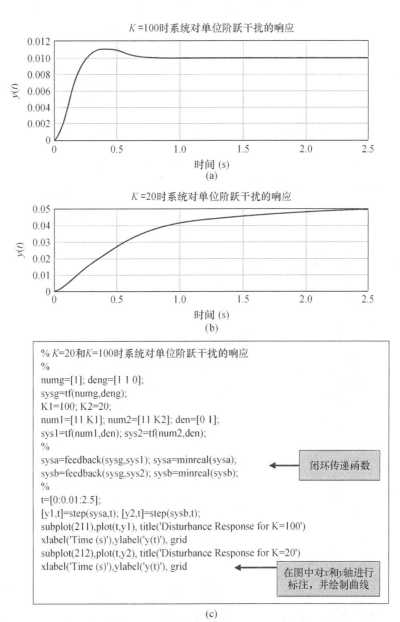

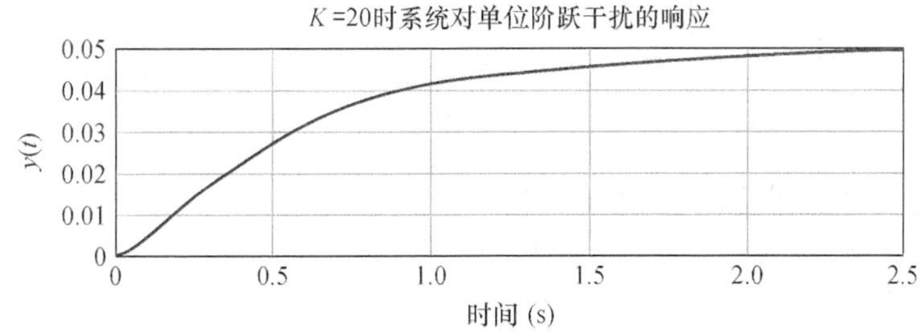

(b)

```
% K=20和K=100时系统对单位阶跃干扰的响应
%
numg=[1]; deng=[1 1 0];
sysg=tf(numg,deng);
K1=100; K2=20;
num1=[11 K1]; num2=[11 K2]; den=[0 1];
sys1=tf(num1,den); sys2=tf(num2,den);
%
sysa=feedback(sysg,sys1); sysa=minreal(sysa);        ← 闭环传递函数
sysb=feedback(sysg,sys2); sysb=minreal(sysb);
%
t=[0:0.01:2.5];
[y1,t]=step(sysa,t); [y2,t]=step(sysb,t);
subplot(211),plot(t,y1), title('Disturbance Response for K=100')
xlabel('Time (s)'),ylabel('y(t)'), grid
subplot(212),plot(t,y2), title('Disturbance Response for K=20')
xlabel('Time (s)'),ylabel('y(t)'), grid        ← 在图中对x和y轴进行标注，并绘制曲线
```

(c)

图 4.26　增益 K 取不同值时系统对单位阶跃干扰的响应

（a）$K = 100$；（b）$K = 20$；（c）m 脚本程序

如果想要侧重考虑系统抑制干扰的能力，就应该选择 $K = 100$。这样我们就会遭遇控制系统设计过程中常见的“两难”困境。在本例中，增大增益 K 意味着能够更好地抑制干扰，而减小增益 K 则能够改善瞬态性能（如降低系统超调量）。虽然控制系统设计软件能够辅助完成控制系统的设计，但终究不能代替控制工程师的判断和决策，仍然必须由设计者根据具体情况来最终选择确定增益 K 的取值。

表 4.3　当 $K = 20$ 和 $K = 100$ 时，掘进机控制系统的响应

	$K = 20$	$K = 100$
阶跃响应：		
超调量（P.O.）	4%	22%
调节时间 T_s	1.0 s	0.7 s
干扰响应：		
稳态误差 e_{ss}	5%	1%

最后分析系统对受控对象波动变化的灵敏度，前面的式（4.60）给出了系统灵敏度：

$$S_G^T = \frac{s(s+1)}{s(s+12)+K}$$

利用上面的式子可以计算不同的 s 值对应的灵敏度 S_G^T，并绘制频率–灵敏度关系曲线。在低频段，系统灵敏度可以近似为

$$S_G^T \approx \frac{s}{K}$$

由此可见，增大增益 K 能够降低系统灵敏度。当 $K = 20$ 且 $s = j\omega$ 时，图 4.27 给出了系统灵敏度与频率 ω 之间的关系曲线。

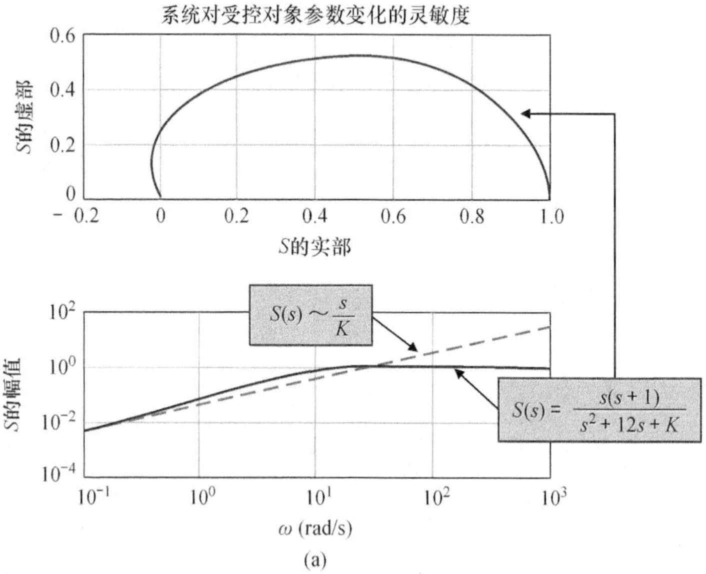

图 4.27　（a）系统对受控对象参数变化的灵敏度（$s = j\omega$）；（b）m 脚本程序

```
%绘制系统灵敏度曲线
%
K=20; num=[1 1 0]; den=[1 12 K];
w=logspace(-1,3,200); s=w*i;
n=s.^2 + s; d= s.^2 + 12*s+K; S=n./d;
n2= s; d2=K; S2=n2./d2;
%
subplot(211), plot(real(S),imag(S))
title('System Sensitivity to Plant Variations')
xlabel('Real(S)'), ylabel('Imag(S)'), grid
subplot(212), loglog(w,abs(S),w,abs(S2))
xlabel('\omega(rad/s)'), ylabel('Abs(S)'), grid
```

定义向量$s = j\omega$，用于分析系统的灵敏度

系统灵敏度

灵敏度近似值

(b)

图 4.27　(a) 系统对受控对象参数变化的灵敏度（$s = j\omega$）；(b) m 脚本程序（续）

4.10　循序渐进设计实例：磁盘驱动器读取系统

磁盘驱动器读取系统的设计就是一个折中与优化的实例。磁盘驱动器必须能够对磁头进行精确定位，并尽可能降低由于参数变化、外部冲击和振动对磁头定位精度造成的影响。机械臂和支撑簧片可能会与外部振动（如笔记本电脑可能受到的振动）产生共振。驱动器可能受到的干扰主要包括物理振动、磁盘转轴轴承的磨损和摆动，以及元器件老化引起的参数变化等。本节将讨论磁盘驱动器对干扰和系统参数波动变化的响应特性，并进一步分析当调整放大器增益 K_a 时，系统对阶跃输入信号的瞬态响应和稳态误差。

考虑图 4.28 给出的闭环系统，该系统的控制器是一个增益可调的放大器，各部件的传递函数如图 4.29 所示。首先，当参考输入为单位阶跃信号 $R(s) = 1/s$ 且干扰信号为 $T_d(s) = 0$ 时，计算磁盘驱动器读取系统的稳态误差。当反馈环路 $H(s) = 1$ 时，可以得到跟踪误差 $E(s)$ 为

$$E(s) = R(s) - Y(s) = \frac{1}{1 + K_a G_1(s) G_2(s)} R(s)$$

于是

$$\lim_{t \to \infty} e(t) = \lim_{s \to 0} s \left[\frac{1}{1 + K_a G_1(s) G_2(s)} \right] \frac{1}{s} \tag{4.67}$$

由此可见，系统对阶跃输入的稳态跟踪误差为 0，即 $e(\infty) = 0$。这个结论与系统参数无关，无论参数取何值，结论都成立。

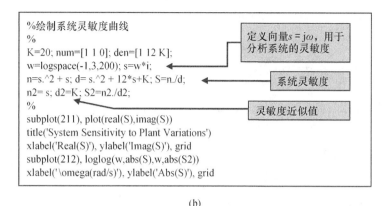

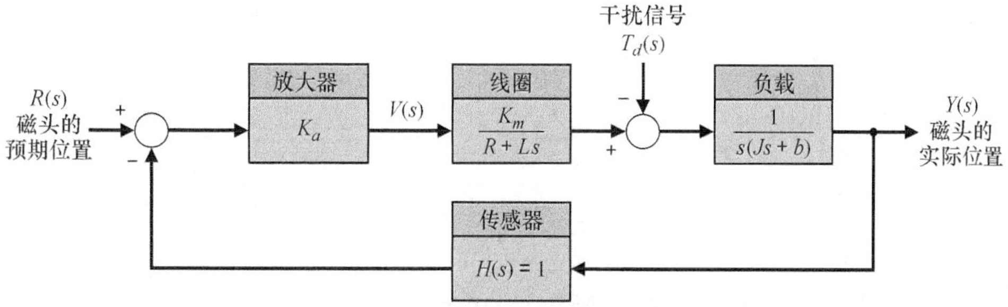

图 4.28　磁盘驱动器的磁头控制系统

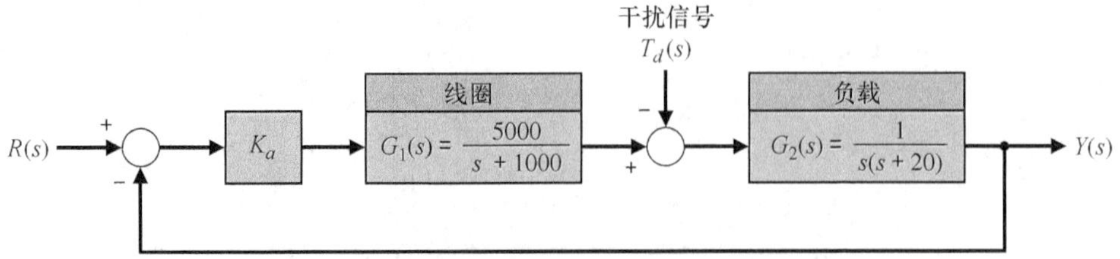

图 4.29 利用典型参数值确定传递函数的磁头控制系统

接下来，当调整放大器增益 K_a 时，分析系统的瞬态响应。令干扰信号 $T_d(s) = 0$，系统的闭环传递函数为

$$T(s) = \frac{Y(s)}{R(s)} = \frac{K_a G_1(s) G_2(s)}{1 + K_a G_1(s) G_2(s)} = \frac{5000K_a}{s^3 + 1020s^2 + 20\,000s + 5000K_a} \tag{4.68}$$

运行图 4.30（a）所示的 m 脚本程序，当 $K_a = 10$ 和 $K_a = 80$ 时，可以分别得到系统的瞬态响应，如图 4.30（b）所示。可以看出，当 $K_a = 80$ 时，系统对输入指令的响应速度明显更快，但响应过程中出现了不可接受的振荡。

```
Ka=10;  ← 选择Ka
nf=[5000]; df=[1 1000]; sysf=tf(nf,df);
ng=[1]; dg=[1 20 0]; sysg=tf(ng,dg);
sysa=series(Ka*sysf,sysg);
sys=feedback(sysa,[1]);
t=[0:0.01:2];
y=step(sys,t); plot(t,y)
ylabel('y(t)'), xlabel('Time (s)'), grid
```

(a)

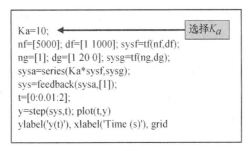

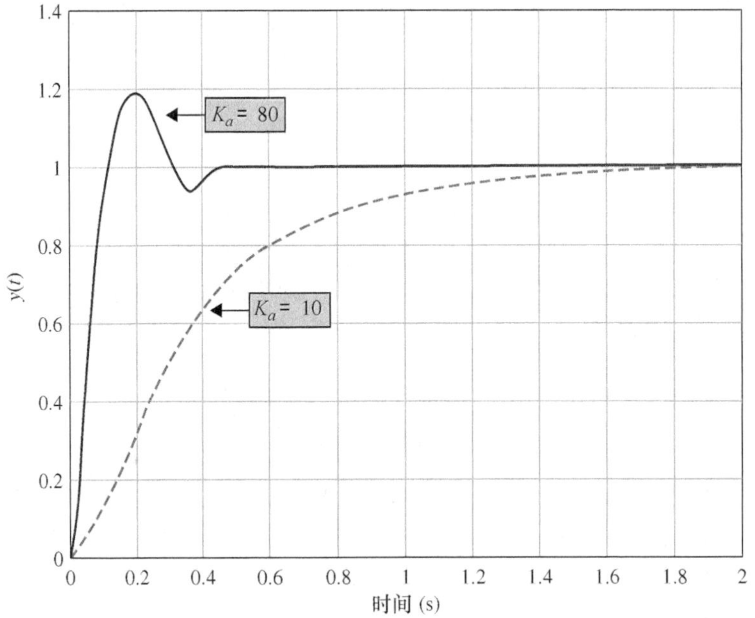

(b)

图 4.30 不同增益下闭环系统的阶跃响应

（a）m 脚本程序；（b）$K_a = 10$ 和 $K_a = 80$

最后分析单位阶跃干扰信号 $T_d(s) = 1/s$ 对系统的影响，取参考输入 $R(s) = 0$。我们希望尽可

能减小干扰对系统性能的影响，因此取 $K_a = 80$。利用图 4.29，我们可以得到闭环系统对 $T_d(s)$ 的响应 $Y(s)$ 为

$$Y(s) = \frac{G_2(s)}{1 + K_a G_1(s) G_2(s)} T_d(s) \tag{4.69}$$

运行图 4.31（a）所示的 m 脚本程序，当 $K_a = 80$、$T_d(s) = 1/s$ 时，系统对单位阶跃干扰的响应曲线如图 4.31（b）所示。为了进一步降低干扰对系统的影响，就必须将 K_a 增大到 80 以上。但是，这将导致系统对阶跃指令 $[r(t) = 1,\ t > 0]$ 的响应中出现不可接受的振荡。第 5 章将给出增益 K_a 的最优值，以确保系统产生既快速又不出现剧烈振荡的响应。

```
Ka=80;                                          ← 选择Ka
nf=[5000]; df=[1 1000]; sysf=tf(nf,df);
ng=[1]; dg=[1 20 0]; sysg=tf(ng,dg);
sys=feedback(sysg,Ka*sysf);
sys=-sys;                                       ← 干扰信号取负值
t=[0:0.01:2];
y=step(sys,t);
plot(t,y), grid
ylabel('y(t)'), xlabel('Time (s)'), grid
```

(a)

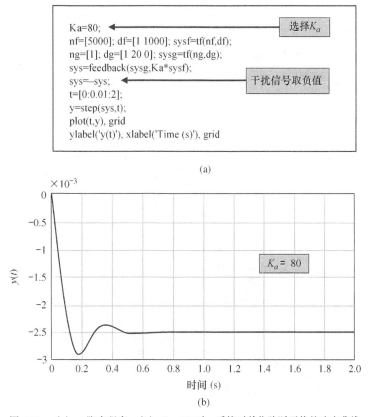

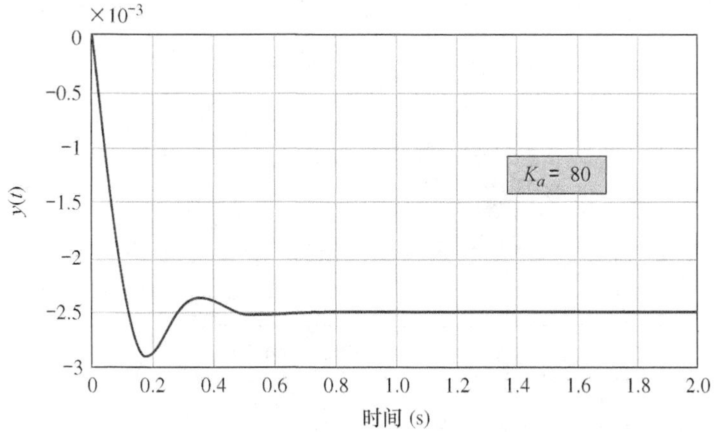

(b)

图 4.31　（a）m 脚本程序；（b）$K_a = 80$ 时，系统对单位阶跃干扰的响应曲线

4.11　小结

尽管引入反馈提高了控制系统的成本并增加了系统的复杂程度，但它仍然在控制系统设计中得到了广泛应用，主要原因如下。

- 引入反馈能够降低系统对受控对象参数波动变化的灵敏度。
- 引入反馈能够提高系统抑制干扰信号的能力。
- 引入反馈能够提高系统衰减测量噪声的能力。
- 引入反馈能够减小系统的稳态误差。
- 引入反馈便于调节系统的瞬态响应。

在控制系统分析中，环路传递函数（环路增益）$L(s) = G_c(s)G(s)$ 是一个非常基本的概念。在这个概念的基础上，我们可以分别定义系统的灵敏度函数 $S(s)$ 和补灵敏度函数 $C(s)$：

$$S(s) = \frac{1}{1 + L(s)}, C(s) = \frac{L(s)}{1 + L(s)}$$

系统跟踪误差 $E(s)$ 为

$$E(s) = S(s)R(s) - S(s)G(s)T_d(s) + C(s)N(s)$$

因此，为了最小化系统跟踪误差 $E(s)$，我们希望同时让 $S(s)$ 和 $C(s)$ 尽可能小。但是，灵敏度函数和补灵敏度函数满足如下约束：

$$S(s) + C(s) = 1$$

因此，在控制系统设计中，必然遭遇基本的“两难”困境。我们需要在如下两个方面进行折中处理：一方面需要提高系统抑制干扰的能力，并降低系统对受控对象参数变化的灵敏度；另一方面需要提高系统衰减测量噪声的能力。

正是由于具有以上诸多优点，反馈控制在工业系统、政府管理和自然系统中得到广泛应用也就顺理成章了。

☑ 技能自测

本节提供 3 类题目来测试你对本章知识的掌握情况：正误判断题、多项选择题以及术语和概念匹配题。为了直接反馈学习效果，请及时对照每章最后给出的答案。必要时，请借助图 4.32 给出的框图模型，确认下面各题的相关陈述。

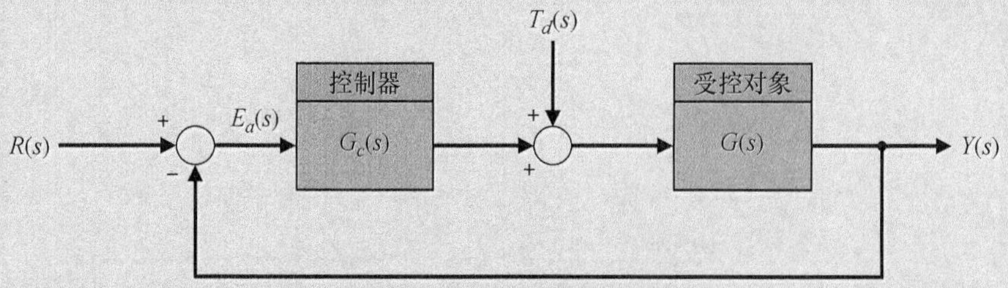

图 4.32　技能自测参考框图模型

在下面的正误判断题和多项选择题中，圈出正确的答案。

1. 控制系统的重要特性之一是它们的瞬态响应。　　对　或　错
2. 系统灵敏度是指当变化量为微小增量时，系统传递函数的变化率与受控对象传递函数（或参数）的变化率之比。　　对　或　错
3. 开环控制系统的一个基本优点是具有降低系统灵敏度的能力。　　对　或　错
4. 干扰信号是系统希望出现且能够影响系统输出的输入信号。　　对　或　错
5. 引入反馈的一个基本优点是能够降低系统对受控对象（或参数）波动变化的灵敏度。　　对　或　错
6. 图 4.32 中的环路传递函数为

$$G_c(s)G(s) = \frac{50}{\tau s + 10}$$

闭环系统对参数 τ 的微小变换的灵敏度为________。

a. $S_\tau^T(s) = -\frac{\tau s}{\tau s + 60}$

b. $S_\tau^T(s) = \frac{\tau}{\tau s + 10}$

c. $S_{\tau}^{T}(s) = \dfrac{\tau}{\tau s + 60}$

d. $S_{\tau}^{T}(s) = -\dfrac{\tau s}{\tau s + 10}$

7. 考虑图 4.33 给出的两个反馈系统。

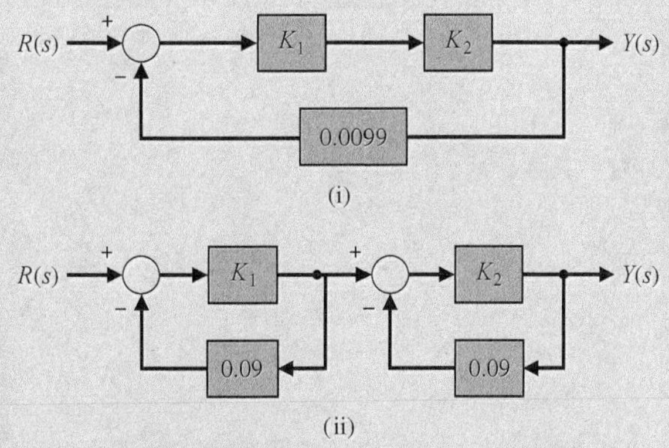

图 4.33　具有增益 K_1 和 K_2 的两个反馈系统

当 $K_1 = K_2 = 100$ 时，这两个反馈系统具有相同的传递函数，其中哪一个反馈系统对参数 K_1 的波动变化更灵敏？可以利用标称值 $K_1 = K_2 = 100$ 计算系统灵敏度。

a. 系统（i）更灵敏且 $S_{K_1}^{T}$=0.01

b. 系统（ii）更灵敏且 $S_{K_1}^{T}$=0.1

c. 系统（ii）更灵敏且 $S_{K_1}^{T}$=0.01

d. 这两个反馈系统对参数 K_1 的波动变化同样灵敏

8. 考虑如下闭环传递函数。

$$T(s) = \frac{A_1 + kA_2}{A_3 + kA_4}$$

其中，A_1、A_2、A_3、A_4 为常数，请计算系统对参数 k 的波动变化的灵敏度。

a. $S_k^T = \dfrac{K(A_2A_3 - A_1A_4)}{(A_3 + kA_4)(A_1 + kA_2)}$

b. $S_k^T = \dfrac{K(A_2A_3 + A_1A_4)}{(A_3 + kA_4)(A_1 + kA_2)}$

c. $S_k^T = \dfrac{K(A_1 + kA_2)}{A_3 + kA_4}$

d. $S_k^T = \dfrac{K(A_3 + kA_4)}{A_1 + kA_2}$

借助图 4.32 所示的框图模型解答下面的第 9~12 题，其中 $G_c(s) = K_1$，$G(s) = \dfrac{K}{s + K_1K_2}$。

9. 系统的闭环传递函数为________。

a. $T(s) = \dfrac{KK_1^2}{s + K_1(K + K_2)}$

b. $T(s) = \dfrac{KK_1}{s + K_1(K + K_2)}$

c. $T(s) = \dfrac{KK_1}{s - K_1(K + K_2)}$

d. $T(s) = \dfrac{KK_1}{s^2 + K_1Ks + K_1K_2}$

10．系统对参数 K_1 的波动变化的灵敏度 $S_{K_1}^T$ 为________。

a．$S_{K_1}^T(s)=\dfrac{Ks}{(s+K_1(K+K_2))^2}$

b．$S_{K_1}^T(s)=\dfrac{2s}{s+K_1(K+K_2)}$

c．$S_{K_1}^T(s)=\dfrac{s}{s+K_1(K+K_2)}$

d．$S_{K_1}^T(s)=\dfrac{K_1(s+K_1K_2)}{(s+K_1(K+K_2))^2}$

11．系统对参数 K 的波动变化的灵敏度 $S_K^T(s)$ 为________。

a．$S_K^T(s)=\dfrac{s+K_1K_2}{s+K_1(K+K_2)}$

b．$S_K^T(s)=\dfrac{Ks}{(s+K_1(K+K_2))^2}$

c．$S_K^T(s)=\dfrac{s+KK_1}{s+K_1K_2}$

d．$S_K^T(s)=\dfrac{K_1(s+K_1K_2)}{(s+K_1(K+K_2))^2}$

12．系统对单位阶跃输入 $R(s)=1/s\,[T_d(s)=0]$ 的稳态跟踪误差为________。

a．$e_{ss}=\dfrac{K}{K+K_2}$

b．$e_{ss}=\dfrac{K_2}{K+K_2}$

c．$e_{ss}=\dfrac{K_2}{K_1(K+K_2)}$

d．$e_{ss}=\dfrac{K_1}{K+K_2}$

借助图 4.32 所示的框图模型解答下面的第 13 和 14 题，其中 $G_c(s)=K_1$，$G(s)=\dfrac{b}{s+1}$。

13．灵敏度 S_b^T 为________。

a．$S_b^T=\dfrac{1}{s+Kb+1}$

b．$S_b^T=\dfrac{s+1}{s+Kb+1}$

c．$S_b^T=\dfrac{s+1}{s+Kb+2}$

d．$S_b^T=\dfrac{s}{s+Kb+2}$

14．计算 K 的最小值，使得系统的源于单位阶跃干扰信号的稳态误差小于 10%。

a．$K=1-1/b$

b．$K=b$

c．$K=10-1/b$

d．对于任意的 K 值，都有稳态误差为 ∞。

15．受控对象自身能够满足下面的预期规律。

$$r(t)=(5-t+0.5t^2)u(t)$$

其中，$r(t)$ 为预期输出，$u(t)$ 为单位阶跃函数输入。观察图 4.32 所示的单位负反馈系统，给定系统的环路传递函数为

$$L(s)=G_c(s)G(s)=\frac{10(s+1)}{s^2(s+5)}$$

计算系统的稳态误差［误差为 $E(s)=R(s)-Y(s)$ 且有 $T_d(s)=0$］。

a. $e_{ss}=\lim_{t\to\infty} e(t)\to\infty$

b. $e_{ss}=\lim_{t\to\infty} e(t)=1$

c. $e_{ss}=\lim_{t\to\infty} e(t)=0.5$

d. $e_{ss}=\lim_{t\to\infty} e(t)=0$

在下面的术语和概念匹配题中，在空格中填写正确的字母，将术语和概念与它们的定义联系起来。

a.	不稳定性	不希望出现的且能够影响系统输出的输入信号。	____
b.	稳态误差	预期的输出信号 $R(s)$ 与实际的输出信号 $Y(s)$ 之差。	____
c.	系统灵敏度	没有反馈环节，由输入信号直接激励产生输出响应的系统。	____
d.	部件	运行时间足够长且系统的瞬态响应消失之后，持续偏离预期响应的偏差值。	____
e.	干扰（扰动）信号	当变化量为微小增量时，系统传递函数的变化率与受控对象传递函数（或参数）的变化率之比。	____
f.	瞬态响应	随时间变化的系统响应，是时间的函数。	____
g.	复杂性	将实际的输出测量值与预期的输出值作比较，产生偏差信号并将偏差信号作用于执行机构的系统。	____
h.	偏差（误差）信号	从系统结构、布局和行为等方面，衡量系统不同部件之间的交互和关联程度的属性。	____
i.	闭环系统	用于构成整个系统的元器件、子系统和分组件。	____
j.	增益损失	系统的一种属性，用于描述当初始状态出现偏离时，系统具有离开原有平衡态的趋势。	____
k.	开环系统	输入信号通过某个系统后，输出信号和输入信号幅值之比出现的减小程度，通常以分贝（dB）为单位进行度量。	____

基础练习题

E4.1　图 E4.1 所示的数字音响系统旨在降低干扰和噪声的影响。受控对象 $G(s)$ 可以近似为 $G(s)=K_2$。

(a) 计算系统对 K_2 变化的灵敏度。

(b) 计算干扰 $T_d(s)$ 对 $V_o(s)$ 的影响。

(c) K_1 取何值时，才能使干扰对系统的影响最小？

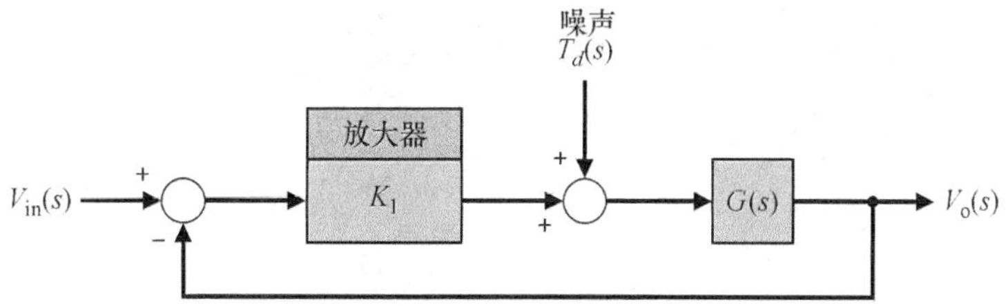

图 E4.1　数字音响系统

E4.2　我们通常采用闭环跟踪系统来跟踪太阳的方位，以便使得太阳能电池阵列获得最大功率。闭环跟踪系统可以视为单位负反馈系统，其中：

$$Gc(s)G(s)=\frac{100}{\tau s+1}$$

假设参数的标称值为 $\tau=3$ s。试求

(a) 系统对 τ 发生微小变化的灵敏度 S。

(b) 闭环跟踪系统响应的时间常数。

答案：（a）$S = -3s/(3s+101)$；（b）$\tau_c = 3/101$ s。

E4.3 考虑图E4.3（a）所示的果实采摘机器人，该机器人通过机械臂和摄像机的相互配合，完成采摘果实的工作。摄像机用于提供果实的位置信号并闭合反馈环路，以便控制机械臂[8, 9]。受控对象的传递函数为

$$G(s) = \frac{K}{(s+20)^2}$$

（a）试计算在阶跃指令 A 的作用下，采摘机器人的稳态误差（作为 K 的函数）。

（b）列举一种可能的干扰信号。

答案：（a）$e_{ss} = \dfrac{A}{1+K/400}$

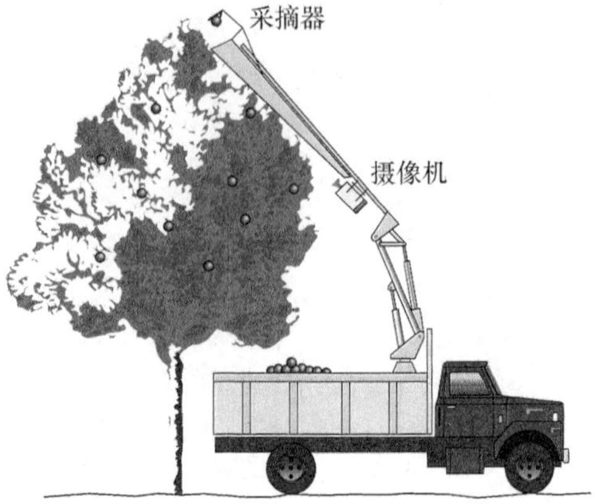

(a)

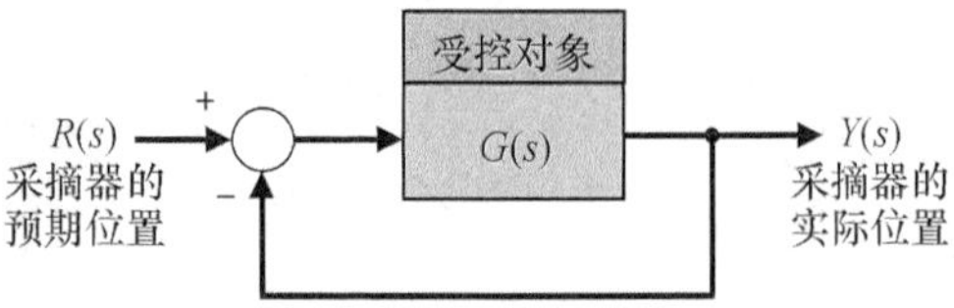

(b)

图 E4.3　果实采摘机器人

E4.4 如图E4.4所示，磁盘驱动器利用电机驱动读/写磁头，使得磁头在旋转的磁盘上能够准确定位到预定的磁道。电机和磁头的组合可以表示为

$$G(s) = \frac{100}{s(\tau s+1)}$$

其中，$\tau = 0.001$ s。控制器把磁头的实际位置与预期位置之差（即偏差信号）作为控制信号，这一偏差信号将由放大器放大至原来的 K 倍。

（a）当预期输入有阶跃性变化时，试求磁头位置的稳态误差。

（b）选择 K 的合适取值，在斜坡输入指令的速率 $A = 10$ cm/s 时，使得磁头的稳态位置误差小于 0.1 mm。

答案：（a）$e_{ss} = 0$；（b）$K = 10$。

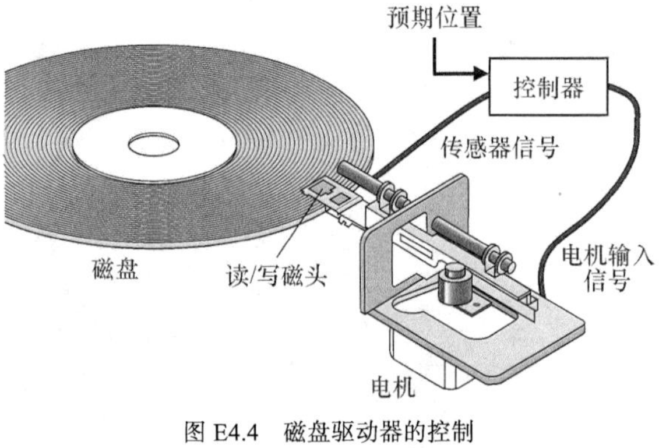

图 E4.4　磁盘驱动器的控制

E4.5 单位负反馈系统的环路传递函数为

$$L(s) = G_c(s)G(s) = \frac{100K}{s(s+b)}$$

确定系统对斜坡输入信号的稳态误差与增益 K 和参数 b 之间的关系式。当 K 和 b 取何值时，能够保证系统对斜坡输入信号的稳态误差小于0.1？

E4.6 反馈系统的闭环传递函数为

$$T(s) = \frac{s^2+ps+20}{s^3+ps^2+4s+(1-p)}$$

当$p > 0$时，计算闭环传递函数对p的波动变化的灵敏度，然后以p为参数，计算系统对单位阶跃输入的稳态误差。

E4.7　很多人遇到过幻灯片投影仪不能聚焦的情况。不能聚焦的幻灯片投影仪是系统存在稳态误差的鲜活实例。幻灯片投影仪在配备了自动聚焦装置之后，就能够不受幻灯片位置的变化和环境温度的干扰而始终保持聚焦[11]。试据此绘制自动聚焦系统的框图模型并阐述系统的工作原理。

E4.8　在冬天，很多地区的路面会因为冰雪而变得湿滑。在这些地区，四轮驱动汽车很受欢迎。带有防抱死刹车装置的四轮驱动汽车，通过传感器来保持每个车轮的转动，以便保持牵引力。图 E4.8 给出了四轮驱动汽车的车轮控制系统的简要框图模型。假设预期转速为维持恒速，当输入信号为$R(s) = A/s$时，确定系统的闭环响应。

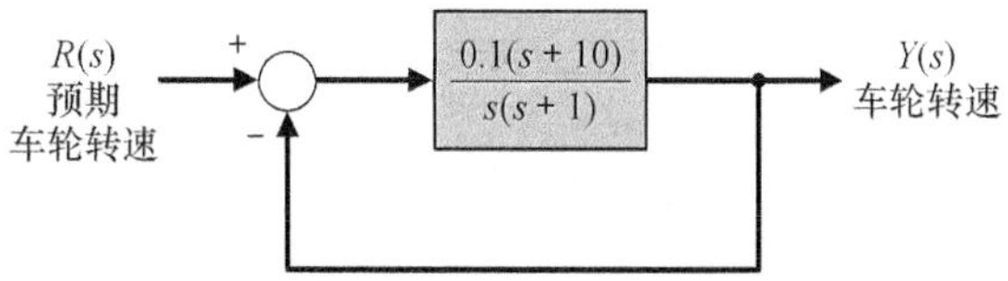

图 E4.8　四轮驱动汽车的车轮控制系统的简要框图模型

E4.9　带有透明塑料外壳的潜水艇可能会给水下休闲带来革命性的变化。某小型潜水艇的下潜深度控制系统如图 E4.9 所示。

(a) 确定系统的闭环传递函数 $T(s) = Y(s)/R(s)$。

(b) 计算系统的灵敏度 $S^T_{K_1}$ 和 S^T_K。

(c) 计算干扰 $T_d(s) = 1/s$ 导致的稳态误差。

(d) 当输入为阶跃信号 $R(s) = 1/s$，系统参数为 $K = 2$、$K_2 = 3$ 且 $1 < K_1 < 10$ 时，试求系统响应 $y(t)$ 并选择 K_1 的合适取值，使得系统的响应速度最快。

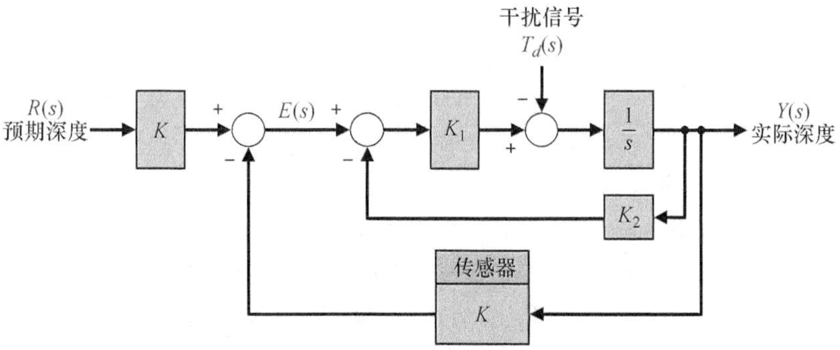

图 E4.9　下潜深度控制系统

E4.10　考虑图 E4.10 所示的反馈控制系统。

(a) 试求系统对单位阶跃输入的稳态误差（作为增益 K 的函数）。

(b) 当 $40 \leqslant K \leqslant 400$ 时，计算系统对单位阶跃输入的超调量。

(c) 当增益 K 发生变化时，绘制超调量和稳态误差随着 K 的变化曲线。

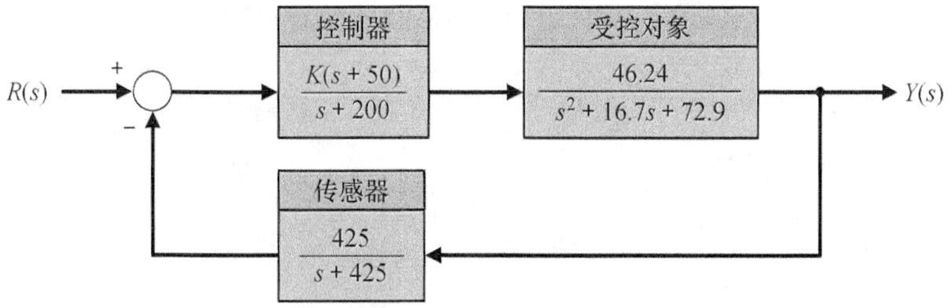

图 E4.10　反馈控制系统

E4.11 考虑图E4.11所示的非单位反馈闭环系统，其中：

$$G(s)=\frac{K}{s+10},\quad H(s)=\frac{14}{s^2+5s+6}$$

（a）试求系统的闭环传递函数 $T(s)=Y(s)/R(s)$。

（b）定义跟踪误差为 $E(s)=R(s)-Y(s)$，试求系统对单位阶跃输入信号 $R(s)=1/s$ 的跟踪误差 $E(s)$ 及其稳态值。

（c）试求系统的传递函数 $Y(s)/T_d(s)$。当干扰信号为单位阶跃信号［即 $T_d(s)=1/s$］时，计算系统的稳态误差。

（d）试求系统灵敏度 S_K^T。

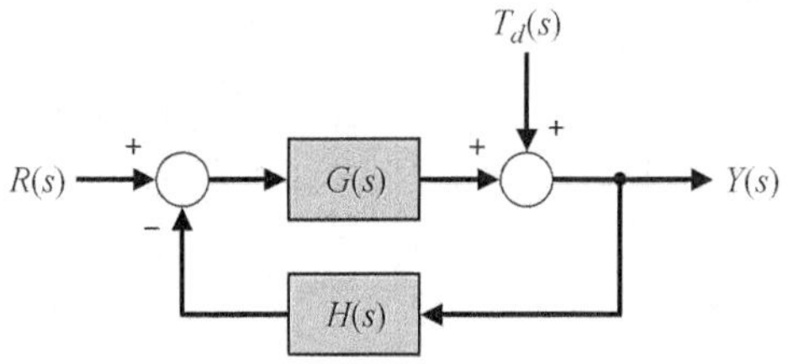

图 E4.11 非单位反馈闭环系统

E4.12 考虑图E4.12所示的含有测量噪声的非单位反馈闭环系统，其中包含有测量噪声 $N(s)$，并且有

$$G(s)=\frac{100}{s+100},\quad G_c(s)=K_1,\quad H(s)=\frac{K_2}{s+5}$$

定义跟踪误差为 $E(s)=R(s)-Y(s)$。

（a）试求系统的传递函数 $T(s)=Y(s)/R(s)$；假定 $N(s)=0$，试求系统对单位阶跃输入信号 $R(s)=1/s$ 的稳态跟踪误差。

（b）试求系统的传递函数 $T(s)=Y(s)/N(s)$；假定 $R(s)=0$，试求系统源于单位阶跃噪声信号 $N(s)=1/s$ 的稳态跟踪误差。注意，此时系统的预期输出为 0。

（c）如果系统的目标在于既跟踪系统输入，又尽可能衰减测量噪声的影响，也就是最小化噪声 $N(s)$ 对系统输出的影响，那么应该如何选择参数 K_1 和 K_2 的值？

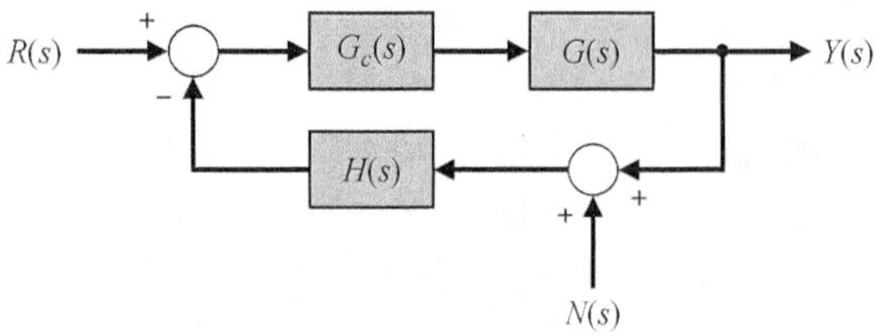

图 E4.12 含有测量噪声的非单位反馈闭环系统

E4.13 高速轧钢机采用闭环控制系统来精确控制板材的厚度。该系统的框图模型如图E4.13所示，其中受控对象 $G(s)$ 的传递函数为

$$G(s)=\frac{1}{s(s+75)}$$

试求系统对控制器增益 K 的波动变化的灵敏度。

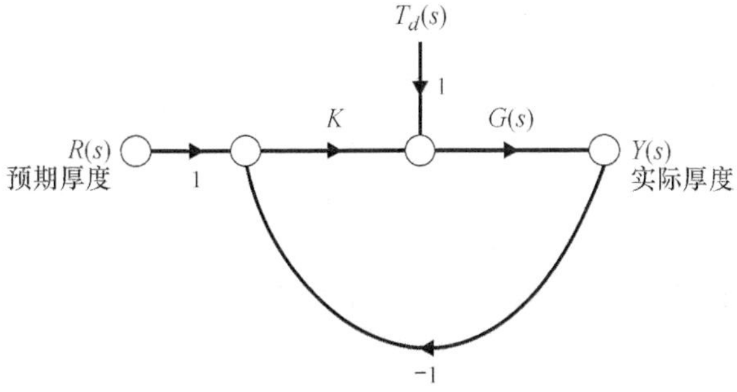

(a)

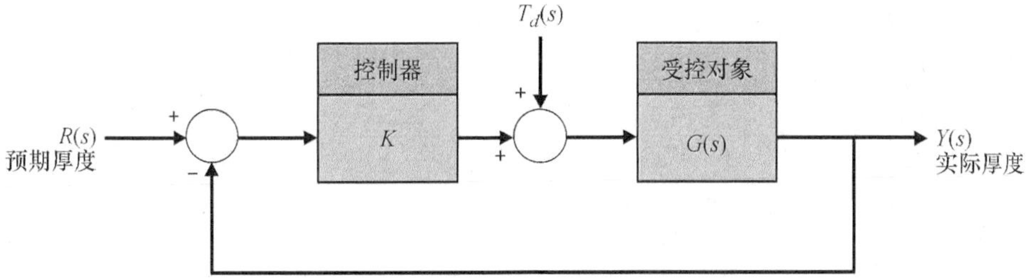

(b)

图 E4.13　高速轧钢机的厚度控制系统

（a）信号流图模型；（b）框图模型

E4.14　考虑图 E4.14 所示的单位负反馈闭环控制系统，其中有两个参数，分别为控制器增益 K 以及受控对象的参数 K_1。

（a）试求系统对参数 K_1 的波动变化的灵敏度。

（b）当参数 K 取何值时，才能最小化外部干扰 $T_d(s)$ 的影响？

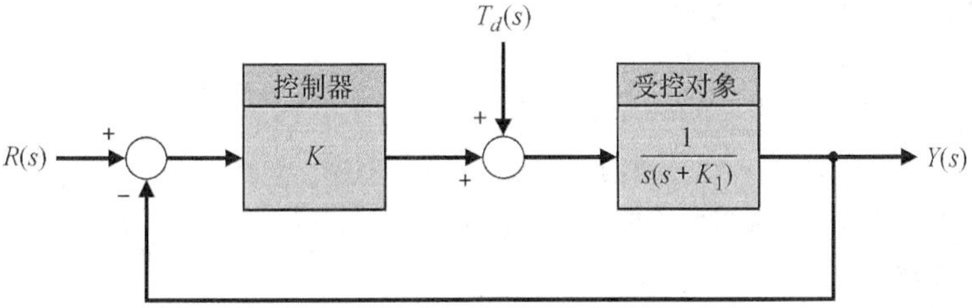

图 E4.14　含有 K 和 K_1 两个参数的单位负反馈闭环控制系统

E4.15　继续考虑图 E4.14 所示的单位负反馈闭环控制系统，取参数 $K = 100$、$K_1 = 50$，如图 E4.15 所示。

（a）定义跟踪误差为 $E(s) = R(s) - Y(s)$，假定 $T_d(s) = 0$，试求系统对单位阶跃输入信号 $R(s) = 1/s$ 的稳态误差。

（b）假定 $R(s) = 0$，试求系统源于单位阶跃干扰信号 $T_d(s) = 1/s$ 的稳态误差。

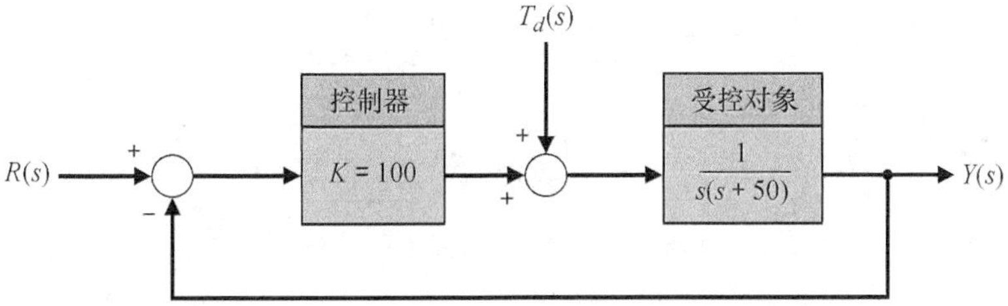

图 E4.15　$K = 100$、$K_1 = 50$ 的单位负反馈闭环控制系统

一般习题

P4.1 某液流控制系统的环路传递函数为

$$G(s)=\frac{\Delta Q_2(s)}{\Delta Q_1(s)}=\frac{1}{\tau s+1}$$

其中，$\tau=RC$，R 是出水孔的阻力常数，故有 $1/R=1/2kH_0^{-1/2}$；C 是水箱的截面积。由于 $\Delta H=R\Delta Q_2$，因此可以得到水位高度变化量与注水流量变化量之间的环路传递函数为

$$G_1(s)=\frac{\Delta H(s)}{\Delta Q_1(s)}=\frac{R}{RCs+1}$$

如图 P4.1 所示，系统在配备了浮球式水位传感器和捷联式阀门之后，就成了闭环反馈液流控制系统。假设浮球的质量可以忽略，通过控制阀门可以使注水流量的变化量 ΔQ_1 与液面高度的变化量 ΔH 之间成比例，即 $\Delta Q_1=-K\Delta H$。试据此绘制该系统的信号流图模型或框图模型。此外，试从以下三个方面，计算并比较开环系统和闭环系统的性能。

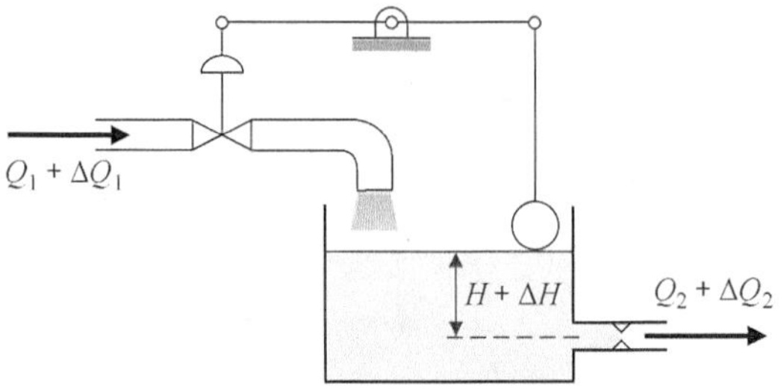

图 P4.1 液流控制系统

(a) 对参数 R 和反馈系数 K 的波动变化的灵敏度。

(b) 降低干扰对 $\Delta H(s)$ 的影响。

(c) $\Delta Q_1(s)$ 为阶跃信号时液面高度的稳态误差。

P4.2 为了提高游客乘船时的舒适度，就必须减小船体因波浪产生的晃动[13]。大多数轮船采用安装鳍或喷射水流的方式来设计稳定的系统，它们能够产生所需要的稳定力矩。图 P4.2 提供了一个轮船稳定系统的简要框图模型。轮船的晃动可以等价为单摆的振荡，其垂直偏离角为 $\theta(t)$，摆动周期一般为 3 s。普通轮船自身的传递函数为

$$G(s)=\frac{\omega_n^2}{s^2+2\zeta\omega_n s+\omega_n^2}$$

其中，$\omega_n=3.5\ \mathrm{rad/s}$，$\zeta=0.25$。由于阻尼比 ζ 较小，因此，如果不加以控制，轮船的晃动就将持续好几个周期。即使在正常的海浪情况下，晃动的幅度也可以高达 18°。请从以下三个方面，计算并比较开环系统和闭环系统的性能。

(a) 对执行机构常数 K_a 和传感器常数 K_1 的波动变化的灵敏度。

(b) 降低阶跃干扰 $T_d(s)=A/s$ 对系统的影响，需要注意的是，此时的预期晃动角为 $\theta_d(s)=0$。

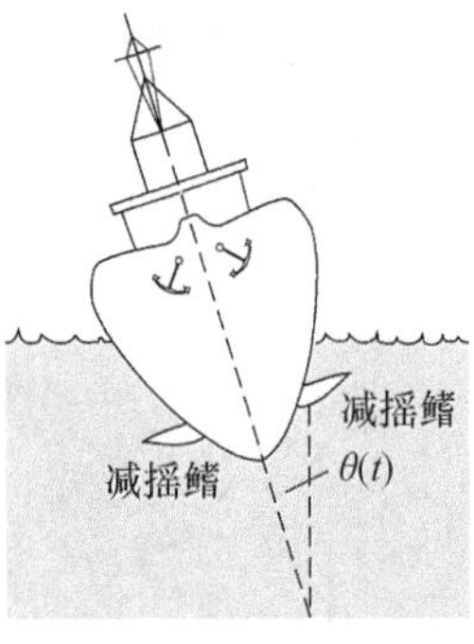

(a)

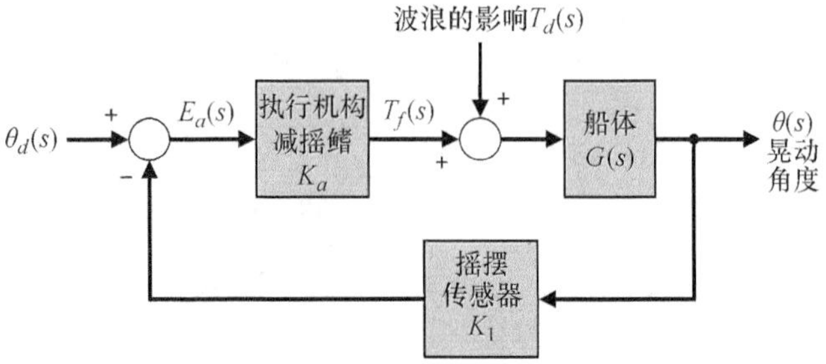

(b)

图 P4.2 轮船稳定系统，波浪的效应是作用于轮船的干扰力矩 $T_d(s)$

（c）针对闭环系统，确定 K_a 和 K_1 的一组取值范围，将系统源于阶跃干扰 $T_d(s)=A/s$ 的稳态误差降至 $0.1A$ 甚至更小。

P4.3　在工业系统尤其是化工系统中，温度是需要重点控制的变量之一。图 P4.3 给出了一个简单的温度控制系统的框图模型[14]，该系统利用电阻为 R 的加热器来控制受控对象的温度 T。当环境温差相对较小且加热器和管壁吸收的热量可以忽略时，就可以近似认为受控对象损失的热量与温度差 $T-T_e$ 之间呈线性关系。此外，假设 $E_h(s)=k_aE_bE(s)$，其中的 k_a 为执行机构常数。因此，在经过线性化近似之后，得到的温度控制系统的开环响应为

$$\mathcal{T}(s)=\frac{k_1k_aE_b}{\tau s+1}E(s)+\frac{\mathcal{T}_e(s)}{\tau s+1}$$

其中，$\tau=MC/(\rho A)$，M 为容器内介质的质量，A 为容器的内表面积，ρ 为热传导常数，C 为介质的热力系数，k_1 为量纲转换常数。

在所给条件下，请从以下三个方面计算并比较开环系统和闭环系统的性能。

（a）对参数 $K=k_1k_aE_b$ 的波动变化的灵敏度。

（b）当环境温度干扰 $\Delta T_e(s)$ 为单位阶跃信号时，系统抑制干扰的能力。

（c）当指令输入 $E_{des}(s)$ 为单位阶跃信号时，温度控制器的稳态误差。

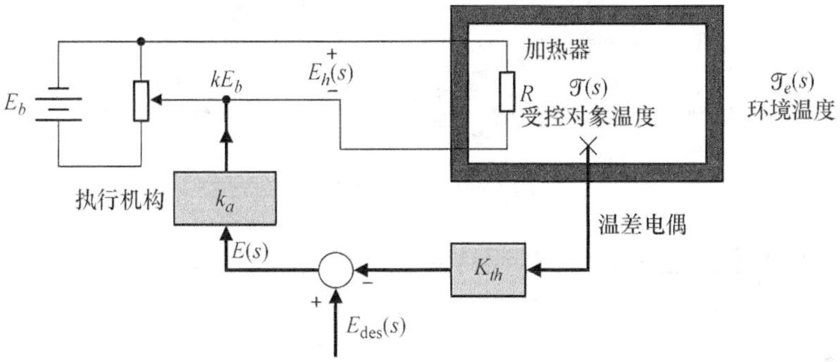

图 P4.3　一个简单的温度控制系统的框图模型

P4.4　图 P4.4 所示的控制系统有两条前向通路。

（a）确定整个系统的传递函数 $T(s)=Y(s)/R(s)$。

（b）利用式（4.16），计算系统灵敏度 S_G^T。

（c）分析系统灵敏度是否依赖于 $U(s)$ 或 $M(s)$。

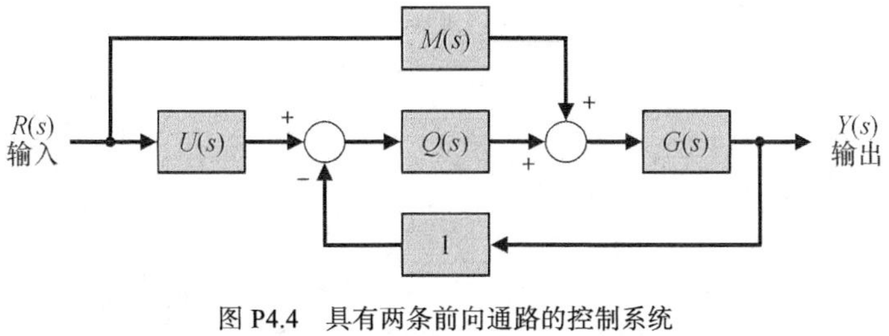

图 P4.4　具有两条前向通路的控制系统

P4.5　在射电天文学和卫星跟踪等领域，大型微波天线变得越来越重要。对于大型天线而言，如直径超过 60 ft 的天线，风产生的扭矩将对天线造成不利影响。对天线精度建议的设计要求为，当风速为 35 mi/h 时，天线的指向误差应该小于 20°。实验表明，在风速为 35 mi/h 的情况下，天线所能承受的干扰扭矩最大可以达到 200 000 ft-lb，这相当于让电机放大器承受高达 10 V 的干扰输入信号 $T_d(s)$。驱动调节大型天线的另一个问题是，系统中存在产生结构性共振的隐患。大型天线的

伺服机构如图P4.5所示，天线、驱动电机和电机放大器的传递函数可以近似为

$$G(s)=\frac{\omega_n^2}{s(s^2+2\zeta\omega_n s+\omega_n^2)}$$

其中，$\zeta=0.707$，$\omega_n=10$。功率放大器的传递函数可以近似为

$$G_1(s)=\frac{k_a}{\tau s+1}$$

其中，$\tau=0.2$ s。

（a）确定系统对 k_a 的波动变化的灵敏度。

（b）当干扰信号为 $T_d(s)=1/s$ 且输入为 $R(s)=0$ 时，选择 k_a 的合适取值，使系统的稳态误差小于 20°。

（c）当系统工作在开环状态下（即 $k_s=0$）且输入为 $R(s)=0$ 时，试计算干扰信号 $T_d(s)=10/s$ 导致的系统稳态误差。

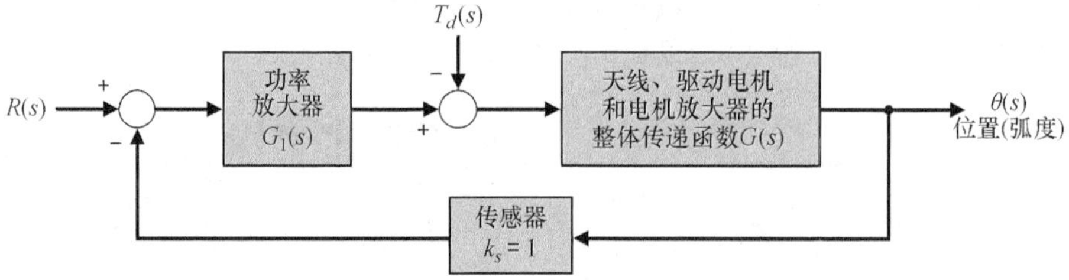

图 P4.5 天线控制系统

P4.6 未来，行驶在自动高速公路上的汽车必须配备车速自动控制系统。这样一种典型的车速自动控制系统的框图模型如图P4.6所示，其中，负载被视为干扰 $\Delta T_d(s)$，其强度则采用负载占汽车自重的比例来表示。对于不同型号的汽车，发动机增益 K_e 的取值在10和1000之间，发动机时间常数 $\tau_e=20$ s。

（a）试求系统对发动机增益 K_e 的波动变化的灵敏度。

（b）分析负载干扰力矩对汽车行驶速度的影响。

（c）记负载干扰力矩为 $\Delta T_d(s)=\Delta d/s$，作为各个增益值的函数，分析导致汽车失速［即 $V(s)=0$］的负载干扰力矩的幅值 Δd。假定 $R(s)=30/s$（单位为 km/h）且 $K_eK_1\gg 1$，在 $K_g/K_1=2$ 的情况下，多大的负载干扰力矩 Δd 会导致汽车失速［即 $V(s)=0$］？由于一旦装上负载，汽车承受的负载干扰强度就会保持不变，因此本题只考虑稳态解。

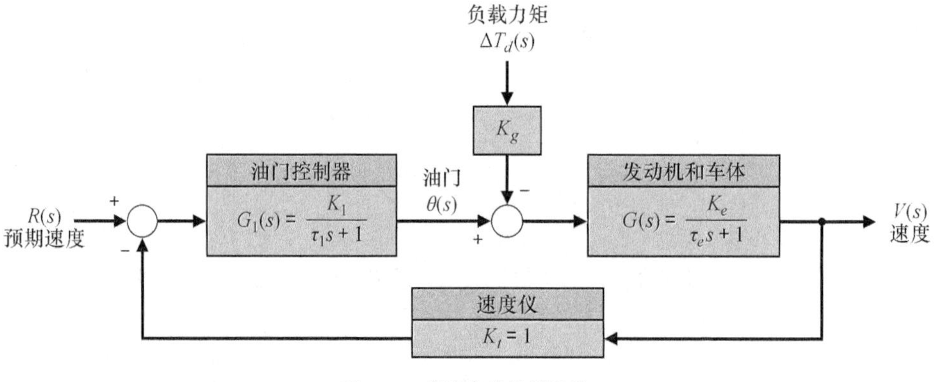

图 P4.6 车速自动控制系统

P4.7 机器人应用反馈原理来控制每个关节的指向。由于负载的不同以及机械臂伸展位置的变化，负载对机器人的影响也随之变化。例如，机械手抓持负载后，就可能使机器人系统产生偏差。机器人关节指向控制系统如图 P4.7 所示，其中，负载力矩为 $T_d(s) = D/s$。

(a) 令 $R(s) = 0$，试求 $T_d(s)$ 对 $Y(s)$ 的影响。

(b) 试求系统对 k_2 的灵敏度。

(c) 当 $R(s) = 1/s$ 且 $T_d(s) = 0$ 时，试求系统的稳态误差。

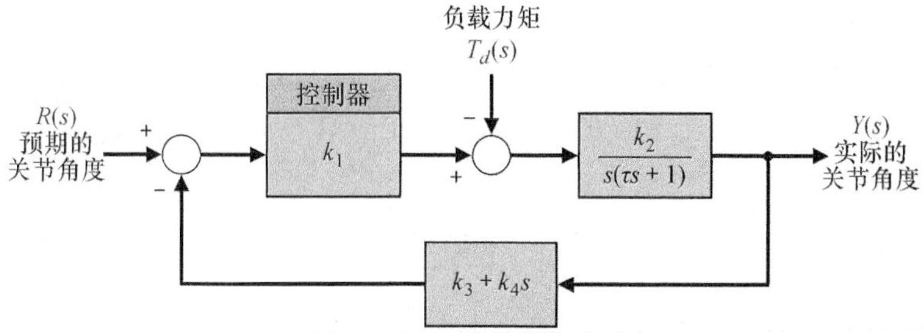

图 P4.7 机器人关节指向控制系统

P4.8 温度变化过于剧烈的话，就可能导致电路出现多种故障 [1]。温度反馈控制系统能够利用加热器来降低外部低温的影响，从而减小电路温度的变化幅度。温度控制系统的框图模型如图 P4.8 所示，其中，可以将环境温度的降低看作一个负的阶跃干扰信号 $T_d(s)$，而电路的实际温度则记为 $Y(s)$。若电路温度变化的动态模型为

$$G(s) = \frac{100}{s^2 + 25s + 100}$$

试求：

(a) 系统对 K 的灵敏度。

(b) 干扰 $T_d(s)$ 对输出 $Y(s)$ 的影响。

(c) 确定 K 的取值范围，使得源于干扰 $T_d(s) = A/s$ 的输出 $Y(s)$ 的稳态值小于 A 的 10%。

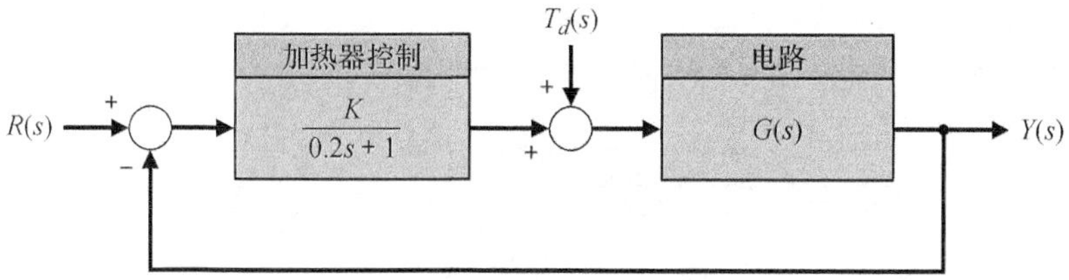

图 P4.8 温度控制系统的框图模型

P4.9 光电传感器是一种用途非常广泛的单向传感器 [15]。光电传感器的光源对发射端电流非常敏感，并且能够及时改变另一侧光电导体的电阻。光源和光电导体被封装在一个 4 端口的装置内，从而构成一个具有较大增益且完全隔离的系统。图 P4.9（a）给出了一个反馈电路，其中用到了光电传感器，非线性的阻流特性曲线如图 P4.9（b）所示，该非线性特性的公式为

$$\log_{10} R = \frac{0.175}{(i - 0.005)^{1/2}}$$

其中，i 为光源灯的电流。该电路的标称工作参数为 $v_o = 35$ V 和 $v_{in} = 2$ V。针对该反馈电路系统，试求：

(a) 系统的闭环传递函数。

(b) 系统对增益 K 的波动变化的灵敏度。

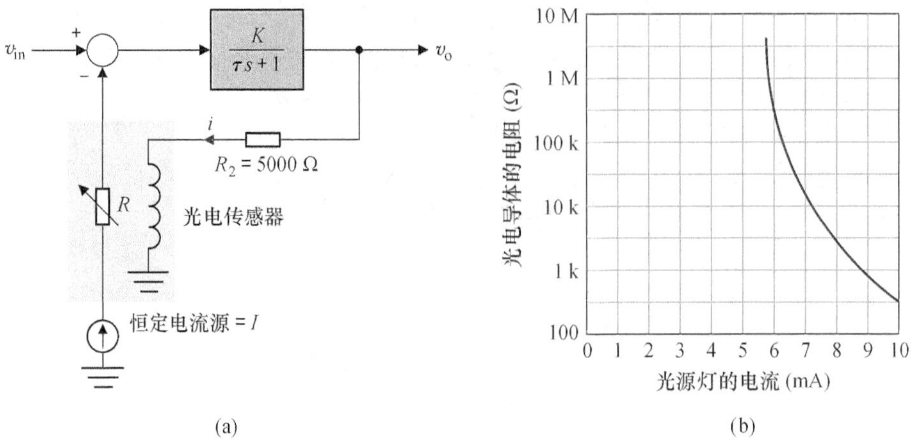

图 P4.9　光电传感器

P4.10　在造纸厂的卷纸过程中，纸张在卷开轴和卷进轴之间承受的张力应该保持恒定。而随着纸卷厚度的变化，纸张上的张力也会发生变化，因此需要及时调整电机的转动速度，如图 P4.10所示。如果不对卷进轴电机的转速进行控制，那么当纸张不断地从卷开轴向卷进轴运动时，线速度$v_o(t)$将下降，而纸张承受的张力也会相应地减小 [10, 14]。我们通常利用由三个滑轮和一个弹簧组成的系统来测量纸张承受的张力。记弹簧弹力为$k_1y(t)$，则纸张承受的张力可以表示为$2T(t) = k_1y(t)$。其中，$y(t)$为弹簧偏离平衡位置的距离，$T(t)$为张力增量的垂直分量。此外，假设线性偏差转换器、整流器和放大器在合到一起后，可以表示为$E_o(s) = -k_2Y(s)$，电机的时间常数为$\tau = L_a/R_a$，卷进轴的线速度是电机角转速的两倍［即$v_o(t) = 2\omega_0(t)$］，于是可以得到电机的运动方程为

$$E_o(s) = \frac{1}{K_m}\left[\tau s\omega_0(s) + \omega_0(s)\right] + k_3\Delta T(s)$$

其中，$\Delta T(s)$为张力的干扰增量。

(a) 绘制该闭环系统的框图模型，其中应该包含干扰信号 $\Delta T(s)$。

(b) 考虑卷开轴转速干扰 $\Delta V_1(s)$ 对系统的影响，并进一步完善系统的框图模型。

(c) 确定系统对电机常数 K_m 的灵敏度。

(d) 当输入为阶跃干扰 $\Delta V_1(s) = A/s$ 时，计算张力的稳态误差。

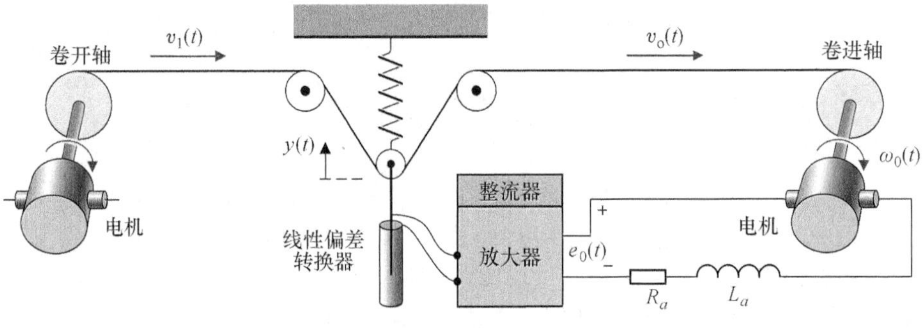

图 P4.10　卷纸过程中的张力控制

P4.11　维持恒定的纸浆均匀一致度是造纸过程中的重要控制目标之一。只有当纸浆的均匀一致度恒定时，纸浆才能够顺利地被烘干并成卷。纸浆均匀一致度控制系统如图 P4.11（a）所示，纸浆的均匀一致度取决于兑水量。该系统的框图模型如图 P4.11(b)所示，其中，$H(s) = 1$，$G_c(s) = \frac{K}{20s + 1}$，$G(s) = \frac{1}{3s + 1}$。

（a）试求系统的闭环传递函数 $T(s) = Y(s)/R(s)$。

（b）试求系统对 K 的灵敏度 S_K^T。

（c）当预期的纸浆均匀一致度为阶跃信号 $R(s) = A/s$ 时，试求系统的稳态误差。

（d）选择 K 的合适取值，使得系统的稳态误差小于 4%。

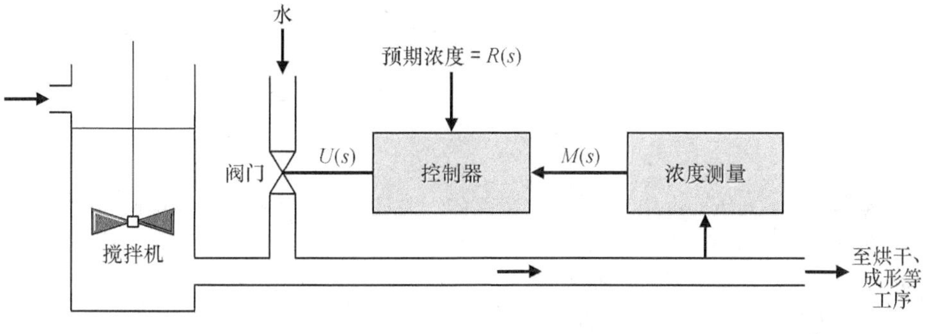

(a)

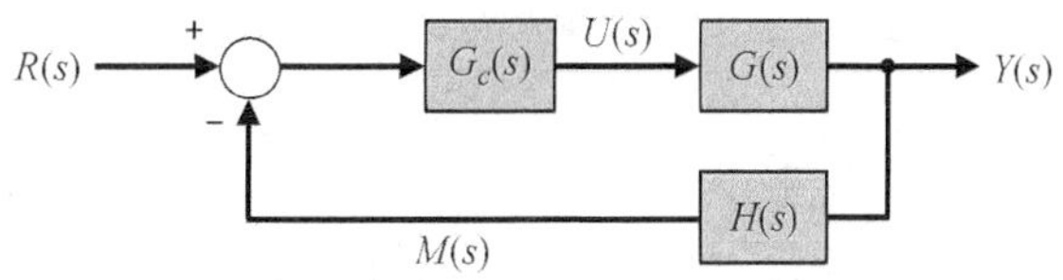

(b)

图 P4.11　纸浆浓度控制系统

P4.12　图 P4.12 给出了两个反馈系统的框图模型。

（a）试求这两个反馈系统的闭环传递函数 $T_1(s)$ 和 $T_2(s)$。

（b）参数的标称值为 $K_1 = K_2 = 1$，试计算和比较这两个反馈系统对 K_1 的灵敏度。

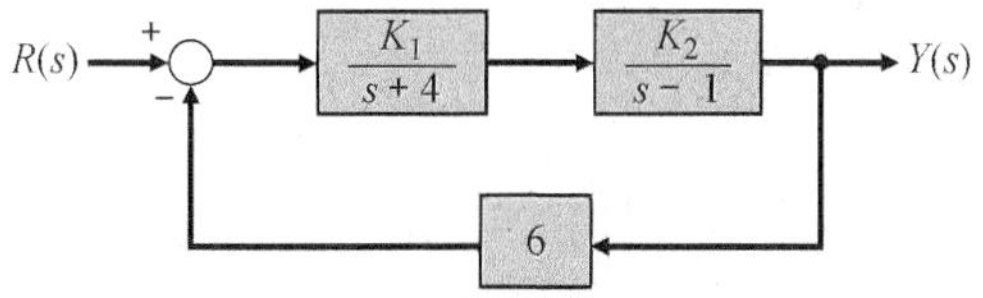

(a)

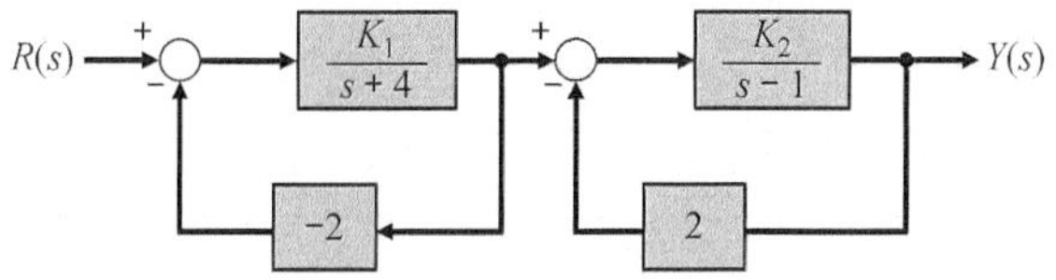

(b)

图 P4.12　两个反馈系统的框图模型

P4.13　已知闭环传递函数为

$$T(s) = \frac{G_1(s) + kG_2(s)}{G_3(s) + kG_4(s)}$$

（a）试证明

$$S_K^T = \frac{k(G_2G_3 - G_1G_4)}{(G_3 + kG_4)(G_1 + kG_2)}$$

（b）利用（a）中的结论，计算图 P4.13 所示闭环系统的灵敏度。

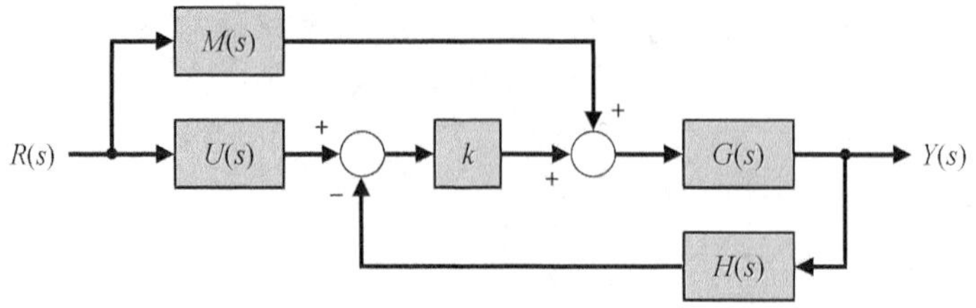

图 P4.13 闭环系统

P4.14 一种新概念超音速飞机的爬高可以达到 10 000 ft，飞行速度可以达到 3800 mi/h。这种飞机穿越太平洋只需要 2 h，其速度控制系统框图模型如图 P4.14 所示。试求：

（a）闭环传递函数 $T(s)$ 对参数 a 的灵敏度。

（b）确定参数 a 的取值范围，使得系统稳定。

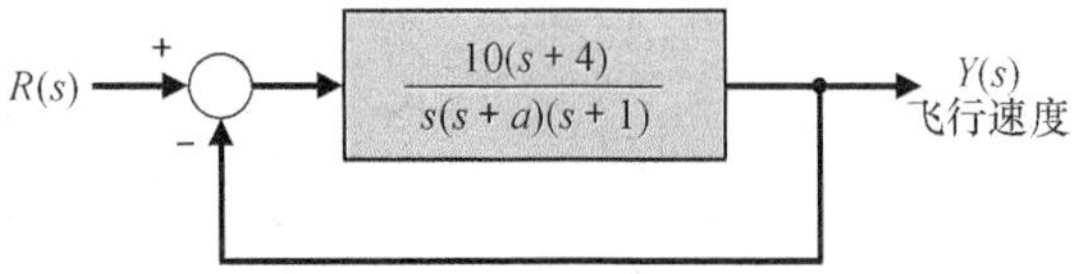

图 P4.14 一种新概念超音速飞机的速度控制系统框图模型

P4.15 某系统配有两个贮存罐，用于存储加热后的液体。该系统的框图模型如图 P4.15 所示，其中，$T_0(s)$ 为流入第一个贮存罐的液体的温度，$T_2(s)$ 为流出第二个贮存罐的液体的温度。该系统在第一个贮存罐内装有加热器，能够提供受控的热量 $Q(s)$。该系统的时间常数为 $\tau_1 = 10$ s 和 $\tau_2 = 50$ s。

（a）当输出为 $T_2(s)$，输入为 $T_0(s)$ 和 $T_{2d}(s)$ 时，试求系统的传递函数。

（b）如果预期的输出温度 $T_{2d}(s)$ 发生剧烈变化，比如从 A/s 变成 $2A/s$，那么在 $T_0(s) = A/s$ 的情况下，当 $G_c(s) = K = 500$ 时，试求系统的瞬态响应。

（c）求系统的稳态误差 e_{ss}，其中 $E(s) = T_{2d}(s) - T_2(s)$。

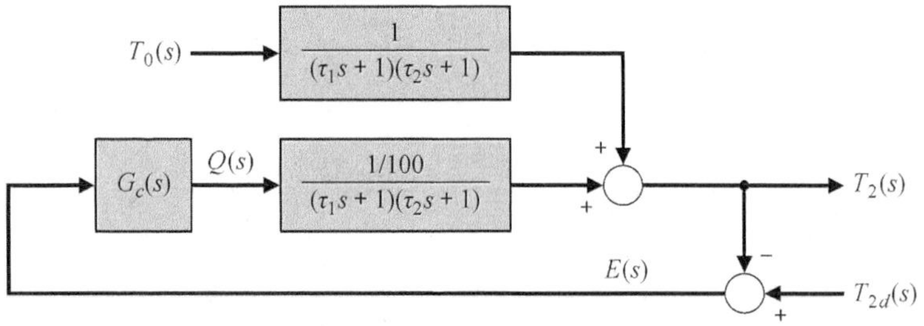

图 P4.15 双贮存罐温控系统

P4.16 现代船舶的航向控制系统如图 P4.16 所示 [16, 20]。

（a）将持续不断的风力视为阶跃干扰信号 $T_d(s) = 1/s$，增益为 $K = 10$ 或 $K = 25$。在方向舵的输入为 $R(s) = 0$，且对系统没有施加任何其他干扰或调节措施的前提下，分析风力对船舶航向的稳态影响。

（b）验证操纵方向舵能够使得航向偏差重新归零。

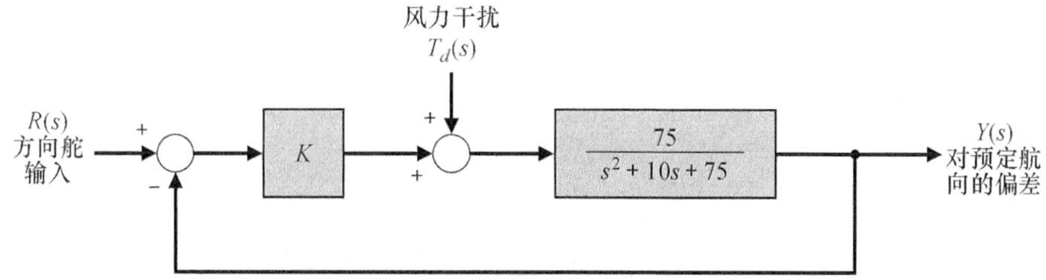

图 P4.16　现代船舶的航向控制系统

P4.17　图 P4.17（a）给出了机械手的示意图，机械手是由直流电机驱动的，可以调控改变其两个手指间的夹角 $\theta(t)$。机械手控制系统如图 P4.17（b）所示，对应的框图模型如图 P4.17（c）所示，其中，$K_m = 60$、$R_f = 2\Omega$、$K_f = K_i = 1$、$J = 0.2$、$b = 1$。

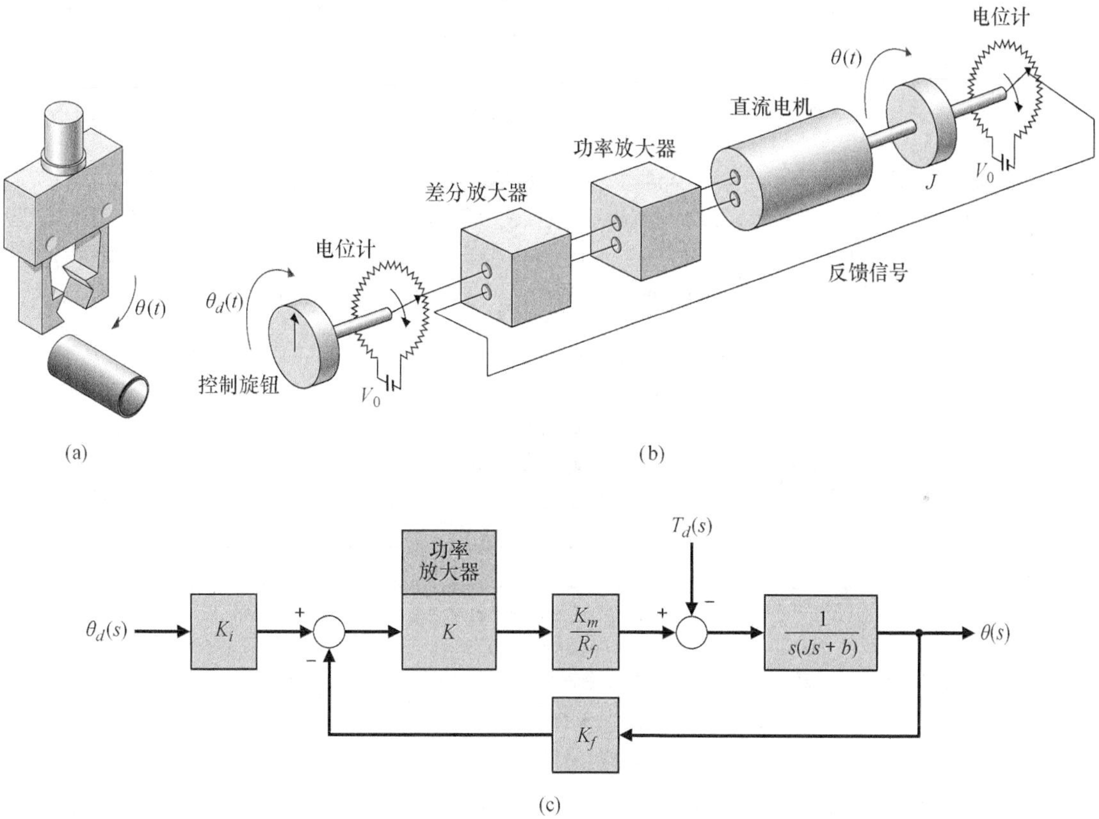

图 P4.17　机械手控制系统

（a）当 $K = 20$ 且输入 $\theta_d(t)$ 为单位阶跃信号时，确定系统的响应 $\theta(t)$。

（b）当 $\theta_d(t) = 0$ 且负载干扰为 $T_d(s) = A/s$ 时，试分析负载对系统的影响。

（c）当输入为 $r(t) = t(t > 0)$ 且 $T_d(s) = 0$ 时，试求系统的稳态误差 e_{ss}。

难题

AP4.1　容器的液面调节装置如图 AP4.1（a）所示。我们希望当存在干扰 $Q_3(s)$时，仍然能够基本保持恒定的液面高度 $H(s)$。以液面高度偏离平衡态的微小增量为受控变量，相应的控制系统的框图模型如图 AP4.1（b）所示，其中预期输入为 $H_d(s) = 0$。试确定跟踪误差 $E(s)$ 的表达式，分别针对 $G(s) = K$ 和 $G(s) = K/s$ 这两种情况，计算系统源于单位阶跃干扰的稳态误差。

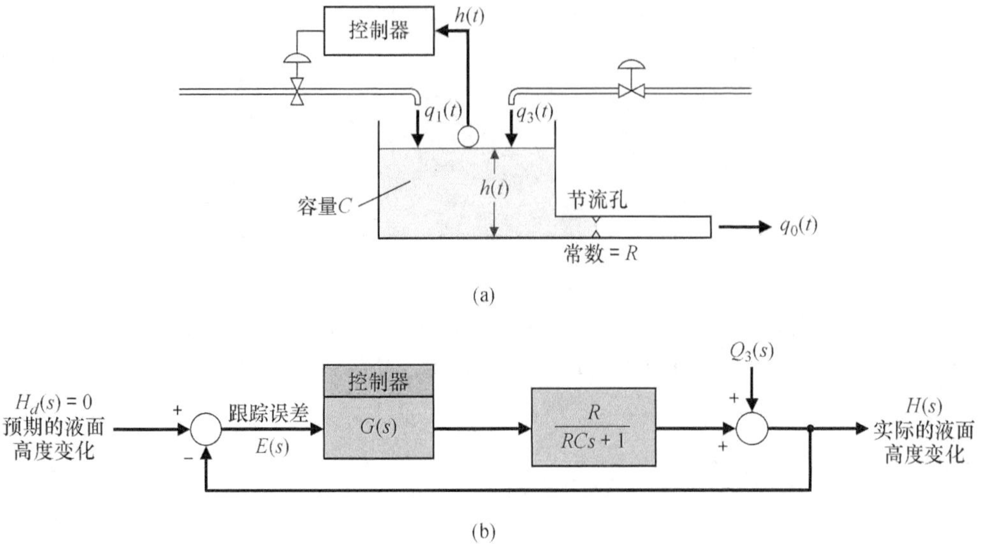

图 AP4.1 容器液面调节器

AP4.2 机器人的肩关节装有一个电枢控制式直流电机，该电机的输出轴装有一组齿轮。机器人肩关节的控制系统如图 AP4.2 所示，其中干扰力矩 $T_d(s)$ 表示负载的影响。若转动角的预期输入为阶跃信号 $\theta_d(s) = A/s$ 且 $G_c(s) = K$，在负载干扰输入为 0 的情况下，确定系统的稳态误差。若预期输入为 $\theta_d(s) = 0$ 且负载干扰为 $T_d(s) = M/s$，试分别针对 $G_c(s) = K$ 和 $G_c(s) = K/s$ 两种情况，计算系统的稳态误差。

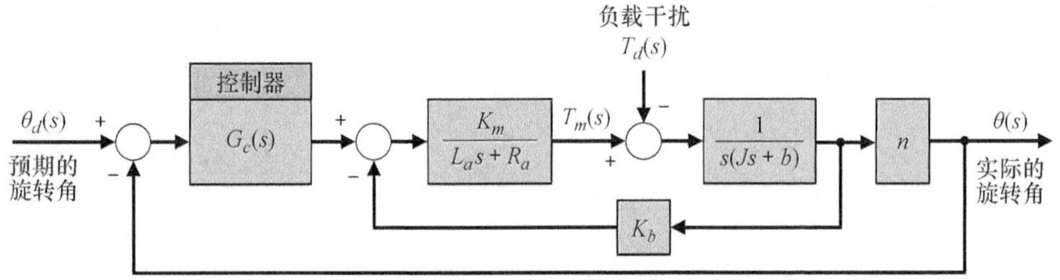

图 AP4.2 机器人肩关节的控制系统

AP4.3 我们希望机床刀具能够按照下面预定的路径运动：

$$r(t) = (1 - t)u(t)$$

其中，$u(t)$ 为单位阶跃函数。机床反馈控制系统如图 AP4.3 所示。

（a）当预期输入 $R(s)$ 为预定路径 $r(t) = (1 - t)u(t)$ 且干扰信号 $T_d(s) = 0$ 时，试求系统的稳态误差。

（b）条件同（a），在 $0 < t \leqslant 10$（单位为 s）的时间范围内，绘制系统的误差响应曲线 $e(t)$。

（c）当预期输入为 $R(s) = 0$ 且干扰信号 $T_d(s) = 1/s$ 时，试求系统的稳态误差。

（d）条件同(c)，在 $0 < t \leqslant 10$（单位为 s）的时间范围内，绘制系统的误差响应曲线 $e(t)$。

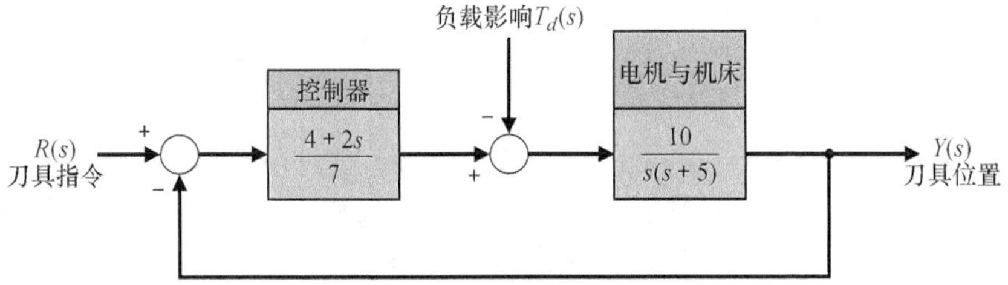

图 AP4.3 机床反馈控制系统

AP4.4　图 AP4.4 提供了带有转速反馈的电枢控制式直流电机的框图模型，其中，$K_m = 10$，$J = 1$，$R = 1$。定义跟踪误差为$E(s) = V(s) - K_t\omega(s)$。

(a) 选择增益 K 的合适取值，使系统对斜坡输入 $v(t) = t(t > 0)$ 的稳态误差不大于 0.1［干扰信号 $T_d(s) = 0$］。

(b) 针对 (a) 中选定的增益值，当干扰信号为斜坡信号时，在 $0 < t \leqslant 10$（单位为 s）的时间范围内，绘制系统的误差响应曲线 $e(t)$。

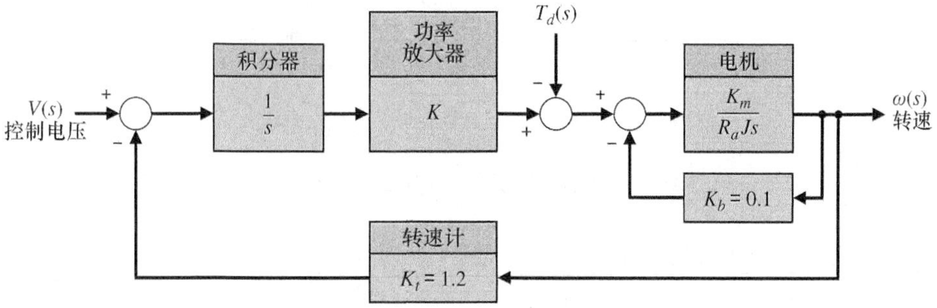

图 AP4.4　带有转速反馈的直流电机

AP4.5　人们设计并测试了一种能够通过监控平均动脉压（MAP）来调节麻醉深度的血压控制系统 [12]。麻醉师普遍认为，MAP 是麻醉深度最主要的表征指标。该系统的框图模型如图 AP4.5 所示，其中，干扰信号 $T_d(s)$代表了手术过程中对麻醉深度可能的影响。

(a) 当干扰为 $T_d(s) = 1/s$ 且 $R(s) = 0$ 时，计算系统的稳态误差。

(b) 当输入为斜坡信号 $r(t) = t(t > 0)$ 且 $T_d(s) = 0$ 时，计算系统的稳态误差。

(c) 在区间(0, 25］为增益 K 选择一个合适的值，在干扰输入为单位阶跃信号 $r(t) = 0$ 的情况下，绘制系统的响应曲线 $y(t)$。

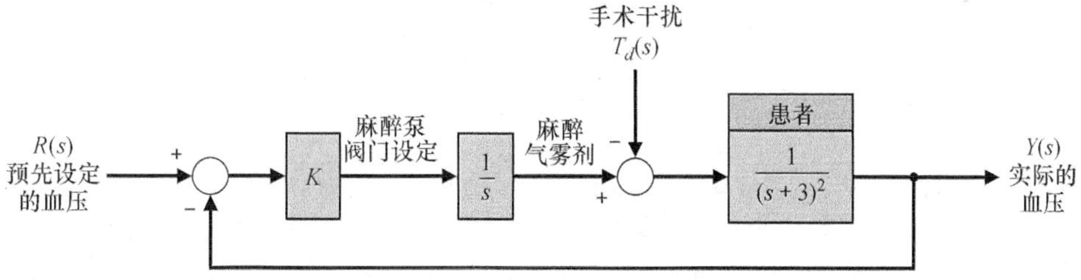

图 AP4.5　血压控制系统

AP4.6　图 AP4.6 所示的超前校正器的用途非常广泛，第 10 章将详细介绍超前校正器。

(a) 求超前校正器的传递函数 $G(s) = V_o(s)/V(s)$。

(b) 确定 $G(s)$ 对电容 C 的灵敏度。

(c) 当输入为阶跃信号 $V(s) = 1/s$ 时，绘制超前校正器的瞬态响应曲线 $v_o(t)$。

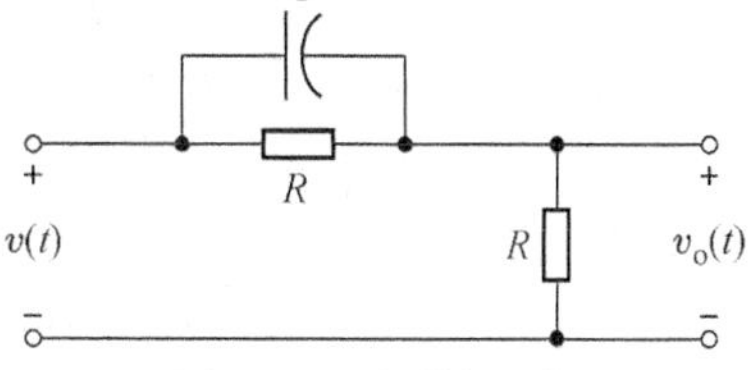

图 AP4.6　超前校正器

AP4.7　图 AP4.7 给出了一个典型的反馈控制系统，其中包含了测量噪声和干扰输入。我们希望能够降低测量噪声和干扰信号对系统的影响。令 $R(s) = 0$。

(a) 分析干扰信号对 $Y(s)$ 的影响。

(b) 分析测量噪声对 $Y(s)$ 的影响。

(c) 当干扰信号和测量噪声均为阶跃信号［即 $T_d(s) = A/s$、$N(s) = B/s$］时，在 $1 \leqslant K \leqslant 100$ 的范围

内，确定 K 的最佳取值，使得干扰信号和测量噪声导致的稳态误差最小。

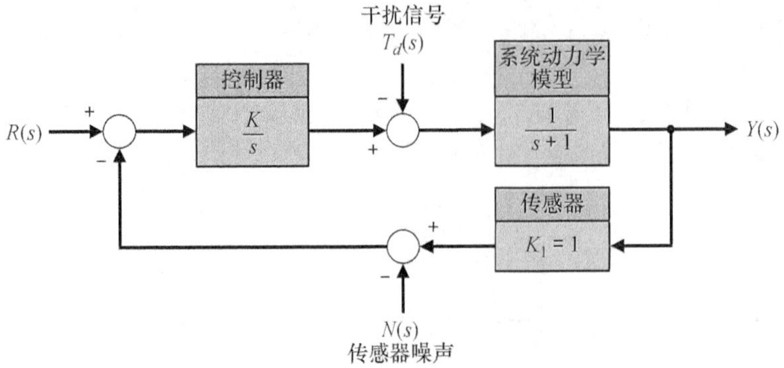

图 AP4.7 含有测量噪声和干扰信号的反馈控制系统

AP4.8 某机床控制系统的框图模型如图 AP4.8 所示。

(a) 确定传递函数 $T(s) = Y(s)/R(s)$。

(b) 确定系统灵敏度 S_b^T。

(c) 在 $1 \leqslant K \leqslant 50$ 的范围内，确定 K 的最佳取值，使得单位阶跃干扰信号对系统的后效影响最小。

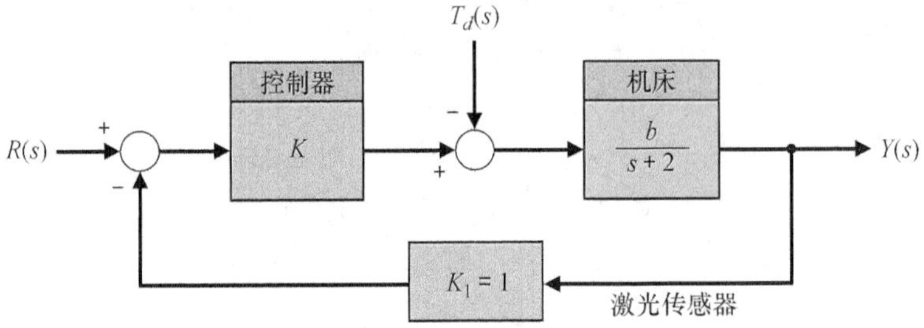

图 AP4.8 某机床控制系统的框图模型

设计题

CDP4.1 设计题 CDP2.1 介绍了用于平移加工工件的绞盘驱动系统。如图 CDP4.1 所示，该系统采用电容传感器来测量工件的位移，所得到的测量值的线性度高、精确度好。当放大器增益 $G_c(s) = K_a$ 且反馈环路 $H(s) = 1$ 时，试确定该系统的传递函数模型并计算系统的响应。更进一步地，请为放大器增益 $G_c(s) = K_a$ 选择几个典型值，分别计算系统的单位阶跃响应。

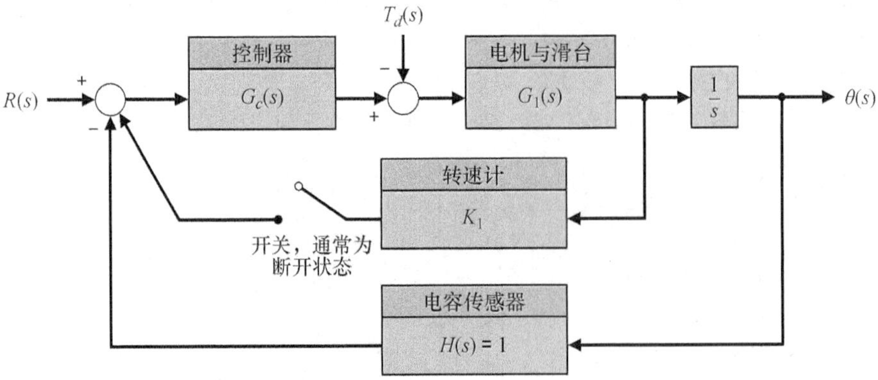

图 CDP4.1 带电容传感器的反馈系统，转速计装在电机轴上（可选），开关通常为断开状态

DP4.1　如图 DP4.1 所示，闭环转速控制系统经常受到负载干扰的影响。假设预期转速为 $\omega_d(t) = 100$ rad/s，负载干扰为单位阶跃信号 $T_d(s) = 1/s$，并假设在加上负载之前，系统就已经处于稳定运行状态，空载时的额定运行转速为 100 rad/s。

(a) 分析负载干扰对系统的稳态影响。

(b) 在 $10 \leqslant K \leqslant 25$ 的范围内，为增益 K 选择几个典型值，分别计算并绘制系统在单位阶跃干扰下的转速 $\omega(t)$，并在此基础上，为 K 选择一个合适的值。

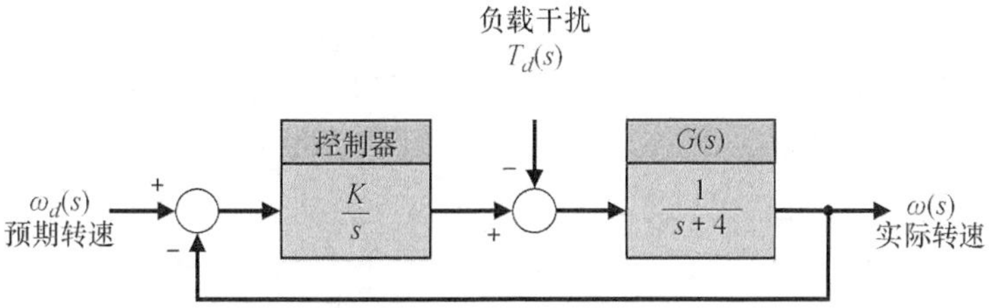

图 DP4.1　转速控制系统

DP4.2　利用副翼产生的扭矩可以控制飞机的横滚角。小型试验机横滚控制系统的线性化框图模型如图 DP4.2 所示，其中：

$$G(s) = \frac{1}{s^2 + 5s + 10}$$

控制目标在于抑制干扰的影响，使得飞机保持较小的横滚角 $\theta(t)$。当 $\theta_d(t) = 0$ 时，为增益 KK_1 选择一个合适的值，在维持飞机对单位阶跃干扰产生的瞬态响应符合预期的同时，尽量减小干扰对飞机的稳态影响。提示：为了维持瞬态响应符合预期，这里要求 $KK_1 < 50$。

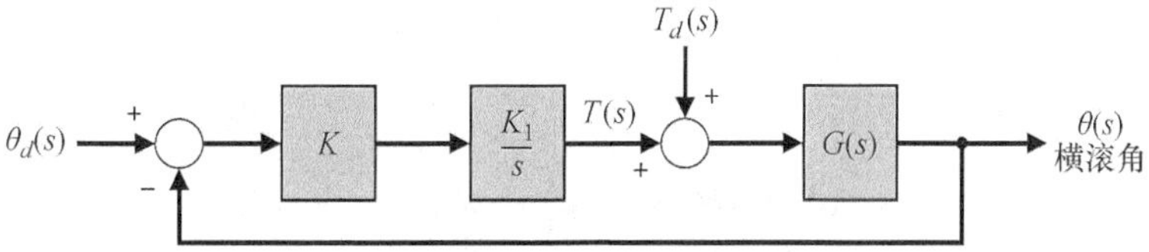

图 DP4.2　飞机横滚控制系统

DP4.3　考虑图 DP4.3 所示的系统。

(a) 确定增益 K_1 的取值范围，使得稳态误差 $e_{ss} < 1\%$。

(b) 确定 K_1 和 K 的合适取值，使得当干扰 $T_d(t) = 2t$ mrad/s 时（$0 \leqslant t \leqslant 5$ s），系统的稳态误差不超过 0.1 mrad。

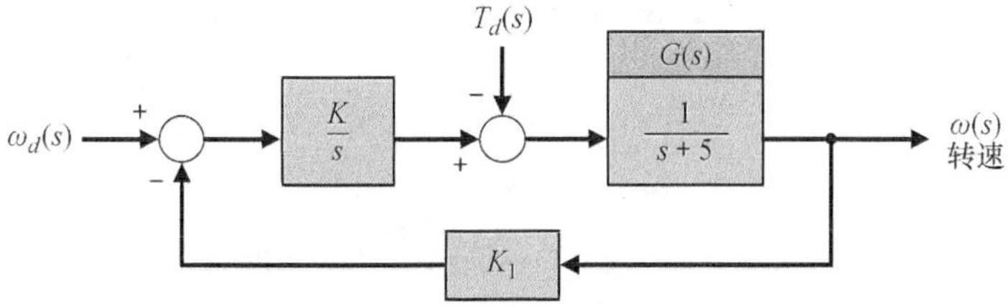

图 DP4.3　转速控制系统

DP4.4　激光在眼外科手术中已经应用多年。利用激光可以切除病变组织，还可以帮助受损组织愈合 [17]。眼科医生可以利用受控激光对眼睛进行局部定位加热，以便进行手术。绝大多数手术是把激光作用在视网膜上进行的。视网膜位于眼球后部的内表面上，是一种很薄的传感组织。实际上，视网膜是眼睛的能量转换器，它可以将光能转化为电脉冲。在特定情况下，视网膜会从眼球上脱落下来，引起脱落区域失血，导致眼睛部分或完全失明，这时就可以利用激光将视网膜“焊接”到眼球内表面的合适位置。

利用位置控制系统，眼科医生可以将需要修补的受损部位指示给控制器，然后由控制器监控视网膜并控制激光的位置，以便使得受损部位得到合适的修补。位置控制系统还配置了广角视频摄像机，以便监控视网膜的移动。眼外科手术的示意图如图 DP4.4（a）所示。在激光照射过程中，如果患者的眼睛出现移位，则医生必须关闭激光器或者重新调整激光器的位置指向。该位置控制系统的框图模型如图 DP4.4（b）所示。当输入指令 $R(s)$ 为单位阶跃信号时，请选择增益 K 的合适取值，使得系统的指令跟踪稳态误差为 0，并且具有令人满意的瞬态响应特性，同时使得干扰信号 $T_d(s)=A/s$ 对系统的影响最小。最后，请在 $K>0$ 的范围内，确定能够保证系统稳定的 K 的最大取值。

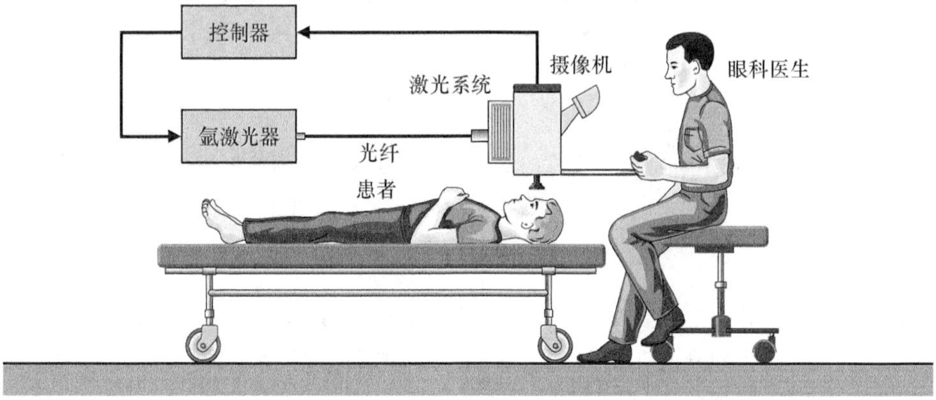

(a)

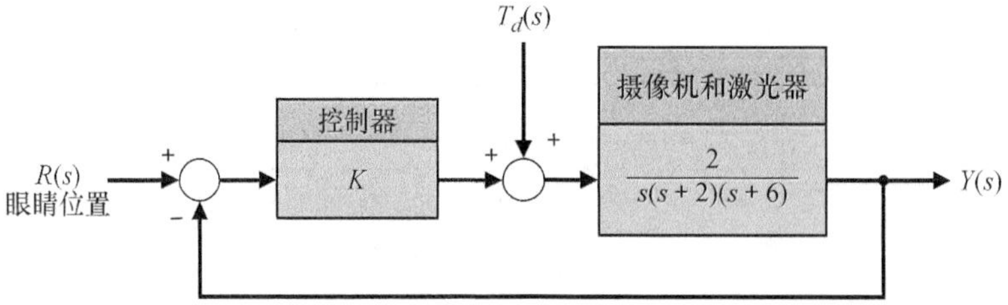

(b)

图 DP4.4 眼外科手术使用的激光系统

DP4.5 图 DP4.5 所示的运算放大电路可以产生窄脉冲信号 [6]。假定放大器工作在理想状态，当输入 $v(t)$ 为单位阶跃信号时，请选择合适的电阻值和电容值，使得电路产生的窄脉冲信号为 $v_o(t)=5e^{-100t}(t>0)$。

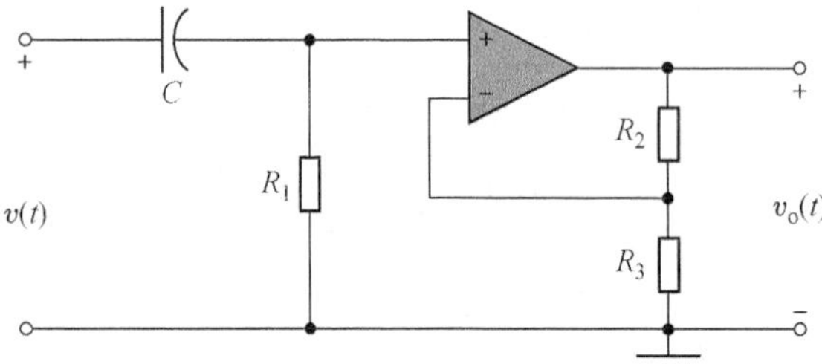

图 DP4.5 运算放大电路

DP4.6　木卫二（Europa）是木星的卫星之一。人们正在计划研究一种新型机器人，用于木卫二冰层下面的探测，图 DP4.6 给出了这一探测任务的想象图。这种机器人实际上是能够自行推进的水下机动车，旨在通过分析采集到的水的成分来探寻可能的生命痕迹。垂直深度控制系统是其中十分重要的一部分，作用是在水流干扰的情况下，控制机器人的下潜深度。该系统的简化框图模型如图 DP4.6（b）所示，其中 $J > 0$ 为俯仰力矩惯量。

（a）当控制器取为 $G_c(s) = K$ 时，确定 K 的取值范围，使得系统保持稳定。

（b）当控制器取为 $G_c(s) = K$ 时，求系统源于单位阶跃干扰的稳态误差。

（c）当控制器取为 $G_c(s) = K_p + K_D s$ 时，确定 K_p 和 K_D 的取值范围，使得系统保持稳定。

（d）当控制器取为 $G_c(s) = K_p + K_D s$ 时，求系统源于单位阶跃干扰的稳态误差。

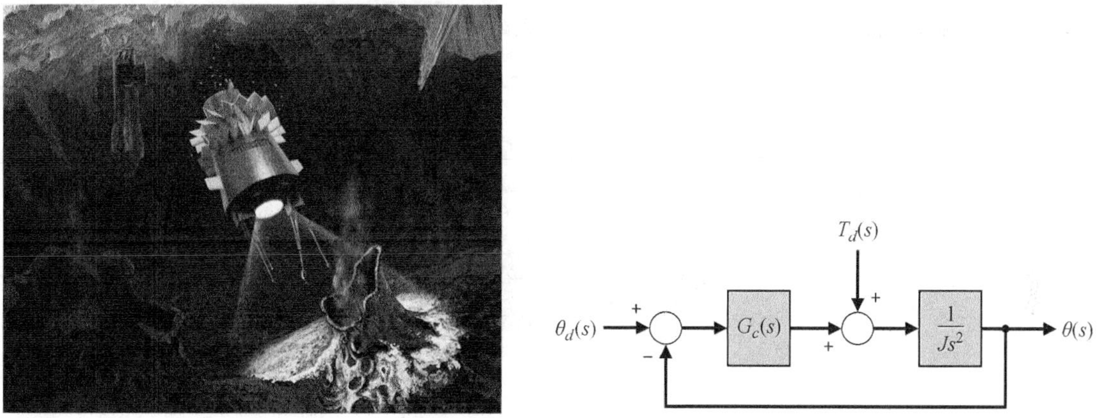

(a)　　(b)

图 DP4.6　（a）木卫二的冰下探测机器人（图片经 NASA 允许使用）；（b）反馈系统

DP4.7　近来，无人驾驶潜航器（Unmanned Underwater Vehicle，UUV）正在吸引越来越多的人研究。UUV 有着广阔的应用前景，可以用于完成情报收集、矿藏探测和水下警戒等任务。但不管执行什么任务，我们都需要对 UUV 进行可靠、鲁棒的控制。UUV 的示意图如图 DP4.7（a）所示[28]，其长度为 30 ft，并且它的头部还有一个垂直的脊鳍。

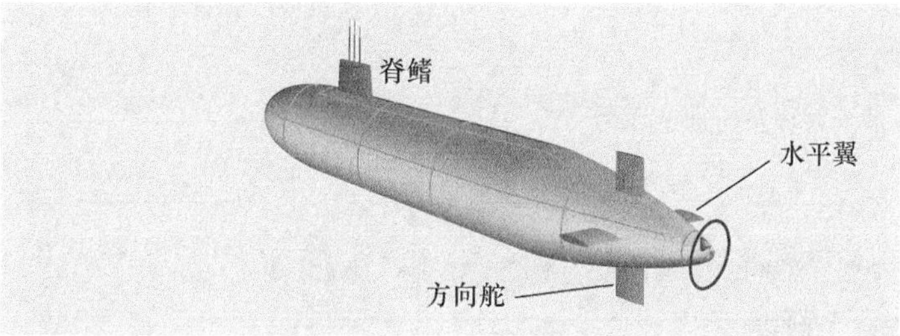

(a)

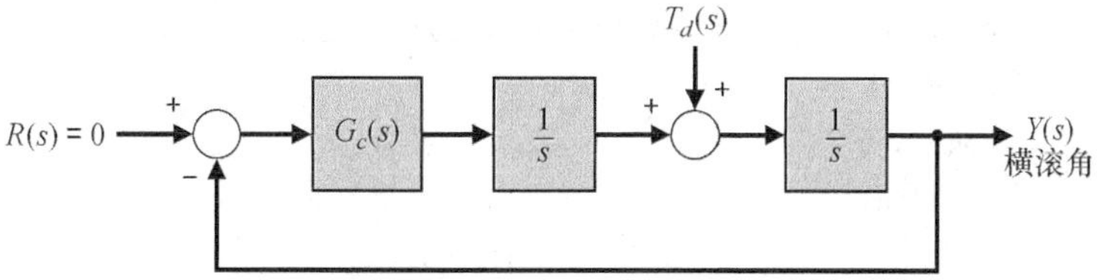

(b)

图 DP4.7　UUV 控制系统

我们希望能够在多种应用场合控制UUV，因此作为控制输入，UUV尾部的水平翼、舵和推进转轴分别控制其在三个方向上的运动。在此，我们只考虑用尾翼来控制UUV的横滚运动。

图DP4.7（b）给出了横滚控制系统的框图模型，其中，预期的横滚角为$R(s)=0$，且有$T_d(s)=1/s$和控制器$G_c(s)=K(s+2)$。

（a）确定增益K的合适取值，使得源于单位阶跃扰动的最大横滚角偏差小于0.05。

（b）计算源于扰动的横滚角稳态误差并加以讨论。

DP4.8　如图DP4.8（a）所示[29]，悬挂在空中的新型遥控电视摄像系统实现了三维机动，用于直播职业橄榄球联赛。摄像机的拍摄范围可以覆盖整个运动场，同时摄像机还能上下移动。每个滑轮的电机控制系统的框图模型如图DP4.8（b）所示，其中的参数标称值为$\tau_1=20\text{ ms}$、$\tau_2=2\text{ ms}$。

（a）计算系统灵敏度$S_{\tau_1}^T$和$S_{\tau_2}^T$。

（b）确定增益K的合适取值，使得源于单位阶跃扰动的稳态误差小于0.05。

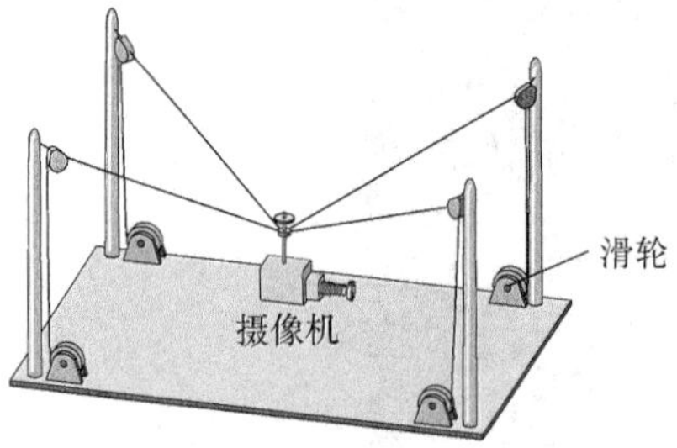

(a)

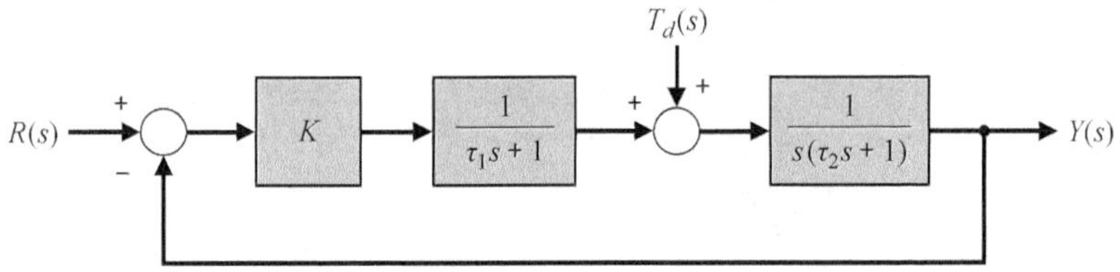

(b)

图 DP4.8　遥控电视摄像系统

计算机辅助设计题

CP4.1　单位负反馈系统的环路传递函数为

$$G(s)=\frac{20}{s^2+4s+20}$$

确定系统的单位阶跃响应和超调量。系统的稳态误差是多少？

CP4.2　假设开环系统的传递函数为

$$G(s)=\frac{4}{s^2+2s+20}$$

当输入为单位阶跃信号时，系统的预期稳态输出值为1。利用函数step，验证该系统对单位阶跃输入的稳态误差为0.8。

CP4.3　考虑如下闭环传递函数：

$$T(s)=\frac{5K}{s^2+15s+K}$$

当$K=10$、$K=200$和$K=500$时，分别计算系统的阶跃响应，并在同一个图上绘制它们的曲线。此外，请采用表格形式，比较列出这三种情况下系统的超调量、调节时间和稳态误差。

CP4.4 考虑图 CP4.4 所示的单位负反馈系统，其中的控制器为

$$K = 10$$

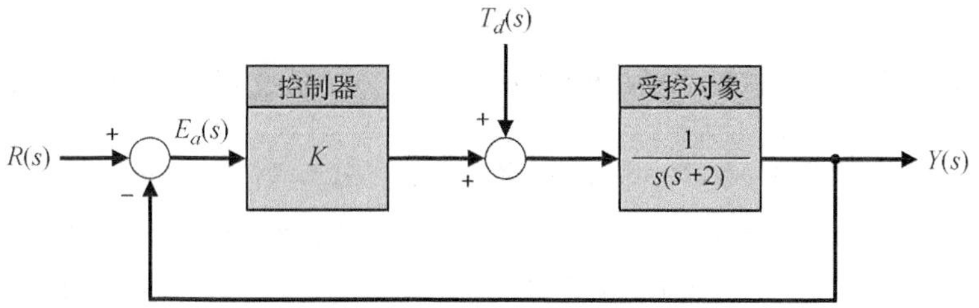

图 CP4.4 含有增益 K 的单位负反馈系统

(a) 编写 m 脚本程序，计算闭环传递函数 $T(s) = Y(s)/R(s)$，并绘制系统的单位阶跃响应曲线。

(b) 在同一个 m 脚本程序中，编写代码计算由 $T_d(s)$ 到输出 $Y(s)$ 的传递函数，并绘制系统的单位阶跃干扰响应曲线。

(c) 利用 (a) 和 (b) 中得到的曲线，估计系统对单位阶跃输入的稳态跟踪误差以及系统源于单位阶跃干扰信号的稳态跟踪误差。

(d) 利用 (a) 和 (b) 中得到的曲线，估计系统对单位阶跃输入的最大跟踪误差以及系统源于单位阶跃干扰信号的最大跟踪误差，并分别近似估计上述最大跟踪误差的发生时间。

CP4.5 考虑图 CP4.5 所示的闭环控制系统，编写一个 m 脚本程序，用于确定参数 k 的取值，使得系统对单位阶跃输入的超调量能够近似为 10%。这个 m 脚本程序还需要计算闭环传递函数 $T(s) = Y(s)/R(s)$ 以及系统的阶跃响应。最后，请利用阶跃响应的曲线图，验证系统对单位阶跃输入的稳态误差为 0。

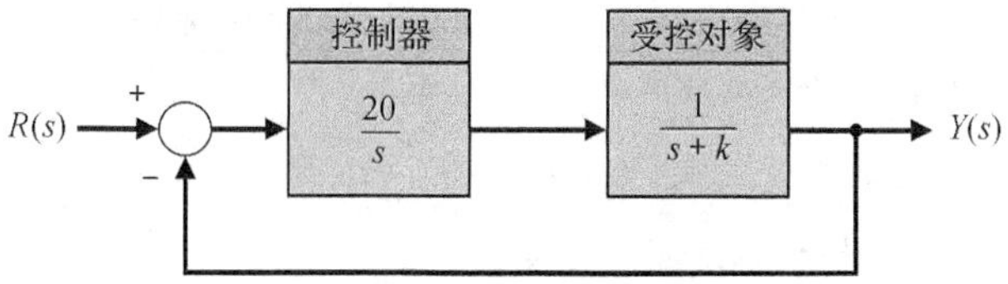

图 CP4.5 闭环控制系统

CP4.6 考虑图 CP4.6 所示的闭环控制系统，其中，增益为 $K = 2$，参数 a 的标称值为 $a = 1$。以上只是设计时的理论值，我们并不确切知道它们的真实值。本题的目的就是研究闭环控制系统对参数 a 的灵敏度。

(a) 用解析法证明：当 $a = 1$ 且输入 $R(s)$ 为单位阶跃信号时，系统响应 $y(t)$ 的稳态值为 2，基于 2% 准则的调节时间为 4 s。

(b) 改变参数 a 的值，观察系统瞬态响应的变化，分析系统对参数 a 的灵敏度。当 $a = 0.5$、$a = 2$ 和 $a = 5$ 时，分别绘制系统的单位阶跃响应，并结合得到的结果展开讨论。

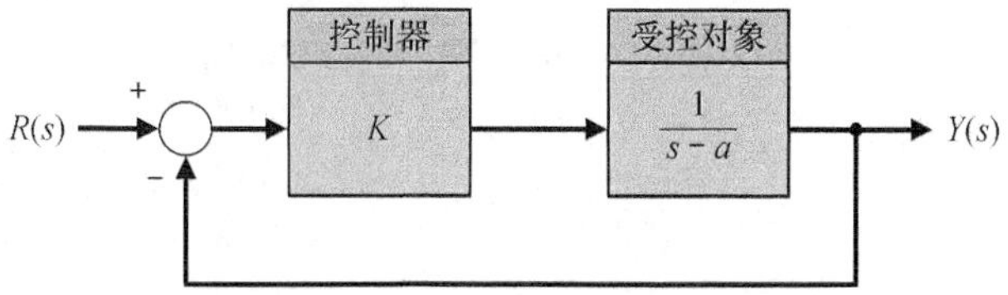

图 CP4.6 含有可变参数 a 的闭环控制系统

CP4.7 考虑图 CP4.7（a）所示的机械转盘系统。转盘旋转产生的力矩为$-k\theta(s)$，制动器产生的阻尼力矩为$-b\dot{\theta}(s)$，干扰力矩为$T_d(s)$，输入力矩为$R(s)$，系统的转动惯量为J。机械转盘系统的传递函数为

$$G(s)=\frac{1/J}{s^2+(b/J)s+k/J}$$

机械转盘系统的反馈控制系统框图模型如图 CP4.7（b）所示。假设角度的预期值为$\theta_d=0^\circ$，其他参数的取值为$k=5$、$b=0.9$和$J=1$。

（a）令输入$r(t)=0$，计算系统对单位阶跃干扰的开环响应$\theta(t)$。

（b）令输入$r(t)=0$，若增益为$K_0=50$，计算系统对单位阶跃干扰的闭环响应$\theta(t)$。

（c）在同一张图上绘制系统对干扰输入的开环和闭环响应曲线，并结合得到的结果，讨论和比较闭环反馈控制在抑制干扰方面的优势。

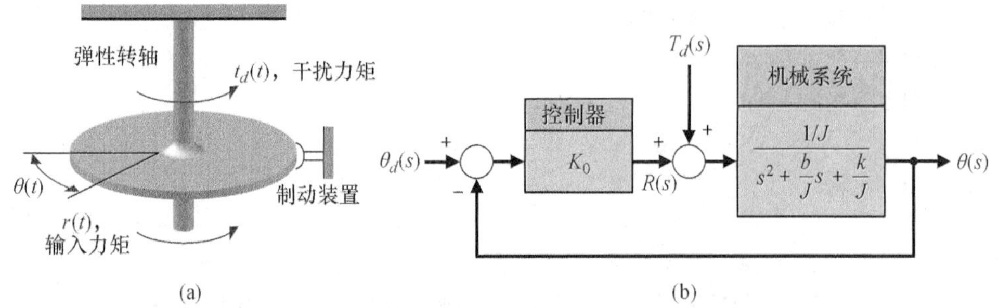

图 CP4.7（a）机械转盘系统；（b）机械转盘系统的反馈控制系统框图模型

CP4.8 图 CP4.8 给出了一个简单的单环负反馈控制系统。设计目标是采用尽量简单的控制器$G_c(s)$，使得闭环系统对单位阶跃输入的稳态跟踪误差为 0。

（a）考虑采用最简单的比例控制器$G_c(s)=K$，其中的K为增益常数。若$K=2$，试绘制闭环系统的单位阶跃响应曲线，并据此计算系统的稳态误差。

（b）考虑较为复杂的比例积分控制器$G_c(s)=K_0+\dfrac{K_1}{s}$，其中$K_0=2$、$K_1=20$。试绘制系统的单位阶跃响应曲线，并据此计算系统的稳态误差。

（c）比较（a）和（b）中的结果，讨论应该如何兼顾控制器的复杂程度和系统的稳态跟踪误差。

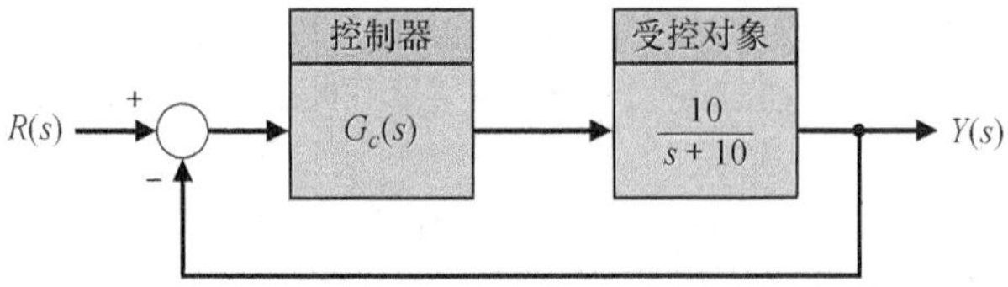

图 CP4.8 简单的单环负反馈控制系统

CP4.9 考虑图 CP4.9 所示的闭环系统，传递函数$G(s)$和$H(s)$分别为

$$G(s)=\frac{10s}{s+100},\quad H(s)=\frac{5}{s+50}$$

（a）求系统的闭环传递函数$T(s)=Y(s)/R(s)$，令$R(s)=1/s$、$N(s)=0$，计算系统的单位阶跃响应。

（b）当测量噪声为$N(s)=\dfrac{100}{s^2+100}$且$R(s)=0$时，计算系统的输出响应，此时的测量噪

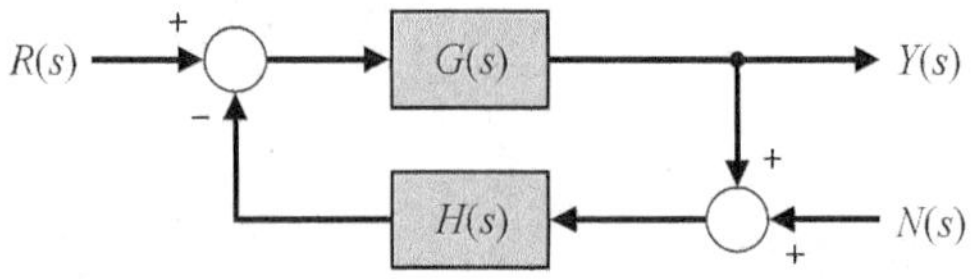

图 CP4.9 含有测量噪声的非单位负反馈闭环系统

声是一个频率 $\omega = 10$ rad/s 的正弦信号。

（c）系统到达稳态后，计算（b）中输出响应的最大幅值以及对应的频率。

CP4.10　考虑图CP4.10所示的闭环系统，通过调整增益K的取值，使系统满足性能指标设计要求。

（a）求系统的闭环传递函数 $T(s) = Y(s)/R(s)$。

（b）分别当 $K = 5$、$K = 10$、$K = 50$ 且 $T_d(s) = 0$ 时，绘制闭环系统的单位阶跃响应。

（c）当 $K = 10$、$T_d(s) = 1/s$、$R(s) = 0$ 时，求系统输出响应 $y(t)$ 的稳态值。

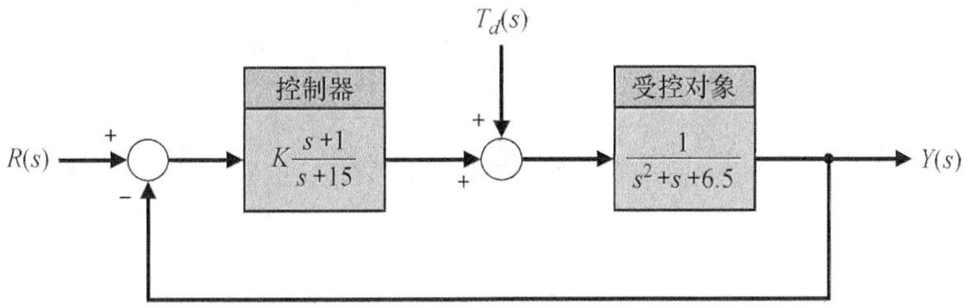

图 CP4.10　含有外部干扰的闭环反馈系统

CP4.11　考虑图CP4.11所示的非单位反馈闭环系统，编制一个m脚本程序，要求其实现以下功能。

（a）计算系统的闭环传递函数 $T(s) = Y(s)/R(s)$。

（b）当 $K = 10$、$K = 12$ 和 $K = 15$ 时，在同一张图上绘制系统的单位阶跃响应曲线，并分别确定系统的稳态误差和调节时间。

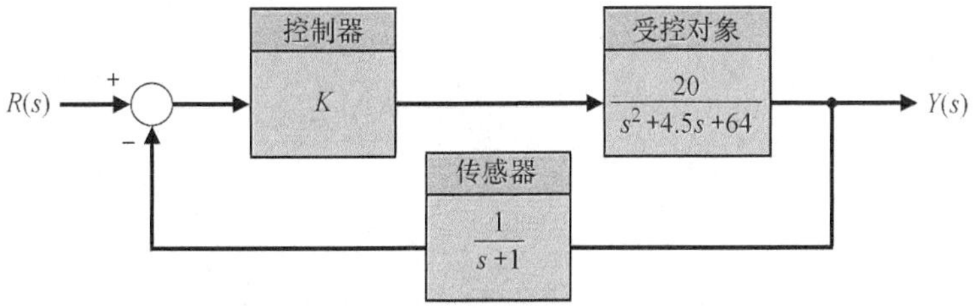

图 CP4.11　反馈环路含有传感器的闭环反馈系统

☑ 技能自测答案

正误判断题：1. 对；2. 对；3. 错；4. 错；5. 对。

多项选择题：6.a；7.b；8.a；9.b；10.c；11.a；12.b；13.b；14.c；15.c。

术语和概念匹配题（自上向下）：e；h；k；b；c；f；i；g；d；a；j

术语和概念

closed-loop system,	**闭环系统**	将输出的测量值与预期的输出值作比较，产生偏差信号并将偏差信号作用于执行机构的系统。
complexity	**复杂性**	从系统结构、布局和行为等方面来衡量系统不同部件之间的交互及关联程度的属性。
component	**部件**	用于构成整个系统的元器件、子系统和分组件。
disturbance signal	**干扰（扰动）信号**	不希望出现的且能够影响系统输出的输入信号。
error signal	**偏差（误差）信号**	预期的输出信号 $R(s)$ 和实际的输出信号 $Y(s)$ 之差，即 $E(s) = R(s) - Y(s)$。

instability	**不稳定性**	系统的一种属性，用于描述当初始状态出现偏离时，系统具有离开原有平衡态的趋势。
loop gain	**环路增益（环路传递函数）**	反馈信号的拉普拉斯变换与控制器激励信号的拉普拉斯变换之比。对于单位负反馈系统而言，有 $L(s) = G_c(s)G(s)$。
loss of gain	**增益损失**	输入信号经过某个系统后，输出信号和输入信号幅值之比出现的减小程度，通常以 dB 为单位来衡量。
open-loop system	**开环系统**	没有反馈环节，由输入信号直接激励产生输出响应的系统。
steady-state error	**稳态误差**	系统经历足够的时间，在瞬态响应消失后，持续偏离预期响应的误差值。
system sensitivity	**系统灵敏度**	当变化量为微小增量时，系统传递函数的变化率与受控对象传递函数（或参数）的变化率之比。
tracking error	**跟踪误差**	参见偏差信号。
transient response	**瞬态响应**	系统在到达稳态之前，随时间变化的系统响应。

第 5 章　反馈控制系统的性能

提要

精心设计反馈控制系统的效果，就是能够调节控制系统的瞬态响应和稳态响应，这是一件有益的事情。本章首先介绍一些常用的时域性能指标，讨论如何利用特定的输入信号来测试控制系统的响应。接下来讨论系统性能与系统传递函数在 s 平面上的零点和极点的位置分布之间的关系。针对二阶系统，本章将建立系统标准参数［即固有（自然）频率和阻尼比］与性能指标之间的定量关系。通过引入主导极点的概念，可以将二阶系统的性能指标扩展到高阶系统。此外，本章还将专门讨论系统性能的定量综合度量问题，并引入一组能够充分反映控制系统性能的常用的、定量的综合性能指标。作为结束，本章将继续分析循序渐进设计实例——磁盘驱动器读取系统的性能。

预期收获

在完成第 5 章的学习之后，学生应该：

- 熟悉控制系统中常用的重要测试信号，掌握二阶系统对这些测试信号的瞬态响应特性；
- 掌握二阶系统的极点位置与瞬态响应特性之间的直接关系；
- 熟悉二阶系统的极点位置与系统性能指标（如超调量、调节时间、上升时间和峰值时间等）之间的计算公式；
- 理解零点和第三个极点对二阶系统响应的影响；
- 理解基于综合性能指标的最优控制的概念

5.1　引言

反馈控制系统的一个显著优点就是能够方便地调节系统的瞬态性能和稳态性能。为了分析和设计控制系统，我们必须明确定义系统的性能度量方式，并且要能够定量计算系统的性能指标。在明确了控制系统预期的性能指标设计要求的基础上，就可以通过调节控制器参数来获得预期响应。由于控制系统在本质上是动态的，因此我们通常需要从瞬态响应和稳态响应两个方面来衡量其性能。**瞬态响应**是指系统响应中随着时间的推移会消失的部分；而**稳态响应**是指在输入信号激励之后，系统响应中将会长期存在的部分。

控制系统的**性能指标设计要求**一般包括对特定输入信号产生的时域瞬态响应提出多个相应指标的设计要求，以及对预期的稳态响应提出精度指标的设计要求。在实际的控制系统设计过程中，能够实现的指标设计要求总是某种折中的结果，因此，性能指标设计要求通常并不是一组刚性要求，而是对期望达到的系统性能的一种定量描述尝试。确定一组性能指标设计要求的有效折中和调整过程，可以用图 5.1 来加以说明。当参数 p 非常小时，可使性能指标 M_2 极小，但也会使性能指标 M_1 极大，这种情形不是我们所希望的。如果这两个性能指标同等重要，则交叉点 $p_{\min}$ 可以提供最好的折中选择。在控制系统设计过程中，我们常常会遇到这种需要折中的情况。显然，如果初始的指标设计要求是希望 M_1 和 M_2 同时极小化，则这两个指标设计要求不可能同时得到满足。这就需要更改初始的指标设计要求，从而容许用 p_{min} 点对应的折中结果来替代 [1, 10, 15, 20]。

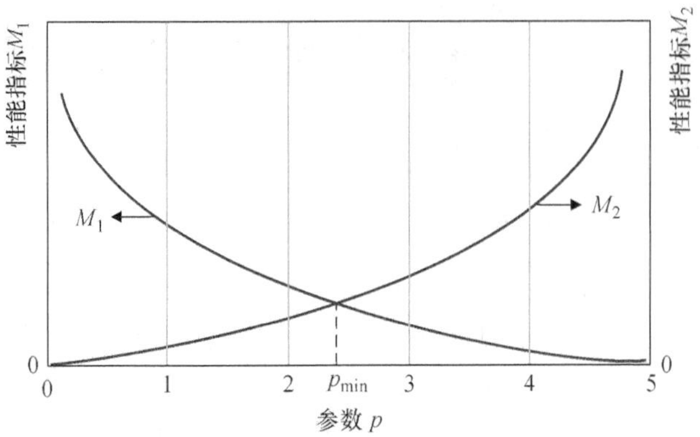

图 5.1　参数 p 与两个性能指标之间的关系

对于设计者来说，用性能指标度量来表述的设计要求意味着所设计系统的质量。也就是说，性能指标度量可以帮助回答这样的问题：所设计的系统完成任务时的性能如何？

5.2　测试输入信号

控制系统在本质上是时域系统，因此对于控制系统而言，时域性能指标非常重要，瞬态响应也就成了控制工程师的主要关注点。首先，控制工程师必须确定系统是否稳定，稳定性的分析和判定方法我们留到后续章节中讨论。如果系统是稳定的，则可以用多个性能指标来衡量系统对特定输入信号的响应。然而系统的实际输入信号通常是未知的，因此需要采用标准**测试输入信号**。系统对标准测试输入信号的响应，通常与正常工作条件下的系统性能存在合理的联系。正因为如此，采用标准测试输入信号是合适且有效益的。更进一步地，利用标准测试输入信号还可以比较不同设计方案的优劣，而且幸运的是，许多控制系统的实际输入信号与标准测试信号非常类似。

如图 5.2 所示，常用的标准测试信号包括阶跃信号、斜坡信号和抛物线信号等。表 5.1 给出了这些测试信号的表达式，相应的拉普拉斯变换参见表 2.3。附录 D 提供了更多的拉普拉斯变换对。斜坡信号是阶跃信号的积分，抛物线信号是斜坡信号的积分。**单位脉冲函数**也是我们经常采用的测试信号。单位脉冲函数是基于矩形函数 $f_\varepsilon(t)$ 定义的，矩形函数 $f_\varepsilon(t)$ 为

$$f_\varepsilon(t)=\begin{cases}1/\varepsilon, & -\dfrac{\varepsilon}{2}\leqslant t\leqslant\dfrac{\varepsilon}{2}\\ 0, & \text{其他}\end{cases}$$

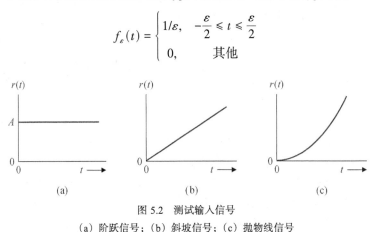

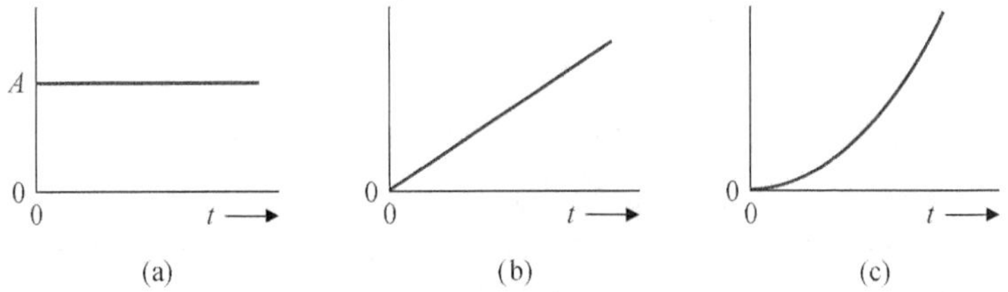

图 5.2　测试输入信号

（a）阶跃信号；（b）斜坡信号；（c）抛物线信号

其中，$\varepsilon>0$。当 ε 趋近于 0 时，矩形函数 $f_\varepsilon(t)$ 就会趋近于单位脉冲函数 $\delta(t)$。单位脉冲函

数具有如下特性：

$$\int_{-\infty}^{\infty}\delta(t)\mathrm{d}t = 1, \int_{-\infty}^{\infty}\delta(t-a)g(t)\mathrm{d}t = g(a) \tag{5.1}$$

表 5.1 常用的标准测试信号

测试信号	$r(t)$	$R(s)$
阶跃信号	$r(t) = A$，$t > 0$ $= 0$，$t \leqslant 0$	$R(s) = A/s$
斜坡信号	$r(t) = At$，$t > 0$ $= 0$，$t \leqslant 0$	$R(s) = A/s^2$
抛物线信号	$r(t) = At^2$，$t > 0$ $= 0$，$t \leqslant 0$	$R(s) = 2A/s^3$

单位脉冲输入在计算卷积时格外有用。系统输出 $y(t)$ 可以写成输入信号 $r(t)$ 的卷积：

$$y(t) = \int_{-\infty}^{t} g(t-\tau)r(\tau)\mathrm{d}\tau = \mathscr{L}^{-1}\{G(s)R(s)\} \tag{5.2}$$

式（5.2）给出了系统 $G(s)$ 的开环输入输出关系。如果输入为单位脉冲信号，则有

$$y(t) = \int_{-\infty}^{t} g(t-\tau)\delta(\tau)\mathrm{d}\tau \tag{5.3}$$

只有当 $\tau = 0$ 时，式（5.3）才能取得非零值，因此有

$$y(t) = g(t)$$

这正是系统 $G(s)$ 的脉冲响应函数。动态系统在受到面积为 A、幅度大但脉宽窄的信号驱动时，将非常适合用脉冲测试信号来加以分析。

常用的标准测试信号的一般形式为

$$r(t) = t^n \tag{5.4}$$

其拉普拉斯变换为

$$R(s) = \frac{n!}{s^{n+1}} \tag{5.5}$$

针对式（5.4）所示的测试输入信号，从控制系统对一种测试信号的输出响应出发，可以很容易地得到其对另一种测试信号的输出响应。由于阶跃信号最容易产生，也最易于分析和计算，因此我们常常选择阶跃信号作为性能测试输入信号。

考虑系统 $G(s)$ 对单位阶跃输入 $R(s) = 1/s$ 的响应。若有

$$G(s) = \frac{9}{s+10}$$

则输出为

$$Y(s) = \frac{9}{s(s+10)}$$

过渡阶段的动态响应为

$$y(t) = 0.9(1 - \mathrm{e}^{-10t})$$

其中，稳态响应部分为

$$y(\infty) = 0.9$$

如果将误差定义为 $E(s)=R(s)-Y(s)$，则稳态误差为

$$e_{ss}=\lim_{s\to 0} sE(s)=\lim_{s\to 0}\frac{s+1}{s+10}=0.1$$

5.3 二阶系统的性能

本节将考虑单环二阶反馈系统并分析其对单位阶跃输入信号的响应。图 5.3 给出了一个典型或标准的二阶闭环反馈控制系统，其输入输出关系为

$$Y(s)=\frac{G(s)}{1+G(s)}R(s) \tag{5.6}$$

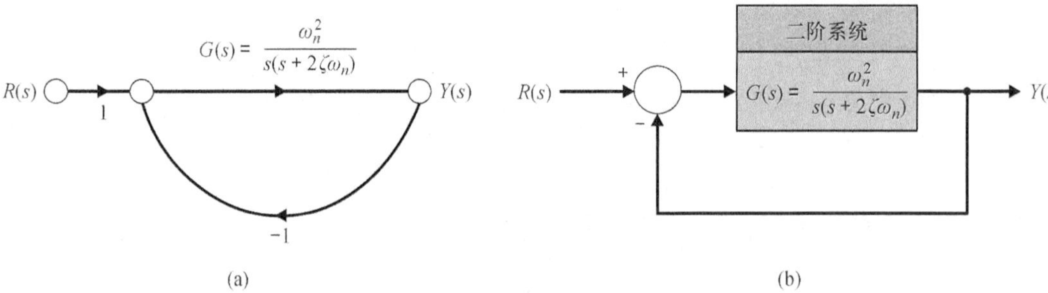

图 5.3 二阶闭环控制系统

将 $G(s)$ 的表达式代入式（5.6），可以得到

$$Y(s)=\frac{\omega_n^2}{s^2+2\zeta\omega_n s+\omega_n^2}R(s) \tag{5.7}$$

当输入为单位阶跃信号时，系统的输出为

$$Y(s)=\frac{\omega_n^2}{s(s^2+2\zeta\omega_n s+\omega_n^2)} \tag{5.8}$$

根据表 2.3 提供的拉普拉斯变换对，对式（5.8）进行拉普拉斯逆变换，可以得到系统的动态输出响应为

$$y(t)=1-\frac{1}{\beta}e^{-\zeta\omega_n t}\sin(\omega_n\beta t+\theta) \tag{5.9}$$

其中，$\beta=\sqrt{1-\zeta^2}$，$\theta=\arccos\zeta$，$0<\zeta<1$，稳态响应为 $y(\infty)=1$。令阻尼比 ζ 取若干不同的典型值，图 5.4 给出了该二阶系统的动态响应曲线簇。阻尼比 ζ 越小，闭环极点就越接近虚轴，系统瞬态响应的振荡就越厉害。

单位脉冲函数的拉普拉斯变换为 $R(s)=1$，因此系统的单位脉冲响应为

$$Y(s)=\frac{\omega_n^2}{s^2+2\zeta\omega_n s+\omega_n^2} \tag{5.10}$$

系统对单位脉冲输入信号的时域瞬态响应为

$$y(t)=\frac{\omega_n}{\beta}e^{-\zeta\omega_n t}\sin(\omega_n\beta t) \tag{5.11}$$

可以看出，这实际上是阶跃响应的导函数。令阻尼比 ζ 取若干不同的典型值，图 5.5 给出了二阶系统的单位脉冲响应曲线簇。

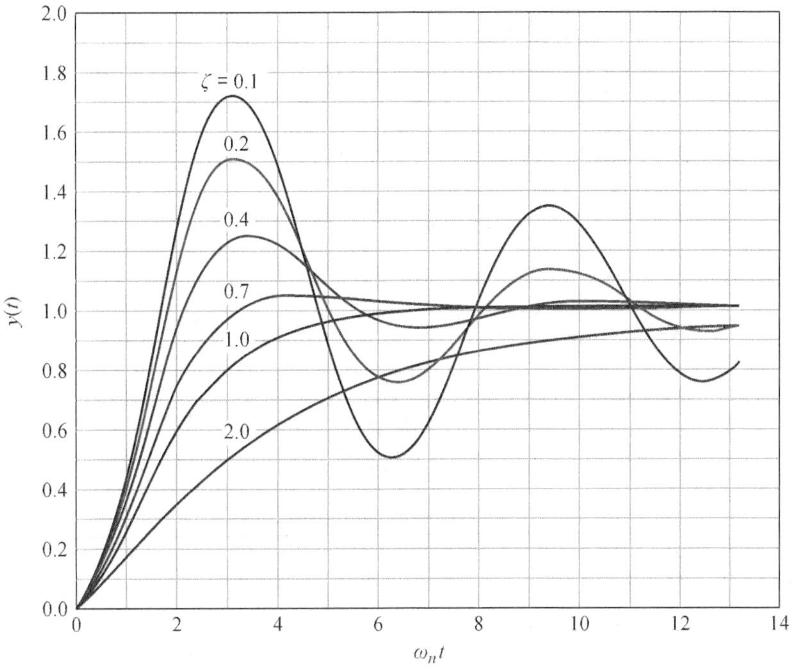

图 5.4　二阶系统的动态响应曲线簇

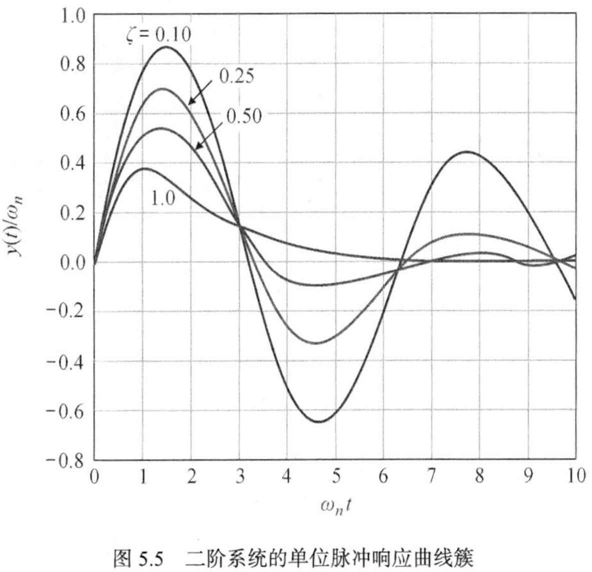

图 5.5　二阶系统的单位脉冲响应曲线簇

至此，我们已经能够以系统的阶跃或脉冲瞬态响应为基础，定义多个性能指标来衡量系统的性能。通常情况下，我们总是根据图 5.6 所示的闭环系统阶跃响应来定义系统的基本性能指标。为此，我们首先需要定义**上升时间** T_r 和**峰值时间** T_p，以度量系统响应的敏捷性。对于存在超调的欠阻尼系统，上升时间 T_r 可以定义为响应幅值从 0 变化到稳态值的 100% 所用的时间；而对于过阻尼系统而言，我们无法定义峰值时间 T_p，上升时间 T_{r_1} 可以定义为响应幅值从稳态值的 10% 变化到 90% 所用的时间。其次需要定义超调量 P.O. 和调节时间 T_s，以度量实际响应和阶跃输入的匹配程度。对于单位阶跃响应而言，超调量 P.O. 的定义为

$$\text{P.O.} = \frac{M_{pt} - f_v}{f_v} \times 100\% \tag{5.12}$$

其中，M_{pt} 为时间响应的峰值，f_v 为时间响应的稳态终值。通常情况下，f_v 与输入信号具有相等的幅值，但也有很多系统的终值与预期输入的幅值存在很大差异。在式（5.8）中，单位阶跃响应的终值等于参考输入的幅值，即 $f_v = 1$。

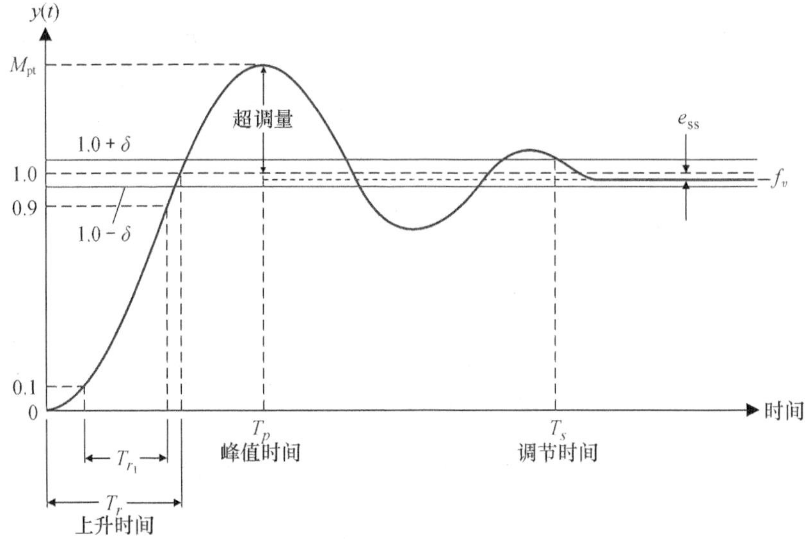

图 5.6　闭环系统的阶跃响应

所谓**调节时间** T_s，指的是系统响应达到并维持在稳态值的某个误差百分比范围内（±δ 容许带）所需要的时间，±δ 容许带如图 5.6 所示。对于二阶系统，当闭环阻尼常数 $\zeta\omega_n$ 保持恒定时，根据式（5.9），便可以计算响应达到并维持在稳态值的±2% 容许带内所需的调节时间 T_s。调节时间 T_s 应该满足

$$e^{-\zeta\omega_n T_s} < 0.02$$

即

$$\zeta\omega_n T_s \cong 4$$

于是得到调节时间 T_s 的近似值为

$$T_s = 4\tau \approx \frac{4}{\zeta\omega_n} \tag{5.13}$$

由此可见，调节时间 T_s 可以定义为与特征方程的主导根对应的时间常数（$\tau = 1/\zeta\omega_n$）的 4 倍。此外，利用图 5.6 所示的单位阶跃响应曲线，我们还可以计算系统的稳态误差。

系统的瞬态响应性能主要体现在以下两个方面。

- 响应的敏捷性，由上升时间和峰值时间表征。
- 实际响应对预期响应的逼近程度，由超调量和调节时间表征。

实际上，这些指标往往是彼此冲突的，因而需要进行折中处理。

为了得到峰值 M_{pt} 和峰值时间 T_p 与阻尼比 ζ 之间的函数关系，下面对式（5.9）求微分并令其为零，于是有

$$\dot{y}(t) = \frac{\omega_n}{\beta} e^{-J\omega_n t} \sin\left(\omega_n \beta t\right) = 0$$

可以看出，当 $\omega_n\beta t = n\pi(n = 0,1,2,\cdots)$ 时，上式成立且在 $n = 1$ 时首次成立。由此可以得到二阶系统阶跃响应的峰值时间 T_p 为

$$T_p = \frac{\pi}{\omega_n\sqrt{1-\zeta^2}} \tag{5.14}$$

响应峰值为

$$M_{pt} = 1 + e^{-\zeta\pi/\sqrt{1-\zeta^2}} \tag{5.15}$$

超调量 P.O. 为

$$\text{P.O.} = 100e^{-\zeta\pi/\sqrt{1-\zeta^2}} \tag{5.16}$$

图 5.7 不仅给出了百分比超调量 P.O. 与阻尼比 ζ 之间的关系曲线，而且给出了标准化峰值时间 $\omega_n T_p$ 与阻尼比 ζ 之间的关系曲线。从图 5.7 中可以明显看出，响应的敏捷性和较小的超调量难以同时取得，它们两者之间存在冲突，我们必须进行折中处理。

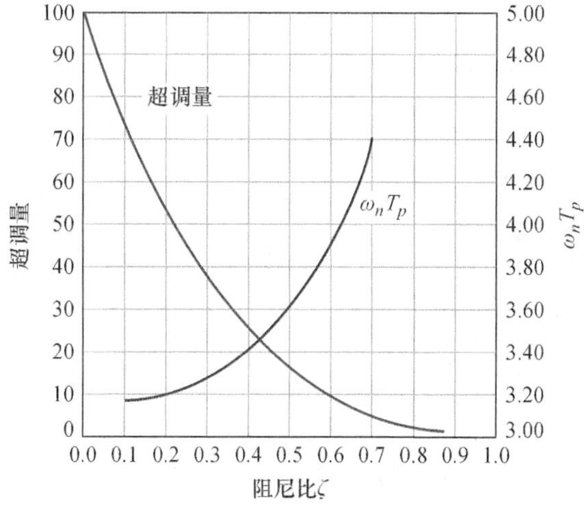

图 5.7　二阶系统的超调量 P.O. 和标准化峰值时间与阻尼比 ζ 之间的关系

从图 5.6 中可以看出，阶跃响应的敏捷性可以用输出从幅值终值的 10% 上升到 90% 所需的时间进行度量，实际上，这正是过阻尼系统中上升时间 T_{r_1} 的定义。图 5.8 给出了标准化上升时间 $\omega_n T_{r_1}$ 与阻尼比 ζ（$0.05 \leqslant \zeta \leqslant 0.95$）之间的关系曲线。尽管很难获取上升时间 T_{r_1} 的解析表达式，但在经过线性化处理后，我们可以得到 T_{r_1} 的近似式为

$$T_{r_1} = \frac{2.16\zeta + 0.60}{\omega_n} \tag{5.17}$$

当阻尼比满足 $0.3 \leqslant \zeta \leqslant 0.8$ 时，式（5.17）有足够的近似精确。图 5.8 给出了线性近似的示意图。

由式（5.17）可以看出，系统阶跃响应的敏捷性与阻尼比 ζ 和频率 ω_n 有关。当阻尼比 ζ 给定时，图 5.9 给出了 ω_n 取不同值时的阶跃响应曲线。从中可以看出，对于给定的阻尼比 ζ，当 ω_n 增加时，系统响应变得更加敏捷。同时请注意，超调量 P.O. 不会随 ω_n 的变化而发生变化。

当 ω_n 给定时，从图 5.10 中可以看出，阻尼比 ζ 越小，系统的响应越敏捷。但是，系统响应的敏捷程度会受到最大容许超调量的制约。

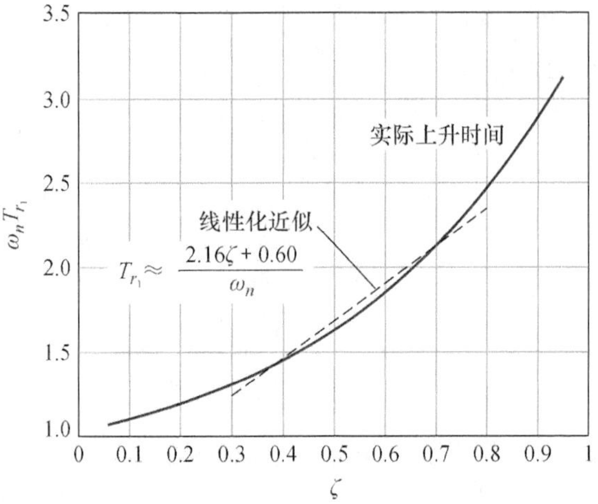

图 5.8 二阶系统的标准化上升时间与阻尼比 ζ 的关系

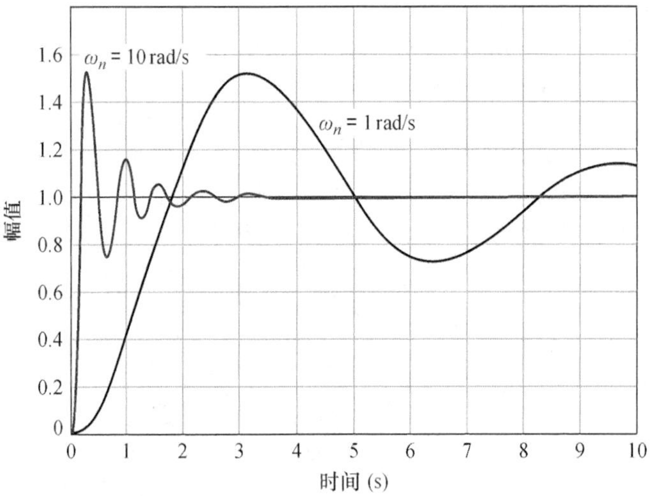

图 5.9 在阻尼比 $\zeta = 0.2$ 的情况下，$\omega_n = 1$ rad/s 和 $\omega_n = 10$ rad/s 时系统的阶跃响应

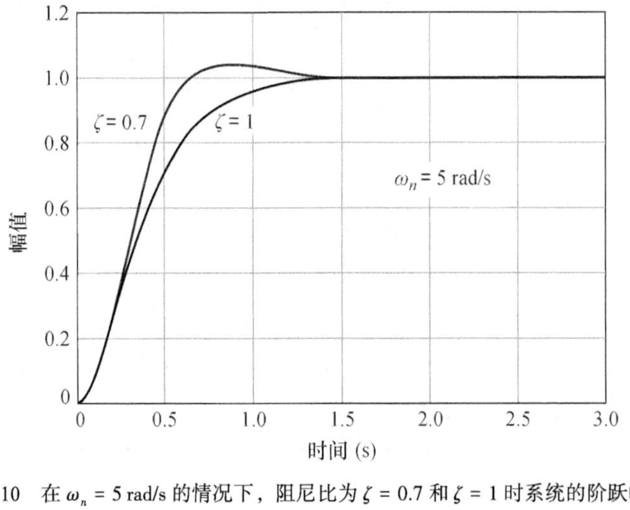

图 5.10 在 $\omega_n = 5$ rad/s 的情况下，阻尼比为 $\zeta = 0.7$ 和 $\zeta = 1$ 时系统的阶跃响应

5.4　零点和第三个极点对二阶系统响应的影响

严格地讲，图 5.7 所示的关系曲线只适用于式（5.8）描述的二阶系统。由于很多高阶系统存在一对**主导极点**，因此图 5.7 提供了非常重要的信息。我们可以将这些曲线和关系推广应用到高阶系统，以它们为基础来估算高阶系统阶跃响应的性能。在计算超调量 P.O. 和其他性能指标时，这种近似方法能够避免进行复杂的拉普拉斯逆变换。例如，假设一个三阶系统的闭环传递函数为

$$T(s)=\frac{1}{(s^2+2\zeta s+1)(\gamma s+1)} \tag{5.18}$$

其闭环特征根在 s 平面上的分布如图 5.11 所示。这是一个经过标准化的三阶系统，$\omega_n=1$。可以验证，若下式成立：

$$|1/\gamma|\geq 10|\zeta\omega_n|$$

则该系统的性能指标（如超调量 P.O. 和调节时间 T_s 等）可以基于二阶系统的曲线进行相当精确的估算[4]。也就是说，当主导根实部的绝对值仅仅是第三个根实部绝对值的 1/10 甚至更小时，可以通过由**主导根（极点）**决定的二阶系统的响应来近似三阶系统的响应[15, 20]。

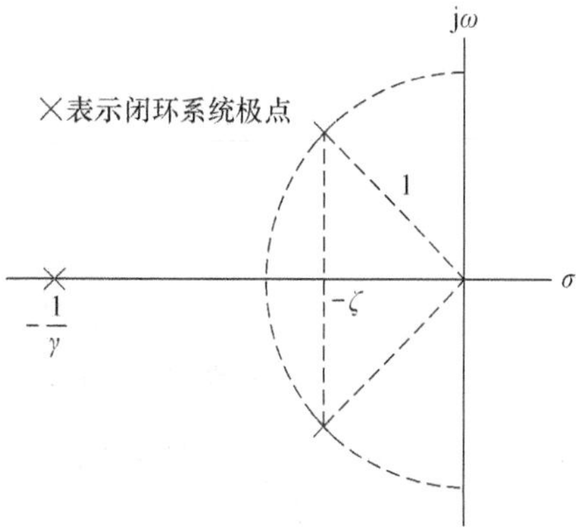

图 5.11　三阶闭环系统的特征根在 s 平面上的分布

考虑如下三阶系统：

$$T(s)=\frac{1}{(s^2+2\zeta\omega_n s+1)(\gamma s+1)}$$

其中，$\omega_n=1.0$，$\zeta=0.45$，$\gamma=1.0$，此时不满足 $|1/\gamma|\geq 10\zeta\omega_n$，系统的闭环极点为 $s_{1,2}=-0.45\pm \mathrm{j}0.89$ 和 $s_3=-1.0$。如图 5.12 所示，系统的超调量为 P.O.=10.9%，调节时间（2% 准则）为 $T_s=8.84$ s，上升时间为 $T_{r_1}=2.16$ s。如果取另一组参数（$\omega_n=1.0$，$\zeta=0.45$，$\gamma=0.22$），则系统的闭环极点为 $s_{1,2}=-0.45\pm \mathrm{j}0.89$（与第一种情况相同）和 $s_3=-4.5$，此时满足 $|1/\gamma|\geq 10\zeta\omega_n$。如图 5.12 所示，此时系统的超调量为 P.O. = 20%，调节时间（2% 准则）为 $T_s=8.56$ s，上升时间为 $T_{r_1}=1.6$ s。当共轭复极点确实是主导极点时（上面的第二种情况），我们可以得到近似度良好的二阶系统：

$$\hat{T}(s)=\frac{1}{s^2+2\zeta\omega_n s+1}=\frac{1}{s^2+0.9s+1}$$

和我们预期的一样，这个近似二阶系统的性能指标分别如下：超调量为 P.O. = $100\mathrm{e}^{-\zeta\pi/\sqrt{1-\zeta^2}}$ = 20.5%，调节时间为 $T_s=4/\zeta\omega_n=8.89$ s，上升时间为 $T_{r_1}=(2.16\zeta+0.6)/\omega_n=1.57$ s。从图 5.12 中可以明显地看出，当满足 $|1/\gamma|\geq 10\zeta\omega_n$ 时，三阶系统的阶跃响应与二阶系统的阶跃响应拟合得更加贴近。

需要指出的是，只有在传递函数不存在有限零点的情况下，按照式（5.10）定义的二阶系统的性能指标才精确成立。如果传递函数存在有限零点且位于主导复极点附近，则系统的瞬态响应会受到零点的显著影响。也就是说，具有一个零点和两个极点的系统的瞬态响应，会受到零点位置的影响[5]。例如，考虑如下式子表示的系统：

$$T(s)=\frac{(\omega_n^2/a)(s+a)}{s^2+2\zeta\omega_n s+\omega_n^2}$$

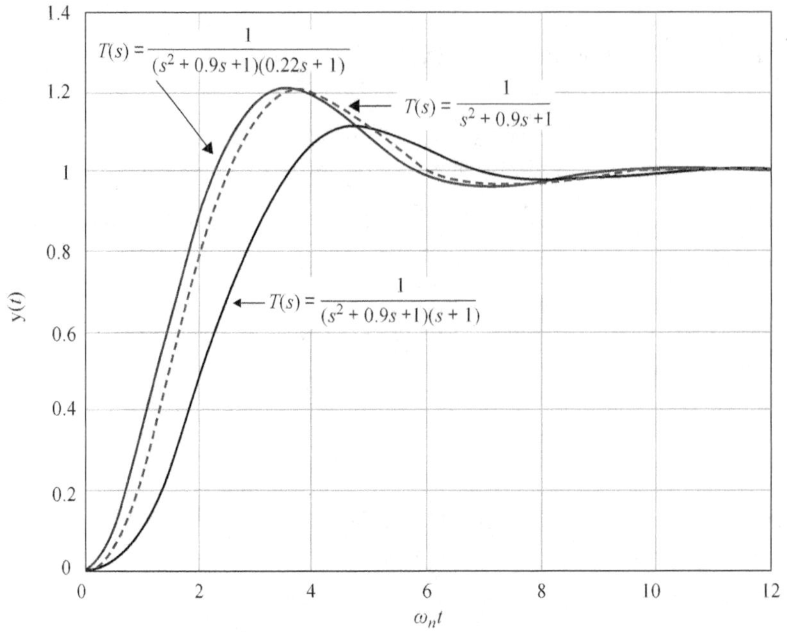

图 5.12　在满足 $|1/\gamma| \geqslant 10\zeta\omega_n$ 的情况下，为了说明主导极点的概念，比较两个三阶系统（实线）和一个二阶系统（虚线）的阶跃响应

我们可以比较这个系统的阶跃响应与没有有限零点的标准二阶系统的阶跃响应的差异。图 5.13 给出了这个系统在 $\zeta = 0.45$ 的情况下，当 $a/\zeta\omega_n = 0.5$、$a/\zeta\omega_n=1$、$a/\zeta\omega_n=2$ 和 $a/\zeta\omega_n=10$ 时的阶跃响应。当 $a/\zeta\omega_n$ 增大时，有限零点将移至左半平面更远离虚轴的地方，因而更加远离系统极点。和我们预期的一样，此时，这个系统的阶跃响应更逼近标准二阶系统的阶跃响应。

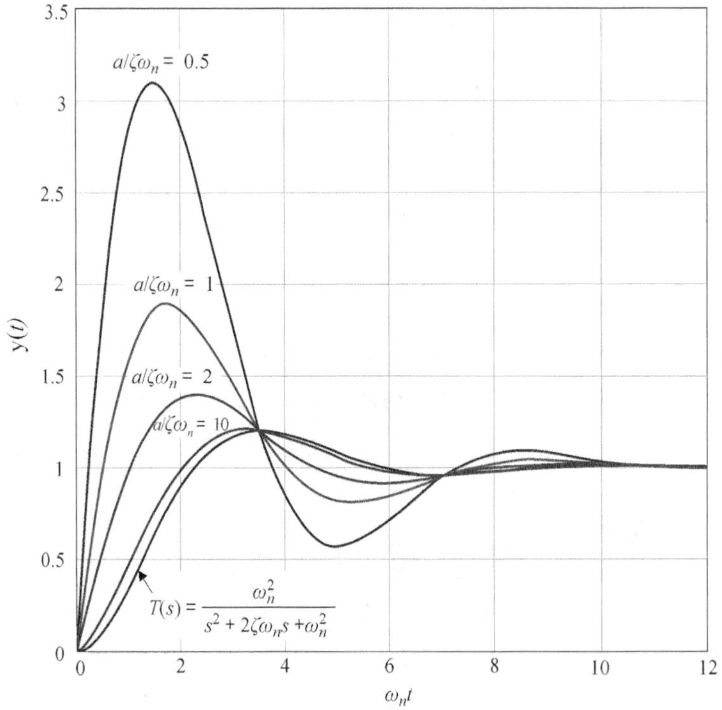

图 5.13　具有一个零点的二阶系统的阶跃响应曲线

系统的时域响应特性与闭环传递函数在 s 平面上的极点分布密切相关，这是理解闭环系统性能的关键概念之一。

例 5.1　参数选择

图 5.14 给出了一个单环负反馈控制系统，我们希望通过为增益 K 和参数 p 选择合适的取值，使系统能够满足时域性能指标的设计要求。具体的性能指标设计要求为，在单位阶跃响应的超调量 P.O. ≤ 5%的前提下，系统具有尽可能敏捷且快速的动态响应，按 2% 准则的调节时间 $T_s \leqslant 4$ s。

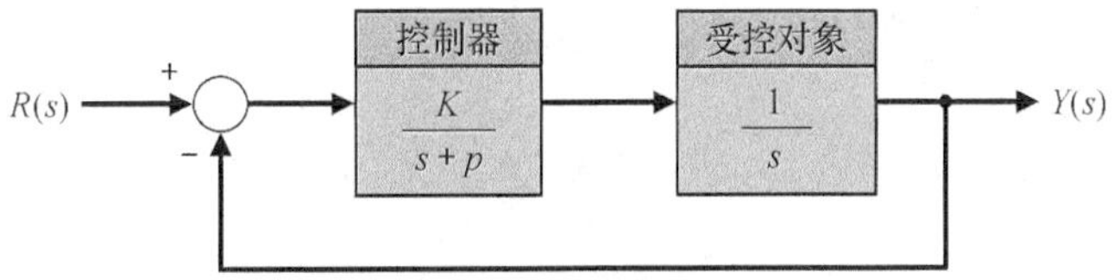

图 5.14　单环负反馈控制系统

就二阶系统而言，式（5.16）给出了超调量 P.O. 与 ζ 的关系，式（5.13）给出了调节时间 T_s 与 $\zeta\omega_n$ 的关系。通过求解 P.O. ≤ 5%，可以得到 $\zeta \geqslant 0.69$；通过求解 $T_s \leqslant 4s$，可以得到 $\zeta\omega_n \geqslant 1$。

能够同时满足这两个时域性能指标要求且允许配置闭环极点的可行域如图 5.15 所示。

为了满足设计要求，可以选择 $\zeta = 0.707$（P.O. = 4.3%）和 $\zeta\omega_n = 1$（$T_s = 4$ s）。于是，我们配置的预期极点为 $r_1 = -1 + \mathrm{j}$ 和 $\hat{r}_1 = -1 - \mathrm{j}$，系统参数为 $\zeta = 1/\sqrt{2} = 0.707$ 和 $\omega_n = 1/\zeta = \sqrt{2}$。闭环传递函数为

$$T(s) = \frac{G_c(s)G(s)}{1 + G_c(s)G(s)} = \frac{K}{s^2 + ps + K} = \frac{\omega_n^2}{s^2 + 2\zeta\omega_n s + \omega_n^2}$$

这表明应该将增益 K 和参数 p 设置为 $K = {\omega_n}^2 = 2$ 和 $p = 2\zeta\omega_n = 2$。由于这是一个形如式（5.7）的二阶系统，因此它能够精确地满足指标设计要求。

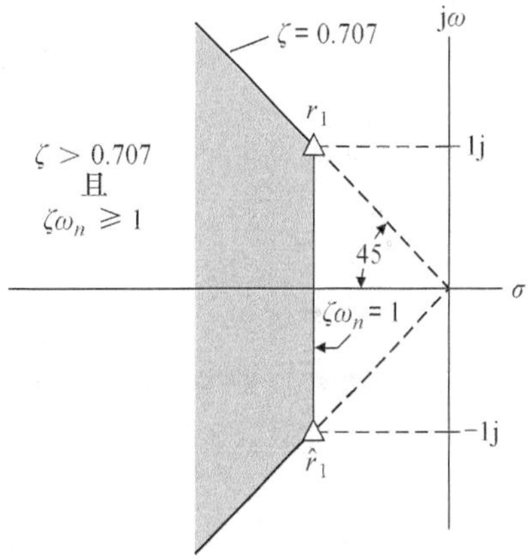

图 5.15　指标设计要求与 s 平面上特征根的位置（可行域）

例 5.2　零点和附加实极点的影响

考虑某三阶控制系统，其闭环传递函数为

$$\frac{Y(s)}{R(s)} = T(s) = \frac{\frac{\omega_n^2}{a}(s + a)}{(s^2 + 2\zeta\omega_n s + \omega_n^2)(1 + \tau s)}$$

实零点和附加实极点会影响到系统的动态响应。只有当 $a \gg \zeta\omega_n$ 且 $\tau \ll 1/\zeta\omega_n$ 时，实极点和实零点对阶跃响应的影响才会比较小。

考虑如下闭环传递函数：

$$T(s) = \frac{1.6(s + 2.5)}{\left(s^2 + 6s + 25\right)(0.16s + 1)}$$

注意直流增益为 1［$T(0) = 1$］，系统对阶跃输入的预期稳态误差为 0。由上式可知，此时 $\zeta\omega_n = 3$、$\tau = 0.16$、$a = 2.5$，系统在 s 平面上的零极点分布图如图 5.16 所示。如果直接忽略实极点和实零点，则可以尝试将系统的闭环传递函数近似为

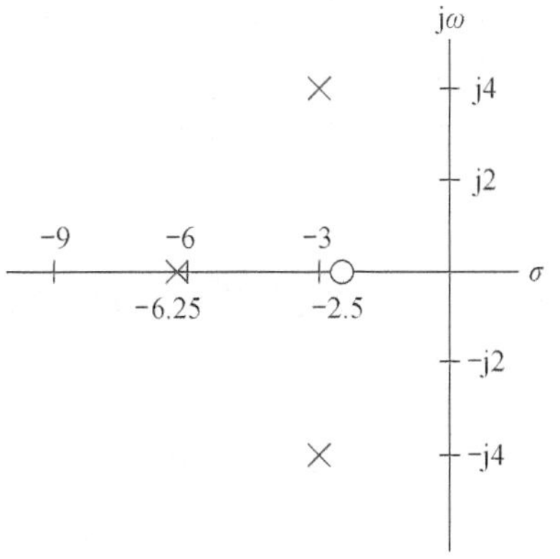

图 5.16　系统在 s 平面上的零极点分布图

$$T(s) \approx \frac{25}{s^2 + 6s + 25}$$

可以看出，二阶近似系统有一对与 $\zeta = 0.6$、$\omega_n = 5$ 对应的“主导”极点，其基于 2% 准则的调节时间和超调量分别为

$$T_s = \frac{4}{\zeta\omega_n} = 1.33s \ ,\text{P.O.} = 100\text{e}^{-\pi\zeta/\sqrt{1-\zeta^2}} = 9.5\%$$

对实际的三阶系统进行计算和评估，得到的超调量为 P.O. = 38%，调节时间为 $T_s = 1.6\,\text{s}$。由此可见，我们不能随意忽略系统 $T(s)$ 的零点和第三个极点对系统的作用，原因在于不满足条件 $a \gg \zeta\omega_n$ 和 $\tau \ll 1/\zeta\omega_n$。

阻尼比是决定闭环系统性能指标的关键参数之一。在调节时间、超调量、峰值时间和上升时间等性能指标的计算公式中，阻尼比起着重要作用。而且对于二阶系统而言，阶跃响应的超调量仅仅由阻尼比决定。接下来读者将会看到，可以根据系统的实际阶跃响应数据和曲线直接辨识并估计阻尼比[12]。二阶系统的单位阶跃响应由式（5.9）给出，当 $\zeta < 1$ 时，阻尼正弦振荡的频率为

$$\omega = \omega_n(1 - \zeta^2)^{1/2} = \omega_n\beta$$

在阶跃响应中，每秒的振荡周数为 $\omega/2\pi$。

指数衰减项的时间常数为 $\tau = 1/\zeta\omega_n$（单位为 s）。在一个时间常数间隔内，阻尼正弦振荡的周期数为

$$(\text{周数/秒数})\times\tau = \frac{\omega}{2\pi\zeta\omega_n} = \frac{\omega_n\beta}{2\pi\zeta\omega_n} = \frac{\beta}{2\pi\zeta}$$

如果阶跃响应在 n 倍时间常数的间隔内衰减到稳态，则可以观察到的响应振荡周数为

$$\text{响应振荡周数} = \frac{n\beta}{2\pi\zeta} \tag{5.19}$$

对于二阶系统而言，在经历了 4 倍于时间常数（4τ）的振荡之后，系统响应的误差将保持在稳态值的 2% 容许带内。因此，将 $n = 4$ 代入式（5.19），可以得到二阶系统在调节时间（过渡期）之内可以观测到的振荡周数为

$$\text{振荡周数} = \frac{4\beta}{2\pi\zeta} = \frac{4\left(1-\zeta^2\right)^{1/2}}{2\pi\zeta} \approx \frac{0.6}{\zeta} \tag{5.20}$$

其中，$0.2 \leqslant \zeta \leqslant 0.6$。

我们从阶跃响应曲线中可以看出过渡期的振荡周数，然后利用式（5.20），便可以直接得到阻尼比 ζ 的估计值。

另一种估计阻尼比 ζ 的方法是，先确定系统阶跃响应的超调量 P.O.，再利用式（5.16）进行估计。

5.5 s 平面上特征根的位置与系统的瞬态响应

闭环反馈控制系统的瞬态响应特性可以用传递函数的极点（也就是特征根）的位置分布来表征。闭环传递函数的一般形式为

$$T(s) = \frac{Y(s)}{R(s)} = \frac{\sum P_i(s)\Delta_i(s)}{\Delta(s)}$$

其中，$\Delta(s) = 0$ 为系统的特征方程。对于单位负反馈系统而言，特征方程为 $1 + G_c(s)G(s) =$

0。由前面的讨论可知，闭环传递函数 $T(s)$ 的零点和极点决定了系统的瞬态响应，而 $T(s)$ 的极点也是特征方程 $\Delta(s)=0$ 的根。如果特征方程没有重根，则系统（取增益为 1）的单位阶跃响应可以展开为部分分式形式：

$$Y(s)=\frac{1}{s}+\sum_{i=1}^{M}\frac{A_i}{s+\sigma_i}+\sum_{k=1}^{N}\frac{B_k s+C_k}{s^2+2\alpha_k s+(\alpha_k^2+\omega_k^2)} \tag{5.21}$$

其中，A_i、B_k 和 C_k 是常数。系统的特征根为实单根 $s=-\sigma_i$ 或共轭复根 $s=-\alpha_k\pm j\omega_k$。因此，经过拉普拉斯逆变换后，系统的整个动态响应为

$$y(t)=1+\sum_{i=1}^{M}A_i e^{-\sigma_i t}+\sum_{k=1}^{N}D_k e^{-\alpha_k t}\sin(\omega_k t+\theta_k) \tag{5.22}$$

其中，D_k 是与 B_k、C_k、α_k 和 ω_k 有关的常数。整个动态响应由稳态值、指数项和受到阻尼的正弦项组合而成，且后面的各项构成了系统的瞬态响应。如果响应是稳定的（即阶跃响应是有界的），则所有特征根的实部（即 $-\sigma_i$ 和 $-\alpha_k$）位于 s 平面的左半平面。当系统的特征根处在不同的区域时，图 5.17 给出了对应的脉冲响应曲线，由此可见，特征根的位置蕴含了丰富的信息，以便描述系统的瞬态响应特性。

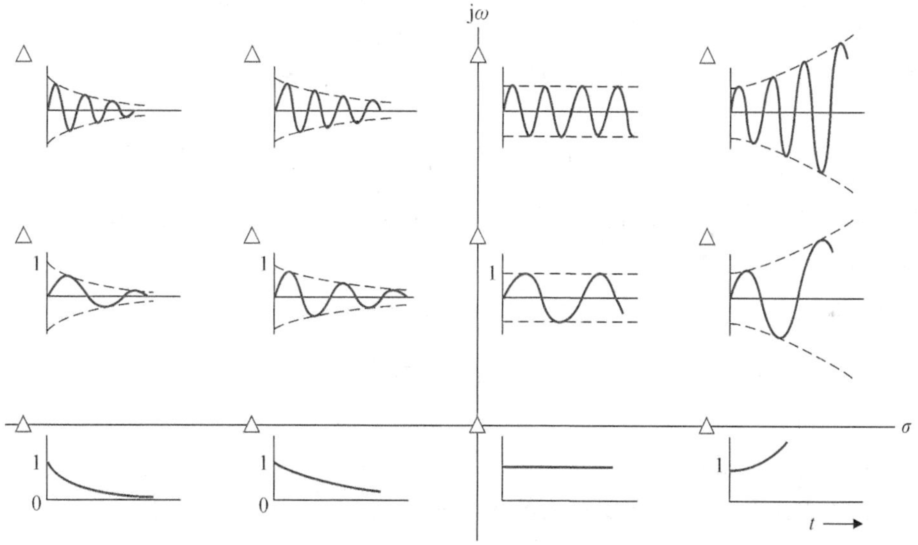

图 5.17　不同位置的特征根对应的脉冲响应曲线
（另一个共轭极点未标注）

对于控制系统工程师而言，理解并掌握线性系统的复频率表示、传递函数的零点和极点分布以及系统的时域响应三者之间的关系是非常重要的。在信号处理和控制等领域，很多分析和设计工作是在复平面上进行的，使用的系统模型是用传递函数 $T(s)$ 及其零点和极点来表示的。而另一方面，系统的性能分析与评估，特别是控制系统的性能分析与评估，却往往需要在时域内通过分析时域响应来实现。

经验丰富的设计者能够洞察增删 $T(s)$ 的极点和零点或者移动它们在 s 平面上的位置，将会如何改变系统的阶跃响应和/或脉冲响应。同样，为了改进系统的阶跃响应和/或脉冲响应，设计者还需要知道如何改变 $T(s)$ 的极点和零点的位置。

总体而言，$T(s)$ 的极点决定了系统的瞬态响应模态，$T(s)$ 的零点则决定了每个模态函数的相对权重。例如，如果将一个零点移到某个特定极点的近旁，就会减少该极点对应的模态对整个输

出的贡献。换句话讲，零点直接影响式（5.22）中 A_i 和 D_k 的取值。例如，如果极点 $s=-\sigma_i$ 的近旁有零点，则与之对应的 A_i 将会比较小。

5.6 反馈控制系统的稳态误差

引入反馈虽然会提高系统成本并增加系统的复杂性，但却能够明显减小系统的稳态误差，这是我们在系统中引入反馈的基本原因之一。闭环系统的稳态误差通常比开环系统的稳态误差小几个数量级。系统执行机构的驱动信号，就是记为 $E_a(s)$ 的跟踪误差信号的测量值。

以单位负反馈系统为例，当测量噪声 $N(s)=0$ 且干扰信号 $T_d(s)=0$ 时，系统的跟踪误差 $E(s)$ 为

$$E(s)=\frac{1}{1+G_c(s)G(s)}R(s)$$

根据终值定理，系统的稳态跟踪误差为

$$\lim_{t\to\infty}e(t)=e_{ss}=\lim_{s\to 0}s\frac{1}{1+G_c(s)G(s)}R(s) \tag{5.23}$$

本节将首先针对单位负反馈系统，分析三种典型测试信号下的系统稳态误差，这对控制系统分析是非常重要的。然后分析非单位负反馈系统的稳态误差。

阶跃输入 当输入幅度为 A 的阶跃信号时，系统稳态误差为

$$e_{ss}=\lim_{s\to 0}\frac{s(A/s)}{1+G_c(s)G(s)}=\frac{A}{1+\lim\limits_{s\to 0}G_c(s)G(s)}$$

由此可见，稳态误差完全由环路（开环）传递函数 $G_c(s)G(s)$ 确定。环路传递函数 $G_c(s)G(s)$ 的一般形式为

$$G_c(s)G(s)=\frac{K\prod\limits_{i=0}^{M}(s+z_i)}{s^N\prod\limits_{k=1}^{Q}(s+p_k)} \tag{5.24}$$

其中：$\prod$ 表示因子的乘积；$z_i\neq 0$，$1\leqslant i\leqslant M$；$p_k\neq 0$，$1\leqslant k\leqslant Q$。当 s 趋于 0 时，环路传递函数的极值依赖于其中包含的积分器的个数 N。如果 N 大于 0，则 $\lim\limits_{s\to 0}G_c(s)G(s)$ 趋于无穷大，稳态误差因而趋于 0。环路传递函数包含的积分器的个数 N 被称为系统的型数，相应的系统被称为 N 型系统。

因此，对于零型系统而言，型数 N 为 0，稳态误差为

$$e_{ss}=\frac{A}{1+G_c(0)G(0)}=\frac{A}{1+K\prod\limits_{i=1}^{M}z_i/\prod\limits_{k=1}^{Q}p_k} \tag{5.25}$$

常数 $G_c(0)G(0)$ 通常记为 K_p，又称**位置误差常（系）数**，计算方法如下：

$$K_p=\lim_{s\to 0}G_c(s)G(s)$$

因此，零型系统对幅度为 A 的阶跃输入的稳态跟踪误差为

$$e_{ss}=\frac{A}{1+K_p} \tag{5.26}$$

对于 $N\geqslant 1$ 的各型系统而言，它们的阶跃响应的稳态误差为 0。

$$e_{ss}=\lim_{s\to 0}\frac{A}{1+K\prod z_i/\left(s^N\prod p_k\right)}=\lim_{s\to 0}\frac{As^N}{s^N+K\prod z_i/\prod p_k}=0 \tag{5.27}$$

斜坡输入　当输入斜率为 A 的斜坡（速度）信号时，系统稳态误差为

$$e_{ss}=\lim_{s\to 0}\frac{s\left(A/s^2\right)}{1+G_c(s)G(s)}=\lim_{s\to 0}\frac{A}{s+sG_c(s)G(s)}=\lim_{s\to 0}\frac{A}{sG_c(s)G(s)} \tag{5.28}$$

同样，稳态误差取决于系统环路传递函数包含的积分器的个数 N。对于零型系统而言，型数 N 为 0，稳态误差为无穷大。对于 I 型系统而言，N 为 1，稳态误差为

$$e_{ss}=\lim_{s\to 0}\frac{A}{sK\prod(s+z_i)/\left[s\prod(s+p_k)\right]}$$

即

$$e_{ss}=\frac{A}{K\prod z_i/\prod p_k}=\frac{A}{K_v} \tag{5.29}$$

其中的 K_v 又称为**速度误差常（系）数**，计算方法如下：

$$K_v=\lim_{s\to 0}sG_c(s)G(s)$$

如果环路传递函数含有两个以上的积分器（即 $N\geqslant 2$），则稳态误差为 0。当 $N=1$ 时，系统存在有界、定常的稳态位置误差，读者很快将会看到，稳态输出的变化速度的确等于输入的变化速度。

加速度输入　当输入信号为 $r(t)=At^2/2$ 时，系统的稳态误差为

$$e_{ss}=\lim_{s\to 0}\frac{s\left(A/s^3\right)}{1+G_c(s)G(s)}=\lim_{s\to 0}\frac{A}{s^2G_c(s)G(s)} \tag{5.30}$$

I 型系统的稳态误差为无穷大。如果环路传递函数含有两个积分器（即 $N=2$），则有

$$e_{ss}=\frac{A}{K\prod z_i/\prod p_k}=\frac{A}{K_a} \tag{5.31}$$

其中的 K_a 又称为**加速度误差常（系）数**，计算方法如下：

$$K_a=\lim_{s\to 0}s^2G_c(s)G(s)$$

如果环路传递函数含有的积分器的个数等于或超过 3（即 $N\geqslant 3$），则系统的稳态误差为 0。

我们经常利用型数和稳态误差常（系）数 K_p、K_v 和 K_a 来刻画控制系统的稳态性能。针对不同型数的系统，表 5.2 总结了三种不同输入下的稳态误差和稳态误差常数。

表 5.2　稳态误差小结

$G_c(s)G(s)$ 中积分器的个数，即系统的型数	输入信号		
	阶跃信号 $r(t)=A, R(s)=A/s$	斜坡信号 $r(t)=At, R(s)=A/s^2$	抛物线 $r(t)=At^2, R(s)=A/s^3$
0	$e_{ss}=\frac{A}{1+K_p}$	∞	∞
1	$e_{ss}=0$	$\frac{A}{K_v}$	∞
2	$e_{ss}=0$	0	$\frac{A}{K_a}$

例 5.3　移动机器人驾驶控制

有一种移动机器人旨在帮助严重残障人士行走[7]。这种机器人的驾驶控制系统的框图模型如图 5.18 所示，驾驶控制器的传递函数为

$$G_c(s)=K_1+K_2/s \tag{5.32}$$

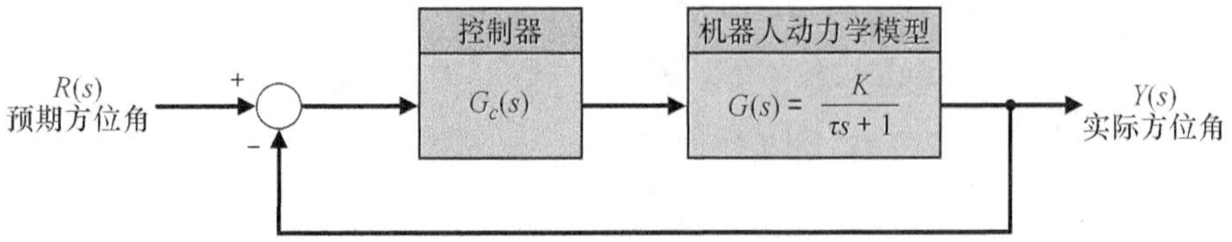

图 5.18　移动机器人驾驶控制系统的框图模型

当 $K_2=0$［即 $G_c(s)=K_1$］时，系统对阶跃输入信号的稳态误差为

$$e_{ss}=\frac{A}{1+K_p} \tag{5.33}$$

其中，$K_p=KK_1$。当 $K_2>0$ 时，便得到一个 I 型系统：

$$G_c(s)=\frac{K_1s+K_2}{s}$$

系统对阶跃输入信号的稳态误差为 0。

如果驾驶指令为斜坡输入信号，则系统的稳态误差为

$$e_{ss}=\frac{A}{K_v} \tag{5.34}$$

其中，$K_v=\lim\limits_{s\to 0} sG_1(s)G(s)=K_2K$。

当输入为锯齿波信号、控制器为 $G_c(s)=(K_1s+K_2)/s$ 时，系统的动态响应如图 5.19 所示。从图 5.19 中可以看出，输出的变化速度跟上了输入的变化速度，但的确存在明显的有界、定常的稳态位置误差。不过，当 K_v 足够大时，稳态误差的影响是可以忽略的。

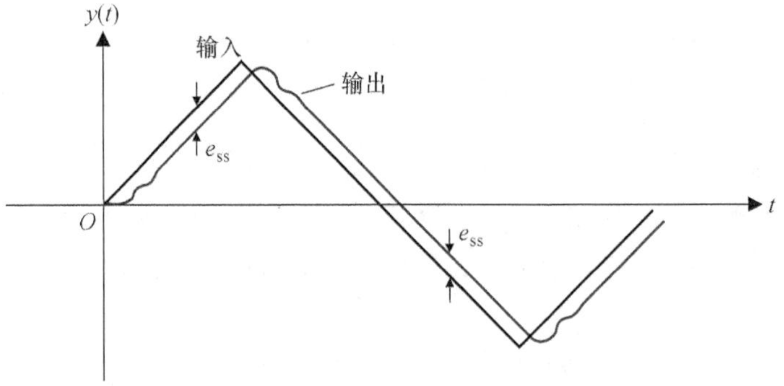

图 5.19　锯齿波响应

控制系统的误差常（系）数 K_p、K_v 和 K_a 能够表征系统减小或消除稳态误差的能力，因此，它们可以作为稳态性能的度量指标。针对给定的系统，设计者首先需要评估其稳态误差常数，然后在维持瞬态性能可以接受的前提下，寻求增大稳态误差常数的方法，以便减小稳态误差。就本例而言，一方面，可以通过增大增益因子 KK_2（也就是增大 K_v）来减小稳态误差；但另一方面，KK_2 的增大会减小阻尼比 ζ，导致系统阶跃响应产生更为严重的振荡。因此，一种折中的做法是，

在保证阻尼比 ζ 不小于容许值的前提下，尽量选择较大的 K_v。

在前面的内容中，我们只考虑了单位负反馈系统。接下来我们考虑非单位负反馈系统。非单位负反馈系统的输出 $Y(s)$ 与传感器的输出往往是具有不同量纲的物理量，反馈环路非单位传递函数很可能起着转换量纲的作用。例如，在图 5.20 所示的转速控制系统中，$H(s)=K_2$，常数 K_1 和 K_2 就起到转换量纲的作用（将 rad/s 转换为 V）。

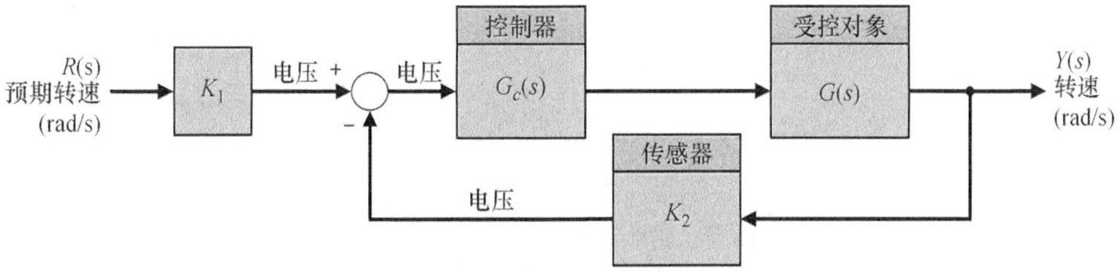

图 5.20　转速控制系统

由于 K_1 的取值可调，因此可以取 $K_1=K_2$，然后将 K_1 和 K_2 的方框移过求和节点，这样就可以获得图 5.21 所示的等效框图模型，进而将非单位负反馈系统转换成单位负反馈系统。

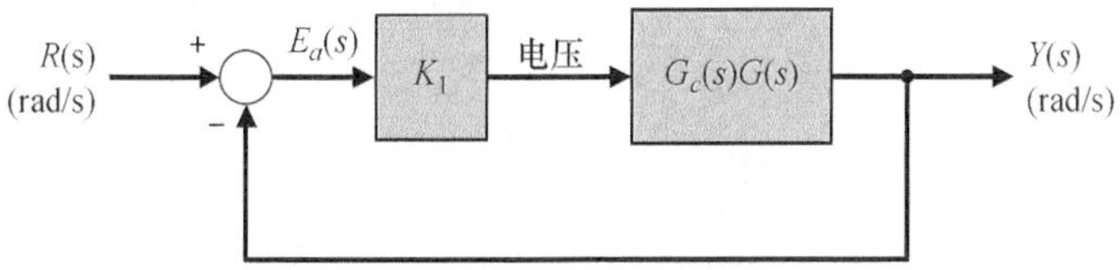

图 5.21　当 $K_1=K_2$ 时，图 5.20 所示系统的等效框图模型

下面考虑稍微复杂一些的非单位负反馈系统。将反馈环路 $H(s)$ 改为

$$H(s)=\frac{K_2}{\tau s+1}$$

$H(s)$ 的直流增益为

$$\lim_{s\to 0} H(s)=K_2$$

如果令 $K_1=K_2$，则同样可以将系统等效转换成图 5.21 所示的单位负反馈系统，从而非常方便地计算系统的稳态误差。

为了说明这一点，下面计算系统的跟踪误差 $E(s)$。由于 $Y(s)=T(s)R(s)$，因此有

$$E(s)=R(s)-Y(s)=[1-T(s)]R(s) \tag{5.35}$$

注意，闭环传递函数 $T(s)$ 为

$$T(s)=\frac{K_1G_c(s)G(s)}{1+H(s)G_c(s)G(s)}=\frac{(\tau s+1)K_1G_c(s)G(s)}{\tau s+1+K_1G_c(s)G(s)}$$

于是有

$$E(s)=\frac{1+\tau s\big(1-K_1G_c(s)G(s)\big)}{\tau s+1+K_1G_c(s)G(s)}R(s)$$

如果再有 $\lim\limits_{s\to 0} sG_c(s)G(s)=0$，则可以得到系统对单位阶跃输入的稳态误差为

$$e_{ss}=\lim_{s\to 0} sE(s)=\frac{1}{1+K_1\lim\limits_{s\to 0} G_c(s)G(s)} \tag{5.36}$$

这正是图 5.21 所示的单位负反馈系统的稳态误差。

例 5.4 计算系统的稳态误差

针对图 5.20 所示的系统，先确定 K_1 的合适取值，再计算当输入为单位阶跃信号时系统的稳态误差。令

$$G_c(s) = 40, G(s) = \frac{1}{s+5}$$

将 $H(s)$ 改写为

$$H(s) = \frac{2}{0.1s+1}$$

令 $K_1 = K_2 = 2$，由式（5.36）可以方便地得到

$$e_{ss} = \frac{1}{1 + K_1 \lim_{s\to 0} G_c(s)G(s)} = \frac{1}{1 + 2(40)(1/5)} = \frac{1}{17}$$

系统的稳态误差约为阶跃输入信号的幅值的 5.9%。

例 5.5 非单位反馈控制系统

考虑图 5.22 所示的系统，但假定不能在输入 $R(s)$ 的后面插入增益为 K_1 的比例控制器。但如此一来，也就不能将系统简便地转换为单位负反馈系统。根据式（5.35）可以得到系统的实际跟踪误差为

$$E(s) = [1 - T(s)]R(s)$$

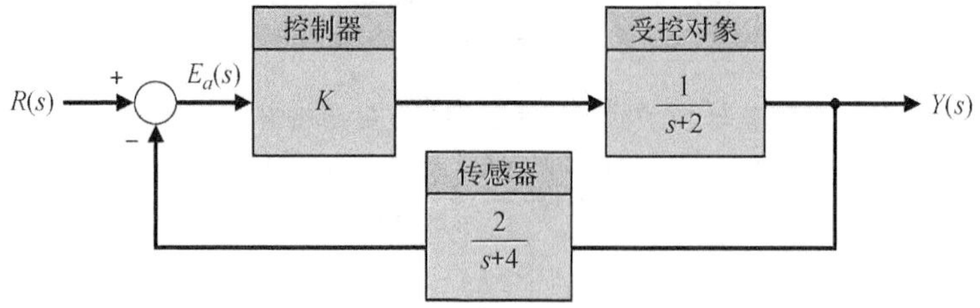

图 5.22 带有反馈 $H(s)$ 的系统

接下来，在具体计算的基础上，为增益 K 选择合适的取值，使得系统对阶跃输入的稳态误差最小。系统的稳态误差为

$$e_{ss} = \lim_{s\to 0} s[1 - T(s)]\frac{1}{s}$$

其中：

$$T(s) = \frac{G_c(s)G(s)}{1 + G_c(s)G(s)H(s)} = \frac{K(s+4)}{(s+2)(s+4)+2K}$$

于是有

$$T(0) = \frac{4K}{8+2K}$$

系统对单位阶跃输入的稳态误差为

$$e_{ss} = 1 - T(0)$$

如果想让系统的稳态误差为 0，则必须满足

$$T(0) = \frac{4K}{8+2K} = 1$$

由此可见，当 $K=4$ 时，系统对单位阶跃输入的稳态误差为 0。只需要反馈控制系统满足稳态误差的设计要求，这种情况基本上不会出现。因此请留意，只选择和调节增益这样一个参数是不现实的。

相对而言，确定单位负反馈系统的稳态误差则更为简便一些。通过调整控制系统框图模型，我们可以将非单位负反馈系统转换为等效的单位负反馈系统，从而将误差常数的概念推广到非单位负反馈系统。但需要注意的是，只有稳定的系统才能够应用终值定理来求解稳态误差。

以图 5.20 所示的非单位负反馈系统为例。令增益 $K_1=1$，闭环传递函数为

$$\frac{Y(s)}{R(s)}=T(s)=\frac{G_c(s)G(s)}{1+H(s)G_c(s)G(s)}$$

适当整理系统框图，可以得到等效的单位负反馈系统为

$$\frac{Y(s)}{R(s)}=T(s)=\frac{Z(s)}{1+Z(s)}$$

其中，环路传递函数 $Z(s)$ 为

$$Z(s)=\frac{G_c(s)G(s)}{1+G_c(s)G(s)(H(s)-1)}$$

于是可以得到非单位负反馈系统的三个误差常数为

$$K_p=\lim_{s\to 0}Z(s),\ K_v=\lim_{s\to 0}sZ(s),\ K_a=\lim_{s\to 0}s^2Z(s)$$

当 $H(s)=1$ 时，环路传递函数为 $Z(s)=G_c(s)G(s)$，于是便得到单位负反馈系统的三个误差常数。例如，位置误差常数仍是

$$K_p=\lim_{s\to 0}Z(s)=\lim_{s\to 0}G_c(s)G(s)$$

5.7　综合性能指标

现代控制理论认为，我们应该能够定量地描述系统性能，因此，系统的性能指标必须能够定量地计算或估计，并能够用来评估系统的性能。对于控制系统的设计和运行而言，系统性能的定量评估是非常有价值的。

所谓**最优控制系统**，指的是通过调整系统参数，使得综合性能指标达到极值（通常为极小值）的系统。从便于应用的角度出发，综合性能指标的取值一般应该大于或等于 0，因此，最优控制系统通常就是综合性能指标达到极小值的系统。

综合性能指标是对系统性能的定量描述，旨在综合反映各项重要的具体性能。

概念强调说明 5.1

误差平方积分（Integral of Square Error，ISE）是一个比较合适和常用的综合性能指标，其定义为

$$ISE=\int_0^T e^2(t)\mathrm{d}t \tag{5.37}$$

其中，积分上限 T 是由控制系统设计者选定的有限时间。在实践中，我们通常将 T 取为调节时间 T_s。图 5.23（b）给出了某反馈控制系统的阶跃响应曲线，图 5.23（c）为误差信号，图 5.23（d）为误差的平方，图 5.23（e）为误差平方积分。通过误差平方积分，我们可以区分出极度的过阻尼系统和欠阻尼系统。只有当阻尼比适中时，误差平方积分才会取较小的值。式（5.37）给出的

误差平方积分这一综合性能指标，还非常便于我们进行解析分析和数值计算。

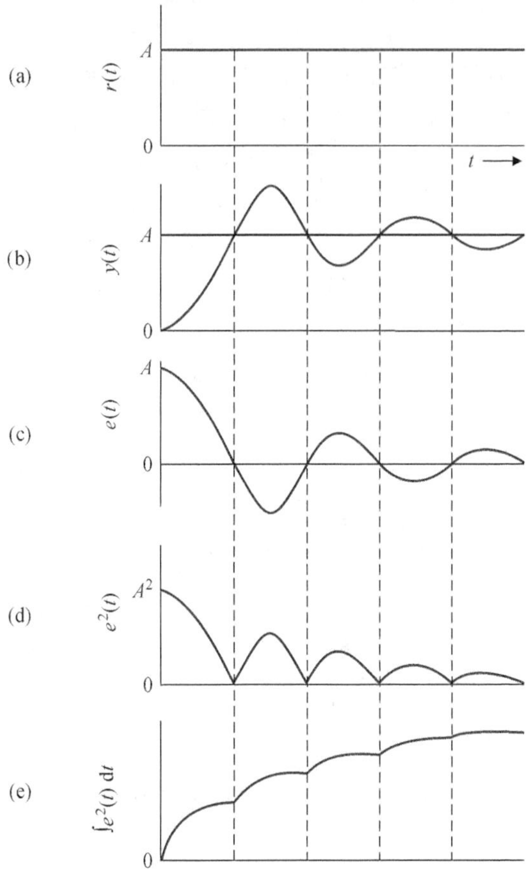

图 5.23 误差平方积分的计算

另外三个需要我们关注的综合性能指标如下：

$$\mathrm{IAE} = \int_0^T |e(t)| \mathrm{d}t \tag{5.38}$$

$$\mathrm{ITAE} = \int_0^T t|e(t)| \mathrm{d}t \tag{5.39}$$

$$\mathrm{ITSE} = \int_0^T te^2(t) \mathrm{d}t \tag{5.40}$$

其中，指标 ITAE（Integral of Time multiplied by Absolute Error，时间与误差绝对值之积的积分）能够降低大的初始误差对性能衡量结果的影响，而强调系统响应末段误差对性能衡量结果的影响[6]。当系统参数发生变化时，我们能够很容易地识别出 ITAE 的极小值，因此相对而言，在比较系统的性能时，ITAE 提供了最好的辨识度。

积分型综合性能指标的一般形式为

$$I = \int_0^T f(e(t), r(t), y(t), t) \mathrm{d}t \tag{5.41}$$

其中，f 为误差、输入输出和时间的函数。因此，通过系统变量和时间的不同组合，我们能够定义不同形式的综合性能指标。

例 5.6 太空望远镜定向控制系统

观察图 5.24 所示的太空望远镜定向控制系统[9]。我们希望通过为增益 K_3 选择合适的取值，使得干扰 $T_d(s)$ 对系统的影响最小。干扰信号与输出之间的闭环传递函数为

$$\frac{Y(s)}{T_d(s)}=\frac{s\left(s+K_1K_3\right)}{s^2+K_1K_3s+K_1K_2K_p} \tag{5.42}$$

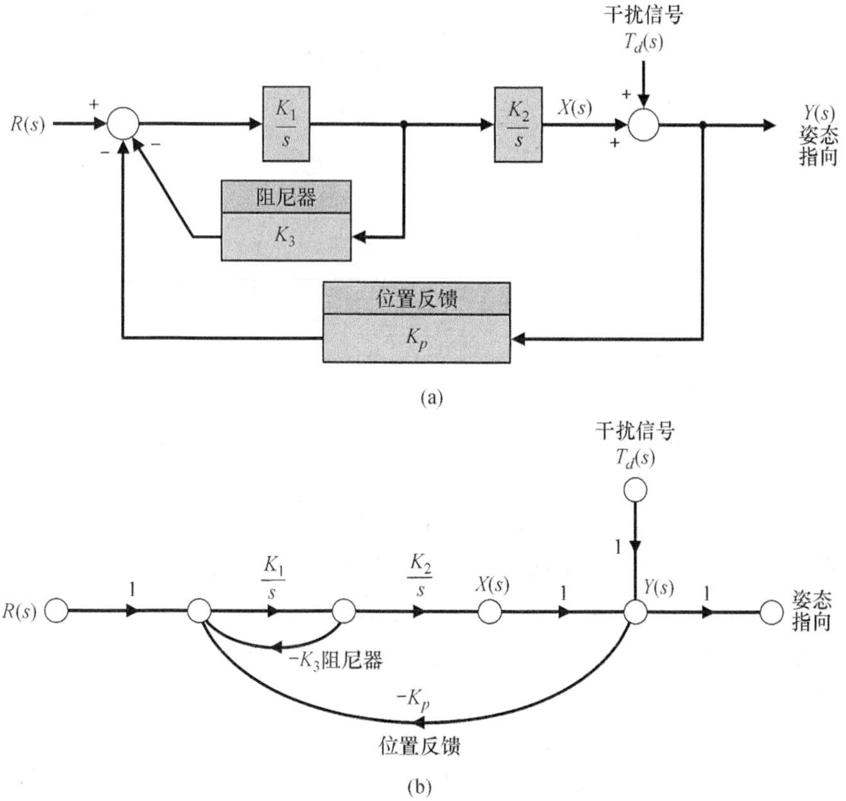

图 5.24 太空望远镜定向控制系统

(a) 框图模型；(b) 信号流图模型

其中，各系统参数的典型取值分别为 $K_1=0.5$、$K_1K_2K_p=2.5$。本例的目的是最小化干扰导致的输出 $y(t)$。当干扰为单位阶跃信号时，我们可以利用解析方法得到 ISE 的极小值。姿态定向角 $y(t)$ 为

$$y(t)=\frac{\sqrt{10}}{\beta}\left[\mathrm{e}^{-0.25K_3t}\sin\left(\frac{\beta}{2}t+\psi\right)\right] \tag{5.43}$$

其中，$\beta=\sqrt{10-K_3^2/4}$。对 $y(t)^2$ 进行积分，可以得到

$$\begin{aligned}I&=\int_0^{\infty}\frac{10}{\beta^2}\mathrm{e}^{-0.5K_3t}\sin^2\left(\frac{\beta}{2}t+\psi\right)\mathrm{d}t=\int_0^{\infty}\frac{10}{\beta^2}\mathrm{e}^{-0.5K_3t}\left(\frac{1}{2}-\frac{1}{2}\cos(\beta t+2\psi)\right)\mathrm{d}t\\&=\frac{1}{K_3}+0.1K_3\end{aligned} \tag{5.44}$$

对 I 求导并令求导结果等于零，于是有

$$\frac{\mathrm{d}I}{\mathrm{d}K_3} = -K_3^{-2} + 0.1 = 0 \tag{5.45}$$

因此，当 $K_3 = \sqrt{10} = 3.2$ 时，ISE 取得极小值，对应的阻尼比 $\zeta = 0.5$。系统的 ISE 和 IAE（Integral of the Absolute magnitude of the Error，误差绝对值积分）指标随参数 K_3 变化的曲线如图 5.25 所示。从中可以看出，当 $K_3 = 4.2$ 时，IAE 指标达到极小值，对应的阻尼比 $\zeta = 0.665$。在比较系统的性能时，虽然采用 ISE 指标的辨识度比不上采用 IAE 指标的辨识度，但采用 ISE 指标可以得到指标取值的解析解。为了获得 IAE 指标的极小值，我们只能针对参数 K_3 的不同典型取值，分别计算 IAE 指标的实际取值，然后找出其中的极小值。这两个指标各有优劣。

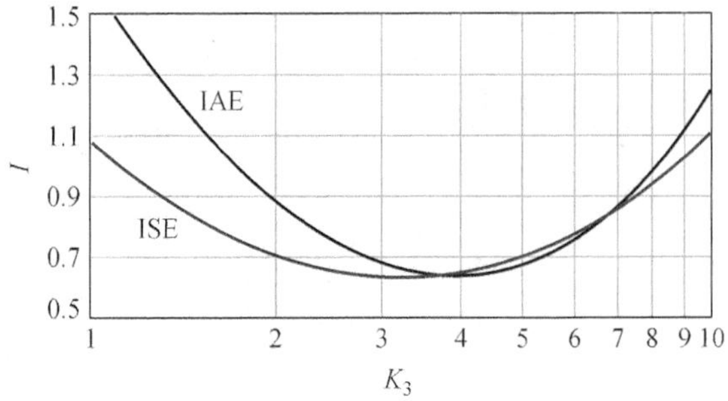

图 5.25　当参数 K_3 变化时，望远镜定向控制系统的综合性能指标

当选用的综合性能指标达到极小值时，就称控制系统为最优控制系统。因此，可以说参数的最优值完全取决于我们如何定义“最优控制系统”，即如何选取和定义综合性能指标。通过例 5.6 可以看出，采用不同的综合性能指标会有不同的参数最优值。

当系统具有式（5.46）所示的典型闭环传递函数时，为了使得系统阶跃响应的 ITAE 指标最小，人们已经确定了 $T(s)$ 的最优系数 [6]。

$$T(s) = \frac{Y(s)}{R(s)} = \frac{b_0}{s^n + b_{n-1}s^{n-1} + \cdots + b_1 s + b_0} \tag{5.46}$$

该传递函数有 n 个极点，没有有限零点，而且系统阶跃响应的稳态误差为 0。基于 ITAE 指标的最优系数如表 5.3 所示。

表 5.3　当输入为阶跃信号时，基于 ITAE 指标的 $T(s)$ 的最优系数

$s + \omega_n$
$s^2 + 1.4\omega_n s + \omega_n^2$
$s^3 + 1.75\omega_n s^2 + 2.15\omega_n^2 s + \omega_n^3$
$s^4 + 2.1\omega_n s^3 + 3.4\omega_n^2 s^2 + 2.7\omega_n^3 s + \omega_n^4$
$s^5 + 2.8\omega_n s^4 + 5.0\omega_n^2 s^3 + 2.7\omega_n^3 s^2 + 3.4\omega_n^4 + \omega_n^5$
$s^6 + 3.25\omega_n s^5 + 6.60\omega_n^2 s^4 + 8.60\omega_n^3 s^3 + 7.45\omega_n^4 s^2 + 3.95\omega_n^5 s + \omega_n^6$

当分别采用 ISE、IAE 和 ITAE 三个指标时，相应地可以得到 $T(s)$ 应该具备的最优系数。图 5.26 给出了各类最优系统的阶跃响应曲线，其中的时间尺度为标准化时间 $\omega_n t$。同样，我们也可以针对其他类型的系统，采用不同的综合性能指标，事先确定最优传递函数。当从事具体的控制系统设计任务时，这些标准的最优系统可以帮助我们确定传递函数系数的合理取值区间。

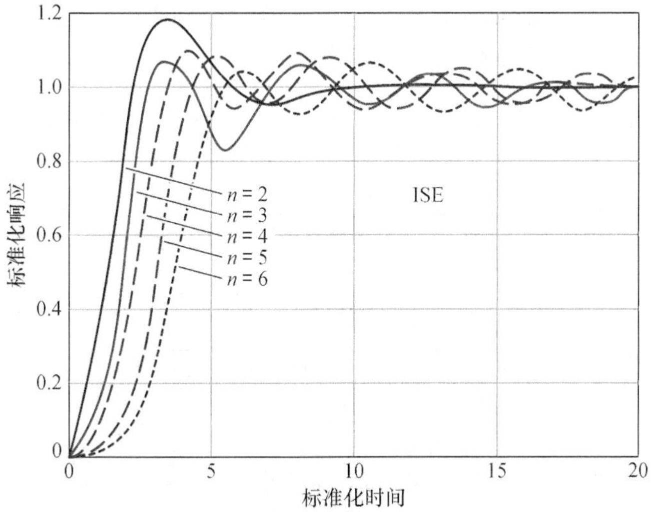

(a)

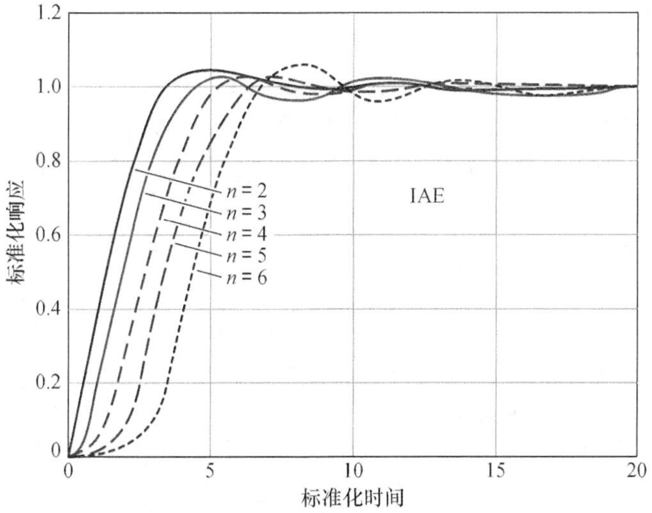

(b)

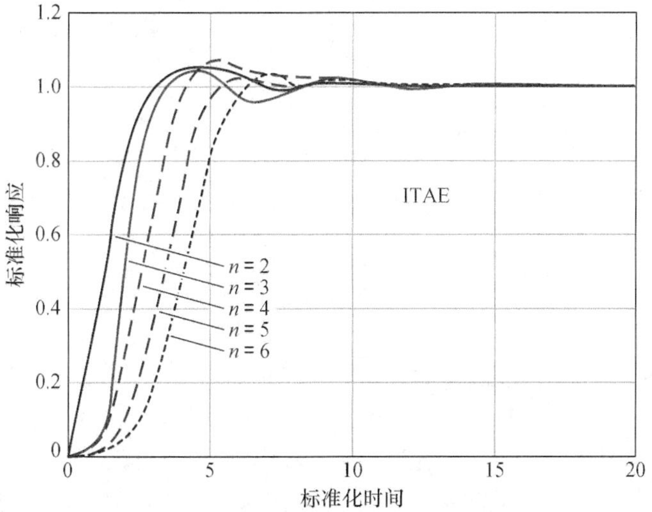

(c)

图 5.26　当传递函数为典型的最优传递函数时，系统的阶跃响应曲线（时间尺度为标准化时间 $\omega_n t$）

（a）ISE；（b）IAE；（c）ITAE

当输入为斜坡信号时，如果系统具有式（5.47）所示的典型形式的闭环传递函数，则能够使得 ITAE 指标最小的闭环传递函数如表 5.4 所示[6]。

$$T(s)=\frac{b_1 s+b_0}{s^n+b_{n-1}s^{n-1}+\cdots+b_1 s+b_0} \tag{5.47}$$

表 5.4　输入为斜坡信号时，基于 ITAE 指标的 $T(s)$ 的最优系数

$s^2+3.2\omega_n s+\omega_n^2$
$s^3+1.75\omega_n s^2+3.25\omega_n^2 s+\omega_n^3$
$s^4+2.41\omega_n s^3+4.93\omega_n^2 s^2+5.14\omega_n^3 s+\omega_n^4$
$s^5+2.19\omega_n s^4+6.50\omega_n^2 s^3+6.30\omega_n^3 s^2+5.24\omega_n^4 s+\omega_n^5$

这类最优系统对斜坡输入的稳态误差为 0。此时，式（5.47）隐含的事实是，受控对象 $G(s)$ 有两个或两个以上的纯积分环节，只有这样才能使斜坡响应的稳态误差为 0。

5.8　线性系统的简化

利用低阶近似模型研究具有高阶传递函数的复杂系统，是一种行之有效的处理方式。有多种方法可以对系统传递函数进行降阶处理，其中相对简单的方法是删除高阶传递函数中的那些不显著的极点。与其他极点相比，这些极点的负实部的绝对值应该非常大，因而对系统的动态响应没有长效显著的影响。

例如，如果系统的传递函数为

$$G(s)=\frac{K}{s(s+2)(s+30)}$$

则可以比较放心地忽略极点 $s=-30$ 的影响。但需要注意，为了维持系统稳态响应性能（保持开环增益不变），我们应该将系统降阶简化为

$$G(s)=\frac{K/30}{s(s+2)}$$

一种更为精细的降阶方法是使降阶前后的系统频率响应尽可能匹配。第 8 章将详细讨论频率响应方法，但由于只涉及代数运算，这里不妨先介绍一下有关的近似降阶方法。设高阶系统的传递函数为

$$G_H(s)=K\frac{a_m s^m+a_{m-1}s^{m-1}+\cdots+a_1 s+1}{b_n s^n+b_{n-1}s^{n-1}+\cdots+b_1 s+1} \tag{5.48}$$

其中，系统闭环极点均位于 s 平面的左半平面且 $m\leqslant n$。令待定的低阶近似系统的传递函数为

$$G_L(s)=K\frac{c_p s^p+\cdots+c_1 s+1}{d_g s^g+\cdots+d_1 s+1} \tag{5.49}$$

其中，$p\leqslant g<n$。需要注意的是，为了保证降阶前后的系统具有相同的稳态响应，降阶前后的增益因子 K 必须保持一致。例 5.7 所使用方法的基本思路是，选择合适的系数 c_i 和 d_i，使得 $G_L(s)$ 的频率响应（见第 8 章）尽可能逼近 $G_H(s)$ 的频率响应。也就是说，要在不同的频率点上，使得 $G_H(\mathrm{j}\omega)/G_L(\mathrm{j}\omega)$ 的值尽量等于或接近于 1。在确定系数 c_i 和 d_i 时，需要用到

$$M^{(k)}(s)=\frac{\mathrm{d}^k}{\mathrm{d}s^k}M(s) \tag{5.50}$$

和

$$\Delta^{(k)}(s)=\frac{\mathrm{d}^k}{\mathrm{d}s^k}\Delta(s) \tag{5.51}$$

其中，$M(s)$ 和 $\Delta(s)$ 分别是 $G_H(s)/G_L(s)$ 的分子多项式和分母多项式。定义

$$M_{2q}=\sum_{k=0}^{2q}\frac{(-1)^{K+q}M^{(k)}(0)M^{(2q-k)}(0)}{k!(2q-k)!},\ q=0,1,2,\cdots \tag{5.52}$$

类似地，进一步定义 Δ_{2q} 并建立如下方程式，即可求得系数 c_i 和 d_i：

$$M_{2q}=\Delta_{2q} \tag{5.53}$$

其中，$q=1,2,\cdots$，直到能够联立求出所有的待定系数 c_i 和 d_i。

下面我们通过一个例子来具体说明上述方法。

例 5.7　一个简化模型

考虑如下三阶系统：

$$G_H(s)=\frac{6}{s^3+6s^2+11s+6}=\frac{1}{1+\frac{11}{6}s+s^2+\frac{1}{6}s^3} \tag{5.54}$$

我们打算用下面的二阶模型来近似上面的三阶模型：

$$G_L(s)=\frac{1}{1+d_1s+d_2s^2} \tag{5.55}$$

于是有

$$M(s)=1+d_1s+d_2s^2,\Delta(s)=1+\frac{11}{6}s+s^2+\frac{1}{6}s^3$$

故有

$$M^{(0)}(s)=1+d_1s+d_2s^2 \tag{5.56}$$

以及 $M^{(0)}(0)=1$。类似地有

$$M^{(1)}=\frac{\mathrm{d}}{\mathrm{d}s}\left(1+d_1s+d_2s^2\right)=d_1+2d_2s \tag{5.57}$$

故有 $M^{(1)}(0)=d_1$。继续上述过程，可以得到

$$\begin{aligned}&M^{(0)}(0)=1 && \Delta^{(0)}(0)=1\\&M^{(1)}(0)=d_1 && \Delta^{(1)}(0)=\frac{11}{6}\\&M^{(2)}(0)=2d_2 && \Delta^{(2)}(0)=2\\&M^{(3)}(0)=0 && \Delta^{(3)}(0)=1\end{aligned} \tag{5.58}$$

令 $M_{2q}=\Delta_{2q}$，其中 $q=1$ 或 2。当 $q=1$ 时，可以得到

$$\begin{aligned}M_2&=(-1)\frac{M^{(0)}(0)M^{(2)}(0)}{2}+\frac{M^{(1)}(0)M^{(1)}(0)}{1}+(-1)\frac{M^{(2)}(0)M^{(0)}(0)}{2}\\&=-d_2+d_1^2-d_2=-2d_2+d_1^2\end{aligned} \tag{5.59}$$

类似地，可以得到

$$\begin{aligned}\Delta_2&=(-1)\frac{\Delta^{(0)}(0)\Delta^{(2)}(0)}{2}+\frac{\Delta^{(1)}(0)\Delta^{(1)}(0)}{1}+(-1)\frac{\Delta^{(2)}(0)\Delta^{(0)}(0)}{2}\\&=-1+\frac{121}{36}-1=\frac{49}{36}\end{aligned} \tag{5.60}$$

由于当 $q = 1$ 时，式（5.53）即为 $M_2 = \Delta_2$，于是有

$$-2d_2 + d_1^2 = \frac{49}{36} \tag{5.61}$$

继续这一过程，当 $q = 2$ 时，由 $M_4 = \Delta_4$ 可以得到

$$d_2^2 = \frac{7}{18} \tag{5.62}$$

联立求解式（5.61）和式（5.62），可以得到 $d_1 = 1.615$、$d_2 = 0.625$（舍弃了导致二阶系统出现不稳定极点的其他解）。因此，二阶系统 $G_L(s)$ 的传递函数为

$$G_L(s) = \frac{1}{1 + 1.615s + 0.624s^2} = \frac{1.60}{s^2 + 2.590s + 1.60} \tag{5.63}$$

三阶系统 $G_H(s)$ 的极点为 $s = -1$、$s = -2$ 和 $s = -3$，二阶系统 $G_L(s)$ 的极点为 $s =- 1.024$ 和 $s = -1.565$。低阶近似系统有两个实极点，因此可以预料，该系统应该有一定的过阻尼阶跃响应，按 2% 准则的调节时间大约为 $T_s = 3$ s。

我们有时会希望在低阶系统 $G_L(s)$ 中保留原始高阶系统 $G_H(s)$ 的主导极点。为此，我们可以直接将 $G_L(s)$ 的分母取为 $G_H(s)$ 的主导极点项，然后通过调整 $G_L(s)$ 的分子多项式，来实现高阶系统的降阶近似。

另一种行之有效的降阶方法是劳斯近似法，这种方法的基本思路是对系统稳定性判据的劳斯表进行截尾处理，然后通过进行有限次的递归运算，得到降阶系统的系数 [19]。

5.9 设计实例

本节提供两个实例来进一步说明本章的有关知识。第一个实例讨论简化的哈勃太空望远镜定向控制问题，着重说明如何选择合适的控制器增益，使得系统的超调量、稳态误差等性能指标满足预期的设计要求。第二个实例讨论飞机倾斜角的控制问题，在这个实例中，我们将对控制系统设计过程进行一些更深入的探究。此处采用相对复杂的四阶模型来描述飞机的侧向运动，然后利用 5.8 节介绍的模型简化方法将其降阶近似为二阶模型，最后以降阶模型为基础，深入研究控制器的设计问题以及控制器关键参数对系统动态响应的影响。

例 5.8 哈勃太空望远镜的定向控制

在轨运行的哈勃太空望远镜是迄今为止人类制造的最为复杂和昂贵的科学仪器。哈勃太空望远镜镜片的直径为 2.4 m，拥有最为光滑的镜片表面，其定向系统能够将视场中心定位到 400 mile（约 644 km）之外的一枚硬币上 [18, 21]。哈勃太空望远镜定向控制系统的框图模型如图 5.27（a）所示。

本例的设计目标是，为 K_1 和 K 选择合适的取值，使得定向系统

（1）在阶跃指令 $r(t)$ 的作用下，输出的超调量 P.O. ≤ 10%；

（2）在斜坡输入作用下，稳态误差达到最小；

（3）尽可能降低阶跃干扰的影响。

图 5.27（a）中存在内环路，通过框图模型化简，我们可以得到图 5.27（b）所示的简化模型。在参考输入信号和干扰信号的共同作用下，图 5.27（b）所示系统的输出为

$$Y(s) = T(s)R(s) + [T(s)/K]T_d(s) \tag{5.64}$$

其中：

$$T(s) = \frac{KG(s)}{1 + KG(s)} = \frac{L(s)}{1 + L(s)}$$

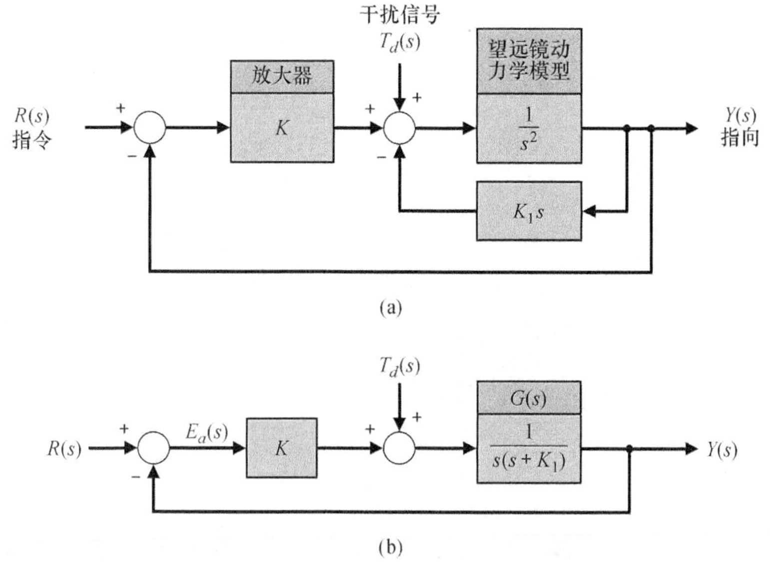

图 5.27 (a) 哈勃太空望远镜定向系统；(b) 简化后的框图模型

跟踪误差 $E(s)$ 为

$$E(s)=\frac{1}{1+L(s)}R(s)-\frac{G(s)}{1+L(s)}T_d(s) \tag{5.65}$$

我们首先需要确定增益 K 和 K_1 的取值范围，以便满足超调量 P.O. 的设计要求。当输入为阶跃信号 $R(s)=A/s$、干扰为 $T_d(s)=0$ 时，系统输出 $Y(s)$ 为

$$Y(s)=\frac{KG(s)}{1+KG(s)}R(s)=\frac{K}{s^2+K_1s+K}\left(\frac{A}{s}\right) \tag{5.66}$$

由式（5.16）可以得到，当阻尼比 $\zeta=0.6$ 时，系统的超调量为 P.O. = 9.5%，能够满足超调量 P.O. ≤ 10%的设计要求，因此这里选择阻尼比为 $\zeta=0.6$。下面计算当输入为斜坡信号 $r(t)=Bt$ （$t\geqslant 0$）时系统的稳态误差。由式（5.28）可以得到

$$e_{ss}=\lim_{s\to 0}\left\{\frac{B}{sKG(s)}\right\}=\frac{B}{K/K_1} \tag{5.67}$$

增大 K/K_1 可以减小斜坡输入导致的稳态误差。由单位阶跃干扰引起的稳态误差为 $-1/K$，因此，增大 K 还可以同时减小单位阶跃干扰导致的响应误差。总之，我们应该选择较大的 K，同时使 K/K_1 保持较大的值（即 K_1 不能太大），才能保证系统对阶跃干扰和斜坡输入信号都具有较小的稳态误差。此外，我们还必须确保阻尼比 $\zeta=0.6$，以使系统能够满足对超调量 P.O. 的设计要求。

接下来确定增益 K 的具体取值。当阻尼比 $\zeta=0.6$ 时，系统的特征方程为

$$s^2+2\zeta\omega_n s+\omega_n^2=s^2+2(0.6)\omega_n s+K \tag{5.68}$$

因此，$\omega_n=\sqrt{K}$，将其与式（5.66）的分母多项式中的第二项作比较，可以得到 $K_1=2(0.6)\omega_n$，即 $K_1=1.2\sqrt{K}$，于是得到

$$\frac{K}{K_1}=\frac{K}{1.2\sqrt{K}}=\frac{\sqrt{K}}{1.2}$$

如果取 $K=100$，则有 $K_1=12$、$K/K_1\approx 8.33$。系统对单位阶跃输入和单位阶跃干扰的响应曲线如图 5.27（c）所示，可以看出，干扰信号的影响相对微弱。

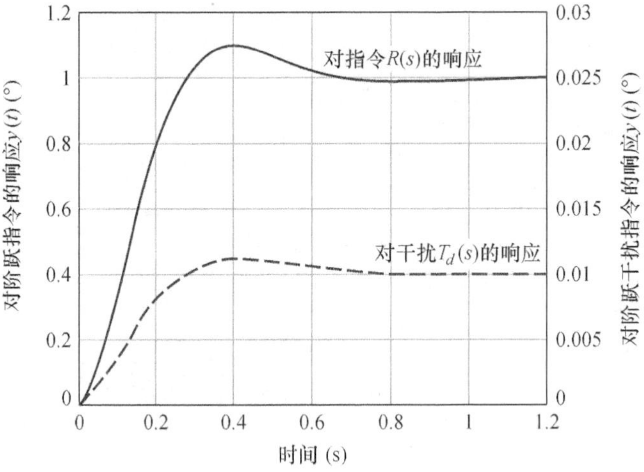

(c)

图 5.27　（c）系统对单位阶跃输入信号和单位阶跃干扰信号的响应曲线

最后，系统对斜坡输入信号的稳态误差为

$$e_{ss} = \frac{B}{8.33} = 0.12B$$

由此可见，当 $K = 100$ 时，我们设计得到了一个性能可以接受的系统。

例 5.9　飞机姿态控制

每一次乘坐飞机旅行，我们都在亲身享受自动控制系统带来的好处。在各种飞行条件下，飞行员都能够借助这些自动控制系统提升飞行品质。在加班飞行时，飞行员还能够借助这些自动控制系统来缓解飞行压力（如离开岗位上洗手间等）。自动控制技术与飞行技术的结合始于莱特兄弟的早期工作。在风洞试验的基础上，莱特兄弟利用系统化的设计技术，使得人类的第一次动力飞行的梦想成真。莱特兄弟能够成功，系统化的设计技术贡献良多。

莱特兄弟的飞行实践的另一个显著特点是强调对飞行的控制。他们坚持认为，飞机应该是可以由飞行员控制的。看到鸟类通过翅膀来控制身体的横滚运动，莱特兄弟为飞机设计了可转动的机翼，并通过转动机翼来控制机身的横滚。当然，现在的飞机已经不再采用这种方式，而是采用活动副翼来控制机身的横滚，如图 5.28 所示。此外，莱特兄弟用升降舵（配置于飞机前部）来控制机身的纵向运动（俯仰），并利用方向舵来控制机身的横向运动（偏航）。现在的飞机仍采用升降舵和方向舵来实现俯仰和偏航控制，区别仅仅在于升降舵不再配置于机头，而是通常配置于尾翼位置（飞机后部）。

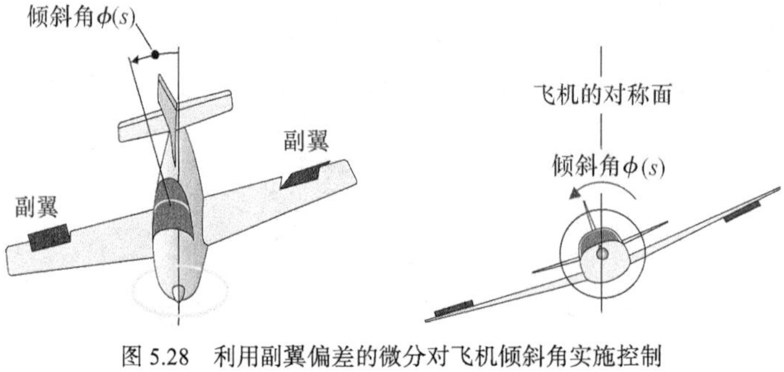

图 5.28　利用副翼偏差的微分对飞机倾斜角实施控制

1903 年，世界上第一次由飞行员控制、依靠自身动力、无辅助起飞的飞行是由莱特飞行者 I 号［Wright Flyer I，又称 Kitty Hawk（雏鹰号）］实现的。第一架真正具有实用价值的飞机——飞行者 III 号（Flyer III），能够在空中进行 8 字飞行，留空时间达到 0.5 h。三轴飞行控制技术是莱特兄弟对人类做出的主要贡献（常常被忽视），这方面的历史发展情况详见文献［24］。人类对飞得更快、更轻、更远的渴求，孕育出飞行控制系统的丰硕成果。

本例旨在设计控制飞机横滚运动的自动控制系统，在设计流程中，重点涉及的设计模块如图 5.29 所示。

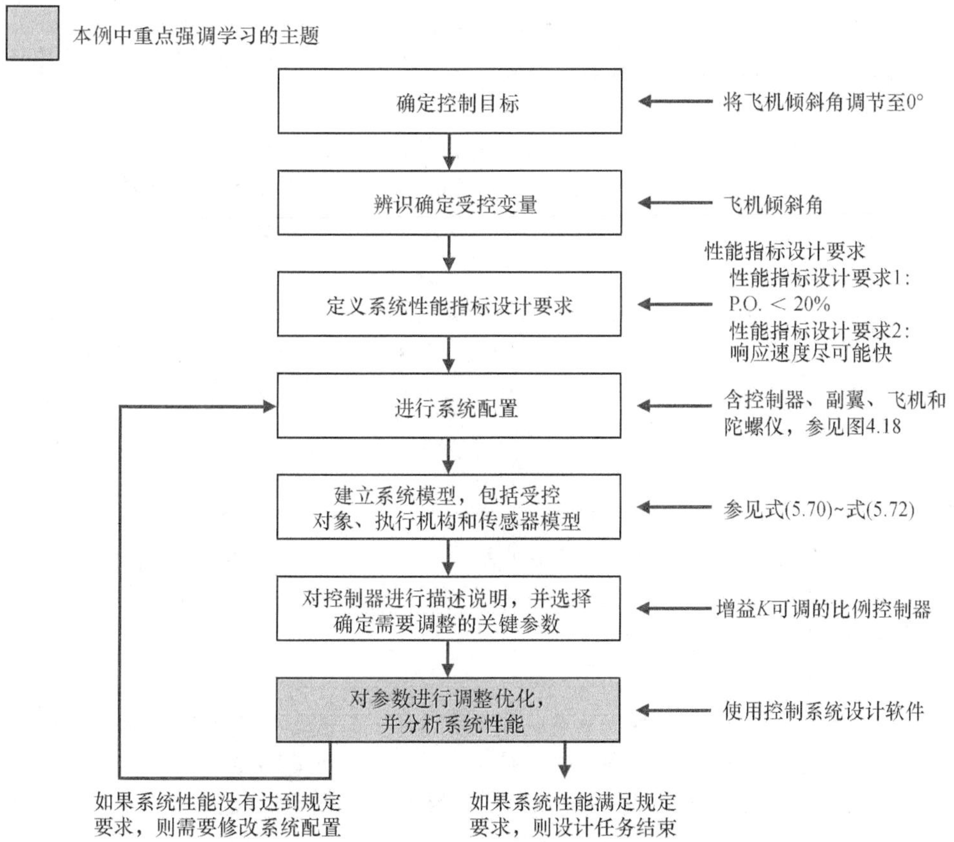

图 5.29　飞机姿态控制系统的设计流程以及强调学习的模块

首先需要考虑的是飞机沿稳定、水平航迹飞行时的侧向运动动力学建模问题。所谓侧向（横滚和偏航）运动动态，指的是飞机相对前向速度的姿态运动。描述飞机运动（含平动和旋转）的精确模型其实是一组高度非线性的、时变的耦合微分方程，详细的推导过程参见文献［25］。

对于本例而言，飞机自动控制系统（自动驾驶仪）需要建立一个简化的动力学模型。该模型需要给出副翼偏转角度（输入信号）与飞机倾斜角（输出信号）之间的传递函数。只有基于非线性、高精度的原始模型，并进行大量合理的简化工作，我们才能获得适用的简化后传递函数模型。

假定飞机是完全刚性和左右对称的，并假定飞机的巡航速度为亚音速或低超音速（小于 3 倍音速），这样就可以将地球表面近似地视为平面。此外，我们还需要忽略飞机上的自旋质量体（如推进器或涡轮发动机等）导致的转子陀螺效应。基于以上假设，我们可以将飞机的纵向运动（俯仰）和横向运动（横滚或偏航）解耦。

注意，我们必须考虑对非线性的运动方程进行线性化处理。为此，我们只能考虑飞机的平稳飞行状态，包括平稳的水平飞行状态、转弯飞行状态、对称拉升状态、横滚状态等。

此处假定飞机处于低速、平稳的水平飞行状态，目的是设计一个自动驾驶仪，以便控制飞机的横滚运动，因此具体的控制目标可以表述如下。

控制目标 将飞机的倾斜角调节为 0°（即平稳的水平飞行状态），并在受到未知干扰信号的影响时，使得飞机仍然能够维持平稳的水平飞行状态。

据此，我们可以确认系统的受控变量如下。

受控变量 飞机的倾斜角（记为 ϕ）。

确定飞机控制系统的性能指标设计要求是一项非常复杂的工作，此处不再详述。确定合理、实用的设计要求，在本质上是具有主观性的，工程人员已经为此付出大量艰辛的努力。从原则上讲，控制系统的设计目的是使得闭环系统的主导极点能够得出满意的固有频率和阻尼比[24]。为此，我们必须选择合适的测试信号并严格定义“满意”的内涵。

在平稳的水平飞行状态下，我们可以将自动驾驶控制系统的初始设计要求规定如下：当输入为阶跃信号时，系统的超调量必须满足 P.O. ≤ 20%，以便尽可能降低系统响应的振荡，并尽可能提高系统的响应敏捷度（即缩短峰值时间）。接下来，我们需要按照这一组性能指标设计要求，设计开发用于自动驾驶控制系统的控制器，并在通过飞行试验或逼真一致的计算机仿真试验后，通过咨询飞行员来确认飞机的实际性能是否令人满意。如果飞机的性能仍然无法令人满意，就需要调整系统性能的时域指标设计要求（此处为超调量 P.O.），然后重新设计控制器，直到飞机的性能达到令人（包括飞行员和最终用户）满意的程度为止。上述过程看似简单且经过多年的研究实践，但是迄今为止，人们仍未制定出一套普遍适用且能够精确表述的飞机控制系统设计要求[24]。

本例给出的两个指标设计要求是比较“理想化”的。在实际应用中，为了确定飞机的性能指标设计要求，需要考虑的因素非常多，而且通常可能无法精确定义。但是，我们总是需要找到一个出发点，从而启动控制系统的设计过程。记住了这一点，我们就可以从这组简单的设计要求出发，展开反复修改并迭代的设计过程。

性能指标设计要求如下：

- 性能指标设计要求 1 当输入为单位阶跃信号时，超调量满足 P.O. ≤ 20%。
- 性能指标设计要求 2 响应要尽可能敏捷，即峰值时间 T_p 应尽可能小。

在合理的假设以及对平稳的水平飞行状态下的模型进行线性化处理的基础上，我们得到的飞机倾斜角输出 $\phi(s)$ 与副翼偏转角度 $\delta_a(s)$ 之间的传递函数为

$$\frac{\phi(s)}{\delta_a(s)}=\frac{k\left(s-c_0\right)\left(s^2+b_1 s+b_0\right)}{s\left(s+d_0\right)\left(s+e_0\right)\left(s^2+f_1 s+f_0\right)} \tag{5.69}$$

飞机的侧向运动（横滚和偏航）有三种主要模式，分别为荷兰滚模式、盘旋模式和沉降横滚模式。荷兰滚模式兼有横滚和偏航运动，当处于荷兰滚模式时，飞机的质心运动轨迹几乎为一条直线。这与一种速滑动作非常相似，故得名荷兰滚。方向舵脉冲能够激发出荷兰滚模式。盘旋模式以偏航运动为主，只有些许的横滚运动。盘旋模式的机动通常比较轻微，但也有可能导致飞机进入危险的大角度盘旋俯冲状态。沉降横滚模式几乎是纯粹的横滚运动。本例主要针对沉降横滚模式设计控制器。在式（5.69）中，等号右侧的分母包含两个一阶环节和一个二阶环节，其中的一阶环节分别表征盘旋模式和沉降横滚模式，二阶环节则表征荷兰滚模式。

通常情况下，式（5.69）中的参数 c_0、b_0、b_1、d_0、e_0、f_0、f_1 以及增益 k 是由稳定性派生而来的复杂函数，而稳定性又与飞行条件和飞机配置密切相关，因此，它们会随着飞机型号的不同而不同，横滚和偏航之间的耦合关系则隐含在式（5.69）中。

在式（5.69）中，极点 $s=-d_0$ 与盘旋模式相关；极点 $s=-e_0$ 与沉降横滚模式相关，而且通常有 $e_0 \gg d_0$；"$s^2+f_1s+f_0$"对应的共轭复极点则与荷兰滚模式相关。例如，对于一架隐形战机而言，当飞行速度为 500 ft/s 并且战机处于平稳的水平飞行状态时，$e_0=3.57$、$d_0=0.0128$[24]。

当战机攻角较小（处于平稳的水平飞行状态）时，式（5.69）中的"$s^2+f_1s+f_0$"项通常可以近似地对消掉传递函数分子中的"$s^2+b_1s+b_0$"项。这是一种近似处理，而且所需要的假设条件与已有的假设条件一致。此外，由于盘旋模式的主要成分为偏航运动，与横滚运动只有轻度耦合，因此可以在传递函数中忽略盘旋模式环节。零点 $s=c_0$ 代表的是由于地球引力的影响，飞机横滚时可能出现的侧滑。由于在慢速横滚机动中允许积累一定的侧滑，因此又可以假定这种侧滑非常小或者为零，从而忽略零点 $s=c_0$ 的影响。这样我们就可以对式（5.69）加以简化，得到单自由度的传递函数模型：

$$\frac{\phi(s)}{\delta_a(s)}=\frac{k}{s(s+e_0)} \tag{5.70}$$

此处选定 $e_0=1.4$、增益 $k=11.4$。沉降横滚模式的时间常数为 $\tau=1/e_0=0.7\ \text{s}$，这表示飞机有相当快的横滚响应。

我们通常采用式（5.71）所示的简单一阶传递函数作为副翼执行机构的模型：

$$\frac{\delta_a(s)}{e(s)}=\frac{p}{s+p} \tag{5.71}$$

其中，$e(s)=\phi_d(s)-\phi(s)$，选定参数 $p=10$，对应的时间常数为 $\tau=1/p=0.1\ \text{s}$。这是副翼执行机构能够快速响应的典型参数取值，旨在保证主动控制产生的动态响应，在系统的整个响应过程中占主导地位。缓慢的执行机构的时延将导致飞机的性能或稳定性出现问题。

如果要实施高可信度仿真，则必须为陀螺仪建立精确的数学模型。飞机上使用的陀螺仪一般为捷联惯性陀螺，它具有非常快的响应速度。在这里，我们采用与前面一致的假设条件，并忽略陀螺仪的动力学特性，这意味着我们认为，陀螺仪（传感器）能够精确地测量飞机的倾斜角。于是，陀螺仪的数学模型就是单位传递函数，即

$$K_g=1 \tag{5.72}$$

整个系统的物理模型由式（5.70）～式（5.72）给出。

将控制器选为比例控制器，即

$$G_c(s)=K$$

这样就得到了图 5.30 所示的系统配置。

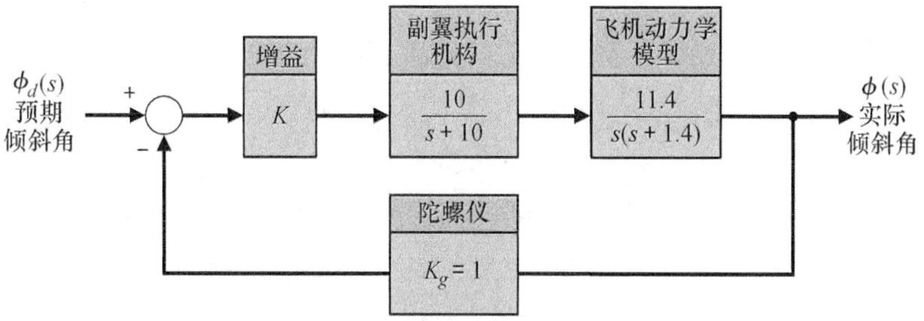

图 5.30　自动驾驶倾斜角控制系统

有待调节的重要参数如下。

选择关键的调节参数　控制器增益 K。

由图 5.30 可以得到系统的闭环传递函数为

$$T(s)=\frac{\phi(s)}{\phi_d(s)}=\frac{114K}{s^3+11.4s^2+14s+114K} \tag{5.73}$$

我们需要分析确定增益 K 的取值，使得系统产生预期的响应，也就是在保证超调量满足 P.O. ≤20% 的前提下，尽可能缩短峰值时间 T_p。如果闭环系统为二阶系统，则分析设计工作就会简单得多（因为有调节时间、超调量、固有频率、阻尼比等性能指标和模型参数之间的关系式），但遗憾的是，式（5.73）表示的是三阶闭环系统 $T(s)$。因此，可以考虑将三阶系统降阶近似为二阶系统，这通常是一条行之有效的工程化的分析思路。有很多降阶近似方法可供选择，此处采用 5.8 节介绍的代数方法对系统进行降阶，目的是使得降阶后的二阶系统与原来的三阶系统有尽可能一样的频域响应。

将 $T(s)$ 的分子和分母同时除以常数项 114K，可以得到

$$T(s)=\frac{1}{1+\frac{14}{114K}s+\frac{11.4}{114K}s^2+\frac{1}{114K}s^3}$$

假定系统降阶后的近似二阶传递函数为

$$G_L(s)=\frac{1}{1+d_1s+d_2s^2}$$

下面确定参数 d_1 和 d_2 的合适取值。与 5.8 节一样，令 $M(s)$ 和 $\Delta(s)$ 分别表示 $T(s)/G_L(s)$ 的分子和分母，然后分别定义 M_{2q} 和 Δ_{2q} 为

$$M_{2q}=\sum_{k=0}^{2q}\frac{(-1)^{k+q}M^{(k)}(0)M^{(2q-k)}(0)}{k!(2q-k)!},\quad q=1,2,\cdots \tag{5.74}$$

$$\Delta_{2q}=\sum_{k=0}^{2q}\frac{(-1)^{k+q}\Delta^{(k)}(0)\Delta^{(2q-k)}(0)}{k!(2q-k)!},\quad q=1,2,\cdots \tag{5.75}$$

接下来按照式（5.76）所示的形式构造方程组，以便求解近似模型的待定参数 d_1 和 d_2。

$$M_{2q}=\Delta_{2q},\quad q=1,2,\cdots \tag{5.76}$$

其中，q 的取值不断递增，直到方程的数量足以求解待定参数为止。此处，q 只要取值 1 和 2，即可求得参数 d_1 和 d_2。

展开后有

$$\begin{aligned}
M(s)&=1+d_1s+d_2s^2\\
M^{(1)}(s)&=\frac{\mathrm{d}M}{\mathrm{d}s}=d_1+2d_2s\\
M^{(2)}(s)&=\frac{\mathrm{d}^2M}{\mathrm{d}s^2}=2d_2\\
M^{(3)}(s)&=M^4(s)=\cdots=0
\end{aligned}$$

令 $s=0$，可以得到

$$\begin{aligned}
M^{(1)}(0)&=d_1\\
M^{(2)}(0)&=2d_2\\
M^{(3)}(0)&=M^{(4)}(0)=\cdots=0
\end{aligned}$$

类似地，可以得到

$$\Delta(s) = 1 + \frac{14}{114K}s + \frac{11.4}{114K}s^2 + \frac{s^3}{114K}$$
$$\Delta^{(1)}(s) = \frac{\mathrm{d}\Delta}{\mathrm{d}s} = \frac{14}{114K} + \frac{22.8}{114K}s + \frac{3}{114K}s^2$$
$$\Delta^{(2)}(s) = \frac{\mathrm{d}^2\Delta}{\mathrm{d}s^2} = \frac{22.8}{114K} + \frac{6}{114K}s$$
$$\Delta^{(3)}(s) = \frac{\mathrm{d}^3\Delta}{\mathrm{d}s^3} = \frac{6}{114K}$$
$$\Delta^{(4)}(s) = \Delta^5(s) = \cdots = 0$$

令 $s = 0$，可以得到

$$\Delta^{(1)}(0) = \frac{14}{114K}$$
$$\Delta^{(2)}(0) = \frac{22.8}{114K}$$
$$\Delta^{(3)}(0) = \frac{6}{114K}$$
$$\Delta^{(4)}(0) = \Delta^{(5)}(0) = \cdots = 0$$

于是，当 q 分别取值 1 和 2 时，由式（5.74）有

$$M_2 = -\frac{M(0)M^{(2)}(0)}{2} + \frac{M^{(1)}(0)M^{(1)}(0)}{1} - \frac{M^{(2)}(0)M(0)}{2} = -2d_2 + d_1^2$$
$$M_4 = \frac{M(0)M^{(4)}(0)}{0!4!} - \frac{M^{(1)}(0)M^{(3)}(0)}{1!3!} + \frac{M^{(2)}(0)M^{(2)}(0)}{2!2!} - \frac{M^{(3)}(0)M^{(1)}(0)}{3!1!} + \frac{M^{(4)}(0)M(0)}{4!0!} = d_2^2$$

当 q 分别取值 1 和 2 时，由式（5.75）有

$$\Delta_2 = \frac{-22.8}{114K} + \frac{196}{(114K)^2},\quad \Delta_4 = \frac{101.96}{(114K)^2}$$

按照式（5.76）构建的方程组为

$$\begin{cases} M_2 = \Delta_2 \\ M_4 = \Delta_4 \end{cases}$$

即

$$\begin{cases} -2d_2 + d_1^2 = \dfrac{-22.8}{114K} + \dfrac{196}{(114K)^2} \\ d_2^2 = \dfrac{101.96}{(114K)^2} \end{cases}$$

解这个方程组，可以得到

$$d_1 = \frac{\sqrt{196 - 296.96K}}{114K} \tag{5.77}$$

$$d_2 = \frac{10.097}{114K} \tag{5.78}$$

注意，参数 d_1 和 d_2 只能取正数，以确保 $G_L(s)$ 的极点都分布在 s 平面的左半平面。将 d_1 和 d_2 代入 $G_L(s)$，整理后可以得到

$$G_L(s) = \frac{11.29K}{s^2 + \sqrt{1.92 - 2.91K}\,s + 11.29K} \tag{5.79}$$

增益 K 必须满足 $K < 0.65$，以确保分母多项式中 s 项的系数为实数。

二阶系统传递函数的标准形式为

$$G_L(s) = \frac{\omega_n^2}{s^2 + 2\zeta\omega_n s + \omega_n^2} \tag{5.80}$$

比较式（5.79）和式（5.80）可以得到

$$\omega_n^2 = 11.29K \quad \zeta^2 = \frac{0.043}{K} - 0.065 \tag{5.81}$$

性能指标设计要求 1 表明，超调量应该满足 P.O.≤20%，这意味着阻尼比 ζ 必须满足 $\zeta \geqslant 0.45$。令 $\zeta = 0.45$ 并将其代入式（5.81），可以得到

$$K = 0.16$$

进一步有

$$\omega_n = \sqrt{11.29K} = 1.34$$

根据式（5.14）求得的系统峰值时间 T_p 为

$$T_p = \frac{\pi}{\omega_n\sqrt{1-\zeta^2}} = 2.62\ \text{s}$$

我们可能会尝试使阻尼比 $\zeta > 0.45$，以便进一步将系统的超调量降低到 20% 以下。但是，系统的其他性能指标会发生什么变化呢？接下来我们对此进行分析。由式（5.81）可以看出，当阻尼比 ζ 增大时，增益 K 将减小。同时，由于

$$\omega_n = \sqrt{11.29K}$$

因此，当 K 减小时，ω_n 也将随之减小。峰值时间 T_p 的计算公式如下：

$$T_p = \frac{\pi}{\omega_n\sqrt{1-\zeta^2}}$$

由此可知，当 ω_n 减小时，峰值时间 T_p 将增大。由于控制目标是在超调量满足 P.O. ≤ 20%的前提下，尽可能减小系统的峰值时间 T_p，因此我们应该将阻尼比选择为 $\zeta = 0.45$，以便达到既满足超调量的设计要求，又不会无谓地增大峰值时间 T_p 的目的。

利用降阶后的二阶近似系统，我们能够更深入地了解增益 K 与超调量及峰值时间等系统性能指标之间的联系。显而易见，对于本例而言，确定 $K = 0.16$ 只是系统设计的起点而不是终点。由于系统实际上是三阶系统，因此我们还必须考虑第三个极点对系统性能的影响（到目前为止，我们一直在忽略第三个极点的影响）。

式（5.73）所示的三阶实际系统以及式（5.79）所示的二阶近似系统的单位阶跃响应曲线如图 5.31 所示。从中可以看出，二阶近似系统的阶跃响应与三阶实际系统的阶跃响应非常接近。由此我们可以期待，通过分析简单的二阶近似系统，便可以比较精准地得到关于三阶实际系统的增益 K 与超调量和峰值时间之间的关系。

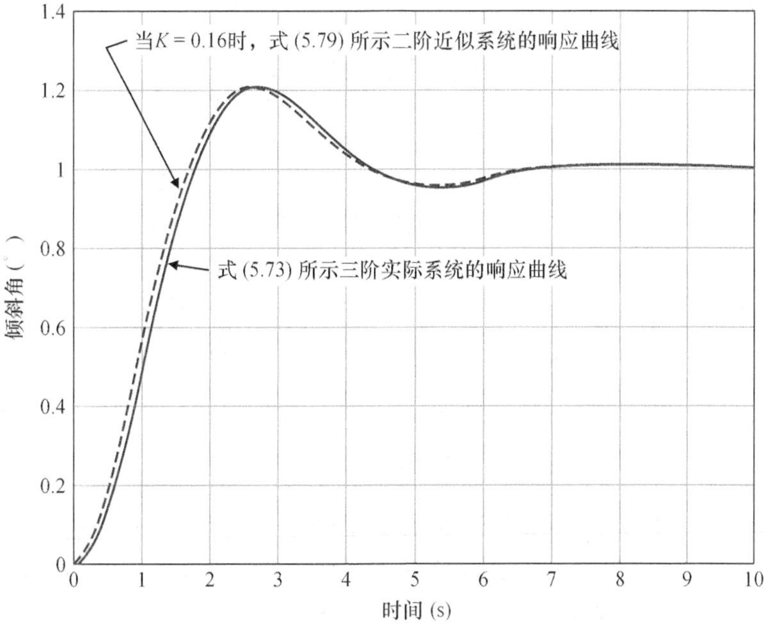

图 5.31　三阶实际系统与二阶近似系统的阶跃响应曲线

基于二阶近似系统，从系统的指标设计要求出发，我们选定增益 K = 0.16，此时系统的超调量为 P.O. = 20%，峰值时间为 T_p = 2.62 s。从图 5.32 中可以看出，当增益 K = 0.16 时，三阶实际系统的超调量为 P.O. = 20.5%，峰值时间为 T_p = 2.73 s。由此可见，降阶近似系统能够很好地预测实际系统的响应及性能。出于比较的目的，我们选择增益 K 的两个不同取值，并观察三阶系统的响应及性能。当 K = 0.1 时，系统响应的超调量为 P.O. = 9.5%，峰值时间为 T_p = 3.74 s；当 K = 0.2 时，系统响应的超调量为 P.O. = 26.5%，峰值时间为 T_p = 2.38 s。很明显，当 K 减小时，阻尼比 ζ 增大，导致超调量降低，但与此同时，峰值时间增大，这与前面的理论推导结果完全一致。

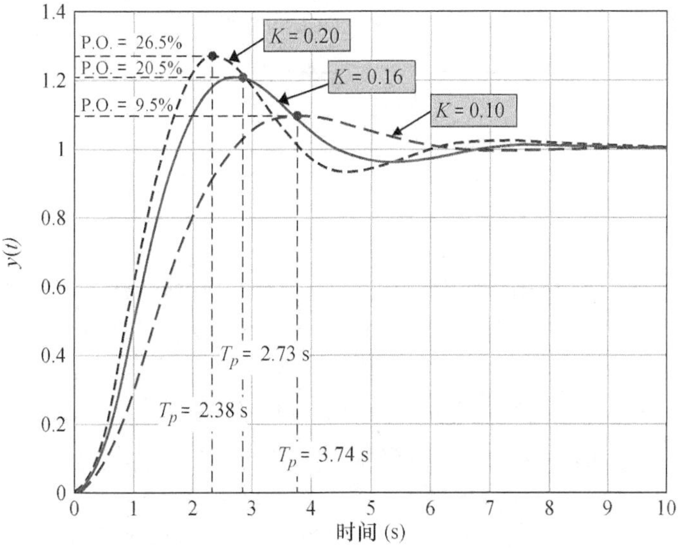

图 5.32　当 K = 0.10、K = 0.16 和 K = 0.20 时，三阶系统的阶跃响应曲线。可以看出，当 K 减小时，系统超调量 P.O. 随之减小，但峰值时间 T_p 增大

5.10 利用控制系统设计软件分析系统性能

本节利用控制系统设计软件来分析系统的时域性能指标，这些指标是依据系统对特定的测试输入信号的瞬态响应及其稳态跟踪误差来定义的。本节将讨论线性系统模型的降阶化简问题。本节还将引入新的 impulse 函数，并讨论如何将该函数与 lsim 函数结合运用，以便对线性系统进行仿真。

时域性能指标 依据系统对给定的输入信号的瞬态响应，我们定义了系统的时域性能指标。通常情况下，由于无法确切知晓系统的实际输入信号，因此，我们经常采用的是标准测试输入信号。考虑图 5.3 所示的二阶闭环控制系统，其闭环输出为

$$Y(s)=\frac{\omega_n^2}{s^2+2\zeta\omega_n s+\omega_n^2}R(s) \tag{5.82}$$

前面讨论了如何利用 step 函数来计算系统的阶跃响应。本节介绍另一种测试信号——脉冲信号，脉冲信号与阶跃信号同等重要。系统的脉冲响应是阶跃响应关于时间的导函数。利用 impulse 函数可以直接计算系统的脉冲响应，impulse 函数的使用说明见图 5.33。

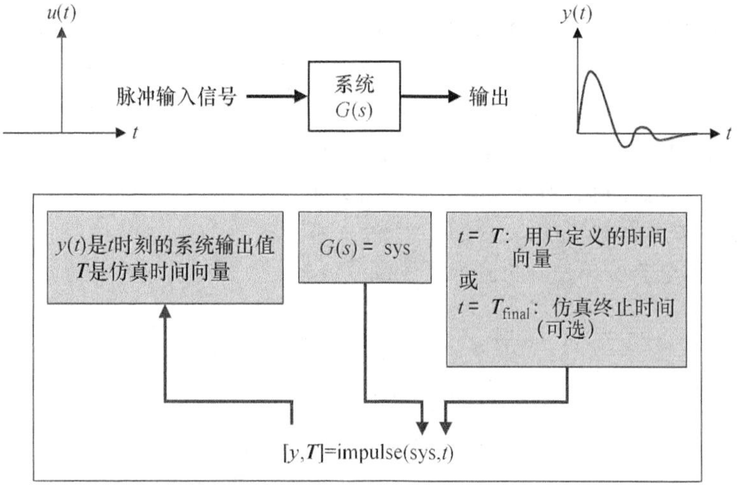

图 5.33 impulse 函数的使用说明

如图 5.34 所示，利用 step 函数可以得到与图 5.4 类似的阶跃响应曲线。而利用 impulse 函数可以得到与图 5.5 类似的脉冲响应曲线，图 5.35 给出了某二阶系统的脉冲响应曲线以及对应的 m 脚本程序。在该 m 脚本程序中，自然频率 ω_n 被设定为 $\omega_n=1$，这相当于以 ω_n 为自变量计算系统的阶跃响应和脉冲响应，因而是对所有 $\omega_n>0$ 都成立的通用曲线。

在很多场合，我们还需要仿真计算系统在任意已知输入下的动态响应。此时，我们可以采用 lsim 函数来解决这一问题，lsim 函数的使用说明见图 5.36。

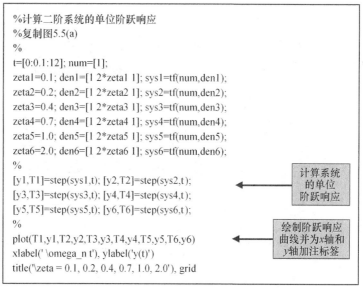

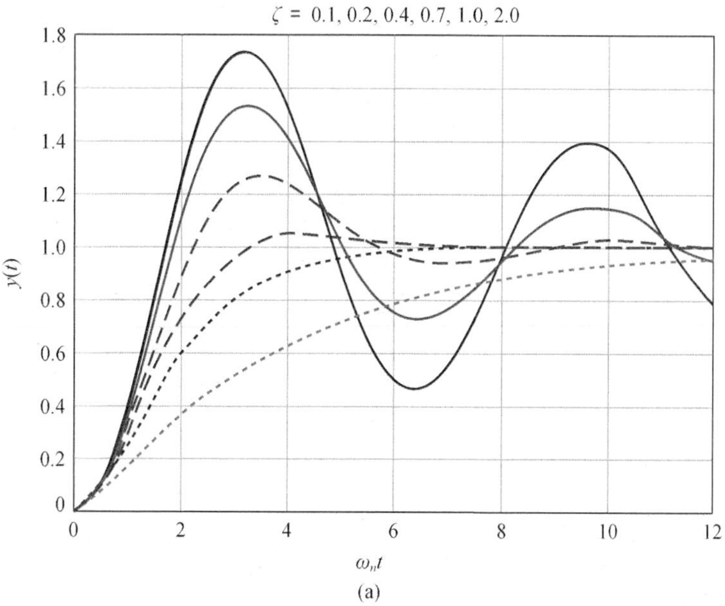

(a)

```
%计算二阶系统的单位阶跃响应
%复制图5.5(a)
%
t=[0:0.1:12]; num=[1];
zeta1=0.1; den1=[1 2*zeta1 1]; sys1=tf(num,den1);
zeta2=0.2; den2=[1 2*zeta2 1]; sys2=tf(num,den2);
zeta3=0.4; den3=[1 2*zeta3 1]; sys3=tf(num,den3);
zeta4=0.7; den4=[1 2*zeta4 1]; sys4=tf(num,den4);
zeta5=1.0; den5=[1 2*zeta5 1]; sys5=tf(num,den5);
zeta6=2.0; den6=[1 2*zeta6 1]; sys6=tf(num,den6);
%
[y1,T1]=step(sys1,t); [y2,T2]=step(sys2,t);
[y3,T3]=step(sys3,t); [y4,T4]=step(sys4,t);
[y5,T5]=step(sys5,t); [y6,T6]=step(sys6,t);
%
plot(T1,y1,T2,y2,T3,y3,T4,y4,T5,y5,T6,y6)
xlabel(' \omega_n t'), ylabel('y(t)')
title('\zeta = 0.1, 0.2, 0.4, 0.7, 1.0, 2.0'), grid
```

计算系统的单位阶跃响应

绘制阶跃响应曲线并为x轴和y轴加注标签

(b)

图 5.34　(a) 二阶系统的单位阶跃响应；(b) m 脚本程序

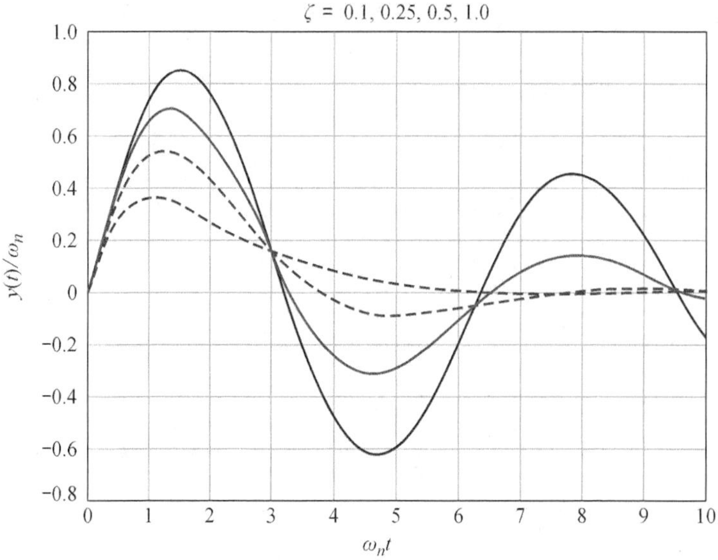

(a)

```
%计算二阶系统的单位脉冲响应
%复制图5.6
%
t=[0:0.1:10]; num=[1];
zeta1=0.1; den1=[1 2*zeta1 1]; sys1=tf(num,den1);
zeta2=0.25; den2=[1 2*zeta2 1]; sys2=tf(num,den2);
zeta3=0.5; den3=[1 2*zeta3 1]; sys3=tf(num,den3);
zeta4=1.0; den4=[1 2*zeta4 1]; sys4=tf(num,den4);
%
[y1,T1]=impulse(sys1,t);
[y2,T2]=impulse(sys2,t);
[y3,T3]=impulse(sys3,t);
[y4,T4]=impulse(sys4,t);
%
plot(t,y1,t,y2,t,y3,t,y4)
xlabel(' \omega _nt'), ylabel('y(t)/\omega_n')
title('\zeta = 0.1, 0.25, 0.5, 1.0'), grid
```

计算系统的单位脉冲响应

绘制阶跃响应曲线并为x轴和y轴加注标签

(b)

图 5.35　（a）二阶系统的单位脉冲响应；（b）m 脚本程序

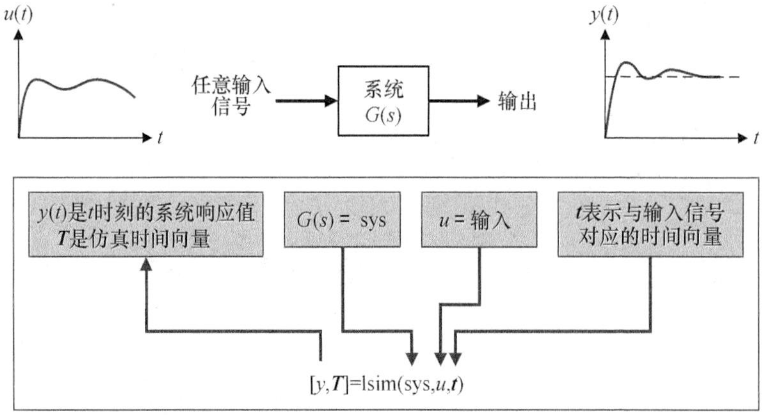

图 5.36　lsim 函数的使用说明

例 5.10　移动机器人驾驶控制

移动机器人驾驶控制系统的框图模型如图 5.18 所示。令驾驶控制器的传递函数 $G_c(s)$ 为

$$G_c(s) = K_1 + \frac{K_2}{s}$$

当输入为斜坡信号时，系统的稳态误差为

$$e_{ss} = \frac{A}{K_v} \tag{5.83}$$

其中，$K_v = K_2 K$。

由式（5.83）可以明显看出，控制器参数 K_2 能够影响到系统的稳态误差。当 K_2 较大时，稳态误差较小。

利用函数 lsim 可以仿真计算闭环系统在输入锯齿波信号情况下的响应。在编写 m 脚本程序时，可以将控制器增益 K_1 和 K_2 以及系统增益 K 设置为可调参数，并以命令行的形式赋值，这样就可以选择不同的参数值进行多次仿真。当 $K_1 = K = 1$、$K_2 = 2$、$\tau = 1/10$ 时，图 5.37 给出了系统的锯齿波输入信号及动态响应曲线。

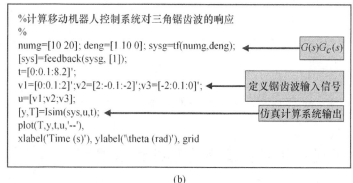

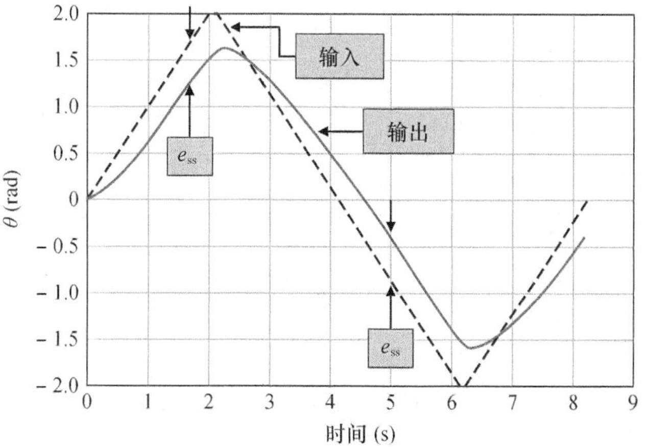

(a)

```
%计算移动机器人控制系统对三角锯齿波的响应
%
numg=[10 20]; deng=[1 10 0]; sysg=tf(numg,deng);      ← G(s)Gc(s)
[sys]=feedback(sysg, [1]);
t=[0:0.1:8.2]';
v1=[0:0.1:2]';v2=[2:-0.1:-2]';v3=[-2:0.1:0]';         ← 定义锯齿波输入信号
u=[v1;v2;v3];
[y,T]=lsim(sys,u,t);                                  ← 仿真计算系统输出
plot(T,y,t,u,'--'),
xlabel('Time (s)'), ylabel('\theta (rad)'), grid
```

(b)

图 5.37　（a）移动机器人驾驶控制系统对三角锯齿波输入信号的响应；（b）m 脚本程序

线性系统的化简　有时可以对高阶模型进行降阶处理，所得到的低阶简化模型与实际高阶模型有非常接近的输入输出特性。5.8 节已经讨论了这一问题并给出了相关的算法。下面结合一个简单的实例，说明如何利用控制系统设计软件，比较低阶简化模型与实际高阶模型的系统动态响应。

例 5.11 简化模型

某三阶系统的传递函数为

$$G_H(s)=\frac{6}{s^3+6s^2+11s+6}$$

对应的二阶近似传递函数为（见例 5.7）

$$G_L(s)=\frac{1.60}{s^2+2.590s+1.60}$$

模型简化前后的系统阶跃响应如图 5.38 所示，其中，图 5.38（a）给出了阶跃响应曲线，图 5.38（b）为对应的 m 脚本程序。

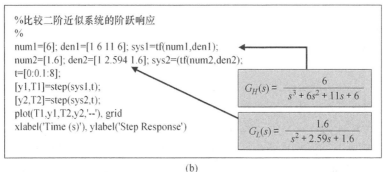

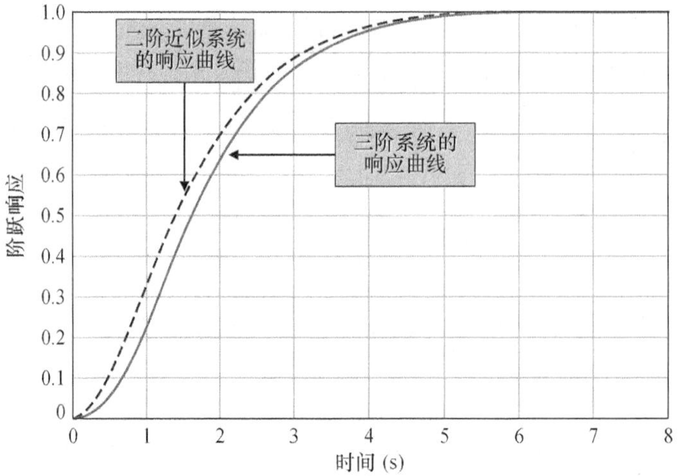

(a)

```
%比较二阶近似系统的阶跃响应
%
num1=[6]; den1=[1 6 11 6]; sys1=tf(num1,den1);
num2=[1.6]; den2=[1 2.594 1.6]; sys2=(tf(num2,den2);
t=[0:0.1:8];
[y1,T1]=step(sys1,t);
[y2,T2]=step(sys2,t);
plot(T1,y1,T2,y2,'--'), grid
xlabel('Time (s)'), ylabel('Step Response')
```

$$G_H(s)=\frac{6}{s^3+6s^2+11s+6}$$

$$G_L(s)=\frac{1.6}{s^2+2.59s+1.6}$$

(b)

图 5.38 （a）实际传递函数与近似传递函数的阶跃响应曲线；（b）m 脚本程序

5.11 循序渐进设计实例：磁盘驱动器读取系统

本节根据控制系统设计流程，继续深入讨论磁头控制系统。我们将首先确定系统预期的性能指标设计要求，然后通过调整放大器增益 K_a，使得系统具有尽可能优良的性能。

控制目标在于使得系统对阶跃输入信号 $r(t)$ 的响应速度尽可能快，同时限制阶跃响应的超调量 P.O. 和固有振荡，并降低干扰对磁头输出位置的影响。具体的指标设计要求参见表 5.5。

此处忽略线圈感应的影响，只考虑电机和机械臂的二阶模型，于是得到图 5.39 所示的闭环系统。当干扰信号 $T_d(s)=0$ 时，系统输出为

$$Y(s)=\frac{5K_a}{s(s+20)+5K_a}R(s)=\frac{5K_a}{s^2+20s+5K_a}R(s)=\frac{\omega_n^2}{s^2+2\zeta\omega_n s+\omega_n^2}R(s) \tag{5.84}$$

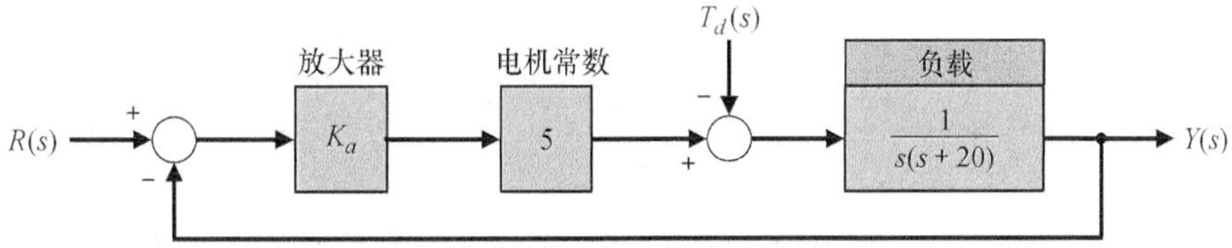

图 5.39　只考虑电机和负载的二阶控制系统的框图模型

于是有 $\omega_n^2=5K_a$、$2\zeta\omega_n=20$。利用控制系统设计软件计算得到的系统响应如图 5.40 所示。当 K_a 取不同的值时，系统性能指标的计算结果如表 5.6 所示。

```
Ka=30;
t=[0:0.01:1];
nc=[Ka*5];dc=[1]; sysc=tf(nc,dc);
ng=[1];dg=[1 20 0]; sysg=tf(ng,dg);
sys1=series(sysc,sysg);
sys=feedback(sys1, [1]);
y=step(sys,t);
plot(t,y), grid
xlabel('Time (s)')
ylabel('y(t)')
```

选择 K_a（指向 Ka=30;）

求解闭环系统的传递函数（指向 sys1=series(sysc,sysg); sys=feedback(sys1, [1]);）

(a)

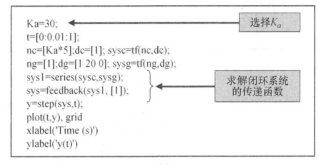

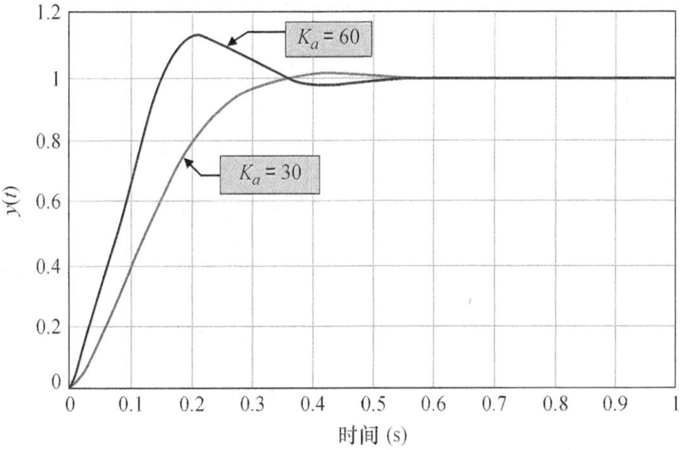

(b)

图 5.40　系统的单位阶跃响应 $[r(t)=1(t>0)]$

（a）m 脚本程序；（b）K_a 分别为 30 和 60 时的系统响应

表 5.5　瞬态响应的性能指标设计要求

性 能 指 标	预 期 值
超调量 P.O.	小于 5%
调节时间 T_s	小于 250 ms
对单位阶跃干扰的最大响应值	小于 5×10^{-3}

当 $K_a=30$ 和 $K_a=60$ 时，图 5.41 给出了系统对单位阶跃干扰信号的瞬态输出 $y(t)$ 的曲线。当 K_a 从 30 增大到 60 时，干扰作用的影响降低了一半。与此同时，当 K_a 增大时，系统对单位阶

跃输入信号的超调量却随之增大。因此，为了使系统性能满足设计要求，必须折中选择合适的增益 K_a，此处最后选择了 $K_a = 40$。但需要指出的是，这样并不能保证系统性能一定满足所有的指标设计要求。第 6 章将根据控制系统设计流程，尝试调整控制系统的系统配置。

表 5.6　二阶系统的单位阶跃响应

K_a	20	30	40	60	80
超调量 P.O.	0	1.2%	4.3%	10.8%	16.3%
调节时间 T_s	0.55	0.40	0.40	0.40	0.40
阻尼比	1	0.82	0.707	0.58	0.50
单位阶跃干扰响应 $y(t)$ 的最大值	-10×10^{-3}	-6.6×10^{-3}	-5.2×10^{-3}	-3.7×10^{-3}	-2.9×10^{-3}

```
Ka=30;
t=[0:0.01:1];
nc=[Ka*5];dc=[1]; sysc=tf(nc,dc);
ng=[1];dg=[1 20 0]; sysg=tf(ng,dg);
sys=feedback(sysg,sysc);
sys=-sys;
y=step(sys,t); plot(t,y)
xlabel('Time (s)'), ylabel('y(t)'), grid
```

选择 K_a（Ka=30;）

干扰信号取负后进入加法器（sys=-sys;）

(a)

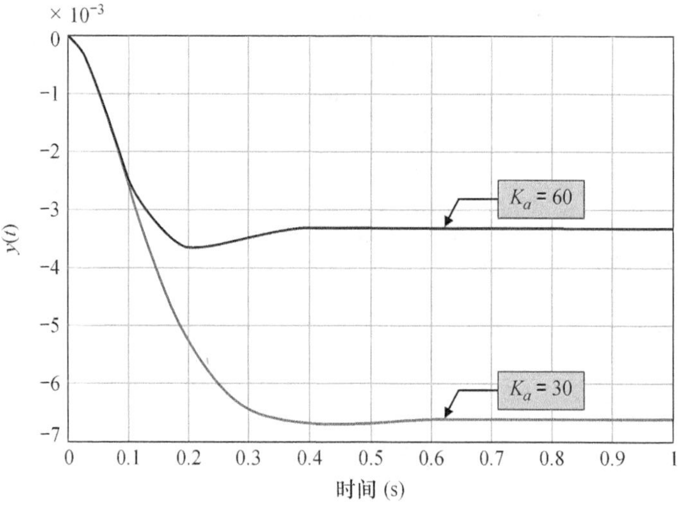

(b)

图 5.41　系统对单位阶跃干扰［$T_d(s) = 1/s$］的响应。

（a）m 脚本程序；（b）K_a 分别为 30 和 60 时的系统响应

5.12　小结

本章讨论了如何定义和衡量反馈控制系统的性能，介绍了性能指标的概念和标准测试输入信号的用途，并以单位阶跃测试信号为基础，详细讨论了几种性能指标，如系统阶跃响应的超调量、峰值时间和调节时间等。通常情况下，预期的性能指标设计要求是彼此冲突的，我们因此提出了折中设计的建议。本章还讨论了系统传递函数在 s 平面上的极点位置分布与系统响应的关系。最为重要的系统性能指标之一是对测试输入信号的稳态误差，因此，本章利用终值定理分析了稳态误差与系统参数之间的联系。最后，本章介绍了系统定量综合性能指标的概念，并用几个实例实现了综合性能指标的极小化。总而言之，本章全面讨论了反馈控制系统性能的定义、定量度量方法及其应用。

☑ 技能自测

本节提供 3 类题目来测试你对本章知识的掌握情况：正误判断题、多项选择题以及术语和概念匹配题。为了直接反馈学习效果，请及时对照每章最后给出的答案。必要时，请借助图 5.42 给出的框图模型，确认下面各题中的相关陈述。

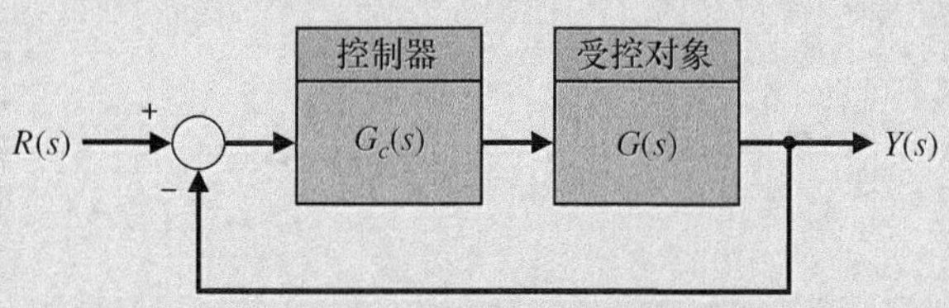

图 5.42　技能自测参考框图模型

在下面的正误判断题和多项选择题中，圈出正确的答案。

1. 如果一个三阶系统的一对主导极点的实部绝对值小于第三个极点的实部绝对值的 1/10，则这个三阶系统可以用主导极点决定的二阶系统来近似。　对　或　错
2. 前向通路传递函数在原点处的零点个数被称为系统的型数。　对　或　错
3. 上升时间被定义为系统响应进入并维持在参考输入幅值的指定百分比容许范围内所需要的时间。　对　或　错
4. 对于不含零点的二阶系统，其单位阶跃响应的超调量只是阻尼比的函数。　对　或　错
5. I 型系统对于斜坡输入的稳态跟踪误差为 0。　对　或　错

借助图 5.42 给出的框图模型解答下面的第 6 题和第 7 题，其中：

$$L(s)=G_c(s)G(s)=\frac{6}{s(s+3)}$$

6. 系统对单位阶跃输入 $R(s)=1/s$ 的稳态误差为________。
   a. $e_{ss}=\lim_{t\to\infty}e(t)=1$
   b. $e_{ss}=\lim_{t\to\infty}e(t)=1/2$
   c. $e_{ss}=\lim_{t\to\infty}e(t)=1/6$
   d. $e_{ss}=\lim_{t\to\infty}e(t)=\infty$
7. 系统单位阶跃响应的超调量 P.O. 为________。
   a. P.O. = 9%
   b. P.O. = 1%
   c. P.O. = 20%
   d. 没有超调

借助图 5.42 给出的框图模型解答下面的第 8 题和第 9 题，其中：

$$L(s)=G_c(s)G(s)=\frac{K}{s(s+10)}$$

8. 选择参数 K 的取值，使得系统在 ITAE 指标下具有最优响应。
   a. $K=1.10$
   b. $K=12.56$
   c. $K=51.02$
   d. $K=104.7$

9．计算系统单位阶跃响应的超调量 P.O.。

a．P.O. = 1.4%

b．P.O. = 4.6%

c．P.O. = 10.8%

d．没有超调

10．某系统的闭环传递函数 $T(s)$为

$$T(s)=\frac{Y(s)}{R(s)}=\frac{2500}{(s+20)\left(s^2+10s+125\right)}$$

利用主导极点的概念，估算系统的超调量 P.O.。

a．P.O. ≈ 5%

b．P.O. ≈ 20%

c．P.O. ≈ 50%

d．没有超调

11．考虑图 5.42 所示的单位反馈控制系统，其中：

$$L(s)=G_c(s)G(s)=\frac{K}{s(s+5)}$$

指标设计要求如下：

ⅰ．峰值时间 $T_p \leqslant 1.0$

ⅱ．超调量 P.O. ⩽ 10%

如果 K 是待设计参数，则下面的表述中正确的是______。

a．两个指标设计要求都可以满足。

b．只有第一个指标设计要求 $T_p \leqslant 1.0$ 可以满足。

c．只有第二个指标设计要求 P.O. ⩽ 10%可以满足。

d．两个指标设计要求都无法满足。

12．考虑图 5.43 所示的反馈控制系统，其中 $G(s)=\dfrac{K}{s+10}$。

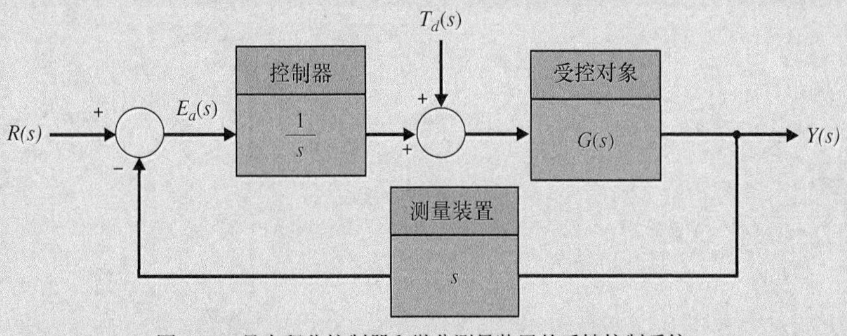

图 5.43 具有积分控制器和微分测量装置的反馈控制系统

参数的标称值为 $K = 10$，采用 2% 准则，计算系统对单位阶跃干扰 $T_d(s) = 1/s$ 的调节时间 T_s。

a．$T_s = 0.02$ s

b．$T_s = 0.19$ s

c．$T_s = 1.03$ s

d．$T_s = 4.83$ s

13．某设备的传递函数为

$$G(s)=\frac{1}{(1+s)(1+0.5s)}$$

在图 5.42 所示的框图模型中，采用合适的比例控制器 $G_c(s) = K$ 加以控制，为了使得系统对单位阶跃输入的稳态误差 $E(s) = Y(s) - R(s)$ 的幅值等于 0.01，参数 K 的取值应该为________。

a．$K = 49$

b．$K = 99$

c．K = 169

d．以上都不对。

借助图 5.42 给出的框图模型解答下面的第 14 题和 15 题，其中：

$$G(s) = \frac{6}{(s+5)(s+2)}, \quad G_c(s) = \frac{K}{s+50}$$

14．环路传递函数的二阶近似模型为________。

a．$\hat{G}_c(s)\hat{G}(s) = \dfrac{(3/25)K}{s^2 + 7s + 10}$

b．$\hat{G}_c(s)\hat{G}(s) = \dfrac{(1/25)K}{s^2 + 7s + 10}$

c．$\hat{G}_c(s)\hat{G}(s) = \dfrac{(3/25)K}{s^2 + 7s + 500}$

d．$\hat{G}_c(s)\hat{G}(s) = \dfrac{6K}{s^2 + 7s + 10}$

15．利用习题 14 中得到的二阶近似系统，选择 K 的取值，使得系统的超调量 P.O. ≈ 15%。

a．$K = 10$

b．$K = 300$

c．$K = 1000$

d．以上都不对。

在下面的术语和概念匹配题中，在空格中填写正确的字母，将术语和概念与它们的定义联系起来。

a．单位脉冲	从系统开始对阶跃输入信号做出响应到上升至峰值所用的时间。	________
b．上升时间	决定系统瞬态响应的主要成分的特征根。	________
c．调节时间	环路传递函数 $G_c(s)G(s)$ 在原点处的极点的个数 N。	________
d．系统型数	用极限 $\lim_{s \to 0} sG_c(s)G(s)$ 计算得到的常数。	________
e．超调量	用于测试系统响应性能的标准输入信号。	________
f．位置误差系（常）数 K_p	系统的输出进入并维持在参考输入信号幅值的指定百分比容许范围内所需要的时间。	________
g．速度误差系（常）数 K_v	一组预先规定的性能指标要求。	________
h．稳态响应	调整参数后，综合性能指标能够达到极值的系统。	________
i．峰值时间	衡量系统性能的定量指标。	________
j．主导极点	系统对阶跃输入的响应首次达到参考输入幅值的指定百分比所需要的时间。	________
k．测试输入信号	用于度量系统输出响应超出预期响应程度的指标。	________
l．加速度误差系（常）数 K_a	用极限 $\lim_{s \to 0} s^2 G_c(s)G(s)$ 计算得到的常数。	________
m．瞬态响应	用极限 $\lim_{s \to 0} G_c(s)G(s)$ 计算得到的常数。	________
n．指标设计要求	在输入信号的激励下，系统响应中长期持续存在的成分。	________
o．性能指标	在输入信号的激励下，系统响应中随时间的流逝会逐渐消失的成分。	________
p．最优控制系统	幅值为无穷大、宽度为 0、面积为单位 1 的一种测试输入信号。	________

基础练习题

E5.1 计算机磁盘驱动器的电机驱动定位控制系统，必须能够降低干扰信号或模型参数变化对磁头位置的影响，此外，还必须能够减小磁头定位的稳态误差。

（a）如果要求定位稳态误差为 0，则系统应该是多少型的（即环路应该包含多少个纯积分环节）？

（b）如果输入为斜坡信号并要求系统的稳态跟踪误差为 0，则系统又应该是多少型的？

E5.2 发动机、车体和轮胎都能够影响赛车的加速能力和运行速度[9]。赛车速度控制系统如图 E5.2 所示，当速度指令为阶跃信号时，试求

（a）车速的稳态误差；

（b）车速的超调量 P.O.。

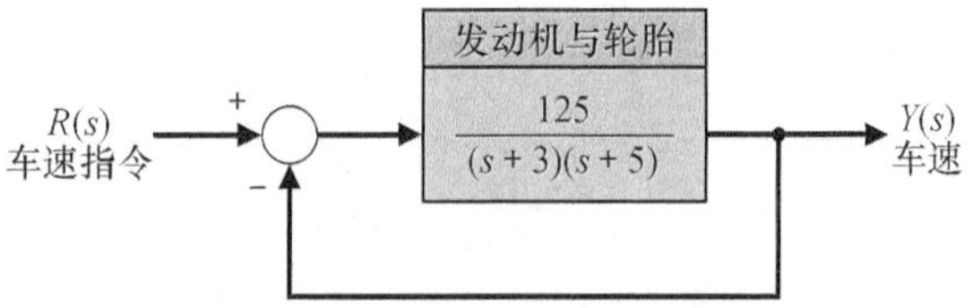

图 E5.2 赛车速度控制系统

答案：（a）$e_{ss} = A/5.2$；（b）P.O. = 21%

E5.3 为了与航空业竞争，铁路业一直在发展新的旅客营运系统，法国的 TGV（法文全名为 Train à Grande Vitesse）和日本的新干线系统是其中两个典型的代表，它们的速度都达到了 160 mi/h[17]。Transrapid 磁悬浮列车是另一种新型的旅客营运系统，如图 E5.3（a）所示。

Transrapid 采用了磁悬浮技术和电磁推进技术，在正常运行时，车体不与轨道直接接触，这使得它与普通列车完全不同。在轮轨式系统中，列车车厢的底部是常见的轮式底盘；而在磁悬浮系统中，车厢底部的转向架模块却“拥抱”轨道，转向架模块底部的“抱轨”部分附有磁铁，能够与轨道产生吸引力，将车厢向上抬起至感应轨道。

磁悬浮列车控制系统的框图模型如图 E5.3（b）所示。若输入为阶跃信号，请尝试：

（a）确定增益 K 的取值，使得系统在 ITAE 指标意义下成为最优系统；

（b）确定系统对阶跃输入 $I(s)$ 的超调量 P.O.。

答案：（a）K = 100；（b）P.O. = 4.6%

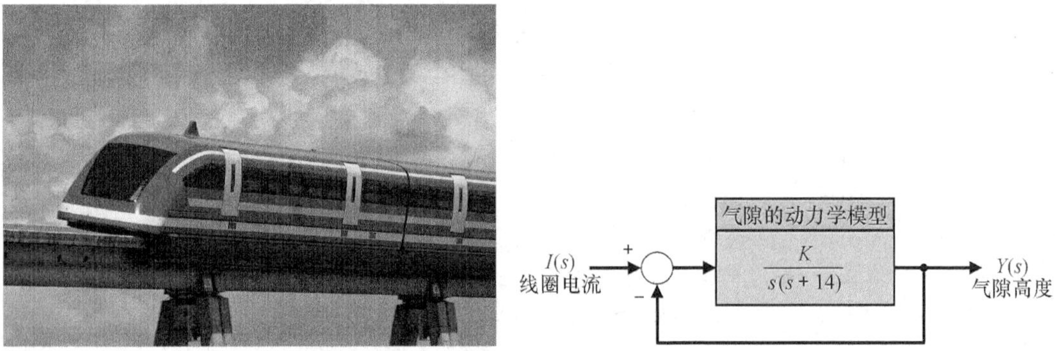

（a） （b）

图 E5.3 磁悬浮列车控制系统（图（a）来源：Bernd Mellmann，Alamy 图片库）

E5.4 某单位负反馈系统的环路传递函数为

$$L(s) = G_c(s)G(s) = \frac{2(s + 8)}{s(s + 4)}$$

（a）确定系统的闭环传递函数 $T(s) = Y(s)/R(s)$。

（b）当输入为阶跃信号 $r(t) = A(t > 0)$ 时，计算系统的时间响应 $y(t)$。

（c）确定阶跃响应的超调量 P.O.。

（d）利用终值定理确定 $y(t)$ 的稳态值。

答案：（b）$y(t) = 1 - 1.07e^{-3t}\sin(\sqrt{7}\,t + 1.2)$

E5.5　考虑图E5.5所示的反馈控制系统，选择K的取值，使得系统在阶跃信号的激励下，ITAE性能准则达到最小。

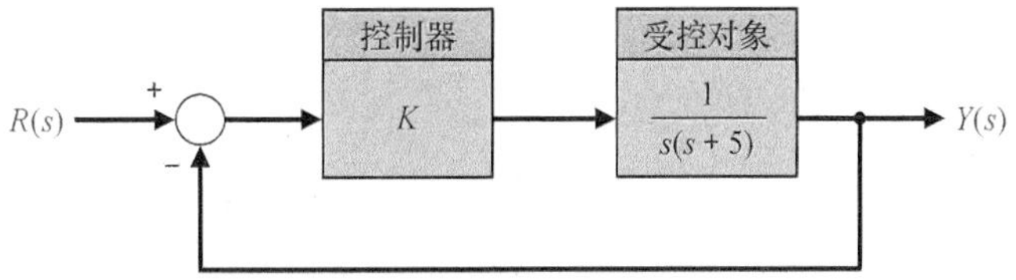

图 E5.5　具有比例控制器 $G_c(s)=K$ 的反馈控制系统

E5.6　考虑图E5.6所示的框图模型 [16]。

(a) 计算系统对斜坡输入的稳态误差。

(b) 选择增益 K 的合适取值，使得系统阶跃响应的超调量 P.O.=0，同时使得响应速度尽可能敏捷。

(c) 绘制系统在 s 平面上的零极点分布图，讨论复极点的主导性并由此估计系统的超调量 P.O.。

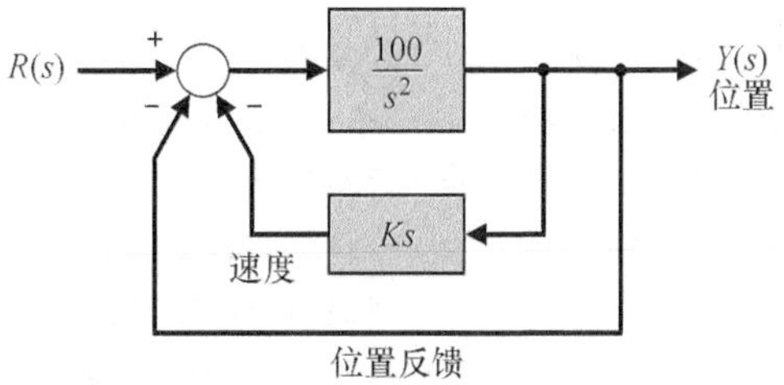

图 E5.6　具有位置和速度反馈的框图模型

E5.7　有效的胰岛素注射自动控制系统能够改善糖尿病患者的生活质量，该系统由注射泵和测量血糖水平的传感器构成，其反馈控制系统的框图模型如图E5.7所示。其中，$R(s)$为预期的血糖水平，$Y(s)$为实际的血糖水平。假定药物注射产生的输入指令$R(s)$为阶跃信号，在此条件下，请选择增益K的合适取值，使得系统的超调量在7%左右。

答案： $K=1.67$

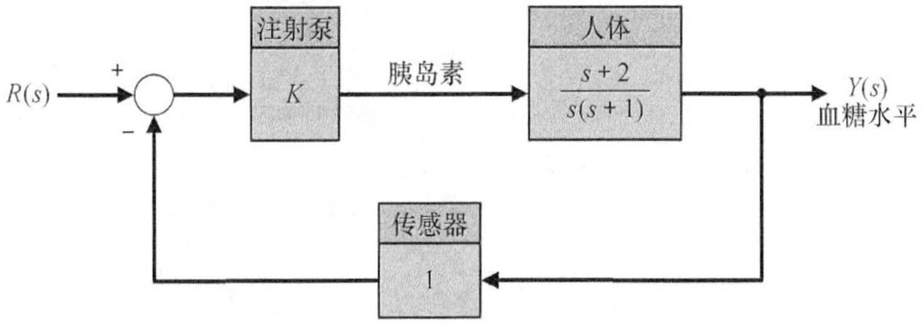

图 E5.7　胰岛素注射自动控制系统的框图模型

E5.8　磁盘驱动器配有读/写磁头位置控制系统，该系统的闭环传递函数为

$$T(s)=\frac{16(s+15)}{(s+20)(s^2+2s+12)}$$

试绘制系统在s平面上的零极点分布图，讨论复极点的主导性并据此估计系统阶跃响应的超调量P.O.。

E5.9　某单位负反馈系统的环路传递函数为

$$L(s)=G_c(s)G(s)=\frac{K}{s(s+\sqrt{K})}$$

试求：

(a) 系统单位阶跃响应的超调量 P.O. 和调节时间 T_s（按 2% 准则）；

(b) 当调节时间 $T_s\leqslant 1\text{ s}$ 时，确定增益 K 的取值范围。

E5.10 某二阶系统的闭环传递函数为 $T(s) = Y(s)/R(s)$，系统阶跃响应的指标设计要求如下。

（a）超调量 P.O. ≤ 5%。

（b）调节时间 $T_s < 4$ s（按 2% 准则）。

（c）峰值时间 $T_p < 1$ s。

试确定 $T(s)$ 的极点配置的可行域，以便获得预期的响应性能。

E5.11 考虑图 E5.11 所示的单位负反馈系统，其受控对象 $G(s)$ 为

$$G(s) = \frac{20(s+3)}{(s+1)(s+2)(s+10)}$$

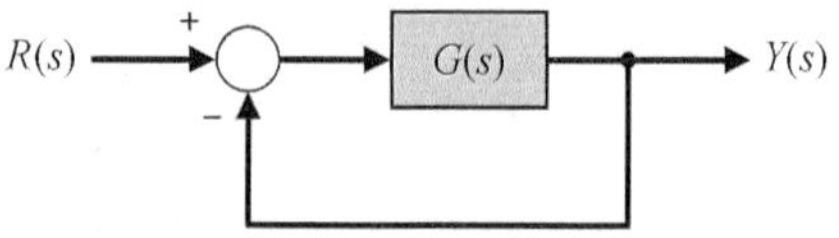

图 E5.11 某单位负反馈系统

试求系统阶跃响应和斜坡响应的稳态误差。

E5.12 在大型博览会和狂欢节上，费理斯摩天轮是标志性的娱乐项目之一。这种转轮的发明者是乔治·费理斯（George Ferris），费理斯于 1859 年出生于美国伊利诺伊州的盖尔斯堡，后来搬到内华达州。1881 年，费理斯从伦斯勒理工大学（Rensselaer Polytechnic Institute）毕业。到了 1891 年，费理斯在钢铁和桥梁建筑等方面积累了相当丰富的经验，他由此构思建造了著名的费理斯摩天轮，并于 1893 年在芝加哥哥伦比亚博览会上首次公开展出[8]。费理斯摩天轮的转速控制系统如图 E5.12 所示。为了让游客有良好的体验，费理斯摩天轮必须将转速稳态误差控制在预期转速的 5% 以内。

（a）试选择增益 K 的合适取值，以便满足系统稳态运行时的转速要求。

（b）利用（a）中确定的增益 K，计算单位阶跃干扰信号 $T_d(s) = 1/s$ 导致的响应误差 $e(t)$，并绘制误差曲线，确定转速的变化是否超过 5% [为了便于计算，可以令 $R(s) = 0$ 并请留意 $E(s) = R(s) - T(s)$]。

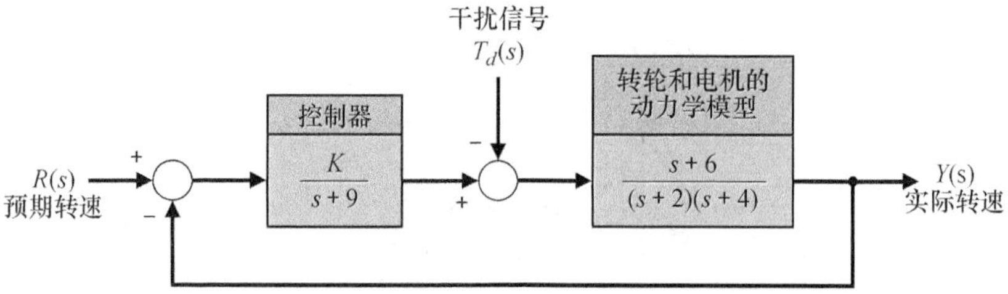

图 E5.12 费理斯摩天轮的转速控制系统

E5.13 重新考虑图 E5.11 所示的单位负反馈系统，令其受控对象 $G(s)$ 为

$$G(s) = \frac{20}{s^2 + 14s + 50}$$

试分别确定系统对阶跃输入和斜坡输入的稳态误差。

答案：对于阶跃输入，$e_{ss} = 0.71$；对于斜坡输入，$e_{ss} = \infty$。

E5.14 考虑图 E5.14 所示的反馈系统。

（a）当 $K = 0.4$、$G_p(s) = 1$ 时，试求系统单位阶跃响应的稳态误差。

（b）选择合适的 $G_p(s)$，使得系统单位阶跃响应的稳态误差为 0。

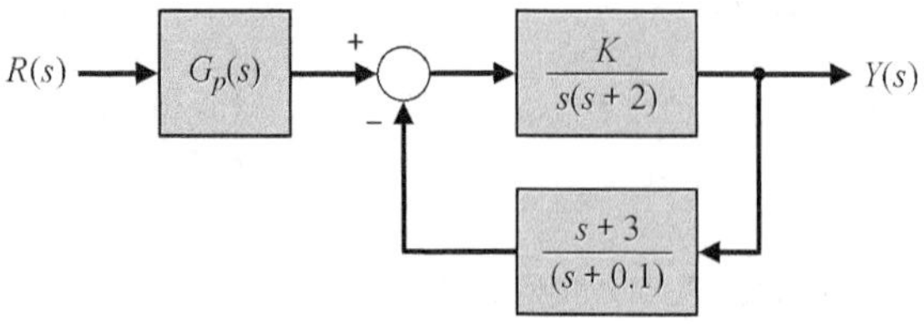

图 E5.14 某反馈系统

E5.15 某闭环控制系统的闭环传递函数 $T(s)$ 为

$$T(s)=\frac{Y(s)}{R(s)}=\frac{2500}{(s+50)\left(s^2+10s+50\right)}$$

试分别使用以下两种方法，计算系统对单位阶跃输入 $R(s)=1/s$ 的时间响应 $y(t)$，并绘制响应曲线，对计算结果进行比较。

（a）利用实际的传递函数 $T(s)$。

（b）利用主导复极点近似方法。

E5.16 某二阶系统的闭环传递函数为

$$T(s)=\frac{Y(s)}{R(s)}=\frac{(10/z)(s+z)}{(s+1)(s+8)}$$

其中，$1<z<8$。当 z 分别为2、4、6时，求 $T(s)$ 的部分分式展开形式，并分别绘制系统的阶跃响应曲线 $y(t)$。

E5.17 某闭环控制系统的闭环传递函数 $T(s)$ 有一对共轭的主导复极点。试根据下列各组指标设计要求，在 s 平面的左半平面绘制主导复极点配置的可行区域。

（a）$0.6\leqslant\zeta\leqslant0.8$，$\omega_n\leqslant10$。

（b）$0.5\leqslant\zeta\leqslant0.707$，$\omega_n\geqslant10$。

（c）$\zeta\geqslant0.5$，$5\leqslant\omega_n\leqslant10$。

（d）$\zeta\leqslant0.707$，$5\leqslant\omega_n\leqslant10$。

（e）$\zeta\geqslant0.6$，$\omega_n\leqslant6$。

E5.18 考虑图E5.18（a）所示的反馈系统，当 $K=1$ 时，系统的单位阶跃响应曲线如图E5.18（b）所示。试确定 K 的合适取值，使得系统的稳态误差为0。

答案： $K=1.25$

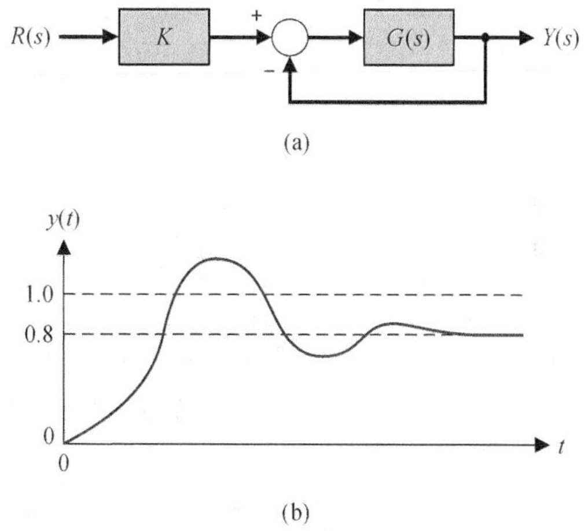

图 E5.18　带有前置滤波的反馈系统及其单位阶跃响应曲线

E5.19 某二阶系统的闭环传递函数为

$$T(s)=\frac{Y(s)}{R(s)}=\frac{\omega_n^2}{s^2+2\zeta\omega_n s+\omega_n^2}=\frac{7}{s^2+3.175s+7}$$

（a）试根据传递函数估算系统单位阶跃响应的超调量P.O.、峰值时间 T_p 和调节时间 T_s（按2%准则）。

（b）计算系统的单位阶跃响应，并以此对（a）中的结果进行验证。

E5.20 考虑图E5.20所示的非单位闭环反馈系统，其中：

$$L(s)=\frac{s+1}{s^2+3s}K_a$$

（a）试求系统的闭环传递函数 $T(s)=Y(s)/R(s)$。

（b）当输入为单位斜坡信号［即 $R(s)=1/s^2$］时，试求闭环系统的稳态误差。

（c）选择 K_a 的合适取值，使得系统单位阶跃响应［$R(s)=1/s$］的稳态误差为0。

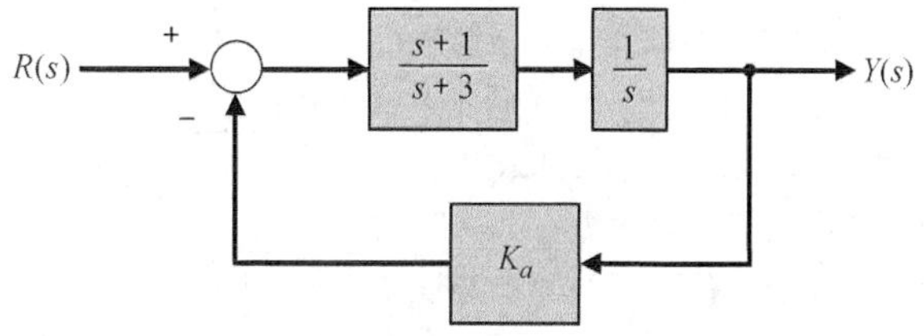

图 E5.20　非单位闭环反馈系统（反馈环路增益为 K_a）

一般习题

P5.1 电视摄像系统中的一个重要问题是，摄像机的移动会造成画面的跳跃或晃动。例如，当我们在运动的车辆或飞机上进行拍摄时，就会出现这个问题。为了降低这种不利影响，人们发明了图 P5.1（a）所示的摄像机减震控制系统，用于降低快速扫描的不利影响。若拍摄时摄像机允许的最大扫描速度是 25°/s、$K_g = K_t = 1$ 且 τ_g 可以忽略不计，

（a）试求系统的误差 $E(s)$。

（b）试确定开环增益 $K_a K_m K_t$ 的合适取值，使得系统的稳态误差为 1°/s。

（c）若电机的时间常数为 $\tau_m = 0.40$ s，试确定开环增益 $K_a K_m K_t$ 的合适取值，使得输出 v_b 的调节时间 $T_s \leqslant 0.03$ s（按 2% 准则）。

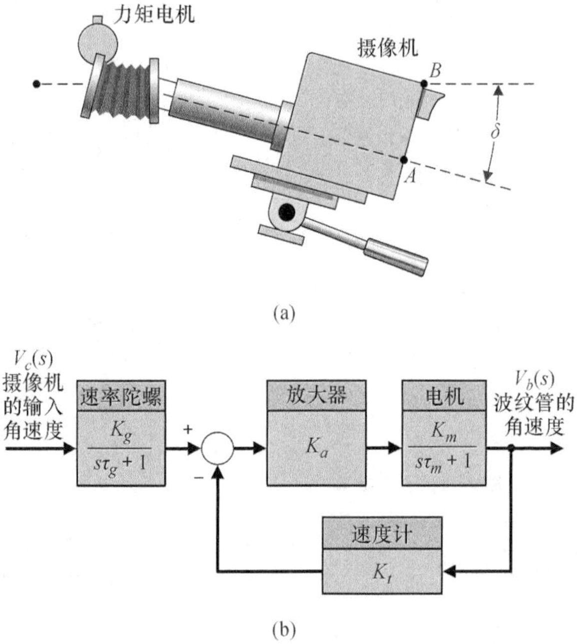

图 P5.1 摄像机减震控制系统

P5.2 要求设计一个闭环控制系统，使其对阶跃输入的响应具有欠阻尼特性且满足下面的设计要求：超调量 P.O. 在 10% 和 20% 之间且调节时间 $T_s \leqslant 0.6$ s。

（a）试确定系统主导极点配置的可行区域。

（b）如果希望系统的共轭复极点为主导极点，试确定第三个实极点 r_3 的最小幅值。

（c）如果系统是三阶的单位负反馈系统，并且按 2% 准则的调节时间 $T_s = 0.6$ s、超调量 P.O. = 20%，试求系统的前向通路传递函数 $G(s) = Y(s)/E(s)$。

P5.3 如图 P5.3（a）所示，激光束可以用来对金属进行焊接、钻孔、蚀刻、切割、标记等 [14]。激光束闭环控制系统如图 P5.3（b）所示。若要求在工件上标记抛物线，即激光束的运动轨迹为 $r(t) = t^2$ cm，请选择增益 K 的合适取值，使得系统的稳态误差为 5 mm。

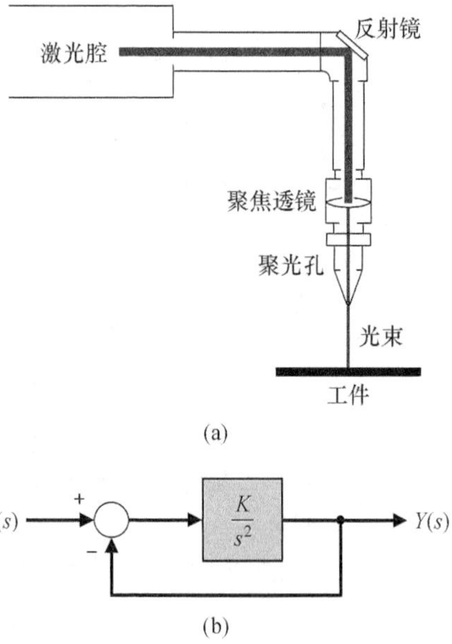

图 P5.3 激光束控制系统

P5.4　某单位负反馈系统的环路传递函数为

$$L(s) = G_c(s)G(s) = \frac{K}{s(s+4)}$$

对系统阶跃响应的指标设计要求如下：峰值时间 $T_p = 0.25$ s 且超调量 P.O. = 10%。

(a) 判断系统能否同时满足这两个指标的设计要求。

(b) 如果不能够同时满足上述要求，那么按相同的比例放宽设计要求后，请折中选择增益 K 的取值，使得系统能够同时满足上述指标设计要求。

P5.5　太空望远镜将被发射到太空以执行天文观测任务[8]，其定向控制系统的精度可以达到0.01 arcmin（弧分），跟踪太阳的速度可以达到0.21 arcmin/s。图 P5.5（a）所示太空望远镜的定向控制系统的框图模型如图P5.5（b）所示。令 $\tau_1 = 1$ s、$\tau_2 = 0$ s（近似值）。

(a) 确定增益 $K = K_1K_2$ 的合适取值，使得系统阶跃响应的超调量 P.O. ≤ 5%并保持适当的响应速度。

(b) 确定系统阶跃响应和斜坡响应的稳态误差。

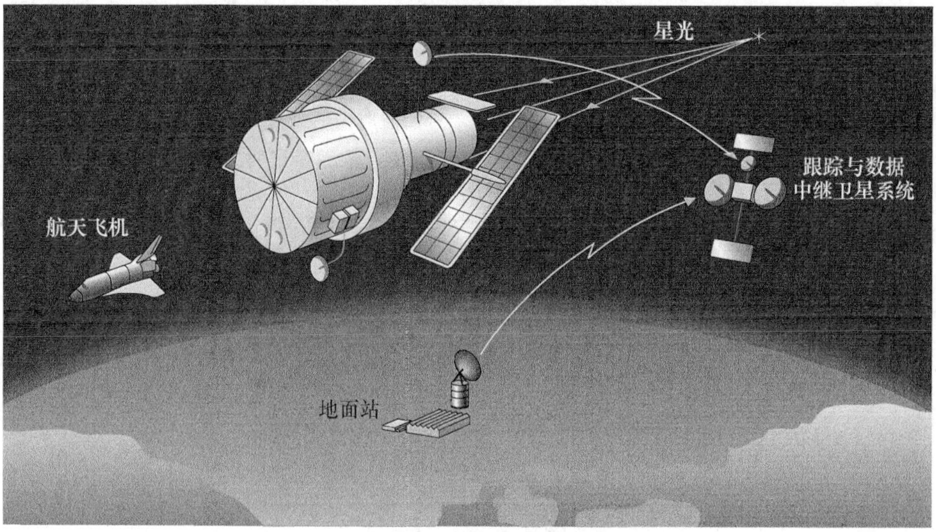

(a)

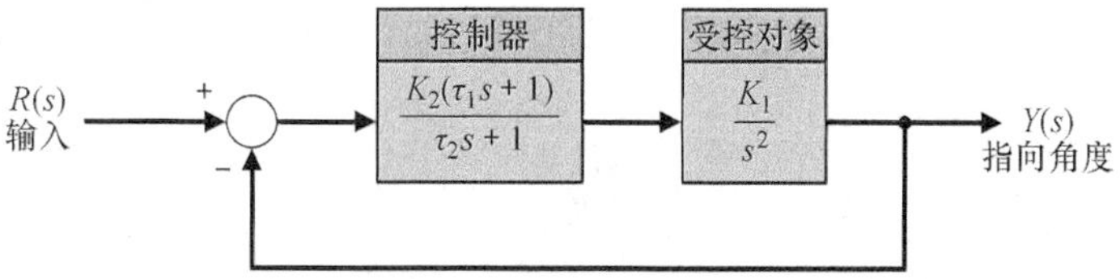

(b)

图 P5.5　(a) 太空望远镜；(b) 太空望远镜的定向控制系统

P5.6　通过对机器人进行程序控制，可以使得工具或焊接头沿着设想的路径运动[7, 11]。若工具的预期路径为图P5.6（a）所示的锯齿波，而图P5.6（b）所示闭环系统的环路传递函数为

$$L(s) = G_c(s)G(s) = \frac{100(s+2)}{s(s+6)(s+30)}$$

试计算系统的稳态误差。

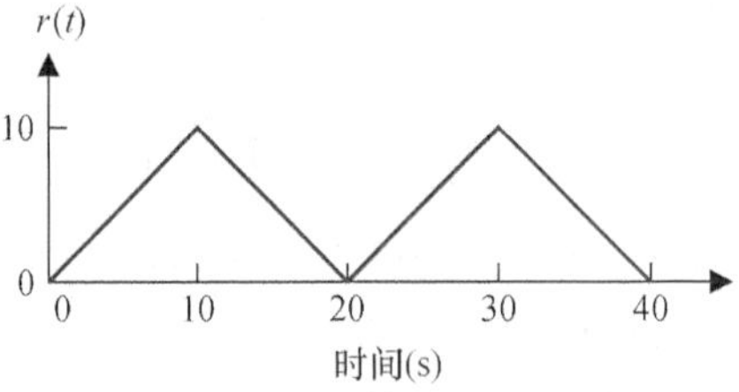

(a)

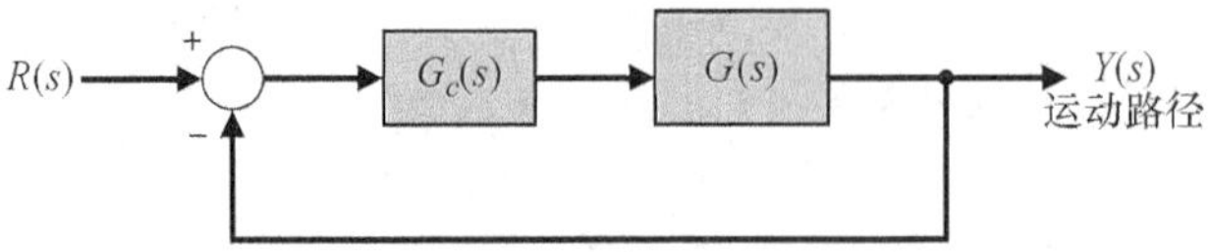

(b)

图 P5.6　机器人路径控制

P5.7　如图P5.7（a）所示，1984年2月7日，宇航员Bruce McCandless II利用手持的喷气推进装置完成了人类历史上首次无牵系的太空行走。宇航员机动控制系统的框图模型如图P5.7（b）所示，其中，手持式喷气推进的控制器可以用增益K_2表示，宇航员及自身装备整体的转动惯量为$I = 25\ \text{kg}\cdot\text{m}^2$。

（a）当输入为单位斜坡信号时，试确定增益K_3的合适取值，使得系统的稳态误差小于1 cm。

（b）沿用（a）中确定的增益K_3，试确定K_1K_2的取值，使得系统的超调量满足P.O. ≤ 10%。

(a)

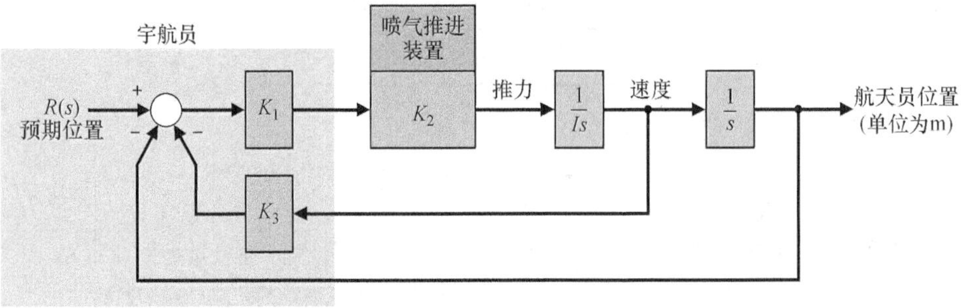

(b)

图 P5.7　（a）宇航员 Bruce McCandless II 在太空中行走，他与运行在绕地轨道上的航天飞机仅相距数米，他使用了被称为手控机动单元的手控氮气推动装置（NASA 友情提供图片）；（b）宇航员机动控制系统的框图模型

P5.8　太阳能电池板产生的直流电，既可以直接用于驱动直流电机，也可以转换成交流电输入电网使用。阳光在一天中的照射强度总是不断地变化，我们希望太阳能电池板能够始终对准太阳，以便获得最大的可用输出功率。图 P5.8 所示的闭环控制系统能够实现这一功能，其受控对象的传递函数为

$$G(s) = \frac{K}{s + 40}$$

其中，$K = 40$。试求：

(a) 闭环系统的传递函数；

(b) 当存在单位阶跃干扰时，系统的调节时间 T_s（按 2% 准则）。

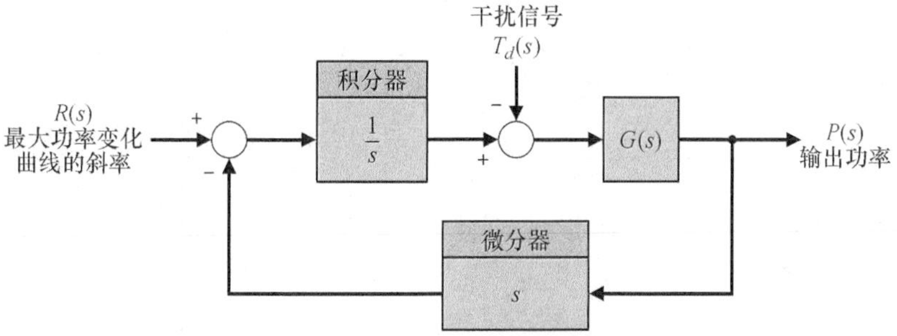

图 P5.8　太阳能电池板控制系统

P5.9　图 P5.9 所示的地面天线能够接收和发送卫星通信信号，这是一种超大型的喇叭形微波天线。该微波天线长 177 ft，重达 340 kg。通信卫星的直径为 3 ft，运行速度为 16 000 mi/h，运行高度为 2500 mile。微波由于在进行长距离传输时要承受衰减，其波束宽度只有 0.2°，因此要求天线的定向精度必须达到 0.1°。试确定 K_v 的取值范围，使得天线能够正常跟踪卫星运动。

图 P5.9　接收和发送通信卫星信号的大型地面天线（来源：Gary Woods，Alamy 图片库）

P5.10　在电枢控制式直流电机的速度控制系统中，反馈信号为电机的反电动势电压。

(a) 试绘制系统的框图模型［参见例（2.5）］。

(b) 当输入为阶跃指令（即调整电机转速）时，试求系统的稳态误差，这里假定 $R_a = L_a = J = b = 1$，电机常数为 $K_m = 1$ 和 $K_b = 1$。

(c) 选择合适的反馈控制器增益，使得系统阶跃响应的超调量 P.O. ≤ 15%。

P5.11　某单位反馈控制系统的前向通路传递函数为

$$\frac{Y(s)}{E(s)} = G(s) = \frac{K}{s}$$

系统的输入是幅值为 A 的阶跃信号，系统在 t_0 时刻的初始状态是 $y(t_0) = Q$，其中，$y(t)$ 为系统的输出。性能指标被定义为

$$I = \int_0^{\infty} e^2(t)\mathrm{d}t$$

(a) 试证明 $I = (A - Q)^2/(2K)$。

(b) 选择增益 K 的合适取值，使得性能指标 I 最小，并分析该增益值是否符合实际。

(c) 选择一个符合实际的增益值，并计算此时系统的性能指标。

P5.12 随着铁路连续提速，当我们乘坐火车或飞机在城市之间旅行时，路上花费的时间已经相差无几，越来越多的人开始选择乘坐火车旅行。日本在东京和大阪之前开行了名为“新干线快车”的城际列车,平均时速达到320 km/h [17]。为了保持火车运行的预期速度，我们需要设计车速控制系统，使得火车车速对斜坡输入的稳态误差为0。三阶模型足以描述该系统，试确定系统的闭环传递函数$T(s)$，使之成为ITAE指标意义下的最优闭环系统。当$\omega_n = 10$时，估算系统阶跃响应的调节时间T_s（按2%准则）和超调量P.O.。

P5.13 我们常常希望利用低阶模型来近似四阶系统。假设某四阶系统的传递函数为

$$G_H(s) = \frac{s^3 + 7s^2 + 24s + 24}{s^4 + 10s^3 + 35s^2 + 50s + 24} = \frac{s^3 + 7s^2 + 24s + 24}{(s+1)(s+2)(s+3)(s+4)}$$

若采用5.8节介绍的方法求取二阶近似模型，且不事先指定二阶近似模型的零点和极点，试验证二阶近似系统的传递函数$G_L(s)$应该为

$$G_L(s) = \frac{0.2917s + 1}{0.399s^2 + 1.375s + 1} = \frac{0.731(s + 3.428)}{(s + 1.043)(s + 2.4)}$$

P5.14 继续以习题P5.13给出的四阶系统为例。若将二阶近似系统的极点指定为−1和−2，且还有一个未指定的零点，试验证二阶近似系统的传递函数$G_L(s)$应该为

$$G_L(s) = \frac{0.986s + 2}{s^2 + 3s + 2} = \frac{0.986(s + 2.028)}{(s+1)(s+2)}$$

P5.15 考虑某单位负反馈控制系统，其环路传递函数为

$$L(s) = G_c(s)G(s) = \frac{K(s+3)}{(s+5)\left(s^2 + 4s + 10\right)}$$

试确定增益K的取值，使得系统单位阶跃响应的超调量最小。

P5.16 将低输出阻抗的磁放大器与低通滤波器及前置放大器串联后，构成的反馈放大器如图P5.16所示。其中的前置放大器具有较高的输入阻抗，增益为1，作用是对输入的信号进行累加。选择电容C的合适取值，使得传递函数$V_o(s)/V_{in}(s)$的阻尼系数为$1/\sqrt{2}$。若磁放大器的时间常数等于1 s、增益$K = 10$，试求整个系统的调节时间T_s（按2%准则）。

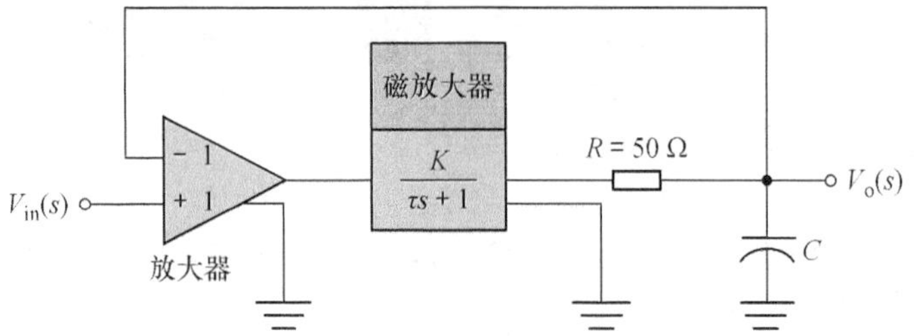

图 P5.16 反馈放大器

P5.17 心脏电子起搏器可以用于调节患者的心率。图P5.17提供了一种电子起搏器系统的闭环设计方案，其中包括起搏器和心率测量仪 [2, 3]。心脏电子起搏器系统的传递函数为

$$G(s) = \frac{K}{s(s/12 + 1)}$$

(a) 试确定K的合适取值范围，使得系统对单位阶跃干扰的调节时间$T_s \leqslant 1$ s，并且当心率的预期输入为阶跃信号时，系统的超调量满足P.O. ≤ 10%。

(b) 当增益K的标称值为10时，试求系统对K的波动的灵敏度。

(c) 在（b）的基础上，计算系统对K的灵敏度在$s = 0$时的取值。

(d) 当预期的标准心率为60次/分时，计算系统对K的灵敏度的幅值。

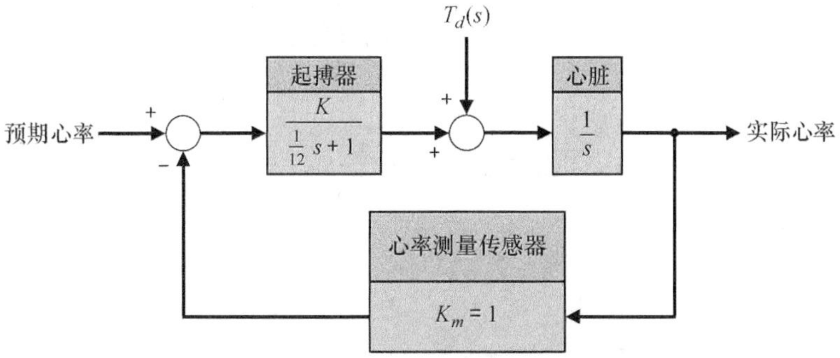

图 P5.17　电子心脏起搏器系统

P5.18　考虑下面的三阶系统：

$$G(s) = \frac{1}{s^3 + 5s^2 + 10s + 1}$$

用一阶模型近似该三阶系统，并且要求一阶模型没有零点，而是只有一个未事先指定的极点。

P5.19　考虑某单位负反馈闭环控制系统，其环路传递函数为

$$L(s) = G_c(s)G(s) = \frac{8}{s(s^2 + 6s + 12)}$$

(a) 试求系统的闭环传递函数 $T(s)$。

(b) 求 $T(s)$ 的二阶近似系统。

(c) 绘制 $T(s)$ 和二阶近似系统的单位阶跃响应曲线并加以比较。

P5.20　考虑图 P5.20 所示的反馈系统。

(a) 以 K 和 K_1 为可变参数，确定系统对单位阶跃输入的稳态误差，其中 $E(s) = R(s) - Y(s)$。

(b) 为 K_1 选择合适的取值，使系统的稳态误差为 0。

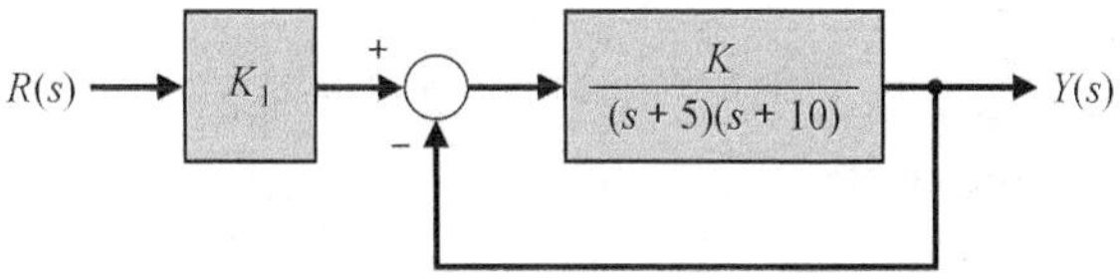

图 P5.20　带有前置增益 K_1 的反馈系统

P5.21　考虑图 P5.21 所示的闭环系统，试确定参数 k 和 a 的合适取值，要求

(a) 闭环系统单位阶跃响应的稳态误差为 0；

(b) 闭环系统单位阶跃响应的超调量 P.O. ≤ 5%。

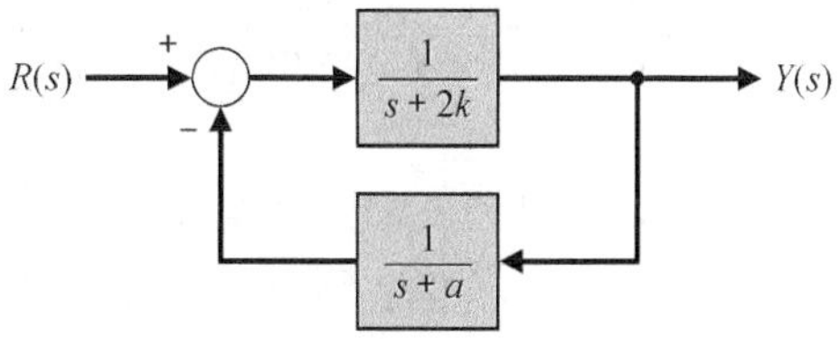

图 P5.21　带有可调参数 k 和 a 的闭环系统

P5.22　考虑图 P5.22 所示的非单位闭环反馈控制系统，其中：

$$G_c(s)G(s) = \frac{2}{s + 0.2K}, \quad H(s) = \frac{2}{2s + \tau}$$

(a) 当 $\tau = 2.43$ 时，试确定 K 的合适取值，使闭环系统对单位阶跃输入 $R(s) = 1/s$ 的响应的稳态误差为 0。

(b) 沿用 (a) 中得到的 K 值，试求闭环系统单位阶跃响应的超调量 P.O. 和峰值时间 T_p。

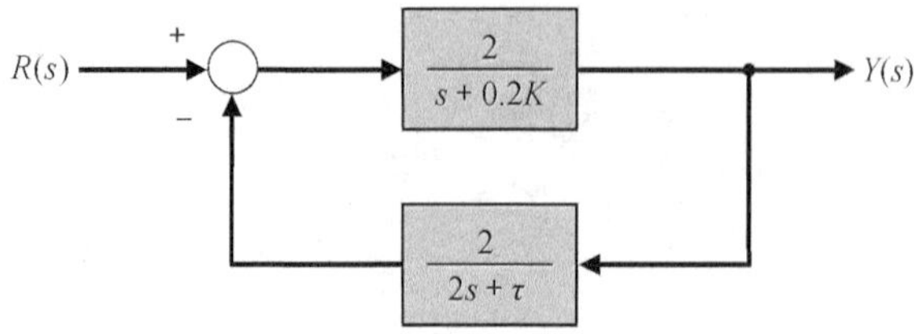

图 P5.22　某非单位闭环反馈控制系统

难题

AP5.1　某系统的闭环传递函数为

$$T(s)=\frac{Y(s)}{R(s)}=\frac{54(s+10)}{(s+15)\left(s^2+8s+36\right)}$$

（a）确定系统对单位阶跃输入 $R(s)=1/s$ 的稳态误差。

（b）将共轭复极点视为主导极点，估算系统的超调量 P.O. 和调节时间 T_s（按 2% 准则）。

（c）绘制系统的实际响应曲线，并与（b）中的结果作比较。

AP5.2　考虑图 AP5.2 所示的闭环系统，当 τ_z 为 0、0.05、0.1、0.5 时，试分别计算系统的单位阶跃响应并绘制相应的响应曲线。在此基础上，计算系统的超调量 P.O.、上升时间 T_r 和调节时间 T_s（按 2% 准则），并讨论 τ_z 对它们的影响。此外，比较零点 $-1/\tau_z$ 和闭环极点的位置关系。

AP5.3　考虑图 AP5.3 所示的闭环系统，当 τ_p 为 0.25、0.5、2、5 时，试分别计算系统的单位阶跃响应并绘制相应的响应曲线。在此基础上，计算系统的超调量 P.O.、上升时间 T_r 和调节时间 T_s（按 2% 准则），并讨论 τ_p 对它们的影响。此外，比较开环极点 $-1/\tau_p$ 和闭环极点的位置关系。

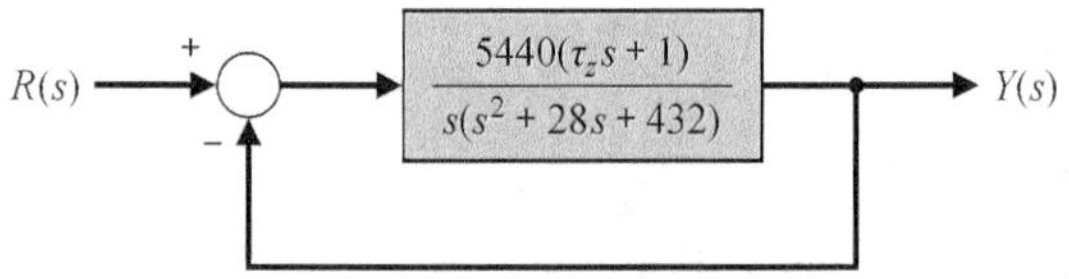

图 AP5.2　零点可变的闭环系统

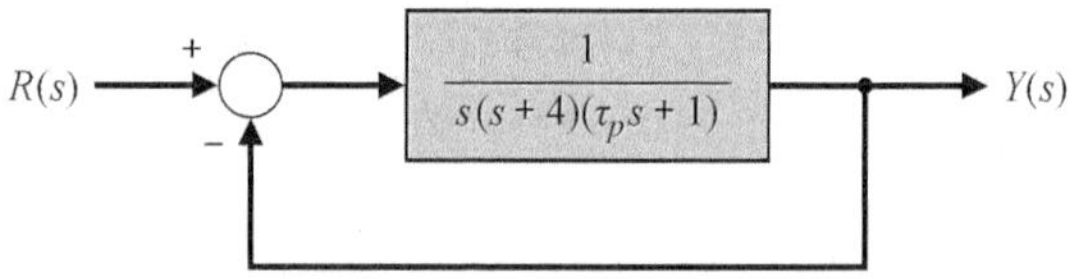

图 AP5.3　极点可变的闭环系统

AP5.4　高速列车的车速控制系统的框图模型如图 AP5.4 所示[17]。对于单位阶跃输入信号 $R(s)=1/s$，以 K 为可变参数，求系统响应的稳态误差，然后分别针对 $K=1$、$K=10$ 和 $K=100$：

（a）计算系统对单位阶跃输入的稳态误差。

（b）分别绘制系统对单位阶跃输入信号 $R(s)=1/s$ 和单位阶跃干扰信号 $T_d(s)=1/s$ 的响应曲线 $y(t)$。

（c）列表给出系统对单位阶跃输入的超调量 P.O.、调节时间 T_s（按 2% 准则）和稳态误差 e_{ss}，并给出对于单位干扰的最大响应幅值 $|y/t_d|_{max}$，在此基础上，选择 K 的最佳折中取值。

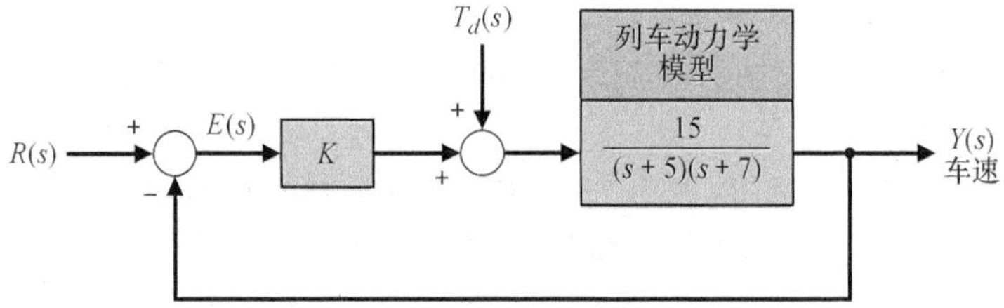

图 AP5.4　车速控制系统的框图模型

AP5.5　考虑图 AP5.5 所示的闭环控制系统，其控制器的零点可变。

(a) 当 $\alpha = 0$ 和 $\alpha \neq 0$ 时，分别计算系统对阶跃输入 $r(t)$ 的稳态误差。

(b) 当 $\alpha = 0$、$\alpha = 10$ 和 $\alpha = 100$ 时，分别绘制并比较系统对阶跃干扰的响应曲线，在此基础上，从中选择 α 最为合适的取值。

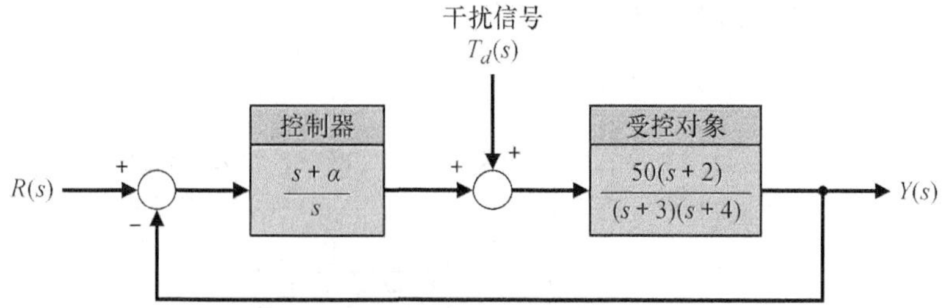

图 AP5.5　含有参数 α 的闭环控制系统

AP5.6　某电枢控制式直流电机的框图模型如图 AP5.6 所示。

(a) 当输入为斜坡信号 $r(t) = t(t \geq 0)$ 时，推导系统稳态误差的表达式，假设以 K、K_m 和 K_b 为未定参数。

(b) 若 $K_m = 10$ 且 $K_b = 0.05$，选择 K 的合适取值，使（a）中的稳态误差等于 1。

(c) 在 $0 < t < 20$ s 的时间范围内，绘制系统的单位阶跃响应曲线和单位斜坡响应曲线，并分析这两种响应是否可以接受。

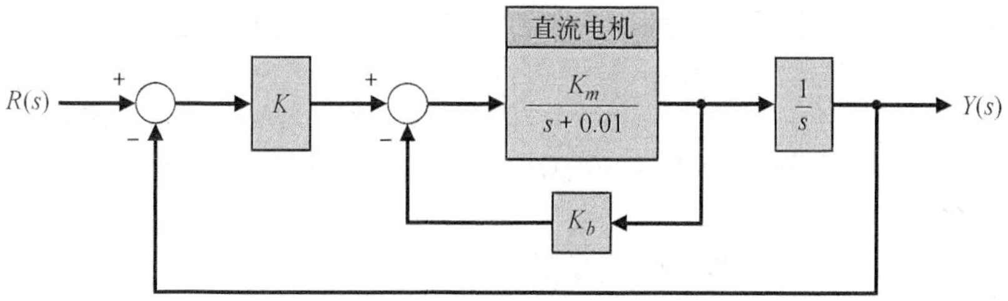

图 AP5.6　直流电机控制系统

AP5.7　考虑图 AP5.7 所示的单位负反馈闭环控制系统，控制器和受控对象的传递函数分别为

$$G_c(s) = \frac{100}{s+100},\quad G(s) = \frac{K}{s(s+50)}$$

其中，$1000 \leq K \leq 5000$。

(a) 假定闭环复极点为系统的主导极点，当 K 为 1000、2000、3000、4000、5000 时，分别近似估计系统单位阶跃响应的调节时间 T_s（按 2% 准则）和超调量 P.O.。

(b) 当 K 为 1000、2000、3000、4000、5000 时，分别实际计算系统单位阶跃响应的调节时间 T_s（按 2% 准则）和超调量 P.O.。

(c) 将（a）和（b）中的结果绘制在同一个图上并进行比较分析。

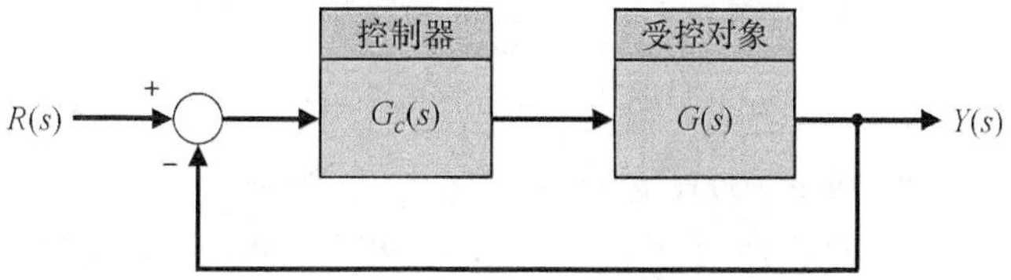

图 AP5.7　某单位负反馈闭环控制系统

AP5.8 考虑某单位负反馈控制系统，其环路传递函数为

$$L(s) = G_c(s)G(s) = \frac{K(s+2)}{s^2 + \frac{2}{3}s + \frac{1}{3}}$$

为 K 选择合适的取值，使闭环系统的阻尼比最小并求出该最小阻尼比。

AP5.9 某单位负反馈控制系统如图 AP5.9 所示，其中被控对象为

$$G(s) = \frac{1}{s(s+15)(s+25)}$$

若采用比例积分控制器且增益分别为 K_p 和 K_I，试设计增益 K_p 和 K_I，使主导极点对应的阻尼比 ζ 为 0.707，并计算此时系统单位阶跃响应的峰值时间 T_p 和调节时间 T_s（按 2% 准则）。

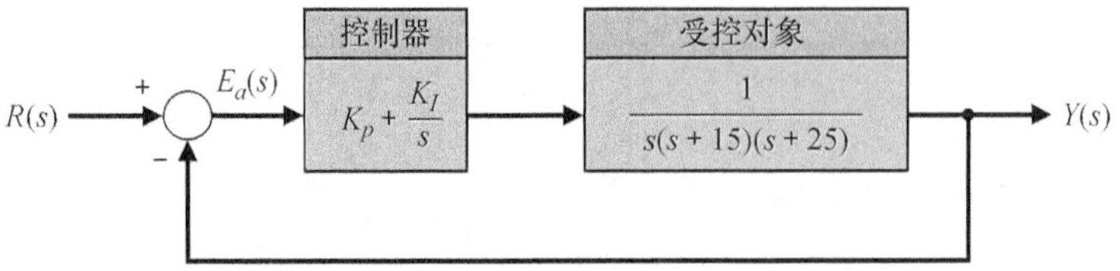

图 AP5.9 带有比例积分控制器的单位负反馈控制系统

设计题

CDP5.1 前面 4 章都讨论了绞盘驱动装置（见第 1~4 章的相关设计题）。该装置总会面临由加工工件状态的改变（如移除物料）带来的干扰。假定系统中的控制器仅仅是比例放大器［即 $G_c(s) = K_a$］，试分析单位阶跃干扰对系统的影响，并确定放大器增益 K_a 的合适取值，使系统对阶跃指令 $r(t) = A(t > 0)$ 的超调量满足 P.O. ≤ 5%，并尽可能减小干扰带来的影响。

DP5.1 飞机的自动驾驶仪配置有横滚控制系统，其控制系统的框图模型如图 DP5.1 所示。此处旨在确定 K 的合适取值，使系统能够对阶跃指令 $\phi_d(t) = A(t \geqslant 0)$ 做出快速响应，且保证响应 $\phi(t)$ 的超调量满足 P.O. ≤ 20%。

(a) 确定闭环传递函数 $\phi(s)/\phi_d(s)$。

(b) 当 K 为 0.7、3、6 时，分别求解系统的闭环特征根。

(c) 基于（b）中的结果，根据系统的主导极点，确定横滚控制系统的二阶近似系统，据此估计原有系统的超调量 P.O. 和峰值时间 T_p。

(d) 绘制原有系统的实际响应曲线，计算实际的超调量 P.O. 和峰值时间 T_p，并与（c）中的近似结果作比较。

(e) 确定 K 的合适取值，使系统的超调量 P.O = 16%，并计算此时的峰值时间 T_p。

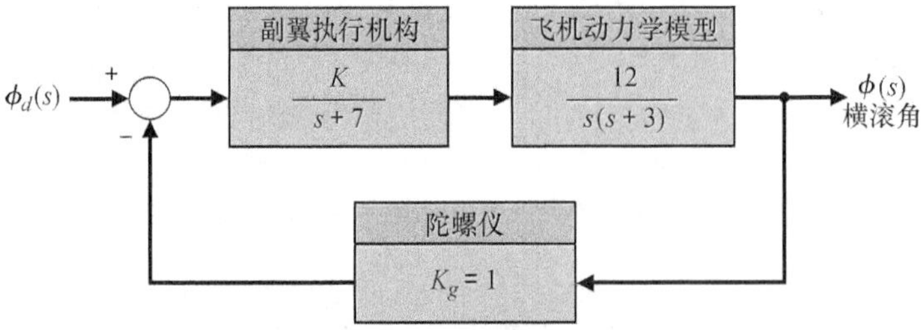

图 DP5.1 飞机横滚控制系统

DP5.2 在为焊接机器人长长的机械臂设计位置控制系统时，需要仔细地选择系统参数[13]。焊头位置控制系统的框图模型如图 DP5.2 所示，其中阻尼系数 ζ、固有频率 ω_n 和放大器增益 K 均为可调的待定参数。这里选定 $\zeta = 0.6$，请尝试：

（a）确定 K 和 ω_n 的合适取值，使系统单位阶跃响应的峰值时间 $T_p \leqslant 1s$ 且超调量 P.O ≤ 5%；

（b）绘制（a）中所得系统的单位阶跃响应曲线。

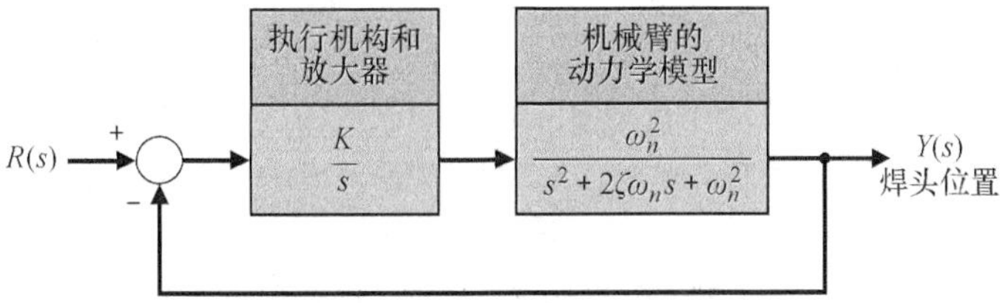

图 DP5.2　焊头位置控制系统的框图模型

DP5.3　现代汽车的主动式悬挂减震系统可以使汽车驾驶变得更加稳当、舒适。如图 DP5.3 所示，减震系统会根据路面情况，用一个小的电机来调节减震器的阀门位置，从而达到适度减震的目的[13]。请确定 K 和 q 的合适取值，使系统对阶跃指令 $R(s)$ 的 ITAE 指标尽可能小，并使阶跃响应的调节时间 $T_s \leqslant 0.5$ s（按 2% 准则）。在此基础上，估计系统的超调量 P.O.。

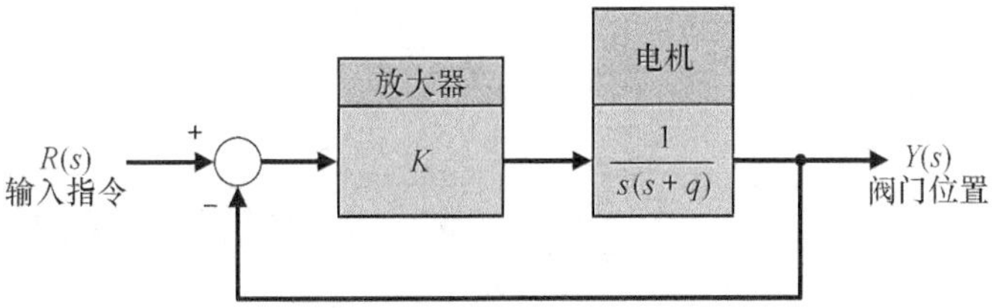

图 DP5.3　主动式悬挂减震系统

DP5.4　如图 DP5.4（a）所示，卫星通常装有定向控制系统，用于调整卫星方向。卫星定向控制系统的框图模型如图 DP5.4（b）所示。

（a）求系统的二阶近似模型。

（b）应用二阶近似模型，确定增益 K 的合适取值，使系统对阶跃输入的超调量满足 P.O ≤ 15%，同时使稳态误差小于 12%。

（c）试求实际三阶系统的性能，验证（b）中确定的增益 K 是否合适。

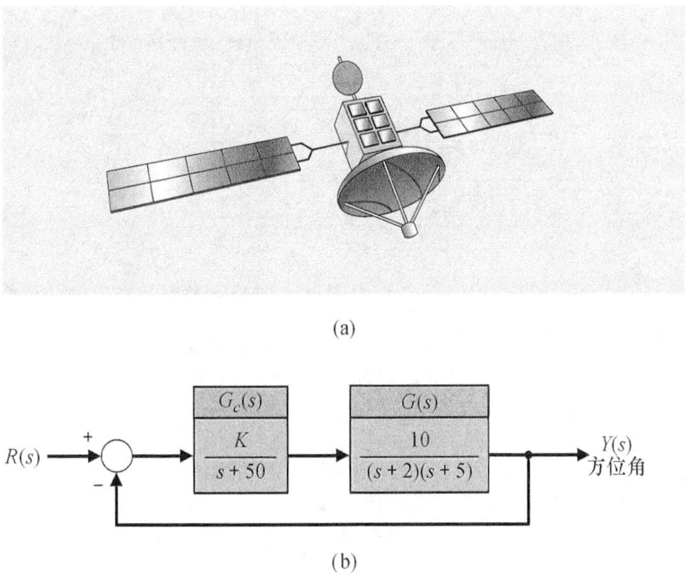

图 DP5.4　卫星定向控制系统的框图模型

DP5.5　打磨机器人能够按照预先设计的路径（输入指令），对加工后的工件进行打磨抛光。在实际应用中，机器人自身的偏差、机械加工误差、过大的容许公差以及工具的磨损等因素，都会导致打磨过程中出现加工误差。利用力反馈及时修正机器人的运动路径，可以消除这些误差，提高抛光精度 [8, 11]。

尽管利用力反馈可以部分解决精度问题，但是力反馈可能导致更加难以解决的接触稳定性问题。例如，如果只引入柔性腕力传感器来构成力反馈控制闭环系统（最常见的力控制方式），就可能导致接触稳定性问题。

打磨机器人系统的框图模型如图 DP5.5 所示。假设增益 K_1 和 K_2 均大于 0，试确定 K_1 和 K_2 的取值范围，使系统保持稳定。

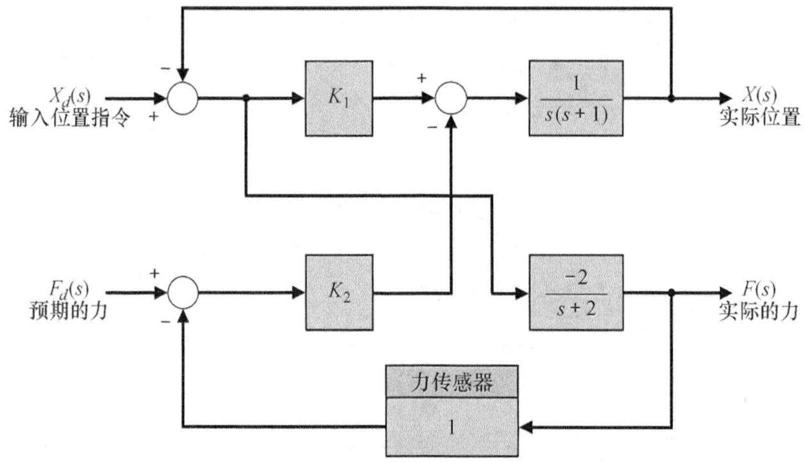

图 DP5.5　打磨机器人系统的框图模型

DP5.6　考虑图 DP5.6 所示的位置控制系统，该系统采用直流电机驱动。试确定 K_1 和 K_2 的合适取值，使系统阶跃响应的峰值时间满足 $T_p \leqslant 0.5$ s，超调量满足 P.O $\leqslant$ 2%。

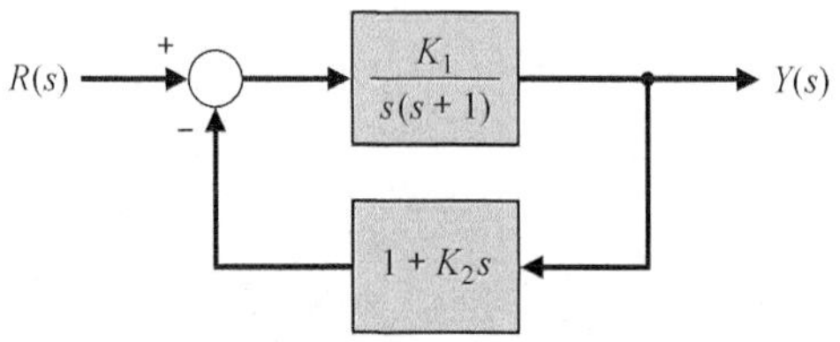

图 DP5.6　位置控制系统

DP5.7　图 DP5.7（a）给出了一个可以保证两个变量遵循给定函数关系的三维凸轮机构，其中的 x 轴和 y 轴方向均可以通过位置控制系统实施控制 [31]。x 轴方向的位置控制可通过直流电机和位置反馈来完成，如图 DP5.7（b）所示。假设直流电机和负载可以表示为

$$G(s) = \frac{K}{s(s+p)(s+4)}$$

其中 $K = 2$、$p = 2$。试设计如下比例微分控制器

$$G_c(s) = K_p + K_{Ds}$$

使系统单位阶跃响应的超调量 P.O. $\leqslant$ 5%，调节时间 $T_s \leqslant 2$ s。

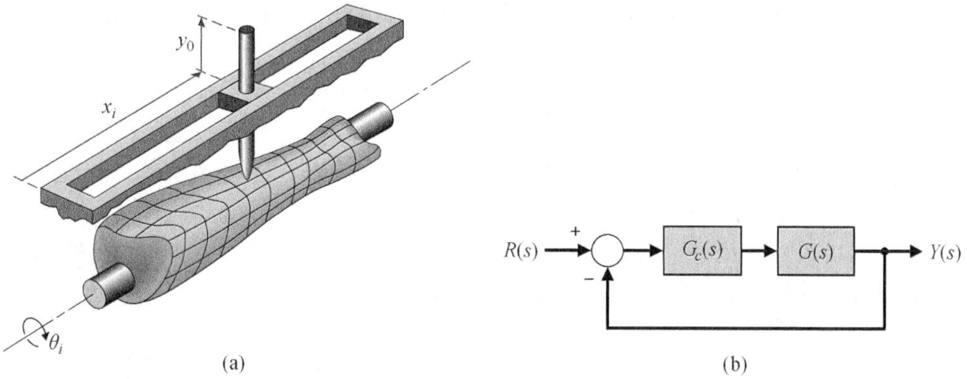

图 DP5.7　（a）三维凸轮机构；（b）x 轴方向的位置控制系统

DP5.8　由计算机控制的汽车自动喷漆机器人系统如图 DP5.8（a）所示[7]，实施反馈控制的框图模型如图 DP5.8（b）所示。

（a）当 K 分别为 1、10、20 时，计算系统单位阶跃响应的超调量 P.O.、调节时间 T_s（2% 准则）以及稳态误差，并将结果以列表形式记录下来。

（b）从 K 的以上三个取值中选出一个，使系统具有可接受的响应。

（c）针对选出的 K 值，当 $R(s)=0$ 时，计算系统对干扰 $T_d(s)=1/s$ 产生的输出 $y(t)$。

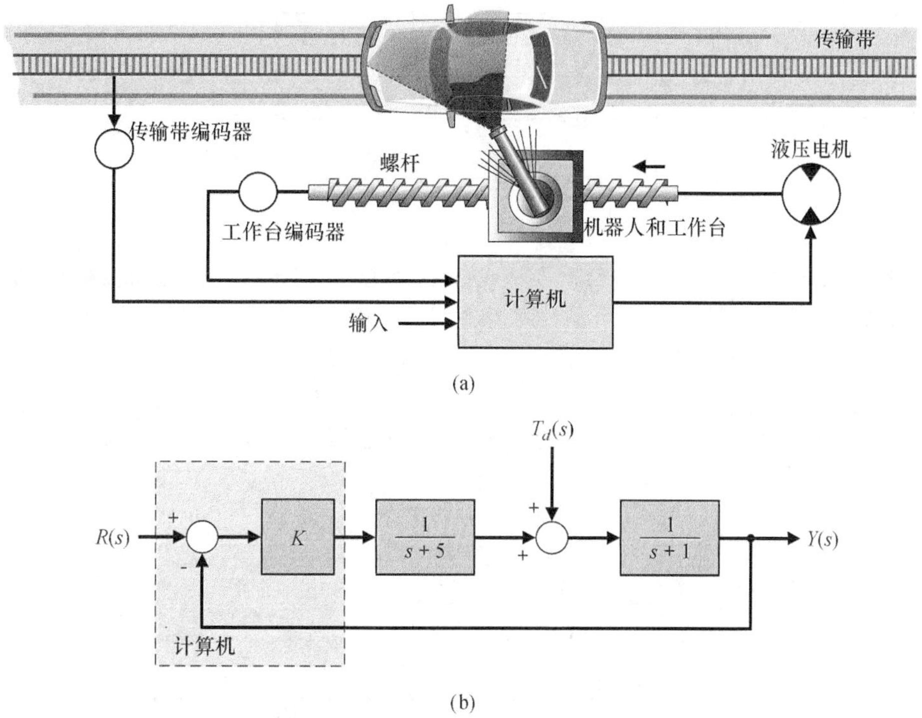

图 DP5.8　（a）汽车自动喷漆机器人系统；（b）实施反馈控制的框图模型

计算机辅助设计题

CP5.1　某闭环系统的传递函数为

$$T(s)=\frac{20}{s^2+9s+20}$$

试分别利用解析方法和函数impulse求系统的脉冲响应，并比较所得的结果。

CP5.2 某单位负反馈系统的环路传递函数为

$$L(s) = G_c(s)G(s) = \frac{s + 10}{s^2(s + 15)}$$

当输入为斜坡信号 $R(s) = 1/s^2$ 时，利用函数lsim仿真闭环系统在 $0 \leqslant t \leqslant 50$ s这一时间范围内的动态响应，并计算系统的稳态误差。

CP5.3 考虑图CP5.3所示的标准二阶系统，其极点位置与动态响应之间存在着紧密关联。对于控制系统的设计而言，掌握这种关联关系是非常重要的。考虑如下4种情况：

（a）$\omega_n = 2$，$\zeta = 0$。

（b）$\omega_n = 2$，$\zeta = 0.1$。

（c）$\omega_n = 1$，$\zeta = 0$。

（d）$\omega_n = 1$，$\zeta = 0.2$。

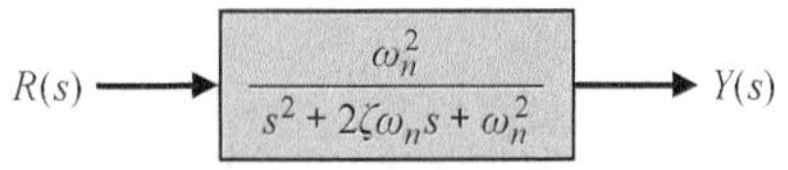

图 CP5.3 标准二阶系统

利用函数impulse和subplot，将上述4种情况下的系统脉冲响应曲线绘制到同一张图中，将所得结果与图5.17中的脉冲响应曲线作比较，并加以讨论分析。

CP5.4 考虑图CP5.4所示的单位负反馈控制系统。

（a）用解析方法验证系统单位阶跃响应的超调量约为50%。

（b）编写m脚本程序，绘制系统的单位阶跃响应曲线，据此估计系统的超调量P.O.并与（a）中的结果作比较。

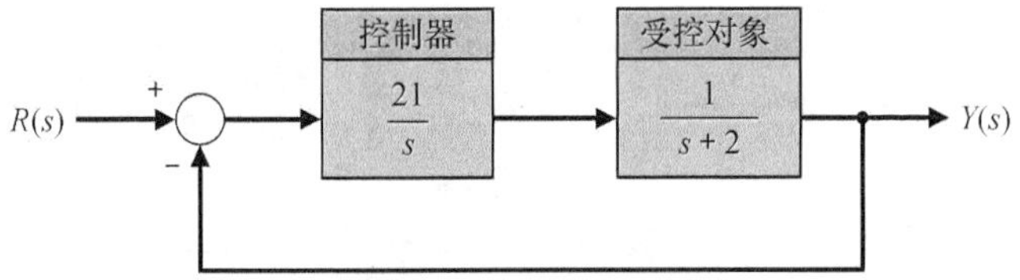

图 CP5.4 某单位负反馈控制系统

CP5.5 考虑图CP5.5所示的反馈控制系统，通过编写m脚本程序设计下面的控制器和前置滤波器，使得系统的ITAE性能指标最小。

$$G_c(s) = K\frac{s + z}{s + p}, \quad G_p(s) = \frac{K_p}{s + \tau}$$

当 $\omega_n = 0.45$、$\zeta = 0.59$ 时，绘制系统的单位阶跃响应曲线，并确定系统的超调量P.O.和调节时间 T_s。

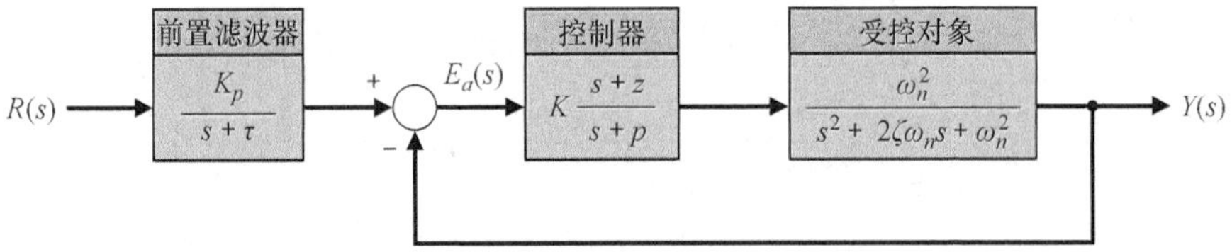

图 CP5.5 带有控制器和前置滤波器的反馈控制系统

CP5.6 某单位负反馈系统的环路传递函数为

$$L(s) = G_c(s)G(s) = \frac{25}{s(s + 5)}$$

编写m脚本程序，绘制系统的单位阶跃响应曲线，并确定系统的最大超调峰值 M_p、峰值时间 T_p 和调节时间 T_s（按2%准则）。

CP5.7　飞机自动驾驶控制系统旨在保持飞机水平直线飞行，其框图模型如图 CP5.7 所示。

(a) 假设图 CP5.7 中的控制器是固定增益的比例控制器 $G_c(s)=2$，输入为斜坡信号 $\theta_d(t)=at$（$a=0.5°/s$），利用函数 lsim 计算并绘制系统的斜坡响应曲线，在此基础上，求 10 s 后的姿态角误差。

(b) 为了减小稳态跟踪误差，可考虑采用相对复杂的比例积分控制器：

$$G_c(s)=K_1+\frac{K_2}{s}=2+\frac{1}{s}$$

重复（a）中的仿真计算，比较这两种情况下的稳态跟踪误差。

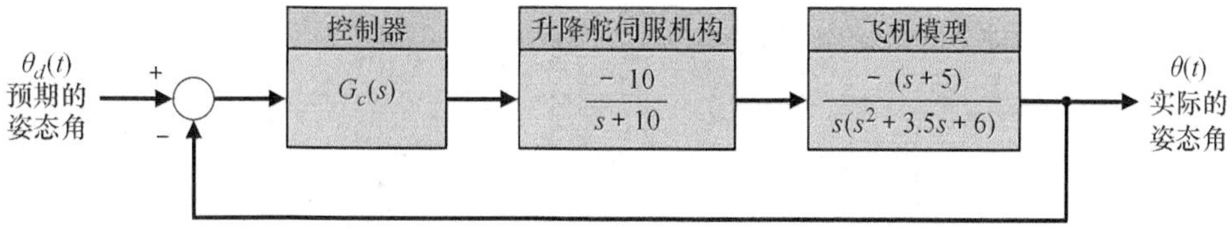

图 CP5.7　飞机自动驾驶控制系统的框图模型

CP5.8　导弹自动驾驶仪速度控制环路的框图模型如图 CP5.8 所示。可首先基于二阶近似系统，用公式估计实际系统单位阶跃响应的最大超调峰值 M_{pt}、峰值时间 T_p 和调节时间 T_s（按 2% 准则），然后利用函数 step 计算实际系统的单位阶跃响应，并据此分析计算实际的最大超调峰值 M_{pt}、峰值时间 T_p 和调节时间 T_s（按 2% 准则）。比较实际值和估计值，并解释产生差异的原因。

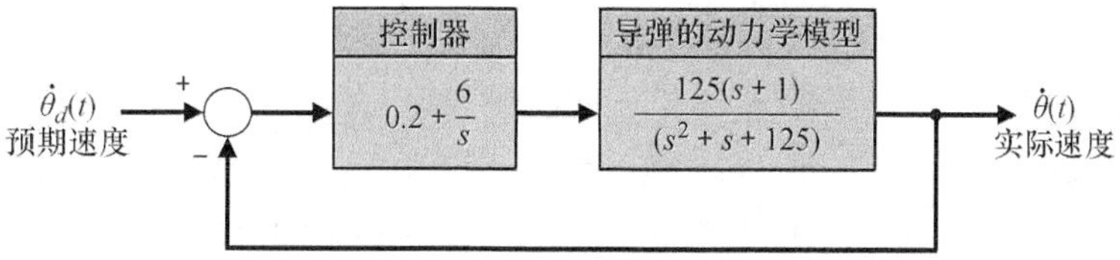

图 CP5.8　导弹自动驾驶仪速度控制环路的框图模型

CP5.9　考虑图 CP5.9 所示的非单位负反馈闭环控制系统，编写 m 脚本程序，计算并绘制闭环系统的单位阶跃响应曲线，并据此计算系统的调节时间 T_s（按 2% 准则）和超调量 P.O.。

CP5.10　考虑图 CP5.10 所示的单位负反馈控制系统，编写 m 脚本程序，仿真计算系统对单位斜坡输入信号 $R(s)=1/s^2$ 的响应，绘制响应曲线并计算其稳态误差。

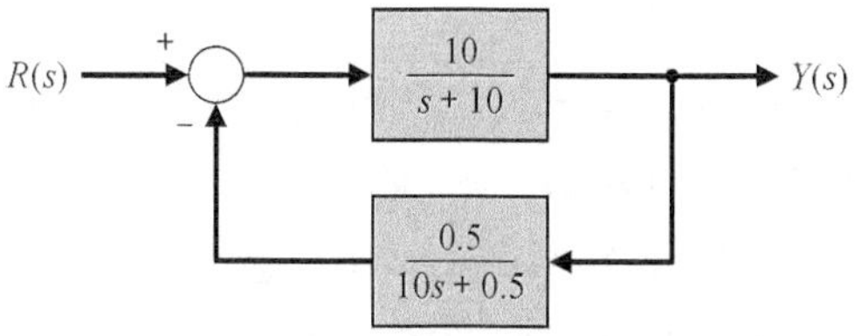

图 CP5.9　某非单位负反馈闭环控制系统

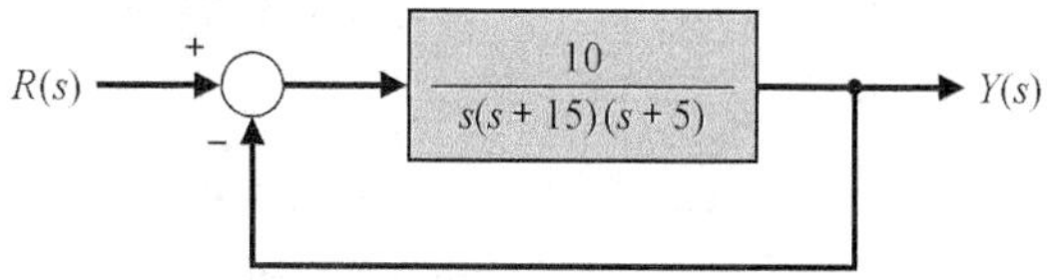

图 CP5.10　某单位负反馈控制系统

CP5.11　考虑图 CP5.11 所示的单位负反馈闭环控制系统，编写 m 脚本程序，实现以下功能。

(a) 求系统的闭环传递函数 $T(s)=Y(s)/R(s)$。

(b) 分别绘制系统对单位脉冲输入 $R(s)=1$、单位阶跃输入 $R(s)=1/s$ 和单位斜坡输入 $R(s)=1/s^2$ 的响应，并利用函数 subplot 将 3 条响应曲线绘制在同一张图中。

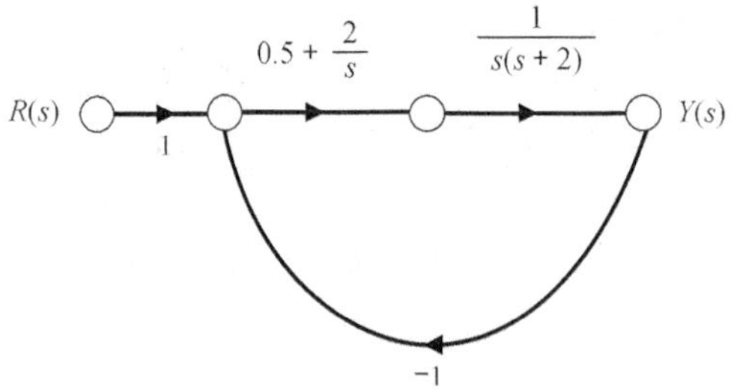

(a)

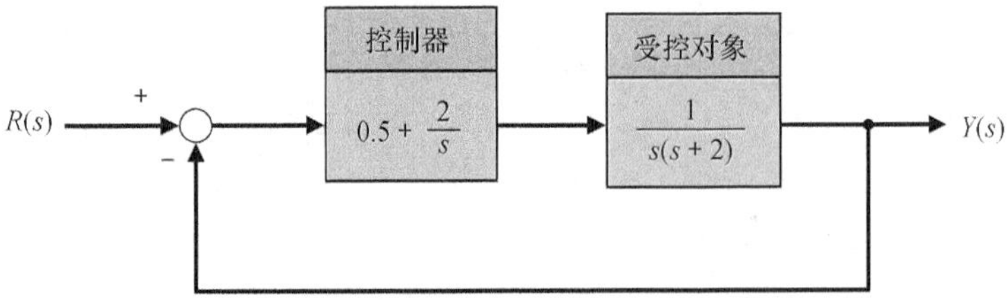

(b)

图 CP5.11 某单位负反馈闭环控制系统

（a）信号流图模型；（b）框图模型

CP5.12 某闭环控制系统的闭环传递函数为

$$T(s)=\frac{Y(s)}{R(s)}=\frac{77(s+2)}{(s+7)\left(s^2+4s+22\right)}$$

（a）计算系统的单位阶跃响应，并据此计算调节时间 T_s（按 2% 准则）和超调量 P.O.。

（b）忽略实极点 $s=-7$，利用二阶近似系统计算调节时间 T_s（按 2% 准则）和超调量 P.O.，并与（a）中的结果作比较。根据比较结果，分析忽略实极点可能导致的问题。

☑ 技能自测答案

正误判断题：1. 对；2. 错；3. 错；4. 对；5. 错。

多项选择题：6.a；7.a；8.c；9.b；10.b；11.a；12.b；13.b；14.a；15.b。

术语和概念匹配题（自上向下）：i；j；d；g；k；c；n；p；o；b；e；l；f；h；m；a。

术语和概念

acceleration error constant K_a	**加速度误差常数 K_a**	用极限 $\lim_{s\to 0}\left[s^2G_c(s)G(s)\right]$ 计算得到的常数。当输入为抛物线信号 $r(t)=At^2/2$ 时，系统的稳态误差为 A/K_a。
design specification	**指标设计要求**	一组预先规定的性能指标设计要求。
dominant root	**主导特征根**	决定系统瞬态响应中主要成分的特征根。
optimum control system	**最优控制系统**	调整参数后，综合性能指标达到极值的系统。
peak time	**峰值时间**	从系统开始对阶跃输入信号做出响应到上升至峰值所需的时间。
percent overshoot	**超调量**	用于度量系统输出响应超出预期响应程度的指标。
performance index	**性能指标**	衡量系统性能的定量指标。

position error constant K_p	**位置误差常数 K_p**	用极限 $\lim_{s\to 0} G_c(s)G(s)$ 计算得到的常数，当输入为幅值为 A 的阶跃信号时，系统的稳态误差为 $A/(1+K_p)$。
rise time	**上升时间**	系统的阶跃响应首次达到参考输入幅值的指定百分比所需的时间。其中，0%~100% 的上升时间 T_r 被定义为系统从开始响应到第一次达到参考输入幅值的 100% 所需的时间；T_{r_1} 被定义为系统的阶跃响应从参考输入幅值的 10% 开始第一次达到 90% 所需的时间。
settling time	**调节时间**	系统输出进入并维持在参考输入幅值的指定百分比容许范围内所需的时间。
steady-state response	**稳态响应**	在输入信号的激励下，系统响应中长期持续存在的成分。
test input signal	**测试输入信号**	用于测试系统响应性能的标准输入信号。
transient response	**瞬态响应**	在输入信号的激励下，系统响应中随着时间的流逝会逐渐消失的成分。
type number	**型数**	环路传递函数 $G_c(s)G(s)$ 在原点处的极点的个数 N。
unit impulse	**单位脉冲信号**	幅值为无穷大、宽度为 0、面积为单位 1 的一种测试输入信号，主要用于计算系统的单位脉冲响应。
velocity error constant K_v	**速度误差常数 K_v**	用极限 $\lim_{s\to 0}\left[G_c(s)G(s)\right]$ 计算得到的常数，当输入是斜率为 A 的斜坡信号时，系统的稳态误差为 A/K_v。

第 6 章　线性反馈系统的稳定性

提要

确保闭环控制系统稳定工作是控制系统设计的核心内容。当输入有界时，稳定的系统所产生的输出响应也应该是有界的，这被称为有界输入–有界输出（或输入输出有界）稳定性。反馈控制系统的稳定性，与传递函数的特征根或状态空间模型中系统矩阵的特征值，在 s 平面上的位置密切相关。本章将介绍劳斯–赫尔维茨（Routh-Hurwitz）稳定性判据，这是一种非常实用的系统稳定性分析方法。在利用这种方法判断系统是否稳定时，无须精准求出系统的特征根，就能直接得到分布于 s 平面右半平面的特征根的个数。利用劳斯–赫尔维茨稳定性判据，我们可以为系统的参数设计确定合适的取值，以保证闭环系统稳定。在此基础上，我们又引入相对稳定性的概念，用于表征稳定系统的稳定程度。作为结束，本章最后利用劳斯–赫尔维茨方法为循序渐进设计实例——磁盘驱动器读取系统，设计了一个稳定的控制器。

预期收获

在完成第 6 章的学习之后，学生应该能够：

- 掌握动态系统稳定性的基本概念；
- 理解绝对稳定性和相对稳定性这两个重要概念；
- 掌握有界输入–有界输出稳定性的定义；
- 理解系统稳定性与传递函数模型中的极点或状态空间模型中系统矩阵的特征值在 s 平面上的位置分布有何关联；
- 掌握如何构建劳斯判定表，并利用劳斯–赫尔维茨稳定性判据分析和判定系统的稳定性。

6.1　稳定性的概念

在设计和分析反馈控制系统时，稳定性是极其重要的系统特性。在实际应用中，不稳定的闭环反馈控制系统的实用价值不大。尽管会有一些例外，但总的来讲，我们所设计的控制系统都应该是闭环稳定的。许多物理系统原本是开环不稳定的，有的系统甚至被故意设计成开环不稳定的。例如，大部分现代战斗机最初被故意设计成开环不稳定的系统，如果不引入反馈系统来协助飞行员实施主动驾驶控制，这些战斗机就不能飞行。工程师们一般首先需要引入主动控制，以使不稳定的系统变得稳定，然后才能考虑诸如瞬态性能指标等其他因素。例如，飞机的设计就是如此。由此可见，我们需要利用反馈环节来使不稳定系统变得稳定，之后再选择合适的控制器参数以调节系统的瞬态性能。对于开环稳定的对象，我们仍然可以利用反馈来调节闭环性能，以满足指标设计要求，如满足对稳态跟踪误差、超调量、调节时间和峰值时间等的设计要求。

闭环反馈系统要么是稳定的，要么是不稳定的，这里所说的“稳定”指的是**绝对稳定**，具有绝对稳定性的系统被称为稳定系统。对于稳定系统而言，我们还可以进一步引入**相对稳定**的概念，以衡量系统的稳定程度。飞机设计的先行者们早就熟悉和意识到相对稳定的重要意义——飞行器越稳定，其机动性（如转弯）就越弱，反之亦然。现代战斗机的相对不稳定性追求的就是良好的机动性，因此与商业运输机相比，战斗机的稳定性相对较差，但机动性更强。本节后面将提到，确定系统是否稳定（绝对稳定）的方法是，判断传递函数的所有极点或者系统矩阵 $\boldsymbol{A}$ 的特征

值是否都位于 s 平面的左半平面。如果所有极点（或特征值）均位于 s 平面的左半平面，则系统是稳定的，我们可以进一步利用极点（或特征值）的相对位置来判断系统的相对稳定性。

所谓**稳定系统**，指的是输出响应有界（有限）的系统。也就是说，如果一个系统在任何幅值有界的输入或干扰的作用下，响应的幅值也是有界的，则称这个系统是稳定的。

稳定系统是指在任何幅值有界输入的作用下，输出响应也幅值有界的动态系统。

概念强调说明 6.1

下面我们用置于水平面上的圆锥体来形象地说明稳定性的概念。当圆锥体底部朝下置于水平面时，如果将其稍微倾斜，圆锥体仍将返回到初始平衡位置。因此，当圆锥体处于这种姿态并产生恢复响应时，我们称其是稳定的。而当圆锥体侧面朝下平放于水平面时，如果稍微移动其位置，圆锥体就会滚动，但它仍保持侧面朝下平放于水平面的姿态。当圆锥体处于这种姿态时，我们称其临界稳定。最后，当圆锥体尖端朝下立于水平面时，一旦将其释放，圆锥体就会立即倾倒。当圆锥体处于这种姿态时，我们称其是不稳定的。以上三种情况如图 6.1 所示。

(a) 稳定　(b) 临界稳定　(c) 不稳定

图 6.1　圆锥体的稳定性

可采用类似的方式来定义动态系统的稳定性。系统对位移或初始条件的响应，包括衰减、临界和放大三种情况。特别地，由稳定性的定义可知，当且仅当脉冲响应 $g(t)$ 的绝对值在有限时间内的积分值有限时，线性系统才是稳定的。也就是说，当输入有界时，由式（5.2）所示的卷积计算可知，输出有界即意味着 $\int_0^\infty |g(t)|\mathrm{d}t$ 必须有界。

系统极点在 s 平面上的位置决定了相应的瞬态响应。如图 6.2 所示，位于 s 平面左半平面的极点将对干扰信号产生衰减响应；而位于虚轴 $\mathrm{j}\omega$ 上和 s 平面右半平面的极点，则分别对干扰输入产生临界响应和放大响应。显然，我们希望动态系统的极点均位于 s 平面的左半平面 [1-3]。

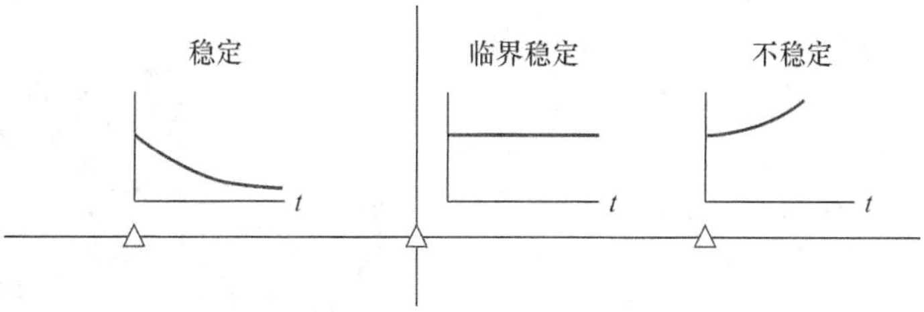

图 6.2　s 平面上的稳定性

反馈也有可能导致系统失稳。一个最为常见的例子是演播厅里的音响系统。在演播厅里，麦克风（拾音器）接收的音频信号经扩音器放大后，由扬声器播出。除正常录播的声音外，麦克风也会接收到扬声器播出的声音。这一路回音信号的强度取决于扬声器与麦克风之间的距离。由于空气具有衰减效应，因此扬声器与麦克风相距越远，回音信号就越弱。此外，由于声波在空气中的传播速度有限，因此扬声器播出的声音同麦克风接收的声音之间还存在时延。如此一来，通过反馈环路，扬声器输出的回音信号又成了麦克风的外部输入信号。这是一种典型的正反馈系统。

随着扬声器和麦克风的距离越来越近，我们发现，如果两者的距离过于接近，整个音响系统就会变得不稳定，其结果就是输出的音频信号可能出现过度放大、失真等问题，甚至出现啸叫声。

线性系统的稳定性与闭环传递函数极点的位置密切相关。系统闭环传递函数的一般形式可以写为

$$T(s)=\frac{p(s)}{q(s)}=\frac{K\prod_{i=1}^{M}(s+z_i)}{s^N\prod_{k=1}^{Q}(s+\sigma_k)\prod_{m=1}^{R}[s^2+2\alpha_m s+(\alpha_m^2+\omega_m^2)]} \tag{6.1}$$

其中，$q(s)=\Delta(s)=0$ 为闭环系统的特征方程，它的根即为闭环系统的极点。当 $N=0$ 时，系统的脉冲响应通式为

$$y(t)=\sum_{k=1}^{Q}A_k e^{-\sigma_k t}+\sum_{m=1}^{R}B_m\left(\frac{1}{\omega_m}\right)e^{-\alpha_m t}\sin(\omega_m t+\theta_m) \tag{6.2}$$

其中，A_k 和 B_m 是由 σ_k、z_i、α_m、K 和 ω_m 决定的常数。为了保证输出 $y(t)$ 有界，闭环系统的极点必须全部位于 s 平面的左半平面。也就是说，反馈系统稳定的**充分必要条件是系统传递函数的所有极点均有负的实部**。如果系统传递函数的所有极点都位于 s 平面的左半平面，系统将是稳定的，否则系统将是不稳定的。如果特征方程在虚轴（$j\omega$ 轴）上只有简单的共轭根（非重根），而其他根均位于 s 平面的左半平面，则对于一般的有界输入，系统的稳态输出将保持持续振荡；而当输入为正弦波且正弦波的频率正好等于虚根的幅值（特定的有界输入）时，系统的输出就会变成无界振荡。由于只对特定的有界输入（极点频率的正弦波）产生无界输出，这样的系统被称为**临界稳定**系统。对于不稳定系统，其特征方程要么至少有一个根位于 s 平面的右半平面，要么在 $j\omega$ 轴上有重根。在这种情况下，系统对任何类型的有界输入都会产生无界输出。

例如，如果闭环系统的特征方程为

$$(s+10)(s^2+16)=0$$

则系统临界稳定。只有当输入信号是频率为 $\omega=4$ 的正弦波时，系统的输出才会变成无界的。

在韩国的一座 39 层高的购物中心，就发生过这种机械共振导致大幅度位移的事件。图 6.3 所示的 Techno-Mart 购物中心除了提供购物服务之外，还提供有氧健身服务。在 12 楼，20 余人参加跆博健身操之后，整个大楼晃动了约 10 min，这导致一场为期两天的疏散 [5]。专家组事后的分析鉴定结论是，这种高强度的运动诱发了大楼的机械共振。

图 6.3 位于 12 楼的高强度运动引起大楼的机械共振，导致一场为期两天的疏散
（来源：Truth Leem，Reuter）

显然，我们可以通过求解特征方程 $q(s)=0$ 的根来判断反馈控制系统的稳定性。但是请留意，我们关注的核心问题是系统是否稳定。如果仅仅为了回答这个问题就具体地求解所有特征根的精确值，则会增加许多不必要的工作。针对这一问题，人们设计提出了多种无须求解特征方程的根即可判定系统稳定性的方法，常用的方法有三种，分别是 s 平面法、频域（$j\omega$ 平面）法和时域法。

工业机器人在 2013 年达到有记录以来的最高年度销量。事实上，自 20 世纪 60 年代开发引入工业机器人以来，截至 2013 年，美国售出的工业机器人已经超过 250 万套；而在世界范围内，正在运行的工业机器人的存量约 130 万~160 万套。调研报告指出，2015—2017 年，工业机器人的安装保有量平均每年增加约 12%[10]。显然，工业机器人的市场是动态发展的。服务机器人的市场也有着类似的发展模式，调研报告指出，2014—2017 年，大约有 3100 万套新的服务机器人（如真空扫地机器人和割草机器人）投入个人服务，另有大约 134 500 套新的服务机器人投入专业服务[10]。随着机器人性能和功能的不断提升，未来将有更多的机器人投入使用。我们最为感兴趣的是那种有类人特征的机器人，特别是能够直立行走的类人机器人[21]。图 6.4 所示的 IHMC 机器人参加了由美国国防高级研究计划局（Defense Advanced Research Projects Agency，DARPA）举办的 2015 DARPA 机器人挑战赛[24]。仔细观察 IHMC 机器人可以发现，这种机器人在本质上是不稳定的，需要施加主动控制机制才能保持直立行走。6.2 节将讨论劳斯-赫尔维茨稳定性判据。根据劳斯-赫尔维茨稳定性判据，我们无须精准地求解特征根，就可以分析系统的稳定性。

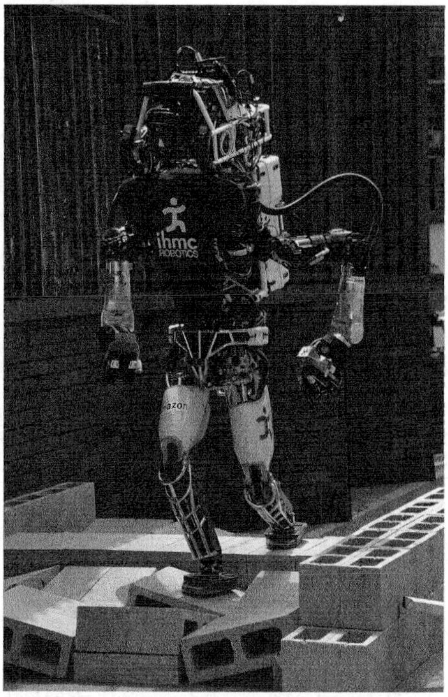

图 6.4　2015 DARPA 机器人挑战赛的第一天，IHMC 机器人在瓦砾上行走（来源：DOD Photo，Alamy 图片库）

6.2　劳斯-赫尔维茨稳定性判据

很多工程师研究过系统稳定性及其判定问题，麦克斯韦尔（Maxwell）和 I.A. 维斯内格拉德斯基（I.A.Vyshnegradskii）是其中的先行者，他们最先研究了动态系统的稳定性问题。19 世纪后期，A. 赫维茨（A.Hurwitz）和 E.J. 劳斯（E.J.Routh）分别独立地提出了一种同样的线性系统稳定性判定方法[6, 7]。这种被称为劳斯-赫尔维茨稳定性判据的方法，通过分析系统特征方程的系数来判断系统的稳定性。可将特征方程写成如下形式：

$$\Delta(s) = q(s) = a_n s^n + a_{n-1} s^{n-1} + \cdots + a_1 s + a_0 = 0 \tag{6.3}$$

其中，s 为复变量。为了判断系统是否稳定，我们必须确定式（6.3）所示的特征方程是否有根位于 s 平面的右半平面。对 $q(s)$ 进行因式分解后，式（6.3）可以写为

$$a_n(s-r_1)(s-r_2)\cdots(s-r_n) = 0 \tag{6.4}$$

其中，r_i 为特征方程的第 i 个根。将式（6.4）展开，可以得到

$$\begin{aligned} q(s) = a_n s^n &- a_n(r_1 + r_2 + \cdots + r_n)s^{n-1} \\ &+ a_n(r_1 r_2 + r_2 r_3 + r_1 r_3 + \cdots)s^{n-2} \\ &- a_n(r_1 r_2 r_3 + r_1 r_2 r_4 \cdots)s^{n-3} + \cdots \\ &+ a_n(-1)^n r_1 r_2 r_3 \cdots r_n = 0 \end{aligned} \tag{6.5}$$

也就是说，对于 n 阶方程，我们有

$$\begin{aligned} q(s) = a_n s^n &- a_n(\text{所有根之和})s^{n-1} \\ &+a_n(\text{所有根两两相乘之和})s^{n-2} \\ &-a_n(\text{不同组合三个根乘积之和})s^{n-3} \\ &+\cdots + a_n(-1)^n(\text{所有根的乘积}) = 0 \end{aligned} \tag{6.6}$$

由式（6.5）可以看出，当所有的根都位于 s 平面的左半平面时，多项式的所有系数都将具有相同的符号；而且更进一步地，对于稳定系统而言，特征多项式的所有系数都不能为 0。以上两点是系统稳定的必要条件，但不是充分条件。也就是说，当不满足上述两个条件时，我们能够立即判定系统是不稳定的；但是，即使能完全满足这两个条件，我们也不能确定系统就是稳定的，我们还必须继续进行分析。例如，假设系统的特征方程为

$$q(s) = (s+2)(s^2 - s + 4) = (s^3 + s^2 + 2s + 8) \tag{6.7}$$

可以看出，尽管多项式的系数均为正数，但系统的共轭根却位于 s 平面的右半平面，因此系统是不稳定的。

劳斯-赫尔维茨稳定性判据是线性系统稳定的充分必要判据。这种方法最早是以行列式的形式给出的。这里将采用更加便于应用的判定表形式。

考虑如下特征方程：

$$a_n s^n + a_{n-1}s^{n-1} + a_{n-2}s^{n-2} + \cdots + a_1 s + a_0 = 0 \tag{6.8}$$

首先将上述特征方程的系数按照阶次的高低写成阵列形式的判定表，也就是排成如下形式的由两行元素构成的顺序阵列[4]：

$$\begin{array}{c|cccc} s^n & a_n & a_{n-2} & a_{n-4} & \cdots \\ s^{n-1} & a_{n-1} & a_{n-3} & a_{n-5} & \cdots \end{array}$$

进一步发展后续各行，可以得到整个判定表为

$$\begin{array}{c|ccc} s^n & a_n & a_{n-2} & a_{n-4} \\ s^{n-1} & a_{n-1} & a_{n-3} & a_{n-5} \\ s^{n-2} & b_{n-1} & b_{n-3} & b_{n-5} \\ s^{n-3} & c_{n-1} & c_{n-3} & n_{n-5} \\ \vdots & \vdots & \vdots & \vdots \\ s^0 & h_{n-1} & & \end{array}$$

其中：

$$b_{n-1} = \frac{a_{n-1}a_{n-2} - a_n a_{n-3}}{a_{n-1}} = \frac{-1}{a_{n-1}}\begin{vmatrix} a_n & a_{n-2} \\ a_{n-1} & a_{n-3} \end{vmatrix}$$

$$b_{n-3} = -\frac{1}{a_{n-1}}\begin{vmatrix} a_n & a_{n-4} \\ a_{n-1} & a_{n-5} \end{vmatrix}$$

$$c_{n-1} = \frac{-1}{b_{n-1}}\begin{vmatrix} a_{n-1} & a_{n-3} \\ b_{n-1} & b_{n-3} \end{vmatrix}$$

以此类推，参照上面求解 b_{n-1} 的方式，计算表中的各个元素，最终便可得到整个判定表。

劳斯-赫尔维茨稳定性判据指出，特征方程 $q(s)=0$ 的正实部根的个数，等于劳斯判定表中第 1 列元素的正负符号的变化次数。由此可知，对于稳定系统而言，在相应的劳斯判定表的第 1 列中，各个元素的正负号不会发生变化。这是系统稳定的充分必要条件。

我们需要考虑劳斯判定表中首列的 4 种不同的构成情形，并区别对待其中的每一种情形。必要时，我们还应该修改完善劳斯判定表的计算方式。这 4 种情形分别如下。

- 情形 1：首列中不存在零元素。
- 情形 2：首列中有一个元素为 0，但这个零元素所在的行中存在非零元素。
- 情形 3：首列中有一个元素为 0，并且这个零元素所在行中的其他元素均为 0（也就是全零行）。
- 情形 4：条件同情形 3，区别是在虚轴 jω 上有重根。

接下来我们针对上述 4 种情形，分别采用示例加以说明。

情形 1：首列中不存在零元素。

例 6.1 二阶系统

二阶系统的特征多项式为

$$q(s) = a_2s^2 + a_1s + a_0$$

其劳斯判定表为

$$\begin{array}{c|cc} s^2 & a_2 & a_0 \\ s^1 & a_1 & 0 \\ s^0 & b_1 & 0 \end{array},$$

其中：

$$b_1 = \frac{a_1a_0 - (0)a_2}{a_1} = \frac{-1}{a_1}\begin{vmatrix} a_2 & a_0 \\ a_1 & 0 \end{vmatrix} = a_0$$

由此可见，稳定的二阶系统要求特征多项式的系数全为正或全为负。

例 6.2 三阶系统

三阶系统的特征多项式为

$$q(s) = a_3s^3 + a_2s^2 + a_1s + a_0$$

其劳斯判定表为

$$\begin{array}{c|cc} s^3 & a_3 & a_1 \\ s^2 & a_2 & a_0 \\ s^1 & b_1 & 0 \\ s^0 & c_1 & 0 \end{array},$$

其中：

$$b_1 = \frac{a_2a_1 - a_0a_3}{a_2}, \qquad c_1 = \frac{b_1a_0}{b_1} = a_0$$

由此可见，稳定的三阶系统的充分必要条件是全部系数同号且 $a_2a_1 > a_0a_3$。当 $a_2a_1 = a_0a_3$ 时，系统临界稳定；也就是说，系统在 s 平面的虚轴上有一对共轭根。此外，当 $a_2a_1 = a_0a_3$ 时，劳斯判定表的首列中出现了零元素，这属于情形 3，稍后我们将进行详细讨论。

最后考虑一个具体的系统，其特征多项式为

$$q(s) = (s - 1 + j\sqrt{7})(s - 1 - j\sqrt{7})(s + 3) = s^3 + s^2 + 2s + 24 \tag{6.9}$$

上述多项式的所有系数都非零且为正数，满足系统稳定的必要条件。为此，构建劳斯判定表以进一步分析系统是否稳定。构建的劳斯判定表为

$$\begin{array}{c|rr} s^3 & 1 & 2 \\ s^2 & 1 & 24 \\ s^1 & -22 & 0 \\ s^0 & 24 & 0 \end{array}$$

由于劳斯判定表的首列中出现了两次符号变化，因此可以判定，$q(s) = 0$ 有两个根在 s 平面

的右半平面，系统是不稳定的。由式（6.9）可以看出，系统的确在 s 平面的右半平面有一对共轭复根，这与根据劳斯-赫尔维茨稳定性判据得出的结论是一致的。

情形 2：首列中有一个元素为 0，但这个零元素所在的行中存在非零元素。

如果劳斯判定表的首列中只有一个元素为 0，则可以用一个很小的正数 ε 代替零元素参与计算。在完成劳斯判定表的计算后，令 ε 趋于 0，就可以得到真正的劳斯判定表。例如，考虑下面的特征多项式：

$$q(s) = s^5 + 2s^4 + 2s^3 + 4s^2 + 11s + 10 \tag{6.10}$$

其劳斯判定表为

s^5	1	2	11
s^4	2	4	10
s^3	ε	6	0
s^2	c_1	10	0
s^1	d_1	0	0
s^0	10	0	0

其中：

$$c_1 = \frac{4\varepsilon - 12}{\varepsilon},\ d_1 = \frac{6c_1 - 10\varepsilon}{c_1}$$

当 $0 < \varepsilon \ll 1$ 时，令 ε 趋于 0，由于 c_1 是一个绝对值很大的负数，而 $d_1 \to 6$，因此劳斯判定表的首列中出现两次符号变化，系统是不稳定的并且有两个根位于 s 平面的右半平面。

例 6.3 不稳定系统

考虑下面的特征多项式：

$$q(s) = s^4 + s^3 + s^2 + s + K \tag{6.11}$$

我们希望确定增益 K 的合适取值，使系统至少达到临界稳定。为此，构建如下劳斯判定表：

s^4	1	1	K
s^3	1	1	0
s^2	ε	K	0
s^1	c_1	0	0
s^0	K	0	0

其中：

$$c_1 = \frac{\varepsilon - K}{\varepsilon}$$

当 $0 < \varepsilon \ll 1$ 时，令 ε 趋于 0。可以看出，当 $K > 0$ 时，劳斯判定表的首列中出现两次符号变化，系统是不稳定的。同时，因为首列中的最后一项为 K，所以即使 K 为负值，也将导致首列中出现一次符号变化，使系统不稳定。综上所述，无论 K 取何值，系统都是不稳定的。

情形 3：首列中有一个元素为 0，并且这个零元素所在行中的其他元素均为 0（也就是全零行）。

情形 3 意味着劳斯判定表中存在这样的行：其中的所有元素都为 0 或者该行仅有一个元素且这个元素为 0。当特征根关于零点对称［即特征多项式包含形如 $(s + \sigma)(s - \sigma)$ 或 $(s + j\omega)(s - j\omega)$ 的因式］时，就会出现这种情形。可通过引入**辅助多项式**的概念来解决这个问题。辅助多项式 $U(s)$ 总是偶数次多项式，其系数由零元素行的上一行决定，其阶次表明了对称根的个数。

为了具体说明此方法，考虑一个三阶系统，其特征多项式为

$$q(s) = s^3 + 2s^2 + 4s + K \tag{6.12}$$

其中，K 为可调的环路增益。劳斯判定表为

$$\begin{array}{c|cc} s^3 & 1 & 4 \\ s^2 & 2 & K \\ s^1 & \dfrac{8-K}{2} & 0 \\ s^0 & K & 0 \end{array}$$

为了保证系统稳定，增益 K 应该满足 $0 < K < 8$。当 $K = 8$ 时，虚轴 $j\omega$ 上有两个根，此时系统临界稳定，而且劳斯判定表中也的确出现了一个零元素行（情形 3）。辅助多项式 $U(s)$ 由这个零元素行的上一行（即 s^2 行）决定。由于 s^2 行给出的是 s 的偶数幂次项的系数，因此可以得到

$$U(s) = 2s^2 + Ks^0 = 2s^2 + 8 = 2(s^2 + 4) = 2(s + j2)(s - j2) \tag{6.13}$$

由此可见，当 $K = 8$ 时，特征多项式的因式分解结果为

$$q(s) = (s + 2)(s + j2)(s - j2) \tag{6.14}$$

情形 4：条件同情形 3，区别是在虚轴 $j\omega$ 上有重根。

如果特征方程在虚轴 $j\omega$ 上的共轭根是单根，则系统的脉冲响应模态是持续的正弦振荡，此时系统既不是稳定的，也不是不稳定的，而是临界稳定的。如果虚轴 $j\omega$ 上的共轭根是重根，则系统响应至少有一项具有 $t\sin(\omega t + \phi)$ 的形式，因此系统是不稳定的。劳斯–赫尔维茨稳定性判据发现不了这种形式的不稳定[20]。

若系统的特征多项式为

$$q(s) = (s + 1)(s + j)(s - j)(s + j)(s - j) = s^5 + s^4 + 2s^3 + 2s^2 + s + 1$$

则劳斯判定表为

$$\begin{array}{c|ccc} s^5 & 1 & 2 & 1 \\ s^4 & 1 & 2 & 1 \\ s^3 & \varepsilon & \varepsilon & 0 \\ s^2 & 1 & 1 & \\ s^1 & \varepsilon & 0 & \\ s^0 & 1 & & \end{array}$$

当 $0 < \varepsilon \ll 1$ 时，劳斯判定表的首列中不会发生符号的变化。但是当 $\varepsilon \to 0$ 时，却出现了 s^3 行和 s^1 行两个全零行。与 s^2 行对应的辅助多项式为 $s^2 + 1$，与 s^4 行对应的辅助多项式为 $s^4 + 2s^2 + 1 = (s^2 + 1)^2$。这说明特征方程在虚轴 $j\omega$ 上有重根，因此系统是不稳定的。

例 6.4　在虚轴上存在特征根的 5 阶系统

考虑某 5 阶系统，其特征多项式为

$$q(s) = s^5 + s^4 + 4s^3 + 24s^2 + 3s + 63 \tag{6.15}$$

劳斯判定表为

$$\begin{array}{c|ccc} s^5 & 1 & 4 & 3 \\ s^4 & 1 & 24 & 63 \\ s^3 & -20 & -60 & 0 \\ s^2 & 21 & 63 & 0 \\ s^1 & 0 & 0 & 0 \end{array}$$

辅助多项式 $U(s)$ 为

$$U(s) = 21s^2 + 63 = 21(s^2 + 3) = 21(s + j\sqrt{3})(s - j\sqrt{3}) \tag{6.16}$$

可以看出，$U(s)=0$ 在虚轴上有两个根。为了确定系统特征方程其他根的符号或位置，下面用特征多项式除以辅助多项式，可以得到

$$\frac{q(s)}{s^2+3}=s^3+s^2+s+21$$

为这个新的多项式建立劳斯判定表，可以得到

$$\begin{array}{c|cc} s^3 & 1 & 1 \\ s^2 & 1 & 21 \\ s^1 & -20 & 0 \\ s^0 & 21 & 0 \end{array}$$

由此可见，劳斯判定表的首列中出现了两次符号变化，这说明系统特征方程还有两个根位于 s 平面的右半平面，因此系统是不稳定的。经计算可以得到，位于 s 平面右半平面的根为 $s=+1\pm\text{j}\sqrt{6}$。

例 6.5 焊接头控制

目前，汽车制造厂已经广泛应用了大型焊接机器人。焊接头要在车身的不同部位之间移动，并且需要快速、精确地做出响应。焊接头定位控制系统的框图模型如图 6.5 所示。我们当前要做的就是确定参数 K 和 a 的取值范围，使系统保持稳定。系统的特征方程为

$$1+G(s)=1+\frac{K(s+a)}{s(s+1)(s+2)(s+3)}=0$$

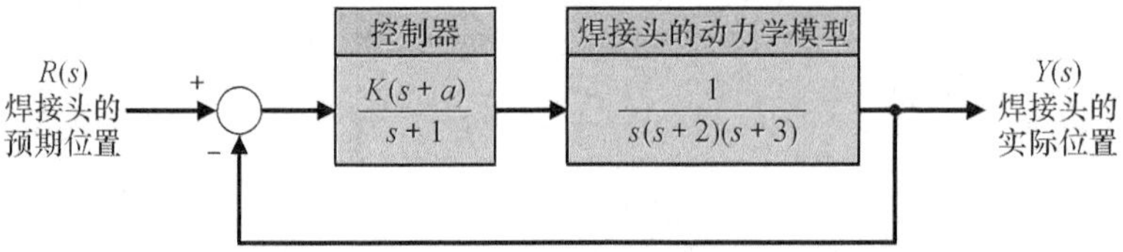

图 6.5 焊接头定位控制系统

整理后，可以得到

$$q(s)=s^4+6s^3+11s^2+(K+6)s+Ka=0$$

针对 $q(s)$ 构建劳斯判定表，可以得到

$$\begin{array}{c|ccc} s^4 & 1 & 11 & Ka \\ s^3 & 6 & K+6 & \\ s^2 & b_3 & Ka & \\ s^1 & c_3 & & \\ s^0 & Ka & & \end{array}$$

其中：

$$b_3=\frac{60-K}{6},\quad c_3=\frac{b_3(K+6)-6Ka}{b_3}$$

由 $b_3>0$ 可以得出，K 必须满足 $K<60$；与此同时，c_3 决定了 K 和 a 的取值范围。由 $c_3\geqslant 0$ 可以得到

$$(K-60)(K+6)+36Ka\leqslant 0$$

因此，K 和 a 之间应该满足如下关系：

$$a \leqslant \frac{(60-K)(K+6)}{36K}$$

其中，a 必须为正数。因此，如果选择 $K=40$，则参数 a 必须满足 $a \leqslant 0.639$。

n 阶系统特征方程的一般形式为

$$s^n + a_{n-1}s^{n-1} + a_{n-2}s^{n-2} + \cdots + a_1 s + \omega_n^n = 0$$

对上式等号左右同时除以 ω_n^n 并定义替代变量 $\overset{*}{s} = s/\omega_n$，便可以得到特征方程的一种标准形式：

$$\overset{*}{s}{}^n + b\overset{*}{s}{}^{n-1} + c\overset{*}{s}{}^{n-2} + \cdots + 1 = 0$$

例如，某三阶系统的特征方程为

$$s^3 + 5s^2 + 2s + 8 = 0$$

对上式等号左右同时除以 $8=\omega_n^3$，可以得到

$$\frac{s^3}{\omega_n^3} + \frac{5}{2}\cdot\frac{s^2}{\omega_n^2} + \frac{2}{4}\cdot\frac{s}{\omega_n} + 1 = 0$$

于是，标准化后的特征方程为

$$\overset{*}{s} + 2.5\overset{*}{s} + 0.5\overset{*}{s} + 1 = 0$$

其中，$\overset{*}{s} = s/\omega_n$，此时有 $b=2.5$、$c=0.5$。基于特征方程的标准形式，我们总结了 6 阶以内系统特征方程的稳定性判据，所得结果如表 6.1 所示。注意此例中 $bc=1.25$，根据表 6.1（三阶系统）可知，该系统是稳定的。

表 6.1　劳斯-赫尔维茨稳定性判据

阶次 n	特 征 方 程	稳定性判据
2	$s^2+bs+1=0$	$b>0$
3	$s^3+bs^2+cs+1=0$	$bc-1>0$
4	$s^4+bs^3+cs^2+ds+1=0$	$bcd-d^2-b^2>0$
5	$s^5+bs^4+cs^3+ds^2+es+1=0$	$bcd+b-d^2-b^2>0$
6	$s^6+bs^5+cs^4+ds^3+es^2+fs+1=0$	$(bcd+bf-d^2-b^2e)e+b^2c-bd-bc^2f-f^2+bfe+cdf>0$

注意：表 6.1 中的特征方程都经过了标准化处理［即除以 $(\omega_n)^n$］。

6.3　反馈控制系统的相对稳定性

劳斯-赫尔维茨稳定性判据通过分析特征根是否全部位于 s 平面的左半平面，来判断系统是否稳定，但这只解决了系统稳定性的部分问题。假设我们已经用劳斯-赫尔维茨稳定性判据确定了系统是绝对稳定系统，则我们还希望进一步分析系统的相对稳定性。也就是说，我们有必要知道特征方程每个根的相对阻尼强度。

我们可以用特征方程的实根和共轭复根的实部或调节时间，来刻画系统的相对稳定性。例如在图 6.6 中，相对于共轭复根 r_1 和 $\hat{r}_1$ 而言，实根 r_2 更稳定一些。我们也可以通过比较共轭复根的阻尼系数 ζ 来刻画系统的相对稳定性。这相当于用响应速度和超调量代替调节时间，以衡量系统的相对稳定性。

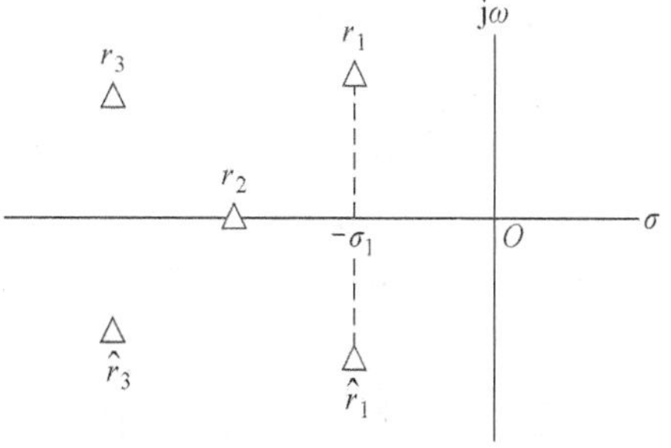

图 6.6　特征根在 s 平面上的位置

闭环极点在 s 平面上的位置分布决定了系统的性能，因此研究每个特征根的相对稳定性（位置）也变得相当重要。为此，我们再次考虑特征多项式 $q(s)$ 并研究几种确定相对稳定性的方法。

由于特征根的位置确定了系统的相对稳定性，因此分析系统的相对稳定性的第一种方法，就是通过在 s 平面上进行简单的坐标变换，并扩展利用劳斯-赫尔维茨稳定性判据，来确定特征根的位置。其中，最简单的坐标（变量）变换方式是首先移动 s 平面上的虚轴，然后利用劳斯-赫尔维茨稳定性判据来分析系统的相对稳定性。以图 6.6 为例，如果将 s 平面上的虚轴移到 $-\sigma_1$ 的位置，那么根 r_1 和 $\hat{r}_1$ 将位于移动后的虚轴上。我们可以采用试凑的方法得到虚轴应该移动的距离，这样无须精准地求解 5 阶特征方程 $q(s)=0$，就可以得到主导极点 r_1 和 $\hat{r}_1$ 的实部。

例 6.6 虚轴的移动

某三阶系统的特征方程为

$$q(s)=s^3+4s^2+6s+4 \tag{6.17}$$

将虚轴向左平移 1 个单位（即 $s_n=s+1$），代入式（6.17）可以得到

$$(s_n-1)^3+4(s_n-1)^2+6(s_n-1)+4=s_n^3+s_n^2+s_n+1 \tag{6.18}$$

劳斯判定表为

$$\begin{array}{c|cc} s_n^3 & 1 & 1 \\ s_n^2 & 1 & 1 \\ s_n^1 & 0 & 0 \\ s_n^0 & 1 & 0 \end{array}$$

劳斯判定表中第 3 行的元素全部为 0，这说明移动后的虚轴上出现了特征根。利用辅助多项式可以得到这些根：

$$U(s_n)=s_n^2+1=(s_n+\mathrm{j})(s_n-\mathrm{j})=(s+1+\mathrm{j})(s+1-\mathrm{j}) \tag{6.19}$$

在实际应用中，这种通过移动虚轴来分析系统相对稳定性的方法非常有用。对于存在多对闭环共轭复根的高阶系统而言，这种方法尤为实用和有效。

6.4 状态变量系统的稳定性

检验采用状态变量流图模型描述的系统的稳定性也是比较简单的。如果考查的系统是用信号流图模型描述的，则可以根据信号流图的特征式来构建特征方程；如果考查的系统是用框图模型描述的，则可以利用框图化简方法来构建系统的特征方程。

例 6.7 二阶系统的稳定性

某二阶系统可用如下两个一阶微分方程来描述：

$$\dot{x}_1=-3x_1+x_2,\quad \dot{x}_2=+1x_2-Kx_1+Ku \tag{6.20}$$

其中，$u(t)$ 为输入信号。由上述微分方程可以得到系统的信号流图模型和框图模型，分别如图 6.7（a）和图 6.7（b）所示。

下面利用梅森公式求解信号流图的特征式。信号流图中的三个环路分别如下：

$$L_1=s^{-1},\ L_2=-3s^{-1},\ L_3=-Ks^{-2}$$

其中，L_1 和 L_2 没有公共节点，因此可以得到信号流图的特征式为

$$\Delta=1-(L_1+L_2+L_3)+L_1L_2=1-(s^{-1}-3s^{-1}-Ks^{-2})+(-3s^{-2})$$

令 $\Delta=0$ 并在上式等号左右同时乘以 s^2，便可得到系统的特征方程为

$$s^2+2s+(K-3)=0$$

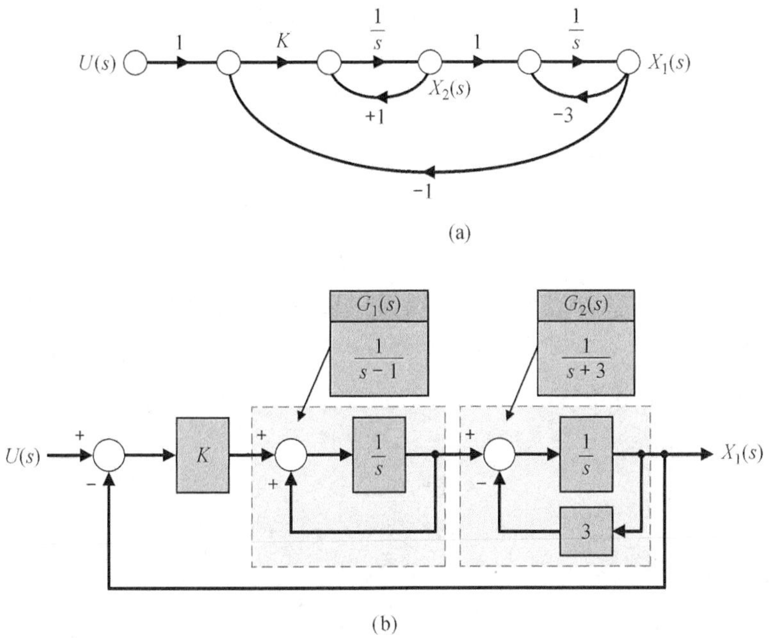

图 6.7　例 6.7 中的状态变量微分方程对应的信号流图模型和框图模型

对于二阶系统而言，当且仅当特征方程的系数全部同号时，系统才是稳定的。因此，当且仅当 $K > 3$ 时，该系统才是稳定的。

我们也可以利用图 6.7（b）所示的框图模型进行类似的分析。首先，框图中两个闭环内环路的传递函数 $G_1(s)$ 和 $G_2(s)$ 分别为

$$G_1(s) = \frac{1}{s-1},\quad G_2(s) = \frac{1}{s+3}$$

因此，整个闭环系统的传递函数 $T(s)$ 为

$$T(s) = \frac{KG_1(s)G_2(s)}{1 + KG_1(s)G_2(s)}$$

由此得到的特征方程为

$$\Delta(s) = 1 + KG_1(s)G_2(s) = 0$$

即

$$\Delta(s) = (s-1)(s+3) + K = s^2 + 2s + (K-3) = 0 \tag{6.21}$$

这与基于信号流图得到的结果是一致的。

对于状态变量系统而言，我们还可以直接根据状态向量微分方程得到特征方程，这需要用到下述结论：线性系统的零输入响应是指数函数。设系统状态方程为

$$\dot{\boldsymbol{x}}(t) = \boldsymbol{A}\boldsymbol{x}(t) \tag{6.22}$$

其中，$\boldsymbol{x}(t)$ 为状态向量。由于方程的解具有指数形式，因此可以找到一组常数 λ_i，使系统状态的各个分量具有形如 $x_i(t) = k_i e^{\lambda_i t}$ 的解，其中的 λ_i 被称为系统的特征根或系统矩阵 $\boldsymbol{A}$ 的特征值，λ_i 其实也就是特征方程的根。令 $\boldsymbol{x}(t) = \boldsymbol{k}e^{\lambda t}$ 并代入式（6.22），可以得到

$$\lambda \boldsymbol{k} e^{\lambda t} = \boldsymbol{A}\boldsymbol{k}e^{\lambda t} \tag{6.23}$$

或

$$\lambda \boldsymbol{x}(t) = \boldsymbol{A}\boldsymbol{x}(t) \tag{6.24}$$

整理式（6.24）可以得到

$$(\lambda \boldsymbol{I} - \boldsymbol{A})\boldsymbol{x}(t) = 0 \tag{6.25}$$

其中，$\boldsymbol{I}$ 为单位矩阵。当且仅当下面的式（6.26）成立时，式（6.25）所示的方程才有非零解。

$$\det(\lambda \boldsymbol{I} - \boldsymbol{A}) = 0 \tag{6.26}$$

这样就得到了关于 λ 的 n 阶方程。将 λ 视同 s，这与通过传递函数 $T(s)$ 得到的特征方程完全一致。得到特征方程后，判断系统的稳定性就很容易了。

例 6.8 传染病传播的闭环系统

式（3.63）给出了传染病传播系统的向量微分方程：

$$\frac{\mathrm{d}\boldsymbol{x}(t)}{\mathrm{d}t} = \begin{bmatrix} -\alpha & -\beta & 0 \\ \beta & -\gamma & 0 \\ \alpha & \gamma & 0 \end{bmatrix} \boldsymbol{x}(t) + \begin{bmatrix} 1 & 0 \\ 0 & 1 \\ 0 & 0 \end{bmatrix} \begin{bmatrix} u_1(t) \\ u_2(t) \end{bmatrix}$$

根据式（6.26），可以得到系统的特征方程为

$$\det(\lambda \boldsymbol{I} - \boldsymbol{A}) = \det\left\{\begin{bmatrix} \lambda & 0 & 0 \\ 0 & \lambda & 0 \\ 0 & 0 & \lambda \end{bmatrix} - \begin{bmatrix} -\alpha & -\beta & 0 \\ \beta & -\gamma & 0 \\ \alpha & \gamma & 0 \end{bmatrix}\right\} = \det \begin{bmatrix} \lambda + \alpha & \beta & 0 \\ -\beta & \lambda + \gamma & 0 \\ -\alpha & -\gamma & \lambda \end{bmatrix}$$

$$= \lambda\left[(\lambda + \alpha)(\lambda + \gamma) + \beta^2\right] = \lambda\left[\lambda^2 + (\alpha + \gamma)\lambda + \left(\alpha\gamma + \beta^2\right)\right] = 0$$

附加根 $\lambda = 0$ 是由状态变量 $x_3(t)$ 造成的。$x_3(t)$ 为 $\alpha x_1(t) + \gamma x_2(t)$ 的积分，它并不影响其他状态变量。根 $\lambda = 0$ 用来表征与 $x_3(t)$ 对应的积分环节。特征方程表明，当 $\alpha + \gamma > 0$ 且 $\alpha\gamma + \beta^2 > 0$ 时，系统临界稳定。

6.5 设计实例

本节提供两个说明性实例。第一个实例为履带车辆的转向控制，旨在利用劳斯-赫尔维茨稳定性判据来分析系统的稳定性，并确定系统的两个参数的适当取值范围。第二个实例为机器人自主驾驶摩托车，旨在说明如何利用劳斯-赫尔维茨稳定性判据为控制器选择合适的增益。在按照控制系统设计流程设计合适的控制器时，这两个实例重点研究了控制器参数对系统稳定性的影响。

例 6.9 履带车辆的转向控制

履带车辆的转向控制系统涉及两个参数的选择问题[8]。图 6.8（a）给出了双侧履带车辆转向控制系统的结构图，对应的框图模型如图 6.8（b）所示。两侧的履带以不同的速度运行，从而实现车辆的转向。本例的设计目标是为参数 K 和 a 选择合适的取值，在使系统稳定的同时，使系统对斜坡输入指令的稳态误差小于或等于输入信号斜率的 24%。

转向控制反馈系统的特征方程为

$$1 + G_c(s)G(s) = 0$$

即

$$1 + \frac{K(s + a)}{s(s + 1)(s + 2)(s + 5)} = 0 \tag{6.27}$$

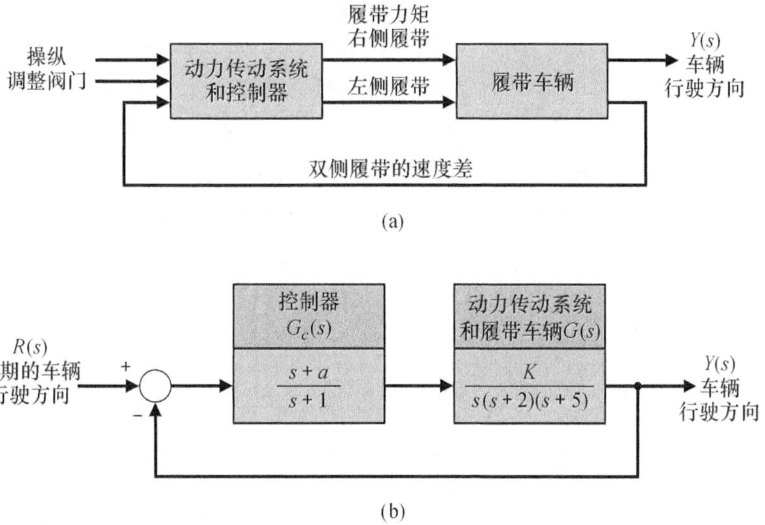

图 6.8　（a）双侧履带车辆的转向控制系统；（b）框图模型

整理后可以得到

$$s(s+1)(s+2)(s+5)+K(s+a)=0$$

展开后有

$$s^4+8s^3+17s^2+(K+10)s+Ka=0 \tag{6.28}$$

为了确定参数 K 和 a 的取值范围，使系统保持稳定，构建劳斯判定表如下：

$$\begin{array}{c|ccc} s^4 & 1 & 17 & Ka \\ s^3 & 8 & K+10 & 0 \\ s^2 & b_3 & Ka & \\ s^1 & c_3 & & \\ s^0 & Ka & & \end{array}$$

其中：

$$b_3=\frac{126-K}{8},\quad c_3=\frac{b_3(K+10)-8Ka}{b_3}$$

由劳斯–赫尔维茨稳定性判据可知，劳斯判定表中的首列元素必须全部同号，因此 Ka、b_3 和 c_3 都应为正数，故有

$$\begin{gathered} K<126 \\ Ka>0 \\ (K+10)(126-K)-64Ka>0 \end{gathered} \tag{6.29}$$

由于系统增益 K 必须满足 $K>0$，因此结合式（6.29）可以得到保证系统稳定的参数 K 和 a 的可行取值范围，如图 6.9 中的阴影区域所示。系统对斜坡输入信号 $r(t)=At(t>0)$ 的稳态误差为

$$e_{ss}=A/K_v$$

其中，K_v 为速度误差常数，且有

$$K_v=\lim_{s\to 0} sG_cG=Ka/10$$

于是，系统的稳态误差为

$$e_{ss}=\frac{10A}{Ka} \tag{6.30}$$

当稳态误差 e_{ss} 等于输入信号斜率 A 的 23.8% 时，所选参数需要满足 $Ka = 42$。如图 6.9 所示，在参数可行区域内，如果选择 $K = 70$ 且 $a = 0.6$，就能够满足要求。$K = 50$ 且 $a = 0.84$ 则是另一种可以接受的选择。实际上，在 $Ka = 42$ 这一约束条件下，我们可以在参数可行区域内得到 K 和 a 的一系列组合。需要指出的是，我们必须保证所选参数落在可行区域内，并且 K 不能超过 126。

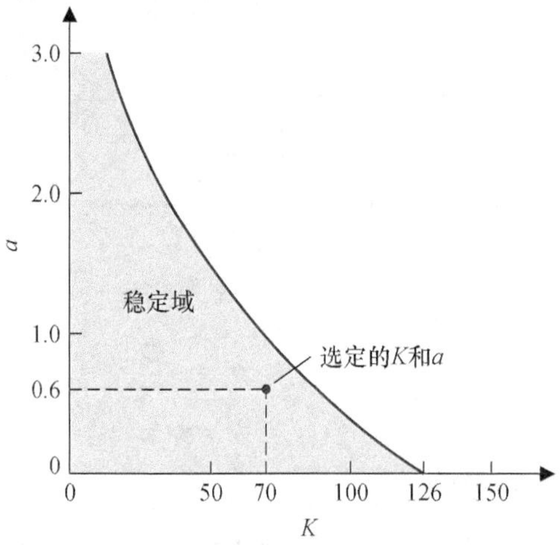

图 6.9　系统稳定的参数可行区域

例 6.10　机器人自主驾驶摩托车

考虑图 6.10 所示的机器人自主驾驶摩托车。假定摩托车以速度 v 匀速直线前进，令$\phi(t)$ 表示摩托车对称面与垂直面之间的夹角，控制目标是使这一夹角为 0［即预期夹角 $\phi_d(t)$ 为 0］，因此 $\phi_d(t) = 0$。

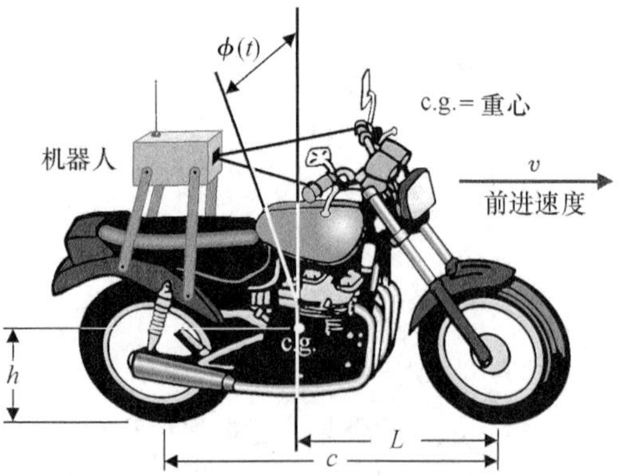

图 6.10　机器人自主驾驶摩托车

本例遵循的设计流程及重点强调的设计模块如图 6.11 所示。本例的核心内容是利用劳斯–赫尔维茨稳定性判据为控制器增益选择合适的取值，以确保闭环控制系统稳定。由此可以得到，该例的控制目标如下。

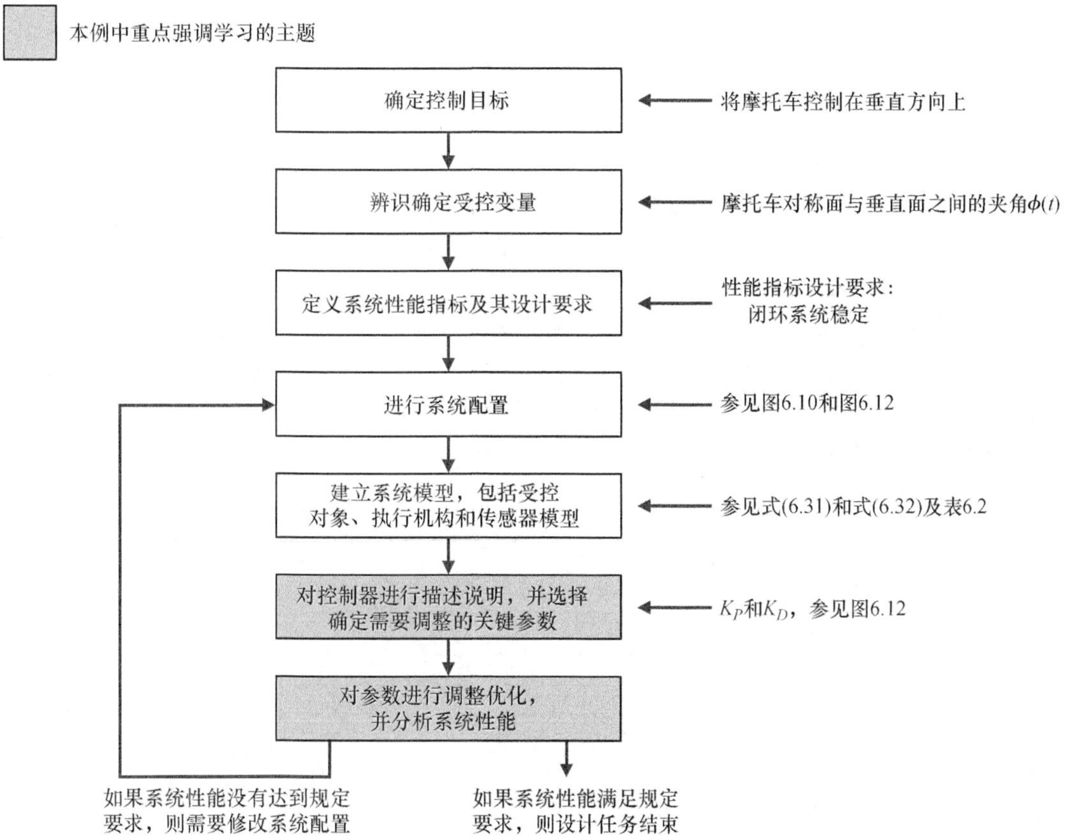

图 6.11　机器人自主驾驶摩托车控制系统的设计流程及重点强调的模块

控制目标　将摩托车控制在预定的垂直面上，在存在干扰信号的情况下，使摩托车仍保持预定位置。

因此，系统的受控变量如下。

受控变量　摩托车对称面偏离垂直面的角度 $\phi(t)$。

本例聚焦于分析系统的稳定性而非瞬态响应特性，因此这里仅考虑与系统稳定性相关的指标设计要求。在系统的稳定性得到满足之后，我们再深入考虑系统的瞬态响应性能。因此，系统的指标设计要求如下。

性能指标设计要求　闭环系统必须保持稳定。

机器人自主驾驶摩托车系统主要包括摩托车、机器人、控制器和反馈测量装置。本章研究的主题不是系统建模，因此本例不详细讨论摩托车动力学模型的建模过程，而是直接借用其他研究人员的研究成果[22]。摩托车的动力学模型为

$$G(s)=\frac{1}{s^2-\alpha_1} \tag{6.31}$$

其中，$\alpha_1=g/h$，$g=9.806\ \text{m/s}^2$，h 为摩托车重心离地面的高度（见图 6.10）。可以看出，摩托车自身的传递函数有两个极点，分别为 $s=\pm\sqrt{\alpha_1}$，其中的一个极点位于 s 平面的右半平面。因此，摩托车自身是不稳定的，必须为摩托车增加主动控制，才能构建一个稳定的闭环系统。机器人控制器的传递函数取为

$$G_c(s)=\frac{\alpha_2+\alpha_3 s}{\tau s+1} \tag{6.32}$$

其中：

$$\alpha_2 = v^2/(hc)$$

$$\alpha_3 = vL/(hc)$$

在这里，v 为摩托车的正常前进速度，c 为前后轮的轴距，L 为摩托车前轮轮轴与车体重心之间的水平距离（见图 6.10）。τ 为机器人控制器的时间常数，用于表征机器人的响应速度，时间常数越小，响应速度越快。只有在对原系统做了大量假设之后，我们才能得到式（6.31）和式（6.32）所示的简化后的模型。

机器人通过转动车把对摩托车实施控制，但在摩托车和机器人控制器的传递函数中，并没有考虑前轮绕垂直方向的旋转运动。此外，我们假定摩托车以速度 v 匀速前进。这意味着必须为系统额外增加一个速度控制环节，用于实时调节车速。表 6.2 提供了在摩托车和机器人控制器模块中，系统参数的典型取值。

表 6.2 摩托车和机器人控制器模块中系统参数的典型取值

参 数	典 型 值
τ	0.2 s
α_1	$9/s^2$
α_2	$2.7/s^2$
α_3	1.35/s
h	1.09 m
V	2.0 m/s
L	1.0 m
C	1.36 m

在为系统增加反馈控制器之后，便可得到图 6.12 所示的系统框图模型。从中可以看出，机器人控制器模块的传递函数与摩托车自身结构（参数 h、c 和 L）、工作工况（摩托车车速 v）和机器人控制器时间常数 τ 有关。因此，除非改变摩托车的物理参数或前进速度，否则机器人控制器模块的模型参数无法调整。这样我们就只能着眼于调整反馈控制器模块的参数，以使系统满足指标设计要求。

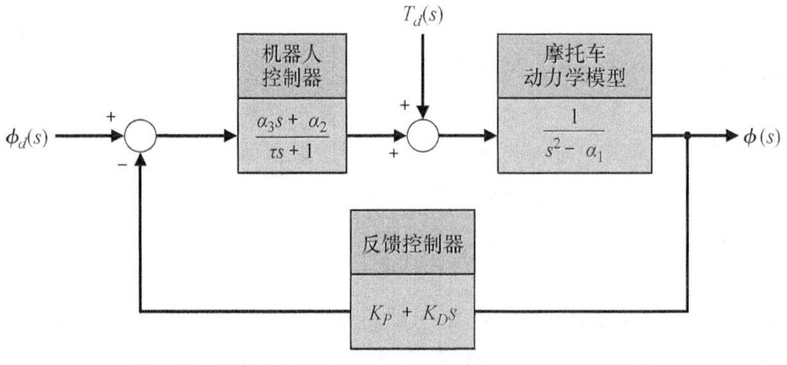

图 6.12 机器人自主驾驶摩托车反馈控制系统的框图模型

选择关键的调节参数：反馈增益 K_P 和 K_D。

需要调节的关键参数并不总是位于前向通路上，实际上，它们可以位于框图的任何一个子系统中。

我们可以利用劳斯–赫尔维茨稳定性判据来分析闭环系统的稳定性，即分析增益 K_P 和 K_D 何时能够保证系统稳定。接下来的一个问题是，如果已经确定了增益 K_P 和 K_D 的合适取值，从而使得典型的闭环系统稳定（此时系统参数 α_1、α_2、α_3 和 τ 都取表 6.2 中的典型值），那么我们还能容许这些系统参数发生怎样的变化，但仍保持闭环系统稳定呢？

由图 6.12 可知，系统输入 $\phi_d(s)$ 到系统输出 $\phi(s)$ 之间的传递函数 $T(s)$ 为

$$T(s)=\frac{\alpha_2+\alpha_3 s}{\Delta(s)}$$

其中：

$$\Delta(s)=\tau s^3+\left(1+K_D\alpha_3\right)s^2+\left(K_D\alpha_2+K_P\alpha_3-\tau\alpha_1\right)s+K_P\alpha_2-\alpha_1$$

特征方程为

$$\Delta(s)=0$$

我们需要分析当 K_P 和 K_D 取怎样的值时，上述特征方程的根才会全部位于 s 平面的左半平面。

首先，构建如下劳斯判定表：

$$\begin{array}{c|cc} s^3 & \tau & K_D\alpha_2+K_P\alpha_3-\tau\alpha_1 \\ s^2 & 1+K_D\alpha_3 & K_P\alpha_2-\alpha_1 \\ s & a & \\ 1 & K_P\alpha_2-\alpha_1 & \end{array}$$

其中：

$$a=\frac{\left(1+K_D\alpha_3\right)\left(K_D\alpha_2+K_P\alpha_3-\tau\alpha_1\right)-\tau\left(\alpha_2K_P-\alpha_1\right)}{1+K_D\alpha_3}$$

由劳斯–赫尔维茨稳定性判据可知，为了使系统保持稳定，劳斯判定表中的首列元素应满足下面的 4 个不等式。

$$\tau>0,\ K_D>-1/\alpha_3,\ K_P>\alpha_1/\alpha_2,\ a>0$$

由于 $\alpha_3>0$，因此只要 $K_D>0$，就能确保上面的第二个不等式成立。如果控制器的时间常数 $\tau=0$，则必须重新构建系统的特征方程及其劳斯判定表。

在上面的 4 个不等式中，我们主要根据第 4 个不等式 $a>0$ 来确定 K_P 和 K_D 的取值范围。$a>0$ 意味着下面的不等式必须成立：

$$\alpha_2\alpha_3K_D^2+\left(\alpha_2-\tau\alpha_1\alpha_3+\alpha_3^2K_P\right)K_D+\left(\alpha_3-\tau\alpha_2\right)K_P>0 \tag{6.33}$$

参照表 6.2，将系统参数 α_1、α_2、α_3 和 τ 的典型值代入式（6.33）并求解，结合不等式 $K_P>\alpha_1/\alpha_2$，可以得到 K_P 和 K_D 的可行取值范围为 $K_D>0$、$K_P>3.33$。

在可行取值范围内，K_P 和 K_D 取任意值都能保证闭环系统稳定。例如，$K_P=10$、$K_D=5$ 就可以保证闭环系统稳定，此时系统的闭环极点为

$$s_1=-35.2477,\ s_2=-2.4674,\ s_3=-1.0348$$

可以看出，系统的所有闭环极点都是负实数。因此，当输入信号有界时，系统的输出也一定有界。

我们期望摩托车能够持续直立行驶，因此预期的输入信号 ϕ_d 应该一直为 0。与此同时，当存在外部干扰信号 $T_d(s)$ 时，我们希望摩托车仍然能够保持直立状态。当没有反馈时，摩托车的输出 $\phi(s)$ 与干扰信号 $T_d(s)$ 之间的传递函数为

$$\phi(s)=\frac{1}{s^2-\alpha_1}T_d(s)$$

相应的特征方程为

$$q(s)=s^2-\alpha_1=0$$

上述特征方程有两个实根，分别为

$$s_1=-\sqrt{\alpha_1},s_2=+\sqrt{\alpha_1}$$

由于实根 s_2 位于 s 平面的右半平面，因此摩托车本身是不稳定的。如果不为摩托车增加反馈控制环节，那么任何外部干扰都将导致摩托车倾倒。因此，我们必须为摩托车增加反馈控制器（通常由驾驶者提供），以使摩托车保持稳定。在同时配置了机器人控制器和反馈控制器之后，系统输出 $\phi(s)$ 与干扰信号 $T_d(s)$ 之间的闭环传递函数变成了

$$\frac{\phi(s)}{T_d(s)}=\frac{\tau s+1}{\tau s^3+\left(1+K_D\alpha_3\right)s^2+\left(K_D\alpha_2+K_P\alpha_3-\tau\alpha_1\right)s+K_P\alpha_2-\alpha_1}$$

当干扰为单位阶跃信号［即 $T_d(s)=\frac{1}{s}$］时，系统的瞬态响应曲线如图 6.13 所示。从中可以看出，系统的单位阶跃干扰响应是稳定的，尽管系统的稳态误差保持为 $\phi=0.055\ \text{rad}=3.18°$（即车身倾斜 3.18°），但我们可以认为，机器人和反馈控制器基本能够使摩托车保持直立状态。

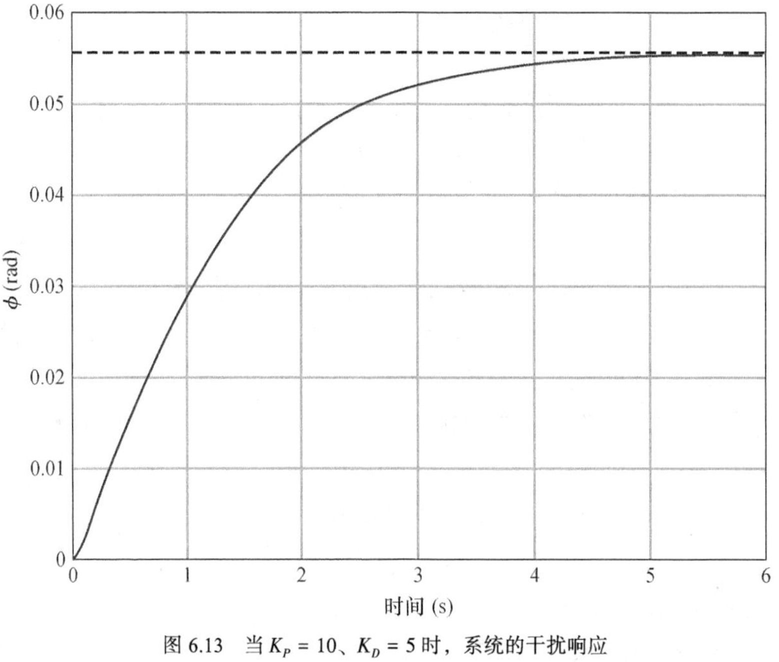

图 6.13 当 $K_P=10$、$K_D=5$ 时，系统的干扰响应

另一个重要的问题是，如何让机器人稳定地控制不同车速的摩托车？在选定反馈控制器的增益（$K_P=10$ 和 $K_D=5$）之后，如果车速发生变化，机器人能否一直稳定地驾驶摩托车呢？日常经验告诉我们，骑自行车时，车速越慢，自行车控制起来就越困难。摩托车也应该存在类似的现象。只要有可能，我们就应该将手头的工程问题与实践经验联系起来，直觉经验常常可以验证我们的结论。

当车速 v 发生变化时，图 6.14 给出了闭环系统特征根的变化曲线。此时，闭环系统的其他参数都取表 6.2 中的典型值，反馈控制器的增益为 $K_P=10$ 和 $K_D=5$，这是在车速 v 为典型值 2 m/s

时选定的。从图 6.14 中可以看出，当车速变快时，三个根是负实数，因此系统是稳定的；但是随着车速越来越慢，有一个根慢慢接近 0；而当车速低至 1.15 m/s 时，出现了正实数根，此时闭环系统不再稳定。

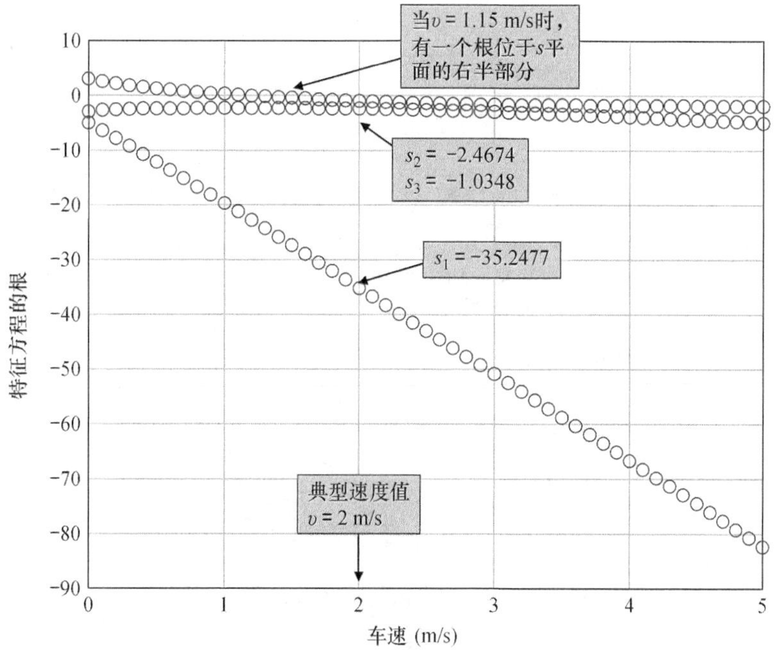

图 6.14　当摩托车车速发生变化时，特征根的变化轨迹

6.6　利用控制系统设计软件分析系统的稳定性

本节介绍如何利用计算机简捷、准确地求解特征根，并据此分析系统的稳定性。如果特征方程包含一个可变参数，则可以绘制特征根随参数变化的运动轨迹。

本节将引入 for 函数，该函数能够按照给定的次数重复运行一段语句。

劳斯–赫尔维茨稳定性分析　劳斯–赫尔维茨稳定性判据是系统稳定的充分必要条件。如果特征方程的系数均已知，则可以通过劳斯–赫尔维茨稳定性判据，来确定位于 s 平面右半平面的特征根的个数，从而判断系统是否稳定。例如，考虑图 6.15 所示的闭环控制系统，其特征方程为

$$q(s) = s^3 + s^2 + 2s + 24 = 0$$

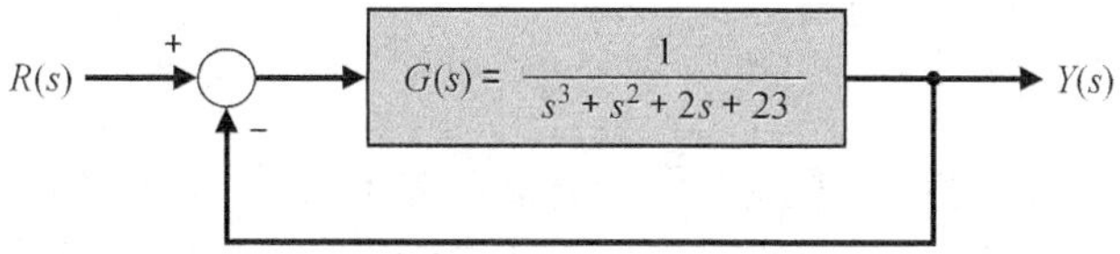

图 6.15　闭环控制系统，闭环传递函数为 $T(s) = Y(s)/R(s) = 1/(s^3 + s^2 + 2s + 24)$

根据劳斯–赫尔维茨稳定性判据，我们可以构建如图 6.16 所示的劳斯判定表。从中可以看出，劳斯判定表的首列中出现了两次符号变化，这说明 s 平面的右半平面有两个特征根，因此闭环系统是不稳定的。可通过调用 pole 函数来直接求解系统的闭环极点（也就是特征方程的根），以此来验证基于劳斯判定表得到的结果，具体说明及运算结果如图 6.17 所示。我们可以看到，s 平面的右半平面确实存在一对共轭极点。

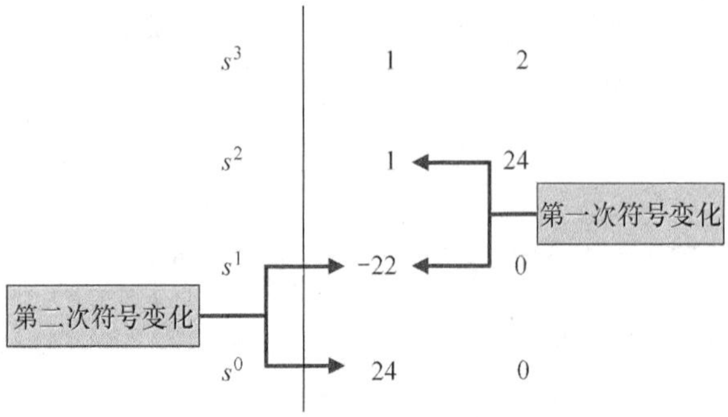

图 6.16 闭环传递函数 $T(s) = Y(s)/R(s) = 1/(s^3 + s^2 + 2s + 24)$ 的劳斯判定表

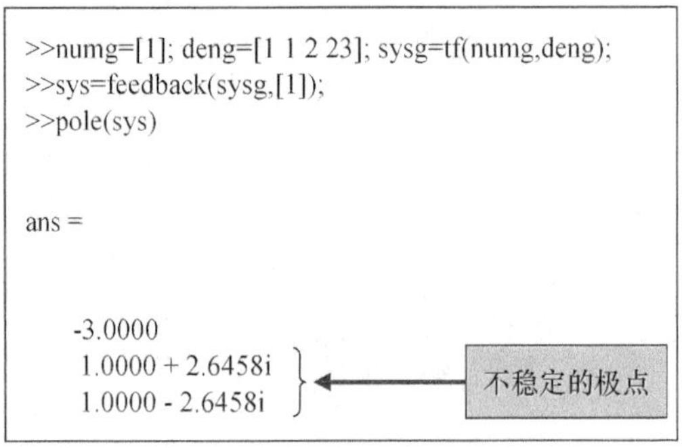

图 6.17 利用 pole 函数求图 6.15 所示系统的闭环极点

如果特征方程中包含一个可变参数，那么利用劳斯-赫尔维茨稳定性判据，便可以确定使系统保持稳定的参数取值范围。考虑图 6.18 所示的闭环反馈系统，其特征方程为

$$q(s) = s^3 + 2s^2 + 4s + K = 0$$

根据劳斯-赫尔维茨稳定性判据可知，为了使系统保持稳定，参数 K 应该满足 $0 < K < 8$，见式（6.12）。我们可以用图示化方法验证这一结果。首先，如图 6.19（b）所示，在 m 脚本程序中定义参数 K 的取值向量，然后在 K 取不同的值时，利用 roots 函数求解特征方程的根。计算结果如图 6.19（a）所示，从中可以看出，随着 K 不断增大，特征根将向 s 平面的右半平面移动；当 $K = 8$ 时，有一对共轭根恰好位于虚轴上；当 K 大于 8 之后，特征根将最终进入 s 平面的右半平面。

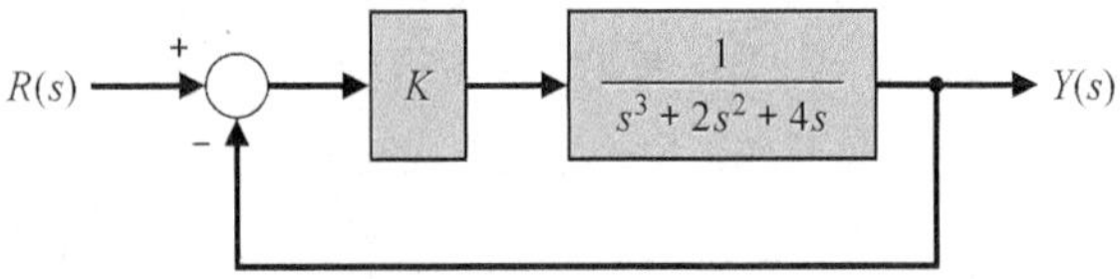

图 6.18 闭环系统，闭环传递函数为 $T(s) = Y(s)/R(s) = K/(s^3 + 2s^2 + 4s + K)$

图 6.19（b）所示的 m 脚本程序用到了 for 函数，for 函数和 end 语句一起构成了一个计算循环体。图 6.20 专门给出了 for 函数的使用说明和演示示例。在 for 函数的演示示例中，循环体中的语句将重复运行 10 次，当运行第 $i(1 \leqslant i \leqslant 10)$ 次时，程序将为向量 a 的第 i 个元素赋值 20 并重新计算标量 b。

利用劳斯-赫尔维茨稳定性判据可以准确判定线性系统的绝对稳定性，但不能分析其相对稳定性。相对稳定性与特征根的位置密切相关。劳斯-赫尔维茨稳定性判据只能告诉我们，位于 s 平面的右半平面的闭环极点的个数，而不能给出极点的具体位置分布。利用控制系统设计软件，我们能够很容易地求解闭环极点，以评估系统的相对稳定性。

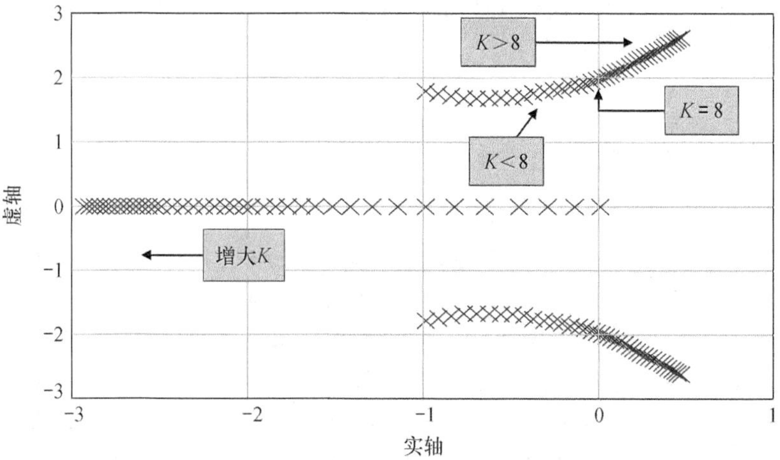

(a)

```
%这段脚本计算如下特征方程的根。
q(s) = s^3 + 2s^2 + 4s + K (0<K<20)
%
K=[0:0.5:20];
for i=1:length(K)
   q=[1 2 4 K(i)];
   p(:,i)=roots(q);
end
plot(real(p),imag(p),'x'), grid
xlabel('Real axis'), ylabel('Imaginary axis')
```

当K变化时，求不同的K值对应的特征根

(b)

图 6.19　(a) 当参数 K 满足 $0 \leqslant K \leqslant 20$ 时，特征方程 $q(s) = s^3 + 2s^2 + 4s + K = 0$ 的根的变化轨迹；(b) m 脚本程序

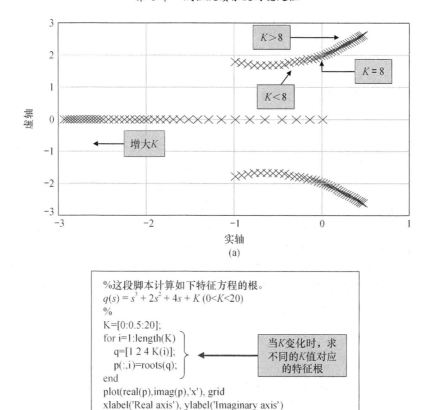

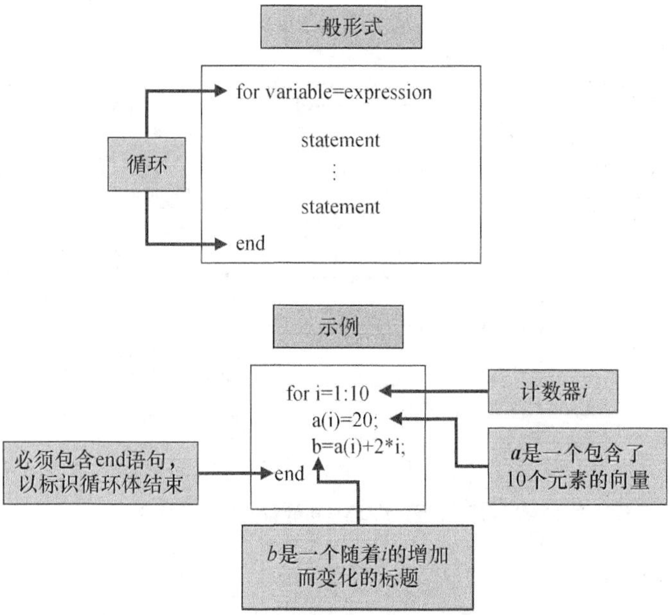

图 6.20　for 函数的用法说明及演示示例

例 6.11　双侧履带车辆的转向控制

双侧履带车辆转向控制系统的框图模型如图 6.8 (b) 所示。本例的设计目标是确定参数 a 和 K 的合适取值，以保证系统稳定，并使系统对斜坡输入的稳态响应误差小于或等于输入信号斜率的 24%。

利用劳斯-赫尔维茨稳定性判据，我们可以搜索得到保证系统稳定的参数 a 和 K 的取值范围。系统的闭环特征方程为

$$q(s) = s^4 + 8s^3 + 17s^2 + (K + 10)s + aK = 0$$

要求满足的三个不等式如下：

$$K < 126,\quad \frac{126 - K}{8}(K + 10) - 8aK > 0,\quad aK > 0$$

由于 $K > 0$，因此可以将 K 和 a 的取值范围初步限定为 $0 < K < 126$ 和 $a > 0$。利用控制系统设计软件，针对 K 的不同取值分别计算能够保证系统稳定的 a 的取值，这样就可以在 a 和 K 的可行取值范围内，找到一系列的参数组（a，K），既保证满足系统稳定性的要求，又保证满足稳态误差的要求。具体过程与实现代码如图 6.21 所示，其中包括参数 a 和 K 的取值范围，以及在给定参数后计算得到的系统特征根。图 6.21（b）所示的 m 脚本程序首先定义了 a 和 K 的取值向量，然后针对 K 的每个取值，依次循环计算 a 取不同值时的特征根，直至找到至少有一个根位于 s 平面右半平面的 a 的取值。重复这一过程，直至穷尽 a 和 K 的取值向量。这样得到的一系列参数组（a，K），就定义了系统稳定的参数区域与系统不稳定的参数区域的分界线。在图 6.21（a）中，$a-K$ 关系曲线的左边即为保证系统稳定的参数可行区域。

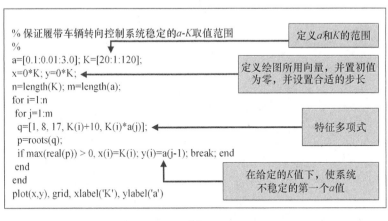

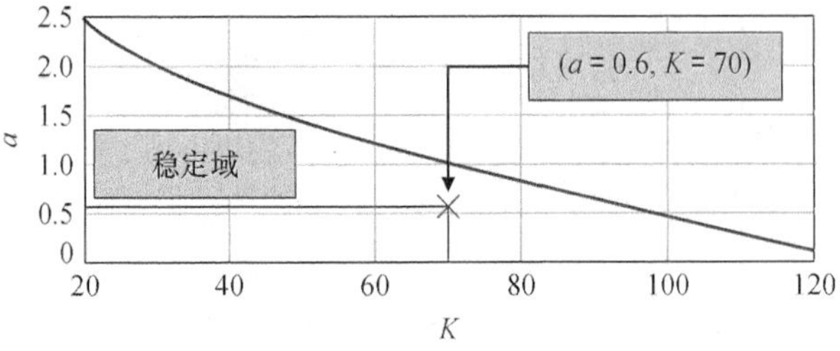

(a)

```
% 保证履带车辆转向控制系统稳定的a-K取值范围
%
a=[0.1:0.01:3.0]; K=[20:1:120];
x=0*K; y=0*K;
n=length(K); m=length(a);
for i=1:n
 for j=1:m
  q=[1, 8, 17, K(i)+10, K(i)*a(j)];
  p=roots(q);
  if max(real(p)) > 0, x(i)=K(i); y(i)=a(j-1); break; end
 end
end
plot(x,y), grid, xlabel('K'), ylabel('a')
```

定义a和K的范围

定义绘图所用向量，并置初值为零，并设置合适的步长

特征多项式

在给定的K值下，使系统不稳定的第一个a值

(b)

图 6.21 （a）保证双侧履带车辆转向控制系统稳定的参数可行区域；（b）m 脚本程序

由于系统的跟踪误差为

$$E(s) = \frac{1}{1 + G_c(s)G(s)}R(s) = \frac{s(s+1)(s+2)(s+5)}{s(s+1)(s+2)(s+5) + K(s+a)}R(s)$$

因此当输入为斜坡信号 $r(t) = At(t > 0)$ 时，根据终值定理，可以得到系统的稳态误差为

$$e_{ss} = \lim_{s \to 0} s \cdot \frac{s(s+1)(s+2)(s+5)}{s(s+1)(s+2)(s+5) + K(s+a)} \cdot \frac{A}{s^2} = \frac{10A}{aK}$$

稳态误差的设计要求为 $e_{ss} < 0.24A$，于是有

$$\frac{10A}{aK} < 0.24A$$

即

$$aK > 41.67 \tag{6.34}$$

在图 6.21（a）所示的保证系统稳定的参数可行区域内，任何满足式（6.34）的 a 和 K 的取值，都能够同时满足系统稳定性和稳态误差的设计要求。例如，$K = 70$ 和 $a = 0.6$ 就满足设计要求，此时的闭环传递函数为

$$T(s) = \frac{70s + 42}{s^4 + 8s^3 + 17s^2 + 80s + 42}$$

系统的闭环极点为

$$s = -7.0767$$
$$s = -0.5781$$
$$s = -0.1726 + \mathrm{j}3.1995$$
$$s = -0.1726 - \mathrm{j}3.1995$$

显然，所有的闭环极点都位于 s 平面的左半平面。闭环系统的单位斜坡响应曲线如图 6.22 所示，其稳态误差小于 0.24，满足设计要求。

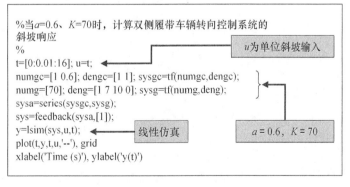

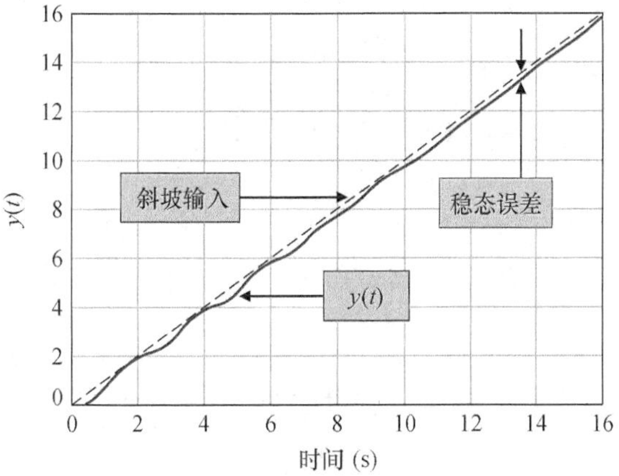

(a)

```
%当a=0.6、K=70时，计算双侧履带车辆转向控制系统的
斜坡响应
%
t=[0:0.01:16]; u=t;
numgc=[1 0.6]; dengc=[1 1]; sysgc=tf(numgc,dengc);
numg=[70]; deng=[1 7 10 0]; sysg=tf(numg,deng);
sysa=series(sysgc,sysg);
sys=feedback(sysa,[1]);
y=lsim(sys,u,t);
plot(t,y,t,u,'--'), grid
xlabel('Time (s)'), ylabel('y(t)')
```

u为单位斜坡输入

线性仿真

$a = 0.6$，$K = 70$

(b)

图 6.22　（a）当 $a = 0.6$、$K = 70$ 时系统的斜坡响应；（b）m 脚本程序

状态变量系统的稳定性　考虑式（6.22）所示的状态空间模型，与系统矩阵 $\boldsymbol{A}$ 有关的特征方程决定了系统的稳定性。系统的特征方程为

$$\det(s\boldsymbol{I}-\boldsymbol{A})=0 \tag{6.35}$$

在式（6.35）中，等号的左边是 s 的多项式。如果特征方程的根都有负的实部，即 $\mathrm{Re}(s_i)<0$，则系统是稳定的。

当采用状态空间模型描述系统时，必须计算系统矩阵 $\boldsymbol{A}$ 的特征多项式 $\det(s\boldsymbol{I}-\boldsymbol{A})$。讲到计算特征多项式，我们有多种选择。首先，我们可以直接根据式（6.35）手动计算 $s\boldsymbol{I}-\boldsymbol{A}$ 的行列式。然后，我们既可以利用函数 roots 求解系统的特征根，从而判断系统是否稳定；也可以利用劳斯-赫尔维茨稳定性判据来分析系统的稳定性。但遗憾的是，当系统矩阵 $\boldsymbol{A}$ 的维数较高时，手动计算的过程将会非常烦琐。因此，我们应尽量避免采用手动计算方式，而应尽可能利用计算机辅助方式来确定特征多项式。

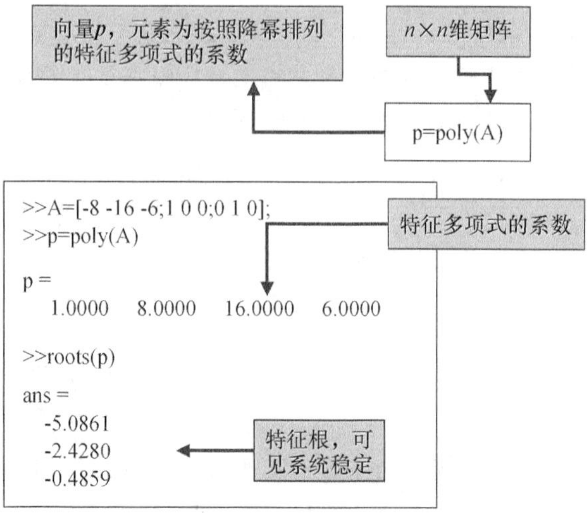

图 6.23　利用函数 poly 计算系统矩阵 $\boldsymbol{A}$ 的特征多项式

函数 poly 支持从根向量出发重构多项式。如图 6.23 所示，函数 poly 的另一用途则是计算系统矩阵 $\boldsymbol{A}$ 的特征多项式，此处的系统矩阵 $\boldsymbol{A}$ 为

$$\boldsymbol{A}=\begin{bmatrix}-8 & -16 & -6\\ 1 & 0 & 0\\ 0 & 1 & 0\end{bmatrix}$$

对应的特征多项式为 $s^3+8s^2+16s+6=0$。

当系统矩阵 $\boldsymbol{A}$ 为 $n\times n$ 的方阵时，$\mathrm{poly}(\boldsymbol{A})$ 的输出是一个 $n+1$ 维的行向量，其元素分别为特征多项式 $\det(s\boldsymbol{I}-\boldsymbol{A})$ 中按降幂顺序排列的系数。

6.7　循序渐进设计实例：磁盘驱动器读取系统

本节讨论当调整 K_a 时磁头读取系统的稳定性，并考虑如何对系统配置进行适当的调整。

观察图 6.24 所示的系统。首先考虑速度传感器反馈环路断开时的情况，此时的闭环传递函数为

$$\frac{Y(s)}{R(s)}=\frac{K_aG_1(s)G_2(s)}{1+K_aG_1(s)G_2(s)} \tag{6.36}$$

其中：

$$G_1(s)=\frac{5000}{s+1000},\quad G_2(s)=\frac{1}{s(s+20)}$$

由此可以得到闭环特征方程为

$$s^3+1020s^2+20000s+5000K_a=0 \tag{6.37}$$

在此基础上，构建如下劳斯判定表：

$$\begin{array}{c|cc} s^3 & 1 & 20000\\ s^2 & 1020 & 5000K_a\\ s^1 & b_1 & \\ s^0 & 5000K_a & \end{array}$$

其中：

$$b_1 = \frac{(20000)1020 - 5000K_a}{1020}$$

当 $K_a = 4080$ 时，将有 $b_1 = 0$，这会导致系统临界稳定。辅助方程为

$$s^2 + 20\,000 = 0$$

由此可知，系统在虚轴 $j\omega$ 上的根为 $s = \pm j141.4$。为了确保系统稳定，放大器增益 K_a 应满足 $K_a < 4080$。

当速度传感器反馈环路闭合时，相当于为系统添加了速度反馈。此时，图 6.24 所示的系统等价于图 6.25 所示的系统，由于反馈因子为 $1 + K_1 s$，系统的闭环传递函数为

$$\frac{Y(s)}{R(s)} = \frac{K_a G_1(s) G_2(s)}{1 + \left[K_a G_1(s) G_2(s)\right](1 + K_1 s)} \tag{6.38}$$

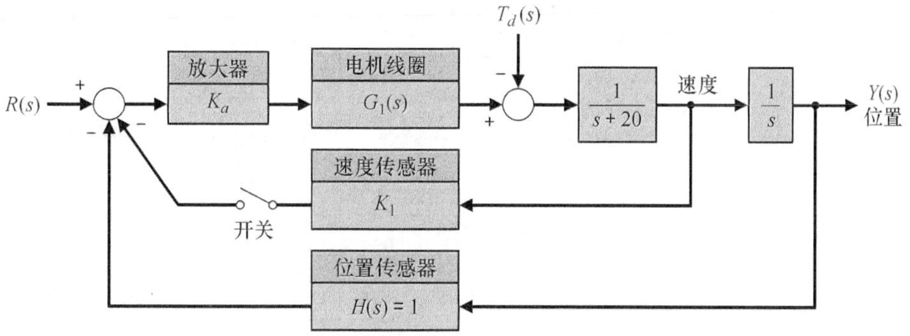

图 6.24　速度反馈可选的磁盘驱动器读取系统

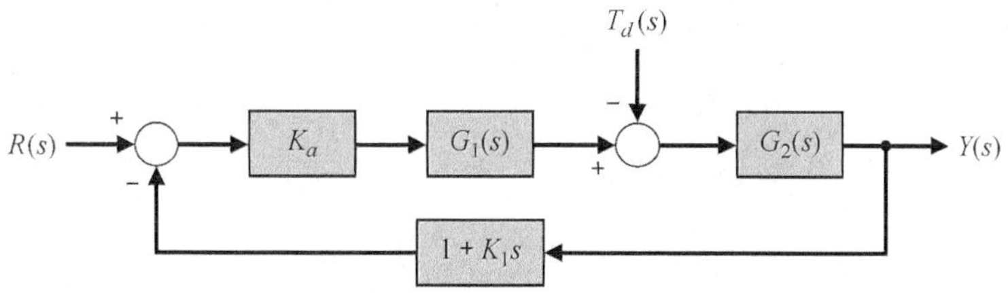

图 6.25　速度反馈开关闭合时的等价系统

闭环特征方程为

$$1 + [K_a G_1(s) G_2(s)](1 + K_1 s) = 0$$

将 $G_1(s)$ 和 $G_2(s)$ 分别代入后，可以得到

$$s(s + 20)(s + 1000) + 5000K_a(1 + K_1 s) = 0$$

展开后，可以得到

$$s^3 + 1020s^2 + (20000 + 5000K_a K_1)s + 5000K_a = 0$$

对应的劳斯判定表为

$$\begin{array}{c|cc} s^3 & 1 & 20000 + 5000K_a K_1 \\ s^2 & 1020 & 5000K_a \\ s^1 & b_1 & \\ s^0 & 5000K_a & \end{array}$$

其中：

$$b_1 = \frac{1020(20000 + 5000K_aK_1) - 5000K_a}{1020}$$

由劳斯-赫尔维茨稳定性判据可知，为确保系统稳定，K_a、K_1 的取值必须同时满足 $K_a > 0$ 和 $b_1 > 0$。$K_1 = 0.05$、$K_a = 100$ 可以满足上述要求，运行图 6.26（a）所示的 m 脚本程序，可以得到闭环系统的单位阶跃响应曲线，如图 6.26（b）所示。由此可见，系统阶跃响应的调节时间（按 2% 准则）T_s 大约为 260 ms，超调量 P.O. 为 0。具体的性能指标参见表 6.3，从中可以看出，这种参数选择方案能够基本满足性能指标的设计要求。如果严格要求调节时间 T_s 不得超过 250 ms，则应该重新确定 K_1 的取值。

```
Ka=100; K1=0.05;
ng1=[5000]; dg1=[1 1000]; sys1=tf(ng1,dg1);
ng2=[1]; dg2=[1 20 0]; sys2=tf(ng2,dg2);
nc=[K1 1]; dc=[0 1]; sysc=tf(nc,dc);
syso=series(Ka*sys1,sys2);
sys=feedback(syso,sysc); sys=minreal(sys);
t=[0:0.001:0.5];
y=step(sys,t); plot(t,y)
ylabel('y(t)'),xlabel('Time (s)'),grid
```

选择速度反馈增益 K_1 和放大器增益 K_a

(a)

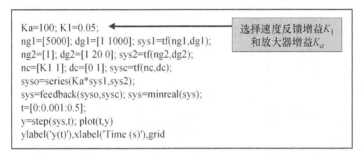

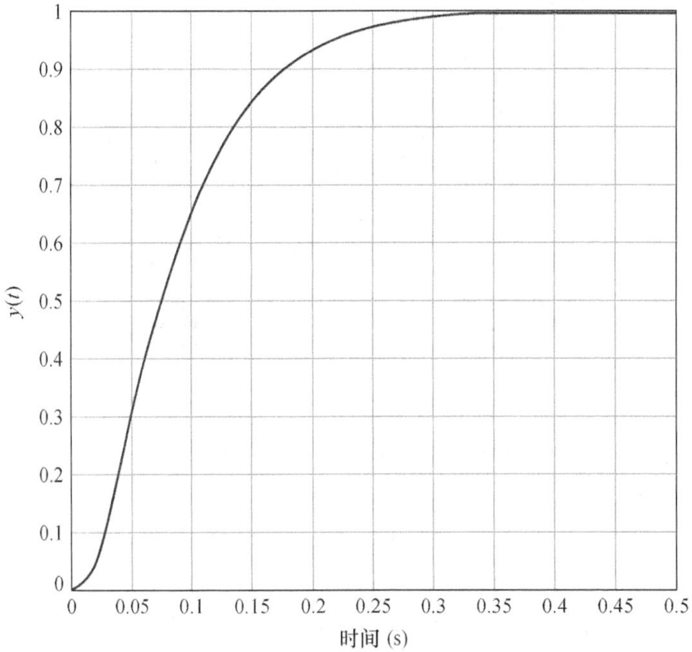

(b)

图 6.26　速度反馈开关闭合时系统的单位阶跃响应

（a）m 脚本程序；（b）当 $K_1 = 0.05$、$K_a = 100$ 时系统的单位阶跃响应

表 6.3　磁盘驱动器系统的性能指标

性能指标	指标设计要求	实际值
超调量	小于 5%	0
调节时间	小于 250 ms	260 ms
单位扰动的最大响应	小于 5×10^{-3}	2×10^{-3}

6.8　小结

本章讨论了反馈控制系统稳定性的概念，给出了系统输入输出有界稳定性的定义，分析了系统稳定性与传递函数极点在 s 平面上的位置分布之间的关系。

本章介绍了劳斯–赫尔维茨稳定性判据，并利用一些实例进一步讨论了反馈控制系统的相对稳定性，这与系统传递函数的零点和极点在 s 平面上的具体位置有关。此外，本章还讨论了状态变量系统的稳定性。

☑ 技能自测

本节提供 3 类题目来测试你对本章知识的掌握情况：正误判断题、多项选择题以及术语和概念匹配题。为了直接反馈学习效果，请及时对照每章最后给出的答案。必要时，请借助图 6.27 给出的框图模型，确认下面各题中的相关陈述。

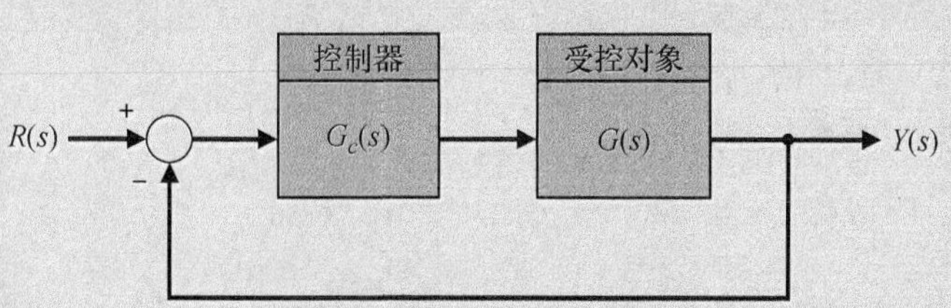

图 6.27　技能自测参考框图模型

在下面的正误判断题和多项选择题中，圈出正确的答案。

1. 稳定系统是指对任意输入都产生有界输出响应的动态系统。　对　或　错
2. 临界稳定系统在 $j\omega$ 轴上有极点。　对　或　错
3. 如果所有的极点均位于 s 平面的右半平面，则系统稳定。　对　或　错
4. 劳斯–赫尔维茨稳定性判据是判定线性系统是否稳定的充分必要判据。　对　或　错
5. 相对稳定性用于度量系统的稳定程度。　对　或　错
6. 如果系统的特征方程为

$$q(s) = s^3 + 4Ks^2 + (5 + K)s + 10 = 0$$

那么当系统稳定时，K 的取值范围为________。

a. $K > 0.46$

b. $K < 0.46$

c. $0 < K < 0.46$

d. 对所有的 K，系统都不稳定

7. 利用劳斯–赫尔维茨稳定性判据，判断如下特征多项式对应的系统是否稳定。

$$p_1(s) = s^2 + 10s + 5 = 0$$
$$p_2(s) = s^4 + s^3 + 5s^2 + 20s + 10 = 0$$

a. $p_1(s)$ 稳定，$p_2(s)$ 也稳定

b. $p_1(s)$ 不稳定，$p_2(s)$ 稳定

c. $p_1(s)$ 稳定，$p_2(s)$ 不稳定

d. $p_1(s)$ 不稳定，$p_2(s)$ 也不稳定

8. 考虑图 6.27 所示单位负反馈控制系统的框图模型，如果 $G_c(s) = K(s + 1)$、$G(s) = \dfrac{1}{(s + 2)(s - 1)}$，那么当 $K = 1$ 和 $K = 3$ 时，分析闭环系统的稳定性。

a. $K = 1$ 时不稳定，$K = 3$ 时稳定

b. $K = 1$ 时不稳定，$K = 3$ 时也不稳定

c. $K = 1$ 时稳定，$K = 3$ 时不稳定

d. $K = 1$ 时稳定，$K = 3$ 时也稳定

9. 考虑图 6.27 所示的单位负反馈控制系统，其中的环路传递函数为

$$L(s) = G_c(s)G(s) = \frac{K}{(1 + 0.5s)\left(1 + 0.5s + 0.25s^2\right)}$$

确定 K 的取值，使闭环系统临界稳定。

a. $K = 10$

b. $K = 3$

c. 对于所有的 K 值，系统均不稳定

d. 对于所有的 K 值，系统都是稳定的

10. 某系统可以用状态微分方程表示为 $\dot{\boldsymbol{x}}(t) = \boldsymbol{A}\boldsymbol{x}(t)$，其中

$$\boldsymbol{A} = \begin{bmatrix} 0 & 1 & 0 \\ 0 & 0 & 1 \\ -5 & -K & 10 \end{bmatrix}$$

那么当系统稳定时，参数 K 的取值为________。

a. $K < 1/2$

b. $K > 1/2$

c. $K = 1/2$

d. 对于所有的 K 值，系统始终稳定

11. 借助劳斯判定表，求解如下特征方程的根。

$$q(s) = 2s^3 + 2s^2 + s + 1 = 0$$

a. $s_1 = -1$，$s_{2,3} = \pm \mathrm{j}\dfrac{\sqrt{2}}{2}$

b. $s_1 = 1$，$s_{2,3} = \pm \mathrm{j}\dfrac{\sqrt{2}}{2}$

c. $s_1 = -1$，$s_{2,3} = 1 \pm \mathrm{j}\dfrac{\sqrt{2}}{2}$

d. $s_1 = -1$，$s_{2,3} = 1$

12. 考虑图 6.27 所示的单位负反馈控制系统，其中：

$$G(s) = \frac{1}{(s - 2)\left(s^2 + 10s + 45\right)}, \quad G_c(s) = \frac{K(s + 0.3)}{s}$$

当系统稳定时，K 的取值范围为________。

a. $K < 260.68$

b. $50.06 < K < 123.98$

c. $100.12 < K < 260.68$

d. 对所有的 $K > 0$，系统始终不稳定

考虑由下面的状态空间模型描述的系统，解答第 13 题和第 14 题。

$$\dot{\boldsymbol{x}}(t) = \begin{bmatrix} 0 & -1 & 0 \\ 0 & 0 & 1 \\ -5 & -10 & -5 \end{bmatrix}\boldsymbol{x}(t) + \begin{bmatrix} 0 \\ 0 \\ 20 \end{bmatrix}u(t)$$

$$\boldsymbol{y}(t) = \begin{bmatrix} 1 & 0 & 1 \end{bmatrix}\boldsymbol{x}(t)$$

13. 上述系统对应的特征方程为________。

a. $q(s) = s^3 + 5s^2 - 10s - 6$

b. $q(s) = s^3 + 5s^2 + 10s + 5$

c. $q(s) = s^3 - 5s^2 + 10s - 5$

d. $q(s) = s^2 - 5s + 10$

14. 应用劳斯-赫尔维茨稳定性判据确定系统是稳定的、不稳定的还是临界稳定的。

a. 稳定的

b. 不稳定的

c. 临界稳定

d. 以上都不对

15. 若系统的框图模型如图 6.27 所示，其中 $G(s) = \dfrac{10}{(s+15)^2}$、$G_c(s) = \dfrac{K}{s+80}$ 且 $K > 0$。试确定增益 K 的取值范围，使系统稳定。

a. $0 < K < 28875$

b. $0 < K < 27075$

c. $0 < K < 25050$

d. 对于所有的 $K > 0$，系统始终稳定

在下面的术语和概念匹配题中，在空格中填写正确的字母，将术语和概念与它们的定义联系起来。

a. 劳斯-赫尔维茨稳定性判据	系统性能的衡量指标之一。	______
b. 辅助多项式	当输入有界时，输出响应也有界的动态系统。	______
c. 临界稳定	用特征方程的实根或共轭复根的实部的相对大小来度量的系统的稳定程度。	______
d. 稳定系统	一种通过研究传递函数的特征方程来确定系统稳定性的判据。	______
e. 稳定性	借助劳斯判定表中全零元素行的上一行构建的多项式。	______
f. 相对稳定性	一个仅描述系统稳定与否的概念，不考虑诸如稳定程度等其他系统特征。	______
g. 绝对稳定性	系统稳定性的一种类型，当 t 趋于无穷大时，这种系统的零输入响应仍然有界。	______

基础练习题

E6.1　某系统的特征方程为 $s^3 + Ks^2 + (1+K)s + 6 = 0$，试确定 K 的取值范围，以保证该系统稳定。

答案：$K > 2$

E6.2　某系统的特征方程为 $s^3 + 15s^2 + 2s + 40 = 0$，试利用劳斯-赫尔维茨稳定性判据证明该系统是不稳定的。

E6.3　某系统的特征方程为 $s^3 + 10s^2 + 32s^2 + 37s + 10 = 0$，试利用劳斯-赫尔维茨稳定性判据确定该系统是否稳定。

E6.4　某前馈系统的框图模型如图 E6.4 所示，试确定将会导致该系统失稳的增益 K 的取值。

答案：$K = 20/7$

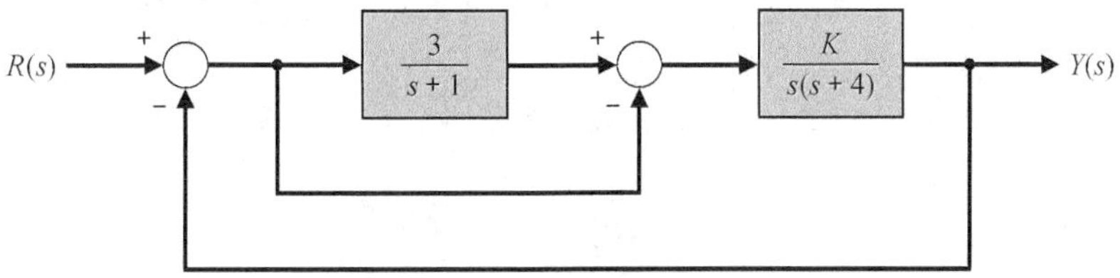

图 E6.4　某前馈系统

E6.5　某单位负反馈系统的环路传递函数为

$$L(s) = \frac{K}{(s+1)(s+3)(s+6)}$$

其中$K = 20$，试求该系统的闭环特征根。

E6.6 某单位负反馈系统的环路传递函数为

$$L(s) = G_c(s)G(s) = \frac{K(s+2)}{s(s-1)}$$

(a) 当该系统的阻尼系数$\zeta = 0.707$时，求增益K的值。

(b) 当该系统在虚轴上有两个特征根时，求增益K的值。

E6.7 继续考虑习题E6.5中给出的反馈系统，若该系统在虚轴上有两个特征根，试确定K的取值并求出与之对应的三个特征根。

答案：$s = -10, \pm j5.2$

E6.8 工程师们发明了一种小型战斗机，它能够快速机动、垂直起飞且不易被雷达发现（即隐形战斗机）。这种战斗机采用快速转动的喷管来控制航向[16]，其航向控制系统如图E6.8所示。试确定能够保持系统稳定的最大增益值。

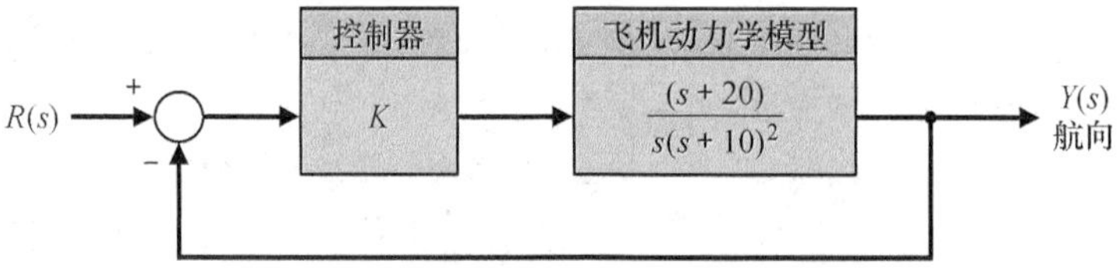

图 E6.8 隐形战斗机的航向控制系统

E6.9 某系统的特征方程为

$$s^3 + 5s^2 + (K+1)s + 10 = 0$$

试确定K的取值范围，以保证系统稳定。

答案：$K > 1$

E6.10 某闭环控制系统的闭环传递函数为

$$T(s) = \frac{4}{s^3 + 4s^2 + s + 4}$$

试判断该系统是否稳定。

E6.11 某系统的闭环传递函数为

$$\frac{Y(s)}{R(s)} = \frac{15(s+2)}{s^4 + 8s^3 + 2s^2 + 3s + 1}$$

试判断该系统是否稳定，并确定系统单位阶跃响应的稳态误差。

E6.12 某系统具有如下二阶特征方程：

$$s^2 + as + b = 0$$

其中，a和b均为常数。试确定系统稳定的充分必要条件，并说明能否只通过特征方程的系数来判断二阶系统的稳定性。

E6.13 考虑图E6.13所示的反馈系统，试确定参数K_P和K_D的取值范围，使闭环系统稳定。

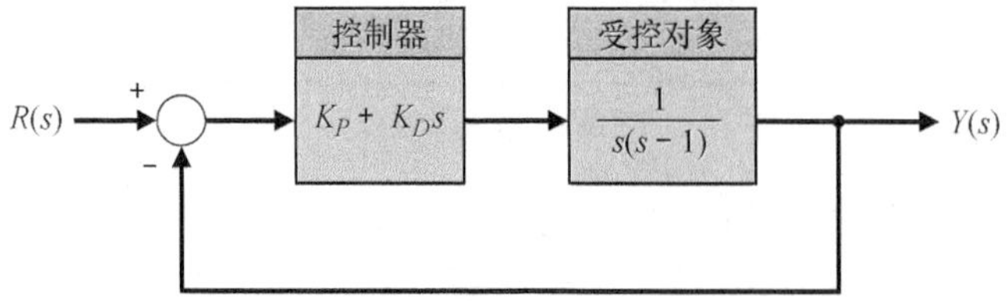

图 E6.13 带有比例微分控制器 $G_c(S) = K_P + K_D s$ 的反馈系统

E6.14　在采用磁浮轴承后，转子可以不与轴承直接接触。在轻工业和重工业生产中，这种无接触支撑技术的应用正变得越来越广泛[14]。磁浮轴承系统的矩阵微分方程为

$$\hat{\boldsymbol{x}}(t)=\begin{bmatrix}0 & 1 & 0\\ -3 & -1 & 0\\ -2 & -1 & -2\end{bmatrix}\boldsymbol{x}(t)$$

其中，$\boldsymbol{x}^{\mathrm{T}}(t)=(y(t),\dot{y}(t),i(t))$，$y(t)$为轴承间隙，$i(t)$为磁场电流。试判断该系统是否稳定。

答案：稳定。

E6.15　某系统的特征方程为

$$q(s)=s^6+9s^5+31.25s^4+61.25s^3+67.75s^2+14.75s+15=0$$

（a）利用劳斯-赫尔维茨稳定性判据确定该系统是否稳定。

（b）求特征方程的根。

答案：（a）该系统临界稳定；（b）$s=-3,-4,-1\pm j2,\pm j0.5$

E6.16　某系统的特征方程为

$$q(s)=s^4+10s^3+50s^2+80s+25=0$$

（a）利用劳斯-赫尔维茨稳定性判据确定该系统是否稳定。

（b）求特征方程的根。

E6.17　某系统的状态变量模型为

$$\dot{\boldsymbol{x}}(t)=\begin{bmatrix}0 & 1 & -1\\ -8 & -12 & 8\\ -8 & -12 & 5\end{bmatrix}\boldsymbol{x}(t)$$

（a）确定系统的特征方程。

（b）判断系统是否稳定。

（c）求特征方程的根。

答案：（a）$q(s)=s^3+7s^2+36s+24=0$

E6.18　某系统的特征方程为

$$q(s)=s^3+s^2+9s+9=0$$

（a）利用劳斯-赫尔维茨稳定性判据确定该系统是否稳定。

（b）求特征方程的根。

E6.19　考虑如下三个特征方程，试分别判断对应的系统是否稳定。

（a）$s^3+3s^2+5s+75=0$

（b）$s^4+5s^3+10s^2+10s+80=0$

（c）$s^2+6s+3=0$

E6.20　试求下列特征方程的根。

（a）$s^3+5s^2+8s+4=0$

（b）$s^3+9s^2+27s+27=0$

E6.21　某系统的传递函数为$Y(s)/R(s)=T(s)=1/s$。

（a）判断该系统是否稳定。

（b）如果输入$r(t)$为单位阶跃信号，试求系统的响应$y(t)$。

E6.22　某系统的特征方程为

$$q(s)=s^3+15s^2+30s+K=0$$

若将虚轴向左平移1个单位，也就是令$s=s_n-1$，试确定增益K的取值，使原方程有共轭复根$s=-1\pm j\sqrt{3}$。

E6.23 某系统的状态变量模型为

$$\dot{\boldsymbol{x}}(t)=\begin{bmatrix}0 & 1 & 0\\ 0 & 0 & 1\\ -8 & -k & -4\end{bmatrix}\cdot\boldsymbol{x}(t)$$

试确定k的取值范围，以保证系统稳定。

E6.24 某系统的状态空间模型为

$$\dot{\boldsymbol{x}}(t)=\boldsymbol{A}\boldsymbol{x}(t)+\boldsymbol{B}u(t)$$
$$y(t)=\boldsymbol{C}\boldsymbol{x}(t)+\boldsymbol{D}u(t)$$

其中：

$$\boldsymbol{A}=\begin{bmatrix}0 & 1 & 0\\ 0 & 0 & 1\\ -k & -k & -k\end{bmatrix},\boldsymbol{B}=\begin{bmatrix}0\\0\\1\end{bmatrix}$$
$$\boldsymbol{C}=[1\quad 0\quad 0],\boldsymbol{D}=[0]$$

（a）试求系统的传递函数。

（b）试确定k的取值范围，以保证系统稳定。

E6.25 考虑图 E6.25 所示的闭环反馈系统，试确定参数K和p的取值范围，以保证闭环系统稳定。

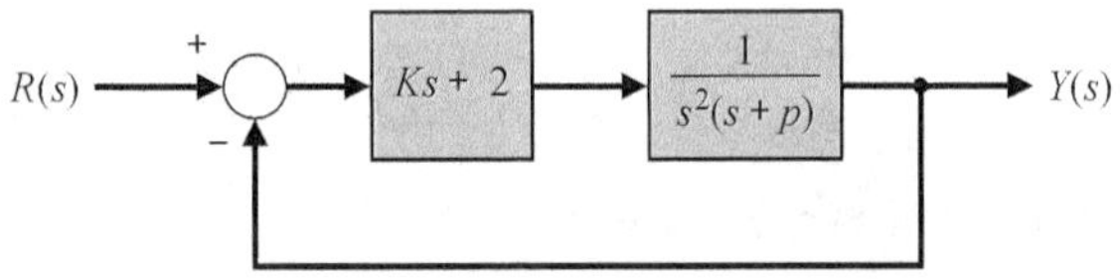

图 E6.25 参数K和p可调的闭环反馈系统

E6.26 考虑图 E6.26 所示的闭环系统，其中，受控对象$G(s)$和控制器$G_c(s)$分别为

$$G(s)=\frac{4}{s-1},G_c(s)=\frac{1}{2s+K}$$

（a）试求闭环系统的特征方程。

（b）试确定K的取值范围，以保证闭环系统稳定。

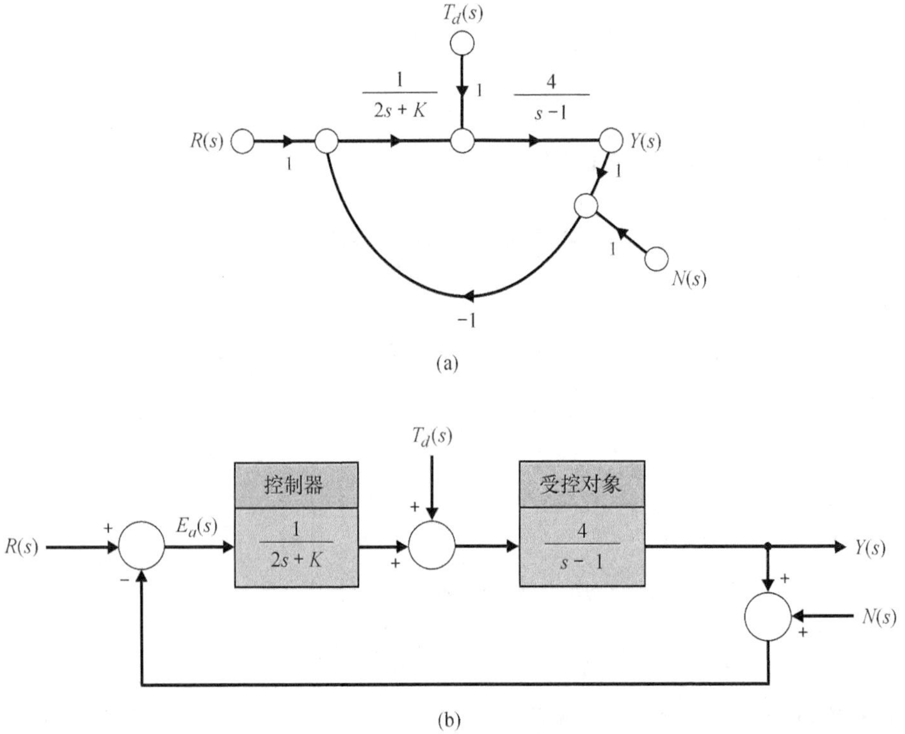

图 E6.26 参数K可调的闭环系统

一般习题

P6.1　考虑下列特征方程。

(a) $s^2+5s+2=0$

(b) $s^3+4s^2+8s+4=0$

(c) $s^3+2s^2-6s+20=0$

(d) $s^4+s^3+2s^2+12s+10=0$

(e) $s^4+s^3+3s^2+2s+K=0$

(f) $s^5+s^4+2s^3+s+6=0$

(g) $s^5+s^4+2s^3+s^2+s+K=0$

试确定它们各自位于s平面右半平面的根的个数。就包含参数K的多项式而言，试进一步确定K的取值范围，以保证系统稳定。

P6.2　第4章的习题P4.5分析了大型天线的控制系统，并得出如下结论：为了减小风力干扰的影响，应使放大器增益k_a尽可能大。

(a) 试确定能够保证系统稳定的增益k_a的极限取值范围。

(b) 假设闭环系统的复极点为主导极点，且系统的预期调节时间为1.5 s，试应用平移虚轴法和劳斯-赫尔维茨稳定性判据，确定能够满足要求的增益k_a的取值，并说明在这种情况下，复极点能否有效地主导系统的瞬态响应。

P6.3　电弧焊是最为重要的工业机器人应用领域之一[11]。在大多数实际的焊接应用场合，由于工件的尺寸偏差、接缝的几何形状以及焊接过程本身的误差等因素，需要为机器人配置合适的传感器，以保证焊接质量。如图P6.3所示，在焊接控制中，焊条的熔化速度保持恒定，可采用计算机视觉系统来监测金属烧结体的几何形状。

(a) 确定能使系统稳定的K的最大值。

(b) 当K取(a)中结果的二分之一时，求特征方程的根。

(c) 在(b)中结果的基础上，估算系统阶跃响应的超调量。

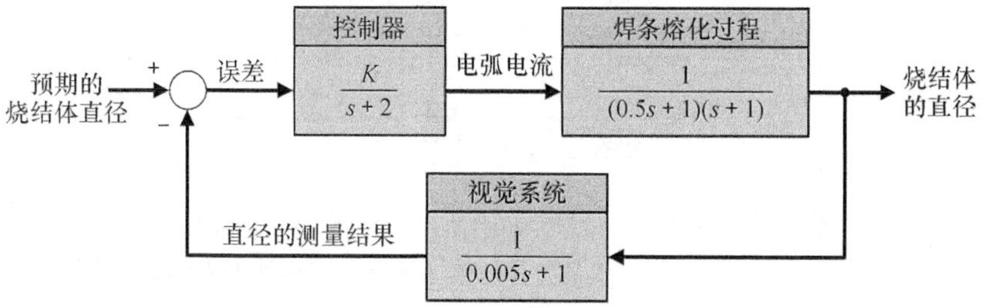

图 P6.3　焊接控制

P6.4　考虑图P6.4所示的非单位反馈控制系统，其中的控制器$G_c(s)$和受控对象$G(s)$分别为

$$G_c(s)=K,G(s)=\frac{s+40}{s(s+10)}$$

反馈环路的传递函数为$H(s)=1/(s+20)$。

(a) 确定能够保证系统稳定的K的取值范围和极限值。

(b) 若K的取值能够保证系统临界稳定，试计算系统的虚根。

(c) 当K取(b)中结果的二分之一时，分别利用如下两种方法分析系统的相对稳定性：

- 移动虚轴并应用劳斯-赫尔维茨稳定性判据。
- 估计特征根在s平面上的位置并证明系统的特征根在-1和-2之间。

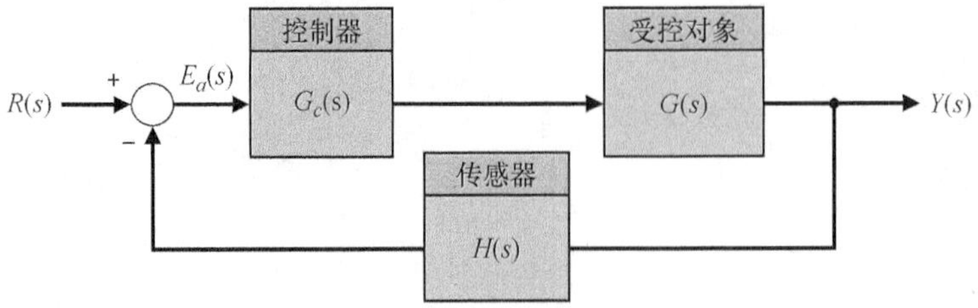

图 P6.4　某非单位反馈控制系统

P6.5　考虑三个控制系统，它们的特征方程如下。

(a) $s^3 + 5s^2 + 6s + 2 = 0$

(b) $s^4 + 9s^3 + 30s^2 + 42s + 20 = 0$

(c) $s^3 + 20s^2 + 100s + 200 = 0$

试分别利用如下两种方法分析并比较这三个控制系统的相对稳定性：

- 移动虚轴并应用劳斯-赫尔维茨稳定性判据。
- 估计复特征根在 s 平面上的位置。

P6.6　考虑图 P6.6 所示的单位负反馈系统，系统的环路传递函数分别为

(a) $G_c(s)G(s) = \dfrac{2s + 2}{s^2(s + 4)}$

(b) $G_c(s)G(s) = \dfrac{30}{s(s^3 + 10s^2 + 35s + 75)}$

(c) $G_c(s)G(s) = \dfrac{(s + 1)(s + 3)}{s(s + 4)(s + 7)}$

试利用劳斯-赫尔维茨稳定性判据，分析并判定系统的稳定性。

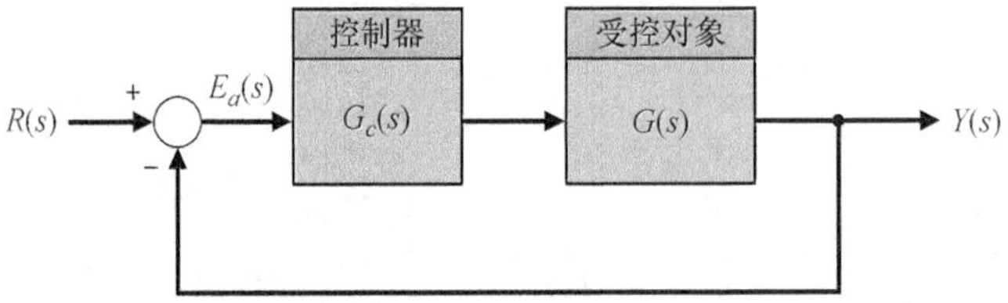

图 P6.6　某单位负反馈系统

P6.7　某相位检测器（锁相环）的线性模型如图 P6.7 所示[9]。锁相环的作用在于使压控振荡器的输出与输入载波信号保持相位同步。假设在某个具体的应用中，锁相环中的滤波器传递函数为

$$F(s) = \frac{2(s + 45)}{(s + 1)(s + 90)}$$

当相位的变换规律为斜坡信号时，我们希望系统响应的稳态误差尽可能小。

(a) 确定增益 $K_aK = K_v$ 的取值范围和极限值，以保证系统稳定。

(b) 假定系统的指标设计要求为，当斜坡输入信号的变化率为 75 rad/s 时，系统的稳态误差为 2°。确定增益 K_v 的合适取值，使系统性能满足上述指标设计要求，并计算此时的系统特征根。

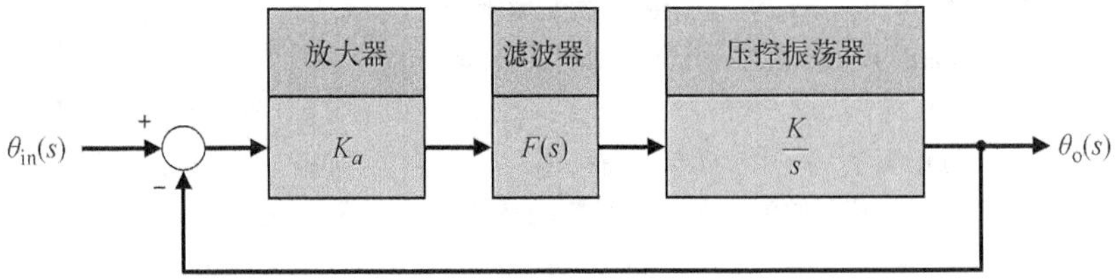

图 P6.7　锁相环的线性模型

P6.8　工程师们设计了一种有趣又实用的轮椅速度控制系统。该系统被置于轮椅乘坐者的头盔上，以90°的间隔安装了4个速度传感器，分别用来接收来自前、后、左、右4个方向的头部指令，头盔传感系统的输出与头部运动的幅度成比例。该系统在某个方向上的框图模型如图P6.8所示，其中的时间常数分别为$\tau_1 = 0.5$ s、$\tau_3 = 1$ s和$\tau_4 = 1/4$ s。

(a) 确定$K = K_1K_2K_3$的取值范围，以保证系统稳定。

(b) 当K的取值是使系统临界稳定的临界值的三分之一时，分析系统的调节时间（按2%准则）是否满足$T_s \leqslant 4$ s。

(c) 确定增益K的合适取值，使系统的调节时间满足$T_s \leqslant 4$ s，并计算此时的系统特征根。

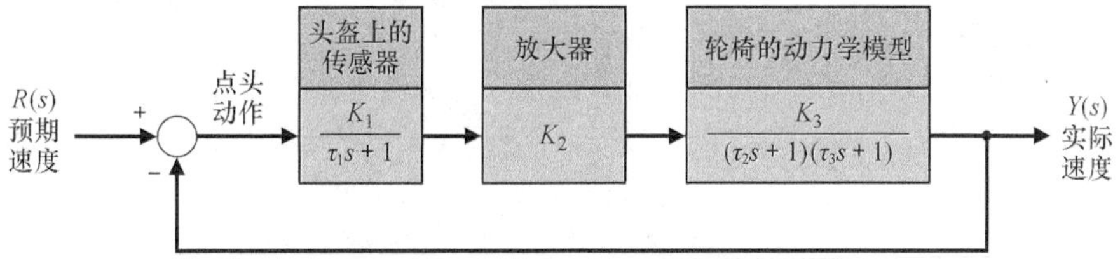

图 P6.8　轮椅速度控制系统

P6.9　盒式磁带存储器是一种大容量的存储装置[1]，当记录和读取数据时，必须精确地控制磁带的运转速度。磁带驱动器的转速控制系统如图P6.9所示。

(a) 确定增益K的取值范围，以保证系统稳定。

(b) 确定增益K的合适取值，使系统阶跃响应的超调量约为5%。

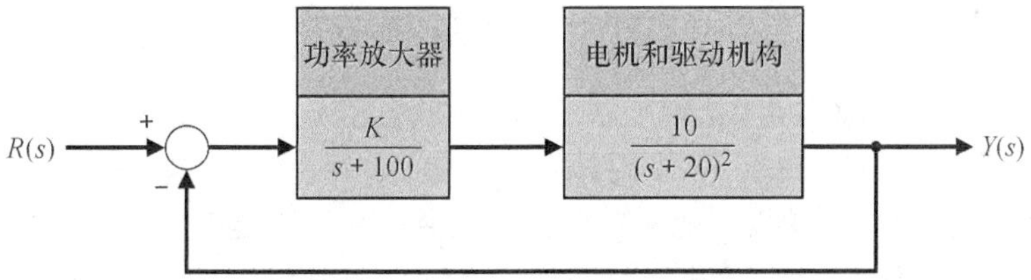

图 P6.9　磁带驱动器的转速控制系统

P6.10　机器人在执行制造和装配任务时，必须能够快速、准确地完成多种操作[10, 11]。其中，某直接驱动机械臂的环路传递函数为

$$G(s)H(s) = \frac{K(s+10)}{s(s+3)(s^2+4s+8)}$$

(a) 确定增益K的合适取值，使闭环系统响应处于振荡状态（即临界稳定）。

(b) 在（a）中求得的K值的基础上，求解闭环系统的特征根。

P6.11　某反馈控制系统的特征方程为

$$s^3 + (2+K)s^2 + s + (1+2K) = 0$$

其中，$K > 0$。试确定系统失稳之前K的最大取值。此时的系统输出将出现持续振荡，试求系统输出的振荡频率。

P6.12　某系统具有如下三阶特征方程：

$$s^3 + as^2 + bs + c = 0$$

其中，a、b和c均为常数。试确定系统稳定的充分必要条件，并说明能否只通过特征方程的系数来判断三阶系统的稳定性。

P6.13　考虑图P6.13所示的反馈控制系统，试确定参数K、p和z应满足的条件，使闭环系统稳定。假设$K > 0$、$\zeta > 0$且$\omega_n > 0$。

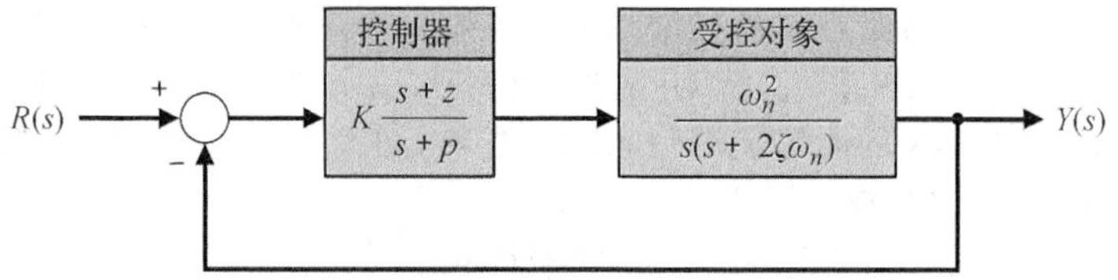

图 P6.13 含有可调参数 K、p 和 z 的反馈控制系统

P6.14 某反馈控制系统的特征方程为

$$s^6+2s^5+13s^4+16s^3+56s^2+32s+80=0$$

试判断系统是否稳定并求出系统所有的特征根。

P6.15 研究摩托车和驾驶员的稳定性问题非常重要[12, 13]。在研究摩托车的驾驶特性时，必须同时考虑驾驶员模型和摩托车模型。假设在整个摩托车驾驶系统的一种模型中，环路传递函数可以表示为

$$L(s)=\frac{K(s^2+30s+1125)}{s(s+20)(s^2+10s+125)(s^2+60s+3400)}$$

（a）忽略分子多项式（零点项）和分母多项式中的 $(s^2+60s+3400)$ 项，根据近似模型，确定 K 的取值范围，以保证单位负反馈系统稳定。

（b）考虑所有零点和极点，根据原有模型确定 K 的取值范围，以保证系统稳定。

P6.16 某系统的闭环传递函数为

$$T(s)=\frac{1}{s^3+5s^2+20s+6}$$

（a）判断系统是否稳定。

（b）求解特征方程的根。

（c）绘制系统的单位阶跃响应曲线。

P6.17 位于日本横滨的地标塔（Landmark Tower）有 70 层高，在这栋建筑里，电梯的运行峰值速度可以达到 45 km/h。在如此高的运行速度下，为了不使乘客因为失重感到不适，电梯不能骤然加速，只能缓慢加速。实际上，当上行时，电梯需要上升到 27 层才能达到峰值运行速度；而当下行时，电梯在 15 层时就需要开始减速。电梯的最大加速度应该比重力加速度的十分之一还要稍微小一些。这套电梯控制系统的设计令人钦佩，它同时保证了电梯的安全和乘客的舒适度。例如，电梯采用的是陶瓷制动片而非铁质制动片，铁质制动片在制动时会由于高温而熔化；电梯还采用了计算机控制系统来降低振动程度；电梯的外形则被设计为流线型，以减小电梯高速上下运动时产生的风噪音[19]。电梯垂直方向上的位移控制系统如图 P6.17 所示，试确定 K 的取值范围，以保证系统稳定。

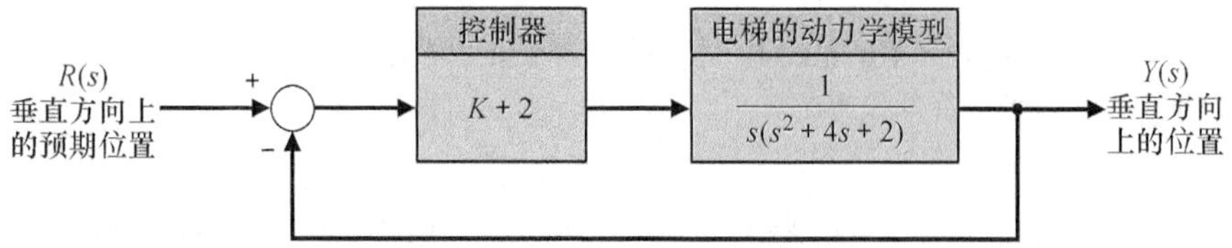

图 P6.17 电梯垂直方向上的位移控制系统

P6.18 考虑描述兔子和狐狸数量关系的种群模型。当仅仅考虑兔子的数量 $x_1(t)$ 时，种群模型为

$$\dot{x}_1(t)=kx_1(t)$$

由此可见，兔子的数量将会无限地增长，直到食物供应枯竭。但随着狐狸的出现，兔子的种群模型将变为

$$\dot{x}_1(t)=kx_1(t)-ax_2(t)$$

其中，$x_2(t)$为狐狸的数量。狐狸必须依赖兔子才能生存，因此我们得到狐狸的种群模型为

$$\dot{x}_2(t) = -hx_2(t) + bx_1(t)$$

（a）分析系统是否稳定。

（b）当 $t \to \infty$ 时，分析是否有 $x_1(t) = x_2(t) = 0$。

（c）为了使系统稳定，分析 a、b、h 和 k 必须满足何种关系。

（d）当 $k > h$ 时，分析将会导致何种结果。

P6.19　垂直起降（Vertical Takeoff and Landing，VTOL）飞机的设计目的是，实现在空间相对狭小的机场上起降，进入水平飞行阶段以后，这种飞机的操控性能与普通飞机一样[16]。垂直起降飞机的起飞过程与导弹升空有些类似，在本质上是不稳定的。因此，设计人员为这类飞机设计了图 P6.19 所示的起飞控制系统，以利用可调喷气发动机来控制飞机。

（a）确定增益 K 的取值范围，以保证系统稳定。

（b）确定增益 K 的取值，以使系统临界稳定，并求此时的系统特征根。

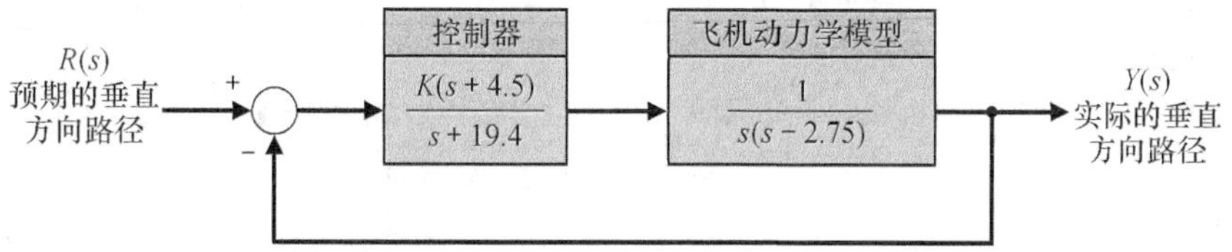

图 P6.19　垂直起降飞机的起飞控制系统

P6.20　图 P6.20（a）所示为一种个人垂直起降飞机。飞机高度控制系统的一种可能方案如图 P6.20（b）所示。

（a）当 $K = 17$ 时，判断系统是否稳定。

（b）当 $K > 0$ 时，如果系统有可能稳定，试确定 K 的取值范围，使系统稳定。

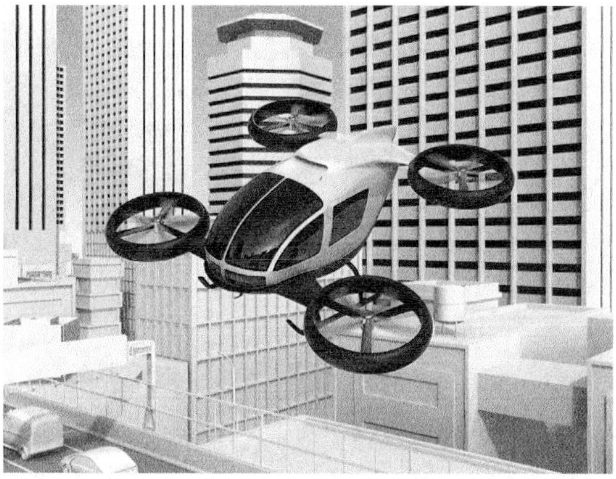

（a）

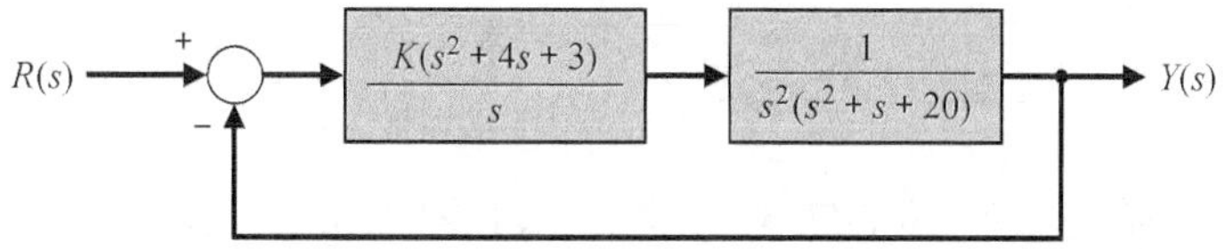

（b）

图 P6.20　（a）一种个人垂直起降飞机（来源：Cheskyw，123RF 图片库）；
（b）飞机高度控制系统的一种可能方案

P6.21 某系统的状态空间模型为

$$\dot{\boldsymbol{x}}(t)=\boldsymbol{A}\boldsymbol{x}(t)+\boldsymbol{B}u(t),\ y(t)=\boldsymbol{C}\boldsymbol{x}(t)$$

其中：

$$\boldsymbol{A}=\begin{bmatrix}0 & 1\\ -k_1 & -k_2\end{bmatrix},\ \boldsymbol{B}=\begin{bmatrix}0\\1\end{bmatrix},\ \boldsymbol{C}=\begin{bmatrix}1 & -1\end{bmatrix}$$

k_1和k_2为实数且$k_1\neq k_2$。

（a）试求系统的状态转移矩阵$\boldsymbol{\Phi}(t,0)$。

（b）试求系统矩阵$\boldsymbol{A}$的特征值。

（c）试求系统特征方程的根。

（d）从系统稳定性的角度讨论（a）~（c）中得到的结果。

难题

AP6.1 遥操作控制系统涉及操作员和远程机器。一般情况下，遥操作系统只能实现人向机器的单向通信，机器对操作员的反馈通信则很有限。一旦实现了双向通信，人与机器之间的信息交换就将更为充分，这有助于更好地完成操作任务[18]。在远程控制过程中，力反馈和位置反馈都非常重要。图 AP6.1 所示的遥操作系统模型的特征方程为

$$s^4+20s^3+K_1s^2+4s+K_2=0$$

其中，K_1和K_2是反馈增益因子。试确定K_1和K_2的取值范围，以保证系统稳定，并绘制出K_1-K_2的稳定可行域。

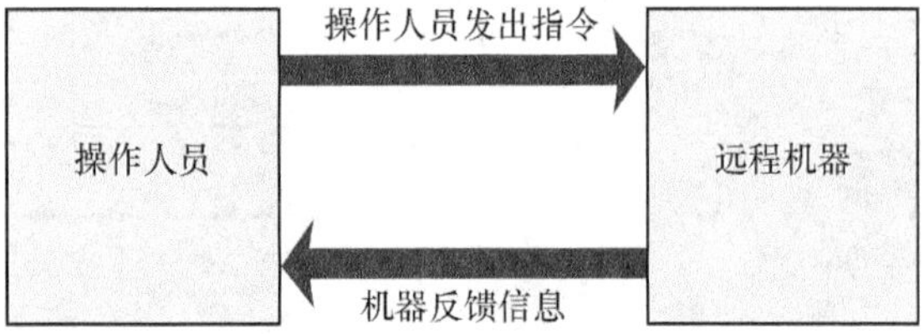

图 AP6.1 遥操作系统模型

AP6.2 海军飞行员驾驶飞机在航空母舰上降落，这个任务可以分解为三个子任务，分别为引导飞机沿跑道的延展中轴线接近航母、保持合适的滑翔角以及保持恰当的飞行速度。飞机侧向位置控制系统的框图模型如图 AP6.2 所示，当$K\geqslant 0$时，试确定K的取值范围，以保证系统稳定。

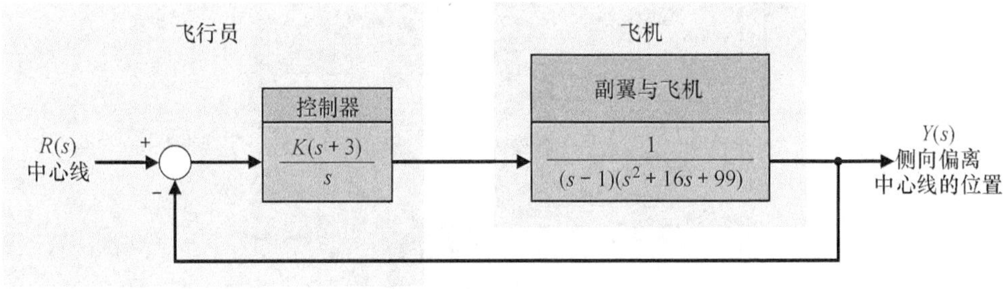

图 AP6.2 飞机侧向位置控制系统的框图模型

AP6.3 考虑图 AP6.3 所示的三阶单位负反馈系统，当要求系统稳定且单位阶跃响应的稳态误差小于或等于5%时：

（a）试确定α的取值范围，以满足稳态误差设计要求。

（b）试确定α的取值范围，以保证系统稳定。

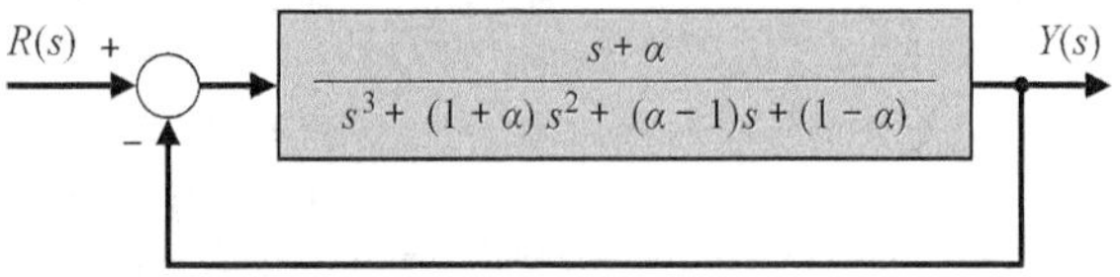

图 AP6.3 某三阶单位负反馈系统

（c）试确定α的合适取值，以便既满足稳态误差设计要求，又能保证系统稳定。

AP6.4 考虑图 AP6.4 所示灌装流水线的转速控制系统，饮料灌装流水线采用了螺旋给进机构。该系统采用速度计反馈来准确地控制流水线的速度。试确定K和p的取值范围，以保证系统稳定，并绘制$K-p$的稳定可行域。

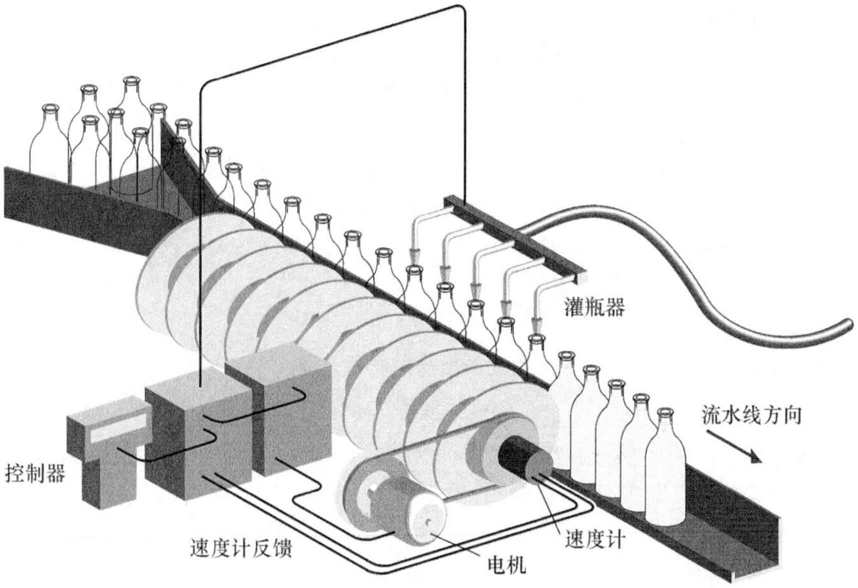

(a)

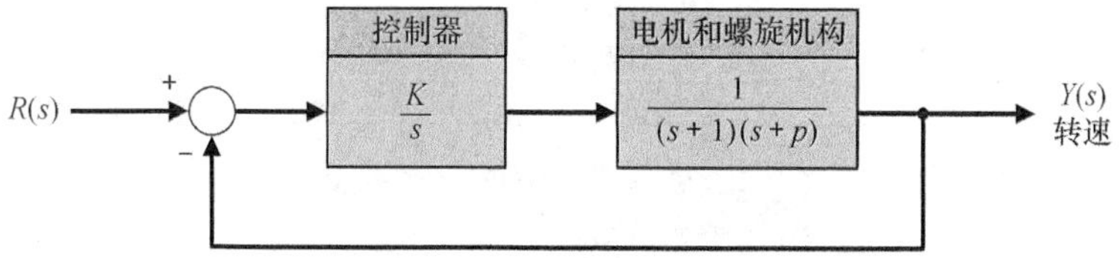

(b)

图 AP6.4　灌装流水线的转速控制系统　(a) 系统布局；(b) 框图模型

AP6.5　考虑图 AP6.5 所示的多环反馈控制系统，假定所有的增益都为正值。换言之，K_1、K_2、K_3、K_4 和 K_5 均大于 0。

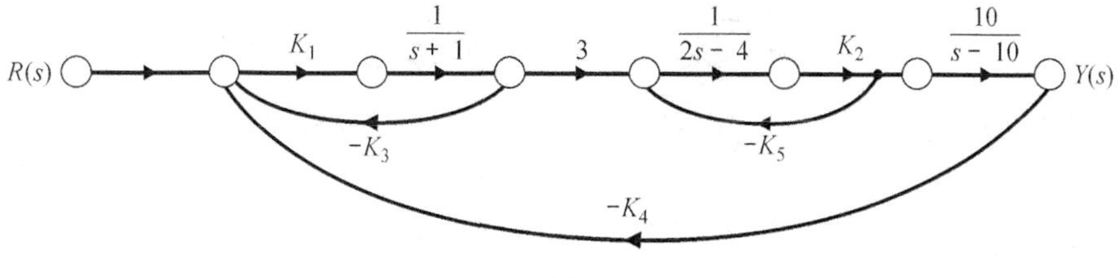

(a)

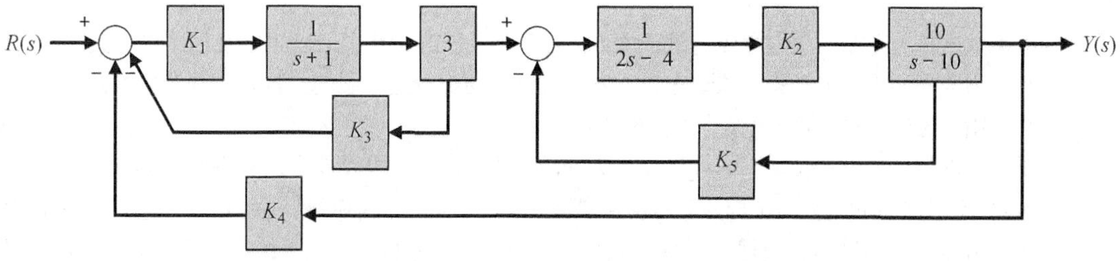

(b)

图 AP6.5　某多环反馈控制系统　(a) 信号流图模型；(b) 框图模型

（a）试求系统的闭环传递函数 $T(s) = Y(s)/R(s)$。

（b）确定 K_1、K_2、K_3、K_4 和 K_5 的取值范围，以保证系统稳定。

（c）根据（b）中的结果，选择一组合适的增益值，使系统稳定，并绘制此时的系统单位阶跃响应曲线。

AP6.6　带有摄像机的宇宙飞船如图 AP6.6（a）所示。在与基座相对倾斜的平面上，摄像机可以在大约 16° 的幅度内旋转定向。反应式反射喷嘴用于对消摄像机定向旋转发动机产生的扭矩，从而使基座保持稳定。假设摄像机旋转的转速控制系统的受控对象具有如下传递函数：

$$G(s) = \frac{1}{(s+5)(s+3)(s+7)}$$

并且如图 AP6.6（b）所示，假设采用比例微分控制器，即

$$G_c(s) = K_P + K_D s$$

其中，$K_P > 0$、$K_D > 0$。请分析 K_P 和 K_D 之间必须满足的约束关系，以保证系统稳定，并绘制参数之间的约束关系曲线及稳定可行域。

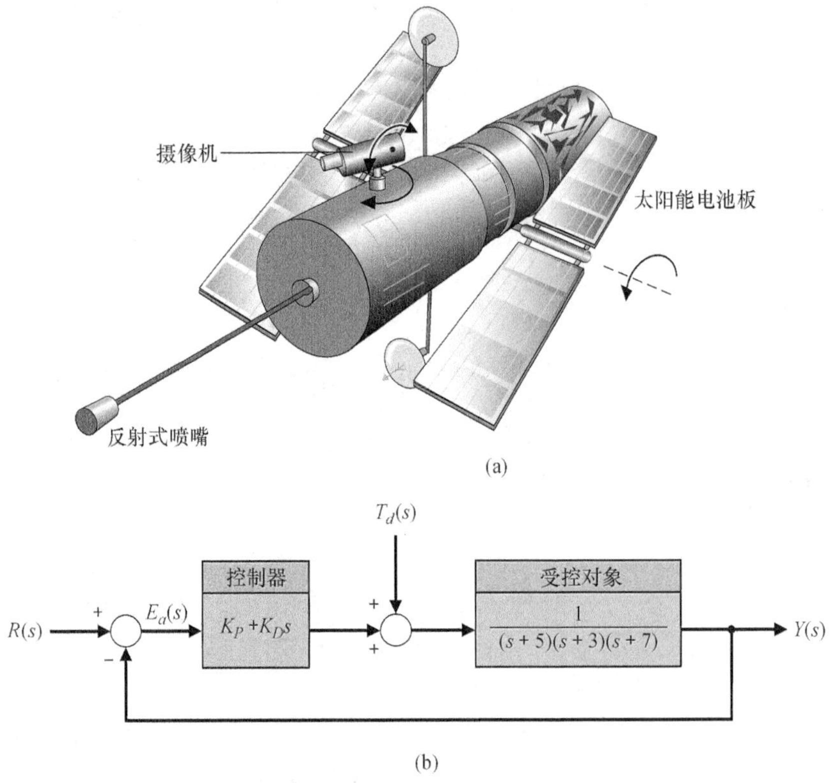

图 AP6.6　（a）带有摄像机的宇宙飞船；（b）反馈控制系统

AP6.7　人类从事体力劳动的能力主要受限于体力而不是智力。在适当的环境下，我们可以用某种装置将机械力与人的手臂力量紧密地结合在一起，再由人脑控制这种装置。与人和自动化机器的松散结合相比，这种人和机械紧密结合的系统具有更大的优势。

延伸臂的定义如下：在仍然由人把控和执行任务的前提下，可以放大人的手臂力量的一组机械手装置[23]。上述定义概括了延伸臂的主要特征——可以同时传输控制信号和力量信息。在实际应用中，可以将延伸臂套在手臂上，通过手臂与延伸臂之间的物理接触直接传输机械力和控制信号。由于采用了这种独特的交互方式，我们不再需要其他的操纵杆或键盘，就可以控制延伸臂的运动轨迹。人直接对延伸臂实施控制，延伸臂的执行机构则负责提供执行任务所需的主要力量，人成

为延伸臂的一个有机组成部分，因而“感知”的搬运负载也轻了许多。图 AP6.7（a）给出了延伸臂的一个实例 [23]，对应的框图模型如图 AP6.7（b）所示。

若系统采用比例积分控制器，即

$$G_c(s) = K_P + \frac{K_I}{s}$$

试确定控制器增益 K_P 和 K_I 的取值范围，以保证系统稳定。

(a)

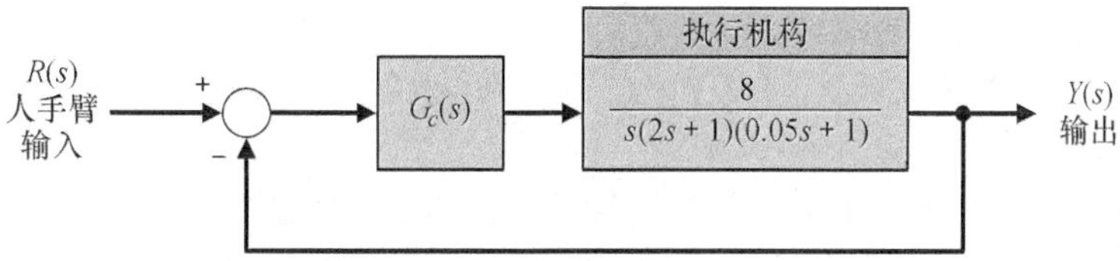

(b)

图 AP6.7　(a) 延伸臂的一个实例；(b) 框图模型

设计题

CDP6.1　在设计题 CDP5.1 研究的绞盘驱动系统中，如果将控制器选择为比例放大器，试确定能保证系统稳定的增益 K_a 的最大值。

DP6.1　汽车发动机点火控制系统（见图 DP6.1）应该在参数很宽的变化范围内保持性能的平稳 [15]。在图 DP6.1 中，增益 K 为待定参数，而参数 p 在绝大多数汽车中的取值为 2。只有在少数高性能汽车中，$p = 0$。试确定增益 K 的取值，使得当 p 为 0 或 2 时，系统是稳定的。

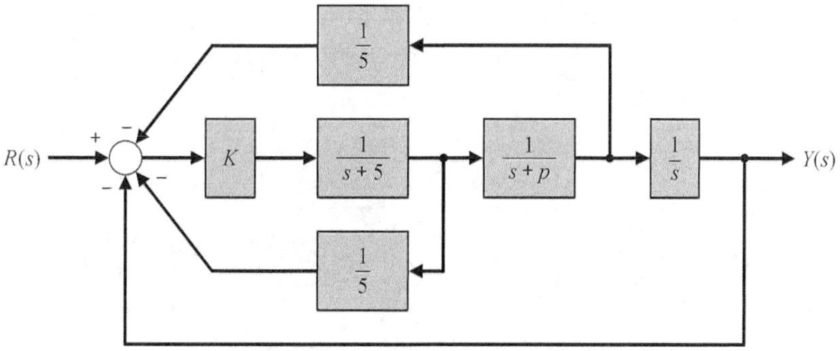

图 DP6.1　汽车发动机点火控制系统

DP6.2 火星自主漫游车的导向控制系统如图 DP6.2 所示。该系统在漫游车的前部和后部都装有一个导向轮，其反馈环路传递函数为$H(s)=Ks+1$。

(a) 确定 K 的取值范围，以保证系统稳定。

(b) 若系统的一个闭环特征根为 $s=-5$，试求 K 的取值。

(c) 在（b）中结果的基础上，求系统的另外两个特征根。

(d) 在（b）中结果的基础上，计算系统的阶跃响应。

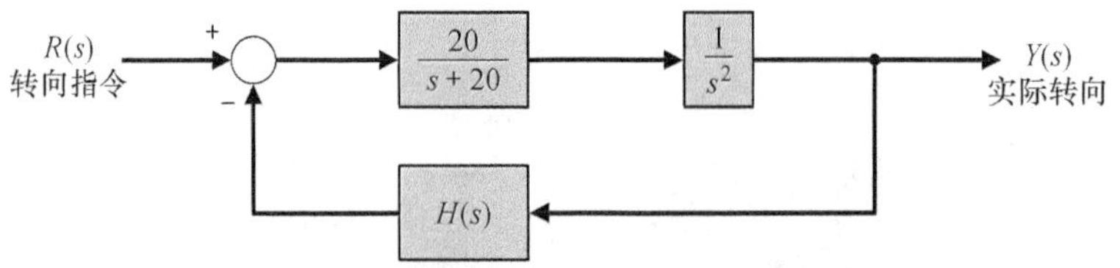

图 DP6.2 火星自主漫游车的导向控制系统

DP6.3 某单位负反馈系统的环路传递函数为

$$L(s)G_c(s)G(s)=\frac{K(s+2)}{s(1+\tau s)(1+2s)}$$

其中，K 和 τ 为待定参数。

(a) 确定参数 K 和 τ 的取值区域，以保证系统稳定，并绘制 $K-\tau$ 的稳定可行域。

(b) 在稳定可行域内，确定 K 和 τ 的合适取值，使系统斜坡响应的稳态误差小于或等于输入信号斜率的 25%。

(c) 在（b）中结果的基础上，计算系统阶跃响应的超调量。

DP6.4 火箭的姿态控制系统如图 DP6.4 所示 [17]。

(a) 确定增益 K 和参数 m 的取值范围，以保证系统稳定，并绘制 $K-m$ 的稳定可行域。

(b) 在稳定可行域内，确定 K 和 m 的合适取值，使系统斜坡响应的稳态误差小于或等于输入信号斜率的 10%。

(c) 在（b）中结果的基础上，计算系统阶跃响应的超调量。

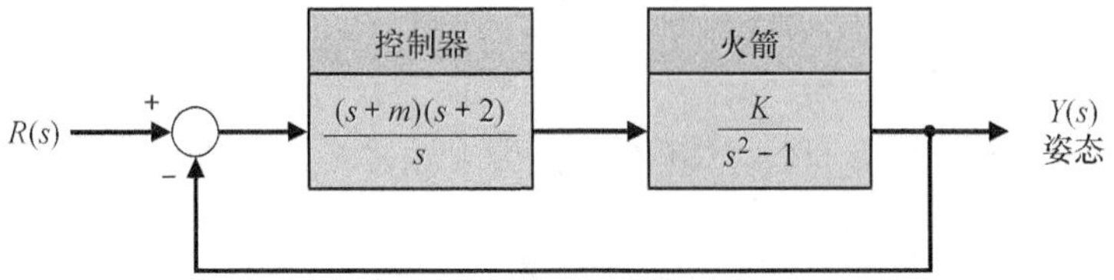

图 DP6.4 火箭的姿态控制系统

DP6.5 交通控制系统旨在控制车辆之间的距离，其框图模型如图 DP6.5 所示 [15]。

(a) 确定增益 K 的取值范围，以保证系统稳定。

(b) 如果系统失稳之前的最大增益为 K_m，那么当 $K=K_m$ 时，系统将有特征根在虚轴上。取 $K=K_m/N$，其中 N 待定。试确定 N 的合适取值，使系统阶跃响应的峰值时间小于或等于 2 s，超调量小于或等于 20%。

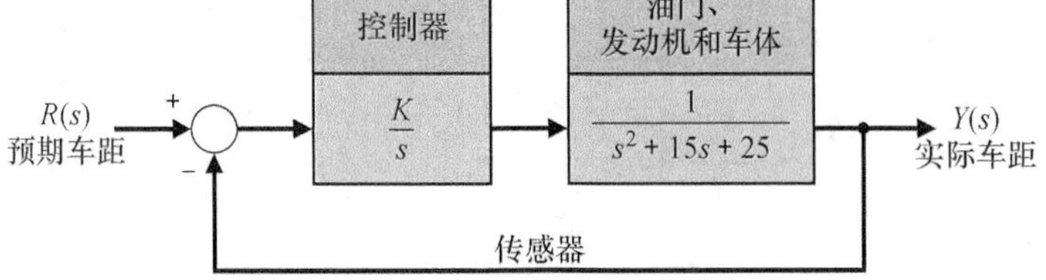

图 DP6.5 交通控制系统

DP6.6　考虑如下所示的单输入-单输出系统：

$$\dot{\boldsymbol{x}}(t)=\boldsymbol{A}\boldsymbol{x}(t)+\boldsymbol{B}u(t),\quad y(t)=\boldsymbol{C}\boldsymbol{x}(t)$$

其中：

$$\boldsymbol{A}=\begin{bmatrix}0 & 1\\ 2 & -2\end{bmatrix},\quad \boldsymbol{B}=\begin{bmatrix}0\\ 1\end{bmatrix},\quad \boldsymbol{C}=\begin{bmatrix}1 & 0\end{bmatrix}$$

假定输入是系统状态的线性组合，即

$$u(t)=-\boldsymbol{K}\boldsymbol{x}(t)+r(t)$$

其中，$r(t)$为系统的参考输入，矩阵$\boldsymbol{K}=[K_1,K_2]$为增益矩阵。将$u(t)$代入状态空间模型，可以得到闭环反馈系统的状态空间模型为

$$\dot{\boldsymbol{x}}(t)=[\boldsymbol{A}-\boldsymbol{B}\boldsymbol{K}]\boldsymbol{x}(t)+\boldsymbol{B}r(t)$$
$$y(t)=\boldsymbol{C}\boldsymbol{x}(t)$$

试确定矩阵$\boldsymbol{K}$中元素的取值范围，以保证系统稳定。假设系统的指标设计要求如下：单位阶跃响应$[R(s)=1/s]$的超调量小于或等于5%，调节时间小于或等于4 s。为了满足上述指标设计要求，试确定系统的闭环特征根在s平面左半平面的可行分布区域，并选择合适的矩阵$\boldsymbol{K}$，使系统性能满足设计要求。

DP6.7　考虑图DP6.7所示的反馈控制系统，该系统包括内环和外环，要求内环必须稳定，且响应速度尽可能敏捷。

(a) 首先考虑系统的内环，试确定K_1的取值范围，保证内环［即传递函数$Y(s)/U(s)$］稳定。

(b) 在 (a) 中得到的取值范围内，确定K_1的合适取值，使内环响应速度尽可能敏捷。

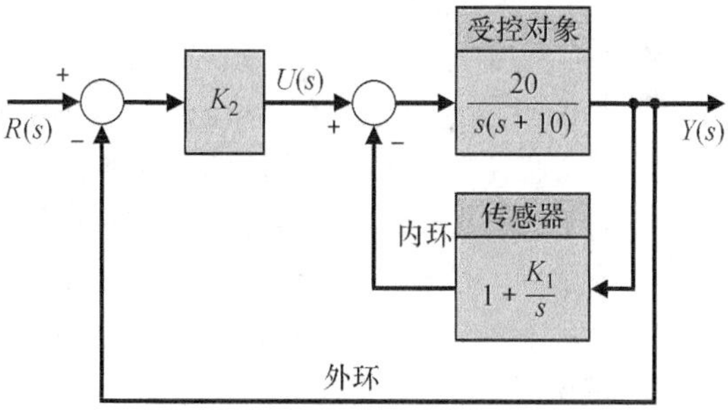

图 DP6.7　包含内环和外环的反馈控制系统

(c) 在 (b) 中得到的K_1的基础上，确定K_2的取值范围，使整个闭环系统$T(s)=Y(s)/R(s)$稳定。

DP6.8　考虑图DP6.8所示的反馈控制系统，受控对象本身临界稳定，控制器为比例微分控制器：

$$G_c(s)=K_P+K_Ds$$

我们能否找到K_P和K_D的合适取值来保证闭环系统稳定？如果能，则选择K_P和K_D的一组合适取值，使闭环系统单位阶跃响应的跟踪误差［即$E(s)=R(s)-Y(s)$］的稳态值$e_{ss}=\lim_{t\to\infty}e(t)\leqslant 0.01$且阻尼比$\zeta=\sqrt{2}/2$。

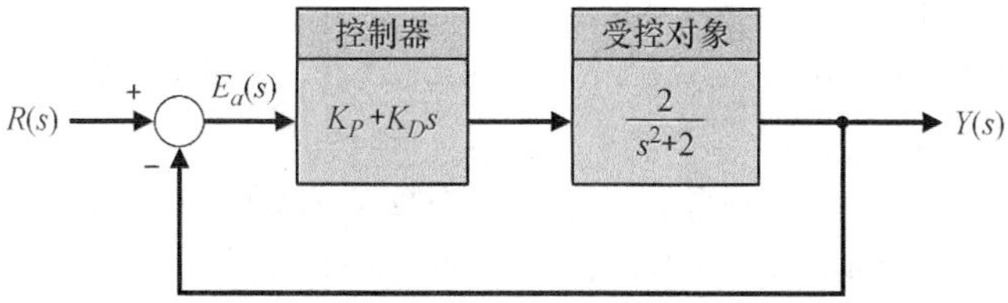

图 DP6.8　某反馈控制系统，受控对象本身临界稳定，控制器为比例微分控制器

计算机辅助设计题

CP6.1　求下列特征方程的根。

(a) $q(s)=s^3+2s^2+20s+10=0$

(b) $q(s)=s^4+8s^3+24s^2+32s+16=0$

（c）$q(s) = s^4 + 2s^2 + 1 = 0$

CP6.2 某单位负反馈系统的控制器和受控对象分别为

$$G_c(s) = K \text{ 和 } G(s) = \frac{s^2 - 6s + 5}{s^2 + 2s + 1}$$

编写 m 脚本程序，当 K 为 1、1/3 和 1/4 时，分别计算闭环传递函数的特征根，并指出 K 的哪些取值可以保证闭环系统稳定。

CP6.3 某单位负反馈系统的环路传递函数为

$$L(s) = G_c(s)G(s) = \frac{s + 1}{s^3 + 4s^2 + 6s + 10}$$

编写 m 脚本程序，确定系统的闭环传递函数，并验证闭环传递函数的特征根为 $s_1 = -2.89$、$s_{2,3} = -0.55 \pm \mathrm{j}1.87$。

CP6.4 某系统的闭环传递函数为

$$T(s) = \frac{1}{s^5 + 2s^4 + 2s^3 + 4s^2 + s + 2}$$

（a）利用劳斯-赫尔维茨稳定性判据确定系统是否稳定。如果不稳定，则指出闭环系统在 s 平面右半平面的极点的个数。

（b）利用计算机辅助软件求 $T(s)$ 的极点，并据此验证（a）中的结果。

（c）绘制系统的单位阶跃响应曲线，并讨论得到的结果。

CP6.5 在飞机控制系统的设计和分析过程中，我们常用"虚拟（纸上）飞行员"模型代替环路中的飞行员。飞机和飞行员同在环路中的飞机控制系统如图 CP6.5 所示，其中的变量 τ 表示飞行员的时延。例如，$\tau = 0.6$ 意味着飞行员的反应较慢，$\tau = 0.1$ 则意味着飞行员的反应较快。飞行员模型的其他参数分别为 $K = 1$、$\tau_1 = 2$ 和 $\tau_2 = 0.5$。编写 m 脚本程序，分别针对反应较快和反应较慢的飞行员计算闭环系统的极点，并讨论得到的结果。此外，为了保证系统稳定，试分析飞行员的最大允许时延。

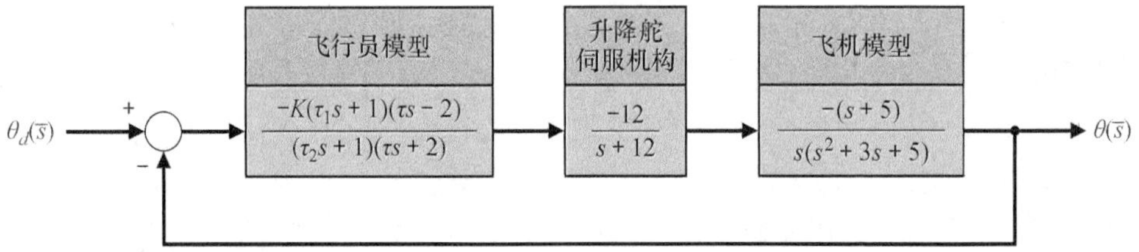

图 CP6.5 飞机和飞行员同在环路中的飞机控制系统

CP6.6 考虑图 CP6.6 所示的单环反馈控制系统。

（a）编写 m 脚本程序，调用 for 函数，当 $0 \leqslant K \leqslant 5$ 时，计算闭环系统传递函数的极点，并绘制极点随 K 变化的变化轨迹。请使用"×"表示 s 平面上的极点。

（b）利用劳斯-赫尔维茨稳定性判据确定 K 的取值范围，以保证系统稳定。

（c）当 K 在（b）中的取值范围内取最小值时，求系统特征方程的根。

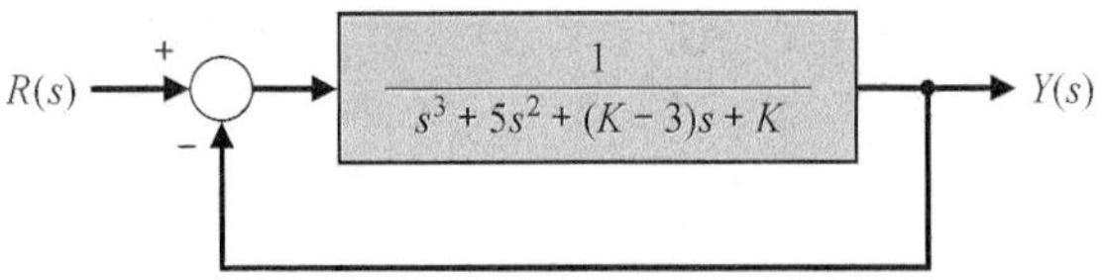

图 CP6.6 参数 K 可调的单环反馈控制系统

CP6.7 若系统的状态变量方程为

$$\dot{\boldsymbol{x}}(t)=\begin{bmatrix}0&1&0\\0&0&1\\-12&-14&-10\end{bmatrix}\boldsymbol{x}(t)+\begin{bmatrix}0\\0\\12\end{bmatrix}u(t)$$
$$y(t)=\begin{bmatrix}1&1&0\end{bmatrix}\boldsymbol{x}(t)$$

(a) 利用函数 poly 确定系统的特征方程。

(b) 计算系统的特征根，并据此判断系统是否稳定。

(c) 当系统的初始状态为零且 $u(t)$ 为单位阶跃信号时，求系统的响应 $y(t)$ 并绘制响应曲线。

CP6.8　考虑图 CP6.8 所示的非单位反馈系统。

(a) 利用劳斯-赫尔维茨稳定性判据确定 K_1 的取值范围，以保证系统稳定。

(b) 编写 m 脚本程序，当 $0 < K_1 < 30$ 时，绘制闭环系统的极点在 s 平面上的变化轨迹，并讨论得到的结果。

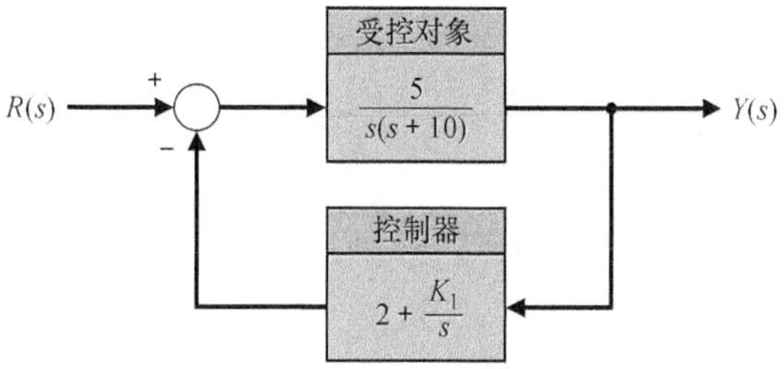

图 CP6.8　参数 K_1 可调的非单位反馈系统

CP6.9　某系统的状态空间模型为

$$\dot{\boldsymbol{x}}(t)=\boldsymbol{A}\boldsymbol{x}(t)+\boldsymbol{B}u(t)$$
$$\boldsymbol{y}(t)=\boldsymbol{C}\boldsymbol{x}(t)+\boldsymbol{D}u(t)$$

其中：

$$\boldsymbol{A}=\begin{bmatrix}0&1&0\\2&0&1\\-k&-3&-2\end{bmatrix},\boldsymbol{B}=\begin{bmatrix}-1\\0\\1\end{bmatrix}$$
$$\boldsymbol{C}=\begin{bmatrix}1&2&0\end{bmatrix},\boldsymbol{D}=[0]$$

(a) 确定 k 的取值范围，以保证系统稳定。

(b) 编写 m 脚本程序，当 $0 < k < 10$ 时，绘制闭环系统的极点在 s 平面上的变化轨迹，并讨论得到的结果。

☑ 技能自测答案

正误判断题：1. 错；2. 对；3. 错；4. 对；5. 对

多项选择题：6.a；7.c；8.a；9.b；10.b；11.a；12.a；13.b；14.a；15.b

术语和概念匹配题（自上向下）：e；d；f；a；b；g；c

术语和概念

absolute stability	**绝对稳定性**	一个只描述系统稳定与否的概念，不涉及诸如稳定程度等其他系统特性。
auxiliary polynomial	**辅助多项式**	借助劳斯判定表中全零元素行的上一行可以直接构建的多项式。

marginally stable	**临界稳定**	当且仅当 t 趋于无穷且系统的零输入响应仍然有界时，系统才临界稳定。
relative stability	**相对稳定性**	用特征方程的实根或共轭复根的实部的相对大小来度量的系统的稳定程度。
Routh-Hurwitz criterion	**劳斯-赫尔维茨稳定性判据**	一种通过研究传递函数的特征方程来确定系统稳定性的判据。劳斯-赫尔维茨稳定性判据指出，特征方程中实部为正的根的个数，等于劳斯判定表中首列元素的符号改变次数。
stability	**稳定性**	系统的性能指标之一。如果传递函数的所有极点都具有负实部，则系统是稳定的。
stable system	**稳定系统**	当输入有界时，输出响应也有界的动态系统。

第7章 根轨迹法

提要

反馈系统的性能可以通过闭环特征根在 s 平面上的位置分布来刻画。当一个参数发生变化时，闭环特征根在 s 平面上的变化轨迹被称为系统的根轨迹。根轨迹是分析和设计反馈控制系统的一种有力的工具。本章将首先讨论如何手动绘制根轨迹，如何用计算机绘制根轨迹以及根轨迹在设计中的有效作用。当系统有两个或两个以上的参数发生变化时，根轨迹法让我们有可能设计控制器参数。通过精巧地调整控制器参数，我们可以驱使闭环反馈控制系统达到预期的性能设计要求，因此，能够利用根轨迹来设计控制器参数这一点很重要。本章接下来将介绍应用广泛的PID 控制器的结构，PID 控制器是有三个可调参数的控制器实例。本章还将定义根灵敏度，用来衡量某个特征根对系统参数的微小变化的敏感性。作为结束，本章最后将使用根轨迹法为循序渐进设计实例——磁盘驱动器读取系统设计控制器。

预期收获

在完成第 7 章的学习后，学生应该：

- 理解根轨迹的概念及其在控制系统设计中的作用；
- 掌握手动绘制根轨迹的方法以及使用计算机绘制根轨迹的方法；
- 熟悉在反馈控制系统中应用广泛的关键部件——PID 控制器；
- 理解根轨迹在参数设计和系统灵敏度分析中的作用；
- 能够用根轨迹法设计控制器，使系统满足预期的性能指标设计要求。

7.1 引言

闭环控制系统的相对稳定性及瞬态表现，与闭环特征根在 s 平面上的位置密切相关。我们常常需要调整一个或多个系统参数，以便将特征根配置在合适的位置。因此，当给定系统的参数发生变化时，研究系统的特征根在 s 平面上的变化规律（即研究当参数发生变化时，闭环特征根在 s 平面上的**变化轨迹**）是很有意义的。埃文斯（Evans）在 1948 年率先提出了**根轨迹法**，随后，根轨迹法在控制工程实践中得到迅速的发展和广泛的应用[1-3]。根轨迹法是一种图示化方法，用于绘制当一个参数发生变化时，特征根在 s 平面上的变化轨迹。事实上，根轨迹法还使得控制工程师得以把握特征根对参数变化的灵敏度。根轨迹法在与劳斯-赫尔维茨稳定性判据结合后，将能够发挥更大的作用。

根轨迹法提供了图示化信息，因此，根轨迹可以提供关于系统稳定性和系统其他性能的定性信息。此外，单环路控制系统的根轨迹法还可以方便地扩展到多环路系统。如果特征根的位置不符合要求，则利用根轨迹还可以很容易地确定应该怎样调整参数[4]。

7.2 根轨迹的概念

闭环控制系统的动态性能可以用闭环传递函数来描述：

$$T(s)=\frac{Y(s)}{R(s)}=\frac{p(s)}{q(s)} \tag{7.1}$$

其中，$p(s)$ 和 $q(s)$ 为 s 的多项式。特征多项式 $q(s)$ 的根决定了系统响应的模式。当系统为图 7.1 所示的简单单环路控制系统时，其特征方程为

$$1+KG(s)=0 \tag{7.2}$$

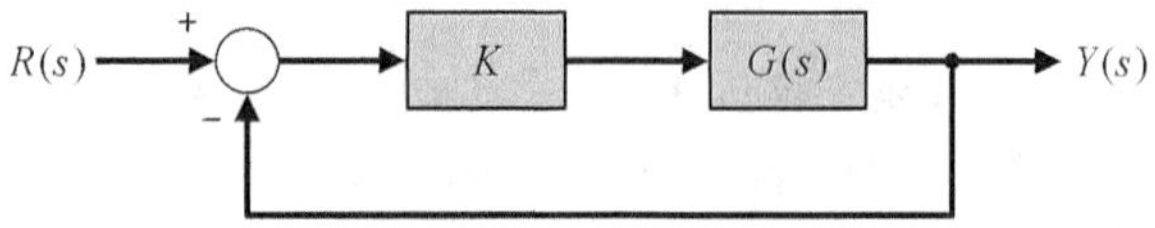

图 7.1　具有可变参数 K 的闭环控制系统

其中，K 为可变参数且满足 $0 \leqslant K < +\infty$。s 平面上的闭环特征根则满足式（7.2）。由于 s 是复变量，因此式（7.2）可改写为如下极坐标形式：

$$|KG(s)|\,\underline{/KG(s)}=-1 \tag{7.3}$$

也就是说，式（7.2）应该同时满足

$$|KG(s)|=1$$

和

$$\underline{/KG(s)}=180^\circ+k360^\circ \tag{7.4}$$

其中，$k=0,\pm 1,\pm 2,\pm 3,\cdots$。

根轨迹指的是当系统的某个参数从 0 变化到+∞时，闭环特征方程的根在 s 平面上的变化轨迹。

概念强调说明 7.1

考虑图 7.2 所示的简单二阶系统，该系统的特征方程为

$$\Delta(s)=1+KG(s)=1+\frac{K}{s(s+2)}=0$$

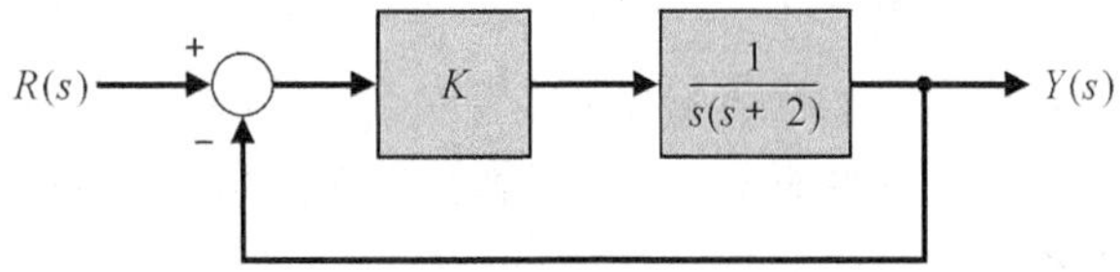

图 7.2　单位负反馈控制系统，增益 K 为可调参数

等价于

$$\Delta(s)=s^2+2s+K=s^2+2\zeta\omega_n s+\omega_n^2=0 \tag{7.5}$$

于是，当增益 K 发生变化时，根轨迹一定同时满足如下两个条件：

$$|KG(s)|=\left|\frac{K}{s(s+2)}\right|=1 \tag{7.6}$$

和

$$\underline{/KG(s)}=\pm 180^\circ,\pm 540^\circ,\cdots \tag{7.7}$$

其中，增益 K 在 0 到+∞之间变化。二阶系统的闭环特征根为

$$s_1, s_2=-\zeta\omega_n\pm\omega_n\sqrt{\zeta^2-1} \tag{7.8}$$

当 $\zeta < 1$ 时，阻尼角 $\theta = \arccos\zeta$。系统的两个开环极点在图 7.3 中的符号“×”表示。因此，当 $\zeta \leqslant 1$ 时，为了满足式（7.7）给出的相角条件，闭环特征根的轨迹需要是一条垂直于横轴的直线。例如，在图 7.4 中，当特征根位于点 s_1 时，它到两个开环极点的相角为

$$\left.\angle\frac{K}{s(s+2)}\right|_{s=s_1} = -\angle s_1 - \angle(s_1+2) = -\left[\left(180^\circ - \theta\right) + \theta\right] = -180^\circ \tag{7.9}$$

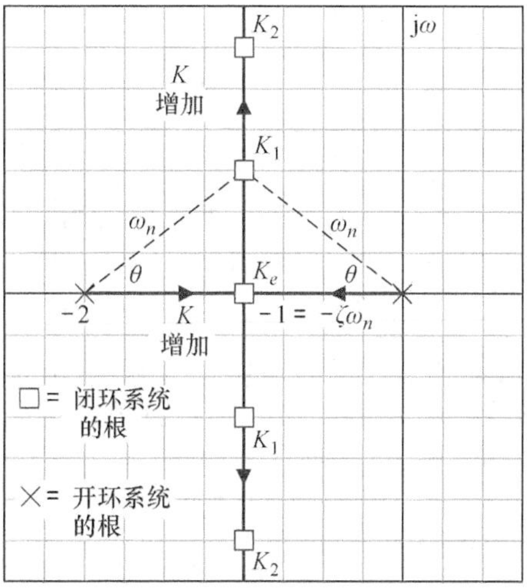

图 7.3　二阶系统的根轨迹（$K_e < K_1 < K_2$）。图中的粗线表示根轨迹，箭头表示 K 增大的方向，根轨迹上的闭环特征根用□表示

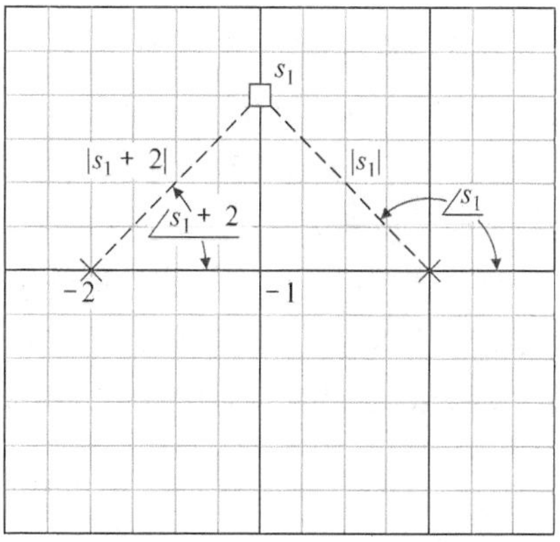

图 7.4　当特征根位于点 s_1 时的相角和增益（$K = K_1$）

事实上，实轴上从−2 到 0 之间垂直平分线上的每一点都满足这个相角条件。而与某个点 s_1 对应的增益 K 的匹配值，则需要根据式（7.6）求出，即

$$\left|\frac{K}{s(s+2)}\right|_{s=s_1} = \frac{K}{|s_1||s_1+2|} = 1 \tag{7.10}$$

故有

$$K = |s_1||s_1+2| \tag{7.11}$$

其中，$|s_1|$ 表示从原点到点 s_1 的向量的幅值，$|s_1+2|$ 表示从−2 到点 s_1 的向量的幅值。

对于多环路的闭环系统，由梅森信号流图增益公式可以得到

$$\Delta(s) = 1 - \sum_{n=1}^{N} L_n + \sum_{\substack{n,m \\ \text{非接触}}} L_n L_m - \sum_{\substack{n,m,p \\ \text{非接触}}} L_n L_m L_p + \cdots \tag{7.12}$$

其中，L_n 为第 n 个环路的传输增益。于是，特征多项式可以写为

$$q(s) = \Delta(s) = 1 + F(s) \tag{7.13}$$

为了得到系统的闭环特征根，令式（7.13）等于 0，即有

$$1 + F(s) = 0 \tag{7.14}$$

或者

$$F(s) = -1 \tag{7.15}$$

这是每个闭环特征根都要满足的条件。

函数 $F(s)$ 的一般形式为

$$F(s)=\frac{K(s+z_1)(s+z_2)(s+z_3)\cdots(s+z_M)}{(s+p_1)(s+p_2)(s+p_3)\cdots(s+p_n)}$$

根轨迹应该满足的幅值条件为

$$|F(s)|=\frac{K|s+z_1||s+z_2|\cdots}{|s+p_1||s+p_2|\cdots}=1 \tag{7.16}$$

根轨迹应该满足的相角条件为

$$\angle F(s)=\angle s+z_1+\angle s+z_2+\cdots-(\angle s+p_1+\angle s+p_2+\cdots)=180^\circ+k360^\circ \tag{7.17}$$

其中，k 为整数。根据式（7.16），我们可以确定与给定的特征根对应的匹配增益 K。而对于 s 平面上的任意一点 s_1，只要满足式（7.17），它就是根轨迹上的点，其中的相角可从水平线开始度量，以逆时针方向为正。

为了进一步扩展说明如何绘制关于其他参数的根轨迹，下面再次考虑图 7.5（a）所示的二阶系统。通过改写特征方程，我们可以将自己关心的参数 a（$a>0$），写成 $F(s)$ 分子中的乘性因子，并得到参数 a 发生变化时的根轨迹。由框图模型可知，系统的特征方程为

$$1+KG(s)=1+\frac{K}{s(s+a)}=0$$

等价于

$$s^2+as+K=0$$

针对上面的方程，在等号的两边同时除以因子 (s^2+K)，可以得到

$$1+\frac{as}{s^2+K}=0 \tag{7.18}$$

因此，特征根 s_1 应该满足的幅值条件和相角条件分别为

$$\frac{a|s_1|}{|s_1^2+K|}=1 \tag{7.19}$$

$$\angle s_1-(\angle s_1+\mathrm{j}\sqrt{K}+\angle s_1-\mathrm{j}\sqrt{K})=\pm180^\circ,\pm540^\circ,\cdots$$

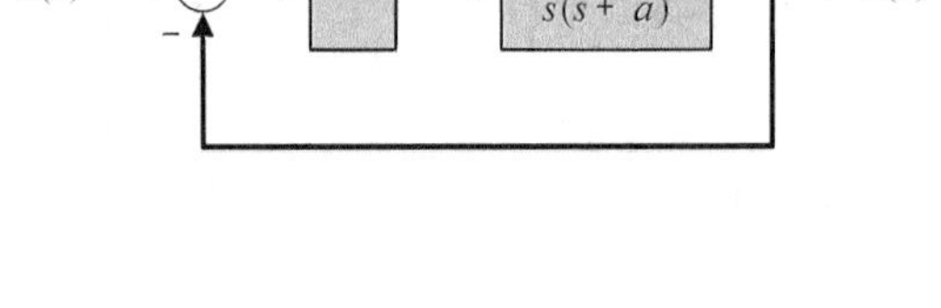

(a)

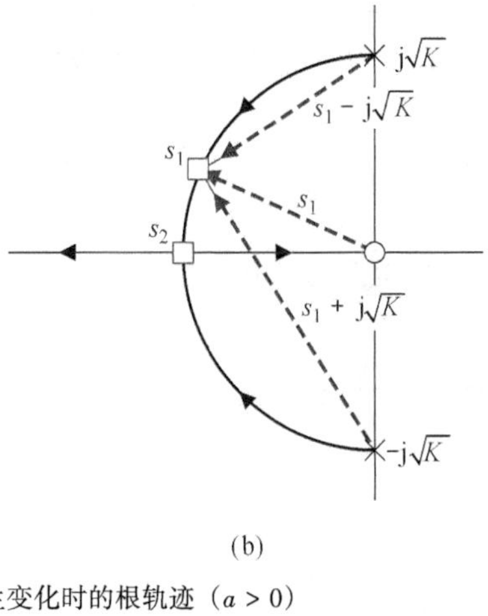

(b)

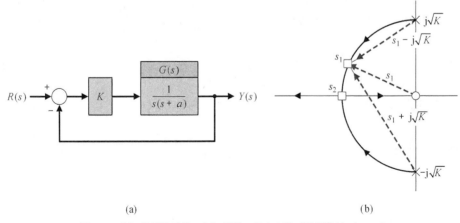

图 7.5 （a）单环路系统；（b）参数 a 发生变化时的根轨迹（$a>0$）

从原则上讲，只需要利用相角条件，就能得到根轨迹。7.3 节将详细介绍根轨迹的绘制步骤。式（7.18）所示的特征方程对应的根轨迹如图 7.5（b）所示。特别地，在根轨迹上的点 s_1 处，我们可以由式（7.19）得到参数 a 的匹配值，即

$$a = \frac{\left|s_1 - \mathrm{j}\sqrt{K}\right|\left|s_1 + \mathrm{j}\sqrt{K}\right|}{\left|s_1\right|} \tag{7.20}$$

而在根轨迹上的点 s_2 处，根轨迹与实轴汇合，这表明系统对阶跃输入信号的响应处于临界阻尼状态。令 $s_2 = \sigma_2$，则点 s_2 对应的参数 a 的匹配值为

$$a = \frac{\left|\sigma_2 - \mathrm{j}\sqrt{K}\right|\left|\sigma_2 + \mathrm{j}\sqrt{K}\right|}{\sigma_2} = \frac{1}{\sigma_2}\left(\sigma_2^2 + K\right) = 2\sqrt{K} \tag{7.21}$$

其中，σ_2 为 s 平面上向量 s_2 的幅值且 $\sigma_2 = \sqrt{K}$。当参数 a 超出该临界值后，系统将有两个不同的实根：一个大于 σ_2，另一个小于 σ_2。

一般情况下，我们希望能够按照一定的方法和步骤来确定参数变化时的根轨迹。7.3 节将给出手动绘制根轨迹的详细步骤。

7.3　绘制根轨迹

闭环系统的特征根可以反映系统响应的内在有价值的信息。为了用图解法确定特征根在 s 平面上的轨迹，下面给出手动绘制根轨迹的 7 个步骤。

步骤 1：绘制根轨迹的准备工作。将特征方程写成下面的形式：

$$1 + F(s) = 0 \tag{7.22}$$

必要时，我们需要将自己感兴趣的参数 K 改写成乘积因子形式：

$$1 + Kp(s) = 0 \tag{7.23}$$

在大多数情况下，我们关心的是 K 从 0 变化到+∞时的根轨迹。7.7 节将讨论当 K 从-∞变化到 0 时的根轨迹。

将分式 $p(s)$ 写成零点和极点形式，可以得到

$$1 + K\frac{\prod_{i=1}^{M}\left(s + z_i\right)}{\prod_{j=1}^{n}\left(s + p_j\right)} = 0 \tag{7.24}$$

在 s 平面上用相应的符号标出开环极点 $-p_j$ 和开环零点 $-z_i$ 的位置。通常的做法是，用“×”表示极点，而用“○”表示零点。

再将式（7.24）改写为

$$\prod_{j=1}^{n}\left(s + p_j\right) + K\prod_{i=1}^{M}\left(s + z_i\right) = 0 \tag{7.25}$$

这是特征方程的另一种表示方法。当 $K = 0$ 时，式（7.25）将变成

$$\prod_{j=1}^{n}\left(s + p_j\right) = 0$$

由此可知，闭环特征根与 $p(s)$ 的极点重合了。与之对应，当 $K \to +\infty$ 时，闭环特征根将与 $p(s)$ 的零点重合。为了说明这一点，对式（7.25）中等号的两边同时除以 K，得到

$$\frac{1}{K}\prod_{j=1}^{n}\left(s+p_j\right)+\prod_{j=1}^{M}\left(s+z_j\right)=0$$

于是当 $K \to +\infty$ 时，上述方程将变成

$$\prod_{j=1}^{M}\left(s+z_j\right)=0$$

这说明此时的闭环特征根与 $p(s)$ 的零点重合了。由此可以得出如下结论：**当 K 从 0 到 $+\infty$ 增加时，特征方程 $1+Kp(s)=0$ 的根轨迹起始于 $p(s)$ 的极点，终止于 $p(s)$ 的零点。**大部分 $p(s)$ 函数的极点个数多于零点个数，因此 $p(s)$ 会有一些零点位于 s 平面上的无限远处。当 $p(s)$ 有 n 个极点和 M 个零点并且 $n>M$ 时，就会有 $n-M$ 条根轨迹分支趋于 s 平面上无穷远处的开环零点。

步骤 2：确定实轴上的根轨迹段。**实轴上的闭环根轨迹段总是位于奇数个开环零点和极点的左侧**。利用式（7.17）所示的相角条件可以验证上述结论。

下面我们通过一个例子来说明绘制根轨迹的前两个步骤。

例 7.1　二阶系统

某反馈控制系统的特征方程为

$$1+GH(s)=1+\frac{K\left(\frac{1}{2}s+1\right)}{\frac{1}{4}s^2+s}=0 \tag{7.26}$$

步骤 1：将特征方程写成

$$1+K\frac{2(s+2)}{s^2+4s}=0$$

其中：

$$p(s)=\frac{2(s+2)}{s^2+4s}$$

将开环传递函数 $p(s)$ 改写成零点和极点形式后，闭环特征方程为

$$1+K\frac{2(s+2)}{s(s+4)}=0 \tag{7.27}$$

其中，$0 \leqslant K<+\infty$ 是根轨迹增益。为了确定增益 K 发生变化时的根轨迹，如图 7.6（a）所示，我们可以将开环传递函数 $p(s)$ 的零点和极点标注在实轴上。

步骤 2：实轴上的区间 $(-2, 0)$ 满足相角条件，这是一段根轨迹。不妨取该区间内的任意一点 s_1 作为测试点。可以看出，从开环极点 $p_1=0$ 出发，终止于点 s_1 的向量的相角为 180°；而从开环零点 $z=-2$ 和开环极点 $p_2=-4$ 出发，终止于点 s_1 的向量的相角均为 0°。因此，该区间内的任意一点均满足相角条件。又因为根轨迹起始于极点，终止于零点，所以实轴上根轨迹段的形状如图 7.6（b）所示，其中的箭头表示 K 增大时的根轨迹方向。注意，实轴上有两个开环极点和一个开环零点，因此实轴上的第二条根轨迹段趋向于 $-\infty$ 处的无限零点。根据式（7.16）所示的幅值条件，我们还可以估计与根轨迹上某个特定的闭环特征根对应的增益 K。例如，在特征根 $s=s_1=-1$ 处，增益 K 满足如下幅值条件：

$$\frac{(2K)\left|s_1+2\right|}{\left|s_1\right|\left|s_1+4\right|}=1$$

即

$$K = \frac{|-1||-1+4|}{2|-1+2|} = \frac{3}{2} \tag{7.28}$$

我们也可以利用几何关系来求增益 K。当增益 $K = 3/2$ 时，系统的另一个闭环特征根为 $s = s_2 = -6$，它位于开环极点 -4 左侧的根轨迹段上，如图 7.6（c）所示。

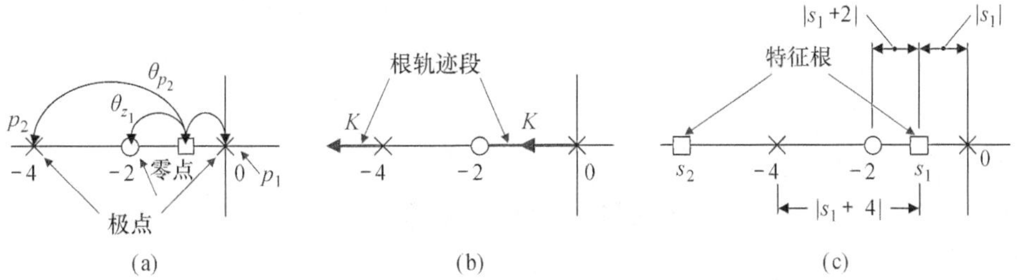

图 7.6 （a）二阶系统的开环零点和极点；（b）实轴上的根轨迹段；（c）点 s_1 处各个向量的幅值

下面我们来确定根轨迹分支的条数。由于根轨迹起始于开环极点，终止于开环零点，而开环极点的个数通常大于或等于开环零点的个数，因此**根轨迹分支的条数等于开环极点的个数**。例如，图 7.6（a）所示的二阶系统有两个开环极点和一个开环零点，因此根轨迹分支的条数为 2。

如果闭环系统存在共轭复根，则它们必然关于实轴对称地成对出现。因此，**根轨迹分支必然关于实轴对称**。

接下来我们继续介绍绘制根轨迹的后续步骤。

步骤 3：根轨迹会沿渐近线趋于无穷远处的开环零点，渐近线与实轴的夹角为 ϕ_A。此外，渐近线与实轴还有公共的交点（即渐近中心 σ_A）。当有限开环零点的个数 M 小于开环极点的个数 n 时，记 $N = n - M$，此时系统将有 N 条根轨迹分支趋于无穷远处的零点。也就是说，当 K 趋于+∞时，这些根轨迹分支将沿一组**渐近线**趋于无穷远点，这组渐近线与实轴的公共交点（即渐近中心 σ_A）为

$$\sigma_A = \frac{\sum 开环极点 - \sum 开环零点}{n-M} = \frac{\sum_{j=1}^{n}(-p_j) - \sum_{i=1}^{M}(-z_i)}{n-M} \tag{7.29}$$

渐近线与实轴的夹角为

$$\phi_A = \frac{2k+1}{n-M}180°, \quad k = 0,1,2,\cdots,(n-M-1) \tag{7.30}$$

其中，k 为整数[3]。对于绘制根轨迹的大致形状而言，这条规则非常有用。下面解释式（7.30）的由来。在任意一条趋于无穷远点的根轨迹分支上，从与有限开环零点和开环极点相距无穷远的地方选取一个点，由于这个点在根轨迹上，因此必然满足根轨迹的相角条件，相角条件中右边的主值应为 180°。又因为这个点与 $p(s)$ 的所有有限零点和极点相距无穷远，所以我们可以认为，从所有有限开环零点和开环极点到这个点的向量的相角都相等，相角条件中左边的相角之和为 $(n-M)\phi$，其中 n 和 M 分别是有限开环极点和零点的个数。于是就有

$$(n-M)\phi = 180°$$

或者

$$\phi = \frac{180°}{n-M}$$

考虑 s 平面上趋于无穷远点的所有根轨迹分支，便可得到式（7.30）。

考虑式（7.24）所示的特征方程，我们可以得到这组渐近线的中心（即**渐近中心**）在哪里。

当 s 的值很大时，我们只需要考虑分子和分母中的最高阶项，于是特征方程可以近似为

$$1+\frac{Ks^M}{s^n}=0$$

无穷远点处的根轨迹应满足上述近似方程，这表明（$n-M$）条渐近线的中心为原点 $s=0$。为了得到更好的近似，我们可以将 s 值很大时的特征方程简化为下列形式：

$$1+\frac{K}{\left(s-\sigma_A\right)^{n-M}}=0$$

其中，待定的渐近中心为 σ_A。

考虑式（7.24）中分子和分母的前两项，以便确定渐近中心的位置。将式（7.24）展开，可以得到如下关系式：

$$1+\frac{K\prod_{i=1}^{M}\left(s+z_i\right)}{\prod_{j=1}^{n}\left(s+p_j\right)}=1+K\frac{s^M+b_{M-1}s^{M-1}+\cdots+b_0}{s^n+a_{n-1}s^{n-1}+\cdots+a_0}$$

注意：

$$b_{M-1}=\sum_{i=1}^{M}z_i, a_{n-1}=\sum_{j=1}^{n}p_j$$

若只保留展开式的前两项，则可以得到

$$1+\frac{K}{s^{n-M}+\left(a_{n-1}-b_{M-1}\right)s^{n-M-1}}=0$$

若将待定的如下特征方程的近似式的分母展开：

$$1+\frac{K}{\left(s-\sigma_A\right)^{n-M}}=0$$

但仅保留其中的前两项，则有

$$1+\frac{K}{s^{n-M}-(n-M)\sigma_A s^{n-M-1}}=0$$

比较其中 s^{n-M-1} 项的系数，可以得到

$$a_{n-1}-b_{M-1}=-(n-M)\sigma_A$$

即

$$\sigma_A=\frac{\sum_{i=1}^{n}\left(-p_i\right)-\sum_{i=1}^{M}\left(-z_i\right)}{n-M}$$

这便是渐近中心的表达式。

作为例子，下面重新讨论图 7.2 对应的系统，该系统的特征方程为

$$1+\frac{K}{s(s+2)}=0$$

$n-M=2$，因此该系统有两条根轨迹趋于无穷远处的零点。渐近线的中心为

$$\sigma_A=\frac{-2}{2}=-1$$

渐近线与实轴的夹角为

$$\phi_A = 90^\circ (k = 0) \text{ 和 } \phi_A = 270^\circ (k = 1)$$

于是我们很容易绘制出图 7.3 所示的根轨迹。下面的例子将进一步说明如何应用渐近线绘制根轨迹。

例 7.2　4 阶系统

某单位负反馈控制系统的特征方程为

$$1 + GH(s) = 1 + \frac{K(s+1)}{s(s+2)(s+4)^2} \tag{7.31}$$

我们希望通过绘制根轨迹来把握增益 K 对系统的影响。图 7.7（a）给出了 s 平面上的开环零极点分布图，图中用粗线标明了实轴上的根轨迹段，它们都位于奇数个开环零点和极点的左侧。由于 $n - M = 3$，因此根轨迹有 3 条渐近线。渐近线与实轴的交点（渐近中心）为

$$\sigma_A = \frac{(-2) + 2(-4) - (-1)}{4 - 1} = \frac{-9}{3} = -3 \tag{7.32}$$

渐近线与实轴的夹角分别为

$$\phi_A = +60^\circ (k = 0)$$
$$\phi_A = 180^\circ (k = 1)$$
$$\phi_A = 300^\circ (k = 2)$$

注意，每个开环极点都是根轨迹的起始点，因此有两条根轨迹分支起始于双重极点 $s = -4$。在画出渐近线之后，就可以得到根轨迹的大致形状，如图 7.7（b）所示。必要时，我们还应该详细计算并准确绘制根轨迹在渐近中心 σ_A 附近的实际形状。

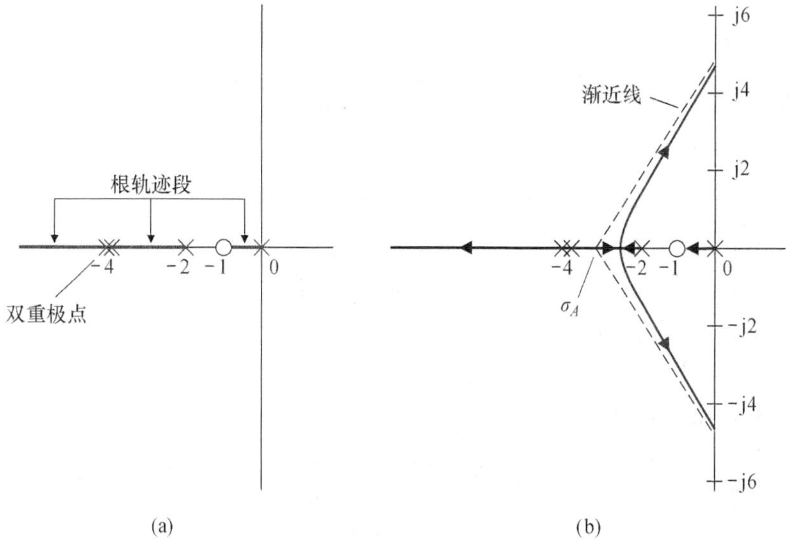

图 7.7　4 阶系统的根轨迹

（a）零极点分布图；（b）根轨迹

接下来我们继续介绍绘制根轨迹的后续步骤。

步骤 4：如果根轨迹通过虚轴，则用**劳斯-赫尔维茨性判据确定根轨迹与虚轴的交点**。

步骤 5：确定实轴上的分离点（如果有的话）。回顾例 7.2，根轨迹在**分离点**处离开了实轴。当闭环特征方程在实轴上有多重根（通常为双重）时，根轨迹就会在重根处与实轴分离。简单二

阶系统的分离点如图 7.8（a）所示，作为特例的某 4 阶系统的分离点如图 7.8（b）所示。根据相角条件，在分离点处，各条根轨迹分支的切线将均分 360°。于是在图 7.8（a）中，我们可以看到两条根轨迹分支在分离点处彼此相隔 180°；而图 7.8（b）中，4 条根轨迹分支依次相隔 90°。

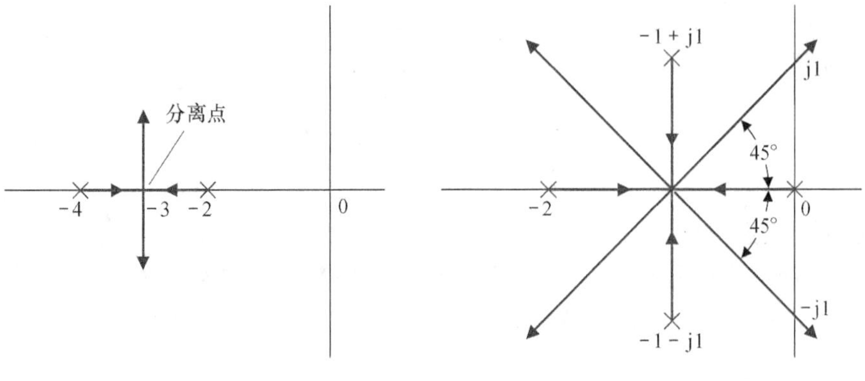

(a) (b)

图 7.8 （a）简单二阶系统的分离点；（b）作为特例的某 4 阶系统的分离点

我们可以用图解法或解析法得到实轴上的分离点。图解法最直接，下面首先从特征方程中分离出乘性因子 K，然后将特征方程整理成下面的形式：

$$p(s) = K \tag{7.33}$$

考虑具有如下开环传递函数的单位反馈闭环系统：

$$L(s) = KG(s) = \frac{K}{(s+2)(s+4)}$$

特征方程为

$$1 + KG(s) = 1 + \frac{K}{(s+2)(s+4)} = 0 \tag{7.34}$$

将特征方程改写为

$$K = p(s) = -(s+2)(s+4) \tag{7.35}$$

系统的根轨迹如图 7.8（a）所示。可以预测，分离点位于 $s = \sigma = -3$ 处，在该点附近，$p(s)|_{s=\sigma}$ 曲线如图 7.9 所示。从图 7.9 中可以看出，$p(s)$ 在极点 $s = -2$ 和 $s = -4$ 处的值为 0，曲线关于 $s = \sigma$ 对称。另外，在分离点 $s = \sigma = -3$ 处，$p(s)$ 取得最大值。

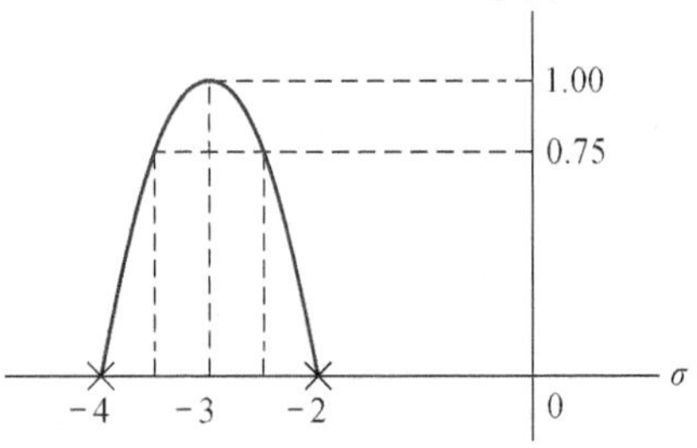

图 7.9 分离点的图解法

与图解法对应，解析法通过求解 $K = p(s)$ 的极大值来求取分离点。我们只需要对 $p(s)$ 进行微分并令微分结果为 0，然后求解方程的根就能得到分离点。也就是说，通过求解如下方程即可得到分离点。

$$\frac{\mathrm{d}K}{\mathrm{d}s} = \frac{\mathrm{d}p(s)}{\mathrm{d}s} = 0 \tag{7.36}$$

式（7.36）是图 7.9 所示图解法的解析表示形式，所得方程的阶次为 $n + M - 1$，仅比零点和极点的总数少 1。

为了推导式（7.36），下面考虑特征方程的一般形式。

$$1 + F(s) = 1 + \frac{KY(s)}{X(s)} = 0$$

上式可简化为

$$X(s) + KY(s) = 0 \tag{7.37}$$

当 K 有微小增量 ΔK 时，有

$$X(s) + (K + \Delta K)Y(s) = 0$$

将上式除以 $X(s) + KY(s)$，便可得到

$$1 + \frac{\Delta KY(s)}{X(s) + KY(s)} = 0 \tag{7.38}$$

此时的分母即为原来的特征方程，它在分离点处应该有 m 重根，于是有

$$\frac{Y(s)}{X(s) + KY(s)} = \frac{C_i}{\left(s - s_i\right)^m} = \frac{C_i}{(\Delta s)^m} \tag{7.39}$$

可将式（7.38）改写为

$$1 + \frac{\Delta KC_i}{(\Delta s)^m} = 0 \tag{7.40}$$

或者

$$\frac{\Delta K}{\Delta s} = \frac{-(\Delta s)^{m-1}}{C_i} \tag{7.41}$$

最后，令 $\Delta s \to 0$，此时在分离点处应该有

$$\frac{\mathrm{d}K}{\mathrm{d}s} = 0 \tag{7.42}$$

重新考虑前面的例子，开环传递函数为

$$L(s) = KG(s) = \frac{K}{(s+2)(s+4)}$$

将 K 分离出来，可以得到 $p(s)$ 的表达式为

$$p(s) = K = -(s+2)(s+4) = -\left(s^2 + 6s + 8\right) \tag{7.43}$$

对 $p(s)$ 进行微分，可以得到

$$\frac{\mathrm{d}p(s)}{\mathrm{d}s} = -(2s + 6) = 0 \tag{7.44}$$

由此得到分离点为 $s = -3$。下面我们通过一个更复杂的例子来进一步说明如何用图解法确定分离点。

例 7.3　三阶系统

某反馈控制系统如图 7.10 所示，其特征方程为

$$1 + G(s)H(s) = 1 + \frac{K(s+1)}{s(s+2)(s+3)} = 0 \tag{7.45}$$

开环极点的个数 n 与零点的个数 M 之差为 2，因此，根轨迹有两条渐近线且渐近中心 $\sigma_A = -2$，渐近线与实轴的夹角为±90°。渐近线以及实轴上的根轨迹段如图 7.11（a）所示，从中可以看出，分离点在 $s = -2$ 和 $s = -3$ 之间。为了确定分离点，我们可以改写特征方程，将 K 从特征

方程中分离出来，从而得到

$$s(s+2)(s+3)+K(s+1)=0$$

即

$$p(s)=\frac{-s(s+2)(s+3)}{s+1}=K \tag{7.46}$$

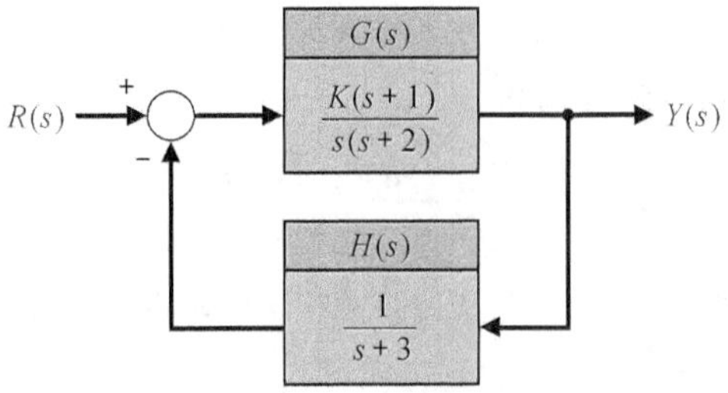

图 7.10 某反馈控制系统

在 $s=-2$ 和 $s=-3$ 之间的不同点处，$p(s)$ 取值的计算结果见表 7.1，分离点如图 7.11（b）所示。我们可以等效地对式（7.46）进行微分并令微分结果为 0，于是得到

$$\frac{\mathrm{d}}{\mathrm{d}s}\left(\frac{-s(s+2)(s+3)}{s+1}\right)=\frac{\left(s^3+5s^2+6s\right)-(s+1)\left(3s^2+10s+6\right)}{(s+1)^2}=0$$

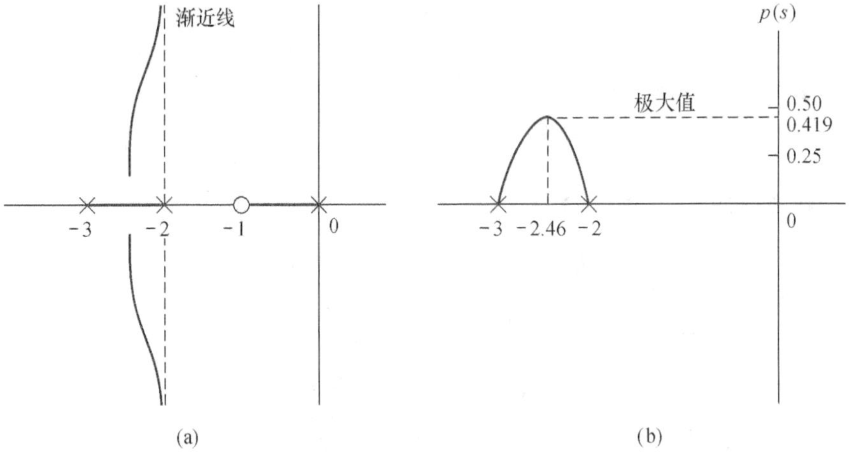

图 7.11 用图解法求分离点

（a）渐近线；（b）分离点

整理后，可以得到

$$2s^3+8s^2+10s+6=0 \tag{7.47}$$

求解式（7.47）所示的方程以确定 $p(s)$ 的极值点，我们将得到 $s=-2.46, -0.77\pm \mathrm{j}0.79$。由于只有 $s=-2.46$ 位于 $s=-2$ 和 $s=-3$ 之间，因此该点就是所求的分离点。表 7.1 表明 $p(s)$ 在该点处取得极大值。这个例子说明，在分离点附近计算 $p(s)$ 的值也可以有效地确定分离点。

表 7.1 分离点附近 $p(s)$ 的值

$p(s)$	0	0.411	0.419	0.417	+0.390	0
s	−2.00	−2.40	−2.46	−2.50	−2.60	−3.0

步骤 6：应用相角条件，确定根轨迹离开开环复极点的出射角以及进入开环复零点的入射角。**根轨迹离开开环复极点的出射角等于相角差的主值。相角差则等于各个开环零点到该开环复极点的向量的相角之和，减去各个其他开环极点到该开环复极点的向量的相角之和，相角差的主值可用 $\pm(2k+1)180^\circ$ 调整得到**。类似地，我们可以得到根轨迹进入开环复零点的入射角。为了完整地绘制根轨迹，我们尤其需要准确计算根轨迹离开开环复极点的出射角以及进入开环复零点的入射角。例如，考虑如下三阶开环传递函数：

$$L(s) = G(s)H(s) = \frac{K}{(s+p_3)(s^2+2\zeta\omega_n s+\omega_n^2)} \tag{7.48}$$

其开环极点的分布以及它们与开环复极点 $-p_1$ 有关的各个向量的相角如图 7.12（a）所示。在开环极点 $-p_1$ 的近旁取根轨迹上的一点 s_1 作为测试点，由于点 s_1 为根轨迹上的点，因此，到该点的所有相角必然满足相角条件。又由于点 s_1 与开环极点 $-p_1$ 非常近，因此有 $\theta_2 = 90^\circ$，于是可以得到

$$\theta_1 + \theta_2 + \theta_3 = \theta_1 + 90^\circ + \theta_3 = +180^\circ$$

开环极点 $-p_1$ 处的出射角为

$$\theta_1 = 90^\circ - \theta_3$$

如图 7.12（b）所示。又由于开环极点 $-p_1$ 和 $-p_2$ 是一对共轭复极点，因此，开环极点 $-p_2$ 处的出射角是对开环极点 $-p_1$ 处的出射角取负的结果。确定出射角的另一个例子如图 7.13 所示，此时的出射角可由下式给出：

$$\theta_2 - (\theta_1 + \theta_3 + 90^\circ) = 180^\circ + k360^\circ$$

记 $(\theta_2 - \theta_3) = \gamma$，则出射角为 $\theta_1 = 90^\circ + \gamma$。

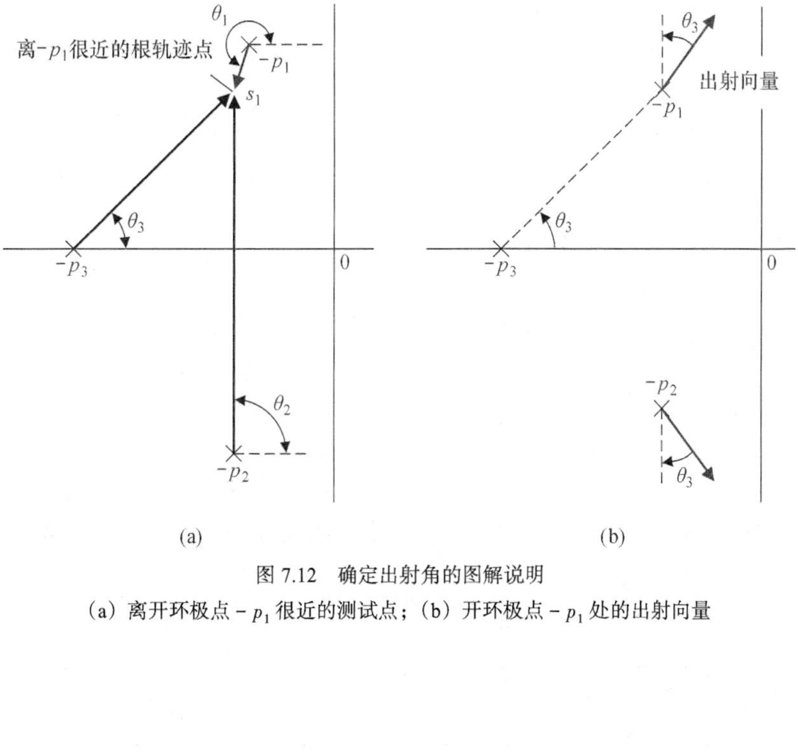

图 7.12　确定出射角的图解说明

（a）离开环极点 $-p_1$ 很近的测试点；（b）开环极点 $-p_1$ 处的出射向量

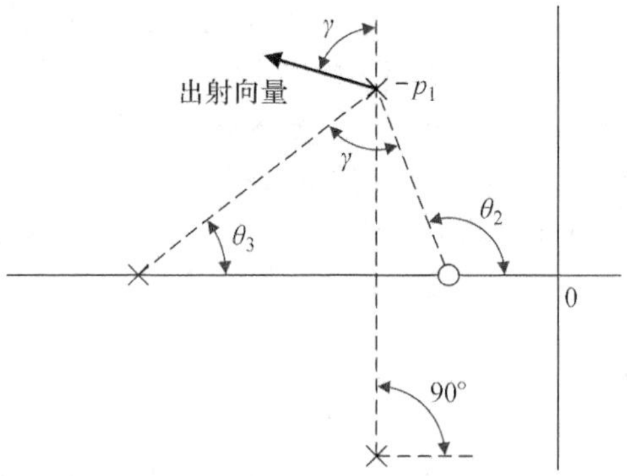

图 7.13 确定出射角

步骤 7：最后一步是完成整个根轨迹的绘制，主要是补足前 6 个步骤中没有涉及的部分。如果需要绘制精准的根轨迹，那么建议使用计算机辅助软件（见 7.8 节）。

在有些情况下，我们需要确定某些点 s_x 是否在根轨迹上以及对应的匹配增益 K_x。为此，我们可以首先利用根轨迹的相角条件来验证点 s_x（$x = 1,2,\cdots,n$）是否位于根轨迹上（闭环根）。式（7.17）所示的相角条件为

$$\underline{/p(s)} = 180^\circ + k360^\circ,\ k = 0, \pm 1, \pm 2,\cdots$$

然后应用幅值条件［见式（7.16）］，确定与闭环根 s_x 对应的增益 K_x 的取值：

$$K_x = \left.\frac{\prod_{j=1}^{n}|s + p_j|}{\prod_{i=1}^{M}|s + z_i|}\right|_{s = s_x}$$

至此，我们已经给出绘制根轨迹的所有 7 个步骤，表 7.2 对这 7 个步骤做了总结。下面我们通过一个完整的例子来加以说明。

表 7.2 绘制根轨迹的 7 个步骤

步　骤	相关的方程或规则
步骤 1：绘制根轨迹的准备工作。 （a）列写闭环特征方程，并将自己感兴趣的参数 K 改写为乘性因子。 （b）将 $p(s)$ 分解成包含 M 个零点和 n 个极点的分式形式。 （c）在 s 平面上用指定的符号标识 $p(s)$ 的零点和极点。 （d）确定根轨迹分支的条数。 （e）根轨迹分支关于实轴对称。	（a）$1 + Kp(s) = 0$ （b）$1 + K\frac{\prod_{i=1}^{M}(s + z_i)}{\prod_{j=1}^{n}(s + p_j)} = 0$ （c）用“×”表示开环极点，而用“○”表示开环零点。 （d）根轨迹起始于开环极点，终止于开环零点。当 $n \geqslant M$ 时，独立根轨迹分支的条数为 n。其中，n 为有限开环极点的个数，M 为有限开环零点的个数。
步骤 2：确定实轴上的根轨迹段。	根轨迹段位于奇数个有限开环零点和极点的左侧。
步骤 3：根轨迹沿渐近线趋于无限开环零点。渐近中心为 σ_A，渐近线与实轴的夹角为 ϕ_A。	$\sigma_A = \frac{\sum(-p_j) - \sum(-z_i)}{n - M}$ $\phi_A = \frac{2k + 1}{n - M}180^\circ,\ k = 0,1,2,\cdots,(n - M - 1)$

续表

步 骤	相关的方程或规则
步骤 4：确定根轨迹穿越虚轴的点（如果有的话）。	应用劳斯-赫尔维茨稳定性判据，见 6.2 节。
步骤 5：确定实轴上的分离点（如果有的话）。	（a）令 $K = p(s)$。 （b）确定 $\mathrm{d}p(s)/\mathrm{d}s = 0$ 的根，或者利用图解法找到 $p(s)$ 的最大值点。
步骤 6：应用相角条件，确定根轨迹离开开环复极点的出射角以及进入开环复零点的入射角。	当 $s = -p_j$ 或 $-z_i$ 时，始终有 $\underline{/p(s)} = 180° + k360°$
步骤 7：完成根轨迹的绘制。	

例 7.4　4 阶系统

1．某系统的特征方程如下：

$$1 + \frac{K}{s^4 + 12s^3 + 64s^2 + 128s} = 0$$

（a）绘制当 K 从 0 变化到 $+\infty$ 时的根轨迹。

（b）确定开环零点和极点。由于

$$1 + \frac{K}{s(s+4)(s+4+\mathrm{j}4)(s+4-\mathrm{j}4)} = 0 \tag{7.49}$$

因此该系统没有有限的开环零点，但有 4 个开环极点。

（c）开环极点在 s 平面上的分布如图 7.14（a）所示。

（d）开环极点数 $n = 4$，系统有 4 条根轨迹分支，如图 7.14（b）所示。

（e）根轨迹分支关于实轴对称。

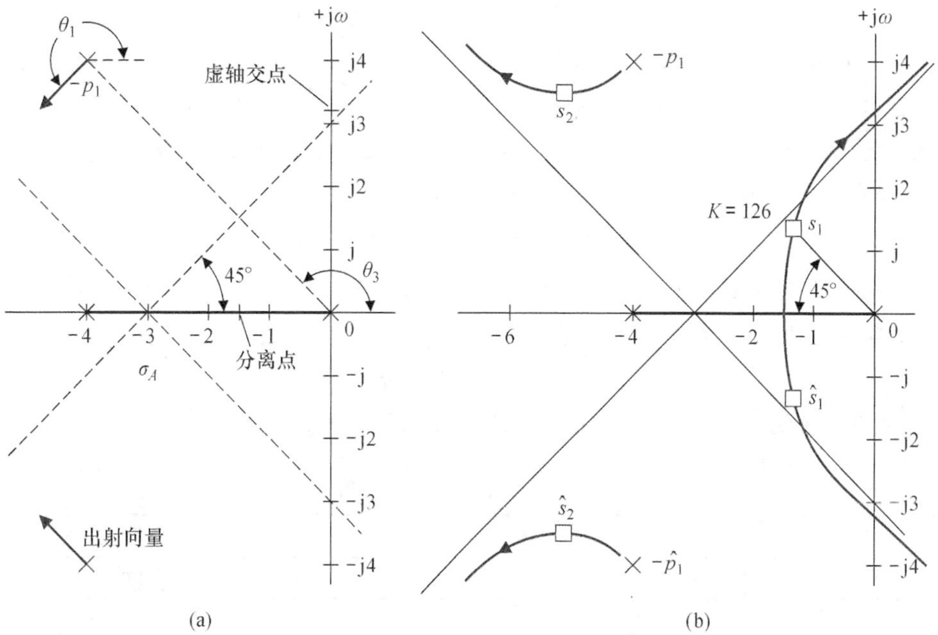

图 7.14　（a）开环极点的分布；（b）根轨迹

2．实轴上的根轨迹段位于 $s=0$ 和 $s=-4$ 之间。

3．渐近线与实轴的夹角为

$$\phi_A=\frac{2k+1}{4}180^\circ,\quad k=0,1,2,3;\ \phi_A=+45^\circ,135^\circ,225^\circ,315^\circ$$

渐近中心为

$$\sigma_A=\frac{-4-4-4}{4}=-3$$

于是我们可以绘制图 7.14（a）所示的渐近线。

4．将特征方程改写为

$$s(s+4)\left(s^2+8s+32\right)+K=s^4+12s^3+64s^2+128s+K=0 \tag{7.50}$$

据此可列写出如下劳斯判定表：

$$\begin{array}{c|ccc} s^4 & 1 & 64 & K \\ s^3 & 12 & 128 & \\ s^2 & b_1 & K & \\ s^1 & c_1 & & \\ s^0 & K & & \end{array}$$

其中：

$$b_1=\frac{12(64)-128}{12}=53.33,c_1=\frac{53.33(128)-12K}{53.33}$$

因此，能够保证系统稳定的最小增益值为 $K=568.89$，辅助方程的根可由下式得到：

$$53.33s^2+568.89=53.33\left(s^2+10.67\right)=53.33(s+j3.266)(s-j3.266) \tag{7.51}$$

据此可确定根轨迹穿越虚轴的交点，如图 7.14（a）所示。当 $K=568.89$ 时，根轨迹在 $s=\pm j3.266$ 处穿越 $j\omega$ 轴。

5．根轨迹在 $s=-4$ 和 $s=0$ 之间的分离点可由下式确定：

$$K=p(s)=-s(s+4)(s+4+j4)(s+4-j4)$$

由于可以预判分离点位于 $s=-3$ 和 $s=-1$ 之间，因此只需要在这个区间内搜索 $p(s)$ 的最大值即可。在这个区间内选取一些点，对应的 $p(s)$ 值如表 7.3 所示。可以看出，$p(s)$ 在 $s=-1.577$ 附近存在极大值，图 7.14（a）标出了该分离点。通常不必求取特别精确的分离点。

6．由相角条件得到开环复极点 $-p_1$ 处的出射角：

$$\theta_1+90^\circ+90^\circ+\theta_3=180^\circ+k360^\circ$$

其中，θ_3 为从开环极点 $-p_3=0$ 出发的向量的相角，而从开环极点 $s=-4$ 和 $s=-4-j4$ 出发的向量的相角均为 90°。由 $\theta_3=135^\circ$ 可以推知

$$\theta_1=-135^\circ\equiv+225^\circ$$

7．完成整个根轨迹的绘制，绘制结果如图 7.14（b）所示。

表 7.3 分离点附近 $p(s)$ 的值

$p(s)$	0	51.0	68.44	80.0	83.57	75.0	0
s	−4.0	−3.0	−2.5	−2.0	−1.577	−1.0	0

利用根轨迹法的 7 个步骤得到的信息，再通过观察判断，便可以比较准确地画出完整的根轨

迹。在本例中，系统的完整根轨迹如图 7.14（b）所示。如果闭环系统靠近原点的共轭特征根的阻尼系数 ξ 为 0.707，那么利用图 7.14（b）中的等阻尼线，就可以用图解法确定特征根 s_1 的位置并求出对应的增益 K。只要估计出从每个开环极点到 s_1 的向量的幅值，就能得到与 s_1 对应的增益为

$$K=|s_1||s_1+4||s_1-p_1||s_1-\hat{p}_1|=(1.9)(2.9)(3.8)(6.0)=126 \tag{7.52}$$

当 $K=126$ 时，记闭环系统的另一对复特征根为 s_2 和 $\hat{s}_2$。与 s_1 和 $\hat{s}_1$ 引起的瞬态响应相比，s_2 和 $\hat{s}_2$ 引起的瞬态响应近乎可以忽略不计。通过考虑这两对特征根导致的阻尼衰减，可验证上述结论。与 s_1 和 $\hat{s}_1$ 对应的瞬态响应的阻尼衰减为

$$e^{-\zeta_1\omega_{n_1}t}=e^{-\sigma_1 t}$$

与 s_2 和 $\hat{s}_2$ 对应的瞬态响应的阻尼衰减为

$$e^{-\zeta_2\omega_{n_2}t}=e^{-\sigma_2 t}$$

σ_2 大约是 σ_1 的 5 倍。与 s_1 引起的瞬态响应相比，s_2 引起的瞬态响应将会更快地衰减到 0。因此，系统的单位阶跃响应可以近似为

$$y(t)=1+c_1e^{-\sigma_1 t}\sin(\omega_1 t+\theta_1)+c_2e^{-\sigma_2 t}\sin(\omega_2 t+\theta_2)\approx 1+c_1e^{-\sigma_1 t}\sin(\omega_1 t+\theta_1) \tag{7.53}$$

在所有的闭环极点（即系统的特征根）中，最接近于 s 平面上原点的复共轭根被称为系统的**主导极点**，它们对瞬态响应的影响最大、最长久。如果三阶系统有一对复极点，则可以用实根与复根实部之比来衡量复极点的相对主导性，当比值超过 5 时，就可以将复极点近似地视为主导极点。

严格来讲，式（7.53）中第二项的主导性还依赖于系数 c_1 和 c_2 的相对大小。这两个系数是衡量复极点是否为主导极点时应考虑的另一类因素，它们的值依赖于 s 平面上零点的位置。主导极点的概念有利于近似估计系统的瞬态响应，但这种近似必须以理解基本假设为前提，并且需要谨慎小心。

7.4　应用根轨迹法进行参数的设计

我们绘制根轨迹的初衷，是研究当系统增益 K 从 0 变化到+∞时系统闭环特征根的轨迹。而实际上，我们也可以方便地利用根轨迹法考查其他参数对系统的影响。从根本上讲，根轨迹的绘制规则是从式（7.22）所示的特征方程推导出来的：

$$1+F(s)=0 \tag{7.54}$$

如果能将系统的特征方程改写为式（7.54）所示的标准形式，我们就可以利用前面给出的步骤绘制根轨迹，进而分析和设计控制系统。根轨迹法看上去是一种单参数方法，这种方法能否用于分析两个参数（如 α 和 β）对系统的影响呢？答案是肯定的。我们可以扩展根轨迹法，用它来研究两个或两个以上参数对系统的影响，进而得到基于根轨迹法的**参数设计**方法。

动态系统特征方程的基本形式为

$$a_n s^n+a_{n-1}s^{n-1}+\cdots+a_1 s+a_0=0 \tag{7.55}$$

如果要研究系数 a_1 对系统的影响，那么可以将特征方程等效地写成对应的根轨迹方程的形式：

$$1+\frac{a_1 s}{a_n s^n+a_{n-1}s^{n-1}+\cdots+a_2 s^2+a_0}=0 \tag{7.56}$$

如果关注的参数 α 不是一个独立的系数，则需要将其分离出来。为此，可以将特征方程改写为

$$a_n s^n + a_{n-1}s^{n-1} + \cdots + \left(a_{n-q} - \alpha\right)s^{n-q} + \alpha s^{n-q} + \cdots + a_1 s + a_0 = 0 \tag{7.57}$$

假设某三阶系统的特征方程为

$$s^3 + (3+\alpha)s^2 + 3s + 6 = 0 \tag{7.58}$$

为了分析参数 α 对系统的影响，下面首先将式（7.58）整理为

$$s^3 + 3s^2 + \alpha s^2 + 3s + 6 = 0 \tag{7.59}$$

这样参数 α 就被分离出来了。对应的根轨迹方程为

$$1 + \frac{\alpha s^2}{s^3 + 3s^2 + 3s + 6} = 0 \tag{7.60}$$

如果想要同时研究两个参数 α 和 β 对系统的影响，则可以重复运用根轨迹法。假定我们已经对可变参数 α 和 β 做了分离处理，特征方程的一般形式为

$$\begin{aligned} &a_n s^n + a_{n-1}s^{n-1} + \cdots + \left(a_{n-q} - \alpha\right)s^{n-q} + \alpha s^{n-q} + \cdots \\ &+ \left(a_{n-r} - \beta\right)s^{n-r} + \beta s^{n-r} + \cdots + a_1 s + a_0 = 0 \end{aligned} \tag{7.61}$$

我们可以首先研究参数 α 对系统的影响，然后研究参数 β 对系统的影响。例如，考虑式（7.61）的特例——一个同时包含两个未知参数 α 和 β 的三阶系统，其特征方程为

$$s^3 + s^2 + \beta s + \alpha = 0 \tag{7.62}$$

参数 α 和 β 正好是特征方程的系数。为了考查参数 β 从 0 变化到 $+\infty$ 对系统的影响，我们需要仔细观察对应的根轨迹方程：

$$1 + \frac{\beta s}{s^3 + s^2 + \alpha} = 0 \tag{7.63}$$

注意，式（7.63）的分母是式（7.62）中的 β 被赋值为 0 时系统的特征方程。因此，我们可以利用下式研究当 $\beta = 0$ 时，α 从 0 变化到 $+\infty$ 对系统的影响：

$$s^3 + s^2 + \alpha = 0$$

上式可以进一步改写为根轨迹方程的形式：

$$1 + \frac{\alpha}{s^2(s+1)} = 0 \tag{7.64}$$

这样我们就可以通过分析参数 α 对系统的影响，确定 α 的合适取值，然后应用于式（7.63），从而研究参数 β 对系统的影响。由此可见，这种研究双参数 α 和 β 对系统影响的两步法，应该在不同阶段计算不同的根轨迹。过程如下：首先求得以 α 为可变参数的根轨迹，并确定与合适的闭环根对应的 α 值；然后在选定 α 后，求得以 β 为可变参数的根轨迹，并最终确定 β 的值。特别需要注意的是，式（7.64）中选定的闭环根就是式（7.63）的开环极点。上述参数设计方法有较大的局限性，因为得到的特征方程未必总是待定参数（如 α）的线性方程。我们不一定总是能够用根轨迹法完成参数的设计。

为了直观地说明上述参数设计过程，我们绘制了当参数 α 和 β 发生变化时与式（7.62）有关的根轨迹。图 7.15（a）给出的是与式（7.64）对应的根轨迹，此时 $\beta = 0$，α 为可变参数。图 7.15（a）中还标明了当 α 取两个不同的值时对应的两组闭环特征根。如果选定 $\alpha = \alpha_1$，与 α_1 对应的特征根就成了式（7.63）的开环极点。图 7.15（b）给出的是与式（7.63）对应的根轨迹，

此时 $\alpha = \alpha_1$，β 是可变参数。依据所期望的原始系统闭环根位置，我们可以确定 β 的合适取值。

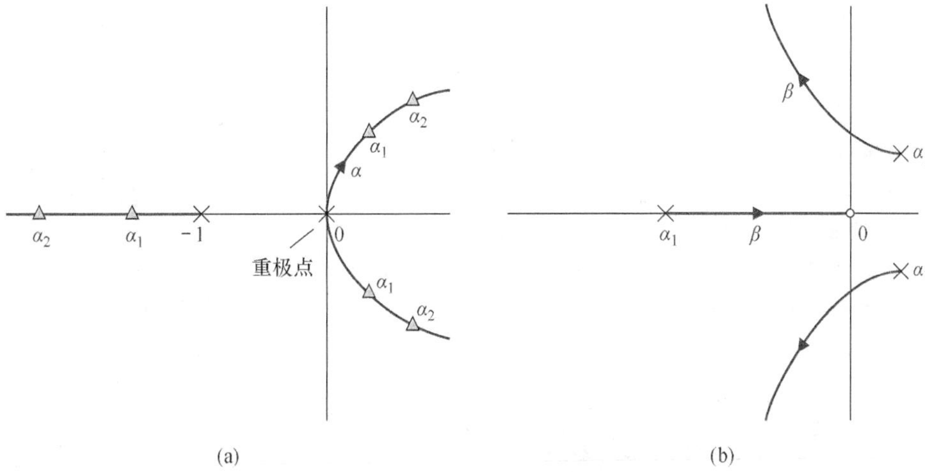

图 7.15 以 α 和 β 为可变参数的根轨迹

（a）α 变化时的根轨迹；（b）取 $\alpha = \alpha_1$，β 变化时的根轨迹

下面我们通过一个实例来进一步说明这种基于根轨迹的参数设计方法。

例 7.5 焊接头控制

自动焊接头需要精确的定位控制系统[4]。本例中的反馈控制系统需要满足下面的指标设计要求：

- 对斜坡输入响应的稳态误差满足 $e_{ss} \leqslant 35\%$，即小于或等于斜坡斜率的 35%。
- 主导极点的阻尼比满足 $\zeta \geqslant 0.707$。
- 按 2% 准则的调节时间满足 $T_s \leqslant 3$ s。

该反馈控制系统的框图模型如图 7.16 所示，其中，放大器增益 K_1 和微分反馈增益 K_2 是待定参数。由图 7.16 所示的框图模型可知，系统的稳态误差为

$$e_{ss} = \lim_{t \to \infty} e(t) = \lim_{s \to 0} sE(s) = \lim_{s \to 0} \frac{s\left(|R|/s^2\right)}{1 + G_2(s)} \tag{7.65}$$

其中，$G_2(s) = G(s)/(1 + G(s)H(s))$。于是，由稳态误差的设计要求可以得到

$$\frac{e_{ss}}{|R|} = \frac{2 + K_1 K_2}{K_1} \leqslant 0.35 \tag{7.66}$$

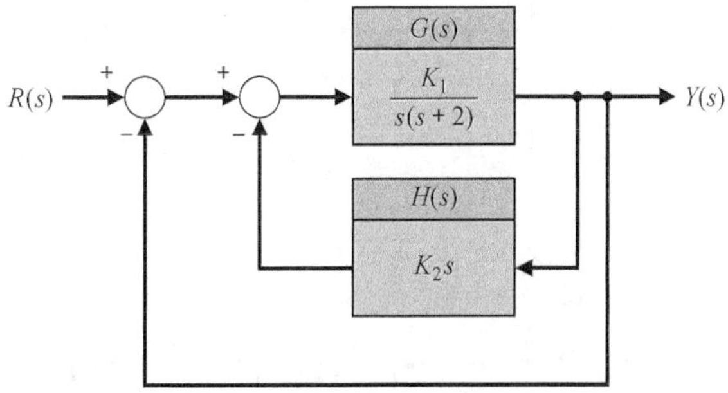

图 7.16 焊接头反馈控制系统的框图模型

由此可知，为了获得较小的稳态误差，我们应该选择较小的 K_2。

根据阻尼比的设计要求可知，系统的闭环主导特征根应该位于 s 平面左半平面的±45°线之间，如图 7.17 所示。由调节时间的设计要求可知，主导极点实部的绝对值 σ 应满足

$$T_s = \frac{4}{\sigma} \leqslant 3\text{ s} \tag{7.67}$$

因此应该有 $\sigma \geqslant 4/3$。满足上述具体设计要求的闭环极点配置的可行区域如图 7.17 的阴影部分所示。另请注意，$\sigma \geqslant 4/3$ 意味着主导极点还必须位于由 $s = -4/3$ 决定的垂线的左侧。因此，为了满足设计指标要求，所有的闭环极点都必须位于图 7.17 所示的阴影区域之内。

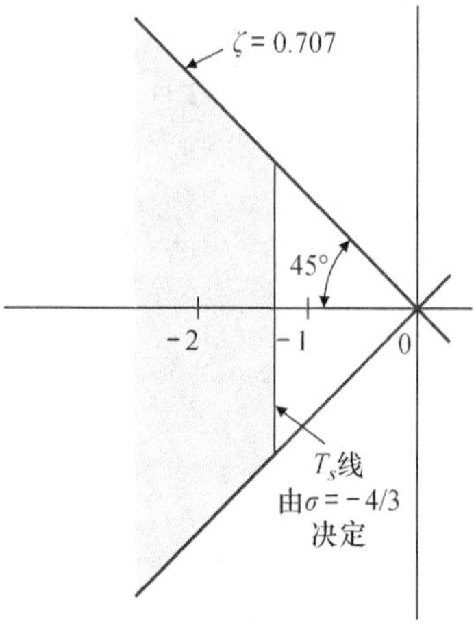

图 7.17 满足指标设计要求的闭环极点配置的可行区域

将待定参数记为 $\alpha = K_1$、$\beta = K_2K_1$，系统的特征方程为

$$s^2 + 2s + \beta s + \alpha = 0 \tag{7.68}$$

令 $\beta = 0$，$\alpha = K_1$ 变化时的根轨迹取决于

$$1 + \frac{\alpha}{s(s+2)} = 0 \tag{7.69}$$

得到的根轨迹如图 7.18（a）所示，其中标明了当 $K_1 = \alpha = 20$ 时对应的特征根为 $s = -1 \pm \text{j}4.36$。在此基础上，$\beta = 20K_2$ 变化时的根轨迹则取决于

$$1 + \frac{\beta s}{s^2 + 2s + 20} = 0 \tag{7.70}$$

式（7.70）对应的根轨迹如图 7.18（b）所示。当 $\beta = 4.3 = 20K_2$（即 $K_2 = 0.215$）时，可以得到满足 $\zeta = 0.707$ 的一对闭环特征根，它们的实部为 $\sigma = -3.15$。因此，2% 准则下的调节时间 $T_s = 1.27$ s，满足 $T_s \leqslant 3$ s 这一设计要求。

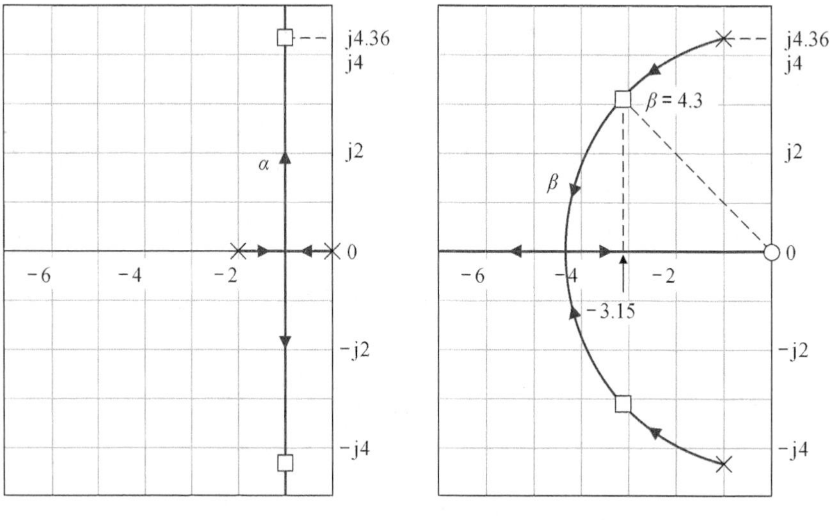

图 7.18 根轨迹

（a）α 为可变参数；（b）β 为可变参数

只要增加设计步骤，我们就能够用本节介绍的基于根轨迹的参数设计方法来设计两个以上的系统参数。如果进一步绘制根轨迹簇（而不仅仅绘制两组根轨迹），则可以了解两个参数同时变

化时对系统总的影响。例如，为了确定参数 α 和 β 同时变化时对系统总的影响，考虑如下特征方程：

$$s^3 + 3s^2 + 2s + \beta s + \alpha = 0 \tag{7.71}$$

令 $\beta = 0$，当 α 为可变参数时，根轨迹方程为

$$1 + \frac{\alpha}{s(s+1)(s+2)} = 0 \tag{7.72}$$

当 β 为可变参数时，根轨迹方程为

$$1 + \frac{\beta s}{s^3 + 3s^2 + 2s + \alpha} = 0 \tag{7.73}$$

式（7.72）关于 α 的根轨迹如图 7.19 所示（实线部分），这组根轨迹上的特征根用斜线“/”表示，它们同时也是式（7.73）对应的根轨迹的开环极点。于是，我们可以在图 7.19 中继续绘制式（7.73）的根轨迹（虚线部分），这里针对 α 的几个特定取值给出了 β 变化时的根轨迹。当 α 取更多不同的值时，便可得到根轨迹簇。根轨迹簇又称**根的轮廓线**，用于表明当参数 α 和 β 同时变化时对系统闭环特征根的总体影响 [3]。

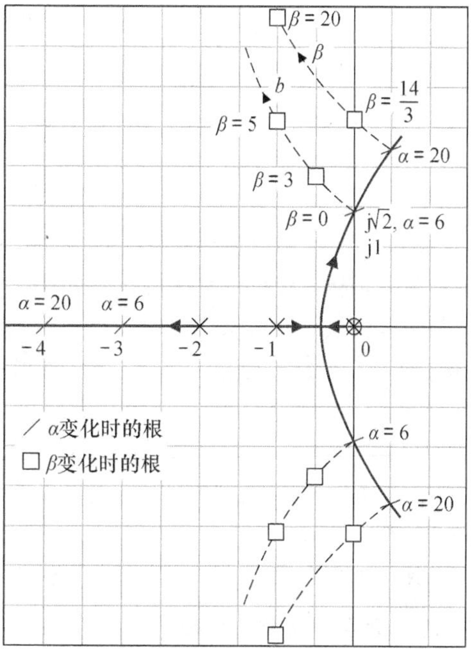

图 7.19　随两个参数变化的根轨迹，α 变化时的根轨迹为实线，β 变化时的根轨迹为虚线

7.5　灵敏度与根轨迹

减小参数波动变化对系统性能的影响是在控制系统中应用负反馈的重要动机之一。我们可以用系统性能对参数变化的灵敏度来表征参数变化产生的影响。回顾对数灵敏度的定义：

$$S_K^T = \frac{\partial \ln T}{\partial \ln K} = \frac{\partial T/T}{\partial K/K} \tag{7.74}$$

其中，$T(s)$ 为系统的闭环传递函数，K 为我们关心的参数。

也可以尝试用特征根的位置分布来定义灵敏度 [7~9]。特征根表征了系统瞬态响应的主要模态，因此参数变化对特征根位置影响的大小也是一种重要且有效的灵敏度度量方式。系统 $T(s)$ 的**根灵敏度**可以定义为

$$S_K^{r_i} = \frac{\partial r_i}{\partial \ln K} = \frac{\partial r_i}{\partial K/K} \tag{7.75}$$

其中：$-r_i$ 表示系统的第 i 个特征根；K 为我们关心的参数，它会影响特征根的位置分布。由此可见，根灵敏度将 s 平面上特征根的位置变化与参数波动联系了起来。此时，传递函数 $T(s)$ 可以写成

$$T(s) = \frac{K_1 \prod_{j=1}^{M} (s + z_j)}{\prod_{i=1}^{n} (s + r_i)} \tag{7.76}$$

如果 $T(s)$ 的零点与参数 K 无关，即

$$\frac{\partial z_j}{\partial \ln K} = 0$$

则系统的对数灵敏度与各个根的灵敏度存在如下关系：

$$S_K^T = \frac{\partial \ln K_1}{\partial \ln K} - \sum_{i=1}^{n} \frac{\partial r_i}{\partial \ln K} \cdot \frac{1}{s + r_i} \tag{7.77}$$

显然，只需要利用式（7.76）给出的 $T(s)$ 对 K 求导数，就可以很容易地得到系统的对数灵敏度［见式（7.77）］。当系统增益 K_1 也与参数 K 无关时，式（7.77）就可以将进一步简化为

$$S_K^T = -\sum_{i=1}^{n} S_K^{r_i} \cdot \frac{1}{s + r_i} \tag{7.78}$$

由此可见，根灵敏度和系统的对数灵敏度是密切相关的。

利用根轨迹法可以直接估算控制系统的根灵敏度，其基本思路是，当参数 K 变化时，通过特征根 $-r_i$ 的根轮廓线来估计根灵敏度 $S_K^{r_i}$。考虑参数 K 的小增量 ΔK，并将与 $K + \Delta K$ 对应的特征根记为 $-(r_i + \Delta r_i)$，由式（7.75）可以得到

$$S_K^{r_i} \approx \frac{\Delta r_i}{\Delta K / K} \tag{7.79}$$

当 $\Delta K \to 0$ 时，式（7.79）将趋近于根灵敏度的准确值。因此，式（7.79）给出了根灵敏度的一种近似计算方法。

接下来我们通过一个例子来说明根灵敏度的估算过程。

例 7.6　控制系统的根灵敏度

图 7.20 所示的反馈控制系统的特征方程为

$$1 + \frac{K}{s(s + \beta)} = 0$$

或者

$$s^2 + \beta s + K = 0 \tag{7.80}$$

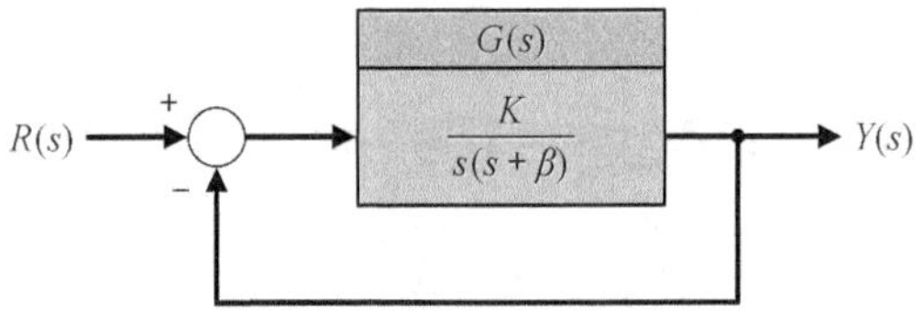

图 7.20　某反馈控制系统

将增益 K 指定为参数 α，参数 α 和 β 的变化可以描述为

$$\alpha = \alpha_0 \pm \Delta\alpha,\ \beta = \beta_0 \pm \Delta\beta$$

其中，α_0 和 β_0 分别为参数 α 和 β 的标称值或预期值。考虑 $\beta_0 = 1$、$\alpha_0 = K = 0.5$ 的情况，当只有 $\alpha = K$ 变化时，根轨迹取决于如下方程：

$$1 + \frac{K}{s(s + \beta_0)} = 1 + \frac{K}{s(s + 1)} = 0 \tag{7.81}$$

得到的根轨迹如图 7.21 所示。与标称值 $K = \alpha_0 = 0.5$ 对应的特征根为一对共轭复根 $-r_1 = -0.5 + \mathrm{j}0.5$ 和 $-r_2 = -\hat{r}_1$。为了研究增益 K 的波动变化对系统的影响，令 $\alpha = \alpha_0 \pm \Delta\alpha$，系统的特征方程变成为

$$s^2 + s + \alpha_0 \pm \Delta\alpha = s^2 + s + 0.5 \pm \Delta\alpha \tag{7.82}$$

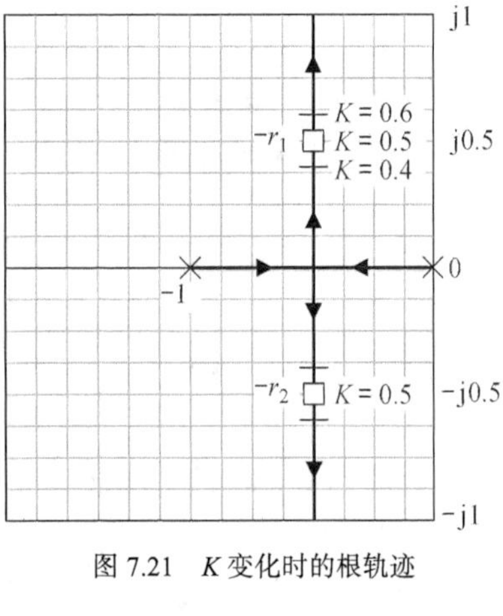

图 7.21　K 变化时的根轨迹

观察图 7.21 给出的根轨迹，我们可以看出增益变化对系统的影响。当 α 的变化幅度为 20%（即 $\Delta\alpha = \pm 0.1$）时，我们可以方便地得到分别与 $\alpha = 0.4$ 和 $\alpha = 0.6$ 对应的特征根，并将它们标注在图 7.21 中。例如，当 $\alpha = K = 0.6$ 时，s 平面上的第二象限中的特征根为

$$\left(-r_1\right) + \Delta r_1 = -0.5 + \mathrm{j}0.59$$

特征根的变化量为 $\Delta r_1 = +\mathrm{j}0.09$。

当 $\alpha = K = 0.4$ 时，s 平面上的第二象限中的特征根为

$$-\left(r_1\right) + \Delta r_1 = -0.5 + \mathrm{j}0.387$$

特征根的变化量为 $\Delta r_1 = -\mathrm{j}0.11$。因此，当增益 K 发生增大变化时，r_1 对 K 的根灵敏度为

$$S_{K+}^{r_1} = \frac{\Delta r_1}{\Delta K/K} = \frac{+\mathrm{j}0.09}{+0.2} = \mathrm{j}0.45 = 0.45\underline{/+90^\circ} \tag{7.83}$$

当增益 K 发生减小变化时，r_1 对 K 的根灵敏度为

$$S_{K-}^{r_1} = \frac{\Delta r_1}{\Delta K/K} = \frac{-\mathrm{j}0.11}{+0.2} = -\mathrm{j}0.55 = 0.55\underline{/-90^\circ}$$

当参数增量 ΔK 趋于 0 时，无论 K 增加还是减小，根灵敏度的两个幅值都将趋于相等。当参数波动变化时，根灵敏度的相角符号决定了特征根的变化方向。在 $\alpha = \alpha_0$ 附近，当参数向 $+\Delta\alpha$ 方向和 $-\Delta\alpha$ 方向波动变化时，根灵敏度的相角相差 180°。

开环极点 β 也会发生波动变化，这种变化可以表示为 $\beta = \beta_0 + \Delta\beta$，其中 $\beta_0 = 1$。于是，闭环极点的变化取决于如下特征方程：

$$s^2 + s + \Delta\beta s + K = 0$$

写成根轨迹方程形式后，可以得到

$$1 + \frac{\Delta\beta s}{s^2 + s + K} = 0 \tag{7.84}$$

当 $\Delta\beta = 0$ 时，式（7.84）中的分母就是系统的特征方程。在此条件下，未波动系统（$\Delta\beta = 0$、$\beta_0 = 1$）关于 K 的根轨迹已经由图 7.21 给出。如果要求阻尼比 $\zeta = 0.707$，则满足条件的共轭复根如下：

$$-r_1 = -0.5 + \mathrm{j}0.5,\ -r_2 = -\hat{r}_1 = -0.5 - \mathrm{j}0.5$$

由于这两个根是共轭对称的，因此关于 r_1 和 $\hat{r}_1=r_2$ 的根灵敏度也将是一对共轭复数。

应用前面介绍的参数根轨迹法，我们可以得到图 7.22 所示的关于 $\Delta\beta$ 的根轨迹。我们关注的是参数 β 的波动变化对系统闭环根的影响，因此需要考虑 $\beta = \beta_0 \pm \Delta\beta$ 的情况。当 β 减小时，关于 $\Delta\beta$ 的根轨迹将由下面的根轨迹方程决定：

$$1 + \frac{-(\Delta\beta)s}{s^2 + s + K} = 0$$

注意，上面的方程相当于

$$1 - \Delta\beta p(s) = 0$$

与式（7.23）相比，增益幅值 $\Delta\beta$ 前面的符号变成了负号。与 7.3 节类似，我们可以得到此时的根轨迹应该满足的幅值条件和相角条件分别为

$$|\Delta\beta p(s)| = 1,\ \underline{/p(s)} = 0^\circ \pm k360^\circ$$

其中，k 是整数。与前面研究的 180°根轨迹不同，这种根轨迹被称为零度根轨迹。只需要把 7.3 节介绍的根轨迹绘制规则中的相角条件改为 0°，我们就仍然可以利用与 7.3 节类似的方法来绘制零度根轨迹。β 减小时的零度根轨迹如图 7.22 中的虚线所示，以便区别于用实线表示的 β 增加时的 180°根轨迹。图 7.22 标出了与 $\Delta\beta = \pm 0.20$ 对应的特征根。至此，我们可以求得特征根 r_1 对参数 β 的根灵敏度为

$$S^{r_1}_{\beta+} = \frac{\Delta r_1}{\Delta\beta/\beta} = \frac{0.16\underline{/-128^\circ}}{0.20} = 0.80\underline{/-128^\circ}$$

$$S^{r_1}_{\beta-} = \frac{\Delta r_1}{\Delta\beta/\beta} = \frac{0.125\underline{/39^\circ}}{0.20} = 0.625\underline{/+39^\circ}$$

它们分别对应 β 增加和减小的情况。当相对变化量 $\Delta\beta/\beta$ 不断减小时，两个方向的根灵敏度 $S^{r_1}_{\beta+}$ 和 $S^{r_1}_{\beta-}$ 的幅值将趋于相等，相角将相差 180°。于是，当相对变化量 $\Delta\beta/\beta \leqslant 0.10$ 时，两个方向的根灵敏度将具有下面的近似关系式：

$$\left|S^{r_1+}_{\beta+}\right| = \left|S^{r_1}_{\beta-}\right|$$

和

$$\underline{/S^{r_1}_{\beta+}} = 180^\circ + \underline{/S^{r_1}_{\beta-}}$$

根灵敏度是针对参数的小变化增量定义的。当参数的相对变化量小到 $\Delta\beta/\beta = 0.10$ 的量级时，利用 $\Delta\beta$ 根轨迹上由出射角 θ_d 决定的出射线，就可以近似地估计特征根相应的变化增量，因而可以避免绘制完整的根轨迹。但请注意，只有当变化量 $\Delta\beta$ 的确相对较小时，才能保证这种方法有足够的精度，图 7.22 给出了图示说明。当 $\Delta\beta/\beta = 0.10$ 时，用根轨迹上的出射线进行线性近似，可以求得根灵敏度为

$$S^{r_1}_{\beta+} = \frac{0.075\underline{/-132^\circ}}{0.10} = 0.75\underline{/-132^\circ} \qquad (7.85)$$

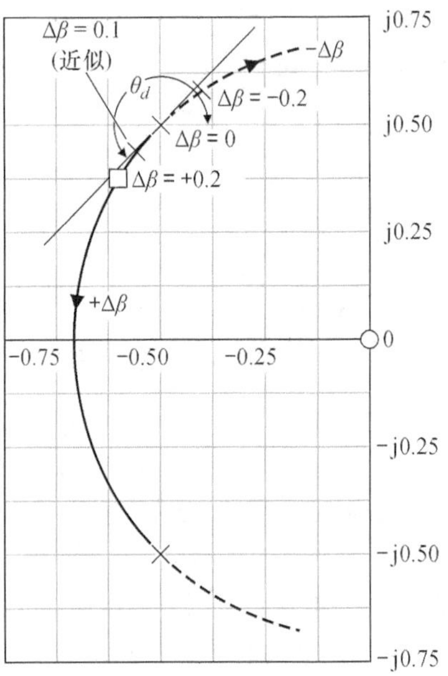

图 7.22 参数 β 变化时的根轨迹

利用特征根对可变参数的根灵敏度指标，我们可以比较系统对不同设计参数以及对特征根的不同位置的敏感性。通过比较式（7.85）给出的特征根 r_1 对参数 β 的根灵敏度与式（7.83）给出的特征根 r_1 对参数 α 的根灵敏度，我们可以发现，特征根 r_1 对参数 β 的根灵敏度的幅值要高出约 50%。$S^{r_1}_{\beta-}$ 的相角则表明系统的闭环特征根 r_1 有接近虚轴的趋势，对参数 β 的波动变化更敏感。由此我们可以得出如下结论：系统对参数 β 的精确性要求相比对参数 α 的精确性要求更为严格。这为设计者提供了所需的信息，以便衡量比较系统对每个参数的精确性要求或容错性要求。

在应用根灵敏度分析和设计控制系统时，需要进行大量的计算才能选择决定开环传递函数的零点和极点以及闭环特征根的可能分布。可以看出，这种方法存在两方面的局限性：一方面是需要进行大量的计算；另一方面是没有明确的参数调整方向来减小根灵敏度。尽管如此，根灵敏度方法仍可以提供设计者所需的信息，以帮助他们比较几个候选系统方案的容错性能。根灵敏度方法能够在 s 平面上比较直观地描述系统对参数变化的灵敏程度，它的不足之处在于过于依赖闭环特征根对系统性能的描述能力。正如我们已经看到的，在大多数情况下，闭环特征根的位置分布足以表征系统的性能，但还是有一些场合，需要适当地考虑闭环传递函数的零点对系统性能的影响，并考虑相关特征根是否具有足够的主导性。总而言之，根灵敏度可以恰当地衡量系统对参数波动变化的灵敏程度，从而能够有效地应用于系统分析和设计。

7.6 PID 控制器

PID 控制器又称为三项控制器，已在工业过程控制中得到广泛采用[4, 10]，其传递函数为

$$G_c(s) = K_P + \frac{K_I}{s} + K_D s$$

其时域输出方程为

$$u(t) = K_P e(t) + K_I \int e(t)\mathrm{d}t + K_D \frac{\mathrm{d}e(t)}{\mathrm{d}t}$$

PID 控制器传递函数的三个组成项分别是比例（Proportional，P）项、积分（Integral，I）项和微分（Derivative，D）项。微分项的传递函数在实际中通常为

$$G_d(s) = \frac{K_D s}{\tau_d s + 1}$$

其中的时间常数 τ_d 由于远远小于受控对象的时间常数，因此常常可以忽略不计。

如果令 $K_D = 0$，PID 控制器就成了**比例积分（PI）控制器**：

$$G_c(s) = K_P + \frac{K_I}{s}$$

如果令 $K_I = 0$，PID 控制器就成了**比例微分（PD）控制器**：

$$G_c(s) = K_P + K_D s$$

PID 控制器可以视为由 PI 控制器和 PD 控制器串联构成的控制器。

PI 控制器为

$$G_{\mathrm{PI}}(s) = \hat{K}_P + \frac{\hat{K}_I}{s}$$

PD 控制器为

$$G_{\mathrm{PD}}(s) = \bar{K}_P + \bar{K}_D s$$

其中，$\hat{K}_P$ 和 $\hat{K}_I$ 是 PI 控制器的增益，$\bar{K}_P$ 和 $\bar{K}_D$ 则是 PD 控制器的增益。将这两个控制器串联起来，就可以得到

$$\begin{aligned} G_c(s) &= G_{\mathrm{PI}}(s)G_{\mathrm{PD}}(s) \\ &= \left(\hat{K}_P + \frac{\hat{K}_I}{s}\right)\left(\bar{K}_P + \bar{K}_D s\right) \\ &= \left(\bar{K}_P\hat{K}_P + \hat{K}_I\bar{K}_D\right) + \hat{K}_P\bar{K}_D s + \frac{\hat{K}_I\bar{K}_D}{s} \\ &= K_P + K_D s + \frac{K_I}{s} \end{aligned}$$

其中，PI 控制器、PD 控制器以及最终的 PID 控制器的增益之间满足如下关系：

$$K_P = \bar{K}_P\hat{K}_P + \hat{K}_I\bar{K}_D$$
$$K_D = \hat{K}_P\bar{K}_D$$
$$K_I = \hat{K}_I\bar{K}_D$$

再对 PID 控制器传递函数的形式进行转换，便可以得到

$$G_c(s)=K_P+\frac{K_I}{s}+K_D s=\frac{K_D s^2+K_P s+K_I}{s}$$
$$=\frac{K_D\left(s^2+as+b\right)}{s}=\frac{K_D\left(s+z_1\right)\left(s+z_2\right)}{s}$$

其中，$a=K_P/K_D$，$b=K_I/K_D$。因此，PID 控制器实际上对应的是这样一类传递函数，这类传感函数在原点处有一个极点，而在 s 平面的左半平面有两个可以任意配置位置的零点。

考虑图 7.23 所示的系统，其中采用了以 $-z_1=-3+\mathrm{j}$ 和 $-z_2=-\hat{z}_1$ 为两个复零点的 PID 控制器。绘制系统在参数 K_D 变化时的根轨迹，如图 7.24 所示，从中可以看出，当控制器增益 K_D 增加时，系统的共轭特征根将趋于 PID 控制器提供的开环零点。该系统的闭环传递函数为

$$T(s)=\frac{G(s)G_c(s)}{1+G(s)G_c(s)}=\frac{K_D\left(s+z_1\right)\left(s+\hat{z}_1\right)}{\left(s+r_2\right)\left(s+r_1\right)\left(s+\hat{r}_1\right)}$$

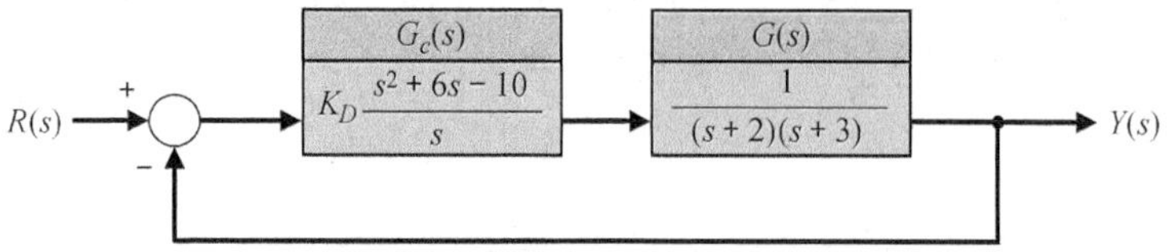

图 7.23　带控制器的闭环系统

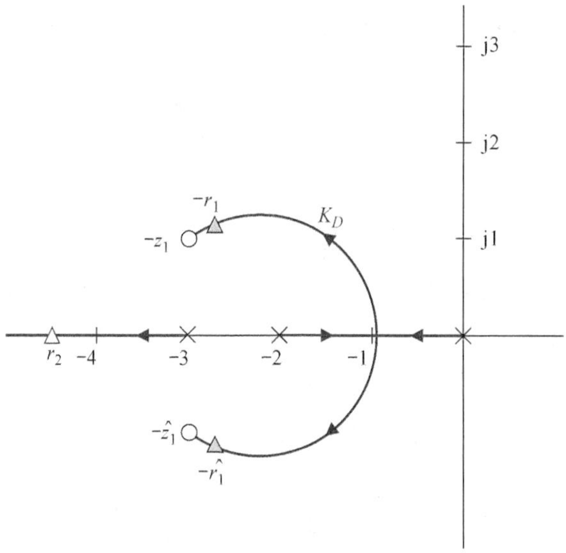

图 7.24　带 PID 控制器的系统根轨迹

该系统具有很好的性能，其阶跃响应的超调量小于或等于 2%，稳态误差为 0，调节时间接近 1 s。如果需要更短的调节时间，则可以将控制器提供的开环复零点 $-z_1$ 和 $-z_2$，在 s 平面上进一步向左移动，然后确定 K_D 的合适取值，使对应的闭环特征根进一步靠近开环复零点 $-z_1$ 和 $-z_2$。

PID 控制器在工业生产过程中的应用非常广泛，其原因可以部分归结为 PID 控制器能够在相当广泛的工作条件下保持较好的工作性能，还可以部分归结为 PID 控制器功能简单、便于使用。为了实现 PID 控制器，我们必须针对不同的控制对象，确定以下三个增益的合适取值：比例环节增益 K_P、积分环节增益 K_I 和微分环节增益 K_D [10]。

确定这三个增益的合适取值的过程通常被称为 **PID 参数整定**。目前，有很多方法可以用于 PID 参数整定。其中一种较为常见的方法是 PID 参数手动整定。这种方法采用"试错"策略，仅用到很少的解析手段，但需要反复尝试参数取值，还需要不断仿真计算或实际测试系统的阶跃响应，然后在观察结果和工程经验的基础上，确定 PID 参数的合适取值。另一种较为常见的方法则是用到较多解析手段的齐格勒–尼科尔斯（Ziegler–Nichols）参数整定，该方法有多个不同的变种，本节将讨论其中的两个，它们分别以系统开环阶跃响应和闭环阶跃响应为基础。

在 PID 参数手动整定方法中，可以尝试的一种策略是首先令 $K_I = 0$、$K_D = 0$，然后缓慢增大比例增益 K_P的取值，直到闭环系统的输出出现振荡（即系统到达不稳定的边缘）。这通常可以利用仿真手段来完成，但如果系统无法离线运行，则只能对实际系统进行在线尝试。在掌握比例增益 K_P的这个导致稳定边界的取值（$K_I = 0$、$K_D = 0$）之后，根据经验，我们可以先将比例增益 K_P 减小到这个增益值的一半，之后再继续尝试减小 K_P 的取值，以使系统输出达到所谓的 **25% 超调幅值衰减状态**。也就是说，我们需要使闭环系统的输出能够在一个振荡周期内，将超调幅值减小到最大超调幅值的 25% 左右。接下来要做的就是尝试增大 K_I 和 K_D 的取值，以使闭环系统产生预期的阶跃响应。表 7.4 定性地给出了增大 K_P、K_I 和 K_D 的取值对系统阶跃响应性能的影响。

表 7.4　增大 K_P、K_I 和 K_D 的取值对系统阶跃响应性能的影响

PID 增益系数	超调量	调节时间	稳态误差
增大 K_P	增大	影响小	减小
增大 K_I	增大	增大	稳态误差为 0
增大 K_D	减小	减小	没有影响

例 7.7　PID 参数的手动整定

考虑图 7.25 所示的单位负反馈控制系统（配有 PID 控制器），受控对象的传递函数为

$$G(s) = \frac{1}{s(s+b)\left(s+2\zeta\omega_n\right)}$$

其中，$b = 10$，$\zeta = 0.707$，$\omega_n = 4$。

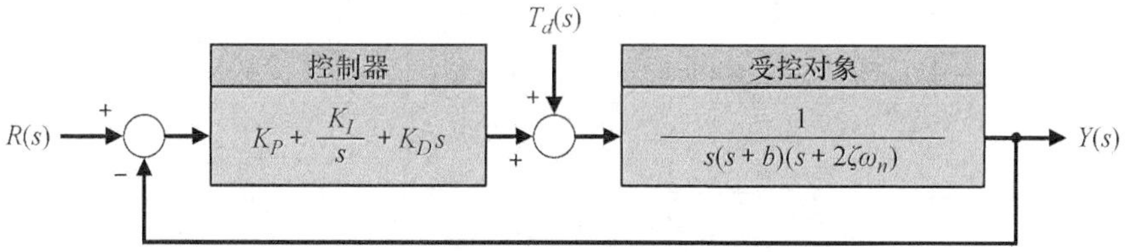

图 7.25　配有 PID 控制器的单位负反馈控制系统

在进行手动整定时，首先令 $K_D = 0$、$K_I = 0$，同时增大 K_P的取值，直到系统的输出出现持续振荡。由图 7.26（a）可以看出，当 $K_P = 885.5$ 时，系统的输出出现幅值 $A = 1.9$、周期 $P = 0.83$ s 的持续振荡。以如下特征方程绘制的根轨迹如图 7.26（b）所示。

$$1 + K_P\left[\frac{1}{s(s+10)(s+5.66)}\right] = 0$$

从图 7.26（b）中可以看出，当 $K_P = 885.5$ 时，系统的极点为 $s = \pm j7.5$，这会导致系统的阶跃响应出现振荡，如图 7.26（a）所示。

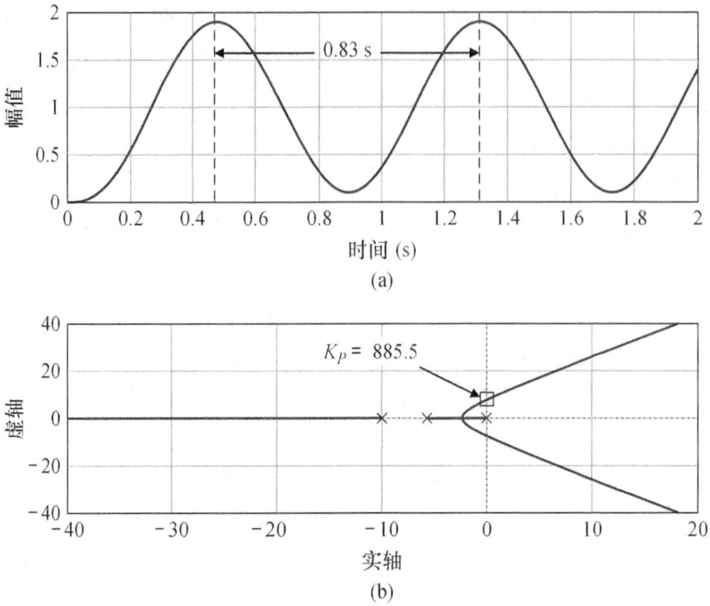

图 7.26 （a）当 $K_P = 885.5$、$K_D = 0$、$K_I = 0$ 时系统的阶跃响应；（b）系统对参数 K_P 的根轨迹表明，当 $K_P = 885.5$ 时，系统进入临界稳定状态，对应的极点为 $s = \pm j7.5$

先将 K_P 减小至原来的一半（$K_P = 442.75$），以期产生具有 25% 超调幅值衰减特性的阶跃响应。我们可能需要以 $K_P = 442.75$ 为中心不断地加以调整，才能找出最为合适的 K_P。图 7.27 给出了我们所需的系统阶跃响应，其超调幅值在一个振荡周期内下降至最大超调幅值的 25% 左右。为了实现这一点，我们需要缓慢地将 K_P 从 442.75 减小至 370。

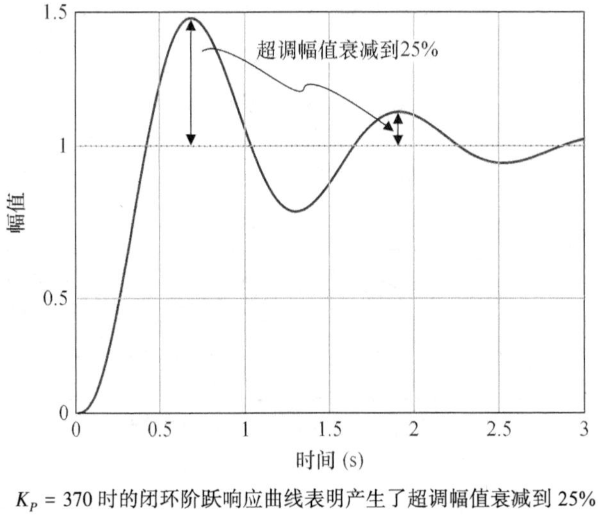

图 7.27 $K_P = 370$ 时的闭环阶跃响应曲线表明产生了超调幅值衰减到 25% 的现象

暂时选定 $K_P = 370$ 之后，先令 $K_I = 0$，再令 K_D 在 0 到+∞之间变化。此时，以如下特征方程绘制的根轨迹如图 7.28 所示。

$$1 + K_D\left[\frac{s}{(s + 10)(s + 5.66) + K_P}\right] = 0$$

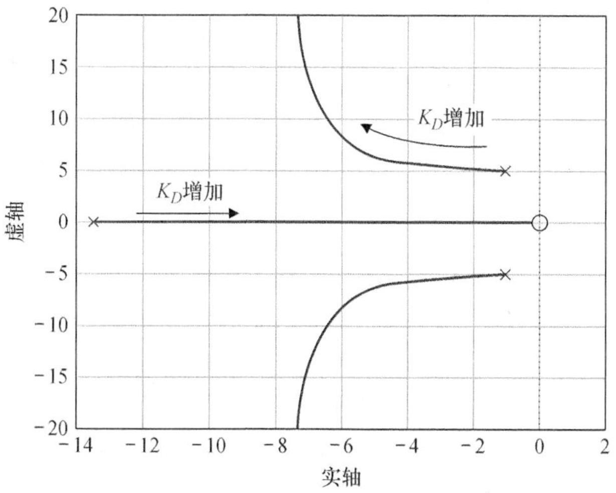

图 7.28　当 $K_P = 370$、$K_I = 0$ 且 $0 \leqslant K_D < +\infty$ 时系统的根轨迹

从图 7.28 中可以看出，随着 K_D 开始增大，系统的一对闭环复极点开始向 s 平面的左侧移动，对应的阻尼比随之增大，超调量减小，同时 $\zeta\omega_n$ 也随之增大，从而减小了调节时间。K_D 的变化所产生的上述影响与表 7.4 给出的结论是一致的。当 K_D 持续增大到 75 之后，系统闭环实根开始主导系统的响应，表 7.4 中的结论开始变得不再那么准确。系统的超调量和调节时间随 K_D 的变化曲线如图 7.29 所示。

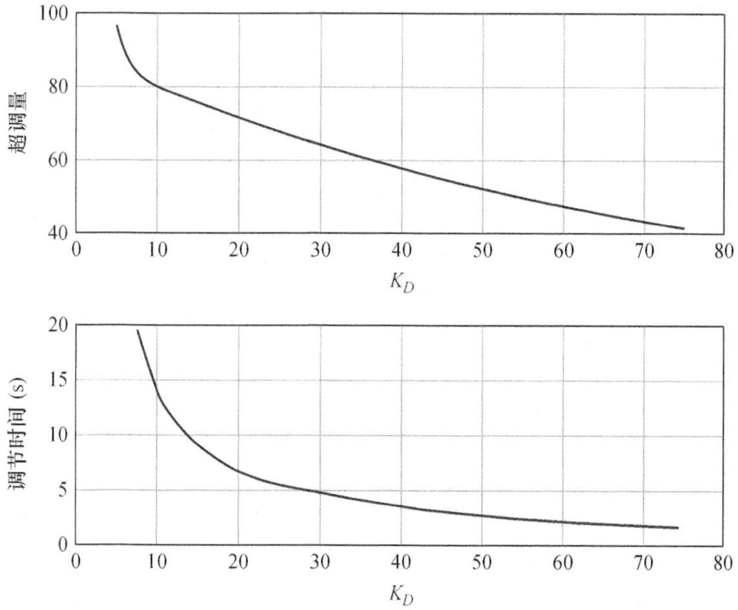

图 7.29　当 $K_P = 370$、$K_I = 0$ 时，系统的超调量和调节时间随 K_D（$5 \leqslant K_D < 75$）的变化曲线

暂时选定 $K_P = 370$ 之后，若令 $K_D = 0$，再令 K_I 在 0 到$+\infty$之间变化，则以如下特征方程绘制的根轨迹如图 7.30 所示。

$$1 + K_I\left[\frac{1}{s\left(s(s+10)(s+5.66)+K_P\right)}\right] = 0$$

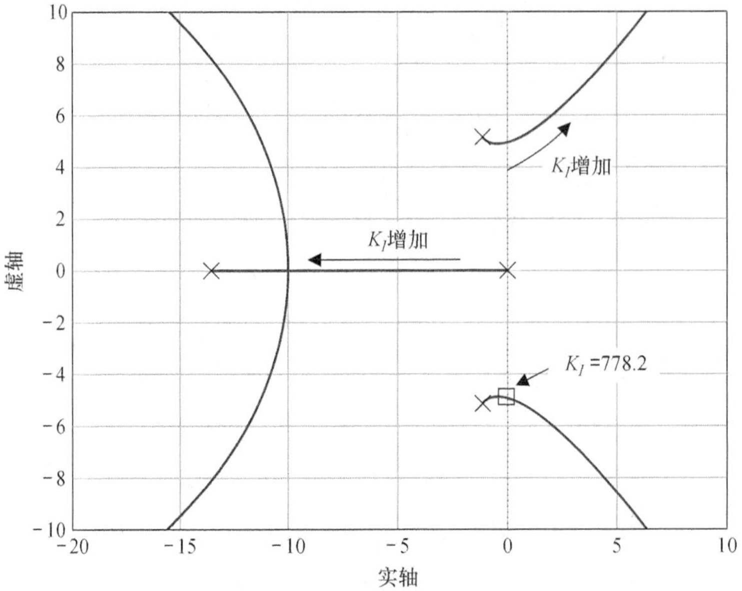

图 7.30 当 K_P = 370、K_D = 0 时，系统对 K_I 从 0 增加到+∞的根轨迹

从图 7.30 中可以看出，随着 K_I 开始增大，系统的一对复极点开始向 s 平面的右侧移动，这将导致阻尼系数减小，从而增大了超调量。实际上，当 K_I = 778.2 时，系统将滑向临界稳定状态，闭环复极点变成 $s = \pm j4.86$。与此同时，$\zeta\omega_n$ 随之减小，调节时间增大。系统的超调量和调节时间随 K_I 的变化曲线如图 7.31 所示。这与表 7.4 给出的结论也是一致的。

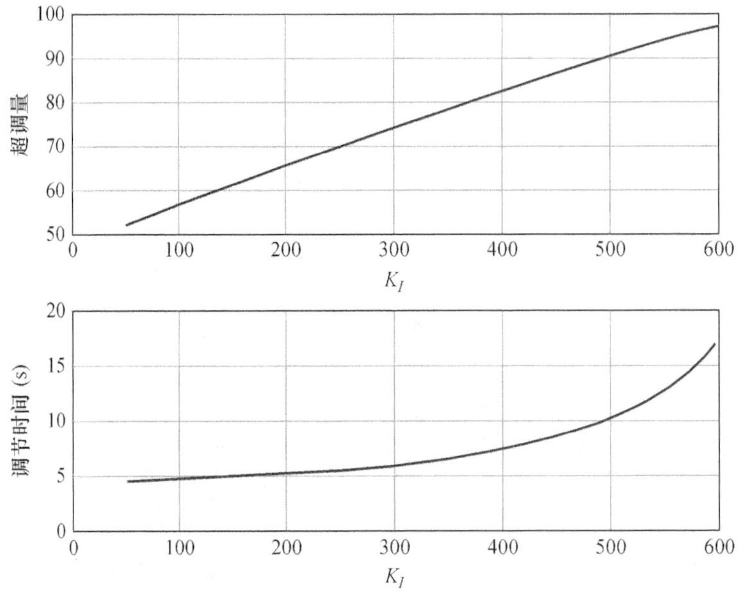

图 7.31 当 K_P = 370、K_D = 0 时，系统的超调量和调节时间随 K_I（$50 \leq K_I < 600$）的变化曲线

为了同时满足超调量和调节时间的设计要求，我们可以将 PID 控制器的增益参数整定取为 K_P = 370、K_D = 60、K_I = 100。图 7.32 所示的阶跃响应曲线表明系统的调节时间 T_s = 2.4 s，超调量 P.O.=12.8%，参数整定的结果满足指标设计要求。

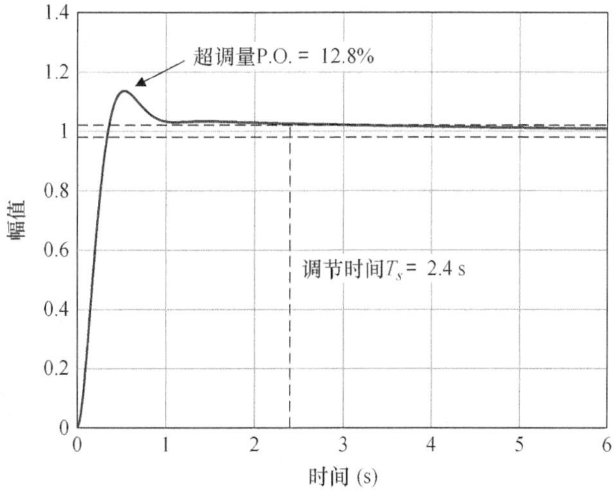

图 7.32　当 $K_P = 370$、$K_D = 60$、$K_I = 100$（参数整定结果）时，系统的超调量和调节时间

1942 年，约翰 G. 齐格勒（John G. Ziegler）和纳撒尼尔 B. 尼科尔斯（Nathaniel B. Nichols）发表了 PID 控制器的两种重要的参数整定方法。通过确定 PID 参数的合适取值，他们希望闭环系统具有敏捷的阶跃响应，但不出现太强的振荡，并且还有很强的扰动抑制能力。这两种方法被统称为齐格勒–尼科尔斯整定方法。第一种方法以闭环系统为基础，需要计算**终极增益和终极周期**。第二种方法以开环系统为基础，需要分析系统的**响应曲线（开环）**。在应用齐格勒–尼科尔斯整定方法时，我们需要假定受控对象符合一定类型的模型，但并不需要建立特别精确的模型。这一特点使得齐格勒–尼科尔斯整定方法非常实用。建议首先利用齐格勒–尼科尔斯整定方法获取 PID 控制器的初始参数，然后不断地迭代和改进参数设计结果。需要指出的是，并不是所有的受控对象都适合采用齐格勒–尼科尔斯参数整定方法。

闭环齐格勒–尼科尔斯整定方法将 PID 控制器串联到系统环路中，并以系统针对阶跃输入（或阶跃扰动）的闭环响应为基础，为 PID 控制器选定合适的参数。过程如下：先将微分增益 K_D 和积分增益 K_I 设定为 0；之后再逐渐增大比例增益 K_P 的取值，直至系统的闭环阶跃响应进入临界稳定。这可以利用仿真方式来完成，也可以在实际的系统中完成。将此时 K_P 的取值记为 K_U，称为终极增益；此时的输出将出现持续振荡，将周期记为 T_U，称为终极周期。一旦确定 K_U 和 T_U，我们就可以利用表 7.5 给出的齐格勒–尼科尔斯关系式来计算 PID 增益参数。

表 7.5　利用终极增益 K_U 和终极周期 T_U 的齐格勒–尼科尔斯 PID 参数整定方法

控制器类型	K_P	K_I	K_D
比例控制器（P）：$G_c(s) = K_P$	$0.5K_U$	—	—
比例-积分控制器（PI）：$G_c(s) = K_P + \frac{K_I}{s}$	$0.45K_U$	$\frac{0.45K_U}{T_U}$	—
比例-积分-微分控制器（PID）：$G_c(s) = K_P + \frac{K_I}{s} + K_D s$	$0.6K_U$	$\frac{1.2K_U}{T_U}$	$\frac{0.6K_U T_U}{8}$

例 7.8　PID 参数的闭环齐格勒–尼科尔斯整定过程

重新考虑例 7.7 中的控制系统，利用表 7.5 提供的方法计算 PID 参数 K_P、K_D 和 K_I。根据例 7.7 中的计算结果可知，终极增益 $K_U = 885.5$，终极周期 $T_U = 0.83$ s。根据表 7.5 中的齐格勒–尼科尔斯关系式，可以得到

$$K_P = 0.6K_U = 531.3,\quad K_I = \frac{1.2K_U}{T_U} = 1280.2,\ K_D = \frac{0.6K_U T_U}{8} = 55.1$$

对比图 7.32 和图 7.33 所示的阶跃响应曲线可以发现，无论是利用手动整定方法得到 PID 控制器，还是利用齐格勒–尼科尔斯方法得到 PID 控制器，都能够使系统的调节时间基本相同，但前者的超调量比后者的小。其原因在于齐格勒–尼科尔斯整定方法的目标偏重于使系统具有更好的扰动抑制能力，而不是使系统具有更好的输入响应性能。

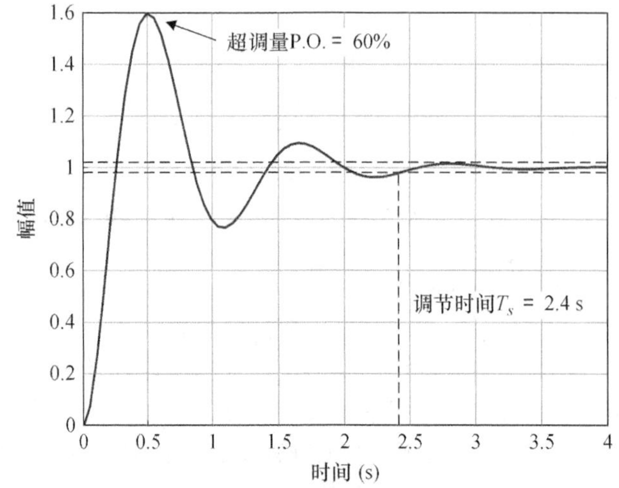

图 7.33 当 K_P = 531.3、K_I = 1280.2、K_D = 55.1 时（由闭环齐格勒–尼科尔斯整定方法得出）系统的时间响应以及超调量和调节时间

从图 7.34 中可以看出，相对于由手动整定方法得到 PID 控制器，由齐格勒–尼科尔斯整定方法设计的 PID 控制器，能够使系统具有更好的能力来抑制阶跃扰动。齐格勒–尼科尔斯整定方法提供了一种获取 PID 控制器增益参数的结构化方法，但是这种方法是否真的适用，则取决于所研究的具体问题。

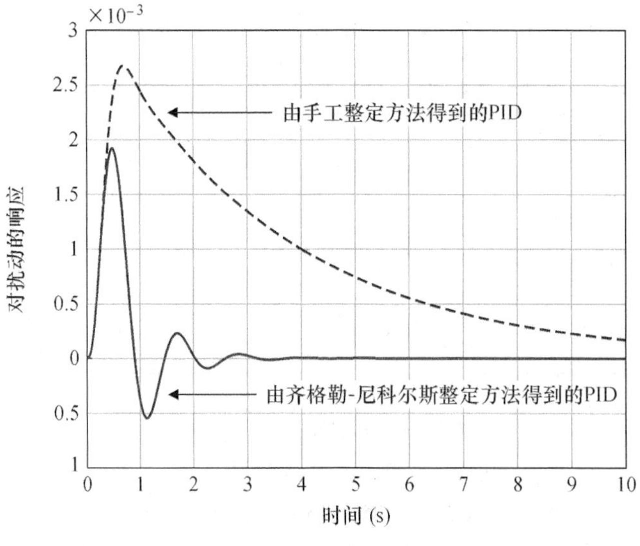

图 7.34 分别利用闭环齐格勒–尼科尔斯整定方法和手动整定方法得到的 PID 控制器的系统扰动响应

开环齐格勒–尼科尔斯整定方法以系统的**响应曲线（开环）**为基础。所谓响应曲线（开环），指的是当 PID 控制器离线运行（即不在环路中）且输入激励为阶跃信号（或阶跃扰动）时系统的输出响应曲线。这种方法在过程控制系统中的应用格外广泛，所依据的观测信息就是响应曲线，并且假定它们具有图 7.35 所示的一般形状。图 7.35 所示的响应曲线意味着受控对象（过程）被近似为带有传输延迟的一阶系统。如果实际系统的响应曲线并非如此，就不能使用该方法，而应该选用其他的 PID 整定方法。如果考虑的是线性系统且响应缓慢（或响应迟钝，可用时延来加以刻画），那么一阶系统模型的假定条件足以保证开环齐格勒–尼科尔斯整定方法的可用性，进而保证能为 PID 增益选定合适的取值。

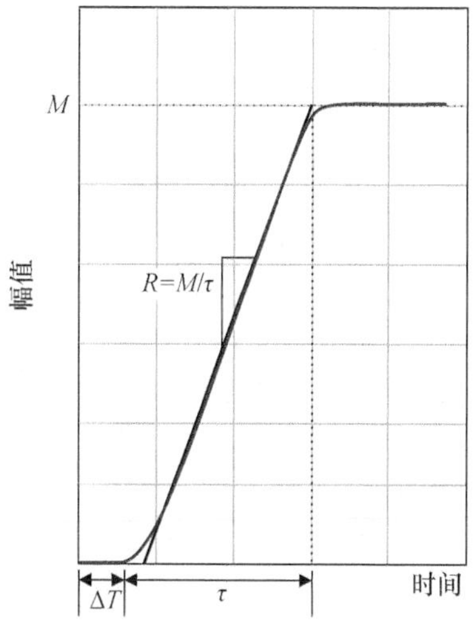

图 7.35　标明了齐格勒–尼科尔斯整定方法所需的参数 R 和 ΔT 的响应曲线

图 7.35 所示的响应曲线可以用传输时延 ΔT 和响应速率 R 来刻画。通常情况下，我们需要对响应过程加以记录，然后利用数值方法估计参数 ΔT 和 R。具有图 7.35 所示的响应曲线的系统，可以用下面的一阶系统（含传输时延）加以描述：

$$G(s) = M\left[\frac{1}{\tau s + 1}\right]e^{-\Delta T s}$$

其中，M 为稳态响应的幅值，ΔT 为传输时延，τ 为响应曲线的上升时间。我们可以根据系统的开环阶跃响应曲线估计得出参数 M、τ 和 ΔT，并根据关系式 $R = M/\tau$ 估计得出参数 R。一旦估计得出上述参数，就可以利用表 7.6 计算得到 PID 增益。从表 7.6 可以看出，我们也可以利用开环齐格勒–尼科尔斯整定方法，来设计比例控制器或比例积分控制器。

表 7.6　基于以传输时延 ΔT 和响应速率 R 为特征参数的响应曲线的开环齐格勒–尼科尔斯 PID 参数整定

控制器类型	K_P	K_I	K_D
比例控制器（P）：$G_c(s) = K_P$	$\frac{1}{R\Delta T}$	—	—
比例–积分控制器（PI）：$G_c(s) = K_P + \frac{K_I}{s}$	$\frac{0.9}{R\Delta T}$	$\frac{0.27}{R\Delta T^2}$	—
比例–积分–微分控制器（PID）：$G_c(s) = K_P + \frac{K_I}{s} + K_D s$	$\frac{1.2}{R\Delta T}$	$\frac{0.6}{R\Delta T^2}$	$\frac{0.6}{R}$

例 7.9　利用开环齐格勒–尼科尔斯整定方法的 PI 控制器参数整定

考虑图 7.36 所示的响应曲线，估计结果为如下：传输时延 $\Delta T = 0.1$ s，响应速率 $R = 0.8$。

根据表 7.6，利用开环齐格勒–尼科尔斯整定方法为 PI 控制器参数选择的合适取值如下：

$$K_P = \frac{0.9}{R\Delta T} = 11.25，K_I = \frac{0.27}{R\Delta T^2} = 33.75$$

假定系统为单位负反馈系统，则系统的闭环阶跃响应曲线如图 7.37 所示。从中可以看出，调节时间 $T_s = 1.28$ s，超调量 P.O. = 78%。正如我们所期望的那样，引入 PI 控制器后，系统的稳态误差为 0。

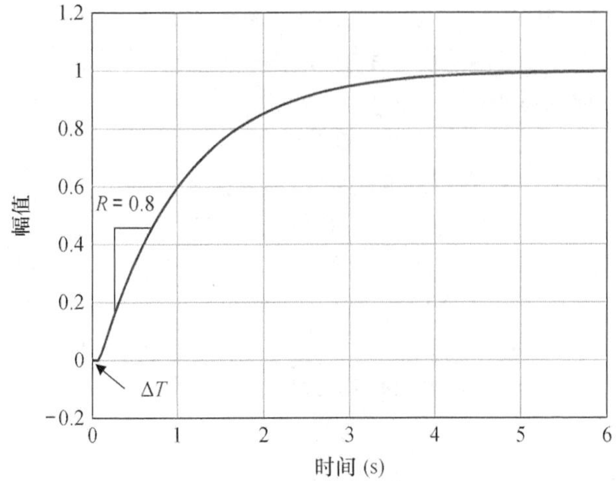

图 7.36 响应曲线(ΔT = 0.1s，R = 0.8)

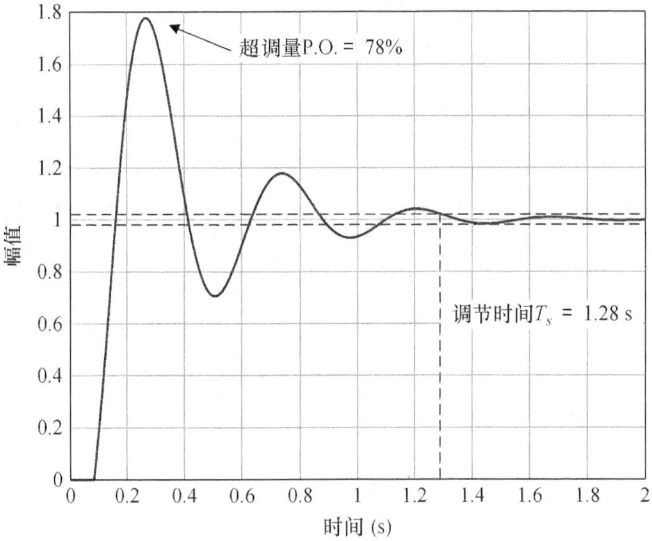

图 7.37 当 K_P = 11.25、K_I = 33.75 时（由开环齐格勒–尼科尔斯整定方法得出）系统的闭环阶跃响应

需要指出的是，本节介绍的 PID 手动整定方法和两种齐格勒–尼科尔斯整定方法，并不总是能够导致系统达到预期的闭环性能。尽管这三种方法都提供了结构化的流程，并且确实能够非常方便地确定 PID 增益的取值，但是我们只能将其视为整个迭代设计过程中的第一步。目前，PID 控制器（包括 PD 控制器和 PI 控制器）已被广泛应用于很多场合，因此熟悉掌握控制器的多种设计方法是非常重要的。本章最后将在循序渐进设计实例中，设计 PD 控制器以控制磁盘驱动器（见 7.10 节）。

7.7 负增益根轨迹

7.2 节已经讨论指出，利用闭环传递函数或闭环系统的极点和零点位置，可以描述闭环控制系统的动态性能。根轨迹就是这样一种图示化的描述方式，旨在描述当系统中的某个参数发生变化时，系统特征方程的根的变化轨迹，特征方程的根与系统的闭环极点其实是完全相同的。对于图 7.1 所示的简单单环路控制系统而言，其特征方程为：

$$1 + KG(s) = 0 \tag{7.86}$$

其中，K 为我们关心的可变参数。当 $0 \leqslant K < +\infty$ 时，7.3 节给出了绘制根轨迹的 7 个步骤，并在表 7.2 中做了总结。我们有时还需要用到当参数 K 取负值（即 $-\infty < K \leqslant 0$）时的根轨迹，这种根轨迹被称为**负增益根轨迹**。与 7.2 节类似，本节的目的是讨论并得到绘制负增益根轨迹的步骤。

将式（7.86）重写为

$$G(s) = -\frac{1}{K}$$

由于 K 为负值，因此有

$$|KG(s)| = 1,\ \underline{/G(s)} = 0^\circ + k360^\circ \tag{7.87}$$

其中，$k = 0, \pm 1, \pm 2, \pm 3, \cdots$。负增益根轨迹上的所有点，都必须同时满足式（7.87）给出的幅值条件和相角条件。注意，式（7.87）给出了与式（7.4）不同的相角条件。正是新的相角条件导致绘制负增益根轨迹时，必须对表 7.2 中总结的根轨迹的绘制步骤做出一些重要的改进。

例 7.10　绘制负增益根轨迹

考虑图 7.38 所示的系统，其开环传递函数为

$$L(s) = KG(s) = K\frac{s - 20}{s^2 + 5s - 50}$$

特征方程为

$$1 + K\frac{s - 20}{s^2 + 5s - 50} = 0$$

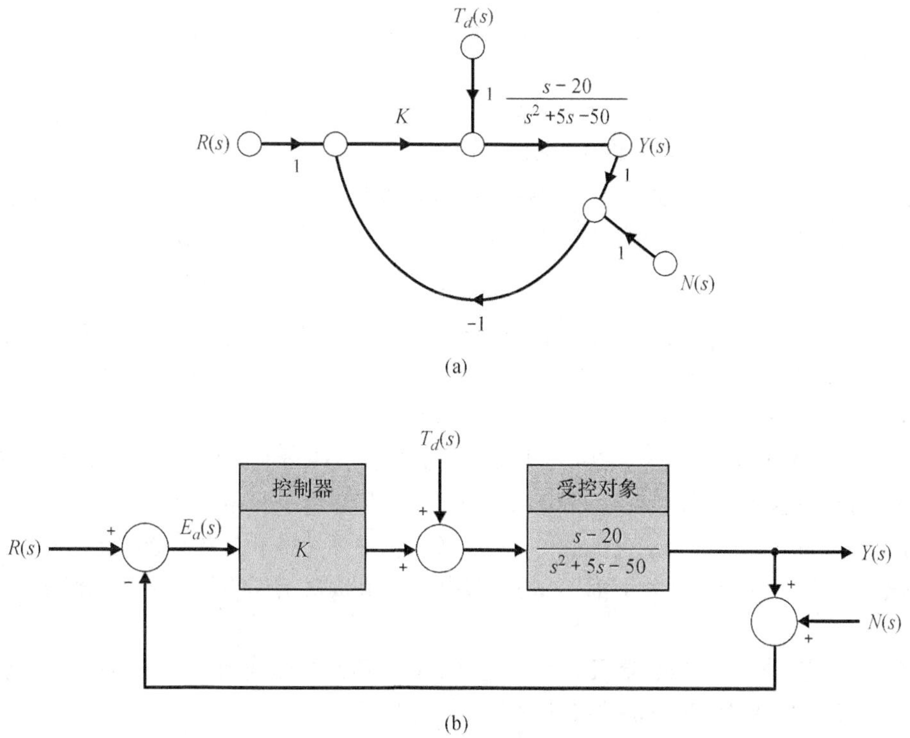

图 7.38　单位负反馈控制系统（比例控制器增益为 K）
（a）信号流图模型；（b）框图模型

当 K 在 0 到+∞之间变化时，我们可以绘制出图 7.39（a）所示的闭环系统根轨迹，从中可以看出，系统始终是不稳定的。负增益根轨迹如图 7.39（b）所示，从中可以看出，能使系统稳定的参数取值范围是 $-5.0 < K < -2.5$。因此，只有当增益 K 取负值时，我们才可能使图 7.38 给出的系统稳定。

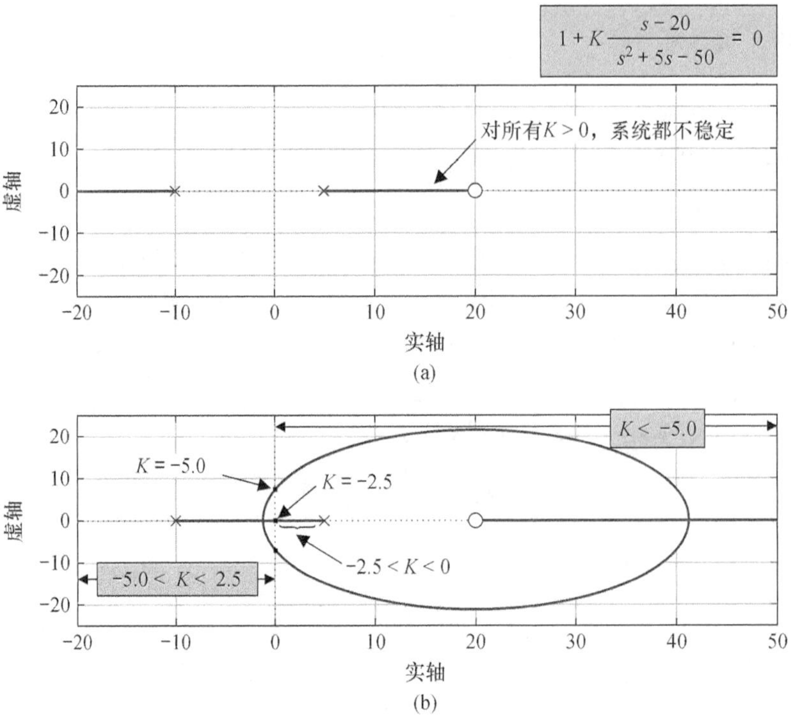

图 7.39 （a）$0 \leqslant K < \infty$ 时的根轨迹；（b）$-\infty < K \leqslant 0$ 时的根轨迹

当可变参数为负值时，为了能够在 s 平面上绘制特征方程的根轨迹，下面我们回顾表 7.2 给出的根轨迹绘制步骤，讨论并得出负增益根轨迹的绘制步骤。

步骤 1： 绘制负增益根轨迹的准备工作。我们需要列写形如式（7.88）的根轨迹形式的特征方程。必要时，我们还需要整理特征方程，将可变参数 K 作为乘性因子分离出来。

$$1 + Kp(s) = 0 \tag{7.88}$$

负增益根轨迹关注的是当 K 从 0 变化到$-\infty$时特征方程的根的变化轨迹。与式（7.24）类似，这里也将因式 $p(s)$ 改写为极点和零点的形式，然后将 $p(s)$ 的零点和极点（开环零点和极点）添加到 s 平面上，用"×"表示极点，而用"○"表示零点。

当 $K = 0$ 时，特征方程的根就是 $p(s)$ 的极点；而当 $K \to -\infty$ 时，特征方程的根就是 $p(s)$ 的零点。因此，特征方程的根轨迹起始于开环极点（$K = 0$），终止于开环零点（$K \to -\infty$）。如果 $p(s)$ 有 n 个极点和 M 个零点，且 $n > M$，则有 $n - M$ 条根轨迹分支趋于无穷远处的开环零点。根轨迹的分支条数就是极点的个数。由于特征方程的复数根总是成对出现的共轭根，因此根轨迹关于实轴对称。

步骤 2： 确定实轴上的根轨迹段。实轴上的根轨迹段总位于**偶数**个开环零点和极点的左侧，这可以用式（7.87）给出的相角条件加以验证。

步骤 3： 当 $n > M$ 时，随着 $K \to -\infty$，有 $n - M$ 条根轨迹分支沿着渐近线趋于无穷远处的开环零点。渐近线与实轴的夹角为 ϕ_A，与实轴的公共交点（即渐近中心）为 σ_A。渐进中心 σ_A 的计

算公式为

$$\sigma_A = \frac{\sum 开环极点 - \sum 开环零点}{n - M} = \frac{\sum_{j=1}^{n}(-p_j) - \sum_{i=-1}^{n}(-z_i)}{n - M} \tag{7.89}$$

ϕ_A 的计算公式为

$$\phi_A = \frac{2k+1}{n-M}360^\circ,\ k = 0,1,2,\cdots,(n-M-1) \tag{7.90}$$

其中，k 为整数。

步骤 4： 利用劳斯–赫尔维茨稳定性判据，确定根轨迹与虚轴的交点（如果有的话）。

步骤 5： 确定根轨迹在实轴上的分离点（如果有的话）。根据相角条件可知，根轨迹的切线将在分离点处平分 360°。我们既可以直接在图上估算分离点，也可以准确计算得出分离点。将特征方程

$$1 + K\frac{n(s)}{d(s)} = 0$$

改写为

$$p(s) = K$$

其中，$p(s) = -d(s)/n(s)$。能让 $p(s)$ 取最大值的点就是分离点，这可以通过求解如下方程得到。

$$n(s)\frac{\mathrm{d}[d(s)]}{\mathrm{d}s} - d(s)\frac{\mathrm{d}[n(s)]}{\mathrm{d}s} = 0 \tag{7.91}$$

整理后可以发现，式（7.91）实际上就是一个一元 $n + M - 1$ 次方程。其中，n 为开环极点的个数，M 为开环零点的个数。因此解的数量为 $n + M - 1$，位于根轨迹上的解就是分离点。

步骤 6： 利用相角条件，确定根轨迹离开开环复极点的出射角以及进入开环复零点的入射角。根轨迹离开开环极点的出射角等于相角差的主值，相角差则等于各开环零点到该极点的向量的相角之和，减去其他开环极点到该极点的向量的相角之和，主值可用 $\pm k360^\circ$ 调整得到。使用同样的方式，我们可以得到入射角。

步骤 7： 最后一步旨在补足前面 6 个步骤中没有涉及的部分。

表 7.7 对绘制负增益根轨迹的上述 7 个步骤做了总结。

表 7.7　绘制负增益根轨迹的 7 个步骤（深灰色文字表示了与表 7.2 的不同）

步　　骤	相关的方程或规则
步骤 1：绘制根轨迹的准备工作。 （a）列写闭环特征方程，并将自己感兴趣的参数 K 改写为乘性因子。 （b）将 $p(s)$ 分解成包含 M 个零点和 n 个极点的分式形式。 （c）在 s 平面上用特定的符号标识 $p(s)$ 的零点和极点（即开环零点和极点）。 （d）确定根轨迹分支的条数。 （e）根轨迹分支关于实轴对称。	（a）$1+Kp(s)=0$ （b）$1 + K\frac{\prod_{i=1}^{M}(s+z_i)}{\prod_{j=1}^{n}(s+p_j)} = 0$ （c）用“×”表示开环极点，而用“○”表示开环零点。 （d）根轨迹起始于开环极点，终止于开环零点。当 $n \geqslant M$ 时，独立根轨迹分支的数量为 n。其中，n 为有限开环极点的个数，M 为有限开环零点的个数。
步骤 2：确定实轴上的根轨迹段。	根轨迹段位于**偶数**个有限开环零点和极点的左侧。

续表

步　骤	相关的方程或规则
步骤 3：根轨迹沿渐近线趋于无限的开环零点。渐近中心为 σ_A，渐近线与实轴的夹角为 Φ_A。	$\sigma_A = \dfrac{\sum_{j=1}^{n}(-p_j) - \sum_{i=1}^{M}(-z_i)}{n-M}$； $\phi_A = \dfrac{2k+1}{n-M}360°$， $k = 0,1,2,\cdots,(n-M-1)$
步骤 4：确定根轨迹穿越虚轴的点（如果有的话）。	应用劳斯-赫尔维茨稳定性判据。
步骤 5：确定实轴上的分离点（如果有的话）。	（a）令 $K = p(s)$。 （b）求解 $\mathrm{d}p(s)/\mathrm{d}s = 0$ 的根或者利用图解法找到 $p(s)$ 的最大值点。
步骤 6：应用相角条件，确定根轨迹离开开环复极点的出射角以及进入开环复零点的入射角。	当 $s = -p_j$ 或 $-z_i$ 时，$\underline{/p(s)} = \pm k360°$
步骤 7：完成根轨迹的绘制。	

7.8 设计实例

本节提供两个设计实例。第一个实例为风力发电机转速控制系统，该系统利用 PI 控制器实施控制，使得发电机系统对阶跃输入信号的响应具有较小的调节时间和上升时间，同时只有有限的超调量。第二个实例讨论汽车速度的自动控制问题，旨在将原本针对 1 个可变参数的根轨迹法，扩展应用到研究有 3 个可变参数的情形，从而确定 PID 控制器的 3 个增益的合适取值，其中重点探讨了控制系统设计流程中的设计目标、控制变量、指标设计要求等设计模块，以及如何用根轨迹法设计 PID 控制器等问题。

例 7.11　风力发电机转速控制系统

风力发电机转速控制系统通过与其相连的风力机来接收风能，并将风能转化为电能。特别令人感兴趣的是离岸风力机，如图 7.40 所示 [33]。这种安装方式蕴含的理念是，让风力机锚定漂浮在海面上，而非安装在深深固定于海底的塔状机构上。这样就可以将风力机安装在距离海岸远达 100 mile（约 161 km）的深海中，从而避免因为人造结构而破坏整个海岸的景观 [34]。此外，开阔海面上的风力通常更大，发电机的功率可以高达 5 MW，远远超出陆上风力发电机常见的 1.5 MW。由于风向和风力大小没有规律可循，因此我们需要为风力机桨叶设计合适的控制系统，以确保发电机能够提供稳定可靠的电能。风力发电机转速控制系统的设计目标是降低风的间歇性与风向变化对系统的影响。通过调节桨叶的节距角，我们可以控制转子和发电机的转速。

图 7.41 给出了风力发电机转速控制系统的基本模型 [35]。桨叶总距与发电机转速之间的线性化模型①为

$$G(s) = \frac{4.2158(s-827.1)\left(s^2-5.489s+194.4\right)}{(s+0.195)\left(s^2+0.101s+482.6\right)} \tag{7.92}$$

这一模型描述的是一个功率为 600 kW 的风力发电机，风力机轮毂的安装高度为 36.6 m，转子直径为 40 cm，转子额定转速为 41.7 r/min，发电机额定转速为 1800 r/min，节距角的最大变化率为 18.7°/s。注意，式（7.92）所示的传递函数有 3 个零点位于 s 平面的右半平面，它们分别为 $s_1 = 827.1$ 和 $s_{2,3} = 0.0274 \pm \mathrm{j}0.1367$。因此，这是一个非最小相位系统（关于非最小相位系统的更多信息详见第 8 章）。

① 由 Lucy Paobo 博士和 Jason Laks 在私人通信中提供。

图 7.40 离岸风力机有助于缓和能源需求

（来源：IS-200501/Cultura RM，Alamy 图片库）

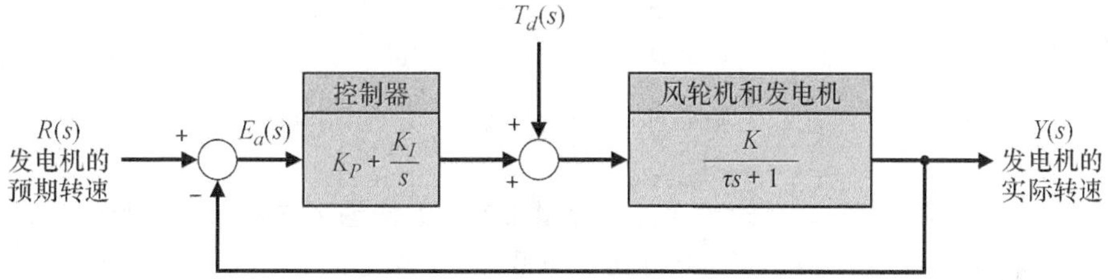

图 7.41 风力发电机转速控制系统

式（7.92）所示的传递函数的一种简化近似形式为

$$G(s) = \frac{K}{\tau s + 1} \tag{7.93}$$

其中，$\tau = 5\,\text{s}$，$K = -7200$。接下来，我们以式（7.93）给出的风力发电机的一阶近似模型为基础，设计一个 PI 控制器，使系统在式（7.92）和式（7.93）的条件下可以满足指标设计要求。将 PI 控制器 $G_c(s)$记为

$$G_c(s) = K_P + \frac{K_I}{s} = K_P\left[\frac{s + \tau_c}{s}\right]$$

其中，$\tau_c = K_I/K_P$，增益 K_P 和 K_I 待定。在对系统进行稳定性分析后可知，当 $K_P < 0$ 且 $K_I < 0$ 时，也就是负增益时，可使系统稳定。系统的主要指标设计要求如下：系统对单位阶跃输入信号的调节时间 $T_s < 4\,\text{s}$。此外，我们希望在保证调节时间满足设计要求的前提下，使超调量尽可能小（P.O.≤ 25%），并使上升时间尽可能短$\left(T_r < 1\,\text{s}\right)$。最后，我们希望主导极点的阻尼比满足 $\zeta > 0.4$，系统固有频率满足 $\omega_n > 2.5\,\text{rad/s}$。

将系统的特征方程改写为

$$1 + \hat{K}_P\left[\frac{s + \tau_c}{s}\,\frac{7200}{5s + 1}\right] = 0$$

其中，取 $\tau_c = 2$、$\hat{K}_P = -K_P > 0$。据此我们可以绘制出图 7.42 所示的闭环系统根轨迹。过程如下：首先将控制器的零点配置为 $s = -\tau_c = -2$，其中的 τ_C 实际上是一个暂时取定的待设计参数；然后选择 $\hat{K}_P = 0.0025$，这样可以使闭环系统复极点的阻尼比 $\xi = 0.707$。由 $\hat{K}_P = 0.0025$ 和 $\tau_c = K_I/K_P$ 可以推知 $K_P = -0.0025$、$K_I = -0.005$。因此，我们设计的 PI 控制器为

$$G_c(s) = K_P + \frac{K_I}{s} = -0.0025\left[\frac{s+2}{s}\right]$$

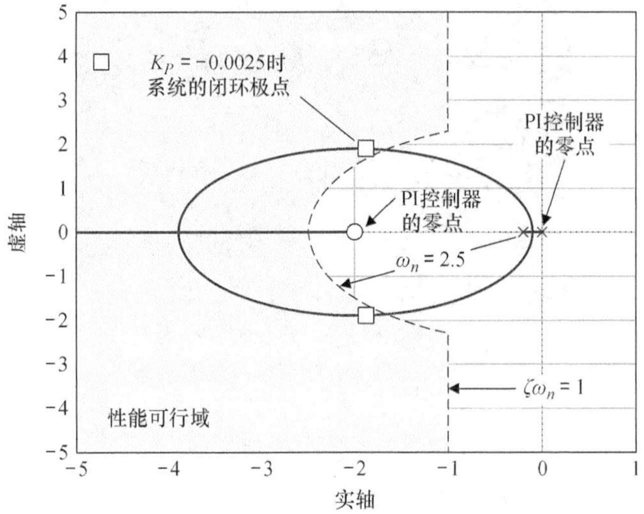

图 7.42　引入 PI 控制器后，风力发电机的根轨迹

当受控对象采用式（7.93）所示的一阶近似模型时，系统的闭环阶跃响应如图 7.43 所示。从中可以看出，调节时间 $T_s = 1.8$ s、上升时间 $T_r = 0.34$ s、阻尼比 $\xi = 0.707$、超调量 P.O. = 19%。这个 PI 控制器能够满足所有的指标设计要求。

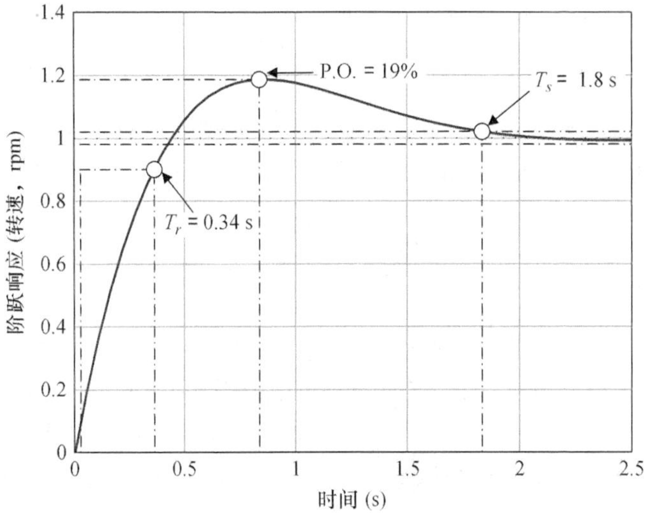

图 7.43　采用风力发电机转速控制系统一阶近似模型［见式（7.93）］得到的阶跃响应曲线。从中可以看出，在引入 PI 控制器后，P.O. = 19%，$T_s = 1.8$ s，$T_r = 0.34$ s，这可以满足所有的性能指标设计要求

当受控对象采用式（7.92）所示的三阶系统模型时，系统的闭环阶跃响应如图 7.44 所示。从

中可以看出，当基于一阶近似模型进行设计时，被忽略部分的影响主要体现为输出转速中出现轻微的振荡。

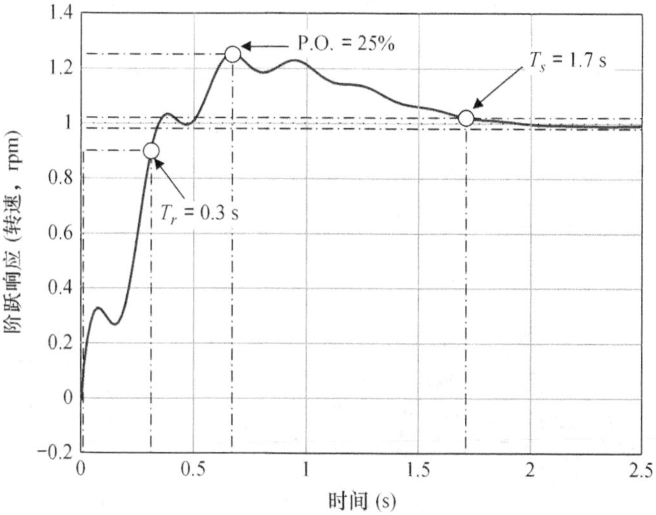

图 7.44　采用风力发电机转速控制系统三阶模型［见式（7.91）］得到的阶跃响应曲线。从中可以看出，在引入 PI 控制器后，P.O. = 25%，T_s = 1.7 s，T_f = 0.3 s，这也可以满足所有的指标设计要求

闭环系统对脉冲扰动信号的响应如图 7.45 所示，从中可以看出，当扰动为节距角发生 1°的改变时，系统能够在 3 s 内快速、精确地消除扰动的影响。

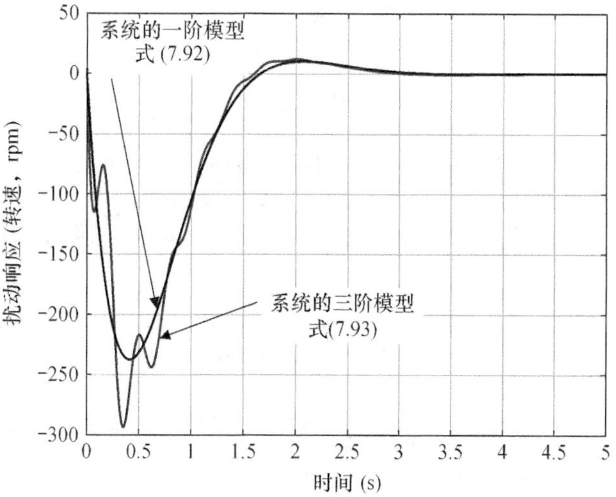

图 7.45　在引入 PI 控制器后，风力发电机转速控制系统对脉冲扰动信号的响应曲线。从中可以看出，系统具有很强的扰动抑制能力

例 7.12　汽车速度的自动控制

汽车电子市场的规模有望超过 3000 亿美元。据预测，电动刹车、电动驾驶及电子导航等产品的销售额每年都会有大约 7% 的增长。计算能力提升后产生的效益，主要体现在促进了一些智能汽车和智能道路方面的新技术的进步，如智能汽车/道路系统（Intelligent Vehicle / Highway Systems，IVHS）[14, 30, 31]。未来的一些新的汽车车载电子系统将会进一步支持半自动驾驶、安全提升、尾气减排、智能定速巡航以及替代液压的电传刹车系统等诸多功能 [32]。

智能汽车/道路系统（IVHS）的含义很广，既包括可以为驾驶员和交通监管人员提供实时信息（如关于交通事故、交通堵塞以及路旁服务设施的实时信息）的众多电子产品，也包括一些能够使汽车驾驶更加智能化的设备（如帮助驾驶员避免事故的自主防撞规避系统、助力自动驾驶的车道跟踪系统等）。

图 7.46 给出了一个智能高速公路系统的示意图，图 7.47 则给出了一个能够使车辆之间保持适当距离的汽车速度控制系统的框图模型。输出 $Y(s)$ 是两辆汽车之间的相对速度，输入 $R(s)$ 则是期望的相对速度。我们的目标是设计一个控制器来控制后面的汽车，使前后两车之间保持期望的相对速度。在本例中，需要着重考虑的设计模块已在图 7.48 中高亮标出。

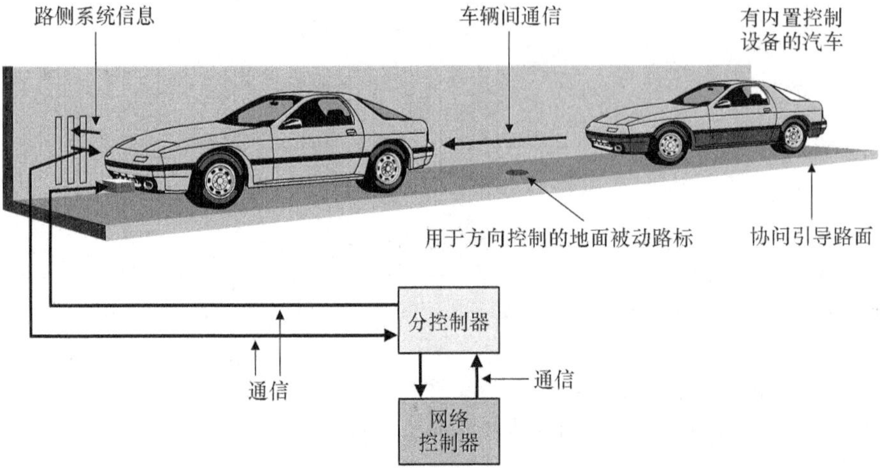

图 7.46 智能高速公路系统

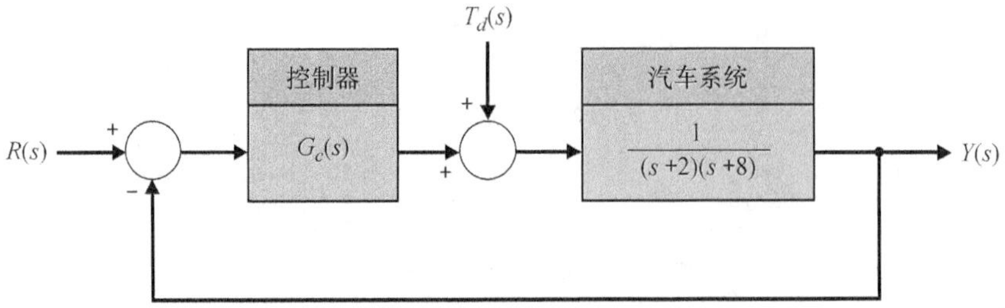

图 7.47 汽车速度控制系统

控制目标 控制后面车辆的速度，使两车之间的相对速度保持为给定的值。

受控变量 两车之间的相对速度，记为 $y(t)$。

指标设计要求

- 指标设计要求 1：阶跃响应的稳态误差为 0。
- 指标设计要求 2：斜坡响应的稳态误差小于输入幅度的 25%。
- 指标设计要求 3：阶跃响应的超调量小于 5%。
- 指标设计要求 4：阶跃响应的调节时间小于 1.5 s（按 2% 准则）。

由指标设计要求和关于开环系统的知识可知，我们需要一个 1 型系统才能保证阶跃响应的稳态误差为 0。现有的开环系统是零型的，因此待设计的控制器必须使系统的型数至少增大为 1，这样 1 型控制器（其中包含 1 个积分环节）就能够满足指标设计要求 1。对于指标设计要求 2，速度误差常数需要满足。

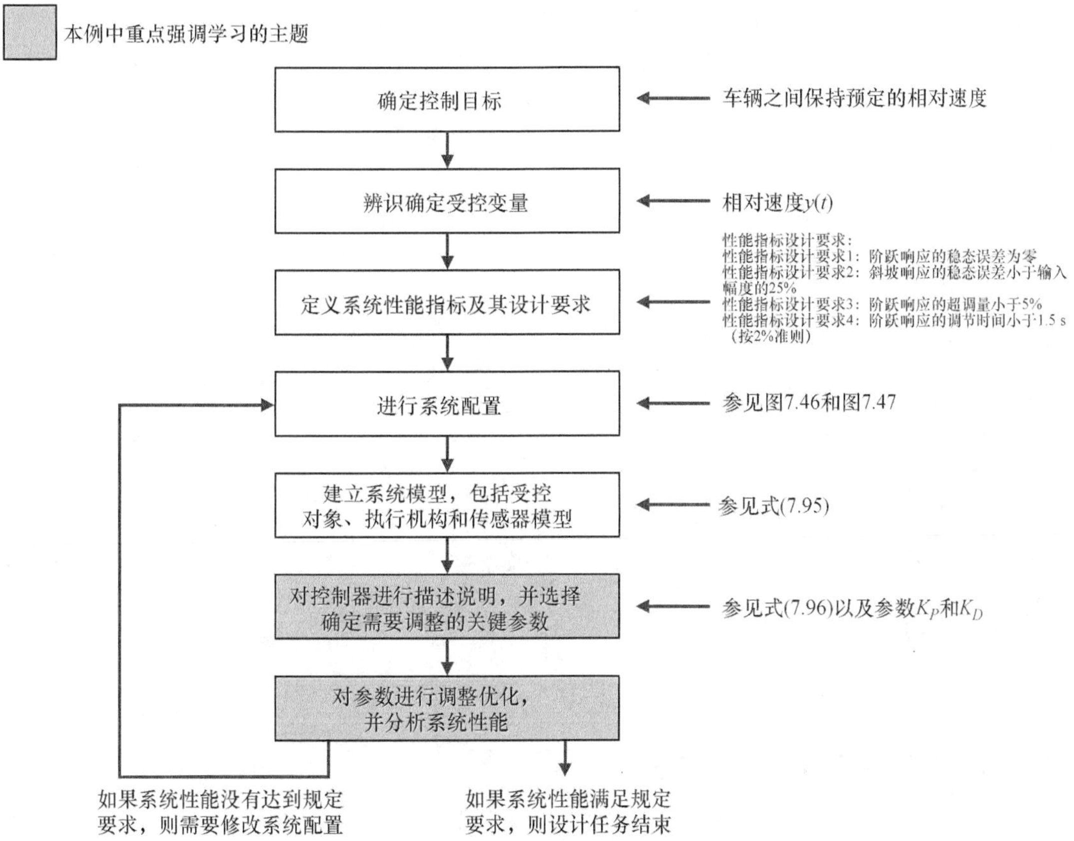

图 7.48　设计流程中需要重点强调的设计模块已高亮标出

$$K_v = \lim_{s \to 0} sG_c(s)G(s) \geqslant \frac{1}{0.25} = 4 \tag{7.94}$$

其中：

$$G(s) = \frac{1}{(s+2)(s+8)} \tag{7.95}$$

$G_c(s)$ 则是待设计的控制器。

利用指标设计要求 3（即关于超调量的设计要求），我们可以给出阻尼比的范围。具体而言，由于超调量需要满足 P.O. ≤ 5%，因此阻尼比应该满足 $\zeta \geqslant 0.69$。

类似地，利用指标设计要求 4 对调节时间的要求，我们可以得到

$$T_s \approx \frac{4}{\zeta\omega_n} \leqslant 1.5$$

从而应该有 $\zeta\omega_n \geqslant 2.6$。

根据上面的分析，我们可以绘制出能够满足性能指标设计要求的闭环传递函数的极点配置可行域，如图 7.49 的阴影区域所示。由于在原点处至少要有一个极点，才能对斜坡输入实现无差跟踪，因此只采用比例控制器 $G_c(s) = K_p$ 满足不了指标设计要求 2。

接下来我们考虑采用 PI 控制器。

$$G_c(s) = \frac{K_P s + K_I}{s} = K_P \frac{s + \dfrac{K_I}{K_P}}{s} \tag{7.96}$$

这样控制器的设计问题就变成了如何配置零点 $s=-K_I/K_P$ 以满足性能指标设计要求。

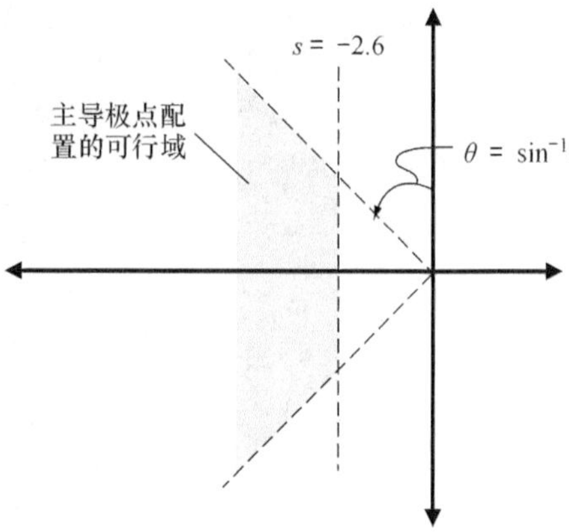

图 7.49 闭环传递函数的极点配置可行域

我们先来研究能够使系统稳定的 K_I 和 K_P 的取值范围。根据图 7.47 给出的框图模型可知，系统的闭环传递函数为

$$T(s)=\frac{K_P s+K_I}{s^3+10s^2+\left(16+K_P\right)s+K_I}$$

相应的劳斯判定表为

$$\begin{array}{c|cc} s^3 & 1 & 16+K_P \\ s^2 & 10 & K_I \\ s & \dfrac{10\left(K_P+16\right)-K_I}{10} & 0 \\ 1 & K_I & \end{array}$$

由此可见，系统稳定的第一个条件为

$$K_I>0 \tag{7.97}$$

观察劳斯判定表中的 $\dfrac{10\left(K_P+16\right)-K_I}{10}$，我们可以得到下列不等式：

$$K_P>\frac{K_I}{10}-16 \tag{7.98}$$

从指标设计要求 2 出发，我们还可以得到

$$K_v=\lim_{s\to 0} sG_c(s)G(s)=\lim_{s\to 0} s\frac{K_P\left(s+\dfrac{K_I}{K_P}\right)}{s}\frac{1}{(s+2)(s+8)}=\frac{K_I}{16}>4$$

因此，积分环节的增益 K_I 必须满足

$$K_I>64 \tag{7.99}$$

当 $K_I>64$ 时，式（7.97）自然可以得到满足，参数 K_P 的取值范围则由式（7.98）给出。

我们再来考虑指标设计要求 4，即希望主导极点位于垂线 $s=-2.6$ 的左侧。由于系统有三个开环极点（分别是 $s=0,-2,-8$）和一个开环零点（$s=-K_I/K_P$），依据绘制根轨迹的经验，我们可以预测将会有两条根轨迹分支沿渐近线趋于无穷远，且渐近线与实轴的夹角分别为 $\phi=-90^\circ$ 和 $+90^\circ$，渐近中心位于

$$\sigma_A=\frac{\sum\left(-p_i\right)-\sum\left(-z_i\right)}{n_p-n_z}$$

其中，$n_p=3, n_z=1$。代入上式后可得

$$\sigma_A=\frac{-2-8-\left(-\dfrac{K_I}{K_P}\right)}{2}=-5+\frac{1}{2}\cdot\frac{K_I}{K_P}$$

我们希望 $\sigma_A<-2.6$，以保证两条根轨迹分支趋于预期的主导极点配置的可行域，于是有

$$-5+\frac{1}{2}\cdot\frac{K_I}{K_P}<-2.6$$

或者

$$\frac{K_I}{K_P}<4.7 \tag{7.100}$$

至此，我们可以将 K_I 和 K_P 的取值条件归纳为

$$K_I > 64, \ K_P > \frac{K_I}{10} - 16, \ \frac{K_I}{K_P} < 4.7$$

不妨选择 $K_I/K_P = 2.5$，此时系统的闭环特征方程为

$$1 + K_P \frac{s + 2.5}{s(s + 2)(s + 8)} = 0$$

根轨迹如图 7.50 所示。分析根轨迹可知，为了满足 $\zeta = 0.69$（由指标设计要求 3 导出）的要求，应选择 $K_P < 30$。为慎重起见，我们尽量在极点配置的可行域的边界附近（见图 7.50）确定参数的具体取值。

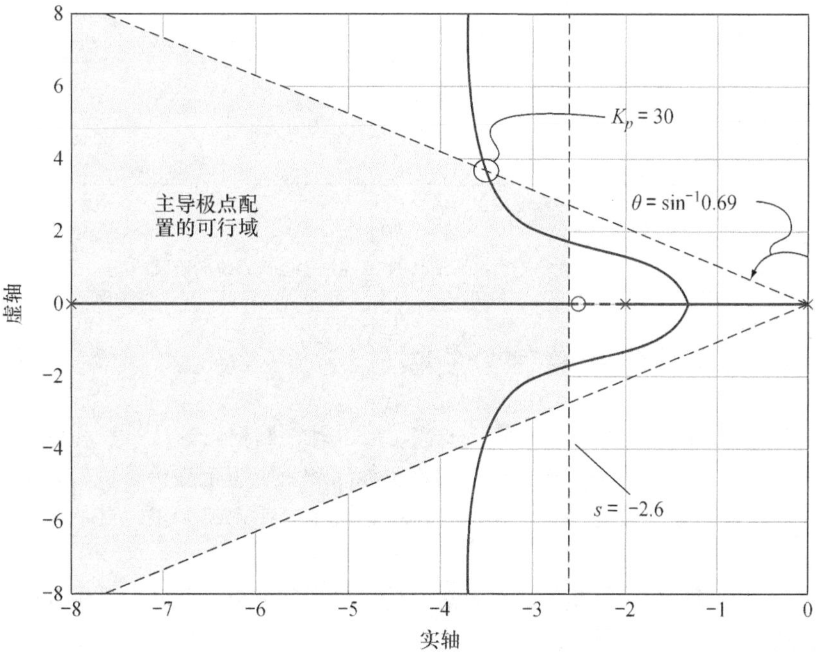

图 7.50　$K_I/K_P = 2.5$ 时的根轨迹

如果选择 $K_P = 26$、$K_I/K_P = 2.5$，则 $K_I = 65$。$K_I = 65 > 64$，满足指标设计要求 2，因而也就能够满足对跟踪斜坡信号的稳态误差要求。

讨论至此，我们得到的 PI 控制器为

$$G_c(s) = 26 + \frac{65}{s} \tag{7.101}$$

其阶跃响应曲线如图 7.51 所示。

从图 7.51 中可以看出，超调量 P.O. = 8%，调节时间 $T_s = 1.45$ s。显然，超调量指标还没有完全满足设计要求。前面我们提到过，确定控制器的参数仅仅是控制器设计的第一步。这样看来，式（7.101）所示的 PI 控制器已经是一个非常好的起点了，接下来，我们需要在这一设计的基础上，不断地进行迭代修正。由于在设计过程中没有考虑控制器零点的影响，因此尽管我们已经将闭环极点配置到了性能可行域中，但系统的实际响应还是无法完全满足指标设计要求。同时，用二阶系统来近似三阶闭环系统也是造成这一现象的原因之一。针对这一点，我们可以将控制器零点移至 $s = -2$ 处（即选择 $K_I/K_P = 2$），以便对消掉 $s = -2$ 处的系统开环极点，这样我们得到的闭环系统就的的确确成了二阶系统。

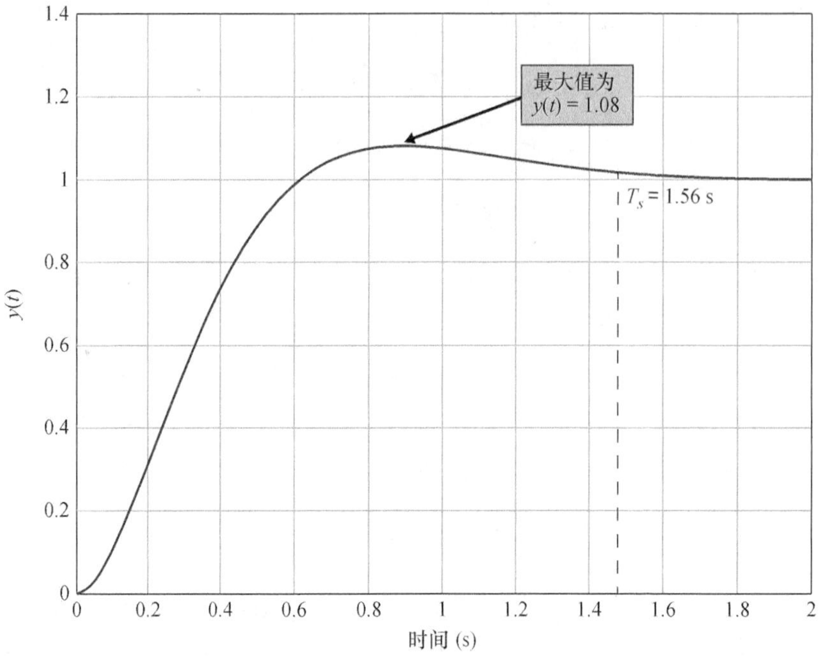

图 7.51 在采用式（7.101）给出的 PI 控制器后，系统的阶跃响应

7.9 利用控制系统设计软件分析根轨迹

根据表 7.2 给出的根轨迹的绘制步骤，我们可以手动绘制根轨迹。虽然利用控制系统设计软件可以更精确地绘制出系统的根轨迹，但是我们不能因此就完全依赖计算机而忽略手动绘制根轨迹的重要性。根轨迹的基本概念蕴含在手动绘制的过程中，手动绘制根轨迹是全面理解和应用根轨迹法的基本途径。

本节首先讨论如何应用计算机绘制根轨迹，然后讨论部分分式展开以及主导极点与闭环系统响应之间的联系，最后讨论根灵敏度。

本节介绍的函数包括 rlocus、rlocfind 和 residue 函数，其中，函数 rlocus 和 rlocfind 用于绘制和分析根轨迹，函数 residue 则用于求解有理函数的部分分式展开式。

绘制根轨迹 考虑图 7.10 所示的反馈控制系统，其闭环传递函数为

$$T(s)=\frac{Y(s)}{R(s)}=\frac{K(s+1)(s+3)}{s(s+2)(s+3)+K(s+1)}$$

其特征方程可以改写为

$$1+K\frac{s+1}{s(s+2)(s+3)}=0 \tag{7.102}$$

要调用 rlocus 函数绘制根轨迹，就必须将特征方程改写成式（7.102）这样的根轨迹方程形式。也就是说，在调用 rlocus 函数绘制根轨迹之前，需要将特征方程改写成下面的标准形式：

$$1+KG(s)=1+K\frac{p(s)}{q(s)}=0 \tag{7.103}$$

其中，K 为可变参数，变化范围为 0~ + ∞。

rlocus 函数的使用说明如图 7.52 所示，其中 sys = $G(s)$，表示定义了系统的开环传递函数对象。图 7.53 给出了绘制特征方程［见式（7.102）］对应的根轨迹的方法以及相应的根轨迹。在调

用 rlocus 函数时，如果缺失输出变量说明，则直接生成根轨迹；如果定义了输出变量，则返回闭环根的位置矩阵以及相应的增益向量。

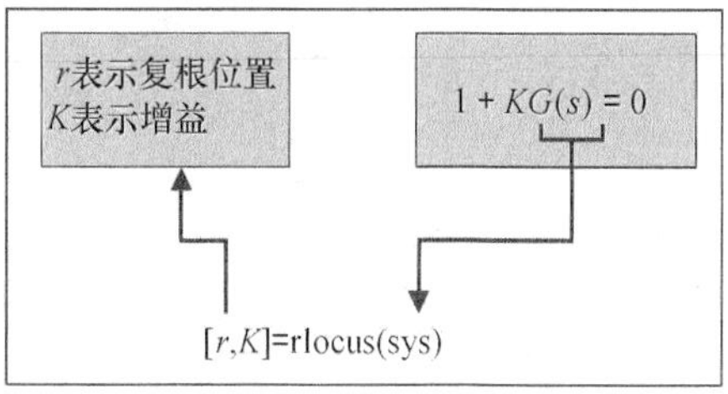

图 7.52 rlocus 函数的使用说明

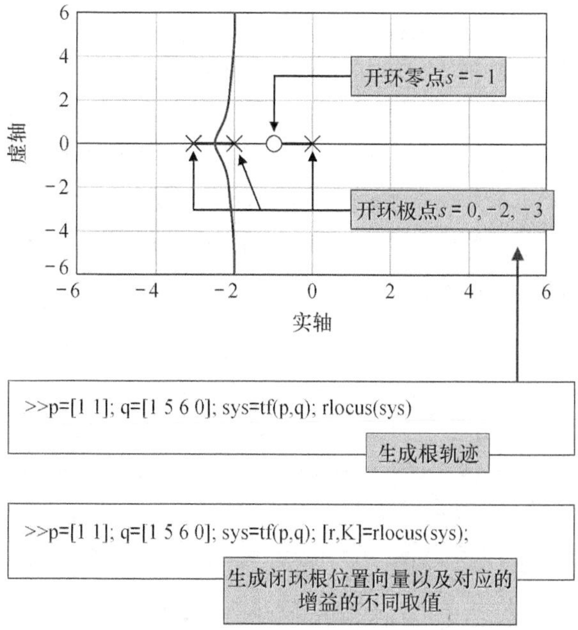

图 7.53 与特征方程对应的根轨迹

利用计算机绘制根轨迹的步骤如下。

① 将系统的特征方程改写成形如式（7.103）的标准形式，其中的 K 为我们关心的可变参数。

② 调用 rlocus 函数以绘制根轨迹。

在图 7.53 中，当 K 增加时，有两条根轨迹分支从实轴上分离出来。这意味着当 K 大于某个值后，闭环特征方程将有两个复根。如果想要确定与特定的复根对应的匹配增益 K，则可以调用 rlocfind 函数。但是，只有在调用 rlocus 函数并得到根轨迹之后，才能调用 rlocfind 函数。在调用 rlocfind 函数后，根轨迹上将产生“+”标记。将“+”标记移到根轨迹上感兴趣的位置，按回车键，命令行中将显示所选闭环根的位置坐标以及对应的参数 K 的匹配取值。rlocfind 函数的调用方法如图 7.54 所示。

在图像交互方式方面，不同的控制系统设计软件之间存在一些差异。图 7.54 给出的是在 MATLAB 中调用 rlocfind 函数后得到的结果。其他控制软件包的更多信息参见附录 B。

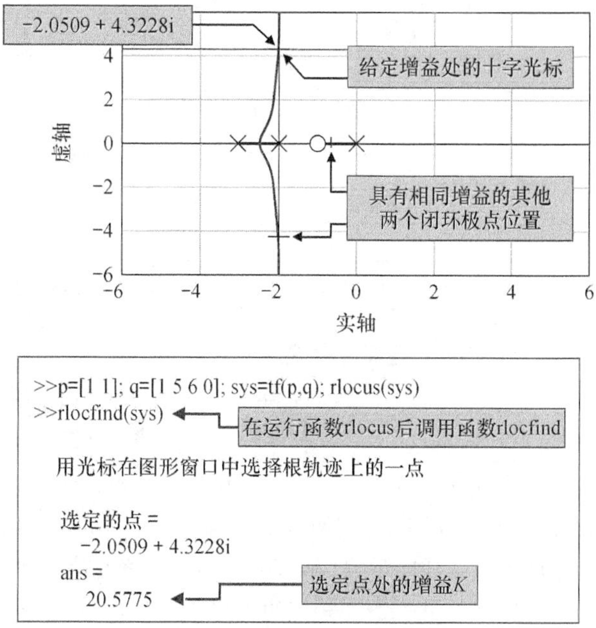

图 7.54 调用 rlocfind 函数

下面继续讨论这个三阶系统的根轨迹。当 $K = 20.5775$ 时，闭环传递函数有三个极点和两个零点，分别如下：

$$\text{极点为}s=\begin{pmatrix}-2.0505+\mathrm{j}4.3227\\-2.0505-\mathrm{j}4.3227\\-0.8989\end{pmatrix};\qquad \text{零点为}s=\begin{pmatrix}-1\\-3\end{pmatrix}$$

如果只考虑闭环系统的极点，则似乎可以认为实极点 $s=-0.8989$ 是主导极点。为了证实这一判断，我们需要分析当输入为单位阶跃信号 $R(s)=1/s$ 时闭环系统的如下单位阶跃响应：

$$Y(s)=\frac{20.5775(s+1)(s+3)}{s(s+2)(s+3)+20.5775(s+1)}\cdot\frac{1}{s}\tag{7.104}$$

为了计算时域响应 $y(t)$，我们通常需要对式（7.104）进行部分分式展开。我们可以利用 residue 函数来求解式（7.104）的部分分式展开，展开过程如图 7.55 所示。residue 函数的使用说明如图 7.56 所示。

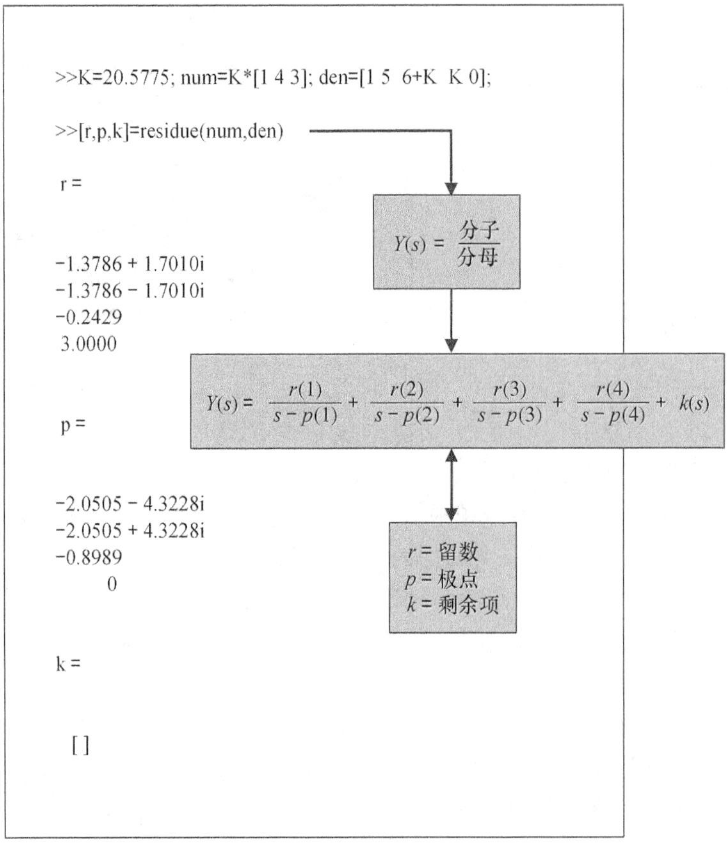

图 7.55 对式（7.104）进行部分分式展开

式（7.104）的部分分式展开结果为

$$Y(s)=\frac{-1.3786+\mathrm{j}1.7010}{s+2.0505+\mathrm{j}4.3228}+\frac{-1.3786-\mathrm{j}1.7010}{s+2.0505-\mathrm{j}4.3228}+\frac{-0.2429}{s+0.8989}+\frac{3}{s}$$

比较留数（系数）可以看出，与复极点 $s=-2.0505\pm\mathrm{j}4.3227$ 对应的留数相比，极点 $s=-0.8989$ 所对应留数的幅值相对要小得多。由此可以推知，极点 $s=-0.8989$ 并不能对输出响应 $y(t)$ 产生主导性的影响。按 2% 准则，系统的调节时间主要由其共轭复极点决定，共轭复极点为 $s=-2.0505\pm\mathrm{j}4.3227$，相应的阻尼比 $\zeta=0.4286$，固有频率 $\omega_n=4.7844$。因此，系统的调节时间可以按下式近似估计得到：

$$T_s \approx \frac{4}{\zeta\omega_n} = 1.95\ \text{s}$$

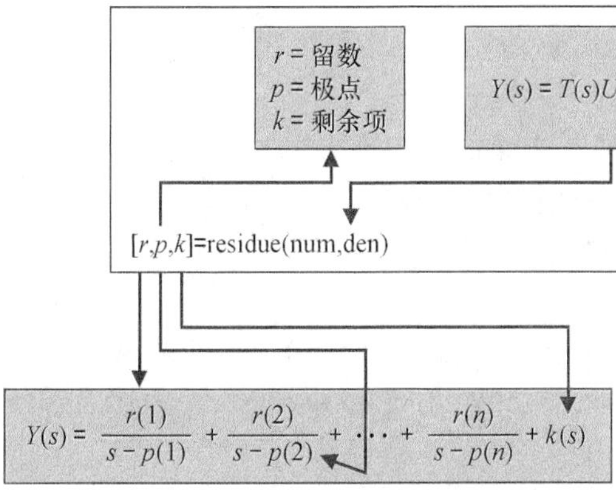

图 7.56　residue 函数的使用说明

通过调用 step 函数得到的阶跃响应曲线如图 7.57 所示。从中可以看出，调节时间 T_s = 1.6 s，近似结果 $T_s \approx$ 1.95 s 是不错的近似。$T(s)$ 的零点 $s = -3$ 将影响系统的响应，估计得到的超调量 P.O. = 60%，实际的超调量为 50%。

在得到系统的阶跃响应曲线后，我们可以右击该曲线，从弹出的快捷菜单中，我们可以确定阶跃响应的调节时间、响应峰值等精确值。若选择 Characteristics→ Settling Time，该曲线的调节时间点上将出现一个圆点，将光标移到这个圆点上，即可确定调节时间的精确值，如图 7.57 所示。

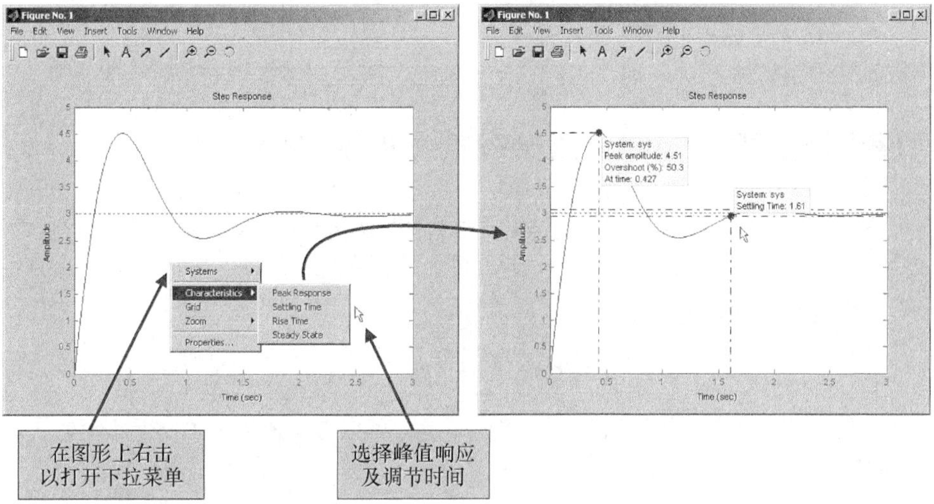


```
>>K=20.5775;num=k*[1 4 3]; den=[1 5 6+K K]; sys=tf(num,den);
>>step(sys)
```

图 7.57　当 K = 20.5775 时，图 7.10 所示反馈控制系统的阶跃响应

通过本例我们可以很清楚地看出，系统零点的确会影响系统的瞬态响应。由于零点 $s = -1$ 和极点 $s = -0.8989$ 非常接近，因此极点 $s = -0.8989$ 对瞬态响应的影响被明显削弱。影响瞬态响应的主要因素变成复极点 $s = -2.0505 \pm j4.3228$ 和零点 $s = -3$。

最后，我们对 residue 函数做一些补充说明。给定留数 r、极点 p 和剩余项 k 之后，residue 函数还能将部分分式展开结果恢复成分子/分母形式的有理函数，如图 7.58 所示。

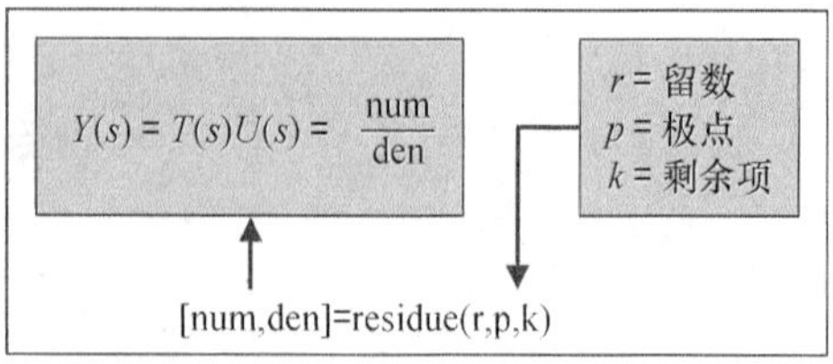

图 7.58　将部分分式展开结果转换成有理函数

根灵敏度与根轨迹　闭环系统的特征根对系统的瞬态响应起着重要的作用。考虑参数波动变化对特征根的影响，是衡量系统灵敏性的一种有效方法。根灵敏度的定义由式（7.75）给出，利用式（7.75），我们可以考查特征根对参数 K 波动变化的灵敏度。如果 K 的变化量为小增量 ΔK，而变化后的参数对应的特征根为 $r_i + \Delta r_i$，则根灵敏度可以近似地由式（7.79）给出。

得到的根灵敏度 $S_K^{r_i}$ 为复数。仍以图 7.10［见式（7.102）］给出的三阶系统为例，假设 K 的相对变化量为 5%，可以看出，当 K 从 20.5775 增加到 21.6064 时，主导复极点 $s = -2.0505 + j4.3228$ 相应的变化量为

$$\Delta r_i = -0.0025 - j0.1168$$

根据式（7.79），可以得到根灵敏度为

$$S_K^{r_i} = \frac{-0.0025 - j0.1168}{1.0289/20.5775} = -0.0494 - j2.3355$$

$S_K^{r_i}$ 也可以写成幅值和相角的形式：

$$S_K^{r_i} = 2.34\underline{/268.79^\circ}$$

$S_K^{r_i}$ 的幅值和相角具体刻画了根的灵敏度。计算根灵敏度的 m 脚本程序如图 7.59 所示。计算根灵敏度有助于比较不同位置的特征根对系统参数变化的灵敏性。

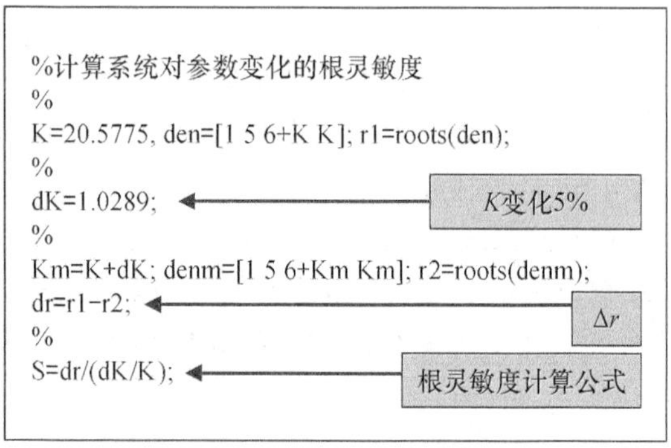

图 7.59　当 $K = 20.5775$ 且有 5% 的相对变化时，根轨迹上的根灵敏度

7.10　循序渐进设计实例：磁盘驱动器读取系统

本章引入了 PID 控制器，通过速度反馈来实现磁盘驱动器读取系统的预期性能。我们的做法是，利用前面给出的系统模型，设计并选择合适的控制器，然后优选控制器参数并分析验证系统性能。

PID 控制器的传递函数为

$$G_c(s) = K_P + \frac{K_I}{s} + K_D s$$

由于受控对象模型 $G_1(s)$ 已经包含一个积分环节，可以考虑取 $K_I = 0$，因此我们实际上引入的是 PD 控制器，即

$$G_c(s) = K_P + K_D s$$

本例的设计目标是为 K_P 和 K_D 选择合适的取值，以使系统能够满足性能指标设计要求。系统的框图模型如图 7.60 所示，闭环传递函数为

$$\frac{Y(s)}{R(s)} = T(s) = \frac{G_c(s)G_1(s)G_2(s)}{1 + G_c(s)G_1(s)G_2(s)}$$

为了绘制系统的根轨迹，我们必须确定一个主要参数。为此，首先将 $G_c(s)G_1(s)G_2(s)$ 改写为

$$G_c(s)G_1(s)G_2(s) = \frac{5000(K_P + K_D s)}{s(s + 20)(s + 1000)} = \frac{5000K_D(s + z)}{s(s + 20)(s + 1000)}$$

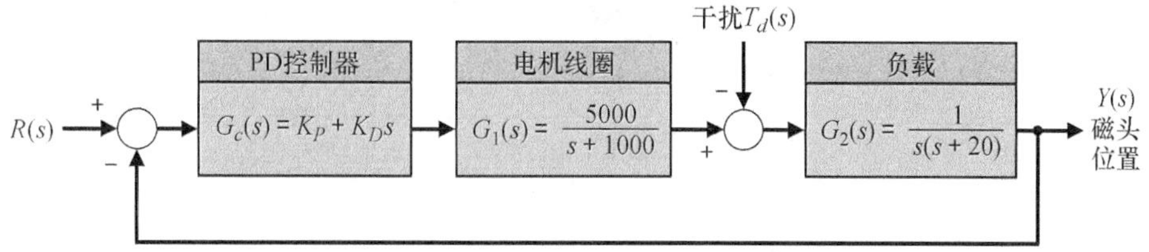

图 7.60 带有 PD 控制器的磁盘驱动器控制系统

其中，$z = K_P/K_D$。于是，我们可以先暂定开环零点 z 的位置，在研究了 K_D 的选择之后，K_P 也就很容易确定了。暂定 $z = 1$，我们有

$$G_c(s)G_1(s)G_2(s)=\frac{5000K_D(s+1)}{s(s+20)(s+1000)}$$

由于极点的数量比零点的数量多 2，因此根轨迹有两条渐近线，它们与实轴的夹角为 $\phi_A = \pm 90^\circ$，渐近中心为

$$\sigma_A=\frac{-1020+1}{2}=-509.5$$

这样就可以很快绘制出图 7.61 所示的根轨迹。此处使用了由计算机生成的精确根轨迹，来确定不同增益 K_D 对应的特征根位置。图 7.61 标出了与 $K_D = 91.3$ 对应的特征根。利用计算机，我们还能得到系统的实际响应曲线，表 7.8 列出了系统实际响应的性能指标计算结果，从中可以看出，我们设计的系统可以满足所有的指标设计要求。在经历 20 ms 的调节时间后，我们可以认为系统已经达到终值。实际上，系统响应会迅速达到终值的 97%，然后非常缓慢地趋于终值。

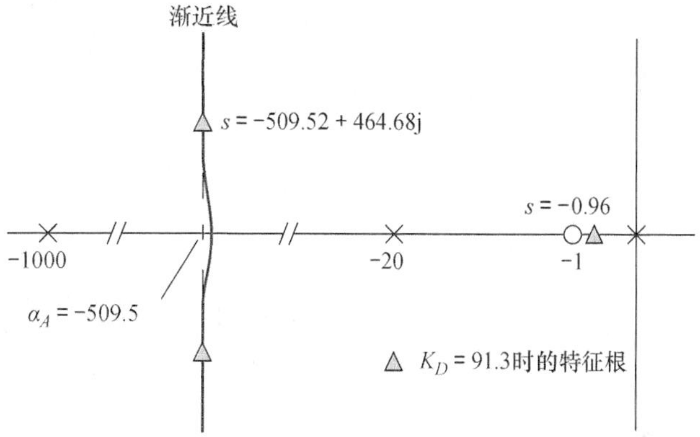

图 7.61 根轨迹

表 7.8 磁盘驱动器读取系统的指标设计要求和实际性能指标

性 能 指 标	预 期 值	实际响应值
超调量	小于 5%	0%
调节时间	小于 250 ms	20 ms
对单位干扰的最大响应值	小于 5×10^{-3}	2×10^{-3}

7.11 小结

闭环控制系统的相对稳定性和瞬态响应性能与闭环特征根的位置密切相关。本章用根轨迹法研究了当系统关键参数（如控制器增益）发生变化时，闭环特征根在 s 平面上的变化轨迹。当某个系统参数发生变化时，根轨迹和负增益根轨迹是表示闭环特征根随之变化的轨迹的行之有效的图示化方法。依据根轨迹和负增益根轨迹的绘制步骤，我们可以快速地手动绘制根轨迹并用于分析系统的初始设计，确定系统的合适结构和参数取值。而利用计算机绘制出来的精确根轨迹，则可以用于系统的最终设计和分析。表 7.9 总结了 15 种典型系统的根轨迹。

表 7.9　15 种典型系统的根轨迹

$G(s)$	根　轨　迹	$G(s)$	根　轨　迹
1. $\dfrac{K}{s\tau_1+1}$	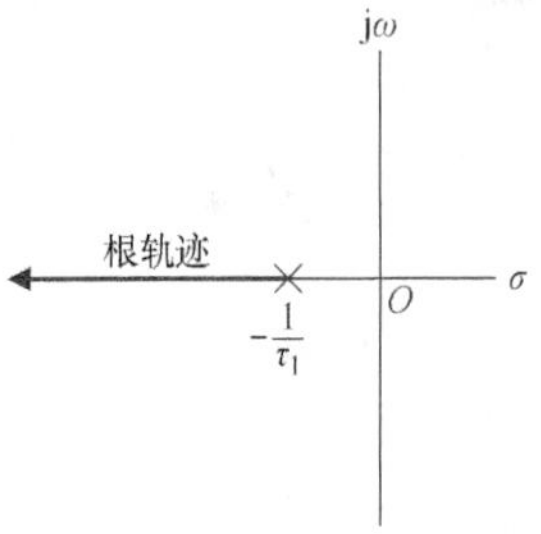	6. $\dfrac{K}{s(s\tau_1+1)(s\tau_2+1)}$	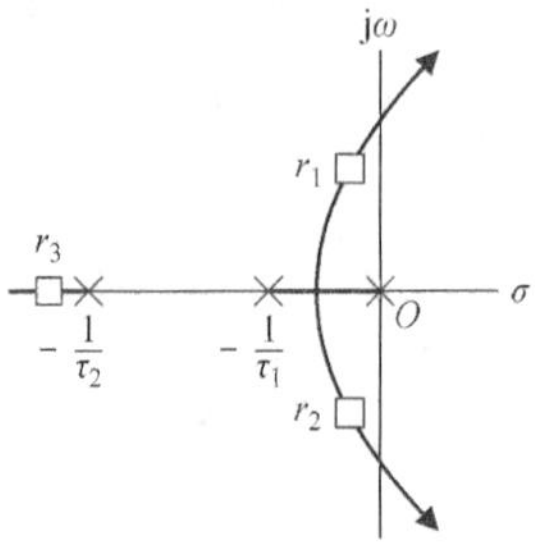
2. $\dfrac{K}{(s\tau_1+1)(s\tau_2+1)}$	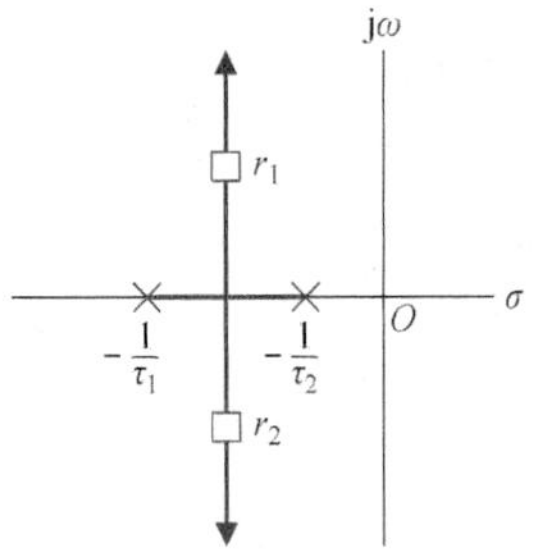	7. $\dfrac{K(s\tau_a+1)}{s(s\tau_1+1)(s\tau_2+1)}$	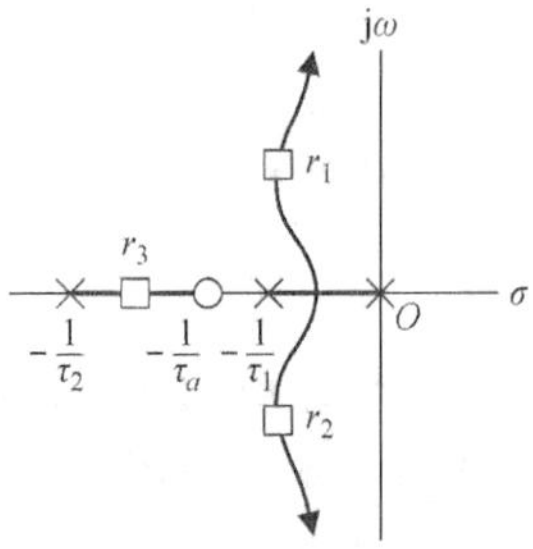
3. $\dfrac{K}{(s\tau_1+1)(s\tau_2+1)(s\tau_3+1)}$	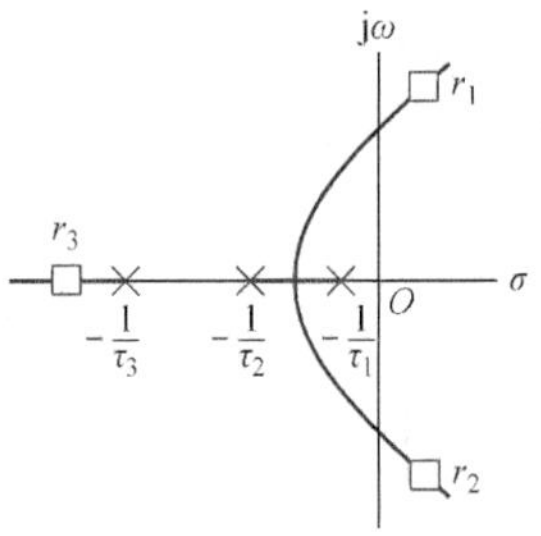	8. $\dfrac{K}{s^2}$	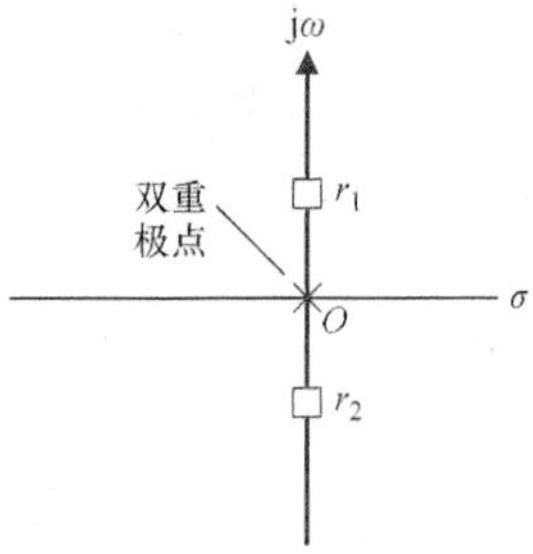
4. $\dfrac{K}{s}$	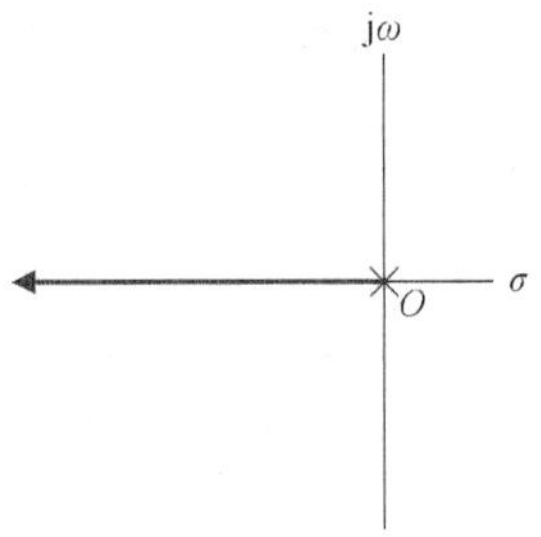	9. $\dfrac{K}{s^3(s\tau_1+1)}$	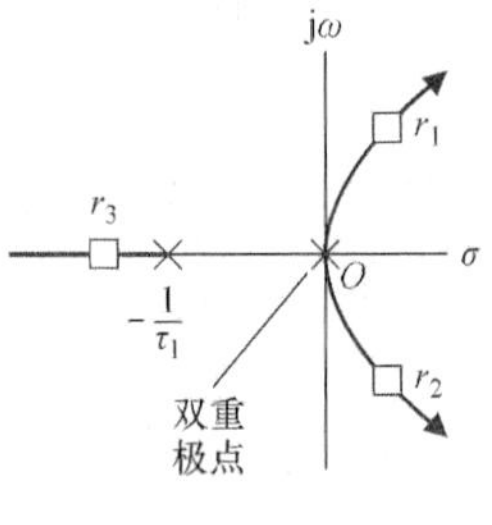
5. $\dfrac{K}{s(s\tau_1+1)}$	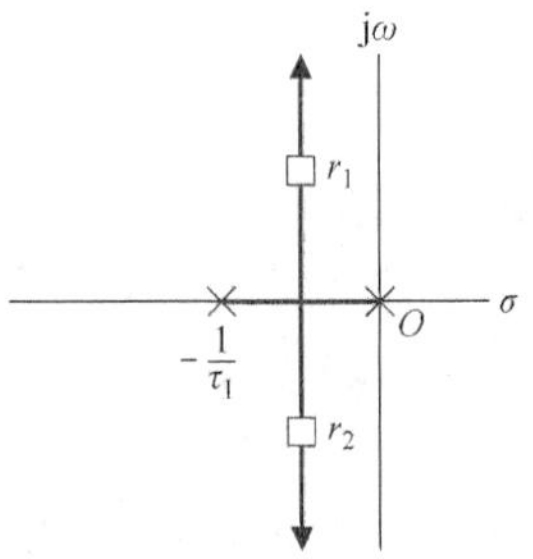	10. $\dfrac{K(s\tau_a+1)}{s^2(s\tau_1+1)}$ $\tau_a>\tau_1$	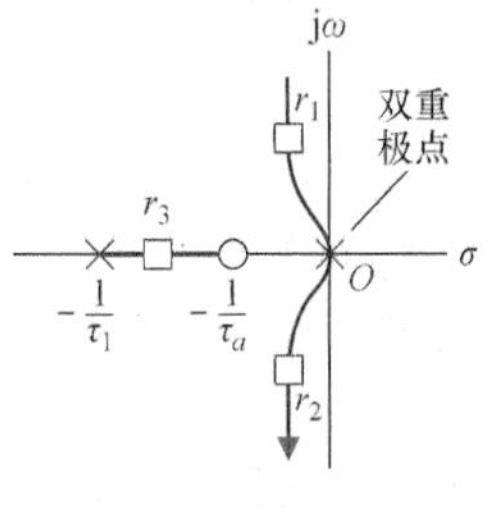

续表

G(s)	根　轨　迹	G(s)	根　轨　迹
11. $\frac{K}{s^3}$	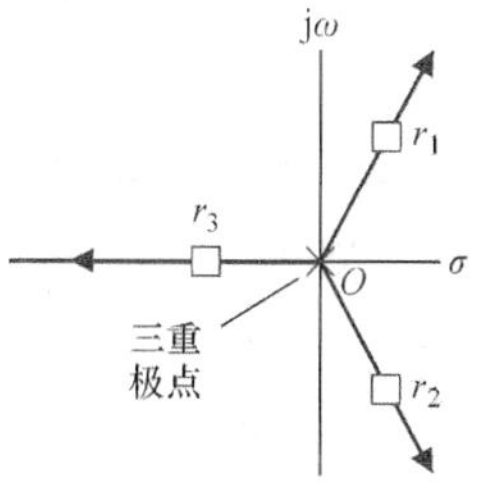	14. $\frac{K(s\tau_a+1)}{s(s\tau_1+1)(s\tau_2+1)}\cdot\frac{(s\tau_b+1)}{(s\tau_3+1)(s\tau_4+1)}$	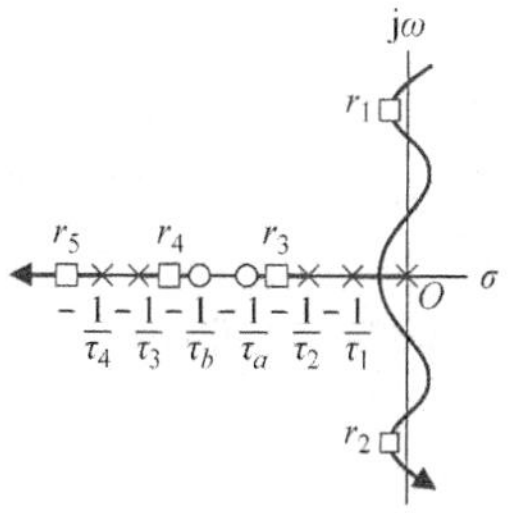
12. $\frac{K(s\tau_a+1)}{s^3}$	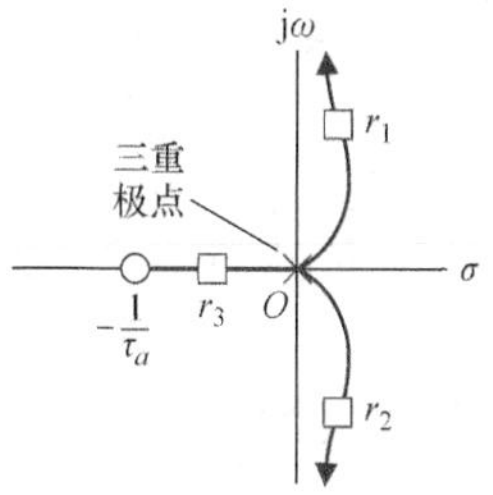	15. $\frac{K(s\tau_a+1)}{s^2(s\tau_1+1)(s\tau_2+1)}$	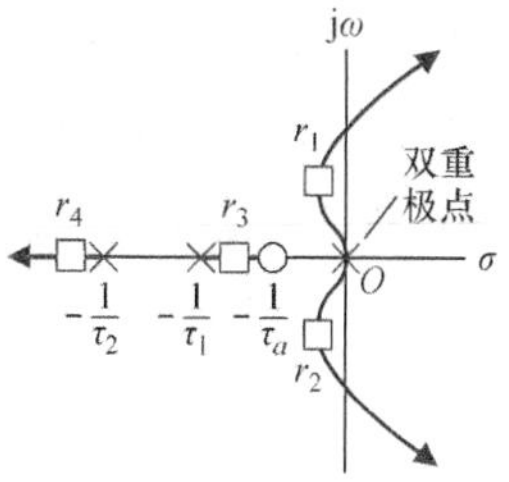
13. $\frac{K(s\tau_a+1)(s\tau_b+1)}{s^3}$	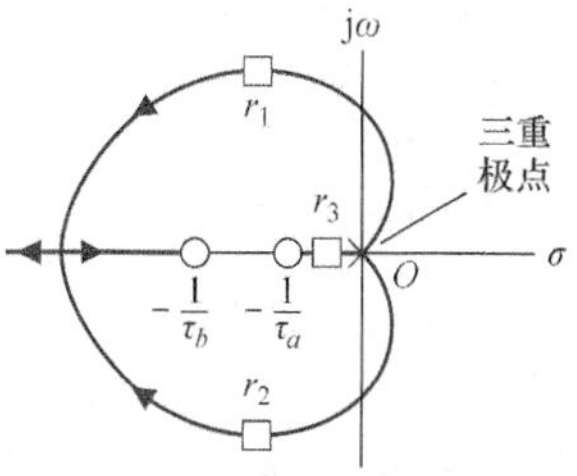		

此外，本章扩展讨论了如何用根轨迹法为闭环控制系统分析设计多个可变参数。本章还定义了根灵敏度，讨论了特征根对参数变化的灵敏度。显然，在现代控制系统的分析和设计中，根轨迹法是一种重要而实用的方法。作为控制工程中最为重要的方法之一，根轨迹法必将获得持续而广泛的应用。

☑ 技能自测

本节提供 3 类题目来测试你对本章知识的掌握情况：正误判断题、多项选择题以及术语和概念匹配题。为了直接反馈学习效果，请及时核对每章最后给出的答案。必要时，请借助图 7.62 给出的框图模型，确认下面各题中的相关陈述。

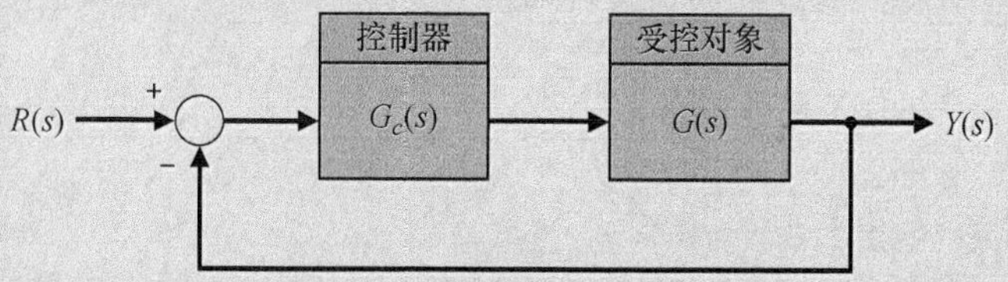

图 7.62　技能自测参考框图模型

在下面的正误判断题和多项选择题中，圈出正确的答案。

1. 根轨迹是特征方程 $1 + KG(s) = 0$ 的根随着系统参数 K 从 0 增加到$+\infty$时在 s 平面上的变化轨迹。 对 或 错
2. 根轨迹的分支条数等于 $G(s)$ 中极点的个数。 对 或 错
3. 根轨迹总是起始于 $G(s)$ 的零点，终止于 $G(s)$ 的极点。 对 或 错
4. 根轨迹为控制系统工程师提供了一种关于系统闭环极点对参数变化灵敏度的度量。 对 或 错
5. 根轨迹提供了关于系统对不同测试输入信号的响应的有价值信息。 对 或 错
6. 考虑图 7.62 所示的控制系统，其开环传递函数为

$$L(s) = G_c(s)G(s) = \frac{K\left(s^2 + 5s + 9\right)}{s^2(s + 3)}$$

利用根轨迹法，确定增益 K 的合适取值，使系统主导极点的阻尼比 $\zeta = 0.5$。

a. $K = 1.2$　　b. $K = 4.5$　　c. $K = 9.7$　　d. $K = 37.4$

在完成第 7 题和第 8 题时，图 7.62 所示控制系统的开环传递函数为

$$L(s) = G_c(s)G(s) = \frac{K(s + 1)}{s^2 + 5s + 17.33}$$

7. 在系统的根轨迹中，闭环复极点的出射角约为

a. $\phi_d = \pm 180^\circ$　　b. $\phi_d = \pm 115^\circ$　　c. $\phi_d = \pm 205^\circ$　　d. 以上都不对

8. 系统的根轨迹应该为下图中的________。

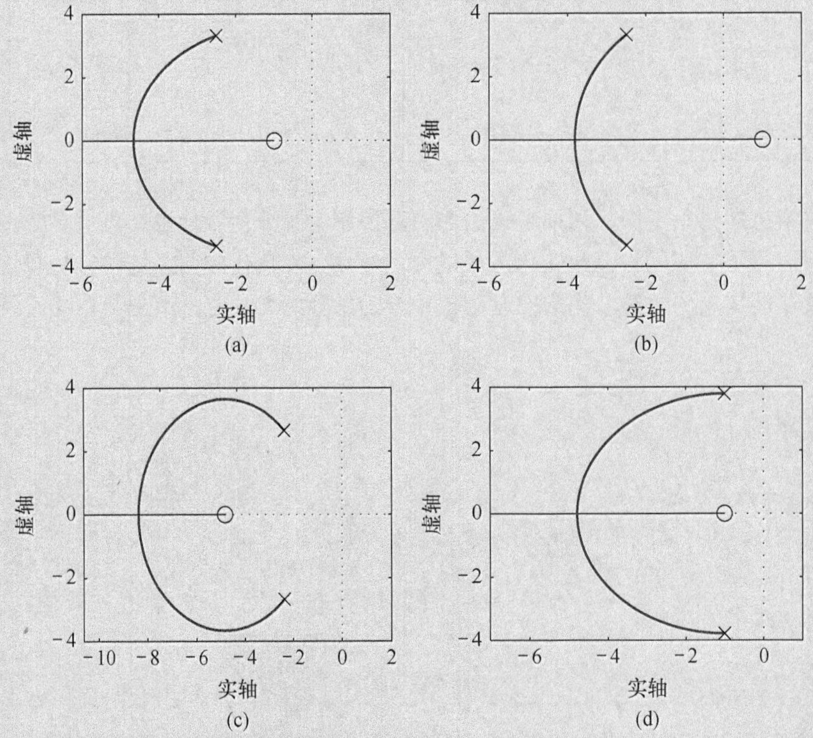

9. 某单位负反馈控制系统的闭环传递函数为

$$T(s) = \frac{K}{(s + 45)^2 + K}$$

利用根轨迹法，确定增益 K 的合适取值，使闭环系统的阻尼比 $\zeta = \sqrt{2}/2$。

a. $K = 25$　　b. $K = 1250$　　c. $K = 2025$　　d. $K = 10\,500$

10. 图 7.62 所示控制系统的开环传递函数为

$$L(s) = G_c(s)G(s) = \frac{10(s+z)}{s\left(s^2+4s+8\right)}$$

利用根轨迹法，确定能使系统稳定的 z 的最大值。

a. $z = 7.2$

b. $z = 12.8$

c. 当 $z > 0$ 时，系统不可能稳定

d. 当 $z > 0$ 时，系统始终稳定

在完成第 11 题和第 12 题时，图 7.62 所示控制系统的受控对象为

$$G(s) = \frac{7500}{(s+1)(s+10)(s+50)}$$

11. 假定控制器为

$$G_c(s) = \frac{K(1+0.2s)}{1+0.025s}$$

利用根轨迹法，确定能使闭环系统稳定的增益 K 的最大值。

a. $K = 2.13$

b. $K = 3.88$

c. $K = 14.49$

d. 当 $K > 0$ 时，系统始终稳定

12. 假定采用最为简单的比例控制器 $G_c(s) = K$，利用根轨迹法，确定能使闭环系统稳定的增益 K 的最大值。

a. $K = 2.13$

b. $K = 3.88$

c. $K = 14.49$

d. 当 $K > 0$ 时，系统不可能稳定

13. 图 7.62 所示控制系统的开环传递函数为

$$L(s) = G_c(s)G(s) = \frac{K}{s(s+5)\left(s^2+6s+17.76\right)}$$

试确定根轨迹在实轴上的分离点以及对应的匹配增益 K。

a. $s = -1.8$，$K = 58.75$

b. $s = -2.5$，$K = 4.59$

c. $s = 1.4$，$K = 58.75$

d. 以上都不对

在完成第 14 题和第 15 题时，图 7.62 所示控制系统的开环传递函数为

$$L(s) = G_c(s)G(s) = \frac{K(s+1+\mathrm{j})(s+1-\mathrm{j})}{s(s+\mathrm{j}2)(s-\mathrm{j}2)}$$

14．在下面的 4 组根轨迹中，哪一组才是系统的根轨迹？

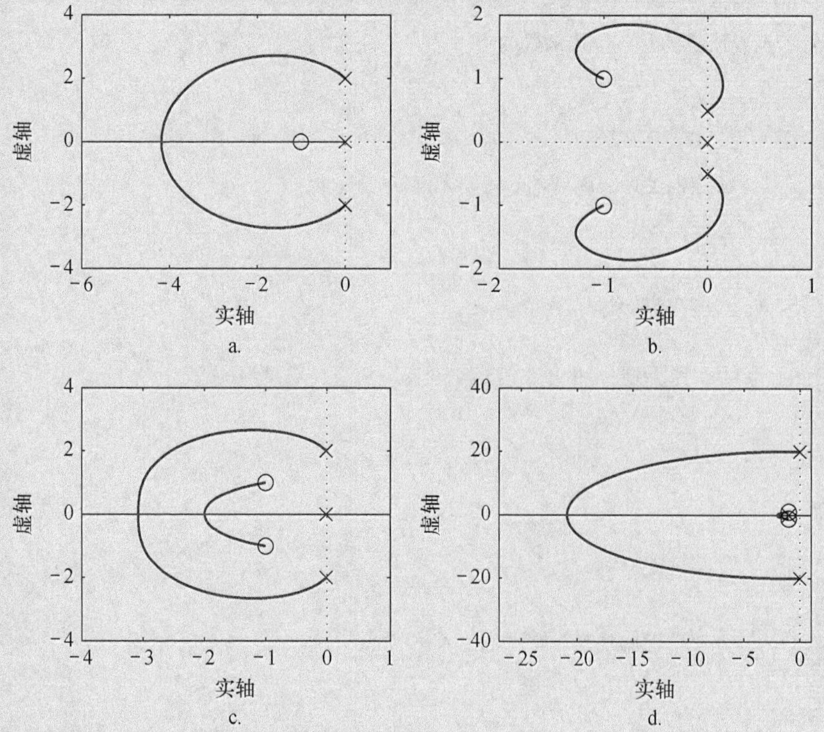

15．复极点处的出射角以及复零点处的入射角分别为________。

a．$\phi_D = \pm180^\circ$，$\phi_A = 0^\circ$

b．$\phi_D = \pm116.6^\circ$，$\phi_A = \pm198.4^\circ$

c．$\phi_D = \pm45.8^\circ$，$\phi_A = \pm116.6^\circ$

d．以上都不对

在下面的术语和概念匹配题中，在空格中填写正确的字母，将术语和概念与它们的定义联系起来。

a．参数设计	系统闭环响应的超调幅值在一个振荡周期内减小到约为最大超调幅值的 25%。	________
b．根灵敏度	当参数很大直至趋于+∞时，系统根轨迹所趋于的路径。	________
c．根轨迹	渐近线的中心 σ_A。	________
d．实轴上的根轨迹段	一种以开环或闭环阶跃响应为基础，借助解析法确定 PID 控制器参数取值的参数整定方法。	________
e．根轨迹法	利用根轨迹来确定一个或两个系统参数取值的方法。	________
f．渐近中心	在奇数个极点和有限零点的左侧且位于实轴上的根轨迹段。	________
g．分离点	当可变参数在−∞到 0 之间变化时系统的根轨迹。	________
h．轨迹	根轨迹离开 s 平面上开环复极点的角度。	________
i．出射角	随可变参数的波动变化而变化的路径。	________
j．根轨迹分支的条数	随着参数的变化，系统闭环特征根在 s 平面上的变化轨迹。	________
k．渐近线	系统的闭环特征根对参数偏离标称值的灵敏度。	________
l．负增益根轨迹	当可变参数 K 在 0 到+∞之间变化时，用来确定特征方程 $1 + KG(s) = 0$ 的根轨迹的方法。	
m．PID 参数整定	确定 PID 控制器增益的过程。	________
n．25% 超调幅值衰减	根轨迹离开 s 平面上实轴的点。	________

o. 齐格勒-尼科尔斯 PID 参数整定方法　　当开环传递函数的极点个数大于或等于零点个数时，等于开环传递函数的极点个数。 ______

基础练习题

E7.1 在图 E7.1 所示的圆环装置中，球体沿圆环的内壁自由滚动，圆环则沿着水平方向自由旋转[11]。该装置可以用来模拟液体燃料在火箭中的晃动。扭矩 $T(t)$ 由连接到圆环的驱动杆上的电机产生，作用于圆环并控制着圆环的角位移。引入负反馈后，系统的特征方程为

$$1+\frac{Ks(s+4)}{s^2+2s+2}=0$$

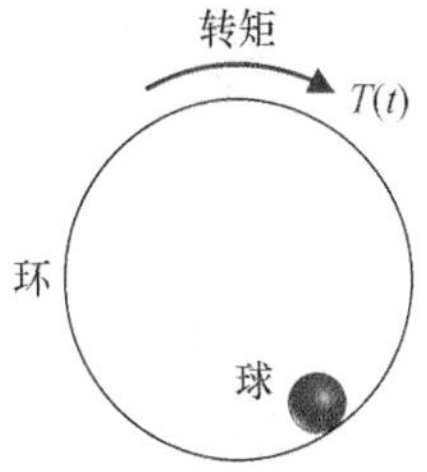

图 E7.1 由电机驱动旋转的圆环

(a) 绘制以 K 为可变参数的根轨迹。
(b) 当闭环特征根相等时，求系统的匹配增益 K。
(c) 求彼此相等的两个特征根。
(d) 当闭环特征根相等时，计算系统的调节时间。

E7.2 考虑某磁带录音机的单位负反馈转速控制系统，其开环传递函数为

$$L(s)=G_c(s)G(s)=\frac{K}{s(s+2)\left(s^2+4s+5\right)}$$

(a) 绘制以 K 为可变参数的根轨迹，并验证当 $K=6.5$ 时，主导极点为 $s=-0.35\pm j0.80$。
(b) 根据 (a) 中给出的主导极点，估算系统阶跃响应的调节时间和超调量。

E7.3 假设汽车悬挂检测装置的控制系统具有单位负反馈且开环传递函数为[12]

$$L(s)=G_c(s)G(s)=\frac{K\left(s^2+6s+9\right)}{s^2(s+10)}$$

当系统主导极点的阻尼比 $\zeta=0.5$ 时，利用根轨迹验证此时 $K=4$，且对应的主导极点为 $s=-0.86\pm j1.48$。

E7.4 考虑某单位负反馈系统，其开环传递函数为

$$L(s)=G_c(s)G(s)=\frac{K(s+1)}{s^2+4s+5}$$

(a) 求根轨迹离开开环复极点的出射角。
(b) 求根轨迹进入实轴的汇合点。

答案： (a) ±225°；(b) −2.4

E7.5 考虑某单位负反馈系统，其开环传递函数为

$$L(s)=G_c(s)G(s)=\frac{1}{s^3+50s^2+500s+1000}$$

(a) 求实轴上根轨迹的分离点。
(b) 确定渐近中心。
(c) 计算分离点处的匹配增益 K。

E7.6 某空间站如图 E7.6 所示[28]。为了充分利用太阳能和保持对地通信，保持空间站对太阳和地球的正确指向非常重要。可采用带有执行机构和控制器的单位负反馈系统来描述空间站的定向控制系统，其开环传递函数为

$$L(s)=G_c(s)G(s)=\frac{20K}{s\left(s^2+10s+80\right)}$$

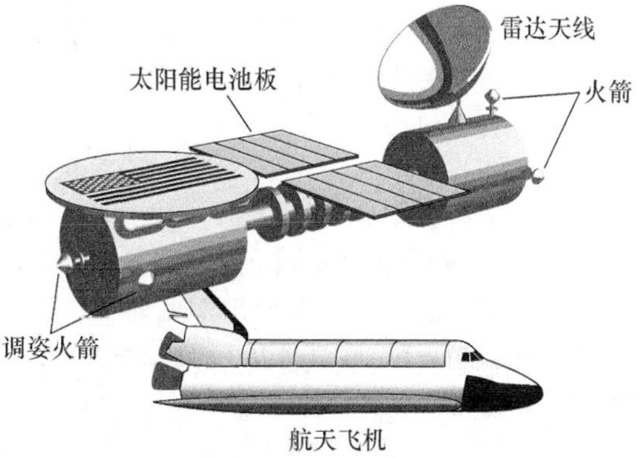

图 E7.6 空间站

当K从0趋于$+\infty$时，绘制系统的根轨迹并求出导致系统失稳的K的临界值。

答案： $K=40$

E7.7 在现代化的办公大楼内，电梯在以25 ft/s的速度高速运行的同时，仍然能够以1/8 in（1 in = 2.54 cm）的精度停靠在指定的楼层。可使用单位负反馈系统来描述电梯位置控制系统，其开环传递函数为

$$L(s)=G_c(s)G(s)=\frac{K(s+8)}{s(s+4)(s+6)(s+9)}$$

当复根的阻尼比$\zeta=0.8$时，试确定增益K的匹配取值。

E7.8 某单位负反馈系统的开环传递函数为

$$L(s)=G_c(s)G(s)=\frac{K(s+1)}{s^2(s+9)}$$

绘制系统的根轨迹。

（a）当三个特征根均为实数且彼此相等时，求匹配增益K。

（b）求出（a）中三个彼此相等的闭环特征根。

答案：（a）$K=27$；（b）$s=-3$

E7.9 某大型望远镜的主镜由36片六角形的镜片镶嵌而成，直径高达10 m。望远镜能够对每个镜片的指向方位进行主动控制。假设单个镜片的控制由某单位负反馈系统实现，且开环传递函数为

$$L(s)=G_c(s)G(s)=\frac{K}{s\left(s^2+2s+5\right)}$$

（a）确定闭环系统根轨迹的渐近线并将它们绘制在s平面上。

（b）求根轨迹离开复极点的出射角。

（c）确定增益K的取值，使系统有两个特征根在虚轴上。

（c）绘制系统的根轨迹。

E7.10 某单位负反馈系统的开环传递函数为

$$L(s)=KG(s)=\frac{K(s+2)}{s(s+1)}$$

（a）求实轴上的分离点和汇合点。

（b）当复特征根的实部为-2时，求系统的增益和特征根。

（c）绘制系统的根轨迹。

答案： (a) $-0.59,\ -3.41$；(b) $K=3, s=-2\pm \mathrm{j}\sqrt{2}$

E7.11 某机器人的力控制系统为单位负反馈系统[6]，其开环传递函数为

$$L(s)=KG(s)=\frac{K(s+2.5)}{\left(s^2+2s+2\right)\left(s^2+4s+5\right)}$$

（a）绘制系统的根轨迹，当主导极点的阻尼比为0.707时，求出匹配增益K。

（b）利用（a）中得到的增益K，估算系统的超调量和峰值时间。

E7.12 某单位负反馈系统的开环传递函数为

$$L(s)=KG(s)=\frac{K(s+2)}{s^2+s+4}$$

（a）当K从0向$+\infty$变化时，绘制系统的根轨迹。

（b）当$K=3$和$K=8$时，求出系统的闭环特征根。

（c）当输入为单位阶跃信号时，在$K=3$和$K=8$的情况下，分别计算系统响应从零到稳态值的上升时间、超调量以及按2%准则的调节时间。

E7.13 某单位负反馈系统的开环传递函数为

$$L(s)=G_c(s)G(s)=\frac{4(s+z)}{s(s+1)(s+3)}$$

（a）当 z 从 0 变化到 100 时，绘制闭环系统的根轨迹。

（b）当输入为阶跃信号时，在 $z = 0.6$、$z = 2$ 和 $z = 4$ 的情况下，利用系统的根轨迹，分别估算系统的超调量以及按 2% 准则的调节时间。

（c）当 $z = 0.6$、$z = 2$ 和 $z = 4$ 时，分别计算系统实际的超调量和调节时间。

E7.14　某单位负反馈系统的开环传递函数为

$$L(s) = G_c(s)G(s) = \frac{K(s+10)}{s(s+5)}$$

（a）确定根轨迹与实轴的分离点和汇合点，当 $K > 0$ 时，绘制闭环系统的根轨迹。

（b）当两个复特征根的阻尼比 $\zeta = 1/\sqrt{2}$ 时，确定匹配增益 K。

（c）计算（b）中的闭环特征根。

E7.15　某单位负反馈系统的开环传递函数为

$$L(s) = G_c(s)G(s) = \frac{K(s+10)(s+2)}{s^3}$$

（a）绘制闭环系统的根轨迹。

（b）确定 K 的取值范围，使系统稳定。

（c）估算系统对斜坡输入响应的稳态误差。

答案：（a）$K > 1.67$；（b）$e_{ss} = 0$

E7.16　某单位负反馈系统的开环传递函数为

$$L(s) = G_c(s)G(s) = \frac{Ke^{-sT}}{s+1}$$

其中，$T = 0.1$ s。验证时延项可以用下式来近似：

$$e^{-sT} \approx \frac{\frac{2}{T} - s}{\frac{2}{T} + s}$$

请利用下面的式子，当 $K > 0$ 时，绘制闭环系统的根轨迹并确定 K 的取值范围，使系统稳定。

$$e^{-0.1s} = \frac{20 - s}{20 + s}$$

E7.17　某反馈控制系统如图 E7.17 所示，其中的受控对象为

$$G(s) = \frac{1}{s(s-2)}$$

（a）当 $G_c(s) = K$ 时，利用根轨迹证明系统总是不稳定的。

（b）当 $G_c(s) = \dfrac{K(s+2)}{s+10}$ 时，绘制系统的根轨迹。为此，我们可以先确定 K 的取值范围，使系统稳定；再确定 K 的合适取值，使系统有两个特征根在虚轴上并计算此时的纯虚根。

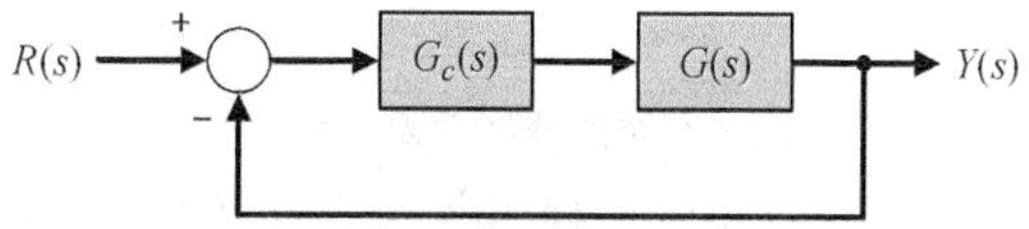

图 E7.17　某反馈控制系统

E7.18　某飞机的偏航控制系统采取了单位负反馈形式，其开环传递函数为

$$L(s) = G_c(s)G(s) = \frac{K}{s(s+3)(s^2+2s+2)}$$

（a）确定根轨迹和实轴上的分离点。

（b）确定虚轴上的一对复根以及匹配增益 K 的取值，并绘制系统的根轨迹。

答案：（a）分离点为 $s = -2.29$；（b）一对复根为 $s = \pm j1.09$，$K = 8$

E7.19 某单位负反馈系统的开环传递函数为

$$L(s)=G_c(s)G(s)=\frac{K}{s(s+3)\left(s^2+6s+64\right)}$$

（a）确定根轨迹离开开环复极点的出射角。

（b）绘制系统的根轨迹。

（c）确定增益 K 的取值，使闭环复极点位于虚轴上，并求出此时的闭环复极点。

E7.20 某单位负反馈系统的开环传递函数为

$$L(s)=G_c(s)G(s)=\frac{K(s+1)}{s(s-2)(s+6)}$$

（a）确定 K 的取值范围，使系统稳定。

（b）绘制系统的根轨迹。

（c）在保证系统稳定的前提下，确定复根的最大阻尼比 ζ。

答案：（a）$K>16$；（b）$\zeta=0.25$

E7.21 某单位负反馈系统的开环传递函数为

$$L(s)=G_c(s)G(s)=\frac{Ks}{s^3+8s^2+12}$$

绘制系统的根轨迹并确定增益K的取值，使闭环主导复根的阻尼比$\zeta=0.6$。

E7.22 用来发射卫星的高性能火箭配置有一个单位负反馈系统，其开环传递函数为

$$L(s)=G_c(s)G(s)=\frac{K\left(s^2+18\right)(s+2)}{\left(s^2-2\right)(s+12)}$$

当K在0到+∞之间变化时，试绘制系统的根轨迹。

E7.23 某单位负反馈系统的开环传递函数为

$$L(s)=G_c(s)G(s)=\frac{4\left(s^2+1\right)}{s(s+a)}$$

当a在0到+∞之间变化时，试绘制系统的根轨迹。

E7.24 某控制系统的状态变量模型为

$$\dot{\boldsymbol{x}}(t)=\boldsymbol{A}\boldsymbol{x}(t)+\boldsymbol{B}u(t)$$
$$y(t)=\boldsymbol{C}\boldsymbol{x}(t)+\boldsymbol{D}u(t)$$

其中：

$$\boldsymbol{A}=\begin{bmatrix}0 & 1\\ -4 & -k\end{bmatrix},\quad \boldsymbol{B}=\begin{bmatrix}0\\ 1\end{bmatrix}$$
$$\boldsymbol{C}=\begin{bmatrix}1 & 0\end{bmatrix},\quad \boldsymbol{D}=\begin{bmatrix}0\end{bmatrix}$$

试确定系统的特征方程，当k在0到+∞之间变化时，绘制系统的根轨迹。

E7.25 某非单位负反馈控制系统如图E7.25所示。当K在0到+∞之间变化时，绘制系统的根轨迹并确定K的取值范围，以保证系统稳定。

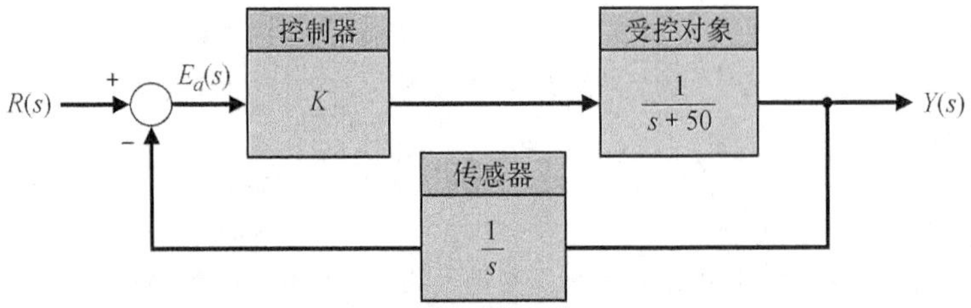

图 E7.25 含有参数 K 的非单位负反馈控制系统

E7.26　考虑用如下模型描述的单输入-单输出系统：

$$\dot{\boldsymbol{x}}(t)=\boldsymbol{A}\boldsymbol{x}(t)+\boldsymbol{B}u(t),\ y(t)=\boldsymbol{C}\boldsymbol{x}(t)$$

其中：

$$\boldsymbol{A}=\begin{bmatrix}0 & 1\\ 3-K & -2-K\end{bmatrix},\ \boldsymbol{B}=\begin{bmatrix}0\\1\end{bmatrix},\ \boldsymbol{C}=\begin{bmatrix}1 & -1\end{bmatrix}$$

计算系统的特征多项式，当K在0到+∞之间变化时，绘制系统的根轨迹并确定K的取值范围，以保证系统稳定。

E7.27　考虑图E7.27所示的单位负反馈系统。当p在0到+∞之间变化时，绘制系统的根轨迹并确定p的取值范围，以保证系统稳定。

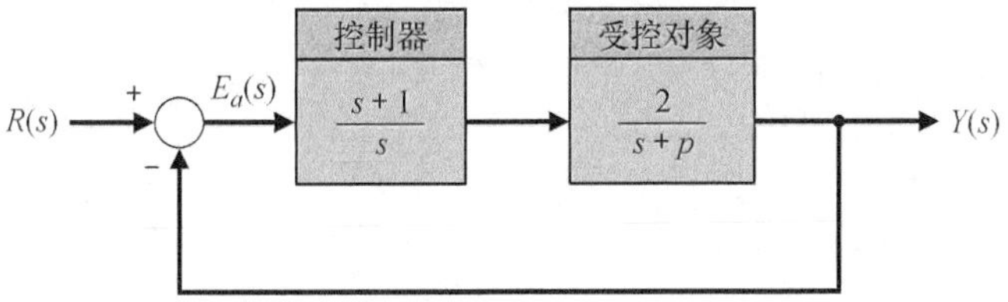

图 E7.27　含有参数 p 的单位负反馈系统

E7.28　考虑图E7.28所示的反馈控制系统，当K在-∞到0之间变化时，试绘制系统的负增益根轨迹并确定能够保证系统稳定的K的取值范围。

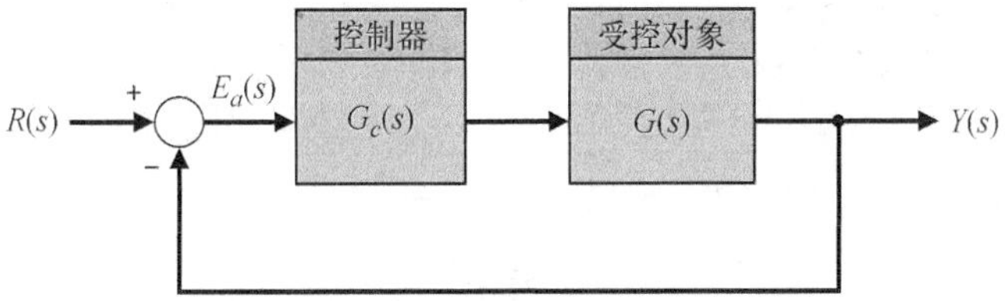

图 E7.28　某反馈控制系统

一般习题

P7.1　当K在0到+∞之间变化时，绘制图P7.1所示的闭环系统的根轨迹，其中的开环传递函数分别为

（a）$L(s)=G_c(s)G(s)=\dfrac{K}{s(s+5)(s+20)}$

（b）$L(s)=G_c(s)G(s)=\dfrac{K}{\left(s^2+2s+2\right)(s+2)}$

（c）$L(s)=G_c(s)G(s)=\dfrac{K(s+10)}{s(s+1)(s+20)}$

（d）$L(s)=G_c(s)G(s)=\dfrac{K\left(s^2+4s+8\right)}{s^2(s+1)}$

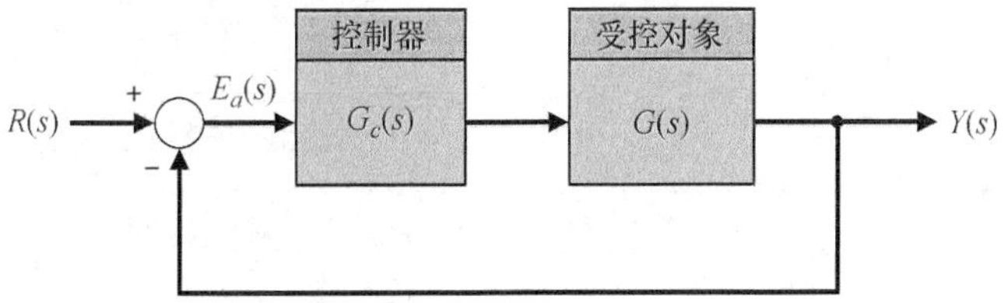

图 P7.1　某闭环系统

P7.2 锁相环系统的开环传递函数为

$$L(s)=G_c(s)G(s)=K_aK\frac{10(s+10)}{s(s+1)(s+100)}$$

以增益 $K_v=K_aK$ 为可变参数，绘制系统的根轨迹并确定 K_v 的取值，使系统复极点对应的阻尼比为0.6 [13]。

P7.3 某单位负反馈系统的开环传递函数为

$$L(s)G_c(s)G(s)=\frac{K}{s(s+2)(s+5)}$$

试求：

(a) 实轴上的分离点以及对应的匹配增益 K；

(b) 位于虚轴上的两个特征根以及对应的匹配增益 K；

(c) $K=6$ 时的闭环特征根；

(d) 绘制系统的根轨迹。

P7.4 某大型天线系统的开环传递函数为

$$L(s)=G_c(s)G(s)=\frac{k_a}{\tau s+1}\cdot\frac{\omega_n^2}{s(s^2+2\xi\omega_n+\omega_n^2)}$$

其中，$\tau=0.2$，$\xi=0.707$，$\omega_n=1$ rad/s。当 k_a 在0到$+\infty$之间变化时，绘制系统的根轨迹，并确定保证系统稳定的放大器增益 k_a 的最大值。

P7.5 与固定机翼飞机具有一定程度的自稳定性不同，直升机自身很不稳定，因此直升机必须配置稳定控制系统。直升机控制系统包括一个自动的稳定控制系统以及飞行员通过控制杆进行控制的控制环节，如图P7.5所示。当飞行员不使用控制杆时，我们认为开关是断开的。假设直升机的动力学模型可用下面的传递函数来表示：

$$G(s)=\frac{25(s+0.03)}{(s+0.4)\left(s^2-0.36s+0.16\right)}$$

(a) 当飞行员控制环路断开时（不进行手动控制），绘制系统的根轨迹，并确定增益 K_2 的取值，使复特征根的阻尼比 $\zeta=0.707$。

(b) 利用（a）中得到的增益 K_2，确定系统对阵风干扰 $T_d(s)=1/s$ 的稳态误差。

(c) 闭合飞行员手动控制环路，并将 K_2 选定为（a）中确定的值，当 K_1 在 0 到$+\infty$之间变化时，绘制系统的根轨迹。

(d) 根据根轨迹确定 K_1 的合适取值，重新计算（b）中的稳态误差。

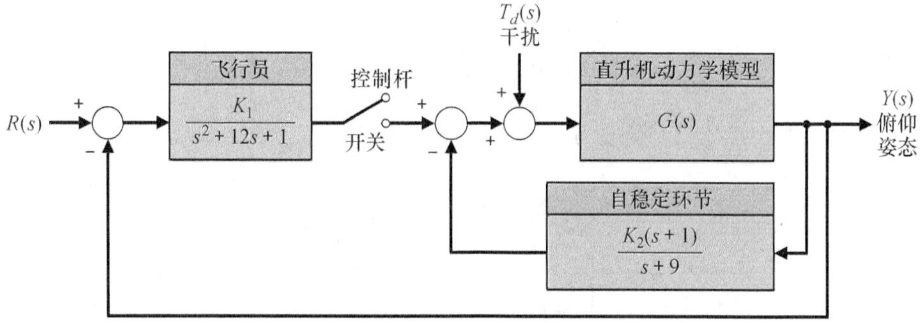

图 P7.5 直升机控制系统

P7.6 考虑运行在大气层中的卫星，其姿态角控制系统如图 P7.6 所示。

(a) 当 K 在 0 到 $+\infty$ 之间变化时，绘制系统的根轨迹。

(b) 确定增益 K 的取值范围，使闭环系统稳定。

(c) 确定增益 K 的取值，使系统阶跃响应的调节时间满足 $T_s \leqslant 12$ s（按 2% 准则），且超调量满足 P.O. $\leqslant$ 25%。

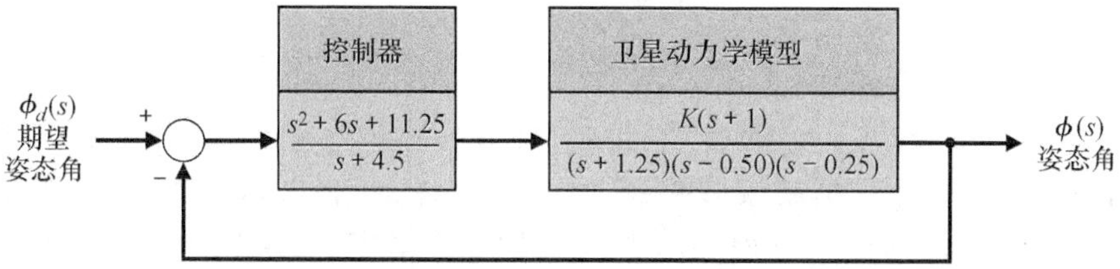

图 P7.6 卫星姿态角控制系统

P7.7 图 P7.7 所示为独立发电机组的转速控制系统，它能够根据电网中负载扭矩的变化量 $\Delta L(s)$，用阀门控制涡轮机的蒸汽输入流量。涡轮发电机在空载平衡状态的预期工作转速为 60 Hz，有效转动惯量 J = 4000，摩擦系数 b = 0.75。此外，稳态转速调节因子 R 可以近似为 $(\omega_0-\omega_r)/\Delta L$。其中，$\omega_r$ 为有额定负载时发电机的转速，ω_0 为空载时发电机的转速。在理想情况下，我们希望 R 尽可能小，一般要求 $R \leqslant 0.10$。

(a) 当系统闭环复根的阻尼比大于 0.60 时，利用根轨迹法确定调节因子 R 的取值。

(b) 当 $R \leqslant 0.10$ 且负载扭矩的变化量 $\Delta L(s) = \Delta L/s$ 时，验证系统转速的稳态误差近似等于 $R\Delta L$。

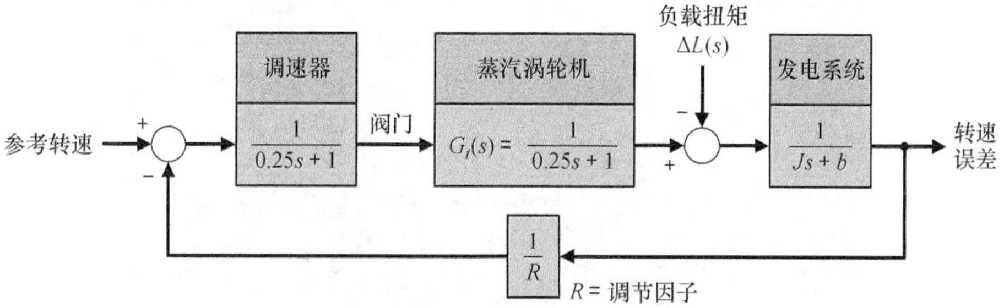

图 P7.7 独立发电机组的转速控制系统

P7.8 重新考虑习题 P7.7 给出的发电机组转速控制系统，但用水轮机代替蒸汽涡轮机。对水轮机而言，由于水流具有较大的惯量，因此会导致较大的时间常数。水轮机的传递函数可以近似表示为

$$G_t(s)=\frac{-\tau s+1}{(\tau/2)s+1}$$

其中 τ=1 s。假设系统的其余部分与习题 P7.7 相同，请重新完成习题 P7.7 的（a）和（b）。

P7.9 未来大型工厂应用自动导航车辆的一项非常重要的工作，就是对导航车辆的间距实施安全有效的控制 [14, 15]。间距控制系统应该能够消除路面上的油迹等各类干扰对系统的影响，在导轨上准确保持车辆之间的距离。图 P7.9 给出了间距控制系统的框图模型，其中导航车辆的动力学模型为

$$G(s)=\frac{(s+0.2)\left(s^2+2s+300\right)}{s(s-0.5)(s+0.9)\left(s^2+1.52s+357\right)}$$

(a) 绘制系统的根轨迹。

(b) 当增益 $K = K_1K_2 = 5000$ 时，确定系统的所有闭环根。

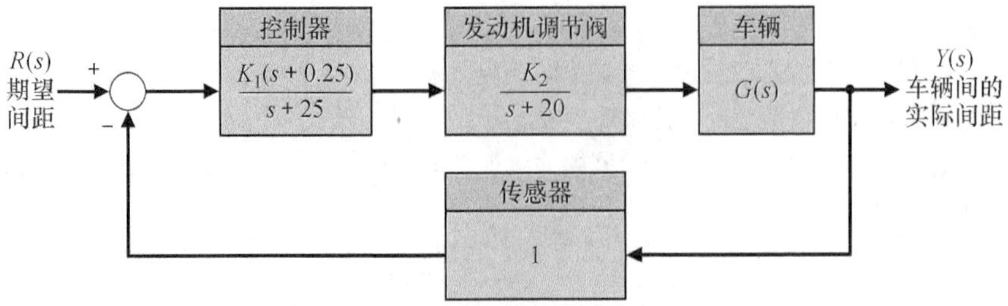

图 P7.9 自动导航车辆的间距控制系统的框图模型

P7.10 民航客机的设计采用了一些新的概念，实现了不间断地飞越太平洋和提高飞行效率，并因此提升经济效益等[16, 31]。这些新的概念要求使用耐热性好、重量轻的材料以及配备先进的计算机控制系统等。大多数现代机场对噪音有严格的限制，因此在现代飞机设计中，噪音控制也是一个非常重要的问题。图 P7.10（a）展示了一种新概念飞机，这种飞机预计可以容纳 200 名乘客，巡航速度稍低于音速。

飞机的飞行控制系统必须提供良好的操作性能和舒适的飞行环境。针对新一代飞机设计的一种自动飞行控制系统的框图模型如图 P7.10（b）所示，其主导极点的理想特征参数为 $\zeta = 0.707$。飞机自身的特征参数为 $\omega_n = 2.5$，$\zeta = 0.30$，$\tau = 0.1$ s。此外，增益因子 K_1 的可调范围较大。当飞机从中等速度巡航变为减速降落时，K_1 可以从 0.02 变到 0.20。

(a)

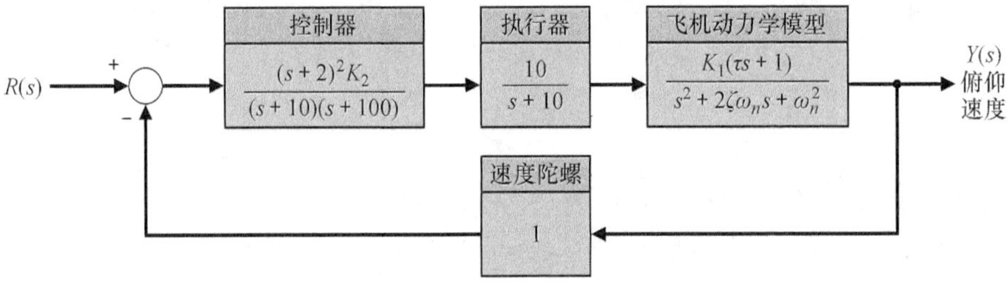

(b)

图 P7.10 （a）未来的喷气式民航客机（来源：Muratart，Shutterstock 图片库）；（b）一种自动飞行控制系统的框图模型

（a）当增益 K_1K_2 变化时，绘制系统的根轨迹。

（b）当飞机以中等重量巡航时，确定 K_2 的取值，使系统的阻尼比 $\zeta = 0.707$。

（c）利用（b）中得到的 K_2，同时选定 K_1 为飞机轻量降落时的增益，确定此时系统的阻尼比 ζ。

P7.11 某计算机系统需要有高性能的磁带传动系统[17]［见图P7.11（a）］。磁带传动系统对工作环境的要求非常苛刻，这是对控制系统设计的重大考验。作用于磁带卷动轴的直流电机系统的框图模型如图P7.11（b）所示，其中，r为轴半径，J为轴与转子的转动惯量。完全倒转磁带轴的转动方向所需的时间为6 ms，磁带轴执行阶跃指令的时间应小于或等于3 ms，磁带正常运行的线速度为100 in/s，系统电机和元件的其他参数为

$K_b = 0.40$	$r = 0.2$
$K_p = 1$	$K_1 = 2.0$
$\tau_1 = \tau_a = 1$ ms	K_2可调
$K_T/(LJ) = 2.0$	

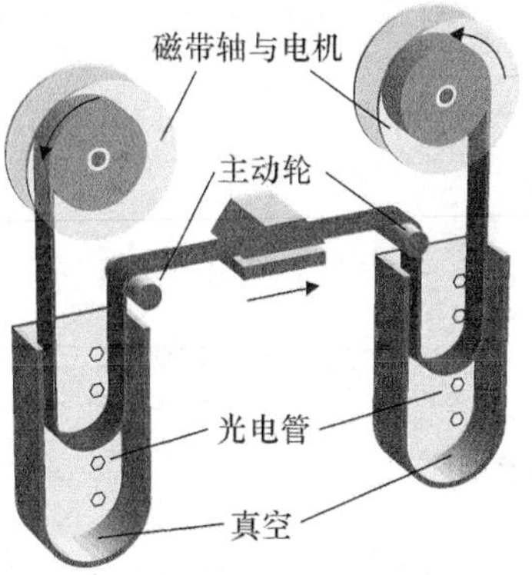

(a)

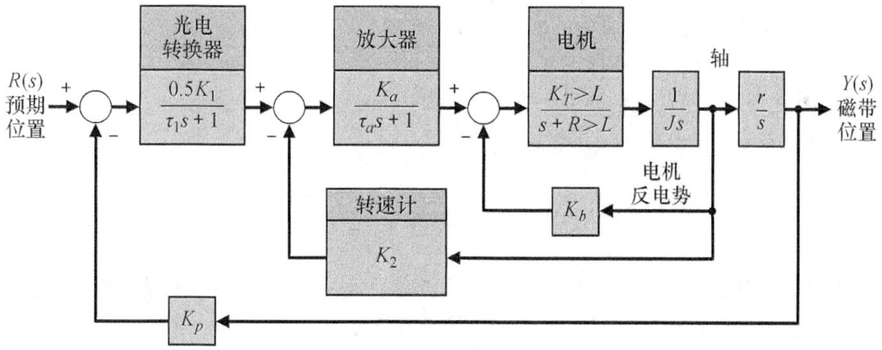

(b)

图 P7.11 （a）磁带传动系统；（b）作用于磁带卷动轴的直流电机系统的框图模型

当磁带轴空载和满卷时，磁带轴和电机转子的转动惯量分别为2.5×10^{-3}和5.0×10^{-3}。系统用一组光电管作为误差传感器，电机的时间常数为$L/R = 0.5$ ms。

（a）当$K_2 = 10$、$J = 5.0 \times 10^{-3}$且K_a在0到$+\infty$之间变化时，绘制系统的根轨迹。

（b）要求系统有较好的阻尼特性，例如要求所有极点的阻尼比均满足$\zeta \geqslant 0.60$，确定此时增益K_a的取值。

（c）对于（b）中得到的K_a值，当K_2在0到$+\infty$之间变化时，绘制系统的根轨迹。

P7.12 如图P7.12所示，陀螺仪和惯性系统测试平台需要有一个精确的转速控制系统，从而保证它们以完全可控的转速工作。转速控制系统采用了直接驱动式直流电机，并要求其提供0.01°/s ~ 600°/s的转速以及阶跃输入下不超过0.1%的稳态误差。直接驱动式直流电机具有高扭矩、高效率和小时延等

优点，此外，还有利于克服齿轮传动引起的后坐力和摩擦力。电机增益常数的标称值$K_m = 1.8$。在一般情况下，K_m需要面临可能高达±50%的波动变化；而放大器增益K_a通常大于10，波动变化范围为±10%。

（a）确定使系统满足稳态误差要求的最小开环增益。

（b）当系统处于临界稳定状态时，确定对应的增益值。

（c）当K_a在 0 到+∞之间变化时，绘制系统的根轨迹。

（d）当$K_a = 40$时，确定系统的闭环极点并计算系统的阶跃响应。

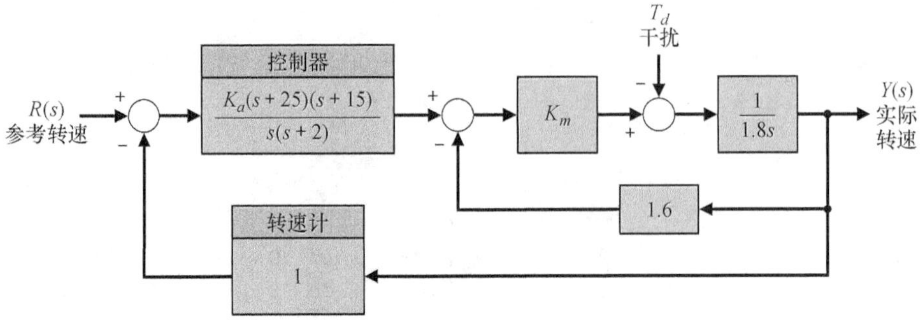

图 P7.12 转速控制系统

P7.13 某单位负反馈系统的开环传递函数为

$$L(s) = G_c(s)G(s) = \frac{K}{s(s+3)\left(s^2+4s+7.84\right)}$$

（a）求实轴上的分离点以及对应的匹配增益K的取值。

（b）当距离虚轴最近的两个复根的阻尼比为 0.707 时，求匹配增益K的取值。

（c）判断（b）中的两个闭环根是否为主导极点。

（d）增益由（b）给出，试估算系统的调节时间（按 2% 准则）。

P7.14 某单位负反馈系统的开环传递函数为

$$L(s) = G_c(s)G(s) = \frac{K(s+2.2)(s+3.4)}{s^2(s+1)(s+10)(s+25)}$$

只有当增益K满足$k_1 < K < k_2$时，系统才是稳定的。此类系统被称为条件稳定系统。利用劳斯-赫尔维茨稳定性判据和根轨迹法，分别确定使系统稳定的增益的取值范围。当K在0到+∞之间变化时，绘制系统的根轨迹。

P7.15 假设摩托车和驾驶员的动力学模型可以用开环传递函数表示为

$$G_c(s)G(s) = \frac{K\left(s^2+30s+625\right)}{s(s+20)\left(s^2+20s+200\right)\left(s^2+60s+3400\right)}$$

试绘制系统的根轨迹，并在$K = 3\times10^4$时，确定主导极点的阻尼比ζ。

P7.16 在带钢热轧过程中，用于保持带钢恒定张力的控制系统俗称“环轮”。典型的轧钢机控制系统如图 P7.16 所示，环轮是一个 2~3 ft 长的臂，其末端配有一个轧辊。利用电机抬起环轮，就能挤压带钢[18]。带钢通过环轮时的典型线速度为2000 ft/min。假设环轮上下位移的变化量与带钢张力的变化量成正比，则可以将与环轮位移增量成正比的测量电压同参考电压相减，然后进行积分并用于控制。此外，与系统的其他时间常数相比，这里还假定滤波器的时间常数τ可以忽略不计。

（a）当K_a在 0 到+∞之间变化时，绘制系统的根轨迹。

（b）确定增益 K_a 的取值，使系统闭环极点的阻尼比满足 $\zeta \geqslant 0.707$。

（c）当时间常数 τ 从可以忽略的值逐渐增大时，分析对系统的影响。

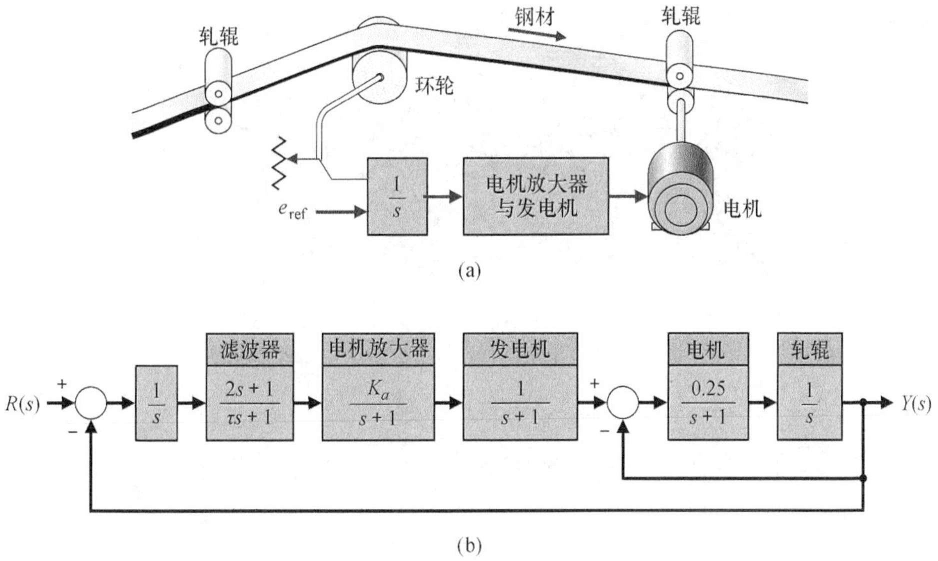

图 P7.16　轧钢机控制系统

P7.17　考虑图 P7.17 给出的减振器。先假定 $M_1 = 1$、$k_1 = 1$、$b = 1$，再假定 $k_{12} < 1$ 且 k_{12} 的高次项可以忽略不计。

（a）利用根轨迹法，确定参数 M_2 和 k_{12} 对系统性能的影响。

（b）当 $F(t) = a\sin(\omega_0 t)$ 时，确定参数 M_2 和 k_{12} 的取值，要求保证质点 M_1 不发生振动。

P7.18　在图 P7.18 所示的滤波器设计中，滤波器 $G_c(s)$ 通常称为校正器，其设计问题可以归结为如何确定参数 α 和 β 的合适取值。给定 $\beta/\alpha = 10$，利用根轨迹法，讨论和分析参数变化对系统的影响，并选择适当的滤波器，使系统阶跃响应按 2% 准则的调节时间满足 $T_s \leqslant 3$ s，同时使主导极点的阻尼比满足 $\zeta \geqslant 0.60$。

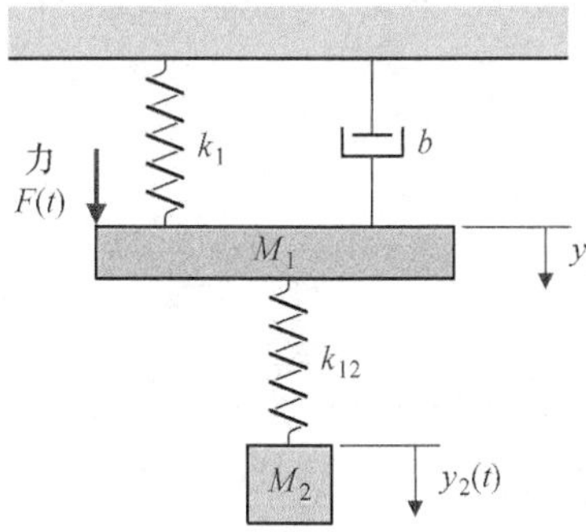

图 P7.17　减振器

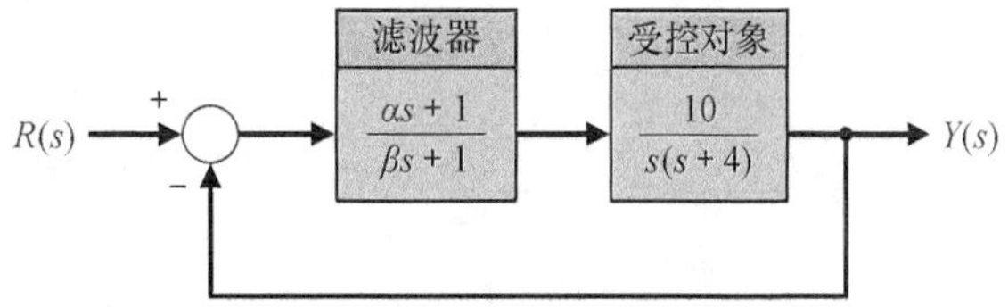

图 P7.18　滤波器设计

P7.19　近年来，工厂里的导引小车安装了很多自动控制系统，其中的一种利用预埋在地下的磁条来引导小车沿期望的路线行进 [10, 15]。借助安装在地面上的应答标记器，就可以在关键地点为导引小车规划特定的任务（如加速或减速）。图 P7.19 给出了某工厂里的导引小车以及系统的框图模型。试绘制系统的根轨迹并确定 K_a 的合适取值，使复极点的阻尼比满足 $\zeta \geqslant 0.707$。

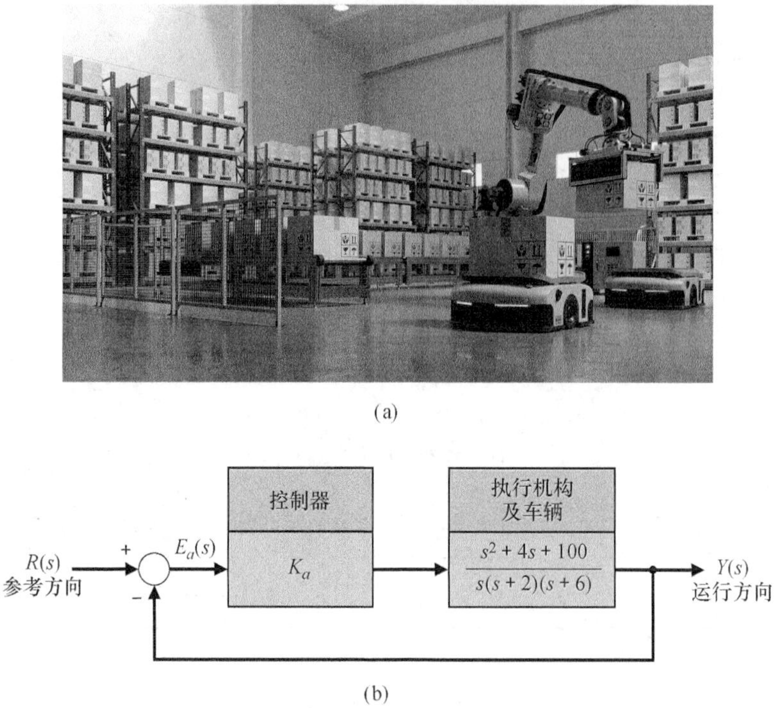

图 P7.19 （a）导引小车（来源：Vanit Janthra，Shutterstock 图片库）；（b）系统的框图模型

P7.20 重新考虑习题P7.18，确定系统主导极点在增益$K = 4\alpha/\beta$和极点$s = -2$处的根灵敏度。

P7.21 重新考虑习题P7.7中的发电机组转速控制系统，确定系统在极点$s = -4$处的根灵敏度以及对反馈增益$1/R$的参数灵敏度。

P7.22 重新考虑习题P7.1（a），假设K的标称值能够使阻尼比满足$\zeta = 0.707$。在此条件下，确定系统主导极点的根灵敏度。当$L(s) = G_c(s)G(s)$的零点和极点发生微小变化时，估计并分析系统主导极点处的根灵敏度。

P7.23 利用习题P7.1（c）中的开环传递函数$G_c(s)G(s)$，重新解答习题P7.22。

P7.24 高阶系统根轨迹的形状一般是难以预测的。图P7.24给出了4种三阶或三阶以上反馈系统的根轨迹，其中包括开环传递函数$KG(s)$的零点和极点，以及K从0变化到$+\infty$时系统的根轨迹。请通过辨识系统模型并重新绘制这些根轨迹来验证图P7.24。

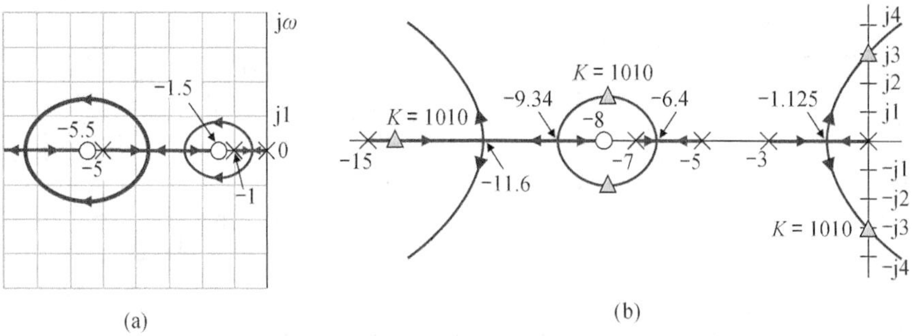

图 P7.24 4 个系统的根轨迹

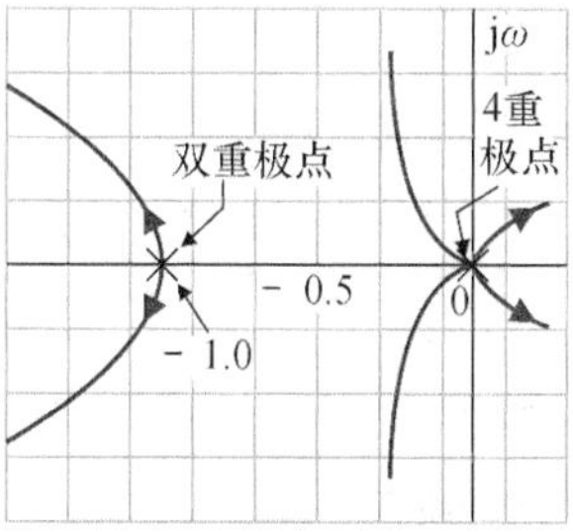

(c)

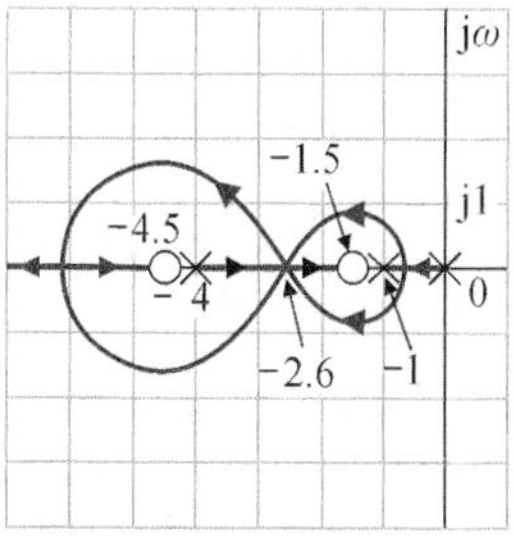

(d)

图 P7.24　4 个系统的根轨迹（续）

P7.25　固态集成电路由分布式的电阻元件 R 和电容元件 C 集成而来，因此要研究集成电路中的反馈环路，就必须获取分布式RC网络的传递函数。已有的研究结果表明，在分布式RC网络中，幅频衰减曲线的斜率为“10n dB/decade（dB/decade表示每十倍频程一分贝）”，其中的 n 为滤波器的阶次 [13]；而在常见的集总参数式RC网络中，幅频衰减曲线的斜率为“20n dB/decade”。由此可见，这两种RC网络是有差别的（第8章将详细介绍幅频衰减曲线的斜率，如果读者还不熟悉这一概念，可在学完第8章后考虑本题）。一种很有意思的情况是将分布式RC网络应用到晶体管放大器的串并联反馈环路中。在此条件下，系统的开环传递函数为

$$L(s) = G_c(s)G(s) = \frac{K(s-1)(s+3)^{1/2}}{(s+1)(s+2)^{1/2}}$$

(a) 当 K 在 0 到+∞之间变化时，利用根轨迹法绘制系统的根轨迹。

(b) 当系统处于临界稳定状态时，计算匹配增益 K 的取值以及此时系统的振荡频率。

P7.26　某单位负反馈系统的开环传递函数为

$$L(s) = G_c(s)G(s) = \frac{K(s+2)^2}{s\left(s^2+2\right)(s+10)}$$

(a) 当 K 从 0 变化到+∞时，绘制系统的根轨迹。

(b) 确定增益 K 的取值范围，使系统稳定。

(c) 当闭环系统有纯虚根时，确定 K 的取值（$K \geqslant 0$）并求出这些纯虚根。

(d) 当增益 K 比较大时（如 $K > 50$），能否用主导极点近似估计系统的调节时间？

P7.27　某单位负反馈系统的开环传递函数为

$$L(s) = G_c(s)G(s) = \frac{K\left(s^2+0.05\right)}{s\left(s^2+2\right)}$$

绘制以 K 为可变参数的根轨迹，并确定根轨迹进入和离开实轴时 K 的匹配取值。

P7.28　为了符合现行的汽车尾气排放标准，通常的做法是用汽车废气管内的催化转换器来控制碳氢化合物（HC）和一氧化碳（CO）的排放。而对于氮氧化合物（NO_x），则主要采用废气再循环技术（Exhaust-Gas Recirculation，EGR）来处理。

研究人员已经提出了多种方案来解决HC、CO和 NO_x 三种气体排放的达标问题，其中最有应用前景的方案是将催化转换装置与发动机控制系统结合起来一并考虑。图P7.28给出的就是一种这样的闭环控制方案 [19, 23]。废气传感器检测废气的浓度并将测量结果与参考值相减，所得偏差信号再由控制器进行处理。控制器的输出将调整化油器的真空度，从而达到最佳的空气-燃油混合比，以满足催化转换器的最佳要求。系统的开环传递函数为

$$L(s) = \frac{Ks^2+12s+20}{s^3+10s^2+25s}$$

当 K 为变量时，试绘制系统的根轨迹，确定根轨迹在何处进入和离开实轴，并在 $K = 2$ 时计算系统

的闭环根，预测此时的阶跃响应。

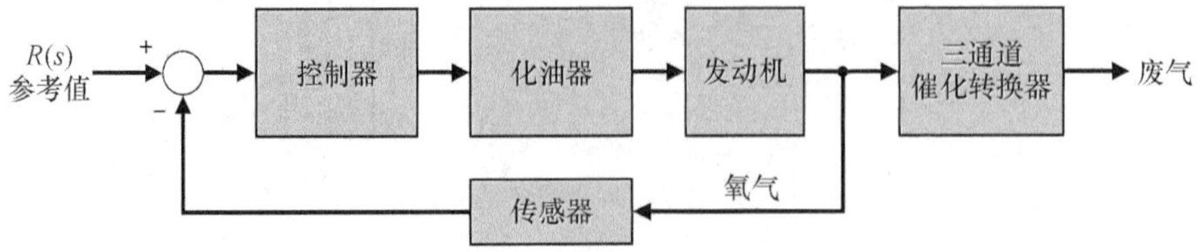

图 P7.28　发动机自动控制系统

P7.29　某单位负反馈系统的开环传递函数为

$$L(s)=G_c(s)G(s)=\frac{K\left(s^2+10s+30\right)}{s^2(s+10)}$$

假设要求主导极点的阻尼比 $\zeta=0.707$，确定满足条件的匹配增益 K 的取值，并验证此时的闭环复极点为 $s=-3.56\pm j3.56$。

P7.30　某RLC网络如图P7.30所示，网络元件的标称值为 $L=C=1$、$R=2.5$。试证明输入阻抗 $Z(s)$ 的两个特征根对 R 的波动变化的根灵敏度相差4倍。

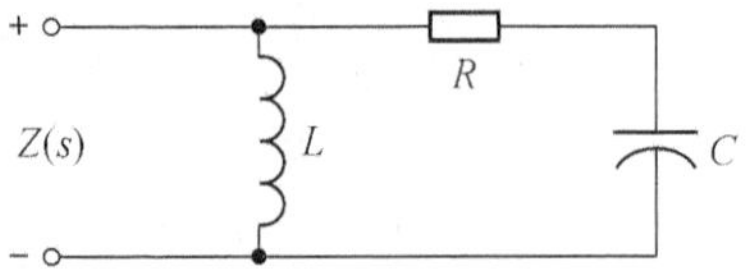

图 P7.30　RLC 网络

P7.31　研制高速的飞机和导弹需要知道超高速状态下的气动力参数，研究人员通常利用风洞试验来测定这些参数。风洞以非常高的压强压缩空气，然后经由阀门加以释放，从而产生试验用风。随着空气的流出，气压也会随之下降，因此需要控制闸门的开度以保持预定的试验风速。为此，研究人员为风洞设计了能够控制风速的单位负反馈控制系统，其开环传递函数为

$$L(s)=G_c(s)G(s)=\frac{K(s+4)}{s(s+0.2)\left(s^2+15s+150\right)}$$

试绘制系统的根轨迹并标明 $K=1391$ 时对应的闭环根。

P7.32　适合担任夜间警戒值勤任务的移动机器人已经问世。这种机器人从不睡觉，能够不知疲倦地巡视大型仓库及户外场地。机器人的巡视可利用单位负反馈控制系统来控制，其开环传递函数为

$$L(s)=G_c(s)G(s)=\frac{K(s+1)(s+5)}{s(s+1.5)(s+2)}$$

(a) 求出实轴上所有的分离点和汇合点以及匹配增益 K 的取值。

(b) 当闭环复根的阻尼比为 0.707 时，确定匹配增益 K 的取值。

(c) 求复根阻尼比的最小值以及匹配增益 K 的取值。

(d) 假设输入为单位阶跃信号，当增益 K 分别取（b）和（c）中得到的值时，求系统的超调量以及按 2% 准则的调节时间。

P7.33　倾斜旋翼鱼鹰运输机兼具固定翼飞机和直升机的优点。如图 P7.33（a）所示，倾斜旋翼鱼鹰运输机的优点突出表现为，当起飞和着陆时，发动机可以旋转90°至垂直方向，使其像直升机一样垂直起降；而在巡航飞行过程中，发动机又可以切换到水平方向，使其像普通飞机那样飞行 [20]。直升机模式下的高度控制系统如图P7.33（b）所示。

(a) 当 K 为可变参数时，绘制系统的根轨迹并确定 K 的取值范围，使系统稳定。

(b) 当 $K=280$ 时，求系统对单位阶跃输入 $r(t)$ 的实际输出 $y(t)$ 以及超调量和调节时间（按 2% 准则）。

(c) 当 $K=280$、$r(t)=0$ 时，求系统对单位阶跃干扰 $T_d(s)=1/s$ 的输出 $y(t)$。

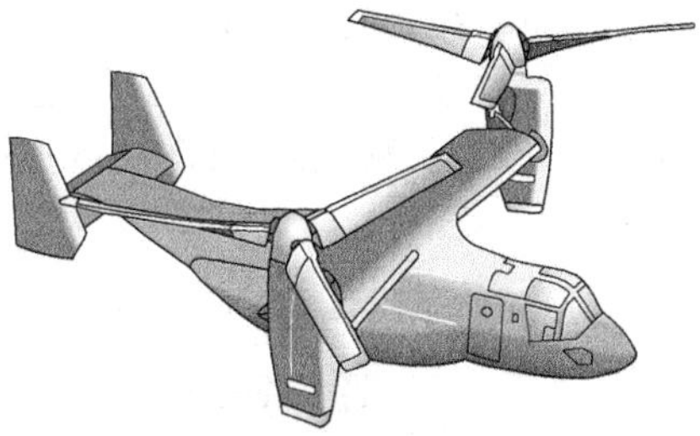

(a)

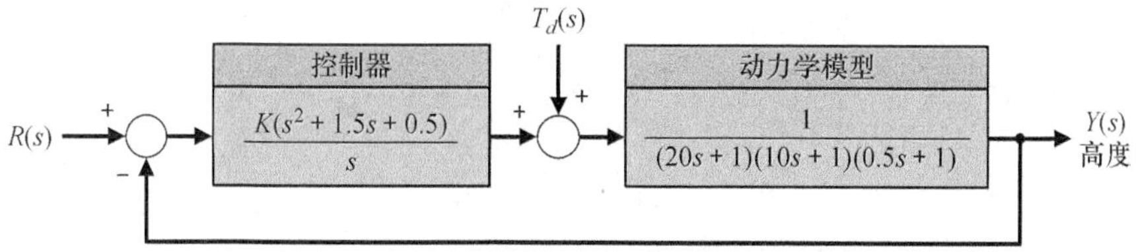

(b)

图 P7.33 (a) 倾斜旋翼鱼鹰运输机；(b) 直升机模式下的高度控制系统

P7.34 车用柴油发动机的燃油控制系统使用了柴油泵，而柴油泵易受到参数波动变化的影响。系统的开环传递函数为

$$L(s)=G_c(s)G(s)=\frac{K(s+2)}{(s+1)(s+2.5)(s+4)(s+10)}$$

(a) 当 K 由 0 变到 2000 时，绘制系统的根轨迹。

(b) 当 $K=400$、$K=500$ 和 $K=600$ 时，分别求出系统的闭环根。

(c) 利用系统的主导极点，预测阶跃响应的超调量随 K 变化的情况。

(d) 针对 (b) 中增益 K 的 3 个不同取值，分别计算实际的阶跃响应并比较超调量的实际值和估计值。

P7.35 用于建筑工地的大功率电力液压铲车，能够将重达数吨的托盘举到 35 ft 高的脚手架上，其单位负反馈控制系统的开环传递函数为

$$L(s)=G_c(s)G(s)=\frac{K(s+1)^2}{s\left(s^2+1\right)}$$

(a) 当 K 从 0 变化到 $+\infty$ 时，绘制系统的根轨迹。

(b) 当两个复根的阻尼比 $\zeta=0.707$ 时，计算匹配增益 K 的取值并求出所有的闭环根。

(c) 找出根轨迹与实轴的汇合点。

(d) 估计阶跃响应的超调量并与实际的超调量作比较。

P7.36 配有高性能操纵器的微型机器人可以检测极小的粒子，如简单生物的细胞等 [6]，其单位负反馈控制系统的开环传递函数为

$$L(s)=G_c(s)G(s)=\frac{K(s+1)(s+2)(s+3)}{s^3(s-1)}$$

(a) 当 K 从 0 变化到 $+\infty$ 时，绘制系统的根轨迹。

(b) 当特征方程存在两个纯虚根时，求匹配增益 K 的取值和此时的闭环根。

(c) 当 $K=20$ 和 $K=100$ 时，分别确定系统的闭环特征根。

(d) 当 $K=20$ 时，估计阶跃响应的超调量并与实际的超调量作比较。

P7.37 考虑图P7.37所示的反馈控制系统。当输入为单位阶跃信号时，系统的输出响应存在超调，但最终将达到终值1。当输入为单位斜坡信号时，系统的输出响应能够以有限的稳态误差跟踪斜坡输入。当增益增加到2K时，系统对脉冲输入的响应是周期为0.314 s的等幅振荡。试根据以上条件，辨识并确定系统的参数K、a和b。

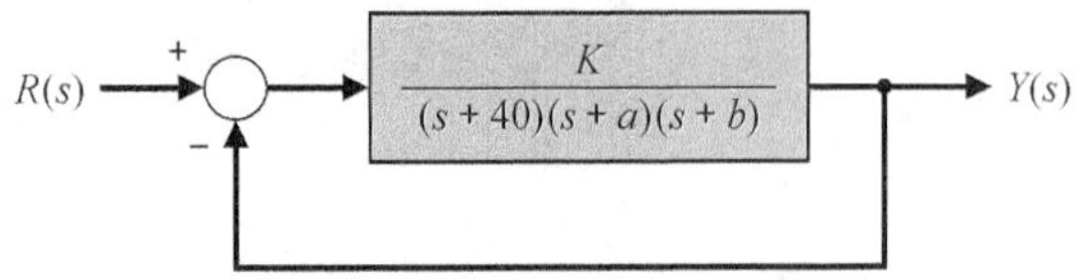

图 P7.37 某反馈控制系统

P7.38 某单位负反馈系统为开环不稳定系统，其开环传递函数为

$$L(s) = G_c(s)G(s) = \frac{K(s+1)}{s(s-3)}$$

(a) 确定K的取值范围，使闭环系统稳定。

(b) 以K为可变参数，绘制系统的根轨迹。

(c) 当$K = 10$时，计算系统所有的闭环特征根。

(d) 当$K = 10$时，预测系统阶跃响应的超调量。

(e) 计算系统实际的超调量。

P7.39 高速列车有时必须在岔道和弯道上行驶。普通列车的前/后轮轴安装在同一个钢制结构（即转向架）上。当列车驶入弯道时，转向架也随之转动，尽管前轮轴有转向的趋势，但由于前/后轮轴安装在固定的转向架上，因此前/后轮仍然平行地沿着同一方向运动[24]。这种配置方式的一个重大问题是，当列车速度很快时，有可能发生跳轨或出轨事故。针对这一重大问题的解决方案之一，是为前/后轮轴分别配置转向架，使它们能够独立地转向。为了平衡列车在弯道上产生的巨大离心力，高速列车还需要配备一套计算机控制的液压系统，旨在使驶入弯道的每一节车厢自动地适度倾斜。列车上的传感器能够感应列车的速度和弯道的曲率，并将这些信息反馈至每个车厢底部的液压泵。这些泵液压可以使车厢以适当的倾斜度（高达8°）驶入弯道，就像赛车在弯道上行驶一样。图P7.39给出了高速列车的倾斜控制系统。

(a) 绘制系统的根轨迹。

(b) 当闭环复根的阻尼比达到最大时，确定匹配增益K的取值。

(c) 预测系统对阶跃输入$R(s)$的响应。

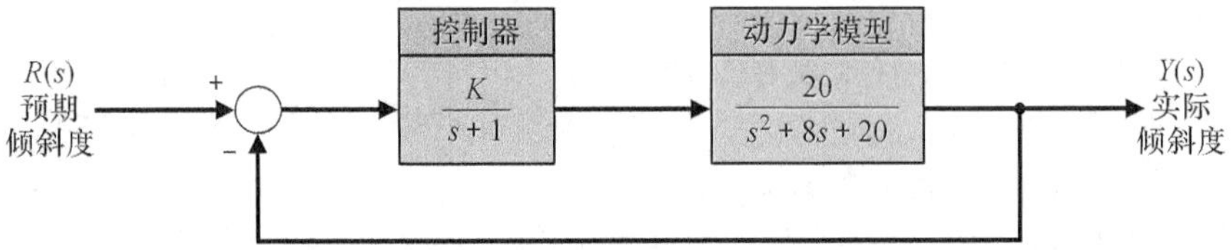

图 P7.39 高速列车的倾斜控制系统

难题

AP7.1 高性能喷气式飞机的俯视图[20]如图AP7.1（a）所示，图AP7.1（b）给出了俯仰控制系统的框图模型。

(a) 绘制系统的根轨迹并确定增益K的取值，使靠近虚轴的复极点的阻尼比ζ达到最大值。

(b) 计算与（a）中的K值对应的闭环根，并估算系统的阶跃响应。

(c) 计算系统的实际阶跃响应并与预测值作比较。

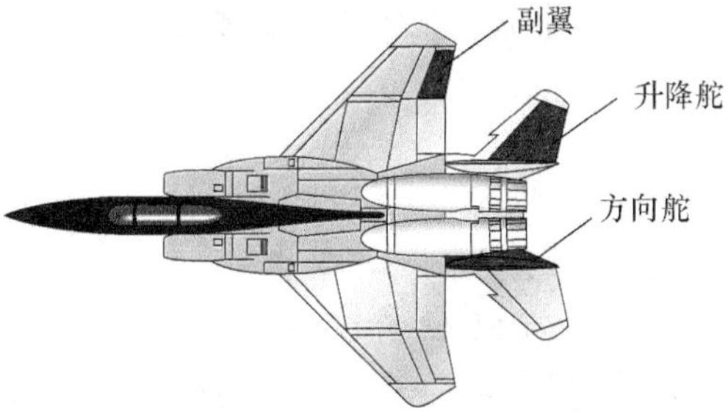

(a)

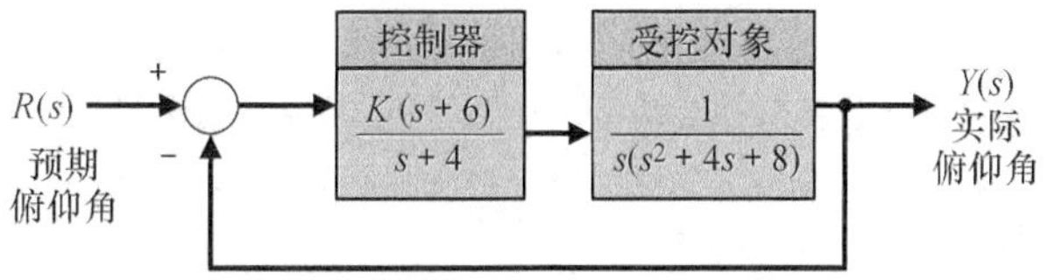

(b)

图 AP7.1　(a) 高性能喷气式飞机的俯视图；(b) 俯仰控制系统的框图模型

AP7.2　如图 AP7.2 (a) 所示，高速磁悬浮列车以较小的气隙在轨道上"飞行"[24]。气隙控制系统可以视为单位负反馈控制系统，如图 AP7.2 (b) 所示，其开环传递函数为

$$L(s)=G_c(s)G(s)=\frac{K(s+1)(s+2)}{s(s-0.5)(s+5)(s+10)}$$

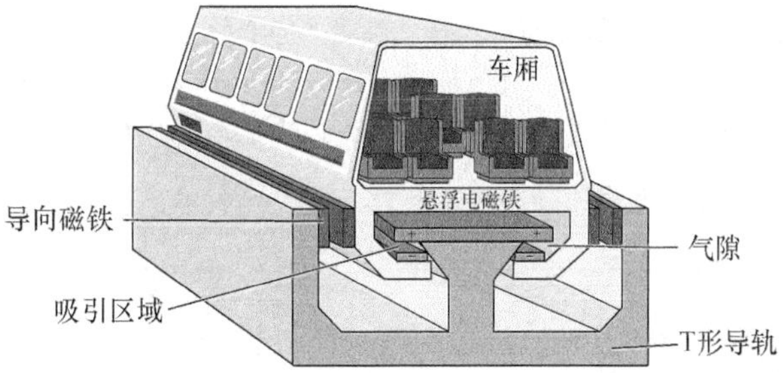

(a)

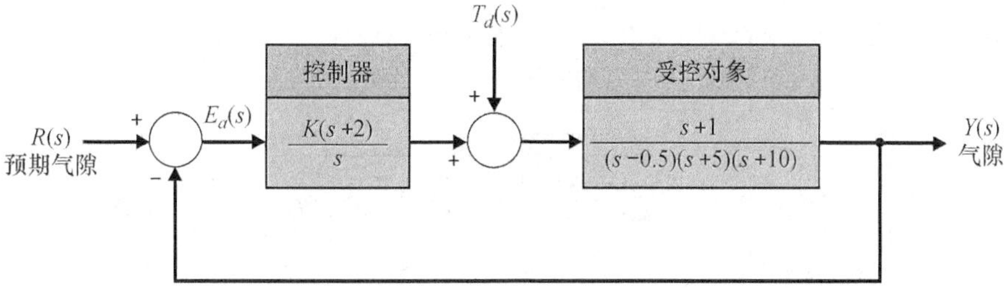

(b)

图 AP7.2　(a) 高速磁悬浮列车；(b) 气隙控制系统

我们的设计目标是确定K的合适取值，使系统的单位阶跃响应具有合适的阻尼比。请绘制系统的根轨迹并确定K的取值，使调节时间 $T_s \leqslant 3$ s，并使超调量 P.O. $\leqslant$ 20%。针对选择的K值，计算系统的实际阶跃响应和超调量。

AP7.3 便携式CD播放机应该具有良好的抗干扰能力，并且要能够准确定位光学读取传感器。传感器的位置控制系统是一个单位负反馈系统，其开环传递函数为

$$L(s)=G_c(s)G(s)=\frac{10}{s(s+1)(s+p)}$$

其中，参数p取决于控制系统选用的直流电机。当参数p变化时，试绘制系统的根轨迹并确定p的取值，使闭环复特征根的阻尼比近似满足$\zeta=1/\sqrt{2}$。

AP7.4 遥操作控制系统采用的是单位负反馈系统，其开环传递函数为

$$L(s)=G_c(s)G(s)=\frac{s+\alpha}{s^3+(1+\alpha)s^2+(\alpha-1)s+1-\alpha}$$

我们期望系统阶跃响应的稳态位置误差小于或等于10%。当参数α变化时，试绘制系统的根轨迹并确定α的取值范围，以满足稳态误差的设计要求。当α在满足设计要求的取值范围内取定某个典型值时，确定对应的特征根并估算系统的阶跃响应。

AP7.5 某单位负反馈系统的开环传递函数为

$$L(s)=G_c(s)G(s)=\frac{K}{s^3+10s^2+8s-15}$$

（a）绘制系统的根轨迹并确定K的取值，使稳定闭环系统复根的阻尼比$\zeta=1/\sqrt{2}$。

（b）针对（a）中得到的复根，计算系统的根灵敏度。

（c）确定K的波动变化百分比（增加或减小），使闭环根位于虚轴上。

AP7.6 某单位负反馈系统的开环传递函数为

$$L(s)=G_c(s)G(s)=\frac{K\left(s^2+2s+3\right)}{s^3+3s^2+6s}$$

当K从0到+∞变化时，绘制系统的根轨迹并确定K的取值，使闭环系统阶跃响应的调节时间满足$T_s\leqslant 1$ s。

AP7.7 某正反馈闭环系统如图AP7.7所示。当$K>0$时，根轨迹必须满足如下条件：

$$|KG(s)|=1,\ \angle KG(s)=\angle\pm k360°,$$

$$k=0,1,2,\cdots$$

当K从0到+∞变化时，试绘制系统的根轨迹。

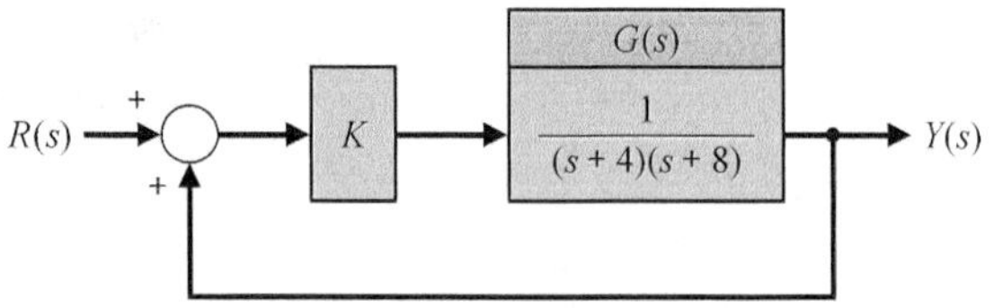

图 AP7.7 某正反馈闭环系统

AP7.8 某直流电机的位置控制系统如图AP7.8所示。当速度反馈常数K变化时，试绘制系统的根轨迹并确定增益K的取值，使特征方程所有的根均为实根且存在一对双重实根。采用选定的K值，估计系统的阶跃响应并与实际响应进行比较。

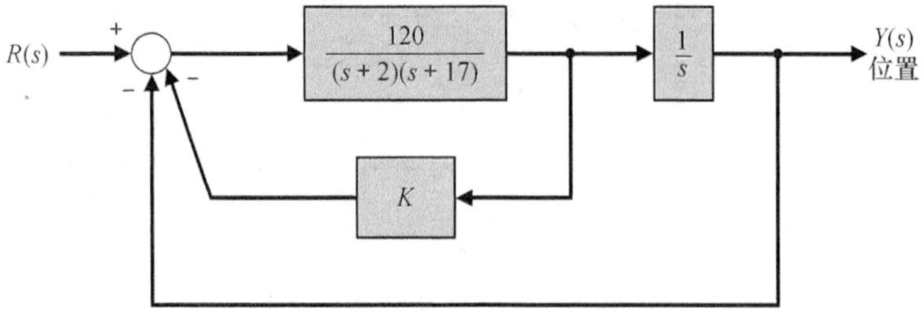

图 AP7.8 带有速度反馈的位置控制系统

AP7.9 某单位反馈控制系统如图AP7.9所示。控制器的传递函数$G_c(s)$如下，试分别绘制各系统的根轨迹。

（a）$G_c(s)=K$

（b）$G_c(s) = K(s+3)$

（c）$G_c(s) = \dfrac{K(s+1)}{s+20}$

（d）$G_c(s) = \dfrac{K(s+1)(s+4)}{s+10}$

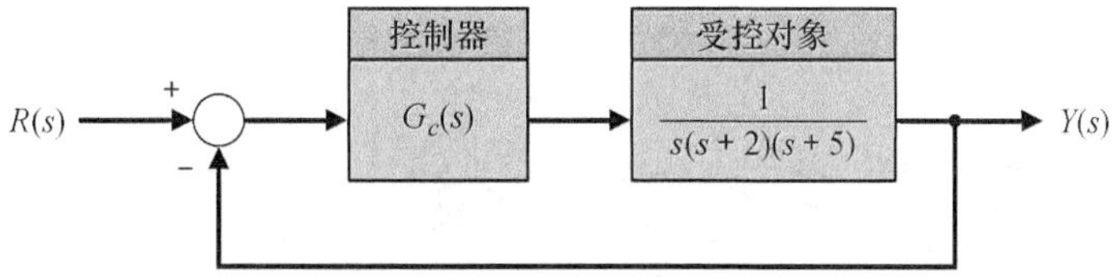

图 AP7.9　某单位反馈控制系统

AP7.10 某非单位反馈控制系统如图 AP7.10 所示。当 K 变化时（$K \geqslant 0$），绘制系统的根轨迹并确定 K 的合适取值，使系统阶跃响应的超调量 P.O. $\leqslant$ 5% 且调节时间（按 2% 准则）$T_s \leqslant 2.5$ s。

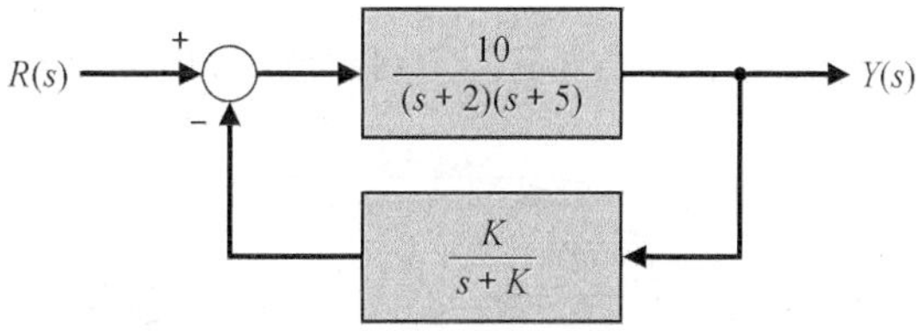

图 AP7.10　某非单位反馈控制系统

AP7.11 某控制系统如图 AP7.11 所示，试绘制系统的根轨迹并确定 K 的合适取值，使系统阶跃响应的超调量 P.O. $\leqslant$ 10% 且调节时间（按 2% 准则）$T_s \leqslant 4$ s。

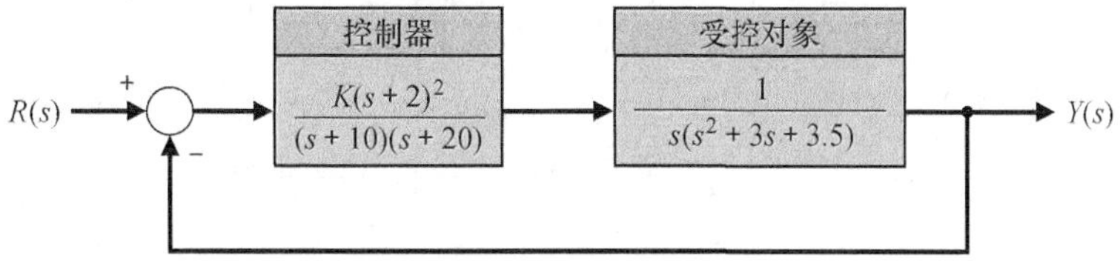

图 AP7.11　含有参数 K 的控制系统

AP7.12 某带有 PI 控制器的控制系统如图 AP7.12 所示。

（a）设 $K_I/K_P = 0.2$，确定 K_P 的合适取值，使闭环复根的阻尼比取得最大值。

（b）采用（a）中确定的 K_P 值，估算系统的阶跃响应。

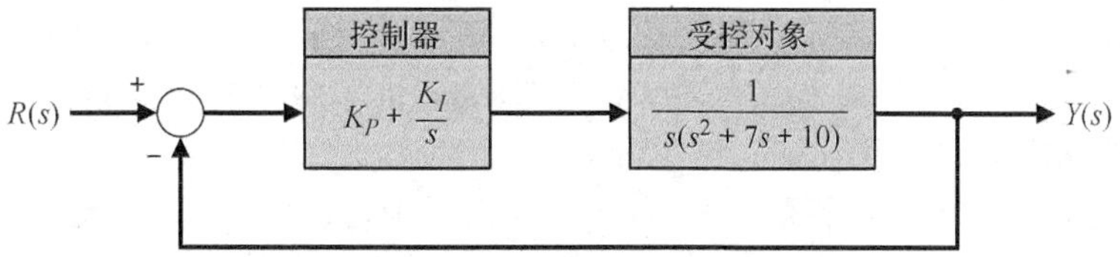

图 AP7.12　带有 PI 控制器的控制系统

AP7.13 图 AP7.13 所示的反馈系统有两个未知参数 K_1 和 K_2，而受控对象的传递函数是不稳定的。试绘制 $0 \leqslant K_1$，$K_2 < +\infty$ 时的根轨迹，预测闭环系统对单位阶跃输入 $R(s) = 1/s$ 的最小调节时间并解释得到的结果。

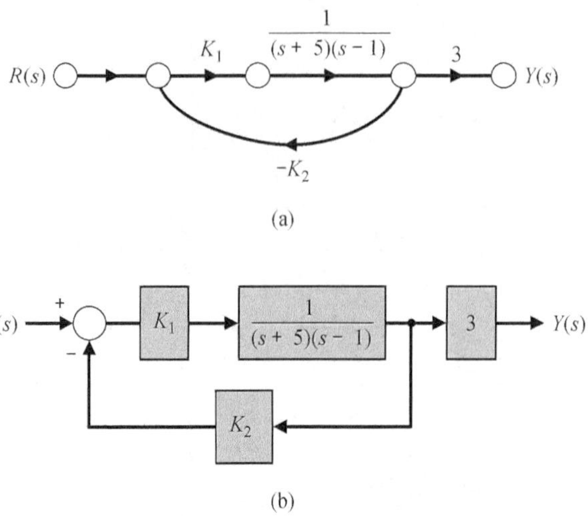

图 AP7.13 含有两个参数且受控对象不稳定的反馈系统

AP7.14 考虑图AP7.14所示的单位负反馈控制系统，其受控对象的传递函数为

$$G(s) = \frac{10}{s(s + 10)(s + 7.5)}$$

利用齐格勒–尼科尔斯方法为该系统设计一个PID控制器，计算系统的单位阶跃响应以及系统对单位脉冲扰动的响应。当输入为单位阶跃信号时，计算系统输出的最大超调量和调节时间。

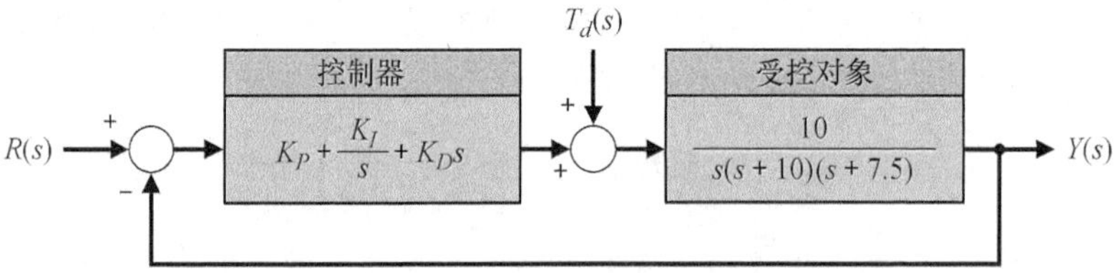

图 AP7.14 带有 PID 控制器的单位负反馈控制系统

设计题

CDP7.1 在图CDP4.1所示的驱动电机与滑动台面系统中，安装到输出轴上的转速计所提供的输出信号被用作反馈信号（当开关为闭合状态时）。转速计的输出电压为$v_T = K_1\theta$，我们据此实现了具有可调增益K_1的速度反馈。选择反馈增益K_1和放大器增益K_a的最佳值，使系统瞬态阶跃响应的超调量P.O. ≤ 5%且调节时间$T_s \le 300$ ms（按2%准则）。

DP7.1 对于图DP7.1（a）所示的高性能战斗机，飞行员使用副翼、升降舵和方向舵来控制战斗机，从而保证战斗机在三维空间中按照预定的路线飞行[20]。战斗机以0.9倍音速的速度在10 000 m高空飞行，其俯仰速率控制系统如图DP7.1（b）所示。

（a）假设控制器为比例控制器，即$G_c(s) = K$，当K变化时，绘制系统的根轨迹并确定K的取值，使得在$\omega_n > 2$的情况下，闭环根的阻尼比$\zeta \geqslant 0.15$并找出ζ的最大值。

（b）采用（a）中选定的K值，绘制系统对阶跃输入$r(t)$的响应$q(t)$。

（c）将控制器改为$G_c(s) = K_1 + K_2 s = K(s + 2)$，在此条件下，试绘制系统以$K$为可变参数的根轨迹，并确定$K$的合适取值，使所有闭环根的阻尼比均满足$\zeta > 0.8$。

（d）采用（c）中选定的K值，绘制系统对阶跃输入$r(t)$的响应$q(t)$。

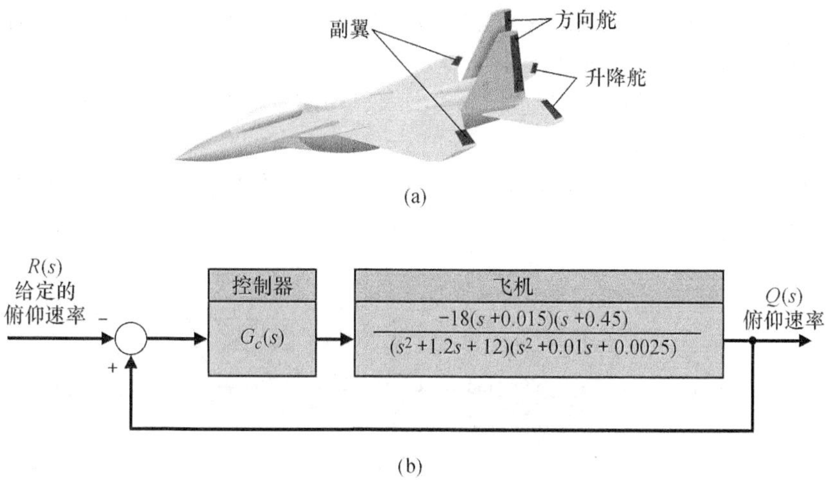

图 DP7.1 (a) 高性能战斗机；(b) 俯仰速度控制系统

DP7.2 如图 P7.33（a）所示，大型倾斜旋翼鱼鹰运输机有两个串联的水平旋翼，它们以相反的方向旋转。用控制器调节旋翼的倾斜角，就可以像图 DP7.2 描述的那样产生前向运动。

(a) 绘制系统的根轨迹并确定 K 的合适取值，使复根的阻尼比 $\zeta = 0.6$。

(b) 采用（a）中选定的 K 值，绘制系统对阶跃输入 $r(t)$ 的响应，并计算响应的调节时间（按 2% 准则）、超调量及稳态误差。

(c) 当复根的阻尼比 $\zeta = 0.41$ 时，重复（a）和（b），对前后两次得到的结果进行比较。

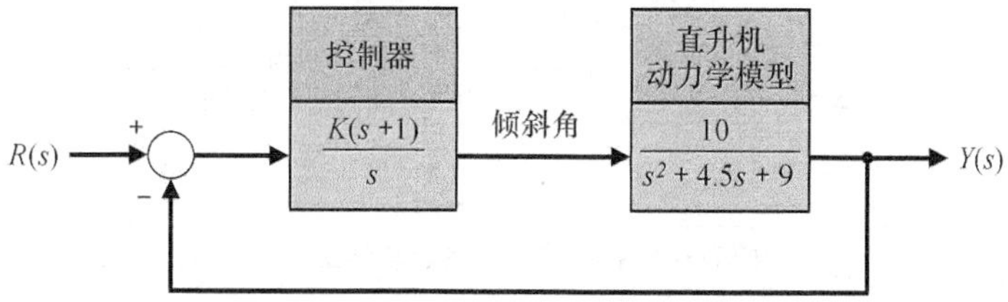

图 DP7.2 双水平旋翼直升机的速度控制系统

DP7.3 火星探测器在火星表面的运动速度是 0.25 mi/h。火星距离地球 189 000 000 mile，因此探测器与地球的单程通信时延就高达约 40 min [22, 27]，这就要求探测器必须能够独立可靠地自主工作。火星探测器既像小型平板卡车，又与带顶棚的吉普车类似，它由三部分组成，其中每一部分都有一对独立的轮轴轴承和直径为 1 m 的锥形轮。一对取样机械臂像钳子一样从火星探测器的前端伸出，其中的一条臂用于切和钻，另一条臂用于对目标样本进行操作。取样机械臂的控制系统如图 DP7.3 所示。

(a) 绘制系统以 K 为可变参数的根轨迹并确定增益 K 的取值范围，使系统有三个闭环实根。

(b) 确定增益 K 的合适取值，使主导闭环根的阻尼比最小且超调量可以近似为 1%。

(c) 采用（b）中选定的 K 值计算系统的超调量。

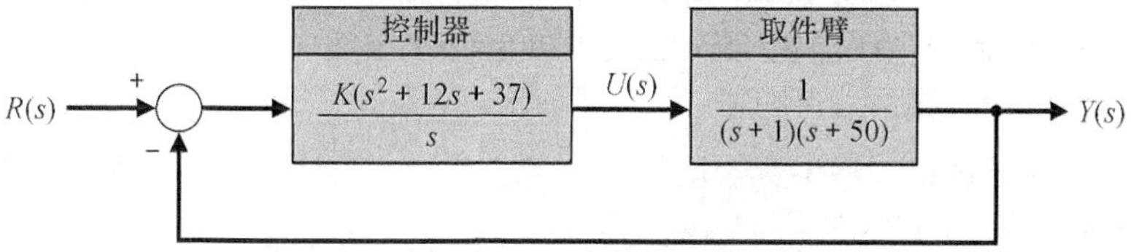

图 DP7.3 火星探测器的取样机械臂的控制系统

DP7.4 在危险多变的工作环境中，可以采用远程控制的方式来保证焊接头有很高的定位精度[21]。焊接头的远程控制系统如图DP7.4所示，其中的干扰输入 $T_d(s)$ 代表环境的变化。

(a) 当 $T_d(s)=0$ 时，确定 K_1 和 K 的合适取值，使系统具有较高的性能。请自行选择一组性能指标设计要求并检验设计结果。

(b) 对于（a）中得到的系统，令 $R(s)=0$，通过求响应 $y(t)$ 来确定单位阶跃干扰 $T_d(s)=1/s$ 对系统的影响。

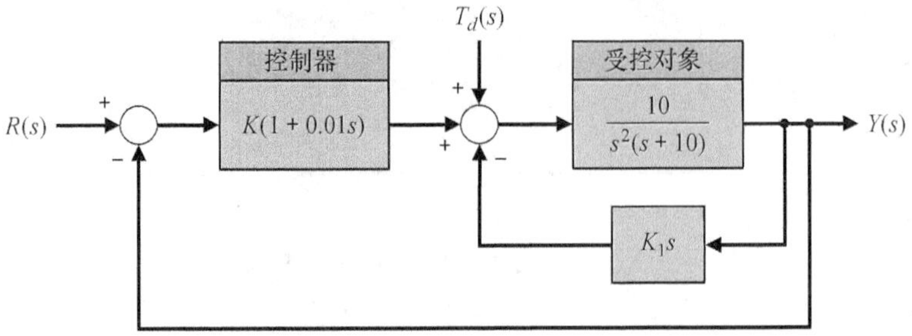

图 DP7.4 焊接头的远程控制系统

DP7.5 某高性能喷气式飞机的自动驾驶仪为单位负反馈控制系统，如图DP7.5所示。试绘制系统的根轨迹并确定增益K的合适取值，使系统具备主导极点。在选定的增益K下，基于主导极点估计系统的阶跃响应，并与实际的阶跃响应作比较。

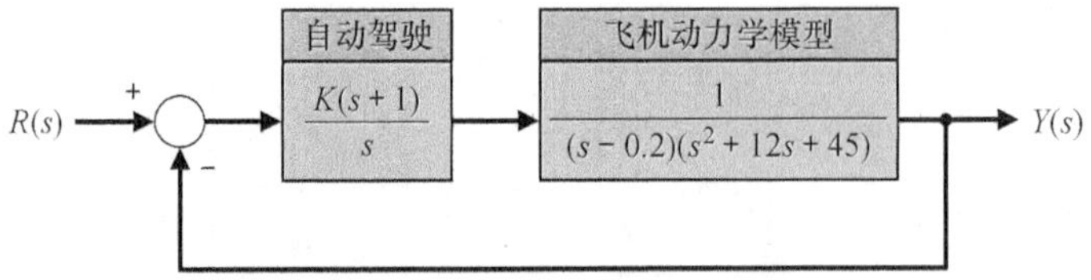

图 DP7.5 高性能飞机的自动驾驶系统

DP7.6 行走自动控制系统（见图DP7.6）用来辅助残障人士的行走过程[25]。请利用根轨迹确定K的合适取值，使闭环根的阻尼比ζ达到最大，预测系统的阶跃响应并与实际的阶跃响应做对比。

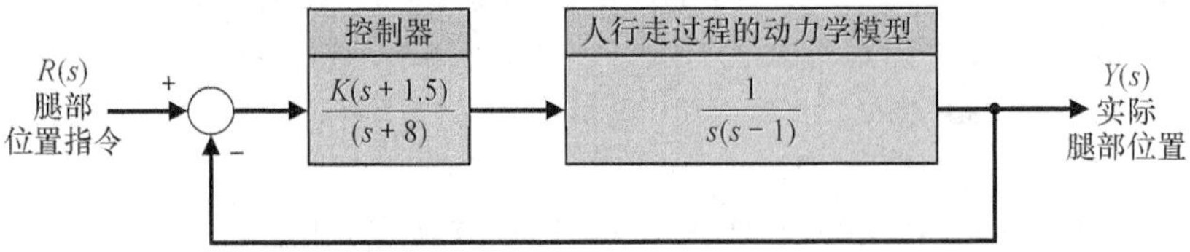

图 DP7.6 行走自动控制系统

DP7.7 如图DP7.7（a）所示，移动机器人大多采用视觉系统作为测量设备[36]，其反馈控制系统如图DP7.33（b）所示。请为该系统设计合适的PI控制器，设计要求如下：

(a) 阶跃响应的超调量 P.O. ≤ 5%；

(b) 按 2% 准则的调节时间 $T_s \le 6$ s；

(c) 系统的速度误差常数 $K_v > 0.9$；

(d) 阶跃响应的峰值时间 T_P 最小。

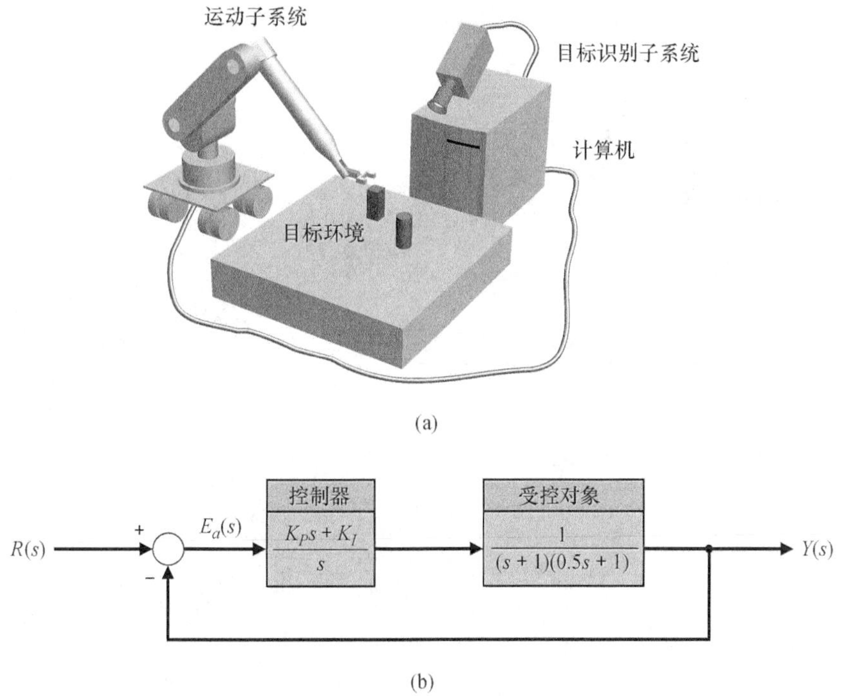

图 DP7.7 （a）机器人和视觉系统；（b）反馈控制系统

DP7.8 绝大多数商用运算放大器是单位增益稳定的 [26]，也就是说，当按照单位增益配置时，它们是稳定的。为了提高带宽，一些运算放大器放松了对单位增益稳定性的要求。有一种放大器，其直流增益高达 10^5，带宽为 10 kHz，将这种放大器 $G(s)$连接到图 DP7.8（a）所示的反馈电路中，得到的闭环放大器可以用图 DP7.8（b）所示的框图模型来描述，其中的 $K_a = 10^5$。当 K 变化时，试绘制系统的根轨迹，求出直流增益的最小值，使闭环放大器稳定。确定直流增益的合适取值，然后求出相应的电阻 R_1 和 R_2。

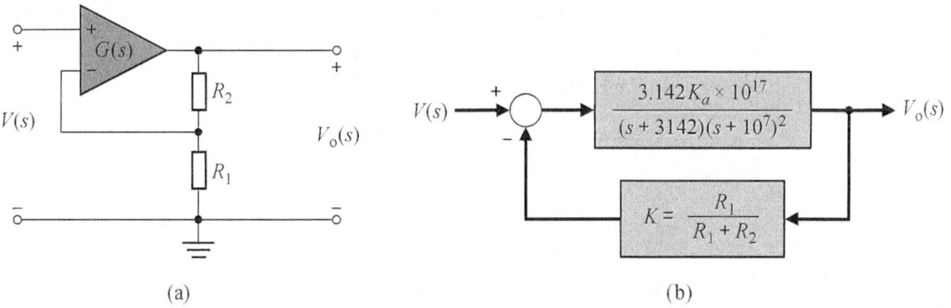

图 DP7.8 （a）反馈电路；（b）框图模型

DP7.9 由肘关节驱动的机械臂如图 DP7.9（a）所示，驱动器的控制系统如图 DP7.9（b）所示。当 $K \geqslant 0$ 时，绘制系统的根轨迹并选择合适的 $G_p(s)$，使系统阶跃响应的稳态误差为 0。采用选定的 $G_p(s)$，当 $K = 1$、$K = 1.75$ 和 $K = 3.0$ 时，分别绘制系统的阶跃响应曲线 $y(t)$，并记录系统的上升时间、调节时间（按 2% 准则）和超调量。最后，为 K（$1 \leqslant K \leqslant 3.0$）确定合适的取值，使系统的上升时间尽可能短且超调量 P.O. $\leqslant$ 6%。

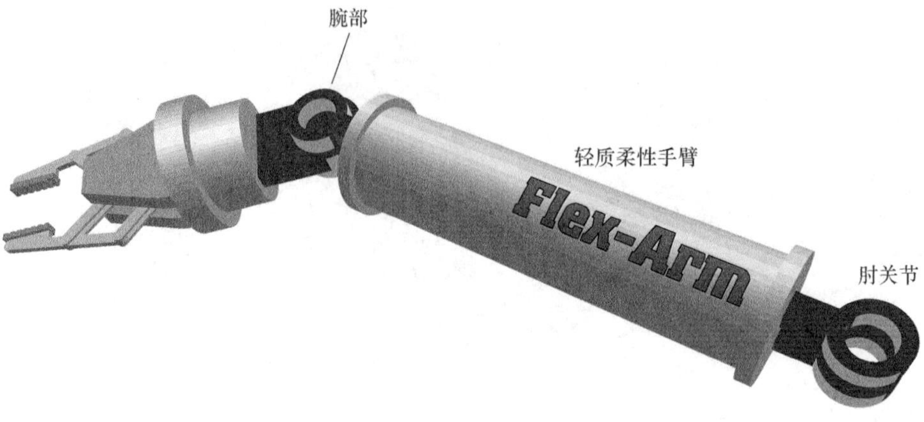

(a)

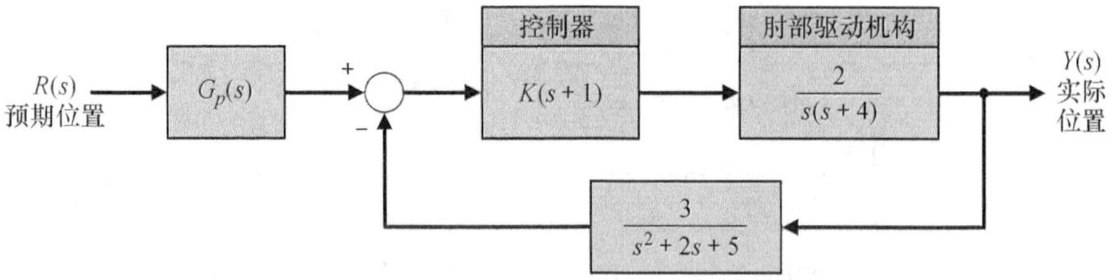

(b)

图 DP7.9 （a）由肘关节驱动的机械臂；（b）驱动器的控制系统

DP7.10 四轮驱动汽车有许多优点。例如，可以让司机有更大的操纵自由度，并且可以让汽车行驾在更恶劣的条件下。四轮驱动汽车能适应不同的路面状况，可以急速但平稳地换道，还可以防止汽车驶偏，降低突然加速或减速过程中汽车尾部的摆动。四轮控制行驶系统提高了汽车的机动性，可以让司机将汽车停在狭小的地方。

此外，在增加特定的防滑系统之后，就可以避免汽车在结冰和湿滑的路面上打滑。汽车防滑系统的工作原理是，根据前轮行驶角度控制后轮的移动。换言之，控制系统获取前轮的行驶角度信息，并将这些信息传递给后轮驱动器，然后由后轮驱动器适当地移动后轮。当后轮获得前轮的相对行驶角度信息时，汽车侧向加速度的传递函数为

$$G_c(s)G(s) = K\frac{1+(1+\lambda)T_1 s+(1+\lambda)T_2 s^2}{s\left[1+\left(2\zeta/\omega_n\right)s+\left(1/\omega_n^2\right)s^2\right]}$$

其中，$\lambda = 2q/(1-q)$，q是后轮控制角与前轮行驶角之比[14]。假定$T_1 = T_2 = 1\,\mathrm{s}$，$\omega_n = 4$。请设计一个单位负反馈系统，为参数组合（$\lambda$，$K$，$\zeta$）确定合适的取值，使系统具有快速的阶跃响应和适当的超调量。注意，q的取值必须在0到1之间。

DP7.11 考虑图 DP7.11（a）所示的行车控制系统，输入信号$F(t)$可以移动行车，从而控制变量$x(t)$和$\phi(t)$[13]。该系统的框图模型如图 DP7.11（b）所示。请设计一个比例控制器$G_c(s) = K$，使系统能够有效地控制$x(t)$和$\phi(t)$的变化，并使闭环系统的阻尼达到最大。

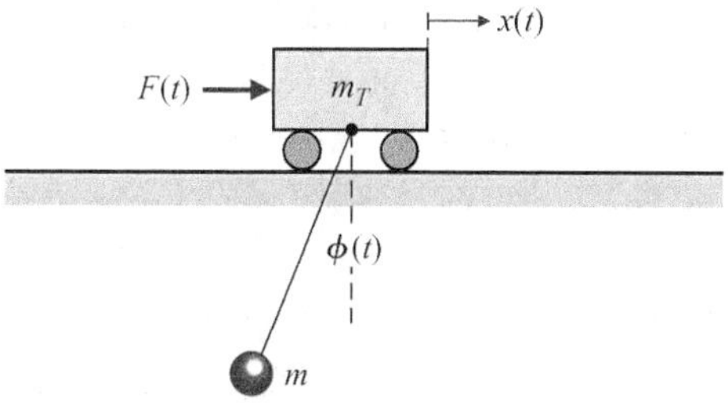

(a)

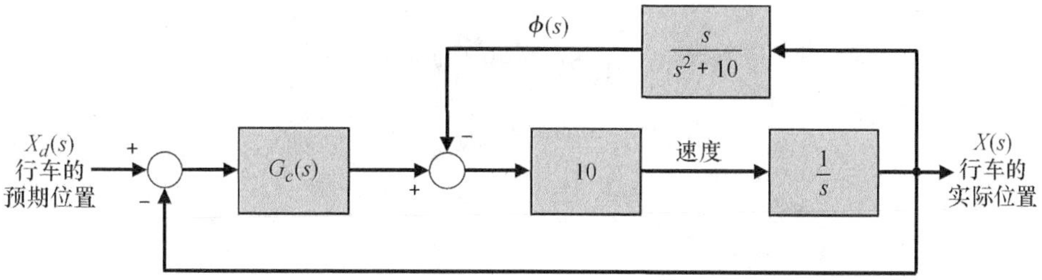

(b)

图 DP7.11 (a) 行车控制系统；(b) 框图模型

DP7.12 能够在月球和其他行星上行走的探测器如图 DP7.12 (a) 所示[21]。探测器行驶控制系统的框图模型如图 DP7.12 (b) 所示。

(a) 当 $G_c(s) = K$ ($0 \leqslant K \leqslant 1000$) 时，绘制系统的根轨迹并在 $K = 100$、$K = 300$ 和 $K = 600$ 时，分别计算系统的闭环根。

(b) 利用主导极点，预测系统阶跃响应的超调量 P.O.、调节时间 T_s（按 2% 准则）和稳态误差 e_{ss}。

(c) 针对 (a) 中增益 K 的三个不同取值，分别计算实际的阶跃响应并与预测结果作比较。

(a)

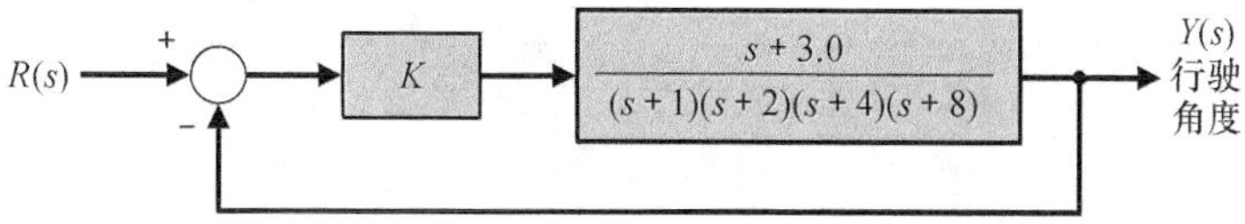

(b)

图 DP7.12 (a) 行星漫游探测车；(b) 探测器行驶控制系统的框图模型

DP7.13 飞机自动控制系统是一个需要多变量反馈的应用实例。如图 DP7.13 (a) 所示，飞机的姿态由其外部三个面的三个装置——升降舵、方向舵和副翼来控制。通过操纵这些装置，飞行员可以驾驶飞机按照预期的路线飞行[20]。

本题考虑的自动驾驶仪是一个通过调节副翼表面来控制飞机横滚角的自动控制系统。由于副翼表面存在气压差，因此当副翼表面偏转某个角度$\theta(t)$时，副翼将产生一个力矩并引起飞机的横滚运动。副翼通过一个液压作动器来实施控制，其传递函数为1/s。液压作动器的输入信号为测量得到的横滚角$\phi(t)$与预期横滚角$\phi_d(t)$的偏差，并据此调节副翼表面的偏转角。

假定横滚运动可以与其他运动解耦，于是得到的横滚运动的简化框图模型如图DP7.13（b）所示。横滚角速度由速率陀螺反馈。我们希望系统阶跃响应的稳态误差为0、超调量P.O. ≤ 15%且调节时间（按2%准则）$T_s \le 25$ s。在上述条件下，确定参数K_1和K_2的取值。

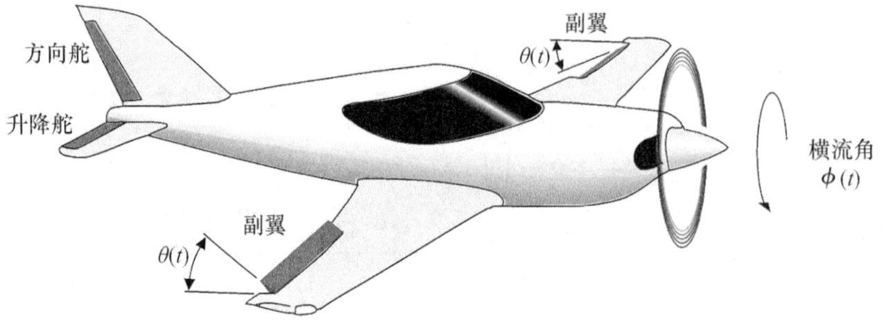

(a)

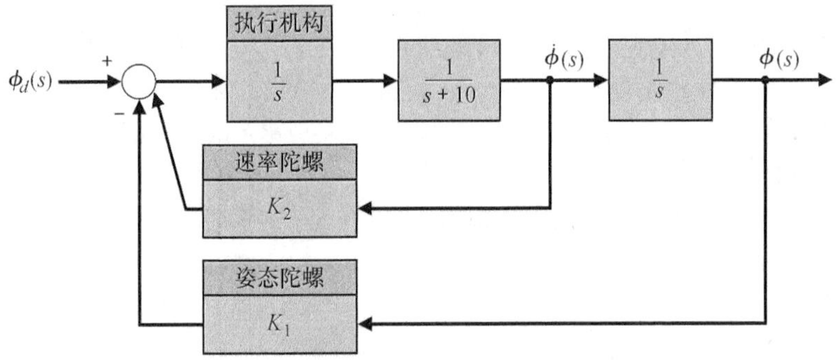

(b)

图 DP7.13 （a）具有一组副翼的飞机；（b）飞机横滚运动的简化框图模型

DP7.14 考虑图DP7.14所示的反馈控制系统，其中的受控对象为临界稳定系统，控制器采用了比例微分控制器：

$$G_c(s) = K_P + K_D s$$

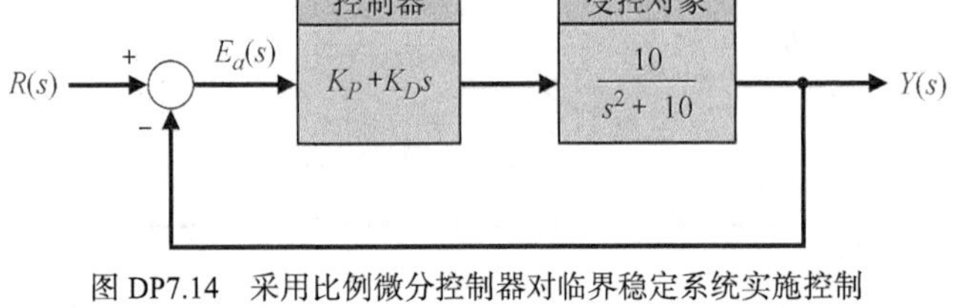

图 DP7.14 采用比例微分控制器对临界稳定系统实施控制

（a）确定系统的闭环特征方程。

（b）令$\tau = K_P/K_D$，将特征方程改写为如下形式：

$$\Delta(s) = 1 + K_D\frac{n(s)}{d(s)}$$

（c）当 $\tau = 6$、$0 \leqslant K_D < +\infty$ 时，绘制系统的根轨迹。

（d）当 $0 < \tau < \sqrt{10}$ 时，讨论对根轨迹的影响。

（e）请设计一个比例微分控制器，使系统满足下述指标设计要求：超调量 P.O. ≤ 5%且调节时间 $T_s \leqslant 1$ s。

计算机辅助设计题

CP7.1　考虑图 CP7.1 所示的单环路反馈控制系统，其开环传递函数为

（a）$G(s) = \dfrac{25}{s^3 + 10s^2 + 40s + 25}$

（b）$G(s) = \dfrac{s + 10}{s^2 + 2s + 10}$

（c）$G(s) = \dfrac{s^2 + 2s + 4}{s\left(s^2 + 5s + 10\right)}$

（d）$G(s) = \dfrac{s^5 + 6s^4 + 6s^3 + 12s^2 + 6s + 4}{s^6 + 4s^5 + 5s^4 + s^3 + s^2 + 12s + 1}$

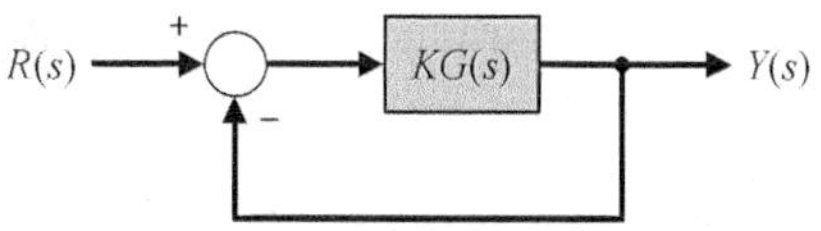

图 CP7.1　含有参数 K 的单环路反馈控制系统

调用 rlocus 函数，当 K 在 0 到 $+\infty$ 之间变化时，分别绘制各系统的根轨迹。

CP7.2　某单位负反馈系统的开环传递函数为

$$KG(s) = K\frac{s^2 - 2s + 2}{s\left(s^2 + 3s + 2\right)}$$

编写 m 脚本程序，绘制系统的根轨迹，并使用 rlocfind 函数验证能够保证系统稳定的 K 的最大值为 0.79。

CP7.3　对下式进行部分分式展开，并使用 residue 函数验证所得的结果。

$$Y(s) = \frac{s + 6}{s\left(s^2 + 6s + 5\right)}$$

CP7.4　某单位负反馈系统的开环传递函数为

$$L(s) = G_c(s)G(s) = \frac{(1 + p)s - p}{s^2 + 4s + 10}$$

编写 m 脚本程序，绘制 p 变化时（$0 < p < +\infty$）系统的根轨迹并确定 p 的取值范围，使闭环系统稳定。

CP7.5　考虑某单位负反馈系统，其开环传递函数为

$$L(s) = \frac{K}{s(s + 10)}$$

确定 K 的取值范围，使闭环系统的超调量满足 P.O. < 5%。在确定的取值范围内选取 K 的一个典型取值，计算系统的阶跃响应，验证系统确实满足设计要求。

CP7.6　图 CP7.6（a）所示的大型天线用于接收卫星信号，为此，该大型天线必须能够对太空中运行的卫星进行精确跟踪。如图 CP7.6（b）所示，该大型天线的控制系统中包括一个电枢控制式电机和一个待定的控制器 $G_c(s)$。系统性能指标设计要求如下：

- 对斜坡输入信号 $r(t) = Bt$ 的稳态误差小于或等于 $0.01B$（B 为常数）。
- 针对阶跃输入信号的超调量 P.O. ≤ 5%、调节时间 $T_s \leqslant 2$ s。

（a）利用根轨迹法，编写 m 脚本程序，辅助设计出合适的控制器 $G_c(s)$。

（b）采用设计好的控制器，绘制系统的单位阶跃响应曲线，计算超调量和调节时间并在图中标注出来。

（c）分析扰动 $T_d(s) = Q/s$（Q 为常数）对系统输出 $Y(s)$ 的影响。

(a)

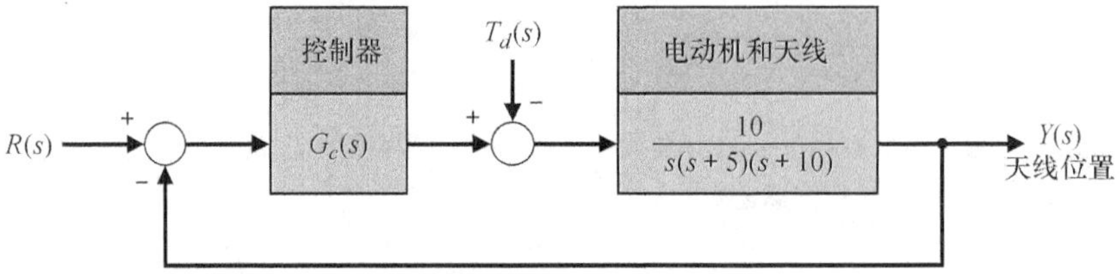

(b)

图 CP7.6 大型天线及其位置控制系统

CP7.7 观察图 CP7.7 所示的单环路反馈控制系统，考虑如下三个可选的控制器。

- $G_c(s) = K$（比例控制器）。
- $G_c(s) = K/s$（积分控制器）。
- $G_c(s) = K(1 + 1/s)$（比例积分控制器，即 PI 控制器）。

系统的指标设计要求如下：单位阶跃响应的调节时间 $T_s \leqslant 10$ s 且超调量 P.O. $\leqslant$ 10%。

（a）当采用比例控制器时，编写 m 脚本程序，绘制 $0 < K < +\infty$ 时的根轨迹并确定 K 的合适取值，使系统能够满足指标设计要求。

（b）当采用积分控制器时，重复解决（a）中的问题。

（c）当采用 PI 控制器时，重复解决（a）中的问题。

（d）考虑（a）~（c）中设计的闭环系统，在同一张图中绘制它们的单位阶跃响应曲线。

（e）以稳态误差和瞬态性能为重点，讨论并比较（a）~（c）中得到的结果。

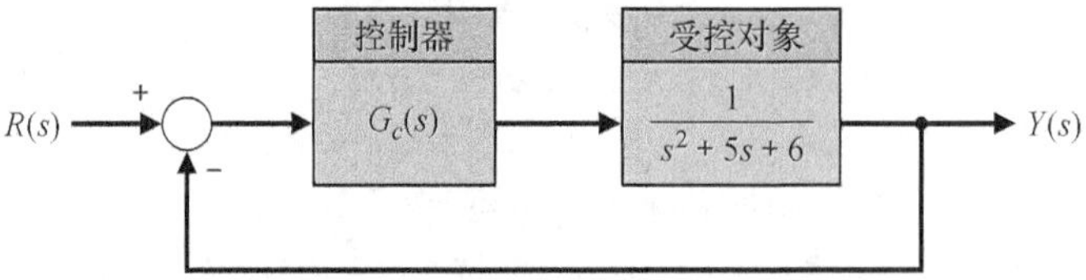

图 CP7.7 带有控制器 $G_c(s)$ 的单环路反馈控制系统

CP7.8 考虑图 CP7.8 所示的飞行器单轴姿态控制系统，其中，比例微分控制器（PD）的参数满足 $K_P/K_D = 5$。编写 m 脚本程序，绘制根轨迹并求出 K_D/J 和 K_P/J 的值，使系统单位阶跃响应的调节时间 $T_s \leqslant 4$ s（按 2% 准则）且超调量 P.O. $\leqslant$ 10%。

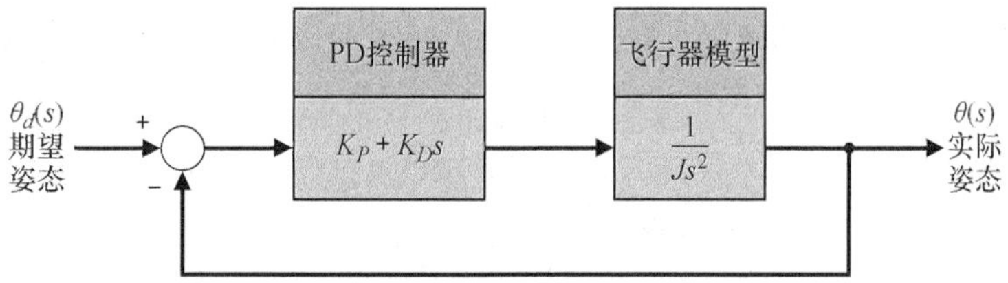

图 CP7.8 带有 PD 控制器的飞行器单轴姿态控制系统

CP7.9 考虑图 CP7.9 所示的单位负反馈系统，编写 m 脚本程序，当 $0 < K < +\infty$ 时，绘制系统的根轨迹并确定 K 的合适取值，使闭环根的阻尼比为 0.707。

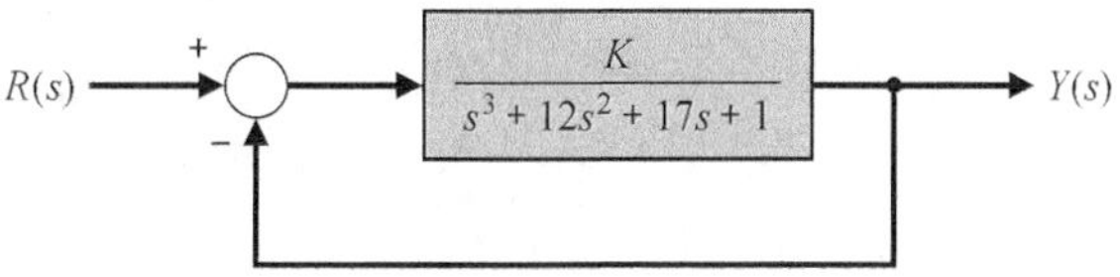

图 CP7.9 含有参数 K 的单位负反馈系统

CP7.10 某系统的状态空间模型为

$$\dot{\boldsymbol{x}}(t) = \boldsymbol{A}\boldsymbol{x}(t) + \boldsymbol{B}u(t)$$
$$y(t) = \boldsymbol{C}\boldsymbol{x}(t) + \boldsymbol{D}u(t)$$

其中：

$$\boldsymbol{A} = \begin{bmatrix} 0 & 1 & 0 \\ 0 & 0 & 1 \\ -1 & -5 & -2-k \end{bmatrix},\ \boldsymbol{B} = \begin{bmatrix} 1 \\ 0 \\ 4 \end{bmatrix}$$
$$\boldsymbol{C} = [1 \quad -9 \quad 12],\quad \boldsymbol{D} = [0]$$

（a）确定系统的特征方程。

（b）使用劳斯-赫尔维茨稳定性判据确定 k 的取值范围，以保证系统稳定。

（c）编写 m 脚本程序，绘制系统的根轨迹并与（b）中得到的结论作比较。

☑ 技能自测答案

正误判断题：1. 对；2. 对；3. 错；4. 对；5. 对。

多项选择题：6.b；7.c；8.a；9.c；10.a；11.b；12.c；13.a；14.c；15.b。

术语和概念匹配题（自上向下）：n；k；f；o；a；d；l；i；h；c；b；e；m；g；j。

术语和概念

angle of departure	**出射角**	根轨迹离开 s 平面上开环复极点的角度。
angle of the asymptotes	**渐近线的夹角**	渐近线与实轴之间的夹角 ϕ_A。
asymptote	**渐近线**	当可变参数很大直至趋于+∞时，系统根轨迹趋于的路径。渐近线的条数等于开环极点个数与有限开环零点个数之差。
asymptote centroid	**渐近中心**	线性渐近线与实轴的公共交点，即渐近中心 σ_A。
breakaway point	**分离点**	根轨迹离开 s 平面上实轴的点。
dominant root	**主导极点**	能够代表或主导闭环系统瞬态响应的闭环特征根。
locus	**轨迹**	随着可变参数的波动变化而变化的路径。

logarithmic sensitivity	**对数灵敏度**	系统性能对参数变化的灵敏程度，可用 $S_K^T(s)=\frac{\partial T(s)/T(s)}{\partial K/K}$ 来表示。其中，$T(s)$ 是系统的闭环传递函数，K 是我们感兴趣的可变参数。
manual PID tuning method	**PID 参数手动整定方法**	一种只需要很小的解析计算工作量，通过反复试算来选择 PID 控制器参数的方法。
negative gain root locus	**负增益根轨迹**	当可变参数 K 在$-\infty$到 0 之间变化时系统的根轨迹。
number of separate loci	**根轨迹的条数**	当闭环传递函数的极点个数大于或等于零点个数时，根轨迹的条数等于闭环传递函数的极点个数。
parameter design	**参数设计**	一种使用根轨迹法来确定一个或两个系统参数取值的设计方法。
PID controller	**PID 控制器**	已在工业中得到广泛应用的一类控制器，可以表示为 $G_c(s)=K_p+\frac{K_I}{s}+K_Ds$。其中，$K_p$ 是比例环节增益，K_I 是积分环节增益，K_D 是微分环节增益。
PID tuning	**PID 参数整定**	为 PID 控制器增益参数确定合适取值的过程。
proportional Plus Derivative (PD) controller	**比例微分控制器**	形如 $G_c(s)=K_p+K_Ds$ 的含有两个组成项的控制器，其中，K_p 是比例环节增益，K_D 是微分环节增益。
proportional Plus Integral (PI) controller	**比例积分控制器**	形如 $G_c(s)=K_p+\frac{K_I}{s}$ 的含有两个组成项的控制器，其中，K_p 是比例环节增益，K_I 是积分环节增益。
quarter amplitude decay,	**25% 幅值衰减**	系统闭环响应的超调幅值在一个振荡周期内减小到最大超调幅值的 25% 左右。
reaction curve	**响应曲线（开环）**	当断开反馈且控制器离线工作时系统的阶跃响应，通常假定受控对象是带有传输时延的一阶系统。
root contours	**根轨迹轮廓线**	能同时揭示两个可变参数对特征根的影响的根轨迹簇。
root locus	**根轨迹**	随着某个参数的变化，系统闭环特征根在 s 平面上的变化轨迹或路径。
root locus method	**根轨迹法**	当可变参数 K 从 0 变到$+\infty$时，用来确定特征方程 $1+Kp(s)=0$ 的根轨迹的方法。
root locus segments on the real axis	**实轴上的根轨迹段**	在奇数个极点和有限零点的左侧，位于实轴上的根轨迹段。
root sensitivity	**根灵敏度**	当参数从标称值发生波动变化时，特征根的位置对参数变化的敏感程度，可用 $S_K^r=\frac{\partial r}{\partial K/K}$ 来表示，也就是用根的变化增量除以参数的变化比例。
ultimate gain	**终极增益**	当 PID 控制器的微分增益 $K_D=0$ 且积分增益 $K_I=0$ 时，使系统临界稳定的比例增益 K_P 的值。
ultimate period	**终极周期**	当 PID 控制器的微分增益 $K_D=0$、积分增益 $K_I=0$ 且比例增益 K_P 为最终增益时，系统输出的振荡周期。
Ziegler-Nichols PID tuning method	**齐格勒-尼科尔斯 PID 参数整定方法**	一种以开环或闭环阶跃响应为基础，借助解析法确定 PID 控制器参数取值的参数整定方法。

第 8 章　频率响应法

提要

本章将研究系统对正弦输入信号的稳态响应。读者可以看到，线性定常系统对正弦输入信号的响应是一个具有相同频率的正弦信号，输出响应与正弦输入信号只是在幅值和相角上有所不同，而且这种变化是输入信号频率的函数。因此，本章将研究当输入正弦信号的频率变化时，系统稳态响应的变化情况。

本章首先介绍系统的频率特性函数，也就是 $s=\mathrm{j}\omega$ 时的传递函数 $G(\mathrm{j}\omega)$，然后研究如何用图示化方法表示频率特性函数 $G(\mathrm{j}\omega)$ 随 ω 的变化情况。伯德图就是其中一种便于分析和设计控制系统的、非常有效的频率特性图示化方法，本章将着重研究该方法。与此同时，本章还将讨论频率特性的极坐标图和对数幅相图。此外，本章还将从系统的频率响应出发，重新讨论系统的几种时域指标在频域中的表现，并引入系统带宽的概念。最后，本章将继续研究循序渐进设计实例——磁盘驱动器读取系统，分析其频率响应。

预期收获

在完成第 8 章的学习之后，学生应该：

- 理解频率响应的基本概念及其在控制系统设计中的作用；
- 掌握手动绘制伯德图的方法以及用计算机绘制伯德图的方法；
- 了解对数幅相图；
- 能够在频域中评估系统性能，能够用增益裕度和相角裕度评估系统的相对稳定性；
- 能够用频率响应法设计满足预期指标设计要求的控制器。

8.1　引言

频率响应法是一种非常重要且实用的系统分析和设计方法。

系统频率响应是系统对正弦输入信号的稳态响应。正弦信号是一种独特的输入信号，在正弦信号的激励下，线性系统的输出信号在达到稳态时也是正弦信号。与输入信号相比，它们的频率相同，只有幅值和相角不同。

概念强调说明 8.1

为了说明上述结论，考虑 $Y(s)=T(s)R(s)$。当输入为 $r(t)=A\sin(\omega t)$ 时，我们有

$$R(s)=\frac{A\omega}{s^2+\omega^2}$$

假定 $-p_i$ 是 $T(s)$ 的不同极点，则有

$$T(s)=\frac{m(s)}{q(s)}=\frac{m(s)}{\prod_{i=1}^{n}(s+p_i)}$$

于是可以得到 $T(s)$ 的部分分式展开为

$$Y(s)=\frac{k_1}{s+p_1}+\cdots+\frac{k_n}{s+p_n}+\frac{\alpha s+\beta}{s^2+\omega^2}$$

对上式进行拉普拉斯逆变换，可以得到系统的时间响应为

$$y(t)=k_1\mathrm{e}^{-p_1 t}+\cdots+k_n\mathrm{e}^{-p_n t}+\mathscr{L}^{-1}\left\{\frac{\alpha s+\beta}{s^2+\omega^2}\right\}$$

其中，α 和 β 为常数，它们取决于所给的问题。如果系统是稳定的，则所有的 p_i 都具有正的实部，这样当 $t\to\infty$ 时，每一个指数项 $k_i\mathrm{e}^{-p_i t}$ 都将衰减到 0，于是有

$$\lim_{t\to\infty}y(t)=\lim_{t\to\infty}\mathscr{L}^{-1}\left\{\frac{\alpha s+\beta}{s^2+\omega^2}\right\}$$

也就是说，当 $t\to\infty$ 时，$y(t)$ 的极限（即稳态响应）为

$$\begin{aligned}y(t)&=\mathscr{L}^{-1}\left[\frac{\alpha s+\beta}{s^2+\omega^2}\right]\\&=\frac{1}{\omega}|A\omega T(\mathrm{j}\omega)|\sin(\omega t+\phi)\\&=A|T(\mathrm{j}\omega)|\sin(\omega t+\phi)\end{aligned}\tag{8.1}$$

其中，$\phi=\underline{/T(\mathrm{j}\omega)}$。

因此，系统的稳态输出信号只取决于函数 $T(\mathrm{j}\omega)$ 在特定频率 ω 上的幅值和相角。特别需要注意的是，式（8.1）给出的稳态响应仅仅适用于稳定系统 $T(s)$。

频率响应法的一大优点是，由于可以方便地得到具有各种频率和幅值的正弦输入测试信号，因此我们能够采用试验的方法，精确地测量得到系统的频率响应。当系统的传递函数未知时，我们还能够采用试验的方法，通过测量频率响应来辨识推导系统的传递函数 [1, 2]。此外，由于在频域中进行系统设计时能够有效地控制系统带宽，因此我们可以达到抑制噪声和干扰的目的。

频率响应法的另一大优点是，只需要使用 $\mathrm{j}\omega$ 替换复变量 s，就能够由传递函数 $T(s)$ 直接得到系统的频率特性函数 $T(\mathrm{j}\omega)$。$T(\mathrm{j}\omega)$ 表示系统正弦稳态响应的特性。$T(\mathrm{j}\omega)$ 本身就是一个以 ω 为自变量的复函数，因而其包含幅值和相角两个要素。我们经常用图形或曲线来方便地表示 $T(\mathrm{j}\omega)$ 的幅值和相角随频率的变化情况，这些图形和曲线能够深刻地揭示控制系统分析和设计的内涵。

频率响应法的不足之处在于，频域和时域之间没有直接的联系。在系统的频率响应和时间响应之间，只存在相当微妙且难以把握的联系。但在实际设计工作中，我们还是研究出了一些近似设计准则，根据这些准则来调节系统的频率响应，也可以得到满意的时域瞬态响应性能。

2.4 节曾经给出**拉普拉斯变换对**的定义：

$$F(s)=\mathscr{L}\{f(t)\}=\int_0^{\infty}f(t)\mathrm{e}^{-st}\mathrm{d}t\tag{8.2}$$

$$f(t)=\mathscr{L}^{-1}\{F(s)\}=\frac{1}{2\pi\mathrm{j}}\int_{\sigma-\mathrm{j}\infty}^{\sigma+\mathrm{j}\infty}F(s)\mathrm{e}^{st}\mathrm{d}s\tag{8.3}$$

其中，复变量为 $s=\sigma+\mathrm{j}\omega$。类似地，下面给出**傅里叶变换对**的定义：

$$F(\omega)=\mathscr{F}\{f(t)\}=\int_{-\infty}^{\infty}f(t)\mathrm{e}^{-\mathrm{j}\omega t}\mathrm{d}t\tag{8.4}$$

$$f(t)=\mathscr{F}^{-1}\{F(\omega)\}=\frac{1}{2\pi}\int_{-\infty}^{\infty}F(\omega)\mathrm{e}^{\mathrm{j}\omega t}\mathrm{d}\omega\tag{8.5}$$

只有当 $\int_{-\infty}^{\infty}|f(t)|\mathrm{d}t < \infty$ 时，$f(t)$ 的傅里叶变换 $F(\omega)$ 才存在。

由式（8.2）和式（8.4）可以看出，傅里叶变换和拉普拉斯变换是密切相关的。此外，由于 $f(t)$ 通常只在 $t \geqslant 0$ 时有定义，因此式（8.2）和式（8.4）中的积分下限基本是相同的，仅有的区别在于积分变量不同。这样的话，如果已知函数 $f_1(t)$ 的拉普拉斯变换为 $F_1(s)$，那么只要在 $F_1(s)$ 中令 $s = \mathrm{j}\omega$，就可以得到对应的傅里叶变换[3]。

既然拉普拉斯变换与傅里叶变换的联系如此紧密，读者可能会问，为什么不一直使用拉普拉斯变换呢？为什么还要引入傅里叶变换呢？其实，拉普拉斯变换与傅里叶变换各有所长。基于拉普拉斯变换的 s 平面方法，使我们能够分析系统的零点和极点分布；而基于傅里叶变换的频率响应法，则使我们能够通过系统的频率特性函数 $T(\mathrm{j}\omega)$，聚焦于研究系统的幅频特性和相频特性。用幅频特性方程、相频特性方程以及有关的曲线表征和研究系统的特性，是控制系统分析和设计的一大优势。

在考虑闭环系统的频率响应时，应要求输入信号 $r(t)$ 是可以进行傅里叶变换的函数，这样就可以在频域中将 $r(t)$ 表示为

$$R(\mathrm{j}\omega) = \int_{-\infty}^{\infty} r(t)\mathrm{e}^{-\mathrm{j}\omega t}\mathrm{d}t$$

若单位负反馈闭环控制系统的输出为 $Y(s) = T(s)R(s)$，将 $s = \mathrm{j}\omega$ 代入，即可得到闭环系统输出的频率响应为

$$Y(\mathrm{j}\omega) = T(\mathrm{j}\omega)R(\mathrm{j}\omega) = \frac{G_c(\mathrm{j}\omega)G(\mathrm{j}\omega)}{1 + G_c(\mathrm{j}\omega)G(\mathrm{j}\omega)}R(\mathrm{j}\omega) \tag{8.6}$$

对上式进行傅里叶逆变换，便可以求出系统的时间响应为

$$y(t) = \mathscr{F}^{-1}\{Y(\mathrm{j}\omega)\} = \frac{1}{2\pi}\int_{-\infty}^{\infty} Y(\mathrm{j}\omega)\mathrm{e}^{\mathrm{j}\omega t}\mathrm{d}\omega \tag{8.7}$$

除了最为简单的系统之外，我们通常很难直接求出傅里叶逆变换的积分，而是需要采用一些图解法来分析系统的时间响应。此外，本章后面还将指出，在一定的条件下，我们可以找到几个与频率响应特性直接相关的时域性能指标，并将它们用于频域中的系统设计。

8.2　频率响应图

在频域中，可以将系统的传递函数 $G(s)$ 改写为频率特性函数，如下所示：

$$G(\mathrm{j}\omega) = G(s)\big|_{s=\mathrm{j}\omega} = R(\omega) + \mathrm{j}X(\omega) \tag{8.8}$$

其中：

$$R(\omega) = \mathrm{Re}[G(\mathrm{j}\omega)],\ X(\omega) = \mathrm{Im}[G(\mathrm{j}\omega)]$$

关于复数的知识，可参阅附录 G。

此外，频率特性函数还可以用幅值 $|G(\mathrm{j}\omega)|$ 和相角 $\phi(\omega)$ 表示为

$$G(\mathrm{j}\omega) = |G(\mathrm{j}\omega)|\mathrm{e}^{\mathrm{j}\phi(\omega)} = |G(\mathrm{j}\omega)|\underline{/\phi(\omega)} \tag{8.9}$$

其中：

$$\phi(\omega) = \arctan\frac{X(\omega)}{R(\omega)},\ |G(\mathrm{j}\omega)|^2 = [R(\omega)]^2 + [X(\omega)]^2$$

利用式（8.8）或式（8.9），我们可以得到系统频率响应 $G(\mathrm{j}\omega)$ 的图示化表示。其中，形如

式（8.8）给出的频率响应，可以用**极坐标图**来进行图示化表示。极坐标图（曲线）的坐标就是 $G(\mathrm{j}\omega)$ 的实部和虚部，极坐标平面如图 8.1 所示。下面我们通过两个例子来说明如何绘制极坐标图。

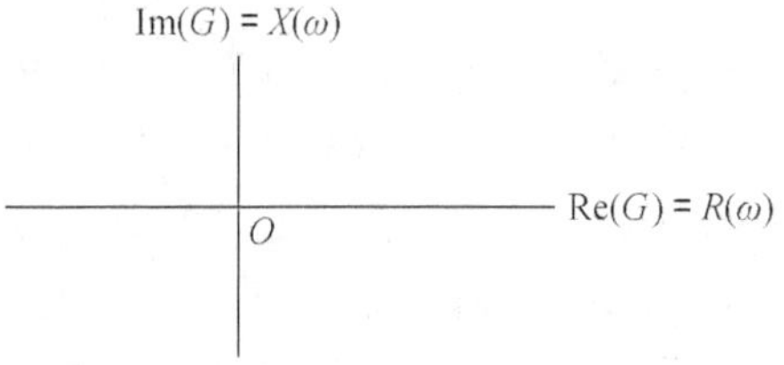

图 8.1 极坐标平面

例 8.1 RC 滤波器的频率响应

简单的 RC 滤波器如图 8.2 所示，其传递函数为

$$G(s)=\frac{V_2(s)}{V_1(s)}=\frac{1}{RCs+1} \tag{8.10}$$

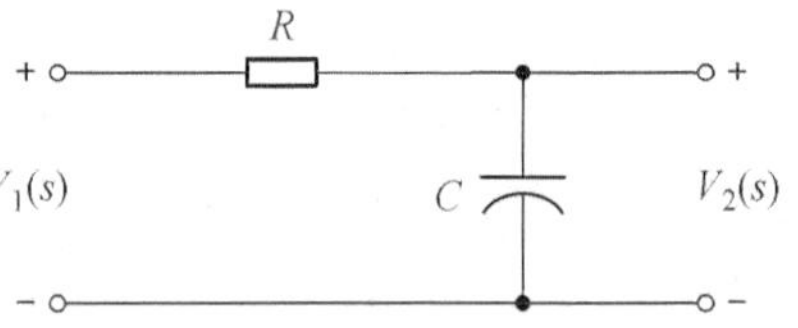

图 8.2 简单的 RC 滤波器

关于正弦信号的稳态输出的频率特性传递函数为

$$G(\mathrm{j}\omega)=\frac{1}{\mathrm{j}\omega(RC)+1}=\frac{1}{\mathrm{j}\left(\omega/\omega_1\right)+1} \tag{8.11}$$

其中：

$$\omega_1=\frac{1}{RC}$$

利用下面的关系式，可以得到系统的极坐标图：

$$\begin{aligned}G(\mathrm{j}\omega)&=R(\omega)+\mathrm{j}X(\omega)\\&=\frac{1-\mathrm{j}\left(\omega/\omega_1\right)}{\left(\omega/\omega_1\right)^2+1}\\&=\frac{1}{1+\left(\omega/\omega_1\right)^2}-\frac{\mathrm{j}\left(\omega/\omega_1\right)}{1+\left(\omega/\omega_1\right)^2}\end{aligned} \tag{8.12}$$

在绘制极坐标图时，首先应该确定当 $\omega=0$ 和 $\omega=+\infty$ 时 $R(\omega)$ 和 $X(\omega)$ 的取值。在本例中，当 $\omega=0$ 时，有 $R(\omega)=1$、$X(\omega)=0$；而当 $\omega=+\infty$ 时，则有 $R(\omega)=0$、$X(\omega)=0$。图 8.3 标出了这两个特殊的点并给出了完整的极坐标图，从中可以看出，RC 滤波器的极坐标图是一个以点（1/2, 0）为圆心的圆。当 $\omega=\omega_1$ 时，频率响应的实部和虚部有相同的幅值，其相角为 $\phi(\omega)=-45°$。由式（8.9）也可以绘制出该极坐标图，此时有

$$G(\mathrm{j}\omega)=|G(\mathrm{j}\omega)|\underline{/\phi(\omega)} \tag{8.13}$$

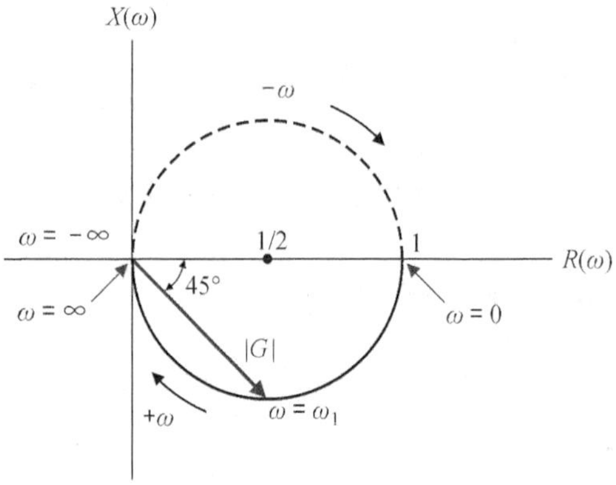

图 8.3 RC 滤波器的极坐标图

其中：

$$|G(\mathrm{j}\omega)|=\frac{1}{\left[1+\left(\omega/\omega_1\right)^2\right]^{1/2}},\phi(\omega)=-\arctan\left(\omega/\omega_1\right)$$

于是，当 $\omega=\omega_1$ 时，$\left|G\left(\mathrm{j}\omega_1\right)\right|=1/\sqrt{2}$、$\phi(\omega_1)=-45°$。当 ω 趋于 $+\infty$ 时，$|G(\mathrm{j}\omega)|\to 0$、$\phi(\omega)=-90°$；当 $\omega=0$ 时，$|G(\mathrm{j}\omega)|=1$，$\phi(\omega)=0$。

例 8.2 某传递函数的极坐标图

在研究系统的稳定性时，频率特性函数的极坐标图将非常有用，因此我们有必要接着说明如何绘制极坐标图。

考虑如下频率特性函数：

$$G(s)\big|_{s=j\omega} = G(j\omega) = \frac{K}{j\omega(j\omega\tau+1)} = \frac{K}{j\omega - \omega^2\tau} \tag{8.14}$$

其幅值和相角分别为

$$|G(j\omega)| = \frac{K}{\left(\omega^2+\omega^4\tau^2\right)^{1/2}}, \quad \phi(\omega) = -\arctan\frac{1}{-\omega\tau}$$

当 $\omega=0$、$\omega=1/\tau$ 和 $\omega=+\infty$ 时，我们可以分别计算出系统频率响应的幅值 $|G(\omega)|$ 和相角 $\phi(\omega)$，对应的极坐标图如图 8.4 所示。

我们也可以通过计算 $G(j\omega)$ 的实部和虚部来绘制极坐标图。将 $G(j\omega)$ 写成实部和虚部的形式，于是有

$$G(j\omega) = \frac{K}{j\omega-\omega^2\tau} = \frac{K\left(-j\omega-\omega^2\tau\right)}{\omega^2+\omega^4\tau^2} = R(\omega)+jX(\omega) \tag{8.15}$$

其中：

$$R(\omega) = -K\omega^2\tau/M(\omega), \quad X(\omega) = -\omega K/M(\omega), \quad M(\omega) = \omega^2+\omega^4\tau^2$$

由式（8.15）可得：当 $\omega=+\infty$ 时，$R(\omega)=0$、$X(\omega)=0$；当 $\omega=0$ 时，$R(\omega)=-K\tau$、$X(\omega)=-\infty$；而当 $\omega=1/\tau$ 时，有 $R(\omega)=-K\tau/2$、$X(\omega)=-K\tau/2$。图 8.4 标明了这些计算结果。

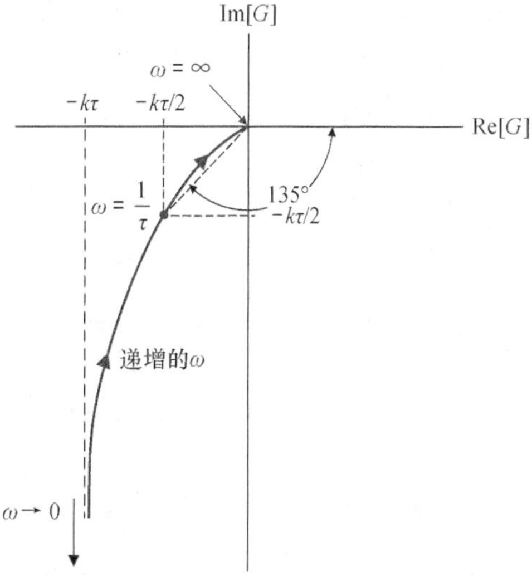

图 8.4 $G(j\omega)=k/(j\omega(j\omega\tau+1))$ 的极坐标图

沿着 s 平面的虚轴 $s=j\omega$，在取定的频率点处，利用相关向量估算 $G(j\omega)$ 的值，同样可以绘制出极坐标图。这是绘制极坐标图的另一种方法。

考虑如下有两个极点的系统，其极点分布如图 8.5 所示。

$$G(s) = \frac{K/\tau}{s(s+1/\tau)}$$

当 $s=j\omega$ 时，应该有

$$G(j\omega) = \frac{K/\tau}{j\omega(j\omega+p)}$$

其中，$p=1/\tau$。利用从极点出发的向量，可以在 $j\omega$ 轴的特定频率点 ω_1 处，计算得到 $G(j\omega)$ 的幅值和相角，如图 8.5 所示。例如，在 $\omega=\omega_1$ 处，$G(j\omega)$ 的幅值和相角分别为

$$\left|G\left(j\omega_1\right)\right| = \frac{K/\tau}{\left|j\omega_1\right|\left|j\omega_1+p\right|}$$

$$\begin{aligned}\phi(\omega) &= -\angle(j\omega_1) - \angle(j\omega_1+p) \\ &= -90^\circ - \arctan(\omega_1/p)\end{aligned}$$

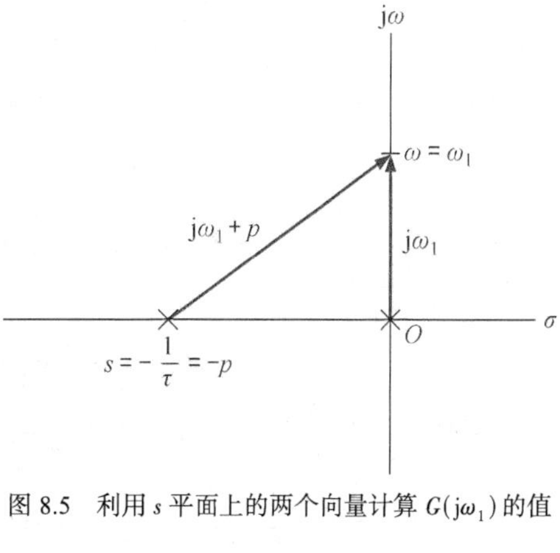

图 8.5 利用 s 平面上的两个向量计算 $G(j\omega_1)$ 的值

我们可以采用多种坐标系来图示化地表示系统的频率响应特性。基于式（8.8）得到的极坐标

图就是系统频率响应特性的一种图示化表示。但极坐标图存在明显的不足，主要表现如下：当原有系统增添新的零点或极点时，只有重新计算系统的频率响应特性，才能得到新的极坐标图，例 8.1 和例 8.2 已经说明了这一点。另外，极坐标图的计算非常烦琐，而且我们无法明显地看出每个零点和极点对极坐标图的影响。

接下来我们介绍另一种频率响应图——对数坐标图，通常又称为伯德图。这种图示化表示方法可以简化系统频率响应特性的图解分析过程。H.W. 伯德（H. W. Bode）在研究反馈放大器时，就曾经反复使用过这种图示化方法[4, 5]，伯德图的名称由此而来。

假设系统在频域中的传递函数（频率特性函数）为

$$G(j\omega)=|G(j\omega)|e^{j\phi(\omega)} \tag{8.16}$$

在对数坐标图中，我们通常采用以 10 为底的对数来表示频率响应的幅值，也就是将幅值表示为

$$\text{对数幅值增益}=20\log_{10}|G(j\omega)| \tag{8.17}$$

对数幅值增益的度量单位为分贝（dB），附录 F 给出了分贝数的换算表。考虑以 dB 为单位的对数幅值 $L(\omega)$ 以及以度为单位的相角 $\phi(\omega)$，它们随频率 ω 的变化情况有多种具体的表现形式，其中最为常见的就是图 8.6 所示的伯德图，从中可以看出，对数幅值 $L(\omega)$ 和相角 $\phi(\omega)$ 随 ω 的变化曲线被分别绘制在两个坐标系中。接下来，我们绘制例 8.1 给出的频率特性函数的伯德图。

例 8.3　RC 滤波器的伯德图

例 8.1 给出的频率特性函数为

$$G(j\omega)=\frac{1}{j\omega(RC)+1}=\frac{1}{j\omega\tau+1} \tag{8.18}$$

其中，$\tau=RC$ 为 RC 滤波器的时间常数。$G(j\omega)$ 的对数幅值为

$$20\log|G(j\omega)|=20\log\left(\frac{1}{1+(\omega\tau)^2}\right)^{1/2}=-10\log\left(1+(\omega\tau)^2\right)^{①} \tag{8.19}$$

在低频段（$\omega\ll 1/\tau$），对数幅值可以近似为

$$20\log|G(j\omega)|=-10\log(1)=0\text{dB},\ \omega\ll 1/\tau \tag{8.20}$$

在高频段（$\omega\gg 1/\tau$），对数幅值可以近似为

$$20\log G(j\omega)=-20\log(\omega\tau),\ \omega\gg 1/\tau \tag{8.21}$$

而当 $\omega=1/\tau$ 时，由式（8.19）可以得到

$$20\log|G(j\omega)|=-10\log 2=-3.01\text{ dB}$$

根据以上分析，便可以得到图 8.6（a）所示的对数幅频特性图。

$G(j\omega)$ 的相角方程为

$$\phi(\omega)=-\arctan(\omega\tau) \tag{8.22}$$

由此可以得到图 8.6（b）所示的相频特性图，其中，$\omega=1/\tau$ 被称为**转折频率**或**转角频率**。

---

① 接下来，对数运算 log 将省略底数 10。——译者注

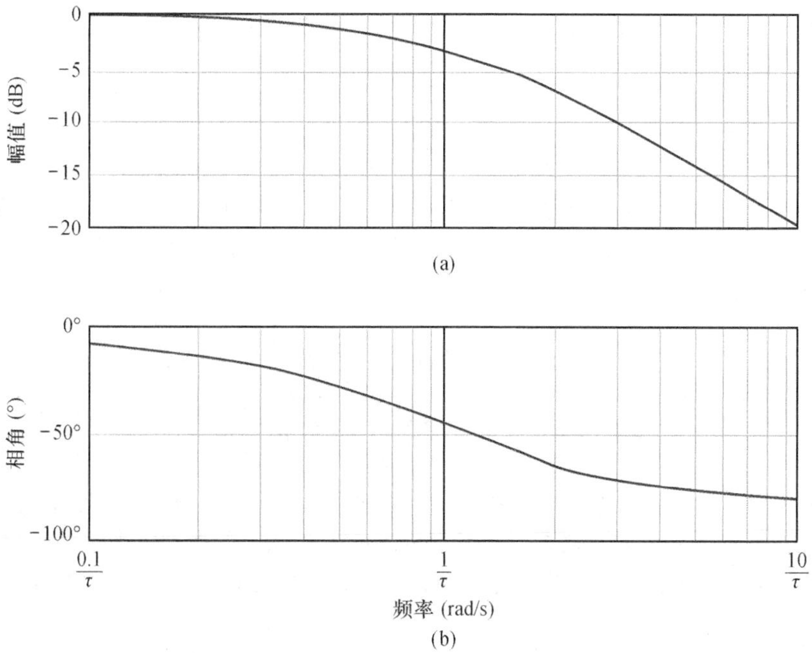

图 8.6　$G(j\omega)=1/(j\omega\tau+1)$ 的伯德图

（a）对数幅频特性图；（b）相频特性图

在绘制实用的伯德图时，频率轴应采用对数尺度坐标而不是常见的线性尺度坐标。采用对数尺度坐标的好处可通过式（8.21）加以说明。当 $\omega \gg 1/\tau$ 时，式（8.21）可以改写为

$$20\log|G(j\omega)| = -20\log(\omega\tau) = -20\log\tau - 20\log\omega \tag{8.23}$$

由式（8.23）可知，若将横轴取为 $\log\omega$ 轴，也就是在频率轴上采用对数尺度坐标，则当 $\omega \gg 1/\tau$ 时，对数幅频曲线将近似地变成一条直线，如图 8.7 所示，由式（8.21）可以得到这条直线的斜率。在这里，我们将两个频率点之间相差 10 倍记作 1 个**十倍频程**（**decade**）。因此，当频率从 ω_1 变到 ω_2 且 $\omega_2=10\omega_1$ 时，我们就说频率变化了 1 个十倍频程。在前面的例子中，当 $\omega \gg 1/\tau$ 且频率变化 1 个十倍频程时，$G(j\omega)$ 的对数幅值的近似变化量为

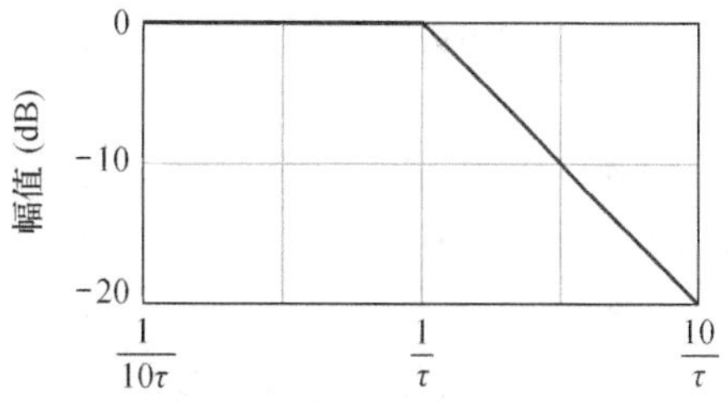

图 8.7　$(j\omega\tau+1)^{-1}$ 的对数幅值曲线的近似线

$$\begin{aligned}20\log\left|G(j\omega_1)\right| - 20\log\left|G(j\omega_2)\right| &= -20\log(\omega_1\tau) - \left(-20\log(\omega_2\tau)\right)\\ &= -20\log\frac{\omega_1\tau}{\omega_2\tau} = -20\log\frac{1}{10} = +20\text{ dB}\end{aligned} \tag{8.24}$$

如图 8.7 所示，这条近似线的斜率应该为-20 dB/decade。在此，我们就伯德图的坐标标注方式补充说明如下：在绘制实用的伯德图时，固然可以使用 $\log\omega$ 的值来均匀地标注横轴的对数坐标刻度，但通常情况下，我们更愿意直接用频率 ω 的值来非均匀地标注横轴的对数坐标刻度，并以 dB 为单位均匀地标注纵轴的坐标刻度。当然，为了避免计算响应幅值的对数，也可以用幅值和频率同时非均匀地标注横轴和纵轴的对数坐标刻度。

类似地，所谓**二倍频程**，指的是两个频率之间是两倍（octave）的关系，即 $\omega_2=2\omega_1$。仍然考虑前面的例子，当 $\omega \gg 1/\tau$ 且频率变化 1 个二倍频程时，对数幅值的近似变化量为

$$20\log\left|G(j\omega_1)\right| - 20\log\left|G(j\omega_2)\right| = -20\log\frac{\omega_1\tau}{\omega_2\tau} = -20\log\frac{1}{2} = 6.02\text{ dB} \tag{8.25}$$

因此，图 8.7 中的近似线的斜率也可以记为-6 dB/octave。

通过引入对数幅值，我们可以看到，频率特性函数中的乘性因子 $|j\omega\tau+1|$ 变成了加性因子 $20\log|j\omega\tau+1|$，这是对数幅频图或伯德图的主要优点。考虑频率特性函数的一般形式，我们可以更清楚地看到这一点。频率特性函数的一般形式为

$$G(j\omega)=\frac{K_b\prod_{i=1}^{Q}(1+j\omega\tau_i)\prod_{l=1}^{P}\left[\left(1+(2\zeta_l/\omega_{n_l})j\omega+(j\omega/\omega_{n_l})^2\right)\right]}{(j\omega)^N\prod_{m=1}^{M}(1+j\omega\tau_m)\prod_{k=1}^{R}\left[\left(1+(2\zeta_k/\omega_{n_k})j\omega+(j\omega/\omega_{n_k})^2\right)\right]} \tag{8.26}$$

从式（8.26）可以看出，频率特性函数有 Q 个实零点，原点处有 N 重极点，实轴上有 M 个非零的实极点，此外还有 P 对共轭复零点和 R 对共轭复极点。要得到频率特性函数的极坐标图，我们必将面临极其烦琐的工作，采用伯德图则会让我们方便很多。$G(j\omega)$ 的对数幅值为

$$\begin{aligned}20\log|G(j\omega)| &= 20\log K_b + 20\sum_{i=1}^{Q}\log|1+j\omega\tau_i|\\ &-20\log|(j\omega)^N| - 20\sum_{m=1}^{M}\log|1+j\omega\tau_m|\\ &+20\sum_{l=1}^{P}\log\left|1+\frac{2\zeta_l}{\omega_{n_l}}j\omega+\left(\frac{j\omega}{\omega_{nl}}\right)^2\right| - 20\sum_{k=1}^{R}\log\left|1+\frac{2\zeta_k}{\omega_{n_k}}j\omega+\left(\frac{j\omega}{\omega_{n_k}}\right)^2\right|\end{aligned} \tag{8.27}$$

这样只需要将各项的对数幅值曲线叠加起来，就可以得到 $G(j\omega)$ 的对数幅频曲线。又由于 $G(j\omega)$ 的相角方程为

$$\begin{aligned}\phi(\omega) &= +\sum_{i=1}^{Q}\arctan(\omega\tau_i) - N(90^\circ) - \sum_{m=1}^{M}\arctan(\omega\tau_m)\\ &-\sum_{k=1}^{R}\arctan\frac{2\zeta_k\omega_{n_k}\omega}{\omega_{n_k}^2-\omega^2} + \sum_{l=1}^{P}\arctan\frac{2\zeta_l\omega_{n_l}\omega}{\omega_{n_l}^2-\omega^2}\end{aligned} \tag{8.28}$$

因此，同样只需要将各项的相频特性曲线叠加起来，就可以得到 $G(j\omega)$ 的相频特性曲线。

一般来说，在频率特性函数中，主要有如下 4 种不同的基本因子项。

- 常数增益项 K_b。
- 原点处的极点或零点项 $(j\omega)$。
- 实轴上的极点或零点项 $(j\omega\tau+1)$。
- 共轭复极点或复零点项 $[1+(2\zeta/\omega_n)j\omega+(j\omega/\omega_n)^2]$。

只要掌握了这 4 种基本因子项的对数幅频特性图和相频特性图，就可以得到任意形式的传递函数所对应的伯德图。也就是说，在得到每一个因子项的伯德图之后，将它们叠加起来，就可以得到整个传递函数的伯德图。另外，通过利用曲线的近似线进行近似，我们还可以简化叠加过程，只需要在重要的频率点计算曲线的实际取值即可。

常数增益项。常数增益项 K_b 的对数幅值增益为

$$20\log K_b = 常数，以\text{dB}为单位$$

对应的相角为

$$\phi(\omega) = 0$$

因此，在伯德图上，K_b 的对数幅值增益曲线是一条水平线。

当增益是负值时，对数幅值增益仍为 $20 \log K_b$，但负号却使相角变成了$-180°$。

原点处的极点或零点项。考虑原点处的极点项，对应的对数幅值增益为

$$20 \log \left| \frac{1}{j\omega} \right| = -20 \log \omega \text{ dB} \tag{8.29}$$

对应的相角为

$$\phi(\omega) = -90°$$

因此，在伯德图上，原点处的极点项对应的对数幅值增益曲线的斜率为-20 dB/decade。类似地，对于原点处的多重极点有

$$20 \log \left| \frac{1}{(j\omega)^N} \right| = -20N \log \omega \tag{8.30}$$

对应的相角为

$$\phi(\omega) = -90° N$$

此时，由于存在多重极点，对数幅值增益曲线的斜率变成-20N dB/decade。对于位于原点处的零点项，其对数幅值增益为

$$20 \log |j\omega| = +20 \log \omega \tag{8.31}$$

因此，对数幅值增益曲线的斜率为+20 dB/decade，对应的相角为

$$\phi(\omega) = +90°$$

图 8.8 给出了当 $N = 1$ 和 $N = 2$ 时，$(j\omega)^{\pm N}$ 的对数幅值增益和相角的伯德图。

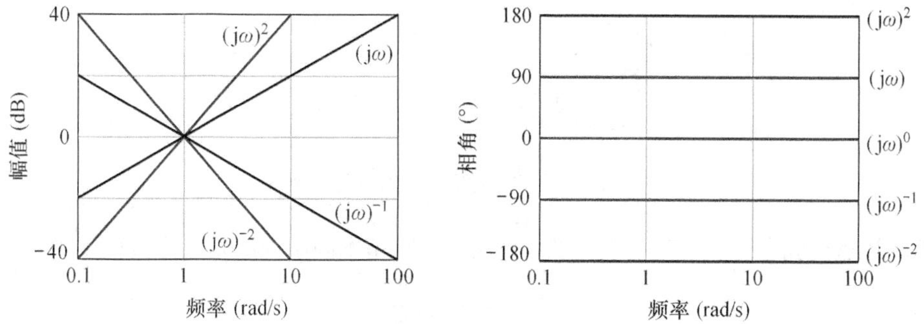

图 8.8　$(j\omega)^{\pm N}$ 的伯德图

实轴上的极点或零点项。我们已经研究了实轴上的极点项 $(1 + j\omega\tau)^{-1}$ 的伯德图，其对数幅值增益为

$$20 \log \left| \frac{1}{1 + j\omega\tau} \right| = -10 \log \left(1 + \omega^2\tau^2\right) \tag{8.32}$$

因此，当 $\omega \ll 1/\tau$ 时，对数幅值增益曲线的近似线为 $20 \log 1 = 0$ dB；而当 $\omega \gg 1/\tau$ 时，对数幅值增益曲线的近似线为斜线 $-20 \log(\omega\tau)$，斜率为-20 dB/decade。这两条近似线在交点处满足

$$20 \log 1 = 0 \text{ dB} = -20 \log(\omega\tau)$$

其中，$\omega = 1/\tau$ 被称为**转折频率**。在 $\omega = 1/\tau$ 处，实极点项的实际对数幅值增益为-3 dB。实

极点项的相角的表达式为 $\phi(\omega) = -\arctan(\omega\tau)$，完整的伯德图如图 8.9 所示。

类似地，我们也可以得到实零点项 $(1 + j\omega\tau)$ 的伯德图。与 $(1 + j\omega\tau)^{-1}$ 的伯德图相比，不同之处在于，近似线的斜率变成+20 dB/decade，相角则变成 $\phi(\omega) = +\arctan(\omega\tau)$。

图 8.9 还给出了相角曲线的分段线性近似，从中可以看出，近似线与实际相角曲线在转折频率处相交；但在其他频率点上，这两条曲线之间存在 6°以内的误差。因此在实践中，我们常用近似线来确定传递函数 $G(s)$ 的相角曲线的大致形状。如果想得到精确的相角曲线，则可以使用计算机程序来完成计算。

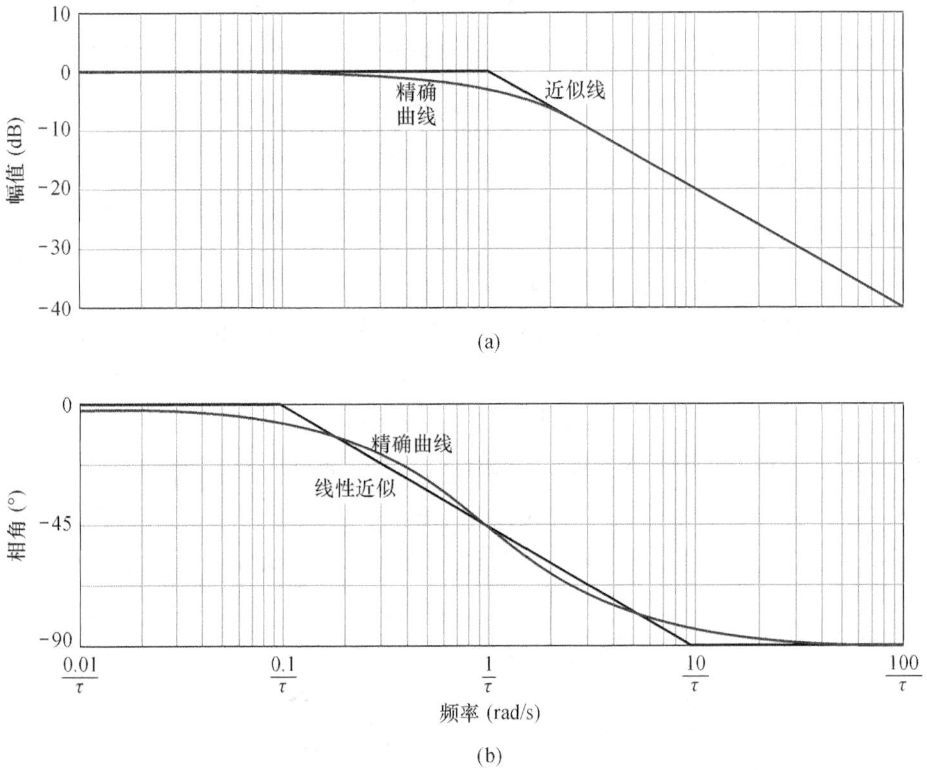

图 8.9 $(1 + j\omega\tau)^{-1}$ 的伯德图

共轭复极点或复零点项。与共轭复极点对应的二阶基本因子项的归一化典型形式为

$$\left[1 + j2\zeta u - u^2\right]^{-1} \tag{8.33}$$

其中，$u = \omega/\omega_n$。共轭复极点项的对数幅值增益为

$$20\log|G(j\omega)| = -10\log\left(\left(1 - u^2\right)^2 + 4\zeta^2u^2\right) \tag{8.34}$$

相角为

$$\phi(\omega) = -\arctan\frac{2\zeta u}{1 - u^2} \tag{8.35}$$

于是，当 $u \ll 1$ 时，对数幅值增益可近似为

$$20\log|G(j\omega)| = -10\log 1 = 0\text{ dB}$$

相角则趋于 0°。此时，共轭复极点项的对数幅值增益曲线的近似线为 0 dB 线。当 $u \gg 1$ 时，对数幅值增益可以近似为

$$20\log|G(j\omega)| = -10\log u^4 = -40\log u$$

这对应于一条斜率为-40 dB/decade 的斜线。当 $u \gg 1$ 时，相角则趋于-180°。对数幅值增益曲线的这两条近似线在频率点 $u = \omega/\omega_n = 1$ 处相交。事实上，实际的对数幅值增益曲线和近似线之间的误差是阻尼比的函数，而且当阻尼比 $\zeta < 0.707$ 时，误差不能忽略。共轭复极点项的精确伯德图如图 8.10 所示，从中可以看出，频率响应的幅度有一个最大值 $M_{p\omega}$，出现在**谐振频率** ω_r 处。当阻尼比 ζ 趋于 0 时，谐振频率 ω_r 趋于固有频率 ω_n。对式（8.33）的幅值对归一化频率 u 进行求导并令导数为 0，可以得到谐振频率为

$$\omega_r = \omega_n\sqrt{1 - 2\zeta^2}, \quad \zeta < 0.707 \tag{8.36}$$

与谐振频率对应，响应幅值 $|G(j\omega)|$ 的最大值为

$$M_{p\omega} = \left|G\left(j\omega_r\right)\right| = \left(2\zeta\sqrt{1 - \zeta^2}\right)^{-1}, \quad \zeta < 0.707 \tag{8.37}$$

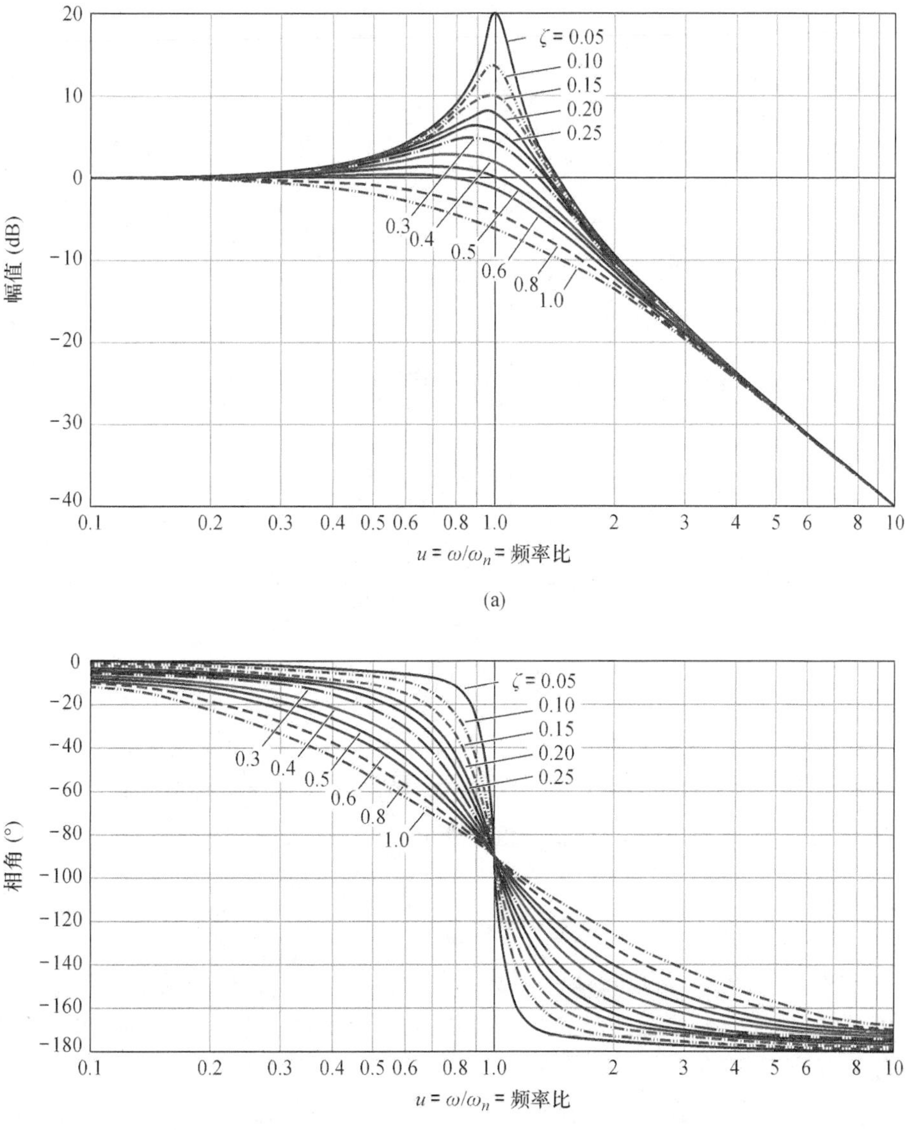

图 8.10　$G(j\omega) = [1 + (2\zeta/\omega_n)j\omega + (j\omega/\omega_n)^2]^{-1}$ 的伯德图

可以看到，共轭复极点项的频率响应的峰值 $M_{p\omega}$ 和谐振频率 ω_r 均是阻尼比 ζ 的函数，它们之间的关系曲线如图 8.11 所示。当共轭复极点是系统的主导极点时，利用图 8.11 所示的关系曲线，就可以从系统频率响应的实验结果中估计得到系统的阻尼系数。

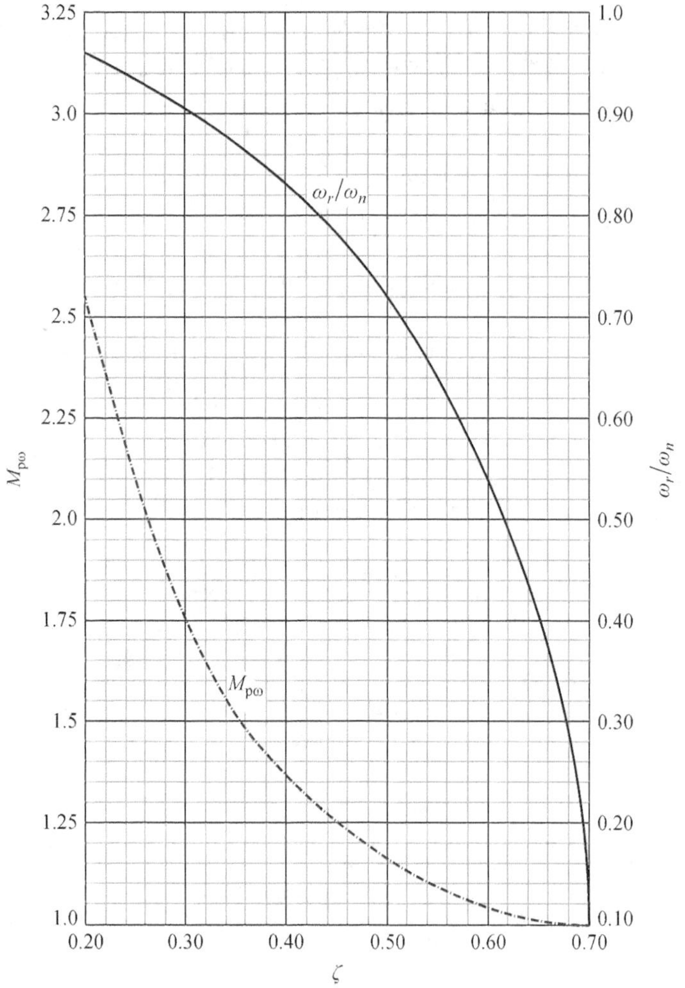

图 8.11 在共轭复极点项的频率响应中，谐振峰值 $M_{p\omega}$、谐振频率 ω_r 和 ζ 之间的关系曲线

接下来，我们讨论绘制频率特性曲线的另一种方法——s 平面法。沿 s 平面的虚轴（$s = j\omega$）取定不同的频率点，确定从零点和极点到这些频率点的向量的长度和相角，便可以得到系统的频率特性曲线。例如，考虑与共轭复极点对应的二阶因子项：

$$G(s) = \frac{1}{(s/\omega_n)^2 + 2\zeta s/\omega_n + 1} = \frac{\omega_n^2}{s^2 + 2\zeta\omega_n s + \omega_n^2} \tag{8.38}$$

当 ζ 变化时，系统的极点分布在以原点为圆心、以 ω_n 为半径的圆周上。图 8.12（a）给出了与某一 ζ 值对应的一对共轭复极点 s_1 和 $\hat{s}_1$。由这一对极点出发，令 $s = j\omega$，就可以得到系统的频率特性函数为

$$G(j\omega) = \left.\frac{\omega_n^2}{(s - s_1)(s - \hat{s}_1)}\right|_{s = j\omega} = \frac{\omega_n^2}{(j\omega - s_1)(j\omega - \hat{s}_1)} \tag{8.39}$$

$j\omega - s_1$ 和 $j\omega - \hat{s}_1$ 表示从共轭复极点到指定频率点 $j\omega$ 的向量，如图 8.12（a）所示。而在指定的各个频率点上，我们可以计算出 $G(j\omega)$ 的幅值和相角分别为

$$|G(j\omega)| = \frac{\omega_n^2}{|j\omega - s_1||j\omega - \hat{s}_1|} \tag{8.40}$$

$$\phi(\omega) = -\angle(j\omega - s_1) - \angle(j\omega - \hat{s}_1)$$

在三个特殊的频率点 $\omega = 0$、$\omega = \omega_r$ 和 $\omega = \omega_d$ 上，图 8.12（b）、图 8.12（c）和图 8.12（d）分别给出了求频率响应的幅值和相角的向量计算过程。图 8.13 则给出了使用 s 平面法得到的伯德图，其中标出了与这三个频率点对应的幅值和相角。

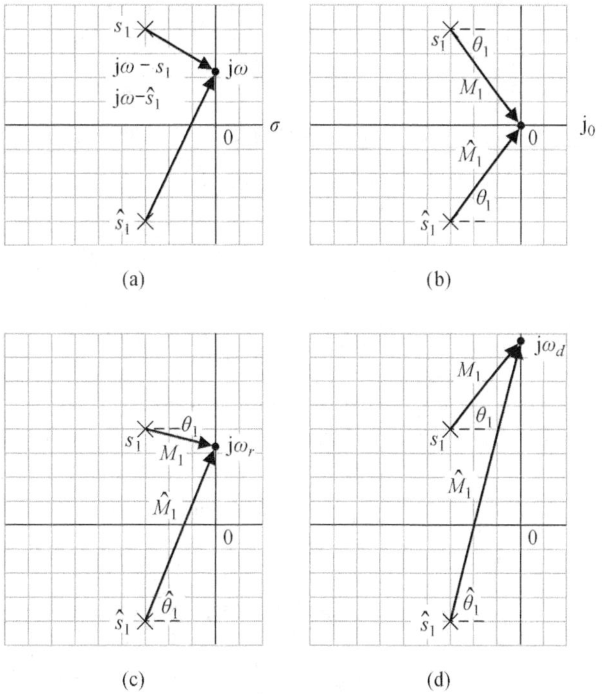

图 8.12　对于指定的 ω，求频率响应的向量计算过程

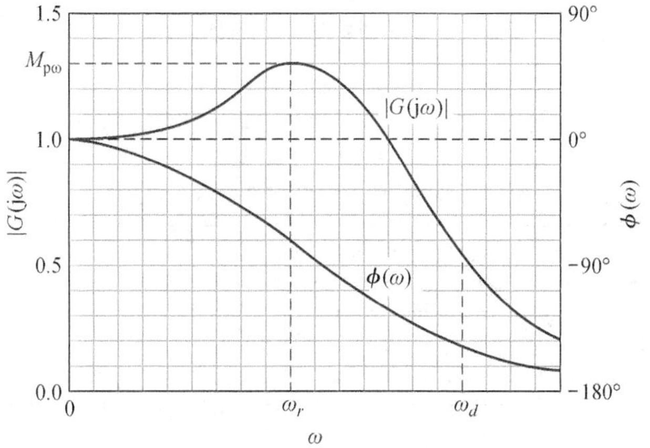

图 8.13　使用 s 平面法得到的伯德图

例 8.4 双 T 网络的伯德图

考虑图 8.14 所示的双 T 网络 [6]，使用前面所讲的零极点图和指向虚轴 jω 的向量，求系统的频率响应。

该双 T 网络的传递函数为

$$G(s)=\frac{V_o(s)}{V_{in}(s)}=\frac{(s\tau)^2+1}{(s\tau)^2+4s\tau+1} \quad (8.41)$$

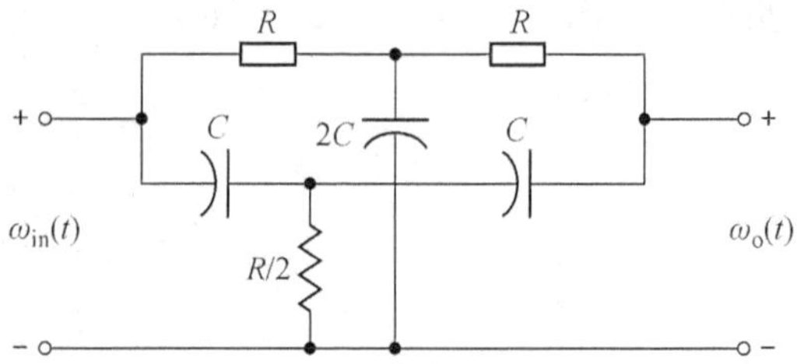

图 8.14 双 T 网络

其中，$\tau=RC$。如图 8.15（a）所示，$G(s)$ 在 s 平面上的零点为 $\pm j1/\tau$，极点为 $(-2\pm\sqrt{3})/\tau$。根据从零点和极点出发的向量可以得到，当 $\omega=0$ 时，有 $|G(j\omega)|=1$、$\phi(\omega)=0°$；当 $\omega=1/\tau$ 时，指定的频率点恰好是零点 $s=j1/\tau$，于是有 $|G(j\omega)|=0$，此时相角有 180°的跳跃；而当 ω 趋于∞时，则有 $|G(j\omega)|=1$、$\phi(\omega)=0°$。只要再选定中间的几个频率点并计算 $G(j\omega)$ 的幅值和相角，就可以得到图 8.15（b）所示的频率特性曲线。

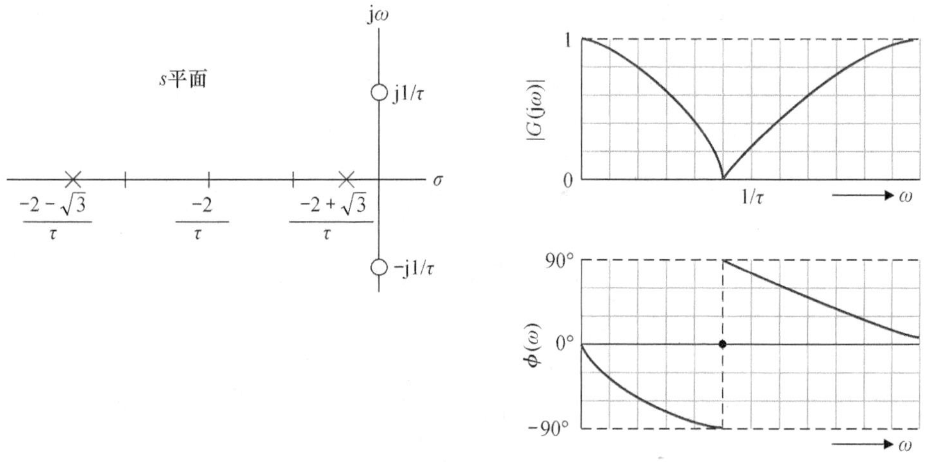

（a）　　　　（b）

图 8.15 双 T 网络

（a）零极点分布图；（b）频率响应

表 8.1 总结了传递函数中的上述各类基本因子项的频率特性近似曲线。

表 8.1 各类基本因子项的频率特性近似曲线

基本因子项	幅值 $20\log\|G(j\omega)\|$	相角 $\phi(\omega)$
1. 增益项 $G(j\omega)=K$	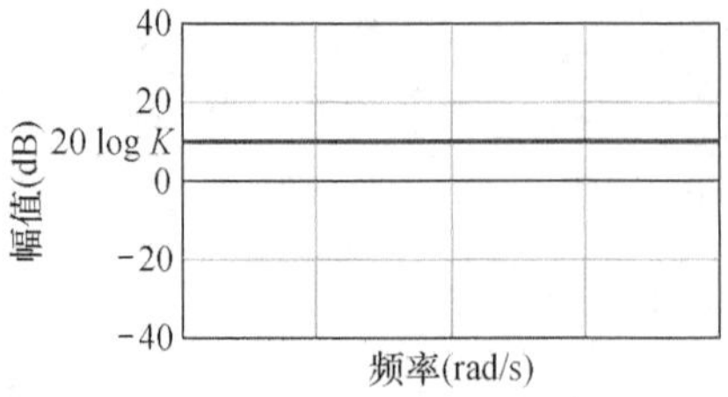	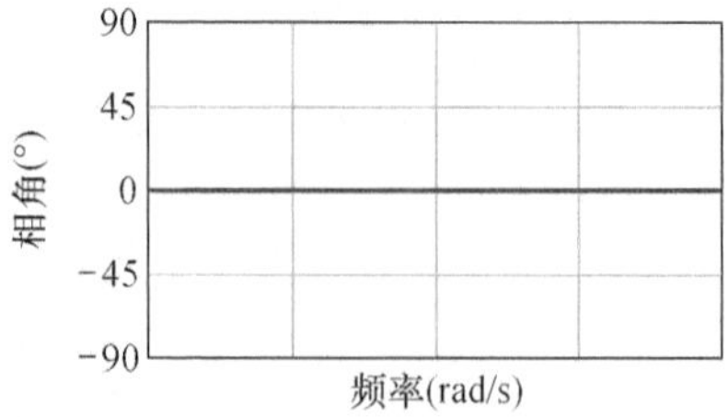

续表

基本因子项	幅值 $20\log\|G(j\omega)\|$	相角 $\phi(\omega)$
2. 实零点项 $G(j\omega)=1+j\omega/\omega_1$	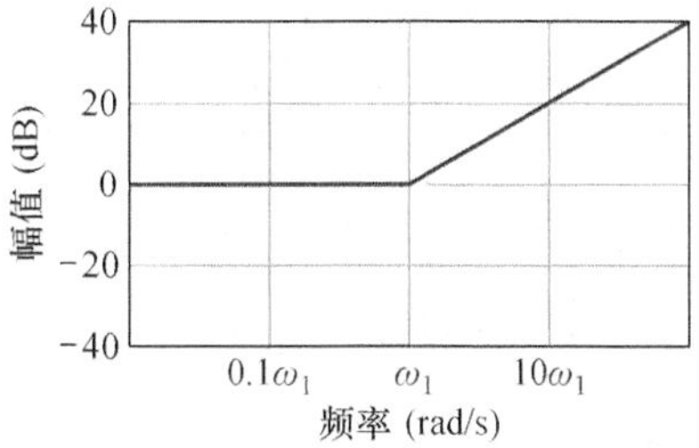	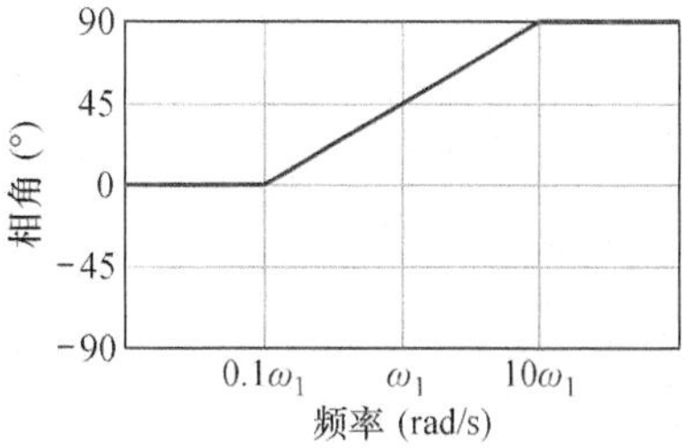
3. 实极点项 $G(j\omega)=(1+j\omega/\omega_1)^{-1}$	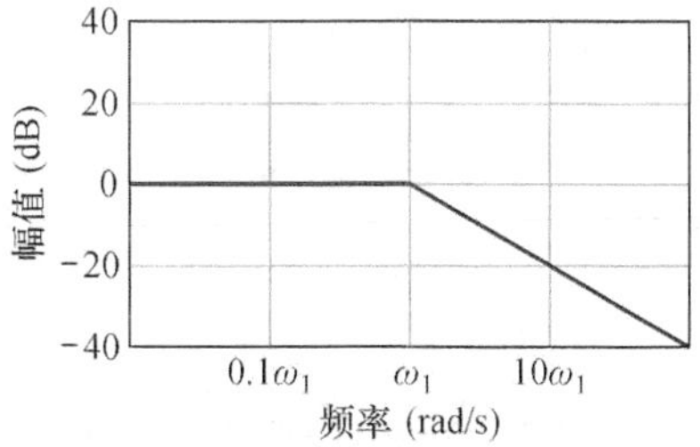	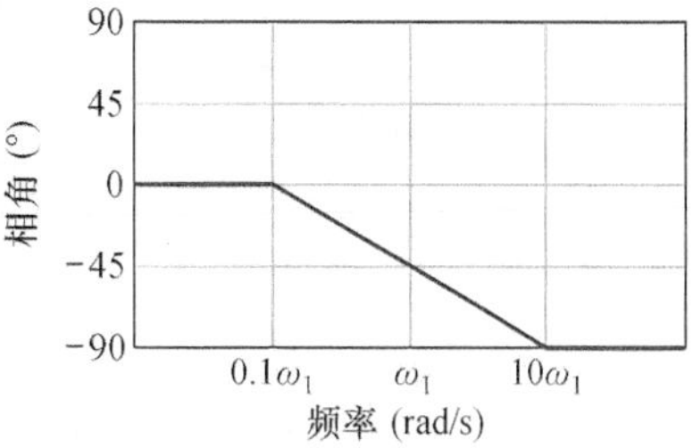
4. 原点处的极点项 $G(j\omega)=1/j\omega$	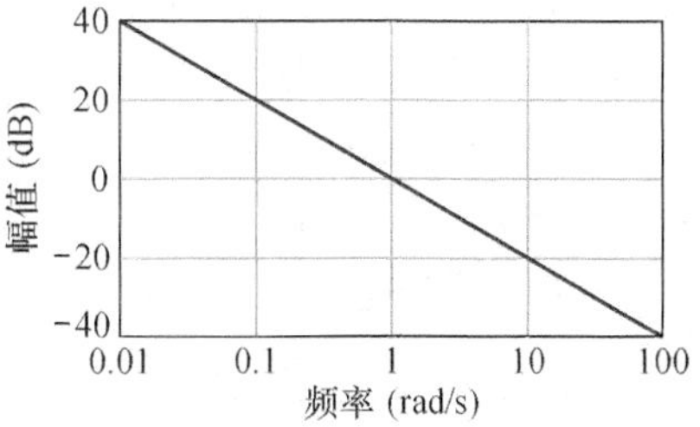	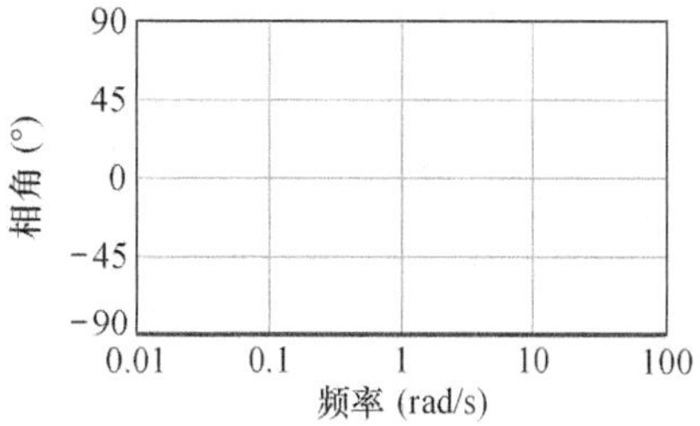
5. 共轭极点项 $0.1<\zeta<1$ $G(j\omega)=(1+j2\zeta u-u^2)^{-1}$ $u=\omega/\omega_n$	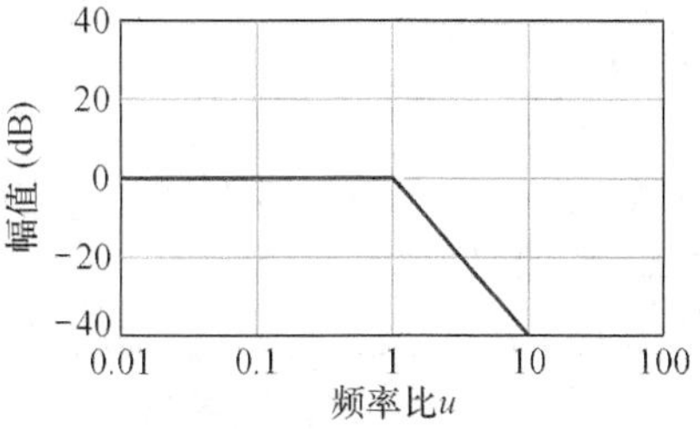	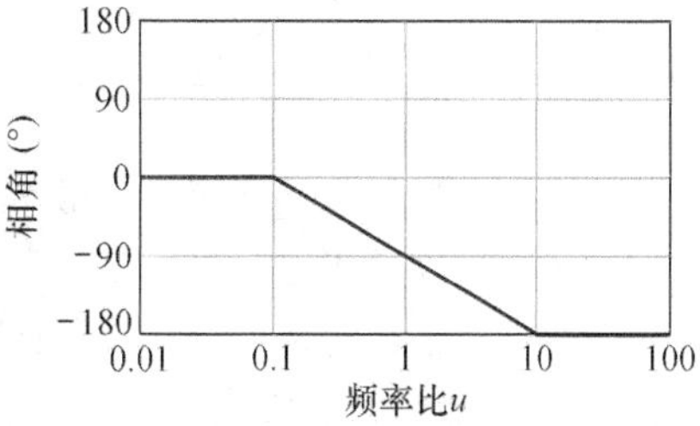

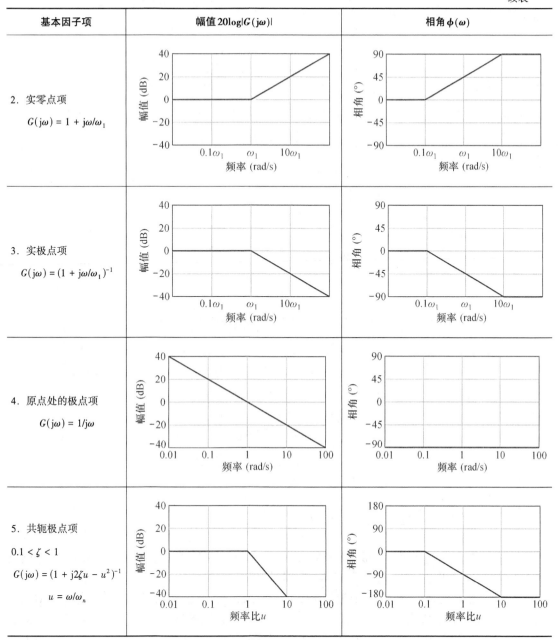

在前面的例子中，$G(s)$ 的零点和极点都处在 s 平面的左半平面。但实际上，一个系统也可能有位于 s 平面右半平面的零点，此时这个系统仍然可能是稳定的。在 s 平面右半平面有零点的传递函数被称为**非最小相位传递函数**。如果将传递函数的所有零点置换成关于虚轴的对称点，则新的传递函数只改变相角特性，幅频特性不会改变。比较这两个传递函数的相角特性不难看出，如果系统的零点全部位于 s 平面的左半平面，那么当频率从零变到无穷大时，系统的净相移比较小。正因为如此，我们把零点全部位于 s 平面左半平面的传递函数 $G_1(s)$ 称为**最小相位传递函数**。将 $G_1(s)$ 的全部零点关于虚轴 $j\omega$ 对称地映射到 s 平面的右半平面且保持 $|G_2(j\omega)|=|G_1(j\omega)|$，得到的传递函数 $G_2(s)$ 就是非最小相位传递函数。其实，将最小相位传递函数的任意一个或一对零点对称地映射到 s 平面是右半平面，都会得到非最小相位传递函数。

所有零点都在 s 平面左半平面的传递函数被称为最小相位传递函数，有零点处于 s 平面右半平面的传递函数则被称为非最小相位传递函数。

概念强调说明 8.2

图 8.16（a）和图 8.16（b）给出了两个不同系统的零极点分布图，由向量的长度可以得知，这两个系统的幅频特性相同，但相频特性不同。图 8.17 则同时给出了这两个系统的相频特性曲线，从中可以清楚地看到，最小相位系统 $G_1(s)=\dfrac{s+z}{s+p}$ 的相移范围小于 80°，而 $G_2(s)=\dfrac{s-z}{s+p}$ 的相移范围则超出 180°。图 8.17 直观地说明了**最小相位**这一名称的意义。

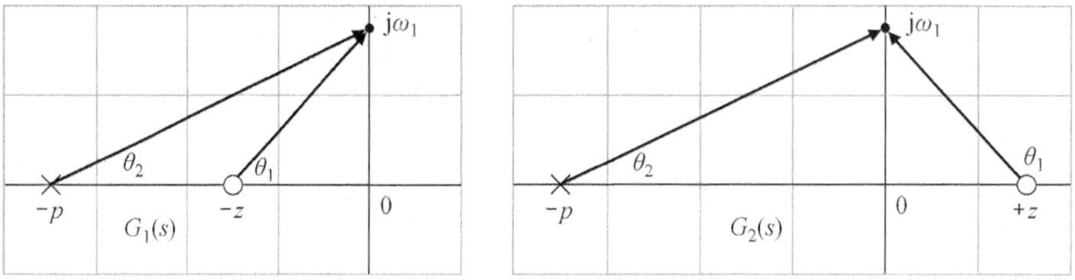

(a) (b)

图 8.16 具有相同幅频特性和不同相频特性的零极点分布图

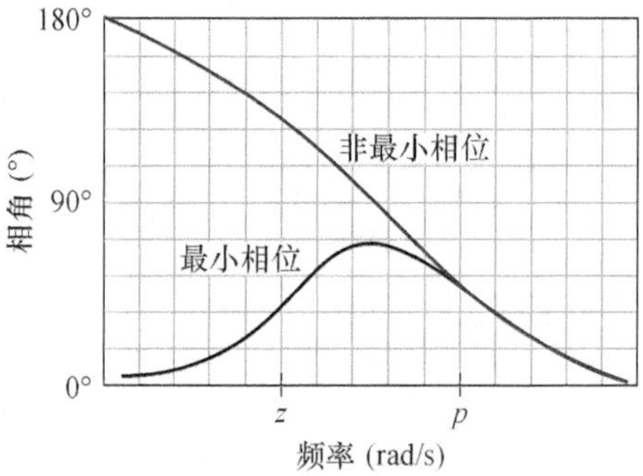

图 8.17 最小相位系统和非最小相位系统的相频特性曲线

对于给定的幅频特性而言，最小相位传递函数提供了最小的相移范围，非最小相位传递函数则提供了比较大的相移范围。

图 8.18 所示的**全通网络**是一个有趣的非最小相位系统，它具有对称的网络结构[8]。图 8.18（a）给出了全通网络的零极点分布图，从中可以看出，全通网络的零极点配置是对称的，其幅值 $|G(j\omega)|$ 恒为 1，相角则在 0°到−360°之间变化。由于 $\theta_2=180^\circ-\theta_1$、$\hat{\theta}_2=180^\circ-\hat{\theta}_1$，于是相角也可以表示为 $\phi(\omega)=-2(\theta_1+\hat{\theta}_1)$，据此可以得到图 8.18（b）所示的频率特性曲线。图 8.18（c）给出了全通网络的电网络结构图。

例 8.5 绘制伯德图

将每个零点和极点因子项的伯德图叠加起来，就可以得到含有多个零点和极点的传递函数 $G(s)$ 的完整伯德图。考虑如下包含所有基本因子项的频率特性函数：

$$G(j\omega)=\frac{5(1+j0.1\omega)}{j\omega(1+j0.5\omega)\left(1+j0.6(\omega/50)+(j\omega/50)^2\right)} \tag{8.42}$$

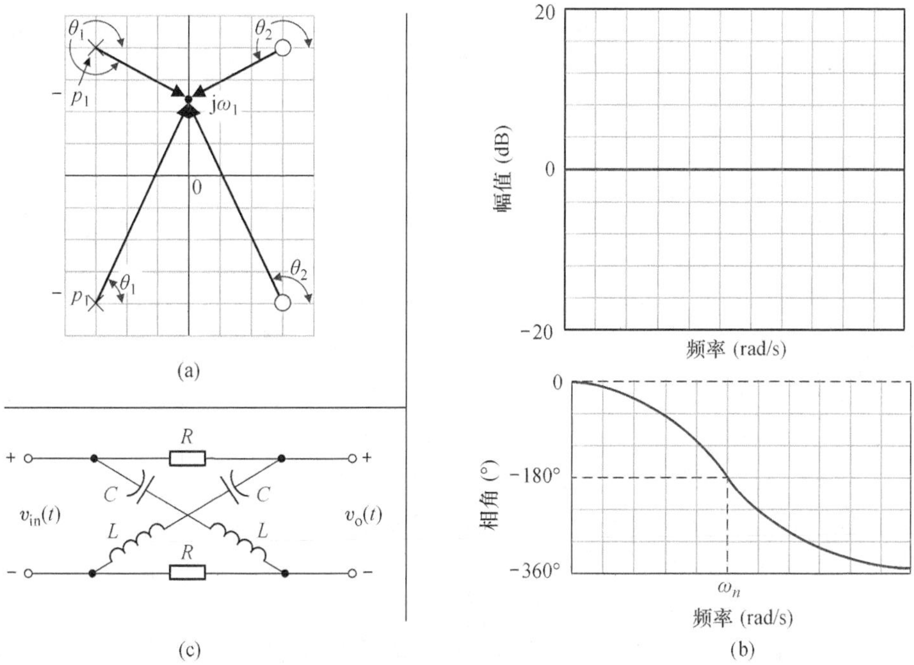

图 8.18　全通网络

（a）零极点分布图；（b）频率特性曲线；（c）电网络结构图

按照转折频率递增的顺序，我们可以将各个基本因子项依次排列如下。

- 常数增益项 $K = 5$。
- 原点处的极点项。
- $\omega = 2$ 处的极点项。
- $\omega = 10$ 处的零点项。
- $\omega = \omega_n = 50$ 处的共轭复极点项。

我们首先绘制各个零点和极点因子项以及常数增益项的对数幅频特性近似线。

- 常数增益项对应的对数幅值增益恒为 $20\log 5 = 14$ dB，对数幅频特性近似线如图 8.19 中的标记①所示。
- 原点处的极点项对应的对数幅频特性近似线则从零频率延伸至无穷大频率，但始终是一条斜率为−20 dB/decade 的斜线。当 $\omega = 1$ 时，近似线与 0 dB 线相交，如图 8.19 中的标记②所示。
- $\omega = 2$ 处的极点项对应的对数幅频特性近似线由两条不同的斜线构成。当 ω 大于转折频率时，近似线是斜率为−20 dB/decade 的斜线；当 ω 小于转折频率时，近似线是 0 dB 线，如图 8.19 中的标记③所示。
- $\omega = 10$ 处的零点项对应的对数幅频特性近似线是斜率为+20 dB/decade 的斜线，如图 8.19 中的标记④所示。
- $\omega = \omega_n = 50$ 处的共轭复极点项对应的对数幅频特性近似线是斜率为−40 dB/decade 的斜线，如图 8.19 中的标记⑤所示。由于系统的阻尼比仅为 0.3，因此在转折频率附近，近似线将会有较大的近似偏差，必须加以修正，如图 8.20 所示。

接下来，利用上面得到的各因子项的对数幅频特性近似线，我们可以叠加得到总的对数幅频特性近似线，如图 8.20 中的实线部分所示。考虑近似线的叠加过程可以发现，只需要注意转折频率的递增顺序，就可以直接绘制出整个系统的幅频特性近似线。在刚才的例子中，由于存在

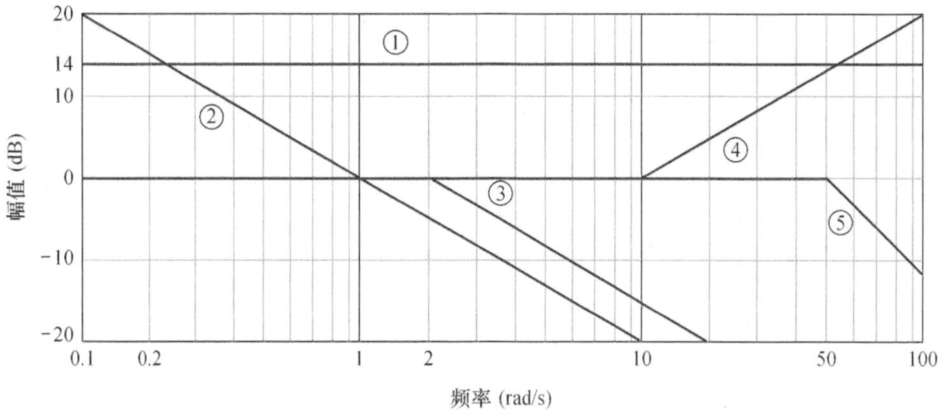

图 8.19 零点和极点因子项的对数幅频特性近似线

$K(\mathrm{j}\omega)^{-1}$ 项，第一段近似线是斜率为−20 dB/decade 的斜线，并且在 $\omega=1$ 处与 14 dB 线相交；在 $\omega=2$ 处，由于实极点项的影响，在 $\omega=2$ 之后，近似线变成斜率为−40 dB/decade 的斜线；在 $\omega=10$ 处，由于实零点项的影响，在 $\omega=10$ 之后，近似线变成斜率为−20 dB/decade 的斜线；最后，在 $\omega_n=50$ 处，由于共轭复极点项的影响，在 $\omega=50$ 之后，近似线变成斜率为−60 dB/decade 的斜线。

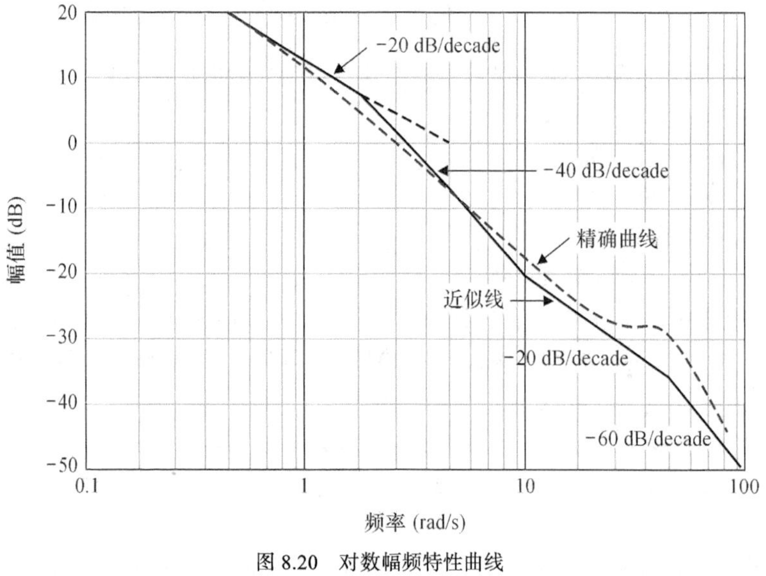

图 8.20 对数幅频特性曲线

图 8.9 给出了单个实极点项的实际对数幅频特性曲线与对数幅频特性近似线的偏差，单个实零点项的实际对数幅频特性曲线与对数幅频特性近似线的偏差与之类似，只是在转折频率附近为正值，比如在转折频率处为+3dB。共轭复极点项的实际对数幅频特性曲线已由图 8.10（a）给出，可据此对近似线进行分段修正，从而得到 $G(\mathrm{j}\omega)$ 的较为精确的对数幅频特性曲线，如图 8.20 中的虚线部分所示。

同样，也可以通过对各因子项的相频特性曲线进行叠加来得到系统的相频特性曲线。一般而言，单个实零点项或实极点项的相频特性曲线的近似线只能用于初步的分析和设计。为此，我们先绘制出各基本因子项的相频特性近似线，如图 8.21 中的实线部分所示，其中：

- 常数增益项对应的相频特性曲线为 0°线。

- 原点处的极点项对应的相频特性曲线为−90°线。
- $\omega = 2$ 处的实极点项对应的相频特性近似线如图 8.21 所示，$\omega = 2$ 处的相角为−45°。
- $\omega = 10$ 处的实零点项对应的相频特性近似线如图 8.21 所示，$\omega = 10$ 处的相角为+45°。
- 我们从图 8.10 中得到的共轭复极点项的精确相频特性曲线也包含在图 8.21 中。

接下来，将各个基本因子项的相频特性近似线叠加起来，即可得到相频特性函数 $\phi(\omega)$ 的近似曲线，如图 8.21 中的虚线部分所示。尽管只是近似线，但其仍然能够为确定系统的相频特性提供有益的帮助。在一些特别值得关注的频率点上，如 8.3 节将要讨论的 $\phi(\omega) = -180^\circ$ 线的穿越频率上，我们需要特别注意其相频特性的精确值。在本例中，观察 $\phi(\omega)$ 的近似曲线，可以估计得到该转折频率发生在 $\omega = 46$ 处。当 $\omega = 46$ 时，实际的相角应该为

$$\phi(\omega) = -90^\circ - \arctan \omega\tau_1 + \arctan \omega\tau_2 - \arctan \frac{2\zeta u}{1 - u^2} \tag{8.43}$$

其中，$\tau_1 = 0.5$，$\tau_2 = 0.1$，$2\zeta = 0.6$，$u = \omega/\omega_n = \omega/50$。

于是，当 $\omega = 46$ 时，有

$$\phi(46) = -90^\circ - \arctan 23 + \arctan 4.6 - \arctan 3.55 = -175^\circ \tag{8.44}$$

由此可见，当 $\omega = 46$ 时，近似曲线的相角误差约为 5°。不过，只要从相频特性近似曲线得到我们感兴趣的频率点的近似值，再利用精确的相角关系［见式（8.43）］，就很容易确定邻近频率点的精确相角。当只考虑几个十倍频程（decade）的频率范围时，我们更倾向于使用这种方法直接计算精确相角。综上所述，在实际绘制伯德图时，通常的做法是，首先使用 $G(j\omega)$ 的对数幅频特性近似曲线和相频特性近似曲线，确定重要的频率点或频率段，然后在较小的频率范围内利用相角关系［见式（8.43）］，准确计算系统的实际幅值和相角。

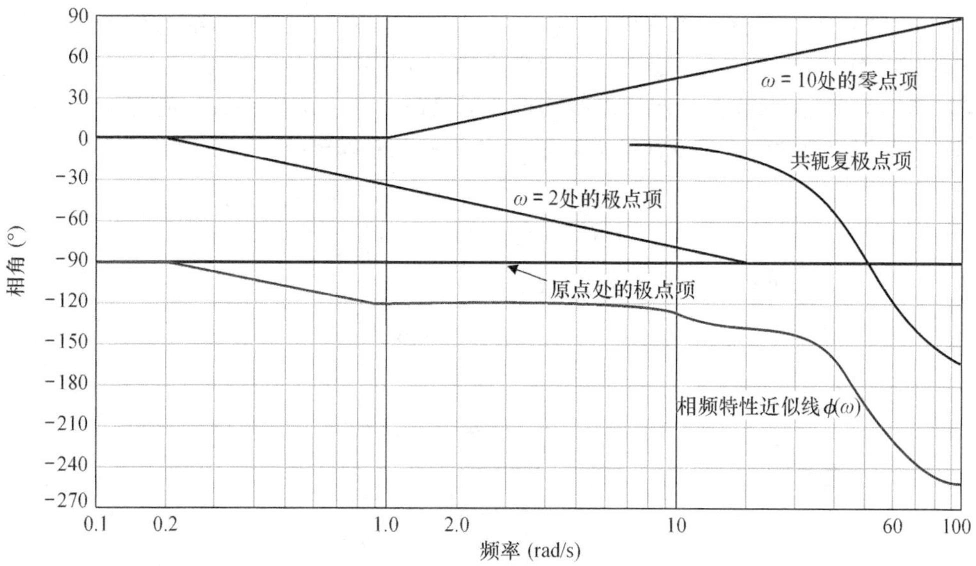

图 8.21　相频特性曲线

图 8.22 给出了式（8.42）所示的传递函数 $G(j\omega)$ 的精确伯德图，频率变化范围为 4 个十倍频程（decade）。图 8.22 中还标出了 0 dB 线和−180°线，从中可以看出，当 $\omega = 0.1$ 时，对数幅值为 34 dB，相角为−92.36°；当 $\omega = 100$ 时，对数幅值为−43 dB，相角为−243°；当对数幅值为 0 dB 时，对应的频率为 $\omega = 3.0$；当相角为−180°时，对应的频率为 $\omega = 50$。

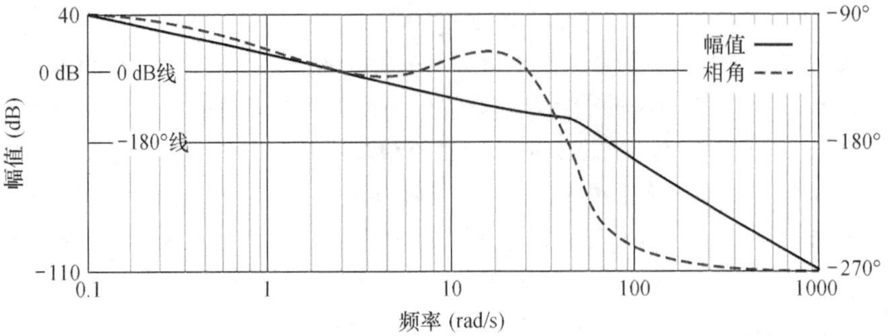

图 8.22 式（8.42）所示的传递函数 $G(j\omega)$ 的伯德图

8.3 频率响应测量

正弦信号可以用来测量控制系统的开环频率响应，实际测量得到的结果通常是幅值和相角随频率的变化曲线[1, 3, 6]。利用这两条曲线，就可以导出系统的开环频率特性函数 $G_c(j\omega)G(j\omega)$。类似地，我们也可以测量系统的闭环频率响应，从而导出闭环频率特性函数 $T(j\omega)$。

当改变输入正弦信号的频率时，可以用所谓的频谱分析仪来测量输出信号的幅值和相角随频率的变化情况；而利用所谓的传递函数分析仪，则可以直接测定系统的开环或闭环频率特性函数[6]。

典型的信号分析仪可以在从直流到 100 kHz 的频率范围内测量频率响应。内置的分析和建模功能可以直接从频率响应的测量数据中分析确定系统的零点和极点。我们可以按照用户选定的模型自行生成系统的频率响应图；也可以根据给定的系统模型合成相应的频率响应，从而与实测的频率响应作比较。

考虑图 8.23 给出的实测频率特性曲线，下面以它为例来说明如何由伯德图辨识确定系统的传递函数。本例中的系统实际上是一个含有电阻和电容的稳定的电路。由图 8.23 可知，当 ω 从 100 增加到 1000 时，对数幅频特性曲线的近似线是斜率为-20 dB/decade 的直线，而且在 ω = 300 rad/s 处，相角为-45°，对数幅值增益为-3 dB。由此可以推断，系统应该有一个与 $p_1 = 300$ 对应的实极点项。

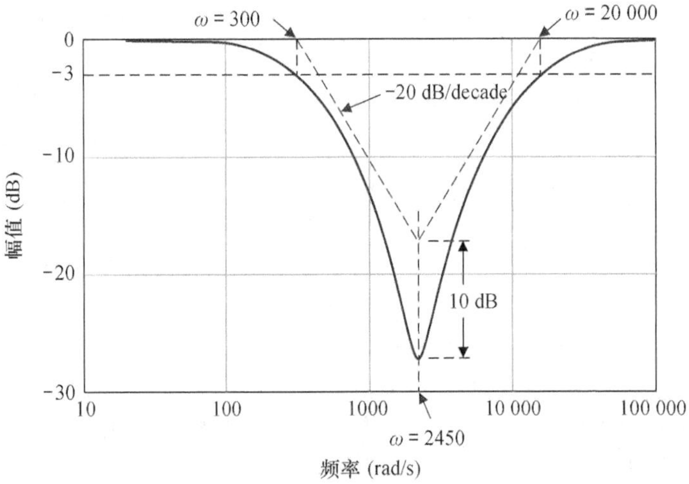

(a)

图 8.23 某待定系统的实测伯德图

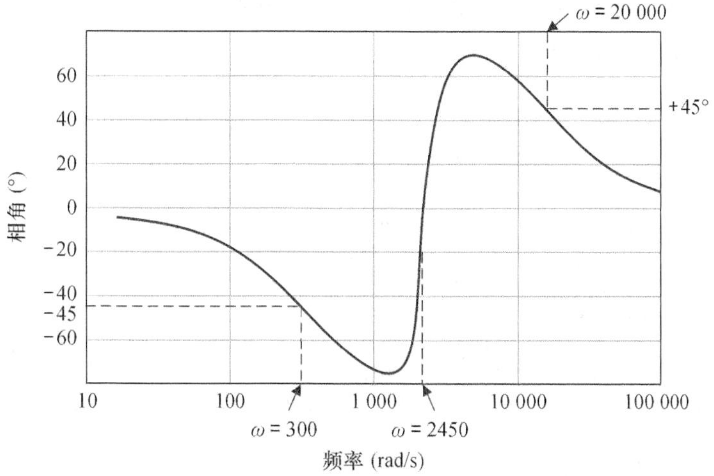

(b)

图 8.23　某待定系统的实测伯德图（续）

系统在 $\omega_n = 2450$ 处的相角为 0°，相频特性曲线在附近急剧变化了约+180°，而且对数幅频特性曲线也在此处出现转折，近似线的斜率由−20 dB/decade 变成+20 dB/decade，因此可以推断系统有一对共轭复零点且转折频率为 $\omega_n = 2450$。在 $\omega > 20\,000$ 之后，对数幅频特性曲线的近似线的斜率又回到 0 dB/decade，因此又可以断定系统存在第二个极点。由于系统在 $\omega = 20\,000$ 处的对数幅值为−3 dB，相角为+45°（第一个实极点处的相角为−90°，共轭复零点处的相角为+180°，第二个实极点处的相角为+45°），因此在第二个实极点处有 $p_2 = 20\,000$。这样便可绘制出系统的对数幅频特性曲线的近似线，如图 8.23（a）中的虚线部分所示，同时也辨识得到系统的传递函数为

$$T(s) = \frac{(s/\omega_n)^2 + (2\zeta/\omega_n)s + 1}{(s/p_1 + 1)(s/p_2 + 1)} \tag{8.45}$$

下面考虑对数幅频特性曲线的近似线的近似误差。在转折频率（$\omega_n = 2450$）处，近似线的近似误差约为 10 dB，于是由式（8.37）可以估计得到与共轭复零点对应的阻尼比 $\zeta = 0.16$。比较图 8.10 中的共轭复极点项和共轭复零点项可知，只需要将共轭复极点项的频率特性曲线上下倒置，就可以得到共轭复零点项的频率特性曲线，此时相角的变化范围由−180°~ 0°变成 0°~ +180°。因此，整个系统的传递函数为

$$T(s) = \frac{(s/2450)^2 + (0.32/2450)s + 1}{(s/300 + 1)(s/20000 + 1)}$$

此处的频率响应其实是用双 T 电桥实测得到的。

8.4　频域性能指标

接下来的问题是如何将系统的频域响应与时域响应联系起来。换句话说，在给定一组时域（瞬态表现）指标的设计要求后，怎样确定对系统频域响应的设计要求？或者反其道而行之。当系统为简单的二阶系统时，我们可以给出比较圆满的答案，此时涉及的时域性能指标有超调量、调节时间、平方积分误差等。考虑图 8.24 所示的二阶闭环系统，其闭环传递函数为

$$T(s) = \frac{\omega_n^2}{s^2 + 2\zeta\omega_n s + \omega_n^2} \tag{8.46}$$

图 8.25 给出了该二阶闭环系统的闭环幅频特性曲线的基本形状，从中可以看出，对于二阶系统而言，谐振峰值 $M_{p\omega}$ 出现在谐振频率 ω_r 处，并且只与阻尼比 ζ 有关。

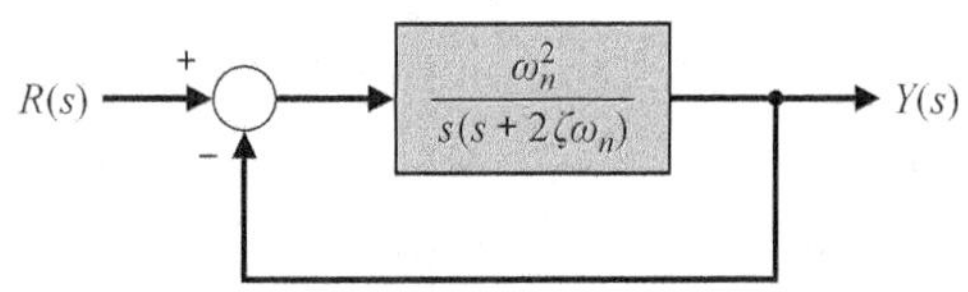

图 8.24　二阶闭环系统 $T(s)$

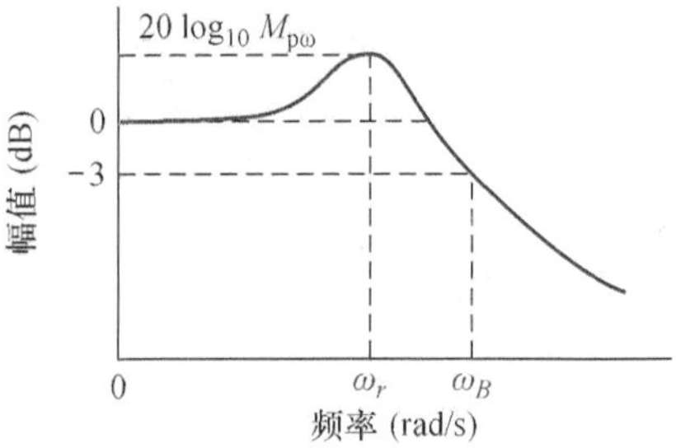

图 8.25　二阶闭环系统 $T(s)$ 的闭环幅频特性曲线

谐振峰值 $M_{p\omega}$ 是频率响应的最大幅值，出现在谐振频率 ω_r 处。

概念强调说明 8.3

系统带宽 ω_B 衡量的是系统复现输入信号的能力。

系统带宽 ω_B 被定义为在幅频特性曲线上，对数幅值从低频幅值下降 3 dB 时对应的频率，大致相当于下降到低频幅值的 $1/\sqrt{2}$ 时对应的频率。

概念强调说明 8.4

谐振频率 ω_r 和−3 dB 的系统带宽 ω_B 与瞬态时间响应的速度有关。当 ω_B 增大时，系统的上升时间随之减小。谐振峰值 $M_{p\omega}$ 则通过阻尼比 ζ 与超调量有关。图 8.11 中的关系曲线揭示了二阶系统的谐振峰值、谐振频率和阻尼比之间的关系，据此可以估算与谐振峰值对应的 ζ 的取值，进而估算相应的超调量。通常情况下，当谐振峰值 $M_{p\omega}$ 增大时，阶跃输入的超调量将随之增大。此外，谐振峰值的大小还能反映系统的相对稳定性。

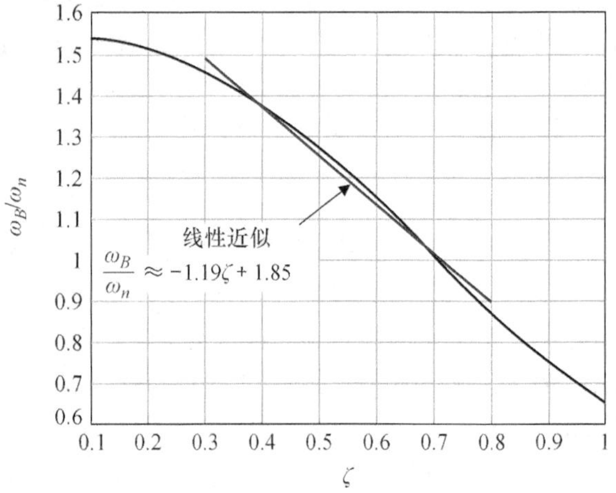

图 8.26　二阶系统的标准化带宽 ω_B/ω_n 与阻尼比 ζ 的关系曲线［见式（8.46）］。当 $0.3 \leqslant \zeta \leqslant 0.8$ 时，线性近似关系为 $\omega_B/\omega_n = -1.19\zeta + 1.85$

频率响应的系统带宽 ω_B 与固有频率 ω_n 之间近似存在线性回归的关系。对于式（8.46）所示的标准二阶系统而言，图 8.26 给出了其归一化系统带宽 ω_B/ω_n 与阻尼比 ζ 的关系曲线。考虑标准二阶系统的单位阶跃响应：

$$y(t) = 1 + Be^{-\zeta\omega_n t}\cos\left(\omega_1 t + \theta\right) \tag{8.47}$$

在给定 ζ 之后，ω_n 越大，系统达到稳态值的速度越快。通常，我们对频域性能指标的设计要求如下。

- 谐振峰值相对较小，比如要求 $M_{p\omega} < 1.5$。
- 系统带宽相对较大，从而使系统的时间常数 $\tau = 1/(\zeta\omega_n)$ 足够小。

对于一般的高阶系统而言，上面给出的频域性能指标和时域性能指标的相互关系的结论是否有效，取决于高阶系统能否用具有一对共轭主导极点的二阶系统来近似。当共轭复极点能够主导系统的频率响应时，本节给出的频域性能指标和时域性能指标之间的关系就是有效的。幸运的是，大部分实际的控制系统有二阶主导极点，因而能够用二阶系统来降阶近似。

我们还可以将闭环系统的开环频域响应与闭环稳态误差指标联系起来。系统对典型输入信号的稳态误差与系统开环增益和系统开环传递函数中积分环节（原点处的极点）的个数密切相关。考虑图 8.24 所示的二阶闭环系统，系统对于斜坡输入的稳态误差由速度误差系数 K_v 决定。系统的稳态误差可以表示为

$$\lim_{t\to\infty} e(t) = \frac{A}{K_v}$$

其中，A 是斜坡输入信号的斜率。系统的速度误差系数 K_v 为

$$K_v = \lim_{s\to 0} sG(s) = \lim_{s\to 0} s\left(\frac{\omega_n^2}{s\left(s+2\zeta\omega_n\right)}\right) = \frac{\omega_n}{2\zeta} \tag{8.48}$$

若将开环传递函数写成常数项为 1 的多项式形式，则有

$$G(s) = \frac{\omega_n/(2\zeta)}{s\left(s/\left(2\zeta\omega_n\right)+1\right)} = \frac{K_v}{s(\tau s+1)} \tag{8.49}$$

由此可见，系统此时的常数增益就是速度误差系数 K_v。

下面重新考虑例 8.5。图 8.24 所示的二阶闭环系统的开环频率特性函数为

$$G(\mathrm{j}\omega) = \frac{5\left(1+\mathrm{j}\omega\tau_2\right)}{\mathrm{j}\omega\left(1+\mathrm{j}\omega\tau_1\right)\left(1+\mathrm{j}0.6u-u^2\right)} \tag{8.50}$$

其中，$u=\omega/\omega_n$。于是，由前面的结论可知，系统的速度误差系数 $K_v=5$。一般情况下，若一个反馈系统的开环频率特性函数可以写成如下形式，则这个反馈系统是 N 型系统，此处的 K 就是相应的稳态误差系数。

$$G(\mathrm{j}\omega) = \frac{K\prod_{i=1}^{M}\left(1+\mathrm{j}\omega\tau_i\right)}{(\mathrm{j}\omega)^N\prod_{k=1}^{Q}\left(1+\mathrm{j}\omega\tau_k\right)} \tag{8.51}$$

考虑如下具有两个极点的零型系统，其位置误差系数 $K_p=K$。在伯德图中，K_p 表现为低频段的幅值。

$$G(\mathrm{j}\omega) = \frac{K}{\left(1+\mathrm{j}\omega\tau_1\right)\left(1+\mathrm{j}\omega\tau_2\right)} \tag{8.52}$$

在伯德图中，I 型系统（即图 8.24 所示的二阶闭环系统）的常数增益项 $K=K_v$ 主要表现为低频段的幅频特性。再次考虑式（8.50）给出的 I 型系统，在低频段，我们只需要考虑系统的常数增益项和原点处的极点项，于是近似地有

$$G(\mathrm{j}\omega) = \frac{5}{\mathrm{j}\omega} = \frac{K_v}{\mathrm{j}\omega},\quad \omega < 1/\tau_1 \tag{8.53}$$

由此可知，在低频段的伯德图中，K_v 近似等于对数幅频特性曲线与 0 dB 线的穿越频率。在图 8.20 中，$K_v/\mathrm{j}\omega$ 的对数幅频特性曲线正好在 $\omega=5$ 处与 0 dB 线相交。

综上所述，频率响应特性从各个方面比较充分地反映了系统的性能。因此，在反馈控制系统的分析和设计中，频域性能指标也得到了广泛的应用。

8.5 对数幅相图

传递函数 $G(j\omega)$ 的频率响应特性可以用多种图示化方法来表示。前面已经介绍了频率响应特性的两种图示化表示方法——极坐标图和伯德图，本节介绍频率响应特性的另一种图示化表示方法——对数幅相图。在一定的频率变化范围内，直接绘制对数幅值增益随相角的变化曲线，得到的图形就是对数幅相图。在对数幅相图中，对数幅值增益的单位仍然为 dB。

下面仍然通过例子来说明对数幅相图的绘制方法。考虑如下频率特性函数，其对数幅相图参见图 8.27，图中沿曲线标注的数据是与所选的点对应的频率参数 ω。

$$G_1(j\omega)=\frac{5}{j\omega(0.5j\omega+1)(j\omega/6+1)} \tag{8.54}$$

8.2 节曾经研究过如下频率特性函数，其对数幅相图参见图 8.28。

$$G_2(j\omega)=\frac{5(0.1j\omega+1)}{j\omega(0.5j\omega+1)\left(1+j0.6(\omega/50)+(j\omega/50)^2\right)} \tag{8.55}$$

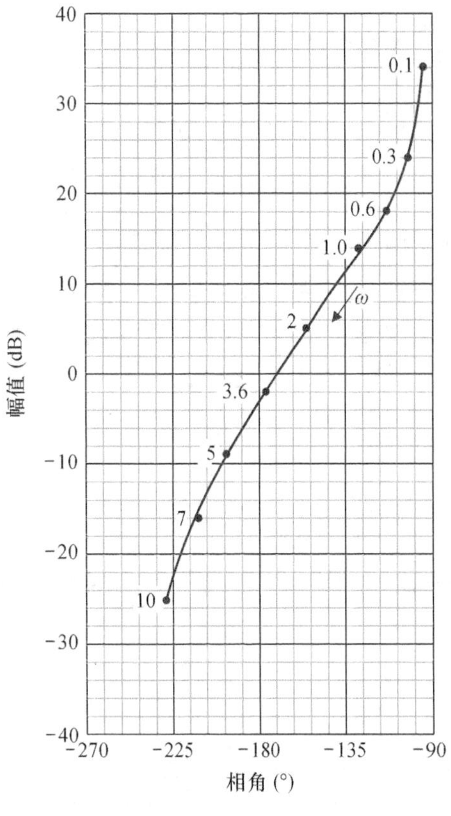

图 8.27 $G_1(j\omega)$ 的对数幅相图

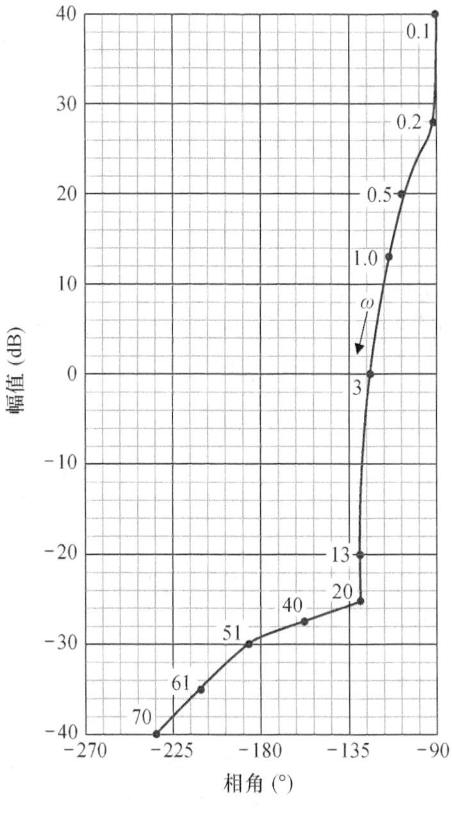

图 8.28 $G_2(j\omega)$ 的对数幅相图

利用图 8.20 和图 8.21，将相角和对数幅值的计算结果作为曲线的坐标，就可以方便地得到图 8.28。可以看到，由于式（8.54）和图 8.27 彼此不同，式（8.55）和图 8.28 也彼此不同，这些曲线和它们之间的差异提供了系统的重要信息，特别是当相角接近−180°且对数幅值接近 0 dB 时，对数幅相图的形状格外重要。此外，一旦在系统的瞬态响应和对数幅相图的形状之间建立起联系，我们就得到了另一种有用的频率响应特性的图示化表示方法。第 9 章将研究系统在频域中的稳定性，到时就会用到对数幅相图，并用它来研究闭环反馈控制系统的相对稳定性。

8.6　设计实例

本节将通过两个实例来说明如何用频率响应法设计控制器。第一个实例说明当太阳光随时间变化时，如何控制光伏发电机以获得最大输出功率。第二个实例考虑了六足机器人的单足控制，提出的性能指标设计要求涉及时域指标（超调量和调节时间）和频域指标（带宽），设计的结果是利用一个 PID 控制器来满足性能指标设计要求。

例 8.6　光伏发电机的最大功率点跟踪

绿色工程的目标之一是设计有利于减小污染和保护环境的产品。利用太阳能是产生清洁能源的一种途径，可利用光伏发电机将太阳能直接转化成电能。但是，光伏发电机的输出功率会随着可用太阳光、温度以及外部负载的变化而变化。在本例中，我们将讨论如何利用反馈控制来调控光伏发电机系统的输出电压[24]。本例将通过设计合适的控制器来使系统达到期望的性能指标设计要求。

考虑图 8.29 所示的反馈控制系统，被控对象的传递函数为

$$G(s)=\frac{K}{s(s+p)}$$

其中 $K=300\,000$、$p=360$。这个模型可以代表配有 182 块太阳能电池板且输出功率超过 1100 W 的光伏发电机[24]。假定采用如下形式的控制器：

$$G_c(s)=K_c\left[\frac{\tau_1 s+1}{\tau_2 s+1}\right] \tag{8.56}$$

其中，K_c、τ_1、τ_2 均是待定参数。式（8.56）表示的控制器是相角超前或相角滞后校正器，具体决于 τ_1 和 τ_2 的相对大小。第 10 章将更加详细地讨论这一点。通过前面的分析可知，控制器如果在低频段提供较大的增益，就可以减小干扰以及被控对象参数波动变化对系统产生的影响；而如果在高频段提供较小的增益，则可以减小测量噪声对系统产生的影响[24]。为了同时兼顾上述目标，我们给出的性能指标设计要求如下：

- 当 $\omega \leqslant 10$ rad/s 时，$|G_c(j\omega)G(j\omega)| \geqslant 20$ dB。
- 当 $\omega \geqslant 1000$ rad/s 时，$|G_c(j\omega)G(j\omega)| \leqslant -20$ dB。
- 相角裕度 P.M. $\geqslant 60°$。

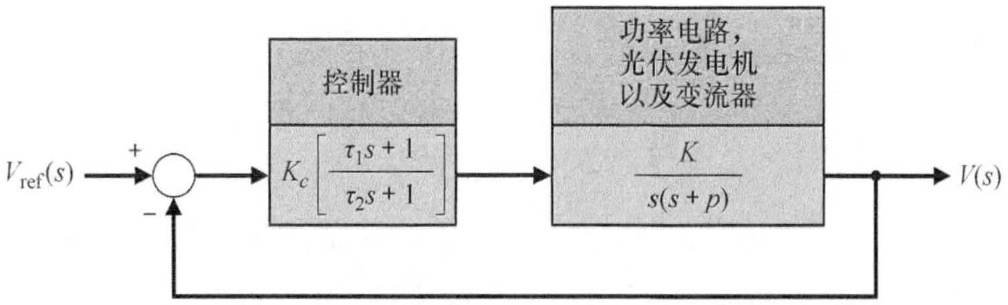

图 8.29　跟踪输入参考电压的光伏发电机反馈控制系统

未校正系统的相角裕度 P.M. = 36.3°。因此，校正后的系统需要增加的相角大约 25°。我们可以利用控制器来提供所需的超前相角。在 $\omega=1000$ rad/s 处，未校正系统的频率响应的幅频特性达到 −11 dB，因此还需要进一步减小高频段的幅值才能满足性能指标设计要求。

这里给出一种可行的控制器：

$$G_c(s)=250\left[\frac{0.04s+1}{100s+1}\right]$$

由图 8.30 可知，校正后系统的相角裕度 P.M. = 60.4°，这同时满足了低频段具有较高幅值而高频段具有较低幅值的性能指标设计要求。闭环系统的单位阶跃响应曲线如图 8.31 所示，可以看出调节时间 T_s = 0.11 s、超调量 P.O. = 19.4%，这说明针对光伏发电机输出电压设计的控制器是可以接受的。

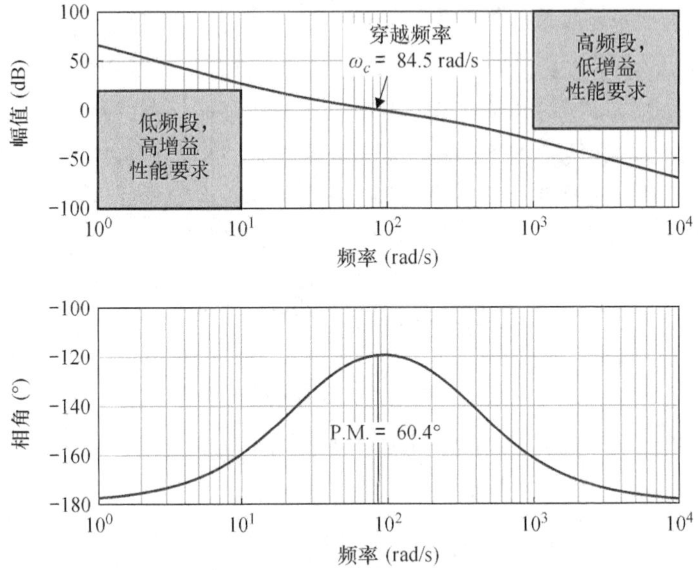

图 8.30　校正后系统的伯德图，校正器为 $G_c(s) = 250\left[\dfrac{0.04s + 1}{100s + 1}\right]$

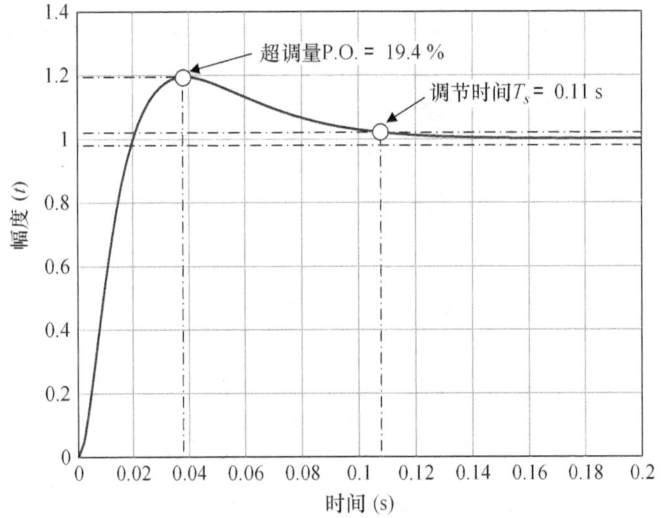

图 8.31　闭环系统的阶跃响应

例 8.7　六足步行机器人的单足控制

“漫步者”号是卡内基·梅隆大学研发的一台六足步行机器人[23]。“漫步者”号的概念设计图如图 8.32 所示。

本例探讨“漫步者”号的单足位置控制。图 8.33 突出显示了在设计流程中需要重点强调的设计模块。执行机构和单足的传递函数为

$$G(s)=\frac{1}{s\left(s^{2}+2s+10\right)} \tag{8.57}$$

图 8.32　“漫步者”号的概念设计图

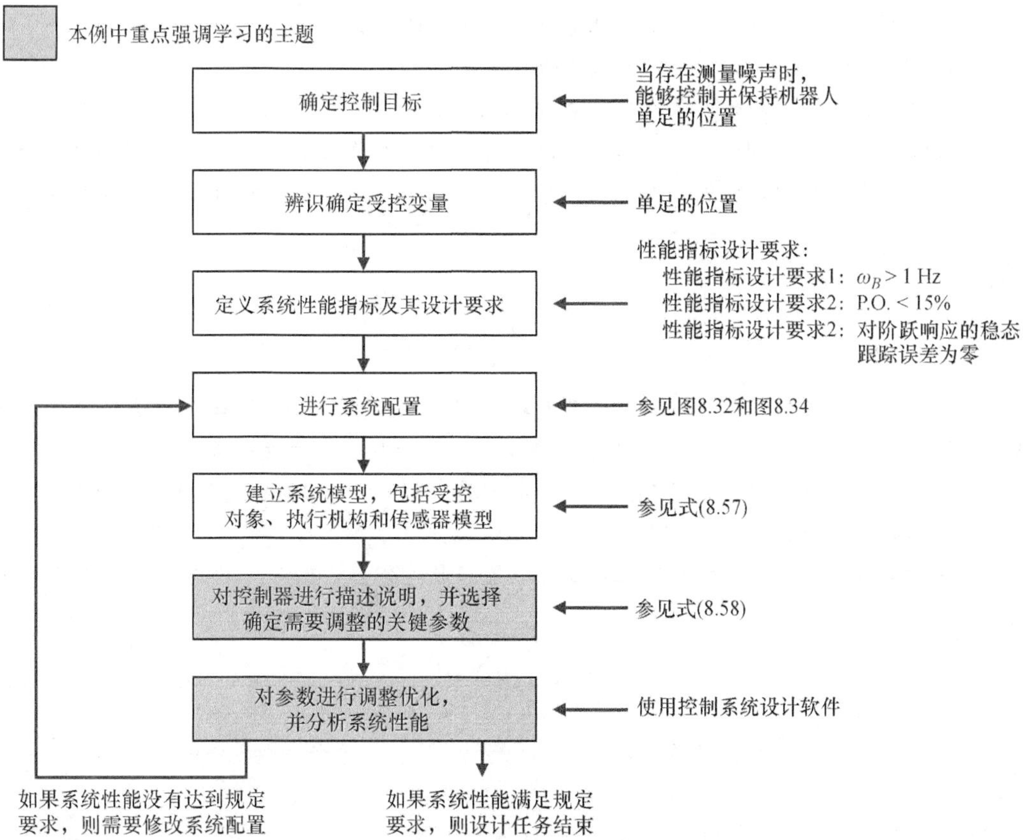

图 8.33　六足步行机器人设计实例中重点涉及的设计模块

系统的输入信号是输入执行机构的电压信号，输出信号是单足的位置（只考虑垂直方向）。系统的框图模型如图 8.34 所示。

控制目标　当存在测量噪声时，能够控制并保持机器人单足的位置。

受控变量　单足的位置 $Y(s)$。

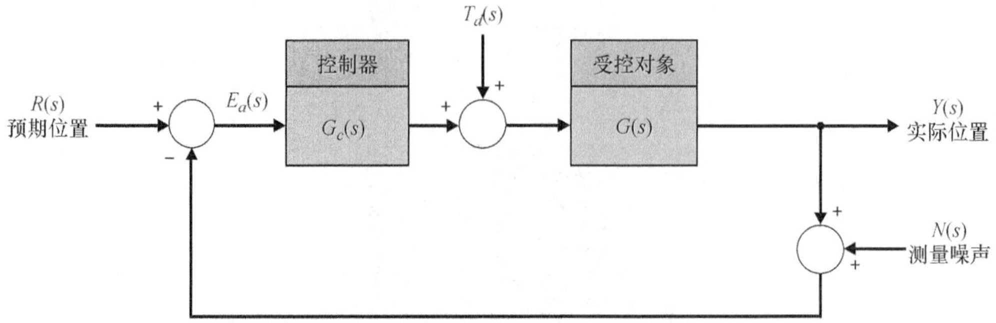

图 8.34 单足的控制系统

我们希望机器人的单足能够尽快地移到预期的位置并具有很小的超调量。在实际的设计研制过程中，首先要做的就是让机器人动起来。机器人可以运动得比较慢，也就是说，可以将初始的带宽设计要求提得比较小。

指标设计要求

- 指标设计要求 1：闭环带宽满足 $\omega_B > 1\text{Hz}$。
- 指标设计要求 2：阶跃响应的超调量 P.O. 满足 P.O. < 15%。
- 指标设计要求 3：对阶跃响应的稳态跟踪误差为 0。

指标设计要求 1 和指标设计要求 2 旨在保证系统具有良好的瞬态性能。受控对象（执行机构/单足）的传递函数是 I 型的，可以保证系统对阶跃输入的稳态跟踪误差为 0。因此在本例中，只要在添加完控制器后仍可以保证 $G_c(s)G(s)$ 至少还是 I 型系统，系统就能自然而然地满足指标设计要求 3。

考虑如下控制器：

$$G_c(s) = \frac{K\left(s^2 + as + b\right)}{s + c} \tag{8.58}$$

当 $c \to 0$ 时，就得到了 PID 控制器，其参数为 $K_P = Ka$、$K_D = K$、$K_I = Kb$。这里假定 c 为可以调节的参数。例如，可以令 $c \neq 0$，以便考查增加参数选择的自由度是否有益于整个设计；也可以直接令 $c = 0$，这表示直接采用 PID 形式的控制器。本例中需要调节的关键参数如下。

选择关键的调节参数：K、a、b、c

这里还需要说明一下，式（8.58）并非唯一可用的控制器。例如，我们还可以考虑如下控制器：

$$G_c(s) = K\frac{s + z}{s + p} \tag{8.59}$$

其中，K、z 和 p 都是重要的调节参数。对于式（8.59）所示的控制器应如何设计，将留作本章后面的习题。

闭环控制系统的响应主要由主导极点的位置决定。因此，我们的设计思路就是首先利用二阶系统性能指标的近似计算公式，从指标设计要求出发，确定系统主导极点的位置。一旦得到控制器的一些参数并能够保证系统具有期望的主导极点，就可以通过恰当地配置其他极点，使其他非主导极点对整个系统的影响可以忽略不计。

对于二阶系统而言，系统带宽 ω_B 和固有频率 ω_n 之间的近似计算公式为

$$\frac{\omega_B}{\omega_n} \approx -1.1961\zeta + 1.8508(0.3 \leqslant \zeta \leqslant 0.8)$$

考虑指标设计要求 1，我们希望

$$\omega_B = 1\ \text{Hz} = 6.28\ \text{rad/s} \tag{8.60}$$

考虑指标设计要求 2，根据对超调量的设计要求，我们可以确定阻尼比 ζ 的最小值。具体到超调量 P.O. ≤ 15%，需要有

$$\zeta \geqslant 0.52$$

因此，可以取 $\zeta = 0.52$。尽管本例没有将调节时间作为设计指标并提出明确的设计要求，但在保证满足现有设计要求的前提下，系统的响应还是越快越好。由图 8.26 和式（8.60）可以得到

$$\omega_n = \frac{\omega_B}{-1.1961\zeta + 1.8508} = 5.11\ \text{rad/s} \tag{8.61}$$

这样根据 $\omega_n = 5.11$ rad/s 和 $\zeta = 0.52$，再利用式（8.36），就可以得到

$$\omega_r = 3.46\ \text{rad/s}$$

因此，如果系统真的是二阶系统，就可以确定控制器的增益，使系统同时满足 $\omega_n = 5.11$ rad/s 和 $\zeta = 0.52$。也就是说，同时满足 $M_{p\omega} = 1.125$ 和 $\omega_r = 3.46$ rad/s。

但本例中的闭环系统是 4 阶系统，而非上面所说的二阶系统。因此，有效的设计思路就是通过选择参数 K、a、b 和 c 的取值，使系统有两个极点成为主导极点，而且要能够满足指标设计要求。

另一种设计思路是直接用二阶系统来近似这里的 4 阶系统。将参数 K、a、b 和 c 视为变量，从而得到一个近似的传递函数 $T_L(s)$，然后想办法使它的频率特性函数和原有系统的频率特性函数非常接近。

接下来就按照第一种思路展开设计。原有系统的环路传递函数为

$$G_c(s)G(s) = \frac{K\left(s^2 + as + b\right)}{s\left(s^2 + 2s + 10\right)(s + c)}$$

对应的闭环传递函数为

$$T(s) = \frac{K\left(s^2 + as + b\right)}{s^4 + (2 + c)s^3 + (10 + 2c + K)s^2 + (10c + Ka)s + Kb} \tag{8.62}$$

对应的特征方程为

$$s^4 + (2 + c)s^3 + (10 + 2c + K)s^2 + (10c + Ka)s + Kb = 0 \tag{8.63}$$

此时，特征多项式是四阶的。我们希望将其分解成因式连乘形式，即

$$P_d(s) = \left(s^2 + 2\zeta\omega_n s + \omega_n^2\right)\left(s^2 + d_1 s + d_0\right)$$

我们还希望通过选择 ζ 和 ω_n 的合适取值，使系统满足性能指标设计要求，也就是使方程 $s^2 + 2\zeta\omega_n s + {\omega_n}^2 = 0$ 的根是主导极点。与此同时，我们希望方程 $s^2 + d_1 s + d_0 = 0$ 的根是非主导极点。主导极点应当位于复平面的同一条垂线上，其到虚轴的距离为 $s = -\zeta\omega_n$。

另一方面，令 $d_1 = 2\alpha\zeta\omega_n$。如果方程 $s^2 + d_1 s + d_0 = 0$ 有共轭复根或实重根，那么它们就应该位于复平面的垂线 $s = -\alpha\zeta\omega_n$ 上。通过选择 $\alpha > 1$，可以有效地将这一对共轭复根移到主导极点的左侧。α 越大，非主导极点离主导极点的距离越远。α 的合理取值为 12。如果继续要求 $d_0 = \alpha^2\zeta^2\omega_n^2$，则可以得到两个实重根：

$$s^2 + d_1 s + d_0 = \left(s + \alpha\zeta\omega_n\right)^2 = 0$$

不过，$d_0 = \alpha^2\zeta^2\omega_n^2$ 并不是必需的选择。如果希望将非主导极点对整个系统响应的影响尽快衰

减掉并且不产生振荡，则这样的选择是足够合理的。

于是，预期的特征多项式变为

$$s^4+\left[2\zeta\omega_n(1+\alpha)\right]s^3+\left[\omega_n^2\left(1+\alpha\zeta^2(\alpha+4)\right)\right]s^2 \\ +\left[2\alpha\zeta\omega_n^3\left(1+\zeta^2\alpha\right)\right]s+\alpha^2\zeta^2\omega_n^4=0 \tag{8.64}$$

令式（8.63）和式（8.64）中的系数相等，就可以产生如下 4 个包含参数 K、a、b、c 和 α 的等式：

$$2\zeta\omega_n(1+\alpha)=2+c$$
$$\omega_n^2\left(1+\alpha\zeta^2(4+\alpha)\right)=10+2c+K$$
$$2\alpha\zeta\omega_n^3\left(1+\zeta^2\alpha\right)=10c+Ka$$
$$\alpha^2\zeta^2\omega_n^4=Kb$$

由于 $\zeta=0.52$、$\omega_n=5.11$、$\alpha=12$，因此有

$$c=67.13$$
$$K=1239.2$$
$$a=5.17$$
$$b=21.48$$

得到的控制器为

$$G_c(s)=1239\frac{s^2+5.17s+21.48}{s+67.13} \tag{8.65}$$

在采用式（8.65）给出的控制器之后，闭环系统的阶跃响应如图 8.35 所示，超调量 P.O.= 14%，调节时间 $T_s=0.96$ s。

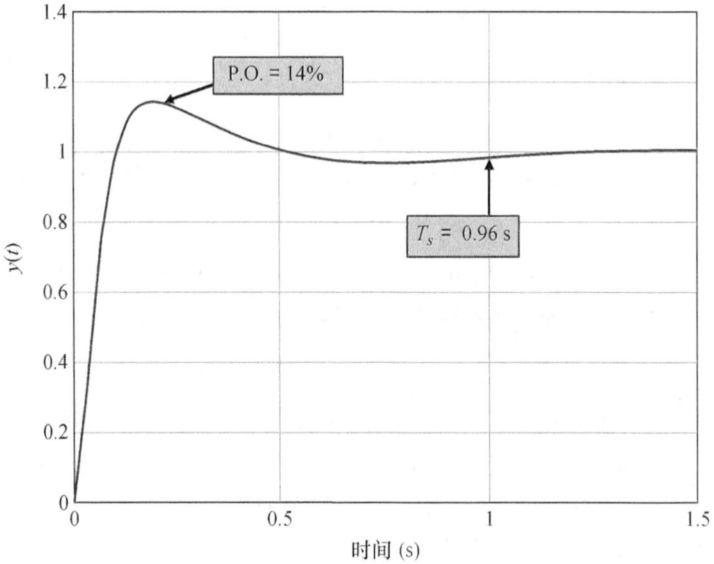

图 8.35　当采用式（8.65）给出的控制器时，闭环系统的阶跃响应

整个闭环系统的幅频特性曲线如图 8.36 所示，可以看出，系统带宽为 $\omega_B=27.2$ rad/s = 4.33 Hz，这满足指标设计要求 1，但却大于我们在设计过程中使用的额定指标 $\omega_B=1$ Hz（这源于该系统其实并不是二阶系统），更高的带宽可以带来更短的调节时间。谐振峰值 $M_{p\omega}$ 的期望值是 1.125，而系统实际的谐振峰值是 1.21。

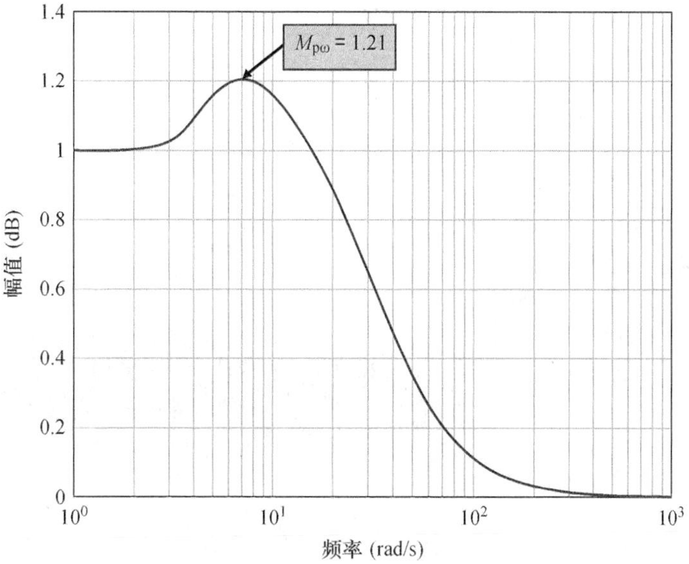

图 8.36 当采用式（8.65）给出的控制器时，闭环系统的幅频特性曲线

下面考虑系统对正弦输入信号的稳态时域响应。从前面的结果中可以预料到，当输入信号的频率增大时，输出信号的幅值应该会减小。我们不妨看看两种特定的情况：在图 8.37 中，当输入信号的频率为 $\omega = 1$ rad/s 时，输出信号的稳态幅值约为 1；而在图 8.38 中，当输入信号的频率为 $\omega = 500$ rad/s 时，输出信号的稳态幅值略小于 0.005。这验证了我们的直觉，即增大输入正弦信号的频率会减小系统响应的稳态幅值。

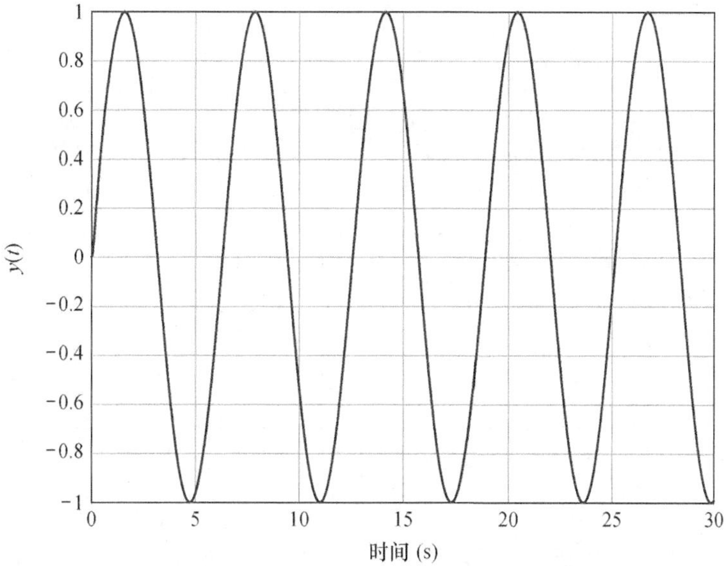

图 8.37 当输入正弦信号的频率为 $\omega = 1$ rad/s 时，闭环系统的输出响应

通过利用简单的解析分析方法，我们可以得到移动机器人的控制器参数的一组初始值，它们基本能够满足指标设计要求。如果想要很准确地满足指标设计要求，则需要更加精细地调整控制器参数。

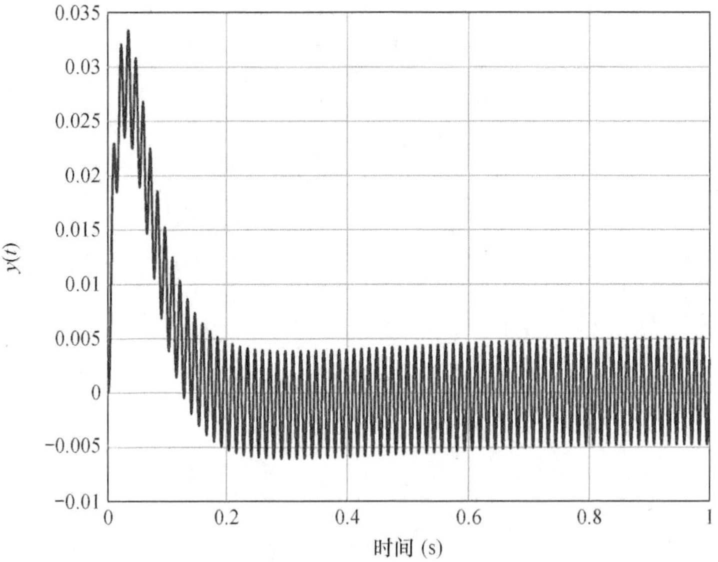

图 8.38　当输入正弦信号的频率为 ω = 500 rad/s 时，闭环系统的输出响应

8.7　利用控制系统设计软件的频率响应法

本节介绍函数 bode 和 logspace。其中，bode 函数用于绘制伯德图；logspace 函数用于生成对数刻度的频率点向量，供 bode 函数使用。

考虑如下传递函数：

$$G(s)=\frac{5(1+0.1s)}{s(1+0.5s)\left(1+(0.6/50)s+\left(1/50^{2}\right)s^{2}\right)} \tag{8.66}$$

式（8.66）对应的伯德图如图 8.39 所示，其中包含两条曲线，一条是对数幅值增益随频率 ω

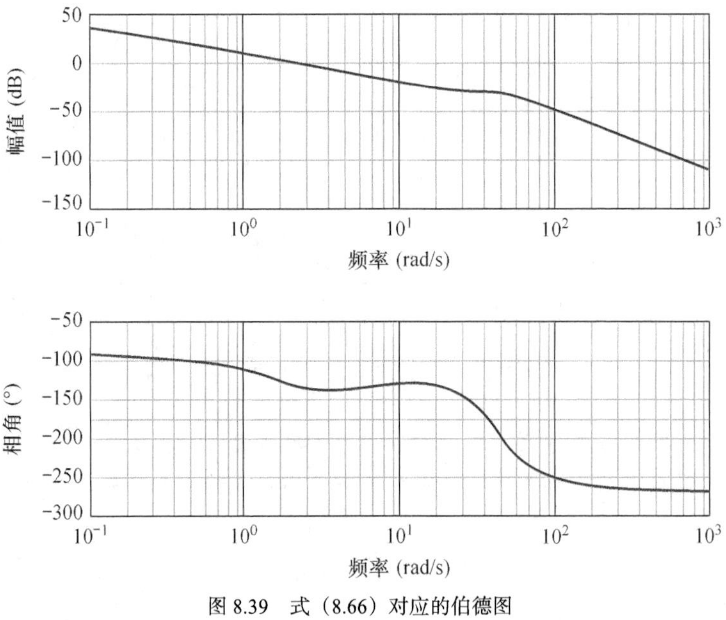

图 8.39　式（8.66）对应的伯德图

变化的对数幅频特性曲线，另一条是相位 $\phi(\omega)$ 随频率 ω 变化的相频特性曲线。与绘制根轨迹时的情况类似，由于用控制系统设计软件可以绘制出精确的伯德图，我们很容易产生过度依赖软件的心理。这里需要强调的是，我们只能将控制系统设计软件视为设计工具。在学习过程中，培养手动绘制伯德图的能力是最为基础和重要的工作，要想深入理解背后的理论，除了勤于动手之外，没有其他的替代方法。

图 8.40 给出了利用 bode 函数生成的给定系统的伯德图。在调用 bode 函数时，如果缺失变量说明，则自动生成完整的伯德图；否则只计算幅值和相角，并将结果分别存放在工作空间的向量 mag 和 phase 中。在此情况下，只有再次调用函数 plot 或 semilogx，并利用已有的向量 mag、phase 和 $\boldsymbol{\omega}$，才能绘制出伯德图。向量 $\boldsymbol{\omega}$ 以 rad/s 为单位给出了绘制伯德图时需要用到的频率点。如果没有事先给定向量 $\boldsymbol{\omega}$，bode 函数将自动选取参与运算的频率点，并在频率响应变化较快时，自动加大频率点的选取密度。如果给定了向量 $\boldsymbol{\omega}$，则可以使用 logspace 函数生成所需的用对数表示的频率数据向量。logspace 函数的使用说明参见图 8.41。

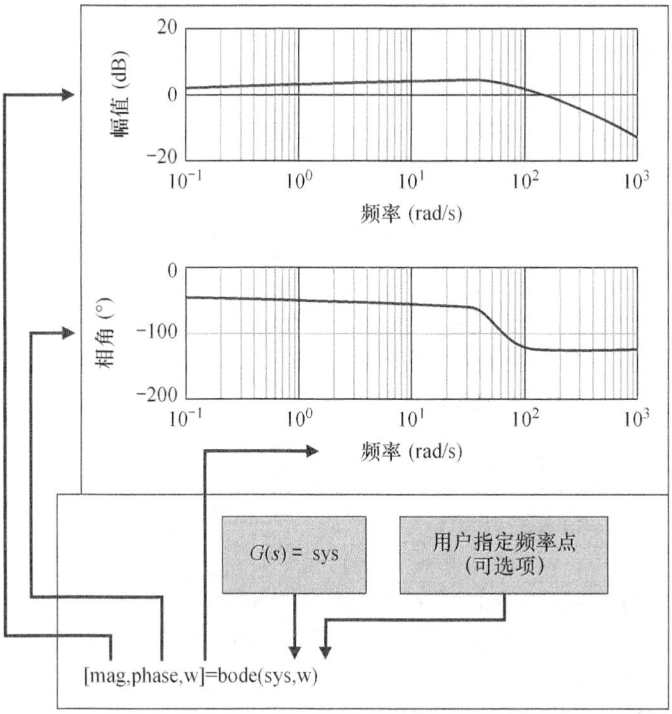

图 8.40　使用 bode 函数生成伯德图

运行图 8.42 给出的 m 脚本程序可以得到图 8.39 所示的伯德图。此时，bode 函数自动选择了频率变化范围，不过，频率变化范围也可以使用 logspace 函数来生成。bode 函数同样适用于用状态空间模型表示的系统。bode 函数的使用说明参见图 8.43，从中可以看出，这与用于传递函数模型时基本相同，仅有的区别在于，bode 函数的输入对象是状态空间模型而不是传递函数。

请记住，控制系统的设计目标通常是使系统满足给定的时域性能指标要求。因此，在频域中设计控制系统时，我们应该首先建立频率响应和时域响应的相互联系，而且这两个问题域中的指标之间的联系，主要取决于系统能否用主导极点近似为二阶主导系统以及近似的精确程度。

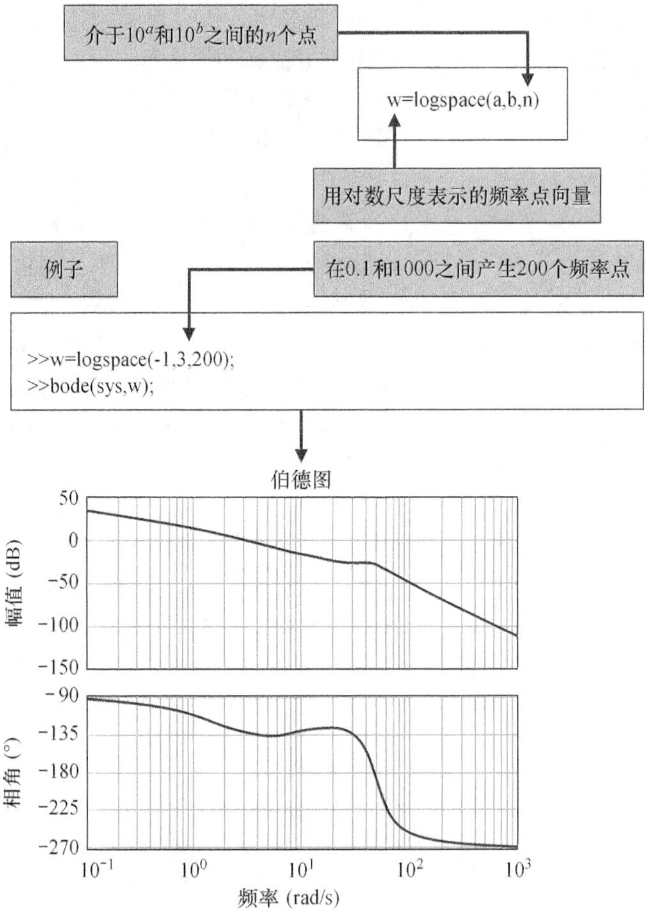

图 8.41 logspace 函数的使用说明

```
%图8.39中绘制伯德图的脚本
%
num=5*[0.1 1];
f1=[1 0]; f2=[0.5 1]; f3=[1/2500 .6/50 1];
den=conv(f1,conv(f2,f3));
%
sys=tf(num,den);
bode(sys)
```

计算

$$s(1+0.5s)\left(1+\frac{0.6}{50}s+\frac{1}{50^2}s^2\right)$$

图 8.42 用于计算图 8.39 所示伯德图的 m 脚本程序

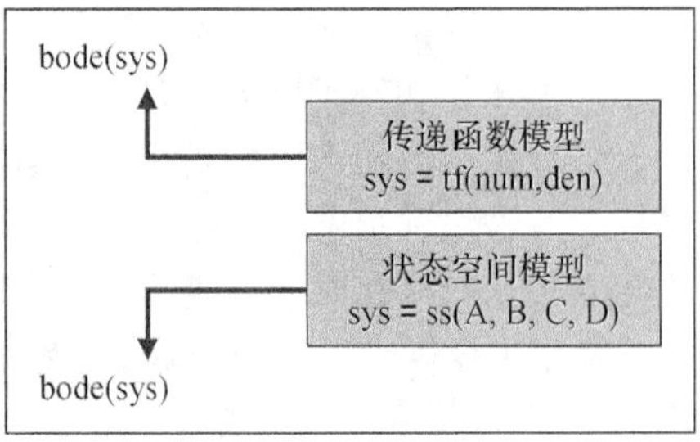

图 8.43 适用于状态空间模型的 bode 函数

再次考虑图 8.24 所示的典型二阶闭环系统，与其闭环传递函数［见式（8.46）］对应的伯德图如图 8.25 所示。运行图 8.44（b）给出的 m 脚本程序，可以再次得到系统的谐振频率 ω_r 和谐振峰值 $M_{p\omega}$ 与阻尼比 ζ 和固有频率 ω_n 之间的关系曲线（也可参见图 8.11）。要想在频域中设计出满足时域指标设计要求的控制系统，图 8.44 提供的信息是非常有用的。

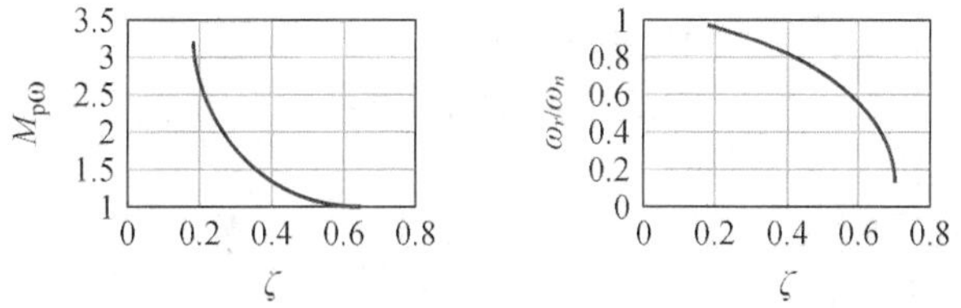

(a)

```
zeta=[0.15:0.01:0.7];
wr_over_wn=sqrt(1-2*zeta.^2);
Mp=(2*zeta .* sqrt(1-zeta.^2)).^(-1);
%
subplot(211),plot(zeta,Mp),grid
xlabel('\zeta'), ylabel('M_{p\omega}')
subplot(212),plot(zeta,wr_over_wn),grid
xlabel('\zeta'), ylabel('\omega_r/\omega_n')
```

zeta的范围是0.15~0.70

绘图

(b)

图 8.44　（a）ω_r 和 $M_{p\omega}$ 与 ζ 和 ω_n 之间的关系曲线；（b）m 脚本程序

例 8.8　雕刻机位置控制系统

雕刻机采用两个驱动电机和配套的驱动螺杆，在预期的方向上驱动和定位雕刻刀具[7]，图 8.45 给出了雕刻机位置控制系统的框图模型。本例的设计目标是，确定增益 K 的合适取值，使系统具有可以接受的阶跃响应。图 8.46 给出了在频域中设计该系统的流程图。首先取定增益 K 的初始值（$K = 2$），如果系统不满足性能要求，就更新 K 的取值并重复所给的设计过程。图 8.47 给出了设计中用到的 m 脚本程序，其中 K 的取值直接由命令行给定。运行这个 m 脚本程序，就能够得到所需的闭环伯德图，并能够从中估算出 $M_{p\omega}$ 和 ω_r 的取值。然后根据图 8.44 给出的关系曲线，就可以估算出阻尼比 ζ 和固有频率 ω_n 的取值。

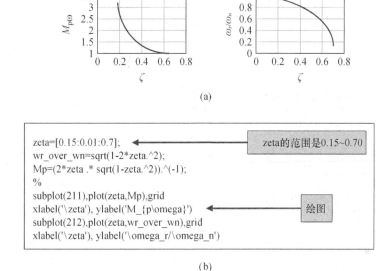

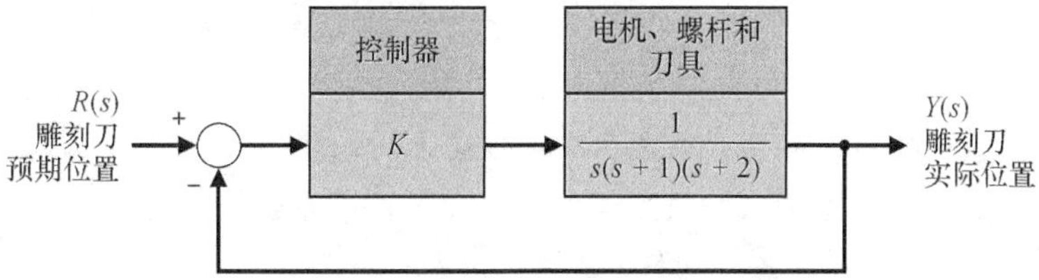

图 8.45　雕刻机位置控制系统的框图模型

在确定了阻尼比 ζ 和固有频率 ω_n 之后，就可以估算出调节时间和超调量等时域性能指标。如果不满足指标设计要求，则调整 K 并重复前面的步骤。

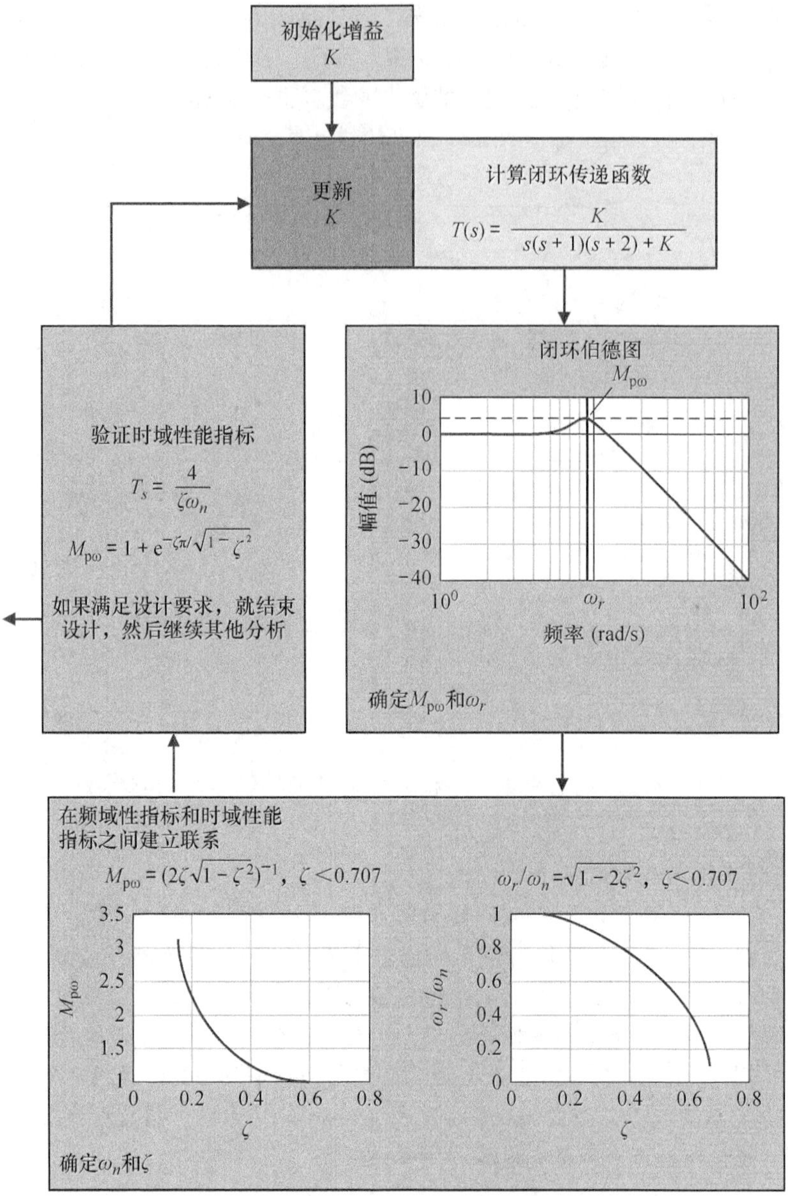

图 8.46　雕刻机位置控制系统的频域设计流程

当 $K = 2$ 时，运行所给的 m 脚本程序，得出阻尼比 $\zeta = 0.29$、固有频率 $\omega_n = 0.88$，进而估计出超调量 P.O. = 37%、调节时间 $T_s = 15.7$ s。图 8.48 给出了系统的实际阶跃响应，从中可以看出，本例的估算结果相当精确，整个闭环系统的响应令人满意。

对于雕刻机位置控制系统而言，二阶系统是合理的近似模型，因此我们在频域中得到了令人满意的设计结果。但一定要注意，二阶近似系统并不总是能够导致好的设计结果。幸运的是，控制系统设计软件能够提供便利的交互式设计能力，减小手动计算的负担，让我们更加方便地利用经典和现代的设计手段来达到设计目标。

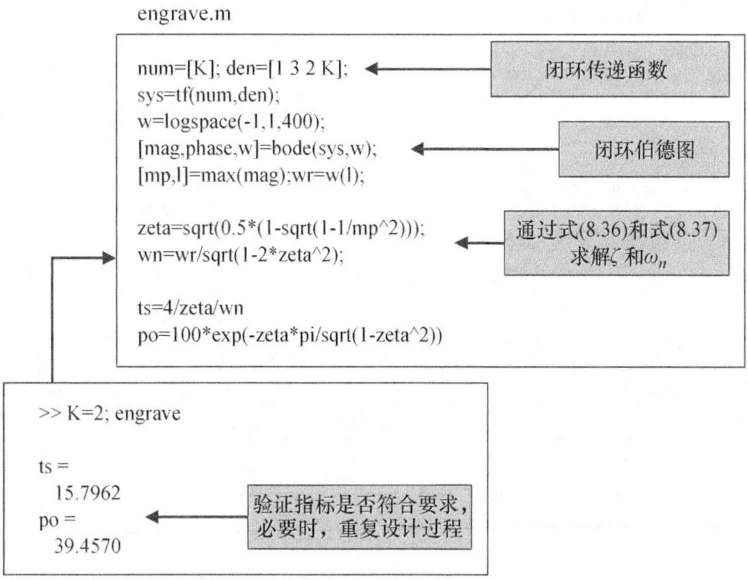

图 8.47　用于设计雕刻机位置控制系统的 m 脚本程序

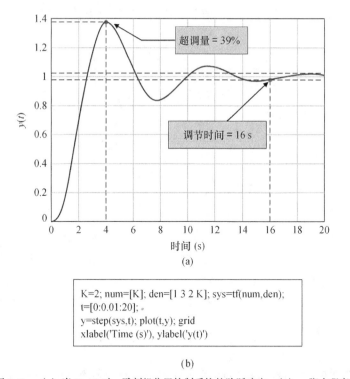

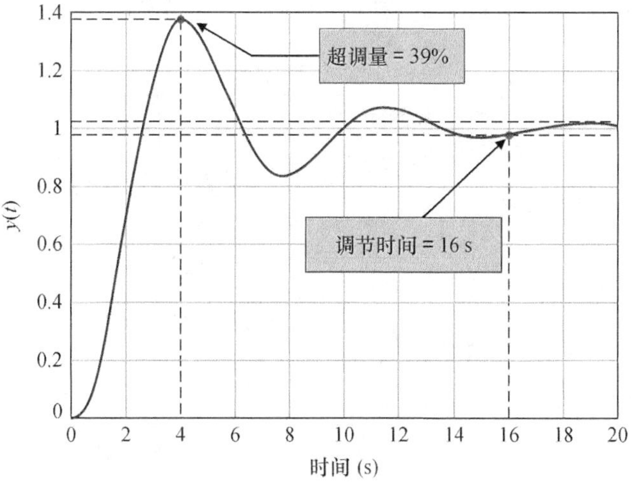

(a)

```
K=2; num=[K]; den=[1 3 2 K]; sys=tf(num,den);
t=[0:0.01:20];
y=step(sys,t); plot(t,y); grid
xlabel('Time (s)'), ylabel('y(t)')
```

(b)

图 8.48　(a) 当 $K = 2$ 时，雕刻机位置控制系统的阶跃响应；(b) m 脚本程序

8.8　循序渐进设计实例：磁盘驱动器读取系统

磁盘驱动器用一个弹性簧片来悬挂磁头，这一弹性装置可以用弹簧和质量块来建模。本节将在电机-负载系统中扩展考虑簧片因素，研究簧片对整个系统的影响 [22]。

图 8.49 给出了描述磁头与簧片的质量块-弹簧-阻尼器系统。这里假定外力 $u(t)$由机械臂施加

于簧片。质量块-弹簧-阻尼器系统的传递函数为

$$\frac{Y(s)}{U(s)} = G_3(s) = \frac{\omega_n^2}{s^2 + 2\zeta\omega_n s + \omega_n^2}$$

$$= \frac{1}{1 + \left(2\zeta s/\omega_n\right) + \left(s/\omega_n\right)^2}$$

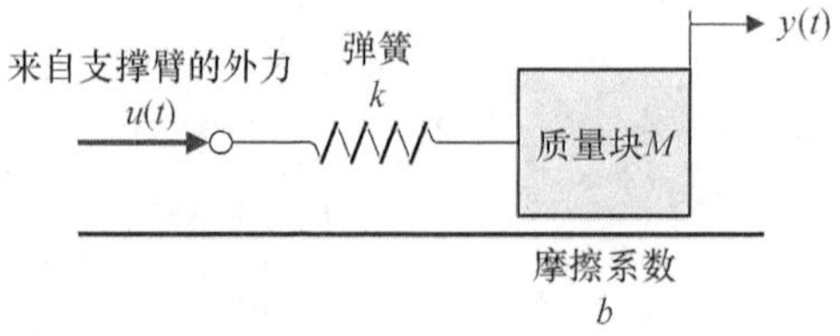

图 8.49 描述磁头与簧片的质量块-弹簧-阻尼器系统

图 8.50 给出了质量块-弹簧-阻尼器系统的典型参数值：阻尼比 $\zeta = 0.3$、固有谐振频率 $f_n = 3000$ Hz（即 $\omega_n = 18.85 \times 10^3$ rad/s）。

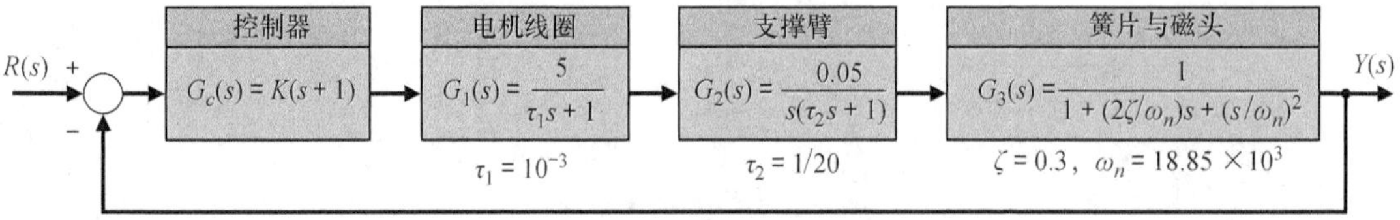

图 8.50 磁头位置控制系统考虑了簧片的弹性影响

为了得到将簧片的弹性影响考虑在内的磁盘驱动器读取系统的频率特性，这里取 $K = 400$ 并绘制图 8.51 所示的开环对数幅频特性曲线和近似线。可以看出，在谐振频率 $\omega = \omega_n$ 处，对数幅频特性曲线要比近似线高 10 dB 左右。请留意，我们应尽量避免激活谐振频率。

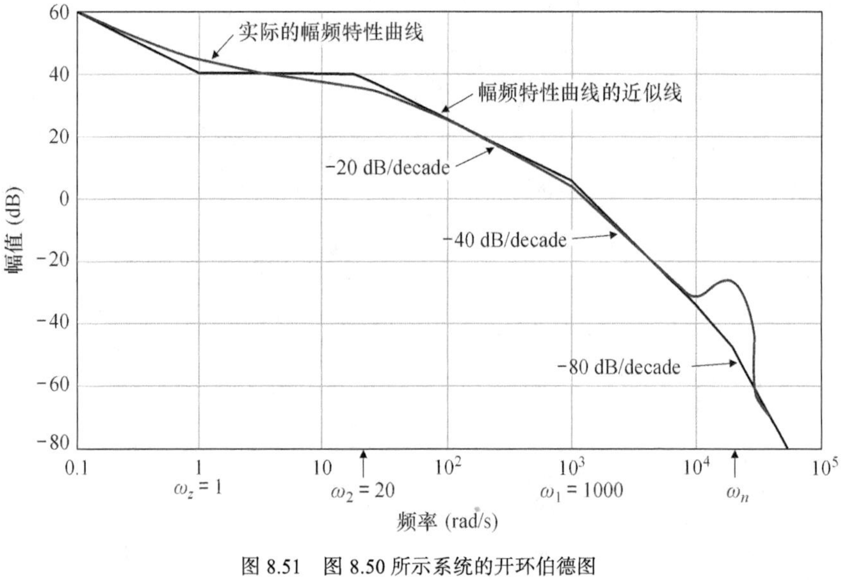

图 8.51 图 8.50 所示系统的开环伯德图

接下来绘制磁盘驱动器读取系统的精确伯德图，其开环和闭环幅频特性曲线如图 8.52 所示。从中可以看出，闭环系统的带宽为 $\omega_B = 2000$ rad/s。当 $\zeta \approx 0.8$、$\omega_n \approx \omega_B = 2000$ rad/s 时，由 $T_s = \frac{4}{\zeta\omega_n}$ 可以估算得到图 8.50 所示闭环系统的调节时间（按 2% 准则）为 2.5 ms。此外，只要 $K \leqslant 400$，谐振频率点就会处于系统带宽之外。

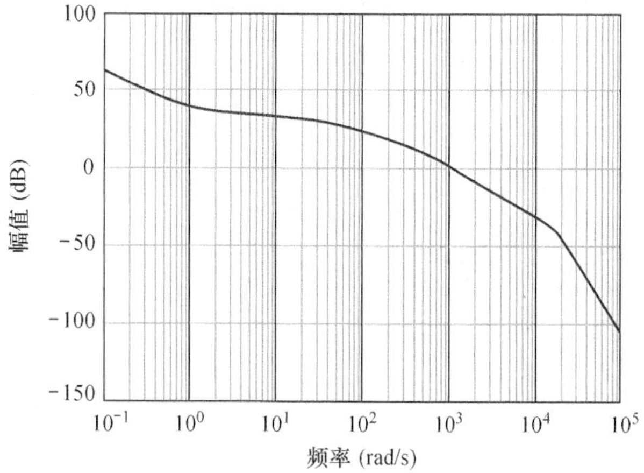

(a)

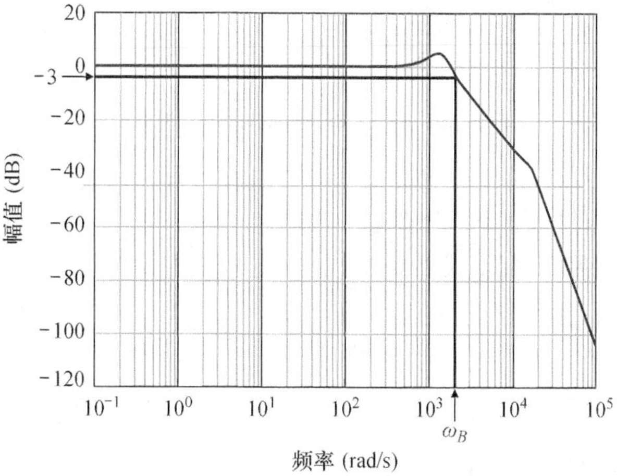

(b)

图 8.52 图 8.50 所示系统的精确伯德图

(a) 开环幅频特性曲线；(b) 闭环幅频特性曲线

8.9 小结

本章讨论了如何使用频率响应特性来表征反馈控制系统。系统的频率响应被定义为系统对正弦输入信号的稳态响应。可用多种图示化方法来表示系统的频率响应特性，包括频率响应的极坐标图、对数坐标图（即伯德图）等。本章强调了传递函数的基本因子项的伯德图的简便绘制方法，以及系统伯德图近似线的近似绘制方法，近似线近似方法可以极大减轻计算强度。表 8.2 总结了 15 种典型传递函数的伯德图。本章还讨论了系统的频域性能指标，如谐振峰值 $M_{p\omega}$、谐振频率 ω_r 等，以及伯德图与系统稳态误差系数（如 K_p、K_v）的关系。最后，本章讨论了系统频率响应的另一种表示方法——对数幅相曲线。

表 8.2　15 种典型传递函数的伯德图

$G(s)$	伯德图	$G(s)$	伯德图
1. $\dfrac{K}{s\tau_1+1}$	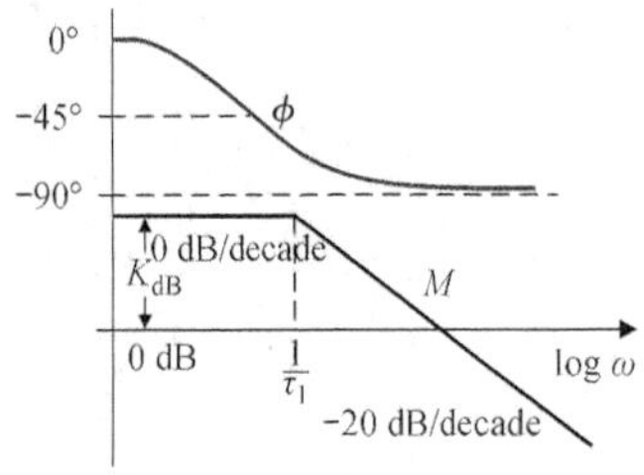	7. $\dfrac{K(s\tau_a+1)}{s(s\tau_1+1)(s\tau_2+1)}$	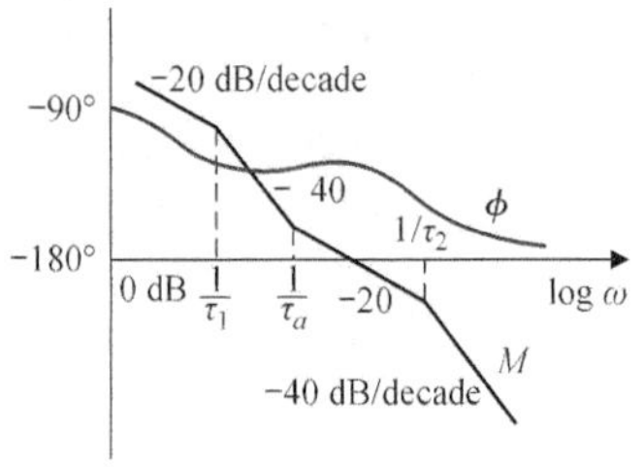
2. $\dfrac{K}{(s\tau_1+1)(s\tau_2+1)}$	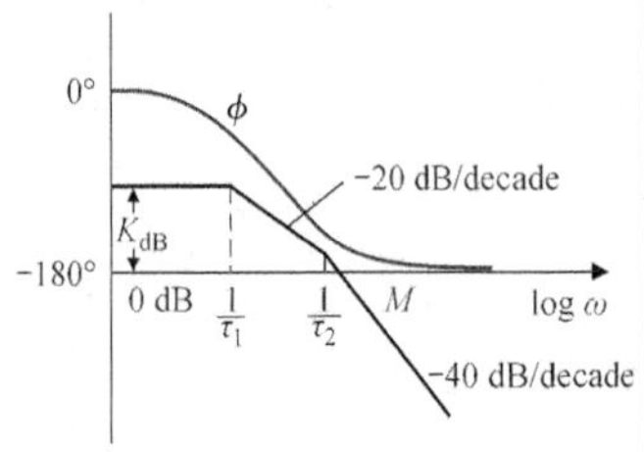	8. $\dfrac{K}{s^2}$	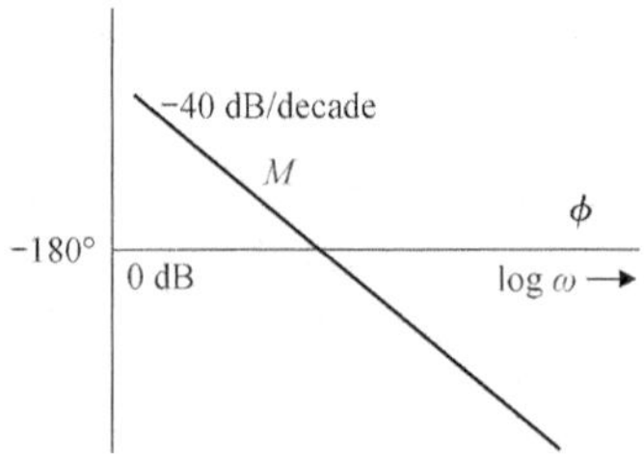
3. $\dfrac{K}{(s\tau_1+1)(s\tau_2+1)(s\tau_3+1)}$	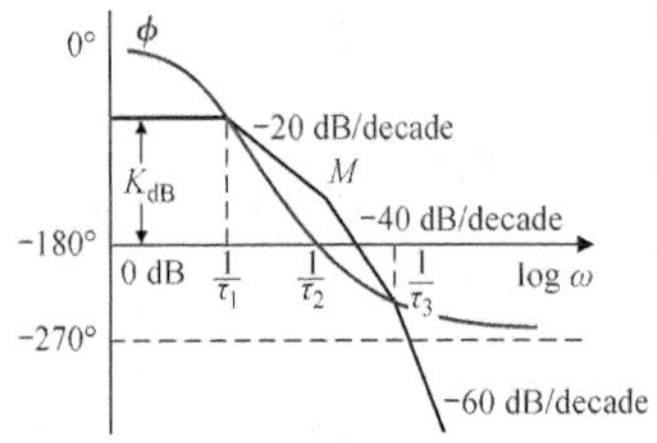	9. $\dfrac{K}{s^2(s\tau_1+1)}$	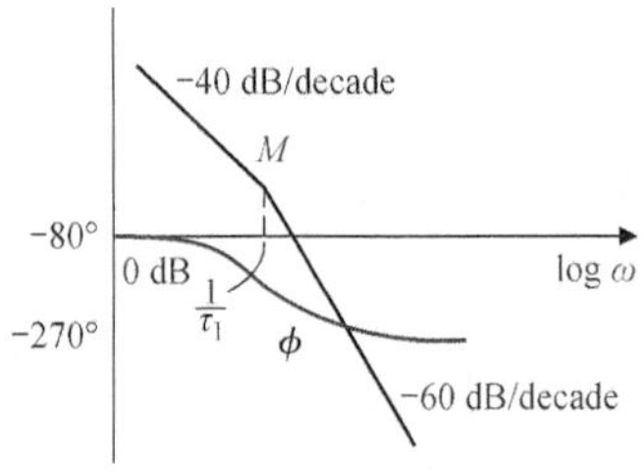
4. $\dfrac{K}{s}$	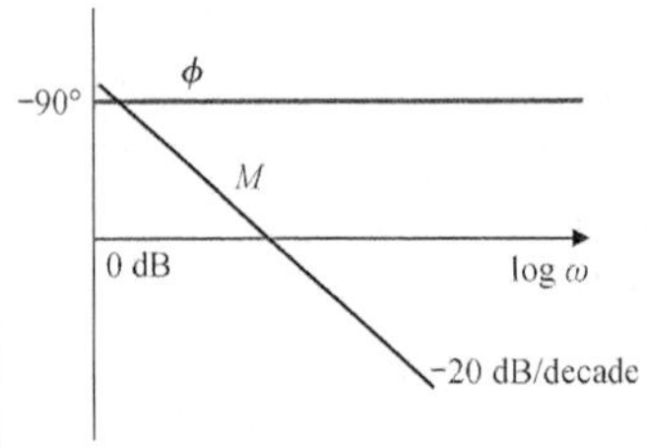	10. $\dfrac{K(s\tau_a+1)}{s^2(s\tau_1+1)}$ $\tau_a>\tau_1$	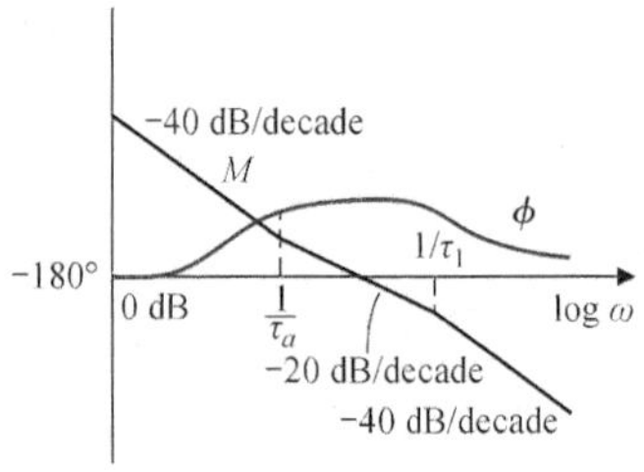
5. $\dfrac{K}{s(s\tau_1+1)}$	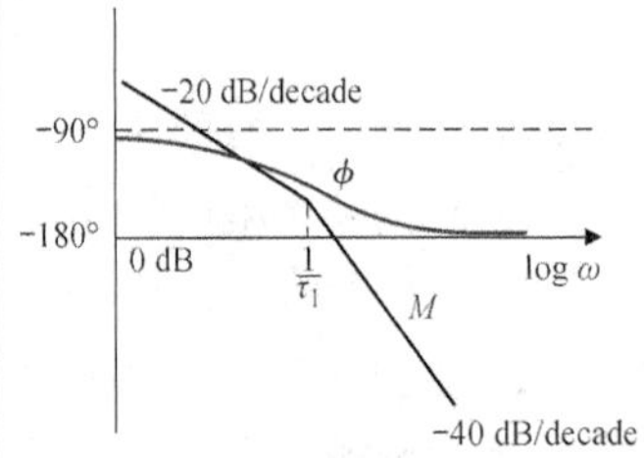	11. $\dfrac{K}{s^3}$	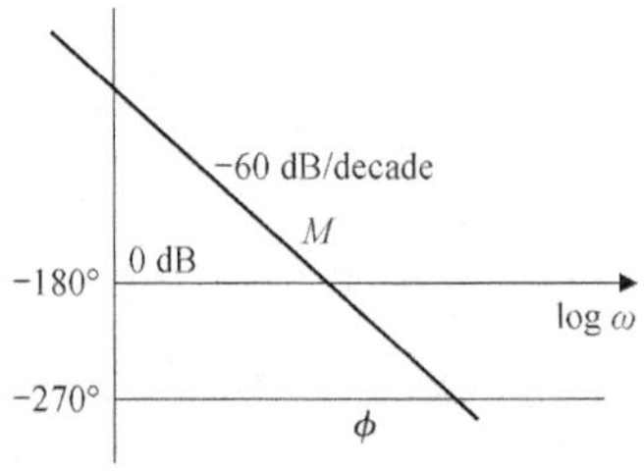
6. $\dfrac{K}{s(s\tau_1+1)(s\tau_2+1)}$	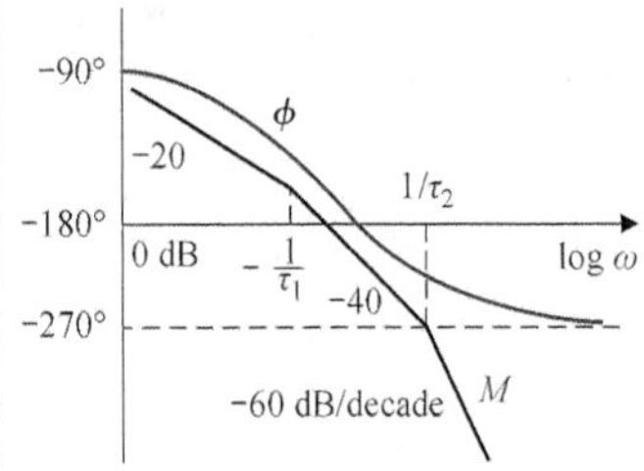	12. $\dfrac{K(s\tau_a+1)}{s^3}$	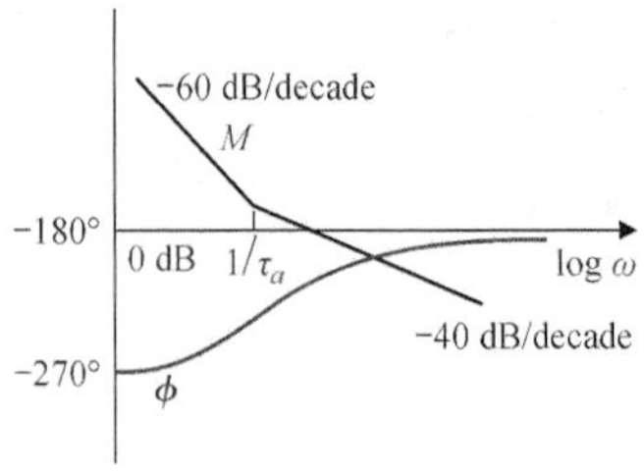

续表

$G(s)$	伯德图	$G(s)$	伯德图
13. $\dfrac{K(s\tau_a+1)(s\tau_b+1)}{s^3}$	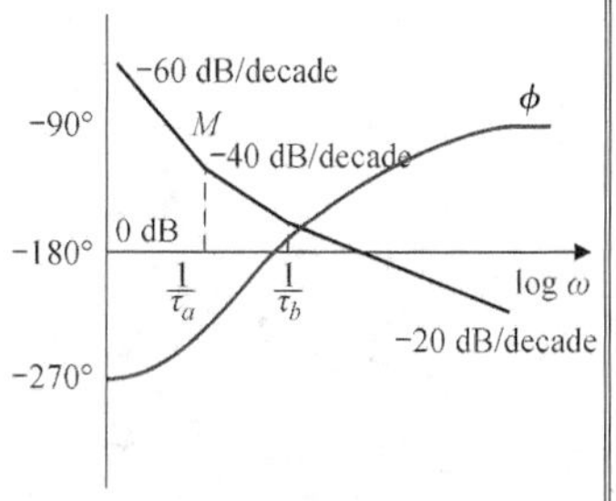	15. $\dfrac{K(s\tau_a+1)}{s^2(s\tau_1+1)(s\tau_2+1)}$	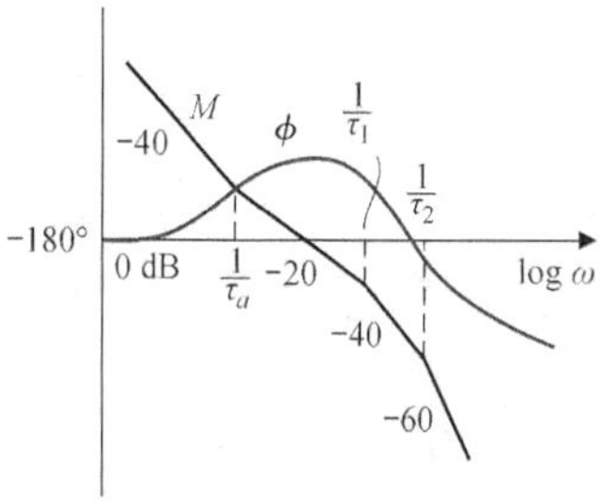
14. $\dfrac{K(s\tau_a+1)}{s(s\tau_1+1)(s\tau_2+1)}$ $\dfrac{(s\tau_b+1)}{(s\tau_3+1)(s\tau_4+1)}$	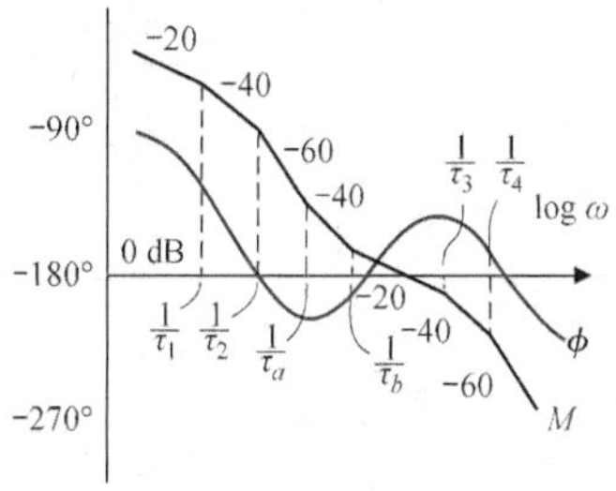		

☑ 技能自测

本节提供 3 类题目来测试你对本章知识的掌握情况：正误判断题、多项选择题以及术语和概念匹配题。为了直接反馈学习效果，请及时对照每章最后给出的答案。必要时，请借助图 8.53 给出的框图模型，确认下面各题中的相关陈述。

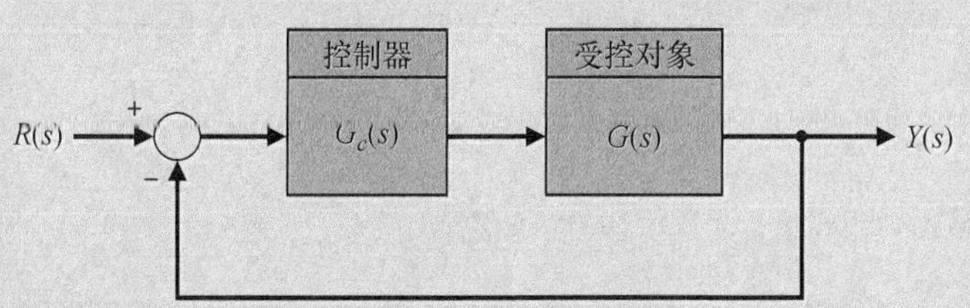

图 8.53　技能自测参考框图模型

在下面的正误判断题和多项选择题中，圈出正确的答案。

1. 频率响应表示稳定系统对不同频率的正弦输入信号的稳态响应。　对　或　错
2. 依照 $G(\mathrm{j}\omega)$ 的实部与虚部的关系绘制的曲线被称为伯德图。　对　或　错
3. 如果传递函数的所有零点均位于 s 平面的右半平面，则称系统为最小相位系统。　对　或　错
4. 谐振频率和带宽均与瞬态响应的速度有关。　对　或　错
5. 频率响应法的优点之一是，可以很方便地获得用于测试的具有不同频率和幅值的正弦信号。　对　或　错
6. 考虑用如下微分方程描述的稳定系统：

$$\dot{x}(t)+3x(t)=u(t)$$

其中，$u(t)=\sin 3t$。试确定系统的滞后相角。

a. $\phi=0^\circ$

b. $\phi=-45^\circ$

c. $\phi=-60^\circ$

d. $\phi=-180^\circ$

在完成第 7 题和第 8 题时，请参考图 8.53 给出的闭环系统，假设其开环传递函数为

$$L(s) = G(s)G_c(s) = \frac{8(s+1)}{s(2+s)(2+3s)}$$

7．图 8.54 中的哪一组是图 8.53 所示闭环系统的伯德图？

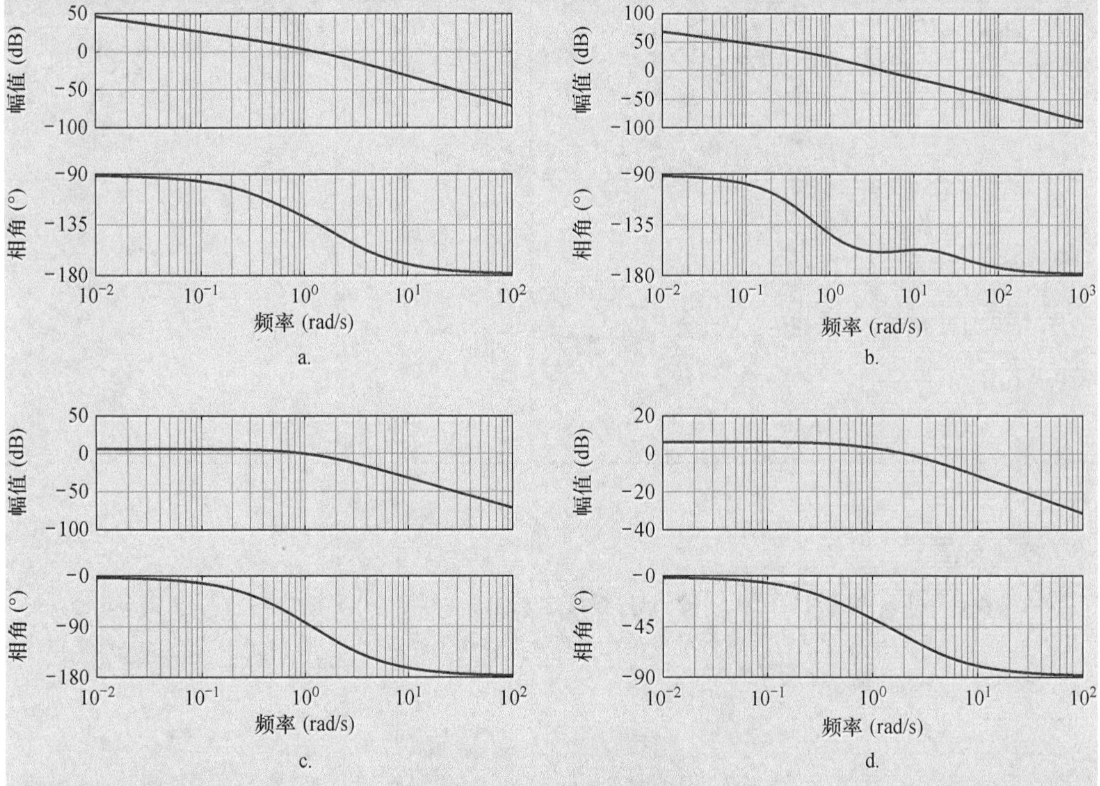

图 8.54 可供选择的伯德图

8．确定系统响应具有单位幅值增益时对应的频率和相角。

a．$\omega = 1$ rad/s，$\phi = -82°$

b．$\omega = 1.26$ rad/s，$\phi = -133°$

c．$\omega = 1.26$ rad/s，$\phi = 133°$

d．$\omega = 4.2$ rad/s，$\phi = -160°$

在完成第 9 题和第 10 题时，请参考图 8.53 给出的闭环系统，假设其开环传递函数为

$$L(s) = G(s)G_c(s) = \frac{50}{s^2 + 12s + 20}$$

9．开环传递函数 $L(s)$ 的伯德图的转折频率分别为________。

a．$\omega = 1$ 和 $\omega = 12$ rad/s

b．$\omega = 2$ 和 $\omega = 10$ rad/s

c．$\omega = 20$ 和 $\omega = 1$ rad/s

d．$\omega = 12$ 和 $\omega = 20$ rad/s

10．观察开环传递函数 $L(s)$ 的伯德图，近似线在低频段（$\omega \ll 1$）和高频段（$\omega \gg 10$）的斜率分别为________。

a．近似线在低频段的斜率是 20 dB/decade，在高频段的斜率也是 20 dB/decade。

b. 近似线在低频段的斜率是 0 dB/decade，在高频段的斜率是−20 dB/decade。

c. 近似线在低频段的斜率是 0 dB/decade，高频段的斜率是−40 dB/decade。

d. 近似线在低频段的斜率是−20 dB/decade，在高频段的斜率也是−20 dB/decade。

11. 图 8.55 给出的是下列哪个环路传递函数的伯德图？

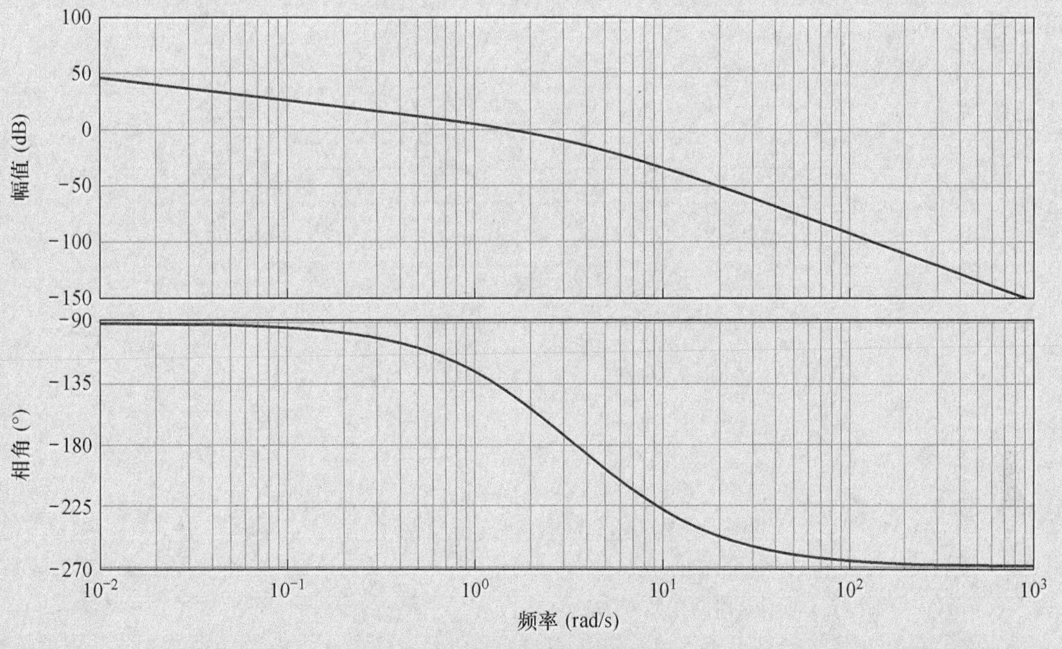

图 8.55 未知系统的伯德图

a. $L(s)=G_c(s)G(s)=\dfrac{100}{s(s+5)(s+6)}$

b. $L(s)=G_c(s)G(s)=\dfrac{24}{s(s+2)(s+6)}$

c. $L(s)=G_c(s)G(s)=\dfrac{24}{s^2(s+6)}$

d. $L(s)=G_c(s)G(s)=\dfrac{10}{s^2+0.5s+10}$

12. 假设某反馈控制系统的指标设计要求是阶跃响应的超调量 P.O. ≤ 10%，则对应的频域指标设计要求为________。

a. $M_{p\omega}\leqslant 0.55$

b. $M_{p\omega}\leqslant 0.59$

c. $M_{p\omega}\leqslant 1.05$

d. $M_{p\omega}\leqslant 1.27$

13. 参考图 8.53 所示的闭环系统，其传递函数为

$$L(s)=G_c(s)G(s)=\frac{100}{s(s+11.8)}$$

则系统的谐振频率 ω_r 和带宽 ω_B 分别为________。

a. $\omega_r=1.59$ rad/s，$\omega_B=1.86$ rad/s

b. $\omega_r=3.26$ rad/s，$\omega_B=16.64$ rad/s

c. $\omega_r=12.52$ rad/s，$\omega_B=3.25$ rad/s

d. $\omega_r=5.49$ rad/s，$\omega_B=11.6$ rad/s

在完成第 14 题和第 15 题时，请参考图 8.56 给出的系统 $G(j\omega)$ 的频率响应（即伯德图）。

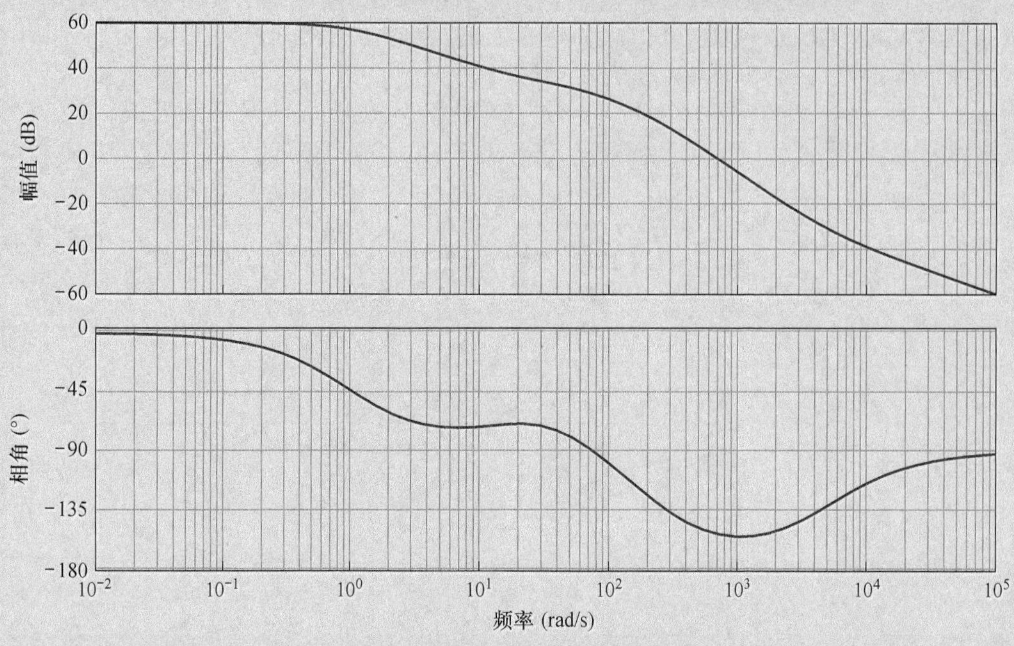

图 8.56 系统 $G(j\omega)$ 的频率响应

14. 系统 $G(j\omega)$ 的型数（即积分器的个数）为________。

a. $N = 0$

b. $N = 1$

c. $N = 2$

d. $N > 2$

15. 图 8.56 所示的伯德图对应的传递函数为________。

a. $G(s) = \dfrac{100(s+10)(s+5000)}{s(s+5)(s+6)}$

b. $G(s) = \dfrac{100}{(s+1)(s+20)}$

c. $G(s) = \dfrac{100}{(s+1)(s+50)(s+200)}$

d. $G(s) = \dfrac{100(s+20)(s+5000)}{(s+1)(s+50)(s+200)}$

在下面的术语和概念匹配题中，在空格中填写正确的字母，将术语和概念与它们的定义联系起来。

a. 拉普拉斯变换对	以频率 ω 的对数为横坐标绘制的频率传递（特性）函数的对数幅值与频率 ω 的关系图，以及相角 ϕ 与频率 ω 的关系图。	________
b. 分贝（dB）	频率特性函数幅值的对数，通常表示为 $20\log_{10}\lvert G(j\omega)\rvert$。	________
c. 傅里叶变换	以 $G(j\omega)$ 的实部为横坐标，以 $G(j\omega)$ 的虚部为纵坐标绘制的频率响应图。	________
d. 伯德图	系统对正弦输入信号的稳态响应。	________
e. 频率传递（特性）函数	所有零点均位于 s 平面左半平面的传递函数。	________
f. 十倍频程（decade）	频率响应从低频段幅值下降 3 dB 时对应的频率。	________

g. 主导极点	由共轭复极点引起的频率响应取得最大值时对应的频率。	______
h. 全通网络	当阻尼比为 0 时，共轭复极点项导致出现的自由振荡的频率。	______
i. 对数幅值	在 s 平面的右半平面有零点的传递函数。	______
j. 固有频率	由于零点或极点的影响，对数幅频响应的近似线斜率发生改变时对应的频率。	______
k. 傅里叶变换对	将时域函数变换成实频域函数。	______
l. 最小相位	当输入为正弦信号时，输出的傅里叶变换与输入的傅里叶变换之比。	______
m. 带宽	对数幅值的度量单位。	______
n. 频率响应	由共轭复极点项引起的频率响应的最大幅值，并且正好出现在谐振频率点上	______
o. 谐振频率	所有频率成分都能够以相同幅值通过的非最小相位系统。	______
p. 转折频率	呈十倍因子关系的频率间隔。	______
q. 极坐标图	能够代表或主导闭环系统瞬态响应的特征根。	______
r. 频率响应的最大幅值（谐振峰值）	一对函数，其中一个函数在时域中，另一个函数在实频域中，二者可以用傅里叶变换联系起来。	______
s. 非最小相位	一对函数，其中一个函数在时域中，另一个函数在复频域中，二者可以用拉普拉斯变换联系起来。	______

基础练习题

E8.1　计算机磁盘的磁道密度在持续增大，因而要求设计者更加精确地设计计算机磁盘驱动器的磁头位置控制系统 [1]。假设磁头位置控制系统的开环传递函数为

$$L(s)=G_c(s)G(s)=\frac{K}{(s+2)^2}$$

当 K=4 时，绘制系统的频率响应特性伯德图，并在 $\omega=0.5$、$\omega=1$、$\omega=2$、$\omega=4$ 和 $\omega=\infty$ 时，分别计算频率特性函数的幅值和相角。

答案： $|L(\mathrm{j}0.5)|=0.94$ 和 $\underline{/L(\mathrm{j}0.5)}=-28.1^\circ$

E8.2　由肌腱驱动的机械手采用了气动执行机构 [8]，该执行机构的传递函数为

$$G(s)=\frac{1000}{(s+100)(s+10)}$$

绘制 $G(\mathrm{j}\omega)$ 的频率响应特性伯德图，并验证当 $\omega=10$ 和 $\omega=200$ 时，对数幅频特性分别为 -3 dB 和 -33 dB；而当 $\omega=700$ 时，相角为 -171°。

E8.3　机械臂关节控制系统的开环传递函数为

$$L(s)=G_c(s)G(s)=\frac{300(s+100)}{s(s+10)(s+40)}$$

证明当 $L(\mathrm{j}\omega)$ 的相角为 -180° 时，对应的频率为 $\omega=28.3$ rad/s，然后计算此时 $L(\mathrm{j}\omega)$ 的幅值。

答案： $|L(\mathrm{j}28.3)|=-2.5$ dB

E8.4　某受控对象的传递函数具有如下形式：

$$G(s)=\frac{Ks}{(s+a)\left(s^2+20s+100\right)}$$

其频率响应特性伯德图如图 E8.4 所示，试据此确定 K 和 a 的取值。

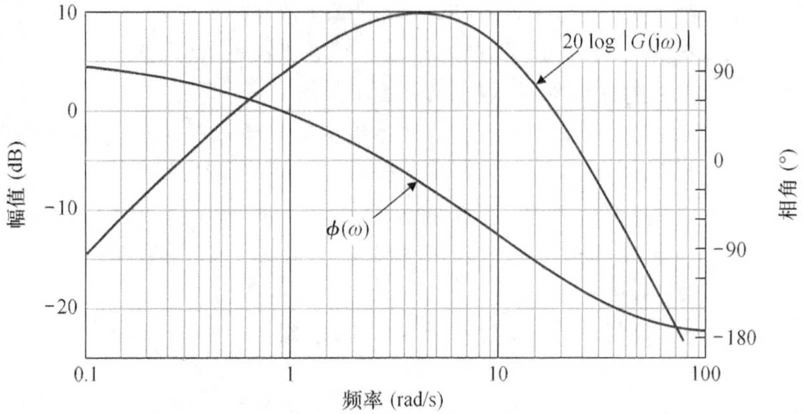

图 E8.4 频率响应特性伯德图

E8.5 传递函数 $G(s)=\dfrac{K(1+0.5s)(1+as)}{s(1+s/8)(1+bs)(1+s/36)}$ 对应的对数幅频特性近似线如图 E8.5 所示，试据此确定 K、a 和 b 的取值。

答案： $K = 8$、$a = 1/4$、$b = 1/24$

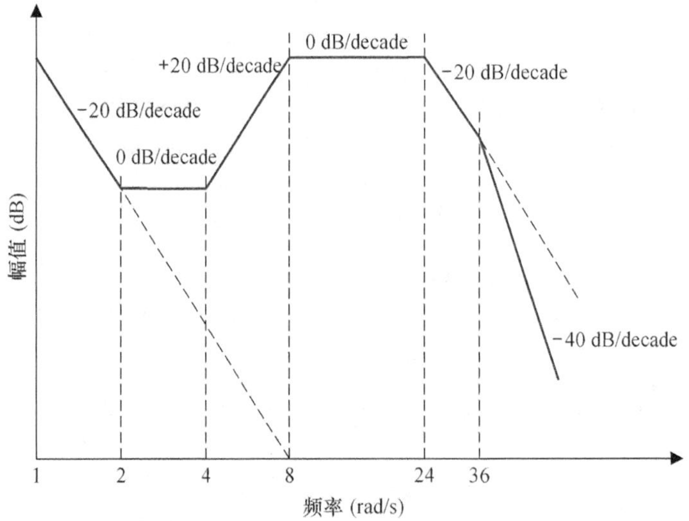

图 E8.5 对数幅频特性近似线

E8.6 有多项研究报告建议人们开发一种具有超强机动性的机器人，使之能够围绕 NASA 的空间站自主行走，并能够在不同的环境中完成操作 [9]。这种机器人采用单位负反馈系统来控制其手臂，相应的开环传递函数为

$$L(s)=G_c(s)G(s)=\frac{K}{s(s/10+1)(s/125+1)}$$

当 $K=40$ 时，绘制系统的伯德图并求出使 $20\log|L(j\omega)|$ 等于 0 dB 时的频率。

E8.7 某系统的闭环传递函数为

$$T(s)=\frac{Y(s)}{R(s)}=\frac{4}{(s^2+s+1)(s^2+0.4s+4)}$$

假设系统对阶跃输入的稳态误差为0。

(a) 绘制系统的频率响应图，注意幅频响应有两个峰值。

(b) 估算系统的时域阶跃响应。注意系统有 4 个极点，而且不能用主导二阶系统来代替。

(c) 绘制系统的阶跃响应曲线。

E8.8　某反馈控制系统的开环传递函数为

$$L(s)=G_c(s)G(s)=\frac{100(s-1)}{s^2+25s+100}$$

(a) 确定伯德图上的转折频率。

(b) 计算近似线在低频段和高频段的斜率。

(c) 绘制伯德图。

E8.9　某系统的伯德图如图E8.9所示，试确定其传递函数 $G(s)$。

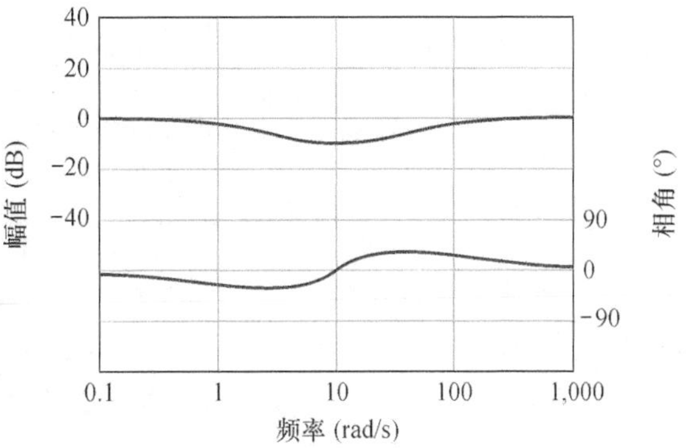

图 E8.9　某系统的伯德图

E8.10　图E8.10 (a) 所示的信号分析仪可以分析给定系统的频率响应。图E8.10 (b) 给出了某系统的实际频率响应特性伯德图，试确定该系统的极点和零点。注意，第一个标记对应 X=1.37 kHz，两个标记之间的频率差为 ΔX=1.257 kHz。

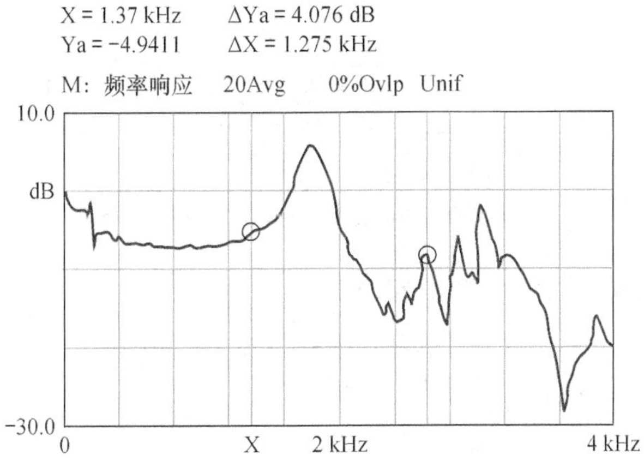

(b)

图 E8.10　(a) 信号分析仪（来源：Syafiq Adnan，Shutterstock 图片库）；(b) 某系统的实际频率响应特性伯德图

E8.11　考虑图E8.11所示的单位负反馈控制系统 $G(s)$。绘制 $G(s)$ 的伯德图，并确定系统的0 dB线穿越频率，也就是 $20\log_{10}|G(j\omega)|=0$ dB时的频率。

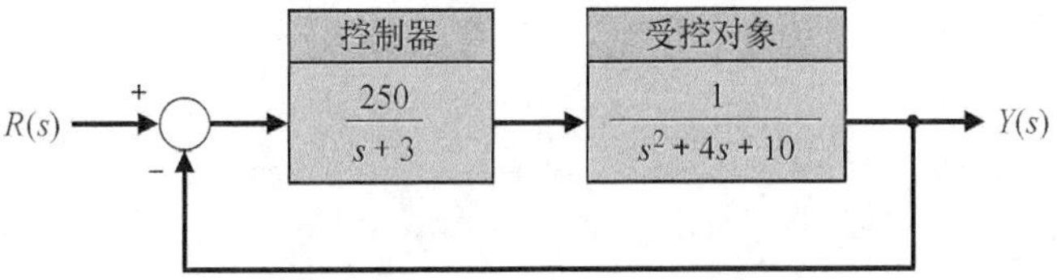

图 E8.11　某单位负反馈控制系统

E8.12 考虑用如下状态变量模型表示的系统：

$$\dot{\boldsymbol{x}}(t)=\begin{bmatrix}0 & 1\\ -4 & -5\end{bmatrix}\boldsymbol{x}(t)+\begin{bmatrix}0\\ 4\end{bmatrix}u(t)$$
$$y(t)=\begin{bmatrix}1 & 0\end{bmatrix}\boldsymbol{x}(t)+[0]u(t)$$

（a）确定系统的传递函数。

（b）绘制系统的伯德图。

E8.13 试确定图E8.13所示三阶反馈控制系统的带宽。

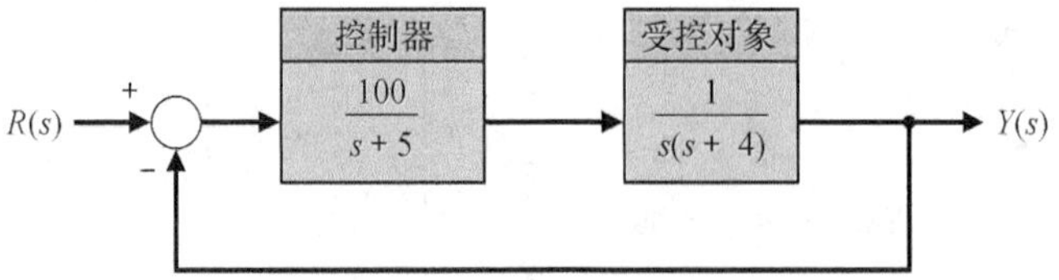

图 E8.13 某三阶反馈控制系统

E8.14 考虑图E8.14所示的非单位反馈控制系统，其中控制器增益选为$K = 2$。试绘制开环传递函数的伯德图，并确定使开环对数幅频特性$20\log|L(j\omega)| = 0$ dB时的相角。注意，开环传递函数为$L(s) = G_c(s)G(s)H(s)$。

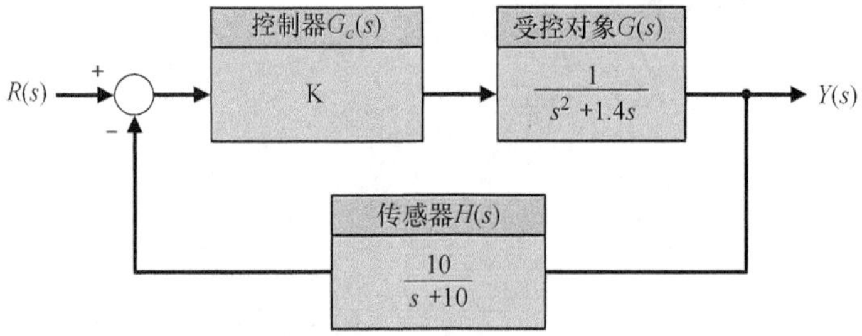

图 E8.14 控制器增益为K的非单位反馈控制系统

E8.15 考虑用如下模型描述的单输入-单输出系统：

$$\dot{\boldsymbol{x}}(t)=\boldsymbol{A}\boldsymbol{x}(t)+\boldsymbol{B}u(t)$$
$$y(t)=\boldsymbol{C}\boldsymbol{x}(t)$$

其中：

$$\boldsymbol{A}=\begin{bmatrix}0 & 1\\ -(6-K) & -1\end{bmatrix},\ \boldsymbol{B}=\begin{bmatrix}0\\ 1\end{bmatrix},\ \boldsymbol{C}=\begin{bmatrix}5 & 3\end{bmatrix}$$

当$K = 1$、$K = 2$和$K = 10$时，分别确定系统的带宽。当K增加时，系统的带宽是增大还是减小？

一般习题

P8.1 绘制下列传递函数的频率响应特性极坐标图。

（a）$L(s)=G_c(s)G(s)=\dfrac{1}{(1+0.25s)(1+3s)}$

（b）$L(s)=G_c(s)G(s)=\dfrac{5\left(s^2+1.4s+1\right)}{(s-1)^2}$

（c）$L(s)=G_c(s)G(s)=\dfrac{s-8}{s^2+6s+8}$

(d) $L(s)=G_c(s)G(s)=\dfrac{20(s+8)}{s(s+2)(s+4)}$

P8.2　绘制习题P8.1中所有传递函数的伯德图。

P8.3　图P8.3所示的T形电桥网络的传递函数为

$$G(s)=\frac{s^2+\omega_n^2}{s^2+2(\omega_n/Q)s+\omega_n^2}$$

其中，$\omega_n^2=2/LC$，$Q=\omega_n L/R_1$，R_2 的值可以调整为 $R_2=(\omega_n L)^2/4R_1$ [3]。

(a) 确定系统的零点和极点。

(b) 绘制系统的伯德图。

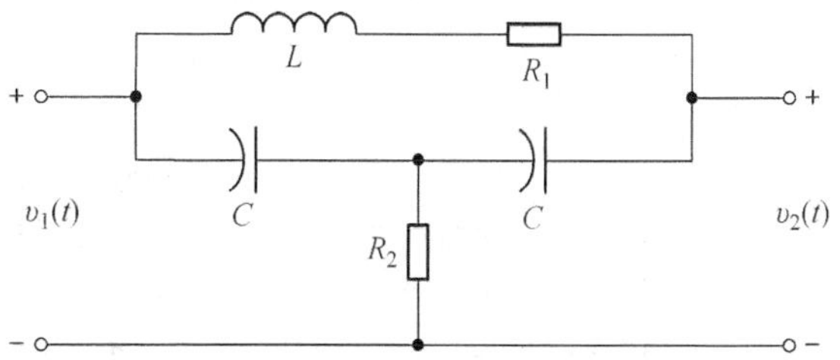

图 P8.3　T形电桥网络

P8.4　图P8.4给出了控制密闭舱内压力的压力控制器及其框图模型，测量环节的传递函数为

$$H(s)=\frac{150}{s^2+15s+150}$$

调节阀的传递函数为

$$G_1(s)=\frac{1}{(0.1s+1)(s/20+1)}$$

控制器的传递函数为

$$G_c(s)=2s+1$$

绘制开环传递函数 $G_c(s)G_1(s)H(s)\cdot[1/s]$ 的频率响应伯德图。

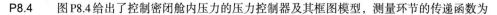

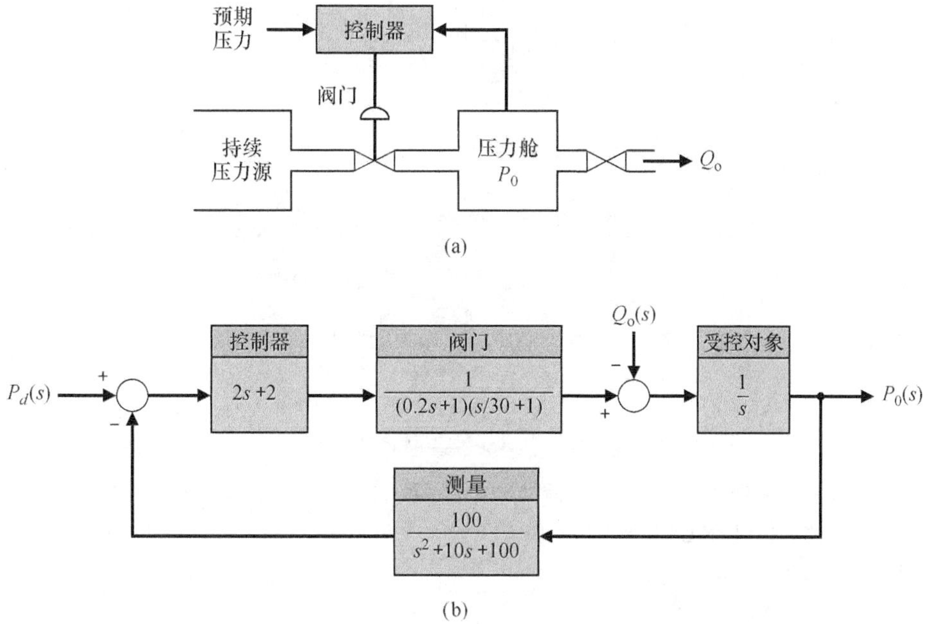

图 P8.4　(a) 压力控制器；(b) 框图模型

P8.5　机器人产业正在快速增长 [8]。典型的工业机器人有多个关节。配置有力敏感功能的关节采用了单位负反馈位置控制系统，其开环传递函数为

$$G_c(s)G(s)=\frac{K}{(1+s/2)(1+s)(1+s/30)(1+s/100)}$$

其中，$K = 20$。试绘制系统的伯德图。

P8.6　图 P8.6 给出了两个传递函数的对数幅频近似线。假设这两个传递函数是最小相位的，试辨识确定每个传递函数并绘制相应的相频特性近似线。

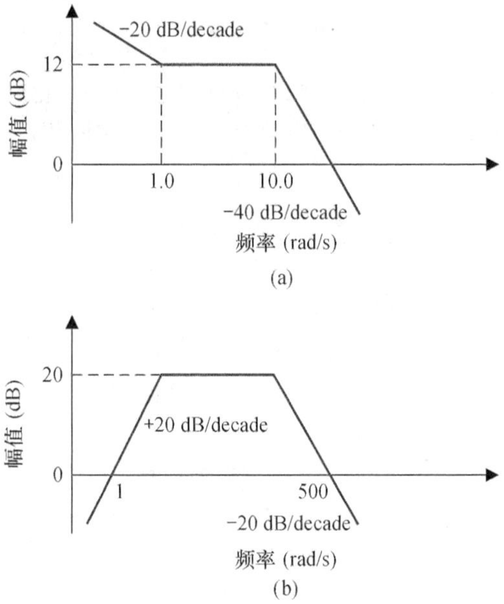

图 P8.6　对数幅频近似线

P8.7　无人小车已被广泛应用于仓库、机场和很多其他场合。如图 P8.7（a）所示，无人小车能够沿着嵌在地面上的线路自动调节前轮，从而保持小车正确的行驶方向[10]。安装在小车前轮上的感应线圈可以检测到小车的方向偏差，并据此调节行驶方向。无人小车的车轮控制系统的框图模型如图 P8.7（b）所示，开环传递函数为

$$L(s) = \frac{K}{s(s+\pi)^2} = \frac{K_v}{s(s/\pi+1)^2}$$

（a）当 $K_v = \pi$ 时，绘制系统的开环伯德图。

（b）利用伯德图确定 0 dB 线穿越频率处的相角。

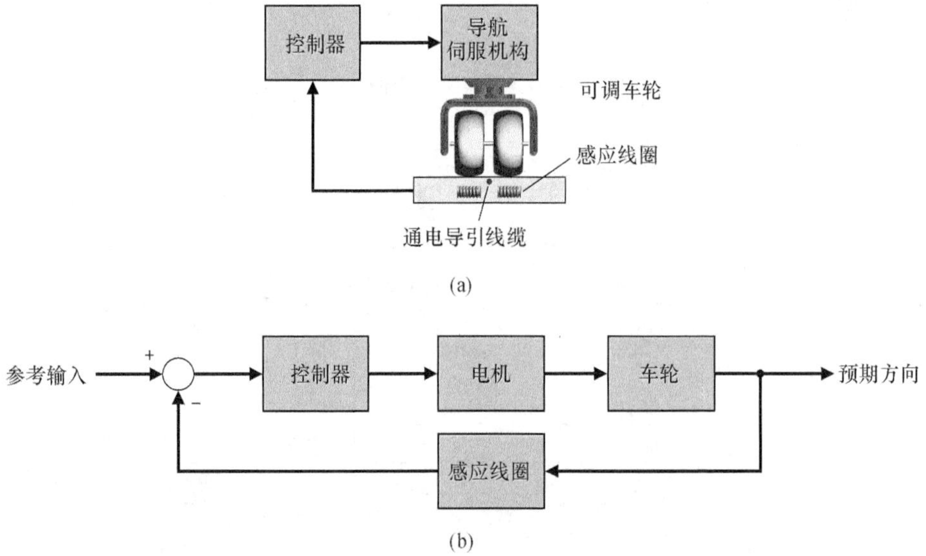

图 P8.7　无人小车的车轮控制系统

P8.8　某负反馈控制系统如图 P8.8 所示。假设要求闭环系统阶跃响应的超调量小于 15%。

（a）确定闭环传递函数的频域谐振峰值 $M_{p\omega}$。

（b）确定谐振频率 ω_r。

（c）确定闭环系统的带宽。

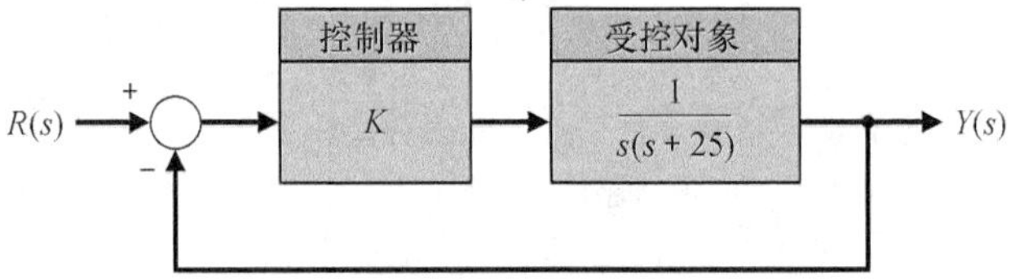

图 P8.8　某负反馈控制系统

P8.9　考虑习题P8.1给出的两个传递函数，绘制它们的对数幅相图。

P8.10　图P8.10所示的系统采用线性执行机构控制质量块M的位置。该线性执行机构用一个滑动电阻来测量质量块的实际位置，并且有$H(s)=1.0$。放大器增益的选择应使系统的稳态误差小于位置参考信号$R(s)$的幅值的1%。线性执行机构中感应线圈的电阻$R_f=0.1\ \Omega$，电感$L_f=0.2\ \text{H}$。此外，负载质量块的质量$M=0.1\ \text{kg}$，摩擦系数$b=0.2\ \text{N}\cdot\text{s/m}$，弹性系数$k=0.4\ \text{N/m}$。在上述条件下：

(a) 确定增益K的取值，使系统对阶跃输入的稳态误差小于1%。

(b) 绘制开环传递函数$L(s)=G(s)H(s)$的伯德图。

(c) 绘制闭环传递函数的伯德图。

(d) 确定闭环传递函数的$M_{p\omega}$、ω_r和带宽ω_B。

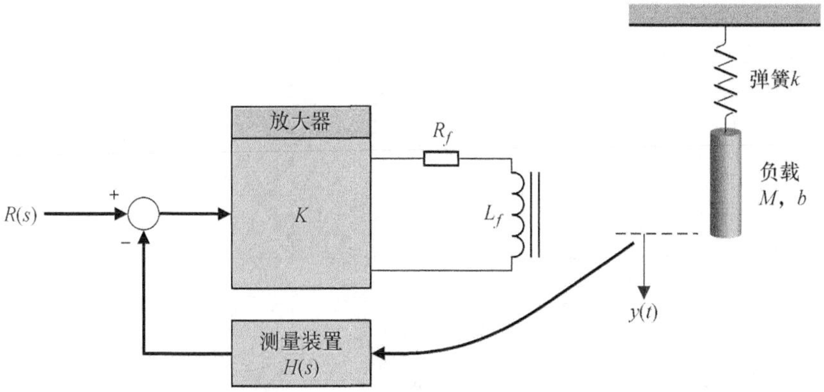

图 P8.10　采用线性执行机构的控制系统

P8.11　航船的自动驾驶系统是反馈控制理论的典型应用[20]。在交通拥挤的海域，保持航船的正确航向至关重要。和人工驾驶需要频繁修正航向相比，自动驾驶系统更有可能只产生较小的偏差。当航船以小的偏差匀速行进时，可以得到自动驾驶系统的数学模型。以大型邮轮为例，传递函数为

$$G(s)=\frac{E(s)}{\delta(s)}=\frac{0.164(s+0.2)(-s+0.32)}{s^2(s+0.25)(s-0.009)}$$

其中，$E(s)$是油轮偏航角的拉普拉斯变换，$\delta(s)$是舵机纠偏角的拉普拉斯变换。试验证系统$E(\mathrm{j}\omega)/\delta(\mathrm{j}\omega)$的频率响应特性伯德图如图P8.11所示。

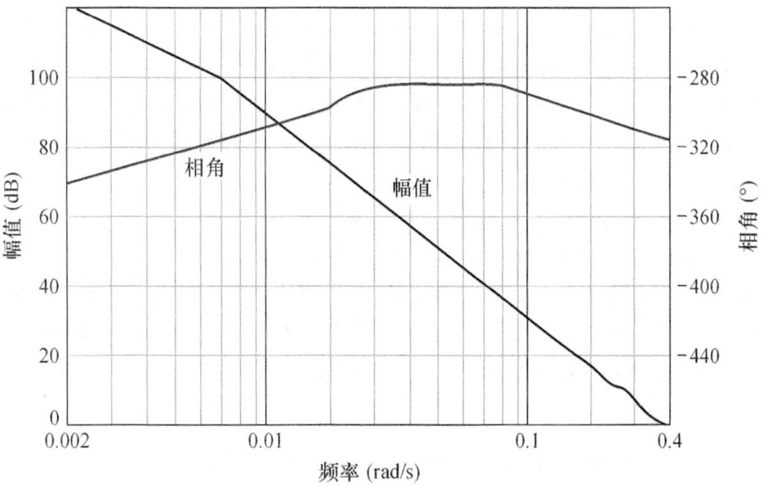

图 P8.11　邮轮航向控制系统的频率响应特性伯德图

P8.12 某反馈控制系统的框图模型如图P8.12（a）所示，其传递函数的频域响应特性曲线如图P8.12（b）所示。假设该系统是最小相位系统。

（a）当 $G_3(s)$ 断开时，估算系统的阻尼比 ζ。

（b）当 $G_3(s)$ 闭合时，估算系统的阻尼比 ζ。

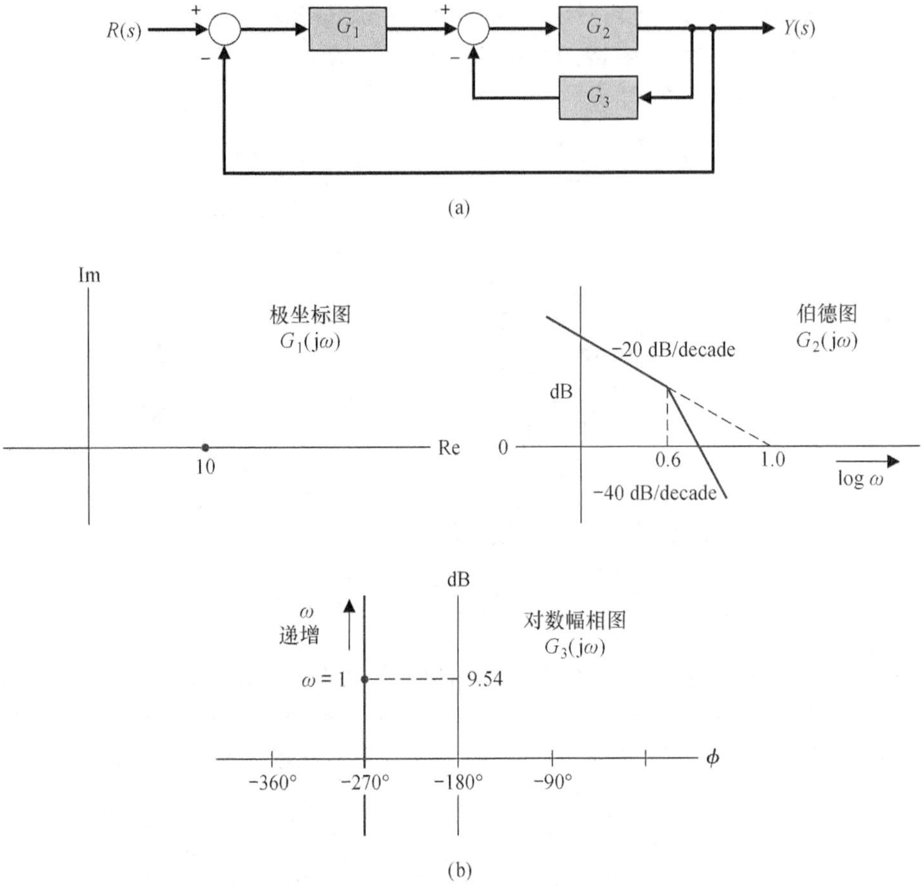

图 P8.12 某反馈控制系统

P8.13 如图P8.13所示，某位置控制系统由交流电机和交流元器件构成。其中，同步发生器和控制变压器可以看成带有转动绕组的变换器。同步位置检测器的转子随着负载转动，转动角为 θ_0。同步电机由115 V、60 Hz的交流参考电压驱动，输入信号或指令信号 $R(s) = \theta_{in}(s)$ 用于驱动控制变压器的转子转动。交流两相电机起着放大偏差信号的作用。采用交流控制系统的优点如下。

- 避免了直流漂移的影响。
- 元器件简单而且精度高。

为了测量系统的开环频率响应特性，我们只需要分别将 $X-Y$ 和 $X'-Y'$ 断开，并在 $Y-Y'$ 上施加正弦激励信号，然后测量 X 和 X' 之间的响应即可［在施加正弦激励信号之前，必须使偏差（$\theta_0 - \theta_i$）为0］。假设该系统是最小相位系统，实际测量的开环传递函数 $L(j\omega) = G_c(j\omega)G(j\omega)H(j\omega)$ 的频率响应特性伯德图如图P8.13（b）所示，试确定传递函数 $L(j\omega)$。

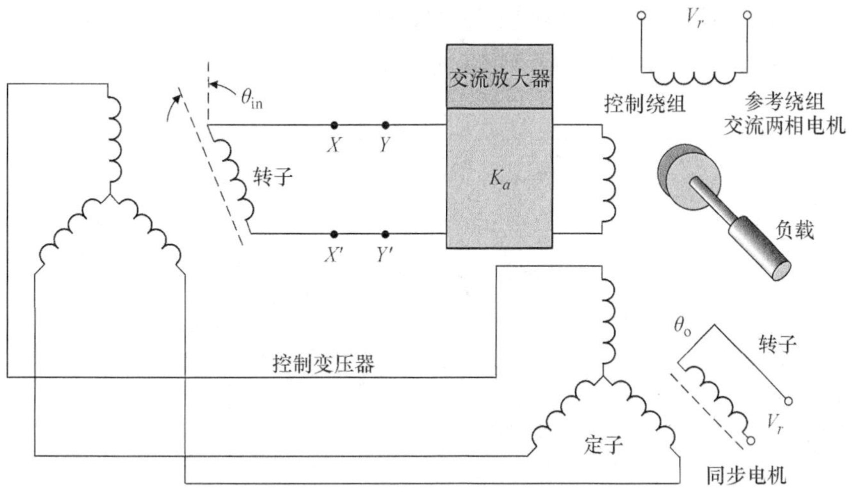

(a)

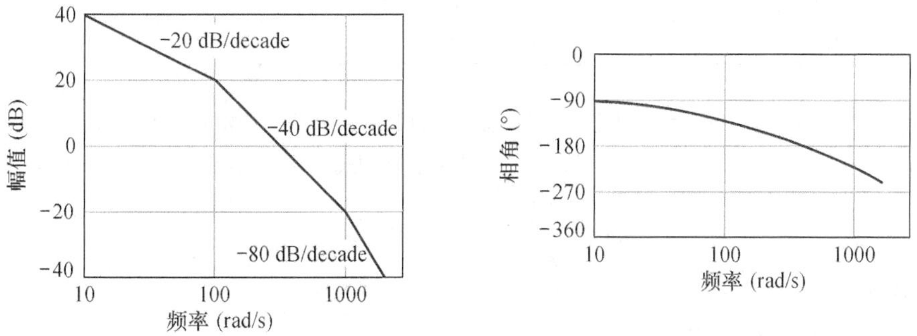

(b)

图 P8.13　(a) 交流电机控制；(b) 频率响应特性伯德图

P8.14　图 P8.14 给出的电路是一种带通放大器 [3]。当 $R_1 = R_2 = 1\ \text{k}\Omega$、$C_1 = 100\ \text{pF}$、$C_2 = 1\ \mu\text{F}$、$K = 100$ 时，试验证系统的传递函数为

$$G(s) = \frac{10^9 s}{(s+1000)(s+10^7)}$$

然后完成下列任务：

(a) 绘制 $G(j\omega)$ 的伯德图。

(b) 计算系统在中频带的幅值（以 dB 为单位）。

(c) 在高频带和低频带，找出幅值为 -3 dB 的频率。

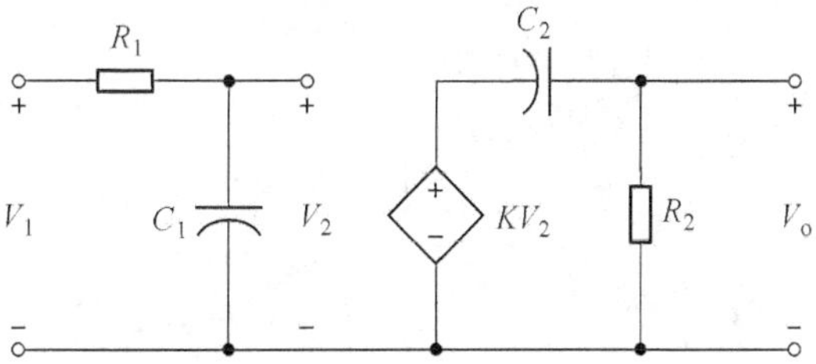

图 P8.14　带通放大器

P8.15 用正弦信号激励系统并测量频率响应，就可以求得系统的传递函数 $G(s)$。假设某系统的测试数据如表 P8.15 所示，试确定对应的传递函数 $G(s)$。

表 P8.15 系统的测试数据

ω(rad/s)	$\lvert G(j\omega)\rvert$	相角(°)
0.1	50	-90
1	5.02	-92.4
2	2.57	-96.2
4	1.36	-100
5	1.17	-104
6.3	1.03	-110
8	0.97	-120
10	0.97	-143
12.5	0.74	-169
20	0.13	-245
31	0.026	-258

P8.16 假设航天飞机成功完成了检修卫星的任务。在图 P8.16 所示的卫星检修示意图中，宇航员的脚固定在机械臂末端的工作台上，这样他就能够用双手来阻止卫星转动。机械臂控制系统的闭环传递函数为

$$\frac{Y(s)}{R(s)}=\frac{75}{s^2+20s+75}$$

(a) 确定闭环系统对单位阶跃输入信号 $R(s)=1/s$ 的响应 $y(t)$。

(b) 确定闭环系统的带宽。

P8.17 如图 P8.17 所示，试验中的可旋翼飞机装有可以旋转的机翼。在飞行速度较低时，机翼将处在正常位置；而在飞行速度较高时，机翼将旋转到某个合适的位置，以改善飞机的超音速飞行品质 [11]。假设飞机控制系统的开环传递函数为

$$L(s)=G_c(s)G(s)=\frac{0.1(s+3)}{s(s+4)\left(s^2+3.2s+64\right)}$$

(a) 绘制系统的开环伯德图。

(b) 计算对数幅值增益为 0 dB 时的穿越频率 ω_1 以及相角为 -180° 时的穿越频率 ω_2。

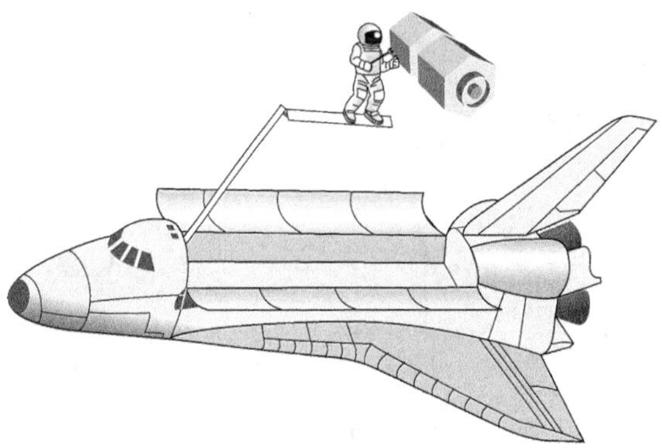

图 P8.16 卫星检修示意图

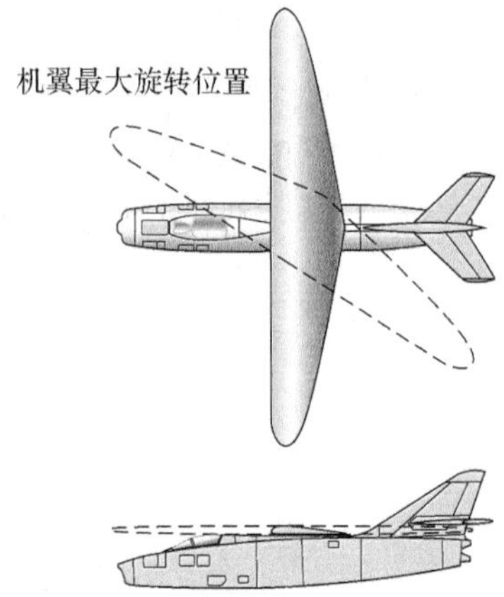

图 P8.17 可旋翼飞机的俯视图和侧视图

P8.18 在恶劣环境中，遥操作将发挥重要的作用。工程师们正在尝试通过反馈丰富的现场感应信息来帮助机器人实施遥操作，这种理念被称为远程现实或远程现场 [9]。

远程现场系统包括一个能够感应现场且具有视听功能的主导系统、一个计算机控制系统和一个类人型机器人系统。这种机器人装有一个7自由度的手臂，并且具有自主移动的功能。一方面，主导系统可以感知操作员的头部、右臂、右手以及其他辅助部位的运动。另一方面，安装在机器人颈部并且经过特别设计的视觉和听觉输入系统，则可以感知和收集远程现场的环境综合信息，然后将这些信息反馈给特别设计的显示系统，从而让操作员感知到远程现场的信息。该机器人移动控制系统的开环传递函数为

$$L(s) = G_c(s)G(s) = \frac{50(s+2)}{s^2+5s+20}$$

绘制$L(j\omega)$的伯德图并确定$20\log|G_c(j\omega)G(j\omega)| = 0$ dB时的穿越频率。

P8.19 图P8.19（a）给出了汽车上常用的直流电机控制器，测量得到的传递函数$\theta(s)/I(s)$的伯德图如图P8.19（b）所示，试确定传递函数$\theta(s)/I(s)$。

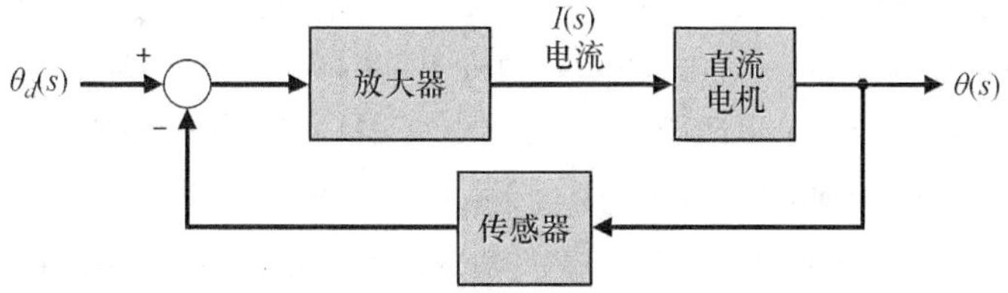

(a)

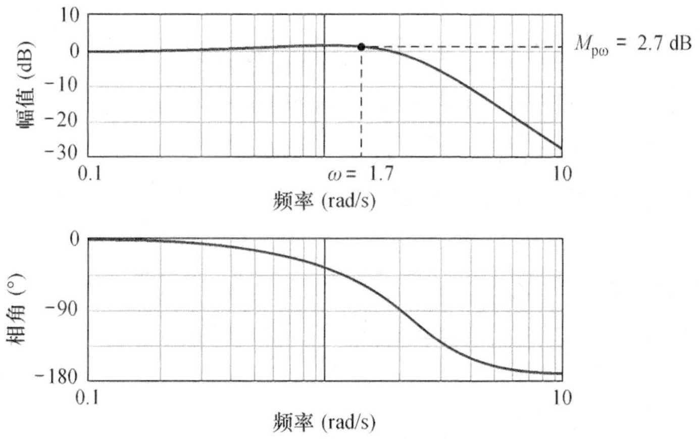

(b)

图 P8.19 （a）直流电机控制器；（b）测量得到的伯德图

P8.20 在开发空间项目时，机器人与自动化是十分关键的技术。在众多的航天任务中，自主、灵活的空间机器人可以减轻宇航员的工作负担，提高他们的工作效率。图P8.20给出了自由飞行机器人的概念图 [9, 13]。与地球上的机器人相比，空间机器人的主要特点在于没有固定的平台，因此机械臂的任何操作都会导致出现反作用力和动量，而这种反作用力和动量会对机器人的位置和方向产生不利影响。

某空间机器人单关节控制系统的开环传递函数为

$$L(s) = G_c(s)G(s) = \frac{825(s+10)}{s^2+14s+475}$$

（a）绘制 $L(\mathrm{j}\omega)$ 的伯德图。

（b）确定 $L(\mathrm{j}\omega)$ 的最大值并计算对应的频率和相角。

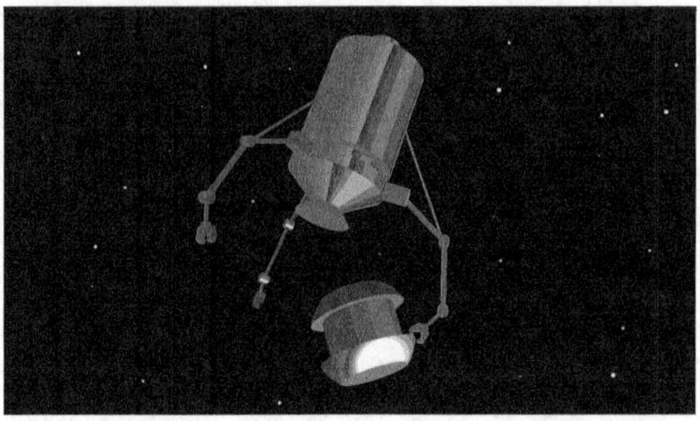

图 P8.20 空间机器人正在捕获一颗卫星

P8.21 出现在低空的剪切风是引发飞行事故的主要原因之一，大多数飞行事故的直接原因要么是雷阵雨（小范围、低高度但高强度的阵雨，这种阵雨将严重影响地面气流，导致风面的强烈分流），要么是暴雨前的狂风。对于正在起降的飞机而言，由于飞机的飞行高度较低且飞行速度仅比失速情况下高 25%，因此遭遇雷阵雨对飞机安全来说是一种非常严重的威胁 [12]。

当飞机在起飞过程中遭遇剪切风时，飞机的稳定控制问题通常被归为爬升速度的稳定控制问题，由此而采用的防剪切风控制器仅仅利用了飞机的爬升速度信息。

在图 8.24 给出的二阶闭环系统中，如果将开环传递函数取为

$$L(s) = G_c(s)G(s) = \frac{-200s^2}{s^3 + 14s^2 + 44s + 40}$$

就能够代表飞机爬升速度的稳定控制系统［注意 $G_c(s)G(s)$ 中的负增益］。试绘制系统的开环伯德图并计算相角为−180°时的对数幅值增益（以 dB 为单位）。

P8.22 $G(\mathrm{j}\omega)$ 的频率响应特性伯德图如图 P8.22 所示，试确定传递函数 $G(s)$。

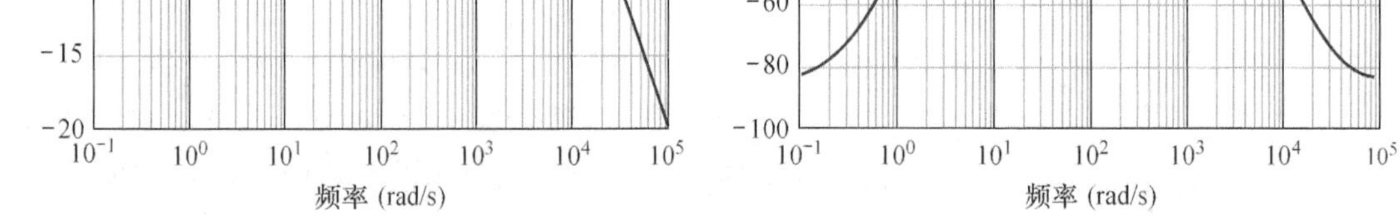

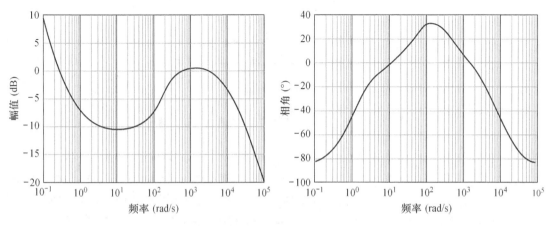

图 P8.22 $G(\mathrm{j}\omega)$ 的频率响应特性伯德图

P8.23 图 P8.23 给出了某受控对象 $G(\mathrm{j}\omega)$ 的频率响应特性伯德图。试确定系统的型数（即积分环节的个数）和传递函数 $G(s)$，并计算相应的单位反馈闭环系统对单位阶跃输入信号的误差。

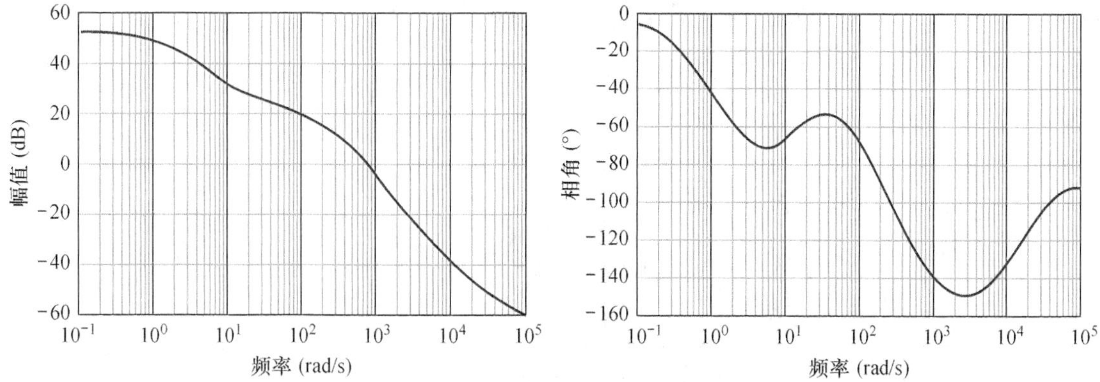

图 P8.23　G(jω) 的频率响应特性伯德图

P8.24　图 P8.24 给出了薄膜传输闭环系统 $T(s)$ 的伯德图 [17]。假设 $T(s)$ 有两个主导共轭极点。

（a）确定系统的最佳二阶近似模型。

（b）确定系统的带宽。

（c）求系统对阶跃输入信号的超调量和调节时间（按 2% 准则）。

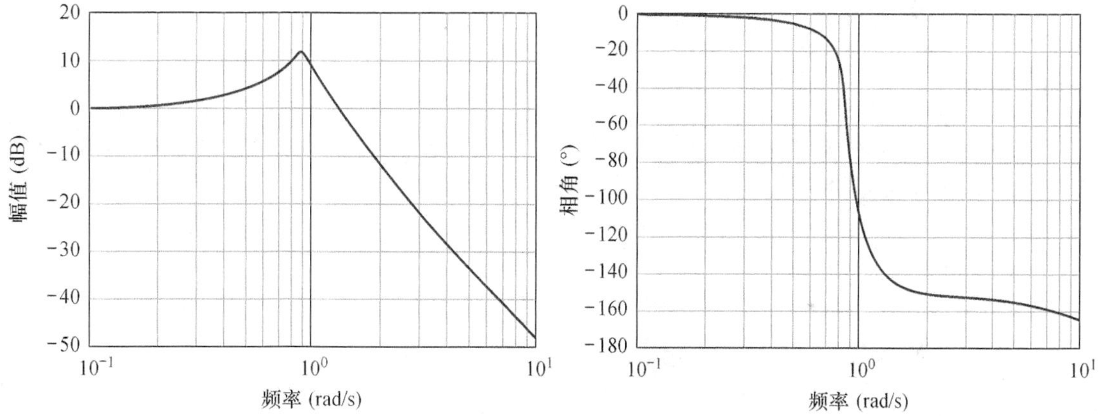

图 P8.24　薄膜传输闭环系统 $T(s)$ 的伯德图

P8.25　某单位反馈闭环系统对输入信号 $r(t) = At^2/2$ 的稳态误差为 $A/10$。若 $G(j\omega)$ 的开环伯德图如图 P8.25 所示，试确定传递函数 $G(s)$。

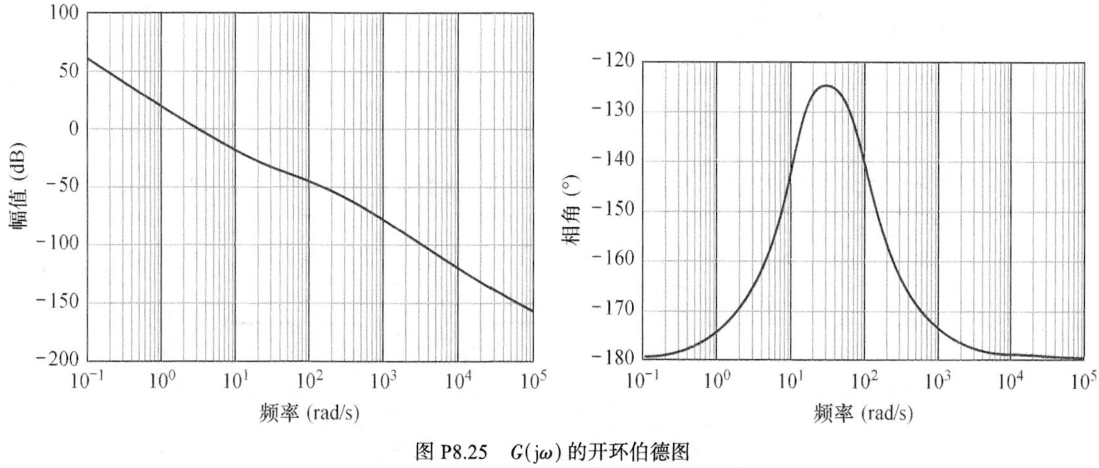

图 P8.25　$G(j\omega)$ 的开环伯德图

P8.26 图P8.26给出了理想的运算放大器，试确定其传递函数。当$R = 10\,\text{k}\Omega$、$R_1 = 9\,\text{k}\Omega$、$R_2 = 1\,\text{k}\Omega$、$C = 1\,\mu\text{F}$时，绘制频率响应的伯德图。

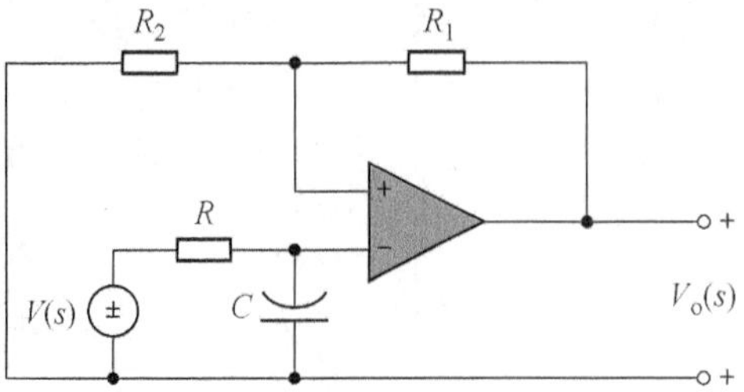

图 P8.26 运算放大器

P8.27 某单位负反馈控制系统的开环传递函数为

$$L(s) = G_c(s)G(s) = \frac{K(s+50)}{s^2+10s+25}$$

试绘制$L(s)$的伯德图，并说明对数幅频特性曲线$20\log|L(j\omega)|$如何随K的变化而变化。当$K = 0.75$、$K = 2$和$K = 10$时，列表说明与每个K值对应的穿越频率［当$20\log|L(j\omega)| = 0\,\text{dB}$时的频率$\omega_c$］和低频段的对数幅值［当$\omega \ll 1$时的对数幅值$20\log|L(j\omega)|$］，并确定闭环带宽。

难题

AP8.1 某质量块-弹簧-阻尼器系统如图AP8.1（a）所示。在正弦输入力的作用下，用试验方法测得的系统闭环伯德图如图AP8.1（b）所示，试确定m、b和k的值。

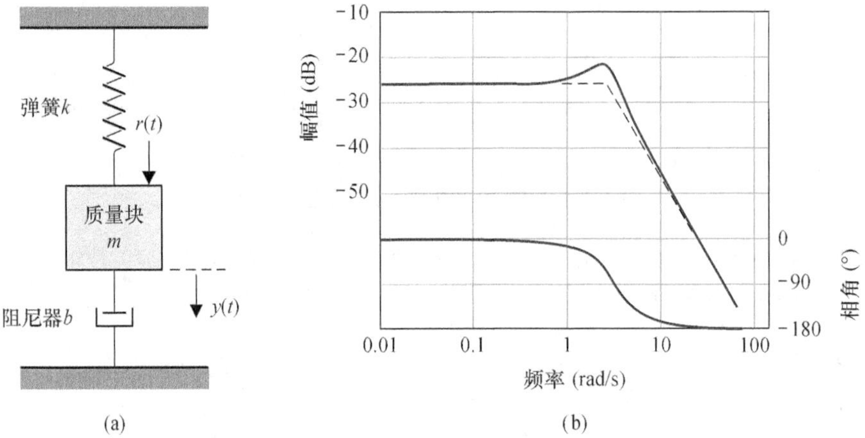

图 AP8.1 质量块-弹簧-阻尼器系统

AP8.2 某反馈系统如图AP8.2所示，b的额定值为5.0，试求参数灵敏度S_b^T。当$K = 10$时，绘制$20\log|S_b^T|$的对数幅频特性曲线。

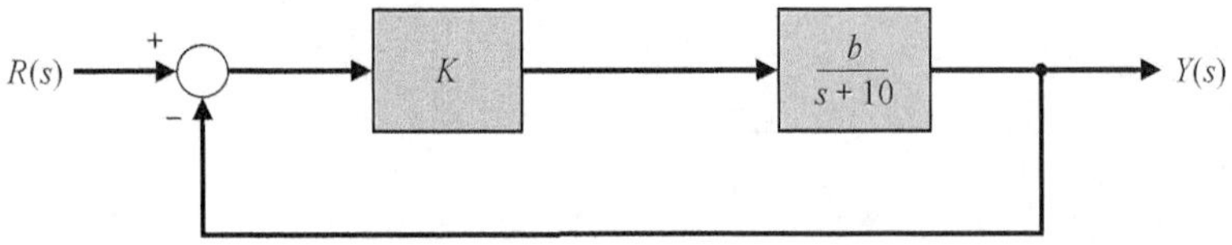

图 AP8.2 含有参数b和K的反馈系统

AP8.3　汽车在行驶过程中，轮胎的垂直位移相当于汽车悬挂减震系统的输入激励[16]。图 AP8.3 给出了简化的汽车悬挂减震系统模型。假定输入激励是正弦信号。当 $M = 1\ \text{kg}$、$b = 4\ \text{N·s/m}$、$k = 18\ \text{N/m}$ 时，求系统的传递函数 $X(s)/R(s)$ 并绘制伯德图。

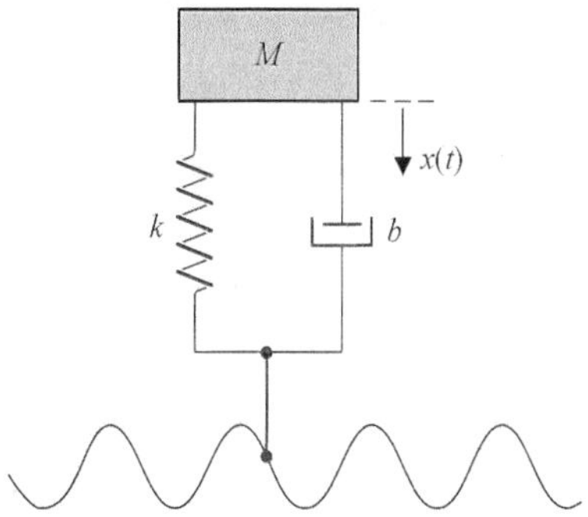

图 AP8.3　汽车悬挂减震系统模型

AP8.4　如图 AP8.4（a）所示，直升机缆绳的终端加有负载，负载的位置控制系统如图 AP8.4（b）所示，其中的 $H(s)$ 表示飞行员的视觉反馈。试绘制开环传递函数 $L(j\omega) = G(j\omega)H(j\omega)$ 的伯德图。

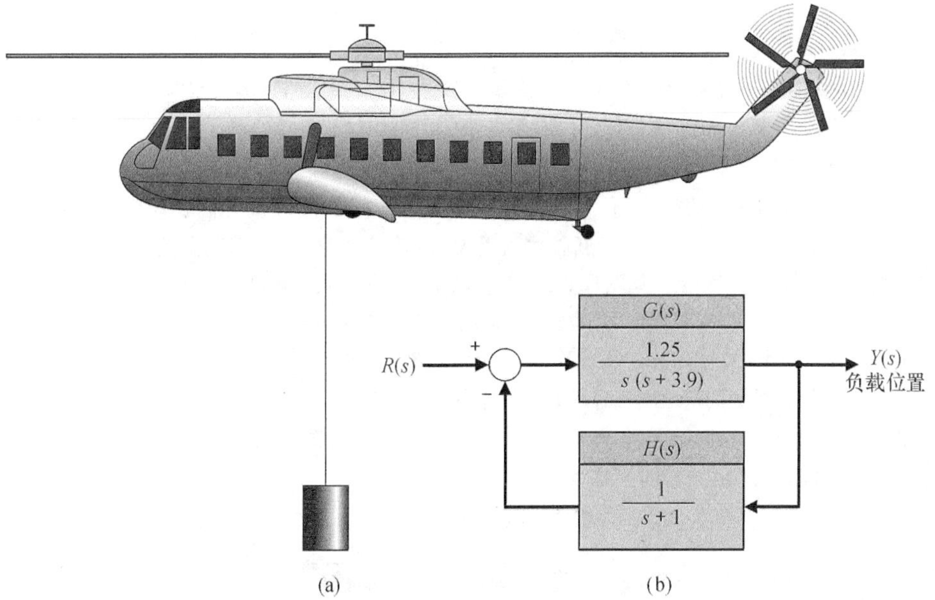

图 AP8.4　直升机负载的位置控制系统

AP8.5　某单位负反馈闭环控制系统的传递函数为

$$T(s) = \frac{10(s + 1)}{s^2 + 9s + 10}$$

（a）确定其开环传递函数 $L(s) = G_c(s)G(s)$。

（b）绘制开环对数幅相图，并在图中标出频率点 $\omega = 1, 10, 50, 110, 500$。

（c）开环系统是否稳定？闭环系统是否稳定？

AP8.6　考虑图 AP8.6 所示的弹簧–质量块系统。当输入是 $u(t)$、输出是 $x(t)$、质量块的质量 $M = 2\ \text{kg}$ 时，试确定描述质量块运动的传递函数模型。再假定初始条件为 $x(0) = 0$、$\dot{x}(0) = 0$，试确定 k 和 b 的取值，使得对于任意频率 ω，系统对正弦输入信号 $u(t) = \sin(\omega t)$ 的稳态响应幅值均小于 1。对于所选的 k 和 b，稳态响应出现峰值时的频率是多少？

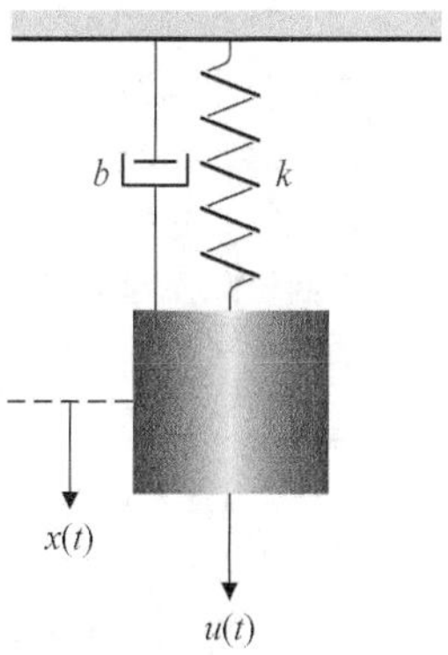

图 AP8.6　悬挂的弹簧–质量块系统，参数为 k 和 b

AP8.7　某运算放大器如图 AP8.7 所示，它其实是一个超前校正网络。

（a）确定传递函数。

（b）当 $R_1 = 10\,\mathrm{k\Omega}$、$R_2 = 10\,\Omega$、$C_1 = 0.1\,\mu\mathrm{F}$、$C_2 = 1\,\mathrm{mF}$ 时，绘制频率响应特性伯德图。

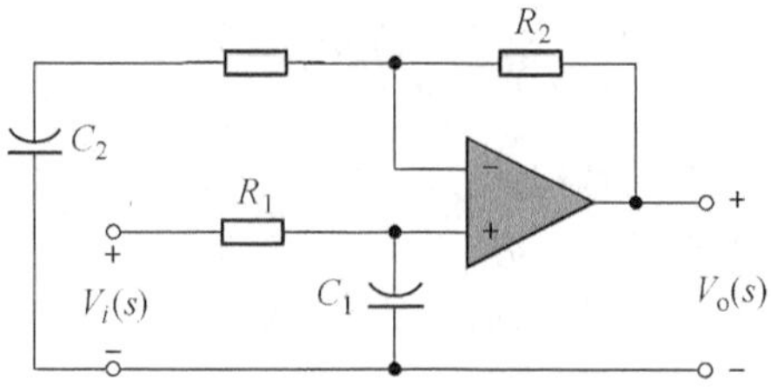

图 AP8.7 运算放大器

设计题

CDP8.1 考虑图 CDP4.1 所示的模型。如果断开该模型中的速度反馈回路（不再使用速度计），并将控制器取为 PD 控制器［即 $G_c(s) = K(s + 2)$；那么当 $K = 40$ 时，试绘制系统的闭环伯德图，并估算系统阶跃响应的超调量和调节时间（按 2% 准则）。

DP8.1 研究人类驾驶汽车时的行为是一个非常有趣的课题[14, 15, 16, 21]。四轮驱动系统、主动减震系统、自主制动系统以及“线操纵”等新技术的出现，为我们提高汽车的驾驶性能提供了更多的选择。人类驾驶汽车时的控制系统如图 DP8.1 所示。其中，驾驶员负责预测和处置汽车偏离中心线的情况。

（a）当 $K = 1$ 时，绘制开环传递函数 $L(s) = G_c(s)G(s)$ 的伯德图。

（b）当 $K = 1$ 时，绘制闭环传递函数 $T(s)$ 的伯德图。

（c）当 $K = 50$ 时，重新绘制（a）和（b）中的伯德图。

（d）驾驶员可以为增益 K 选择不同的取值。试确定增益 K 的取值，使闭环系统的谐振峰值 $M_{p\omega} \leqslant 2$，同时使系统带宽达到最大。

（e）求系统对斜坡输入 $r(t) = t$ 的响应稳态误差。

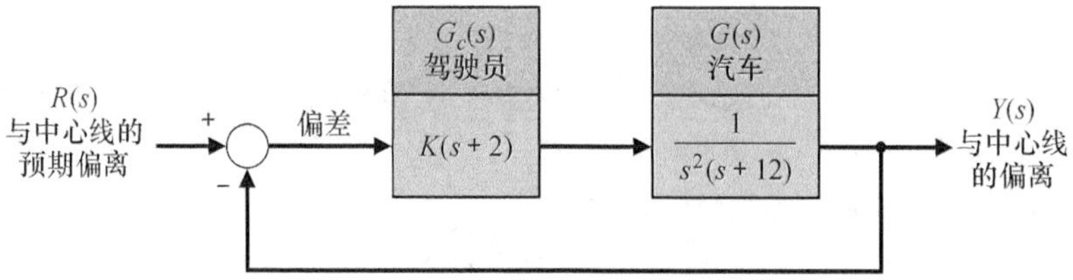

图 DP8.1 人类驾驶汽车时的控制系统

DP8.2 由于空间机器人与地面测控站之间存在较大的通信时延，因此在对远距离行星进行星际探测时，要求空间机器人具有很高的自主性。这种自主性要求将影响到整个系统的很多方面，包括任务规划、感知系统和机械结构等。只有当机器人配备完善的感知系统，能够可靠地构建并维护好环境模型时，星际探测系统才可能具备所需的自主性。感知系统与任务规划、机械系统一起构成了完整的星际探测系统。如图 DP8.2（a）所示，NASA 喷气推进实验室研发了一个蜘蛛形的四足行走机器人[18]，图 DP8.2（b）给出了该机器人的单足控制系统的框图模型。

（a）当 $K = 20$ 时，绘制开环传递函数 $L(s) = G_c(s)G(s)$ 的伯德图，并在相角为 $\phi(\omega) = -180^\circ$ 且 $20\log|G_cG| = 0\,\mathrm{dB}$ 时，分别求出对应的穿越频率。

（b）当 $K = 20$ 时，绘制闭环传递函数 $T(s)$ 的伯德图。

（c）当 $K = 22$ 和 $K = 25$ 时，分别计算闭环系统的 $M_{p\omega}$、ω_r 和 ω_B。

（d）从 $K = 22$ 和 $K = 25$ 中，确定 K 的最佳取值，使系统对阶跃信号 $r(t)$ 的响应的超调量满足 P.O. $\leqslant 5\%$，而且调节时间要尽可能短。

(a)

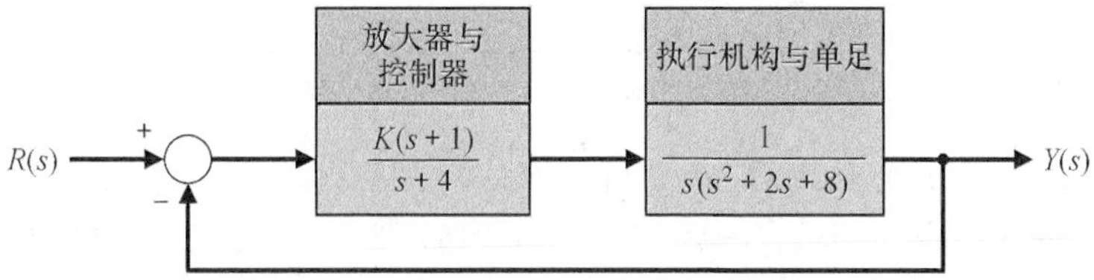

(b)

图 DP8.2　(a) 用于火星探测的蜘蛛形机器人（NASA 友情提供图片）；(b) 单足控制系统的框图模型

DP8.3　如图 DP8.3（a）所示，可用移动的台面来实现为配药器下方的药瓶定位。为了减少药水外溢，台面应该能够快速、准确且平稳地移动。台面位置控制系统的框图模型如图 DP8.3（b）所示。试确定 K 的合适取值，在阶跃响应的超调量满足 P.O. ≤ 20 的前提下，使闭环系统的带宽最大。系统的最大带宽 ω_B 是多少？另外，请确定 K 的取值范围，使闭环系统稳定。

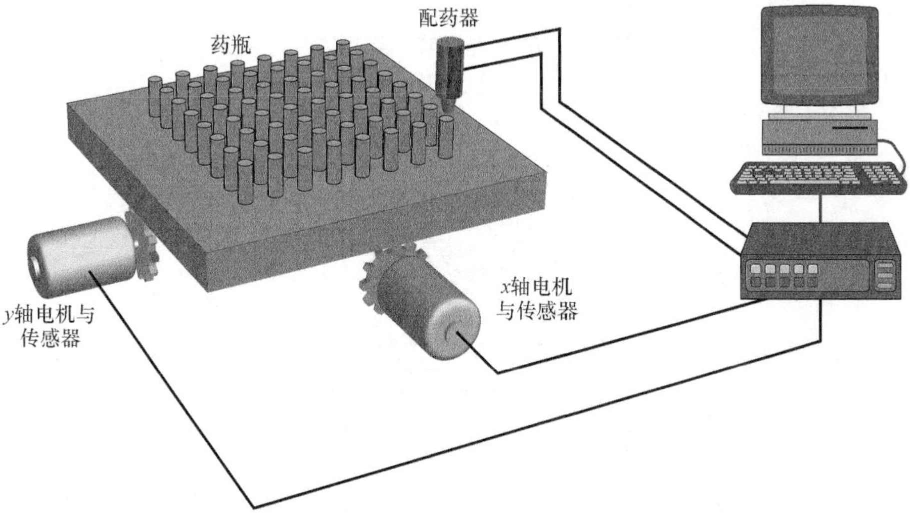

(a)

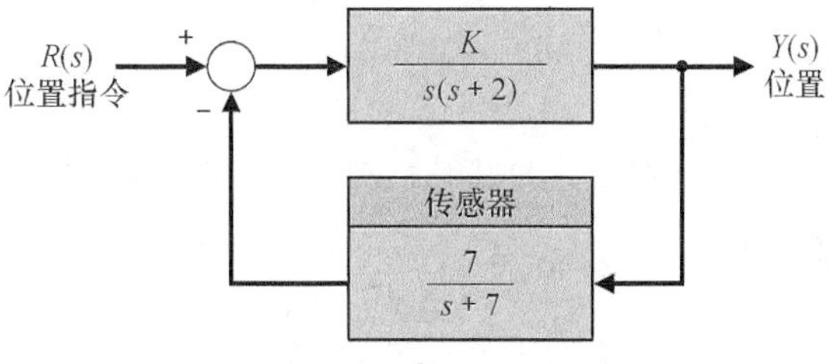

(b)

图 DP8.3　可移动台面和配药器

DP8.4 可用控制系统来自动实施麻醉。为了保证合适的手术条件，麻醉师需要给患者注射肌肉松弛剂，以阻止肌肉的无意识运动。

传统的注射方法是，麻醉师先根据经验确定肌肉松弛剂的注射剂量，等到需要时再加以补充。引入自动控制系统后，便可以减少肌肉松弛剂的总注射剂量，这已经取得显著的效果[19]。

麻醉控制系统的框图模型如图 DP8.4 所示，试确定增益 K 的合适取值，使得当谐振峰值满足 $M_{p\omega} \leqslant 1.5$ 时，闭环系统的带宽达到最大，并确定此时系统的带宽。

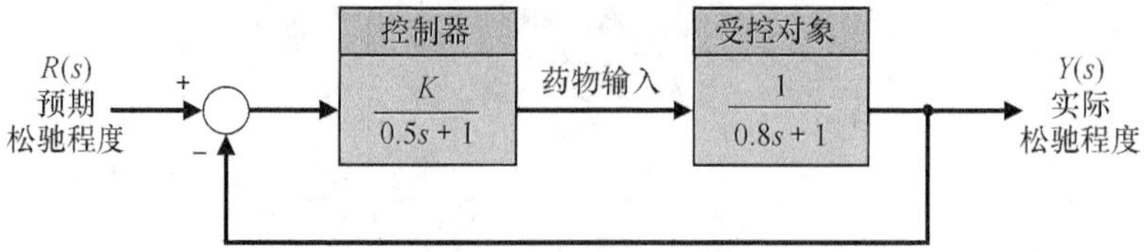

图 DP8.4 麻醉控制系统的框图模型

DP8.5 在图 DP8.5（a）给出的控制系统中，只有少量的关于受控对象数学模型的信息，这种情况通常用“黑箱”来表示。仅有的关于受控对象的信息，是图 DP8.5（b）给出的频率特性曲线。试设计控制器 $G_c(s)$，使整个闭环系统满足如下设计要求。

（a）穿越频率在 10 rad/s 和 50 rad/s 之间。

（b）当 $\omega < 0.1$ rad/s 时，$L(s) = G_c(s)G(s)$ 的对数幅值大于 20 dB。

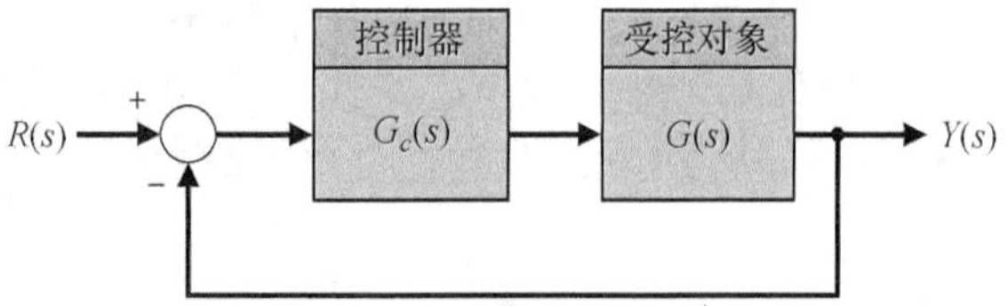

(a)

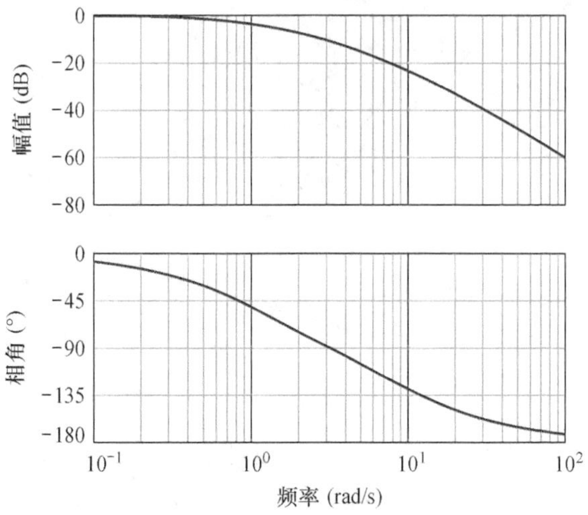

(b)

图 DP8.5 （a）含有黑箱 $G(s)$ 的控制系统；（b）黑箱 $G(s)$ 的频率响应曲线

DP8.6 某单输入–单输出系统的状态空间模型为

$$\dot{\boldsymbol{x}}(t) = \begin{bmatrix} 0 & 1 \\ -1 & -p \end{bmatrix}\boldsymbol{x}(t) + \begin{bmatrix} K \\ 0 \end{bmatrix}u(t)$$

$$y(t) = \begin{bmatrix} 0 & 1 \end{bmatrix}\boldsymbol{x}(t)$$

（a）确定 p 和 K 的合适取值，使单位阶跃响应的稳态误差为 0 且超调量满足 P.O. ≤ 5%。

（b）利用（a）中确定的 p 和 K，确定系统的阻尼比 ζ 和固有频率 ω_n。

（c）利用（a）中确定的 p 和 K，绘制闭环系统的伯德图并确定系统的带宽 ω_B。

（d）利用图 8.26 中的近似公式，用 ζ 和 ω_n 估算系统带宽，并与（c）中得到的实际系统带宽作比较。

DP8.7　考虑图 DP8.7 所示的闭环反馈系统，其中采用了比例–积分–微分（PID）控制器，该控制器的传递函数为

$$G_c(s) = K_P + K_D s + \frac{K_I}{s}$$

试确定该控制器的各项系数，使系统满足：

（a）加速度误差常数 $K_a = 2$。

（b）相角裕度 P.M. ≥ 45°。

（c）系统带宽 $\omega_B \geq 3.0$。

然后绘制闭环系统对单位阶跃输入信号的响应。

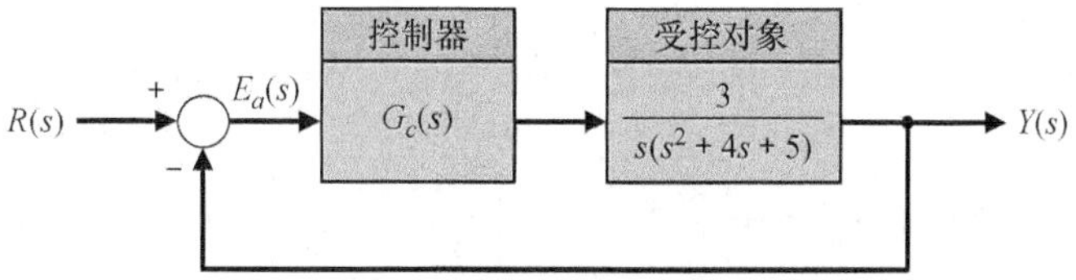

图 DP8.7　某闭环反馈系统

计算机辅助设计题

CP8.1　考虑如下闭环传递函数：

$$T(s) = \frac{50}{s^2 + s + 50}$$

编写 m 脚本程序，绘制系统的伯德图，并验证其谐振频率 ω_r 为 7 rad/s，谐振峰值 $M_{p\omega}$ 为 17 dB。

CP8.2　先手动绘制下列传递函数的伯德图，再用 bode 函数加以验证。

（a）$G(s) = \dfrac{2000}{(s+10)(s+200)}$

（b）$G(s) = \dfrac{s+100}{(s+2)(s+30)}$

（c）$G(s) = \dfrac{200}{s^2 + 2s + 100}$

（d）$G(s) = \dfrac{s-5}{(s+3)\left(s^2 + 12s + 50\right)}$

CP8.3　绘制下列所有传递函数的伯德图并确定 0 dB 穿越频率［即 $20\log_{10}|G(j\omega)| = 0$ dB 对应的频率］。

（a）$G(s) = \dfrac{2500}{(s+10)(s+100)}$

（b）$G(s) = \dfrac{50}{(s+1)\left(s^2 + 10s + 2\right)}$

（c）$G(s) = \dfrac{30(s+100)}{(s+1)(s+30)}$

（d）$G(s) = \dfrac{100\left(s^2 + 14s + 50\right)}{(s+1)(s+2)(s+200)}$

CP8.4 某单位负反馈系统的开环传递函数为

$$L(s)=G_c(s)G(s)=\frac{10}{s(s+1)}$$

确定闭环系统的带宽，用bode函数绘制系统的伯德图并在图中标出带宽。

CP8.5 某二阶反馈控制系统的框图模型如图CP8.5所示。

(a) 在 $\omega=0.1$ rad/s 到 $\omega=1000$ rad/s 之间，用 logspace 函数生成闭环系统的伯德图。根据伯德图，估计系统的谐振峰值 $M_{p\omega}$、谐振频率 ω_r 和带宽 ω_B。

(b) 估算系统的阻尼比 ζ 和固有频率 ω_n。

(c) 根据闭环传递函数计算实际的 ζ 和 ω_n，并与 (b) 中的结果作比较。

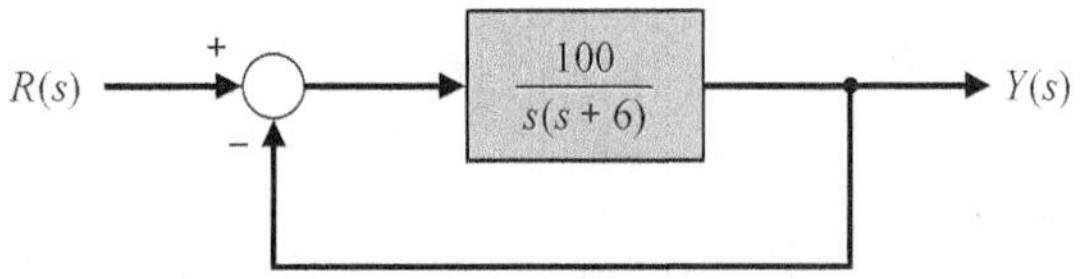

图 CP8.5 某二阶反馈控制系统

CP8.6 考虑图CP8.6给出的闭环反馈系统，编写m脚本程序，绘制系统的开环伯德图和闭环伯德图。

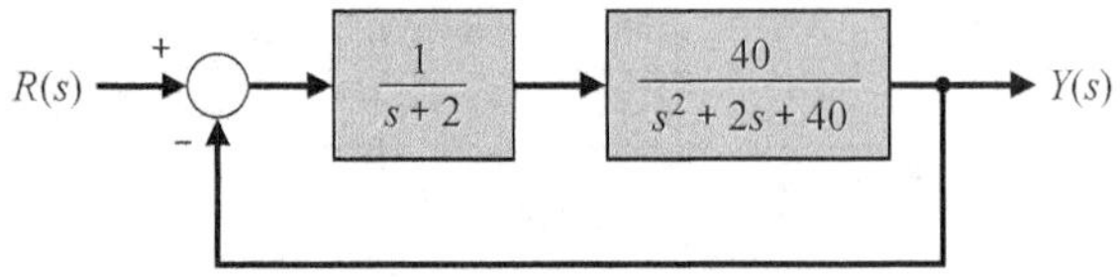

图 CP8.6 某闭环反馈系统

CP8.7 某单位反馈系统的开环传递函数为

$$L(s)=G_c(s)G(s)=\frac{1}{s(s+2p)}$$

当 $0<p<1$ 时，绘制系统带宽与参数 p 的关系曲线。

CP8.8 安置在移动底座上的倒立摆控制系统如图CP8.8 (a) 所示。其中，倒立摆的传递函数为

$$G(s)=\frac{-1/(M_bL)}{s^2-(M_b+M_s)g/(M_bL)}$$

设计目标如下：当系统存在干扰输入时，倒立摆仍然能够保持平衡，也就是保持 $\theta(t)\approx 0$。倒立摆控制系统的框图模型如图CP8.8 (b) 所示。假设 $M_s=10$ kg、$M_b=100$ kg、$L=1$ m、$g=9.81$ m/s^2、$a=5$、$b=10$，当存在单位阶跃干扰时，系统的指标设计要求如下：

- 调节时间满足 $T_s\leqslant 10$ s（按 2% 准则）。
- 超调量满足 P.O. $\leqslant$ 40%。
- 稳态跟踪误差小于 0.1°。

试编写一套交互式m脚本程序来辅助控制系统的设计。这套m脚本程序应包括三部分，其中的第一部分脚本至少应该完成如下三项工作：

- 将 K 作为可调参数，计算从干扰到输出的闭环传递函数。
- 绘制闭环系统的伯德图。
- 自动计算并输出 $M_{p\omega}$ 和 ω_r 的值。

作为中间步骤，利用式 (8.36) 和式 (8.37)，由 $M_{p\omega}$ 和 ω_r 估算系统的 ζ 和 ω_n。接下来的第二部分脚本至少应该完成如下两项工作：

- 将 ζ 和 ω_n 作为输入变量。

- 估算系统的超调量和调节时间。

如果估算结果不满足设计要求，则调整K的取值，并使用上面的m脚本程序重新进行设计。在完成上述所有工作后，最后要做的是仿真验证设计结果。因此，第三部分脚本应该完成如下两项工作：

- 将 K 作为可调参数，绘制 $\theta(t)$ 对单位阶跃干扰的响应曲线。
- 适当地标注响应曲线。

运行上述交互式m脚本程序，使用伯德图设计控制器，使系统满足给定的设计要求。建议在进行设计之前，先用解析法确定满足稳态误差要求的K的最小值，并将其作为K的设计初值。

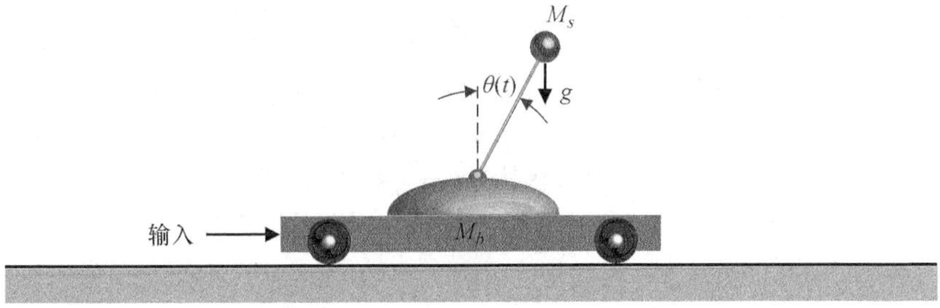

(a)

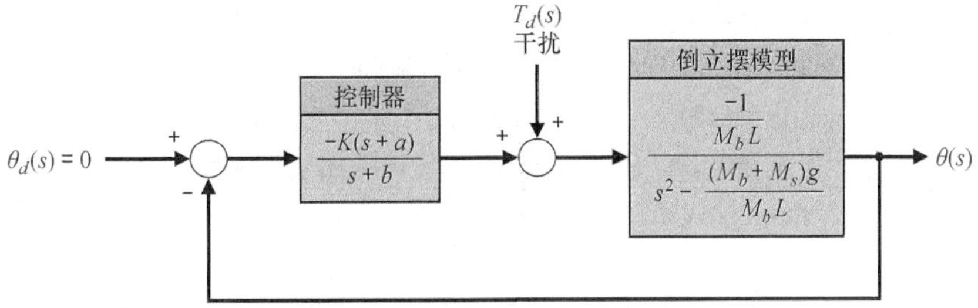

(b)

图 CP8.8　(a) 安置在移动底座上的倒立摆控制系统；(b) 系统的框图模型

CP8.9　设计滤波器$G(j\omega)$，使它具有如下频率特性。

(a) 当 $\omega < 1$ rad/s 时，对数幅频特性满足 $20\log_{10}|G(j\omega)| < 0$ dB。

(b) 当 $1 < G(j\omega) < 1000$ rad/s 时，对数幅频特性满足 $20\log_{10}|G(j\omega)| \geqslant 0$ dB。

(c) 当 $\omega > 1000$ rad/s 时，对数幅频特性满足 $20\log_{10}|G(j\omega)| < 0$ dB。

另外，使对数幅频特性取得峰值的频率尽可能靠近$\omega = 40$ rad/s。

☑ 技能自测答案

正误判断题：1. 对；2. 错；3. 错；4. 对；5. 对。

多项选择题：6.a；7.a；8.b；9.b；10.c；11.b；12.c；13.d；14.a；15.d。

术语和概念匹配题（自上向下）：d；i；q；n；l；m；o；j；s；p；c；e；b；r；h；f；g；k；a。

术语和概念

all-pass network	**全通网络**	所有频率成分都能够以相同幅值通过的非最小相位系统。
bandwidth	**带宽**	频率响应幅值从低频段幅值下降 3dB 时对应的频率。
bode plot	**伯德图**	以频率 ω 的对数为横坐标绘制的频率传递（特性）函数的对数幅值与频率 ω 的关系图，以及相角 ϕ 与频率 ω 的关系图。

break frequency	转折频率	由于零点或极点的影响，对数幅频响应近似线改变斜率时的频率。
corner frequency	转角频率	见转折频率。
decade	十倍频程	呈 10 倍因子关系的频率间隔（例如，从 1 rad/s 到 10 rad/s 的频率变化范围就是一个十倍频程）。
decibel（dB）	分贝（dB）	对数幅值的度量单位。
dominant Root	主导极点	能够代表或主导闭环系统瞬态响应的特征根。
Fourier transform	傅里叶变换	将时域函数 $f(t)$ 变换为实频域函数 $F(\omega)$ 的变换。
Fourier transform pair	傅里叶变换对	一对函数，其中一个是时域函数 $f(t)$，另一个是实频域函数 $F(\omega)$。二者可用傅里叶变换 $F(\omega)=\mathscr{F}\{f(t)\}$ 联系在一起，其中的 $\mathscr{F}$ 代表傅里叶变换。
frequency response	频率响应	系统对正弦输入信号的稳态响应。
Laplace transform pair	拉普拉斯变换对	一对函数，其中一个是时域函数 $f(t)$，另一个是复频域函数 $F(s)$。二者可用拉普拉斯变换 $F(s)=\mathscr{L}\{f(t)\}$ 联系在一起，其中的 $\mathscr{L}$ 代表拉普拉斯变换。
logarithmic magnitude	对数幅值	频率传递（特性）函数幅值的对数，通常以 dB 为单位表示，即 $20\log_{10}\lvert G(j\omega)\rvert$。
logarithmic plot	对数坐标图	见伯德图。
maximum value of the frequency response	频率响应的最大幅值（谐振峰值）	由共轭复极点项引起的频率响应的最大幅值，且正好出现在谐振频率点上。
minimum phase transfer function	最小相位传递函数	所有零点都位于 s 平面左半平面的传递函数。
natural frequency	固有频率	当阻尼比为 0 时，共轭复极点导致出现的持续振荡的频率。
nonminimum phase transfer function	非最小相位传递函数	在 s 平面右半平面有零点的传递函数。
octave	二倍频程	呈二倍因子关系的频率间隔（例如，从 $\omega_1=100$ rad/s 到 $\omega_2=200$ rad/s 的频率变化范围就是一个二倍频程）。
polar plot	极坐标图	以 $G(j\omega)$ 的实部为横坐标，以 $G(j\omega)$ 的虚部为纵坐标绘制的频率响应特性图。
resonant frequency	谐振频率	由共轭复极点引起的频率响应幅值取得最大值时对应的频率 ω_r。
transfer function in the frequency domain	频率传递（特性）函数	当输入为正弦信号时，输出的傅里叶变换与输入的傅里叶变换之比，通常记为 $G(j\omega)$。

第 9 章　频域稳定性

提要

前面有关章节讨论了系统的稳定性，还介绍了几种判断系统稳定性和评价系统相对稳定性的方法。本章将运用频率响应法，进一步讨论系统的稳定性。为此，本章将结合伯德图、奈奎斯特图和尼科尔斯图，介绍增益裕度、相角裕度、带宽等概念，研究频域中的稳定性判别方法——奈奎斯特稳定性判据，并用几个有趣的实例演示说明奈奎斯特判据的应用。本章还将讨论纯时间延迟环节对控制系统稳定性和性能指标的影响。时间延迟环节引入了附加的滞后相角，因而有可能导致条件稳定系统失稳。作为结束，本章将继续研究循序渐进设计实例——磁盘驱动器读取系统，并用频率响应法分析其稳定性。

预期收获

在完成第 9 章的学习之后，学生应该：

- 掌握奈奎斯特稳定性判据和奈奎斯特图的应用；
- 能够在频域中确定系统的时域性能指标；
- 理解在反馈控制系统设计中考虑时间延迟环节的重要性；
- 能够使用频率响应法分析反馈控制系统的相对稳定性和性能，包括利用伯德图、奈奎斯特图和尼科尔斯图等工具，估算系统的增益裕度、相角裕度、带宽等。

9.1　引言

稳定性是反馈控制系统的关键特性之一。如果系统是稳定的，则应该进一步分析其相对稳定性。第 6 章介绍了系统稳定性的概念，并给出了绝对稳定性的判定方法和相对稳定性的评价方法。例如，劳斯-赫尔维茨方法根据特征方程来判断系统的稳定性，根轨迹法则可以用来研究系统的相对稳定性，二者都是基于复变量 $s = \sigma + j\omega$ 的复频域分析方法。本章将在实频域中研究系统的稳定性，即采用频率响应法研究系统的稳定性。

系统的频率响应描述系统对正弦输入的稳态响应，其所包含的信息足以确定系统的相对稳定性。通过用不同频率的正弦信号激励系统，便可以方便地得到系统的频率响应。因此，频率响应法适合于分析含有未知参数的系统的稳定性。此外，根据频域中的稳定性判据，我们还能够方便地调整系统参数，从而提高系统的相对稳定性。

早在 1932 年，H. 奈奎斯特（H.Nyquist）就提出了频域中的稳定性判据。时至今日，**奈奎斯特稳定性判据**仍是研究线性控制系统相对稳定性的基本方法 [1, 2]，其理论基础是复变函数理论中的柯西定理。柯西定理给出了关于 s 复平面上围线映射的结论，幸运的是，不需要严格的理论推导，我们也能理解柯西定理的基本内涵。

为了研究闭环控制系统的相对稳定性，下面考虑闭环系统的特征方程的一般形式：

$$F(s) = 1 + L(s) = 0 \tag{9.1}$$

对于图 9.1 所示的单位反馈控制系统而言，$L(s) = G_c(s)G(s)$。当系统为多环路反馈控制系统时，根据我们得出的有关信号流图的结论，闭环系统的特征方程应该为

$$F(s) = \Delta(s) = 1 - \sum L_n + \sum L_m L_q \cdots = 0$$

其中，$\Delta(s)$ 是信号流图的特征式。于是，我们可以用式（9.1）一般性地表示单环路或多环路反馈控制系统的特征方程，其中，$L(s)$ 是 s 的有理函数。为了保证系统的稳定性，要求 $F(s)$ 的零点必须全部位于 s 平面的左半平面。为了在频域中验证这一点，奈奎斯特将 s 平面的右半平面映射到了 $F(s)$ 平面。因此，为了理解和应用奈奎斯特判据，下面首先介绍复平面上的围线映射。

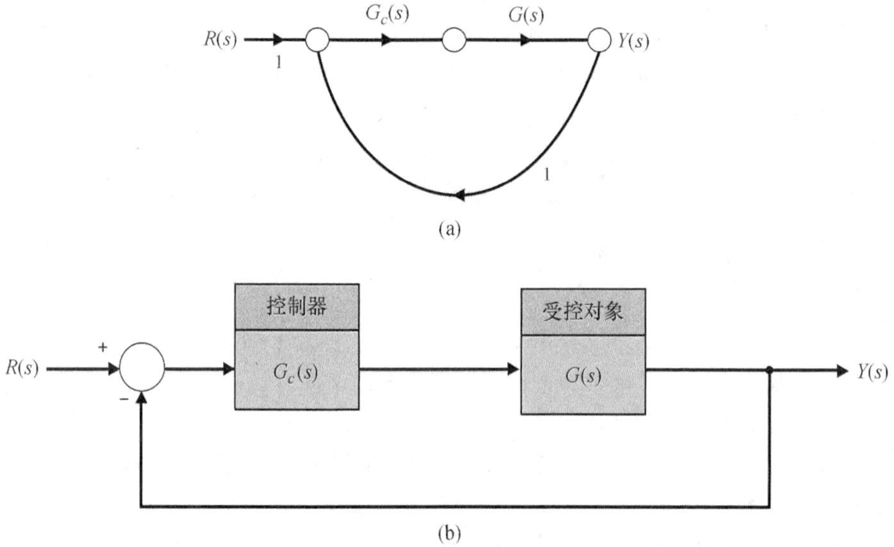

图 9.1 某单位反馈控制系统

9.2 s 平面上的围线映射

本节介绍由函数 $F(s)$ 诱导的 s 平面上的围线映射。所谓**围线映射**，指的是利用关系函数 $F(s)$，将平面 s 上的一条闭合曲线或轨迹映射转换到另一个平面 $F(s)$ 上。由于 $s = \sigma + j\omega$ 是复变量，因此函数值 $F(s)$ 本身也是复变量。将 $F(s)$ 写成 $F(s) = u + jv$ 的形式，即可在 $F(s)$ 复平面上用坐标（u, v）来表示围线映射的结果。

作为例子，考虑变换函数 $F(s) = 2s + 1$。s 平面上的单位正方形闭合曲线如图 9.2（a）所示，函数 $F(s)$ 将 s 平面上的闭合曲线映射到了 $F(s)$ 平面上，于是有

$$u + jv = F(s) = 2s + 1 = 2(\sigma + j\omega) + 1 \tag{9.2}$$

我们可以得到

$$u = 2\sigma + 1 \tag{9.3}$$

$$v = 2\omega \tag{9.4}$$

由此可知，映射到 $F(s)$ 平面上的围线仍然是一条正方形闭合曲线，其中心右移了 1 个单位，边长是原来的两倍，如图 9.2（b）所示。从中可以看出，s 平面上的围线在被映射到 $F(s)$ 平面上之后，围线上的角度保持不变，这种映射又称为**共形映射**。另外，s 平面上的闭合围线被映射成了 $F(s)$ 平面上的闭合围线。

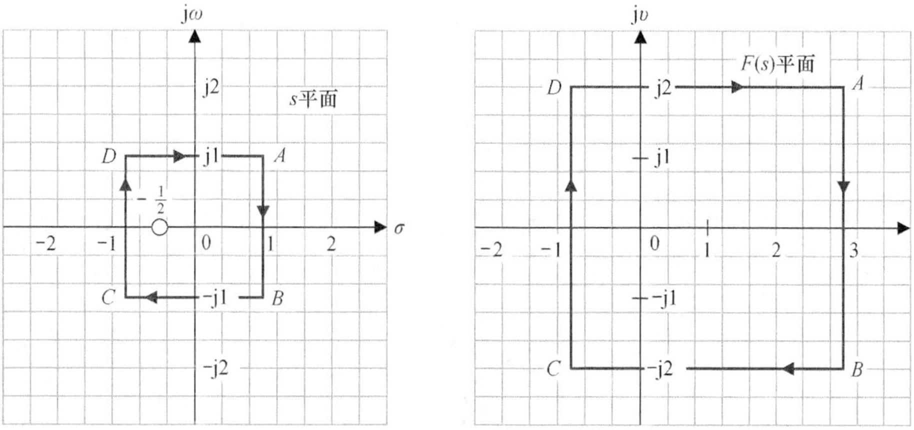

(a)　(b)

图 9.2　基于 $F(s) = 2s + 1 = 2(s + 1/2)$ 的映射，闭合围线为正方形曲线

s 平面上的 A、B、C、D 这 4 个点，分别被映射成了 $F(s)$ 平面上的 A、B、C、D 这 4 个点；而且当 s 平面上的围线按 $A \to B \to C \to D$ 的顺时针方向发展时，$F(s)$ 平面上的围线也按照 $A \to B \to C \to D$ 的顺时针方向发展。为了方便起见，本书将顺时针方向定义为闭合围线的正方向，并将闭合围线正方向右侧的区域定义为围线的包围区域，即内部。需要注意的是，关于复平面上闭合围线的正负运动方向，控制系统理论与复变函数理论虽然采用了恰恰相反的约定，但却不会影响理论和应用。这可以形象地记为：当我们沿顺时针方向行走时，右侧的区域就是围线的包围区域，即“顺时针，向右看”。

典型的映射函数 $F(s)$ 都是 s 的有理函数。我们再举一个围线映射的例子。假设 s 平面上的闭合围线仍为单位正方形曲线，但将变换函数改为

$$F(s) = \frac{s}{s+2} \tag{9.5}$$

当 s 在图 9.3（a）所示的单位正方形曲线上变化时，表 9.1 给出了函数 $F(s)$ 的几个典型取值，图 9.3（b）给出了 $F(s)$ 平面上的映射像曲线。从中可以看出，$F(s)$ 平面的原点位于映射像曲线的内部，这被称为映射像曲线包围了 $F(s)$ 平面的原点。

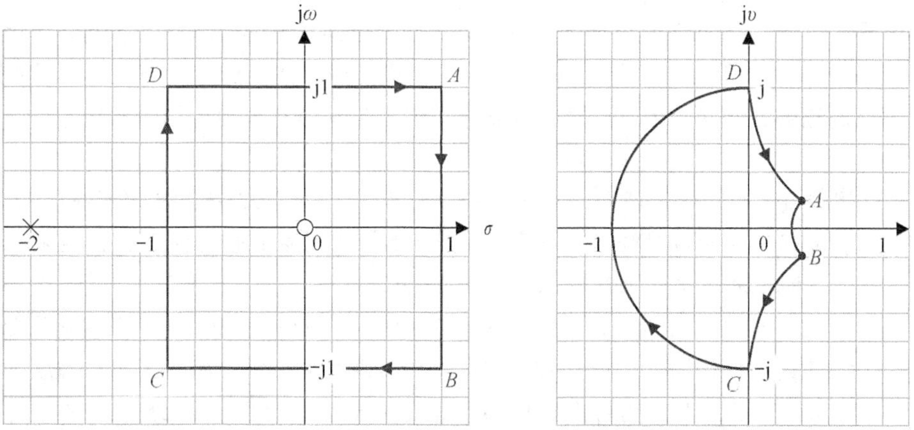

(a)　(b)

图 9.3　$F(s) = s/(s + 2)$ 的围线映射

表 9.1 $F(s)$ 的几个典型取值

	点 *A*		点 *B*		点 *C*		点 *D*	
$s=\sigma+j\omega$	$1+j$	1	$1-j$	$-j$	$-1-j$	-1	$-1+j$	j
$F(s)=u+jv$	$(4+j2)/10$	1/3	$(4-j2)/10$	$(1-j2)/5$	$-j$	-1	$+j$	$(1+j2)/5$

柯西定理关注的是 $F(s)$ 在 s 平面闭合曲线的内部只有有限零点和极点的情形。因此，变换函数 $F(s)$ 可以表示为

$$F(s)=\frac{K\prod_{i=1}^{n}\left(s+z_i\right)}{\prod_{k=1}^{M}\left(s+p_k\right)} \tag{9.6}$$

其中，$-z_i$ 和 $-p_k$ 分别是 $F(s)$ 的零点和极点。当 $F(s)$ 为控制系统的特征函数时，有

$$F(s)=1+L(s) \tag{9.7}$$

其中：

$$L(s)=\frac{N(s)}{D(s)}$$

于是又有

$$F(s)=1+L(s)=1+\frac{N(s)}{D(s)}=\frac{D(s)+N(s)}{D(s)}=\frac{K\prod_{i=1}^{n}\left(s+z_i\right)}{\prod_{k=1}^{M}\left(s+p_k\right)} \tag{9.8}$$

$L(s)$ 与 $F(s)$ 有相同的极点，而 $F(s)$ 的零点则是系统的特征根。回忆一下系统的输出：

$$Y(s)=T(s)R(s)=\frac{\sum P_k\Delta_k}{\Delta(s)}R(s)=\frac{\sum P_k\Delta_k}{F(s)}R(s) \tag{9.9}$$

我们可以清楚地看到，$F(s)$ 的零点完全决定了系统的响应模态。在式（9.9）中，Δ_k 是余因子，P_k 是前向通路增益，详见 2.7 节。

我们再来看看 $F(s)=2(s+1/2)$ 的情况。如图 9.2 所示，$F(s)$ 只有一个零点 $s=-1/2$，s 平面上的单位正方形围线包围了这个零点。类似地，如图 9.3 所示，当 $F(s)=s/(s+2)$ 时，s 平面上的闭合围线虽然包围了 $F(s)$ 在原点处的零点 $s=0$，但却没有包围极点 $s=-2$。柯西定理既考虑了 s 平面上的闭合围线包围 $F(s)$ 零点和极点的情况，也考虑了映射到 $F(s)$ 平面上的像曲线包围 $F(s)$ 平面原点的周数，并揭示了它们之间的联系。**柯西定理**通常也称为**相角原理**，得出的结论如下[3, 4]：

如果闭合围线（又称闭合曲线）Γ_s 以顺时针方向为正方向，在 s 平面上包围 $F(s)$ 的 Z 个零点和 P 个极点，且不经过 $F(s)$ 的任何一个零点或极点，那么对应的映射像曲线 Γ_F 也将以顺时针方向为正向，并且将在 $F(s)$ 平面上包围原点 $N=Z-P$ 周。

重新观察图 9.2 和图 9.3 可以发现，由于 $N=Z-P=1$，$F(s)$ 平面上的两条映射像曲线都只包围 $F(s)$ 平面的原点一周，这正好与柯西定理的结论相吻合。考虑 $F(s)=s/(s+1/2)$ 的情况，如图 9.4（a）所示，s 平面上的闭合围线仍为单位正方形曲线，而映射到 $F(s)$ 平面上的像曲线如图 9.4（b）所示。在此情况下，$N=Z-P=0$，因此 $F(s)$ 平面上的映射像曲线 Γ_F 并没有包围 $F(s)$ 平面的原点。

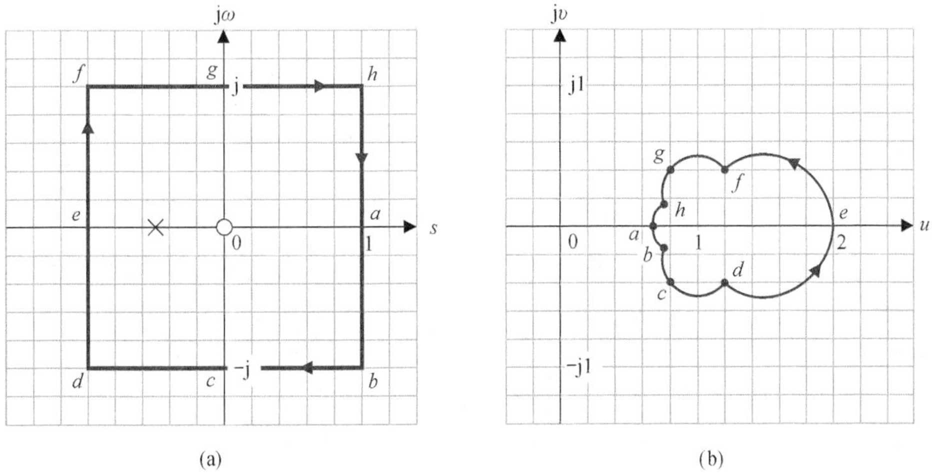

图 9.4　$F(s) = s/(s + 1/2)$ 的围线映射

当 s 平面上的点沿闭合曲线（又称闭合围线）Γ_s 顺时针移动时，由于零点和极点的影响，$F(s)$ 的相角将会发生不同的变化。仔细观察各个零点和极点引起的相角变化，可以帮助我们更好地理解柯西定理。为此，如下考虑变换函数：

$$F(s) = \frac{(s + z_1)(s + z_2)}{(s + p_1)(s + p_2)} \tag{9.10}$$

其中，$-z_i$ 是 $F(s)$ 的零点，$-p_k$ 是 $F(s)$ 的极点。于是，式（9.10）可以改写为

$$\begin{aligned} F(s) &= |F(s)|\angle F(s) \\ &= \frac{|s + z_1||s + z_2|}{|s + p_1||s + p_2|}\left(\angle s + z_1 + \angle s + z_2 - \angle s + p_1 - \angle s + p_2\right) \\ &= |F(s)|\left(\phi_{z_1} + \phi_{z_2} - \phi_{p_1} - \phi_{p_2}\right) \end{aligned} \tag{9.11}$$

观察图 9.5（a）给出的闭合曲线和向量，当点 s 沿闭合曲线 Γ_s 移动一周（即 360°）时，相角 ϕ_{p1}、ϕ_{p2}、ϕ_{z2} 的净变化量都为 0，只有 ϕ_{z1} 沿顺时针方向变化了 360°，因此相角的总净变化量也是 360°。究其原因，在于 Γ_s 只包围了 $F(s)$ 的一个零点。如果 Γ_s 包围 $F(s)$ 的 Z 个零点，则可以推知，在 $F(s)$ 的映射像曲线 Γ_F 上，相角的总净变化量将为 $\phi_z = 2\pi Z$。同理，若 Γ_s 包围 $F(s)$ 的 Z 个零点和 P 个极点，则映射像曲线 Γ_F 的相角的总净变化量将为 $2\pi Z - 2\pi P$。这样，当点 s 沿闭合曲线 Γ_s 移动一周时，映射像曲线 Γ_F 的相角的总净变化量为

$$\phi_F = \phi_Z - \phi_P$$

或

$$2\pi N = 2\pi Z - 2\pi P \tag{9.12}$$

因此，映射像曲线 Γ_F 包围 $F(s)$ 平面原点的次数应为 $N = Z - P$。在图 9.5（a）中，闭合曲线 Γ_s 包围 $F(s)$ 的一个零点，因此图 9.5（b）中的映射像曲线 Γ_F 只是沿顺时针方向包围原点一周。

下面再用两个例子来说明柯西定理。首先观察图 9.6（a）所示的零点和极点分布以及 s 平面上的闭合围线，由于 Γ_s 包围 $F(s)$ 的三个零点和一个极点，因此有 $N = 3 - 1 = 2$。于是，$F(s)$ 平面上的映射像曲线 Γ_F 沿顺时针方向包围 $F(s)$ 平面原点两周，如图 9.6（b）所示。

我们再来观察图 9.7（a）所示的零点和极点分布以及 s 平面上的闭合围线，Γ_s 包围了 $F(s)$ 的 1 个极点，但不包围零点，因此有 $N = Z - P = -1$。N 为负数，这意味着映射像曲线 Γ_F 沿逆时针方向包围原点一周，如图 9.7（b）所示。

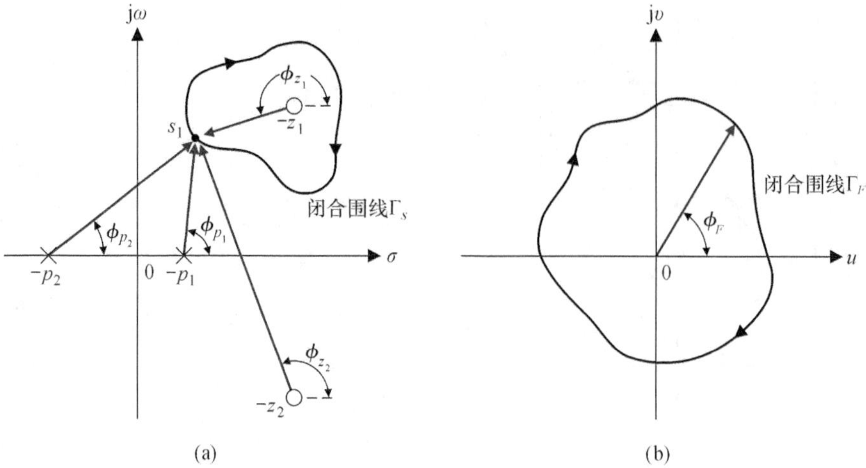

图 9.5　闭合围线 Γ_F 的相角的净变化量

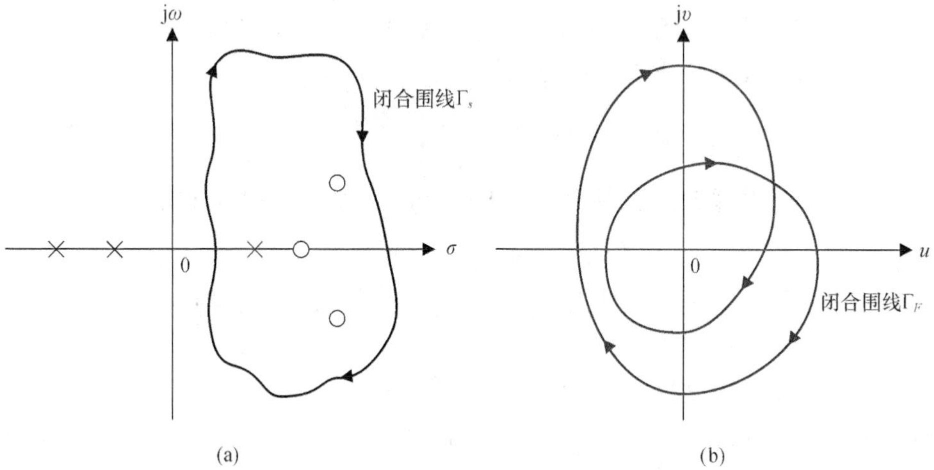

图 9.6　闭合围线 Γ_s 包围了 $F(s)$ 的三个零点和一个极点

至此，我们已经了解了基于函数 $F(s)$ 的围线映射和柯西定理的基本内容，从而为学习奈奎斯特稳定性判据做好了准备。

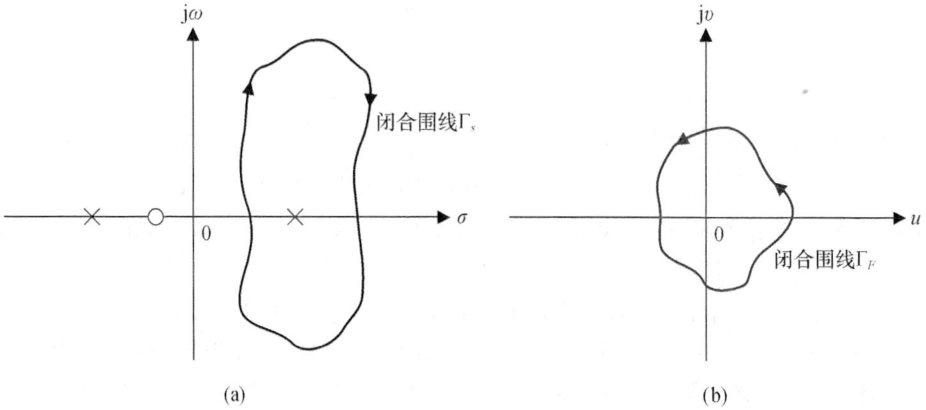

图 9.7　闭合围线 Γ_s 包围了 $F(s)$ 的一个极点

9.3　奈奎斯特稳定性判据

为了研究控制系统的稳定性，我们需要考查系统的特征方程，即

$$F(s) = 1 + L(s) = \frac{K\prod_{i=1}^{n}(s + z_i)}{\prod_{k=1}^{M}(s + p_k)} = 0 \tag{9.13}$$

而系统稳定的充分必要条件是，$F(s)$ 的所有零点都处在 s 平面的左半平面。也就是说，稳定系统的所有特征根［即 $F(s)$ 的所有零点］都应该处在 $j\omega$ 轴的左侧。为此，只需要将 s 平面上的闭合曲线 Γ_s 取成包围整个 s 平面右半平面的围线，就可以运用柯西定理来判断 Γ_s 是否包围 $F(s)$ 的零点。换言之，我们需要在 $F(s)$ 平面上绘制映射像曲线 Γ_F 并确定其包围 $F(s)$ 平面原点的周数 N。于是，处于闭合曲线 Γ_s 内部的 $F(s)$ 的零点个数［$F(s)$ 不稳定零点的个数］就是

$$Z = N + P \tag{9.14}$$

若 $P = 0$（这种情况很常见），则系统不稳定特征根的个数 Z，就等于映射像曲线 Γ_F 包围 $F(s)$ 平面原点的周数 N。

包围整个 s 平面右半平面的闭合曲线 Γ_s 如图 9.8 所示，此时的闭合曲线 Γ_s 又称为奈奎斯特围线。

闭合曲线 Γ_s 包含从 $-j\infty$ 到 $+j\infty$ 的整个虚轴，当点 s 在虚轴上运动时，映射像曲线的取值就是通常意义下的频率特性函数 $F(j\omega)$。闭合曲线 Γ_s 还包含半径为 r 且 $r \to +\infty$ 的半圆周，这一部分的映射像曲线通常会退化为 $F(s)$ 平面上的一个点。得到的映射像曲线 Γ_F 又称为奈奎斯特图。

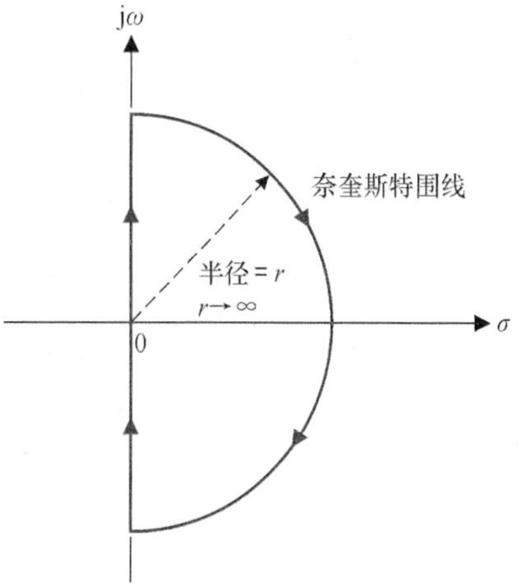

图 9.8　实线为奈奎斯特围线

到目前为止，奈奎斯特稳定性判据关注的是基于如下特征函数的映射像曲线 Γ_F 以及 Γ_F 包围 $F(s)$ 平面原点的周数。

$$F(s)=1+L(s) \tag{9.15}$$

等价地，也可以将映射函数定义为

$$F'(s) = F(s) - 1 = L(s) \tag{9.16}$$

式（9.16）的这种改变将带来极大的便利。因为在很多情况下，开环传递函数 $L(s)$ 本身就具有因式乘积的形式，而 $1 + L(s)$ 的分子还需要重新进行因式分解才能确定零点，这正是我们需要解决的问题。这样 s 平面上的闭合曲线 Γ_s 就可以通过函数 $F'(s) = L(s)$ 被映射到 $L(s)$ 平面上。由于 $F'(s) = F(s) - 1$，奈奎斯特稳定性判据原来关注的映射像曲线 Γ_F 包围 $F(s)$ 平面原点的周数，就变成了关注映射像曲线 $F'(s) = L(s)$ 包围 $L(s)$ 平面上的点（$-1, 0$）的周数。

奈奎斯特稳定性判据更为常见的表述如下。

当 $L(s)$ 在 s 平面的右半平面没有极点时（$P = 0$），闭环反馈控制系统稳定的充分必要条件是：$L(s)$ 平面上的映射像曲线 Γ_L 不包围点（$-1, 0$）。

概念强调说明 9.1

如果 $L(s)$ 在 s 平面的右半平面有极点，则奈奎斯特稳定性判据可以一般地表示如下。

闭环反馈控制系统稳定的充分必要条件如下：$L(s)$ 在 s 平面上的映射像曲线 Γ_L 沿逆时针方向包围点（$-1,0$）的周数，等于 $L(s)$ 在 s 平面右半平面的极点的个数。

概念强调说明 9.2

我们得出上述结论的前提是：在考虑基于 $F'(s) = L(s)$ 的围线映射时，$F(s) = 1 + L(s)$ 在 s 平面右半平面的根的个数（零点的个数）为 $Z = N + P$。因此，当 $L(s)$ 在 s 平面的右半平面没有极点时（$P = 0$），稳定的闭环反馈控制系统自然就会要求 $N = 0$，也就是要求 $L(s)$ 平面上的映射像曲线 Γ_L 不包围点（$-1, 0$）。如果 P 不等于 0，则由于稳定的闭环反馈控制系统同样要求 $Z = 0$，因此必然有 $N = -P$。换言之，$L(s)$ 平面上的映射像曲线 Γ_L 将逆时针包围点（$-1, 0$）P 周。

下面我们通过一些例子来演示奈奎斯特稳定性判据，以加深读者的理解。

例 9.1 有两个实极点的系统

考虑图 9.1 所示的单位反馈控制系统，假设其开环传递函数为

$$L(s) = \frac{K}{(\tau_1 s + 1)(\tau_2 s + 1)} \tag{9.17}$$

此时有 $L(s) = G_c(s)G(s)$。在 $L(s)$ 平面上观察映射像曲线 Γ_L。s 平面上的奈奎斯特围线 Γ_s 如图 9.9（a）所示。当 $\tau_1 = 1$、$\tau_2 = 1/10$、$K = 100$ 时，得到的映射像曲线 Γ_L 如图 9.9（b）所示。

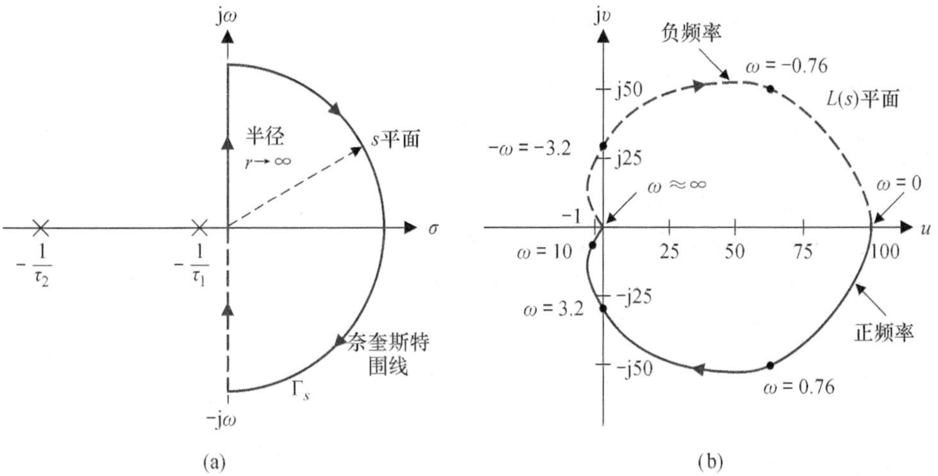

图 9.9 奈奎斯特围线和基于 $L(s) = 100/[(s + 1)(s/10 + 1)]$ 的映射像曲线

图 9.9（b）标明了奈奎斯特围线 Γ_s 各部分的映射结果。其中，正虚轴+jω 部分被映射成 $L(s)$ 平面上的实线部分，负虚轴 $-\mathrm{j}\omega$ 部分被映射成 $L(s)$ 平面上的虚线部分，$r \to +\infty$ 的半圆周部分则被映射成 $L(s)$ 平面的原点。

$L(s)$ 在 s 平面的右半平面没有极点（即 $P = 0$），因此，为了使系统稳定，应该有 $N = Z = 0$。这就要求在 $L(s)$ 平面上，奈奎斯特围线 Γ_L 不能包围点（$-1,0$）。由图 9.9（b）和式（9.17）可知，无论 K 取何值，Γ_L 都不会包围点（$-1,0$）。因此，当 $K > 0$ 时，这个闭环系统总是稳定的。

例 9.2 在原点处有一个极点的系统

继续考虑图 9.1 所示的单位反馈控制系统，假设其开环传递函数为

$$L(s) = \frac{K}{s(\tau s + 1)}$$

此时仍有 $L(s)=G_c(s)G(s)$。在 $L(s)$ 平面上观察映射像曲线 Γ_L。根据柯西定理的要求，s 平面上的奈奎斯特围线 Γ_s 不能经过 $L(s)$ 在原点处的极点，因此我们用半径为 ε 且 $\varepsilon\to 0$ 的半圆周来绕过原点，得到的奈奎斯特围线 Γ_s 如图 9.10（a）所示。Γ_s 在 $L(s)$ 平面上的映射像曲线 Γ_L 如图 9.10（b）所示。当 ω 从 0^+ 变到 $+\infty$ 时，Γ_L 的对应部分就是系统的开环极坐标图 $L(\mathrm{j}\omega)=u(\omega)+\mathrm{j}v(\omega)$。下面根据奈奎斯特围线 Γ_s，分段讨论映射像曲线 Γ_L 的构成。

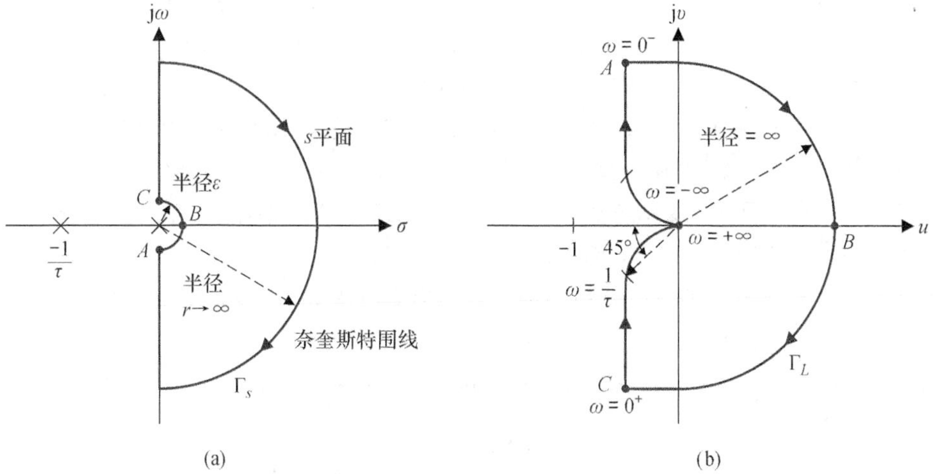

图 9.10　奈奎斯特围线和基于 $L(s)=K/(s(s+1))$ 的映射像曲线

（1）围绕 s 平面原点的小半圆周。围绕 s 平面原点的小半圆周可以表示为 $s=\varepsilon\mathrm{e}^{\mathrm{j}\phi}$。当 ω 从 0^- 变到 0^+ 时，ϕ 从 $-90°$ 变化到 $+90°$，由于 $\varepsilon\to 0$，故有

$$\lim_{\varepsilon\to 0}L(s)=\lim_{\varepsilon\to 0}\frac{K}{\varepsilon\mathrm{e}^{\mathrm{j}\phi}}=\lim_{\varepsilon\to 0}\frac{K}{\varepsilon}\mathrm{e}^{-\mathrm{j}\phi}\tag{9.18}$$

由此可见，映射像曲线的相角从 $\omega=0^-$ 处的 90°变到了 $\omega=0$ 处的 0°，接着又变到了 $\omega=0^+$ 处的 $-90°$，幅值半径则为无穷大。因此，如图 9.10（b）所示，围绕 s 平面原点的小半圆周在 $L(s)$ 平面上的映射像曲线是半径为无穷大的半圆周，图 9.10（a）中的点 A、B、C 分别被映射成图 9.10（b）中的点 A、B、C。

（2）从 $\omega=0^+$ 到 $\omega=+\infty$ 的部分。由于 $s=\mathrm{j}\omega$，并且

$$L(s)\big|_{s=\mathrm{j}\omega}=L(\mathrm{j}\omega)\tag{9.19}$$

因此 Γ_s 的这一部分被映射成 $L(s)$ 的实频率极坐标图，如图 9.10（b）所示。当 ω 趋于$+\infty$ 时，有

$$\lim_{\omega\to+\infty}L(\mathrm{j}\omega)=\lim_{\omega\to+\infty}\frac{K}{+\mathrm{j}\omega(\mathrm{j}\omega\tau+1)}=\lim_{\omega\to\infty}\left|\frac{K}{\tau\omega^2}\right|\underline{/-(\pi/2)-\arctan(\omega\tau)}\tag{9.20}$$

因此，当 ω 趋于 $+\infty$ 时，映射像曲线的幅值和相角分别趋于 0 和 $-180°$。

（3）从 $\omega=+\infty$ 到 $\omega=-\infty$ 的部分。Γ_s 的这一部分被映射成 $L(s)$ 平面的原点。这是因为

$$\lim_{r\to\infty}L(s)\big|_{s=r\mathrm{e}^{\mathrm{j}\phi}}=\lim_{r\to\infty}\left|\frac{K}{\tau r^2}\right|\mathrm{e}^{-2\mathrm{j}\phi}\tag{9.21}$$

于是，当 ω 从 $+\infty$ 变到 $-\infty$ 时，ϕ 从 $+90°$ 变成 $-90°$，$L(s)$ 的相角也就从 $-180°$ 变成了 $+180°$。又由于半径 r 趋于 $+\infty$，因此 $L(s)$ 的幅值为 0 或某个常数。

（4）从 $\omega=-\infty$ 到 $\omega=0^-$ 的部分。Γ_s 的这一部分被映射成

$$L(s)\big|_{s=-j\omega} = L(-j\omega) \tag{9.22}$$

由于 $L(-j\omega)$ 与 $L(j\omega)$ 为共轭复数，因此当 ω 从 $-\infty$ 变到 0^- 时，如图 9.10（b）所示，其映射像曲线与（2）中的映射像曲线关于实轴对称。

下面分析这个二阶系统的稳定性。首先注意 $L(s)$ 在 s 平面的右半平面没有极点（即 $P = 0$），因此为了保证系统稳定，应该有 $N = Z = 0$，即 Γ_L 不包围点 $(-1, 0)$。通过观察图 9.10（b）不难发现，无论增益 K 和时间常数取何值，Γ_L 都不会包围点 $(-1, 0)$，因此系统总是稳定的。我们还应该注意到，这里只考虑了 K 为正值的情况。如果 K 为负值，则应该将增益写成 $-K$（$K \geqslant 0$）。

根据上面的两个例子，我们可以得出如下一般性结论。

- 当 $-\infty < \omega < 0^-$ 和 $0^+ < \omega < +\infty$ 时，它们对应的频率特性函数为共轭复变函数，而它们在 $L(s)$ 平面上的奈奎斯特映射像曲线则关于实轴 u 对称。利用这一结论，**在判断系统的稳定性时，我们只需要绘制与 $0^+ < \omega < +\infty$ 对应的映射像曲线即可**。注意，当 s 平面的原点为 $L(s)$ 的极点时，Γ_s 应该绕过原点。
- 当 $s = re^{j\phi}$ 且 $r \to \infty$ 时，$L(s) = G_c(s)G(s)$ 的幅值通常趋于 0 或某个常数。

例 9.3 有 3 个极点的系统

继续考虑图 9.1 给出的单位反馈控制系统，假设其开环传递函数为

$$L(s) = G_c(s)G(s) = \frac{K}{s(\tau_1 s + 1)(\tau_2 s + 1)} \tag{9.23}$$

s 平面上的奈奎斯特围线 Γ_s 仍然如图 9.10（a）所示。由于 $L(-j\omega)$ 与 $L(j\omega)$ 共轭，映射像曲线关于实轴 u 对称，因此这里只需要讨论 $0^+ < \omega + \infty$ 时 $L(j\omega)$ 的轨迹。与例 9.2 类似，围绕 s 平面原点的小半圆周被映射成 $L(s)$ 平面上半径为无穷大的半圆周；而当 $r \to \infty$ 时，s 平面上的大半圆周 $s = re^{j\phi}$ 则被映射成 $L(s)$ 平面的原点［即 $L(s) = 0$］。记 $s = +j\omega$，于是有

$$\begin{aligned} L(j\omega) &= \frac{K}{j\omega(j\omega\tau_1 + 1)(j\omega\tau_2 + 1)} = \frac{-K(\tau_1 + \tau_2) - jK(1/\omega)(1 - \omega^2\tau_1\tau_2)}{1 + \omega^2(\tau_1^2 + \tau_2^2) + \omega^4\tau_1^2\tau_2^2} \\ &= \frac{K}{\left[\omega^4(\tau_1 + \tau_2)^2 + \omega^2(1 - \omega^2\tau_1\tau_2)^2\right]^{1/2}} \underline{/-\arctan(\omega\tau_1) - \arctan(\omega\tau_2) - (\pi/2)} \end{aligned} \tag{9.24}$$

当 $\omega = 0^+$ 时，$L(j\omega)$ 的幅值为无穷大，相角为 $-90°$。当 $\omega \to +\infty$ 时，由于

$$\begin{aligned} \lim_{\omega\to\infty} L(j\omega) &= \lim_{\omega\to\infty}\left|\frac{1}{\omega^3\tau_1\tau_2}\right| \underline{/-(\pi/2) - \arctan(\omega\tau_1) - \arctan(\omega\tau_2)} \\ &= \lim_{\omega\to\infty}\left|\frac{1}{\omega^3\tau_1\tau_2}\right| \underline{/-3\pi/2} \end{aligned} \tag{9.25}$$

因此 $L(j\omega)$ 的幅值趋于 0，相角则趋于 $-270°$ [29]。如图 9.11 所示，要实现 Γ_L 的相角由 $-90°$ 变成 $-270°$，Γ_L 就必须穿过 $L(s)$ 平面的实轴 u，因而有可能包围点 $(-1, 0)$。在图 9.11 中，Γ_L 的确包围了点 $(-1, 0)$ 两周，于是对应的闭环系统在 s 平面的右半平面有两个闭环极点，因而系统是不稳定的。令 $L(j\omega) = u + jv$ 的虚部为 0，我们可以求得 Γ_L 与实轴 u 的交点，由式（9.24）可得

$$v = \frac{-K(1/\omega)(1 - \omega^2\tau_1\tau_2)}{1 + \omega^2(\tau_1^2 + \tau_2^2) + \omega^4\tau_1^2\tau_2^2} = 0 \tag{9.26}$$

故有 $1-\omega^2\tau_1\tau_2=0$，即 $\omega=1/\sqrt{\tau_1\tau_2}$。在该频率处，$L(j\omega)$ 的实部为

$$u=\left.\frac{-K(\tau_1+\tau_2)}{1+\omega^2(\tau_1^2+\tau_2^2)+\omega^4\tau_1^2\tau_2^2}\right|_{\omega^2=1/\tau_1\tau_2}=\frac{-K(\tau_1+\tau_2)\tau_1\tau_2}{\tau_1\tau_2+(\tau_1^2+\tau_2^2)+\tau_1\tau_2}=\frac{-K\tau_1\tau_2}{\tau_1+\tau_2}\tag{9.27}$$

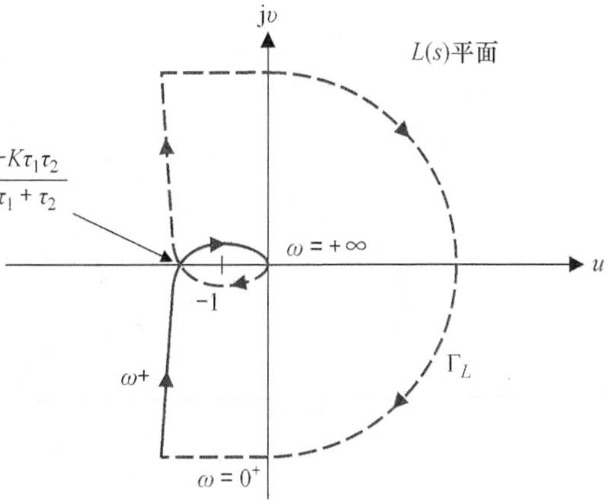

图 9.11　$L(s)=K/(s(\tau_1 s+1)(\tau_2 s+1))$ 的奈奎斯特图，Γ_L 与实轴 u 的交点在 -1 的左侧

因此，只有当 $\dfrac{-K\tau_1\tau_2}{\tau_1+\tau_2}\geqslant -1$ 或下面的式（9.28）成立时，系统才是稳定的。

$$K\leqslant\frac{\tau_1+\tau_2}{\tau_1\tau_2}\tag{9.28}$$

考虑 $\tau_1=\tau_2=1$ 时的特例，此时有

$$L(s)=G_c(s)G(s)=\frac{K}{s(s+1)^2}$$

由式（9.28）可知，只有当 $K\leqslant 2$ 时，系统才稳定。

当 K 取 3 个不同的值时，对应的奈奎斯特图如图 9.12 所示。

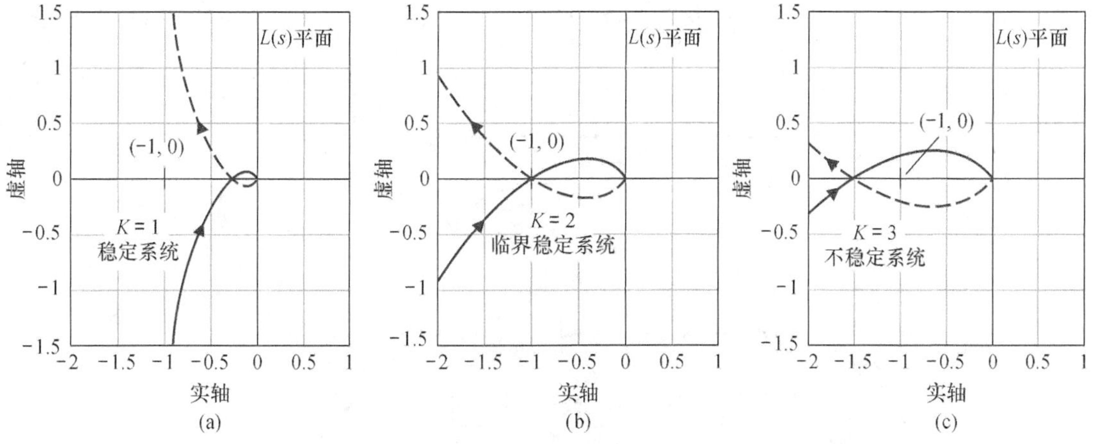

图 9.12　当 $K=1$、$K=2$、$K=3$ 时，$L(s)=G_c(s)G(s)=K/s(s+1)^2$ 的奈奎斯特图

例 9.4　原点处有双重极点的系统

继续考虑图 9.1 给出的单位反馈控制系统，假设其开环传递函数为

$$L(s)=G_c(s)G(s)=\frac{K}{s^2(\tau s+1)} \tag{9.29}$$

当 $s=\mathrm{j}\omega$ 时，正实频段的极坐标图由下式决定：

$$L(\mathrm{j}\omega)=\frac{K}{-\omega^2(\mathrm{j}\omega\tau+1)}=\frac{K}{\left[\omega^4+\tau^2\omega^6\right]^{1/2}}\angle -\pi-\arctan(\omega\tau) \tag{9.30}$$

注意 $L(\mathrm{j}\omega)$ 的相角始终小于或等于 -180°，因此可以断言，当 $0^+<\omega<+\infty$ 时，Γ_L 将始终位于实轴 u 的上方。当 $\omega\to 0^+$ 时，有

$$\lim_{\omega\to 0^+}L(\mathrm{j}\omega)=\lim_{\omega\to 0^+}\left|\frac{K}{\omega^2}\right|\angle -\pi \tag{9.31}$$

当 $\omega\to+\infty$ 时，则有

$$\lim_{\omega\to+\infty}L(\mathrm{j}\omega)=\lim_{\omega\to+\infty}\frac{K}{\omega^3}\angle -3\pi/2 \tag{9.32}$$

而在 s 平面原点附近的小半圆周 $s=\varepsilon\mathrm{e}^{\mathrm{j}\phi}$ 上，则有

$$\lim_{\varepsilon\to 0}L(s)=\lim_{\varepsilon\to 0}\frac{K}{\varepsilon^2}\mathrm{e}^{-2\mathrm{j}\phi} \tag{9.33}$$

其中，$-\pi/2\leqslant\phi\leqslant\pi/2$。由此可知，在这个小半圆周的两端，当 ω 从 0^- 变到 0^+ 时，Γ_L 的相角由 $+\pi$ 变成 $-\pi$，从而构成一个完整的圆周。完整的 Γ_L 围线如图 9.13 所示，由于其包围点 $(-1,0)$ 两周，因此系统在 s 平面的右半平面有两个极点，无论增益 K 何取值，系统总是不稳定的。

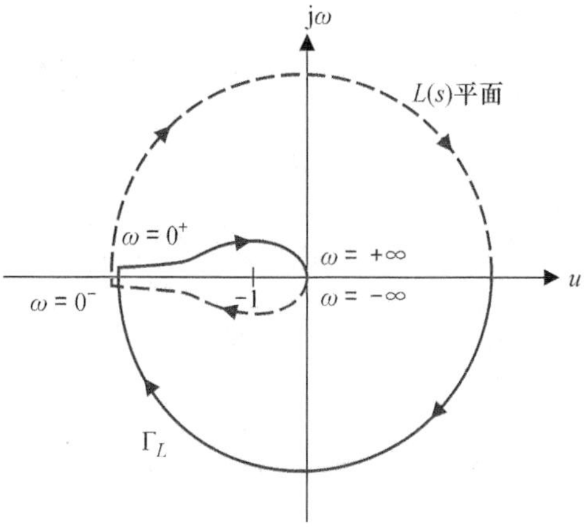

图 9.13　$L(s)=K/(s^2(\tau s+1))$ 的奈奎斯特图

例 9.5　在 s 平面右半平面有一个极点的系统

考虑图 9.14 给出的二阶反馈控制系统及其稳定性。我们暂时先不考虑微分反馈环路（即 $K_2=0$），于是系统的开环传递函数为

$$L(s)=G_c(s)G(s)=\frac{K_1}{s(s-1)} \tag{9.34}$$

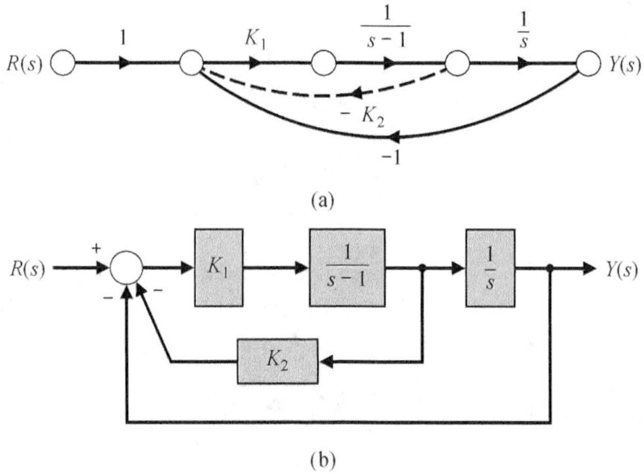

图 9.14　二阶反馈控制系统

(a) 信号流图；(b) 框图模型

$L(s)$ 在 s 平面的右半平面有一个极点（即 $P=1$）。此时，为了使系统稳定，应该有 $N=-P=-1$，这就要求围线 Γ_L 按逆时针方向包围点 $(-1,0)$ 一周。在围绕 s 平面原点的小半圆周上，当 $-\pi/2 \leqslant \phi \leqslant \pi/2$ 时，有

$$\lim_{\varepsilon \to 0} L(s) = \lim_{\varepsilon \to 0} \frac{K_1}{-\varepsilon e^{j\phi}} = \lim_{\varepsilon \to 0} \left| \frac{K_1}{\varepsilon} \right| \underline{/-180^\circ - \phi} \tag{9.35}$$

由此可见，围线 Γ_L 的对应部分是 $L(s)$ 平面左半平面的半径为无穷大的半圆周，如图 9.15 所示。当 $s=j\omega$ 时，有

$$L(j\omega) = G_c(j\omega)G(j\omega) = \frac{K_1}{j\omega(j\omega - 1)} = \frac{K_1}{\left(\omega^2 + \omega^4\right)^{1/2}} \underline{/(-\pi/2) - \arctan(-\omega)}$$
$$= \frac{K_1}{\left(\omega^2 + \omega^4\right)^{1/2}} \underline{/+\pi/2 + \arctan\omega} \tag{9.36}$$

考虑 s 平面上的半径 r 趋于无穷大的半圆周，此时有

$$\lim_{r \to \infty} L(s)\Big|_{s = re^{j\phi}} = \lim_{r \to \infty} \left| \frac{K_1}{r^2} \right| e^{-2j\phi} \tag{9.37}$$

其中，沿顺时针方向，ϕ 由 $\pi/2$ 变到 $-\pi/2$。于是，在 $L(s)$ 平面的原点附近，Γ_L 的相角沿逆时针方向变化 2π。Γ_L 按顺时针方向包围点 $(-1,0)$ 一周，因此有 $N=+1$。又由于 $L(s)$ 有一个极点为 $s=1$，因此 $P=1$，于是有

$$Z = N + P = 2 \tag{9.38}$$

由此可见，无论增益 K_1 何取值，系统总有两个极点位于 s 平面的右半平面，因而总是不稳定。

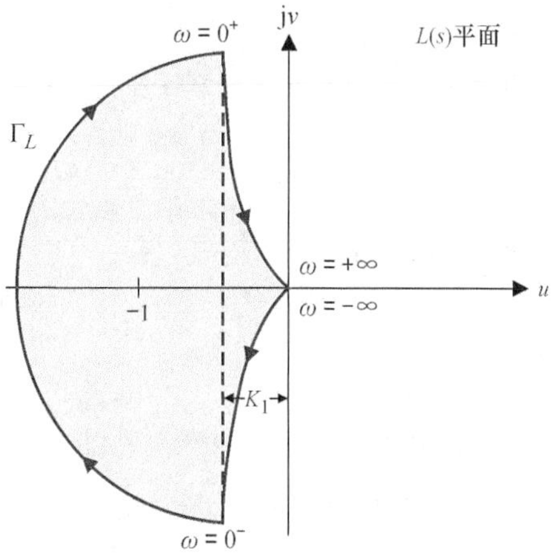

图 9.15　$L(s)=K_1/(s(s-1))$ 的奈奎斯特图

接下来，我们考虑图 9.14 给出的系统包含虚线所示的微分反馈环路的情形，并且假定 $K_2>0$。此时，系统的开环传递函数变为

$$L(s) = G_c(s)G(s) = \frac{K_1(1 + K_2 s)}{s(s-1)} \tag{9.39}$$

如图 9.16 所示，与 $s=\varepsilon e^{j\phi}$ 对应的映射部分与没有微分反馈环路时的映射部分是一样的。当 $s=re^{j\phi}$ 且 $r\to\infty$ 时，有

$$\lim_{r \to \infty} L(s)\Big|_{s = re^{j\phi}} = \lim_{r \to \infty} \left| \frac{K_1 K_2}{r} \right| e^{-j\phi} \tag{9.40}$$

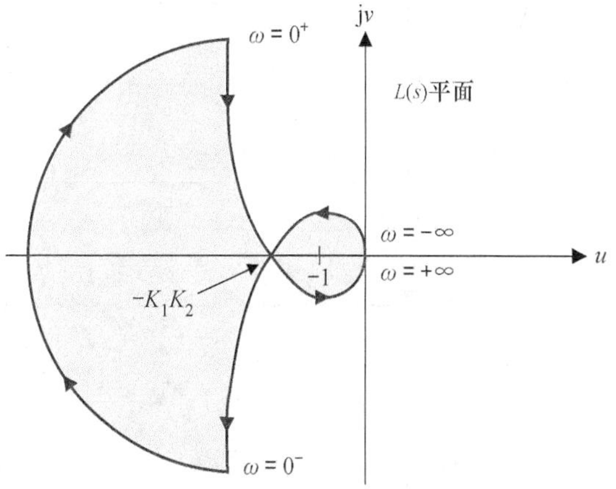

图 9.16　$L(s)=K_1(1+K_2s)/(s(s-1))$ 的奈奎斯特图

s 平面上的大半圆周则被映射成 $L(s)$ 平面的原点。但是，当 ϕ 沿顺时针方向由 $\pi/2$ 变到 $-\pi/2$ 时，Γ_L 的相角只是按逆时针方向变化了 π rad。最后，我们来求 $L(j\omega)$ 与实轴 u 的交点。为此，将 $L(s)$ 写成实部和虚部的形式，于是有

$$L(j\omega) = G_c(j\omega)G(j\omega) = \frac{K_1(1 + K_2 j\omega)}{-\omega^2 - j\omega}$$
$$= \frac{-K_1\left(\omega^2 + \omega^2 K_2\right) + j\left(\omega - K_2\omega^3\right)K_1}{\omega^2 + \omega^4} \tag{9.41}$$

为了求 $L(j\omega)$ 与实轴 u 的交点，只需要令 $L(j\omega)$ 的虚部为 0 即可，于是有

$$\omega - K_2\omega^3 = 0$$

在这个交点上（此时 $\omega^2 = 1/K_2$），$L(j\omega)$ 的值为

$$u\big|_{\omega^2 = 1/K_2} = \left.\frac{-\omega^2 K_1(1 + K_2)}{\omega^2 + \omega^4}\right|_{\omega^2 = 1/K_2} = -K_1K_2 \tag{9.42}$$

因此，当 $-K_1K_2 < -1$（即 $K_1K_2 > 1$）时，Γ_L 将按逆时针方向包围点 $(-1,0)$ 一周，于是 $N = -1$。此时，闭环系统在 s 平面右半平面的极点个数为

$$Z = N + P = -1 + 1 = 0$$

这说明当 $K_1K_2 > 1$ 时，系统是稳定的。通常情况下，我们可以利用计算机绘制奈奎斯特图来辅助开展分析工作[5]。

例 9.6　在 s 平面右半平面有一个零点的系统

再次考虑图 9.1 给出的单位反馈控制系统，假设其开环传递函数为

$$L(s) = G_c(s)G(s) = \frac{K(s-2)}{(s+1)^2}$$

频率特性函数为

$$L(j\omega) = \frac{K(j\omega - 2)}{(j\omega + 1)^2} = \frac{K(j\omega - 2)}{(1-\omega^2) + j2\omega} \tag{9.43}$$

在正虚轴 $+j\omega$ 上，当 $\omega \to +\infty$ 时，有 $\lim\limits_{\omega \to +\infty} L(j\omega) = \lim\limits_{\omega \to +\infty} \dfrac{K}{\omega}\angle{-\pi/2}$；当 $\omega = \sqrt{5}$ 时，有 $L(j\omega) = K/2$；当 $\omega = 0^+$ 时，有 $L(j\omega) = -2K$。$L(j\omega)/K$ 的奈奎斯特图如图 9.17 所示。

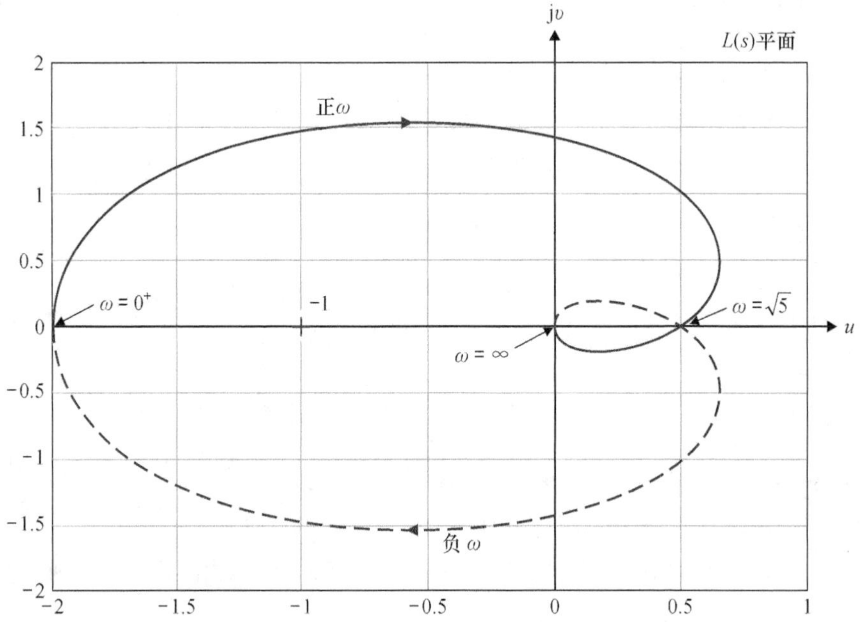

图 9.17　$L(j\omega)/K$ 的奈奎斯特图

从图 9.17 中可以看出，当 $K = 1/2$ 时，围线 Γ_L 与实轴相交于点 $(-1,0)$。因此，只有当 $0 < K \leqslant 1/2$ 时，系统才是稳定的。当 $K > 1/2$ 时，围线 Γ_L 围绕点 $(-1,0)$ 的周数 N 为 1，$L(s)$ 在 s 平

面右半平面的极点个数 P 为 0，因此 $Z = N + P = 1$，系统是不稳定的。我们从图 9.17 可以得出的结论就是，当 $K > 1/2$ 时系统不稳定。

9.4 相对稳定性与奈奎斯特稳定性判据

在 s 平面上，可以用每个或每对闭环特征根的相对调节时间（或衰减因子，或实部绝对值）来衡量系统的相对稳定性。系统的调节时间越短，相对稳定性就越好。本节将采用类似的方式定义系统的相对稳定性，所给的定义更加适合于用频率响应法研究相对稳定性。读者将看到，奈奎斯特稳定性判据提供了关于闭环系统的绝对稳定性的更加适用的信息，这些信息也可用于定义和评价系统的相对稳定性。

在奈奎斯特稳定性判据中，我们关注的焦点要么是开环传递函数极坐标图中的点（–1, 0），要么是伯德图上的 0 dB 线和–180°线，要么是对数幅相图上的点（–180°, 0 dB）。显然，可利用 $L(j\omega)$ 极坐标图与这个临界稳定特征点的接近程度来衡量闭环系统的相对稳定性。考虑如下频率特性函数：

$$L(j\omega) = G_c(j\omega)G(j\omega) = \frac{K}{j\omega\left(j\omega\tau_1 + 1\right)\left(j\omega\tau_2 + 1\right)} \tag{9.44}$$

当 K 取多个不同的值时，$L(j\omega)$ 的奈奎斯特图如图 9.18 所示。从中可以看出，当 K 不断增加时，极坐标曲线将逐渐接近点（–1, 0），并最终像 $K = K_3$ 时那样包围该点。参见 9.3 节，极坐标曲线与实轴 u 的交点为：

$$u = \frac{-K\tau_1\tau_2}{\tau_1 + \tau_2} \tag{9.45}$$

于是，当 $u = -1$ 或 $K = \dfrac{\tau_1 + \tau_2}{\tau_1\tau_2}$ 成立时，系统的特征根就会处在虚轴 $j\omega$ 上。对应的 K 值被称为临界值，K 的取值越小于临界值，系统越稳定。这提示我们，增益的临界值 $K = \dfrac{\tau_1 + \tau_2}{\tau_1\tau_2}$ 与 $K = K_2$ 的差异是系统相对稳定性的一种度量指标，这个相对稳定性指标被称为系统的增益裕度。**增益裕度**的严格定义如下：当 $L(j\omega)$ 的相角为–180°时（此时虚部 $v = 0$）幅值 $|L(j\omega)|$ 的倒数。增益裕度给出的是，为了使极坐标曲线恰好经过 $u = -1$ 点，系统增益允许的最大放大倍数。以图 9.18 中的 $K = K_2$ 为例，增益裕度为幅值 $|L(j\omega)|$ 的倒数（当 $v = 0$ 时）。由于当相角为–180°时对应有 $\omega = 1/\sqrt{\tau_1\tau_2}$，因此增益裕度为

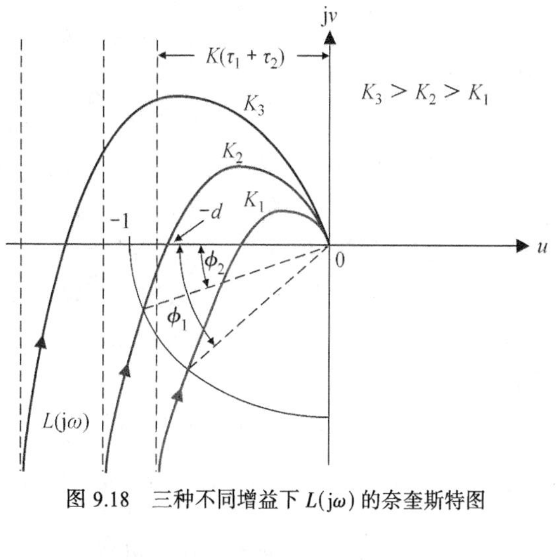

图 9.18　三种不同增益下 $L(j\omega)$ 的奈奎斯特图

$$\frac{1}{|L(j\omega)|} = \left[\frac{K_2\tau_1\tau_2}{\tau_1 + \tau_2}\right]^{-1} = \frac{1}{d} \tag{9.46}$$

我们常常用**对数形式（dB，分贝）**将增益裕度表示为

$$20\log\frac{1}{d} = -20\log d \text{ dB} \tag{9.47}$$

例如，当 $\tau_1 = \tau_2 = 1$ 时，$K \leqslant 2$ 保证了系统绝对稳定；而当 $K = K_2 = 0.5$ 时，系统的增益裕度为

$$\frac{1}{d} = \left[\frac{K_2\tau_1\tau_2}{\tau_1 + \tau_2}\right]^{-1} = 4 \tag{9.48}$$

或者

$$20\log 4 = 12\ \mathrm{dB} \tag{9.49}$$

上述结果表明，在系统达到临界稳定之前，我们可以将系统增益增大 4 倍（或 12 dB）。

增益裕度是指在系统到达临界稳定之前，系统增益容许的放大倍数。当系统达到临界稳定时，奈奎斯特图将在相角为 $-180°$ 时与实轴相交于点 $-1 + \mathrm{j}0$。

概念强调说明 9.3

相对稳定性的另一个指标是**相角裕度**，它表示指定的系统与临界稳定系统在稳定性临界特征点处的相角差异。相角裕度的严格定义如下：为了使极坐标曲线的单位幅值点（$|L(\mathrm{j}\omega)| = 1$）通过 $L(s)$ 平面上的点（$-1, 0$），极坐标曲线绕原点旋转所需的旋转相角。实际上，相角裕度给出了避免系统失稳的最大冗余（滞后）相角。利用图 9.18 给出的奈奎斯特图，我们可以得到 $K = K_1$、$K = K_2$ 和 $K = K_3$ 时的相角裕度。当 $K = K_2$ 时，在系统失稳之前，我们还可以容许引入的附加滞后相角（即相角裕度）为 ϕ_2；而当 $K = K_1$ 时，相角裕度为 ϕ_1。

相角裕度是指在系统达到临界稳定之前，$L(\mathrm{j}\omega)$ 的单位幅值点所允许的相角变化量。当系统达到临界稳定时，奈奎斯特图将在相角为 $-180°$ 时与实轴相交于点 $-1 + \mathrm{j}0$。

概念强调说明 9.4

与极坐标曲线相比，我们更愿意使用开环伯德图，利用开环伯德图也可以方便地得到闭环系统的增益裕度和相角裕度。下面我们就来研究如何利用开环伯德图来估算闭环系统的相对稳定性指标。需要留意的是，在 $L(\mathrm{j}\omega)$ 平面上，$u = -1$、$v = 0$ 的点是临界稳定点；而在伯德图上，与之等效的临界稳定特征量则是 0 dB 对数幅值线和 $\pm 180°$ 相角线。因此，根据对数幅频特性曲线与 0 dB 对数幅值线的交点（幅值穿越频率），就可以在对应频率点的相频特性曲线上，估算得到闭环系统的相角裕度；而根据相频特性曲线与 $\pm 180°$ 相角线的交点（相角穿越频率），则可以在对应频率点的对数幅频特性曲线上，估算得到系统的增益裕度。

当系统为最小相位系统时，我们可以相对简单地直接根据奈奎斯特图（即极坐标曲线）来判定系统的稳定性。当系统为非最小相位系统时，则必须谨慎小心一些，只有通过完整的奈奎斯特图，我们才能判定系统的稳定性。

作为例子，考虑如下频率特性函数：

$$L(\mathrm{j}\omega) = G_c(\mathrm{j}\omega)G(\mathrm{j}\omega) = \frac{1}{\mathrm{j}\omega(\mathrm{j}\omega + 1)(0.2\mathrm{j}\omega + 1)} \tag{9.50}$$

其伯德图如图 9.19 所示。从中可以看出，当对数幅值为 0 dB 时，对应的相角为 $-137°$，因此系统的相角裕度为 $180° - 137° = 43°$；而当相角为 $-180°$ 时，对应的对数幅值为 -15 dB，于是系统的增益裕度为 15 dB。

也可以用对数幅相图来表示系统的频率响应。在对数幅相图中，临界稳定点变成点（$-180°$，0 dB）。于是，利用对数幅相图，我们可以在一张图中同时估算得到系统的增益裕度和相角裕度。

仍然考虑式（9.50）给出的频率特性函数，其对数幅相图见图 9.20。$L_1(\mathrm{j}\omega)$ 的相角裕度为 43°、增益裕度为 15 dB。作为比较，考虑如下频率特性函数：

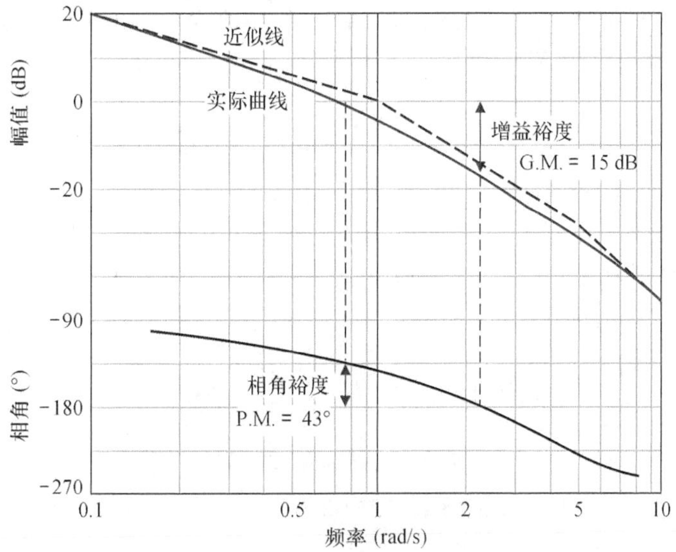

图 9.19　$L(j\omega) = 1/(j\omega(j\omega + 1)(0.2j\omega + 1))$ 的伯德图

$$L_2(j\omega) = G_c(j\omega)G(j\omega) = \frac{1}{j\omega(j\omega + 1)^2} \tag{9.51}$$

其对数幅相图见图 9.20。$L_2(j\omega)$的增益裕度为 5.7 dB、相角裕度为 20°。显然，系统 $L_1(j\omega)$ 比系统 $L_2(j\omega)$ 更稳定。不过，我们还需要弄清楚一个问题，与系统 $L_1(j\omega)$ 相比，系统 $L_2(j\omega)$ 的稳定性到底差了多少？接下来，我们将针对二阶系统回答这个问题。需要指出的是，我们接下来建立的关系以及得到的结论能否推广到二阶以上的系统，取决于系统是否真的存在主导极点。

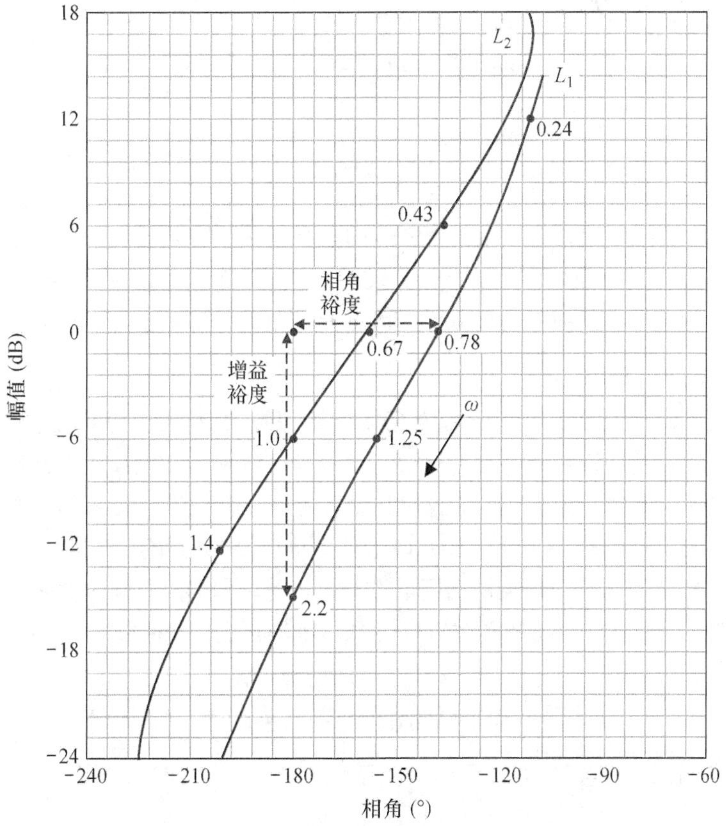

图 9.20　$L_1(j\omega)$ 和 $L_2(j\omega)$ 的对数幅相图

下面研究二阶系统并建立欠阻尼系统的相角裕度与阻尼比之间的关系。考虑图 9.1 所示的单位反馈控制系统，假设其开环传递函数为

$$L(s)=G_c(s)G(s)=\frac{\omega_n^2}{s\left(s+2\zeta\omega_n\right)} \tag{9.52}$$

于是，二阶系统的闭环特征方程为

$$s^2+2\zeta\omega_n s+\omega_n^2=0 \tag{9.53}$$

相应的闭环特征根为

$$s=-\zeta\omega_n\pm \mathrm{j}\omega_n\sqrt{1-\zeta^2}$$

将式（9.52）改写成频率特性函数，于是有

$$L(\mathrm{j}\omega)=\frac{\omega_n^2}{\mathrm{j}\omega\left(\mathrm{j}\omega+2\zeta\omega_n\right)} \tag{9.54}$$

若 $L(\mathrm{j}\omega)$ 在穿越频率 ω_c 处的幅值为 1，则应该有

$$\frac{\omega_n^2}{\omega_c\left(\omega_c^2+4\zeta^2\omega_n^2\right)^{1/2}}=1 \tag{9.55}$$

经整理后可以得到

$$\left(\omega_c^2\right)^2+4\zeta^2\omega_n^2\left(\omega_c^2\right)-\omega_n^4=0 \tag{9.56}$$

解出 ω_c，于是有

$$\frac{\omega_c^2}{\omega_n^2}=\left(4\zeta^4+1\right)^{1/2}-2\zeta^2$$

由此得到系统的相角裕度为

$$\begin{aligned}\phi_{\mathrm{pm}}&=180^\circ-90^\circ-\arctan\frac{\omega_c}{2\zeta\omega_n}=90^\circ-\arctan\left(\frac{1}{2\zeta}\left[\left(4\zeta^4+1\right)^{1/2}-2\zeta^2\right]^{1/2}\right)\\&=\arctan\frac{2}{\left[\left(4+1/\zeta^4\right)^{1/2}-2\right]^{1/2}}\end{aligned} \tag{9.57}$$

式（9.57）揭示了阻尼比 ζ 与相角裕度 ϕ_{pm} 的关系，从而将系统的频域响应和时域响应联系了起来。对应的 $\phi_{\mathrm{pm}}-\zeta$ 曲线如图 9.21 中的实线所示，图 9.21 中的虚线则给出了 $\phi_{\mathrm{pm}}-\zeta$ 曲线的线性近似线。该线性近似线的斜率约为 0.01，因此我们可以得到 ϕ_{pm} 与 ζ 的线性近似关系为

$$\zeta=0.01\phi_{\mathrm{pm}} \tag{9.58}$$

当 $\zeta\leqslant 0.7$ 时，式（9.58）具有相当高的近似精度，因而的确可以将频域响应和时域瞬态响应联系起来。式（9.58）是二阶系统的良好近似。当高阶系统的瞬态响应主要取决于一对欠阻尼的主导共轭极点时，式（9.58）同样适用于这样的高阶系统。用含有主导极点的二阶系统近似高阶系统的确是个好主意。尽管需要小心行事，但这种降阶近似方法由于非常简单实用，而且具有相当高的近似精度，因此控制工程师经常利用该方法分析系统和确定系统的性能指标。

不妨继续考虑式（9.50）给出的频率特性函数。$L(\mathrm{j}\omega)$ 的相角裕度为 43°，闭环系统的阻尼比可以近似为 0.43，即

$$\zeta\approx 0.01\phi_{\mathrm{pm}}=0.43 \tag{9.59}$$

因而系统阶跃响应的超调量约为 22%，即

$$\mathrm{P.O.}=22\% \tag{9.60}$$

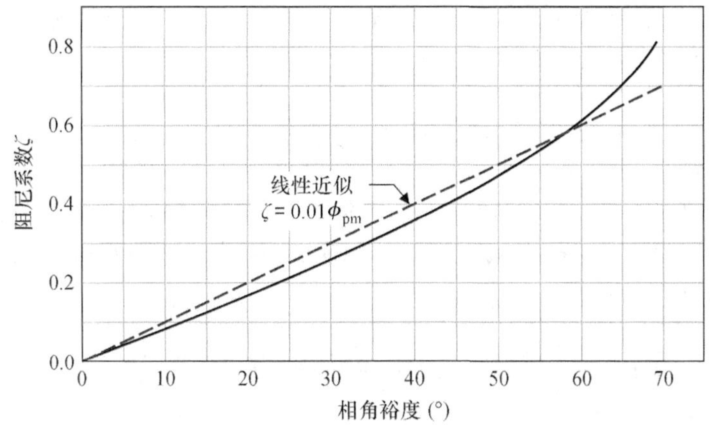

图 9.21　二阶系统阻尼比与相角裕度的关系曲线

其实，在给定 $L(j\omega)$后，就可以方便地计算并绘制相角裕度和增益裕度随增益 K 变化的变化曲线。继续考虑图 9.1 所示的单位反馈控制系统，但假设其开环传递函数为

$$L(s)=G_c(s)G(s)H(s)=\frac{K}{s(s+4)^2} \tag{9.61}$$

当系统临界稳定时，增益 $K=K^*=128$。图 9.22（a）和图 9.22（b）分别给出了增益裕度和相角裕度随增益 K 变化的变化曲线，图 9.22（c）则给出了增益裕度与相角裕度的关系曲线。尽管增益裕度和相角裕度都是系统的性能指标，但我们通常使用更多的是相角裕度。

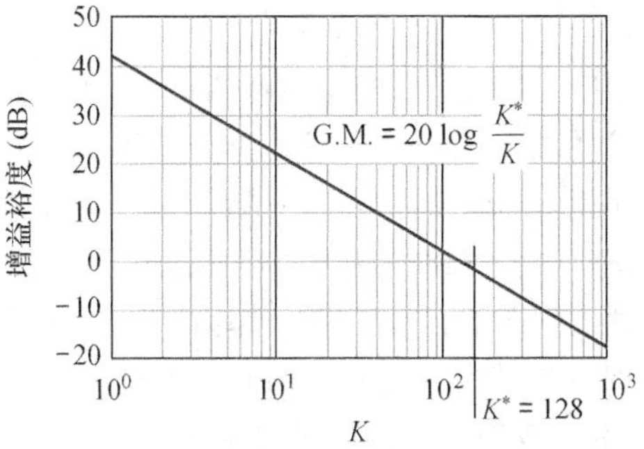

(a)

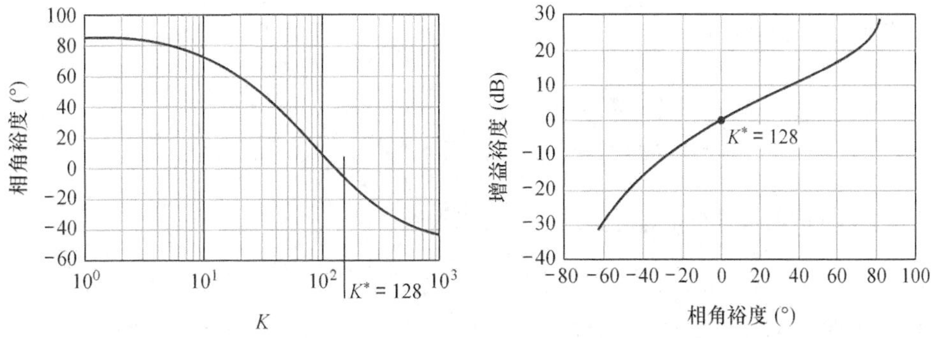

(b)　　(c)

图 9.22　（a）增益裕度随增益 K 变化的变化曲线；（b）相角裕度随增益 K 变化的变化曲线；
（c）增益裕度与相角裕度的关系曲线

频域指标相角裕度与时域瞬态性能有比较直接的联系。另一个频域指标——闭环频率响应的最大幅值 $M_{p\omega}$，也能够发挥类似的作用，详见 9.5 节。

9.5 利用频域方法确定系统的时域性能指标

根据反馈系统的闭环频率响应特性，也可以估算出系统的时域瞬态性能指标。**闭环频率响应特性**是指闭环传递函数 $T(j\omega)$ 的频率响应特性。单环路的单位负反馈控制系统的开环和闭环频率特性函数满足如下关系式：

$$\frac{Y(j\omega)}{R(j\omega)} = T(j\omega) = M(\omega)e^{j\phi(\omega)} = \frac{G_c(j\omega)G(j\omega)}{1 + G_c(j\omega)G(j\omega)} \tag{9.62}$$

奈奎斯特稳定性判据和相角裕度等闭环性能指标都是采用“从开环看闭环”的策略，用开环频率特性函数 $L(j\omega) = G_c(j\omega)G(j\omega)$ 来研究和定义的。

二阶系统闭环频率响应的谐振峰值 $M_{p\omega}$ 则是用系统的闭环频率响应特性来定义的。参见 8.2 节，谐振峰值 $M_{p\omega}$ 与阻尼比 ζ 的关系如下：

$$M_{p\omega} = \left|T(\omega_r)\right| = \left(2\zeta\sqrt{1-\zeta^2}\right)^{-1}, \quad \zeta < 0.707 \tag{9.63}$$

由于式（9.63）在系统的闭环频率响应与时域响应之间建立起了联系，因此谐振峰值 $M_{p\omega}$ 指标十分实用。在研究如何运用奈奎斯特稳定性判据时，我们已经得到了开环极坐标图，我们当然希望能够直接从中确定 $M_{p\omega}$。也就是说，我们希望能够由开环频率响应特性曲线方便地得到闭环频率响应特性曲线。

显然，我们可以直接求出闭环特征函数 $1 + L(s)$ 的根，也可以直接绘制闭环频率响应特性曲线。但是请留意，一旦倾注全力得到闭环特征根，我们甚至都不再需要计算闭环频率响应特性。接下来，我们考虑如何由开环频率响应特性方便地得到闭环频率响应特性。

对于单位负反馈控制系统，我们可以用幅相图建立开环频率响应特性曲线与闭环频率响应特性曲线的关系。在单位负反馈的情况下，利用闭环频率响应特性的等幅值圆，在开环幅相图中就可以确定 $M_{p\omega}$ 和 ω_r 等关键的闭环频率性能指标。闭环频率响应特性的等幅值圆又称为等 M 圆。

利用 $L(s)$ 平面上的复变量，我们可以方便地得到 $T(j\omega)$ 与 $L(j\omega)$ 的关系。记 $L(s)$ 平面上的坐标为 u 和 v，于是有

$$L(j\omega) = G_c(j\omega)G(j\omega) = u + jv \tag{9.64}$$

闭环频率响应的幅值为

$$M(\omega) = \left|\frac{G_c(j\omega)G(j\omega)}{1 + G_c(j\omega)G(j\omega)}\right| = \left|\frac{u + jv}{1 + u + jv}\right| = \frac{\left(u^2 + v^2\right)^{1/2}}{\left[(1+u)^2 + v^2\right]^{1/2}} \tag{9.65}$$

对式（9.65）的两边进行平方并整理后，可以得到

$$\left(1 - M^2\right)u^2 + \left(1 - M^2\right)v^2 - 2M^2u = M^2 \tag{9.66}$$

对式（9.66）的两边除以（$1 - M^2$）后，再加上 $\left[M^2/(1-M^2)\right]^2$，可以得到

$$u^2 + v^2 - \frac{2M^2u}{1-M^2} + \left(\frac{M^2}{1-M^2}\right)^2 = \left(\frac{M^2}{1-M^2}\right) + \left(\frac{M^2}{1-M^2}\right)^2 \tag{9.67}$$

于是最终有

$$\left(u-\frac{M^2}{1-M^2}\right)^2+v^2=\left(\frac{M}{1-M^2}\right)^2 \tag{9.68}$$

在 (u,v) 平面上，式（9.68）表示圆心为 $u=\dfrac{M^2}{1-M^2}$、$v=0$、半径为 $|M/(1-M^2)|$ 的圆。于是，给定 M 的不同取值，就可以在 $L(s)$ 平面上绘制得到不同的圆。图 9.23 给出了几个不同的等 M 圆：当 $M>1$ 时，等 M 圆在直线 $u=-1/2$ 的左侧；当 $M<1$ 时，等 M 圆在直线 $u=-1/2$ 的右侧；而当 $M=1$ 时，等 M 圆变成直线 $u=-1/2$。由式（9.66）可以直接得到这些结果。

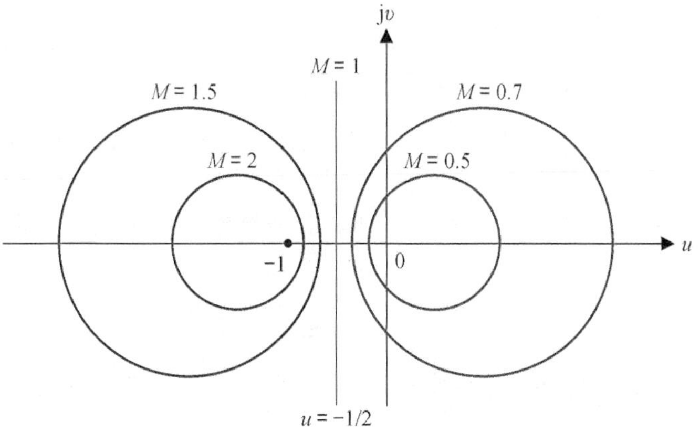

图 9.23　等 M 圆

图 9.24 给出了在不同的增益条件下，某系统的两个开环极坐标图，其中 $K_2>K_1$。当增益为 K_1 时，开环频率响应特性曲线在频率 ω_{r1} 处与 M_1 圆相切。类似地，当增益为 K_2 时，开环频率响应特性曲线在频率 ω_{r2} 处与 M_2 圆相切。如果只需要确定谐振峰值 $M_{p\omega}$，则可以直接在开环极坐标图上完成这项任务。实际上，如果开环频率响应极坐标图 $L(j\omega)$ 与某个等 M 圆相切，则等 M 圆的幅值 M 就是闭环谐振峰值 $M_{p\omega}$，对应的频率 ω_r 就是系统的谐振频率。

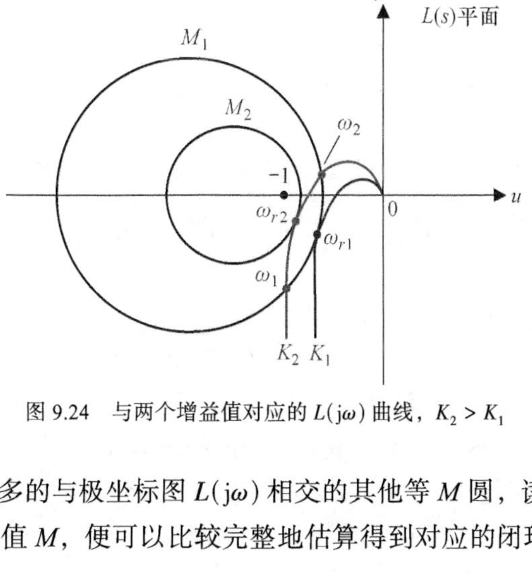

图 9.24　与两个增益值对应的 $L(j\omega)$ 曲线，$K_2>K_1$

在 $L(s)$ 平面上观察更多的与极坐标图 $L(j\omega)$ 相交的其他等 M 圆，读出交点处极坐标图 $L(j\omega)$ 的不同频率和等 M 圆的幅值 M，便可以比较完整地估算得到对应的闭环频率响应幅频特性曲线，如图 9.25 所示。

例如，由图 9.24 可知，当增益为 $K = K_2$ 时，系统在频率 ω_1 和 ω_2 处的闭环响应幅值都是 M_1。图 9.25 所示的系统闭环幅频特性近似曲线也说明了这一点，其中还标注了当增益为 K_1 时闭环系统的带宽 ω_{B1}。

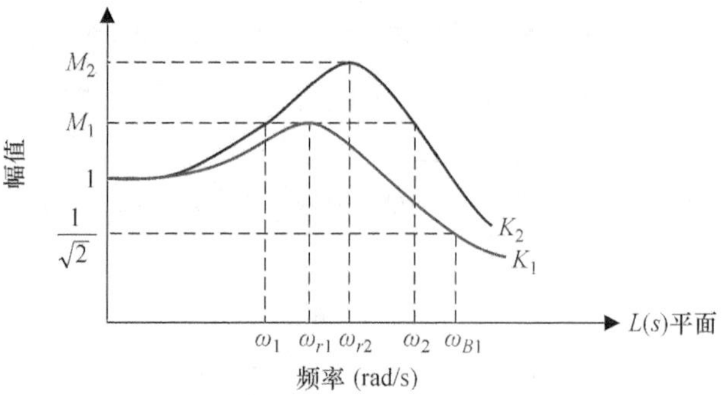

图 9.25　$T(\mathrm{j}\omega) = G_c(\mathrm{j}\omega)G(\mathrm{j}\omega)/(1 + G_c(\mathrm{j}\omega)G(\mathrm{j}\omega))$ 的闭环频率响应，$K_2 > K_1$

此外，当 $0.2 \leqslant \zeta \leqslant 0.8$ 时，开环伯德图上的 0 dB 线穿越频率 ω_c 与闭环系统带宽 ω_B 近似地满足如下经验公式：

$$\omega_B = 1.6\omega_c \tag{9.69}$$

类似地，我们可以推导闭环相角为常值的等 N 圆。由式（9.62）可知，闭环频率响应的相角为

$$\begin{aligned}\phi &= \underline{/T(\mathrm{j}\omega)} = \underline{/(u + \mathrm{j}v)/(1 + u + \mathrm{j}v)} \\ &= \arctan\left(\frac{v}{u}\right) - \arctan\left(\frac{v}{1 + u}\right)\end{aligned} \tag{9.70}$$

对式（9.70）的两边取正切并经整理后可以得到

$$u^2 + v^2 + u - \frac{v}{N} = 0 \tag{9.71}$$

其中，$N = \tan\phi$。对式（9.71）的两边加上 $\frac{1}{4}\left[1 + 1/N^2\right]$ 并化简，可以得到

$$\left(u + \frac{1}{2}\right)^2 + \left(v - \frac{1}{2N}\right)^2 = \frac{1}{4}\left(1 + \frac{1}{N^2}\right) \tag{9.72}$$

在 $L(s)$ 平面上，式（9.72）表示的是圆心为 $u = -1/2$、$v = 1/(2N)$ 且半径 $r = \frac{1}{2}\left[1 + 1/N^2\right]^{1/2}$ 的圆。因此，在指定闭环频率响应的相角（N 的取值因而给定）后，便可以得到 $L(s)$ 平面上不同的等 N 圆。

等 M 圆和等 N 圆适用于在 $L(s)$ 平面上分析和设计控制系统。由于系统的开环伯德图或对数幅相图更容易得到，在这种与 $L(s)$ 平面和极坐标图不同的场合，我们更愿意将等 M 圆和等 N 圆转换成对数幅值的形式。如图 9.26 所示，尼科尔斯将等 M 圆和等 N 圆转换成了对数幅相图中的等 M 曲线和等 N 曲线，图 9.26 给出的对数幅相图的坐标与 8.5 节使用的一致，对数幅相图常常又称为**尼科尔斯图** [3, 7]。在图 9.26 中，我们可以看到层次分明的等 M 曲线和等 N 曲线，其中，等 M 曲线使用的单位为 dB，等 N 曲线使用的单位为度。下面我们通过两个例子来说明如何用尼科尔斯图求取系统的闭环频率响应特性。

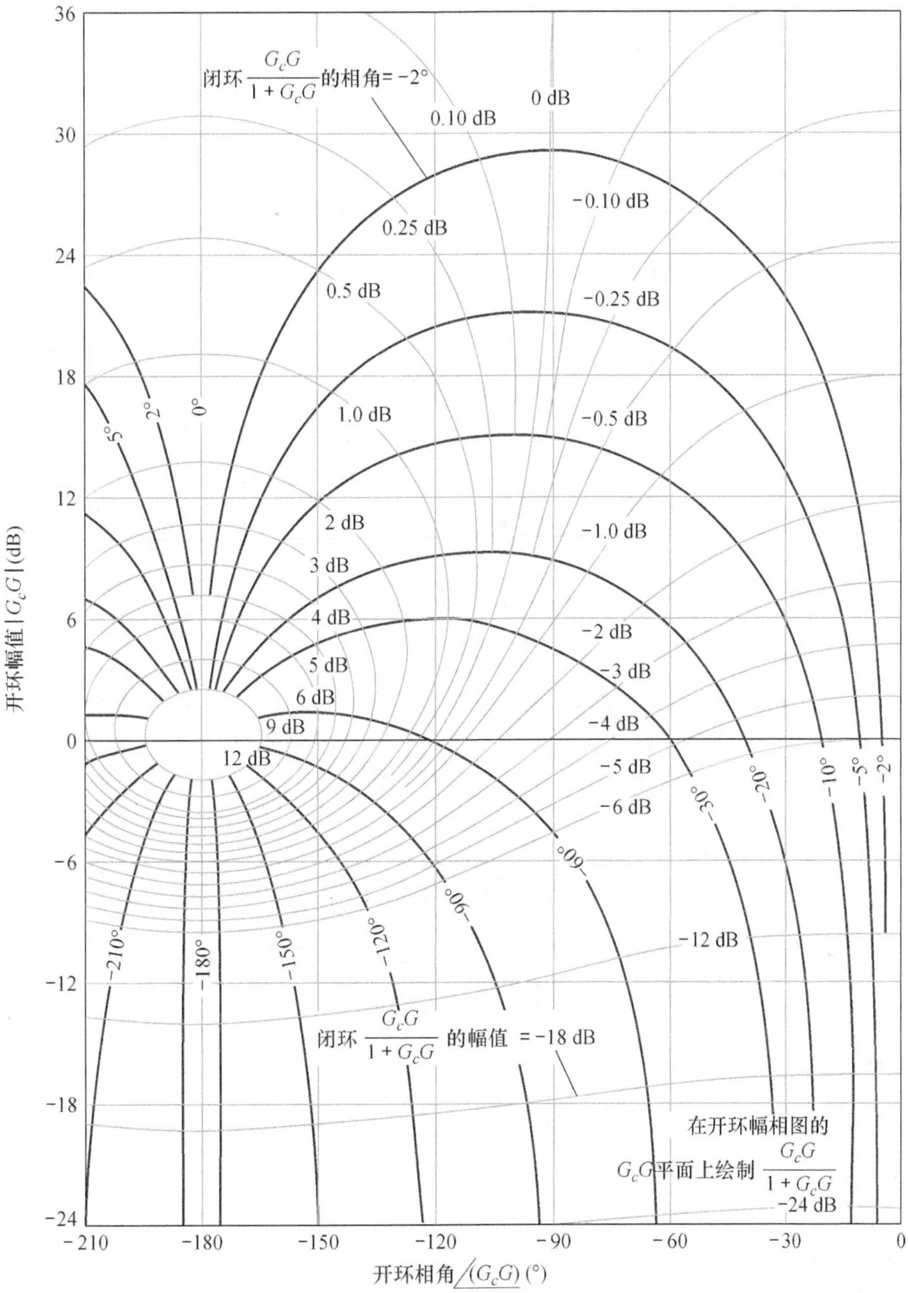

图 9.26　尼科尔斯图，闭环系统的等 N 线为图中较粗的曲线

例 9.7　利用尼科尔斯图估算系统的相对稳定性

考虑单位负反馈控制系统，其开环频率特性函数由式（9.50）给出。图 9.27 给出了 $L(\mathrm{j}\omega)$ 的尼科尔斯图。从中可以看出，闭环系统的谐振峰值 $M_{\mathrm{p}\omega}=+2.5\ \mathrm{dB}$，谐振频率 $\omega_r=0.8$，ω_r 处的闭环相角为−72°。当系统的对数幅值增益为−3 dB 时，对应的频率正好为闭环系统的带宽，因此 $\omega_B=1.33$，对应的相角为−142°。

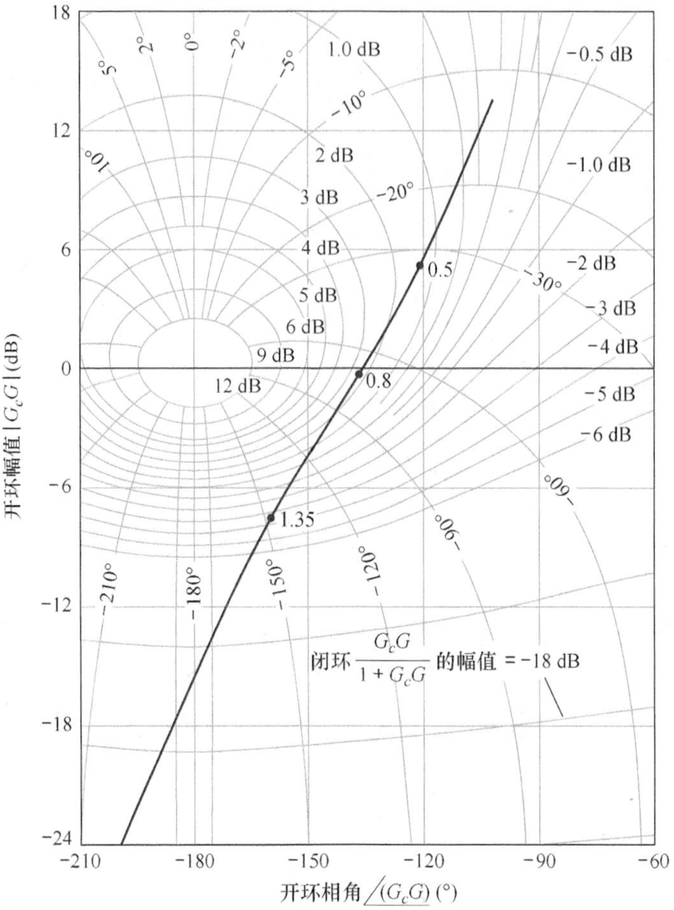

图 9.27 $L(j\omega) = 1/(j\omega(j\omega + 1)(0.2j\omega + 1))$ 的尼科尔斯图，其中，对数幅相曲线上的 3 个点分别对应于 $\omega = 0.5$、$\omega = 0.8$ 和 $\omega = 1.35$

例 9.8 三阶系统

考虑某单位负反馈闭环系统，其开环传递函数为

$$L(s) = G_c(s)G(s) = \frac{0.64}{s\left(s^2 + s + 1\right)} \tag{9.73}$$

与开环共轭极点对应的阻尼比 $\zeta = 0.5$。图 9.28 给出了 $L(j\omega)$ 的尼科尔斯图，从中可以读出，闭环系统的相角裕度为 30°。由此根据式（9.58）可以估计出闭环阻尼比 $\zeta = 0.3$。此外，由于从尼科尔斯图中得到闭环系统在谐振频率 $\omega_r = 0.88$ 处达到的谐振峰值为+9 dB，因此有

$$20\log M_{p\omega} = 9\ \text{dB} \text{ 或 } M_{p\omega} = 2.8$$

再利用式（9.63），我们又可以估算得到闭环阻尼比 $\zeta = 0.18$。此时，我们陷入如下困境：用相角裕度和谐振峰值估算得到的阻尼比是不同的。这一事实说明，频域指标和时域指标之间的联系并不是完全清晰和准确的。在本例中，由于开环对数幅相曲线的形状比较特殊——从 0 dB 轴迅速滑向 −180° 等 N 曲线（频率仅仅由 0.72 变成 1），从而导致估计结果存在显著的差异。如果直接求闭环特征方程 $1 + L(s)$ 的根，即考虑如下方程

$$(s + 0.77)\left(s^2 + 0.225s + 0.826\right) = 0 \tag{9.74}$$

则可以得到与闭环共轭复根对应的阻尼比仅为 0.124，这说明共轭复根不是闭环系统的主导极点，不能主导系统的响应。因此，我们不能忽略实根的阻尼影响，更不能直接用相角裕度来估计闭环阻尼比。此时，用等 M 曲线和 $M_{p\omega}$ 来估算闭环阻尼比相对比较准确，也就是 $\zeta = 0.18$。结果表明，尽管我们推导出了频域指标和时域指标之间的多种近似关系，但设计人员在使用这些结果时，需要小心谨慎。不过，当主要用于控制系统的初始分析与设计时，使用由相角裕度或谐振峰值 $M_{p\omega}$ 等频域指标估计出来的较小的那个阻尼系数，还是比较准确和安全的。

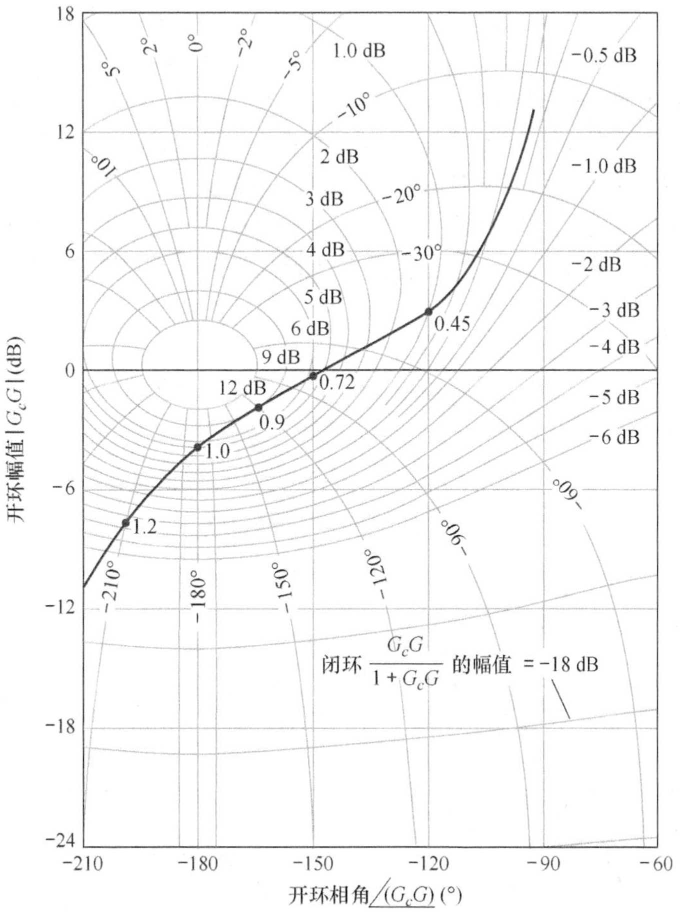

图 9.28　$L(j\omega) = 0.64/(j\omega[(j\omega)^2 + j\omega + 1]$ 的尼科尔斯图

通过改变对数幅相曲线的形状，尼科尔斯图也可以用于系统设计，确定所需的相角裕度和谐振峰值 $M_{p\omega}$。只需要调整 K 的值，我们就能够方便地在尼科尔斯图上得到预期的相角裕度和谐振峰值 $M_{p\omega}$。重新考虑例 9.8 给出的三阶系统，其开环传递函数为

$$L(s) = G_c(s)G(s) = \frac{K}{s\left(s^2 + s + 1\right)} \tag{9.75}$$

当 $K = 0.64$ 时，图 9.28 已经在尼科尔斯图上给出了 $L(j\omega)$ 的对数幅相曲线。下面调整 K 的值，以使闭环阻尼比大于或等于 0.30。由式（9.63）可知，这等价于要求 $M_{p\omega}$ 小于 1.75（4.9 dB）。观察图 9.28，为了让对数幅相曲线与 4.9 dB 的等 M 曲线相切，对数幅相曲线应该向下平移 2.2 dB，于是 K 的值也应该减少 2.2 dB，即除以 1.28。因此，为了使闭环系统的阻尼比 ζ 大于或等于 0.30，就必须使 K 小于或等于 $0.64/1.28 = 0.5$。

9.6 系统带宽

闭环控制系统的带宽 ω_B 是度量系统响应的信号复现能力的优秀性能指标。对低频段增益为 0 dB 的系统而言，其带宽被定义为对数幅值下降至-3 dB 时对应的频率。通常情况下，系统带宽 ω_B 与系统的阶跃响应速度正相关，而与调节时间负相关。因此，在保证系统合理构成的前提下，我们总是希望系统具有较大的带宽[12]。

考虑如下两个二阶闭环系统：

$$T_1(s)=\frac{100}{s^2+10s+100},\quad T_2(s)=\frac{900}{s^2+30s+900} \tag{9.76}$$

这两个二阶系统的阻尼系数均为 $\zeta=0.5$，固有频率分别为 10 和 30。它们的频率响应曲线和阶跃响应曲线分别如图 9.29（a）和图 9.29（b）所示，从中可以看出，系统 $T_1(s)$ 和 $T_2(s)$ 的带宽分别为 $\omega_{B1}=12.7$ 和 $\omega_{B2}=38.1$，超调量均为 16%。但系统 $T_2(s)$ 的峰值时间 T_p 只有 0.12 s，而系统 $T_1(s)$ 的峰值时间 T_p 为 0.36 s；系统 $T_2(s)$ 的调节时间 T_s 只有 0.27 s，而系统 $T_1(s)$ 的调节时间 T_s 为 0.8 s。以上结果说明，系统带宽越大，时域响应的速度就越快。

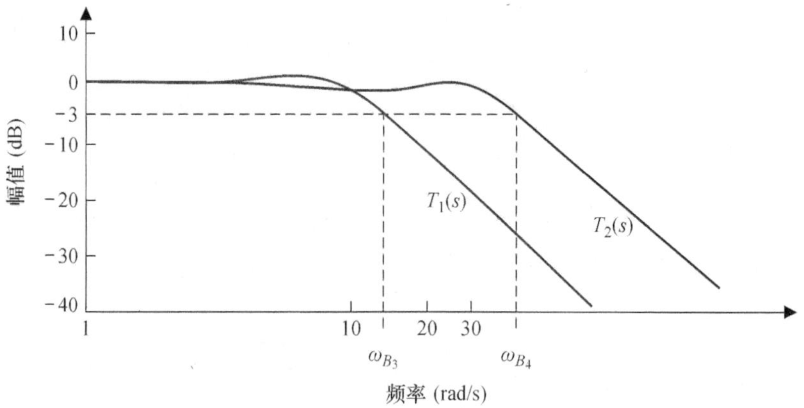

(a)

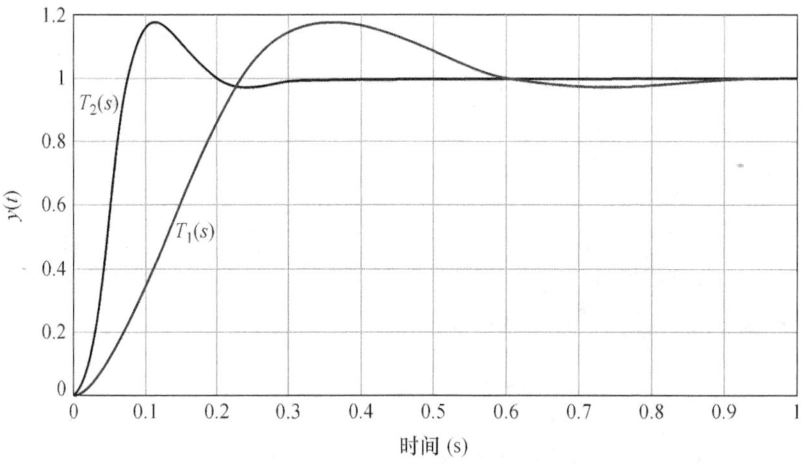

(b)

图 9.29 两个二阶系统的响应

9.7 时延系统的稳定性

很多控制系统在闭环中包含时延环节，时延环节会影响系统的稳定性。所谓**时延**，指的是某个事件在系统中的一个点发生与该事件在系统中的另一点产生效应之间的时间间隔。幸运的是，可用奈奎斯特稳定性判据来确定时延环节对反馈系统稳定性的影响。

可用下面的传递函数来表示无衰减的纯时延环节：

$$G_d(s) = e^{-sT} \tag{9.77}$$

其中，T 为时延。e^{-sT} 没有在围线内部引入新的零点或极点，因而不会改变原有系统的幅频特性曲线，而只会导致附加的相移。这一特点使得我们在分析含有时延的反馈系统的相对稳定性时，奈奎斯特稳定性特判据仍然有效。

这种时延环节常常出现在需要移动物料的系统中。在将物料从输入或控制点移到输出或测量点时，需要耗费一定的时间[8, 9]。例如，图 9.30 所示的轧钢机控制系统就是这样的系统。该系统利用电机来调整轧辊的上下工作间距，以减少板材的厚度偏差。假设板材的移动速度为 v，轧辊与测量点的距离为 d，在厚度测量（测量点）和轧辊间距调整（控制点）之间，就存在时延 $T = d/v$。

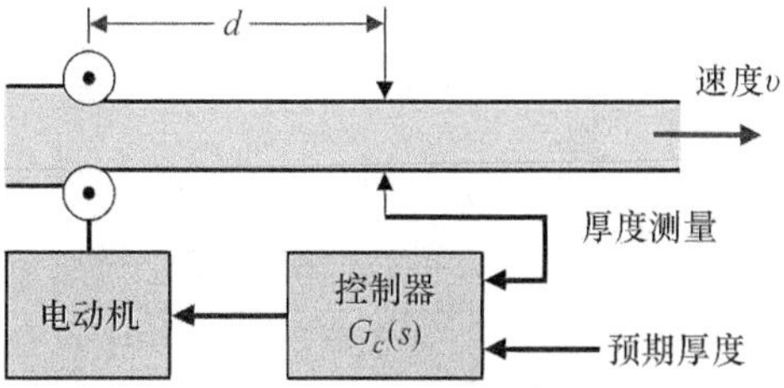

图 9.30　轧钢机控制系统

由此可见，要想使时延的影响可以忽略不计，就必须减小控制点与测量点的距离，或者加快板材的移动速度。而在实际生产中，我们常常做不到这一点，因而无法忽略时延对系统的影响。在这种情况下，系统的开环传递函数为[10]：

$$L(s) = G_c(s)G(s)e^{-sT} \tag{9.78}$$

系统的频率响应则由下面的开环频率特性函数决定：

$$L(j\omega) = G_c(j\omega)G(j\omega)e^{-j\omega T} \tag{9.79}$$

与前面类似，可在 $L(s)$ 平面上绘制出包含时延系统的开环极坐标图，然后考虑其与−1 点的相对关系，从而确定系统的稳定性。同样，我们也可以绘制出包含时延系统的伯德图，并通过分析其与临界稳定特征量（即 0 dB 线和−180°线）的相对关系来研究系统的稳定性。

时延因子 $e^{-j\omega T}$ 导致的相移为

$$\phi(\omega) = -\omega T \tag{9.80}$$

只需要调整 $L(j\omega) = G_c(j\omega)G(j\omega)$ 的相频特性曲线，就可以在伯德图中体现出附加的相移。需要说明的是，式（9.80）中的角度单位是 rad。下面通过一个例子来说明伯德图的简洁性。

例 9.9　液位控制系统

图 9.31（b）给出了与图 9.31（a）所示的液位控制系统对应的框图模型[11]。从中可以看出，在调节阀门和液体出口之间存在时延 $T = d/v$。因此，如果流速 $v = 5\ \mathrm{m^3/s}$、管子截面积为 $1\ \mathrm{m^2}$、距离 $d = 5\ \mathrm{m}$，则系统的时延 $T = 1\ \mathrm{s}$。假设系统的开环传递函数为

$$\begin{aligned} L(s) &= G_A(s)G(s)G_f(s)e^{-sT} \\ &= \frac{31.5}{(s+1)(30s+1)\left[\left(s^2/9\right)+(s/3)+1\right]}e^{-sT} \end{aligned} \tag{9.81}$$

由此可以得到图 9.32 所示的伯德图。为了便于比较，图 9.32 还同时给出了无时延系统的伯

德图，它们的幅频特性曲线相同，但相频特性曲线不同。从中可以看出，幅频特性曲线在 $\omega = 0.8$ 处穿过了 0 dB 线，因此无时延系统的相角裕度为 40°，但有时延系统的相角裕度为 −3°，时延因子导致系统不稳定。为了得到合适的相角裕度，从而使系统稳定，就必须减小系统增益。在本例中，为了使系统的相角裕度达到 30°，就必须将增益减少 5 dB，因而有 $K = 31.5/1.78 = 17.7$。

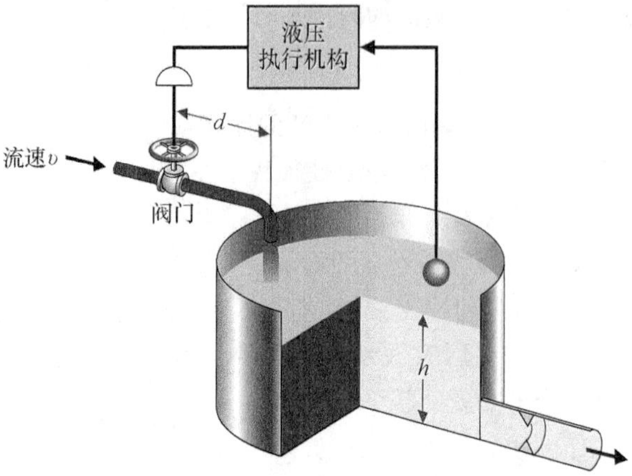

(a)

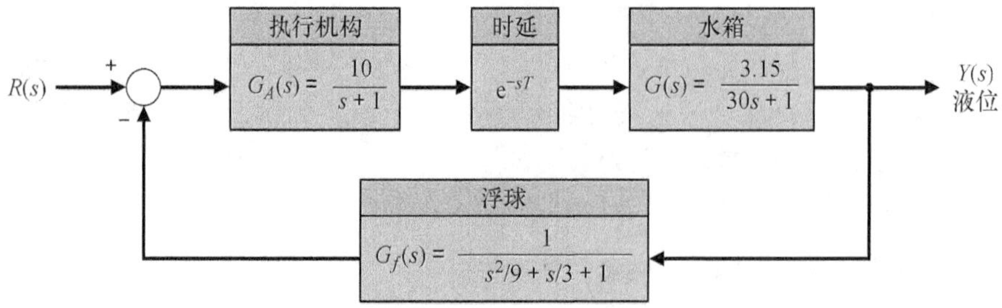

(b)

图 9.31　液位控制系统

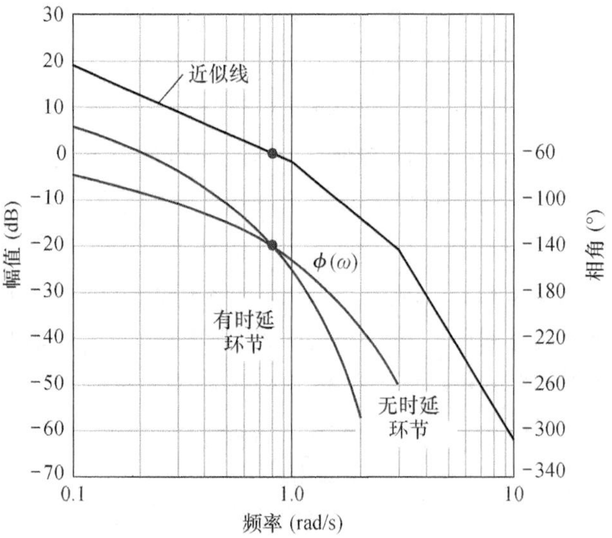

图 9.32　液位控制系统的伯德图

时延环节 e^{-sT} 将引入附加的滞后相角，这会降低系统的稳定性。因此，当实际的反馈系统难免含有时延环节时，就需要减小系统增益来确保系统稳定。但减小增益会增大系统的稳态误差，因此在增强时延系统稳定性的同时，我们需要付出增大稳态误差的代价。

大多数分析工具假定系统的传递函数是 s 的有理函数，或者说，这样的动态系统可以用有限数量的常微分方程来描述。时延环节为 e^{-sT}，其中的 T 为时间常数，时延环节会在系统的传递函数中引入非有理项。如果能用有理函数来近似时延环节，就可以简化分析，同时让我们能够方便地使用框图模型等已有工具进行系统的分析和设计。

帕德（Padé）近似利用了超越函数 e^{-sT} 的幂级数展开式，它可以用一个给定阶次的待定有理函数来近似 e^{-sT}，并使这个有理函数的幂级数展开式的系数，与 e^{-sT} 的幂级数展开式的系数尽可能多地匹配。例如，为了用一阶有理函数来近似 e^{-sT}，我们可以对这两个函数进行幂级数展开［实际上就是进行麦克劳林（Maclaurin）级数[①]展开］，于是有

$$e^{-sT}=1-sT+\frac{(sT)^2}{2!}-\frac{(sT)^3}{3!}+\frac{(sT)^4}{4!}-\frac{(sT)^5}{5!}+\cdots \tag{9.82}$$

和

$$\frac{n_1s+n_0}{d_1s+d_0}=\frac{n_0}{d_0}+\left(\frac{d_0n_1-n_0d_1}{d_0^2}\right)s+\left(\frac{d_1^2n_0}{d_0^3}-\frac{d_1n_1}{d_0^2}\right)s^2+\cdots$$

对于这个一阶有理分式近似，我们希望找到 n_0、n_1、d_0 和 d_1，使得

$$e^{-sT}\approx\frac{n_1s+n_0}{d_1s+d_0}$$

令 s 的各幂次项的系数相等，可以得到

$$\frac{n_0}{d_0}=1,\frac{n_1}{d_0}-\frac{n_0d_1}{d_0^2}=-T,\frac{d_1^2n_0}{d_0^3}-\frac{d_1n_1}{d_0^2}=\frac{T^2}{2},\cdots$$

解得

$$n_0=d_0$$
$$d_1=\frac{d_0T}{2}$$
$$n_1=-\frac{d_0T}{2}$$

令 $d_0=1$，可以得到

$$e^{-sT}\approx\frac{n_1s+n_0}{d_1s+d_0}=\frac{-\frac{T}{2}s+1}{\frac{T}{2}s+1} \tag{9.83}$$

式（9.83）的级数展开式为

$$\frac{n_1s+n_0}{d_1s+d_0}=\frac{-\frac{T}{2}s+1}{\frac{T}{2}s+1}=1-Ts+\frac{T^2s^2}{2}-\frac{T^3s^3}{4}+\cdots \tag{9.84}$$

比较式（9.84）和式（9.82）可以发现，前 3 项确实是相同的。因此，对于较小的 s，时延因

① $f(s)=f(0)+\frac{s}{1!}\dot{f}(0)+\frac{s^2}{2!}\ddot{f}(0)+\cdots$

子的一阶帕德近似已经比较准确了。我们还可以确定的是，时延因子的高阶有理分式也只能是近似的。

9.8 设计实例

本节介绍三个实例。在第一个实例中，我们将讨论绿色能源设施——大型风力发电机的风力机桨叶的桨距角控制问题。假定的场景如下：由于风力过大，必须适当调整风力机桨叶的桨距角，以避免多余的风能，从而将输出的电能控制在规定的范围内。第二个实例是远程控制侦察车，设计目标是使用尼科尔斯图来设计控制器增益，以便满足给定的时域指标设计要求。第三个实例是工业用热钢锭搬运机器人控制系统，设计目标是在存在时延和干扰的情况下，使跟踪误差最小。通过设计实例，本节引入 PI 控制器并演示了如何利用 PI 控制器来同时满足时域和频域的性能指标设计要求。

例 9.10 提供绿色能源的风力机的 PID 控制

在世界能源消耗中，风能所占的比例增长最快。利用风能是解决能源短缺问题的一种费效比高、环境友好的方案。现代风力发电机的风力机具有体量大但又灵活的结构，适用于风向和风量持续变化的不确定性环境。对于风力发电机而言，为了有效捕捉风能和传输电能，需要解决众多的控制问题。在本例中，我们将讨论所谓的“超额定”工作模式下的风力机控制问题。在“超额定”工作模式下，由于风速过高，必须适当调节风力机桨叶的桨距角，以消除多余的风能，将输出的电能功率控制在指定的范围内。在这种工作模式下，我们可以直接应用线性控制理论来实现控制。

如图 9.33 所示，风力机通常采用垂直轴装配或水平轴装配方案，其中，水平轴装配方案最为常见。当采用这种方案时，风力机将被安装在一个塔架上，塔架的顶部装配有两片或三片桨叶，桨叶在风力的带动下旋转，从而驱动发电机运行。将桨叶装配在塔架顶部的突出优点在于能够充分利用较高的风速。采用垂直轴装配方案的风力机的尺寸通常要小一些，而且噪声也要小一些。

(a)

(b)

图 9.33 (a) 采用垂直轴装配方案的风力机（来源：Visions of America，SuperStock 图片库）；(b) 采用水平轴装配方案的风力机（来源：David Williams，Alamy 图片库）

当风力足够大时，为了控制发电机转子轴的转速，可以如图 9.34（a）所示，利用桨距角电机同步调整所有桨叶的桨距角。桨距角指令和转子转速之间的传递函数模型可以简化为由一个一阶模型和一个二阶模型串联而成的三阶模型，其中，一阶模型代表“超额定”工作模式下的发电机，二阶模型代表传动系统[32]。该三阶模型的传递函数为

$$G(s)=\left[\frac{1}{\tau s+1}\right]\left[\frac{K\omega_{n_g}^2}{s^2+2\zeta\omega_{n_g}s+\omega_{n_g}^2}\right] \tag{9.85}$$

其中，$K=-7000$，$\tau=5\,\mathrm{s}$，$\zeta=0.005$，$\omega_{n_g}=20\,\mathrm{rad/s}$。该三阶模型的输入为桨距角指令（单位为 rad）及扰动，输出为转子转速（单位为 r/min）。对于商用风力机而言，通常采用 PID 控制器来实施桨距角控制，如图 9.34（b）所示。若选择如下 PID 控制器：

$$G_c(s)=K_P+\frac{K_I}{s}+K_Ds$$

则需要确定控制器的三个待定参数 K_P、K_I 和 K_D。我们的目标在于实施快速而精确的控制。具体而言，频域性能指标设计要求为增益裕度 G.M. ≥ 6 dB，相角裕度满足 30° ≥ P.M. ≥ 60°；瞬态响应的时域指标设计要求为上升时间（90% 准则）$T_{r_1}<4\,\mathrm{s}$，峰值时间 $T_P<10\,\mathrm{s}$。

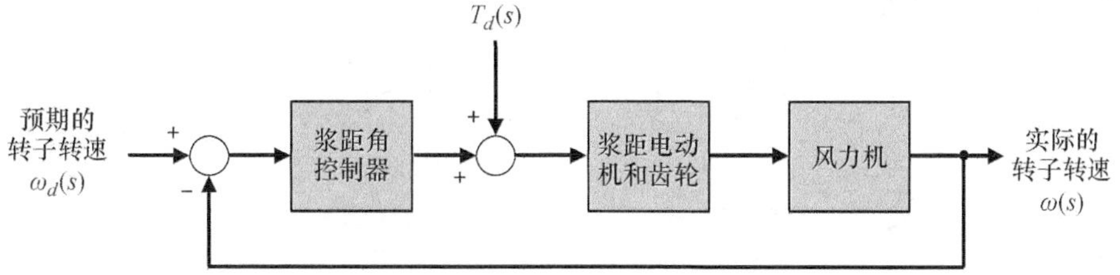

(a)

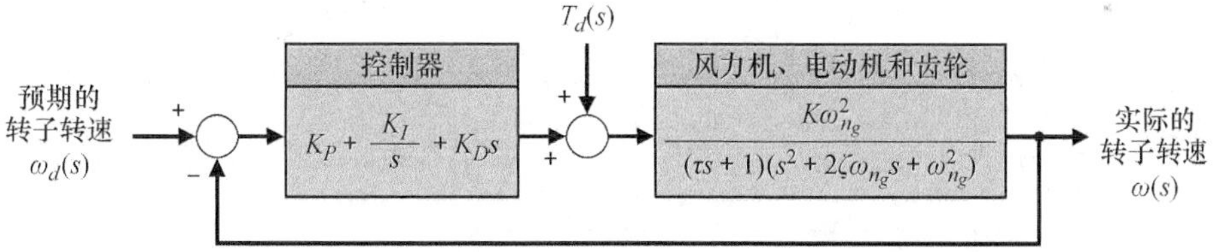

(b)

图 9.34　（a）风力机的框图模型；（b）控制系统设计用框图模型

需要指出的是，图 9.34 中的输出 $\omega(s)$ 实际上是发电机实际转速与额定转速之间的偏差。通过调整桨叶的桨距角，我们希望将转子转速控制在额定水平。因此，在图 9.34 所示的线性模型中，参考输入是预期的转子转速偏差，设计目标是在存在扰动的情况下，使扰动响应输出为 0。

系统的开环传递函数为

$$L(s)=K\omega_{n_g}^2K_D\frac{s^2+\left(K_P/K_D\right)s+\left(K_I/K_D\right)}{s(\tau s+1)\left(s^2+2\zeta\omega_{n_g}s+\omega_{n_g}^2\right)}$$

我们需要确定参数 K_P、K_I 和 K_D 的合适取值，以满足控制指标的设计要求。为此，首先利用对相角裕度的设计要求来确定主导极点应该具备的阻尼比，于是有

$$\zeta=\frac{\mathrm{P.M.}}{100}=0.3$$

其中，相角裕度指标为 30°。

然后利用上升时间设计公式 $T_{r_1} = \dfrac{2.16\zeta + 0.6}{\omega_n} < 4\,\text{s}$ 来确定主导极点的固有频率。当阻尼比 $\zeta = 0.3$ 时，应该有 $\omega_n > 0.31$，于是可以将目标主导系统的参数选择为固有频率 $\omega_n = 0.4$、阻尼比 $\zeta = 0.3$。

最后，验证目标系统是否满足瞬态响应的时域指标设计要求。将 $\omega_n = 0.4$ 和 $\zeta = 0.3$ 代入上升时间和峰值时间的估算公式，可以得到

$$T_{r_1} = \frac{2.16\zeta + 0.6}{\omega_n} = 3\,\text{s},\quad T_P = \frac{\pi}{\omega_n\sqrt{1-\zeta^2}} = 8\,\text{s}$$

很明显，它们满足指标设计要求。根据 ω_n 和 ζ 的目标值确定 PID 零点配置的可行域，再通过指定 K_P/K_D 和 K_I/K_D 的值，就可以将 PID 的零点配置在 s 平面左半平面的预期性能可行域中。再利用频率响应曲线（即伯德图）确定增益 K_D 的合适取值，以便满足相角裕度和增益裕度的设计要求。

当 $K_P/K_D = 5$、$K_I/K_D = 20$ 时，考虑增益 K_D 的变化对相角裕度和增益裕度的影响，可以得到当增益 $K_D = -6.22 \times 10^{-6}$ 时，能够最大可能地满足指标设计要求，此时的伯德图如图 9.35 所示，由此得到的 PID 控制器为

$$G_c(s) = -6.22 \times 10^{-6}\left[\frac{s^2 + 5s + 20}{s}\right]$$

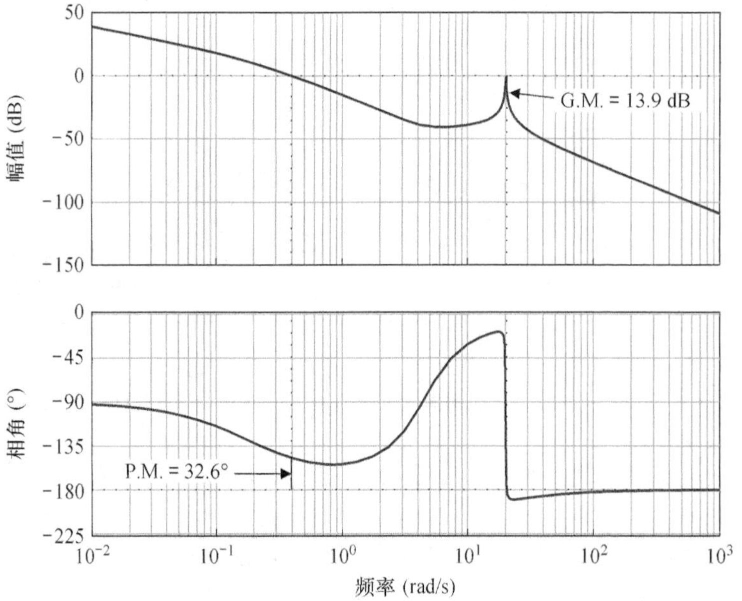

图 9.35 当 $K_P/K_D = 5$、$K_I/K_D = 20$ 且 $K_D = -6.22 \times 10^{-6}$ 时系统的伯德图

验证结果表明，最终的相角裕度为 32.9°，增益裕度为 13.9 dB。系统的阶跃响应曲线如图 9.36 所示，从中可以看出，上升时间 T_{r_1} 为 3.2 s，峰值时间 T_P 为 7.6 s。该设计方案满足所有的指标设计要求。闭环反馈系统主导极点的自然频率 $\omega_n = 0.41$，阻尼比 $\zeta = 0.29$，它们已经非常接近预设的目标值，这充分说明了设计公式的有效性。此外，当系统为此处的非二阶系统时，这些公式仍然适用。

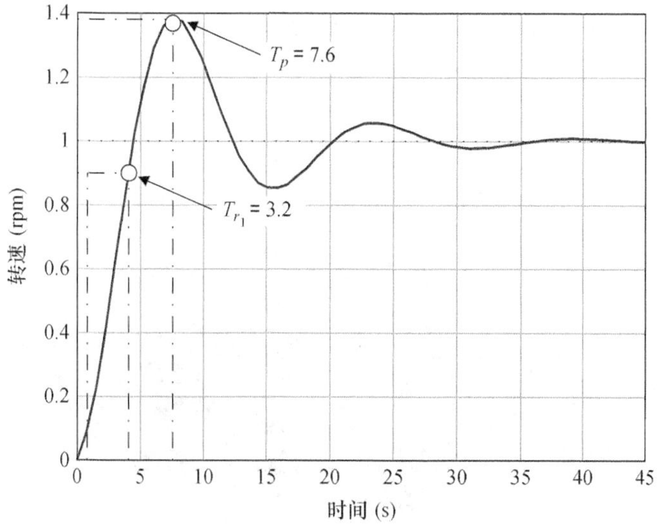

图 9.36　系统的阶跃响应曲线，其中标出了上升时间和峰值时间

风力机的脉冲扰动响应如图 9.37 所示。在计算机仿真中，我们假定脉冲扰动（可能为阵风）将会诱导风力机桨叶的桨距角产生阶跃变化。实际上，扰动可能会对各个桨叶的桨距角产生不同的影响。出于演示的目的，这里将它们简化为统一的阶跃扰动信号。这种扰动能够导致转子转速偏离预期转速，但可以在 25 s 内恢复正常转速。

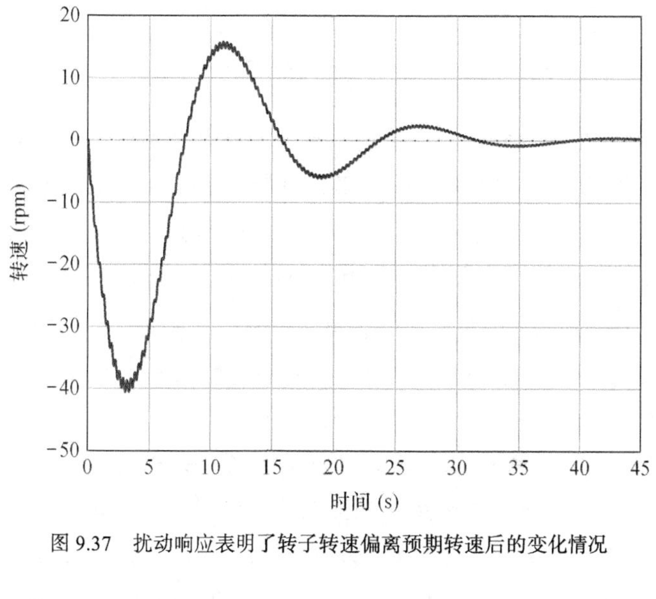

图 9.37　扰动响应表明了转子转速偏离预期转速后的变化情况

例 9.11　远程控制侦察车

图 9.38（a）给出了一种遥控侦察车的概念模型，其速度控制系统的框图模型如图 9.38（b）所示。其中，预期速度 $R(s)$ 由无线电传输给侦察车，干扰 $T_d(s)$ 来自路面上的坡地和石块的颠簸冲击。本例的设计目标是构建性能良好的侦察车速度控制系统，使系统对单位阶跃信号 $R(s)$ 的响应有比较小的稳态误差和超调量[13]。

首先计算单位阶跃响应的稳态误差，于是有

$$e_{ss} = \lim_{s \to 0} sE(s) = \lim_{s \to 0} s\left[\frac{R(s)}{1 + L(s)}\right] = \frac{1}{1 + L(s)} = \frac{1}{1 + K/2}$$

(a)

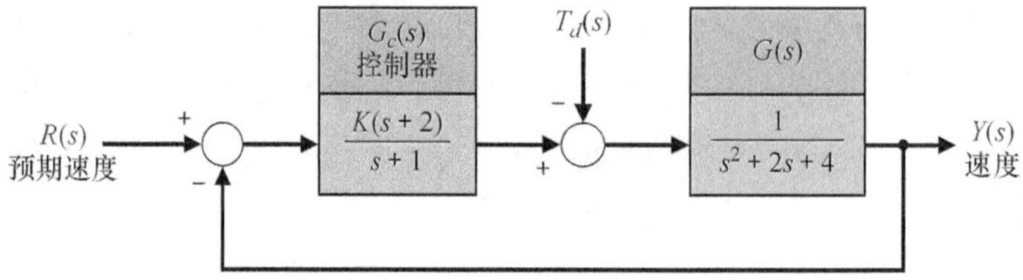

(b)

图 9.38 （a）遥控侦察车；（b）速度控制系统的框图模型

其中，$L(s) = G_c(s)G(s)$。当选取 $K = 20$ 时，系统的稳态误差仅为输入幅值的 9%。将 $K = 20$ 代入系统的开环传递函数 $L(s) = G_c(s)G(s)$，将其改写为便于绘制伯德图的以下形式：

$$L(s) = G_c(s)G(s) = \frac{10(1 + s/2)}{(1 + s)\left(1 + s/2 + s^2/4\right)} \tag{9.86}$$

图 9.39 给出了当 $K = 20$ 时系统的尼科尔斯图，从中可以看出，系统的谐振峰值 $M_{p\omega} = 12$ dB，相角裕度 P.M. = 15°，由此可以推知系统的阶跃响应为欠阻尼响应。由式（9.58）可以估算得到 $\xi \approx 0.15$，进而可以估算得到系统的超调量 P.O. 约为 61%。

减小系统的增益可以减小超调量，满足对超调量的设计要求。假定超调量的设计要求为 P.O. = 25%。由式（9.63）可知，系统主导极点的阻尼比应该为 0.4，谐振峰值应该为 1.35 或 $20\log M_{p\omega} = 2.6$ dB。为此，在图 9.39 所示的尼科尔斯图中，需要将对数幅相曲线垂直向下平移。在 $\omega_1 = 2.8$ 处，新的对数幅相曲线与 2.6 dB 的闭环等 M 曲线相切。由平移后的对数幅相曲线可以看出，幅值增益的下降幅度（垂直下移）应该为 13 dB，于是 $K = 20/4.5 = 4.44$。K 的值减小之后，系统的稳态误差却有所增加（增大到了 31%）：

$$e_{ss} = \frac{1}{1 + 4.4/2} = 0.31$$

当 $K = 4.44$ 时，系统的实际阶跃响应曲线如图 9.40 所示，超调量 P.O. = 32%。若取 $K = 10$，则系统的超调量变为 48%，稳态误差变为 17%。

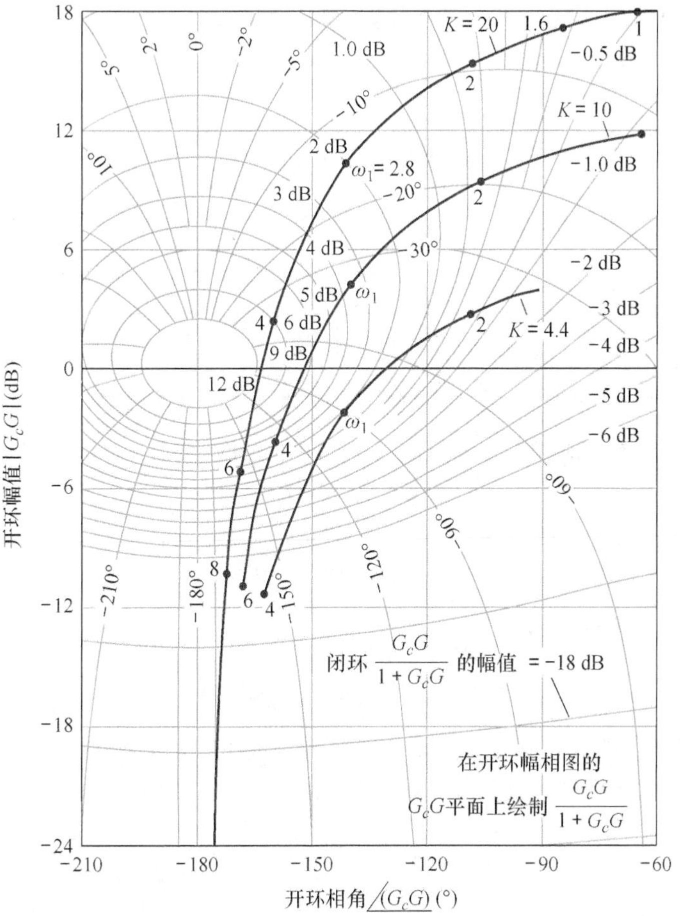

图 9.39　系统的尼科尔斯图（K = 4.4、K = 10 和 K = 20）

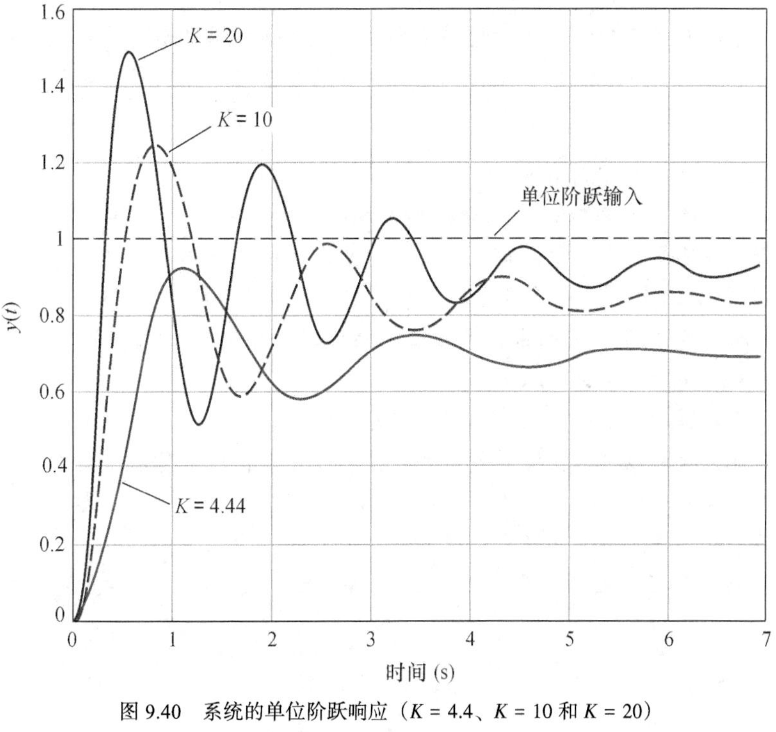

图 9.40　系统的单位阶跃响应（K = 4.4、K = 10 和 K = 20）

表 9.2 总结了系统的实际时域性能指标。在综合考虑上述结果后，我们应该将增益 K 取为 10。在图 9.39 所示的尼科尔斯图中，这意味着只需要将 $K = 20$ 时的对数幅相曲线垂直向下平移 $20 \log 2 = 6$ dB 即可。

表 9.2 系统的实际阶跃响应指标

K	4.44	10	20
超调量	32.4	48.4	61.4
调节时间(s)	4.94	5.46	6.58
峰值时间(s)	1.19	0.88	0.67
e_{ss}	31%	16.7%	9.1%

观察 K=10 时的尼科尔斯图可以看出 $M_{p\omega} = 7$ dB、P.M. = 26°，由此估算得到的主导极点阻尼比 $\zeta = 0.26$，导出的超调量应该为 43%，带宽为 5.4%。由于

$$\omega_n = \frac{\omega_B}{-1.19\xi + 1.85}$$

因此调节时间（按 2%准则）为

$$T_s = \frac{4}{\zeta\omega_n} = \frac{4}{(0.26)(3.53)} = 4.4 \text{ s}$$

由图 9.40 中的响应曲线可以看出，当 $K = 10$ 时，系统的实际调节时间 T_s 约为 5.4 s。

令 $R(s) = 0$，考虑单位阶跃干扰对系统稳态响应的影响，由终值定理可以得到

$$y(\infty) = \lim_{s \to 0} s\left[\frac{G(s)}{1 + L(s)}\right]\left(\frac{1}{s}\right) = \frac{1}{4 + 2K} \tag{9.87}$$

由此可见，在系统的稳态响应中，单位阶跃干扰的影响被衰减为干扰输入的 $1/(4 + 2K)$。当 $K = 10$ 时，$y(\infty) = 1/24$，干扰的稳态后效被减少到只有干扰幅值的 4% 左右。

综上所述，$K = 10$ 是不错的折中设计结果，稳态误差则被减小到原来的 16.7%。如果认为上面的超调量和调节时间仍然不能满足设计要求，则应该对系统进行校正，比如在尼科尔斯图上修改对数幅相曲线的形状。

例 9.12 热钢锭搬运机器人控制系统

热钢锭搬运机器人控制系统的机械结构如图 9.41 所示，机器人夹起热钢锭，将它们放入淬火槽。其中，视觉传感器用于测量热钢锭的位置；控制器则利用测量得到的位置信息，将机器人（沿 x 轴）移到热钢锭的上方。视觉传感器还会向控制器提供参考输入 $R(s)$，即热钢锭要移到的预期位置。热钢锭搬运机器人控制系统的框图模型如图 9.42 所示。关于机器人和视觉系统的详细信息可以参阅文献［15，30，31］。

可使用其他传感器而非系统中已有的视觉传感器测量机器人自身在轨道上的位置，并反馈输入给控制器。在此，我们假设位置测量是没有噪声的，这不是什么苛刻的要求，因为现代的位置传感器已经具有很高的精度。例如，内置式激光二极管系统（包括电源、光纤和激光二极管）的测量精度甚至超过 99.9%。

机器人的动态特性可以用含有时间常数 $T = \pi/4$ s 的时延环节以及二重极点为 $s = -1$ 的二阶系统来描述：

$$G(s) = \frac{e^{-sT}}{(s + 1)^2} \tag{9.88}$$

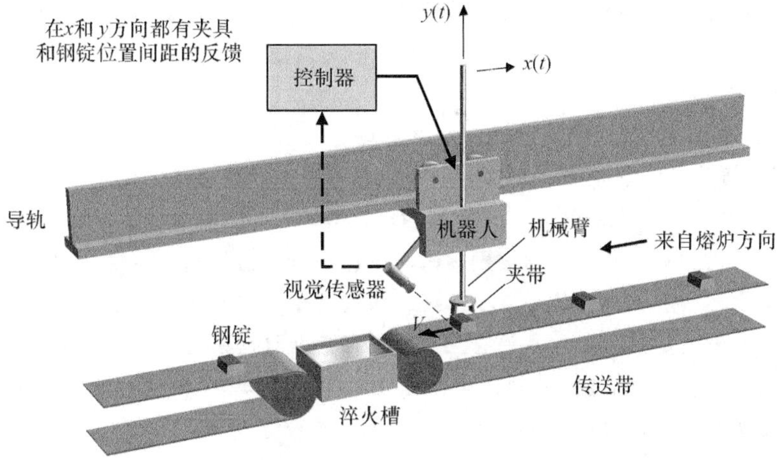

图 9.41 热钢锭搬运机器人控制系统的机械结构

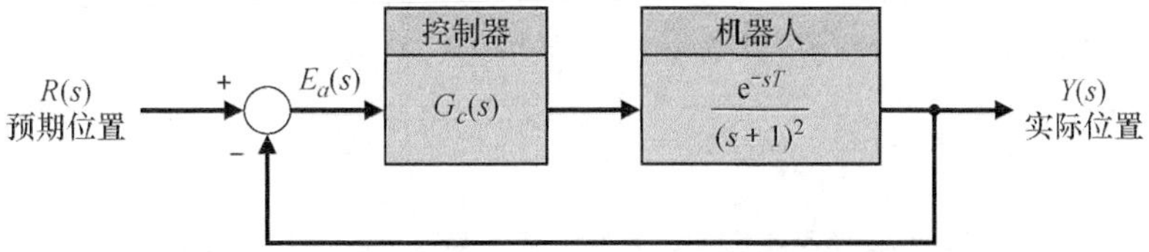

图 9.42 热钢锭搬运机器人控制系统的机械结构的框图模型

控制器设计的基本流程如图 9.43 所示，其中的阴影部分表示需要重点强调的设计模块。

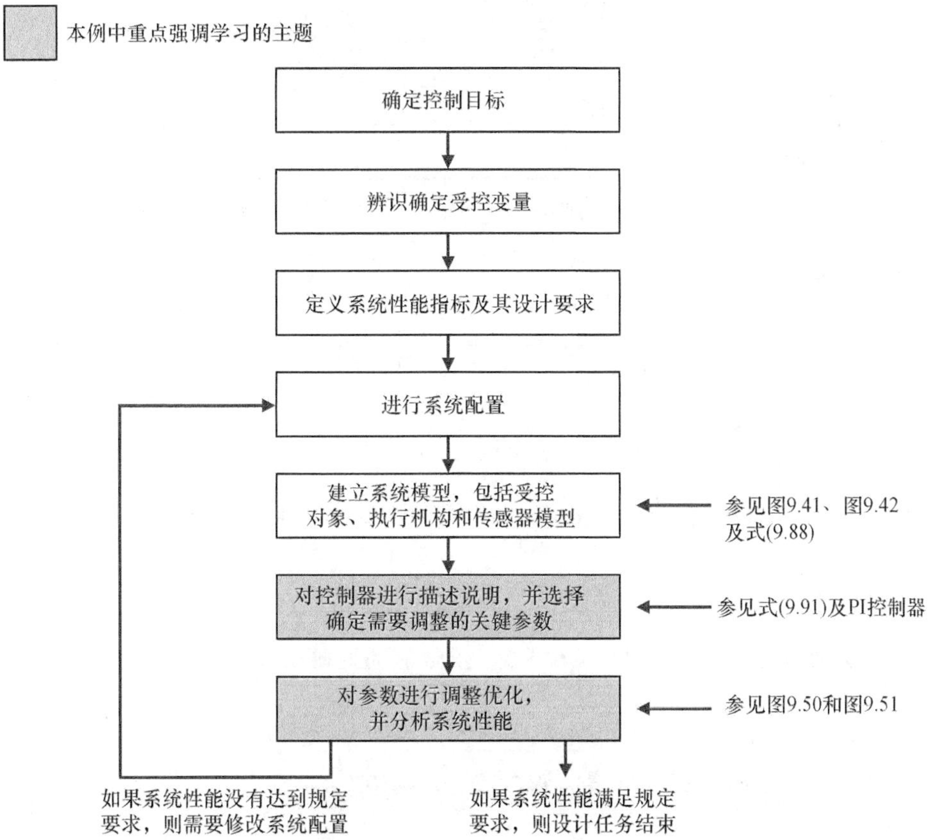

图 9.43 控制器设计的基本流程

控制目标 在有附加干扰且考虑时延的情况下，使跟踪误差 $E(s) = R(s) - Y(s)$ 最小。

为了达到控制目标，系统需要满足如下具体的性能指标设计要求。

指标设计要求

- 指标设计要求 1：阶跃响应的稳态跟踪误差 $e_{ss} \leqslant 10\%$。
- 指标设计要求 2：当存在 $T = \pi/4$ s 的时延环节时，相角裕度 P.M. $\geqslant 50°$。
- 指标设计要求 3：阶跃响应的超调量 P.O. $\leqslant 10\%$。

可以先考虑采用相对简单的比例控制器来对系统进行补偿校正，不过我们发现，比例控制器不可能同时满足上述所有指标设计要求。但是，通过讨论采用比例控制器的系统，可以为我们详细研究时延环节的影响奠定基础。我们将主要借助奈奎斯特图来讨论时延环节的影响。最终的设计方案采用 PI 控制器对系统进行补偿校正，这可以实现令人满意的系统性能。也就是说，系统将能够同时满足所有的性能指标设计要求。

下面首先尝试相对简单的比例控制器：

$$G_c(s) = K$$

如果忽略时延环节，则系统的开环传递函数为

$$L(s) = G_c(s)G(s) = \frac{K}{(s+1)^2} = \frac{K}{s^2 + 2s + 1}$$

图 9.44 给出了系统的框图模型。这是一个零型系统，在阶跃输入的作用下，系统的稳态跟踪误差不可能是 0。

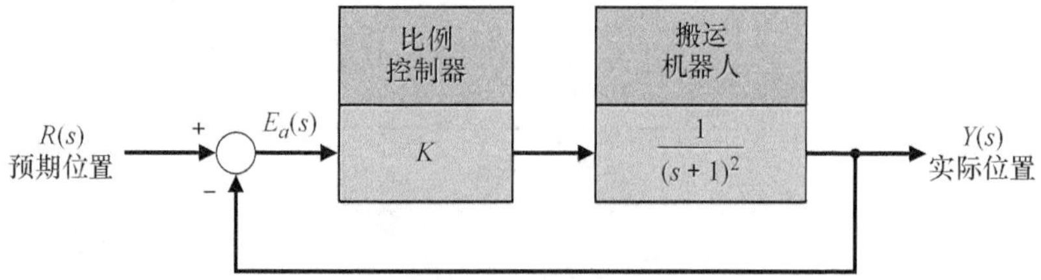

图 9.44 使用比例控制器的系统的框图模型（不考虑时延环节）

系统的闭环传递函数为

$$T(s) = \frac{K}{s^2 + 2s + 1 + K}$$

跟踪误差被定义为

$$E(s) = R(s) - Y(s)$$

在阶跃输入 $R(s) = a/s$ 的作用下（a 为输入信号的幅值），跟踪误差为

$$E(s) = \frac{s^2 + 2s + 1}{s^2 + 2s + 1 + K} \cdot \frac{a}{s}$$

根据终值定理（当 K 取正值时，系统始终稳定，因而定理成立），可以得到

$$e_{ss} = \lim_{s \to 0} sE(s) = \frac{a}{1 + K}$$

为了满足指标设计要求 1，也就是让稳态误差小于 10%，应该有

$$e_{ss} \leqslant \frac{a}{10}$$

由此可以得知，增益应该满足 $K \geqslant 9$。取 $K = 9$，绘制此时系统的伯德图，如图 9.45 所示。

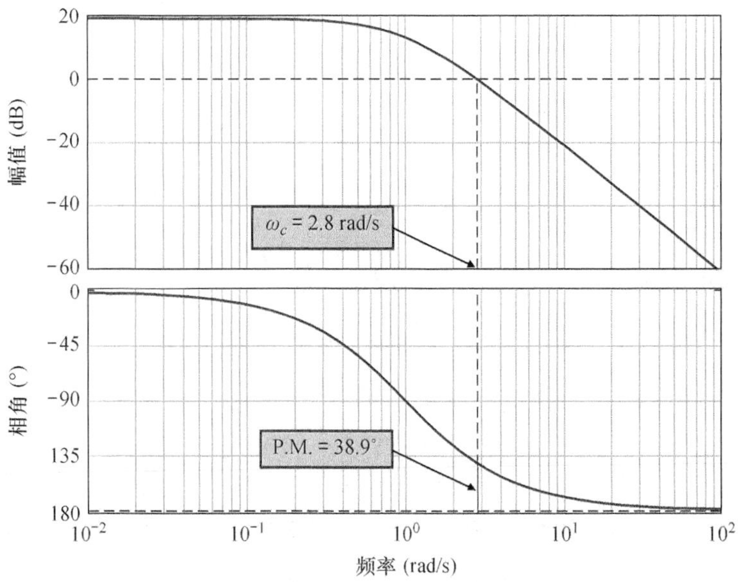

图 9.45　$K = 9$ 时系统的伯德图（不考虑时延环节）。系统的幅值裕度 G.M. = ∞，相角裕度 P.M. = 38.9°

从图 9.45 中可以看出，如果提高系统增益 K，使其大于 9，则幅频特性曲线与 0 dB 线的交点将会向右移动（也就是说，ω_c 会增大，相角裕度会降低）。注意，系统的时延环节虽然不会改变幅频特性曲线，但却会导致相位滞后。因此，我们需要进一步思考当 $\omega = 2.8$ rad/s、P.M. = 38.9° 时，如果考虑 $T = \pi/4$ s 的时延环节，那么系统还会稳定吗？本例在保证系统稳定的情况下，能够容许的最大时延满足 $\phi = -\omega T$，这意味着

$$\frac{-38.9\pi}{180} = -2.8T$$

求解得到的时延 $T = 0.24$ s。也就是说，如果时延常数小于 0.24 s，则闭环系统可以保持稳定。但事实上，系统的时延常数 $T = \pi/4$ s，这会导致系统失稳。提高系统增益会导致相角裕度的进一步降低，这更不利于系统的稳定。降低系统增益虽然能够提高相角裕度，但又会导致稳态跟踪误差超过设计要求的 10%。因此，该系统需要更加复杂的控制器。

在进行这项工作之前，我们可以先通过系统的奈奎斯特图分析一下时延环节到底对系统造成了怎样的影响。在不考虑时延环节的情况下，系统的开环传递函数为

$$L(s) = G_c(s)G(s) = \frac{K}{(s+1)^2}$$

奈奎斯特图如图 9.46 所示，其中 $K = 9$。开环传递函数 $L(s) = G_c(s)G(s)$ 在 s 平面的右半平面没有极点，即 $P = 0$。从图 9.46 中可以看出，像围线没有包围 -1 点，即 $N = 0$。

根据奈奎斯特原理，我们可以得到系统在 s 平面右半平面的极点数量为

$$Z = N + P = 0$$

既然 $Z = 0$，因而系统是稳定的。更加值得注意的是，无论增大还是减小 K，在系统的奈奎斯特图中，像围线都不会包围 -1 点，这意味着系统的幅值裕度为∞。类似地，当不考虑时延环节时，系统的相角裕度始终为正值。也就是说，虽然系统的相角裕度会随着 K 的改变而改变，但它始终大于 0。

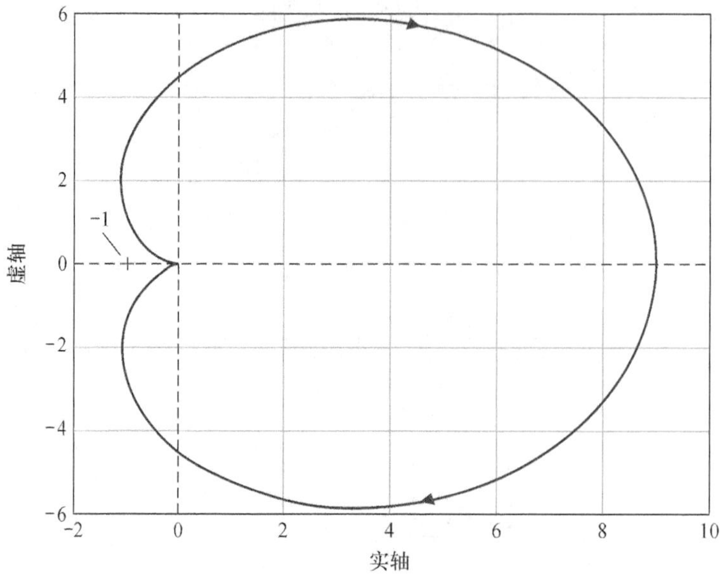

图 9.46 K = 9 时系统的奈奎斯特图（不考虑时延环节），注意像围线没有包围 −1 点

如果考虑时延环节，则可以利用解析法得到系统的奈奎斯特图。此时，系统的开环传递函数为

$$L(s)=G_c(s)G(s)=\frac{K}{(s+1)^2}e^{-sT}$$

将 $s=\mathrm{j}\omega$ 代入 $L(s)$ 并利用欧拉公式

$$e^{-\mathrm{j}\omega T}=\cos(\omega T)-\mathrm{j}\sin(\omega T)$$

可以得到

$$\begin{aligned}L(\mathrm{j}\omega)&=\frac{K}{(\mathrm{j}\omega+1)^2}e^{-\mathrm{j}\omega T}\\&=\frac{K}{\Delta}\Big(\Big[\big(1-\omega^2\big)\cos(\omega T)-2\omega\sin(\omega T)-\mathrm{j}\Big[\big(1-\omega^2\big)\sin(\omega T)+2\omega\cos(\omega T)\Big]\end{aligned}\tag{9.89}$$

其中：

$$\Delta=\big(1-\omega^2\big)^2+4\omega^2$$

对于不同的 ω，计算 $L(\mathrm{j}\omega)$ 的实部 $\mathrm{Re}(L(\mathrm{j}\omega))$ 和虚部 $\mathrm{Im}(L(\mathrm{j}\omega))$，就可以绘制出图 9.47 所示的奈奎斯特图。当 $K=9$ 时，像围线包围 −1 点的周数 $N=2$，于是得到 $Z=N+P=2$，系统不稳定。

当 $K=9$ 时，系统在 4 种不同时延情况下的奈奎斯特图如图 9.48 所示。当 $T=0$ 时，不管 K 如何取值，像围线都不包围 −1 点，系统稳定（见图 9.48 的左上角）。当 $T=0.1$ s 时，$N=0$，系统依然稳定（见图 9.48 的右上角）。当 $T=0.24$ s 时，系统临界稳定（见图 9.48 的左下角）。当 $T=\pi/4=0.78$ s 时，$N=2$，系统变得不稳定（见图 9.48 的右下角）。

在本例中，由于 $T=\pi/4$，因此比例控制器不是有效的控制器，它无法保证在满足稳态误差设计要求的同时，保证系统稳定。

在设计能够满足系统的所有性能指标要求的控制器之前，我们最后再来仔细研究一下包含时延环节时系统的奈奎斯特图。考虑 $K=9$、$T=0.1$ s 时系统的奈奎斯特图（见图 9.48 的右上角）。当奈奎斯特图与 x 轴相交时，$L(\mathrm{j}\omega)=G_c(\mathrm{j}\omega)G(\mathrm{j}\omega)$ 的虚部应该为 0，即

$$\left(1-\omega^{2}\right)\sin(0.1\omega)+2\omega\cos(0.1\omega)=0$$

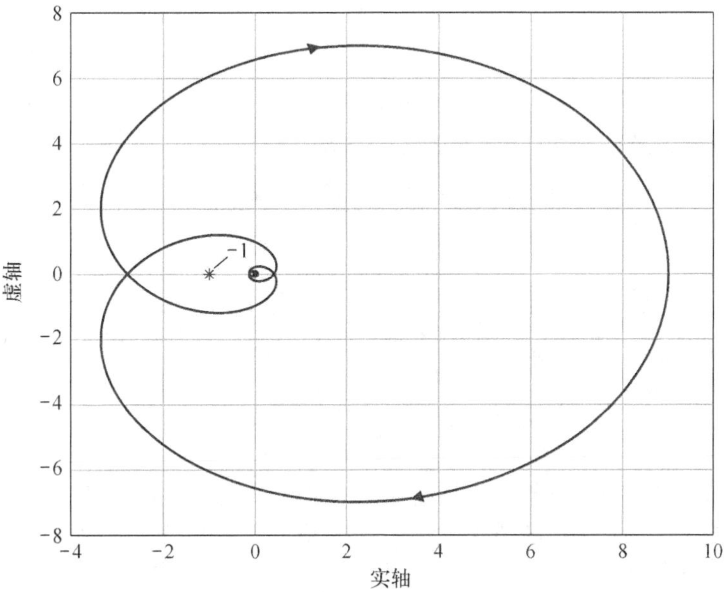

图 9.47　$K=9$、$T=\pi/4$ 时系统的奈奎斯特图，曲线包围 -1 点两周，即 $N=2$

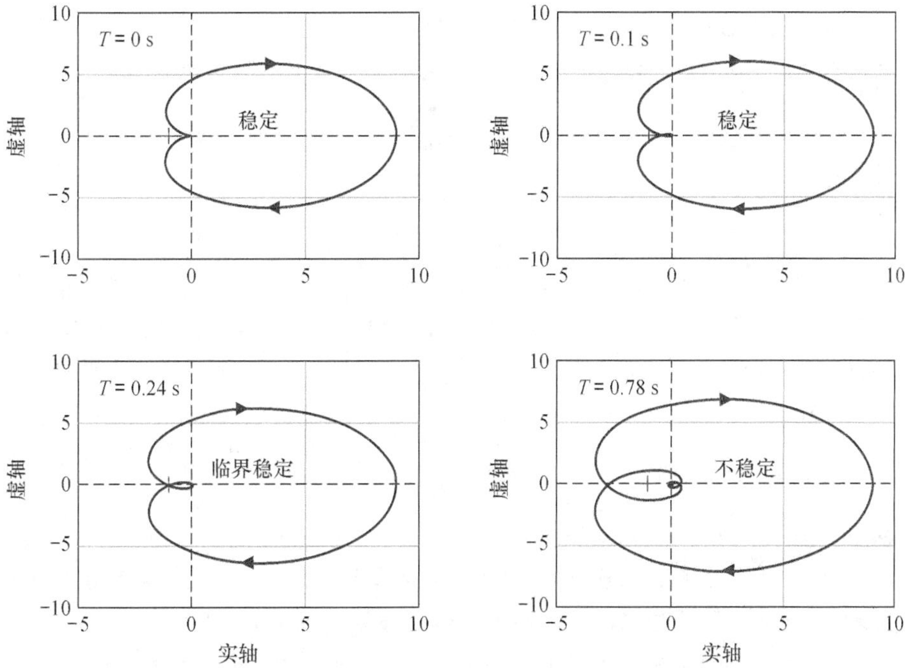

图 9.48　当 $K=9$ 时，系统在 4 种不同时延情况下的奈奎斯特图

于是得到实轴上的 180°线穿越频率应该满足的条件如下：

$$\frac{\left(1-\omega^{2}\right)\tan(0.1\omega)}{2\omega}=-1 \tag{9.90}$$

式（9.90）有无穷多个解，第一个实轴穿越频率（离原点最远的位于 s 平面左半平面的解）为 $\omega=4.43$ rad/s。

此时，$|L(j4.43)|$ 的幅值为 $0.0484K$。为了使系统稳定，我们要求 $|L(j\omega)| < 1$（$\omega = 4.43$），这样就可以避免包围 -1 点。于是当 $T = 0.1$ 时，应该有

$$K < \frac{1}{0.0484} = 20.67$$

当 $K = 9$ 时，已知系统是稳定的。如果系统增益 K 增加至原来的 2.3 倍，即 $K = 20.67$，系统将达到临界稳定。提高的倍数正好是系统的幅值裕度，即

$$\text{G.M.} = 20\log_{10}2.3 = 7.2\ \text{dB}$$

接下来考虑采用 PI 控制器，即

$$G_c(s) = K_P + \frac{K_I}{s} = \frac{K_P s + K_I}{s} \tag{9.91}$$

此时系统的开环传递函数变为

$$L(s) = G_c(s)G(s) = \frac{K_P s + K_I}{s} \cdot \frac{K}{(s+1)^2}\mathrm{e}^{-sT}$$

系统将由零型系统变成 I 型系统，阶跃响应的稳态误差将会为 0，满足指标设计要求 1，因此下面只需要集中讨论怎样满足超调量设计要求（P.O.<10%）以及考虑时延环节（$T = \pi/4$ s）时系统的稳定性设计要求。

根据超调量设计指标，可确定目标系统的预期阻尼系数的范围。由 P.O. ≤ 10%可知，应该有 $\zeta \geqslant 0.59$。由于采用了 PI 控制器，系统将增加一个零点 $s = -K_I/K_P$。这个零点虽然不影响系统的稳定性，但却会影响系统的瞬态性能。根据如下近似关系（当 ζ 比较小且 P.M. 以度为单位时成立）以及阻尼比设计指标（$\zeta \geqslant 0.59$），我们将相角裕度的设计目标暂定为 60°。

$$\zeta \approx \frac{\text{P.M.}}{100}$$

PI 控制器还可以表示为

$$G_c(s) = K_I\frac{1+\tau s}{s}$$

其中，$1/\tau = K_I/K_P$，这是 PI 控制器的转折（零点）频率。PI 控制器实际上是一个低通滤波器，在小于转折频率的低频段，它会给系统引入滞后相角。因此，我们一般要求 PI 控制器的转折频率小于系统的 0 dB 线穿越频率，这样相角裕度就不会因为 PI 控制器的零点而发生太大的损失。

未校正系统的开环传递函数为（$T = \pi/4$ s）

$$G(s) = \frac{9}{(s+1)^2}\mathrm{e}^{-sT}$$

其伯德图如图 9.49 所示。在 0 dB 线穿越频率 $\omega_c = 2.83$ rad/s 处，未校正的相角裕度 P.M. = −88.34°。而系统需要的相角裕度为 60°，因此需要通过补偿，使校正后的系统在 0 dB 线穿越频率处的相角为 −120°。从图 9.49 可以估计得到，相角 $\phi = -120°$ 对应的频率 $\omega \approx 0.87$ rad/s。对于控制器设计而言，这种近似的精度已经足够。在 $\omega \approx 0.87$ rad/s 处，未校正系统的幅值为 14.5 dB。如果想要将 0 dB 线穿越频率从 $\omega_c = 2.83$ rad/s 处移到 $\omega_c = 0.87$ rad/s 处，则需要将系统的增益减小 14.5 dB。当使用 PI 控制器进行校正时，考虑到

$$G_c(s) = K_P\frac{s + \dfrac{K_I}{K_P}}{s}$$

因此，当 ω 的取值相对较大时，可以近似地将 K_P 视为校正器的增益，由此可以选择

$$K_P = 10^{-(14.5/20)} = 0.188$$

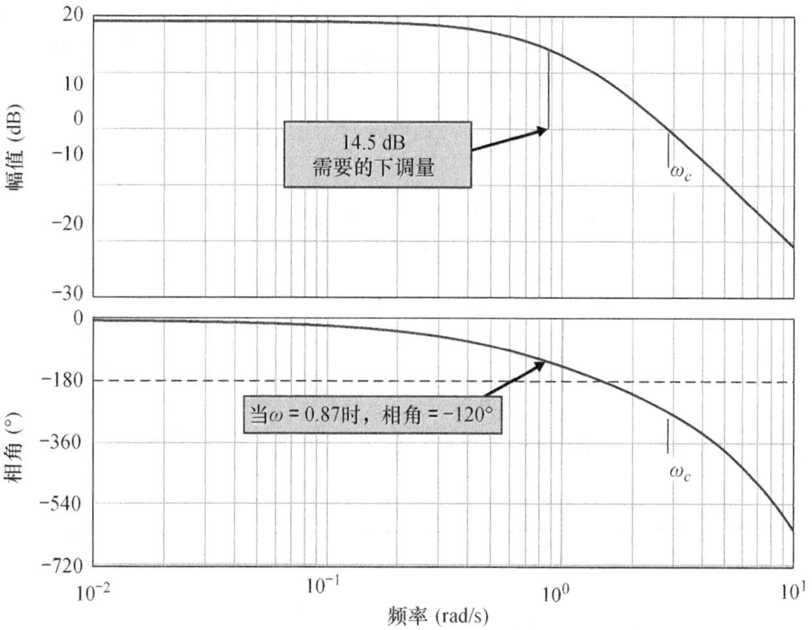

图 9.49　当 $K = 9$、$T = \pi/4$ s 时，未校正系统的伯德图

最后，我们还需要确定系数 K_I。如前所述，我们期望控制器的转折频率小于系统的 0 dB 线穿越频率，这样才可以保证相角裕度不会因为 PI 控制器的零点而发生太大的损失。常用的经验规则是使 $1/\tau = K_I/K_P = 0.1\omega_c$，也就是将控制器的转折频率选在系统 0 dB 线穿越频率的 1/10 处。于是有 $K_I = 0.1\omega_c K_P = 0.0164$，最终得到的 PI 控制器为

$$G_c(s) = \frac{0.188s + 0.0164}{s} \tag{9.92}$$

当 $T = \pi/4$ s 时，$L(j\omega) = G_c(s)G(s)e^{-sT}$ 的伯德图如图 9.50 所示，校正后系统的增益裕度和相角裕度分别为 G.M. = 5.3 dB 和 P.M. = 56.5°。

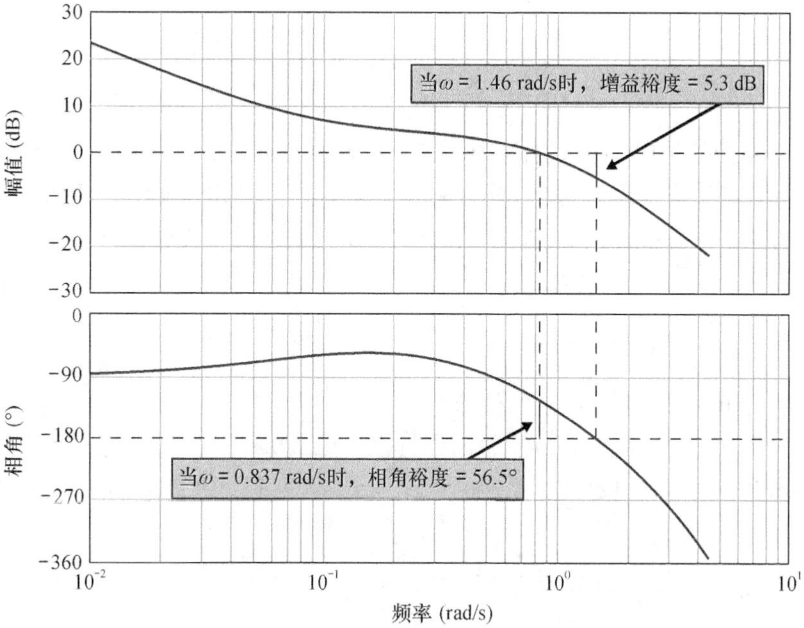

图 9.50　当 $K = 9$、$T = \pi/4$ s 时，在使用 PI 控制器校正后，系统的伯德图

下面详细验证校正后的系统是否满足指标设计要求。由于是 I 型系统，因此系统自然满足对稳态跟踪误差的指标设计要求 1。相角裕度（存在时延）P.M. = 56.5°，满足对相角裕度的指标设计要求 2。校正后系统的阶跃响应如图 9.51 所示，超调量 P.O. ≈ 4.2%，而指标设计要求是 P.O. = 10%，因此满足指标设计要求 3。由此可见，校正后的系统的确满足给定的所有指标设计要求。

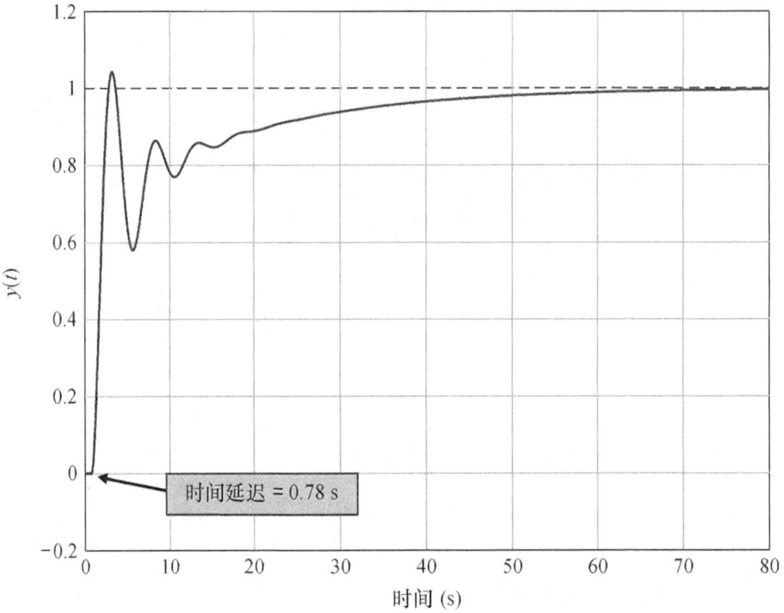

图 9.51 使用 PI 控制器校正后，系统的阶跃响应

9.9 频域中的 PID 控制器

PID 控制器包含一个比例环节、一个积分环节和一个微分环节。PID 控制器完整的传递函数为

$$G_c(s) = K_P + \frac{K_I}{s} + K_D s \tag{9.93}$$

一般来说，当受控对象 $G(s)$ 只有一个或两个极点（可用二阶系统来近似）时，为了减小系统的稳态误差和改善系统的瞬态性能，使用 PID 控制器进行系统校正的效果尤为明显。

可用频域方法来分析添加 PID 控制器的效果。PID 控制器的传递函数通常可以改写为

$$G_c(s) = \frac{K_I\left(\frac{K_D}{K_I}s^2 + \frac{K_P}{K_I}s + 1\right)}{s} = \frac{K_I(\tau s + 1)\left(\frac{\tau}{\alpha}s + 1\right)}{s} \tag{9.94}$$

图 9.52 给出了由式（9.94）决定的伯德图，其中，$K_I = 2$，$\tau = 1$，$\alpha = 10$。从图 9.52 中可以看出，PID 控制器是一类以 K_I 为可调变量的带阻滤波器。PID 控制器也可能具有共轭复零点，对应的伯德图将与共轭复零点的 ζ 值有关。此时，具有共轭复零点的 PID 控制器的频率特性函数为

$$G_c(j\omega) = \frac{K_I\left[1 + (2\zeta/\omega_n)j\omega - (\omega/\omega_n)^2\right]}{j\omega} \tag{9.95}$$

其中，阻尼系数的范围通常为 $0.7 < \zeta < 0.9$。

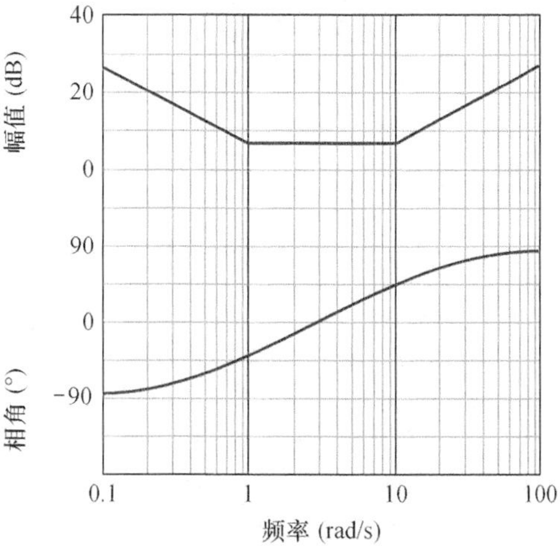

图 9.52　PID 控制器的伯德图，其中的对数幅值曲线为近似线

9.10　利用控制系统设计软件分析频域稳定性

本节讨论如何运用计算机工具来分析系统的稳定性。在讨论频域稳定性时，我们重温了与之有关的奈奎斯特图、尼科尔斯图和伯德图，并通过两个实例演示了控制系统设计的频域方法。其中，我们既使用了系统的闭环频率特性函数 $T(\mathrm{j}\omega)$，也使用了开环频率特性函数 $L(\mathrm{j}\omega)$。此外，本节还通过举例演示了如何运用帕德近似公式来处理时延系统 [6]。本节涉及的函数包括 nyquist、nichols、margin、pade 和 ngrid 等。

与手动绘制伯德图相比，手动绘制奈奎斯特图是一项更加难以完成的工作。幸运的是，我们可以采用控制系统设计软件来绘制奈奎斯特图，如图 9.53 所示，用于绘制奈奎斯特图的函数是 nyquist。在输入指令中，如果采用默认的缺失参数说明的形式，那么直接调用 nyquist 函数将自动生成奈奎斯特图，否则 nyquist 函数将计算返回频率响应的实部和虚部（包括对应的频率点向量 $\boldsymbol{\omega}$）。nyquist 函数的调用方法如图 9.54 所示。

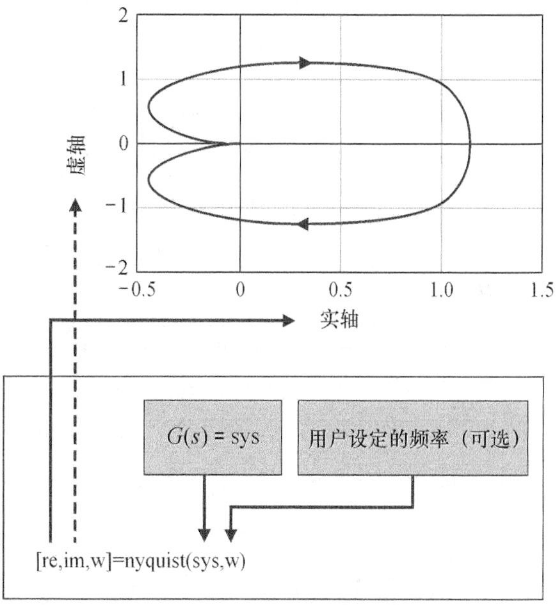

图 9.53　nyquist 函数的使用说明

利用奈奎斯特图或伯德图，我们可以直接求得系统的相对稳定性指标——**增益裕度**和**相角裕度**，详见 9.4 节。增益裕度是指在 $L(\mathrm{j}\omega)$ 极坐标图通过点 $-1+\mathrm{j}0$ 之前，容许系统增益增加的倍数。当 $L(\mathrm{j}\omega)$ 极坐标图通过点 $-1+\mathrm{j}0$ 时，就会导致系统临界稳定。相角裕度是指在系统失稳之前容许附加的滞后相角。

考虑图 9.55 给出的系统。如图 9.56 所示，通过调用 margin 函数，我们可以直接在伯德图上确定系统的相对稳定性。如果采用默认的缺失参数说明的形式，那么直接调用 margin 函数将自动产生伯德图，并对增益裕度和相角裕度进行标注，但不会返回数据。针对图 9.55 给出的系统的运行结果如图 9.57 所示。

```
>>num=[0.5]; den=[1 2 1 0.5 ];
>>sys=tf(num,den);
>>nyquist(sys)
```

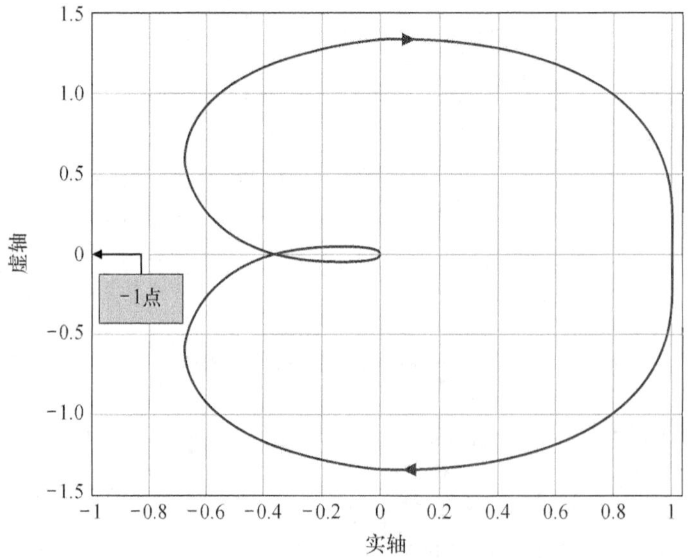

图 9.54 nyquist 函数的调用方法

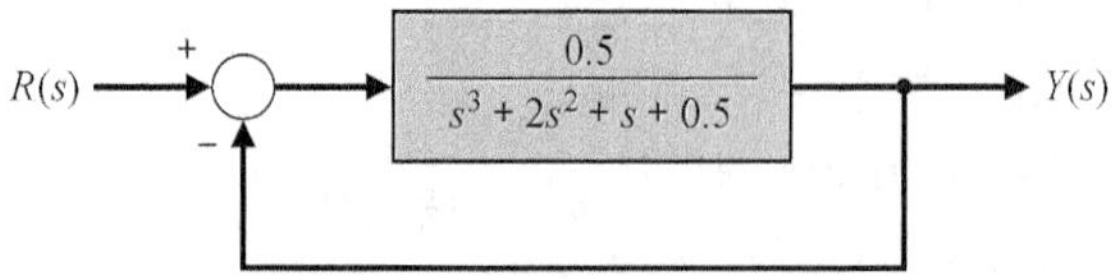

图 9.55 利用奈奎斯特图和伯德图确定系统相对稳定性的闭环控制系统

```
[mag,phase,w]=bode(sys);
[Gm,Pm,Wcg,Wcp]=margin(mag,phase,w);
```

或

```
[Gm,Pm,Wcg,Wcp]=margin(sys);
```

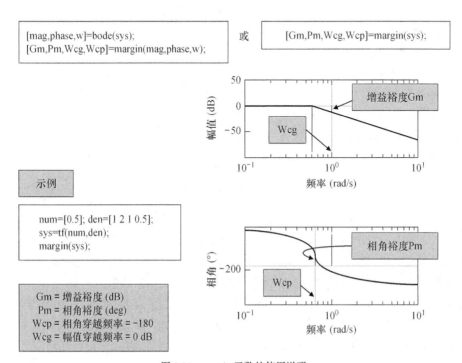

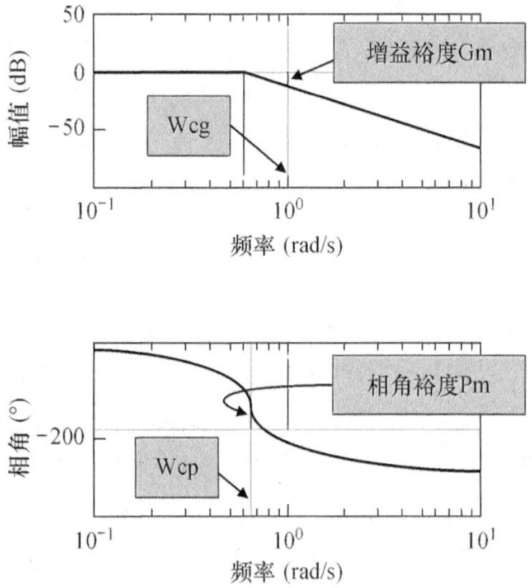

示例

```
num=[0.5]; den=[1 2 1 0.5];
sys=tf(num,den);
margin(sys);
```

Gm = 增益裕度 (dB)
Pm = 相角裕度 (deg)
Wcp = 相角穿越频率 = −180
Wcg = 幅值穿越频率 = 0 dB

图 9.56 margin 函数的使用说明

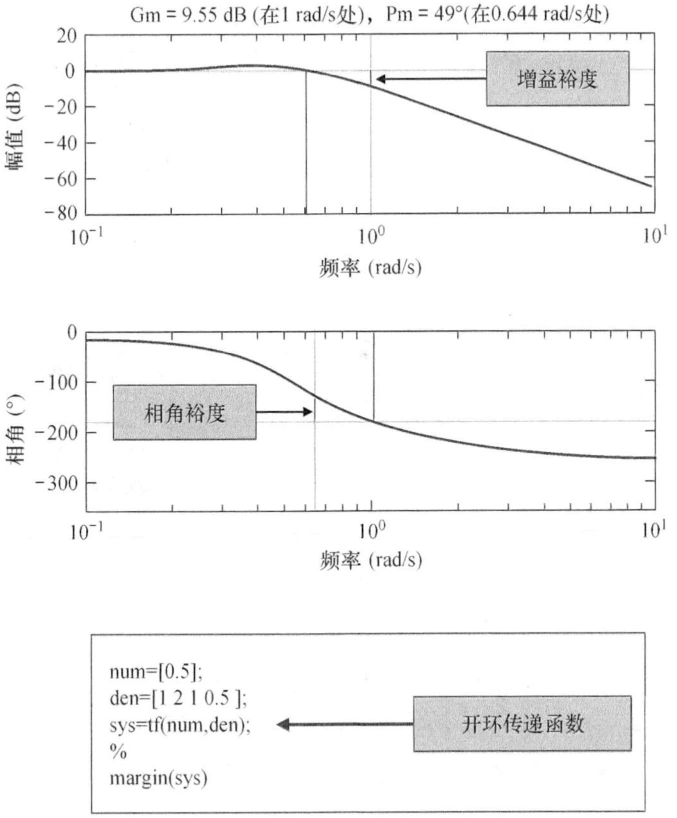

图 9.57　利用 margin 函数绘制的图 9.55 所示系统的伯德图（增益裕度和相角裕度已标出）

图 9.58（a）给出了图 9.55 所示系统的奈奎斯特图（增益裕度和相角裕度已标出）。图 9.58（b）给出的脚本程序用于绘制图 9.55 所示系统的奈奎斯特图。在本例中，开环传递函数 $L(s)=G_c(s)G(s)$ 具有的正实部极点的个数为 0，点–1 被像围线包围的周数也是 0，所以系统是稳定的。

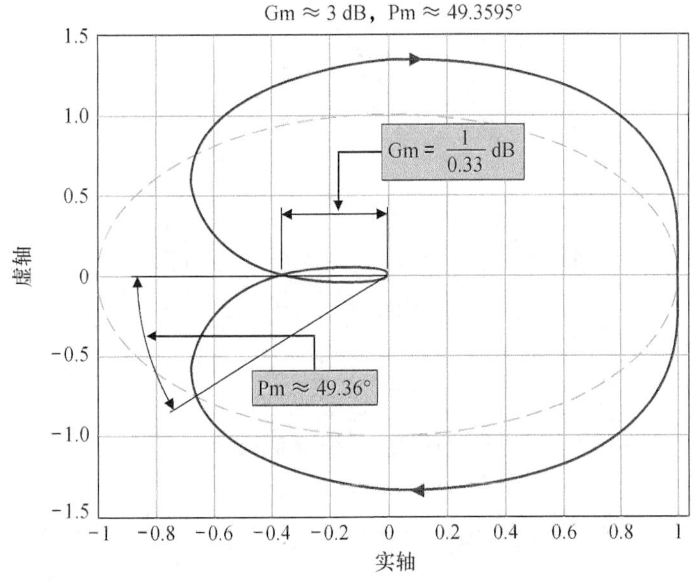

(a)

图 9.58　（a）图 9.55 所示系统的奈奎斯特图（增益裕度和相角裕度已标出）

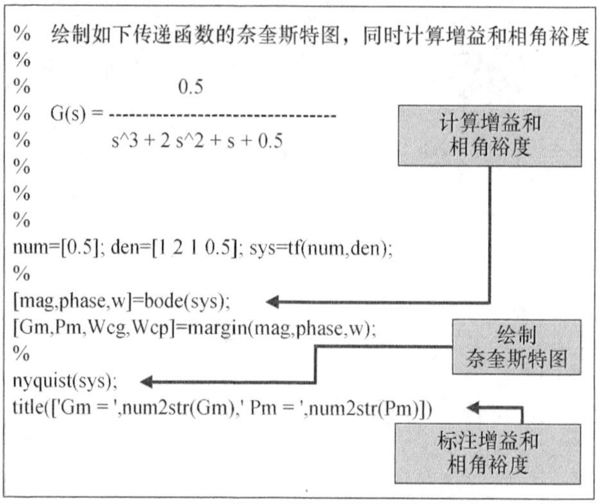

(b)

图 9.58 （b）m 脚本程序

如图 9.59 所示，通过调用 nichols 函数可以生成系统的尼科尔斯图。如果采用默认的缺失参数说明的形式，那么直接调用 nichols 函数将自动生成尼科尔斯图，否则将计算返回频率响应的幅值和以度为单位的相角（包括对应的频率点向量 $\boldsymbol{\omega}$）。要想在尼科尔斯图上画出网格坐标，可以调用 ngrid 函数。

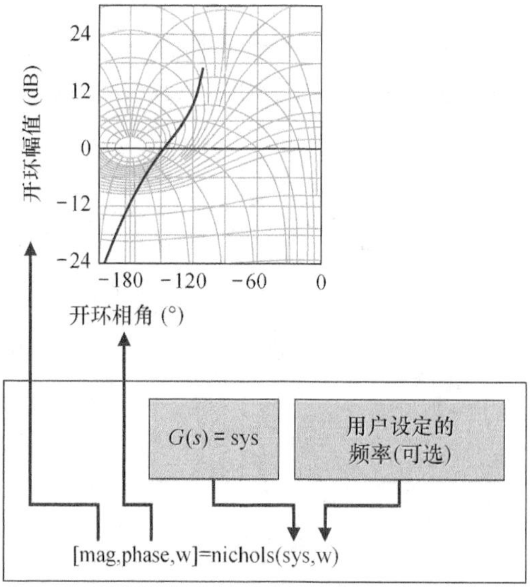

图 9.59 nichols 函数的使用说明

图 9.60 给出了系统 $G(j\omega)$ 的尼科尔斯图。

$$G(j\omega)=\frac{1}{j\omega(j\omega+1)(0.2j\omega+1)} \tag{9.96}$$

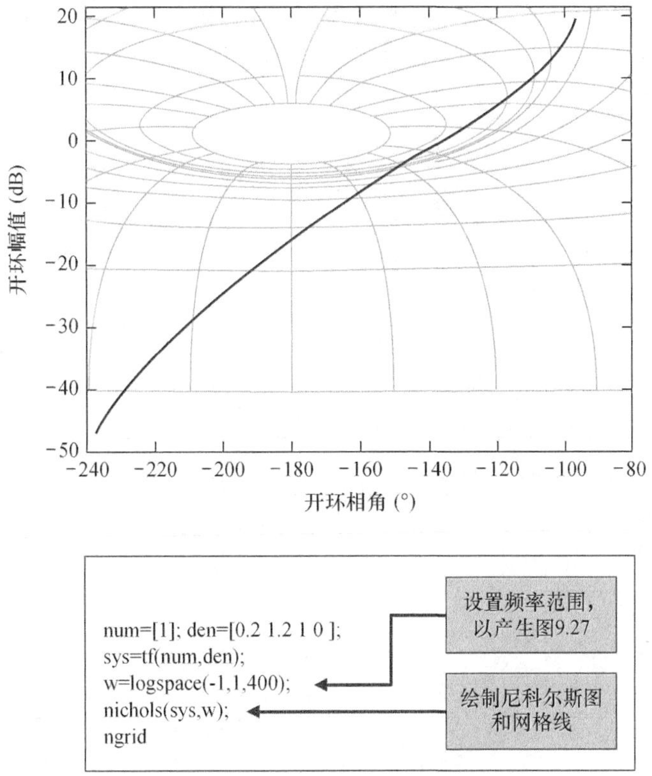

图 9.60　式（9.96）所示系统的尼科尔斯图

例 9.13　液位控制系统

考虑图 9.31 给出的液位控制系统的框图模型（见例 9.9）。该系统有一个时延环节，其开环传递函数为

$$L(s)=\frac{31.5\mathrm{e}^{-sT}}{(s+1)(30s+1)\left(s^2/9+s/3+1\right)} \tag{9.97}$$

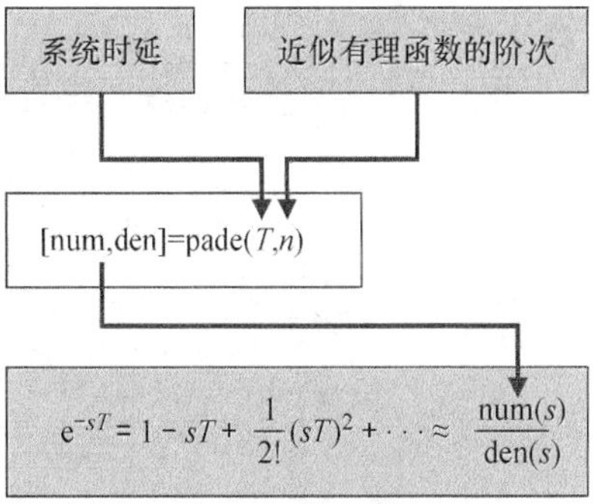

图 9.61　pade 函数的使用说明

下面改写式（9.97），使传递函数 $L(s)$ 的分子和分母变成 s 的多项式。为此，我们需要利用图 9.61 所示的 pade 函数，得到 e^{-sT} 的近似表达式。如果系统时延 $T=1$ s 且近似式的阶数 n 为 2，则调用 pade 函数后可以得到

$$\mathrm{e}^{-sT}=\frac{s^2-6s+12}{s^2+6s+12} \tag{9.98}$$

将式（9.98）代入式（9.97），于是有

$$L(s)=\frac{31.5\left(s^2-6s+12\right)}{(s+1)(30s+1)\left(s^2/9+s/3+1\right)\left(s^2+6s+12\right)}$$

至此，我们便可以创建 m 脚本程序，利用伯德图来分析系统的相对稳定性并要求系统的相角裕度达到 30°。相应的 m 脚本程序如图 9.62（b）所示，该脚本程序将增益 K 的赋值命令设置成了命令调用行，通过使 K 的取值可调（初值为 31.5），从而提供了一定的交互功能。给 K 赋值

并运行该脚本程序，即可验证系统的相角裕度是否满足指标设计要求。如有必要，我们还可以反复进行验证。经过多次运行后，我们最终得到的设计值为 $K = 16$。注意，本例采用二阶帕德近似来处理时延环节。

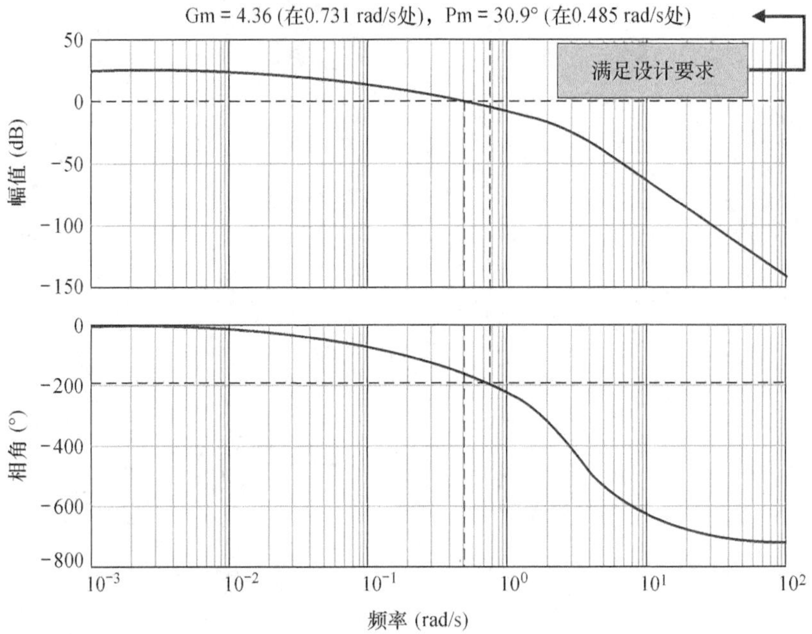

(a)

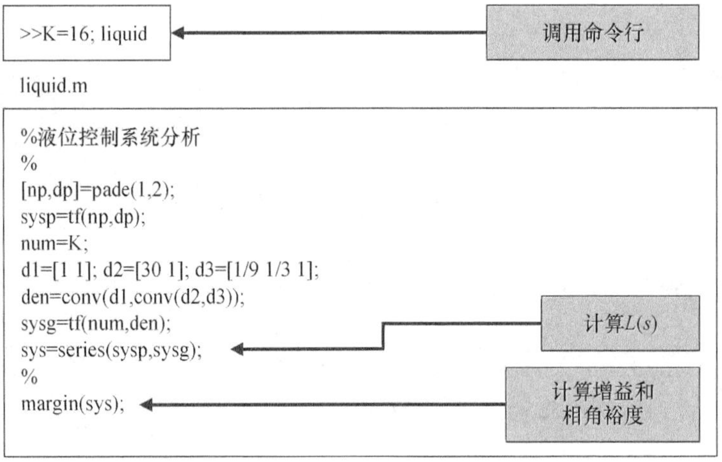

(b)

图 9.62 (a) 液位控制系统的伯德图；(b) m 脚本程序

例 9.14 遥控侦察车

考虑图 9.38 (b) 所示的遥控侦察车的速度控制系统。我们的设计目标是使系统的阶跃响应具有较小的稳态误差和超调量。编写一个 m 脚本程序，以快速、有效地反复进行交互性设计。下面考虑单位阶跃响应的稳态误差，即

$$e_{ss} = \frac{1}{1 + K/2} \tag{9.99}$$

式（9.99）清楚地表明了增益 K 对稳态误差的影响。当 $K = 20$ 时，稳态误差约为输入幅值的 9%；当 $K = 10$ 时，稳态误差约为输入幅值的 17%。

接下来，使用频域法研究阶跃响应的超调量。若要求超调量小于 50%，则近似地应该有

$$\text{P.O.} \approx 100\% \exp^{-\zeta\pi/\sqrt{1-\zeta^2}} \leqslant 50\%$$

求解后可知，应要求 $\zeta \geqslant 0.215$。利用式（9.63）可以推知，系统的谐振峰值应满足 $M_{p\omega} \leqslant 2.45$。不过，需要牢记的是，式（9.63）只严格适合于二阶系统，在此只能作为初步设计的参考。接下来我们需要绘制出闭环系统的伯德图，并据此确定 $M_{p\omega}$ 的实际取值。按照频域设计原则，只要谐振峰值满足 $M_{p\omega} \leqslant 2.45$，则增益 K 的任何取值都能够满足超调量的设计要求。但实际上，我们仍有必要仔细研究系统的时域阶跃响应并检验实际超调量。图 9.63 给出的 m 脚本程序能够帮助我们完成这项任务。在此基础上，当增益 K 分别等于 20、10 和 4.44 时（尽管当 $K = 20$ 时，$M_{p\omega} > 2.45$），我们便可以得到图 9.64（a）所示的时域阶跃响应曲线，进而能够定量验证系统的实际超调量。此外，如图 9.65 所示，我们还可以利用尼科尔斯图来完成系统的设计。

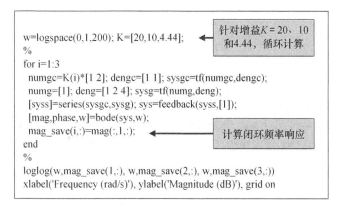

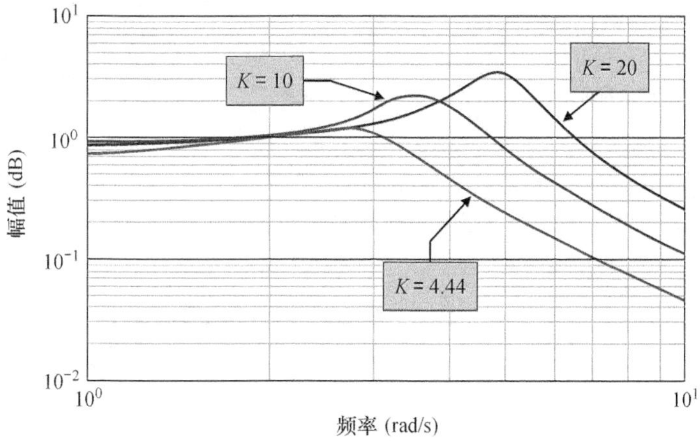

(a)

```
w=logspace(0,1,200); K=[20,10,4.44];
%
for i=1:3
  numgc=K(i)*[1 2]; dengc=[1 1]; sysgc=tf(numgc,dengc);
  numg=[1]; deng=[1 2 4]; sysg=tf(numg,deng);
  [syss]=series(sysgc,sysg); sys=feedback(syss,[1]);
  [mag,phase,w]=bode(sys,w);
  mag_save(i,:)=mag(:,1,:);
end
%
loglog(w,mag_save(1,:), w,mag_save(2,:), w,mag_save(3,:))
xlabel('Frequency (rad/s)'), ylabel('Magnitude (dB)'), grid on
```

针对增益 $K = 20$、10 和4.44，循环计算

计算闭环频率响应

(b)

图 9.63　（a）遥控侦察车的闭环伯德图；（b）m 脚本程序

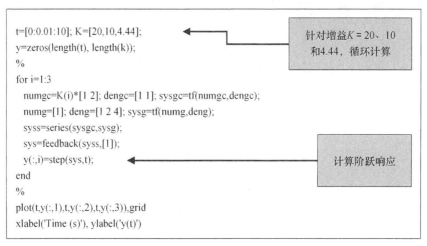

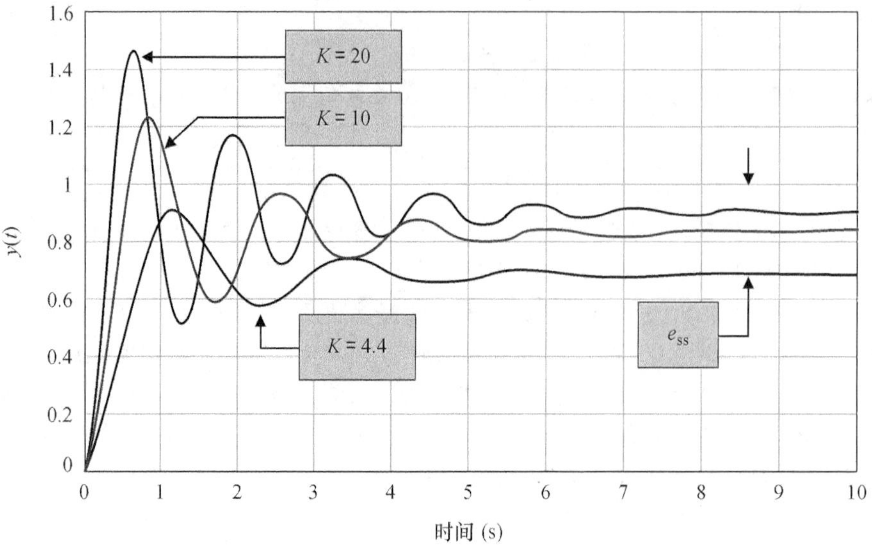

(a)

```
t=[0:0.01:10]; K=[20,10,4.44];
y=zeros(length(t), length(k));
%
for i=1:3
  numgc=K(i)*[1 2]; dengc=[1 1]; sysgc=tf(numgc,dengc);
  numg=[1]; deng=[1 2 4]; sysg=tf(numg,deng);
  syss=series(sysgc,sysg);
  sys=feedback(syss,[1]);
  y(:,i)=step(sys,t);
end
%
plot(t,y(:,1),t,y(:,2),t,y(:,3)),grid
xlabel('Time (s)'), ylabel('y(t)')
```

针对增益 K = 20、10 和4.44，循环计算

计算阶跃响应

(b)

图 9.64 （a）遥控侦察车的阶跃响应；（b）m 脚本程序

前面的表 9.3 总结了当 K 分别等于 20、10 和 4.44 时的系统分析和设计结果。据此，我们将增益的设计值最后选定为 K = 10。如图 9.66 所示，绘制 K = 10 时系统的奈奎斯特图并验证系统的相对稳定性，最终得到的增益裕度 G.M. = ∞，相角裕度 P.M. = 26.1°。

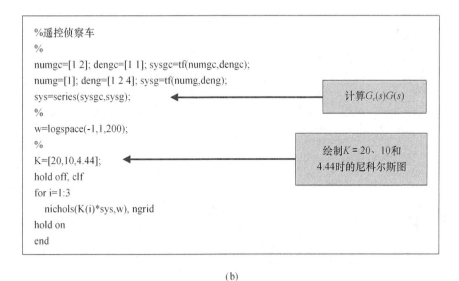

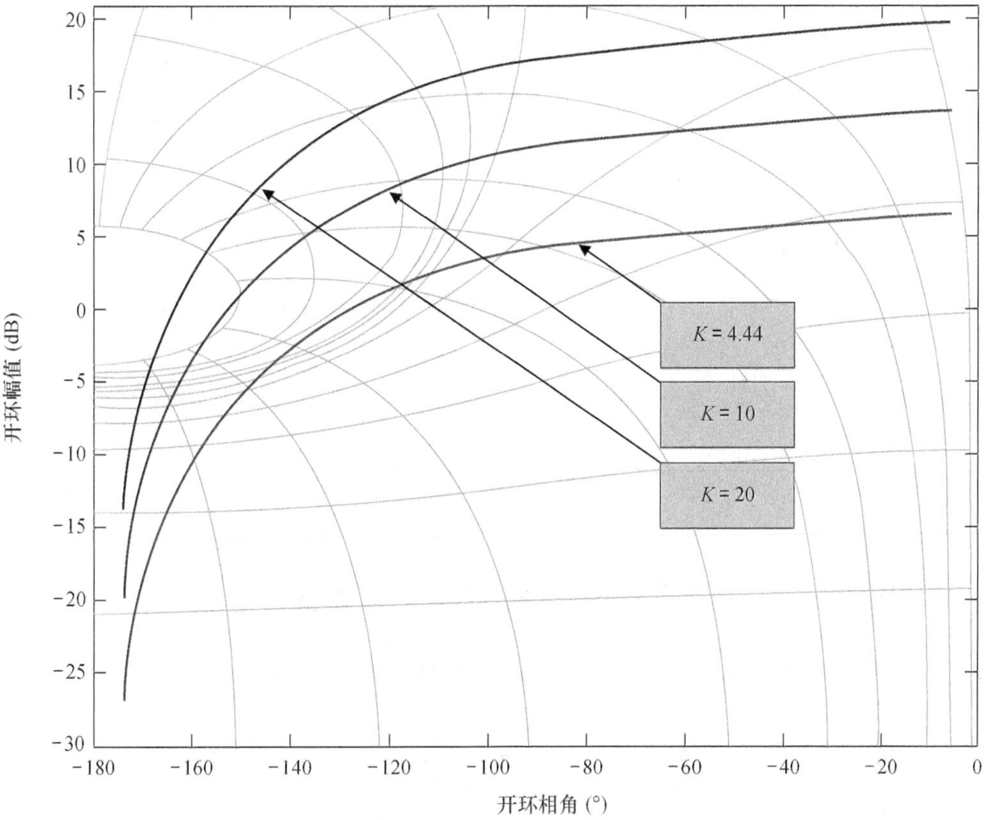

(a)

```
%遥控侦察车
%
numgc=[1 2]; dengc=[1 1]; sysgc=tf(numgc,dengc);
numg=[1]; deng=[1 2 4]; sysg=tf(numg,deng);
sys=series(sysgc,sysg);
%
w=logspace(-1,1,200);
%
K=[20,10,4.44];
hold off, clf
for i=1:3
   nichols(K(i)*sys,w), ngrid
hold on
end
```

计算$G_c(s)G(s)$

绘制K = 20、10和4.44时的尼科尔斯图

(b)

图 9.65　(a) 遥控侦察车的尼科尔斯图；(b) m 脚本程序

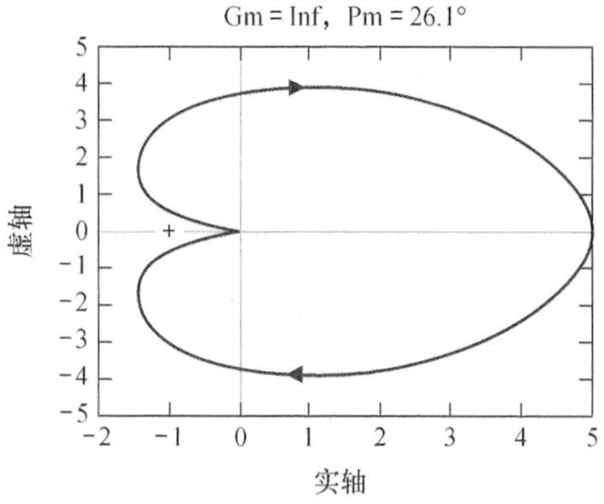

(a)

```
% 远程控制侦察车系统
% K=10时的奈奎斯特图
%
numgc=10*[1 2]; dengc=[1 1]; sysgc=tf(numgc,dengc);
numg=[1]; deng=[1 2 4]; sysg=tf(numg,deng);
sys=series(sysgc,sysg);
%
[Gm,Pm,Wcg,Wcp]=margin(sys);
%
nyquist(sys);
title(['Gm = ',num2str(Gm), '  Pm = ',num2str(Pm)])
```

(b)

图 9.66 （a）遥控侦察车的奈奎斯特图（$K = 10$）；（b）m 脚本程序

9.11 循序渐进设计实例：磁盘驱动器读取系统

本节继续研究磁盘驱动器读取系统。系统模型考虑了弹性簧片的影响，并增添了一个零点为 $s = -1$ 的 PD 控制器。

当 $K = 400$ 时，磁盘驱动器读取系统的伯德图如图 9.67 所示，从中可以看出，系统的增益裕度 G.M. = 22.9 dB，相角裕度 P.M. = 37.2°。图 9.68 给出了系统的单位阶跃响应，调节时间 T_s = 9.6 ms。

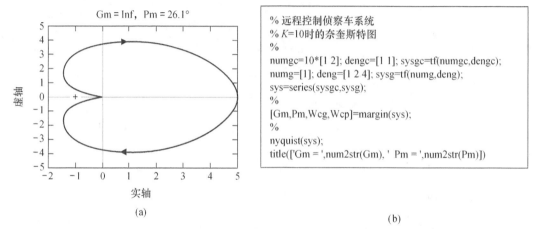

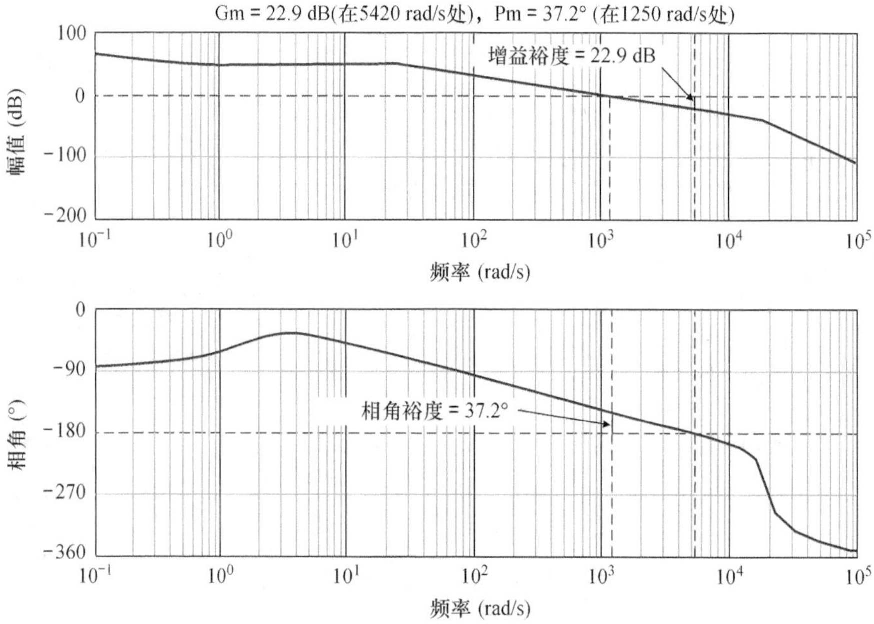

图 9.67 磁盘驱动器读取系统的伯德图

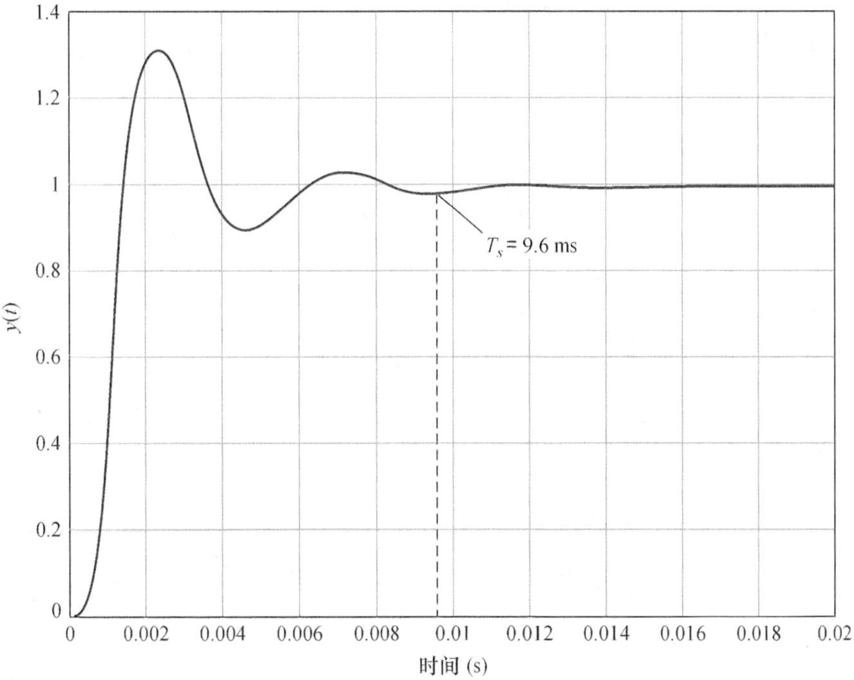

图 9.68　磁盘驱动器读取系统的单位阶跃响应

9.12　小结

利用奈奎斯特稳定性判据，可在频域中判定反馈控制系统的稳定性。在此基础上，奈奎斯特稳定性判据引入了两种相对稳定性指标：增益裕度和相角裕度。在进一步研究并建立频域响应与瞬时响应的相互关系之后，这两种频域相对稳定性指标还可以用来表示系统的时域瞬态性能。利用开环频率响应特性极坐标图上的等 M 圆和等 N 圆，我们可以直接得到系统的闭环频率响应特性。类似地，利用绘制有等 M 曲线和等 N 曲线的开环对数幅相图（即尼科尔斯图），则可以直接得到系统的闭环频率响应特性。在尼科尔斯图上，我们还可以估算得到另一个频域性能指标——谐振峰值 $M_{p\omega}$。频域响应指标 $M_{p\omega}$ 可以与时域响应指标 ζ 建立关联，因此 $M_{p\omega}$ 也是一个很有用的系统性能指标。最后，本章讨论了含有时延环节的控制系统。采用与无时延系统类似的方法，我们着重研究了时延系统的稳定性问题。作为本章内容的总结，表 9.3 集中列出了典型传递函数的奈奎斯特图、伯德图、尼科尔斯图、根轨迹图、相对稳定性指标等信息以及相应的说明。

对于控制系统的分析师和设计师而言，表 9.3 是非常重要和有用的。在掌握受控对象 $G(s)$ 和控制器 $G_c(s)$ 之后，就可以确定开环传递函数 $L(s) = G_c(s)G(s)$。有了这个开环传递函数，就可以查阅表 9.3 的第一列，其中给出了 15 种典型的传递函数，其他各列则给出了它们的奈奎斯特图、伯德图、尼科尔斯图和根轨迹图。利用表 9.3 中的信息，设计师可以确定或预测系统的性能，并决定是否采纳或更改控制器 $G_c(s)$ 的设计。

表 9.3　典型开环传递函数的图谱

$L(s)$	奈奎斯特图	伯德图
1. $\dfrac{K}{s\tau_1+1}$	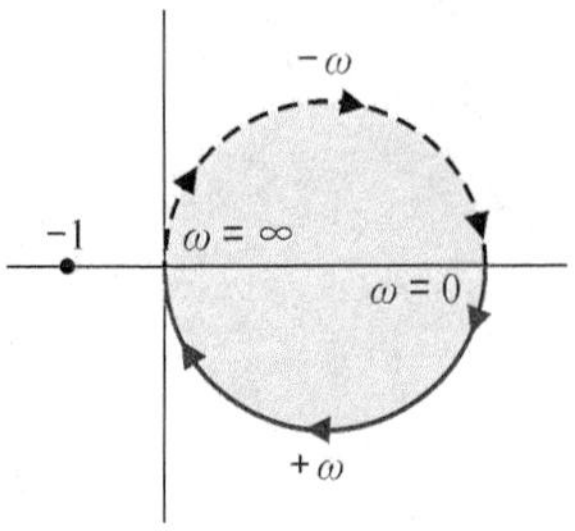	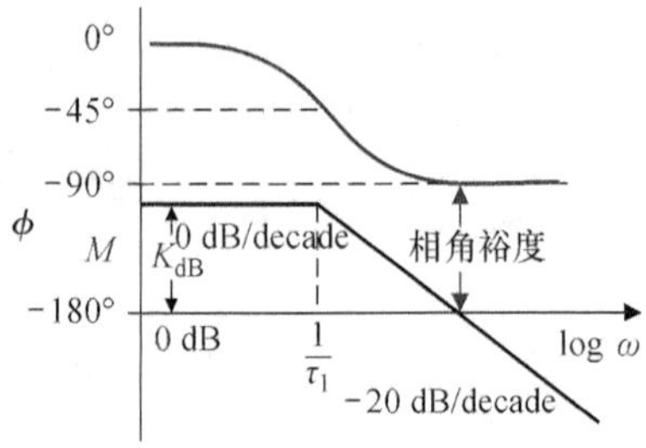
2. $\dfrac{K}{(s\tau_1+1)(s\tau_2+1)}$	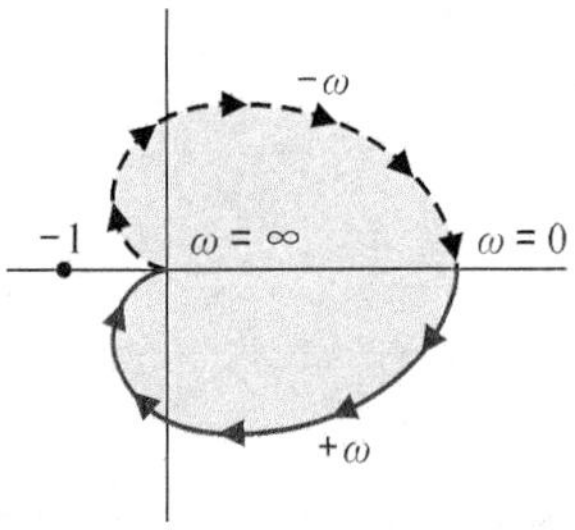	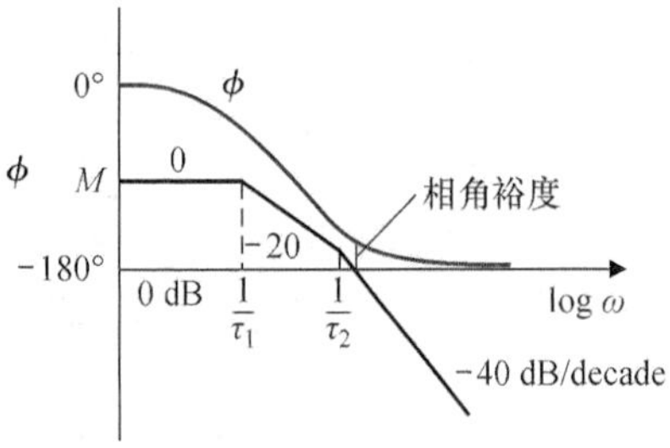
3. $\dfrac{K}{(s\tau_1+1)(s\tau_2+1)(s\tau_3+1)}$	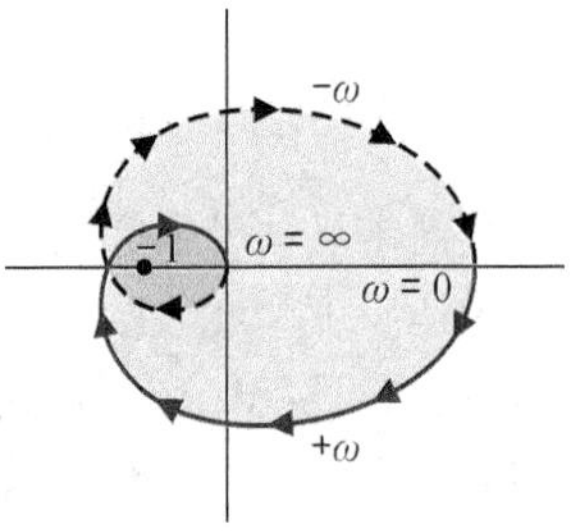	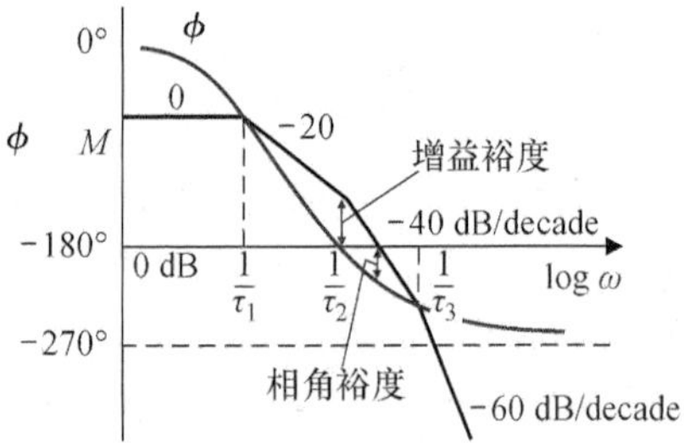
4. $\dfrac{K}{s}$	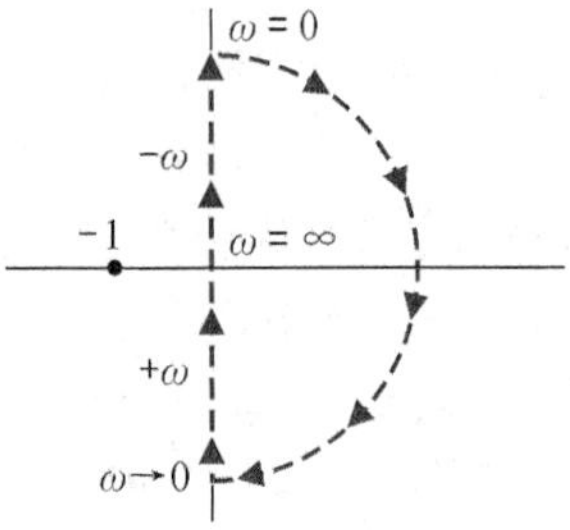	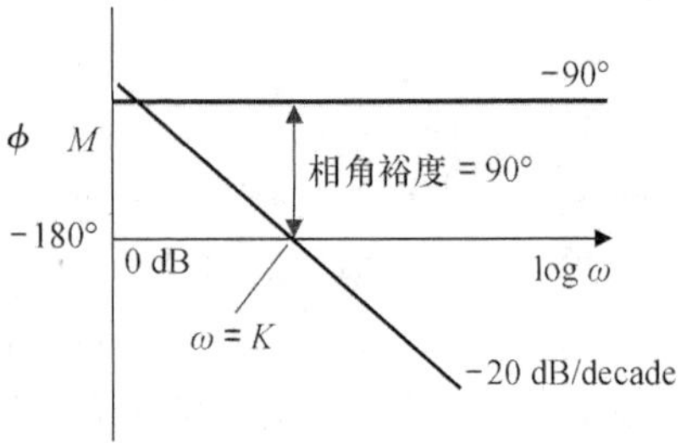
5. $\dfrac{K}{s(s\tau_1+1)}$	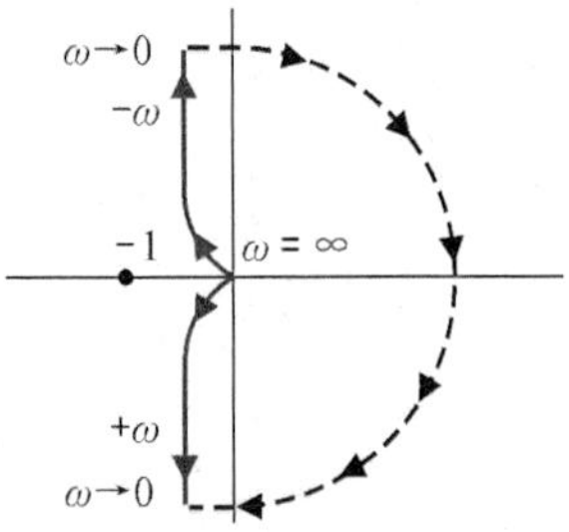	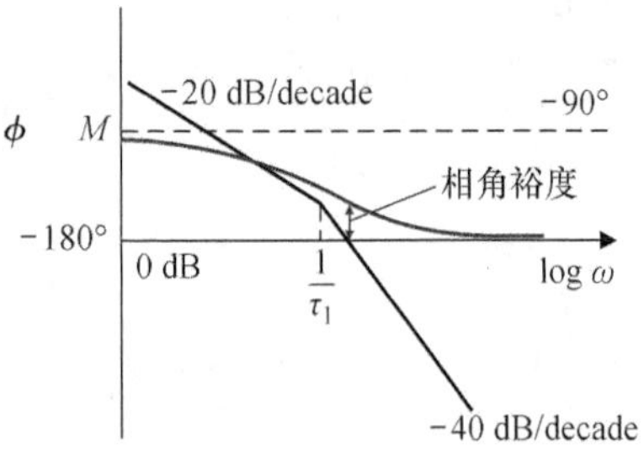

续表

尼科尔斯图	根轨迹	说明
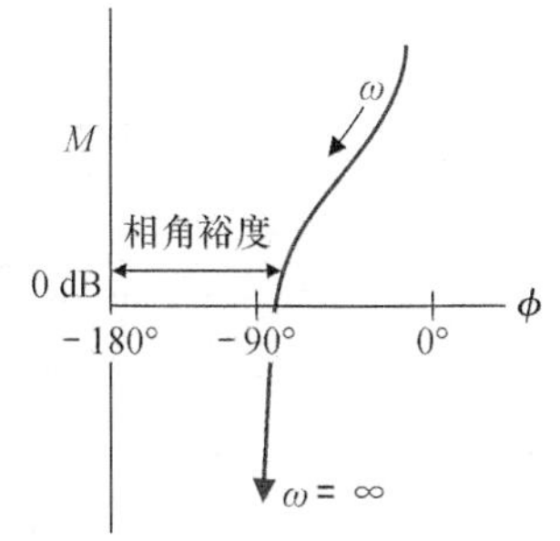	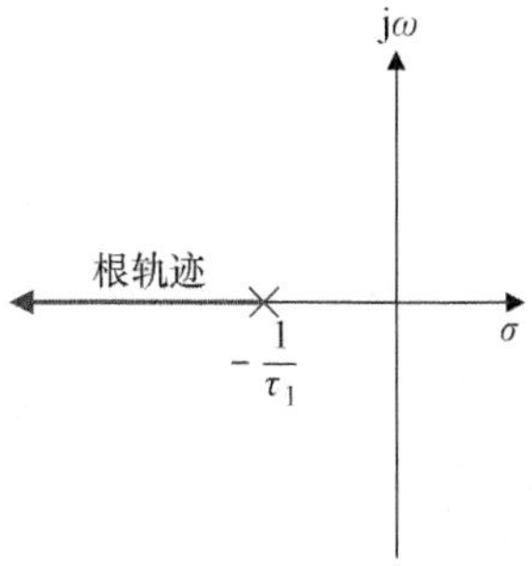	稳定，增益裕度=∞
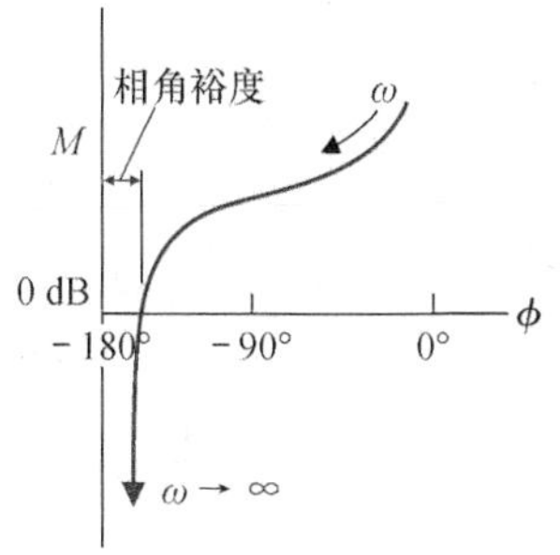	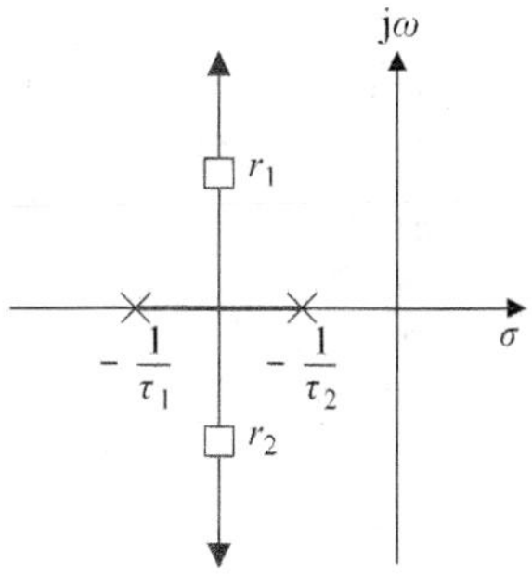	基本调节器，稳定， 增益裕度=∞
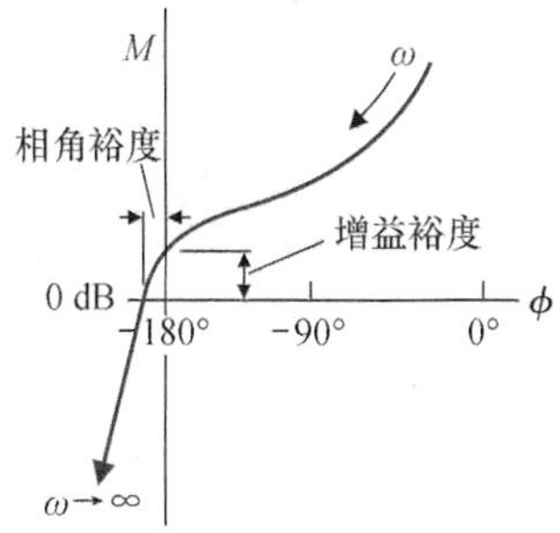	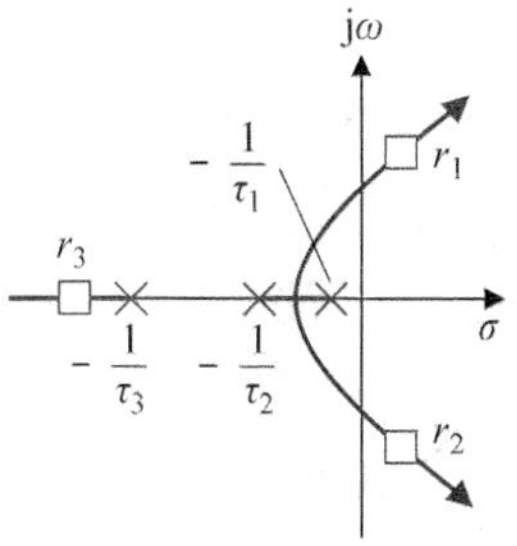	具有附加储能元件的调节器。图中的系统不稳定，减小增益可以使系统稳定
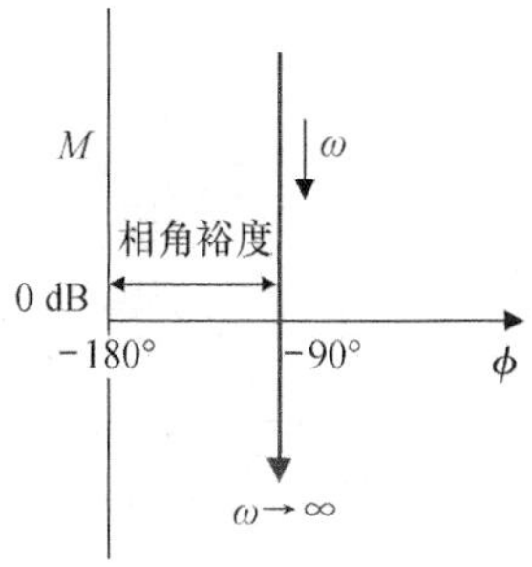	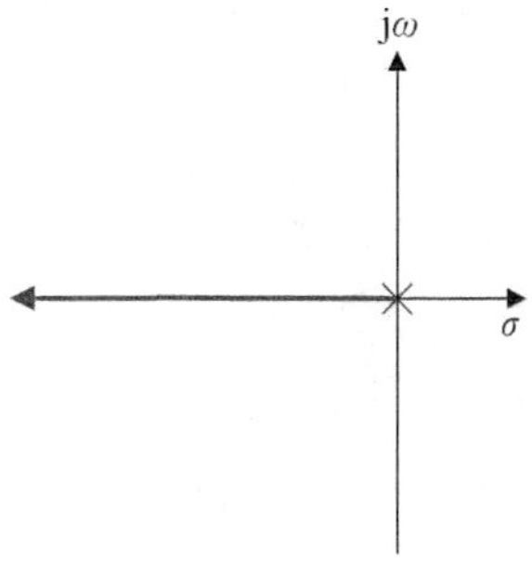	理想积分器，稳定
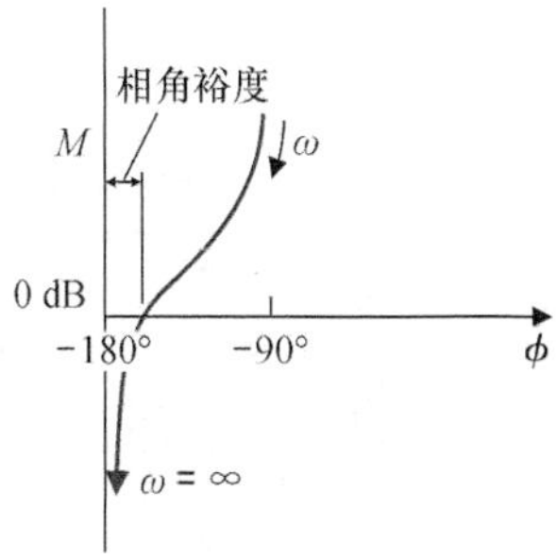	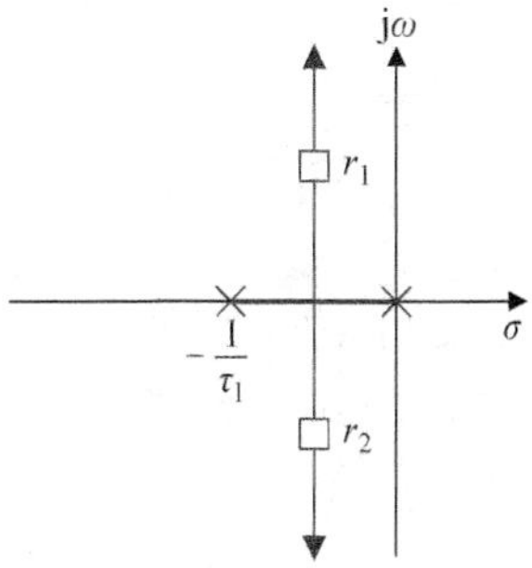	基本伺服机构，稳定， 增益裕度=∞

$L(s)$	奈奎斯特图	伯德图
6. $\dfrac{K}{s(s\tau_1+1)(s\tau_2+1)}$	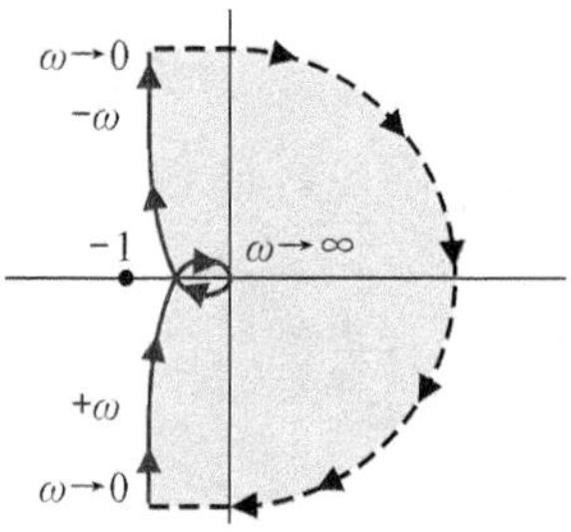	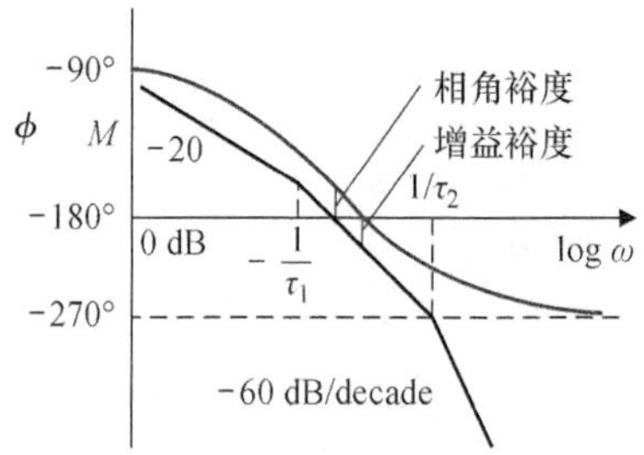
7. $\dfrac{K(s\tau_a+1)}{(s\tau_1+1)(s\tau_2+1)}$	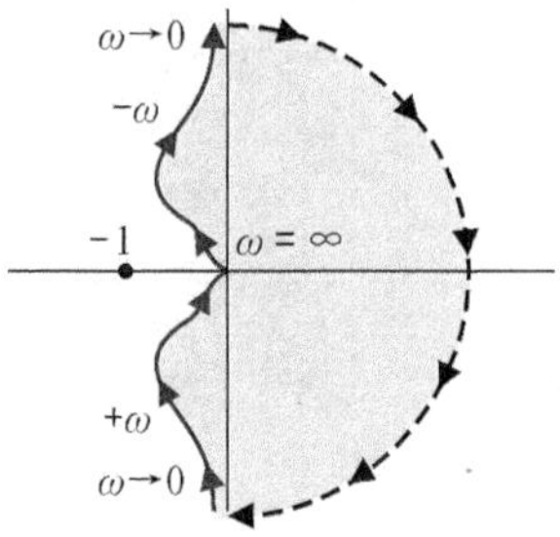	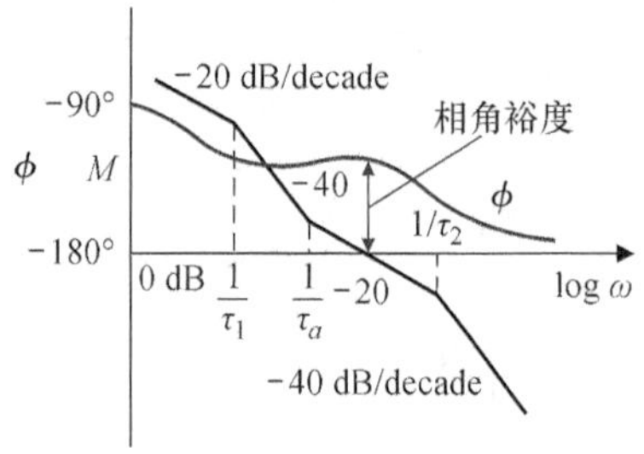
8. $\dfrac{K}{s^2}$	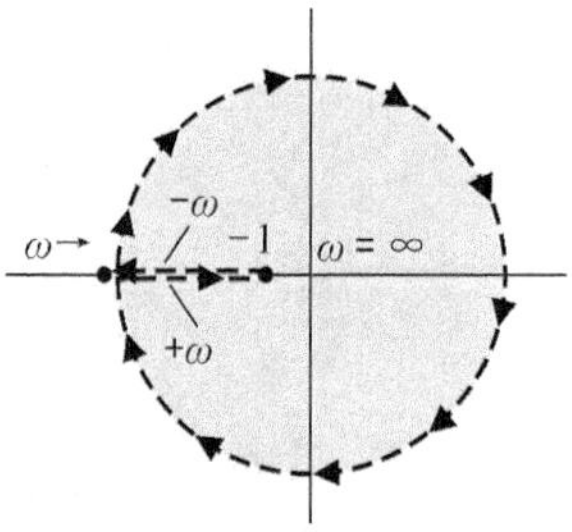	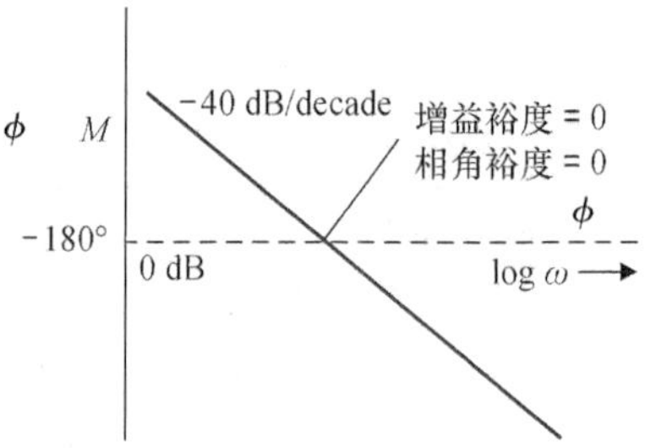
9. $\dfrac{K}{s^2(s\tau_1+1)}$	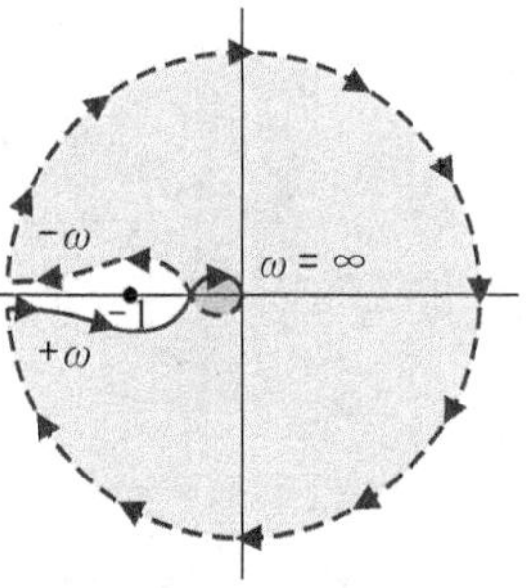	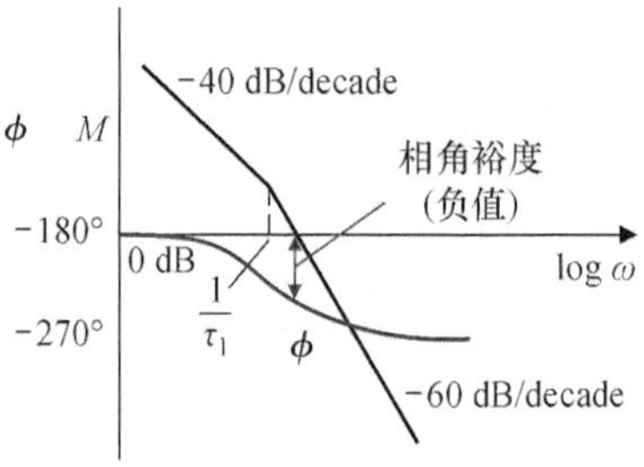
10. $\dfrac{K(s\tau_a+1)}{s^2(s\tau_1+1)}$ $\tau_a > \tau_1$	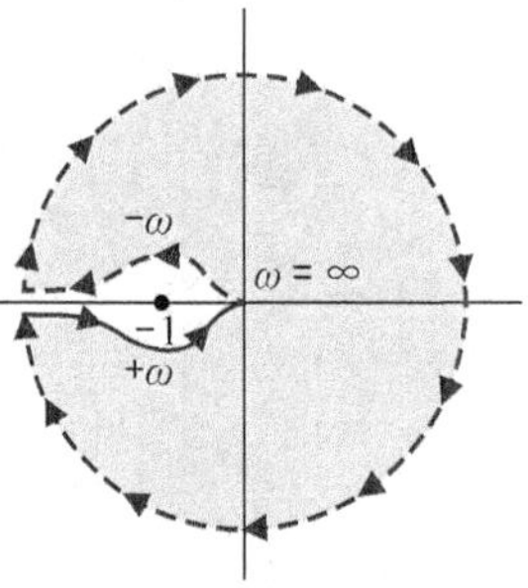	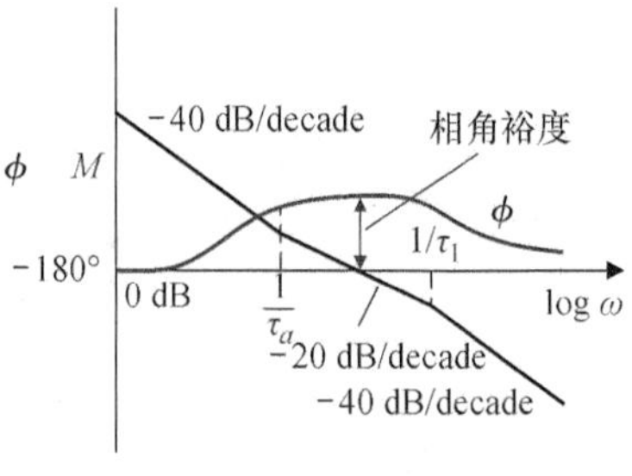

续表

<table>
<tr><th>尼科尔斯图</th><th>根轨迹</th><th>说明</th></tr>
<tr><td>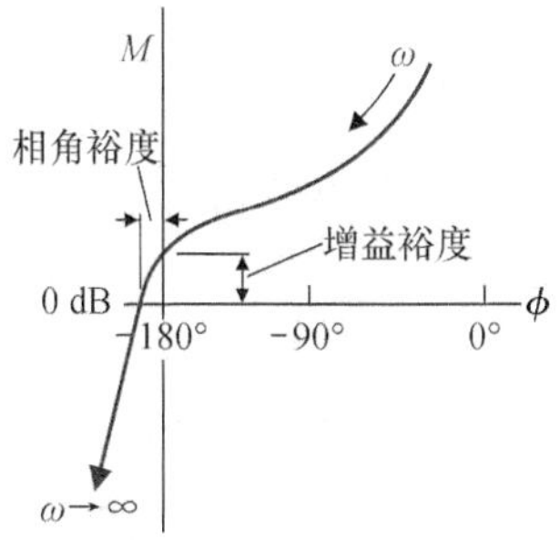
</td><td>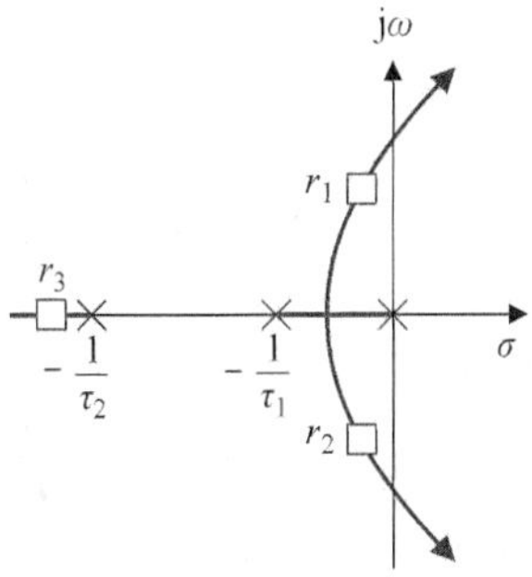
</td><td>带有磁场控制电机的伺服机构，或者带有基本的直流发电机的功率伺服机构。图中的系统稳定，但增大增益可能会使系统失稳</td></tr>
<tr><td>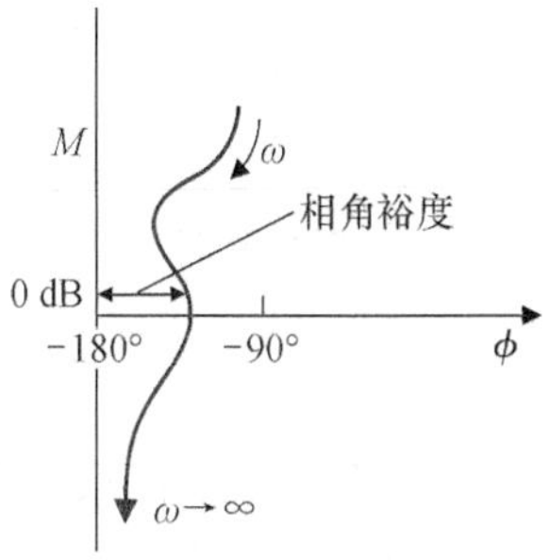
</td><td>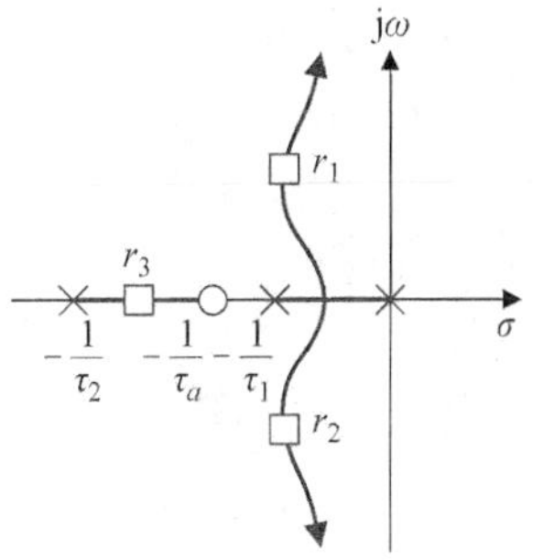
</td><td>带有超前（微分型）校正器的基本伺服机构，稳定</td></tr>
<tr><td>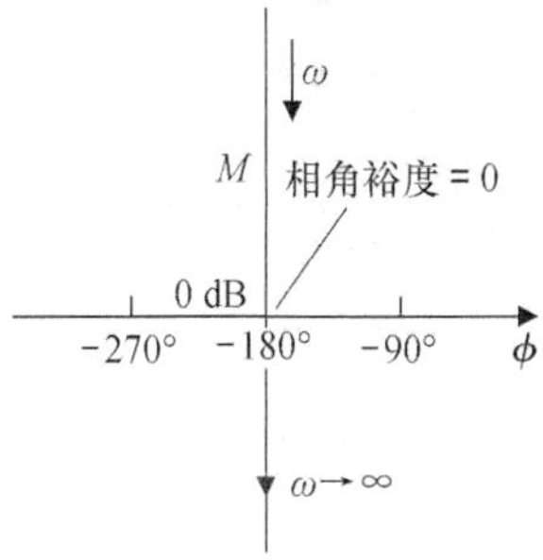
</td><td>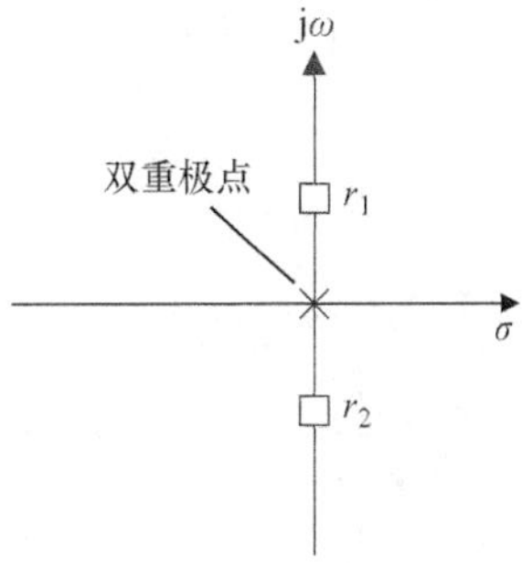
</td><td>本质上临界稳定，必须加以校正</td></tr>
<tr><td>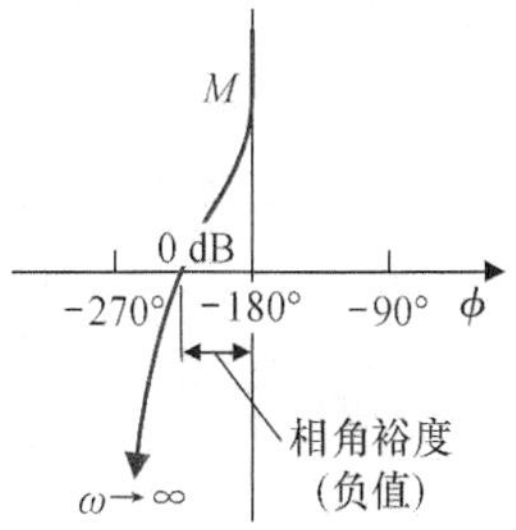
</td><td>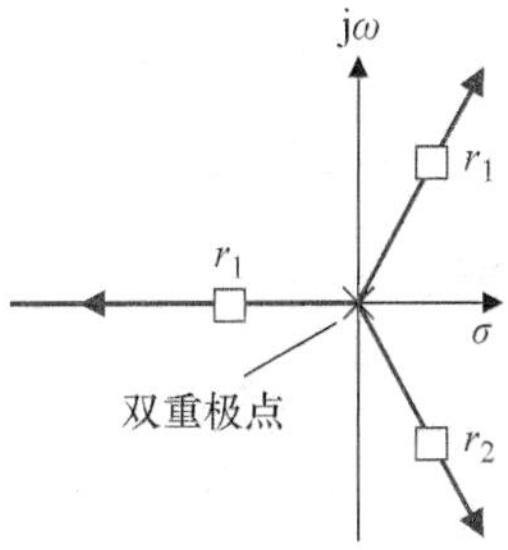
</td><td>本质上不稳定，必须加以校正</td></tr>
<tr><td>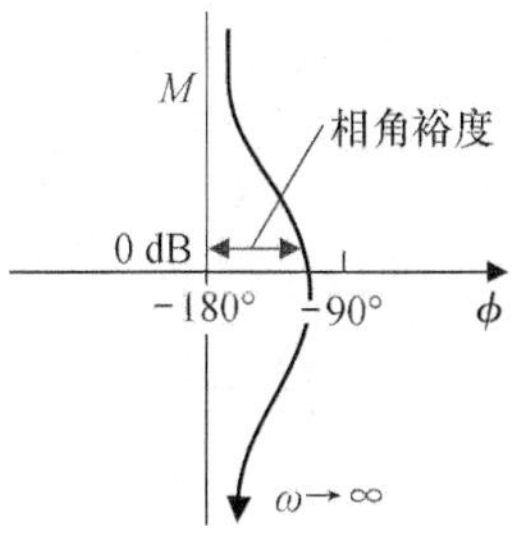
</td><td>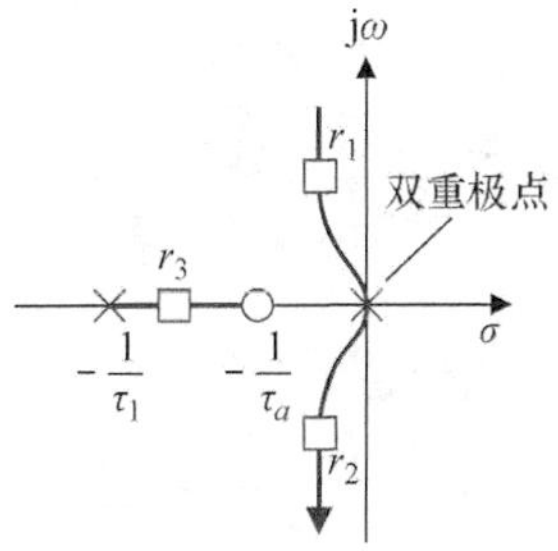
</td><td>绝对稳定</td></tr>
</table>

$L(s)$	奈奎斯特图	伯德图
11. $\frac{K}{s^3}$	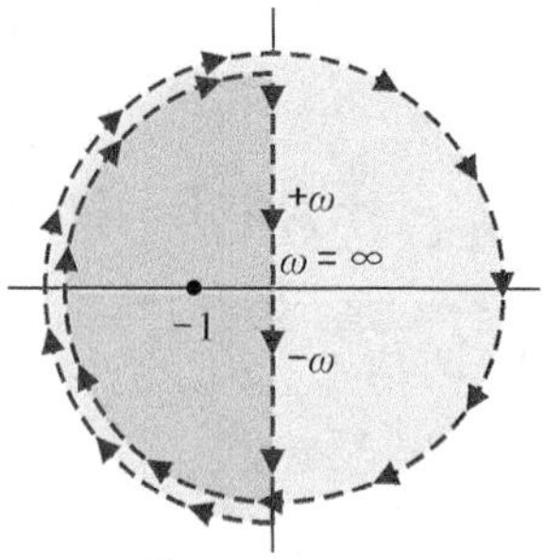	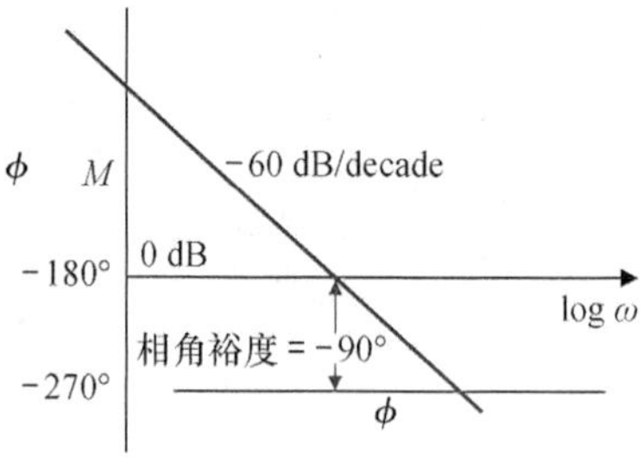
12. $\frac{K(s\tau_a+1)}{s^3}$	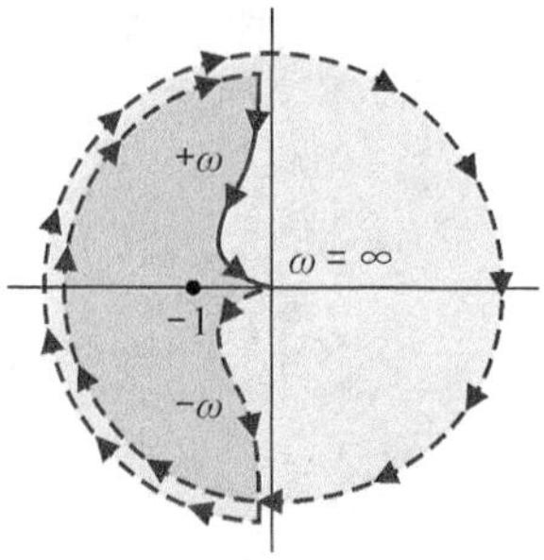	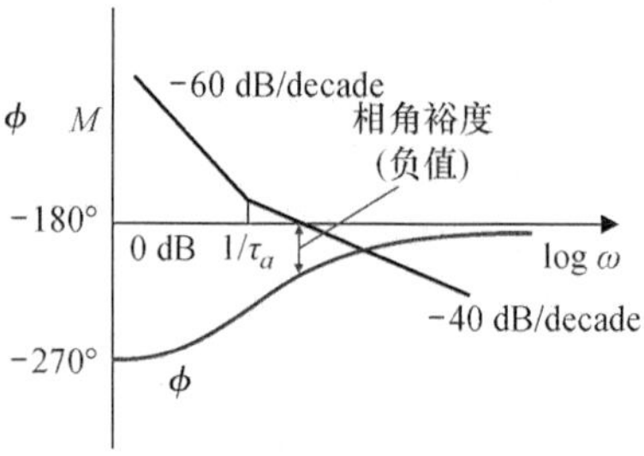
13. $\frac{K(s\tau_a+1)(s\tau_b+1)}{s^3}$	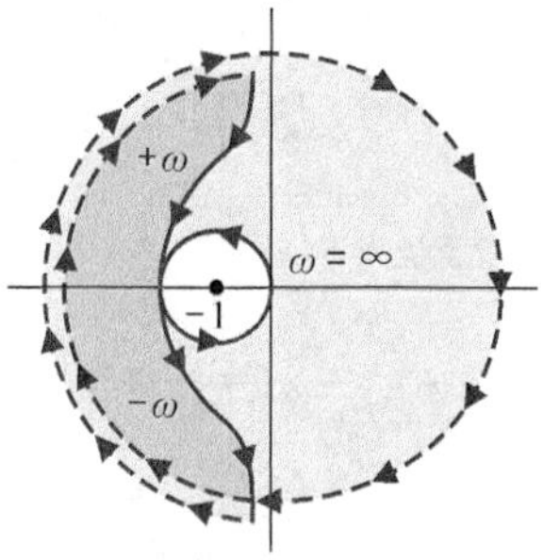	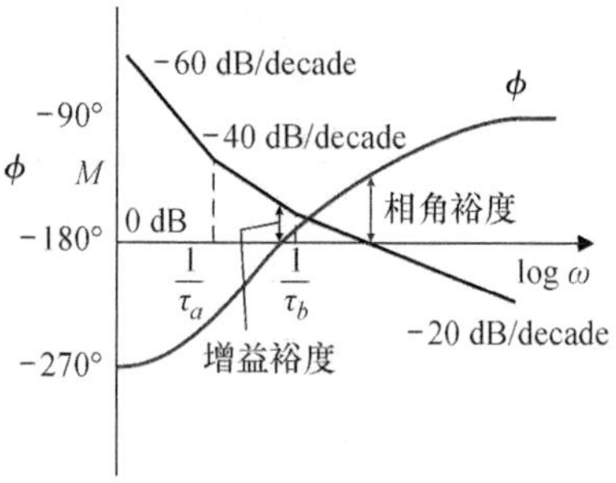
14. $\frac{K(s\tau_a+1)(s\tau_b+1)}{s(s\tau_1+1)(s\tau_2+1)(s\tau_3+1)(s\tau_4+1)}$	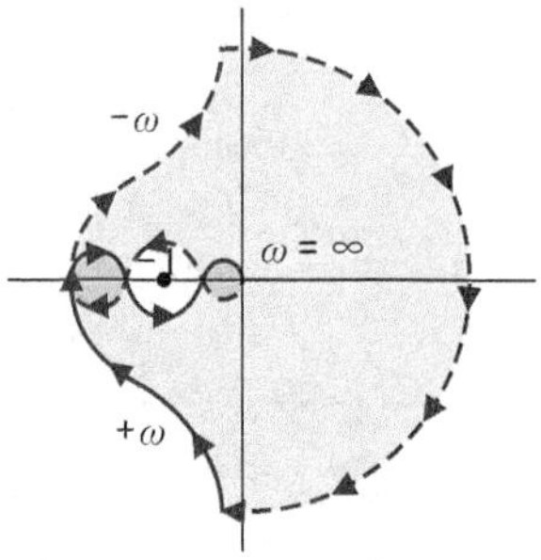	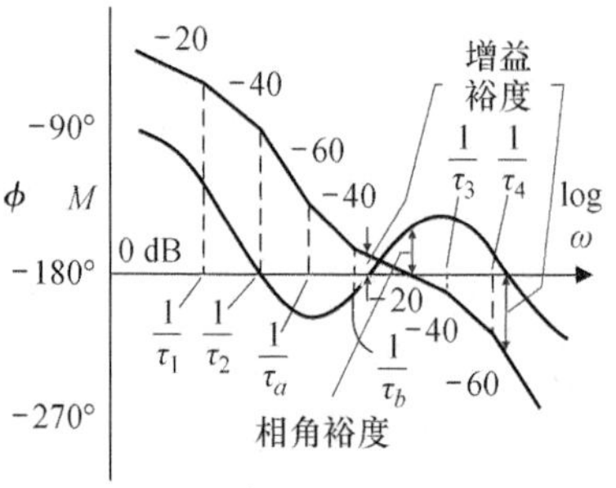
15. $\frac{K(s\tau_a+1)}{s^2(s\tau_1+1)(s\tau_2+1)}$	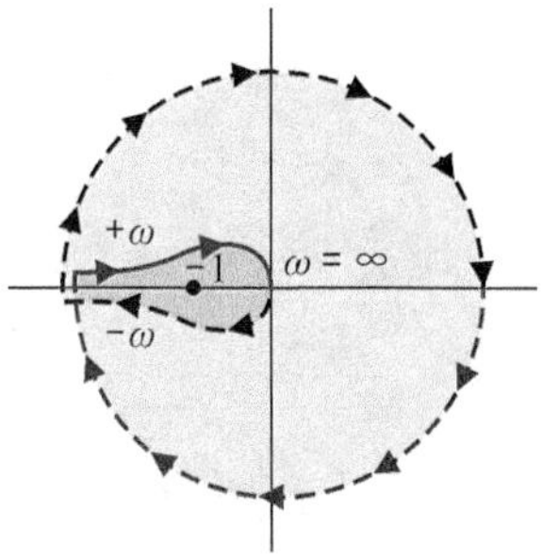	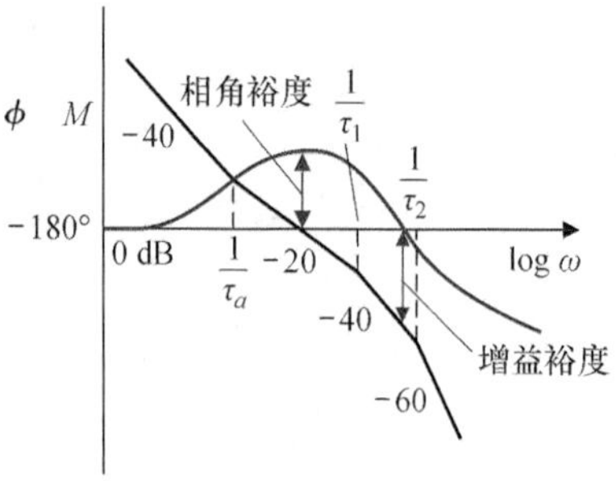

续表

<table>
<tr><th>尼科尔斯图</th><th>根轨迹</th><th>说明</th></tr>
<tr><td>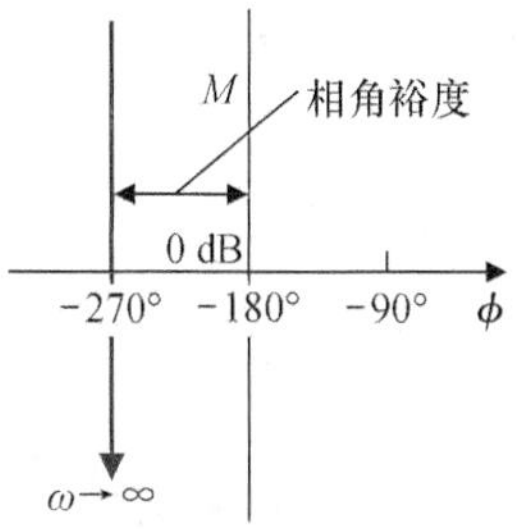</td><td>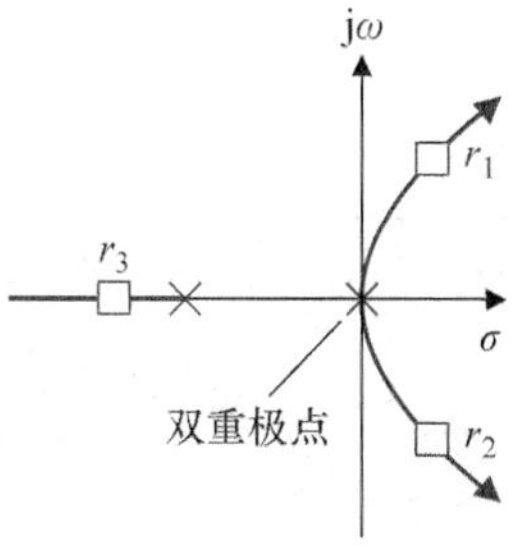</td><td>本质上不稳定</td></tr>
<tr><td>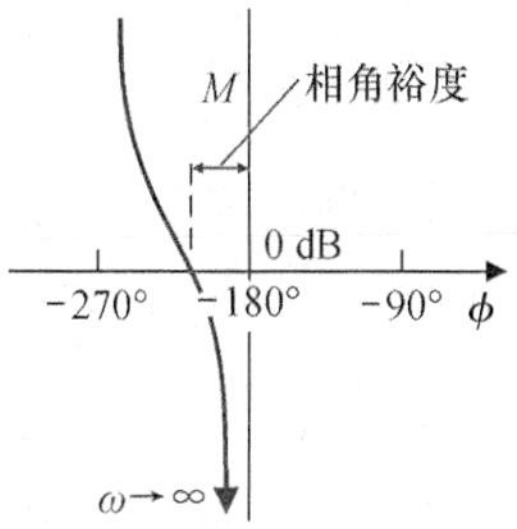</td><td>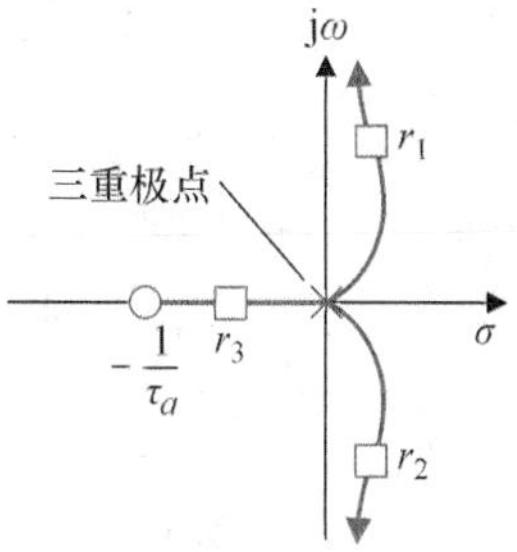</td><td>本质上不稳定</td></tr>
<tr><td>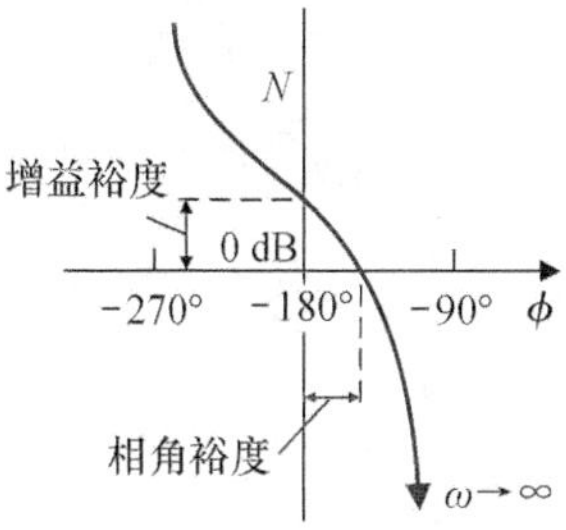</td><td>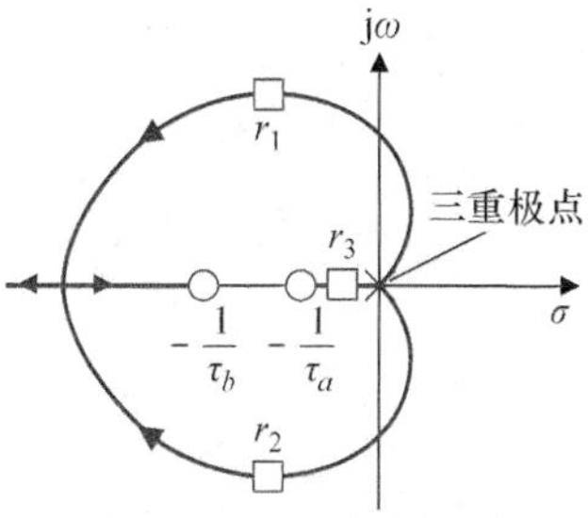</td><td>条件稳定，如果增益太小，就会失稳</td></tr>
<tr><td>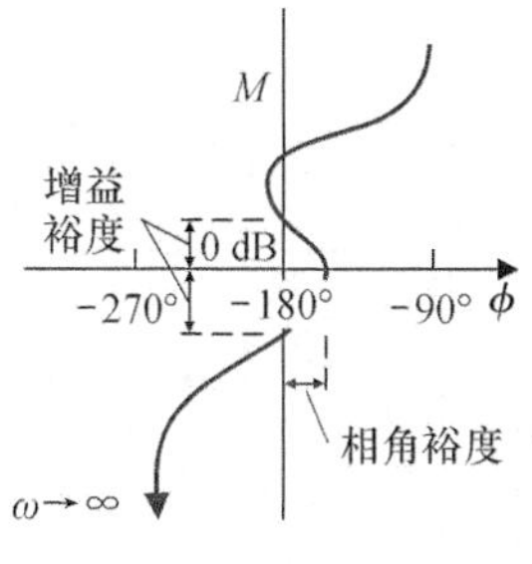</td><td>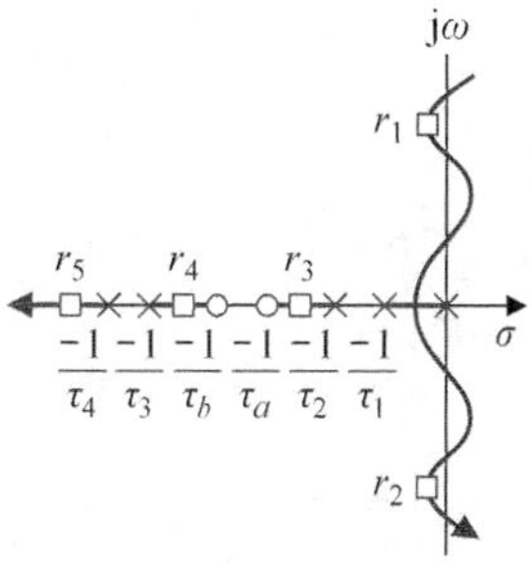</td><td>条件稳定，增益较小时稳定，增益增大后失稳；增益继续增大后恢复稳定；增益特别大时再次失稳</td></tr>
<tr><td>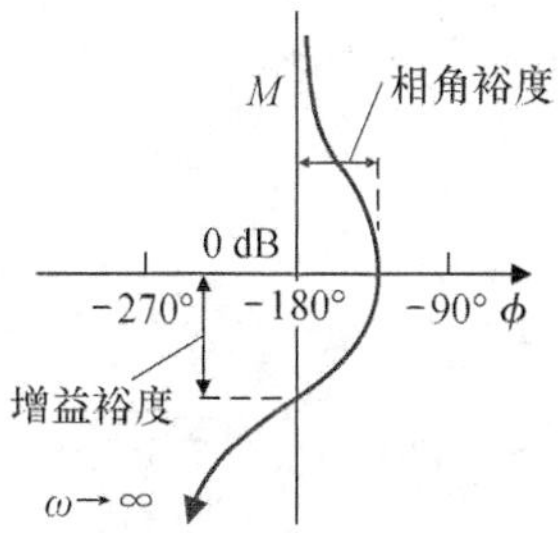</td><td>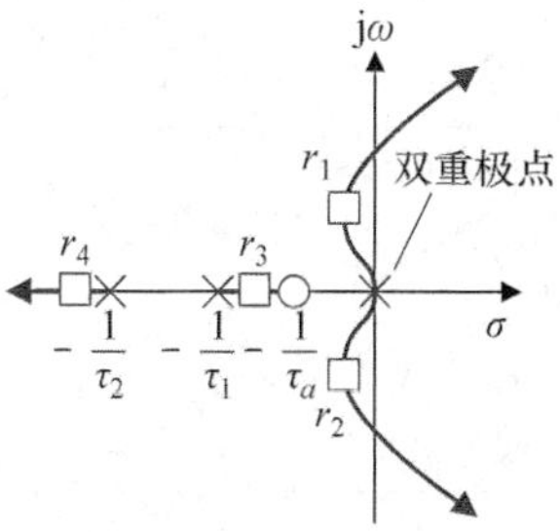</td><td>条件稳定，增益大时失稳</td></tr>
</table>

☑ 技能自测

本节提供 3 类题目来测试你对本章知识的掌握情况：正误判断题、多项选择题以及术语和概念匹配题。为了直接反馈学习效果，请及时对照每章最后给出的答案。必要时，请借助图 9.69 给出的框图模型来确认下面各题中的相关陈述。

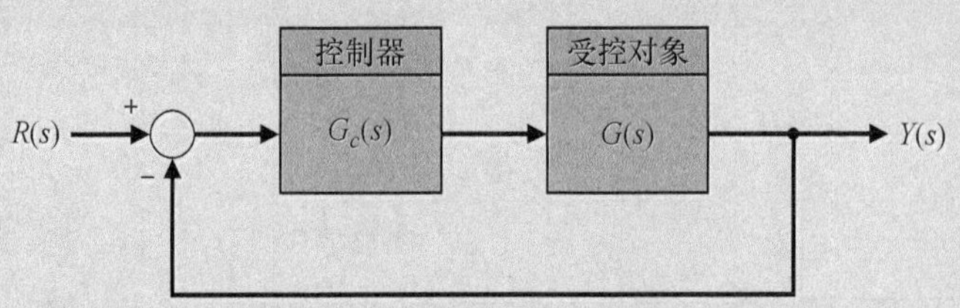

图 9.69 技能自测参考框图模型

在下面的正误判断题和多项选择题中，圈出正确的答案。

1．增益裕度是指相角为−180°时，系统增益的容许放大倍数，直至系统达到临界稳定。 对 或 错
2．共形映射是指在 s 平面和相应的 $F(s)$ 平面上，能够保持角度不变的映射。 对 或 错
3．利用伯德图或奈奎斯特图，可以方便地估算增益裕度和相角裕度。 对 或 错
4．尼科尔斯图描述的是开环频域响应和闭环频域响应的关系。 对 或 错
5．二阶系统（无零点）的相角裕度是阻尼比 ζ 和自然频率 ω_n 的函数。 对 或 错
6．考虑图 9.69 所示的闭环系统，其开环传递函数为

$$L(s) = G_c(s)G(s) = \frac{3.25(1 + s/6)}{s(1 + s/3)(1 + s/8)}$$

则 0 dB 线穿越频率 ω 和相角裕度 P.M. 分别为________。

a．$\omega = 2.0$ rad/s，P.M. = 37.2°

b．$\omega = 2.5$ rad/s，P.M. = 54.9°

c．$\omega = 5.3$ rad/s，P.M. = 68.1°

d．$\omega = 10.7$ rad/s，P.M. = 47.9°

7．考虑图 9.69 所示的闭环系统，其中，受控对象的传递函数为

$$G(s) = \frac{1}{(1 + 0.25s)(0.5s + 1)}$$

控制器的传递函数为

$$G_c(s) = \frac{s + 0.2}{s + 5}$$

请利用奈奎斯特稳定性判据分析系统的稳定性。

a．闭环系统稳定

b．闭环系统不稳定

c．闭环系统临界稳定

d．以上都不对

在完成第 8 题和第 9 题时，考虑图 9.69 给出的闭环系统，其中，受控对象的传递函数为

$$G(s) = \frac{9}{(s + 1)\left(s^2 + 3s + 9\right)}$$

控制器则为下面的比例微分 PD 控制器：

$$G_c(s) = K\left(1 + T_d s\right)$$

8．当 $T_d = 0$ 时，PD 控制器退化为比例控制器，即 $G_c(s) = K$。在这种情况下，利用奈奎斯特图确定能保证系统闭环稳定的 K 的最大值。

a．$K = 0.5$

b. $K = 1.6$

c. $K = 2.4$

d. $K = 4.3$

9. 利用第 8 题中的 K 的取值，当 $T_d = 0.2$ 时，求系统的增益裕度 G.M. 和相角裕度 P.M.。

a. G.M. = 14 dB，P.M. = 27°

b. G.M. = 20 dB，P.M. = 64.9°

c. G.M. = ∞ dB，P.M. = 60°

d. 闭环系统不稳定

10. 假设图 9.69 所示闭环系统的开环传递函数为

$$L(s) = G_c(s)G(s) = \frac{s+1}{s^2(4s+1)}$$

试确定系统是否闭环稳定。如果系统闭环稳定，试求系统的增益裕度 G.M. 和相角裕度 P.M.。

a. 系统稳定，G.M. = 24 dB，P.M. = 2.5°

b. 系统稳定，G.M. = 3 dB，P.M. = 24°

c. 系统稳定，G.M. = ∞ dB，P.M. = 60°

d. 系统不稳定

11. 某闭环系统如图 9.69 所示，其开环传递函数为

$$L(s) = G_c(s)G(s) = \frac{K(s+4)}{s^2}$$

确定增益 K 的合适取值，使系统的相角裕度 P.M.=40°

a. $K = 1.64$

b. $K = 2.15$

c. $K = 2.63$

d. 当 $K > 0$ 时，系统不稳定

12. 考虑图 9.69 所示的闭环系统，其中

$$G_c(s) = K,\quad G(s) = \frac{e^{-0.2s}}{s+5}$$

受控对象中包含时延环节，$T = 0.2$ s。试确定增益 K 的合适取值，使系统的相角裕度 P.M. = 50°，计算此时的增益裕度。

a. $K = 8.35$，G.M. = 2.6 dB

b. $K = 2.15$，G.M. = 10.7 dB

c. $K = 5.22$，G.M. = ∞ dB

d. $K = 1.22$，G.M. = 14.7 dB

13. 考虑图 9.69 所示的闭环系统，假设其开环传递函数为

$$L(s) = G_c(s)G(s) = \frac{1}{s(s+1)}$$

求闭环系统的谐振峰值 $M_{p\omega}$ 和阻尼比 ζ。

a. $M_{p\omega} = 0.37$，$\zeta = 0.707$

b. $M_{p\omega} = 1.15$，$\zeta = 0.5$

c. $M_{p\omega} = 2.55$，$\zeta = 0.5$

d. $M_{p\omega} = 0.55$，$\zeta = 0.25$

14. 可使用图 9.69 所示的闭环系统来简化分析人类驾驶汽车的反应时间和反馈控制过程，其中，驾驶员为控制器，汽车为受控对象，传递函数分别为

$$G_c(s) = e^{-sT},\quad G(s) = \frac{1}{s(0.2s+1)}$$

正常情况下，驾驶员的响应时间为 0.3 s。试确定系统的带宽。

a. $\omega_B = 0.5$ rad/s

b. $\omega_B = 10.6$ rad/s

c. $\omega_B = 1.97$ rad/s

d. $\omega_B = 200.6$ rad/s

15. 考虑图 9.69 所示的闭环系统，假设其开环传递函数为

$$L(s) = G_c(s)G(s) = \frac{(s+4)}{s(s+1)(s+5)}$$

试确定系统的增益裕度 G.M. 和相角裕度 P.M.。

a. G.M. = ∞ dB，P.M. = 58.1°

b. G.M. = 20.4 dB，P.M. = 47.3°

c. G.M. = 6.6 dB，P.M. = 60.4°

d. 系统不稳定

在下面的术语和概念匹配题中，在空格中填写正确的字母，将术语和概念与它们的定义联系起来。

a. 时延	闭环传递函数 $T(s)$ 的频率响应。	____
b. 柯西定理	可以描述控制系统开环频率响应特性和闭环频率响应特性之间关系的曲线。	____
c. 带宽	映射前后在 s 平面和 $F(s)$ 平面上能够保持角度不变的映射。	____
d. 围线映射	如果 s 平面上的闭合曲线沿顺时针方向包围映射函数 $F(s)$ 的 Z 个零点和 P 个极点，那么在 $F(s)$ 平面上，相应的映射像曲线将沿顺时针方向包围 $F(s)$ 平面上的原点 $N = Z - P$ 周。	____
e. 尼科尔斯图	容许 $G_c(j\omega)G(j\omega)$ 平面上的奈奎斯特像围线绕原点旋转的相角移动量，直至其单位幅值点与点 $-1+j0$ 重合，此时系统将从稳定变为临界稳定。	____
f. 闭环频率响应	于 t 时刻在系统中的某一处发生的事件，其后效于 $t + T$ 时刻才在系统的另一处出现。	____
g. 对数尺度	反馈系统稳定的充分必要条件如下：当 $L(s)$ 位于 s 平面右半平面的极点个数为 0 时，$L(s)$ 平面上的映射像曲线不包围点（$-1,0$）；当 $L(s)$ 在 s 平面右半平面的极点个数为 P 时，$L(s)$ 平面上的映射像曲线按逆时针方向包围点（$-1,0$）的周数为 P。	____
h. 增益裕度	一个平面上的围线（闭合曲线）通过关系函数 $F(s)$ 被映射成另一个平面上的围线。	____
i. 奈奎斯特稳定性判据	系统达到临界稳定之前容许的增益放大倍数。当系统临界稳定时，相角为$-180°$，奈奎斯特像围线经过点（$-1,0$）。	____
j. 相角裕度	系统频率响应的幅值由低频段幅值开始下降 3 dB 时对应的频率。	____
k. 共形映射	增益裕度的一种对数度量方式。	____

基础练习题

E9.1 某系统的开环传递函数为

$$L(s) = G_c(s)G(s) = \frac{2(1+s/10)}{s(1+5s)\left(1+s/9+s^2/81\right)}$$

绘制其伯德图，并验证增益裕度 G.M. 和相角裕度 P.M. 分别约为 26.2 dB 和 17.5°。

E9.2 某系统的开环传递函数为

$$L(s) = G_c(s)G(s) = \frac{K(s+2)}{s(s+1)(s+10)}$$

其中，$K=96.4$。验证系统的幅频曲线与0 dB线的穿越频率$\omega_c=7.79$ rad/s，相角裕度P.M. = 45°。

E9.3　某集成电路可以用作反馈系统，以调节电源的输出电压。若开环传递函数$G_c(j\omega)G(j\omega)$的伯德图如图E9.3所示，试估算系统的相角裕度。

答案：P.M. = 75°

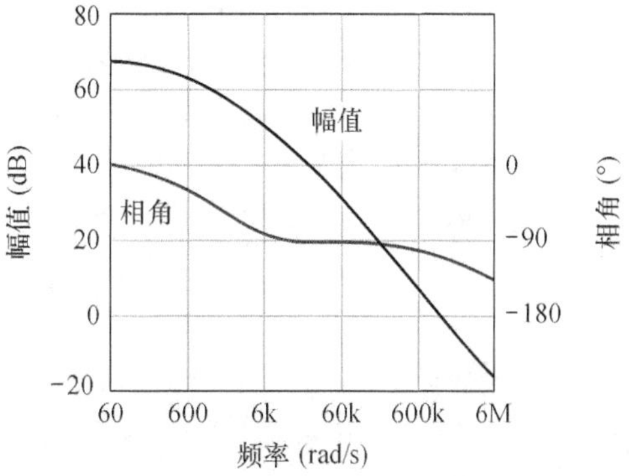

图 E9.3　电源调节器的伯德图

E9.4　某单位负反馈系统的开环传递函数为

$$L(s)=G_c(s)G(s)=\frac{100}{s(s+10)}$$

我们希望系统的谐振峰值$M_{p\omega}$达到3.0 dB，而系统现有的谐振频率处在6 rad/s和9 rad/s之间，谐振峰值仅为1.25 dB。请在6~15 rad/s频率范围内绘制系统的尼科尔斯图，并证明为了达到期望的谐振峰值，应将系统增益提高4.6 dB，也就是提高到171。最后，计算校正后系统的谐振频率ω_r。

答案：$\omega_r=11$ rad/s

E9.5　某CMOS电路的伯德图如图E9.5所示。

（a）试求系统的增益裕度和相角裕度。

（b）系统增益应该下降多少 dB，才能使相角裕度 P.M. 达到 60°？

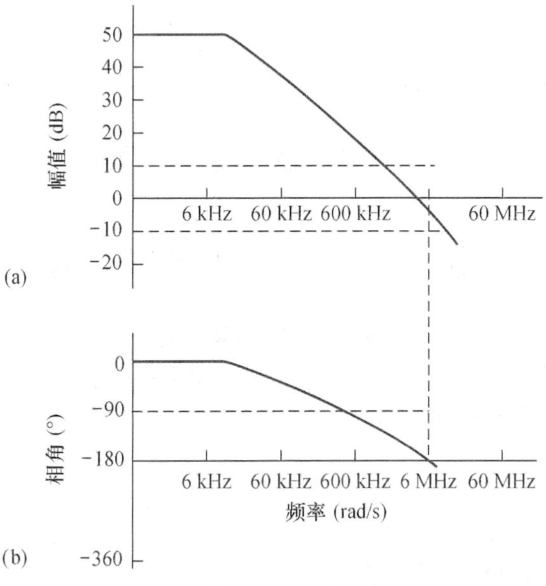

图 E9.5　某 CMOS 电路的伯德图

E9.6　某系统的开环传递函数为

$$L(s)=G_c(s)G(s)=\frac{K(s+50)}{s(s+10)(s+45)}$$

确定K的取值范围，使闭环系统稳定。当$K=100$时，估算系统的相角裕度和幅值裕度。

E9.7　某单位负反馈系统的开环传递函数为

$$L(s)=G_c(s)G(s)=\frac{K}{s-4}$$

利用奈奎斯特图，确定K的取值范围，使系统稳定。

E9.8 某单位负反馈系统的开环传递函数为

$$L(s)=G_c(s)G(s)=\frac{K}{s(s+1)(s+4)}$$

（a）当 $K=5$ 时，验证系统的增益裕度 G.M. = 12 dB。

（b）如果希望增益裕度 G.M. = 20 dB，试估算对应的 K 值。

答案：（b）$K=2$

E9.9 某单位负反馈系统的开环传递函数为

$$L(s)=G_c(s)G(s)=\frac{10}{s\left(s^2+11s+10\right)}$$

请计算系统的相角裕度和增益裕度。

E9.10 某单位负反馈系统的开环传递函数为

$$L(s)=G_c(s)G(s)=\frac{300(s+4)}{s(s+0.16)\left(s^2+14.6s+149\right)}$$

绘制其伯德图，并验证闭环系统的相角裕度 P.M.= 23°、增益裕度 G.M.=13 dB、系统带宽 $\omega_B=5.8$ rad/s。

E9.11 某单位负反馈系统的开环传递函数为

$$L(s)=G_c(s)G(s)=\frac{10(1+0.4s)}{s(1+2s)\left(1+0.24s+0.04s^2\right)}$$

（a）绘制其伯德图。

（b）求系统的增益裕度和相角裕度。

E9.12 单位负反馈控制系统的开环传递函数为

$$L(s)=G_c(s)G(s)=\frac{K}{s\left(\tau_1 s+1\right)\left(\tau_2 s+1\right)}$$

其中，$\tau_1=0.02$ s，$\tau_2=0.2$ s。

（a）确定 K 的取值，使系统对斜坡输入 $r(t)=At$（$t\geqslant 0$）的稳态误差为斜坡输入幅度 A 的 10%。

（b）绘制开环传递函数 $G_c(s)G(s)$ 的伯德图，并求出闭环系统的增益裕度和相角裕度。

（c）求闭环系统的带宽 ω_B、谐振峰值 $M_{p\omega}$ 和谐振频率 ω_r。

答案：（a）K = 10；（b）P.M. = 31.7°，G.M. = 14.8 dB；（c）$\omega_B=10.2$，$M_{p\omega}=1.84$，$\omega_r=6.4$

E9.13 某单位负反馈系统的开环传递函数为

$$L(s)=G_c(s)G(s)=\frac{150}{s(s+5)}$$

（a）计算闭环频率响应的最大幅值。

（b）求闭环系统的带宽和谐振频率。

（c）用频域指标估算系统单位阶跃响应的超调量。

答案：（a）7.96 dB；（b）$\omega_B=18.5$，$\omega_r=11.7$

E9.14 图 E9.14 给出了系统 $G_c(j\omega)G(j\omega)$ 的尼科尔斯图，结合下面的频率数据，估算如下闭环系统指标：

	ω_1	ω_2	ω_3	ω_4
rad/s	1	3	6	10

（a）谐振峰值 $M_{p\omega}$(dB)。

（b）谐振频率 ω_r。

（c）3 dB 带宽 ω_B。

（d）相角裕度。

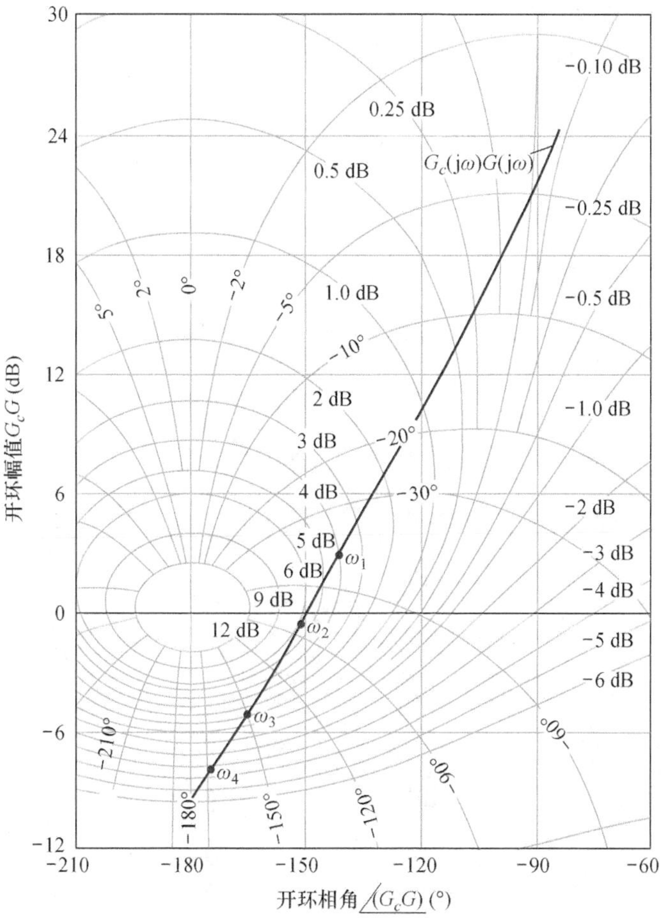

图 E9.14　系统 $G_c(j\omega)G(j\omega)$ 的尼科尔斯图

E9.15　某单位负反馈系统的开环传递函数为

$$L(s) = G_c(s)G(s) = \frac{90}{s(s+15)}$$

试求闭环系统的带宽ω_B。

答案： $\omega_B = 8.37$ rad/s

E9.16　纯时延环节e^{-sT}的传递函数可以近似表示为

$$e^{-sT} \approx \frac{1 - Ts/2}{1 + Ts/2}$$

当$T = 0.2$时，在频率范围$0 < \omega < 10$内，分别绘制实际传递函数和近似传递函数的伯德图。

E9.17　某单位负反馈系统的开环传递函数为

$$L(s) = G_c(s)G(s) = \frac{K(s+2)}{s^3 + 2s^2 + 15s}$$

（a）绘制其伯德图。

（b）确定增益 K 的合适取值，使闭环系统的相角裕度 P.M. 达到 30°，并计算此时系统斜坡响应的稳态误差。

E9.18　磁盘驱动器的执行机构常用防震支架来吸收频率为 60 Hz 左右的震荡能量[14]。若减震控制系统的开环传递函数 $G_c(s)G(s)$ 的伯德图如图 E9.18 所示。

（a）估算闭环系统阶跃响应的超调量。

（b）估算闭环系统的带宽。

（c）估算闭环系统的调节时间（按 2% 准则）。

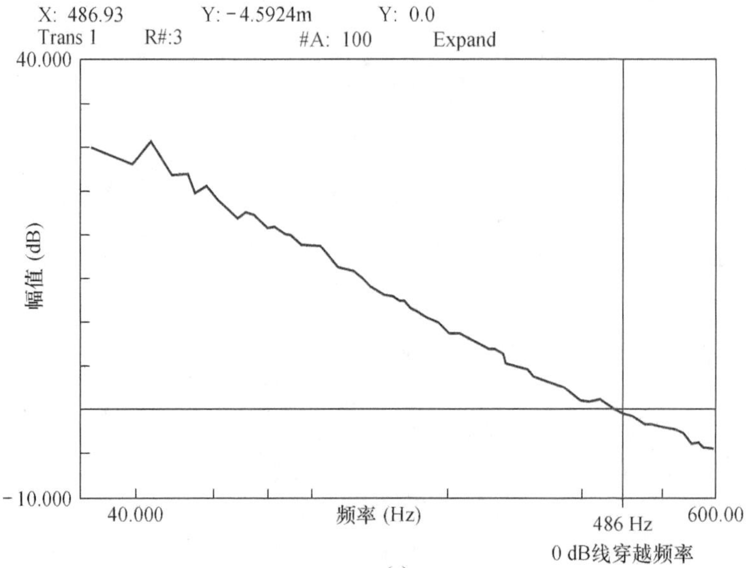

(a)

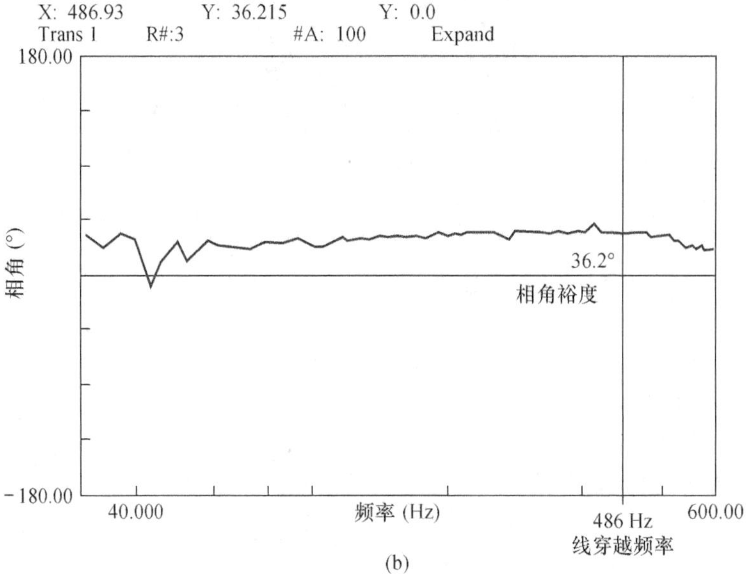

(b)

图 E9.18 减震控制系统的开环传递函数 $G_c(s)G(s)$ 的伯德图

E9.19 某单位负反馈系统使用了比例控制器 $G_c(s)=K$，受控对象为

$$G(s)=\frac{e^{-0.1s}}{s+10}$$

确定 K 的取值，使闭环系统的相角裕度 P.M. 达到 50°，并计算此时系统的增益裕度。

E9.20 在高速公路上，一名驾驶员驾驶汽车快速地跟在另一辆汽车的后面。若将驾驶员考虑在内，则汽车系统的简化模型可以用图 E9.20 给出的框图来表示，此处考虑了驾驶员的反应时延 T。不同驾驶员的反应时延是有差异的，假设一名驾驶员的反应时延 $T=1\text{ s}$，另一名驾驶员的反应时延 $T=1.5\text{ s}$。当前面的一辆汽车紧急刹车时，其驾驶员相当于获得阶跃输入激励 $R(s)=-1/s$。请分别确定不同驾驶员驾驶的汽车的时域输出响应$y(t)$（即汽车的动态刹车过程）。

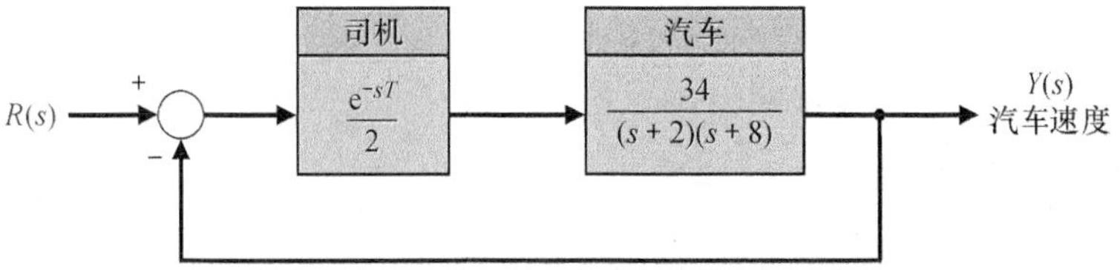

图 E9.20　汽车控制系统

E9.21　某单位负反馈控制系统的开环传递函数为

$$L(s)=G_c(s)G(s)=\frac{K}{s(s+2)(s+10)}$$

当$K=50$时，计算系统的0 dB线穿越频率ω_c、相角裕度P.M.和增益裕度G.M.。

答案：$\omega_c=4.5$，P.M. $=37.4^\circ$，G.M. $=13.6$ dB

E9.22　某单位负反馈系统的开环传递函数为

$$L(s)=G_c(s)G(s)=\frac{K}{(s+1)^2}$$

（a）令 $K=10$，利用 $G_c(s)G(s)$ 的伯德图，求闭环系统的相角裕度。

（b）确定 K 的取值，使闭环系统的相角裕度 P.M. 大于或等于 60°。

E9.23　再次考虑习题E9.21中给出的系统，此时有$K=100$，用尼科尔斯图求闭环系统的带宽ω_B、谐振频率ω_r和谐振峰值$M_{p\omega}$。

答案：$\omega_B=4.48$ rad/s，$\omega_r=2.92$ rad/s，$M_{p\omega}=2.98$

E9.24　某单位负反馈系统的开环传递函数为

$$L(s)=G_c(s)G(s)=\frac{K}{-1+\tau s}$$

其中，$K=1/2$，$\tau=1$。图E9.24给出了$G_c(s)G(s)=K/(-1+\tau s)$的奈奎斯特图，请用奈奎斯特稳定性判据判定闭环系统的稳定性。

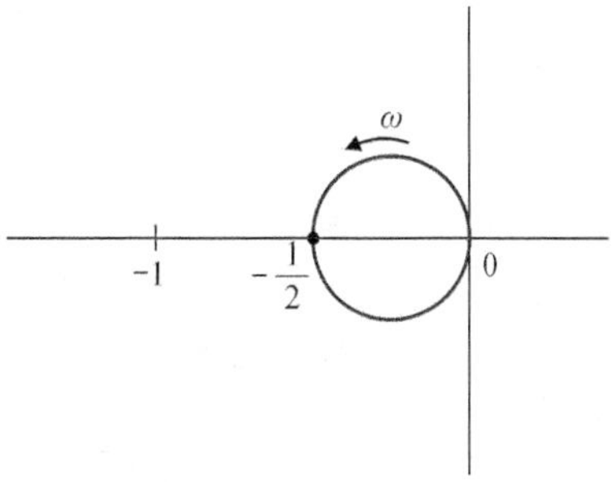

图 E9.24　$G_c(s)G(s)=K/(-1+\tau s)$的奈奎斯特图

E9.25　某单位负反馈系统的开环传递函数为

$$L(s)=G_c(s)G(s)=\frac{15}{s(1+0.01s)(1+0.1s)}$$

试估算系统的相角裕度P.M.和0 dB线穿越频率ω_c。

答案：P.M. $=38.1^\circ$，$\omega_c=10.4$ rad/s

E9.26　再次考虑习题E9.25中给出的系统，用尼科尔斯图估算闭环系统的谐振峰值$M_{p\omega}$、谐振频率ω_r和带宽ω_B。

E9.27　某单位负反馈系统的开环传递函数为

$$L(s)=G_c(s)G(s)=\frac{K}{s(s+5)^2}$$

确定K的最大取值，使闭环系统的相角裕度P.M. ≥ 40°、增益裕度G.M. ≥ 6 dB，并估算此时系统的增益裕度与相角裕度。

E9.28　某单位负反馈系统的开环传递函数为

$$L(s)=G_c(s)G(s)=\frac{K}{s(s+0.2)}$$

（a）当 $K = 0.16$ 时，计算系统的相角裕度。

（b）根据得到的相角裕度，估算系统的阻尼比 ζ 和超调量。

（c）计算系统的实际响应指标并与（b）中的估计值作比较。

E9.29 若给定开环传递函数

$$L(s) = G_c(s)G(s) = \frac{1}{s+2}$$

并给定 s 平面上的闭合围线（见图 E9.29），试求这条围线在 $F(s)$ 平面上的奈奎斯特映射像曲线（$B = -1 + \mathrm{j}$）。

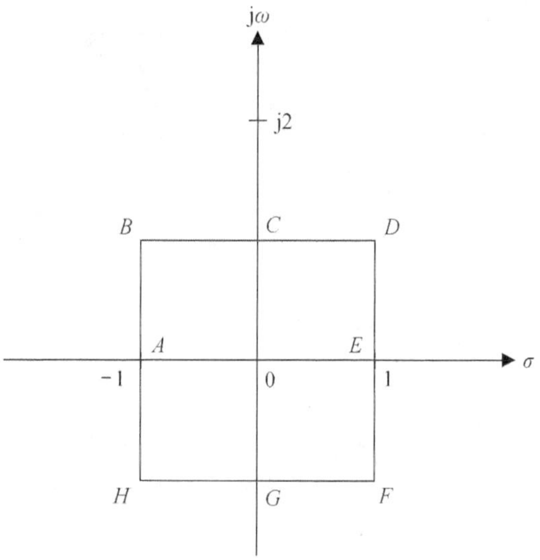

图 E9.29 s 平面上的闭合围线

E9.30 假设系统的状态方程为

$$\dot{\boldsymbol{x}}(t) = \boldsymbol{A}\boldsymbol{x}(t) + \boldsymbol{B}u(t)$$
$$y(t) = \boldsymbol{C}\boldsymbol{x}(t) + \boldsymbol{D}u(t)$$

其中：

$$\boldsymbol{A} = \begin{bmatrix} 0 & 1 \\ -10 & -100 \end{bmatrix}, \boldsymbol{B} = \begin{bmatrix} 0 \\ 1 \end{bmatrix}$$
$$\boldsymbol{C} = [1000 \quad 0], \boldsymbol{D} = [0]$$

绘制其伯德图。

E9.31 考虑图 E9.31 所示的非单位反馈控制系统，试绘制其伯德图并求系统的相角裕度。

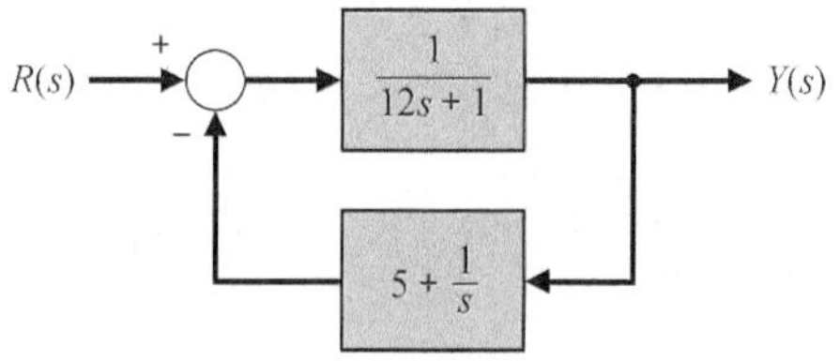

图 E9.31 某非单位反馈控制系统

E9.32 假设系统的状态方程为

$$\dot{\boldsymbol{x}}(t) = \boldsymbol{A}\boldsymbol{x}(t) + \boldsymbol{B}u(t)$$
$$y(t) = \boldsymbol{C}\boldsymbol{x}(t)$$

其中：

$$\boldsymbol{A} = \begin{bmatrix} 0 & 1 \\ -4 & -1 \end{bmatrix}, \boldsymbol{B} = \begin{bmatrix} 0 \\ 5 \end{bmatrix}, \boldsymbol{C} = [1 \quad 0]$$

求系统的相角裕度。

E9.33 考虑图 E9.33 所示的配有比例控制器的非单位反馈控制系统，计算其开环传递函数 $L(s)$ 并绘制伯德图。当控制器增益 $K = 2.2$ 时，求系统的增益裕度和相角裕度。

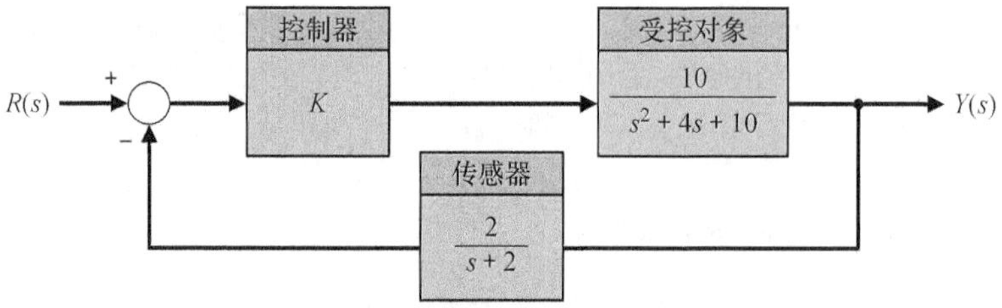

图 E9.33 配有比例控制器的非单位反馈控制系统

一般习题

P9.1 考虑习题 P8.1 中给出的各个传递函数的奈奎斯特图，用奈奎斯特稳定性判据判定每个系统的稳定性，并指明 N、P、Z 的取值。

P9.2　考虑下面的两个开环传递函数$G_c(s)G(s)$，绘制它们的奈奎斯特图，并用奈奎斯特稳定性判据判定闭环系统的稳定性。然后通过分析奈奎斯特图与实轴的交点，确定K的最大取值，以保证系统稳定。

（a）$L(s)=G_c(s)G(s)=\dfrac{K}{s(s^2+s+6)}$

（b）$L(s)=G_c(s)G(s)=\dfrac{K(s+1)}{s^2(s+6)}$

P9.3　（a）在s平面上寻找一条合适的闭合围线Γ_s，使得利用这条围线可以判断特征根的阻尼比是否都大于给定值ζ_1。

（b）在s平面上寻找一条合适的闭合围线Γ_s，使得利用这条围线可以判断特征根的实部是否都小于$s=-\sigma_1$。

（c）利用（b）中确定的闭合围线和柯西定理，判断如下特征方程是否有实部小于$s=-1$的特征根。

$$q(s)=s^3+11s^2+56s+96$$

P9.4　某条件稳定系统的开环奈奎斯特图如图P9.4所示（针对某个特定的K值）。

（a）已知系统的开环传递函数$G_c(s)G(s)$在s平面的右半平面无极点，试判断系统是否稳定，并确定系统在s平面右半平面的极点数量（如果有的话）。

（b）当图P9.4中的黑点表示点-1时，再次判断系统是否稳定。

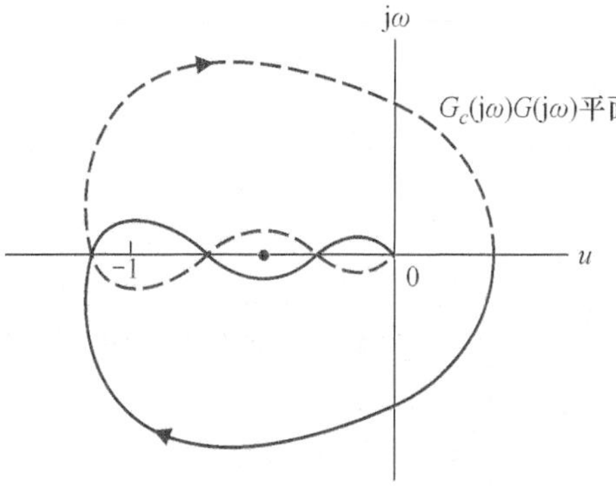

图 P9.4　某条件稳定系统的开环奈奎斯特图

P9.5　汽油发动机速度控制系统的框图模型如图P9.5所示。由于气化器和减压管的能力受限，系统中存在$\tau_t=1.5$ s的时延。假设发动机的时间常数$\tau_e=J/b=4$ s，速度计的时间常数$\tau_m=0.6$ s，

（a）确定K的取值，使系统的稳态速度误差小于参考速度幅值的20%。

（b）利用求得的K值，用奈奎斯特稳定性判据判断系统的稳定性。

（c）计算系统的增益裕度和相角裕度。

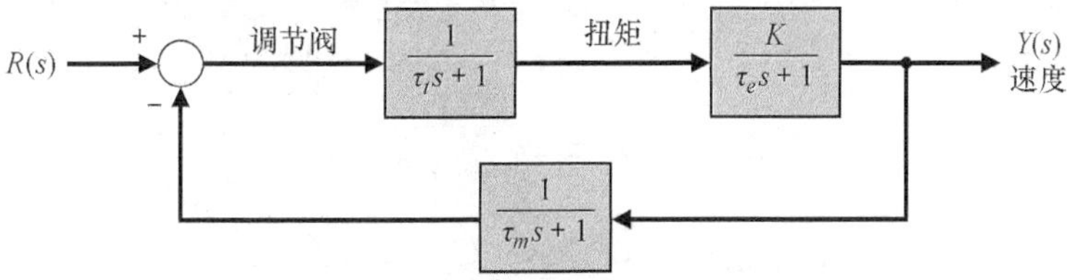

图 P9.5　汽油发动机速度控制系统的框图模型

P9.6　直接驱动式机械臂是一种新型的机械臂，这种机械臂不需要在电机和负载之间使用减速器。由于电机转子和负载直接相连，因此驱动系统不会产生后坐力，而且具有摩擦小、机械强度高等特点。当需要采用复杂的扭矩控制来实现机械臂的快速准确定位和灵巧操作时，这些特点将十分重要。在MIT（美国麻省理工学院）的直接驱动式机械臂研究计划中，MIT希望机械臂的速度达到10 m/s、扭矩达到660 N·m [15]。在机械臂中，每个关节电机都配有一组位置传感器和速度传感器，用来实现位置和速度反馈。机械臂上单个关节的频率响应如图P9.6（a）所示，从中可以看出，系统在频率3.7 Hz和68 Hz处各有一个开环极点。图P9.6（b）给出了含有位置和速度反馈的闭环系统的阶跃响应，时间常数为82 ms。试确定关节控制系统的框图模型并说明82 ms的合理性。

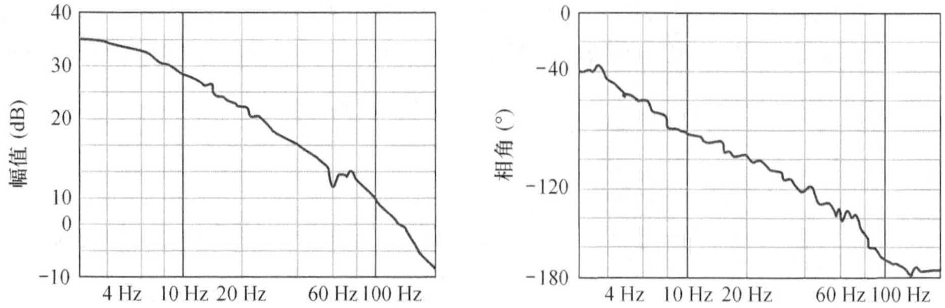

(a)

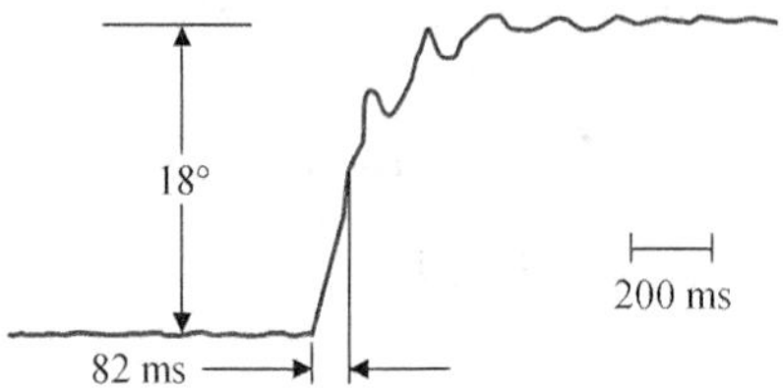

(b)

图 P9.6　直接驱动式机械臂系统的频率响应和位置响应

P9.7　垂直起降飞机在本质上是不稳定的，需要额外的稳定控制系统才能保持稳定。例如，美国陆军的 K-16B 垂直起降飞机就设计有专门的姿态稳定系统，相应的框图模型如图 P9.7 所示[16]。

（a）当 $K = 2$ 时，绘制开环传递函数 $L(s) = G_c(s)G(s)H(s)$ 的伯德图。

（b）确定闭环系统的相角裕度和增益裕度。

（c）当风力干扰 $T_d(s) = 1/s$ 时，计算系统的稳态误差。

（d）确定闭环系统的谐振峰值和谐振频率。

（e）分别用相角裕度和谐振峰值，估算系统的阻尼比。

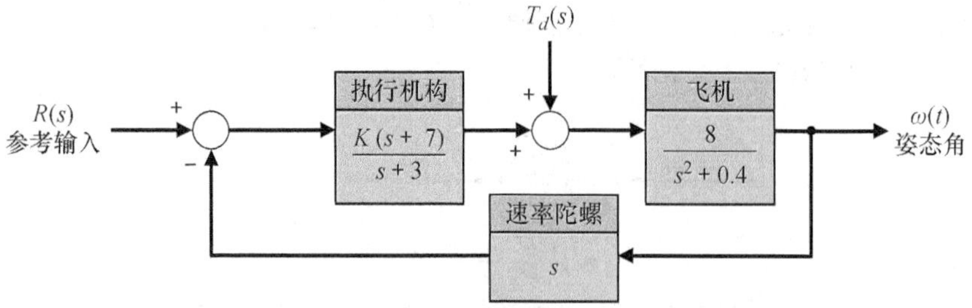

图 P9.7　垂直起降飞机的稳定控制系统

P9.8　电动液压伺服机构常用在需要对重型负载做出快速响应的控制系统中，它能够产生 100 kW 或更大的输出功率[17]。图 P9.8（a）展示了伺服阀和执行机构。输出传感器负责测量执行机构的输出位置，并与预期输出 V_{in} 作比较。将放大后的误差信号用于控制液压阀的开启程度，便可以控制执行机构中的液流。利用压力反馈来产生阻尼的闭环控制系统的框图模型如图 P9.8（b）所示[17, 18]，其中的典型参数如下：$\tau = 0.02$ s，对液流部分有 $\omega_2 = 7(2\pi)$、$\zeta_2 = 0.05$，对机械部分有 $\omega_1 = 10(2\pi)$、$\zeta_1 = 0.05$，开环增益 $K_A K_1 K_2 = 1.0$。

（a）绘制系统的开环伯德图并估算相角裕度。

（b）在活塞上钻孔，将阻尼比 ζ_2 增加到 0.25。在此条件下，绘制系统的开环伯德图并估算此时的相角裕度。

(a)

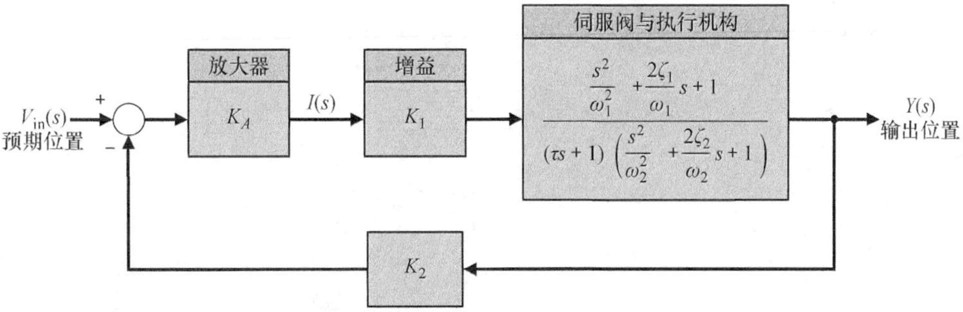

(b)

图 P9.8　(a) 伺服阀和执行机构；(b) 利用压力反馈产生阻尼的闭环控制系统的框图模型

P9.9　图 P9.9 (a) 所示的航天飞机不仅可以向太空运送大量的有效载荷，而且可以将它们运回地球重复使用 [19]。航天飞机在机翼后沿装有升降副翼，并在尾部装有特制的制动装置，利用这些装置可以控制航天飞机的返回飞行。图 P9.9 (b) 给出了航天飞机的俯仰控制系统的框图模型，其中的控制器 $G_c(s)$ 可以是最为简单的增益放大器或合适的其他控制器。

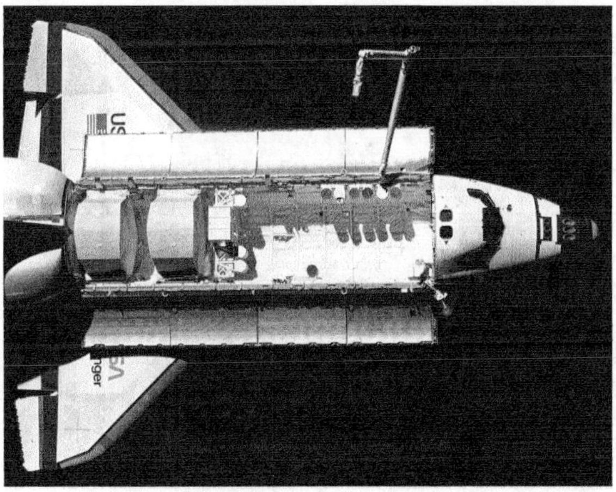

(a)

图 P9.9　(a) 卫星拍摄的黑色深空背景下地球轨道上的航天飞机。舱盖呈开启状态，遥控操纵手清晰可见（NASA 友情提供图片）

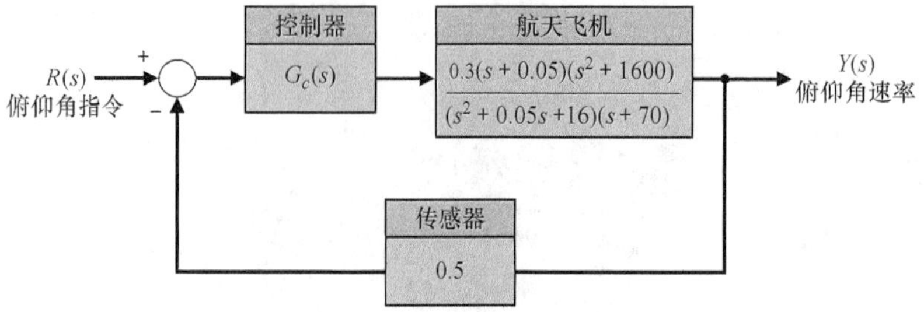

(b)

图 P9.9 (b) 航天飞机的俯仰控制系统的框图模型

(a) 当 $G_c(s) = 2$ 时，绘制系统的开环伯德图并估算闭环系统的稳定裕度。

(b) 当 $G_c(s) = K_P + K_I/s$ 且 $K_I/K_P = 0.5$ 时，确定增益 K_P 的取值，使系统的增益裕度达到 10 dB，并绘制此时的开环伯德图。

P9.10 如图 P9.10所示，现在的机床基本实现了自动控制，通常称为数控机床 [9]。

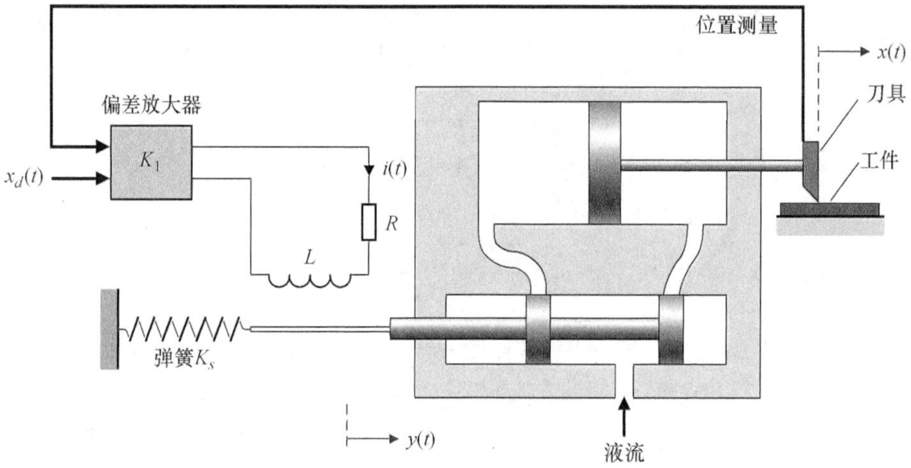

图 P9.10 数控机床控制原理图

分析单个轴的控制机理可知，控制系统是将机床刀具的预期位置和实际位置作比较，再用偏差信号驱动感应线圈，从而驱动液压执行机构的活塞杆。假设执行机构的传递函数为

$$G_a(s) = \frac{X(s)}{Y(s)} = \frac{K_a}{s(\tau_a s + 1)}$$

其中，$K_a = 1$，$\tau_a = 0.4$ s。偏差放大器的输出电压为

$$E_0(s) = K_1(X(s) - X_d(s))$$

其中，$X_d(s)$是刀具预期位置的输入。假设作用于活塞杆的力 F 与电流 $i(t)$ 成正比，即 $F = K_2 i(t)$，且有 $K_2 = 3.0$，其他参数为弹簧系数 $K_s = 1.5$、$R = 0.1$、$L = 0.2$。在上述条件下：

(a) 确定增益 K_1 的取值，使系统的相角裕度 P.M. 达到 30°。

(b) 利用 (a) 中得到的 K_1 值，估算闭环系统的 $M_{p\omega}$、ω_r 和 ω_B。

(c) 当输入为阶跃信号时，即 $X_d(s) = 1/s$，估算系统的超调量和调节时间（按 2% 准则）。

P9.11 某化学组分控制系统如图 P9.11 所示，该系统接收各种颗粒状的进料并通过调节进料阀来控制进料量，以保持恒定的产品组分配比。进料通过传送带的时延 $T = 1.5$ s。

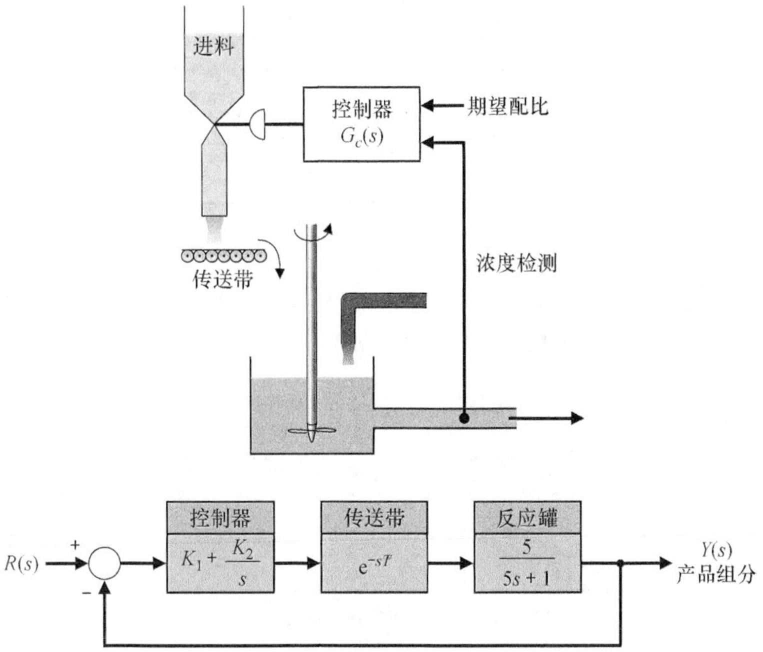

图 P9.11　某化学组分控制系统

（a）当 $K_1=K_2=1$ 时，绘制系统的开环伯德图并判定闭环系统的稳定性。

（b）当 $K_1=0.1$、$K_2=0.04$ 时，绘制系统的开环伯德图并判定闭环系统的稳定性。

（c）当 $K_1=0$ 时，利用奈奎斯特稳定性判据求增益 K_2 的最大容许值，以保持系统稳定。

P9.12　图 P9.12 给出了调节人眼瞳孔大小的简化模型[20]。其中，K 表示瞳孔的放大增益。假设瞳孔的时间常数 $\tau=0.75\ \text{s}$，时延 $T=0.6\ \text{s}$，增益 $K=2.5$。

（a）在不考虑时延影响的情况下，绘制系统的开环伯德图并估算相角裕度。

（b）在考虑时延影响的情况下，再次估算系统的相角裕度。

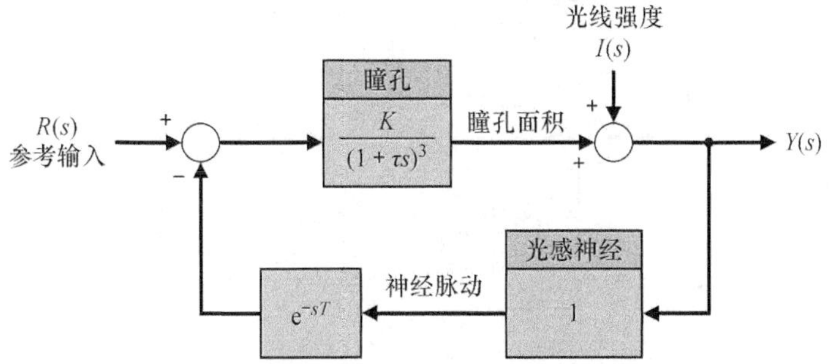

图 P9.12　调节人眼瞳孔大小的简化模型

P9.13　如图 P9.13 所示，可以用控制器来调节模具的温度，以便加工塑料部件。假设受热过程的时延为 1.2 s。

（a）当 $K_a=K=1$ 时，用奈奎斯特稳定性判据判定系统是否稳定。

（b）当 $K=1$ 时，确定 K_a 的取值，使系统稳定且相角裕度 P.M. ≥ 50°。

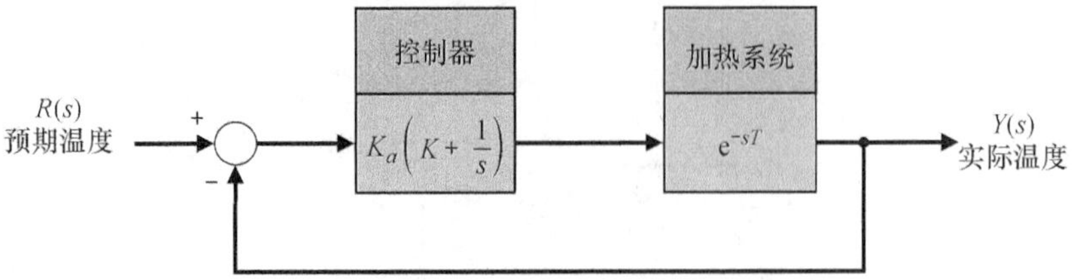

图 P9.13 模具温控系统

P9.14 人们常用电子装置和计算机来控制汽车，图 P9.14 给出了汽车驾驶控制系统的框图模型。其中，控制杆负责操纵车轮，驾驶员的典型反应时间 T 为 0.2 s。

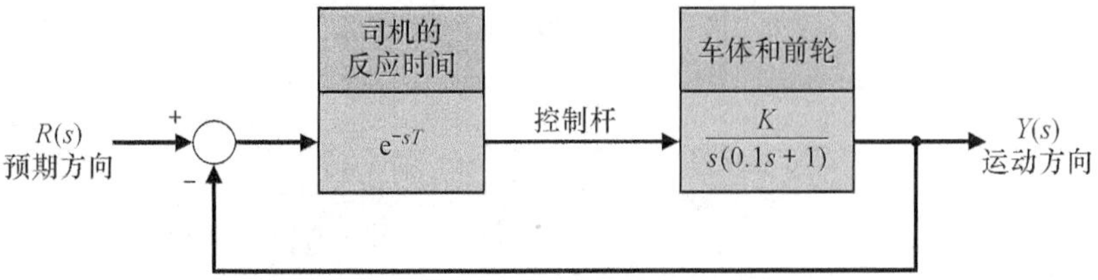

图 P9.14 汽车驾驶控制系统的框图模型

（a）用尼科尔斯图确定增益 K 的取值，使闭环系统的谐振峰值满足 $M_{p\omega} \leqslant 2\text{dB}$。

（b）根据谐振峰值或相角裕度，分别估算闭环系统的阻尼系数。若得到的结果不同，请解释原因。

（c）估算闭环系统的 3 dB 带宽。

P9.15 考虑图 P9.15 所示的船舶自动驾驶系统，其开环传递函数为

$$G(s)=\frac{-0.164(s+0.2)(s-0.32)}{s^2(s+0.25)(s-0.009)}$$

可以用雷达测量船舶与预定航向的航行偏差，并用这个偏差信号来控制舵的偏角 $\delta(s)$。先考虑开关断开的情形。

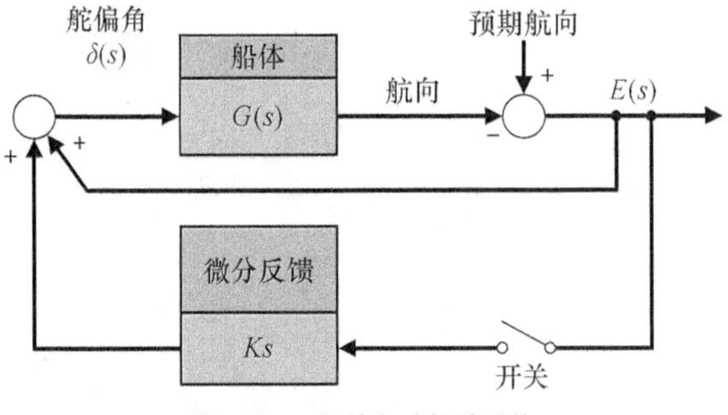

图 P9.15 船舶自动驾驶系统

（a）系统是否稳定？当船舶自动驾驶系统不稳定时，讨论时域瞬态响应的表现形式。注意：船舶的预定航线是一条直线。

（b）通过降低 $G(s)$ 的增益 K，可以使系统稳定吗？

（c）通过引入微分反馈，可以使系统稳定吗？

（d）设计一个合适的校正装置，使系统稳定。

（e）将开关闭合后，重新回答问题（a）、（b）和（c）。

P9.16 如图 P9.16（a）所示，电动小车沿工厂地面上铺设的带状导轨行进。该系统采用闭环反馈来控制小车的方向和速度[15]。小车通过由 16 个光敏二极管组成的阵列来感知行驶偏差，小车驾驶系统

的框图模型如图 P9.16（b）所示。请确定增益 K 的取值，使闭环系统的相角裕度 P.M. 达到 30°。

(a)

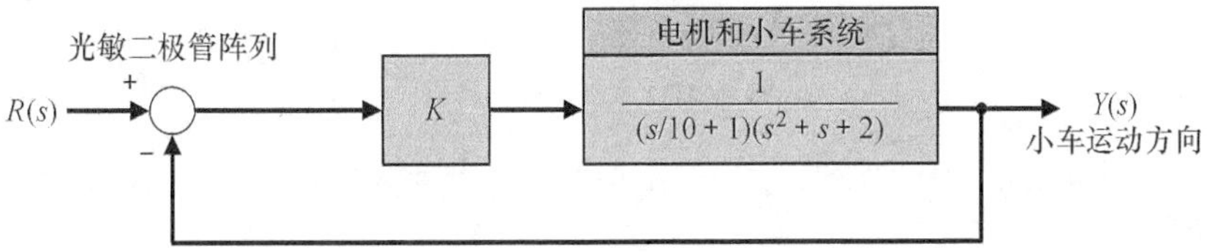

(b)

图 P9.16　(a) 电动小车（Control Engineering 公司友情提供图片）；(b) 小车驾驶系统的框图模型

P9.17　对于许多控制系统而言，其主要设计目标如下：当受到干扰时，系统仍然能够将输出保持在期望的或指令允许的范围内 [22]。图 P9.17 给出了一种典型的化学反应控制方案，其中，干扰输入记为 $U(s)$，控制器记为 $G_1(s)$，阀门记为 $G_2(s)$，反应过程记为 $G_3(s)$ 和 $G_4(s)$，反馈传感器记为 $H(s)$，并假定 $H(s)=1$。$G_2(s)$、$G_3(s)$ 和 $G_4(s)$ 都具有如下形式：

$$G_i(s)=\frac{K_i}{1+\tau_i s}$$

阀门系统中的参数为 $K_2=20$、$\tau_2=0.5\text{ s}$，此外还有 $\tau_3=\tau_4=4\text{ s}$、$K_3=K_4=0.1$。在上述条件下，要求闭环系统阶跃响应的稳态误差 $e_{ss}=5\%$。

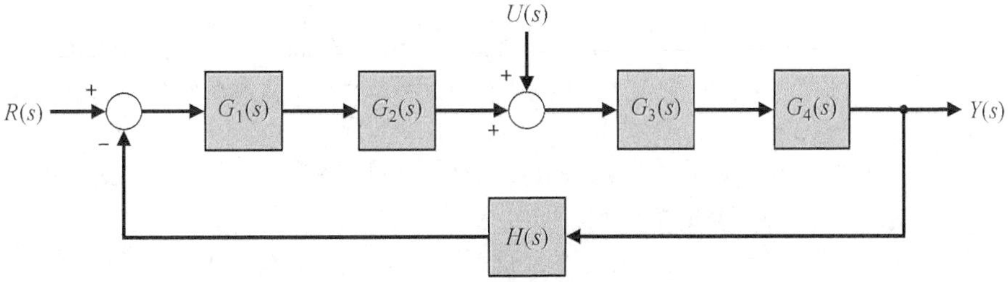

图 P9.17　一种典型的化学反应控制方案

在回答下面的问题（a）和（b）时，先假定 $U(s) = 0$，并且可以使用阻尼比和相角裕度的近似关系式 $\zeta = 0.01\phi_{pm}$。

（a）若 $G_1(s) = K_1$，确定 K_1 的合适取值，使系统满足稳态误差的设计要求，并计算此时系统阶跃响应的超调量。

（b）若控制器取为 PI 控制器，即 $G_1(s) = K_1(1 + 1/s)$，确定 K_1 的合适取值，使系统的超调量满足 $5\% \leqslant P.O. \leqslant 30\%$。

（c）针对上述两种情况，估算系统阶跃响应的调节时间（按 2% 准则）。

（d）假设系统受到阶跃信号 $U(s) = A/s$ 的干扰，并假设系统平稳后，参考输入信号为 $r(t) = 0$，在（b）中所给的条件下，计算系统对干扰的响应。

P9.18 图 P9.18 给出了汽车驾驶模型，其中，$K = 6.0$。

（a）若反应时间 $T = 0$，请估算系统的开环频率响应、增益裕度和相角裕度。

（b）当 $T = 0.15$ s 时，估算系统的相角裕度。

（c）估算将导致系统临界稳定（相角裕度 P.M. = 0°）的反应时间 T。

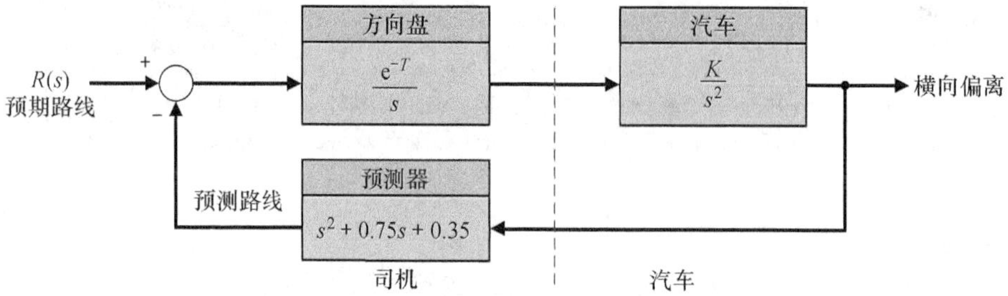

图 P9.18 汽车驾驶模型

P9.19 图 P9.19 给出了垃圾收集系统的示意图，可采用遥控机械手来捡拾垃圾袋。若遥控机械手的开环传递函数为

$$L(s) = G_c(s)G(s) = \frac{0.5}{s(2s + 1)(s + 4)}$$

（a）绘制系统的尼科尔斯图，并验证系统的增益裕度 G.M. 约为 32 dB。

（b）估算闭环系统的相角裕度、带宽和谐振峰值。

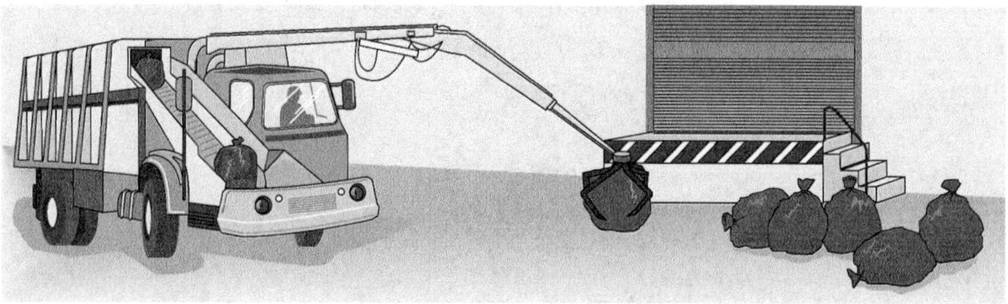

图 P9.19 垃圾收集系统的示意图

P9.20 旋转翼飞机既是一种普通飞机，也是一种直升机。在起飞和着陆时，这种飞机可以将引擎旋转 90°，使引擎处于垂直方向；而在正常巡航飞行时，引擎又会调整到水平方向。旋转翼飞机的高度控制系统如图 P9.20 所示。

（a）当 $K = 100$ 时，确定系统的开环频率响应特性伯德图。

（b）估算闭环系统的增益裕度和相角裕度。

（c）从 $K = 100$ 开始减小，确定 K 的合适取值，使闭环系统的相角裕度 P.M. 达到 40°。

（d）利用（c）中所取的 K 值，计算闭环系统的时域响应 $y(t)$。

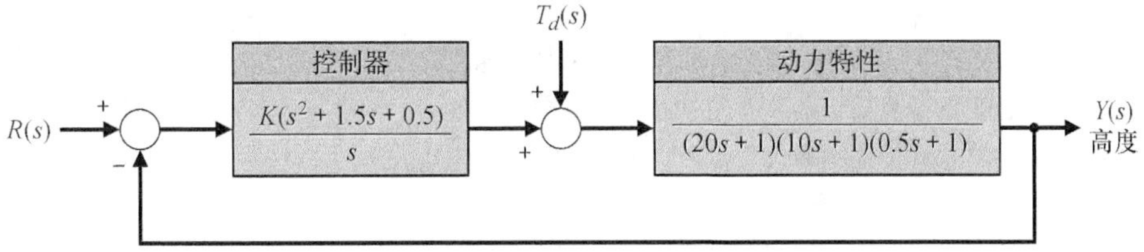

图 P9.20　旋转翼飞机的高度控制系统

P9.21　某单位负反馈系统的开环传递函数为

$$L(s)=G_c(s)G(s)=\frac{K}{s(s+1)(s+4)}$$

(a) 当 $K=4$ 时，绘制系统的开环伯德图。

(b) 估算系统的增益裕度。

(c) 确定 K 的取值，使系统的增益裕度 G.M. 达到 12 dB。

(d) 若输入为斜坡信号 $r(t)=At$ （$t>0$），确定 K 的取值，使系统的稳态误差为输入幅度 A 的 25%。若采用该增益值，系统能提供令人满意的性能吗？

P9.22　开环传递函数为 $G_c(j\omega)G(j\omega)$ 的闭环系统的尼科尔斯图如图 P9.22 所示，其中各数据点的频率如下所示。

数据点	1	2	3	4	5	6	7	8	9
频率 ω	1	2.0	2.6	3.4	4.2	5.2	6.0	7.0	8.0

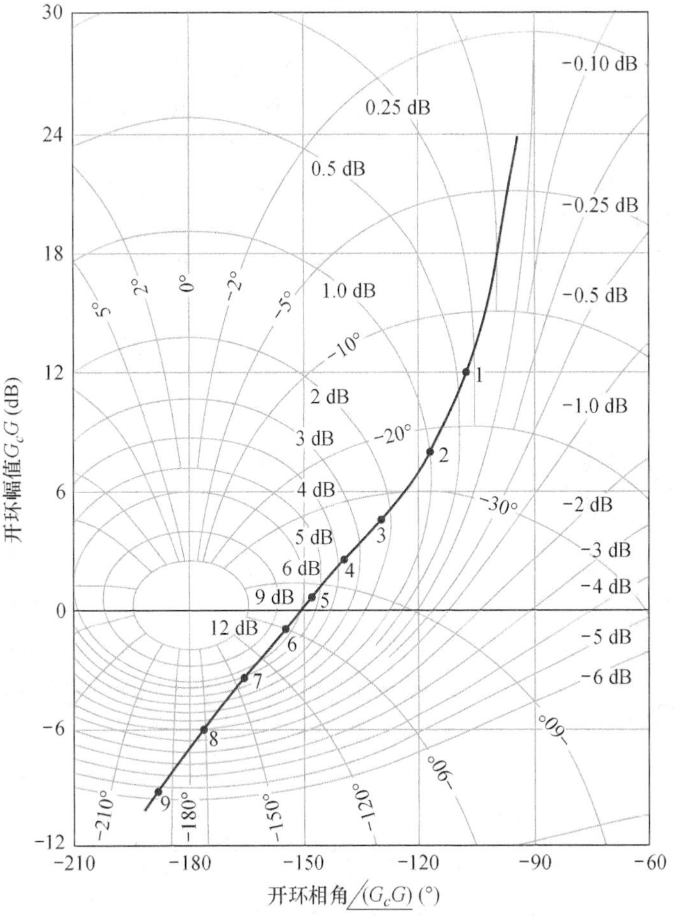

图 P9.22　尼科尔斯图

根据尼科尔斯图估算：

（a）闭环系统的谐振频率、带宽、相角裕度和增益裕度。

（b）阶跃响应的超调量与调节时间（按 2% 准则）。

P9.23 某闭环系统的开环传递函数为

$$L(s)=G_c(s)G(s)=\frac{K}{s(s+10)(s+20)}$$

（a）当相角裕度 P.M. 为 50°时，计算对应的增益 K。

（b）估算此时的增益裕度。

P9.24 某单位负反馈系统的开环传递函数为

$$L(s)=G_c(s)G(s)=\frac{K(s+20)}{s^2}$$

（a）确定增益 K 的取值，使相角裕度 P.M. 达到 45°。

（b）估算此时的增益裕度。

（c）估算系统的闭环带宽。

P9.25 某闭环系统的开环传递函数为

$$L(s)=G_c(s)G(s)=\frac{K\mathrm{e}^{-sT}}{s}$$

（a）当 $T=0.1$ 时，确定增益 K 的取值，使相角裕度 P.M. 达到 45°。

（b）利用（a）中所取的 K 值，绘制相角裕度与时延 T 的关系曲线。

P9.26 某机械厂正在努力提高抛光工作效率[21]。现有抛光机的机械化程度看似很高，但实际上仍主要靠人工来操作。若能真正实现抛光的自动化，则不仅可以将操作人员解放出来，而且可以提高产量和质量。图 P9.26（a）给出了新开发出来的自动抛光机，其在 x 轴、y 轴和 z 轴上均配备了电机和反馈系统，以实现抛光的自动化。其中，y 轴方向的控制系统如图 P9.26（b）所示。为了降低斜坡输入响应的稳态误差，这里取 $K=5$。在上述条件下，试绘制系统的开环伯德图及尼科尔斯图，并根据所得曲线估算闭环系统的增益裕度、相角裕度和带宽，然后估算闭环系统的阻尼比、超调量及调节时间（按 2% 准则）。

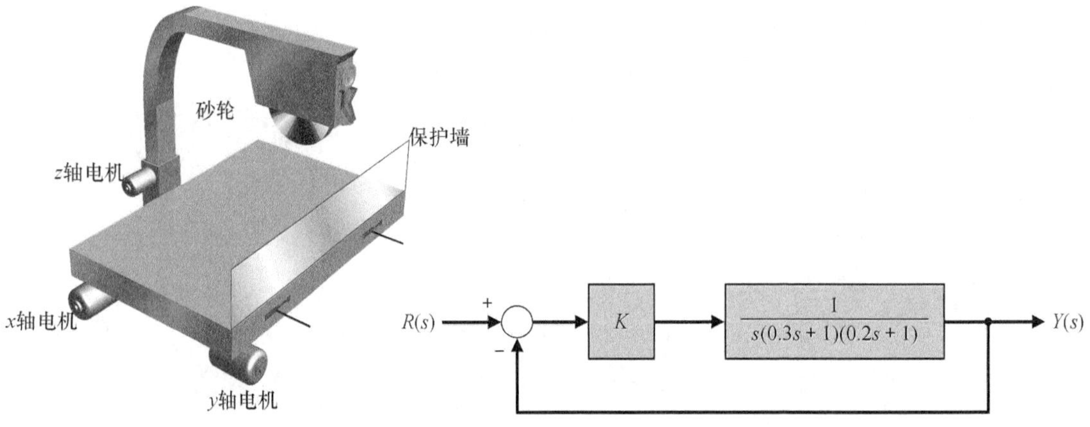

图 P9.26 （a）自动抛光机；（b）y 轴方向的控制系统

P9.27 考虑图 P9.27 所示的非单位反馈控制系统，在保证系统稳定的前提下，试确定 K 的最大值 K_{max}。在

$3 \leqslant K \leqslant K_{max}$ 的范围内，绘制系统的增益裕度与 K 的关系曲线，并说明当 K 趋于 K_{max} 时系统增益裕度的变化情况。

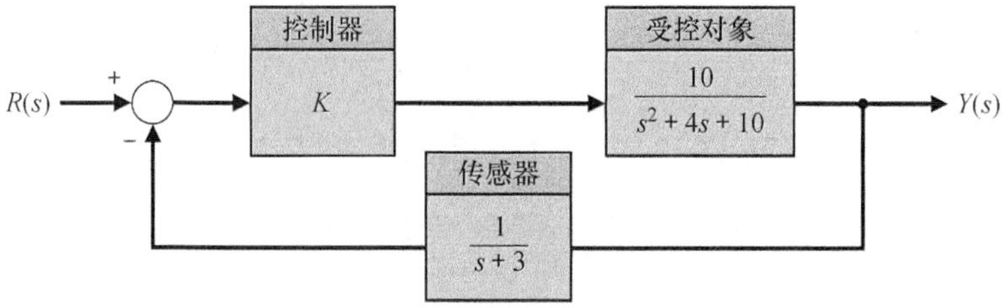

图 P9.27　具有比例控制器的非单位反馈控制系统

P9.28　考虑图 P9.28 所示的单位负反馈控制系统。

（a）当系统的相角裕度 P.M. = 45° 时，试确定比例控制器的参数 K_P。

（b）利用相角裕度，估算闭环系统单位阶跃响应的超调量。

（c）绘制系统的阶跃响应曲线，比较估计的超调量和真实的超调量。

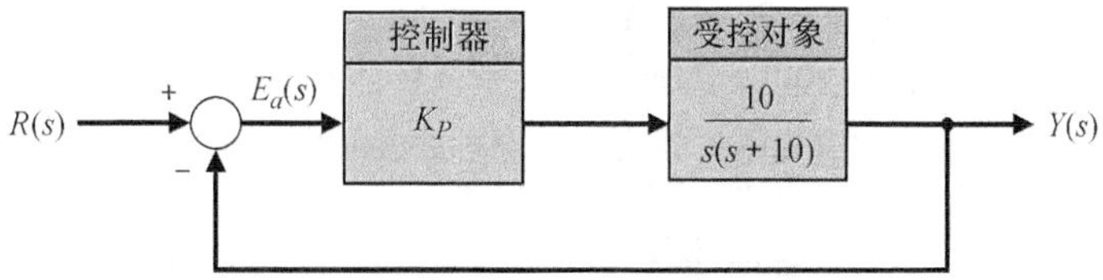

图 P9.28　具有比例控制器的单位负反馈控制系统

难题

AP9.1　在生命周期内，现役空间飞行器的质量特性和结构会发生很大的变化[25]。考虑图 AP9.1 给出的飞行器航向控制系统。

（a）当 $\omega_n^2 = 15\,000$ 时，绘制系统的开环伯德图并计算增益裕度和相角裕度。

（b）当 $\omega_n^2 = 7500$ 时，重新回答（a）中的问题。注意 ω_n^2 减小 50% 对系统的影响。

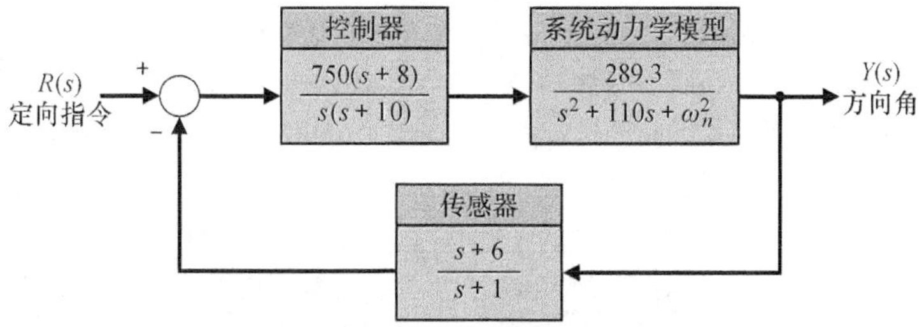

图 AP9.1　飞行器航向控制系统

AP9.2　在外科手术中，医生常常使用麻醉剂来使病人失去知觉。不同的病人对药物麻醉有不同的反应，而且这种反应在手术过程中还可能发生变化。图 AP9.2 给出了药物麻醉给药的血压控制模型，其中，病人的麻醉反应程度用平均动脉压来衡量表示。

（a）当 $T = 0.05$ s 时，绘制系统的开环伯德图并计算相角裕度和增益裕度。

（b）当 $T = 0.1$ s 时，重新回答（a）中的问题，并说明时延增大 100% 对系统性能的影响。

（c）在（a）和（b）所给的情况下，用相角裕度估算系统阶跃响应的超调量。

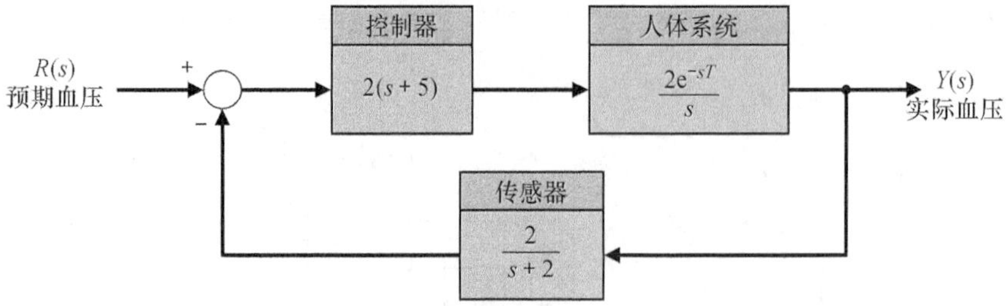

图 AP9.2　药物麻醉给药的血压控制模型

AP9.3　近几十年来，焊接工艺逐步实现了自动化。但时至今日，典型的焊接质量特征，如焊成品的金相结构、实际焊接状态等，却无法在线测量，因此必须寻找焊接质量的间接控制方法。有效的焊接过程控制方法应该涉及焊接面的几何特性（如横截面的宽度、深度和高度）、焊接过程的热力特性（如受热区域和冷却率）等各个环节。焊接面深度是影响焊接质量的主要几何特性，但它难以直接测量。幸运的是，现在有了通过温度测量来估计焊点深度的方法[26]。焊接控制系统的框图模型如图 AP9.3 所示。

(a) 当 $K=1$ 时，计算闭环系统的增益裕度和相角裕度。

(b) 当 $K=1.5$ 时，重新回答（a）中的问题。

(c) 在（a）和（b）所给的情况下，用尼科尔斯图估算系统的带宽。

(d) 在（a）和（b）所给的情况下，分别估算系统阶跃响应的调节时间（按 2% 准则）。

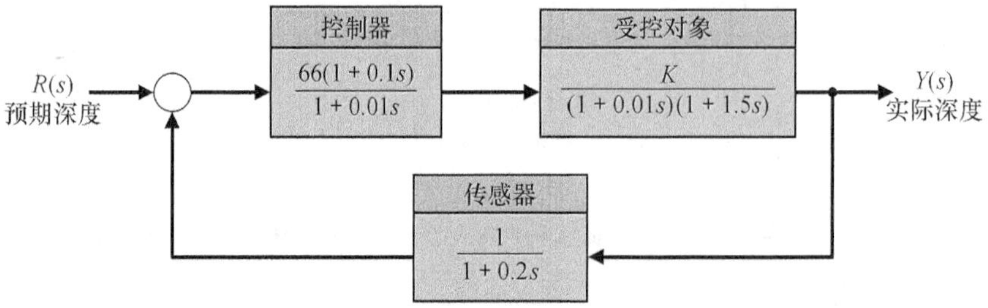

图 AP9.3　焊接控制系统的框图模型

AP9.4　造纸机的控制相当复杂[27]。造纸机的控制目标在于，以合适的速度在滤布上均匀、适量地沉淀纤维悬浮物（纤维浆），然后经过脱水、展平、轧平和干燥等工序，制造出高质量的纸张。控制单位面积上纸张的质量是造纸过程中重要的一环。造纸机控制系统的框图模型如图 AP9.4 所示，试确定 K 的合适取值，使系统的相角裕度 P.M. $\geqslant 45^\circ$、增益裕度 G.M. $\geqslant 10$ dB，绘制此时系统的阶跃响应曲线并估算带宽。

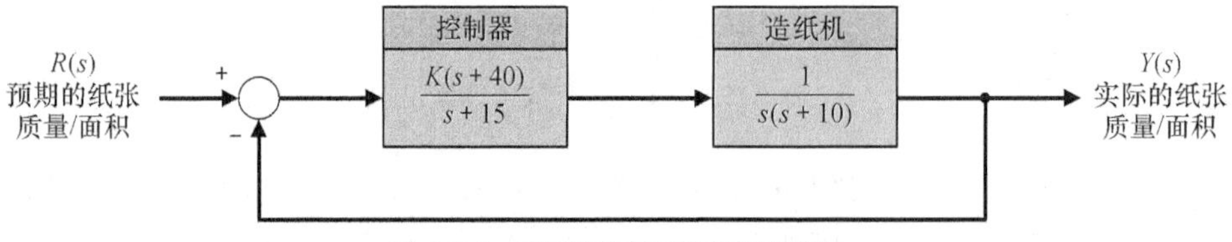

图 AP9.4　造纸机控制系统的框图模型

AP9.5　典型的火星漫游车由地面测控站遥控，并由太阳能电池板供电，同时配备有定位用的微型摄像头和测距用的激光测距仪，能够在干沙地上攀爬 30° 的斜坡，此外还配备有光谱分析仪，用于分析火星表面岩石的化学成分。

火星漫游车的位置控制系统如图 AP9.5 所示。试确定增益 K 的取值，使闭环系统的相角裕度取得最大值，并估算此时系统阶跃响应的超调量。

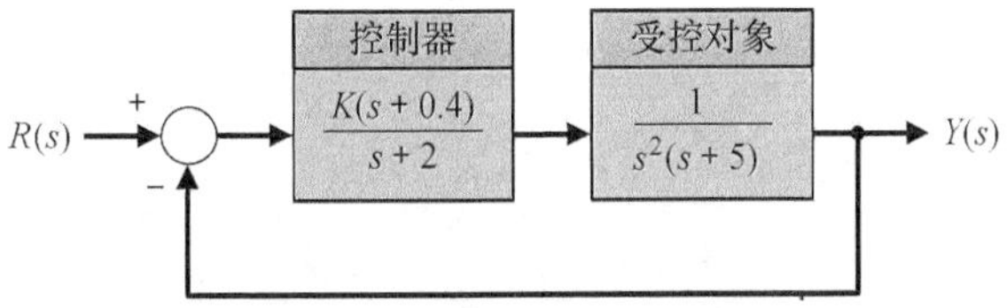

图 AP9.5　火星漫游车的位置控制系统

AP9.6　通过向水中添加石灰可以控制煤矿废水的酸度。在添加石灰时，通常用阀门来控制石灰的添加量，下游则配置有传感器。图 AP9.6 给出了矿井废水酸度控制系统的框图模型。为了保证在取样测量之前，石灰已经充分溶入废水，这里要求 $D > 2$ m。在此条件下，确定增益 K 和距离 D 的取值范围，以保证系统稳定。

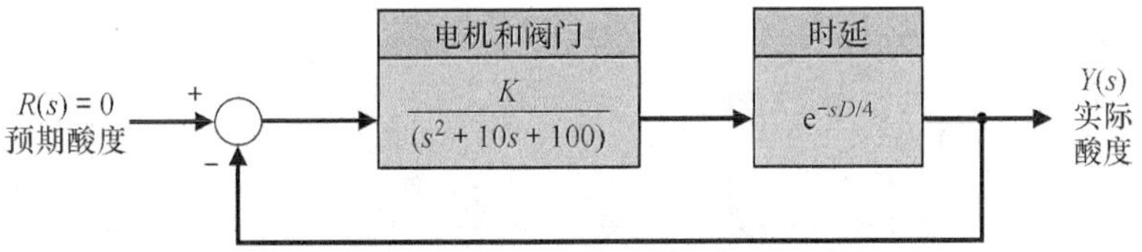

图 AP9.6　矿井废水酸度控制系统的框图模型

AP9.7　室内电梯的高度上限为 800 m。超出限制的高度后，电梯的缆绳就会又粗又重，无法实际使用。突破高度限制的方法之一就是取消缆绳。开发无绳电梯的关键在于直线电机。磁悬浮轨道运输系统就用到了这种电机。一种设计方案是，在轨道线圈和电梯轿厢磁场的交互作用下，利用直线电机推动电梯轿厢沿导轨上下移动[28]。

若忽略电机摩擦，则电梯位置控制系统的框图模型如图 AP9.7 所示。试确定 K 的取值，使闭环系统的相角裕度为 45°，并计算此时的带宽以及系统在单位阶跃干扰下的输出峰值。

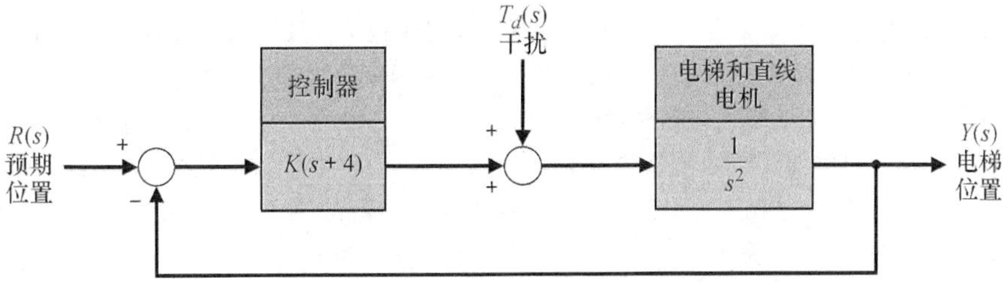

图 AP9.7　电梯位置控制系统的框图模型

AP9.8　考虑图 AP9.8 所示的控制系统，其中，增益 K 大于 500 但小于 4000。试确定 K 的合适取值，使系统阶跃响应的超调量满足 P.O. < 20%，绘制相应的尼科尔斯图并计算此时的相角裕度。

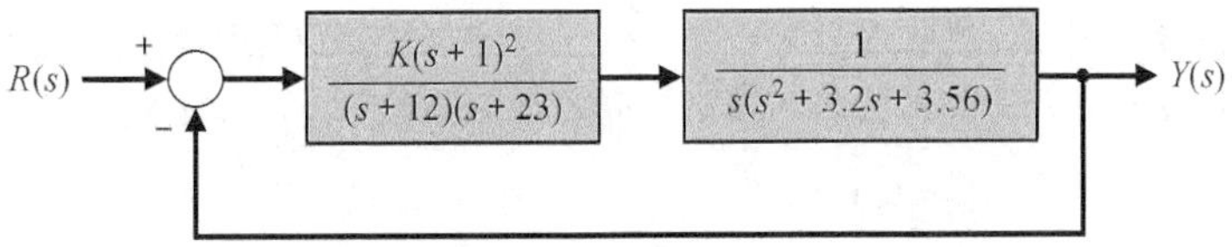

图 AP9.8　控制系统的增益选择

AP9.9 考虑某单位负反馈系统，其中

$$G(s)=\frac{1}{s(s^2+5s+15)}$$

$$G_c(s)=K_P+\frac{K_I}{s}$$

且有

$$\frac{K_I}{K_P}=0.3$$

试确定K_P的取值，使闭环系统的相角裕度达到最大值。

AP9.10 考虑图AP9.10所示的多环路反馈控制系统。

(a) 求闭环系统的传递函数 $T(s)=Y(s)/R(s)$。

(b) 试确定 K 的取值，使系统对单位阶跃输入 $R(s)=1/s$ 的稳态跟踪误差为 0，并绘制响应曲线。

(c) 利用 (b) 中得到的 K 值，求闭环系统的带宽 ω_B。

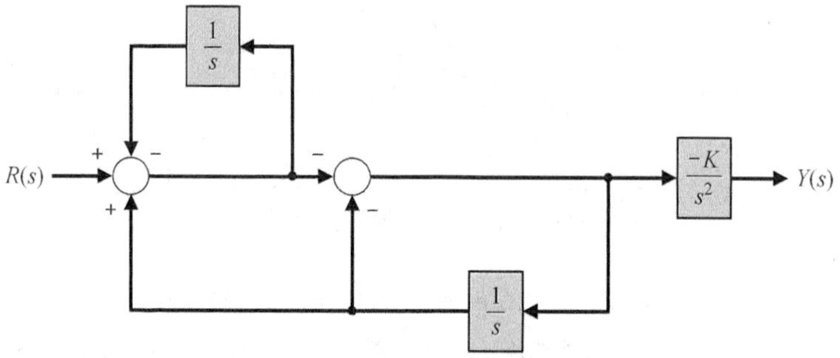

图 AP9.10 某多环路反馈控制系统

AP9.11 心脏疾病和心肌力量不足的患者可以受益于一种新的辅助治疗设备——电子心室辅助设备（Electric Ventricular Assist Device，EVAD）。EVAD通过一个特制的平板来推挤血囊，将电力转换为血流动力。当心脏收缩时，平板推挤血囊向外输出血液；而当心脏扩张时，平板放松以便让血囊中充满血液。如图AP9.11（a）所示，EVAD能够以串联或并联的方式，植入连接到心脏上。EVAD采用可充电电池作为驱动电源，供电方式是利用能量传输系统透过皮肤感应供电。由于电池和能量传输系统限制了电能储量和峰值功率，EVAD的工作方式应尽量减少能量消耗[33]。

EVAD的单输入变量为电机电压，单输出变量为血液流速。EVAD反馈控制系统主要完成如下两项任务：调整电机电压，按照预期的脉搏驱动平板，以便改变EVAD中的血液流量，满足身体的需要；血流控制器通过改变EVAD的预设脉搏来调整血液的流速。EVAD反馈控制系统的框图模型如图AP9.11（b）所示，其中，电机、泵和血囊被简化为$T=1$ s的时延环节。给定的设计指标要求如下：系统阶跃响应的稳态误差为0且超调量满足P.O. < 10%。

考虑如下控制器：

$$G_c(s)=\frac{5}{s(s+10)}$$

当时延T取标称值，即$T=1$ s时，绘制系统的阶跃响应曲线，并验证稳态跟踪误差和超调量能够满足指标设计要求。在控制器的作用下，试确定能够一直保持系统稳定的最大时延。最后，绘制相角裕度和时延的关系曲线，其中，时延的取值范围为0到最大允许值（即前面求出的最大时延）。

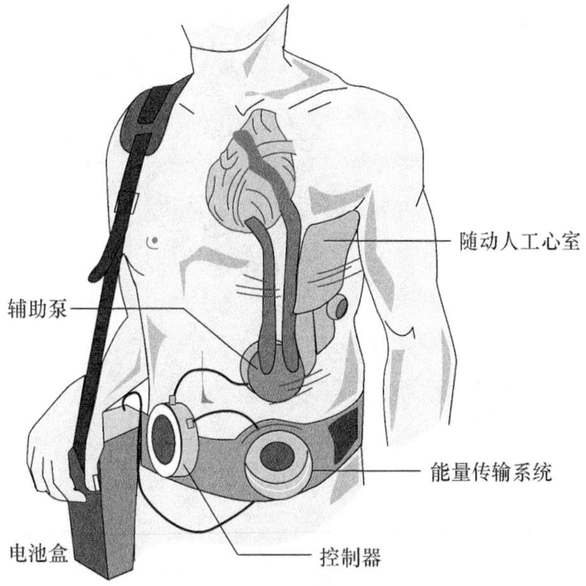

(a)

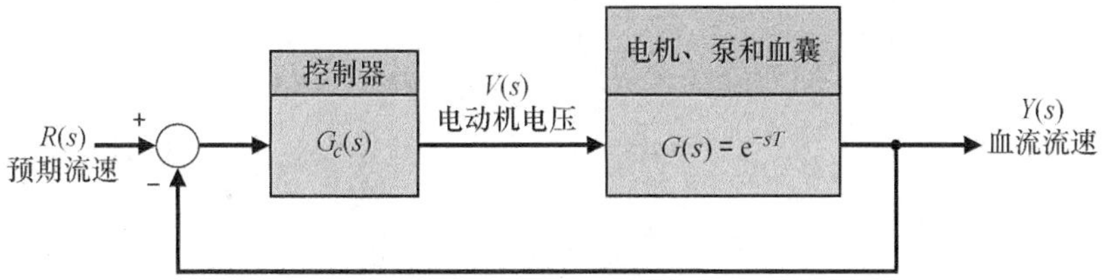

(b)

图 AP 9.11　(a) EVAD 示意图；(b) EVAD 反馈控制系统的框图模型

设计题

CDP9.1 在图 CDP4.1 所示的控制系统中，若选定控制器为 $G_c(s)=K_a$，试确定 K_a 的取值，使闭环系统的相角裕度达到 70°，并绘制系统此时的单位阶跃响应曲线。

DP9.1 图 DP9.1 (a) 展示了一种清理有毒废弃物的机器人[23]，其闭环速度控制系统为单位负反馈系统。在图 DP9.1 (b) 所示的尼科尔斯图上，绘有 $G_c(\mathrm{j}\omega)G(\mathrm{j}\omega)/K$ 与 ω 的关系曲线，其中各数据点的频率如下所示。

数据点	1	2	3	4	5
频率 ω	2	5	10	20	50

(a) 当 $K=1$ 时，估算闭环系统的增益裕度和相角裕度。

(b) 当 $K=1$ 时，估算闭环系统的谐振峰值（以 dB 为单位）和谐振频率。

(c) 估算闭环系统的带宽、阶跃响应的调节时间（按 2% 准则）以及超调量。

(d) 确定 K 的取值，使系统阶跃响应的超调量为 30%，并估算此时的调节时间。

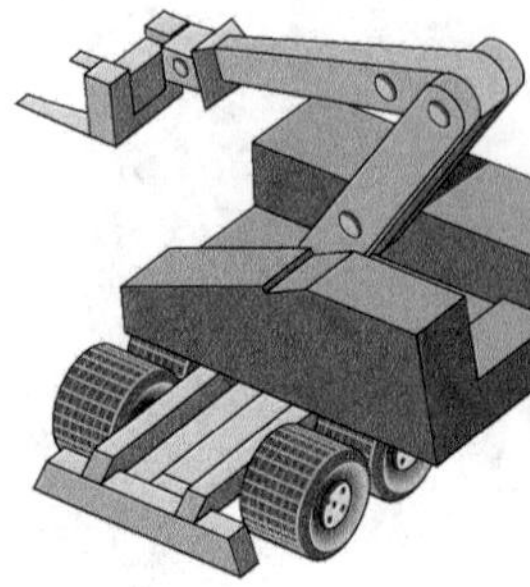

(a)

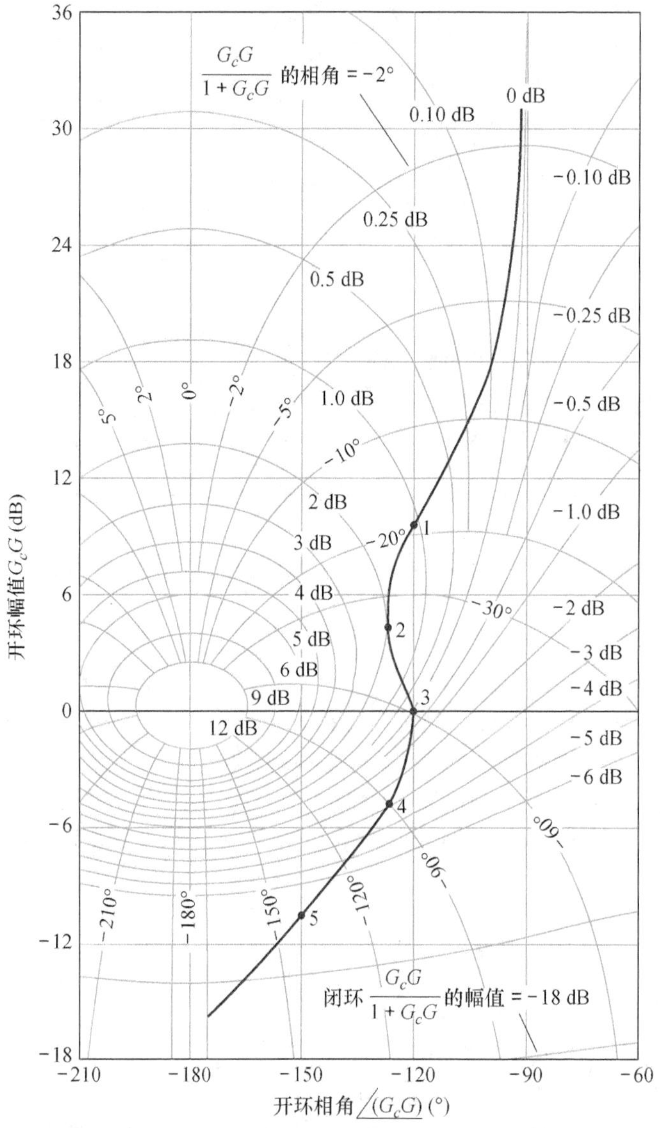

(b)

图 DP9.1 （a）一种清理有毒废弃物的机器人；（b）尼科尔斯图

DP9.2 柔性机械臂由轻质材料构成，其开环动力特性具有较小的阻尼[15]。柔性机械臂的闭环反馈控制系统如图 DP9.2 所示。

（a）确定 K 的合适取值，使闭环系统的相角裕度最大。

（b）根据得到的相角裕度，估算闭环系统阶跃响应的超调量并与实际的超调量作比较。

（c）估算闭环系统的调节时间（按 2% 准则）并与实际的调节时间作比较。

（d）估算闭环系统的带宽并讨论该控制系统的适用性。

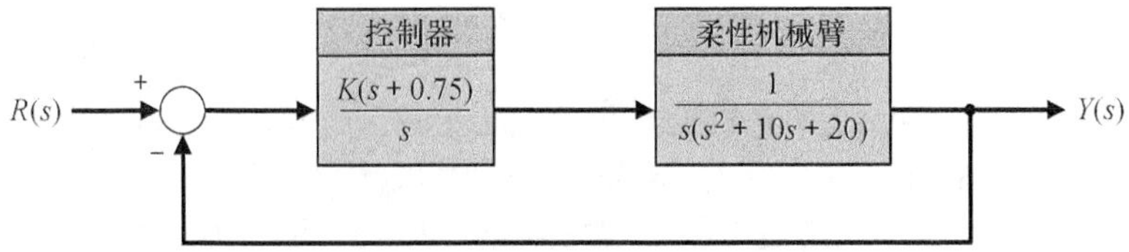

图 DP9.2　柔性机械臂的闭环反馈控制系统

DP9.3　药物自动注射系统用于在很小的范围内调控心力衰竭特护患者的给药量[24]，以使患者维持稳定的状态。考虑通过注射药物来调节血压的情形，药物自动注射反馈系统如图 DP9.3 所示。试确定增益 K 的合适取值，使血压的波动保持在很小的范围内，同时具有很好的动态响应性能。

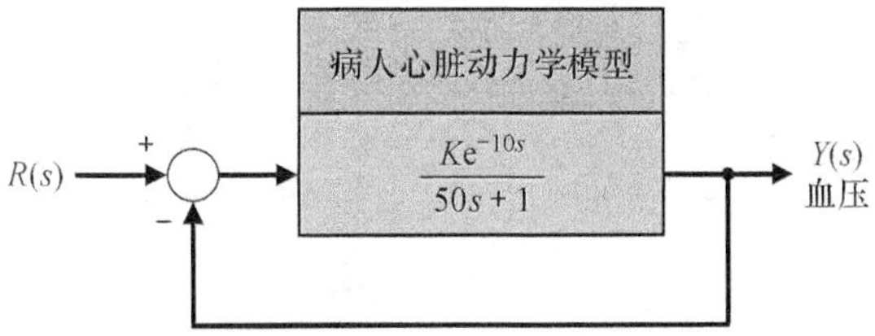

图 DP9.3　药物自动注射反馈系统

DP9.4　图 DP9.4（a）展示了双关节的机器人网球运动员。角度 $\theta_2(t)$ 的控制系统的简化框图模型如图 DP9.4（b）所示。控制系统的设计目标是使机器人具有最佳的阶跃响应，同时拥有较大的速度误差系数 K_v。当 $K_{v1}=0.4$、$K_{v2}=0.75$ 时，分别求闭环系统的相角裕度、增益裕度、带宽、超调量和调节时间。此外，针对这两种情况，分别计算系统的阶跃响应并从中确定增益 K 的最佳取值。

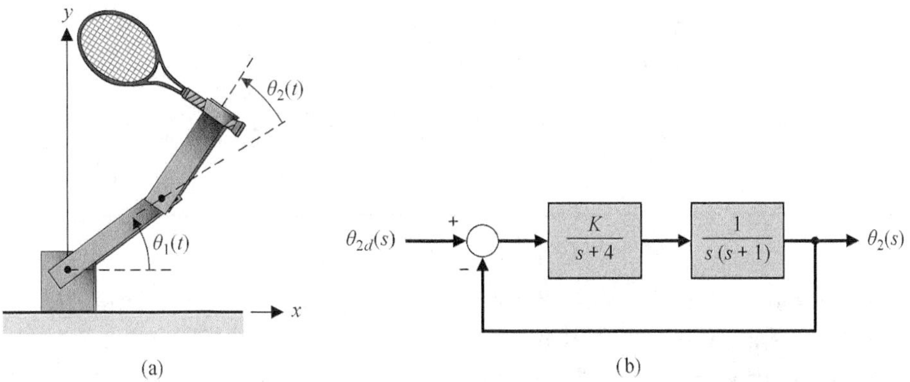

图 DP9.4　（a）双关节的机器人网球运动员；（b）角度 $\theta_2(t)$ 的控制系统的简化框图模型

DP9.5　图 DP9.5 所示的液/电执行机构可以用来驱动机械臂操纵大型负载[17]。假设要求阶跃响应的稳态误差最小且超调量小于 10%，在 $T = 0.8$ s 的情况下：

（a）当采用比例控制器 $G_c(s) = K$ 时，确定 K 的合适取值，并求系统的实际超调量、调节时间（按 2% 准则）和稳态误差。

（b）当采用 PI 控制器 $G_c(s) = K_1 + K_2/s$ 时，确定 K_1 与 K_2 的合适取值，重新回答（a）中的问题并绘制系统的尼科尔斯图。

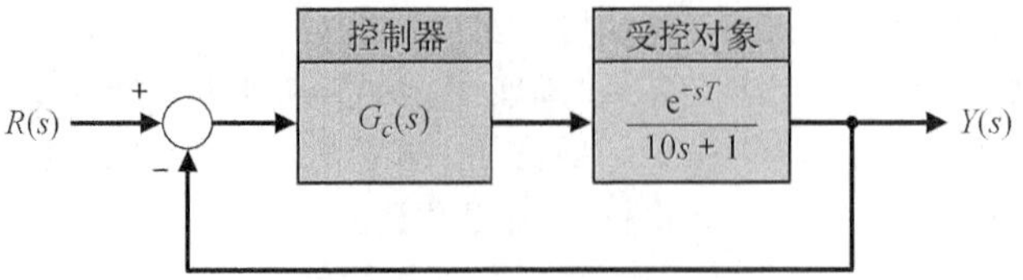

图 DP9.5 液/电执行机构

DP9.6 轧钢机可以用弹簧—阻尼器系统来模拟[8]。测量板材厚度的传感器放置在轧辊出口处，因距离引起的时延可以忽略不计。闭环控制系统的设计目标是尽量使板材厚度与设计值保持一致。输入板材的厚度变化可以视为对系统的干扰。轧钢机控制系统不是单位反馈系统，其框图模型如图 DP9.6 所示。随着轧钢机维修保养状态的不同，参数 b 的变化范围为 $50 \leqslant b < 400$。

(a) 增益 K 的标称值为 100，在 $b = 50$ 和 $b = 400$ 两种极端情况下，计算系统的相角裕度和增益裕度。

(b) 当参数 b 在给定的范围内取值时，适当地减小 K 的值，使闭环系统的相角裕度满足 P.M. $\geqslant 45°$、增益裕度满足 G.M. $\geqslant$ 6 dB。

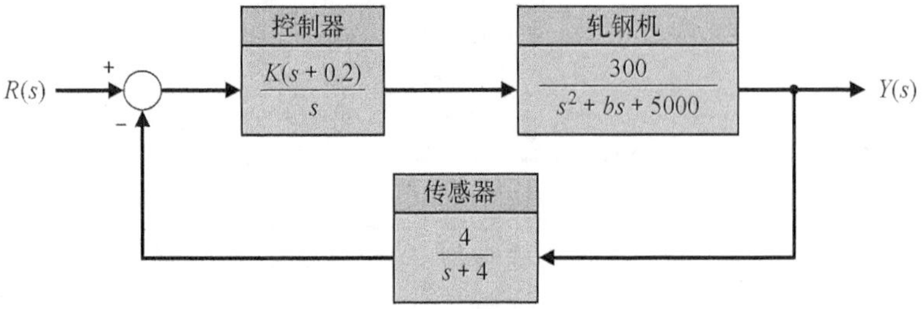

图 DP9.6 轧钢机控制系统的框图模型

DP9.7 当月球车在月球上执行构建和探索任务时，就会面临与地球完全不同的环境，并且它们还会受到地面的遥控。图 DP9.7 给出了月球车控制系统的框图模型。当时延 $T = 0.5$ s 时，确定 K 的合适取值，使系统阶跃响应的超调量 P.O. $\leqslant$ 20%，而且要有尽可能快的响应速度。

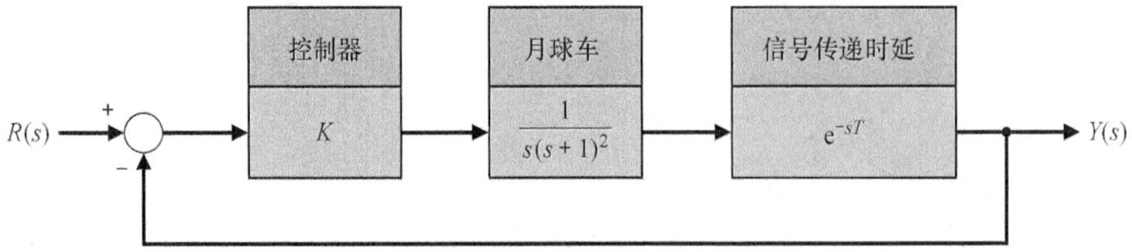

图 DP9.7 月球车控制系统的框图模型

DP9.8 控制高速运动的轧钢机是一项富有挑战性的工作，这要求轧钢机能够精确控制板材厚度，并且要易于调节。厚度控制系统的框图模型如图 DP9.8 所示。试用根轨迹法确定 K 的合适取值，使系统有尽可能敏捷的阶跃响应，并且要求超调量 P.O. $\leqslant$ 0.5%、调节时间（按 2% 准则）$T_s \leqslant 4$ s。另外，试求出此时的闭环特征根并明确系统的主导极点。

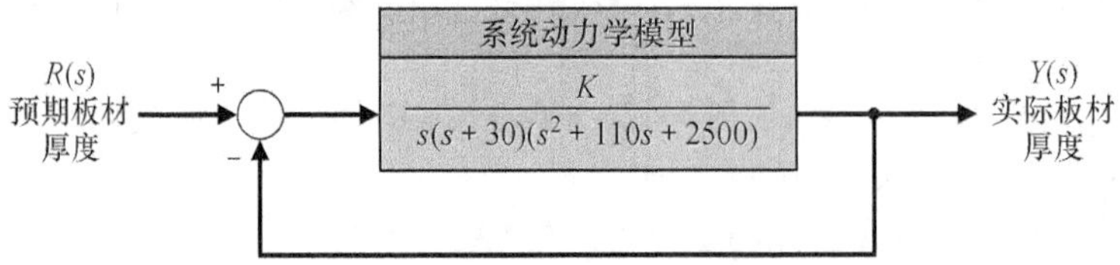

图 DP9.8 轧钢机厚度控制系统的框图模型

DP9.9　装有受热液体的双容器系统的模型如图 DP9.9（a）所示，整个系统的框图模型如图 DP9.9（b）所示，其中，$T_0(s)$是流入第一个容器的液体温度，$T_2(s)$是流出第二个容器的液体温度。第一个容器中装有加热装置，因而能够产生可调的热量输入$Q(s)$。假设时间常数分别为$\tau_1 = 10\,\mathrm{s}$和$\tau_2 = 50\,\mathrm{s}$，请完成下列任务：

(a)

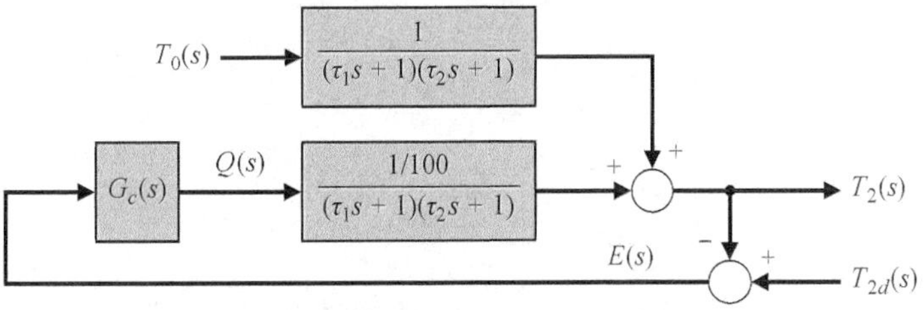

(b)

图 DP9.9　（a）装有受热液体的双容器系统的模型；（b）整个双容器系统的框图模型

（a）用$T_0(s)$和$T_{2d}(s)$表示系统输出$T_2(s)$。

（b）假定当系统处于稳定状态时，预期的输出温度$T_{2d}(s)$发生改变，由$T_{2d}(s) = A/s$变成$T_{2d}(s) = 2A/s$。在此条件下，当$G_c(s) = K = 500$时，计算系统的瞬态响应$T_2(t)$。

（c）在（b）中所给的条件下，计算系统误差$E(s) = T_{2d}(s) - T_2(s)$的稳态值。

（d）若将控制器改为$G_c(s) = K/s$，确定K的合适取值，使系统阶跃响应的超调量 P.O. ≤ 10%，然后利用选定的K值重新回答（b）和（c）中的问题。

（e）若将控制器改为

$$G_c(s) = K_P + \frac{K_I}{s}$$

在保证系统阶跃响应的稳态误差为 0 的情况下，确定K_P和K_I的合适取值，使系统阶跃响应的调节时间（按 2% 准则）$T_s \le 150s$、超调量 P.O. ≤ 10%。

（f）列表比较问题（b）~（e）中得到的超调量、调节时间和稳态误差。

DP9.10　某系统的状态方程为

$$\dot{\boldsymbol{x}}(t) = \boldsymbol{A}\boldsymbol{x}(t) + \boldsymbol{B}u(t)$$
$$y(t) = \boldsymbol{C}\boldsymbol{x}(t)$$

其中：

$$\boldsymbol{A} = \begin{bmatrix} 0 & 1 \\ 2 & 3 \end{bmatrix}, \boldsymbol{B} = \begin{bmatrix} 0 \\ 1 \end{bmatrix}, \boldsymbol{C} = \begin{bmatrix} 1 & 0 \end{bmatrix}$$

假设系统的输入是状态和参考输入$r(t)$的线性组合：

$$u(t) = -\boldsymbol{K}\boldsymbol{x}(t) + r(t)$$

其中，增益矩阵为$\boldsymbol{K}=[K_1 \quad K_2]$。

将$u(t)$代入状态方程，可以得到

$$\dot{\boldsymbol{x}}(t)=[\boldsymbol{A}-\boldsymbol{BK}]\boldsymbol{x}(t)+\boldsymbol{B}r(t)$$
$$y(t)=\boldsymbol{C}\boldsymbol{x}(t)$$

（a）求$\boldsymbol{A}-\boldsymbol{BK}$对应的特征方程。

（b）设计增益矩阵$\boldsymbol{K}$，使系统满足下列性能指标设计要求：

- 闭环系统稳定。
- 系统带宽$\omega_B \geqslant 1$ rad/s。
- 当输入为单位阶跃信号$R(s)=1/s$时，系统的稳态误差为 0。

DP9.11 如图 DP9.11 所示，核电站的主控环路中存在一定的时延，其原因在于必须将液流从反应堆输送到温度测量点，才能测量液流温度。控制器的传递函数为

$$G_c(s)=K_P+\frac{K_I}{s}$$

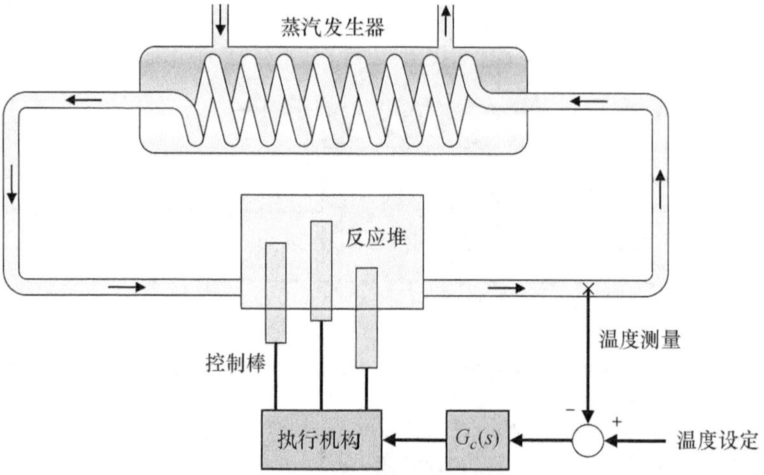

图 DP9.11 核反应堆控制系统

反应堆及其时延的传递函数为

$$G(s)=\frac{\mathrm{e}^{-sT}}{\tau s+1}$$

其中，$T=0.4$ s，$\tau=0.2$ s。请利用频率响应法设计一个控制器，使系统的超调量P.O.≤10%，并估算此时单位阶跃响应的超调量以及调节时间（按 2% 准则）。最后，请求出实际的超调量和调节时间，并与估算值作比较。

计算机辅助设计题

CP9.1 某单位负反馈系统的开环传递函数为

$$L(s)=G_c(s)G(s)=\frac{20}{s(s^2+10s+10)}$$

试验证系统的增益裕度为 14 dB、相角裕度为 32.7°。

CP9.2 利用函数 nyquist，绘制下列传递函数的奈奎斯特图。

（a）$G(s)=\dfrac{10}{s+10}$

（b）$G(s)=\dfrac{48}{s^2+8s+24}$

（c）$G(s)=\dfrac{10}{s^3+3s^2+3s+1}$

CP9.3　利用函数 nichols，绘制下列传递函数的带有网格的尼科尔斯图，从而估算并在尼科尔斯图上标注系统的相角裕度和增益裕度。

（a）$G(s)=\dfrac{1}{s+0.5}$

（b）$G(s)=\dfrac{4}{s^2+4s+4}$

（c）$G(s)=\dfrac{6}{s^3+6s^2+11s+6}$

CP9.4　某单位负反馈控制系统的开环传递函数为

$$L(s)=G_c(s)G(s)=\frac{Ke^{-sT}}{s+10}$$

（a）当 $T=0.2$ s 时，利用函数 margin 确定 K 的取值，使相角裕度大于或等于 45°。

（b）利用（a）中得到的增益 K，在 $0\leqslant T\leqslant 0.3$ s 的范围内，绘制相角裕度与 T 的关系曲线。

CP9.5　考虑某单位负反馈控制系统，其开环传递函数为

$$L(s)=G_c(s)G(s)=\frac{K(s+25)}{s(s+10)(s+20)}$$

编写 m 脚本程序，绘制系统带宽随 K 变化的变化曲线，其中，K 的变化范围为 $1\leqslant K\leqslant 80$。

CP9.6　倾斜转弯导弹采用倾斜偏航方式来改变飞行方向，其偏航加速度控制系统的框图模型如图 CP9.6 所示。其中，输入是偏航加速度指令（以 g 为单位），输出是导弹的偏航加速度（也以 g 为单位），采用的控制器是比例积分（PI）控制器，参数 b_0 的标称值为 0.5。在上述条件下：

（a）利用函数 margin 计算系统的相角裕度、增益裕度和 0 dB 线穿越频率。

（b）保持（a）中的增益裕度不变，估算能使系统保持稳定的参数 b_0 的最大值。用劳斯-赫尔维茨稳定性判据验证你的结论。

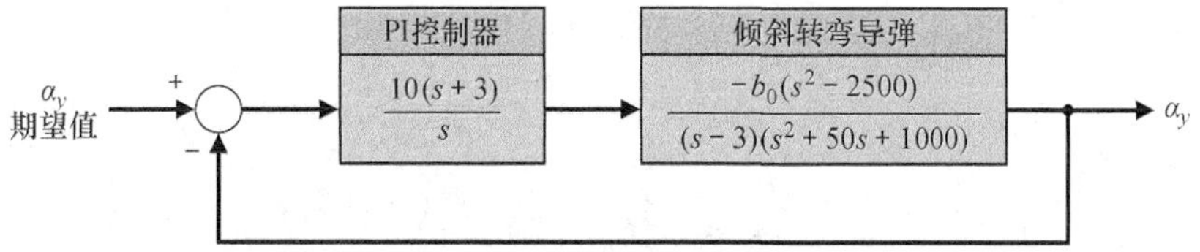

图 CP9.6　倾斜转弯导弹的偏航加速度控制系统的框图模型

CP9.7　某工程试验室提出了用地面站来控制在轨卫星的方案。他们设想的控制系统的框图模型如图 CP9.7 所示，其中，在地面站与卫星之间，上行测控信号和下行应答信号所需的传输时间均为 T，地面站采用的控制器是比例微分（PD）控制器，即

$$G_c(s)=K_P+K_Ds$$

（a）假设信号传输时延可以忽略不计（即 $T=0$），试确定 K_P 和 K_D 的取值，使系统阶跃响应的超调量 P.O. ≤ 20%、峰值时间 $T_p\leqslant 30s$。

（b）在 $T=0$ 的条件下，计算系统的相角裕度。根据相角裕度的计算结果，从相角裕度的角度出发，估算容许的最大允许时延以保持系统稳定。

（c）当采用二阶系统来近似时延环节（帕德近似）时，利用函数 pade 编写 m 脚本程序，计算能够保持系统稳定的最大允许时延 T_{max}，求闭环系统的极点并与（b）中的结果作比较。

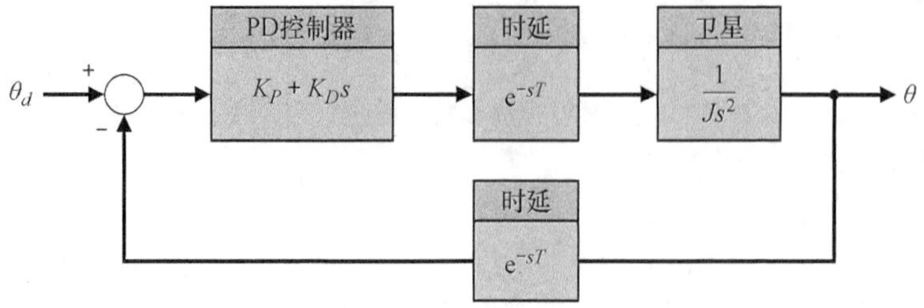

图 CP9.7 地面控制卫星系统的框图模型

CP9.8 若控制系统的状态方程为

$$\dot{\boldsymbol{x}}(t) = \begin{bmatrix} 0 & 1 \\ -1 & -15 \end{bmatrix} \boldsymbol{x}(t) + \begin{bmatrix} 0 \\ 30 \end{bmatrix} u(t)$$

$$y(t) = \begin{bmatrix} 8 & 0 \end{bmatrix} \boldsymbol{x}(t) + [0] u(t)$$

利用函数nyquist绘制系统的奈奎斯特图。

CP9.9 考虑习题CP9.8中的系统，利用函数nichols绘制系统的尼科尔斯图，并求系统的增益裕度和相角裕度。

CP9.10 某闭环反馈控制系统如图CP9.10所示。

（a）假设时延 $T = 0$ s，绘制系统的奈奎斯特图并计算相角裕度。

（b）当 $T = 0.05$ s 时，计算系统的相角裕度。

（c）确定将导致闭环系统失稳的最小时延。

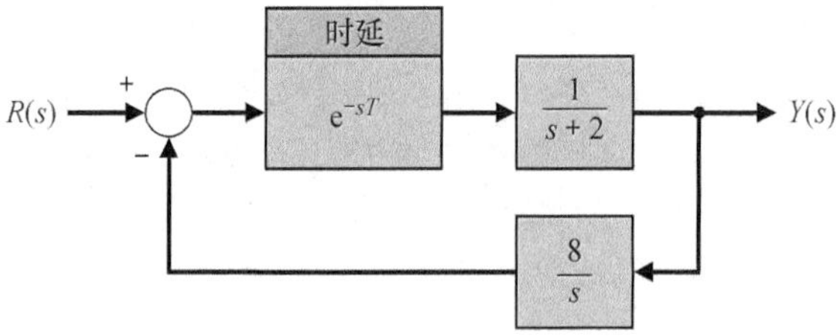

图 CP9.10 包含时延环节的闭环反馈控制系统

☑ 技能自测答案

正误判断题：1. 对；2. 对；3. 对；4. 对；5. 错。

多项选择题：6.b；7.a；8.d；9.a；10.d；11.b；12.a；13.b；14.c；15.a

术语和概念匹配题（自上向下）：f；e；k；b；j；a；i；d；h；c；g

术语和概念

bandwidth	**带宽**	系统频率响应的幅值由低频段幅值开始下降 3 dB 时对应的频率。
Cauchy's theorem	**柯西定理**	如果 s 平面上的闭合围线沿顺时针方向包围映射函数 $F(s)$ 的 Z 个零点和 P 个极点，那么在 $F(s)$ 平面上，相应的映射像曲线将沿顺时针方向包围 $F(s)$ 平面的原点 $N = Z - P$ 周。
closed-loop frequency response	**闭环频率响应**	闭环传递函数 $T(s)$ 的频率响应。
conformal mapping	**共形映射**	映射前后在 s 平面和 $F(s)$ 平面上能够保持角度不变的映射。

contour map	**围线映射**	一个平面上的围线通过关系函数 $F(s)$ 被映射成为另一个平面上的围线。
gain margin	**增益裕度**	系统在达到临界稳定之前容许的增益放大倍数。当系统临界稳定时，相角为-180°，奈奎斯特像围线[①]经过点（-1, 0）。
logarithmic（decibel）gain margin measure	**增益裕度的对数度量**	增益裕度的一种对数度量方式，计算公式为 $20\log_{10}(1/d)$，其中，$1/d = 1/\lvert L(j\omega)\rvert$，相角为-180°。
Nichols chart	**尼科尔斯图**	可以描述控制系统开环频域响应和闭环频域响应相互关系的曲线。
Nyquist stability criterion	**奈奎斯特稳定性判据**	反馈系统稳定的充分必要条件如下：当开环传递函数 $L(s)$ 在 s 平面右半平面的极点个数为 0 时，$L(s)$ 平面上的映射像曲线不包围点（-1, 0）；而当开环传递函数 $L(s)$ 在 s 平面右半平面的极点个数为 P 时，$L(s)$ 平面上的映射像曲线将按逆时针方向包围点（-1, 0）P 周。
phase margin	**相角裕度**	容许 $L(j\omega) = G_c(j\omega)G(j\omega)$ 平面上的奈奎斯特像围线绕原点旋转的相角移动量，直至其单位幅值点与点-1+j0 重合，系统从稳定变为临界稳定为止。
principle of the argument	**幅角原理**	参见柯西定理。
time delay	**时延**	时延 T 使得于 t 时刻在系统的某一处发生的事件，其后效在 $t + T$ 时刻才在系统的另一处出现。

① 奈奎斯特围线是自变量变化曲线；奈奎斯特像围线是函数映射后，函数值的变化曲线。

第 10 章　反馈控制系统设计

提要

本章讨论反馈控制系统的校正器设计这一中心议题。在前面各章的基础上，本章将给出反馈控制系统设计的几种频域校正方法，旨在获得预期的系统性能。本章不仅引入了常用的超前校正器和滞后校正器，并结合一些设计实例加以应用，还给出了设计超前校正器和滞后校正器的根轨迹法和伯德图法。为了提高控制系统的稳态跟踪精度，本章还将重新讨论比例积分（PI）控制器。最后，本章为循序渐进设计实例——磁盘驱动器读取系统，设计带有前置滤波器的比例微分（PD）控制器。

预期收获

在完成第 10 章的学习之后，学生应该：

- 能够利用根轨迹法和伯德图设计超前校正器和滞后校正器；
- 理解前置滤波器的作用，理解如何设计具有最小节拍响应的系统；
- 掌握控制系统的各种设计方法的异同。

10.1　引言

在控制系统的设计中，反馈控制系统的性能是最为基本的问题之一。适用的控制系统应该具有如下特性：稳定，对各类输入指令能够产生让人接受的预期响应，对系统参数的波动变化不敏感，对输入指令有很小的稳态跟踪误差，能够有效抑制外界干扰的影响，等等。在实际工程中，初步设计的控制系统无须进一步校正就具有优良的性能是非常罕见的。通常情况下，控制系统的设计常常需要折中兼顾那些彼此冲突却又必须满足的性能指标设计要求。当现有的系统无法满足所有性能指标设计要求时，就必须通过调整系统参数和结构，使系统具备合适且可接受的性能。

通常情况下，可能只需要调整系统参数，就能够使闭环控制系统达到预期的性能。但我们也发现，仍存在很多场合，仅仅调节系统参数并不能使闭环控制系统达到预期的性能，我们必须重新考虑和修改控制系统的组成结构并重新完成设计，才能得到一个合适的系统。也就是说，**闭环控制系统的设计应该聚焦于重新规划与调整系统结构、配置合适的校正器、选取适当的系统参数等多项工作**。但是，如果要求控制系统的多个指标同时小于它们各自给定的预期设计值，大家就会发现，各个指标的设计要求之间是相互冲突的。例如，如果要求二阶系统的超调量满足 P.O. ≤ 20%，同时要求 $\omega_n T_p = 3.3$，则根据这两个指标设计要求计算出来的阻尼比 ζ 的取值就会相互冲突。在这种情况下，如果不放宽对系统性能指标的设计要求，我们将不得不以某种方式修改反馈控制系统的原有结构。为了实现预期性能而对控制系统的结构进行修改或调整被称为**校正**。换句话说，校正是为弥补系统的不足而进行的结构调整。

当我们为了改善系统响应性能而重新设计和校正控制系统时，通常的做法是在原有的反馈系统结构中插入一个新的元部件或装置，新插入的这个元部件或装置可以弥补原有系统性能的不足。这种新插入的元部件或装置被称为**校正器**。

校正器是为了弥补控制系统性能的不足而引入的附加元部件或装置。

概念强调说明 10.1

校正器的传递函数通常记为 $G_c(s) = E_o(s)/E_{in}(s)$，我们可以按照不同的方式将校正器配置在闭环系统中的不同位置。以单环路控制系统为例，图 10.1 给出了校正器的几种配置方式。在图 10.1（a）中，校正器配置在前向通路上，这种校正方式被称为**串联校正**。类似地，图 10.1（b）~ 图 10.1（d）所示的校正方式则分别被称为**反馈校正、输出（或负载）校正和输入（或前置）校正**。在选择校正方式时，应综合考虑多种因素的影响。例如，闭环控制系统的性能设计要求、系统各个节点处信号的强弱、可供使用的校正器等，都会影响校正方式的选择。另外，在很多常见的场景中，控制系统的输出 $Y(s)$ 就是受控对象 $G(s)$ 的输出。在这种情况下，输出校正［见图 10.1（c）］就变成了一种不可物理实现且不可以选择的校正方式。

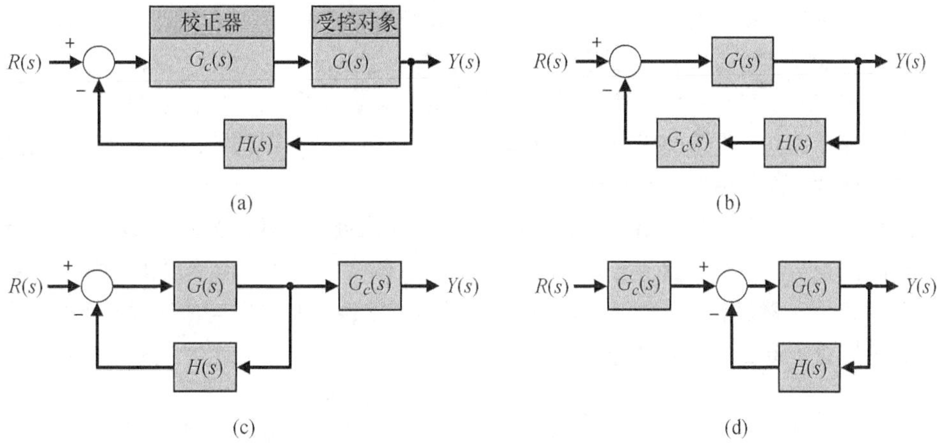

图 10.1　校正方式

（a）串联校正；（b）反馈校正；（c）输出（或负载）校正；（d）输入（或前置）校正

10.2　系统设计方法

控制系统的性能既可以用时域性能指标来描述，也可以用频域性能指标来描述。当采用时域性能指标时，控制系统的设计要求就是给定的时域指标的预期值，例如所要求的峰值响应时间 T_p、最大超调量 P.O.、允许的调节时间 T_s 等。此外，还需要指定控制系统对典型测试信号容许的稳态跟踪误差，并指定对干扰输入的稳态响应指标要求。控制系统的这些时域设计要求还可以方便地转换为对闭环传递函数 $T(s)$ 的零极点位置分布的设计要求，即转换为指定的闭环零点和极点在 s 平面上的预期位置。当系统的某个参数发生变化时，我们可以方便地得到闭环控制系统的根轨迹。如果根轨迹不能通过闭环零点和极点的预期位置，则需要为闭环控制系统引入合适的校正器（见图 10.1），以改变根轨迹的形状。由此可见，我们可以用根轨迹法来设计合适的校正器，从而使校正后的 s 平面上的根轨迹通过预期的闭环零点和极点，进而校正原有的闭环控制系统。

类似地，当采用频域性能指标时，闭环控制系统的设计要求就是给定的频域指标的预期值，例如所要求的系统谐振峰值 $M_{p\omega}$、谐振频率 ω_r、带宽 ω_B、增益裕度 G.M.、相角裕度 P.M. 等。当原有的控制系统无法满足所给的频域指标设计要求时，就需要为系统引入合适的校正器 $G_c(s)$ 以改善系统性能。在频域中设计校正器 $G_c(s)$ 的常用工具是系统的各种频率响应特性图，如奈奎斯特图、伯德图、尼科尔斯图等。其中，当处理串联校正器时，伯德图由于具有叠加特性（可以叠加校正器的频率响应特性），因此更受青睐，应用也更为广泛。

综上所述，控制系统设计的中心工作是，通过改变系统的频率响应或根轨迹，实现适当的系统性能。频率响应校正方法的基本思路是，按照预期的频率响应设计合适的校正器，改变伯德图和尼科尔斯图上的频率特性曲线的形状，使经过校正的系统能够满足频域设计要求。

与频率响应校正方法不同，s 平面根轨迹校正方法的基本思路是，设计合适的校正器，改变 s 平面上根轨迹的形状，使经过校正的系统的根轨迹通过闭环极点的预期位置。

在工程实践中，只要条件允许，就应该尽可能地通过改进受控对象自身的品质特性来提高控制系统的性能，这是最简单有效的办法。这意味着如果能够确切地掌握并改进受控对象，并且能够用传递函数 $G(s)$ 准确地表示受控对象，就可以直接改善反馈控制系统的性能。例如，为了提高位置伺服控制系统的瞬态性能，最好的办法是尽可能选用高性能的电机；而在飞行控制系统中，通过改进飞机自身的气动设计，就可以显著地改善飞机的瞬态飞行品质。这些都表明控制系统设计人员应该清醒地认识到，改进受控对象的品质特性是提高反馈控制系统性能的基础性工作。然而，在控制系统设计的实践中，我们通常还会面临要么受控对象无法更改，要么受控对象虽然已经得到充分改进，但仍然得不到令人满意的系统性能的情况。此时，为了提高系统性能，势在必行的措施就是引入附加的校正器。

本章后续内容都假定受控对象已经得到最大限度的改进，且相应的传递函数 $G(s)$ 无法再修改。在这样的前提下，我们将首先介绍所谓的超前校正器，以及如何运用根轨迹法和频率响应法来设计超前校正器；然后在此基础上，讨论如何运用根轨迹法和频率响应法设计积分型校正器，使反馈控制系统具备合适的性能。

10.3 串联校正器

本节讨论校正器的设计问题。在串联校正和反馈校正方式下，校正器 $G_c(s)$ 与受控对象 $G(s)$ 是开环串联关系，校正的目的则是获得合适的开环传递函数 $L(s)=G_c(s)G(s)H(s)$。校正器的设计和选择依据是，按照需要改变闭环系统的根轨迹或频率响应特性。在串联校正和反馈校正方式下，我们可以将校正器的传递函数选为下面的通用形式：

$$G_c(s)=\frac{K\prod_{i=1}^{M}\left(s+z_i\right)}{\prod_{j=1}^{n}\left(s+p_j\right)} \tag{10.1}$$

于是，校正器的设计问题便可以转换成校正器零点和极点的合理配置问题。为了说明校正器的特性，下面考虑一阶校正器。以一阶校正器为基础，可以拓展构成高阶校正器。例如，可以将多个一阶校正器串联在一起。

一般情况下，可以将校正器 $G_c(s)$ 与受控对象 $G(s)$ 一并考虑，通过确定闭环系统的总增益，确保系统满足稳态跟踪误差的设计要求。然后在不影响系统稳态误差的前提下，单独考虑校正器 $G_c(s)$，以调整和改善系统的动态性能。

一阶校正器的传递函数为

$$G_c(s)=\frac{K(s+z)}{s+p} \tag{10.2}$$

由式（10.2）可知，$G_c(s)$ 的设计问题已变成 K、z 和 p 的参数设计问题。$|z|<|p|$ 时的校正器

被称为**相角超前校正器**，其在 s 平面上的零极点分布图如图 10.2 所示。

更进一步地，当 $|p| \gg |z|$ 时，超前校正器的极点可以忽略不计，零点则可以近似为 s 平面的原点。于是，式（10.2）可以近似为

$$G_c(s) \approx \frac{K}{p} s \tag{10.3}$$

由此可知，式（10.2）给出的超前校正器在本质上是一种微分型的校正器。理想微分器［式（10.3)］的频率特性函数为

$$G_c(\mathrm{j}\omega) = \mathrm{j}\frac{K}{p}\omega = \left(\frac{K}{p}\omega\right)\mathrm{e}^{+\mathrm{j}90^\circ} \tag{10.4}$$

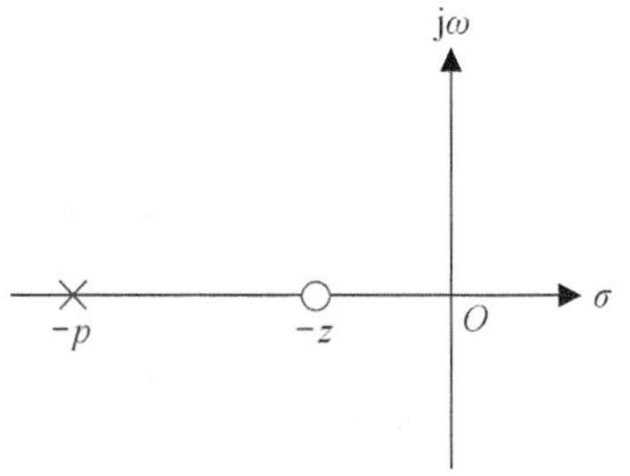

图 10.2　一阶相角超前校正器的零极点分布图

对应的相角为+90°。类似地，式（10.2）所示的微分型超前校正器的频率特性函数为

$$G_c(\mathrm{j}\omega) = \frac{K(\mathrm{j}\omega + z)}{\mathrm{j}\omega + p} = \frac{K(1 + \mathrm{j}\omega\alpha\tau)}{\alpha(1 + \mathrm{j}\omega\tau)} \tag{10.5}$$

其中，$\tau = 1/p$，$p = \alpha z$，对应的相频特性函数为

$$\phi(\omega) = \arctan(\alpha\omega\tau) - \arctan(\omega\tau) \tag{10.6}$$

图 10.3 给出了超前校正器的伯德图，从中可以看出，在频率轴上，超前校正器的零点频率率先出现，其相角为正且对数幅值近似线的斜率为 20 dB/decade。

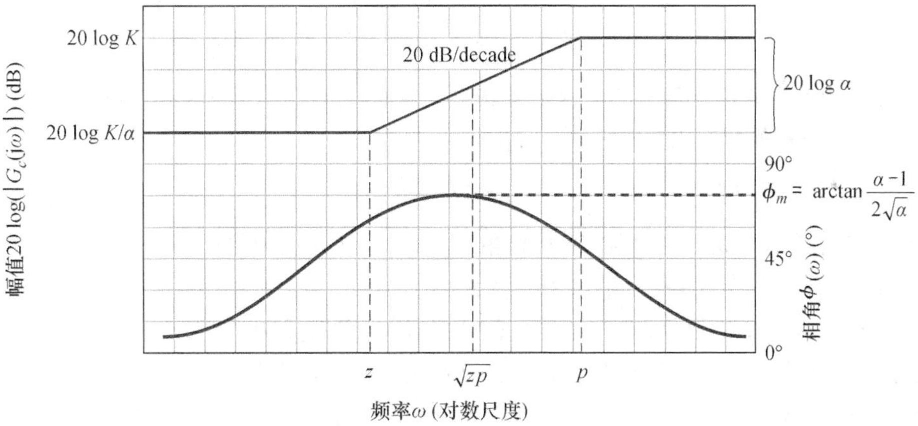

图 10.3　超前校正器的伯德图

超前校正器的传递函数一般可以写成

$$G_c(s) = \frac{K(1 + \alpha\tau s)}{\alpha(1 + \tau s)} \tag{10.7}$$

其中，$\tau = 1/p$，$\alpha = p/z > 1$。记 ω_m 为极点频率 $p = 1/\tau$ 和零点频率 $z = 1/(\alpha\tau)$ 的几何平均，则最大超前相角出现在频率 ω_m 处。也就是说，在对数尺度的频率轴上，最大超前相角出现在极点频率和零点频率的中间处，即有

$$\omega_m = \sqrt{zp} = \frac{1}{\tau\sqrt{\alpha}} \tag{10.8}$$

为了得到最大超前相角的表达式，由式（10.5）可以得到

$$\phi = \arctan\frac{\alpha\omega\tau - \omega\tau}{1 + (\omega\tau)^2\alpha} \tag{10.9}$$

将最大相角频率 $\omega_m=1/(\tau\sqrt{\alpha})$ 代入式（10.9），于是有

$$\tan\phi_m=\frac{\alpha/\sqrt{\alpha}-1/\sqrt{\alpha}}{1+1}=\frac{\alpha-1}{2\sqrt{\alpha}} \tag{10.10}$$

使用三角函数关系 $\sin\phi=\tan\phi/\sqrt{1+\tan^2\phi}$，又可以得到

$$\sin\phi_m=\frac{\alpha-1}{\alpha+1} \tag{10.11}$$

为了使设计的校正器能够提供所需的最大超前相角，我们可以利用式（10.11）方便地确定所需的校正器参数之一，即校正器的极点与零点之比 α。图 10.4 给出了 ϕ_m 与 α 的关系曲线，从中可以看出，易于实现的最大超前相角不会超过 70°，与此同时，α 的最大值也会受到实际的物理系统的限制。因此，如果想要获得大于 70°的最大超前相角，就需要将两个或更多的一阶校正器串联起来。

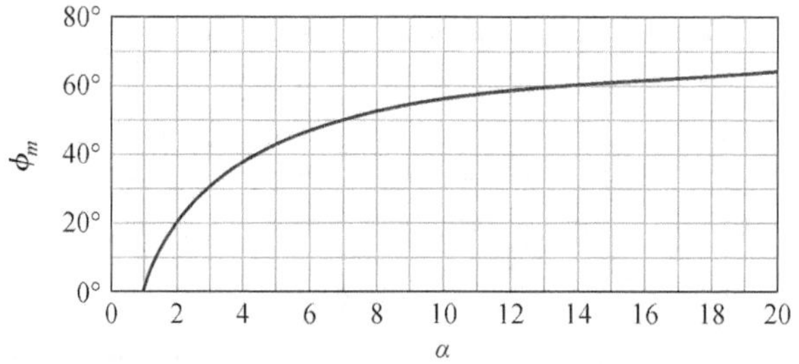

图 10.4 一阶超前校正器的最大超前相角 ϕ_m 与 α 的关系曲线

另一种常用的串联校正器是**相角滞后校正器**，这种校正器会为原有的控制系统带来滞后相角。一阶滞后校正器的标准化传递函数为

$$G_c(s)=K\alpha\frac{1+\tau s}{1+\alpha\tau s} \tag{10.12}$$

其中，$\tau=1/z$，$\alpha=z/p>1$。一阶滞后校正器的零极点分布图如图 10.5 所示。由于 $\alpha>1$，滞后校正器的极点更靠近 s 平面的原点。在我们感兴趣的频率范围内，滞后校正器与积分器有着类似的频率响应。因此，滞后校正器在本质上是一种积分型校正器。一阶滞后校正器的频率特性函数为

$$G_c(\mathrm{j}\omega)=K\alpha\frac{1+\mathrm{j}\omega\tau}{1+\mathrm{j}\omega\alpha\tau} \tag{10.13}$$

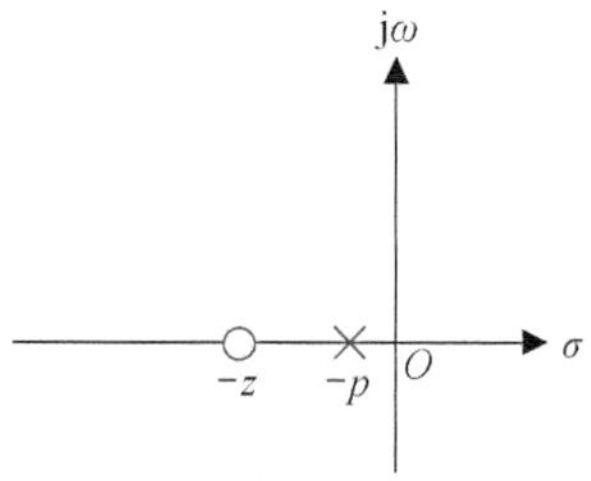

图 10.5 一阶滞后校正器的零极点分布图

由此得到的伯德图如图 10.6 所示。比较图 10.6 和图 10.3 可以看出，滞后校正器的伯德图与超前校正器的伯德图具有相似的形状，它们的不同之处在于，幅频特性由超前校正器的幅值放大变成滞后校正器的幅值衰减，而相角特性则由超前相角变成滞后相角。最大滞后相角出现在频率 $\omega_m=\sqrt{zp}$ 处。

接下来，我们希望运用这些校正器，使闭环系统具有预期的频率响应或极点分布。在考虑频率响应时，超前校正器的主要作用在于提供一个超前相角，从而可以增大闭环系统的相角裕度；而在 s 平面上，超前校正器的作用在于按照需要改变闭环系统根轨迹的形状，从而使闭环系统极点处在预期的位置。因此，超前校正器主要着眼于改善控制系统的瞬态性能。引入滞后校正器的真正目的不是提供滞后相角，而是主要着眼于以适当的方式衰减系统幅值，以提高系统的稳态精度。滞后相角其实还会带来降低系统稳定性的副作用[3]。

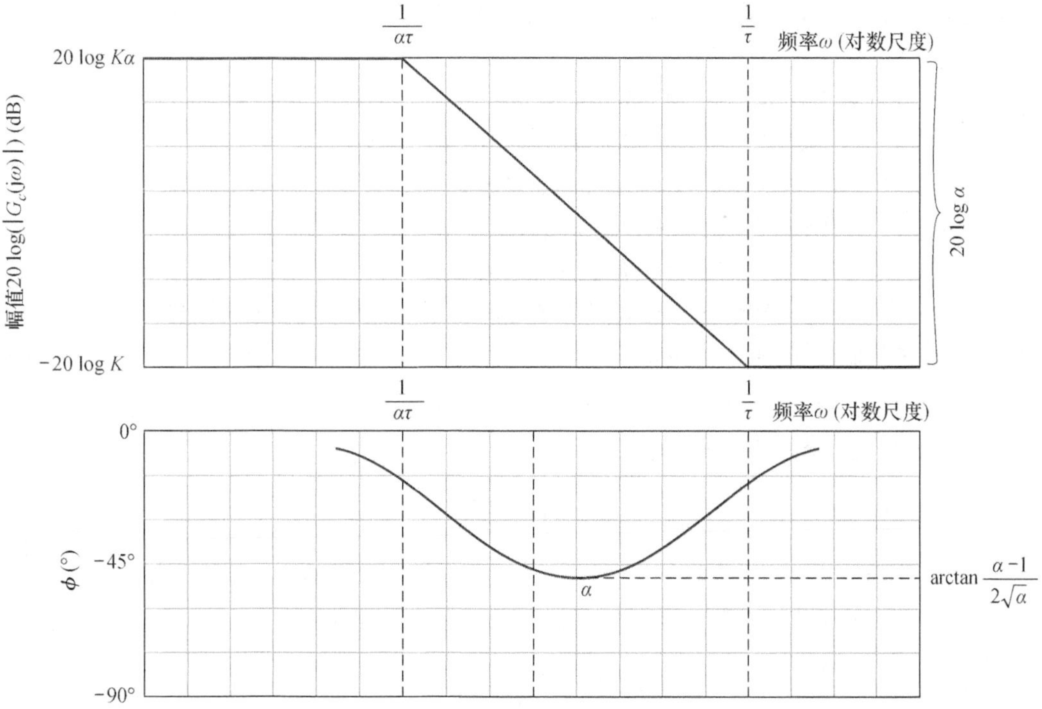

图 10.6　一阶滞后校正器的伯德图

10.4　用伯德图设计超前校正器

与其他频率响应图相比，伯德图更适合于设计超前校正器。利用伯德图的叠加特性，我们可以方便地在未校正系统的伯德图上叠加超前校正器的伯德图。图 10.1（a）给出的串联校正系统的开环频率特性函数为 $L(\mathrm{j}\omega) = G_c(\mathrm{j}\omega)G(\mathrm{j}\omega)H(\mathrm{j}\omega)$，我们可以首先绘制未校正系统 $G(\mathrm{j}\omega)H(\mathrm{j}\omega)$ 的开环伯德图，然后加以仔细分析，确定合适的超前校正器 $G_c(\mathrm{j}\omega)$ 的零点和极点，也就是确定 p 和 z 的取值，以便按照需要改变伯德图的形状。在绘制未校正系统 $G(\mathrm{j}\omega)H(\mathrm{j}\omega)$ 的伯德图时，我们应该首先确定合适的增益值，以优先保证系统具有可以接受的稳态精度；然后在该伯德图上估算未校正系统的相角裕度和谐振峰值，并判定它们是否满足设计要求。若相角裕度不满足设计要求，则引入超前校正器 $G_c(\mathrm{j}\omega)$，在相频曲线的恰当位置为系统添加超前相角，以增加系统的相角裕度。为了最大限度地增加系统的相角裕度，我们应该调整校正器，使出现最大超前相角的频率点 ω_m，正好是校正后系统的 0 dB 线穿越频率点 ω_c。

通过比较系统原有的相角裕度和预期的相角裕度，我们可以得到需要添加的超前相角，再利用式（10.11）或图 10.4，便可以进一步求得所需的 α。注意，在对数频率轴上，最大超前相角出现在极点频率和零点频率的中间处，即 $\omega_c = \omega_m = \sqrt{zp}$，据此又可以确定校正器的零点项 $z = 1/(\alpha\tau)$。由于超前校正器最后的幅值为 $20 \log \alpha$，因此可以预计在频率 $\omega_c = \omega_m$ 处，超前校正器带来的幅值增量应该为 $10 \log \alpha$（见图 10.3）。于是，遵循下面的设计步骤，我们可以得到所需的超前校正器。

① 在保证稳态精度的前提下（确定合适的增益值），计算未校正系统的相角裕度。

② 为稳妥起见（弥补幅值增加带来的相角损失），在预留小幅的冗余相角之后，计算需要补充添加的超前相角 ϕ_m。

③ 根据式（10.11），计算所需的校正器的参数 α。

④ 先认定式（10.7）中的 $G_c(s)$ 满足 $K/\alpha = 1$，增益值的调整将在步骤⑧完成。

⑤ 计算 $10\log\alpha$，在未校正系统的对数幅频特性曲线上，确定与幅值 $-10\log\alpha$ dB 对应的频率。由于超前校正器会在频率 ω_m 处提供 $10\log\alpha$ dB 的幅值附加增量，因此这个频率就是新的 0 dB 线穿越频率 ω_c，同时也是校正器的最大超前相角出现的频率 ω_m。

⑥ 计算校正器的极点参数 $p = \omega_m\sqrt{a}$ 和零点参数 $z = p/\alpha$。

⑦ 绘制校正后的闭环系统伯德图，确认相角裕度是否满足设计要求。若仍不满足设计要求，则重复上述设计步骤，直到相角裕度满足设计要求为止。

⑧ 最后，进一步将开环增益 K 提高到原来的 α 倍，以抵消超前校正器（电路网络）带来的衰减（$1/\alpha$），从而最终得到可以接受的校正设计方案。

例 10.1 II 型系统的超前校正器

考虑图 10.1（a）所示的单环反馈控制系统，并假定

$$G(s) = \frac{10}{s^2} \tag{10.14}$$

以及 $H(s) = 1$。由式（10.14）可知，未校正的系统是一个 II 型系统，从表面上看，系统对阶跃输入和斜坡输入都应该有令人满意的稳态跟踪性能。但如果注意到

$$T(s) = \frac{Y(s)}{R(s)} = \frac{10}{s^2 + 10} \tag{10.15}$$

就会发现事实并非如此。系统的响应其实是无阻尼的持续振荡。为此，这里考虑为未校正系统引入合适的超前校正器，使校正后的开环传递函数变成 $L(s) = G_c(s)G(s)$，以修正原有的虚极点。

在时域中，给定系统的指标设计要求如下：调节时间 $T_s \leqslant 4$ s 且闭环阻尼系数 $\zeta \geqslant 0.45$。而为了在频域中完成设计，我们需要将时域设计要求转换成频域设计要求。对于调节时间（按 2% 准则）而言，可以取

$$T_s = \frac{4}{\zeta\omega_n} = 4$$

因此，闭环系统的固有频率应该满足

$$\omega_n = \frac{1}{\zeta} = \frac{1}{0.45} = 2.22$$

在完成设计后，如果想用频率响应数据验证校正后的 ω_n 是否满足上述要求，最简单的办法可能就是将 ω_n 与带宽 ω_B 联系起来，然后验证闭环系统的 −3 dB 带宽是否满足相应的设计要求。当 $\zeta = 0.45$ 时，相应的近似要求为 $\omega_B = (-1.19\xi + 1.85)\omega_n$=3.00。闭环系统的带宽可以在校正后的尼科尔斯图上求得。

未校正系统的开环伯德图如图 10.7 中的实线所示，即

$$G(j\omega) = \frac{10}{(j\omega)^2} \tag{10.16}$$

考虑到对闭环阻尼系数的设计要求，闭环系统的相角裕度 ϕ_{pm} 需要近似地达到

$$\phi_{pm} = \frac{\zeta}{0.01} = \frac{0.45}{0.01} = 45^\circ \tag{10.17}$$

而在未校正系统中，两个纯积分环节的相角恒为 −180°，相角裕度仅为 0°。因此，在校正后的对数幅频曲线的 0 dB 线穿越频率处，我们需要用超前校正器提供 45°的超前相角。为此，校正器参数 α 应该满足

$$\frac{\alpha - 1}{\alpha + 1} = \sin\phi_m = \sin 45^\circ \tag{10.18}$$

于是，$\alpha = 5.8$。为了更加稳妥地提供足够的相角裕度，这里取 $\alpha = 6$，因而有 $10\log\alpha = 7.78$ dB。在最大超前相角对应的频率 ω_m 处，超前校正器会带来 7.78 dB 的额外幅值增量（可以视为副作用）。我们希望 ω_m 等于校正后的幅频特性近似线（即图 10.7 中的虚线）的 0 dB 线穿越频率，因此这个频率点上，校正后的幅频特性近似线需要比未校正系统的幅频特性近似线高出 7.78 dB。如图 10.7 所示，在未校正系统的幅频特性曲线上，可以计算出与幅值增益 −7.78 dB 对应的频率为 $\omega = 4.95$，这就是新的 0 dB 线穿越频率 ω_c，最大超前相角则被添加到 $\omega_m = \omega = 4.95$ 处。最后执行设计步骤中的步骤⑥，就可以确定所需的超前校正器的零点频率和极点频率分别为 $p = \omega_m\sqrt{\alpha} = 12.0$ 和 $z = p/\alpha = 2.0$。

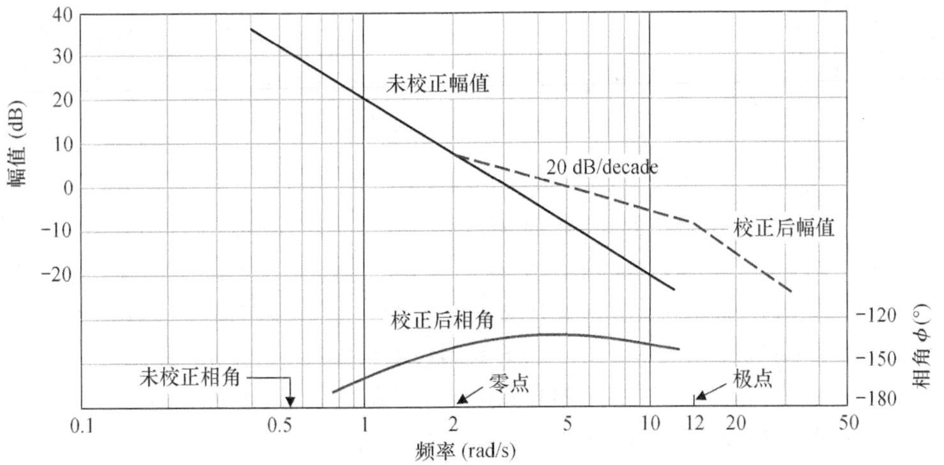

图 10.7　例 10.1 的伯德图

得到的校正器形如式（10.7），它的传递函数为

$$G_c(s) = K\frac{1 + \alpha\tau s}{\alpha(1 + \tau s)} = \frac{K}{6}\cdot\frac{1 + s/2.0}{1 + s/12.0} \tag{10.19}$$

选择 $K = 6$，这样可以保证系统的开环增益始终为 10。当我们在图 10.7 中添加校正后的系统的伯德图时，实际上已经默许提高了 K 的值，以抵消 $1/\alpha$ 导致的衰减。校正后的系统的开环传递函数变为

$$L(s) = \frac{10(1 + s/2)}{s^2(1 + s/12)} = \frac{60(s + 2)}{s^2(s + 12)}$$

注意 $H(s) = 1$，因此系统的闭环传递函数为

$$T(s) = \frac{60(s + 2)}{s^3 + 12s^2 + 60s + 120} \approx \frac{60(s + 2)}{(s^2 + 6s + 20)(s + 6)} \tag{10.20}$$

显然，零点 $s = -2$ 和实极点 $s = -6$ 会影响反馈控制系统的瞬态响应。校正后系统的实际性能指标如下：超调量 P.O. = 34%，调节时间 $T_s = 1.3$ s，带宽 $\omega_B = 8.4$ rad/s，相角裕度 P.M. = 45.6°。

例 10.2　二阶系统的超前校正器

某二阶反馈控制系统，其开环传递函数为

$$L(s)=\frac{40}{s(s+2)} \tag{10.21}$$

其中，$L(s)=G(s)$。我们希望系统斜坡响应的稳态误差 $e_{ss}=5\%$，因此系统的速度误差系数至少应该为

$$K_v=\frac{A}{e_{ss}}=\frac{A}{0.05A}=20 \tag{10.22}$$

式（10.21）表明，这已经得到了基本满足，再进一步要求系统的相角裕度至少为 40°。接下来要做的就是绘制未校正系统的伯德图。在选择开环增益 $K=K_v$ 之后，未校正系统的开环频率特性函数为

$$G(j\omega)=\frac{20}{j\omega(0.5j\omega+1)} \tag{10.23}$$

据此绘制的未校正系统的伯德图如图 10.8（a）所示，从中可以看出，在对数幅频特性曲线与 0 dB 线的交点处，对应的 0 dB 线穿越频率 $\omega_c=6.2\ \text{rad/s}$。根据如下相角计算公式：

$$\underline{/G(j\omega)}=\phi(\omega)=-90^\circ-\arctan(0.5\omega) \tag{10.24}$$

可以得到当 $\omega=\omega_c=6.2\ \text{rad/s}$ 时，未校正系统的相角为

$$\phi(\omega)=-162^\circ \tag{10.25}$$

由此可知，未校正系统的相角裕度仅为 18°，不满足给定的设计要求。因此，我们需要为系统引入超前校正器，以便将系统在新的穿越频率处的相角裕度提高到 40°。又由于新的 0 dB 线穿越频率将会增大，从而损失一定的相角，因此我们所需的超前相角在 $40^\circ-18^\circ=22^\circ$ 的基础上，还需要按一定的百分比增大设计值，以弥补相角损失。为此，我们希望所设计出的校正器能够提供的最大超前相角可以达到 $\phi_m=22^\circ+8^\circ=30^\circ$，对应地有

$$\frac{\alpha-1}{\alpha+1}=\sin 30^\circ=0.5 \tag{10.26}$$

解上面的方程可以得到 $\alpha=3$。

最大超前相角出现在 ω_m 处，应将 ω_m 选择为与新的 0 dB 线穿越频率重合。校正器在 ω_m 处有 $10\log\alpha=10\log 3=4.8\ \text{dB}$ 的幅值增益，因此新的 0 dB 线穿越频率应在 $G(j\omega)$ 的对数幅频特性曲线上的 −4.8 dB 处，于是有 $\omega_m=\omega_c=8.4$。绘制校正后的系统幅频特性曲线，并使其在 $\omega_m=\omega_c=8.4$ 处与 0 dB 线相交，可以得到 $z=\omega_m/\sqrt{\alpha}=4.8$ 和 $p=\alpha z=14.4$，超前校正器的传递函数则为

$$G_c(s)=\frac{K}{3}\cdot\frac{1+s/4.8}{1+s/14.4} \tag{10.27}$$

在补偿超前校正器（电路网络）带来的衰减（由于 $1/\alpha=1/3$，因此取控制器增益 $K=3$）之后，可以得到经过校正的系统的开环传递函数为

$$L(s)=G_c(s)G(s)=\frac{20(s/4.8+1)}{s(0.5s+1)(s/14.4+1)} \tag{10.28}$$

为了验证校正后的系统的相角裕度是否满足设计要求，下面计算当 $\omega=\omega_c=8.4\ \text{rad/s}$ 时 $G_c(j\omega)G(j\omega)$ 的相角。

$$\begin{aligned}\phi(\omega_c)&=-90^\circ-\arctan 0.5\omega_c-\arctan\frac{\omega_c}{14.4}+\arctan\frac{\omega_c}{4.8}\\&=-90^\circ-76.5^\circ-30.0^\circ+60.2^\circ=-136.3^\circ\end{aligned} \tag{10.29}$$

由此可知，校正后系统的相角裕度增大到了 43.7°，已经能够满足设计要求。经过验证，校

正后系统的其他时域性能指标如下：超调量 P.O. = 28%，调节时间 $T_s = 0.9$ s，系统对斜坡输入的稳态精度为 5%。

图 10.8（b）给出了反馈控制系统校正前后的尼科尔斯图，从中可以看出，超前校正器明显改变了系统的开环对数幅相特性曲线。

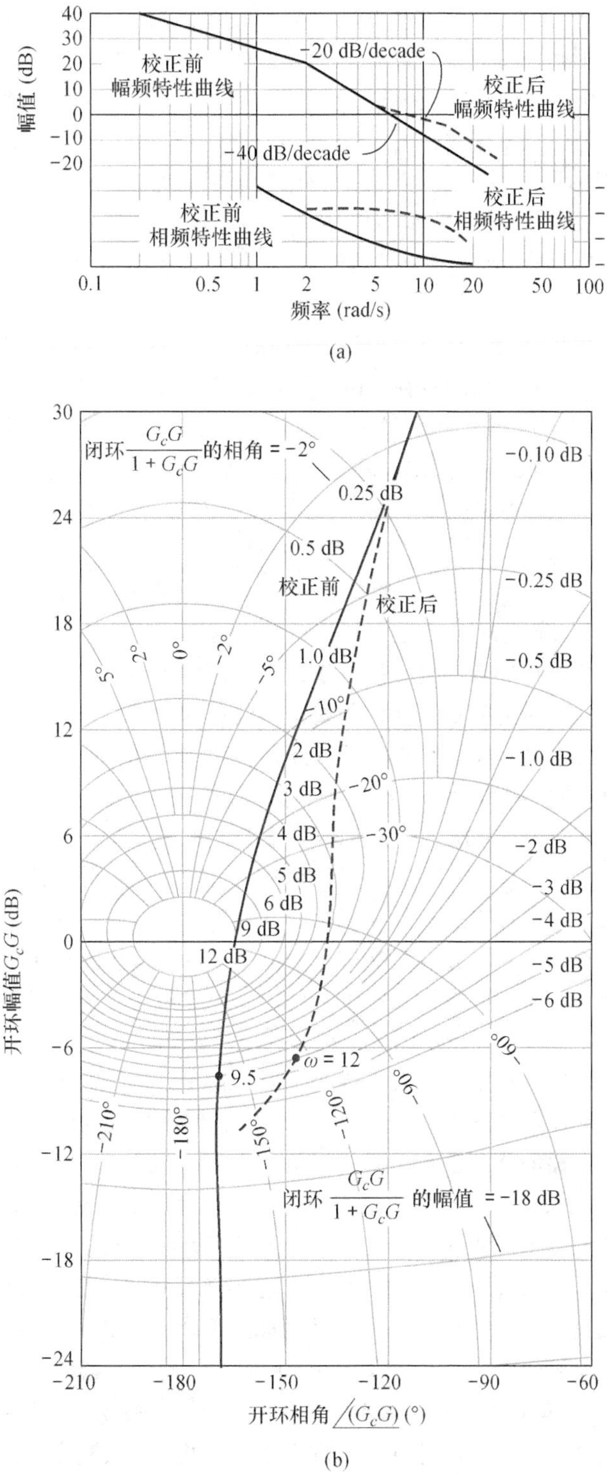

图 10.8　例 10.2 的伯德图和尼科尔斯图

对系统进行超前校正可以增大闭环系统的相角裕度和带宽并减小谐振峰值 $M_{p\omega}$。在本例中，校正前后的 $M_{p\omega}$ 分别为 12 dB 和 3.2 dB，闭环带宽则由校正前的 9.5 rad/s 增加到校正后的 12 rad/s。

10.5 用根轨迹法设计超前校正器

利用根轨迹法也可以方便地设计超前校正器，基本思路如下：合理配置超前校正器的零点和极点，从而改变根轨迹的形状，使校正后的闭环系统具有令人满意的根轨迹。事先给定的设计要求决定了系统的预期主导极点，而根轨迹要想令人满意，就应该通过这些预期主导极点。

当采用根轨迹法设计超前校正器时，主要步骤可以归纳如下。

① 根据系统的性能指标设计要求，导出主导极点的预期位置。

② 先将控制器取为比例控制器，即 $G_c(s)=K$，绘制未校正系统的根轨迹，验证根轨迹是否通过预期主导极点。若根轨迹通过预期主导极点，则只需要调整比例参数 K，就可以实现闭环主导极点，转至步骤⑤。

③ 若根轨迹不通过预期主导极点，则需要校正原有系统。我们可以先将超前校正器的零点直接配置在预期主导极点的下方（或配置在前两个开环实极点的左侧）。

④ 配置超前校正器的极点，使得根轨迹的相角条件在预期主导极点处得到满足，即相角之和为 180°，以确保校正后的根轨迹通过预期主导极点。

⑤ 在预期主导极点处计算系统的匹配增益，计算系统的稳态误差系数。

⑥ 若稳态误差系数不满足指标要求，则重复上述设计步骤。

如图 10.9（a）所示，我们应该首先根据对 ζ 和 ω_n 的设计要求，确定系统的预期主导极点。图 10.9（b）给出了未校正系统 $G_c(s)=K$ 的根轨迹，从中可以看出，此时系统的根轨迹并没有通过预期主导极点，因此需要校正原有系统。接下来，将校正器的零点配置在前两个开环实极点的左侧，以提供超前相角。由于希望实现并保持预期主导极点的主导特性，因此需要注意，不要将校正器的零点配置得比第 2 个开环实极点更靠近原点，否则会出现更靠近原点的闭环实极点并由其主导系统的响应。如图 10.9（c）所示，预期主导极点正好位于第 2 个开环实极点的上方，因此，可以将超前校正器的零点 z 配置在第 2 个开环实极点的左侧。

这样校正后的闭环系统的实极点将与实零点相距不远，对应的部分分式的留数较小，对系统最终响应的影响也相应较小，这可以进一步保证预期主导极点的主导特性。无论如何，设计者始终要意识到，其他闭环零点和极点终究会影响校正后的系统的响应，预期主导极点并不能自然而然地主导系统响应。因此，在实际的设计工作中，比较明智的做法是留出足够的设计余量，并在完成设计后，用计算机仿真来验证校正后的反馈控制系统的性能。

由于预期主导极点应该位于校正后的根轨迹上，因此在预期主导极点处应满足相角条件。考虑预期主导极点与各个开环零点和开环极点的连线向量，它们的相角的代数和应该为 180°，据此可以求得所需的与超前校正器的待定极点关联的相角 θ_p。如图 10.9（c）所示，从主导极点出发，绘制一条与实轴夹角为 θ_p 的直线，这条直线与实轴的交点即为所需的超前校正器的极点 $-p$。

利用根轨迹法设计超前校正器的优点在于，设计人员可以尽早确定闭环控制系统主导极点的位置，从而尽早确定目标系统瞬态响应的主要特性。与伯德图相比，根轨迹法的不足之处在于，无法让设计人员尽早直接得到系统的稳态误差系数（如速度误差系数 K_v）。由于闭环系统的开环增益与超前校正器的零点 z 和极点 p 有关，因此只有在完成超前校正器的设计之后，才能确定闭环系统的开环增益并进一步确定系统的误差系数。如果校正后的系统的误差系数不满足设计要求，则不可避免地需要重复上面的设计过程，重新调整主导极点的预期位置，并相应地改变超前校正器的零点和极点配置。

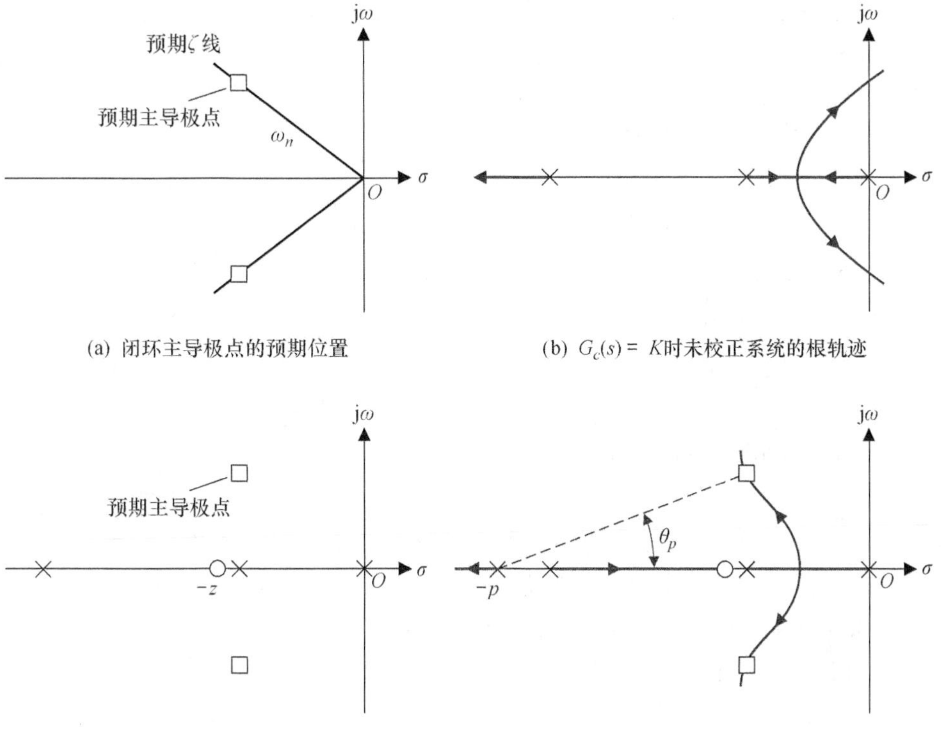

图 10.9　在 s 平面上利用超前校正器校正系统

例 10.3　用根轨迹法设计超前校正器

重新考虑例 10.1。未校正系统的开环传递函数为

$$L(s) = G_c(s)G(s) = \frac{10K}{s^2} \tag{10.30}$$

对应的特征方程为

$$1 + L(s) = 1 + K\frac{10}{s^2} = 0 \tag{10.31}$$

由此可知，未校正的闭环控制系统的根轨迹就是 s 平面的虚轴 jω。为了改善控制系统的性能，下面考虑为系统引入一阶超前校正器。超前校正器的传递函数为

$$G_c(s) = \frac{s+z}{s+p} \tag{10.32}$$

其中，$|z| < |p|$。

给定闭环控制系统的设计要求如下：调节时间（按 2% 准则）$T_s \leqslant 4\,\text{s}$ 且超调量 P.O. ≤ 35%。由此可以推知，闭环控制系统的阻尼比应该满足 $\zeta \geqslant 0.32$。再由对调节时间的设计要求可以得到

$$T_s = \frac{4}{\zeta\omega_n} = 4$$

于是可以取 $\zeta\omega_n = 1$。在取定 $\zeta = 0.45$ 之后，如图 10.10 所示，可以将系统的预期主导极点取为

$$r_1, \hat{r}_1 = -1 \pm \text{j}2 \tag{10.33}$$

如图 10.10 所示，首先将超前校正器的零点配置在预期主导极点的正下方，也就是将超前校正器的零点取为 $s=-z=-1$。然后在预期主导极点处，计算预期主导极点与各个开环零点和极点的连线向量的相角代数和。由于已经确定的开环零点和极点包括校正器的零点以及未校正系统在 s 平面原点处的双重极点，于是有

$$\phi=-2(116^\circ)+90^\circ=-142^\circ \tag{10.34}$$

考虑与超前校正器的待定极点相关联的连线向量，由相角条件（主值 180°）可以得知，该向量的相角 θ_p 应该满足

$$-180^\circ=-142^\circ-\theta_p \tag{10.35}$$

于是又有 $\theta_p=38^\circ$。

如图 10.10 所示，接下来绘制一条通过预期主导极点且与实轴的交角 $\theta_p=38^\circ$ 的直线，计算这条直线与实轴的交点，就可以得到超前校正器的极点为 $s=-p=-3.6$。至此，我们设计的超前校正器为

$$G_c(s)=K\frac{s+1}{s+3.6} \tag{10.36}$$

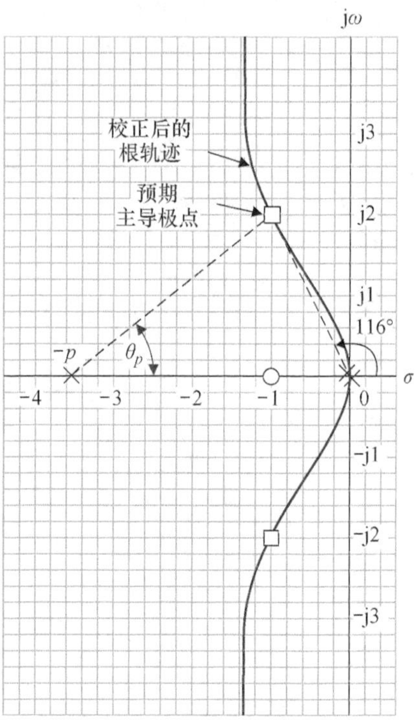

图 10.10　设计超前校正器

校正后的系统的开环传递函数为

$$L(s)=G_c(s)G(s)=\frac{10K(s+1)}{s^2(s+3.6)} \tag{10.37}$$

根据根轨迹的幅值条件和有关向量的长度，可以得到匹配增益为

$$K=\frac{(2.23)^2(3.25)}{2(10)}=0.81 \tag{10.38}$$

最后，我们来验证校正后系统的稳态误差系数。校正后的系统是 II 型系统，其对阶跃输入和斜坡输入的稳态误差为 0，加速度误差系数为

$$K_a=\frac{10(0.81)}{3.6}=2.25 \tag{10.39}$$

由此可见，校正后的系统具有令人满意的稳态响应。至此，我们最终完成对反馈控制系统的校正器的设计，并取得令人满意的设计结果。比较利用根轨迹法和伯德图得到的设计结果可以发现，从未校正的同一 II 型系统出发，我们可以得到不同的校正方案。校正后的系统具有不同的零点和极点配置，但有相同的系统性能，因此我们不必过分关注它们在零点和极点配置方面的差异。究其原因，这种差异主要缘于带有主观色彩的设计步骤（步骤③）。在本例中，我们把超前校正器的零点配置在预期主导极点的正下方，因而导致设计结果存在差异。如果将超前校正器的零点取为 $s=-2.0$，那么使用根轨迹法和伯德图将得到基本相同的超前校正器。

本例最初给出的设计要求是在时域中针对超调量和调节时间提出的。在后续的设计过程中，我们在事实上默认了可以用二阶系统来近似高阶系统，然后在此基础上，将最初的时域设计要求转变成对 ζ 和 ω_n 的设计要求，并进一步确定了预期主导极点。正因为如此，我们始终要留意，用二阶系统近似高阶系统的前提是确保预期主导极点的主导特性。在本例中，由于超前校正器引入了新的零点和极点，校正后的系统变成附带一个零点的三阶系统，因此本例的设计结果是否成

立，完全取决于能否保证预期主导极点的主导特性以及校正后的系统能否用无零点的二阶系统来近似。通常情况下，在设计完成后，我们还应该仿真系统的实际瞬态响应，以验证最终的设计结果。最终，校正后系统的实际超调量 P.O. = 46%、调节时间 $T_s = 3.8\,\text{s}$（按 2% 准则），已经基本满足给定的设计要求 P.O. = 35%和 $T_s = 4\,\text{s}$，这说明主导极点对于二阶系统近似的确有一定的有效性。此外，由于新增闭环零点的不可忽略的影响，系统的超调量出现一定程度的超标，这提醒我们应该谨慎地采用二阶系统近似方法。

另一种使系统的超调量达标的办法是，在使用超前校正器的同时，为系统引入合适的**前置滤波器**，通过对消新增的闭环零点来减小新增闭环零点对系统响应的不利影响。以此处的设计结果为例，前置滤波器可以将系统的超调量减小到 30%。

例 10.4　I 型系统的超前校正器

重新考虑例 10.2，但改用根轨迹法来设计所需的超前校正器。在本例中，未校正的反馈控制系统的开环传递函数为

$$L(s) = G_c(s)G(s) = \frac{40K}{s(s+2)} \tag{10.40}$$

其中，$G_c(s) = K$。反馈控制系统的设计要求如下：与闭环主导极点对应的阻尼系数 $\zeta = 0.4$，且相应的系统速度误差系数 $K_v \geqslant 20$。

为了使系统的调节时间较短，这里取预期主导极点的实部绝对值为 $\zeta\omega_n = 4$，于是有 $T_s = 1\,\text{s}$，这意味着校正后系统的固有频率 $\omega_n = 10$，如此大的固有频率势必导致较大的速度误差系数。与上面选定的参数值 $\zeta\omega_n = 4$、$\zeta = 0.4$ 和 $\omega_n = 10$ 对应，预期主导极点的位置如图 10.11（a）所示。

接下来，将超前校正器的零点直接配置在主导极点的正下方，于是有 $s = -z = -4$。在预期主导极点处，考虑预期主导极点与已经确定的开环零点和极点的连线向量，可以求得它们的相角代数和为

$$\phi = -114^\circ - 102^\circ + 90^\circ = -126^\circ \tag{10.41}$$

再考虑预期主导极点与超前校正器的待定极点的连线向量，由根轨迹的相角条件可知，相角应该满足

$$-180^\circ = -126^\circ - \theta_p$$

于是有 $\theta_p = 54^\circ$。从预期主导极点出发，绘制一条与实轴交角为 54°的直线，确定这条直线与实轴的交点，就得到了超前校正器的极点为 $s = -p = -10.6$，如图 10.11（a）所示。

最后，根据根轨迹的幅值条件，可以得到校正后系统此时的匹配增益为

$$K = \frac{10(9.4)(11.3)}{9.2(40)} = 2.9 \tag{10.42}$$

校正后系统的开环传递函数为

$$L(s) = G_c(s)G(s) = \frac{115.5(s+4)}{s(s+2)(s+10.6)} \tag{10.43}$$

由式（10.43），可以求得校正后系统的速度误差系数为

$$K_v = \lim_{s\to 0} s\left[G_c(s)G(s)\right] = \frac{115.5(4)}{2(10.6)} = 21.8 \tag{10.44}$$

校正后系统的速度误差系数满足 $K_v \geqslant 20$ 的设计要求。

图 10.11（b）给出了计算机仿真的系统阶跃响应，从中可以看出，校正后系统的超调量 P.O. = 34%、调节时间 $T_s = 1.06\,\text{s}$、相角裕度 P.M. = 38.4°。

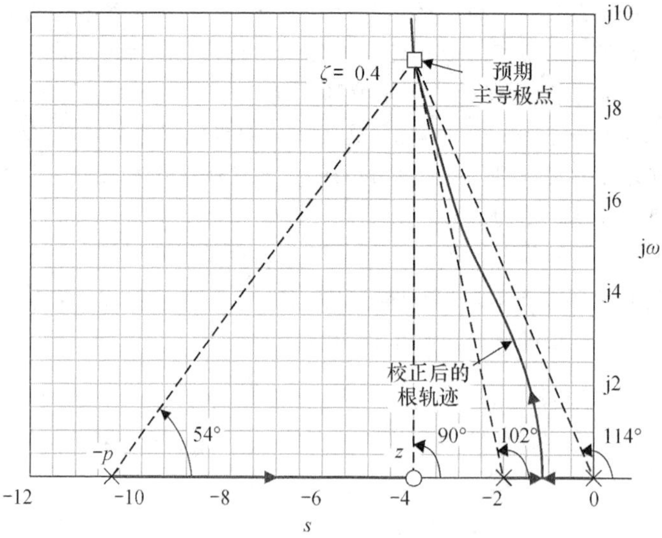

(a)

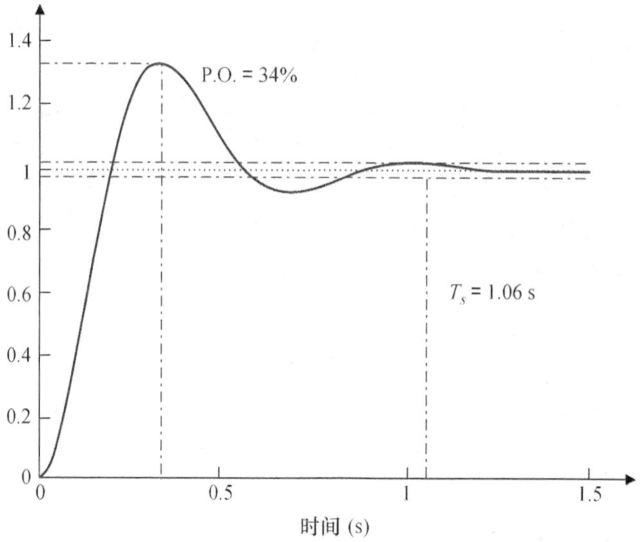

(b)

图 10.11 （a）在 s 平面上设计超前校正器；（b）校正后的系统阶跃响应

超前校正器是改善反馈控制系统性能的有效工具。采用伯德图设计校正器的要点是，超前校正器可以为反馈控制系统提供所需的超前相角，从而使系统具有足够的相角裕度；采用根轨迹法设计校正器的要点是，超前校正器可以根据需要改变根轨迹的形状，从而将系统的闭环主导极点配置到预期的位置。前面的例子表明，当明确提出对系统稳态误差的设计要求时，采用伯德图设计校正器更为合适。原因在于，当采用根轨迹法设计校正器时，系统的稳态误差系数与校正器的零点和极点有关，只有在完成对超前校正器的设计之后，才能最终根据超前校正器的零点和极点，验证稳态误差系数是否满足设计要求，这很容易导致交互式的、重复的设计过程。另外，当提出对超调量和调节时间等时域指标的设计要求时，采用根轨迹法设计校正器更为合适。在这种情况下，我们可以方便地将给定的设计要求转变成对 ζ 和 ω_n 的设计要求，从而便于确定预期主导极点的位置。

超前校正器通常会增大闭环控制系统的带宽，这同时也会降低系统的抗噪性能。此外，超前校正器并不适用于对稳态精度要求很高的系统。为了得到大的稳态误差系数（通常为 K_p 和 K_v），我们应该为反馈控制系统引入积分型校正器，这是本章后面将要讨论的主题。

10.6　用积分型校正器设计反馈控制系统

对于很多反馈控制系统而言，其基本的设计目标是首先确保系统具有很高的稳态精度，然后才是在一定的限度内，保持系统具有较好的瞬态性能。通过提高前向通路中放大器的增益，可以提高反馈控制系统的稳态精度。但一味提高放大器的增益，却会导致无法接受的瞬态响应，甚至导致系统失稳。因此，我们经常需要在反馈控制系统的前向通路中引入合适的积分型校正器，以保证系统具有足够的稳态精度。

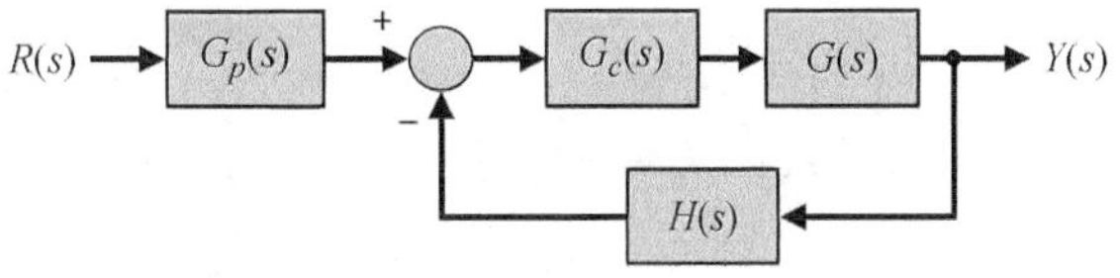

图 10.12　单环反馈控制系统

如图 10.12 所示的单环反馈控制系统，我们希望选择合适的积分型校正器，以达到提高系统的稳态误差系数的目的。当 $G_p(s) = 1$ 时，系统的稳态误差为

$$\lim_{t\to\infty} e(t) = \lim_{s\to 0} s\frac{R(s)}{1 + G_c(s)G(s)H(s)} \tag{10.45}$$

由式（10.45）可知，系统的稳态误差与 $L(s) = G_c(s)G(s)H(s)$ 在 s 平面原点处的极点个数密切相关。一个这样的极点可以视为系统前向通路中的一个纯积分环节，因此从根本上讲，系统的稳态误差与 $L(s) = G_c(s)G(s)H(s)$ 中纯积分环节的个数密切相关。当系统的稳态精度不满足设计要求时，引入积分型校正器 $G_c(s)$ 有望增加未校正系统开环传递函数 $G(s)H(s)$ 的积分强度，从而提高校正后系统的稳态精度。

比例积分（PI）控制器就是一类常用的积分型校正器，其传递函数为

$$G_c(s) = K_P + \frac{K_I}{s} \tag{10.46}$$

以某控制系统为例，假设 $H(s) = 1$ 且受控对象的传递函数为[28]

$$G(s) = \frac{K}{(\tau_1 s + 1)(\tau_2 s + 1)} \tag{10.47}$$

当输入为阶跃信号，即 $R(s) = A/s$ 时，未校正系统的稳态误差为

$$\lim_{t\to\infty} e(t) = \lim_{s\to 0} s\frac{A/s}{1 + G(s)} = \frac{A}{1 + K} \tag{10.48}$$

且有 $K = \lim_{s\to 0} G(s)$。为了使稳态误差较小，就必须选择较大的 K 值。当 K 变大后，又会导致系统产生不可接受的瞬态性能。因此，我们必须像图 10.12 那样引入积分型校正器 $G_c(s)$ 来解决这一矛盾。为了消除稳态误差，我们将校正器选为

$$G_c(s) = K_P + K_I/s = \frac{K_P s + K_I}{s} \tag{10.49}$$

于是，校正后的系统稳态误差将会变成 0：

$$\begin{aligned}\lim_{t\to\infty} e(t) &= \lim_{s\to 0} s\frac{A/s}{1 + G_c(s)G(s)} \\ &= \lim_{s\to 0} \frac{A}{1 + \left[(K_P s + K_I)/s\right]\left[K/(\tau_1 s + 1)(\tau_2 s + 1)\right]} = 0\end{aligned} \tag{10.50}$$

通过更改参数 K、K_P 和 K_I，我们可以调节系统的瞬态响应，从而兼顾对控制系统两个方面的设计要求。后续的设计工作最好采用根轨迹法来完成，即首先选定控制器零点 $s=-K_I/K_P$，然后绘制以增益 K_PK 为可变参数的根轨迹，最后根据所得的根轨迹，调节系统的瞬态响应。

PI 控制器 $G_c(s)=K_P+K_I/s$ 也可以用来减小系统对斜坡输入 $r(t)=t\ (t\geqslant 0)$ 的稳态误差。例如，当未校正系统 $G(s)$ 含有一个积分环节时，$G_c(s)$ 可以将系统变成 II 型系统，这会导致斜坡响应的稳态误差为 0。

例 10.5 温度控制系统

考虑某温度控制系统，其受控对象的传递函数为

$$G(s)=\frac{1}{(s+0.5)(s+2)} \tag{10.51}$$

为了使系统阶跃响应的稳态误差为 0，可以为系统引入 PI 控制器：

$$G_c(s)=K_P+K_I/s=K_P\frac{s+K_I/K_P}{s} \tag{10.52}$$

于是，系统的开环传递函数变为

$$L(s)=G_c(s)G(s)=K_P\frac{s+K_I/K_P}{s(s+0.5)(s+2)} \tag{10.53}$$

本例要求校正后系统的超调量满足 P.O. ≤ 20%。由于 PI 控制器引入了一个新的闭环零点，而这个闭环零点会对主导极点带来影响，因此我们需要将预期主导极点的阻尼系数的设计目标值定得稍微大一些，以增大获得令人满意的超调量的可能性。为此，如图 10.13 所示，将系统的预期主导极点配置在直线 $\zeta=0.6$ 上。

本例还要求系统的调节时间 $T_s=4/(\zeta\omega_n)=16/3\ \text{s}$，我们据此可以将预期主导极点的实部确定为 $\zeta\omega_n=0.75$，从而完全确定系统的预期主导极点。接下来，利用根轨迹的相角条件确定 PI 控制器的待定零点 $z=-K_I/K_P$。记从待定零点到预期主导极点的向量的相角为 θ_z，在预期主导极点处，预期主导极点与开环零点和极点的连线向量的相角代数和应该满足

$$-180^\circ=-127^\circ-104^\circ-38^\circ+\theta_z$$

于是有 $\theta_z=+89^\circ$，进而可以得到 PI 控制器的零点为 $z=-0.75$。最后，根据根轨迹的幅值条件和各连线向量的长度，可以得到校正后系统此时的匹配增益为

$$K_P=\frac{1.25\times 1.03\times 1.6}{1.0}\approx 2$$

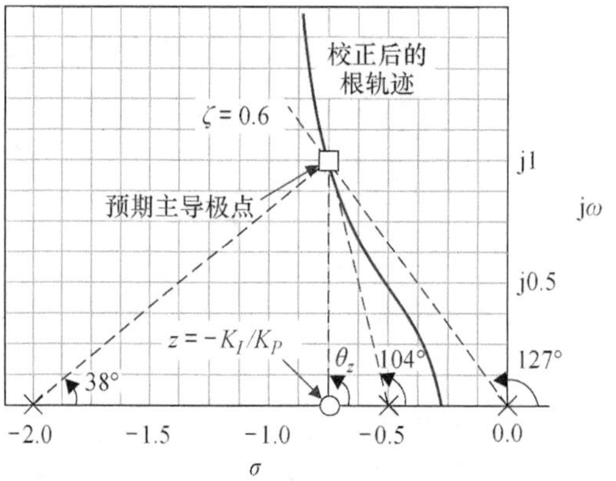

图 10.13 在 s 平面上设计积分型校正器

图 10.13 给出了校正后的闭环系统的根轨迹和 PI 控制器的零点，从中可以看到，为了尽量保证预期主导极点的主导特性，这里将控制器的零点 $z = -K_I/K_P$ 配置在了第二个开环极点（$s = -0.5$）的左侧。在本例中，此项措施并没有带来显著的效果。对于校正后的闭环系统而言，第三个特征根为 $s = -1.0$，其绝对值仅仅是共轭复根实部幅值的 1.33 倍。因此，尽管共轭复根主导着系统响应，但由于校正后的闭环系统仍受到实零点和实极点的影响，系统的等效阻尼系数实际上略小于 0.6，在严格意义上并不满足给定的设计要求。

校正后系统的闭环传递函数为

$$T(s) = \frac{G_c(s)G(s)}{1 + G_c(s)G(s)} = \frac{2(s + 0.75)}{(s + 1)/(s^2 + 1.5s + 1.5)} \tag{10.54}$$

校正器（PI 控制器）引入闭环零点的后效，在于增大了系统阶跃响应的超调量。系统实际达到的性能如下：超调量 P.O. = 16%；调节时间 $T_s = 4.9$ s；稳态误差则和期望的一样，保持为 0。

10.7　用根轨迹法设计滞后校正器

滞后校正器也是一种积分型校正器，可以用来增大反馈控制系统的误差系数，从而减小稳态误差。滞后校正器的传递函数为

$$G_c(s) = K\frac{s + z}{s + p} = K\alpha\frac{1 + \tau s}{1 + \alpha\tau s} \tag{10.55}$$

其中，$z = \dfrac{1}{\tau}$，$p = \dfrac{z}{\alpha}$。

作为设计起点，我们首先认定系统采用的是比例控制器，即 $G_c(s) = K$。于是，未校正系统的开环传递函数就是 $L(s) = KG(s)$。以 I 型未校正系统为例，其速度误差系数的计算公式为

$$K_{v,\text{unc}} = K\lim_{s \to 0} sG(s) \tag{10.56}$$

在引入式（10.55）给出的滞后校正器之后，我们有

$$K_{v,\text{comp}} = \frac{z}{p}K_{v,\text{unc}} \tag{10.57}$$

或

$$\frac{K_{v,\text{comp}}}{K_{v,\text{unc}}} = \alpha \tag{10.58}$$

选择滞后校正器的零点和极点，使它们满足 $|z| = \alpha|p| < 1$，则校正后的 $K_{v,\text{comp}}$ 就会增大 $z/p = \alpha$ 倍。例如，当 $z = 0.1$、$p = 0.01$ 时，速度误差系数就会增大 10 倍。与此同时，如果滞后校正器的零点和极点彼此接近，则它们对预期主导极点的影响可以忽略不计。因此，如果将滞后校正器的零点和极点选择为彼此接近，且都处在 s 平面的原点附近，就可以兼顾上述两个方面的需求，既能够使根轨迹通过预期主导极点的情况只受到轻微的影响，又能够使反馈系统的误差系数明显地增大 α 倍。

综上所述，在 s 平面上用根轨迹法设计滞后校正器的步骤可以归纳如下。

① 先认定系统采用的是比例控制器 $G_c(s) = K$，再绘制未校正系统的根轨迹。

② 根据给定的系统瞬态性能指标设计要求，在未校正的根轨迹上，确定能够满足设计要求的预期主导极点。

③ 根据预期主导极点，确定未校正系统的匹配增益取值，并计算此时的稳态误差系数。

④ 比较校正前的稳态误差系数和预期的稳态误差系数，计算所需的增益放大倍数，这就是所需的滞后校正器的零点和极点幅度之比 α。

⑤ 根据已知的 α 值，配置滞后校正器的零点和极点。为了保证校正后的根轨迹仍然通过预

期主导极点，应将滞后校正器的零点和极点配置在 s 平面上靠近原点的位置。

所配置的滞后校正器的零点和极点，只有在幅值远远小于主导极点的固有频率 ω_n 且它们还彼此接近时，才能满足步骤⑤的要求。从预期主导极点到校正器的零点和极点的两个连线向量的夹角很小，相对主导极点而言，校正器的零点和极点几乎重合在一起，因而能够基本保证校正后的根轨迹仍然通过预期主导极点。通常的做法是，使预期主导极点到校正器的零点和极点的两个连线向量的夹角小于 2°。

例 10.6 滞后校正器设计实例之一

重新考虑例 10.2 中的未校正单位负反馈系统，但改用滞后校正器来校正。系统的开环传递函数为

$$L(s)=G_c(s)G(s)=\frac{K}{s(s+2)} \tag{10.59}$$

给定的设计要求如下：主导极点的阻尼系数满足 $\zeta \geqslant 0.45$ 且系统的速度误差系数满足 $K_v \geqslant 20$。如图 10.14 所示，未校正系统的根轨迹是直线 $s=-1$，这条直线与等阻尼线 $\zeta=0.45$ 的交点为 $s=-1\pm j2$，这就是校正后的预期主导极点。与预期主导极点对应，此时匹配增益的取值为 $K=2.24^2=5$。于是，未校正系统的速度误差系数为

$$K_v=\frac{K}{2}=\frac{5}{2}=2.5$$

这不满足设计要求。由给定的设计要求可知，校正器的零点和极点的幅度之比应该为

$$\frac{|z|}{|p|}=\alpha=\frac{K_{v,\text{comp}}}{K_{v,\text{unc}}}=\frac{20}{2.5}=8 \tag{10.60}$$

从图 10.15 可以看出，为了满足式（10.60）的要求，可以取 $z=0.1$、$p=0.1/8$；此时，从预期主导极点到校正器的零点和极点的两个连线向量的夹角仅为 1°左右，因此校正器不会显著影响极点 $s=-1\pm j2$ 的主导地位。图 10.15 还给出了校正后系统的根轨迹（用粗线表示）。校正后的开环传递函数为

$$L(s)=G_c(s)G(s)=\frac{5(s+0.1)}{s(s+2)(s+0.0125)} \tag{10.61}$$

至此完成滞后校正器的设计。

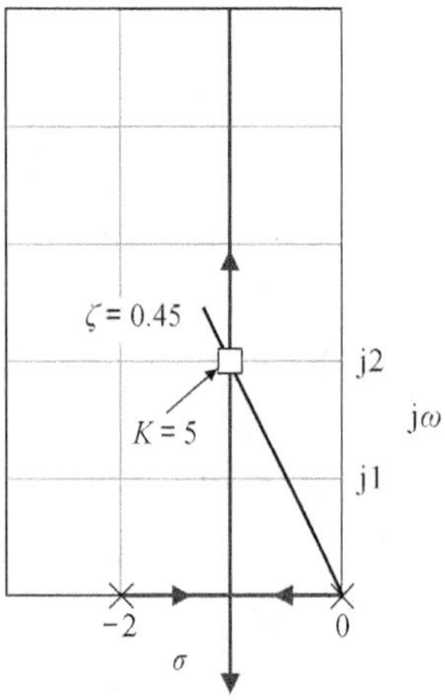

图 10.14 未校正系统的根轨迹

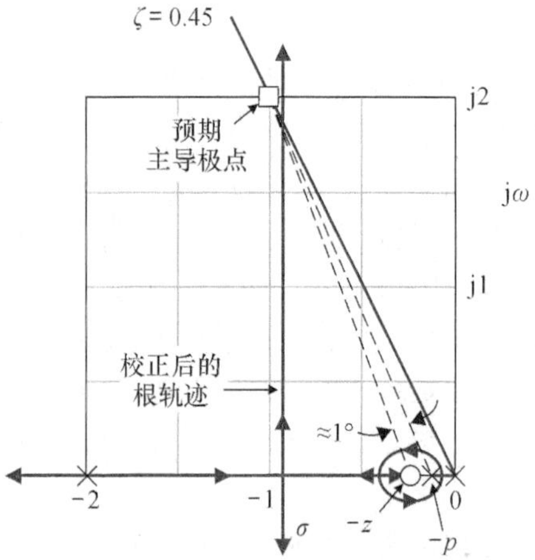

图 10.15 校正后系统的根轨迹。注意实际的闭环主导极点与预期的闭环主导极点略有不同。校正后系统的根轨迹将在 $\sigma=-0.95$ 处垂直离开 σ 轴

例 10.7　滞后校正器设计实例之二

下面考虑一个难以使用超前校正器进行校正的设计问题。假设某未校正系统的开环传递函数为

$$L(s) = G_c(s)G(s) = \frac{K}{s(s+10)^2} \tag{10.62}$$

给定的设计要求如下：系统的速度误差系数 $K_v \geqslant 20$ 且主导极点对应的阻尼系数 $\zeta = 0.707$。对于未校正系统而言，为了满足 $K_v = 20$ 的设计要求，应该有

$$K_v = 20 = \frac{K}{10^2}$$

由此可知，未校正系统的增益需要高达 $K = 2000$。而当 $K = 2000$ 时，由劳斯–赫尔维茨稳定性判据可知，未校正系统的共轭复根等于 $\pm j10$（临界稳定），这离满足 ζ 的设计要求相差甚远。如果采用超前校正器，则很难将虚轴上的主导极点校正到直线 $\zeta = 0.707$ 上。正因为如此，本例采用滞后校正器来实现这种大范围的校正，以使系统在保证稳态精度的前提下，同时能够满足对 K_v 和 ζ 的设计要求。未校正系统的根轨迹如图 10.16 所示，它与等阻尼线 $\zeta = 0.707$ 的交点代表系统的预期主导极点，于是有 $s = -2.9 \pm j2.9$。根据根轨迹的幅值条件，我们可以得到与预期主导极点对应的未校正系统的增益为 $K = 242$。比较校正前后的速度误差系数，可进一步确定所需校正器的零点和极点的幅度之比为

$$\alpha = \frac{|z|}{|p|} = \frac{2000}{242} = 8.3$$

再根据 α 的计算结果并留出一定的设计余地，取 $z = 0.1$、$p = 0.1/9$，便得到所需的滞后校正器。从图 10.16 可以看出，从预期主导极点到滞后校正器 $G_c(s)$ 的零点和极点的连线夹角可以忽略不计。校正后系统的开环传递函数为

$$L(s) = G_c(s)G(s) = \frac{242(s+0.1)}{s(s+10)^2(s+0.0111)} \tag{10.63}$$

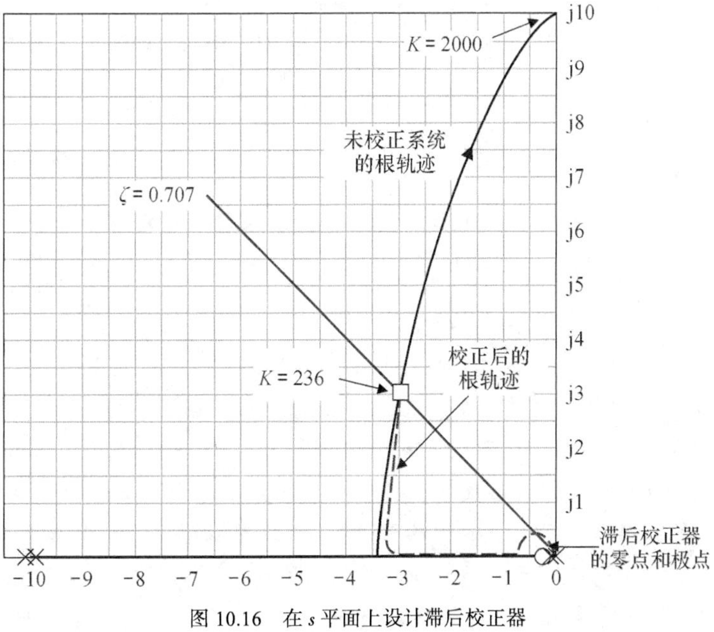

图 10.16　在 s 平面上设计滞后校正器

其中：

$$G_c(s)=\frac{242(s+0.1)}{(s+0.0111)}$$

10.8 用伯德图设计滞后校正器

用伯德图也可以方便地设计滞后校正器。我们可以将滞后校正器的传递函数写成伯德图的形式：

$$G_c(\mathrm{j}\omega)=K\alpha\frac{1+\mathrm{j}\omega\tau}{1+\mathrm{j}\omega\alpha\tau} \tag{10.64}$$

前面的图 10.6 给出了滞后校正器的伯德图。与根轨迹法的情况类似，在校正后的伯德图上，滞后校正器的零点和极点的幅值通常远小于未校正系统极点的最小幅值。这正好符合滞后校正器的使用特点，在引入滞后校正器之后，发挥校正作用的主要因素不是由它引起的滞后相角，而是由它引起的$-20\log\alpha$衰减。这种衰减可以降低系统的 0 dB 线穿越频率，而 0 dB 线穿越频率的降低正好增大系统的相角裕度，从而保证校正后的系统能够同时满足对稳态精度和相角裕度的设计要求。

当采用伯德图时，滞后校正器的设计步骤可以归纳如下。

① 先认定系统采用的是比例控制器 $G_c(s)=K$，再根据稳态误差的设计要求，确定未校正系统的增益 K 并绘制相应系统的伯德图。

② 计算未校正系统的相角裕度，若不满足设计要求，则继续执行下面的设计步骤。

③ 确定能够满足相角裕度设计要求的新的穿越频率 ω_c'。在确定新的预期穿越频率时，应考虑滞后校正器有可能引起的附加滞后相角。通常情况下，可将滞后相角的预留冗余值取为 5°。

④ 配置滞后校正器的零点。为了确保附加的滞后相角不超过 5°（见图 10.6），滞后校正器的零点频率可以选为比新的预期穿越频率 ω_c' 小十倍频程。

⑤ 根据新的预期穿越频率 ω_c' 和未校正系统的对数幅频特性曲线，确定所需的幅值衰减，使校正后系统的对数幅频特性曲线的确在这个频率点穿越 0 dB 线。

⑥ 在穿越频率 ω_c' 处，滞后校正器产生的幅值衰减为$-20\log\alpha$，由此可以确定所需校正器的设计参数 α。

⑦ 计算滞后校正器的极点频率 $\omega_p=1/(\alpha\tau)=\omega_z/\alpha$，从而完成滞后校正器的设计。

例 10.8 滞后校正器设计实例之三

重新考虑例 10.6 中的未校正单位负反馈系统并为其设计一个滞后校正器，以获得预期的相角裕度。未校正系统的开环频率特性函数为

$$L(\mathrm{j}\omega)=G_c(\mathrm{j}\omega)G(\mathrm{j}\omega)=\frac{K}{\mathrm{j}\omega(\mathrm{j}\omega+2)}=\frac{K_v}{\mathrm{j}\omega(0.5\mathrm{j}\omega+1)} \tag{10.65}$$

其中，$K_v=K/2$。给定的设计要求如下：相角裕度 P.M. = 45° 且速度误差系数 $K_v\geq 20$。

未校正系统的伯德图如图 10.17（a）中的实线所示，从中可以看出，未校正系统的相角裕度仅为 18°，因此必须增大相角裕度。根据对相角裕度的设计要求，同时考虑到滞后校正器将会带来的附加滞后相角（5°），在新的预期穿越频率 ω_c' 处，未校正系统的相角应该为 $\phi(\omega)=-130°$，由此可以得到 $\omega_c'=1.66$。为了留足相角余量，这里取 $\omega_c'=1.5$。比较幅频特性曲线与 0 dB 线可知，系统需要有 20 dB 的衰减才能保证 ω_c' 成为新的穿越频率。在图 10.17（a）

中，校正前后的对数幅频特性曲线均为近似线，因此当 $\omega_c'=1.5$ 时，仍应该要求系统有 20 dB 的衰减。

由 $20\text{ dB}=20\log\alpha$ 可以推知 $\alpha=10$。由于校正器的零点频率应该比预期的穿越频率小十倍频程，因此应该有 $\omega_z=\omega_c'/10=0.15$。更进一步，就可以得到滞后校正器的极点频率 $\omega_p=\omega_z/\alpha=\omega_z/10=0.015$。因此，校正后系统的开环频率特性函数为

$$L(\mathrm{j}\omega)=G_c(\mathrm{j}\omega)G(\mathrm{j}\omega)=\frac{20(6.66\mathrm{j}\omega+1)}{\mathrm{j}\omega(0.5\mathrm{j}\omega+1)(66.6\mathrm{j}\omega+1)} \tag{10.66}$$

设计得到的滞后校正器为

$$G_c(s)=\frac{4(s+0.15)}{(s+0.015)}$$

校正后系统的伯德图如图 10.17（a）中的虚线所示，从中可以看出，滞后校正器会导致系统的幅值发生衰减，从而降低系统的穿越频率并增大系统的相角裕度，而在穿越频率 ω_c' 处，校正器引发的附加滞后相角仿佛消失了，并没有影响到相角裕度的设计结果。最后经过验证计算可知，在穿越频率 $\omega_c'=1.58$ 处，系统的实际相角裕度为 46.9°，这可以满足设计要求。此外，从尼科尔斯图中可以看出，闭环系统的带宽 ω_B 已从校正前的 10 rad/s 减小到校正后的 2.5 rad/s。由于系统带宽减小了，我们可以预计，系统的阶跃响应速度将会减缓。

图 10.17（b）给出了校正后的系统阶跃响应，从中可以看出，系统的超调量 P.O. = 25%、峰值响应时间 $T_p=1.84\text{ s}$，校正后系统的时间响应性能能够令人满意。

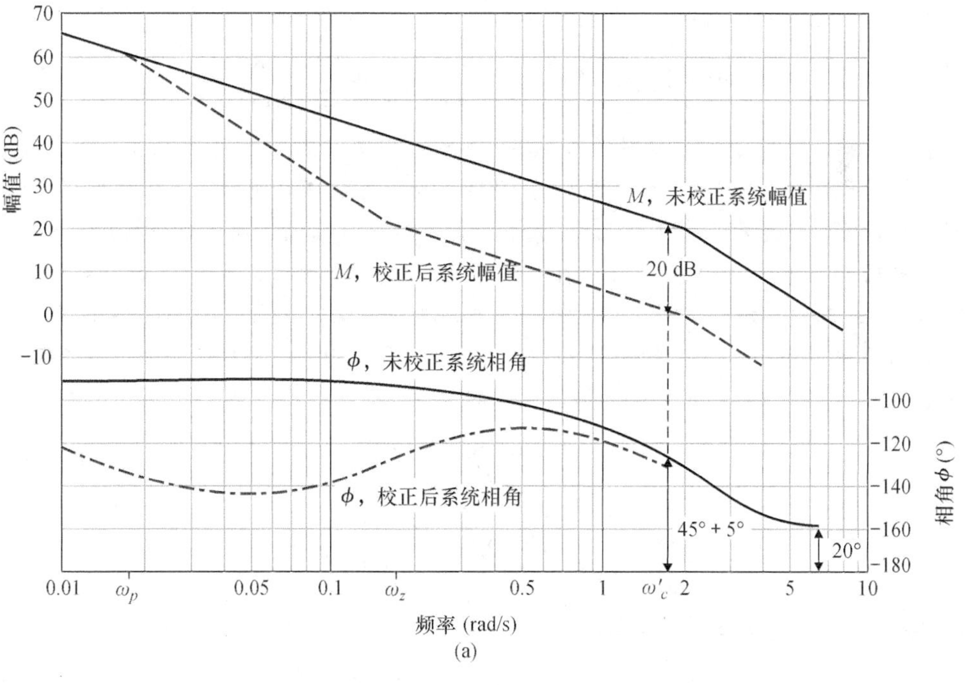

图 10.17 （a）用伯德图设计滞后校正器；（b）校正前后的系统阶跃响应

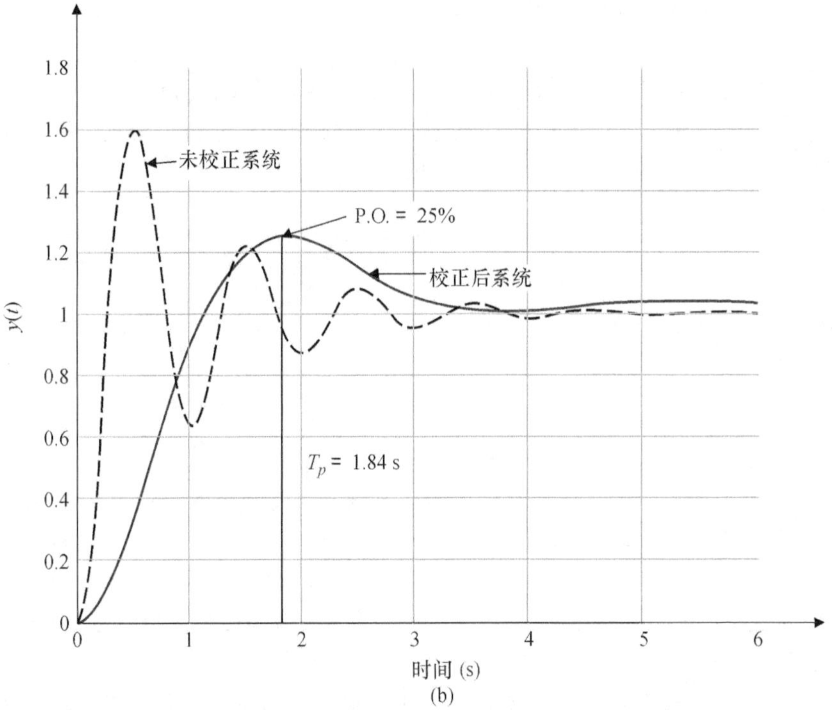

图 10.17 （a）用伯德图设计滞后校正器；（b）校正前后的系统阶跃响应（续）

例 10.9 滞后校正器设计实例之四

重新考虑例 10.7 中的未校正单位负反馈系统，其开环频率特性函数为

$$L(\mathrm{j}\omega)=G_c(\mathrm{j}\omega)G(\mathrm{j}\omega)=\frac{K}{\mathrm{j}\omega(\mathrm{j}\omega+10)^2}=\frac{K_v}{\mathrm{j}\omega(0.1\mathrm{j}\omega+1)^2} \tag{10.67}$$

其中，$K_v=K/100$。给定的设计要求如下：系统的速度误差系数 $K_v\geqslant 20$ 且相角裕度 P.M. 达到 70°。未校正系统的频率响应伯德图如图 10.18 所示，未校正系统的相角裕度为 0°。根据对相角裕度的设计要求，并兼顾对附加滞后相角的补偿要求（5°），可以确定在新的预期穿越频率处，未校正系统的相角应该为 −105°，与此对应的频率 ω 为 1.3。因此，新的预期穿越频率应该配置在 $\omega_c'=1.3$ 处。比较幅频特性曲线与 0 dB 线可知，在 $\omega=\omega_c'$ 处，系统需要有 24 dB 的幅值衰减，才能保证实现新的 0 dB 线穿越频率，由 $24=20\log\alpha$ 可以推知 $\alpha=16$。接下来，将校正器的零点配置在比预期穿越频率小十倍频程的地方，即

$$\omega_z=\frac{\omega_c'}{10}=0.13$$

于是，极点频率为

$$\omega_p=\frac{\omega_z}{\alpha}=\frac{0.13}{16}=0.008125$$

校正后系统的开环频率特性函数为

$$L(\mathrm{j}\omega)=G_c(\mathrm{j}\omega)G(\mathrm{j}\omega)=\frac{20(7.69\mathrm{j}\omega+1)}{\mathrm{j}\omega(0.1\mathrm{j}\omega+1)^2(123.1\mathrm{j}\omega+1)} \tag{10.68}$$

其中：

$$G_c(s)=\frac{125(s+0.13)}{(s+0.008125)}$$

校正后系统的伯德图如图 10.18 中的虚线所示。经过验证可知，系统实际的穿越频率 $\omega_c' = 1.24$，相角裕度 P.M. = 70.3°，已经可以满足给定的设计要求。

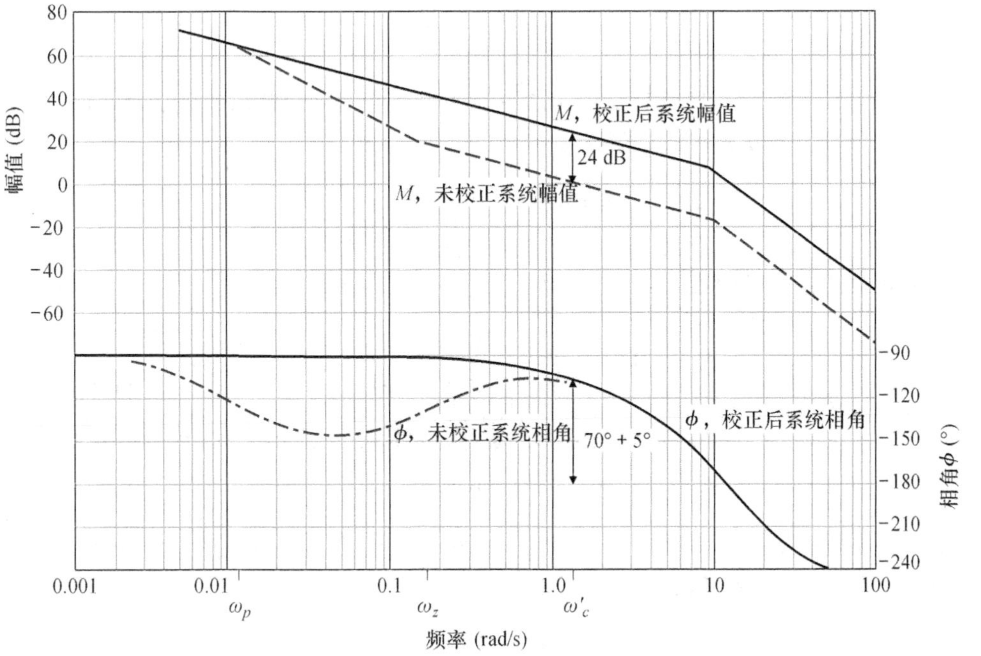

图 10.18　用伯德图设计滞后校正器

相角滞后校正器可以用来改变系统的频率响应特性，以获得令人满意的系统性能。回顾例 10.8 和例 10.9 可以发现，当校正后系统的幅频特性近似线在与 0 dB 线交点附近的斜率为−20 dB/decade 时，系统可以获得令人满意的校正效果。滞后校正器的幅值衰减作用导致穿越频率（与 0 dB 线的交点）减小，从而使系统能够满足对相角裕度的设计要求。正因为如此，与超前校正器相反，滞后校正器在保持合适的稳态误差的同时，将会减小闭环系统的带宽。

与滞后校正器不同，超前校正器主要通过改变未校正系统的频率响应特性来附加正的（超前）相角，从而增加系统在 0 dB 线穿越频率处的相角裕度。由于超前校正器和滞后校正器各有所长，我们希望设计一种综合性的校正器，要求其既能够像滞后校正器那样提供必要的幅值衰减，又能够像超前校正器那样提供所需的超前相角。这种校正器通常被称为超前–滞后校正器，其传递函数为

$$G_c(s) = K\frac{\beta}{\alpha}\cdot\frac{(1+\alpha\tau_1 s)(1+\tau_2 s)}{(1+\tau_1 s)(1+\beta\tau_2 s)} \tag{10.69}$$

作为 τ_1 的函数，由分子和分母的前一项构成的分式可以提供超前相角；作为 τ_2 的函数，由分子和分母的后一项构成的分式则可以提供幅值衰减。调整参数 β 可以为频率响应的低频部分提供合适的衰减，调整参数 α 则可以在预期的 0 dB 线穿越频率处（中频部分）提供合适的超前相角。如果要在 s 平面上设计超前–滞后校正器，则可以先配置超前校正器的零点和极点，使主导极点位于预期的位置，再设计滞后校正器，以便在实现预期主导极点的前提下提高系统的稳态误差系数。总之，本章介绍的超前校正器和滞后校正器的设计步骤，都可以用来设计超前–滞后校正器。要想进一步了解超前–滞后校正器的应用情况，可以参考文献［2，3，25］。

10.9 在伯德图上用解析法进行系统的设计

本节介绍一种基于伯德图的用于一阶校正器参数设计的解析法 [3-5]。考虑如下一阶校正器：

$$G_c(s) = \frac{1 + \alpha\tau s}{1 + \tau s} \tag{10.70}$$

当 $\alpha < 1$ 时，它是一个滞后校正器；而当 $\alpha > 1$ 时，它是一个超前校正器。在预期的穿越频率 ω_c 处，这个校正器提供的附加相角满足

$$p = \tan\phi = \frac{\alpha\omega_c\tau - \omega_c\tau}{1 + (\omega_c\tau)^2\alpha} \tag{10.71}$$

幅值增益 M（以 dB 为单位）满足

$$c = 10^{M/10} = \frac{1 + (\omega_c\alpha\tau)^2}{1 + (\omega_c\tau)^2} \tag{10.72}$$

从式（10.71）和式（10.72）中消去 $\omega_c\tau$，就可以得到关于 α 的如下方程：

$$(p^2 - c + 1)\alpha^2 + 2p^2c\alpha + p^2c^2 + c^2 - c = 0 \tag{10.73}$$

对于一阶超前校正器，还应该有 $c > p^2 + 1$。从式（10.73）出发，就可以求得 α 的解析解，并且可以进一步求得校正器参数 τ。

$$\tau = \frac{1}{\omega_c}\sqrt{\frac{1 - c}{c - \alpha^2}} \tag{10.74}$$

总结一下，当采用上述解析法时，超前校正器的设计步骤如下。

① 确定预期的穿越频率 ω_c。

② 确定预期的相角裕度，并用式（10.71）计算所需添加的附加超前相角。

③ 验证条件 $\phi > 0$ 和 $M > 0$，确认超前校正器是可行的。

④ 验证条件 $c > p^2 + 1$，进一步确认只需要一阶超前校正器就足以满足设计要求。

⑤ 由式（10.73）计算 α。

⑥ 将 α 代入式（10.74），计算相应的 τ。

为了设计一阶滞后校正器，只需要将步骤③中的条件改为 $\phi < 0$ 和 $M < 0$，并将步骤④中的条件改为 $c < 1/(p^2 + 1)$ 即可，上述解析算法的其他部分可以完全保持不变。

例 10.10 用解析法设计校正器

重新考虑例 10.1 给出的系统，改用解析法设计所需的超前校正器。未校正系统的伯德图如图 10.7 所示，从中可以看出，穿越频率 $\omega_c = 5$。由于预期的相角裕度为 45°，而未校正系统的相角裕度为 0°，因此需要校正器提供的附加超前相角也是 45°，于是有

$$p = \tan 45^\circ = 1 \tag{10.75}$$

校正器应该提供的幅值增益为 8 dB，即 $M = 8$，于是又有

$$c = 10^{8/10} = 6.31 \tag{10.76}$$

将 c 和 p 代入式（10.73）可以得到

$$-4.31\alpha^2 + 12.62\alpha + 73.32 = 0 \tag{10.77}$$

求解式（10.77），可以得到 $\alpha = 5.84$，再由式（10.74）可以计算出 $\tau = 0.087$。至此，我们可以得到所需的超前校正器为

$$G_c(s) = \frac{1 + 0.515s}{1 + 0.087s} \tag{10.78}$$

采用解析法设计的超前校正器的零点和极点分别为 1.94 和 11.5，因此其标准传递函数可以写成

$$G_c(s) = 5.9\frac{s + 1.94}{s + 11.5}$$

10.10　带有前置滤波器的反馈控制系统

前面讨论的校正器都具有相似的传递函数，形式如下：

$$G_c(s) = K\frac{s + z}{s + p}$$

引入这种形式的校正器能够改变闭环系统的特征根，但同时也会由于 $G_c(s)$ 包含的零点，而在闭环传递函数 $T(s)$ 中增添新的零点。新增的零点可能会严重影响闭环系统 $T(s)$ 的瞬态响应性能。

考虑图 10.19 所示的系统，将受控对象取为

$$G(s) = \frac{1}{s}$$

并将校正器取为 PI 控制器。

$$G_c(s) = K_P + \frac{K_I}{s} = \frac{K_P s + K_I}{s}$$

我们还希望引入前置滤波器 $G_p(s)$ 以克服新增闭环零点带来的影响。得到的闭环传递函数可以写成

$$T(s) = \frac{(K_P s + K_I)G_p(s)}{s^2 + K_P s + K_I} \tag{10.79}$$

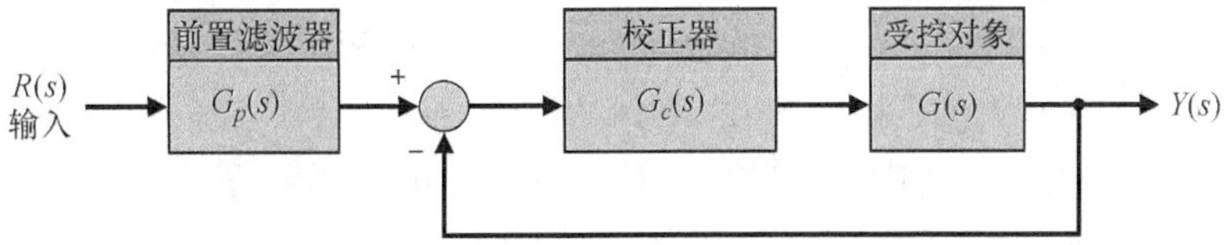

图 10.19　带前置滤波器 $G_p(s)$ 的控制系统

作为演示的例子，给定的系统设计要求如下：调节时间 T_s 约为 0.5 s（按 2% 准则）且超调量 P.O. 约为 4%。在上述条件下，我们可以通过引入不同的 $G_p(s)$ 来比较说明前置滤波器的作用。当 $\zeta = 1/\sqrt{2}$ 时，注意

$$T_s = \frac{4}{\zeta\omega_n}$$

于是有

$$\zeta\omega_n = 8 \text{ 或 } \omega_n = 8\sqrt{2}$$

从而得到

$$K_P = 2\zeta\omega_n = 16, \quad K_I = \omega_n^2 = 128$$

首先考虑 $G_p(s) = 1$，这相当于没有引入前置滤波器。在这种情况下，系统的闭环传递函数为

$$T(s)=\frac{16(s+8)}{s^2+16s+128}$$

与未校正系统相比，校正器引入了新的闭环零点 $s=-8$，这会对系统的阶跃响应产生显著的影响。此时系统的超调量约为 21%。

接下来，考虑用增益为 1 的前置滤波器 $G_p(s)$ 对消 $T(s)$ 的零点，以同时保持系统原有的增益。为此，应该取

$$G_p(s)=\frac{8}{s+8}$$

闭环传递函数变为

$$T(s)=\frac{128}{s^2+16s+128}$$

在引入前置滤波器之后，系统的超调量降至 4.5%，已经可以满足给定的设计要求。

重新考虑例 10.3，当时已经完成了超前校正器的设计工作。在此基础上，按照图 10.19 给出的形式，为系统引入前置滤波器。首先，系统的闭环传递函数可以写成

$$T(s)=\frac{8.1(s+1)G_p(s)}{(s^2+1.94s+4.88)(s+1.66)}$$

当 $G_p(s)=1$ 时（即没有引入前置滤波器），系统的超调量为 46.6%，调节时间为 3.8 s。如果将前置滤波器取为

$$G_p(s)=\frac{1}{s+1}$$

经过验证后可以得到，系统的超调量约为 6.7%，调节时间为 3.8 s。以上结果再次表明，引入前置滤波器对消闭环零点，有利于发挥实极点（$s=-1.66$）的阻尼作用，从而降低系统的超调量。由此可见，前置滤波器是一个有效的设计工具，它容许设计者大胆地引入带有零点的校正器来调整闭环极点，同时又能够有效地消除新增零点带来的不利影响。

通常，当校正器为超前校正器或 PI 控制器时，我们需要为系统配置前置滤波器；而当校正器为滞后校正器时，由于零点对系统响应的影响常常可以忽略不计，我们可以不再配置前置滤波器。例 10.6 中的设计结果清楚地说明了这一点。回顾例 10.6，经过滞后校正的系统开环传递函数为

$$L(s)=G_c(s)G(s)=\frac{5(s+0.1)}{s(s+2)(s+0.0125)}$$

由此新增的闭环零点（$s=-0.1$）和闭环极点（$s=-0.104$）非常接近，它们可以相互对消。于是，系统的闭环传递函数可以近似为

$$T(s)=\frac{5(s+0.1)}{(s^2+1.98s+4.83)(s+0.104)}\approx\frac{5}{s^2+1.98s+4.83}$$

在理想二阶系统的条件下，由给定的设计要求（$\zeta=0.45$ 且 $\zeta\omega_n=1$）可以预期，系统的超调量应该为 20%，调节时间应该为 4.0 s（按 2% 准则）。验证校正后的结果可知，即使受到闭环实极点 $s=-0.104$ 和闭环实零点 $s=-0.1$ 的影响，系统实际响应的超调量也仅为 26%，调节时间也仅延长为 5.8 s。因此，我们通常并不需要为采用滞后校正器的系统配置前置滤波器。

例 10.11　设计三阶系统

再次考虑图 10.19 给出的系统，其中有

$$G(s)=\frac{1}{s(s+1)(s+5)}$$

我们希望为系统设计合适的校正器 $G_c(s)$ 和前置滤波器 $G_p(s)$，以使系统能够产生预期的响应，即单位阶跃响应的超调量 P.O. ≤ 2%且调节时间 $T_s \leq 3$ s。

将超前校正器取为

$$G_c(s)=\frac{K(s+1.2)}{s+10}$$

并取 $K=78.7$，使闭环复根对应的阻尼系数 $\zeta=1/\sqrt{2}$。在这种情况下，校正后的闭环传递函数为

$$T(s)=\frac{78.7(s+1.2)G_p(s)}{(s^2+3.42s+5.83)(s+1.45)(s+11.1)}$$

其中，取前置滤波器为

$$G_p(s)=\frac{p}{s+p} \tag{10.80}$$

于是，闭环传递函数又可以写成

$$T(s)=\frac{78.7p(s+1.2)}{(s^2+3.42s+5.83)(s+1.45)(s+11.1)(s+p)}$$

显然，若 $p=1.20$，则可以对消新增闭环零点带来的影响。

在配置好不同的前置滤波器之后，表 10.1 给出了对应的系统的阶跃响应指标。从中可以看出，为了获得所需的响应，应按需选取合适的 p 值。与 $p=1.20$ 相比，$p=2.40$ 可能是更好的选择，系统此时具有更短的上升时间。上述结果表明前置滤波器为系统提供了新的可调参数，从而增强了系统设计的调节能力。

表 10.1　不同前置滤波器对阶跃响应的影响

$G_p(s)$	$p=1$	$p=1.20$	$p=2.4$
超调量	0%	0%	5%
90% 上升时间(s)	2.6	2.2	1.60
调节时间(s)	4.0	3.0	3.2

10.11　设计具有最小节拍响应的系统

控制系统的设计目标通常是，使系统对阶跃指令快速响应并具有最小超调量。**最小节拍响应**是指既能够快速达到并持续保持在稳态响应的允许波动范围内，又具有最小超调量的时间响应。如图 10.20 所示，当系统输入为阶跃信号时，通常将允许波动范围定义为稳态响应的±2% 误差带。于是，对于具有最小节拍响应的系统而言，其阶跃响应能够快速地在 T_s 时刻进入允许波动范围，并且不再超出该波动范围。在这种情况下，系统的调节时间就是从施加阶跃信号激励到系统响应首次进入允许波动范围的时间。具体而言，最小节拍响应被定义为具有如下特征的响应。

- 稳态误差为 0。
- 具有快速响应能力，即具有最小的上升时间 T_r 和调节时间 T_s。

- 超调量满足 0.1% ≤ P.O. < 2%。
- 欠调量满足 P.U. < 2%。

其中后两个特征意味着系统响应一旦进入允许波动范围，就会保持在±2% 的误差波动带内。系统响应首次到达误差波动带的时间就是系统的调节时间。

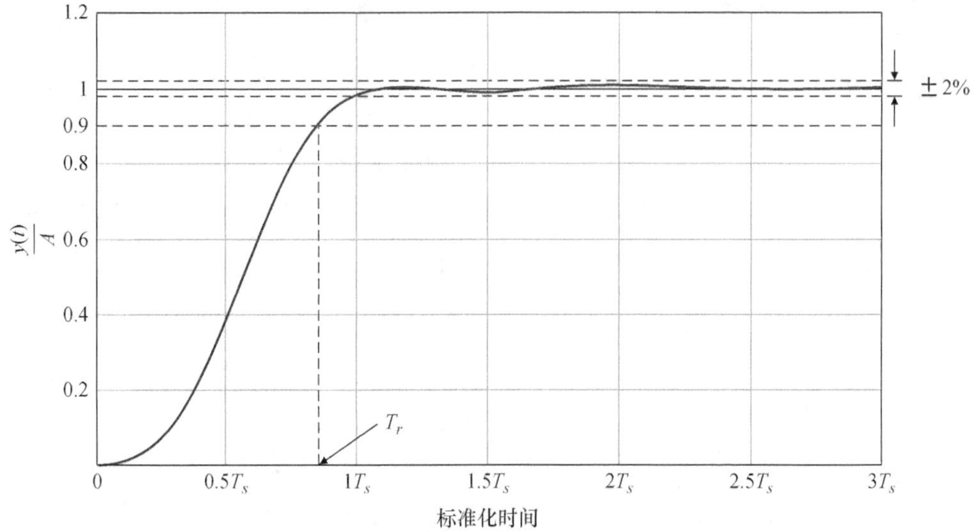

图 10.20　最小节拍响应。*A* 为阶跃输入指令的幅值

接下来，我们讨论具有最小节拍响应特性的闭环传递函数 $T(s)$。为了得到 $T(s)$ 的典型形式，我们将采用标准化的传递函数。以三阶系统为例，一般有

$$T(s)=\frac{\omega_n^3}{s^3+\alpha\omega_n s^2+\beta\omega_n^2 s+\omega_n^3} \tag{10.81}$$

将式（10.81）的分子和分母同时除以 ω_n^3，于是有

$$T(s)=\frac{1}{\dfrac{s^3}{\omega_n^3}+\alpha\dfrac{s^2}{\omega_n^2}+\beta\dfrac{s}{\omega_n}+1} \tag{10.82}$$

再令 $\bar{s}=s/\omega_n$，于是又有

$$T(s)=\frac{1}{\bar{s}^3+\alpha\bar{s}^2+\beta\bar{s}+1} \tag{10.83}$$

式（10.83）就是标准化的三阶闭环传递函数。采用相同的方法，我们可以得到更高阶系统的标准化传递函数。在标准化传递函数的基础上，根据最小节拍响应的要求，便可以确定系数 α、β 和 γ 的典型取值。表 10.2 列出了从二阶系统到六阶系统的标准化传递函数的系数取值，它们可以产生最小节拍响应，还可以最小化调节时间 T_s 和 90% 上升时间 T_r 等主要性能指标。由于 $\bar{s}=s/\omega_n$，式（10.83）给出的就是标准化传递函数，因此我们可以根据表 10.2，利用预期最小节拍系统的调节时间或上升时间来确定所需的 ω_n，进而确定实际系统的传递函数。例如，假设三阶系统的实际调节时间要求为 $T_s = 1.2$ s，从表 10.2 中可以查到，标准化三阶系统的调节时间为 4.04 s，于是有

$$\omega_n T_s = 4.04$$

这就要求

$$\omega_n = \frac{4.04}{T_s} = \frac{4.04}{1.2} = 3.37$$

一旦确定 ω_n 的取值，就可以完全确定系统应该具备的形如式（10.81）的实际闭环传递函数。在设计具有最小节拍响应的系统时，校正器的类型选择依据是，使校正后的闭环传递函数等于期望的形如式（10.81）的最小节拍响应传递函数，这样就可以最终确定所需的校正器。

表 10.2 最小节拍响应系统的标准化传递函数的典型系数和响应性能指标

系统阶数	系数					超调量	欠调量	90%上升时间	调节时间
	α	β	γ	δ	ε	P.O.	P.U.	T_{r90}	T_s
二阶	1.82					0.10%	0.00%	3.47	4.82
三阶	1.90	2.20				1.65%	1.36%	3.48	4.04
四阶	2.20	3.50	2.80			0.89%	0.95%	4.16	4.81
五阶	2.70	4.90	5.40	3.40		1.29%	0.37%	4.84	5.43
六阶	3.15	6.50	8.70	7.55	4.05	1.63%	0.94%	5.49	6.04

注：所有时间都是标准化时间。

例 10.12 设计具有最小节拍响应的系统

考虑图 10.19 给出的带有校正器 $G_c(s)$ 和前置滤波器 $G_p(s)$ 的单位反馈系统，若受控对象为

$$G(s) = \frac{K}{s(s+1)}$$

校正器为

$$G_c(s) = \frac{s+z}{s+p}$$

前置滤波器为

$$G_p(s) = \frac{z}{s+z}$$

则校正后系统的闭环传递函数为

$$T(s) = \frac{Kz}{s^3 + (1+p)s^2 + (K+p)s + Kz}$$

由表 10.2 可知，三阶系统的标准化传递函数的系数为 $\alpha = 1.90$、$\beta = 2.20$。如果要求系统的调节时间 $T_s = 2\,\mathrm{s}$（按 2% 准则），则有 $\omega_n T_s = 4.04$，从而推知 $\omega_n = 2.02$。将 $\omega_n = 2.02$ 代入式（10.81）可知，具有最小节拍响应的闭环系统的特征方程应该为

$$q(s) = s^3 + \alpha\omega_n s^2 + \beta\omega_n^2 s + \omega_n^3 = s^3 + 3.84s^2 + 8.98s + 8.24$$

比较系数后可以得到，具有最小节拍响应的系统应该有 $p = 2.84$、$z = 1.34$、$K = 6.14$。系统的实际性能指标为 $T_s = 2\,\mathrm{s}$、$T_{r90} = 1.72\,\mathrm{s}$。

10.12 设计实例

本节提供两个实例来进一步讨论控制系统的设计问题。第一个实例是转子绕线机控制系统，我们将使用根轨迹法为其设计超前校正器和滞后校正器。第二个实例是工业制造中精密铣床的控

制系统设计问题，旨在演示说明控制系统的设计流程，并用根轨迹法为其设计一个滞后校正器，以满足系统对稳态跟踪误差和超调量的设计要求。

例 10.13 转子绕线机控制系统

本例的目的是设计可以代替手动操作的转子绕线机，用于为小型电机的转子缠绕铜线。每个小型电机都有三个独立的转子线圈，上面需要缠绕几百圈的铜线，缠绕的线圈应该均匀、密实且具有很高的产能。在采用自动绕线机之后，操作人员只需要从事插入空的转子、按下启动按钮和取下绕好线的转子等简单操作。绕线机用直流电机来实现高速地缠绕铜线，控制系统的具体设计要求是，使绕线速度和缠绕位置都具有很高的稳态精度。绕线机控制系统如图 10.21（a）所示，相应的框图模型如图 10.21（b）所示。这个系统至少是 I 型系统，其阶跃响应的稳态误差为 0，斜坡响应的稳态误差为

$$e_{ss} = A/K_v$$

其中：

$$K_v = \lim_{s \to 0} \frac{G_c(s)}{50}$$

首先选择 $G_c(s) = K$，于是有 $K_v = K/50$。如果取 $K = 500$，则可以推知 $K_v = 10$，系统将具有足够的稳态精度，但系统阶跃响应的超调量将高达 70%，调节时间将长达 8 s。

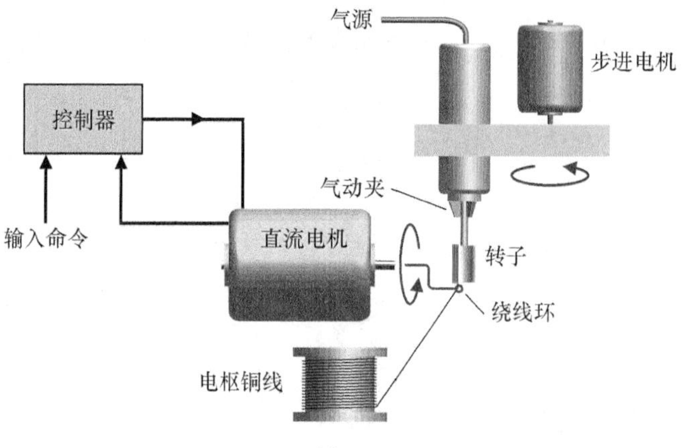

(a)

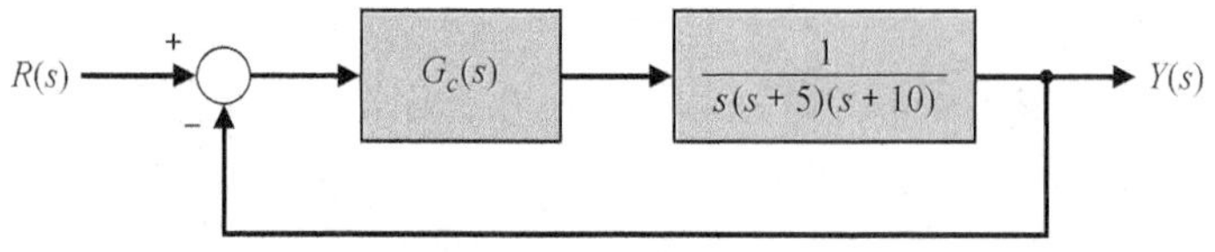

(b)

图 10.21 （a）转子绕线机控制系统；（b）系统的框图模型

为此，尝试为系统引入超前校正器，即

$$G_c(s) = \frac{K\left(s + z_1\right)}{s + p_1} \tag{10.84}$$

为了使校正后系统的阻尼系数 ζ 达到 0.6，取 $z_1 = 4$，如图 10.22 所示，由此得到的超前校正器的极点为 $p_1 = 7.3$，得到的超前校正器为

$$G_c(s) = \frac{191.2(s+4)}{s+7.3} \tag{10.85}$$

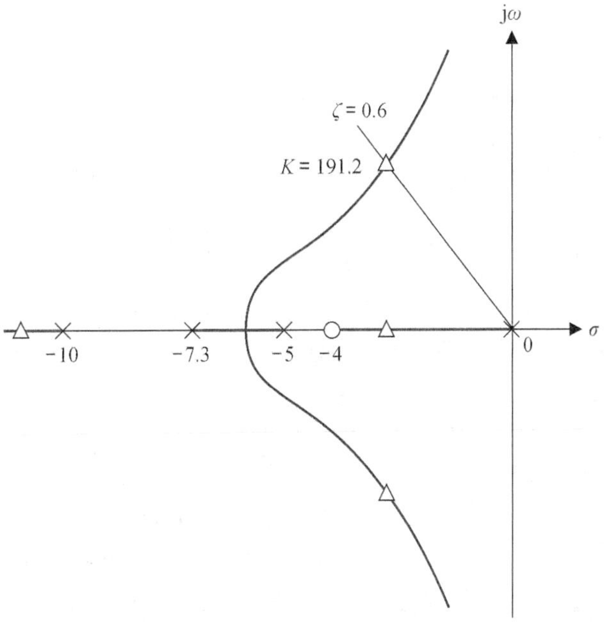

图 10.22　经过超前校正后的系统根轨迹

经过验证可知，校正后系统阶跃响应的超调量下降为 3%，调节时间缩短为 1.5 s，但速度误差系数仅为

$$K_v = \frac{191.2(4)}{7.3(50)} = 2.1$$

由此可见，采用超前校正器无法满足实际需要。

接下来尝试为系统引入滞后校正器，并争取达到 $K_v = 38$。将滞后校正器取为

$$G_c(s) = \frac{K(s+z_2)}{s+p_2}$$

于是，校正后系统的速度误差系数为

$$K_v = \frac{Kz_2}{50p_2}$$

由未校正系统的根轨迹可知，当 $K = 105$ 时，未校正系统的超调量满足 P.O. ≤ 10%。以此为基础，便可以确定校正后系统的预期主导极点。根据给定的 K_v 的预期值，可以确定 $\alpha = z/p$ 的取值应该为

$$\alpha = \frac{50K_v}{K} = \frac{50(38)}{105} = 18.1$$

为了避免过分影响未校正系统的根轨迹，这里将滞后校正器的零点取为 $z_2 = 0.1$。相应地，校正器的极点为 $p_2 = 0.0055$。在采用滞后校正器之后，校正后系统的实际超调量为 12%，调节时间为 2.5 s，基本可以满足实际需要。

综上所述，当控制器分别为简单的比例放大器、超前校正器和滞后校正器时，我们可以得到不同的设计结果，更多性能验证结果见表 10.3。

表 10.3　性能验证结果

控制器	增益 K	超前校正器	滞后校正器	超前-滞后校正器
超调量	70%	3%	12%	5%
调节时间(s)	8	1.5	2.5	2.0
斜坡响应的稳态误差	10%	48%	2.6%	4.8%
K_v	10	2.1	38	21

回到前面得到的超前校正器，再为其串联一个滞后校正器，于是得到一个超前-滞后校正器，其传递函数为

$$G_c(s)=\frac{K(s+z_1)(s+z_2)}{(s+p_1)(s+p_2)} \tag{10.86}$$

由式（10.85）可知，超前校正器的参数应当取为 $K=191.2$、$z_1=4$、$p_1=7.3$。在经过超前校正之后，系统的根轨迹如图 10.22 所示，而系统的速度误差系数 K_v 仅为 2.1（见表 10.3）。若 K_v 的预期取值为 21，则应该有 $\alpha=10$，因此可以将滞后校正器的零点和极点分别取为 $z_2=0.1$ 和 $p_2=0.01$，整个系统的开环传递函数变为

$$L(s)=G(s)G_c(s)=\frac{191.2(s+4)(s+0.1)}{s(s+5)(s+10)(s+7.28)(s+0.01)} \tag{10.87}$$

在经过这样的综合校正之后，系统的阶跃响应和斜坡响应分别如图 10.23（a）和图 10.23（b）所示，相应的性能指标如表 10.3 的最后一列所示。从中不难看出，采用超前-滞后校正器可以得到综合性能更好的设计结果。

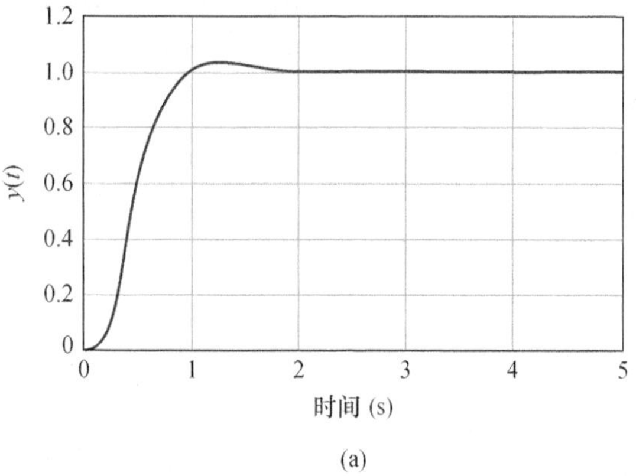

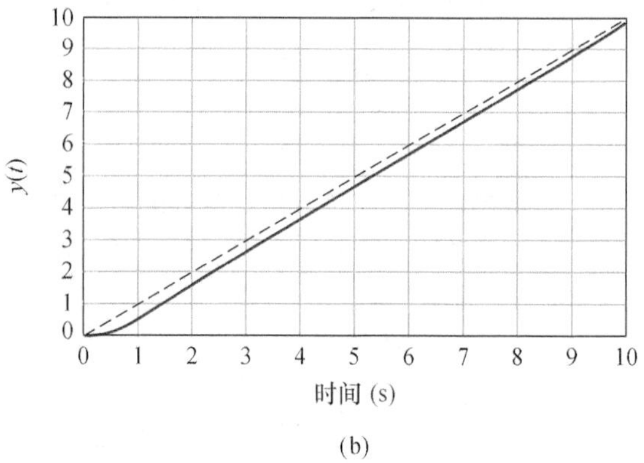

图 10.23　转子绕线机控制系统的响应曲线
（a）阶跃响应；（b）斜坡响应

例 10.14　铣床控制系统

工程师们为了满足机械制造领域的实际需求，正在致力于开发体积小、重量轻、价格低廉的新型传感器。图 10.24 给出了铣床工作台的示意图。这种铣床配备了一种新型传感器来获取切削过程中的声波（用来测量切削深度）。切削过程中发出的声波（Acoustic Emission，AE）是一种高频、低幅值的压力波，源自应变能在连续介质中的快速释放。AE 传感器是压电传感器，它对频率为 100 kHz ~1 MHz 的信号十分敏

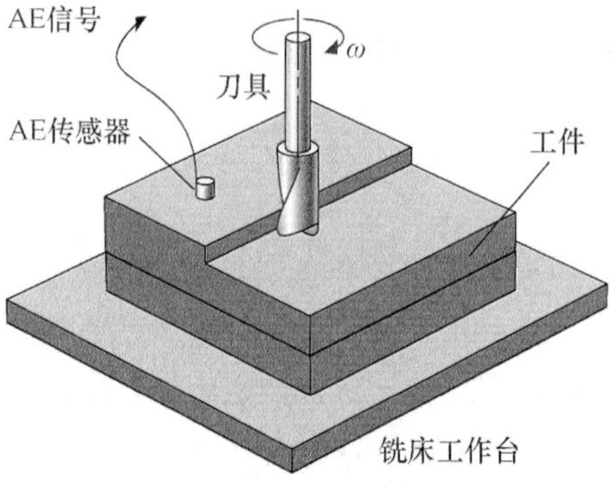

图 10.24　铣床工作台的示意图

感。这种传感器价格低廉，能够应用于大多数机床。

在铣床控制系统中，AE 传感器所输出电压信号的灵敏度与切削深度的波动变化密切相关[15, 18, 19]，可作为切削深度的反馈信号。图 10.25 给出了简化的系统框图模型，图 10.26 则给出了控制系统设计的基本流程并突出显示了本例中强调的设计模块。

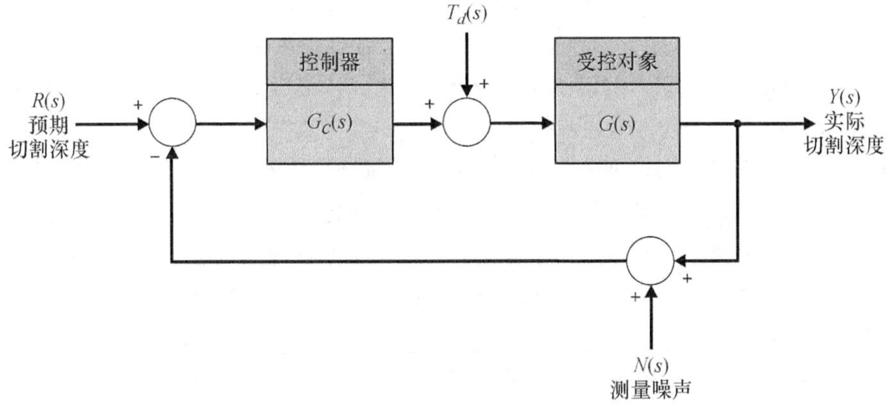

图 10.25　铣床控制系统的简化框图模型

由于 AE 传感器对工件的材料、刀具的几何形状和磨损程度以及切削工况参数（如刀具转速）等都很敏感，因此测量得到的切削深度信号必然受到噪声的干扰。这种测量噪声在图 10.25 中用 $N(s)$ 表示。另外，外部扰动（如导致刀具转速产生波动的因素等），也会对刀具的运动造成一定的影响，这在图 10.25 中用 $T_d(s)$ 表示。

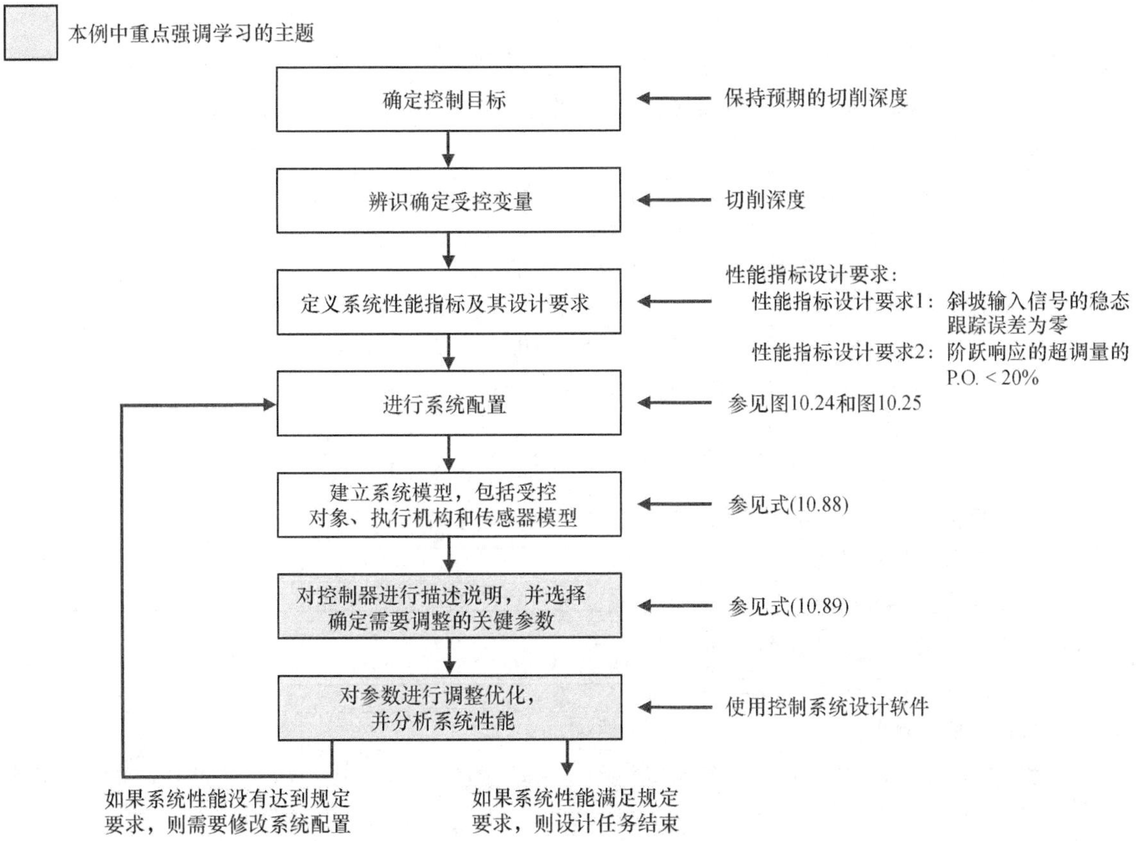

图 10.26　铣床控制系统设计的基本流程以及本例中强调的模块

假设包括刀具和 AE 传感器在内的受控对象可以表示为

$$G(s)=\frac{2}{s(s+1)(s+5)} \tag{10.88}$$

$G(s)$ 的输入就是机电装置的驱动信号，并随后被用于产生对刀具向下的压力。

在实践中，有多种方法可以用来对受控对象进行建模，从而得到式（10.88）。其中一种方法是利用物理学定律，得到描述受控对象动力学过程的非线性微分方程，然后在工作点附近线性化，得到线性化的模型（或等价的传递函数模型）。这一建模过程通常需要用到牛顿定律、各种守恒定律和基尔霍夫定律等物理学定律。

另一种方法是，如果能够利用先验知识假设系统模型的形式（如二阶传递函数），则可以通过实验数据来辨识确定未知的待定参数（如阻尼系数 ζ 和自然频率 ω_n），进而建立系统模型。

还有一种方法是直接通过实验来测量系统的阶跃响应或脉冲响应数据。也就是说，我们可以首先给系统施加输入激励（本例中为电压信号），然后测量系统的输出响应，即测量工件上的切削深度。假设我们已经获得图 10.27 所示的铣床控制系统的脉冲响应数据（用小圆圈表示），并拟合得到函数曲线 $C_{\text{imp}}(t)$，即脉冲响应函数曲线，则通过进行拉普拉斯变换，就可以得到系统的传递函数。有多种方法可以实现函数曲线 $C_{\text{imp}}(t)$ 的拟合，这里不准备全面讨论曲线拟合问题，而只是简单说明如何选择拟合函数。

从图 10.27 中可以看出，随着时间的推移，系统的脉冲响应逐渐接近于一个恒定值。

$$C_{\text{imp}}(t)\to C_{\text{imp.ss}}\approx\frac{2}{5},\ t\to\infty$$

于是，可以假设

$$C_{\text{imp}}(t)=\frac{2}{5}+\Delta C_{\text{imp}}(t)$$

其中，当 t 很大时，$\Delta C_{\text{imp}}(t)$ 接近于 0，并且没有振荡。这启发我们假设 $\Delta C_{\text{imp}}(t)$ 是一系列负实指数函数的和：

$$\Delta C_{\text{imp}}(t)=\sum_i k_i \mathrm{e}^{-\tau_i t}$$

其中，τ_i 是正实数。从图 10.27 所示的数据中可以拟合得到

$$C_{\text{imp}}(t)=\frac{2}{5}+\frac{1}{10}\mathrm{e}^{-5t}-\frac{1}{2}\mathrm{e}^{-t}$$

再通过拉普拉斯变换，便可得到铣床控制系统的传递函数为

$$G(s)=\mathscr{L}\{C_{\text{imp}}(t)\}=\frac{2}{5}\cdot\frac{1}{s}+\frac{1}{10}\cdot\frac{1}{s+5}-\frac{1}{2}\cdot\frac{1}{s+1}=\frac{2}{s(s+1)(s+5)}$$

控制目标　使系统能够准确地跟踪阶跃输入（即期望的切削深度）。

受控变量　切削深度 $y(t)$。

由于本章主要讨论超前校正器和滞后校正器，因此本例也打算采用这两种校正器，待调节的关键参数就是式（10.89）中的未知参数。

选择关键的调节参数　校正器参数 p、z 和 K。

性能指标设计要求

- 性能指标设计要求 1：对斜坡信号 $R(s)=a/s^2$ 的跟踪误差小于 $a/8$，其中的 a 为斜坡信号的斜率。
- 性能指标设计要求 2：阶跃响应的超调量 P.O. ≤ 20%。

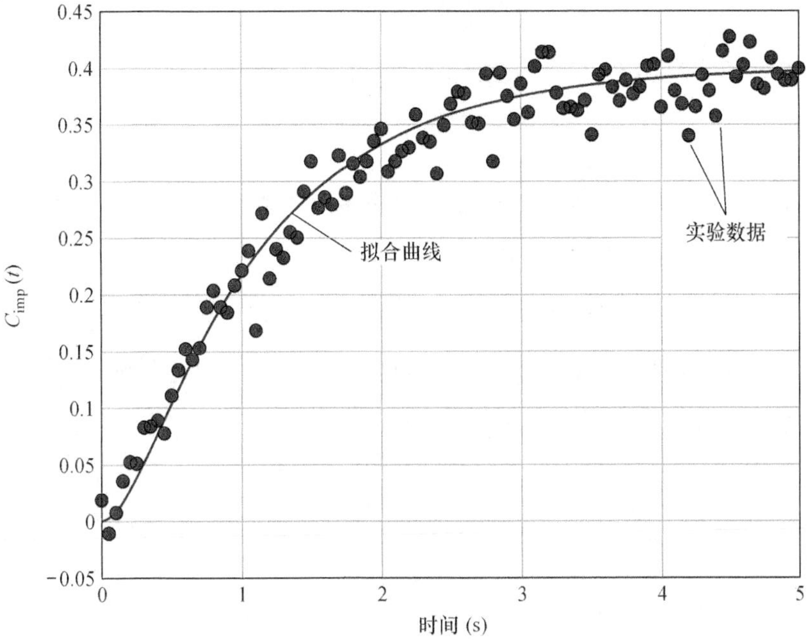

图 10.27　铣床控制系统的脉冲响应数据

假设滞后校正器为

$$G_c(s) = K\frac{s + z}{s + p} = K\alpha\frac{(1 + \tau s)}{(1 + \alpha\tau s)} \tag{10.89}$$

其中，$\alpha = z/p > 1$，$\tau = 1/z$。

跟踪误差为

$$E(s) = R(s) - Y(s) = (1 - T(s))R(s)$$

其中：

$$T(s) = \frac{G_c(s)G(s)}{1 + G_c(s)G(s)}$$

故有

$$E(s) = \frac{1}{1 + G_c(s)G(s)}R(s)$$

考虑输入为 $R(s) = a/s^2$ 的情况，根据终值定理，可以得到

$$e_{ss} = \lim_{t \to \infty} e(t) = \lim_{s \to 0} sE(s) = \lim_{s \to 0} s\frac{1}{1 + G_c(s)G(s)}\cdot\frac{a}{s^2}$$

或者等价地有

$$\lim_{s \to 0} sE(s) = \frac{a}{\lim\limits_{s \to 0} sG_c(s)G(s)}$$

根据指标设计要求 1，应该有

$$\frac{a}{\lim\limits_{s \to 0} sG_c(s)G(s)} < \frac{a}{8}$$

因而要求

$$\lim_{s\to 0} sG_c(s)G(s) > 8$$

将式（10.88）和式（10.89）所示的 $G(s)$ 和 $G_c(s)$ 代入，可以得到

$$K_{v,\text{comp}} = \frac{2}{5}K\frac{z}{p} > 8$$

当采用滞后校正器时，校正后系统的速度误差系数就是系统实际的速度误差系数。此时，系统的开环传递函数为

$$L(s) = G_c(s)G(s) = \frac{s+z}{s+p}\cdot\frac{2K}{s(s+1)(s+5)}$$

暂时分离看待或忽略上式中的校正器，就得到了一个虚拟的“未校正系统”，以增益 K 而不是校正器的零点和极点为可调参数，“未校正系统”的根轨迹特征方程为

$$1 + K\frac{2}{s(s+1)(s+5)} = 0$$

据此绘制的根轨迹如图 10.28 所示。

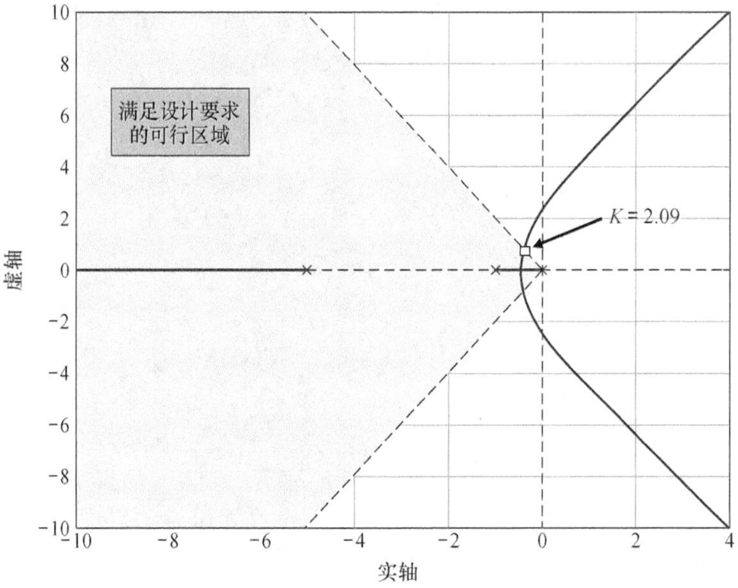

图 10.28　未校正系统的根轨迹

由指标设计要求 2 可以得到，目标系统主导极点的阻尼系数应该满足 $\zeta > 0.45$。当 $\zeta \geqslant 0.45$ 时，则应该有 $K \leqslant 2.09$。取 $K = 2.0$，即可得到未校正系统的速度误差系数为

$$K_{v,\text{unc}} = \lim_{s\to 0} s\frac{2K}{s(s+1)(s+5)} = \frac{2K}{5} = 0.8$$

校正后系统的速度误差系数为

$$K_{v,\text{comp}} = \lim_{s\to 0} s\frac{s+z}{s+p}\cdot\frac{2K}{s(s+1)(s+5)} = \frac{z}{p}K_{v,\text{unc}}$$

由 $\alpha = z/p$ 可以得到

$$\alpha = \frac{K_{v,\text{comp}}}{K_{v,\text{unc}}}$$

根据设计要求，应该有 $K_{v,\text{comp}} > 8$，取 $K_{v,\text{comp}} = 10$ 作为预期的速度误差系数，于是有

$$\alpha = \frac{K_{v,\text{comp}}}{K_{v,\text{unc}}} = \frac{10}{0.8} = 12.5$$

由此推知 $p = 0.08z$。如果选择 $z = 0.01$，则 $p = 0.0008$。

至此，校正后的系统开环传递函数为

$$L(s) = G_c(s)G(s) = K\frac{s+z}{s+p}\cdot\frac{2}{s(s+1)(s+5)}$$

我们得到的以 z 和 p 为零点和极点的滞后校正器为

$$G_c(s) = 2.0\frac{s+0.01}{s+0.0008} \tag{10.90}$$

校正后系统的阶跃响应如图 10.29 所示，超调量约为 22%，速度误差系数为 10，已经满足设计要求。

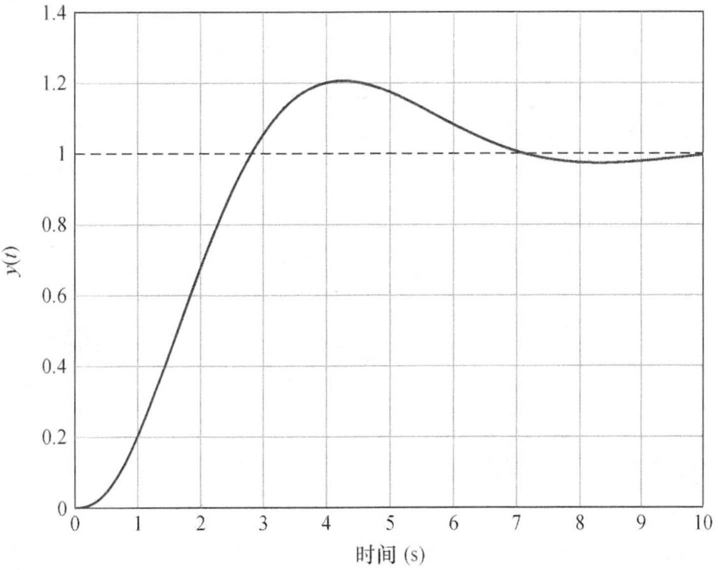

图 10.29　校正后系统的阶跃响应

10.13　利用控制系统设计软件设计控制系统

如果条件允许，我们总是希望用计算机来辅助设计人员选择和设计校正器的参数。前面介绍的校正器设计方法都具有试错和需要重复设计的特性及不足，因而开发算法并借助计算机程序进行辅助设计是一种重要的设计方法。例如，针对相角裕度等频域指标，文献［3，4］给出了一些计算机程序，它们可以用于确定校正器的参数取值。

本节仍以 10.12 节的转子绕线机控制系统为例，采用频率响应法和根轨迹法，展示如何用 m 脚本程序来设计能够满足性能指标设计要求的控制系统。我们关注的是如何用计算机分析工具来设计超前校正器和滞后校正器，以及如何获得系统的响应。

例 10.15　转子绕线机控制系统

重新考虑图 10.21 给出的转子绕线机控制系统。系统的设计目标是使绕线机对斜坡输入具有很高的稳态精度。系统对单位斜坡输入 $R(s) = 1/s^2$ 的稳态误差为

$$e_{ss}=\frac{1}{K_v}$$

其中：

$$K_v=\lim_{s\to 0}\frac{G_c(s)}{50}$$

在设计转子绕线机控制系统时，除了考虑稳态跟踪误差之外，还必须兼顾超调量和调节时间等性能指标，因此简单的比例控制器无法满足实际需要。在这种情况下，可采用伯德图和根轨迹法，设计超前校正器或滞后校正器来校正系统。本例的思路是编写一系列 m 脚本程序，以协助完成整个设计。

首先考虑简单的比例控制器：

$$G_c(s)=K$$

此时系统的稳态误差为

$$e_{ss}=\frac{50}{K}$$

由此可见，K 的值越大，稳态误差 e_{ss} 越小。但我们必须意识到，增加 K 的值会对系统的瞬态响应产生不利的影响（见图 10.30）。当 K 取不同的值时，图 10.30 给出了系统的阶跃响应，从中可以看出，当 $K = 500$ 时，系统对斜坡输入的稳态误差为 10%，但系统对阶跃输入的超调量却高达 70%，调节时间长达 8 s。这样的系统性能是我们完全不能接受的，因此必须为系统引入较为复杂的超前校正器或滞后校正器。

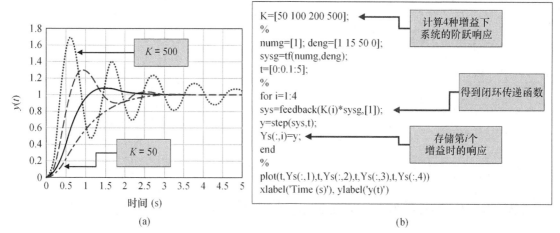

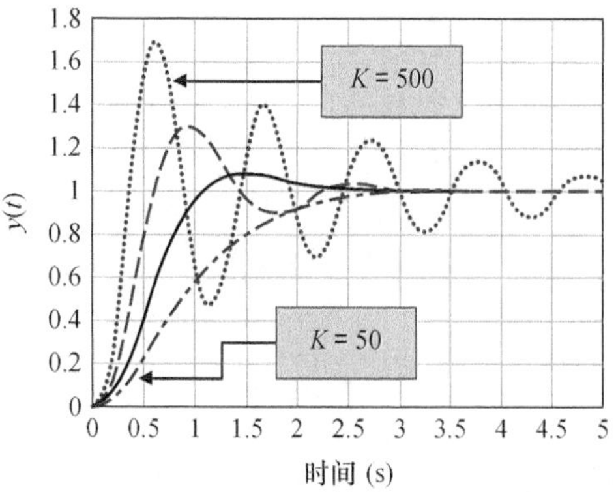

(a)

```
K=[50 100 200 500];
%
numg=[1]; deng=[1 15 50 0];
sysg=tf(numg,deng);
t=[0:0.1:5];
%
for i=1:4
sys=feedback(K(i)*sysg,[1]);
y=step(sys,t);
Ys(:,i)=y;
end
%
plot(t,Ys(:,1),t,Ys(:,2),t,Ys(:,3),t,Ys(:,4))
xlabel('Time (s)'), ylabel('y(t)')
```

计算4种增益下系统的阶跃响应

得到闭环传递函数

存储第i个增益时的响应

(b)

图 10.30 （a）当采用简单的比例控制器时系统的瞬态响应；（b）m 脚本程序

然后尝试超前校正器：

$$G_c(s)=\frac{K(s+z)}{s+p}$$

其中，$|z| < |p|$。超前校正器能够改善系统的瞬态响应性能。下面采用频域响应法设计超前校正器。

给定的系统设计要求如下。

- 系统斜坡响应的稳态误差 $e_{ss} \leqslant 10\%$，即 $K_v = 10$。
- 调节时间（2% 准则）$T_s \leqslant 3$ s。
- 系统阶跃响应的超调量 P.O. $\leqslant 10\%$。

根据给定的系统设计要求，利用近似公式

$$\text{P.O.} = 100\% \exp^{-\pi\xi/\sqrt{1-\xi^2}} = 10\%$$

和

$$T_s = \frac{4}{\zeta\omega_n} = 3$$

可以推知应该有 $\zeta = 0.59$、$\omega_n = 2.26$，进而还可以推知系统的相角裕度应达到 60°。

$$\phi_{\text{pm}} = \frac{\zeta}{0.01} \approx 60^\circ$$

在明确频域的设计要求之后，就可以按照下面的步骤设计超前校正器。

① 当 $K = 500$ 时，绘制未校正系统的伯德图并计算相角裕度。

② 确定所需的附加超前相角 ϕ_m。

③ 根据 $\sin(\phi_m) = (\alpha - 1)/(\alpha + 1)$ 计算校正器参数 α。

④ 计算 $10 \log \alpha$，在未校正系统的伯德图上，确定与幅频特性 $-10 \log \alpha$ 对应的频率 ω_m。

⑤ 在频率 ω_m 附近，绘制校正后的幅频特性近似线。幅频特性近似线在频率 ω_m 处与 0 dB 线相交，斜率等于未校正时幅频特性曲线的斜率加上 20 dB/decade。幅频特性近似线与幅频特性曲线的交点决定了超前校正器的零点。再根据 $p = \alpha z$，我们还可以计算得到超前校正器的极点。

⑥ 绘制校正后的伯德图，检验校正后系统的相角裕度是否满足设计要求。如果不满足，则重复执行前面的步骤。

⑦ 增大系统增益，补偿由超前校正器的电路网络带来的增益衰减 $1/\alpha$。

⑧ 仿真计算系统的阶跃响应，验证最后的设计结果。如果设计结果不满足实际需要，则重复执行前面的步骤。

上述步骤涉及三个 m 脚本程序。图 10.31~图 10.33 分别给出了这三个 m 脚本程序，它们依次完成未校正系统的伯德图绘制、校正后系统的伯德图绘制以及校正后系统的实际阶跃响应的绘制。运行这些脚本，就可以得到我们设计的超前校正器为

$$G_c(s) = \frac{1800(s + 3.5)}{s + 25}$$

其中，增益 $K = 1800$ 是反复运行这些脚本进行计算之后做出的选择。

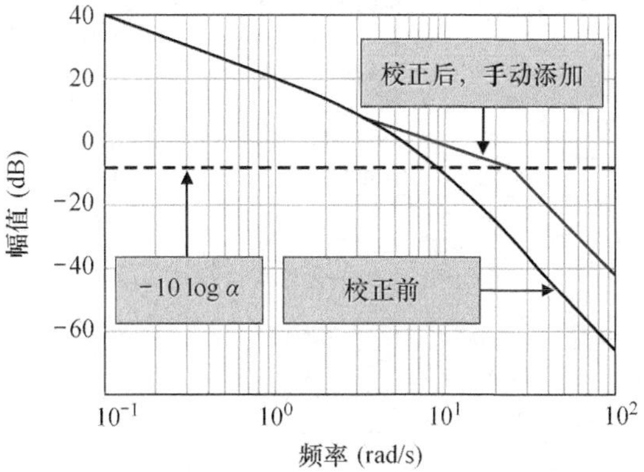

(a)

图 10.31　(a) 未校正系统的伯德图；(b) m 脚本程序

```
K=500;
numg=[1]; deng=[1 15 50 0]; sysg=tf(numg,deng);
sys=K*sysg;
%
[Gm,Pm,Wcg,Wcp]=margin(sys);
%
Phi=(60-Pm)*pi/180;
alpha=(1+sin(Phi))/(1-sin(Phi))
[mag,phase,w]=bode(sys);
mag_save(1,:)=mag(:,1,:);
%
M=-10*log10(alpha)*ones(length(w),1);
%
semilogx(w,20*log10(mag_save),w,M), grid
xlabel('Frequency (rad/s)'), ylabel('Magnitude (dB)')
```

计算相角裕度

需要的附加超前相角

计算α

绘制-10 log(α)线以确定ω_m

(b)

图 10.31 （a）未校正系统的伯德图；（b）m 脚本程序（续）

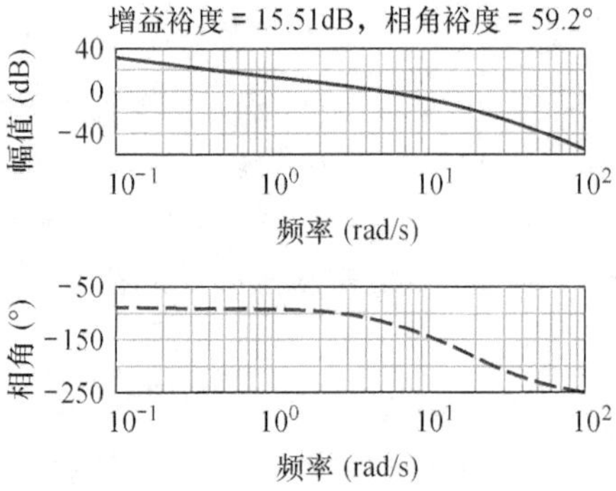

(a)

```
K=1800;
numg=[1]; deng=[1 15 50 0];
numgc=K*[1 3.5]; dengc=[1 25];
sysg=tf(numg,deng);
sysgc=tf(numgc,dengc);
sys=series(sysgc,sysg);
margin(sys)
```

提高K以补偿$1/\alpha$的增益损失

超前校正器

(b)

图 10.32 设计超前校正器

（a）校正后系统的伯德图；（b）m 脚本程序

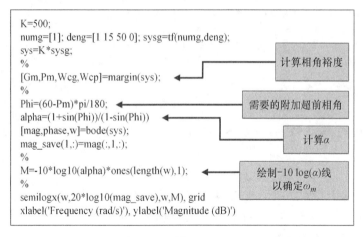

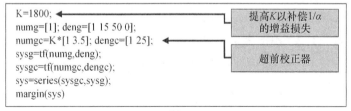

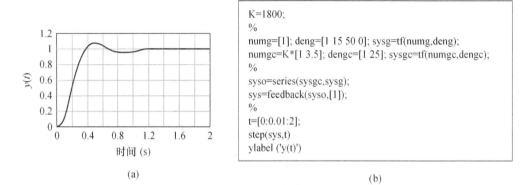

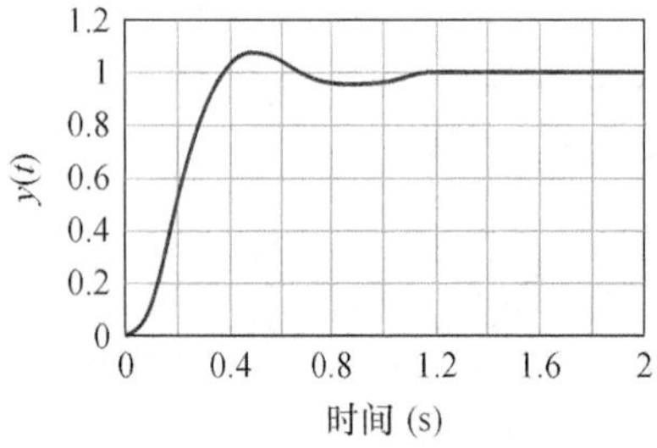

(a)

```
K=1800;
%
numg=[1]; deng=[1 15 50 0]; sysg=tf(numg,deng);
numgc=K*[1 3.5]; dengc=[1 25]; sysgc=tf(numgc,dengc);
%
syso=series(sysgc,sysg);
sys=feedback(syso,[1]);
%
t=[0:0.01:2];
step(sys,t)
ylabel ('y(t)')
```

(b)

图 10.33 设计超前校正器

（a）校正后系统的实际阶跃响应；（b）m 脚本程序

在引入超前校正器之后，校正后的系统已经满足对调节时间和超调量的设计要求。但由于 $K_v = 5$，这不满足对稳态误差的设计要求，此时系统斜坡响应的稳态误差达到 20%。尽管超前校正器已经明显增大了系统的相角裕度，并改善了系统的瞬态性能，但如果我们继续迭代上面的设计过程，则仍有可能在一定程度上进一步改善系统的瞬态性能。遗憾的是，这对提高精度作用不大。

为了减小系统的稳态误差，接下来尝试滞后校正器。滞后校正器的传递函数为

$$G_c(s) = \frac{K(s+z)}{s+p}$$

其中，$|p| < |z|$。虽然可以继续采用伯德图，但我们更愿意改用根轨迹法来完成设计。根据已知条件可以推知应该有 $\zeta = 0.59$、$\omega_n = 2.26$，由此可以得到预期闭环主导极点的可行配置区域。

滞后校正器的设计步骤可以归纳如下。

① 绘制未校正系统的根轨迹。

② 在 $\zeta = 0.59$ 和 $\omega_n = 2.26$ 确定的预期主导极点的允许配置区域内，在未校正系统的根轨迹上，确定校正后的预期主导极点。

③ 计算与预期主导极点匹配的未校正系统的增益和速度误差系数 $K_{v,\text{unc}}$。

④ 计算 $\alpha = K_{v,\text{comp}}/K_{v,\text{unc}}$。在本例中，$K_{v,\text{comp}} = 10$。

⑤ 根据求得的 α，确定滞后校正器的极点和零点，并保证校正后的根轨迹经过预期主导极点。

⑥ 仿真计算系统的实际响应，检验设计结果。如果需要，则重复执行前面的步骤。

图 10.34~图 10.36 说明了整个设计过程。在设计过程中，我们首先在处于主导极点允许配置区域内的那一部分未校正的根轨迹上选定了预期主导极点，然后使用 rlocfind 函数计算了与预期主导极点匹配的增益 K 的值。为了满足对 K_v 的设计要求，我们还计算了 α 的合适取值，以便实现期望的 K_v。如图 10.35 所示，在配置滞后校正器的零点和极点时，可以将零点和极点分别取为 $-z = -0.1$ 和 $-p = -0.01$，它们都非常接近 s 平面的原点，从而避免显著地改变未校正系统的根轨迹。

设计结果使得 $K_v = 10$，虽然可以达到预期的效果，但却没有满足对调节时间和超调量的设计要求。尽管与超前校正相比，滞后校正已经明显减小了系统对斜坡输入的稳态误差，但如果我们继续重复上面的设计过程，则仍有可能在一定程度上进一步改善系统的稳态性能。

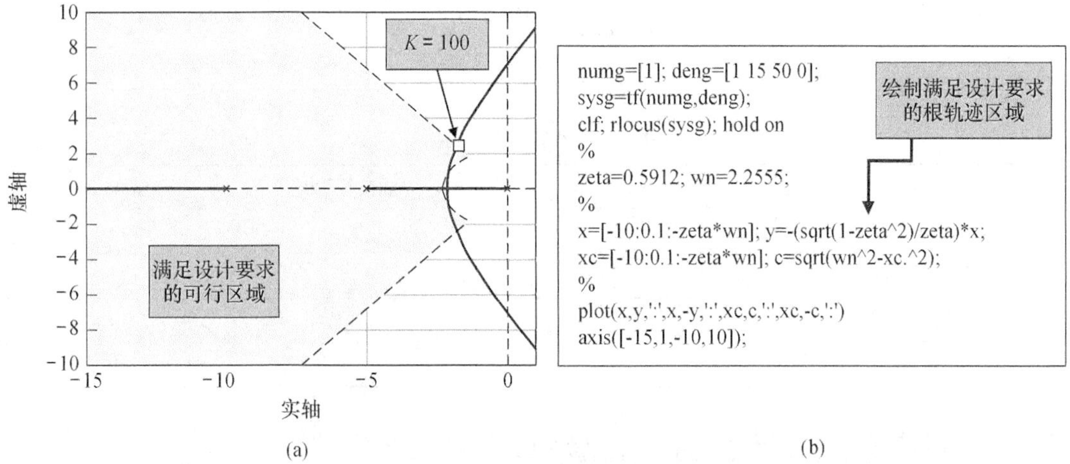

图 10.34　设计滞后校正器

(a) 未校正系统的根轨迹；(b) m 脚本程序

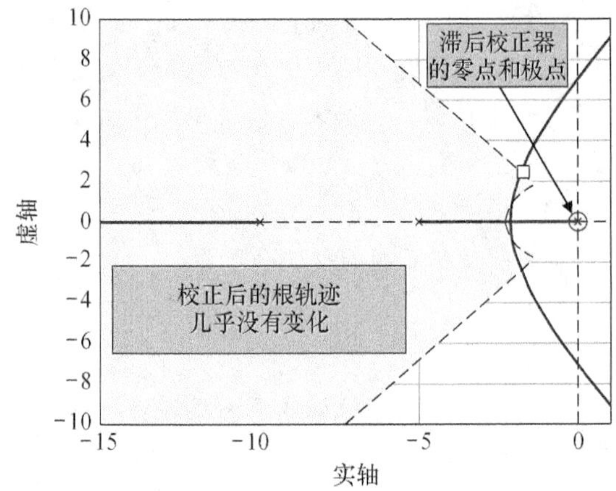

(a)

```
numg=[1]; deng=[1 15 50 0]; sysg=tf(numg,deng);
numgc=[1 0.1]; dengc=[1 0.01]; sysgc=tf(numgc,dengc);
sys=series(sysgc,sysg);
clf; rlocus(sys); hold on
%
zeta=0.5912; wn=2.2555;
x=[-10:0.1:-zeta*wn]; y=-(sqrt(1-zeta^2)/zeta)*x;
xc=[-10:0.1:-zeta*wn];c=sqrt(wn^2-xc.^2);
plot(x,y,':',x,-y,':',xc,c,':',xc,-c,':')
axis([-15,1,-10,10]);
```

(b)

图 10.35 设计滞后校正器

（a）校正后系统的根轨迹；（b）m 脚本程序

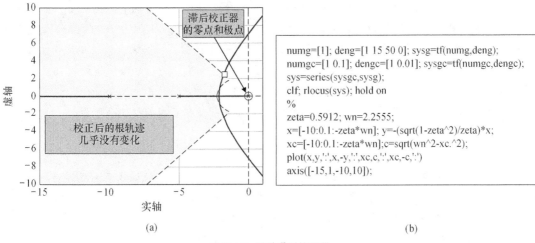

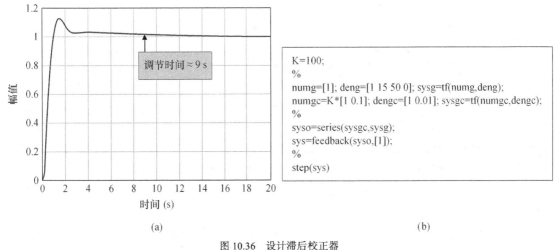

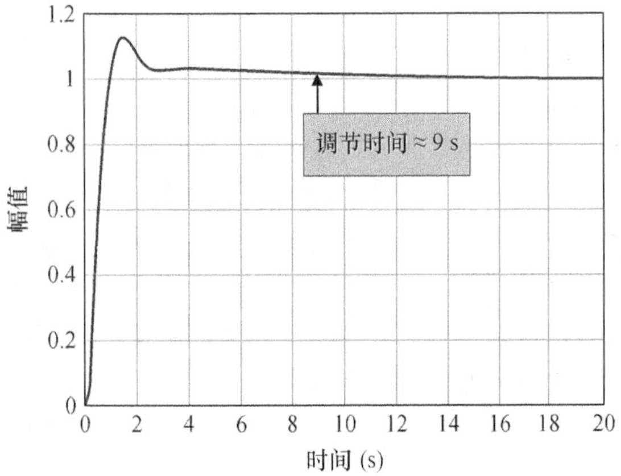

(a)

```
K=100;
%
numg=[1]; deng=[1 15 50 0]; sysg=tf(numg,deng);
numgc=K*[1 0.1]; dengc=[1 0.01]; sysgc=tf(numgc,dengc);
%
syso=series(sysgc,sysg);
sys=feedback(syso,[1]);
%
step(sys)
```

(b)

图 10.36 设计滞后校正器

（a）校正后系统的阶跃响应；（b）m 脚本程序

最终设计的滞后校正器为

$$G_c(s) = \frac{100(s + 0.1)}{s + 0.01}$$

表 10.4 归纳比较了以上三种校正器设计结果的系统性能。

表 10.4 校正器设计结果

校正器	增益 K = 500	超前校正器	滞后校正器
阶跃响应的超调量	70%	8%	13%
调节时间(s)	8	1	9
斜坡响应的稳态误差	10%	20%	10%
K_v	10	5	10

10.14 循序渐进设计实例：磁盘驱动器读取系统

本节将为磁盘驱动器读取系统设计合适的 PD 控制器，以保证系统能够满足对单位阶跃响应的设计要求（见表 10.5）。闭环系统的框图模型如图 10.37 所示，从中可以看出，我们为闭环系统配置了前置滤波器，目的在于消除零点因式（$s+z$）对闭环响应的不利影响。为了得到具有最小节拍响应的系统，可以将预期的闭环传递函数取为

$$T(s)=\frac{\omega_n^2}{s^2+\alpha\omega_n s+\omega_n^2} \tag{10.91}$$

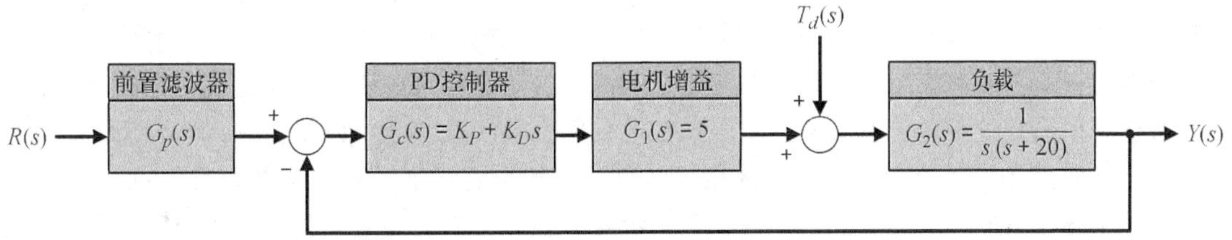

图 10.37　带有 PD 控制器的磁盘驱动器控制系统（二阶模型）

对于图 10.37 给出的二阶系统而言，最小节拍响应要求 $\alpha=1.82$（见表 10.2），于是要求调节时间满足

$$\omega_n T_s=4.82$$

由于设计要求中包含 $T_s\leqslant 50\text{ ms}$，因此如果取 $\omega_n=120$，就应该有 $T_s=40\text{ ms}$，式（10.91）的分母变为

$$s^2+218.4s+14400 \tag{10.92}$$

可以得到图 10.37 所示系统的闭环特征方程为

$$s^2+\left(20+5K_D\right)s+5K_P=0 \tag{10.93}$$

由于式（10.92）和式（10.93）等价，因此可以得到

$$218.4=20+5K_D$$

和

$$14400=5K_P$$

从而求解得到 $K_P=2880$、$K_D=39.68$，由此得到的控制器为

$$G_c(s)=39.68(s+72.58)$$

前置滤波器为

$$G_p(s)=\frac{72.58}{s+72.58}$$

这里的系统模型忽略了电机磁场的影响，但得到的设计仍然是足够准确的。表 10.5 同时给出了系统的实际响应，从中可以看出，系统满足所有的指标设计要求。

表 10.5　磁盘驱动器控制系统的性能指标预期值和实际值

性能指标	预期值	实际值
超调量	< 5%	0.1%
调节时间	< 250 ms	40ms
对单位阶跃干扰的最大响应	$<5\times10^{-3}$	6.9×10^{-5}

10.15 小结

本章讨论了反馈控制系统的校正器设计和系统综合的多种方法。首先，我们用两节的篇幅简要介绍了系统设计和系统校正的概念，并简要回顾了前面各章已经讨论过的设计实例。其次，我们分析了在反馈控制系统中引入串联校正器的可行性和必要性。串联校正器可以用来改变系统的根轨迹形状或频率响应特性，它是一种非常有效的校正方式。在各种校正器中，本章详细介绍了相角超前校正器和相角滞后校正器，并介绍了利用伯德图和根轨迹法设计校正器的方法。超前校正器可以增大系统的相角裕度，从而增强系统的稳定性。在设计超前校正器时，如果只给定对超调量和调节时间的设计要求，则建议采用根轨迹法；如果还给定了对稳态误差系数的设计要求，则采用伯德图更为便利。如果要求反馈控制系统具有很大的稳态误差系数，则适合采用积分型校正器（如滞后校正器）来校正系统。请留意，超前校正器会增大系统带宽，而滞后校正器则会减小系统带宽。当系统内部或系统输入中含有噪声时，系统带宽将是影响系统性能的重要因素之一。另请留意，令人满意的设计结果通常会导致校正后的幅频特性近似线在与 0 dB 线的交点处，斜率为–20 dB/decade。

表 10.6 全面总结了超前校正器和滞后校正器的特性。表 10.7 则总结了一些实用的能够物理实现的超前校正器、滞后校正器、PI 控制器和 PD 控制器的放大电路 [1]。

表 10.6　相角超前校正器和相角滞后校正器的特性小结

	校正器	
	相角超前	**相角滞后**
动机	在伯德图上穿越频率处添加超前相角。添加超前校正器，在 s 平面的根轨迹上实现预期的主导极点	保持 s 平面上的主导极点或伯德图上的相角裕度基本不变的同时，添加相角滞后校正器，以便增大系统的稳态误差常数
后效	1. 增大系统带宽 2. 增大高频段幅值	减小系统带宽
优点	1. 获得预期响应 2. 改善系统的动态性能	1. 抑制高频噪声 2. 减小系统稳态误差
不足	1. 需要附加的放大器增益 2. 增大了系统带宽,使系统对噪声更加敏感	减缓瞬态响应速度
适用场合	要求系统有快速的响应	对系统的稳态误差常数有明确和严格的要求
不适用场合	在穿越频率附近,系统的相角急剧下降	满足相角裕度的要求之后,系统没有足够的频段

表 10.7　一些实用的能够实现校正控制器功能的放大电路

控制器类型	$G_c(s)=\dfrac{V_0(s)}{V_1(s)}$	**实用放大电路**
PD 控制器	$G_c=\dfrac{R_4R_2}{R_3R_1}(R_1C_1s+1)$	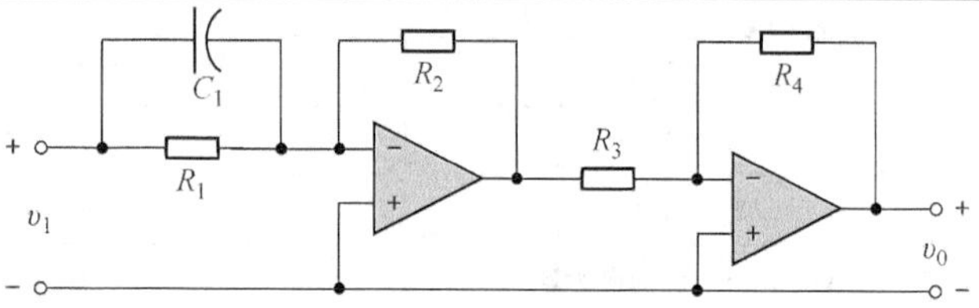

续表

控制器类型	$G_c(s)=\dfrac{V_0(s)}{V_1(s)}$	实用放大电路
PI 控制器	$G_c=\dfrac{R_4R_2(R_2C_2s+1)}{R_3R_1(R_2C_2s)}$	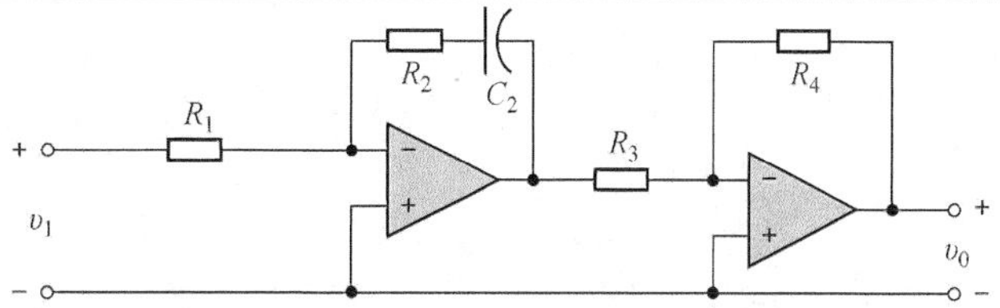
超前或滞后校正器 $R_1C_1>R_2C_2$ 时为超前校正器 $R_1C_1<R_2C_2$ 时为滞后校正器	$G_c=\dfrac{R_4R_2(R_1C_1s+1)}{R_3R_1(R_2C_2s+1)}$	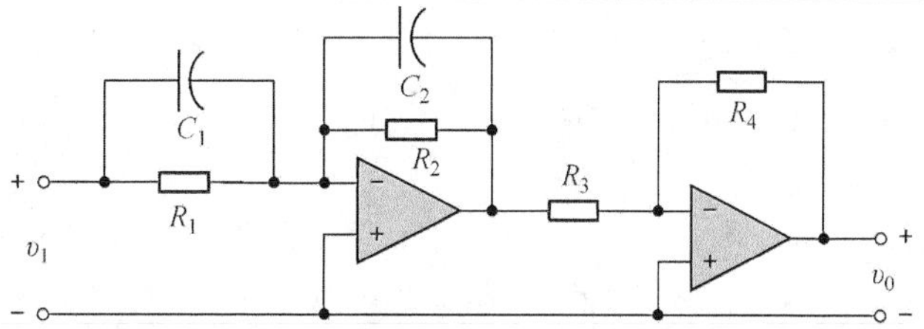

☑ 技能自测

本节提供 3 类题目来测试你对本章知识的掌握情况：正误判断题、多项选择题以及术语和概念匹配题。为了直接反馈学习效果，请及时对照每章最后给出的答案。必要时，请借助图 10.38 给出的框图模型，确认下面各题中的相关陈述。

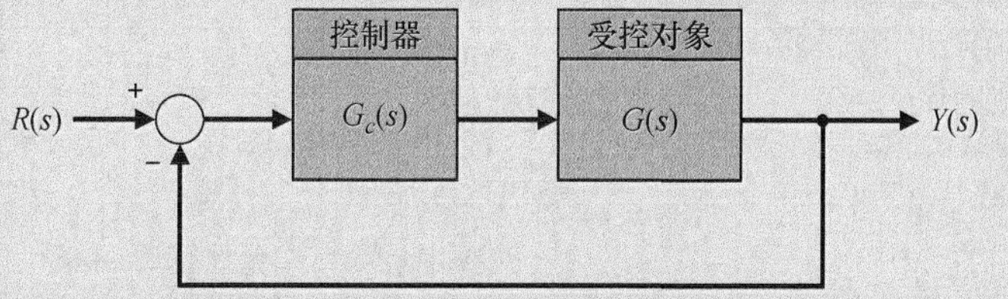

图 10.38　技能自测参考框图模型

在下面的正误判断题和多项选择题中，圈出正确的答案。

1. 以并联方式与受控对象互连的校正器是串联校正器。　对　或　错
2. 一般情况下，相角滞后校正器会加快系统的瞬态响应。　对　或　错
3. 选择合理的系统结构、合适的元器件和参数是控制系统设计过程的一部分。　对　或　错
4. 最小节拍响应是一种快速的阶跃响应，具有零稳态误差和最小超调量。　对　或　错
5. 相角超前校正器可用于增大系统的带宽。　对　或　错
6. 考虑图 10.38 所示的反馈控制系统，其中：

$$G(s)=\frac{1000}{s(s+400)(s+20)}$$

设计一个相角滞后校正器，用于在高频段为系统提供附加的衰减，这个校正器的传递函数为

$$G_c(s)=\frac{1+0.25s}{1+2s}$$

与未校正的系统 $G_c(s)=1$ 相比，校正后的系统可以________。

a. 在穿越频率附近增大滞后相角

b. 降低相角裕度

c. 在高频段提供新增的衰减

d. 以上都对

7. 可以用图 10.38 所示的反馈控制系统来分析某位置控制系统，其中：

$$G(s)=\frac{5}{s(s+1)(0.4s+1)}$$

以下哪一个相角滞后校正器能够使相角裕度达到 30°？

a. $G_c(s)=\dfrac{1+s}{1+106s}$

b. $G_c(s)=\dfrac{1+26s}{1+115s}$

c. $G_c(s)=\dfrac{1+106s}{1+118s}$

d. 以上都不能

8. 考虑图 10.38 所示的反馈控制系统，其中：

$$G(s)=\frac{1450}{s(s+3)(s+25)}$$

如果在反馈环路中引入超前校正器 $G_c(s)$：

$$G_c(s)=\frac{1+0.3s}{1+0.03s}$$

则闭环系统频率响应的谐振峰值和带宽分别为

a. $M_{p\omega}=1.9$ dB；$\omega_B=12.1$ rad/s

b. $M_{p\omega}=12.8$ dB；$\omega_B=14.9$ rad/s

c. $M_{p\omega}=5.3$ dB；$\omega_B=4.7$ rad/s

d. $M_{p\omega}=4.3$ dB；$\omega_B=24.2$ rad/s

9. 考虑图 10.38 所示的反馈控制系统，其中：

$$G(s)=\frac{500}{s(s+50)}$$

控制器采用 PI 控制器：

$$G_c(s)=K_P+\frac{K_I}{s}$$

当 $K_I=1$ 时，选择 K_P 合适的值，使超调量约为 20%。

a. $K_P=0.5$

b. $K_P=1.5$

c. $K_P=2.5$

d. $K_P=5.0$

10. 考虑图 10.38 所示的反馈控制系统，其中：

$$G(s)=\frac{1}{s(1+s/8)(1+s/20)}$$

指标设计要求如下：$K_v\geqslant 100$，G.M. ≥ 10 dB，P.M. ≥ 45°，穿越频率 $\omega_c\geqslant 10$ rad/s。下列哪一个控制器可以满足指标设计要求？

a. $G_c(s)=\dfrac{(1+s)(1+20s)}{(1+s/0.01)(1+s/50)}$

b. $G_c(s)=\dfrac{100(1+s)(1+s/5)}{(1+s/0.1)(1+s/50)}$

c. $G_c(s)=\dfrac{1+100s}{1+120s}$

d. $G_c(s)=100$

11. 考虑图 10.38 所示的反馈控制系统，该系统由相位超前校正器

$$G_c(s) = \frac{1 + 0.4s}{1 + 0.04s}$$

和受控对象

$$G(s) = \frac{500}{(s + 1)(s + 5)(s + 10)}$$

串联而成，试计算系统的增益裕度和相角裕度。

a．G.M. = ∞ dB，P.M. = 60°

b．G.M. = 20.5 dB，P.M. = 47.8°

c．G.M. = 8.6 dB，P.M. = 33.6°

d．闭环系统不稳定

12. 考虑图 10.38 所示的反馈控制系统，其中：

$$G(s) = \frac{1}{s(s + 10)(s + 15)}$$

请选择一个合适的滞后校正器，使闭环系统斜坡响应的稳态误差 $e_{ss} \leqslant 10\%$且闭环主导极点的阻尼比 $\zeta \approx 0.707$。

a．$G_c(s) = \frac{2850(s + 1)}{(10s + 1)}$

b．$G_c(s) = \frac{100(s + 1)(s + 5)}{(s + 10)(s + 50)}$

c．$G_c(s) = \frac{10}{s + 1}$

d．上述校正器都无法使闭环系统跟踪斜坡信号

13. 考虑图 10.38 所示的反馈控制系统，其中：

$$G(s) = \frac{1000}{(s + 8)(s + 14)(s + 20)}$$

请为其选择一个可行的滞后校正器，使闭环系统的性能满足如下指标设计要求：超调量 P.O. ≤ 5%、上升时间 $T_r \leqslant 20$ s 且位置误差系数 $K_p > 6$。

a．$G_c(s) = \frac{s + 1}{s + 0.074}$

b．$G_c(s) = \frac{s + 0.074}{s + 1}$

c．$G_c(s) = \frac{20s + 1}{100s + 1}$

d．$G_c(s) = 20$

14. 考虑图 10.38 所示的反馈控制系统，其中：

$$G(s) = \frac{1}{s(s + 4)^2}$$

请选择一个合适的校正器 $G_c(s)$，使闭环系统的性能满足如下指标设计要求：超调量 P.O.≤20% 且速度误差系数 $K_v \geqslant 10$。

a．$G_c(s) = \frac{s + 4}{(s + 1)}$

b．$G_c(s) = \frac{160(10s + 1)}{200s + 1}$

c．$G_c(s) = \frac{24(s + 1)}{s + 4}$

d．以上都不满足设计要求

15．考虑图 10.38 所示的反馈控制系统，假设其开环传递函数为

$$L(s) = G_c(s)G(s) = \frac{8s + 1}{s(s^2 + 2s + 4)}$$

请利用尼科尔斯图确定系统的增益裕度 G.M. 和相角裕度 P.M.。

a．G.M. = 20.4 dB，P.M. = 58.1°

b．G.M. = ∞ dB，P.M. = 47°

c．G.M. = 6 dB，P.M. = 45°

d．G.M. = ∞ dB，P.M. = 23°

在下面的术语和概念匹配题中，在空格中填写正确的字母，将术语和概念与它们的定义联系起来。

a．最小节拍响应系统	当输入为阶跃信号时，具有很快的响应速度和最小的超调量并且稳态误差为 0 的系统。	______
b．相角超前校正	在所关注的频率范围内能够提供正的相角的校正。	______
c．PI 控制器	具有一定程度的积分器特性的校正器。	______
d．超前–滞后校正器	同时具有超前和滞后特性的综合校正器。	______
e．控制系统的设计	在所关注的频率范围内，能够提供负的相角并对幅值响应产生显著衰减效应的校正。	______
f．相角滞后校正	为了弥补系统性能缺陷而在系统中添加的元器件或电路。	______
g．积分型校正器	以串联或级联方式与受控对象相连的校正器。	______
h．校正器	由一个比例环节和一个积分环节构成的控制器。	______
i．校正	在计算偏差信号之前对输入信号 $R(s)$ 进行滤波的传递函数 $G_p(s)$。	______
j．相角滞后校正器	安排或规划系统的组成结构，选择合适的元器件和参数。	______
k．串联校正器	修改或调整控制系统的组成结构，使之实现令人满意的性能。	______
l．相角超前校正器	一种应用广泛的校正器，它具有一个极点和一个零点，而且极点更加接近于 s 平面的原点。	______
m．前置滤波器	一种应用广泛的校正器，它具有一个极点和一个零点，而且零点更加接近于 s 平面的原点。	______

基础练习题

E10.1　某单位负反馈控制系统的开环传递函数为

$$G(s) = \frac{K}{s + 3}$$

将校正器取为

$$G_c(s) = \frac{s + a}{s}$$

以使系统阶跃响应的稳态误差为0。试确定a和K的合适取值，使系统阶跃响应的超调量P.O. ≤ 20%、调节时间T_s ≤ 1.25 s（按2%准则）。系统的实际性能指标能够达到预期值吗？若不能，请解释原因。

答案：$K = 3.4$，$a = 14.49$

E10.2　某单位负反馈控制系统的受控对象为

$$G(s) = \frac{400}{s(s + 40)}$$

将校正器取为比例积分（PI）控制器，即

$$G_c(s) = K_P + \frac{K_I}{s}$$

请注意，校正后系统斜坡响应的稳态误差将为0。

（a）当 $K_I = 1$ 时，确定 K_P 的合适取值，使系统阶跃响应的超调量 P.O. ≤ 20%。

（b）计算校正后系统的调节时间 T_s（按 2% 准则）。

答案：（a）$K_P = 0.5$

E10.3　某制造系统中含有单位负反馈控制系统，其受控对象为

$$G(s) = \frac{e^{-s}}{s+2}$$

若将校正器取为比例积分（PI）控制器[4]，即

$$G_c(s) = K\left(1 + \frac{1}{\tau s}\right)$$

验证当 $K = 0.95$、$\tau = 0.8$ 时，系统阶跃响应的超调量 P.O. ≤ 5%。

E10.4　某单位负反馈系统的受控对象为

$$G(s) = \frac{K}{s(s+5)(s+10)}$$

为了使 $K_v = 2$，将 K 取为 100。为系统引入如下超前–滞后校正器：

$$G_c(s) = \frac{(s+0.15)(s+0.7)}{(s+0.015)(s+7)}$$

验证校正后系统的增益裕度 G.M. = 28.6 dB、相角裕度 P.M. = 75.4°。

E10.5　某单位负反馈系统的受控对象为

$$G(s) = \frac{K}{s(s+3)(s+5)}$$

若引入的校正器为

$$G_c(s) = \frac{s+7}{s+13}$$

确定 K 的合适取值，使系统的主导极点满足 $\omega_n = 2$ 和 $\zeta = 0.55$。

答案：$K = 42$

E10.6　某单位负反馈闭环系统的开环传递函数为

$$L(s) = G_c(s)G(s) = \frac{K(s+4)}{s(s+0.2)(s^2+15s+150)}$$

其中，$K = 10$。试确定 $T(s)$ 并由此估算系统的超调量和调节时间（按 2% 准则）。若实际的超调量为 47.5%、调节时间（按 2% 准则）为 32.1 s，试比较实际结果和估算结果。

E10.7　如图 E10.7（a）所示，宇航员可以通过控制机器人手臂将卫星回收到航天飞机的货舱中。该反馈控制系统的框图模型如图 E10.7（b）所示，试确定 K 的取值，当 $T = 0.6$ s 时，使系统的相角裕度 P.M. = 40°。

答案：$K = 34.15$

(a)

图 E10.7　（a）卫星回收（NASA 友情提供图片）；（b）系统的框图模型

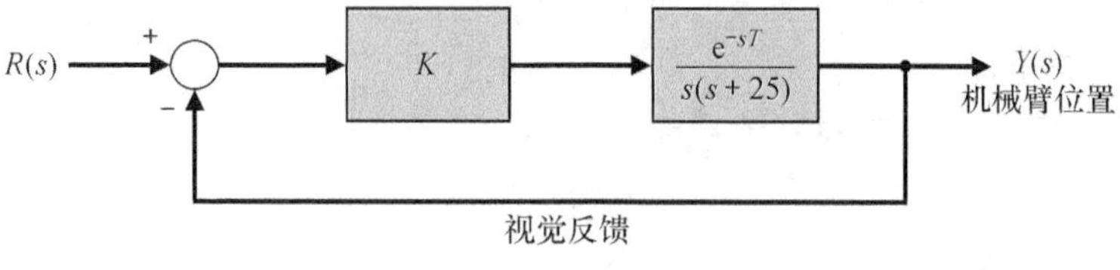

(b)

图 E10.7 （a）卫星回收（NASA 友情提供图片）；（b）系统的框图模型（续）

E10.8 某单位负反馈系统的受控对象为

$$G(s)=\frac{2257}{s(\tau s+1)}$$

其中，$\tau=2.8\,\mathrm{ms}$。试确定校正器 $G_c(s)=K_P+K_I/s$，使得与主导极点对应的阻尼系数为 $1/\sqrt{2}$，并绘制系统的阶跃响应曲线 $y(t)$。

E10.9 某控制器设计如图 E10.9 所示，确定控制器参数 K_P 和 K_I 的取值，使得系统阶跃响应的超调量 P.O. = 5%、速度误差系数 $K_v=5$，然后验证自己的设计结果。

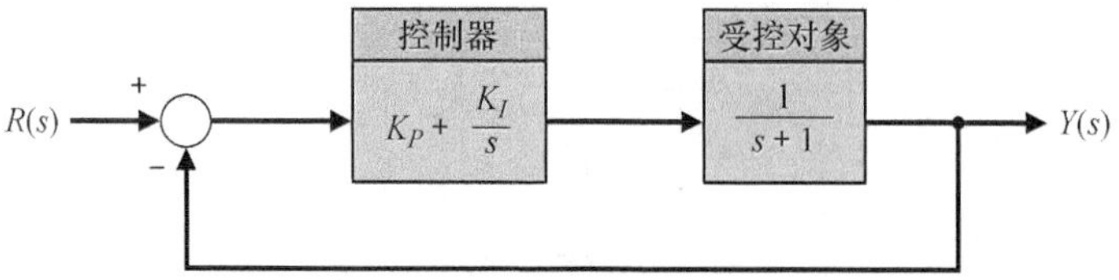

图 E10.9 控制器设计

E10.10 某 PI 控制器设计如图 E10.10 所示。为了使系统对阶跃输入的响应有合适的稳态误差 [8]，这里取控制器参数 K_I 为 2。确定控制器参数 K_P 的取值，使系统的相角裕度达到 60°，并求出此时系统阶跃响应的峰值时间和超调量。

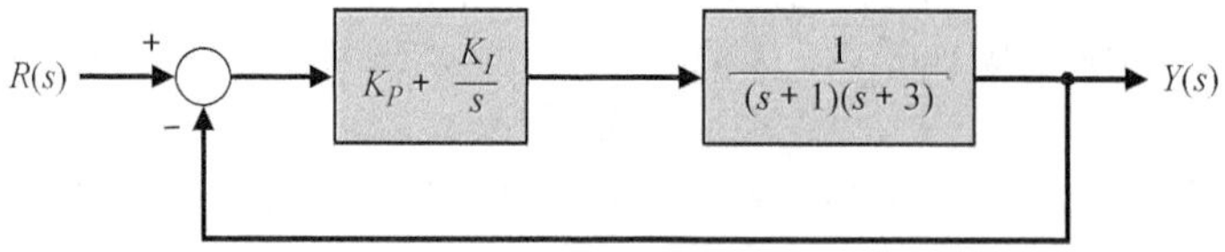

图 E10.10 PI 控制器设计

E10.11 某单位负反馈系统的受控对象为

$$G(s)=\frac{1350}{s(s+1)(s+25)}$$

采用超前校正器

$$G_c(s)=\frac{1+0.5s}{1+0.05s}$$

确定闭环频率响应的谐振峰值 $M_{p\omega}$ 和带宽 ω_B。用 $M_{p\omega}$ 进一步估算系统阶跃响应的超调量 P.O.，比较它与系统实际超调量的异同并加以讨论。

E10.12 汽车点火控制系统中有一个单位负反馈控制环节，其开环传递函数为 $L(s)=G_c(s)G(s)$，其中：

$$、G(s)=\frac{K}{s(s+5)},\quad G_c(s)=K_P+K_I/s$$

若已知 $K_I/K_P=0.5$，试确定 K 和 K_P 的取值，使得与系统的主导极点对应的阻尼系数 $\xi=1/\sqrt{2}$。

E10.13 如图 10.1（a）所示，为了得到理想的主导极点，例 10.3 使用串联方式为系统配置了超前校正器 $G_c(s)$，从而得到了令人比较满意的结果。如果采用图 10.1（b）给出的反馈校正方式，我们将得到同样的超前校正器。针对串联校正和反馈校正，请分别计算闭环传递函数 $T(s)=Y(s)R(s)$，指出二者的差异并说明它们的阶跃响应有何不同。

E10.14 NASA 将使用机器人来建造永久性月球站。机器人手爪的位置反馈控制系统的受控对象为

$$G(s)=\frac{5}{s(s+1)(0.25s+1)}$$

请设计一个滞后校正器 $G_c(s)$，使系统的相角裕度达到 45°。

答案： $G_c(s)=\dfrac{1+7.5s}{1+110s}$

E10.15 某单位负反馈控制系统的受控对象为

$$G(s)=\frac{40}{s(s+2)}$$

要求闭环系统对斜坡输入 $r(t)=At$ 的稳态误差小于 $0.05A$、相角裕度达到 30° 且穿越频率为 10 rad/s。请确定应采取超前校正器还是滞后校正器来校正原有系统。

E10.16 当要求穿越频率为 2 rad/s 时，重新完成习题 E10.15。

E10.17 重新考虑习题 E10.9 给出的系统，试确定 K_P 和 K_I 的合适取值，使闭环系统具有最小节拍响应且调节时间 $T_s \leqslant 2$ s（按 2% 准则）。

E10.18 图 E10.18 给出了一个非单位负反馈控制系统的框图模型，并且有

$$G(s)=\frac{1}{s-20},\quad H(s)=10$$

设计校正器 $G_c(s)$ 和前置滤波器 $G_p(s)$，使闭环系统稳定并满足下列性能指标设计要求。

- 单位阶跃响应的超调量 P.O. ≤ 10%。
- 调节时间 $T_s \leqslant 2$ s（按 2% 准则）。
- 单位阶跃响应的稳态误差为 0。

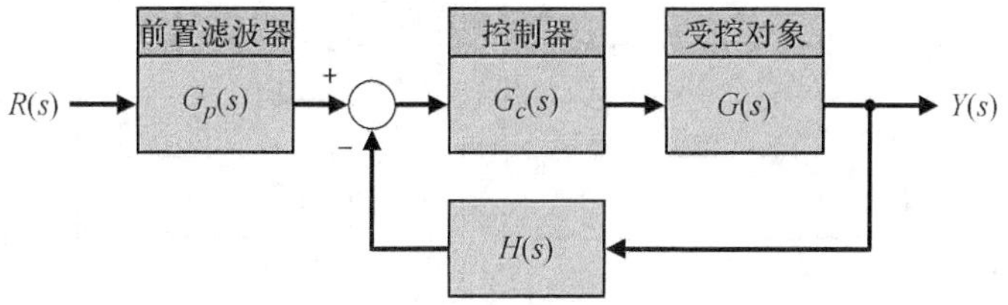

图 E10.18　带有前置滤波器的非单位负反馈控制系统的框图模型

E10.19 某单位负反馈系统的受控对象为

$$G(s)=\frac{1}{s(s-5)}$$

采用 PID 控制器

$$G_c(s)=K_P+K_Ds+\frac{K_I}{s}$$

要求系统单位阶跃响应的调节时间 $T_s \leqslant 1$ s（按 2% 准则），请完成控制器的设计。

E10.20 对于图 E10.20 给出的单位负反馈控制系统，请设计比例微分（PD）控制器 $G_c(s)=K_P+K_Ds$，使系统的相角裕度满足 40° ≤ P.M. ≤ 60°。

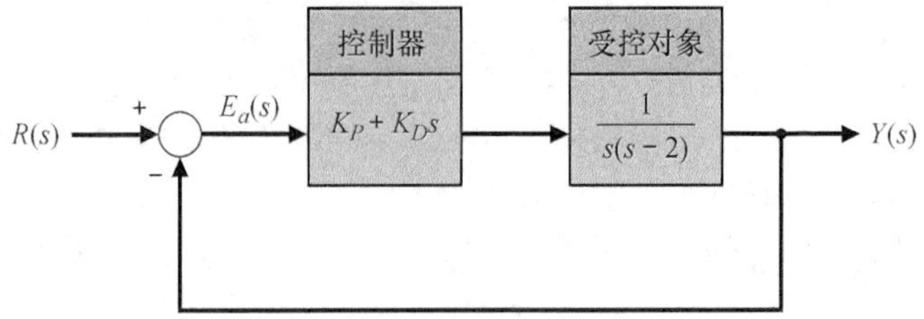

图 E10.20 具有 PD 控制器的单位负反馈控制系统

E10.21 对于图 E10.21 给出的单位负反馈控制系统，确定控制器增益 K 的取值，使系统对单位阶跃扰动 $T_d(s) = 1/s$ 的响应 $y(t)$ 的最大幅值小于 0.1。

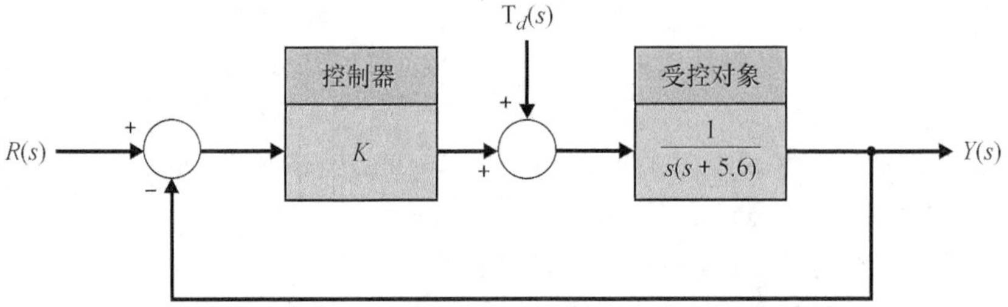

图 E10.21 具有扰动输入的单位负反馈控制系统

一般习题

P10.1 登月舱的设计是一个有趣的控制问题。登月舱的姿态控制系统如图 P10.1 所示，其中，登月舱自身的阻尼可以忽略不计。姿控喷管负责登月舱的姿态控制。作为一阶近似，其输出扭矩正比于输入信号 $V(s)$，即 $T(s) = K_2 V(s)$。设计者可以通过确定合适的开环增益来获得合适的阻尼。请利用伯德图和根轨迹法分别设计合适的超前校正器 $G_c(s)$，使系统的阻尼系数 $\zeta = 0.6$ 且调节时间 $T_s \leqslant 2.5$ s（按 2% 准则）。

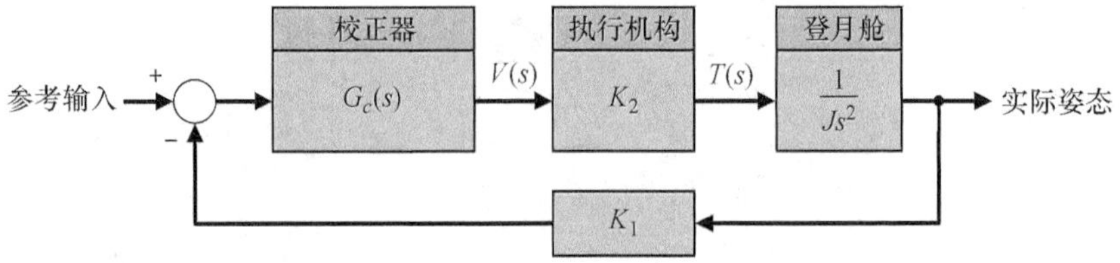

图 P10.1 登月舱的姿态控制系统

P10.2 现代计算机上配备的磁带机要求具有很高的精度和快速的响应。磁带机控制系统的具体设计要求如下。

- 停止或启动时间小于 10 ms。
- 每秒能够读取 45 000 个字符。

磁带机控制系统的框图模型如图 P10.2 所示。其中，$J = 5 \times 10^{-3}$，速度反馈环路增益 $K_2 = 1$，放大器增益 $K_a = 50\,000$，时间常数 $\tau_1 = 0.1$ ms、$\tau_a = 0.1$ ms，此外还有 $K_1 = 2$、$R/L = 0.5$ ms、$K_b = 0.4$、$r = 0.2$、$K_T/LJ = 2$、$K_p = 1$。为了改善系统的性能，我们需要在光电转换器的后面插入一个校正器。试设计一个合适的校正器 $G_c(s)$，使校正后系统阶跃响应的超调量满足 P.O. $\leqslant$ 25%。

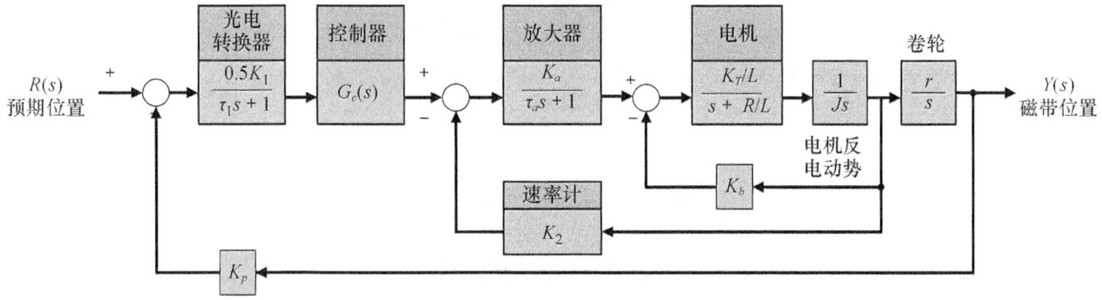

图 P10.2　磁带机控制系统的框图模型

P10.3　飞机姿态速率控制系统的简化框图模型如图P10.3所示。当飞机以4倍音速在万米高空飞行时，飞机姿态速率控制系统的参数取值如下[26]：

$$\tau_a = 1.1,\ K_1 = 1.25,\ \xi\omega_a = 1.0,\ \omega_a = 4.0$$

试设计一个校正器$G_c(s)$，使系统阶跃响应的超调量P.O. ≤ 10%。

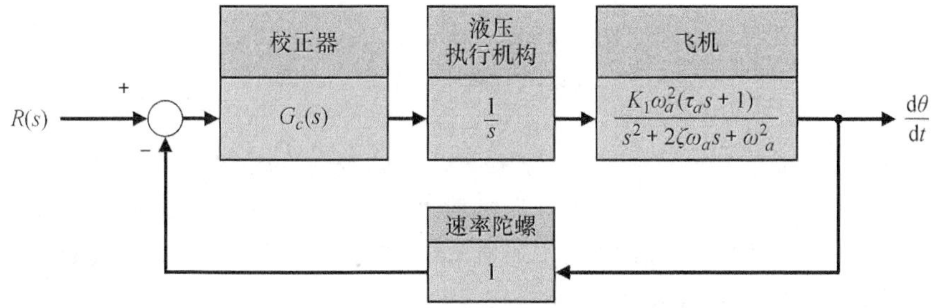

图 P10.3　飞机姿态速率控制系统的简化框图模型

P10.4　电磁粒子离合器是一种常用的大功率执行机构器件，其典型的输出功率为200 W。这种离合器可以提供高的扭矩-惯量比和小的时间常数。用来移动核反应堆燃料棒的粒子离合器位置控制系统如图P10.4所示，离合器的两个夹臂由电机驱动并产生相向旋转，从而抱紧核反应堆燃料棒；离合器则由两条彼此平行的齿条驱动产生相应的位移运动，伺服输出方向由已经启动的离合器决定。当输出功率为200 W时，离合器的时间常数τ = 1/10 s。系统中的其他常数满足关系$K_T n/J = 1$。试设计合适的校正器，使系统足够稳定且阶跃响应的超调量P.O. ≤ 20%、调节时间T_s ≤ 7 s（按2%准则）。

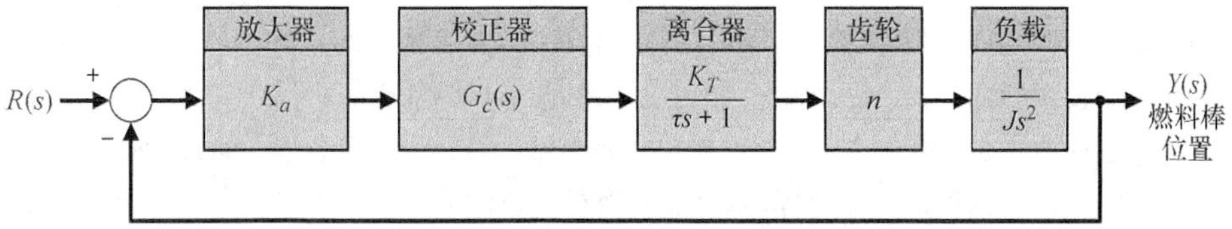

图 P10.4　粒子离合器位置控制系统

P10.5　能够稳定运行的转台控制系统如图P10.5所示，它具有很高的转速精度，其中包括一个高精度的速率计和一个直流驱动电机。该系统要求维持很高的转速控制精度才能满足使用需要。试设计合适的比例积分（PI）控制器，确定增益的合适取值，使系统阶跃响应的稳态误差为0、超调量P.O. = 15%、调节时间T_s ≤ 2 s（按2%准则）。

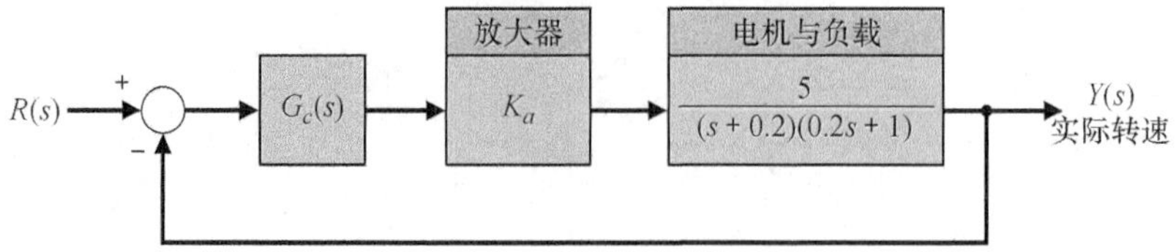

图 P10.5　高精度转台控制系统

P10.6　采用超前校正器重新完成习题P10.5，并比较所得的结果。

P10.7　某化学反应器的产物产出率是催化剂的函数，其控制系统的框图模型如图P10.7所示[10]。其中，系统时延$T = 50$ s，时间常数τ约为40 s，增益常数K为1。试用伯德图设计合适的校正器，使系统对阶跃输入$R(s) = A/s$的响应稳态误差小于$0.10A$，然后估算校正后系统的调节时间。

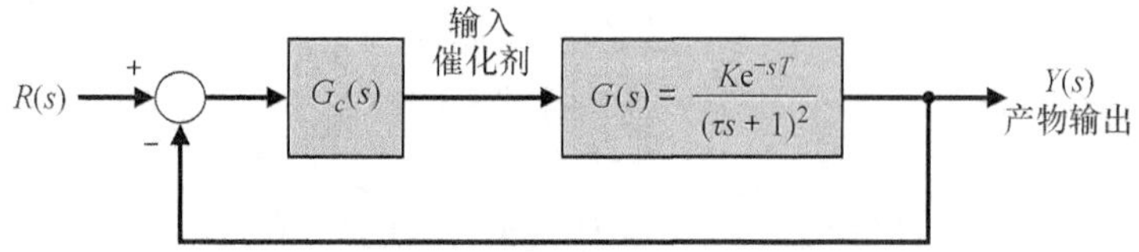

图 P10.7　某化学反应器控制系统的框图模型

P10.8　数控六角车床的精度控制是一个有趣的问题[2, 23]，其控制系统的框图模型如图P10.8所示。其中，$n = 0.2$，$J = 10^{-3}$，$b = 2 \times 10^{-2}$。假设机床的预期精度为5×10^{-4} in，因此要求系统斜坡响应的稳态误差为2.5%。请设计一个合适的滞后校正器，以串联方式插在晶闸管之前（增益$K_R = 5$），使系统的阻尼系数$\zeta = 0.7$、超调量P.O. ≤ 5%。

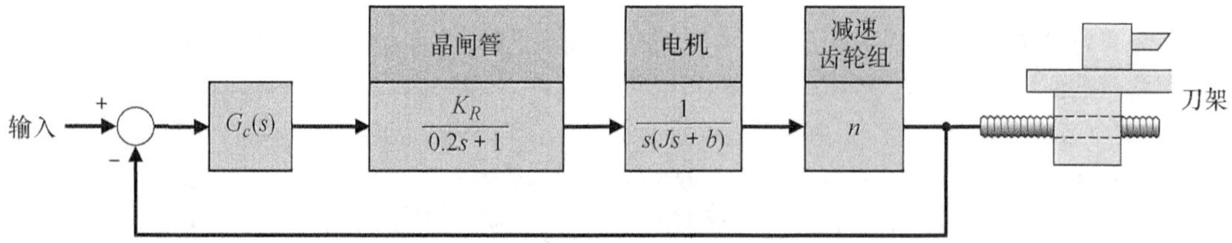

图 P10.8　数控六角车床控制系统的框图模型

P10.9　图P10.9（a）所示是重达670吨的Avemar型水翼船，其航速可以达到45节[29]。水翼船的外形与性能源于创新的“劈波”设计理念，其狭长尖端能够劈开前方的水体，就像赛艇一样在水中破浪前进。船的两翼之间有一个半壳体，当船在海中航行时，这个半壳体能够为船提供额外的上升浮力。Avemar型水翼船能够搭载900名乘客和海员，还能够搭载汽车、巴士、卡车等交通工具，载重可以达到和自重相同。由于配备了自动稳定控制系统，Avemar型水翼船能够在8 ft高的大浪中以40节的速度航行，稳定控制系统通过调节侧翼和尾翼来保证船的平稳航行。在波浪起伏的海面上，为了保证水翼船平稳航行，需要减小对标称升力的波动干扰，也就是尽量减小水翼船的俯仰角$\theta(t)$。人们为此设计了升力控制系统，其框图模型如图P10.9（b）所示，这样当存在波浪干扰时，水翼船就能够基本保持恒定的水平姿态。试确定一组合适的性能指标设计要求，并为系统设计一个合适的校正器$G_c(s)$（假定波浪干扰的输入频率$\omega = 6$ rad/s）。

P10.10　某单位负反馈系统的开环传递函数为

$$L(s) = G_c(s)G(s) = G_c(s)\frac{5}{s(s^2 + 5s + 12)}$$

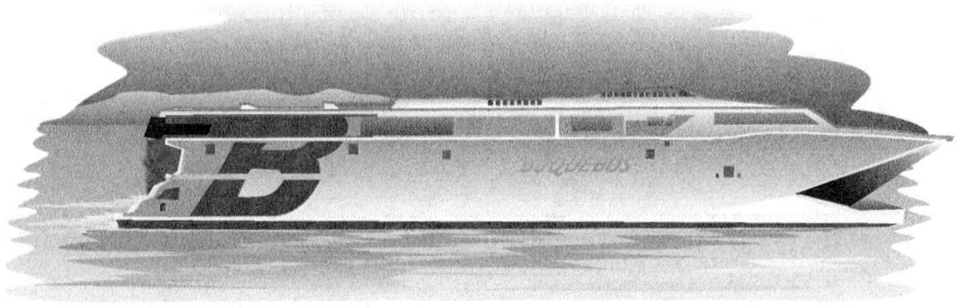

(a)

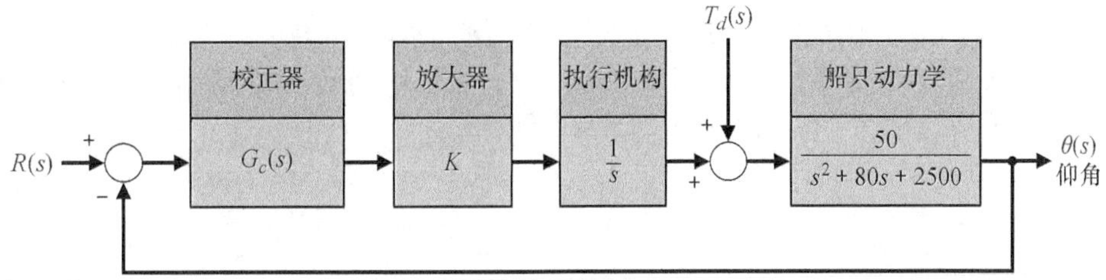

(b)

图 P10.9 (a) Avemar 型水翼船；(b) 水翼船升力控制系统的框图模型

(a) 当 $G_c(s)=1$ 时，计算系统的单位阶跃响应和调节时间，并计算系统对单位斜坡输入 $r(t)=t$ ($t>0$) 的稳态响应。

(b) 用根轨迹法设计一个滞后校正器，使系统的速度误差系数能够提高到 10，并计算校正后系统的调节时间（按 2% 准则）。

P10.11 某单位负反馈系统的开环传递函数为

$$L(s)=G_c(s)G(s)=G_c(s)\frac{160}{s^2}$$

设计一个超前-滞后校正器，使校正后系统阶跃响应的超调量满足 P.O. ≤ 5%、调节时间满足 $T_s \leqslant$ 1 s（按 2% 准则）、加速度误差系数满足 $K_a \geqslant 7500$。

P10.12 在某单位负反馈系统中，受控对象的传递函数为

$$G(s)=\frac{20}{s(1+0.1s)(1+0.05s)}$$

设计校正器 $G_c(s)$，使系统的相角裕度满足 P.M. ≥ 75°。推荐使用二阶超前校正器

$$G_c(s)=\frac{K\left(1+s/\omega_1\right)\left(1+s/\omega_3\right)}{\left(1+s/\omega_2\right)\left(1+s/\omega_4\right)}$$

并且要求在斜坡输入的情况下，系统的稳态误差为 0.5%（即 $K_v=200$）。

P10.13 当分析和测试新材料时，需要在较宽的参数范围内，真实再现材料的实际工作环境 [23]。从控制系统的设计角度出发，可以认为材料的分析设备是一个伺服系统，它的负载波形能够准确跟踪参考输入。材料分析设备的控制系统的框图模型如图 P10.13 所示。

(a) 如果采用 $G_c(s)=K$，试确定 K 的取值，使闭环系统的相角裕度达到 45°，并估算此时系统的带宽。

(b) 如果额外要求系统的速度误差系数 $K_v=1$，试设计一个合适的滞后校正器，使闭环系统的相角裕度达到 45°且速度误差系数 $K_v=1$。

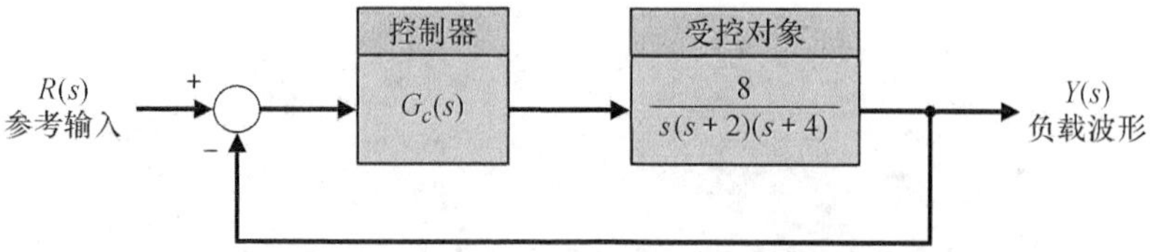

图 P10.13 材料分析设备的控制系统的框图模型

P10.14 继续考虑习题P10.13给出的系统，试设计一个合适的超前校正器，使系统的相角裕度仍为45°且速度误差系数仍为1，但要求调节时间 $T_s \leqslant 10$ s（按2%准则）。

P10.15 机器人的机械臂上加载了一个很重的负载，这个负载可以视为单位阶跃干扰输入[22]。机械臂控制系统的框图模型如图P10.15所示。当 $R(s)=0$ 时，试设计一个合适的控制器 $G_c(s)$，使闭环系统对单位阶跃干扰的最大响应幅值小于0.25且稳态值为0。

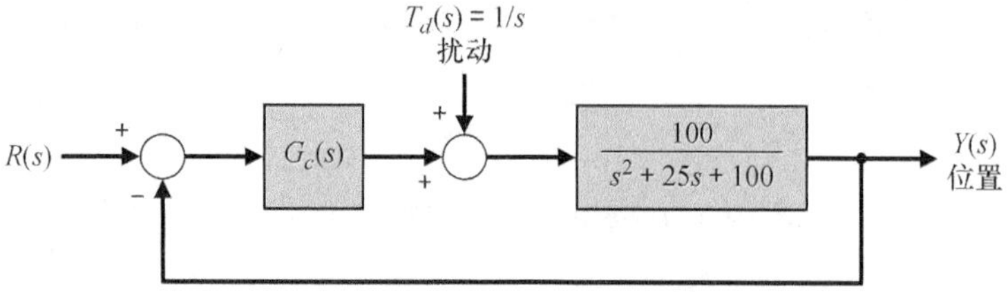

图 P10.15 机械臂控制系统的框图模型

P10.16 考虑将驾驶员和汽车包含在内的反馈控制系统，其简化框图模型如图P10.16所示[17]。控制系统的设计目标是，使系统阶跃响应的超调量P.O. ≤ 10%且调节时间 $T_s \leqslant 1$ s（按2%准则）。可以采用比例积分（PI）控制器来校正系统。试设计能够满足上述要求的PI控制器，并在下述两种前置滤波器的情况下，分别计算系统的实际响应。

（a）$G_p(s)=1$。

（b）$G_p(s)$ 可以对消闭环系统 $T(s)$ 新增的零点。

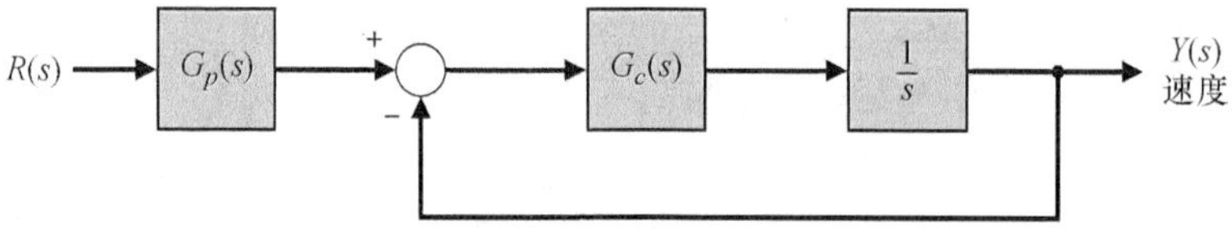

图 P10.16 汽车速度控制系统的简化框图模型

P10.17 海底机器人有一个单位反馈控制环节，其受控对象的三阶传递函数为[20]

$$G(s)=\frac{K}{s(s+10)(s+50)}$$

如果将校正器的零点取为 $s=-15$，试采用根轨迹法设计合适的超前校正器，使系统阶跃响应的超调量约为7.5%、调节时间约为400 ms（按2%准则），并计算校正后系统的速度误差系数 K_v。

P10.18 NASA正在研制一种无线电远程遥控机器人，这可以增强人类在太空的活动能力。这种遥控机器人的示意图如图P10.18（a）所示[11, 22]，其闭环控制系统的框图模型如图P10.18（b）所示。操作员用操纵杆对月球上的机器人实施远程控制，并用电视系统监测机器人，辅助其开展地质勘测。地球到月球的平均距离为238 855 km，这会导致信号有传输延时，延时 $T=1.28$ s，机器人的时间常数为0.25 s。

（a）确定增益 K_1 的取值，使闭环系统的相角裕度达到30°并估算系统阶跃响应的稳态误差。

（b）在放大器 K_1 的后面，以串联方式插入一个合适的滞后校正器，使系统阶跃响应的稳态误差减小到5%。请设计这个滞后校正器并绘制校正后系统的阶跃响应曲线。

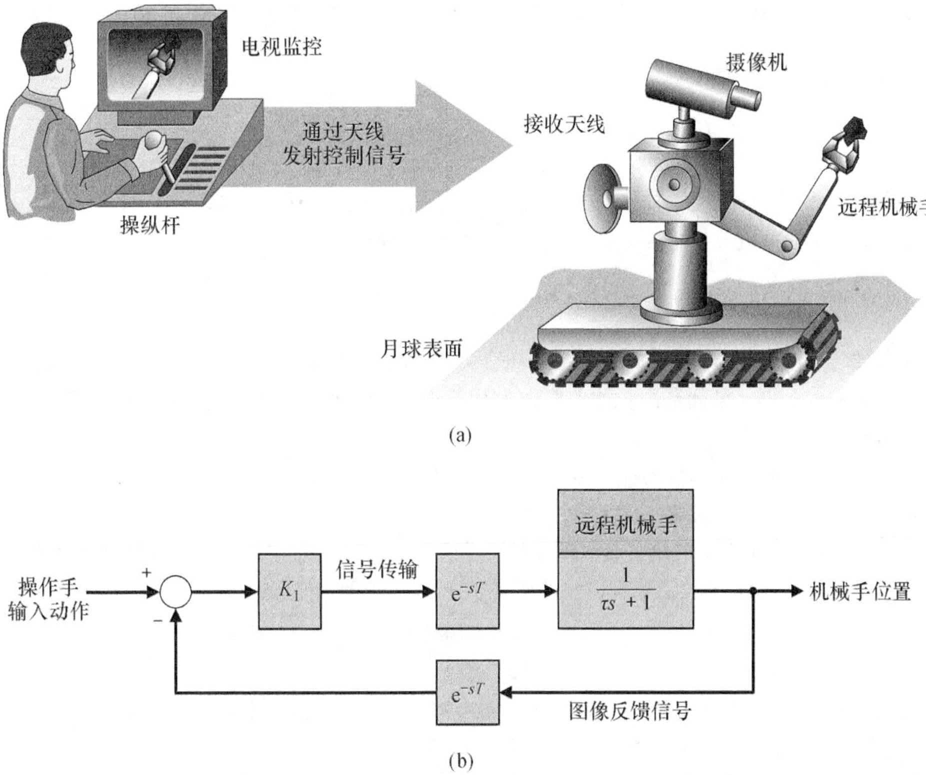

图 P10.18　(a) 地球上的操作手远程控制月球上的机械手；(b) 闭环控制系统的框图模型，其中的 τ 为图像传输时延

P10.19　机器人已被广泛应用于核电站的维护与保养。如今，在核工业中，远程机器人主要用于回收和处理核废料，同时也用于核反应堆的监测、放射性污染的清除以及意外事故的处理等。这些应用表明，远程操控装备能够显著减少放射性环境对人体造成的危害并提高系统的维护保障能力。

人们目前正在研发的一种机器人可以完成核电厂内的特定操作任务。这种称为工业远程检查系统（Industrial Remote Inspection System，IRIS）的机器人是一种多用途监测系统，可用于完成对某些特定操作的监测任务，从而降低人体暴露于高强度放射区的风险[12]。图 P10.19 给出了这种机器人的示意图，系统的开环传递函数为

$$G(s)=\frac{Ke^{-sT}}{(s+1)(s+3)}$$

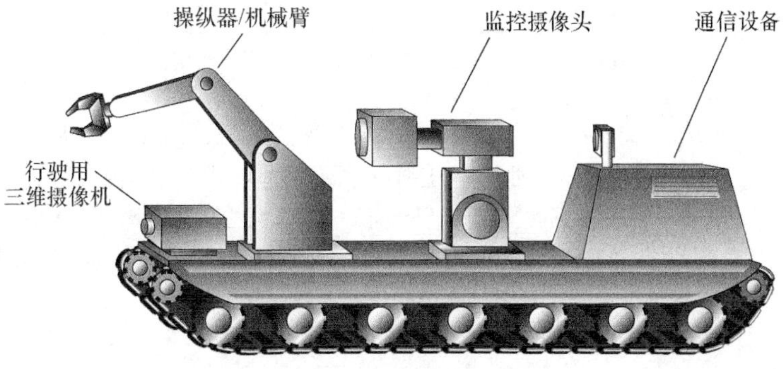

图 P10.19　核电厂的遥控机器人

假设系统为单位负反馈系统。试回答下面的问题。

（a）当 $T = 0.5$ s 时，确定 K 的合适取值，使系统阶跃响应的超调量 P.O. ≤ 30%，并计算系统的稳态误差。

（b）设计校正器

$$G_c(s) = \frac{s+2}{s+b}$$

以改进（a）中所得系统的阶跃响应性能，并使校正后系统的稳态误差小于 12%。

P10.20 在某未校正的单位负反馈系统中，受控对象的传递函数为

$$G(s) = \frac{K}{s(s/2+1)(s/6+1)}$$

我们准备将两个完全相同的一阶超前校正器串联起来，以实现对系统的二阶校正。试设计合适的一阶超前校正器，使闭环系统的速度误差系数 $K_v = 20$、相角裕度 P.M. = 45° 且闭环带宽满足 $\omega_B \geq 4$ rad/s。

P10.21 继续考虑习题P10.20。将闭环带宽的设计要求改为 $\omega_B \geq 2$ rad/s，然后重新为系统设计一个滞后校正器，使校正后的系统满足设计要求。

P10.22 继续考虑习题P10.20。将闭环带宽的设计要求改为 $2\ \text{rad/s} \leq \omega_B \leq 10\ \text{rad/s}$，其他指标设计要求不变。改用超前-滞后校正器校正系统，假设超前-滞后校正器的传递函数为

$$G_c(s) = \frac{(1+s/10a)(1+s/b)}{(1+s/a)(1+s/10b)}$$

其中，a 为滞后校正器参数，b 为超前校正器参数，校正器参数的比值为 10。请进一步确定 a 和 b 的合适取值，使校正后的系统满足设计要求。

P10.23 某单位负反馈系统的开环传递函数为

$$L(s) = G_c(s)G(s) = G_c(s)\frac{K}{(s+6)^2}$$

试设计一个合适的滞后校正器，使闭环系统阶跃响应的稳态误差约为 5% 且相角裕度约为 45°。

P10.24 同时提高机器人关节转动（与手腕转动类似）的稳定性和操作性能始终是一个具有挑战性的问题。要让系统满足性能要求，就需要提高增益，但随之而来的是令人无法接受的过大超调量。用于转动控制的电液压系统的框图模型如图 P10.24 所示 [15]，试设计一个合适的校正器，使校正后系统的速度误差系数 $K_v = 20$ 且阶跃响应的超调量 P.O. ≤ 10%。

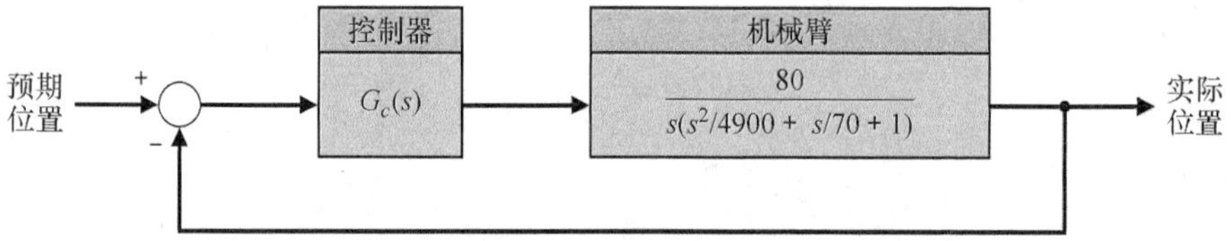

图 P10.24 用于转动控制的电液压系统的框图模型

P10.25 为大型客运车辆设计无接触的悬浮系统，以克服传统车轮带来的摩擦、振动与磨损，是一个正处于研究之中的全球性课题。磁悬浮列车就是这样一种解决方案，其利用电磁力在车体与轨道之间产生一个间隙，从而实现了无接触运行。磁悬浮列车间隙控制系统的框图模型如图 P10.25 所示，其中采用了反馈校正方式。请用根轨迹法确定参数 K_1 和 b 的合适取值，使校正后系统的阻尼系数 $\zeta = 0.50$。

P10.26 作为计算机的快速输出设备，打印机应该在快速走纸过程中保持较高的定位精度。打印机系统可以近似为单位反馈系统，其电机与功放的传递函数为

$$G(s) = \frac{0.2}{s(s+1)(6s+1)}$$

试设计一个超前校正器，使闭环系统的带宽 $\omega_B = 0.75$ rad/s 且相角裕度 P.M. ≥ 30°。

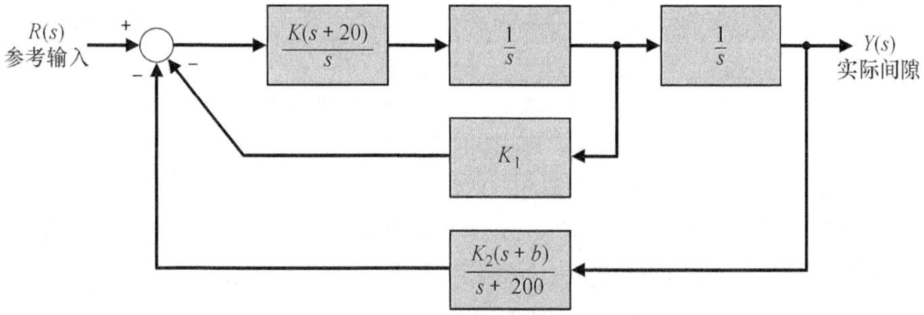

图 P10.25　磁悬浮列车间隙控制系统的框图模型

P10.27　某设计小组要对图 P10.27 给出的对象实施控制。他们一致认为系统的相角裕度应达到 50°。请设计能够满足这一要求的控制器 $G_c(s)$。

为此，首先将控制器取为 $G_c(s) = K$ 并完成下列工作。

(a) 确定 K 的合适取值，使闭环系统的相角裕度达到 50°并估算系统此时的阶跃响应。

(b) 确定系统的调节时间、超调量和峰值时间。

(c) 确定系统的闭环频率响应并估算谐振峰值 $M_{p\omega}$ 和带宽 ω_B。

然后将控制器取为

$$G_c(s) = \frac{K(s+12)}{s+20}$$

重新完成上述工作并列表比较这两种设计方案的如下性能指标：调节时间（按 2% 准则）、超调量、峰值时间、闭环峰值响应和带宽。

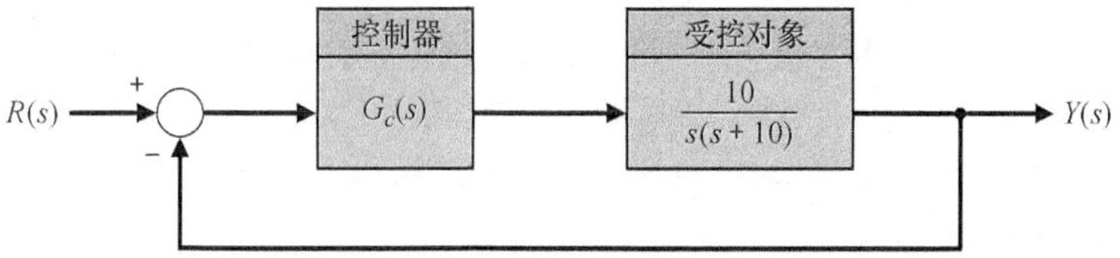

图 P10.27　设计控制器

P10.28　一种具有自适应能力的悬浮装置采用了人类腿部的运动原理来实现机动行走。腿的控制可以简化为单位反馈系统，其中：

$$G(s) = \frac{K}{s(s+10)(s+14)}$$

试设计一个合适的滞后校正器，使闭环系统单位斜坡响应的稳态误差为 10% 且主导极点的阻尼系数 $\zeta = 0.707$。另请估算系统实际的调节时间（按 2% 准则）和超调量。

P10.29　某液面高度控制系统的开环传递函数为

$$L(s) = G_c(s)G(s)$$

其中，$G_c(s)$ 为校正器，受控对象的传递函数为

$$G(s) = \frac{10e^{-sT}}{s^2(s+10)}$$

当 $T = 50$ ms 时，试设计一个合适的校正器，使闭环系统的谐振峰值 $M_{p\omega}$ 不超过 3.5 dB 且谐振频率 ω_r 约为 1.4 rad/s。然后估算校正后系统阶跃响应的超调量和调节时间（按 2% 准则），并绘制实际的阶跃响应曲线。

P10.30　自主导航小车（Automated Guided Vehicle，AGV）通常可以视为一种用来搬运物品的自动化设备。大多数 AGV 需要有某种形式的导轨，但迄今为止，人们还没有完全解决导航系统的驾驶稳定性问

题。因此AGV在行驶过程中，有时会出现轻微的"蛇行"现象，这表明导航系统还不够稳定[9]。大多数AGV的说明书声称其最大行驶速度可以达到1 m/s，但实际行驶速度通常只有最大行驶速度的一半。在自动化程度很高的生产环境中，只有少数人会在现场出现，因此AGV理应可以全速运行。但随着速度的提高，保证AGV平稳运行的难度也在增大。

AGV导航及驾驶系统的框图模型如图P10.30所示，其中，$\tau_1 = 40\text{ ms}$，$\tau_2 = 1\text{ ms}$。为了使系统斜坡响应的稳态误差仅为1%，我们要求系统的速度误差系数$K_v = 100$。在忽略τ_2的情况下，试设计一个超前校正器$G_c(s)$，使闭环系统的相角裕度满足$45° \leqslant \text{P.M.} \leqslant 65°$。

在按照相角裕度的两个极端取值设计系统之后，计算并比较校正后系统阶跃响应的超调量和调节时间。

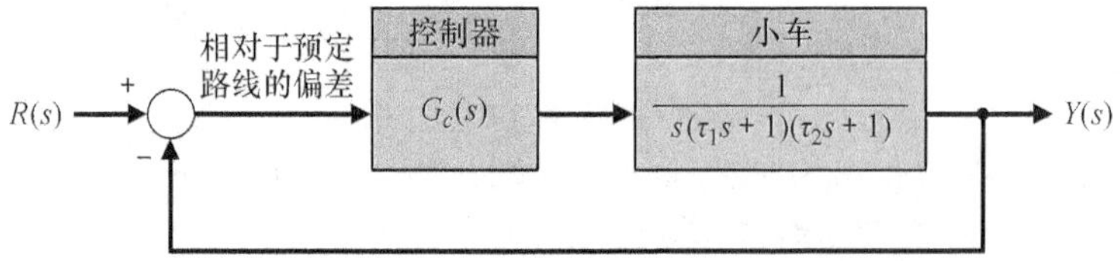

图 P10.30　AGV 导航及驾驶系统的框图模型

P10.31　继续考虑习题P10.30给出的系统，试设计合适的滞后校正器，使闭环系统的相角裕度达到50°，并计算校正后系统的超调量和峰值时间。

P10.32　在用电机驱动弹性结构时，弹性结构的运动偏差主要取决于弹性结构自身的固有频率，而不再由伺服传动系统的带宽主导。由于尺寸较小且运动速度较慢，现在常用的工业机器人可以视为刚性结构，其运动偏差（如超调量等）主要取决于伺服传动系统。但随着精度要求越来越高，运动体结构变形的影响也变得越来越不可忽略。在各类空间结构（如机械臂）中，由于受重量的限制，这些大型结构都采用了轻质材料，因而是一种弹性结构，其运动偏差将主要取决于结构形变。即使在日常的工业应用中，未来的工业机器人也会变得更加轻便，它们会采用更灵活的操纵装置，因而也是一种弹性结构。

为了研究结构弹性变形的影响并掌握控制结构振荡的方法，人们设计并建造了图P10.32（a）所示的实验装置，其中包含一个用来驱动细长的铝质横梁的直流电机，该实验控制系统的框图模型如图P10.32（b）所示。实验目的在于，当使用驱动装置驱动高弹性的结构时，寻求简单且有效的控制策略来克服运动偏差[13]。设计要求是，使校正后系统的速度误差系数$K_v = 100$，请完成下列工作。

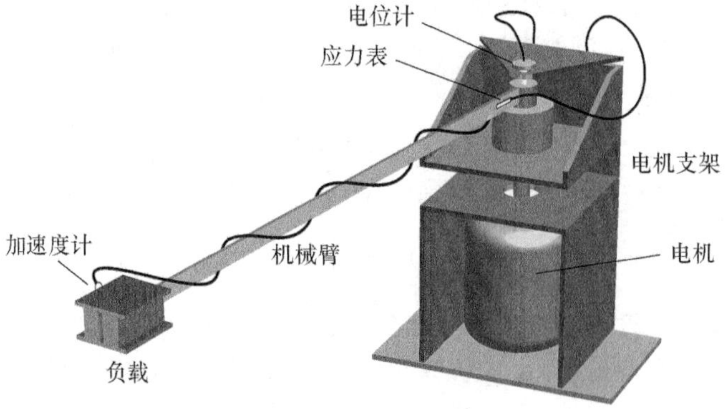

(a)

图 P10.32　柔性机械臂及其控制系统的框图模型

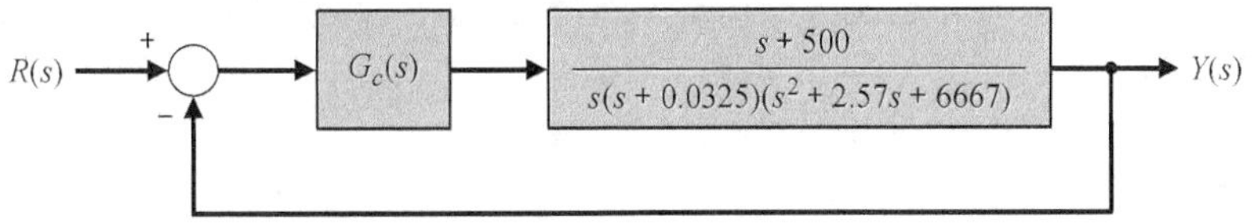

(b)

图 P10.32　柔性机械臂及其控制系统的框图模型（续）

(a) 当 $G_c(s) = K$ 时，确定 K 的合适取值，绘制系统的伯德图并从中估算系统的增益裕度和相角裕度。

(b) 绘制所得系统的尼科尔斯图并估算系统的谐振频率 ω_r、谐振峰值 $M_{p\omega}$ 和带宽 ω_B。

(c) 设计一个合适的校正器，使闭环系统的相角裕度 P.M. ≥ 35°，并估算校正后系统的谐振频率 ω_r、谐振峰值 $M_{p\omega}$ 和带宽 ω_B。

P10.33　考虑图 P10.33 所示的手臂增强器控制系统的框图模型[14]。利用根轨迹法设计一个合适的超前-滞后校正器，使系统的速度误差系数 $K_v = 80$、调节时间 $T_s = 1.6\ \text{s}$（按 2% 准则）、超调量 P.O. = 16%，并使主导极点对应的阻尼系数 $\zeta = 0.5$。

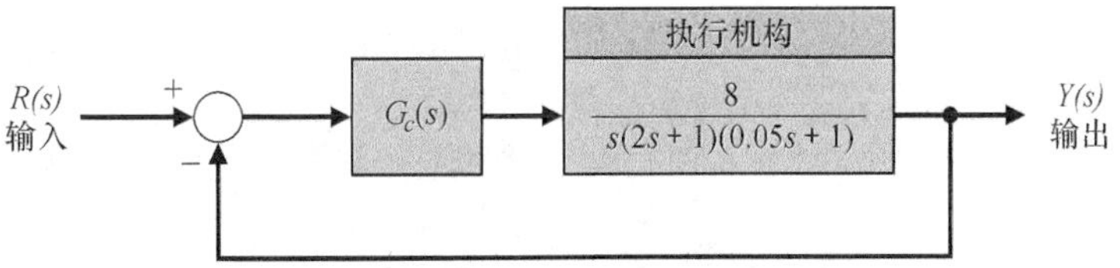

图 P10.33　手臂增强器控制系统的框图模型

P10.34　自动化的磁悬浮列车可以在较短的时间内正常运行，并且具有很高的能量利用效率。磁悬浮列车悬浮控制系统的框图模型如图 P10.34 所示，试设计一个合适的校正器，使校正后系统的相角裕度满足 45° ≤ P.M. ≤ 55°，请估算校正后的系统阶跃响应并与实际的系统阶跃响应作比较。

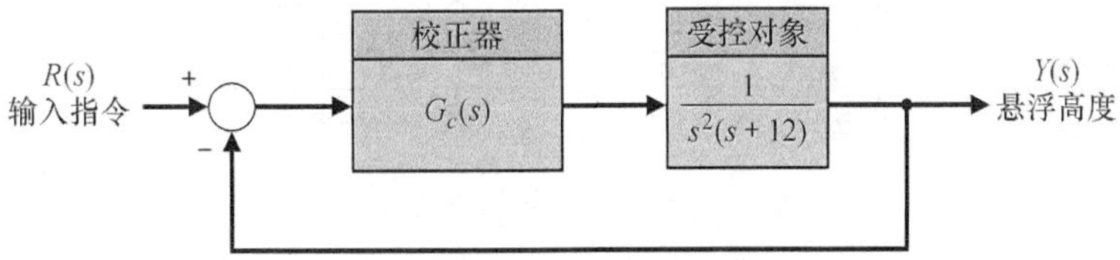

图 P10.34　磁悬浮列车悬浮控制系统的框图模型

P10.35　某单位负反馈系统的开环传递函数为

$$L(s) = G_c(s)G(s) = \frac{Ks + 0.54}{s(s + 1.76)}\mathrm{e}^{-sT}$$

其中，T 为时延，K 为控制器增益，系统的框图模型如图 P10.35 所示，标称值为 $K = 2$。当 $0 \leq T \leq 2\ \text{s}$ 时，绘制系统的相角裕度曲线。随着时延的增加，系统的相角裕度会发生怎样的变化？在系统变得不稳定之前，最大允许时延是多少？

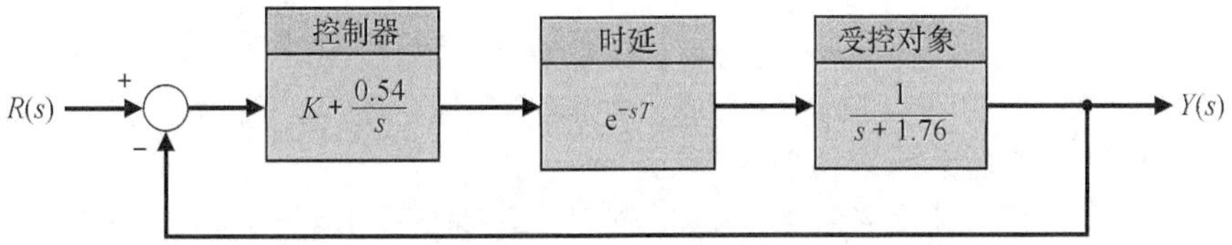

图 P10.35　采用 PI 控制器的含时延的单位负反馈系统的框图模型

P10.36 某单位负反馈系统的开环通路是一个0.5 s的纯时延环节，因此系统的开环传递函数为$G(s) = e^{-s/2}$。试设计一个合适的校正器$G_c(s)$，使系统阶跃响应的稳态误差小于2%、相角裕度P.M. ≥ 30°，然后计算校正后的系统带宽并绘制系统的阶跃响应曲线。

P10.37 某单位负反馈系统的开环传递函数为

$$L(s) = G_c(s)G(s) = G_c(s)\frac{1}{(s+2)(s+8)}$$

试设计合适的校正器$G_c(s)$，使校正后系统阶跃响应的超调量P.O. ≤ 5%、稳态误差小于1%，并计算校正后系统的带宽。

P10.38 在某单位负反馈系统中，受控对象的传递函数为

$$G(s) = \frac{40}{s(s+2)}$$

将穿越频率ω_c取为10 rad/s，在此条件下，试设计一个超前校正器，使系统的相角裕度P.M. = 30°并且具有较大的带宽。然后验证设计结果。

P10.39 在某单位负反馈系统中，受控对象的传递函数为

$$G(s) = \frac{40}{s(s+2)}$$

试设计一个滞后校正器，使系统的相角裕度P.M. = 30°，并使系统对斜坡输入$r(t) = t$的稳态误差为0.05。然后验证设计结果。

P10.40 重新考虑习题P10.39给出的系统，将系统响应斜坡输入的稳态误差改为0.02，重新设计所需的滞后校正器。

P10.41 将100%上升时间的设计要求改为$T_r = 1$ s，重新完成例10.12。

P10.42 考虑图P10.42给出的反馈控制系统，如果$R(s) = 0$、$T_d(s) = 0$且噪声$N(s)$为频率大于或等于100 rad/s的正弦输入，试设计控制器$G_c(s) = K$，使系统的稳态输出$y(t)$小于−40 dB。

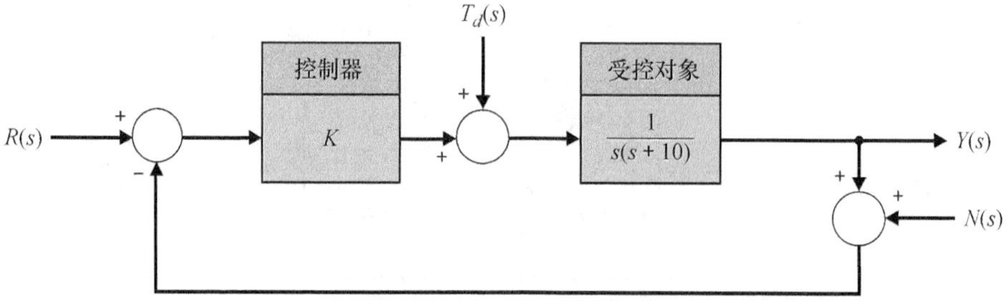

图 P10.42 采用比例控制器且有测量噪声的反馈控制系统的框图模型

P10.43 某单位负反馈系统的开环传递函数为

$$L(s) = G_c(s)G(s) = \frac{K(s^2+2s+20)}{s(s+2)(s^2+2s+1)}$$

在$0 < K \le 100$的范围内，绘制闭环系统单位阶跃响应的超调量的变化曲线。当$0.129 < K \le 69.872$时，分析系统单位阶跃响应的特点。

难题

AP10.1 在图AP10.1（a）所示的三轴搬运系统中，要求机械臂在三维空间中准确移动。搬运机器人系统的框图模型如图AP10.1（b）所示。机械臂只能沿指定的线性路径移动，以免与其他元件发生碰撞，因此要求系统阶跃响应的超调量满足P.O. ≤ 20%。

（a）当$G_c(s) = K$时，确定K的合适取值以满足对超调量的设计要求，并估算系统的调节时间（按2%准则）。

（b）当 $G_c(s)$ 为超前校正器时，设计合适的校正器参数，进一步减小系统的调节时间，使 $T_s \leqslant 2$ s。

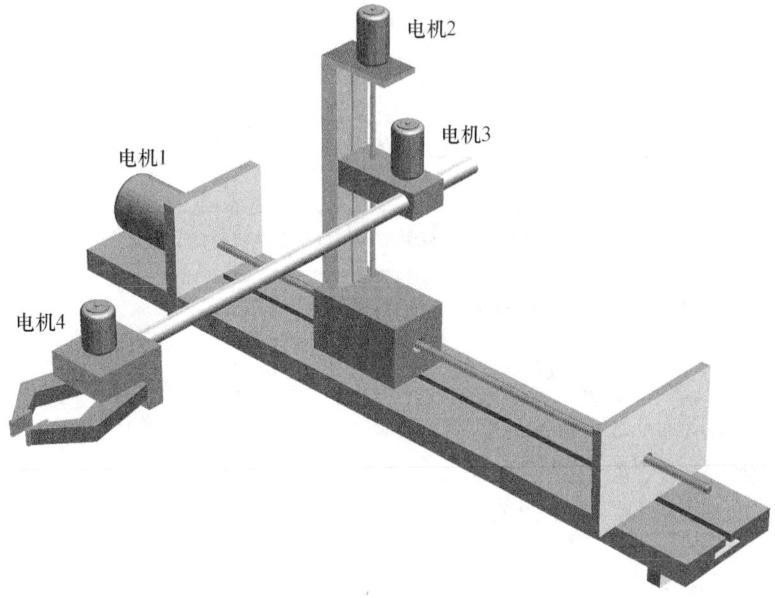

(a)

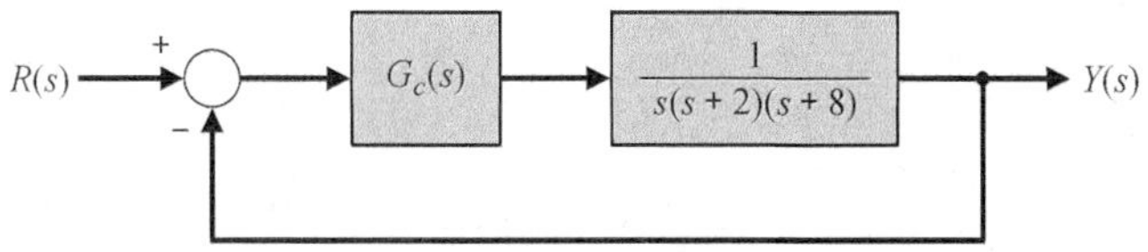

(b)

图 AP10.1　搬运机器人系统的框图模型

AP10.2　继续考虑难题AP10.1给出的系统。若要求系统阶跃响应的超调量P.O. ≤ 13%，并要求单位斜坡响应的稳态误差小于0.125（即 $K_v = 8$）[24]，试设计一个能够满足设计要求的滞后校正器，并估算校正后系统的超调量和调节时间（按2%准则）。

AP10.3　继续考虑难题AP10.1给出的系统。若要求系统阶跃响应的超调量P.O.≤13%，并要求单位斜坡响应的稳态误差小于0.125（即 $K_v = 8$），试设计一个能够满足设计要求的比例积分（PI）控制器。

AP10.4　某直流电机反馈控制系统的框图模型如图AP10.4所示，试确定 K_1 和 K_2 的合适取值，使闭环系统阶跃响应的调节时间 $T_s \leqslant 0.5$ s（按2%准则）且超调量P.O. ≤ 10%。

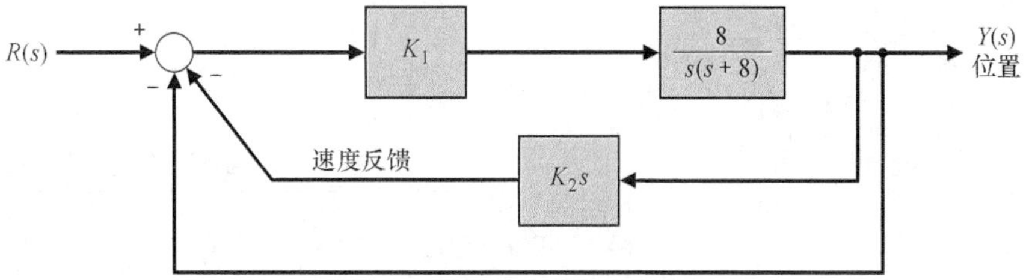

图 AP10.4　直流电机反馈控制系统的框图模型

AP10.5　某单位负反馈系统的框图模型如图AP10.5所示。假设要求系统阶跃响应的超调量P.O. ≤ 10%且调节时间 $T_s \leqslant 4$ s（按2%准则）。

（a）设计超前校正器 $G_c(s)$，使系统具有所需的主导极点。

（b）当 $G_p(s)=1$ 时，计算系统的阶跃响应。

（c）选择合适的前置滤波器 $G_p(s)$ 并估算带有前置滤波器的系统的阶跃响应。

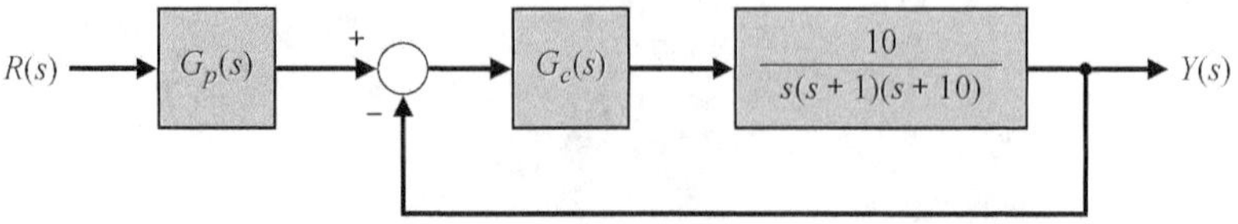

图 AP10.5　带有前置滤波器的单位负反馈系统的框图模型

AP10.6 某单位负反馈系统的开环传递函数为

$$L(s)=G_c(s)G(s)=\frac{s+z}{s+p}\cdot\frac{K}{s(s+1)}$$

在$K<52$的前提下，我们希望能够尽量缩短系统的调节时间。试设计一个合适的校正器（确定p和z的合适取值），使系统的调节时间最短并绘制校正后系统的阶跃响应曲线。

AP10.7 在某单位负反馈系统中，受控对象为

$$G(s)=\frac{1}{s(s+2)(s+8)}$$

超前校正器为

$$G_c(s)=\frac{K(s+3)}{s+28}$$

前置滤波器为

$$G_p(s)=\frac{p}{s+p}$$

确定K的合适取值，使系统复极点对应的阻尼系数$\zeta=1/\sqrt{2}$，然后完成下列任务。

（a）当 $G_p(s)=1$、$p=3$ 时，分别估算系统的超调量和上升时间。

（b）确定 p 的合适取值，使系统的超值量 P.O. ≤ 1%并与上述结果作比较。

AP10.8 Manutec 机器人具有很大的惯性和较长的手臂，这给 Manutec 机器人的控制带来一定的挑战。图 AP10.8（a）给出了 Manutec 机器人的实物照片，图 AP10.8（b）则给出了 Manutec 机器人控制系统的框图模型。试设计一个合适的超前校正器，使系统阶跃响应的超调量 P.O. ≤ 20%、上升时间 $T_r\leqslant 0.5$ s、调节时间 $T_s\leqslant 1.2$ s（按2%准则）且系统的速度误差系数 $K_v\geqslant 10$。

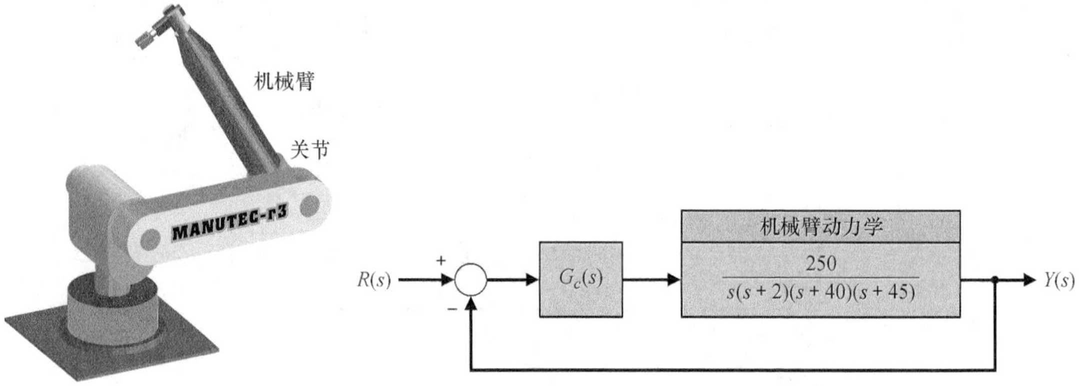

(a)　(b)

图 AP10.8　（a）Manutec 机器人；（b）Manutec 机器人控制系统的框图模型

AP10.9 某化学反应过程的动力学模型可以表示为

$$G(s)=\frac{100}{s(s+5)(s+10)}$$

我们希望上述单位反馈系统对斜坡输入有较小的稳态误差，即要求 $K_v=100$。出于稳定性方面的考虑，我们还要求系统的增益裕度满足 G.M. ≥ 10 dB、相角裕度满足 P.M. ≥ 40°。请设计一个能够满足上述要求的超前-滞后校正器。

设计题

CDP10.1 图 CDP4.1 给出的滑台系统采用了比例微分控制器，即 PD 控制器。试为 PD 控制器增益选择合适的取值，使系统具有最小节拍响应且调节时间 $T_s \le 250$ ms（按 2% 准则），然后计算系统的阶跃响应并验证设计结果。

DP10.1 如图 DP10.1 所示，两个机械手相互协作，试图将一根长杆插入台面上另一物体的孔洞之中。插入长杆的过程充分演示了协同控制的重要作用。对于单个机械手关节的单位反馈控制系统而言，其受控对象的传递函数为

$$G(s)=\frac{20}{s(s+2)}$$

设计一个超前-滞后校正器，使系统的单位斜坡响应的稳态误差小于 0.02、阶跃响应的超调量 P.O. ≤ 15%且调节时间 $T_s \le 1$ s（按 2% 准则）。另外，绘制校正后的系统对斜坡输入和阶跃输入的时间响应曲线。

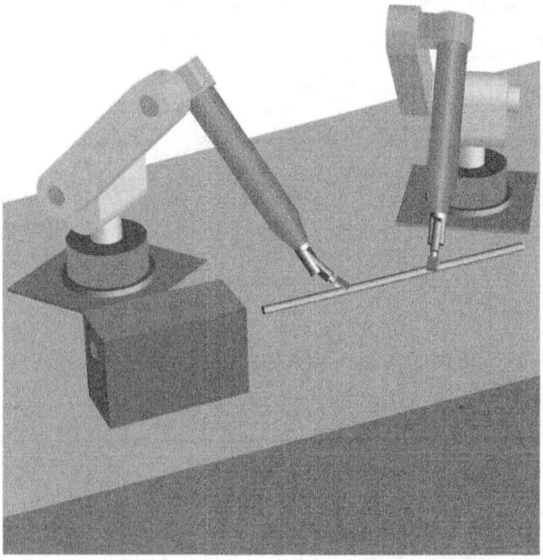

图 DP10.1　两个机械手协同工作

DP10.2 传统的双翼飞机如图 DP10.2（a）所示，其航向控制系统的框图模型如图 DP10.2（b）所示。

(a) 当 $G_c(s)=K$ 时，确定 K 的最小取值。当存在单位阶跃干扰 $T_d(s)=1/s$ 时，保证干扰对系统的稳态影响小于或等于 5%，即 $y(\infty)=0.05$。

(b) 当采用（a）中的结果时，判断系统是否稳定。

(c) 试设计一个一阶超前校正器，使闭环系统的相角裕度 P.M. = 30°。

(d) 试设计一个二阶超前校正器，使闭环系统的相角裕度 P.M. = 55°。

(e) 比较（c）和（d）中所得系统的带宽。

(f) 绘制（c）和（d）中所得系统的阶跃响应曲线 $y(t)$，并比较它们的超调量、调节时间（按 2% 准则）和峰值时间。

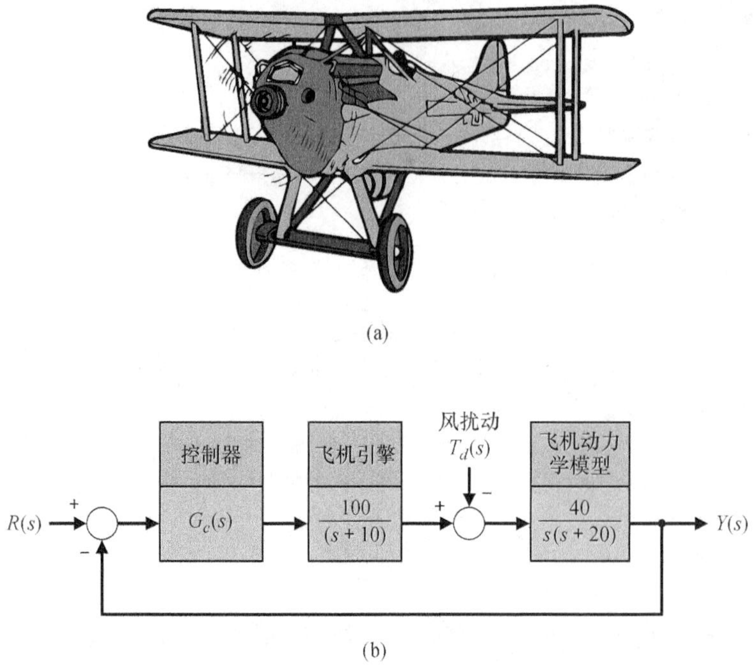

图 DP10.2 （a）双翼飞机（原载于 *London News*，1920 年 10 月 9 日）；（b）双翼飞机航向控制系统的框图模型

DP10.3 NASA已经明确表示，他们准备建造一种大型的、可展开的空间结构。建造空间站所必需的这种空间结构由轻质材料构成，并有很多铰接点或关节。在轨工作期间，完全展开的结构应该能够克服不利的振荡，并精确地保持确定的形状[16]。

图DP10.3（a）给出的飞行桅杆系统就是这样一种大型空间结构。在进一步研究大型空间结构的控制机理和动力学特性时，飞行桅杆系统将发挥试验床的作用。飞行桅杆系统的基本构件是一根长60.7 m的横梁。这根横梁的一端与航天飞机直接相连并装有小尺寸的执行机构和传感器。飞行桅杆系统还装配有释放/回收子系统，在发射和着陆阶段，释放/回收子系统可以将横梁安全地回收到航天飞机的货舱中。

飞行桅杆系统由一台大功率电机驱动，其框图模型如图DP10.3（b）所示。在$0.75 < K < 2$的范围内，确定增益K的合适取值，使系统阶跃响应的超调量P.O. ≤ 20%，进而使系统的阻尼系数$\zeta = 0.5$、相角裕度P.M. = 50°。在完成设计之后，估算系统的实际超调量、上升时间及相角裕度。

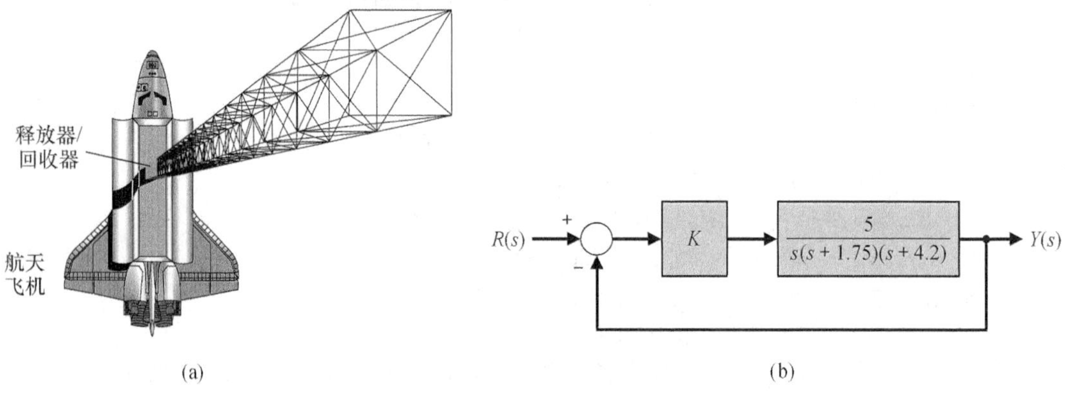

图 DP10.3 飞行桅杆系统及其框图模型

DP10.4 在法国TGV高速列车的基础上，美国正在得克萨斯州研制一种高速列车[21]，其运行速度预计能够达到186 mi/h。为了在急转弯时保持这一运行速度，这种高速列车采用了独立车轴系统，并能够使列车适度倾斜。列车车厢与列车底盘之间设置有液压系统，而且每节车厢的底部装有与钟摆类似的传感器。在列车转弯时，传感器可以感知弯道角度的大小，并将感知信息传输给液压系统，液压系统则可以使列车像摩托车一样，在弯道上适度倾斜。适度倾斜虽然不会提高列车的安全性，但却能够提高乘客的舒适度。

高速列车倾斜控制系统的框图模型如图DP10.4所示，试设计一个合适的校正器$G_c(s)$，使系统阶跃响应的超调量P.O. ≤ 10%、调节时间$T_s \leq 1$ s（按2%准则），并使系统斜坡响应的稳态误差小于$0.15A$，其中的输入为$r(t) = At$（$t > 0$）。然后估算系统的实际响应并检验设计结果。

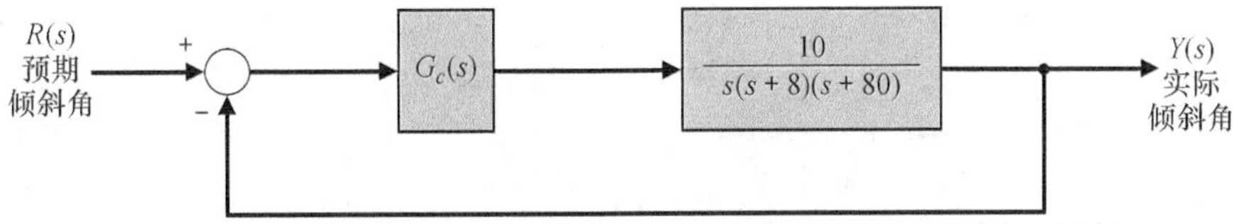

图 DP10.4　高速列车倾斜控制系统的框图模型

DP10.5 高性能的磁带传动系统有一个拉动磁带通过读/写磁头的滑轮，以及一个由直流电机驱动的主动回收转轴。系统应保证磁带具有尽可能快速的启动能力和200 in/s的线速度，并且要能够控制磁带张力，以免磁带变形失真。为了准确控制磁带的速度和张力，可采用直流速度计来测量速度，并采用电位计来测量位置，同时采用直流电机来驱动系统。在上述条件下，可以用一个线性化模型来描述磁带传动系统。这个线性化模型是单位负反馈系统，并且有

$$\frac{Y(s)}{E(s)} = G(s) = \frac{K(s + 4000)}{s(s + 1000)(s + 3000)(s^2 + 4000s + 8000000)}$$

其中，$Y(s)$表示位移输出。

试设计一个合适的校正器，使系统满足如下设计要求。

- 调节时间 $T_s \leq 12$ ms（按 2% 准则）。
- 阶跃响应的超调量 P.O. ≤ 10%。
- 稳态速度误差小于 0.5%。

DP10.6 在过去的几年里，汽车设计部门在建立动力系统模型时，流行采用所谓的“面向控制”模型，又称“控制设计”模型。他们用此类模型描述汽车动力系统的许多具体问题，包括发动机、节流阀、发动机活塞运动、化油器动力学特性、燃油系统、发动机扭矩和转动惯量等。

为了减少汽车的废气排放量，燃烧室中的燃油/空气比成为汽车制造商关注的焦点，他们转向使用反馈控制来控制燃油/空气比。为了将燃油/空气比控制在工作点附近规定的范围内，需要同时控制进入发动机油路系统的空气流量和燃油流量。这里将燃油流量指令视为控制系统的输入，而将发动机转速视为控制系统的输出[9, 10]。

假设汽车发动机控制系统的框图模型如图DP10.6所示，其中$T = 0.066$ s。试设计一个合适的校正器，使系统阶跃响应的稳态误差为0、超调量P.O. ≤ 10%且调节时间$T_s \leq 10$ s（按2%准则）。

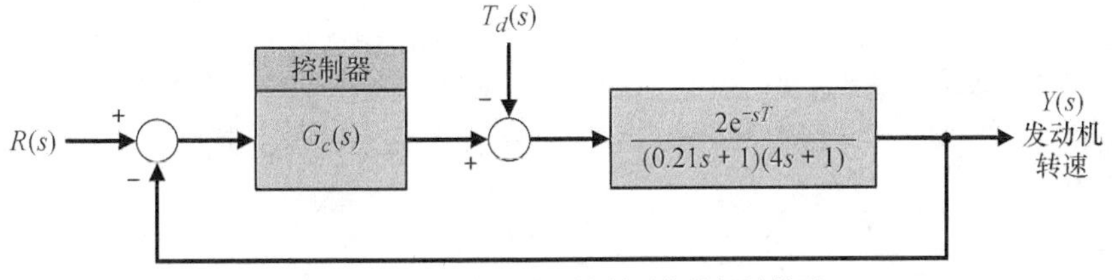

图 DP10.6　汽车发动机控制系统的框图模型

DP10.7 某高性能喷气式飞机如图DP10.7（a）所示，其横滚角控制系统的框图模型如图DP10.7（b）所示。试设计一个合适的校正器 $G_c(s)$，使闭环系统阶跃响应的稳态误差为0，并使系统具有良好的瞬态响应特性，如超调量P.O. ≤ 10%且调节时间 $T_s \le 2$ s（按2%准则）。

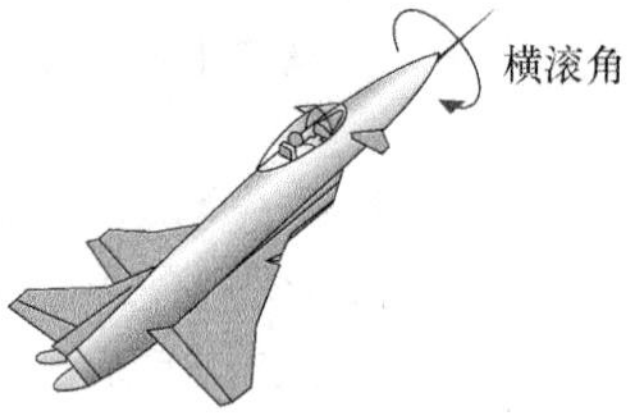

(a)

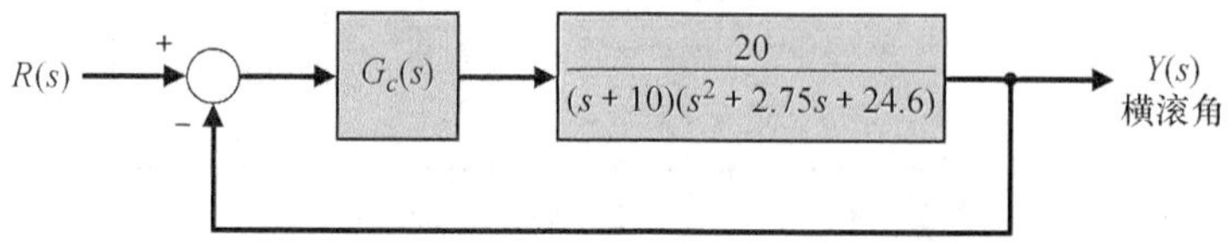

(b)

图 DP10.7 （a）喷气式飞机；（b）横滚角控制系统的框图模型

DP10.8 有人提出了一种使用简单PI控制器的闭环控制系统，用来控制风车型辐射计[27]。图DP10.8（a）给出了风车型辐射计的实物图，图DP10.8（b）则给出了其控制系统的框图模型。当受到红外线辐射时，风车会转动，因此受控变量为风车的转动角速度。在实验中，可采用反射式光电传感器作为反馈传感器，并采用电路系统实现高性能的控制系统。

假设 τ = 20 s。请设计PI控制器，使控制系统为最小节拍系统且调节时间 $T_s \le 25$ s（按2%准则）。

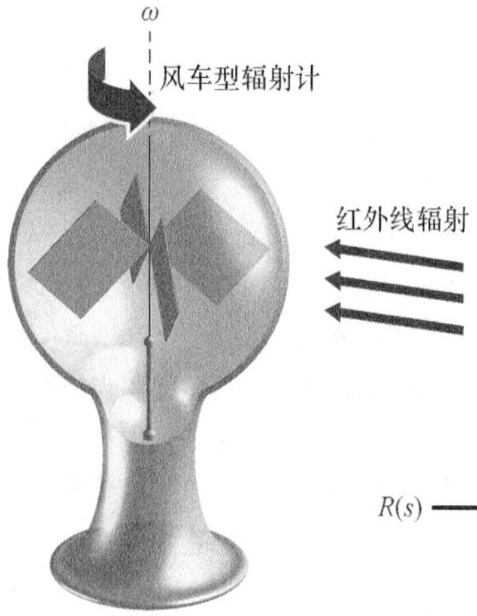

(a)

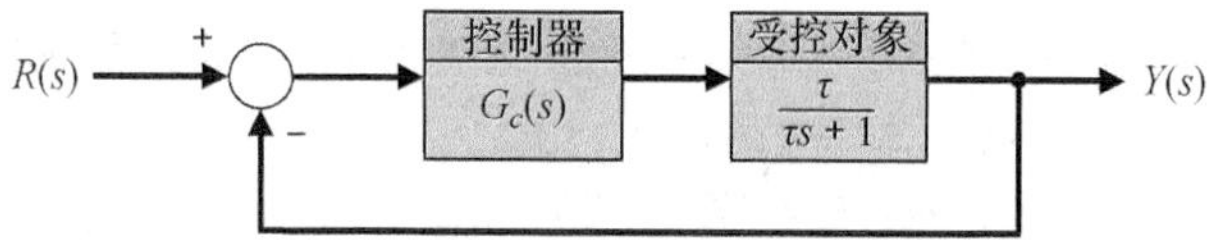

(b)

图 DP10.8 （a）风车型辐射计；（b）控制系统的框图模型

DP10.9 考虑图DP10.9给出的反馈控制系统。设计PID控制器 $G_{c1}(s)$ 和超前校正器 $G_{c2}(s)$，当时延 T = 0.1 s时，保证系统稳定。当时延 T 随机增大时（最大为0.2 s），讨论这两种控制器在保持系统稳定方面的能力。

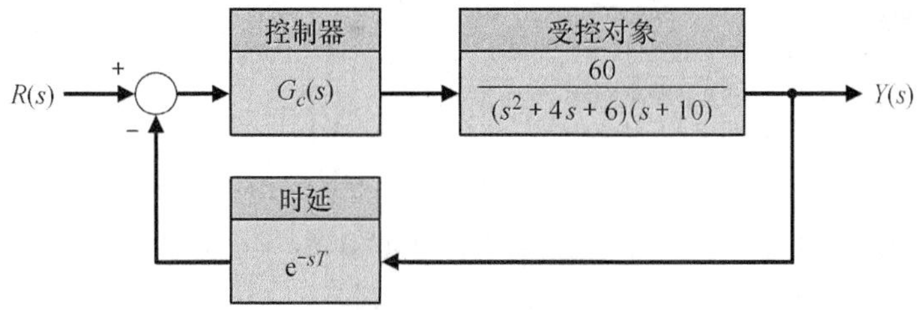

图 DP10.9　含有时延的反馈控制系统

DP10.10 在某单位负反馈系统中，受控对象的传递函数为

$$G(s)=\frac{s+1.59}{s(s+3.7)\left(s^2+2.4s+0.43\right)}$$

请设计控制器 $G_c(s)$，使得在开环传递函数 $L(s)=G_c(s)G(s)$ 的伯德图上，当 $\omega\leqslant 0.01$ rad/s时幅值增益大于20 dB，而当 $\omega\geqslant 10$ rad/s时幅值增益小于−20 dB。图DP10.10给出了预期的幅频曲线。请解释我们为什么希望低频段的幅值增益较大而高频段的幅值增益较小。

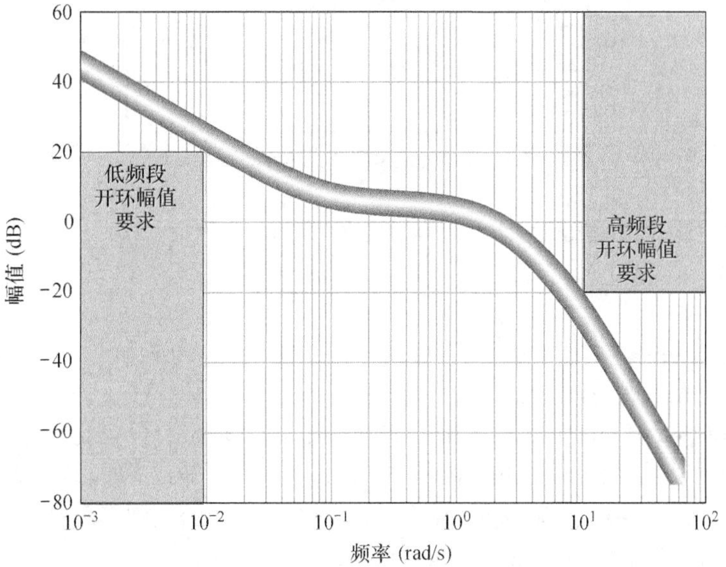

图 DP10.10　某系统预期的伯德图

DP10.11 用于分析聚合酶链式反应（Polymerase Chain Reaction，PCR）的新式微量分析系统要求具备快速且有阻尼的跟踪响应[30]。聚合酶链式反应的温度控制系统如图DP10.11所示，其中的控制器为PID控制器 $G_c(s)$，并且配有前置滤波器 $G_p(s)$。

请设计合适的PID控制器 $G_c(s)$ 和前置滤波器 $G_p(s)$，使闭环系统单位阶跃响应的超调量P.O. < 1%、调节时间 $T_s<3$ s。

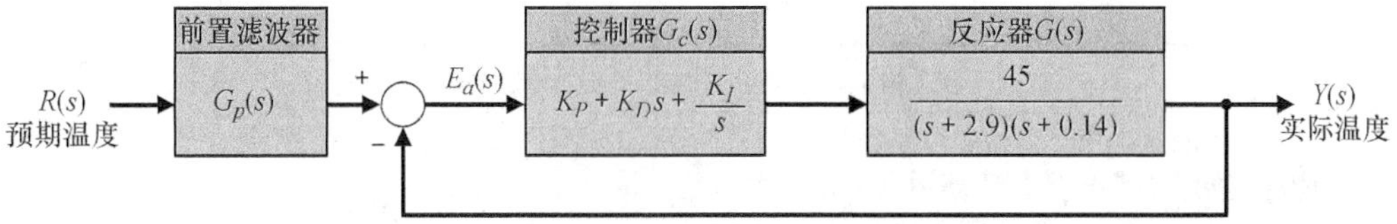

图 DP10.11　聚合酶链式反应的温度控制系统

计算机辅助设计题

CP10.1 某单位反馈控制系统如图 CP10.1 所示，其中：

$$G(s)=\frac{1}{s+9.5},\ G_c(s)=\frac{99}{s}$$

编写 m 脚本程序，验证系统的相角裕度 P.M. 约为 50° 且单位阶跃响应的超调量 P.O. 约为 18%。

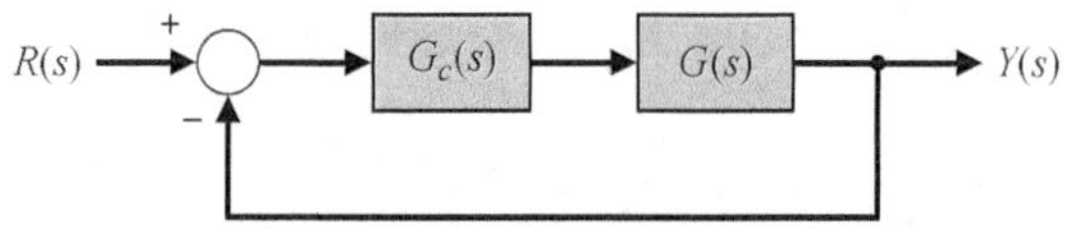

图 CP10.1 含有串联校正器的单位反馈控制系统

CP10.2 某单位负反馈控制系统如图 CP10.2 所示，试设计一个简单的比例控制器 $G_c(s)=K$，使闭环系统的相角裕度 P.M. 达到 40°。然后编写 m 脚本程序绘制伯德图，并检验设计是否满足要求。

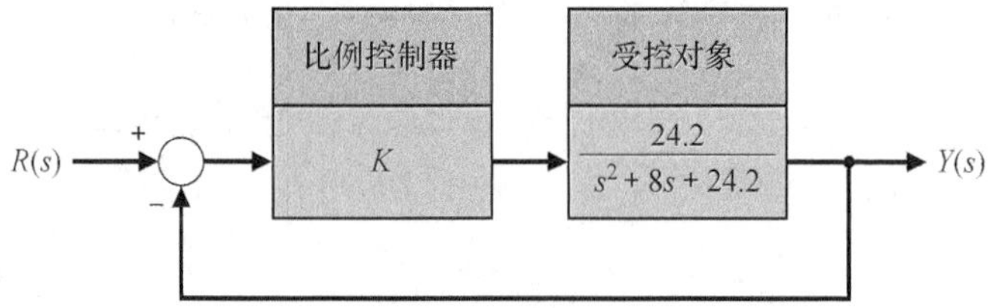

图 CP10.2 带有比例控制器的单位负反馈控制系统

CP10.3 继续考虑习题 CP10.1 给出的系统，但 $G(s)$ 换成：

$$G(s)=\frac{1}{s(s+5)}$$

（a）试设计一个合适的校正器 $G_c(s)$，使闭环系统对斜坡输入的稳态误差为 0 且阶跃响应的调节时间 $T_s<6\,\text{s}$（按 2% 准则）。

（b）当输入为 $R(s)=1/s^2$ 时，计算闭环系统的时间响应，并验证是否满足上述设计要求。

CP10.4 某战斗机的俯仰角控制系统如图 CP10.4 所示。其中，$\dot{\theta}(t)$ 为俯仰角角速度（单位为 rad/s），$\delta(t)$ 为俯仰角（单位为 rad）。模型的 4 个极点分别代表俯仰角变化过程中的长周期和短周期模态，长周期模态的固有频率为 0.1 rad/s，短周期模态的固有频率为 1.4 rad/s。

（a）将 $G_c(s)$ 取为超前校正器。利用伯德图设计该校正器，使闭环系统单位阶跃响应的调节时间 $T_s<2\,\text{s}$（按 2% 准则）且超调量 P.O. < 10%。

（b）当输入阶跃信号 $R(s)=10°/s$ 时，仿真计算 $\dot{\theta}(t)$ 随时间的变化情况。

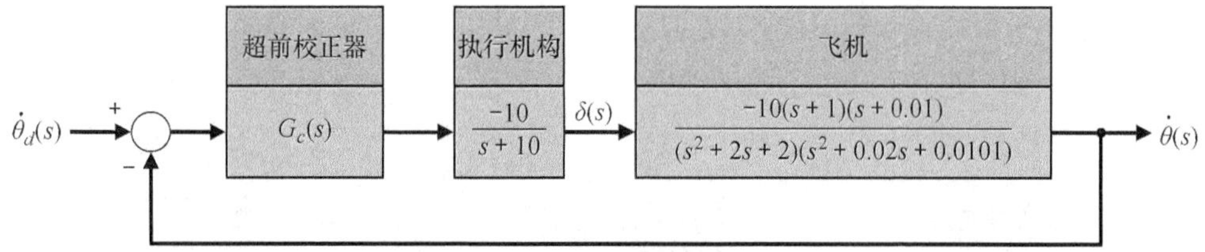

图 CP10.4 战斗机的俯仰角反馈控制系统

CP10.5 刚性空间飞行器的俯仰姿态运动可以表示为

$$J\ddot{\theta}(t)=u(t)$$

其中，J为转动惯量矩阵，$u(t)$为飞行器的输入扭矩[7]。姿态控制采用PD控制器，即

$$G_c(s) = K_P + K_D s$$

(a) 绘制单位反馈系统的框图模型，编写交互式的 m 脚本程序并设计合适的 PD 控制器，使闭环系统的带宽 $\omega_B = 10$ rad/s 且阶跃响应（输入信号的幅值为 10°）的超调量 P.O. < 20%。

(b) 若阶跃输入信号的幅值为 10°，请仿真计算系统响应并验证上述设计是否满足要求。

(c) 绘制闭环系统的伯德图，验证闭环系统带宽是否满足设计要求。

CP10.6 某单位反馈控制系统如图 CP10.6 所示，给定的闭环系统设计要求如下。

- 阶跃响应的稳态误差 $e_{ss} < 10\%$。
- 相角裕度 P.M. ≥ 45°。
- 调节时间 $T_s < 5$ s（按 2% 准则）。

(a) 编写 m 脚本程序，用根轨迹法设计一个滞后校正器，使校正后的系统满足上述设计要求。

(b) 当输入为单位阶跃信号时，仿真计算并绘制系统的时间响应 $y(t)$，据此验证设计是否满足要求。

(c) 用 margin 函数计算系统的相角裕度。

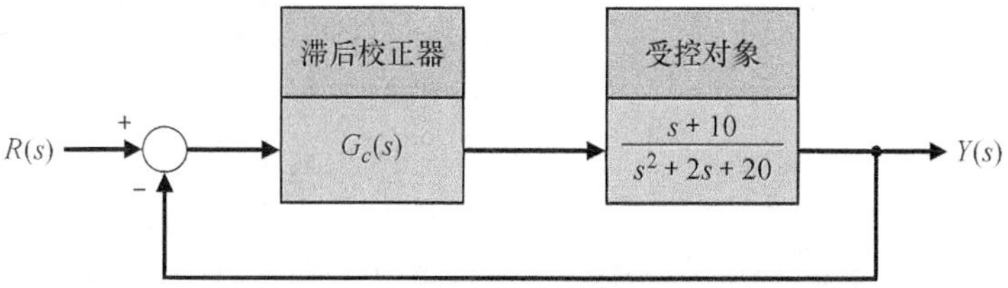

图 CP10.6　某单位反馈控制系统

CP10.7 某侧向波束导航系统的内环环路如图 CP10.7 所示[26]，请设计其中的PI控制器，使闭环系统单位阶跃响应的调节时间 $T_s < 1$ s（按 2% 准则）且单位斜坡响应的稳态误差 $e_{ss} < 0.1$，然后通过仿真计算验证设计是否满足要求。

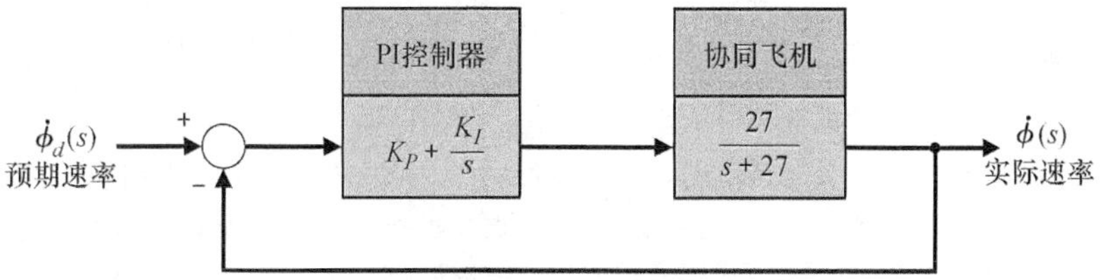

图 CP10.7　侧向波束导航系统的内环环路

CP10.8 考虑某单位负反馈系统，其开环传递函数为

$$L(s) = G_c(s)G(s) = \frac{s+z}{s+p} \cdot \frac{8.1}{s^2}$$

其中，$z = 1$，$p = 3.6$。校正后系统的实际超调量 P.O. = 46%，我们希望进一步将超调量降至 32%。请通过编写 m 脚本程序来确定更合适的校正器 $G_c(s)$ 的零点。

CP10.9 某电路系统的传递函数为

$$G(s) = \frac{V_o(s)}{V_i(s)} = \frac{1 + R_2C_2s}{1 + R_1C_1s}$$

其中，$C_1 = 0.1\ \mu\text{F}$，$C_2 = 1$ mF，$R_1 = 10\ \text{k}\Omega$，$R_2 = 10\ \Omega$。试绘制电路的频率响应特性伯德图。

CP10.10 考虑图 CP10.10 给出的反馈控制系统，其中的时延 $T = 0.2$ s，在 $0.1 \leqslant K \leqslant 10$ 的增益范围内，绘制系统的相角裕度随着 K 的变化曲线，并确定 K 的取值，使相角裕度最大。

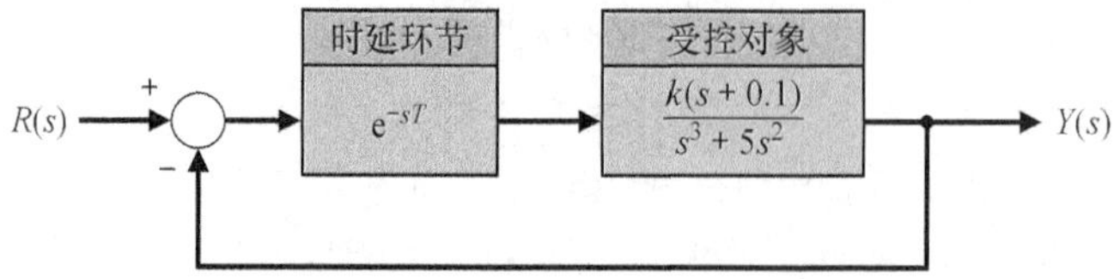

图 CP10.10 带有时延环节的反馈控制系统

☑ 技能自测答案

正误判断题：1. 错；2. 错；3. 对；4. 对；5. 对

多项选择题：6.d；7.b；8.d；9.a；10.b；11.c；12.a；13.a；14.b；15.b

术语和概念匹配题（自上向下）：a；l；g；d；j；h；k；c；m；e；i；f；b

术语和概念

cascade compensator	**串联校正器**	以串联或级联方式与受控对象相连并接入系统的校正器。
compensation	**校正**	修改或调整控制系统的组成结构，使之能够实现令人满意的性能。
compensator	**校正器**	为了弥补系统性能缺陷，在系统中添加的元器件或电路。
deadbeat response system	**最小节拍响应系统**	当输入阶跃信号时，具有很快的响应速度、最小的超调量且稳态误差为 0 的系统。
design of a control system	**控制系统的设计**	安排或规划系统的组成结构，选择合适的元器件和参数。
integration compensator	**积分型校正器**	具有一定程度的积分器特性的校正器。
lag compensator	**滞后校正器**	参见相角滞后校正器。
lead-lag compensator	**超前-滞后校正器**	同时具有超前和滞后特性的综合校正器。
lead compensator	**超前校正器**	参见相角超前校正器。
phase lag compensation	**相角滞后校正**	一种应用广泛的校正方法，采用的是有一个极点和一个零点且极点更加接近于 s 平面原点的相角滞后校正器。这种校正能够减少系统的稳态跟踪误差。
phase lead compensation	**相角超前校正**	另一种应用广泛的校正方法，采用的是有一个极点和一个零点且零点更加接近于 s 平面原点的相角超前校正器。这种校正能够增大系统带宽并改善系统动态性能。
phase-lag compensator	**相角滞后校正器**	在所关注的频率范围内，能够提供负的相角并对幅值响应产生显著衰减效应的校正器。
phase-lead compensator	**相角超前校正器**	在所关注的频率范围内，能够提供正的相角的校正器，这种校正器能够使系统获得合适的相角裕度。
PD controller	**比例微分控制器**	由一个比例环节和一个微分环节构成的控制器。
PI controller	**比例积分控制器**	由一个比例环节和一个积分环节构成的控制器。
prefilter	**前置滤波器**	在计算偏差信号之前，对输入信号 $R(s)$ 进行滤波的传递函数 $G_p(s)$。

第 11 章　状态变量反馈系统设计

提要

本章的主题是如何利用状态变量反馈来设计控制器。我们将首先给出系统的能控性判据和能观性判据。然后在引入强有力的状态变量反馈概念的基础上，介绍控制系统的极点配置设计方法。利用阿克曼（Ackermann）公式，我们可以确定状态反馈增益矩阵，从而将闭环系统的极点配置到预期的位置。当且仅当闭环系统能控时，才可以任意配置闭环系统的极点。

针对无法直接获得全部状态信息用于反馈的系统，本章将引入观测器的概念，并介绍观测器的设计方法以及阿克曼公式的应用。只要将观测器和全状态反馈设计加以集成，就可以设计出状态变量控制器。此外，本章还将讨论最优控制系统的设计和内模设计方法，基于后者，我们可以使目标系统对给定的输入产生预期的稳态响应。作为结束，本章将继续讨论循序渐进设计实例——磁盘驱动器读取系统。

预期收获

在完成第 11 章的学习之后，学生应该：

- 熟悉能控性和能观性的概念；
- 能够设计全状态反馈控制器和观测器；
- 理解多种极点配置方法，并能够应用阿克曼公式实现极点配置；
- 理解分离原理以及如何构建全状态变量控制器；
- 结合实际应用，理解参考输入、最优控制和内模设计的概念。

11.1　引言

采用基于状态变量描述的时域方法，也可以为控制系统确定合适的校正控制方案。通常，我们感兴趣的是这样一类控制系统，其控制信号 $u(t)$ 是一些可以测量的状态变量的函数。因此，本章讨论的重点是基于可测量状态信息的状态变量反馈控制器。这种系统校正方式特别有利于优化控制系统，因而成为本章讨论的重点。

状态变量反馈系统的设计通常涵盖三个步骤或阶段。在第一个阶段，假定所有的状态变量都是可以测量的，这样就可以直接基于状态向量来设计**全状态反馈控制律**。但实际上，只有部分状态信息（或状态信息的线性组合）在系统的外部输出中有直接的体现。也就是说，并不是所有的状态变量都是可以测量的，因此在实际应用中，全状态反馈控制律常常并不可行。针对这一问题，下一个阶段就是研究**状态观测器**的设计，用于估计那些无法直接测量且在系统的外部输出中没有直接体现的状态变量。状态观测器既可以是全状态的，也可以是降维的。如果某些状态变量可以从系统的外部输出中直接得到，就只需要针对无法直接测量的状态变量来设计观测器，这种观测器被称为降维观测器[26]。本章暂时不考虑降维观测器，而只考虑全状态观测器。最后一个阶段是将全状态观测器和全状态反馈控制结合起来，由此得到**状态变量控制器**，通常也称为**校正器**，如图 11.1 所示。此外，我们还可能需要讨论状态变量控制器的非零参考输入信号问题，以便完成全部的设计工作。本章后续内容将详细讨论以上三个阶段的控制器设计以及相关的参考输入信号问题。

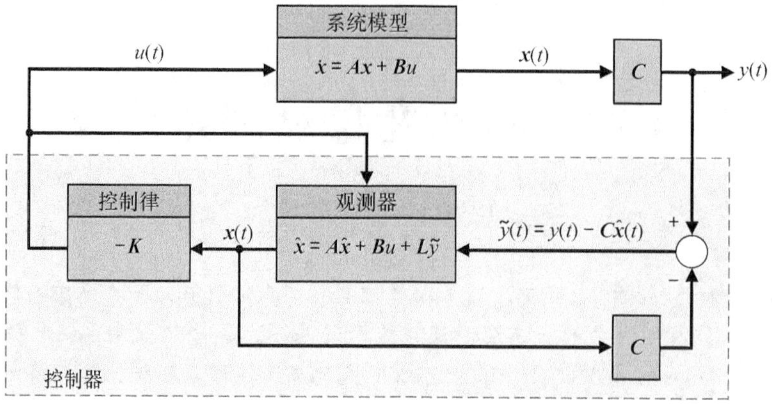

图 11.1　由全状态观测器和全状态反馈控制律集成得到的状态变量控制器

11.2　能控性和能观性

状态变量控制器设计的一个关键问题是，能否在 s 平面上任意配置闭环系统的极点？前面已经讨论过，闭环系统的极点实际上就是状态变量模型中系统矩阵的特征值。接下来读者可以看到，如果系统既是**能控**的，又是**能观**的，我们就能根据性能指标设计要求，将闭环系统的极点配置到预期的位置。设计全状态反馈控制律通常需要依赖**极点配置方法**[2, 27]，11.3 节将深入讨论极点配置方法。需要再次强调的是，只有当系统完全能控和能观时，才能在 s 平面上任意配置系统的所有极点。能控性和能观性的概念是由鲁道夫·卡尔曼（Rudolph Kalman）于 20 世纪 60 年代提出的[28-30]。卡尔曼是控制界的大师级人物，他主导提出的控制系统的数学理论为状态变量方法奠定了基础。此外，他还因为设计出卡尔曼滤波器而声名卓著。卡尔曼滤波器在“阿波罗”登月计划中发挥了重要的工具性作用[31, 32]。

如果存在无约束的控制信号 $u(t)$ 能够让系统从任意一个初始状态 $x(t_0)$ 变化到任意一个指定的预期状态 $x(t)$（$t_0 \leqslant t \leqslant T$），则称系统是完全能控的。

概念强调说明 11.1

对于如下状态变量系统：

$$\dot{\boldsymbol{x}}(t) = \boldsymbol{A}\boldsymbol{x}(t) + \boldsymbol{B}u(t)$$

可通过考虑下面的代数条件是否成立来判断系统是否完全能控：

$$\operatorname{rank}[\boldsymbol{B} \;\; \boldsymbol{AB} \;\; \boldsymbol{A}^2\boldsymbol{B} \cdots \boldsymbol{A}^{n-1}\boldsymbol{B}] = n \tag{11.1}$$

其中，$\boldsymbol{A}$ 为 $n \times n$ 维的矩阵，$\boldsymbol{B}$ 为 $n \times 1$ 维的矩阵。对于多输入系统，$\boldsymbol{B}$ 为 $n \times m$ 维的矩阵，其中的 m 为输入信号的维数。

对于单输入–单输出系统而言，按照式（11.2）构建的**能控性矩阵** $\boldsymbol{P}_c$ 则是一个 $n \times n$ 维的矩阵：

$$\boldsymbol{P}_c = [\boldsymbol{B} \;\; \boldsymbol{AB} \;\; \boldsymbol{A}^2\boldsymbol{B} \cdots \boldsymbol{A}^{n-1}\boldsymbol{B}] \tag{11.2}$$

因此，由式（11.1）可知，当 $\boldsymbol{P}_c$ 的行列式不等于 0 时，系统是完全能控的[11]。

基于状态变量的现代控制技术可以处理状态向量不是完全能控的，但不能控的那部分状态变量（或状态变量的线性组合）在本质上仍稳定的系统，这样的系统被称为**能稳系统**（又称为可镇定系统）。可以看出，当系统完全能控时，系统也一定是能稳的。我们可以采用其他更为高级的状态变量设计方法（如**卡尔曼状态空间分解**方法）来处理这类系统。利用该方法，我们可以将状态向量（或状态变量的线性组合）分解为能控和不能控的两大类变量 [12, 18]。这样能控子空间便可以分离出来。如果系统是能稳的，那么从理论上讲，我们依然可以开展一些控制系统设计工作。本章只考虑完全能控的系统，简称能控系统。

例 11.1　系统的能控性

某三阶系统的状态变量模型为

$$\dot{\boldsymbol{x}}(t)=\begin{bmatrix}0 & 1 & 0\\ 0 & 0 & 1\\ -a_0 & -a_1 & -a_2\end{bmatrix}\boldsymbol{x}(t)+\begin{bmatrix}0\\0\\1\end{bmatrix}u(t)$$

$$y(t)=\begin{bmatrix}1 & 0 & 0\end{bmatrix}\boldsymbol{x}(t)+\begin{bmatrix}0\end{bmatrix}u(t)$$

信号流图和框图模型如图 11.2 所示。

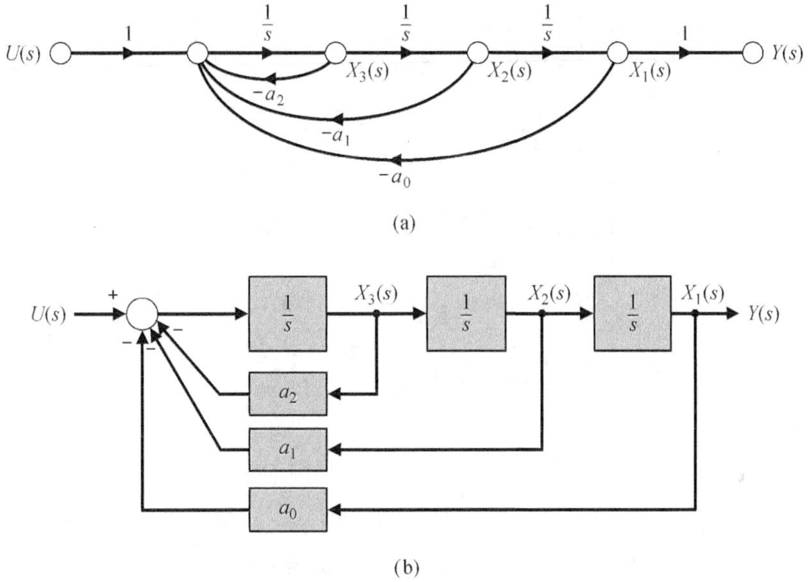

图 11.2　(a) 三阶系统的信号流图模型；(b) 三阶系统的框图模型

由于

$$\boldsymbol{A}=\begin{bmatrix}0 & 1 & 0\\ 0 & 0 & 1\\ -a_0 & -a_1 & -a_2\end{bmatrix},\quad \boldsymbol{B}=\begin{bmatrix}0\\0\\1\end{bmatrix},\quad \boldsymbol{AB}=\begin{bmatrix}0\\1\\-a_2\end{bmatrix},\quad \boldsymbol{A}^2\boldsymbol{B}=\begin{bmatrix}1\\-a_2\\a_2^2-a_1\end{bmatrix}$$

因此，系统的能控性矩阵 $\boldsymbol{P}_c$ 为

$$\boldsymbol{P}_c=\begin{bmatrix}\boldsymbol{B} & \boldsymbol{AB} & \boldsymbol{A}^2\boldsymbol{B}\end{bmatrix}=\begin{bmatrix}0 & 0 & 1\\ 0 & 1 & -a_2\\ 1 & -a_2 & a_2^2-a_1\end{bmatrix}$$

$\boldsymbol{P}_c$ 的行列式为 −1，不等于 0，因此系统是完全能控的。

例 11.2　两状态系统的能控性

某系统是用如下两个状态方程来描述的：

$$\dot{x}_1(t)=-2x_1(t)+u(t)$$

$$\dot{x}_2(t)=-3x_2(t)+dx_1(t)$$

信号流图和框图模型如图 11.3 所示，其中 $y(t) = x_2(t)$。因此，系统的状态空间模型可以写为

$$\dot{\boldsymbol{x}}(t) = \begin{bmatrix} -2 & 0 \\ d & -3 \end{bmatrix}\boldsymbol{x}(t) + \begin{bmatrix} 1 \\ 0 \end{bmatrix}u(t)$$

$$y(t) = \begin{bmatrix} 0 & 1 \end{bmatrix}\boldsymbol{x}(t) + \begin{bmatrix} 0 \end{bmatrix}u(t)$$

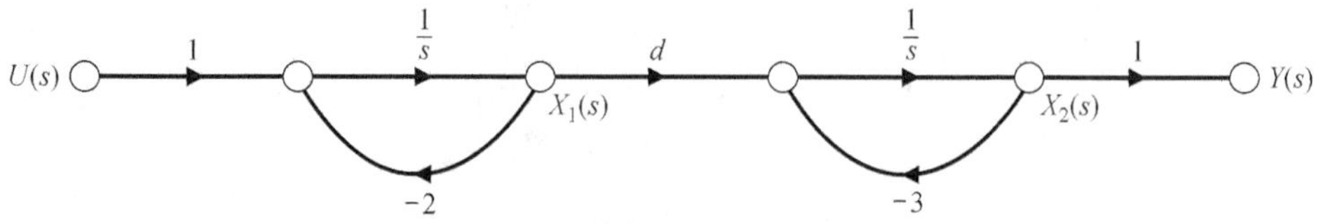

(a)

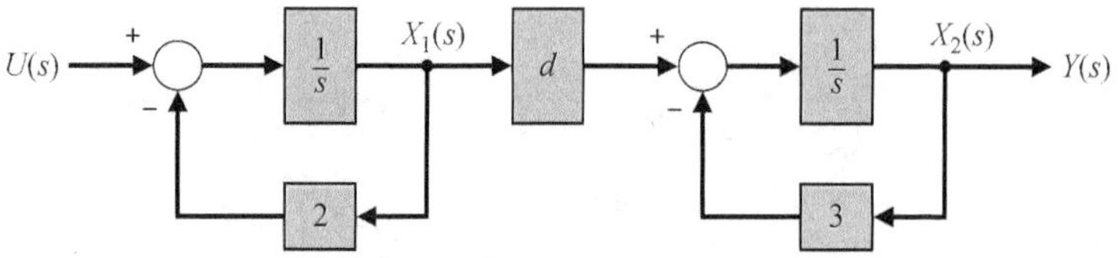

(b)

图 11.3 （a）两状态系统的信号流图模型；（b）两状态系统的框图模型

通过构建能控性矩阵 $\boldsymbol{P}_c$，我们可以得出参数 d 与系统能控性的关系。由于

$$\boldsymbol{B} = \begin{bmatrix} 1 \\ 0 \end{bmatrix}, \boldsymbol{AB} = \begin{bmatrix} -2 & 0 \\ d & -3 \end{bmatrix}\begin{bmatrix} 1 \\ 0 \end{bmatrix} = \begin{bmatrix} -2 \\ d \end{bmatrix}$$

因此，$\boldsymbol{P}_c$ 为

$$\boldsymbol{P}_c = \begin{bmatrix} 1 & -2 \\ 0 & d \end{bmatrix}$$

$\boldsymbol{P}_c$ 的行列式等于 d，因此只有当 d 非零时，系统才是能控的。

当且仅当系统能观和能控时，才能将系统的所有特征根配置在 s 平面上的任意指定位置。所谓能观性，指的是对状态向量的估计能力。

系统完全能观是指给定控制变量 $u(t)$ 后，可以由 $y(t)$ 在有限时间段 T 内的观测值确定系统的初始状态 $x(t_0)$，其中 $0 \leqslant t \leqslant T$。

概念强调说明 11.2

考虑如下单输入–单输出系统：

$$\dot{\boldsymbol{x}}(t) = \boldsymbol{A}\boldsymbol{x}(t) + \boldsymbol{B}u(t)$$

$$y(t) = \boldsymbol{C}\boldsymbol{x}(t)$$

其中，$\boldsymbol{C}$ 是 $1 \times n$ 维的行向量，$\boldsymbol{x}(t)$ 是 $n \times 1$ 维的状态列向量。

能观性矩阵 $\boldsymbol{P}_o$ 被定义为

$$\boldsymbol{P}_o = \begin{bmatrix} \boldsymbol{C} \\ \boldsymbol{CA} \\ \vdots \\ \boldsymbol{CA}^{n-1} \end{bmatrix} \tag{11.3}$$

可以看出，P_o 是一个 $n \times n$ 维的矩阵。当 P_o 的行列式非零时，系统是完全能观的。

前面已经指出，在系统能稳的前提下，基于状态变量的现代控制技术可以处理状态向量不完全能控的系统。类似地，基于状态变量的现代控制技术也可以处理状态向量不完全能观的系统。如果不能观的那部分状态变量（或状态变量的线性组合）在本质上仍稳定，则这样的系统被称为**能检系统**。完全能观的系统一定也是能检的。如前所述，我们可以利用其他更先进的状态变量设计方法（如卡尔曼状态空间分解方法）来处理不完全能控的能稳系统。类似地，我们也可以利用这些方法来处理不完全能观的能检系统。卡尔曼状态空间分解方法可以将状态变量分为能观的和不能观的两大类[12, 18]，这样不能观的子空间便可以被分离出来。如果系统是能检的，那么从理论上讲，我们依然可以开展一些控制系统设计工作。本章只考虑完全能观的系统，简称能观系统。在设计全状态反馈控制律时，我们首先要判断系统是否完全能控和能观。如果系统完全能控和能观，则可以利用极点配置方法将极点配置到预定位置，从而保证闭环系统具备令人满意的性能。

例 11.3　系统的能观性

再次考虑例 11.1 中给出的系统，信号流图和框图模型如图 11.2 所示。由于

$$\boldsymbol{A}=\begin{bmatrix}0 & 1 & 0\\ 0 & 0 & 1\\ -a_0 & -a_1 & -a_2\end{bmatrix},\boldsymbol{C}=\begin{bmatrix}1 & 0 & 0\end{bmatrix}$$

于是有

$$\boldsymbol{CA}=\begin{bmatrix}0 & 1 & 0\end{bmatrix},\boldsymbol{CA}^2=\begin{bmatrix}0 & 0 & 1\end{bmatrix}$$

根据式（11.3）得到的能观性矩阵 $\boldsymbol{P}_o$ 为

$$\boldsymbol{P}_o=\begin{bmatrix}1 & 0 & 0\\ 0 & 1 & 0\\ 0 & 0 & 1\end{bmatrix}$$

$\boldsymbol{P}_o$ 的行列式为 1，因此系统是完全能观的。

例 11.4　两状态系统的能观性

某系统的状态空间模型为

$$\dot{\boldsymbol{x}}(t)=\begin{bmatrix}2 & 0\\ -1 & 1\end{bmatrix}\boldsymbol{x}(t)+\begin{bmatrix}1\\ -1\end{bmatrix}u(t)$$

$$y(t)=\begin{bmatrix}1 & 1\end{bmatrix}\boldsymbol{x}(t)$$

信号流图和框图模型如图 11.4 所示。

分别构建能控性矩阵 $\boldsymbol{P}_c$ 和能观性矩阵 $\boldsymbol{P}_o$，并判断系统的能控性和能观性。

由于

$$\boldsymbol{B}=\begin{bmatrix}1\\ -1\end{bmatrix},\boldsymbol{AB}=\begin{bmatrix}2\\ -2\end{bmatrix}$$

因此系统的能控性矩阵 $\boldsymbol{P}_c$ 为

$$\boldsymbol{P}_c=\begin{bmatrix}\boldsymbol{B} & \boldsymbol{AB}\end{bmatrix}=\begin{bmatrix}1 & 2\\ -1 & -2\end{bmatrix}$$

$\boldsymbol{P}_c$ 的行列式为 0，因此系统不是完全能控的。

又由于

$$\boldsymbol{C}=\begin{bmatrix}1 & 1\end{bmatrix},\boldsymbol{CA}=\begin{bmatrix}1 & 1\end{bmatrix}$$

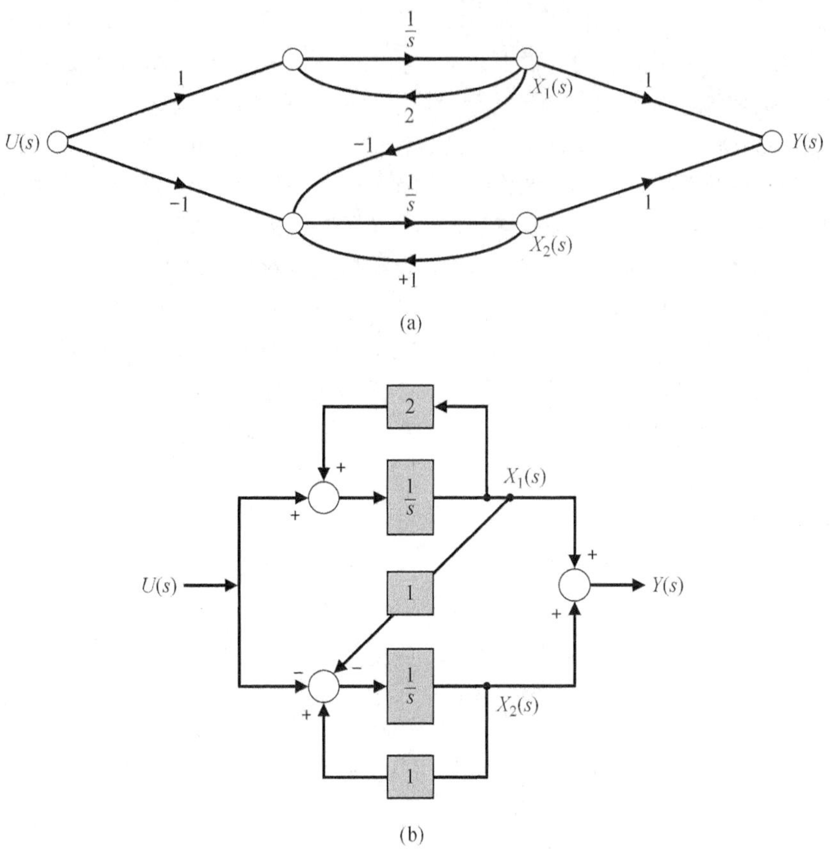

图 11.4　两状态系统的信号流图模型和框图模型

因此，系统的能观性矩阵 $\boldsymbol{P}_o$ 为

$$\boldsymbol{P}_o = \begin{bmatrix} \boldsymbol{C} \\ \boldsymbol{CA} \end{bmatrix} = \begin{bmatrix} 1 & 1 \\ 1 & 1 \end{bmatrix}$$

$\boldsymbol{P}_o$ 的行列式为 0，因此系统不是完全能观的。

重新分析系统的状态空间模型，可以发现

$$y(t) = x_1(t) + x_2(t)$$

且有

$$\begin{aligned} \dot{x}_1(t) + \dot{x}_2(t) &= 2x_1(t) + (x_2(t) - x_1(t)) + u(t) - u(t) \\ &= x_1(t) + x_2(t) \end{aligned}$$

可以看出，系统的状态变量并不依赖于 $u(t)$,因此系统不是完全能控的。同样，系统的输出 $x_1(t) + x_2(t)$ 仅仅依赖于 $x_1(t)$ 与 $x_2(t)$ 的和，根据系统的输出并不能独立地分离出 $x_1(t)$ 与 $x_2(t)$，因此系统不是完全能观的。

11.3　全状态反馈控制设计

本节讨论如何设计全状态反馈控制律，将闭环系统的极点配置到预定的位置。

首先，假定反馈所需的所有状态变量都可以直接测量。也就是说，我们可以得到任意时刻 t 的状态变量 $x(t)$。记状态反馈输入信号为

$$u(t) = -\boldsymbol{K}\boldsymbol{x}(t) \tag{11.4}$$

设计全状态反馈控制律的关键在于确定合适的增益矩阵 $\boldsymbol{K}$。状态变量反馈系统设计的优点在于，可以独立地分别设计全状态反馈控制律和观测器（称为**分离原理**），这是最理想的反馈系统设计方式。稍后大家将发现，当全状态反馈控制律能够使系统能稳（假定所有的状态变量都能直接测量）且观测器自身稳定（跟踪误差渐近稳定）时，状态变量反馈能够保证得到的闭环系统也一定是稳定的。11.4 节将专门讨论观测器。全状态反馈系统的框图模型如图 11.5 所示。

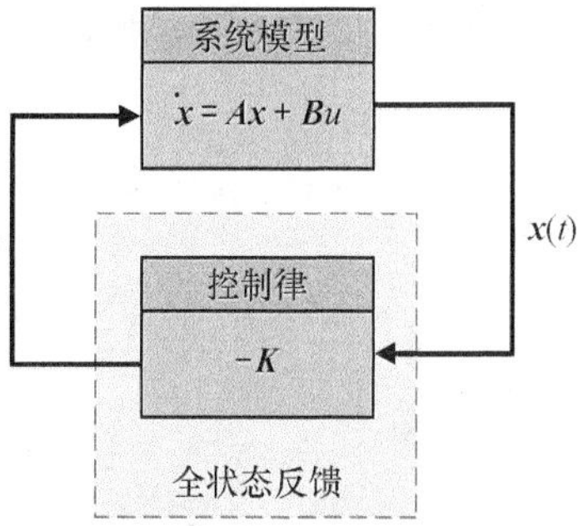

图 11.5 全状态反馈系统的框图模型（无参考输入信号）

给定状态变量模型 $\dot{\boldsymbol{x}}(t)=\boldsymbol{A}\boldsymbol{x}(t)+\boldsymbol{B}u(t)$ 和状态反馈信号 $u(t)=-\boldsymbol{K}\boldsymbol{x}(t)$，可以得到闭环系统的状态变量模型为

$$\dot{\boldsymbol{x}}(t)=\boldsymbol{A}\boldsymbol{x}(t)+\boldsymbol{B}u(t)=\boldsymbol{A}\boldsymbol{x}(t)-\boldsymbol{B}\boldsymbol{K}\boldsymbol{x}(t)=(\boldsymbol{A}-\boldsymbol{B}\boldsymbol{K})\boldsymbol{x}(t) \tag{11.5}$$

闭环系统［见式（11.5）］的特征方程为

$$\det(\lambda\boldsymbol{I}-(\boldsymbol{A}-\boldsymbol{B}\boldsymbol{K}))=0$$

如果上述特征方程的根全部位于 s 平面的左半平面，则闭环系统是稳定的。换言之，这表明无论状态变量的初始值 $\boldsymbol{x}(t_0)$ 是什么，当 $t\to\infty$ 时，都会有

$$\boldsymbol{x}(t)=\mathrm{e}^{(\boldsymbol{A}-\boldsymbol{B}\boldsymbol{K})t}\boldsymbol{x}\left(t_0\right)\to 0,\ t\to\infty$$

在给定矩阵对（$\boldsymbol{A}$，$\boldsymbol{B}$）之后，当且仅当系统完全能控时，才可以找到合适的矩阵 $\boldsymbol{K}$，将闭环系统的极点配置到 s 平面左半平面的任意预期位置。而系统完全能控则意味着能控性矩阵 $\boldsymbol{P}_c$ 是满秩的。对于单输入–单输出系统而言，$\boldsymbol{P}_c$ 满秩与可逆是等价的。

我们还可以根据需要在状态反馈信号中增加参考输入信号 $r(t)$，也就是令

$$u(t)=-\boldsymbol{K}\boldsymbol{x}(t)+Nr(t)$$

11.6 节将深入讨论参考输入信号问题。当不考虑参考输入信号，即 $r(t)=0(t>t_0)$ 时，反馈控制的设计问题就是所谓的**调节器问题**，即需要确定矩阵 $\boldsymbol{K}$，使状态变量从任意初始值开始都能够按照指定的方式（快慢、平稳等，根据指标设计要求而定）趋于 0。

只需要采用状态变量反馈设计方法将闭环特征根配置在 s 平面上的预期位置，就可以保证系统的瞬态性能满足给定的指标设计要求。

例 11.5 三阶系统设计

考虑某三阶系统，其微分方程为

$$\frac{\mathrm{d}^3y(t)}{\mathrm{d}t^3}+5\frac{\mathrm{d}^2y(t)}{\mathrm{d}t^2}+3\frac{\mathrm{d}y(t)}{\mathrm{d}t}+2y(t)=u(t)$$

选择相变量为状态变量，于是有 $x_1(t)=y(t)$、$x_2(t)=\mathrm{d}y(t)/\mathrm{d}t$ 和 $x_3(t)=\mathrm{d}^2y(t)/\mathrm{d}t^2$，所得到的系统状态空间模型为

$$\dot{\boldsymbol{x}}(t)=\begin{bmatrix}0&1&0\\0&0&1\\-2&-3&-5\end{bmatrix}\boldsymbol{x}(t)+\begin{bmatrix}0\\0\\1\end{bmatrix}u(t)=\boldsymbol{A}\boldsymbol{x}(t)+\boldsymbol{B}u(t)$$

$$y(t)=\begin{bmatrix}1&0&0\end{bmatrix}\boldsymbol{x}(t)$$

设计状态变量反馈信号为

$$u(t)=-\boldsymbol{K}\boldsymbol{x}(t)$$

其中，反馈增益矩阵为

$$\boldsymbol{K}=\begin{bmatrix}k_1&k_2&k_3\end{bmatrix}$$

由此可以得到，反馈校正后的闭环系统状态方程为

$$\dot{\boldsymbol{x}}(t)=\boldsymbol{A}\boldsymbol{x}(t)-\boldsymbol{B}\boldsymbol{K}\boldsymbol{x}(t)=(\boldsymbol{A}-\boldsymbol{B}\boldsymbol{K})\boldsymbol{x}(t)$$

校正后的系统矩阵为

$$[\boldsymbol{A}-\boldsymbol{B}\boldsymbol{K}]=\begin{bmatrix}0 & 1 & 0\\ 0 & 0 & 1\\ -2-k_1 & -3-k_2 & -5-k_3\end{bmatrix}$$

特征方程为

$$\Delta(\lambda)=\det(\lambda\boldsymbol{I}-(\boldsymbol{A}-\boldsymbol{B}\boldsymbol{K}))=\lambda^3+\left(5+k_3\right)\lambda^2+\left(3+k_2\right)\lambda+\left(2+k_1\right)=0 \tag{11.6}$$

为了使系统超调量小且响应速度快，我们希望系统的特征多项式具有如下形式：

$$\Delta(\lambda)=\left(\lambda^2+2\zeta\omega_n\lambda+\omega_n^2\right)\left(\lambda+\zeta\omega_n\right)$$

首先，设置阻尼比（即阻尼系数）$\zeta=0.8$，以使系统的超调量比较小。然后根据对调节时间的设计要求,确定固有频率 ω_n 的合适取值。本例要求调节时间（按 2% 准则）约为 1 s，即

$$T_s=\frac{4}{\zeta\omega_n}=\frac{4}{(0.8)\omega_n}\approx 1$$

因此，可以近似地确定 $\omega_n=6$。

系统预期的特征多项式为

$$\left(\lambda^2+9.6\lambda+36\right)(\lambda+4.8)=\lambda^3+14.4\lambda^2+82.1\lambda+172.8 \tag{11.7}$$

比较式（11.6）和式（11.7）中的系数，有

$$\begin{aligned}5+k_3&=14.4\\ 3+k_2&=82.1\\ 2+k_1&=172.8\end{aligned}$$

求解后得到 $k_1=170.8$、$k_2=79.1$、$k_3=9.4$。验证后我们发现，校正后系统单位阶跃响应的超调量为 0、调节时间为 1 s，已经满足性能指标设计要求。

例 11.6 倒立摆控制

考虑移动小车上倒立摆的控制问题。为此，我们首先需要研究状态变量的测量和使用问题。例如，要测量倒立摆与垂线的夹角 $\theta(t)$，我们可以把电位计与倒立摆的铰矩轴连接起来，用电位计来测量。类似地，我们可以用测速传感器来测量角度的变化速率 $\dot{\theta}(t)$。当所有的状态变量都可以测量时，便可以将它们全部用于反馈控制，于是有

$$u(t)=-\boldsymbol{K}\boldsymbol{x}(t)$$

其中，$\boldsymbol{K}$ 为反馈增益矩阵，$\boldsymbol{x}(t)$ 为状态向量。状态向量的测量值加上系统动力学方程提供的信息，已经足以通过状态变量反馈来实现倒立摆的镇定和控制[4, 5, 7]。

为了说明状态变量反馈的作用，下面我们为不稳定的倒立摆设计合适的状态变量反馈控制系统。假设控制信号为小车的加速度信号 $u(t)$，这样就可以着重讨论倒立摆的不稳定动态行为。描述夹角 $\ddot{\theta}(t)$ 的运动方程为

$$\ddot{\theta}(t)=\frac{g}{l}\dot{\theta}(t)-\frac{1}{l}u(t)$$

选取的状态变量为 $(x_1(t),x_2(t))=(\theta(t),\dot{\theta}(t))$，因此系统的状态微分方程为

$$\frac{\mathrm{d}}{\mathrm{d}t}\begin{pmatrix}x_1(t)\\ x_2(t)\end{pmatrix}=\begin{bmatrix}0 & 1\\ g/l & 0\end{bmatrix}\begin{pmatrix}x_1(t)\\ x_2(t)\end{pmatrix}+\begin{bmatrix}0\\ -1/l\end{bmatrix}u(t) \tag{11.8}$$

在式（11.8）中，矩阵$\begin{bmatrix}0 & 1\\ g/l & 0\end{bmatrix}$的特征方程为 $\lambda^2 - g/l = 0$，该特征方程有一个特征根位于 s 平面的右半平面，因此系统是开环不稳定的。为了使系统稳定，我们需要为系统引入状态变量反馈控制。也就是说，反馈控制信号应该是状态变量 $x_1(t)$ 和 $x_2(t)$ 的线性函数，于是有

$$u(t) = -\boldsymbol{Kx}(t) = -[k_1 \quad k_2]\begin{pmatrix}x_1(t)\\ x_2(t)\end{pmatrix} = -k_1x_1(t) - k_2x_2(t)$$

将反馈信号 $u(t)$ 代入式（11.8），可以得到

$$\begin{pmatrix}\dot{x}_1(t)\\ \dot{x}_2(t)\end{pmatrix} = \begin{bmatrix}0 & 1\\ g/l & 0\end{bmatrix}\begin{pmatrix}x_1(t)\\ x_2(t)\end{pmatrix} + \begin{bmatrix}0\\ (1/l(k_1x_1(t) + k_2x_2(t))\end{bmatrix}$$

整理后，可以得到

$$\begin{pmatrix}\dot{x}_1(t)\\ \dot{x}_2(t)\end{pmatrix} = \begin{bmatrix}0 & 1\\ (g + k_1)/l & k_2/l\end{bmatrix}\begin{pmatrix}x_1(t)\\ x_2(t)\end{pmatrix}$$

这样系统的闭环特征方程就变成

$$\begin{aligned}\begin{bmatrix}\lambda & -1\\ -(g + k_1)/l & \lambda - k_2/l\end{bmatrix} &= \lambda\left(\lambda - \frac{k_2}{l}\right) - \frac{g + k_1}{l}\\ &= \lambda^2 - \left(\frac{k_2}{l}\right)\lambda + \frac{g + k_1}{l}\end{aligned} \tag{11.9}$$

由式（11.9）可知，只要 $k_2/l < 0$ 且 $k_1 > -g$，就能保证系统稳定。这一结果表明，通过测量状态变量 $x_1(t)$ 和 $x_2(t)$ 并采用合适的控制函数 $u(t) = -\boldsymbol{Kx}(t)$，就可以将不稳定系统变成稳定系统。更进一步，如果要求闭环系统的响应速度较快、超调量适中，则可以令固有频率 $\omega_n = 10$、阻尼系数 $\zeta = 0.8$，即要求增益矩阵 $\boldsymbol{K}$ 满足

$$\frac{k_2}{l} = -16, \frac{k_1 + g}{l} = 100$$

此时，系统阶跃响应的超调量 P.O. = 1.5%、调节时间 $T_s = 0.5$ s。

至此，我们介绍了一种将状态变量作为反馈变量的反馈控制设计方法。利用这种方法，我们就能够改善系统的稳定性，并使系统性能满足给定的指标设计要求。可以看出，这种方法的核心在于增益矩阵 $\boldsymbol{K}$ 的设计——通过设计合适的增益矩阵 $\boldsymbol{K}$，将闭环系统的极点配置到合适的位置。实际上，对于单输入–单输出控制系统而言，利用阿克曼公式可以更加方便地计算增益矩阵 $\boldsymbol{K}$，即

$$\boldsymbol{K} = [k_1 \quad k_2 \quad \cdots \quad k_n]$$

取反馈信号为 $u(t) = -\boldsymbol{Kx}(t)$，再给定闭环系统预期的特征方程为

$$q(\lambda) = \lambda^n + \alpha_{n-1}\lambda^{n-1} + \cdots + \alpha_o$$

则状态反馈增益矩阵 $\boldsymbol{K}$ 为

$$\boldsymbol{K} = [0 \quad 0 \quad \cdots \quad 0 \quad 1]\boldsymbol{P}_c^{-1}q(\boldsymbol{A}) \tag{11.10}$$

其中，$q(\boldsymbol{A}) = \boldsymbol{A}^n + \alpha_{n-1}\boldsymbol{A}^{n-1} + \cdots\alpha_1\boldsymbol{A} + \alpha_0\boldsymbol{I}$，$\boldsymbol{P}_c$ 为系统的能控性矩阵［见式（11.2）］。

例 11.7　二阶系统设计

假设某二阶系统的开环传递函数为

$$\frac{Y(s)}{U(s)} = G(s) = \frac{1}{s^2}$$

我们希望通过状态变量反馈控制，将闭环极点配置在 $s=-1\pm j$ 处，因此系统预期的闭环特征方程为

$$q(\lambda)=\lambda^2+2\lambda+2$$

其中，系数 $\alpha_1=\alpha_2=2$。令 $x_1(t)=y(t)$、$x_2(t)=\dot{y}(t)$，由系统传递函数 $G(s)$ 可以得到状态微分方程为

$$\dot{\boldsymbol{x}}(t)=\begin{bmatrix}0 & 1\\0 & 0\end{bmatrix}\boldsymbol{x}(t)+\begin{bmatrix}0\\1\end{bmatrix}u(t)$$

能控性矩阵为

$$\boldsymbol{P}_c=[\boldsymbol{B}\quad \boldsymbol{AB}]=\begin{bmatrix}0 & 1\\1 & 0\end{bmatrix}$$

因此，由阿克曼公式可以得到

$$\boldsymbol{K}=[0\quad 1]\boldsymbol{P}_c^{-1}q(\boldsymbol{A})$$

其中:

$$\boldsymbol{P}_c^{-1}=\frac{1}{-1}\begin{bmatrix}0 & -1\\-1 & 0\end{bmatrix}=\begin{bmatrix}0 & 1\\1 & 0\end{bmatrix}$$

$$q(\boldsymbol{A})=\begin{bmatrix}0 & 1\\0 & 0\end{bmatrix}^2+2\begin{bmatrix}0 & 1\\0 & 0\end{bmatrix}+2\begin{bmatrix}1 & 0\\0 & 1\end{bmatrix}=\begin{bmatrix}2 & 2\\0 & 2\end{bmatrix}$$

最终得到的增益矩阵为

$$\boldsymbol{K}=[0\quad 1]\begin{bmatrix}0 & 1\\1 & 0\end{bmatrix}\begin{bmatrix}2 & 2\\0 & 2\end{bmatrix}=[0\quad 1]\begin{bmatrix}0 & 2\\2 & 2\end{bmatrix}=[2\quad 2]$$

需要指出的是，在利用阿克曼公式计算增益矩阵 $\boldsymbol{K}$ 时，要用到能控性矩阵 $\boldsymbol{P}_c$ 的逆矩阵 $\boldsymbol{P}_c^{-1}$。只有当系统完全能控时（即能控性矩阵 $\boldsymbol{P}_c$ 满秩时），$\boldsymbol{P}_c$ 才存在逆矩阵 $\boldsymbol{P}_c^{-1}$。

11.4 观测器设计

11.3 节讨论了全状态反馈控制的设计问题，其中假定了可以直接测量得到任意时刻 t 的所有状态变量。这一假设是全状态变量反馈控制设计的基础，但这仅仅是一种理想化的假设。实际上，可能只有一部分状态变量是可以直接测量的。也就是说，只有这部分状态变量可以直接用于反馈。可以直接测量任意时刻 t 的所有状态变量，就意味着需要利用传感器（或传感器的组合）测量整个状态向量，而传感器的数量越多，控制系统的成本和复杂程度就越高，即便有现成的传感器及测量方案，采用直接测量方案也可能是费效比较低的选择。因此，我们的确有必要设计一种不依赖传感器就能实现状态变量反馈控制的方法，以降低系统的成本和复杂度。幸运的是，当给定的输出使系统完全能观时，我们就可以从系统的输出信号中确定（估计）得到无法直接测量的整个状态向量。这就是所谓的观测器方案。

根据文献［26］中的定义，系统

$$\dot{\boldsymbol{x}}(t)=\boldsymbol{Ax}(t)+\boldsymbol{B}u(t)$$

$$y(t)=\boldsymbol{Cx}(t)$$

的全状态观测器为

$$\dot{\hat{\boldsymbol{x}}}(t)=\boldsymbol{A}\hat{\boldsymbol{x}}(t)+\boldsymbol{B}u(t)+\boldsymbol{L}(y(t)-\boldsymbol{C}\hat{\boldsymbol{x}}(t))\tag{11.11}$$

其中，$\hat{\boldsymbol{x}}(t)$ 表示 $\boldsymbol{x}(t)$ 的估计值，$\boldsymbol{L}$ 为观测器的增益矩阵。可以看出，确定增益矩阵 $\boldsymbol{L}$ 是观测器设计的核心。全状态观测器的框图模型如图 11.6 所示，它有两路输入信号［分别为 $u(t)$ 和 $y(t)$］以及一路输出信号 $\hat{\boldsymbol{x}}(t)$。

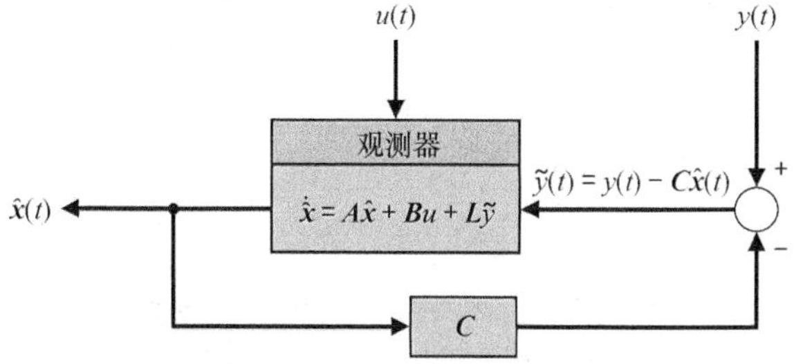

图 11.6　全状态观测器的框图模型

观测器的设计目标是提供状态向量 $\boldsymbol{x}(t)$ 的估计值 $\hat{\boldsymbol{x}}(t)$，而且当 $t \to \infty$ 时，应该使得 $\hat{\boldsymbol{x}}(t) \to \boldsymbol{x}(t)$。由于无法确知状态向量 $\boldsymbol{x}(t)$ 的初始值 $\boldsymbol{x}(t_0)$，因此还必须为观测器提供初始估计值 $\hat{\boldsymbol{x}}(t_0)$。定义观测器的估计误差为

$$\boldsymbol{e}(t) = \boldsymbol{x}(t) - \hat{\boldsymbol{x}}(t) \tag{11.12}$$

可以看出，当 $t \to \infty$ 时，观测器的估计误差应该满足 $\boldsymbol{e}(t) \to 0$。根据现代控制系统理论，当系统完全可观时，我们总能够找到一个合适的增益矩阵 $\boldsymbol{L}$，使估计误差按照要求渐近稳定。

在式（11.12）的两边同时对时间求导，可以得到

$$\dot{\boldsymbol{e}}(t) = \dot{\boldsymbol{x}}(t) - \dot{\hat{\boldsymbol{x}}}(t)$$

结合系统状态空间模型和式（11.11），经整理后可以得到

$$\dot{\boldsymbol{e}}(t) = \boldsymbol{A}\boldsymbol{x}(t) + \boldsymbol{B}u(t) - \boldsymbol{A}\hat{\boldsymbol{x}}(t) - \boldsymbol{B}u(t) - \boldsymbol{L}(y(t) - \boldsymbol{C}\hat{\boldsymbol{x}}(t))$$

于是有

$$\dot{\boldsymbol{e}}(t) = (\boldsymbol{A} - \boldsymbol{L}\boldsymbol{C})\boldsymbol{e}(t) \tag{11.13}$$

由此可以得到观测器的特征方程为

$$\det(\lambda \boldsymbol{I} - (\boldsymbol{A} - \boldsymbol{L}\boldsymbol{C})) = 0 \tag{11.14}$$

如果观测器的特征方程的根全部位于 s 平面的左半平面，则对于任意初始值 $\boldsymbol{e}(t_0)$，当 $t \to \infty$ 时，就能够保证观测器的估计误差满足 $\boldsymbol{e}(t) \to 0$。因此，观测器的设计问题就被简化为寻找合适的增益矩阵 $\boldsymbol{L}$，使式（11.14）所示特征方程的根全都位于 s 平面的左半平面。当系统完全能观［即能观性矩阵 $\boldsymbol{P}_o$ 满秩（对于单输入–单输出系统而言，$\boldsymbol{P}_o$ 满秩意味着 $\boldsymbol{P}_o$ 可逆）］时，我们总是能够找到满足要求的增益矩阵 $\boldsymbol{L}$。

例 11.8　设计二阶系统的观测器

二阶系统的状态空间模型为

$$\dot{\boldsymbol{x}}(t) = \begin{bmatrix} 2 & 3 \\ -1 & 4 \end{bmatrix}\boldsymbol{x}(t) + \begin{bmatrix} 0 \\ 1 \end{bmatrix}u(t)$$
$$y(t) = \begin{bmatrix} 1 & 0 \end{bmatrix}\boldsymbol{x}(t)$$

可以看出，对于上述二阶系统而言，只能直接观测到状态变量 $y(t) = x_1(t)$。下面考虑通过设计观测器来获取状态变量 $x_2(t)$ 的估计值。

本书仅考虑全状态观测器，即能够提供整个状态向量的所有状态变量估计值的观测器。我们自然会想到，很多时候，我们可以直接测量某些状态变量，那么能否设计仅仅估计那些不能直接测量的状态变量的观测器呢？答案是肯定的，这种观测器被称为降维观测器[12, 18]。但是，由于传感器通常存在噪声，因此即使是能够直接测量的状态变量的测量值，也必须采用合适的工具（如卡尔曼滤波器）来做进一步处理，以降低传感器噪声的影响。这样得到的测量值实际上还是状态变量的估计值。卡尔曼滤波器作为时变的最优观测器，能够在有测量噪声和受控对象噪声的前提下，求得状态变量的估计值[33, 34]。

在设计观测器之前，我们需要首先判断系统是否能观，以便确定能否找到合适的增益矩阵 $\boldsymbol{L}$ 来构建观测器，使状态估计误差渐近稳定。对于本例中的二阶系统而言：

$$\boldsymbol{A}=\begin{bmatrix}2 & 3\\-1 & 4\end{bmatrix},\boldsymbol{C}=\begin{bmatrix}1 & 0\end{bmatrix}$$

对应的能观性矩阵为

$$\boldsymbol{P}_o=\begin{bmatrix}\boldsymbol{C}\\\boldsymbol{CA}\end{bmatrix}=\begin{bmatrix}1 & 0\\2 & 3\end{bmatrix}$$

由于行列式 $\det\boldsymbol{P}_o=3\neq 0$，因此这个二阶系统是完全能观的。假定预期的观测器特征多项式为

$$\Delta_d(\lambda)=\lambda^2+2\zeta\omega_n\lambda+\omega_n^2 \tag{11.15}$$

选择阻尼系数 $\zeta=0.8$、固有频率 $\omega_n=10$，这样可以使估计误差的调节时间小于 0.5 s。令观测器的增益矩阵 $\boldsymbol{L}=[L_1,L_2]^{\mathrm{T}}$，于是有

$$\det(\lambda\boldsymbol{I}-(\boldsymbol{A}-\boldsymbol{LC}))=\lambda^2+(L_1-6)\lambda-4(L_1-2)+3(L_2+1) \tag{11.16}$$

比较式（11.15）和式（11.16）中的系数，可以得到

$$L_1-6=16$$
$$-4(L_1-2)+3(L_2+1)=100$$

解之可以得到增益矩阵 $\boldsymbol{L}$ 为

$$\boldsymbol{L}=\begin{bmatrix}L_1\\L_2\end{bmatrix}=\begin{bmatrix}22\\59\end{bmatrix}$$

因此，得到的观测器为

$$\dot{\hat{\boldsymbol{x}}}(t)=\begin{bmatrix}2 & 3\\-1 & 4\end{bmatrix}\hat{\boldsymbol{x}}(t)+\begin{bmatrix}0\\1\end{bmatrix}u(t)+\begin{bmatrix}22\\59\end{bmatrix}(y(t)-\hat{\boldsymbol{x}}_1(t))$$

如果估计误差 $\boldsymbol{e}(t)$ 的初始值为

$$\boldsymbol{e}(t_0)=\begin{bmatrix}1\\-2\end{bmatrix}$$

则观测器估计误差的时间响应曲线如图 11.7 所示。由此可见，随着时间的增加，估计误差迅速趋于零。

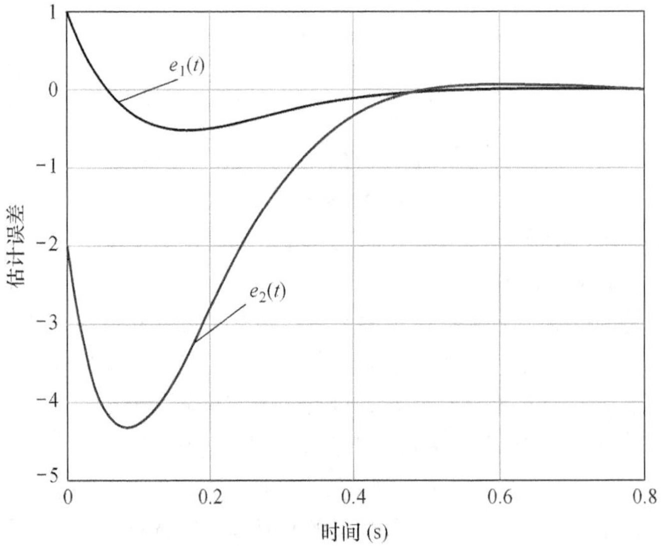

图 11.7 观测器估计误差的时间响应曲线

类似地，也可以利用阿克曼公式来计算增益矩阵 $\boldsymbol{L}$，将观测器的特征方程的根配置在指定位置。令增益矩阵 $\boldsymbol{L}$ 为

$$\boldsymbol{L}=[L_1 \quad L_2 \quad \cdots \quad L_n]^{\mathrm{T}}$$

预期的观测器特征多项式为

$$p(\lambda)=\lambda^n+\beta_{n-1}\lambda^{n-1}+\cdots+\beta_1\lambda+\beta_0$$

其中，系数 β_i（$i=0,1,\cdots,n-1$）需要根据性能指标设计要求而定。

于是，增益矩阵 $\boldsymbol{L}$ 可以由式（11.17）给出：

$$\boldsymbol{L}=p(\boldsymbol{A})\boldsymbol{P}_o^{-1}[0 \quad \cdots \quad 0 \quad 1]^{\mathrm{T}} \tag{11.17}$$

其中：

$$p(\boldsymbol{A})=\boldsymbol{A}^n+\beta_{n-1}\boldsymbol{A}^{n-1}+\cdots+\beta_1\boldsymbol{A}+\beta_0\boldsymbol{I}$$

$\boldsymbol{P}_o$ 为式（11.3）给出的能观性矩阵。

例 11.9　利用阿克曼公式为二阶系统设计观测器

继续考虑例 11.8 中的二阶系统，预期的观测器特征多项式为

$$p(\lambda)=\lambda^2+2\zeta\omega_n\lambda+\omega_n^2$$

选择 $\zeta=0.8$、$\omega_n=10$，于是有 $\beta_1=16$、$\beta_2=100$，$p(\boldsymbol{A})$ 如下：

$$p(\boldsymbol{A})=\begin{bmatrix}2 & 3\\ -1 & 4\end{bmatrix}^2+16\begin{bmatrix}2 & 3\\ -1 & 4\end{bmatrix}+100\begin{bmatrix}1 & 0\\ 0 & 1\end{bmatrix}=\begin{bmatrix}133 & 66\\ -22 & 177\end{bmatrix}$$

前面在例 11.8 中已经求出能观性矩阵：

$$\boldsymbol{P}_o=\begin{bmatrix}1 & 0\\ 2 & 3\end{bmatrix}$$

其逆矩阵为

$$\boldsymbol{P}_o^{-1}=\begin{bmatrix}1 & 0\\ -2/3 & 1/3\end{bmatrix}$$

根据式（11.17），可以得到观测器的增益矩阵 $\boldsymbol{L}$ 为

$$\boldsymbol{L}=p(\boldsymbol{A})\boldsymbol{P}_o^{-1}[0 \quad \cdots \quad 0 \quad 1]^{\mathrm{T}}=\begin{bmatrix}133 & 66\\ -22 & 177\end{bmatrix}\begin{bmatrix}1 & 0\\ -2/3 & 1/3\end{bmatrix}\begin{bmatrix}0\\ 1\end{bmatrix}=\begin{bmatrix}22\\ 59\end{bmatrix}$$

这与例 11.8 得到的结果完全一致。

11.5　观测器和全状态反馈控制的集成

11.1 节曾经提到，通过将全状态反馈控制律（见 11.3 节）和观测器（见 11.4 节）以合适的方式集成在一起，可以构建出图 11.1 所示的状态变量控制器。具体的设计策略如下：假定可以直接测量整个状态向量 $\boldsymbol{x}(t)$，首先设计状态变量反馈控制律 $u(t)=-K\boldsymbol{x}(t)$；然后设计全状态观测器，获取状态向量 $\boldsymbol{x}(t)$ 的估计值 $\hat{\boldsymbol{x}}(t)$；最后用 $\hat{\boldsymbol{x}}(t)$ 替代状态变量反馈控制律中的状态向量 $\boldsymbol{x}(t)$。这样新的状态变量反馈控制律便是

$$u(t)=-\boldsymbol{K}\hat{\boldsymbol{x}}(t) \tag{11.18}$$

以上策略和过程看起来非常自然，但是否合理可行仍需要做进一步验证。前文已提及，在选择反馈增益矩阵 $\boldsymbol{K}$ 时，我们的首要目的是确保闭环系统稳定。换言之，如下特征方程的根应该全

部位于 s 平面的左半平面。

$$\det(\lambda \boldsymbol{I} - (\boldsymbol{A} - \boldsymbol{BK})) = 0$$

因此，在能够获得整个状态向量 $\boldsymbol{x}(t)$ 的前提下，状态变量反馈控制律 $u(t) = -\boldsymbol{Kx}(t)$（采用合适的反馈增益矩阵 $\boldsymbol{K}$）的确可以做到对于任意初始值 $x(t_0)$，当 $t \to \infty$ 时，使状态向量满足 $x(t) \to 0$。此外还需要验证的是，当改用式（11.18）所示的状态变量反馈控制律时，闭环系统依然能够保持稳定。

考虑如下全状态观测器（见 11.4 节）：

$$\dot{\hat{\boldsymbol{x}}}(t) = \boldsymbol{A}\hat{\boldsymbol{x}}(t) + \boldsymbol{B}u(t) + \boldsymbol{L}(y(t) - \boldsymbol{C}\hat{\boldsymbol{x}}(t))$$

代入式（11.18），整理后可以得到

$$\dot{\hat{\boldsymbol{x}}}(t) = (\boldsymbol{A} - \boldsymbol{BK} - \boldsymbol{LC})\hat{\boldsymbol{x}}(t) + \boldsymbol{L}y(t)$$

$$u(t) = -\boldsymbol{K}\hat{\boldsymbol{x}}(t) \tag{11.19}$$

如图 11.8 所示，控制器系统具有形如式（11.19）的状态变量模型，其中包含单路输入 $y(t)$ 和单路输出 $u(t)$。

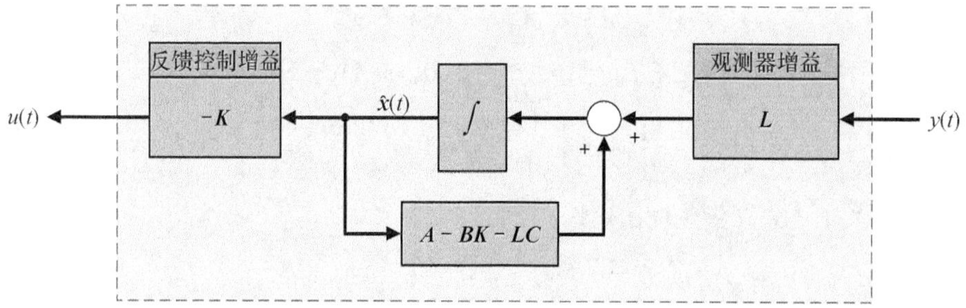

图 11.8 基于全状态反馈控制律和观测器的状态变量控制器

根据式（11.19），可以得到观测器估计误差的时间导数为

$$\dot{\boldsymbol{e}}(t) = \dot{\boldsymbol{x}}(t) - \dot{\hat{\boldsymbol{x}}}(t) = \boldsymbol{Ax}(t) + \boldsymbol{B}u(t) - \boldsymbol{A}\hat{\boldsymbol{x}}(t) - \boldsymbol{B}u(t) - \boldsymbol{L}y(t) + \boldsymbol{LC}\hat{\boldsymbol{x}}(t)$$

于是有

$$\dot{\boldsymbol{e}}(t) = (\boldsymbol{A} - \boldsymbol{LC})\boldsymbol{e}(t) \tag{11.20}$$

这与 11.4 节中得到的结果是一致的。由式（11.20）可以看出，估计误差并不依赖输入信号。将状态变量反馈控制律 $u(t) = -\boldsymbol{K}\hat{\boldsymbol{x}}(t)$ 代入原有系统的状态空间模型

$$\dot{\boldsymbol{x}}(t) = \boldsymbol{Ax}(t) + \boldsymbol{B}u(t)$$

$$y(t) = \boldsymbol{Cx}(t)$$

可以得到

$$\dot{\boldsymbol{x}}(t) = \boldsymbol{Ax}(t) + \boldsymbol{B}u(t) = \boldsymbol{Ax}(t) - \boldsymbol{BK}\hat{\boldsymbol{x}}(t)$$

将 $\hat{\boldsymbol{x}}(t) = \boldsymbol{x}(t) - \boldsymbol{e}(t)$ 代入上式，可以得到

$$\dot{\boldsymbol{x}}(t) = (\boldsymbol{A} - \boldsymbol{BK})\boldsymbol{x}(t) + \boldsymbol{BKe}(t) \tag{11.21}$$

将式（11.20）和式（11.21）改写为矩阵形式：

$$\begin{pmatrix} \dot{\boldsymbol{x}}(t) \\ \dot{\boldsymbol{e}}(t) \end{pmatrix} = \begin{bmatrix} \boldsymbol{A} - \boldsymbol{BK} & \boldsymbol{BK} \\ \boldsymbol{0} & \boldsymbol{A} - \boldsymbol{LC} \end{bmatrix} \begin{pmatrix} \boldsymbol{x}(t) \\ \boldsymbol{e}(t) \end{pmatrix} \tag{11.22}$$

我们需要验证的是，当采用状态变量反馈控制律 $u(t) = -\boldsymbol{K}\hat{\boldsymbol{x}}(t)$ 时，原有闭环系统和观测器是否仍然能够保持稳定。式（11.22）对应的特征多项式为

$$\Delta(\lambda) = \det(\lambda \boldsymbol{I} - (\boldsymbol{A} - \boldsymbol{B}\boldsymbol{K}))\det(\lambda \boldsymbol{I} - (\boldsymbol{A} - \boldsymbol{L}\boldsymbol{C}))$$

由于 $\det(\lambda \boldsymbol{I} - (\boldsymbol{A} - \boldsymbol{B}\boldsymbol{K})) = 0$ 的根全部位于 s 平面的左半平面（这在设计全状态反馈控制律时已经得到保证），并且 $\det(\lambda \boldsymbol{I} - (\boldsymbol{A} - \boldsymbol{L}\boldsymbol{C})) = 0$ 的根也全部位于 s 平面的左半平面（这在设计全状态观测器时也已经得到保证），因此整个闭环系统是稳定的。由此可知，将观测器得到的状态向量估计值作为反馈信号来设计状态变量反馈控制律，是一种合理有效的方法。

在上面的推导过程中，我们按照 11.3 节介绍的方法求出了状态变量反馈控制律 $u(t) = -\boldsymbol{K}\hat{\boldsymbol{x}}(t)$ 中的增益矩阵 $\boldsymbol{K}$，此外，还利用 11.4 节的全状态观测器得到了状态向量的估计值 $\hat{\boldsymbol{x}}(t)$。当 $t \to \infty$ 时，在任意初始值 $x(t_0)$ 和 $e(t_0)$ 下，$\boldsymbol{x}(t) \to 0$ 和 $\boldsymbol{e}(t) \to 0$ 都成立。以上结果表明，我们可以独立地设计全状态反馈控制律和观测器。这就是所谓的**分离原理**。

状态变量控制器的设计过程可以归纳如下。

（1）确定反馈增益矩阵 $\boldsymbol{K}$，使得特征方程 $\det(\lambda \boldsymbol{I} - (\boldsymbol{A} - \boldsymbol{B}\boldsymbol{K})) = 0$ 的根全部位于 s 平面左半平面的适当位置，以保证目标闭环系统满足性能指标设计要求。由于当系统完全能控时，可以将闭环极点配置到任意位置，因此这是可行的。

（2）确定观测器增益矩阵 $\boldsymbol{L}$，使得特征方程 $\det(\lambda \boldsymbol{I} - (\boldsymbol{A} - \boldsymbol{L}\boldsymbol{C})) = 0$ 的根也全部位于 s 平面左半平面的适当位置，以保证观测器满足性能指标设计要求。由于当系统完全能观时，可以将特征方程 $\det(\lambda \boldsymbol{I} - (\boldsymbol{A} - \boldsymbol{L}\boldsymbol{C})) = 0$ 的根配置到任意位置，因此这也是可行的。

（3）集成观测器和全状态反馈控制律，取控制器为 $u(t) = -\boldsymbol{K}\hat{\boldsymbol{x}}(t)$ 的传递函数。我们也可以用基于输入 $Y(s)$ 和输出 $U(s)$ 的传递函数，等效地表示式（11.19）所示的控制器系统。经过拉普拉斯变换（初始条件为零）后，我们可以得到

$$s\hat{\boldsymbol{X}}(s) = (\boldsymbol{A} - \boldsymbol{B}\boldsymbol{K} - \boldsymbol{L}\boldsymbol{C})\hat{\boldsymbol{X}}(s) + \boldsymbol{L}Y(s)$$
$$U(s) = -\boldsymbol{K}\hat{\boldsymbol{X}}(s)$$

整理后可以得到输入 $Y(s)$ 与输出 $U(s)$ 之间的传递函数为

$$U(s) = \left[-\boldsymbol{K}(s\boldsymbol{I} - (\boldsymbol{A} - \boldsymbol{B}\boldsymbol{K} - \boldsymbol{L}\boldsymbol{C}))^{-1}\boldsymbol{L}\right]Y(s) \tag{11.23}$$

需要指出的是，若将控制器视为一个独立的系统，那么由其传递函数可知，它并不一定是稳定的。即使 $\boldsymbol{A} - \boldsymbol{B}\boldsymbol{K}$ 和 $\boldsymbol{A} - \boldsymbol{L}\boldsymbol{C}$ 是稳定的（即特征值都位于 s 平面的左半平面），$\boldsymbol{A} - \boldsymbol{B}\boldsymbol{K} - \boldsymbol{L}\boldsymbol{C}$ 也可能是不稳定的。但是，前面已经证明含有控制器的闭环系统一定是稳定的，因此式（11.23）所示的控制器通常被称为**能稳控制器（或镇定器）**。

例 11.10　为倒立摆系统设计控制器

放置在移动小车上的倒立摆系统的状态空间模型为

$$\dot{\boldsymbol{x}}(t) = \begin{bmatrix} 0 & 1 & 0 & 0 \\ 0 & 0 & \dfrac{-mg}{M} & 0 \\ 0 & 0 & 0 & 1 \\ 0 & 0 & \dfrac{g}{l} & 0 \end{bmatrix}\boldsymbol{x}(t) + \begin{bmatrix} 0 \\ \dfrac{1}{M} \\ 0 \\ \dfrac{-1}{Ml} \end{bmatrix}u(t)$$

其中，状态变量 $\boldsymbol{x}(t) = (x_1(t), x_2(t), x_3(t), x_4(t))^{\mathrm{T}}$，$x_1(t)$ 为小车的位置，$x_2(t)$ 为小车的速度，$x_3(t)$ 为摆偏离垂直方向的角度 $\theta(t)$，$x_4(t)$ 为摆的偏离角的变化率，$u(t)$ 为作用于小车的输入信号。我们可以利用铰链在摆杆上的电位计来测量 $x_3(t) = \theta(t)$，或者利用速度计来测量

$x_4(t)=\dot{\theta}(t)$。但在本例中，我们仅假定可以利用一个传感器来测量小车的位置 $x_1(t)$。那么在只能直接测量小车位置 $x_1(t)$ ［即 $y(t)=x_1(t)$］的情况下，能否通过设计状态反馈控制使摆的偏离角 $\theta(t)$ 保持在预定位置 $\theta(t)=0°$ 呢？

此时，系统的输出方程为

$$y(t)=\begin{bmatrix}1 & 0 & 0 & 0\end{bmatrix}\boldsymbol{x}(t)$$

系统的各个参数分别为 $l=0.098\ \mathrm{m}$、$g=9.8\ \mathrm{m/s^2}$、$m=0.825\ \mathrm{kg}$、$M=8.085\ \mathrm{kg}$。将这些参数代入状态空间模型，于是有

$$\boldsymbol{A}=\begin{bmatrix}0 & 1 & 0 & 0\\0 & 0 & -1 & 0\\0 & 0 & 0 & 1\\0 & 0 & 100 & 0\end{bmatrix},\boldsymbol{B}=\begin{bmatrix}0\\0.1237\\0\\-1.2621\end{bmatrix}$$

由此可以得到系统的能控性矩阵为

$$\boldsymbol{P}_c=\begin{bmatrix}0 & 0.1237 & 0 & 1.2621\\0.1237 & 0 & 1.2621 & 0\\0 & -1.2621 & 0 & -126.21\\-1.2621 & 0 & -126.21 & 0\end{bmatrix}$$

由于行列式 $\det\boldsymbol{P}_c=196.49\neq 0$，因此系统是完全能控的。

同样，系统的能观性矩阵为

$$\boldsymbol{P}_o=\begin{bmatrix}1 & 0 & 0 & 0\\0 & 1 & 0 & 0\\0 & 0 & -1 & 0\\0 & 0 & 0 & -1\end{bmatrix}$$

由于行列式 $\det\boldsymbol{P}_o=1\neq 0$，因此系统也是完全能观的。由此可见，我们可以分别寻找合适的反馈增益矩阵 $\boldsymbol{K}$ 和观测器增益矩阵 $\boldsymbol{L}$，将闭环系统的极点配置到合适的位置。也就是说，针对本例中的问题，系统能够得到有效的校正。下面我们就来完成状态反馈设计的 3 个步骤。

步骤 1：设计全状态反馈控制律

倒立摆的开环极点为 $\lambda=0$、0、-10 和 10。很明显，极点 10 位于 s 平面的右半平面，因此系统是开环不稳定的。假定系统的预期闭环特征多项式为

$$q(\lambda)=\left(\lambda^2+2\zeta\omega_n\lambda+\omega_n^2\right)\left(\lambda^2+a\lambda+b\right)$$

其中，我们希望所选取的 (ζ,ω_n) 能使第一个因式对应的根为系统的主导极点，同时希望所选取的 (a,b) 能使第二个因式对应的根远离主导极点。

考虑到希望系统响应的调节时间小于 10 s 且超调量较小，因此可以取 $(\zeta,\omega_n)=(0.8,0.5)$。为了尽量降低其余两个极点对系统性能的影响，同时取 $(a,b)=(16,100)$，于是非主导极点实部的绝对值将是主导极点实部绝对值的 20 倍。预期的闭环极点分布如图 11.9 所示，非主导极点和主导极点相距甚远。需要指出的是，在实际的设计过程中，我们可以根据需要适当调整极点实部绝对值彼此相差的倍数。倍数越大，非主导极点离主导极点的距离越远，所需的反馈增益也就越大。在这里，系统的预期闭环极点分别为 $-8\pm \mathrm{j}6$ 和 $-0.4\pm \mathrm{j}0.3$，其中 $-0.4\pm \mathrm{j}0.3$ 为主导极点。反馈增益矩阵 $\boldsymbol{K}$ 应该满足

$$\det(\lambda\boldsymbol{I}-(\boldsymbol{A}-\boldsymbol{BK}))=(\lambda+8\pm \mathrm{j}6)(\lambda+0.4\pm \mathrm{j}0.3)$$

由阿克曼公式可以得到增益矩阵 $\boldsymbol{K}$ 为

$$\boldsymbol{K}=\begin{bmatrix}-2.2509 & -7.5631 & -169.0265 & -14.0523\end{bmatrix}$$

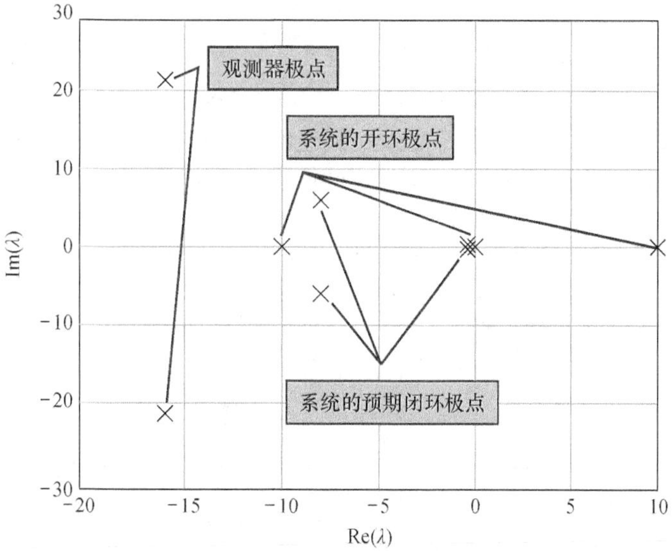

图 11.9　系统的极点分布图，其中涵盖了开环极点、预期的闭环极点和观测器极点

步骤 2：设计观测器

观测器的作用在于提供不能直接测量的状态变量的估计值。我们设计的观测器应该能够尽可能快速、精确地给出状态变量的估计值，并且观测器矩阵 $\boldsymbol{L}$ 不能太大。观测器矩阵 $\boldsymbol{L}$ 究竟多大才算合适取决于具体的问题。例如，当观测器测量噪声的水平较高时（这取决于传感器），观测器矩阵 $\boldsymbol{L}$ 应该较小，以便抑制测量噪声。在设计观测器时，必须同时考虑抑制噪声以及如何才能使得估计响应可以快速达到精确值。在噪声干扰和响应速度之间进行折中处理是观测器设计中的一个基本问题。因此，在实际的设计过程中，通常应该如图 11.9 所示，保证系统的闭环极点和观测器极点之间相差 2~10 倍。取观测器的预期特征多项式为

$$p(\lambda) = \left(\lambda^2 + c_1\lambda + c_2\right)^2$$

其中，系数 c_1 和 c_2 需要根据性能指标的设计要求来选择。这里尝试选择 $c_1 = 32$ 和 $c_2 = 711.11$，此时，在给定估计误差的初始值之后，观测器的调节时间小于 0.5 s 且超调量保持最小，因此这是一组比较合适的系数。由此确定的观测器的预期极点为 $-16 \pm \mathrm{j}21.3$，观测器矩阵 $\boldsymbol{L}$ 应满足

$$\det(\lambda\boldsymbol{I} - (\boldsymbol{A} - \boldsymbol{LC})) = ((\lambda + 16 + \mathrm{j}21.3)(\lambda + 16 - \mathrm{j}21.3))^2$$

由 11.3 节的阿克曼公式可以得到观测器矩阵 $\boldsymbol{L}$ 为

$$\boldsymbol{L} = \begin{bmatrix} 64.0 \\ 2546.22 \\ -5.1911\text{E}04 \\ -7.6030\text{E}05 \end{bmatrix}$$

步骤 3：设计控制器

以整个状态向量的估计值作为反馈变量，基于全状态反馈控制律可以得到 $u(t) = -\boldsymbol{K}\hat{\boldsymbol{x}}(t)$。前面已经证明此时的系统一定是闭环稳定的。但是,由于观测器需要一定的调节时间才能提供状态变量的精确估计值，因此与采用状态变量反馈控制律 $u(t) = -\boldsymbol{K}\boldsymbol{x}(t)$（即直接利用状态变量的测量值作为反馈变量）相比,系统的闭环性能可能会略差一些。倒立摆系统的闭环响应曲线如图 11.10（a）所示。其中，倒立摆的初始偏离角 $\theta(t) = 5.72°$，小车在初始时刻不运动，即初始位置及速度皆为

零。观测器的状态估计初始值也为零。

从图 11.10（a）中可以看出，倒立摆会在 4 s 内进入垂直平衡状态。此外我们还发现，相对于状态变量反馈控制律为 $u(t)=-\boldsymbol{K}\boldsymbol{x}(t)$ 的控制器，当采用 $u(t)=-\boldsymbol{K}\hat{\boldsymbol{x}}(t)$ 时，校正后的响应出现了更大的振荡。这是意料之中的事情，原因在于观测器需要大约 0.4 s 的时间，才能将估计误差收敛到零并给出状态变量的精确估计值，如图 11.10（b）所示。

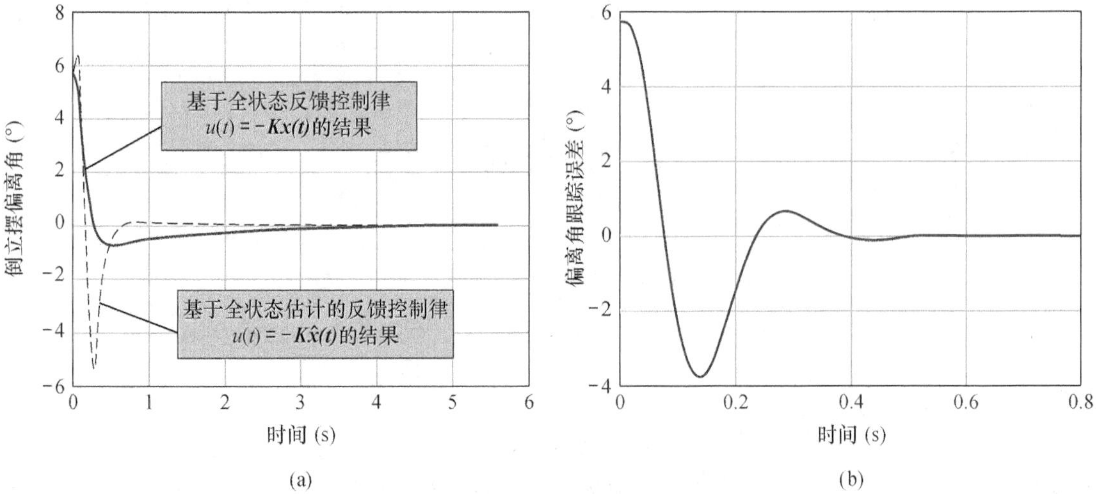

图 11.10 经过状态变量控制器校正后，倒立摆的偏离角曲线与观测器的跟踪误差

11.6 参考输入信号

到目前为止，在设计状态反馈控制时，我们并没有考虑图 11.1 中的参考输入信号。这种不考虑参考输入信号 $[r(t)=0]$ 的状态变量反馈控制器又称为调节器。在很多情况下，保证系统具有较强的**指令跟踪能力**，也是反馈控制系统设计需要实现的重要目标之一。因此，接下来我们介绍带有参考输入信号的反馈控制器的设计方法。目前已有多种反馈控制器设计方法能为系统提供良好的参考输入信号跟踪能力，本节只介绍其中两种较为常用的方法。

带有参考输入信号的状态变量反馈控制器系统的一般形式为

$$\dot{\hat{\boldsymbol{x}}}(t)=\boldsymbol{A}\hat{\boldsymbol{x}}(t)+\boldsymbol{B}\tilde{u}(t)+\boldsymbol{L}\tilde{y}(t)+\boldsymbol{M}r(t)$$

$$u(t)=\tilde{u}(t)+Nr(t)=-\boldsymbol{K}\hat{\boldsymbol{x}}(t)+Nr(t) \tag{11.24}$$

其中，$y(t)=\tilde{y}(t)-\boldsymbol{C}\hat{\boldsymbol{x}}(t)$，$\tilde{u}(t)=-\boldsymbol{K}\hat{\boldsymbol{x}}(t)$。这种控制器的结构如图 11.11 所示。当 $\boldsymbol{M}=0$、$N=0$ 时，式（11.24）所示的控制器将退化为 11.5 节中的调节器（见图 11.1）。

控制器设计的关键在于选择矩阵 $\boldsymbol{M}$ 和参数 N，以保证系统具有良好的参考输入信号跟踪能力。当输入信号为标量（即单输入）时，矩阵 $\boldsymbol{M}$ 为 n 维列向量，N 为标量，这里的 n 为状态向量 $\boldsymbol{x}(t)$ 的维数。本节介绍两种方案来确定矩阵 $\boldsymbol{M}$ 和参数 N。第一种方案是选择 $\boldsymbol{M}$ 和 N，使得状态估计误差 $\boldsymbol{e}(t)$ 不依赖于参考输入信号 $r(t)$；第二种方案是选择 $\boldsymbol{M}$ 和 N，将跟踪误差 $y(t)-r(t)$ 作为控制器的输入。当采用第一种方案时，控制器将位于反馈环路；而当采用第二种方案时，控制器将位于前向通路。

下面首先讨论第一种方案。结合式（11.24）所示的控制器模型和系统模型，可以得到状态估计误差的微分方程为

$$\dot{e}(t)=\dot{x}(t)-\dot{\hat{x}}(t)=Ax(t)+Bu(t)-A\hat{x}(t)-B\tilde{u}(t)-L\tilde{y}(t)-Mr(t)$$

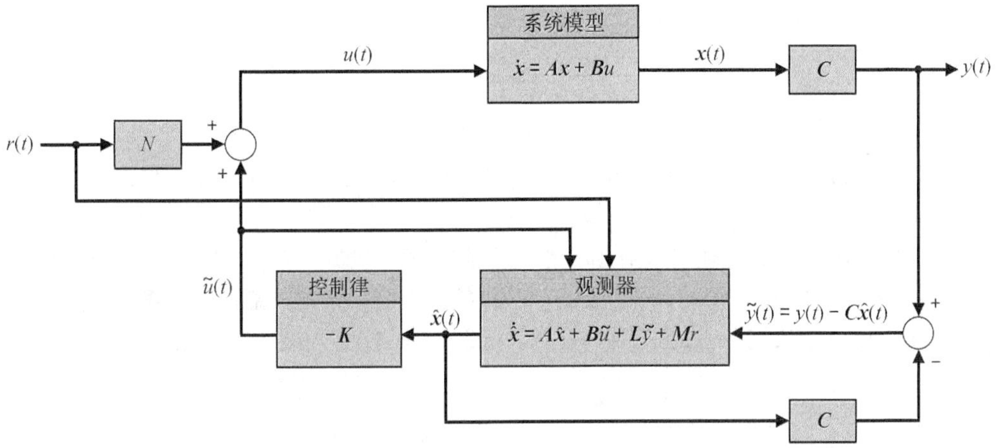

图 11.11　状态变量校正器（含参考输入信号）

整理后可以得到

$$\dot{e}(t)=(A-LC)e(t)+(BN-M)r(t)$$

如果选择矩阵 M 为

$$M=BN \tag{11.25}$$

估计误差 $e(t)$ 的微分方程将变为

$$\dot{e}(t)=(A-LC)e(t)$$

可以看出，此时估计误差与参考输入信号 $r(t)$ 无关。这与我们在 11.4 节中设计观测器时，在不考虑参考输入信号的情况下得到的结果是一致的。这样后面的工作就简单多了，由于矩阵 M 满足式（11.25），我们仅仅需要为参数 N 选择合适的值即可。例如，可以通过选择 N，使得系统对阶跃输入信号 $r(t)$ 的稳态跟踪误差为 0。

当 $M=BN$ 时，式（11.24）所示的控制器模型将变为

$$\dot{\hat{x}}(t)=A\hat{x}(t)+Bu(t)+L\tilde{y}(t)$$
$$u(t)=-K\hat{x}(t)+Nr(t)$$

上述模型的实现结构如图 11.12 所示。

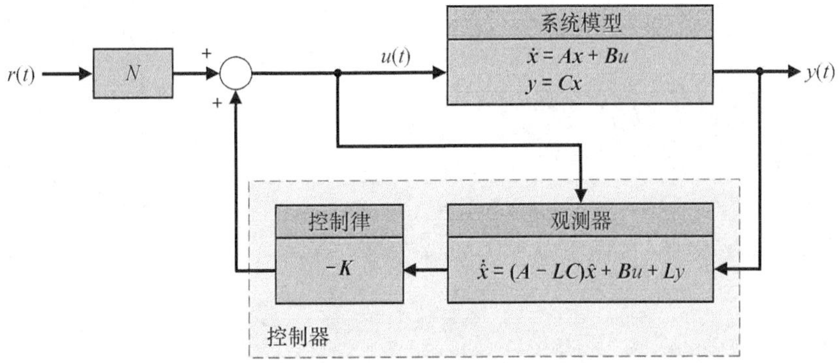

图 11.12　$M=BN$ 时的控制器模型

接下来讨论第二种方案。令 $N=0$、$M=-L$，将它们代入式（11.24），可以得到

$$\dot{\hat{\boldsymbol{x}}}(t) = \boldsymbol{A}\hat{\boldsymbol{x}}(t) + \boldsymbol{B}u(t) + \boldsymbol{L}\tilde{y}(t) - \boldsymbol{L}r(t)$$
$$u(t) = -\boldsymbol{K}\hat{\boldsymbol{x}}(t)$$

整理后可以得到

$$\dot{\hat{\boldsymbol{x}}}(t) = (\boldsymbol{A} - \boldsymbol{BK} - \boldsymbol{LC})\hat{\boldsymbol{x}}(t) + \boldsymbol{L}(y(t) - r(t))$$
$$u(t) = -\boldsymbol{K}\hat{\boldsymbol{x}}(t)$$

由上式可以看出，此时观测器的输入驱动信号为跟踪误差 $y(t) - r(t)$。这种方案的控制器的实现结构如图 11.13 所示。

从图 11.12 和图 11.13 中也可以看出，当采用第一种方案时（$\boldsymbol{M} = \boldsymbol{B}N$），控制器将位于反馈环路；而当采用第二种方案时（$N = 0$、$\boldsymbol{M} = -\boldsymbol{L}$），控制器将位于前向通路。改善系统对参考输入信号的跟踪能力，是控制系统工程师充分发挥自身聪明才智的开放性问题。上面讨论的只是两种非常典型的方案。

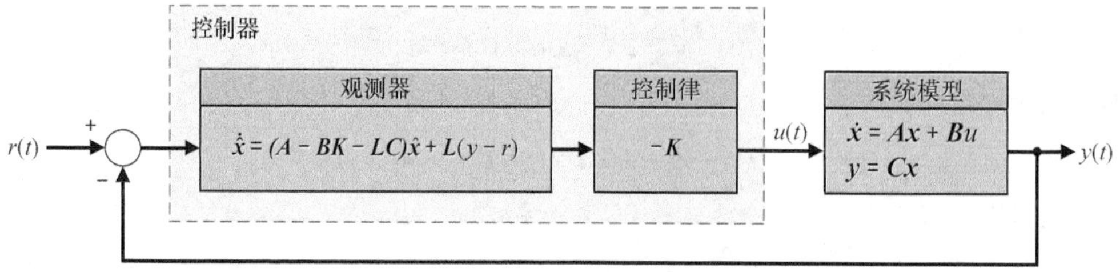

图 11.13 $N = 0$、$\boldsymbol{M} = -\boldsymbol{L}$ 时的控制器模型

根据矩阵 $\boldsymbol{M}$ 和参数 N 的不同选择方式，我们也可以构成其他的解决方案。例如，11.8 节将要介绍的**内模设计**方法就能保证跟踪参考输入信号的稳态精度。

11.7 最优控制系统

设计最优控制系统是控制工程师的重要职责，其目的在于选用合适、可用的物理元件来设计控制系统，使之实现预期最优的性能。预期性能可以方便地用时域性能指标来表征，如时域综合性能指标等。因此，系统的设计目标常常被定为使系统指定的综合性能指标最小化，例如使误差平方和积分（Integral of the Squared Error，ISE）指标最小化等。经过校正且性能指标达到最小化的系统被称为**最优控制系统**。本节将详细讨论用状态变量描述的最优控制系统的设计问题[1-3]。

通常情况下，用状态变量描述的控制系统的综合性能指标可以表示为

$$J = \int_0^\infty g(\boldsymbol{x}(t), \boldsymbol{u}(t), t)\,\mathrm{d}t \tag{11.26}$$

其中，$\boldsymbol{x}(t)$ 是状态向量，$u(t)$ 是控制变量。

考虑如下系统：

$$\dot{\boldsymbol{x}}(t) = \boldsymbol{A}\boldsymbol{x}(t) + \boldsymbol{B}\boldsymbol{u}(t) \tag{11.27}$$

将反馈控制信号取为

$$u(t) = -\boldsymbol{K}\boldsymbol{x}(t) \tag{11.28}$$

其中，$\boldsymbol{K}$ 是 $1 \times n$ 维的矩阵。

将式（11.28）代入式（11.27），可以得到

$$\dot{\boldsymbol{x}}(t) = \boldsymbol{A}\boldsymbol{x}(t) - \boldsymbol{BK}\boldsymbol{x}(t) = \boldsymbol{H}\boldsymbol{x}(t) \tag{11.29}$$

其中，$\boldsymbol{H}=\boldsymbol{A}-\boldsymbol{BK}$ 为 $n\times n$ 维的矩阵。

接下来考虑误差平方和积分指标。单个状态变量 $x_1(t)$ 的性能指标可以写为

$$J=\int_0^\infty x_1^2(t)\,\mathrm{d}t \tag{11.30}$$

两个状态变量的性能指标可以写为

$$J=\int_0^\infty (x_1^2(t)+x_2^2(t))\mathrm{d}t \tag{11.31}$$

由于采用了误差平方和积分来定义系统的综合性能指标，因此利用如下矩阵算子

$$\begin{aligned}\boldsymbol{x}^{\mathrm{T}}(t)\boldsymbol{x}(t)&=(x_1(t),x_2(t),x_3(t),\cdots,x_n(t))\begin{pmatrix}x_1(t)\\x_2(t)\\\vdots\\x_n(t)\end{pmatrix}\\&=x_1^2(t)+x_2^2(t)+x_3^2(t)+\cdots+x_n^2(t)\end{aligned} \tag{11.32}$$

可以将待优化的性能指标记为

$$J=\int_0^\infty \boldsymbol{x}^{\mathrm{T}}(t)\boldsymbol{x}(t)\,\mathrm{d}t \tag{11.33}$$

其中，$\boldsymbol{x}^{\mathrm{T}}(t)$ 是状态向量 $\boldsymbol{x}(t)$ 的转置①。

式（11.26）给出的是综合性能指标的一般形式，其中包含与控制信号 $u(t)$ 有关的积分项，式（11.33）则暂时没有考虑 $u(t)$ 对综合性能指标的影响。本节稍后将讨论包含控制信号影响的综合性能指标。

下面推导 J 的极值条件。为了不失一般性，设想存在待定的对称矩阵 $\boldsymbol{P}$（即 $P_{ij}=P_{ji}$），使得

$$\frac{\mathrm{d}}{\mathrm{d}t}(\boldsymbol{x}^{\mathrm{T}}(t)\boldsymbol{P}\boldsymbol{x}(t))=-\boldsymbol{x}^{\mathrm{T}}(t)\boldsymbol{x}(t) \tag{11.34}$$

将式（11.34）左侧的微分算子展开，可以得到

$$\frac{\mathrm{d}}{\mathrm{d}t}(\boldsymbol{x}^{\mathrm{T}}(t)\boldsymbol{P}\boldsymbol{x}(t))=\dot{\boldsymbol{x}}^{\mathrm{T}}(t)\boldsymbol{P}\boldsymbol{x}(t)+\boldsymbol{x}^{\mathrm{T}}(t)\boldsymbol{P}\dot{\boldsymbol{x}}(t) \tag{11.35}$$

将式（11.29）代入式（11.35），可以得到

$$\frac{\mathrm{d}}{\mathrm{d}t}(\boldsymbol{x}^{\mathrm{T}}(t)\boldsymbol{P}\boldsymbol{x}(t))=\boldsymbol{x}^{\mathrm{T}}(t)(\boldsymbol{H}^{\mathrm{T}}\boldsymbol{P}+\boldsymbol{P}\boldsymbol{H})\boldsymbol{x}(t) \tag{11.36}$$

由此可以看出，如果通过选择合适的矩阵 $\boldsymbol{P}$，使得

$$\boldsymbol{H}^{\mathrm{T}}\boldsymbol{P}+\boldsymbol{P}\boldsymbol{H}=-\boldsymbol{I} \tag{11.37}$$

式（11.36）将变成为

$$\frac{\mathrm{d}}{\mathrm{d}t}(\boldsymbol{x}^{\mathrm{T}}(t)\boldsymbol{P}\boldsymbol{x}(t))=-\boldsymbol{x}^{\mathrm{T}}(t)\boldsymbol{x}(t) \tag{11.38}$$

这正是式（11.34）所需要的结果。据此，我们可以将性能指标 J 的计算从积分形式转化为代数形式。将式（11.38）代入式（11.33），考虑到系统稳定时 $x(\infty)=0$，因此，综合性能指标计算的代数形式为

$$\begin{aligned}J&=\int_0^\infty \boldsymbol{x}^{\mathrm{T}}(t)\boldsymbol{x}(t)\,\mathrm{d}t=\int_0^\infty -\frac{\mathrm{d}}{\mathrm{d}t}(\boldsymbol{x}^{\mathrm{T}}(t)\boldsymbol{P}\boldsymbol{x}(t))\,\mathrm{d}t=-\boldsymbol{x}^{\mathrm{T}}(t)\boldsymbol{P}\boldsymbol{x}(t)\Big|_0^\infty\\&=\boldsymbol{x}^{\mathrm{T}}(0)\boldsymbol{P}\boldsymbol{x}(0)\end{aligned} \tag{11.39}$$

① 关于矩阵算子 $\boldsymbol{x}^{\mathrm{T}}(t)\boldsymbol{x}(t)$ 的更多信息，详见附录E。

可以看出，为了使性能指标 J 最小化，我们只需要重点考虑如下两个方程即可。

$$J=\int_0^{\infty}\boldsymbol{x}^{\mathrm{T}}(t)\boldsymbol{x}(t)\,\mathrm{d}t=\boldsymbol{x}^{\mathrm{T}}(0)\boldsymbol{P}\boldsymbol{x}(0) \tag{11.40}$$

$$\boldsymbol{H}^{\mathrm{T}}\boldsymbol{P}+\boldsymbol{P}\boldsymbol{H}=-\boldsymbol{I} \tag{11.41}$$

综上所述，控制系统的优化设计步骤如下。

（1）将 $\boldsymbol{H}$ 视为已知矩阵（含未定参数），确定能够满足式（11.41）所示方程的矩阵 $\boldsymbol{P}$。

（2）调整一个或多个系统参数，将式（11.40）所示的性能指标 J 最小化。

例 11.11　状态变量反馈

某二阶开环控制系统的信号流图如图 11.14 所示，其中的状态变量为 $x_1(t)$ 和 $x_2(t)$。开环系统的阶跃响应是无阻尼的，令人无法接受，因此需要用合适的反馈来校正系统。系统的状态微分方程为

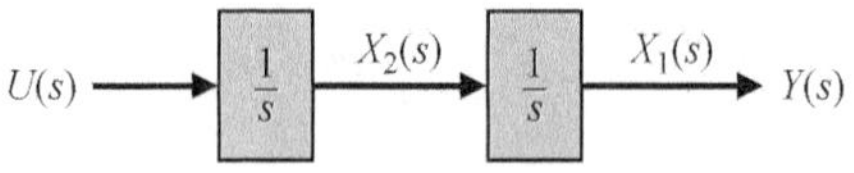

图 11.14　某二阶开环控制系统的信号流图

$$\frac{\mathrm{d}}{\mathrm{d}t}\begin{pmatrix}x_1(t)\\x_2(t)\end{pmatrix}=\begin{bmatrix}0&1\\0&0\end{bmatrix}\begin{pmatrix}x_1(t)\\x_2(t)\end{pmatrix}+\begin{bmatrix}0\\1\end{bmatrix}u(t) \tag{11.42}$$

由此可以得到

$$\boldsymbol{A}=\begin{bmatrix}0&1\\0&0\end{bmatrix},\ \boldsymbol{B}=\begin{bmatrix}0\\1\end{bmatrix}$$

选择反馈控制信号 $u(t)$ 为

$$u(t)=-k_1x_1(t)-k_2x_2(t) \tag{11.43}$$

可以看出，$u(t)$ 是两个状态变量的线性组合，将其代入式（11.42）可以得到

$$\dot{x}_1(t)=x_2(t),\ \dot{x}_2(t)=-k_1x_1(t)-k_2x_2(t) \tag{11.44}$$

写成矩阵形式后可以得到

$$\dot{\boldsymbol{x}}(t)=\boldsymbol{H}\boldsymbol{x}(t)=\begin{bmatrix}0&1\\-k_1&-k_2\end{bmatrix}\boldsymbol{x}(t) \tag{11.45}$$

暂时令 $k_1=1$，问题的关键就变成了确定 k_2 的合适取值，使系统的综合性能指标达到最小值。由式（11.41）所示的方程可以得到

$$\begin{bmatrix}0&-1\\1&-k_2\end{bmatrix}\begin{bmatrix}p_{11}&p_{12}\\p_{12}&p_{22}\end{bmatrix}+\begin{bmatrix}p_{11}&p_{12}\\p_{12}&p_{22}\end{bmatrix}\begin{bmatrix}0&1\\-1&-k_2\end{bmatrix}=\begin{bmatrix}-1&0\\0&-1\end{bmatrix} \tag{11.46}$$

展开并整理后可以得到

$$\begin{aligned}-p_{12}-p_{12}&=-1\\p_{11}-k_2p_{12}-p_{22}&=0\\p_{12}-k_2p_{22}+p_{12}-k_2p_{22}&=-1\end{aligned} \tag{11.47}$$

解上述方程组，可以得到

$$p_{12}=\frac{1}{2},\quad p_{22}=\frac{1}{k_2},\quad p_{11}=\frac{k_2^2+2}{2k_2}$$

系统的积分性能指标为

$$J=\boldsymbol{x}^{\mathrm{T}}(0)\boldsymbol{P}\boldsymbol{x}(0) \tag{11.48}$$

假定每个状态变量的初始值都偏离平衡状态 1 个单位，换言之，$\boldsymbol{x}^{\mathrm{T}}(0)=[1,1]$，代入式（11.48），可以得到

$$J=\begin{bmatrix}1 & 1\end{bmatrix}\begin{bmatrix}p_{11} & p_{12}\\ p_{12} & p_{22}\end{bmatrix}\begin{bmatrix}1\\1\end{bmatrix}=p_{11}+2p_{12}+p_{22} \tag{11.49}$$

将矩阵 $\boldsymbol{P}$ 的求解结果代入后，可以得到

$$J=\frac{k_2^2+2}{2k_2}+1+\frac{1}{k_2}=\frac{k_2^2+2k_2+4}{2k_2} \tag{11.50}$$

针对式（11.50），对 k_2 求导并令求导结果为 0，可以得到

$$\frac{\mathrm{d}J}{\mathrm{d}k_2}=\frac{2k_2(2k_2+2)-2(k_2^2+2k_2+4)}{(2k_2)^2}=0 \tag{11.51}$$

由此可知，当 $k_2=2$ 时，性能指标 J 达到最小值。

将 $k_2=2$ 代入式（11.50），可以得到 J 的最小值为

$$J_{\min}=3$$

经过校正后，系统矩阵 $\boldsymbol{H}$ 为

$$\boldsymbol{H}=\begin{bmatrix}0 & 1\\ -1 & -2\end{bmatrix} \tag{11.52}$$

对应的闭环特征方程为

$$\det[\lambda\boldsymbol{I}-\boldsymbol{H}]=\det\begin{bmatrix}\lambda & -1\\ 1 & \lambda+2\end{bmatrix}=\lambda^2+2\lambda+1 \tag{11.53}$$

这是一个二阶系统，其特征方程具有 $s^2+2\zeta\omega_n s+\omega_n^2=0$ 的典型形式。因此，校正后系统的阻尼系数 $\zeta=1.0$。当 $k_1=1$ 时，校正后的系统能够使性能指标 J 达到最小值。这表明校正后的系统是最优控制系统。需要指出的是，上述参数设计结果是在给定的初始条件下得到的。也就是说，当初始条件改变时，这些参数可能会发生变化。校正后系统的信号流图如图 11.15 所示，性能指标 J 随参数 k_2 的变化曲线如图 11.16 所示。从中可以看出，系统对于 k_2 的变化不太敏感，当 k_2 小幅波动时，系统的性能指标基本能够保持为最小值。

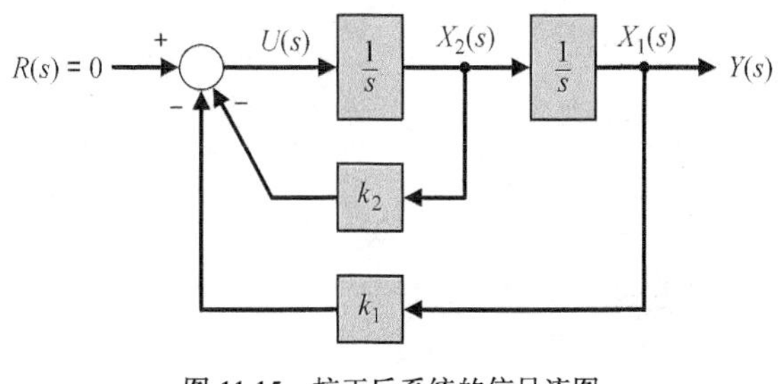

图 11.15　校正后系统的信号流图

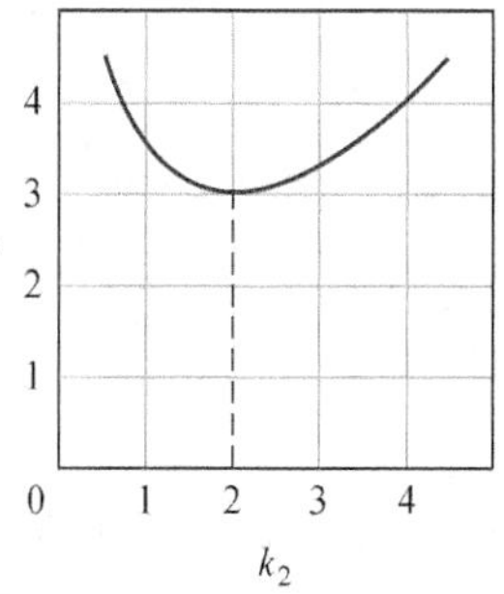

图 11.16　性能指标 J 随参数 k_2 的变化曲线

再来考虑最优控制系统的参数灵敏度，其定义如下：

$$S_k^{\text{opt}}=\frac{\Delta J/J}{\Delta k/k} \tag{11.54}$$

其中，k 是系统的可调设计参数。在本例中，$k=k_2$。当 $k_2=2.5$ 时，性能指标 $J=3.05$，于是有 $\Delta J=0.05$、$\Delta k=0.5$。系统的参数灵敏度为

$$S_{k_2}^{\text{opt}}\approx\frac{0.05/3}{0.5/2}\approx 0.07 \tag{11.55}$$

例 11.12　设计最优控制系统

重新考虑例 11.11 中讨论的二阶系统，但不事先指定 k_1 和 k_2 的值。为了简化代数运算且不失一般性，令 $k_1 = k_2 = k$。可以证明，当 k_1 和 k_2 的取值没有限制时，为了使综合性能指标达到最小值，的确应该有 $k_1 = k_2$。这样式（11.45）就变成

$$\dot{\boldsymbol{x}}(t) = \boldsymbol{H}\boldsymbol{x}(t) = \begin{bmatrix} 0 & 1 \\ -k & -k \end{bmatrix}\boldsymbol{x}(t) \tag{11.56}$$

为了确定矩阵 $\boldsymbol{P}$，由式（11.41）可以得到

$$p_{12} = \frac{1}{2k}，p_{22} = \frac{k+1}{2k^2}，p_{11} = \frac{1+2k}{2k} \tag{11.57}$$

假定系统的初始位置偏离平衡点 1 个单位，即状态变量的初始条件为 $\boldsymbol{x}^{\mathrm{T}}(0) = [1 \quad 0]$，代入式（11.40），可以得到

$$J = \int_0^{\infty} \boldsymbol{x}^{\mathrm{T}}(t)\boldsymbol{x}(t)\,\mathrm{d}t = \boldsymbol{x}^{\mathrm{T}}(0)\boldsymbol{P}\boldsymbol{x}(0) = p_{11} \tag{11.58}$$

即

$$J = p_{11} = \frac{1+2k}{2k} = 1 + \frac{1}{2k} \tag{11.59}$$

由式（11.59）可知，只有当 k 趋于无穷大时，J 才会达到最小值 1。图 11.17 所示的曲线也清楚地说明了这一点。

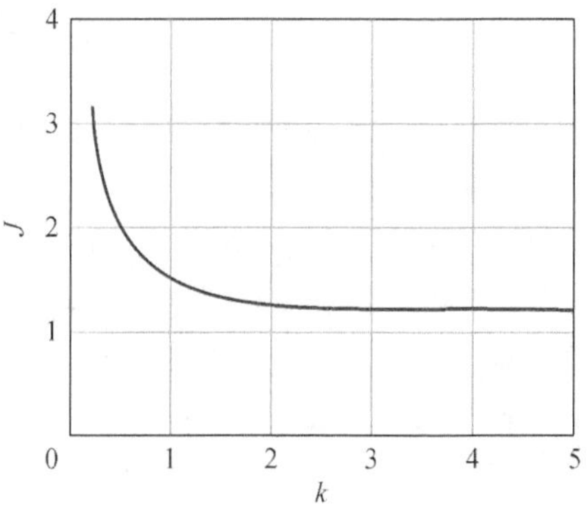

图 11.17　性能指标 J 和反馈增益 k 的关系曲线

考虑到反馈信号的构成，当增益 k 很大时，反馈信号 $u(t) = -k(x_1(t) + x_2(t))$ 也会很大。在实际的系统中，从易于实现的角度看，控制信号 $u(t)$ 的幅值不能过大。因此，有必要对 $u(t)$ 引入某种约束，使增益 k 不至于太大。例如，假设对 $u(t)$ 幅值的约束条件为

$$|u(t)| \leqslant 50 \tag{11.60}$$

则可以接受的最大 k 值为

$$k_{\max} = \frac{|u(t)|_{\max}}{x_1(0)} = 50 \tag{11.61}$$

性能指标 J 的最小值则为

$$J_{\min} = 1 + \frac{1}{2k_{\max}} = 1.01 \tag{11.62}$$

当 $u(t)$ 无约束时，J 的理想最小值为 1。可以看出，此时 J 的取值与最小值 1 非常接近，可以认为已经满足性能指标设计要求。

对于最初采用的式（11.33）所示的性能指标计算公式而言，之所以没有考虑对控制信号 $u(t)$ 的幅值进行限制，原因在于式（11.33）没有包括与控制信号 $u(t)$ 相关的项。而在很多情况下，必须考虑控制信号的物理约束才能符合实际情况。为此，可以将待优化的性能指标 J 改进为

$$J = \int_0^{\infty} (\boldsymbol{x}^{\mathrm{T}}(t)\boldsymbol{I}\boldsymbol{x}(t) + \lambda\boldsymbol{u}^{\mathrm{T}}(t)\boldsymbol{u}(t))\,\mathrm{d}t \tag{11.63}$$

其中，λ 为标量加权因子，$\boldsymbol{I}$ 为单位矩阵。加权因子 λ 反映了系统性能与控制能耗 $\boldsymbol{u}^{\mathrm{T}}(t)\boldsymbol{u}(t)$ 之间的相对重要程度。与前面一样，状态变量反馈信号仍然可以取为

$$\boldsymbol{u}(t) = -\boldsymbol{K}\boldsymbol{x}(t) \tag{11.64}$$

校正后的系统为

$$\dot{\boldsymbol{x}}(t) = \boldsymbol{A}\boldsymbol{x}(t) + \boldsymbol{B}\boldsymbol{u}(t) = \boldsymbol{H}\boldsymbol{x}(t) \tag{11.65}$$

将式（11.64）代入式（11.63），可以得到

$$\begin{aligned} J &= \int_0^\infty \boldsymbol{x}^{\mathrm{T}}(t)(\boldsymbol{I} + \lambda \boldsymbol{K}^{\mathrm{T}}\boldsymbol{K})\boldsymbol{x}(t)\,\mathrm{d}t \\ &= \int_0^\infty \boldsymbol{x}^{\mathrm{T}}(t)\boldsymbol{Q}\boldsymbol{x}(t)\,\mathrm{d}t \end{aligned} \tag{11.66}$$

其中，$\boldsymbol{Q} = \boldsymbol{I} + \lambda \boldsymbol{K}^{\mathrm{T}}\boldsymbol{K}$ 为 $n \times n$ 维的矩阵。与式（11.33）~式（11.39）类似，设想存在待定的对称矩阵 $\boldsymbol{P}$，使得

$$\frac{\mathrm{d}}{\mathrm{d}t}(\boldsymbol{x}^{\mathrm{T}}(t)\boldsymbol{P}\boldsymbol{x}(t)) = -\boldsymbol{x}^{\mathrm{T}}(t)\boldsymbol{Q}\boldsymbol{x}(t) \tag{11.67}$$

此时应该有

$$\boldsymbol{H}^{\mathrm{T}}\boldsymbol{P} + \boldsymbol{P}\boldsymbol{H} = -\boldsymbol{Q} \tag{11.68}$$

参照式（11.39），此时性能指标 J 的计算公式如下：

$$J = \boldsymbol{x}^{\mathrm{T}}(0)\boldsymbol{P}\boldsymbol{x}(0) \tag{11.69}$$

当 $\lambda = 0$ 时，式（11.68）便退化成式（11.41）。接下来，我们在 λ 不等于 0，即兼顾系统性能和控制信号能量消耗的情况下，讨论如何设计最优控制系统。

例 11.13　兼顾系统性能和控制信号能量消耗的最优控制系统的设计

重新考虑例 11.11 中讨论的二阶系统。定义状态变量反馈控制信号为

$$\boldsymbol{u}(t) = -\boldsymbol{K}\boldsymbol{x}(t) = [-k \quad -k]\begin{pmatrix} x_1(t) \\ x_2(t) \end{pmatrix} \tag{11.70}$$

因此，矩阵 $\boldsymbol{Q}$ 为

$$\boldsymbol{Q} = \boldsymbol{I} + \lambda \boldsymbol{K}^{\mathrm{T}}\boldsymbol{K} = \begin{bmatrix} 1 + \lambda k^2 & \lambda k^2 \\ \lambda k^2 & 1 + \lambda k^2 \end{bmatrix} \tag{11.71}$$

与例 11.12 一样，令 $\boldsymbol{x}^{\mathrm{T}}(0) = [1, 0]$，因此 $J = p_{11}$，p_{11} 可以由式（11.68）求得，于是有

$$J = p_{11} = (1 + \lambda k^2)\left(1 + \frac{1}{2k}\right) - \lambda k^2 \tag{11.72}$$

针对式（11.72），对 k 进行求导并令求导结果为 0，可以得到

$$\frac{\mathrm{d}J}{\mathrm{d}k} = \frac{1}{2}\left(\lambda - \frac{1}{k^2}\right) = 0 \tag{11.73}$$

求解式（11.73）可知，当 $k = k_{\min} = \dfrac{1}{\sqrt{\lambda}}$ 时，性能指标 J 达到最小值。

假定控制信号的能量消耗与状态变量误差平方和同等重要（此时 $\lambda = 1$）。在这种情况下，式（11.73）将变为 $k^2 - 1 = 0$。由此可见，应该有 $k_{\min} = 1$，性能指标 J 和反馈增益 k 的关系曲线如图 11.18 所示（提示：图 11.18 中还给出了 $\lambda = 0$ 时性能指标 J 和反馈增益 k 的关系曲线，以便读者比较）。

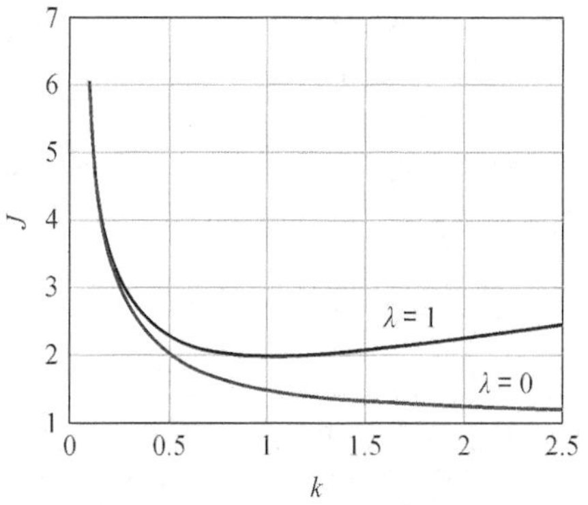

图 11.18　性能指标 J 和反馈增益 k 的关系曲线

采用类似的方法，还可以解决多参数系统和高阶系统的调节优化问题。作为多参数系统调节优化的特例，考虑如下未校正的单输入–单输出系统：

$$\dot{\boldsymbol{x}}(t)=\boldsymbol{A}\boldsymbol{x}(t)+\boldsymbol{B}\boldsymbol{u}(t)$$

状态反馈控制信号为

$$\boldsymbol{u}(t)=-\boldsymbol{K}\boldsymbol{x}(t)=-[k_1 \quad k_2 \quad \cdots \quad k_n]\boldsymbol{x}(t)$$

定义综合性能指标为

$$J=\int_0^{\infty}(\boldsymbol{x}^{\mathrm{T}}(t)\boldsymbol{Q}\boldsymbol{x}(t)+R\boldsymbol{u}^2(t))\,\mathrm{d}t \tag{11.74}$$

其中，R 为标量加权因子。能使性能指标 J 达到最小值的反馈增益矩阵为

$$\boldsymbol{K}=R^{-1}\boldsymbol{B}^{\mathrm{T}}\boldsymbol{P} \tag{11.75}$$

其中，$\boldsymbol{P}$ 是 $n\times n$ 维的矩阵，满足

$$\boldsymbol{A}^{\mathrm{T}}\boldsymbol{P}+\boldsymbol{P}\boldsymbol{A}-\boldsymbol{P}\boldsymbol{B}R^{-1}\boldsymbol{B}^{\mathrm{T}}\boldsymbol{P}+\boldsymbol{Q}=\boldsymbol{0} \tag{11.76}$$

式（11.76）所示的方程通常被称为里卡蒂（Riccati）代数方程，由此得到的最优控制器通常被称为线性二次调节器（Linear Quadratic Regulator，LQR）[12, 19]。

11.8 内模设计

本节讨论另一类控制器的设计问题。这种控制器能够使目标系统以零稳态误差渐近跟踪各类参考输入信号，包括阶跃信号、斜坡信号以及其他一些持续性信号，如正弦信号等。我们已经知道，对于阶跃输入信号，I 型系统可以实现零误差跟踪。本节将在校正装置内引入参考输入的**内模**，从而推广这一结论，以便在更多情况下实现零误差跟踪[5, 18]。

某受控对象的状态空间模型为

$$\dot{\boldsymbol{x}}(t)=\boldsymbol{A}\boldsymbol{x}(t)+\boldsymbol{B}u(t),y(t)=\boldsymbol{C}\boldsymbol{x}(t) \tag{11.77}$$

其中，$\boldsymbol{x}(t)$ 是状态向量，$u(t)$ 为输入信号，$y(t)$ 为输出信号。一般地，假定参考输入信号 $r(t)$ 由如下线性系统产生：

$$\dot{\boldsymbol{x}}_r(t)=\boldsymbol{A}_r\boldsymbol{x}_r(t),r(t)=\boldsymbol{d}_r\boldsymbol{x}_r(t) \tag{11.78}$$

其中，初始条件未知。

接下来讨论如何设计控制器，使得系统能够以零稳态误差跟踪参考输入信号。首先，考虑参考输入为阶跃信号的情形。此时，参考输入信号由如下模型生成：

$$\dot{x}_r(t)=0,r(t)=x_r(t) \tag{11.79}$$

等价地有

$$\dot{r}(t)=0 \tag{11.80}$$

定义跟踪误差 $e(t)$ 为

$$e(t)=y(t)-r(t)$$

对上式进行求导可以得到

$$\dot{e}(t)=\dot{y}(t)=\boldsymbol{C}\dot{\boldsymbol{x}}(t)$$

定义两个中间变量 $\boldsymbol{z}(t)=\dot{\boldsymbol{x}}(t)$ 和 $w(t)=\dot{u}(t)$，可以得到

$$\begin{pmatrix}\dot{e}(t)\\\dot{z}(t)\end{pmatrix}=\begin{bmatrix}0 & \boldsymbol{C}\\0 & \boldsymbol{A}\end{bmatrix}\begin{pmatrix}e(t)\\z(t)\end{pmatrix}+\begin{bmatrix}0\\\boldsymbol{B}\end{bmatrix}w(t) \tag{11.81}$$

如果式（11.81）所示的系统是能控的，则可以通过设计如下反馈控制信号来使该系统稳定。

$$w(t)=-K_1e(t)-\boldsymbol{K}_2\boldsymbol{z}(t) \tag{11.82}$$

这意味着跟踪误差 $e(t)$ 是稳定的，因此系统将能够以零稳态误差跟踪参考输入信号。对式（11.82）求积分，可以得到系统内部的反馈控制信号为

$$u(t)=-K_1\int_0^t e(\tau)\mathrm{d}\tau-\boldsymbol{K}_2\boldsymbol{x}(t)$$

对应的框图模型如图 11.19 所示。由此可以看出，在校正控制装置中，除了包含状态变量反馈之外，还包含阶跃参考输入信号的**内模**（即积分器环节）。

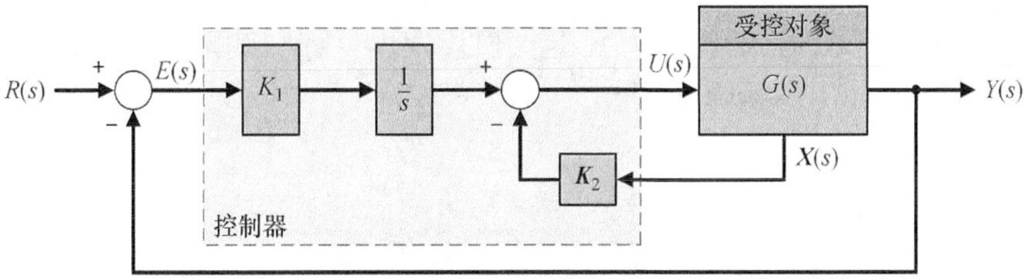

图 11.19　阶跃输入的内模设计

例 11.14　单位阶跃输入的内模设计

某二阶系统的状态空间模型为

$$\dot{\boldsymbol{x}}(t)=\begin{bmatrix}0 & 1\\-2 & -2\end{bmatrix}\boldsymbol{x}(t)+\begin{bmatrix}0\\1\end{bmatrix}u(t),y(t)=[1\quad 0]\boldsymbol{x}(t) \tag{11.83}$$

我们希望设计一个控制器，使系统输出以零稳态误差跟踪阶跃参考输入信号。由式（11.81）可以得到

$$\begin{pmatrix}\dot{e}(t)\\\dot{z}(t)\end{pmatrix}=\begin{bmatrix}0 & 1 & 0\\0 & 0 & 1\\0 & -2 & -2\end{bmatrix}\begin{pmatrix}e(t)\\z(t)\end{pmatrix}+\begin{bmatrix}0\\0\\1\end{bmatrix}w(t) \tag{11.84}$$

经过能控检验后可以确定，式（11.84）描述的系统是完全能控的。针对式（11.82）给出的控制信号 $w(t)$，选取

$$K_1=20,\quad \boldsymbol{K}_2=[20\quad 10]$$

这样就可以将式（11.84）所示系统的闭环特征根配置为 $s=-1\pm \mathrm{j}$ 和 -10，显然，此时的系统是渐近稳定的。因此，对于任意初始跟踪误差 $e(0)$，控制信号 $w(t)$ 都可以保证当 $t\to\infty$ 时 $e(0)\to 0$。

考虑图 11.19 所示的框图模型，其中 $G(s)$ 表示受控对象，$G_c(s)=K_1/s$ 为串联的控制器。内模原理指出，如果 $G(s)G_c(s)$ 中包含参考输入信号 $R(s)$，则系统输出 $y(t)$ 就能够以零稳态误差跟踪参考输入信号 $r(t)$。在本例中，$G(s)G_c(s)$ 中包含参考输入信号 $R(s)=1/s$，因此输出应该能够以零稳态误差跟踪参考输入信号。这与前面的分析结果是一致的。

接下来考虑参考输入为斜坡信号时的内模设计问题。斜坡输入信号可以表示为

$$r(t)=Mt$$

其中，$t \geqslant 0$，M 为斜坡信号的幅值。此时，生成参考输入信号的线性系统为

$$\dot{\boldsymbol{x}}_r(t) = \boldsymbol{A}_r\boldsymbol{x}_r(t) = \begin{bmatrix} 0 & 1 \\ 0 & 0 \end{bmatrix}\boldsymbol{x}_r(t), r(t) = \boldsymbol{d}_r\boldsymbol{x}_r(t) = [1 \quad 0]\boldsymbol{x}_r(t) \tag{11.85}$$

等价地有

$$\ddot{r}(t) = 0$$

跟踪误差的二阶导数满足

$$\ddot{e}(t) = \ddot{y}(t) = \boldsymbol{C}\ddot{\boldsymbol{x}}(t)$$

定义两个中间变量 $\boldsymbol{z}(t) = \ddot{\boldsymbol{x}}(t)$ 和 $w(t) = \ddot{u}(t)$，可以得到

$$\begin{pmatrix} \dot{e}(t) \\ \ddot{e}(t) \\ \dot{\boldsymbol{z}}(t) \end{pmatrix} = \begin{bmatrix} 0 & 1 & 0 \\ 0 & 0 & \boldsymbol{C} \\ 0 & 0 & \boldsymbol{A} \end{bmatrix}\begin{pmatrix} e(t) \\ \dot{e}(t) \\ \boldsymbol{z}(t) \end{pmatrix} + \begin{bmatrix} 0 \\ 0 \\ \boldsymbol{B} \end{bmatrix} w(t) \tag{11.86}$$

如果式（11.86）所示的系统是能控的，则我们总是能够找到一组增益 K_1、K_2 和 $\boldsymbol{K}_3$，通过构成合适的控制信号 $w(t)$，使得系统渐近稳定，进而保证当 $t \to \infty$ 时 $e(t) \to 0$。

由于

$$w(t) = -[K_1 \quad K_2 \quad \boldsymbol{K}_3]\begin{pmatrix} e(t) \\ \dot{e}(t) \\ \boldsymbol{z}(t) \end{pmatrix} \tag{11.87}$$

对式（11.87）进行两次积分，即可得到含有内模信息的控制信号 $u(t)$。从图 11.20 中可以看出，此时的控制器含有两个积分器，这正是斜坡输入的内模。

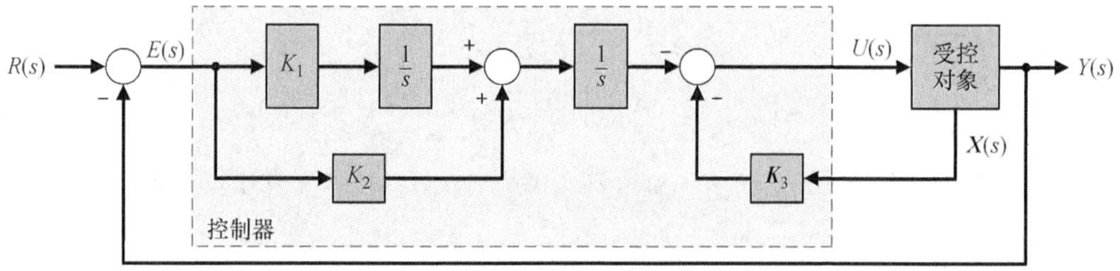

图 11.20　斜坡输入的内模设计，其中的 $G(s)G_c(s)$ 包含参考输入 $R(s) = 1/s^2$

针对阶跃输入和斜坡输入这两种参考输入信号，本节讨论了系统的内模设计问题。当参考输入为其他类型的信号时，我们同样可以运用本节提出的内模设计流程，设计适当的控制器，使得系统输出能够以零稳态误差跟踪参考输入信号。另外，如果将干扰信号的生成模型纳入校正控制器，则可以通过设计内模来克服持续干扰信号对系统的影响。

11.9　设计实例

本节提供一个演示性实例，目的是控制柴电动力机车电机转轴的转速。我们在设计过程中重点关注的是如何利用极点配置方法来设计全状态反馈控制系统。

例 11.15　柴电动力机车控制

柴电动力机车的基本结构如图 11.21 所示。在柴电动力机车中，柴油机的工作效率对电机的转速非常敏感。我们希望为柴电动力机车的电机设计转速控制系统，以便应用于机车上。机车的每个轮轴上都装有一个直流电机，用以驱动机车运转并带动机车前进。可通过输入电位计的移动来调节机车油门的大小，如图 11.21 所示。

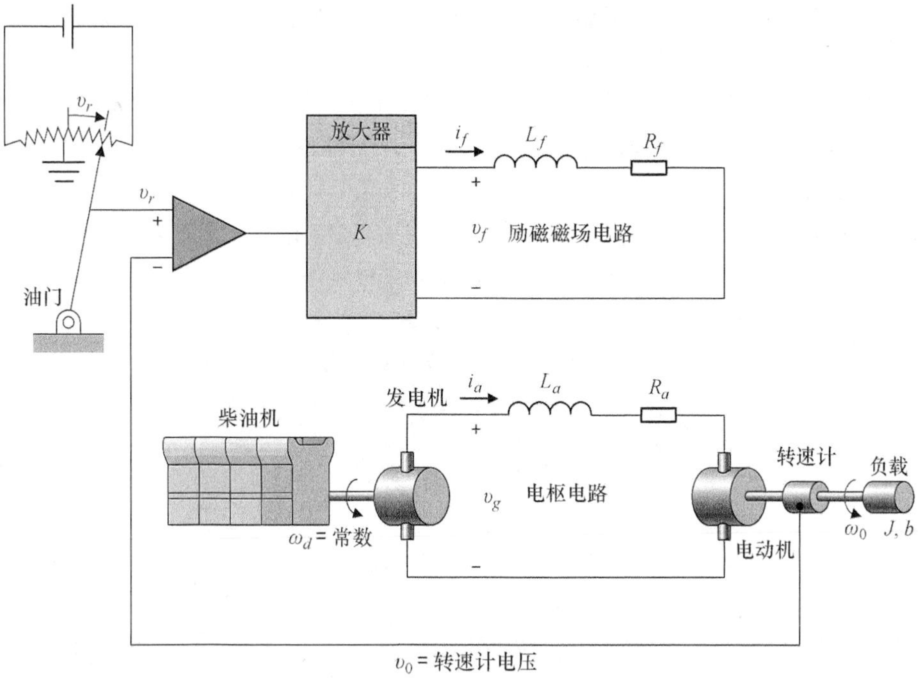

图 11.21　柴电动力机车的基本结构

在本例中，电机转速控制系统的设计流程如图 11.22 所示。

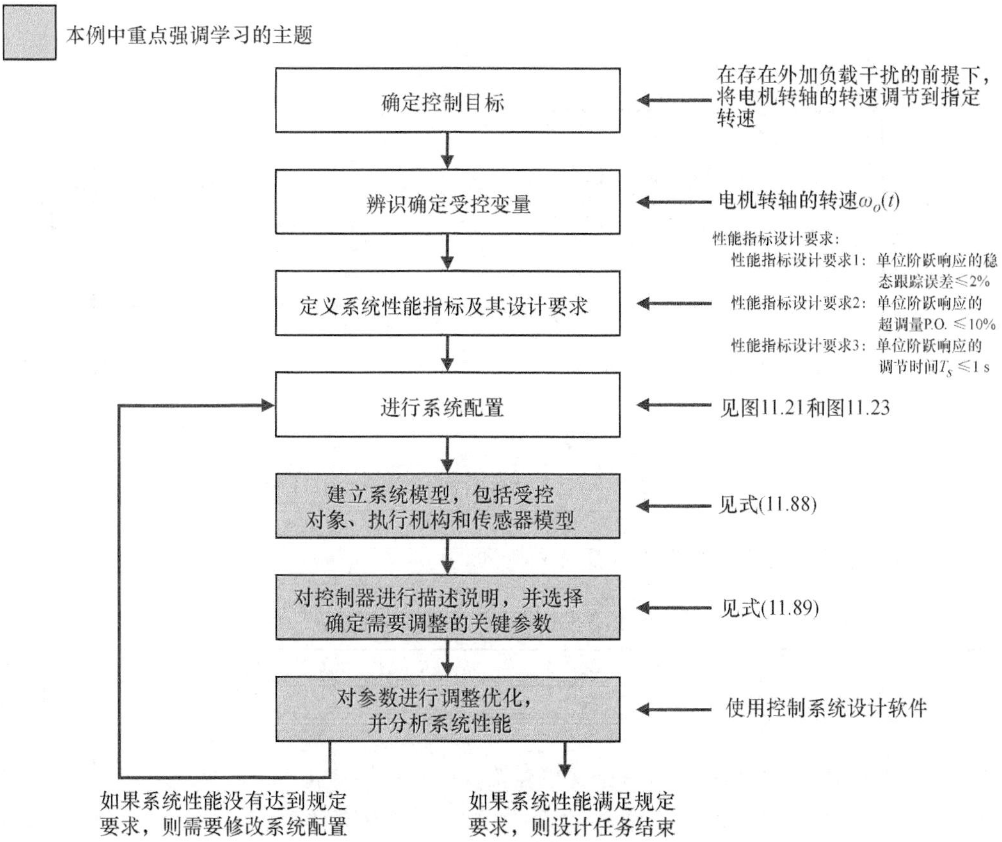

图 11.22　电机转速控制系统的设计流程

控制目标 在有外加负载干扰的前提下，将电动机转轴的转速 $\omega_o(t)$ 调节到指定转速 $\omega_r(t)$。

受控变量 电机转轴的转速 $\omega_o(t)$。

转速计测量受控变量［即电机转速 $\omega_o(t)$］并据此产生和提供反馈电压信号 $v_o(t)$。电子放大器放大参考电压和反馈电压之间的偏差信号 $v_r(t)-v_o(t)$，继而产生电压 $v_f(t)$ 并作为输入提供给直流电机的励磁电路。

柴油机驱动直流电机以恒速 $\omega_d(t)$ 运转，产生电压 $v_g(t)$ 并作为输入提供给直流电机的电枢电路。所有的电机都是电枢控制式直流电机，电机自身的磁场电流恒定。最后，电机产生扭矩 $T(t)$，通过转轴带动负载并保证轮轴输出转速 $\omega_o(t)$ 趋于指定转速 $\omega_r(t)$。

系统的信号流图和框图模型如图 11.23 所示，其中参数 L_t 和 R_t 分别为

$$L_t = L_a + L_g$$
$$R_t = R_a + R_g$$

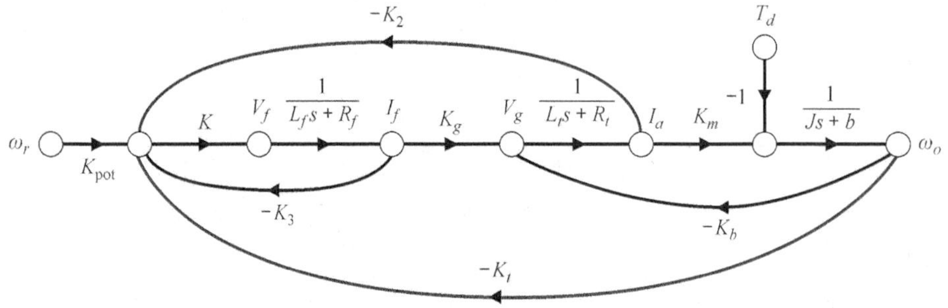

(a)

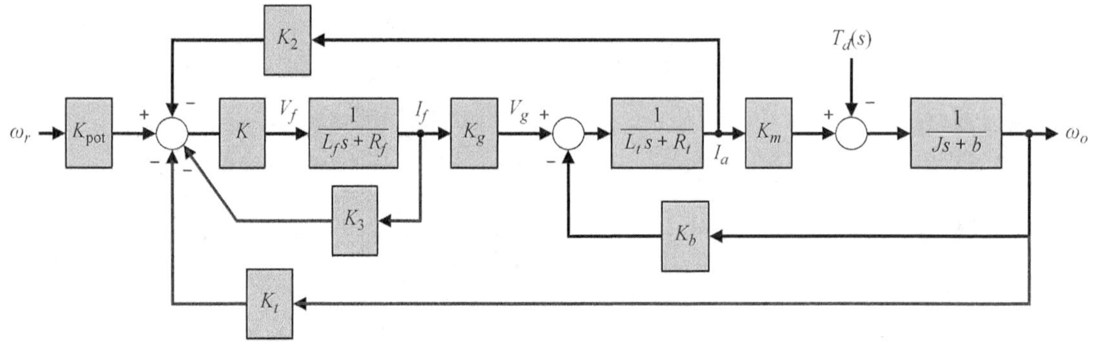

(b)

图 11.23 柴电动力机车的信号流图和框图模型（含反馈环路）

表 11.1 提供了柴电动力机车有关参数的典型值。

表 11.1 柴电动力机车有关参数的典型值

K_m	K_g	K_b	J	b	L_a	R_a	R_f	L_f	K_t	K_{pot}	L_g	R_g
10	100	0.62	1	1	0.2	1	1	0.1	1	1	0.1	1

如图 11.23 所示，系统已经包含一个反馈环路（$K_t = 1$），旨在利用转速计来测量电机的转速并产生反馈电压信号 $v_o(t)$ 以及偏差信号 $v_r(t)-v_o(t)$。如果不考虑状态反馈环路，则放大器增益 K 就是仅有的可调参数。作为最初的尝试，我们将首先在只考虑转速计反馈的前提下，探究系统

的性能。但是，当同时考虑转速计反馈和状态反馈时，就会有多个可调参数。

选择关键的调节参数　K 和 $\boldsymbol{K}$。其中，$\boldsymbol{K}$ 为状态反馈增益矩阵。

性能指标设计要求［针对单位输入 $\omega_r(s)=1/s$］

性能指标设计要求 1：单位阶跃响应 $\omega_o(t)$ 的稳态跟踪误差 $e_{ss}\leqslant 2\%$。

性能指标设计要求 2：单位阶跃响应 $\omega_o(t)$ 的超调量 P.O. $\leqslant 10\%$。

性能指标设计要求 3：单位阶跃响应 $\omega_o(t)$ 的调节时间 $T_s\leqslant 1$ s。

为系统建立状态微分方程的第一步是选择一组合适的状态变量。状态变量的选择应保证能够根据当前的系统状态和未来的输入信息确定未来的系统状态。因此，状态变量的选择其实较为困难，对于复杂系统尤其如此。也就是说，状态变量的选择最终决定了问题的复杂度。

柴电动力机车包括三个主要子系统，分别为两个电路子系统和一个机械子系统。因此，符合逻辑的做法是，从这三个子系统的相关变量中确定状态变量。此处选定的方案如下：$x_1(t)=\omega_o(t)$、$x_2(t)=i_a(t)$ 和 $x_3(t)=i_f(t)$。需要指出的是，状态变量的选择方案并不是唯一的。根据上述状态变量选择方案，可以得到系统的状态变量微分方程为

$$\dot{x}_1(t)=-\frac{b}{J}x_1(t)+\frac{K_m}{J}x_2(t)-\frac{1}{J}T_d(t)$$

$$\dot{x}_2(t)=-\frac{K_b}{L_t}x_1(t)-\frac{R_t}{L_t}x_2(t)+\frac{K_g}{L_t}x_3(t)$$

$$\dot{x}_3(t)=-\frac{R_f}{L_f}x_3(t)+\frac{1}{L_f}u(t)$$

其中：

$$u(t)=KK_{\text{pot}}\omega_r(t)$$

状态空间模型的矩阵形式为

$$\dot{\boldsymbol{x}}(t)=\boldsymbol{A}\boldsymbol{x}(t)+\boldsymbol{B}u(t),y(t)=\boldsymbol{C}\boldsymbol{x}(t)+\boldsymbol{D}u(t) \tag{11.88}$$

由此可以得到

$$\boldsymbol{A}=\begin{bmatrix}-\frac{b}{J} & \frac{K_m}{J} & 0\\ -\frac{K_b}{L_t} & -\frac{R_t}{L_t} & \frac{K_g}{L_t}\\ 0 & 0 & -\frac{R_f}{L_f}\end{bmatrix},\quad \boldsymbol{B}=\begin{bmatrix}0\\0\\ \frac{1}{L_f}\end{bmatrix},\quad \boldsymbol{C}=[1\quad 0\quad 0],\quad \boldsymbol{D}=[0]$$

而系统自身的开环传递函数为

$$G(s)=\boldsymbol{C}(s\boldsymbol{I}-\boldsymbol{A})^{-1}\boldsymbol{B}=\frac{K_gK_m}{(R_f+L_fs)\left[(R_t+L_ts)(Js+b)+K_mK_b\right]}$$

我们首先分析只考虑转速计反馈环路，而不考虑状态变量反馈环路时的情形。观察一下，仅仅通过调整增益 K 能否使系统满足性能指标设计要求。使用如下给定的典型值：

$$K_{\text{pot}}=K_t=1$$

从输入输出的角度看，此时系统可以简化为图 11.24 所示的单位负反馈系统。

将表 11.1 提供的参数代入开环传递函数 $G(s)$，可以得到系统单位阶跃响应的稳态跟踪误差为

$$e_{ss}=\frac{1}{1+KG(0)}=\frac{1}{1+121.95K}$$

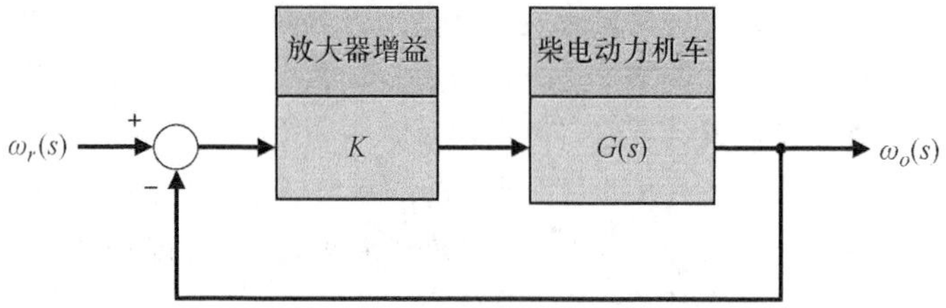

图 11.24 柴电动力机车的简化框图模型

利用劳斯–赫尔维茨稳定性判据，可以得到能够保证闭环系统稳定的增益 K 的取值范围为 $-0.008 < K < 0.0468$。另外还可以看出，K 越大，稳态跟踪误差越小。当 K 取最大值 0.0468 时（实际上，此时的闭环系统临界稳定），稳态跟踪误差仍然可以达到最小值 15%。很明显，这无法满足指标设计要求 1。此外，K 越大，系统响应的振荡越强烈，这也是我们所不能接受的。

由此可见，如果只有转速计反馈环路，就无法使系统性能指标满足设计要求。因此，我们需要考虑为系统设计全状态反馈控制器。反馈环路如图 11.23 所示，假定三个状态变量 $x_1(t) = \omega_o(t)$、$x_2(t) = i_a(t)$ 和 $x_3(t) = i_f(t)$ 都可以作为反馈变量。为了不失一般性，令 $K = 1$。在理论上，K 可以取任何正数。

状态变量反馈控制信号为

$$u(t) = K_{\mathrm{pot}}\omega_r(t) - K_t x_1(t) - K_2 x_2(t) - K_3 x_3(t)$$

其中，K_t、K_2 和 K_3 是待定的反馈增益。转速计增益 K_t 是需要调节的关键参数之一。此外，通过调整参数 K_{pot}，我们可以适应不同强度的输入信号 $\omega_r(t)$。因此，K_{pot} 也是重要的可调参数。定义增益矩阵 $\boldsymbol{K}$ 如下：

$$\boldsymbol{K} = [K_t \quad K_2 \quad K_3]$$

反馈控制信号 $u(t)$ 将变为

$$u(t) = -\boldsymbol{K}\boldsymbol{x}(t) + K_{\mathrm{pot}}\omega_r(t) \tag{11.89}$$

这样在经过反馈校正后，闭环系统的状态空间模型为

$$\dot{\boldsymbol{x}}(t) = (\boldsymbol{A} - \boldsymbol{B}\boldsymbol{K})\boldsymbol{x}(t) + \boldsymbol{B}v(t)$$
$$y(t) = \boldsymbol{C}\boldsymbol{x}(t)$$

其中：

$$v(t) = K_{\mathrm{pot}}\omega_r(t)$$

接下来，我们利用极点配置方法来确定 $\boldsymbol{K}$，以便将矩阵 $\boldsymbol{A} - \boldsymbol{B}\boldsymbol{K}$ 的特征值配置到指定的位置。为此，首先判断系统是否能控。本例建立的机车模型的阶数 $n = 3$，因此能控性矩阵为

$$\boldsymbol{P}_c = [\boldsymbol{B} \quad \boldsymbol{A}\boldsymbol{B} \quad \boldsymbol{A}^2\boldsymbol{B}]$$

能控性矩阵 $\boldsymbol{P}_c$ 的行列式的值为

$$\det \boldsymbol{P}_c = -\frac{K_g^2 K_m}{J L_f^3 L_t^2}$$

由于 $K_g \neq 0$，$K_m \neq 0$，$J L_f^3 L_t^2$ 亦不为零，故有

$$\det \boldsymbol{P}_c \neq 0$$

由此可知，系统是完全能控的。这样我们就可以将闭环系统的极点配置到合适的位置，以便系统性能能够满足指标设计要求 2 和指标设计要求 3。

预期的矩阵 $\boldsymbol{A} - \boldsymbol{B}\boldsymbol{K}$ 的特征值在 s 平面上的可行配置区域如图 11.25 所示。进一步指定系统的三个闭环特征根为

$$p_1 = -50$$
$$p_2 = -4 + \mathrm{j}3$$
$$p_3 = -4 - \mathrm{j}3$$

在这里，选择 $p_1 = -50$ 是为了让共轭复根 p_2 和 p_3 主导的二阶系统成为闭环系统很好的近似。

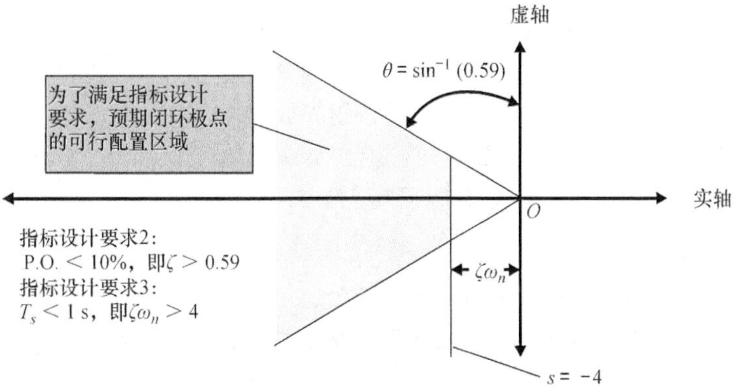

图 11.25　闭环特征根（即 $\boldsymbol{A}-\boldsymbol{BK}$ 的特征值）的可行配置区域

能够将系统的闭环特征根配置到指定位置的增益矩阵为

$$\boldsymbol{K} = [-0.0041 \quad 0.0035 \quad 4.0333]$$

为了确定增益 K_{pot}，我们需要计算闭环传递函数 $T(s)$ 的直流增益。在引入状态变量反馈之后，系统的闭环传递函数为

$$T(s) = \boldsymbol{C}(s\boldsymbol{I} - \boldsymbol{A} + \boldsymbol{BK})^{-1}\boldsymbol{B}$$

而且

$$K_{\text{pot}} = \frac{1}{T(0)}$$

通过调整增益 K_{pot}，我们可以使闭环传递函数的直流增益等于 1。这意味着当改变转速的指令为单位阶跃信号时，输出的稳态转速能够跟踪到改变后的转速。换言之,当改变转速的指令为 $\omega_r(s) = 1/s$ 时，输出的稳态转速也是 $\omega_o(s) = 1/s$。

经过反馈校正后，闭环系统的阶跃响应曲线如图 11.26 所示。从中可以看出，系统已经满足所有的指标设计要求。

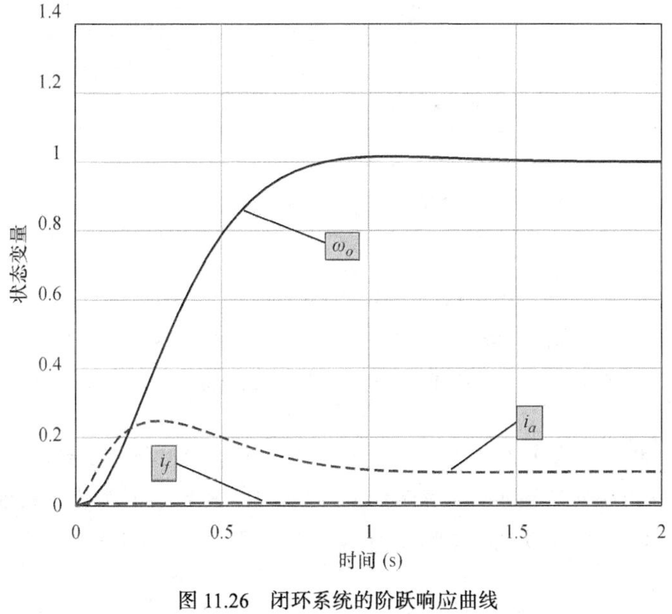

图 11.26　闭环系统的阶跃响应曲线

11.10 利用控制系统设计软件设计状态变量反馈

利用函数 ctrb 和 obsv，我们可以分别判断用状态空间模型描述的控制系统的能控性和能观性。这两个函数的具体使用说明见图 11.27，其中，函数 ctrb 的输入为系统矩阵 $\boldsymbol{A}$ 和输入矩阵 $\boldsymbol{B}$，输出则是能控性矩阵 $\boldsymbol{P}_c$；类似地，函数 obsv 的输入为系统矩阵 $\boldsymbol{A}$ 和输出矩阵 $\boldsymbol{C}$，输出则是能观性矩阵 $\boldsymbol{P}_o$。

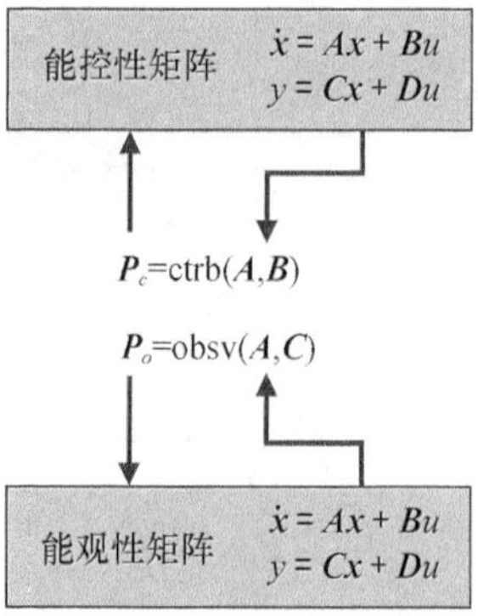

图 11.27 函数 ctrb 和 obsv 的使用说明

例 11.16 卫星轨道控制

考虑图 11.28 所示的卫星，它位于地球上方的赤道圆轨道上[14, 24]。卫星在轨道平面上运动的归一化状态微分方程为

$$\dot{\boldsymbol{x}}(t)=\begin{bmatrix}0&1&0&0\\3\omega^2&0&0&2\omega\\0&0&0&1\\0&-2\omega&0&0\end{bmatrix}\boldsymbol{x}(t)+\begin{bmatrix}0\\1\\0\\0\end{bmatrix}u_r(t)+\begin{bmatrix}0\\0\\0\\1\end{bmatrix}u_t(t) \quad (11.90)$$

其中，状态向量 $\boldsymbol{x}(t)$ 表示偏离赤道圆轨道的归一化摄动，$u_r(t)$ 表示从径向轨控发动机获得的径向输入，$u_t(t)$ 表示从切向轨控发动机获得的切向输入，卫星在给定高度上的轨道角速度为 $\omega = 0.0011$ rad/s（绕地球一圈大约需要 90 min）。在没有干扰的情况下，卫星将保持在标准的赤道圆轨道上。但由于存在气动力等各种干扰信号，因此卫星有可能偏离标准轨道。本例的目的是设计一个合适的控制器，用于驱动卫星轨控发动机动作，从而将实际轨道保持在标准轨道的附近。在设计这个控制器之前，我们首先需要判断系统的能控性。为简化分析过程，这里仅独立地分别检验径向轨控发动机和切向轨控发动机的控制能力。

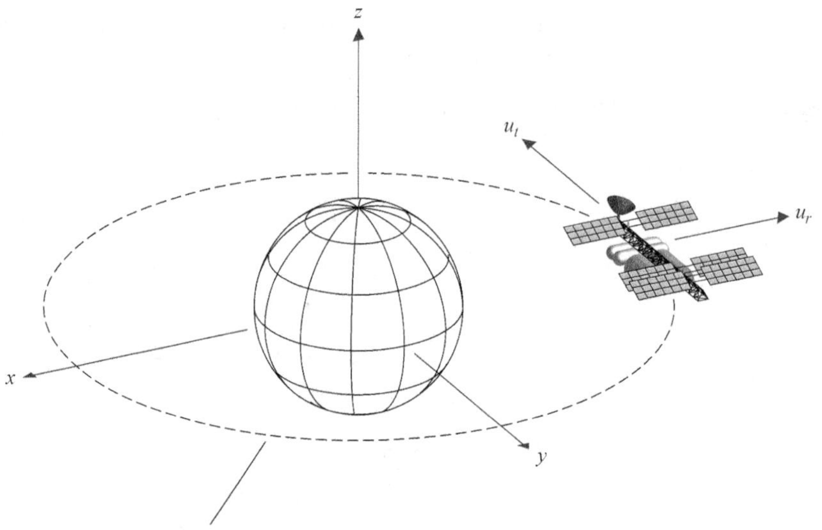

图 11.28 赤道圆轨道上的卫星

当切向轨控发动机关闭或失效［即 $u_t(t) = 0$］时，只有径向轨控发动机投入工作。此时卫星是否能控？为此，我们编写了图 11.29 所示的 m 脚本程序来验证卫星此时的能控性，我们发现，能控性矩阵 $\boldsymbol{P}_c$ 的行列式的值为 0。因此，当切向轨控发动机关闭或失效时，卫星不是完全能控的。

radial.m

```
%当切向轨控发动机关闭或失效时，计算卫星
在径向轨控发动机工况下的能控性
%
w=0.0011;
A=[0 1 0 0;3*w^2 0 0 2*w;0 0 0 1;0 -2*w 0 0];
b1=[0;1;0;0];
Pc=ctrb(A,b1);
n=det(Pc);
if abs(n) < eps
 disp('Satellite is uncontrollable with radial thruster only!')
else
 disp('Satellite is controllable with radial thruster only!')
end
```

与径向轨控发动机有关的输入矩阵

计算能控性矩阵

n为能控性矩阵的行列式

(a)

```
>>radial
Satellite is uncontrollable with radial thruster only!
```

执行m文件radial.m

执行结果

(b)

图 11.29　在只有径向轨控发动机工作的情况下检验卫星的能控性

(a) m 脚本程序；(b) 输出结果

而当径向轨控发动机关闭或失效［即 $u_r(t) = 0$］时，只有切向轨控发动机投入工作。此时卫星是否能控？运行图 11.30 所示的 m 脚本程序后我们发现，能控性矩阵 $\boldsymbol{P}_c$ 的行列式的值不为 0。因此，当只有切向轨控发动机工作时，卫星是完全能控的。

tangent.m

```
%当径向轨控发动机关闭或失效时，计算卫星在只有
切向轨控发动机工况下的能控性
%
w=0.0011;
A=[0 1 0 0;3*w^2 0 0 2*w;0 0 0 1;0 -2*w 0 0];
b2=[0;0;0;1];
Pc=ctrb(A,b2);
n=det(Pc);
if abs(n) < eps
 disp('Satellite is uncontrollable with tangential thruster only!')
else
 disp('Satellite is controllable with tangential thruster only!')
end
```

与切向轨控发动机有关的输入矩阵

计算能控性矩阵

n为能控性矩阵的行列式

(a)

```
>>tangent
Satellite is controllable with tangential thruster only!
```

执行m文件tangent.m

执行结果

(b)

图 11.30　在只有切向轨控发动机工作的情况下检验卫星的能控性

(a) m 脚本程序；(b) 输出结果

最后，考虑为一个三阶系统设计合适的状态变量反馈控制器。此处以根轨迹作为基本设计工具，同时引入控制系统设计软件，利用计算机进行辅助设计。

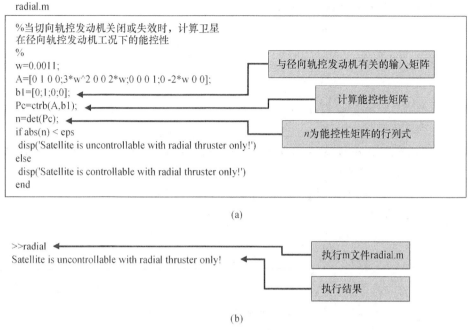

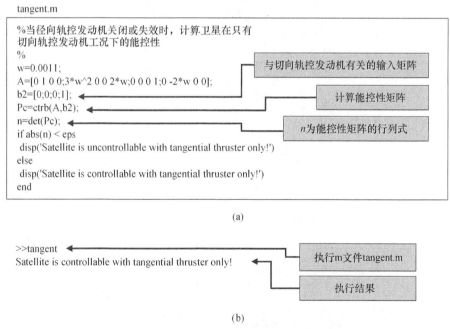

例 11.17 为某三阶系统设计合适的状态变量反馈控制器

某三阶系统的状态空间模型为

$$\dot{\boldsymbol{x}}(t) = \boldsymbol{A}\boldsymbol{x}(t) + \boldsymbol{B}u(t) \tag{11.91}$$

其中：

$$\boldsymbol{A} = \begin{bmatrix} 0 & 1 & 0 \\ 0 & -1 & 1 \\ 0 & 0 & -5 \end{bmatrix}, \quad \boldsymbol{B} = \begin{bmatrix} 0 \\ 0 \\ K \end{bmatrix}$$

系统阶跃响应的性能指标设计要求为调节时间（按 2% 准则）$T_s \leqslant 2$ s 且超调量 P.O. $\leqslant 4\%$。

假定所有的状态变量都可以用作反馈变量，则反馈控制信号为

$$u(t) = -[K_1 \quad K_2 \quad K_3]\boldsymbol{x}(t) + r(t) = -\boldsymbol{K}\boldsymbol{x}(t) + r(t) \tag{11.92}$$

接下来，为 K_1、K_2 和 K_3 选择合适的取值，使得系统能够满足性能指标设计要求。根据性能指标设计要求，应该有

$$T_s = \frac{4}{\zeta\omega_n} < 2, \ \text{P.O.} = 100e^{-\zeta\pi/\sqrt{1-\zeta^2}} < 4$$

于是有 $\zeta > 0.72$、$\omega_n > 2.8$。

这确定了预期主导极点在 s 平面上的可行配置区域，如图 11.31 所示。

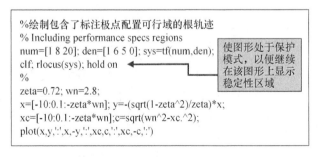

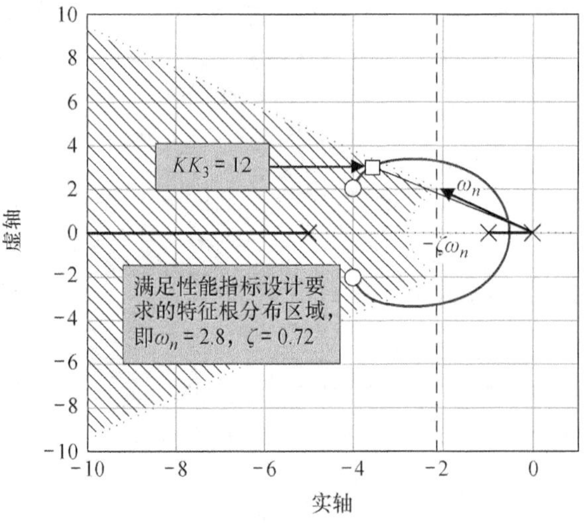

(a)

```
%绘制包含了标注极点配置可行域的根轨迹
% Including performance specs regions
num=[1 8 20]; den=[1 6 5 0]; sys=tf(num,den);
clf; rlocus(sys); hold on
%
zeta=0.72; wn=2.8;
x=[-10:0.1:-zeta*wn]; y=-(sqrt(1-zeta^2)/zeta)*x;
xc=[-10:0.1:-zeta*wn];c=sqrt(wn^2-xc.^2);
plot(x,y,':',x,-y,':',xc,c,':',xc,-c,':')
```

使图形处于保护模式，以便继续在该图形上显示稳定性区域

(b)

图 11.31 （a）三阶系统的根轨迹；（b）m 脚本程序

将式（11.92）代入式（11.91），可以得到

$$\dot{\boldsymbol{x}}(t)=\begin{bmatrix}0 & 1 & 0\\ 0 & -1 & 1\\ -KK_1 & -KK_2 & -(5+KK_3)\end{bmatrix}\boldsymbol{x}(t)+\begin{bmatrix}0\\0\\K\end{bmatrix}r(t)=\boldsymbol{H}x(t)+\boldsymbol{B}r(t) \tag{11.93}$$

其中，$\boldsymbol{H}=\boldsymbol{A}-\boldsymbol{BK}$。式（11.93）所示状态微分方程对应的特征方程为 $\det(s\boldsymbol{I}-\boldsymbol{H})=0$，展开并整理后可以得到

$$s(s+1)(s+5)+KK_3\left(s^2+\frac{K_3+K_2}{K_3}s+\frac{K_1}{K_3}\right)=0 \tag{11.94}$$

令 $K_1=1$ 并视 KK_3 为可变参数，将式（11.94）整理为适合绘制根轨迹的形式：

$$1+KK_3\frac{s^2+\dfrac{K_3+K_2}{K_3}s+\dfrac{1}{K_3}}{s(s+1)(s+5)}=0$$

为了把根轨迹拉向 s 平面的左半平面，可以将系统的零点取为 $s=-4\pm \mathrm{j}2$，因此预期的分子多项式为 $s^2+8s+20$。在与式（11.94）中的系数进行比较后，有

$$\frac{K_3+K_2}{K_3}=8,\ \frac{1}{K_3}=20$$

解之可以得到 $K_2=0.35$，$K_3=0.05$。这样就可以绘制出系统的以 KK_3 为可变参数的根轨迹，如图 11.31（a）所示，相应的 m 脚本程序如图 11.31（b）所示。

在确定相关增益参数的取值后，式（11.94）所示的特征方程可写为

$$1+KK_3\frac{s^2+8s+20}{s(s+1)(s+5)}=0$$

当 $KK_3=12$ 时，特征方程的根位于图 11.31（a）所示的阴影区域内，可以满足性能指标设计要求。也可以在特征根的可行配置区域内选定特征根的其他具体取值，然后利用函数 rlocfind 来确定对应的匹配增益 KK_3。最终的设计方案如下：$K=240.00$、$K_1=1.00$、$K_2=0.35$、$K_3=0.05$。

校正后系统的单位阶跃响应曲线如图 11.32 所示，调节时间仅为 1.8 s，超调量仅为 3%。

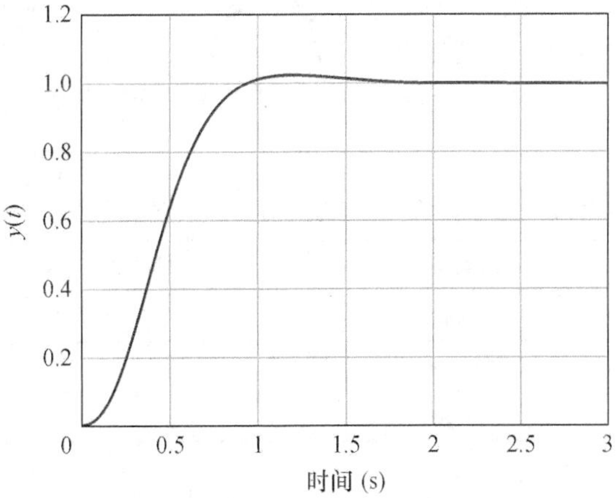

图 11.32　校正后系统的单位阶跃响应曲线

11.4 节曾经指出，利用阿克曼公式可以将系统的闭环极点配置到指定的位置。控制系统设计软件提供了 acker 函数，用于计算增益矩阵 $\boldsymbol{K}$，从而将系统的闭环极点配置到指定的位置。acker

函数的使用说明如图 11.33 所示。

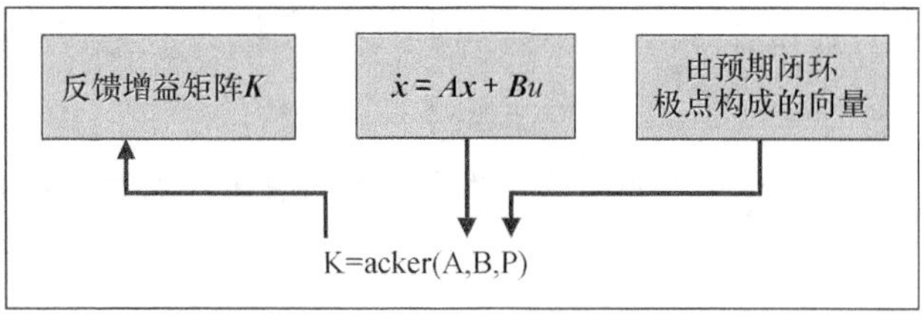

图 11.33 acker 函数的使用说明

例 11.18 利用 acker 函数设计二阶系统

重新考虑例 11.7 中讨论的二阶系统，系统的状态变量模型为

$$\dot{\boldsymbol{x}}(t)=\begin{bmatrix}0 & 1\\0 & 0\end{bmatrix}\boldsymbol{x}(t)+\begin{bmatrix}0\\1\end{bmatrix}u(t)$$

校正后系统的预期闭环极点为 $s_{1,2}=-1\pm \mathrm{j}$。为了使用阿克曼公式，下面首先构造矩阵 $\boldsymbol{P}$：

$$\boldsymbol{P}=\begin{bmatrix}-1+\mathrm{j}\\-1-\mathrm{j}\end{bmatrix}$$

系统矩阵 $\boldsymbol{A}$ 和输入矩阵 $\boldsymbol{B}$ 分别为

$$\boldsymbol{A}=\begin{bmatrix}0 & 1\\0 & 0\end{bmatrix},\ \boldsymbol{B}=\begin{bmatrix}0\\1\end{bmatrix}$$

运行图 11.34 所示的 acker 函数和 m 脚本程序，能够将闭环极点配置到指定位置的增益矩阵 $\boldsymbol{K}$ 如下：

$$\boldsymbol{K}=\begin{bmatrix}2 & 2\end{bmatrix}$$

这与例 11.7 中的结果完全一致。

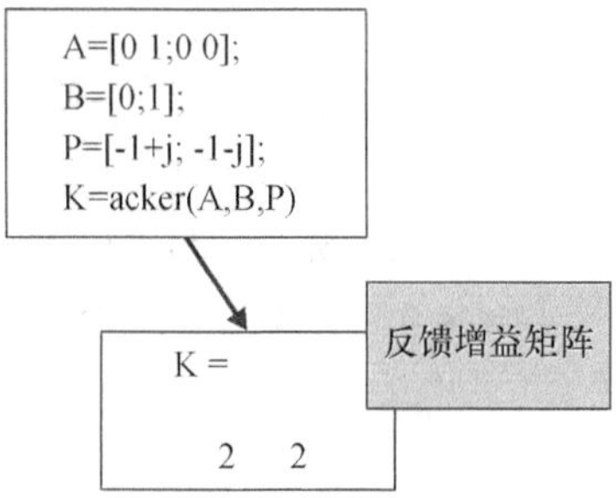

图 11.34 利用 acker 函数计算增益矩阵 $\boldsymbol{K}$，将闭环极点配置为 $s_{1,2}=-1\pm \mathrm{j}$

11.11 循序渐进设计实例：磁盘驱动器读取系统

本节将为磁盘驱动器读取系统设计合适的状态变量反馈控制器，以保证系统具有预期的响应性能。需要考虑的性能指标设计要求见表 11.2 的第 2 列，系统的二阶开环模型如图 11.35 所示。我们将在这个二阶开环模型的基础上设计所需的闭环系统，同时估算二阶模型和三阶模型的系统响应，以验证设计方案。

表 11.2 磁盘驱动器读取系统性能指标设计要求与实际性能

性能指标	预期值	二阶模型的响应	三阶模型的响应
超调量	< 5%	< 1%	0%
调节时间	< 50 ms	34.3 ms	34.2 ms
单位阶跃扰动的响应峰值	$< 5\times10^{-3}$	5.2×10^{-5}	5.2×10^{-5}

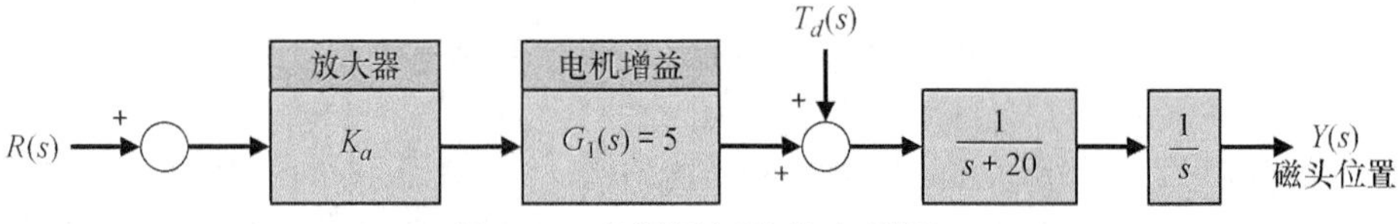

图 11.35 磁头控制系统的开环模型

首先，如图 11.36 所示，将状态变量取为 $x_1(t) = y(t)$ 和 $x_2(t) = \mathrm{d}y(t)/\mathrm{d}t = \mathrm{d}x_1(t)/\mathrm{d}t$，它们分别表示磁头的位置和速度。在实践中，磁头的位置和速度通常是可以测量的，因此可以将它们引入状态变量反馈控制信号，以校正开环系统。另外，为了使输出变量 $y(t)$ 及时准确地跟踪 $r(t)$，这里取 $K_1 = 1$。开环系统的状态变量微分方程为

$$\dot{\boldsymbol{x}}(t) = \begin{bmatrix} 0 & 1 \\ 0 & -20 \end{bmatrix}\boldsymbol{x}(t) + \begin{bmatrix} 0 \\ 5K_a \end{bmatrix}r(t)$$

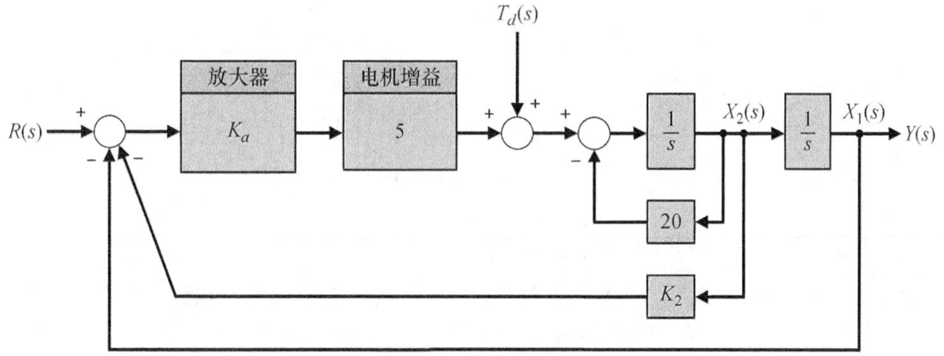

图 11.36　包含两个状态变量反馈环路的闭环系统

如图 11.36 所示，在为系统增加状态变量反馈控制之后，闭环系统的状态微分方程为

$$\dot{\boldsymbol{x}}(t) = \begin{bmatrix} 0 & 1 \\ -5K_1K_a & -(20 + 5K_2K_a) \end{bmatrix}\boldsymbol{x}(t) + \begin{bmatrix} 0 \\ 5K_a \end{bmatrix}r(t)$$

当 $K_1 = 1$ 时，系统的闭环特征方程为

$$s^2 + (20 + 5K_2K_a)s + 5K_a = 0$$

根据性能指标设计要求，应有 $\zeta = 0.90$、$\zeta\omega_n = 125$。于是，预期的闭环特征方程为

$$s^2 + 2\zeta\omega_n s + \omega_n^2 = s^2 + 250s + 19290 = 0$$

比较系数后可知，$5K_a = 19290$（即 $K_a = 3858$）且 $20 + 5K_2K_a = 250$（即 $K_2 = 0.012$）。

至此，我们便为磁盘驱动器读取系统设计了一个合适的状态变量反馈控制器。校正后的二阶系统闭环响应的性能见表 11.2 的第 3 列。从中可以看出，闭环系统能够满足所有的性能指标设计要求。考虑到磁场电感的影响，假设电感 L=1 mH，在磁盘驱动器读取系统的模型中，则应增加以下环节：

$$G_1(s) = \frac{5000}{s + 1000}$$

由此可以得到更为精确的三阶开环模型。利用含有电感的三阶开环模型，并沿用前面为二阶系统选取的反馈增益，我们可以仿真计算闭环系统的实际响应性能，结果见表 11.2 的第 4 列。从中可以看出，三阶闭环系统同样能够满足所有的性能指标设计要求。比较二阶模型和三阶模型的响应可以看出，两者差别甚微，这说明二阶开环模型足以精确地描述磁盘驱动器读取系统。

11.12　小结

本章研究了时域中的控制系统设计问题。我们首先讨论了状态变量反馈控制器设计的三个步骤；然后采用综合性能指标和状态变量反馈方法，讨论了状态反馈控制系统的最优设计问题，同

时还讨论了如何采用 s 平面上的极点配置方法设计状态变量反馈。最后，我们介绍了控制系统的内模设计方法。

☑ 技能自测

本节提供 3 类题目来测试你对本章知识的掌握情况：正误判断题、多项选择题以及术语和概念匹配题。为了直接反馈学习效果，请及时对照每章最后给出的答案。必要时，请借助图 11.37 给出的框图模型来确认下面各题中的相关陈述。

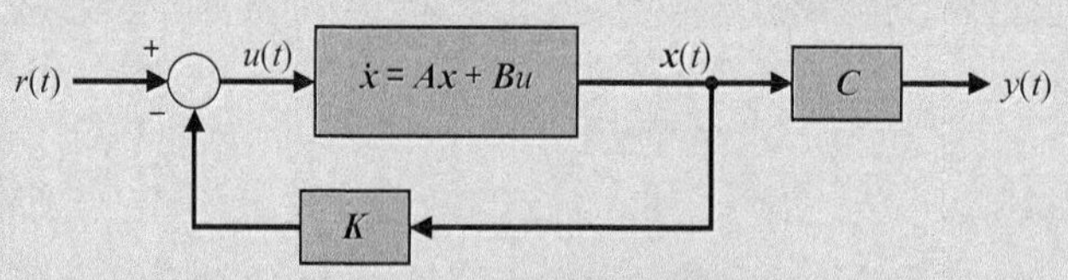

图 11.37　技能自测参考框图模型

在下面的正误判断题和多项选择题中，圈出正确的答案。

1. 如果存在连续的控制信号 $u(t)$，可以使系统从任意初始状态 $x(t_0)$ 出发，在经历有限的时间间隔 $t_f - t_0 > 0$ 后，变化到任意指定的预期状态 $x(t_f)$，则称系统在区间 $[t_0, t_f]$ 是能控的。　对　或　错
2. 可通过全状态反馈任意配置系统极点的充要条件是系统完全能控、能观。　对　或　错
3. 能使系统以零稳态误差渐近跟踪参考输入信号的控制器的设计问题被称为状态变量反馈设计。　对　或　错
4. 最优控制系统是指通过调整参数，能使指定的综合性能指标达到极值的系统。　对　或　错
5. 阿克曼公式用于检验系统的能观性。　对　或　错
6. 考虑如下控制系统：

$$\dot{\boldsymbol{x}}(t)=\begin{bmatrix}0 & 1\\ 0 & -4\end{bmatrix}\boldsymbol{x}(t)+\begin{bmatrix}0\\ 2\end{bmatrix}u(t)$$

$$y(t)=\begin{bmatrix}0 & 2\end{bmatrix}\boldsymbol{x}(t)$$

试分析系统是否能控、能观。

a. 能控、能观

b. 不能控、不能观

c. 能控、不能观

d. 不能控、能观

7. 考虑如下单位负反馈控制系统，其开环传递函数为

$$G(s)=\frac{10}{s^2(s+2)\left(s^2+2s+5\right)}$$

试分析系统是否能控、能观。

a. 能控、能观

b. 不能控、不能观

c. 能控、不能观

d. 不能控、能观

8. 某系统的状态空间模型为

$$\dot{\boldsymbol{x}}(t)=\begin{bmatrix}-1 & 0 & 0\\ 0 & -3 & 0\\ 0 & 0 & -5\end{bmatrix}\boldsymbol{x}(t)+\begin{bmatrix}1\\ 1\\ 1\end{bmatrix}u(t)$$

$$y(t)=\begin{bmatrix}1 & 2 & -1\end{bmatrix}\boldsymbol{x}(t)$$

试求相应的传递函数模型 $G(s) = Y(s)/U(s)$。

a. $G(s) = \dfrac{5s^2 + 32s + 35}{s^3 + 9s^2 + 23s + 15}$

b. $G(s) = \dfrac{5s^2 + 32s + 35}{s^4 + 9s^3 + 23s + 15}$

c. $G(s) = \dfrac{2s^2 + 16s + 22}{s^3 + 9s^2 + 23s + 15}$

d. $G(s) = \dfrac{5s + 32}{s^2 + 32s + 9}$

9. 考虑图 11.37 所示的闭环系统，其中

$$A = \begin{bmatrix} -12 & -10 & -5 \\ 1 & 0 & 0 \\ 0 & 1 & 0 \end{bmatrix},\ B = \begin{bmatrix} 1 \\ 0 \\ 0 \end{bmatrix},\ C = \begin{bmatrix} 3 & 5 & -5 \end{bmatrix}$$

试求状态变量反馈控制增益矩阵 $\boldsymbol{K}$，将系统的闭环极点配置为 $s = -3$、-4 和-6。

a. $\boldsymbol{K} = [1\ \ 44\ \ 67]$

b. $\boldsymbol{K} = [10\ \ 44\ \ 67]$

c. $\boldsymbol{K} = [44\ \ 1\ \ 1]$

d. $\boldsymbol{K} = [1\ \ 67\ \ 44]$

10. 考虑图 11.38 所示的双环路反馈控制系统。

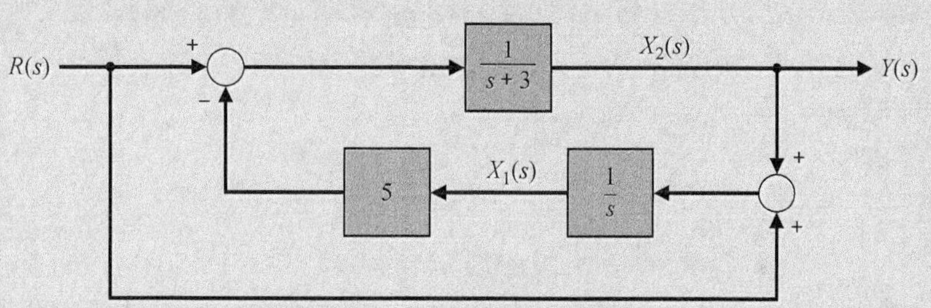

图 11.38 双环路反馈控制系统

试判断系统是否能控、能观。

a. 能控、能观

b. 不能控、不能观

c. 能控、不能观

d. 不能控、能观

11. 某系统的闭环传递函数为

$$T(s) = \frac{s + a}{s^4 + 6s^3 + 12s^2 + 12s + 6}$$

试确定 a 的取值，使系统不能观。

a. $a = 1.30$ 或 $a = -1.43$

b. $a = 3.30$ 或 $a = 1.43$

c. $a = -3.30$ 或 $a = -1.43$

d. $a = -5.7$ 或 $a = -2.04$

12. 考虑图 11.37 所示的闭环系统，其中

$$A = \begin{bmatrix} -7 & -10 \\ 1 & 0 \end{bmatrix},\ B = \begin{bmatrix} 1 \\ 0 \end{bmatrix},\ C = \begin{bmatrix} 0 & 1 \end{bmatrix}$$

试求状态变量反馈控制增益矩阵 $\boldsymbol{K}$，使系统能够以零稳态误差跟踪阶跃输入信号。

a. $\boldsymbol{K}=[3\quad -9]$

b. $\boldsymbol{K}=[3\quad -6]$

c. $\boldsymbol{K}=[-3\quad 2]$

d. $\boldsymbol{K}=[-1\quad 4]$

13. 考虑图 11.37 所示的闭环系统，其中

$$\boldsymbol{A}=\begin{bmatrix}-3 & 0\\ 1 & 0\end{bmatrix},\ \boldsymbol{B}=\begin{bmatrix}1\\0\end{bmatrix},\ \boldsymbol{C}=[0\quad 1]$$

试确定合适的状态变量反馈控制增益矩阵 $\boldsymbol{L}$，将观测器的极点配置为 $s_{1,2}=-3\pm \mathrm{j}3$。

a. $\boldsymbol{L}=\begin{bmatrix}-9\\3\end{bmatrix}$

b. $\boldsymbol{L}=\begin{bmatrix}9\\3\end{bmatrix}$

c. $\boldsymbol{L}=\begin{bmatrix}3\\9\end{bmatrix}$

d. 以上都不对

14. 某反馈系统的状态空间模型为

$$\dot{\boldsymbol{x}}(t)=\begin{bmatrix}-75 & 0\\ 1 & 0\end{bmatrix}\boldsymbol{x}(t)+\begin{bmatrix}1\\0\end{bmatrix}u(t)$$
$$y(t)=[0\quad 3600]\boldsymbol{x}(t)$$

其中，反馈信号为 $u(t)=-\boldsymbol{K}\boldsymbol{x}(t)+r(t)$。请设计一个合适的状态变量反馈增益矩阵 $\boldsymbol{K}$，使得系统的性能满足以下指标设计要求：(i)对阶跃输入信号的超调量为 P.O.≈6%；(ii)调节时间 $T_s\approx 0.1$s。

a. $\boldsymbol{K}=[10\quad 200]$

b. $\boldsymbol{K}=[6\quad 3600]$

c. $\boldsymbol{K}=[3600\quad 10]$

d. $\boldsymbol{K}=[100\quad 40]$

15. 考虑如下所示的系统

$$Y(s)=G(s)U(s)=\left[\frac{1}{s^2}\right]U(s)$$

定义 $x_1(t)=y(t)$，$r(t)$ 为参考输入信号，将其改写为状态空间模型，并选择状态变量反馈信号为 $u(t)=-2x_2(t)-2x_1(t)+r(t)$，试求闭环系统的特征值。

a. $s_1=-1+\mathrm{j}\quad s_2=-1-\mathrm{j}$

b. $s_1=-2+\mathrm{j}2\quad s_2=-2-\mathrm{j}2$

c. $s_1=-1+\mathrm{j}2\quad s_2=-1-\mathrm{j}2$

d. $s_1=-1\quad s_2=-1$

在下面的术语和概念匹配题中，在空格中填写正确的字母，将术语和概念与它们的定义联系起来。

a. 能稳控制器	将控制信号直接取为所有状态变量的函数。	______
b. 能控性矩阵	利用系统在时间间隔 $[t_0,t_f]$ 上的输出 $y(t)$ 的观测值，能够唯一确定任意初始状态 $\boldsymbol{x}(t_0)$ 的系统。	______
c. 能稳系统	存在连续的控制信号 $u(t)$，能够使系统从任意初始状态 $\boldsymbol{x}(t_0)$ 出发，在经历有限的时间间隔 $t_f-t_0>0$ 后，变化到任意指定的预期状态 $\boldsymbol{x}(t_f)$ 的系统。	______
d. 指令跟踪	通过校正和参数调整，能使指定的综合性能指标达到极值的系统。	______
e. 状态变量反馈	一种重要的控制系统设计策略，旨在使系统输出能够跟踪非零的参考输入信号。	______
f. 全状态反馈控制律	线性系统（完全）能控的充要条件是矩阵 $\boldsymbol{P}_c$ 满秩。	______

g．观测器	不能观的那些状态变量仍然本质稳定的系统。	______
h．线性二次调节器	状态实际值和估计值之间的误差。	______
i．最优控制系统	形如 $u(t) = -\boldsymbol{K}\boldsymbol{x}(t)$ 的控制律，其中，$\boldsymbol{x}(t)$ 表示系统状态，并且假定 $\boldsymbol{x}(t)$ 在所有时刻已知。	______
j．能检性	状态空间的一种分解方法，旨在揭示状态变量的能控不能观、不能控但能观、能控能观、不能控但能观等特性。	______
k．能控系统	旨在使二次型性能指标达到最小的最优控制器。	______
l．极点配置	线性系统（完全）能观的充分必要条件是矩阵 $\boldsymbol{P}_o$ 满秩。	______
m．估计误差	一个新构建的动态系统，旨在利用其输出测量值和输入信号估计另一个动态系统的状态。	______
n．卡尔曼状态空间分解	将闭环系统的特征值配置到复平面上指定位置的控制系统设计方法。	______
o．能观系统	先独立设计全状态反馈控制律和观测器，再将它们集成在一起，便可形成能够实现系统预期特性（如稳定性）的状态反馈控制器。	______
p．分离原理	不能控的那些状态变量仍然本质稳定的系统。	______
q．能观性矩阵	能使能稳系统闭环稳定的控制器。	______

基础练习题

E11.1　能够用弹性单足支架跑和跳的装置如图 E11.1 所示，主动平衡能力是该装置机动性能的关键要素[8]。该装置的姿态由陀螺仪及其反馈控制，反馈控制信号为 $u(t) = \boldsymbol{K}\boldsymbol{x}(t)$，其中：

$$\boldsymbol{K} = \begin{bmatrix} -k & 0 \\ 0 & -2k \end{bmatrix}$$

系统的状态变量模型为

$$\dot{\boldsymbol{x}}(t) = \boldsymbol{A}\boldsymbol{x}(t) + \boldsymbol{B}u(t)$$

其中：

$$\boldsymbol{A} = \begin{bmatrix} 0 & 1 \\ -1 & 0 \end{bmatrix},\ \boldsymbol{B} = \boldsymbol{I}$$

试确定 k 的取值，使校正后系统的跳跃响应是临界阻尼的。

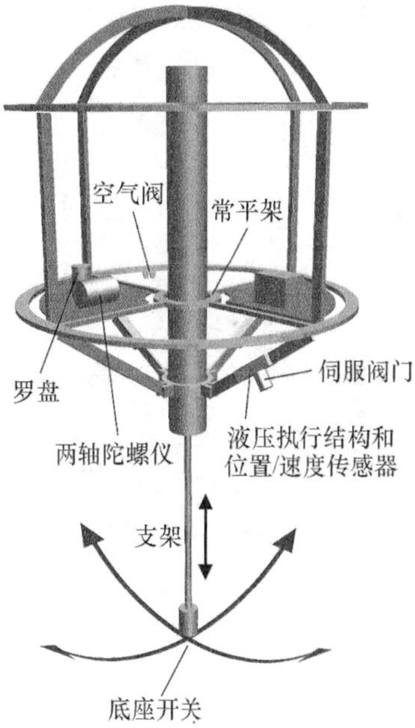

图 E11.1　单足支架的控制

E11.2　磁悬浮钢球的线性化运动方程为

$$\dot{\boldsymbol{x}}(t) = \begin{bmatrix} 0 & 1 \\ 9 & 0 \end{bmatrix}\boldsymbol{x}(t) + \begin{bmatrix} 0 \\ 1 \end{bmatrix}u(t),\ y(t) = \begin{bmatrix} 1 & 0 \end{bmatrix}\boldsymbol{x}(t)$$

其中，状态变量 $x_1(t)$ 表示钢球的位置，$x_2(t)$ 表示钢球的速度，而且它们都是可以测量的。系统的状态反馈控制信号为

$$u(t) = -k_1 x_1(t) - k_2 x_2(t) + r(t)$$

其中，$r(t)$ 为参考输入，k_1 和 k_2 为待定增益系数。试确定 k_1 和 k_2 的取值，使校正后系统的响应是临界阻尼的且调节时间 $T_s = 4\ \mathrm{s}$（按 2% 准则）。

E11.3　某系统的状态空间模型为

$$\dot{\boldsymbol{x}}(t) = \begin{bmatrix} 0 & 1 \\ 0 & -5 \end{bmatrix}\boldsymbol{x}(t) + \begin{bmatrix} 0 \\ 2 \end{bmatrix}u(t)$$

$$y(t) = \begin{bmatrix} 0 & 2 \end{bmatrix}\boldsymbol{x}(t)$$

试判断该系统是否能控、能观。

答案： 能控、不能观。

E11.4 某系统的状态空间模型为

$$\dot{\boldsymbol{x}}(t)=\begin{bmatrix}-8 & -9\\ 0 & 1\end{bmatrix}\boldsymbol{x}(t)+\begin{bmatrix}-1\\ 1\end{bmatrix}u(t)$$
$$y(t)=\begin{bmatrix}1 & 0\end{bmatrix}\boldsymbol{x}(t)$$

试判断该系统是否能控、能观。

E11.5 某系统的状态空间模型为

$$\dot{\boldsymbol{x}}(t)=\begin{bmatrix}0 & 1\\ -2 & -2\end{bmatrix}\boldsymbol{x}(t)+\begin{bmatrix}1\\ -3\end{bmatrix}u(t)$$
$$y(t)=\begin{bmatrix}1 & 0\end{bmatrix}\boldsymbol{x}(t)$$

试判断该系统是否能控、能观。

E11.6 某系统的状态空间模型为

$$\dot{\boldsymbol{x}}(t)=\begin{bmatrix}0 & 1\\ -1 & -2\end{bmatrix}\boldsymbol{x}(t)+\begin{bmatrix}0\\ 1\end{bmatrix}u(t)$$
$$y(t)=\begin{bmatrix}1 & 0\end{bmatrix}\boldsymbol{x}(t)$$

试判断该系统是否能控、能观。

答案： 能控、能观。

E11.7 某系统的状态空间模型为

$$\dot{\boldsymbol{x}}(t)=\boldsymbol{A}\boldsymbol{x}(t)+\boldsymbol{B}u(t)$$
$$y(t)=\boldsymbol{C}\boldsymbol{x}(t)+\boldsymbol{D}u(t)$$

其中：

$$\boldsymbol{A}=\begin{bmatrix}0 & 1\\ -4 & -6\end{bmatrix},\quad \boldsymbol{B}=\begin{bmatrix}0\\ 10\end{bmatrix}$$
$$\boldsymbol{C}=\begin{bmatrix}2 & -4\end{bmatrix},\quad \boldsymbol{D}=\begin{bmatrix}0\end{bmatrix}$$

试绘制系统的框图模型。

E11.8 某三阶系统的状态空间模型为

$$\dot{\boldsymbol{x}}(t)=\begin{bmatrix}0 & 1 & 0\\ 0 & 0 & 1\\ -8 & -3 & -1\end{bmatrix}\boldsymbol{x}(t)+\begin{bmatrix}-1\\ 2\\ -6\end{bmatrix}u(t)$$
$$y(t)=\begin{bmatrix}2 & 8 & 10\end{bmatrix}\boldsymbol{x}(t)+\begin{bmatrix}1\end{bmatrix}u(t)$$

试绘制系统的框图模型。

E11.9 某二阶系统的状态空间模型为

$$\dot{\boldsymbol{x}}(t)=\begin{bmatrix}1 & -1\\ -1 & 1\end{bmatrix}\boldsymbol{x}(t)+\begin{bmatrix}k_1\\ k_2\end{bmatrix}u(t)$$
$$y(t)=\begin{bmatrix}1 & 0\end{bmatrix}\boldsymbol{x}(t)+\begin{bmatrix}0\end{bmatrix}u(t)$$

试确定k_1和k_2的取值范围，使系统完全能控。

E11.10 某系统的状态变量框图模型如图E11.10所示，试确定系统的状态空间模型。状态空间模型的一般形式如下：

$$\dot{\boldsymbol{x}}(t)=\boldsymbol{A}\boldsymbol{x}(t)+\boldsymbol{B}u(t)$$
$$y(t)=\boldsymbol{C}\boldsymbol{x}(t)+\boldsymbol{D}u(t)$$

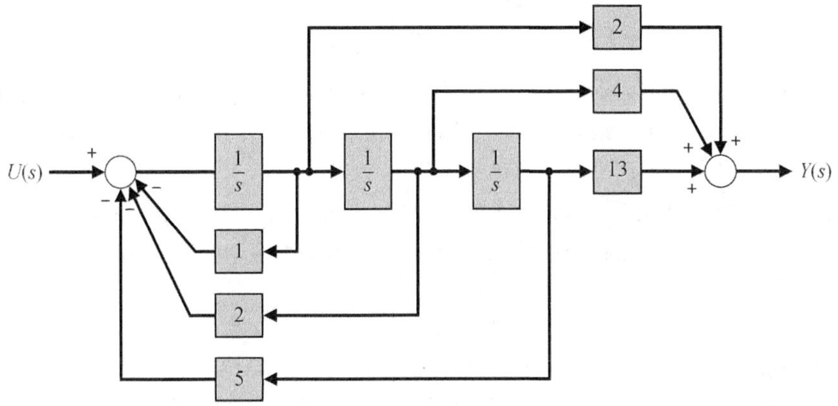

图 E11.10　某系统的状态变量框图模型

E11.11　某系统的状态变量框图模型如图 E11.11 所示，试确定系统的状态空间模型，并判断系统是否能控、能观。

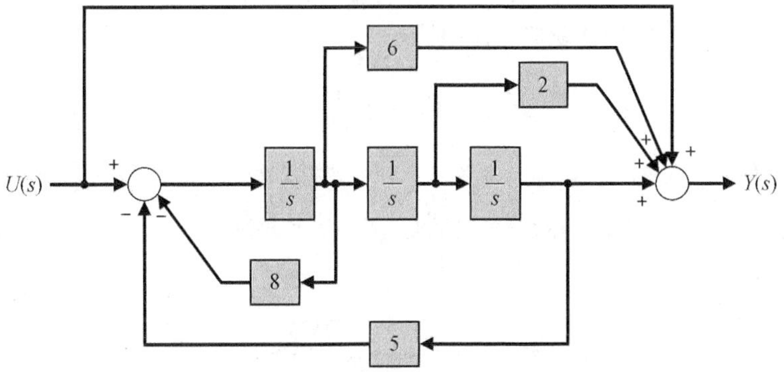

图 E11.11　带前馈环路的系统的状态变量框图模型

E11.12　某单输入–单输出系统的状态空间模型为

$$\dot{\boldsymbol{x}}(t)=\boldsymbol{A}\boldsymbol{x}(t)+\boldsymbol{B}u(t)$$
$$y(t)=\boldsymbol{C}\boldsymbol{x}(t)$$

其中：

$$\boldsymbol{A}=\begin{bmatrix}0 & 1\\ -6 & -5\end{bmatrix},\boldsymbol{B}=\begin{bmatrix}0\\ 6\end{bmatrix},\boldsymbol{C}=\begin{bmatrix}1 & 0\end{bmatrix}$$

确定系统的传递函数。如果系统的初始条件为零［即 $x_1(t)=x_2(t)=0$］，那么当 $u(t)$ 为单位阶跃信号时，试确定系统的时间响应 $\boldsymbol{x}(t)(t>0)$。

一般习题

P11.1　某一阶系统的状态微分方程为

$$\dot{x}(t)=x(t)+u(t)$$

反馈控制器为

$$u(t)=-kx(t)$$

预期的平衡条件如下：当 $t\to\infty$ 时，$x(t)\to 0$。

假设系统的综合性能指标为

$$J=\int_0^{\infty}x^2(t)\mathrm{d}t$$

将状态变量的初始值取为$x(0)=\sqrt{2}$，试确定k的取值，使J达到最小值，并分析k的这个值是否能够物理实现。如果不能，则为k选择一个可以实现的值，并计算此时的性能指标。另外，如果不在系统中引入反馈控制器$u(t)=-kx(t)$，系统是否稳定？

P11.2 考虑到能量和资源的消耗，综合性能指标中常常包含控制信号项。这样最优系统就不可能使用无限制的控制信号$u(t)$。当兼顾控制信号的影响时，合适的综合性能指标应该为

$$J=\int_0^{\infty}(x^2(t)+\lambda u^2(t))\mathrm{d}t$$

(a) 采用这个综合性能指标，重新完成习题 P11.1。

(b) 当$\lambda=2$时，试确定k的取值，使性能指标J达到最小值，并计算此时J的最小值。

P11.3 某开环不稳定机器人系统的状态微分方程为 [9]

$$\dot{\boldsymbol{x}}(t)=\begin{bmatrix}1 & 0\\ -1 & 2\end{bmatrix}\boldsymbol{x}(t)+\begin{bmatrix}1\\1\end{bmatrix}u(t)$$

其中，$\boldsymbol{x}(t)=(x_1(t),x_2(t))^{\mathrm{T}}$。假定所有的状态变量都是可以测量的，于是可以将控制信号取为$u(t)=-k(x_1(t)+x_2(t))$。系统的初始条件为

$$\boldsymbol{x}(0)=\begin{bmatrix}1\\1\end{bmatrix}$$

在上述条件下，试确定增益k的合适取值，使性能指标$J=\int_0^{\infty}\boldsymbol{x}^{\mathrm{T}}(t)\boldsymbol{x}(t)\mathrm{d}t$达到最小值并计算$J$的最小值，然后确定性能指标对参数$k$的灵敏度。另外，如果没有为系统引入状态反馈信号$u(t)$，系统能够保持稳定吗？

P11.4 考虑如下系统：

$$\dot{\boldsymbol{x}}(t)=[\boldsymbol{A}-\boldsymbol{BK}]\boldsymbol{x}(t)=\boldsymbol{H}\boldsymbol{x}(t)$$

其中，$\boldsymbol{H}=\begin{bmatrix}0 & 1\\ -k & -k\end{bmatrix}$，初始状态为$\boldsymbol{x}^{\mathrm{T}}(0)=[1\quad -1]$，综合性能指标为

$$J=\int_0^{\infty}\boldsymbol{x}^{\mathrm{T}}(t)\boldsymbol{x}(t)\mathrm{d}t$$

试确定增益k的合适取值，使性能指标J达到最小值，并绘制J随增益k的变化曲线。

P11.5 考虑如下系统：

$$\dot{\boldsymbol{x}}(t)=\boldsymbol{A}\boldsymbol{x}(t)+\boldsymbol{B}u(t)$$

其中，$\boldsymbol{x}(t)=\left(x_1(t),x_2(t)\right)^{\mathrm{T}}$，$\boldsymbol{A}=\begin{bmatrix}0 & 1\\ 0 & 0\end{bmatrix}$，$\boldsymbol{B}=\begin{bmatrix}0\\1\end{bmatrix}$。将反馈信号取为$u(t)=-k_1x_1(t)-k_2x_2(t)$，将初始状态取为$\boldsymbol{x}^{\mathrm{T}}(0)=[1\quad 1]$，综合性能指标为$J=\int_0^{\infty}\left(\boldsymbol{x}^{\mathrm{T}}(t)\boldsymbol{x}(t)+u^{\mathrm{T}}(t)u(t)\right)\mathrm{d}t$。

试确定增益k的合适取值，使性能指标J达到最小值，并绘制J随增益k的变化曲线。

P11.6 针对习题P11.3至习题P11.5的设计结果，分别确定相应的最优控制系统的闭环特征根。注意，闭环特征根与采用的综合性能指标有关。

P11.7 某系统的状态微分方程为

$$\dot{\boldsymbol{x}}(t)=\boldsymbol{A}\boldsymbol{x}(t)+\boldsymbol{B}u(t)$$

其中，$\boldsymbol{A}=\begin{bmatrix}0 & 1\\ 0 & 0\end{bmatrix}$，$\boldsymbol{B}=\begin{bmatrix}0\\1\end{bmatrix}$。假定所有的状态变量都可以作为反馈变量，则状态反馈控制信号可以设计为$u(t)=-k_1x_1(t)-k_2x_2(t)$，同时假定初始条件为$\boldsymbol{x}^{\mathrm{T}}(0)=[1\quad 0]$。经过反馈校正后，我们希望系统的固有频率$\omega_n=2$，并将性能指标$J$取为

$$J=\int_0^{\infty}\left(\boldsymbol{x}^{\mathrm{T}}(t)\boldsymbol{x}(t)+u^{\mathrm{T}}(t)u(t)\right)\mathrm{d}t$$

试确定增益k_1和k_2的合适取值，使系统达到最优。

P11.8　考虑习题P11.7中给出的系统，当$k_1=1$、$\boldsymbol{x}^{\mathrm{T}}(0)=[1\quad 0]$时，试确定$k_2$的最优值。

P11.9　考虑图P11.9（a）所示的机械系统，它由小球和横杆构成。其中，横杆是完全刚性的，它可以在垂直平面上绕中心转轴自由旋转，小球则可以沿着横杆上的凹槽来回滚动[10]。具体要解决的控制问题是，将转轴上的扭矩作为横杆的输入控制信号，使小球停放在横杆上的指定位置。

该系统的开环框图模型如图P11.9（b）所示，假定角度$\phi(t)$和角速度$\dot{\phi}(t)=\omega(t)$是可以测量的状态变量，试设计一种反馈控制方案，使闭环系统阶跃响应的超调量P.O. = 4%，调节时间T_s = 1 s（按2%准则）。

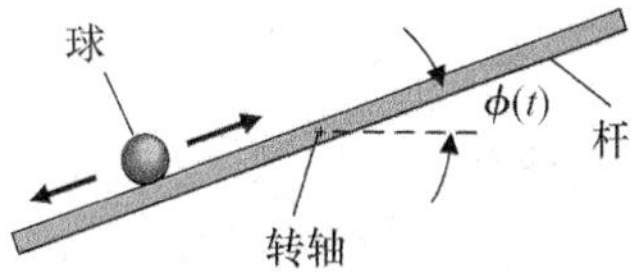

(a)

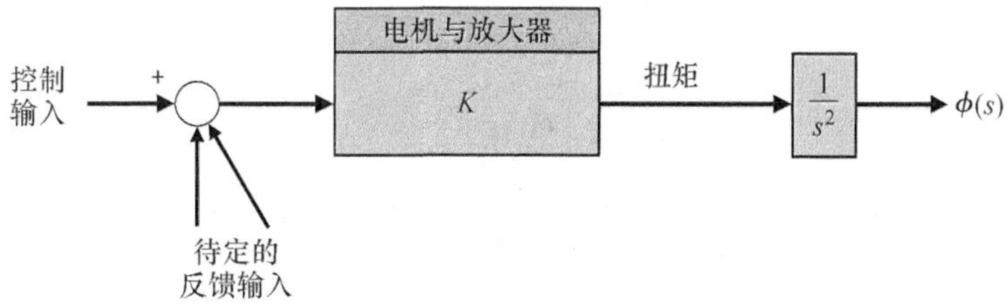

(b)

图 P11.9　（a）由小球和横杆构成的机械系统；（b）框图模型

P11.10　火箭的动力学模型可以表示为

$$\dot{\boldsymbol{x}}(t)=\begin{bmatrix}0&0\\1&0\end{bmatrix}\boldsymbol{x}(t)+\begin{bmatrix}1\\0\end{bmatrix}u(t)$$
$$y(t)=\begin{bmatrix}0&1\end{bmatrix}\boldsymbol{x}(t)$$

若在系统中引入状态变量反馈且控制信号为$u(t)=-10x_1(t)-25x_2(t)+r(t).$，试确定系统的闭环特征根。若系统的初始条件为$x_1(0)=1$和$x_2(0)=-1$，参考输入为$r(t)=0$，试确定系统的响应。

P11.11　某受控对象的控制系统的状态空间模型为

$$\dot{\boldsymbol{x}}(t)=\begin{bmatrix}-5&-2\\2&0\end{bmatrix}\boldsymbol{x}(t)+\begin{bmatrix}0.5\\0\end{bmatrix}u(t)$$
$$y(t)=\begin{bmatrix}0&1\end{bmatrix}\boldsymbol{x}(t)+[0]u(t)$$

若为受控对象引入状态变量反馈系统，且反馈控制信号为$u(t)=-\boldsymbol{K}\boldsymbol{x}(t)+\alpha r(t)$，试确定合适的增益矩阵$\boldsymbol{K}$和参数$\alpha$，使系统具有较快的响应速度，要求超调量P.O.约为1%、调节时间$T_s\leqslant 1$ s（按2%准则）且系统单位阶跃响应的稳态误差为0。

P11.12　某直流电机的状态空间模型为

$$\dot{\boldsymbol{x}}(t)=\begin{bmatrix}-2&-4&-0.6&0&0\\-7&0&0&0&0\\0&4.2&0&0&0\\0&0&1&0&0\\0&0&0&3.7&0\end{bmatrix}\boldsymbol{x}(t)+\begin{bmatrix}-1\\0\\0\\0\\0\end{bmatrix}u(t)$$
$$y(t)=\begin{bmatrix}0&0&0&0&4\end{bmatrix}\boldsymbol{x}(t)$$

试确定系统的传递函数，并判断系统是否能控、能观。

P11.13 某闭环反馈控制系统的受控对象的传递函数为

$$\frac{Y(s)}{R(s)}=G(s)=\frac{45.78}{s(s+50)}$$

请为该受控对象引入状态变量反馈。为此，需要选择指定的状态变量并将反馈控制信号取为$u(t)=-k_1x_1(t)-k_2x_2(t)$。试确定增益$k_1$和$k_2$的合适取值，使系统阶跃响应的超调量P.O.约为10%且调节时间$T_s\leqslant 1$ s（按2%准则）。

P11.14 某控制系统的状态空间模型为

$$\dot{\boldsymbol{x}}(t)=\begin{bmatrix}-10 & 0\\ 1 & 0\end{bmatrix}\boldsymbol{x}(t)+\begin{bmatrix}1\\0\end{bmatrix}u(t)$$
$$y(t)=\begin{bmatrix}0 & 1\end{bmatrix}\boldsymbol{x}(t)+[0]u(t)$$

假定所有的状态变量都可以用作反馈变量，试为受控对象设计合适的反馈控制器，使校正后系统的超调量P.O. ≤ 10%且调节时间$T_s\leqslant 1$ s（按2%准则），然后绘制校正后系统的框图模型。

P11.15 某遥控机器人系统的状态空间模型[16]为

$$\dot{\boldsymbol{x}}(t)=\begin{bmatrix}-4 & 0 & 0\\ 0 & -2 & 0\\ 0 & 0 & -3\end{bmatrix}\boldsymbol{x}(t)+\begin{bmatrix}1\\1\\0\end{bmatrix}u(t)$$
$$y(t)=\begin{bmatrix}2 & 1 & 0\end{bmatrix}\boldsymbol{x}(t)$$

（a）试求系统的传递函数 $G(s)=Y(s)/U(s)$。

（b）绘制系统的框图模型并标明相应的状态变量。

（c）判断系统是否能控。

（d）判断系统是否能观。

P11.16 电影《侏罗纪公园》中的恐龙模型是利用液压执行机构来驱动的[20]。驱动这种巨大的恐龙模型所需的功率高达1200 W。其中，单个下肢的运动动力学模型可以表示为

$$\dot{\boldsymbol{x}}(t)=\begin{bmatrix}-4 & 0\\ 1 & -1\end{bmatrix}\boldsymbol{x}(t)+\begin{bmatrix}1\\0\end{bmatrix}u(t)$$
$$y(t)=\begin{bmatrix}0 & 1\end{bmatrix}\boldsymbol{x}(t)+[0]u(t)$$

假设下肢运动的位置和速度（即状态变量）是可以测量的变量，试利用阿克曼公式，设计所需的状态变量反馈控制器，使系统的闭环极点为$s_{1,2}=-1\pm \mathrm{j}3$。

P11.17 某系统的传递函数为

$$\frac{Y(s)}{R(s)}=\frac{s^2+as+b}{s^4+12s^3+48s^2+72s+52}$$

试确定实数a和b的合适取值，使系统要么不能控，要么不能观。

P11.18 某系统的传递函数为

$$\frac{Y(s)}{U(s)}=G(s)=\frac{1}{(s+1)^2}$$

（a）选择合适的状态变量，绘制系统的框图模型，然后确定系统的矩阵形式的状态微分方程。

（b）当状态变量的初始值为 $x_1(0)=1$ 和 $x_2(0)=0$ 且 $y(t)=x_1(t)$ 时，试为受控对象设计合适的状态变量反馈控制器 $u(t)=-k_1x_1(t)-k_2x_2(t)$，使系统的零输入响应是临界阻尼的，此时特征方程的闭环重根为 $s=-\sqrt{2}$。

P11.19 某反馈控制系统的框图模型如图P11.19所示，试判断系统是否能控、能观。

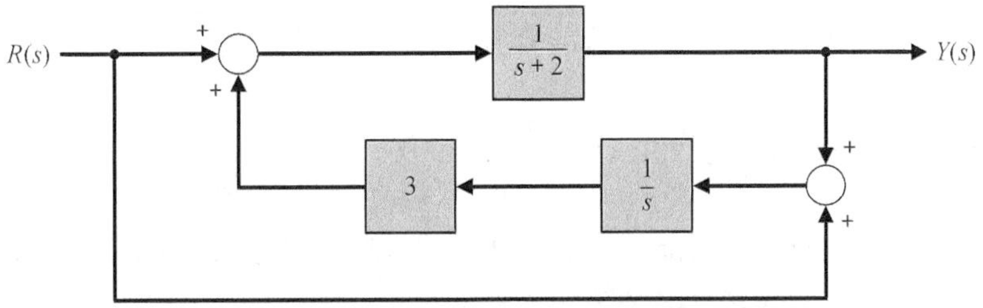

图 P11.19 某反馈控制系统的框图模型

P11.20 考虑某轮船自动驾驶系统，其状态微分方程为

$$\dot{\boldsymbol{x}}(t)=\begin{bmatrix}-0.06 & -5 & 0 & 0\\ -0.01 & -0.2 & 0 & 0\\ 1 & 0 & 0 & 10\\ 0 & 1 & 0 & 0\end{bmatrix}\boldsymbol{x}(t)+\begin{bmatrix}-0.1\\ 0.05\\ 0\\ 0\end{bmatrix}\delta(t),\quad y(t)=\begin{bmatrix}0 & 0 & 10 & 0\end{bmatrix}\boldsymbol{x}(t)$$

其中，$\boldsymbol{x}^{\mathrm{T}}(t)=\begin{bmatrix}v(t) & \omega_s(t) & y(t) & \theta(t)\end{bmatrix}$，$x_1(t)$是横向速度$v(t)$，$x_2(t)$是船体坐标系相对于响应坐标系的角速度$\omega_s(t)$，$x_3(t)$是与运动轨迹垂直的轴偏差$y(t)$，$x_4(t)$是偏差角$\theta(t)$。

(a) 判断系统是否稳定。

(b) 为系统增加状态变量反馈环节，控制信号为

$$\delta(t)=-k_1x_1(t)-k_3x_3(t)+r(t)$$

试分析能否确定增益k_1和k_3的合适取值，使系统稳定。

P11.21 考虑图P11.21所示的RL电路。

(a) 选择两个合适的状态变量，令输出为$v_o(t)$，建立该RL电路的状态空间模型。

(b) 当$R_1/L_1=R_2/L_2$时，系统是否能观？

(c) 建立各参数之间的关系，使系统能有两个相同的特征根。

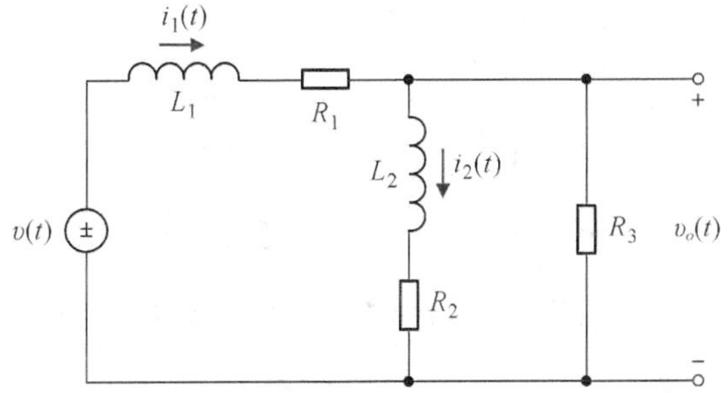

图 P11.21 RL 电路

P11.22 某操纵器系统为单位负反馈控制系统[15]，其受控对象的传递函数为

$$G(s)=\frac{1}{s(s+0.4)}$$

(a) 绘制系统的单位阶跃响应曲线。

(b) 试指定状态变量并绘制系统的信号流图模型或框图模型，在此基础上建立系统的矩阵形式的状态微分方程。

(c) 为系统设计合适的状态变量反馈控制器，使系统的超调量 P.O. = 5%、调节时间 $T_s=1.35$ s（按2% 准则），并绘制校正后系统的单位阶跃响应曲线。

P11.23 某系统的状态空间模型为

$$\dot{\boldsymbol{x}}(t)=\boldsymbol{A}\boldsymbol{x}(t)+\boldsymbol{B}u(t)$$
$$y(t)=\boldsymbol{C}\boldsymbol{x}(t)+\boldsymbol{D}u(t)$$

其中：

$$\boldsymbol{A}=\begin{bmatrix}-1 & 2\\ 0 & 1\end{bmatrix},\quad \boldsymbol{B}=\begin{bmatrix}-1\\ 1\end{bmatrix},\quad \boldsymbol{C}=[1\quad 0],\quad \boldsymbol{D}=[0]$$

试运用内模方法为系统设计合适的状态变量反馈控制器，使系统阶跃响应的稳态误差为0，预期的特征方程根为$s_{1,2}=-2\pm \mathrm{j}2$和$s_3=-20$。

P11.24 某系统的状态空间模型为

$$\dot{\boldsymbol{x}}(t)=\boldsymbol{A}\boldsymbol{x}(t)+\boldsymbol{B}u(t)$$
$$y(t)=\boldsymbol{C}\boldsymbol{x}(t)+\boldsymbol{D}u(t)$$

其中：

$$\boldsymbol{A}=\begin{bmatrix}0 & 1\\ 0 & 0\end{bmatrix},\quad \boldsymbol{B}=\begin{bmatrix}0\\ 1\end{bmatrix},\quad \boldsymbol{C}=[1\quad 0],\quad \boldsymbol{D}=[0]$$

试运用内模方法为系统设计合适的状态变量反馈控制器，使系统斜坡响应的稳态误差为0，预期的特征方程根为$s_{1,2}=-2\pm \mathrm{j}2$、$s_3=-1$和$s_4=-2$。

P11.25 某系统的状态空间模型为

$$\dot{\boldsymbol{x}}(t)=\boldsymbol{A}\boldsymbol{x}(t)+\boldsymbol{B}u(t)$$
$$y(t)=\boldsymbol{C}\boldsymbol{x}(t)+\boldsymbol{D}u(t)$$

其中：

$$\boldsymbol{A}=\begin{bmatrix}1 & 4\\ -5 & 10\end{bmatrix},\quad \boldsymbol{B}=\begin{bmatrix}0\\ 1\end{bmatrix}$$
$$\boldsymbol{C}=[1\quad -4],\quad \boldsymbol{D}=[0]$$

首先验证系统是能观的，然后设计一个全状态观测器，将它的极点配置为$s_{1,2}=-1$。当观测器估计误差的初始值为$\boldsymbol{e}(0)=[1\quad 1]^{\mathrm{T}}$时，试绘制估计误差$\boldsymbol{e}(t)=\boldsymbol{x}(t)-\hat{\boldsymbol{x}}(t)$的响应曲线。

P11.26 某三阶系统的状态空间模型为

$$\dot{\boldsymbol{x}}(t)=\begin{bmatrix}0 & 1 & 0\\ 0 & 0 & 1\\ -7 & -5 & -3\end{bmatrix}\boldsymbol{x}(t)+\begin{bmatrix}0\\ 0\\ 5\end{bmatrix}u(t)$$
$$y(t)=[2\quad -5\quad 0]\boldsymbol{x}(t)+[0]u(t)$$

首先判断系统是否能观，然后设计一个全状态观测器，将它的极点配置为$s_{1,2}=-1\pm \mathrm{j}$和$s_3=-5$。

P11.27 某二阶系统的状态空间模型为

$$\dot{\boldsymbol{x}}(t)=\begin{bmatrix}1 & 0\\ -3 & -2\end{bmatrix}\boldsymbol{x}(t)+\begin{bmatrix}10\\ 0\end{bmatrix}u(t)$$
$$y(t)=[1\quad 0]\boldsymbol{x}(t)+[0]u(t)$$

请设计一个全状态观测器，将它的极点配置为$s_{1,2}=-1\pm \mathrm{j}$。

P11.28 某单输入-单输出系统的状态空间模型为

$$\dot{\boldsymbol{x}}(t)=\boldsymbol{A}\boldsymbol{x}(t)+\boldsymbol{B}u(t)$$
$$y(t)=\boldsymbol{C}\boldsymbol{x}(t)$$

其中：

$$\boldsymbol{A}=\begin{bmatrix}0 & 1\\ -16 & -8\end{bmatrix},\boldsymbol{B}=\begin{bmatrix}0\\ K\end{bmatrix},\boldsymbol{C}=[1\quad 0]$$

（a）确定 K 的合适取值，使系统单位阶跃响应的稳态跟踪误差 $e(t) = u(t) - y(t)$ 为 0（$t \geqslant 0$）。

（b）基于（a）中得到的 K 值，绘制系统的单位阶跃响应曲线并验证稳态跟踪误差是否为 0。

P11.29 某交联反馈系统的框图模型如图 P11.29 所示，试确定系统的状态空间模型。状态空间模型的一般形式如下：

$$\dot{\boldsymbol{x}}(t) = \boldsymbol{A}\boldsymbol{x}(t) + \boldsymbol{B}u(t),\ y(t) = \boldsymbol{C}\boldsymbol{x}(t) + \boldsymbol{D}u(t)$$

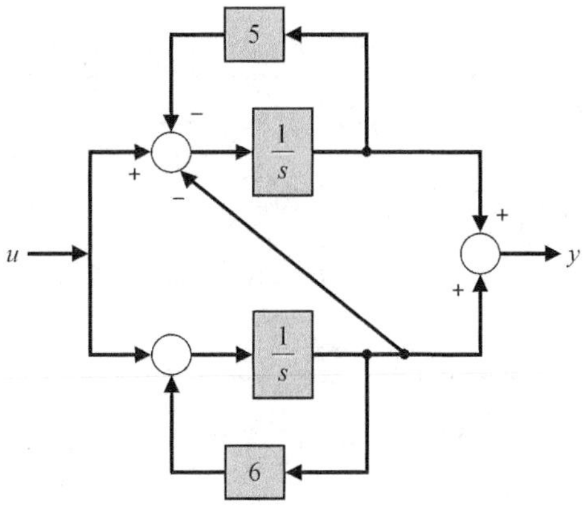

图 P11.29　某交联反馈系统的框图模型

难题

AP11.1 某直流电机控制系统的框图模型如图 AP11.1 所示[6]，系统的三个状态变量都是可测量的，系统的输出为位置变量 $x_1(t)$。当所有的状态变量都可以用于反馈时，试确定合适的反馈增益，使系统对阶跃输入的稳态跟踪误差为 0 且超调量 P.O. ≤ 3%。

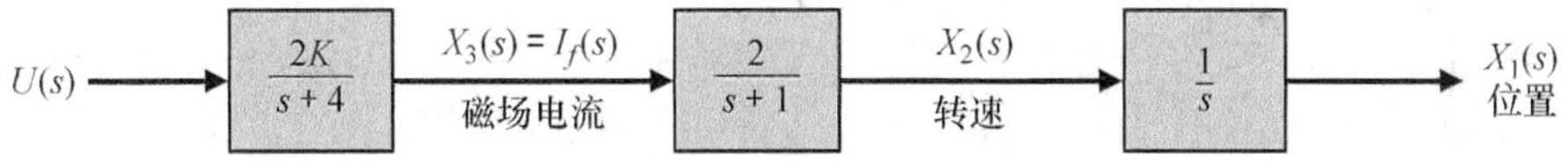

图 AP11.1　某直流电机控制系统的框图模型

AP11.2 某系统的状态变量微分方程为

$$\dot{\boldsymbol{x}}(t) = \begin{bmatrix} -5 & -2 & -1 \\ 1 & 0 & 0 \\ 0 & 1 & 0 \end{bmatrix}\boldsymbol{x}(t) + \begin{bmatrix} 16 \\ 0 \\ 0 \end{bmatrix}u(t)$$

$$y(t) = \begin{bmatrix} 0 & 0 & 10 \end{bmatrix}\boldsymbol{x}(t)$$

试设计合适的状态变量反馈控制器，将系统的闭环极点配置为 $s_{1,2} = -2 \pm \mathrm{j}2$ 和 $s_3 = -20$。

AP11.3 某系统的状态变量微分方程为

$$\dot{\boldsymbol{x}}(t) = \begin{bmatrix} 0 & 1 \\ -1 & -2 \end{bmatrix}\boldsymbol{x}(t) + \begin{bmatrix} b_1 \\ b_2 \end{bmatrix}u(t)$$

试确定 b_1 和 b_2 应该满足的条件，使系统完全能控。

AP11.4 重新考虑例 3.3 中给出的倒立摆系统，其状态微分方程为

$$\dot{\boldsymbol{x}}(t) = \begin{bmatrix} 0 & 1 & 0 & 0 \\ 0 & 0 & -1 & 0 \\ 0 & 0 & 0 & 1 \\ 0 & 0 & 9.8 & 0 \end{bmatrix}\boldsymbol{x}(t) + \begin{bmatrix} 0 \\ 1 \\ 0 \\ -1 \end{bmatrix}u(t)$$

假定所有的状态变量都可以测量且用作反馈变量，试设计合适的状态变量反馈控制器，将系统的闭环极点配置为$s_{1,2}=-2\pm j$、$s_3=-5$和$s_4=-5$。

AP11.5 汽车悬挂系统有3个物理状态变量，如图AP11.5所示[13]。图AP11.5中还给出了状态变量反馈控制信号的结构，并且有$K_1=1$。在上述条件下，试确定K_2和K_3的合适取值，将闭环系统的3个特征根配置到$s=-3$和$s=-6$之间。另外，试确定K_p的合适取值，使系统对阶跃输入的稳态跟踪误差为0。

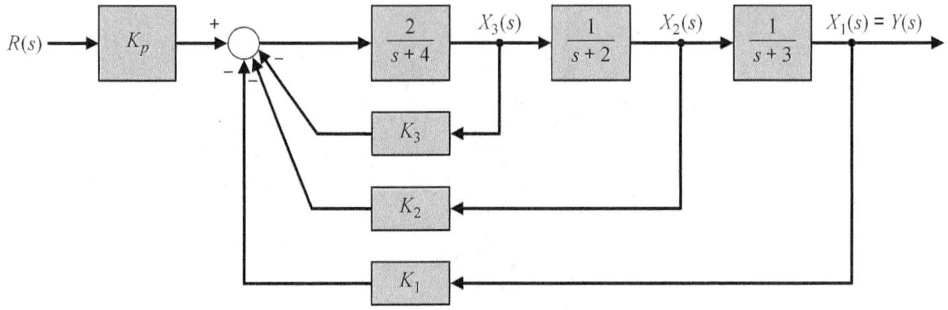

图 AP11.5 汽车悬挂系统的框图模型

AP11.6 某系统的微分方程模型为

$$\ddot{y}(t)+4\dot{y}(t)+4y(t)=\dot{u}(t)+2u(t)$$

其中，$y(t)$为系统的输出，$u(t)$为输入。

(a) 定义状态变量为$x_1(t)=y(t)$和$x_2(t)=\dot{y}(t)$，建立系统的状态微分方程模型并验证此时系统是能控的。

(b) 重新定义状态变量为$x_1(t)=y(t)$和$x_2(t)=\dot{y}(t)-u(t)$，建立系统的状态微分方程模型并验证此时系统不能控。

(c) 讨论说明在上述两种情况下为什么系统的能控性是不同的。

AP11.7 如图AP11.7（a）所示，雷迪森钻石号游轮采用浮桥和稳定器来阻尼减小波浪的影响。游轮摇摆控制系统的框图模型如图AP11.7（b）所示。试确定反馈增益K_2和K_3的合适取值，将闭环特征根配置为$s_{1,2}=-2\pm j2$和$s_3=-15$。当干扰为单位阶跃干扰信号时，绘制闭环系统横滚角$\phi(s)$的响应曲线。

AP11.8 某系统的状态空间模型为

$$\dot{\boldsymbol{x}}(t)=\boldsymbol{A}\boldsymbol{x}(t)+\boldsymbol{B}u(t)$$

其中：

$$\boldsymbol{A}=\begin{bmatrix}-1 & 1.6 & 0\\ 0 & 0 & 1\\ 0 & 0 & -11.8\end{bmatrix},\boldsymbol{B}=\begin{bmatrix}0\\ 0\\ 8333.0\end{bmatrix}$$

(a) 只选取状态变量$x_1(t)$作为反馈变量，设计状态变量反馈控制器，使闭环系统阶跃响应的超调量P.O. ≤ 10%且调节时间$T_s\leqslant 5$ s（按2%准则）。

(b) 以状态变量$x_1(t)$和$x_2(t)$作为反馈变量，设计状态变量反馈控制器，使系统性能满足（a）中给出的指标设计要求。

(c) 比较（a）和（b）中得到的结果并展开讨论。

AP11.9 如图AP11.9所示，医用轻型推车的运动控制系统可以简化成由两个质点组成，其中，$m_1=m_2=1$，$k_1=k_2=1$[21]。

(a) 试确定系统的状态微分方程。

(b) 求系统的特征根。

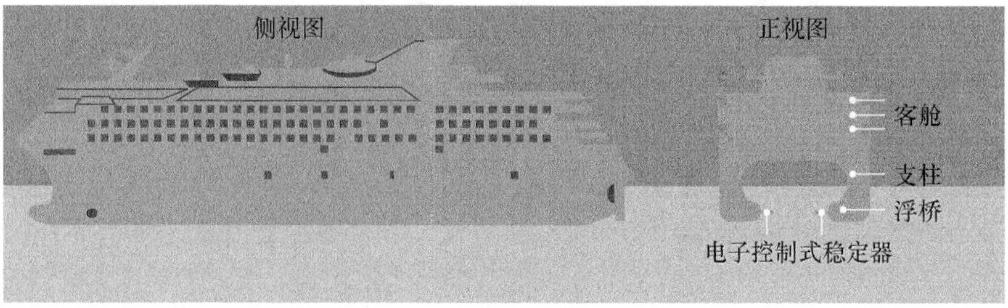

(a)

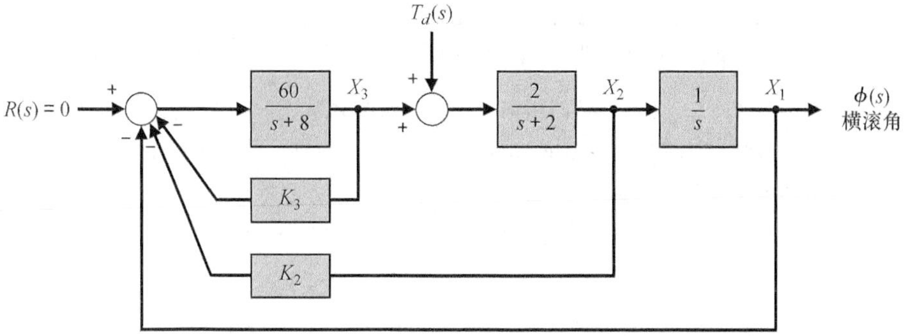

(b)

图 AP11.7　(a) 雷迪森钻石号游轮的示意图；(b) 游轮摇摆控制系统的框图模型

(c) 我们期望通过引入反馈信号 $u(t)=-kx_i(t)$ 来保证系统稳定，其中，$u(t)$ 为作用在下方质点上的外力，$x_i(t)$ 为某个待定的状态变量。试确定应该采用哪个状态变量用于反馈。

(d) 以 k 为参数，绘制闭环系统的根轨迹并确定 k 的合适取值。

AP11.10　图 AP11.10 给出了装配在电机上的倒立摆系统。假定电机和负载之间没有摩擦，待平衡的倒立摆安装在伺服电机的水平轴上。伺服电机配有转速传感器，因此可以测量速度信号，但无法直接测量位置信号。

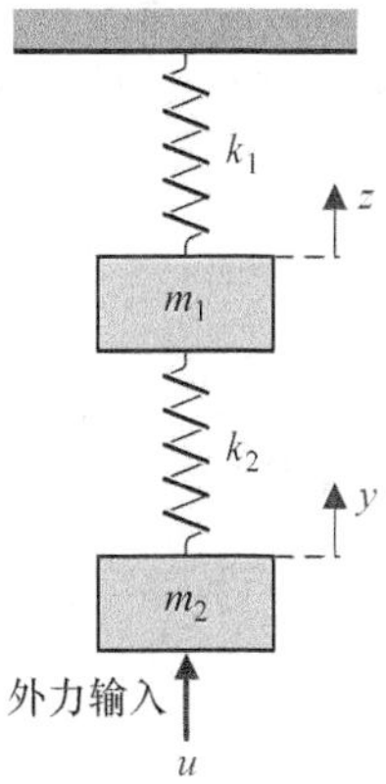

图 AP11.9　医用轻型推车的运动控制系统

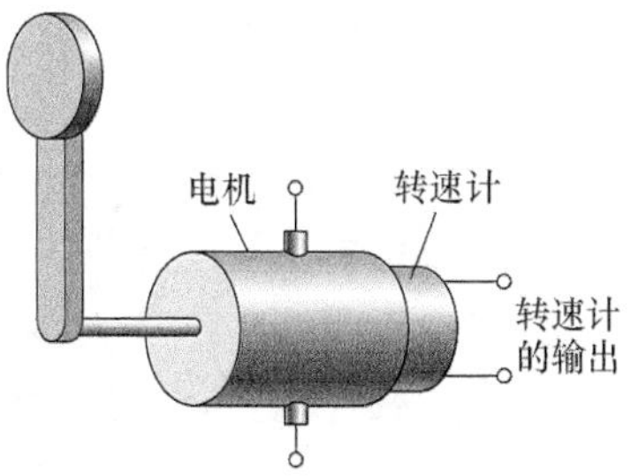

图 AP11.10　装配在电机上的倒立摆系统

当开环工作时，若电机停止运行，倒立摆就会自然下垂；但只要受到轻微的扰动，倒立摆就会开始摆动。若把倒立摆提到运动弧的顶端，倒立摆将处于不稳定状态。如果仅仅采用速度信号作为反馈变量，试设计合适的反馈控制器 $G_c(s)$ 以保证倒立摆稳定。

AP11.11　考虑图AP11.11所示的控制系统，试设计合适的内模控制器$G_c(s)$，使系统对阶跃输入的稳态跟踪误差为0且调节时间$T_s \leqslant 5$ s（按2%准则）。

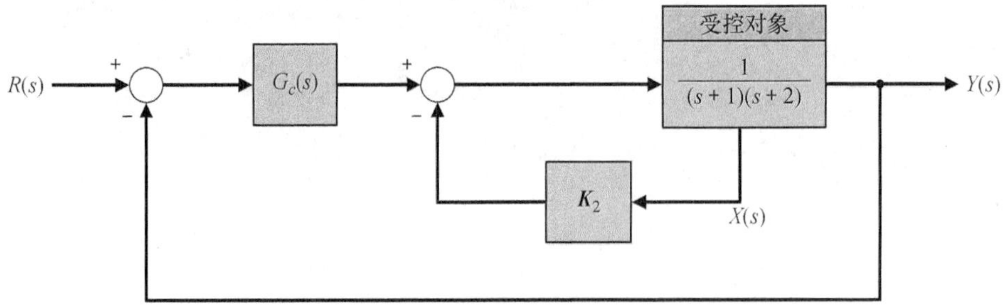

图 AP11.11　内模控制系统的框图模型

AP11.12　重新研究习题AP11.11，在将性能指标设计要求修改为系统对斜坡输入响应的稳态跟踪误差为0且斜坡响应的调节时间$T_s \leqslant 6$ s（按2%准则）之后，请设计合适的内模控制器$G_c(s)$。

AP11.13　某系统的状态空间模型为

$$\dot{\boldsymbol{x}}(t)=\boldsymbol{A}\boldsymbol{x}(t)+\boldsymbol{B}u(t),\ y(t)=\boldsymbol{C}\boldsymbol{x}(t)+\boldsymbol{D}u(t)$$

其中：

$$\boldsymbol{A}=\begin{bmatrix}1 & 2\\ -8 & -10\end{bmatrix},\quad \boldsymbol{B}=\begin{bmatrix}2\\ 1\end{bmatrix}$$

$$\boldsymbol{C}=\begin{bmatrix}5 & 2\end{bmatrix},\quad \boldsymbol{D}=[0]$$

判断系统是否能控、能观。如果系统能控、能观，则设计全状态观测器，同时将全状态观测器的极点配置为$s_{1,2}=-12$，然后设计全状态反馈控制律并将闭环系统的极点配置为$s_{1,2}=-1\pm \mathrm{j}$。

AP11.14　某三阶系统的状态空间模型为

$$\dot{\boldsymbol{x}}(t)=\begin{bmatrix}0 & 1 & 0\\ 0 & 0 & 1\\ -8 & -3 & -3\end{bmatrix}\boldsymbol{x}(t)+\begin{bmatrix}0\\ 0\\ 4\end{bmatrix}u(t)$$

$$y(t)=\begin{bmatrix}2 & -9 & 2\end{bmatrix}\boldsymbol{x}(t)+[0]u(t)$$

首先验证系统能控、能观，然后设计全状态观测器并将全状态观测器的极点配置为$s_{1,2}=-12\pm \mathrm{j}2$和$s_3=-30$，最后设计全状态反馈控制律并将闭环系统的极点配置为$s_{1,2}=-1\pm \mathrm{j}$和$s_3=-3$。

AP11.15　某二阶系统的框图模型如图AP11.15所示，设计全状态观测器并选择合适的增益矩阵$\boldsymbol{L}$，使全状态观测器的极点为$s_{1,2}=-10\pm \mathrm{j}10$。

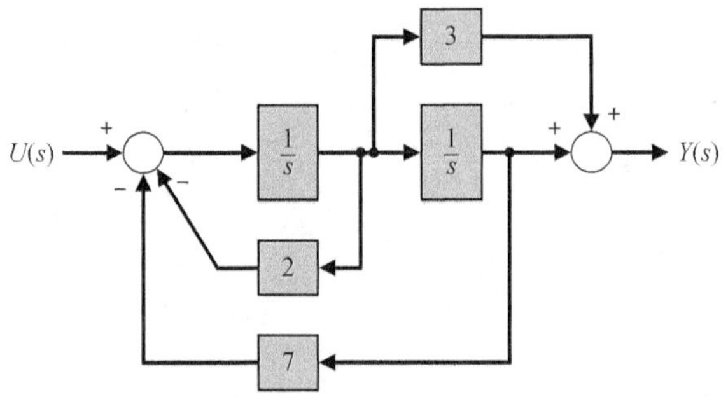

图 AP11.15　某二阶系统的框图模型

设计题

CDP11.1　习题CDP3.1讨论过绞盘-滑台系统的状态空间模型，请为该系统设计状态变量反馈控制器，使系统阶跃响应的超调量P.O. ≤ 2%且调节时间$T_s \leqslant 250$ ms。

DP11.1 考虑图DP11.1给出的磁悬浮钢球装置及其控制系统的框图模型。假设$x_1(t) = y(t)$和$x_2(t) = \dot{y}(t)$是可以测量的变量，试设计状态反馈控制器$i(t) = -k_1x_1(t) - k_2x_2(t) + \beta r(t)$。其中，$\beta$的选取原则是能够使系统阶跃输入的稳态误差为0。控制器的另一个设计要求是能使系统阶跃响应的超调量P.O. ≤ 10%。

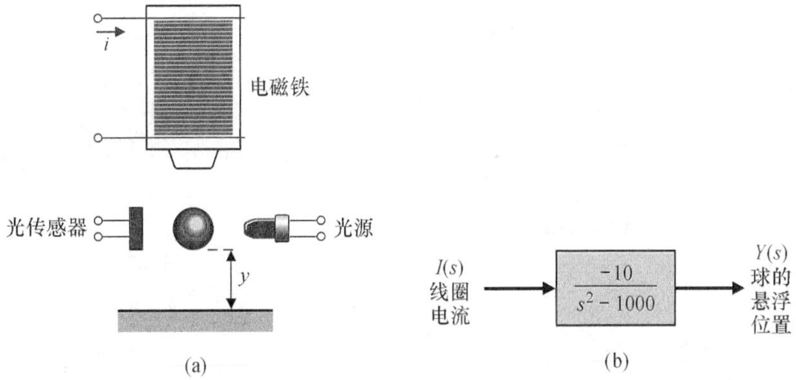

图 DP11.1　(a) 磁悬浮钢球装置；(b) 控制系统的框图模型

DP11.2 为了减少尾气排放，汽车制造商特别重视发动机燃烧室内燃料/空气比的控制问题。为此，设计者们尝试对发动机燃烧室内的燃料/空气比实施反馈控制，他们在废气出口处安装传感器，为控制器提供输入信号。控制器的输出可以调整孔槽的大小，从而控制燃料的流入量[3]。

假定传感器能够测量实际的燃料/空气比，测量时延可以忽略。请给出适当的设备选择方案来实现该系统，并给出整个系统的线性模型。然后基于所建立的模型，为反馈控制器选择合适的参数，使系统对阶跃输入的稳态跟踪误差为0且超调量P.O. ≤ 10%。

DP11.3 某系统的状态空间模型为

$$\dot{\boldsymbol{x}}(t) = \boldsymbol{A}\boldsymbol{x}(t) + \boldsymbol{B}u(t)$$
$$y(t) = \boldsymbol{C}\boldsymbol{x}(t)$$

其中：

$$\boldsymbol{A} = \begin{bmatrix} 0 & 1 \\ -10.5 & -11.3 \end{bmatrix},\ \boldsymbol{B} = \begin{bmatrix} 0 \\ 0.55 \end{bmatrix},\ \boldsymbol{C} = \begin{bmatrix} 1 & 0 \end{bmatrix}$$

按照图DP11.3设计控制器，使闭环系统的性能满足如下指标设计要求。

- 系统单位阶跃响应的稳态误差为 0。
- 调节时间 $T_s < 1$ s，超调量 P.O. < 5%。
- 自行设定状态变量的初始条件 $\boldsymbol{x}(0)$ 和观测器状态变量的初始条件 $\hat{\boldsymbol{x}}(0)$，仿真求解闭环系统对单位阶跃输入的响应。

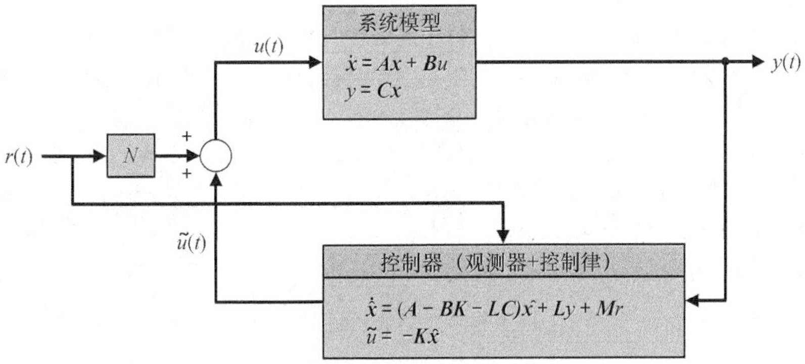

图 DP11.3　控制器系统，要求系统输出能够跟踪参考输入信号

DP11.4 某高性能直升机俯仰角的控制系统如图 DP11.4 所示，控制目标是通过调整螺旋桨的倾角 $\delta(t)$ 来控制直升机的俯仰角 $\theta(t)$。

直升机的运动方程为

$$\ddot{\theta}(t) = -\sigma_1\dot{\theta}(t) - \alpha_1\dot{x}(t) + n\delta(t)$$

$$\ddot{x}(t) = g\theta(t) - \alpha_2\dot{\theta}(t) - \sigma_2\dot{x}(t) + g\delta(t)$$

其中，$x(t)$ 为水平方向的位移。就高性能直升机而言，有

$\sigma_1 = 0.415$　$\alpha_2 = 1.43$

$\sigma_2 = 0.0198$　$n = 6.27$

$\alpha_1 = 0.0111$　$g = 9.8$

其中，所有参数的值都采用国际标准单位。

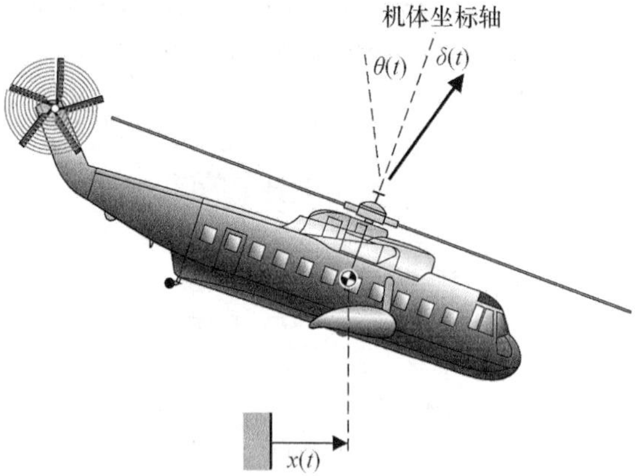

图 DP11.4　某高性能直升机俯仰角 $\theta(t)$ 的控制系统

在上述条件下：

(a) 建立系统的状态变量模型。

(b) 求传递函数 $\theta(s)/\delta(s)$。

(c) 设计合适的状态变量反馈控制器，使闭环系统的性能满足如下设计要求。

- 对预期俯仰角［阶跃输入 $\theta_d(s)$］的稳态跟踪误差小于 20%。
- 阶跃响应的超调量 P.O. ≤ 20%。
- 阶跃响应的调节时间 $T_s \le 1.5$ s（按 2% 准则）。

DP11.5 在造纸流程中，投料箱应把纸浆流变成 2 cm 的射流并均匀喷洒在网状传送带上 [22]。为此，必须精确控制喷射速度和传送速度的比例关系，确保尽可能均匀地喷洒纸浆，以保证纸张质量达到要求。投料箱内的压力是主要的受控变量，它随后又决定了纸浆的喷射速度。投料箱内的总压力是纸浆液压和外部灌注的气压之和，投料箱是由气压控制的高度动态的耦合系统，因此我们很难用手工方法保证纸张质量达到要求。

在特定的工作点，将典型的投料箱系统线性化，便可得到下面的状态空间模型：

$$\dot{\boldsymbol{x}}(t) = \begin{bmatrix} -0.8 & 0.02 \\ -0.02 & 0 \end{bmatrix}\boldsymbol{x}(t) + \begin{bmatrix} 0.05 \\ 0.001 \end{bmatrix}u(t)$$

$$y(t) = \begin{bmatrix} 1, & 0 \end{bmatrix}\boldsymbol{x}(t)$$

其中，状态变量 $x_1(t)$ 为液面高度，$x_2(t)$ 为压力，控制输入变量 $u(t)$ 为纸浆流量。

(a) 设计状态变量反馈控制律，使系统的闭环特征根为实数且幅值大于 5。

(b) 设计全状态观测器，将它的极点全部配置在 s 平面的左半平面，要求实部的幅值至少是系统闭环特征根幅值的 10 倍。

(c) 利用 (a) 和 (b) 中得出的结果，基于观测器，集成设计全状态反馈控制器并绘制整个系统的框图模型。

DP11.6 某组合驱动装置如图 DP11.6 所示。该装置由两个工作滑轮组成，它们通过弹性皮带被连在一起。挂在弹簧上的第三个滑轮可以将皮带拉紧，以实现欠阻尼运动。在该装置中，主滑轮 A 由直流电机驱动，滑轮 A 和滑轮 B 装有测速计，测速计的输出电压与滑轮的转速成正比。在该装置工作过程中，如果施加电压来激励直流电机，则滑轮 A 将以取决于系统全部惯量的加速度加速旋转；在弹性皮带的另一端，滑轮 B 也会在电压或力矩的作用下加速旋转。但由于弹性皮带的影响，滑轮 B 的加速运动有较大的滞后效应。此外，利用测得的每个滑轮的速度信号，我们可以估计每个滑轮的角度位置 [23]。组合驱动该装置的二阶模型为

$$\dot{\boldsymbol{x}}(t) = \begin{bmatrix} 0 & 1 \\ -36 & -12 \end{bmatrix}\boldsymbol{x}(t) + \begin{bmatrix} 0 \\ 1 \end{bmatrix}u(t)$$

$$y(t) = x_1(t)$$

(a) 试设计合适的状态变量反馈控制器，使系统具有最小节拍响应且调节时间 $T_s \leq 0.5$ s（按 2% 准则）。

(b) 设计全状态观测器，并将它的极点配置到 s 平面左半平面的合适位置。

(c) 基于设计的全状态观测器和状态变量反馈控制器，绘制整个系统的框图模型。

(d) 假设状态变量的初始值为 $\boldsymbol{x}(0)=[1\quad 0]^T$，观测器的初始值为 $\hat{\boldsymbol{x}}(0)=[0\quad 0]^T$，仿真求解校正后系统的响应。

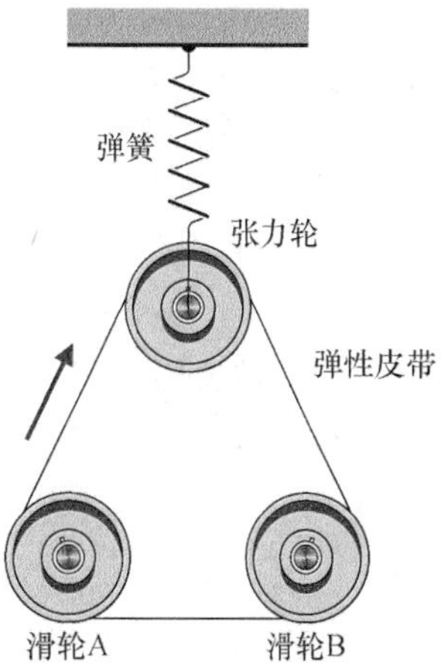

图 DP11.6　某组合驱动装置

DP11.7　我们希望为某系统设计一个状态反馈控制器，以使系统能够跟踪参考输入信号。增加反馈环节后，系统的预期框图模型如图 DP11.7 所示。系统的状态空间模型为

$$\dot{\boldsymbol{x}}(t)=\boldsymbol{A}\boldsymbol{x}(t)+\boldsymbol{B}u(t)$$
$$y(t)=\boldsymbol{C}\boldsymbol{x}(t)$$

其中：

$$\boldsymbol{A}=\begin{bmatrix}0 & 1 & 0\\ 0 & 0 & 1\\ -4 & -8 & -10\end{bmatrix},\boldsymbol{B}=\begin{bmatrix}0\\0\\1\end{bmatrix},\boldsymbol{C}=\begin{bmatrix}1 & 0 & 0\end{bmatrix}$$

设计合适的观测器和反馈控制律，使校正后系统的性能满足如下指标设计要求。

- 闭环系统单位阶跃响应的稳态误差为 0。
- 超调量 P.O. ≤ 20%。
- 调节时间 $T_s \leq 1$ s。
- 自行设定状态变量的初始条件 $\boldsymbol{x}(0)$ 和观测器状态变量的初始条件 $\hat{\boldsymbol{x}}(0)$，并仿真求解闭环系统对单位阶跃输入的响应，由此验证闭环系统单位阶跃响应的稳态误差的确为 0。

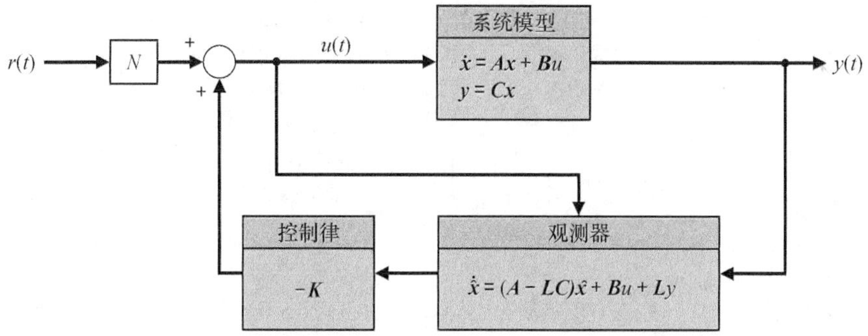

图 DP11.7　能够跟踪参考输入信号 $r(t)$ 的反馈系统

计算机辅助设计题

CP11.1　某系统的状态空间模型为

$$\dot{\boldsymbol{x}}(t)=\begin{bmatrix}-6 & 2 & 0\\ 4 & 0 & 7\\ -10 & 1 & 11\end{bmatrix}\boldsymbol{x}(t)+\begin{bmatrix}5\\0\\1\end{bmatrix}u(t)$$
$$y(t)=\begin{bmatrix}1 & 2 & 1\end{bmatrix}\boldsymbol{x}(t)$$

利用函数 ctrb 和 obsv 证明系统能控、能观。

CP11.2　某系统的状态空间模型为

$$\dot{\boldsymbol{x}}(t)=\begin{bmatrix}0 & 1\\ -1 & -2\end{bmatrix}\boldsymbol{x}(t)+\begin{bmatrix}0\\7\end{bmatrix}u(t)$$
$$y(t)=\begin{bmatrix}1 & 1\end{bmatrix}\boldsymbol{x}(t)$$

判断系统是否能控、能观，并计算从输入$u(t)$到输出$y(t)$之间的传递函数。

CP11.3 某系统的状态空间模型为

$$\dot{\boldsymbol{x}}(t)=\begin{bmatrix}0 & 1\\ -0.5 & -0.75\end{bmatrix}\boldsymbol{x}(t)+\begin{bmatrix}2\\ 1\end{bmatrix}u(t)$$
$$y(t)=\begin{bmatrix}2 & -1\end{bmatrix}\boldsymbol{x}(t)$$

为系统设计状态变量反馈控制器，控制信号为$u(t)=-\boldsymbol{K}\boldsymbol{x}(t)$。试确定合适的增益矩阵$\boldsymbol{K}$，将闭环系统的极点配置为$s_1=-1$和$s_2=-2$。

CP11.4 某定速火箭的运动方程模型为

$$\dot{\boldsymbol{x}}(t)=\begin{bmatrix}0 & 1 & 0 & 0 & 0\\ -0.1 & -0.5 & 0 & 0 & 0\\ 0.5 & 0 & 0 & 0 & 0\\ 0 & 0 & 10 & 0 & 0\\ 0.5 & 1 & 0 & 0 & 0\end{bmatrix}\boldsymbol{x}(t)+\begin{bmatrix}0\\ 1\\ 0\\ 0\\ 0\end{bmatrix}u(t)$$
$$y(t)=\begin{bmatrix}0 & 0 & 0 & 1 & 0\end{bmatrix}\boldsymbol{x}(t)$$

（a）利用函数 ctrb 验证系统不能控。

（b）计算从输入$u(t)$到输出$y(t)$的传递函数并对消掉传递函数中分子和分母的公因式，得到修正后的传递函数，在此基础上，利用函数 ss 确定修正后的状态变量模型。

（c）利用函数 ctrb 验证（b）中得到的状态变量模型能控。

（d）判断该定速火箭是否稳定。

（e）讨论状态变量模型的能控性和复杂性的关系，此处用状态变量的个数来表征系统的复杂度。

CP11.5 某垂直起降飞机的线性化状态微分方程[24]为

$$\dot{\boldsymbol{x}}(t)=\boldsymbol{A}\boldsymbol{x}(t)+\boldsymbol{B}_1u_1(t)+\boldsymbol{B}_2u_2(t)$$

其中：

$$\boldsymbol{A}=\begin{bmatrix}-0.0389 & 0.0271 & 0.0188 & -0.4555\\ 0.0482 & -1.0100 & 0.0019 & -4.0208\\ 0.1024 & 0.3681 & -0.7070 & 1.4200\\ 0 & 0 & 1 & 0\end{bmatrix}$$

$$\boldsymbol{B}_1=\begin{bmatrix}0.4422\\ 3.5446\\ -6.0214\\ 0\end{bmatrix},\quad \boldsymbol{B}_2=\begin{bmatrix}0.1291\\ -7.5922\\ 4.4900\\ 0\end{bmatrix}$$

状态变量$x_1(t)$为水平速度（单位为节），$x_2(t)$为垂直速度（单位为节），$x_3(t)$为俯仰角的变化率（单位为 deg/s），$x_4(t)$为俯仰角（单位为度）；输入$u_1(t)$用于控制垂直方向上的运动，$u_2(t)$用于控制水平方向上的运动。

（a）计算系统矩阵$\boldsymbol{A}$的特征值，并由此判断系统是否稳定。

（b）利用函数 poly 确定矩阵$\boldsymbol{A}$的特征多项式，求该特征多项式的特征根，并与（a）中得到的特征值作比较。

（c）如果只有$u_1(t)$发挥作用，系统是否能控？当只有$u_2(t)$发挥作用时，结果又如何？讨论所得结果。

CP11.6 为了开发利用月球背面（远离地球的月球一面），科学家付出了不懈的努力。例如，人们希望能够在地球-太阳-月球系统的星际平衡点附近运行通信卫星，并为此开展了广泛的可行性论证研究工作。图 CP11.6 给出了预期卫星轨道的示意图，从地球看上去，卫星轨道的光影恰似不受月球遮挡的环绕月球的外层光晕，因此这种轨道又被称为光晕轨道。轨道控制的目的是，使通信卫星在地球可见的光晕轨道上运行，从而始终保证通信链路畅通，所需的通信链路由地球到卫星以及卫星到月球背面的两段线路构成。

当卫星围绕星际平衡点运动时，经过线性化处理的（标准化）运动方程[25]为

$$\dot{\boldsymbol{x}}(t)=\begin{bmatrix}0&0&0&1&0&0\\0&0&0&0&1&0\\0&0&0&0&0&1\\7.3809&0&0&0&2&0\\0&-2.1904&0&-2&0&0\\0&0&-3.1904&0&0&0\end{bmatrix}\boldsymbol{x}(t)+\begin{bmatrix}0\\0\\0\\1\\0\\0\end{bmatrix}u_1(t)+\begin{bmatrix}0\\0\\0\\0\\1\\0\end{bmatrix}u_2(t)+\begin{bmatrix}0\\0\\0\\0\\0\\1\end{bmatrix}u_3(t)$$

其中，状态向量$\boldsymbol{x}(t)$是卫星在3个方向上的位置和漂移速度，输入$u_i(t)$（$i=1,2,3$）分别是轨道控制发动机在ξ、η和ζ方向上产生的加速度。试回答以下问题。

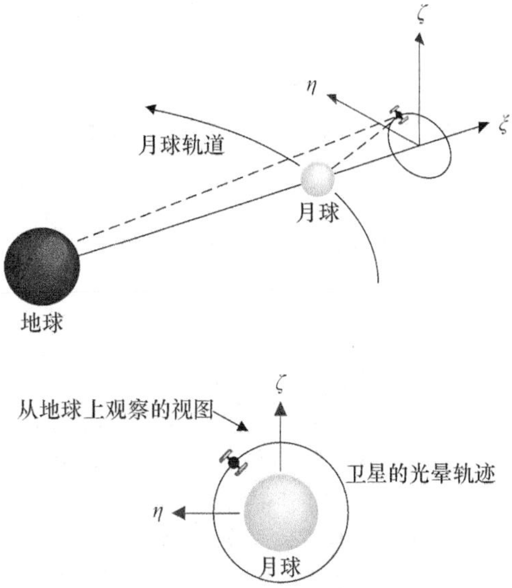

图 CP11.6　不受月球遮挡的卫星光晕轨道

(a) 卫星围绕星际平衡点的运动是否稳定？

(b) 如果只有$u_1(t)$发挥作用，卫星是否能控？

(c) 如果只有$u_2(t)$发挥作用，卫星是否能控？

(d) 如果只有$u_3(t)$发挥作用，卫星是否能控？

(e) 假设能够测得η方向的位置漂移，试确定从$u_2(t)$到该位置漂移量之间的传递函数。提示：取系统输出为$y(t)=[0\quad 1\quad 0\quad 0\quad 0\quad 0]\boldsymbol{x}(t)$。

(f) 利用函数 ss 构建（e）中得到的传递函数的状态变量模型，并验证该轨道控制子系统的能控性。

(g) 以（f）中得到的状态变量模型为基础，设计状态反馈控制器，状态反馈控制信号为$u_2(t)=-\boldsymbol{K}\boldsymbol{x}(t)$，试确定合适的反馈增益矩阵$\boldsymbol{K}$并将系统的闭环极点配置为$s_{1,2}=-1\pm \mathrm{j}$和$s_{3,4}=-10$。

CP11.7　某系统的状态空间模型为

$$\dot{\boldsymbol{x}}(t)=\begin{bmatrix}0&1&0\\0&0&1\\-2&-4&-6\end{bmatrix}\boldsymbol{x}(t),\quad y(t)=[1\quad 0\quad 0]\boldsymbol{x}(t)\tag{CP11.7}$$

假定已经得到系统输出$y(t)$的3个观测值，分别如下：

$$y(t_1)=1\qquad t_1=0$$
$$y(t_2)=-0.0256\qquad t_2=2$$
$$y(t_3)=-0.2522\qquad t_3=4$$

(a) 设计一种合适的状态变量初始值确定方法，要求能够基于以上 3 个观测值确定式（CP11.7）给出的系统的初始状态$\boldsymbol{x}(t_0)$，并保证可以用函数 lsim 复现这 3 个观测值。

(b) 基于（a）中给出的方法，计算系统的初始状态$\boldsymbol{x}(t_0)$；然后将这种方法推广到一般形式的线性系统，并讨论确定初始状态所需的条件。

(c) 基于（a）中得到的状态变量初始值，利用函数 lsim 对系统进行仿真，验证状态变量初始值的计算结果是否正确。提示：在式（CP11.7）中，系统状态变量的通解为$\boldsymbol{x}(t)=\mathrm{e}^{\boldsymbol{A}(t-t_0)}\boldsymbol{x}(t_0)$。

CP11.8　某系统的状态空间模型如下：

$$\dot{\boldsymbol{x}}(t)=\boldsymbol{A}\boldsymbol{x}(t)+\boldsymbol{B}u(t)$$

其中，系统矩阵$\boldsymbol{A}$和输入矩阵$\boldsymbol{B}$分别为

$$A=\begin{bmatrix}0 & 0\\-1 & 0\end{bmatrix},B=\begin{bmatrix}0\\1\end{bmatrix}$$

当系统状态的初始值为$x^{\mathrm{T}}(t_0)=(1,0)$时，取控制信号为

$$u(t)=-Kx(t)$$

取综合性能指标为

$$J=\int_0^{\infty}x^{\mathrm{T}}(t)x(t)\mathrm{d}t=x^{\mathrm{T}}(0)Px(0)$$

试设计最优控制系统。

CP11.9 某一阶系统的状态变量微分方程为

$$\dot{x}(t)=-x(t)+u(t)$$

状态变量的初始值为$x(0)=x_0$。试设计如下反馈控制器

$$u(t)=-kx(t)$$

使综合性能指标$J=\int_0^{\infty}\left(x^2(t)+\lambda u^2(t)\right)\mathrm{d}t$达到最小值。

（a）当$\lambda=1$时，给出适用于任何初始条件的以k为参数的性能指标J的计算公式，并编写 m 脚本程序，绘制J/x_0^2随参数k的变化曲线，然后从中估计使J/x_0^2达到最小值的k值（即$k_{\min}$）。

（b）用解析法证明（a）中的结果。

（c）依据（a）中的结果，绘制$k_{\min}$随λ的变化曲线。其中，$k_{\min}$是使性能指标J达到最小值的增益值。

CP11.10 某系统的状态空间模型为

$$\dot{x}(t)=Ax(t)+Bu(t)$$
$$y(t)=Cx(t)+Du(t)$$

其中：

$$A=\begin{bmatrix}0 & 1\\-18.7 & -10.4\end{bmatrix},\quad B=\begin{bmatrix}10.1\\24.6\end{bmatrix}$$
$$C=\begin{bmatrix}1 & 0\end{bmatrix},\quad D=[0]$$

我们希望设计一个全状态反馈控制器，将闭环系统的极点配置为$s_{1,2}=-2$，并将观测器的极点配置为$s_{1,2}=-20\pm \mathrm{j}4$。请利用函数acker，计算反馈增益矩阵和观测器增益矩阵。

CP11.11 某三阶系统的状态空间模型为

$$\dot{x}(t)=\begin{bmatrix}0 & 1 & 0\\0 & 0 & 1\\-4.3 & -1.7 & -6.7\end{bmatrix}x(t)+\begin{bmatrix}0\\0\\0.35\end{bmatrix}u(t)$$
$$y(t)=\begin{bmatrix}0 & 1 & 0\end{bmatrix}x(t)+[0]u(t)$$

我们希望设计一个全状态反馈控制器，将闭环系统的极点配置为$s_{1,2}=-1.4\pm1.4\mathrm{j}$和$s_3=-2$，并将观测器的极点配置为$s_{1,2}=-18\pm \mathrm{j}5$和$s_3=-20$。

（a）利用函数 acker，计算反馈增益矩阵和观测器增益矩阵。

（b）构造形如图 11.1 的状态变量控制器。

（c）当系统状态变量的初始值为$x(t)=\begin{bmatrix}1 & 0 & 0\end{bmatrix}^{\mathrm{T}}$且观测器的初始值为$\hat{x}(t)=\begin{bmatrix}0.5 & 1 & 0.1\end{bmatrix}^{\mathrm{T}}$时，仿真计算闭环系统的响应。

CP11.12 编写m脚本程序，实现图CP11.12所示的系统并计算系统的阶跃响应。

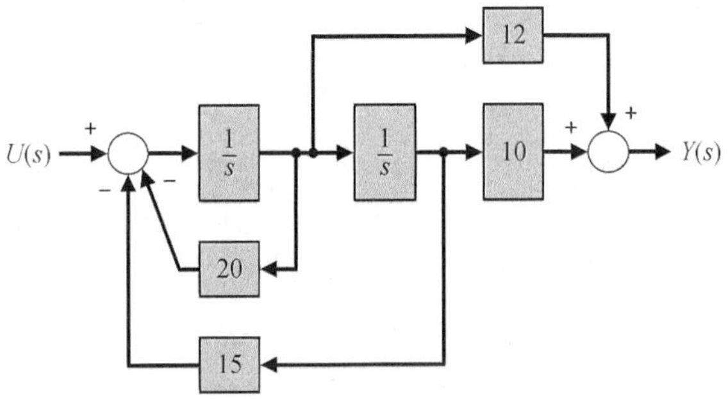

图 CP11.12　某控制系统的框图模型

CP11.13 某系统的状态空间模型为

$$\dot{\boldsymbol{x}}(t)=\begin{bmatrix}0&1&0&0\\0&0&1&0\\0&0&0&1\\-2&-5&-1&-13\end{bmatrix}\boldsymbol{x}(t)+\begin{bmatrix}0\\0\\0\\1\end{bmatrix}u(t)$$

$$y(t)=\begin{bmatrix}1&0&0&0\end{bmatrix}\boldsymbol{x}(t)+[0]u(t)$$

我们希望设计一个全状态反馈控制器，将闭环系统的极点配置为$s_{1,2}=-1.4\pm \mathrm{j}1.4$和$s_{3,4}=-2\pm \mathrm{j}$，并将观测器的极点配置为$s_{1,2}=-18\pm \mathrm{j}5$和$s_{3,4}=-20$。

(a) 计算反馈增益矩阵和观测器增益矩阵，完成状态变量控制器的设计。

(b) 为状态变量和观测器设定几组不同的初始值，分别仿真计算闭环系统的响应并绘制系统的跟踪误差曲线。

☑ 技能自测答案

正误判断题：1. 对；2. 对；3. 错；4. 对；5. 错

多项选择题：6.c；7.a；8.c；9.a；10.a；11.b；12.a；13.b；14.b；15.a

术语和概念匹配题（自上向下）：e；o；k；i；d；b；j；m；f；n；h；q；g；l；p；c；a

术语和概念

command following	**指令跟踪**	控制系统的一种重要特性，指的是系统输出能够跟踪非零的参考输入信号。
controllability matrix	**能控性矩阵**	当且仅当能控性矩阵 $\boldsymbol{P}_c=[\boldsymbol{B}\quad \boldsymbol{AB}\quad \boldsymbol{A}^2\boldsymbol{B}\cdots \boldsymbol{A}^{n-1}\boldsymbol{B}]$满秩时，线性系统才是（完全）能控的，其中$\boldsymbol{A}$为$n\times n$维的矩阵。对于单输入-单输出线性系统而言，当且仅当$\boldsymbol{P}_c$的行列式不为0时，系统才是（完全）能控的。
controllable system	**能控系统**	如果存在连续的控制信号$u(t)$，可以使系统从任意初始状态$\boldsymbol{x}(t_0)$出发，在经历有限的时间间隔$t_f-t_0>0$后，变化到任意指定的预期状态$\boldsymbol{x}(t_f)$，则称系统在区间$[t_0,t_f]$是能控系统。
detectable system	**能检系统**	在不完全能观的系统中，如果不能观的那些状态变量是本质稳定的，则称系统为能检系统。
estimation error	**估计误差**	实际状态与状态估计值之间的误差，$\boldsymbol{e}(t)=\boldsymbol{x}(t)-\hat{\boldsymbol{x}}(t)$。

full-state feedback control law	全状态反馈控制律	形如 $u(t)=-\boldsymbol{K}\boldsymbol{x}(t)$ 的控制律，其中，$\boldsymbol{x}(t)$ 表示系统状态向量，并且假定 $\boldsymbol{x}(t)$ 在所有时刻已知。
internal model design	内模设计	一种重要的控制系统设计策略，旨在使系统输出能够跟踪非零的参考输入信号。
Kalman state-space decomposition	卡尔曼状态空间分解	状态空间的一种分解方法，旨在揭示状态变量的能控不能观、不能控但能观、能控能观、不能控但能观等特性。
linear quadratic regulator	线性二次调节器	一种最优控制器，旨在使二次型综合性能指标 $J=\int_0^\infty(\boldsymbol{x}^{\mathrm{T}}(t)\boldsymbol{Q}\boldsymbol{x}(t)+\boldsymbol{u}^{\mathrm{T}}(t)\boldsymbol{R}\boldsymbol{u}(t))\mathrm{d}t$ 达到最小值，其中的 $\boldsymbol{Q}$ 和 $\boldsymbol{R}$ 为设计参数。
observability matrix	能观性矩阵	当且仅当能观性矩阵 $\boldsymbol{P}_o=[\boldsymbol{C}^{\mathrm{T}} \quad (\boldsymbol{CA})^{\mathrm{T}} \quad (\boldsymbol{CA}^2)^{\mathrm{T}}\cdots(\boldsymbol{CA}^{n-1})^{\mathrm{T}}]^{\mathrm{T}}$ 满秩时，线性系统才是（完全）能观的，其中 $\boldsymbol{A}$ 为 $n\times n$ 维的矩阵。对于单输入-单输出线性系统而言，当且仅当 $\boldsymbol{P}_o$ 的行列式不为 0 时，系统才是（完全）能观的。
observable system	能观系统	如果利用系统在时间间隔 $[t_0,t_f]$ 上的输出 $y(t)$ 的观测值，能够唯一确定任意的初始状态 $\boldsymbol{x}(t_0)$，则称系统在区间 $[t_0,t_f]$ 能观。
observer	观测器	一个新构建的系统，旨在利用另一个动态系统的输出测量值和输入信号，估计该系统的状态变量。
optimal control system	最优控制系统	经过校正和参数调整后，能使指定的综合性能指标达到极值的系统。
pole placement	极点配置	将闭环系统的极点配置到复平面上指定位置的控制系统设计方法。
regulator problem	调节器问题	参考输入始终为 $r(t)=0$（$t\geqslant t_0$）时的控制器设计问题。
separation principle	分离原理	可以先独立设计全状态反馈控制律和观测器，再将它们集成在一起，从而形成能够实现系统预期特性（如稳定性）的状态反馈控制器。
stabilizable system	能稳系统（可镇定系统）	在不完全能控的系统中，如果不能控的那些状态变量是本质稳定的，则称系统为能稳系统。
stabilizing controller	能稳控制器（镇定器）	能使能稳系统闭环稳定的控制器。
state variable feedback	状态变量反馈	将控制信号 $u(t)$ 直接取为所有状态变量的函数时形成的反馈。

第 12 章 鲁棒控制系统

提要

物理系统及其外部运行环境可能会发生不可预测的变化，并且可能受到扰动的显著影响，因此很难用模型对它们进行精确描述。当存在显著的不确定因素时，控制系统的设计就必须考虑鲁棒性。人们新近提出的鲁棒控制系统设计方法考虑了系统存在不确定性时的稳定度鲁棒性和性能鲁棒性。本章将介绍鲁棒控制系统的 5 种设计方法，具体包括根轨迹法、频率响应法、ITAE (Integral of Time multiplied by Absolute Error，时间与误差绝对值之积的积分）法、内模控制法和伪定量反馈，并用于设计鲁棒 PID 控制器。不过，我们应该认识到，利用经典设计方法也可以设计出鲁棒控制系统，因此掌握经典设计方法的控制工程师同样可以设计出鲁棒 PID、鲁棒超前-滞后校正器等鲁棒控制器。作为结束，本章将继续讨论循序渐进设计实例——磁盘驱动器读取系统，为其设计一个鲁棒 PID 控制器。

预期收获

在完成第 12 章的学习之后，学生应该：

- 理解鲁棒性在控制系统设计中的作用；
- 熟悉控制系统中的不确定性，包括加性不确定性、乘性不确定性和参数不确定性；
- 掌握鲁棒控制系统的不同设计方法，包括根轨迹法、频率响应法、ITAE 法、内模控制法和伪定量反馈法。

12.1 引言

利用前面各章的概念和方法设计的控制系统，总是假设已经知道受控对象和控制器的模型，甚至假设知道它们的各种定常参数。但是，模型终究只是真实物理系统的一种不精确的表示，这是因为总会存在如下各种不确定因素。

- 参数的波动变化。
- 未建模动态
- 未建模时延。
- 平衡点（工作点）的漂移变化。
- 传感器噪声。
- 不可预测的干扰输入。

鲁棒控制系统的设计目标如下：在模型不太精确或存在其他变化因素的条件下，使闭环系统仍然能够保持预期的、可以接受的性能。

在存在显著不确定因素的情况下，鲁棒控制系统仍然能够保持预期的、可以接受的性能。

概念强调说明 12.1

图 12.1 所示的系统存在多种潜在的不确定因素，包括传感器测量噪声 $N(s)$、不可预测的干扰输入 $T_d(s)$ 以及受控对象 $G(s)$ 的未建模动态特性或可能的参数波动变化等。其中，系统的未建模动态特性和各种参数的波动变化等因素的影响可能尤为显著，因此在设计含有这些不确定因素

的控制系统时，我们面临的挑战就是如何保持系统的预期性能。

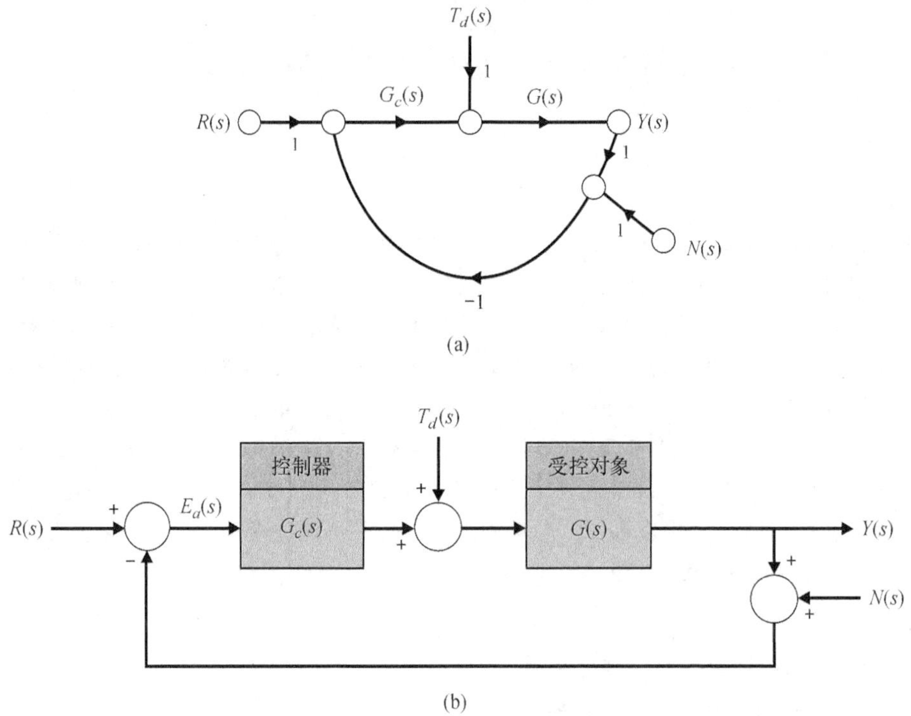

图 12.1 考虑到各种干扰的闭环系统

（a）信号流图模型；（b）框图模型

12.2 鲁棒控制系统和系统灵敏度

在受控对象具有显著不确定性的条件下，设计高精度的控制系统其实是一个经典的反馈控制设计问题。解决这个问题的理论基础，可以追溯到 H.S. 布莱克（H. S. Black）和 H.W. 伯德（H. W. Bode）在 20 世纪 30 年代早期进行的研究工作。人们当时把这个问题称为灵敏度设计问题。从那时起，大量公开发表的文献探讨了不确定性条件下的控制系统设计问题。设计者都希望得到如下这样的系统：当不确定性参数在大范围内变动时，这些系统仍然能够正常工作。如果一个控制系统既稳健持久又具有很强的柔性适应能力，则称之为鲁棒控制系统。

具体来讲，鲁棒控制系统应该具有如下特点：（1）灵敏度低；（2）当参数在预期的范围内波动变动时，系统能够保持稳定；（3）当参数发生一系列变化时，系统能够恢复和保持预期性能（即满足设计要求）[3, 4]。鲁棒性还可以视为对于那些在分析设计阶段未加考虑的影响因素，系统具有足够低的灵敏度，这些影响因素包括干扰、测量噪声和未建模动态特性等。当系统按照设计要求完成任务时，它应该能够承受和克服这些被忽视的不利因素的影响。

当参数只做小范围摄动时，我们可以用 4.3 节（系统灵敏度）和 7.5 节（根灵敏度）讨论的微分灵敏度来度量系统的鲁棒性[6]。系统灵敏度被定义为

$$S_\alpha^T = \frac{\partial T/T}{\partial \alpha/\alpha} \tag{12.1}$$

其中，α 是参数，T 是系统的传递函数。根灵敏度被定义为

$$S_\alpha^{r_i} = \frac{\partial r_i}{\partial \alpha/\alpha} \tag{12.2}$$

当 $T(s)$ 的零点与参数 α 独立无关时，对于 n 阶系统，有

$$S_\alpha^T = -\sum_{i=1}^{n} S_\alpha^{r_i} \cdot \frac{1}{s+r_i} \tag{12.3}$$

例如，考虑图 12.2 所示的一阶闭环系统，其中，α 是可变参数，$T(s) = 1/(s+(\alpha+1))$，于是有

$$S_\alpha^T = \frac{-\alpha}{s+\alpha+1} \tag{12.4}$$

又因为 $r_1 = (\alpha+1)$，故有

$$-S_\alpha^{r_i} = -\alpha \tag{12.5}$$

最终同样有

$$S_\alpha^T = -S_\alpha^{r_i}\frac{1}{s+\alpha+1} = \frac{-\alpha}{s+\alpha+1} \tag{12.6}$$

考虑图 12.3 所示二阶闭环系统的灵敏度。该二阶系统的传递函数为

$$T(s) = \frac{K}{s^2+s+K} \tag{12.7}$$

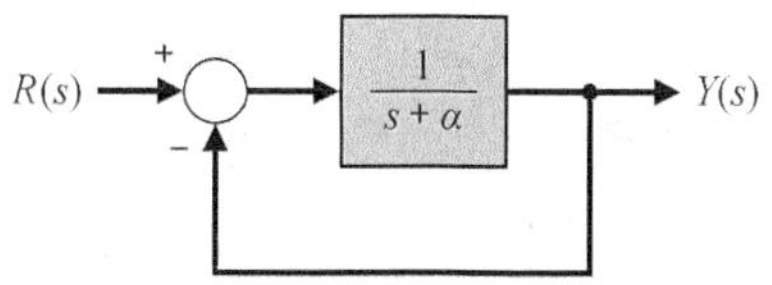

图 12.2　一阶闭环系统

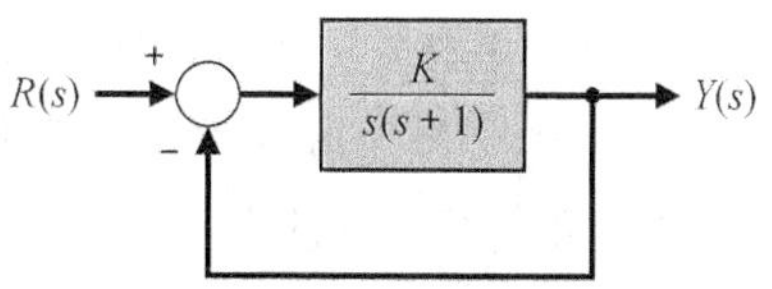

图 12.3　二阶闭环系统

系统对可变参数 K 的灵敏度为

$$S(s) = S_K^T = \frac{s(s+1)}{s^2+s+K} \tag{12.8}$$

当 $K = 1/4$（临界阻尼）时，$20\log|T|$ 和 $20\log|S|$ 的渐近伯德图如图 12.4 所示。从中可以看出，系统灵敏度在低频段是很小的，而传递函数正好具有低通特性，因此系统具有良好的鲁棒性。

注意，只有当增益 K 的变化范围非常小时，系统灵敏度 $S(s)$ 才能表示系统的鲁棒性。如果 K 在 1/4 处的变化范围是从 $K = 1/16$ 到 $K = 1$，则系统阶跃响应的变化情况如图 12.5 所示。由于 K 的预期变动范围较大，而系统阶跃响应的变化也较大，因此我们不能认为这个系统足够鲁棒。我们的期望是，当参数在约定的范围内变动时，鲁棒控制系统能够对选定的输入产生差不多的响应。

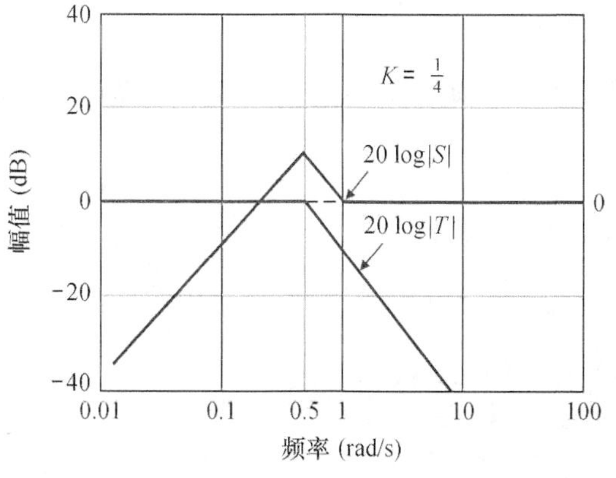

图 12.4　当 $K = 1/4$ 时，$20\log|T|$ 和 $20\log|S|$ 的渐近伯德图

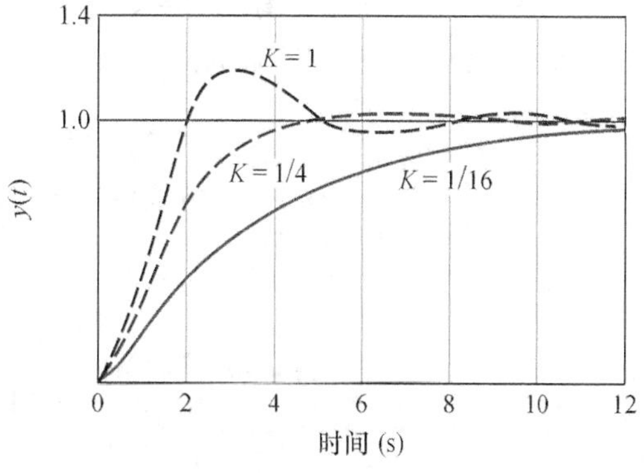

图 12.5　当增益 K 的取值不同时，阶跃响应的变化情况

例 12.1 控制系统的灵敏度

考虑图 12.6 所示的反馈控制系统，其中，$G(s)=1/s^2$，PD 控制器为 $G_c(s)=K_P+K_Ds$。于是，我们可以将该反馈控制系统对受控对象 $G(s)$ 的灵敏度定义为

$$S_G^T=\frac{1}{1+G_c(s)G(s)}=\frac{s^2}{s^2+K_Ds+K_P} \tag{12.9}$$

其中：

$$T(s)=\frac{K_Ds+K_P}{s^2+K_Ds+K_P} \tag{12.10}$$

考虑标称的临界阻尼状态 $\zeta=1$ 和 $\omega_n=\sqrt{K_P}$，于是有 $K_D=2\omega_n$。在此条件下，我们可以绘制 $20\log|S|$ 和 $20\log|T|$ 的伯德图，如图 12.7 所示。注意下面的设计原则：固有频率 ω_n 可以看作两个频段的分界点，在其中一个频段，应将灵敏度作为重要的设计依据；而在另一个频段，则应以稳定裕度作为重要的性能指标。于是，在实际设计中，如果能够根据模型误差的变化范围和外部干扰的实际频率，合理地确定系统的固有频率 ω_n，则可以合理确定 PD 控制器的待定参数 K_P 和 K_D，从而使系统具有令人满意的鲁棒性。

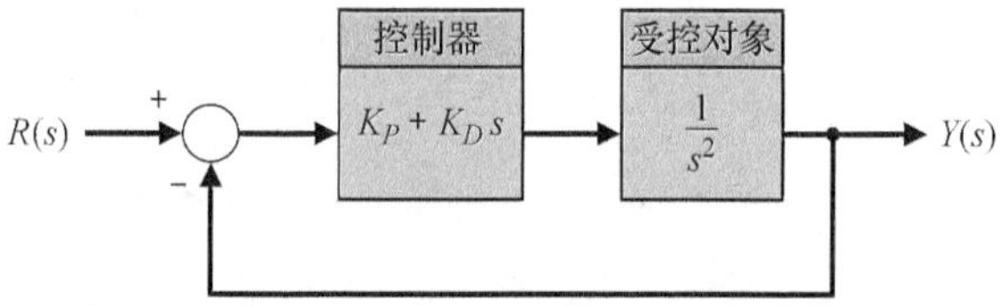

图 12.6 带有 PD 控制器的反馈控制系统

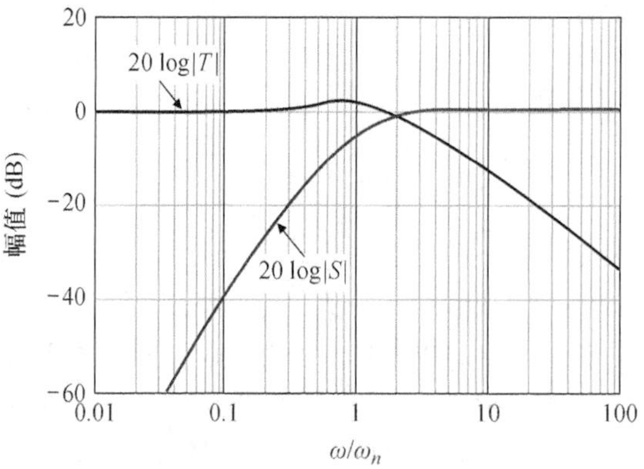

图 12.7 图 12.6 所示反馈控制系统的灵敏度和 $T(s)$

例 12.2 在 s 平面的右半平面有一个零点的系统

考虑图 12.8 所示的二阶系统，其中，受控对象在 s 平面的右半平面有一个零点。系统的闭环传递函数为

$$T(s)=\frac{K(s-1)}{s^2+(2+K)s+(1-K)} \tag{12.11}$$

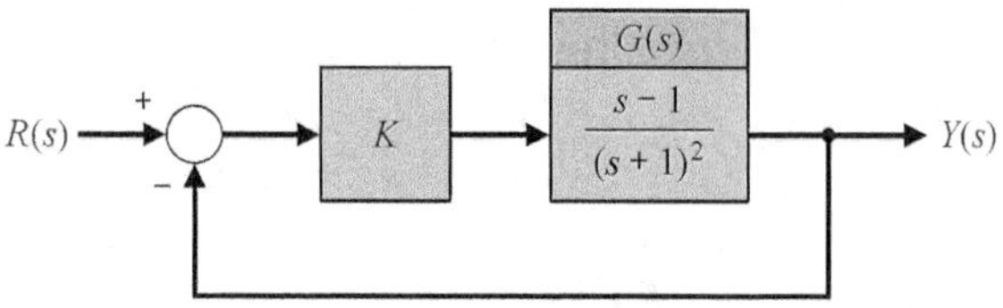

图 12.8 某二阶系统

当 $-2 < K < 1$ 时，系统是稳定的。当输入为负单位阶跃信号 $R(s) = -1/s$ 时，系统的稳态误差为

$$e_{ss} = \frac{1 - 2K}{1 - K} \tag{12.12}$$

当 $K=1/2$ 时，$e_{ss} = 0$。此时,系统的响应如图 12.9 所示。注意,系统在 $t = 1$ s 之前出现了反向超调。另外，从表 12.1 中还可以看出，系统对 K 的变化相当敏感。当 K 值的波动变化幅度仅为 ±10% 时，系统的稳态误差就会随着 K 的变化而急剧变化，系统的性能变得几乎不可接受。因此，该系统不是鲁棒控制系统。

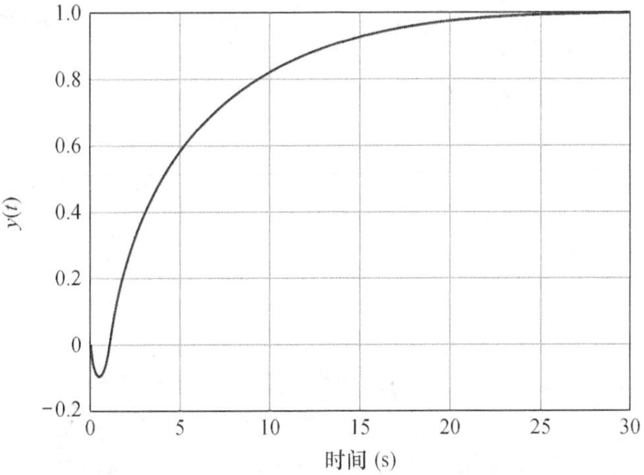

图 12.9　图 12.8 所示二阶系统的阶跃响应，其中 $K = 1/2$

表 12.1　例 12.2 的结果

K	0.25	0.45	0.50	0.55	0.75
$\lvert e_{ss} \rvert$	0.67	0.18	0	0.22	1.0
反向超调	5%	9%	10%	11%	15%
调节时间(s)	15	24	27	30	45

12.3　鲁棒性分析

考虑图 12.1 所示的系统，系统的设计目标如下：使系统对输入 $R(s)$ 的跟踪误差 $E(s) = R(s) - Y(s)$ 始终保持在很小的范围内，同时将干扰 $T_d(s)$ 引起的输出 $Y(s)$ 维持在较低的水平。

系统对受控对象的灵敏度函数为

$$S(s) = \frac{1}{1 + G_c(s)G(s)}$$

灵敏度补函数为

$$C(s) = \frac{G_c(s)G(s)}{1 + G_c(s)G(s)}$$

且有

$$S(s) + C(s) = 1 \tag{12.13}$$

由灵敏度函数的定义可知，要想提高系统的鲁棒性，就必须减小 $S(s)$ 的幅值。对于物理可实现系统，环路传递函数 $L(s)=G(s)G_c(s)$ 在高频段的幅值通常很小，这意味着 $S(j\omega)$ 在高频段将会接近于 1。

如果受控对象上附加有加性摄动，则实际的受控对象应该为

$$G_a(s)=G(s)+A(s)$$

其中，$G(s)$ 为标称的受控对象的传递函数，$A(s)$ 是幅值有限的摄动。这里假设 $G_a(s)$ 和 $G(s)$ 在 s 平面的右半平面有相同数目的极点[32]。如果对所有的 ω 都有

$$|A(j\omega)|<\left|1+G_c(j\omega)G(j\omega)\right| \tag{12.14}$$

则系统的稳定性将会保持不变。注意，式（12.14）所示的条件虽然能够确保系统的稳定性保持不变，但却无法确保系统的动态性能不发生改变。

当存在乘性摄动时，整个受控对象可以描述为

$$G_m(s)=G(s)[1+M(s)]$$

同样假定摄动的幅值是有界的，且 $G_m(s)$ 和 $G(s)$ 在 s 平面右半平面的极点个数相同。在此前提下，如果对于所有 ω 都有

$$|M(j\omega)|<\left|1+\frac{1}{G_c(j\omega)G(j\omega)}\right| \tag{12.15}$$

则系统的稳定性也会保持不变。式（12.15）被称为**鲁棒稳定性判据**，这是一种针对乘性摄动的鲁棒稳定性检验判据。在实践中，我们常常采用乘性摄动来描述受控对象的不确定性，原因主要是乘性摄动更符合我们的直觉，具体表现如下：（1）在低频段，标称对象模型通常比较精确，这正好与乘性摄动比较小相吻合；（2）在高频段，标称模型往往不够精确，这正好与乘性摄动比较大相吻合。

例 12.3 具有乘性摄动的系统

考虑图 12.1 所示的系统，其中：

$$G_c(s)=K$$

$$G(s)=\frac{170\,000(s+0.1)}{s(s+3)\left(s^2+10s+10\,000\right)}$$

当 $K=1$ 时，系统是不稳定的。但是当增益下降为 $K=0.5$ 时，系统就变得稳定了。假定受控对象 $G(s)$ 含有未建模极点 $s=50\,\mathrm{rad/s}$，在此条件下，乘性摄动可以写成

$$1+M(s)=\frac{50}{s+50}$$

或

$$M(s)=-s/(s+50)$$

其幅值为

$$|M(j\omega)|=\left|\frac{-j\omega}{j\omega+50}\right|$$

为了检验系统的鲁棒稳定性，图 12.10（a）给出了 $\left|M(j\omega)\right|$ 和 $\left|1+1/(KG(j\omega))\right|$ 的幅值曲线。从中可以看出，它们不满足式（12.15）所示的条件，因此系统可能不稳定。

若将增益放大器改为滞后校正器，即

$$G_c(s)=\frac{0.15(s+25)}{s+2.5}$$

则环路传递函数将变成 $L(s)=1+G(s)G_c(s)$。在 $2<\omega<25$ 的频率范围内，改为绘制 $1+1/G(j\omega)G_c(j\omega)$ 的幅频曲线，如图 12.10（b）所示，并验证如下鲁棒稳定性条件是否成立：

$$|M(j\omega)|<\left|1+\frac{1}{G_c(j\omega)G(j\omega)}\right|$$

从图 12.10（b）中可以看出，校正后的系统满足鲁棒稳定性条件。因此，即使存在未建模动态特性，系统也能继续保持稳定。

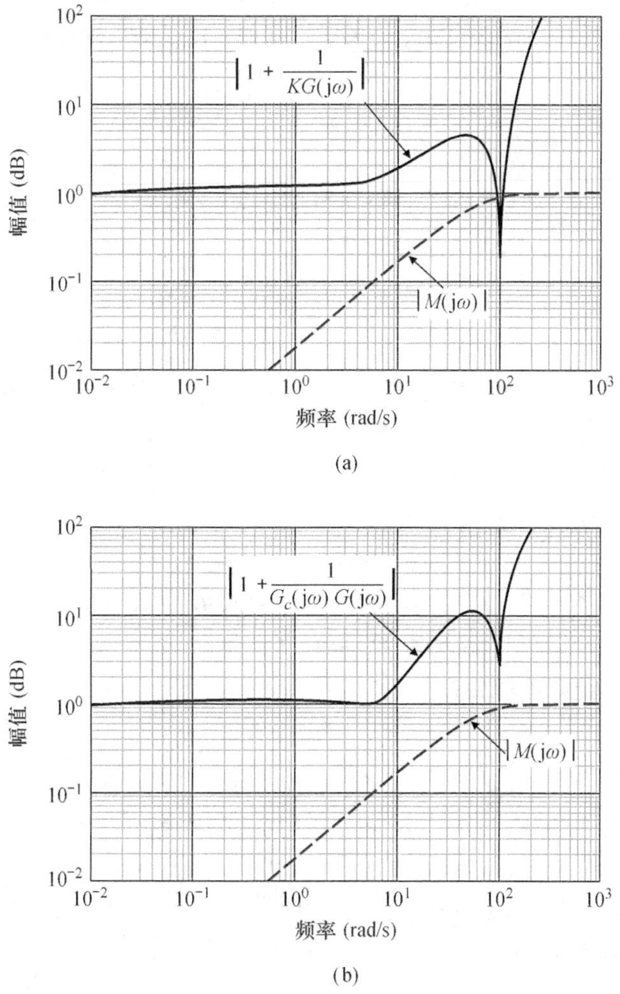

图 12.10　例 12.3 的鲁棒稳定性判据

控制系统的设计目标是选择合适的校正器 $G_c(s)$，使系统能同时满足瞬态性能、稳态性能和频域性能的指标要求，并能同时减小取决于校正器 $G_c(j\omega)$ 的带宽的那些反馈代价，这些代价主要缘于测量输出时不可避免地存在噪声。如果校正器的带宽过大，则这种噪声经过放大后，既可能在早期就使受控对象饱和，也可能稍晚时造成校正器 $G_c(j\omega)$ 饱和，因此我们必须保持对校正器带宽的约束。在后续内容中，我们将在两因素（受控对象和控制器）系统设计框架的基础上，通过添加前置滤波器来帮助实现控制系统的设计目标。

12.4 含有不确定参数的系统

许多系统含有一些本质上定常，但在一定范围内却具有不确定性的参数。考虑下面的特征方程：

$$s^n + a_{n-1}s^{n-1} + a_{n-2}s^{n-2} + \cdots + a_0 = 0 \tag{12.16}$$

其系数满足 $\alpha_i \leqslant a_i \leqslant \beta_i$（$i = 0,\cdots,n$）。

初看起来，为了确定这类系统的稳定性，应研究所有可能的参数组合。幸运的是，我们只需要研究系统在最坏情形下的几个特征多项式，就可以确定系统的稳定性[20]。事实上，对于三阶系统而言，只需要分析 4 个特征多项式就足够了。例如，假设某三阶系统的特征方程为

$$s^3 + a_2s^2 + a_1s + a_0 = 0 \tag{12.17}$$

则相应的 4 个极端特征多项式为

$$q_1(s) = s^3 + \alpha_2s^2 + \beta_1s + \beta_0$$
$$q_2(s) = s^3 + \beta_2s^2 + \alpha_1s + \alpha_0$$
$$q_3(s) = s^3 + \beta_2s^2 + \beta_1s + \alpha_0$$
$$q_4(s) = s^3 + \alpha_2s^2 + \alpha_1s + \beta_0$$

其中，每个特征多项式代表一种最坏情形。利用这些特征多项式，我们可以了解系统的不稳定性，或者至少了解系统在相应情况下的最坏性能。

例 12.4 具有不确定系数的三阶系统

考虑具有不确定参数的三阶系统，其中：

$$8 \leqslant a_0 \leqslant 60 \Rightarrow \alpha_0 = 8，\beta_0 = 60$$
$$12 \leqslant a_1 \leqslant 100 \Rightarrow \alpha_1 = 12，\beta_1 = 100$$
$$7 \leqslant a_2 \leqslant 25 \Rightarrow \alpha_2 = 7，\beta_2 = 25$$

于是，极端情况下的 4 个特征多项式为

$$q_1(s) = s^3 + 7s^2 + 100s + 60$$
$$q_2(s) = s^3 + 25s^2 + 12s + 8$$
$$q_3(s) = s^3 + 25s^2 + 100s + 8$$
$$q_4(s) = s^3 + 7s^2 + 12s + 60$$

利用劳斯-赫尔维茨稳定性判据检验这 4 个特征多项式，我们可以断定，系统在不确定参数的变动范围内始终是稳定的。

例 12.5 不确定系统的稳定性

考虑某单位负反馈系统，其中受控对象的传递函数（在标称条件下）为

$$G(s) = \frac{4.5}{s(s+1)(s+2)}$$

标称的闭环特征方程为

$$q(s) = s^3 + 3s^2 + 2s + 4.5 = 0$$

系数的标称值为 $a_0 = 4.5$、$a_1 = 2$ 和 $a_2 = 3$。由劳斯-赫尔维茨稳定性判据可知，系统此时是稳定的。但是，如果系统存在不确定参数，导致

$$4 \leqslant a_0 \leqslant 5 \Rightarrow \alpha_0 = 4,\ \beta_0 = 5$$
$$1 \leqslant a_1 \leqslant 3 \Rightarrow \alpha_1 = 1,\ \beta_1 = 3$$
$$2 \leqslant a_2 \leqslant 4 \Rightarrow \alpha_2 = 2,\ \beta_2 = 4$$

则为了检验系统的鲁棒稳定性，就必须检验下面的 4 个特征多项式：

$$q_1(s) = s^3 + 2s^2 + 3s + 5$$
$$q_2(s) = s^3 + 4s^2 + 1s + 4$$
$$q_3(s) = s^3 + 4s^2 + 3s + 4$$
$$q_4(s) = s^3 + 2s^2 + 1s + 5$$

由劳斯-赫尔维茨稳定性判据可知 $q_1(s)$ 和 $q_3(s)$ 稳定，$q_2(s)$ 临界稳定，而对 $q_4(s)$ 而言，因为有

$$\begin{array}{c|cc} s^3 & 1 & 1 \\ s^2 & 2 & 5 \\ s^1 & -3/2 & \\ s^0 & 5 & \end{array}$$

所以，当 α_2 取最小值、α_1 取最小值且 β_0 取最大值时，系统是不稳定的。当受控对象变为 $G(s) = \dfrac{5}{s(s+1)(s+1)}$ 时，就会出现这种最坏情形。此时，系统的第 3 个环路极点朝 $j\omega$ 轴方向移动并到达极限位置 $s = -1$，而增益 K 也已经增加到最大值 5。

12.5 鲁棒控制系统设计

鲁棒控制系统设计需要完成两项基本任务：确定控制器结构和调节控制器参数，以便系统在存在不确定性的情况下，依然具备可以接受的性能。在设计控制器结构时，我们通常以系统响应能够满足给定的性能指标设计要求为出发点。

在很多典型场合下，理想的控制系统设计目标是使系统能够精确并及时地跟踪输入。这意味着最小化跟踪误差，换言之，这意味着在理想情况下，闭环系统 $T(s)$的伯德图应该非常平整，最好具有无限带宽的 0 dB 增益并且相角始终为 0，而实际上并不存在这样的理想系统。一种可行的设计要求是，将受控对象和控制器一并考虑，力求在尽可能宽的频段范围内，使闭环系统的幅频响应曲线保持平坦且接近于 1（即 0 dB）[20]。

控制系统设计的另一个目标是极小化干扰对系统输出的影响。考虑图 12.11 所示的系统，其中 $G(s)$ 为受控对象，$T_d(s)$ 为干扰输入，于是有

$$T(s) = \frac{Y(s)}{R(s)} = \frac{G_c(s)G(s)}{1 + G_c(s)G(s)} \tag{12.18}$$

和

$$\frac{Y(s)}{T_d(s)} = \frac{G(s)}{1 + G_c(s)G(s)} \tag{12.19}$$

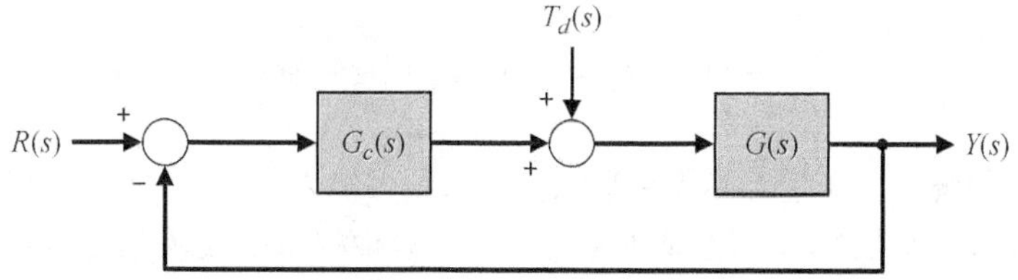

图 12.11　带有干扰的系统

比较式（12.18）和式（12.19）可知，它们有相同的分母多项式，因此它们的特征方程都是

$$1 + G_c(s)G(s) = 1 + L(s) = 0 \tag{12.20}$$

注意，$T(s)$ 对 $G(s)$ 的灵敏度为

$$S_G^T = \frac{1}{1 + G_c(s)G(s)} \tag{12.21}$$

式（12.21）和式（12.18）的分母多项式也相同。由此可见，闭环系统的特征方程对系统灵敏度有着决定性的影响。式（12.21）表明，要降低系统的灵敏度 S，就应增大环路传递函数 $L(j\omega)$ 的幅值。但过分增大环路传递函数又会导致闭环系统 $T(s)$ 失稳或者系统响应性能恶化。因此，在设计鲁棒控制系统时，原则上应要求：

- 闭环系统 $T(s)$ 具有较宽的带宽；
- 在低频段，环路传递函数 $L(j\omega)$ 的幅值大；
- 在高频段，环路传递函数 $L(j\omega)$ 的幅值小。

给定频域指标设计要求，在频域中进行鲁棒控制系统设计时，最基本的工作是先找到合适类型的校正器 $G_c(s)$，使闭环系统的灵敏度小于某个预先给定的容许值；进一步的灵敏度优化问题则涉及优化和确定更加合适的校正器，使闭环系统的灵敏度等于或无限接近灵敏度的最小下界。

类似地，增益裕度和相角裕度的基本设计问题就是寻找合适的校正器，以达到预定的增益裕度和相角裕度；而抗干扰和降低噪声问题的解决途径，则是分别寻找在低频段幅值较大的环路传递函数以及在高频段幅值较小的环路传递函数。当采用频域性能指标时，前面的 3 条鲁棒控制系统设计原则表现为，$G_c(j\omega)G(j\omega)$ 的伯德图（见图 12.12）应该满足的具体要求如下。

（1）在以穿越频率 ω_c 为中心的邻近的频率范围内，通过维持 $G_c(j\omega)G(j\omega)$ 的幅频渐近线的斜率不大于 −20 dB/decade 来保证系统的相对稳定性。

（2）通过减小 $G_c(j\omega)G(j\omega)$ 在高频段的幅值来保证系统的低敏感度以及对测量噪声的衰减能力。

（3）通过增大 $G_c(j\omega)G(j\omega)$ 在低频段的幅值来保证系统的抗干扰能力。

（4）在系统带宽 ω_B 之外，通过维持 $G_c(j\omega)G(j\omega)$ 处于预期的边界之内来保证系统的精度和性能。

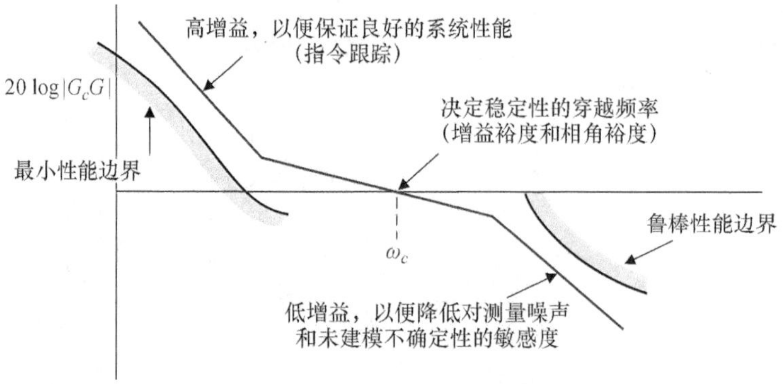

图 12.12　$20\log|G_c(j\omega)G(j\omega)|$ 的伯德图

利用根灵敏度的概念，这些鲁棒控制系统设计原则可以表述如下：一方面要求将 S_K^r 最小化；另一方面要求闭环传递函数 $T(s)$ 有合适的主导极点，以便提供令人满意的响应，并要求将 $T_d(s)$ 的影响控制到最小。

以图 12.11 所示的系统为例，其中 $G_c(s)=K$，$G(s)=1/(s(s+1))$。该系统有两个特征根，我们需要确定增益 K 的合适取值，使 $Y(s)/T_d(s)$ 和 S_K^r 都尽可能小，同时使 $T(s)$ 具有预期的主导极点。我们知道，根灵敏度为

$$S_K^r=\frac{\mathrm{d}r}{\mathrm{d}K}\cdot\frac{K}{r}=\left.\frac{\mathrm{d}s}{\mathrm{d}K}\right|_{s=r}\cdot\frac{K}{r}\tag{12.22}$$

特征方程为

$$s(s+1)+K=0\tag{12.23}$$

于是有

$$\mathrm{d}K/\mathrm{d}s=-(2s+1)$$

将 $K=-s(s+1)$ 代入式（12.22），可以得到

$$S_K^r=\left.\frac{-1}{2s+1}\,\frac{-s(s+1)}{s}\right|_{s=r}\tag{12.24}$$

当 $\zeta<1$ 时，该系统有一对复特征根且 $r=-0.5\pm \mathrm{j}\frac{1}{2}\sqrt{4K-1}$。将它们代入式（12.24），可以得到

$$\left|S_K^r\right|=\left(\frac{K}{4K-1}\right)^{1/2}\tag{12.25}$$

图 12.13 绘制了根灵敏度的幅值随 K 的变化曲线，其中 K 的变化范围是 $0.2<K<5$。图 12.13 还给出了系统阶跃响应的超调量随 K 的变化曲线。从中可以看出，最好的选择是将 K 取为 1.5 或更小的值。这样既能保持系统阶跃响应的良好性能，又能最大限度地降低灵敏度。

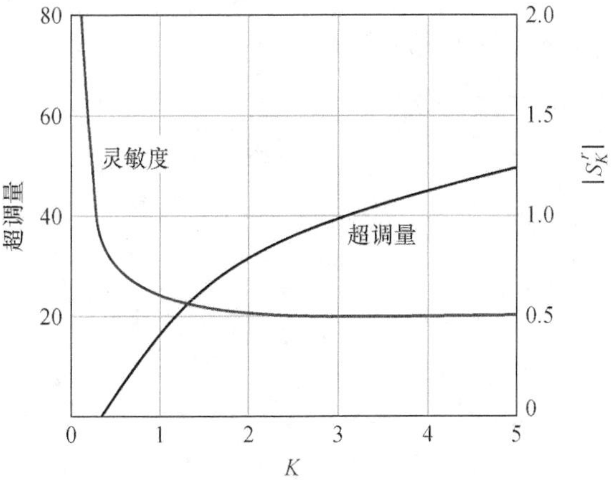

图 12.13　二阶系统的灵敏度和超调量

一般来说，在利用根轨迹法设计鲁棒控制系统时，要想在降低根灵敏度的同时保持足够的抗噪能力，可以执行如下步骤：

（1）选择合适的 $G_c(s)$，使系统满足预期主导极点的条件，并绘制校正后系统的根轨迹。

（2）为了减少干扰的影响，将 $G_c(s)$ 的增益提升至最大。

（3）利用步骤（1）中的结果计算 S_K^r，在兼顾系统瞬态响应性能的同时，使根灵敏度达到最小。

例 12.6 灵敏度和系统校正

考虑图 12.11 给出的系统，其中 $G(s)=1/s^2$。在本例中，我们将采用频域响应法来设计校正器 $G_c(s)$，而后通过选取合适的校正器增益来降低系统的灵敏度并减少干扰的影响，同时保证系统具有合适的增益裕度和相角裕度。为此，我们选择

$$G_c(s)=\frac{K(s/z+1)}{s/p+1} \tag{12.26}$$

为了减少干扰的影响，首先取 K=10。为了保证系统的相角裕度为 45°，然后取 $z=2$、$p=12$。至此，我们可以得到校正后系统的伯德图，如图 12.14 所示。注意，闭环系统的带宽 $\omega_B=1.6\omega_c$。由此可见，我们的校正器增大了系统带宽，从而改善了系统重现输入信号的能力。

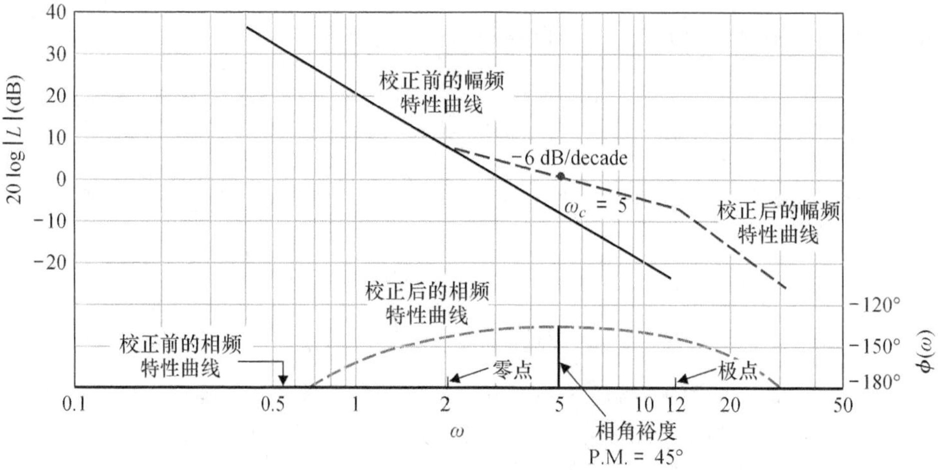

图 12.14 校正后系统的伯德图

在校正后的穿越频率 ω_c 处，系统灵敏度为

$$\left|S_G^T(\mathrm{j}\omega_c)\right|=\left|\frac{1}{1+G_c(\mathrm{j}\omega)G(\mathrm{j}\omega)}\right|_{\omega=\omega_c} \tag{12.27}$$

为了估计 $\left|S_G^T(\mathrm{j}\omega)\right|$，我们可以先由尼科尔斯图得到

$$|T(\mathrm{j}\omega)|=\left|\frac{G_c(\mathrm{j}\omega)G(\mathrm{j}\omega)}{1+G_c(\mathrm{j}\omega)G(\mathrm{j}\omega)}\right| \tag{12.28}$$

再从尼科尔斯图中找到 $G_c(\mathrm{j}\omega)G(\mathrm{j}\omega)$ 的几个点并读出相应的 $\left|T(\mathrm{j}\omega)\right|$，于是得到

$$\left|S_G^T(\mathrm{j}\omega_1)\right|=\frac{\left|T(\mathrm{j}\omega_1)\right|}{\left|G_c(\mathrm{j}\omega_1)G(\mathrm{j}\omega_1)\right|} \tag{12.29}$$

其中，ω_1 通常是选取的小于 ω_c 的频率点，以便在低频段考查 $\left|S_G^T(\mathrm{j}\omega)\right|$ 的取值情况。校正后系统的尼科尔斯图如图 12.15 所示，当 $\omega_1=\omega_c/2.5=2$ 时，有 $20\log\left|T(\mathrm{j}\omega_1)\right|=2.5\,\mathrm{dB}$、$20\log\left|G_c(\mathrm{j}\omega_1)G(\mathrm{j}\omega_1)\right|=9\,\mathrm{dB}$，因而有

$$\left|S_G^T(\mathrm{j}\omega_1)\right|=\frac{\left|T(\mathrm{j}\omega_1)\right|}{\left|G_c(\mathrm{j}\omega_1)G(\mathrm{j}\omega_1)\right|}=\frac{1.33}{2.8}=0.475$$

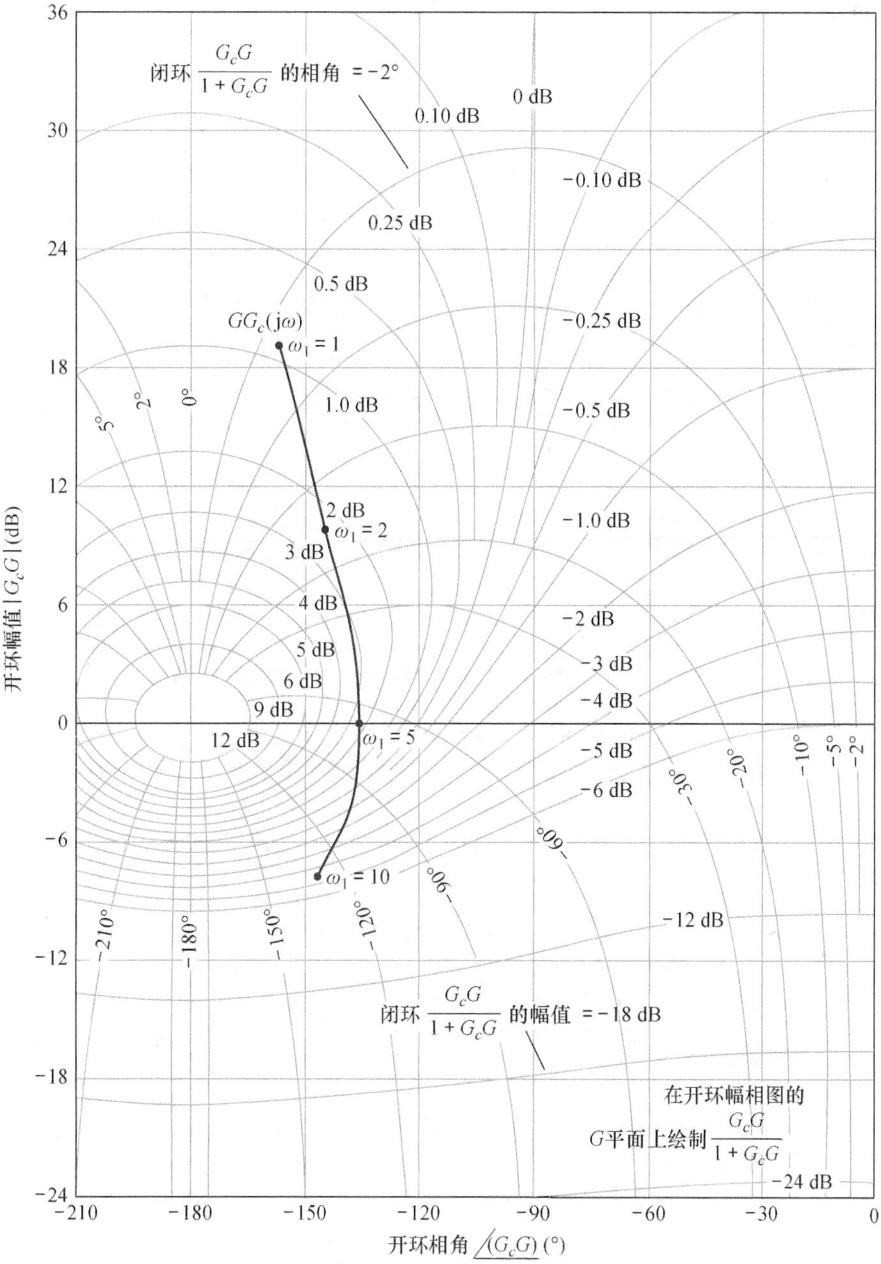

图 12.15　校正后系统的尼科尔斯图

12.6　鲁棒 PID 控制器设计

PID 控制器的传递函数为

$$G_c(s) = K_P + \frac{K_I}{s} + K_D s$$

PID 控制器具有较强的鲁棒性，能够在较大范围内适应不同的工作条件，同时结构简单、易于工程师直接使用，因此 PID 控制器得到了广泛应用。为了实现 PID 控制器，我们必须结合给定的受控对象，精心确定控制器的如下 3 个参数：比例增益 K_P、积分增益 K_I 和微分增益 K_D[31]。

PID 控制器可以改写为

$$G_c(s) = K_P + \frac{K_I}{s} + K_D s = \frac{K_D s^2 + K_P s + K_I}{s}$$
$$= \frac{K_D\left(s^2 + as + b\right)}{s} = \frac{K_D\left(s + z_1\right)\left(s + z_2\right)}{s} \tag{12.30}$$

其中，$a = K_P/K_D$、$b = K_I/K_D$。从式（12.30）可以看出，PID 控制器为环路传递函数引入了两个零点和一个位于坐标原点的极点。

我们已经知道，闭环系统的根轨迹起始于环路极点而终止于环路零点。以图 12.16 所示的温度控制系统为例，其中：

$$G(s) = \frac{1}{(s+2)(s+5)}$$

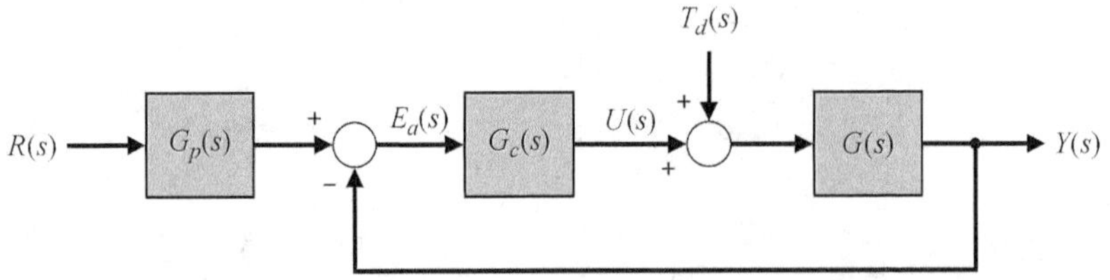

图 12.16 含有预期输入 $R(s)$ 和非预期输入 $T_D(s)$ 的温度控制系统

当 PID 控制器具有复零点时，我们可以得到图 12.17 所示的根轨迹。

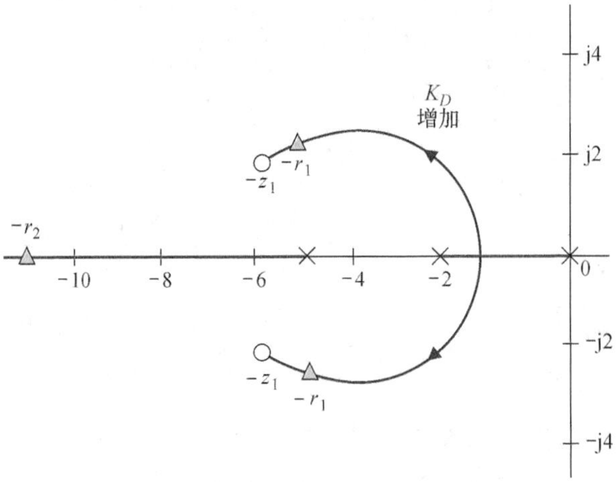

图 12.17 带有零点 $-z_1 = -6 + j2$ 的根轨迹

当增益 K_D 增加时，闭环系统的复根将趋于环路零点。因此，当 K_D 的取值较大时，$r_1 \approx z_1$，闭环传递函数可以近似为

$$T(s) = \frac{G(s)G_c(s)G_p(s)}{1 + G(s)G_c(s)} = \frac{K_D\left(s + z_1\right)\left(s + \hat{z}_1\right)}{\left(s + r_2\right)\left(s + r_1\right)\left(s + \hat{r}_1\right)} G_p(s)$$
$$\approx \frac{K_D G_p(s)}{s + r_2} \tag{12.31}$$

假设 $G_p(s) = 1$，于是当 $K_D \gg 1$ 时，有

$$T(s) = \frac{K_D}{s + r_2} \approx \frac{K_D}{s + K_D} \tag{12.32}$$

在实现上述设计时，增大 K_D 的唯一限制因素是 $U(s)$ 的允许幅值（见图 12.16）。如果 K_D 可以是 100，则系统会有快速的阶跃响应和零稳态误差，并且能够显著减少干扰的影响。

一般来说，当 $G(s)$ 只有一个或两个极点（或者可以用二阶系统近似）时，利用 PID 控制器来减少稳态误差和改进瞬态响应将特别有效。

在确定 PID 控制器的 3 个参数的取值时，我们面临的主要问题是，这 3 个参数并不能直接转换成设计者心中预期的性能指标。为此，人们提出了多种设计原则和方法来解决参数整定问题。本节将在闭环系统的根轨迹的基础上，针对不同的性能指标介绍 PID 控制器的 3 种设计方法，包括 ITAE 法、频率响应法和根轨迹法。

我们首先介绍 ITAE 法。由此确定的 PID 控制器可以使 ITAE 性能指标达到最小值，同时让系统对阶跃输入或斜坡输入具有良好的瞬态响应。当采用 ITAE 法时，PID 控制器的设计过程可以归纳为以下 3 步。

（1）根据对调节时间的设计要求，确定闭环系统的固有频率 ω_n。

（2）根据选定的最优闭环传递函数以及步骤（1）中给出的 ω_n，确定 PID 控制器的 3 个参数，得到 $G_c(s)$。

（3）确定合适的前置滤波器 $G_P(s)$，使闭环系统的传递函数 $T(s)$ 没有零点。

例 12.7　温度的鲁棒控制

考虑图 12.16 所示的温度控制系统，其受控对象为

$$G(s)=\frac{1}{(s+1)^2} \tag{12.33}$$

当 $G_c(s)=1$ 时，系统对阶跃输入信号的稳态跟踪误差 e_{ss} 高达 50%，调节时间 T_s（按 2% 准则）长达 3.2s。为了使系统的阶跃响应具有最佳的 ITAE 性能且调节时间 $T_s \leqslant 0.5\text{ s}$，考虑采用 PID 控制器来校正系统。首先暂定 $G_P(s)=1$，则经过校正的闭环传递函数为

$$\begin{aligned}T_1(s)=\frac{Y(s)}{R(s)}&=\frac{G_c(s)G(s)}{1+G_c(s)G(s)}\\&=\frac{K_Ds^2+K_Ps+K_I}{s^3+\left(2+K_D\right)s^2+\left(1+K_P\right)s+K_I}\end{aligned} \tag{12.34}$$

当采用 ITAE 指标时，最优的特征多项式应该为

$$s^3+1.75\omega_n s^2+2.15\omega_n^2 s+\omega_n^3=0 \tag{12.35}$$

为了满足对调节时间的设计要求，我们还需要确定 ω_n 的合适取值。由于 $T_s=4/\zeta\omega_n$，且 ζ 的取值虽然未知但近似等于 0.8，因此取 $\omega_n=10$。将 $\omega_n=10$ 代入式（12.35），并令式（12.34）的分母等于式（12.33），比较系数后可以得到 $K_P=214$、$K_D=15.5$ 和 $K_I=1000$。于是式（12.34）可以写成

$$\begin{aligned}T_1(s)&=\frac{15.5s^2+214s+1000}{s^3+17.5s^2+215s+1000}\\&=\frac{15.5(s+6.9+\mathrm{j}4.1)(s+6.9-\mathrm{j}4.1)}{s^3+17.5s^2+215s+1000}\end{aligned} \tag{12.36}$$

从表 12.2 中可以看出，此时系统阶跃响应的超调量 P.O. 高达 33.9%。

接下来选择合适的前置滤波器 $G_P(s)$，以使系统具有预期的最优 ITAE 指标。我们引入的 $G_P(s)$ 应该能对消掉式（12.36）中的零点，并且使期望的闭环传递函数的分子为 1000，也就是期望系统的闭环传递函数变为

$$T(s)=\frac{G_c(s)G(s)G_p(s)}{1+G_c(s)G(s)}=\frac{1000}{s^3+17.5s^2+215s+1000} \tag{12.37}$$

由此可以得到所需的 $G_P(s)$ 为

$$G_p(s)=\frac{64.5}{s^2+13.8s+64.5} \tag{12.38}$$

表 12.2 的第 4 列给出了此时系统 $T(s)$ 的阶跃响应指标，从中可以看出，经过完全校正后的系统只有很小的超调量，调节时间 $T_s \leqslant 0.5$ s 且稳态误差为 0。另外，由单位阶跃干扰 $T_d(s)=1/s$ 引起的输出 $y(t)$ 的最大幅值，也仅仅为干扰输入幅值的 0.4%。这些结果表明，本例的设计结果非常令人满意。

表 12.2 例 12.7 的结果

控制器	$G_P(s)=1$	PID 和 $G_P(s)=1$	带前置滤波器 $G_P(s)$ 的 PID
超调量	4.2%	33.9%	1.9%
调节时间(s)	4.2	0.6	0.75
稳态误差	50%	0	0
扰动误差	52%	0.4%	0.4%

考虑到受控对象有可能发生显著的变化，这里假定受控对象的传递函数可能变成

$$G(s)=\frac{K}{(\tau s+1)^2} \tag{12.39}$$

其参数具有比较大的变化范围：$0.5 \leqslant \tau \leqslant 1$、$1 \leqslant K \leqslant 2$。我们希望探究前面设计的带有前置滤波器的 ITAE 最优系统，当 $G(s)$ 的参数在给定的变化范围内任意取值时，能否使系统具有鲁棒的性能表现，并始终保持系统响应的超调量 P.O. ≤ 4%且调节时间 $T_s \leqslant 2$ s（按 2% 准则）。

为此，考虑如下 4 种极端情况：$\tau=1$，$K=1$；$\tau=0.5$，$K=1$；$\tau=1$，$K=2$；$\tau=0.5$，$K=2$。对应的阶跃响应曲线如图 12.18 所示，从中可以看出，系统的鲁棒性很强。

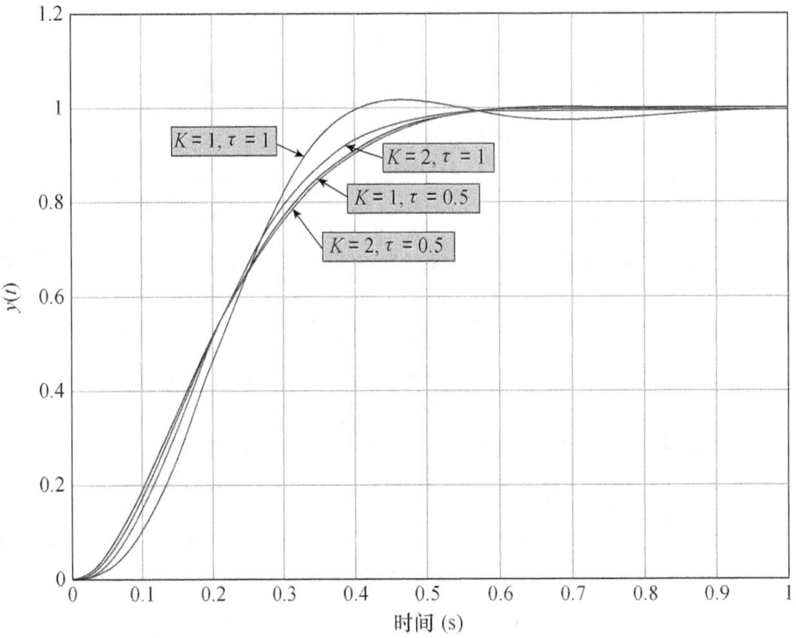

图 12.18 当 K 和 τ 存在不确定性时闭环系统的阶跃响应曲线

固有频率 ω_n 的取值受到控制器输出 $u(t)$（见图 12.16）的最大容许值的限制。以图 12.16 所示的系统为例，假定 $G(s) = 1/(s(s+1))$ 且选取了合适的 PID 控制器和前置滤波器 $G_P(s)$，使得系统达到 ITAE 最优。以此为前提，表 12.3 给出了当 ω_n = 10、20、40 时 $u(t)$ 的最大值。从中可以推知，如果限制 $u(t)$ 的最大容许值，则自然而然地会限制 ω_n 的取值范围，同时也就限制了最小调节时间。

表 12.3　受控对象的最大输入

ω_n	10	20	40
当输入为 $R(s) = 1/s$ 时，$u(t)$ 的最大值	35	135	550
调节时间(s)	0.9	0.5	0.3

12.7　鲁棒内模控制系统

内模控制系统的基本框图模型如图 12.19 所示。本节将重新考虑控制系统的内模设计问题，并特别关注系统的鲁棒性。内模原理指出，如果 $G_c(s)G(s)$ 包含 $R(s)$，则 $y(t)$ 就能够渐近跟踪上 $r(t)$（稳态误差为 0），并且跟踪性能是鲁棒的。

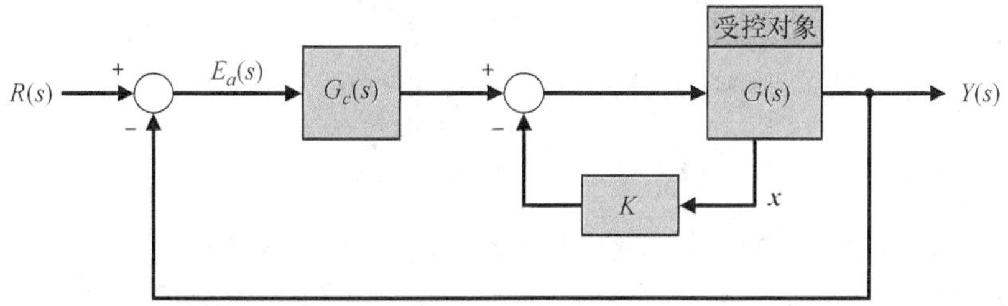

图 12.19　内模控制系统的基本框图模型

考虑一个简单的系统并假定 $G(s) = 1/s$。若希望系统斜坡响应的稳态误差为 0，则只需要采用合适的 PI 控制器就可以达到设计目标。事实上，当 $K = 0$（即没有状态变量反馈）时，就有

$$G_c(s)G(s) = \left(K_P + \frac{K_I}{s}\right)\frac{1}{s} = \frac{K_P s + K_I}{s^2} \tag{12.40}$$

式（12.40）已经包含斜坡输入 $R(s) = 1/s^2$。此时，系统的闭环传递函数为

$$T(s) = \frac{K_P s + K_I}{s^2 + K_P s + K_I} \tag{12.41}$$

若进一步要求系统对斜坡输入达到 ITAE 最优，则闭环传递函数应该为

$$T(s) = \frac{3.2\omega_n s + \omega_n^2}{s^2 + 3.2\omega_n s + \omega_n^2} \tag{12.42}$$

考虑到系统需要满足对调节时间 T_s = 1s（按 2% 准则）的设计要求，这里取 $\omega_n = 5$，于是得到 PI 控制器的参数为 $K_P = 16$、$K_I = 25$。验证后可知，校正后系统的调节时间满足 $T_s \leqslant 1$ s 且对斜坡输入的稳态误差为 0。

若输入变成阶跃信号（该系统原本是针对斜坡信号设计的），则系统的超调量 P.O. = 5%、调节时间 T_s = 1.5 s。此外，该系统还对受控对象的波动变化具有很强的鲁棒性。例如，若改变 $G(s) = K/s$ 的增益并让 K 在 $K = 1$ 处进行±50% 的波动，则系统的斜坡响应不会发生太大的变化。

例 12.8 设计内模控制系统

考虑图 12.20 给出的系统，可采用状态变量反馈和校正器 $G_c(s)$ 来实施校正。为了使系统输出能够以零稳态误差跟踪阶跃输入，这里将 $G_c(s)$ 取为 PID 控制器，于是有

$$G_c(s)=\frac{K_D s^2+K_P s+K_I}{s}$$

而 $G_c(s)G(s)$ 恰好包含输入信号 $R(s)=1/s$。注意，为了保留 $G_c(s)$ 中的积分环节并确保稳态误差 $e_{ss}=0$，应将两个状态变量的反馈信号加载到 $G_c(s)$ 的输出端。

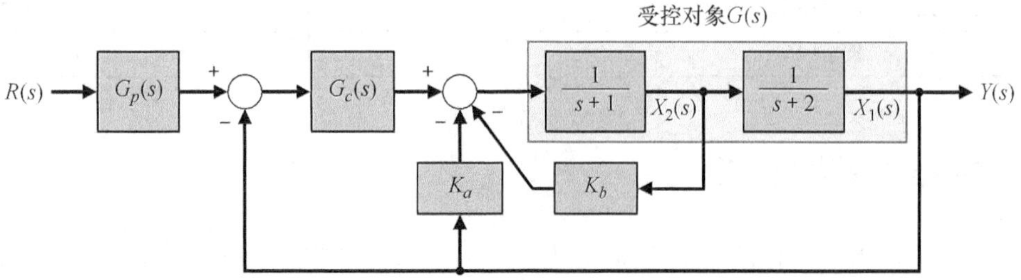

图 12.20 带有状态变量反馈和 $G_c(s)$ 的内模控制系统

本例的设计目标是使系统具有最小节拍响应，同时要求调节时间满足 $T_s \leqslant 1$ s（按 2% 准则），并且系统要有较高的鲁棒性。为了体现系统面临的不确定性，这里假设 $G(s)$ 的两个极点可以在 ±50%的范围内波动，于是在最坏的情况下，受控对象将变为

$$\hat{G}(s)=\frac{1}{(s+0.5)(s+1)}$$

一种保守的设计策略是针对最坏的情况设计控制系统。但是本例将采用另一种设计策略——根据标称条件设计控制系统，同时将预期的调节时间减少一半，也就是将标称条件下的调节时间设计要求强化为 $T_s \leqslant 0.5$ s。通过采用这种设计策略，我们期望系统能够满足对调节时间的设计要求并且具有很高的鲁棒性。注意，前置滤波器 $G_p(s)$ 的作用是使 $T(s)$ 具有最优的且符合预期的最小节拍响应形式。

为了使系统具有最小节拍响应，预期的三阶闭环传递函数应该为

$$T(s)=\frac{\omega_n^3}{s^3+1.9\omega_n s^2+2.20\omega_n^2 s+\omega_n^3} \tag{12.43}$$

而且调节时间应该满足 $T_s=4/\omega_n$。根据对调节时间的设计要求［$T_s \leqslant 0.5$ s（按 2% 准则）］，这里取 $\omega_n=8$，由此我们可以完全确定预期的 T_s。

在图 12.20 所示的系统中，在配备合适的 $G_p(s)$ 之后，系统的闭环传递函数可以写成以下形式：

$$T(s)=\frac{K_I}{s^3+\left(3+K_D+K_b\right)s^2+\left(2+K_P+K_a+2K_b\right)s+K_I} \tag{12.44}$$

其中各增益参数的取值如下：

$$K_a=10,\ K_b=2,\ K_P=127.6,\ K_I=527.5,\ K_D=10.35$$

另请留意，上述各增益参数的取值并不是唯一的。这样得到的系统具有最小节拍响应，超调量 P.O. = 1.65%，调节时间 $T_s=0.5$ s。当 $G(s)$ 出现最坏情况（即极点波动±50%）时，系统的超调量 P.O. 变为 1.86%，调节时间 T_s 变为 0.95 s。由此可见，该系统非常鲁棒且具有最小节拍响应。

12.8 设计实例

本节将给出两个演示说明性实例。第一个实例说明如何采用两因素框架策略为超精密钻石车削机设计合适的控制器（即两个分立的控制器）。第二个实例则考虑了现实中可能出现的不确定性时延问题，并为数字音响的磁带驱动器设计了一个 PID 控制器。这两个实例都强调了控制系统的鲁棒性。

例 12.9 为超精密钻石车削机设计控制器

劳伦斯·利弗莫尔（Lawrence Livermore）实验室完成了一种超精密钻石车削机的设计研制工作。这种机器采用钻石刀具作为车削和打磨装置，实现了诸如透镜的各种光学器件的超精加工。本例只考虑这种机器在 z 轴方向的控制问题。这里用正弦输入信号激励执行机构，并采用频率响应法来辨识系统，得到的执行机构和刀具的传递函数为

$$G(s)=\frac{4500}{s+60} \tag{12.45}$$

其中，由于输入指令 $r(t)$ 是一系列幅值非常小（不足 1 μm）的阶跃指令，因此系统的增益可以取很大的值，如 4500。如图 12.21 所示，系统的外环回路采用激光干涉仪来反馈位置信息，精度可以达到 0.1 μm，内环回路则用测速计来反馈速度信息。

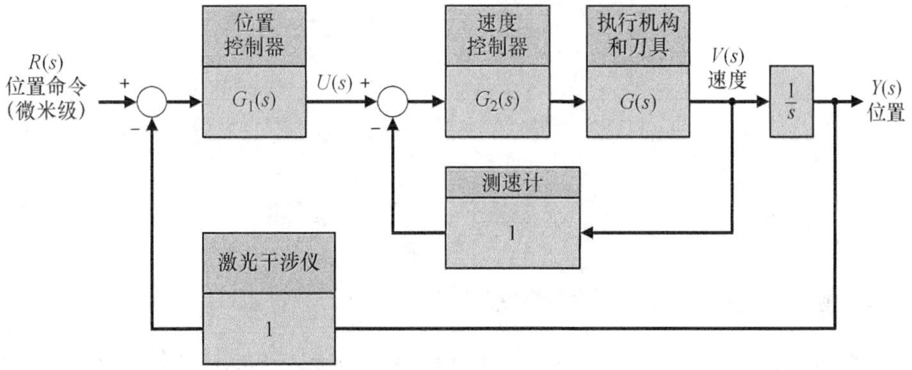

图 12.21　超精密钻石车削机的控制系统

本例的设计目标是选择合适的控制器 $G_1(s)$ 和 $G_2(s)$ 使系统具有过阻尼特性、很高的鲁棒性和较大的带宽。在车削和打磨器件的过程中，由于负载、材料和加工要求的变化,受控对象 $G(s)$ 也会发生相应的变化，我们设计的鲁棒控制系统应该能容忍这些变化。因此，我们必须让系统的内、外环路具有较大的相角裕度和幅值裕度，并使系统同时具有很小的根灵敏度。表 12.4 给出了具体的性能指标设计要求。

表 12.4　超精密钻石车削机控制系统的性能指标设计要求

性能指标	传递函数	
	速度环路，$V(s)/U(s)$	位置环路，$Y(s)/R(s)$
最小带宽	950 rad/s	95 rad/s
阶跃响应的稳态误差	0	0
最小阻尼系数 ζ	0.8	0.9
最大根灵敏度 $\lvert S_K^r\rvert$	1.0	1.5
最小相角裕度	90°	75°
最小增益裕度	40 dB	60 dB

为了使速度环路的稳态误差为 0，我们可以将速度环路的控制器取为 $G_2(s) = G_3(s)G_4(s)$，其中 $G_3(s)$ 为 PI 控制器，$G_4(s)$ 为超前校正器，于是有

$$G_2(s) = G_3(s)G_4(s) = \left(K_P + \frac{K_I}{s}\right) \cdot \frac{1 + K_4 s}{\alpha\left(1 + \frac{K_4}{\alpha}s\right)}$$

将控制器参数取为 $K_P/K_I = 0.00532$、$K_4 = 0.00272$ 和 $\alpha = 2.95$，于是可以得到

$$G_2(s) = K_P \frac{s + 188}{s} \cdot \frac{s + 368}{s + 1085}$$

$G_2(s)G(s)$ 的根轨迹如图 12.22 所示。当 $K_P = 2$ 时，速度环路的闭环传递函数为

$$T_2(s) = \frac{V(s)}{U(s)} = \frac{9000(s + 188)(s + 368)}{(s + 205)(s + 305)\left(s + 10^4\right)} \approx \frac{10^4}{\left(s + 10^4\right)} \tag{12.46}$$

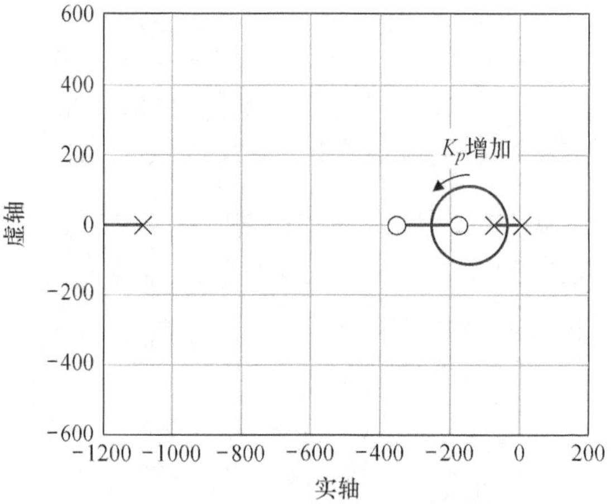

图 12.22 当 K_P 变动时速度环路的根轨迹

至此，我们得到一个带宽较大的系统。表 12.5 给出了这个系统的实际带宽、根灵敏度和其他指标，从中可以看出，速度环路的性能已经超出设计要求。

表 12.5 超精密钻石车削机的控制系统达到的性能

设计指标	速度环路，$V(s)/U(s)$	位置环路，$Y(s)/R(s)$
闭环带宽	4000 rad/s	1000 rad/s
稳态误差	0	0
阻尼系数 ζ	1.0	1.0
根灵敏度 $\lvert S_K^r \rvert$	0.92	1.2
相角裕度	93°	85°
增益裕度	无穷大	76 dB

在位置环路中，由于将超前校正器作为控制器，因此有

$$G_1(s) = K_1 \frac{1 + K_5 s}{\alpha\left(1 + \frac{K_5}{\alpha}s\right)}$$

接下来将校正器参数设定为 $\alpha = 2.0$、$K_5 = 0.0185$，可以得到

$$G_1(s) = \frac{K_1(s+54)}{s+108}$$

整个位置环路的环路传递函数为

$$L(s) = G_1(s)T_2(s)\frac{1}{s}$$

将 $T_2(s)$ 的近似式［即式（12.46）］代入，便可以得到图 12.23（a）所示的根轨迹。若采用 $T_2(s)$ 的精确表达式，则可以得到图 12.23（b）所示的闭合根轨迹。当选取 $K_P = 1000$ 时，我们得到的整个系统传递函数的实际响应性能如表 12.5 所示。这些结果表明，整个控制系统具有很大的相角裕度、合适的过阻尼特性、较大的带宽和较低的灵敏度，因此系统的鲁棒性很强。

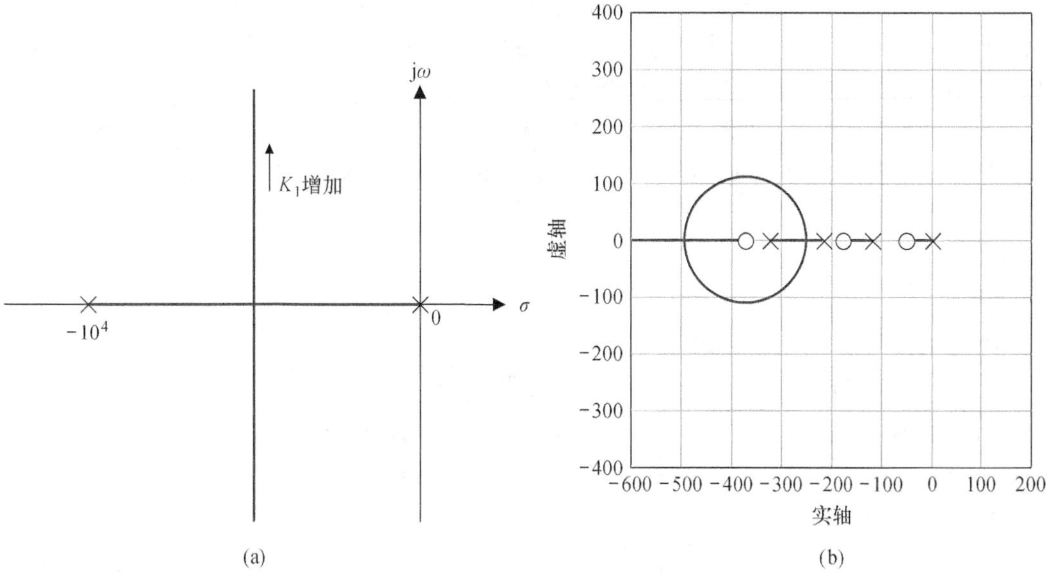

图 12.23　当 $K_1 > 0$ 时位置回路的根轨迹

（a）整体概略图；（b）s 平面上原点附近的精确图

例 12.10　数字音响磁带控制系统

考虑图 12.24 所示的反馈控制系统，其中：

$$G_d(s) = e^{-sT}$$

我们无法事先确切地得知时延 T 的精确值，而只知道它满足条件 $T_1 \leqslant T \leqslant T_2$。在实际的控制系统中，的确存在这种情况。

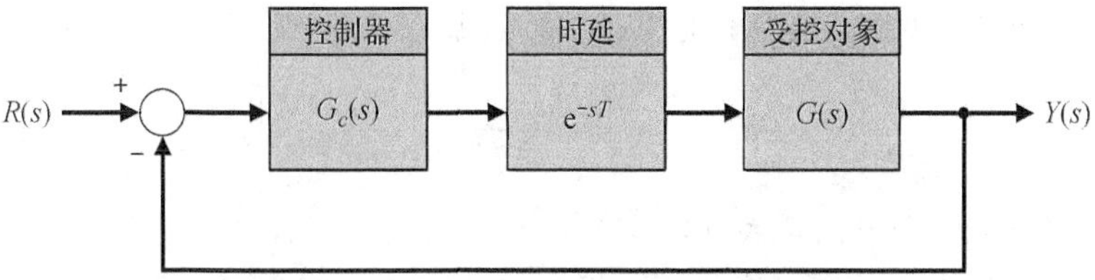

图 12.24　一个包含时延环节的反馈控制系统

定义

$$G_m(s) = e^{-sT}G(s)$$

可以得到

$$G_m(s) - G(s) = e^{-sT}G(s) - G(s) = \left(e^{-sT} - 1\right)G(s)$$

或

$$\frac{G_m(s)}{G(s)} - 1 = e^{-sT} - 1$$

如果再定义

$$M(s) = e^{-sT} - 1$$

则有

$$G_m(s) = (1 + M(s))G(s) \tag{12.47}$$

为了设计鲁棒稳定性控制器，下面用图 12.25 所示的框图模型来表示时延不确定性，于是要解决的问题就变成了确定时延环节的近似模型 $M(s)$。这提供了一种在有不确定时延的情况下，直接核查系统鲁棒稳定性的方法。可以很容易看出的是，本例中的不确定性属于乘性不确定性。

由于我们关注的重点是系统的稳定性，因此可以假设输入 $R(s) = 0$，然后将图 12.25 所示的框图模型等效变换为图 12.26 所示的框图模型。利用所谓的小增益原理可知，如果对所有的 ω 都有

$$|M(j\omega)| < \left|1 + \frac{1}{G_c(j\omega)G(j\omega)}\right|$$

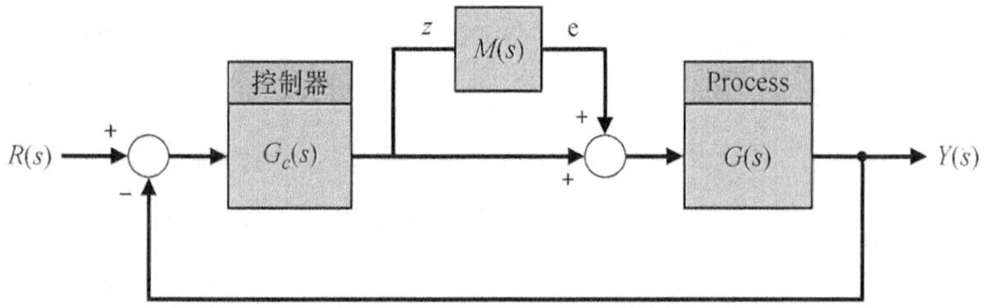

图 12.25 乘性不确定性的表示

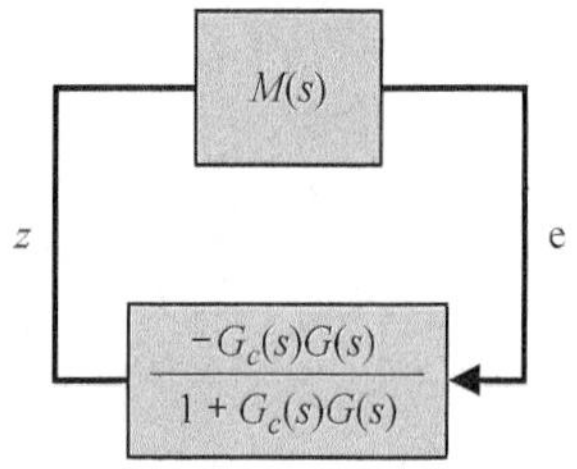

图 12.26 乘性噪声的等效框图

则闭环系统是稳定的。现在的问题是，由于不能精确地确定时延 T，我们很难直接使用上面的式子来设计控制器。一种可行的方法是构造权重有理函数 $W(s)$，使得对于所有的 ω 和 T（$T_1 \leqslant T \leqslant T_2$），都有

$$\left|e^{-j\omega T} - 1\right| < |W(j\omega)| \tag{12.48}$$

于是有

$$|M(j\omega)| < |W(j\omega)|$$

这样鲁棒稳定性条件就可以变换为对于所有的 ω 都有

$$|W(j\omega)| < \left|1 + \frac{1}{G_c(j\omega)G(j\omega)}\right| \tag{12.49}$$

上述边界比较保守，如果满足式（12.49）给出的条件，那么当时延在范围 $T_1 \leqslant T \leqslant T_2$ 内任意取值时，系统就是稳定的[5, 32]。但是，如果不满足（12.49）给出的条件，那么系统既可能是稳定的，也可能是不稳定的。

假设不确定的时延满足 $0.1 \leqslant T \leqslant 1$，在范围 $T_1 \leqslant T \leqslant T_2$ 内绘制 $e^{-j\omega T} - 1$ 的幅值曲线，如图 12.27 所示。通过试错的方法，我们可以得到合适的 $W(s)$。一种可行的结果如下：

$$W(s)=\frac{2.5s}{1.2s+1}$$

满足

$$\left|e^{-j\omega T}-1\right|<|W(j\omega)|$$

需要注意的是，权重有理函数 $W(s)$ 的选择不是唯一的。

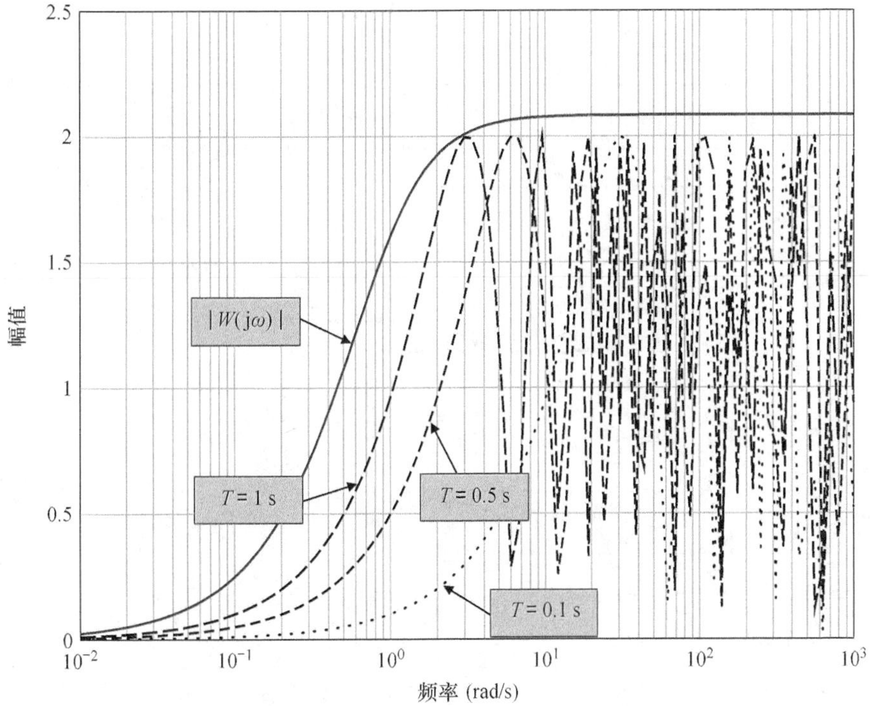

图 12.27　当 $T=0.1$、$T=0.5$ 和 $T=1$ 时，$|e^{-j\omega T}-1|$ 的幅值曲线

下面让我们回到本例中来。信用卡大小的数字音响磁带（Digital Audio Tape，DAT）可以存放 1.3 GB 的数据，这个存储量大约是普通的双轴卡式磁带的 9 倍。DAT 的销量和软盘相当，但 DAT 的容量却是软盘的 1000 倍左右。DAT 的高容量使得其能够录制超过 2 h 的音乐，录音时间长于双轴卡式磁带。这意味着在录制过程中，尤其当录制时间较长的音乐时，DAT 可以减少诸如更换磁带或中断数据传送等人工干预的次数，甚至不需要人工干预。此外，访问 DAT 数据文件所需的时间平均在 20 s 以内，相比盒式或盘式磁带所需的时间（长达几分钟）少了很多[2]。

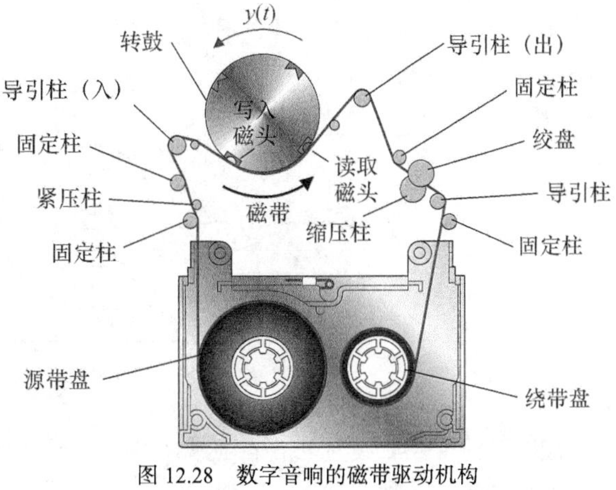

图 12.28　数字音响的磁带驱动机构

磁带信号读写驱动电路控制着磁鼓和磁带之间的相对运动，数据读写磁头能够跟踪磁带上的音轨，协同完成磁带上数据的读写，如图 12.28 所示。

由于需要对多个电机进行精确控制，比如需要进行启动、拉紧、卷绕、牵引等控制，因此数字音响磁带控制系统相当复杂。在数字音响磁带控制系统的设计流程中，我们重点强调学习的主题如图 12.29 所示。

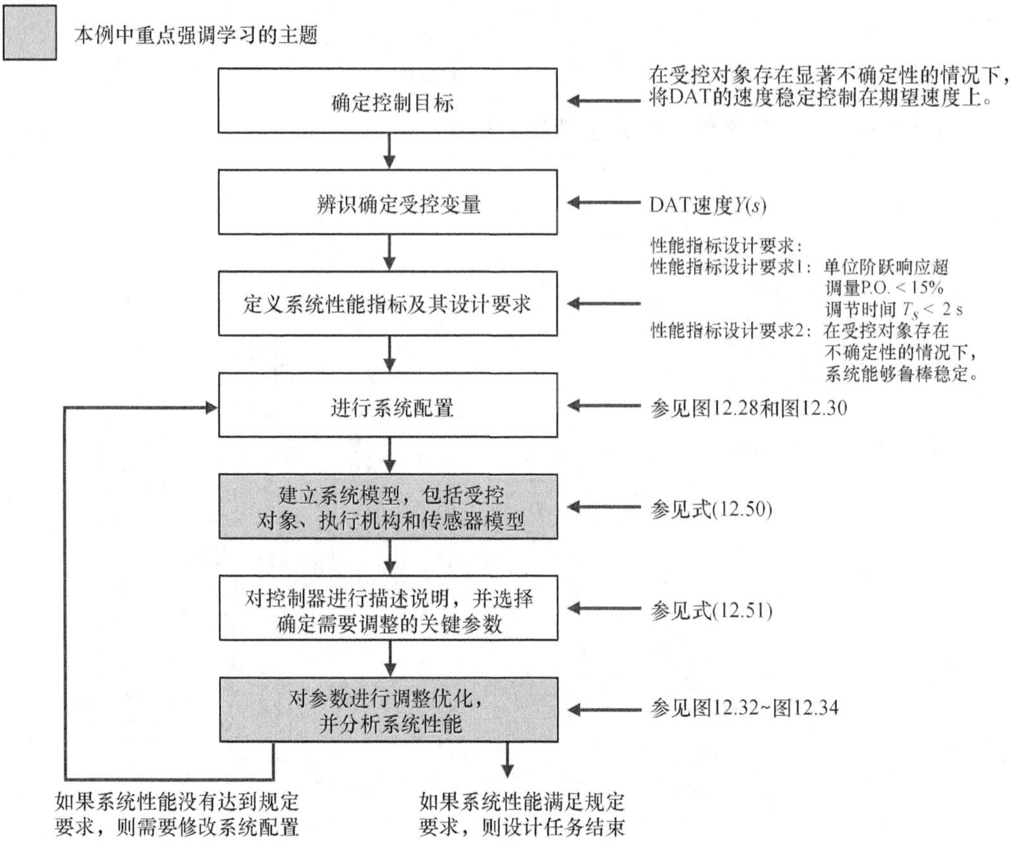

图 12.29　数字音响磁带控制系统的设计流程

考虑图 12.30 给出的数字音响磁带控制系统的框图模型，电机和磁带的传递函数会随着磁带的缠绕而发生变化，传递函数为

$$G(s)=\frac{K_m}{(s+p_1)(s+p_2)} \tag{12.50}$$

参数的标称值为 $K_m=4$、$p_1=1$、$p_2=4$。参数的实际变化范围为 $3\leqslant K_m\leqslant 5$、$0.5\leqslant p_1\leqslant 1.5$、$3.5\leqslant p_2\leqslant 4.5$。这样在某个具体时刻，受控对象就是由参数 K_m、p_1 和 p_2 决定的受控对象簇中的一个。

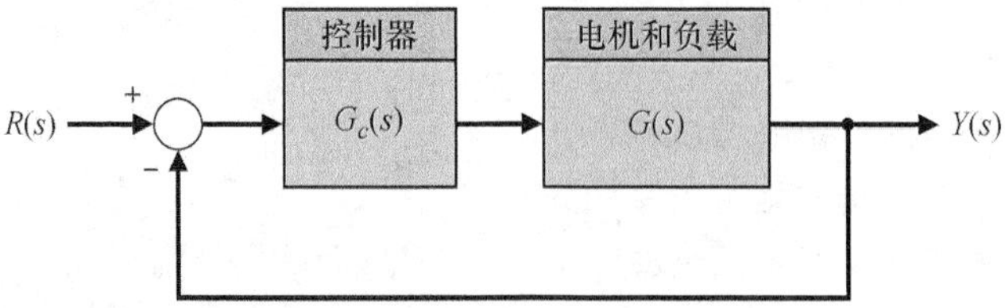

图 12.30　数字音响磁带控制系统的框图模型

控制目标　在受控对象存在显著不确定性的情况下，将 DAT 速度稳定控制在预期速度上。

受控变量　DAT 速度 $Y(s)$。

性能指标设计要求

性能指标设计要求 1：单位阶跃响应的超调量 P.O. ≤ 13%且调节时间 $T_s \le 2$ s。

性能指标设计要求 2：在受控对象的输入存在不确定时延的情况下，系统能够鲁棒稳定。时延的具体值不确定，但范围已知（$0 \le T \le 0.1$）。

另外，在所有的情况下，必须满足性能指标设计要求 1；而仅仅在标称系统（此时 $K_m = 4$、$p_1 = 1$、$p_2 = 4$）中，需要满足性能指标设计要求 2。

在数字音响磁带控制系统的设计过程中，我们还需要考虑如下约束。

- 峰值时间要尽可能短，系统不能是过阻尼的。
- 使用 PID 控制器。

$$G_c(s) = K_P + \frac{K_I}{s} + K_D s \tag{12.51}$$

- 满足当 $K_m = 4$ 时 $K_m K_D \le 20$。

从上面的性能指标设计要求可以看出，我们需要调节的参数是 PID 控制器中 3 个基本环节的增益。

选择关键的调节参数：K_P、K_I 和 K_D。

当 $K_m = 4$ 时，要求 $K_m K_D \le 20$，因此必须选择 $K_D \le 5$。接下来根据 K_m、p_1 和p_2 的标称值设计 PID 控制器，然后针对不同参数的变化情况分析系统性能，并采用仿真的方法，检验所设计的系统是否满足性能指标设计要求 1。由标称值给出的受控对象为

$$G(s) = \frac{4}{(s+1)(s+4)}$$

当采用 PID 控制器时，闭环传递函数为

$$T(s) = \frac{4K_D s^2 + 4K_P s + 4K_I}{s^3 + \left(5 + 4K_D\right)s^2 + \left(4 + 4K_P\right)s + 4K_I}$$

如果选择 $K_D = 5$，则特征方程为

$$s^3 + 25s^2 + 4s + 4\left(K_P s + K_I\right) = 0$$

整理后可以得到

$$1 + \frac{4K_P\left(s + K_I/K_P\right)}{s\left(s^2 + 25s + 4\right)} = 0$$

根据指标设计要求，我们需要把主导极点配置到由 $\zeta\omega_n > 2$ 和 $\zeta > 0.55$ 界定的可行区域内。在选定参数 $\tau = K_I/K_P$ 之后，我们就可以绘制出以 $4K_P$ 为可变参数的闭环特征方程的根轨迹。在经过反复尝试后，我们暂定 $\tau = 3$，根轨迹如图 12.31 所示。从根轨迹中我们可以确定 $4K_P \approx 120$（实际的精确值为 121.7683），从而得到一组落在可行区域内的可行解，并由此得到 $K_P = 30$、$K_I = \tau K_P = 90$ 和 $K_D = 5$，于是 PID 控制器为

$$G_c(s) = 30 + \frac{90}{s} + 5s \tag{12.52}$$

图 12.32 给出了系统的单位阶跃响应（参数取标称值）。图 12.33 则给出了当受控对象的参数 K_m、p_1 和 p_2 发生变化时系统的一组阶跃响应，从中可以看出，在所有情况下，系统的超调量都满足 P.O. ≤ 13%，而调节时间也都满足 $T_s \le 2$ s。式（12.52）给出的 PID 控制器能够较好地应对受控对象的参数不确定性，系统始终满足性能指标设计要求 1。

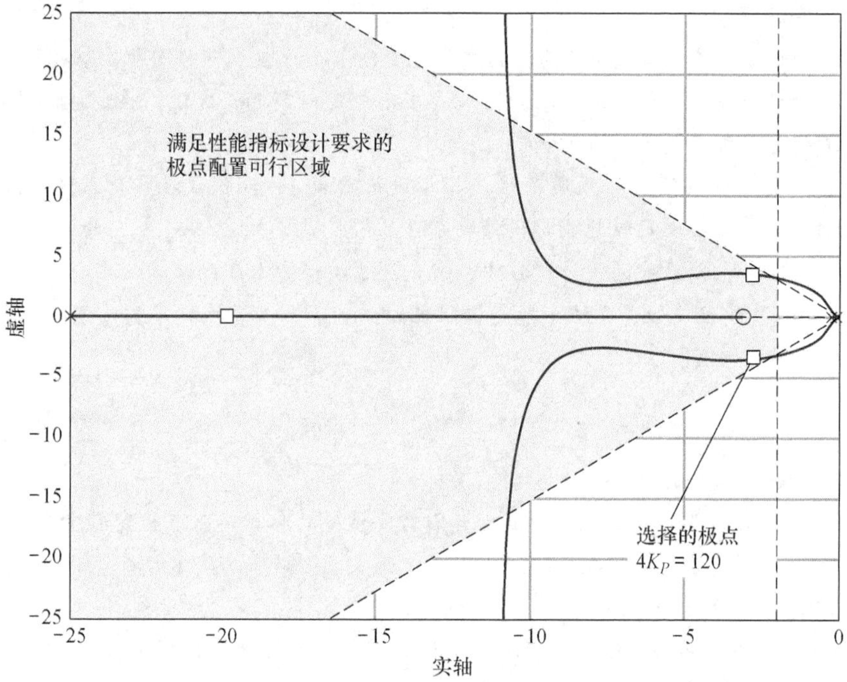

图 12.31　当 $K_D = 5$、$\tau = K_I/K_P = 3$ 时系统的根轨迹

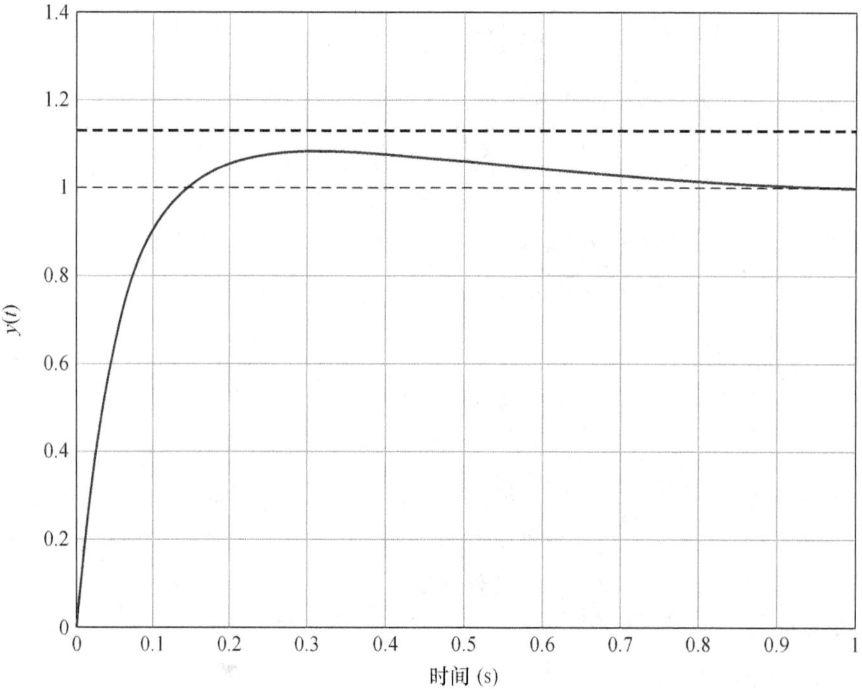

图 12.32　当 $K_P = 30$、$K_D = 5$、$K_I = 90$ 时系统的单位阶跃响应

下面考虑受控对象有输入时延的情况。时延 T 的精确值未知，但满足 $0 \leqslant T \leqslant 0.1$。根据前面的讨论，我们需要找到权重有理函数 $W(s)$，使得对于所有的 T 值，$W(s)$ 的幅值都是 $\left|e^{-j\omega T} - 1\right|$ 的上限，这里取

$$W(s) = \frac{0.29s}{0.28s + 1}$$

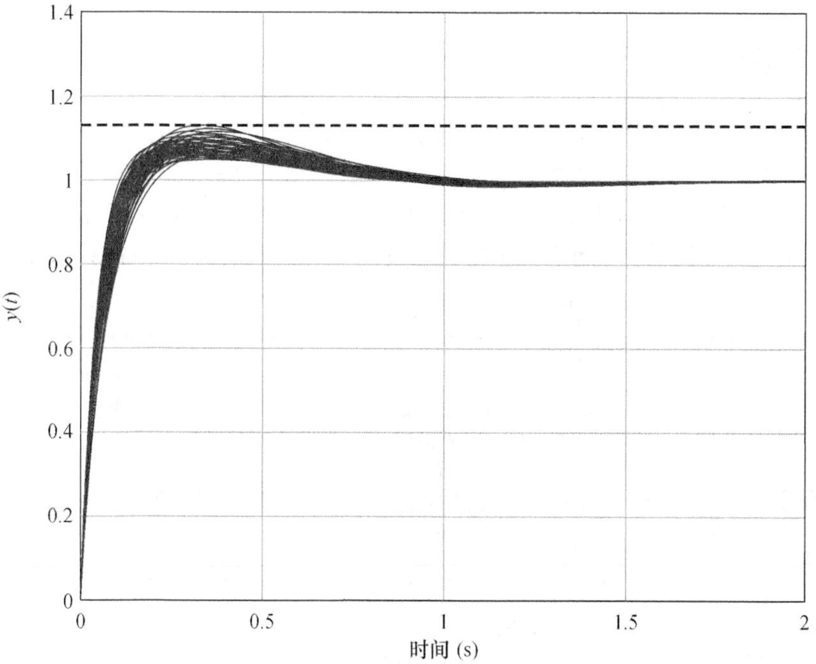

图 12.33　当 K_m、p_1、p_2 发生变化时系统的一组单位阶跃响应

为了确定系统是否鲁棒稳定，我们只需要检验对于所有的 ω 是否都有

$$|W(j\omega)| < \left|1 + \frac{1}{G_c(j\omega)G(j\omega)}\right| \tag{12.53}$$

$|W(s)|$ 和 $|1 + 1/G_c(j\omega)G(j\omega)|$ 的曲线如图 12.34 所示，从中可以看出，式（12.53）所示的条件的确得到了满足。因而可以确定，在不确定时延 T 不大于 0.1 的情况下，系统始终是稳定的。

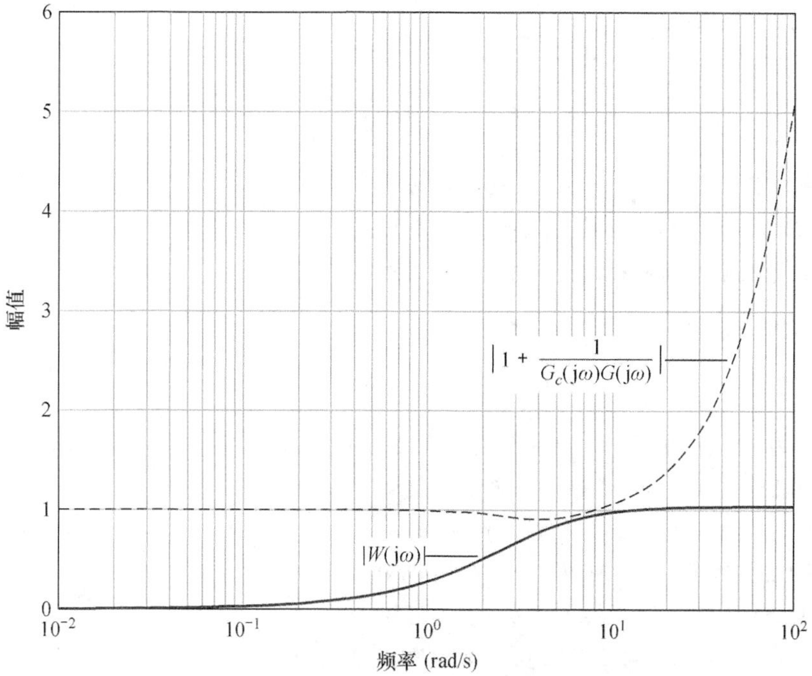

图 12.34　当存在不确定时延时系统的鲁棒稳定性

12.9 伪定量反馈系统

定量反馈理论（Quantitative Feedback Theory，QFT）旨在借助图 12.35 中的控制器，使反馈系统具备鲁棒性能。在配备适当的控制器之后，QFT 就可以通过提高环路增益 K 来增大闭环系统的带宽。典型的定量反馈设计方法会将图示化方法和数值方法相结合，并用于系统的尼科尔斯图，这种方法的精要之处在于获得大的环路增益和相角裕度，以保证系统的鲁棒性能[24-26, 28]。

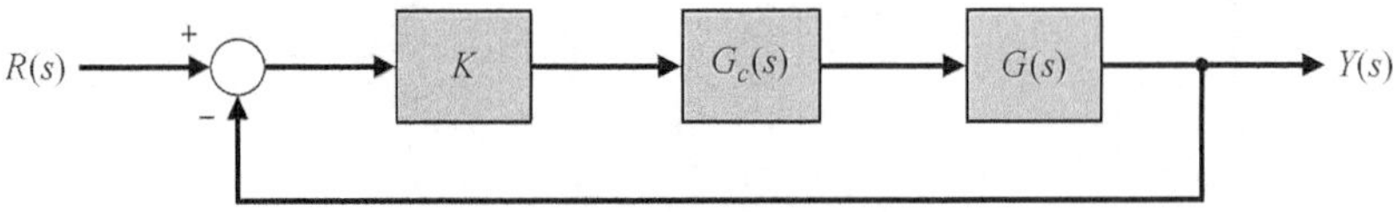

图 12.35 某反馈控制系统的框图模型

本节将采用根轨迹法设计增益 K 和控制器 $G_c(s)$，并给出一种能够实现定量反馈设计目标的简单方法。这种方法又称为伪定量反馈法，设计步骤如下。

（1）在 s 平面上标出 n 阶受控对象 $G(s)$ 的 n 个极点和 m 个零点，同时标出初始设计的 $G_c(s)$ 的可能极点［即标出 $G_c(s)G(s)$ 的所有极点］。

（2）从原点开始，在 s 平面的左半平面依次在 $G_c(s)$ 的极点以及 $G(s)$ 的前 $n-1$ 个极点的左侧，及时地为 $G_c(s)$ 配置必要的零点。这样便只保留了 $G(s)$ 的那个离虚轴最远的极点，$G_c(s)$ 没有为它配置相应的零点。

（3）增大 K 值，使闭环特征根（闭环传递函数的极点）充分接近 $G_c(s)G(s)$ 的零点。

在像上面那样为控制器配置零点之后，除了一条根轨迹段以外，系统的其他所有根轨迹段都将终止于有限的零点。当增益 K 足够大时，$T(s)$ 的这些极点将与 $G_c(s)G(s)$ 的对应零点近似相等。观察部分分式的留数，我们可以发现，$T(s)$ 只剩下一个意义显著的极点，系统具有接近 90°（实际上约为 85°）的相角裕度。

例 12.11 用伪定量反馈法设计控制器

考虑图 12.35 给出的系统，其中：

$$G(s)=\frac{1}{(s+p_1)(s+p_2)}$$

在标称条件下，$p_1=1$、$p_2=2$，给定参数的变化范围为 ±50%。在最坏的情况下，$p_1=0.5$、$p_2=1$。为了使系统阶跃响应的稳态误差为 0，这里将 $G_c(s)$ 取为 PID 控制器，于是有

$$G_c(s)=\frac{(s+z_1)(s+z_2)}{s}$$

这符合内模原理，即 $G_c(s)G(s)$ 包含 $R(s)=1/s$，因此稳态误差为 0。根据伪定量反馈法的设计步骤，首先在 s 平面上标出 $G_c(s)G(s)$ 的全部极点，如图 12.36 所示。从中可以看出，$G_c(s)G(s)$ 有 3 个极点（$s=0,-1,-2$）。接下来在 $G_c(s)$ 的极点 $s=0$ 以及 $G(s)$ 的极点 $s=-1$ 的左侧，及时地为 $G_c(s)$ 配置零点（见图 12.36）。得到的控制器为

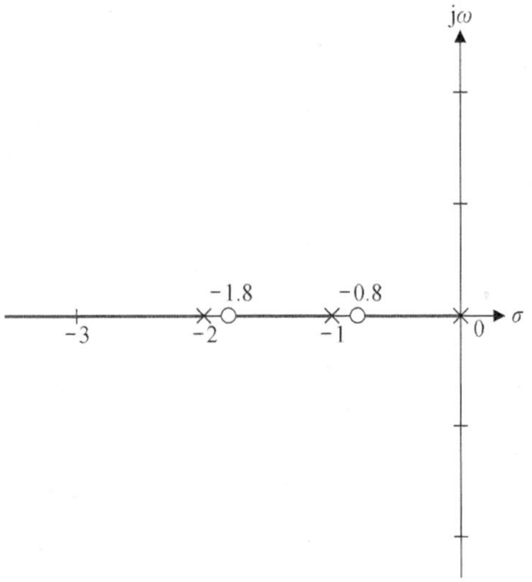

图 12.36 $KG_c(s)G(s)$ 的根轨迹

$$G_c(s)=\frac{(s+0.8)(s+1.8)}{s} \tag{12.54}$$

最后选择 $K=100$，这样可以使得特征方程的根足够接近零点。至此得到的闭环传递函数为

$$T(s)=\frac{100(s+0.80)(s+1.80)}{(s+0.798)(s+1.797)(s+100.4)}\approx\frac{100}{s+100} \tag{12.55}$$

此时，系统有很快的响应速度，相角裕度 P.M. 约为 85°。即使在最坏的情况（$p_1=0.5$、$p_2=1$）下，系统的性能也没有发生本质上的变化。这说明采用伪定量反馈法可以得到鲁棒性能很好的系统。

12.10　利用控制系统设计软件设计鲁棒控制系统

本节研究如何使用控制系统设计软件来设计鲁棒控制系统。以图 12.16 所示的温度控制系统为例，本节重点考虑常用的 PID 控制器的设计问题，其中包括前置滤波器 $G_p(s)$ 的设计问题。

设计目标是合理地选择控制器的参数 K_P、K_I 和 K_D，使系统满足性能指标设计要求，并具备预期的鲁棒性。但遗憾的是，PID 控制器的参数与系统的鲁棒性之间并不存在直接、明显的因果关系。下面的例 12.12 表明，利用可重复执行的交互式 m 脚本程序，我们可以通过仿真来交互地选择参数和验证鲁棒性。由于设计和仿真都可以借助 m 脚本程序自动和重复进行，因此合理地利用计算机有利于整个设计过程。

例 12.12　温度的鲁棒控制

考虑图 12.16 所示的温度控制系统，受控对象为

$$G(s)=\frac{1}{\left(s+c_0\right)^2}$$

其中，$G_p(s)=1$ 且 c_0 的标称值为 1。本例将在 $c_0=1$ 的基础上设计控制器，并通过仿真来检验设计结果的鲁棒性。指标设计要求如下：

- 调节时间 $T_s\leqslant 0.5\,\text{s}$（按 2% 准则）。
- 当输入为阶跃信号时，系统能够达到 ITAE 最优。

本例并不打算采用前置滤波器来满足上面的第二个指标设计要求，而是选择通过串联一个增益放大器来获得让人满意的瞬态性能（如较低的超调量等）。

在经过 PID 校正后，闭环传递函数可以写成

$$T(s)=\frac{K_Ds^2+K_Ps+K_I}{s^3+\left(2+K_D\right)s^2+\left(1+K_P\right)s+K_I} \tag{12.56}$$

相应的根轨迹方程为

$$1+\hat{K}\left(\frac{s^2+as+b}{s^3}\right)=0$$

其中：

$$\hat{K}=K_D+2,\ a=\frac{1+K_P}{2+K_D},\ b=\frac{K_I}{2+K_D}$$

为了保证调节时间 $T_s\leqslant 0.5\,\text{s}$，我们需要将 s^2+as+b 的根（即环路零点）配置到直线 $s=-\zeta\omega_n=8$ 的左侧，以保证闭环根轨迹能够进入预期的可行区域，如图 12.37 所示。这里选取 $a=16$、$b=70$，从而使闭环根轨迹穿越这条直线。在可行区域内的根轨迹上，指定闭环系统的主导

极点，然后利用 rlocfind 函数计算相应的匹配增益和 ω_n。对于选定的主导极点，此时有

$$\hat{K} = 118$$

再根据 a 和 b 的取值，便可以得到 PID 控制器的参数，如下所示：

$$K_D = \hat{K} - 2 = 116$$
$$K_P = a(2 + K_D) - 1 = 1887$$
$$K_I = b(2 + K_D) = 8260$$

为了满足对超调量的设计要求，在新增串联的比例放大器之后，我们可以反复使用 step 函数来计算系统的阶跃响应，以确定增益 K 的合适取值。如图 12.38 所示，当 $K = 5$ 时，系统阶跃响应的超调量 P.O. 仅为 2%，这是一个令人满意的结果。因此，在串联了增益为 $K = 5$ 的放大器之后，最终得到的 PID 控制器为

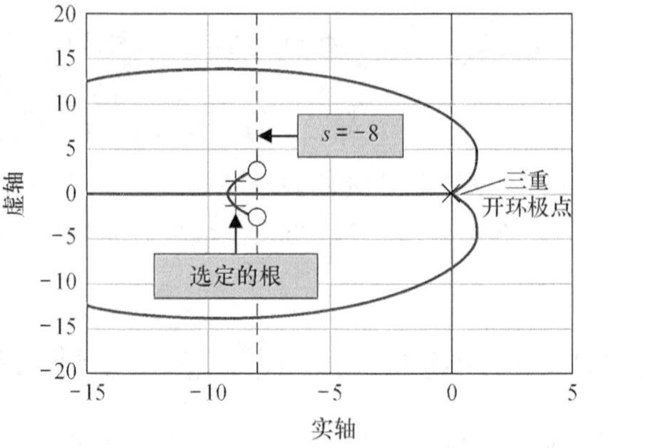


```
>>a=16; b=70;  num=[1 a b]; den=[1 0 0 0]; sys=tf(num,den);
>>rlocus(sys)
>>rlocfind(sys)
```

图 12.37　当 $\hat{K}$ 变化时，用 PID 控制器校正后的温度控制系统的根轨迹

$$G_c(s) = K\frac{K_D s^2 + K_P s + K_I}{s} = 5\frac{116s^2 + 1887s + 8260}{s} \tag{12.57}$$

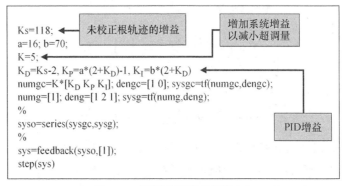

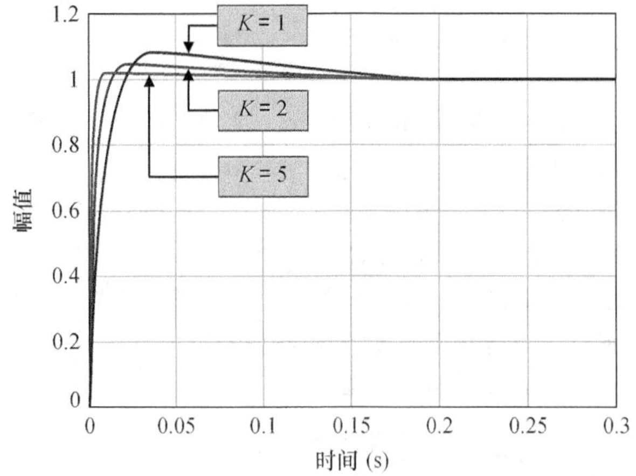


```
Ks=118;
a=16; b=70;
K=5;
KD=Ks-2, KP=a*(2+KD)-1, KI=b*(2+KD)
numgc=K*[KD KP KI]; dengc=[1 0]; sysgc=tf(numgc,dengc);
numg=[1]; deng=[1 2 1]; sysg=tf(numg,deng);
%
syso=series(sysgc,sysg);
%
sys=feedback(syso,[1]);
step(sys)
```

未校正根轨迹的增益（Ks=118;）

增加系统增益以减小超调量（K=5;）

PID增益（KD=Ks-2, KP=a*(2+KD)-1, KI=b*(2+KD)）

图 12.38　温度控制系统的阶跃响应

在这里，我们没有使用前置滤波器，而是通过增大串联放大器的增益 K 来获得令人满意的系统瞬态性能。

下面考虑当受控对象的参数 c_0 发生变化时系统的鲁棒性问题。

给定 c_0 的变化范围为 $0.1 \leqslant c_0 \leqslant 10$ 之后，通过计算系统的阶跃响应，就可以考查系统的鲁棒性，所采用的 PID 控制器仍由式（12.57）给出。此外，在所用的 m 脚本程序中，最好将 c_0 的赋值命令放置在命令区，这样就可以针对 c_0 的不同取值，非常方便地反复计算系统的阶跃响应。

仿真结果如图 12.39 所示，从中可以看出，当 c_0 在 0.1～10 的范围内变化时，系统阶跃响应的差别难以分辨，这说明我们设计的 PID 控制器具有很强的鲁棒性。倘若仿真结果表明系统不具备鲁棒性，则需要重复进行设计，直至获得令人满意的性能。m 脚本程序的交互式特点，便于我们通过仿真来检验系统的鲁棒性。

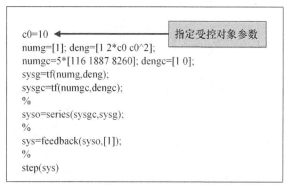

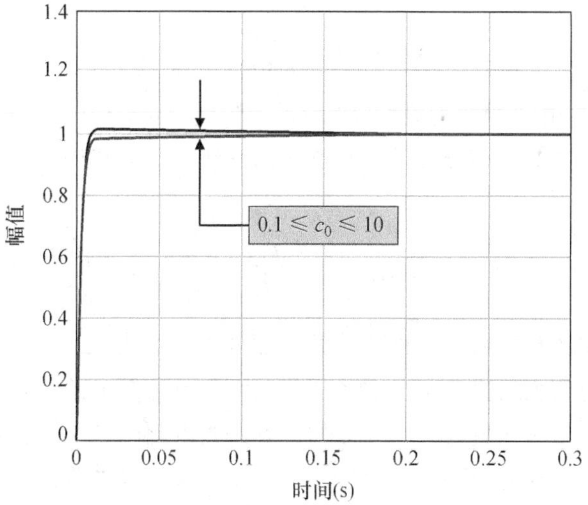


```
c0=10
numg=[1]; deng=[1 2*c0 c0^2];
numgc=5*[116 1887 8260]; dengc=[1 0];
sysg=tf(numg,deng);
sysgc=tf(numgc,dengc);
%
syso=series(sysgc,sysg);
%
sys=feedback(syso,[1]);
%
step(sys)
```

指定受控对象参数

图 12.39　分析当 c_0 发生变化时 PID 控制器的鲁棒性

12.11　循序渐进设计实例：磁盘驱动器读取系统

本节将为磁盘驱动器读取系统设计一个合适的 PID 控制器，旨在获得预期的响应。实际的磁盘驱动器读取系统大多采用了 PID 控制器，所采用的输入指令 $r(t)$ 则具有以下特点：磁头以允许的最大速度匀速转动，仅当磁头移到接近指定的磁道时，$r(t)$ 才变为阶跃信号。因此，我们希望系统对斜坡（速度）指令和阶跃指令的稳态误差均为 0。考虑图 12.40 所示的系统，注意前向通路有两个积分环节，可以预料，系统对斜坡输入 $r(t) = At(t > 0)$ 的稳态跟踪误差的确为 0。

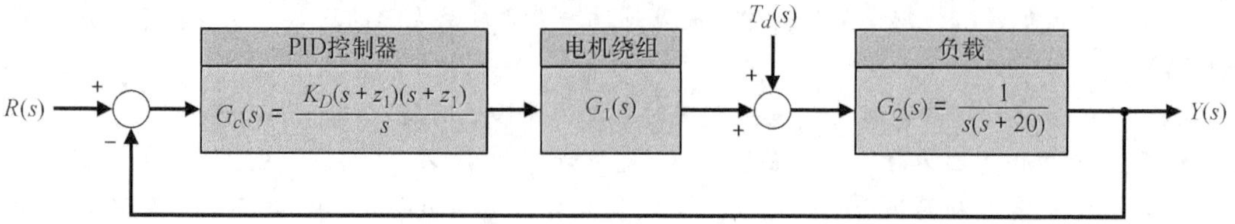

图 12.40 带有 PID 控制器的磁盘驱动器反馈系统

PID 控制器为

$$G_c(s) = K_P + \frac{K_I}{s} + K_D s = \frac{K_D(s+z_1)(s+\hat{z}_1)}{s}$$

电机和线圈绕组的传递函数为

$$G_1(s) = \frac{5000}{s+1000} \approx 5$$

在本例中，我们将采用磁盘驱动器读取系统的二阶模型和近似式 $G_1(s) \approx 5$。

此外，我们还将采用 12.6 节介绍的根轨迹法来设计所需的 PID 控制器。为此，根据环路传递函数

$$G_c(s)G_1(s)G_2(s) = \frac{5K_D(s+z_1)(s+\hat{z}_1)}{s^2(s+20)}$$

我们首先标出已知的环路极点，然后将控制器的零点取为 $-z_1 = -120 + j40$，如图 12.41 所示。为了确保校正后的系统能够满足表 12.6 给出的指标设计要求，我们需要采用更加严格的措施，将预期的主导极点限制在直线 $s = -100$ 的左侧，并由此确定 $5K_D$ 的取值范围。在这种情况下，调节时间满足 $T_s \leqslant 4/100$，超调量满足 P.O. ≤ 2%（因为与主导复根对应的阻尼系数 ζ 约为 0.8）。当然，上面只是设计的第一步。

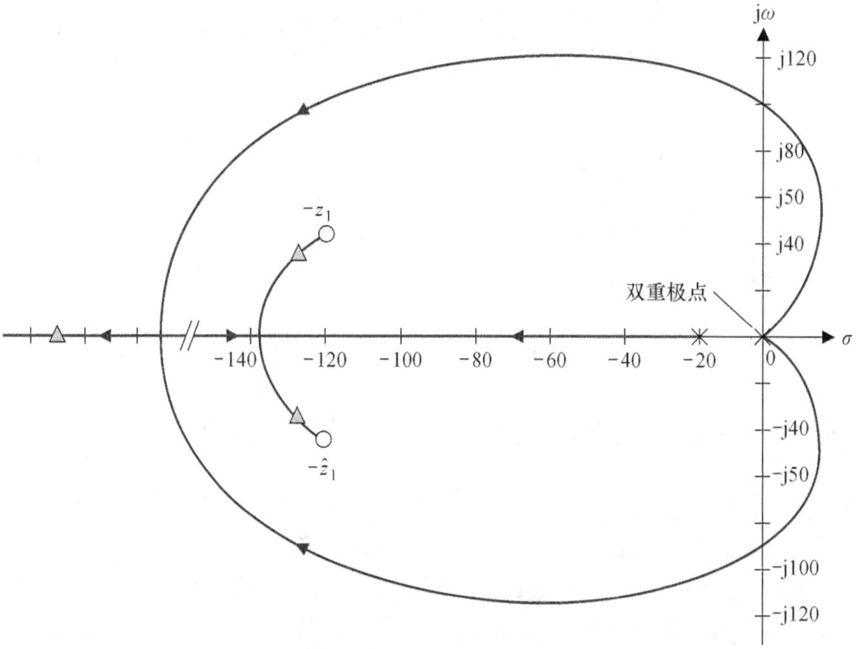

图 12.41 当 K_D 增大时，磁盘驱动器读取系统的根轨迹

接下来，我们还需要经过交互循环来确定 K_D。K_D 为可变参数时的根轨迹如图 12.41 所示。当采用二阶模型时，实际的根轨迹如图 12.42 所示。暂定 $K_D = 800$，此时系统的响应性能参见表 12.6。从表 12.6 中可以看出，经过校正后的系统完全满足性能指标设计要求。

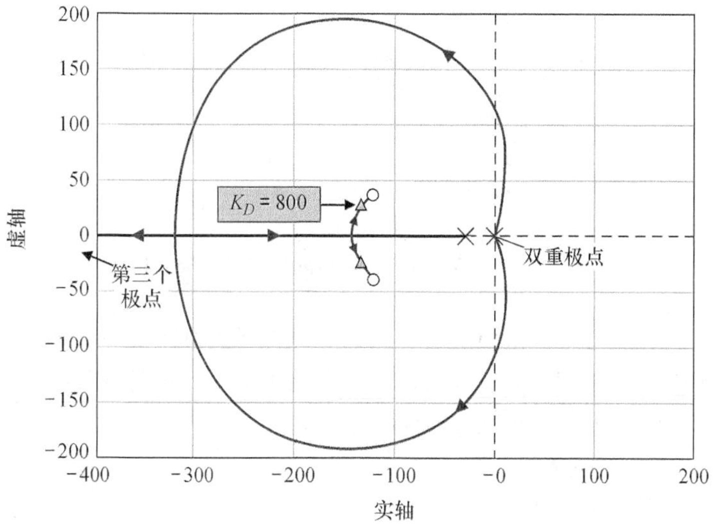

图 12.42　当采用二阶模型时，磁盘驱动器读取系统的根轨迹

表 12.6　磁盘驱动器读取系统的性能指标设计要求和实际响应性能

性能指标	预期值	利用二阶模型的实际响应
超调量	< 5%	4.5%
调节时间	< 50 ms	6 ms
对于单位阶跃干扰的最大响应	$< 5 \times 10^{-3}$	7.7×10^{-7}

12.12　小结

当受控对象存在显著的不确定性时，为了设计高度精确的控制系统，就需要寻求鲁棒控制系统的设计方案。鲁棒控制系统对参数的变化有很低的灵敏度，并且当参数在较大范围内波动变化时，鲁棒控制系统始终稳定且保持合适的性能。

对于鲁棒控制系统的设计而言，PID 控制器是一种非常重要的校正装置。在设计合适的 PID 控制器时，关键在于确定合适的控制器增益和合理配置控制器的两个零点。本章主要介绍了 PID 控制器的 3 种设计方法——根轨迹法、频率响应法和 ITAE 优化设计法。图 12.43 给出了一种能够实现 PID 控制器的运算放大器电路。通常情况下，只需要采用合适的 PID 控制器，就能够得到令人满意的鲁棒控制系统。

内模控制系统如果同时包含状态变量反馈和控制器 $G_c(s)$，则可以用来实现鲁棒控制系统。本章最后介绍了伪定量反馈法，采用这种方法同样可以设计得到鲁棒控制系统。

当系统参数出现大范围波动变化或者存在较强的干扰时，鲁棒控制系统能够始终保持稳定并实现合适的预期性能。鲁棒控制系统既可以对输入信号产生鲁棒的响应，也可以使稳态跟踪误差为 0。

概念强调说明 12.2

$$G_c(s)=\frac{V_0(s)}{V_1(s)}=\frac{R_4R_2(R_1C_1s+1)(R_2C_2s+1)}{R_3R_1(R_2C_2s)}$$

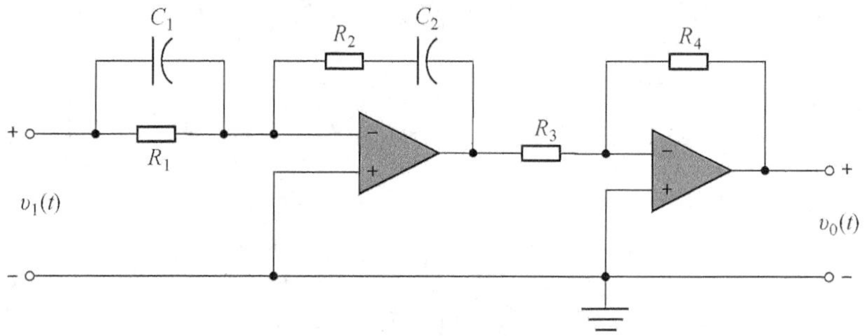

图 12.43　能够实现 PID 控制器的运算放大器电路

现代控制系统面临着更为严重的不确定性环境。要圆满地解决受控对象的不确定性问题，就必须在提高系统鲁棒性的同时，不断提高系统的智能化水平，这是现代控制系统的发展趋势。图 12.44 给出了系统智能化程度与不确定性程度的关系。

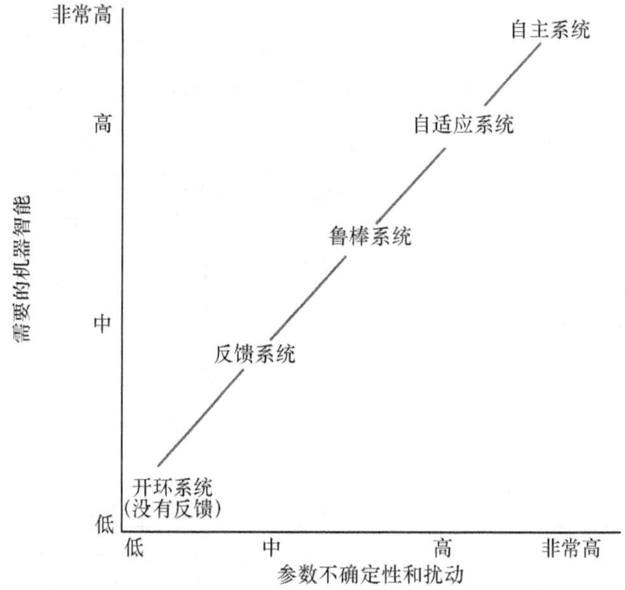

图 12.44　在现代控制系统中，系统智能化程度与不确定性程度的关系

☑ 技能自测

本节提供 3 类题目来测试你对本章知识的掌握情况：正误判断题、多项选择题以及术语和概念匹配题。为了直接反馈学习效果，请及时对照每章最后给出的答案。必要时，请借助图 12.45 给出的框图模型来确认下面各题中的相关陈述。

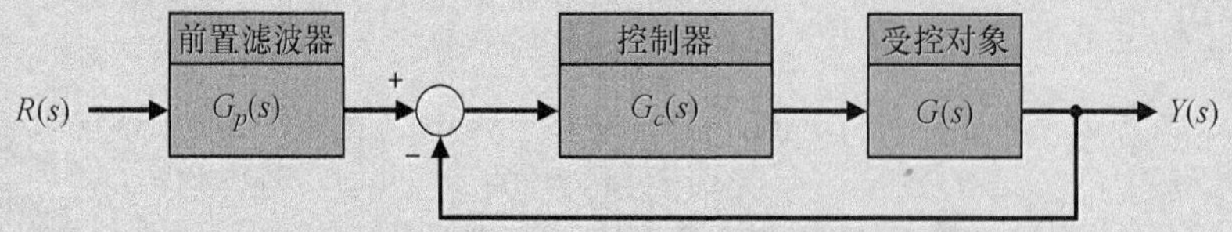

图 12.45　技能自测参考框图模型

在下面的正误判断题和多项选择题中，圈出正确的答案。

1．当受控对象存在显著的不确定性时，鲁棒控制系统仍然能够实现预期的性能。　对　或　错

2．对于物理可实现的系统，环路增益 $L(s) = G_c(s)G(s)$ 在高频段的幅值必须足够大。　对　或　错

3．PID 控制器由 3 个环节（比例环节、积分环节、微分环节）组成，其输出是这 3 个环节各自输出的加权和，这 3 个环节的加权增益为可调参数。　对　或　错

4．控制系统模型是一种对真实物理系统的不完全精确的描述。　对　或　错

5．为了将系统灵敏度 $S(s)$ 最小化，控制系统设计师总是希望得到较小的环路增益 $L(s)$。　对　或　错

6．某闭环反馈控制系统的三阶特征方程为

$$q(s) = s^3 + a_2 s^2 + a_1 s + a_0 = 0$$

其中，系数的标称值分别为 $a_2 = 3$、$a_1 = 6$ 和 $a_0 = 11$。由于系数存在不确定性，因此它们的实际值处在如下区间：

$$2 \leqslant a_2 \leqslant 4,\quad 4 \leqslant a_1 \leqslant 9,\quad 6 \leqslant a_0 \leqslant 17$$

当系数在以上区间取值时，试分析系统的稳定性。

a．对于所有可能的系数取值组合，系统都是稳定的。

b．对于部分系数取值组合，系统是不稳定的。

c．对于部分系数取值组合，系统处于临界稳定。

d．对于所有可能的系数取值组合，系统都是不稳定的。

在完成下面的第 7 题和第 8 题时，考虑图 12.45 给出的闭环控制系统，其中：

$$G(s) = \frac{2}{s+3}$$

7．假定前置滤波器为 $G_p(s) = 1$。设计一个 PI 控制器 $G_c(s)$，使系统在 ITAE 指标意义下具有最优的特征方程（假定 $\omega_n = 12$ 且输入为阶跃信号）。

a．$G_c(s) = 72 + \dfrac{6.9}{s}$

b．$G_c(s) = 6.9 + \dfrac{72}{s}$

c．$G_c(s) = 1 + \dfrac{1}{s}$

d．$G_c(s) = 14 + 10s$

8．采用第 7 题中得到的 PI 控制器作为 $G_c(s)$，选择合适的前置滤波器 $G_p(s)$，使系统在 ITAE 指标意义下产生最优的阶跃响应。

a．$G_p(s) = \dfrac{10.44}{s + 12.5}$

b．$G_p(s) = \dfrac{12.5}{s + 12.5}$

c．$G_p(s) = \dfrac{10.44}{s + 10.44}$

d．$G_p(s) = \dfrac{144}{s + 144}$

9．考虑图 12.45 所示的闭环控制系统，其中：

$$G(s) = \frac{1}{s(s^2 + 8s)},\quad G_p(s) = 1$$

请问在下列 PID 控制器中，哪一个可以使闭环系统具有两对重根？

a．$G_c(s) = \dfrac{22.5(s + 1.11)^2}{s}$

b．$G_c(s) = \dfrac{10.5(s + 1.11)^2}{s}$

c. $G_c(s)=\dfrac{2.5(s+2.3)^2}{s}$

d. 以上都不行

10. 考虑图 12.45 所示的闭环控制系统，其中：

$$G_p(s)=1$$

$$G(s)=\frac{b}{s^2+as+b}$$

并且有 $1\leqslant a\leqslant 3$、$7\leqslant b\leqslant 11$。在下列 PID 控制器中，哪一个能够使系统鲁棒稳定？

a. $G_c(s)=\dfrac{13.5(s+1.2)^2}{s}$

b. $G_c(s)=\dfrac{10(s+100)^2}{s}$

c. $G_c(s)=\dfrac{0.1(s+10)^2}{s}$

d. 以上都不行

11. 考虑图 12.45 所示的闭环控制系统，其中 $G_p(s)=1$，环路传递函数为

$$L(s)=G_c(s)G(s)=\frac{K}{s(s+5)}$$

闭环系统对参数 K 的灵敏度为

a. $S_K^T=\dfrac{s(s+3)}{s^2+3s+K}$

b. $S_K^T=\dfrac{s+5}{s^2+5s+K}$

c. $S_K^T=\dfrac{s}{s^2+5s+K}$

d. $S_K^T=\dfrac{s(s+5)}{s^2+5s+K}$

12. 考虑图 12.45 所示的闭环控制系统，其中，受控对象的传递函数为

$$G(s)=\frac{1}{s+2}$$

选择合适的 PI 控制器与前置滤波器组合，要求调节时间 $T_s\leqslant 1.8\text{ s}$ 并使系统在 ITAE 指标意义下具有最优的阶跃响应。

a. $G_c(s)=3.2+\dfrac{13.8}{s}$ 和 $G_p(s)=\dfrac{13.8}{3.2s+13.8}$

b. $G_c(s)=10+\dfrac{10}{s}$ 和 $G_p(s)=\dfrac{1}{s+1}$

c. $G_c(s)=1+\dfrac{5}{s}$ 和 $G_p(s)=\dfrac{5}{s+5}$

d. $G_c(s)=12.5+\dfrac{500}{s}$ 和 $G_p(s)=\dfrac{500}{12.5s+500}$

13. 考虑某单位负反馈控制系统，其环路传递函数（参数取标称值）为

$$L(s)=G_c(s)G(s)=\frac{K}{s(s+a)(s+b)}=\frac{4.5}{s(s+1)(s+2)}$$

利用劳斯-赫尔维茨稳定性判据可知系统是闭环稳定的。如果系统存在不确定性，并且参数在以下区间取值：

$$0.25\leqslant a\leqslant 3,\quad 2\leqslant b\leqslant 4,\quad 4\leqslant K\leqslant 5$$

则系统可能出现不稳定。在下面的结论中，哪一个是正确的？

a. 当 $a=1$、$b=2$、$K=4$ 时，系统不稳定。

b. 当 $a=2$、$b=4$、$K=4.5$ 时，系统不稳定。

c. 当 $a=0.25$、$b=3$、$K=5$ 时，系统不稳定。

d. 当 a、b、K 为指定区间的任意取值组合时，系统是稳定的。

14. 考虑图 12.45 所示的闭环控制系统，其中：

$$G_p(s)=1,\ G(s)=\frac{1}{Js^2}$$

参数的标称值 $J=5$，但参数的精确取值会随时间发生变化，因此必须设计一个控制器，使系统的相角裕度足够大，以便当 J 发生变化时，系统仍然能够保持稳定。在下列 PID 控制器中，哪一个能使标称系统的相角裕度 P.M. > 40° 且带宽 $\omega_B < 20$ rad/s?

a. $G_c(s)=\dfrac{50\left(s^2+10s+26\right)}{s}$

b. $G_c(s)=\dfrac{5\left(s^2+2s+2\right)}{s}$

c. $G_c(s)=\dfrac{60\left(s^2+20s+200\right)}{s}$

d. 以上都不行

15. 某反馈控制系统的标称特征方程为

$$q(s)=s^3+a_2s^2+a_1s+a_0=s^3+3s^2+2s+3=0$$

由于受控对象存在不确定性，方程系数的变化区间为

$$2\leqslant a_2\leqslant 4,\quad 1\leqslant a_1\leqslant 3,\quad 1\leqslant a_0\leqslant 5$$

当方程系数在以上区间任意取值时，试分析系统的稳定性。

a. 对于所有可能的系数取值组合，系统是稳定的。

b. 对于部分系数取值组合，系统是不稳定的。

c. 对于部分系数取值组合，系统处于临界稳定。

d. 对于所有可能的系数取值组合，系统是不稳定的。

在下面的术语和概念匹配题中，在空格中填写正确的字母，将术语和概念与它们的定义联系起来。

a. 根灵敏度	当受控对象存在显著的不确定性时，系统仍能够保持预期的性能。	______
b. 加性摄动	由比例项、积分项和微分项组成的控制器。这种控制器的输出为其中每一项输出的加权和，并且每一项的加权增益均为可调参数。	______
c. 互补灵敏度函数	在计算偏差信号之前，对输入信号 $R(s)$ 进行滤波的传递函数 $G_p(s)$。	______
d. 鲁棒控制系统	可以用加性模型 $G_a(s)=G(s)+A(s)$ 来描述的系统摄动（扰动），其中，$G(s)$ 为受控对象的标称传递函数，$A(s)$ 为幅值有界的摄动，$G_a(s)$ 则描述受到扰动的受控对象簇。	______
e. 系统灵敏度	函数 $C(s)=G_c(s)G(s)\left[1+G_c(s)G(s)\right]^{-1}$，它满足关系 $C(s)+S(s)=1$，其中的 $S(s)$ 为灵敏度函数。	______
f. 乘性摄动	该原理表明，如果 $G_c(s)G(s)$ 中包含输入 $R(s)$，则系统在进入稳态后，输出 $y(t)$ 就能够无差地跟踪上输入 $r(t)$，而且这种跟踪还具有鲁棒性。	______
g. PID 控制器	可以用乘性模型 $G_m(s)=G(s)(1+M(s))$ 来描述的系统摄动（扰动），其中，$G(s)$ 为受控对象的标称传递函数，$M(s)$ 为幅值有界的摄动，$G_m(s)$ 则描述受到扰动的受控对象簇。	______
h. 鲁棒稳定性判据	针对乘性摄动的鲁棒稳定性判据。	______
i. 前置滤波器	系统的根（即零点和极点）对参数变化灵敏度的度量指标。	______
j. 灵敏度函数	函数 $S(s)=\left[1+G_c(s)G(s)\right]^{-1}$，它满足 $C(s)+S(s)=1$，其中的 $C(s)$ 为互补灵敏度函数。	______
k. 内模原理	系统对参数变化灵敏度的度量指标。	______

基础练习题

E12.1 考虑某单位负反馈系统，其中

$$G(s)=\frac{3}{s+3}$$

假定 $\omega_n=30$。在输入为阶跃信号的情况下，试确定合适的 $G_c(s)$，使系统达到ITAE最优。然后在有/无前置滤波器 $G_p(s)$ 时，计算系统的阶跃响应。

E12.2 采用习题E12.1中得到的ITAE最优设计结果，确定由干扰 $T_d(s)=1/s$ 引起的系统响应。

E12.3 考虑某单位负反馈闭环系统，其环路传递函数为

$$L(s)=G_c(s)G(s)=\frac{10}{s(s+b)}$$

并且 b 的标称值为8。试求 S_b^T 并绘制 $|T(\mathrm{j}\omega)|$ 和 $|S(\mathrm{j}\omega)|$ 的幅频伯德图。

答案： $S_b^T=\dfrac{-bs}{s^2+bs+10}$

E12.4 考虑某单位负反馈系统，其中：

$$G(s)=\frac{1}{(s+10)(s+25)}$$

假设使用PID控制器 $G_c(s)=K_p+K_Ds+\dfrac{K_I}{s}$ 并将控制器增益限定为 $K_D=500$，合理配置控制器的零点，使闭环极点近似等于闭环零点。然后计算近似系统 $T(s)\approx\dfrac{K_D}{s+K_D}$ 的阶跃响应和实际系统的阶跃响应，并加以比较分析。

E12.5 某单位负反馈系统的受控对象为

$$G(s)=\frac{K}{s(s+3)(s+10)}$$

其中，K=10。PD控制器为

$$G_c(s)=K_p+K_Ds$$

为控制器 $G_c(s)$ 的参数 K_P 和 K_D 选择合适的值，使系统阶跃响应的超调量P.O. ≤ 5%且调节时间 $T_s\leqslant$ 3 s（按2%准则）。当容许受控对象的增益 K 在 $5\leqslant K\leqslant 20$ 的范围内变化时，对超调量和调节时间会有何影响？

E12.6 考虑图E12.6所示的控制系统，其中 $G(s)=1/(s+5)^2$。试设计合适的PID控制器 $G_c(s)$，使系统的阶跃响应达到ITAE最优且调节时间 $T_s\leqslant 1.5$ s（按2%准则）。在有/无前置滤波器 $G_p(s)$ 的条件下，分别绘制系统对阶跃输入 $r(t)$ 的响应 $y(t)$。此外，计算并绘图显示系统对阶跃干扰的响应 $y(t)$。然后根据得到的结果，讨论控制器的有效性。

答案： 一个可能的控制器为 $G_c(s)=\dfrac{0.5s^2+52.4s+216}{s}$。

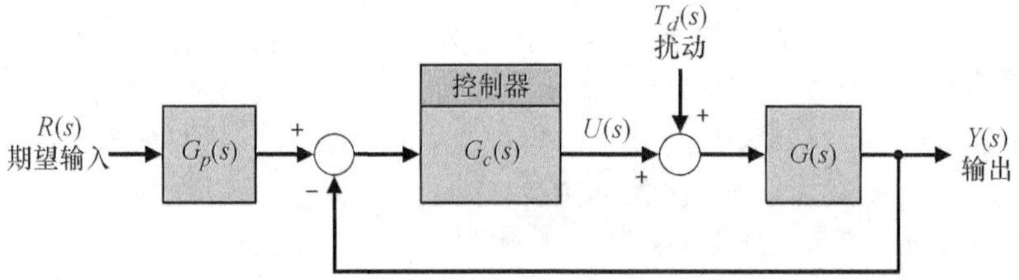

图 E12.6 某控制系统

E12.7 重新考虑图E12.6所示的控制系统，但受控对象 $G(s)=1/(s+4)^2$。试设计一个PID控制器，使系统的阶跃响应达到ITAE最优且调节时间 $T_s\leqslant 1$ s（按2%准则）。在有/无前置滤波器 $G_p(s)$ 的条件下，

分别绘制系统对阶跃输入$r(t)$的响应$y(t)$。此外，计算并绘制系统对阶跃干扰的响应$y(t)$。然后根据得到的结果，讨论控制器的有效性。

E12.8 当输入为阶跃信号$r(t)=1(t>0)$时，增加控制器输出的限制条件$|u(t)|\leqslant 80(t>0)$并要求系统具有尽可能少的调节时间。在此条件下，重新完成习题E12.6。

答案：$G_c(s)=\dfrac{3600+80s}{s}$。

E12.9 重新考虑图E12.6所示的控制系统，但受控对象为

$$G(s)=\frac{K}{s(s+10)(s+20)}$$

其中，$K=1$。试设计合适的PD控制器，使校正后的闭环主导极点的阻尼比$\zeta=0.5912$。确定校正后系统的阶跃响应，分析当K在±50%的范围内波动变化时超调量的变化情况，并估计系统在最坏情形下的阶跃响应。

E12.10 重新考虑图E12.6所示的控制系统，但受控对象为

$$G(s)=\frac{K}{s(s+3)(s+6)}$$

其中，$K=1$。试设计合适的PI控制器，使校正后的闭环主导极点的阻尼比$\zeta=0.70$。确定校正后系统的阶跃响应，分析当K在±50%的范围内波动时超调量的变化情况，并估计系统在最坏情形下的阶跃响应。

E12.11 某闭环系统的状态方程为

$$\dot{\boldsymbol{x}}(t)=\boldsymbol{A}\boldsymbol{x}(t)+\boldsymbol{B}r(t)$$
$$y(t)=\boldsymbol{C}\boldsymbol{x}(t)+\boldsymbol{D}r(t)$$

其中：

$$\boldsymbol{A}=\begin{bmatrix}0 & 1\\ -10 & -k\end{bmatrix},\ \boldsymbol{B}=\begin{bmatrix}0\\ 1\end{bmatrix},\ \boldsymbol{C}=[1\quad 0],\ \boldsymbol{D}=[0]$$

k的标称值为3.738，k会在$0.1\leqslant k\leqslant 10$的范围内变化。绘制系统单位阶跃响应的超调量随$k$变化的曲线。当$k$取标称值时，系统的超调量为多少？当$k$取何值时，系统的超调量为0？

E12.12 考虑如下二阶系统：

$$\dot{\boldsymbol{x}}(t)=\begin{bmatrix}0 & 1\\ -a & -b\end{bmatrix}\boldsymbol{x}(t)+\begin{bmatrix}c_1\\ c_2\end{bmatrix}u(t)$$
$$y(t)=[1\quad 0]\boldsymbol{x}(t)+[0]u(t)$$

参数a、b、c_1和c_2的值未知。在什么条件下，系统是完全可控的？选择满足上述条件的参数a、b、c_1和c_2的有效值，验证系统的可控性并绘制系统的单位阶跃响应。

一般习题

P12.1 无人驾驶潜航器的控制系统如图P12.1所示，其中，输入信号为预期的横滚角$R(s)=0$，扰动信号$T_d(s)=1/s$。

(a) 绘制$20\log|T(j\omega)|$和$20\log|S_K^T(j\omega)|$的幅值伯德图。

(b) 估算$|S_K^T(j\omega)|$在ω_B、$\omega_{B/2}$和$\omega_{B/4}$三个频率点上的值 [$T(s)=Y(s)/R(s)$]。

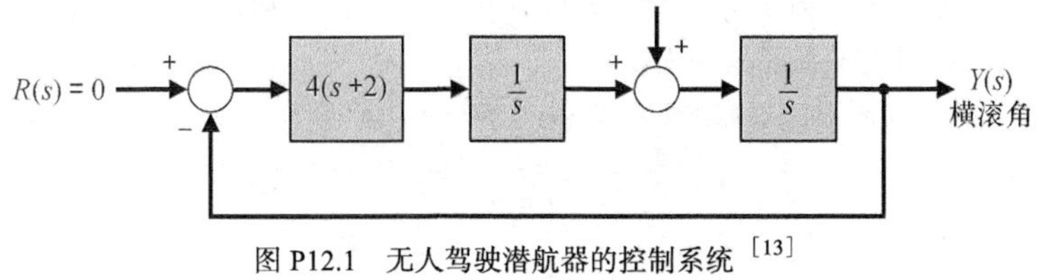

图 P12.1 无人驾驶潜航器的控制系统 [13]

P12.2 考虑图P12.2所示的控制系统，其中，$\tau_1 = 20\ \text{ms}$，$\tau_2 = 2\ \text{ms}$。

（a）确定 K 的合适取值，使谐振峰值 $M_{p\omega} = 1.84$。

（b）绘制 $20\log|T(j\omega)|$ 和 $20\log|S_K^T(j\omega)|$ 的幅值伯德图。

（c）估算 $|S_K^T(j\omega)|$ 在 ω_B、$\omega_{B/2}$ 和 $\omega_{B/4}$ 三个频率点上的值。

（d）令 $R(s) = 0$，采用（a）中确定的 K 值，绘制系统对干扰 $T_d(s) = 1/s$ 的响应 $y(t)$。

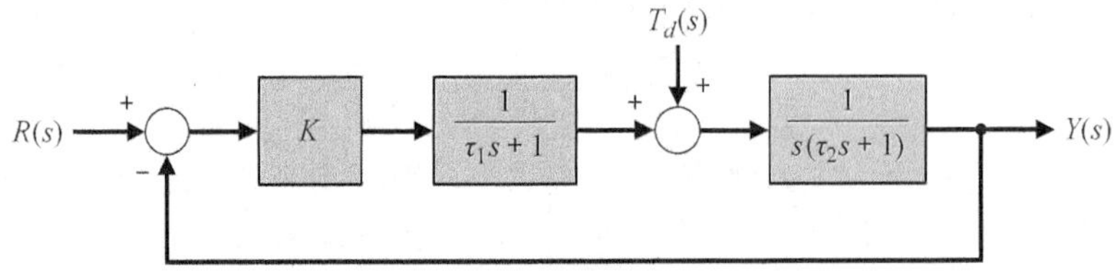

图 P12.2 某控制系统

P12.3 一家德国公司成功研制了一种磁悬浮列车，这种列车采用电磁力来提升和驱动沉重的车体，运行速度可以达到300 mi/h，载客量约为400人。但是，这种列车在正常运行时要求车体和轨道之间保持0.25 in的间隙，这是一个难度较大的控制问题[7, 12, 17]。间隙控制系统的框图模型如图P12.3所示。假设控制器为

$$G_c(s) = \frac{K(s-1)}{s+0.01}$$

（a）确定 K 的取值范围，以保证系统稳定。

（b）确定 K 的合适取值，使系统对单位阶跃输入的稳态跟踪误差小于 0.025。

（c）采用（b）中确定的 K 值，计算系统的阶跃响应 $y(t)$。

（d）以（b）中得到的 K 值作为标称值，当 K 在±15% 的范围内变化时，计算极端情况下的系统输出 $y(t)$。

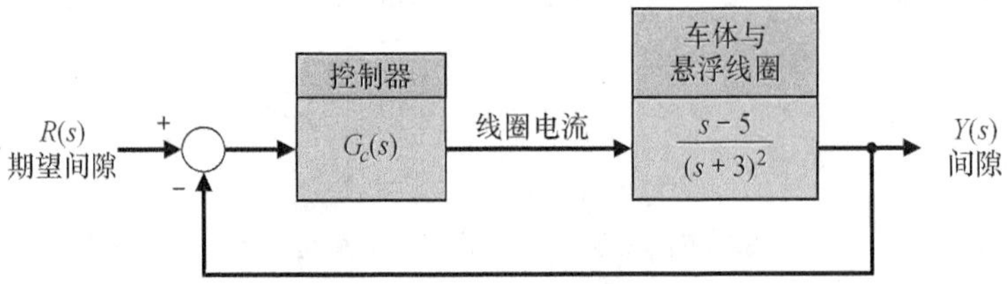

图 P12.3 间隙控制系统的框图模型

P12.4 图P12.4（a）给出了自动导向车辆的示意图，这种车辆的控制系统如图P12.4（b）所示。设计目标如下：保证系统可以精确地跟踪导引线路，能够容忍增益 K_1 的波动变化并抑制干扰的影响[15, 22]。假设增益 K_1 的标称值为1且 $\tau = 1/10\ \text{s}$。

（a）确定合适的校正器 $G_c(s)$，使系统单位阶跃响应的超调量 P.O.≤15% 且调节时间 $T_s \leq 0.5\ \text{s}$（按 2% 准则）。

（b）采用（a）中给出的校正器来计算 $S_{K_1}^T$，以确定系统对 K_1 的微小波动变化的灵敏度。

（c）假设 K_1 变成 2 并继续使用（a）中给出的校正器 $G_c(s)$，在此情况下，计算系统的单位阶跃响应并与（a）中得到的结果作比较。

（d）令 $R(s) = 0$，绘制标称系统对干扰 $T_d(s) = 1/s$ 的响应 $y(t)$。

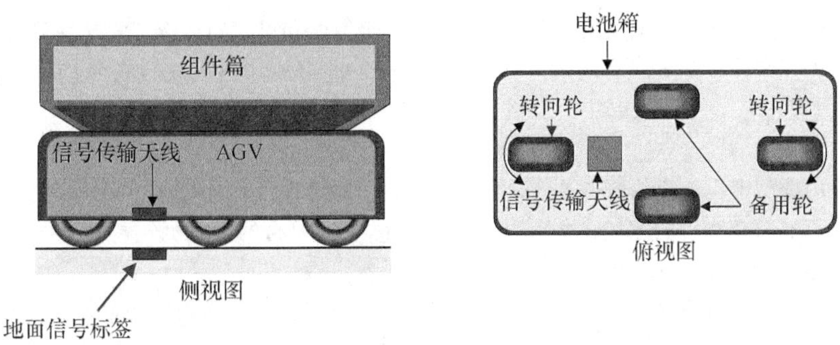

(a)

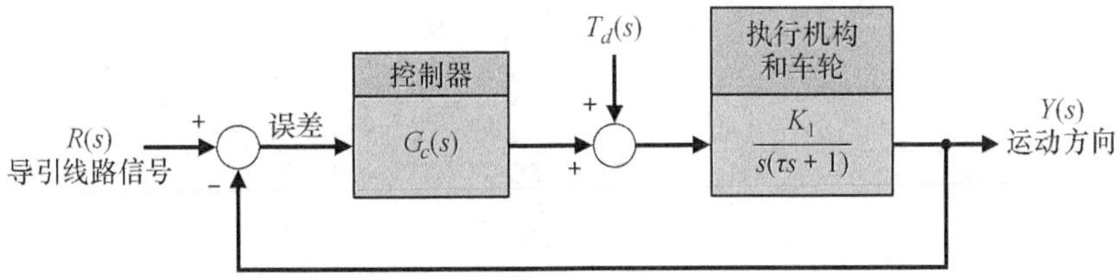

(b)

图 P12.4　自动导向车辆的示意图及其控制系统

P12.5　造纸厂通常采用纸卷包装机来接收和处理已经成型的大型纸卷，然后将它们包装成成品纸卷并打上标签 [9, 16]。纸卷包装机的主要设备包括定位设备、等待设备和包装设备等。本题主要研究图 P12.5（a）所示的定位设备。定位设备是包装工序中的第一个设备，负责接收纸卷，测量纸卷的重量、直径和宽度，然后确定所需包装材料的大小，从而为后续工序调整纸卷在流水线上的位置，并最终向下一个设备传送纸卷。

纸卷包装机是一种复杂的操作设备，因为其中每一项功能（如宽度测量）的实现，都涉及现场设备的大量动作，并且依赖于多个配套的传感器。

宽度测量臂的定位控制系统如图 P12.5（b）所示。其中，极点 p 的标称值为 2，但由于负载的变化和机器调整标定不当，极点 p 的取值可能会发生改变。

(a) 当 $p = 2$ 时，设计合适的校正器 $G_c(s)$，使系统单位阶跃响应的超调量 P.O. ≤ 20%且调节时间 $T_s \le 1$ s（按 2% 准则）。

(b) 绘制标称系统对阶跃输入 $R(s) = 1/s$ 的输出响应 $y(t)$。

(c) 令 $R(s) = 0$，绘制标称系统对干扰 $T_d(s) = 1/s$ 的响应 $y(t)$。

(d) 假设 $p = 1$ 并继续使用（a）中给出的校正器 $G_c(s)$，在此情况下，重新完成（b）和（c）并比较得到的结果。

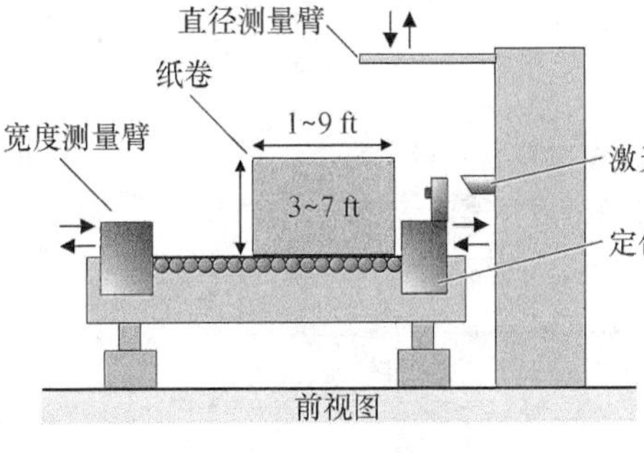

(a)

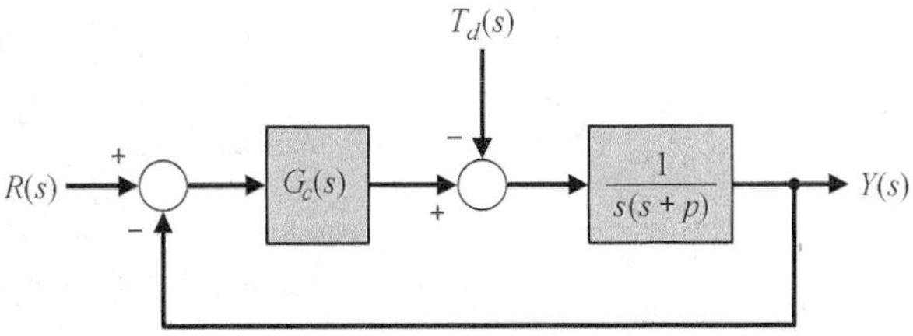

(b)

图 P12.5　（a）纸卷包装机的前视图；（b）宽度测量臂的定位控制系统

P12.6 热轧机的主要工序是将炽热的钢坯轧制成具有预定厚度和尺寸的钢板[5, 10]。图 P12.6（a）给出了热轧机的示意图，热轧机有两个主要的辊轧台——1号台和2号台。辊轧台上装有一些直径达 508 mm 的大型轧辊，它们由大功率的电机（功率为 4470 kW）驱动，并通过大型液压缸来调节轧制力度和厚度。

热轧机的典型工作流程如下：在熔炉中加热钢坯，加热后的钢坯先通过1号台并被1号台的辊轧机轧制成具有预期宽度的钢坯，之后再通过2号台并被2号台的辊轧机轧制成具有预期厚度的钢板，最后由热平整设备平整成型。

图 P12.6（b）给出了热轧机的控制系统（问题的关键就在于如何通过调整辊轧机的间隙来控制钢板的厚度），其中：

$$G(s) = \frac{1}{s\left(s^2 + 4s + 5\right)}$$

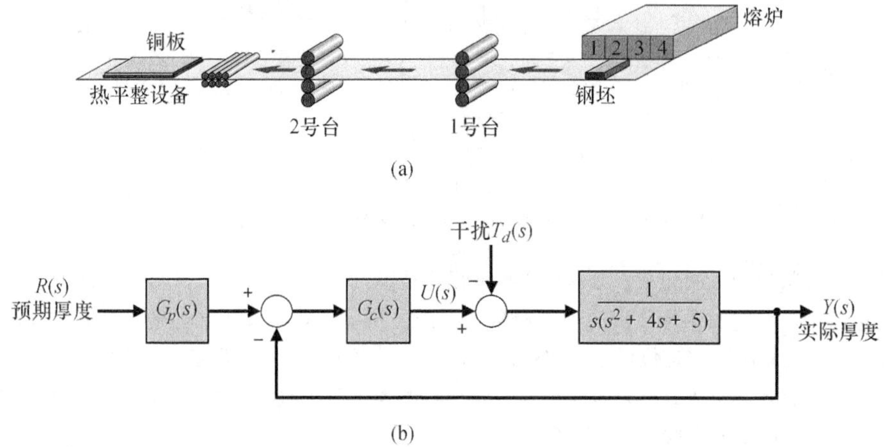

图 P12.6 （a）热轧机的示意图；（b）热轧机的控制系统

这里采用的是具有两个相同实零点的 PID 控制器。

（a）选择 PID 控制器的零点和增益，使闭环系统有两对相等的特征根。

（b）考虑（a）中得到的闭环系统，当不再配置前置滤波器［即 $G_p(s) = 1$］时，计算系统的单位阶跃响应。

（c）为系统配置合适的前置滤波器 $G_p(s)$，重新解答问题（b）。

（d）当 $r(t) = 0$ 时，计算系统对单位阶跃干扰的响应 $y(t)$，并由此讨论干扰对系统的影响。

P12.7 某反馈控制系统包含电机、负载和电压-电流放大器 K_a，如图 P12.7 所示。其中，电机和负载的摩擦可以忽略不计。设计人员选定的 PID 控制器为

$$G_c(s) = K_P + \frac{K_I}{s} + K_D s$$

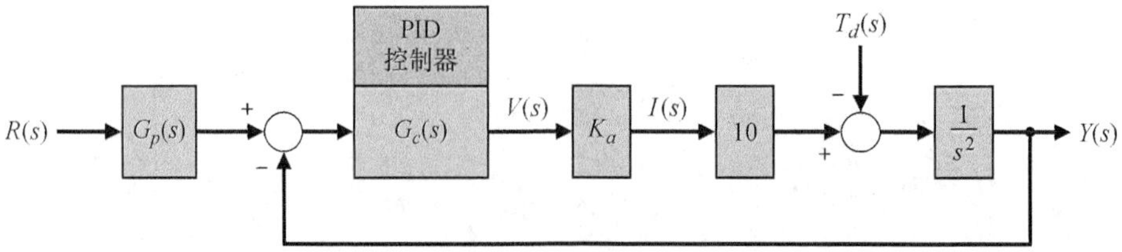

图 P12.7 包含电机、负载和电压-电流放大器 K_a 的反馈控制系统

其中，$K_P = 5$，$K_I = 500$，$K_D = 0.0475$。

（a）确定 K_a 的合适取值，使系统的相角裕度达到 30°。

（b）当 K_a 变化时，绘制系统的根轨迹。当 K_a 取（a）中确定的值时，确定系统的特征根。

（c）当 $R(s)=0$、$T_d(s)=1/s$ 时，采用（a）中确定的 K_a 值，计算系统输出 $y(t)$ 的最大值。

（d）在有/无前置滤波器 $G_p(s)$ 的情况下，分别确定系统对单位阶跃输入 $r(t)$ 的响应。

P12.8　某单位负反馈系统的标称特征方程为

$$q(s)=s^3+3s^2+3.5s+3=0$$

方程系数的变化范围为

$$2 \leqslant a_2 \leqslant 5,\quad 3 \leqslant a_1 \leqslant 4,\quad 2 \leqslant a_0 \leqslant 4$$

当方程系数在以上区间取值时，系统能否保持稳定？

P12.9　图P12.9（a）给出了密封式月球车的概念图，未来的宇航员可以在月球上驾驶这种月球车。这种月球车可以长距离行驶，并且可以完成长达6个月的月球探索任务。技术人员在分析“阿波罗”登月时代的月球漫游车的基础上，设计出了这种新型月球车，其在辐射防护、热防护、冲激与振动控制以及润滑和密封性等方面有了较大改进。

这种新型月球车的驾驶控制系统如图P12.9（b）所示。设计要求如下：系统对阶跃输入的稳态跟踪误差为0、超调量P.O. ≤ 20%且峰值时间 $T_p \leqslant 1$ s；同时，为了减小月球表面对月球车的影响，还应该当 $R(s)=0$ 时尽量减少系统对干扰 $T_d(s)=1/s$ 的稳态响应。在上述条件下，假设分别采用PI控制器和PID控制器，试完成相应的控制器设计，使系统满足给定的设计要求并列表比较这两种设计结果的性能。

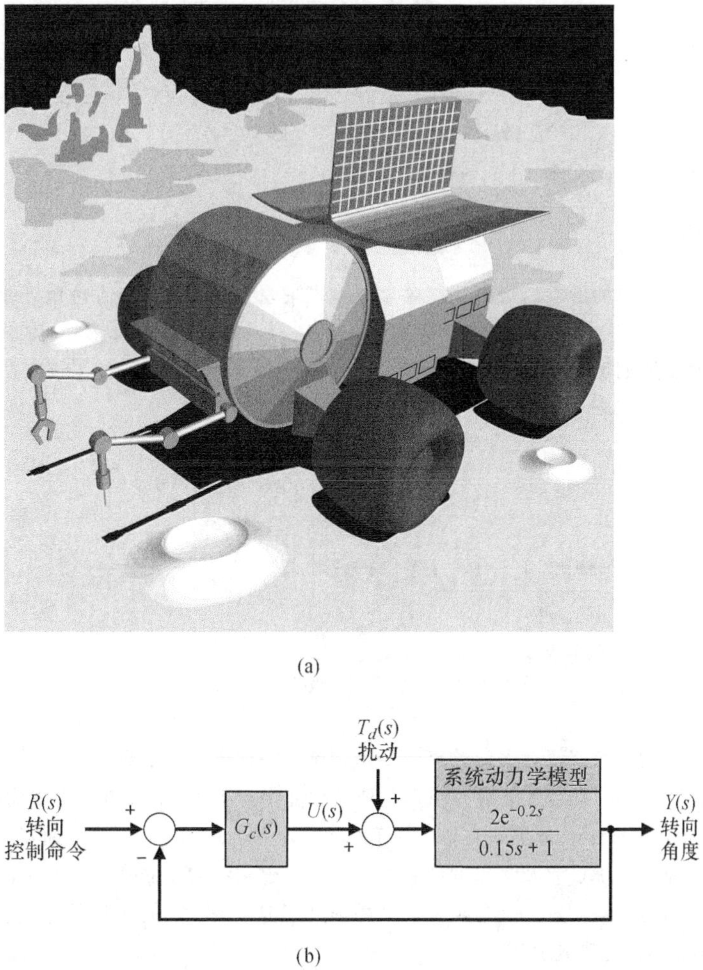

图 P12.9　（a）密封式月球车的概念图；（b）密封式月球车的驾驶控制系统

P12.10 若受控对象的传递函数为

$$G(s)=\frac{32}{s^2}$$

设计一个带有PID控制器和前置滤波器的单位负反馈控制系统，使系统的阶跃响应具有最优的ITAE指标且峰值时间$T_p=1$ s。此外，估计系统阶跃响应的超调量和调节时间（按2%准则）。

P12.11 三维凸轮的x轴方向由直流电机实现控制[18]，对应的位置反馈系统如图P12.11所示。若“直流电机+负载”这一组合的传递函数为

$$\frac{K}{s(s+p)(s+10)}$$

其中，$1\leqslant K\leqslant 5$、$2\leqslant p\leqslant 5$且标称值为$K=1$、$p=3$。设计一个合适的PID控制器，使系统对阶跃输入的响应达到ITAE最优，并且要求系统在最坏情况下响应的调节时间满足$T_s\leqslant 3$ s。

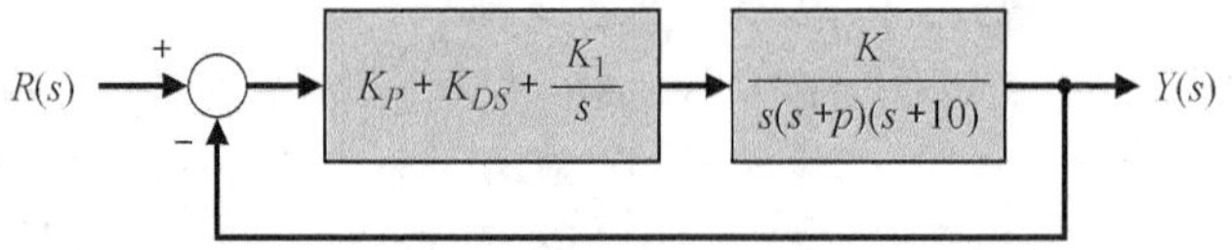

图 P12.11 三维凸轮的 x 轴方向的位置反馈系统

P12.12 考虑如下三阶闭环控制系统：

$$\dot{\boldsymbol{x}}(t)=\begin{bmatrix}0 & 1 & 0\\ 0 & 0 & 1\\ -5 & K & -2\end{bmatrix}\boldsymbol{x}(t)+\begin{bmatrix}0\\0\\1\end{bmatrix}u(t)$$

$$y(t)=\begin{bmatrix}2 & 1 & 0\end{bmatrix}\boldsymbol{x}(t)+\begin{bmatrix}0\end{bmatrix}u(t)$$

计算系统对参数K的波动变化的灵敏度。

难题

AP12.1 为了降低振动产生的影响，可以利用磁悬浮技术来安装望远镜。在方位角磁驱动系统中，这种方法还可以消除机械摩擦。在望远镜的传感器系统中，电缆用来连接光电探测器。磁悬浮望远镜的位置控制系统如图AP12.1所示，请设计一个合适的PID控制器，使系统单位阶跃响应的超调量P.O.≤20%且调节时间$T_s\leqslant 1$ s（按2%准则）。

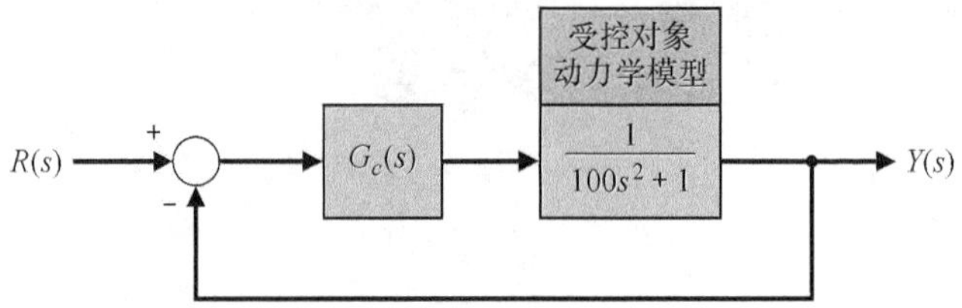

图 AP12.1 磁悬浮望远镜的位置控制系统

AP12.2 解决交通阻塞的一种比较有前途的方案是采用磁悬浮列车。与依靠车轮或气动力支撑车体的传统方案不同，磁悬浮列车利用电磁力使列车悬浮在轨道上方，并利用电磁力驱动列车前进[7, 12, 17]，如图AP12.2（a）所示。理想的磁悬浮列车既有高速列车的环境友好、地面安全等优势，又有飞机的高速、低摩擦等优点以及汽车的便利性。因此，磁悬浮列车的确是一种崭新的解决方案，其强大的运输能力能够极大减少交通阻塞，从而提高其他交通方式的交互运行效率。磁悬浮列车能够以150~300 mi/h的速度高速运行。

图AP12.2（b）给出了磁悬浮列车的车体倾斜度控制系统。受控对象$G(s)$的动力学特性会受到参数

变化的影响，其极点位于图 AP12.2（c）所示的方框区域内，对应的参数变化范围为 $1 \leqslant K \leqslant 2$。给定的设计要求如下：当 $|u(t)| \leqslant 100$ 时，系统要有鲁棒的阶跃响应，并且超调量 P.O. ≤ 10%、调节时间 $T_s \leqslant 2$ s（按 2% 准则）。分别设计能够满足以上设计要求的 PI 控制器、PD 控制器和 PID 控制器，并比较设计结果的性能。必要时，可以配置合适的前置滤波器 $G_p(s)$。

(a)

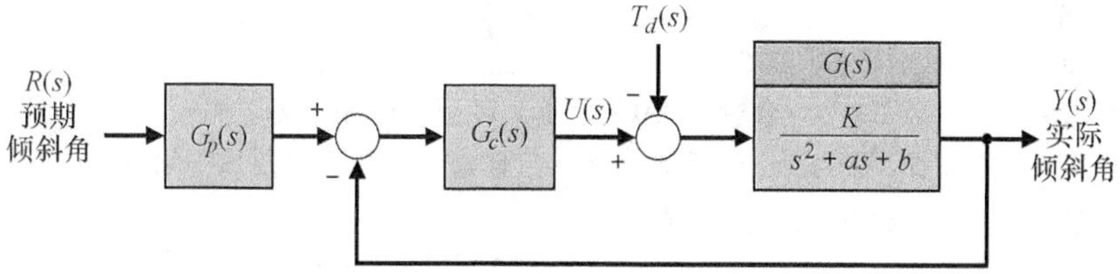

(b)

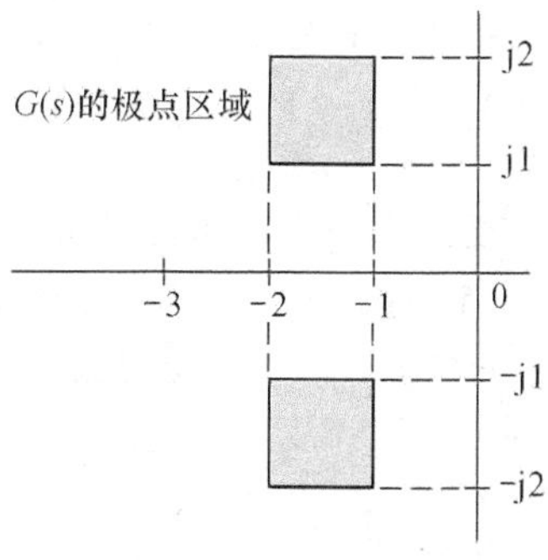

(c)

图 AP12.2　（a）磁悬浮列车利用电磁力使列车悬浮在轨道上方，并利用电磁力驱动列车前进；（b）磁悬浮列车的车体倾斜度控制系统；（c）受控对象的动力学特性

AP12.3 防滑刹车系统的参数可能会发生显著的变化（如刹车片摩擦系数变化或路面坡度变化等），另外，环境（如不利的路面条件等）也会对防滑刹车系统产生不利的影响。因此，设计防滑刹车系统是一个颇具挑战性的控制问题。防滑刹车系统通过调整车身与车轮之间的速度差，使得在各种路面条件下，都能够在轮胎与路面之间产生最大的摩擦[8]。通常情况下，刹车时的摩擦系数会随着路面条件的不同而不同。

防滑刹车系统可以简化为一个单位负反馈系统，其受控对象的传递函数为

$$G(s)=\frac{Y(s)}{U(s)}=\frac{1}{(s+a)(s+b)}$$

其中，系数的标称值为$a=1$、$b=4$。

(a) 采用 PID 控制器，当 a 和 b 的变化范围为±50% 时，设计一个鲁棒控制系统，使系统阶跃响应的超调量 P.O. ≤ 4%、调节时间 $T_s \leqslant 1$ s（按 2% 准则）且稳态误差小于 1%。

(b) 采用 ITAE 优化设计方法，设计一个合适的 PID 控制器，使系统满足（a）中给定的性能指标设计要求，并估计所设计系统的超调量与调节时间。

AP12.4 有人设计了一种机器人，用于辅助进行骨髓移植手术。这种机器人可以准确定位要接受骨髓移植手术的骨头并在骨头上钻孔。由于不能在骨头上反复钻孔[21, 27]，因此要求为这种机器人配备鲁棒的控制系统，受控对象为

$$G(s)=\frac{b}{s^2+as+b}$$

参数变化范围为

$$1\leqslant a\leqslant 2,4\leqslant b\leqslant 12$$

试采用根轨迹法设计一个合适的PID控制器并选择合适的$G_p(s)$，使系统具有鲁棒性。此外，请绘制系统的阶跃响应。

AP12.5 考虑某单位负反馈控制系统，受控对象为

$$G(s)=\frac{K_1}{s(s+25)}$$

K_1的标称值为1。试设计一个合适的PID控制器，使系统的相角裕度达到45°。当K_1的变化范围为±25%时，为K_1选择典型的取值，列表记录校正后系统的相角裕度及其变化情况。

AP12.6 考虑某单位负反馈控制系统，受控对象为

$$G(s)=\frac{K_1}{s(\tau s+1)}$$

其中$K_1=1.5$、$\tau=0.001$s。试采用ITAE优化设计方法，设计一个合适的PID控制器，使系统阶跃响应的超调量P.O. ≤ 10%、调节时间$T_s \leqslant 1$ s（按2%准则），并且要求将单位干扰对输出的稳态影响降为不超过干扰幅值的5%。

AP12.7 考虑某单位负反馈控制系统，受控对象$G(s)=1/s$。当输入为单位阶跃信号时，要求控制信号满足$|u(t)|\leqslant 1$。试采用ITAE优化设计方法，设计一个合适的PI控制器并计算系统单位阶跃响应的调节时间（按2%准则）。必要时，可以使用合适的前置滤波器$G_p(s)$。

AP12.8 某机床控制系统如图AP12.8所示，“功率放大器+电动机+刀架+刀具”这一组合的传递函数为

$$G(s)=\frac{50}{s(s+1)(s+4)(s+5)}$$

若要求系统单位阶跃响应的超调量P.O. ≤ 25%且峰值时间$T_p \leqslant 3$ s，试分别设计能够满足设计要求的PD控制器、PI控制器和PID控制器，比较上述设计结果并从中选择最佳的控制器。

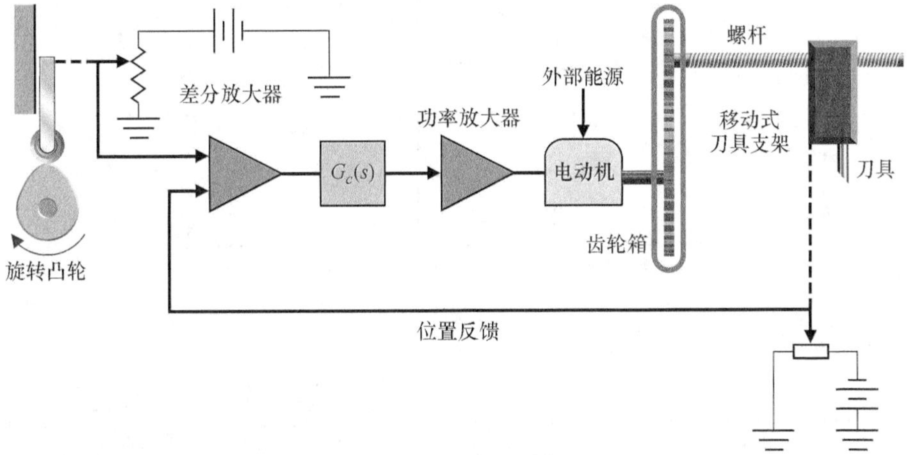

图 AP12.8　某机床控制系统

AP12.9　考虑某单位负反馈控制系统，受控对象为

$$G(s)=\frac{K}{s^2+2as+a^2}$$

参数变化范围如下：

$$1\leqslant a\leqslant 3,2\leqslant K\leqslant 4$$

针对最坏的情形，设计一个合适的PID控制器，使系统具有最小的ITAE指标且调节时间 $T_s\leqslant 0.8$ s（按2%准则）。

AP12.10　考虑某单位负反馈控制系统，受控对象为

$$G(s)=\frac{s+r}{(s+p)(s+q)}$$

参数变化范围如下：

$$3\leqslant p\leqslant 5,0\leqslant q\leqslant 1,1\leqslant r\leqslant 2$$

控制器则采用零点和极点均为实数的校正器：

$$G_c(s)=\frac{K\left(s+z_1\right)\left(s+z_2\right)}{\left(s+p_1\right)\left(s+p_2\right)}$$

试确定校正器参数的合适取值，使系统具有较强的鲁棒性。

AP12.11　考虑某单位负反馈控制系统，受控对象为

$$G(s)=\frac{1}{(s+2)(s+4)(s+6)}$$

设计目标如下：在保证系统阶跃响应的稳态误差为0的前提下，用伪定量反馈法设计合适的控制器 $G_c(s)$ 并确定 K 的合适取值。当 $G(s)$ 的所有极点都发生-50%的波动变化时，计算系统的性能并讨论系统的鲁棒性。

设计题

CDP12.1 为图CDP4.1所示的滑动绞盘系统设计一个PID控制器，使系统对单位阶跃输入 $r(t)$ 的响应的超调量P.O. ≤ 3%且调节时间 $T_s\leqslant 250$ ms，然后确定校正后的系统对干扰的响应。

DP12.1 某大型转台的位置控制系统如图DP12.1（a）所示，其中采用了 $K_m=15$ 的力矩电机。图DP12.1（b）给出了该控制系统的框图模型[11, 14]。

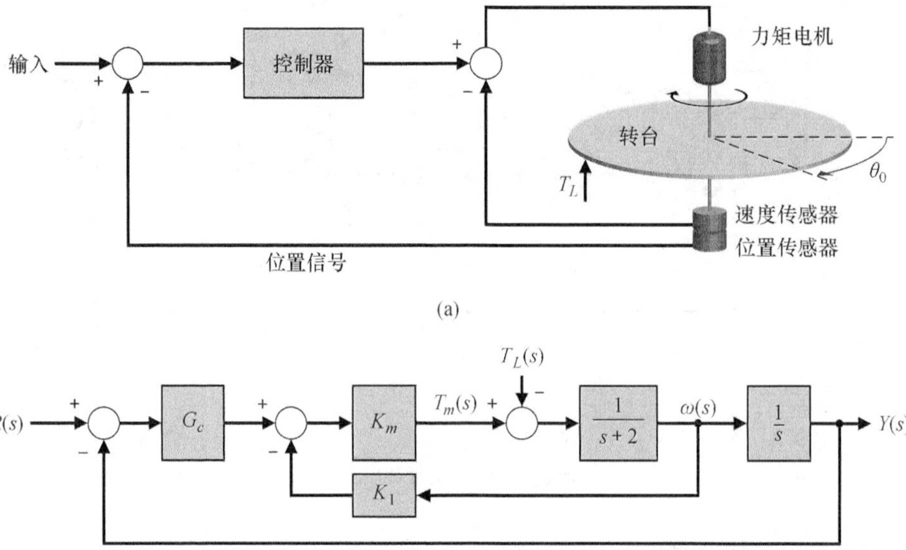

(a)

(b)

图 DP12.1 （a）某大型转台的位置控制系统；（b）相应的框图模型

设计要求如下：系统对负载导致的干扰的相对稳态误差仅为干扰幅值的5%，同时要对阶跃输入有快速的响应且响应的超调量P.O. ≤ 5%。若将控制器分别取为$G_c(s) = K$和$G_c(s) = K_P + K_D s$（PD控制器），试确定合适的控制器并确定K_1的合适取值，使系统满足设计要求。针对得到的设计结果，分别绘制它们对阶跃干扰和阶跃输入的响应曲线。为了满足对超调量的设计要求，确定是否需要选用合适的前置滤波器$G_p(s)$。

DP12.2 考虑图DP12.2所示的单位负反馈系统，参数K的标称值为1。试设计一个控制器，使得当参数K在$1 \leqslant K \leqslant 4$的范围内变化时，系统单位阶跃响应的超调量P.O. ≤ 20%。

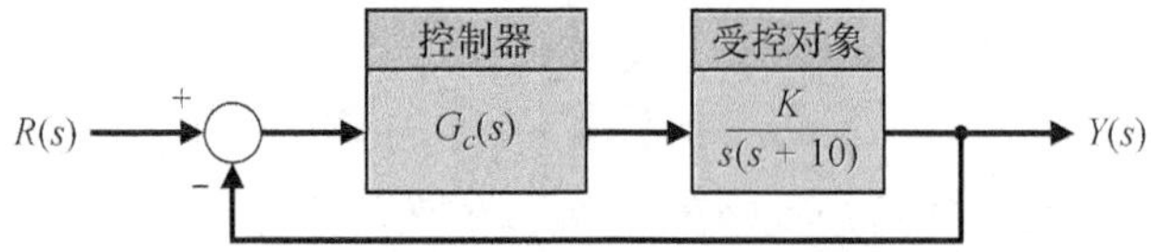

图 DP12.2 受控对象具有可变参数 K 的单位负反馈系统

DP12.3 许多大学实验室有成功研制机械手的经历，这些机械手能够抓取和操纵目标物。但是，在训练这些机械手时，即使面对一项简单的任务，也需要进行非常复杂的计算机编程。现在，人们新开发出一种能够戴在手上的特殊装置，这种特殊装置能够如实记录手指关节的接触运动和弯曲运动，其控制系统如图DP12.3所示。在为每个关节都装上传感器之后，它们就可以根据位置的不同改变输出信号，这些输出信号则可以用来训练和操纵机械手 [1]。

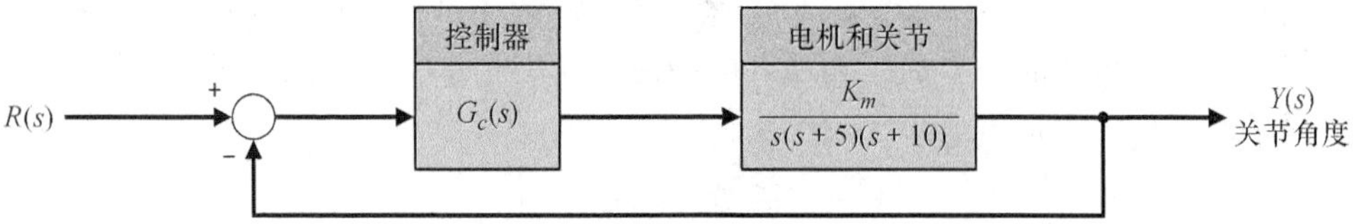

图 DP12.3 一种用于训练机械手的特殊装置的控制系统

假设K_m的标称值为1.0且控制器为

$$G_c(s) = \frac{K_D(s^2 + 6s + 18)}{s}$$

设计要求如下：系统对斜坡输入的稳态跟踪误差为0且调节时间 $T_s \leqslant 3$ s（按2%准则）。

（a）绘制以 K_D 为可变参数的根轨迹，在此基础上确定 K_D 的合适取值，使系统满足给定的设计要求。

（b）如果 K_m 发生变化，比如 K_m 只有标称值的一半，但仍然使用原来的 $G_c(s)$，请再次计算系统的斜坡响应并比较得到的结果，然后据此讨论系统的鲁棒性。

DP12.4 研究尺度小于可见光波长的物体，是当代科学技术的热点和难点。例如，生物学家研究单个蛋白质分子或DNA分子，材料学家研究晶体的原子尺度的结构缺陷，微电子工程师则制成了亚原子尺度的集成电路。就在不久以前，人们在观察微观世界时，还必须依赖相对笨拙且具有破坏性的设备和方法，如电子显微镜和X射线散射仪。至于常见的普通光学显微镜之类的仪器，则根本无法用于探究这种微观世界。随着技术的进步，人们已经研制出以扫描隧道显微镜（Scanning Tunneling Microscope，STM）为代表的新一代显微镜[3]。

STM的位移控制精度为纳米级，其工作依赖于一种特殊的压电传感器。当受试材料仅仅发生一个电子伏特的变化时，这种压电传感器就会发生形变。STM的“对外窗口”是一根细小的钨丝探针，其经过精密加工的顶端只有单个原子大小，因而能够分辨0.2 nm的尺度。压电控制器负责在 x 轴和 y 轴方向上移动探针，以扫描观测受试样本。在扫描观测时，探针与样本表面非常接近（只有1~2 nm），并导致探针头上的电子云和样本表面的电子云出现重叠。此外，还有一路反馈信号能够提供探针隧道电流的变化信息，据此可以改变第3个轴向（z 轴方向）的控制器电压，驱动探针沿 z 轴上下移动，从而在探针与样品表面之间保持恒定的纵向间隙和探针隧道电流。探针与样品表面的间隙控制系统如图DP12.4（a）所示，对应的框图模型如图DP12.4（b）所示。假设受控对象为

$$G(s)=\frac{17\,640}{s\left(s^2+59.4s+1764\right)}$$

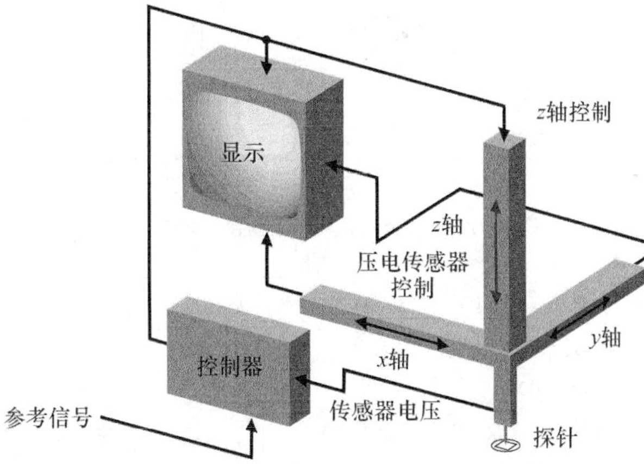

(a)

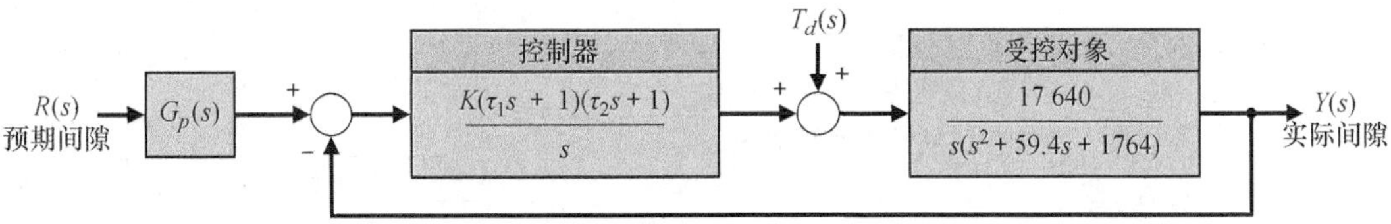

(b)

图 DP12.4　（a）探针与样品表面的间隙控制系统；（b）对应的框图模型

并且采用如下具有两个不同实零点的控制器：

$$G_c(s)=\frac{K_l\left(\tau_1 s+1\right)\left(\tau_2 s+1\right)}{s}$$

（a）采用ITAE优化设计方法，确定合适的控制器 $G_c(s)$。

（b）在有/无前置滤波器 $G_p(s)$ 的条件下，分别确定系统的阶跃响应。

（c）在有/无前置滤波器 $G_p(s)$ 的条件下，分别确定系统对干扰 $T_d(s)=1/s$ 的响应。

（d）若受控对象变为

$$G(s)=\frac{16\,000}{s\left(s^2+40s+1600\right)}$$

继续使用（a）和（b）中给出的控制器和滤波器，确定此时系统的实际响应。

DP12.5 继续考虑习题DP12.4中给出的系统，控制器仍然取为

$$G_c(s)=\frac{K_I\left(\tau_1 s+1\right)\left(\tau_2 s+1\right)}{s}$$

试采用频率响应法设计合适的 $G_c(s)$，使系统的相角裕度大约为45°。在系统有/无前置滤波器 $G_p(s)$ 的情况下，分别确定系统的阶跃响应。

DP12.6 将控制原理用于神经系统的研究已经有相当长的历史。早在20世纪初，就有研究人员描述了肌肉调节现象。这种现象既源于肌腱的反馈活动，也源于肌肉长度及其变化率的生理反应。

用于分析肌肉调节运动的理论基础是单输入–单输出系统的控制理论。有人曾建议把肌肉的伸缩反应等效为电机控制的试验结果，即人体通过纺锤体控制各肌肉的长度。后来，又有人建议把肌肉的强度调节（力和长度的综合表现）现象等效为电机控制的试验结果 [30]。

图DP12.6描述了人类站立时的平衡调节机制。下身残疾的人丧失了自主站立和行走的能力，因此需要为他们安装人造控制器来辅助站立和行走。

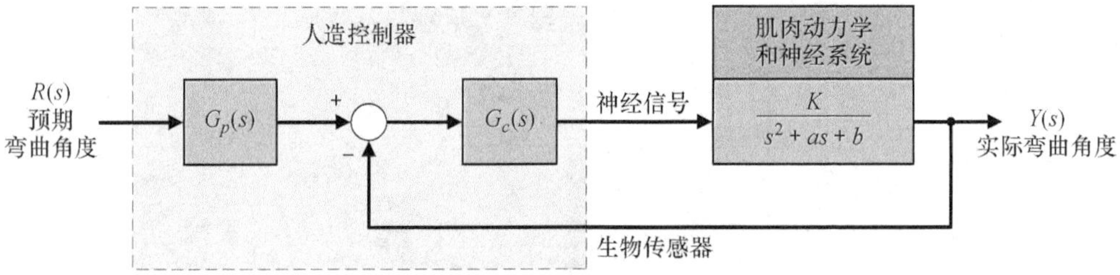

图 DP12.6 人类站立时的平衡调节机制

（a）假设参数的标称值为 $K=10$、$a=12$、$b=100$，试分别设计比例控制器、PI控制器、PD控制器和PID控制器，使系统阶跃响应的超调量P.O. ≤ 10%、稳态误差 $e_{ss}\leq 5\%$ 且调节时间 $T_s\leq 2$ s（按2%准则）。

（b）当人疲乏时，参数有可能变为 $K=15$、$a=8$、$b=144$。继续使用（a）中得到的控制器，检验系统的性能并列表比较得到的结果。

DP12.7 设计一个电梯控制系统（见图DP12.7），要求它能够控制电梯在楼层间的移动，并且还要使电梯能够准确地停靠在指定的楼层。假设电梯可以承载一到三名乘客，而电梯自重应该大于乘客的总重量，因此不妨假定电梯自重1000 kg、每名乘客重75 kg。然后假定采用磁场控制式的大功率直流电机。电机及

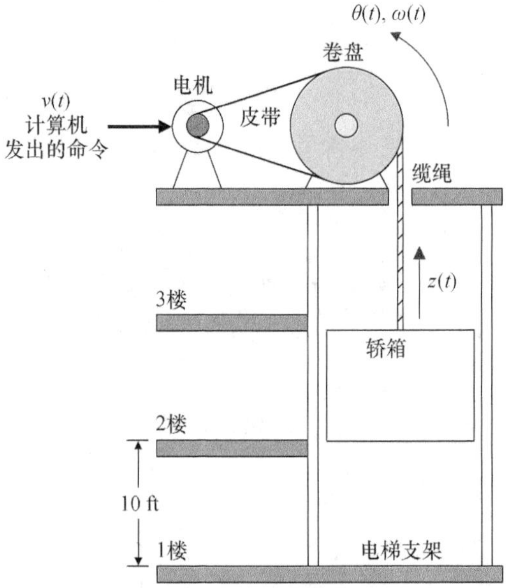

图 DP12.7 电梯控制系统

负载的时间常数为1 s，功率放大器的时间常数为1.5 s，励磁磁场的时间常数可以忽略不计。试设计一个合适的电梯控制系统，使电梯的停靠位置与楼面的高度差小于1 cm，同时要求电梯对阶跃输入响应的超调量P.O. ≤ 6%且调节时间$T_s \leq 4$ s（按2%准则）。

DP12.8 图DP12.8给出了电子心室辅助系统的框图模型，其中，电机、泵和血囊的模型可以简化为$T = 1$ s的时延环节。给定的设计要求是，系统阶跃响应的稳态误差$e_{ss} \leq 5\%$且超调量P.O. ≤ 10%。此外，为了延长电池的使用寿命，还要求控制器的输出电压不超过30 V [26]。在上述条件下，采用如下指定的三类控制器，分别确定合适的控制器参数并设计合适的前置滤波器$G_p(s)$，使系统满足给定的设计要求。完成设计后，列表给出每一种校正后系统的超调量、峰值时间、调节时间（按2%准则）以及$v(t)$的最大值，并据此比较这3种控制设计方案的性能。

- $G_c(s) = K/s$。
- PI 控制器。
- PID 控制器。

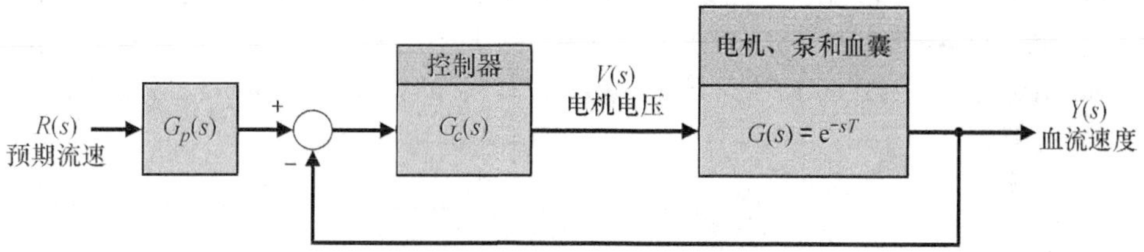

图 DP12.8 电子心室辅助系统的框图模型

DP12.9 某空间机器人的机械臂如图DP12.9（a）所示。机械臂控制系统的框图模型如图DP12.9（b）所示。电机和机械臂的传递函数为

$$G(s) = \frac{1}{s(s+9)}$$

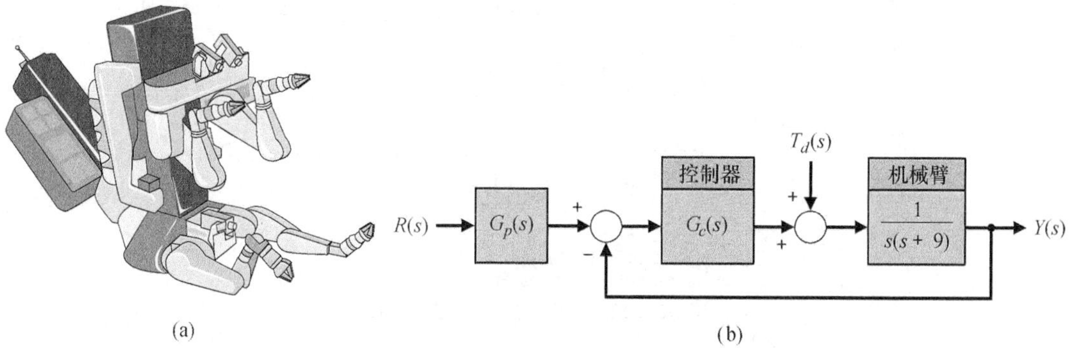

图 DP12.9 （a）空间机器人的机械臂；（b）机械臂控制系统的框图模型

（a）当$G_c(s) = K$时，确定增益的合适取值，使系统阶跃响应的超调量为4.5%，并绘制此时系统的阶跃响应曲线。

（b）当$\omega_n = 10$时，采用ITAE优化设计方法，设计合适的PD控制器和前置滤波器$G_p(s)$。

（c）当$\omega_n = 10$时，采用ITAE优化设计方法，设计合适的PI控制器和前置滤波器$G_p(s)$。

（d）当$\omega_n = 10$时，采用ITAE优化设计方法，设计合适的PID控制器和前置滤波器$G_p(s)$。

（e）确定单位阶跃干扰对每种设计方案的影响，记录由干扰输入引起的$y(t)$的最大值和稳态终值。

（f）针对上述每种设计方案，确定系统对单位阶跃输入$r(t)$的超调量、峰值时间和调节时间（按2%准则）。

（g）受控对象可能会由于负载的变化而发生变化，当 $\omega = 5$ 时，试计算系统的灵敏度幅值 $|S_G^T(j5)|$，其中：

$$T(s) = \frac{G_c(s)G(s)}{1 + G_c(s)G(s)}$$

（h）根据（e）、（f）、（g）中得到的结果，选择其中最佳的控制器。

DP12.10 为了给空间站提供能量，人们为空间站安装了太阳能光伏系统。而为了从太阳能电池板上获得最大的能量，我们需要利用单位反馈系统来让太阳能电池板准确地跟踪太阳。这种单位反馈系统采用直流电机来驱动太阳能电池板。“太阳能电池板+电机”这一组合的传递函数为

$$G(s) = \frac{1}{s(s + b)}$$

其中，$b = 10$。假定系统配有光学传感器，用于辅助太阳能电池板准确地跟踪太阳。试确定合适的校正器 $G_c(s)$，使系统满足给定的如下设计要求：系统对阶跃输入的超调量 P.O. $\leqslant 15\%$ 且调节时间 $T_s \leqslant 0.75$ s（按 2% 准则）。此外，当参数 b 在 $\pm 10\%$ 的范围内变化时，检验系统的鲁棒性。

DP12.11 利用磁悬浮系统产生气垫效应的列车被称为磁悬浮列车，这种列车采用了超导磁悬浮系统 [17]。超导磁悬浮系统由于使用了超导线圈，因而导致悬浮间隙 $x(t)$ 在本质上是不稳定的。超导磁悬浮系统的模型为

$$G(s) = \frac{X(s)}{V(s)} = \frac{K}{(s\tau_1 + 1)(s^2 - \omega_1^2)}$$

其中，$V(s)$ 是线圈的电压，τ_1 是磁体的时间常数，ω_1 是系统的固有频率。在引入位置传感器（时延可以忽略）之后，便可形成一个单位负反馈控制系统。当列车以 250 km/h 的速度运行时，假定 $\tau_1 = 0.75$ s、$\omega_1 = 75$ rad/s。在此情况下，试确定合适的控制器 $G_c(s)$，使得当铁路上出现干扰时，系统仍然能够使列车保持稳定、精确的悬浮间隙。

DP12.12 典型的质量块-弹簧系统如图 DP12.12 所示 [29]，它代表一种弹性结构。假定 $m_1 = m_2 = 1$，$0.5 \leqslant k \leqslant 2$，$x_1(t)$ 和 $x_2(t)$ 可以准确测量，并且输出变量 $x_2(t)$ 是受控变量。请在 $u(t)$ 之前添加控制器 $G_c(s)$，选择合适的控制结构以构建一个闭环系统，要求系统具有足够的鲁棒性。此外，计算校正后的系统对单位阶跃干扰的响应。

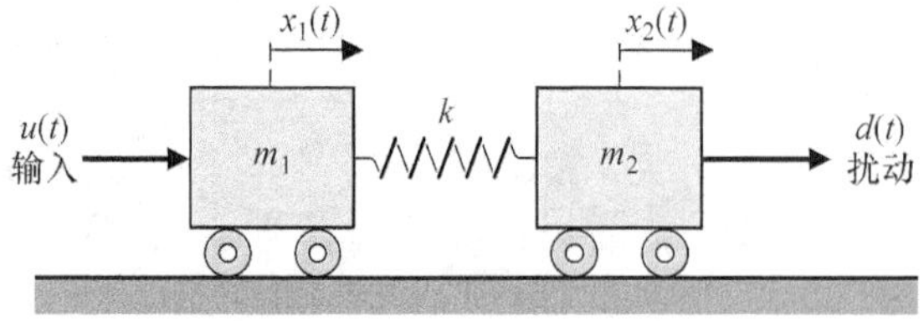

图 DP12.12 典型的质量块-弹簧系统

计算机辅助设计题

CP12.1 某闭环反馈系统如图 CP12.1 所示。编写 m 脚本程序，绘制 $|S_K^T(j\omega)|$ 和 $|T(j\omega)|$ 随 ω 的变化曲线，其中，$T(s)$ 是系统的闭环传递函数。

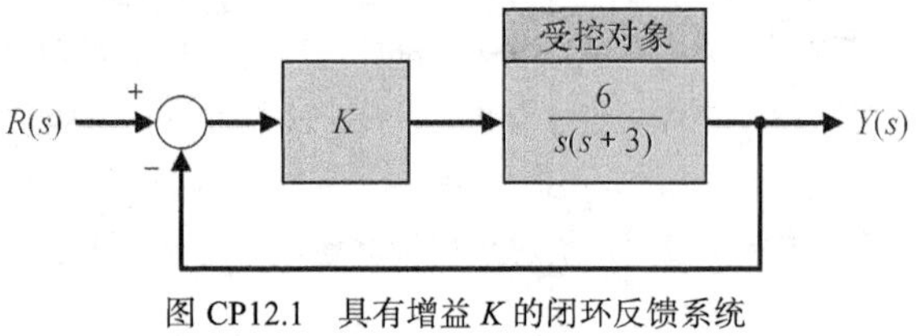

图 CP12.1 具有增益 K 的闭环反馈系统

CP12.2 考虑图 CP12.2 所示的闭环控制系统，飞机副翼的传递函数为

$$G(s) = \frac{p}{s+p}$$

其中，p 的标称值为 15，但 p 的实际取值会随着飞机的不同而不同。试确定增益 K_P 和 K_I 的合适取值，使标称系统对单位阶跃输入响应的超调量 P.O. ≤ 20%且调节时间 $T_s \leqslant 0.5$ s（按 2% 准则）。在 $12 \leqslant p \leqslant 18$ 的范围内，根据得到的增益，用 m 脚本程序计算一系列的系统单位阶跃响应，并绘制调节时间随 p 的变化曲线。

CP12.3 考虑图 CP12.3 所示的单位负反馈系统，其中

$$G(s) = \frac{1}{Js^2}$$

其中，J 的标称值为 28，但 J 的实际取值会随时间缓慢变化。

（a）试设计合适的 PID 控制器 $G_c(s)$，使标称系统的相角裕度 P.M. ≥ 45° 且带宽 $\omega_B \leqslant 4$ rad/s。

（b）根据（a）中得到的 PID 控制器编写 m 脚本程序，绘制系统的相角裕度随 J 的变化曲线，其中 J 的变化范围为 $10 \leqslant J \leqslant 40$，并确定当 J 取何值时系统失稳。

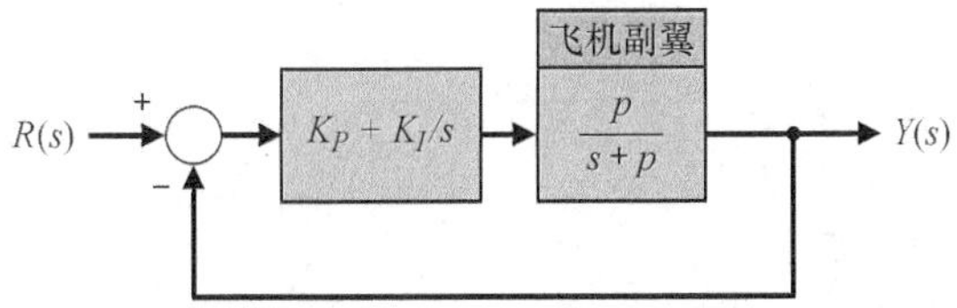

图 CP12.2　飞机副翼的闭环控制系统

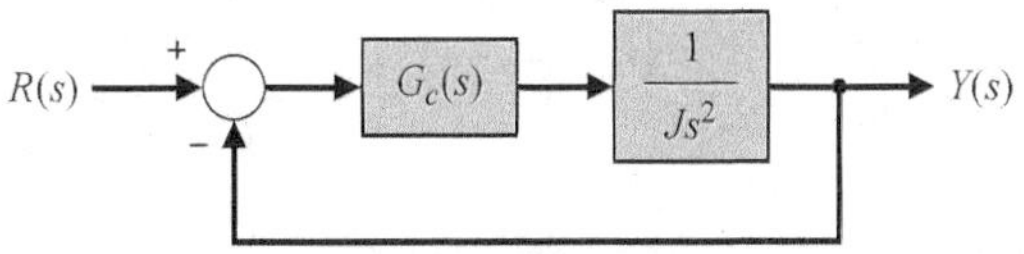

图 CP12.3　含有控制器的单位负反馈系统

CP12.4 考虑图 CP12.4 所示的反馈控制系统。其中，$a = 8$ 为已知的精确值；b 的标称值为 4，但它的精确值未知。

（a）当 $b = 4$ 时，确定增益 K 的合适取值，使闭环系统单位阶跃响应的超调量 P.O. ≤ 10%且调节时间 $T_s \leqslant 5$ s（按 2% 准则）。

（b）始终采用（a）中设计的比例控制器，考查系数 b 的变化对闭环系统单位阶跃响应的影响。当 b = 0、1、4、40 时，分别绘制系统的单位阶跃响应并讨论得到的结果。

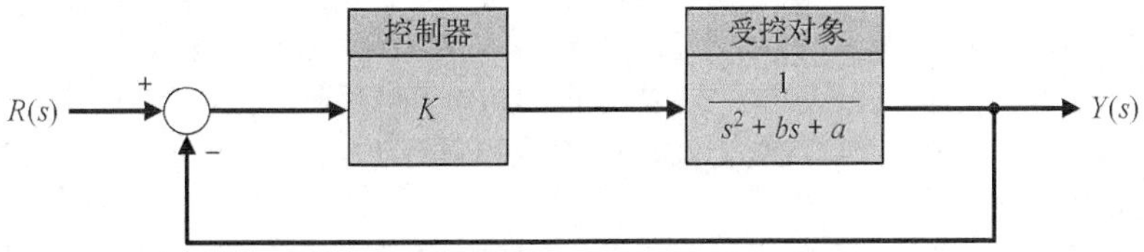

图 CP12.4　含有不确定参数 b 的反馈控制系统

CP12.5 某弹性结构的数学模型为

$$G(s) = \frac{\left(1 + k\omega_n^2\right)s^2 + 2\zeta\omega_n s + \omega_n^2}{s^2\left(s^2 + 2\zeta\omega_n s + \omega_n^2\right)}$$

其中，ω_n 为弹性模态的固有频率，ζ 为相应的阻尼系数。一般情况下，我们很难得到阻尼系数的精确值，但因为存在较为成熟的建模技术，所以我们能够比较准确地估计系统的固有频率。假定各参数的标称值为 $\omega_n = 2$ rad/s、$\zeta = 0.005$、$k = 0.1$。

（a）设计合适的超前校正器 $G_c(s)$，使闭环系统单位阶跃响应的超调量 P.O. ≤ 50%且调节时间 $T_s \leqslant$ 200 s（按 2% 准则）。

（b）根据（a）中得到的控制器，当 $\zeta = 0$、0.005、0.1、1 时，分别绘制闭环系统的阶跃响应曲线并讨论得到的结果。

（c）从控制系统的角度出发，讨论弹性结构阻尼系数的实际取值更倾向于大于还是小于设计值？

CP12.6 图 CP12.6 所示的工业生产过程包含了时延环节。在实际的生产过程中，由于时延的大小会随着环境的变化而变化，我们很难准确地确定系统时延。但是，即使存在不确定的时延，好的鲁棒控制系统也应该能够正常工作。

（a）用二阶函数 pade 逼近时延项，编写 m 脚本程序，计算并绘制系统的相角裕度随时延 T 的变化曲线（其中，T 的变化范围为 0~5 s）。

（b）利用（a）中绘制的相角裕度-时间曲线，近似估算能够保持系统稳定的最大时延 T。

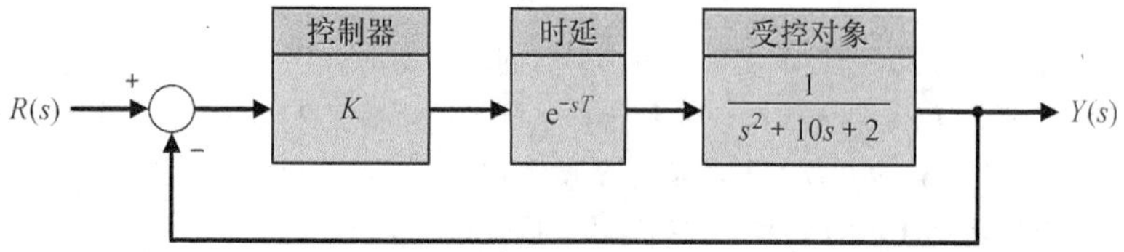

图 CP12.6 包含时延的工业生产过程

CP12.7 某单位负反馈系统的环路传递函数为

$$L(s) = G_c(s)G(s) = \frac{a(s + 0.5)}{s^2 + 0.15s}$$

其中，参数 a 的变化范围为 $0 < a < 1$。编写 m 脚本程序，执行如下操作。

（a）当参数 a 在指定的变化范围内取一系列典型值时，绘制系统的单位阶跃响应曲线。

（b）绘制单位阶跃响应的超调量随参数 a 的变化曲线。

（c）绘制增益裕度随参数 a 的变化曲线。

（d）根据绘制的上述曲线，从系统的稳态误差、稳定性和瞬态响应等方面，讨论系统对参数 a 的鲁棒性。

CP12.8 在太阳黑子活动的高峰期，NASA 会把 γ 射线图像设备（Gamma-Ray Imaging Device，GRID）系于高空飞行的长航时气球上，以便开展观测实验。GRID 既能够拍摄更准确的 X 射线强度图，也能够拍摄 γ 射线强度图。这些信息有利于我们在下一次太阳黑子活动的高峰期，及时研究太阳中的高能现象。在可以长期工作的长航时气球平台上，GRID 还能拍摄到大量猛烈的 X 射线爆发、冠状的 X 射线源、"超级热"现象和高强度的瞬时耀斑 [2]。装配在长航时气球上的 GRID 如图 CP12.8（a）所示，其主要组成部分是直径为 5.2 m 的吊舱、GRID 有效载荷、高空气球以及连接气球与吊舱的缆绳。在实验中，要求太阳观测装置有 0.1° 的太阳指向精度，并且每 4 ms 只有 0.2 arcsec（弧秒）的漂移指向稳定度。

用于实现太阳观测装置的转动角度测量的光学传感器，可以用具有直流增益和极点为 $s = -500$ 的一阶环节来建模。GRID 的方位角控制系统如图 CP12.8（b）所示，其中的力矩电机负责驱动圆桶式的吊舱装置。若将控制器 $G_c(s)$ 取为 PID 控制器：

$$G_c(s) = \frac{K_D\left(s^2 + as + b\right)}{s}$$

试确定 K_D、a 和 b 的合适取值并设计合适的前置滤波器 $G_p(s)$，使系统主导极点对应的阻尼比 ζ 约为 0.8 且系统阶跃响应的超调量 P.O. ≤ 3%。此外，编程计算实际系统的阶跃响应，并由此验证超调量满足指标设计要求。

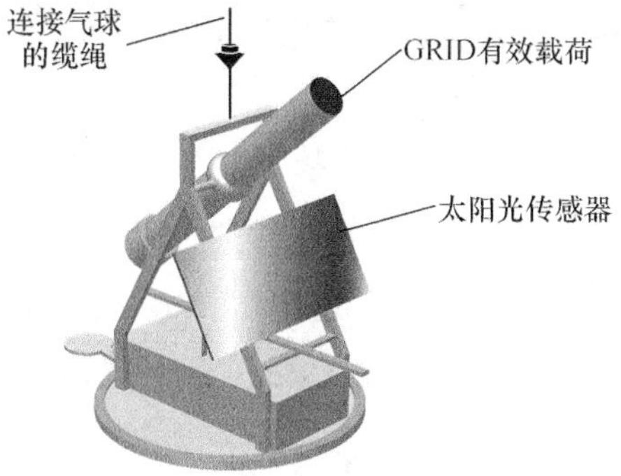

(a)

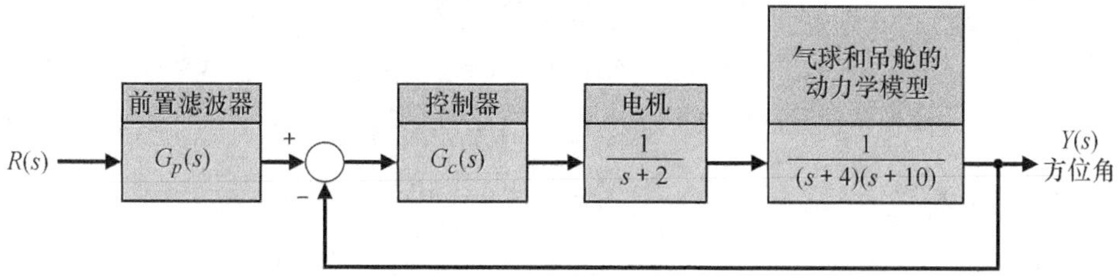

(b)

图 CP12.8　(a) 装配在长航时气球上的 GRID；(b) GRID 的方位角控制系统

☑ 技能自测答案

正误判断题：1. 对；2. 错；3. 对；4. 对；5. 错

多项选择题：6.b；7.b；8.c；9.d；10.a；11.d；12.a；13.c；14.a；15.b

术语和概念匹配题（自上向下）：d；g；i；b；c；k；f；h；a；j；e

术语与概念

additive perturbation	**加性摄动**	可以用加性模型 $G_a(s) = G(s) + A(s)$ 描述的系统摄动（扰动），其中，$G(s)$ 为受控对象的标称传递函数，$A(s)$ 为幅值有界的摄动，$G_a(s)$ 则描述受到扰动的受控对象簇。
complementary sensitivity function	**互补灵敏度函数**	即函数 $C(s) = \dfrac{G_c(s)G(s)}{1 + G_c(s)G(s)}$，它满足关系 $C(s) + S(s) = 1$，其中的 $S(s)$ 为灵敏度函数。
internal model principle	**内模原理**	内模原理表明，如果 $G_c(s)G(s)$ 中包含输入 $R(s)$，则系统在进入稳态后，输出 $y(t)$ 就能够无差地跟踪上输入 $r(t)$，而且这种跟踪具有鲁棒性。
multiplicative perturbation	**乘性摄动**	可以用乘性模型 $G_m(s) = G(s)(1 + M(s))$ 描述的系统摄动（扰动），其中，$G(s)$ 为受控对象的标称传递函数，$M(s)$ 为幅值有界的摄动，$G_m(s)$ 则描述受到扰动的受控对象簇。
PID controller	**PID 控制器**	由比例项、积分项和微分项组成的控制器，这种控制器的输出为其中每一项输出的加权和，并且每一项的加权增益均为可调参数。
prefilter	**前置滤波器**	在计算偏差信号之前，对输入信号 $R(s)$ 进行滤波的传递函数 $G_p(s)$。
process controller	**过程控制器**	参见 PID 控制器。

robust control system	**鲁棒控制系统**	在受控对象存在显著不确定性的情况下，仍能够保持预期性能的系统。
robust stability criterion	**鲁棒稳定性判据**	针对乘性摄动的鲁棒稳定性判据。如果对于所有的 ω 都有 $\lvert M(j\omega)\rvert < \left\lvert 1+\frac{1}{G(j\omega)}\right\rvert$，则受到乘性摄动的系统仍然能够保持稳定，其中的 $M(s)$ 为幅值有界的乘性摄动。
root sensitivity	**根灵敏度**	用于度量系统的根（即零点和极点）对参数变化的灵敏度，它被定义为 $S_\alpha^{r_i}=\frac{\partial r_i}{\partial\alpha/\alpha}$。其中，$\alpha$ 为可变参数，r_i 为根。
sensitivity function	**灵敏度函数**	即函数 $S(s)=\left[1+G_c(s)G(s)\right]^{-1}$，它满足关系 $C(s)+S(s)=1$，其中的 $C(s)$ 为互补灵敏度函数。
system sensitivity	**系统灵敏度**	用于度量系统对参数变化的灵敏度，它被定义为 $S_\alpha^T=\frac{\partial T/T}{\partial\alpha/\alpha}$。其中，$\alpha$ 为可变参数，$T(s)$ 为系统的传递函数。

第 13 章　数字控制系统

提要

在反馈控制系统中，我们经常利用数字计算机来实现控制算法。由于计算机只在特定的间断（时间）点接收数据，因此我们有必要研究离散信号的分析方法，以便描述和分析计算机控制系统的行为和性能。本章将首先介绍数字控制系统概貌并引入采样控制系统的概念，然后讨论 z 变换。利用传递函数的 z 变换，我们可以分析系统的稳定性和瞬态响应。接下来，本章将简要讨论根轨迹法。利用根轨迹法，我们可以分析含有数字控制器的闭环系统的稳定性。作为结束，本章将继续研究循序渐进设计实例——磁盘驱动器读取系统，为其设计一个数字控制器。

预期收获

在完成第 13 章的学习之后，学生应该：

- 理解数字计算机在控制系统设计和应用中的作用；
- 熟悉 z 变换和采样控制系统；
- 能够用根轨迹法设计数字控制器；
- 理解数字控制器的实现和应用。

13.1　引言

随着计算机价格的下降和可靠性的提高[1, 2]，人们越来越多地将计算机用作校正装置（控制器）。图 13.1 给出了某单环路数字控制系统（包括信号转换器）的框图模型。在数字控制系统中，数字计算机接收数字形式的偏差信号并通过编程计算来生成数字形式的输出。在按照设计要求进行编程计算后，计算机就可以提供合适的输出信号，最终使校正后的系统接近或达到预期的性能。计算机能够接收或处理多个输入信号，因此数字控制系统通常可以构成多变量系统。

数字计算机只能接收和处理数字（或数值）形式的信号。这里的数字（或数值）信号主要是相对于连续模拟信号而言的[3]。如图 13.1 所示，数字控制系统利用数字信号和数字计算机来控制受控对象。测量数据可以通过模数转换器由模拟形式转变成数字形式，然后输入计算机。在处理完输入信号后，数字计算机将输出数字形式的信号。而数字信号又可以通过数模转换器，重新转换为模拟信号。

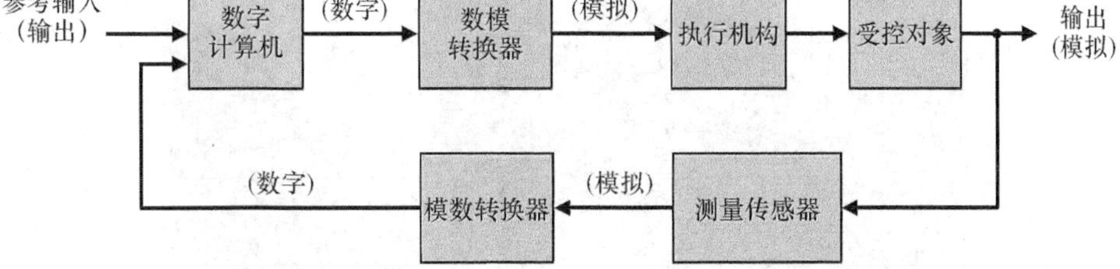

图 13.1　某单环路数字控制系统（包括信号转换器）的框图模型

13.2 数字控制系统应用概貌

计算机由中央处理器（Central Processing Unit，CPU）、输入/输出单元和存储器单元三大部分组成。计算机的尺寸和功能主要取决于 CPU 的尺寸、速度和功能，此外也与存储器的尺寸、速度和组织方式直接有关。功能强大但廉价的微型计算机（简称微机）已经十分流行，此类计算机采用微处理器作为 CPU。数字控制系统可以依据控制任务的性质、数据需要占用的内存大小以及所要求的速度等因素，灵活地选配合适的计算机。

计算机的尺寸及其逻辑器件的价格都在呈指数下降。由于每立方厘米器件上有效元件的数目（即集成度）增长很快，导致计算机的实际尺寸极大减小，因此市场上出现了许多价格便宜但功能强大的便携式笔记本电脑，它们可以为学生和职业人士提供高性能的移动计算能力，在某种程度上甚至可以取代传统的台式机。与此同时，计算机的运算速度也在呈指数增长。如图 13.2 所示，40 多年来，微处理器集成电路中的晶体管密度值（衡量运算能力的指标之一）更是呈指数增长。显然，计算机的运算能力已经并将继续发生显著提升，这种进步为计算机在当代控制理论和控制系统设计中的应用带来了革命性的变化。

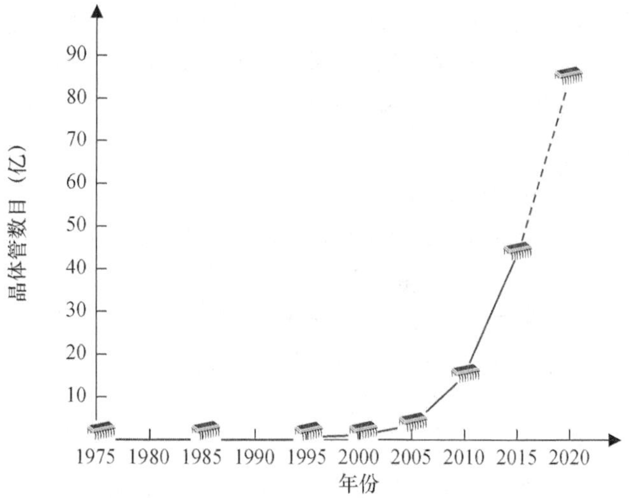

图 13.2 微处理器的发展历程（用晶体管的数量来衡量）

数字控制系统已经被广泛应用于机床、冶金、生物医药、环境、化工过程、飞行控制和交通管制等许多领域[4-8]。图 13.3 给出了一个用于飞行控制的计算机控制系统实例。再比如，测量汽车驾驶员目视目标时的视觉折射度、控制引擎的点火时间、控制汽车引擎的燃气比等，都少不了计算机控制系统。

图 13.3 波音 787 梦幻系列飞机的飞行驾驶舱以拥有数字控制电子设备而著称，其中包括一整套导航和通信设备（来源：Craig F. Walker，Getty Images 图片库）

数字控制系统有许多优点，例如提高了测量的灵敏度，采用了数字编码信号、数字传感器和变换器以及微处理器，降低了对噪声的灵敏度，方便了控制算法和软件的重构与复用，等等。测量灵敏度的提高主要缘于采用了数字传感器，系统可以探查到能量较低的信号。又由于采用了数字编码信号，系统可以方便地使用各种数字器件，并利用数字通信技术来传输信号。此外，数字传感器和变换器的使用可以方便系统测量、传输和耦合多种信号及器件。最后，现实中还有许多系统的输出是脉冲信号，它们原本就是数字系统。

13.3　采样控制系统

控制系统中的计算机总是通过信号转换器与执行机构和受控对象互连在一起，因此我们首先需要对计算机的输出用数模转换器进行处理。如果计算机总是按照同一固定的周期 T 接收或输出数据，则称这个固定的周期为采样周期。这样图 13.4 所示的参考输入就是一列采样值 $r(kT)$。相对于 $m(t)$ 和 $y(t)$ 这样的连续时间信号（函数）而言，我们称变量 $r(kT)$、$m(kT)$ 和 $u(kT)$ 为离散信号。

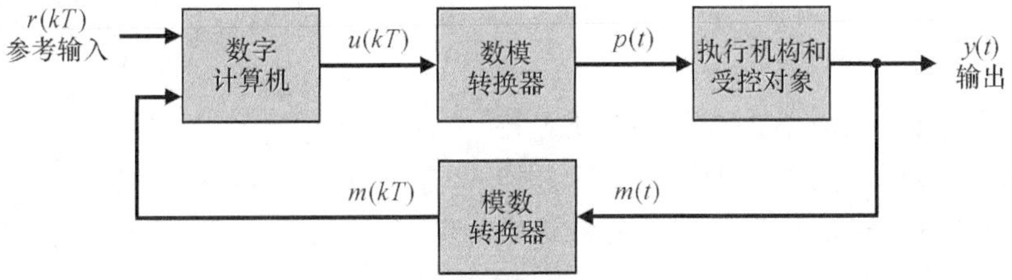

图 13.4　数字控制系统

只考虑系统变量 $x(t)$ 在离散时间点的取值的数据被称为采样数据或离散信号，记作 $x(kT)$。

概念强调说明 13.1

部分元件或分系统依据采样数据工作的控制系统被称为采样控制系统。如图 13.5 所示，理想的采样器基本上可以看成开关，每隔 T s 就瞬间闭合一次。将采样器的输入记为 $r(t)$，并将输出记为 $r^*(t)$，在当前的采样时刻 nT，$r^*(t)$ 的取值为 $r(nT)$，于是有 $r^*(t)=r(nT)\delta(t-nT)$，其中的 δ 是脉冲函数。

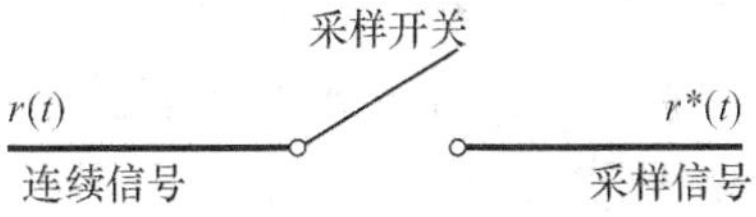

图 13.5　对输入信号 $r(t)$ 进行采样

如图 13.5 所示，用采样器对信号 $r(t)$ 进行采样，就可以得到采样信号 $r^*(t)$。采样信号 $r^*(t)$ 的图像实际上是一系列幅值为 $r(kT)$ 的带有箭头的离散垂线，也就是幅值为 $r(kT)$ 的脉冲信号串，其中的脉冲信号从 $t=0$ 时刻开始，每隔 T s 就出现一次。例如，若输入信号 $r(t)$ 如图 13.6（a）所示，则采样信号 $r^*(t)$ 的图像［幅值为 $r(kT)$］如图 13.6（b）所示。

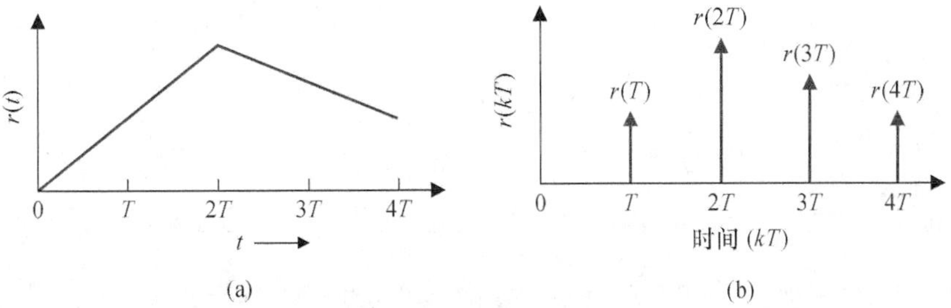

图 13.6　（a）输入信号 $r(t)$；（b）采样信号 $r^*(t)=\sum_{k=0}^{n} r(kT)\delta(t-kT)$，垂直的箭头代表脉冲信号

用于将离散采样信号 $r^*(t)$ 转换为连续信号 $p(t)$ 的数模转换器通常表现为图 13.7 所示的零阶保持器。在 $kT \leqslant t < (k+1)T$ 的时间段内，零阶保持器可以保持采样信号的幅值 $r(kT)$ 不变。当 $k=0$ 时，零阶保持器对单位脉冲输入信号的输出响应如图 13.8 所示。因此，在采样周期内，我们后续使用的是分段的连续信号 $r(kT)$。

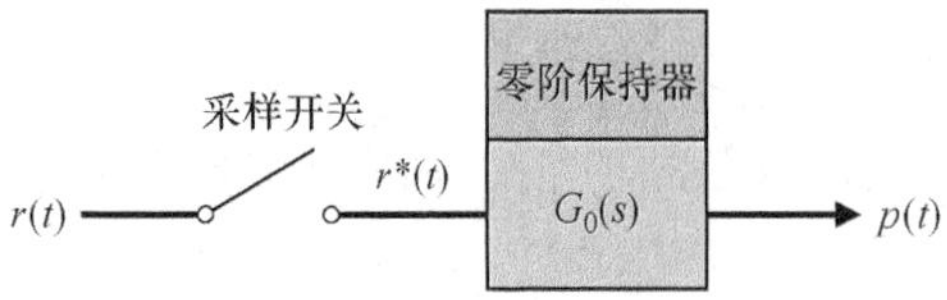

图 13.7 零阶保持器

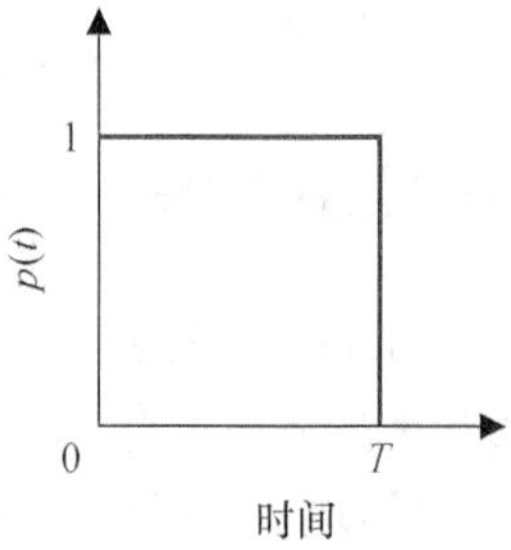

图 13.8 零阶保持器对单位脉冲输入信号的输出响应。当 $k=0$ 时，$r(kT)=1$；而当 $k\neq 0$ 时，$r(kT)=0$。因此，$r^*(t)=r(0)\delta(t)$

当采样周期 T 足够小时，“采样器+零阶保持器”这一组合的输出就可以精确地跟踪原来的连续输入信号。图 13.9 给出了“采样器+零阶保持器”这一组合对斜坡输入的跟踪响应。图 13.10 则给出了当采用两种不同的采样周期时，“采样器+零阶保持器”这一组合对指数衰减信号的跟踪响应。上述结果清楚地表明，当采样周期 T 趋于 0（即采样越来越频繁）时，输出 $p(t)$ 将趋近于连续输入 $r(t)$。

零阶保持器的脉冲响应如图 13.8 所示，其传递函数为

$$G_0(s)=\frac{1}{s}-\frac{1}{s}\mathrm{e}^{-sT}=\frac{1-\mathrm{e}^{-sT}}{s} \tag{13.1}$$

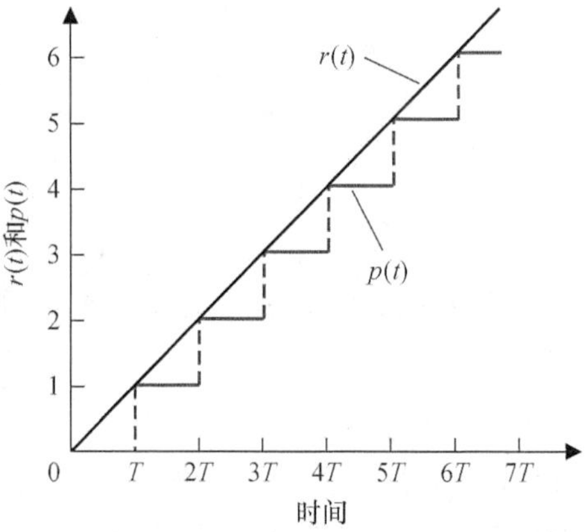

图 13.9 “采样器+零阶保持器”这一组合对斜坡输入 $r(t)=t$ 的跟踪响应

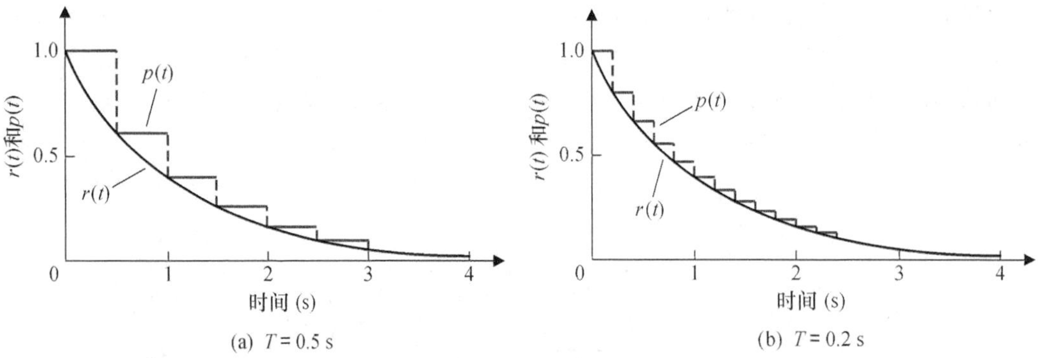

图 13.10 当采用两种不同的采样周期时，“采样器+零阶保持器”这一组合对输入 $r(t)=\mathrm{e}^{-t}$ 的跟踪响应

我们通常用精度来衡量一组数据表述某个实际物理量时的精确程度或偏离程度。计算机和数模转换器的精度有限。计算机的精度受有限字长的限制，数模转换器的精度则受输出的离散信号

二进制编码有限位数的限制。因此，数模转换器的输出信号 $m(kT)$ 包含幅值量化误差。如果相对于信号的幅值而言，数字编码量化误差和计算机字长误差都很小 [13, 16]，则说明数字控制系统具有足够的精度，因而可以忽略上述两类误差。

13.4　z 变换

理想采样器的输出 $r^*(t)$ 是一个脉冲序列 $r(kT)$，因此当 $t>0$ 时，有

$$r^*(t)=\sum_{k=0}^{\infty}r(kT)\delta(t-kT) \tag{13.2}$$

对其实施拉普拉斯变换，则有

$$L\left\{r^*(t)\right\}=\sum_{k=0}^{\infty}r(kT)\mathrm{e}^{-ksT} \tag{13.3}$$

这是一个由指数因子 e^{sT} 的不同幂因式组成的无限级数。接下来定义

$$z=\mathrm{e}^{sT} \tag{13.4}$$

于是得到一个从 s 平面到 z 平面的共形映射。在此基础上，定义一个新的函数变换，称为 z 变换，记作

$$Z\{r(t)\}=Z\left\{r^*(t)\right\}=\sum_{k=0}^{\infty}r(kT)z^{-k} \tag{13.5}$$

作为第一个例子，下面对单位阶跃函数 $u(t)$［注意不要与控制信号 $u(t)$ 弄混淆］进行 z 变换。当 $k\geqslant 0$ 时，始终有 $u(kT)=1$，于是有

$$Z\{u(t)\}=\sum_{k=0}^{\infty}u(kT)z^{-k}=\sum_{k=0}^{\infty}z^{-k} \tag{13.6}$$

将级数写成更紧凑的闭合形式，于是又有①

$$U(z)=\frac{1}{1-z^{-1}}=\frac{z}{z-1} \tag{13.7}$$

一般地，我们可以定义函数 $f(t)$ 的 z 变换为

$$Z\{f(t)\}=F(z)=\sum_{k=0}^{\infty}f(kT)z^{-k} \tag{13.8}$$

例 13.1　指数函数的 z 变换

当 $t\geqslant 0$ 时，对指数函数 $f(t)=\mathrm{e}^{-at}$ 进行 z 变换，于是有

$$Z\left\{\mathrm{e}^{-at}\right\}=F(z)=\sum_{k=0}^{\infty}\mathrm{e}^{-akT}z^{-k}=\sum_{k=0}^{\infty}\left(z\mathrm{e}^{+aT}\right)^{-k} \tag{13.9}$$

将级数写成更紧凑的闭合形式，于是又有

$$F(z)=\frac{1}{1-\left(z\mathrm{e}^{aT}\right)^{-1}}=\frac{z}{z-\mathrm{e}^{-aT}} \tag{13.10}$$

可以证明，指数函数的 z 变换具有如下性质：

$$Z\left\{\mathrm{e}^{-at}f(t)\right\}=F\left(\mathrm{e}^{aT}z\right)$$

---

① 当 $|bx|<1$ 时，无穷等比级数可以写成 $(1-bx)^{-1}=1+bx+(bx)^2+(bx)^3+\cdots$。

例 13.2 正弦函数的 z 变换

当 $t \geqslant 0$ 时，对正弦函数 $f(t)=\sin(\omega t)$ 进行 z 变换。为此，我们可以先将 $\sin(\omega t)$ 写成复指数形式，如下所示。

$$\sin(\omega t)=\frac{e^{j\omega T}}{j2}-\frac{e^{-j\omega T}}{j2} \tag{13.11}$$

因此，对于正弦信号而言，其 z 变换为

$$\begin{aligned} F(z) &= \frac{1}{j2}\left(\frac{z}{z-e^{j\omega T}}-\frac{z}{z-e^{-j\omega T}}\right) \\ &= \frac{1}{j2}\left(\frac{z\left(e^{j\omega T}-e^{-j\omega T}\right)}{z^2-z\left(e^{j\omega T}+e^{-j\omega T}\right)+1}\right) \\ &= \frac{z\sin(\omega T)}{z^2-2z\cos(\omega T)+1} \end{aligned} \tag{13.12}$$

表 13.1 给出了常用函数的 z 变换，附录 H 也包含这些变换。注意，在表 13.1 中，我们用同样的大写字母 X 来表示信号 $x(t)$ 的拉普拉斯变换和 z 变换，它们唯一的区别在于自变量是不同的，分别为 s 和 z。表 13.2 总结了 z 变换的基本性质。与讨论拉普拉斯变换时一样，我们最终感兴趣的是系统的时域输出 $y(t)$。因此，我们必须在 $Y(z)$ 的基础上，通过逆变换来计算得到 $y(t)$。计算输出的方法有 3 种。

（1）将 $Y(z)$ 直接展开成 z 的幂级数，其系数就是待求的离散采样输出。

（2）将 $Y(z)$ 展开成部分分式之和，并根据表 13.1 计算每个部分分式的逆变换。

（3）通过积分来计算逆变换。

因篇幅有限，这里只介绍前两种方法。

表 13.1　z 变换

$x(t)$	$X(s)$	$X(z)$
$\delta(t)=\begin{cases}\frac{1}{\epsilon} & t<\epsilon,\epsilon\to 0\\ 0 & \text{否则}\end{cases}$	1	—
$\delta(t-a)=\begin{cases}\frac{1}{\epsilon} & a<t<a+\epsilon,\epsilon\to 0\\ 0 & \text{否则}\end{cases}$	e^{-as}	—
$\delta_o(t)=\begin{cases}1 & t=0\\ 0 & t=kT,\ k\neq 0\end{cases}$	—	1
$\delta_o(t-kT)=\begin{cases}1 & t=0\\ 0 & t\neq kT\end{cases}$	—	z^{-k}
$u(t)$，单位阶跃	$1/s$	$\frac{z}{z-1}$
t	$1/s^2$	$\frac{Tz}{(z-1)^2}$
e^{-at}	$\frac{1}{s+a}$	$\frac{z}{z-e^{-aT}}$
$1-e^{-at}$	$\frac{1}{s(s+a)}$	$\frac{(1-e^{-aT})z}{(z-1)(z-e^{-aT})}$
$\sin(\omega t)$	$\frac{\omega}{s^2+\omega^2}$	$\frac{z\sin(\omega T)}{z^2-2z\cos(\omega T)+1}$

续表

$x(t)$	$X(s)$	$X(z)$
$\cos(\omega t)$	$\dfrac{s}{s^2+\omega^2}$	$\dfrac{z(z-\cos(\omega T))}{z^2-2z\cos(\omega T)+1}$
$e^{-at}\sin(\omega t)$	$\dfrac{\omega}{(s+a)^2+\omega^2}$	$\dfrac{(ze^{-aT}\sin(\omega T))}{z^2-2ze^{-aT}\cos(\omega T)+e^{-2aT}}$
$e^{-at}\cos(\omega t)$	$\dfrac{s+a}{(s+a)^2+\omega^2}$	$\dfrac{z^2-ze^{-aT}\cos(\omega T)}{z^2-2ze^{-aT}\cos(\omega T)+e^{-2aT}}$

表 13.2　z 变换的基本性质

序号	$x(t)$	$X(z)$
1	$kx(t)$	$kX(z)$
2	$x_1(t)+x_2(t)$	$X_1(z)+X_2(z)$
3	$x(t+T)$	$zX(z)-zx(0)$
4	$tx(t)$	$-Tz\dfrac{dX(z)}{dz}$
5	$e^{-at}x(t)$	$X(ze^{aT})$
6	$x(0)$，初值	$\lim\limits_{z\to\infty}X(z)$（如果极限存在的话）
7	$x(\infty)$，终值	$\lim\limits_{z\to 1}(z-1)X(z)$（如果极限存在且系统稳定的话） 系统稳定的条件是，$(z-1)X(z)$ 的所有极点在 z 平面的单位圆 $\lvert z\rvert=1$ 之内

例 13.3　开环系统的 z 域传递函数

考虑图 13.11 所示的系统，其中 $T=1$。零阶保持器的传递函数为

$$G_0(s)=\frac{1-e^{-sT}}{s}$$

开环系统的传递函数为

$$\frac{Y(s)}{R^*(s)}=G_0(s)G_p(s)=G(s)=\frac{1-e^{-sT}}{s^2(s+1)}\tag{13.13}$$

对式（13.13）进行部分分式展开，可以得到

$$G(s)=\left(1-e^{-sT}\right)\left(\frac{1}{s^2}-\frac{1}{s}+\frac{1}{s+1}\right)\tag{13.14}$$

以及 z 变换

$$G(z)=Z\{G(s)\}=\left(1-z^{-1}\right)Z\left(\frac{1}{s^2}-\frac{1}{s}+\frac{1}{s+1}\right)\tag{13.15}$$

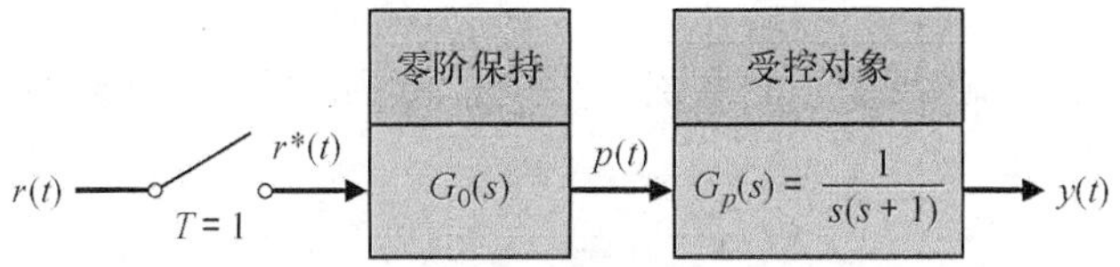

图 13.11　开环采样控制系统（无反馈）

对照表 13.1，可以得到每个部分分式的 z 变换，于是有

$$G(z)=\left(1-z^{-1}\right)\left[\frac{Tz}{(z-1)^2}-\frac{z}{z-1}+\frac{z}{z-\mathrm{e}^{-T}}\right]=\frac{\left(z\mathrm{e}^{-T}-z+Tz\right)+\left(1-\mathrm{e}^{-T}-T\mathrm{e}^{-T}\right)}{(z-1)\left(z-\mathrm{e}^{-T}\right)}$$

当 $T=1$ 时，最终有

$$G(z)=\frac{z\mathrm{e}^{-1}+1-2\mathrm{e}^{-1}}{(z-1)\left(z-\mathrm{e}^{-1}\right)}=\frac{0.3678z+0.2644}{(z-1)(z-0.3678)}=\frac{0.3678z+0.2644}{z^2-1.3678z+0.3678} \tag{13.16}$$

为了得到系统的单位脉冲响应，我们可以采用长除法（将分子多项式除以分母多项式）将 $Y(z)$ 展开成幂级数。由于 $R(z)=1$，故有 $Y(z)=G(z)\cdot 1$，于是又有

$$\begin{array}{r|llll}
 & \multicolumn{4}{l}{0.3678z^{-1}+0.7675z^{-2}+0.9145z^{-3}+\cdots=Y(z)} \\ \hline
z^2-1.3678z+0.3678 & 0.3678z & +0.2644 & & \\
 & 0.3678z & -0.5031 & +0.1353z^{-1} & \\ \cline{2-5}
 & & +0.7675 & -0.1353z^{-1} & \\
 & & +0.7675 & -1.0497z^{-1} & +0.2823z^{-2} \\ \cline{3-5}
 & & & 0.9145z^{-1} & -0.2823z^{-2}
\end{array} \tag{13.17}$$

如果需要的话，式（13.17）中的运算可以一直持续下去。由式（13.5）可以得到

$$Y(z)=\sum_{k=0}^{\infty}y(kT)z^{-k}$$

于是，$y(kT)$ 的各个值为 $y(0)=0$、$y(T)=0.3678$、$y(2T)=0.7675$、$y(3T)=0.9145$。注意，在 z 域中，我们只能求得 $y(t)$ 在采样瞬间 $t=kT$ 时的值。

由于输出采样信号的 z 变换为 $Y(z)$，而输入采样信号的 z 变换为 $R(z)$，因此我们可以将 z 域中的传递函数定义为

$$\frac{Y(z)}{R(z)}=G(z) \tag{13.18}$$

如图 13.12 所示，只需要增加一个虚拟的输出采样器，我们就可以表示 z 域中输出结果的离散特性。这个虚拟的输出采样器应该与输入采样器具有相同的采样周期（见图 13.11），并且它们需要保持同步，于是又有

$$Y(z)=G(z)R(z) \tag{13.19}$$

这正是最常用的输入输出关系式。为简便起见，我们还可以略去采样开关，直接用图 13.13 所示的框图来描述式（13.19）。

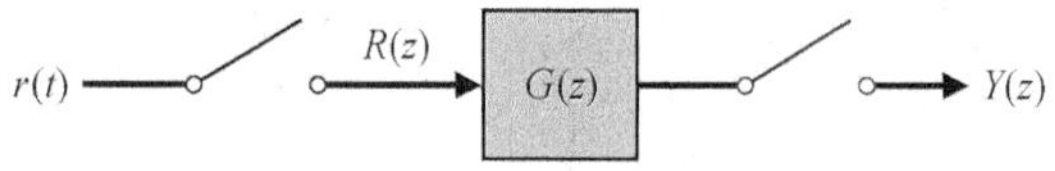

图 13.12 带有输出采样的系统

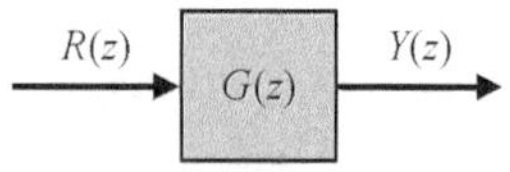

图 13.13 用框图表示 z 域中的传递函数

13.5 闭环反馈采样控制系统

考虑图 13.14（a）所示的反馈控制系统，它在 z 域中的框图模型如图 13.14（b）所示。其中，闭环 z 域传递函数 $T(z)$ 为

$$\frac{Y(z)}{R(z)}=T(z)=\frac{G(z)}{1+G(z)} \tag{13.20}$$

在式（13.20）中，$G(z)$ 是 $G(s)=G_0(s)G_p(s)$ 的 z 变换。其中，$G_0(s)$ 是零阶保持器的传递函数，$G_p(s)$ 是受控对象的传递函数。

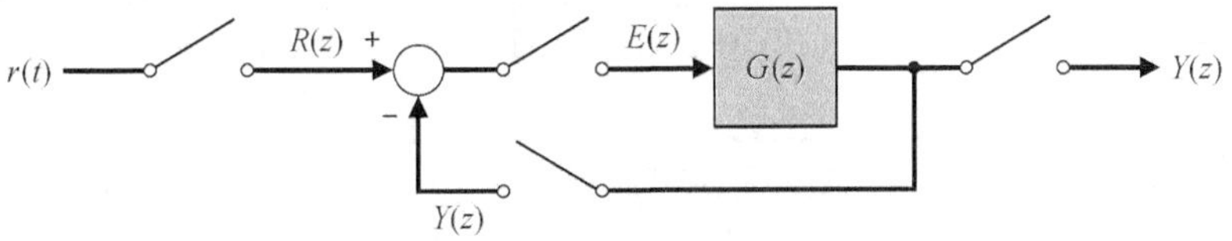

(a)

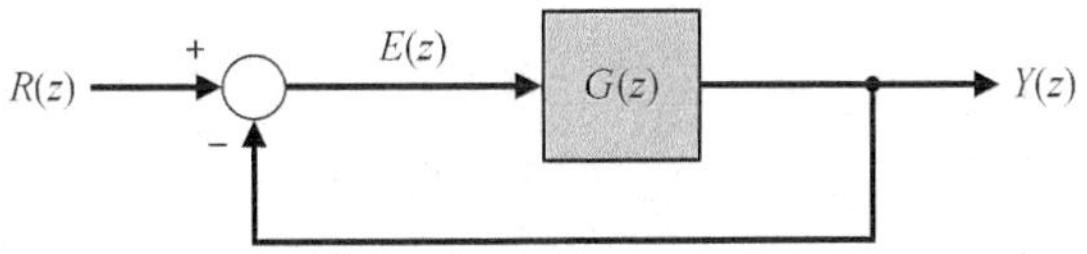

(b)

图 13.14　带有单位反馈的反馈控制系统。其中，$G(z)$ 是 $G(s)$ 的 z 变换，$G(s)$ 则代表“受控对象+零阶保持器”这一组合

带有数字控制器的某数字控制系统的框图模型如图 13.15（a）所示，相应的 z 变换框图模型如图 13.15（b）所示。其中，闭环 z 域传递函数为

$$\frac{Y(z)}{R(z)}=T(z)=\frac{G(z)D(z)}{1+G(z)D(z)} \tag{13.21}$$

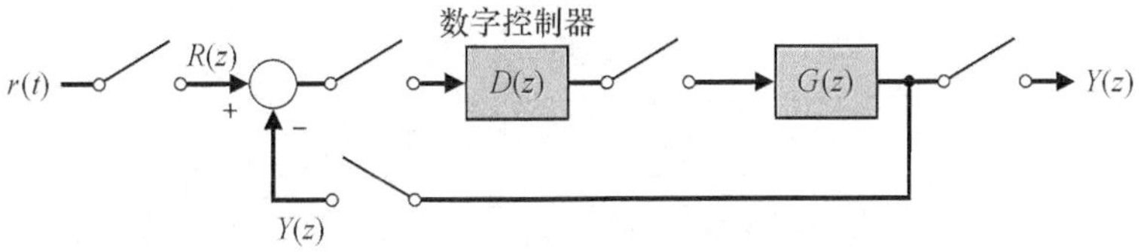

(a)

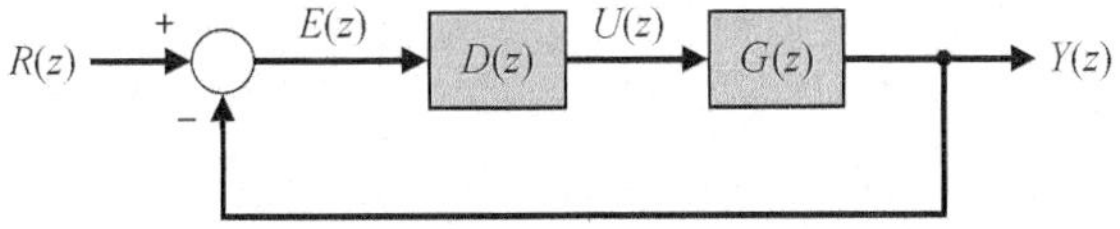

(b)

图 13.15　(a) 带有数字控制器的某数字控制系统的框图模型；(b) 相应的 z 变换框图模型，其中，$G(z)=Z\{G_0(s)G_p(s)\}$

例 13.4　闭环反馈采样控制系统的响应

考虑图 13.16 给出的闭环数字采样控制系统，在图 13.14 所示的系统中，我们已经得到其 z 域传递函数为

$$\frac{Y(z)}{R(z)}=\frac{G(z)}{1+G(z)} \tag{13.22}$$

我们在前面的例 13.3 中已经讨论过，当 $T=1\text{s}$ 时，$G(z)$ 由式（13.16）给出，代入式（13.22）可以得到

$$\frac{Y(z)}{R(z)}=\frac{0.3678z+0.2644}{z^2-z+0.6322} \tag{13.23}$$

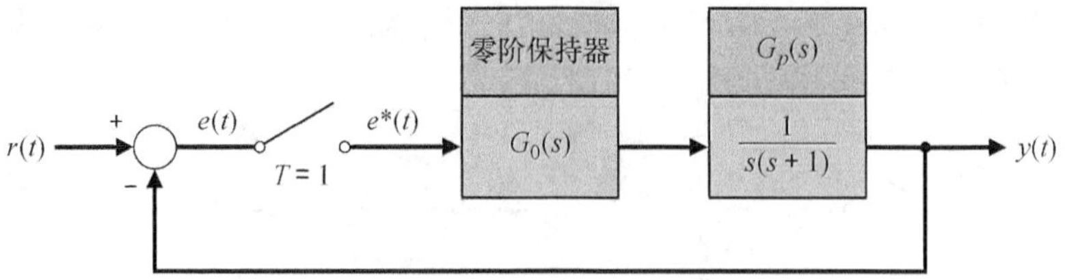

图 13.16 闭环数字采样控制系统

当输入为下面的单位阶跃信号时：

$$R(z) = \frac{z}{z-1} \tag{13.24}$$

有

$$Y(z) = \frac{z(0.3678z + 0.2644)}{(z-1)\left(z^2 - z + 0.6322\right)} = \frac{0.3678z^2 + 0.2644z}{z^3 - 2z^2 + 1.6322z - 0.6322}$$

对上面的式子做长除法，可以得到

$$Y(z) = 0.3678z^{-1} + z^{-2} + 1.4z^{-3} + 1.4z^{-4} + 1.147z^{-5} + \cdots \tag{13.25}$$

在图 13.17 中，我们用符号□标明了离散响应 $y(kT)$。作为比较,图 13.17 还给出了原有连续系统（此时 $T = 0$）的响应曲线。结果表明，离散系统的超调量为 45%。而连续系统的超调量只有 17%，并且离散系统的调节时间是连续系统的调节时间的两倍。

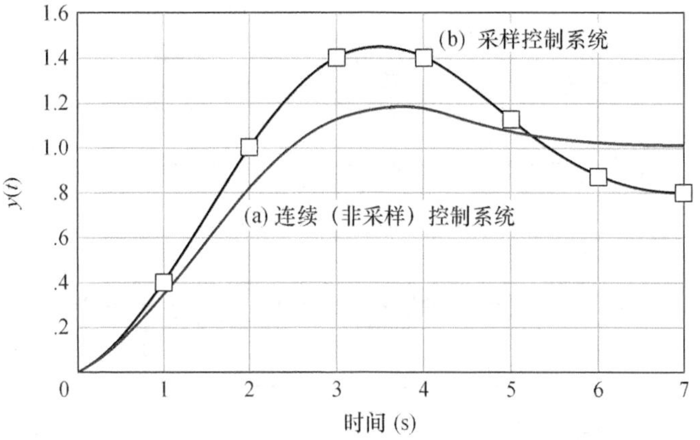

图 13.17 二阶系统的响应

（a）连续（非采样）控制系统（$T = 0$）；（b）采样控制系统（$T = 1$）

我们已经知道，如果闭环传递函数 $T(s)$ 的所有极点都处在 s 平面的左半平面，则连续的线性反馈控制系统就是稳定的。从 s 平面到 z 平面的映射为

$$z = e^{sT} = e^{(\sigma + j\omega)T} \tag{13.26}$$

也可以写成

$$|z| = e^{\sigma T},\ \angle z = \omega T \tag{13.27}$$

与 s 平面左半平面的各点（$\sigma < 0$）对应，映射像 z 的幅值将处在 0 和 1 之间。正因为如此，s 平面上的虚轴将被映射成 z 平面上的单位圆，而 s 平面的左半平面则对应该单位圆的内部 [14]。

这表明如果闭环传递函数 $T(z)$ 的所有极点都落在 z 平面上的单位圆内，那么采样控制系统就一定是稳定的。

例 13.5　闭环系统的稳定性

考虑图 13.18 所示的闭环采样控制系统，其中：

$$T = 1$$

$$G_p(s) = \frac{K}{s(s+1)} \tag{13.28}$$

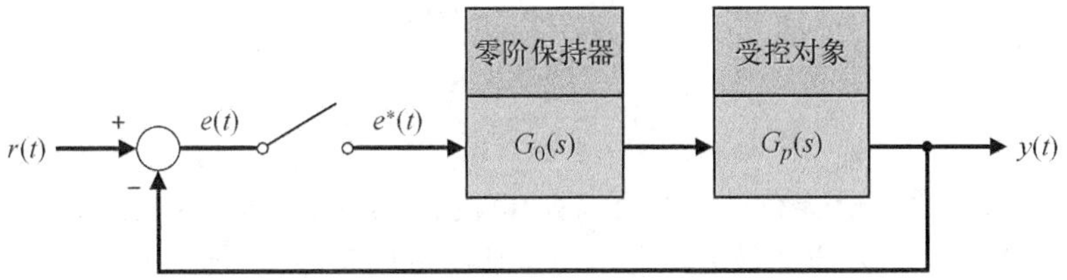

图 13.18　闭环采样控制系统

由式（13.16）可知：

$$G(z) = \frac{K(0.3678z + 0.2644)}{z^2 - 1.3678z + 0.3678} = \frac{K(az+b)}{z^2 - (1+a)z + a} \tag{13.29}$$

其中，$a = 0.3678,\ b = 0.2644$。

闭环传递函数 $T(z)$ 的极点是特征方程 $q(z) = 1 + G(z) = 0$ 的根，于是有

$$q(z) = 1 + G(z) = z^2 - (1+a)z + a + Kaz + Kb = 0 \tag{13.30}$$

当 $K = 1$ 时，有

$$q(z) = z^2 - z + 0.6322 = (z - 0.50 + \mathrm{j}0.6182)(z - 0.50 - \mathrm{j}0.6182) = 0 \tag{13.31}$$

此时的特征根全部落在单位圆内，因此系统是稳定的。

当 $K = 10$ 时，特征方程变为

$$q(z) = z^2 + 2.310z + 3.012 = (z + 1.155 + \mathrm{j}1.295)(z + 1.155 - \mathrm{j}1.295) \tag{13.32}$$

此时，两个特征根都落在单位圆之外，因此系统是不稳定的。进一步验证后可知，当 $0 < K < 2.39$ 时，系统是稳定的。当增益 K 变化时，特征根也会随之变化，13.8 节将专门讨论 z 域中的根轨迹。

需要注意的是，即使二阶连续系统对增益 K 的所有取值都是稳定的（并且假定系统的开环极点也落在 s 平面的左半平面），对应的二阶离散系统也可能变得不稳定。

13.6　二阶采样控制系统的性能

考虑图 13.18 给出的含有零阶保持器的二阶采样控制系统的性能。假设受控对象为

$$G_p(s) = \frac{K}{s(\tau s + 1)} \tag{13.33}$$

对于任意的采样周期 T，可以得到

$$G(z) = \frac{K\left\{(z-E)[T - \tau(z-1)] + \tau(z-1)^2\right\}}{(z-1)(z-E)} \tag{13.34}$$

其中，$E = \mathrm{e}^{-T/\tau}$。为了分析系统的稳定性，分析如下特征方程：

$$q(z) = z^2 + z\{K[T - \tau(1-E)] - (1+E)\} + K[\tau(1-E) - TE] + E = 0 \tag{13.35}$$

由于多项式 $q(z)$ 是实系数的一元二次多项式，因此两个根都落在单位圆内的充要条件为

$$|q(0)| < 1 \quad q(1) > 0,\ q(-1) > 0$$

我们也可以通过将 z 域中的特征方程映射到 s 平面并检验 $q(s)$ 的系数是否为正，来检验这个二阶系统的稳定性。利用这些条件，由式（13.35）可以得到系统稳定的必要条件为

$$K\tau < \frac{1 - E}{1 - E - (T/\tau)E} \tag{13.36}$$

$$K\tau < \frac{2(1 + E)}{(T/\tau)(1 + E) - 2(1 - E)} \tag{13.37}$$

以及 $K > 0$、$T > 0$。根据上述条件，我们可以计算保持系统稳定所容许的最大增益。针对 T/τ 的典型取值，表 13.3 给出了对应的最大容许增益。从中可以看出，当计算机具有足够快的运算速度时，可以取 $T/\tau = 0.1$。在此条件下，离散系统的增益上限取值较大，并且离散系统的性能也将与连续（非采样）系统趋于一致。

表 13.3　二阶采样控制系统保持稳定的最大容许增益

	T/τ	0	0.1	0.5	1	2
最大值	$K\tau$	∞	20.4	4.0	2.32	1.45

接下来，我们分析二阶采样控制系统的典型性能指标。当增益 K 和采样周期 T 发生变化时，二阶采样控制系统的阶跃响应的最大超调量如图 13.19 所示。

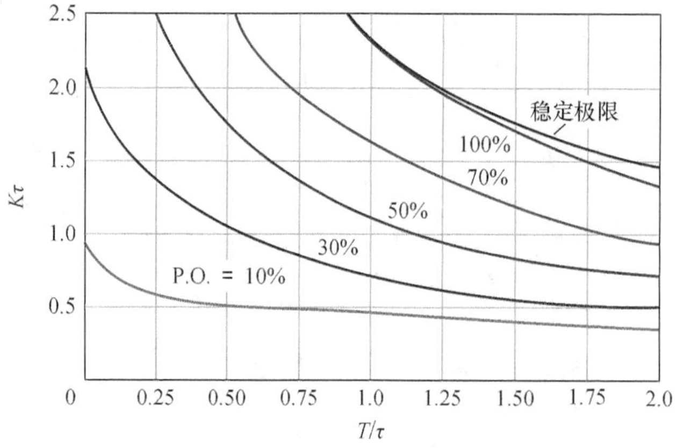

图 13.19　二阶采样控制系统的阶跃响应的最大超调量

误差平方积分指标可以写为

$$I = \frac{1}{\tau}\int_0^{\infty} e^2(t)\mathrm{d}t \tag{13.38}$$

在由增益 $K\tau$ 和采样周期 T/τ 构成的坐标平面上，性能指标 I 的恒定值曲线如图 13.20 所示。图 13.20 还给出了性能指标 I 的最优曲线，对于给定的 T/τ，我们可以从中确定 I 的最小值以及对应的 $K\tau$ 值。例如，当 $T/\tau = 0.75$ 时，为了使性能指标 I 达到最小值，应该取 $K\tau = 1$。

系统对单位斜坡输入 $r(t) = t$ 的稳态跟踪误差如图 13.21 所示。比较图 13.19 和图 13.21 可以发现，对于给定的 T/τ，增大 $K\tau$ 的取值可以降低系统斜坡响应的稳态误差，但这同时又会导致系统阶跃响应的超调量和调节时间变大。

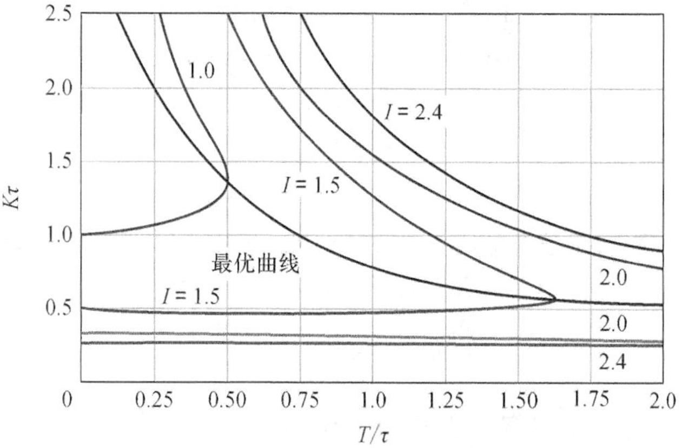

图 13.20　性能指标 I 的恒定值曲线和最优曲线

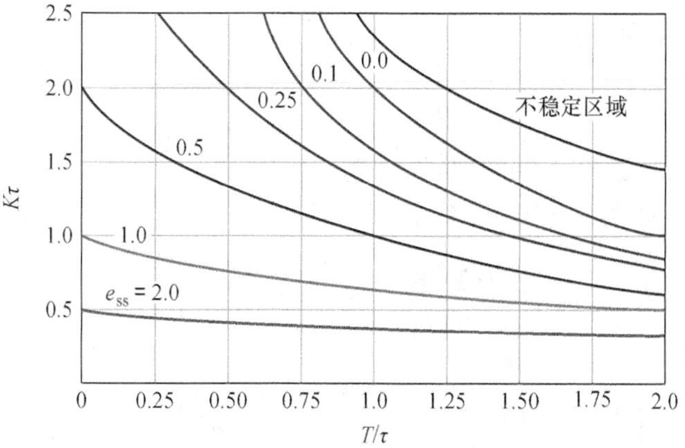

图 13.21　二阶采样控制系统对单位斜坡输入 $r(t) = t(t > 0)$ 的稳态跟踪误差

例 13.6　采样控制系统的设计

考虑图 13.18 所示的采样控制系统，其中：

$$G_p(s) = \frac{K}{s(0.1s + 1)} \tag{13.39}$$

我们希望确定增益 K 和采样周期 T 的合适取值，使系统产生性能良好的阶跃响应。综合利用图 13.19～图 13.21 并取定 $\tau = 0.1$，就可以确定 K 和 T 的合适取值。这里先取定 $T/\tau = 0.25$，如果要将系统阶跃响应的超调量 P.O. 限制为 30%，则可以由图 13.19 得到对应的增益为 $K\tau = 1.4$。此时，系统对斜坡输入的稳态跟踪误差 e_{ss} 约为 0.6（见图 13.21）。

考虑到 $\tau = 0.1$s，于是有 $T = 0.025$ s、$K = 14$。采用上述参数值后，系统应该每秒采样 40 次。

如果将初始设计值改为 $T/\tau = 0.1 = 0.1$，则有望进一步减小系统阶跃响应的超调量和斜坡响应的稳态误差。例如，如果将增益取为 $K\tau = 1.6$，则系统阶跃响应的超调量 P.O. 变为 25%，由图 13.21 可以估算得到系统对单位斜坡输入的稳态跟踪误差 $e_{ss} = 0.55$。

13.7　带有数字校正器的闭环系统

图 13.15 所示的数字控制系统采用计算机作为校正控制器，以改善系统的性能。系统的闭环 z 域传递函数为

$$\frac{Y(z)}{R(z)} = T(z) = \frac{G(z)D(z)}{1 + G(z)D(z)} \tag{13.40}$$

其中，计算机（数字控制器）的 z 域传递函数记为

$$\frac{U(z)}{E(z)} = D(z) \tag{13.41}$$

在前面的讨论中，我们只是简单地将 $D(z)$ 取为增益 K。为了演示计算机起到的校正器作用，下面重新考虑例 13.3 给出的二阶系统和零阶保持器。其中，受控对象的传递函数为

$$G_p(s) = \frac{1}{s(s+1)}$$

将采样周期取为 $T = 1$，于是有［见式（13.16）］

$$G(z) = \frac{0.3678(z + 0.7189)}{(z - 1)(z - 0.3678)} \tag{13.42}$$

如果再将数字控制器取为

$$D(z) = \frac{K(z - 0.3678)}{z + r} \tag{13.43}$$

就可以对消掉 $D(z)$ 在 $z = 0.3678$ 处的极点。因此，我们只需要进一步确定参数 r 和 K 的取值，就可以得到所需的控制器。如果将数字控制器取为

$$D(z) = \frac{1.359(z - 0.3678)}{z + 0.240} \tag{13.44}$$

则有

$$G(z)D(z) = \frac{0.50(z + 0.7189)}{(z - 1)(z + 0.240)} \tag{13.45}$$

仿真计算得到的校正前后的系统阶跃响应如图 13.22 所示，从中可以看出，只要等到第 4 个采样时刻，校正后的系统输出就可以跟踪上阶跃输入，超调量 P.O. 则由校正前的 45% 降至校正后的 4%。限于篇幅，本书只简要介绍数字控制器的两种基本设计方法，即下面讨论的 $G_c(s)$ - $D(z)$ 转换方法以及 13.8 节将要讨论的 z 平面根轨迹法。

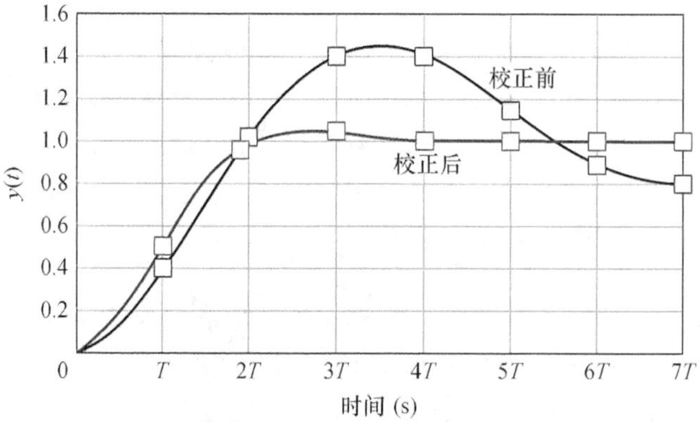

图 13.22 仿真计算得到的校正前后的系统阶跃响应

$D(z)$ 的一种基本设计方法就是所谓的 $G_c(s)$ - $D(z)$ 转换方法，具体指的是在设计数字控制器时，首先利用已经学过的方法，在复频域中为受控对象 $G_p(s)$ 设计一个合适的连续系统控制器 $G_c(s)$（见图 13.23），然后依据给定的采样周期 T，将图 13.23 中的 $G_c(s)$ 转换为图 13.15 中的 $D(z)$ [7]。

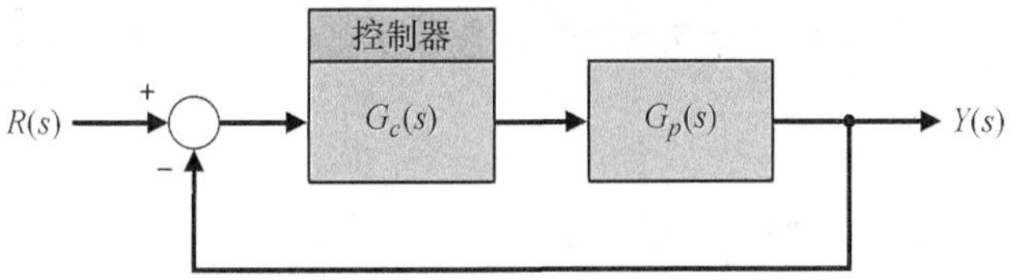

图 13.23　与采样控制系统对应的连续系统模型

考虑一阶校正控制器

$$G_c(s) = K\frac{s+a}{s+b} \tag{13.46}$$

和待求的数字校正控制器

$$D(z) = C\frac{z-A}{z-B} \tag{13.47}$$

对 $G_c(s)$ 进行 z 变换并令变换结果等于 $D(z)$，于是有

$$Z\{G_c(s)\} = D(z) \tag{13.48}$$

这样便可得到两种传递函数之间的关系为

$$A = \mathrm{e}^{-aT},\ B = \mathrm{e}^{-bT}$$

当 $s = 0$ 时，则有

$$C\frac{1-A}{1-B} = K\frac{a}{b} \tag{13.49}$$

例 13.7　设计满足相角裕度设计要求的系统

考虑某闭环控制系统，其受控对象为

$$G_p(s) = \frac{1740}{s(0.25s+1)} \tag{13.50}$$

为了得到合适的数字控制器，我们需要首先设计合适的连续控制器 $G_c(s)$，设计要求是使系统的相角裕度 P.M. = 45° 且穿越频率 $\omega_c = 125$ rad/s。由 $G_p(s)$ 的伯德图可知，在校正之前，系统的相角裕度 P.M. = 2°。考虑超前校正器

$$G_c(s) = \frac{K(s+50)}{s+275} \tag{13.51}$$

在目标穿越频率 $\omega = \omega_c = 125$ rad/s 处，为了保证 $20\log_{10}\left|G_c(\mathrm{j}\omega)G_p(\mathrm{j}\omega)\right| = 0$，我们应该取 K=5.0。至此便完全确定了 $G_c(s)$。为了得到 $G_c(s)$ 的数字实现 $D(z)$，我们还需要依据选定的采样周期，求解式（13.49）所示的关系式。令 $T = 0.003$ s，于是有

$$A = \mathrm{e}^{-0.15} = 0.86,\ B = \mathrm{e}^{-0.827} = 0.44,\ C = 3.66$$

设计得到的数字控制器为

$$D_c(z) = \frac{3.66(z-0.86)}{z-0.44} \tag{13.52}$$

当然，若选择不同的采样周期，则 $D(z)$ 的系数也将有所不同。

通常情况下，我们需要选择较小的采样周期，以保证基于连续系统的设计结果可以精确地转换到 z 平面。但是，采样周期 T 太小的话又会加重计算负担。一般情况下，建议将采样周期取为 $T \approx 1/(10f_B)$，其中，$f_B = \omega_B/(2\pi)$，ω_B 为闭环连续系统的带宽。

例 13.7 中的闭环连续系统的带宽为 $\omega_B = 208$ rad/s 或 $f_B = 33.2$ Hz，因此可以将采样周期取为 $T = 0.003$ s。

13.8 数字控制系统的根轨迹

考虑图 13.24 所示的带有数字控制器的闭环系统。由于 $G(s) = G_0(s)G_p(s)$，因此系统的闭环 z 域传递函数可以写成

$$\frac{Y(z)}{R(z)} = \frac{KG(z)D(z)}{1 + KG(z)D(z)} \tag{13.53}$$

对应的特征方程为

$$1 + KG(z)D(z) = 0$$

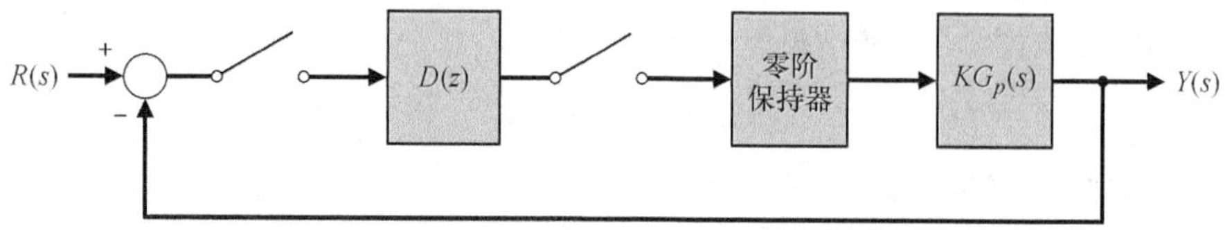

图 13.24 带有数字控制器的闭环系统

据此，同样以 K 为可变参数，我们可以绘制出闭环数字控制系统在 z 域中的根轨迹。表 13.4 给出了 z 平面上的根轨迹的绘制规则。

表 13.4 z 平面上的根轨迹的绘制规则

(1) 根轨迹起始于开环极点而终止于开环零点。
(2) 实轴上的根轨迹段位于奇数数量的开环实极点和开环实零点的左侧。
(3) 根轨迹关于实轴对称。
(4) 根轨迹有可能离开实轴或与实轴交汇。为了确定实轴上的分离点和交汇点，可以先将特征方程改写成如下形式：$$K = -\frac{N(z)}{D(z)} = F(z)$$ 再令 $z = \sigma$ 为实数并求解方程 $\frac{\mathrm{d}F(\sigma)}{\mathrm{d}\sigma} = 0$，就可以得到这样的根轨迹特征点。
(5) 根轨迹满足方程 $1 + KG(z)D(z) = 0$ 或 $\lvert KG(z)D(z)\rvert = 1$，并且满足 $$\angle G(z)D(z) = 180^\circ \pm k360^\circ,\quad k = 0,1,2,\cdots$$

例 13.8 二阶系统的根轨迹

考虑图 13.24 所示的系统，其中 $G_p(s) = 1/s^2$。取 $D(z) = 1$，于是有

$$KG(z) = \frac{T^2}{2}\frac{K(z+1)}{(z-1)^2}$$

为了绘制数字控制系统的根轨迹，取 $T = \sqrt{2}$，这时有

$$KG(z) = \frac{K(z+1)}{(z-1)^2}$$

在 z 平面上，开环 z 域传递函数 $KG(z)$ 的极点和零点如图 13.25 所示，对应的闭环特征方程为

$$1 + KG(z) = 1 + \frac{K(z+1)}{(z-1)^2} = 0$$

为了确定根轨迹的分离点和交汇点，令 $z=\sigma$，可以求得

$$K=-\frac{(\sigma-1)^2}{\sigma+1}=F(\sigma)$$

解方程 $\mathrm{d}F(\sigma)/\mathrm{d}\sigma=0$，可以得到 $\sigma_1=-3$、$\sigma_2=1$。据此可以得到图 13.25 所示的根轨迹，它在 $\sigma_2=1$ 处与实轴分离，并在 $\sigma_1=-3$ 处与实轴交汇。图 13.25 用虚线标明了单位圆。系统的两个闭环特征根总是位于该单位圆之外，因此当 $K>0$ 时，系统总是不稳定的。

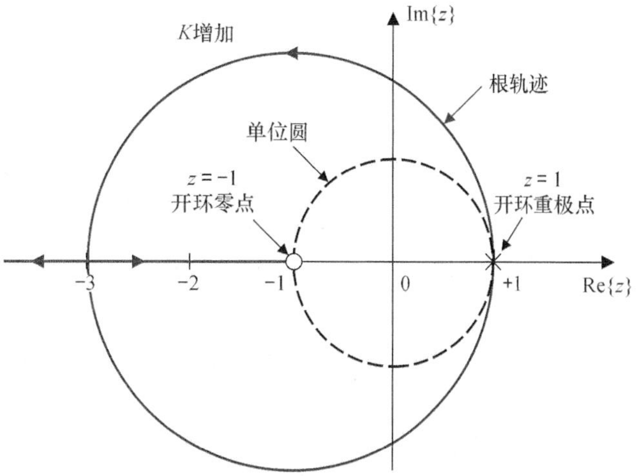

图 13.25　开环 z 域传递函数 $KG(z)$ 的极点和零点

接下来考虑用根轨迹法设计数字控制器 $D(z)$，以保证系统产生预期的响应。在下面的例 13.9 中，我们将控制器取为

$$D(z)=\frac{z-a}{z-b}$$

然后用 $z-a$ 来对消 $G(z)$ 在正实轴上的极点。在此基础上，只需要合理地选择 $z-b$ 的取值，就可以将校正后系统的极点配置在 z 平面上单位圆内的预期位置。

例 13.9　数字校正器的设计

重新考虑例 13.8 中的系统 $G_p(s)=1/s^2$，当 $D(z)=1$ 时，系统是不稳定的。下面设计一个合适的数字校正器 $D(z)$，使系统变得稳定。将 $D(z)$ 取为

$$D(z)=\frac{z-a}{z-b}$$

于是有

$$KG(z)D(z)=\frac{K(z+1)(z-a)}{(z-1)^2(z-b)}$$

如果取 $a=1$、$b=0.2$，则可以得到

$$KG(z)D(z)=\frac{K(z+1)}{(z-1)(z-0.2)}$$

求解微分方程 $\mathrm{d}F(\sigma)/\mathrm{d}\sigma=0$，我们可以发现，根轨迹与实轴的交汇点为 $z=-2.56$。图 13.26 给出了系统的根轨迹。当 $K=0.8$ 时，根轨迹与单位圆相交。因此，当 $K<0.8$ 时，系统是稳定的。若取 $K=0.25$，则可以计算出系统阶跃响应的超调量 P.O. = 20%且调节时间 $T_s=8.5$ s（按 2% 准则）。

我们还可以在 z 平面上绘制阻尼系数 ζ 的等值曲线。在 s 平面上，ζ 的等值曲线是一簇从原点出发的射线，而且当 $s=\sigma+\mathrm{j}\omega$ 时，射线的一般方程为

$$\frac{\sigma}{\omega}=-\tan\theta=-\tan(\arcsin\zeta)=-\frac{\zeta}{\sqrt{1-\zeta^2}}$$

于是有

$$\sigma=-\frac{\zeta}{\sqrt{1-\zeta^2}}\omega$$

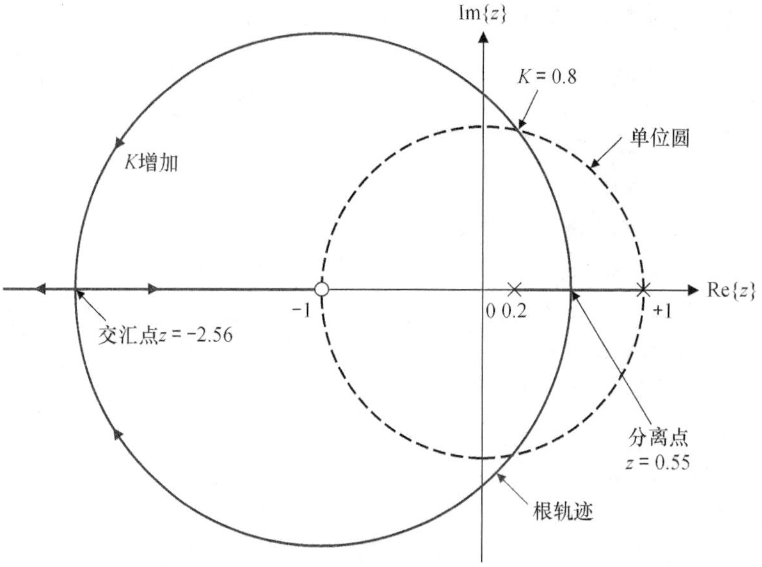

图 13.26 系统的根轨迹

由 $z = e^{sT}$ 可以得到

$$z = e^{\sigma T} e^{j\omega T}$$

因此，在确定采样周期 T 之后，我们就可以根据上面的式子绘制 z 平面上的 ζ 等值曲线。当 T 在合理的范围内取值时，图 13.27 给出了 ζ 等值曲线的一般形状。许多实际系统的设计要求是 $\zeta = 1/\sqrt{2}$，此时 $\sigma = -\omega$，z 平面上对应的 ζ 等值曲线为

$$z = e^{-\omega T} e^{j\omega T} = e^{-\omega T} \underline{/\theta}$$

其中，$\theta = \omega T$。

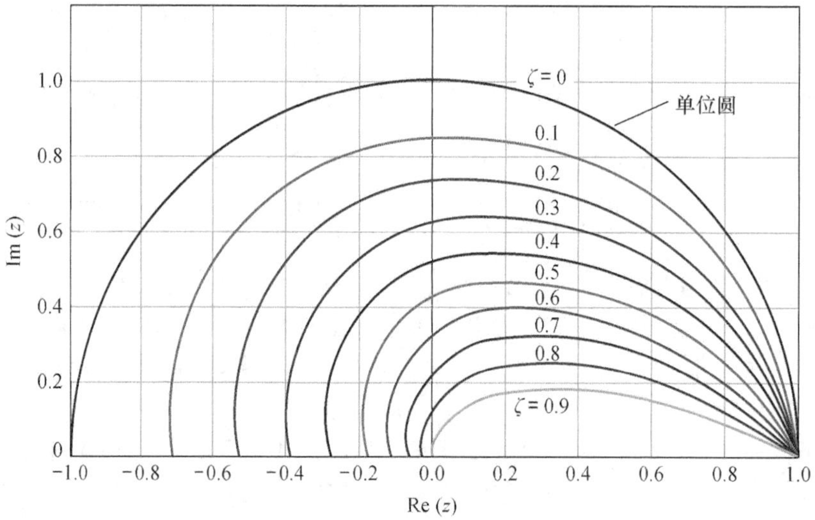

图 13.27 z 平面上的 ζ 等值曲线

13.9 PID 控制器的数字实现

PID 控制器的 s 域传递函数为

$$\frac{U(s)}{X(s)} = G_c(s) = K_P + \frac{K_I}{s} + K_D s \tag{13.54}$$

只需要对其中的微分项和积分项进行离散化近似处理，就可以确定 PID 控制器的数字实现。对于微分环节，应用后向差分法，于是有

$$u(kT) = \left.\frac{\mathrm{d}x}{\mathrm{d}t}\right|_{t=kT} = \frac{1}{T}[x(kT) - x(k-1)T] \tag{13.55}$$

由此得到式（13.55）的 z 变换为

$$U(z) = \frac{1-z^{-1}}{T}X(z) = \frac{z-1}{Tz}X(z)$$

在 $t = kT$ 时刻，对 $x(t)$ 的积分可以用前向矩形积分近似为

$$u(kT) = u[(k-1)T] + Tx(kT) \tag{13.56}$$

其中，$u(kT)$ 是积分器在 $t = kT$ 时刻的输出。式（13.56）的 z 变换为

$$U(z) = z^{-1}U(z) + TX(z)$$

因此传递函数为

$$\frac{U(z)}{X(z)} = \frac{Tz}{z-1}$$

这样便可以得到 PID 控制器的 z 域传递函数为

$$G_c(z) = K_P + \frac{K_I Tz}{z-1} + K_D\frac{z-1}{Tz} \tag{13.57}$$

将上述三部分相加，就可以得到 PID 控制器的差分方程为［记作 $x(kT) = x(k)$］

$$\begin{aligned} u(k) &= K_P x(k) + K_I[u(k-1) + Tx(k)] + (K_D/T)[x(k) - x(k-1)] \\ &= [K_P + K_I T + (K_D/T)]x(k) - K_D Tx(k-1) + K_I u(k-1) \end{aligned} \tag{13.58}$$

据此，我们就可以用计算机或微处理器来实现 PID 控制器。显然，将增益 K_I 或 K_D 设置为 0，就可以得到 PD 控制器或 PI 控制器。

13.10　设计实例

本节提供两个设计实例。在第一个实例中，我们利用零阶保持器为系统设计了一个合适的超前校正数字控制器，旨在通过控制电机和导引螺杆，驱动移动式工作台运动到指定的位置。在第二个实例中，我们利用根轨迹法设计了一个数字控制器——作为“fly-by-wire”（有线电传操纵系统）的组成部分——来控制飞机的受控翼面，并主要着眼于满足对调节时间和超调量的设计要求。

例 13.10　工作台运动控制系统

在制造系统中，工作台运动控制系统是重要的定位系统，旨在驱动工作台运动到指定的位置[18]。如图 13.28（a）所示，在每个轴向上，工作台都由控制电机和导引螺杆驱动。其中，x 轴上的运动控制系统的框图模型如图 13.28（b）所示。本例的设计目标是使系统的阶跃响应有很短的上升时间和调节时间，同时要求系统的超调量 P.O. 不超过 5%。

具体来讲，给定的设计要求如下：超调量为 5% 且具有最小的调节时间（按 2% 准则）和上升时间。

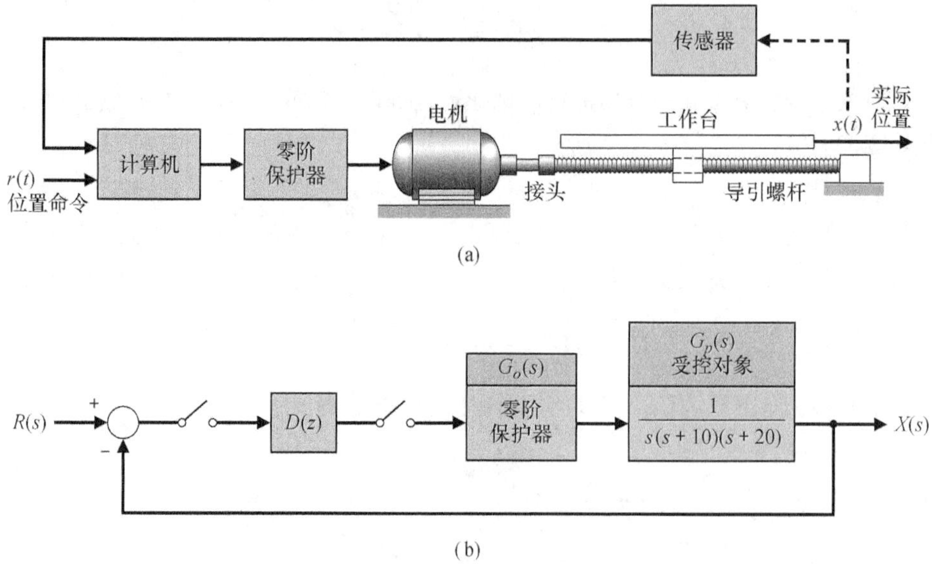

图 13.28 （a）执行机构和工作台；（b）x 轴上的运动控制系统的框图模型

工作台运动控制系统的构成如图 13.29 所示，其中，受控对象是功率放大器和直流电机的组合，传递函数为

$$G_p(s) = \frac{1}{s(s+10)(s+20)} \tag{13.59}$$

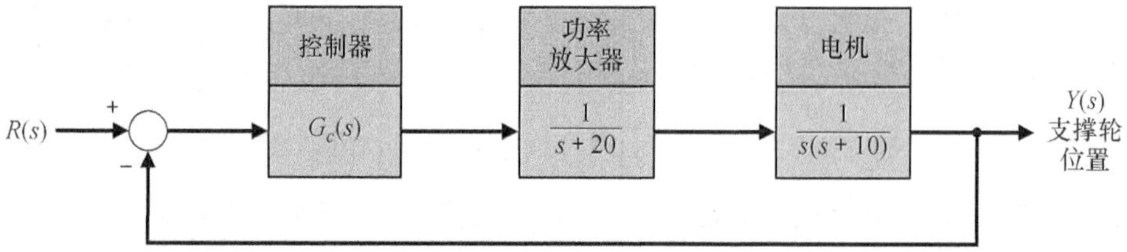

图 13.29 工作台运动控制系统的构成

按照 13.8 节的思路，下面首先以连续系统为基础，设计合适的连续控制器 $G_c(s)$，然后将 $G_c(s)$ 转换为 $D(z)$。考虑将控制器取为超前校正器，于是有

$$G_c(s) = \frac{K(s+a)}{s+b} \tag{13.60}$$

当 $a = 30$、$b = 25$ 时，系统的根轨迹如图 13.30 所示，其中标出了与目标超调量 P.O. ≤ 5%（对应地有 $\zeta \geqslant 0.69$）匹配的、闭环极点配置的可行区域。与选定的闭环极点对应的匹配增益为 $K = 545$。校正后系统的实际超调量为 5%，上升时间为 0.4 s，调节时间为 1.18 s（按 2% 准则）。以上结果表明，校正后的连续系统具有令人满意的性能。我们最终采用的控制器为

$$G_c(s) = \frac{545(s+30)}{s+25}$$

校正后系统的闭环带宽为 $\omega_B = 5.3$ s/rad 或 $f_B = 0.85$，因此，可以将采样周期取为 $T = 1/(10f_B) = 0.12$ s。根据 13.7 节得出的结论，数字控制器的参数为

$$A = \mathrm{e}^{-aT} = 0.03,\ B = \mathrm{e}^{-bT} = 0.05,\ C = K\frac{a}{b}\frac{(1-B)}{(1-A)} = 638$$

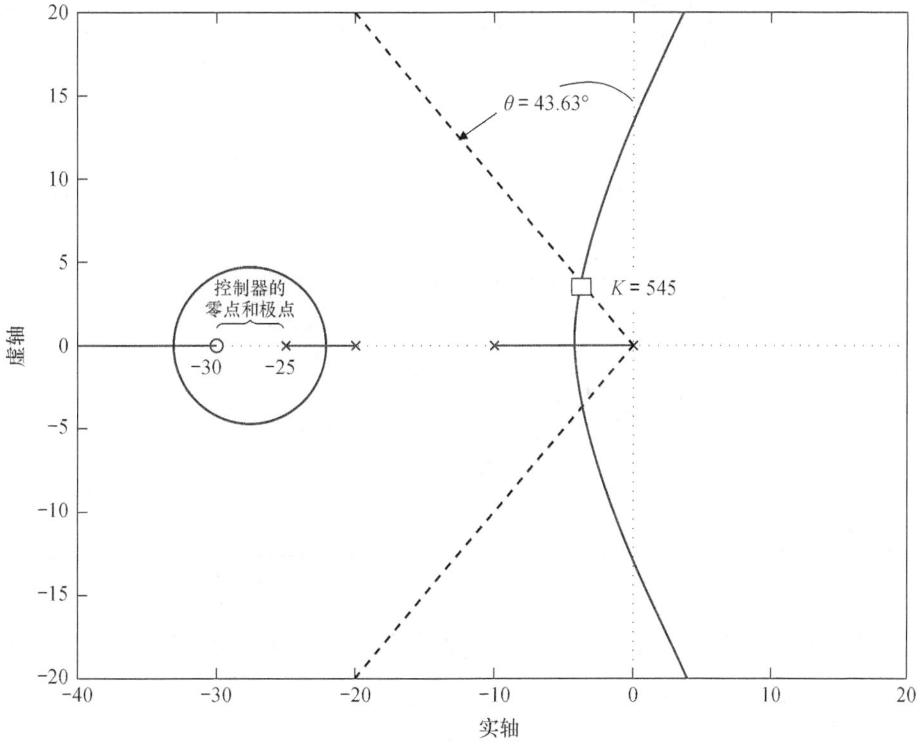

图 13.30　$L(s) = KG_c(s)G_p(s)$ 的根轨迹。其中，$G_c(s) = \frac{K(s+a)}{s+b}$、$a = 30$、$b = 25$

于是，我们所需的数字控制器为

$$D(z) = 638\frac{z - 0.03}{z - 0.05}$$

可以预料，我们的数字控制系统具有与连续控制系统非常相近的响应和性能。

例 13.11　有线电传操纵系统

为了满足对飞机重量、飞行品质、耗油量和可靠性等方面日益严格的要求，人们设计出一种名为“fly-by-wire”（有线电传操纵系统）的新型飞行控制系统。在这种飞行控制系统中，一些特定元件不再采用机械连接方式，而是采用线缆连接方式，这样就可以用计算机来监视、控制和协调飞行的各种动作。这种飞行控制系统实现了完全数字化和高度冗余，从而显著提高了飞行品质和可靠性[19]。

飞行控制系统的操纵特性主要取决于执行机构的动态鲁棒性：当受到随机外部干扰的影响时，仍然能够保持飞机受控翼面的预期位置。在飞行控制系统的执行机构中，功率放大器负责驱动特制的直流电机，直流电机则负责驱动装在液压缸一端的液力泵，液压缸的活塞则通过合适的连杆机构来直接调整飞机受控翼面的位置，如图 13.31（a）所示，对应的框图模型如图 13.31（b）所示。图 13.32 给出了有线电传操纵系统的设计流程。

受控对象的模型可以描述为

$$G_p(s) = \frac{1}{s(s+1)} \tag{13.61}$$

零阶保持器的模型可以描述为

$$G_o(s) = \frac{1 - e^{-sT}}{s} \tag{13.62}$$

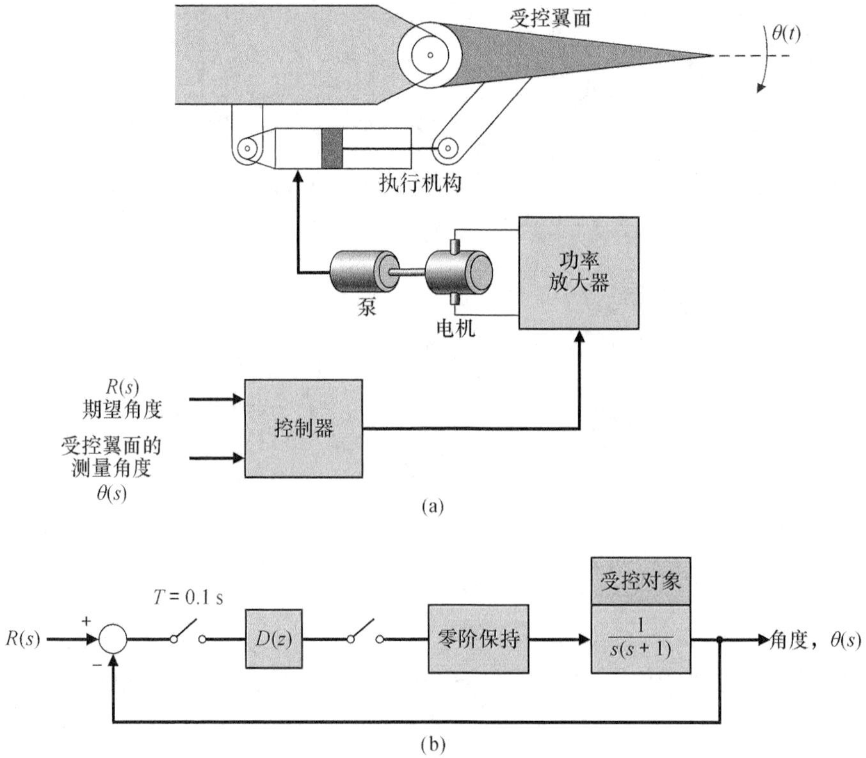

图 13.31 （a）有线电传操纵系统；（b）框图模型，采样时间为 0.1 s

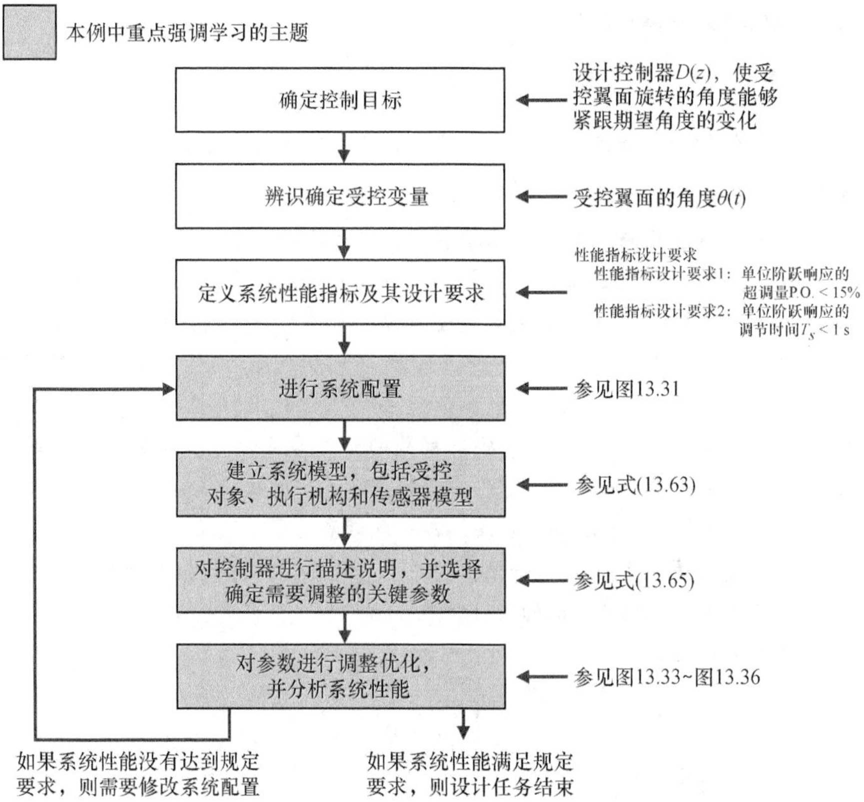

图 13.32 有线电传操纵系统的设计流程

将这两个模型串联后，得到的传递函数为

$$G(s)=G_o(s)G_p(s)=\frac{1-\mathrm{e}^{-sT}}{s^2(s+1)} \tag{13.63}$$

控制目标　设计数字控制器 $D(z)$，使受控翼面旋转的角度 $Y(s)=\theta(s)$ 能够紧跟输入角度 $R(s)$ 的变化。

受控变量　受控翼面的角度 $\theta(t)$。

指标设计要求

- **指标设计要求 1**：单位阶跃响应的超调量 P.O. ≤ 5%。
- **指标设计要求 2**：单位阶跃响应的调节时间 $T_s \leqslant 1$ s。

具体的设计工作是从分析 $G(s)$ 开始的，旨在从中得到 $G(z)$。将式（13.63）中的 $G(s)$ 展开成部分分式：

$$G(s)=\left(1-\mathrm{e}^{-sT}\right)\left(\frac{1}{s^2}-\frac{1}{s}+\frac{1}{s+1}\right)$$

然后进行 z 变换，就可以得到

$$G(z)=Z\{G(s)\}=\frac{z\mathrm{e}^{-T}-z+Tz+1-\mathrm{e}^{-T}-T\mathrm{e}^{-T}}{(z-1)\left(z-\mathrm{e}^{-T}\right)}$$

其中，$Z\{\cdots\}$ 代表 z 变换。选择 $T=0.1$，于是有

$$G(z)=\frac{0.004837z+0.004679}{(z-1)(z-0.9048)} \tag{13.64}$$

当采用简单的比例控制器［即 $D(z)=K$］时，闭环系统的根轨迹如图 13.33 所示。只有当 $K<21$ 时，该系统才是稳定的。

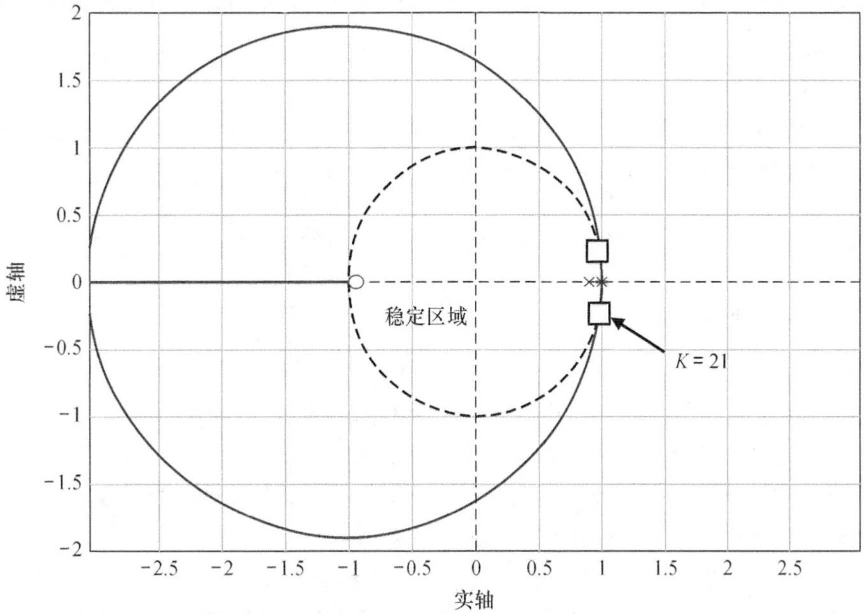

图 13.33　$D(z)=K$ 时系统的根轨迹

通过进行反复的分析可以发现，当 $K\to 21$ 时，系统的阶跃响应会出现剧烈振荡，超调量过大；反之，当 K 减小时，尽管超调量会减小，但调节时间又会过长。因此，如果只采用简单的比

例控制器 $D(z)=K$，则系统难以同时满足性能指标设计要求。我们需要采用更复杂的控制器。

有多种类型的控制器可供选择，而且在设计连续系统时，我们已经体会到，控制器的选择始终是一个富于挑战且与实际密切相关的问题。下面首先选择具有一般结构的控制器，即

$$D(z)=K\frac{z-a}{z-b} \tag{13.65}$$

其中的控制器参数就是需要调节的关键参数。

选择关键的调节参数 K、a 和 b。

考虑没有零点的二阶连续系统，当采用 2% 准则时，调节时间的计算公式为

$$T_s=\frac{4}{\zeta\omega_n}$$

因此，为了满足对调节时间 T_s 的设计要求，就需要

$$-\operatorname{Re}\left(s_i\right)=\zeta\omega_n>\frac{4}{T_s} \tag{13.66}$$

其中，$s_i(i=1,2)$ 是共轭主导极点。为了确定在 z 平面上配置主导极点的可行区域，考虑如下变换：

$$z=\mathrm{e}^{s_iT}=\mathrm{e}^{\left(-\zeta\omega_n\pm \mathrm{j}\omega_n\sqrt{(1-\zeta^2)}\right)T}=\mathrm{e}^{-\zeta\omega_nT}\mathrm{e}^{\pm \mathrm{j}\omega_nT\sqrt{(1-\zeta^2)}}$$

可以得到 z 的幅值为

$$r_o=|z|=\mathrm{e}^{-\zeta\omega_nT}$$

根据式（13.66），为了满足对调节时间的设计要求，z 平面上的极点必须位于指定的圆之内，其半径为

$$r_o=\mathrm{e}^{-4T/T_s} \tag{13.67}$$

本例要求调节时间 $T_s\leqslant 1\,\mathrm{s}$ 且采样时间 $T=1\,\mathrm{s}$，因此 z 平面上的主导极点也应该位于指定的圆之内，其半径为

$$r_o=\mathrm{e}^{-0.4/1}=0.67$$

和前面一样，我们也可以在 z 平面上绘制阻尼系数 ζ 的等值曲线。在 s 平面上，ζ 的等值曲线是一簇从原点出发的射线，而且当 $s=\sigma+\mathrm{j}\omega$ 时，等阻尼射线的一般方程为

$$\sigma=-\omega\tan\left(\arcsin\zeta\right)=-\frac{\zeta}{\sqrt{1-\zeta^2}}\omega$$

由 $z=\mathrm{e}^{sT}$ 可以得到

$$z=\mathrm{e}^{-\sigma\omega T}\mathrm{e}^{\mathrm{j}\omega T} \tag{13.68}$$

因此，在给定 ζ 后，根据式（13.68）便可绘制 $\operatorname{Re}(z)$ 与 $\operatorname{Im}(z)$ 的关系曲线。

如果是在 s 域中设计连续系统，那么只要二阶系统的阻尼系数 $\zeta\geqslant 0.69$，系统的超调量就能满足指标要求（即 P.O. $\leqslant$ 5%）。据此，在 z 平面上绘制 ζ 的等值曲线之后，便可相应地给出 z 平面上满足超调量设计要求的主导极点的可行配置区域。

图 13.34 重新给出了图 13.33 所示的根轨迹，其中标出了保证系统稳定的主导极点的可行配置区域，除此之外，还标出了满足性能指标设计要求的主导极点的可行配置区域。可以看出，根轨迹并没有通过能够同时满足稳定性和性能指标设计要求的公共区域，这说明比例控制器无法满足所有设计要求。因此，接下来我们需要解决的问题就是，如何选择参数 K、a 和 b，使校正后的根轨迹能够通过本例要求的公共可行区域。

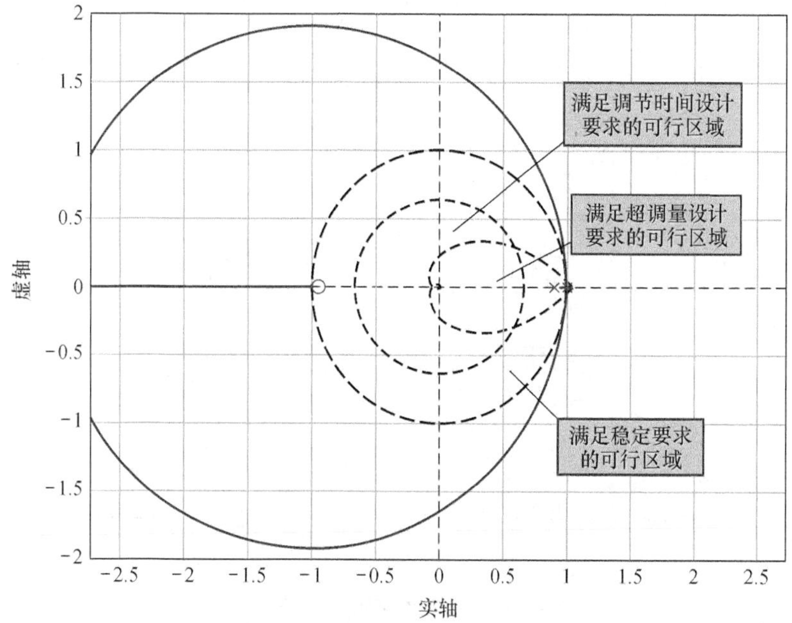

图 13.34　$D(z)=K$ 时的根轨迹，这里标出了满足设计要求的主导极点的可行配置区域

一种做法是首先选定参数 a，要求能够对消掉 $G(z)$ 位于 $z=0.9084$ 处的极点。然后选定参数 b，使校正后的根轨迹通过本例要求的公共可行区域。例如，当 $a=-0.9084$、$b=0.25$ 时，校正后的根轨迹便可像预期的那样，通过本例要求的公共可行区域，如图 13.35 所示。

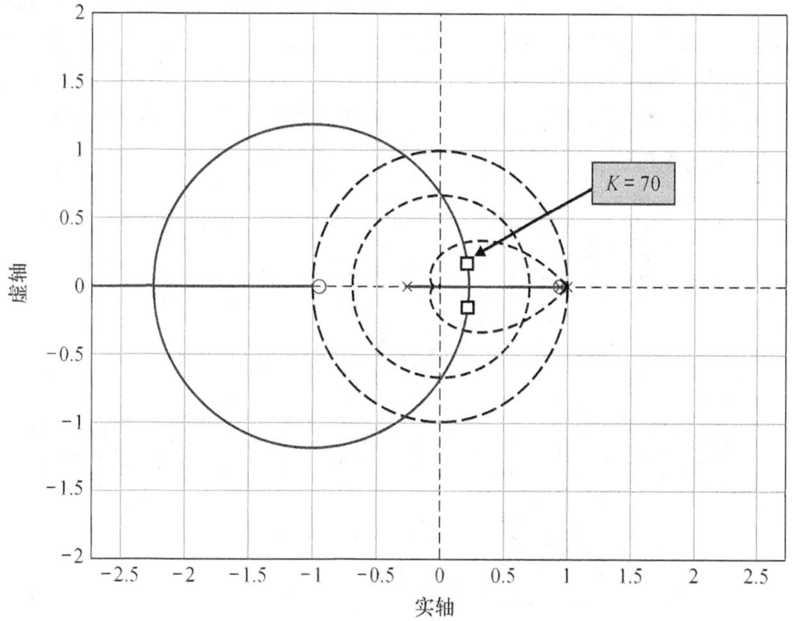

图 13.35　校正后的根轨迹

最后选定参数 K，取 $K=70$，得到的控制器为

$$D(z)=70\frac{s-0.9048}{s+0.25}$$

校正后闭环系统的阶跃响应如图 13.36 所示。此时，系统的超调量满足设计要求（P.O. ≤ 5%），调节时间也小于 10 个采样周期（采样周期 $T=0.1\text{s}$，10 个采样周期导致 $T_s\leqslant 1\text{ s}$）。

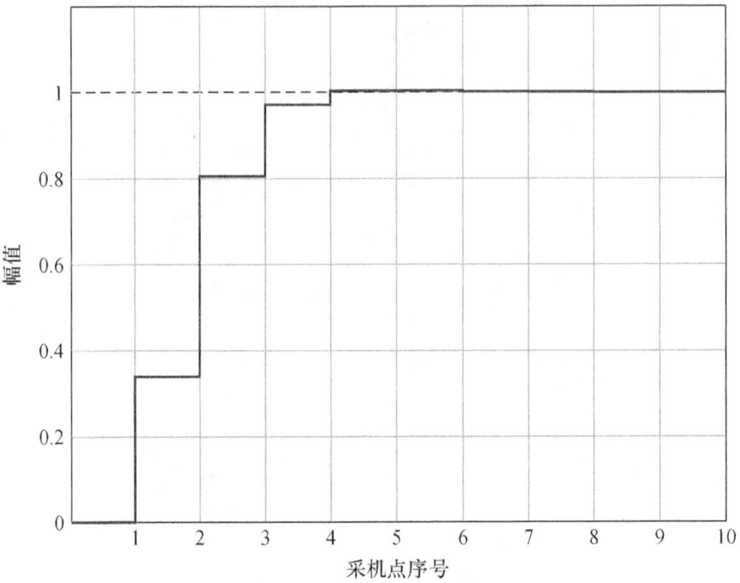

图 13.36 校正后闭环系统的阶跃响应

13.11 利用控制系统设计软件设计数字控制系统

利用交互式的计算机软件，我们可以加快数字控制系统的分析与设计进程。与用于连续系统设计的函数对应，控制系统设计软件提供了用于离散（或采样）系统设计的“同名伴生”函数。

利用函数 tf 可以创建离散时间传递函数模型，图 13.37（a）给出了 tf 函数的使用说明。利用函数 c2d 和 d2c 则可以实现连续和离散模型之间的转换。例如，c2d 函数可以将连续系统模型转换成离散系统模型，d2c 函数则可以将离散系统模型转换成连续系统模型，使用说明见图 13.37（b）和图 13.37（c）。

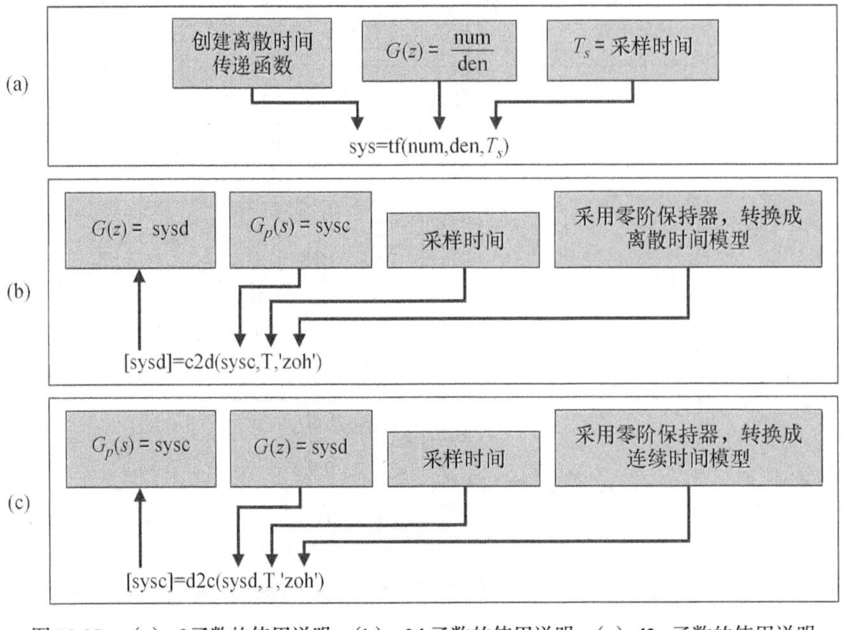

图 13.37 （a）tf 函数的使用说明；（b）c2d 函数的使用说明；（c）d2c 函数的使用说明

例如，假设受控对象的传递函数为

$$G_p(s) = \frac{1}{s(s+1)}$$

将采样周期取为 $T = 1$ s，于是有

$$G(z) = \frac{0.3678(z+0.7189)}{(z-1)(z-0.3680)} = \frac{0.3679z+0.2644}{z^2-1.368z+0.3680} \tag{13.69}$$

利用图 13.38 给出的 m 脚本程序，我们可以方便地得到上述结果。

利用函数 step、impulse 和 lsim 可以仿真计算离散系统的响应，使用说明分别如图 13.39~图 13.41 所示。其中，step 函数用于生成单位阶跃响应，impulse 函数用于生成单位脉冲响应，lsim 函数用于生成对任意信号的响应。与用于连续系统（非采样）仿真的同名函数相比，这 3 个函数并没有本质上的差异，只不过它们的输出为 $y(kT)$ 且在一个周期 T 中保持不变，因此它们的输出具有阶梯函数的形式。

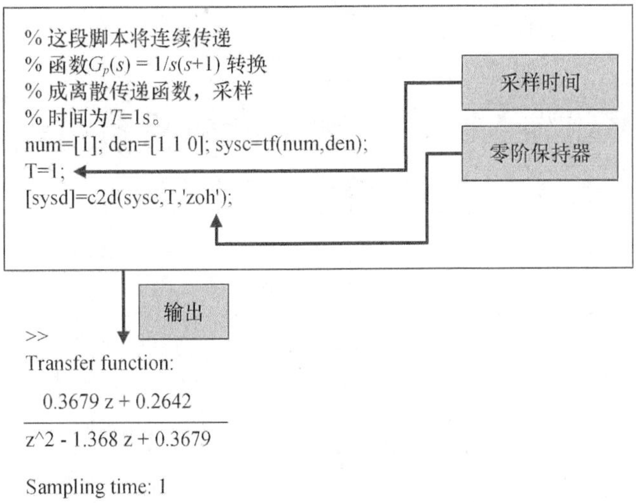

图 13.38　利用 c2d 函数将 $G(s) = G_0(s)G_p(s)$ 转换成 $G(z)$

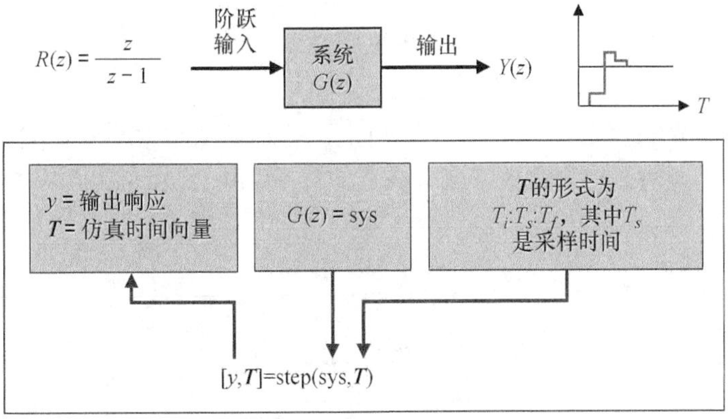

图 13.39　利用 step 函数生成单位阶跃响应 $y(kT)$

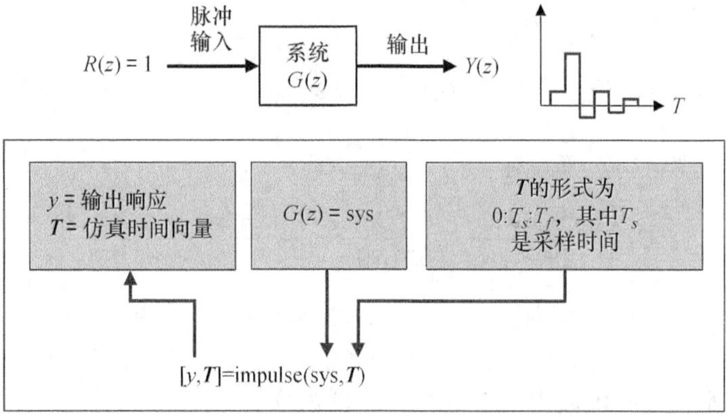

图 13.40　利用 impulse 函数生成单位脉冲响应 $y(kT)$

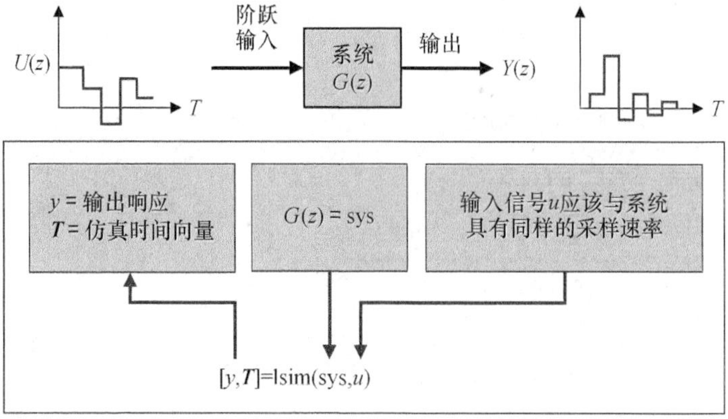

图 13.41　利用 lsim 函数生成对任意信号的响应 $y(kT)$

下面重新研究例 13.4，但不再采用长除法求解系统的单位阶跃响应。

例 13.12　单位阶跃响应

例 13.4 计算了闭环采样控制系统的阶跃响应，当时采用的是长除法。如图 13.39 所示，利用 step 函数也可以生成单位阶跃响应 $y(kT)$。闭环 z 域传递函数为

$$\frac{Y(z)}{R(z)}=\frac{0.3678z+0.2644}{z^2-z+0.6322}$$

系统的阶跃响应如图 13.42 所示，它与图 13.17 给出的离散阶跃响应完全一致。运行图 13.43 所示的 m 脚本程序，还可以得到连续系统的响应 $y(t)$。在图 13.43 中，零阶保持器是用如下传递函数来表示的：

$$G_0(s)=\frac{1-e^{-sT}}{s}$$

其中，采样时间 $T=1\,\mathrm{s}$，时延 e^{-sT} 则用帕德函数来近似。

```
% 这段脚本为例13.4给出的
% 采样控制系统生成单位
% 阶跃响应y(kT)。
num=[1]; den=[1 1 0];
sysc=tf(num,den);
sysd=c2d(sysc,1,'zoh');
sys=feedback(sysd,[1]);
T=[0:1:20]; step(sys,T)
```

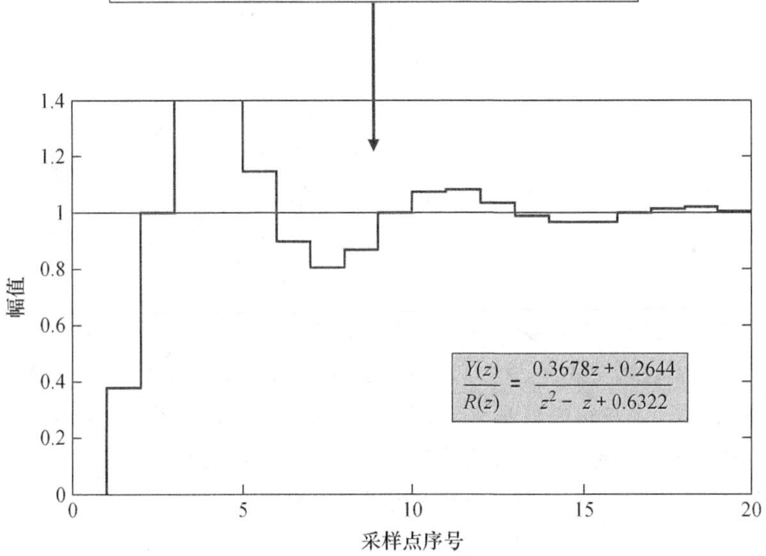

图 13.42　二阶采样控制系统的离散阶跃响应 $y(kT)$

```
% 这段脚本计算
% 例13.4给出的连续
% 系统的单位阶跃响应。
numg=[1]; deng=[1 1 0]; sysg=tf(numg,deng);
%
[nd,dd]=pade(1,2); sysp=tf(nd,dd);
sysi=tf([1],[1,0]);
sys1=series(1-sysp,sysi);
%
syso=series(sys1,sysg);
sys=feedback(syso,[1]);
t=[0:0.1:20];
step(sys,t)
```

$G_p(s) = \frac{1}{s(s+1)}$

$\frac{1-e^{-sT}}{s}$ 的近似值

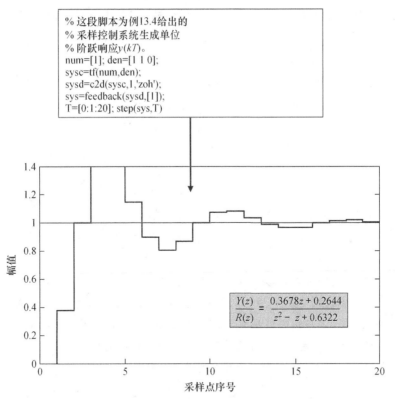

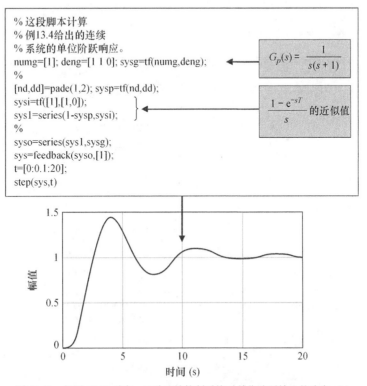

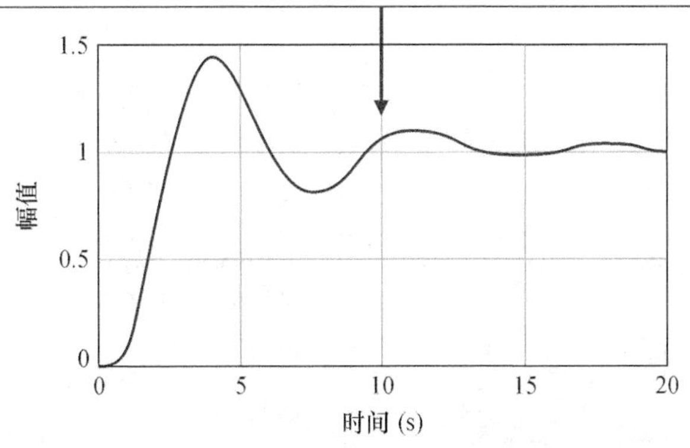

图 13.43　与图 13.16 对应，二阶连续控制系统对单位阶跃输入的响应 $y(t)$

13.7 节讨论了数字控制器的设计问题。在下面的例 13.13 中，我们将利用控制系统设计软件重新研究这个问题。

例 13.13 数字控制系统的根轨迹

考虑某单位反馈数字控制系统，其受控对象为

$$G(z)=\frac{0.3678(z+0.7189)}{(z-1)(z-0.3680)}$$

控制器为

$$D(z)=\frac{K(z-0.3678)}{z+0.2400}$$

其中，K 是待定可变参数。当采样时间 $T=1$ 时，有

$$G(z)D(z)=K\frac{0.3678(z+0.7189)}{(z-1)(z+0.2400)} \tag{13.70}$$

利用式（13.70），我们可以直接采用根轨迹法来确定 K 的合适取值，从而完成数字控制器的设计。与应用于连续系统时完全一样，利用 rlocus 函数可以直接绘制离散系统的根轨迹，利用 rlocfind 函数，则可以计算与指定特征根对应的匹配增益 K。运行图 13.44 给出的 m 脚本程序，可以得到系统的根轨迹。注意，z 平面上的稳定区域为单位圆的内部。借助 rlocfind 函数我们可以发现，在根轨迹与单位圆的交点处，增益 K 的值为 4.639。

```
% 当采样周期T=1s时，采样
% 控制系统的根轨迹。
%
%     K(0.3678)(z+0.7189)
%     ----------------------------
%       (z-1)(z+0.2400)
%
num=[0.3678 0.2644]; den=[1.0000 -0.7600 -0.2400]; sys=tf(num,den,1);
rlocus(sys);
axis('equal')
```

绘制单位圆

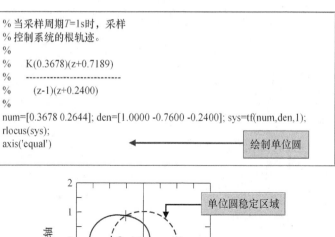

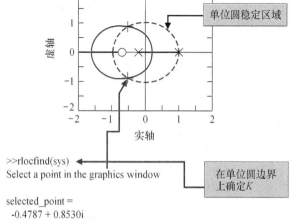

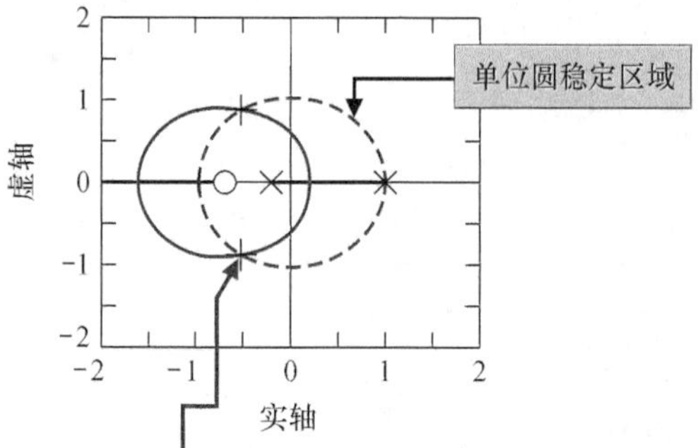


```
>>rlocfind(sys)
Select a point in the graphics window

selected_point =
  -0.4787 + 0.8530i

ans =
  4.6390
```

在单位圆边界上确定K

K = 4.6390

图 13.44 利用 rlocus 函数分析离散系统

13.12　循序渐进设计实例：磁盘驱动器读取系统

本节将为磁盘驱动器读取系统设计一个合适的数字控制器。当磁盘旋转时，磁头将提取用于提供位置偏差信息的模式数据。由于磁头匀速转动，因此磁头将以恒定的时间间隔 T 逐次读取位置偏差信息。通常情况下，偏差信号的采样周期介于 100 μs 和 1 ms 之间[20]。为了得到令人满意的系统响应，我们可以使用图 13.45 所示的数字控制系统。下面就来设计所需的数字控制器 $D(z)$。

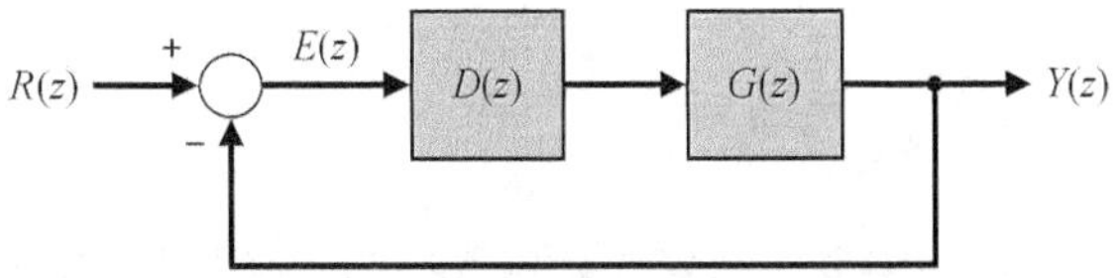

图 13.45　带有数字控制器的反馈控制系统，其中 $G(z)=Z\left[G_0(s)G_p(s)\right]$

首先确定 $G(z)$。在本例中：

$$G(z)=Z\left[G_0(s)G_p(s)\right]$$

由于

$$G_p(s)=\frac{5}{s(s+20)} \tag{13.71}$$

故有

$$G_0(s)G_p(s)=\frac{1-e^{-sT}}{s}\frac{5}{s(s+20)}$$

当 $s=20$、$T=1$ ms 时，$e^{-sT}=0.98$。另外，式（13.71）中的极点 $s=-20$ 不会对系统响应产生显著的影响，因此 $G_p(s)$ 可以近似为

$$G_p(s)\approx\frac{0.25}{s}$$

由此可以得到系统的开环 z 域传递函数为

$$\begin{aligned}G(z)&=Z\left[\frac{1-e^{-sT}}{s}\frac{0.25}{s}\right]\\&=\left(1-z^{-1}\right)(0.25)Z\left[\frac{1}{s^2}\right]\\&=\left(1-z^{-1}\right)(0.25)\frac{Tz}{(z-1)^2}\\&=\frac{0.25T}{z-1}=\frac{0.25\times10^{-3}}{z-1}\end{aligned}$$

接下来设计数字控制器，使系统产生预期的阶跃响应。如果控制器为 $D(z)=K$，则有

$$D(z)G(z)=\frac{K\left(0.25\times10^{-3}\right)}{z-1}$$

系统的根轨迹如图 13.46 所示。当 $K=4000$ 时，有

$$D(z)G(z)=\frac{1}{z-1}$$

对应的闭环 z 域传递函数为

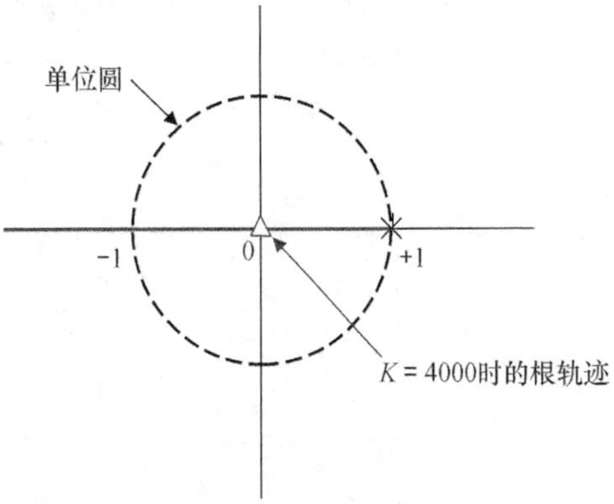

图 13.46　系统的根轨迹

$$T(z) = \frac{D(z)G(z)}{1 + D(z)G(z)} = \frac{1}{z}$$

我们可以预期系统具有稳定且快速的响应。事实上，此时系统阶跃响应的超调量 P.O. 为 0，调节时间 T_s 仅为 2 ms。

13.13 小结

40 多年来，随着计算机价格的下降和可靠性的提高，人们越来越多地采用计算机作为闭环控制系统的校正装置（控制器）。在一个采样周期内，计算机可以完成大量的计算，并提供输出信号来驱动系统的执行机构。计算机控制系统已经被广泛地应用于化工过程控制、飞行控制、机床控制和其他诸多常见受控对象的控制。

z 变换方法可以用来分析采样控制系统的稳定性和系统响应，因而被用来设计合适的计算机控制系统。随着廉价计算机越来越普及，计算机控制系统也将越来越普及。

☑ 技能自测

本节提供 3 类题目来测试你对本章知识的掌握情况：正误判断题、多项选择题以及术语和概念匹配题。为了直接反馈学习效果，请及时对照每章最后给出的答案。必要时，请借助图 13.47 给出的框图模型来确认下面各题中的相关陈述。

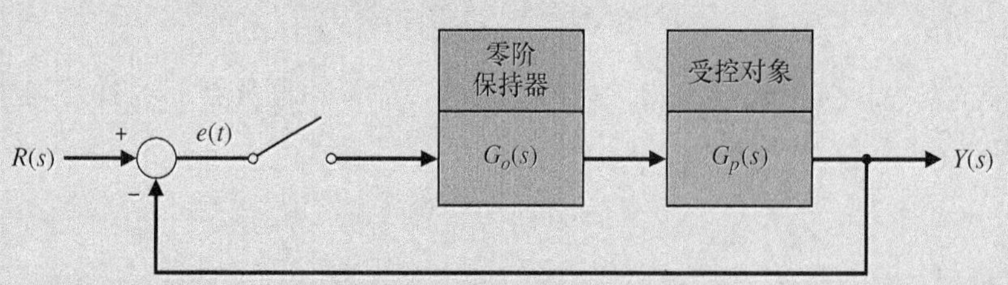

图 13.47 技能自测参考框图模型

在下面的正误判断题和多项选择题中，圈出正确的答案。

1. 数字控制系统采用数字信号和计算机来实施控制。 对 或 错
2. 采样信号的精度是有限的。 对 或 错
3. 根轨迹法不适用于数字控制系统的分析和设计。 对 或 错
4. 当闭环系统传递函数的极点都位于 z 平面上的单位圆之外时，采样控制系统是稳定的。 对 或 错
5. z 变换 $z = e^{sT}$ 是从 s 平面到 z 平面的共形映射。 对 或 错
6. 考虑 s 域中的函数

$$Y(s) = \frac{10}{s(s+2)(s+6)}$$

令 T 为采样周期，则 $Y(s)$ 在 z 域中的变换函数为________。

a. $Y(z) = \frac{5}{6}\frac{z}{z-1} - \frac{5}{4}\frac{z}{z-e^{-2T}} + \frac{5}{12}\frac{z}{z-e^{-6T}}$

b. $Y(z) = \frac{5}{6}\frac{z}{z-1} - \frac{5}{4}\frac{z}{z-e^{-6T}} + \frac{5}{12}\frac{z}{z-e^{-T}}$

c. $Y(z) = \frac{5}{6}\frac{z}{z-1} - \frac{z}{z-e^{-6T}} + \frac{5}{12}\frac{z}{z-e^{-2T}}$

d. $Y(z)=\dfrac{1}{6}\dfrac{z}{z-1}-\dfrac{z}{1-e^{-2T}}+\dfrac{5}{6}\dfrac{z}{1-e^{-6T}}$

7. 假设系统的脉冲响应为

$$Y(z)=\frac{z^3+2z^2+2}{z^3-25z^2+0.6z}$$

则前 4 个采样时刻 $y(nT)$ 的值为________。

a. $y(0)=1$，$y(T)=27$，$y(2T)=647$，$y(3T)=660.05$

b. $y(0)=0$，$y(T)=27$，$y(2T)=47$，$y(3T)=60.05$

c. $y(0)=1$，$y(T)=27$，$y(2T)=674.4$，$y(3T)=16\,845.8$

d. $y(0)=1$，$y(T)=647$，$y(2T)=47$，$y(3T)=27$

8. 若采样控制系统的闭环传递函数为

$$T(z)=K\frac{z^2+2z}{z^2+0.2z-0.5}$$

试判断系统的稳定性。

a. 对于所有有界的 K，系统始终稳定。

b. 当 $-0.5<K<\infty$ 时，系统稳定。

c. 对于所有有界的 K，系统都不稳定。

d. 当 $-0.5<K<\infty$ 时，系统不稳定。

9. 某采样控制系统的特征方程为

$$q(z)=z^2+(2K-1.75)z+2.5=0$$

其中，$K>0$。试确定 K 的取值范围，以保证系统稳定。

a. $0<K<2.63$

b. $K\geqslant 2.63$

c. 对于所有的 $K>0$，系统稳定。

d. 对于所有的 $K>0$，系统不稳定。

10. 考虑图 13.47 所示的采样控制系统，其中：

$$G_p(s)=\frac{K}{s(0.2s+1)}$$

采样周期 $T=0.4$ s。确定能够保持闭环系统稳定的增益 K 的最大值。

a. $K=7.25$

b. $K=10.5$

c. 对于所有有界的 K，闭环系统稳定。

d. 当 $K>0$ 时，闭环系统不稳定。

在完成下面的第 11 题和第 12 题时，请考虑图 13.47 给出的采样控制系统，其中：

$$G_p(s)=\frac{225}{s^2+225}$$

11. 当采样周期 $T=1$ s 时，系统的闭环传递函数 $T(z)$ 为________。

a. $T(z)=\dfrac{1.76z+1.76}{z^2+3.279z+2.76}$

b. $T(z)=\dfrac{z+1.76}{z^2+2.76}$

c. $T(z)=\dfrac{1.76z+1.76}{z^2+1.519z+1}$

d. $T(z)=\dfrac{z}{z^2+1}$

12. 闭环系统的单位阶跃响应为________。

a. $Y(z)=\dfrac{1.76z+1.76}{z^2+3.279z+2.76}$

b. $Y(z)=\dfrac{1.76z+1.76}{z^3+2.279z^2-0.5194z-2.76}$

c. $Y(z)=\dfrac{1.76z^2+1.76z}{z^3+2.279z^2-0.5194z-2.76}$

d. $Y(z)=\dfrac{1.76z^2+1.76z}{2.279z^2-0.5194z-2.76}$

在完成下面的第 13 题和第 14 题时，请考虑图 13.47 给出的采样控制系统，其中：

$$G_p(s)=\frac{20}{s(s+9)}$$

13. 当采样周期 $T=0.5$ s 时，系统的闭环传递函数 $T(z)$ 为________。

a. $T(z)=\dfrac{1.76z+1.76}{z^2+2.76}$

b. $T(z)=\dfrac{0.87z+0.23}{z^2-0.14z+0.24}$

c. $T(z)=\dfrac{0.87z+0.23}{z^2-1.01z+0.011}$

d. $T(z)=\dfrac{0.92z+0.46}{z^2-1.01z}$

14. 试确定采样周期 T 的取值范围，以保证闭环系统稳定。

a. $T\leqslant 1.12$

b. 当 $T>0$ 时，系统总是保持稳定

c. $1.12\leqslant T\leqslant 10$

d. $T\leqslant 4.23$

15. 某连续时间系统的闭环传递函数为

$$T(s)=\frac{s}{s^2+4s+8}$$

采样周期 $T=0.02$ s，对输入信号进行采样并随后串联一个零阶保持器，试求与系统等价的离散时间闭环传递函数。

a. $T(z)=\dfrac{0.019z-0.019}{z^2+2.76}$

b. $T(z)=\dfrac{0.87z+0.23}{z^2-0.14z+0.24}$

c. $T(z)=\dfrac{0.019z-0.019}{z^2-1.9z+0.9}$

d. $T(z)=\dfrac{0.043z-0.02}{z^2+1.9231}$

在下面的术语和概念匹配题中，在空格中填写正确的字母，将术语和概念与它们的定义联系起来。

a．精度	部分元件或分系统依据采样数据（或采样变量）工作的控制系统。	______
b．计算机校正器	当闭环 z 域传递函数 $T(z)$ 的所有极点都位于 z 平面上单位圆的内部时，采样控制系统将是稳定的。	______
c．z 平面	以 z 的实部为水平轴，以 z 的虚部为垂直轴的复平面。	______
d．后向差分法则	利用数字信号和计算机控制受控对象的控制系统。	______
e．小型计算机	只考虑系统变量在离散时间点的取值的数据。	______
f．采样控制系统	计算机输出或接收数据的时间间隔。	______
g．采样数据	由关系式 $z = e^{sT}$ 定义的从 s 平面到 z 平面的共形映射。	______
h．数字控制系统	采样信号所具备的一种有限的精度限制。	______
i．微型计算机	把计算机当作校正器件使用的系统。	______
j．前向矩形积分	一种近似方法，用于计算函数的微分。	______
k．采样控制系统的稳定性	一种近似方法，用于计算函数的积分。	______
l．幅值量化误差	基于微处理器的小型个人计算机。	______
m．PID 控制器	尺寸和性能介于微型计算机和大型计算机之间的计算机。	______
n．z 变换	一种由比例项、积分项和微分项组成的控制器。这种控制器的输出为其中每一项输出的加权和。	______
o．采样周期	一种用于衡量精确度或偏差的定量指标。	______
p．零阶保持器	保持采样数据不变的操作及其数学模型。	______

基础练习题

E13.1　判断下列信号是离散信号还是连续信号。

（a）地图上的等高线。

（b）房间的温度。

（c）数字时钟的显示结果。

（d）足球比赛的比分。

（e）扩音器的输出。

E13.2　（a）当 $Y(z) = \dfrac{z}{z^2 - 3z + 2}$ 时，求 $y(kT)$ 的值，其中 $k = 0,\cdots,4$。

（b）求 $y(kT)$ 的闭合解，$y(kT)$ 可以表示成 k 的函数。

答案：（a）$y(0) = 0$，$y(T) = 1$，$y(2T) = 3$，$y(3T) = 7$，$y(4T) = 15$

E13.3　若系统的响应为 $y(kT) = kT$（$k \geqslant 0$），试求该响应的 z 变换 $Y(z)$。

答案：$Y(z) = \dfrac{Tz}{(z-1)^2}$

E13.4　已知传递函数为

$$Y(s) = \frac{10}{s(s+2)(s+10)}$$

当 $T = 0.2$ s 时，利用 $Y(s)$ 的部分分式展开和基本的 z 变换，计算对应的 z 变换 $Y(z)$。

E13.5　带有机械臂的航天飞机如图 E13.5（a）所示。利用视窗和摄像机，宇航员可以控制机械臂和机械臂顶端的夹具[9]，如图 E13.5（b）所示。讨论如何将数字控制应用于该系统并绘制系统的框图模型，其中应该包括用于显示和控制的计算机。

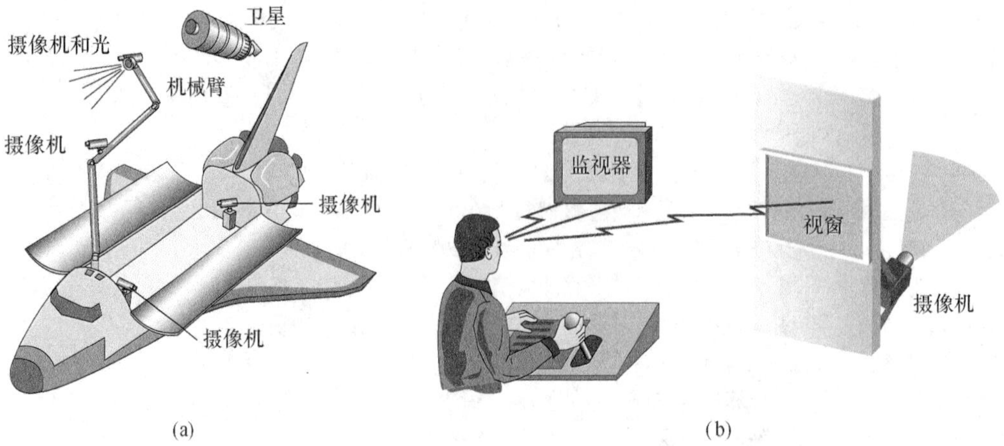

图 E13.5 （a）带有机械臂的航天飞机；（b）宇航员控制机械臂和机械臂顶端的夹具

E13.6 如图E13.6（a）所示，可以用计算机控制机器人给汽车喷漆 [1]。该系统的框图模型如图E13.6（b）所示，其中：

$$KG_p(s)=\frac{10}{s(0.25s+1)}$$

假设预期的相角裕度P.M.为45°，采用频率响应法为系统设计的滞后校正器为

$$G_c(s)=\frac{0.508(s+0.15)}{s+0.015}$$

当$T=0.1$ s时，试确定相应的$D(z)$。

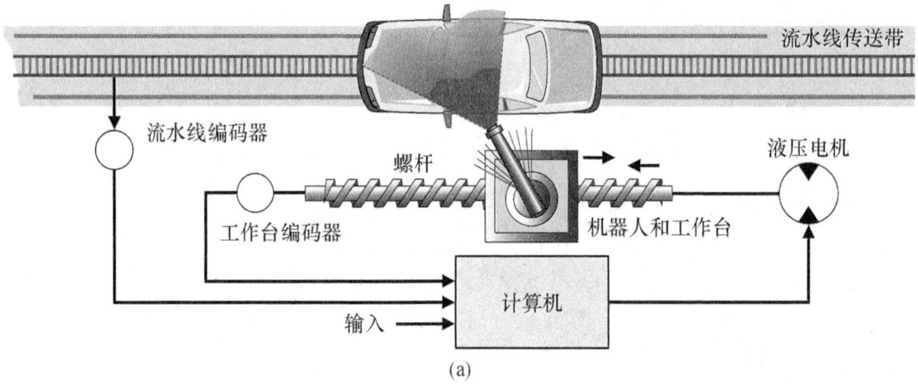

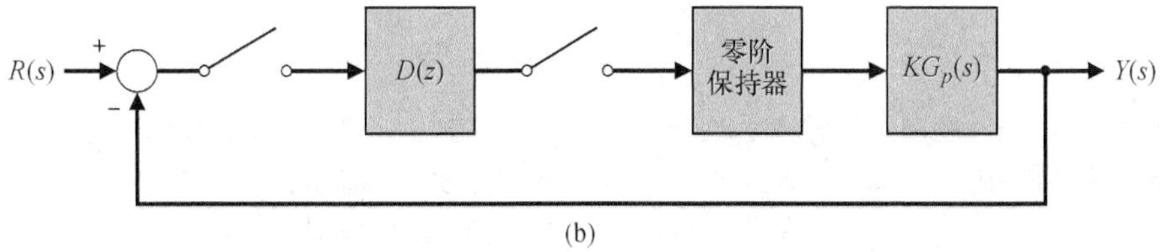

图 E13.6 （a）汽车自动喷漆系统的示意图；（b）配有数字控制器的闭环系统

E13.7 当$Y(z)=\dfrac{z^3+3z^2+1}{z^3-1.0z^2+0.25z}$时，计算系统前4个采样时刻的响应$y(0)$、$y(1)$、$y(2)$和$y(3)$。

E13.8　某闭环系统的z域传递函数为$T(z)=\dfrac{z}{z^2+0.5z-1.0}$，试判断系统是否稳定。

答案： 不稳定。

E13.9　（a）当$Y(z)=\dfrac{z+1}{z^2-1}$时，试确定$y(kT)$的取值，其中$k=0,\cdots,3$。

（b）求$y(kT)$的闭合解，$y(kT)$可以表示成k的函数。

E13.10　考虑图E13.10所示的闭环采样控制系统，若受控对象的传递函数为

$$G_p(s)=\frac{K}{s(\tau s+1)}$$

其中，$T=0.01$ s，$\tau=0.008$ s。

（a）确定K的合适取值，使系统的超调量P.O. ≤ 40%。

（b）求系统单位斜坡响应的稳态误差。

（c）确定K的合适取值，使系统的平方积分误差达到最小。

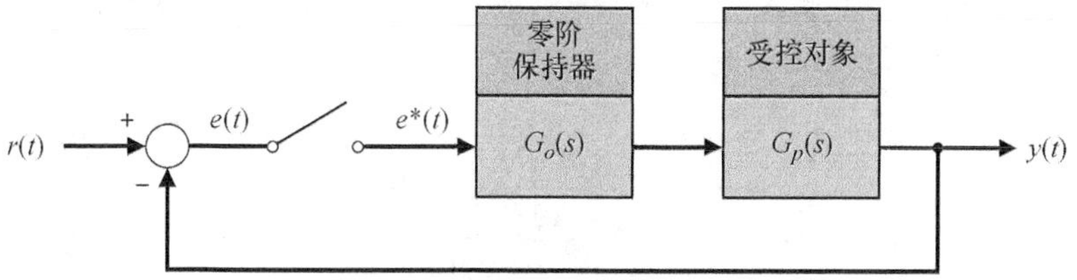

图 E13.10　闭环采样控制系统

E13.11　若受控对象的传递函数为

$$G_p(s)=\frac{10}{s^2+10}$$

（a）在受控对象$G_p(s)$之前设置一个零阶保持器并取$T=0.1$ s，试求对应的$G(z)$。

（b）判断系统是否稳定。

（c）绘制$G(z)$在前15个采样时刻的脉冲响应。

（d）绘制系统对正弦输入的响应，其中，正弦信号的频率与系统的固有频率相同。

E13.12　当采样周期$T=1$ s时，试确定$X(s)=\dfrac{s+2}{s^2+6s+8}$的$z$变换。

E13.13　若采样控制系统的特征方程为$z^2+(K-4)z+0.8=0$，试确定K的取值范围，使系统保持稳定。

答案： $2.2<K<5.8$

E13.14　某单位负反馈系统如图E13.10所示，其受控对象的传递函数为

$$G_p(s)=\frac{K}{s(s+3)}$$

将采样周期取为$T=0.5$ s，当$K=5$时，试判断系统是否稳定。此外，确定能够保持系统稳定的K的最大值。

E13.15　考虑图E13.15所示的开环采样控制系统。当采样周期$T=1$ s时，试确定传递函数$G(z)$。

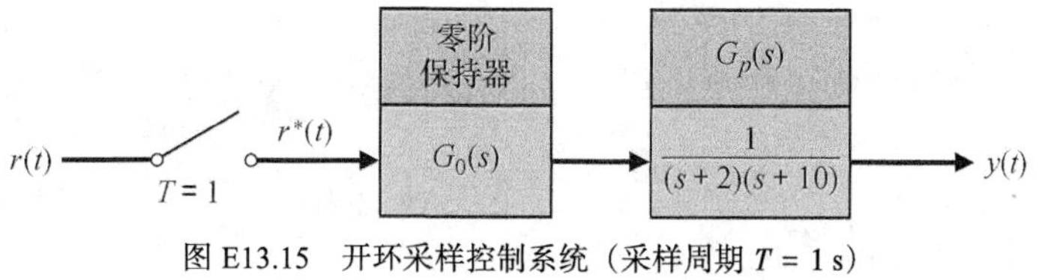

图 E13.15　开环采样控制系统（采样周期$T=1$ s）

E13.16 考虑图E13.16所示的开环采样控制系统。当采样周期$T = 0.5$ s时，试确定传递函数$G(z)$。

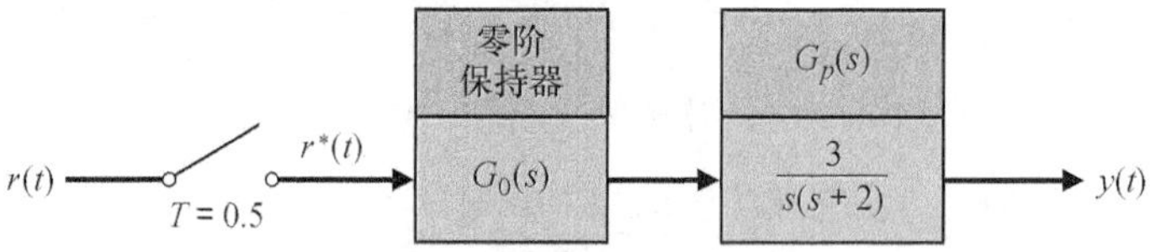

图 E13.16 开环采样控制系统（采样周期 $T = 0.5$ s）

一般习题

P13.1 某采样器的输入为$r(t) = \sin(\omega t)$，其中$\omega = 1/2\pi$。若采样周期$T = 0.125$ s，试在$0 < t < 4$ s的范围内，绘制采样器的输入$r(t)$和输出$r^*(t)$的波形图。

P13.2 如图13.7所示，采样器的输出信号是直接作用于零阶保持器的。采样器的输入为$r(t) = \sin(\omega t)$，其中$\omega = 1/\pi$。若采样周期$T = 0.25$ s，请绘制零阶保持器在前2 s的输出响应曲线$p(t)$。

P13.3 如图P13.3所示，系统的输入为单位斜坡信号$r(t) = t$（$t > 0$），受控对象为$G_p(s) = 1/(s + 1)$。试确定在前4个采样瞬间系统的输出$y(kT)$。

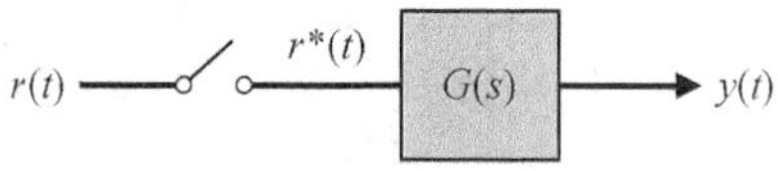

图 P13.3 采样控制系统

P13.4 某闭环系统如图E13.10所示，其中包括受控对象和零阶保持器。当$T = 0.5$ s、$G_p(s) = 10/(s + 10)$时，试确定系统的$G(z)$。

P13.5 重新考虑习题P13.4给出的系统，当$r(t)$为单位阶跃输入信号时，用长除法计算系统前5个节拍的响应。

P13.6 重新考虑习题P13.4给出的系统，由$Y(z)$直接确定系统输出的初值和终值。试绘制系统的阶跃响应曲线以验证自己的结论。

P13.7 某闭环系统的框图模型如图E13.10所示，它可以用来描述飞机的俯仰控制。若受控对象的传递函数为$G_p(s) = K/[s(0.5s + 1)]$，试选取合适的增益K和采样周期T，使系统单位阶跃响应的超调量P.O. ≤ 30%，同时要求系统对单位斜坡响应的稳态误差小于1.0。

P13.8 考虑图E13.6（b）所示的计算机控制系统，其中$T = 1$s且

$$KG_p(s) = \frac{K}{s(s + 10)}$$

若$D(z) = \frac{z - 0.3678}{z + r}$且未定参数的取值范围为$1 < K < 2$和$0 < r < 1$，试确定$K$和$r$的一组合适取值，计算校正后系统的阶跃响应，并与未校正系统的阶跃响应作比较。

P13.9 如图P13.9所示，悬挂在球场上空的、可遥控的三维机动摄像系统可以用来直播职业橄榄球比赛。摄像机既可以移动鸟瞰运动场，也可以上下移动。每个滑轮上的电机控制系统的框图模型如图E13.10所示，其中

$$G_p(s) = \frac{10}{s(s + 1)(s/10 + 1)}$$

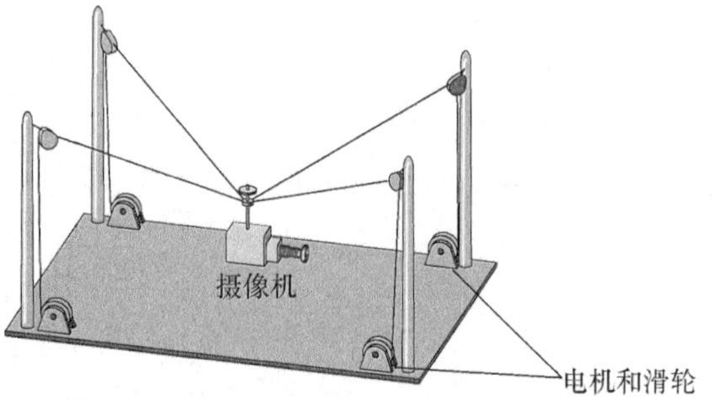

图 P13.9 悬挂在球场上空的、可遥控的三维机动摄像系统

试设计合适的$G_c(s)$，使系统的相角裕度P.M.达到45°。在此基础上，选取合适的穿越频率和采样周期并采用$G_c(s)-D(z)$变换方法，确定所需的数字控制器$D(z)$。

P13.10　考虑图P13.10所示的系统，其中包含零阶保持器，受控对象为

$$G_p(s)=\frac{1}{s(s+10)}$$

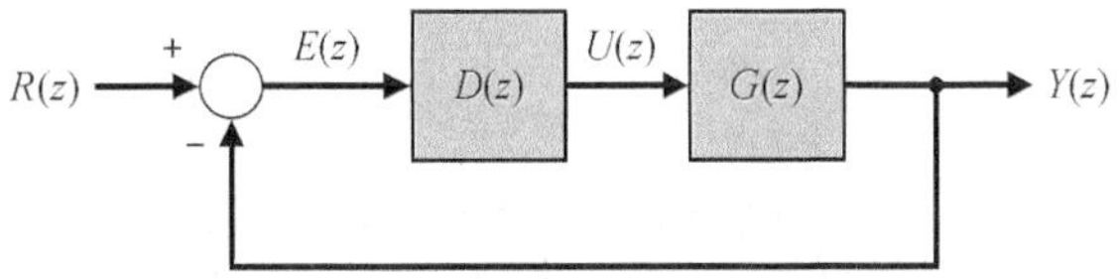

图 P13.10　配有数字控制器的闭环系统

采样周期$T=0.1$ s，注意$G(z)=Z\left\{G_0(s)G_p(s)\right\}$。试完成下列工作。

(a) 当$D(z)=K$时，计算z域传递函数$G(z)D(z)$。

(b) 求闭环系统的特征方程。

(c) 计算能够保持系统稳定的K的最大值。

(d) 确定K的合适取值，使系统超调量P.O. ≤ 30%。

(e) 采用（d）中得到的增益K，计算z域闭环传递函数$T(z)$并绘制系统的阶跃响应曲线。

(f) 将K取为（c）中得到的最大值的一半，求系统的闭环极点及超调量。

(g) 在（f）所给的条件下，绘制系统的阶跃响应曲线。

P13.11　(a) 继续考虑习题P13.10中描述的系统，设计滞后校正器$G_c(s)$，使系统的超调量P.O.≤30%且对斜坡输入的稳态误差$e_{ss}=0.01$。这里假设受控对象为$G_p(s)$，同时假设系统是连续的且未经过采样。

(b) 试采用$G_c(s)-D(z)$变换方法设计合适的数字控制器$D(z)$，使系统满足（a）中给出的指标设计要求。这里假定为系统增配了一套采样器和零阶保持器，同时假定采样周期$T=0.1$ s。

(c) 绘制（a）中带有$G_c(s)$的连续系统的单位阶跃响应曲线，同时绘制（b）中带有$D(z)$的数字系统的单位阶跃响应曲线，然后加以比较。

(d) 当$T=0.01$ s时，重新完成（b）和（c）中的工作。

(e) 采用（b）中得到的$D(z)$，当$T=0.1$ s时，绘制数字系统的斜坡响应并与连续系统的斜坡响应作比较。

P13.12　考虑某单位负反馈闭环采样控制系统，假设受控对象和零阶保持器的z域传递函数为

$$G(z)=\frac{K(z+0.8)}{z(z-2)}$$

(a) 绘制系统的根轨迹。

(b) 确定K的取值范围，以保持系统稳定。

P13.13　考虑空间站定向控制系统，在配备采样器和零阶保持器之后，系统的开环z域传递函数为

$$G(z)=\frac{K\left(z^2+1.1206z-0.0364\right)}{z^3-1.7358z^2+0.8711z-0.1353}$$

(a) 绘制系统的根轨迹。

(b) 确定K的合适取值，使系统有两个相等的特征根。

(c) 采用（b）中得到的K值，求系统的所有特征根。

P13.14　某闭环采样控制系统的采样周期$T=0.05$ s，其开环z域传递函数为

$$G(z)=\frac{K\left(z^3+10.3614z^2+9.758z+0.8353\right)}{z^4-3.7123z^3+5.1644z^2-3.195z+0.7408}$$

(a) 绘制系统的根轨迹。

(b) 确定与实轴上的分离点对应的K值。

(c) 计算能够保持系统稳定的K的最大值。

P13.15　配有采样器和零阶保持器的闭环系统如图E13.10所示，其受控对象的传递函数为

$$G_p(s)=\frac{20}{s-5}$$

当$T = 0.1$ s且输入信号为单位阶跃信号时，计算并绘图显示系统的输出$y(kT)$（$0 \leqslant k \leqslant 6$）。

P13.16 某闭环采样控制系统如图E13.10所示，其受控对象为

$$G_p(s) = \frac{1}{s(s+1)}$$

采样周期$T = 1$ s。当输入为单位阶跃信号时，试计算并绘图显示系统的输出$y(kT)$（$0 \leqslant k \leqslant 25$）。

P13.17 某闭环采样控制系统如图E13.10所示，其受控对象为

$$G_p(s) = \frac{K}{s(s+0.75)}$$

采样周期$T = 1$ s。当$k \geqslant 0$时，绘制系统的根轨迹并确定增益K的合适取值，使系统的特征根恰好落在z平面上单位圆的圆周上（稳定边界）。

P13.18 某单位反馈闭环采样控制系统如图E13.10所示，其受控对象为

$$G_p(s) = \frac{K}{s(s+1)}$$

当$K = 1$时，连续系统（$T = 0$）阶跃响应的超调量P.O. = 16%且调节时间$T_s = 8$ s（按2%准则）。假设采样时间T在0和1.2（单位为s）之间变动，当$K = 1$并且T按照步长0.2（单位为s）逐次增加时，绘制各个系统的系列阶跃响应，并用表格记录随采样周期T的变化，各个系统的超调量和调节时间的变化情况。

难题

AP13.1 某闭环采样控制系统如图E13.10所示。其中，采样时间$T = 0.5$ s，受控对象为

$$G_p(s) = \frac{K(1+as)}{s^2+2s+50}$$

因此，调整a的取值就能够调节系统的响应。试绘制$a = 0.2$时系统的根轨迹并确定K的取值范围，保证系统稳定。

AP13.2 如图AP13.2所示，我们可以用机器来喷涂黏合剂，以便沿着边缝粘连不同的板材。对于避免裂缝而言，均匀地喷涂黏合剂至关重要。但由于喷嘴下面的板材是非匀速运动的，因此必须利用控制器按照板材的移动速度，与之成比例地调整黏合剂的喷嘴阀门，才能保持恒定的喷涂量[12]。

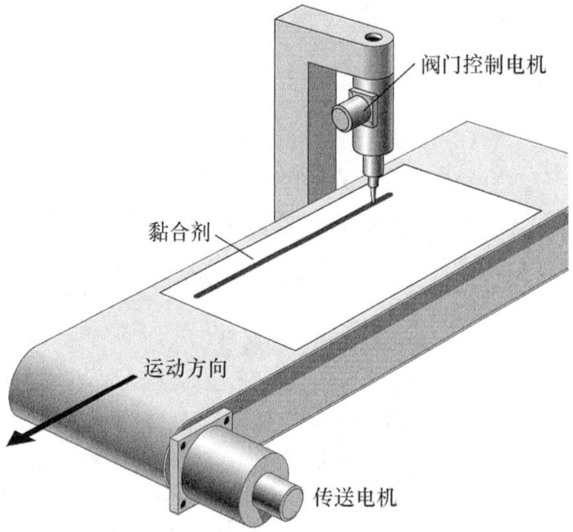

图 AP13.2 黏合剂喷涂控制系统

当带有零阶保持器$G_0(s)$时，黏合剂喷涂控制系统的框图模型如图P13.10所示，其中：

$$G_p(s) = \frac{2}{0.03s+1}$$

将数字控制器取为积分型控制器。

$$D(z) = \frac{KT}{1-z^{-1}} = \frac{KTz}{z-1}$$

当$T = 30$ ms时，计算系统的开环z域传递函数$G(z)D(z)$，在此基础上，绘制系统的根轨迹。此外，确定K的合适取值并绘制系统的阶跃响应曲线。

AP13.3 考虑图P13.10所示的系统，设$D(z) = K$，受控对象为

$$G_p(s) = \frac{12}{s(s+12)}$$

当 $T = 0.05$ s 时，确定增益 K 的合适取值，使系统具有快速的阶跃响应且超调量 P.O. ≤ 10%。

AP13.4 某系统如图 E13.10 所示，其受控对象为

$$G_p(s) = \frac{4}{s+2}$$

试确定能够保证系统稳定的采样周期 T 的取值范围，然后确定 T 的合适取值，使系统稳定的同时，还能够实现快速的响应。

AP13.5 考虑图 AP13.5 所示的闭环采样控制系统，试确定参数 K 的取值范围，使闭环系统稳定。

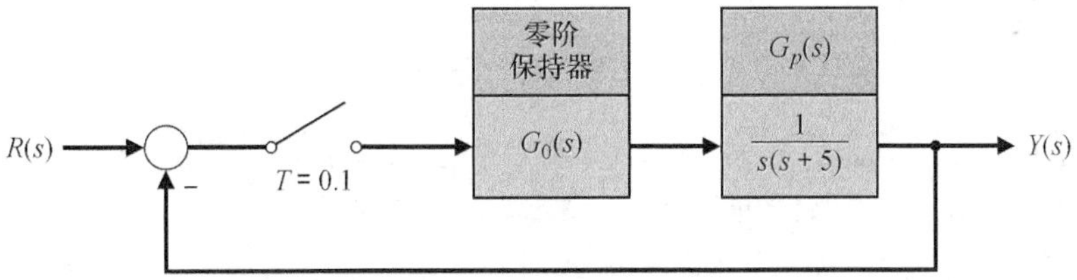

图 AP13.5　闭环采样控制系统（采样周期 $T = 0.1$ s）

设计题

CDP13.1 习题 CDP2.1 和习题 CDP4.1 给出了电机-绞盘-滑台系统的二阶模型。采用图 E13.10 所示的系统，将采样周期取为 $T = 1$ ms，试为系统设计一个合适的校正控制器 $D(z)$，并计算校正后系统对阶跃输入 $r(t)$ 的响应。

DP13.1 某温度控制系统如图 E13.10 所示，其中，采样周期 $T = 0.5$ s，受控对象为

$$G_p(s) = \frac{0.8}{3s+1}$$

（a）当 $D(z) = K$ 时，确定增益 K 的合适取值，使系统保持稳定。

（b）在校正之前，系统可能是过阻尼的，因而具有较慢的响应速度。为了改进系统的瞬态性能，请为系统设计一个合适的超前校正器 $G_c(s)$ 并确定相应的数字控制器 $D(z)$。

（c）绘制校正后系统的阶跃响应，以验证（b）中得到的结果。

DP13.2 磁盘驱动器的磁头定位控制系统如图 E13.10 所示 [11]，假设受控对象的传递函数为

$$G_p(s) = \frac{9}{s^2 + 0.85s + 788}$$

当 $T = 10$ ms 时，分别采用 $G_c(s) - D(z)$ 变换方法和根轨迹法，设计合适的数字控制器 $D(z)$ 以对磁头进行精确控制。

DP13.3 新型的汽车牵引控制系统具备防滑刹车和防空转加速等功能，从而进一步提高了汽车的可操作性和驾驶体验。这种控制系统的要旨在于避免刹车时死锁以及防止加速时车轮空转，从而最大限度地利用轮胎产生的牵引力。

在大多数牵引控制算法中，人们会将车轮打滑时的汽车车身速度与车轮速度之差作为受控变量（用刹车时的车身速度和车轮加速时的速度来定义）。这个速度差对轮胎与道路之间的牵引力有很大的影响 [17]。

图 DP13.3 给出了汽车牵引控制系统的框图模型，其中，$Y(z)$ 表示实际的速度差。当存在由路面引起的干扰输入时，我们希望尽量减小由此产生的速度差。因此，当采样周期 $T = 0.1$ s 时，我们需要确定控制器 $D(z) = K$ 的合适取值，以使系统的阻尼系数 ζ 保持为 $1/\sqrt{2}$。试绘制所得系统的阶跃响应曲线并计算系统的超调量和调节时间（按 2% 准则）。

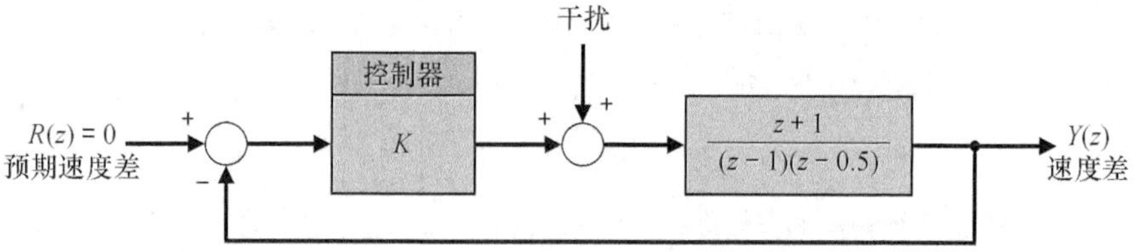

图 DP13.3 汽车牵引控制系统的框图模型

DP13.4 某控制系统如图E13.6（b）所示[10]，其中：

$$KG_p(s)=\frac{0.2}{s(s+0.2)}$$

采样周期 $T=1\text{ s}$，给定的设计要求如下：系统单位阶跃响应的超调量P.O. ≤ 20%且调节时间 $T_s \leqslant 10\text{ s}$（按2%准则）。试设计能够满足以上设计要求的数字控制器 $D(z)$。

DP13.5 在加工塑料的过程中，挤压技术的应用已经十分成熟[12]。如图DP13.5（a）所示，类似的挤压机通常由给料漏斗、加热器和成型模具构成。给料漏斗将聚合物颗粒加入分成不同温度带的加热器，加热器中的螺杆则推动聚合物颗粒向前运动。在经过温度逐渐升高的不同温度带的加热后，聚合物颗粒会被逐渐融化，并最终从模具中挤压出成型的产品，以便应用于其他场合。

模具出口处的产品（如尼龙丝）流量和温度是挤压机的输出变量，它们对螺杆的转速非常敏感，因此我们将螺杆转速取为受控变量。

挤压机的出口温度控制系统的框图模型如图DP13.5（b）所示，试确定增益 K 和采样周期 T 的合适取值，使系统阶跃响应的超调量P.O. ≤ 20%且调节时间 $T_s \leqslant 10\text{ s}$（按2%准则）。

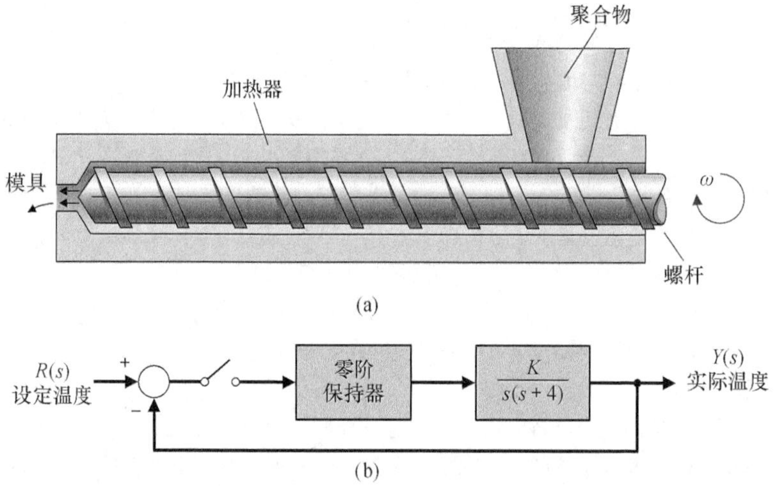

图 DP13.5 （a）挤压机的构成；（b）挤压机的出口温度控制系统的框图模型

DP13.6 某闭环采样控制系统的框图模型如图DP13.6所示。试设计合适的控制器 $D(z)$，使闭环系统单位阶跃响应的超调量P.O. ≤ 12%且调节时间 $T_s \leqslant 20\text{ s}$（按2%准则）。

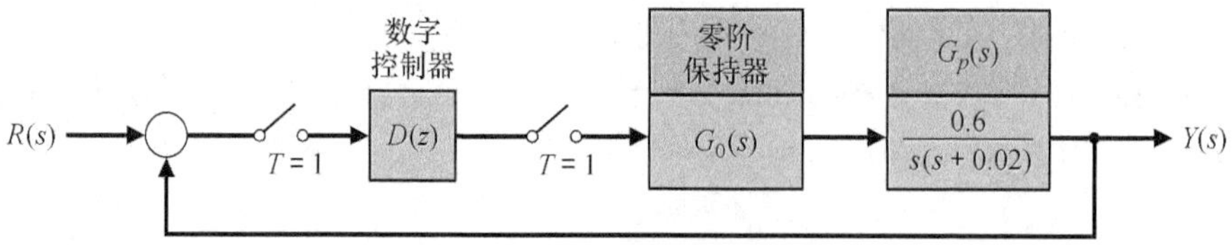

图 DP13.6 某闭环采样控制系统的框图模型（采样周期 $T=1\text{ s}$）

计算机辅助设计题

CP13.1 给定系统 $G(z)=\dfrac{0.2145z+0.1609}{z^2-0.75z+0.125}$，编写m脚本程序，绘制系统的单位阶跃响应曲线并验证系统响应的稳态值为1。

CP13.2 假定采样周期 $T=1\text{ s}$ 并采用零阶保持器 $G_0(s)$，请利用c2d函数，将下列各个连续系统模型变换成离散系统模型。

(a) $G_p(s)=\dfrac{1}{s}$

(b) $G_p(s)=\dfrac{s}{s^2+1}$

(c) $G_p(s)=\dfrac{s+4}{s+5}$

(d) $G_p(s)=\dfrac{1}{s(s+10)}$

CP13.3 某采样控制系统的闭环z域传递函数为

$$T(z)=\frac{Y(z)}{R(z)}=\frac{1.7(z+0.46)}{z^2+z+0.5}$$

(a) 利用step函数计算系统的单位阶跃响应。

(b) 假设采样周期 $T=0.1\text{ s}$，利用d2c函数确定与 $T(z)$ 等价的连续系统的传递函数。

(c) 利用step函数计算连续（非采样）系统的单位阶跃响应，并与（a）中得到的离散阶跃响应作比较。

CP13.4 某系统的开环z域传递函数为

$$G(z)D(z)=K\frac{0.9902z+0.2014}{z^2-0.9464z+0.7408}$$

试绘制对应的根轨迹并确定K的取值范围，使系统保持稳定。

CP13.5 考虑图CP13.5给出的反馈系统，试绘制系统的根轨迹并确定K的取值范围，使系统保持稳定。

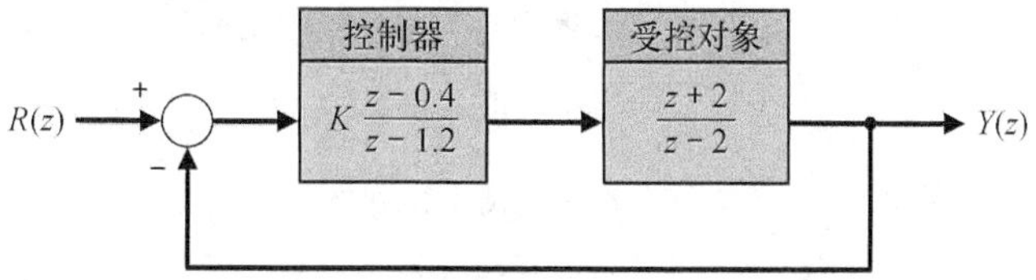

图 CP13.5 带有数字控制器的反馈系统

CP13.6 考虑某采样控制系统，其开环z域传递函数为

$$G(z)D(z)=K\frac{z^2+3z+4}{z^2-0.1z-2}$$

(a) 利用rlocus函数绘制系统的根轨迹。

(b) 利用rlocfind函数确定 K 的取值范围，使系统保持稳定。

CP13.7 某工业碾磨系统的开环传递函数为[15]

$$G_p(s)=\frac{10}{s(s+5)}$$

要求使用数字控制器 $D(z)$ 改善系统的性能，使系统的相角裕度 P.M. ≥ 45° 且调节时间 $T_s\leqslant 1\text{ s}$（按2%准则）。

(a) 若将控制器取为 $G_c(s)=K\dfrac{s+a}{s+b}$，试设计一个能够满足以上设计要求的控制器 $G_c(s)$。

(b) 若将采样周期取为 $T = 0.02$ s，试确定与 $G_c(s)$ 对应的数字控制器 $D(z)$。

(c) 仿真计算闭环连续系统对单位阶跃输入的响应。

(d) 仿真计算闭环采样控制系统对单位阶跃输入的响应。

(e) 比较并讨论 (c) 和 (d) 中的仿真结果。

☑ 技能自测答案

正误判断题：1. 对；2. 对；3. 错；4. 错；5. 对

多项选择题：6.a；7.c；8.a；9.d；10.a；11.a；12.c；13.b；14.a；15.c

术语和概念匹配题（自上向下）：f；k；c；h；g；o；n；l；b；d；j；i；e；m；a；p

术语与概念

amplitude quantization error	**幅值量化误差**	采样信号的精度是有限的。实际信号与采样信号之间的误差就是所谓的幅值量化误差。
backward difference rule	**后向差分法则**	一种近似方法，用于计算函数的微分。具体做法是依照公式 $\dot{x}(kT) \approx \dfrac{x(kT) - x((k-1)T)}{T}$ 进行近似计算，其中 $t = kT$，T 是采样周期，$k = 1,2,\cdots$。
digital computer compensator	**数字计算机校正器**	把计算机当作校正器件使用的系统。
digital control system	**数字控制系统**	利用数字信号和计算机控制受控对象的系统。
forward rectangular integration	**前向矩形积分**	一种近似方法，用于计算函数的积分。具体做法是依照公式 $x(kT) \approx x((k-1)T) + T\dot{x}((k-1)T)$ 进行近似计算，其中 $t = kT$，T 是采样周期，$k = 1,2,\cdots$。
microcomputer	**微型计算机**	基于微处理器的小型个人计算机。
PID controller	**PID 控制器**	一种由比例项、积分项和微分项组成的控制器。PID 控制器的输出为其中每一项输出的加权和，并且每一项都含有可调的增益，即 $G_c(z) = K_1 + \dfrac{K_2Tz}{z-1} + K_3\dfrac{z-1}{Tz}$。
precision	**精度**	一种用于衡量精确度或偏差的定量指标。
sampled data	**采样数据**	只考虑系统变量在离散时间点的取值的数据，在每个采样周期可获得一次数据。
sampled-data system	**采样控制系统**	部分元件或分系统依据采样数据（或采样变量）工作的控制系统。
sampling period	**采样周期**	计算机输出或接收数据的时间间隔。该时间间隔被称为采样周期，在采样周期内，所有变量的采样值保持不变。
stability of sampled-data system	**采样控制系统的稳定性**	当闭环 z 域传递函数 $T(z)$ 的所有极点都位于 z 平面上单位圆的内部时，采样控制系统将是稳定的。
z-plane	**z 平面**	以 z 的实部为水平轴，以 z 的虚部为垂直轴的复平面。
z-transform	**z 变换**	由关系式 $z = e^{sT}$ 定义的从 s 平面到 z 平面的共形映射，同时也是从 s 域到 z 域的变换。
zero-order hold	**零阶保持器**	保持采样数据不变的操作及其数学模型，其输入输出传递函数为 $G_o(s) = \dfrac{1 - e^{-sT}}{s}$。

附录 A　MATLAB 基础知识

A.1　引言

MATLAB 是一套用于科学和工程计算的交互式软件系统，里面包括基本程序和各种类型的软件工具箱。软件工具箱实际上是一组 m 脚本文件的集合，它们是对基本程序功能的扩展 [1-8]。其中，控制系统工具箱（Control System Toolbox）是专门针对控制系统开发的。利用控制系统工具箱和基本程序，我们足以完成控制系统的设计和分析任务。本书正文在涉及 MATLAB 之时，指的都是基本程序和控制系统工具箱。

MATLAB 的绝大部分语法（如语句、函数和命令等）与具体的计算机系统平台无关。也就是说，无论使用的计算机系统平台是什么，MATLAB 的交互操作方式基本上没有区别。本附录将聚焦介绍 MATLAB 的这种与平台无关的交互操作方式。我们可以通过以下 4 种方式与 MATLAB 进行交互：（1）语句和变量；（2）矩阵；（3）图形；（4）m 脚本文件。在利用以上一种或多种方式输入指令后，MATLAB 就会对指令进行解释并提供执行结果。本附录旨在介绍这 4 种交互方式，并最终利用 MATLAB 来分析和设计控制系统。

需要指出的是，MATLAB 的其他一些方面，如软件的安装、文件结构、图形硬拷贝的生成、窗口的建立和退出以及内存的分配等，则与计算机系统平台有关。限于篇幅和主题等方面的原因，此处不讨论这些与计算机系统平台相关的问题，但这并意味着它们不重要。关于这方面的问题，请参考 MATLAB 的用户指南或者请教相关专家。

接下来我们分 4 部分介绍上述 4 种交互方式。第 1 部分为语句和变量方面的基础知识，第 2 部分为矩阵及其计算，第 3 部分为图形绘制方面的内容，第 4 部分则重点介绍 MATLAB 脚本以及 m 脚本文件。

A.2　语句和变量

MATLAB 语句的结构如图 A.1 所示，其中，符号“=”表示将右侧表达式的值赋给左侧的变量，命令提示符“>>”是两个并排的右箭头。图 A.2 给出了一个典型的语句示例，含义为输入一个 2 × 2 大小的矩阵，并将其赋值给变量 A。按回车键后，MATLAB 将执行这条语句。在接下来的示例中，我们不再明确提示需要按回车键，而是默认在执行语句之前都需要按回车键。

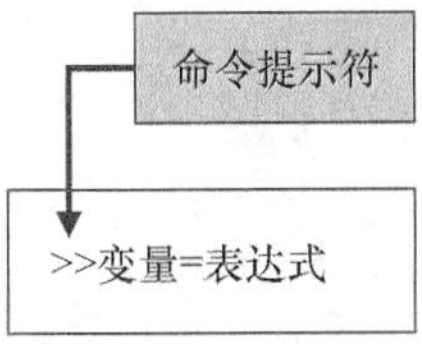

图 A.1　MATLAB 语句的结构

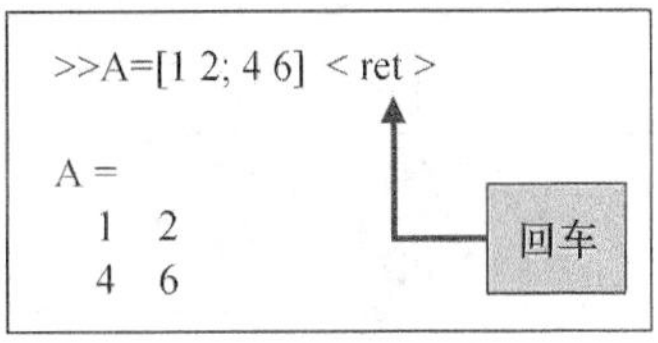

图 A.2　输入并显示矩阵 $\boldsymbol{A}$

从图 A.2 中可以看出，在按回车键执行语句之后，MATLAB 窗口中将自动显示矩阵 $\boldsymbol{A}$ 的内容。如果在语句的后面添加一个分号“;”，那么 MATLAB 在执行该语句后将不显示任何内容，而是仅仅提示用户继续输入其他命令，如图 A.3 所示。虽然没有显示执行结果，但实际上变量 A 仍然会被赋值并分配内存。在计算过程中，我们可能并不关心具体的中间结果。在这种情况下，我们可以利用分号来减少计算过程中的中间输出。同时，由于在 MATLAB 窗口中显示结果需要耗费一定的时间，因此不显示中间结果有利于提高程序的运行速度。

在表达式中，我们可以应用日常使用的数学运算符，如表 A.1 所示。此外，我们还可以利用圆括号来改变运算的优先级。

表 A.1　常见的数学运算符

数学运算符	说明
+	加法
-	减法
*	乘法
/	除法
^	求幂

如图 A.4 所示，MATLAB 还可以当作“计算器”使用。当语句中缺少变量名和“=”符号，表达式的运算结果将被赋给通用变量 ans。MATLAB 提供了普通计算器所拥有的大多数三角函数和其他基本数学运算函数，只需要在命令窗口中输入 help elfun，就可以看到 MATLAB 提供的所有三角函数和数学运算函数。表 A.2 列举了部分较为常用的数学函数。

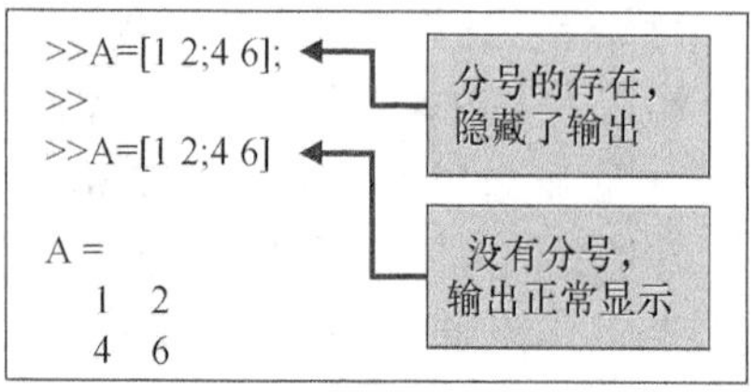

图 A.3　用分号隐藏输出

```
>>12.4/6.9

ans =
   1.7971
```

图 A.4　MATLAB 的计算器模式

表 A.2　部分较为常用的数学函数

数学函数	说明	数学函数	说明
sin(x)	正弦函数	acoth(x)	反双曲余切函数
sinh(x)	双曲正弦函数	exp(x)	指数函数
asin(x)	反正弦函数	log(x)	自然对数函数（以 e 为底）
asinh(x)	反双曲正弦函数	log10(x)	常用对数函数（以 10 为底）
cos(x)	余弦函数	log2(x)	将浮点数 x 转为以 2 为底的对数函数
cosh(x)	双曲余弦函数	pow2(x)	求 2 的 x 次幂
acos(x)	反余弦函数	sqrt(x)	平方根函数
acosh(x)	反双曲余弦函数	nextpow2(x)	取最接近 x 的整数的 2 次幂
tan(x)	正切函数	abs(x)	绝对值函数
tanh(x)	双曲正切函数	angle(x)	相位角函数
atan(x)	反正切函数	complex(x, y)	根据实部和虚部构建复数
atan2(x)	四象限反正切函数	conj(x)	求共轭复数
atanh(x)	反双曲正切函数	imag(x)	求复数的虚部
sec(x)	正割函数	real(x)	求复数的实部
sech(x)	双曲正割函数	unwrap(x)	相位角展开
asec(x)	反正割函数	isreal(x)	判断数值是否为实数
asech(x)	反双曲正割函数	cplxpair(x)	将复数值分类为共轭对
csc(x)	余割函数	fix(x)	对数值进行截尾取整

续表

数学函数	说明	数学函数	说明
csch(x)	双曲余割函数	floor(x)	对 x 进行取整，结果为小于 x 的最大整数（高斯取整）
ascs(x)	反余割函数	ceil(x)	对 x 进行取整，结果为大于 x 的最小整数
acsch(x)	反双曲余割函数	round(x)	对 x 进行四舍五入取整
cot(x)	余切函数	mod(x, y)	除法取模函数（结果的符号与 y 的相同）
coth(x)	双曲余切函数	rem(x, y)	除法求余函数（结果的符号与 x 的相同）
acot(x)	反余切函数		

在 MATLAB 中，变量名必须以字母开头，后面可以跟任意多个字母或数字（包括下画线）。MATLAB 规定，变量名的最大长度不应该超过 N 个字符，对于长度超过 N 个字符的变量名而言，MATLAB 将只截取其中的前 N 个字符作为变量名[①]。因此，最好将变量名的长度控制在 N 个字符以内。此外，我们通常应该采用有实际物理意义的变量名，例如，我们可以采用变量 vel 来表示飞机的速度（velocity）。一般来说，不提倡采用过长的变量名，尽管这在 MATLAB 中是合法的。

MATLAB **对大小写敏感**，因此，变量 M 和 m 表示两个不同的变量，如图 A.5 所示。

MATLAB 有几个预定义变量，它们分别是 pi、Inf、NaN、i 和 j。其中：NaN 表示非数值项（Not-a-Number），由不合法的运算产生；Inf 表示+∞；pi 表示 π；变量 i 和 j 都表示复数 $\sqrt{-1}$，可依据个人喜好而定。图 A.6 提供了一些关于变量 i、Inf 和 NaN 的示例。需要指出的是，我们可以重新定义这些预定义变量并给它们赋予其他的值。例如，我们可以定义 i 来表示整数，而保留 j 用于复数运算。实际上，有太多的变量名可供使用，因此为了程序运行安全起见，最好不要重新定义这些预定义变量。利用命令“clear 变量名”，我们可以恢复预定义变量的默认值。例如，在命令行中输入 clear pi，就可以将 pi 恢复为 π。

```
>>M=[1 2];
>>m=[3 5 7];
```

图 A.5　MATLAB 对大小写敏感

```
>>z=3+4*i
z =
   3.0000 + 4.0000i

>>Inf
ans =
   Inf

>>0/0
ans =
   NaN
```

图 A.6　关于变量 i、Inf 和 NaN 的示例

① 在 MATLAB 6.5 之前的版本中，变量名的最大允许长度为 19 个字符；在 MATLAB 6.5 以及之后的版本中，变量名的最大允许长度为 63 个字符。变量名的长度限制会随着 MATLAB 版本的更新而变化。——译者注

图 A.3 中的矩阵 ***A*** 和图 A.4 中的变量 ans 被存储在 MATLAB 的工作空间中，MATLAB 工作空间中的所有变量都会被自动保存以备用。利用函数 who，我们可以得到存储在 MATLAB 工作空间中的变量列表，如图 A.7 所示。MATLAB 还提供了大量的内置函数，完整的 MATLAB 内置函数列表可以参见 MATLAB 的用户指南或者通过“帮助浏览器”进行查询，当然也可通过在线访问 MathWorks Help Center 来进行查询。

```
>>who
Your variables are:
A    M    ans    m    z
```

图 A.7　利用函数 who 显示存储在 MATLAB 工作空间中的变量列表

如图 A.8 所示，利用函数 whos，我们可以列出 MATLAB 工作空间中存储的所有变量，并提供有关变量的维数、类型和内存分配等方面的信息。从图 A.8 可以看出，此时的 MATLAB 工作空间中存储了 5 个变量。其中：第 1 个变量为矩阵 ***A***，其中的每个元素占用 8 字节的内存空间，因此 2 × 2 大小的矩阵共占用 32 字节的内存空间；第 2 个元素 ***M*** 为 1 × 2 大小的向量，共占用 16 字节的内存空间；变量 ans 为标量，占用 8 字节的内存空间。依此类推，此时 MATLAB 工作空间中的所有变量一共占用 96 字节的内存空间。

利用函数 clear，我们可以清除 MATLAB 工作空间中存储的变量。例如：在命令行中键入 clear，就可以清除 MATLAB 工作空间中存储的所有变量和函数；而键入“clear name1，name2”，则仅仅清除变量 name1 和 name2。图 A.9 演示了如何从 MATLAB 工作空间中清除变量 *A*。

```
>>whos
      Name   Size   Bytes   Class    Attributes

       A     2x2     32     double
       M     1x2     16     double
       ans   1x1      8     double
       m     1x3     24     double
       z     1x1     16     double   complex
```

图 A.8　利用函数 whos 列出 MATLAB 工作空间中存储的所有变量

```
>>clear A
>>who
Your variables are:
M    ans    m    z
```

图 A.9　从 MATLAB 工作空间中清除变量 *A*

MATLAB 以**双精度**执行所有的运算，但允许以多种不同的格式显示计算结果。例如，对于非整型数据，MATLAB 默认显示到小数点后 4 位。我们可以利用函数 format 来调整显示格式，如图 A.10 所示。

显示格式一旦定义，就将一直有效，直到定义新的显示格式为止。需要指出的是：一方面，无论定义何种显示格式，它们对于计算过程都没有任何影响；另一方面，数据的显示位数并不一定是数据的有效位数。数据的有效位数取决于具体的问题，只有用户自己才清楚输入和显示数据的实际精度。图 A.10 展示了 4 种显示格式，除了这 4 种显示格式之外，其他的显示格式还有 format long g（浮点型，显示到小数点后 15 位小数）、format short g（与 format long g 相同，但只显示到小数点后 4 位小数）、format hex（十六进制）、format bank（货币格式，以元为单位，显示到小数点后两位）、format rat（显示为两个较小整数的比值）和 format（与 format short 相同）。

由于 MATLAB 对字母的大小写敏感，因此函数 who 和 WHO 的含义并不一致。who 表示 MATLAB 内置函数 who，在命令行中键入 who 可以得到 MATLAB 工作空间中存储的所有变量，而键入 WHO 或 Who 则会出现错误信息，表示这两个函数并没有事先定义，如图 A.11 所示。

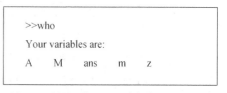

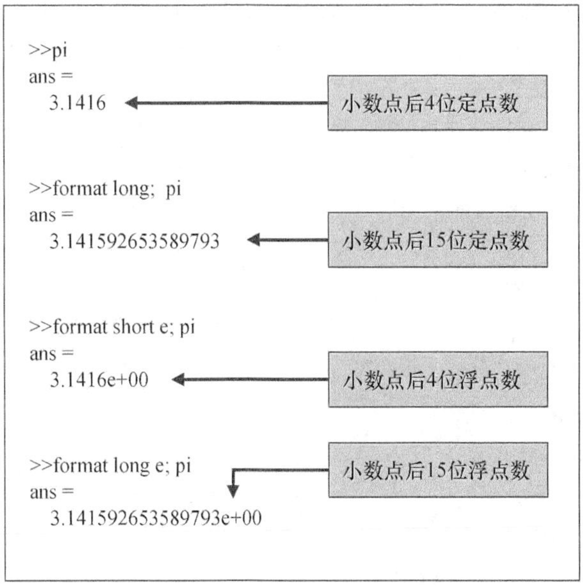

图 A.10　MATLAB 的 4 种显示格式

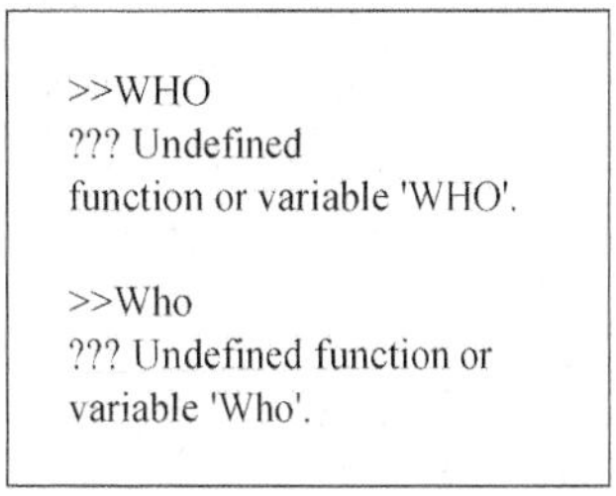

图 A.11　MATLAB 对字母的大小写敏感

A.3　矩阵

MATLAB 是 matrix laboratory 的缩写。我们的重点不在于矩阵的有关计算上，而在于学习如何运用 MATLAB 的交互能力，来帮助我们进行控制系统的分析与设计。下面首先介绍有关矩阵和向量操作的基本概念。

在 MATLAB 中，基本的计算单元是矩阵，向量和标量可以看成矩阵的特例。矩阵表达式由方括号以及其中的数据构成，形如"［.］"。其中，同一行中的数据之间用空格或逗号分开，不同行的数据之间用分号或回车符分开。例如，我们可以采用图 A.12 所示的方式来输入矩阵 $\boldsymbol{A}$：

$$\boldsymbol{A}=\begin{bmatrix} 1 & -\mathrm{j}4 & \sqrt{2} \\ \log(-1) & \sin(\pi/2) & \cos(\pi/3) \\ a\sin(0.8) & a\cos(0.8) & \exp(0.8) \end{bmatrix}$$

需要指出的是，图 A.12 所示的输入方式并不是唯一的。

矩阵可以通过多行输入，只需要在每行的末尾使用分号和回车符，或者只使用回车符。这种方式特别适用于大矩阵的输入。利用空格或逗号可以区分同一行中不同的元素，而利用分号或回车符则可以区分不同的行，参见图 A.12。

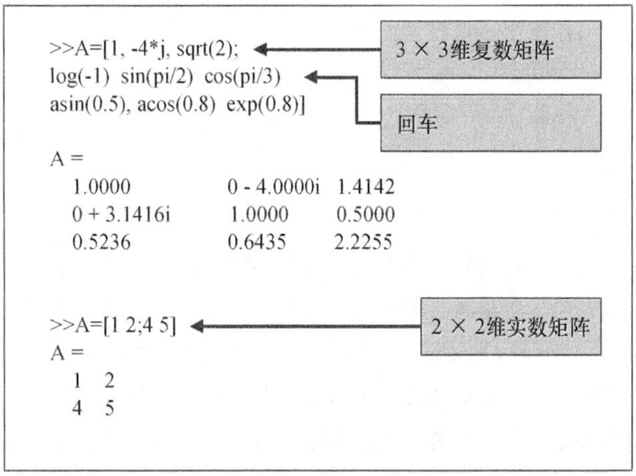

图 A.12　当输入矩阵时，MATLAB 会自动确认维数和数据类型

在定义矩阵变量时，不需要事先声明矩阵的维数和类型，内存空间将按照需要自行分配。从图 A.12 中可以看出，在重新定义矩阵 $\boldsymbol{A}$ 之后，矩阵

A 的维数就会自动调整。同时我们还可以看出，矩阵中的元素既可以是实数或复数，也可以是三角函数或基本数学函数。

矩阵的加法、减法、乘法、转置、求幂以及数组运算等，都是重要的矩阵运算操作，表 A.1 中的数学运算符同样适用于矩阵。尽管这里没有讨论矩阵的除法，但需要指出的是，MATLAB 支持执行矩阵的左除和右除运算。

在矩阵运算过程中，MATLAB 要求各矩阵之间的维数必须保持匹配。加减运算的对象矩阵的维数应该相同。例如，如果 ***A*** 为 $n \times m$ 的矩阵，***B*** 为 $p \times r$ 的矩阵，则只有当 $n = p$ 且 $m = r$ 时，矩阵运算 $\boldsymbol{A} \pm \boldsymbol{B}$ 才合法。此外，只有当 $m = p$ 时，矩阵乘法 ***A*B*** 才合法。矩阵与向量的乘法是矩阵乘法的特例。例如，如果 ***b*** 是一个长度为 p 的向量，则只有当 $m = p$ 时，***A*b*** 才合法，此时的乘积 $\boldsymbol{y} = \boldsymbol{A}*\boldsymbol{b}$ 为 $n \times 1$ 的向量。图 A.13 给出了 3 种基本矩阵运算的示例。

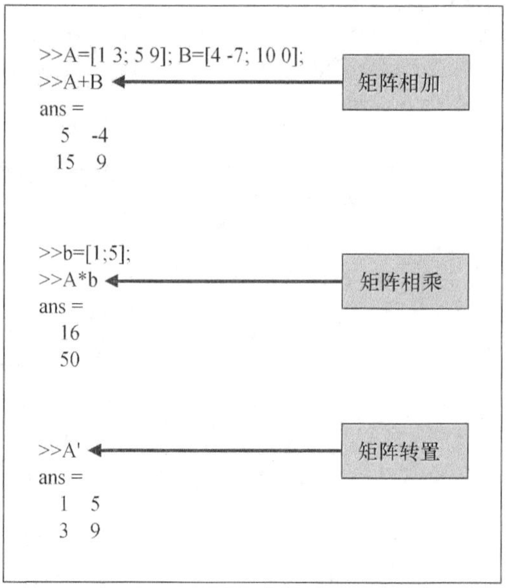

图 A.13 3 种基本的矩阵运算：矩阵加法、矩阵乘法和矩阵转置

矩阵转置的运算符为“′”，利用矩阵转置和矩阵乘法，我们可以计算向量的内积（又称点乘）。例如，如果 ***w*** 和 ***v*** 是两个 $m \times 1$ 的向量，则向量 ***w*** 和 ***v*** 的内积计算方式为 $\boldsymbol{w}'*\boldsymbol{v}$，这两个向量的内积为标量。向量外积的计算方式为 $\boldsymbol{w}*\boldsymbol{v}'$，两个 $m \times 1$ 向量的外积为 $m \times m$ 的矩阵，该矩阵的秩为 1。图 A.14 给出了向量内积和向量外积的运算示例。

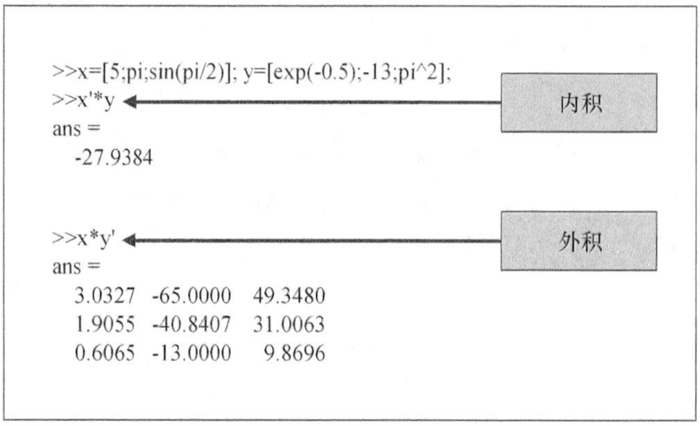

图 A.14 向量的内积和外积

在运算符的前面加上句点，就可以将基本矩阵运算转换为元素对元素的矩阵运算，即**数组运算**。常见的数组运算符如表 A.3 所示，从中可以看出，由于矩阵的加法和减法本身就是元素对元素的运算，因此不需要在运算符的前面加句点。但是，在矩阵的乘法、除法和求幂运算符之前，则必须加上句点。

表 A.3 常见的数组运算符

数组运算符	说明
+	加法
−	减法
.*	乘法
./	除法
.^	求幂

例如，假设 ***A*** 和 ***B*** 均为 2×2 的矩阵：

$$A=\begin{bmatrix}a_{11} & a_{12}\\ a_{21} & a_{22}\end{bmatrix},\quad B=\begin{bmatrix}b_{11} & b_{12}\\ b_{21} & b_{22}\end{bmatrix}$$

应用数组乘法运算符可以得到

$$A.*B=\begin{bmatrix}a_{11}b_{11} & a_{12}b_{12}\\ a_{21}b_{21} & a_{22}b_{22}\end{bmatrix}$$

可以看出，***A.*B*** 的元素是矩阵 ***A*** 和矩阵 ***B*** 中对应元素的乘积。图 A.15 给出了数组运算的两个例子。

接下来介绍利用冒号产生向量的方法，这对于 MATLAB 绘图非常重要。利用冒号运算符可以产生一个行向量，其中的值从给定的初值 x_i 到终值 x_f，以步长 d_x 均匀产生，如图 A.16 所示。

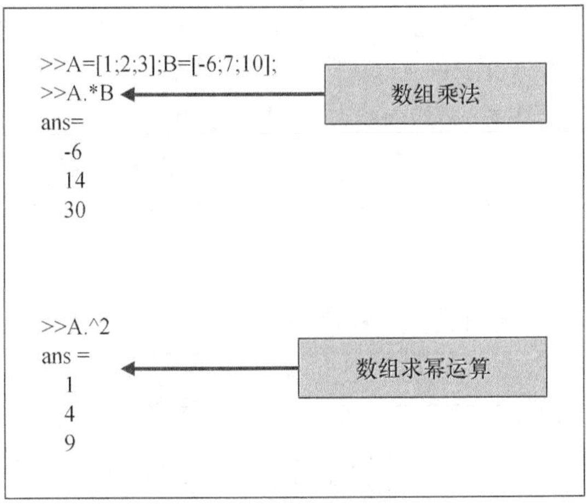

图 A.15　数组运算

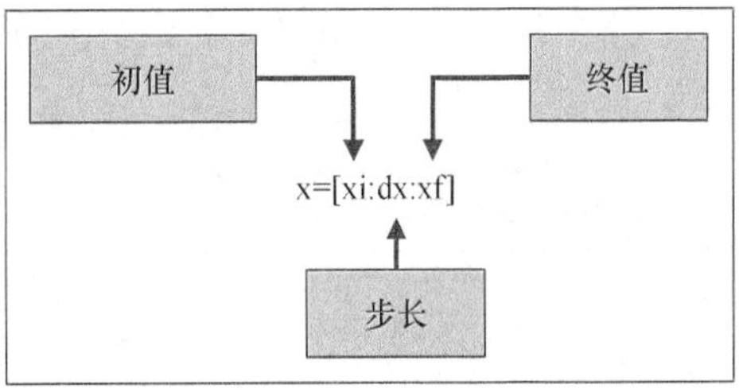

图 A.16　冒号运算符

对于绘制 *x*–*y* 曲线图而言，冒号非常有用。例如，如果要绘制 $y = x\sin(x)$ 的曲线图，其中 $x = 0, 0.1, 0.2, \cdots, 1.0$，则应该产生 $x-y$ 数据对，这可以通过冒号来实现。具体过程如下：首先利用冒号生成由 0, 0.1, 0.2, ⋯, 1.0 等数据点构成的向量 $\boldsymbol{x}$，然后利用数组乘法运算符得到向量 $\boldsymbol{y}$，如图 A.17 所示。生成 $x-y$ 数据对后，绘图工作就变得简单多了。

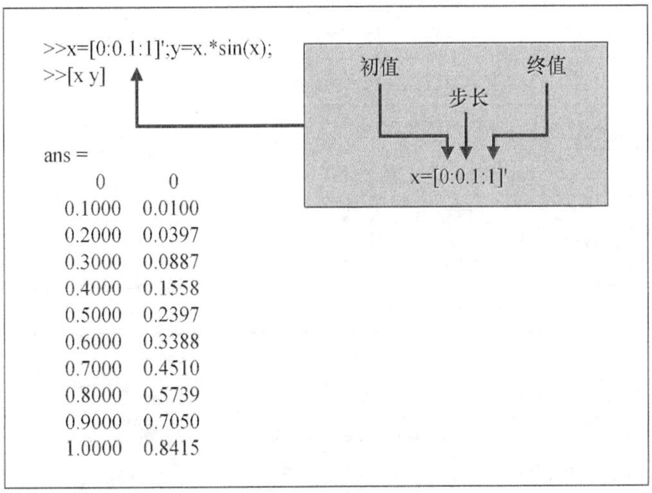

图 A.17　利用冒号运算符生成向量

A.4 图形

在控制系统的设计与分析过程中，问题的最终解决往往需要利用图解法对大量不同格式的原始数据进行细致的分析。因此可以说，在控制系统的设计与分析过程中，图形的作用非常重要。交互式控制系统设计与分析工具的一个重要特征就是图形功能。本节将介绍在 MATLAB 中绘制 $x-y$ 平面图的基本知识。如果读者想深入了解 MATLAB 的绘图功能，请参阅有关的 MATLAB 教程。

MATLAB 利用图形窗口来显示绘制的图形。当运行绘图指令（如 plot 函数）时，MATLAB 就会自动创建一个图形窗口。plot 函数能够打开一个图形窗口，即 FIGURE 窗口。我们也可以利用 figure 函数新建一个 FIGURE 窗口。在一次会话中，多个 FIGURE 窗口可以并存。figure(n)函数能够调用当前存在的第 n 个 FIGURE 窗口。在命令行中键入指令 clg，可以清除 FIGURE 窗口中的所有内容。指令 shg 则可以调用当前正在使用的 FIGURE 窗口。

MATLAB 中的绘图指令分为两大类。第一类绘图指令具体说明了坐标系的类型，如表 A.4 所示，从中可以看出，MATLAB 可以使用的坐标系有线性坐标系、半对数坐标系和对数坐标系等。第二类绘图指令如表 A.5 所示，这些指令可以个性化地实现附加图形标题、标注坐标系、插入字符串、改变坐标尺度和单窗口显示多个图形等功能。

表 A.4 MATLAB 中的第一类绘图指令(用于指定坐标系的类型)

绘图指令	说明
plot(x, y)	绘制 x-y 曲线图，x 轴和 y 轴都为线性坐标
semilogx(x, y)	绘制 x-y 曲线图，x 轴为 $\log_{10}$ 坐标，y 轴为线性坐标
semilogy(x, y)	绘制 x-y 曲线图，x 轴为线性坐标，y 轴为 $\log_{10}$ 坐标
loglog(x, y)	绘制 x-y 曲线图，x 轴和 y 轴都为 $\log_{10}$ 坐标

表 A.5 MATLAB 中的第二类绘图指令(用于进行个性化标注)

绘图指令	说明
title('text')	在图形上方添加标题“text”
legend(string1, string2, …)	为图形增加图例，标注分别为字符串 string1、string2 等
xlabel('text')	为 x 轴添加标注“text”
ylabel('text')	为 y 轴添加标注“text”
text(p1, p2, 'text')	在图形的坐标(p1, p2)处插入“text”
subplot	将图形窗口划分成多个子窗口
grid on	为图形增加网格线
grid off	清除图形中的网格线
grid	触发图形的网格线状态

利用函数 plot，我们可以绘制标准的 $x-y$ 曲线图。基于图 A.17 中得到的 $x-y$ 数据对，利用函数 plot 可以得到图 A.18 所示的 $x-y$ 曲线图。其中，坐标轴的刻度是根据 $x-y$ 数据对自动确定的，曲线的线型则采用 MATLAB 的默认值；指令 xlabel 和 ylabel 用于标注 x 轴和 y 轴；指令 title 用于指定坐标系的标题；指令 legend 用于为图形增加图例；指令 grid on 用于附加网格线。如此一来，

通过综合运用 plot、legengd、xlabel、ylabel、title 和 grid on 等指令，便可以绘制出基本的直角坐标曲线图。

```
>>x=[0:0.1:1]';
>>y=x.*sin(x);
>>plot(x,y)
>>title('Plot of x sin(x) vs x ')
>>xlabel('x')
>>ylabel('y')
>>grid on
```

(a)

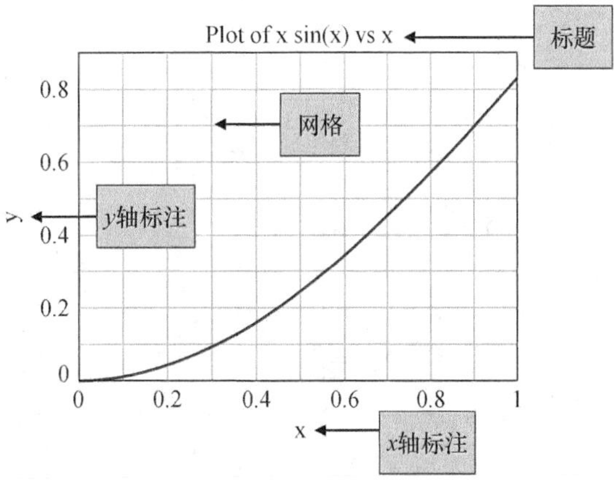

(b)

图 A.18　(a) MATLAB 指令；(b) 函数 $y = x\sin(x)$ 的曲线图

在给定多组 x–y 数据对的情况下，函数 plot 能够在同一 FIGURE 窗口上绘制多条曲线，如图 A.19 所示。此外，我们也可以通过调整函数 plot 的参数来更改曲线的线型，MATLAB 中可用的线型如表 A.6 所示。

如果用户不指定线型，系统将自动采用默认值。图 A.19 (a) 所示的源代码演示了函数 text 的用法以及如何改变线型。

表 A.6　MATLAB 中可用的线型

线型	说明
-	实线
---	虚线
:	点线
–.	点画线

```
>>  x=[0:0.1:1]';
>>  y1=x.*sin(x); y2=sin(x);
>> plot(x,y1,'--',x,y2,'-.')
>> text(0.1,0.85,'y_1 = x sin(x) ---')
>> text(0.1,0.80,'y_2 = sin(x) .\_.\_')
>> xlabel('x'), ylabel('y_1 and y_2'), grid on
```

曲线y_1采用虚线
曲线y_2采用点画线

(a)

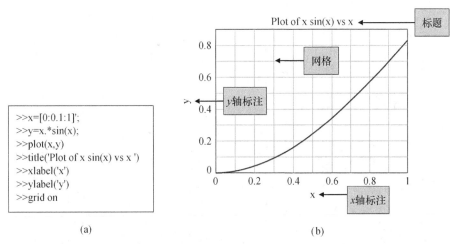

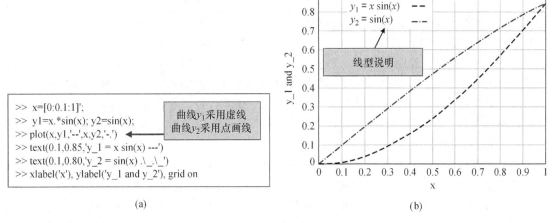

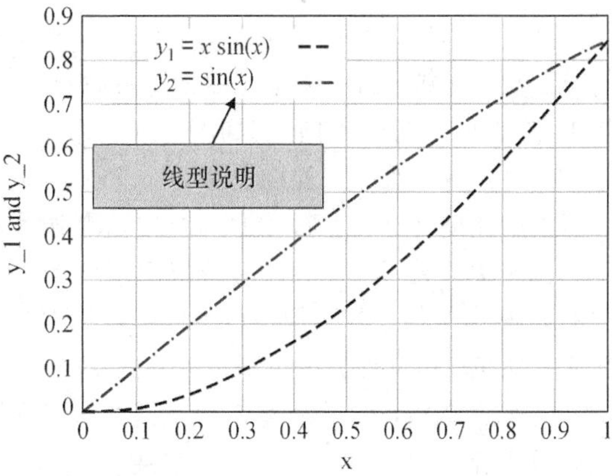

(b)

图 A.19　(a) MATLAB 指令；(b) 同时显示多条曲线

其他绘图指令（如 loglog、semilogx 和 semilogy 等）的用法与函数 plot 类似。如果要绘制以 x 轴为线性坐标、以 y 轴为对数坐标的图形，则只需要用指令 semilogy 代替指令 plot。表 A.5 所示的绘制指令同样适用于通过 loglog、semilogx 和 semilogy 等指令绘制的图形。

图形窗口可以划分成若干个小的子窗口。利用函数 subplot(m,n,p)，我们可以将一个图形窗口划分成 $m \times n$ 的网格状子窗口。p 为整型参数，表示各子窗口的编号，编号的顺序为从上到下、从左到右。如图 A.20 所示，图形窗口被划分成了 4 个子窗口。

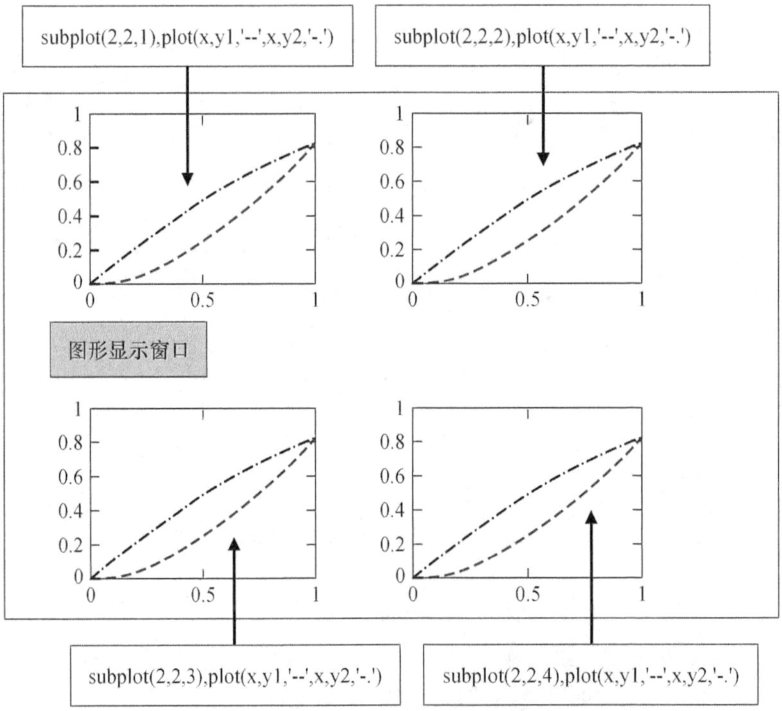

图 A.20 利用函数 subplot 将图形窗口划分为 2×2 的子窗口

A.5 文件脚本

到目前为止，我们都是以指令的方式与 MATLAB 进行交互——在指令提示符后直接输入语句或函数，MATLAB 会对输入立即进行解释并做出响应。在任务量不是很大或不需要多次重复操作的情况下，我们倾向于采用这种工作方式。然而，在应用于控制系统的分析与设计时，MATLAB 的真正强大之处在于能够处理以文件方式存放的一长串有序指令。此类文件的扩展名为“.m”，因此被称为 m 脚本文件。MATLAB 脚本程序就是这样的 m 脚本文件。MATLAB 的控制系统工具箱中汇集了专为控制系统应用而设计的各种 m 脚本文件。除了 MATLAB 及其工具箱中提供的 m 脚本文件之外，用户也可以根据需要自行编写专用的 m 脚本文件。MATLAB 脚本程序是普通的 ASCII 码文件，可基于文本编辑器创建。

所谓的 MATLAB 脚本程序，就是将一组交互指令（即语句或函数等）编辑在同一个文件中，然后只需要在命令行中键入文件名或者选择【Debug】|【Run】菜单，即可执行这组交互指令。在一个 MATLAB 脚本程序中，我们可以调用另一个 MATLAB 脚本程序。当开始执行 MATLAB 脚本程序时，MATLAB 将自动按顺序执行其中的指令，并访问 MATLAB 工作空间中的所有变量。

假设要绘制函数 $y(t)=\sin(\alpha x)$ 的曲线，其中的 α 是可变参数。为此，首先在文本编辑器中编写 m 脚本文件，命名并保存为 plotdata.m，如图 A.21 所示；然后在命令行中输入 α 的值，从而将 α 存入 MATLAB 工作空间；最后，在命令行中键入 plotdata 即可调用 plotdata.m，基于最新输入的 α 值绘制函数 $y(t)=\sin(\alpha x)$ 的曲线。程序执行结束后，我们还可以输入新的 α 值并绘制新的曲线。

例如，在命令行中输入 $\alpha=10$ 并键入 plotdata，即可得到 $\alpha=10$ 时的函数曲线。然后，重新转到命令行，输入 $\alpha=50$ 并键入 plotdata，则可以得到 $\alpha=50$ 时新的函数曲线，如图 A.22 所示。

```
>>alpha=50;
>>plotdata
```

plotdata.m

```
% This is a script to plot the function y=sin(alpha*t).
%
% The value of alpha must exist in the workspace prior
% to invoking the script.
%
t=[0:0.01:1];
y=sin(alpha*t);
plot(t,y)
xlabel('时间(s)')
ylabel('y(t) = sin(\alpha t )')
grid on
```

图 A.21 绘制函数 $y(t) = \sin(\alpha x)$ 的曲线

```
>>help plotdata

  This is a script to plot the function y=sin(alpha*t).

  The value of alpha must exist in the workspace prior
  to invoking the script.
```

图 A.22 利用脚本实现交互，绘制不同 α 值下函数 $y(t) = \sin(\alpha t)$ 的曲线

为了使脚本容易理解，我们可以为脚本添加注释。在 m 脚本文件中，以“%”字符开头的行为注释行。在 m 脚本文件中最开始的部分，我们应该通过注释行来设置题头以阐释程序的功能。函数 help 能够显示程序的题头，如图 A.23 所示。

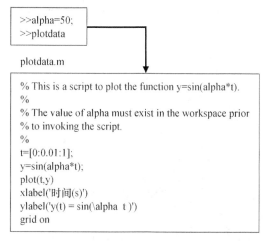

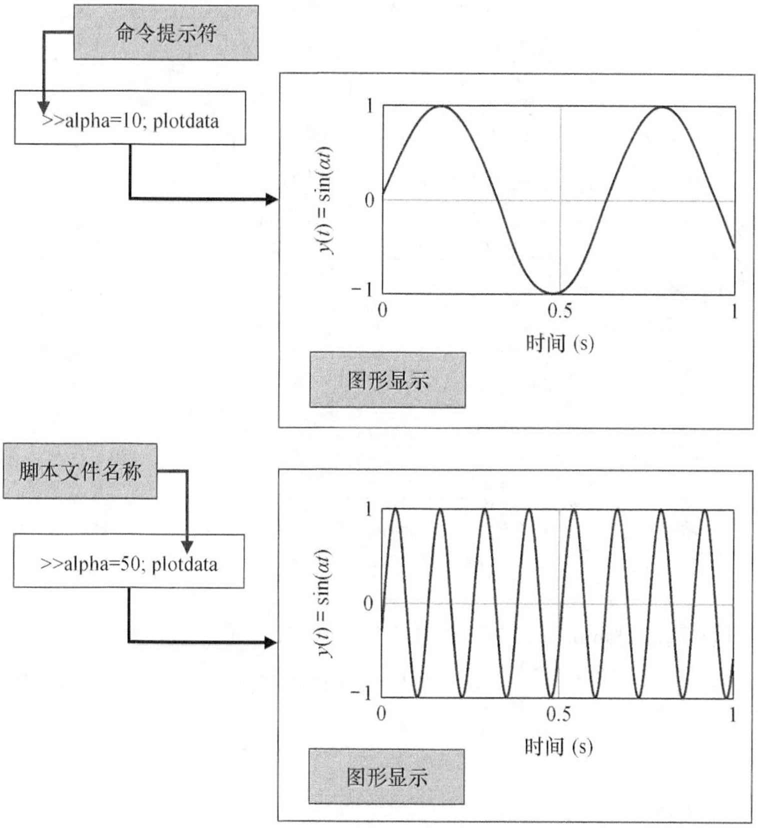

图 A.23 使用函数 help 显示程序的题头

MATLAB 允许使用一部分 TeX 数学字符来为图形添加数学符号和字符，具体可用的 TeX 数学字符如图 A.24 所示。

字符串	字符	字符串	字符	字符串	字符
\alpha	α	\upsilon	υ	\sim	~
\beta	β	\phi	ϕ	\leq	⩽
\gamma	γ	\chi	χ	\infty	∞
\delta	δ	\psi	ψ	\clubsuit	♣
\epsilon	ϵ	\omega	ω	\diamondsuit	♦
\zeta	ζ	\Gamma	Γ	\heartsuit	♥
\eta	η	\Delta	Δ	\spadesuit	♠
\theta	θ	\Theta	Θ	\leftrightarrow	↔
\vartheta	ϑ	\Lambda	Λ	\leftarrow	←
\iota	ι	\Xi	Θ	\uparrow	↑
\kappa	κ	\Pi	Π	\rightarrow	→
\lambda	λ	\Sigma	Σ	\downarrow	↓
\mu	μ	\Upsilon	ϒ	\circ	°
\nu	ν	\Phi	Φ	\pm	±
\xi	ξ	\Psi	Ψ	\geq	⩾
\pi	π	\Omega	Ω	\propto	∝
\rho	ρ	\forall	∀	\partial	∂
\sigma	σ	\exists	∃	\bullet	•
\varsigma	ζ	\ni	∍	\div	÷
\tau	τ	\cong	≅	\neq	≠
\equiv	≡	\approx	≈	\aleph	ℵ
\Im	ℑ	\Re	ℜ	\wp	℘
\otimes	⊗	\oplus	⊕	\oslash	∅
\cap	∩	\cup	∪	\supseteq	⊇
\supset	⊃	\subseteq	⊆	\subset	⊂
\int	∫	\in	∋	\o	o

图 A.24　Tex 数学字符

例如，我们可以使用“\alpha”来为坐标轴添加标注 α，如图 A.21 所示。在 MATLAB 中，所有的 TeX 字符序列都必须包含前缀“\”。此外，我们也可以使用如下修饰符对图形中的字符进行修饰。

- \bf：黑体。
- \it：斜体。
- \rm：普通字体。
- \fontname：指定所用字体的名称。
- \fonsize：指定字体的大小。
- \color：指定后续字符的颜色。

上标和下标则分别采用“_”和“^”来表示。例如，语句 ylabel('y_1 and y_2')能为 y 轴标注带有下标的标签，如图 A.19 所示。

MATLAB 的图形功能远不止这里介绍的这些，更多功能请参见有关 MATLAB 的专业教程。本书用到的 MATLAB 函数如表 A.7 所示。

表 A.7 本书用到的 MATLAB 函数

函数名	功能描述
abs	求绝对值
acos	求反余弦
ans	为表达式创建的默认变量
asin	求反正弦
atan	求反正切（二象限）
atan2	求反正切（四象限）
axis	在图形上手动指定坐标轴的尺度
bode	生成频率响应伯德图
c2d	将连续状态变量系统模型转换为离散状态变量系统模型
clear	清除 MATLAB 工作空间中存储的函数和变量
clf	清除图形窗口
conj	求共轭复数
conv	求卷积
cos	求余弦
ctrb	求能控性矩阵
diary	将 MATLAB 对话存储到磁盘上
d2c	将离散状态变量系统模型转换为连续状态变量系统模型
eig	求矩阵的特征值和特征向量
end	结束控制结构，如结束循环体等
exp	计算以 e 为底的指数幂
expm	计算以 e 为底的矩阵指数幂
eye	生成单位矩阵
feedback	计算两个系统反馈互联之后的新系统
for	生成循环体
format	设置输出的显示格式
gird on	在图形上添加网格
help	打开帮助主题的清单
hold on	打开当前图形的保护模式
i	$\sqrt{-1}$
imag	求复数的虚部
impulse	求系统的单位脉冲响应
inf	无穷大

续表

函　数　名	功 能 描 述
j	$\sqrt{-1}$
legend	在图形上添加图例
linspace	生成各元素线性等距的向量
load	从文件中读入变量
log	求以 e 为底的自然对数
log10	求以 10 为底的常用对数
loglog	生成对数-对数图形
logspace	构造各元素对数等距的向量
lsim	计算系统在任意输入和初始条件下的响应
margin	从频率响应数据中求增益裕度、相角裕度和对应的穿越频率
max	求最大值
mesh	创建三维的 mesh 平面
meshgrid	为函数 mesh 产生数据
min	求最小值
minreal	对传递函数进行零极点对消
NaN	非数值项
ngrid	在尼科尔斯图上绘制网格
nichols	绘制频率响应尼科尔斯图
num2str	将数值转换为字符串
obsv	求能观性矩阵
ones	生成元素全部为 1 的矩阵
pade	求时间延迟的 n 阶帕德近似
parallel	求两个系统并联之后的新系统
plot	绘制线性坐标图形
pole	求系统的极点
poly	根据特征根重构系统的特征多项式
polyval	给定自变量的值，求多项式的值
printsys	以可读形式显示线性系统的状态变量和传递函数
pzmap	绘制线性系统的零极点分布图
rank	求矩阵的秩
real	求复数的实部
residue	计算部分分式展开
rlocfind	根据根轨迹的一组根确定对应的增益
rlocus	绘制根轨迹
roots	求特征方程的根
semilogx	绘制 x 轴的半对数坐标图形

续表

函 数 名	功 能 描 述
semilogy	绘制 y 轴的半对数坐标图形
series	计算两个系统串联后的新系统
shg	调用当前的 FIGURE 窗口
sin	求正弦
sqrt	求平方根
ss	生成状态空间模型
step	求单位阶跃响应
subplot	将一个图形窗口划分为若干个子窗口
tan	求正切
text	在图形上添加文字说明
title	为图形添加标题
tf	求系统的传递函数
who	列出当前工作空间中存储的变量
whos	列出当前工作空间中存储的变量及其占用的内存空间
xlabel	为图形的 x 轴添加标签
ylabel	为图形的 y 轴添加标签
zero	求系统的零点
zeros	产生一个元素全部为 0 的矩阵

习题

A.1　假设矩阵 $\boldsymbol{A}$ 和 $\boldsymbol{B}$ 分别为

$$\boldsymbol{A}=\begin{bmatrix}4 & 2\pi\\ \mathrm{j}6 & 10+\mathrm{j}\sqrt{2}\end{bmatrix}$$

$$\boldsymbol{B}=\begin{bmatrix}\mathrm{j}6 & -13\pi\\ \pi & 16\end{bmatrix}$$

请利用 MATLAB 执行以下运算。

(a) $\boldsymbol{A}+\boldsymbol{B}$　(b) $\boldsymbol{AB}$　(c) $\boldsymbol{A}^2$　(d) $\boldsymbol{A}'$　(e) $\boldsymbol{A}^{-1}$　(f) $\boldsymbol{B}'\boldsymbol{A}'$　(g) $\boldsymbol{A}^2+\boldsymbol{B}^2-\boldsymbol{AB}$

A.2　求以下线性方程组的根。

$$\begin{aligned}5x+6y+10z&=4\\ -3x+14z&=10\\ -7y+21z&=0\end{aligned}$$

（提示：可将方程组改写为矩阵形式。）

A.3　绘制如下函数的曲线图。

$$y(x)=\mathrm{e}^{-0.5x}\sin\omega x$$

其中，$\omega=10\ \mathrm{rad/s}$，$0\leqslant x\leqslant 10$。（提示：可以先利用冒号运算符生成一个步长为 0.1 的向量。）

A.4　编写 m 脚本文件，绘制如下函数的曲线图。

$$y(x)=\frac{4}{\pi}\cos\omega x+\frac{4}{9\pi}\cos 3\omega x$$

具体要求为，在命令行中输入ω的值，x轴的标签为“时间（s）”，y轴的标签为$y(x)=(4/\pi)*\cos(\omega x)+(4/9\pi)*\cos(3\omega x)$。此外，脚本中应该包括描述程序功能的题头，并且支持通过函数help进行显示。分别输入$\omega=1$ rad/s、$\omega=3$ rad/s和$\omega=10$ rad/s，对脚本进行测试。

A.5 某函数为

$$y(x)=10+5\mathrm{e}^{-x}\cos(\omega x+0.5)$$

试编写m文件脚本，当分别输入$\omega=1$ rad/s、$\omega=3$ rad/s和$\omega=10$ rad/s时，在同一张图上绘制该函数在$0\leqslant x\leqslant 5$范围内的曲线，具体要求如下。

题头	$y(x)=10+5\mathrm{e}^{-x}\cos(\omega x+0.5)$
x轴标签	时间（s）
y轴标签	$y(x)$
曲线的线型	$\omega=1$：实线 $\omega=3$：虚线 $\omega=10$：点线
是否有网格	有网格

附录 B　MathScript RT 模块入门

B.1　引言

LabVIEW 是 Laboratory Virtual Instrument Engineering Workbench（实验室虚拟仪器集成环境）的缩写，是由美国国家仪器公司推出的、灵活的图形化编程环境，已被广泛应用于科学研究、工程开发、生产、检测、服务工业等领域，涵盖汽车、半导体、航天、电子、化工、电信、制药等工业门类，尤其在检测与测量、工业自动化和数据分析等场景下，LabVIEW 的应用更为广泛。LabVIEW 用户可以基于图形化编程语言，利用图形和符号来创建应用程序。在 LabVIEW 8.0 以及之后的版本中，LabVIEW 引入了 MathScript RT 模块，这是一种基于文本的命令行环境，它既支持 m 脚本文件，也支持以命令行方式输入脚本代码。在介绍 MathScript 之前，这里假定读者已经安装 LabVIEW 并且知道如何启动 LabVIEW。本附录仅简单介绍 MathScript RT 模块的入门知识。读者如果想要深入学习 LabVIEW 和 MathScript RT 模块，请参考 *Learning with LabVIEW*[①]。

本附录将围绕 MathScript Interactive window（交互窗口）这一中心，介绍以下的内容：创建自定义函数和脚本、保存和加载数据文件以及 MathScript 节点的应用。基于 MathScript 交互窗口，学生能够很容易地利用命令行与 LabVIEW 进行交互。

B.2　MathScript 概述

MathScript 是一种基于文本的面向数学应用的高级编程语言，它提供了在 LabVIEW 开发环境下使用的命令符和功能。MathScript RT 模块不需要额外的第三方软件，就能够完成脚本的编译和执行。MathScript RT 模块内置了几百个函数，涵盖线性代数、曲线拟合、数字滤波、微分方程求解以及概率与统计等不同的领域。MathScript 的语法与其他数学计算脚本（如 m 脚本文件）非常相似，因此，我们可以使用以前编写的数学计算脚本以及工程教科书中甚至网络上的各种开源脚本。

MathScript 中最基本的用于数学计算的数据类型为矩阵，MathScript 还内置了各种不同的运算符用于生成和访问数据。另外，我们可以自定义有关函数，对 MathScript RT 模块的功能进行扩展。表 B.1 描述了 MathScript RT 模块的一些特性。读者可通过访问 NI 网站来了解 MathScript RT 模块的更多信息。

表 B.1　MathScript RT 模块的特性

特　　性	描　　述
强大的数学资源	MathScript RT 模块内置了 800 多个用于数学计算以及信号分析与处理的函数，涵盖线性代数、曲线拟合、数字滤波、微分方程求解以及概率与统计等不同的领域。
面向数学的数据类型	MathScript RT 模块中最基本的用于数学计算的数据类型为矩阵，MathScript 还内置了各种不同的运算符用于生成和访问数据。

① Bishop, R. H., *Learning with LabVIEW*, Pearson, 2021.

续表

特　　性	描　　述
数据类型方面的亮点	MathScript RT 模块在编辑和改进脚本的易调试性及易读性的同时，还能够通过分析 m 脚本文件来确定输入和常数的数据类型。
兼容性	MathScript RT 模块能够处理一些基于其他文本文法的文件。但是，MathScript RT 模块不支持 m 脚本文件的所有文法规则，因而无法兼容现存的所有脚本文件。
扩展性	用户可以通过自定义函数来扩展 MathScript RT 模块的功能。
LabVIEW 的有机组成	MathScript RT 模块不需要额外的第三方软件就能够完成脚本的编译和执行。

B.3 MathScript 的交互式界面

MathScript 为用户提供了交互式界面，用户可以借此输入单个命令或者编辑一组命令。如图 B.1 所示，可通过在 Getting Started 对话框或其他任意 VI 窗口中依次选择 Tools→MathScript Window，来启动 MathScript 的交互式界面。在 MathScript 的交互式界面中，我们可以看到 Command Window（命令窗口，用于输入命令）、Output Window（输出窗口，用于对输入产生响应并显示输出结果）、Script Editor Window（脚本代码编辑器窗口，用于保存、加载、编译和执行脚本）、Variables Window（变量窗口，用于显示变量、维数和类型）和 Command History Window（历史命令窗口，用于显示命令行的历史记录）等窗口，如图 B.2 所示。

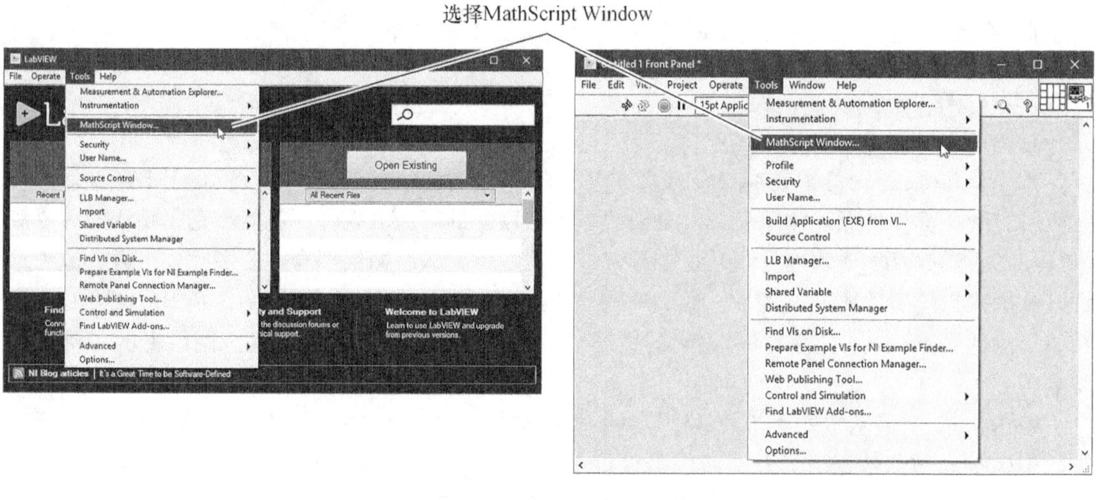

(a)　　　　(b)

图 B.1　启动 MathScript 的交互式界面

Output Window 中的内容会实时更新，以显示用户输入的命令及执行结果。Command History Window 则会对用户输入的命令进行跟踪。我们既可以在 Command History Window 中搜索已经执行过的命令，双击命令即可重新执行；也可以通过方向键↑和↓（出现在 Command Window 中）来定位历史命令。在 Script Editor Window 中，我们可以输入并执行一组命令，然后保存为脚本文件，以便在以后的 LabVIEW 任务会话中随时调用。

Command History Window

每次启动新的会话时，Command History Window 都会再次显示在上一次会话中，从而通过用户在 MathScript 的交互式界面中输入的命令并同时通过头注释，显示命令的输入日期和时间。

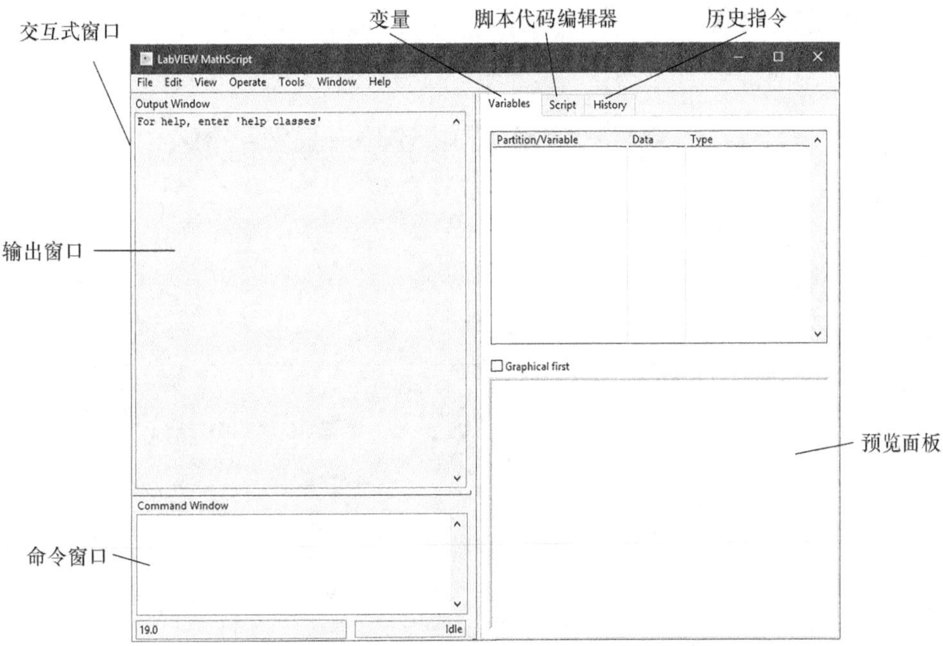

图 B.2　MathScript 的交互式界面

清除 Output Window

如图 B.3 所示，在 Command Window 中键入命令 clc 并回车，即可清除 Output Window 中的内容。

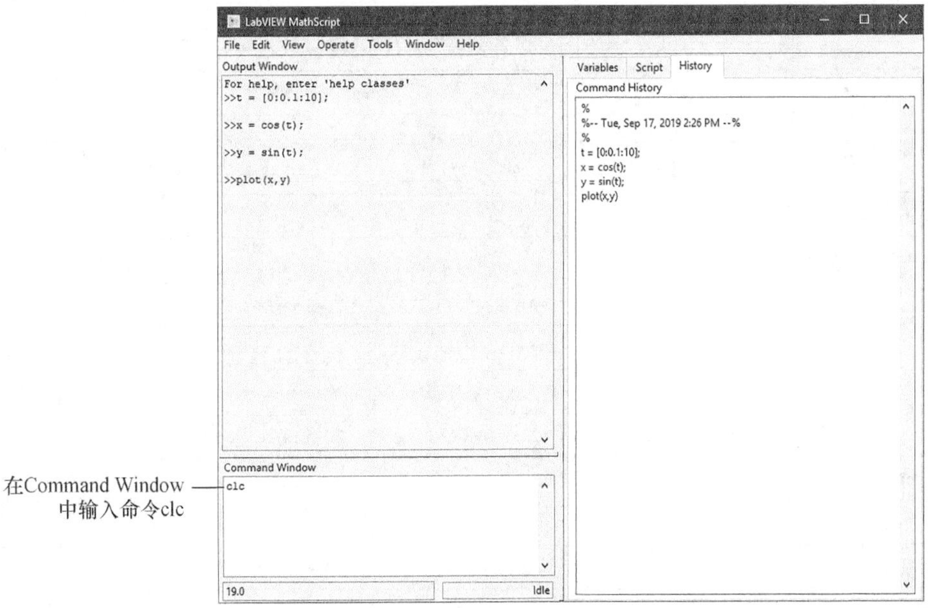

图 B.3　清除 Output Window

复制 Output Window 中的数据

我们可以直接从 Output Window 中复制数据，然后将它们粘贴到 Script Editor Window 或其他的文本编辑器中。在 Output Window 中选中待复制的数据后，选择菜单 Edit→Copy 或按下组合键 Ctrl+C，即可将它们复制到剪贴板中。

用不同的格式显示数据

如图 B.4 所示，在 MathScript 的交互式界面中，我们可以采用不同的格式来显示数据。

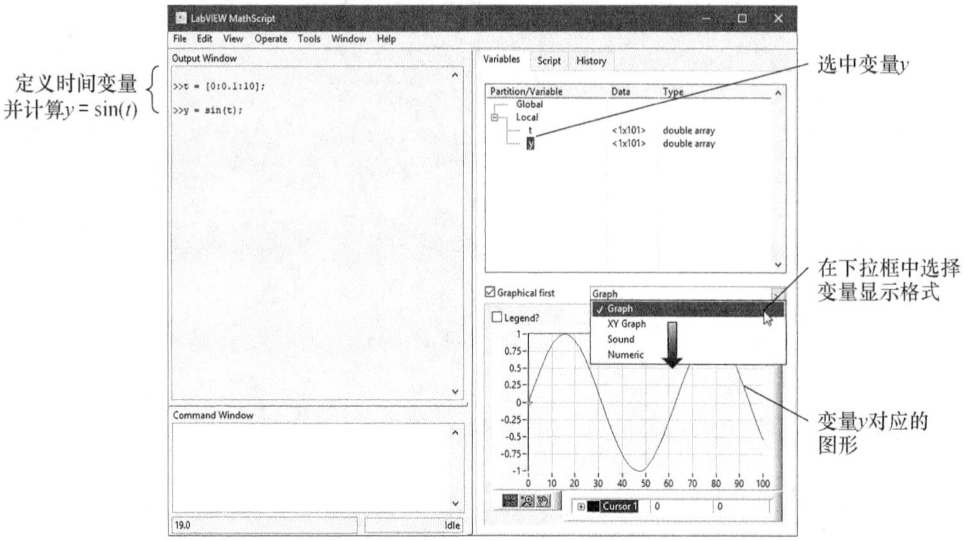

图 B.4 用不同的格式显示数据

表 B.2 给出了 MathScript 可用的数据显示格式，包括数值（Numeric）、字符串（String）、图形（Graph）、X–Y 图（X–Y Graph）、声音（Sound）、曲面（Surface）和图片（Picture），具体采用何种格式则取决于变量的类型。

表 B.2 MathScript 的数据格式及其与语法的关系

Data Type（数据类型或格式）	MathScript 语法			
	Scalar（标量）	1D-Array（一维数组）	2D-Array（二维数组）	Matrix（矩阵）
unsigned integer（无符号整数）				
Numeric（数值类）				
8-bit	Scanar >> U8	1D-Array >> U8 1D	2D-Array >> U8 2D	
16-bit	Scanar >> U16	1D-Array >> U16 1D	2D-Array >> U16 2D	
32-bit	Scanar >> U32	1D-Array >> U32 1D	2D-Array >> U32 2D	
64-bit	Scanar >> U64	1D-Array >> U64 1D	2D-Array >> U64 2D	
signed integer（带符号整数）				
Numeric（数值类）				
8-bit	Scanar >> I8	1D-Array >> I8 1D	2D-Array >> I8 2D	
16-bit	Scanar >> I16	1D-Array >> I16 1D	2D-Array >> I16 2D	
32-bit	Scanar >> I32	1D-Array >> I32 1D	2D-Array >> I32 2D	
64-bit	Scanar >> I64	1D-Array >> I64 1D	2D-Array >> I64 2D	
single-precision 和 floating-point numeric（单精度浮点数值）	Scalar >> SGL	1D-Array >> SGL 1D	2D-Array >> SGL 2D	

续表

Data Type（数据类型或格式）	MathScript语法			
	Scalar（标量）	1D-Array（一维数组）	2D-Array（二维数组）	Matrix（矩阵）
double-precision 和 floating-point numeric（双精度浮点数值）	Scalar >> DBL	1D-Array >> DBL 1D	2D-Array >> DBL 2D	
extended-precision 和 floating-point numeric（扩展精度浮点数值）	Scalar >> EXT	1D-Array >> EXT 1D	2D-Array >> EXT 2D	
complex single-precision 和 floating-point numeric（复数单精度浮点数值）	Scalar >> CSG	1D-Array >> CSG 1D	2D-Array >> CSG 2D	
complex double-precision 和 floating-point numeric（复数双精度浮点数值）	Scalar >> CDB	1D-Array >> CDB 1D	2D-Array >> CDB 2D	
complex extended-precision 和 floating-point numeric（复数扩展精度浮点数值）	Scalar >> CXT	1D-Array >> CXT 1D	2D-Array >> CXT 2D	
Boolean（布尔类）	Scalar>>Boolean	1D-Array >> Boolean 1D	2D-Array>>Boolean2D	
String（字符串）	Scalar >> String	1D >> String 1D		
Matrix（矩阵类）				
Real（实数）				Matrix >> Real Matrix
Complex（复数）				Matrix>>Complex Matrix

当选择数值或字符串格式时，我们还可以先在预览面板（Preview Pane）中对变量进行编辑。当变量为一维时，选择声音格式可以将变量以声音方式播出。当选择图形格式时，数据将以波形图的形式显示；当选择 X-Y 图格式时，数据将显示为 x-y 平面上的曲线图；当选择曲面格式时，数据将显示为三维曲面图；当选择图形格式时，数据将显示为密度图。Graphical first 按钮用来确定在预览面板中优先显示数值格式还是图形格式。标量只能用数值格式来显示。

如图 B.1 所示，在 Getting Started 对话框中选择 Tools→MathScript Window...，即可进入 MathScript 的交互式界面。在 Command Window 中输入时间变量 t，范围为 0~10 s，步长为 0.1 s，如下所示：

```
t = [0:0.1:10]
```

然后输入以下命令即可计算 $y = \cos(t)$。

```
y = cos(t)
```

此时，Variables Window 中已经出现变量 t 和 y，如图 B.5（a）所示。选中变量 y，变量 y 将以数值格式显示在预览面板中。在预览面板顶部的下拉菜单中，将显示格式修改为 Graph，变量 y 将显示为图形格式，如图 B.5（b）所示。在图形上右击，从弹出的快捷菜单中选择 Undock Window，图形将不再停靠在预览面板中，这可以方便我们调整图形的大小以及对图形进行个性化处理和打印。

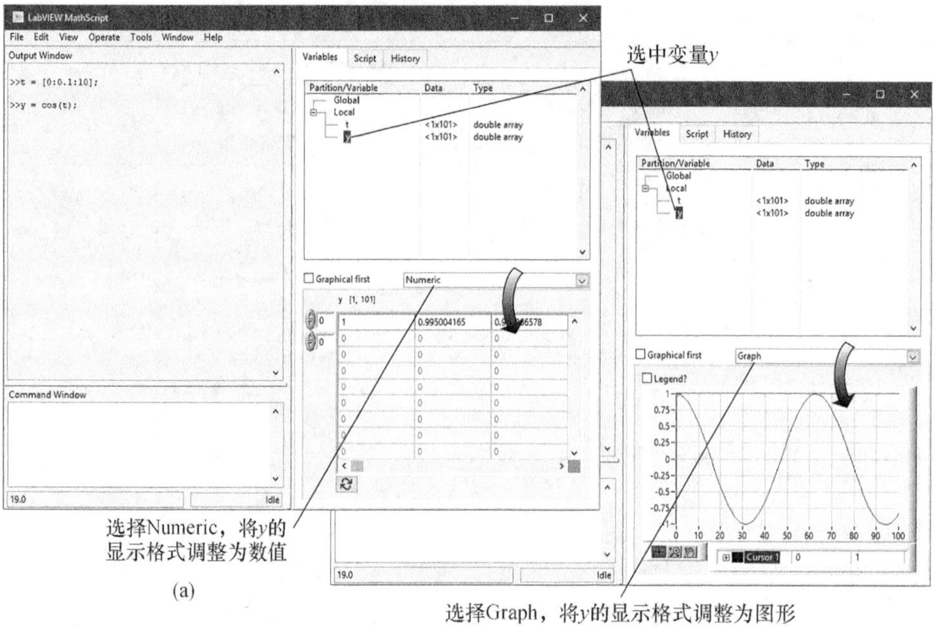

(a) (b)

图 B.5 输入时间变量 t 以计算 $y = \cos(t)$

（a）以数值格式显示变量 y；（b）以图形格式显示变量 y

除了将数据在预览面板中按照图形格式进行显示之外，我们也可以利用命令 plot 来绘制变量 y 与 t 之间的关系曲线。在 Command Window 中输入如下命令：

```
plot(t,y)
```

执行后，就可以得到变量 y 和 t 之间的关系曲线，如图 B.6 所示。请读者参照以上流程，绘制当 $\omega = 4$ rad/s 时 $y = \cos(\omega t)$ 的曲线。

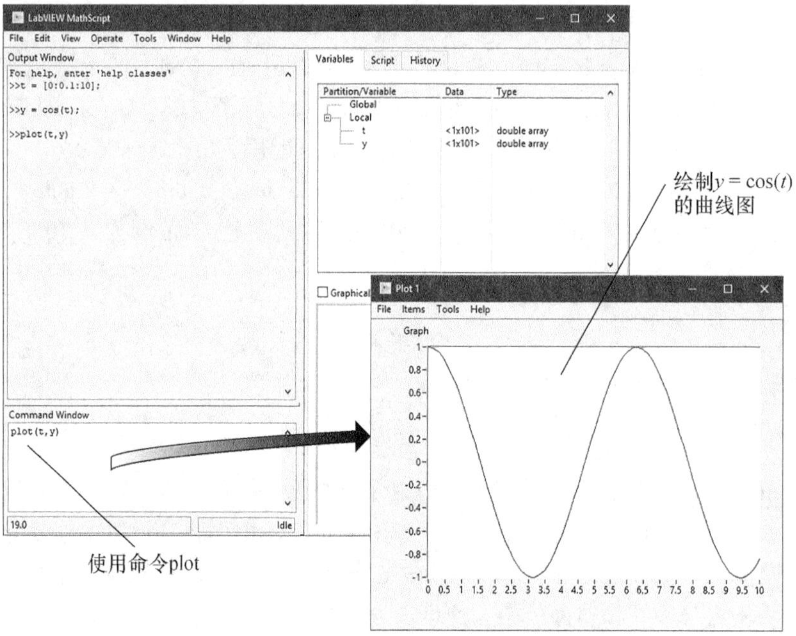

图 B.6 利用命令 plot 绘制余弦函数的曲线

B.4　MathScript 帮助

通过在 Command Window 中输入不同的帮助命令，我们可以在 Output Window 中得到不同类型的帮助信息。表 B.3 列出了所有可用的帮助命令及其功能。

表 B.3　MathScript 中的帮助命令及其功能

帮 忙 命 令	功　　能
help	关于 MathScript 窗口的概述
help classes	提供 MathScript 内置函数的分类列表以及关于每类函数的概述
help cdt classes	LabVIEW 控制系统设计工具包中的函数分类列表
help *class*	某类 MathScript 函数的函数名列表及其概述。例如，help basic 能够提供基本数学计算函数的所有函数名及其概述
help *function*	关于某个 MathScript 函数的详细介绍，包括函数名、语法、功能描述、输入输出、示例（可在 Command Window 中运行）以及相关的函数或主题。例如，help abs 能够提供函数 abs 的详细信息

如图 B.7 所示，在 Command Window 中输入命令 help classes，便可以得到 MathScript 支持的所有函数和命令的分类列表，如基本数学计算函数和矩阵运算函数等。在 Command Window 中输入命令 help basic，则可以得到关于基本数学计算函数方面的信息，如求绝对值函数 abs、求共轭复数函数 conj、求指数函数 exp 等。进一步输入命令 help abs，即可得到关于函数 abs 的详细信息，包括其应用示例及相关主题。

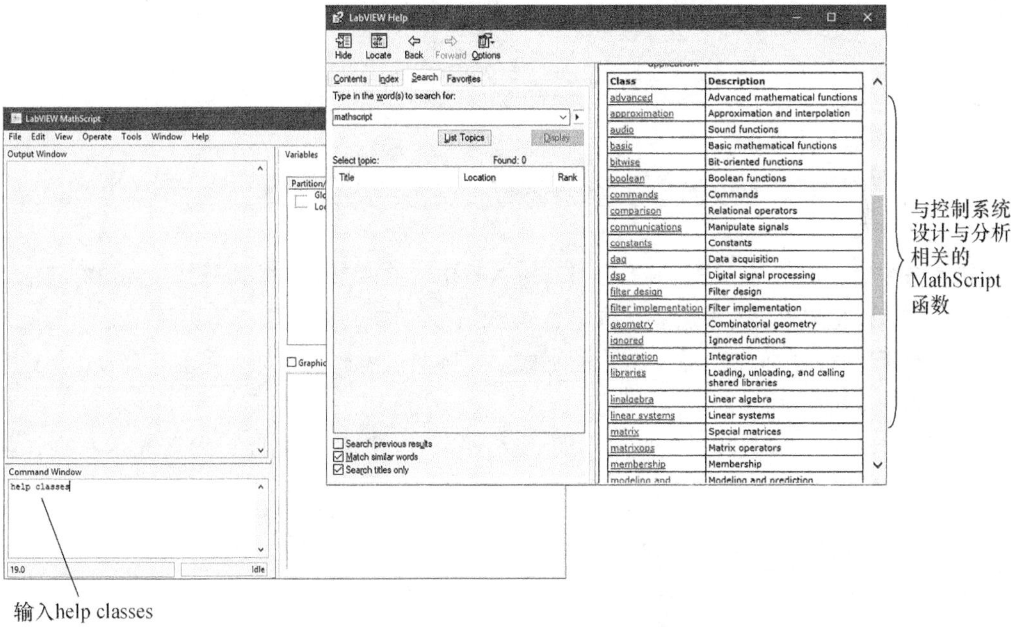

图 B.7　有关 MathScript 中的类、成员和函数的帮助信息

B.5　语法

MathScript 的语法简单直接，与其他文本编程语言的语法非常相似。因此，有过类似经验的人将能够快速掌握 MathScript 的语法结构。在 MathScript 的交互式界面中，选择 Help→

LabVIEW Help，然后在搜索窗口中输入 mathscript，即可得到有关 MathScript 语法方面的帮助信息。

接下来我们简单介绍 11 类基本的 Mathscript 语法规则。

1．标量运算

MathScript 能够快速、方便地执行数学运算，如加法、减法、乘法和除法。假设要通过 MathScript 的交互式界面计算 16+3。具体的计算过程非常简单，在 Command Window 中键入命令 16+3 并执行即可。

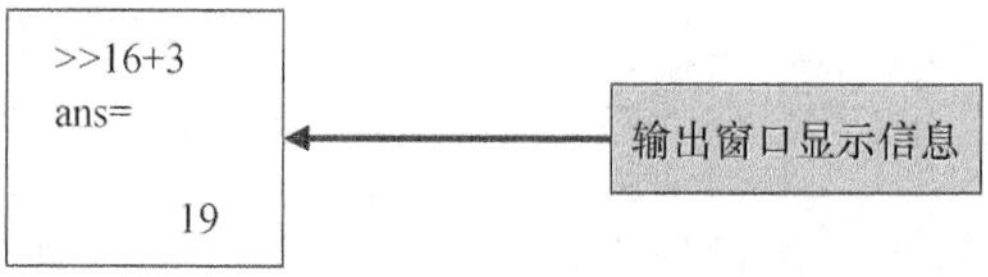

如果不将执行结果赋予任何已经定义的变量，MathScript 就会自动将执行结果赋予默认变量 ans。例如，假设按照如下方式输入命令：

```
>>  x = 16 + 3

x =

          19
```

则执行结果将被赋予指定的变量 x。

类似地，我们可以新增两个数值变量 y 和 z，然后计算变量 y 和 z 的和，如下所示：

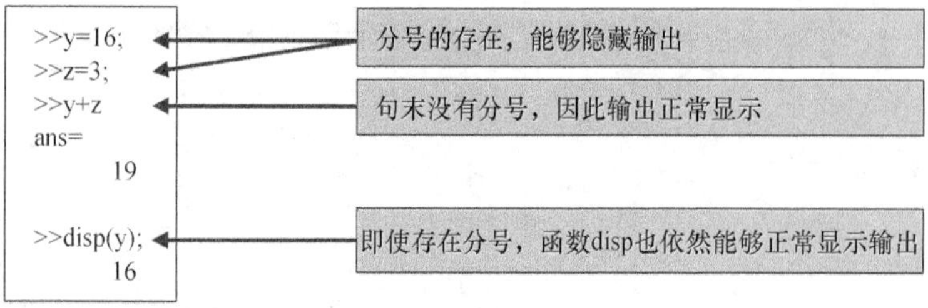

在输入命令时，前两行的末尾都有分号。可以看出，这两条命令的执行结果都没有显示。在 MathScript 中，如果在命令的最后添加分号，MathScript 的交互式界面将不再显示命令的执行结果。但是，对于某些函数而言，这一规则并不成立。例如，函数 disp 的末尾也有分号，但这并不影响执行结果的显示。

在 MathScript 中，“+”表示相加，“-”表示相减，“/”表示相除，“*”表示相乘，如下所示：

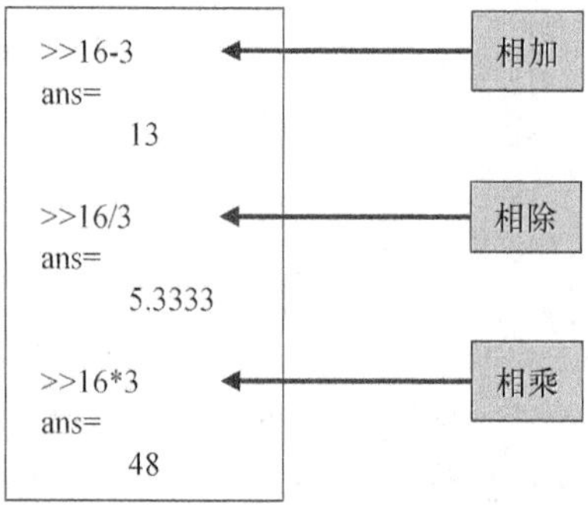

2. 构造矩阵和向量

在构造矩阵和向量（含行向量和列向量）时，可采用空格或逗号来区分同一行中的元素，而采用分号或回车来区分不同的行。例如，假设矩阵 **A** 为

$$\boldsymbol{A}=\begin{bmatrix}1\\2\\3\end{bmatrix}$$

实际上，**A** 也是一个列向量。在 MathScript 中，可以按照如下方式构造矩阵 **A**：

```
A = [1 ; 2 ; 3]
```

假设矩阵 **B**（行向量）为

$$\boldsymbol{B}=[1\quad -2\quad 7]$$

则可以按照如下方式构造矩阵 **B**：

$$\boldsymbol{B}=[1,-2,7] \text{ 或 } \boldsymbol{B}=[1\quad -2\quad 7]$$

假设 3 × 3 的矩阵 **C** 为

$$\boldsymbol{C}=\begin{bmatrix}-1 & 2 & 0\\4 & 10 & -2\\1 & 0 & 6\end{bmatrix}$$

则可以按照如下方式构造矩阵 **C**：

```
C = [-1 2 0 ; 4 10 -2 ; 1 0 6] 或 C = [-1,2,0 ; 4,10, - 2 ; 1,0,6]
```

3. 利用冒号运算符构造向量

很多时候，我们需要构造等距的时间向量。在 MathScript 中，构造一维等距数组的方法有多种。例如，在 Command Window 中输入如下命令，即可构造一个一维等距数组，其元素的间隔步长为 1。

```
>> t = 1:10

t =

        1    2    3    4    5    6    7    8    9    10
```

利用如下命令，则可构造元素间隔步长为 0.5 的一维等距数组：

```
>> t = 1:0.5:10

t =

     1     1.5     2     2.5     3     3.5     4     4.5     5   5.5

  6  6.5   7      7.5   8      8.5   9      9.5   10
```

4. 访问矩阵或向量中的元素

我们可以访问矩阵或向量中的任意一个或一组元素。例如，考虑如下 3 × 3 的矩阵 **C**：

$$\boldsymbol{C}=\begin{bmatrix}-1 & 2 & 0\\4 & 10 & -2\\1 & 0 & 6\end{bmatrix}$$

利用如下命令，我们可以访问矩阵 **C** 中第 2 列第 3 行的元素：

```
>>C = [-1 2 0;4 10 -2;1 0 6]
C=
  -1    2    0
   4   10   -2
   1    0    6

>>C(2,3)
ans=

    -2
```

C(2,3)表示第2行中第3列的元素

我们还可以将该元素赋值给一个新的变量：

```
>> F=C(2, 3)
F =

            -2
```

要访问矩阵的某一整行或整列元素，则需要利用冒号运算符。例如，利用如下命令，我们可以访问矩阵 $\boldsymbol{C}$ 的第 2 行元素：

```
>>C(2,:)
ans=

        4   10   -2
```

C的第2行元素

类似地，按照如下方式则可以访问矩阵 $\boldsymbol{C}$ 的第 3 列元素：

```
>>C(:,3)
ans=

        0
       -2
        6
```

C的第3列元素

利用如下命令，我们可以从矩阵 $\boldsymbol{C}$ 中提取一个 2×2 大小的子矩阵，它由矩阵 $\boldsymbol{C}$ 的第 2 和 3 行元素以及第 1 和 2 列元素构成。

```
>>C([2 3], [1 2])
ans=

        4   10
        1    0
```

C的子矩阵

其中，方括号用于指定需要提取的行和列。

5. 调用 MathScript 内置函数

我们可以通过在 Command Window 中输入相关命令来调用 MathScript 内置函数。例如，如果要创建一个向量，要求这个向量中的元素来自某个区间且元素之间的步长相等，则可以利用内置函数 linramp 来解决这一问题。输入命令 help linramp，我们可以得到关于 linramp 函数的帮助信息。linramp 函数的调用语法如下：

linramp(a, b, n)

其中，a 为区间的起点，b 为区间的终点，n 为元素的个数。令 $a=1$、$b=10$、$n=13$，即可创建一个包含 13 个元素的向量，这 13 个元素是区间［1,10］的 13 等分值，如下所示：

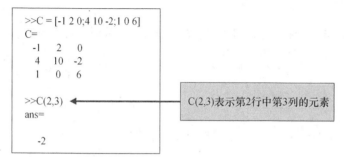

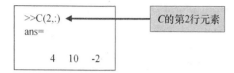

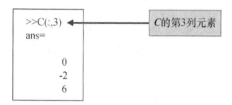

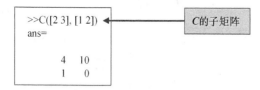

```
>> G = linramp (1, 10, 13)
G =
  1    1.75    2.5    3.25    4    4.75    5.5    6.25    7
7.75    8.5    9.25    10
```

在调用 linramp 函数时，如果不指定 n 的值，系统将自动生成一个包含 100 个元素的向量。我们也可以从某个向量中提取部分元素并构成子向量。例如，可以利用如下命令提取向量 $\boldsymbol{G}$ 中的第 5 个元素到最后一个元素，并构成新的子向量 $\boldsymbol{H}$：

```
>> H =G ( 5:end)
H =
  4    4.75    5.5    6.25    7    7.75    8.5    9.25    10
```

类似地，我们可以参照上述过程来调用其他的 MathScript 内置函数。B.6 节将讨论自定义函数的调用方式。

6．为变量指定数据类型

MathScript 能够根据情况自动为变量指定数据类型。例如，对于如下变量：

```
a = sin(3*pi/2)
```

MathScript 会自动将其指定为双精度浮点型。而对于如下变量：

```
a = {'temperature'}
```

MathScript 则自动将其指定为字符串。

7．复数操作

在 MathScript 中，i 和 j 都表示基本的复数虚部单位，即 $\sqrt{-1}$。如果我们在脚本或命令中为 i 或 j 指定其他值，那么它们将不再表示复数虚部单位。例如，假设首先输入命令 $y = 4 + \mathrm{j}$，那么此时的 y 是一个复数，实部为 4，虚部为+j；接下来输入命令 $j = 3$，那么此时的 j 是一个变量，它的值为 3；最后输入命令 $y = 4 + j$，则执行结果为 $y = 7$，此时的 y 是一个实数。

8．矩阵计算

很多针对标量的数学运算函数也同样适用于矩阵和向量。例如，考虑如下矩阵 $\boldsymbol{K}$ 和 $\boldsymbol{L}$：

$$\boldsymbol{K}=\begin{bmatrix}-1 & 2 & 0\\ 4 & 10 & -2\\ 1 & 0 & 6\end{bmatrix},\ \boldsymbol{L}=\begin{bmatrix}1 & 0 & 0\\ 0 & 1 & 0\\ 0 & 0 & 1\end{bmatrix}$$

输入如下命令，可以得到矩阵 $\boldsymbol{K}$ 和 $\boldsymbol{L}$ 之和（将矩阵 $\boldsymbol{K}$ 和 $\boldsymbol{L}$ 中对应的元素相加）：

```
>> K+ L
ans =
  0    2    0
  4   11   -2
  1    0    7
```

类似地，输入如下命令可以得到矩阵 $\boldsymbol{K}$ 和 $\boldsymbol{L}$ 之积：

```
>> K*L
ans =
  -1    2    0
   4   10   -2
   1    0    6
```

对于如下 3 × 1 的列向量 ***M*** 和 1 × 3 的行向量 ***N*** 来说：

$$\boldsymbol{M}=\begin{bmatrix}1\\2\\3\end{bmatrix},\boldsymbol{N}=\begin{bmatrix}0&1&2\end{bmatrix}$$

乘积 ***M*** × ***N*** 为 3 × 3 的矩阵：

```
>> M*N
ans=
   0   1   2
   0   2   4
   0   3   6
```

而乘积 ***N*** × ***M*** 为标量：

```
>> N*M
ans=
    8
```

矩阵乘法要求各矩阵之间具有匹配的维数。例如，假设矩阵 ***M*** 的维数为 $m \times n$，矩阵 ***N*** 的维数为 $n \times p$。在这种情况下，***M*** × ***N*** 是合法的，运算结果是一个 $m \times p$ 的矩阵。但只有当 $m = p$ 时，***N*** × ***M*** 才是合法的。在前面的示例中，列向量 ***M*** 实际上是 3 × 1 的矩阵，行向量 ***N*** 实际上是 1 × 3 的矩阵，因此 ***M*** × ***N*** 的结果是一个 3 × 3 的矩阵，而 ***N*** × ***M*** 的结果是一个 1 × 1 的矩阵（即标量，因为 $m = p = 1$）。

对于矩阵和向量，我们还经常执行另一类运算——元素与元素之间的运算。例如，观察如下向量 ***M*** 和 ***N***：

$$\boldsymbol{M}=\begin{bmatrix}-1\\4\\0\end{bmatrix},\boldsymbol{N}=\begin{bmatrix}2\\-2\\1\end{bmatrix}$$

可以看出，由于维数不匹配，***M*** × ***N*** 是不合法的。但是，利用点乘运算符“.*”，我们可以执行向量的点乘运算，也就是将向量中对应的元素分别相乘，结果如下：

$$\boldsymbol{M}.*\boldsymbol{N}=\begin{bmatrix}-1\times 2\\4\times(-2)\\0\times 1\end{bmatrix}=\begin{bmatrix}-2\\-8\\0\end{bmatrix}$$

矩阵的加法和减法本身就是矩阵中元素与元素之间的运算。对于矩阵的点除运算而言，运算符为“./”，与点乘运算类似，结果矩阵如下——由矩阵 ***M*** 和矩阵 ***N*** 中对应元素的商构成：

$$M./N=\begin{bmatrix}-1/2\\4/(-2)\\0/1\end{bmatrix}=\begin{bmatrix}-0.5\\-2\\0\end{bmatrix}$$

对于曲线图的绘制而言，元素与元素之间的运算非常重要。例如，假设要绘制 $y=t\sin(t)$ 的曲线图，其中 $t=[0:0.1:10]$，则可以利用点乘运算符，求取不同时刻的 y 值，然后绘制曲线图，如下所示：

```
t=[0:0.1:10];
y=t .* sin(t);
plot(t,y)
```

利用点乘运算符.*执行以元素为单位的乘法运算

9. 逻辑表达式

MathScript 能够执行逻辑运算，如相等（EQUAL）、不相等（NOT EQUAL）、与（AND）、或（OR）等。

a==*b* 表示相等逻辑运算。如果 *a* 确实与 *b* 相等，那么该逻辑运算的结果为 1，代表逻辑真（即 True）；否则，该逻辑运算的结果为 0，代表逻辑否（即 False）。

a~=b 表示逻辑不相等运算。如果 *a* 不等于 *b*，则返回 1，代表逻辑真（即 True）；否则，该逻辑运算的结果为 0，代表逻辑否（即 False）。

MathScript 还可以执行复合逻辑运算。例如，对于多个表达式的“或”运算，只要其中有一个表达式为真，则整个复合表达式为真；而对于多个表达式的“与”运算，只有当其中所有的表达式都为真时，整个复合表达式才为真。逻辑或的运算符为“|”，逻辑与的运算符为“&”。

10. 程序结构控制

表 B.4 提供了 MathScript 中关于程序结构控制的常用语法。

表 B.4　常用的程序结构控制语法

程序结构	语法	示例

case-switch 结构	switch 表达式
	case 表达式
	语句
	[case 表达式
	语句]
	…
	[otherwise
	语句]
	end
		switch mode
		case 'start'
		a=0;
		case 'end'
		a=-1;
		otherwise
		a=a+1;
		end
		在 case-switch 结构中，当一个 case 中的语句执行完毕后，程序不会自动转向下一个 case，因此与 C 语言不同，我们不需要为 case 增加 break 语句

for 循环	for 表达式 语句 end	for k=1:10 a=sin(2*pi*k/10) end
if-else 结构	if 表达式 语句 [if 表达式 语句] … [else 语句] end	if b==1 c=3 else c=4 end

续表

程序结构	语　法	示　例
while 循环	while 表达式 语句 end	while k<10 a=cos(2*pi*k/10) k=k+1 end

11. 添加注释

MathScript 脚本以字符%作为注释语句的标识符，注释语句的第 1 个字符必须是%。例如，脚本 $z = x + y$ 的作用是求输入 x 与 y 的和，并将结果赋予变量 z，此时可以按照如下方式为该脚本添加注释：

```
% 在该脚本中，输入为x和y
% 输出为z
% z为x和y之和
z = x + y;
```

注释（前 3 行）

可以看出，上述脚本的注释内容共 3 行，每行都以字符%开头。稍后我们将详细讨论如何利用注释来提供帮助信息。

除了遵循以上语法之外，在使用 MathScript 时，我们还应该特别注意以下几点。

- 变量名不能以下画线、空格或数字开头，而只能以字符开头。例如，4time 和_time 都是不合法的变量名，而 time 是合法的变量名。
- MathScript 中的变量名对大小写敏感。例如，X 和 x 代表两个不同的变量。
- MathScript RT 模块不支持 $n > 2$ 的 n 维数组、元胞数组、稀疏矩阵等。

MathScript 主要的内置函数

MathScript 提供了 800 多个内置函数，涵盖数学计算、信号处理和分析等应用领域。LabVIEW 则提供了 600 多个图形函数，它们作为虚拟仪器可参与数学计算、信号处理和分析等过程。表 B.5 给出了 MathScript 内置函数的分类列表。要想得到 MathScript 内置函数的详细列表，可访问美国国家仪器公司的网站。

表 B.5　MathScript 内置函数的分类列表

函数类别	说　明
控制系统的设计与分析	系统动态特性分析、根轨迹分析、频率响应分析、伯德图、奈奎斯特图、尼科尔斯图、系统建模、模型连接、模型化简等
绘图（2D 和 3D）	标准的 x-y 曲线图、网状图、3D 图、曲面图、子图、阶梯图、对数曲线图、茎叶图等
数字信号处理（Digital Signal Processing，DSP）	信号合成，巴特沃思滤波器、切比雪夫滤波器、Park-McClellan 滤波器、加窗的 FIR 滤波器、椭圆滤波器、网格滤波器及其他类型滤波器的设计，快速傅里叶变换（1D 和 2D），反向快速傅里叶变换（1D 和 2D），希尔伯特变换，汉明窗、汉宁窗、Kaiser-Bessel 窗以及其他窗，零极点的绘制以及其他功能等
数值逼近（曲线拟合与插值）	三次样条，三次埃尔米特线性插值，指数、线性和幂函数拟合，有理逼近等
常微分方程的求解	Adams-Moulton、Runge-Kutta、Rosenbrock 及其他连续常微分方程的求解函数等
多项式运算	卷积、去卷积、多项式拟合、分段多项式插值、部分分式展开等

续表

函数类别	说　明
线性代数	LU 分解、QR 分解、QZ 分解、Cholesky 分解、Schur 分解、奇异值分解，行列式求值，矩阵的求逆、转置、正交化，特殊矩阵的相关计算，泰勒级数展开，矩阵的实、虚特征值和特征向量的求解，多项式的特征值等
矩阵运算	汉克尔矩阵、希尔伯特矩阵、Rosser 矩阵、范德蒙德矩阵等特殊矩阵，矩阵的求逆、相乘、相除、一元运算等
向量运算	叉乘、旋度和角速度、梯度、克罗内克张量积等
概率与统计	均值、中值，泊松分布、瑞利分布、卡方分布、韦布尔分布、t 分布和 Gamma 分布，协方差、方差、标准差，互相关性，直方图，白噪声的各种分布类型及其他函数等
最优化	拟牛顿法、二次法、单纯形法等
高级函数	贝塞尔函数、球贝塞尔函数、ψ 函数、亚里函数、勒让德函数、雅可比函数、梯形函数、椭圆指数积分函数以及其他函数等
基本计算函数	绝对值，笛卡儿坐标系与极坐标、球坐标和其他坐标系之间的转换，最小公倍数，取模，指数，对数，共轭复数及其他函数等
三角函数	标准正弦、余弦和正切函数，反双曲余弦、余切、余割、正割、正弦和正切函数，双曲余弦、余切、余割、正割、正弦和正切函数，指数函数、自然对数函数等
布尔运算和位运算	与、或、否逻辑运算，位元的位移、按位或等位元操作等
数据获取和产生	利用虚拟设备执行模拟和数字 I/O 过程
其他	编程所用的原语，如 for 与 while 循环；有符号和无符号数据类型的转换；文件 I/O；标记函数等其他定时函数；各种不同的字符串设置和操作方法等

B.6　自定义函数和创建脚本

如图 B.2 所示，在 MathScript 交互式界面的 Script Editor Window 中，我们可以自定义函数和创建脚本。实际上，读者也可以在自己偏好的其他文本编辑器中自定义函数和编写脚本。函数和脚本一旦创建完成，就可以保存下来供后续调用。需要注意的是，函数的文件名必须与函数的名称保持一致，文件的扩展名为“.m”。例如，如果用户自定义了函数 starlight，那么相应的文件名就必须是 starlight.m。我们可以将所有的自定义函数保存到硬盘中，存储路径可通过执行 File→MathScript Preferences→Path 菜单命令来指定。

自定义函数

MathScript 提供了 800 多个内置函数，涵盖数学运算、信号处理和分析等应用领域。但尽管如此，仍有无法使用 MathScript 内置函数直接解决的具体问题。此时，我们可以自定义相关函数来充实自己的函数库。这种函数通常针对特定的学习或研究问题，可被后续的某个大程序调用。只要熟悉 MathScript RT 模块中的相关语法，读者就可以自定义函数。

在 MathScript RT 模块中，自定义函数的语法非常简单，如下所示：

```
function outputs = function_name(inputs)
% documentation
script
```

其中：function 为自定义函数的关键字；*outputs* 为函数的输出参数，如果函数返回的输出参数不止一个，则必须将它们放置到方括号中，参数之间需要用空格或逗号进行分隔；

function_name 为函数名，也就是调用函数时使用的名称；*inputs* 为函数的输入参数，同样，输入参数如果有多个，则需要用逗号进行分隔；*documentation* 为注释，当我们在 Command Window 中查看函数的帮助信息时，Output Window 中将显示这些注释（注释必须以字符%开头，我们可以在函数的任意位置添加注释，但只有第一个注释块才可以作为帮助信息显示出来，其他注释只能作为内部信息使用）；*script* 为函数的主体内容。

例如，我们可以按照如下方式自定义函数 computer_average，用于计算两个变量的平均值。

```
function ave = compute_average(x, y)
% compute_average determines the average of the two inputs x and y.
ave = (x + y)/2;
```

在 Command Window 中键入 help computer_average，即可查看 computer_average 函数的帮助信息。在定义变量 $x = 2$ 和 $y = 4$ 后，调用 computer_average 函数，即可求得 x 和 y 的平均值，如下所示：

```
>>help compute_average
compute_average determines the average of the two inputs x and y.
>>x = 2; y = 4; compute_average (x, y)
ans =
    3
```

需要指出的是，MathScript 其实已经内置了一个用于计算平均值的函数 mean，使用函数 mean 也可以计算两个参数的平均值，如下所示：

```
>>mean ([2 4])
ans =
    3
```

我们可以在 Script Editor Window 中创建、编辑和保存函数，以便后续调用。图 B.8 给出了 Script Editor Window 中常用按钮的说明，这些按钮的名称分别是 New Script（新脚本）、Run Script（运行脚本）、New Editor（新编辑窗）、Open Script（打开脚本）和 Save Script（保存脚本）。例如，单击 Open Script 按钮可以打开窗口，以确定所需的函数（或脚本），打开并导入 MathScript。类似地，单击 Save Script 按钮可以打开浏览器，确定所需的路径并将函数（或脚本）保存起来。

在图 B.8 中，函数 computer_average 用于计算两个数组的均值，数组运算是以数组元素为单位的一种运算。需要注意的是，如果无意间将函数 computer_average 命名为 mean，那么当我们在 Command Window 中键入命令以调用 mean 函数时，MathScript 将自动调用 computer_average 函数而不是 MathScript 内置函数 mean。因此，在对自定义函数进行命名时，需要特别注意的是，最好不要与 MathScript 内置函数重名。一旦出现自定义函数的名称与 MathScript 内置函数的名称相同的情况，当通过函数名调用函数时，系统就会自动调用自定义函数而不是 MathScript 内置函数。此外，当使用 help 命令获取帮助时，我们得到的也是自定义函数的帮助信息，而不是 MathScript 内置函数的帮助信息。

下面给出了在不同情况下自定义函数的一些合法方式，这里仍以函数 starlight 为示例加以说明。

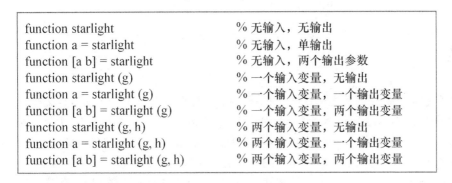

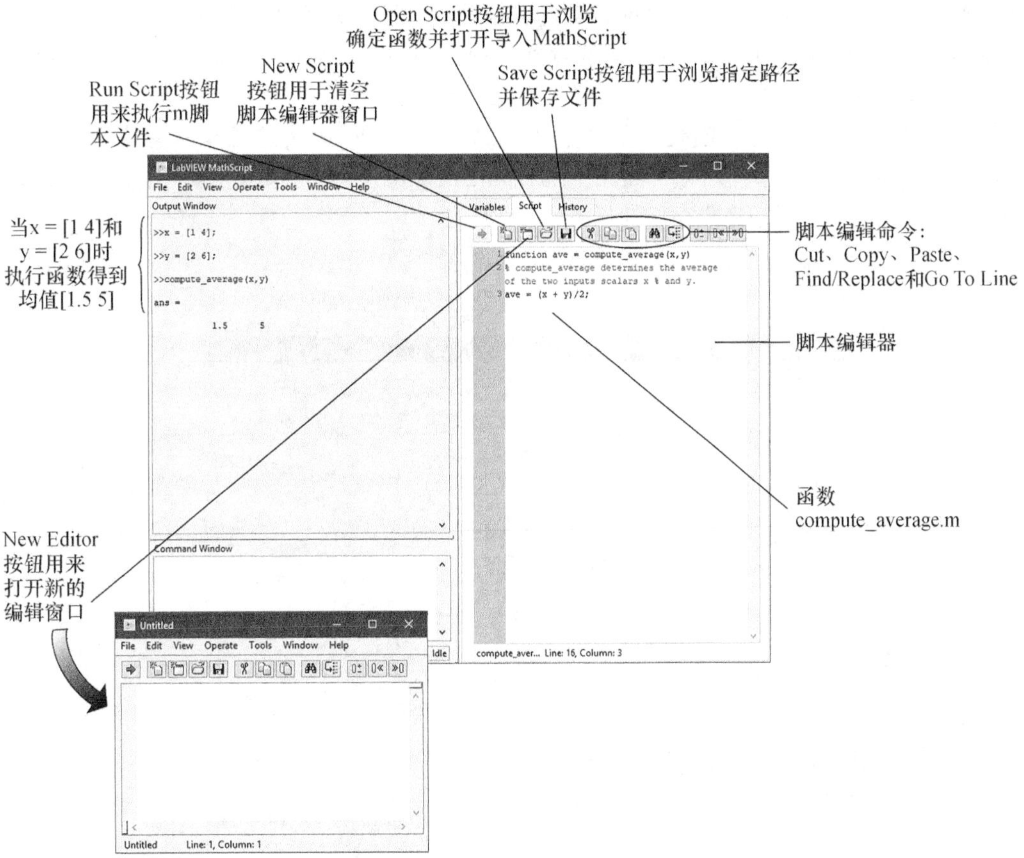

图 B.8　Script Editor Window 中的按钮

function starlight	% 无输入，无输出
function a = starlight	% 无输入，单输出
function [a b] = starlight	% 无输入，两个输出参数
function starlight (g)	% 一个输入变量，无输出
function a = starlight (g)	% 一个输入变量，一个输出变量
function [a b] = starlight (g)	% 一个输入变量，两个输出变量
function starlight (g, h)	% 两个输入变量，无输出
function a = starlight (g, h)	% 两个输入变量，一个输出变量
function [a b] = starlight (g, h)	% 两个输入变量，两个输出变量

在创建和调用函数时，我们需要考虑以下几个问题。

- 如果在一个 MathScript 文件中定义了多个函数，那么第一个函数将成为主函数，其他函数都将成为子函数。只能通过主函数调用子函数，而不能在外部调用子函数。此外，子函数只能调用定义在其后的其他子函数。
- 不允许递归调用。例如，在函数 starlight 中不能调用函数 starlight 自身。
- 不允许循环递归调用。例如，如果在函数 bar 中调用了函数 starlight，那么在函数 starlight 中就不能调用函数 bar。

脚本文件

脚本文件是一组 MathScript 命令，它们能够实现指定的功能。为了方便重用，脚本一旦创建，就可以保存起来，并且可以在 LabVIEW 的其他后续任务中调用。此外，以针对某个任务开发的脚本为起点，只需要经过适当修改，就可以很容易地将其扩展用于其他类似的任务。脚本是用通用 ASCII 码保存的，可在任意文本编辑器中创建和编辑（包括 MathScript 的脚本编辑器）。在脚本中，我们还可以调用 MathScript 内置函数以及自定义函数。

如图 B.9 所示，我们在创建的脚本文件中调用了前面定义的用于求参数均值的函数 computer_average。将脚本文件保存后，在后续的 MathScript 会话中，我们就可以重复加载该脚本文件，从而在不同的进程中完成相应的任务。

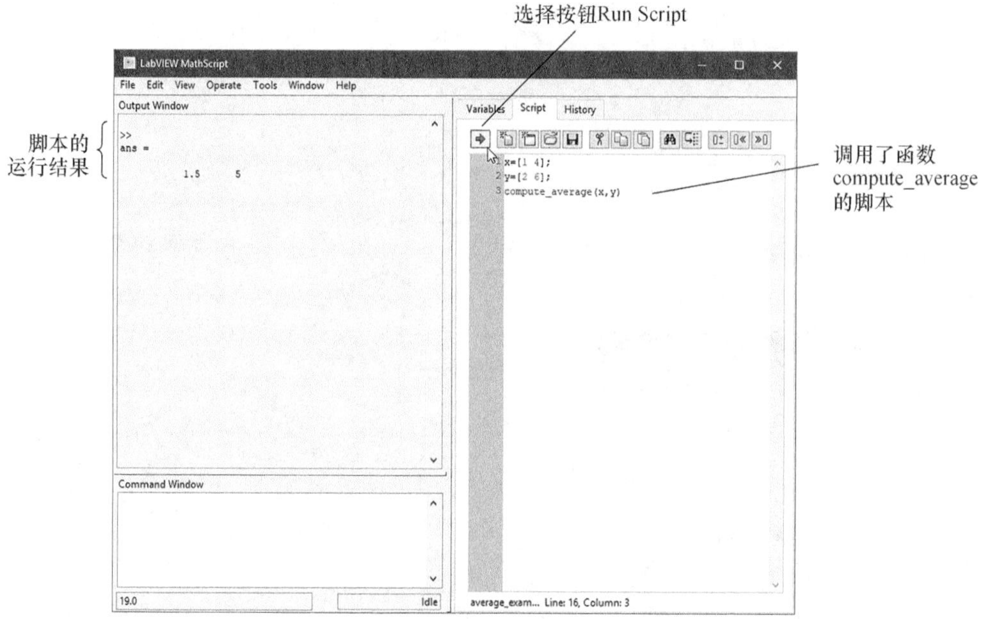

图 B.9　编辑、保存和运行脚本文件

B.7　保存和加载脚本文件

在交互式界面中可以保存脚本文件，MathScript 的这一特性赋予了我们开发脚本文件库的能力。要保存创建的脚本文件，我们只需要选择 File→Save Script As 即可，如图 B.10 所示。读者也可以在 MathScript 交互式界面的 Script Editor Window 中直接单击 Save Script 按钮。但不管采用以上何种方式，系统都会弹出对话框，以便用户浏览确定保存脚本文件的路径以及命名脚本文件。如果想要在 LabVIEW 中运行脚本文件，就必须在文件名的尾部添加后缀“.m”（如 computer_average.m）。最后单击 OK 按钮，即可完成脚本文件的保存。

用户也可以将已经保存的脚本文件加载到 MathScript 的交互式界面中，这在重返 MathScript 交互式界面或者调用我们以前在其他任务中开发的脚本时，非常有用。为了加载已经保存的脚本文件，我们只需要选择 File→Open Script 或者在 MathScript 交互式界面的 Script Editor Window 中单击 Open Script 按钮即可。

图 B.11 演示了脚本文件的两种加载方式，此处将脚本文件 computer_average.m 加载到了 MathScript 的任务中。单击 Run Script 按钮，即可执行加载的脚本文件。

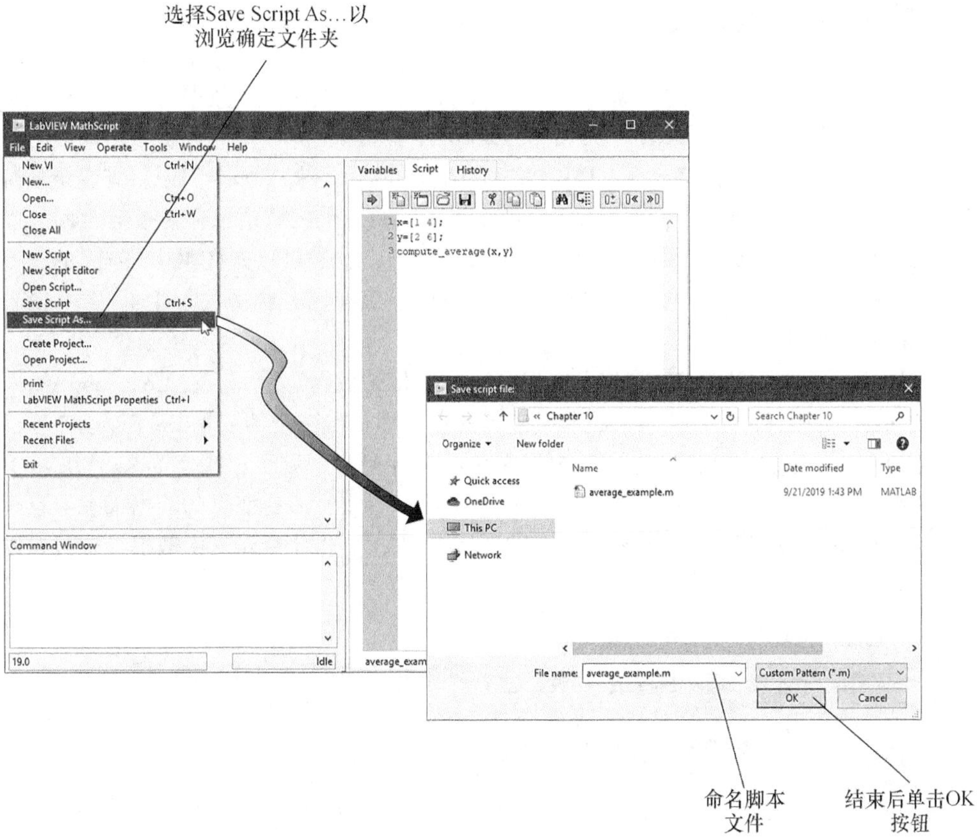

图 B.10　保存脚本文件

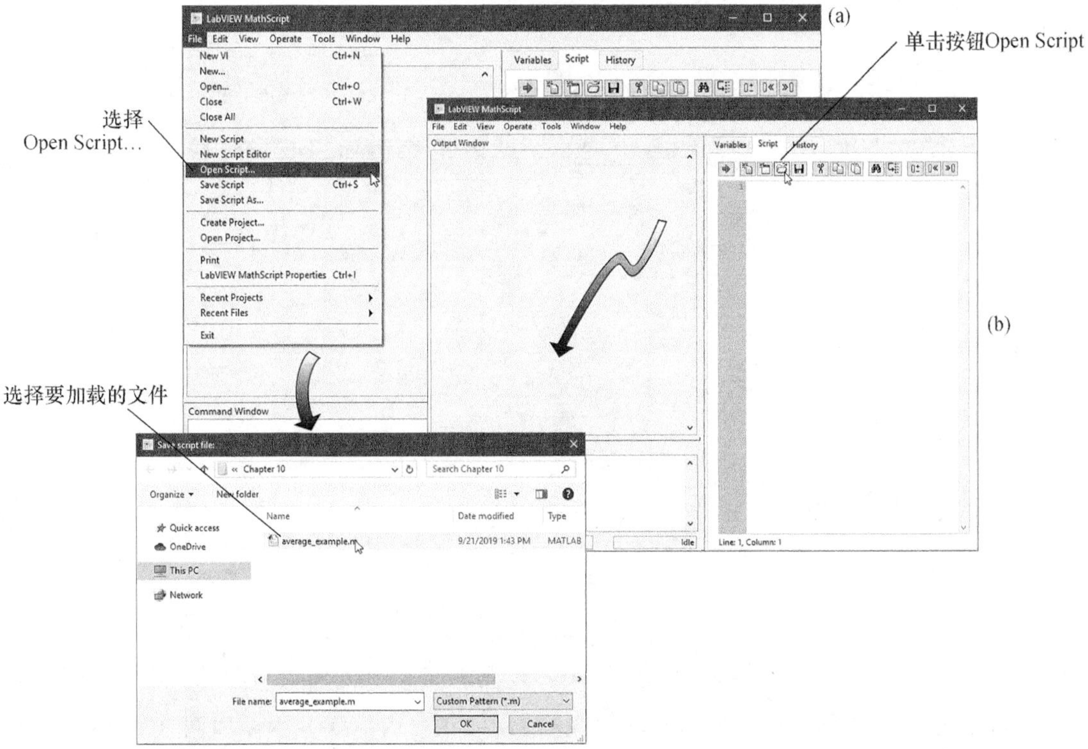

图 B.11　(a) 通过选择 File →Open Script As... 来加载脚本文件；(b) 通过单击 Open Script 按钮来加载脚本文件

B.8 保存和加载数据文件

在 MathScript 的交互式界面中，我们还可以保存或加载数据文件。数据文件给出了变量的取值。可以保存或加载数据文件的特性，赋予了我们保存 MathScript 任务所产出数据的能力，从而便于共享给外部程序使用。保存数据文件的方式有两种：一种是将工作空间中所有变量的数据一并保存为数据文件；另一种是先选定希望保存的变量，再将它们的取值保存为指定的数据文件。

要将工作空间中所有变量的数据一并保存为数据文件，我们可以先在 MathScript 的交互式界面中选择 Operate →Save Data，再在打开的对话框中指定保存路径，并在 File name 中输入文件名，最后单击 OK 按钮即可。

数据文件的另一种保存方式则允许我们保存选定变量的数据。例如，在 Command Window 中按照 save filename var 1, var 2, ⋯ ,var *n* 的形式键入命令，即可将选定的变量 var 1、var 2、⋯、var *n* 存入名为 filename 的数据文件中。至于数据文件的保存路径，则可以指定为 LabVIEW Data 目录。整个保存过程如图 B.12 所示。从图 B.12（a）中可以看出，所有变量的数据都被保存到了一个名为 save_all.mlv 的文件中；而从图 B.12（b）中可以看出，选定变量 *x* 的数据，则被存储为文件 save_x.mlv。

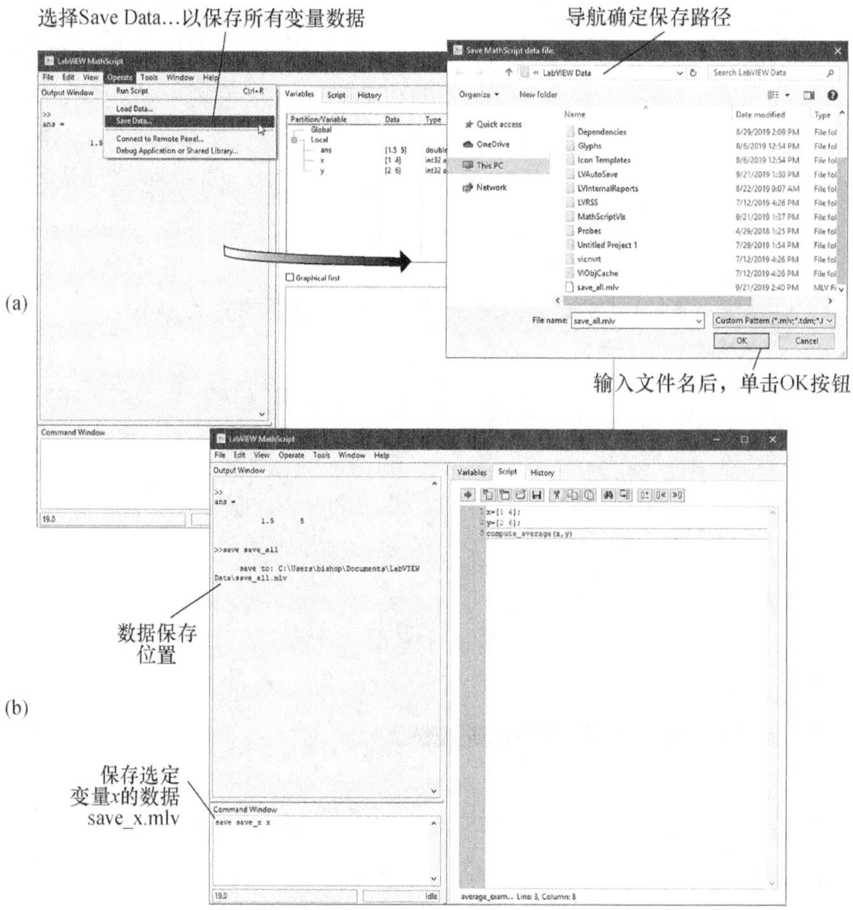

图 B.12 保存数据文件

（a）保存所有变量的数据；（b）保存选定变量的数据

读者也可以将已经保存的数据文件加载到 MathScript 当前任务中。如图 B.13 所示，在 MathScript 的交互式界面中选择 File →Load Data... 即可。

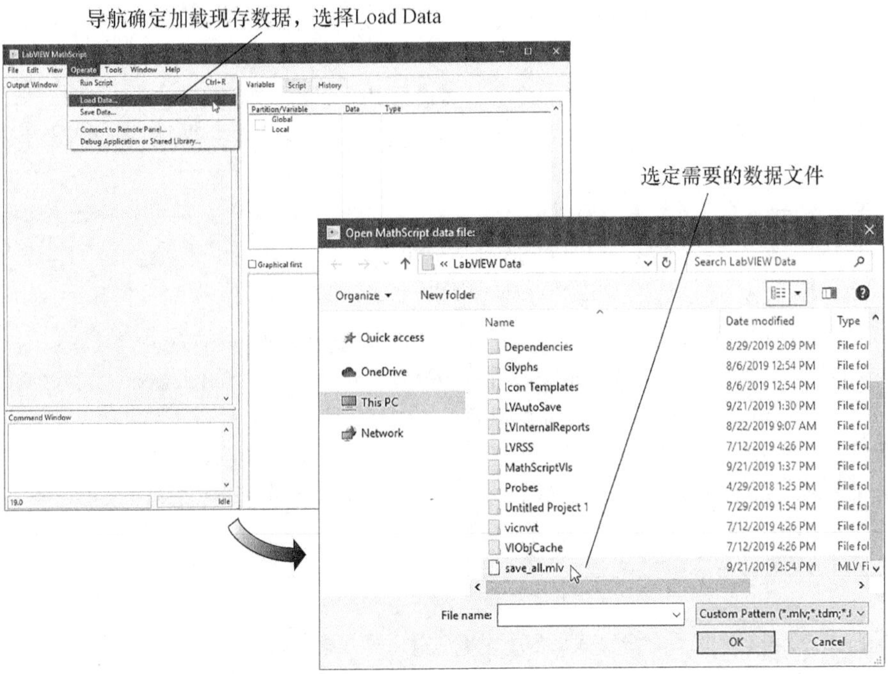
导航确定加载现存数据，选择Load Data
选定需要的数据文件

图 B.13　在 MathScript 当前任务中加载已经保存的数据文件

有时候，我们可能需要将数据导出到外部应用程序中。为此，在 MathScript 的交互式界面中导航到 Variables Window，选定要导出的变量。当数据类型为数值、图形、X-Y 图或图片时，如图 B.14 所示，在预览面板中右击，从弹出的快捷菜单中选择 Copy Data to Clipboard，将选定变量的数据粘贴到剪贴板中，这样便可以它们导出到外部应用程序中。在图 B.14 中，要导出的变量是时间 t。接下来选定变量 y 并将数据导入给 y，电子表格中将同时存在变量 t 和 y，以便后续分析使用。由于电子表格中的数据通常存储和表达为列向量，即 $n \times 1$ 的矩阵形式，其中的 n 为数组长度，因此如果处理的是 $1 \times n$ 的行向量数组，那么当导出数据时，就需要设法确保导入电子表格的是行向量数组而不是列向量数组。

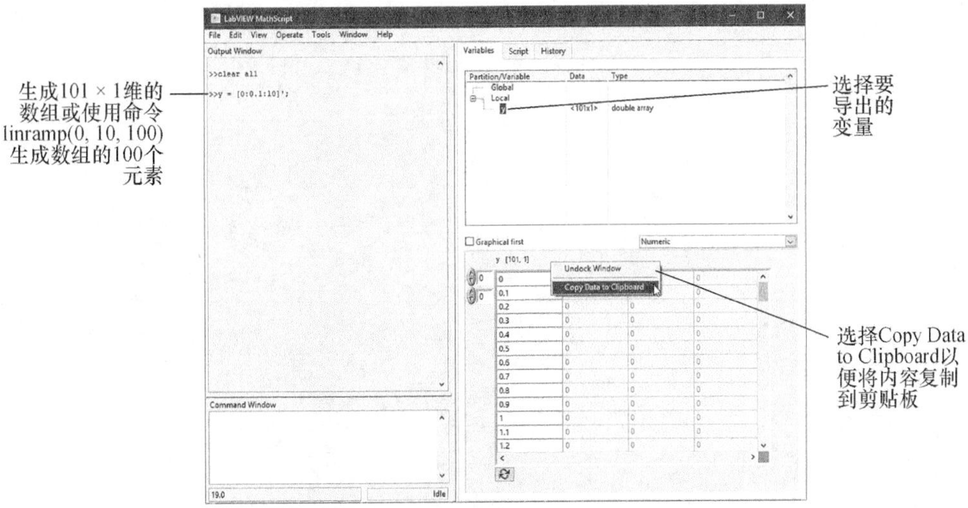
生成101 × 1维的数组或使用命令linramp(0, 10, 100)生成数组的100个元素
选择要导出的变量
选择Copy Data to Clipboard以便将内容复制到剪贴板

图 B.14　将数据导出到外部应用程序中

习题

B.1 编写脚本文件，生成一个3 × 2的矩阵$\boldsymbol{M}$，要求其中的元素为随机数，这个任务可以利用函数rand来完成。请利用命令help查阅rand函数的语法。多次运行该脚本文件，并验证每次生成的矩阵都会发生改变。

B.2 在MathScript的交互式界面中创建一个脚本，要求能够在［0, 10］区间生成一个时间变量t，各元素之间的步长为0.5。然后依照如下函数生成变量y：

$$y = e^{-t}(0.5\sin(0.1t) - 0.25\cos(0.2t))$$

利用函数plot绘制y–t曲线图。脚本编辑完毕后，在Script Editor Window中单击Save Script As按钮以保存脚本。然后在Script Editor Window中清除脚本并单击Open Script按钮，重新加载保存的脚本文件，单击Run Script按钮以重新运行脚本。

B.3 绘制余弦函数$y = \cos(t)$的曲线图，其中，t的取值范围为［0, π］，步长为π/20。

B.4 进入MathScript的交互式界面，在Command Window中创建矩阵$\boldsymbol{A}$和矩阵$\boldsymbol{B}$：

$$\boldsymbol{A} = \begin{bmatrix} 1 & -2 \\ 0 & 3 \\ -1 & 5 \end{bmatrix}, \boldsymbol{B} = \begin{bmatrix} 1 & -1 & 7 \\ 2 & 0 & -2 \end{bmatrix}$$

判断以下矩阵运算是否合法？如果合法，请执行运算并给出结果。

(a) $\boldsymbol{A} \times \boldsymbol{B}$

(b) $\boldsymbol{B} \times \boldsymbol{A}$

(c) $\boldsymbol{A} + \boldsymbol{B}$

(d) $\boldsymbol{A} + \boldsymbol{B}'$（$\boldsymbol{B}'$为$\boldsymbol{B}$的转置）

(e) $\boldsymbol{A}./\boldsymbol{B}'$

B.5 利用MathScript绘制正弦函数的波形图，频率ω = 10 rad/s。利用函数linsapce生成时间向量，取值范围为［0, 10］。x轴的标签为“时间（s）”，y轴的标签为sin(*w**t)，图形的标题为“Sine wave with frequency *w*=10 rad/sec”。

B.6 函数rand能够生成均匀分布于区间［0, 1］的随机数，这意味着随着随机数数量的增大，生成的所有随机数的平均值应该越来越接近0.5。请编写脚本，利用函数rand分别产生4个向量，长度分别为5、100、500和1000，其中的元素都是由函数rand生成的随机数。验证随着向量长度的增加，其元素的均值是否越来越接近0.5，并绘制随机数数量和随机数均值之间的关系曲线。提示：可以用函数mean计算均值。

附录 C 符号、计量单位与转换因子

表 C.1 符号与单位

参数或变量名	符号	国际单位制单位;SI 单位	英制单位
acceleration，angular（角加速度）	$\alpha(t)$	rad/s²（弧度/秒²）	rad/s²（弧度/秒²）
acceleration，translational（平动加速度）	$a(t)$	m/s²（米/秒²）	ft/s²（英尺/秒²）
friction，rotational（转动摩擦系数）	b	$\frac{\text{N}\cdot\text{m}}{\text{rad/s}}$ [牛·米/（弧度/秒）]	$\frac{\text{ft-lb}}{\text{rad/s}}$ [英尺·磅/（弧度/秒）]
friction，translational（平动摩擦系数）	b	$\frac{\text{N}}{\text{m/s}}$ [牛/（米/秒）]	$\frac{\text{lb}}{\text{ft/s}}$ [磅/（英尺/秒）]
inertia，rotational（转动惯量）	J	$\frac{\text{N}\cdot\text{m}}{\text{rad/s}^2}$ [牛·米/（弧度/秒²）]	$\frac{\text{ft-lb}}{\text{rad/s}}$ [英尺·磅/（弧度/秒²）]
mass （质量）	M	kg（千克）	slug（斯勒格）
position，rotational（旋转位置）	$\theta(t)$	rad（弧度）	rad（弧度）
position，translational（平动位置）	$x(t)$	m（米）	ft （英尺）
speed，rotational（旋转速度，转速）	$\omega(t)$	rad/s（弧度/秒）	rad/s（弧度/秒）
speed，translational（平动速度）	$v(t)$	m/s（米/秒）	ft/s （英尺/秒）
yorque（力矩）	$T(t)$	N·m （牛·米）	ft-lb（英尺·磅）

表 C.2 转换因子

原来的单位	要转换成的单位	后者应该乘以的数值
btu（英制热量单位）	ft-lb（英尺·磅）	778.3
btu（英制热量单位）	J（焦）	1054.8
btu/hr（英制热量单位/时）	ft-lb/s（英尺·磅/秒）	0.2162
btu/hr（英制热量单位/时）	W（瓦）	0.2931
btu/min（英制热量单位/分）	hp（马力）	0.02356
btu/min（英制热量单位/分）	kW（千瓦）	0.01757
btu/min（英制热量单位/分）	W（瓦）	17.57
cal（卡）	J（焦）	4.182
cm（厘米）	ft（英尺）	3.281×10^{-2}
cm（厘米）	in（英寸）	0.3937

续表

原来的单位	要转换成的单位	后者应该乘以的数值
cm^3（厘米^3）	ft^3（英尺^3）	3.531×10^{-5}
deg，angle（度，平面角）	rad（弧度）	0.01745
deg/s（度/秒）	r/min（转/分）	0.1667
dynes（达因）	g（克）	1.020×10^{-3}
dynes（达因）	lb（磅）	2.248×10^{-6}
dynes（达因）	N（牛）	10^{-5}
ft/s（英尺/秒）	miles/hr（英里/时）	0.6818
ft/s（英尺/秒）	miles/min（英里/分）	0.01136
ft-lb（英尺·磅）	g-cm（克·厘米）	1.383×10^{4}
ft-lb（英尺·磅）	oz-in（盎司·英寸）	192
ft-lb/min（英尺·磅/分）	btu/min（英制热量单位/分）	1.286×10^{-3}
ft-lb/s（英尺·磅/秒）	hp（马力）	1.818×10^{-3}
ft-lb/s（英尺·磅/秒）	kW（千瓦）	1.356×10^{-3}
$\frac{\text{ft-lb}}{\text{rad/s}}$［英尺·磅/（弧度/秒）］	$\frac{\text{oz-in}}{\text{r/min}}$［盎司·英寸/（转/分）］	20.11
g（克）	dynes（达因）	980.7
g（克）	lb（磅）	2.205×10^{-3}
$g\text{-}cm^2$（克·厘米^2）	$oz\text{-}in^2$（盎司·英寸^2）	5.468×10^{-3}
g-cm（克·厘米）	oz-in（盎司·英寸）	1.389×10^{-2}
g-cm（克·厘米）	ft-lb（英尺·磅）	1.235×10^{-5}
hp（马力）	btu/min（英制热量单位/分）	42.44
hp（马力）	ft-lb/min（英尺·磅/分）	33 000
hp（马力）	ft-lb/s（英尺·磅/秒）	550.0
hp（马力）	W（瓦）	745.7
in（英寸）	meter（米）	2.540×10^{-2}
in（英寸）	cm（厘米）	2.540
J（焦）	btu（英制热量单位）	9.480×10^{-4}
J（焦）	ergs（尔格）	10^{7}
J（焦）	ft-lb（英尺·磅）	0.7376
J（焦）	W-hr（瓦·时）	2.778×10^{-4}
kg（千克）	lb（磅）	2.205
kg（千克）	slug（斯勒格）	6.852×10^{-2}
kW（千瓦）	btu/min（英制热量单位/分）	56.92
kW（千瓦）	ft-lb/min（英尺·磅/分）	4.462×10^{4}
kW（千瓦）	hp（马力）	1.341
mile，statute（英里）	ft（英尺）	5280
mi/h（英里/时）	ft/min（英尺/分）	88

续表

原来的单位	要转换成的单位	后者应该乘以的数值
mi/h（英里/时）	ft/s（英尺/秒）	1.467
mi/h（英里/时）	m/s（米/秒）	0.44704
mils（密耳）	cm（厘米）	2.540×10^{-3}
mils（密耳）	in（英寸）	0.001
min，angles（分，平面角）	deg（度）	0.01667
min，angles（分，平面角）	rad（弧度）	2.909×10^{-4}
N·m（牛·米）	ft-lb（英尺·磅）	0.73756
N·m（牛·米）	dyne-cm（达因·厘米）	10^7
N·m·s（牛·米·秒）	W（瓦）	1.0
oz（盎司）	g（克）	28.349527
oz-in（盎司·英寸）	dyne-cm（达因·厘米）	70 615.7
oz-in^2（盎司·英寸^2）	g-cm^2（克·厘米^2）	1.829×10^2
oz-in（盎司·英寸）	ft-lb（英尺·磅）	5.208×10^{-3}
oz-in（盎司·英寸）	g-cm（克·厘米）	72.01
lb，force（磅，力）	N（牛）	4.4482
lb-ft^3（磅/英尺^3）	g-cm^3（克/厘米^3）	0.01602
lb-ft-s^2（磅·英尺·秒^2）	oz-in^2（盎司·英寸^2）	7.419×10^4
rad（弧度）	deg（度）	57.30
rad（弧度）	min（分）	3438
rad（弧度）	s（秒）	2.063×10^5
rad/s（弧度/秒）	deg/s（度/秒）	57.30
rad/s（弧度/秒）	r/min（转/分）	9.549
rad/s（弧度/秒）	rps（转/秒）	0.1592
r/min（转/分）	deg/s（度/秒）	6.0
r/min（转/分）	rad/s（弧度/秒）	0.1047
s，angle（秒，平面角）	deg（度）	2.778×10^{-4}
s，angle（秒，平面角）	rad（弧度）	4.848×10^{-6}
slug，mass（斯勒格，质量）	kg（千克）	14.594
slug-ft^2（斯勒格·英尺^2）	kg·m^2（千克·米^2）	1.3558
W（瓦）	btu/hr（英制热量单位/时）	3.413
W（瓦）	btu/min（英制热量单位/分）	0.05688
W（瓦）	ft-lb/min（英尺·磅/分）	44.27
W（瓦）	hp（马力）	1.341×10^{-3}
W（瓦）	N·m/s（牛·米/秒）	1.0
Wh（瓦·时）	btu（英制热量单位/分）	3.413

附录 D　拉普拉斯变换对

$F(s)$	$f(t),\quad t \geqslant 0$
1. 1	$\delta(t_0)$，$t = t_0$ 处的单位脉冲信号
2. $1/s$	1，单位阶跃信号
3. $\dfrac{n!}{s^{n+1}}$	t^n
4. $\dfrac{1}{s+a}$	e^{-at}
5. $\dfrac{1}{(s+a)^n}$	$\dfrac{1}{(n-1)!}t^{n-1}e^{-at}$
6. $\dfrac{a}{s(s+a)}$	$1 - e^{-at}$
7. $\dfrac{1}{(s+a)(s+b)}$	$\dfrac{1}{b-a}(e^{-at} - e^{-bt})$
8. $\dfrac{s+a}{(s+a)(s+b)}$	$\dfrac{1}{b-a}[(\alpha - a)e^{-at} - (\alpha - b)e^{-bt}]$
9. $\dfrac{ab}{s(s+a)(s+b)}$	$1 - \dfrac{b}{(b-a)}e^{-at} + \dfrac{a}{(b-a)}e^{-bt}$
10. $\dfrac{1}{(s+a)(s+b)(s+c)}$	$\dfrac{e^{-at}}{(b-a)(c-a)} + \dfrac{e^{-bt}}{(c-a)(a-b)} + \dfrac{e^{-ct}}{(a-c)(b-c)}$
11. $\dfrac{s+a}{(s+a)(s+b)(s+c)}$	$\dfrac{(\alpha-a)e^{-at}}{(b-a)(c-a)} + \dfrac{(\alpha-b)e^{-bt}}{(c-a)(a-b)} + \dfrac{(\alpha-c)e^{-ct}}{(a-c)(b-c)}$
12. $\dfrac{ab(s+a)}{s(s+a)(s+b)}$	$\alpha\dfrac{b(\alpha-a)}{(b-a)}e^{-at} + \dfrac{a(\alpha-b)}{(b-a)}e^{-bt}$
13. $\dfrac{\omega}{s^2+\omega^2}$	$\sin \omega t$
14. $\dfrac{s}{s^2+\omega^2}$	$\cos \omega t$
15. $\dfrac{s+\alpha}{s^2+\omega^2}$	$\dfrac{\sqrt{\alpha^2+\omega^2}}{\omega}\sin(\omega t + \phi)$，$\phi = \arctan \omega/\alpha$
16. $\dfrac{\omega}{(s+a)^2+\omega^2}$	$e^{-at}\sin \omega t$
17. $\dfrac{(s+\alpha)}{(s+a)^2+\omega^2}$	$e^{-at}\cos \omega t$
18. $\dfrac{s+\alpha}{(s+a)^2+\omega^2}$	$\dfrac{1}{\omega}\left[(\alpha-a)^2+\omega^2\right]^{1/2}e^{-at}\sin(\omega t+\phi)$ $\phi = \arctan\dfrac{\omega}{\alpha - a}$
19. $\dfrac{\omega_n^2}{s^2+2\xi\omega_n s+\omega_n^2}$	$\dfrac{\omega_n}{\sqrt{1-\xi^2}}e^{-\xi\omega_n t}\sin \omega_n\sqrt{1-\xi^2}t$，$\xi < 1$

续表

$F(s)$	$f(t),\quad t \geqslant 0$
20. $\dfrac{1}{s\left[(s+a)^2+\omega^2\right]}$	$\dfrac{1}{a^2+\omega^2}+\dfrac{1}{\omega\sqrt{a^2+\omega^2}}e^{-at}\sin(\omega t-\phi)$ $\phi=\arctan\dfrac{\omega}{-a}$
21. $\dfrac{\omega_n^2}{s(s^2+2\xi\omega_n s+\omega_n^2)}$	$1-\dfrac{1}{\sqrt{1-\xi^2}}e^{-\xi\omega_n t}\sin(\omega_n\sqrt{1-\xi^2}t+\phi)$ $\phi=\arccos\xi,\quad \xi<1$
22. $\dfrac{(s+\alpha)}{s\left[(s+a)^2+\omega^2\right]}$	$\dfrac{\alpha}{a^2+\omega^2}+\dfrac{1}{\omega}\left[\dfrac{(\alpha-a)^2+\omega^2}{a^2+\omega^2}\right]^{1/2}e^{-at}\sin(\omega t+\phi)$ $\phi=\arctan\dfrac{\omega}{\alpha-a}-\arctan\dfrac{\omega}{-a}$
23. $\dfrac{1}{(s+c)[(s+a)^2+\omega^2]}$	$\dfrac{e^{-ct}}{(c-a)^2+\omega^2}+\dfrac{e^{-at}\sin(\omega t+\phi)}{\omega\left[(c-a)^2+\omega^2\right]^{1/2}}$ $\phi=\arctan\dfrac{\omega}{c-a}$

附录 E　矩阵代数简介

E.1　定义

在很多场合，我们需要处理矩形数组或函数。下面的矩形数组或函数被称为**矩阵**。

$$\boldsymbol{A}=\begin{bmatrix} a_{11} & a_{12} & \dots & a_{1n} \\ a_{21} & a_{22} & \dots & a_{2n} \\ \vdots & \vdots & \vdots & \vdots \\ a_{m1} & a_{m2} & \dots & a_{mn} \end{bmatrix} \tag{E.1}$$

其中，数值 a_{ij} 被称为矩阵的**元素**。下标 i 表示行号，下标 j 表示列号。

一个具有 m 行和 n 列的矩阵被称为（m, n）维矩阵或 $m \times n$ 矩阵。当矩阵的行数和列数相等（即 $m = n$）时，称该矩阵为 n 维**方阵**。

只包含一列元素的矩阵（即 $m \times 1$ 矩阵）被称为列矩阵，更常用的称谓是**列向量**。列向量 $\boldsymbol{y}$ 可表示为

$$\boldsymbol{y}=\begin{bmatrix} y_1 \\ y_2 \\ \vdots \\ y_m \end{bmatrix} \tag{E.2}$$

类似地，**行向量**是写成 1 行的有序数组，即 $1 \times n$ 矩阵。行向量 $\boldsymbol{z}$ 可表示为

$$\boldsymbol{z}=\begin{bmatrix} z_1 & z_2 & \dots & z_n \end{bmatrix} \tag{E.3}$$

除此之外，还有一些有特点的矩阵，它们有着自己特定的称谓。除了对角线元素 a_{11}、a_{22}、…、a_{nn} 可能非零之外，其他元素都为零的方阵，被称为**对角矩阵**。例如，下面就是一个 3×3 的对角矩阵。

$$\boldsymbol{B}=\begin{bmatrix} b_{11} & 0 & 0 \\ 0 & b_{22} & 0 \\ 0 & 0 & b_{33} \end{bmatrix} \tag{E.4}$$

进一步地，如果对角矩阵的所有对角线元素取值为 1，则称该矩阵为单位矩阵 $\boldsymbol{I}$，即

$$\boldsymbol{I}=\begin{bmatrix} 1 & 0 & \dots & 0 \\ 0 & 1 & \dots & 0 \\ \vdots & \vdots & \vdots & \vdots \\ 0 & 0 & \dots & 1 \end{bmatrix} \tag{E.5}$$

当矩阵的所有元素取值为零时，称该矩阵为**零矩阵**。当矩阵的元素之间满足关系式 $a_{ij} = a_{ji}$ 时，称该矩阵为**对称矩阵**。例如，下面就是一个 3×3 的对称矩阵。

$$\boldsymbol{H}=\begin{bmatrix} 3 & -2 & 1 \\ -2 & 6 & 4 \\ 1 & 4 & 8 \end{bmatrix} \tag{E.6}$$

E.2 矩阵的加法和减法运算

只有在维数相同时，两个矩阵才能进行加法和减法运算。两个矩阵相加的结果矩阵的元素，等于相同位置元素的和。因此，如果矩阵 $\boldsymbol{A}$ 的元素为 a_{ij}，矩阵 $\boldsymbol{B}$ 的元素为 b_{ij}，那么矩阵

$$\boldsymbol{C} = \boldsymbol{A} + \boldsymbol{B} \tag{E.7}$$

的元素为

$$c_{ij} = a_{ij} + b_{ij} \tag{E.8}$$

例如，将两个 3 × 3 矩阵相加的过程如下：

$$\boldsymbol{C} = \begin{bmatrix} 2 & 1 & 0 \\ 1 & -1 & 3 \\ 0 & 6 & 2 \end{bmatrix} + \begin{bmatrix} 8 & 2 & 1 \\ 1 & 3 & 0 \\ 4 & 2 & 1 \end{bmatrix} = \begin{bmatrix} 10 & 3 & 1 \\ 2 & 3 & 0 \\ 4 & 8 & 3 \end{bmatrix} \tag{E.9}$$

从上述过程可以看出，矩阵加法运算满足交换律，即

$$\boldsymbol{A} + \boldsymbol{B} = \boldsymbol{B} + \boldsymbol{A} \tag{E.10}$$

同样我们还可以看出，矩阵加法运算满足结合律，即

$$(\boldsymbol{A} + \boldsymbol{B}) + \boldsymbol{C} = \boldsymbol{A} + (\boldsymbol{B} + \boldsymbol{C}) \tag{E.11}$$

为了进行减法运算，只需要定义矩阵 $\boldsymbol{A}$ 与常数 α 的结果矩阵的元素，等于矩阵 $\boldsymbol{A}$ 的每个元素与常数 α 的乘积即可，于是有

$$\alpha\boldsymbol{A} = \begin{bmatrix} \alpha a_{11} & \alpha a_{12} & \cdots & \alpha a_{1n} \\ \alpha a_{21} & \alpha a_{22} & \cdots & \alpha a_{2n} \\ \vdots & \vdots & \vdots & \vdots \\ \alpha a_{m1} & \alpha a_{m2} & \cdots & \alpha a_{mn} \end{bmatrix} \tag{E.12}$$

如此一来，取 $\alpha = -1$，矩阵 $\boldsymbol{A}$ 与常数 $\alpha = -1$ 的乘积就是矩阵 $-\boldsymbol{A}$，也就马上可以由加法运算推出减法运算。例如：

$$\boldsymbol{C} = \boldsymbol{B} - \boldsymbol{A} = \begin{bmatrix} 2 & 1 \\ 4 & 2 \end{bmatrix} - \begin{bmatrix} 6 & 1 \\ 3 & 1 \end{bmatrix} = \begin{bmatrix} 4 & 0 \\ 1 & 1 \end{bmatrix} \tag{E.13}$$

E.3 矩阵的乘法运算

如果将两个矩阵 $\boldsymbol{A}$ 和 $\boldsymbol{B}$ 的乘积记为 $\boldsymbol{AB}$，那么 $\boldsymbol{AB}$ 的定义需要 $\boldsymbol{A}$ 的列数等于 $\boldsymbol{B}$ 的行数。也就是说，如果 $\boldsymbol{A}$ 是 $m \times n$ 矩阵，就必须要求 $\boldsymbol{B}$ 为 $n \times q$ 矩阵，才能定义 $\boldsymbol{AB}$。矩阵

$$\boldsymbol{C} = \boldsymbol{AB} \tag{E.14}$$

的元素 c_{ij} 被定义为：矩阵 $\boldsymbol{A}$ 的第 i 行与矩阵 $\boldsymbol{B}$ 的第 j 列的各个对应元素的乘积之和，即

$$c_{ij} = a_{i1}b_{1j} + a_{i2}b_{2j} + \cdots + a_{in}b_{nj} = \sum_{k=1}^{n} a_{ik}b_{kj} \tag{E.15}$$

要得到元素 c_{11}，就要用矩阵 $\boldsymbol{A}$ 的第 1 行与矩阵 $\boldsymbol{B}$ 的第 1 列的各个对应元素相乘，再将乘积求和。所得到的结果矩阵 $\boldsymbol{C}$ 将是一个 $m \times q$ 矩阵。请注意，一般情况下，矩阵乘积不满足交换律，即

$$\boldsymbol{AB} \neq \boldsymbol{BA} \tag{E.16}$$

另请注意，1 个 $m \times n$ 矩阵与 1 个列向量（$n \times 1$ 维矩阵）的乘积是 1 个 $m \times 1$ 维的列向量。1 个 $m \times n$ 矩阵与 1 个列向量（$n \times 1$ 维矩阵）相乘的例子如下：

$$\boldsymbol{x} = \boldsymbol{A}\boldsymbol{y} = \begin{bmatrix} a_{11} & a_{12} & a_{13} \\ a_{21} & a_{22} & a_{23} \end{bmatrix} \begin{bmatrix} y_1 \\ y_2 \\ y_3 \end{bmatrix} = \begin{bmatrix} (a_{11}y_1 + a_{12}y_2 + a_{13}y_3) \\ (a_{21}y_1 + a_{22}y_2 + a_{23}y_3) \end{bmatrix} \tag{E.17}$$

注意，$\boldsymbol{A}$ 的维数为 2×3，$\boldsymbol{y}$ 的维数为 3×1。于是，$\boldsymbol{x}$ 的维数为 2×1，这是一个含有两个元素的列向量。$\boldsymbol{x}$ 的第一个元素为

$$x_1 = a_{11}y_1 + a_{12}y_2 + a_{13}y_3 \tag{E.18}$$

这是矩阵 $\boldsymbol{A}$ 的第一行与 $\boldsymbol{y}$ 的第一列（只有一列）的对应元素的乘积之和。

另一个矩阵乘积的例子是：

$$\boldsymbol{C} = \boldsymbol{A}\boldsymbol{B} = \begin{bmatrix} 2 & -1 \\ -1 & 2 \end{bmatrix} \begin{bmatrix} 3 & 2 \\ -1 & 12 \end{bmatrix} = \begin{bmatrix} 7 & 6 \\ -5 & -6 \end{bmatrix} \tag{E.19}$$

这需要读者自行验证。例如，其中的 c_{22} 就来自 $c_{22} = -1(2) + 2(-2) = -6$。

现在，我们有能力将一组线性代数方程表示为矩阵方程的形式。考虑下面的线性代数方程组：

$$\begin{aligned} 3x_1 + 2x_2 + x_3 &= u_1 \\ 2x_1 + x_2 + 6x_3 &= u_2 \\ 4x_1 - x_2 + 2x_3 &= u_3 \end{aligned} \tag{E.20}$$

定义两个列向量为

$$\boldsymbol{x} = \begin{bmatrix} x_1 \\ x_2 \\ x_3 \end{bmatrix}, \boldsymbol{u} = \begin{bmatrix} u_1 \\ u_2 \\ u_3 \end{bmatrix} \tag{E.21}$$

于是，方程组可以写成如下矩阵方程的形式：

$$\boldsymbol{A}\boldsymbol{x} = \boldsymbol{u} \tag{E.22}$$

其中：

$$\boldsymbol{A} = \begin{bmatrix} 3 & 2 & 1 \\ 2 & 1 & 6 \\ 4 & -1 & 2 \end{bmatrix}$$

我们可以马上注意到，矩阵方程是线性方程组的一种更加紧凑的表示。

行向量与列向量的乘积可以写成

$$\boldsymbol{x}\boldsymbol{y} = \begin{bmatrix} x_1 & x_2 & \dots & x_n \end{bmatrix} \begin{bmatrix} y_1 \\ y_2 \\ \vdots \\ y_n \end{bmatrix} = x_1y_1 + x_2y_2 + \cdots + x_ny_n \tag{E.23}$$

我们又可以注意到，行向量与列向量的乘积是一个标量，其数值等于向量中对应元素的乘积之和。

作为本节最后一个要点，请注意，任何矩阵与单位矩阵的乘积是这个矩阵自身，即 $\boldsymbol{A}\boldsymbol{I} = \boldsymbol{A}$。

E.4　其他有用的矩阵运算及其定义

矩阵的**转置**通常记为 $\boldsymbol{A}^{\mathrm{T}}$，在一些文献中也常常记为 $\boldsymbol{A}'$。将矩阵 $\boldsymbol{A}$ 的行向量和列向量互换位置，就得到了矩阵 $\boldsymbol{A}$ 的转置 $\boldsymbol{A}^{\mathrm{T}}$。例如，如果矩阵为

$$\boldsymbol{A}=\begin{bmatrix}6 & 0 & 2\\1 & 4 & 1\\-2 & 3 & -1\end{bmatrix}$$

则有

$$\boldsymbol{A}^{\mathrm{T}}=\begin{bmatrix}6 & 1 & -2\\0 & 4 & 3\\2 & 1 & -1\end{bmatrix} \tag{E.24}$$

于是，我们可以把行向量看成列向量的转置，记为

$$\boldsymbol{x}^{\mathrm{T}}=[x_1 \quad x_2 \quad \cdots \quad x_n] \tag{E.25}$$

由于 $\boldsymbol{x}^{\mathrm{T}}$ 是行向量，因此可以用 $\boldsymbol{x}^{\mathrm{T}}$ 乘以列向量 $\boldsymbol{x}$，于是有

$$\boldsymbol{x}^{\mathrm{T}}\boldsymbol{x}=[x_1 \quad x_2 \quad \dots \quad x_n]\begin{bmatrix}x_1\\x_2\\\vdots\\x_n\end{bmatrix}=x_1^2+x_2^2+\cdots+x_n^2 \tag{E.26}$$

乘积 $\boldsymbol{x}^{\mathrm{T}}x$ 等于列向量 $\boldsymbol{x}$ 的各个元素的平方和。

两个矩阵的乘积的转置是它们的转置的互换顺序后的乘积，即

$$(\boldsymbol{AB})^{\mathrm{T}}=\boldsymbol{B}^{\mathrm{T}}\boldsymbol{A}^{\mathrm{T}} \tag{E.27}$$

方阵 $\boldsymbol{A}$ 的主对角线元素之和称为 $\boldsymbol{A}$ 的**迹**，记为

$$\mathrm{tr}\boldsymbol{A}=a_{11}+a_{22}+\cdots+a_{nn} \tag{E.28}$$

只需要改用竖线来包围方阵 $\boldsymbol{A}$ 的元素，即可表示方阵 $\boldsymbol{A}$ 的**行列式**运算。例如：

$$\det\boldsymbol{A}=\begin{vmatrix}a_{11} & a_{12}\\a_{21} & a_{22}\end{vmatrix}=a_{11}a_{22}-a_{12}a_{21} \tag{E.29}$$

如果方阵 $\boldsymbol{A}$ 的行列式取值为零，则称方阵 $\boldsymbol{A}$ 为奇异矩阵。方阵 $\boldsymbol{A}$ 的行列式可以用余子式和余因式来计算得到。n 阶方阵 $\boldsymbol{A}$ 的元素 a_{ij} 的余子式，是移除方阵 $\boldsymbol{A}$ 的第 i 行和第 j 列后，余下来的 $n-1$ 阶方阵的行列式。给定元素的余因式，是被赋予了正号或负号的余子式，符号的赋予规则如下：

$$a_{ij}\text{ 的余因式}=\alpha_{ij}=(-1)^{i+j}M_{ij}$$

其中，M_{ij} 是元素 a_{ij} 的余子式。例如，考虑行列式

$$\det\boldsymbol{A}=\begin{vmatrix}a_{11} & a_{12} & a_{13}\\a_{21} & a_{22} & a_{23}\\a_{31} & a_{32} & a_{33}\end{vmatrix} \tag{E.30}$$

其元素 a_{23} 的余因式就是：

$$\alpha_{23}=(-1)^5M_{23}=-\begin{vmatrix}a_{11} & a_{12}\\a_{31} & a_{32}\end{vmatrix} \tag{E.31}$$

而二阶行列式的计算规则是：

$$\begin{vmatrix} a_{11} & a_{12} \\ a_{21} & a_{22} \end{vmatrix} = a_{11}a_{22} - a_{12}a_{21} \tag{E.32}$$

以此为基础，n 阶行列式的计算规则是：
选定第 i 行，则有

$$\det \boldsymbol{A} = \sum_{j=1}^{n} a_{ij}\alpha_{ij} \tag{E.33a}$$

或者如果选定第 j 列，则有

$$\det \boldsymbol{A} = \sum_{i=1}^{n} a_{ij}\alpha_{ij} \tag{E.33b}$$

也就是说，对于选定的行（或列），用元素 a_{ij} 遍历该行（或列），就得到了式（E.33）给出的展开式。例如，三阶行列式就可以计算如下：

$$\begin{aligned} \det \boldsymbol{A} &= \det \begin{vmatrix} 2 & 3 & 5 \\ 1 & 0 & 1 \\ 2 & 1 & 0 \end{vmatrix} \\ &= 2\begin{vmatrix} 0 & 1 \\ 1 & 0 \end{vmatrix} - 1\begin{vmatrix} 3 & 5 \\ 1 & 0 \end{vmatrix} + 2\begin{vmatrix} 3 & 5 \\ 0 & 1 \end{vmatrix} \\ &= 2(-1) - 1(-5) + 2(3) = 9 \end{aligned} \tag{E.34}$$

在这里，我们展开的是第 1 列。

n 阶方阵 $\boldsymbol{A}$ 的**伴随矩阵**是指将每个元素 a_{ij} 都用其自身的余因式 α_{ij} 替换，并取转置得到的矩阵，于是有

$$\text{adjoint}\boldsymbol{A} = \begin{bmatrix} \alpha_{11} & \alpha_{12} & \cdots & \alpha_{1n} \\ \alpha_{21} & \alpha_{22} & \cdots & \alpha_{2n} \\ \vdots & \vdots & \vdots & \vdots \\ \alpha_{n1} & \alpha_{n2} & \cdots & \alpha_{nn} \end{bmatrix}^{\mathrm{T}} = \begin{bmatrix} \alpha_{11} & \alpha_{21} & \cdots & \alpha_{n1} \\ \alpha_{12} & \alpha_{22} & \cdots & \alpha_{n2} \\ \vdots & \vdots & \vdots & \vdots \\ \alpha_{1n} & \alpha_{2n} & \cdots & \alpha_{nn} \end{bmatrix} \tag{E.35}$$

E.5 矩阵求逆运算

n 阶方阵 $\boldsymbol{A}$ 的**逆矩阵**记为 $\boldsymbol{A}^{-1}$，它是满足下述关系式的矩阵：

$$\boldsymbol{A}^{-1}\boldsymbol{A} = \boldsymbol{A}\boldsymbol{A}^{-1} = \boldsymbol{I} \tag{E.36}$$

其中，$\boldsymbol{I}$ 表示单位矩阵。当行列式 $\det\boldsymbol{A}$ 不为零时，逆矩阵 $\boldsymbol{A}^{-1}$ 可以用下式求得：

$$\boldsymbol{A}^{-1} = \frac{\text{adjoint}\boldsymbol{A}}{\det\boldsymbol{A}} \tag{E.37}$$

对于二阶方阵而言，其伴随矩阵为

$$\text{adjoint}\boldsymbol{A} = \begin{bmatrix} a_{22} & -a_{12} \\ -a_{21} & a_{11} \end{bmatrix} \tag{E.38}$$

行列式为 $\det\boldsymbol{A} = a_{11}a_{22} - a_{12}a_{21}$。例如，考虑如下三阶矩阵：

$$\boldsymbol{A} = \begin{bmatrix} 1 & 2 & 3 \\ 2 & -1 & 4 \\ 0 & -1 & 1 \end{bmatrix} \tag{E.39}$$

它的行列式为 $\det\boldsymbol{A} = -7$，元素 a_{11} 的余因式为

$$\alpha_{11} = (-1)^2 \begin{vmatrix} -1 & 4 \\ -1 & 1 \end{vmatrix} = 3 \tag{E.40}$$

依此类推，可以得到逆矩阵为

$$\boldsymbol{A}^{-1} = \frac{\text{adjoint}\boldsymbol{A}}{\det\boldsymbol{A}} = \left(-\frac{1}{7}\right)\begin{bmatrix} 3 & -5 & 11 \\ -2 & 1 & 2 \\ -2 & 1 & -5 \end{bmatrix} \tag{E.41}$$

E.6　矩阵与特征根

一个线性方程组可以写成更加紧凑的矩阵方程的形式，即

$$\boldsymbol{y} = \boldsymbol{A}\boldsymbol{x} \tag{E.42}$$

其中，向量 $\boldsymbol{y}$ 可以看成向量 $\boldsymbol{x}$ 经过线性变换后的结果。你可能会有疑问，在式（E.42）的解空间中，是否会有向量 $\boldsymbol{y}$ 是向量的标量乘积？令 $\boldsymbol{y} = \lambda\boldsymbol{x}$，$\lambda$ 为标量并将其代入式（E.42），可以得到：

$$\lambda\boldsymbol{x} = \boldsymbol{A}\boldsymbol{x} \tag{E.43}$$

或者

$$\lambda\boldsymbol{x} - \boldsymbol{A}\boldsymbol{x} = (\lambda\boldsymbol{I} - \boldsymbol{A})\boldsymbol{x} = \boldsymbol{0} \tag{E.44}$$

其中，$\boldsymbol{I}$ 为单位矩阵。因此，存在满足式（E.43）的非零向量 $\boldsymbol{x}$ 的充分必要条件为

$$\det(\lambda\boldsymbol{I} - \boldsymbol{A}) = 0 \tag{E.45}$$

这个行列式被称为方阵 $\boldsymbol{A}$ 的特征行列式或特征多项式。式（E.45）展开后的结果被称为方阵 $\boldsymbol{A}$ 的**特征方程**，它是 λ 的 n 阶代数方程。特征方程的 n 个根被称为方阵 $\boldsymbol{A}$ 的**特征根**。对于 n 阶特征方程的每个特征根 λ_i（$i = 1,2,\cdots,n$），都有

$$(\lambda_i\boldsymbol{I} - \boldsymbol{A})\boldsymbol{x}_i = \boldsymbol{0} \tag{E.46}$$

这时我们称向量 $\boldsymbol{x}_i$ 是与第 i 个特征根 λ_i 对应的**特征向量**。

例如，考虑矩阵

$$\boldsymbol{A} = \begin{bmatrix} 2 & 1 & 1 \\ 2 & 3 & 4 \\ -1 & -1 & -2 \end{bmatrix} \tag{E.47}$$

它的特征方程为

$$\det\begin{bmatrix} (\lambda - 2) & -1 & -1 \\ -2 & (\lambda - 3) & -4 \\ 1 & 1 & (\lambda + 2) \end{bmatrix} = (-\lambda^3 + \lambda^2 + \lambda - 3) = 0 \tag{E.48}$$

特征方程的根为 $\lambda_1 = 1$、$\lambda_2 = -1$ 和 $\lambda_3 = 3$。当考虑 $\lambda = \lambda_1 = 1$ 时，由方程

$$\boldsymbol{A}\boldsymbol{x}_1 = \lambda_1\boldsymbol{x}_1 \tag{E.49}$$

可以求得对应的特征向量 $\boldsymbol{x}_1^{\mathrm{T}} = k[1 \quad -1 \quad 0]$，其中 k 为任意常数，通常取值为 1。

类似地，我们有

$$\boldsymbol{x}_2^{\mathrm{T}} = [0 \quad 1 \quad -1],\ \boldsymbol{x}_3^{\mathrm{T}} = [2 \quad 3 \quad -1] \tag{E.50}$$

E.7 矩阵的微分运算

矩阵 $\boldsymbol{A} = \boldsymbol{A}(t)$ 的微分被定义为：

$$\frac{\mathrm{d}}{\mathrm{d}t}[\boldsymbol{A}(t)] = \begin{bmatrix} \mathrm{d}a_{11}(t)/\mathrm{d}t & \mathrm{d}a_{12}(t)/\mathrm{d}t & \dots & \mathrm{d}a_{1n}(t)/\mathrm{d}t \\ \mathrm{d}a_{21}(t)/\mathrm{d}t & \mathrm{d}a_{22}(t)/\mathrm{d}t & \dots & \mathrm{d}a_{2n}(t)/\mathrm{d}t \\ \vdots & \vdots & \vdots & \vdots \\ \mathrm{d}a_{n1}(t)/\mathrm{d}t & \mathrm{d}a_{n2}(t)/\mathrm{d}t & \dots & \mathrm{d}a_{nn}(t)/\mathrm{d}t \end{bmatrix} \tag{E.51}$$

也就是说，矩阵的微分就是对矩阵的各个元素求微分。

矩阵 $\boldsymbol{A}$ 的指数函数被定义为

$$\exp[\boldsymbol{A}] = \mathrm{e}^{\boldsymbol{A}} = \boldsymbol{I} + \frac{\boldsymbol{A}}{1!} + \frac{\boldsymbol{A}^2}{2!} + \cdots + \frac{\boldsymbol{A}^k}{k!} + \cdots = \sum_{k=0}^{\infty} \frac{\boldsymbol{A}^k}{k!} \tag{E.52}$$

其中，$\boldsymbol{A}^2 = \boldsymbol{A}\boldsymbol{A}$。类似地，$\boldsymbol{A}^k$ 表示 $\boldsymbol{A}$ 自身相乘 k 次的乘积。可以证明，这个级数对所有的方阵都是收敛的。类似地，含有时间变量 t 的矩阵指数函数可定义为

$$\mathrm{e}^{\boldsymbol{A}t} = \sum_{k=0}^{\infty} \frac{\boldsymbol{A}^k t^k}{k!} \tag{E.53}$$

如果对时间变量取导数，则有

$$\frac{\mathrm{d}}{\mathrm{d}t}(\mathrm{e}^{\boldsymbol{A}t}) = \boldsymbol{A}\mathrm{e}^{\boldsymbol{A}t} \tag{E.54}$$

于是，对于微分方程组

$$\frac{\mathrm{d}\boldsymbol{x}}{\mathrm{d}t} = \boldsymbol{A}\boldsymbol{x} \tag{E.55}$$

我们自然会猜想，方程具有形如 $\boldsymbol{x} = \mathrm{e}^{\boldsymbol{A}t}\boldsymbol{c} = \boldsymbol{\Phi}\boldsymbol{c}$ 的解，其中，矩阵 $\boldsymbol{\Phi}$ 为 $\boldsymbol{\Phi} = \mathrm{e}^{\boldsymbol{A}t}$，列向量 $\boldsymbol{c}$ 待定。将该猜想代入

$$\frac{\mathrm{d}\boldsymbol{x}}{\mathrm{d}t} = \boldsymbol{A}\boldsymbol{x} \tag{E.56}$$

确实得到了

$$\boldsymbol{A}\boldsymbol{x} = \boldsymbol{A}\boldsymbol{x} \tag{E.57}$$

这说明式（E.55）的确成立，所猜想的解的确是方程的解。由于 $t = 0$ 时，我们有 $\boldsymbol{x}(0) = \boldsymbol{c}$，因此待定列向量 $\boldsymbol{c}$ 就是 $\boldsymbol{x}(0)$，即向量 $\boldsymbol{x}$ 的初始值。最后，微分方程组［即式（E.55）］的通解为

$$\boldsymbol{x}(t) = \mathrm{e}^{\boldsymbol{A}t}\boldsymbol{x}(0) \tag{E.58}$$

附录 F　分贝转换表

M	0	1	2	3	4	5	6	7	8	9
0.0	m=	−40.00	−33.98	−30.46	−27.96	−26.02	−24.44	−23.10	−21.94	−20.92
0.1	−20.00	−19.17	−18.42	−17.72	−17.08	−16.48	−15.92	−15.39	−14.89	−14.42
0.2	−13.98	−13.56	−13.15	−12.77	−12.40	−12.04	−11.70	−11.37	11.06	−10.75
0.3	−10.46	−0.17	−9.90	−9.63	−9.37	−9.12	−8.87	−8.64	−8.40	−8.18
0.4	−7.96	−7.74	−7.54	−7.33	−7.16	−6.94	−6.74	−6.56	−6.38	−6.20
0.5	−6.02	−5.85	−5.68	−5.51	−5.35	−5.19	−5.04	−4.88	−4.73	−4.58
0.6	−4.44	−4.29	−4.15	−4.01	−3.88	−3.74	−3.61	−3.48	−3.35	−3.22
0.7	−3.10	−2.97	−2.85	−2.73	−2.62	−2.50	−2.38	−2.27	−2.16	−2.05
0.8	−1.94	−1.83	−1.72	−1.62	−1.51	−1.41	−1.31	−1.21	−1.11	−1.01
0.9	−0.92	−0.82	−0.72	−0.63	−0.54	−0.45	−0.35	−0.26	−0.18	−0.09
1.0	0.00	0.09	0.17	0.26	0.34	0.42	0.51	0.59	0.67	0.72
1.1	0.83	0.91	0.98	1.06	1.14	1.21	1.29	1.39	1.44	1.51
1.2	1.58	1.66	1.73	1.80	1.87	1.94	2.01	2.08	2.14	2.21
1.3	2.28	2.35	2.41	2.48	2.54	2.61	2.67	2.73	2.80	2.86
1.4	2.92	2.98	3.05	3.11	3.17	3.23	3.29	3.35	3.41	4.03
1.5	3.52	3.58	3.64	3.69	3.75	3.81	3.86	3.92	3.97	4.03
1.6	4.08	4.14	4.19	4.24	4.30	4.35	4.40	4.45	4.51	4.56
1.7	4.61	4.66	4.71	4.76	4.81	4.86	4.91	4.96	5.01	5.06
1.8	5.11	5.15	5.20	5.25	5.30	5.34	5.39	5.44	5.48	5.53
1.9	5.58	5.62	5.67	5.71	5.76	5.80	5.85	5.89	5.93	5.98
2.	6.02	6.44	6.85	7.23	7.60	7.96	8.30	8.63	8.94	9.25
3.	9.54	9.83	10.10	10.37	10.63	10.88	11.13	11.36	11.60	11.82
4.	12.04	12.26	12.46	12.67	12.87	13.06	13.26	13.44	13.62	13.80
5.	13.98	14.15	14.32	14.49	14.65	14.81	14.96	15.12	15.27	15.42
6.	15.56	15.71	15.85	15.99	16.12	16.26	16.39	16.52	16.65	16.78
7.	16.90	17.03	17.15	17.27	17.38	17.50	17.62	17.73	17.84	17.95
8.	18.06	18.17	18.28	18.38	18.49	18.59	18.69	18.79	18.89	18.99
9.	19.09	19.18	19.28	19.37	19.46	19.55	19.65	19.74	19.82	19.91
	0.	1.	2.	3.	4.	5.	6.	7.	8.	9.

分贝 $= 20\log_{10}M$。

附录G 复　数

G.1 复数

我们都知道，如下代数方程的根为 $x = \pm 1$。

$$x^2 - 1 = 0 \tag{G.1}$$

但是，我们还会遇到下面的方程：

$$x^2 + 1 = 0 \tag{G.2}$$

式（G.2）所示方程的根不再是实数。式（G.2）可以改写成

$$x^2 = -1 \tag{G.3}$$

我们可以定义单位虚数 j 来表示满足式（G.3）的数，于是有

$$\mathrm{j}^2 = -1 \tag{G.4}$$

或者

$$\mathrm{j} = \sqrt{-1} \tag{G.5}$$

虚数被定义为单位虚数 j 与一个实数的乘积。例如，我们可以谈论虚数 $\mathrm{j}b$。**复数**则是一个实数与一个虚数的和，可以记作：

$$c = a + \mathrm{j}b \tag{G.6}$$

其中，a 和 b 都是实数。我们称 a 为复数的实部，b 为复数的虚部，记作

$$\mathrm{Re}\{c\} = a \tag{G.7}$$

$$\mathrm{Im}\{c\} = b \tag{G.8}$$

G.2 复数的正交坐标表示、指数表示和极坐标表示

我们可以使用实部坐标 a 和虚部坐标 b，在正交坐标中表示复数 $a + \mathrm{j}b$，这样的坐标平面被称为**复平面**。如图 G.1 所示，复平面有水平实轴和垂直虚轴，复数 c 在这里可以表示为坐标为 a 和 b 的点或有向线段。复数 c 的**正交坐标表示**由式（G.6）和图 G.1 给出。

复数 c 的另一种表示方式如图 G.2 所示，即采用到坐标原点的距离和夹角 θ 来表示复数 c。这被称为复数的**指数表示**，可以写成

$$c = r\mathrm{e}^{\mathrm{j}\theta} \tag{G.9}$$

其中：

$$r = (a^2 + b^2)^{1/2} \tag{G.10}$$

$$\theta = \arctan(b/a) \tag{G.11}$$

请留意，此时有 $a = r\cos\theta$ 和 $b = r\sin\theta$。

数值 r 被称为复数 c 的**幅值**，记为$|c|$。角度 θ 也可以记为$\angle\theta$。于是，复数 c 又可以写成与式（G.9）完全等效的**极坐标表示**：

$$c = |c|\angle\theta = r\angle\theta \tag{G.12}$$

例 G.1　复数的指数表示和极坐标表示

将复数 $c = 4 + \mathrm{j}3$ 写成指数表示和极坐标表示。

首先如图 G.3 所示，在复平面上表示出复数，于是有

$$r = (4^2 + 3^2)^{1/2} = 5$$
$$\theta = \arctan(3/4) = 36.9^\circ$$

这个复数的指数表示为

$$c = 5\mathrm{e}^{\mathrm{j}36.9^\circ}$$

这个复数的极坐标表示为

$$c = 5\angle 36.9^\circ$$

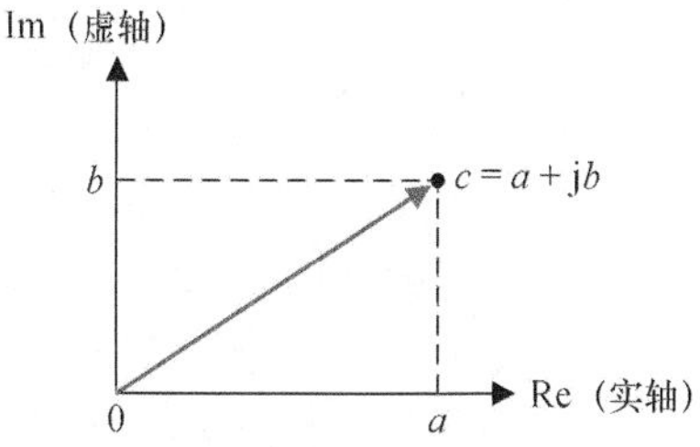

图 G.1　复数 c 的正交坐标表示

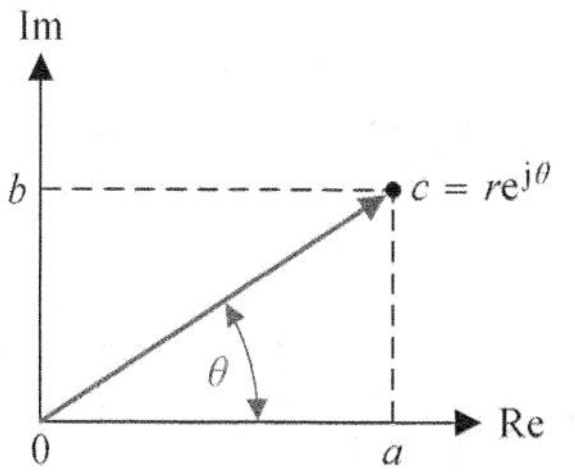

图 G.2　复数 c 的指数表示

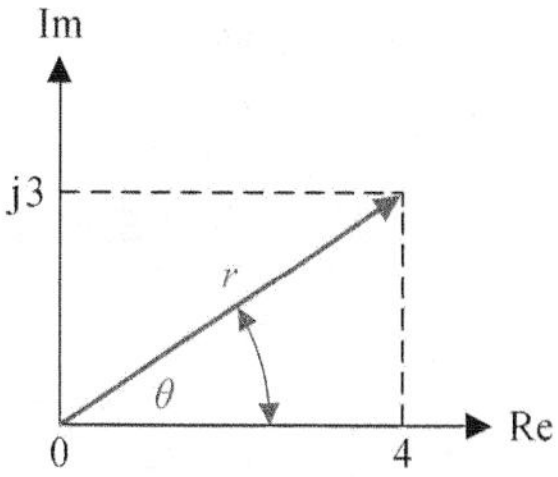

图 G.3　例 G.1 的复平面

G.3　复数的数学运算

复数 $c = a + \mathrm{j}b$ 的**共轭**运算结果记作 c^*，定义如下：

$$c^* = a - \mathrm{j}b \tag{G.13}$$

写成极坐标形式就是：

$$c^* = r\angle(-\theta) \tag{G.14}$$

两个复数的加法和减法运算被定义为，将它们的实部和虚部对应相加（或相减）。于是，如果 $c = a + \mathrm{j}b$ 和 $d = f + \mathrm{j}g$，那么

$$\begin{aligned} c + d &= (a + \mathrm{j}b) + (f + \mathrm{j}g) \\ &= (a + f) + \mathrm{j}(b + g) \end{aligned} \tag{G.15}$$

两个复数的乘法运算定义如下（注意 $\mathrm{j}^2 = -1$）：

$$\begin{aligned} cd &= (a + \mathrm{j}b)(f + \mathrm{j}g) \\ &= af + \mathrm{j}ag + \mathrm{j}bf + \mathrm{j}^2bg \\ &= (af - bg) + \mathrm{j}(ag + bf) \end{aligned} \tag{G.16}$$

乘法的极坐标形式为

$$cd = (r_1\angle\theta_1)(r_2\angle\theta_2) = (r_1r_2)\angle(\theta_1 + \theta_2) \tag{G.17}$$

其中，$c = r_1\angle\theta_1$，$d = r_2\angle\theta_2$。

采用极坐标形式，我们可以很方便地得到两个复数的除法结果为

$$\frac{c}{d} = \frac{r_1\angle\theta_1}{r_2\angle\theta_2} = \frac{r_1}{r_2}\angle(\theta_1 - \theta_2) \tag{G.18}$$

如果采用正交坐标表示，复数的加法和减法运算将更加方便。如果采用极坐标表示，复数的乘法和除法运算将更加方便。表 G.1 给出了复数之间的有用关系。

表 G.1　复数之间的有用关系

1. $\frac{1}{j} = -j$
2. $(-j)(j) = 1$
3. $j^2 = -1$
4. $1\angle\pi/2 = j$
5. $c^k = r^k\angle k\theta$

例 G.2　复数的运算

当 $c = 4 + j3$、$d = 1 - j$ 时，计算复数 $c + d$、$c - d$、cd 和 c/d。

首先找出 c 和 d 的极坐标表示：

$$c = 5\angle 36.9^\circ,\quad d = \sqrt{2}\angle -45^\circ$$

然后逐个完成运算。对于加法，有

$$c + d = (4 + j3) + (1 - j) = 5 + j2$$

对于减法，有

$$c - d = (4 + j3) - (1 - j) = 3 + j4$$

如果采用极坐标表示，则对于乘法，有

$$\begin{aligned} cd &= (5\angle 36.9^\circ)(\sqrt{2}\angle -45^\circ) \\ &= 5\sqrt{2}\angle -8.1^\circ \end{aligned}$$

对于除法，有

$$\frac{c}{d} = \frac{5\angle 36.9^\circ}{\sqrt{2}\angle -45^\circ} = \frac{5}{\sqrt{2}}\angle 81.9^\circ$$

附录 H　z 变换对

$x(t)$	$X(s)$	$X(z)$
1．$\delta(t)=\begin{cases}1 & t=0,\\ 0 & t=kT,\ k\neq 0\end{cases}$	1	1
2．$\delta(t-kt)=\begin{cases}1 & t=kT,\\ 0 & t\neq kT\end{cases}$	e^{-kTs}	z^{-k}
3．$u(t)$ 单位阶跃	$1/s$	$\dfrac{z}{z-1}$
4．t	$1/s^2$	$\dfrac{Tz}{(z-1)^2}$
5．t^2	$2/s^3$	$\dfrac{T^2z(z+1)}{(z-1)^3}$
6．e^{-at}	$\dfrac{1}{s+a}$	$\dfrac{z}{z-e^{-aT}}$
7．$1-e^{-at}$	$\dfrac{a}{s(s+a)}$	$\dfrac{(1-e^{-aT})z}{(z-1)(z-e^{-aT})}$
8．te^{-at}	$\dfrac{1}{(s+a)^2}$	$\dfrac{Tze^{-aT}}{(z-e^{-aT})^2}$
9．t^2e^{-at}	$\dfrac{2}{(s+a)^3}$	$\dfrac{T^2e^{-aT}z(z+e^{-aT})}{(z-e^{-aT})^3}$
10．$be^{-bt}-ae^{-at}$	$\dfrac{(b-a)s}{(s+a)(s+b)}$	$\dfrac{z[z(b-a)-(be^{-at}-ae^{-bt})]}{(z-e^{-aT})(z-e^{-bT})}$
11．$\sin\omega t$	$\dfrac{\omega}{s^2+\omega^2}$	$\dfrac{z\sin\omega T}{z^2-2z\cos\omega T+1}$
12．$\cos\omega t$	$\dfrac{s}{s^2+\omega^2}$	$\dfrac{z(z-\cos\omega T)}{z^2-2z\cos\omega T+1}$
13．$e^{-at}\sin\omega t$	$\dfrac{\omega}{(s+a)^2+\omega^2}$	$\dfrac{(ze^{-aT}\sin\omega T)}{z^2-2ze^{-aT}\cos\omega T+e^{-2aT}}$
14．$e^{-at}\cos\omega t$	$\dfrac{s+a}{(s+a)^2+\omega^2}$	$\dfrac{z^2-ze^{-aT}\cos\omega T}{z^2-2ze^{-aT}\cos\omega T+e^{-2aT}}$
15．$1-e^{-at}\left(\cos bt+\dfrac{a}{b}\sin bt\right)$	$\dfrac{a^2+b^2}{s[(s+a)^2+b^2]}$	$\dfrac{z(Az+B)}{(z-1)[z^2-2e^{-aT}(\cos bT)z+e^{-2aT}]}$ $A=1-e^{-aT}\cos bT-\dfrac{a}{b}e^{-aT}\sin bT$ $B=e^{-2aT}+\dfrac{a}{b}e^{-aT}\sin bT-e^{-aT}\cos bT$

附录 I　用离散时间近似的方法求线性系统的时间响应

可采用**离散时间近似**的方法来求用状态向量微分方程表示的线性系统的时间响应。离散时间近似的方法的思想是，将时间轴划分成足够小的时间增量区间段，这样就可以求状态变量在依次持续的时间区间或端点（即 $t = 0, T, 2T, 3T, \cdots$）的取值，其中 T 是时间增量，记为 $\Delta t = T$。在数值分析或计算机数值分析中，只要相对于系统的时间常数而言，时间增量 T 足够小，就可以采用离散时间近似的方法求线性系统的时间响应，结果相当合理和精确。

用状态向量微分方程表示的线性时不变系统的一般形式可以写成

$$\dot{\boldsymbol{x}} = \boldsymbol{A}\boldsymbol{x} + \boldsymbol{B}\boldsymbol{u} \tag{I.1}$$

求导的基本定义公式为

$$\dot{\boldsymbol{x}}(t) = \lim_{\Delta t \to 0} \frac{\boldsymbol{x}(t + \Delta t) - \boldsymbol{x}(t)}{\Delta t} \tag{I.2}$$

只要 $\Delta t = T$ 足够小，我们就可以用上面这个定义式来近似确定状态变量的导数，于是式（I.2）的**近似式**为

$$\dot{\boldsymbol{x}}(t) \approx \frac{\boldsymbol{x}(t + T) - \boldsymbol{x}(t)}{T} \tag{I.3}$$

代入式（I.1）可得：

$$\frac{\boldsymbol{x}(t + T) - \boldsymbol{x}(t)}{T} \approx \boldsymbol{A}\boldsymbol{x}(t) + \boldsymbol{B}\boldsymbol{u}(t) \tag{I.4}$$

求解 $\boldsymbol{x}(t + T)$ 可得：

$$\begin{aligned} \boldsymbol{x}(t + T) &\approx T\boldsymbol{A}\boldsymbol{x}(t) + \boldsymbol{x}(t) + T\boldsymbol{B}\boldsymbol{u}(t) \\ &\approx (T\boldsymbol{A} + \boldsymbol{I})\boldsymbol{x}(t) + T\boldsymbol{B}\boldsymbol{u}(t) \end{aligned} \tag{I.5}$$

其中，时间轴 t 被划分成宽度为 T 的等幅区间。时间变量 t 的取值点可以记为 $t = kT$，$k = 0,1,2,3,\cdots$。于是，式（I.5）又可以写成

$$\boldsymbol{x}[(k + 1)T] \approx (T\boldsymbol{A} + \boldsymbol{I})\boldsymbol{x}(kT) + T\boldsymbol{B}\boldsymbol{u}(kT) \tag{I.6}$$

可采用第 k 个时刻的状态变量取值 $\boldsymbol{x}(kT)$ 和输入变量取值 $\boldsymbol{u}(kT)$ 来计算状态变量在第 $(k + 1)$ 个时刻的取值 $\boldsymbol{x}[(k + 1)T]$。式（I.6）通常还可以简写成

$$\boldsymbol{x}(k + 1) \approx \psi(T)\boldsymbol{x}(k) + T\boldsymbol{B}\boldsymbol{u}(k) \tag{I.7}$$

其中，$\psi(T) = T\boldsymbol{A} + \boldsymbol{I}$。式（I.7）清楚地表明了如何通过由第 k 个时刻的状态变量取值 $\boldsymbol{x}(k)$ 来计算第 $(k + 1)$ 个时刻的状态变量取值 $\boldsymbol{x}(k + 1)$，从而获得时间响应 $\boldsymbol{x}(t)$ 的近似值。这个递推过程又被称为欧拉方法，这种序贯的数列计算特别适合用计算机来加以实现。另一种名为龙格-库塔（Runge-Kutta）法的数值积分方法，也适合用来计算式（I.1）的近似时间响应。为了演示说

明时间响应的近似过程，请考查图 I.1 所示的 RLC 电路并近似计算它的时间响应。

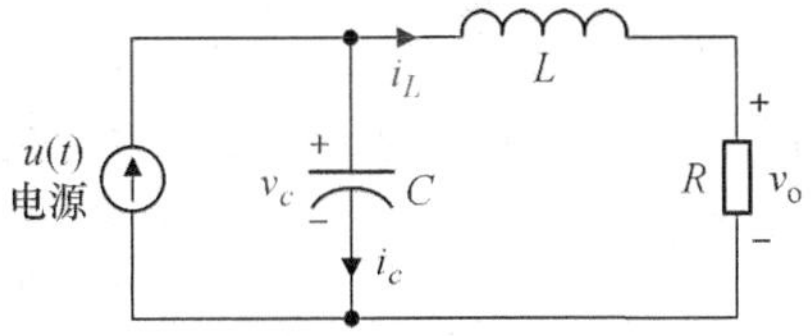

图 I.1　RLC 电路

例 I.1　RLC 电路的时间响应

不需要计算确定系统的状态转移矩阵，采用离散时间近似的方法，就可以近似计算 RLC 电路的时间响应。定义状态变量为

$$\boldsymbol{x}=\begin{bmatrix}v_c\\i_L\end{bmatrix}$$

并且有 $R=3$、$L=1$ 和 $C=1/2$。

于是，系统的状态变量微分方程为

$$\begin{aligned}\dot{\boldsymbol{x}}&=\begin{bmatrix}0&-1/C\\1/L&-R/L\end{bmatrix}\boldsymbol{x}+\begin{bmatrix}1/C\\0\end{bmatrix}u(t)\\&=\begin{bmatrix}0&-2\\1&-3\end{bmatrix}\boldsymbol{x}+\begin{bmatrix}2\\0\end{bmatrix}u(t)\end{aligned}\tag{I.8}$$

现在，你需要选择一个足够小的时间间隔增量 T，使状态变量导数的近似值[见式（I.3）]足够精确，进而保证式（I.6）的解也足够精确。通常，你可以将时间间隔增量取为小于系统最小的时间常数的一半。由于这个系统最小的时间常数为 0.5 s［这个系统的特征方程为 $(s+1)(s+2)=0$］，因此可以取 $T=0.2$ s。注意，如果减小时间间隔增量的取值，所需的计算量将会随之增大。利用 $T=0.2$ s，式（I.6）变成

$$\boldsymbol{x}(k+1)\approx(0.2\boldsymbol{A}+\boldsymbol{I})\boldsymbol{x}(k)+0.2\boldsymbol{B}u(k)\tag{I.9}$$

其中：

$$\psi(T)=(0.2\boldsymbol{A}+\boldsymbol{I})=\begin{bmatrix}1&-0.4\\0.2&0.4\end{bmatrix}\tag{I.10}$$

$$T\boldsymbol{B}=\begin{bmatrix}0.4\\0\end{bmatrix}\tag{I.11}$$

若输入为 $u(t)=0$，则系统的初始值为 $x_1(0)=x_2(0)=1$。下面我们来近似计算系统的时间响应。当 $k=0$ 时，第一个时刻 $t=T$ 的响应近似值为

$$\boldsymbol{x}(1)\approx\begin{bmatrix}1&-0.4\\0.2&0.4\end{bmatrix}\boldsymbol{x}(0)=\begin{bmatrix}0.6\\0.6\end{bmatrix}\tag{I.12}$$

第二个时刻 $t=2T=0.4$ s（即 $k=1$）的响应近似值为

$$\boldsymbol{x}(2)\approx\begin{bmatrix}1&-0.4\\0.2&0.4\end{bmatrix}\boldsymbol{x}(1)=\begin{bmatrix}0.36\\0.36\end{bmatrix}\tag{I.13}$$

类似地，我们可以求得 $k=2,3,4,\cdots$ 时各个时刻的近似响应。

接下来，我们比较一下系统的实际精确响应和近似响应。系统的实际精确响应可用状态转移矩阵求得，近似响应可用上面的离散时间近似求得。当系统的初始值为 $x_1(0)=x_2(0)=1$ 时，系

统的实际精确响应为 $x_1(t)=x_2(t)=\mathrm{e}^{-2t}$。于是，我们可以方便地计算得到实际精确响应和近似响应，结果如表 I.1 所示，其中还添加了时间间隔增量 $T=0.1$ s 时的计算结果。当 $T=0.2$ s 时，近似误差几乎总是等于 0.07，约占初始值的 7%。当 $T=0.1$ s 时，近似误差约占初始值的 3.5%。更进一步地，当选取 $T=0.05$ s 时，计算 $t=0.2$ s 时的近似响应，近似误差可进一步降低到约占初始值的 1.5%。

表 I.1 实际精确响应和近似响应

时间 t	0	0.2	0.4	0.6	0.8
精确值 $x_1(t)$	1	0.67	0.448	0.30	0.20
近似值 $x_1(t), T=0.1$ s	1	0.64	0.41	0.262	0.168
近似值 $x_1(t), T=0.2$ s	1	0.60	0.36	0.216	0.130

例 I.2 流行病的时间响应

流行病的疫情传播过程可以用一个微分方程组来描述。此研究涵盖的群体由三部分组成，在这三部分群体中，将个体数目分别记为 x_1、x_2 和 x_3。其中，群体 x_1 是流行病易感群体，x_2 是染病群体，x_3 是从初始群体中移除的不需要继续考查的群体（比如已经获得免疫的人）。下列微分方程用于描述疫情传播过程的反馈系统：

$$\frac{\mathrm{d}x_1}{\mathrm{d}t}=-\alpha x_1-\beta x_2+u_1(t)$$
$$\frac{\mathrm{d}x_2}{\mathrm{d}t}=-\beta x_1-\gamma x_2+u_2(t)$$
$$\frac{\mathrm{d}x_3}{\mathrm{d}t}=\alpha x_1+\gamma x_2$$

其中，将常数值取为 $\alpha=\beta=\gamma=1$，于是有

$$\dot{\boldsymbol{x}}=\begin{bmatrix}-1 & -1 & 0\\ 1 & -1 & 0\\ 1 & 1 & 0\end{bmatrix}\boldsymbol{x}+\begin{bmatrix}1 & 0\\ 0 & 1\\ 0 & 0\end{bmatrix}\boldsymbol{u} \tag{I.14}$$

注意，系统的特征方程为 $s(s^2+2s+2)=0$，由此可见，系统有复特征根。假定不再新增易感群体[新增易感群体的变化率为 0（即 $u_1=0$）]，我们来确定系统的瞬态响应。然后假定只在初始时刻考虑新增染病群体[即 $u_2(0)=1$ 且 $u_2(k)=0$（$k\geqslant 1$）]，这意味着只在初始时刻，向所研究的群体增加 1 个染病个体（这等效于 1 个脉冲输入）。共轭复根的时间常数为 $1/(\zeta\omega_n)=2$ s，因此我们取时间间隔增量 $T=0.2$s（注意，在实际的流行病学研究中，时间单位可能是月，实际新增的染病个体数目可能数以千计）。

于是，离散时间近似递推方程为

$$\boldsymbol{x}(k+1)=\begin{bmatrix}0.8 & -0.2 & 0\\ 0.2 & 0.8 & 0\\ 0.2 & 0.2 & 1\end{bmatrix}\boldsymbol{x}(k)+\begin{bmatrix}0\\ 0.2\\ 0\end{bmatrix}u_2(k) \tag{I.15}$$

当初始值为 $x_1(0)=x_2(0)=x_3(0)=0$ 时，第一个时刻 $t=T$（即 $k=0$）的响应近似值为

$$\boldsymbol{x}(1)=\begin{bmatrix}0\\ 0.2\\ 0\end{bmatrix} \tag{I.16}$$

当 $k\geqslant 1$ 时，输入分量 $u_2(k)=0$，于是第二个时刻 $t=2T$（即 $k=1$）的响应近似值为

$$\boldsymbol{x}(2)=\begin{bmatrix}0.8 & -0.2 & 0\\ 0.2 & 0.8 & 0\\ 0.2 & 0.2 & 1\end{bmatrix}\begin{bmatrix}0\\ 0.2\\ 0\end{bmatrix}=\begin{bmatrix}-0.04\\ 0.16\\ 0.04\end{bmatrix} \tag{I.17}$$

第三个时刻 $t=3T$ 的响应近似值为

$$\boldsymbol{x}(3)=\begin{bmatrix}0.8 & -0.2 & 0\\ 0.2 & 0.8 & 0\\ 0.2 & 0.2 & 1\end{bmatrix}\begin{bmatrix}-0.04\\ 0.16\\ 0.04\end{bmatrix}=\begin{bmatrix}-0.064\\ 0.120\\ 0.064\end{bmatrix}$$

依此类推，我们可以求出后续时刻的状态向量取值。显然，在实际系统中，状态分量 x_1 不可能取负值。在这里，状态分量 x_1 取负值的原因是模型有未建模动态。

在推算非线性系统的时间响应时，离散时间近似的方法特别有用。描述非线性系统的状态向量微分方程的基本形式为

$$\dot{\boldsymbol{x}}=\boldsymbol{f}(\boldsymbol{x},\boldsymbol{u},t) \tag{I.18}$$

其中，列向量 $\boldsymbol{f}$ 是由 $\boldsymbol{x}$ 和 $\boldsymbol{u}$ 的不同函数构成的列向量。当系统是输入控制信号 $\boldsymbol{u}$ 的线性系统时，式（I.18）可以简化为

$$\dot{\boldsymbol{x}}=\boldsymbol{f}(\boldsymbol{x},t)+\boldsymbol{B}\boldsymbol{u} \tag{I.19}$$

进一步地，如果系统是时不变的，则式（I.19）还可以简化为

$$\dot{\boldsymbol{x}}=\boldsymbol{f}(\boldsymbol{x})+\boldsymbol{B}\boldsymbol{u} \tag{I.20}$$

下面考查式（I.20）给出的非线性系统，并递推计算它的离散时间近似响应。用式（I.3）来近似求导，可得：

$$\frac{\boldsymbol{x}(t+T)-\boldsymbol{x}(t)}{T}\approx\boldsymbol{f}(\boldsymbol{x}(t))+\boldsymbol{B}\boldsymbol{u}(t) \tag{I.21}$$

当 $t=kT$ 时，求解 $\boldsymbol{x}(k+1)$ 可得：

$$\boldsymbol{x}(k+1)\approx\boldsymbol{x}(k)+T\left[\boldsymbol{f}(\boldsymbol{x}(k))+\boldsymbol{B}\boldsymbol{u}(k)\right] \tag{I.22}$$

类似地，当系统为式（I.18）所示的一般形式时，离散时间的近似公式将变为

$$\boldsymbol{x}(k+1)\approx\boldsymbol{x}(k)+T\boldsymbol{f}(\boldsymbol{x}(k),\ \boldsymbol{u}(k),\ k) \tag{I.23}$$

下面重新考虑例 I.2，但是系统模型已经改进为非线性模型。

例 I.3 改进的流行病传播模型

更符合现实的流行病的疫情传播过程可用如下非线性微分方程组来描述：

$$\begin{aligned}\dot{x}_1&=-\alpha x_1-\beta x_1x_2+u_1(t)\\ \dot{x}_2&=-\beta x_1x_2-\gamma x_2+u_2(t)\\ \dot{x}_3&=\alpha x_1+\gamma x_2\end{aligned} \tag{I.24}$$

其中，群体之间的交互作用由 x_1x_2 体现。和前面一样，将常数值取为 $\alpha=\beta=\gamma=1$，输入取为 $u_1(t)=0$ 以及 $u_2(0)=1$ 且 $u_2(k)=0$ $(k\geqslant 1)$。我们仍然取 $T=0.2$ s，初始值为 $\boldsymbol{x}^{\mathrm{T}}(0)=[1\quad 0\quad 0]$。于是，我们得到 $t=kT$ 且

$$\dot{x}_i(k)=\frac{x_i(k+1)-x_i(k)}{T} \tag{I.25}$$

代入式（I.24），可得：

$$
\begin{aligned}
\frac{x_1(k+1)-x_1(k)}{T} &= -x_1(k)-x_1(k)x_2(k) \\
\frac{x_2(k+1)-x_2(k)}{T} &= x_1(k)x_2(k)-x_2(k)+u_2(k) \\
\frac{x_3(k+1)-x_3(k)}{T} &= x_1(k)+x_2(k)
\end{aligned} \tag{I.26}
$$

在 $T = 0.2$ s 的条件下，解出 $x_i(k+1)$，可得：

$$
\begin{aligned}
x_1(k+1) &= 0.8x_1(k) - 0.2x_1(k)x_2(k) \\
x_2(k+1) &= 0.8x_2(k) + 0.2x_1(k)x_2(k) + 0.2u_2(k) \\
x_3(k+1) &= x_3(k) + 0.2x_1(k) + 0.2x_2(k)
\end{aligned} \tag{I.27}
$$

第一个时刻 $t = T$（即 $k = 0$）的响应近似值为

$$
\begin{aligned}
x_1(1) &= 0.8x_1(0) = 0.8 \\
x_2(1) &= 0.2u_2(0) = 0.2 \\
x_3(1) &= 0.2x_1(0) = 0.2
\end{aligned}
$$

再次利用递推式（I.27），注意 $u_2(1) = 0$，于是第二个时刻 $t = 2T$（即 $k = 1$）的响应近似值为

$$
\begin{aligned}
x_1(2) &= 0.8x_1(1) - 0.2x_1(1)x_2(1) = 0.608 \\
x_2(2) &= 0.8x_2(1) + 0.2x_1(1)x_2(1) = 0.192 \\
x_3(2) &= x_3(1) + 0.2x_1(1) + 0.2x_2(1) = 0.40
\end{aligned} \tag{I.28}
$$

第三个时刻 $t = 3T$ 的响应近似值为

$$
x_1(3) = 0.463, x_2(3) = 0.177, x_3(3) = 0.56
$$

依此类推，我们可以求出后续时刻的状态向量取值。你可以注意到，非线性模型的系统响应，与前面例子所示的线性模型的系统响应有着明显的不同。

线性系统状态变量的时间响应，可以方便地采用状态转移矩阵或离散时间来近似。借助线性系统的状态信号流图模型，我们可以得到系统的状态转移矩阵。但是对于非线性系统而言，离散时间近似的方法提供了一种合适的时间响应计算方法。如果采用数字计算机来执行数值计算，那么离散时间近似的方法将格外有效。

附录 J　设计辅助知识要点

J.1　设计流程

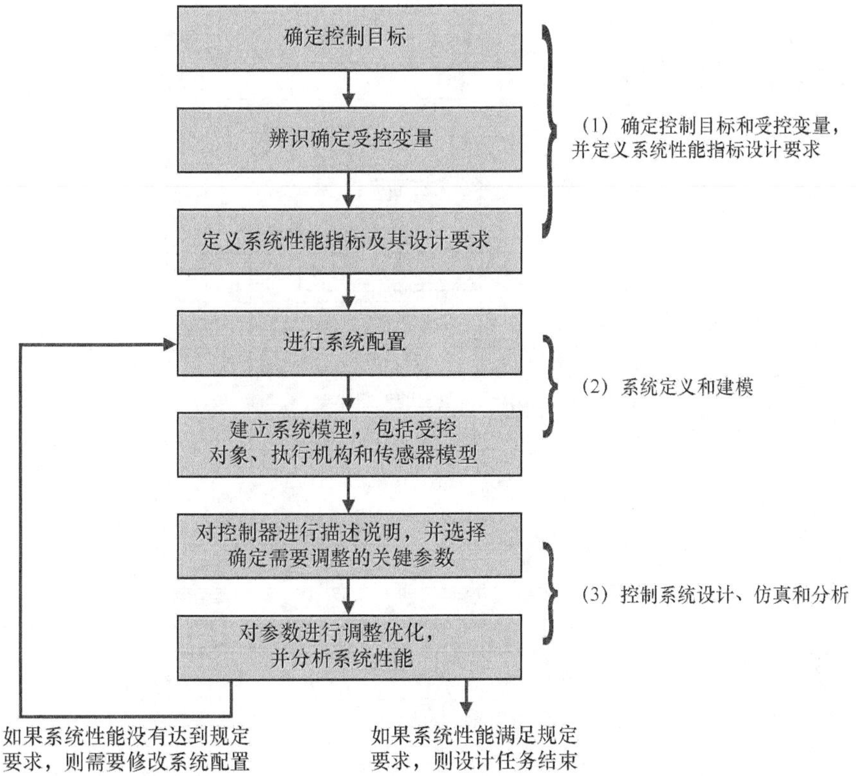

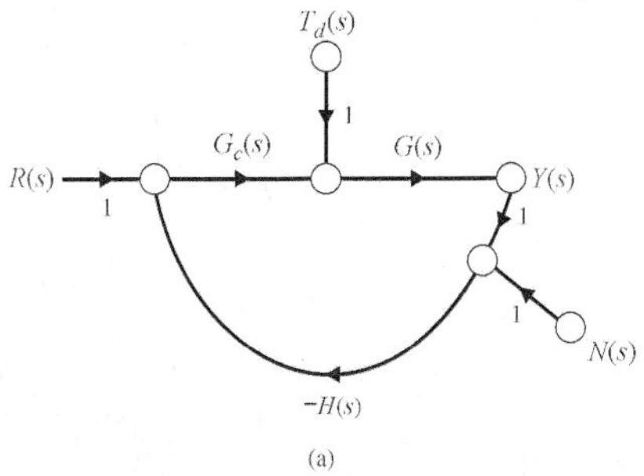

(a)

闭环控制系统：（a）信号流图模型

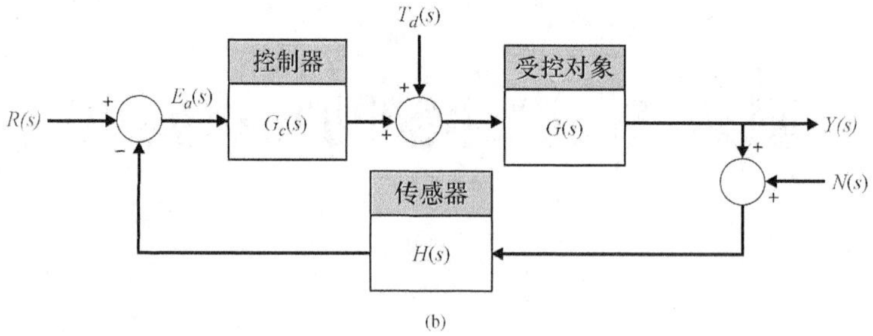

闭环控制系统：（b）框图模型

J.2 设计中常用的图表

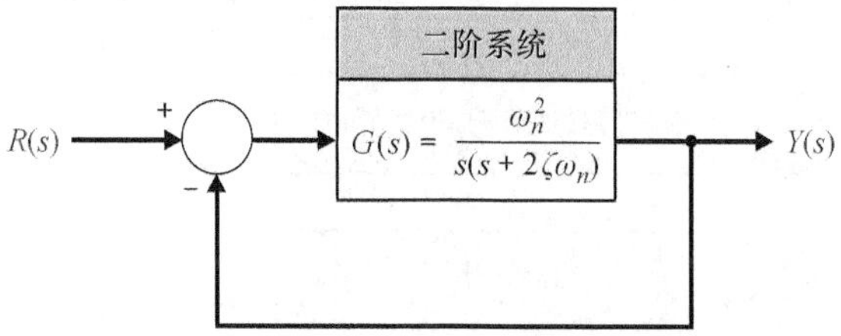

二阶闭环系统的框图模型

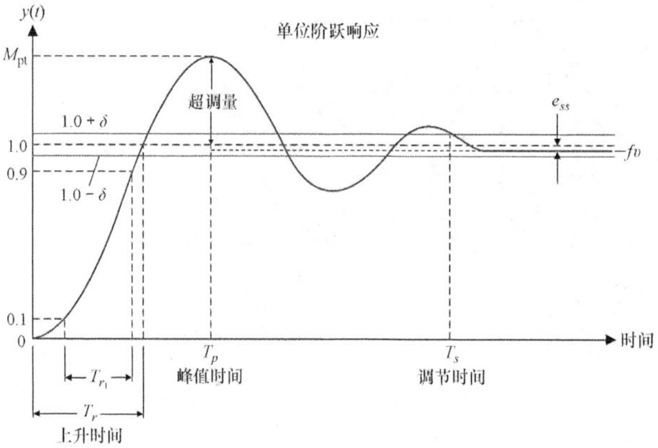

单位阶跃响应

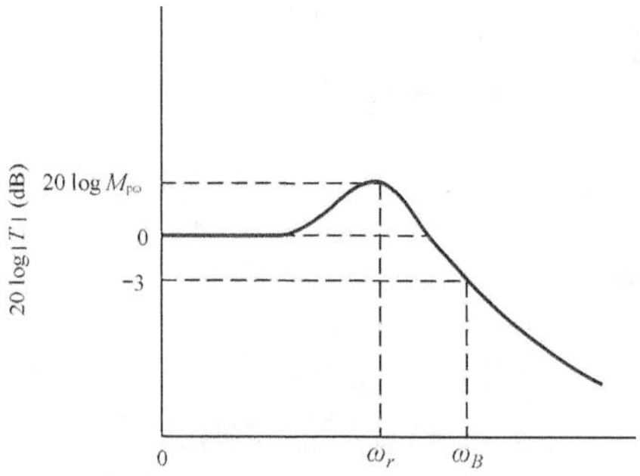

闭环系统的幅频曲线

J.3　设计中常用的公式

● 调节时间（终值的 2% 误差带以内）	$T_s \approx \dfrac{4}{\xi\omega_n}$
● 二阶系统阶跃响应峰值和超调量	$M_{pt} = 1 + e^{-\zeta\pi/\sqrt{1-\zeta^2}}$ 和 $P.O. = 100e^{-\pi\zeta/\sqrt{1-\zeta^2}}$
● 峰值时间	$T_p = \dfrac{\pi}{\omega_n\sqrt{1-\zeta^2}}$
● 上升时间（从终值的 10% 上升至 90% 的时间）	$T_{r_1} = \dfrac{2.16\zeta + 0.6}{\omega_n}$ $(0.3 \leqslant \zeta \leqslant 0.8)$
● 谐振峰值	$M_{p\omega} = \dfrac{1}{2\zeta\sqrt{1-\zeta^2}}$ $(\zeta < 0.707)$
● 谐振频率	$\omega_r = \omega_n\sqrt{1-2\zeta^2}$ $(\zeta < 0.707)$
● 带宽	$\omega_B = (-1.196\zeta + 1.85)\omega_n$ $(0.3 \leqslant \zeta \leqslant 0.8)$

J.4　串联校正器

$$G_c(s) = \frac{K(1+\alpha\tau s)}{\alpha(1+\tau s)}$$

$\tau = 1/p$ 以及 $\alpha = p/z > 1$

相角超前校正器

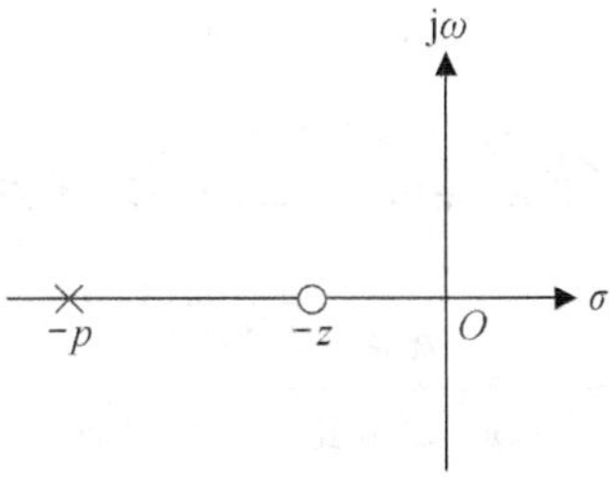

相角超前校正器的零极点分布图

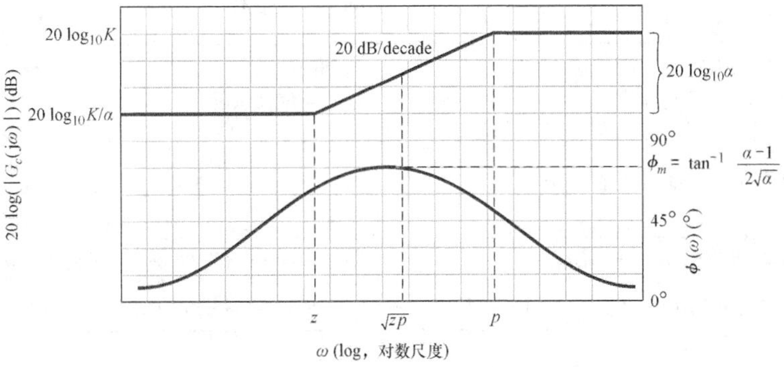

相角超前校正器的伯德图

$$G_c(s) = K\alpha \frac{1 + \tau s}{1 + \alpha\tau s}$$

$\tau = 1/z$ 以及 $\alpha = z/p > 1$

相角滞后校正器

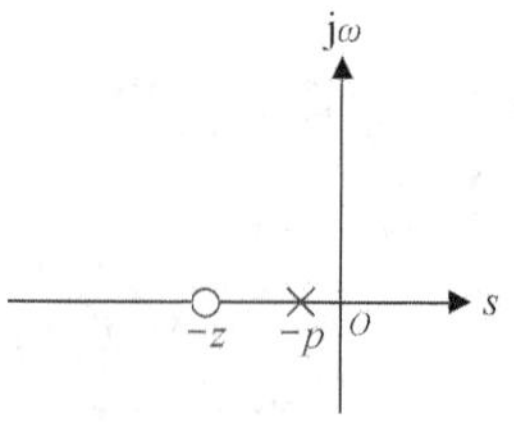

相角滞后校正器的零极点分布图

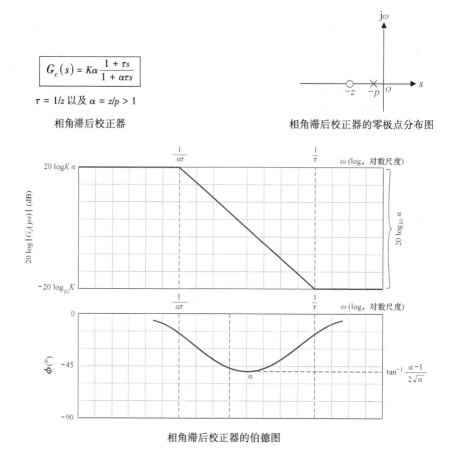

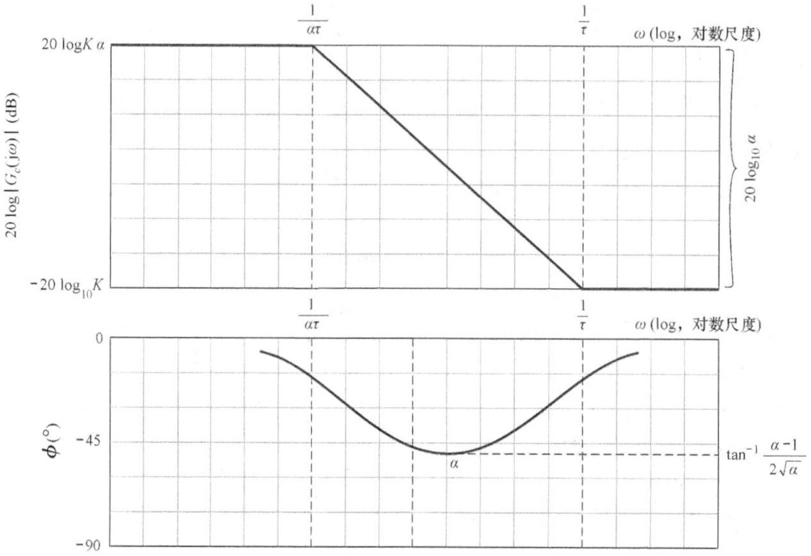

相角滞后校正器的伯德图

J.5　相角超前校正器与相角滞后校正器特性小结

	相角超前校正器	相角滞后校正器
措施	添加超前校正器，在 s 平面上实现预期的主导极点，在伯德图中的转折频率处添加超前相角	添加滞后校正器，在保持 s 平面上的主导极点或伯德图中的相角裕度基本不变的基础上，增大系统的稳态误差常数
效果	增大系统带宽 增大高频段增益	减小系统带宽
优点	获得预期响应 改善系统的瞬态性能	抑制高频噪声 减小系统稳态误差
不足	需要附加的放大器增益 增大了系统带宽，使得系统对噪声更加敏感	减缓了瞬态响应速度
适用场合	要求系统有快速的瞬态响应	对系统的稳态误差系数有明确和严格的要求
不适用场合	在穿越频率附近，系统的相角急剧下降	在满足对相角裕度的要求后，系统没有足够的低频段

PID 控制器　$G_c(s) = K_P + K_D s + \frac{K_I}{s} = \frac{K_D(s^2 + as + b)}{s}$

其中，$a = K_P/K_D$ 以及 $b = K_I/K_D$。

PI 控制器　$G_c(s) = K_P + \frac{K_I}{s} = \frac{K_P(s + c)}{s}$，其中，$c = K_I/K_P$。

PD 控制器　$G_c(s) = K_P + K_D s = K_D(s + a)$，其中，$a = K_P/K_D$。

J.6　增大 PID 控制器增益系数 K_P、K_D、K_I 对系统阶跃响应的效应

PID 增益系数	超调量	调节时间	稳态误差
增大 K_P	增大	影响最小	减小
增大 K_I	增大	增大	零稳态误差
增大 K_D	减小	减小	无影响

参考文献

第1章

1. O. Mayr, *The Origins of Feedback Control*, MIT Press, Cambridge, Mass., 1970.
2. O. Mayr, "The Origins of Feedback Control," *Scientific American*, Vol. 223, No. 4, October 1970, pp. 110–118.
3. O. Mayr, *Feedback Mechanisms in the Historical Collections of the National Museum of History and Technology*, Smithsonian Institution Press, Washington, D. C., 1971.
4. E. P. Popov, *The Dynamics of Automatic Control Systems*, Gostekhizdat, Moscow, 1956; Addison-Wesley, Reading, Mass., 1962.
5. J. C. Maxwell, "On Governors," *Proc. of the Royal Society of London*, 16, 1868, in *Selected Papers on Mathematical Trends in Control Theory,* Dover, New York, 1964, pp. 270–283.
6. I. A. Vyshnegradskii, "On Controllers of Direct Action," *Izv. SPB Tekhnolog. Inst.*, 1877.
7. H. W. Bode, "Feedback—The History of an Idea," in *Selected Papers on Mathematical Trends in Control Theory,* Dover, New York, 1964, pp. 106–123.
8. H. S. Black, "Inventing the Negative Feedback Amplifier," *IEEE Spectrum*, December 1977, pp. 55–60.
9. J. E. Brittain, *Turning Points in American Electrical History*, IEEE Press, New York, 1977, Sect. II-E.
10. W. S. Levine, *The Control Handbook*, CRC Press, Boca Raton, Fla., 1996.
11. G. Newton, L. Gould, and J. Kaiser, *Analytical Design of Linear Feedback Controls*, John Wiley & Sons, New York, 1957.
12. M. D. Fagen, *A History of Engineering and Science on the Bell Systems*, Bell Telephone Laboratories, 1978, Chapter 3.
13. G. Zorpette, "Parkinson's Gun Director," *IEEE Spectrum*, April 1989, p. 43.
14. J. Höller, V. Tsiatsis, C. Mulligan, S. Karnouskos, S. Avesand, and D. Boyle, *From Machine-to-Machine to the Internet of Things: Introduction to New Age of Intelligence*, Elsevier, United Kingdom 2014.
15. S. Thrun, "Toward Robotic Cars," *Communications of the ACM*, Vol. 53, No. 4, April 2010.
16. M. M. Gupta, *Intelligent Control*, IEEE Press, Piscataway, N. J., 1995.
17. A. G. Ulsoy, "Control of Machining Processes," *Journal of Dynamic Systems*, ASME, June 1993, pp. 301–307.
18. M. P. Groover, *Fundamentals of Modern Manufacturing*, Prentice Hall, Englewood Cliffs, N. J., 1996.
19. Michelle Maisto, "Induct Now Selling Navia, First Self-Driving Commercial Vehicle," *eWeek*. 2014.
20. Heather Kelly, "Self-Driving Cars Now Legal in California," *CNN*, 2013.
21. P. M. Moretti and L. V. Divone, "Modern Windmills," *Scientific American*, June 1986, pp. 110–118.
22. Amy Lunday, "Bringing a Human Touch to Modern Prosthetics," *Johns Hopkins University*, June 20, 2018.
23. R. C. Dorf and J. Unmack, "A Time-Domain Model of the Heart Rate Control System," *Proceedings of the San Diego Symposium for Biomedical Engineering*, 1965, pp. 43–47.
24. Alex Wood, "The Internet of Things is Revolutionising Our Lives, But Standards Are a Must," published by theguardian.com, The Guardian, 2015.
25. R. C. Dorf, *Introduction to Computers and Computer Science*, 3rd ed., Boyd and Fraser, San Francisco, 1982, Chapters 13, 14.
26. K. Sutton, "Productivity," in *Encyclopedia of Engineering*, McGraw-Hill, New York, pp. 947–948.
27. Florian Michahelles, "The Internet of Things—How It Has Started and What to Expect," *Swiss Federal Institute of Technology*, Zurich, 2010.
28. R. C. Dorf, *Robotics and Automated Manufacturing*, Reston Publishing, Reston, Va., 1983.
29. S. S. Hacisalihzade, "Control Engineering and Therapeutic Drug Delivery," *IEEE Control Systems*, June 1989, pp. 44–46.
30. E. R. Carson and T. Deutsch, "A Spectrum of Approaches for Controlling Diabetes," *IEEE Control Systems*, December 1992, pp. 25–30.
31. J. R. Sankey and H. Kaufman, "Robust Considerations of a Drug Infusion System," *Proceedings of the American Control Conference*, San Francisco, Calif., June 1993, pp. 1689–1695.

32. W. S. Levine, *The Control Handbook*, CRC Press, Boca Raton, Fla., 1996.
33. D. Auslander and C. J. Kempf, *Mechatronics*, Prentice Hall, Englewood Cliffs, N. J., 1996.
34. "Things that Go Bump in Your Flight," *The Economist*, July 3, 1999, pp. 69–70.
35. P. J. Brancazio, "Science and the Game of Baseball," *Science Digest*, July 1984, pp. 66–70.
36. C. Klomp, et al., "Development of an Autonomous Cow-Milking Robot Control System," *IEEE Control Systems*, October 1990, pp. 11–19.
37. M. B. Tischler et al., "Flight Control of a Helicopter," *IEEE Control Systems*, August 1999, pp. 22–32.
38. G. B. Gordon and J. C. Roark, "ORCA: An Optimized Robot for Chemical Analysis," *Hewlett-Packard Journal*, June 1993, pp. 6–19.
39. C. Lo, "The Magic Touch: Bringing Sensory Feedback to Brain-Controlled Prosthetics," January 21, 2019.
40. L. Scivicco and B. Siciliano, *Modeling and Control of Robot Manipulators*, McGraw-Hill, New York, 1996.
41. O. Mayr, "Adam Smith and the Concept of the Feedback System," *Technology and Culture*, Vol. 12, No. 1, January 1971, pp. 1–22.
42. A. Goldsmith, "Autofocus Cameras," *Popular Science*, March 1988, pp. 70–72.
43. R. Johansson, *System Modeling and Identification*, Prentice Hall, Englewood Cliffs, N. J., 1993.
44. M. DiChristina, "Telescope Tune-Up," *Popular Science*, September 1999, pp. 66–68.
45. K. Capek, *Rossum's Universal Robots*, English version by P. Selver and N. Playfair, Doubleday, Page, New York, 1923.
46. D. Hancock, "Prototyping the Hubble Fix," *IEEE Spectrum*, October 1993, pp. 34–39.
47. A. K. Naj, "Engineers Want New Buildings to Behave Like Human Beings," *Wall Street Journal*, January 20, 1994, p. B1.
48. E. H. Maslen, et al., "Feedback Control Applications in Artifical Hearts," *IEEE Control Systems*, December 1998, pp. 26–30.
49. M. DiChristina, "What's Next for Hubble?" *Popular Science*, March 1998, pp. 56–59.
50. Jack G. Arnold, "Technology Trends in Storage," IBM U.S. Federal, 2013.
51. T. Brant, "SSD vs. HDD: What's the Difference?," January 24, 2019.
52. R. Stone, "Putting a Human Face on a New Breed of Robot," *Science*, October 11, 1996, p. 182.
53. P. I. Ro, "Nanometric Motion Control of a Traction Drive," *ASME Dynamic Systems and Control*, Vol. 55.2, 1994, pp. 879–883.
54. K. C. Cheok, "A Smart Automatic Windshield Wiper," *IEEE Control Systems Magazine*, December 1996, pp. 28–34.
55. D. Dooling, "Transportation," *IEEE Spectrum*, January 1996, pp. 82–86.
56. Y. Lu, Y. Pan, and Z. Xu, ed., *Innovative Design of Manufacturing*, Springer Tracts in Mechanical Engineering, Springer, 2020.
57. Trevor English, "Generative Design Utilizes AI to Provide You Practical Optimized Design Solutions," *Interesting Engineering*, February 17, 2020.
58. Douglas Heaven, "The Designer Changing the Way Aircraft are Built." *BBC Future: Machine Minds*, November 29, 2018.
59. C. Rist, "Angling for Momentum," *Discover*, September 1999, p. 37.
60. S. J. Elliott, "Down With Noise," *IEEE Spectrum*, June 1999, pp. 54–62.
61. W. Ailor, "Controlling Space Traffic," *AIAA Aerospace America*, November 1999, pp. 34–38.
62. Willam Van Winkle, "The Death of Disk? HDDs Still have an Important Role to Play," September 2, 2019, *VentureBeat*.
63. G. F. Hughes, "Wise Drives," *IEEE Spectrum*, August 2002, pp. 37–41.
64. R. H. Bishop, *The Mechatronics Handbook*, 2nd ed., CRC Press, Inc., Boca Raton, Fla., 2007.
65. N. Kyura and H. Oho, "Mechatronics—An Industrial Perspective," *IEEE/ASME Transactions on Mechatronics*, Vol. 1, No. 1, 1996, pp. 10–15.
66. T. Mori, "Mecha-tronics," *Yasakawa Internal Trademark Application Memo 21.131.01*, July 12, 1969.
67. F. Harshama, M. Tomizuka, and T. Fukuda, "Mechatronics—What is it, Why, and How?—An Editorial," *IEEE/ASME Transactions on Mechatronics*, Vol. 1, No. 1, 1996, pp. 1–4.
68. D. M. Auslander and C. J. Kempf, *Mechatronics: Mechanical System Interfacing*, Prentice Hall, Upper Saddle River, N. J., 1996.
69. D. Shetty and R. A. Kolk, *Mechatronic System*

Design, PWS Publishing Company, Boston, Mass., 1997.

70. W. Bolton, *Mechatronics: Electrical Control Systems in Mechanical and Electrical Engineering*, 2nd ed., Addison Wesley Longman, Harlow, England, 1999.

71. D. Tomkinson and J. Horne, *Mechatronics Engineering*, McGraw-Hill, New York, 1996.

72. H. Kobayashi, Guest Editorial, *IEEE/ASME Transactions on Mechatronics*, Vol. 2, No. 4, 1997, p. 217.

73. D. S. Bernstein, "What Makes Some Control Problems Hard?" *IEEE Control Systems Magazine*, August 2002, pp. 8–19.

74. Lukas Schroth, "Drones and Artificial Intelligence," *Drone Industry Insights*, 28 August 2018.

75. O. Zerbinati, "A Direct Methanol Fuel Cell," *Journal of Chemical Education*, Vol. 79, No. 7, July 2002, p. 829.

76. D. Basmadjian, *Mathematical Modeling of Physical Systems: An Introduction*, Oxford University Press, New York, N.Y., 2003.

77. D. W. Boyd, *Systems Analysis and Modeling: A Macro-to-Micro Approach with Multidisciplinary Applications*, Academic Press, San Diego, CA, 2001.

78. F. Bullo and A. D. Lewis, *Geometric Control of Mechanical Systems: Modeling, Analysis, and Design for Simple Mechanical Control Systems*, Springer Verlag, New York, N.Y., 2004.

79. P. D. Cha, J. J. Rosenberg, and C. L. Dym, *Funda mentals of Modeling and Analyzing Engineering Systems*, Cambridge University Press, Cambridge, United Kingdom, 2000.

80. P. H. Zipfel, *Modeling and Simulation of Aerospace Vehicle Dynamics*, AIAA Education Series, American Institute of Aeronautics & Astronautics, Inc., Reston, Virginia, 2001.

81. D. Hristu-Varsakelis and W. S. Levin, eds., *Hand book of Networked and Embedded Control Systems*, Series: Control Engineering Series, Birkhäuser, Boston, MA, 2005.

82. 见 gps 网站。

83. B. W. Parkinson and J. J. Spilker, eds., *Global Positioning System: Theory & Applications*, Vol. 1 & 2, Progress in Astronautics and Aeronautics, AIAA, 1996.

84. E. D. Kaplan and C. Hegarty, eds., *Understanding GPS: Principles and Applications*, 2nd ed., Artech House Publishers, Norwood, Mass., 2005.

85. B. Hofmann-Wellenhof, H. Lichtenegger, and E. Wasle, *GNSS-Global navigation Satellite Systems*, Springer-Verlag, Vienna, Austria, 2008.

86. M. A. Abraham and N. Nguyen, "Green Engineering: Defining the Principles," *Environmental Progress*, Vol. 22, No. 4, American Institute of Chemical Engineers, 2003' pp. 233–236.

87. "National Electric Delivery Technologies Roadmap: Transforming the Grid to Revolutionize Electric Power in North America," U.S. Department of Energy, Office of Electric Transmission and Distribution, 2004.

88. D. T. Allen and D. R. Shonnard, *Green Engineering: Environmentally Conscious Design of Chemical Processes,* Prentice Hall, N. J., 2001.

89. "The Modern Grid Strategy: Moving Towards the Smart Grid," U.S. Department of Energy, Office of Electricity Delivery and Energy Reliability.

90. "Smart Grid System Report," U.S. Department of Energy, July 2009.

91. Pacific Northwest National Laboratory (PNNL) report, "The Smart Grid: An Estimation of the Energy and CO_2 Benefits," January 2010.

92. J. Machowski, J. Bialek, and J. Bumby, *Power System Dynamics: Stability and Control*, 2nd ed., John Wiley & Sons, Ltd, West Sussex, United Kingdom, 2008.

93. R. H. Bishop, ed., *Mechatronics Handbook*, 2nd ed., CRC Press, 2007.

94. See http://www.burjdubai.com/.

95. R. Roberts, "Control of High-Rise High-Speed Elevators," *Proceedings of the American Control Conference*, Philadelphia, Pa., 1998, pp. 3440–3444.

96. N. L. Doh, C. Kim, and W. K. Chung, "A Practical Path Planner for the Robotic Vacuum Cleaner in Rectilinear Environments," *IEEE Transactions on Consumer Electronics*, Vol. 53,

No. 2, 2007, pp. 519–527.

97. S. C. Lin and C. C. Tsai, "Development of a Self-Balancing Human Transportation Vehicle for the Teaching of Feedback Control," *IEEE Transactions on Education*, Vol. 52, No. 1, 2009, pp. 157–168.
98. K. Li, E. B. Kosmatopoulos, P. A. Ioannou, and H. Ryaciotaki-Boussalis, "Large Segmented Telescopes: Centralized, Decentralized and Overlapping Control Designs," *IEEE Control Systems Magazine*, October 2000.
99. A. Cavalcanti, "Assembly Automation with Evolutionary Nanorobots and Sensor-Based Control Applied to Nanomedicine," *IEEE Transactions on Nanotechnology*, Vol. 2, No. 2, 2003, pp. 82 –87.
100. C. J. Hegarty and E. D. Kaplan, ed., *Understanding GPS/GNSS: Principles and Applications*, 3rd ed., Artech House Publisher, 2017.
101. K. Yu, ed., *Positioning and Navigation in Complex Environments*, IGI Global, 2017.
102. P. Szeredi, G. Lukácsy, and B. Tamás, *The Semantic Web Explained—the technology and mathematics behind Web 3.0*, Cambridge University Press, 2014.
103. L. Yu, *A Developer's Guide to the Semantic Web*, 2nd ed., Springer-Verlag, Berlin Heidelberg, 2014.
104. J. Krumm, ed., *Ubiquitous Computing Fundamentals*, CRC Press, 2018.
105. Help Net Security, "41.6 Billion IoT Devices will be Generating 79.4 Zettabytes of Data in 2025," June 21, 2019.
106. W. Harris, "10 Hardest Things to Teach a Robot," November 25, 2013, HowStuffWorks.com.

第2章

1. R. C. Dorf, *Electric Circuits*, 4th ed., John Wiley & Sons, New York, 1999.
2. I. Cochin, *Analysis and Design of Dynamic Systems*, Addison-Wesley Publishing Co., Reading, Mass., 1997.
3. J. W. Nilsson, *Electric Circuits*, 5th ed., Addison-Wesley, Reading, Mass., 1996.
4. E. W. Kamen and B. S. Heck, *Fundamentals of Signals and Systems Using MATLAB*, Prentice Hall, Upper Saddle River, N. J., 1997.
5. F. Raven, *Automatic Control Engineering*, 3rd ed., McGraw-Hill, New York, 1994.
6. S. Y. Nof, *Handbook of Industrial Robotics*, John Wiley & Sons, New York, 1999.
7. R. R. Kadiyala, "A Toolbox for Approximate Linearization of Nonlinear Systems," *IEEE Control Systems*, April 1993, pp. 47–56.
8. R. Smith and R. Dorf, *Circuits, Devices and Systems*, 5th ed., John Wiley & Sons, New York, 1992.
9. Y. M. Pulyer, *Electromagnetic Devices for Motion Control*, Springer-Verlag, New York, 1992.
10. B. C. Kuo, *Automatic Control Systems*, 5th ed., Prentice Hall, Englewood Cliffs, N. J., 1996.
11. F. E. Udwadia, *Analytical Dynamics*, Cambridge Univ. Press, New York, 1996.
12. R. C. Dorf, *Electrical Engineering Handbook*, 2nd ed., CRC Press, Boca Raton, Fla., 1998.
13. S. M. Ross, *Simulation*, 2nd ed., Academic Press, Orlando, Fla., 1996.
14. G. B. Gordon, "ORCA: Optimized Robot for Chemical Analysis," *Hewlett-Packard Journal*, June 1993, pp. 6–19.
15. P. E. Sarachik, *Principles of Linear Systems*, Cambridge Univ. Press, New York, 1997.
16. S. Bennett, "Nicholas Minorsky and the Automatic Steering of Ships," *IEEE Control Systems*, November 1984, pp. 10–15.
17. P. Gawthorp, *Metamodeling: Bond Graphs and Dynamic Systems*, Prentice Hall, Englewood Cliffs, N. J., 1996.
18. C. M. Close and D. K. Frederick, *Modeling and Analysis of Dynamic Systems*, 2nd ed., Houghton Mifflin, Boston, Mass., 1995.
19. H. S. Black, "Stabilized Feed-Back Amplifiers," *Elec trical Engineering*, 53, January 1934, pp. 114–120. Also in *Turning Points in American History*, J. E. Brittain, ed., IEEE Press, New York, 1977, pp. 359–361.
20. P. L. Corke, *Visual Control of Robots*, John Wiley & Sons, New York, 1997.
21. W. J. Rugh, *Linear System Theory*, 2nd ed., Prentice Hall, Englewood Cliffs, N. J., 1997.
22. S. Pannu and H. Kazerooni, "Control for a Walking Robot," *IEEE Control Systems*, February 1996, pp. 20–25.
23. K. Ogata, *Modern Control Engineering*, 3rd ed., Prentice Hall, Upper Saddle River, N. J., 1997.
24. S. P. Parker, *Encyclopedia of Engineering*, 2nd ed., McGraw-Hill, New York, 1993.
25. G. T. Pope, "Living-Room Levitation," *Discover*, June 1993, p. 24.
26. G. Rowell and D. Wormley, *System Dynamics*, Prentice Hall, Upper Saddle River, N. J., 1997.

27. R. H. Bishop, *The Mechatronics Handbook*, 2nd ed., CRC Press, Inc., Boca Raton, Fla., 2007.
28. C. N. Dorny, *Understanding Dynamic Systems: Approaches to Modeling, Analysis, and Design*, Prentice-Hall, Englewood Cliffs, New Jersey, 1993.
29. T. D. Burton, *Introduction to Dynamic Systems Analysis*, McGraw-Hill, Inc., New York, 1994.
30. K. Ogata, *System Dynamics*, 4th ed., Prentice-Hall, Englewood Cliffs, New Jersey, 2003.
31. J. D. Anderson, *Fundamentals of Aerodynamics*, 4th ed., McGraw-Hill, Inc., New York, 2005.
32. G. Emanuel, *Gasdynamics Theory and Applications*, AIAA Education Series, New York, 1986.
33. A. M. Kuethe and C-Y. Chow, *Foundations of Aerodynamics: Bases of Aerodynamic Design*, 5th ed., John Wiley & Sons, New York, 1997.
34. M. A. S. Masoum, H. Dehbonei, and E. F. Fuchs, "Theoretical and Experimental Analyses of Photovoltaic Systems with Voltage- and Current-Based Maximum Power-Point Tracking," *IEEE Transactions on Energy Conversion*, Vol. 17, No. 4, 2002, pp. 514–522.
35. M. G. Wanzeller, R. N. C. Alves, J. V. da Fonseca Neto, and W. A. dos Santos Fonseca, "Current Control Loop for Tracking of Maximum Power Point Supplied for Photovoltaic Array," *IEEE Transactions on Instrumentation And Measurement*, Vol. 53, No. 4, 2004, pp. 1304–1310.
36. G. M. S. Azevedo, M. C. Cavalcanti, K. C. Oliveira, F. A. S. Neves, and Z. D. Lins, "Comparative Evaluation of Maximum Power Point Tracking Methods for Photovoltaic Systems," *ASME Journal of Solar Energy Engineering*, Vol. 131, 2009.
37. W. Xiao, W. G. Dunford, and A. Capel, "A Novel Modeling Method for Photovoltaic Cells," *35th Annual IEEE Power Electronics Specialists Conference,* Aachen, Germany, 2004, pp. 1950–1956.
38. M. Uzunoglu, O.C. Onar, and M.S. Alam, "Modeling, Control and Simulation of a PV/FC/UC Based Hybrid Power Generation System for Stand-Alone Applications," *Renewable Energy*, Vol. 34, Elsevier Ltd., 2009, pp. 509–520.
39. N. Hamrouni and A. Cherif, "Modelling and Control of a Grid Connected Photovoltaic System," *International Journal of Electrical and Power Engineering,* Vol. 1, No. 3, Medwell Journals, 2007, pp. 307–313.
40. N. Kakimoto, S. Takayama, H. Satoh, and K. Nakamura, "Power Modulation of Photovoltaic Generator for Frequency Control of Power System," *IEEE Transactions on Energy Conversion*, Vol. 24, No. 4, 2009, pp. 943–949.
41. S. J. Chiang, H.-J. Shieh, and M.-C. Chen, "Modeling and Control of PV Charger System with SEPIC Converter," *IEEE Transactions on Industrial Electronics*, Vol. 56, No. 11, 2009, pp. 4344–4353.
42. M. Castilla, J. Miret, J. Matas, L. G. de Vicuña, and J. M. Guerrero, "Control Design Guidelines for Single-Phase Grid-Connected Photovoltaic Inverters with Damped Resonant Harmonic Compensators," *IEEE Transactions on Industrial Electronics*, Vol. 56, No. 11, 2009, pp. 4492–4501.

第3章

1. R. C. Dorf, *Electric Circuits*, 3rd ed., John Wiley & Sons, New York, 1997.
2. W. J. Rugh, *Linear System Theory*, 2nd ed., Prentice Hall, Englewood Cliffs, N. J., 1996.
3. H. Kajiwara, et al., "LPV Techniques for Control of an Inverted Pendulum," *IEEE Control Systems*, February 1999, pp. 44–47.
4. R. C. Dorf, *Encyclopedia of Robotics*, John Wiley & Sons, New York, 1988.
5. A. V. Oppenheim, et al., *Signals and Systems*, Prentice Hall, Englewood Cliffs, N. J., 1996.
6. J. L. Stein, "Modeling and State Estimator Design Issues for Model Based Monitoring Systems," *Journal of Dynamic Systems*, ASME, June 1993, pp. 318–326.
7. I. Cochin, *Analysis and Design of Dynamic Systems*, Addison-Wesley, Reading, Mass., 1997.
8. R. C. Dorf, *Electrical Engineering Handbook*, CRC Press, Boca Raton, Fla., 1993.
9. Y. M. Pulyer, *Electromagnetic Devices for Motion Control*, Springer-Verlag, New York, 1992.
10. C. M. Close and D. K. Frederick, *Modeling and Analysis of Dynamic Systems*, 2nd ed., Houghton Mifflin, Boston, 1995.
11. R. C. Durbeck, "Computer Output Printer Technologies," in *Electrical Engineering Handbook*, R. C. Dorf, ed., CRC Press, Boca Raton, Fla., 1998, pp. 1958–1975.
12. B. Wie, et al., "New Approach to Attitude/Momentum Control for the Space Station," *AIAA Journal of Guidance, Control, and Dynamics,* Vol. 12, No. 5, 1989, pp. 714–722.
13. H. Ramirez, "Feedback Controlled Landing

Maneuvers," *IEEE Transactions on Automatic Control*, April 1992, pp. 518–523.
14. C. A. Canudas De Wit, *Theory of Robot Control*, Springer-Verlag, New York, 1996.
15. R. R. Kadiyala, "A Toolbox for Approximate Linearization of Nonlinear Systems," *IEEE Control Systems*, April 1993, pp. 47–56.
16. B. C. Crandall, *Nanotechnology*, MIT Press, Cambridge, Mass., 1996.
17. W. Leventon, "Mountain Bike Suspension Allows Easy Adjustment," *Design News*, July 19, 1993, pp. 75–77.
18. A. Cavallo, et al., *Using* MATLAB, SIMULINK, *and Control System Toolbox*, Prentice Hall, Englewood Cliffs, N. J., 1996.
19. G. E. Carlson, *Signal and Linear System Analysis*, John Wiley & Sons, New York, 1998.
20. D. Cho, "Magnetic Levitation Systems," *IEEE Control Systems*, February 1993, pp. 42–48.
21. W. J. Palm, *Modeling, Analysis, Control of Dynamic Systems*, 2nd ed., John Wiley & Sons, New York, 2000.
22. H. Kazerooni, "Human Extenders," *Journal of Dynamic Systems*, ASME, June 1993, pp. 281–290.
23. C. N. Dorny, *Understanding Dynamic Systems*, Prentice Hall, Englewood Cliffs, N. J., 1993.
24. C. Chen, *Linear System Theory and Design*, 3rd ed., Oxford Univ. Press, New York, 1998.
25. M. Kaplan, *Modern Spacecraft Dynamics and Control*, John Wiley and Sons, New York, 1976.
26. J. Wertz, ed., *Spacecraft Attitude Determination and Control*, Kluwer Academic Publishers, Dordrecht, The Netherlands, 1978 (reprinted in 1990).
27. W. E. Wiesel, *Spaceflight Dynamics*, McGraw-Hill, New York, 1989.
28. B. Wie, K. W. Byun, V. W. Warren, D. Geller, D. Long, and J. Sunkel, "New Approach to Attitude/Momentum Control for the Space Station," *AIAA Journal Guidance, Control, and Dynamics*, Vol. 12, No. 5, 1989, pp. 714–722.
29. L. R. Bishop, R. H. Bishop, and K. L. Lindsay, "Proposed CMG Momentum Management Scheme for Space Station," *AIAA Guidance Navigation and Controls Conference Proceedings*, Vol. 2, No. 87-2528, 1987, pp. 1229–1236.
30. H. H. Woo, H. D. Morgan, and E. T. Falangas, "Momentum Management and Attitude Control Design for a Space Station," *AIAA Journal of Guidance, Control, and Dynamics*, Vol. 11, No. 1, 1988, pp. 19–25.
31. J. W. Sunkel and L. S. Shieh, "An Optimal Momentum Management Controller for the Space Station," *AIAA Journal of Guidance, Control, and Dynamics*, Vol. 13, No. 4, 1990, pp. 659–668.
32. V. W. Warren, B. Wie, and D. Geller, "Periodic-Disturbance Accommodating Control of the Space Station," *AIAA Journal of Guidance, Control, and Dynamics*, Vol. 13, No. 6, 1990, pp. 984–992.
33. B. Wie, A. Hu, and R. Singh, "Multi-Body Interaction Effects on Space Station Attitude Control and Momentum Management," *AIAA Journal of Guidance, Control, and Dynamics*, Vol. 13, No. 6, 1990, pp. 993–999.
34. J. W. Sunkel and L. S. Shieh, "Multistage Design of an Optimal Momentum Management Controller for the Space Station," *AIAA Journal of Guidance, Control, and Dynamics*, Vol. 14, No. 3, 1991, pp. 492–502.
35. K. W. Byun, B. Wie, D. Geller, and J. Sunkel, "Robust H_∞ Control Design for the Space Station with Structured Parameter Uncertainty," *AIAA Journal of Guidance, Control, and Dynamics*, Vol. 14, No. 6, 1991, pp. 1115–1122.
36. E. Elgersma, G. Stein, M. Jackson, and J. Yeichner, "Robust Controllers for Space Station Momentum Management," *IEEE Control Systems Magazine*, Vol. 12, No. 2, October 1992, pp. 14–22.
37. G. J. Balas, A. K. Packard, and J. T. Harduvel, "Application of μ-Synthesis Technique to Momentum Management and Attitude Control of the Space Station," *Proceedings of 1991 AIAA Guidance, Navigation, and Control Conference*, New Orleans, La., pp. 565–575.
38. Rhee and J. L. Speyer, "Robust Momentum Management and Attitude Control System for the Space Station," *AIAA Journal of Guidance, Control, and Dynamics*, Vol. 15, No. 2, 1992, pp. 342–351.
39. T. F. Burns and H. Flashner, "Adaptive Control Applied to Momentum Unloading Using the Low Earth Orbital Environment," *AIAA Journal of Guidance, Control, and Dynamics*, Vol. 15, No. 2, 1992, pp. 325–333.
40. X. M. Zhao, L. S. Shieh, J. W. Sunkel, and Z. Z. Yuan, "Self-Tuning Control of Attitude and Momentum Management for the Space Station," *AIAA Journal of Guidance, Control, and Dynamics*, Vol. 15, No. 1, 1992, pp. 17–27.
41. G. Parlos and J. W. Sunkel, "Adaptive Attitude Control and Momentum Management

for Large-Angle Spacecraft Maneuvers," *AIAA Journal of Guidance, Control, and Dynamics*, Vol. 15, No. 4, 1992, pp. 1018–1028.
42. R. H. Bishop, S. J. Paynter, and J. W. Sunkel, "Adaptive Control of Space Station with Control Moment Gyros," *IEEE Control Systems Magazine*, Vol. 12, No. 2, October 1992, pp. 23–28.
43. S. R. Vadali and H. S. Oh, "Space Station Attitude Control and Momentum Management: A Nonlinear Look," *AIAA Journal of Guidance, Control, and Dynamics*, Vol. 15, No. 3, 1992, pp. 577–586.
44. S. N. Singh and T. C. Bossart, "Feedback Linearization and Nonlinear Ultimate Boundedness Control of the Space Station Using CMG," *AIAA Guidance Navigation and Controls Conference Proceedings*, Vol. 1, No. 90-3354-CP, 1990, pp. 369–376.
45. S. N. Singh and T. C. Bossart, "Invertibility of Map, Zero Dynamics and Nonlinear Control of Space Station," *AIAA Guidance Navigation and Controls Conference Proceedings*, Vol. 1, No. 91-2663-CP, 1991, pp. 576–584.
46. S. N. Singh and A. Iyer, "Nonlinear Regulation of Space Station: A Geometric Approach," *AIAA Journal of Guidance, Control, and Dynamics*, Vol. 17, No. 2, 1994, pp. 242–249.
47. J. J. Sheen and R. H. Bishop, "Spacecraft Nonlinear Control," *The Journal of Astronautical Sciences*, Vol. 42, No. 3, 1994, pp. 361–377.
48. J. Dzielski, E. Bergmann, J. Paradiso, D. Rowell, and D. Wormley, "Approach to Control Moment Gyroscope Steering Using Feedback Linearization," *AIAA Journal of Guidance, Control, and Dynamics*, Vol. 14, No. 1, 1991, pp. 96–106.
49. J. J. Sheen and R. H. Bishop, "Adaptive Nonlinear Control of Spacecraft," *The Journal of Astronautical Sciences*, Vol. 42, No. 4, 1994, pp. 451–472.
50. S. N. Singh and T. C. Bossart, "Exact Feedback Linearization and Control of Space Station Using CMG," *IEEE Transactions on Automatic Control*, Vol. Ac-38, No. 1, 1993, pp. 184–187.

第4章

1. R. C. Dorf, *Electrical Engineering Handbook*, 2nd ed., CRC Press, Boca Raton, Fla., 1998.
2. R. C. Dorf, *Electric Circuits*, 3rd ed., John Wiley & Sons, New York, 1996.
3. C. E. Rohrs, J. L. Melsa, and D. Schultz, *Linear Control Systems*, McGraw-Hill, New York, 1993.
4. P. E. Sarachik, *Principles of Linear Systems*, Cambridge Univ. Press, New York, 1997.
5. B. K. Bose, *Power Electronics and Variable Frequency Drives*, IEEE Press, Piscataway, N. J., 1997.
6. J. C. Nelson, *Operational Amplifier Circuits*, Butterworth, New York, 1995.
7. *Motomatic Speed Control*, Electro-Craft Corp., Hopkins, Minn., 1999.
8. M. W. Spong et al., *Robot Control Dynamics, Motion Planning and Analysis*, IEEE Press, New York, 1993.
9. R. C. Dorf, *Encyclopedia of Robotics*, John Wiley & Sons, New York, 1988.
10. D. J. Bak, "Dancer Arm Feedback Regulates Tension Control," *Design News*, April 6, 1987, pp. 132–133.
11. "The Smart Projector Demystified," *Science Digest*, May 1985, p. 76.
12. J. M. Maciejowski, *Multivariable Feedback Design*, Addison-Wesley, Wokingham, England, 1989.
13. L. Fortuna and G. Muscato, "A Roll Stabilization System for a Monohull Ship," *IEEE Transactions on Control Systems Technology*, January 1996, pp. 18–28.
14. C. N. Dorny, *Understanding Dynamic Systems*, Prentice Hall, Englewood Cliffs, N. J., 1993.
15. D. W. Clarke, "Sensor, Actuator, and Loop Validation," *IEEE Control Systems*, August 1995, pp. 39–45.
16. S. P. Parker, *Encyclopedia of Engineering*, 2nd ed., McGraw-Hill, New York, 1993.
17. M. S. Markow, "An Automated Laser System for Eye Surgery," *IEEE Engineering in Medicine and Biology*, December 1989, pp. 24–29.
18. M. Eslami, *Theory of Sensitivity in Dynamic Systems*, Springer-Verlag, New York, 1994.
19. Y. M. Pulyer, *Electromagnetic Devices for Motion Control*, Springer-Verlag, New York, 1992.
20. J. R. Layne, "Control for Cargo Ship Steering," *IEEE Control Systems*, December 1993, pp. 23–33.
21. S. Begley, "Greetings From Mars," *Newsweek*, July 14, 1997, pp. 23–29.
22. M. Carroll, "Assault on the Red Planet," *Popular Science*, January 1997, pp. 44–49.
23. The American Medical Association, *Home Medical Encyclopedia*, vol. 1, Random House, New York, 1989, pp. 104–106.
24. J. B. Slate, L. C. Sheppard, V. C. Rideout, and E. H. Blackstone, "Closed-loop Nitroprusside Infusion: Modeling and Control Theory

for Clinical Applications," *Proceedings IEEE International Symposium on Circuits and Systems*, 1980, pp. 482–488.
25. B. C. McInnis and L. Z. Deng, "Automatic Control of Blood Pressures with Multiple Drug Inputs," *Annals of Biomedical Engineering*, vol. 13, 1985, pp. 217–225.
26. R. Meier, J. Nieuwland, A. M. Zbinden, and S. S. Hacisalihzade, "Fuzzy Logic Control of Blood Pressure During Anesthesia," *IEEE Control Systems*, December 1992, pp. 12–17.
27. L. C. Sheppard, "Computer Control of the Infusion of Vasoactive Drugs," *Proceedings IEEE International Symposium on Circuits and Systems*, 1980, pp. 469–473.
28. S. Lee, "Intelligent Sensing and Control for Advanced Teleoperation," *IEEE Control Systems*, June 1993, pp. 19–28.
29. L. L. Cone, "Skycam: An Aerial Robotic Camera System," *Byte*, October 1985, pp. 122–128.

第5章

1. C. M. Close and D. K. Frederick, *Modeling and Analysis of Dynamic Systems*, 2nd ed., Houghton Mifflin, Boston, 1993.
2. R. C. Dorf, *Electric Circuits*, 3rd ed., John Wiley & Sons, New York, 1996.
3. B. K. Bose, *Power Electronics and Variable Frequency Drives*, IEEE Press, Piscataway, N. J., 1997.
4. P. R. Clement, "A Note on Third-Order Linear Systems," *IRE Transactions on Automatic Control*, June 1960, p. 151.
5. R. N. Clark, *Introduction to Automatic Control Systems*, John Wiley & Sons, New York, 1962, pp. 115–124.
6. D. Graham and R. C. Lathrop, "The Synthesis of Optimum Response: Criteria and Standard Forms, Part 2," *Trans. of the AIEE* 72, November 1953, pp. 273–288.
7. R. C. Dorf, *Encyclopedia of Robotics*, John Wiley & Sons, New York, 1988.
8. L. E. Ryan, "Control of an Impact Printer Hammer," *ASME Journal of Dynamic Systems*, March 1990, pp. 69–75.
9. E. J. Davison, "A Method for Simplifying Linear Dynamic Systems," *IEEE Transactions on Automatic Control*, January 1966, pp. 93–101.
10. R. C. Dorf, *Electrical Engineering Handbook*, CRC Press, Boca Raton, Fla., 1998.
11. A. G. Ulsoy, "Control of Machining Processes," *ASME Journal of Dynamic Systems*, June 1993, pp. 301–310.
12. I. Cochin, *Analysis and Design of Dynamic Systems*, Addison-Wesley, Reading, Mass., 1997.
13. W. J. Rugh, *Linear System Theory*, 2nd ed., Prentice Hall, Englewood Cliffs, N.J., 1997.
14. W. J. Book, "Controlled Motion in an Elastic World," *Journal of Dynamic Systems*, June 1993, pp. 252–260.
15. C. E. Rohrs, J. L. Melsa, and D. Schultz, *Linear Control Systems*, McGraw-Hill, New York, 1993.
16. S. Lee, "Intelligent Sensing and Control for Advanced Teleoperation," *IEEE Control Systems*, June 1993, pp. 19–28.
17. Japan-Guide.com, "Shin Kansen," 2015.
18. M. DiChristina, "Telescope Tune-Up," *Popular Science*, September 1999, pp. 66–68.
19. M. Hutton and M. Rabins, "Simplification of Higher-Order Mechanical Systems Using the Routh Approximation," *Journal of Dynamic Systems*, ASME, December 1975, pp. 383–392.
20. E. W. Kamen and B. S. Heck, *Fundamentals of Signals and Systems Using MATLAB*, Prentice Hall, Upper Saddle River, N. J., 1997.
21. M. DiChristina, "What's Next for Hubble?" *Popular Science*, March 1998, pp. 56–59.
22. A. Edsinger-Gonzales and J. Weber, "Domo: A Force Sensing Humanoid Robot for Manipulation Research," *Proceedings of the IEEE/RSJ International Conference on Humanoid Robotics*, 2004.
23. A. Edsinger-Gonzales, "Design of a Compliant and Force Sensing Hand for a Humanoid Robot," *Proceedings of the International Conference on Intelligent Manipulation and Grasping*, 2004.
24. B. L. Stevens and F. L. Lewis, *Aircraft Control and Simulation,* 2nd ed., John Wiley & Sons, New York, 2003.
25. B. Etkin and L. D. Reid, *Dynamics of Flight,* 3rd ed., John Wiley & Sons, New York, 1996.
26. G. E. Cooper and R. P. Harper, Jr., "The Use of Pilot Rating in the Evaluation of Aircraft Handling Qualities," NASA TN D-5153, 1969.
27. USAF, "Flying Qualities of Piloted Vehicles," USAF Spec., MIL-F-8785C, 1980.
28. H. Paraci and M. Jamshidi, *Design and Implementation of Intelligent Manufacturing Systems*, Prentice Hall, Upper Saddle River, N. J., 1997.

第6章

1. R. C. Dorf, *Electrical Engineering Handbook*, 2nd ed., CRC Press, Boca Raton, Fla., 1998.
2. R. C. Dorf, *Electric Circuits*, 3rd ed., John Wiley & Sons, New York, 1996.

3. W. J. Palm, *Modeling, Analysis and Control*, 2nd ed., John Wiley & Sons, New York, 2000.
4. W. J. Rugh, *Linear System Theory*, 2nd ed., Prentice Hall, Englewood Cliffs, N. J., 1997.
5. B. Lendon, "Scientist: Tae Bo Workout Sent Skyscraper Shaking," CNN, 2011.
6. A. Hurwitz, "On the Conditions under which an Equation Has Only Roots with Negative Real Parts," *Mathematische Annalen* 46, 1895, pp. 273–284. Also in *Selected Papers on Mathematical Trends in Control Theory*, Dover, New York, 1964, pp. 70–82.
7. E. J. Routh, *Dynamics of a System of Rigid Bodies*, Macmillan, New York, 1892.
8. G. G. Wang, "Design of Turning Control for a Tracked Vehicle," *IEEE Control Systems*, April 1990, pp. 122–125.
9. N. Mohan, *Power Electronics*, John Wiley & Sons, New York, 1995.
10. *World Robotics 2014 Industrial Robots*, IFR International Federation of Robotics, Frankfurt, Germany, 2014.
11. R. C. Dorf and A. Kusiak, *Handbook of Manufacturing and Automation*, John Wiley & Sons, New York, 1994.
12. A. N. Michel, "Stability: The Common Thread in the Evolution of Control," *IEEE Control Systems*, June 1996, pp. 50–60.
13. S. P. Parker, *Encyclopedia of Engineering*, 2nd ed., McGraw-Hill, New York, 1933.
14. J. Levine, et al., "Control of Magnetic Bearings," *IEEE Transactions on Control Systems Technology*, September 1996, pp. 524–544.
15. F. S. Ho, "Traffic Flow Modeling and Control," *IEEE Control Systems*, October 1996, pp. 16–24.
16. D. W. Freeman, "Jump-Jet Airliner," *Popular Mechanics*, June 1993, pp. 38–40.
17. B. Sweetman, "Venture Star–21st-Century Space Shuttle," *Popular Science*, October 1996, pp. 43–47.
18. S. Lee, "Intelligent Sensing and Control for Advanced Teleoperation," *IEEE Control Systems*, June 1993, pp. 19–28.
19. "Uplifting," *The Economist*, July 10, 1993, p. 79.
20. R. N. Clark, "The Routh-Hurwitz Stability Criterion, Revisited," *IEEE Control Systems*, June 1992, pp. 119–120.
21. Gregory Mone, "5 Paths to the Walking, Talking, Pie-Baking Humanoid Robot," *Popular Science*, September 2006.
22. L. Hatvani, "Adaptive Control: Stabilization," *Applied Control*, edited by Spyros G. Tzafestas, Marcel Decker, New York, 1993, pp. 273–287.
23. H. Kazerooni, "Human Extenders," *Journal of Dynamic Systems*, ASME, 1993, pp. 281–290.
24. T. Koolen, J. Smith, G. Thomas, et al., "Summary of Team IHMC's Virtual Robotics Challenge Entry," *Proceedings of the IEEE-RAS International Conference on Humanoid Robots*, Atlanta, GA, 2013.

第7章

1. W. R. Evans, "Graphical Analysis of Control Systems," *Transactions of the AIEE*, 67, 1948, pp. 547–551. Also in G. J. Thaler, ed., *Automatic Control*, Dowden, Hutchinson, and Ross, Stroudsburg, Pa., 1974, pp. 417–421.
2. W. R. Evans, "Control System Synthesis by Root Locus Method," *Transactions of the AIEE*, 69, 1950, pp. 1–4. Also in *Automatic Control*, G. J. Thaler, ed., Dowden, Hutchinson, and Ross, Stroudsburg, Pa., 1974, pp. 423–425.
3. W. R. Evans, *Control System Dynamics*, McGraw-Hill, New York, 1954.
4. R. C. Dorf, *Electrical Engineering Handbook*, 2nd ed., CRC Press, Boca Raton, Fla., 1998.
5. J. G. Goldberg, *Automatic Controls*, Allyn and Bacon, Boston, 1965.
6. R. C. Dorf, *The Encyclopedia of Robotics*, John Wiley & Sons, New York, 1988.
7. H. Ur, "Root Locus Properties and Sensitivity Relations in Control Systems," *I.R.E. Trans. on Automatic Control*, January 1960, pp. 57–65.
8. T. R. Kurfess and M. L. Nagurka, "Understanding the Root Locus Using Gain Plots," *IEEE Control Systems*, August 1991, pp. 37–40.
9. T. R. Kurfess and M. L. Nagurka, "Foundations of Classical Control Theory," *The Franklin Institute*, Vol. 330, No. 2, 1993, pp. 213–227.
10. "Webb Automatic Guided Carts," Jervis B. Webb Company, 2008.
11. D. K. Lindner, *Introduction to Signals and Systems*, McGraw-Hill, New York, 1999.
12. S. Ashley, "Putting a Suspension through Its Paces," *Mechanical Engineering*, April 1993, pp. 56–57.
13. B. K. Bose, *Modern Power Electronics*, IEEE Press, New York, 1992.
14. P. Varaiya, "Smart Cars on Smart Roads," *IEEE Transactions on Automatic Control*, February 1993, pp. 195–207.
15. S. Bermana, E. Schechtmana, and Y. Edana,

"Evaluation of Automatic Guided Vehicle Systems," *Robotics and Computer-Integrated Manufacturing*, Vol. 25, No. 3, 2009, pp. 522–528.
16. B. Sweetman, "21st Century SST," *Popular Science*, April 1998, pp. 56–60.
17. L. V. Merritt, "Tape Transport Head Positioning Servo Using Positive Feedback," *Motion*, April 1993, pp. 19–22.
18. G. E. Young and K. N. Reid, "Control of Moving Webs," *Journal of Dynamic Systems*, ASME, June 1993, pp. 309–316.
19. S. P. Parker, *Encyclopedia of Engineering*, 2nd ed., McGraw-Hill, New York, 1993.
20. A. J. Calise and R. T. Rysdyk, "Nonlinear Adaptive Flight Control Using Neural Networks," *IEEE Control Systems*, December 1998, pp. 14–23.
21. T. B. Sheridan, *Telerobotics, Automation and Control*, MIT Press, Cambridge, Mass., 1992.
22. L. W. Couch, *Digital and Analog Communication Systems*, 5th ed., Macmillan, New York, 1997.
23. D. Hrovat, "Applications of Optimal Control to Automotive Suspension Design," *Journal of Dynamic Systems*, ASME, June 1993, pp. 328–342.
24. T. J. Lueck, "Amtrak Unveils Its Bullet to Boston," *New York Times*, March 10, 1999.
25. M. van de Panne, "A Controller for the Dynamic Walk of a Biped," *Proceedings of the Conference on Decision and Control*, IEEE, December 1992, pp. 2668–2673.
26. R. C. Dorf, *Electric Circuits*, 3rd ed., John Wiley & Sons, New York, 1996.
27. S. Begley, "Mission to Mars," *Newsweek*, September 23, 1996, pp. 52–58.
28. W. J. Cook, "The International Space Station Takes Shape," *US News and World Report*, December 7, 1998, pp. 56–59.
29. "Batwings and Dragonfies," *The Economist*, July 2002, pp. 66–67.
30. "Global Automotive Electronics with Special Focus on OEMs Market," *Business Wire*, May 2013.
31. F. Y. Wang, D. Zeng, and L. Yang, "Smart Cars on Smart Roads: An IEEE Intelligent Transportation Systems Society Update," *Pervasive Computing*, IEEE Computer Society, Vol. 5, No. 4, 2006, pp. 68–69.
32. M. B. Barron and W. F. Powers, "The Role of Electronic Controls for Future Automotive Mechatronic Systems," *IEEE/ASME Transactions on Mechatronics*, Vol. 1, No. 1, 1996, pp. 80–88.
33. *Wind Energy—The Facts*, European Wind Energy Association, 2009.
34. P. D. Sclavounos, E. N. Wayman, S. Butterfield, J. Jonkman, and W. Musial, "Floating Wind Turbine Concepts," *European Wind Energy Association Conference (EWAC)*, Athens, Greece, 2006.
35. I. Munteanu, A. I. Bratcu, N. A. Cutululis, and E. Ceanga, *Optimal Control of Wind Energy Systems*, Springer-Verlag, London, 2008.
36. F. G. Martin, *The Art of Robotics*, Prentice Hall, Upper Saddle River, N. J., 1999.

第8章

1. R. C. Dorf, *Electrical Engineering Handbook*, 2nd ed., CRC Press, Boca Raton, Fla., 1998.
2. I. Cochin and H. J. Plass, *Analysis and Design of Dynamic Systems*, John Wiley & Sons, New York, 1997.
3. R. C. Dorf, *Electric Circuits*, 3rd ed., John Wiley & Sons, New York, 1996.
4. H. W. Bode, "Relations Between Attenuation and Phase in Feedback Amplifier Design," *Bell System Tech. J.*, July 1940, pp. 421–454. Also in *Automatic Control: Classical Linear Theory*, G. J. Thaler, ed., Dowden, Hutchinson, and Ross, Stroudsburg, Pa., 1974, pp. 145–178.
5. M. D. Fagen, *A History of Engineering and Science in the Bell System*, Bell Telephone Laboratories, Murray Hill, N.J., 1978, Chapter 3.
6. D. K. Lindner, *Introduction to Signals and Systems*, McGraw-Hill, New York., 1999.
7. R. C. Dorf and A. Kusiak, *Handbook of Manufacturing and Automation*, John Wiley & Sons, New York, 1994.
8. R. C. Dorf, *The Encyclopedia of Robotics*, John Wiley & Sons, New York, 1988.
9. T. B. Sheridan, *Telerobotics, Automation and Control*, MIT Press, Cambridge, Mass., 1992.
10. J. L. Jones and A. M. Flynn, *Mobile Robots*, A. K. Peters Publishing, New York, 1993.
11. D. McLean, *Automatic Flight Control Systems*, Prentice Hall, Englewood Cliffs, N. J., 1990.
12. G. Leitman, "Aircraft Control Under Conditions of Windshear," *Proceedings of IEEE Conference on Decision and Control*, December 1990, pp. 747–749.
13. S. Lee, "Intelligent Sensing and Control for Advanced Teleoperation," *IEEE Control Systems*, June 1993, pp. 19–28.
14. R. A. Hess, "A Control Theoretic Model of Driver Steering Behavior," *IEEE Control Systems*, August 1990, pp. 3–8.

15. J. Winters, "Personal Trains," *Discover*, July 1999, pp. 32–33.
16. J. Ackermann and W. Sienel, "Robust Yaw Damping of Cars with Front and Rear Wheel Steering," *IEEE Transactions on Control Systems Technology*, March 1993, pp. 15–20.
17. L. V. Merritt, "Differential Drive Film Transport," *Motion*, June 1993, pp. 12–21.
18. S. Ashley, "Putting a Suspension through Its Paces," *Mechanical Engineering*, April 1993, pp. 56–57.
19. D. A. Linkens, "Anaesthesia Simulators," *Computing and Control Engineering Journal*, IEEE, April 1993, pp. 55–62.
20. J. R. Layne, "Control for Cargo Ship Steering," *IEEE Control Systems*, December 1993, pp. 58–64.
21. A. Titli, "Three Control Approaches for the Design of Car Semi-active Suspension," *IEEE Proceedings of Conference on Decision and Control*, December 1993, pp. 2962–2963.
22. H. H. Ottesen, "Future Servo Technologies for Hard Disk Drives," *Journal of the Magnetics Society of Japan*, Vol. 18, 1994, pp. 31–36.
23. D. Leonard, "Ambler Ramblin," *Ad Astra*, Vol. 2, No. 7, July–August 1990, pp. 7–9.
24. M. G. Wanzeller, R. N. C. Alves, J. V. da Fonseca Neto, and W. A. dos Santos Fonseca, "Current Control Loop for Tracking of Maximum Power Point Supplied for Photovoltaic Array," *IEEE Transactions on Instrumentation And Measurement*, Vol. 53, No. 4, 2004, pp. 1304–1310.

第9章

1. H. Nyquist, "Regeneration Theory," *Bell Systems Tech. J.*, January 1932, pp. 126–147. Also in *Automatic Control: Classical Linear Theory*, G. J. Thaler, ed., Dowden, Hutchinson, and Ross, Stroudsburg, Pa., 1932, pp. 105–126.
2. M. D. Fagen, *A History of Engineering and Science in the Bell System*, Bell Telephone Laboratories, Inc., Murray Hill, N. J., 1978, Chapter 5.
3. H. M. James, N. B. Nichols, and R. S. Phillips, *Theory of Servomechanisms*, McGraw-Hill, New York, 1947.
4. W. J. Rugh, *Linear System Theory*, 2nd ed., Prentice Hall, Englewood Cliffs, N. J., 1996.
5. D. A. Linkens, *CAD for Control Systems*, Marcel Dekker, New York, 1993.
6. A. Cavallo, *Using MATLAB, SIMULINK, and Control System Toolbox*, Prentice Hall, Englewood Cliffs, N. J., 1996.
7. R. C. Dorf, *Electrical Engineering Handbook*, 2nd ed., CRC Press, Boca Raton, Fla., 1998.
8. D. Sbarbaro-Hofer, "Control of a Steel Rolling Mill," *IEEE Control Systems*, June 1993, pp. 69–75.
9. R. C. Dorf and A. Kusiak, *Handbook of Manufacturing and Automation*, John Wiley & Sons, New York, 1994.
10. J. J. Gribble, "Systems with Time Delay," *IEEE Control Systems*, February 1993, pp. 54–55.
11. C. N. Dorny, *Understanding Dynamic Systems*, Prentice Hall, Englewood Cliffs, N. J., 1993.
12. R. C. Dorf, *Electric Circuits*, 3rd ed., John Wiley & Sons, New York, 1996.
13. J. Yan and S. E. Salcudean, "Teleoperation Controller Design," *IEEE Transactions on Control Systems Technology*, May 1996, pp. 244–247.
14. K. K. Chew, "Control of Errors in Disk Drive Systems," *IEEE Control Systems*, January 1990, pp. 16–19.
15. R. C. Dorf, *The Encyclopedia of Robotics*, John Wiley & Sons, New York, 1988.
16. D. W. Freeman, "Jump-Jet Airliner," *Popular Mechanics*, June 1993, pp. 38–40.
17. F. D. Norvelle, *Electrohydraulic Control Systems*, Prentice Hall, Upper Saddle River, N. J., 2000.
18. B. K. Bose, *Power Electronics and Variable Frequency Drives*, IEEE Press, Piscataway, N. J., 1997.
19. C. S. Bonaventura and K. W. Lilly, "A Constrained Motion Algorithm for the Shuttle Remote Manipulator System," *IEEE Control Systems*, October 1995, pp. 6–16.
20. A. T. Bahill and L. Stark, "The Trajectories of Saccadic Eye Movements," *Scientific American*, January 1979, pp. 108–117.
21. A. G. Ulsoy, "Control of Machining Processes," ASME, *Journal of Dynamic Systems*, June 1993, pp. 301–310.
22. C. E. Rohrs, J. L. Melsa, and D. Schultz, *Linear Control Systems*, McGraw-Hill, New York, 1993.
23. J. L. Jones and A. M. Flynn, *Mobile Robots*, A. K. Peters Publishing, New York, 1993.
24. D. A. Linkens, "Adaptive and Intelligent Control in Anesthesia," *IEEE Control Systems*, December 1992, pp. 6–10.
25. R. H. Bishop, "Adaptive Control of Space Station with Control Moment Gyros," *IEEE Control Systems*, October 1992, pp. 23–27.
26. J. B. Song, "Application of Adaptive Control to Arc Welding Processes," *Proceedings of the American Control Conference*, IEEE, June 1993, pp. 1751–1755.
27. X. G. Wang, "Estimation in Paper Machine Control," *IEEE Control Systems*, August

1993, pp. 34–43.

28. R. Patton, "Mag Lift," *Scientific American*, October 1993, pp. 108–109.
29. P. Ferreira, "Concerning the Nyquist Plots of Rational Functions of Nonzero Type," *IEEE Transaction on Education*, Vol. 42, No. 3, 1999, pp. 228–229.
30. J. Pretolve, "Stereo Vision," *Industrial Robot*, Vol. 21, No. 2, 1994, pp. 24–31.
31. M. W. Spong and M. Vidyasagar, *Robot Dynamics and Control*, John Wiley & Sons, New York, 1989.
32. L. Y. Pao and K. E. Johnson, "A Tutorial on the Dynamics and Control of Wind Turbines and Wind Farms," *Proceedings of the American Control Conference,* St. Louis, MO, 2009, pp. 2076–2089.
33. G. K. Klute, U. Tsach, and D. Geselowitz, "An Optimal Controller for an Electric Ventricular Assist Device: Theory, Implementation, and Testing," *IEEE Transactions of Biomedical Engineering*, Vol. 39, No. 4, 1992, pp. 394–403.

第10章

1. R. C. Dorf, *Electrical Engineering Handbook*, 2nd ed., CRC Press, Boca Raton, Fla., 1998.
2. Z. Gajic and M. Lelic, *Modern Control System Engineering*, Prentice Hall, Englewood Cliffs, N. J., 1996.
3. K. S. Yeung, et al., "A Non-trial and Error Method for Lag-Lead Compensator Design," *IEEE Transactions on Education*, February 1998, pp. 76–80.
4. W. R. Wakeland, "Bode Compensator Design," *IEEE Transactions on Automatic Control*, October 1976, pp. 771–773.
5. J. R. Mitchell, "Comments on Bode Compensator Design," *IEEE Transactions on Automatic Control*, October 1977, pp. 869–870.
6. S. T. Van Voorhis, "Digital Control of Measurement Graphics," *Hewlett-Packard Journal*, January 1986, pp. 24–26.
7. R. H. Bishop, "Adaptive Control of Space Station with Control Moment Gyros," *IEEE Control Systems*, October 1992, pp. 23–27.
8. C. L. Phillips, "Analytical Bode Design of Controllers," *IEEE Transactions on Education*, February 1985, pp. 43–44.
9. R. C. Garcia and B. S. Heck, "Enhancing Classical Controls Education via Interactive Design," *IEEE Control Systems*, June 1999, pp. 77–82.
10. J. D. Powell, N. P. Fekete, and C-F. Chang, "Observer-Based Air-Fuel Ratio Control," *IEEE Control Systems*, October 1998, p. 72.
11. T. B. Sheridan, *Telerobotics, Automation and Control*, MIT Press, Cambridge, Mass., 1992.
12. R. C. Dorf, *The Encyclopedia of Robotics*, John Wiley & Sons, New York, 1988.
13. R. L. Wells, "Control of a Flexible Robot Arm," *IEEE Control Systems*, January 1990, pp. 9–15.
14. H. Kazerooni, "Human Extenders," *Journal of Dynamic Systems*, ASME, June 1993, pp. 281–290.
15. R. C. Dorf and A. Kusiak, *Handbook of Manufacturing and Automation*, John Wiley & Sons, New York, 1994.
16. F. M. Ham, S. Greeley, and B. Henniges, "Active Vibration Suppression for the Mast Flight System," *IEEE Control System Magazine*, Vol. 9, No. 1, 1989, pp. 85–90.
17. K. Pfeiffer and R. Isermann, "Driver Simulation in Dynamical Engine Test Stands," *Proceedings of the American Control Conference*, IEEE, 1993, pp. 721–725.
18. A. G. Ulsoy, "Control of Machining Processes," ASME, *Journal of Dynamic Systems*, June 1993, pp. 301–310.
19. B. K. Bose, *Modern Power Electronics*, IEEE Press, New York, 1992.
20. F. G. Martin, *The Art of Robotics*, Prentice Hall, Upper Saddle River, N. J., 1999.
21. J. M. Weiss, "The TGV Comes to Texas," *Europe*, March 1993, pp. 18–20.
22. H. Kazerooni, "A Controller Design Framework for Telerobotic Systems," *IEEE Transactions on Control Systems Technology*, March 1993, pp. 50–62.
23. W. H. Zhu, "Industrial Manipulators," *IEEE Control Systems*, April 1999, pp. 24–28.
24. E. W. Kamen and B. S. Heck, *Fundamentals of Signals and Systems Using MATLAB*, Prentice Hall, Upper Saddle River, N. J., 1997.
25. C. T. Chen, *Analog and Digital Control Systems Design*, Oxford Univ. Press, New York, 1996.
26. M. J. Sidi, *Spacecraft Dynamics and Control*, Cambridge Univ. Press, New York, 1997.
27. A. Arenas, et al., "Angular Velocity Control for a Windmill Radiometer," *IEEE Transactions on Education*, May 1999, pp. 147–152.
28. M. Berenguel, et al., "Temperature Control of a Solar Furnace," *IEEE Control Systems*, February 1999, pp. 8–19.
29. A. H. Moore, "The Shipping News: Fast Ferries," *Fortune*, December 6, 1999, pp. 240–249.
30. M. P. Dinca, M. Gheorghe, and P. Galvin, "Design of a PID Controller for a PCR Micro Reactor," *IEEE Transactions on Educa-*

tion, Vol. 52, No. 1, 2009, pp. 117–124.

第11章

1. R. C. Dorf, *Electrical Engineering Handbook*, 2nd ed., CRC Press, Boca Raton, Fla., 1998.
2. G. Goodwin, S. Graebe, and M. Salgado, *Control System Design*, Prentice Hall, Saddle River, N.J., 2001.
3. A. E. Bryson, "Optimal Control," *IEEE Control Systems*, June 1996, pp. 26–33.
4. J. Farrell, "Using Learning Techniques to Accommodate Unanticipated Faults," *IEEE Control Systems*, June 1993, pp. 40–48.
5. M. Jamshidi, *Design of Intelligent Manufacturing Systems*, Prentice Hall, Upper Saddle River, N. J., 1998.
6. M. Bodson, "High Performance Control of a Permanent Magnet Stepper Motor," *IEEE Transactions on Control Systems Technology*, March 1993, pp. 5–14.
7. G. W. Van der Linden, "Control of an Inverted Pendulum," *IEEE Control Systems*, August 1993, pp. 44–50.
8. W. J. Book, "Controlled Motion in an Elastic World," *Journal of Dynamic Systems*, June 1993, pp. 252–260.
9. E. W. Kamen, *Introduction to Industrial Control*, Academic Press, San Diego, 1999.
10. M. Jamshidi, *Large-Scale Systems*, Prentice Hall, Upper Saddle River, N. J., 1997.
11. W. J. Rugh, *Linear System Theory*, 2nd ed., Prentice Hall, Englewood Cliffs, N. J., 1996.
12. J. B. Burl, *Linear Optimal Control*, Prentice Hall, Upper Saddle River, N. J., 1999.
13. D. Hrovat, "Applications of Optimal Control to Automotive Suspension Design," *Journal of Dynamic Systems*, ASME, June 1993, pp. 328–342.
14. R. H. Bishop, "Adaptive Control of Space Station with Control Moment Gyros," *IEEE Control Systems*, October 1992, pp. 23–27.
15. R. C. Dorf, *Encyclopedia of Robotics*, John Wiley & Sons, New York, 1988.
16. T. B. Sheridan, *Telerobotics, Automation and Control*, MIT Press, Cambridge, Mass., 1992.
17. R. C. Dorf and A. Kusiak, *Handbook of Manufacturing and Automation*, John Wiley & Sons, New York, 1994.
18. C. T. Chen, *Linear System Theory and Design*, 3rd ed., Oxford University Press, New York, 1999.
19. F. L. Chernousko, *State Estimation for Dynamic Systems*, CRC Press, Boca Raton, Fla., 1993.
20. M. A. Gottschalk, "Dino-Adventure Duels Jurassic Park," *Design News*, August 16, 1993, pp. 52–58.
21. Y. Z. Tsypkin, "Robust Internal Model Control," *Journal of Dynamic Systems*, ASME, June 1993, pp. 419–425.
22. J. D. Irwin, *The Industrial Electronics Handbook*, CRC Press, Boca Raton, Fla., 1997.
23. J. K. Pieper, "Control of a Coupled-Drive Apparatus," *IEE Proceedings*, March 1993, pp. 70–79.
24. Rama K. Yedavalli, "Robust Control Design for Aerospace Applications," *IEEE Transactions of Aerospace and Electronic Systems*, Vol. 25, No. 3, 1989, pp. 314–324.
25. Bryan L. Jones and Robert H. Bishop, "H_2 Optimal Halo Orbit Guidance," *Journal of Guidance, Control, and Dynamics, AIAA*, Vol. 16, No. 6, 1993, pp. 1118–1124.
26. D. G. Luenberger, "Observing the State of a Linear System," *IEEE Transactions on Military Electronics*, 1964, pp. 74–80.
27. G. F. Franklin, J. D. Powell, and A. Emami-Naeini, *Feedback Control of Dynamic Systems*, 4th ed., Prentice Hall, Upper Saddle River, N. J., 2002.
28. R. E. Kalman, "Mathematical Description of Linear Dynamical Systems," *SIAM J. Control*, Vol. 1, 1963, pp. 152–192.
29. R. E. Kalman, "A New Approach to Linear Filtering and Prediction Problems," *Journal of Basic Engineering*, 1960, pp. 35–45.
30. R. E. Kalman and R. S. Bucy, "New Results in Linear Filtering and Prediction Theory," Transactions of the American Society of Mechanical Engineering, Series D, *Journal of Basic Engineering*, 1961, pp. 95–108.
31. B. Cipra, "Engineers Look to Kalman Filtering for Guidance," *SIAM News*, Vol. 26, No. 5, August 1993.
32. R. H. Battin, "Theodore von Karman Lecture: Some Funny Things Happened on the Way to the Moon," 27th Aerospace Sciences Meeting, Reno, Nevada, AIAA-89-0861, 1989.
33. R. G. Brown and P. Y. C. Hwang, *Introduction to Random Signal Analysis and Kalman Filtering with Matlab Exercises and Solutions*, John Wiley and Sons, Inc., 1996.
34. M. S. Grewal, and A. P. Andrews, *Kalman Filtering: Theory and Practice Using MATLAB, 2nd ed.*, Wiley-Interscience, 2001.

第12章

1. R. C. Dorf, *The Encyclopedia of Robotics*, John Wiley & Sons, New York, 1988.
2. R. C. Dorf, *Electrical Engineering Handbook*, 2nd ed., CRC Press, Boca Raton, Fla., 1998.

3. R. S. Sanchez-Pena and M. Sznaier, *Robust Systems Theory and Applications*, John Wiley & Sons, New York, 1998.
4. G. Zames, "Input-Output Feedback Stability and Robustness," *IEEE Control Systems*, June 1996, pp. 61–66.
5. K. Zhou and J. C. Doyle, *Essentials of Robust Control*, Prentice Hall, Upper Saddle River, N. J., 1998.
6. C. M. Close and D. K. Frederick, *Modeling and Analysis of Dynamic Systems*, 2nd ed., Houghton Mifflin, Boston, 1993.
7. A. Charara, "Nonlinear Control of a Magnetic Levitation System," *IEEE Transactions on Control System Technology*, September 1996, pp. 513–523.
8. J. Yen, *Fuzzy Logic: Intelligence and Control*, Prentice Hall, Upper Saddle River, N. J., 1998.
9. X. G. Wang, "Estimation in Paper Machine Control," *IEEE Control Systems*, August 1993, pp. 34–43.
10. D. Sbarbaro-Hofer, "Control of a Steel Rolling Mill," *IEEE Control Systems*, June 1993, pp. 69–75.
11. N. Mohan, *Power Electronics*, John Wiley & Sons, New York, 1995.
12. J. M. Weiss, "The TGV Comes to Texas," *Europe*, March 1993, pp. 18–20.
13. S. Lee, "Intelligent Sensing and Control for Advanced Teleoperation," *IEEE Control Systems*, June 1993, pp. 19–28.
14. J. V. Wait and L. P. Huelsman, *Operational Amplifier Theory*, 2nd ed., McGraw-Hill, New York, 1992.
15. F. G. Martin, *The Art of Robotics*, Prentice Hall, Upper Saddle River, N. J., 1999.
16. R. Shoureshi, "Intelligent Control Systems," *Journal of Dynamic Systems*, June 1993, pp. 392–400.
17. A. Butar and R. Sales, "Control for MagLev Vehicles," *IEEE Control Systems*, August 1998, pp. 18–25.
18. H. Paraci and M. Jamshidi, *Design and Implementation of Intelligent Manufacturing Systems*, Prentice Hall, Upper Saddle River, N.J., 1997.
19. B. Johnstone, "Japan's Friendly Robots," *Technology Review*, June 1999, pp. 66–69.
20. W. J. Grantham and T. L. Vincent, *Modern Control Systems Analysis and Design*, John Wiley & Sons, New York, 1993.
21. K. Capek, *Rossum's Universal Robots*, English edition by P. Selver and N. Playfair, Doubleday, Page, New York, 1923.
22. H. Kazerooni, "Human Extenders," *Journal of Dynamic Systems*, ASME, June 1993, pp. 281–290.
23. C. Lapiska, "Flight Simulation," *Aerospace America*, August 1993, pp. 14–17.
24. D. E. Bossert, "A Root-Locus Analysis of Quantitative Feedback Theory," *Proceedings of the American Control Conference*, June 1993, pp. 1698–1705.
25. J. A. Gutierrez and M. Rabins, "A Computer Loop-shaping Algorithm for Controllers," *Proceedings of the American Control Conference*, June 1993, pp. 1711–1715.
26. J. W. Song, "Synthesis of Compensators in Linear Uncertain Plants," *Proceedings of the Conference on Decision and Control*, December 1992, pp. 2882–2883.
27. M. Gottschalk, "Part Surgeon–Part Robot," *Design News*, June 7, 1993, pp. 68–75.
28. S. Jayasuriya, "Frequency Domain Design for Robust Performance Under Uncertainties," *Journal of Dynamic Systems*, June 1993, pp. 439–450.
29. L. S. Shieh, "Control of Uncertain Systems," *IEE Proceedings*, March 1993, pp. 99–110.
30. M. van de Panne, "A Controller for the Dynamic Walk of a Biped," *Proceedings of the Conference on Decision and Control*, IEEE, December 1992, pp. 2668–2673.
31. S. Bennett, "The Development of the PID Controller," *IEEE Control Systems*, December 1993, pp. 58–64.
32. J. C. Doyle, A. B. Francis, and A. R. Tannenbaum, *Feedback Control Theory*, Macmillan, New York, 1992.

第13章

1. R. C. Dorf, *The Encyclopedia of Robotics*, John Wiley & Sons, New York, 1988.
2. C. L. Phillips and H. T. Nagle, *Digital Control Systems*, Prentice Hall, Englewood Cliffs, N. J., 1995.
3. G. F. Franklin, et al., *Digital Control of Dynamic Systems*, 2nd ed., Prentice Hall, Upper Saddle River, N.J., 1998.
4. S. H. Zak, "Ripple-Free Deadbeat Control," *IEEE Control Systems*, August 1993, pp. 51–56.
5. C. Lapiska, "Flight Simulation," *Aerospace America*, August 1993, pp. 14–17.
6. F. G. Martin, *The Art of Robotics*, Prentice Hall, Upper Saddle River, N. J., 1999.
7. D. Raviv and E.W. Djaja, "Discretized Controllers," *IEEE Control Systems*, June 1999, pp. 52–58.
8. R. C. Dorf, *Electrical Engineering Handbook*, 2nd ed., CRC Press, Boca Raton, Fla., 1998.
9. T. M. Foley, "Engineering the Space Sta-

tion," *Aerospace America*, October 1996, pp. 26–32.
10. A. G. Ulsoy, "Control of Machining Processes," ASME, *Journal of Dynamic Systems*, June 1993, pp. 301–310.
11. K. J. Astrom, *Computer-Controlled Systems*, Prentice Hall, Upper Saddle River, N.J., 1997.
12. R. C. Dorf and A. Kusiak, *Handbook of Manufacturing and Automation*, John Wiley & Sons, New York, 1994.
13. L. W. Couch, *Digital and Analog Communication Systems*, 5th ed., Macmillan, New York, 1995.
14. K. S. Yeung and H. M. Lai, "A Reformation of the Nyquist Criterion for Discrete Systems," *IEEE Transactions on Education*, February 1988, pp. 32–34.
15. T. R. Kurfess, "Predictive Control of a Robotic Grinding System," *Journal of Engineering for Industry*, ASME, November 1992, pp. 412–420.
16. D. M. Auslander, *Mechatronics*, Prentice Hall, Englewood Cliffs, N. J., 1996.
17. R. Shoureshi, "Intelligent Control Systems," *Journal of Dynamic Systems*, June 1993, pp. 392–400.
18. D. J. Leo, "Control of a Flexible Frame in Slewing," *Proceedings of American Control Conference*, 1992, pp. 2535–2540.
19. V. Skormin, "On-Line Diagnostics of a Self-Contained Flight Actuator," *IEEE Transactions on Aerospace and Electronic Systems*, January 1994, pp. 130–141.
20. H. H. Ottesen, "Future Servo Technologies for Hard Disk Drives," *J. of the Magnetics Society of Japan*, Vol. 18, 1994, pp. 31–36.

附录A

1. A. Gilat, MATLAB: *An Introduction with Applications*, 3rd ed., Wiley and Sons, N. J., 2015.
2. D. Hanselman and B. Littlefield, *Mastering MATLAB*, Pearson, Upper Saddle River, N. J., 2012.
3. R. Pratap, *Getting Started with MATLAB*, Oxford University Press, New York, 2016.
4. S. Attaway, *MATLAB: A Practical Introduction to Programming and Problem Solving*, 5th ed., Butterworth-Heinemann, 2018.
5. D. J. Higham and N. J. Higham, *MATLAB Guide*, 3rd ed., SIAM, Society for Industrial and Applied Mathematics, 2017.
6. W. Palm III, *MATLAB for Engineering Applications*, 4th ed., McGraw-Hill Higher Education, 2018.
7. B. Hahn and D. Valentine, *Essential MATLAB for Engineers and Scientists*, 7th ed., Academic Press, 2019.
8. D. M. Etter, *Introduction to MATLAB*, 4th ed., Pearson, Upper Saddle River, N. J., 2017.